유창범의 소방기술사

학습자료 총정리판

소방기술사 유창범 지음

BM (주)도서출판 성안당

도서 A/S 안내

성안당에서 발행하는 모든 도서는 저자와 출판사, 그리고 독자가 함께 만들어 나갑니다.

좋은 책을 펴내기 위해 많은 노력을 기울이고 있습니다. 혹시라도 내용상의 오류나 오탈자 등이 발견되면 "좋은 책은 나라의 보배"로서 우리 모두가 함께 만들어 간다는 마음으로 연락주시기 바랍니다. 수정 보완하여 더 나은 책이 되도록 최선을 다하겠습니다.

성안당은 늘 독자 여러분들의 소중한 의견을 기다리고 있습니다. 좋은 의견을 보내주시는 분께는 성안당 쇼핑몰의 포인트(3,000포인트)를 적립해 드립니다.

잘못 만들어진 책이나 부록 등이 파손된 경우에는 교환해 드립니다.

저자 문의 e-mail : 671121@hanmail.net

본서 기획자 e-mail : coh@cyber.co.kr(최옥현)

홈페이지 : http://www.cyber.co.kr 전화 : 031) 950-6300

머리말

필자는 대학원을 졸업하고 소방기술사 공부를 시작한 지 7년 만에 어렵게 소방기술사가 되었습니다. 지금 생각해 보면 '쉽게 공부할 수 있는 것을 참 어렵게 했구나'하는 생각이 듭니다. 직장을 다니면서 공부하다 보니 학원 수강이 어려워 독학으로 공부했습니다. 그래서 누구보다도 공부하는 수험생의 마음을 알고 있기에 조금이나마 그들에게 도움이 되고자 이 책을 기술하게 되었습니다.

소방기술사의 시험문제는 단순히 암기를 요하는 것도 있지만 그보다는 소방에 대한 이해를 요하는 것이 대부분입니다. 그러나 시중에 나와 있는 대부분의 소방기술사 책은 요점 내용 위주로 되어 있고, 소방에 관한 기본서가 없는 실정입니다. 이에 소방 관련 내용을 기본 개념부터 집필하기 위해 소방에 관련된 다양한 책을 읽고 자료를 수집하여 기술하였습니다.

이 책은 기존에 출판되었던 '색다른 소방기술사'의 재개정판으로 크게 3권으로 구성되어 있습니다. 내용이 기존의 다른 수험서에 비해 방대하긴 하지만 모두가 소방을 이해하는 데 필요한 내용만을 넣은 것입니다. 책의 구성 중 특이한 점은 내용을 색으로 구분했다는 점입니다. 색은 가장 기본적이고 중요한 내용을 나타낸 것으로 기술사를 공부하시는 분이라면 반드시 이해하고 암기해야 할 내용을 나타낸 것입니다. 검은색은 소방에 대한 기본 개념을 이해하기 위해 서술한 것입니다. 이렇게 구성한 이유는 책의 중요 내용이 한눈에 쏙쏙 들어오도록 하여 수험생들이 쉽게 공부할 수 있도록 돕기 위함입니다.

말콤 글래드웰의 '아웃라이어'라는 책을 보면 1만 시간의 법칙이 나옵니다. 어떤 분야에서든 전문가가 되기 위해서는 1만 시간 정도를 투자해야 한다는 법칙입니다. 소방기술사는 소방 분야 최고의 자격증입니다. 이를 위해서는 많은 것을 포기하고 노력하는 자세가 필요합니다. 소방기술사를 공부하는 과정은 자기와의 싸움으로 시험을 포기하지 않고 정진한다면 언젠가는 이룰 수 있는 목표입니다.

여러분의 건승을 기원합니다.

이 책의 내용은 여러 선배님의 논문과 자료를 정리하여 소방기술사를 공부하시는 분들을 위해 맞춤형으로 기술한 것입니다. 이처럼 방대한 내용이 나오게 된 것은 모두가 선배님들의 연구와 노력 덕분입니다. 특히 필자에게 많은 지도 편달을 해주신 김정진 기술사님께 감사를 드립니다.

끝으로 이 책이 나오기까지 도움을 주신 성안당 관계자 여러분과 공부 때문에 함께 있지 못한 가족에게 깊은 감사를 표합니다.

Author Yoo Chang bum
Fire Protecting Engineer(P/E)

01 개요

건축물 등의 화재위험으로부터 인간의 생명과 재산을 보호하기 위하여 소방안전에 대한 규제대책과 제반시설의 검사 등 산업안전관리를 담당할 전문인력을 양성하고자 자격제도를 제정하였다.

02 수행직무

소방설비 종목에 관한 고도의 전문지식과 실무경험에 입각한 계획, 연구, 설계, 분석, 시험, 운영, 시공, 평가 또는 이에 관한 지도, 감리 등의 기술업무를 수행한다.

03 진로 및 전망

(1) 소방공사, 대한주택공사, 전기공사 등 정부투자기관, 각종 건설회사, 소방전문업체 및 학계, 연구소 등으로 진출할 수 있다.

(2) 지난 10년간 화재건수는 매년 연평균 10.2%씩 증가하여 '88년도에 12,507건이던 화재 발생이 '97년도에는 29,472건의 화재가 발생하여 '88년도보다 136%가 증가하였다. 또한, 경제성장에 따른 에너지 소비량의 증가와 각종 건축물의 대형화, 고층화 및 복잡 다양한 각종 내부인테리어로 인하여 화재는 계속 증가할 것이며, 1997년 후반기부터 건설업체에서 소방분야 도급을 받은 경우 소방설비 관련 자격증 소지자를 채용 의무화하는 등 증가요인으로 소방설비기술사에 대한 인력수요는 증가할 것이다.

04 취득방법

(1) 시행처 : 한국산업인력공단

(2) 관련 학과 : 대학 및 전문대학의 소방학, 소방안전관리학 관련 학과

(3) 시험과목 : 화재 및 소화이론(연소, 폭발, 연소생성물 및 소화약제 등), 소방수리학 및 화재역학, 소방시설의 설계 및 시공, 소방설비의 구조 원리(소방시설 전반), 건축방재(피난계획, 연기제어, 방화 · 내화 설계 및 건축재료 등), 화재, 폭발위험성 평가 및 안정성 평가(건축물 등 소방대상물), 소방관계법령에 관한 사항

(4) 검정방법

① 필기 : 단답형 및 주관식 논술형(교시당 100분 총 400분)

② 면접 : 구술형 면접시험(30분 정도)

(5) 합격기준 : 100점 만점에 60점 이상

05 출제경향

(1) 소방설비와 관련된 실무경험, 일반지식, 전문지식 및 응용능력
(2) 기술사로서의 지도 감리능력, 자질 및 품위 등 평가

06 출제기준

주요 항목	세부항목
1. 연소 및 소화 이론	① 연소이론 ㉠ 가연물별 연소특성, 연소한계 및 연소범위 ㉡ 연소생성물, 연기의 생성 및 특성, 연기농도, 감광계수 등 ② 화재 및 폭발 ㉠ 화재의 종류 및 특성 ㉡ 폭발의 종류 및 특성 ③ 소화 및 소화약제 ㉠ 소화원리, 화재 종류별 소화대책 ㉡ 소화약제의 종류 및 특성 ④ 위험물의 종류 및 성상 ㉠ 화재현상 및 화재방어 등 ㉡ 위험물제조소 등 소방시설 ⑤ 기타 연소 및 소화 관련 기술동향
2. 소방유체역학, 소방전기, 화재역학 및 제연	① 소방유체역학 ㉠ 유체의 기본적 성질 ㉡ 유체정역학 ㉢ 유체유동의 해석 ㉣ 관내의 유동 ㉤ 펌프 및 송풍기의 성능 특성 ② 소방전기 ㉠ 소방전기 일반 ㉡ 소방용 비상전원 ③ 화재역학 ㉠ 화재역학 관련 이론 ㉡ 화재확산 및 화재현상 등 ㉢ 열전달 등 ④ 제연기술 ㉠ 연기제어 이론 ㉡ 연기의 유동 및 특성 등

주요 항목	세부항목
3. 소방시설의 설계, 시공, 감리, 유지관리 및 사업관리	① 소방시설의 설계 ㉠ 소방시설의 계획 및 설계(기본, 실시설계) ㉡ 법적 근거, 건축물의 용도별 소방시설 설치기준 등 ㉢ 특정소방대상물 분류 등 ㉣ 성능위주설계 ㉤ 소방시설 등의 내진설계 ㉥ 종합방재계획에 관한 사항 등 ㉦ 사전 재난 영향성 평가 ② 소방시설의 시공 ㉠ 수계소화설비 시공 ㉡ 가스계소화설비 시공 ㉢ 경보설비 시공 ㉣ 소방용 전원설비 시공 ㉤ 피난 · 소화용수설비 시공 ㉥ 소화활동설비 시공 ③ 소방시설의 감리 ㉠ 공사감리 결과보고 ㉡ 성능평가 시행 ④ 소방시설의 유지관리 ㉠ 유지관리계획 ㉡ 시설점검 등 ⑤ 소방시설의 사업관리 설계, 시공, 감리 및 공정관리 등
4. 소방시설의 구조 원리	① 소화설비 소화기구, 자동소화장치, 옥내소화전설비, 스프링클러설비 등, 물분무 등 소화설비, 옥외소화전설비 ② 경보설비 단독경보형 감지기, 비상경보설비, 시각경보기, 자동화재탐지설비, 비상방송설비, 자동화재속보설비, 통합감시시설, 누전경보기, 가스누설경보기 ③ 피난설비 피난기구, 인명구조기구, 유도등, 비상조명등 및 휴대용 비상조명등

주요 항목	세부항목
4. 소방시설의 구조 원리	④ 소화용수설비 상수도 소화용수설비, 소화수조 · 저수조, 그 밖의 소화용수설비 ⑤ 소화활동설비 제연설비, 연결송수관설비, 연결살수설비, 비상콘센트설비, 무선통신보조설비, 연소방지설비
5. 건축방재	① 피난계획 ㉠ RSET, ASET, 피난성능평가 등 ㉡ 피난계단, 특별피난계단, 비상용 승강기, 피난용 승강기, 피난안전구역 등 ㉢ 방 · 배연 관련 사항 등 ② 방화 · 내화 관련 사항 ㉠ 방화구획, 방화문 등 방화설비, 관통부, 내화구조 및 내화성능 ㉡ 건축물의 피난 · 방화구조 등의 기준에 관한 규칙 ③ 건축재료 ㉠ 불연재, 난연재, 단열재, 내장재, 외장재 종류 및 특성 ㉡ 방염제의 종류 및 특성, 방염처리방법 등
6. 위험성 평가	① 화재폭발위험성 평가 ㉠ 위험물의 위험등급, 유해 및 독성기준 등 ㉡ 화재위험도분석(정량 · 정성적 위험성 평가) ㉢ 피해저감대책, 특수시설 위험성 평가 및 화재안전대책 ㉣ 사고결과 영향분석 ② 화재 조사 ㉠ 화재원인 조사 ㉡ 화재피해 조사 ㉢ PL법, 화재영향평가 등
7. 소방 관계 법령 및 기준 등에 관한 사항	① 소방기본법, 시행령, 시행규칙 ② 소방시설공사업법, 시행령, 시행규칙 ③ 화재의 예방 및 안전관리에 관한 법률, 시행령, 시행규칙 ④ 소방시설 설치 및 관리에 관한 법률, 시행령, 시행규칙 ⑤ 화재안전성능기준, 화재안전기술기준 ⑥ 위험물안전관리법, 시행령, 시행규칙 ⑦ 초고층 및 지하연계 복합건축물 재난관리에 관한 특별법, 시행령, 시행규칙 ⑧ 다중이용업소의 안전관리에 관한 특별법, 시행령, 시행규칙 ⑨ 기타 소방 관련 기술기준 사항(예 : NFPA, ISO 등)

암기비법

반복과 연상기법을 다음과 같이 바로 실행하여 끊임없이 적극적으로 실천한다.

01 자기 전에 그날 공부한 내용을 1문제당 2분 이내로 빠른 시간 내에 소리 내어 읽어본다.

02 다음날 일어나서 다시 한번 전날 학습한 내용을 되새기며 형광펜으로 밑줄 친 내용을 읽어본다.

03 학습 전 어제와 그제 공부한 내용을 반드시 30분 정도 되새겨 본다.

04 스마트폰에 본인이 공부한 내용을 촬영하여 화장실이나 대중교통 이용 시 반복하여 읽는다.

05 업무 중 휴식시간에 자신이 학습한 내용을 연상하며 되새겨본다.

06 직장동료들이나 가족들 간의 대화에도 면접에 필요한 논리적인 대화를 할 수 있도록 자신이 학습한 내용을 가능하면 상대방에게 설명할 수 있도록 훈련한다.

※ 기술사 2차 시험은 면접시험으로 언어능력 특히 표현력이 부족하여 곤란한 경우가 많으므로 평상시에 연습해두어야 한다.

시험지침

01 시험장 입장

(1) 오전 8시 30분(가능한 대중교통 이용)

(2) 준비물 : 점심(초콜릿, 생수, 비타민, 껌 등), 공학용 계산기, 원형 자, 필기도구(검정색 4개), 신분증, 수험표 등

02 시험 시작

(1) 1교시 : 9:00~10:40(100분) → 13문제 중 10문제 필수 기록
- 20분간 휴식 : 이 시간에 본인이 기록한 것을 스피드하게 전체적으로 본다.

(2) 2교시 : 11:00~12:40(100분) → 6문제 중 4문제 필수 기록
- 점심 시간 : 12:40~13:30 외부 점심 금지, 초클릿 4개 정도와 생수 3개
- 10분간 휴식 : 이 시간 중 본인이 기록한 것을 스피드하게 전체적으로 본다.

(3) 3교시 : 13:40~15:20(100분) → 6문제 중 4문제 필수 기록
- 20분간 휴식 : 이 시간 중 본인이 기록한 것을 스피드하게 전체적으로 본다.

(4) 4교시 : 15:40~17:20(100분) → 6문제 중 4문제 필수 기록
- 시험이 끝난 후 조용히 집으로 귀가하여 시험 본 기억을 꼼꼼히 기록한다.

01 답안지 작성방법

(1) 답안지는 230mm×297mm 전체 양면 14페이지로 22행 양식임(용지가 매우 우수한 매끄러운 용지임)

(2) **필기도구** : 검정색의 1.0mm 또는 0.5~0.7mm 볼펜이나 젤펜 사용(본인의 감각에 맞게 선택)

(3) **1교시 답안지 작성법** : 답안지 작성 전에 전략을 세우는데 10문제를 선택하여 목차를 문제지나 답안지 양식의 제일 앞장에 간단히 기록한다.
→ 답안지 양식에 신속히 기록(25점 형태로 오버페이스 금지)하되 잘못 기재한 내용이 있으면 두 줄 긋고 진행한다.

(4) **2~4교시 답안지 작성법** : 답안지 작성 전에 전략을 세우는데 4문제를 선택하여 목차를 문제지나 답안지 양식의 제일 앞장에 간단히 기록한다.
→ 답안지 양식에 신속히 기록(25점 형태로 오버페이스 일부 가능)하되 잘못 기재한 내용이 있으면 두 줄 긋고 진행한다.

02 답안 작성 노하우

기술사 답안은 논리적 전개가 확실한 기획서와 같은 형식으로 작성하면 효율적이다.

다음은 기본적인 답안 작성방법으로 문제 형식에 맞춰 응용하며 연습하면 완성도 높은 답안을 작성할 수 있을 것이다.

(1) **서론** : 개요는 출제의도를 파악하고 있다는 것이 표현되도록 핵심 키워드 및 배경, 목적을 포함하여 작성한다.

(2) **본론**

① 제목 : 제목은 해당 답안의 헤드라인이다. 어떤 내용을 주장하는지 알 수 있도록 작성한다.

② 답변 : 문제에서 요구하는 내용은 꼭 작성하여야 하며, 필요에 따라 사례 및 실무 내용을 포함하도록 작성한다.

③ 문제점 : 내가 주장하는 논리를 펼 수 있는 문제점에 대하여 작성하도록 하며, 출제 문제에 해당하는 정책, 법적 사항, 이행사항, 경제 · 사회적 여건 등 위주로 작성한다.

④ 개선방안 : 작성한 문제점에 대한 개선방안으로 작성한다.

※ 본론 전체의 내용은 다음을 염두에 두고 작성한다.

- 내가 주장하는 바의 방향이 맞는가
- 각 내용이 유기적으로 연계되어 있는가
- 결론을 뒷받침할 수 있는 내용인가

(3) **결론** : 전문가의 식견(주장)이 담긴 객관적인(과도한 표현 지양) 문장이 되도록 작성하며, 본론에서 제시한 내용에 맞게 작성한다.

03 답안 작성 시 체크리스트

기술사 답안 작성 후 다음 항목들을 체크해본다면 답안 작성의 방향을 설정할 수 있을 것이다.

☑ 출제의도를 파악했는가?
☑ 문제에 대한 다양한 자료를 수집하고 이해했는가?
☑ 두괄식으로 답안을 작성했는가?
☑ 나의 논지가 담긴 소제목으로 구성했는가?
☑ 가독성 있게 핵심 키워드와 함축된 문장으로 표현했는가?
☑ 전문성(실무내용)있는 내용을 포함했는가?
☑ 적절한 표 or 삽도를 포함했는가?
☑ 논리적(스토리텔링)으로 답안을 구성했는가?
☑ 논지를 흩트리는 과도한 미사여구가 포함됐는가?
☑ 임팩트 있는 결론인가?
☑ 나만의 답안인가?

04 답안지 작성 시 글씨 쓰는 요령

(1) 세로획은 똑바로, 가로획은 약 25도로 우상향하는 글씨체로 굳이 정자체를 고집할 이유 없고 채점자들이 알 수 있는 얌전한 글씨체를 쓴다. 그리고 세로획이 자기도 모르게 다른 줄을 침범하는 경우가 있는데, 채점자에게 안 좋은 이미지를 줄 수 있다. 또한, 가로로 작성하다 보면 답안지 양식의 테두리를 벗어나는 경우에도 채점자에게 안 좋은 이미지를 줄 수 있다.

(2) 글씨의 크기와 작성

① 답안지 양식에서 가로 줄 사이에 글을 정중앙에 쓴다.
② 수식은 두 줄을 이용하여 답답하지 않게 쓴다.
③ 그림의 크기는 5줄 이내로 나타낸다.
④ 복잡한 표는 시간이 많이 소요되므로 간략한 표로 나타낸다.

[답안지 양식]

아래한글에서 다음 답안지 양식을 인쇄하여 답안지를 작성하는 연습을 한다.

위 : 20mm, 머리말 : 8.0mm, 왼쪽 : 21.0mm, 오른쪽 : 25.0mm, 제본 : 0.0mm, 꼬리말 : 3.0mm, 아래쪽 : 15.0mm(A4용지)

[답안지 작성 예]

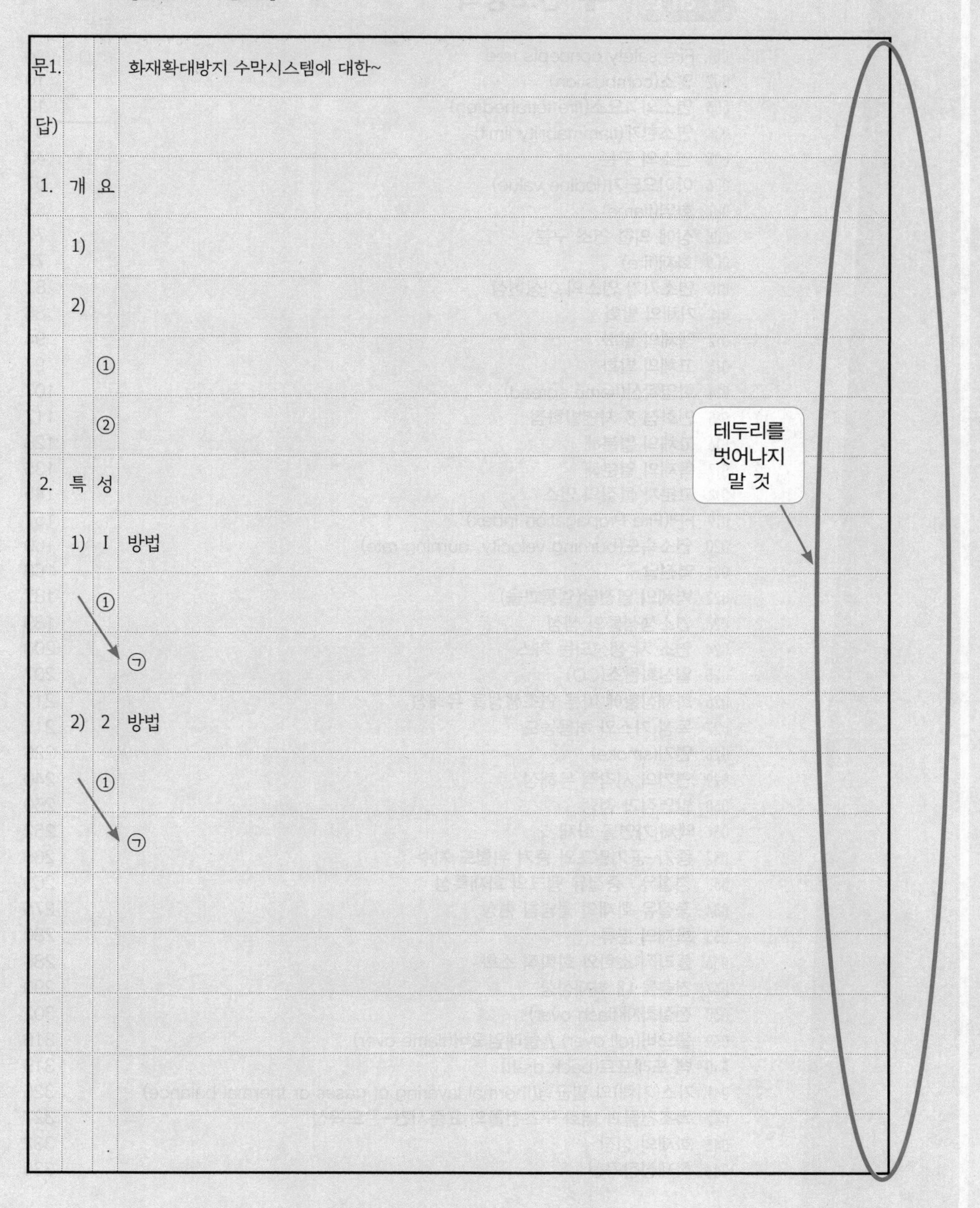

차례

Part 4 연소공학

Part 5 건축방재

Part 6 피난

Professional Engineer Fire Protection

소방기술사

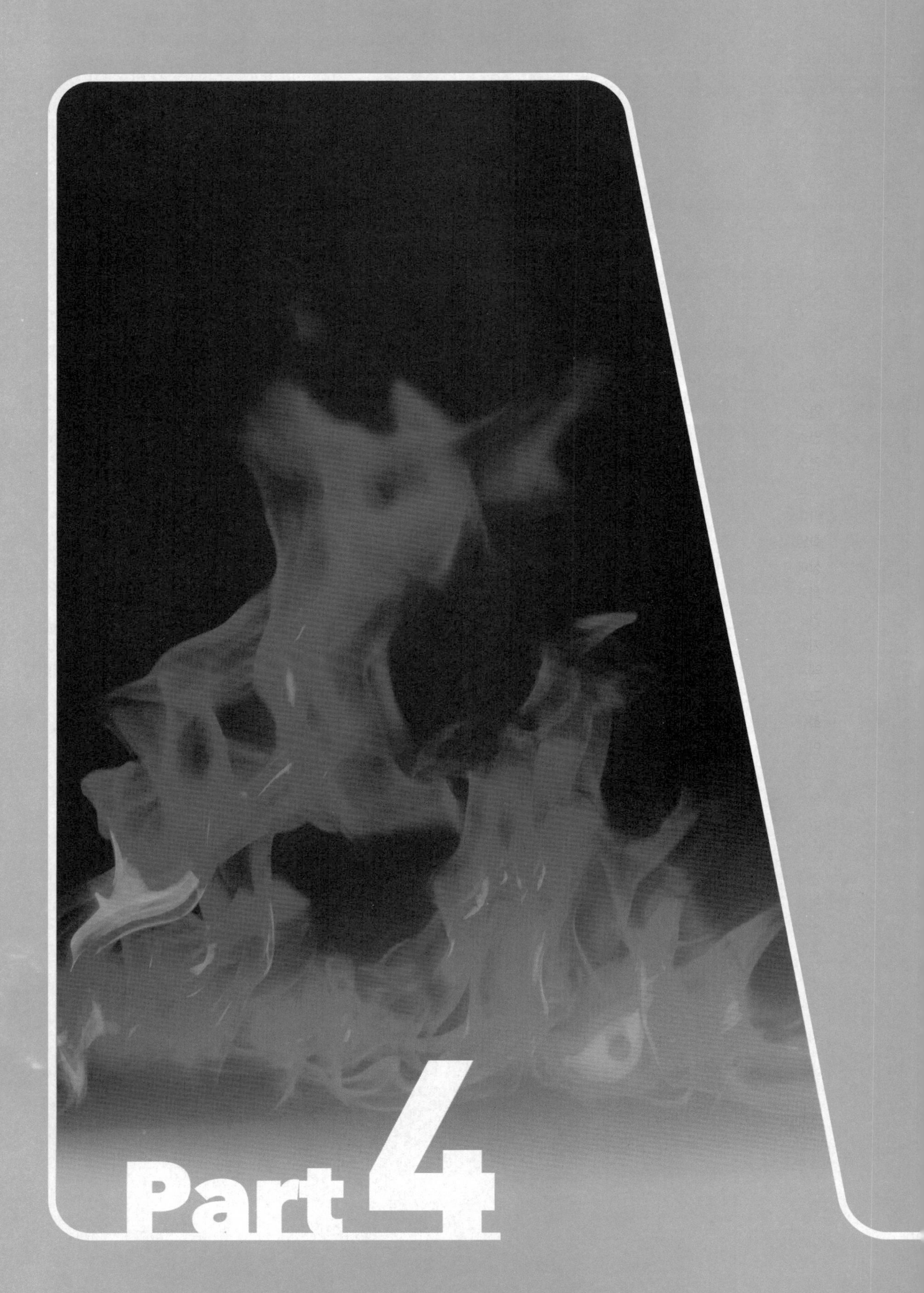

Part 4

연소공학

SECTION

SECTION

SECTION 001

Fire safety concepts tree

01 화재 안전 전략에 관한 Tree

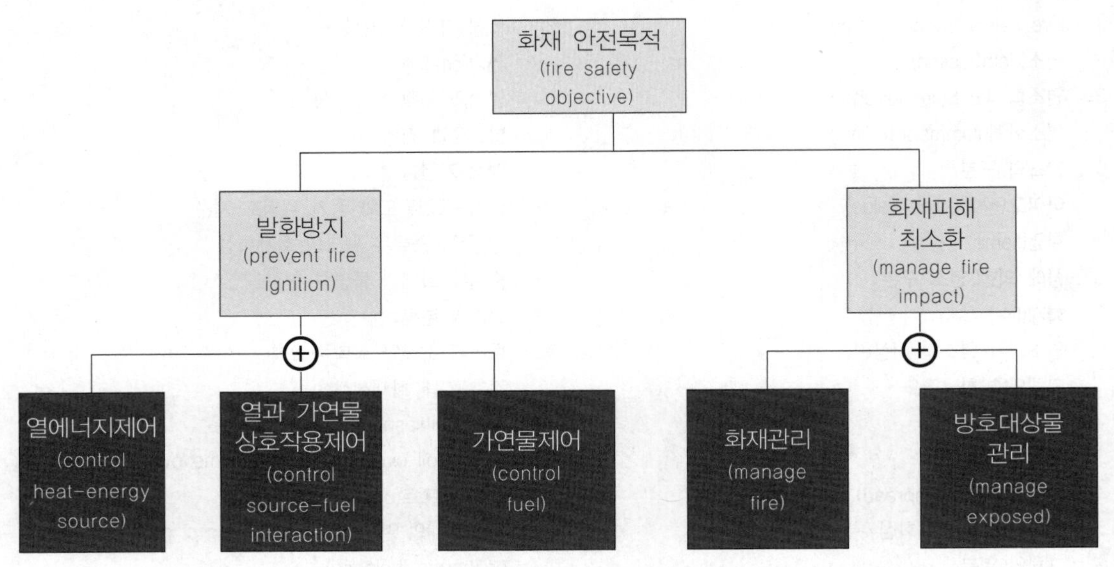

FPH CHAPTER 9 1-160 FIGURE 1.9.2 Principal branches of the fire safety concepts tree

⊕ : or, ⊙ : and

02 발화방지에 관한 Tree

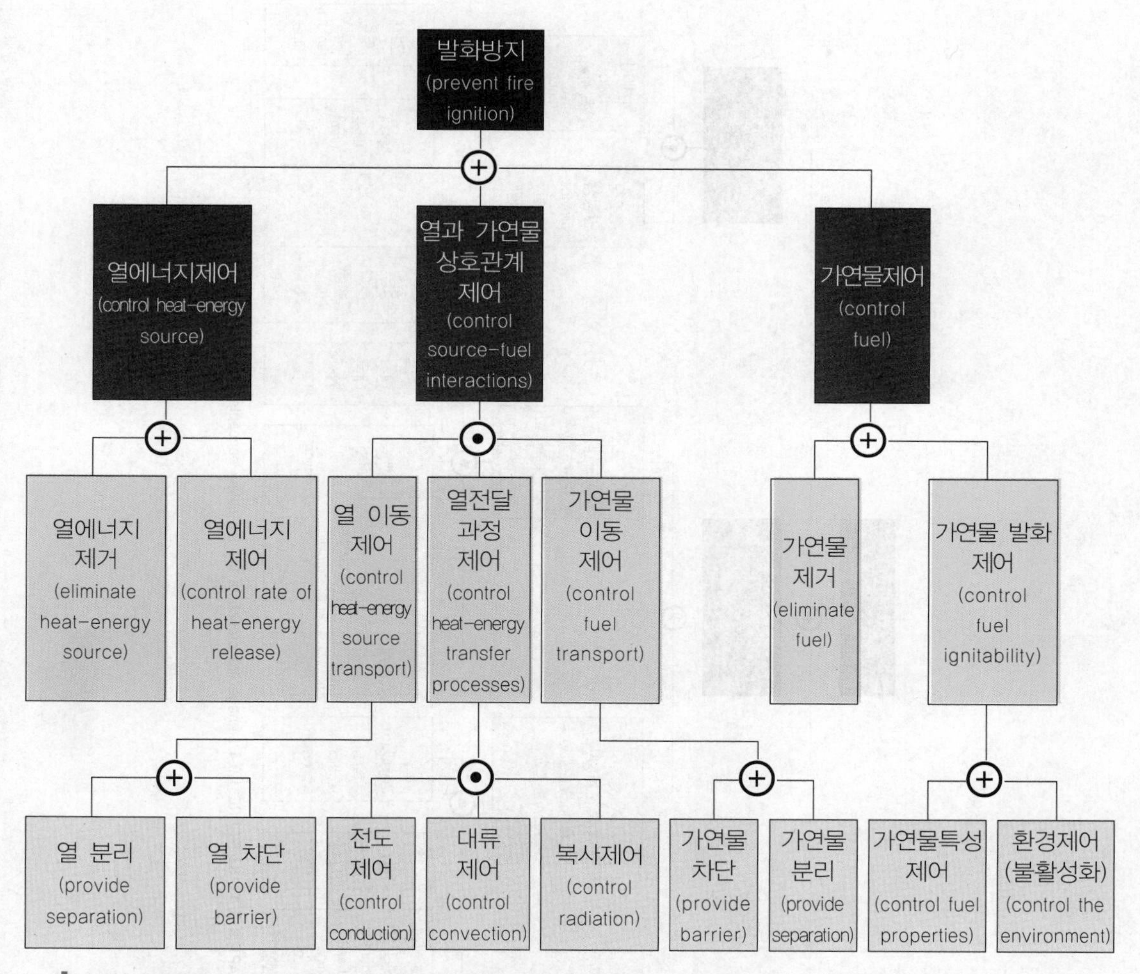

▍FPH CHAPTER 9 1-162 FIGURE 1.9.3 Prevent fire Ignition branch of the fire safety concepts tree ▍

03 화재관리에 관한 Tree

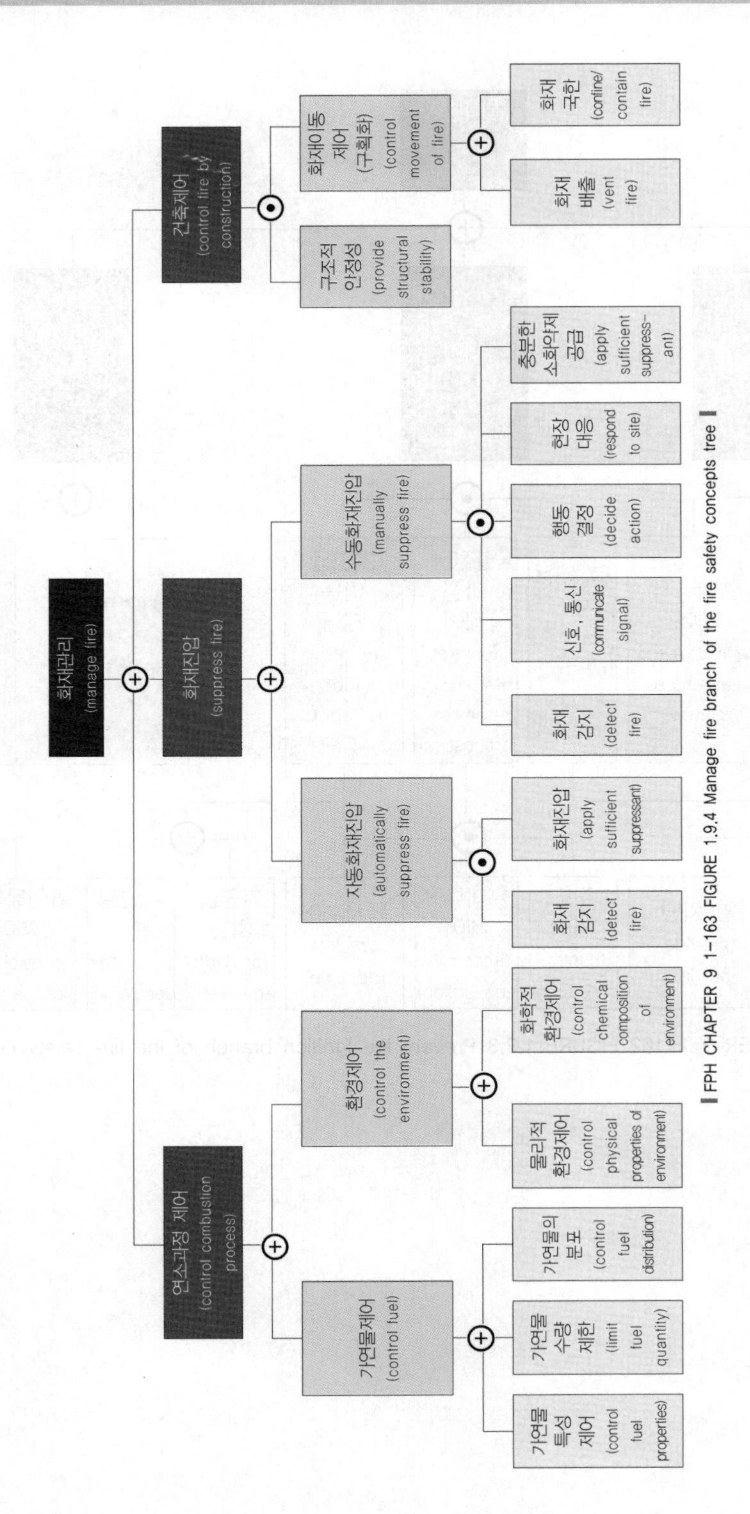

▎FPH CHAPTER 9 1-163 FIGURE 1.9.4 Manage fire branch of the fire safety concepts tree▐

04 피난자 관리에 관한 Tree

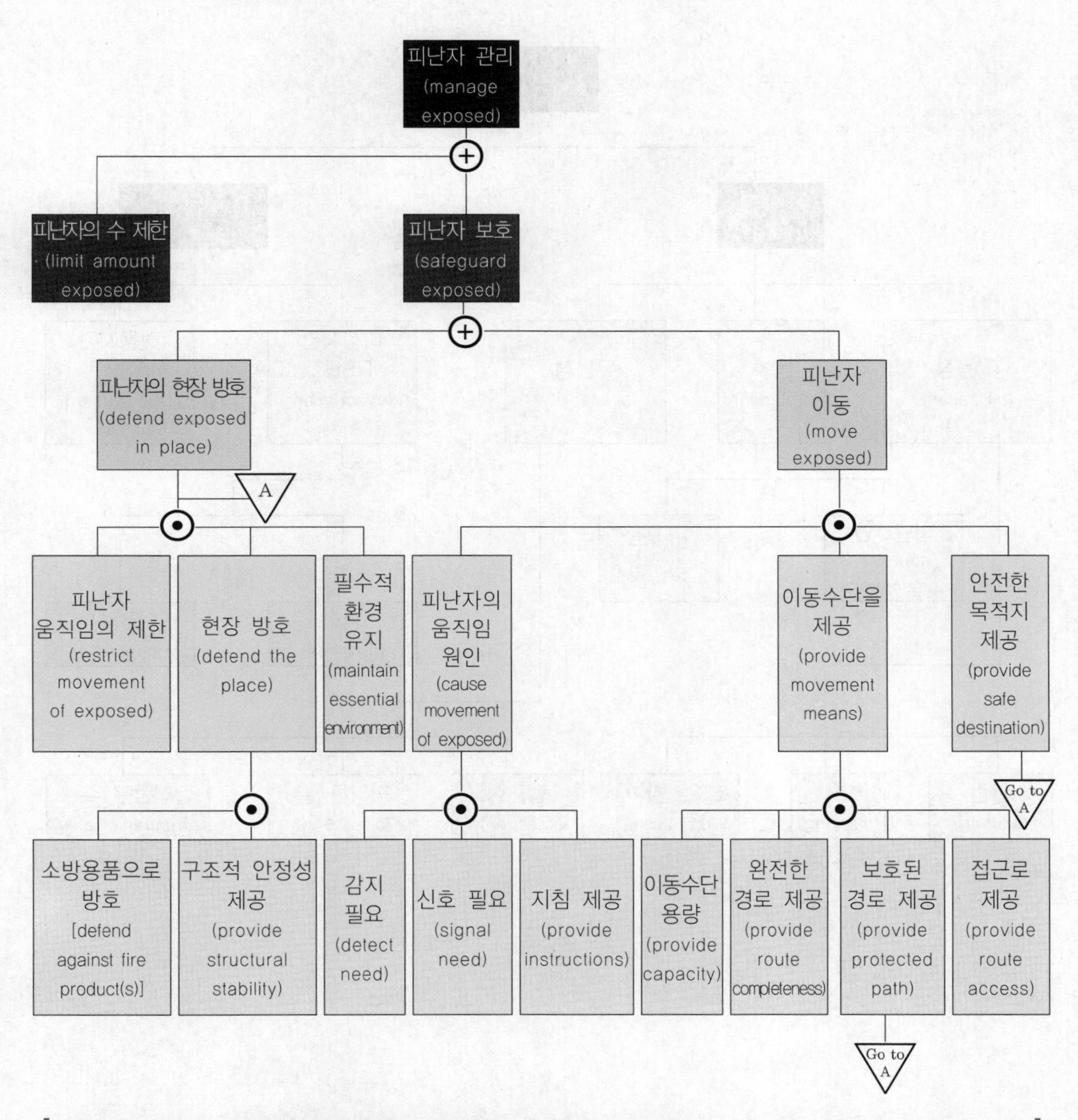

▌FPH CHAPTER 9 1-168 FIGURE 1.9.5 Manage exposed branch of the fire safety concepts tree (▽ = transfer/entry point) ▌

05 피난에 관한 Tree

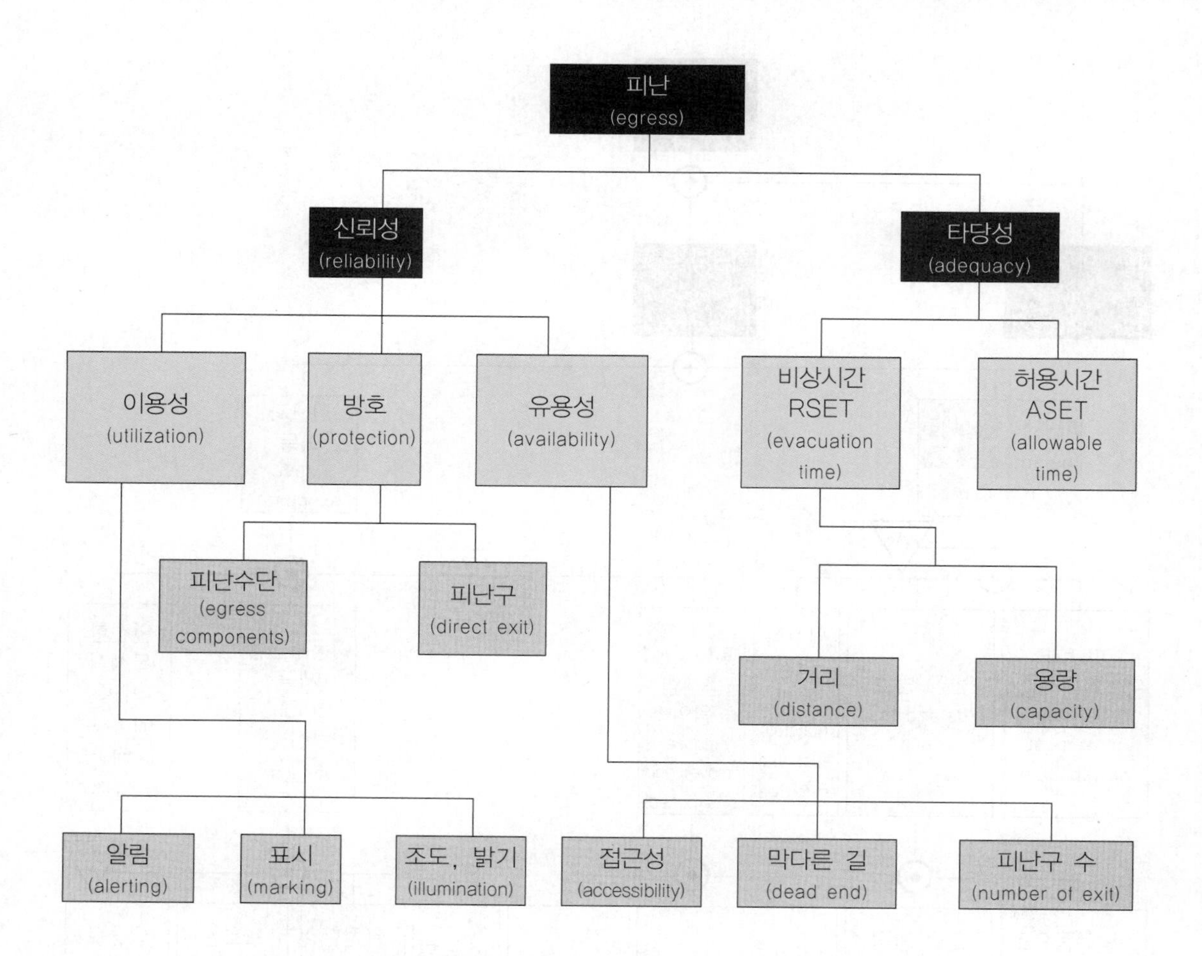

06 연소공학에 관한 Tree

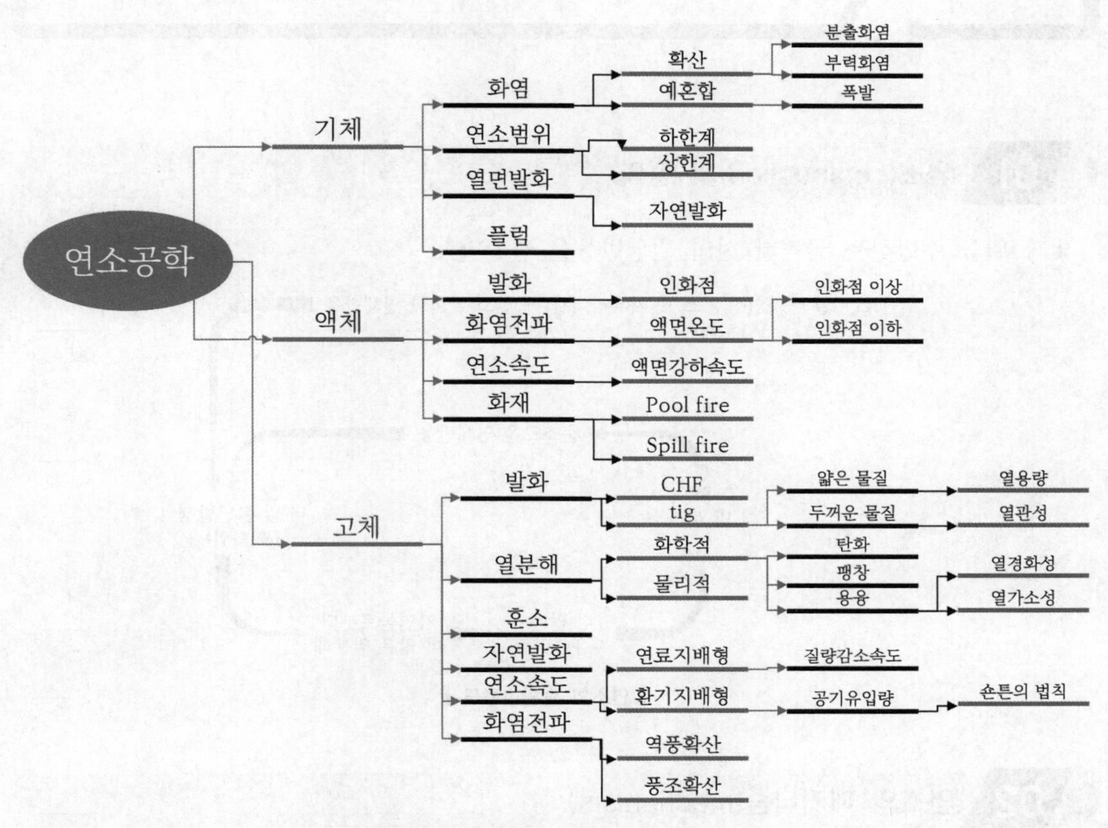

▌연소공학에 관한 맵핑 ▌

SECTION 002 연소(combustion)

01 연소(combustion)의 정의

빛과 열을 수반하는 급격한 산화 발열반응을 말한다.

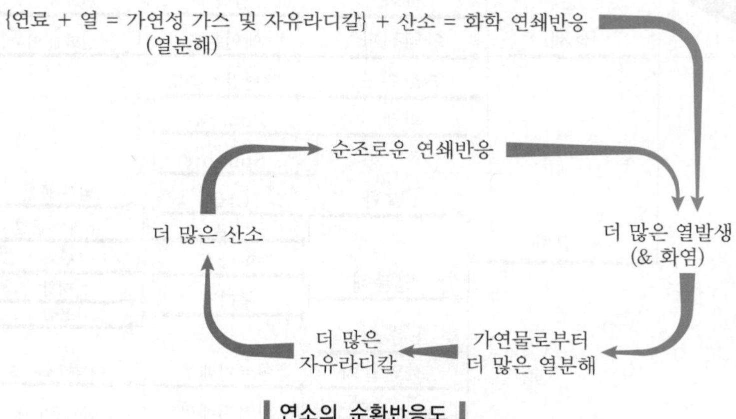

연소의 순환반응도

02 연소의 메커니즘(mechanism)

(1) 원인계(반응계)에서 생성계로의 물질 변화 : 가연물

1) 기체 : 분자 간의 힘이 영향이 없으므로 산소와 섞여 바로 에너지만 공급되면 반응이 가능하다.

2) 액체 : 분자 간의 힘을 끊기 위해 에너지 공급에 의한 기상화가 필요(라디칼 생성)하다.

3) 고체

① 열의 공급을 통해 분자 간의 힘이나 분자 내의 힘을 끊을 수 있는 에너지가 공급되면 힘을 끊어 버리는 열분해(pyrolysis)가 발생한다.

② 열분해 때문에 분자 간과 분자 내의 힘이 끊어지면서 각종 라디칼이 발생한다.

③ 라디칼 상태가 되면 불안정하고 반응성이 큰 상태가 되어 조건만 주어진다면 화학반응이 발생한다.

1. **열분해**(pyrolysis) : 열에 의해서 한 화합물을 하나 이상의 다른 물질로 변환시키는 것으로, 열분해는 종종 연소에 선행한다.

2. **라디칼(radical)** : 자유라디칼(free radical)이라고도 하며 전자쌍을 가지지 않는 원자가전자

(2) 혼합(mixing) : 가연물+공기

1) 산소

① 일반적인 유기물은 전자의 스핀 방향이 서로 반대로 상쇄되는 데 반해서 활성 산소는 같은 방향이다.

② 산소분자 자체는 반응성이 작다. 하지만 에너지를 공급해서 산소의 전자스핀 방향이 서로 같아지면 활성산소가 되고 이는 홀전자를 2개나 가지고 있는 Diadical(이중 라디칼) 구조이다.

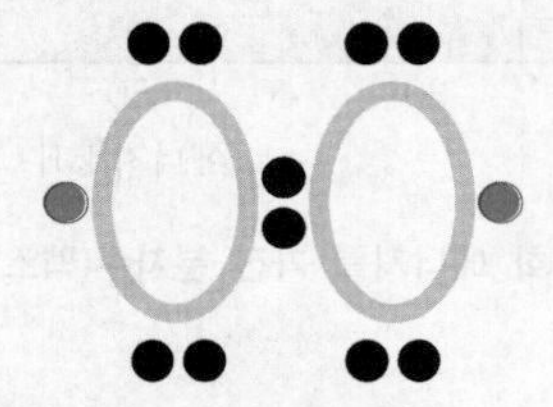

▌산소분자(2중 라디칼)▐

2) **연소범위** : 가연성 가스와 공기가 혼합되며 연소반응에 적합한 농도를 형성한다.

3) 혼합물(mixture)의 상태에 따른 분류(NFPA 68)

① 최적 혼합물(optimum mixture) : 특정 측정량에서 연소속도가 가장 빠르거나 최소 발화 에너지의 최저치를 갖거나, 최대 폭연압력을 발생하는 가연물과 산화제의 특정 혼합물의 농도이다.

② 화학양론적 혼합물(stochiometric mixture) : 가연물을 완전 연소(반응 후 반응물질이 남지 않는 연소)하기에 충분한 산화제 농도에서 가연성 물질과 산화제 혼합물의 농도이다.

③ 이종 혼합물(hybrid mixture) : 가연물(분진+가연성 가스)이 산소와 섞여 있고 그 중 가연성 가스의 농도가 그 가스 농도 LFL의 10[%] 이상이면 우리가 알고 있는 연소범위보다 더 낮은 상태에서 연소가 가능하다.

(3) 활성화 에너지(activation energy)

1) **정의** : 충돌하는 가연물과 산소분자가 화학적 상호작용을 하기 위해서 가져야만 하는 최소 에너지(NFPA 53)

2) **활성화 에너지를 가진 분자수 증가** : 화학반응에 참여하는 개체수가 증가하고 이로 인해 화학반응이 활발하게 이루어지게 된다는 것을 의미한다.

3) **화학반응의 조건** : 활성화 에너지보다 더 큰 에너지(온도)를 가지고 유용한 충돌을 할 경우

① 다음 그림과 같이 온도 T의 경우에 비해 $T+10$[℃]를 상승시킬 때 활성화된 분자수가 많이 증가한다.

② 활성화된 분자수에 의해서 화학반응이 이루어짐으로써 온도가 상승할수록 화학 반응 속도는 증대된다.

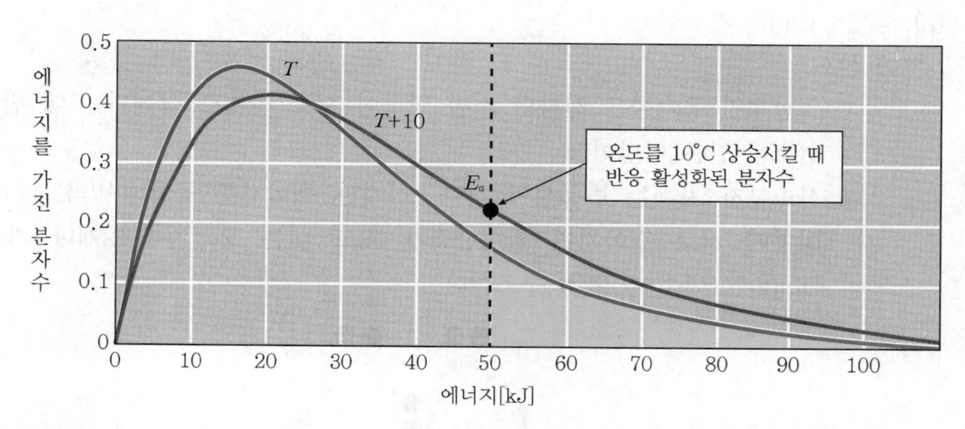

▌온도 증가에 따른 활성화 에너지를 가진 분자수(맥스웰-볼츠만의 분자 운동 에너지 분포)▐

4) 전이상태(transition state)

① 정의 : 활성화 에너지 이상을 가지고 연소라는 화학반응을 할 수 있는 최고의 에너지 상태를 말한다.

② 활성화물(activated complex) : 전이상태에 있는 높은 에너지의 중간체로 순간적으로 존재하다가 곧 반응물로 돌아가거나 생성물이 된다.

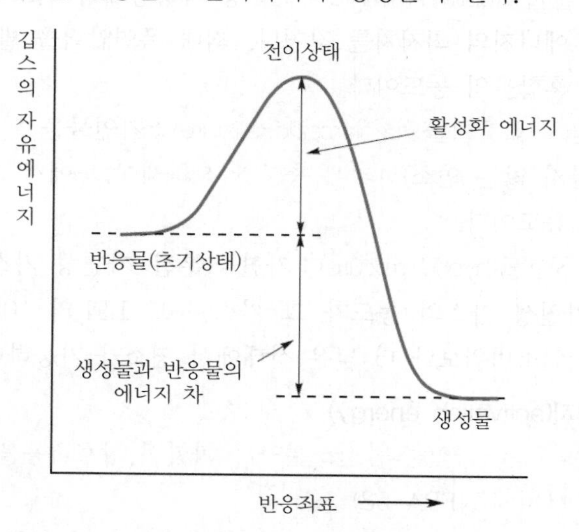

▌반응물의 반응 전후의 에너지▐

③ 분자가 활성화물을 넘으면 반응은 저절로 지속된다.

④ 반응물은 전이상태의 불안정한 고에너지를 계 밖으로 방출하고 안정된 상태를 유지하고자 한다.

⑤ 활성화물을 넘기 위한 활성화 에너지의 크기가 화학반응의 속도를 결정(작을수록 반응성이 증대)한다.

(4) 연소반응 생성물 발생

1) 발열반응 : 물질이 에너지를 방출하고 안정된 상태이자 엔트로피가 증가하는 방향으로 진행된다.

① $G = H - (T \cdot S)$

여기서, G : 깁스의 자유에너지[J]
H : 엔탈피[J]
T : 절대온도[K]
S : 엔트로피[J/K]

② 상태함수(state function) : 화학반응이 자발적인지 아닌지를 나타내는 함수로, 깁스의 자유에너지가 0보다 작으면 화학반응은 자발적이다.

㉠ 음의 방향(외부로 에너지를 방출하는 방향)이 에너지를 낮춤으로써 안정화되므로 이것이 더 자발적인 화학반응의 형태이다.

㉡ 화학반응의 진행 : 엔탈피(H)가 감소하고 엔트로피(S)가 증가하는 방향으로 진행된다.

③ 연소 엔탈피 : 주어진 압력 및 온도에서 완전연소가 발생할 때 반응물과 생성물의 엔탈피 차이

$$H_{RP} = H_P - H_R$$

여기서, H_{RP} : 연소 엔탈피[J/g]
H_P : 반응물의 엔탈피[J/g]
H_R : 생성물의 엔탈피[J/g]

④ 연소열(ΔH_C) 130 · 128회 출제

㉠ 정의 : 단위질량의 가연물(25[℃], 대기압)이 완전히 산화되었을 때 방출하는 전체 열량

㉡ 발열량(HV, heating value) : 표준 상태(0[℃], 1[atm])에서 가스가 완전연소할 때 발생하는 열량으로 kcal/Nm^3, kJ/Nm^3, kcal/kg, MJ/kg 등의 단위가 사용된다. 봄베열량계(bomb calorimeter)를 사용하여 측정한다.

㉢ 발열량의 종류

구분	총발열량(고위 발열량, higher heating value)	진발열량(저위 발열량, lower heating value)
정의	연소생성물인 H_2O가 액체 상태이면 발생하는 총열량	연소생성물인 H_2O가 수증기(기체) 상태이면 발생하는 총열량
의미	열량계로 측정한 열량	실제로 이용 가능한 열량

구분	총발열량(고위 발열량, higher heating value)	진발열량(저위 발열량, lower heating value)
공식	고위 발열량=증발잠열+저위 발열량	고위 발열량-증발잠열(44[kJ/mol], 25[℃])=저위 발열량
소방	열량계로 측정하여 저위 발열량을 산출함	연소와 관련된 경우는 연소생성물을 기체 상태로 보고 계산하기 때문에 저위 발열량을 적용함

1. 탄화수소류의 기체 가연물은 연소 시 산소와 결합하여 연소가스를 배출하고 수증기를 생산하게 된다. 그때 발생한 수증기는 응축이 되지 않지만, 연소 가스의 최초 온도까지 내릴 때를 가정하면 수증기는 응축되고 응축되면 열을 발산하게 된다(물을 수증기로 만들 때는 열을 가해야 하고 응축시킬 때에는 열을 빼야 하는 원리와 같음). 이때의 응축 열량까지 합한 열량을 고위 발열량이라고 말한다.
2. 통상 고체와 액체 가연물의 경우 열량 계산을 저위 발열량을 기준으로 한다. **고체나 액체 가연물의 경우 가연물을 기화시켜 연소시키기 위하여 가연물 중에 함유된 수분을 증발시켜야 한다. 액체 상태에서 기체 상태로 상변화를 시키기 위해서는 수분의 증발열이 필요하게 된다. 이처럼 수분의 증발열을 뺀 실제로 사용되는 가연물의 발열량을 저위 발열량이라 한다.**

예 물의 증발잠열 : 539[kcal/kg], 100[℃], 1[kcal]=4.186[kJ/kg]

$C_3H_8 + 5O_2 \rightarrow 3CO_2 + 4H_2O + \Delta H_C$

여기서, $H_2O(l)$가 액체 상태면 ΔH_C : -2,088[kJ/mol](고위 발열량)이고, $H_2O(g)$가 기체 상태면 ΔH_C : -2,044[kJ/mol](저위 발열량)이다.

발열량 계산식

구분	공식
고체연료	저위 발열량=고위 발열량-600×(9×H+W) 발열량[kcal/kg], H : 수소함량, W : 수분함량, 600 : 물의 증발잠열[kcal/kg]
액체연료	고위 발열량=8,100×C+34,000×(H-O/8)+2,500×S 발열량[kcal/kg], H : 수소함량, C : 탄소함량, O : 산소함량, S : 황함량, H-O/8 : 유효수소(O/8 : 무효수소)
기체연료	저위 발열량[kcal/m^3]=고위 발열량-480×(기체연료의 완전연소 시 연료 1몰당의 물의 발생몰수)

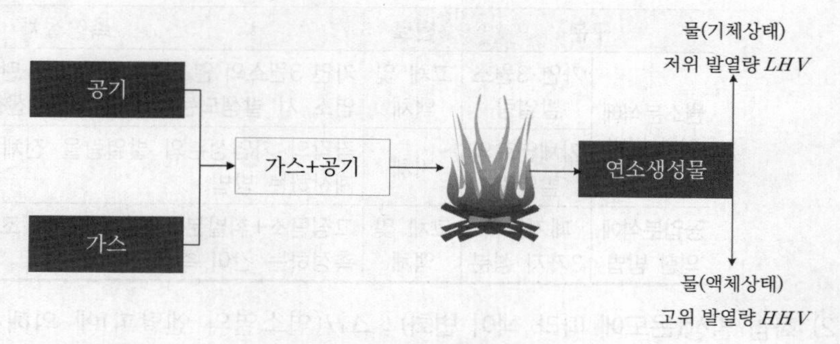

▌발열량의 개념▐

㉣ $LHV = HHV - \dfrac{n_w \times m_w}{n_f \times m_f} \times h_{fg}$

여기서, LHV : 저위 발열량[kJ/kg]
HHV : 고위 발열량[kJ/kg]
m_w : 물의 몰질량[kg/kmol]
m_f : 연료의 몰질량[kg/kmol]
n_w : 물의 몰수[kmol]
n_f : 연료의 몰수[kmol]
h_{fg} : 25[℃]에서의 물의 증발잠열(=2,440[kJ/kg])

㉤ 발열량 측정방법

구분		연료	측정절차
열량계에 의한 방법	봄베열량계	고체 및 액체	• 1[g]의 시료를 용기에 넣고 전원에 의해 순수 산소 20 ~ 35 기압에서 점화 • 연소된 시료에 의해 발생한 열이 봄베를 둘러싼 물을 가열 • 온도 상승됨을 연속적으로 측정하여 발열량 측정
	윤켈스식 유수형 열량계	기체	• 1[L]의 시료가스를 일정한 압력하에서 공기와 함께 연소 • 연소생성물을 최초의 가스 온도까지 냉각시키며 발생한 열의 총량을 물로 흡수 • 시료가스량, 유수량, 유수의 온도 증가로부터 발열량 계산 • 보정 후 표준상태에 있어서의 건조가스 1[m^3]의 발열량을 산출한 [kcal]로 표시한 값으로 고위 발열량 산출, 저위 발열량은 고위 발열량으로부터 응축수의 응축잠열을 감하여 산출함
	시그마 열량계	기체	2중의 동심원에 배제된 금속제의 팽창제를 일정 조건의 가스로 가열하여 금속을 팽창시키면서 온도의 변화에 따른 상호 위치가 달라지는 원리로 발열량을 측정하는 방법

구분		연료	측정절차
원소분석에 의한 방법	가연 3원소 발열량	고체 및 액체	가연 3원소의 연소열을 기본으로 탄소(C), 수소(H), 황(S)의 연소 시 발생되는 열량을 각각 산출하는 방법
	기체연료의 발열량	기체	각각의 가연성분의 발열량을 전체 합산하여 발열량으로 계산하는 방법
공업분석에 의한 방법	폐기물의 3가지 성분	고체 및 액체	고정탄소+휘발분, 수분, 회분의 조성비를 통해 발열량을 측정하는 간이 측정방법

2) 화염 발생(온도에 따라 색이 변화) : ΔH(연소열의 엔탈피)에 의해서 결정된다.
   연소 시 발생하는 에너지 크기에 따라 빛의 방출 파장이 다르므로 온도에 따른 색의 차이가 발생[빈의 법칙(Wien's law)]한다.
   ① 암적색(진홍색) : 700 ~ 750[℃]
   ② 적색 : 850[℃]
   ③ 휘적색(주황색) : 925 ~ 950[℃]
   ④ 황적색 : 1,100[℃]
   ⑤ 백적색(백색) : 1,200 ~ 1,300[℃]
   ⑥ 휘백색 : 1,500[℃]
3) 연소생성물 발생 : 이산화탄소(CO_2), 물(H_2O), 기타 불완전연소생성물 등
4) 연기 발생

SECTION

003 연소의 4요소(fire tetrahedron)

01 개요

(1) 가연물이 연소하기 위해서는 산소를 공급하는 산소 공급원 및 활성화 에너지(점화원)가 있어야만 정상적인 연소의 화학반응을 유지할 수 있다. 이를 연소의 3요소라 하며 3요소는 화재가 시작되는 필수 요소이다.

(2) 또한, 연소의 3요소에 화학적인 연쇄반응을 합하여 연소의 4요소라 하며, 이는 화재가 지속할 수 있는 필수 요소이다. 화재 4요소 중에 하나만 제거해도 화재는 더 이상 진행되지 못하고 소화된다.

(3) 대부분의 연소에서는 가연성 가스와 산소가 기체상태가 되었을 때 반응성이 높아 화학반응이 쉽게 이루어짐으로써 액체 가연물이나 고체 가연물은 기상화되는 증발 또는 열분해가 사전에 필요하다.

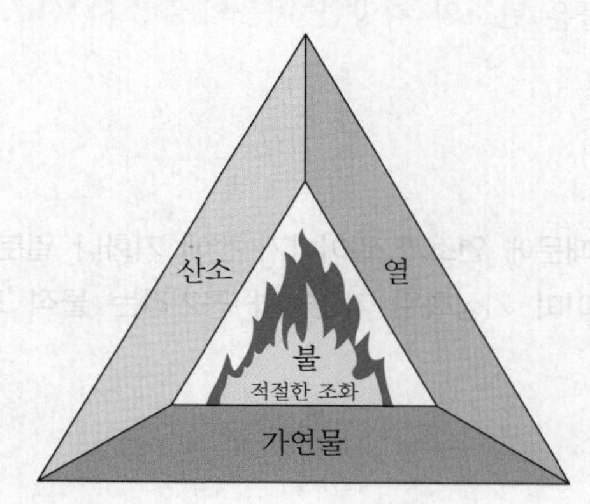

▌연소의 3요소(fre triangle) = 화재의 시작 ▌

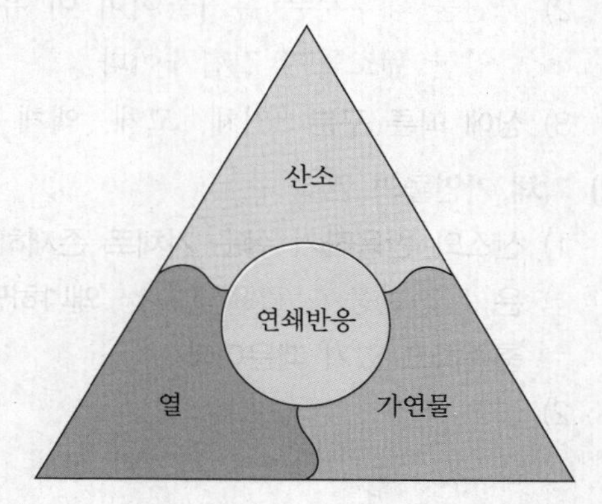

▌연소의 4요소(fire tetrahedron) = 화재의 지속 ▌

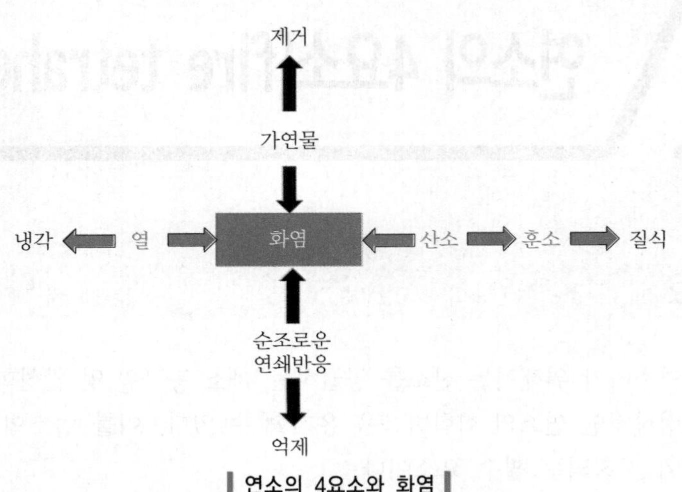

▌연소의 4요소와 화염▐

02 가연물

(1) 개요

1) 정의 : 연소할 수 있는 모든 물질

2) 가연물 대부분은 유기물이며 이 유기물은 탄소와 다양한 비율의 수소와 산소 또는 다양한 원소들의 결합체이다.

3) 상에 따른 구분 : 기체, 고체, 액체

(2) 기체 가연물의 연소

1) 산소와 반응하기 쉬운 기체로 존재하기 때문에 연소가 일어나기 전에 기화나 열분해 같은 사전반응이 필요 없다. 왜냐하면, 이미 기상화된 가연물과 공기라는 물적 조건을 충족하고 있기 때문이다.

2) 물적 조건

① 공기와 적절하게 혼합된 상태

② 적정한 가연물의 양

3) 에너지 조건 : 점화원

(3) 고체나 액체 가연물의 연소

가연물의 표면에 열이 공급되어 열분해되거나 증발하여 생성된 가연성 증기영역에서 연소반응이 발생한다.

1) 기상화

① 증발 : 주로 액체류(일부 고체)

② 열분해 : 액체, 고체 가연물이 기체 생성물로 전이

③ 연소범위 : 공기와 적절한 혼합상태

2) 에너지 조건 : 열원(energy source)

① 열원이 가연물을 가열해서 가연성 증기를 생성할 수 있는 온도까지 상승시킴으로써 연소가 가능한(화학반응이 쉬운) 고에너지 환경이다.

② 열원 자체가 점화원이 되어 연소범위의 혼합증기를 발화한다.

(4) 훈소반응

일부 고체 물질은 물질의 표면에서 산소가 직접 고체와 반응한다.

1) 연소의 시점에 발생하는 훈소

① 원인 : 열에너지가 부족

② 열에너지가 축적되면 화염으로 발전

2) 연소의 쇠퇴기에 발생하는 훈소

① 원인 : 산소가 부족

② 신선한 공기의 공급으로 화염으로 발전

(5) 가연물질의 구비조건

1) 활성화 에너지가 작아야 한다.

적은 양의 에너지 공급에 의해서도 화학반응에 참여하는 분자수가 증가하기 때문이다[아레니우스(Arrhenius)의 반응속도의 빈도계수가 분자수 증가와 관련이 있음].

2) 발열반응을 하여야 하며, 발열량이 많아야 한다.

발열량이 큰 물질은 대체로 열용량도 크고 그만큼 발화하는데 많은 에너지가 필요하므로 발화하기가 어렵다. 하지만 한번 발화하면 끄기도 어렵다. 이는 마치 관성과도 같은 것이기 때문이다.

3) 열전도계수가 작아야 한다.

주변으로의 열손실이 적기 때문에 열을 빼앗기지 않아 가연물 온도가 상승하고 열분해가 원활하다.

4) 조연성(O_2, O_3, Cl_2) 가스와 친화력이 강해야 한다.

연소반응은 산소와 반응하는 것으로 산소와 접하는 면적이 커져야 화학반응이 원활해진다.

5) 산소와 접촉할 수 있는 표면적이 커야 한다.

(6) 가연물이 될 수 없는 것

1) 주기율표 8족의 불활성 기체 : He, Ne, Ar, Xe와 같은 물질은 최외각 전자가 8개

로 옥텟 법칙에 따라 안정된 물질로 더는 화학반응에 참여할 필요성이 없으므로 반응을 하지 않는다.

2) 이미 산소와 결합하여 더는 산소와 화학반응을 일으킬 수 없는 물질 : H_2O, CO_2, SiO_2, P_2O_5, Al_2O_3

3) 흡열반응 : 열을 흡수하므로 가연물의 기본요건인 열의 방출이 곤란하고 주변의 열을 오히려 흡수하게 되므로 화학반응을 억제하기 때문에 가연물이 될 수가 없다.

예 식물의 광합성 : $6CO_2 + 6H_2O +$ 열 $\rightarrow C_6H_{12}O_6 + 6H_2O$

(7) 기체 가연물 현상과 특징

1) 기체의 분자운동론의 전제조건 129회 출제

① 기체는 아주 작은 입자(원자 또는 분자)로 구성되는데 어떠한 공간도 어떠한 양으로 다 채울 수 있다.

꼼꼼체크 기체의 작은 입자가 자유롭게 병진운동을 해서 하나가 있어도 큰 공간을 채울 수 있을 만큼 빠르게 움직이기 때문이다.

② 입자들은 무질서 운동을 하며 용기의 벽에 충돌(랜덤 워크 ; random walk)한다.

③ 분자 간의 결합력이 약하다(분자 내의 결합력은 존재).

㉠ 빠른 운동이 가능하다.

㉡ 자유롭게 혼합한다.

④ 기체의 운동 에너지는 절대온도에 비례한다.

기체의 평균 운동 에너지 공식 : $E_k = \frac{1}{2}mv^2 = \frac{3}{2}RT$

여기서, E_k : 기체의 평균 운동 에너지

m : 질량

v : 속도

R : 기체상수

T : 절대온도

⑤ 완전탄성충돌 : 충돌 시 에너지의 손실 없이 그대로 전달한다.

2) 단열팽창, 단열수축이 가능하다.

3) 소염거리 : 기체 라디칼이 좁은 거리를 통과하면서 벽면에 열을 빼앗겨 라디칼이 소멸하여 화염이 소멸(화염방지기의 이론적 근거)하는 거리

4) 위험도

① 상한과 하한의 차와 하한값을 이용해 위험의 크기를 나타낸다.

② 위험도가 높다고 반드시 상대적으로 위험하다는 비교가 곤란해서 최근에는 F-number 등을 이용한다.

5) 증기-공기밀도 : 연소 하한계에서 액체와 평형상태에 있는 증기와 공기의 혼합물이 보여주는 기체 비중(증기밀도)이다.

6) 가스의 기화량 : 연소라는 화학반응은 농도와 온도의 함수이다. 따라서, 농도가 높을수록 화학반응이 쉬운 조건이고 기화량이 클수록 연소반응이 쉽다.

7) 노즐의 화염길이 : 연소기기에 의한 노즐의 분출 시 층류의 경우에는 일정 높이 이상은 분출속도에 비례하고, 분출속도가 일정 이상이 되면 난류가 되며 화염길이가 일정하다.

8) $v_{ex} = v_d + \Phi \cdot S_u$

여기서, v_{ex} : 화염전파속도(상태에 따라 변화하는 값, 환경의 함수)

v_d : 미연소가스의 이동속도

Φ : $\frac{A_f}{A_d}$(화염의 면적/배관의 단면적의 비, 보통 2~3배)

S_u : 연소속도(물질의 특성으로 고정된 값)

(8) 액체 가연물 현상과 특징

1) 증발

2) 액면 강하속도 : 고체의 연소속도에 해당하는 개념으로, 액체의 경우에는 이를 사용해서 열방출률을 계산한다.

(9) 고체 가연물 현상과 특징

1) 증발 : 에너지 공급에 의한 고체표면의 일부 기상화

2) 열분해(pyrolysis) 105회 출제

① 정의 : 열을 이용하여 복합 분자의 일부를 단일 단위로 파괴하는 것(NFPA 49)

② 열가소성 수지(첨가중합) + 열 → 액체와 유사한 연소현상

③ 열경화성 수지(축합중합)

3) 연소속도 = 질량감소속도

4) 고체와 액체 가연물의 비교

구분	고체	액체
기상화 과정	분해과정	증발과정
상변화	물리 · 화학적	물리적
연소형태	분해연소	증발연소
발화에 필요한 에너지	크다.	작다.

03 산소 공급원

(1) 공기(산소 21[v%])

(2) 산화제(위험물안전관리법)

1) 1류 : 자체가 산소를 가지고 있어 물과 접촉하거나 가열하면 산소를 발생시키는 산화성 고체

① $2K_2O_2 + 4H_2O \rightarrow 4KOH + 2H_2O + O_2$

② $2NaNO_3 \rightarrow 2NaNO_2 + O_2$

2) 5류 : 자체가 산소를 가지고 있어 가열 또는 충격 시 산소를 발생시키는 자기 반응성 물질

① 분자 내에 가연물과 산소를 함유한 물질

② 연소속도가 빠르고 폭발을 일으킬 수 있는 물질

③ 나이트로글리세린[$C_3H_5(NO_3)_3$], 셀룰로이드, 트리나이트로톨루엔(TNT)

3) 6류

① 자체가 산소를 가지고 있어 가열 또는 충격 시 산소를 발생시키는 산화성 액체

② 질산(1.49), 과산화수소[H_2O_2(36[%])]

(3) NFPA의 산화제

1) 산화제(oxidizer) : 산소를 쉽게 주는 물질 또는 다른 산화 기체 및 쉽게 반응하여 가연성 물질의 연소를 시작하게 하거나 촉진하는 물질(43A : 1-5)

2) 산화제의 반응성에 따른 분류(classification of oxidizers)

구분	가연성 물질과 접촉 시	
	연소속도	자연발화
Class 1	서서히 증가	×
Class 2	서서히 증가	○
Class 3	급격히 증가	×
Class 4	급격히 증가	○

3) 산화제(oxidizer) NFPA 49

① 산소를 쉽게 방출하는 물질

② 전자를 받는 물질 : 예 브롬(Br), 염소(Cl) 및 불소(F)를 함유

04 점화원

(1) 점화원(ignition source)

1) 정의 : 공기와 가연성 혼합 증기에 화염전파가 발생할 수 있도록 하는 에너지

2) 크기 : 보통 수[mJ] 정도

(2) 열원(energy source)

1) 정의 : 가연성 액체나 고체를 증발 또는 분해해서 가연성 증기를 만들고 점화시키는 에너지

2) 대부분 화재를 일으키는 가연물이 여기에 해당하므로 일반적인 건축물의 방재에 중요한 요소이다.

3) 구분

① 외부 에너지 : 대부분 고체, 액체의 점화원 → 가열 → 열분해, 증발 → 발화

② 내부 에너지 : 자연발화(내부 열축적)

(3) 종류 120회 출제

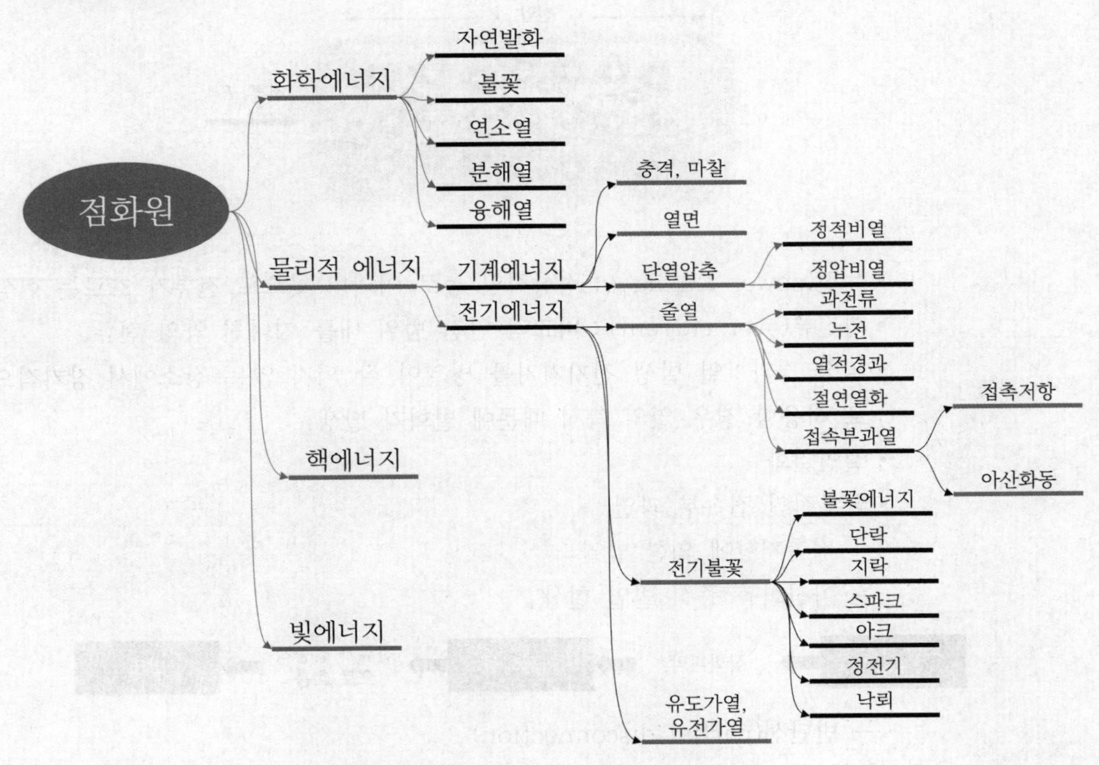

1) 물리적 에너지

① 전기에너지

㉠ 줄열

- 정의 : 전류의 흐름으로 도체에 발생하는 열이다.
- 다음 그림과 같이 전류가 흐르게 되면서 음전하가 이동하게 되고 음전하가 이동하면서 양전하에 부딪혀서 에너지 손실과 열을 발생시키게 되는데 이것이 저항이고 따라서 저항과 전류가 클수록 줄열의 발생이 커진다.
- 줄열 공식

$$Q = I^2 \cdot Rt$$

여기서, Q : 열량[J]
I : 전류[A]
R : 저항[Ω]
t : 시간[sec]

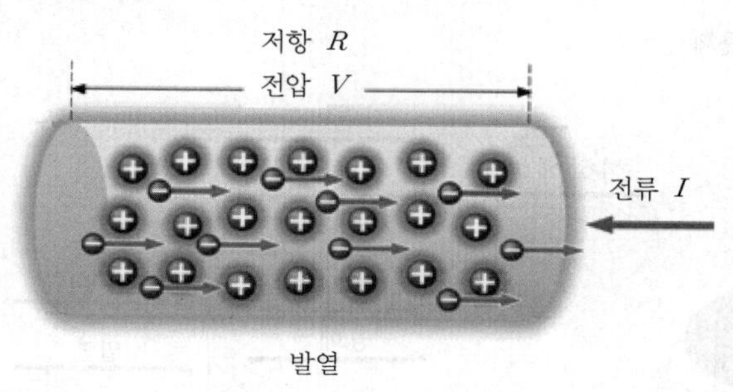

- 누전(power leakage) : 정상적인 통로 이외의 곳으로 전류가 흐르는 현상
- 과전류(over current) : 비교적 안전 범위 내를 지나친 양의 전류
- 열적 경과 : 열 발생 전기기기를 방열이 잘 되지 않는 장소에서 장기적으로 사용할 경우 열의 축적 때문에 발화가 발생
- 절연열화
- 국부적인 접속부 과열
  - 접촉저항에 의한 발열
  - 아산화동 증식 발열 현상

  - 반단선(partial disconnection)

㉡ 전기불꽃(electrical sparks) → (ignition source)

- 전기 스파크가 최소점화에너지(MIE) 이상이면 가연성 혼합기를 형성한 인화성 액체나 가연성 가스의 점화원이 된다.

- 불꽃에너지

$$E = \frac{1}{2}CV^2$$

여기서, E : 전기에너지[J]
C : 정전용량[F]
V : 전압[V]

- 단락 또는 쇼트(short circuit)
  - 정의 : 다양한 이유로 연결되지 않아야 하는 선이 연결된 것이다.
  - 문제점 : 이론적으로 무한대의 단락전류에 의한 큰 발열이 발생한다.
- 지락 : 대지로 누설전류(아크, 스파크)가 흐르는 것
- 낙뢰(lightning)
- 스파크(spark) : 전기를 투입할 때 전위차로 인해 생기는 정전기 두 전하가 내버려 두지 않고 어느 정도 이내의 거리로 오면, 전하의 평형을 유지하려는 특성에 따라서 빛과 열이 발생한다.
- 아크(arc) : 전기를 끊을 때 갑자기 절단시키면 흐르던 전류가 갑자기 큰 저항(공기)을 만나 계속 흐르려는 성질(관성의 법칙)에 의해 큰 저항이 걸려 빛과 열이 발생한다.
- 정전기(static electricity)

㉢ 유도가열과 유전가열

- 유전가열 : 유전체에 누설전류가 흐르고, 이 누설전류에 의해 분자 간의 극성이 바뀌거나 마찰이 발생하여 가열되는 방식이다.
- 유도가열 : 교류자기장 근처에 금속도체를 놓으면 자기장의 변화로 전류가 유도되어 발열이 발생하는 방식이다.

② 기계에너지(mechanical heat energy)

㉠ 충격 마찰(frictional heat or sparks)

- 정의 : 힘 또는 운동에너지가 빛이나 열로 변화하는 현상
- 원인 : 물체(특히 고체)를 서로 마주 대고 문지르는 마찰을 시키면 열이 발생하는데 이는 운동에 대한 저항 때문이다.

예 벨트와 도르래 사이에서 발생하는 마찰열, 그라인더에서 마찰열에 의한 불꽃

㉡ 고온 표면(열면, Hot surfaces)

- 중요인자
  - 충분한 표면적 크기
  - 뜨거운 온도

- 이동속도 : 층류(저속)일수록 고온 열면과 충분히 접촉할 수 있으므로 발화하기 용이하다.
- 탄화수소의 고온 표면에 의한 발화온도 : 750[℃] 이상

㉢ 단열압축(adiabatic compression) 112회 출제

- 기체를 높은 압력으로 단열압축하면 분자 간의 간격이 좁아지면서 열이 발생하여 온도가 상승한다.
  - 단열이므로 $\Delta H = 0$, $H = U + W \rightarrow 0 = U + W$
  - 일(W)과 내부에너지(U)는 부호가 반대이고 압축인 경우 일(W)의 부호는 (−)이므로 내부에너지는 증가(+)하여 온도가 상승한다.

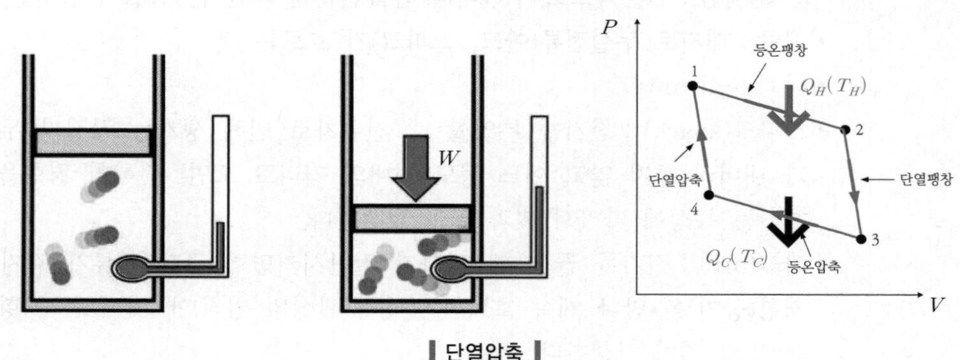

▌단열압축▐

- 공식
  - 공기의 부피는 절대온도에 비례하고 절대압에 반비례한다.

$$\frac{P_1 V_1}{T_1} = \frac{P_2 V_2}{T_2}$$

$$V_2 = V_1 \times \frac{T_2}{T_1} \times \frac{P_1}{P_2}$$

  - $PV^K =$ 일정 (K : 비열비)

$$(P_1 V_1^K = P_2 V_2^K)$$

$$\frac{P_1 V_1}{T_1} = \frac{P_2 V_2}{T_2} \Rightarrow \frac{T_2}{T_1} = \frac{P_2}{P_1}\frac{V_2}{V_1} = \left(\frac{V_1}{V_2}\right)^K \left(\frac{V_1}{V_2}\right)^{-1}$$

$$= \left(\frac{V_1}{V_2}\right)^{K-1} = \left(\frac{P_2}{P_1}\right)^{\frac{K-1}{K}}$$

$$P_1 V_1^K = P_2 V_2^K \Rightarrow \frac{P_2}{P_1} = \left(\frac{V_1}{V_2}\right)^K \Rightarrow \frac{V_1}{V_2} = \left(\frac{P_2}{P_1}\right)^{\frac{1}{K}}$$

$$\frac{T_2}{T_1} = \left(\frac{V_1}{V_2}\right)^{K-1} = \left(\frac{P_2}{P_1}\right)^{\frac{K-1}{K}}$$

예제 25℃, 1기압의 공기를 20기압으로 단열압축하면 공기 온도는?

$$\frac{T_2}{T_1} = \left(\frac{V_1}{V_2}\right)^{K-1} = \left(\frac{P_2}{P_1}\right)^{\frac{K-1}{K}}$$

$$\frac{T_2}{273+25} = \left(\frac{20}{1}\right)^{\frac{1.4-1}{1.4}}$$

$$T_2 = 298 \times \left(\frac{20}{1}\right)^{0.2857}$$

$$\therefore T_2 = 701[\mathrm{K}]$$

- 비열비
  - 정의 : 기체분자들의 정압비열(C_P)과 정적비열(C_V)의 비
  - 식 : $K = \dfrac{C_P}{C_V} = \dfrac{0.24}{0.17} = 1.4$

    여기서, K : 비열비(일반적으로 공기의 비열비는 1.4)

    C_P : 정압비열(0.24)

    C_V : 정적비열(0.17)
  - 정적비열과 정압비열

구분	정압비열	정적비열
정의	기체의 압력이 일정한 상태에서 온도를 높이는 데 필요한 열량	기체의 체적이 일정한 상태에서 온도를 높이는 데 필요한 열량
개념	물질을 압력(P)은 일정하나 체적이 변화될 수 있는 조건 속에서 가열하면 체적이 팽창하면서 엔탈피($H = U + P\Delta V$)가 변화하게 된다. 이때, 투입된 열량을 정압비열이라 함	어떤 물질을 체적(V)이 변화되지 않는 조건에 두고 가열했을 때 투입된 열량(T)은 모두 그 물질의 내부에너지(U) 증가에 사용된다. 이때 투입된 열량을 정적비열이라 함
크다	외부로의 일을 하는데 열량을 더 많이 사용	자체적으로 에너지를 많이 축적할 수 있음
재난	폭발의 상태	화재의 상태
공식	$C_P = \left(\dfrac{\partial H}{\partial T}\right)_P$	$C_V = \left(\dfrac{\partial U}{\partial T}\right)_V$

  - 비열비 : 기체의 종류에 따라 다르다.
  - 정적비열과 정압비열의 관계식 : $C_P = C_V + R$

    여기서, C_P : 정압비열

    C_V : 정적비열

    R : 기체상수 8.314[J/mol · K]

따라서, 정압비열이 정적비열보다 기체상수 R만큼 더 크고, 비열비는 1보다 큰 값을 갖는다.

$$C_P = \left(\frac{\partial H}{\partial T}\right)_P = \left(\frac{\partial(U+PV)}{\partial T}\right)_P = \left(\frac{\partial U}{\partial T}\right)_P + P\left(\frac{\partial V}{\partial T}\right)_P$$

$$= C_V + P\left(\frac{\partial\left(\frac{RT}{P}\right)}{dT}\right)_P = C_V + P\frac{R}{P} = C_V + R$$

정적상태에서는 투입된 열량이 모두 내부에너지 증가에 사용됐지만, 정압상태에서는 투입된 열량이 체적의 변화에도 사용되므로 내부에너지의 증가는 정적상태보다 작다. 그래서 정압비열이 정적비열보다 크다.

– 비열비가 크다는 것은 동일 발열량당 외부에 하는 일이 많다는 의미이다.

• 주의사항

– 폭굉의 화염전파와 자연발화의 중요한 원인이다.

– 화학공장에서는 중요한 화재 원인이다.

2) 화학적 에너지(chemical heat energy)

① 자연발화(spontaneous heating) : 화학반응에 의한 내부의 축적열이다.

② 불꽃(나화, 개방 화염, open flames)

㉠ 불꽃은 연소범위 내에 있는 가연성 증기–공기 혼합물의 지속해서 점화를 시키는 원천(소스)으로, 특히 화재가 발생해 성장하면서 가장 일반적인 점화원이다.

㉡ 고체 · 액체 가연물에서 불꽃은 가연물을 가열하여 열분해를 통해 연소범위 내의 가연성 증기를 만들어야 지속적인 연소가 가능하다.

③ 연소열(heat of combustion) : 물질이 완전히 연소하는 과정에서 발생하는 열

④ 분해열(heat of decomposition) : 물질이 분해할 때 발생하는 열

⑤ 용해열(heat of solution) : 물질이 액체에 용해될 때는 방출되는 열

3) 핵에너지

4) 빛에너지

(4) 점화원의 영향요소

1) 가연성 가스와 공기와의 혼합농도

2) 산소농도

3) 압력

05 연쇄반응(chain reaction) 120 · 71회 출제

(1) 개요

1) 화염을 일으키는 것이 화학반응이고 라디칼은 많은 화학반응에서 일시적인 중간체로서 중요한 역할을 한다.

2) 정의 : 화학반응의 주는 요소가 라디칼인데, 이 라디칼이 새로운 라디칼을 만들어 화학반응을 지속해서 유지해 주는 것

(2) 생성 Mechanism

1) 연쇄반응 화학변화

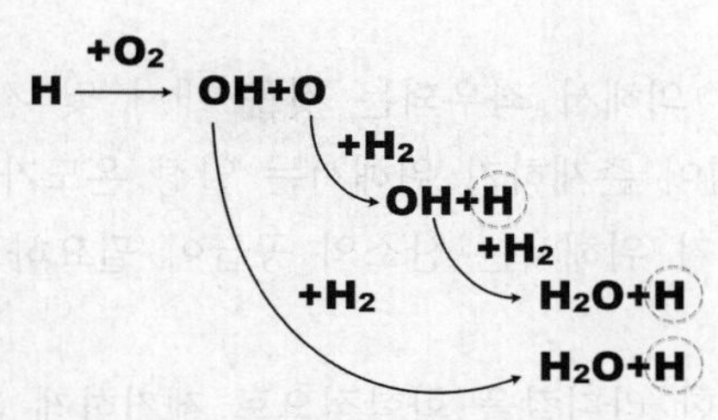

반응결과 : $H+3H_2+O_2 \rightarrow 2H_2O+3H$

2) 상기 식에 의하면 연소의 연쇄반응은 하나의 라디칼이 3개 이상의 라디칼이 되는 반응이다.

(3) 라디칼반응(radical reactions)

1) 개시반응(initiation) : 전자쌍이 깨지면서 홑전자인 라디칼이 되는 반응(점화원의 에너지 공급)

예 $H_2 + M \rightarrow H + H + M$ (수소분자의 분해)

2) 전파반응(propagation)

① 하나의 라디칼이 중성분자와 충돌해 1개 이상의 라디칼을 만드는 것이다.

② 전파반응은 산소농도와 온도에 의존한다.

③ 연쇄 분기반응이라고도 하며 라디칼의 수가 증가하는 반응으로 개시반응 이외의 반응이다.

예 $O_2 + H \rightarrow OH + O$

$H_2 + O \rightarrow OH + H$

$O_2 + OH \rightarrow HO_2 + O$

3) 치환반응 : 라디칼의 개수는 변함이 없고, 종류가 바뀌는 반응이다.

예 $H_2 + OH \rightarrow H_2O + H$

$H_2 + HO_2 \rightarrow H_2O + OH$

4) 정지반응(종료반응, termination)

① 라디칼의 수가 감소하는 반응이다.

② 벽이나 물질에 부딪혀 에너지를 빼앗기고 정지한 뒤 비활성 전자쌍을 형성한다.

(4) 라디칼반응의 생성물

1) $E = hv$(빛 방출)

2) ΔQ(열 방출)

3) 반응생성물 방출

(5) 의존성

1) 전파반응은 단열조건 아래에서 약 1,600[K] 이하에서는 정지반응이 되어 화염이 소멸하게 된다.

2) 연쇄반응이 온도에 의해서 좌우되는 것을 개시 및 전파반응의 온도 의존성이라고 한다. 따라서, 화염이 존재하기 위해서는 일정 온도가 유지되어야 한다(냉각소화).

3) 전파반응이 지속되기 위해서는 산소의 공급이 필요하므로 산소의 의존성을 가지게 된다(질식소화).

4) 전파반응에서 발생한 라디칼을 화학적으로 제거하게 되면 정지반응이 되어서 화염이 소멸한다(억제소화).

SECTION 004

연소한계(flammability limit)

111 · 107회 출제

01 개요

(1) 증기와 공기의 혼합물은 증기가 특정 농도범위에서만 발화하여 연소한다.

(2) 정의

1) 연소한계 or 연소범위(flammability limits) : 연소가 가능한 한계를 부피 백분율(volume % 또는 %)로 나타낸 것으로, 이 상태는 산소와 가연물이 존재하고 있으므로 점화원만 공급되면 바로 연소로 진행될 수 있는 단계이다.

2) 자체 지속형 화염전파를 할 수 있는 가연물의 조성 한계로 압력 · 온도의 함수이다.

화염전파(flame propagation) : 화염이 혼합기 속을 전파해 가는 현상

(3) 연소한계의 영향인자

초기 온도, 압력, 불활성 가스, 산소농도, 연소열, 용기의 크기, 점화원의 종류, 혼합물의 물리적 상태 등

구분	연소 하한계 (LFL : Lower Flammability Limit)	연소 상한계 (UFL : Upper Flammability Limit)
정의	공기와의 혼합 물질에서 유도 점화원으로부터 떨어진 곳으로 화염이 전파되도록 하는 가연성 증기의 최저 [v%]	공기와의 혼합 물질에서 유도 발화원으로부터 떨어진 곳으로 화염이 전파되도록 하는 가연성 증기의 최고 [v%]
가연성 가스 농도[v%]	낮음(한계치 : 최저 비율)	높음(한계치 : 최고 비율)
산소농도[v%]	높음	낮음
안전제어	가연성 가스 발생 억제	밀폐(산소공급), 퍼징
효과적인 소화 방법	희석소화(불활성 기체, 공기), 냉각소화	질식소화(불활성 기체, 가연성 가스)

포화증기압(비점) : 고체 · 액체의 기화(氣化)에 의한 압력의 상한값

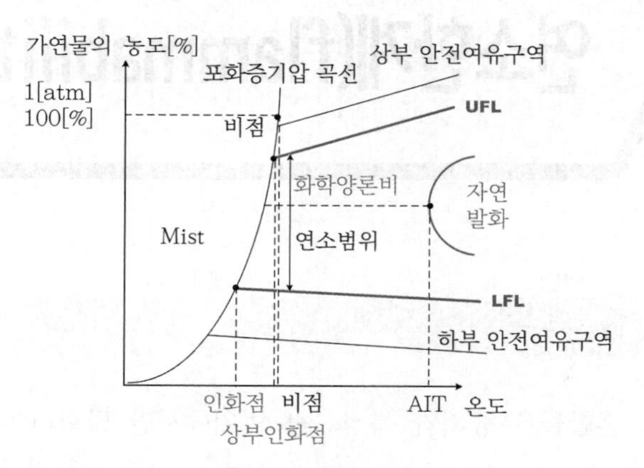

▌연소범위 곡선▐

(4) **안전여유구역(margin of safety)**

연소 하한과 연소 상한에서 일정 여유율을 둔 구역

(5) **비연소구역(non flammable region)**

연소 하한의 아래와 연소 상한의 윗부분의 구역

(6) **연소선도 그리기**

1) 공기선(air line)을 표시한다.
2) 순수 산소에서의 연소범위를 표시한다.
3) 산소(100[%])에서 양론점과 질소 100[%] 점을 연결한다.
4) 산소라인에 LOC를 표시한 후 질소라인과 수평으로 그린 후 양론선과 교차점을 연결한다.

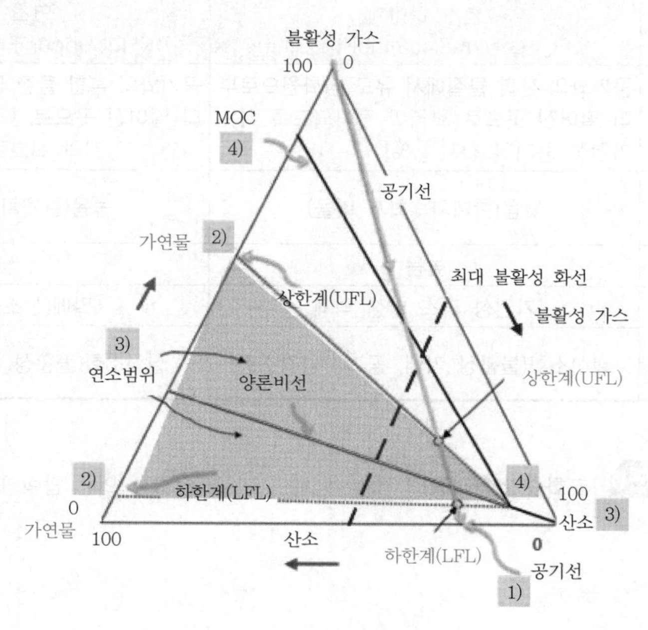

▌연소선도▐

02 연소범위 영향인자

(1) 온도

1) 100[℃] 증가 시 연소범위가 8%씩 변화한다.

① LFL은 100[℃] 온도 증가 시 8[%] 감소 : $L_T = L_{25}[1-8\times10^{-4}]\times(T-25)$

② UFL은 100[℃] 온도 증가 시 8[%] 증가 : $U_T = U_{25}[1+8\times10^{-4}]\times(T-25)$

여기서, L_T : 온도 T에서의 LFL

L_{25} : 25[℃]에서의 LFL

T : 특정 온도[℃]

U_T : 온도 T에서의 UFL

U_{25} : 25[℃]에서의 UFL

2) 화학반응은 온도가 10[℃] 상승하면 반응속도가 2배로 증가한다.

3) 연소범위 증대

① 온도가 상승하면 가연성 증기분자의 운동성이 증가하여 반응성이 증대된다.

② 온도가 상승하면 연소 하한계값은 낮아지고, 상한계값은 높아진다.

(2) 압력

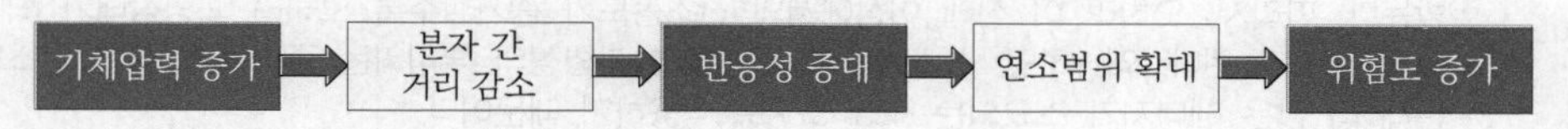

1) LFL(하한계)

① 분자 간의 거리가 상대적으로 길어서 압력에 대해 민감하게 반응하지 않는다.

② 5[kPa]까지는 일정하게 하락한다.

③ 5[kPa] 이하의 작은 압력 : 화염전파가 발생하지 않는다.

2) UFL(상한계)

① 대기압 미만 : 둔감

② 대기압 이상 : 압력에 비례하여 증가

3) 일반적으로 압력이 증가하면 분자 간의 평균 거리가 축소되어 화학반응이 쉬워지고 따라서 연소반응이 활발해져 화염전파가 잘됨으로써 연소범위는 넓어진다.

4) 예외

① 일산화탄소는 압력이 증가하면 오히려 연소 상한계가 낮아진다.

② 수소가스는 압력이 10[atm] 이상 증가하면 연소범위는 압력과 무관하게 일정하다.

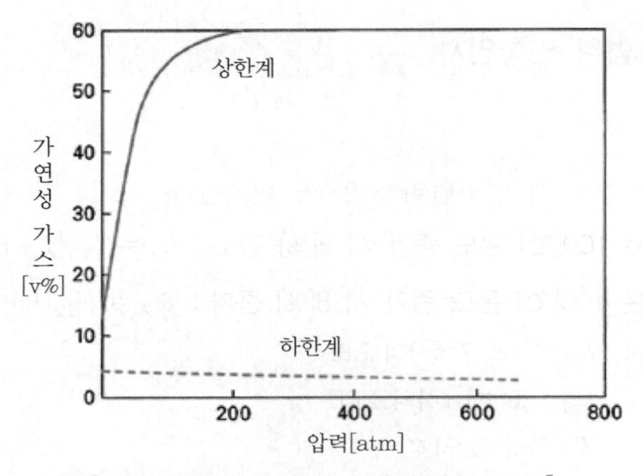

▌압력의 변화에 따른 연소범위(대기압 이상)▐

(3) 산소농도

1) 산소농도 변화에 따른 연소범위 변화

산소농도	LFL(하한계)	UFL(상한계)
감소	비례하여 감소	비례하여 감소
증가	조금 증가*)	비례하여 증가

*) 연소 하한계에는 산소가 부족한 것이 아니라 가연성 가스가 부족한 상태로 산소농도에 영향을 작게 받는다. 따라서, 오히려 이 상태 이상에서의 산소농도가 증가할수록 오히려 과잉상태가 되어 화학반응의 장애가 된다. 왜냐하면, 산소농도가 증가하면 가연성의 부피비는 줄어들게 되고 산소도 가열하는데 더 많은 에너지가 소요되는 Heat sink로 작용하기 때문이다.

2) 최소 산소농도 MOC 추정 : $\mathrm{MOC}\,[\%] = \mathrm{LFL} \times \dfrac{\text{산소몰수}}{\text{연소몰수}}$

실험 데이터가 충분하지 못할 경우의 MOC : 산소의 양론계수 × 연소 하한계(탄화수소의 경우)

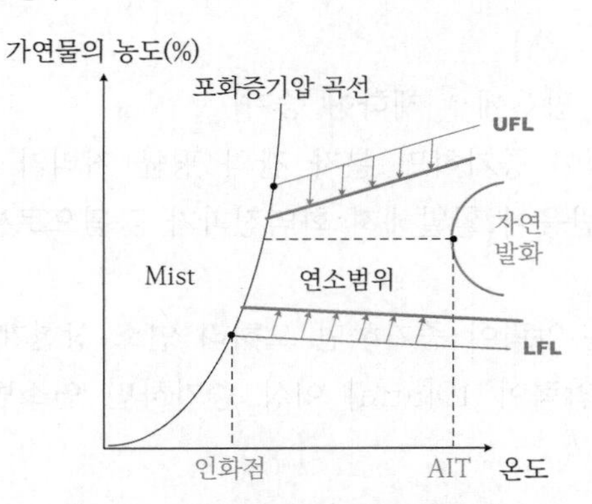

▌산소농도 감소에 따른 연소범위▐

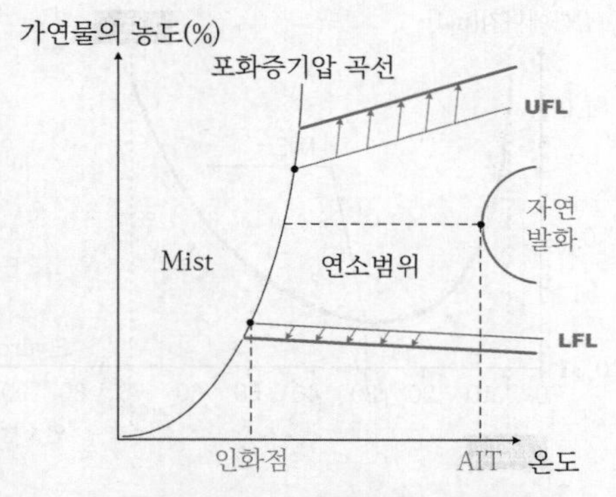

▌산소농도 증가에 따른 연소범위▐

(4) 점화원의 크기

1) 점화원이 최소점화에너지(MIE) 이상 : 단순히 점화(ignition)에 국한되지 않고 가연물을 가열하는 가열제(heating)의 역할을 하게 되므로 연소범위에 영향을 준다.

2) 최소점화에너지(MIE : Minimum Ignition Energy)

① 정의 : 가연성 가스를 발화시키는 데 필요한 최소한 에너지를 전기적으로 정량화한 것

② MIE는 점화원으로 불꽃 방전을 이용하여 방전에너지를 계산하여 산출하며, 그 값이 매우 낮아 [mJ]의 단위를 사용한다.

③ 최소점화에너지 측정방법

㉠ 충전된 전극을 이용하여 측정

㉡ 공식 : $\mathrm{MIE} = \frac{1}{2} C V^2$

여기서, MIE : 최소점화에너지[mJ]

C : 콘덴서용량[mF]

V : 전압[V]

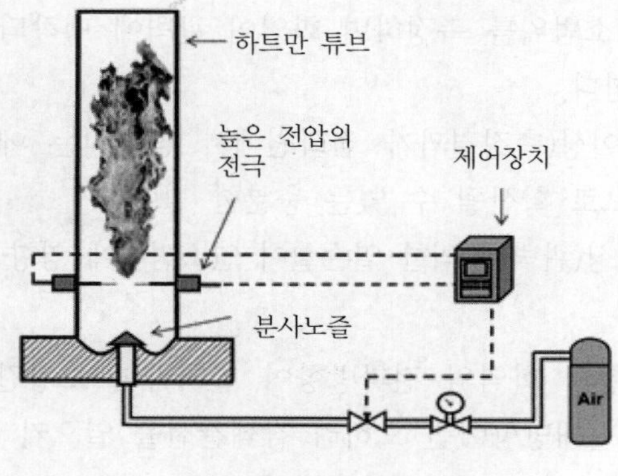

▌측정장치▐

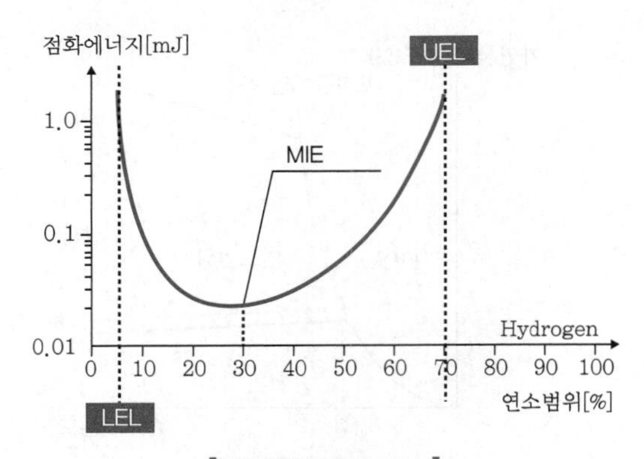

▎연소범위에서 MIE ▎

④ 측정 시 주의사항

㉠ 전극의 크기 : 너무 작으면 불꽃 방전이 발생하여 점화되지 않는다.

㉡ 전극의 간격 : 너무 좁으면 화염이 냉각에 의해 소멸되어 점화되지 않는다.

⑤ 최소점화에너지 : 탄화수소 계열은 약 0.25[mJ]

가연성 가스	H_2	C_2H_2	CH_4	C_2H_6	C_3H_8
MIE [mJ]	0.02	0.02	0.3	0.25	0.25

⑥ 영향인자

㉠ 온도 : 온도가 높으면 분자 이동이 활발해져 감소

㉡ 압력 : 압력이 높으면 분자 간 거리 단축으로 감소

㉢ 농도 : 화학양론비에 가까워질수록 감소

㉣ 유속 : 빠를수록 난류일수록 증가

㉤ 전극거리 : 소염거리가 커지면 증가

3) 점화원이 클수록 연소범위가 넓어진다.

(5) 측정용기의 지름

1) 가는 관에서 연소범위를 측정하면 화염이 관벽에 냉각되어 소멸하는 일도 있어 연소범위가 감소한다.

2) 길이 : 1.5[m] 이상(측정결과가 점화원에서 공급되는 에너지의 영향을 받지 않고 화염이 자체적으로 확산될 수 있는 충분한 길이)

3) 지름 : 5[cm] 이상(관벽에 의한 열손실이 연소범위에 영향을 미치지 않는 최소 직경)

(6) 화염의 전파방향

1) 연소의 흐름방향과 화염의 전파방향이 일치하면 보강간섭을 일으켜서 전파가 더 잘 될 것이고, 반대방향이면 오히려 감쇄간섭을 일으켜 방해가 발생한다.

2) 안전 목적에서는 가장 보수적인 방법인 상향전파를 측정하는 방법이 표준이다.

(7) 화염확산에 미치는 첨가제(억제제)의 영향

1) 불활성 가스 첨가 : 질소, 아르곤 또는 이산화탄소 같은 불활성 가스를 예혼합화염에 첨가할 때는 농도에 따라 연소범위 밖으로 위치하게 되어서 화학반응이 줄어들고 화염온도가 낮아져서 화염이 소멸한다.

2) 곡선

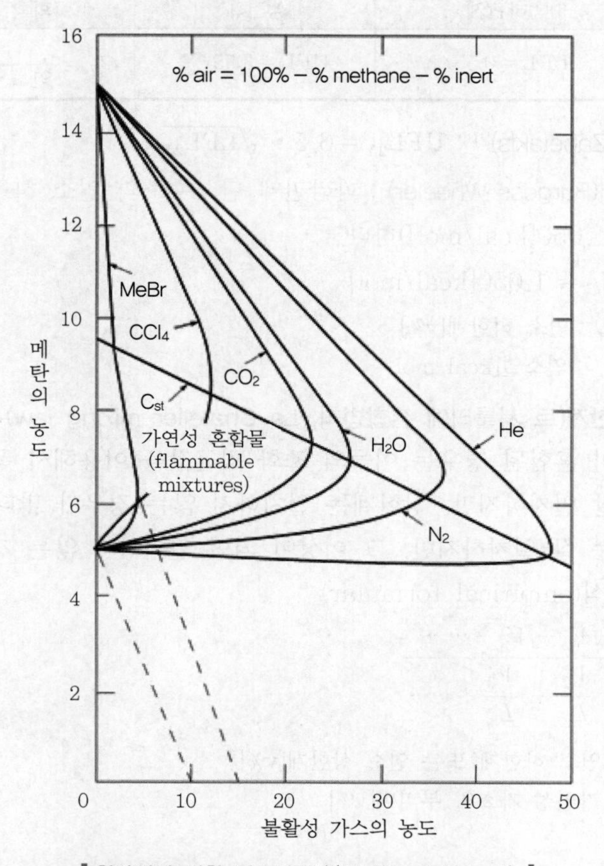

▌첨가제에 의한 연소범위[1](꼭짓점이 피크농도) ▌

3) 상기 곡선에 의하면 질소가스보다 이산화탄소가 적은 불활성 가스의 농도에서 불활성화된다.

4) 할로겐족의 첨가물은 라디칼을 제거하여 분기반응을 억제해 화염전파가 진행하지 않아 소염된다.

(8) 습도

습도가 높으면 가연성 가스 부피비가 줄어 연소범위가 감소한다.

(9) 가연성 가스의 종류 : 가스마다 반응성이 다르므로 연소특성이 변화한다.

1) FIGUREZS – Limits of Flammability of Various Methane-Inert Gas-Air Mixtures at 25℃ and Atmospheric Pressure. FLAMMABILITY CHARACTERISTICS OF COMBUSTIBLE GASES AND VAPORS By Michael G. Zabetakis

03 연소범위 추정식 111회 출제

(1) 순수 물질의 폭발한계

1) 존스의(Jones) 식(Jones 1938, Crowl & Louvar 1990)

구분	하한계	상한계	C_{st}(화학 양론비 당량비[v%])
추정식	$\mathrm{LFL}=0.55C_{st}$	$\mathrm{UFL}=3.55C_{st}$	$C_{st}=\dfrac{\text{연료몰수}}{\text{연료몰수}+\text{공기몰수}}\times 100$

2) 제베타키스(Zabetakis)[2] : $\mathrm{UFL}_{25}=6.5\cdot\sqrt{\mathrm{LFL}_{25}}$

3) 버지스-윌러(Burgess-Wheeler) : 파라핀계 탄화수소의 연소 하한계 LFL과 연소열의 곱은 일정(1,050[kcal/mol])하다.

$$\mathrm{LFL}\times\Delta H_C \fallingdotseq 1{,}050[\mathrm{kcal/mol}]$$

여기서, LFL : 연소 하한계[v%]

ΔH_C : 연소열[kcal/mol]

(2) 혼합물의 폭발한계(르 샤틀리에 혼합법칙, Le Chatelier mixing law)

1) 여러 물질이 혼합된 경우는 이들의 조화 평균값을 이용해서 폭발한계를 결정한다.
2) 하한계는 잘 일치하지만, 상한계는 일치하지 않는 경우가 많다.
3) 3성분까지는 잘 일치하지만, 그 이상이 되면 일치하지 않는 경우가 많다.
4) 공식 : 경험식(empirical formular)

$$L=\frac{V_1+V_2+V_3+\cdots\cdots}{\dfrac{V_1}{L_1}+\dfrac{V_2}{L_2}+\dfrac{V_3}{L_3}+\cdots\cdots}$$

여기서, L : 연소 하한계 또는 연소 상한계[v%]

V : 가연성 가스의 부피비[v%]

04 위험성 추정식

(1) 위험도 122회 출제

1) 공식

$$H=\frac{\mathrm{UFL}-\mathrm{LFL}}{\mathrm{LFL}}$$

2) FLAMMABILITY CHARACTERISTICS OF COMBUSTIBLE GASES AND VAPORS By Michael G. Zabetakis. 26Page

2) 하한계가 얼마나 낮고, 상한계와 하한계의 차이가 얼마나 큰가를 통해 위험성을 나타낸다.

(2) 아레니우스의 반응속도상수 112회 출제

물적 조건　　　에너지조건

1) 공식 : $K = A \cdot e^{\frac{-E_a}{RT}}$

여기서, K : 반응속도상수

A : 빈도계수(아레니우스 상수)

e : 자연로그의 밑으로 그 근사값이 2.718

E_a : 활성화 에너지

R : 기체상수

T : 절대온도

2) 빈도계수는 반응속도상수와 동일한 단위를 갖는다. 둘의 차이를 간략하게 비교해 보면, 반응속도상수(K)가 반응을 발생시키는 초당 충돌횟수(빈도)일 때, 빈도계수(A)는 적절한 방향으로 발생하는 초당 충돌횟수(빈도)이다.

3) 위 식의 양변에 자연로그를 취해 변형시켜면 다음과 같은 $y = ax + b$의 직선을 얻을 수 있다.

$$\ln K = \ln A - \frac{E_a}{RT}$$

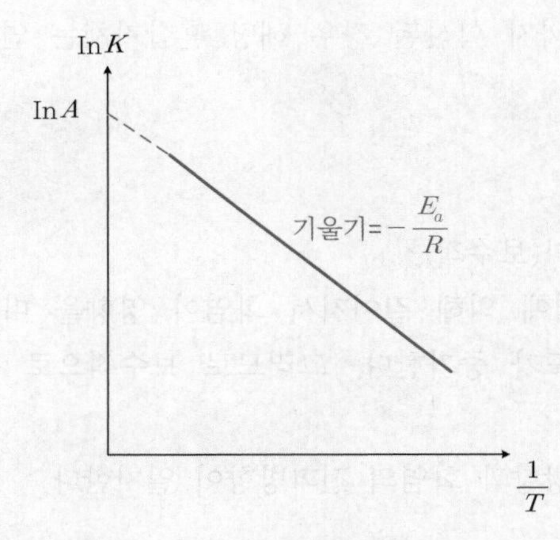

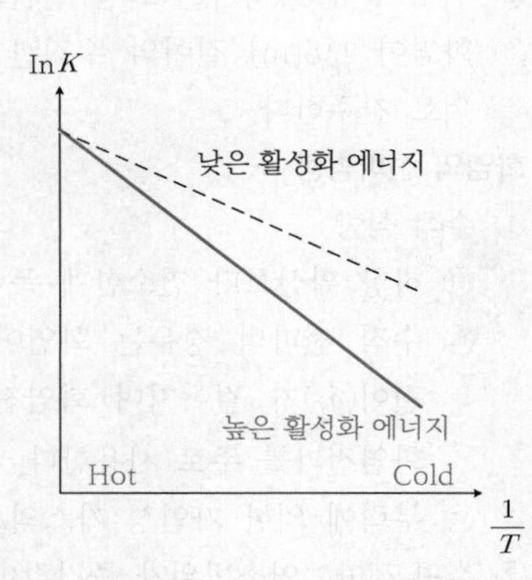

4) $\ln K$를 $\frac{1}{T}$에 대해 그린 그래프의 기울기는 $-\frac{E_a}{R}$이며, 이것은 온도 변화에 따른 속도상수 변화가 활성화 에너지값에 의존한다는 것을 보여준다. 기울기가 가파를수록, 다시 말해 활성화 에너지(E_a)가 큰 반응일수록, 온도 변화에 더 민감하게 반응속도상수(K)가 변한다는 것을 알 수 있다. 활성화 에너지가 0에 가까운 반응이라면, 온도변화에도 반응속도상수가 거의 없다는 것을 뜻하기도 한다.

5) 대부분의 화학반응은 40 ~ 200[kJ/mol] 범위의 활성화 에너지를 갖는다. 대체로 활성화 에너지가 80[kJ/mol] 미만인 반응들은 상온 이하의 온도에서도 일어나고, 이보다 더 높은 활성화 에너지를 갖는 반응들은 어느 정도 높은 온도가 갖추어져야 반응이 진행된다.

05 연소범위 측정방법

(1) 전파법 : 가장 실용적인 방법

1) 정의 : 원통형 또는 구형 용기 내에 혼합가스를 넣고 한쪽에서 점화하고 화염이 전체로 확대되는 한계조성을 결정하는 방법

2) 시험관의 크기 : 표준형 원통의 안지름은 5[cm] 정도이고 길이가 1.5[m]인 수직관으로 구성

3) 시험관 : 시험대상 가연성 가스와 공기 혼합기체

4) 절차

① 수직관 상단은 막혀 있고 수직관 하단에서 스파크 등으로 혼합기체를 발화시킨다.

② 위로 향해 올라가는 화염 선단의 이동을 관찰한다.

③ 화염이 1.5[m] 길이의 수직관 절반까지 확산된 경우 해당 혼합기체는 연소범위로 간주한다.

5) 화염의 전파방향

① 수직 상향

㉠ 하향 확산보다 연소한계 폭이 넓다(보수적).

㉡ 수직 전파의 경우는 화염이 부력에 의해 길어져서 화염이 영향을 미치는 길이(δ_f)가 길어지며 화염전파속도가 증가한다. 그러므로 보수적으로 수직 화염전파를 주로 사용한다.

㉢ 부력에 의한 가연성 가스의 이동방향과 화염의 전파방향이 일치한다.

② 수평 전파 : 연소범위가 중간값이다.

③ 수직 하향 : 연소범위가 가장 좁은 값을 가진다. 왜냐하면, 화염의 전파방향과 화염이 영향을 미치는 길이(δ_f)에 의한 예열방향이 서로 역방향이기 때문이다.

(2) 버너법

버너 위에 안정된 화염이 생길 수 있는 혼합기체의 혼합비를 가지고 연소의 한계치를 결정하는 방법이다.

06 주요 가스의 연소범위

구분	H_2	C_2H_2	CH_4	C_2H_6	C_3H_8	C_4H_{10}	NH_3	CO
L	4	2.5	5	3	2.1	1.8	15.5	12.5
U	75	82	15	12.5	9.5	8.4	28	74

폭발한계와 연소한계

1. 폭발한계와 연소한계가 거의 동일하다.
2. 한계가 차이나는 경우도 있다(메탄의 상한, 수소의 하한, 아세틸렌 등 분해폭발물질).
3. **연소한계 : 실험방법이 하향 화염전파이고 판정기준이 화염이 실험기구의 $\frac{1}{2}$까지 전파되는가 여부**
4. **폭발한계 : 실험방법이 용기 내 압력상승이고 판정기준이 과압 형성** 예방이나 고온 또는 고압에서 연소한계가 필요한 경우에 사용

SECTION 005

연소의 구분

01 연소 구분

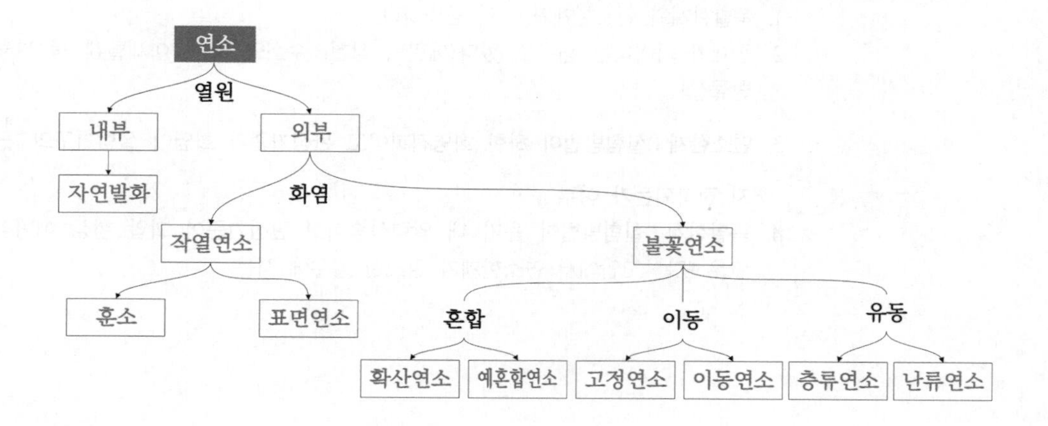

02 작열연소(glowing combustion)

(1) 정의

목탄, 코크스, 금속분 등 가연물 표면에서 산화반응하여 열과 빛(작열)을 내며 연소하는 것으로, 휘발분도 없고 열분해 반응도 낮아서 불꽃이 없는 연소이다.

(2) 종류

1) 표면연소(surface combustion) : 열을 가했을 때 분해되지 않아 가연성 기체가 발생하지 않는 가연물이 산소와 접하는 표면에서 부분적으로 흡착하여 산화반응으로 연소

2) 훈소(smoldering combustion) : 조건에 따라 화염연소할 수 있는 가연성 기체를 발생시키는(휘발분이 있는) 가연물이 온도가 낮거나 산소농도가 낮아 화염을 발생하지 못하고 산소와 접하는 표면경계에서 작열하는 연소(저온 무염연소)

(3) 특징

1) 연소속도가 매우 느리다(1 ~ 5[mm/min]).

2) 화염이 없으므로 대류에 의한 열전달이 약하다.

3) 수직 부재의 각 방향(상, 하, 좌, 우) 연소속도가 유사하다.

4) 가연물의 표면은 주변 대기에 의해 냉각되므로 표면을 따르기보다는 가연물의 심부로 서서히 타들어가는 형태를 보인다. 따라서, 표면보다는 심부를 향한 연소속도가 더욱 빠르다.

5) 메커니즘
   ① 분해연소를 시작한다.
   ② 분해연소가 지속되며 연소하지 않은 코크스 등이 발생한다.
   ③ 공기가 코크스 등 가연물에 접근한다.
   ④ 공기가 가연물에 흡착하여 산화반응으로 연소한다.

6) 훈소와 표면연소의 비교 128회 출제

구분	훈소	표면연소
화염	보이지 않음	보이지 않음
연소의 구분	작열연소	작열연소
화재	심부화재	심부화재
불꽃연소 가능성	조건에 따라 발생가능	없음
화학반응 위치	표면반응(가연물 표면)	표면반응(가연물 표면)
가연성 증기	발생	미발생
연기	많이 발생	미발생
발생원인	저온+저산소	가연성 증기가 없음
가연물	목재, 셀룰로오스, 종이 식물성 섬유 등	코크스, 목탄, 숯 또는 칼륨, 나트륨, 알루미늄, 마그네슘 등 금속류

일부 목탄을 연소할 때 화염이 발생하거나 연기가 발생하는 이유는 완전하게 열분해된 목탄이 아니므로 남아 있던 가연성 가스가 연소하거나 연기로 만들어지기 때문이다.

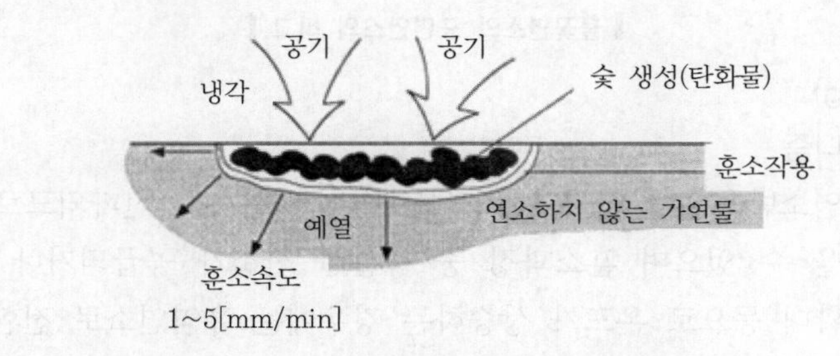

▌작열연소의 개념도▐

(4) 불꽃연소와 표면연소의 비교

구분	불꽃연소(화염연소)	표면연소
배출	완전연소가스(물, 이산화탄소)	탄화수소, 불완전연소생성물
화염	존재	존재하지 않음
화재의 구분	표면화재	심부화재
적응화재	B · C급 화재	A급 화재
연소반응	90 ~ 95[%]	60 ~ 90[%]
화학반응 위치	기상반응(가연물 표면 위)	표면반응(가연물 표면)
차원	3차원	2차원
연소속도	빠르다.	느리다.
가연물	열가소성 합성수지류	열경화성 합성수지류
반응 산소농도	≥ 15[%]	≥ 5[%]
온도	> 300[℃](최고 1,500[℃])	< 300[℃](금속 > 3,000[℃])
소화방법	냉각, 질식, 제거, 억제	냉각, 질식, 제거

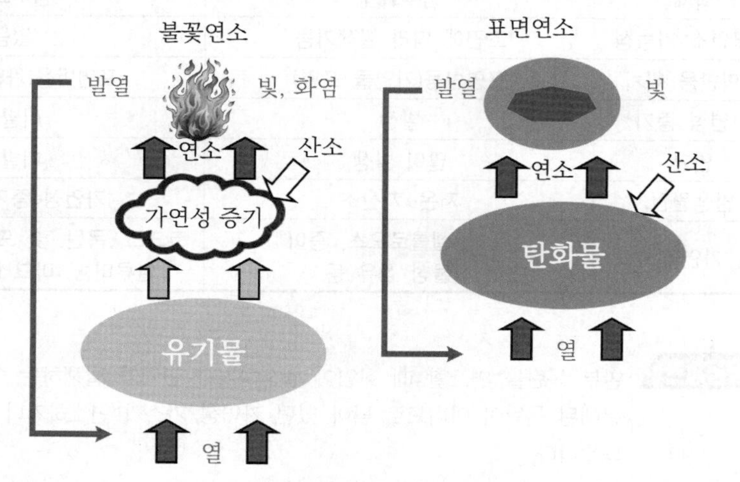

▌불꽃연소와 표면연소의 비교▐

(5) 훈소(smoldering)

1) 훈소의 메커니즘

① 훈소의 연소반응은 가연물의 표면을 따라서 서서히 전파되므로 오랫동안 발견되지 않을 수 있으며 훈소과정 중 충분한 산소가 공급되거나 축열 또는 훈소범위의 확대 등으로 온도가 상승하는 경우에는 유염연소로 전환될 수 있다.

② 유염연소 과정에서도 산소가 부족하거나 온도가 낮아지는 경우에는 다시 훈소로 전환된다.

2) 훈소의 화염전환과 축열조건

① 열전도율 : 낮을수록 축열이 용이하다.

② 습도 및 가연물의 함수율 : 낮을수록 축열이 용이하다.

③ 산소의 가용성(availability of oxygen)

㉠ 공기 흐름이 증가 : 표면 연소속도가 증가한다.

㉡ 원인 : 저온 공기의 냉각으로 인한 열손실보다 신선한 공기의 공급으로 인한 화학반응의 증가요인이 더 크기 때문에 연소속도가 증가한다.

㉢ 과도할 경우 냉각으로 축열이 잘 안 된다.

꼼꼼체크 산소의 가용성 : 화학반응에 이용될 수 있는 산소의 양

④ 단열성 : 화장지나 의류 같은 다공질 또는 여러 층을 이루는 물질이 축열에 용이하다.

⑤ 단위면적당 넓은 표면적 : 산소에 의한 표면접촉이 쉬워지고 발열량이 증가하고 밀도가 낮아지므로 열전달이 감소한다.

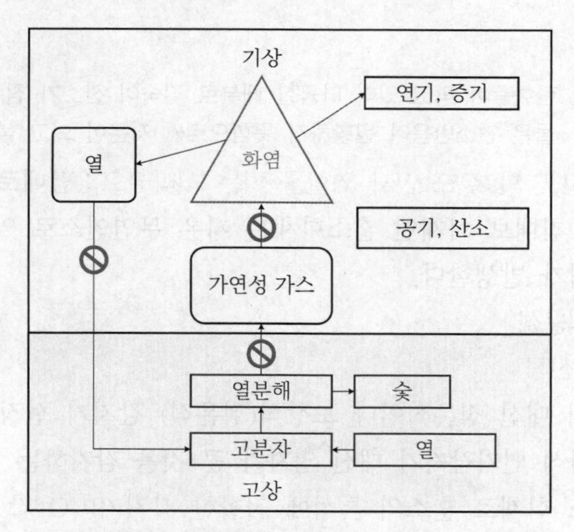

▌고분자 물질의 연소과정(⊘ 표시는 필수과정)▐

3) 위험성

① 산화반응영역이 없어 화염연소보다 불완전연소생성물이 많다. 불완전연소과정에서는 연료의 약 10[%] 이상이 일산화탄소로 변환된다.

② 화재 감지의 어려움 : 열원의 강도는 부력에 의한 플럼의 거동에 영향을 미치는데 훈소는 저에너지로 부력이 약해 천장에 도달하지 못하는 플럼을 형성한다.

③ 화재진압의 어려움

㉠ 다공성 물질로 물이 표면장력 때문에 화원이 있는 내부로 침투가 어렵다. 이는 구멍이 물의 크기보다 작기 때문이다.

㉡ 쓰레기 화재, 산불(지중화) : 소화약제(class A포, wetting agent)

④ 발연량이 많다.

⑤ 숯, 탄화층(char)

㉠ 최초의 가연물보다 탄소함량이 많다.

가벼운 휘발성 물질은 휘발되고 무거운 탄소는 잔류하게 되어 단위질량당 탄소함유량이 증가한다.

㉡ 휘발분이 날아가고 그 자리가 비어 다공성이 됨으로써 표면적 증가 : 산소와의 화학반응이 용이하다.

㉢ 단열상태가 양호한 반응구역으로 열손실률이 감소되어 훈소 전파과정의 주된 열원이다.

탄화층이 단열재의 역할을 하여 열손실을 감소시킨다.

㉣ 산소공급 능력이 낮다.

탄화층이 막고 있어 다공질 내부로 깊숙이 산소가 침투하기 어렵다. 따라서, 가연물은 연소반응이 원활하지 못함으로써 저온이 되고 불완전연소를 한다.

⑥ 주택화재 사망의 주요 인자 역할을 하는 시나리오 : 담배로 인해 시작되는 장식용 덮개류와 침대보 화재인 훈소화재는 저온 무염연소로 일산화탄소 등 다량의 유독성 연기가 발생한다.

4) 소화설비의 적응성

① 감지기의 선정

㉠ 차동식 대신 정온식이나 보상식(정온점) 감지기 선정

㉡ 이온화식 연기감지기 대신 입자가 큰 것을 감지하는 광전식 연기감지기 선정

㉢ 저강도 화재로 훈소의 특성에 적합한 감지기(CO 감지기) 선정

② 스프링클러의 선정

㉠ RTI가 작은 헤드 선정 및 연기의 단층화를 고려한 헤드를 설치한다.

㉡ 감지기와 연동하여 작동하는 개방형 헤드를 설치한다.

㉢ 이산화탄소 소화설비의 농도 유지시간(soaking time)을 강화한다.

㉣ 물에 침투제를 첨가하여 가연물 내부로의 침투성능을 향상시킨다.

5) 연소대책

㉠ 단열층 제거 : 삽이나 포크레인과 같은 장비를 이용하여 단열층을 제거한다.

㉡ 다공성 제거 : 난연재를 이용한 피막형성, 3종 분말의 방진작용을 한다.

03 고체의 자연발화(spontaneous combustion) 131 · 121 · 93 · 79 · 75회 출제

(1) 정의

1) 불안정한 물질이 공기 중에 장시간 노출되어 외부열원의 도움 없이 산화반응을 하면 열과 분해생성물이 축적되고 일정한 에너지 이상이 축적되면 발화하는 연소현상이다.
2) 공기 중의 가연물이 화학반응 등에 의한 열축적으로 온도가 자연발화점 이상이 되어 발화가 시작된다.
3) 자연발화(autoignition) : 스파크나 화염이 없는 상태에서 자체 열축적으로 인한 연소의 개시(NFPA 921) 131회 출제
   ① 자연발화가 발생하기 위해서는 같은 물질이라도 유도발화보다 높은 온도가 필요하다.
   ② 복사에 의한 발화
      ㉠ 메커니즘 : 복사열 전달 → 가연물 표면 온도 상승 → 표면은 복사열, 내부는 전도열 전달 → 열분해 → 가연성 혼합기 형성 → 표면이 자연발화온도 도달 → 자연발화 발생
      ㉡ 열복사에 의한 플래시오버와 같은 전실의 고체 가연물 발화를 말한다.
   ③ 대류에 의한 발화
      ㉠ 고온가스 속도 증가 : 열분해시간 ↓, 발화유도시간 ↑(대류에 의해 표면의 가연성 증기가 밀림)
      ㉡ 발화시간은 대류의 적정 속도(열분해시간 = 발화유도시간)에서 가장 짧다.

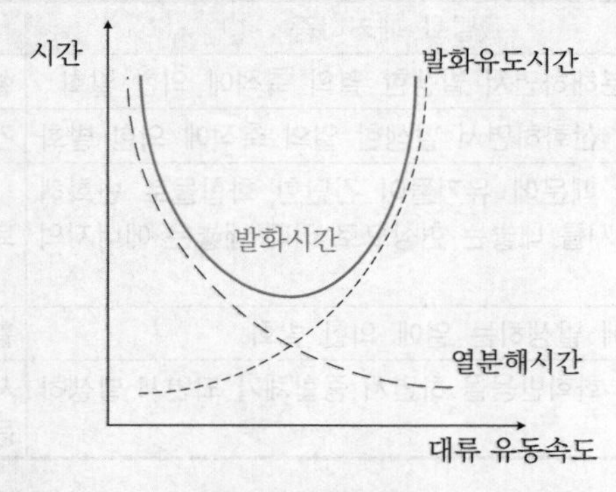

▌대류의 영향을 받는 평판의 발화와 관련된 특성 시간의 개략도[3] ▌

3) 2018 SFPE Fig. 21.7

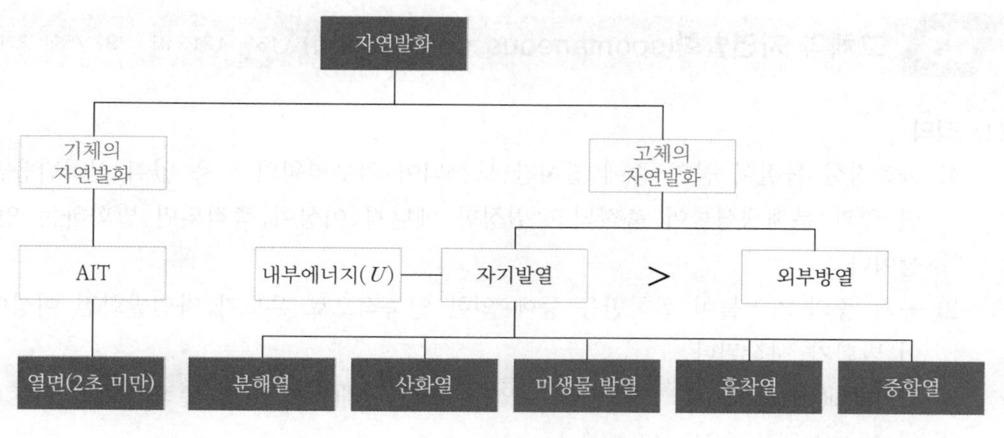

▌자연발화▐

(2) 종류

1) 자기가열

① 미임계(sub-critical)로 훈소 또는 확산화염으로 유도되는 화학반응의 잠복상태이다.

예 기름걸레, 건조 더미 등

② 지속적인 열축적으로 온도가 상승한다.

2) 임계조건(critical) : 자기가열과 자연발화를 구분하는 경계로 고온으로 빠르게 가속되는 자기가열을 통해 열폭주가 발생한다.

3) 자연발화 : 초임계(super-critical)로 열이 축적되어 발화가 시작하는 상태이다.

(3) 열 발생 메커니즘

1) 온도가 완만하게 상승하는 경우

구분	발화 메커니즘	사례
분해열	물질이 분해하면서 발생한 열의 축적에 의한 발화	셀룰로이드, 나이트로글리세린
산화열	가연물이 산화하면서 발생한 열의 축적에 의한 발화	건성유, 석회분, 석탄, 금속분
발효열(미생물)	효소작용 때문에 유기물이 간단한 화합물로 변화해 자유에너지를 내놓는 현상으로 이때 내놓은 에너지의 축적열	퇴비, 먼지
흡착열	흡착 시에 발생하는 열에 의한 발화	활성탄
중합열	단량체가 화학반응을 하면서 중합체가 되면서 발생하는 열	시안화수소, 초산비닐, 염화비닐, 동·식물성 유지

1. **흡착(adsorption)** : 2개의 상(相)이 접할 때 그 상을 구성하고 있는 성분 물질이 경계면에 농축되는 현상으로 흡수가 압력에 의해서 이루어지는 데 반해서 흡착은 정전기 인력에 의해서 이루어진다.
2. **중합(polymerization)** : 단위체 또는 모노머(monomer)가 화학반응을 통해 2개 이상 결합하여 분자량이 큰 화합물을 생성하는 반응

2) 온도가 빨리 상승하는 경우

① 발화점이 낮고 산화열에 의해 물질 자신이 발화하는 물질 : 제3류 위험물 자연발화성 등

예 황린(60℃), 유기금속 화합물류, 알칼알루미늄, 알킬리튬, 규소화수소류, 액체인화수소 등

② 공기 중의 습기를 흡수하거나 물과 접촉했을 때 발화 또는 발열하는 물질 : 제3류 위험물 금수성 물질 등

㉠ 가연성 가스를 발생하고 자신이 발화하는 물질

예 칼륨, 나트륨, 알칼리금속류, 알칼리토금속류, 알루미늄 및 아연분 등

㉡ 발열하여 다른 가연성 물질을 발화시키는 물질

예 무기과산화물류, 진한 황산, 진한 질산, 수산화나트륨, 염화알루미늄 등

③ 다른 물질과 접촉 또는 혼합하면 발열하고 발화하는 물질 : 위험물 혼합, 혼촉에 의한 발열

㉠ 혼합 시 즉시 발화하는 경우

예 과산화나트륨과 이황화탄소, 삼산화크롬과 에틸알코올, 과망가니즈산칼륨과 에틸렌글리콜 등

㉡ 폭발성 혼합물을 형성

예 과산화나트륨과 유황, 염소산칼륨과 알루미늄분 등

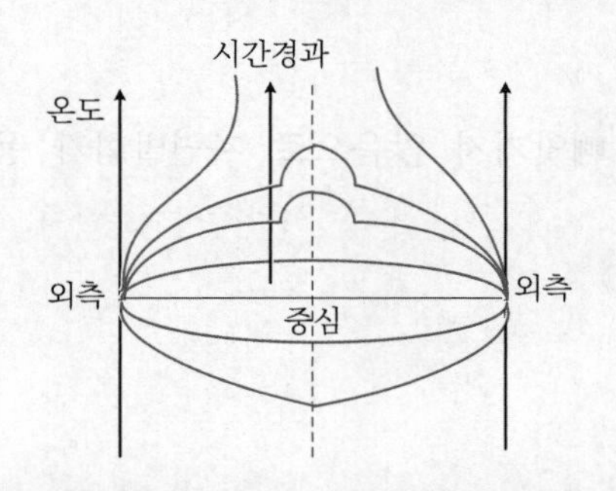

▌온도가 완만하게 상승하는 경우 계 내의 온도분포▐

▌온도가 빨리 상승하는 경우 계 내의 온도분포▐

(4) 임계조건에 영향을 미치는 주요 변수

1) 주위 온도(CAT ; Critical Arround Temperature) : 손실 열이 변화

2) 적층 온도(CST ; Critical Smectic Temperature) : 특수한 사례 시 중요한 변수

꼼꼼체크 적층 온도 : 가연물이 쌓여 있는 부분의 온도

① 외부 보관 시 태양에 의한 복사열

② 생산 및 처리가 방금 이루어져 예열된 제품

③ 수분함유량

3) 대상물의 크기
   ① 물체가 크다 : 열적인 접촉을 하는 부분이 크다.
   ② 접촉 부분이 클수록 열축적이 용이하다.
4) 물질의 섬유성 및 다공성 : 공기와의 접촉이 원활한지 아닌지를 판단할 수 있는 근거이다.
   ① 일반 목재에서는 자연발화가 일어나지 않지만, 톱밥과 같이 다공성이 큰 경우에는 자연발화가 발생한다.
   ② 인화점이 매우 높은 물질(건성유)이 면직물 등에 흡수되는 경우 상온에서 자연발화가 발생한다.
5) 단열상태 : 단열성능이 우수할수록 외부에 열을 빼앗기지 않기 때문에 자체 가연물의 온도를 높일 수 있어 발화가 용이하다.
6) 방치시간 : 방치시간이 길수록 산소와 접하는 시간이 길고 열축적이 되어 화학반응이 용이하다.
7) 환기 : 열의 축적과 가연성 가스의 축적을 방해한다.

(5) 자연발화 조건 128 · 109회 출제

1) 충분한 양의 자체 열분해 물질이 연속적으로 발생(자체 반응열로 충분히 가열)한다.
2) 열분해로 연소범위 하한계 이상의 가연성 가스가 발생한다.
3) 가연성 가스와 공기가 혼합되어 그 혼합기체가 발화온도 이상이 되면 외부열원이 없더라도 발화한다.
4) 열 축적의 영향요소
   ① 열전도율 : 열전도율이 작을수록 열을 빼앗기지 않음으로 자연발화가 용이하고 열손실이 선형적으로 발생한다.
   ② 단열 : 퇴적방법
5) 열 발생속도의 영향요소
   ① 온도
   ② 발열량
   ③ 수분 : 공기 중에 수분이 많으면 복사열을 흡수하고 방사하므로 온도를 유지해주는 기능
   ④ 표면적 : 산소와 접하는 면적이 증가하여 반응성 증대
   ⑤ 촉매 물질
6) 열손실
   ① 주위온도 : ↓
   ② 비표면적 : ↑
   ③ 환기 : ↑

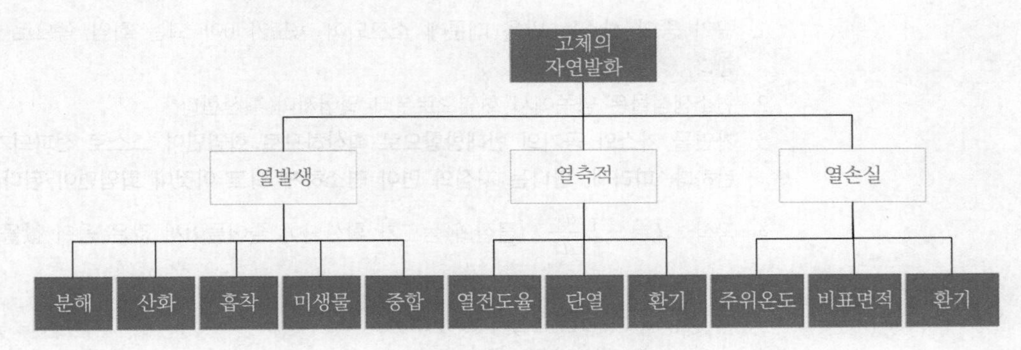

▌고체의 자연발화 맵핑▐

(6) 아이오딘가(요오드가, 옥소값, 아이오딘값, iodine value, iodine number)

(7) 예방대책

1) 가연성 물질을 제거한다.
2) 통풍이나 환기를 적절하게 하여 열축적을 방지(↑ 방열속도 > 발열속도)한다.
자연발화는 가연물의 발열속도와 열의 방열속도의 평형이 깨져 열이 축적되어 생기기 때문에 환기 및 저장방법을 고려하여 열의 축적을 방지하는 것이 중요하다.
3) 온도를 낮춘다(방열속도 > 발열속도↓).
4) 수분은 자연발화의 촉매작용을 하므로 낮추어서 열축적을 방지한다.
5) 황린은 물속에, Na, K 등은 석유 속에 보관한다.
6) 공기와 접촉면적을 최소화하도록 저장한다.
7) 불활성 기체를 이용하여 불활성화한다.

04 확산연소(diffusion combustion) 93 · 79 · 75회 출제

(1) 대부분의 화재현상으로 건물화재, 임야화재, 성냥불, 양초 화염 등이 여기에 해당한다.

(2) 발생원인

1) 고체 : 화염에서 나오는 열 복사량(heat flux)에 의해 물질을 열분해한다.
2) 액체 : 기화의 결과로 인한 인화성 증기가 발생한다.
3) 기체 : 가연성 가스의 확산에 의해 공기와 혼합연소한다.

(3) 연소현상

1) Fick's law : 가연성 증기와 산소가 농도구배에 의하여 반응대(reaction zone)로 이동하여 연소한다.

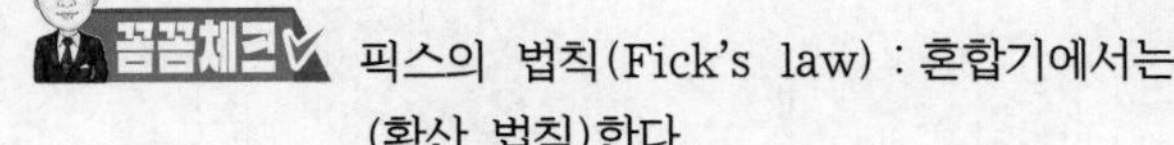

픽스의 법칙(Fick's law) : 혼합기에서는 농도가 높은 곳에서 낮은 곳으로 이동(확산 법칙)한다.

1. 공기 중의 산소는 반응 때문에 소모되어 농도가 0이 되는 화염 쪽으로 이동한다.
2. 연소생성물은 양쪽에서 화염으로부터 멀어지며 확산한다.
3. **가연물 가스와 공기의 반대방향으로 확산하므로 화염면이 스스로 전파되기 곤란하다. 따라서, 만나는 지점의 면이 연소하게 되고 이것이 화염면이 된다.**
4. 공식 : $J = -D\frac{dC}{dx}$ (물질의 농도가 확산되어 줄어들어서 값은 음의 값을 가지게 됨)

   여기서, J : 유동률[물질의 양/h·m^2]
   D : 확산계수[m^2/h]
   C : 농도[물질의 양/m^2]
   x : 위치[m]

2) 가연물 가스와 산소가 만나는 면이 연소범위를 형성하여 연소하는 현상이다.

(4) 확산연소의 지속

1) 연소로 생성된 열의 일부가 해당 물질로 되돌아오는 열 귀환[feed back, 열 유속(heat flux)]이 발생한다.
2) 귀환된 열 유속으로 인해 가연성 증기나 휘발성 물질을 지속해서 생성한다.

1. **휘발성** : 주어진 온도에서 증기압이 높은 성질
2. 중합체로 전달된 열은 열분해 때문에 가연물로부터 인화성 휘발물질을 발생시키고 이 물질은 중합체 위에서 공기 중의 산소와 반응해 열을 발생시키며, 이 열 중 일부가 다시 중합체로 전달되는 과정인 열 귀환이 반복된다.

(5) 화재 및 이와 관련된 흐름을 조절하는 두 가지 요소(화재와 관련된 내부적 요소)

1) 부력 : 가열된 가스 온도에 따른 밀도 하락으로 부력에 의한 상승기류가 발생한다.
2) 난류
   ① 화재의 성장으로 부력이 증가하고 부력에 의해서 난류로 성장한다.
   ② 확산연소에서의 난류는 공기의 혼입을 증대시킴으로써 연기량이 증가하고 산소와의 접촉면을 증대시키고 화학반응에 의한 열 발생량을 증가시키지만 이로 인한 온도 상승보다 인입공기 때문에 화염온도를 냉각한다.
   ③ 인입공기로 화염면이 불안정화함으로써 오히려 불완전연소생성물이 증가한다.

(6) **외부에서 화재 및 흐름을 조절하는 요소** : 바람(wind)

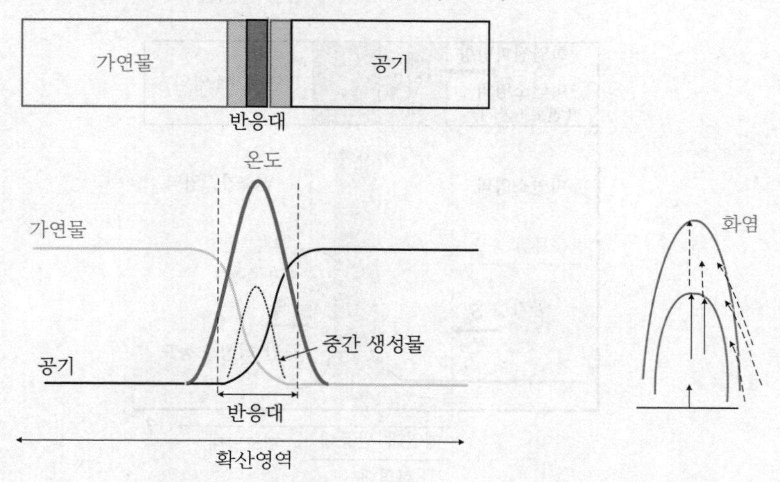

▌확산연소의 구조 ▌ ▌확산화염의 형태 ▌

(7) **연소특성 비교**

상특성	전파특성	혼합특성
균일연소	버너연소	예혼합연소 부분 예혼합연소
불균일연소	용기 내 연소	확산연소

05 예혼합연소(premixed combustion)

(1) **개요**

1) **정의** : 가연성 혼합기가 형성되어 있는 상태에서 연소(공간으로 자율적 화염전파)

2) **특징**

① 고체나 액체처럼 열분해하지 않고도 가연성 증기를 형성할 수 있는 가연물 또는 가연성 가스와 공기가 섞인 상태에서만 가능한 연소형태이다.

② 연소의 3요소 중에 가연물과 산소가 존재함으로써 점화원만 있으면 화염이 스스로 공간으로 전파된다.

(2) 예혼합연소의 거동

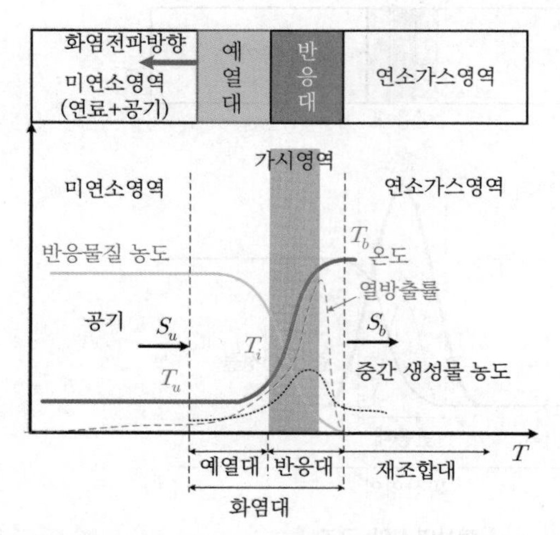

▌층류 예혼합연소에서 평면 연소파의 거동(예열대와 반응대)▌

여기서, S_u : 미연소 혼합기의 속도

T_u : 미연소 혼합기의 온도

S_b : 연소생성물 방출속도

T_b : 반응 후 온도

T_i : 발화온도

1) 미연소 혼합기의 속도(S_u), 온도(T_u)로 화염대로 들어가고, 속도(S_b), 온도(T_b)로 화염대를 빠져 나간다.
2) 미연소 혼합기가 우측 반응대로부터 열 공급을 받아 예열되는 지역 : 예열대
3) 반응물질(가연성 가스와 산소)의 농도 저하
   ① 예열대 : 분자확산
   ② 반응대 : 분자확산, 산화반응
4) 중간 생성물의 농도 : 반응대 중심에서 최대(열 방출률과 유사한 특성)
5) 화염대 입출구의 압력차($\Delta P = P_u - P_b$) : 1[%] 이하의 정압과정

(3) 화염전파

1) 화염전파 방향 : 반응대(reaction zone) → 예열대(pro-heat zone) → 미연소가스로 이동
2) 화염전파 메커니즘
   발화 → 화염의 이동 → 연소생성물에 의한 팽창[연소파, 층류(탄화수소 0.5[m/sec])] → 난류의 발생(파동의 간섭으로 가속) → 열 전달량 증가 → 압력파 형성(폭연) → 압력파와 연소파의 중첩으로 폭굉 발생
3) 예열대(pro-heat zone) : 연소반응이 가능한 온도까지 혼합가스의 온도가 상승한다.

4) 반응대(reaction zone) : 연소반응이 발생하고, 이로 인한 발열이 발생한다.
5) 연소파의 성장 : 연소파 → 압력파 → 폭굉
6) 비교표

구분	예열대	반응대	재조합대
열방출	아주 작은 열	대부분의 열	무시 수준의 열
화학반응	특정 화학반응	열분해	CO_2와 H_2O가 형성
영역대의 크기	대	소	대

(4) 예혼합연소의 온도조건

1) 단열화염온도(adiabatic flame temperature) : 화염온도가 1,300[℃](약 1,600[K]) 이상이 되어야만 예혼합 화염이 지속 가능하다.
① 화염에는 그 이하의 온도는 없다고 하는 최저 온도가 있고, 이것이 단열화염 한계온도이다.
② 이 값은 특정 조건 하인 단열상태의 실험값으로 실제와는 다를 수 있다.
③ 단열화염온도가 낮은 가연물일수록 반응성은 크다.
④ 이산화탄소소화설비 표면화재의 보정계수를 적용할 경우 단열화염온도가 낮은 물질의 보정계수값이 높다.

2) 버지스 휠러(Burgess-Wheeler)의 법칙
① 공식 : $\text{LFL} \times \Delta H_C \fallingdotseq 1{,}050[\text{kcal/mol}]$
여기서, LFL : 폭발 하한계[v%]
ΔH_C : 연소열[kcal/mol]
② 연소 하한계 × 연소열량 = 가연물의 종류와 관계없이 일정(1,050[kcal/mol])
③ 연소 하한계를 추정할 수 있고 연소열이 작을수록 가연성 가스의 양이 증대되어야 단열화염온도가 유지될 수 있다는 의미이다.

06 고정연소(stationary combustion)와 이동연소(mobile combustion)

(1) 고정연소

촛불과 같은 확산화염으로 화염이 이동하지 않고 정지된 상태의 연소이다.

(2) 이동연소

예혼합에서의 화염전파로 화염이 이동하면서 진행되는 연소로서, 이동하면서 연소가 진행됨으로써 위험성이 증대된다.

07 층류연소(laminar combustion)와 난류연소(turbulent combustion)

(1) 층류연소

분자확산에 의해 지배되는 연소(molecular mixing by diffusion)이다.

(2) 난류연소

와류에 의한 지배(coarse mixing by eddy motion), 난류에 의해서 주름상이나 회전상이 되어 에너지 전달 면이 증대된다.

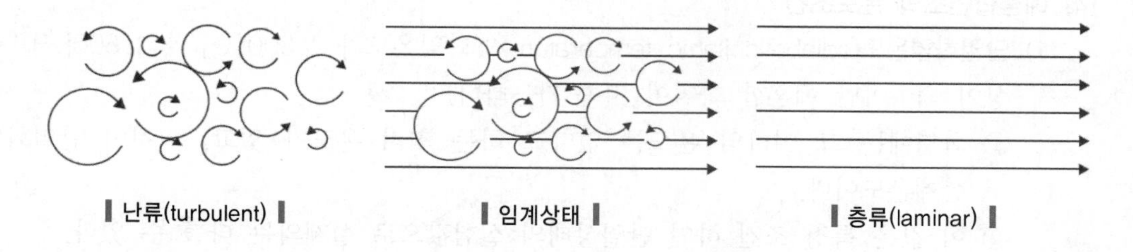

▌난류(turbulent)▌ ▌임계상태▌ ▌층류(laminar)▌

08 연소속도(burning velocity)에 따른 구분

(1) 정상연소(steady)

연소에 필요한 산소공급 또는 가연물의 공급이 일정 속도로 이루어져 일정한 속도로 진행되는 연소

(2) 비정상연소(unsteady)

일정한 연소속도로 연소가 진행되지 않는 연소

1) 발열속도 < 방열속도 : 온도가 발화점 이하가 되어 연소가 정지, 소화되는 연소
2) 발열속도 > 방열속도 : 열의 축적 때문에 반응속도가 증가하여 폭연 또는 폭굉 현상으로 반응이 확대되는 연소

(3) 연소속도

1) 층류연소 : 0.1 ~ 0.5[m/sec]
2) 연소속도의 비교 : 층류연소 < 난류연소 < 폭연 < 폭굉

SECTION 006

아이오딘가(iodine value)

01 개요

유지는 일반적으로 불포화 지방산기의 2중 결합 형태를 가지는 정도에 따라 산소를 흡수하여 산화건조가 이루어진다. 이 건조성의 정도를 아이오딘가(요오드가)라고 하고 불포화성이 크고 아이오딘가가 클수록 산화되기 쉽고 자연발화의 위험성이 크다.

02 자연발화 메커니즘

(1) 유지의 자연발화

1) 자연발화가 되지 않는 경우 : 용기 중에 그대로 들어있는 경우이다.

2) 조건 : 섬유질상의 물질이나 다공성 물질에 유지가 적당량 흡수된 상태로 지속한다.

(2) 메커니즘

1) 공기와의 접촉면적이 증대되어 산화 발열반응이 발생한다.

2) 주위 환경조건에 의해 발열조건보다 방열조건이 불량하면 열 축적이 이루어진다.

3) 열 축적으로 의한 온도상승(반응 폭주)

4) 자연발화점까지 온도상승 자연발화

03 아이오딘가

(1) 정의

유지 100[g]에 흡수되는 아이오딘 g수

-C=C- + I_2 ⟶ -C-C- (각 C에 I 결합)

이중결합 아이오딘 아이오딘 첨가반응

▌탄화수소의 이중결합(불포화)에 의해 부가되는 아이오딘 첨가반응▐

(2) 특징

1) 유지의 불포화도(이중결합)를 알 수 있다. 이중결합은 불안정하므로 많을수록 반응성이 크다.
2) 불포화지방산을 많이 포함할수록 아이오딘가가 높다.
3) 이중결합에는 할로겐족이 잘 부가된다.
4) 불포화도(이중결합)가 클수록 자연발화를 일으키기 쉽다. 아이오딘이 잘 흡수되고 자연발화가 쉽다.
5) 이중결합 ↑ = 불포화도 ↑ = 아이오딘가 ↑ = 산화 ↑ = 반응성 ↑ = 자연발화 ↑

(3) 아이오딘가에 의한 구분

구분	아이오딘가	특징	종류
건성유	130 이상	① 이중결합이 많아 불포화도가 높아서 공기 중에서 산화되어 액 표면에 피막을 만드는 기름 ② 산화 발열량이 많아서 섬유 등 다공성 가연물에 스며들면 공기와 잘 반응하여 높은 열을 발생시켜 산화를 가속해 재차 고온이 되어 자연발화함 예 헝겊에 들기름을 적셔 뜨거운 햇볕에 장시간 두면 자연발화하는 것	들기름, 아마인유, 해바라기유 등
반건성유	100 ~ 130	공기 중에서 건성유보다 얇은 피막을 만드는 기름	면실유, 참기름, 옥수수기름 등
불건성유	100 이하	① 공기 중에서 피막을 만들지 않는 안정된 기름 ② 불건성유는 공기 중에서 쉽게 굳어지지 않음	야자유, 올리브유, 피마자유 등

SECTION 007

화염(flame)

01 개요

(1) 정의

기상의 가연성 가스와 산소가 화학반응을 하면서 빛(특정 파장대)과 열을 발생시키는 연소과정에 포함된 가스상 물질의 흐름이다.

(2) 기능

화염은 고에너지의 산화반응영역에서 발생하는 것으로 환원반응영역에서 만들어진 일산화탄소(CO)와 수소(H)가 수산화기(OH)와 결합하여 이산화탄소(CO_2)와 물(H_2O) 등의 완전반응물질을 만든다.

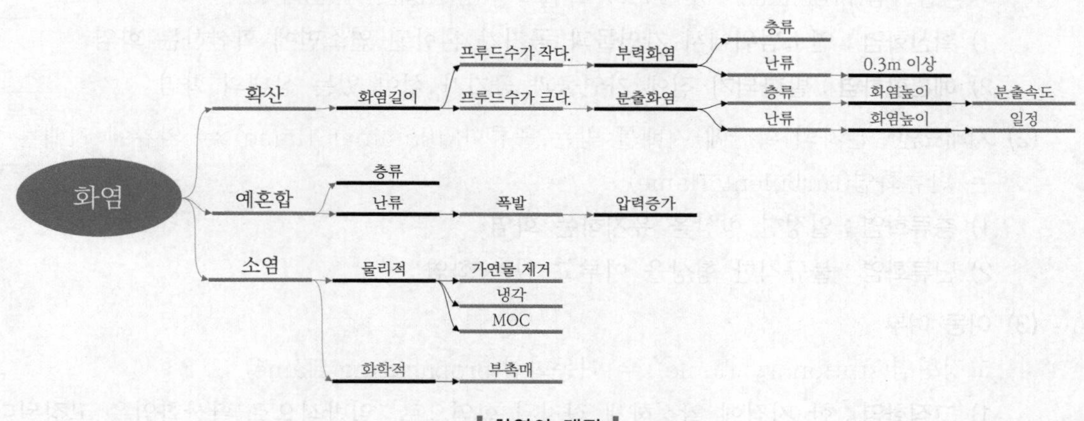

▌화염의 맵핑▐

02 구분

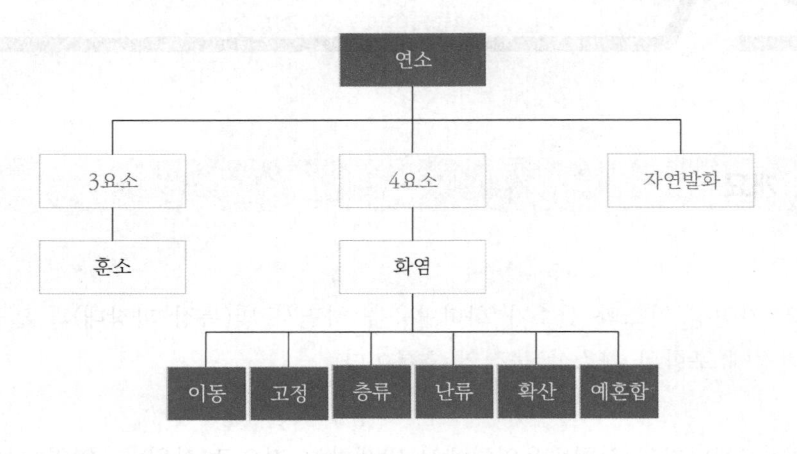

▌화염의 종류 ▌

(1) 가연성 증기와 산소의 혼합

예혼합화염(premixed flame) ⇔ 확산화염(diffusion flame)

1) **확산화염** : 연소범위에서 가연물과 공기가 혼합된 연소면에 확산하는 화염

2) **예혼합화염** : 발화되기 전에 가연물과 공기가 섞여 있는 상태의 화염

(2) **지배요인** : 분자의 확산에 지배를 받는 층류화염(laminar flame) ⇔ 와류에 지배를 받는 난류화염(turbulent flame)

1) **층류화염** : 일정한 형상을 유지하는 화염

2) **난류화염** : 불규칙한 형상을 이루고 있는 화염

(3) 이동 여부

고정화염(stationary flame) ⇔ 이동화염(propagating flame)

1) **고정화염** : 한 지점에 일정하게 정지된 화염으로, 일반적으로 확산화염은 고정된다.

2) **이동화염** : 시간의 경과에 따라 이동하는 화염으로, 일반적으로 예혼합화염은 이동된다.

(4) 상기 6가지 화염이 단독으로 쓰이기보다는 여러 가지가 혼합되어 연소의 화염이 발생한다.

(5) **화염의 예시**

1) **촛불(candle)** : 확산(diffusion), 층류(laminar), 고정(stationary)

2) **화구(fire ball)** : 확산(diffusion), 난류(turbulent), 이동(propagating)

3) **연소속도(burning velocity)** : 예혼합(premixed), 층류(laminar), 고정(stationary)

03 확산화염

(1) 정의

가연물이 공기 중에 분사되어 공기가 가연성 증기 내로 농도구배에 의해 확산(Fick의 법칙)되면서 반응대(reaction zone)에서 연소가 진행되는 화염이다.

(2) 일반적으로 확산화염을 화재(fire)라 하고 예혼합화염을 폭발(explosion)이라 구분하며, 확산화염의 주요 피해원인은 복사열이다.

1) 화재는 가연물과 공기가 반대방향에서 확산과정을 통해 화염면으로 유입·혼합되어 연소하는 확산화염의 전형적인 특징을 갖는다.

2) 예혼합화염 : 고유 물성값인 일정한 연소속도를 갖는다.

3) 확산화염 : 다양한 당량비의 혼합특성을 가지며, 특정한 길이나 속도를 갖지 않기 때문에 다양한 해석 및 특성을 갖는다.

(3) 확산화염은 가연물과 산소 중 부족분에 큰 영향을 받는다.

1) 성장기에는 가연물 부족 : 연료지배형

2) 최성기에는 산소 부족 : 환기지배형

3) 감쇠기에는 가연물 부족 : 연료지배형

(4) 확산화염의 종류(일본식 분류)

1) 자유 분류화염 : 촛불 등

2) 평행류 화염 : 연소기기 등

3) 대향류 화염 : 연소기기 등

4) 경계층 침출화염 : 고체, 액체 가연물의 열분해 등(화재)

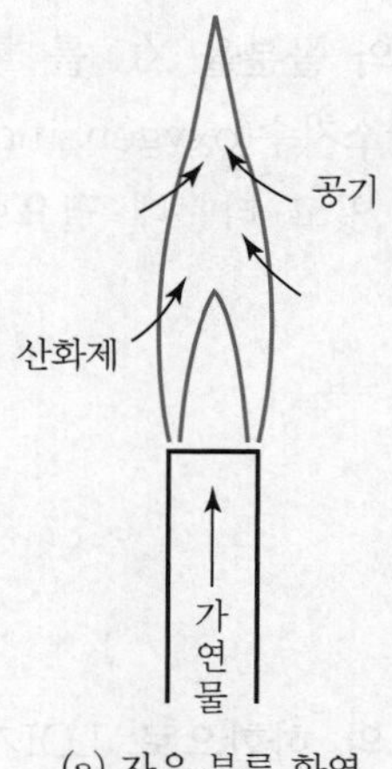

(a) 자유 분류 화염

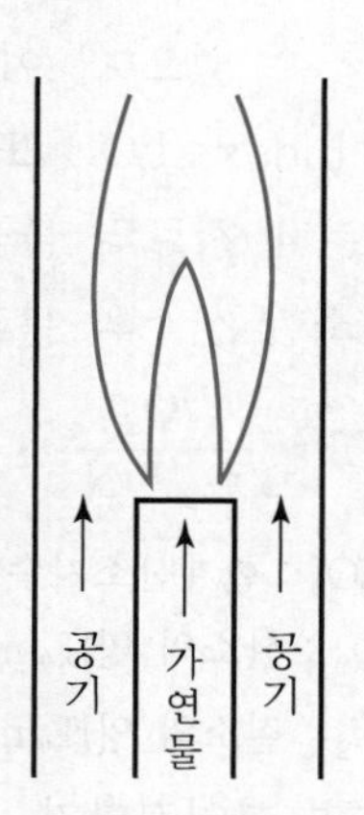

(b) 평행류 화염

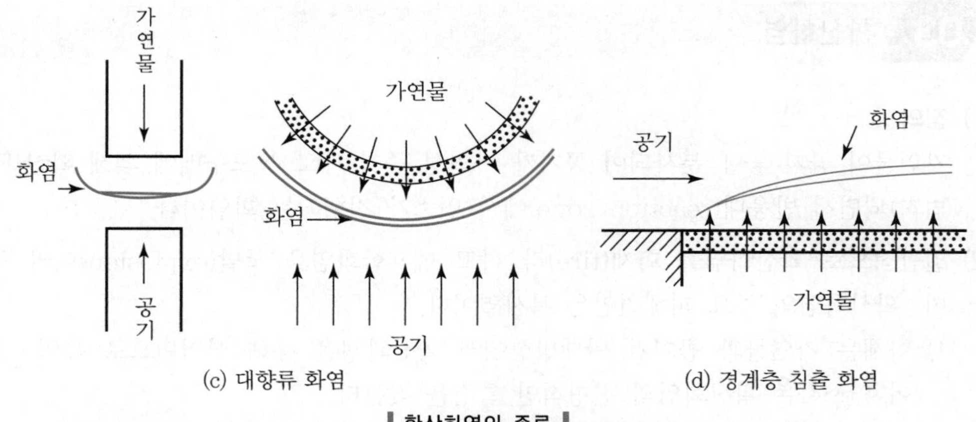

(c) 대향류 화염

(d) 경계층 침출 화염

▌확산화염의 종류▐

(5) 확산화염의 구조와 특징
1) 반응대의 존재 : 연료와 산화제의 경계
2) 반응대를 향하여 연료와 산화제가 확산된다.
3) 연소속도 : 연료와 공기의 확산속도에 의존하는데 연소속도의 측정이 어렵고 환경에 따라 다르다.
4) 공기의 확산방향 : 화염면 바깥쪽에서 화염면을 향하여 접선방향
5) 영역의 크기 : 확산영역 ≫ 반응대
6) 반응대 주변에 열분해 등에 의한 (−) 열 발생률 영역이 존재하고 예혼합의 예열대와 유사하다.
7) 확산화염 부근의 연료는 열분해 때문에 탄소미립자가 발생 : 황색 발광, 그을음

(6) 확산화염의 한계산소지수(LOI : Limited Oxygen Index)
1) 개요 : 확산화염의 안정화를 방해하는 데 필요한 산화제 흐름의 희석 정도의 최소값을 구할 수 있으며, 이러한 연소한계에서의 몰분율 XO_2를 한계산소지수(Limited Oxygen Index ; LOI) 또는 간단히 불러 산소지수(oxygen index)라고도 한다.
2) 정의 : 고분자 시료의 불꽃이 3분간 꺼지지 않고 타는데 필요한 산소−질소 혼합공기 중 최소한 산소의 부피 퍼센트[v%]
3) 공식 : $LOI = \frac{O_2}{O_2 + N_2} \times 100$

여기서, LOI : 한계산소지수
O_2 : 산소의 양[L/min]
N_2 : 질소의 양[L/min]

4) 의의 : 하향 화염전파가 정지되는 산소농도의 하한으로 LOI가 높다는 것은 연소 시 그만큼 산소를 많이 필요로 한다는 것으로 소화의 용이성을 나타내는 지수
5) 이용 : 플라스틱과 섬유류의 난연, 방염의 지표

등급	지수범위	대상
가연성(flammable)	LOI < 20.95	면(17), PE, PP(17), PS(18)
느린 연소(slow burning)	21 < LOI < 28	실크(23), 울(25), 나일론(26)
자기소화(self extinguishing)	28 < LOI < 100	CPVC(60)

6) 문제점 : 시험대상 물질을 상부에서 발화해서 하부로 화염 전파되는 지수값

① LOI의 수치가 실제 화재 시 해당 물질의 연소에 대한 산소농도의 하한값은 아니다.

② 열유속 개념이 없다. 화염의 전파는 열유속이 중요한데 열유속이 없다는 것은 중요한 인자의 제외된 수치를 가지고 비교하는 문제를 가지고 있다. 따라서, 최근 NIPA에서는 FPI 등의 다양한 방법들이 이용되고 있다.

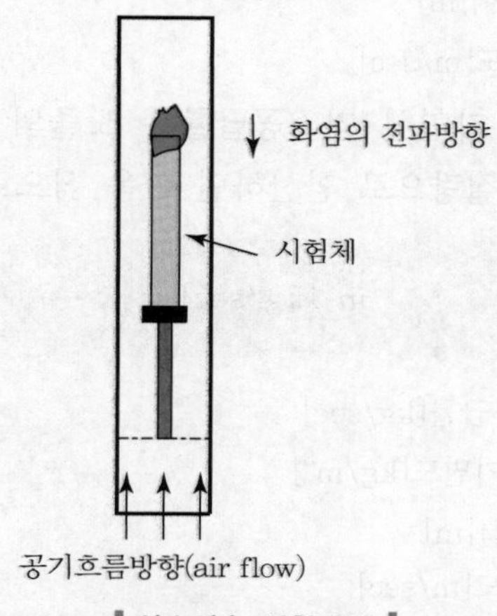

▍산소지수 시험방법 ▍

04 확산화염의 길이

(1) 운동력(모멘텀)에 의한 화염(jet flame)

주로 연소기기에 의해 발생하는 화염이다.

1) 층류 제트화염(분출화염)

① 가스가 대기 속으로 분출될 때는 분출류가 공기를 자르면서 발생한 주변 공기 사이의 전단력으로 공기가 끌어들여지며, 끌어들여지는 면과 가스가 만나는 그 면에서 연소이다.

② 일정 이하의 출구 속도 : 층류화염

③ 출구속도(v_e)가 증가 : 공기와의 접촉면적이 증가하여 화염면이 증가하고 따라서 화염길이가 증가한다.

④ 가스가 공기로 확산하는 속도(유동률) : 픽스의 법칙(층류, 난류)에 의해서 가연물의 농도에 비례하고, 확산계수는 온도와 농도에 따라 변화한다.

2) 난류 제트화염(분출화염)

① 층류화염 → 천이영역 → 난류영역

② 난류로 분출되는 가연성 가스에 대한 공기유입률

$$m_a[\text{kg/sec}] = \rho_a \cdot D \cdot L_f \cdot v_e$$

여기서, m_a : 공기유입률[kg/sec]
ρ_a : 공기밀도[kg/m^3]
D : 배관지름[m]
L_f : 화염길이[m]
v_e : 분출속도[m/sec]

③ 난류로 분출되는 가연성 가스공급률은 노즐의 분출속도에 비례하고 단면적의 제곱에 비례하며 질량으로 환산하면 다음 식으로 나타낼 수 있다.

$$m_f[\text{kg/sec}] = \rho_f \cdot v_e \cdot \frac{\pi}{4}D^2$$

여기서, m_f : 가스공급률[kg/sec]
ρ_f : 가연증기밀도[kg/m^3]
D : 배관지름[m]
v_e : 분출속도[m/sec]

④ 가연물과 공기의 혼합(mixing)

㉠ 공기유입률과 가스공급률은 공기 중에서 가연성 가스가 완전연소되기 위해서는 화학 양론비에 가까워야 하고 난류의 연소과정이 일반적으로 더 많은 공기량이 필요하므로 양론비보다 더 공기량이 많은 상태에 가까워져야 한다. 이러한 상태를 저농도 가연물연소라고 한다.

㉡ 공기유입률을 가연물 공급률으로 나누면 화학 양론비(C_{st})가 된다는 식으로 나타내면 다음과 같이 된다.

$$C_{st} \fallingdotseq \frac{\rho_a \cdot D \cdot L_f \cdot v_e}{\rho_f \cdot v_e \cdot \frac{\pi}{4}D^2} \quad \cdots\cdots\cdots\cdots \text{ⓐ}$$

ⓐ를 정리하면 $\frac{L_f}{D} \fallingdotseq \frac{\rho_f \cdot C_{st}}{\rho_a}$($C_{st}$는 화학 양론비로 1이 될 수가 있음)로 나타낼 수 있다.

㉢ 이 식에 따르면 난류분출 화염의 길이와 지름비가 공기밀도와 가연 증기밀도의 비와 같다.

$$\frac{L_f}{D} \fallingdotseq \frac{\rho_f}{\rho_a}$$

따라서, 가연 증기밀도가 높을수록 화염의 길이가 길어짐을 알 수 있다.

3) 난류 분출화염

① 저장용기 파열과 같이 노즐의 출구속도가 부력으로 인한 화염속도보다 상당히 빠를 때 발생한다.

② 화염길이 공식 : $L_f \approx \frac{\rho_f D C_{st}}{\rho_a}$

여기서, L_f : 화염길이

ρ_a : 공기의 밀도

ρ_f : 연료의 밀도

D : 배관지름

C_{st} : 화학 양론비

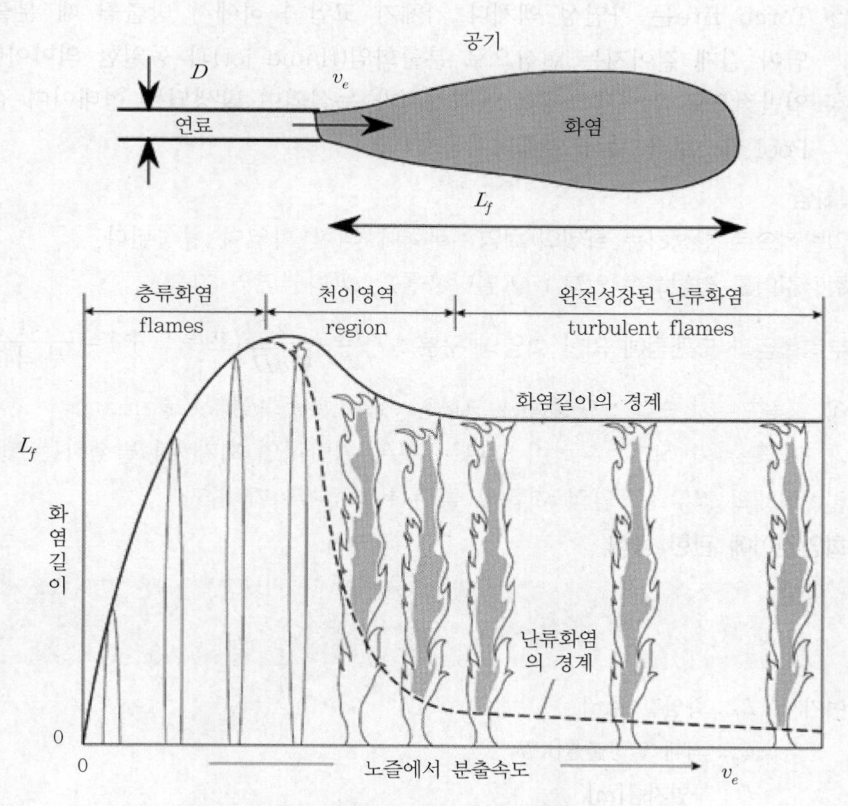

▌화염길이에 따른 노즐에서의 분출속도[4] ▌

4) Figure 16.16 Scheme of characteristic regions of flame stability for a diffusion flame. Loss Prevention in the Process Industries 2E VOLUME2

4) 연소기기의 확산화염구분

구분		분출속도와 화염길이의 관계	원인
누출면적 일정	층류	비례	분출속도가 클수록 산소와 접하는 표면적이 증가함으로 화염이 길어짐
	천이영역	반비례	화염의 끝이 갈라지고 화염이 교란
	난류	일정	분출속도가 클수록 난류 때문에 산소와 접하는 표면적이 증가하고 반응 표면적도 증가
누출면적 증가	난류	비례	누출면적이 증가하고 분출속도가 증가하면 가연 증기밀도가 증가하고 화염의 길이도 증가함
상기 화염은 노즐에서 분출되는 분류확산화염이고 실제 화재에 의한 화염은 부력에 의한 화염에서 성장하여 난류가 됨			

5) Torch fire

① 즉시 발화된 확산연소

② Torch fire는 가연성 액체나 기체가 고압력 하에서 방출될 때 분출점에서 화염이 길게 길어지는 현상으로 분출화염(flame jet)과 동일한 의미이다.

③ 일반적으로 압력탱크에서 액화가스가 누설되며 발생되는 형태이며 같은 크기의 Pool fire보다 복사 열에너지는 크다.

(2) 부력화염

1) 일반적으로 발생하는 화재의 화염 : 부력에 의한 화염이 형성된다.

2) 화염길이를 결정하는 인자 : Q(열방출률), D(화염면의 지름)

3) 부력화염과 모멘텀에 의한 화염의 구분 : $F_r = \dfrac{v}{\sqrt{gD}}(\text{프루드수}) = \dfrac{\text{관성력}}{\text{부력(중력)}}$

① 프루드수가 크다 : 관성력이 크다는 것은 분출화염(jet flame)

② 프루드수가 작다 : 부력이 크다는 것은 일반적인 화재 시 발생하는 난류화염

4) 일반화재의 경우 : 화염의 지름이 클수록 화염길이가 증가

5) 화염길이에 관한 공식

$$L_f = 0.23\,\dot{Q}_c^{\frac{2}{5}} - 1.02D$$

여기서, L_f : 화염길이[m]

Q_c : 최대 열방출률[kW]

D : 화염지름[m]

6) 화염길이는 최대 열방출률과 화염의 지름에 비례한다.

상기 식을 단순히 보면 화염지름이 크면 화염길이는 줄어든다고도 할 수 있지만, 화염지름이 커짐으로써 열방출률은 더 심하게 증가하므로 열방출률의 증가에 의해 화염길이가 길어짐으로써 화염지름에 화염길이는 비례한다고 할 수 있다.

7) 층류확산화염 : 촛불(화염높이 0.3[m] 이하), 연소기기의 화염

(3) 난류확산화염

1) 화염길이가 0.3[m] 이상 : 난류확산화염(대부분 화재 = 난류확산화염)
2) 난류화염에서 분출속도가 증가하면 비례해서 가연성 가스양이 증가하고 화염길이가 증가할 것 같지만, 분출속도가 증가할수록 난류가 증가하여 화염의 굴곡이 증가하여 접촉면적의 확대로 증가된 가연성 가스의 에너지를 모두 분출할 수 있으므로 화염의 길이는 변화없이 일정한 길이를 가진다.

05 예혼합화염(pre-mixed flame)

(1) 개요

1) 정의 : 가연물 가스와 공기가 미리 혼합된 상태로 발화되면 화염이 스스로 전파될 수 있는 연소형태
2) 화염이 반응면에서 예열면으로 자동적으로 이동하여 연소속도가 가속된 연소파에 의해 밀폐공간에서는 가연성 가스와 공기의 혼합가스에 압력을 공급하여 화염 전면에 충격파 형성(압력파) → 폭연파 → 폭굉파

(2) 층류 예혼합화염 → 연소기기

1) 층류 예혼합화염의 구조
   ① 화염의 구분 : 예열대(영역)와 반응대(영역)
   ② 예열대와 반응대의 구분기준 : 온도분포 곡선의 변곡점 기준이 된다.
   ③ 화염영역의 두께 : 0.1 ~ 1[mm]
   ④ 대기압하 탄화수소 - 공기 화염 : 결국 화염을 가로지르는 상당한 유동의 가속이 발생한다.
2) 비교

구분	열방출	특징
예열대	거의 없음	가연물의 열분해가 일어나 중간 라디칼 형성을 유도
반응대	대부분의 화학에너지는 열 형태로 발생	두께 : 예열대 ≫ 반응대
		온도구배 및 농도구배가 높음 → 화염 유지의 추진력
		연소반응
재조합대	무시할 수 있는 정도의 열 발생	CO_2와 H_2O가 형성

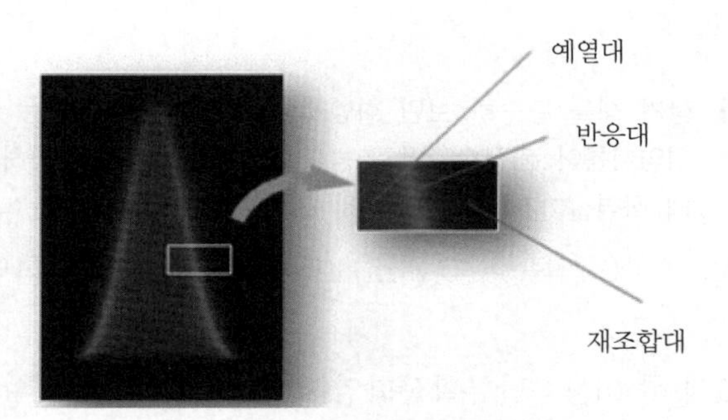

▌예혼합화염에서 예열대, 반응대, 재조합대▐

3) 예혼합화염의 영역
   ① 발광영역(반응대, luminous zone) : 온도가 높고 가시광선을 방출하는 몇 개의 라디칼이 있는 탄화수소 화염 부분이다.
      ㉠ 화학반응이 많이 일어나는 영역
      ㉡ 가장 높은 온도가 형성
      ㉢ 발광영역의 색은 가연물과 공기비율에 따라서 결정된다.
   ② 어둠영역(예열대) : 미연소가스가 임계온도까지 가열한다.
   ③ 확산영역(재조합대) : 발광영역 위의 바깥쪽 콘으로, 특히 떠 있는 불꽃에서 관찰한다.

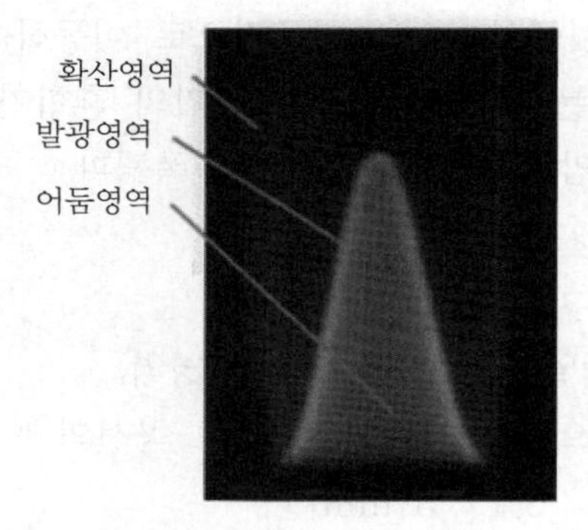

▌예혼합(LPG–공기) 분젠 버너(bunsen burner)의 화염▐

4) 예혼합화염의 색
   ① 가연물이 희박한 혼합물 : 반응성이 큰 CH 라디칼에 의한 푸른색 불꽃
   ② 가연물이 풍부한 혼합물 : 분자결합의 여기 때문에 녹색의 불꽃
   ③ 고농축 가연물 : 그을음 형성으로 인한 황색 불꽃

5) 물질의 유출입
   ① 반응대에서 반응물질 유입(생성물 밀도 ≪ 반응물 밀도)
   ② 재조합대로 생성물질 유출(생성물 밀도 ≫ 반응물 밀도)

(3) 난류 예혼합화염 → 폭발

1) 연소속도 : 층류 예혼합화염의 수배에서 때로는 수십 배
2) 층류의 미연소가스와 접하는 화염면의 길이가 난류가 되면서 주름상이 되어 많이 증가한다.
   화염면의 길이 증가 → 열전달 면적 증가 → 연소속도 증가
3) 난류 예혼합화염과 층류 예혼합화염의 가장 큰 차이 : 화염전파속도의 차이

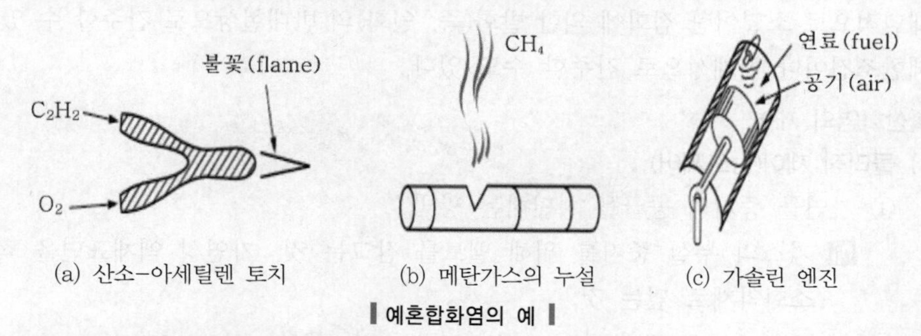

(a) 산소-아세틸렌 토치 (b) 메탄가스의 누설 (c) 가솔린 엔진

▌예혼합화염의 예▐

4) 층류와 난류의 화염면의 비교

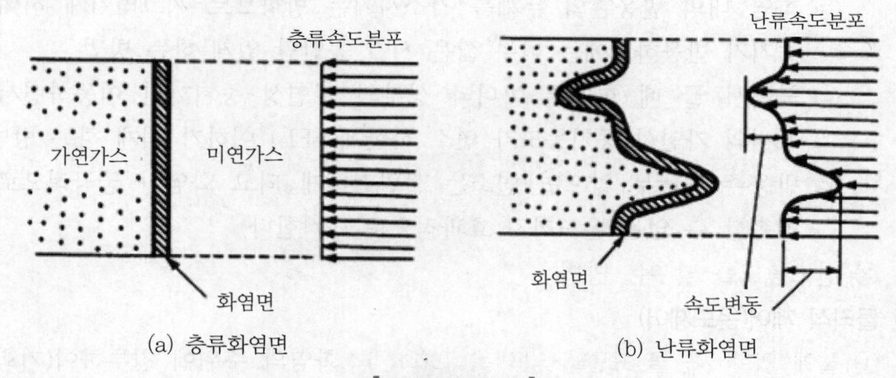

(a) 층류화염면 (b) 난류화염면

▌화염면의 비교▐

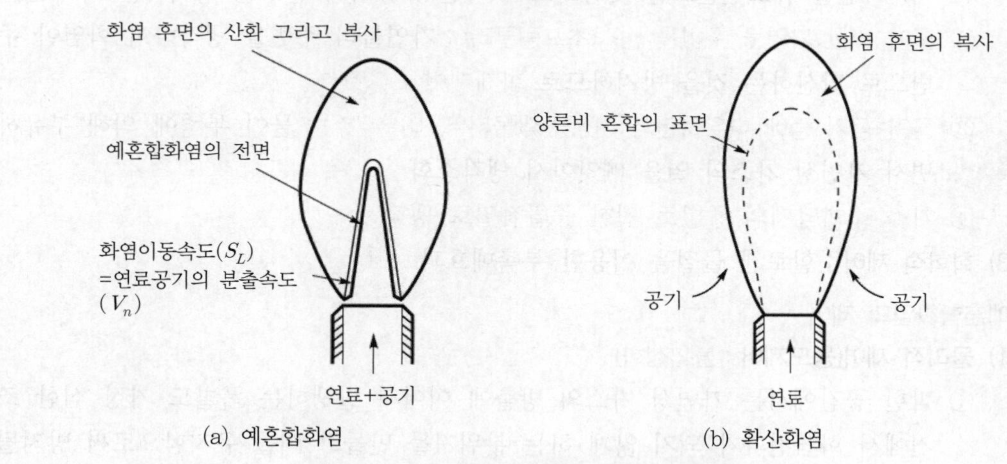

(a) 예혼합화염 (b) 확산화염

▌화염의 비교(화염크기 확산화염 > 예혼합화염)▐

5) 연소 시 발생하는 충격파는 반응하지 않은 혼합물을 단열압축시켜 점화원의 역할을 하게 되어 미연소가스의 연소를 발생시킨다.

06 화염의 소멸 131회 출제

(1) 개념적으로 소멸이란 점화에 의한 발화(즉, 인화)의 반대현상으로 간주할 수 있고, 또한 제한조건이나 한계성으로 간주할 수도 있다.

(2) 확산화염의 제어

1) 물리적 제어(농도제어)

① 가연물 증기의 공급을 차단하는 방법

예 가스의 누설 중지를 위해 밸브를 잠그는 것, 가연성 액체표면을 적절한 포소화약제로 덮는 것

② 성냥이나 양초와 같은 작은 화염에서와 같이 불어서 끄는 방법(blow out)

㉠ 화염 내의 반응존의 두께를 감소시키는 방향으로 찌그러지게 하여 가연성 증기가 반응하기에는 너무 짧은 시간 동안만 있게 하는 방법

㉡ 불어서 끌 때 화염뿐 아니라 상부의 가연성 증기까지 이동하면서 가연물 표면의 가연성 증기농도가 연소 하한계(LFL) 이하가 되게 하는 방법

㉢ 반응존이 너무 얇으면 연소는 불완전하게 되고 화염이 궁극적으로는 더는 지속할 수 없는 온도까지 효과적으로 냉각한다.

③ 산소농도를 낮추는 방법

2) 물리적 제어(온도제어)

① 물에 의한 가연물 표면을 냉각(옥내소화전) : 화염의 주위에 침투하여(기화열을 증대) 가연물의 표면온도를 낮춤으로써 가연성 증기의 발생을 억제하는 화재진압

② 물에 의한 가연물 주변을 냉각(스프링클러) : 가연물의 주변을 냉각하여 화염이 주변으로 확산하는 것을 방지하므로 화재제어

③ 물이 공기 중에 부유하면서 기상냉각(물분무, 미분무수) : 물이 부력에 의해 부유하면서 가연성 가스의 열을 빼앗아서 냉각소화

④ 가스 소화약제의 증발로 인한 증발잠열로 냉각

3) 화학적 제어 : 할로겐 물질을 이용한 부촉매효과

(3) 예혼합화염의 제어

1) 물리적 제어(농도제어 : 불활성화)

① 막힌 공간에서는 가연성 가스의 방출에 이어서 발생하는 폭발도 가장 심한 조건에서 화염전파가 되지 않게 하는 분위기를 만들고 이를 유지함으로써 방지될 수 있다. 불활성화는 크게 둘로 나눌 수 있다.

㉠ 산소농도를 낮추어 불활성화하는 방법 : 최소산소농도(MOC) 이하로 낮추는 방법

㉡ 가연성 가스의 농도를 낮추거나 높여서 연소범위 밖으로 보내 불활성화하는 방법

② 사용되는 소화약제 : 질소, 이산화탄소, 할론 소화약제

2) 물리적 제어(온도제어)

① 화염방지기(flame arrester)와 같이 반응대의 냉각이 주된 메커니즘이다.

② 좁고 얇은 많은 망들로 구성되며 각각 유효안지름이 소염거리보다 작아 이를 통해 화염을 냉각하거나 라디칼을 소멸시켜 전파될 수 없게 하는 것이 원리이다.

3) 소화약제에 의한 화염 소멸(화학적 제어 + 물리적 제어)

① 예혼합화염은 적절한 화학억제제가 매우 빠르게 화염면 전방에 살포되면 소멸할 수 있다.

② 조기에 화염의 존재를 감지하는 폭발억제 시스템에 이용되는데, 통상 구획 내에서 미세한 압력상승을 감지하여 화학억제제의 살포가 신속하게 일어나게 하므로 화염소멸의 목적을 달성하게 된다.

③ 전형적인 억제제로는 할론 1301(CF_3Br)이나 할론 1211(CF_2BrCl)과 같은 할론 소화약제와 분말 소화약제(dry powder)와 같은 화학적 제어를 하는 소화약제들이 있다. 질소와 이산화탄소는 급속억제에 필요한 방출률이 되기 위해서는 소요량이 너무 많아지는 물리적 제어의 소화약제로 적합하지 않다.

SECTION 008

상에 의한 연소 구분

01 기체연소

(1) 예혼합연소

가연성 혼합기가 형성되어 있는 상태에서의 연소로, 공간연소는 공기와 가연성 가스가 입체적으로 잘 섞여있는 것이 관심사항이다.

(2) 확산연소

픽스의 법칙(Fick's law)에 따라 가연성 가스와 산소가 높은 농도에서 낮은 농도로 이동하여 두 가지가 만나 농도가 연소범위를 이루는 면에서 화염이 발생하는 '확산'이라는 농도의 구배에 따른 이동과정을 통해 연소로, 면의 연소는 공기가 가연성 가스에 확산하였는가가 관심사항이다.

(3) 기체의 연소 시작

최소점화에너지(MIE), 자연발화온도(AIT)

(4) 연소의 진행지표

1) 예혼합연소 : 연소속도(burning velocity)

2) 확산연소 : 연소속도(burning rate)

(5) 혼합기의 조성비

1) 당량비(fuel-air equivalence ratio ; ϕ) : $\dfrac{\text{실제 연공비}}{\text{화학양론 연공비}} = \dfrac{\text{실제 가연물량}}{\text{양론 가연물량}}$ 123회 출제

① 당량비와 상태

당량비	상태	화재의 진행단계	지배인자
$\phi<1$	급기과잉	성장기	연료
$\phi=1$	완전연소	성장기와 최성기 사이	없음
$\phi>1$	급기부족	최성기	환기

② 연소 하한계의 당량비 : 실제 연공비가 이론 연공비보다 작아서 약 0.55(파라핀계열일 경우)

③ 기능 : 연소 시 적절한 가연물의 농도를 알기 위한 지수

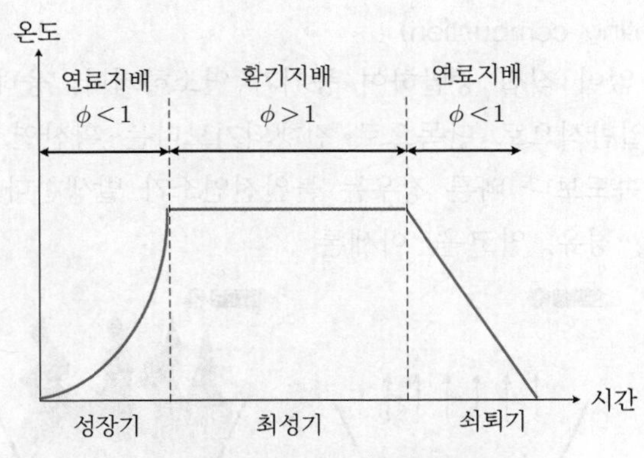

▌구획실 화재의 당량비 변화▐

2) 연공비(fuel–air ratio) : $\dfrac{\text{연료의 질량}}{\text{공기의 질량}}$

3) 공연비(air–fuel ratio) : $\dfrac{\text{공기의 질량}}{\text{연료의 질량}}$

4) 공기비(air ratio ; m) : 공기과잉계수(空氣過剩係數, excess air factor)

① 공기비$(m)=\dfrac{\text{실제공연비}}{\text{화학양론 공연비}}$

② 기체보다는 액체, 액체보다는 고체가 연소 시 더 많은 공기가 필요하다.

5) 화학양론비(stoichiometry) : 가연물과 산화제의 이론적 최적 비율이다.

① 정의 : 산화반응 후 산소가 남지 않는 이상적인 조성비

② 공식 : $C_{st}=\dfrac{n}{n+m}\times 100$

여기서, C_{st} : 화학양론비

n : 가연물몰수

m : 공기몰수$\left(\dfrac{\text{산소몰수}}{0.21}\right)$

③ 가연물 희박 : 산소의 양 > 화학양론값

④ 가연물 과농도 : 산소의 양 < 화학양론값

02 액체연소

(1) 분해연소 또는 액면연소(liquid surface combustion)

가열 시 복잡한 경로를 통한 열분해 때문에 생성된 가연성 가스가 공기와 혼합 발화하여 연소가 진행된다.

예 중유, 원유

(2) 증발연소(evaporating combustion)

가열 시 열분해 없이 직접 증발하여 증기가 연소하거나, 융해된 액체가 기화하여 연소하는 형태로 일반적으로 단독으로 진행되기보다는 확산연소 등과 같이 발생한다. 증발속도가 연소속도보다 빠른 경우는 불완전연소가 발생한다.

예 가솔린, 등유, 경유, 알코올, 아세톤

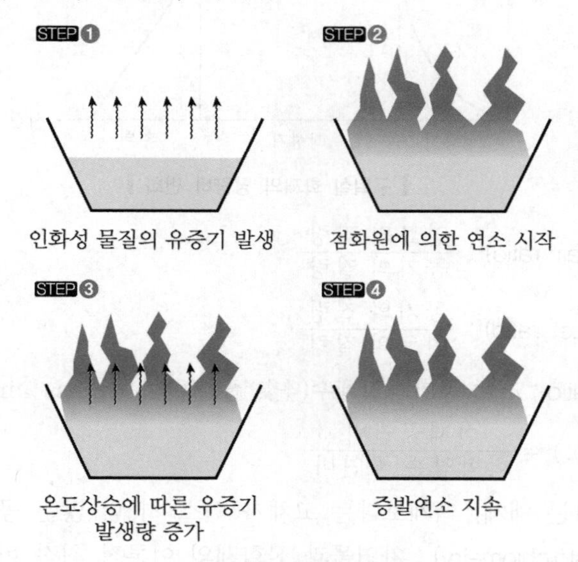

▌증발연소 메커니즘▐

(3) 액적연소(droplet combustion) 또는 분무연소(spray combustion)

1) 정의 : 액적에서 증발한 가스가 주변 공기와 혼합하여 점화원의 착화에 의해 진행되는 연소로, 기체의 확산연소와 같은 연소를 하게 된다.

① 액적연소 중 액체입자를 분무기를 통해 미세한 안개상(atomization)으로 만들어 연소하는 현상이다.

② 위험성 : 가연성 액체가 부유상태의 액적으로 흩어지는 경우 액체가 연소점 이하에서 발화가 가능하다.

꼼꼼체크 액적(미스트)이 되면 산소와 접하는 면적이 커지므로 연소반응이 용이해서 연소점 이하에서 착화가 가능하다.

예 보일러의 오일연소, 가열로, 디젤엔진

2) 메커니즘(mechanism)

① 액적의 연소에서는 완전한 증발과 높은 연소속도로서 혼합을 위해 액적의 크기는 가능한 한 작아야 한다.

② 액적 연소속도의 의존성

㉠ 액표면으로부터의 증발속도이다.

㉡ 난류 : 반응물의 상호확산과 대류전열이 난류의 움직임에 의존한다.

(4) 등심연소(wick combustion)

1) 정의 : 연료를 등심으로 빨아올려 대류 및 복사 때문에 발생한 가연성 증기가 등심의 상부 및 측면에서 증발연소하는 것을 말한다.

예 석유스토브, 램프

2) 메커니즘

① 액체연료에 등심이 연결되어 모세관현상에 의해 연료가 상승한다.

② 상승된 연료는 자체 증기압 또는 외부 열원에 의해 증발한다.

③ 증발로 인한 증기와 공기가 가연성 혼합기를 형성한다.

④ 점화원에 의해 연소를 시작한다.

3) 위험성 : 액적연소와 마찬가지로 인화점보다 낮은 온도에서 발화 가능하다.

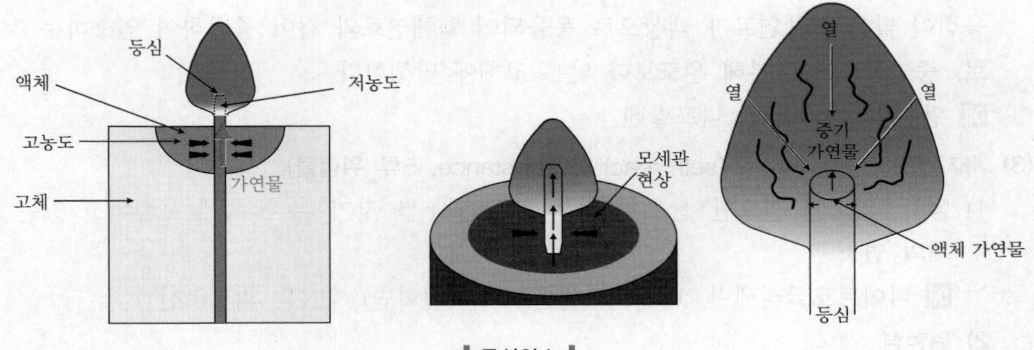

▌등심연소▐

(5) 액체연소의 시작

인화점(ignition point)

(6) 액체연소의 진행

질량감소속도(액면 강하속도, 회귀속도)

03 고체연소

(1) 분해연소

대부분의 고체 가연물 연소로 열분해를 통해 가연성 증기를 발생한다.

예 아스팔트, 플라스틱, 고무, 종이, 목재, 석탄 등

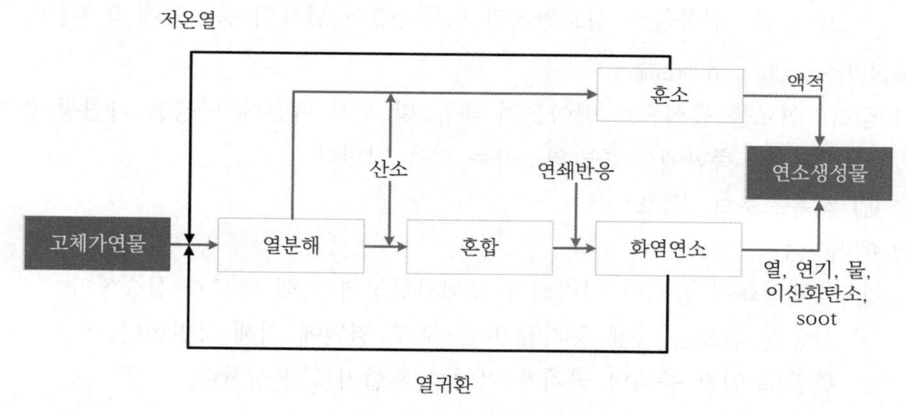

▌고체 가연물의 분해연소 ▌

(2) 증발연소

융점이 낮은 고체연료가 액상으로 용융되어 액체연료와 같이 증발하여 연소하는 것으로, 증발온도가 열분해 온도보다 낮은 고체에 발생한다.

예 황, 왁스, 파라핀, 나프탈렌

(3) 자기연소 또는 내부연소(self-reactive substance, 5류 위험물)

1) 정의 : 연소에 필요한 산소의 전부 또는 일부를 자기 분자 속에 포함하고 있는 물체의 연소

예 나이트로글리세린, 나이트로셀룰로오스(질화면), TNT, 피크르산

2) 위험성

① 외부로부터 산소를 공급받지 않고도 스스로 연소할 수 있으며 폭발, 충격, 마찰에 의한 폭발 위험성이 매우 높은 물질이다.

② 그 자체가 산소를 가지고 있어서 질식소화가 곤란하고 폭발적으로 연소한다.

(4) 작열연소

표면연소, 훈소

(5) 고체의 연소 시작

발화시간(t_{ig}), 임계열유속(CHF)

(6) 연소의 진행

연소속도(burning rate) – 질량감소속도

(7) 주 화학반응이 일어나는 장소에 따른 연소의 분류

1) 가연물 위 : 불꽃연소 → 표면화재

2) 가연물 내부 : 훈소 → 심부화재

SECTION 009

화재(fire)

01 화재 정의의 3요소

(1) 인간의 의도에 반하여 또는 방화 때문에 발생하여야 한다. 즉, 사회 일반의 의사에 반하여 발생하고 연소가 확대되어야 한다.

(2) 소화의 필요가 있는 연소현상이거나 소화해야 하지 않지만, 화학적인 폭발이어야 한다. 연소확대의 위험성이 있다는 것과 화학적인 폭발로 피해가 유발되어야 한다(물리적인 폭발이나 과열상태 제외).

(3) 소화시설 또는 이와 동등의 효과가 있는 물건을 이용할 필요가 있어야 한다.

02 최근 화재피해 증가요인

(1) 고층화, 지하시설 발달
소화활동이 곤란하거나 피로도가 증가하는 어려운 고층건물이나 지하시설의 소방대상물이 증가한다.

(2) 가연물 집적
화재하중이 증가한다.

(3) 플라스틱 등 고분자 가연물 사용 확대
가연물의 종류가 고분자 물질로 변화하고 가연물의 사용량이 증가한다.

(4) 자동화 시스템 발달
전력이나 통신이 고장나면 오히려 과거의 수동화된 시스템에 비해 피해가 더 증가한다.

(5) 대형건물 증가
소화활동이 곤란하거나 피로도가 증가하는 어려운 소방대상물이 증가한다.

(6) 신(새롭고) 다양한 재질의 자재 등의 사용
가연물의 종류가 다양해지고 소화방법 또한 다양해져서 그 특성에 적합한 소화약제 및 소화방법이 필요하다.

(7) 가볍고 불에 타기 쉬운 재료 등을 사용한다.

(8) 석유류, 가스 사용량이 증가된다.

(9) 방화의 증가

사회 불만이나 정신이상 등으로 고려되지 않은 요인에 의한 화재로 피해가 증가된다.

03 화재의 위험성

(1) 열적 위험성

1) 화염

① 화염과의 직접적인 접촉

② 화염에 의한 복사열

2) 열

① 인적 피해

② 물적 피해 : 열로 인해 물질의 변형 및 손상

(2) 비열적 위험성

1) 연소생성물

① 마취성 가스 : 행동능력, 판단능력이 저하된다.

② 자극성 가스 : 눈과 점막에 자극을 주어 피난행동의 장애를 주고 심하면 호흡기관을 손상시킨다.

③ 이산화탄소(CO_2) : 유독하지는 않지만 산소결핍의 원인이 되고 호흡속도를 증가시켜 다른 독성물질을 흡입시킴으로써 시너지 효과가 발생된다.

④ 연기 : 심리 · 생리 · 시각적 해를 유발한다.

2) 산소결핍

① 생존을 위한 최저 농도 : 10[%]

② 영향인자 : 가연성 가스의 농도와 연소속도, 공간의 크기, 환기속도 등

③ 산소농도가 저하되면 행동능력과 판단능력이 저하되고 궁극적으로 질식의 주요 원인이 된다.

(3) 구조물의 붕괴

1) 열에 의해 팽창되어 강도가 저하된 구조물이 건축물 및 진압대원 무게를 지탱하지 못해 붕괴된다.

2) 뜨거운 구조물의 주수에 의한 급랭에 따른 수축과 팽창의 차로 인한 균열 등으로 인해 붕괴 가능성이 증가한다.

04 화재의 특징

(1) 우발성

화재의 발생은 방화를 제외하고는 대부분 우발적으로 발생한다.

(2) 확대성

화재가 발생하면 주변의 가연물로 확대된다.

(3) 불안정성

화재는 내부조건과 외기의 영향으로 다양하게 변화가 가능하다.

05 발화의 요인[5)]

(1) 전기적 요인

1) 정의 : 전기에 의해서 화재가 발생하는 경우
2) 구분
   ① 절연이 파괴되는 원인 : 단락, 누전, 열화 등
   ② 저항 증가의 원인 : 접촉불량, 반단선 등

(2) 부주의

1) 담배꽁초를 가연물이 있는 쓰레기통이나 장소에 버림으로써 발생하는 화재
2) 음식물 조리 중 부주의나 망각에 의해 발생하는 화재
3) 어린이 등이 불을 가지고 놀거나 호기심으로 불을 붙이는 등의 장난으로 발생한 화재
4) 용접 · 절단 · 연마 작업 중 발생한 불꽃, 불티 등이 주변 가연물에 닿아 발생한 화재
5) 화기나 발화열원을 방치하여 발생한 화재
6) 쓰레기 소각 중 불꽃이나 불티가 원인이 되어 발생한 화재
7) 빨래, 걸레 등을 삶던 중 수분의 증발 및 내용물이 탄화되어 발생한 화재
8) 가연물을 화기나 열원 등에 너무 근접하게 놓아 발생한 화재
9) 경작을 목적으로 논이나 임야를 태우던 중 이를 적절히 제어하지 못해 화재로 확대된 경우
10) 유류를 취급하던 중 흘리거나 엎지른 것이 원인이 되어 발생한 화재
11) 폭죽놀이를 하던 중 불티가 가연물에 착화되어 발생한 화재

5) 2022 화재통계 현황. 소방청(2023)

(3) 기계적 요인

1) 기계, 장치 등에서 다룰 수 있는 정상치를 넘는 과부하나 그로 인한 과열에 의해 발생한 화재
2) 차량, 석유난로, 보일러로부터 새어 나온 오일이나 연료 등이 원인이 되어 발생한 화재
3) 자동제어로 작동하는 장치나 기계, 기구 등에서 자동제어 기능의 고장으로 발생한 화재
4) 수동제어로 작동하는 장치나 기계, 기구 등에서 수동제어 실패로 발생한 화재
5) 기기의 정비불량으로 기기 내에 낀 먼지, 습기, 이물질 등으로 발생한 화재
6) 기기의 노후에서 비롯된 균열, 손상 등이 원인이 되어 발생한 화재
7) 차량, 보일러, 가스레인지, 용접기 등에서 불꽃이 역류하여 발생한 화재

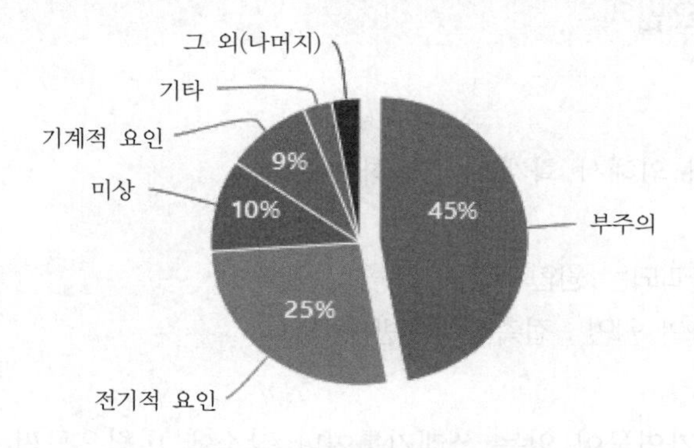

▌발화요인의 화재건수 비교▐

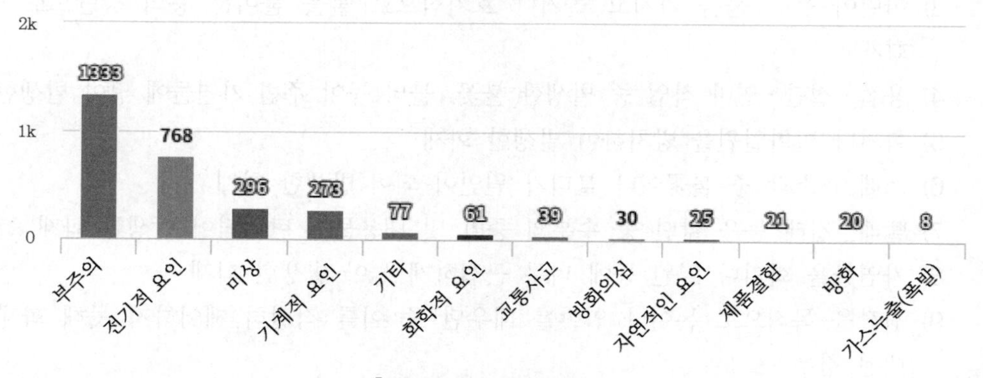

▌발화요인의 화재건수▐

06 화재의 발생장소[6)]

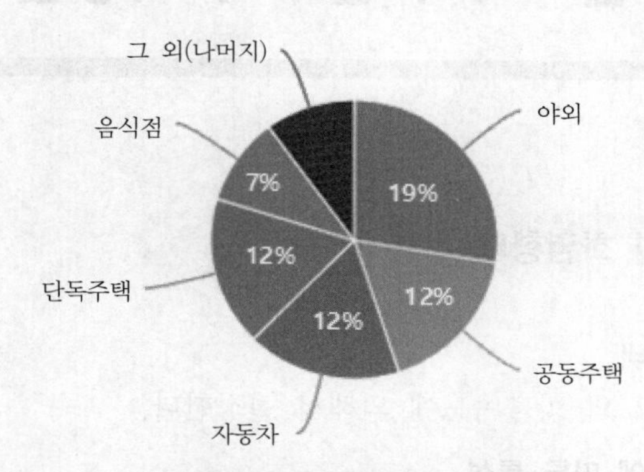

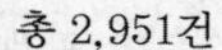
▌발화장소의 화재건수 비교 ▌

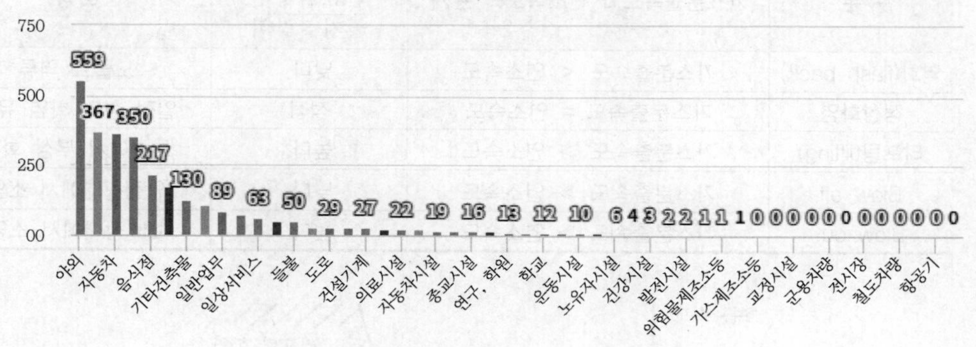

▌발화장소의 화재건수 ▌

6) 2022 화재통계 현황. 소방청(2023)

SECTION 010

연소기기 연소의 이상현상

112 · 74회 출제

01 연소기기의 화염형태

(1) 연소기기의 화염형태

가연성 가스의 농도와 방출속도에 의해서 결정한다.

(2) 연소기기 화염형태에 따른 특성

구분	가스분출속도와 연소속도의 관계	연공비 $\left(\frac{\text{연료질량비}}{\text{공기질량비}}\right)$	화염
역화(flash back)	가스분출속도 < 연소속도	낮다.	노즐로 역류
정상화염	가스분출속도 = 연소속도	적정	일정 형태 화염 유지
리프팅(lifting)	가스분출속도 > 연소속도	높다.	노즐에서 부상 화염
Blow off	가스분출속도 ≫ 연소속도	낮다.	안정상태에서 소염
Blow out	가스분출속도 ≫ 연소속도	높다.	Lift 상태에서 소염

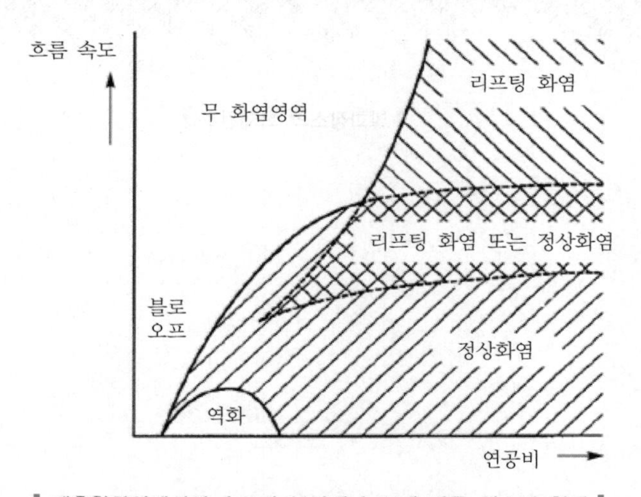

▌예혼합화염에서의 속도와 부탄의 농도에 따른 연소의 형태▐

02 연소기기의 불완전연소의 원인

(1) 공기와의 접촉 및 혼합이 불충분할 경우

(2) 과대한 가스양 혹은 필요량의 공기가 없을 경우

(3) 배기가스의 배출이 불량할 경우

(4) 불꽃이 저온물체에 접촉되어 온도가 내려갈 경우

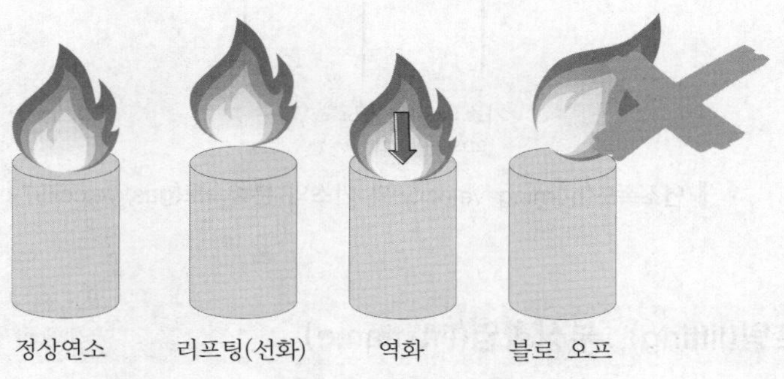

▌불완전연소의 예▐

03 역화(back fire)

(1) 정의

가연물이 연소 시 가연물의 분출속도가 연소속도보다 느릴 때 불꽃이 노즐 속으로 빨려 들어가 혼합관 속에서 연소하는 현상이다.

(2) 역화의 원인

1) 가연성 가스양이 적을 때
2) 공급가스의 분출속도가 낮을 경우
3) 노즐이 크거나 부식 때문에 확대되었을 때
4) 버너가 과열되었을 때
5) 노즐구경이 너무 작을 때
6) 연소속도와 분출속도의 관계 : $S_u > v_0$

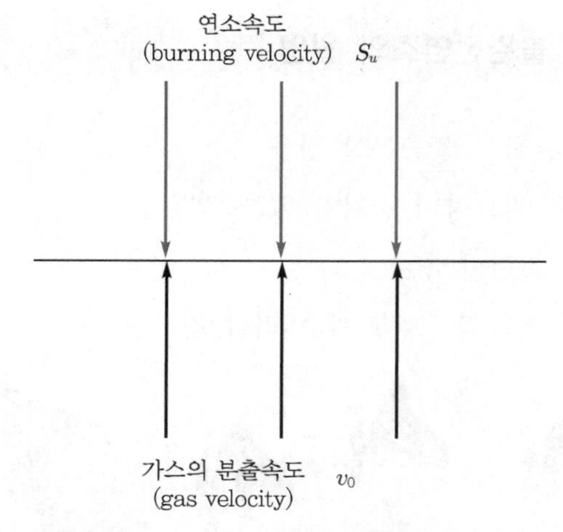

▌연소속도(burning velocity)와 가스의 분출속도(gas velocity)▐

04 리프팅(lifting), 부상화염(lift flame)

(1) 정의

불꽃이 노즐 위에 들뜨는 현상이다.

(2) 리프팅의 원인

1) 가연성 가스양이 많을 때
2) 공급가스의 분출속도가 높을 경우
3) 가스의 공급량에 비해서 버너가 너무 과다하게 클 경우
4) 노즐구경이 지나치게 클 경우
5) 연소속도와 분출속도의 관계 : $S_u < v_0$

05 블로 오프(blow off)

(1) 정의

화염이 안정된 상태에서 불꽃이 날려서 꺼지는 현상이다.

(2) 원인

노즐에서 가연물 가스의 분출속도가 연소속도보다 클 때 주위 공기의 움직임에 따라 불꽃이 꺼진다.

(3) 연소속도와 분출속도의 관계

$S_u \ll v_0$

06 황염(yellow tip)

(1) 정의

불꽃의 색이 황색으로 변하는 것으로, 가연물 성분 중 유리탄산이 불꽃에 타면서 황색의 빛이 발생하는 것이다.

(2) 황염의 원인

1차 공기가 부족한 불완전연소

(3) 영향

불꽃이 길어진다.

1. 블로 아웃(blow out) : 화염에서는 불안정한 리프트 상태에서 화염이 날려서 꺼지는 현상
2. 블로 다운(blow down)
   ① 퍼지(purge)로 불필요해진 일정량의 가스를 대기 중으로 방출하는 것을 말한다.
   ② 탱크, 용기 등의 방출로 인한 장치의 파괴 및 이에 따른 주위의 피해를 방지할 수 있도록 압력을 방출해 낮추는 것
   ③ 보일러의 연소계통에서 공기, 수증기 등으로 불어서 밖으로 빼는 작업을 말한다.

SECTION 011

기체의 발화

01 정의

(1) 발화(Ignition)

연소가 시작이 되어 지속적인 연소를 개시하는 과정(NFPA 921)

(2) 화염전파

발화의 확대로 발화 가연물에서 주변 가연물로 발화면이 확대되는 것이다.

(3) 발화온도(ignition temperature)

특정 시험조건에서 발화하기 위해 물질이 얻어야 하는 최소 온도

1) 유도점화에너지(piloted ignition energy, J) : 불꽃(pilot flame)의 작용에 의한 발화에너지

2) 자연발화온도(AIT, SIT ; Spontaneous Ignition Temperature) : 점화원(pilot flame)이 없는 발화온도

(4) 가연성 물질의 위험도 기준

1) 기체 : 연소범위, 최소점화에너지(MIE), 자연발화온도(AIT), 최소산소농도(MOC)

2) 액체 : 인화점(flash point)

3) 고체 : 발화시간(tig), 임계열유속(CHF)

02 발화조건

(1) 물적 조건

1) 가연물 : 연소범위(폭발범위)

① 정의 : 공기 중에 점화원을 주었을 때 가연성 가스나 증기가 일정한 농도 범위 내에 있을 때만 연소 또는 화재·폭발을 일으키는 범위

② 연소반응에서 가장 중요한 인자가 농도와 온도이므로 일정 온도에서 농도가 연소 가능 범위에 있지 않으면 발화가 일어나지 않는다.

③ 농도는 일정 공간 내의 부피 중 가스나 증기가 차지하고 있는 비율[%]이다.

2) 산소(oxygen) 123회 출제

① 최소산소농도(MOC : Minimum Oxygen Concentration)

㉠ 정의 : 화염이 전파되는 한계산소농도

㉡ MOC 미만의 산소농도에서는 화염의 전파반응이 진행되지 않음 : 화학반응에 참여하는 산소의 농도 부족

㉢ 발화 예방 : MOC 미만 상태 유지

② 공식 : $MOC[\%] = LFL \times \frac{\text{산소몰수}}{\text{연료몰수}}$

여기서, MOC : 최소산소농도[v%]

LFL : 연소 하한계[v%]

③ MOC의 활용

㉠ 불활성 기체(불활성 가스, 이산화탄소, 수증기)를 가연성 가스와 공기의 혼합기에 첨가하여 연소 하한계 이하로 낮춘다.

㉡ 질식으로 연소가 중지되는 산소농도 : 15[%] 이하

(2) 에너지 조건

1) 최소점화에너지(MIE)

2) 최소점화전류비(MIC ratio)

3) 자연발화온도(AIT) : 가연성 가스와 공기의 혼합기체가 스스로 온도상승하여 연소반응을 하는 온도

(3) 자연발화(auto ignition)

1) 정의 : 가연성 가스의 체적이 전체적으로 온도가 상승되어 스스로 발화되는 것이다.

2) 일시에 체적 전체에 균일하게 발화되므로 발화 후 화염전파는 없다.

(4) 국소발화(local ignition)

인화 때문에 화염전파가 발생한다.

1) 스파크(spark)

2) 열면(hot surface)

3) 분출 고온 가스(hot gas jet)

4) 고온 조각(hot particle)

5) 기계적 에너지 : 마찰, 충격

03 기상 가연물의 발화위험을 추정할 수 있는 정보

(1) 최대안전틈새(MESG : Maximum Experimental Safe Gap) 111회 출제

1) 정의 : IEC 60079-1-1에서 규정한 조건에 따라 시험을 10회 실시하였을 때 화염이 전파되지 않고, 접합면의 길이가 25[mm](1[inch])인 접합의 최대틈새이다.

2) 실험적으로 측정하여 이를 폭발 외부 유출한계 틈새로 화염 전파력을 나타내주는 지수이다.

3) 실험 때문에 구해지는 틈새를 등급별로 분류하여 폭발등급으로 구분하고 가스의 위험도를 규정한다.

① 틈새가 작음 : 폭발하기 쉬운 위험한 물질이다.

② 틈새가 가스마다 다름 : 폭발등급을 구분하며 폭발성 가스를 분류, 내압방폭기기, 화염방지기를 제조하는 기준이다.

4) 혼합물질의 최대안전틈새 : $MESG_{mix} = \dfrac{1}{\sum \dfrac{X_i}{MESG_i}}$

여기서, $MESG_{mix}$: 혼합물질의 최대안전틈새

X_i : 물질의 양[v%]

$MESG_i$: 물질별 MESG

물질	% by vol
에틸렌	45
프로판	12
질소	20
메탄	3
이소프로필에테르	17.5
디에틸에테르	2.5

예제 아래의 표와 같은 물질이 섞여 있을 때 최대안전틈새는?

$$\frac{1}{\frac{0.45}{0.65}+\frac{0.12}{0.97}+\frac{0.2}{\infty}+\frac{0.03}{1.12}+\frac{0.175}{0.94}+\frac{0.025}{0.83}} = 0.9642$$

5) 소염거리와 MESG

① 소염거리 : 화염의 소멸되는 최대 간격(화염만 제거)

② MESG : 용기 밖으로 화염이 전파되지 않는 최대 틈새

③ 소염거리는 MESG의 약 2배이다.

구분	MESG	소염거리
아세틸렌	0.37	0.52
수소	0.2	0.5
메탄	1.14	2.16
프로판	0.92	1.75

6) MESG의 사용처 : E_x d인 내압방폭구조

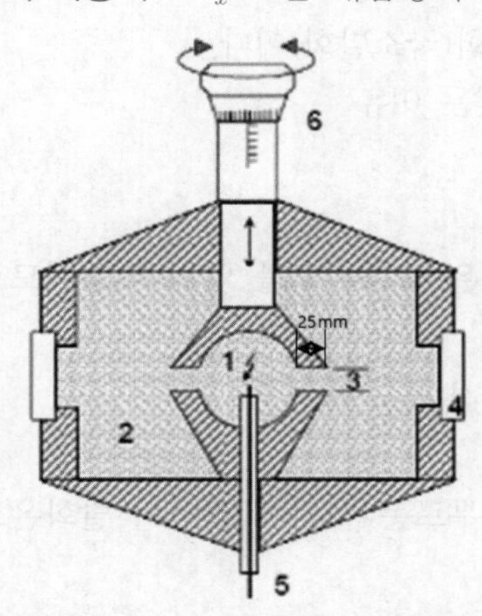

1. 내부 폭발챔버(0.02[L])
2. 외부 폭발챔버(2.5[L])
3. 틈새(폭 25[mm])
4. 외부 관찰창
5. 점화장치(max 15[kV])
6. 나사(틈새 조정장치) : 나사를 돌려서 MESG를 조정할 수 있다.

▌최대안전틈새 측정장치(MESG : Maximum Experimantel Safe Gap)
IEC 60079-20-1 Material characteristics for gasand vapour classification▐

(2) 최소점화전류비(MIC : Minimum Igniting Current ratio)

1) 메탄가스를 기준으로 하며 가연성 증기를 점화시키는 전류 크기의 상대적인 비이다.

2) MIC의 사용처 : Ex i인 본질안전증방폭구조

(3) 자연발화점(AIT : Auto Ignition Temperature, 온도) → (hot solid surface)

1) 정의 : 가연성 가스-공기 혼합물 최적의 상태에서 인화 점화원(spark) 없이 발화할 수 있는 최저 온도

2) 자연발화는 열의 발생과 방열의 차로 내부에 열축척에 의해서 시작(실험값)된다.

3) 매개변수 : 가스의 크기, 용기의 모양, 방향, 가스의 운동, 가스의 농도 등

4) 자연발화점이 낮은 물질 : 보로에테인(boroethane) 40 ~ 50[℃], 황인 60[℃], 이황화탄소(CS_2) 100[℃]

5) 포화탄화수소 : 분자량이 증가할수록 자연발화점(AIT)은 감소

(4) 가연성 가스의 종류 구별(Group I과 II)

1) Group I : 메탄(CH_4)이 함유된 지하공간(주로 광산시설)

2) Group II : 그 밖의 시설

구분	Group IIA	Group IIB	Group IIC
최대안전틈새(MESG)	> 0.9[mm]	0.5 ~ 0.9[mm]	< 0.5[mm]
최소점화전류(MIC), MIE 전류비(in current ratio)	> 0.8	0.45 ~ 0.8	< 0.45

3) 최대안전틈새(MESG)와 최소점화전류(MIC)의 등급에 해당하는 가스는 같다.

(5) 열면발화

1) 열면발화(hot surface ignition)는 인화(국소발화)이다.

2) 자연발화온도(AIT)가 열면발화온도보다 낮은 이유

① 열면면적 : 자연발화 > 열면발화

② 가연성 혼합가스 농도

㉠ 자연발화온도는 가스의 가장 낮은 발화온도를 얻기 위함이므로 양론비에 가깝다.

㉡ 열면발화는 다양한 농도비를 가진다.

③ 유동속도

㉠ 유동속도가 빠를수록 표면에 머무르는 시간이 짧아서 발화온도가 증가한다.

㉡ 자연발화 < 열면발화

3) 열면발화의 적용사례 : K급 화재의 재발화(프라이팬의 열면), 방폭기구의 온도등급 ($T_1 \sim T_6$)

4) 비교표

구분	자연발화	열면발화
계의 종류와 열원의 공급형태	밀폐계로 열원이 혼합기체를 둘러싸고 있는 형태 	개방계로 열원이 한쪽에서 가해지고 반대쪽은 방열되는 형태
열면발화와 AIT	AIT는 화염전파가 일어나지 않는 열면발화로서 열면발화 온도 중 가장 낮은 온도	열면발화의 경우는 AIT 보다 상당히 높은 온도에서 발화
발생 메커니즘	열축적 → 온도상승(발열>방열) → 반응가속 → 온도상승 반복 → 발화온도 이상	가연물 → 열면가열 → 열분해 → 가연성 증기 발생 → 인화점 이상 → 착화
온도분포	외부로의 열전달이 더 작아 열의 축적이 계의 중심에서 크다. 	입열이 주변으로 전달되어 열의 축적이 계의 외측에서 크다.

구분	자연발화	열면발화
조건	물적 조건	물적 조건 + 에너지 조건(점화원)
점화원	자체	열면
가열	밀폐계 전체 가열	국부가열
화염전파	없음	있음
유동속도	거의 없음	빠름
혼합기 농도	양론비에 가까움	다양함
영향요소	① 열축적 ② 열전도율 ③ 적재방법 ④ 공기유통(환기) ⑤ 발열량 ⑥ 수분	① 열면 크기 : 작을수록 열면발화온도는 증가 ② 혼합기체 유속 : 클수록 열면발화온도는 증가
원인	분해열, 산화열, 미생물 발열, 흡착열, 중합열	나화, 고온 표면(열면), 전기불꽃, 복사열, 충격열, 마찰열, 정전기 등
방호대책	① 가연물을 제거 ② 저장소 온도를 낮게 유지 ③ 저장소의 습도를 낮게 유지 ④ 저장소의 환기 강화	① 방폭구조(점화원) ② 열면관리 ③ 얇은 물질은 열용량(ρcl), 두꺼운 물질은 열관성($k\rho c$) 높임 ④ 열전도계수(k), 열확산율(α)을 낮춤

04 발화 예방대책

(1) 발화의 조건(and)

물적 조건, 에너지 조건

(2) 예방책

두 조건 중 하나 이상을 제거한다.

(3) 물적 조건에 바탕을 둔 예방대책

1) 가연성 물질을 불연성 물질 등으로 치환하는 방법 : 불연화 또는 난연화를 통하여 연소속도를 줄이고 열방출률을 줄이는 방법

2) 가연성 조성을 변화시키는 방법

① 하한계 이하로 유지하는 방법 : 통풍이나 환기에 의한 방법

② 상한계 이상으로 유지하는 방법 : 휘발유의 밀폐저장

③ 제3물질 첨가

㉠ 불활성화

- 이너팅(inerting) : 불활성의 물질을 첨가해서 연소범위 밖으로 유지하는 방법으로, 이산화탄소, 수증기, 질소 등의 기체 첨가제를 사용한다.

• 퍼징(purging) : 이너팅 + 가연물의 농도를 높여 연소범위 밖으로 유지하는 방법으로 이너팅 보다 폭넓은 개념으로 가연성 가스도 이용한다.

㉡ 연소 억제제를 혼입하는 방식 : 할로겐화 탄화수소인 라디칼 포착제(radical scavenger)를 첨가하여 화학적으로 연소를 억제한다.

3) 산화제의 조성을 변화시키는 방법 : 최소산소농도(MOC) 미만을 유지하는 방법

(4) 에너지 조건에 바탕을 둔 예방대책

1) 자연발화대책

① 발열과 방열의 균형의 관점 : 발열 ≤ 방열

② 냉각 : 환기를 통해서 방열을 증대시켜 자연발화온도(AIT) 이하의 온도를 유지한다.

2) 점화에 의한 발화대책 : 점화원을 제거하거나, 제거할 수 없을 때는 에너지를 한계치인 최소점화에너지(MIE) 이하로 유지한다.

① 전기회로 불꽃 : 방폭구조

② 정전기 제거 : 접지, 본딩, 유속제어 등

③ 점화원을 제거

④ 소염거리(flame quenching distance)

㉠ 정의 : 전기불꽃을 가해도 점화되지 않는 전극 간의 최대거리

㉡ Quenching 현상 : 전극 간의 간격이 작아질 경우 최소착화에너지(MIE)가 작아져도 전극에서 불꽃이 튀어 가연성 혼합가스에 인화된다. 하지만 전극 간의 간격이 점점 더 작아지면 불꽃이 튀더라도 전극 도체를 통해 열방출이 증대하여 열손실이 커지고 화염이 냉각되어 소멸한다.

㉢ 소염거리 이하에서는 점화에너지가 아무리 커져도 인화가 되지 않는다.

㉣ 기능 : 화염방지기, 가연성 가스 저장장소의 안전성

㉤ 소염거리 측정방법 : 최소발화에너지법으로, 평행한 전극을 사용하여 실험 가스에 대하여 전극 사이의 거리를 조정하면서 측정하여 어떤 한계값에 도달하면 화염전파가 일어나지 않는데 이 최대거리를 측정하는 방법이다.

$$E = 0.06d^2$$

여기서, E : 최소점화에너지[mJ]

d : 소염거리[mm]

⑤ 소염경(quenching diameter)

㉠ 정의 : 화염이 소염되는 가장 큰 지름으로 덕트나 배관이 일정 구경 이내로 작아지면 발열보다 방열이 증가하여 화염이 전파되지 않는다.

㉡ 소염거리 = 0.65 × 소염경

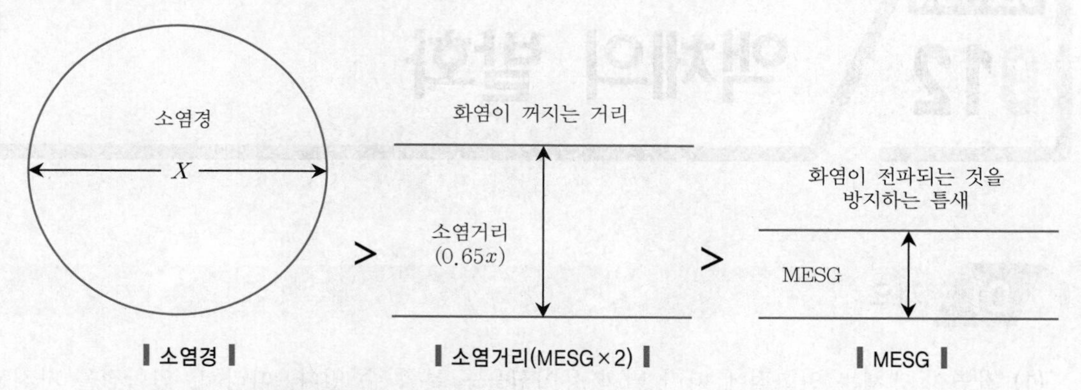

⑥ 소염거리의 영향인자

㉠ 연소속도 : 연소속도가 클수록 소염거리는 감소한다.

$$S_u \cdot d = C$$

여기서, S_u : 연소속도

d : 소염거리

C : 일정

㉡ 압력 : 압력이 높을수록 소염거리는 감소한다.

㉢ 산소농도 : 증가할수록 소염거리는 감소한다.

3) 열면에 의한 발화방지대책

① 발화 가능한 온도의 열면발생을 억제한다.

② 열면의 크기와 가연성 혼합기체의 유속

㉠ 열면이 클수록 발화가 용이하다.

㉡ 혼합기의 유속이 느릴수록 발화가 용이하다.

③ 열면이 가연성 고체나 분체, 기체에 접촉하고 있는 경우 : 열면의 에너지가 적어도 발화가 가능하다.

수소가 메탄보다 위험한 이유

1. 발화가 매우 쉽게 일어난다.
2. 연소범위가 매우 넓다.
3. 화염전파속도가 빠르다.
4. 폭굉 발생이 가능하다.
5. MESG가 Group IIC로 매우 좁다. 결국, 화염전파를 예방하기가 어렵다는 의미이다.

SECTION 012 액체의 발화

01 개요

(1) 가연성 액체는 인화점에 따라 발화 용이성을 구분할 수 있다. 따라서, 인화점을 가지고 액체 가연물의 위험의 척도를 나타낼 수 있다.

(2) **인화점의 정의**

표면 위의 혼합기가 점화원을 가했을 때 발화할 수 있는 최소의 액체 온도

(3) **연소점의 정의**

개방계에서 증기의 발화 후 5초 이상 연소가 지속할 수 있는 최소 온도

(4) **연소점 이상과 연소점 이하의 표면온도**

구분	연소점 이상의 액체 표면	연소점 미만의 액체 표면
인화 후 화염유지	화염유지	화염유지 곤란
화염전파	액표면 위로 화염전파	착화가 안 되므로 화염전파도 곤란
가연성 증기	하한계 이상 농도로 발생	하한계 미만 농도로 발생

02 액체발화의 조건

(1) **열분해 또는 증발을 통해 충분한 양의 가연성 증기의 방출** : 가연성 가스의 농도

(2) **가연성 증기가 공기와 적절히 혼합** : 연소범위

(3) **점화원의 존재**

1) 혼합기체가 산화 발열반응을 할 수 있을 정도로 자체온도가 높다(자연발화).

2) 외부 점화원(인화)

03 액체발화의 특징

(1) **연소범위**

가열된 액체의 표면으로부터 방출되는 증기 또는 휘발된 증기가 주위 기체(공기)와 혼합되어 일정농도 범위를 형성한다.

(2) 혼합기체가 국소 유도 점화원으로부터 예혼합화염을 발생시키기 위한 조건

연소 하한계(LFL)를 초과할 정도의 가연성 증기가 충분히 존재한다.

(3) 발화가 일어날 수 있는 조건인 연소 하한계(LFL)에서는 착화되면 화염이 쉽게 혼합기체 속으로 퍼져가며, 해당 연소범위 내의 기상 가연물을 소진한 후에 화염은 소멸한다.

(4) 외부의 온도가 높거나 화염에 의해서 액체의 액면온도가 높아 증발량만 충분하다면 화염은 스스로 유지된다.

1) 화염 : 확산화염
2) 온도 : 연소점

(5) 액적연소나 등심연소

인화점 이하에서도 발화가 가능(산소와 접하는 면적 증대)하다.

04 인화점과 가연성 액체의 온도 차이에 의한 발화

(1) 상온보다 낮은 인화점 액체의 발화

1) 인화점 : 인화성 액체의 위험성을 나타내는 척도
2) 상온에서 증기가 스파크, 정전기(ignition source)에 의해 발화가 가능(물리적 조건구비 : 연료 + 공기)하다.

(2) 상온보다 높은 인화점 액체의 발화

1) 인화성 액체를 연소점 이상으로 열원을 통해 가열하고 점화원이 존재할 때 발화
2) 인화성 액체 용기(pool)가 주변 화재에 노출된 경우 화염의 표면에서 가까운 쪽에 열을 주어 열의 효과가 국부적으로 작용하면서 액면의 온도가 상승하고, 그 온도가 인화점 이상이 되었을 경우 액 표면에 가연성 증기가 발생하여 이것이 연소범위에 도달하며 액체를 가열시킨 화재의 화염이 점화원으로 작용하여 착화된다.

05 화염접촉에 의한 표면 발화

(1) 발화의 형태

물질 표면에 화염이 접촉되는 경우

(2) 임계열유속(CHF) 초과인 경우 : 발화(ignition)

(3) 화염의 형태

화염이 가연물의 표면을 따라 전파된다.

06 액체발화의 영향인자(인화점)

(1) 중력

가연성 증기와 공기 혼합기체의 불균질성과 부력을 유발한다.

(2) 압력

증가하면 기화를 억제하기 때문에 인화점이 상승한다.

(3) 산소

높을수록 상부 인화점은 증가하고 하부 인화점은 거의 변화가 없다.

(4) 개방상태, 운동상태

가연성 가스의 농도를 희석함으로써 인화점이 증가한다.

(5) 무거운 액체

인화점이 상승한다.

(6) 분무된 액체 또는 미스트

표면적 대 질량비가 높은 것이어야 한다.

SECTION 013

고체의 발화

01 개요

(1) 고체 가연물은 액체와 다르게 열분해라는 복잡한 물리·화학적 변화를 거친 후 가연성 가스를 생성한다.

(2) 발화시간(time-to-ignition)
대기 중에서 열원에 의한 열유속에 노출될 경우 화염연소가 발생하는 시간

(3) **발화시간(t_{ig})의 의미**
1) 고체 가연물의 위험기준
2) 가연성 저항의 지표

(4) **고체와 액체 가연물의 비교**

구분	고체	액체
기화	열분해	증발, 열분해
발화	발화시간(두꺼운, 얇은)	인화점
화염전파	순방향, 역방향	표면온도(인화점보다 높은지 낮은지)
연소속도	질량감소속도	액면하강속도(pool fire)

(5) 가연물 온도 증가
에너지의 발생 > 손실

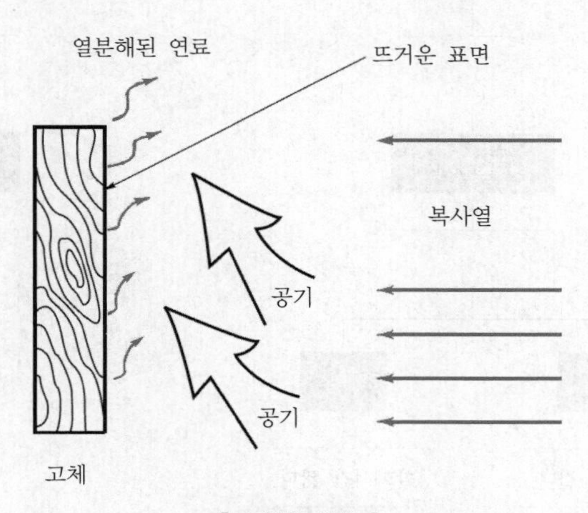

▌고체의 발화▐

02 발화시간(ignition time) 108회 출제

(1) 개요

1) 발화 시 표면 온도상승에 영향을 주는 주요 인자는 전도에 의한 열전달인데 이는 가연물의 두께에 따라 다르게 계산한다.

① 물리적 두께 : 2[mm] 이상 두꺼운 물질

② 가연물 외부의 대류 열저항에 대한 내부 전도 열저항(비오트수)

$$B_i = \frac{대류}{전도} = \frac{\frac{L}{kA}}{\frac{1}{hA}} = \frac{hL}{k_{solid}}$$

여기서, h : 대류 열전달계수[W/m^2 · K]

L : 특성길이[m]

k_{solid} : 고체의 열전도도[W/m · K]

구분	열전도도(k)	물질	의미
$B_i \ll 0.1$(작다)	크다.	얇은 물질	• 고체의 표면에 열을 받았을 경우 즉시 이면에 온도로 전달함 • 전도로 인한 열손실이 큼
$B_i \gg 0.1$(크다)	작다.	두꺼운 물질	• 고체표면의 온도상승 • 대류로 인한 열손실이 큼

2) 필요성 : 고체 가연물은 다양한 발화온도를 가지므로 위험의 평가를 위해서는 발화시간이 중요한 지표가 된다.

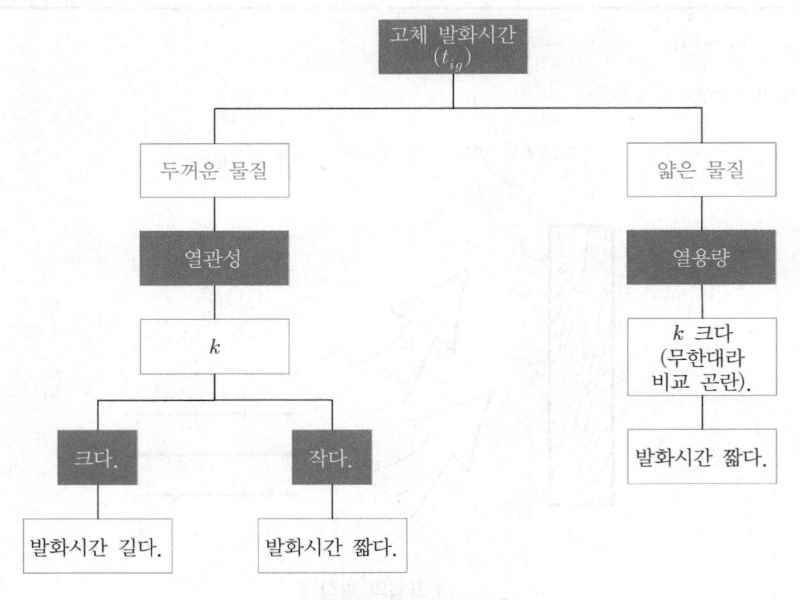

▌고체 발화시간 맵핑▐

(2) 두께가 얇은 물질인 경우

가연물의 열용량(thermal capacity)에 의해 발화시간이 결정된다.

1) 열용량 90 · 81회 출제

① 정의 : 열에 노출되었을 때 물질의 단위면적당 1[℃] 상승하는 데 필요한 열량

② 열용량 $= \rho cl$

③ 기능 : 가연물이 얼마나 많은 열을 가질 수 있는지를 나타내는 지수

2) 미콜라와 위치맨(Mikkola and Wichman)의 식

$$t_{ig} = \rho cl \frac{(T_{ig} - T_0)}{\dot{q}''}$$

여기서, t_{ig} : 발화시간[sec]

T_{ig} : 발화온도[K]

T_0 : 초기의 온도[K]

ρ : 밀도[kg/m^3]

c : 비열[kJ/kg · K]

l : 물질의 두께[m]

$\dot{q}''$: 순수 열유속[kW/m^2]

3) $\frac{1}{t_{ig}} \propto \dot{q}_e'' - \dot{q}_{loss}''$

4) 수열면의 온도 = 이면의 온도[열전도계수(k=∞) 값이 무한대에 가까워서 k값을 무시]

(3) 두께가 두꺼운 경우

열관성(thermal inertia)에 의해 발화시간이 결정된다.

1) 열관성 133회 출제

① 정의 : 열이 가해졌을 때 온도의 변화에 저항하여 본래의 열적 상태를 계속 유지하려는 성질(변화에 대한 저항)

② 공식 : $I = k\rho c$

여기서, I : 열관성[J/m^2 · sec$^{1/2}$ · ℃]

k : 열전도계수[W/m · ℃]

ρ : 밀도[kg/m^3]

c : 비열[J/kg · ℃]

열관성은 정확히는 $\sqrt{k\rho c}$ 이지만 연소공학에서는 일반적으로 $k\rho c$ 로도 본다.

③ 열관성의 의미 : 가연물에 열이 전달되었을 때 물질의 표면온도가 얼마나 쉽게 상승하는가를 나타내는 값으로, 열관성이 크면 열을 빠르게 전달해서 수열면에 온도가 낮아지고 발화시간이 증가한다는 것이다.

열관성	내부로 열전달	표면발화
크다.	많다.	표면발화시간 증가(열손실 증가)
작다.	적다.	표면발화시간 감소(열손실 감소)

④ ρ : 밀도

㉠ 열관성의 가장 중요한 인자

㉡ 밀도의 변화를 통해 발화시간 지연 : 탄화, 팽창

밀도	주된 열전달
낮은 경우	복사
높은 경우	전도

⑤ 물질의 열관성 : 화재의 개시(발화)와 초기 단계(플래시오버까지)의 중요인자

2) 미콜라와 위치맨(Mikkola and Wichman)의 식(1989)

$$t_{ig} = \frac{\pi}{4} k\rho c \left(\frac{T_{ig} - T_0}{\dot{q}''} \right)^2$$

여기서, t_{ig} : 발화시간[sec]

k : 열전도계수[W/m · K]

ρ : 밀도[kg/m^3]

c : 비열[kJ/kg · K]

T_{ig} : 발화온도[K]

T_0 : 최초의 온도[K]

$\dot{q}''$: 순수 열유속[kW/m^2]

3) $$\sqrt{\frac{1}{t_{ig}}} = \frac{\dot{q}_e'' - \dot{q}_{loss}''}{TRP}$$

여기서, TRP : 열응답변수[kW · sec$^{1/2}$/m^2]

4) **표면온도 : 받은 열(열유속) − 손실열(두께로 인한 열전도)**

① 고체의 발화온도 : 250 ~ 450[℃]

② 고체는 열분해 과정을 거치므로 물리 · 형상적 특성에 따라 다양한 발화온도 값을 가진다.

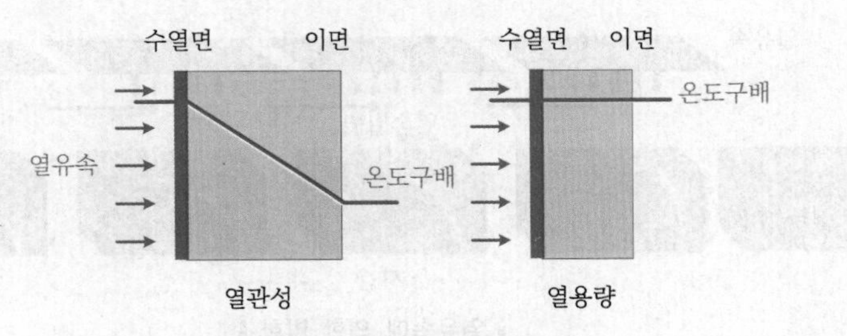

▌열관성($k\rho c$)과 열용량(ρcl)▐

5) 플래시오버가 발생하는 열유속은 보통 20[kW/m^2]로, 이 정도의 열유속이 1분 이상 지속하면 발생할 수 있다. 플래시오버가 발생한 경우에는 열유속은 100[kW/m^2]까지 증가할 수도 있다.

(4) 열응답변수(TRP : Thermal Response Parameter) 133회 출제

1) 정의 : 가연성 혼합기체를 발생시키는 데 대한 가연물의 저항성
2) 기능 : 난연성능, 화재에 대한 저항성
3) 의미 : 값이 클수록 해당 물질의 발화시간이 증가하므로 화재전파 속도는 감소한다.

$$TRP = \Delta T\sqrt{k\rho c\left(\frac{\pi}{4}\right)}$$

여기서, TRP : 열응답변수[kW · sec$^{1/2}$/m^2]
ΔT : 발화온도에서 현재 온도를 뺀 값($T_{ig} - T_a$)[K]
k : 전도열 전달계수[kW/m · K]
ρ : 밀도[g/m^3]
c : 비열[kJ/g · K]

(5) 임계열유속(CHF : Critical Heat Flux)[7)]

1) 정의 : 고체나 액체의 표면에서 방출되는 가연성 혼합가스가 연소 하한계(LFL)를 형성시키지 않는 최대 열유속
2) 가열면의 열유속 또는 표면온도가 증가하거나 유량, 압력, 유체 온도 등 조건이 변할 때 가열면 부근의 유체상태가 고상이나 액상에서 기상으로 바뀌는 임계현상이 발생한다.
3) 기능
① 고체나 액체의 표면에 LFL 형성을 통한 연소성을 판단하는 지수이다.
② NFPA의 바닥 내장재의 등급을 정하는 기준이 된다.

7) 임계열유속(critical heat flux) NFPA 253, Standard Method of RTest for Critical Radiant Flux of Floor Covering Systems Using a Radiant Heat Energy Source의 시험절차에 의해 측정된 특성

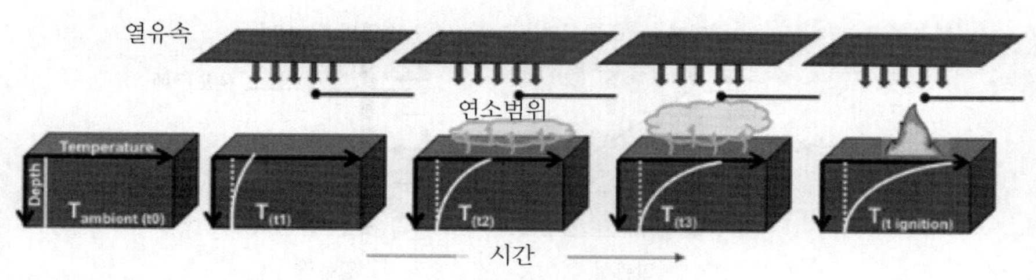

▌열유속에 의한 발화▐

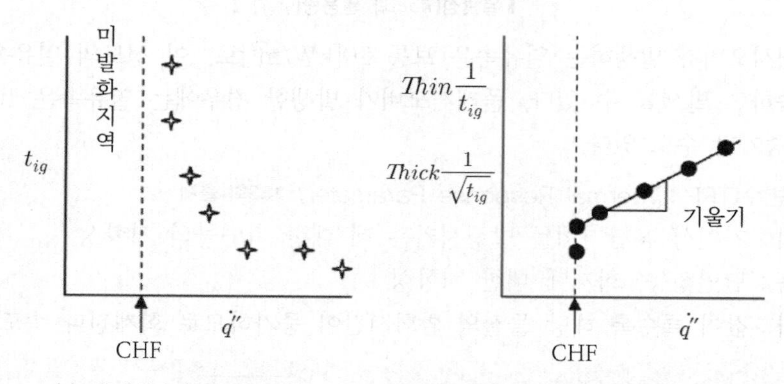

(a) 임계열유속과 발화시간 (b) 물질의 두께에 따른 열유속

(6) 열 관통시간(tp)

$$\frac{l^2}{4}\cdot\frac{1}{\alpha}=\frac{l^2}{4}\cdot\frac{\rho c}{k}$$

여기서, 열확산율 : $\alpha=\frac{k}{\rho\cdot c}$[$m^2$/sec]

한 면 가열이 기준이고 양면 가열일 경우 $\frac{l^2}{16}\cdot\frac{1}{\alpha}$

(7) 실제의 가열 깊이

$$\sqrt{4\alpha T_{ig}}$$

03 발화

(1) 정의

물질 표면을 가열하여 발생한 열분해를 통해 발생한 증기가 공기와 혼합해 가연성 혼합기체를 형성하고 착화되어 화재가 시작되는 과정이다.

(2) 발화과정의 역학 측면에서 의의

1) 방화전략의 첫 번째 단계는 발화가 발생하지 않는 것이다.

2) 화염전파 : 연속적으로 주변으로 발화가 연속되는 과정이다.

3) 전실화재(FO) : 일시에 구획실 전체의 가연물에 발화가 확대되는 과정이다.

(3) 영향인자

1) 물리적 특성

① 초기온도(T_0)

② 열전도계수(k)

③ 두께(l)

㉠ 발화온도에 노출되었을 때 얇은 물질은 두꺼운 물질보다 더 빨리 발화된다.

㉡ 얇은 물질은 물질 자체의 온도 상승인 열용량(ρcl)이 발화와 관련있고 두꺼운 물질은 물질 표면의 온도 상승인 열관성($k\rho c$)이 발화와 관련있다.

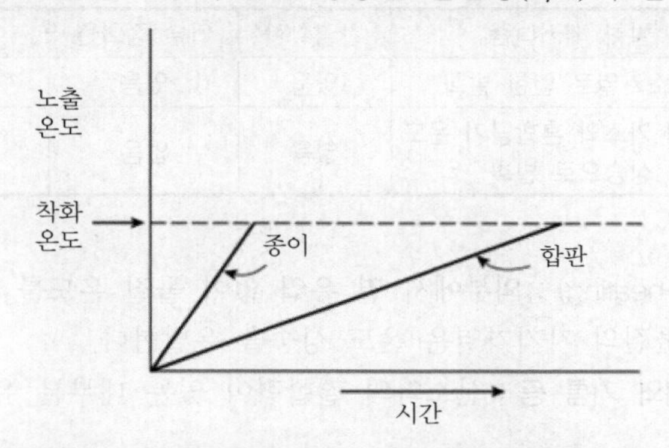

▌발화온도 노출 시 발화시간 대 물질 두께의 관계[8] ▌

④ 밀도(ρ) : 고밀도 물질(목재, 플라스틱)은 저밀도 물질보다 열전도도가 커서 느리게 발화한다.

구분	고밀도 물질	저밀도 물질
분자 간의 거리	짧다.	길다.
에너지 전달	쉽다.	어렵다.
열전달	크다.	작다.
표면온도	낮다.	높다.

예 동일한 점화원이 주어질 때 밀도가 높은 참나무는 부드러운 소나무보다 발화하는 데 더 오랜 시간이 요구된다.

⑤ 질량에 대한 표면적의 양$\left(\frac{\text{표면적}}{\text{질량}}\right)$ 133회 출제

표면적이 클수록 수열량과 연소 반응성이 증가한다.

예 성냥개비 하나로 얇은 소나무 껍질 1[kg]을 발화시키는 것은 상대적으로 쉬운 반면에 같은 성냥개비로 1[kg]의 딱딱한 나무토막을 발화시키는 것은 곤란하다.

8) NFPA 921(2002) 5.3.1(b)

2) 형상적 특성
   ① 치수 : 가연물의 길이나 크기
   ② 형상 : 질량 대 표면적비가 더 많이 들기 때문에 가연성 물질의 모서리는 평면보다 더 쉽게 연소한다.
3) 화학적 특성 : 열분해 반응열, 열방출률에 영향을 주는 요소
   ① 가연물의 화학적 조성
   ② 난연제의 존재 여부
   ③ 촉매의 존재 여부

(4) 유도발화와 자연발화의 비교

구분	발화 메커니즘	화염확산	외부 점화원	온도
유도발화	국소가열로 인한 발화	있음	있음	상대적으로 낮은 온도
자연발화	가연성 가스와 혼합공기 온도 상승으로 발화	없음	없음	상대적으로 높은 온도

(5) 자기가열

1) 자기가열(self-heating) : 외부에서 열 유입 없이 물질 온도를 상승시키는 과정이다.
2) 발화점까지 물질의 자기가열은 온도 상승을 유발한다.
3) 동식물의 고체와 기름 등 : 산소와의 결합력이 있는 대부분 유기물로 산화되면서 열을 방출한다.
4) 휘발유 또는 윤활유 등 : 산소와의 결합력이 낮아 자기가열과 자연발화가 일어나지 않는다.
5) 금속분말과 같은 무기물 : 환기가 불량한 상태에서 자기가열과 자연발화가 일어난다.
6) 자기가열의 제어 3요소
   ① 열 발생속도 : 산화에 의해 발생하는 열 발생속도
   ② 환기효과 : 적당한 공기는 산화로 자기발열을 증가시키지만, 너무 많은 공기는 냉각효과가 더 크다.
   ③ 주변 물질에 대한 단열효과 : 열 발생효과와 열 손실효과의 차이에 의해서 열축척이 가능하다.

(6) 재료의 온도상승 조건

$$\dot{q}_e'' > \dot{q}_{loss}''$$

여기서, $\dot{q}_e''$: 입사 열유속[kW/m²]
$\dot{q}_{loss}''$: 방사 열유속[kW/m²]

(7) 순 열유속($\dot{q}'' = \dot{q}_e'' - \dot{q}_{loss}''$)

0보다 크면 가연물의 내부 에너지로 변환되며, 그 빠르기는 에너지를 저장할 수 있는 가연물의 열용량(pcl)과 열관성(kpc)에 의해 결정된다.

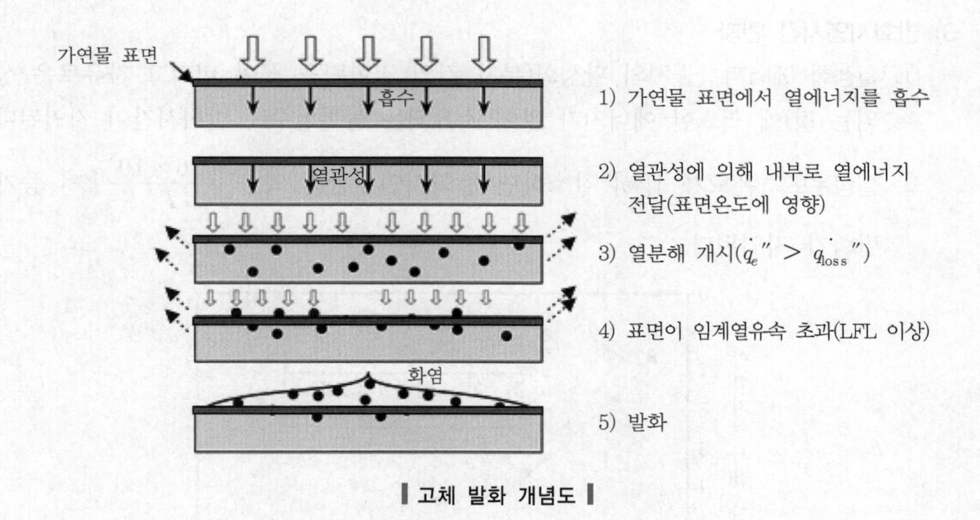

▌고체 발화 개념도▐

04 자연발화지연시간(auto ignition time delay)

(1) 정의

시험용기에 가연성 물질을 넣어 혼합기가 형성되어 온도 및 가연성의 농도에 의해 열폭주(자연발화)가 시작될 때까지의 지연시간

(2) 지연시간 실제 측정방법

1) 예열된 진공용기에 혼합기를 도입하는 방법
2) 급속압축 연소장치를 이용하는 방법
3) 충격파 관을 이용하는 방법
4) 전기로 안에 가연물을 분사하는 방법
5) 고온 공기류 혹은 가스류 중에 가연물을 분사하는 방법

(3) 세메노프(semenov)식

1) 공식

$$\log\tau = \frac{52.55E}{T} + B$$

여기서, τ : 발화지연시간[sec]
E : 활성화 에너지(대략 167.4[kJ/mol]로 추정할 수 있고 혼합물의 종류에 따라 그 값은 달라질 수 있음)
T : 실험온도[K]
B : 상수

2) 자연발화는 발화가 발생하기 전에 지연시간이 존재한다.

3) 발화지연시간 인자

① 활성화 에너지 : 물체의 활성화(분자 간의 결합력을 끊어 버리고 자유로운 상태가 되는 것)에 필요한 에너지가 많이 소요되는 물질일수록 발화시간이 지연된다.

② 실험온도 : 온도가 1[%] 감소하면 발화지연시간은 약 $\frac{20.26 \times 10^3}{T}$[%] 증가하여 발화가 지연된다.

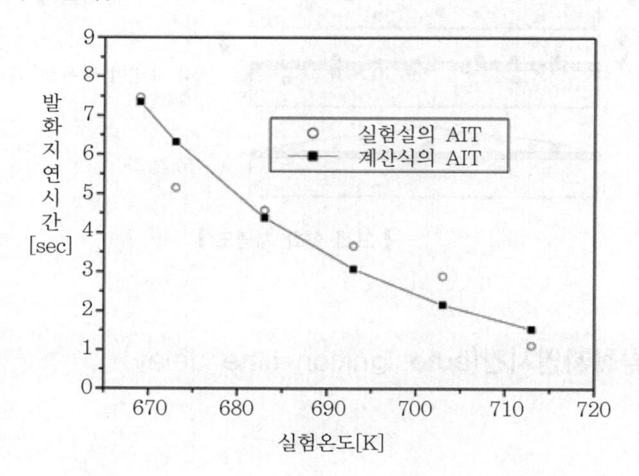

③ 산소농도 : $\frac{1}{\tau} \propto [O_2]^{\frac{1}{4}}$

여기서, τ : 발화지연시간[sec]

O_2 : 산소농도[v%]

④ 압력 : $\frac{1}{\tau} \propto \ln P$

여기서, τ : 발화지연시간[sec]

P : 압력[Pa]

⑤ 용기면적 : 용기면적이 클수록 열면의 면적이 커지고 발화지연시간은 감소한다.

⑥ 연소범위 : 화학양론비에서 가장 작다.

SECTION 014 화염확산(flame spread)

01 화염확산(확산연소)

(1) 정의

1) 화염의 경계면에서 이동하는 과정이다.
2) 발화면이 전진하는 것이고 전진 화염선단이 가연물을 연소점까지 올리기 위한 열원과 점화원으로 작용하면서 주변의 미연소 지역으로 이동하는 것이다.

(2) 기초이론

1) 표면온도 : 연소점 이상
2) 화염의 기능
   ① 열원의 열유속으로 열분해
   ② 점화원
3) 확산에 영향을 주는 주요 인자
   ① 발화시간(t_{ig})
   ② 화염이 영향을 미치는 거리(δ_f)
4) 고상의 화염확산의 방향에 따른 구분
   ① 상향확산 : 연소생성물의 이동방향과 부력과 일치하는 확산(풍조확산)
   ② 하향 · 측면 확산 : 상향과 달리 풍조흐름과 반대인 확산(역풍확산)

(3) 액체의 화염확산

1) 인화점 미만
   ① 인화점까지 액의 표면온도를 가열한 후에 확산된다.
   ② 가열하면서 액의 표면장력을 낮추면 표면장력의 구동류를 발생시켜 액을 순환시키면서 화염확산이 된다.
2) 인화점 이상 : 액 표면에 이미 가연성 혼합기가 형성되어 있으므로 기상과 같이 액 표면에 화염확산이 된다.
3) 대부분의 용기화재의 화염확산
   ① 역풍확산 : 용기 내에서는 하향인 액면 강하로 진행된다.
   ② 용기 내에서의 흐름 : 표면장력에 의해 흐름이 늦어진다.

(4) 고체의 화염확산(발화의 이동)

1) 열분해 구역(pyrolysis zone) : 가연물이 열분해되어 가연성 증기가 발생하는 영역

2) 열분해 선단 : 열분해 구역 앞 가장자리

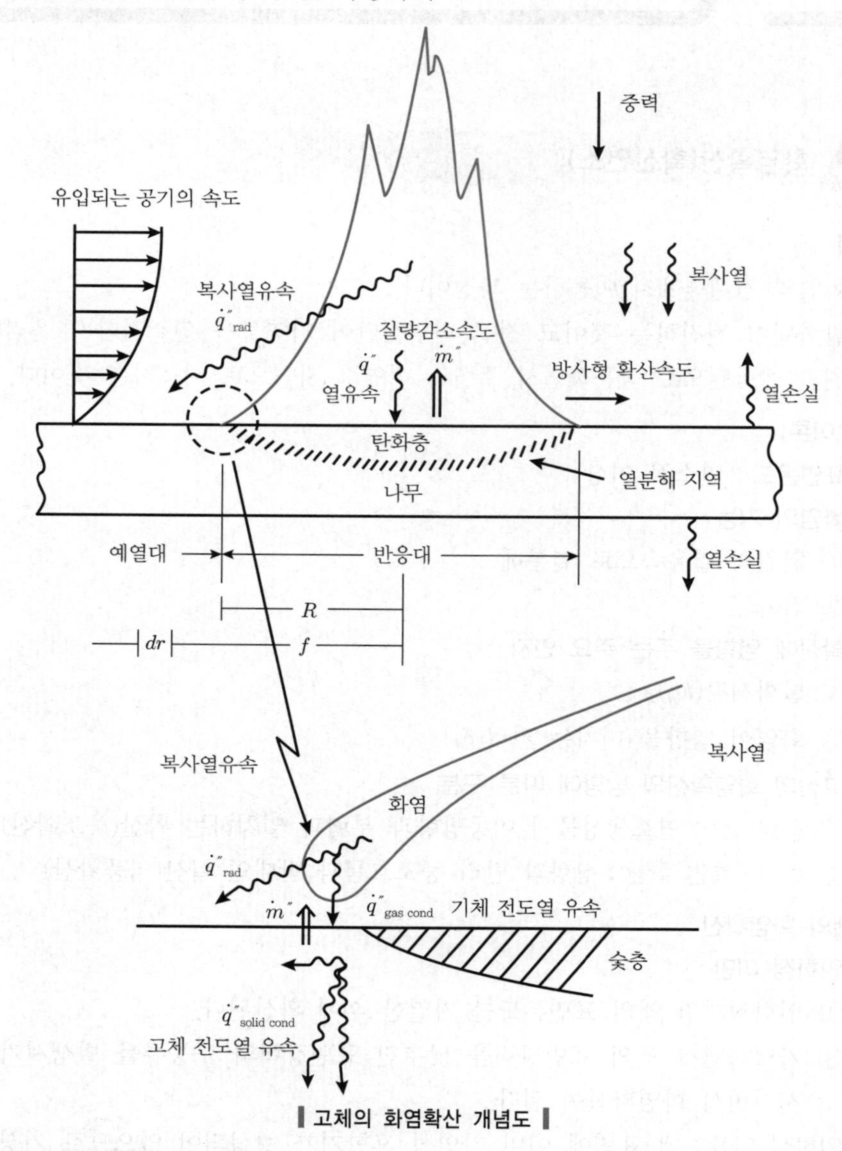

▌고체의 화염확산 개념도▐

(5) 고체 화염확산의 영향인자

1) 가연물의 방향 : 수직 방향이나 수평 방향에 있는지

2) 화염 전파의 방향

3) 가연물질의 두께

4) 물질의 특성 : 밀도 등

5) 주위 환경 : 산소농도, 바람 등

(6) 고체 화염확산속도

1) 정의 : 가연물 표면상에서 일어나는 열분해 선단의 이동속도

2) 공식

$$v_f = \frac{\delta_f}{t_{ig}}$$

여기서, v_f : 화염확산속도[m/sec]

δ_f : 화염이 영향을 미치는 길이[m]

t_{ig} : 발화시간[sec]

3) 사이벌킨(Sibulkin)과 김(Kim)의 화염확산속도 : 화염확산은 발화가 확산되는 과정

① 얇은 물체

$$v_p = \frac{\dot{q}''\delta_f}{\rho c_p l(T_{ig} - T_s)}$$

㉠ $\dot{q} = \rho \cdot v_p \cdot A \cdot c_p \cdot \Delta T$ ………… ⓐ

여기서, v_p : 화염확산속도[m/sec]

$\dot{q}$: 열량[kJ/sec]

ρ : 밀도[kg/m³]

A : 면적[m²]

c_p : 비열[kJ/kg · K]

ΔT : 온도차[K]

㉡ ⓐ의 면적(A)을 폭(w)과 길이(l)로 분해

$\dot{q} = \rho \cdot v_p \cdot w \cdot l \cdot c_p \cdot \Delta T$

이것을 속도(v_p)에 관해서 정리하고, 화염에 영향이 미치는 거리인 δ_f를 분자와 분모에 모두 곱하면

$$\frac{\dot{q}'' \cdot \delta_f}{\rho c_p l \Delta T w \delta_f} = v_p \left(\text{여기서, } \frac{\dot{q}}{w\delta_f} = \dot{q}''\right)$$

$$\frac{\dot{q}''\delta_f}{\rho c_p l \Delta T} = v_p \left(\text{여기서, } \frac{\dot{q}''}{\rho C_p l \Delta T} = \frac{1}{t_{ig}}\right)$$

$$\therefore\ v_p = \frac{\delta_f}{t_{ig}}$$

$$\delta_f \approx x_f - x_p$$

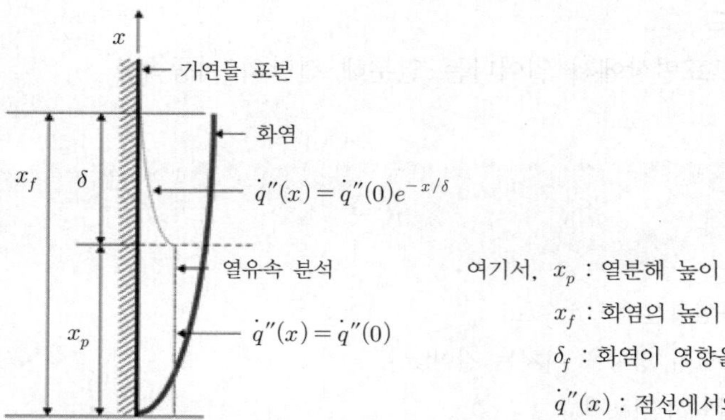

여기서, x_p : 열분해 높이

x_f : 화염의 높이

δ_f : 화염이 영향을 미치는 길이

$\dot{q}''(x)$: 점선에서의 열복사

▌화재확산[9] ▌

② 두꺼운 물체

$$v_p = \frac{\delta_f}{t_{ig}} = \frac{(\dot{q}'')^2 \delta_f}{k\rho c_p (T_{ig} - T_s)^2} = \frac{\Phi}{k\rho c_p (T_{ig} - T_s)^2}$$

여기서, v_p : 화염확산속도[m/sec]

$\dot{q}''$: 열유속[kW/m^2]

δ_f : 화염이 영향을 미치는 길이[m]

k : 열전도계수[kW/m · K]

ρ : 밀도[kg/m^3]

c_p : 비열[kJ/kg · K]

T_{ig} : 발화온도[K]

T_s : 온도[K]

Φ : $(\dot{q}'')^2 \delta_f$

화염확산속도 : 10[cm/min] 5[cm/min]

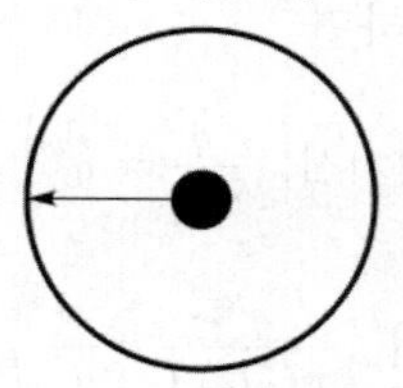

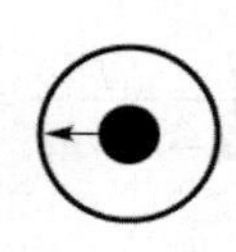

t초 후의 화재확산범위 : $\pi(10t)^2$ $\pi(5t)^2$

▌화염의 수평 확산(평면도) → Radial spread velocity ▌

9) The upward flame spread model proposed by Sibulkin and Kim. Characterizing the Flammability of Storage Commodities Using an Experimentally Determined B-number by Kristopher Overholt December 2009

(7) **다공성 고체의 화염확산**

1) 대상 : 목재, 톱밥류, 석탄분, 고무분, 산림화재 등

2) 비다공성 물질보다 화염확산속도가 빠르다.

① 발화시간(t_{ig})이 짧음 : 발화시간은 밀도에 비례하므로 다공성으로 밀도가 낮아지면 발화시간이 짧아진다.

② 화염이 영향을 미치는 길이(δ_f) 증가 : 환원영역에서 다공성의 구멍 속에 1차 공기와 가연증기가 1차 혼합 후에 산화반응영역에서 공기와 2차 혼합 후 연소하므로 연소효율이 상승해서 순열유속이 증대한다.

02 화염확산 방향 133 · 109회 출제

(1) 하향 또는 측향 확산(역풍확산)(counterflow flame spread)

1) **확산방향** : 공기 흐름과 화염의 흐름이 반대 방향(열전달 방향 ↔ 공기 흐름 방향)

2) 대류 열전달이 부족 : 열 공급이 원활하지 못하고 공기에 의한 냉각으로 화염의 확산이 느리다.

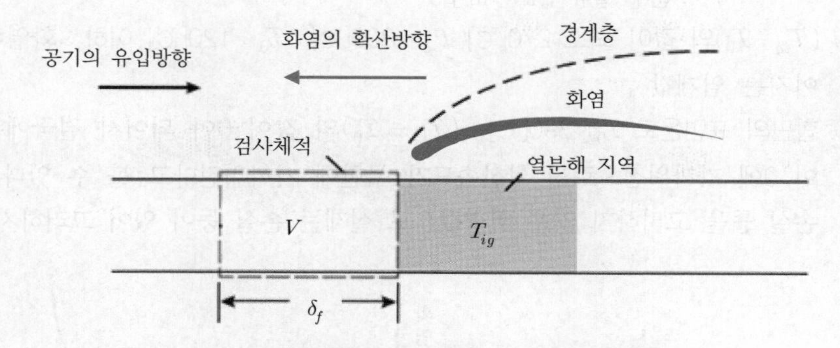

▍역풍방향 화재확산의 공기유입 ▍

검사체적 : 예열에 의한 연소확대가 되는 체적[(예열면적 × 화염이 영향을 미치는 길이(δ_f))]

3) 상기 그림과 같이 가열해야 하는 검사체적에 대하여 열공급을 하여야 하는데 이것이 풍조방향과 반대가 됨으로써 가열이 쉽지 않다. 이는 공기의 흐름이 공급된 열을 냉각시키기 때문이다. 따라서, 역풍확산은 가연물의 표면에 임계값 이상의 온도를 요구한다.

임계값 : 열분해로 인해 가연성 증기가 발생하는 임계열유속(CHF)을 초과하는 열량의 공급값

4) 하향 화염확산은 표면온도가 임계값 이상인 경우에만 연속적인 화염확산이 발생한다.

① 하향 화염확산을 위한 합판의 임계값 : 120[℃]

② 합판은 120[℃] 이상 표면온도가 올라가야지 화염전파속도가 증가하고 120[℃] 이하가 되면 확산이 연속적으로 이루어지지 않게 된다(NFPA).

5) 합판 온도가 390[℃]인 경우 : 확산속도는 무한에 가깝게 증가한다.

① 두꺼운 물질 발화시간 공식

$$t_{ig} = \frac{\pi}{4} k\rho c \left(\frac{T_{ig} - T_0}{\dot{q}''} \right)^2$$

여기서, t_{ig} : 발화시간[sec]

k : 열전도계수[W/m · K]

ρ : 밀도[kg/m^3]

c : 비열[kJ/kg · C]

T_{ig} : 발화온도[K]

T_0 : 최초의 온도[K]

$\dot{q}''$: 순수 열유속[kW/m^2]

② $(T_{ig}-T_0)$의 값이 최소 270[℃](T_{ig} : 390[℃], T_0 : 120[℃] 이하 : 화염확산이 이루어지는 임계값

③ 합판의 표면온도(T_0) 390[℃] : $(T_{ig}- T_0)$의 값이 0이 되어서 결국에는 착화시간이 0에 가까워짐으로써 확산속도가 무한에 가까워진다고 볼 수 있다. 하지만 열손실 등을 고려하지 않은 실험값으로 실제는 손실 등이 있어 그러하지 아니하다.

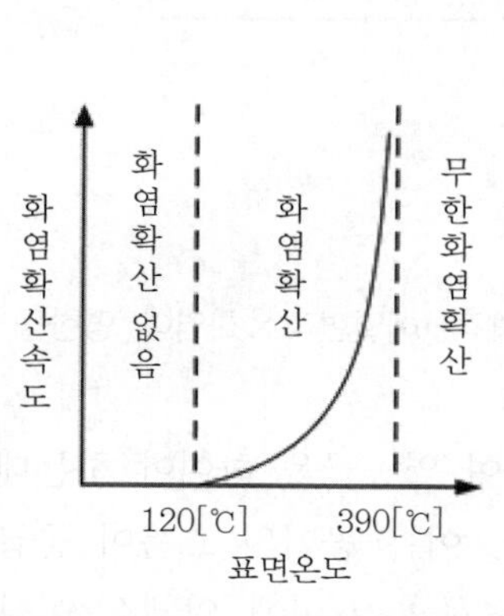

▌표면온도에 따른 화염확산속도 ▌

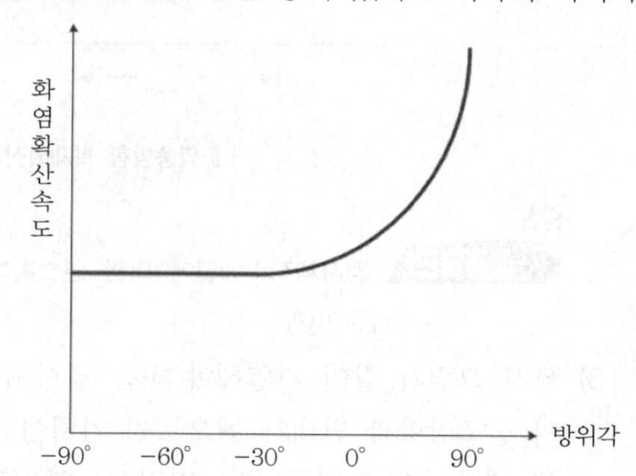

▌방위각에 따른 화염의 확산속도 ▌

6) 하향확산속도 : 재료마다 다르고 난연제가 첨가된 경우 확산속도는 감소한다.

7) 표면 방위각

① 방위각에 따라서 화염이 영향을 미치는 거리(δ_f)가 영향을 받는다.

② 직각을 이루는 90° 상방향이 될수록 확산속도는 급격히 증가한다.

(2) 상향 확산(풍조확산)(concurrent flame spread) 132 · 106회 출제

1) 확산방향 : 공기흐름방향과 화염의 확산방향이 일치한다.

2) 대류 열전달이 용이(열 전달방향 = 공기흐름방향)하다.

3) 정체된 공기 하에서 풍조확산 : 화재 자체에서 기인한 부력흐름에 의해 발생한다.

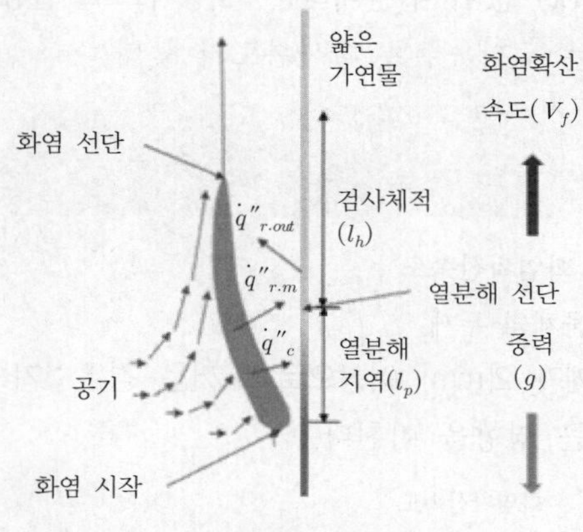

▌상향 확산▐

4) 화염확산을 위한 가열 : 확장된 화염으로부터의 열전달, 연소생성물로부터의 열전달(검사체적에 임계값 이상)이 복합적으로 이루어진다.

5) 화염의 길이 : 화재로부터의 열방출률에 영향을 받는다.

6) 실내화재 시 : 가연물의 에너지 방출로 인해 실내온도 증가 → 열복사 → 가연물의 온도 증가 → 연소속도 증가

7) 표면 방위각

① +90° 상방향이 될수록 화염확산속도가 증가한다.

② 풍조확산이 되면서 화염의 길이가 많이 증가한다.

8) 일반적인 상향 확산속도 : 1 ~ 200[cm/sec]

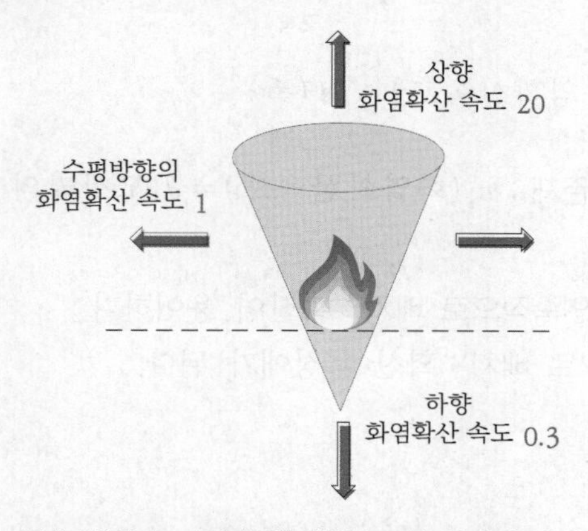

▌전파방향에 따른 화염 확산속도의 상대적 비▐

(3) 고체표면 화염확산의 영향인자

1) 화학적 인자 : 가연물 조성, 난연제 존재 여부, 연소열

2) 물리적 인자

① 가연물의 두께

㉠ 가연물의 두께가 얇은 경우

- 열전도계수(k) 값이 무한대라는 가정이므로 열용량(ρcl)이 중요하다.
- 얇은 물체는 두꺼울수록 확산속도가 늦다.

$$v_f \propto \frac{1}{l}$$

여기서, v_f : 화염확산속도
l : 물체의 두께

㉡ 가연물의 두께가 2[mm] 이상으로 두꺼운 경우 : 가연물의 두께보다는 열관성($k\rho c$)이 더 큰 영향을 미친다.

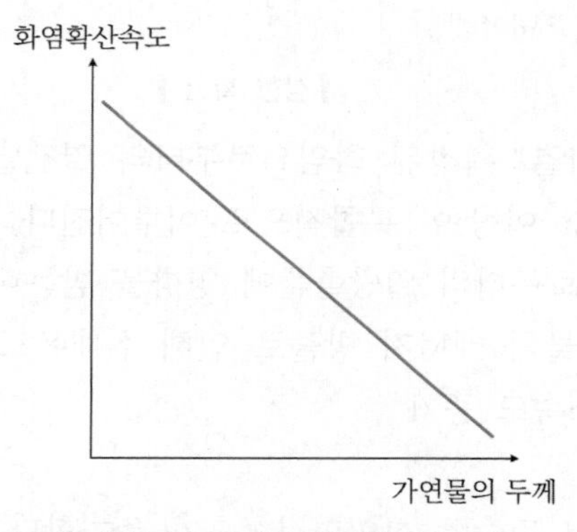

▌가연물의 두께와 화염확산속도▐

② 열관성(kpc) : 화염확산과 열관성은 반비례한다.

③ 기하학적 형상

㉠ 폭 : v_f(화염확산속도) = W(폭)$^{\frac{1}{2}}$

㉡ 모서리의 존재 : v_f(화염확산속도) = θ(모서리의 각도)$^{\frac{4}{3}}$

④ 연속성

㉠ 가연물이 연속적으로 배치 : 확산이 용이하다.

㉡ 불연속적으로 배치 : 확산에 장애가 된다.

⑤ 표면방위

⑥ 전파방향

3) 환경인자

① 대기조성 : 산소가 많을수록 확산속도 증가

② 대기온도 : 온도가 증가할수록 확산속도 증가 → $(T_{ig} - T_0)$의 값 감소

③ 투입되는 복사열류 : 투입 복사열류($\dot{q}''$)가 많을수록 발화면이 미연 가연물을 연소점까지 온도를 상승시키게 되어 화염확산속도를 증가시키는 열원으로 작용[열의 귀환(feedback)]한다.

④ 대기압 : 대기압 상승으로 화염확산속도가 증가(대기압 상승 → 산소의 분압 증가 → 화염의 안정성 증가)

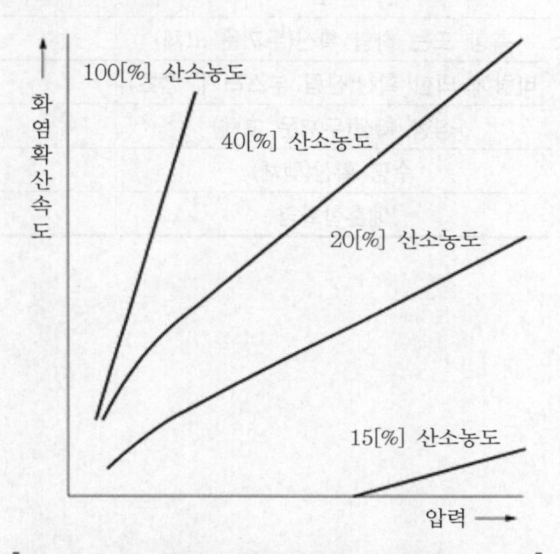

▌산소농도와 대기압에 따른 화염확산속도의 크기[10] ▌

⑤ 공기의 이동(바람)

㉠ 토마스(Thomas)의 풍조 화염확산식

$$v = \frac{(1 + v_{\text{wind}}) \times C}{\rho}$$

여기서, v : 화염전파속도[m/sec]

v_{wind} : 바람의 속도[m/sec]

C : 상수(가공되지 않은 가연물 약 0.07[kg/m^2], 지름이 3[cm]인 나무토막 약 0.05[kg/m^2])

ρ : 겉보기 밀도[kg/m^3]

㉡ 바람의 속도는 화염을 굴절시키고 열전달을 증대시키며 공기의 공급량을 증대시킨다. 따라서, 충분히 큰 공기속도는 확산속도를 증가시킨다.

10) FIGURE 9.17.1 Effects of Variations in Oxygen Concentration and Environmental Pressure on the Minimum Ignition EnergyFPH 09 Processes and Facilities CHAPTER 17Oxygen-Enriched Atmospheres 9-233

㉢ 2[m/sec] 이상의 공기이동은 상기의 효과보다는 냉각효과가 더 크기 때문에 오히려 화염확산속도를 감소시킨다.

㉣ 물체의 밀도가 작을수록 화염의 확산속도가 빠르다. 따라서, 우리가 방화림을 만들 경우에는 겉보기 밀도가 높은 나무를 선택하여야 한다.

전형적인 화염확산속도

구분	확산속도[cm/sec]
훈소	0.001 ~ 0.01
측향 또는 하향 확산(두꺼운 고체)	0.1
바람에 의한 확산(산림 부스러기, 잡초)	1.0 ~ 100
상향 확산(두꺼운 고체)	1.0 ~ 100
수평 확산(액체)	10 ~ 100(층류)
예혼합화염	~ 100,000(폭굉)

SECTION 015 인화점 & 자연발화점

01 인화

(1) 유도발화

외부 점화원에 의해서 유도된 발화이다.

(2) 인화점(flash point)

1) 액체의 인화점(flash point of a liquid) : 시험연구소의 시험에 의해서 결정된 바와 같이 액체가 그 표면을 가로질러 순간적 화염을 일으킬 만한 정도로 증기를 발생할 수 있는 액체의 최저온도(NFPA 921)

2) 의미 : 액체 가연물에서 유도발화가 시작되는 최저온도를 나타내는 지수이다.

3) 인화점에 영향을 주는 주요 인자

① 중력 : 가연물과 공기의 혼합기체 내에 부력과 불균질성 발생

② 압력 : 압력이 증가할수록 증기압이 낮아지므로 인화점 상승

③ 산소 : 농도가 높아질수록 인화점 감소

④ 개방상태, 운동상태 : 가연성 증기의 농도가 낮아져 인화점 상승

⑤ 무거운 액체 : 비중이 큰 액체일수록 인화점 상승(탄화수소비 증가, 발열량 감소, 화염의 휘도 증가)

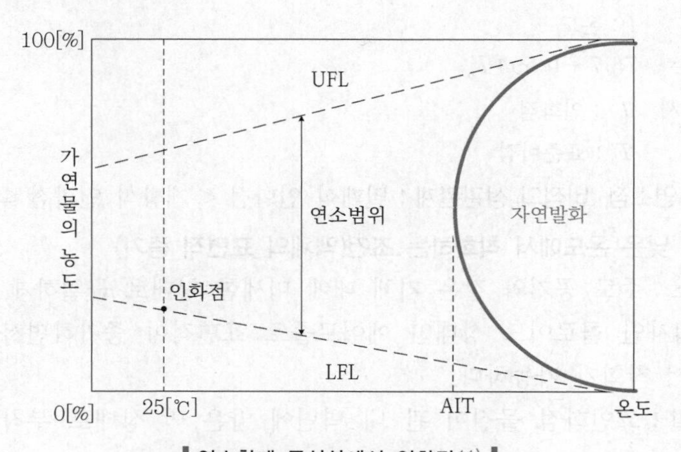

▌연소한계 곡선상에서 인화점[11] ▌

11) Chart Demonstrating the Effect of Temperature on the Flammable/Explosive Range of Gases. (Source : GexCon – Gas Explosion Handbook, Figure 4.5)

▌각종 테스트를 통한 인화점▐

액체(liquid)의 종류	인화점(flash point)[°C] (closed cup)	인화점(flash point)[°C] (open cup)	연소점(fire point) [°C]
에탄올(ethanol) C_2H_5OH	13	18	18
엔-데칸(n-decane) $C_{10}H_{22}$	46	52	61.5
연료유(fuel oil)	–	133	164
북아메리카 디젤유(diesel fuel, North America)	–	82 ~ 166	103 ~ 200

4) **중요성** : 액체 가연물에서 화재 위험성에 대한 중요한 척도이다.

5) **인화점 예측식**

① 존슨(Jones)의 1.5배 화학양론법칙

$$\frac{P_f}{P_s} = 1.5$$

② 증기압을 이용한 앙투안(Antoine)식

$$\log P_f = A - \frac{B}{t - C}$$

여기서, P_f : 연소점에서 평형 증기압
P_s : 화학양론농도
A, B, C : 상수
t : 온도

③ $T_f = -73.7 + 0.694\,T_b$

여기서, T_f : 인화점
T_b : 표준비점

6) **인화점, 연소점, 비점의 상관관계** : 밀폐식 인화점 < 개방식 인화점 ≦ 연소점 < 비점

(3) 인화점보다 낮은 온도에서 착화하는 조건(액체의 표면적 증가)

1) **분무연소** : 주로 공기와 같은 기체 내에 미세한 형태로 균일하게 분포된 액체나 고체의 입자인 콜로이드 상태인 에어로졸로 표면적이 증가하면서 인화점보다 낮은 온도에서 착화가 가능하다.

2) **박막폭발** : 고인화점 물질이 관 내 벽면에 얇은 막 상태로 부착한 상태에서 폭발한다.

3) **등심연소** : 램프나 석유풍로의 심지의 모세관 현상을 타고 액체 가연물이 상승하게 되면 액체의 표면적이 증가하며 낮은 온도에서 발화한다.

(4) 연소점(fire point)

1) 정의 : 연소를 지속시킬 수 있는 불꽃이 5초 이상 지속할 수 있는 최소온도이다.
2) 인화점과 온도차 : 5~10[℃] 정도 높다.
3) 연소점(fire point) ASTM D 92, 클리블랜드 개방 용기 시험방법에 의해 측정된 것으로서, 지속적인 연소를 지속할 수 있도록 충분히 빠른 속도로 증기가 방출되는 개방 컨테이너 액체의 최저온도(NFPA 35)

(5) 인화점, 비점과 탄소수의 관계

1) 탄화수소 : 인화점과 비점은 비례한다.
2) 인화점은 비점보다 낮고, 인화점은 탄소수가 증가할수록 높아진다는 것을 알 수 있다. 단, 식용유 등은 그러하지 않을 수도 있다.
3) 탄소수에 따른 해석
   ① 연소열의 크기에 중점을 둔 해석 : 탄소수가 증가할수록 유기물은 더욱 더 안정화된다. 연소열이 증가하고 탄소수가 많을수록 효율적이다.
   ② 반응물의 양에 중점을 둔 해석 : 탄소수가 증가할수록 인화에 더 많은 산소가 필요하기 때문에 비효율적(인화점)이다.
   ③ 자연발화점의 관점의 해석 : 탄소수가 증가할수록 더 많은 에너지를 축적할 수 있어서 자연발화점은 감소한다.

(6) 고체에서의 인화점

1) 고체에서는 고형 알코올과 같이 휘발성이 있는 것을 제외하고는 열분해를 통해 가연성 증기가 연소범위를 이루므로, 인화점보다는 발화시간을 위험의 척도로 본다.
2) 고체의 인화점과 연소점은 표면가열상태에 따라 다르며, 이것이 액체와 같이 위험성의 척도가 되지는 못한다. 따라서, 고체에서 인화점과 연소점을 구분하고 표시하는 것은 실익이 없다.
3) 고체에서 인화점 : 단순히 착화되는 표면온도이다.

02 인화점 측정방법

(1) 인화점 측정방법의 종류 129 · 105회 출제

구분		인화점	동점도	측정방법	측정범위
밀폐식	태그	0[℃] 미만	기준 없음	−35[℃]까지 온도를 낮추고 5[℃/min] 속도로 가열, 2[℃]마다 점화시험	−30 ~ 110[℃]
		0 ~ 80[℃] 이하	10[mm^2/sec] 미만		
	세타	0 ~ 80[℃] 이하	10[mm^2/sec] 이상	–	–

구분		인화점	동점도	측정방법	측정범위
개방식	클리블랜드	80[℃] 초과	기준 없음	300[℃]까지는 분당 15[℃]로 가열, 이후 5[℃/min] 속도로 가열, 2[℃]마다 점화시험	실온 ~ 400[℃]

(2) 태그 밀폐 시험기에 의한 인화점

1) ASTM D56 Flash point by tag closed tester

① 이 시험방법은 태그 밀폐식(tag closed tester)에 의해서 점도가 낮고 인화점이 93[℃](200[℉]) 이하인 액체의 인화점 측정 시 사용한다.

② 인화점이 -18[℃]에서 163[℃](0[℉]에서 325[℉]), 연소점이 163[℃](325[℉])까지의 액체의 인화점과 발화점을 측정한다.

2) 국내 기준(위험물안전관리법)

① 0[℃] 미만 : 태그 밀폐식 측정결과로 인화점을 측정한다.

② 0[℃] 이상~80[℃] 이하 : 동점도 측정한다.

㉠ 동점도가 10[mm²/sec] 미만 : 당해 측정결과를 사용한다.

㉡ 동점도가 10[mm²/sec] 이상 : 세타 밀폐식 인화점 측정기로 측정한다.

③ 80[℃] 초과 시 : 클리블랜드 개방식으로 다시 측정한다.

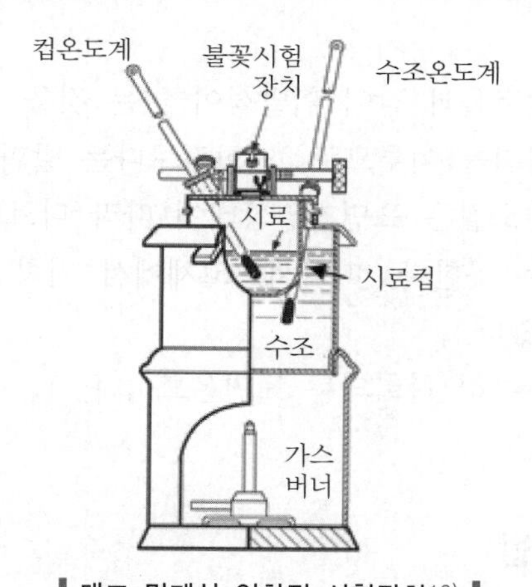

▌태그 밀폐식 인화점 시험장치[12] ▌

(3) 펜스키 마텐스(Pensky-Martens) closed tester에 의한 인화점(ASTM D93).

1) 아스팔트 및 시험 중 표면막을 형성하는 액체와 부유 입자를 포함하는 물질의 시험방법이다.

12) FIG. 1 Tag Closed Flash Tester (Manual) ASTM D56-05 Standard Test Method for Flash Point by Tag Closed Cup Tester

2) 시험대상 : 가연물유, 윤활유, 고체 부유물질, 시험조건에서 표면막을 형성하는 경향이 있는 액체와 그 외의 액체
3) 국내에는 시험기준이 없다.

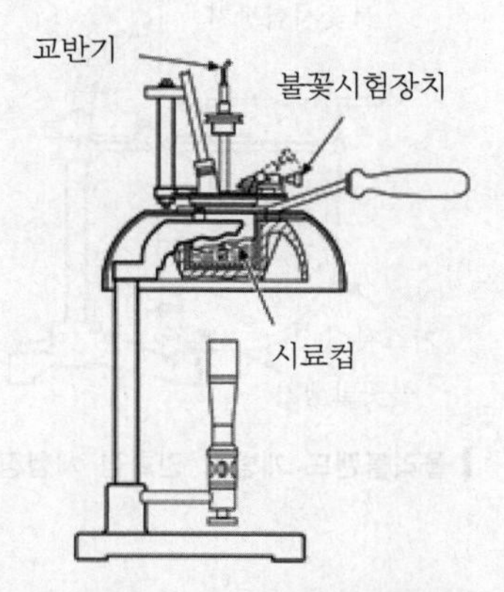

▌펜스키 마텐스 밀폐식 인화점 시험장치13) ▌

(4) 세타 밀폐식(seta flash closed tester)에 의한 인화점
1) ASTM D3828
① 80[℃] 이하는 당해 측정결과를 사용한다.
② 80[℃] 초과는 클리블랜드 개방식으로 재측정한다.
2) 국내기준 : 0[℃] 이상 80[℃] 이하는 동점도 측정하여 동점도가 10[mm^2/sec] 이상이면 세타 밀폐식 인화점 측정기로 측정한다.

(5) 클리블랜드(cleveland) Open cup에 의한 인화점 및 연소점
1) ASTM D92(flash and fire points by cleveland open cup) : 유류를 제외한 모든 석유제품과 개방식 인화점이 79[℃](175[℉]) 미만인 것의 인화점 및 연소점(fire points)을 측정한다.
2) 국내기준
① 측정결과가 80[℃]를 초과하면 클리블랜드 개방식 인화점 측정기의 규정에 따른 방법으로 다시 측정한다.
② 클리블랜드 개방식인 화점 측정기에 의한 인화점 측정시험(위험물안전관리에 관한 세부기준 제16조)

13) FIG. A1.1 Pensky-Martens Closed Flash Tester ASTM D93-02a Standard Test Methods for Flash Point by Pensky-Martens Closed Cup Tester

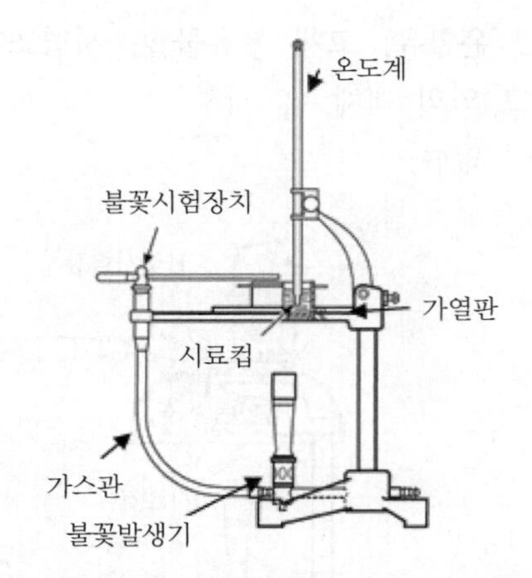

▌클리블랜드 개방식 인화점 시험장치[14)]▌

03 자연발화점 측정

(1) 자연발화점은 물질의 고유성질이 아니며, 측정하고자 하는 시료의 성상, 산소농도, 시험장치 내의 용기 크기 및 가열속도 등의 다양한 인자에 의해서 값이 변화될 수 있는 실험값이다.

(2) 자연발화점 측정방법(DIN 51794)

1) 적용대상 : 인화성 액체 및 가스, 석유제품이나 그 혼합물

2) 조건 및 주의사항 : 기본적으로 자연발화점이 75 ~ 650[℃] 이내의 시료는 측정할 수 있으나, 발화지연시간이 길거나 측정기간에 물질변화(분해, 반응 등)나 상변화가 발생하는 시료는 측정결과의 신뢰도에 영향을 주기 때문에 적용 전에 신중히 검토해야 하고, 폭발성 물질은 적용을 금지한다.

3) 측정기기

① 고체 : 승온법, Krupp 시험기, 정온법(고압법) 시험기

② 액체 : Crusible법, ASTM법 측정기(ASTM E659-78)

③ 기체 : MIT 고속압축측정기, Dixon & Coward 측정기

14) FIG. 1 Cleveland Open Cup Apparatusr ASTM D92-05 Standard Test Method for Flash and Fire Points by Cleveland Open Cup Tester

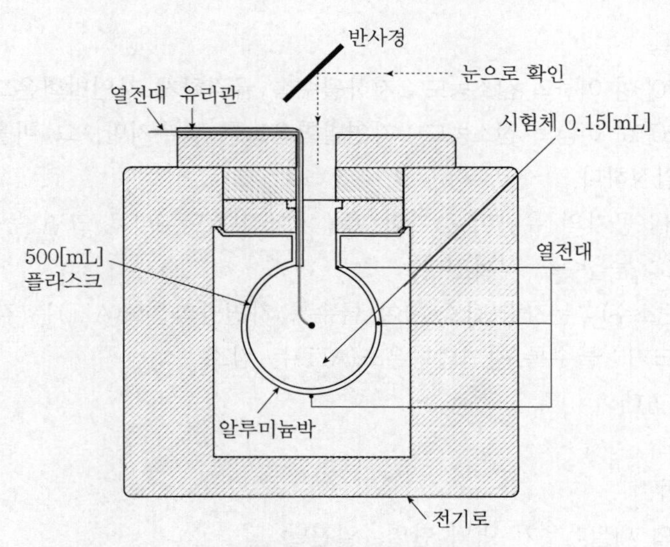

▌ASTM E659 측정장치 ▌

4) 발화점 측정방법(발화온도의 측정은 일반적으로 대기압 하에서 행함)

① 고체 시료의 발화점 측정방법 : 승온법, 유적법

② 액체 시료의 발화점 측정방법 : 도가니법, ASTM법, 예열법, 유적법

③ 기체 시료의 발화점 측정방법 : 충격파법, 예열법

④ 측정방법으로서 크게 승온법과 정온법의 두 가지로 구분할 수 있다.

㉠ 승온법 : 시료온도를 정해진 일정 비율로 상승시켜 발화되는 온도를 측정하고 조작은 간단하나 결과는 해석이 어렵고 발화온도 이하의 온도로 예열되는 결점이 있다.

㉡ 정온법 : 일정 온도를 유지한 곳에 시료를 넣어 접촉시간을 주고 발화되는 온도를 측정한다. 조작은 까다롭지만 결과의 해석에는 조건이 유리하다.

5) 결과 평가

① 3단계의 시험을 통해서 결정된 측정값 중 가장 낮은 온도를 최종 자연발화점으로 결정한다.

② 자연발화의 경우에는 비교적 부피가 큰 반응 가스 내에서 스스로 화염이 발생하는 것을 관찰한다.

③ 발화지연시간을 2초 미만까지 측정한다.

(3) 자연발화온도(AIT)가 낮아지는 조건

실험실의 값이므로 실험 조건에 영향을 받아 값의 변화가 있을 수 있다.

1) 발화지연시간 : 작을수록 발화가 용이하다.

2) 촉매 : 있으면 발화가 용이하다.

3) 환경

① 압력 : 증가는 자연발화온도를 감소시키고, 감소는 자연발화온도를 상승시킨다.

② 산소농도

㉠ 20[%] 이하의 산소농도 : 저하될수록 급격하게 자연발화온도가 상승한다.

㉡ 20[%] 이상의 산소농도 : 자연발화온도를 낮추지만, 그 비율은 미미해서 거의 일정하다.

4) 유동상태 : 공기의 유량이 증가할수록 낮아진다(단, 너무 크면 높아짐).

5) 증기온도 : 높을수록 낮아진다.

6) 분자량(탄소수) : 분자량(탄소수)이 클수록 자연발화온도(AIT)는 감소

7) 용기의 크기 : 클수록 자연발화온도(AIT)는 감소

8) 용기의 형태

9) 가열속도

10) 시험방법

11) 용기 벽의 재질 : 용기 벽의 단열, 열전달

(4) 위험성 분류(T_1 - T_6)

1) 표면온도(열면온도)가 자연발화온도(AIT)값 이상이 되면 유도 점화원이 없어도 해당 물질이 발화가 가능하다.

2) 자연발화시험과 마찬가지로 표면온도가 얼마까지 상승할 수 있는가를 나타내고 온도등급 이하의 온도인 장소에서 물질을 저장함으로써 표면온도에 의한 발화를 제한할 수 있다.

온도등급	T_1	T_2	T_3	T_4	T_5	T_6
온도	450≥	300≥	200≥	135≥	100≥	85≥

(5) 자연발화온도(AIT)의 변화

1) 실험 시 조건인 압력, 조성 등에 의해 복잡하게 변화한다.

2) 상당수의 탄화수소류는 2가지 이상의 자연발화온도(AIT)를 갖고 있으며, 주위 온도가 떨어질 때 발화되는 현상을 나타내는 경우도 있다.

04 자연발화이론

(1) 개요

가연물 반응계의 내부에서 발열반응에 따른 열 발생속도와 그 계 외부로의 열방출속도(열손실)를 비교하여 계의 열적인 안전성을 검토하고 자연발화 여부를 판단하는 이론이다.

(2) 열 발화이론 : 세메노프(Semenov)

1) 가연성 혼합기를 계로 하여 외부로부터 가열 시 계 내의 온도상승 거동을 관찰한다.

2) 온도상승 = 화학반응에 의한 발열속도 - 계 외로의 방열속도

3) 화학반응에 의한 발열속도 : 온도의존은 아레니우스(Arrhenius)의 반응속도

① 공식 : $Q_c = \Delta H_c \cdot V \cdot C_i^{\,n} \cdot A \cdot e^{-\frac{E}{RT}}$

여기서, Q_c : 열방출률[kJ]

ΔH_c : 연소열[kJ/mol]

V : 체적[m^3]

C_i : 농도[mol/m^3]

n : 반응차수

A : 빈도계수

② 열방출률 : 온도에 지수적으로 비례한다.

4) 계 외로의 열손실 : 뉴턴(Newton)의 냉각법칙

① 공식 : $\frac{dQ_c}{dt} = hA\Delta T$

여기서, $\frac{dQ_c}{dt}$: 열방출률[kW]

ΔT : $T-S$

T : 물체의 온도

S : 물체 주위의 온도

h : 대류열전달계수[$kW/m^2 \cdot K$]

A : 수열면적[m^2]

② 열손실 : 온도에 선형적으로 비례한다.

5) 발화한계식

① 공식 : $\dot{Q}_c = L$

여기서, $\dot{Q}_c$: 열방출률[kW]

L : 열손실[kW]

② 압력과 발화온도 : 압력이 높을수록 발화온도는 감소한다.

$$\ln P = \frac{A}{T_{ig}} + B$$

여기서, P : 압력

T_{ig} : 발화온도

A, B : 지수

6) 계에 대한 발열속도(열방출률[kJ/sec])와 방열속도

① 계의 방열속도가 다른 경우

㉠ 계의 온도상승

- 발열속도($\dot{Q}_c$) : 지수적으로 증가
- 방열속도(L) : 온도차에 비례하여 상승

㉡ 발열속도와 방열속도

- $\dot{Q}_c > L$: 계의 온도 증가(발화)
- $\dot{Q}_c < L$: 계의 온도 감소(미발화)

㉢ 방열온도 곡선(경계온도)

- T_{01} : 계의 최고 온도는 T_{11}
- T_{02} : 발화의 최저 온도는 T_{ig}
- T_{03} : 계 온도는 지속적 상승

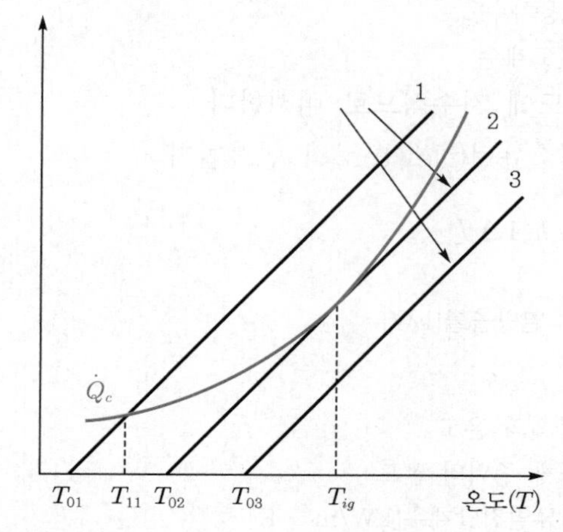

② 계의 발열속도가 다른 경우 : 계의 다양한 요인에 의해 발열속도가 변화할수록 방열속도도 변화한다.

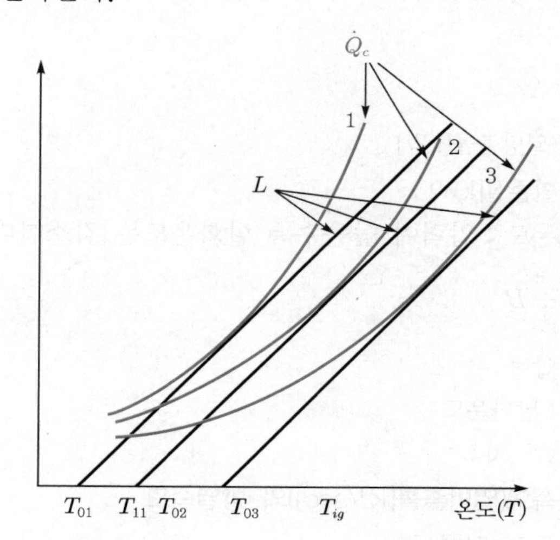

(3) 열발화 이론 : 프랭크 카메네스키(Frank–Kamenetskii)

1) 세메노프의 이론을 보강한 이론이다.

2) 일정한 열면이 있는 밀폐된 용기 내부에 보관된 반응물의 균질 혼합물(예혼합상태)의 열발화를 설명한다. 실제 발화는 계의 한 장소에서 온도 상승이 지속되면 그곳에서 발화가 일어난다.

3) 열발화는 에너지 방정식에 지배되며 반응속도는 아레니우스 법칙에 의해 결정된다.

$$\delta = \frac{EQ_s a^2 \sigma A e^{\frac{-E}{RT_a}}}{KRT_a^2}$$

여기서, δ : 무차원 반응속도(Frank-Kamenetskii parameter)

E : 반응의 활성화 에너지[J/mol]

Q_s : 단위질량당 반응열[J/kg]

σ : 시료의 밀도[kg/m^3]

A : 아레니우스 방정식의 빈도계수[1/sec]

R : 기체상수[J/mol · K]

T_a : 주위온도[K]

K : 열전도율[W/m · K]

a : 시료용기의 절반 두께[m]

4) 열발화 이론의 비교

구분	세메노프 이론	프랭크 카메네스키 이론
열전도계수(k)	큼(≒∞)	작음(특정 값을 가짐)
발열과 방열	일정하지 않음	일정함
가연성 가스 온도분포	일정	중심에서 이격거리만큼 감소
B_i수	소(전도)	대(확산)
적용대상	기체, 액체	고체
주요 개념	발열과 열전달(전도, 복사, 대류)에 의한 방열과의 불균형으로 일어나는 발화의 한계조건을 수학적으로 도입한 이론	자연발화는 산소의 영향을 받으므로 확산을 고려할 필요가 있으나, 발화한계 온도 부근까지는 그 영향이 미미하므로, 산소의 확산과 고체와 기체 간의 열전달은 고려하지 않고, 계 내부의 온도분포를 고려한 이론
자연발화 물질의 내부 온도분포도	T, T_c, T_a, $-r$, 0, r, x	T, T_c, T_a, $-r$, 0, r, x

SECTION 016

고체의 열분해

01 개요

(1) 연소반응이 발생하기 위해서는 전이상태인 라디칼들이 발생하여 유효한 충돌을 해야 하는데, 고체의 경우 분자 간의 결합 및 분자 내 결합력이 강해서 이를 끊고 라디칼이 발생하는 열분해 과정이 선행되어야 한다. 열분해 이후 과정은 다른 상의 연소과정과 동일하다.

(2) 고체의 열분해는 크게 물리적 변화(탄화, 용융, 팽창)와 화학적 변화(가교화, 고리화, 제거화)로 나눌 수 있으며, 물질마다 결합구조의 특성에 따라 다른 연소특성을 나타낸다.

(3) 고체 물질의 화학적 변화를 통해 가연성 가스가 발생하고 이 가스는 고체 물질 위에서 연소할 수 있다.

구분	탄소 중합체	산소 함유 중합체	질소 함유 중합체	할로겐족 함유 중합체
구성요소	C, H	C, H, O	C, H, O, N	C, H, Cl
종류	PE(폴리에틸렌), PP(폴리프로필렌), PS(폴리스티렌) 등	셀룰로오스(목재), 폴리아크릴(PMMA) 등	나일론, 폴리우레탄 등	PVC, CPVC

(4) 고체 가연물은 표면온도에 따라 열분해가 결정됨으로써 표면온도의 발화시간이 고체의 연소에 중요한 변수이며, 발화시간은 열관성($k\rho c$)과 두께(l)와 상관관계가 크다.

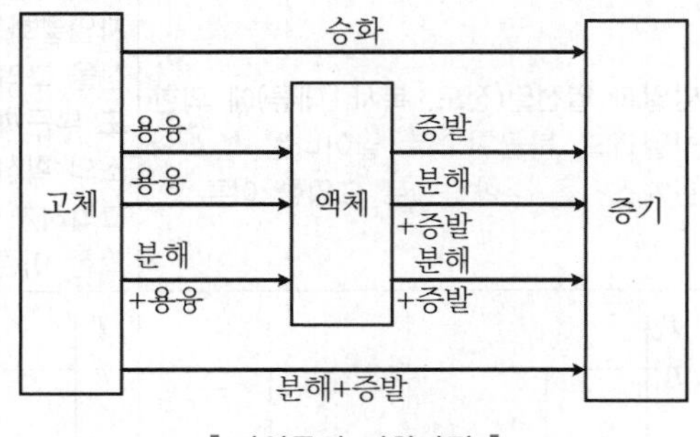

▌가연물의 기화과정▐

02 열분해(pyrolysis)

(1) 정의

열을 이용하여 복합 분자의 일부를 단일 단위로 파괴하는 것이다.

1) 고체의 열분해 온도 : 430[°C](800[F]) 이상

2) 열분해의 연속과정 단계별 구분15)

열의 공급	분해반응	가연성 증기 발생	산소와 혼합	연소

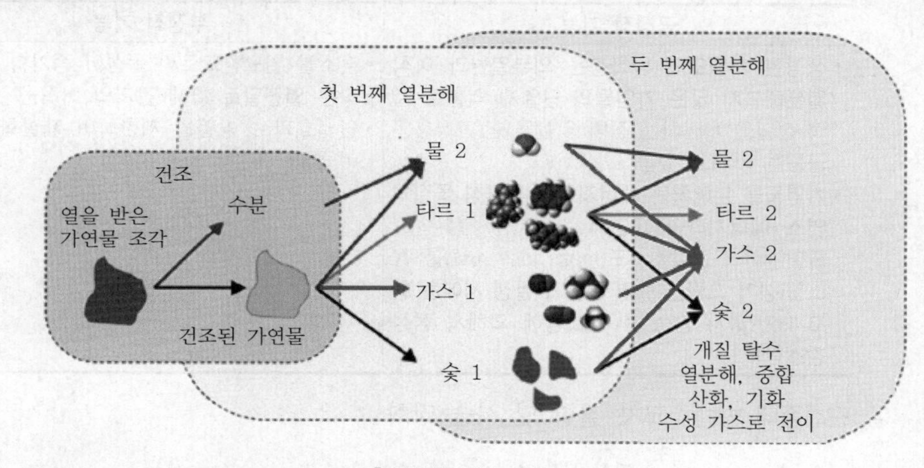

▌열분해 과정16) ▌

(2) 물리적 변화

1) 탄화(carbonization)

① 개요

㉠ 정의 : 유기화합물이 열분해나 화학적 변화 때문에 탄소 집합체로 변화하는 현상

㉡ 탄화는 화학적 변화이지만 물리적 구조를 변화시켜 열분해 과정(가연성 가스 생성)에 큰 영향을 미쳐서 탄화를 물리적 변화에 포함시킨다.

㉢ 유기물을 적당한 조건으로 가열하면 열분해하여 비결정성 탄소를 생성한다.

- 목재에 공기를 차단하고 태우면 숯(목탄)이 된다.
- 석탄을 건류하면 코크스가 되는 현상이다.

15) MECHANISMS OF PYROLYSIS Jim Jones 2011 Massey university
16) MECHANISMS OF PYROLYSIS Jim Jones 2011 Massey university

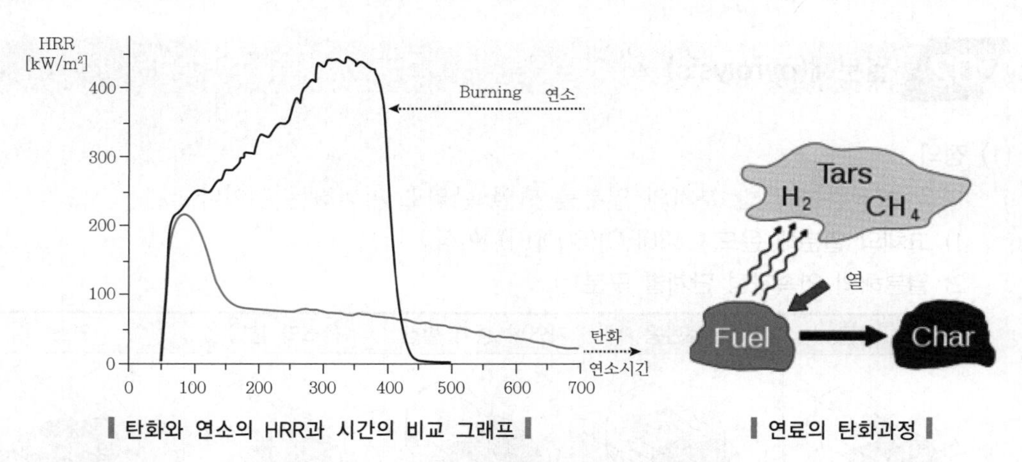

▌탄화와 연소의 HRR과 시간의 비교 그래프▐ ▌연료의 탄화과정▐

② 탄화물(char) : 타버리거나 검게 된 형태의 탄소질 물질

③ 연소에서 탄화의 기능

긍정적 기능	부정적 기능
• 생성된 저밀도의 탄화층은 외부열원과 아직 열분해되지 않은 가연물의 단열재 역할로 열의 전달을 차단하는 장벽 역할을 함(탄화층은 공동을 가지고 있음) • 가연물을 분해하는 에너지원이 휘발성 물질의 연소 에너지라면 표면에 가해지는 열유속도 줄어들어 질량감소속도(mass loss rate)를 감소함(상기 그림을 보면 탄화가 발생 시에는 최고 HRR까지 상승 후 탄화층에 의해서 점점 감소함)	• 훈소를 일으킴으로써 독성이 증가함 • 작은 열전달로 화재 감지의 어려움 • 단열효과로 방열을 제한하여 재발화 위험이 큼

④ 탄화증대 방법 : 교차 결합 및 사슬 강화

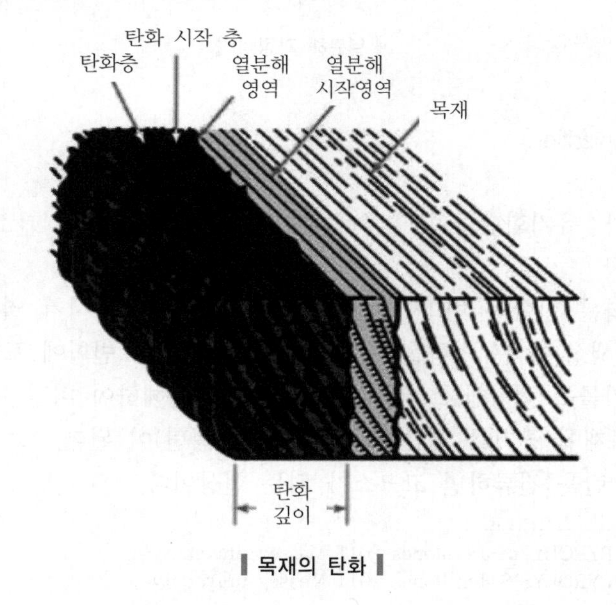

▌목재의 탄화▐

2) 부풀어 오름(intumescence) or 팽창
 ① 열팽창(thermal expansion) : 온도의 상승과 함께 물체의 길이, 체적, 표면적에서 비례적으로 증가한다.
 ② 열팽창계수 : 단위온도당 증가량은 물질마다 상이하다.
 ③ 팽창의 방염효과 : 부피팽창으로 인해 밀도가 감소하여 미 열분해 가연물로의 열전달을 방해하여 열분해 속도를 낮추는 현상(팽창으로 인한 내화채움구조의 원리)이다.

3) 용융(melting) : 열에 의해 고체 가연물이 액상화하는 현상
 ① 열가소성 : 기화되기 전에 열에너지에 의해 녹는 물질(액상화)
 ② 융점(melting point)
  ㉠ 정의 : 대기압 하에서 고체가 용융하여 액체가 되는 온도
  ㉡ 소방에서 융점 : 융점이 낮은 물질은 쉽게 액상, 기상이 되기 쉬우므로 연소가 쉬운 물질

(3) 화학적 변화

1) 무작위 사슬 절단(random-chain scission) : 열을 받으면 중합체 내의 무작위 위치에서 사슬이 먼저 절단된다.

$P_n \rightarrow R_r + R_{n-r}$

여기서, P_n : 중합도가 n인 고분자 분자물
 R_r : 길이가 s인 고분자 라디칼

2) 말단 사슬 절단(end-chain scission) : 무작위 사슬 절단 이후 더 지속해서 열을 받으면 사슬의 말단부가 끊어지기 시작하면서 단량체를 방출한다.

$P_n \rightarrow R_{n-1} + R_1$

3) 사슬 분리(chain-stripping)
 ① 중합체 일부가 아닌 원자나 기가 분리되는 과정이다.
 ② 고분자 뼈대는 그대로 있고 곁사슬이 주 사슬로부터 떨어져 나가는 과정이다.
 예 PVC의 열분해가 있으며 약 250[℃]에서 HCl 분자를 잃기 시작하고 뒤에 숯과 같은 찌꺼기를 남김
 $R_n \rightarrow R_{n-1} + M$

4) 가교화(cross-linking)

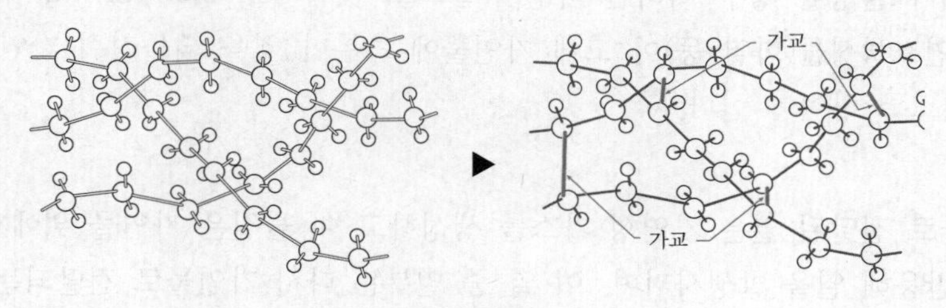

▌가교화▐

① 정의 : 고분자 화합물이 에너지를 받아 탄소와 수소의 결합선이 분리되고 남은 결합선끼리 이중 · 삼중결합으로 결합하여 중합체가 되는 반응

② 특징

㉠ 가교화를 통해 결합력이 증가함으로써 열가소성이 열경화성으로 변성 가능하다.

㉡ 열분해도 어려워진다.

5) 제거반응(elimination reactions)

① 정의 : 어떤 분자에서 그 분자를 구성하는 원자 중 일부가 빠져나가 새로운 분자가 형성되는 반응

② 염소(Cl)의 제거반응 : 수소(H)와 염소(Cl)의 사슬 분리(chain-stripping)에 의해 분리되었다가 결합하면서 라디칼 H가 제거되는 반응

예 CH_2 - CHCl- → -CH = CH- + HCl(SFPE 1-7, 9page)

6) 고리화 반응(cyclization reactions)

① 정의 : 사슬모양의 유기화합물이 고리모양의 중합체로 바뀌는 반응

② 고리화 반응의 예

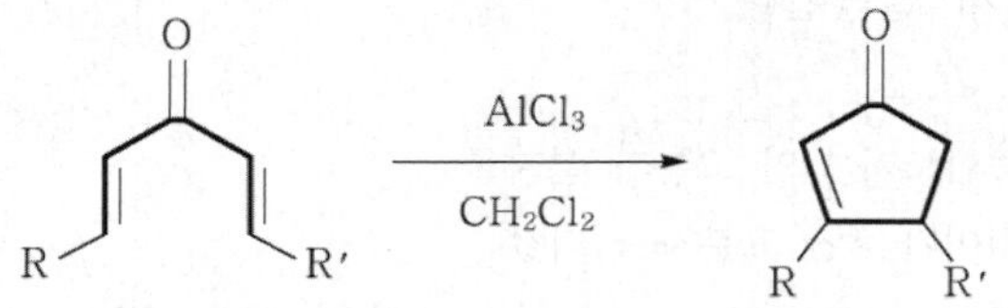

O
R R′
$AlCl_3$
CH_2Cl_2
O
R R′

03 발화시간(t_{ig})

* SECTION 013 고체의 발화를 참조한다.

04 열의 귀환(feed back)

(1) 열분해가 발생할 경우 이러한 과정이 스스로 지속(self-sustaining)하도록 하기 위해서는 연소생성물(화염 등)이 고체 가연물에 충분한 열을 되돌려줘 가연성 가스가 계속 생성되도록 하여야 한다.

(2) 정의

가연물로 전달된 열은 가연성 가스를 생성하고 이 물질은 가연물 위에서 공기 속의 산소와 반응해 열을 발생시키며, 이 열 중 일부는 다시 가연물로 전달되는 과정의 반복이 일어난다.

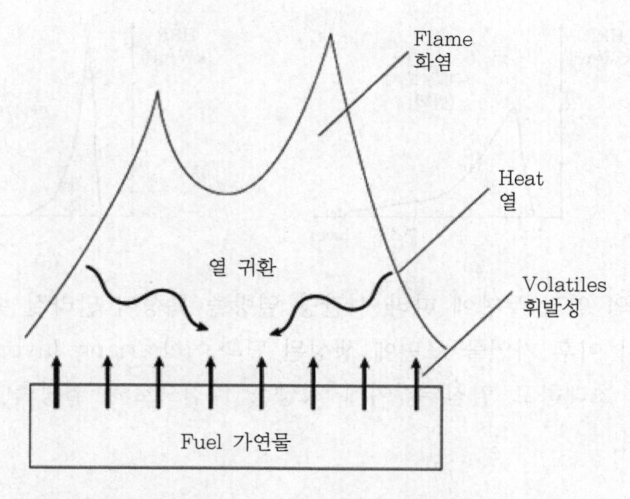

▌지속적인 연소를 위한 에너지의 열 귀환 과정[17]▐

05 가연물의 기상화[18] 및 시간에 따른 열방출률

(1) 고체 · 액체 가연물의 기상화

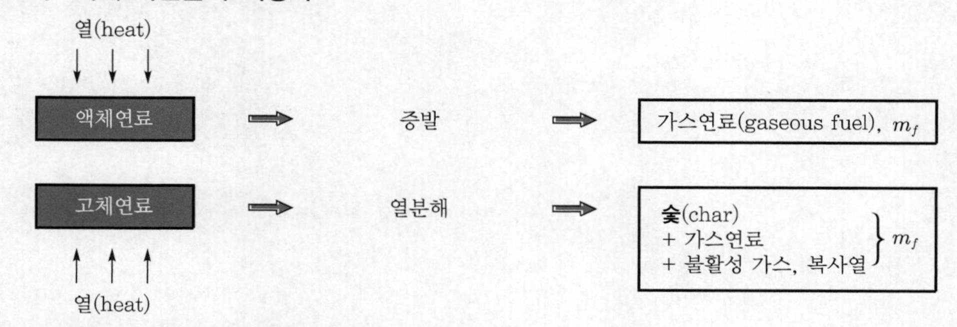

(2) 고체 가연물의 시간당 열방출률[19]

1) 두께에 따른 시간당 열방출률

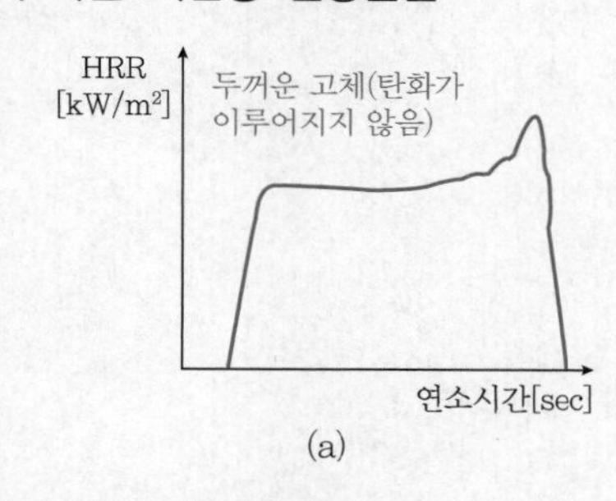

(a)

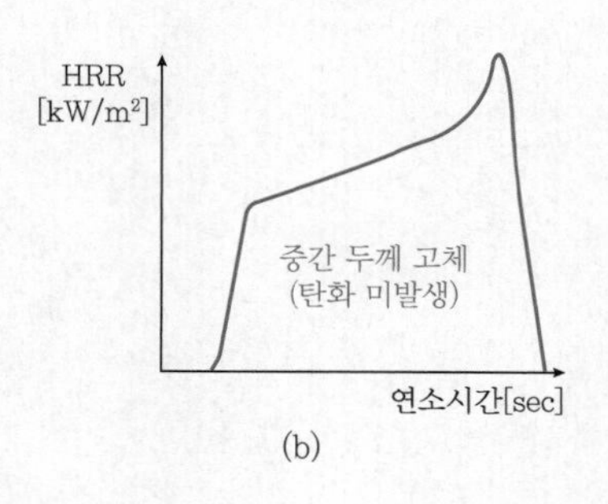

(b)

17) Figure 1-7.1. Energy feedback loop required for sustained burning. Thermal Decomposition of Polymers 1-111 SFPE 1-07 Thermal Decomposition of Polymers
18) FIGURE 9.1 Fuel gasification in fire. Enclosure Fire Dynamics. Bjorn Karlsson James G. Quintiere(2000)
19) R. E. Lyon and M. L. Janssens, "Polymer Flammability", National Technical Information Service(2005)

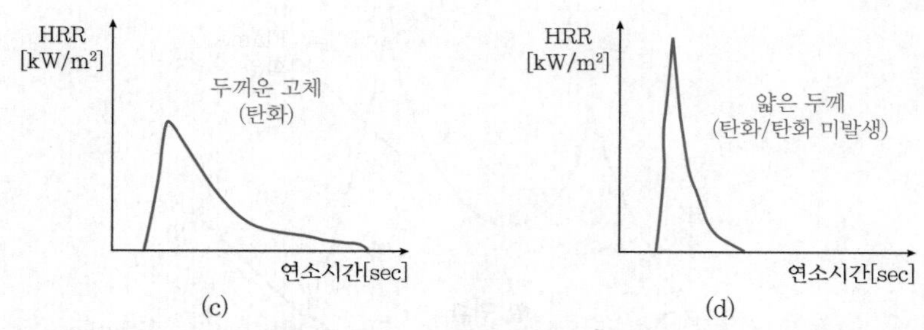

2) 가연물의 열적 두께에 따라 시간당 열방출 특성이 달라질 수 있으며 특히, 연소반응 개시 이후 가연물 표면에 생성된 탄화층(charring layer)은 가연물의 열물성의 변화를 초래하고 열침투깊이에 영향을 미침으로써 열방출(연소 특성)을 변화시킬 수 있다.

SECTION 017 목재의 열분해

01 개요

목재류는 가연물로서 외부에서 열을 가하면 열분해에 의해 수분을 잃고 탄화되다가 일정 온도 이상이 되면 발화되어 연소가 시작된다.

02 목재의 화학특성

(1) 실험식(셀룰로오스) : CH_2O

(2) 분자식(셀룰로오스) : $C_6H_{10}O_5 + 6O_2 \rightarrow 6CO_2 + 5H_2O$

(3) 필요공기량 : $5.5[g_{AIR}]$/목재[g]

(4) 목재의 연소

1) 화염연소 : 목재의 열분해로 인해 발생하는 휘발성 기체의 산화
2) 잔류 탄화물의 연소는 가연물의 표면산화

(5) 목재 심부의 열분해

휘발성 생성물질은 반드시 그 위에 형성되어 있는 탄화층을 통과하여 표면에 도달하게 된다.

(6) 구성

1) 셀룰로오스(cellulose) : 50[%]
2) 헤미(세미)셀룰로오스(hemi-cellulose) : 25[%]
3) 리그닌(lignin) : 25[%]

분해속도 : 셀룰로오스 > 헤미셀룰로오스 > 리그닌

(7) 목재의 주요 온도

온도	100[℃]	240[℃]	450[℃]
상태	탈수 및 건조	인화점	발화점

03 목재의 연소

(1) 특성

1) 목재는 합성 고분자와는 달리 비균질성, 비균등성 물질이다.
2) 높은 분자량의 자연 고분자 물질의 복합체이고 그 중 셀룰로오스, 헤미셀룰로오스, 리그닌의 비율은 종에 따라 변한다.
3) L_v(기화열) 값 : 1,800 ~ 7,000[J/g]
4) 목재의 발열량 : 4,500[kcal/kg]
5) 목재의 연소
   ① 화염전파 : 표면에서의 연소 진행
   ② 탄화(화염의 관통) : 내부로의 연소 진행
      ㉠ 목재의 탄화속도 : 길이방향(2) > 결방향(1)
      ㉡ 목재 두께 증가 → 탄화속도 저하
         • 25[mm] : 0.83[mm/min]
         • 50[mm] : 0.625[mm/min]

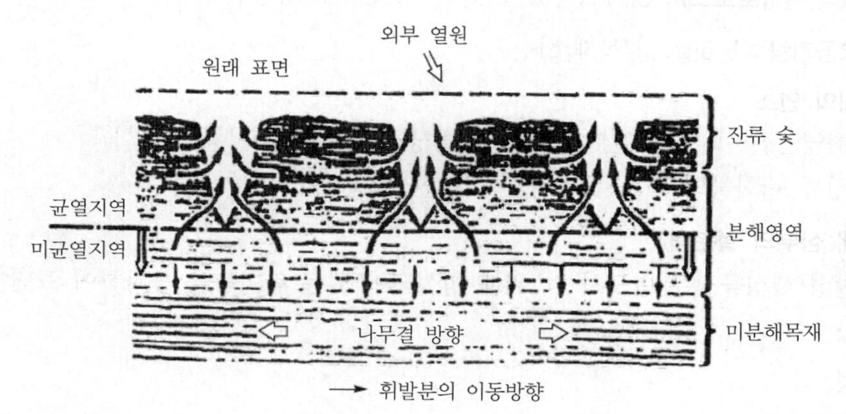

▌목재 연소의 단면▐

(2) 목재의 연소특성

1) 열분해 온도가 다른 중합체에 비해 높다.
2) 탄화율이 크기 때문에 탄화층인 숯을 형성한다.
3) 수분의 함유량 : 목재에는 물리 · 화학적으로 물이 포함되어 초기 발화 시 제한요인이 된다.
4) 일산화탄소(CO) 생성률이 큼 : 자체적으로 산소를 보유하여 다른 고분자 화합물에 비해 크다.
5) 다공성 물질로 심부화재의 가능성이 크다.

(3) 목재의 연소

1) 자연연소(spontaneous combustion)

① 자기발열 현상

㉠ 저온(200[℃] 이하)에서 시작되는 완만한 산화발열반응이다.

㉡ 세균이나 균류와 같은 미생물이 작용하여 발열이 발생하고 방열이 전혀 없거나 매우 적은 조건에서 열 축적이 이루어진다.

② 자기발열 반응물질 : 알코올 · 벤젠 추출성분

㉠ 유지, 수지, 정유, 색소 등

㉡ 자기발열 : 알코올 · 벤젠 추출성분의 양(많고 적음)에 따라서 자기발열에 영향을 크게 준다.

꼼꼼체크 추출 성분(抽出成分) : 식물 성분 가운데 물 또는 유기용매에 용해되는 화합물

③ 보통은 불꽃을 동반하지만, 불꽃이 없는 때도 있다.

2) 불꽃연소(flaming combustion)

① 목재의 열분해 과정에서 가장 중요한 경로 중의 하나이다.

② 2차 열분해 생성물(타르류) + 공기(산소) → 가연성 혼합기체 → 인화 또는 발화 → 불꽃과 빛을 내며 연소$\left(\text{방출 열량이 큼, 목재 발열량 } \frac{2}{3}\right)$

③ 불꽃연소 요건

㉠ 인화 또는 발화에 의해 착화한다.

㉡ 표면에 형성된 혼합기체에 충분한 산소 공급(15[v%] 이상)이 필요하다.

㉢ 연소유지를 위해 충분한 열과 분해 가연성 성분이 필요하다.

④ 발염연소를 유지 · 촉진시키는 성분 : 셀룰로오스 열분해 생성물 중 2차 분해생성물인 타르류(70 ~ 90[%] 차지)

3) 훈소(燻燒, smoldering cmobustion)

① 발광은 있으나 불꽃이 없는 연소 - 대량의 연기발생 및 저온

㉠ 산소 부족상태에서의 연소

㉡ 퇴적 톱밥 심층부의 훈소 - 연기발생 확인 불가능

② 훈소의 위험성 : 폐쇄된 공간에서 훈소 발생 → 2차 분해생성물 대량 축적 → 공기 공급 → 폭발적인 불꽃연소로 확대

4) 표면연소(surface cmobustion)

① 발생시기 : 발염연소 종료 후

㉠ 열분해 탄소 잔사의 산화에 의해 발생되는 연소

㉡ 타르류 생성과 가연성 가스의 방출 후의 연소

② 발광은 있으나 화염과 연기의 발생은 없음 : 일산화탄소의 연소에 의한 청백색의 화염이 발생한다.

③ 충분한 산소공급이 이루어진 상태에서의 연소이다.

④ 표면연소의 유지 성분 : 리그닌

(4) 열에 의한 목재 성질의 변화

1) 물리적 성질

① 열분해

㉠ 목재 가열 → 열분해 → 중량 감소, 증기 및 기체 생성 → 착화

㉡ 주요 성분의 중량감소 온도

- 셀룰로오스, 리그닌 : 200[℃](시작) → 400[℃](80[%]) → 탄화
- 헤미셀룰로오스 : 180[℃](시작) → 320[℃](종료)

② 열팽창과 수축

㉠ 목재 : 열팽창 < 부풀어 오름

- 목재의 열팽창계수 : 길이방향 ≒ 결방향 > 섬유방향$\left(\text{약 } \frac{1}{10}\right)$
- 목재의 부풀어 오름 : 길이방향(10) > 결방향(5) > 섬유방향(0.5)

㉡ 발생순서 : 목재 가열 → 팽창 → 중량 감소 발생과 함께 수축 진행

2) 강도적 성질

① 온도와 강도적 성질 변화

㉠ 66[℃] 이하 : 강도 감소 없다.

㉡ 66 ~ 탈수 종료(약 100[℃] 전후) : 강도 증가(함수율 저하)

㉢ 100[℃] 전후 : 목재의 열분해 시작 - 강도 감소 시작

㉣ 180 ~ 200[℃] 이상 : 열분해가 현저하게 발생 - 강도 저하 서서히 증가

② 강도 저하와 목재 성분의 열분해

㉠ 인장강도 저하 : 셀룰로오스의 열분해

㉡ 압축강도 저하 : 셀룰로오스, 헤미셀룰로오스, 리그닌 3성분의 열분해

㉢ 인성(toughness)의 저하 : 헤미셀룰로오스의 열분해

꼼꼼체크 **인성** : 파괴될 때까지 에너지를 흡수하는 재료의 능력

04 발화와 연소에 영향을 미치는 요인

(1) 물체의 외형

1) 표면적 증대 : 공기와의 접촉부분 증대

2) 형태에 따른 연소특성

① 잘고 얇은 가연물이 두텁고 큰 쪽보다 더 잘 탄다.

② 원인 : 같은 물체라도 세분화하면 공기와 접촉하는 표면적이 증가한다.

(2) 열전도

1) 목재는 열전도계수(k)가 낮아 단열효과가 높다.

재료	열전도성(K)	열저항(R)	비고
미송	0.08	1.25	• 열전도성 : 두 표면의 온도차가 1도일 때 표준 두께의 물질을 통해 이동하는 열의 비율 • 열저항 : 물질의 두께/열전도성
White oak	1.20	0.83	
공기	1.03	0.97	
콘크리트	12.0	0.083	
철	312.0	0.0032	
알루미늄	1,416.0	0.007	

1. **건조목재의 경우** : 세포 내에 많은 공기를 갖고 있으므로 전도성은 매우 작다.
2. **생재의 경우** : 세포 내의 전도성 물질인 물이 많이 들어 있기 때문에 전도성이 높다.

2) 철과 알루미늄은 목재보다 열전도계수가 각각 350배와 1,000배이다. 따라서, 철이나 알루미늄은 타기 어렵고 목재는 쉽게 발화하여 연소한다.

(3) 수분함량

1) 일반적으로 목재류의 수분함량이 15[%] 이상이면 비교적 고온에 장시간 접촉해도 발화하기 어렵다.

2) 겨울철에 목재 화재가 빈번한 원인 : 추운 계절에 난방으로 습도가 낮아지고 이때 목재는 여름의 습도가 높을 때 보다 훨씬 발화와 화염확산이 용이하다.

3) 화재예방 차원의 습도 : 실효습도

실효습도 : 당일의 평균습도 이외에 전날, 그 이전의 영향을 고려한 습도를 말한다. 예를 들면 오늘은 습도가 높아도 그 전날까지 1주일 간은 습도가 낮았다면 목재 안의 수분은 적어 화재가 발생했을 때 습도가 낮은 날과 마찬가지로 연소의 위험성이 커진다.

실효습도(H_e) = $(1-r)(H_0 + r \cdot H_1 + r^2 \cdot H_2 + \cdots\cdots r^n \cdot H_{n-1})$

여기서, H_0 : 당일 평균 상대습도

H_1 : 전일 평균 상대습도

H_2 : 전전일 평균 상대습도

r : 상수(보통 0.7을 적용)

4) 물은 물리 · 화학적으로 흡수되므로 수분 이탈 온도 및 속도는 물질마다 다르다.
   ① 물리적 수분(자유수) 이탈에 대한 활성화 에너지 : 30 ~ 40[kJ/mol]
   ② 개시반응온도 : 물의 끓는점보다 다소 낮다.
   ③ 수분의 증발 : 목재가 틀어지고 수축하여 파괴의 원인이 된다.

1. **결합수** : 목재의 세포벽을 구성하고 있는 셀룰로오스와 화학적으로 결합하고 있는 수분
2. **자유수** : 세포의 안쪽에 비어 있는 부분에 액체 상으로 존재하는 물리적 수분

(4) 열유속과 가열시간

1) 발화 : 열유속과 가열시간의 함수이다.
2) 낮은 온도라도 발화온도가 될 때까지 장시간 가연물에 열이 공급되면 발화한다.
3) 낮은 시간이라도 높은 온도(높은 열유속)를 받으면 짧은 시간에도 발화하는 데 이를 통해 가열하는 시간과 열유속이 상호영향을 주는 것을 알 수 있다.

(5) 자연발화

목재나 목재 가공품에 기름을 흡수시켜서 통풍이 불량한 곳에 장시간 내버려 두면 자기 가열에 의한 열축적으로 인해 자연발화가 발생한다.

(6) 연소속도

가연물의 외형, 공기 공급상태, 수분함량, 기타 복합적인 요인 등

(7) 화염확산속도

1) 목재의 비열, 열전도율, 비중, 상대습도 : 반비례(비중의 영향이 큼)
2) 열복사 강도 : 비례
3) 전파 방향이나 방위에 영향을 받는다.

(8) 연소물질의 양

가연물의 양이 많을수록 발화의 가능성은 커지게 되고 또 일단 발화되면 화재하중이 크고 연소시간의 경과에 따라 실내온도 상승도 높아지게 되므로 화재강도도 커지게 된다.

(9) 목재의 밀도(전밀도 기준)

구분	열전도계수(k)	공기함유량	수분함유량	발화시간
저밀도 목재(침엽수)	낮다.	높다.	낮다.	짧다.
고밀도 목재(활엽수)	높다.	낮다.	높다.	길다.

전밀도 : 일반적인 전건중량을 적용하는 목재밀도와는 달리 수분이 포함된 목재 중량을 적용한 값

05 목재의 열분해 생성물

(1) 열분해의 온도, 특징, 생성물

열분해	분해온도	특징	생성물
셀룰로오스 (cellulose)	240 ~ 350[℃]	열분해 → 저분자화 • 글루코시드(glucoside) 결합 절단 • 피라노스(pyranose ; 6원자 고리구조)의 고리가 열림	• 레보글루코산(laevoglucosan) : 주요 열분해 생성물(50 ~ 70[%])로, 타르 성분으로 존재 • 물, 이산화탄소, 메탄올, 아세트알데하이드, 푸르푸랄(furfural ; 유기화합물 일종) 등 • 기타 분자량 150 이하의 60여 종 물질 생성
헤미 셀룰로오스 (hemi-cellulose)	200 ~ 260[℃]	푸르푸랄이라는 당의 탈수 반응의 산물이 많이 생성됨	• 기본적으로 다당류의 열분해 반응 - 셀룰로오스와 유사함 • 초산(CH_3COOH), 아세트알데하이드(CH_3CO) 등이 생성되어 초산의 탈탄산 반응, 아세트알데하이드의 탈카보닐 반응으로 CH_4, CO_2, CO 등 생성
리그닌 (lignin)	230 ~ 500[℃]	셀룰로오스에 비하여 목탄 생성이 많고 타르 중에는 방향족 화합물이 많음	• 휘발성분 : 물, 메탄올, 초산, 아세톤 등 • 기체 : 메탄, 수소, 일산화탄소 • 페놀성 화합물 : 바닐린, 크레졸, 페놀, 시링알데하이드 등

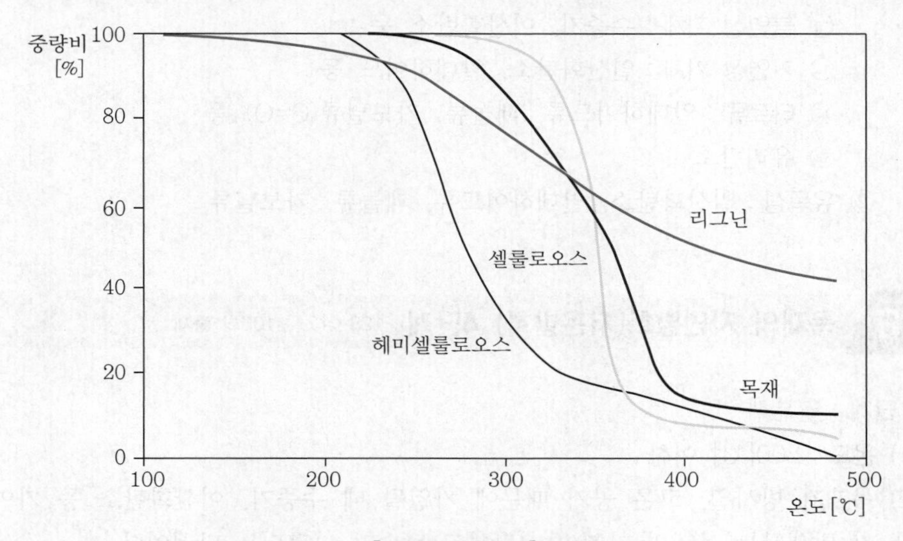

▍목재의 열분해 ▍

(2) 탄화물 : 목재의 20 ~ 40[%]

(3) 고분자 반-액체(타르)

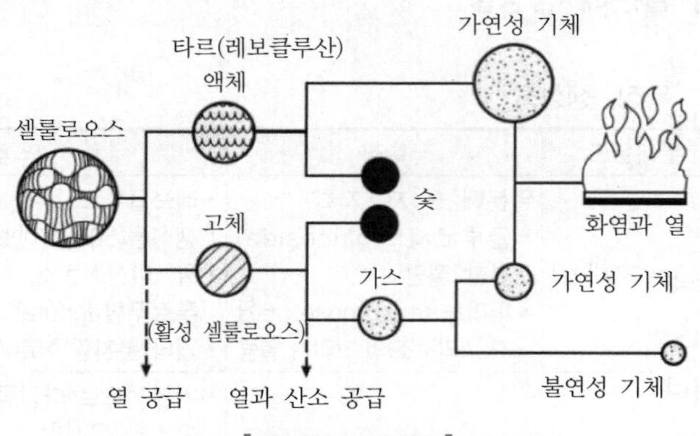

▌목재의 분해과정▐

(4) 연소생성물

1) 연소 종류별 연기 성상

① 훈소 : 고비점 물질의 응축 액적 – 청백색의 연기

② 발염연소 : 주로 탄소입자 – 검은 연기

2) 연기의 조성과 유독성

① 조성

㉠ 불연성 기체 : 수증기, 이산화탄소 등

㉡ 가연성 기체 : 일산화탄소, 알데하이드 등

㉢ 타르류 : 알데하이드류, 페놀류, 카보닐류(C=O) 등

㉣ 유리탄소

② 유독성 : 일산화탄소, 알데하이드류, 페놀류, 카보닐류

06 목재의 자연발화(저온발화) 4단계 128 · 121 · 106회 출제

(1) 1단계 : 열분해

1) 온도 : 200[℃] 이하

2) 목재가 방사열, 고온 공기 때문에 가열될 때 수증기, 이산화탄소 등 가연성 가스가 발생하는 목재의 가열이 시작하고 탈수가 완료되는 단계이다.

3) 주요 분해물질 : 수증기(자유수는 100[℃]에서 결합수는 100 ~ 150[℃]에서 증발)

4) 목재의 색상 : 갈색

(2) 2단계 : 인화

1) 온도 : 200 ~ 280[℃]

2) 수증기 발생이 적고 이산화탄소가 발생하기 시작하여 아직 일차적인 흡열반응 상태이며 점점 인화점(240[℃])과 연소점(260[℃])에 도달하는 단계이다.

3) 목재의 색상 : 흑갈색

4) 상태

① 급격한 발열반응 개시되고 목재온도가 급격하게 상승한다.

② 기체 방출이 증대되고, 연기 발생이 시작된다.

③ 표면이 착화되고, 목재의 중량이 61[%]까지 감소한다.

(3) 3단계 : 숯의 발생

1) 온도 : 280 ~ 450[℃]

2) 가연성 가스와 입자들의 발열반응(연소)으로 탄화물질로부터 숯이 되는 이차적인 반응단계이다.

3) 타르분 생성, 기체방출 증대, 목재표면에 화염 형성(280 ~ 350[℃])

타르(tar or pitch)

1. 목재, 석탄, 석유 등의 유기물을 건류 또는 증류할 때에 생기는, 검은 유상 액체를 통틀어 이르는 말
2. 콜타르(coal tar) : 석탄에서 발생하는 것
3. 목(木)타르 : 나무에서 발생하는 것
4. 아스팔트 : 석유를 분별증류해서 나온 것

4) 기체 방출 최대에 도달(350 ~ 400[℃]) : 열분해 기체생성물 생성 종료, 타르분 생성 → 기체화

5) 연기발생 종료(400[℃])

① 2차 열분해 반응(발열 → 흡열반응)

② 목재의 중량감소가 급격하게 진행된다.

6) 목탄형성 → 목탄의 흑연화(graphite)(400[℃] 이상)

7) 기체 방출 및 타르 생성 종료(450[℃])

8) 목재의 색상 : 검은색

(4) 4단계 : 자연발화

1) 온도 : 450[℃] 이상(자연발화점)

2) 현저한 촉매활동으로 목탄이 연소(소실)한다.

3) 목탄의 탄화(carbonization)가 1,500[℃]까지 진행된다.

07 목재의 내화성능

(1) 목재 내화성능

1) 목재의 물리적 성질에 의해 결정된다.
2) 비중 : 최대 영향 요인
3) 2020년 11월에 목재의 18[m] 높이 제한이 폐지되었다.
4) KS F 3021 구조용 집성재(낙엽송류를 포함한 수종 A군)의 생산업체는 기둥, 보에 대해 내화시험 없이 공장심사만으로 내화구조 인정이 가능하다.
5) 목재의 탄화두께를 바탕으로 2시간까지 성능기반 내화설계가 가능하여 12층까지 건축이 가능하다.

(2) 내화성능의 요인

1) 다공성 : 열전도율이 낮고, 화염 관통에 강한 저항성을 가진다.
2) 열팽창이 작음 : 가열에 의한 내부응력 발생이 적어 갈라짐이나 쪼깨짐의 변형이 적다.
3) 표면에 탄화층 형성 : 산소의 공급 억제, 공동으로 열전도율이 낮음$\left(\text{목재의 } \frac{1}{3} \sim \frac{1}{4}\right)$, 표면균열 발생(열응력 분산)
4) 자체 수분(자유수, 결합수)의 양

(3) 내화구조 방법(일본)

1) 멤브레인형 : 건물의 지지부재를 목재로 하면서 주위를 석고보드 등의 불연재료로 덮어 목재가 불타지 않도록 하는 공법이다.
2) 이중 소재형 : 나무 구조 지지 부재의 주위를 석고보드 등으로 둘러싸기까지는 멤브레인형과 같다. 하지만, 한층 더 가연성 목재로 덮어서 화재 시 탄화가 이루어져 열전달을 어렵게 하고 불연재료가 화염을 차단하여 목재를 열로부터 지켜 도괴의 위험성을 낮추는 공법이다.
3) 미국식 경량목구조(투바이포 공법) : 2인치×4인치 등의 각목으로 가동된 목재를 상자 모양의 공간으로 조립해가는 공법으로 기밀성과 단열성 및 내화성능이 우수하다(일본에서는 보험료를 낮추어줌).

SECTION 018 고분자 물질의 연소

116 · 104 · 76회 출제

01 개요

(1) 고분자 물질

분자량이 10,000 이상인 물질을 말한다.

1) 천연고분자 화합물 : 탄수화물, 단백질, 고무
2) 합성고분자 화합물 : 합성수지, 합성고무, 합성섬유

(2) **단량체(monomer)** : 고분자를 형성하는 '단위분자'

1) NFPA 35의 정의 : 단량체(monomers) 스스로 중합하거나 중합체를 생성하는 다른 단량체와 중합하는 반응물질을 포함하는 불포화 유기화합물이다.

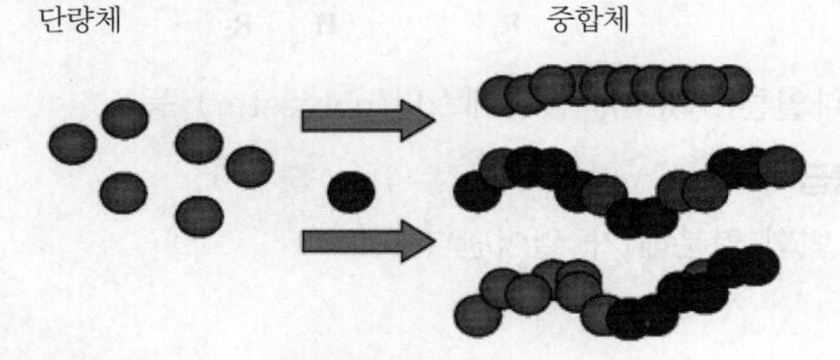

▍단량체와 중합체▍

2) 화학에서의 정의 : 분자당 4개에서 100개의 원자로 구성된 상대적으로 간단한 구조를 가진 분자의 단위체이다.
3) 단량체는 액체(스티렌, 아크릴산 에틸), 기체(부타디엔, 염화비닐) 또는 고체(아크릴아마이드)일 수도 있으며, 다른 유기화합물에서 발생하는 같은 인화성의 특징을 나타내고 있다.
4) 중합반응은 보통 발열반응이다.

(3) 중합체[poly(많음) mer(기본단위)]

1) 정의 : 단량체(monomer)가 반복되어 연결된 고분자(macromolecule)의 한 종류
2) 합성고분자(만들어 낸 고분자 화합물)의 종류

① 첨가 중합반응(addition polymerization) : 단위체가 하나 이상의 이중결합을 가진 것이 분리되면서 다른 원자 또는 원자단이 간단히 연결된 형태이다.

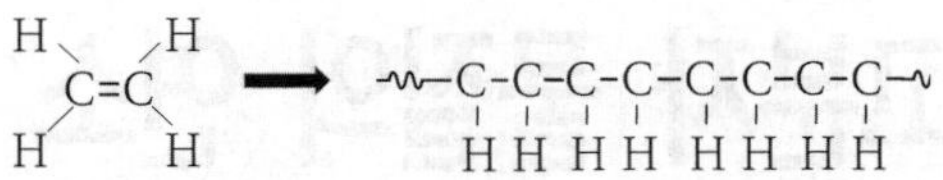

$$\text{H}_2\text{C}=\text{CH}_2 \longrightarrow \sim\text{C-C-C-C-C-C-C-C}\sim$$

예 PVC, 폴리에틸렌, 폴리프로필렌, 테플론 등

② 축합 중합반응(condensation polymerization)

㉠ 정의 : 단위체가 중합될 때 물이나 염산 같은 작은 분자를 잃으면서 연결된 형태이다.

㉡ 축합중합체를 만드는 단위체는 양 끝에 반드시 작용기를 하나씩 가져야 한다.

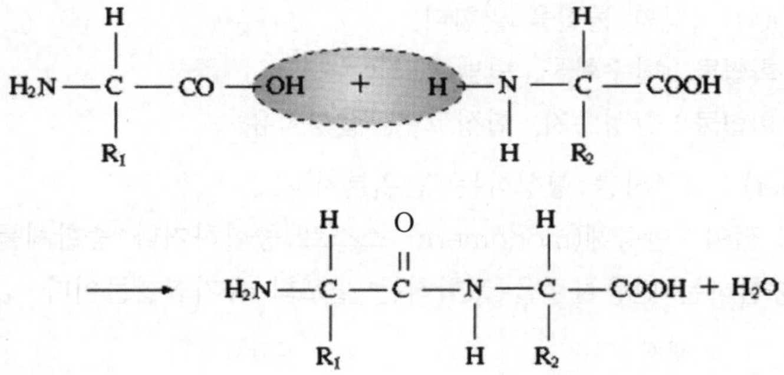

$$H_2N-CH(R_1)-CO-OH + H-NH-CH(R_2)-COOH \longrightarrow H_2N-CH(R_1)-C(=O)-NH-CH(R_2)-COOH + H_2O$$

예 나일론(nylon), 폴리에스터(polyester) 등

(4) 중합체에 열 공급

물리 · 화학적 변화(열분해)가 일어난다.

02 중합체 분류 – 화학 조성에 의한 분류

중합체	주성분	종류	독성 연소생성물
탄소질	탄소와 수소가 주성분인 중합체(CH)	PP, PE, PS	CO 발생
산소함유	탄소와 수소, 산소가 주성분인 중합체(CHO)	셀룰로오스, 폴리아크릴, 폴리에스테르	환원반응영역과 훈소에서 다량의 CO 발생
질소함유	탄소와 수소, 산소, 질소가 주성분인 중합체(CHON)	나일론, 폴리우레탄, 폴리아크릴로니트릴	CO, HCN 발생
할로겐함유	탄소질 중합체(CH) + 할로겐족	• 염소 : PVC, CPVC • 불소 : 테프론(높은 열적 · 화학적 불활성)	HCl, HF, CO 발생

03 열가소성과 열경화성

(1) 열경화성(thermoset plastics) 108회 출제

1) 정의 : 중합체가 가열 때문에 딱딱해지는 성질

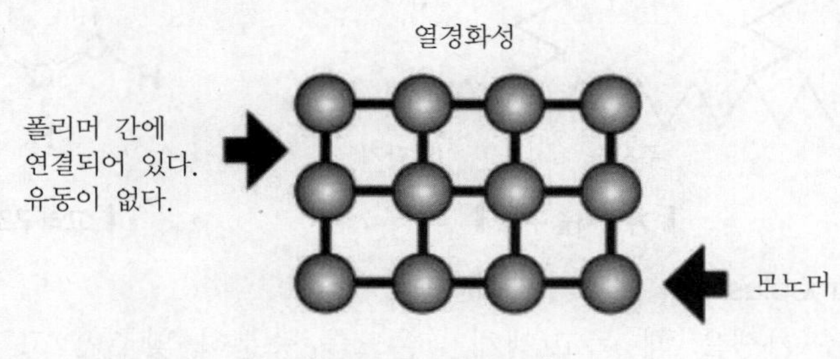

▌열경화성의 모습 ▌

2) 특징
   ① 기화열(L_v)이 증가하여 열가소성보다 연소속도가 감소한다.
   ② 훈소로 독성, 재발화 등의 위험이 있다.
   ③ 탄화층을 형성한다.
   ④ 구조 : 가교사슬구조(다리모양에 사슬이 연결된 구조)나 고리구조 형태
3) 분해 메커니즘
   ① 교차 결합구조(화학적 경화)로서, 다시 가열해도 용융하지 않고 용제에 녹지 않는다(재생 불가).
   ② 더 강하게 가열하면 열분해(화학적 변화)를 거치면서 탄화물과 고체에서 직접 가연성 가스를 생성한다.
4) 가교를 형성하는 데 첨가되는 물질
   ① 경화제(hardner) : 열경화성 수지에 첨가하여 가교결합을 일으켜 경화시키는 약제
   ② 가교제(cross-linking agent) : 수지에 굳기나 탄력성 등 기계적 강도와 화학적 안정성을 제공
5) 열경화성이 되는 이유 : 서로 그물이나 고리 형태로 연결된 3차원 입체구조로, 한 점을 잡아당기면 전체가 딸려와서 분해가 어렵다. 따라서, 녹이기는 어려운 상태이고 높은 온도에서 분자 간의 결합선이 끊어지면서 휘발성분이 발생한다.
6) 종류
   ① 축합중합형 : 페놀, 요소, 멜라민 등
   ② 첨가중합형 : 에폭시, 폴리에스테르 등

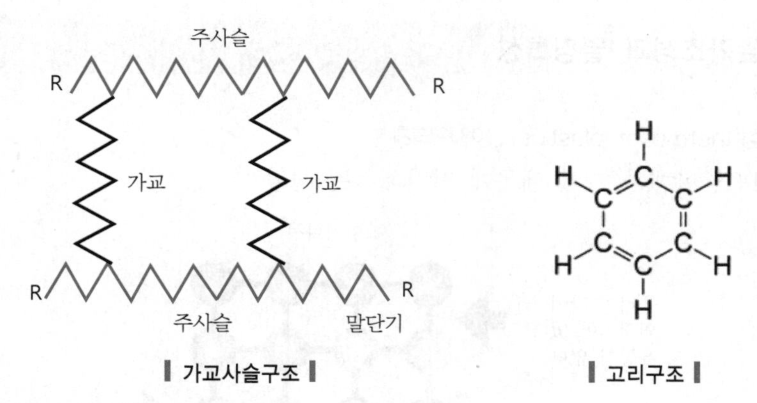

▌가교사슬구조▐ ▌고리구조▐

(2) 열가소성(thermoplastic)

1) 정의 : 열을 가했을 때 녹고(액체), 온도를 충분히 낮추면 고체상태로 되돌아가는 고분자(재생)

2) 열경화성과 열가소성의 차이 : 분자의 밀집도(결정도)에 따라 결정된다.

① 가교화 : 열경화성

② 사슬형태 : 열가소성

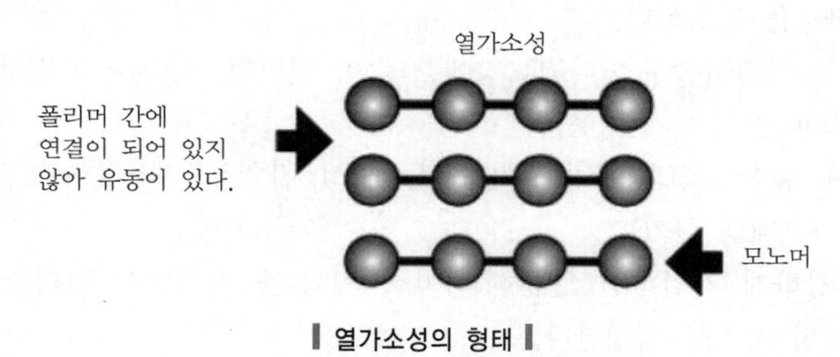

▌열가소성의 형태▐

3) 특징

① 열 공급 : 물질을 연화(재성형 가능)

② 용융, 중합, 분해 등을 거치면서 열경화성에 비해 쉽게 많은 양의 가연성 증기가 발생한다.

③ 액체와 같은 유동성 : 화염확산속도 증가

㉠ 일부 열가소성 물질은 가열 및 연소 중에 흐르는 경향이 눈에 띄게 나타나지 않는다.

㉡ 폴리에틸렌(PE)은 쉽게 녹고 흐르지만, 다공성 폴리메틸 메타크릴레이트(PMMA)는 화재 상황에서 약간의 유동현상을 보일 뿐이다.

㉢ PMMA의 크리프 현상은 60[℃]에서만 22 ~ 23[MPa]의 응력을 받을 경우 크리프변형이 일어나지만 다른 응력이나 온도에서는 연속적인 변형이 발생하든지 또는 파단되는 현상을 나타낸다.

④ 연소 시 표면온도 : 250 ~ 400[℃]

⑤ 구조 : 선형사슬 구조나 선형사슬이 연결된 곁사슬달린 사슬 구조 형태

⑥ 열가소성을 가지는 이유 : 사슬구조형태에서 에너지를 받게 되면 늘어져서 액체와 같은 느슨한 구조가 된다.

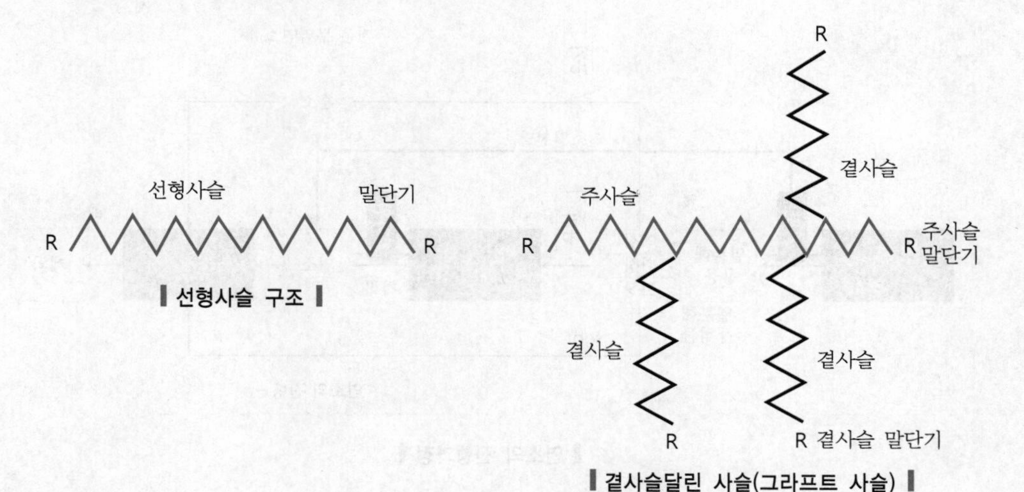

▌선형사슬 구조 ▌

▌곁사슬달린 사슬(그라프트 사슬) ▌

4) 선형사슬 구조보다 곁사슬달린 사슬 구조 형태가 용융온도와 점도가 높다. 왜냐하면, 분리가 더 어렵기 때문이다.

5) 녹는점 상승시키는 방법(분자 간의 결합력을 키우는 방법)

① 강성의 증가

② 중합체 간의 상호작용 증대(사슬의 강성 증가 : 선형사슬 → 곁사슬달린 사슬)

③ 가교화(cross – linking)

④ 결정성의 증가

꼼꼼체크 결정성 : 규칙적인 배열을 가지는 성질(입방정계 : 단순, 체심, 면심, 육방정계)

6) 종류 : PE, PS, PVC, ABS 등

04 연소 메커니즘

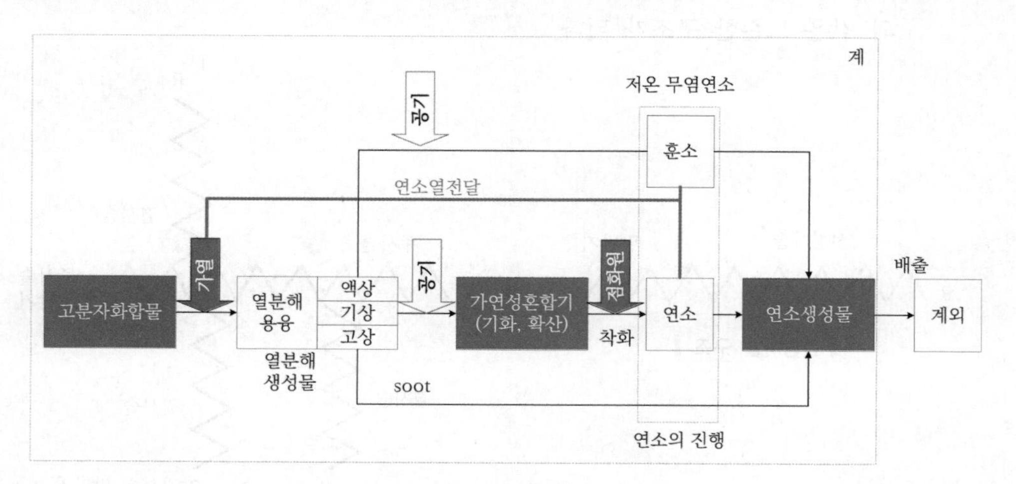

▌연소의 진행과정▐

▌진행과정에 따른 단계별 결정인자▐

연소의 진행과정	결정인자
가열	비열, 열전도계수
용융	용융온도 및 증발잠열
열분해	분해온도, 열의 공급속도, 분해 거동, 분자 간의 결합력
기화, 확산	확산속도, 기화열, 산소농도
착화	가연물의 표면온도, 발화점, 인화점, 최소점화에너지
연소의 진행	연소속도, 화재성장속도, 연소열

(1) 가열(heating or primary thermal)

1) 외부열량을 공급받아 복사 · 대류 · 전도의 열전달에 의해 고분자 물질의 온도가 상승하는 단계이다.

2) **온도상승속도의 결정인자** : 공급열의 유입속도, 열 공급체와 수용체의 온도 차이, 고분자 물질의 비열, 열전도율, 융해열, 증발열 등

3) 질량감소

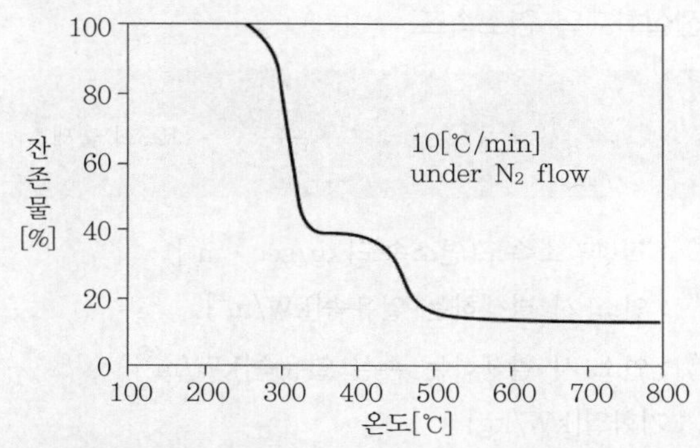

▌PVC의 열분해에 따른 잔존물의 변화(온도가 상승할수록 물질의 질량이 에너지로 변환)▐

(2) 최초의 화학반응(primary chemical)

외부 열량에 의해서 화학반응이 시작되고 자유라디칼이 형성된다.

(3) 고분자 열분해 물질(polymer decomposition)

1) 가연성 가스 : 고분자 물질의 종류에 따라 다르나 메탄, 에탄, 에틸렌, 아세톤, 일산화탄소 등이 생성된다.

2) 불연성 가스 : 이산화탄소, 염화수소가스, 브롬산가스, 수증기 → 완전연소생성물

3) 액체 : 고분자나 유기화합물의 분해물, 알데하이드, 케톤류, 방향족 탄화수소

4) 고체 : 타르, 탄화물, 미반응물질

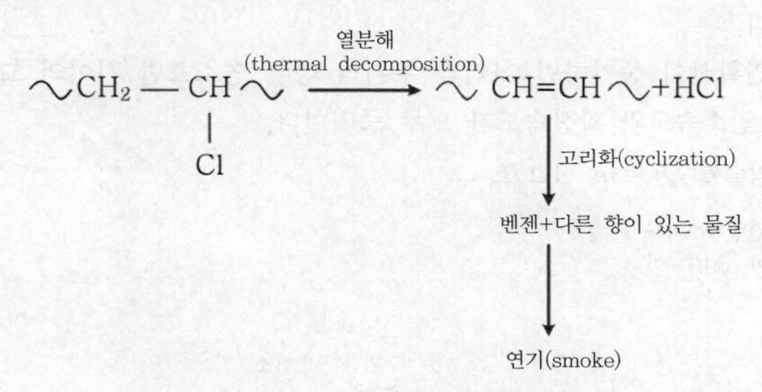

▌PVC의 열분해 과정▐

(4) 점화(ignition)

1) 스파크(에너지 관점), 열면(온도관점)과 같은 외부 점화원

2) 열축적에 의한 내부 점화원

3) 표면온도

4) 혼합가스의 조성 : 연소범위

(5) 연소(combustion) 122회 출제

1) 연소의 결과 생성물 : 일정한 양의 열, 빛, 연소생성물

2) 합성고분자의 연소속도

① 성장기와 전실화재의 연소속도

$$\dot{m}'' = \frac{\dot{q}_F'' - \dot{q}_L''}{L_v}$$ 106회 출제

여기서, $\dot{m}''$: 질량감소속도(연소속도[kg/sec · m²])

$\dot{q}_F''$: 연소 시 발생하는 열유속[kW/m²]

$\dot{q}_L''$: 연소 시 발생하는 손실 열유속[kW/m²]

L_v : 기화열[kW/kg]

② 연소하는 고체 표면의 온도 : 350[℃] 이상

③ 증기 생성에 필요한 기화열(L_v) : 고체는 화학적 열분해해야 하므로 액체보다 높다.

예 고체 폴리스티렌 $L_v = 1.76$[kJ/g], 액체 스티렌 모노머 $L_v = 0.64$[kJ/g]

④ 목재나 열경화성 수지와 같이 가열에 따라 탄화층을 생성하는 물질이다.

㉠ 표면에 탄화층을 구축하여 바로 아래 가연물층의 열을 차폐(단열)한다.

㉡ 훈소의 경우는 탄화층을 형성해서 단열로 지속적으로 연소한다.

㉢ 연소반응의 제한 : 탄화층 때문에 산소의 접근이 원활하지 못하다.

⑤ 전체 열손실이 0이 되거나 외부 열원에 의해 보상되는 경우 최고 연소속도가 된다.

⑥ 화염확산이 증가하면 화염과 주위의 다른 연소표면 사이의 교차복사가 발생해서 연소속도와 확산속도가 모두 증가한다.

⑦ 열방출률(Q) $= \dot{m}'' A \Delta H_c$

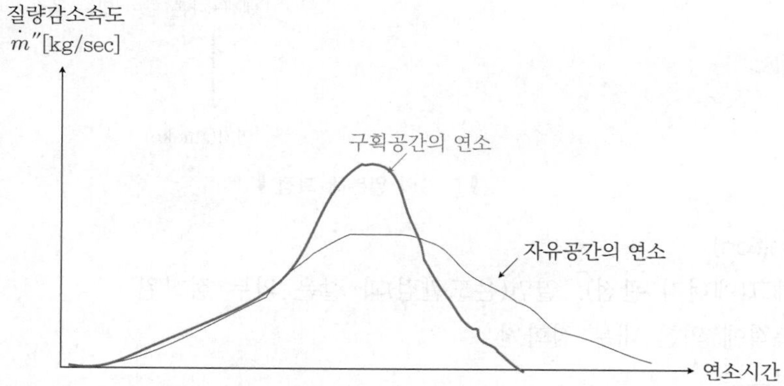

▌구획실과 자유공간에서의 질량감소속도 곡선[20] ▌

20) FIGURE 3.2 The enclosure effect on mass loss rate. Enclosure Fire Dynamics. Bjorn Karlsson and James G. Quintiere(2000)

3) 열방출 변수 또는 가연성비(HRP ; Heat Release Parameter)

① 정의 : 연소에 필요한 열량분에 연소로 발생하는 열량으로 물체의 상대적 위험성을 판단하기 위해서 사용하는 지수이다.

② 공식 : $\mathrm{HRP} = \dfrac{\Delta H_c}{L_v}$

여기서, HRP : 가연성비(무차원)

ΔH_c : 연소열[kJ/g]

L_v : 기화열[kJ/g]

③ 기능 : 위험성을 판단하는 중요 지표(연소속도가 상대적 비교가 곤란하므로 HRP를 사용)

㉠ 가연성 고체의 가연성비 : 3 ~ 30

㉡ 인화성 액체의 가연성비 : 고체보다 훨씬 큰 값

예 헵탄 93, 메탄올 16.5 정도

㉢ 난연재 : 연소열(ΔH_c)와 기화열(L_v)을 변화시켜 가연성비를 낮춘 것

④ HRP와 HRR의 관계 : $\mathrm{HRP} = \dfrac{\mathrm{HRR}}{\dot{q}}$ $\left(\mathrm{HRR} = \dot{m} \cdot \Delta H_c = \dfrac{\dot{q}}{L_v} \cdot \Delta H_c\right)$

여기서, HRP : 가연성비(무차원수)

HRR : 열방출률[kW]

$\dot{q}$: 열유속[kW]은 화재의 성장에 따라 값이 변화하므로 이를 제거하고 고정된 값인 가연성비를 사용함

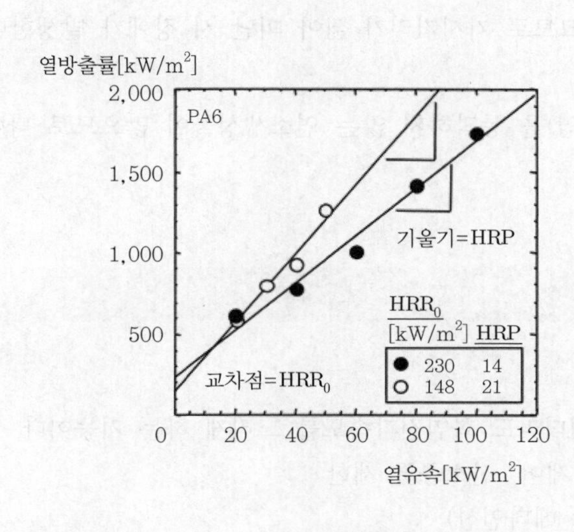

▌HRP와 HRR ▌

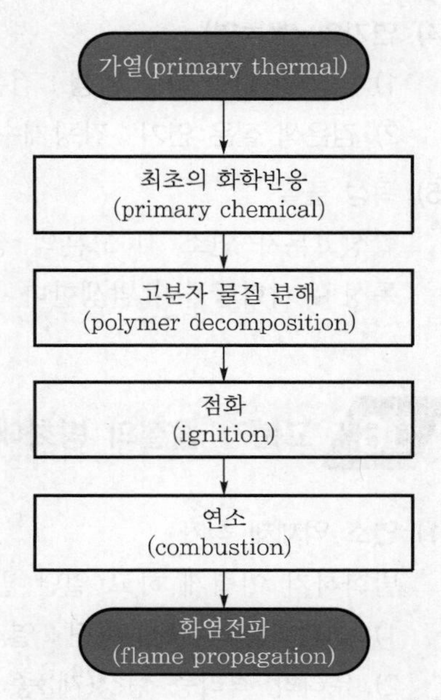

▌연소의 진행(The Combustion Process) ▌

(6) 화염확산(flame spread)

고분자 물질에서 표면의 화염확산은 연소확대의 실질적인 방법이다.

1) 고분자 물질의 화염확산은 복사뿐만 아니라 고체 가연물에서 전형적인 전도에 큰 영향을 받는다.
2) 고체 물질의 분자조직이 서로 강한 힘으로 결합하고 있어 이를 통해 열이 전달되기가 다른 물질에 비해서 쉽기 때문이다.

(7) 훈소(smoldering)

05 고분자 물질의 화재 위험성

(1) 가연성 물질의 열에 의한 변형

1) 열가소성 : 액체의 화재성상, 기화열(L_v[kJ/kg])이 적어 열방출률(HRR)이 크다.
2) 열경화성 : 탄화되어 훈소형태의 연소를 한다.

(2) 큰 열방출률

검댕(soot)이 다량 함유됨에 따라 복사열량이 많이 증가하는 데 이는 검댕이 흑체와 유사한 효과를 내기 때문이다.

(3) 발연량

고분자 물질은 감광계수가 커서 발연량이 크다.

(4) 연기의 색(농연)

1) 검댕(soot)의 다량 발생 : 검은색 짙은 연기가 발생한다.
2) 검은색 짙은 연기 : 감광계수가 크므로 가시거리가 짧아 피난 시 장애가 발생한다.

(5) 독성 물질

합성고분자 연소 시 고온의 장(화염)을 통과하지 않는 연소생성물이 많으므로 다량의 독성 유기화합물이 발생한다.

06 고분자 물질의 방화대책

(1) 연소 억제제 첨가

발화하기 어렵게 하고 일단 발화되더라도 화염전파속도를 느리게 하는 기능이다.

1) 숯(탄화층)의 생성 촉진 : 열전달 제어, 산소공급 제한
2) 유리막 격리층 형성(제3종 분말 메타인산)
3) 연소열 흡수(흡열반응물질 첨가)

4) 연소반응을 방해하는 화학반응을 진행하여 난연성능 개선(고리화, 가교화, 부촉매 효과 등)

(2) 연소확대가 되지 않는 플라스틱의 사용(NFP : Non-Fire-Propagating Plastic)

1) 미국 FM Global이 1997년에 제정한 반도체공장 클린룸용 재료의 난연 규격(FM 4910)

2) 시험기준

① 화재확산지수 FPI(Fire Propagation Index) ≤ 6.0

② 연기성장지수 SDI(Smoke Damage Index) ≤ 0.4

③ 부식지수 CDI(Corrosion Damage Index) ≤ 1.1

(3) 소화방법

주수에 의한 냉각소화를 실시한다.

07 결론

(1) 현재 사용하는 물질 대부분이 고분자 물질로, 열적으로 안정한 중합체의 개발은 광범위한 관심을 끌고 있는 영역이다.

(2) 안정된 중합체를 위해서 사슬 간의 상호작용을 증대시키거나 사슬 강화를 통해 내화특성을 개선할 수 있다.

(3) 난연특성을 개선할 경우 가공성과 함께 여러 가지 우수한 특성이 약화하는 경우가 많이 발생하여 고분자 화합물의 장점을 잃어버리는 경우가 많다. 따라서, 고분자 화합물의 장점이 있으면서도 내화특성을 가진 물질의 개발이 필요하다.

1. 탄화수소 화합물의 구조

구분	구조식	특징	사용온도
PS	$-[CH_2-CH(C_6H_5)]_n-$	• 탄소함량이 많다. • 가연성 • 내화학성	0 ~ 60[℃]
PE	$-[CH_2-CH_2]_n-$	• 탄소함량이 적다. • 옥외 사용 가능	-40 ~ 60[℃]
PP	$-[CH_2-CH(CH_3)]_n-$	• 내화학성 • 옥외 사용 곤란(자외선)	80[℃] 이하

구분	구조식	특징	사용온도
PVC	$\left[-\underset{H}{\overset{H}{C}}-\underset{H}{\overset{Cl}{C}}- \right]_n$	• 내산 · 내알칼리성이 우수하며, 내수성도 양호 • 노화성, 내유성이 우수하며, 난연성도 양호 • 열가소성 • 옥외 사용 곤란	60[℃] 이하

2. 탄화수소의 성질

구분	비점	LFL	자연발화점	발연점(인화점, 연소점)
탄소수가 적을수록	↓	↑	↑	↓
탄소수가 많을수록	↑	↓	↓	↑

3. 탄소수가 증가할수록 인력과 분자구조가 복잡해져서 주변부로 열전달이 낮아져 열축적이 용이해져 자연발화점이 낮아진다.

SECTION 019

FPI(Fire Propagation Index)

01 정의

(1) 대규모 화재를 지배하고 있는 고도의 화염 복사조건에서 열적으로 두꺼운 물질의 화재 확산 거동을 설명하는 지표이다.

(2) 연소능력을 지수로 나타낸 연소지수이다.

02 구성

(1) 공식

$$\mathrm{FPI} = \frac{750\left(\frac{\dot{Q}_{ch}}{w}\right)^{\frac{1}{3}}}{\mathrm{TRP}}$$

여기서, FPI : 화염확산지수$[(\mathrm{m/sec}^{\frac{1}{2}})/(\mathrm{kW/m}^{\frac{2}{3}})]$

$\dot{Q}_{ch}$: 화학적 열방출률[kW]

w : 가연물의 폭[m]

TRP : 열저항변수$[\mathrm{kW/m^2} \cdot \sqrt{\mathrm{sec}}]$

(2) 열저항변수(TRP)

물질의 발화에 저항하는 능력$[\mathrm{kW/m^2} \cdot \sqrt{\mathrm{sec}}]$

(3) 750

전실화재(FO)의 열방출률을 기준으로 한 값이다.

최성기 3,000 → 3,000×0.5(전실화재 열방출률 공식) → 1,500×0.5(전실화재는 최성기 절반의 열방출률)

03 FMRC 기준

FPI 값	등급	내용	방화조치
FPI < 7	1등급(비확산)	• 발화구역을 벗어나는 확산이 일어나지 않는 물질 • 화염이 임계 소멸상태에 있는 경우	필요하지 않음
7 < FPI < 10	1등급(감속확산)	• 화재가 확산하여 발화구역을 벗어나지만, 그 속도가 점차 감소하는 물질 • 발화구역을 벗어나는 화재확산이 제한적인 경우	
10 ≤ FPI < 20	2등급	화재가 발화구역을 벗어나서 서서히 확산하는 물질	경우에 따라 방화조치 없이 사용할 수 있음
20 ≤ FPI	3등급	화재가 발화구역을 벗어나서 급속히 확산하는 물질	방화조치가 필요

FMRC(Factory Mutual Research Corporation) : 미국 화재 및 소방안전과 유해성에 대한 국제 인증기관

04 화재 내에서 발생하는 열과 화합물을 지배하는 개념

(1) 발화

임계열유속(CHF : Critical Radiant Flux[W/cm^2]), 열저항변수(TRP)

(2) 화염확산 : 화염확산지수(FPI)

1) 내부 및 외부 열원으로부터 나오는 열에 물질 표면이 노출될 경우

① 열에 의한 가연물 표면의 열분해로 가연성 기체가 발생하여 공기와 혼합기체가 형성

② 혼합기체가 내외부 점화원에 의해 인화하면서 발화구역 내의 표면상에 화염이 발생

2) 가연성 증기는 화염 내에서 연소하면서 열을 방출한다.

3) **열방출률의 손실** : 일부는 해당 고체를 통과하는 전도 및 화염으로부터 나오는 대류 및 복사열유속의 형태로 발화구역을 벗어난다.

4) 발화구역을 벗어나는 열유속이 주변 물질의 임계열유속(CHF), 열저항변수(TRP) 그리고 가스화 요구사항을 충족시키면 열분해 및 화염 선단이 발화구역을 벗어나면서 화염확산이 발생한다.

5) 화염이 확산되고 연소 표면적이 증가하면 화염길이, 열방출률 및 열분해 선단 전방으로 전달되는 열유속이 모두 증가한다.

1. FPI(Fire Performance Index)
   ① 화재의 위험도를 나타내기 위한 지수
   ② 최성기 화재 시 전실화재(FO)가 발생하는 시간을 예측할 수 있다.

   $$FPI = \frac{t_{ig}}{PHR}$$

   여기서, FPI : 화재성능지수
   t_{ig} : 발화시간
   PHR : 최고 열방출률(의 피크값)
2. SDI(Smoke Development Index or Smoke Demage Index)[21]
   $SDI = FPI \times y_s$

   여기서, SDI : 연기성장지수$[(g/g)(m/sec^{\frac{1}{2}})/(kW/m)^{\frac{2}{3}}]$
   FPI : 화염전파지수$[(m/sec^{\frac{1}{2}})/(kW/m)^{\frac{2}{3}}]$
   y_s : 연기성장률(smoke yield)
3. **연기생성률** : 중합 물질의 연소로 인해 발생하는 단위질량의 증기에 포함된 연기 발생 총량의 비
4. SGR(Smoke Generation Rate)[22]
   $G_s = 0.157\lambda \cdot D \cdot \dot{v}$

   여기서, G_s : 연기생성률
   λ : 빛의 파장 or 주파수$[\mu m]$$(0.6328 \sim 0.6348[\mu m])$
   D : 광학밀도
   $\dot{v}$: 시험덕트 흐름속도$[m^3/sec]$

21) ANSI/FM Approvals 4910 June 2004 14Page
22) ANSI/FM Approvals 4910 June 2004 14Page

SECTION 020

연소속도(burning velocity, burning rate)

115 · 109 · 85 · 79회 출제

01 개요

연소속도에는 Burning velocity와 Burning rate가 있는데 국내에서는 둘을 같은 용어로 혼용해서 사용함으로써 개념의 차이가 발생하고 있다. 따라서, 두 개념을 명확히 파악함으로써 연소의 과정에 대한 적절한 이해가 가능하다.

02 연소속도(burning velocity)

(1) 개요

1) **전제조건** : 가연성 혼합기가 형성(내연기관)되어 있는 상태에서의 화염전파이므로 예혼합연소이다.

2) 예혼합에서 주요 피해요인은 압력의 증가이고 압력의 증가와 관계가 깊은 요소가 화염속도(flame speed)인데, 이 화염속도는 실제 화염이 이동하는 속도로 상황에 따라 다양한 값을 가지므로 이를 통해 가스의 위험성(크기 또는 결과)을 예측하기가 곤란하다.

3) 특정된(specific) 상태에서 화염 전면의 미연소 혼합기로 이동하는 속도를 측정한 것을 연소속도(burning velocity)라고 한다.

특정된 상태 : 상온 · 상압에서 층류일 때의 화염

4) 연소속도의 중요성
   ① 화염 형태에 영향
   ② 화염의 안정성
   ③ 화염의 성장

(2) 층류 연소속도(laminar burning velocity) → 연소기기

1) **정의** : 층류 화염면에 수직인 방향으로 들어오는 미연 혼합기의 속도

2) 혼합기의 연소특성을 대변하는 물리량으로서 연소 시스템의 특성값(실험실값)이다.

3) 영향요소 121회 출제

① 혼합물의 조성 : 연소 하한계(LFL)와 연소 상한계(UFL)는 연소가 시작되는 임계점으로, 화학 양론비보다 가연물이 약간 많은 경우 연소속도가 최고가 된다.

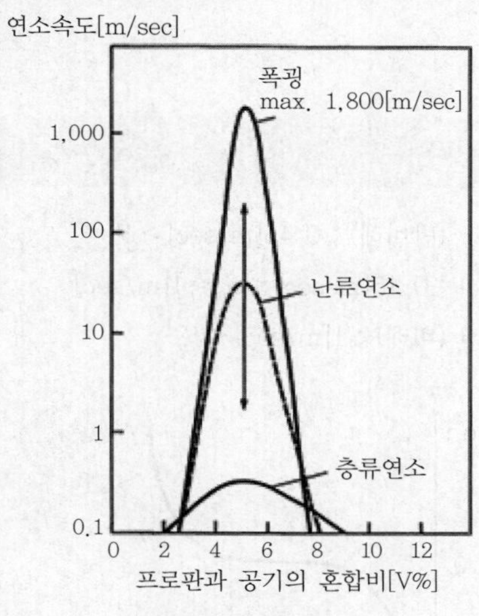

▌연소속도와 조성▐

② 온도

㉠ 아레니우스(Arrhenius)식 : 온도의 증가에 따라 연소속도는 증가한다.

$$K = Ae^{-\frac{E_a}{RT}}$$

여기서, K : 화학반응 속도상수
A : 빈도계수
E_a : 활성화 에너지
R : 이상기체 상수
T : 절대온도[K]

㉡ 자베타키스(Zabetakis)식

$$S_u = 0.1 + 3 \times 10^{-6}\, T^2 \text{[m/sec]}$$

$$\text{일반식} : S_u = A + BT^2$$

여기서, S_u : 연소속도[m/sec]
A, B : 상수
T : 절대온도[K]

③ 압력

㉠ 압력과 연소속도의 관계는 가연물에 따라 다르다.

ⓛ 압력이 증가하면 수소나 아세틸렌과 같이 연소속도가 1[m/sec] 이상인 물질은 증가한다.

ⓒ 압력이 증가하면 메탄과 같이 연소속도가 0.45[m/sec] 미만인 물질은 감소한다.

ⓔ 공식

$$S_u \propto P^n$$

여기서, $n = -$(반비례) : $0.45[m/sec] > S_u$

$n = 0$: $0.45[m/sec] < S_u < 1[m/sec]$

$n = +$(비례) : $1[m/sec] < S_u$

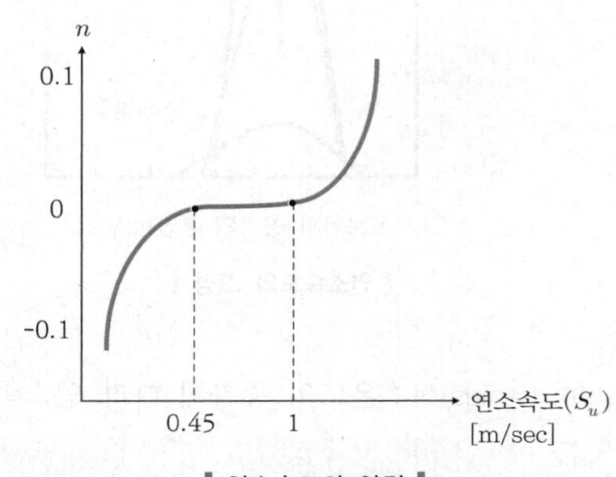

▌연소속도와 압력▐

④ 제3물질 첨가

㉠ 불활성 기체 첨가제

- 가연성 가스의 희석제로 작용하여 연소 하한계 이하의 농도를 유지한다.
- 혼합물의 가연물 단위질량당 열용량을 증가시켜 화염온도를 감소(연소에 불필요한 불활성 기체까지 가열해야 하므로 전체의 온도를 상승시키는 열용량을 증가시킴)시킨다.

ⓛ 할로겐 화합물 첨가제

- 연쇄반응을 억제한다.
- 산화 연쇄반응을 방해하여 작용하므로 비교적 불활성인 원소나 라디칼로 치환한다.

ⓒ 촉매

- 부촉매 : 활성화 에너지를 높임 → 화학 반응속도 감소 → 연소속도 감소
- 정촉매 : 활성화 에너지를 낮춤 → 화학 반응속도 증가 → 연소속도 증가

⑤ 습도 : 습도가 높으면 에너지 흡수로 연소속도가 감소한다.

4) 연소속도 : 노즐의 가연성 가스 분출속도를 조절하여 예혼합화염이 안정된 플랫화염(flat premixed flame)을 얻을 수 있으며 이때 분출속도이다.

공식	개념도
$S_u = \frac{Q}{A}$ 여기서, Q : 유량[m^3/s] A : 노즐 단면적[m^2]	← 연소생성물 ←플랫화염 ←다공성면 연료+공기

(3) 난류의 연소속도

1) 화염전파속도 : 미연소 가스 속의 난류성에 의해 화염이 혼합기 속을 전파해 가는 속도가 증가한다.

2) 영향 : 열전달과 반응 증대

3) 연소파 → 난류 → 화염 가속 → 압력파 → 충격파 → 폭풍파

03 연소속도(burning rate)와 열방출률(HRR : Heat Release Rate)

(1) 연소속도(burning rate) 131 · 108 · 94회 출제

1) 정의 : 화학반응에 참여하는 물질의 단위시간당 소비량[kg/sec]

2) 확산화염

① 가연물과 공기가 서로 반대방향에서 농도구배에 의한 접근을 하면서 연소하는 형태이다.

② 가연물과 공기 중 제한된 요소에 의해 연소속도가 영향을 받는다.

③ 제한된 요소에 의한 영향을 받게 되어 값이 상황에 따라 다르므로 상대적 비교가 곤란하다.

3) 비교표

구분	Burning velocity	Burning rate
연소	예혼합연소	확산연소
측정값	일정 조건으로 측정한 값으로 고정된 값을 가짐	환경이나 조건에 따라 다른 값을 가짐
상대적 비교	비교가 가능함	조건에 따라 상이하므로 비교가 곤란하여 가연성비를 사용함
사용처	폭발에서의 과압에 의한 피해 예측	화재에서의 열적 피해 예측

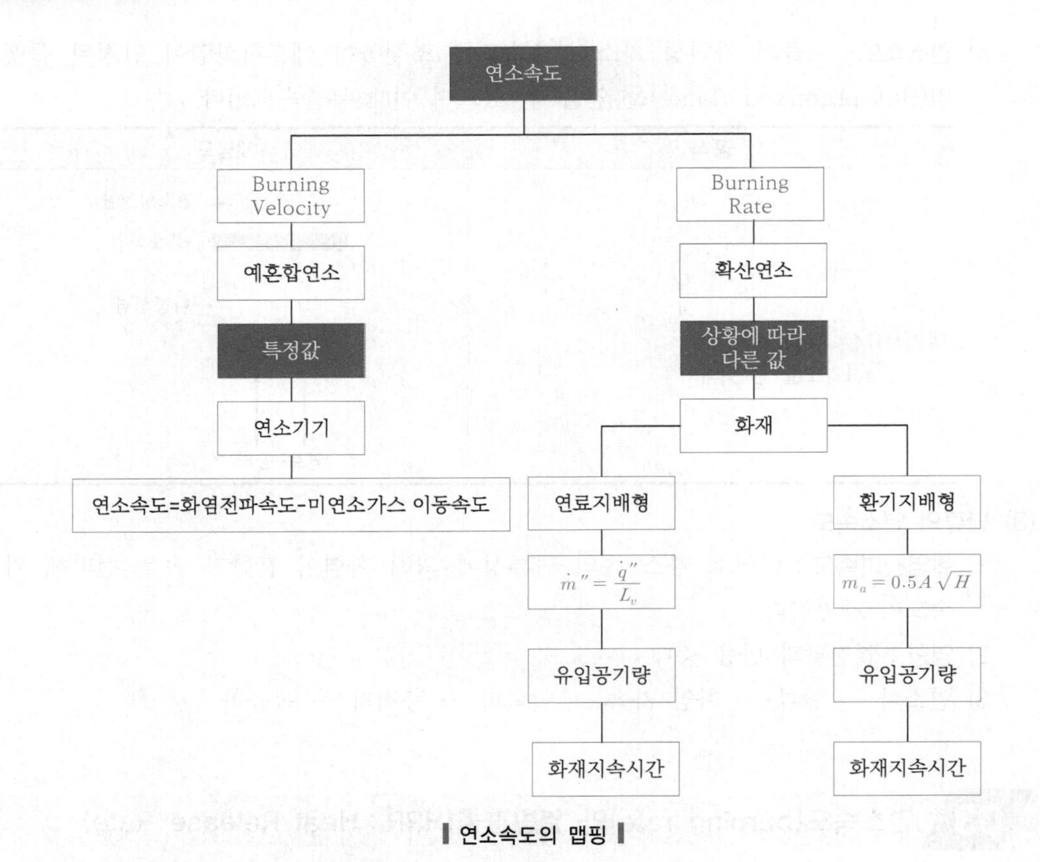

▌연소속도의 맵핑▐

(2) 화재의 성장에 따른 연소속도(burning rate)

1) Pre FO에서의 연소속도(burning rate)

① 제한인자 : 연료지배형

② 화재 초기에는 충분한 공기가 있는 상태이므로 발생한 가연성 증기는 모두 연소가 가능하고 가연성 가스를 발생시키는 가연물의 질량감소속도가 바로 연소속도가 된다.

③ 공식

$$\dot{m}'' = \frac{\dot{q}''}{L_v}$$

여기서, $\dot{m}''$: 질량감소속도[kg/m^2 · sec]

$\dot{q}''$: 열유속[kW/m^2]

L_v : 기화열[kJ/g]

④ 질량감소속도(mass burning flux, $\dot{m}''$) : 단위면적당 질량감소속도로 질량 연소흐름

⑤ 전형적인 질량 연소흐름의 범위(전형적인 연소속도) : $5 \sim 50$[g/m^2 · sec]

⑥ 5[g/m^2 · sec] 이하 : 화학반응으로는 화염을 지속할 수 있는 충분한 에너지를 생산하지 못하므로 연소가 지속되지 못한다.

⑦ 순수열유속

$$\dot{q} = \dot{q}_{\text{flame}} + \dot{q}_{\text{ext}} - \dot{q}_{\text{loss}}$$

여기서, $\dot{q}$: 순수열유속[kW/m^2]

$\dot{q}_{\text{flame}}$: 화염에 의한 열유속[kW/m^2]

$\dot{q}_{\text{ext}}$: 열유속(고온가스)[kW/m^2]

$\dot{q}_{\text{loss}}$: 열손실(재복사 열유속)[kW/m^2]

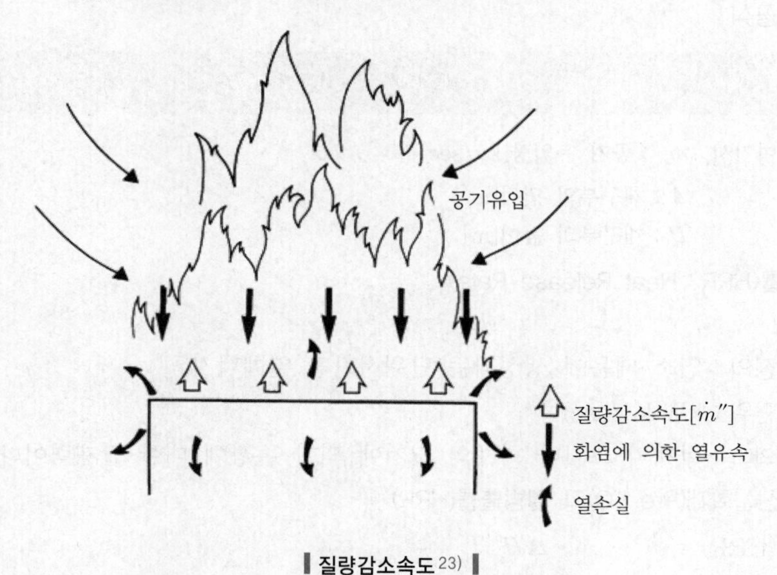

▌질량감소속도23)▐

⑧ 소화대책

㉠ 냉각소화 : 질량손실률($\dot{q}''$)의 감소에 의한 소화

㉡ 화학적 난연재 : 기화 열량(L_v)의 값을 증가시켜 많은 열량을 필요로 한다.

⑨ 활용

㉠ 열방출률(HRR)

㉡ 연기발생량

$$\dot{G}_j'' = y_j \cdot \dot{m}''$$

23) Figure 1.4 Schematic representation of a burning surface, showing the heat and mass transfer processes. $\dot{m}''$, mass flux from the surface; $\dot{Q}''_F$ heat flux from the flame to the surface; $\dot{Q}''_L$ heat losses (expressed as a flux from the surface) An Introduction to Fire Dynamics, Third Edition, Dougal Drysdale.

여기서, $\dot{G}_j''$: 연기발생량[g/m^2 · sec]

y_j : 가연물의 연기수율([g/g], 부유 미립자량/분해 가연물량)

$\dot{m}''$: 질량감소속도[g/m^2 · sec]

2) Post FO에서의 연소속도

① 제한인자 : 환기지배형

② 질량감소속도 > 연소속도이고 따라서 질량이 감소하여 가연성 증기가 발생하는 양보다 이와 반응하는 산소의 양이 부족하여 유입되는 산소량에 의해 연소속도가 결정된다. 따라서, 연소속도는 개구부를 통한 공기 유입량인 $0.5A\sqrt{H}$[kg/sec]에 의해 결정된다.

③ 공식

$$m_a = 0.5A\sqrt{H}$$

여기서, m_a : 공기 유입량[kg/sec]

A : 개구부의 면적[m^2]

H : 개구부의 높이[m]

(3) 열방출률(HRR : Heat Release Rate)

1) 개요

① 정의 : 연소 때문에 생성되는 단위시간당 열에너지

② 단위 : kW(kJ/sec)

③ 의미 : 화재의 크기나 화재의 크기에 의한 손상에 대한 잠재력이다.

2) 전 전실화재(Pre FO)의 열방출률(HRR)

$Q''(\text{HRR}) = \dot{m}'' \cdot A \cdot \Delta H_c$

여기서, Q'' : 열방출률[kJ/sec]

$\dot{m}''$: 질량감소속도[g/m^2 · sec]

A : 연소면적[m^2]

ΔH_c : 연소열[kJ/g]

1. 연소열(ΔH_c)

① 정의 : 단위질량의 증발한 가연물이 반응할 때 방출되는 화학에너지

② 숯의 생성이나 검댕, 일산화탄소와 같은 불완전연소생성물의 생성 모두 화염 발생기간의 연소열을 감소시킨다.

③ 화학첨가제(억제제) 또한 이런 역할을 하며, 이것이 물질별로 연소열(ΔH_c)이 측정되어야 하는 이유가 된다.

2. **유효연소열**

① 정의 : 화재에서 화염 발생기간의 연소열

② 이론연소열과 대비

③ 기체나 액체 가연물에서 가장 높고 숯 생성 고체에서 가장 낮다.

3) 후 전실화재(Post FO)의 열방출률(HRR)

① 손튼(Thorton)의 법칙 : 연소하는 가연물의 종류에 상관없이 소비되는 공기량당 열량은 3,000[kJ/air · kg]으로 일정하다.

② $\text{HRR} = 0.5\,A\sqrt{H} \times 3{,}000[\text{kg/sec}\times\text{kJ/kg} = \text{kJ/sec} = \text{kW}]$

$= 1{,}500\,A\sqrt{H}[\text{kW}]$

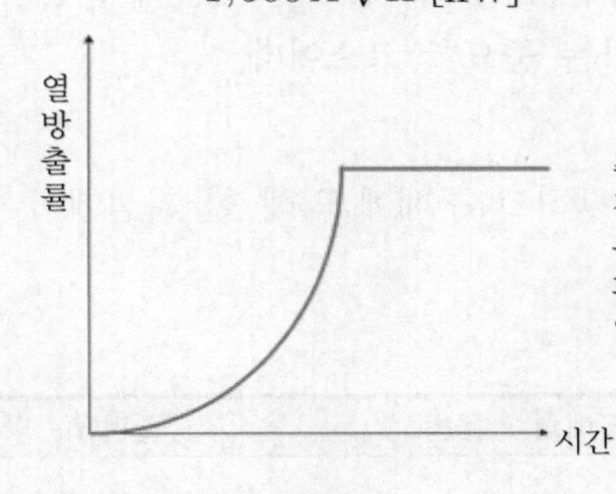

4) 열방출률 영향인자

① 표면적 대 질량비

㉠ 예를 들어 소나무 대팻밥과 같은 무게의 나무토막을 보면 어느 것이 잘 타는가? 나무토막이 더 잘 탄다.

㉡ 이는 표면적이 클수록 화학반응에 유리하기 때문이다. 왜냐하면, 표면적이 클수록 상대적으로 산소와 접하는 면적이 증대되기 때문이다.

② 열관성($k\rho c$)

㉠ k : 전도열전달계수가 클수록 열전달이 용이(표면온도 ↓)

㉡ ρ : 밀도(부드러운 소나무는 참나무보다 더 빨리 타고, 가벼운 발포 플라스틱은 좀 더 밀도가 높은 경질 플라스틱보다 더 빨리 탐)

㉢ c : 비열이 클수록 온도상승에 많은 열량이 필요

㉣ 열방출률에서 열관성이 중요영향인자가 되는 이유 : 열관성이 가연물의 발화시간을 결정하는 요소

SECTION

021 열전달

01 개요

(1) 열전달은 가연물의 가연성 가스 생성, 화재의 성장, 확산, 소멸(에너지 발산의 감소) 및 소화의 영향 및 화재에 의한 피해를 설명하는 중요한 요소이다.

(2) **정의**

두 지점 사이의 온도차에 의해 열구배가 발생하고 구배에 의해 한 지점에서 다른 지점으로 열이 흐르는 에너지의 흐름이다.

(3) **열전달의 3가지 메커니즘**

구분	정의	전달매체	운동	열전달
전도	매체를 통해 온도가 높은 지점에서 상대적으로 온도가 낮은 지점으로 에너지가 전달	필요	고정	이웃한 분자들이 충돌하여 열을 전달
대류	전도 및 복사 효과와 전달매체의 이동효과가 조합되어 발생	필요	운동	분자가 직접 이동하여 열을 전달
복사	전자파에 의해 빛의 속도로 에너지가 전달	필요 없음	필요 없음	일정 거리를 둔 물체 사이에서 열만 이동

02 온도와 열(temperature & heat)

(1) 온도

1) 물질 간의 열 이동 여부를 결정해 주는 유일한 변수이다.
2) 물체가 주위와 열적으로 평형상태에 있는지 혹은 열교환을 하고 있는지를 판단하는 기준이다.
3) 물질 안 입자들의 운동을 나타내고 물체의 질량과는 무관하다.
4) 온도는 어떤 물질의 분자운동 정도를 물의 어는점과 같은 기준온도와 비교하여 나타내는 측정치이다.

(2) 열

1) 열은 물체 온도를 유지하거나 바꾸는 데 필요로 하는 에너지로 상대적 개념이다.

2) 동일한 열을 가진 상태가 아니면 이동(흐름)이 발생(열이 있으면 열전달이 수반)한다.

(3) 화재 시 열

1) **열전달** : 항상 고온 매체에서 저온 매체로 이동한다.

2) **단위** : 단위시간당 에너지 흐름([Btu/sec], [kW], [J/sec])

03 전도(conduction)

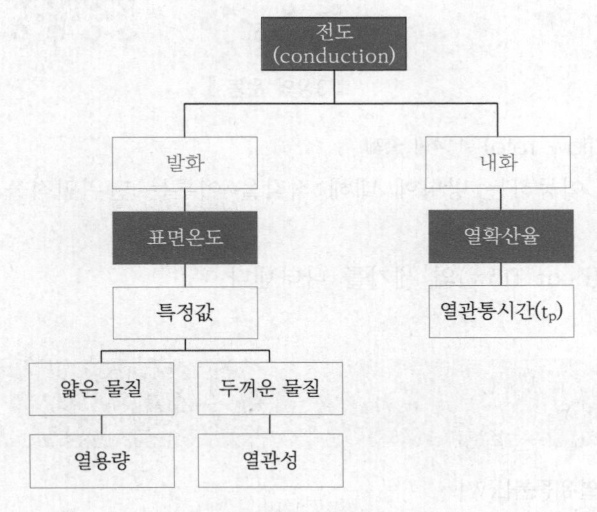

▌열전도 맵핑▐

(1) 정의

고체 또는 정지된 유체를 통해 온도가 높은 지점에서 상대적으로 온도가 낮은 지점으로 에너지가 확산하는 현상이다.

1) **분자** : 분자들과 불규칙하게 충돌하는 등 상호교류를 한 결과 온도가 높은 쪽에서 낮은 쪽으로 에너지 전달이 일어난다.

2) 기체, 액체 : 분자 충돌이나 확산 등에 의한 에너지 전달

3) 고체

① 부도체 : 격자진동에 의한 에너지 전달

② 도체 : 자유전자의 이동 때문에 에너지 전달

전도의 열전달은 자유전자가 계속 부딪히고 자유전자끼리 서로 부딪히며 에너지를 전달하는 메커니즘으로 되어 있다. 따라서, 목재 등의 부도체가 열전도가 적은 이유는 자유전자가 적기 때문이다. 또한, 모, 모피, 오리털 등이 절연체로 쓰이는 이유는 털 조직 사이에 공기 공간이 많이 포함되어 있어 전자의 이동이 곤란하기 때문이다.

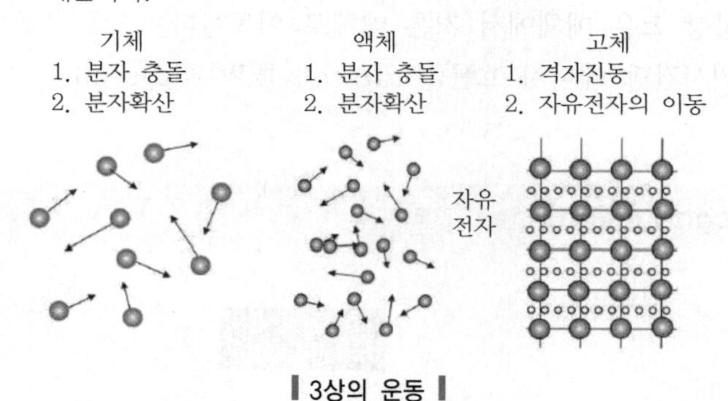

▌3상의 운동▐

(2) 열유동률(heat flow rate) 114회 출제

1) 정의 : 열이 이동하는 방향에 대해 직각을 이루는 단위면적을 단위시간당 통과하는 열량이다.

2) 기능 : 열류(heat flow)의 세기를 나타낸다.

3) 공식

$$\dot{q} = -k\frac{A}{l}\Delta T$$

여기서, $\dot{q}$: 열유동률[kW]

k : 열전도계수[kW/m · ℃](열전도계수는 높은 온도에서 낮은 온도로 이동하므로 이동방향에 의한 음의 값을 가짐)

A : 열전달 부분의 면적[m^2]

ΔT : 온도구배($T_2 - T_1$: 고온에서 저온을 뺀 온도[℃])

l : 열전달 물질의 두께[m]

4) 고체 표면에서 매질을 통한 내부로의 열 흐름(전달)으로 분자의 운동(진동)에 의한 에너지의 이동이다.

5) 전도 또는 화재확산의 메커니즘

① 금속 벽을 통해서나 배관이나 구조 강재를 따라 전도된 열은 가열된 금속과 접촉된 곳에서 가연물의 발화를 유발한다.

② 못, 못 판(nail plates)이나 볼트 등의 금속제 체결장치를 통한 열전도는 화재 확산이나 구조물 붕괴를 유발한다.

(3) 영향인자

1) 온도차이 : $T_2 - T_1$

2) 열유동률

① 전도열 전달계수 : k

② 정상 유동경로에 단면적 : A

③ 유동경로의 길이 : l

(4) **푸리에(Fourier)의 열전도 법칙** : 열전달률과 온도구배 간의 관계 129회 출제

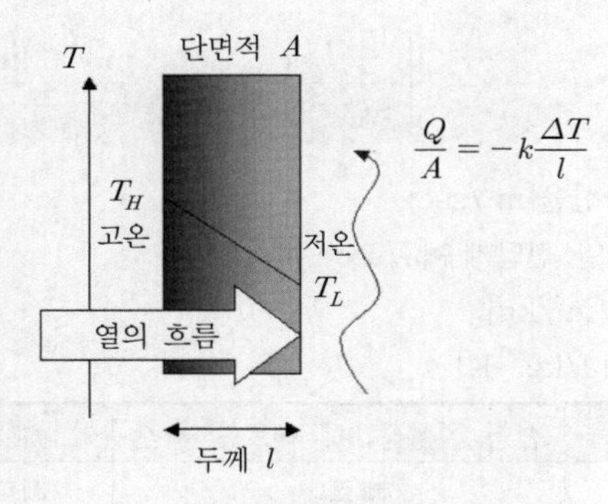

▌푸리에의 법칙▐

1) $\frac{Q}{A} = -k\frac{\Delta T}{l}$

여기서, Q : 열량

A : 단위면적

k : 열전도계수

ΔT : 온도변화

l : 두께(거리)

2) $\frac{\Delta T}{l}$: 거리에 따른 온도변화 즉 온도구배

3) 이를 열전도계수로 정리하면 $k = \frac{\frac{Q}{A}}{\frac{\Delta T}{l}} = \frac{\text{단위면적당 전달열량}}{\text{온도구배}}$

4) 열전도계수

① 정의 : 온도구배에 대해 단위면적당 전달되는 열량

② 열전도계수의 의미

㉠ 다른 조건들이 같을 때 열량은 단면적(A)에 비례

㉡ 다른 조건들이 같을 때 열량은 거리(l)에 반비례

㉢ 다른 조건들이 같을 때 열량은 온도차(ΔT)에 비례

(5) 가연성 고체에서의 발화, 화염확산 및 화재 저항과 관계

1) 발화 : 표면온도에 의해서 결정되고 표면온도는 열관성(thermal inertia)에 의해서 결정된다.

2) 내화 : 이면온도(가열체의 반대편 온도)

① 열확산율(α) : 열유속을 받는 물질의 표면에서 내부로 얼마나 빠르게 열이 확산하는가(비차열)를 나타내는 비율이다.

② 공식

$$\alpha = \frac{k}{\rho \cdot c}\left[\frac{\mathrm{J}}{\mathrm{sec \cdot K \cdot m}} \times \frac{\mathrm{m^3}}{\mathrm{kg}} \times \frac{\mathrm{kg \cdot K}}{\mathrm{J}} = \frac{\mathrm{m^2}}{\mathrm{sec}}\right]$$

여기서, α : 열확산율[$\mathrm{m^2/sec}$]

k : 전도열 전달계수[J/sec · m · K]

ρ : 밀도[$\mathrm{m^3/kg}$]

c : 비열[J/kg · K]

열확산율	선형 정상상태에 이르는 시간	이면온도	내화성능
크다.	빠르다.	빠르게 상승	낮다.
작다.	느리다.	느리게 상승	높다.

③ 소방측면에서 내화라는 것은 이면온도가 중요한 요소이다. 왜냐하면, 이면온도가 높으면 이면에 있는 가연물이 발화하기 때문에 이면의 발화를 방지하기 위해서이다. 따라서, 열유속을 받는 이면의 열상승률을 나타내는 지수가 열확산율이다.

3) 동점성계수(ν)

① 성격이 열확산율과 유사하다.

② 열확산율과 동점성계수의 비교

구분	의미	단위
열확산율(α)	정상상태로 열이 내부로 이동	$\frac{\mathrm{m^2}}{\mathrm{sec}}$
동점성계수(ν)	정상상태로 속도(운동량)가 내부로 이동	$\frac{\mathrm{m^2}}{\mathrm{sec}}$

③ 공식

$$\nu = \frac{\mu}{\rho}\left[\mathrm{Pa \cdot sec} \times \frac{\mathrm{m^3}}{\mathrm{kg}} = \frac{\mathrm{kg}}{\mathrm{m \cdot sec}} \times \frac{\mathrm{m^3}}{\mathrm{kg}} = \frac{\mathrm{m^2}}{\mathrm{sec}}\right]$$

(6) 열 침투시간(thermal penetration time) 또는 열 관통시간[24)]

1) 양측에서 가열 시

$$t_p = \frac{\rho \cdot c_{sp}}{k} \cdot \frac{l^2}{16} = \frac{l^2}{16\alpha}$$

2) 한쪽에서 가열 시

$$t_p = \frac{l^2}{4\alpha}$$ (실제 화재의 경우 한쪽에서 가열하는 경우가 많아 이식이 적용)

여기서, t_p : 열관통시간[sec]
α : 열확산율[m^2/sec]
ρ : 밀도[m^3/kg]
c : 비열[J/kg · K]
k : 전도열 전달계수[J/sec · m · K]
l : 벽두께[m]

04 대류(convection)

(1) 개요

1) **정의** : 이동매체에서의 전도, 유체의 운동에 의한 열의 전달이다.

2) **분자에서의 대류(convection)**

① 분자에서의 대류 열전달은 존재하지 않는다.

② 대류는 전도가 연속되는 현상으로 볼 수 있기 때문이다. 하지만 이를 거시적 운동의 관점에서 본다면 전도는 고정된 상태를 말하고 대류는 운동하고 있는 상태로 구분할 수 있다.

3) **연속체 관점에서 대류**

① 매질의 유동과 관련하여 나타나는 현상

② 열복사 수준이 낮은 초기 상태에서 열전달의 중요한 현상

③ 화재감지기나 스프링클러의 동작 메커니즘을 제공

(2) 대류의 특징

1) 물질의 성질이 아니다.

2) 층류 혹은 난류와 같은 유동의 형태

3) 열전달 면의 기하학적 형태와 흐름 단면적에 영향

24) FPH 03-09 3-152 SECTION 3

4) 유체의 열역학적 성질(열전도계수, 점성계수, 비열)과 관련

5) 열전달 면에 따른 위치에 따라 영향

(3) 고온 기체가 차가운 표면을 유동할 경우

1) 유체의 얇은 층인 경계층 내 : 전도로 열전달

2) 경계층 밖 : 유체의 대류에 의해서 열전달

(4) 공식 109회 출제

1) 열유동률

$$\dot{q} = h \cdot A \cdot \triangle T$$

여기서, $\dot{q}$: 열유동률[kW]

h : 대류 열전달계수[kW/m^2 · K] = $\frac{k}{l}$

A : 열전달 부분의 면적[m^2]

ΔT : 온도차($\Delta T = T_\infty - T_s$)

T_∞ : 공기의 온도[K]

T_s : 표면온도[K]

2) 열유속

$$\dot{q}'' = h \cdot \triangle T$$

여기서, $\dot{q}''$: 열유속[kW/m^2]

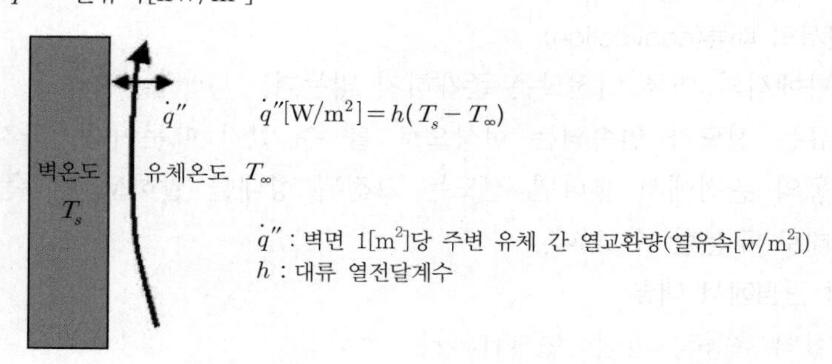

▌대류 열전달 식▐

(5) 화재에서 대류

1) 성장기 : 화재에 의해 발생한 에너지를 고온 가스의 유동을 통해 주변으로 전달한다.

2) 플래시오버 이전 : 구획실 온도가 상승하고, 대류가 지속(복사열이 지배적인 열전달 메커니즘)된다.

3) 플래시오버 이후 : 대류는 건물 전체를 통한 기체 및 미연소 가연물이 확산된다.

(6) 대류 열전달을 결정하는 영향인자

1) 표면적의 형태(A)

2) 유체의 속도(v)

① 속도의 증가는 대류 열전달을 증가시키고 그에 따라 운동량 및 에너지 전달이 증가한다.

② 천장열기류(ceiling jet)에 의한 대류 열전달계수는 속도의 제곱근에 비례한다.

$$h \propto \sqrt{v}$$

여기서, h : 대류 열전달계수[kW/m^2 · K]

v : 유체의 속도[m/sec]

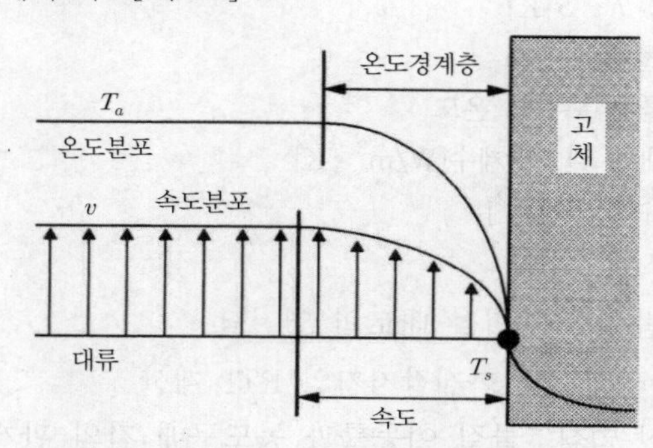

▌대류에 의한 고체표면과 경계층 밖의 열전달▐

3) 유체의 성질

① 온도

② 밀도

③ 점성 : 온도가 증가함에 따라 액체의 점성은 감소하지만, 기체의 점성은 증가한다.

4) 고체표면과 유체 사이의 온도차(ΔT)

(7) 기본법칙

1) 뉴턴의 점성법칙

① 운동량 변화율과 속도구배의 관계

$$\tau = \mu \frac{du}{dy}$$

여기서, τ : 전단응력[N/m^2]

μ : 점성계수[N · sec/m^2]

$\frac{dv}{dy}$: 속도구배 또는 속도 기울기

dv : 두 층 간의 속도 차[m/sec]

dy : 두 층 간의 거리[m]

② 기체의 점성은 온도가 증가함에 따라 증가(온도의 제곱근)하는 반면에 액체의 점성은 감소한다.

2) 뉴턴의 냉각법칙 129회 출제

① 개념 : 시간에 따른 물체의 온도변화는 그 물체의 온도와 주위 물체의 온도차에 비례한다.

② 적용대상 : 온도 차이가 작을 경우

③ 공식 : $\frac{dQ}{dt} = hA\Delta T$

여기서, $\frac{dQ}{dt}$: 단위시간 동안 열이 물체 안으로 또는 밖으로 이동한 양[W]

ΔT : $T-S$[K]

T : 물체의 온도

S : 물체 주위의 온도

h : 대류 열전달계수[$W/m^2 \cdot K$]

A : 수열면적[m^2]

④ 소방에서의 적용

㉠ 화재 플럼에서 구획실 내로의 열전달

㉡ 스프링클러헤드와 화재감지기의 RTI 계산

3) 픽스의 물질 확산 법칙 : 물질 이동률과 농도구배 간의 관계

(8) 유체의 움직임

1) 자연적인 흐름의 결과(자연대류, 부력)

$$Nu = f(Pr,\ Gr)$$

① 자연대류의 경우 너셀수(Nu)는 그라쇼프수(Gr : 부력)와 프란틀수(Pr : 열과 유동)에 의존한다.

② 자연대류 : 부력에 의한 유동이다.

③ 화재 플럼의 상승 : 온도차에 의한 부력에 의한 유동으로 자연대류이다.

2) 외력에 의한 흐름의 결과(강제대류)

$$Nu = f(Re,\ Pr)$$

① 강제적인 대류의 경우 너셀수(Nu)는 레이놀즈수(Re : 관성력)와 프란틀수(Pr : 열과 유동)에 의존한다.

② 강제대류 : 외력(관성력)에 의한 유동

③ 송풍기(fan, blower) : 기체를 강제대류

④ 교반기(agitator), 펌프 : 액체를 강제대류

(9) 난류효과(effect of turbulence)

1) 강제대류 및 자연대류 유동에서 발생한 작은 교란은 하류로 갈수록 증폭될 수 있는데 이에 따라 유동이 층류에서 난류로 전이가 가능하다.

2) 난류 경계층 내의 유체유동

고도로 불규칙적이고 속도변동 현상 → 운동량 및 에너지 전달을 심화 → 표면마찰과 대류 열전달 증가

3) 층류와 난류의 구분

① 강제유동 또는 강제대류 : $Re = \frac{관성력}{점성력}$ = 연속적인 유동

㉠ 레이놀즈수(Re)는 유체의 유동이 난류(turbulent) 또는 층류(laminar)인가를 판단하는 데 사용

㉡ **일반적으로 대류 열전달계수를 계산할 때 유체가 난류 또는 층류인가에 따라서 별도의 관계식이 적용되며,** 난류 상태에 있을 때 대류 열전달계수의 값이 상대적으로 매우 크다.

㉢ 레이놀즈수

구분	층류	임계영역	난류
원관	Re < 2,100	2,100 < Re 4,000	Re > 4,000
평면 위의 흐름	$Re < 5 \times 10^5$	–	$Re > 5 \times 10^5$

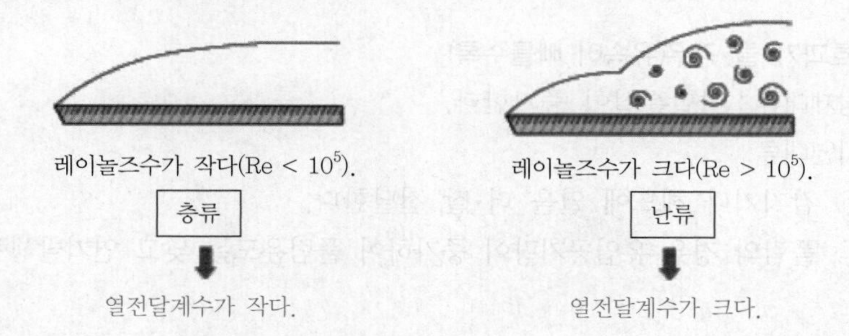

② 자연유동 또는 자연대류

$$Gr = \frac{부력}{점성력} = \frac{g\beta\Delta TL^3}{\nu^2} = 불연속적인\ 유동$$

여기서, g : 중력가속도[m/sec²]

β : 열팽창계수

ΔT : 온도차(ΔT_{wall} : 벽의 온도[K], T_∞ : 공기의 온도[K])

L : 수직길이[m]

ν : 동점도[m²/sec]

㉠ 그라쇼프수(Gr)는 자연대류 내에서 강제대류의 레이놀즈수(Re)와 같은 역할인 층류와 난류의 구분기준**이다.**

㉡ **자연대류의 부력은 강제대류의 관성력과 같은 유동의 힘이다.**

③ 관성력이 지배 : $\frac{Gr}{Re^2} \leq 1$

④ 부력이 지배 : $\frac{Gr}{Re^2} \geq 1$

⑤ 비슷 : $\frac{Gr}{Re^2} \fallingdotseq 1$

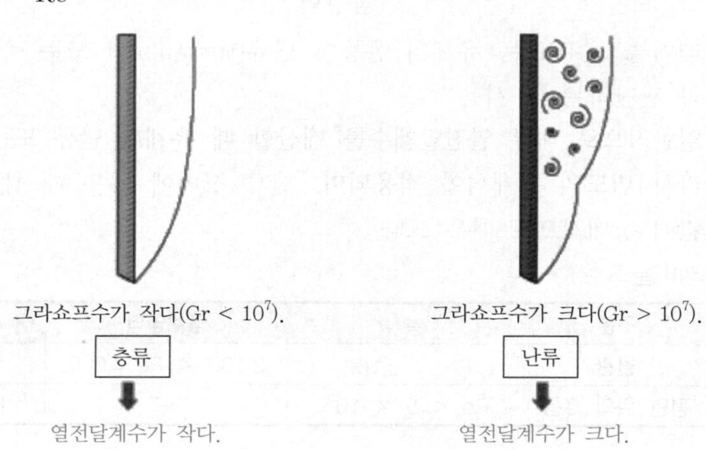

4) 난류효과가 클 경우(유속이 빠를수록)

① 강제대류 : 마찰손실이 증가한다.

② 자연대류

㉠ 감지기나 헤드에 열을 더 잘 전달한다.

㉡ 플럼의 경우 유입공기량이 증가하여 플럼온도는 낮고 연기발생량은 증가한다.

(10) 기타

1) 액체가 관련된 대류 : 온도에 따른 표면장력의 변화로 표면장력의 구동류

2) 열감지기나 스프링클러의 헤드 동작 : 대류 열전달

3) 대류는 유체의 물성값이 아니라 유동형태에 의존한다.

05 복사(radiation)

(1) 개요

1) 복사 : 복사 에너지(전자기파)에 의한 열전달

2) 복사열(radiant heat) : 광파보다 길고 전파보다 짧은 전자기파에 의해 운반되는 열 에너지

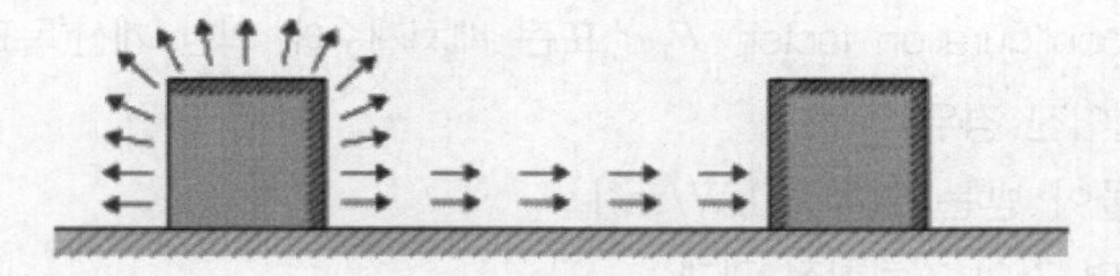

온도에 따라 전자기파 방출　　　전자파가 물체에 도달하면 내부 에너지로 변환되어 온도가 변화

3) 열복사(thermal radiation)

① 정의 : 모든 물체는 그 물체가 가지고 있는 온도에 의한 에너지를 방출하는데 (예외, 절대영도) 이때 방출하는 에너지로서, 즉 일반적인 열에너지가 빛에너지의 횡파형태로 방출되는 것이다.

② 열복사의 발생 : 진동 등 물질을 구성하는 전자들의 활동 결과

㉠ 유한한 온도를(절대온도 0이 아닌) 가진 모든 물질은 기체, 액체, 고체를 불문하고 열적으로 들떠 있는 여기상태(thermally excited state)에서 바닥상태로 이동하게 되면서 에너지인 열복사선을 방출한다.

㉡ 열복사선 방출은 물질의 분자들이 공간에 분포된 상태에서 발생하기 때문에 공간현상이다.

③ 자유표면을 탈출한 복사 에너지는 진공이라 할지라도 전자기파 형태로 자유롭게 전파할 수 있으므로 열전달 방식 중 유일하게 매질이 없는 공간을 통하여도 전달이 가능하다.

(2) 스테판 – 볼츠만 법칙(최고 가능 출력) 113 · 79회 출제

1) $\dot{q}'' = \varepsilon\sigma T^4$

여기서, $\dot{q}''$: 목표물에 보낼 수 있는 복사선속의 분율[kW/m²]

ε : 방사율(고체, 액체의 표면 : 0.8±0.2, 화염 두께에 의존, $\varepsilon = \alpha = 1 - e^{-KL}$

여기서, ε : 방사율, e : 자연상수, K : 흡수계수, L : 층의 두께)

σ : 스테판–볼츠만 상수 5.67×10^{-11} [kW/m² · K⁴]

2) 복사열 전달속도는 복사체와 목적물의 절대온도의 4승의 차이와 밀접하게 관련되어 있다($q \propto \sigma T^4$). 고온에서 작은 온도차의 증가는 복사 에너지 전달의 막대한 증가를 일으킨다. 차가운 물체의 온도변화 없이 고온물체의 절대온도를 2배로 하면 두 물체 간의 복사열 증가는 16배가 된다.

(3) 목표물에 대한 복사 열유속(복사체 에너지양을 Q라 할 때)

1) 영향인자

① 온도

② 경계 매질(투과도)

③ 형상계수 : 이격거리, 방사 면적, 기하학적 형상, 방향

④ 방사율(복사율)

2) 형상계수(configuration factor, F_{12}) 또는 배치계수에 의한 계산(목표물이 화염두께의 2배 이하로 떨어진 경우)

① 목표물이 받는 열유속[kW/m²]

② 두 표면 간의 기하학적 관계

$\dot{q}'' = \dot{Q}'' \cdot F_{12}$ (Shokri and Beyler model)

$\dot{q}'' = \varepsilon \cdot \dot{Q}'' \cdot F_{12}$ (Mudan model)

여기서, $\dot{q}''$: 목표물에 보낼 수 있는 열유속[kW/m²]

ε : 방사율(emmisivity)

$\dot{Q}''$: 목표물이 받는 열유속[kW/m²]

F_{12} : 형상계수

아래와 같이 복사열을 받는다고 가정했을 때의 형상계수

$$F_{12} = \int_0^{A_1} \frac{\cos\theta_1 \cdot \cos\theta_2}{\pi r^2} dA_1$$

여기서, A_1 : 방사체 면적

r : 이격거리

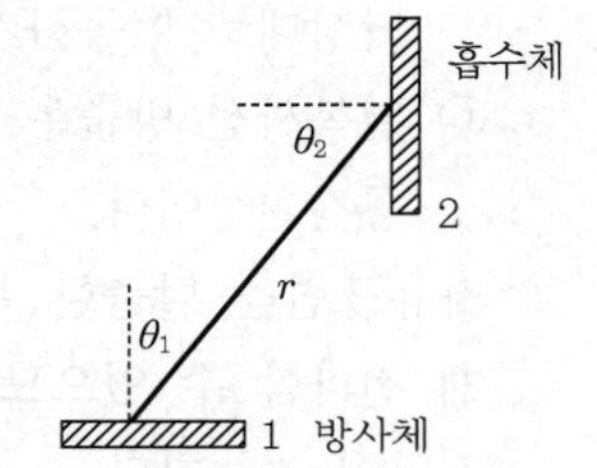

③ 형상계수

㉠ 정의 : 하나의 표면에서 나와 다른 표면에 의해 차단되는 열유속

㉡ 복사 열원인 고온 표면이나 화염의 온도를 T_2라고 하면 거리 R에 있는 목표물이 받는 복사 열유속은 T_2에서 방출되는 에너지보다 감소하게 된다. 이는 복사되는 열유속이 차단되기 때문이고 이렇게 에너지가 감소하는 비율을 형상계수라고 한다.

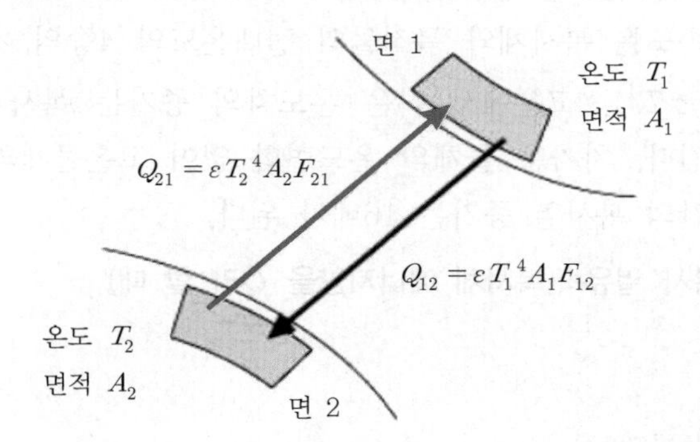

④ 형상계수 영향인자
㉠ 이격거리
㉡ 방사 면적
㉢ 기하학적 형상
㉣ 방향

3) 목표물이 화염 두께의 2배 이상 떨어진 경우 : 형상인자를 단순화한 식(Modak' simple method)을 이용
① 이용대상 : 잠재적인 손상과 원격발화 가능성을 평가한다.
② 공식(drysdale)

$$\dot{q}'' = \frac{\varepsilon \cdot \dot{Q}_r}{4\pi R^2}$$

여기서, $\dot{q}''$: 복사 열유속[kW/m^2]
$\dot{Q}_r$: 화재 시 열방출률[kW]
ε : 방사율(0.3~0.6, soot의 발생량이 결정)
R : 화재 중심과 목표물 사이 거리[m]

③ 복사체와 목적물 간의 각도에 의한 영향[25)]

$$\dot{q}'' = \frac{\varepsilon \cdot \dot{Q}_r}{4\pi R^2} \times \cos\theta$$

여기서, $\dot{q}''$: 복사 열유속[kW/m^2]
$\dot{Q}_r$: 화재 시 열방출률[kW]
R : 화재 중심과 목표물 사이 거리[m]
θ : 화재 중심과 목표물 사이의 각도

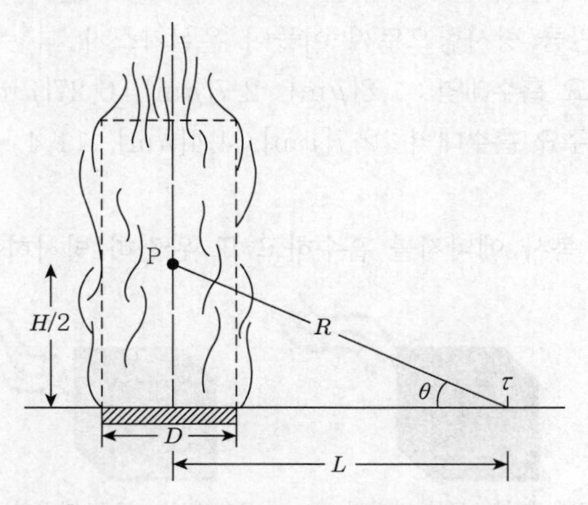

▌복사체와 목적물 간의 각도에 의한 영향▐

25) Figure 3-11.9. Nomenclature for use with the point source model. SFPA

④ 열전달 속도는 복사체와 목적물 간의 거리에 의해서도 크게 영향을 받는다.

(4) 복사열 영향

1) 화염확산 및 전파
2) 2차 가연물 발화
3) 열적 피해

복사열[kW/m^2]	열적 피해
1.0	노출된 피부에 통증
2.5	3분 이내는 심각한 고통 없이 견딜 수 있는 복사열 강도
4.0	장기간 노출 시 유리파손, 단시간(20초) 내에 보호를 받지 않으면 통증과 화상을 입음
4.7	방호물 없이 평상복을 입고 1분 이상 노출할 수 있는 한계
6.3	방호물 없이 보호복을 입고 1분 이상 노출할 수 있는 한계
9.5	방호물 없이 보호복을 입고 30초간 간헐적으로 노출할 수 있는 한계
10	사망 가능한 복사열 강도
12.5	목재 또는 합성수지의 착화를 유도(10초 이내 부상, 1[%]는 1분 이내 사망)
15.8	건축물 내의 기기에 열이 전달되며 운전원의 임무 수행이 곤란한 단계
20~40	전실화재(FO) 시 복사열의 강도
25	목재가 자연발화(10초 이내 심각한 부상, 1분 이내 전원사망)
37.5	장비나 설비가 열에 의해 손상됨(1[%]는 10초 이내, 1분 이내 전원사망)

4) 플래시오버

(5) 복사열 흡수

1) **복사 에너지** : 직선으로 전달되고, 중간매체에 의해서 감소하거나 차단한다.
2) **대기의 복사 투과도의 결정인자** : 수증기와 이산화탄소에 의한 복사열의 흡수 효과
① 산소나 질소 같은 단원자 기체 : 열복사 에너지를 흡수하지 않는다.
② 이산화탄소, 수증기, 암모니아, 탄화수소 기체 등 다원자 기체 : 열복사 에너지를 흡수(흡수한 만큼 방사함으로써 이들이 온실가스가 되는 것임)
③ 수증기의 주요 흡수대역 : 1.8[μm], 2.7[μm], 6.27[μm]
④ 이산화탄소 주요 흡수대역 : 2.7[μm], 4.4[μm], 11.4 ~ 20[μm]

(6) 흑체(black body)

1) 들어오는 모든 복사 에너지를 흡수하고 또 완전히 방사하는 이상적인 물체이다.

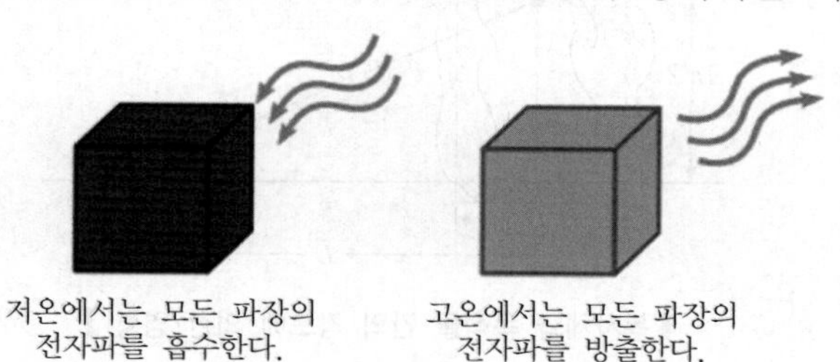

▌흑체▐

2) 플랑크(Planck)의 복사법칙 113 · 79회 출제

① 원자가 방출하거나 흡수하는 에너지는 빛의 진동수에 플랑크 상수를 곱한 값과 같다.

② 공식

$$E = mh\nu$$

여기서, E : 빛 에너지

m : 질량

h : 플랑크 상수

ν : 빛의 진동수($\nu : h\frac{c}{\lambda}$. 여기서, c : 빛의 속도, λ : 파장)

꼼꼼체크 플랑크 상수 : 빛의 양자화 상태인 광자의 에너지 크기를 결정하는 입자의 에너지와 드브로이 진동수의 비 $\left(h = \frac{E}{\nu}\right)$

3) 키르히호프(Kirchhoff)의 법칙 113 · 79회 출제

① 복사 에너지가 물질표면에 도달하면, 그 물질은 복사 에너지를 흡수(α, absorption), 반사(γ, reflection), 그리고 투과(τ, transmission)하며 그 분율의 합은 1이다.

② 공식

$$\alpha + \tau + \gamma = 1 \text{ (흡투반)}$$

여기서, α : 흡수율

τ : 투과율

γ : 반사율

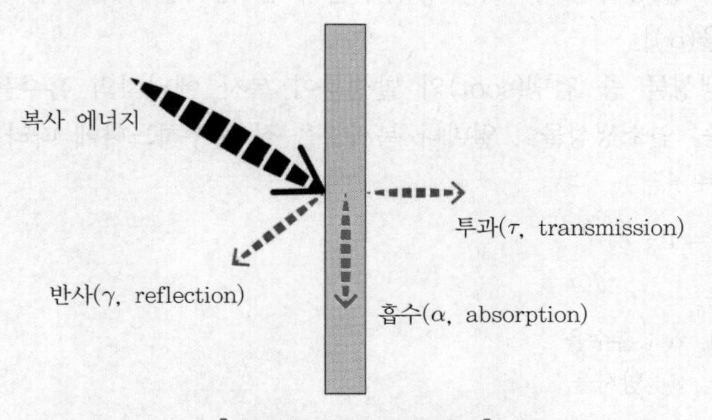

▌흡수율, 반사율, 투과율▐

4) 기체의 경우 : 반사율(γ) 무시(무시할 정도로 작음)

① 공식 : $\alpha + \tau = 1$

② 투과율(τ)에 의해 흡수율(방사율)이 결정

5) 투과율(τ)

$$\tau = \frac{I}{I_0} = e^{-K_s L}$$

여기서, τ : 투과율

I_0 : 초기 복사강도

I : 흡수된 후 복사강도

L : 가시거리

K_s : 감광계수

e(**자연상수**) : 탄젠트 곡선의 기울기에서 유도되는 특정한 실수로 무리수이자 초월수이다. e는 무리수이기 때문에 조사값으로 나타내며 2.718로 표시할 수 있다.

$$\lim_{n \to \infty}\left(1 + \frac{1}{n}\right)^n$$

(7) 방사율(emissivity, ε) 125회 출제

1) 방사율(emissivity) : 흑체 복사 세기와 비흑체 물질의 복사 세기의 비

$$\varepsilon = \frac{\text{실제 표면의 복사 에너지}}{\text{흑체의 복사 에너지}} = \frac{\dot{q}''}{\sigma T^4}$$

여기서, ε : 방사율($0 \leq \varepsilon \leq 1$)

σ : 스테판-볼츠만 상수(5.67×10^{-8}[W/m² · K⁴])

T : 흑체의 표면온도[K]

2) 기체의 방사율

① 흡수만큼 방사할 수 있으니 흡수율이 곧 방사율이라고 할 수 있다[방사율(ε) = 흡수율(α)].

② 연소생성물 중 검댕(soot)의 발생률이 복사 에너지의 흡수율에 큰 영향을 미친다. 즉, 연소생성물이 얼마나 복사열을 잘 흡수하느냐에 따라 방사율이 결정된다.

㉠ $\alpha + \tau = 1$

㉡ $\alpha = 1 - e^{-K_s L}$

㉢ $\varepsilon = 1 - e^{-K_s L}$

여기서, α : 흡수율

ε : 방사율

τ : 투과율($e^{-K_s L}$)

I_0 : 초기 복사강도

I : 흡수된 후 복사강도

L : 가시거리

K_s : 감광계수

③ 흡수율이 1이라는 것은 이상적인 물체로, 이는 받은 열을 손실 없이 모두 내어 준다는 것을 의미한다.

④ 영향요소 : 표면효과, 감광계수

3) 복사 열전달 : $\varepsilon = \alpha = 1 - e^{-K_s L}$

4) 감광계수(K_s)

① 흡수계수가 크다는 것은 방사율이 크다는 것이다.

② 화염 내의 검댕이(soot)의 존재는 열손실을 초래하는데 일반적으로 얘기하면 화염에 검댕(soot)이 많을수록 그 평균온도는 감소하지만, 방사율이 증가하여 복사 에너지양은 증가한다.

㉠ 검댕이 없는 메탄올 화염의 평균온도 : 1,200[℃]

㉡ 검댕이 많은 화염인 등유나 벤젠의 평균온도 : 990[℃], 921[℃]

5) 난류성 화염의 경우는 방사율(ε) 값이 1에 가깝다. 즉, 흑체에 가까워진다. 따라서, 열 복사량이 증가한다.

(8) 반사율(reflection, γ)

1) 고체의 경우 투과율(τ)은 무시할 수 있으므로 반사율(γ)에 의해 결정한다.

$$\alpha + \gamma = 1$$
$$\alpha = 1 - \gamma$$

여기서, α : 흡수율 (absorption)
γ : 반사율 (reflection)

2) 반사율이 낮을수록 흡수율이 높아지므로 열적 피해가 크다.

3) 표면효과 (surface effect)

① 정의 : 표면 반사율의 변화에 따른 열 흡수율의 변화에 따른 효과

② 영향요소 : 반사율은 물질의 표면 재질, 평편도 등

③ 예 : 방화복 표면을 반사율이 높은 알루미늄 박막 재질로 제작하여 흡수율을 낮추어서 온도 상승을 완화시켜 열적 피해를 감소시킨다.

④ 하지만 온도를 상승시키는 주된 요인이 가시광선 영역 밖의 원적외선이기 때문에 색상이나 금속의 온도 상승이 표면효과에만 의존하지는 않는다.

4) 복사실드 (radiation shield) 128회 출제

① 정의 : 반사율을 높이는 판과 같은 형태로 복사열에 의한 화재확산을 방지할 수 있다.

② 반사율이 높을수록 흡수율은 낮아지므로 복사실드를 설치하면 복사열의 차폐효과로 열유속을 낮출 수 있고 열적 피해를 줄일 수 있다.

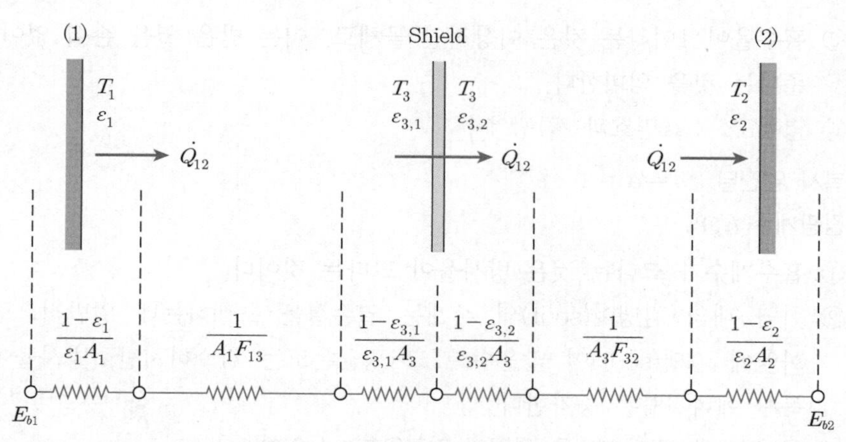

두 개의 평판 사이에 복사실드가 있는 경우의 열유속의 변화

③ $\dot{Q}_{12,\,N\,\text{shields}} = \dfrac{1}{N+1}\dot{Q}_{12,\,NO\,\text{shields}}$

여기서, $\dot{Q}_{12,\,N\text{shields}}$: N개의 복사실드가 있는 경우 열유속

N : 복사실드의 개수

$\dot{Q}_{12,\,NO\text{shields}}$: 복사실드가 없는 경우의 열유속

④ 상기 식에 의해 복사실드의 수에 따라서 다음과 같이 열유속의 변화가 있다.

복사실드의 개수	차폐효과[%]	열유속[%]
1	50	50
9	90	10
19	95	5

SECTION 022

벽체의 열전달(열통과율)

벽체의 열전달을 다음 그림을 통해 계산해 본다.

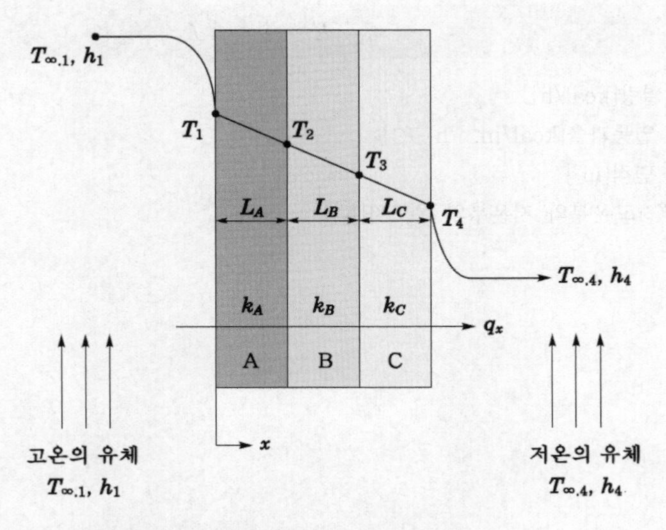

(1) 통과열량 계산(q_x) 산출(통과열량이 같다고 하고 계산)

$$q_x \rightarrow T_{\infty.1} \xrightarrow{\frac{1}{h_1 A}} T_1 \xrightarrow{\frac{L_A}{k_A A}} T_2 \xrightarrow{\frac{L_B}{k_B A}} T_3 \xrightarrow{\frac{L_C}{k_C A}} T_4 \xrightarrow{\frac{1}{h_4 A}} T_{\infty.4}$$

$$q_x = \frac{T_{\infty.1} - T_1}{\frac{1}{h_1 A}} = \frac{T_1 - T_2}{\frac{L_A}{k_A A}} = \frac{T_2 - T_3}{\frac{L_B}{k_B A}} = \frac{T_3 - T_4}{\frac{L_C}{k_C A}} = \frac{T_4 - T_{\infty.4}}{\frac{1}{h_4 A}}$$

$$= \frac{T_{\infty.1} - T_{\infty.4}}{\frac{1}{h_1 A} + \frac{L_A}{k_A A} + \frac{L_B}{k_B A} + \frac{L_C}{k_C A} + \frac{1}{h_4 A}}$$

(2) 열통과율(K) 산출

$$K = \frac{1}{\frac{1}{h_1} + \frac{L_A}{k_A} + \frac{L_B}{k_B} + \frac{L_C}{k_C} + \frac{1}{h_2}} = \frac{1}{R(f)}$$

여기서, K : 열통과율, 열관류율, 전열계수[kcal/m^2 · h · ℃] – 고체와 유체 사이에서 전체적인 열의 이동속도

$R(f)$: 열저항, 오염계수[m^2 · h · ℃/kcal]

h : 열전달률[kcal/m^2 · h · ℃]

k : 열전도계수[kcal/m · h · ℃]

L : 고체의 두께[m]

(3) 열량(q) 산출

$$q = K \times A \times \Delta T$$

여기서, q : 열량[kcal/h]

K : 열통과율[kcal/m^2 · h · ℃]

A : 면적[m^2]

ΔT : 고온부와 저온부의 온도차[K]

SECTION 023 연소생성물의 생성

130회 출제

01 개요

(1) **연소생성물(combustion products)**

연소 때문에 생성되는 열, 기체, 고체 미립자와 액체 에어로졸

(2) 화재위험의 특성은 물질의 표면 및 증기와 산소 간의 화학반응 결과로 발생하는 단위시간당 열에너지와 생성물로 결정된다.

1) 열적 위험(thermal hazard) : 열방출률(HRR)

2) 비열적 위험(non-thermal hazard) : 연소생성물의 발생률(연기, 유독가스)

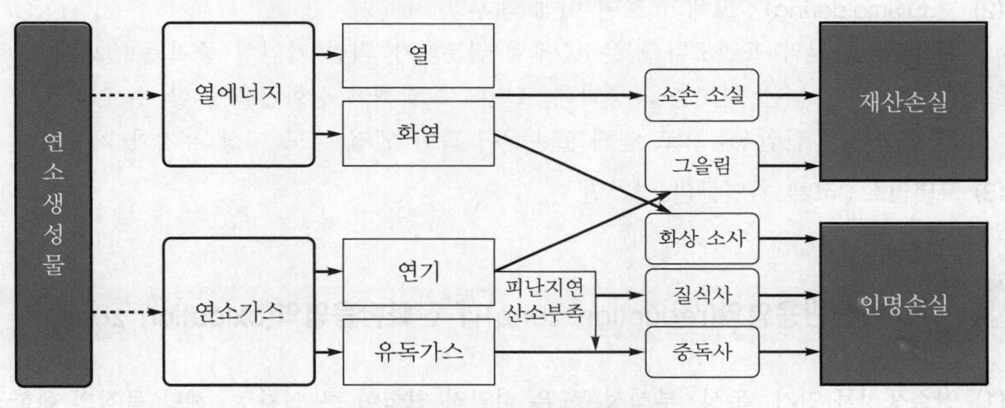

▌연소현상에 의한 화재손실[26] ▌

(3) 화학반응의 속도는 농도와 온도에 지배를 받게 되므로 발생하는 장소 및 강도에 따라 연소생성물과 발생량이 다르다.

영국 화재통계

① 화재 사망자 : $\frac{3}{4}$ 정도가 연기나 가스

② 사망자의 위치 : 57[%]의 사망자가 발화실 외부 공간

26) 중앙소방학교, 교육자료 2006 참조 재구성

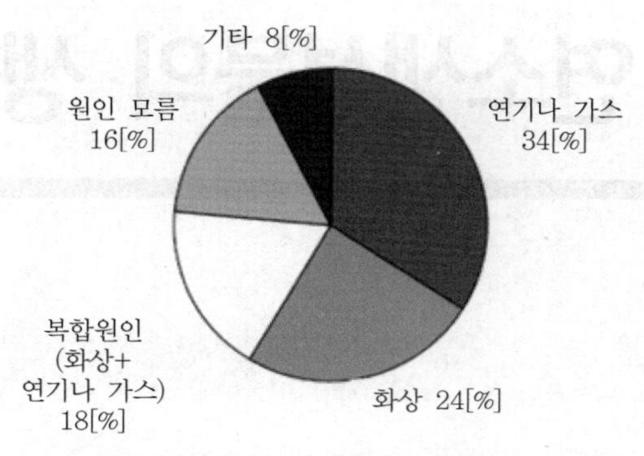

▌영국의 화재 주요 사망원인(2011)▐

02 화학반응 위치

(1) **확산화염** : 기체 상태로 가연물 상부

(2) **훈소(Smoldering)** : 고체의 표면 아래 내부

1) 해당 물질의 표면보다 깊은 층에서 열분해가 되면 가연성 증기는 반드시 그 위에 형성되어 있는 탄화층을 통과해 표면에 도달해야 산화반응을 할 수 있다.

2) 탄화층의 단열성능으로 인해 열손실이 작아 일정 온도 이상 유지가 가능하다.

(3) **표면연소** : 고체 가연물의 경계면

03 환원반응영역(reduction zone)과 산화반응영역(oxidation zone)

(1) 연소생성물(연기, 독성, 부식성 등)은 비열적 위험이 큰 인자로, 해당 물질의 화학적 성질 및 생성률에 대한 분석은 인명 및 재산의 보호에 있어서 중요한 역할을 수행한다.

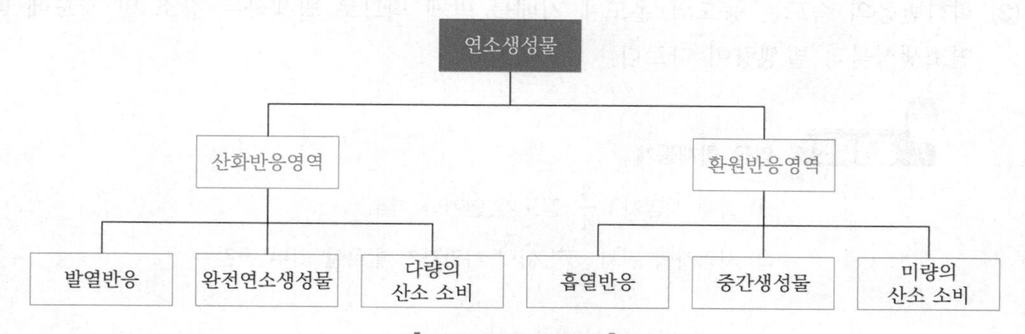

▌연소생성물의 맵핑▐

(2) 화재에서는 물질의 기화 및 분해 그리고 확산화염 등의 형태로 여러 종이 공기와 혼합, 연소함에 따라 다양한 연소생성물이 생성된다.

(3) 연소생성물의 발생과 확산화염 내의 산소 소비영역의 구분

1) 환원반응영역과 산화반응영역 비교

구분	환원반응영역(reduction zone)	산화반응영역(oxidation zone)
열	흡열반응영역	발열반응영역
발생현상	열분해영역	가연성 가스와 산소와 반응
생성물	일산화탄소(CO), 탄화수소 그리고 기타 중간생성물	완전연소생성물(CO_2, H_2O)
산소소비량	미량의 산소만이 소비(산소 가용성이 작음) $C + \frac{1}{2}O_2 \rightarrow CO - \Delta 29.2$[kcal]	다량의 산소가 소비 $C + O_2 \rightarrow CO_2 - \Delta 97.2$[kcal]
특성	화학적 조성에 따라 생성물질이 결정, 탄화 등 열적 특성	화염, 열

2) 산화반응영역(oxidation zone)

① 반응효율이 낮아질수록 화재로부터 방출되는 환원반응구역 생성물의 양이 증가한다.

② 반응효율의 결정인자

㉠ 당량비(가연성 가스의 양)

㉡ 화재실 온도

㉢ 생성물의 반응성

㉣ 난류 : 공기의 다량 유입에 따른 화염이 불안정으로 불완전연소생성물의 양이 증가한다.

③ 온도 : 아레니우스의 반응속도계수는 온도에 비례한다.

3) 플럼으로 유입되는 공기(연기발생량)

① 열방출률과 청결층(수직거리)의 함수이다.

㉠ 토마스식 : $0.188\, p_f \cdot y^{\frac{3}{2}}$

㉡ NFPA 204 : $K \cdot Q^{\frac{1}{3}} \cdot y^{\frac{5}{3}}$

② 연기발생량 = 거실제연에서 배출하여야 하는 연기량

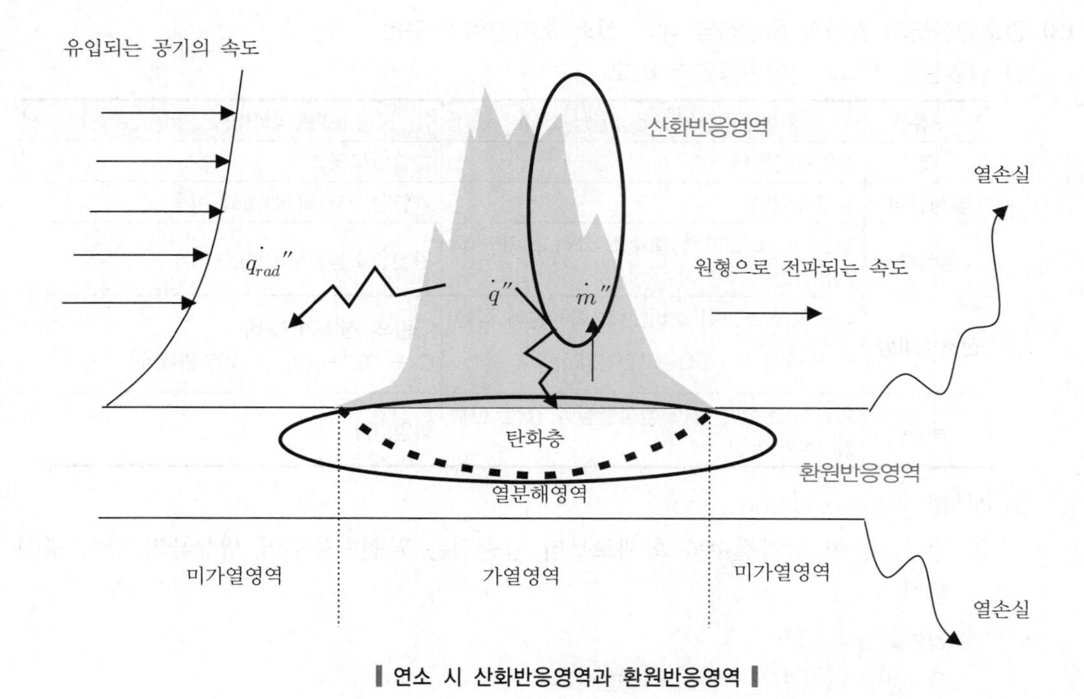

▌연소 시 산화반응영역과 환원반응영역▐

04 연소생성물 생성의 3가지 변수

(1) 가연물의 화학적 조성

가연물이 어떠한 원소로 구성되어 있는가에 따라 열분해 연소생성물이 발생한다.

(2) 화재의 형태

1) 훈소 : 저온 무염연소

2) 연료지배형

① FO 이전 : 산소가 충분하여 열분해된 가연성 가스가 모두 연소하는 과정으로 가연물의 양에 의해 연소가 결정된다.

② 최성기 이후 쇠퇴기 : 더 이상 연소할 가연성 가스가 부족하게 되어 가연물의 양에 의해 연소가 결정된다.

3) 환기지배형 : FO 이후에 산소 부족으로 인한 불완전연소의 과정으로 공기의 양에 의해 연소생성물의 양을 결정한다.

(3) 환기

1) 양호한 환기(well-ventilated) : 환기지배형 화재보다는 독성성분의 발생은 적다. 하지만 독성 관련 사항은 가연물의 화학적 조성과 관련이 깊어 독성성분이 없어지지는 않는다.

2) 부족한 환기 : 당량비(ϕ) > 1 환기 부족 상태, 분해생성물은 완전연소되지 않아 다량의 독성성분이 발생한다.

05 수율과 농도

(1) 수율의 정의

1) 연소가연물의 단위질량당 각 생성물의 질량

2) 어떤 가연물이 연소하면 얼마만큼의 특정 물질이 발생하는 가의 질량비

3) 공식(예 일산화탄소) : $y_{co} = \dfrac{m_{co}}{m}$

여기서, y_{co} : 일산화탄소의 수율

m : 연소가연물의 단위질량

m_{co} : 각 생성물의 질량

(2) 화재 시 생성물 수율

1) 공기공급이 제한되는 경우 : 불완전연소생성물의 수율 증가

2) ϕ(당량비) $= \dfrac{\text{실제 가연물의 양}}{\text{이론 가연물의 양}}$

3) 화학양론 연공비 : 가연물과 공기의 혼합비가 화학양론에 따라 정해지는 비율

당량비	가연물의 양	화재	시기
$\phi < 1$	희박상태	연료지배형	화재 초기 및 감쇠기
$\phi > 1$	과잉상태	환기지배형	최성기

(3) 불완전연소생성물의 수율

1) 확산화염에서 가연물 수율이 정해져 있고, 화염으로의 공기 공급률이 추정되거나 측정될 수 있다면 당량비(ϕ)가 결정된다.

2) 개방계의 자유연소 확산화염에서는 당량비가 큰 의미가 있는 것은 아니지만, 이에 대한 개념이 구획화재에서 적어도 플래시오버 이전까지는 천장 열기류(ceiling jet flow)의 조성에 대한 해석에는 도움을 주고 있다.

3) 온도 또는 산소농도가 낮으면 수산화기(OH)가 일산화탄소(CO)와 반응하여 이산화탄소로 전환되는 비율의 감소를 초래한다.

① 탄소입자(C)와 수산화기(OH)의 반응에 더 적은 에너지가 소요됨으로써 낮은 온도에서는 이 반응이 더 활발해지면서 일산화탄소의 발생이 많아지고 수산화기(OH)가 일산화탄소(CO)와의 반응을 통해 완전연소생성물인 이산화탄소의 발생은 줄어들게 된다.

② 불완전연소가 많이 발생한다.

(4) 농도

1) 수율은 화재로부터 무엇이 얼마만큼 생성되느냐의 문제이나 그 위험성은 연기의 농도이다.
2) 연기의 농도에는 다량의 독성물질을 함유하는 데 이는 대표적인 비열적 피해이다.

06 열적 피해

(1) 인적 피해

1) 생리적 방어능력을 초과하면 사망까지도 이르게 한다.
   ① 고온에 의한 열적 손상의 구분
      ㉠ 비교적 긴 시간 동안의 노출 : 열응력
      ㉡ 단기간 열에 노출 : 화상

열응력(thermal stress) : 물체는 열을 받으면 그 체적이 증가하는 반면 냉각이 되면 반대로 체적이 감소한다. 하지만 물체를 늘어나거나 줄어들지 않도록 구속하게 되면 물체 내부에는 이 구속에 저항하려는 내력이 발생하게 된다. 인체에서 현상온도를 유지하려고 하는 내력을 인체의 열응력이라고 한다.

   ② 열응력(thermal stress)의 발생
      ㉠ 임계온도 : 80[℃](건공기), 60[℃](습공기)
      ㉡ 수분 : 습도, 수증기 발생량, 소화수

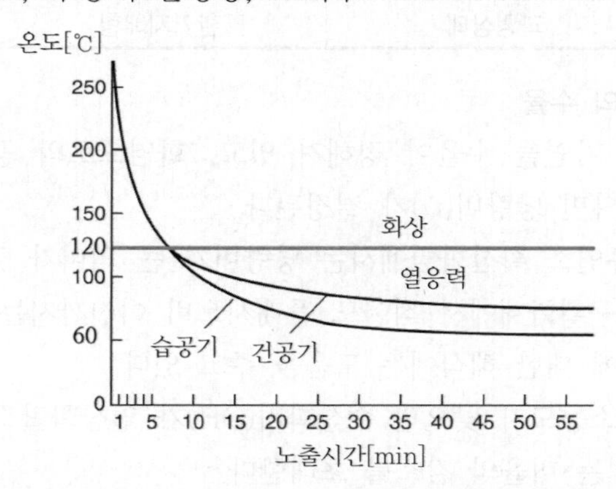

   ③ 열로 인한 피해과정 : 열기가 폐에 침투 시 혈압의 감소 → 혈액 순환장애 → 모세혈관 파열
   ④ 화상
      ㉠ 고통을 느끼는 온도는 45[℃]이며 54[℃]가 되면 화상이 발생(한계온도는 약 200[℃])한다.

㉡ 화상의 구분

화상	특성	현상
1도 화상	홍반성	단지 피부가 붉게 되는 현상
2도 화상	수포성	수포가 생성
3도 화상	괴사성	피부가 괴사하는 현상
4도 화상	흑색성	피부뿐 아니라 표피 내부 층까지 까맣게 탄 현상

㉢ 기관지 화상(respiratory tract burns) : 호흡곤란

㉣ 단시간 내에 발생하는 화상 : 4[kW/m^2] 이상

㉤ 장기 복사열에 의한 약한 화상(태양열) : 1[kW/m^2] 이상

⑤ 내열한계

㉠ 통상복 : 0.1[cal/cm^2 · sec](3,600[kcal/m^2 · h])

㉡ 내열 방한복 : 0.2[cal/cm^2 · sec](7,200[kcal/m^2 · h])

⑥ 바람이 없고 습도가 낮은 경우 고온 환경의 공기온도와 생존한계시간

공기온도[℃]	생존한계시간[min]
143	5 이하
120	15 이하
100	25 이하
65	60 이하

⑦ 공기 중에 수분이 많은 경우 땀의 증발이 억제되므로 이와 같은 포화증기 하에서는 50[℃]라도 수 분밖에 견딜 수 없다고 한다. 왜냐하면, 땀이 증발하면서 인체로부터 열을 빼앗아 가기 때문이다. 그러나 습도가 높으면 증발이 어려우므로 습도가 높은 지역은 같은 온도라도 훨씬 더 불쾌감을 느끼게 되는 것이다.

2) 습도가 높은 경우 효과적인 열에너지 전달 : 수증기의 열흡수 및 방사능력이 우수하기 때문이다. 119회 출제

① 습도가 높으면 인내 한계시간이 감소한다.

② 상대습도 : $\frac{\text{습한 공기 중 수증기량}[g/m^3]}{\text{포화 습기 공기 중의 수증기량}[g/m^3]} \times 100[\%]$

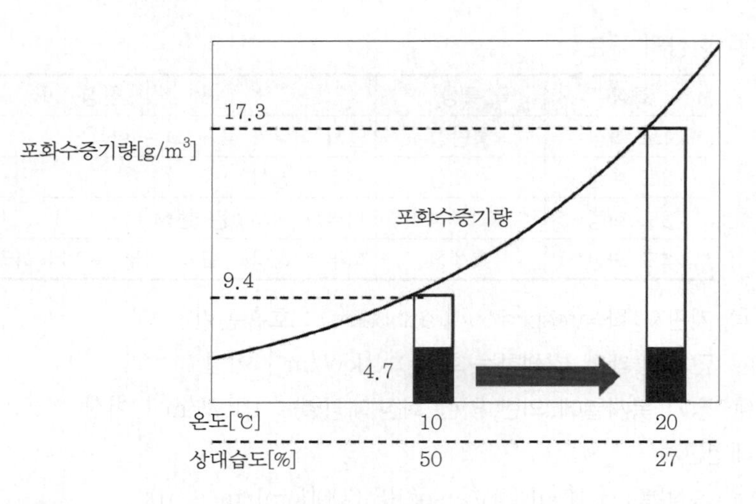

③ 상대습도와 인내 한계시간과의 관계

노출온도[℃]	상대습도[%]	한계시간
50(120[℉])	10	10일
50(120[℉])	50	2시간
50(120[℉])	100	10분

3) 대류열에 의한 열적 피해

① 한계온도 : 140[℃](NRCC 캐나다 국립방재연구소)

② 노출시간 : $t_{Iconv} = \dfrac{4.1 \times 10^8}{T^{3.6}}$ (완전히 옷을 착용한 경우)

여기서, t_{Iconv} : 대류열 노출시간[min]

T : 대기온도[℃]

4) 복사열에 의한 열적 피해

① 노출한계 : 2.5[kW/m²](30분 이상 견딜 수 있지만, 그 이상에서는 급격히 감소)

② 노출시간

㉠ $t_{Irad} = \dfrac{4}{q^{1.35}}$

여기서, t_{Irad} : 복사열 노출시간[min]

q : 복사열유속[kW/m²]

㉡ 노출 복사열유속에 따른 화상

화상	1도	2도	3도
복사열유속(q)	1.33 ~ 1.67	4 ~ 12.2	16.7

③ 노출한계시간

㉠ $t_{\exp} = (1.125 \times 10^7)\dfrac{(1.125 \times 10^7)}{T^{3.4}}$

여기서, t_{exp} : 노출한계시간[min]

T : 온도[℃]

㉡ 노출온도와 노출한계시간

노출온도[℃]	노출한계시간[min]
80	3.8
75	4.7
70	6.0
65	7.7
60	10.1
55	13.6
50	18.8
45	26.9
40	40.2

④ 스톨(stoll) 등의 시험에 의한 복사열과 통증 및 화상의 관계

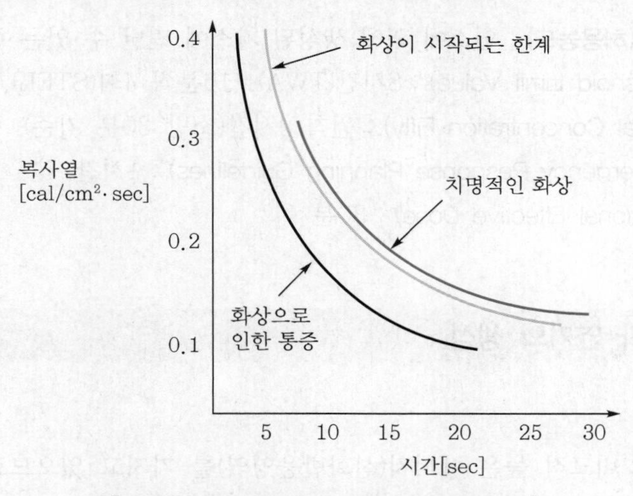

▌시간의 경과에 따른 복사열과 화상의 관계 ▌

5) 열의 FED : FED의 한계값(0.3 무력화)

$$\text{FED} = \sum_{t_1}^{t_2} \left(\frac{1}{t_{I_{\text{rad}}}} + \frac{1}{t_{I_{\text{conv}}}} \right) \cdot \Delta t$$ [27)]

여기서, t_{rad} : 복사열의 노출시간

t_{conv} : 대류열의 노출시간

(2) 물적 피해

1) 내장재 : 20[kW/m^2] 이상이면 바닥면의 가연물을 발화시킬 수 있는 화재강도

27) NFPA 130 2014년판 B.2.1.1 Heat Effects.

2) 구조부재
① 폭렬
② 열적 팽창
㉠ 열적 응력
㉡ 기계적 응력

07 비열적 피해 104 · 102회 출제

(1) 내연 한계

감광계수(K_s)	가시거리(L_v)	현상
0.1	20 ~ 30[m]	• 연감지기 동작 • 불특정 다수의 피난한계농도
0.3	5[m]	건물 내 숙지자의 피난한계농도

(2) 내 가스 한계(허용농도) : 연소에 의해 생성된 가스에 견딜 수 있는 한계(농도×노출시간)
1) TLV(Threshold Limit Value) : 8시간(TWA), 15분씩 4회(STEL), 최고 농도
2) LC_{50}(Lethal Concentration Fifty) : 원칙 4시간(소방 30분 기준)
3) ERPG(Emergency Response Planning Guidelines) : 1시간
4) FED(Fractional Effective Dose) : 30분

08 화염과 연기의 생성

(1) 화염
1) 화염연소 : 비교적 높은 에너지(산화반응영역)를 가지고 있으므로 불완전연소생성물이 작다.
2) 화염연소 중에 발생하는 연기 : 탄소원소(검댕이, soot)의 함량이 높다.
3) 연기색상 : 화염연소 중에 발생하는 고체 탄소입자인 검댕 혹은 그을음에 의해서 흑색이 발생한다.
4) 기상 화염온도 : 약 900 ~ 1,200[℃]

(2) 열분해
1) 발생 위치 : 복사 열유속 등에 의한 열공급의 결과로 화염 등에 인접한 가연물 표면에서 발생한다.
2) 열분해되는 표면의 온도 : 약 300 ~ 600[℃]
3) 색상 : 증기압의 낮은 성분은 응축되면서 연기 액적(옅은 색)인 타르를 형성한다.

(3) 훈소

1) 연소가 자체 지속된다.

2) 색상 : 훈소 및 가연물 열분해 중에 발생하는 액적으로 가연물의 종류에 따라 다양한 색상이 나온다.

(4) 수증기

1) 가연물이 목재와 같이 수분을 다량 함유한 경우 수분의 증발로 발생한다.

2) 색상 : 하얀 연기(백연)가 발생한다.

SECTION 024 연소 시 생성되는 가스

01 개요

(1) 비열적 손상의 주요 영향인자
연소 시 생성되는 연기성, 독성, 부식성 및 방향성의 화합물

(2) 화재에서 이러한 화합물들은 재료의 열분해나 기화 또는 확산화염 속에서 공기와 함께 기상 종들이 연소하여 발생한다.

(3) 확산화염 속에서 연소생성물의 발생과 산소의 소모는 환원영역과 산화영역의 두 영역에서 발생한다.

(4) 연소생성물의 화학적 성질이나 발생 메커니즘에 대한 평가는 인명과 재산 보호를 위한 중요요소이다.

02 연소 시 생성되는 가스 133회 출제

(1) 마취성 가스

1) 개요

① 정의 : 의식을 잃은 상태(혼수상태)를 일으키는 가스

② 위험성 : 세포 내 산소의 수용능력을 감소시키므로 저산소증에 민감한 신경계를 마비시키고, 심하면 중추신경계를 마비시켜 혼수상태나 사망에 이르게 한다.

③ 종류 : 황화수소(H_2S), 케톤(ketone)류, HCN, CO

④ 변수 : 농도와 시간

2) 종류

① 일산화탄소(CO)

② 시안화수소(HCN)

㉠ 위험성 : 거의 전량 혈액 속에 존재하는 CO와 달리 세포조직의 산소사용을 방해한다.

㉡ 특성 : 효과가 CO보다 상대적으로 빠르게 발생(약 20배)한다.

㉢ 발생물질 : 플라스틱, 모직, 견직물 등의 질소를 함유한 물질의 불완전연소

㉣ 독성농도 : 0.3[%] 농도에서 즉사(일명 청산가스)

③ 이산화질소(NO_2)

㉠ 위험성 : 노출되는 양이 심하지 않으면 독성효과는 늦게 나타나고 호흡이 곤란해지며 회복이 어렵고 폐렴을 유발한다.

㉡ 발생물질 : 질소 함유물의 고온 연소 시 많이 발생한다.

㉢ 독성농도 : 0.02 ~ 0.07[%] 농도에 잠깐 노출되어도 치명적이다.

④ 포름알데하이드(HCHO)

㉠ 위험성 : 점막 자극과 중추신경계에 마취작용을 하고 단백질을 침전시켜 폐 조직에 염증을 일으키는 작용을 한다.

㉡ 특성

- 냄새가 강하고 무색인 액체로 자극적인 냄새가 나는 무색의 기체
- 인화점이 낮아 폭발의 위험

㉢ 발생물질 : 고분자 물질과 낮은 온도나 산소가 부족한 환경상태에서 많이 발생한다.

㉣ 독성농도 : 50 ~ 100[ppm]에서는 5 ~ 10분간 노출 시 기관지, 폐에 염증을 일으켜 폐수종이 발생한다.

폐수종 또는 폐부종(pulmonary edema) : 폐는 산소를 몸으로 들여오기 위한 장기이며 폐의 내부에 있는 폐꽈리라는 곳에서 공기순환이 일어난다. 폐수종 또는 폐부종은 폐꽈리라는 호흡할 공간이 물로 가득차 있게 되므로 호흡을 할 수 없게 되는 것이다.

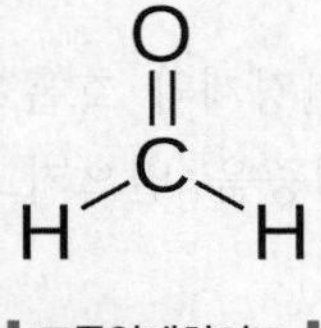

▌포름알데하이드▐

⑤ 케톤(ketone)류

㉠ 위험성 : 보통 폐에는 거의 영향을 주지 않는다. 그러나 호흡기를 통해 신경에 도달하면 정신착란, 심지어는 의식불명까지 발생한다.

㉡ 메틸에틸케톤(MEK)과 아이소부틸케톤(isobutyl ketone) : 지독한 냄새를 가지며 흡입하면 곧 의식을 상실한다.

⑥ 황화수소(H_2S) 가스

㉠ 위험성 : 농도가 진하면 독성이 강해져 신경계통에 악영향, 호흡속도가 증가하면서 호흡기도 무력화한다.

㉡ 발생물질 : 나무, 고무, 가죽, 고기, 머리카락 등과 같이 유황을 함유한 물질의 불완전연소

㉢ 독성농도 : 1시간 치사농도는 0.1[%]

㉣ 특성 : 달걀 썩는 냄새

황화합물의 공통 성질

① 황을 포함하는 화합물의 불완전연소 : H_2S(황화수소) 발생

② 황을 포함하는 화합물 : 고무, 가죽, 모피

③ 특징 : 달걀 썩는 냄새 → 자극성 → 호흡기에 영향

④ 황을 포함하는 화합물의 완전연소 : SO_2(이산화황)

(2) 자극성 가스(irritation gas)

1) 개요

① 정의 : 직접 접촉한 조직에 발적, 종창, 열, 통증 등을 일으키는 가스

② 위험성 : 피부, 눈의 각막, 결막 특히 호흡기의 점막 등 감각기관을 자극하여 판단능력, 시각, 호흡을 저해하거나 잃게 한다. → 인명피해 증대

③ 종류 : 아크롤레인, 염화수소, 암모니아, 불화수소, 포스겐

④ 변수 : 농도

2) 구분

① 신경계 자극 : 피부와 눈을 자극하여 판단능력 및 행동능력을 저하시킨다.

② 호흡계 자극 : 폐를 자극 → 기침 유발 → 기관지염

3) 종류

① 아크롤레인(CH_2CHCHO)

㉠ 위험성

- 눈과 피부를 자극, 신경계와 호흡계를 동시에 자극한다.
- 흡입 시 기관지에 염증을 일으키고 고농도를 흡입 시에는 폐수종을 발생시킨다.

㉡ 특성 : 지방이 타는 듯한 역한 냄새

㉢ 발생물질 : 담배, 셀룰로이드계의 훈소화재와 폴리에틸렌과 같은 석유제품이나 유지의 열분해 시 발생한다.

㉣ 발생환경 : 고분자 물질의 낮은 온도나 산소가 부족한 환경

㉤ 독성농도 : 허용농도 0.1[ppm]

② 염화수소(HCl)

㉠ 위험성

- 감각을 마비시키는 자극성(만약 눈에 들어가면 염산으로 작용하여 격렬한 통증을 느끼게 하며 눈물이 쏟아져 나옴)이 있다.
- 금속을 부식시킬 뿐만 아니라 호흡기도 부식시키는 강한 부식성이 있다.

㉡ 발생물질 : 폴리염화비닐 등 염소가 포함된 물질의 연소 시 발생한다.

㉢ 독성농도 : 1,000[ppm] 농도에서 수 분 내에 치사

③ 암모니아(NH_3)

㉠ 위험성 : 눈, 코, 인후, 폐에 자극이 큰 휘발성이 강한 물질로, 인체에 흡입 시에는 소화기계의 점막에 물집, 피부에는 홍반, 눈에는 결막염과 각막혼탁을 일으키는 가연성(15 ~ 20[%]) 가스이다.

㉡ 발생물질 : 나무, 실크, 페놀수지 등 질소 함유물이 탈 때 발생한다.

㉢ 특성 : 암모니아는 상용 또는 산업용 냉동시설의 냉매로 사용되고 있으므로 이러한 시설은 재난 시 누출되거나 폭발 우려가 있다.

㉣ 독성농도 : 0.5[%] 농도에서 30분 치사

④ 불화수소(HF)

㉠ 위험성

- 눈에 불화수소가 닿으면 각막이 손상되거나 혼탁해지고 심하면 실명까지 유발한다.
- 호흡하게 되면 기도에 물집이 생기며 기관지 경련을 일으키고 폐부종까지 유발한다.
- 식물도 잎이나 줄기에 내려앉은 불화수소가 식물 조직으로 흡수되면 신진대사를 제대로 할 수 없게 되어 잎이 누렇게 변하고 결국에는 고사한다.
- 불화수소의 플루오린이온(F^-) 크기는 다른 할로겐 이온들보다 작아서 피부조직에 쉽게 침투하는 성질을 가지고 있어 피부조직이 손상을 입게 된다.
- 플루오린이온(F^-)과 칼슘이온(Ca^{2+})이 반응하면서 신경 말단을 자극하는 포타슘이온(K^+)이 대량으로 방출되면서 심한 통증을 유발하고 심하면 심장마비를 발생시킨다.

㉡ 발생물질 : 고분자 불소 화합물, 할로겐 화합물의 열분해 등

㉢ 허용농도 : 3[ppm]

⑤ 이산화황(SO_2)

㉠ 위험성 : 눈 및 호흡기에 강한 자극성, 강한 금속에 대한 부식성이 있다.

㉡ 발생물질 : 황이 함유된 물질이 완전연소할 때 생성한다.

㉢ 독성농도 : 약 0.05[%]의 농도에 단시간 노출되어도 위험하다.

⑥ 포스겐($COCl_2$)

㉠ 위험성 : 저농도에서도 폐수종을 일으킬 수 있는 맹독성 물질

㉡ 발생물질 : 열가소성수지인 PVC, 염소함유 수지류가 탈 때 많이 발생한다.

㉢ 특징 : 일반적인 물질이 탈 때는 거의 발생하지 않는다.

㉣ 독성농도 : 5 ~ 10[ppm]의 저농도에서도 위험하다.

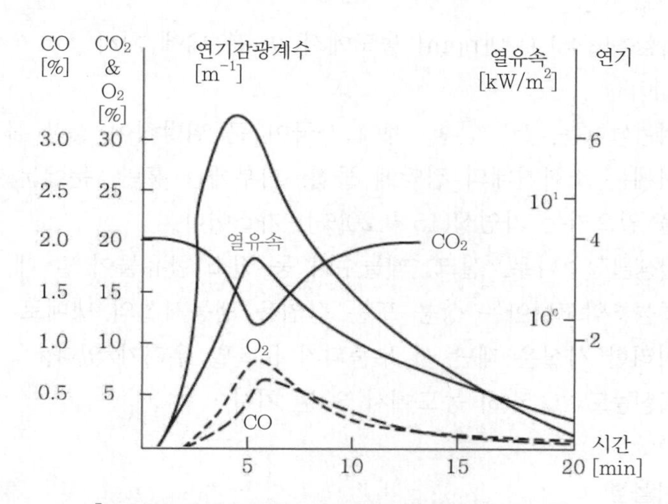

▌시간의 경과에 따른 연소생성물과 열의 변화28) ▌

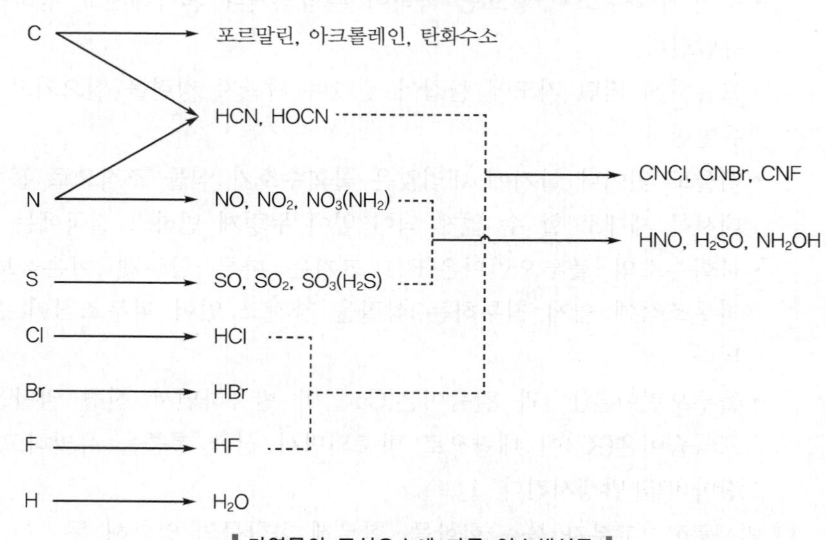

▌가연물의 구성요소에 따른 연소생성물 ▌

(3) 이산화탄소(CO_2)

1) 이산화탄소는 무색·무취의 연소생성 가스의 일종으로 인체에서도 에너지 대사의 결과로 산출된다. 따라서, 체내에도 일정량이 존재하는데 과잉분은 체외로 배출된다. 공기 중에 0.038[%] 존재한다.

2) 화재 시 가장 많이 발생하는 연소생성물이다.

3) 위험성

① 특별한 독성은 없다.

② 이산화탄소는 공기 중의 산소를 소비하여 생성되므로 농도가 증가함에 따른 산소농도가 감소한다.

28) SFPE 2-06 Toxicity Assessment of Combustion Products 2--103

③ 흡입 주기와 양 증가, 호흡속도의 증가 등 이러한 이유로 다른 독성물질을 다량 흡입하게 되는 원인이 된다.

4) 호흡 중의 이산화탄소 농도에 대한 증상

▌이산화탄소(CO_2) 농도 증가에 따른 생리적 반응▐

이산화탄소 농도[%]	노출시간	영향	반응이유
0.038[29]	–	대기 중 농도	–
0.5	–	안전한계농도	–
1	–	공중위생상 허용농도	–
2	수 시간	가벼운 활동에 따른 두통과 호흡곤란이 수반된다. 폐의 호흡량은 50[%] 증가한다.	–
3	1시간	뇌혈관이 팽창하고 폐의 호흡량이 100[%] 증가하며, 신체조직에 산소전달이 증가된다.	몸속의 CO_2 방출이 활발해지기 때문이다.
4 ~ 5	수 분	가벼운 두통, 발한, 호흡이 300[%] 증가하여 호흡이 곤란해진다.	–
6	1 ~ 2분	청각 및 시각장애	각막의 산소소비량 증가로 산소가 부족하기 때문이다.
	16분 미만	두통과 호흡곤란이 심각해진다.	–
	수 시간	경련	–
7 ~ 10	수 분	무의식 또는 그와 유사한 상태	–
	1.5분 ~ 1시간	두통, 심장박동 증가, 호흡곤란, 현기증, 발한	외부의 CO_2 농도가 더 높으므로 폐로 호흡 시 CO_2 농도가 감소하지 않는다.
10 ~ 15	1분 이상	현기증, 졸음, 심한 근육경련과 의식불명, 시력장애	각막에 산소공급이 중단
17 ~ 30	1분 이하	통제 및 목적이 있는 활동이 곤란, 의식소실, 경련, 혼수 및 사망	뇌에 산소공급이 중단

5) 미국안전위생국의 피난 한계농도(30분 이내에서 피난이 어려운 농도) : 5[%]

(4) 산소 결핍(anoxia)

1) 인간이 살아가기 위해서는 대기 중의 산소(O_2)를 호흡해야 한다. 대기는 산소를 포함한 여러 종류의 가스로 구성되어 있는데, 일반적인 환경에서 대기는 21[v%]의 산소를 포함하고 있다. 산소농도가 19.5[v%] 이하로 떨어지면 산소결핍으로 간주하며, 산소농도가 16[v%] 미만이면 인간에게 안전하지 않은 환경으로 취급한다.

29) 과거에는 0.033이었지만 NFPA 2008버전에는 0.038로 기재되어 있다. 지구온난화로 점점 증가 추세이다.

2) 산소결핍이 발생하는 원인

① 환기 불량

② 연소로 인한 산소의 소비

③ 기타 화학반응으로 생성물

3) 산소농도 저하가 인체에 미치는 영향

공기 중의 O_2 농도[%]	증상
21	정상(공기 중에 포함된 O_2 정상치)
16 ~ 12	호흡률 감소, 근육이 말을 듣지를 않음, 인간의 행동능력 저하
12 ~ 10	감정의 착란, 현기증, 호흡의 흐트러짐, 급속한 피로감, 의식은 있으나 판단력 저하
10 ~ 6	구토, 의식불명. 신선한 공기가 공급되면 소생은 가능하다.
6 이하	수분 내 질식으로 인한 사망

SECTION

025 일산화탄소(CO)

01 개요

(1) 화재 발생 시 주요 독성물질 중에서 가장 많이 발생하는 위험한 연소생성물이 일산화탄소(CO)이다. 따라서, 화재 중에 사망에 이르는 중요한 이유 중 하나인 가장 주의해야 할 마취성 가스이다.

(2) 유기물의 탄소는 높은 온도, 충분한 공기량과 같은 연소에 유리한 환경에서는 대부분 이산화탄소로 계 밖으로 배출되지만 2가지 조건 중 한 가지라도 부족하면 일산화탄소 생성률이 증가하게 된다.

02 특성 및 위험성

(1) 특성

1) 무색 · 무미 · 무취의 기체 : 감지의 어려움

2) 연소 시 파란 불꽃을 생성하며 이산화탄소가 됨 : 가연성

3) 비중 : 0.98(부유성)

4) 화재중독사 대부분의 원인 물질로서는 그다지 크지 않지만, 화재 시 많이 발생하는 독성물질이다.

(2) 위험성

1) 환각과 의식 상실을 유발 : 피난 및 소화활동의 장애

2) 일산화탄소(CO) 섭취 및 중독 현상은 낮은 농도에서는 매우 완만하게 진행된다.

3) 일정 농도 이상에서는 질식(asphyxiation) 영향은 급격하게 일어나고 그로 인한 무력화 정도는 매우 빠른 속도로 심각한 수준에 이른다. 일산화탄소를 흡입하게 되면 체내에 산소가 공급되는 것이 아니라 일산화탄소가 공급되게 되며 이로 인하여 인체에 중독증상이 발생한다.

4) 일산화탄소는 산소를 운반하는 헤모글로빈(hemoglobin)과의 친화력이 커서 혈액 내의 산소부족을 유발(산소의 200배 결합력)한다.

5) 일산화탄소와 헤모글로빈의 결합물질인 COHb(카르복실 헤모글로빈 ; Carboxy-hemoglobin)의 혈액 내 농도로 위험성을 결정한다.

6) 허용농도 : 50[ppm]

7) 발생물질 : 석유, 석탄, 도시가스 등을 비롯하여 모든 물질에서 산소 부족의 상태 및 저온과 같은 불완전연소에서 발생한다.

(3) 생존 허용기준

1) 스프링클러 작동 전 : 900[ppm]

2) 스프링클러 작동 후 : 400[ppm]

03 생성/발생 메커니즘

(1) CO 생성 : 환원반응영역

1) 가연물의 구성성분과 열적 특성

2) 구성성분에 산소를 가지고 있는 목재 등이 더 많은 CO를 생성한다.

3) CO 농도의 중요요소 : 생성된 CO가 CO_2로 전환되는 비율

4) CO가 CO_2로 전환되는 비율 결정인자 : 온도, 당량비

(2) CO에서 CO_2로의 전환 메커니즘 : 산화반응영역

1) 고온반응 : $CO + \frac{1}{2}O_2 \rightarrow CO_2$

① 화학반응에 고온필요

② 표면연소의 경우 CO의 발생이 적은 이유 : 표면이 고온

③ 훈소의 경우 CO의 발생이 많은 이유 : 표면이 저온

④ 고온인 경우 : 산소가 부족하게 되면 CO가 발생(환기지배형)

2) 화염반응 : $CO + OH \rightarrow CO_2 + H$

① 화염반응은 고온반응의 반응온도보다 비교적 낮은 온도에서도 발생

② CO가 생성되는 반응속도는 CO가 OH와 산화반응하여 CO_2가 생성되는 반응에 비해 훨씬 빠르게 진행된다.

(3) 훈소의 경우 저온 무염연소이므로 CO가 그대로 계 밖으로 배출된다.

1) 온도가 낮은(800[K] 이하) 관계로 CO가 CO_2로 변환되지 않음 : 산화반응영역을 통과하지 못해서 이산화탄소로 반응하지 못한다.

2) 주택화재 인명피해의 주요 원인이 된다.

3) 산소량이 부족한 상태 : 일산화탄소의 발생이 더 빈번한데 완전연소에 필요한 산소량의 약 25%에서 일산화탄소가 최대로 발생한다.

(4) $\frac{CO}{CO_2}$ 비

구분	$\frac{CO}{CO_2}$
훈소	0.1~1
연료지배형	< 0.05
환기지배형	0.2~0.4

(5) 최성기의 환기지배형 화재에서 CO 농도

1) 산소농도에 의해서 영향을 받는다.

2) 충분한 에너지는 공급되어 있고 따라서 C와 반응을 할 수 있는 산소의 농도가 얼마나 되는가가 CO 농도를 결정한다.

(6) 목재

1) 산소를 함유한 가연물이므로, 혼입된 공기로부터 CO 형성을 위해 추가로 산소가 필요하지 않다.

① 목재는 공기가 부족한 환경 속에서 CO를 형성한다.

② 우리가 숯을 만들 때 공기가 들어가지 못하게 땅에 묻는 이유 : 공기 부족 환경 형성

2) CO의 발생량

① 산소를 포함한 탄화수소 > 탄화수소 > 방향족

② 목재 > PMMA > Nylon > PE > PP > PS

연기 생성효율은 방향족 C-H 구조를 갖는 중합체인 PS가 가장 높고 지방족 C-H-O 구조를 갖는 중합체가 생성효율이 가장 낮다.

(7) 공기 중의 일산화탄소(CO) 농도에 따른 중독상태

공기 중의 농도[ppm]	중독상태
50	허용한계농도
200	2 ~ 3시간 이내에 가벼운 두통이 일어남
400	1 ~ 2시간에 앞머리에 두통 2.5 ~ 3.5 시간에 뒷머리 두통
800	45분에 두통, 메스꺼움, 구토, 2시간 내 실신
1,600	20분에 두통, 메스꺼움, 구토, 2시간부터 사망
3,200	5 ~ 10분에 두통, 메스꺼움, 30분부터 사망
6,400	1 ~ 2분에 두통, 메스꺼움, 10 ~ 15분에서부터 사망
12,800	1 ~ 3분에서부터 사망

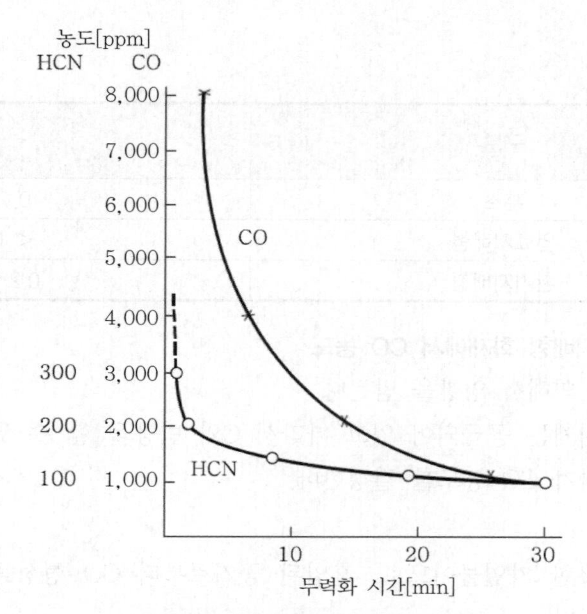

▌마취성 가스의 농도와 무력화 시간▐

04 결론

(1) 일산화탄소(CO)는 화염의 환원반응영역에서 해당 가연물의 산화 열분해 결과로 생성된 후 산화반응영역에서 이산화탄소(CO_2)로 전환(산화)되어 계외로 배출한다.

(2) 일산화탄소(CO)의 발생수율은 연료지배형에서는 온도에 반비례하고 환기지배형에서는 산소농도에 반비례한다.

(3) 이산화탄소(CO_2)의 생성효율은 가연물 화학구조의 영향을 받지 않지만, 일산화탄소(CO)의 생성효율은 해당 가연물의 화학구조에 따라 달라진다.

(4) 일산화탄소(CO)는 화재 인명피해 원인의 대부분을 차지하므로 일산화탄소(CO)의 화학적 성질 및 생성률에 대한 사정은 인명 및 재산의 보호에 있어서 큰 의미가 있다.

SECTION

026 화재상황에 따른 연소생성물 유해성

01 개요

(1) 화재로 인한 인명피해 대부분은 연소생성물의 독성에 의한 피해가 그 원인이며 '그 연소생성물에 얼마나 노출되었는가'와 '어느 정도 시간에 노출되었는가'이다.

(2) 노출농도와 시간에 의해서 결정된다. 그리고 이러한 연소생성물에 의해서 피난의 무력화가 발생하여 피난시간 지연이 발생한다.

(3) 무력화

정상적인 행동을 할 수 없는 상태를 말하며 피난 무력화는 연소생성물 등에 노출되어 피난할 수 없게 된 상태

02 연기의 유해성 126회 출제

(1) 심리적 유해성

1) 피난자는 비교적 옅은 연기 중에서 불안감을 느끼기 시작한다. 이러한 불안감이 경쟁적 관계와 같이 형성되면 패닉에 빠진다.

2) 화재 연기에 노출된 상태에서 피난자들의 명확한 사고능력과 행동능력은 연기농도 증가에 따라 감소한다.

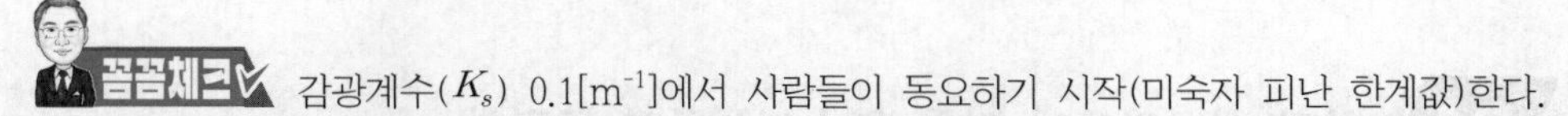

3) 사고능력 한계값의 결정요소 : 내부구조를 얼마나 숙지하고 있는가에 의해 결정된다.

불특정 다수인이 이용하는 건축물의 피난계획 시에는 불특정 다수인 피난자의 심리적 유해성을 고려한다.

(2) 시각적 유해성

1) 연기가 빛을 흡수하거나 반사해서 시각적 장애(행동능력에 제약)가 생긴다.

2) 감광계수(K_s)와 가시거리(L_v)는 반비례 관계이다.

$K_s \times L_v = C$

3) 자극성 가스인 경우는 보다 큰 영향을 미친다.

(3) 생리적 유해성

1) 산소결핍 : 행동, 판단능력 저하
2) 이산화탄소 증가에 의한 질식, 호흡속도 증가
3) 일산화탄소(CO), 시안화수소(HCN) 등 마취성 가스 : 무력화
4) 불화수소(HF), 염화수소(HCl), 브롬화수소(HBr) 등 자극성 가스 : 피부, 기도, 눈 및 폐의 손상
5) 고온 연기를 흡입하여 기관지, 폐에 화상 : 호흡곤란이 되는 열피해
6) 연기입자 자극 : 탄소입자가 눈 및 폐를 자극, 그을음이 코 및 목구멍에 막혀 질식 및 호흡곤란

03 무력화

(1) 정의

인간이 적절히 활동할 수 없으며, 해를 입지 않은 채로 탈출할 수 없는 상태

(2) 원인

1) 연기의 흡광도와 자극성 연기 및 생성물이 눈에 미치는 고통스러운 영향으로 인해 발생하는 시력손상
2) 자극성 연기 흡입 : 기도, 피부, 눈 통증 및 호흡곤란
3) 독성 가스 흡입 : 질식과 그로 인한 착란 및 의식 상실
4) 산소결핍 : 판단능력, 행동능력 저하
5) 노출된 피부 등에 열의 영향 : 화상이나 고열로 인한 탈진
6) 마취성 가스 : 판단능력, 행동능력 저하

04 화재 시나리오에 따른 연소생성물과 무력화

(1) 훈소화재

1) 피해자의 위치 : 발화실 내에 있을 수도 있고 멀리 떨어진 위치에 있을 수도 있는 화재
2) 특성

① 화염이 없는 저온으로 완전연소가 되지 않아 일산화탄소를 그대로 계 밖으로 배출하고 연소생성물은 에너지가 낮은 액적 형태를 띠며, 연기밀도가 높은 경우는 거의 없고, 실내온도도 비교적 낮은 편이다.

② 조기경보의 중요성 : 조기에 경보가 되면 충분한 탈출시간을 부여받게 되지만, 위험을 인지하지 못하면 일산화탄소(CO) 등에 의한 질식 또는 급기 상태가 안 좋은 경우 저산소와 일산화탄소(CO)의 중독에 의한 피해가 발생한다.

③ 위험성 : 연기 주성분은 신체 내로 흡입되기 쉬운 매우 작은 액체입자로 비열적 피해가 커서 주택화재 인명피해의 주요 원인이 된다.

(2) 성장기 화재

1) 피해자의 위치 : 발화실 내

2) 특성

① 화염의 발달로 산화반응영역에서 활발한 반응이 발생해서 완전생성물이 증가하고 독성 물질도 적다.

② 이산화탄소의 증가로 인해 호흡속도가 빨라져 단위시간당 섭취량은 증가한다.

3) 고려사항

① 최소피난시간(RSET)

② 화재성장속도(at^2)

③ 허용피난시간(ASET)

(3) 전실화재(FO)

1) 피해자의 위치 : 발화실 내

2) 특성 : 화염이 가용 산소를 빠르게 소진하고, 연소가 시작된 지 수분 후에 산소농도가 저하함에 따라 연소효율이 저하되면서 일산화탄소(CO) 및 기타 독성 생성물 농도가 높은 연기를 생성한다.

3) 고려사항

① 화재성장을 지연시키는 재료인 불연 또는 난연재료를 사용한다.

② 조기에 감지경보를 통해 피난하게 함으로써 거주자의 생존 가능성을 크게 증가시킨다.

(4) 산소량이 부족한 화염화재

1) 일산화탄소(CO)의 발생비율은 일반적으로 훈소화재보다 더 작지만 산소량이 풍부한 화염화재보다는 높다.

2) 해당 화재는 빠르게 성장하므로, 산소부족으로 인한 독성 물질의 생성률이 매우 높은 경우가 많다.

3) 이산화탄소의 시너지 효과가 발생한다.

(5) 최성기 화재, 전실화재(FO) 후 화재

1) 피해자의 위치 : 희생자가 화재로부터 멀리 떨어져 있는 화재

2) 특성

① 발화구역에 화재가 국한될 수도 있지만, 공기량이 부족하여 다량의 독성 연기가 형성되어 건축물 전체로 퍼져 나가면서 발화실로부터 멀리 떨어진 장소에서 치사 수준의 독성 농도가 형성된다.

② 작은 화재라도 기하급수적으로 화재가 성장할 가능성이 존재한다.

③ 열방출률이 최대를 이루며 열로 인한 건축물의 구조적인 문제가 발생한다.

(6) 쇠퇴기

1) 최성기를 지나서 쇠퇴기가 된 경우 : 가연물이 대부분 연소하여 가연물이 부족한 연료지배형 화재이다.

2) 산소는 충분하지만, 열량이 부족한 경우 : 훈소화재

3) 밀폐공간에서 산소량이 부족해 성장기에서 바로 쇠퇴기가 된 경우 : 백 드래프트 등과 같은 산소공급으로 인해 화재가 급격하게 성장한다.

05 무력화 위험 완화

(1) 훈소화재

1) 발화 예방 : 불연재, 준불연재, 난연재를 사용한다.

2) 독성 완화 : 분해 중에 일산화탄소(CO) 등 독성 물질을 제외한 다른 생성물을 생성(첨가제, 물질)하도록 한다.

3) 연기감지기나 일산화탄소(CO)감지기의 필요성 : 조기 경보

(2) 성장기, 전실화재

1) 일단 발화가 일어난 후에는 성장률을 제한하는 조치(소화설비 등)를 통해 소규모 화재로 제한한다.

2) 화재로부터 탈출할 수 있는 시간확보(ASET > RSET)가 필요하다.

(3) 최성기 화재

최초 발화실 내부에 화재 및 연기를 국한하는 방화구획, 방연구획 등의 조치가 필요하다.

SECTION 027 독성 가스와 허용농도

01 개요

(1) 독성 농도

1) 정의 : 인체에 유해한 독성을 가진 가스로서, 허용농도가 5,000[ppm] 이하인 것

2) 개념 : 공기 중에 일정량 이상 존재하는 경우 인체에 유해한 독성을 가진 가스로서 허용농도가 100만분의 5,000 이하인 것을 말한다. 이를 흔히 LC_{50}(치사농도[致死濃度] 50 : lethal concentration 50)으로 표시한다.

▌주요 가스의 독성 농도의 허용농도▐

독성 가스 명칭	허용농도[ppm]		독성 가스 명칭	허용농도[ppm]	
	TLV-TWA	LC_{50}		TLV-TWA	LC_{50}
알진(AsH_3)	0.05	20	황화수소(H_2S)	10	444
니켈카보닐	0.05	–	메틸아민(CH_3NH_2)	10	–
디보레인(B_2H_6)	0.1	–	디메틸아민($(CH_3)_2NH$)	10	–
포스겐($COCl_2$)	0.1	5	에틸아민	10	–
브롬(Br_2)	0.1	–	벤젠(C_6H_6)	10	–
불소(F_2)	0.1	185	트리메틸아민[$(CH_3)_3N$]	10	–
오존(O_3)	0.1	–	브롬화메틸(CH_3Br)	20	850
인화수소(PH_3)	0.3	20	이황화탄소(CS_2)	20	–
모노실란	0.5	–	아크릴로니트릴(CH_2CHCN)	20	666
염소(Cl_2)	1	293	암모니아(NH_3)	25	–
불화수소(HF)	3	966	산화질소(NO)	25	–
염화수소(HCl)	5	3,124	일산화탄소(CO)	50	3,760
아황산가스(SO_2)	2	2,520	산화에틸렌(C_2H_4O)	50	2,900
브롬알데하이드	5	–	염화메탄(CH_3Cl)	50	–
염화비닐(C_2H_3Cl)	5	–	아세트알데하이드	200	–
시안화수소(HCN)	10	140	이산화탄소(CO_2)	5,000	–

(2) 허용농도

1) 정의 : 공기 중에 노출되더라도 통상적인 사람에게는 건강상 나쁜 영향을 미치지 않는 정도의 공기 중의 가스농도

2) 개념 : 근로자가 유해요인에 노출되는 경우 허용농도 이하 수준에서는 거의 모든 근로자에게 건강상 나쁜 영향을 미치지 않는 농도

02 허용농도의 종류

(1) 미국 ACGIH(American Conference of Governmental Industrial Hygienists)는 최대 허용농도(MAC : Maximum Allowable Concentrations)를 발표했는데, 이후에 그 이름을 '허용한도'라는 의미의 TLV(Threshold Limit Values)로 변경했다.

(2) TLV(Threshold Limit Value)

1) 정의 : 거의 모든 근로자가 평생 일하는 기간 내에 매일같이 노출되더라도 건강에 나쁜 영향을 미치지 않는다고 인정되는 노출한도(ACGIH[30])이다.

2) ACGIH에서는 서로 다른 TLV 형태들을 아래와 같이 정의한다.

① 시간 가중평균 노출한도(TLV-TWA : Time-Weighted Average) : 거의 모든 근로자의 통상적인 1일 작업시간인 8시간과 1주 작업시간인 40시간 동안 매일 반복적으로 노출되더라도 해가 없다고 인정되는 시간 가중평균농도이다.

② 단시간 노출한도(TLV-STEL : Short-Term Exposure Limit) : 근로자들이 단시간(15분) 동안 지속적으로 노출되더라도 자극을 느끼거나 만성 또는 회복 불가능한 조직 손상, 호흡곤란의 문제 없이 노출 가능한 농도이다. STEL은 15분간의 TWA 노출로 정의되며, 근무하는 날의 어느 때에도 초과하여서는 안 된다. 아래와 같은 증상이 나타나지 않는 허용농도를 말한다.

㉠ 참을 수 없는 자극

㉡ 만성적 또는 비가역적 조직의 변화

㉢ 사고를 일으킬 수 있는 정도의 혼수상태, 자위력 손상 또는 작업능률 감소

③ 최고 노출한도(TLV-C : Ceiling) : 근무 중 어떤 순간에도 초과하여 노출되어서는 안 되는 농도

3) TLV-STEL값이 제시되지 않으면 일반적으로 TLV-TWA에 의한 대체한도(excursion limits) 권고안을 적용한다. 이 경우 근로자에 대한 대체 노출한도는 1일 근무시간 중 TLV-TWA를 4회까지 총 30분 이내에서만 가능하다.

---

30) ACGIH는 대학과 정부기관의 직업위생 전문가로 이루어진 기관으로, 사기업의 위생 전문가는 준회원으로 가입할 수 있다. 매년 각기 다른 위원회에서 새로운 허용한도나 최상의 근무 실천 가이드를 제안한다. TLV 목록에서는 700가지 이상의 화학물질과 그 물질들에 대한 생물학적 노출지수가 포함되어 있다.

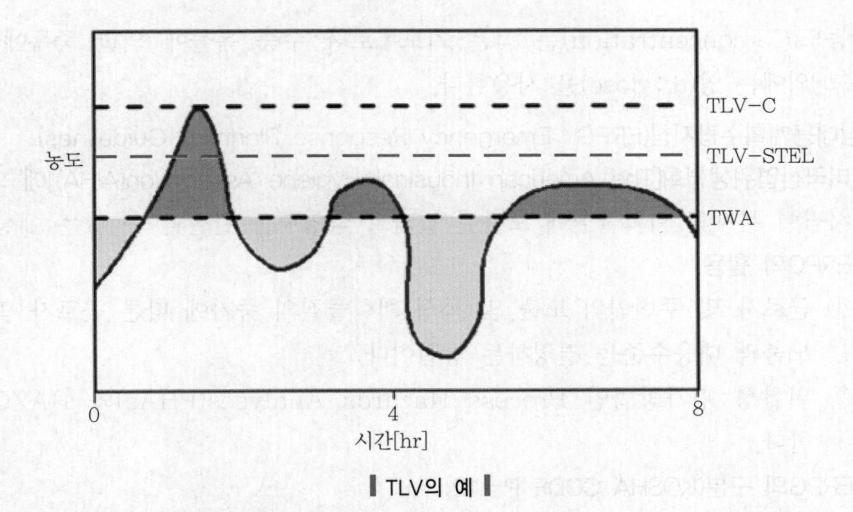

▌TLV의 예▐

(3) IDLH(Immediate Dangerous to Life & Health)

미국의 국립 직업안전건강연구소(NIOSH : National Institute of Occupational Safety & Health)가 제안하고 있는 농도로서, 30분 이내에 구출되지 않으면 원래의 건강상태를 회복할 수 없는 농도

(4) LD_{50}(Lethal Dose Fifty)

1) 정의 : 액체나 고체 화합물의 치사량 기호로, 실험동물에 화학물질 등을 투여한 경우 50[%]가 사망하는 투여량이다.

2) 단위 : mg(독성 물질의 양)/kg(동물체중)

3) $LD_{50} \times W$: 그 물질이 인체에 대해서도 흰쥐의 경우와 같이 치사적인 작용을 준다고 추정해서 체중인 W[kg]을 LD_{50}에 곱한 수치

4) Dose : 복용량(복용량은 농도와 시간의 함수)

(5) LC_{50}(Lethal Concentration Fifty)

1) 정의 : 가스 및 증기 화합물의 치사량 기호로, 실험동물에 화학물질 등을 일정 시간(통상 4시간이 기준, NFPA에서는 보통 30분 단위를 적용) 흡입시킨 후 50[%]가 사망하는 약품 농도이다.

2) 단위 : ppm

3) LC_{50}은 법규제정이나 법적 기준치의 산정근거로 사용한다.

(6) LCLO(Lethal Concentration LOwest)

1) 번역으로는 최소 치사농도라고 할 수 있는데 최소 치사농도의 또 하나의 용어 MLC(Minimum Lethal Concentration)와 구별하여 쓴다.

2) LCLO는 여러 차례 실험으로 얻어진 일군의 동물 치사농도(LC) 중 가장 적은 값을 말한다.

3) 농도(C : concentration)는 적은 기도폭로나 수중 독물에 의한 중독에 사용한다. 그 외에는 양(d : dose)을 사용한다.

(7) 비상대응계획수립지침(ERPG : Emergency Response Planning Guidelines)

1) 미국산업위생협회[The American Industrial Hygiene Association(AIHA)]에 의한 정의 : 사람이 문제의 화학물질에 노출된 결과로 악영향을 관찰할 수 있는 예상농도이다.

2) ERPG의 활용

① 근로자 및 주변인의 노출 및 독성 화학물질의 증가에 따른 근로자 및 주변인의 노출과 대응수준을 결정하는 방법이다.

② 위험성 평가방법인 Process Hazards Analyses(PHAs)와 HAZOP에 사용한다.

3) ERPG의 구분(KOSHA CODE P-12)

구분	정의	농도가정(해당 농도가 없을 경우)
ERPG-1	거의 모든 사람이 1시간 동안 노출되어도 오염물질의 냄새를 인지하지 못하거나 건강상 영향이 나타나지 않는 공기 중의 최대 농도	• 취기 전단농도 • ERPG-2를 10으로 나눈 값
ERPG-2	거의 모든 사람이 1시간 동안 노출되어도 보호조치 불능의 중상을 유발하거나 회복 불가능 또는 심각한 건강상의 영향이 나타나지 않는 공기 중의 최대 농도	• STEL 또는 CEILING 값 • TWA 농도의 3배 값
ERPG-3	거의 모든 사람이 1시간 동안 노출되어도 생명의 위험을 느끼지 않는 공기 중의 최대 농도	• LC_{50}을 30으로 나눈 값 • ERPG-2의 5배 값

4) ERPG의 이용(KOSHA CODE P-12)

① 화학물질폭로영향지수(CEI)의 계산에 활용한다.

$$\mathrm{CEI} = 655.1\sqrt{\frac{AQ}{\mathrm{ERPG-2}}}$$

여기서, ERPG-2 : 단위는 [mg/m^3]이고 최댓값은 1,000

AQ : 대기 확산량[kg/sec]

㉠ 화학물질폭로영향지수(CEI) : 독성 화학물질의 누출사고로 인하여 사업장 및 주변 사업장의 근로자와 지역사회의 주민에 대한 건강상의 위험을 상대적으로 등급화하는 지수

㉡ 영향요소 : 독성(toxicity), 누설 양(quantity), 누출원과 거리(distance), 누출물질의 분자량(molecular weight), 공정 변수(process variables)

② 위험거리(HD)의 산정에 활용한다.

$$\mathrm{HD} = 6{,}551\sqrt{\frac{AQ}{\mathrm{ERPG}}}$$

여기서, 위험거리(HD) : 단위는 [m]이고 최댓값은 10,000
AQ : 대기 확산량[kg/sec]

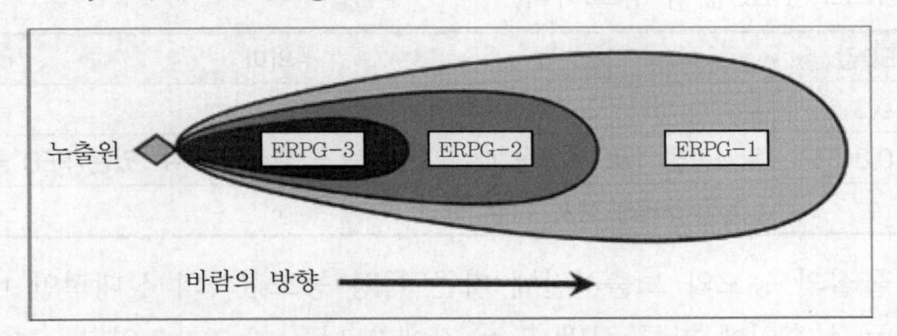

▌바람에 따른 농도감소로 ERPG 변화▐

5) 소방에서 ERPG
① 소화 시 HF가 생성되는 상황이면 TLV를 이용하는 것보다 적합하다.
② 이유
㉠ 소화활동 중에 어느 정도의 보호장구를 착용해야 하는지를 알려준다.
㉡ 현장에 투입할 수 있는지의 여부를 알려준다.

구분	단계별 조치내용	농도(예 무수불산)
ERPG-1	화학물질의 냄새를 감지하는 단계	2[ppm]
ERPG-2	피난, 은신, 마스크 사용과 같은 보호장비를 착용해야 하는 단계	20[ppm]
ERPG-3	사망을 유발하지 않는 대기 중 최대 농도로 보호장비를 착용해도 건강상의 해가 발생하는 단계	50[ppm]

(8) 혼합 물질의 허용농도

1) 유해물질이 단독으로 공기 중에 존재하고 있지 않고 2종 또는 그 이상의 물질로 된 경우 : 혼재하는 물질 간에 유해성이 서로 다른 부위에 작용한다는 증거가 없는 한 유해작용은 가중되므로 다음 식에 의하여 산출한 수치 I가 1을 초과하면 허용농도를 초과하는 것으로 판단한다.
2) 식

$$I = \frac{C_1}{T_1} + \frac{C_2}{T_2} + \frac{C_3}{T_3} + \cdots\cdots \frac{C_i}{T_i}$$

여기서, I : 혼합허용농도
C : 각 성분의 흡입공기 중 평균농도
T : 각 성분의 허용농도

(9) 유효복용 분량(FED : Fractional Effective Dose) 128회 출제

1) **목적** : 각각의 독성 물질이 혼재한 상태의 전체적인 독성 영향을 정성적으로 평가하려는 방법

2) FED값 : 화재 시 피난자의 안전은 흡입 후 생사 여부가 아니라 피난이 가능한지의 여부이므로 FED값이 중요하다.

FED값	의미
0.3	무력화(피난 시 행동 여부 판단)
0.8	치사량을 1로 보았을 때 모든 사람을 생존시킬 수 있는 FED 추정값
1	LD_{50}(치사량) 생사 여부 판단

3) 독성 물질의 농도와 노출시간에 따른 독성 농도값과의 상대적인 비로 독성 물질에 대한 누적 흡입에 따른 사망 또는 장애가 남을 수 있는 영향
   ① Dose : 복용량
   ② FED : 농도와 시간의 함수
4) 질식성 가스인 CO, CO_2, O_2의 농도에 사용한다.
5) 예 : 일산화탄소와 시안화수소가 혼합되어 있는 경우 각각의 개별적인 LC_{50}의 값은 다르지만, FED 측정을 통해 단일화된 수치의 값으로 표현이 가능하다.
6) 독성 물질이 하나인 경우

$$\mathrm{FED} = \frac{\sum_{t_1}^{t_2} C_t}{\mathrm{LC}_{t\,50}} \times \Delta t$$

여기서, FED : 유효복용 분량(무차원수)
C_t : 물질이 연소 시 발생하는 독성 가스의 농도[g/m³]
Δt : 노출시간[min]
LC_{t50} : 일정 시간(30분) 시험을 통한 반수 치사량[$g \cdot m^{-3} \cdot min$]

7) 독성 물질이 2개 이상인 합성 FED

$$\mathrm{FED} = \sum_{i=1}^{n} \sum_{t_1}^{t_2} \frac{C_i}{(C \cdot t)_i} \Delta t$$

여기서, C_i : 독성 물질의 흡입농도
$(C \cdot t)_i$: 일정 시간(30분) 동안 물질의 LC_{50}에 해당하는 흡입량
Δt : 흡입시간[min]

8) FED값은 무력화(CO, HCN), CO_2, 자극성(HCl) 및 산소결핍에 대하여 다루는 지수이다.

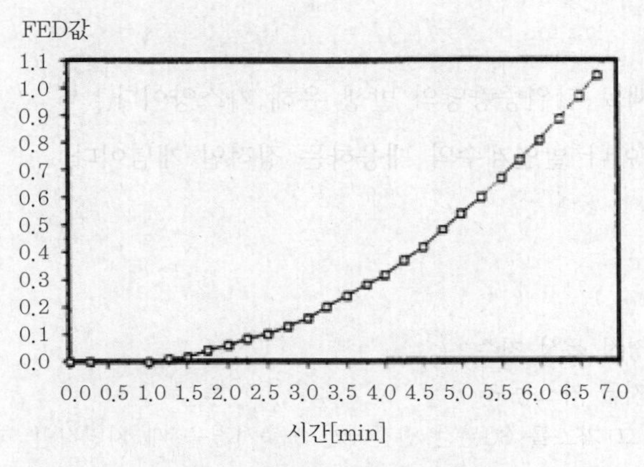

▌하나의 물질일 경우의 FED ▌

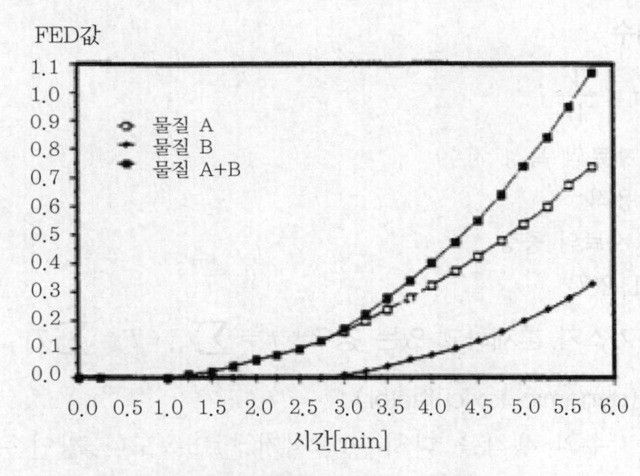

▌2개의 물질의 합성 FED ▌

(10) 부분자극농도(FIC : Fractional Irritant Concentration)

1) 자극성 가스의 독성 판단에 활용한다.
2) 자극성 가스는 인체에 노출 시 즉시 영향을 미치므로 FED와 같이 복용량의 총합으로는 위험을 계산할 수 없다.
3) 흡입량보다는 대상이 노출되는 자극성 물질의 농도에 따라 달라지는 독성 효과이다.
4) 자극성 가스는 흡입량보다 자극성 물질농도의 영향을 받는다.
5) FIC = 1 : 방어 가능한계(피난장애)

03 독성 지수(toxic factor) 128회 출제

(1) 정의

독성 지수는 재료 단위중량당의 발생 유해 가스양이다.

(2) 재료의 발열량이나 발연계수와 대응하는 정적인 개념이다.

(3) 정적 독성 지수

1) 공식 : $t = \frac{c}{c_f}$

여기서, t : 정적 독성 지수
c : 지금 가스농도
c_f : 그 가스를 30분간 인간에게 노출시켰을 때 치명적인 영향을 줄 때의 농도

2) 범위 : $0.01 \sim 20$

(4) 재료의 독성 지수

1) 공식 : $T = t \times \frac{V}{W}$

여기서, T : 재료의 독성 지수
V : 용적
W : 재료의 중량

2) 범위 : $1 \sim 1,200$

3) 2종 이상의 가스가 혼재하고 있는 경우 : $t = \sum t_i$, $T = \sum T_i$

(5) 동적 독성 지수(dynamic toxic factor)

1) 정적 독성 지수의 생각을 다시 발전시켜 발열속도나 발연속도에 대응하는 개념으로, 유해가스의 위험성은 단순히 화재 시에 발생하는 연소생성물의 총량보다도 오히려 독성 물질 발생속도로 생각하여 시간 단위면적 당에서 생성되는 유해가스의 독성이 동적 독성 지수이다.

2) 공식 : $T_d = \frac{v}{A \cdot c_f}$

여기서, T_d : 동적 독성 지수
v : 연소생성물의 용적 발생속도[m^3/min]
A : 면적
c_f : 그 가스를 30분간 인간에게 노출시켰을 때 치명적인 영향을 줄 때의 농도

3) 범위 : $0.1 \sim 100$

4) 2종 이상의 가스가 혼재하고 있는 경우 : $T_d = \frac{1}{A} \sum \left(\frac{v}{c_f} \right)_i$

5) 정적과 동적 독성 비교

㉠ 정적 독성 지수 : 농도의 함수

㉡ 동적 독성 지수 : 농도와 독성 물질 발생속도의 함수

(6) 푸리에 변환 적외선 분광기(FT-IR : Fourier Transform Infrared Spectrometer) 112회 출제

1) 관련 규정 : ISO 19702

2) 정의 : 시료에 적외선을 비추어서 쌍극자 모멘트가 변화하는 분자 골격의 진동자 회전에 대응하는 에너지의 흡수된 빛을 스펙트럼으로 나타내는 분석법을 말한다.

3) 적외선이 이용되는 이유

① 적외선 파장의 광자는 15[kcal/mol] 이하의 에너지를 가지고 있기 때문에 분자는 쌍극자 모멘트(dipole moment)가 변하지 않아 적외선을 흡수하지 않는다.

② 분자의 진동(신축진동 에너지 ≥ 굽힘진동 에너지)

㉠ 신축(stretching)진동 : 두 원자 사이의 결합축에 따라 원자 간의 거리가 연속해서 변화하는 운동(신축진동 시 주파수는 그 분자 내의 결합세기에 비례하고 원자들의 질량에 반비례)

㉡ 굽힘(bending)진동 : 두 결합 사이의 각도가 변화하는 운동

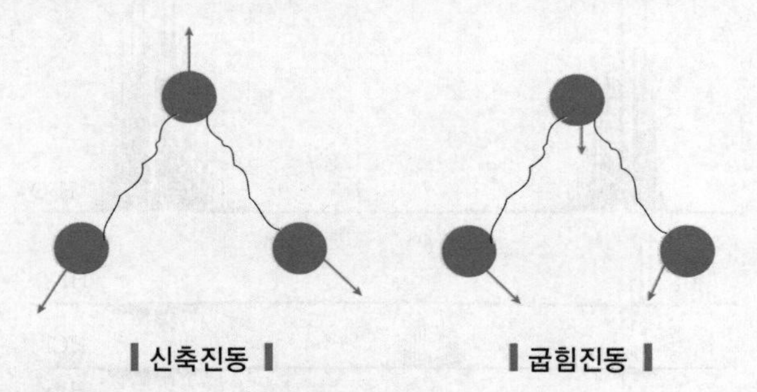

▮신축진동▮ ▮굽힘진동▮

③ 진동방식의 종류(원자의 수 및 결합상태)

㉠ 이원자 분자(CO, HCl 등) : 원자 사이의 결합각이 없기 때문에 굽힘진동은 일어나지 않고 신축진동만 발생한다.

㉡ 다원자 분자 : 분자의 운동이 진동 · 회전 · 병진 운동이 일어나면서 굽힘진동과 신축진동이 발생한다.

㉢ N_2, H_2, O_2 분자와 같은 동일 이핵종 분자의 경우에는 분자의 진동 또는 회전운동에 의해 쌍극자 모멘트의 알짜 변화가 일어나지 않으므로 적외선을 흡수하지 않는다.

④ 쌍극자 모멘트의 주기적인 변화로 발생한 전기장은 복사선의 교류 전기장과 작용하여 분자의 진동 운동 및 회전 운동의 진폭에 변화를 일으키는 에너지의 흡수를 가능하게 한다.

4) 활용성

① 물질의 구조 확인

㉠ 각 화합물의 작용기에 대한 스펙트럼으로 그 구조를 확인할 수 있다.

㉡ 광학 이성질체를 제외하고는 동일 조건에서 측정한 스펙트럼이 서로 다르다.

② 반응속도 및 반응과정의 연구 : 어떤 물질의 작용기에 따른 흡수 피크의 소멸 및 생성 과정을 추적할 수 있으므로 화학반응의 결과 및 속도, 메커니즘을 측정할 수 있다.

③ 수소결합의 검정 : 분자 내에 수소결합이 있는 경우 흡수 피크의 강도가 감소하게 되고 둔하게 되므로 이를 확인할 수 있다.

④ 다양한 가스의 정량분석 및 순도 측정 : 서로 다른 피크를 기준으로 혼합비를 알 수 있고 그 성분의 양도 추정할 수 있어 정량분석이 가능하고 시간함수로 표현되는 결과를 가지기 때문에 다양한 종류의 화재 생성물을 연속적으로 모니터링할 수 있고 분석을 실시한 이후에도 저장된 스펙트럼 데이터로부터 새로운 정량분석을 설정함으로써 재분석과 FED 등의 자료로 활용이 가능하다.

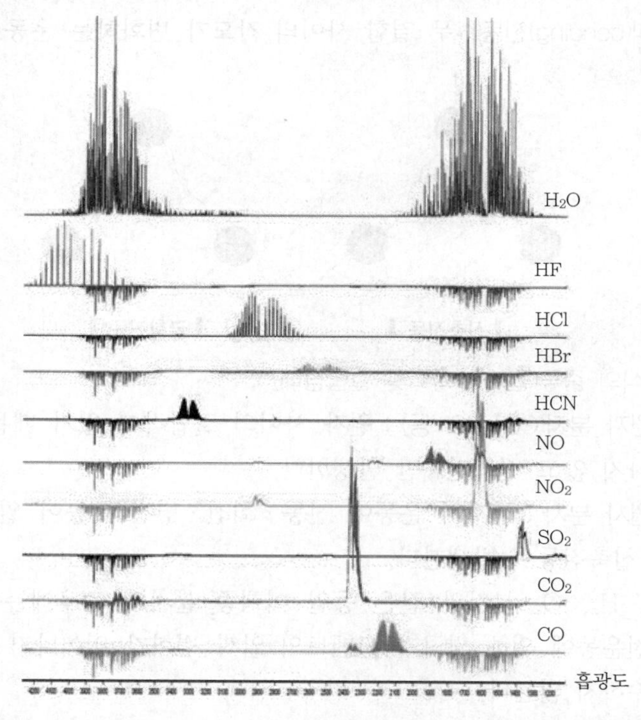

▌가스별 적외선 스펙트럼(스펙트럼의 X축은 흡수가 일어나는 파장범위, Y축은 흡광도를 표현)▐

(7) 하버(Haber)의 법칙 124회 출제

1) 유해물질의 농도(C)와 노출시간(t)의 곱은 일정(K)하다.

K(유해물질지수) = C(농도) × t(노출시간)

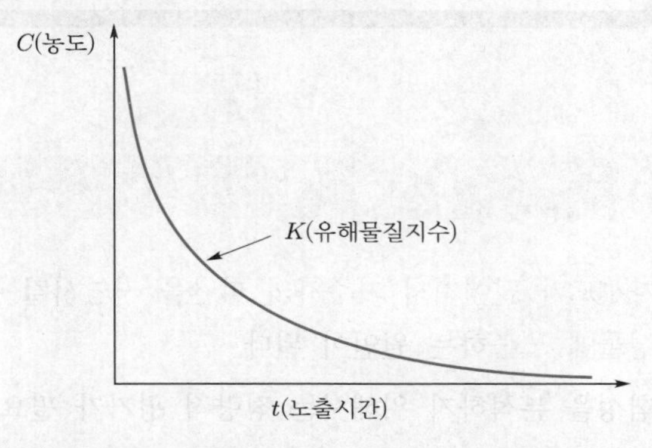

2) 적용대상 : 유해물질이 비교적 단시간 노출되어 중독을 일으키는 경우에 적용한다.
3) 유해물질지수는 물질의 종류와 발현되는 중독현상의 종류에 따라 달라진다.

04 NFPA 901의 독성 물질의 구분

(1) 독성 물질(toxic materials)

직접 또는 간접을 일시적 또는 영구적으로 접촉, 흡입 또는 섭취의 노출로 인해 생명이나 건강에 위험한 물질이다.

(2) 독성 물질의 구분

구분	위험성
Class4	극히 짧은 노출 시 즉각적 의료처치를 취해도 사망이나 심각한 잔여 부상을 일으킬 수 있는 물질
Class3	짧은 노출 시 즉각적 의료처치를 취해도 심각한 일시적 또는 잔여 부상을 일으킬 수 있는 물질
Class2	격렬하거나 계속된 노출 시 즉각적 의료처치를 취하지 않는다면 일시적으로 무능력하거나 잔여 부상의 가능성을 일으킬 수 있는 물질
Class1	노출 시 즉각적인 의료처치를 취하지 않아도 자극적이지만 가벼운 잔여 부상을 일으킬 수 있는 물질

SECTION 028

연기(smoke)

01 개요

(1) 연기에 의하여 가시도가 떨어져서 거주자의 피난을 지연시킬 수 있으며, 이는 오랜 시간 동안 연소생성물에 노출하는 원인이 된다.

(2) 연기에 의한 위험성을 분석하기 위해서는 정량적 평가가 필요하다.

(3) 연기의 정량적 평가

1) 가시거리

2) 일산화탄소의 농도

3) 연기발생량

(4) 연기의 구성

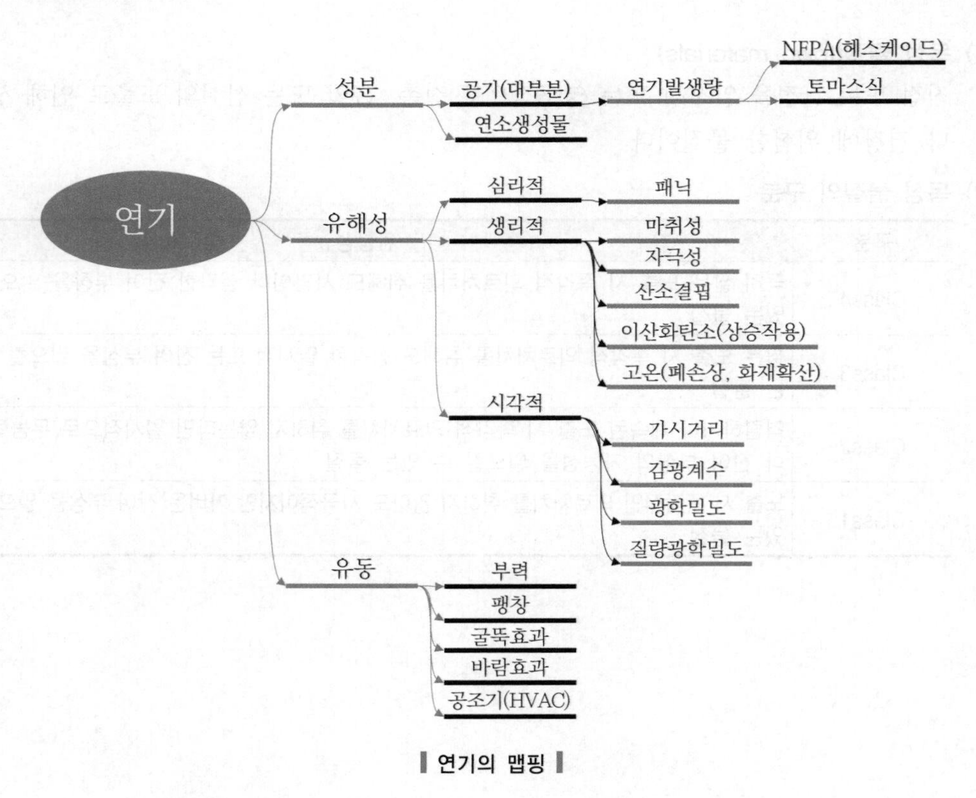

▌연기의 맵핑▐

1) 완전연소생성물 : CO_2, H_2O
2) 불완전연소생성물
① 기체 : CO, HCN, NO_2, HCHO, HF
② 액체 : 타르(수증기와 재로 이루어진 흰 연기)
③ 고체 : 검댕이(soot) → 가시거리, 복사율(탄소입자에 의한 검은 연기)
3) 유입공기(entrainment) : 연기 부피의 대부분은 유입공기에 의해서 결정(연기발생량)된다.

02 연기의 정의

(1) 소방에서의 정의

연소하는 물질로부터 방출되는 뜨거운 증기와 가스류(연소가스)와 미연소 분해 생성물(탄소 및 미연소 유기물 등) 및 응축 물질과 이것들의 구성요소들에 혼합된 공기(entrainment)

(2) 일반적 정의

1) 연소의 결과로 생성되어 공기 중에 떠 있는 고체, 액체의 미립자를 총칭한다.
2) 크기로 구분 : 0.01 ~ 10[μm] 정도의 미립자
3) 화재 시의 연기는 연기입자를 특별히 분리하지 않고 가스성분을 포함한다.
4) 연기는 자체가 뜨거운 고온을 지니고 있어 연기입자를 포함하는 열기류라는 뜻이기도 하다.

(3) ISO Working Draft 13943에 의한 연기(smoke)의 정의[31)]

화재로 인해 발생하는 가시적인 부유물

03 연기의 특징

(1) 감광의 특징을 가지고 있어 광선을 흡수 → 시각적 해, 심리적 해 발생

(2) 유독가스 다량 함유 → 생리적 해 발생

(3) 연기가 발생함에 따라 상대적으로 산소농도를 낮추어 산소결핍을 발생 → 생리적 해 발생

(4) 연기가 고열이므로 이를 통해 복사열 방사나 대류로 가연물에 열전달 → 화재의 확대 유발

31) ISO Working Draft 13943(2008) 33page

04 연기의 발생 메커니즘

(1) 입자상의 연기는 불완전연소의 결과로 발생하는 생성물

1) 훈소와 화염연소의 두 경우에 다 입자를 발생하지만, 그 입자의 형태나 성질은 상이(훈소는 액적, 화염연소는 고체 미립자)하다.

2) 입자상 연기의 90[%] 이상은 탄소 화합물이다.

(2) 화염연소

1) 유기물질이 열분해를 통해 휘발분이 발생하고 부력에 의해 그 휘발분이 상승하여 공기와 섞이면서 연소범위를 형성해 연소하면서 화염을 발생하는데, 이때 불완전연소물질이 부유하면서 빛과 산란을 하게 되고 그것이 우리 눈에 연기로 보이는 것이다. 이때의 연기는 거의 전부가 고체 입자로 구성된다.

2) 연기형성의 3단계

① 1단계 : 열에 의해서 열분해 가스 및 가연성 증기 등이 발생한다.

㉠ 160 ~ 360[℃] : 탄산가스, 일산화탄소 등

㉡ 360 ~ 432[℃] : 수소, 아세틸렌 등

㉢ 450[℃] 이상 : 각종 탄화수소류의 가스가 발생

② 2단계 : 연소생성물이 생성(가연성 증기 + 산소 = 연소생성물 등)된다.

③ 3단계 : 고체 가연물 탄소 미립자(액체 가연물은 증발하여 재가 남지 않음)가 발생한다.

(3) 훈소

1) 연기는 유기물질(탄화수소 화합물)이 열분해를 통해 휘발분이 발생하고 부력에 의해 그 휘발분이 상승하는데 이는 화염연소와 유사하다.

2) 산화반응영역이 없어 불완전연소생성물인 일산화탄소의 발생량이 많고 낮은 열전달을 통해 응축되어 타르 액적이나 비점이 높은 액체입자의 연기를 형성한다.

3) 정체된 공기 중에서 미립자를 중심으로 휘발분이 서로 응축되어 지름이 약 1[μm] 정도가 되고 그 밖에 여러 크기의 입자들로 분포되며, 표면에 집적되어 기름성분의 찌꺼기가 된다.

삼겹살을 구울 때 발생하는 유증기를 포함한 연기가 여기에 해당한다. 우리가 고깃집에서 고기를 구워 먹고 나면 안경에 기름성분이 잔뜩 끼어 있는데 이것이 바로 액적이 안경표면에 흡착된 것이다.

(4) 완전연소생성물

수증기나 이산화탄소

(5) 일반적인 화재는 연소생성물이 수증기나 이산화탄소와 같이 완전연소생성물만 발생하기가 어렵다.
일반산소영역(환원반응영역 주변)에서는 휘발분의 산소가 부족하고 산화반응영역의 에너지가 충분하지 못해 방향족 탄화수소 화합물(타르)이나 검댕(soot) 형태로 대기 중에 대부분 방출한다.

(6) **연기의 유동**

1) 화재에 의한 요인
① 부력 : 열방출률에 따른 밀도감소와 부피팽창
② 팽창 : 보일-샤르의 법칙

2) 외적 요인
① 굴뚝효과(stack effect) : 건축물 내(샤프트) · 외부의 온도차에 의해 발생한다.
② 바람효과(wind effect)
③ 공조기(HVAC)
④ 승강기의 피스톤 효과

05 연기의 발생량 132회 출제

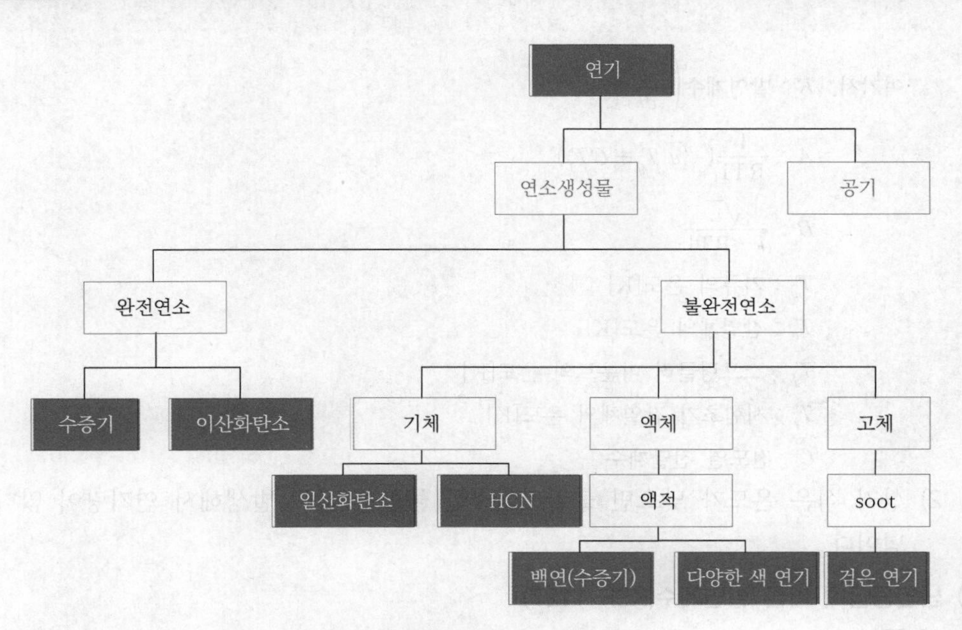

▍연기에 관한 맵핑 ▍

(1) 재료에 따른 발연계수

1) 발연계수

$$K = K_s \frac{V}{W}$$

여기서, K : 발연계수[m^3/kg]
K_s : 감광계수
V : 체적[m^3]
W : 질량[kg]

2) 연기발생량

$$\dot{G}_j'' = y_j \cdot \dot{m}''$$

여기서, $\dot{G}_j''$: 연기발생량[g/m^2 · sec]
y_j : 가연물의 연기수율[g/g]
$\dot{m}''$: 질량감소속도[g/m^2 · sec]

(2) 온도에 따른 발연계수

1) 공식

$$K = A - (B \cdot T_e)$$

여기서, K : 발연계수$\left(\frac{dT_e}{dt}\right)$
A : $\frac{1}{\text{RTI}}(\sqrt{u}\, T_g + CT_f)$
B : $\frac{\sqrt{u}}{k \cdot \text{RTI}}$
T_g : 기류의 온도[K]
T_e : 감열체의 온도[K]
T_f : 스프링클러 마운트의 온도[K]
T_i : 시험초기 감열체의 온도[K]
C : 전도열 전달계수

2) 상기 식은 온도가 낮으면 불완전연소한 물질이 많이 발생해서 연기량이 많다는 개념이다.

(3) 난연등급에 따른 발연계수(KSF 1127)

1) 공식

$$C_A = 240 \log_{10} \frac{I_0}{I}$$

여기서, C_A : 단위면적당 발연계수

I_0 : 가열시험 개시 시 빛의 세기[lx]

I : 가열시험 중 빛의 세기의 최젓값[lx]

2) 발연계수에 따른 난연등급

난연등급	단위면적당 발연계수(C_A)
1급	30
2급	60
3급	120

(4) 화재실의 높이와 화염의 둘레에 따른 발연량

1) 현재 연기발생량을 계산하는 방법은 토마스식과 헤스케스테이드식으로 구분된다. 현재 NFPA 204에서는 헤스케스테이드식을 사용하고 있다. 아래의 식들은 유입되는 공기량을 연기로 보는 관점으로, 최근에 연기량(플럼량)을 파악하는 관점이다.

2) 토마스(Thomas)의 연기 발생

① 화재 플럼(plume)에 관한 실험식

② 적용대상 : 화원의 지름이 크고 화염의 높이가 작을 때 적용한다.

③ 공식

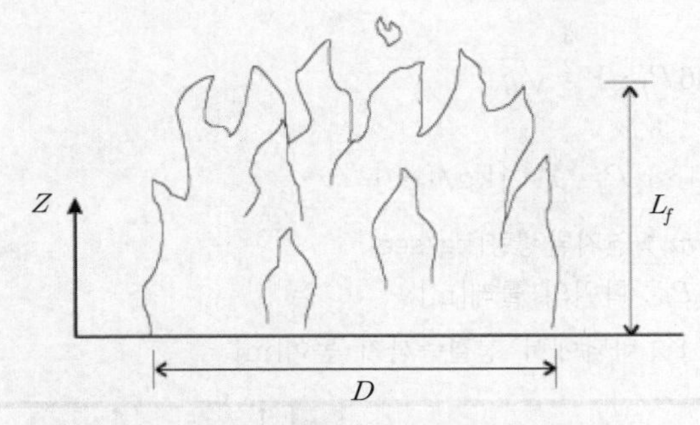

▌토마스의 실험모델[32] ▌

㉠ 실험식 : $\dot{m} = 0.096 P_f \cdot Y^{\frac{3}{2}} \sqrt{g \cdot \rho_a \cdot \rho_f}$ ………… ⓐ

여기서, $\dot{m}$: 연기발생량[kg/sec]

P_f : 화원의 둘레[m][fire perimeter, P_f : (=π · D)]

Y : 바닥에서 청결층까지의 높이[m]

g : 중력가속도(9.8[m/sec^2])

ρ_a : 공기밀도[kg/m^3]

ρ_f : 화염가스 밀도[kg/m^3]

32) FIGURE 4.13 Characteristic sketch of the Thomas plume. Fire Plumes and Flame Heights. 2000 by CRC Press LLC

가스밀도는 가스의 절대온도에 반비례한다.

$$\frac{\rho_f}{\rho_a} = \frac{T_a}{T_f}$$

따라서, $\rho_f = \frac{\rho_a T_a}{T_f}$ ………… ⓑ

여기서, T_a : 주위 공기온도[K]

T_f : 화염온도[K]

ⓐ에 ⓑ를 적용하면 $m = 0.096P \cdot Y^{\frac{3}{2}} \sqrt{g \cdot \rho_a \cdot \frac{\rho_a T_a}{T_f}}$

$\dot{m} = 0.096 P_f \rho_a Y^{\frac{3}{2}} \sqrt{g \frac{T_a}{T_f}}$ ………… ⓒ

여기서, $T_a = 290$[K](17[℃]), $T_f = 1,100$[K](827[℃])로 적용하고

$\rho_a = \frac{353}{290} = 1.22[kg/m^3]$, $\rho_f = \frac{353}{1,100} = 0.32[kg/m^3]$인 내용을 ⓒ에 적용하면

$$\dot{m} = 0.096 P_f 1.22\, Y^{\frac{3}{2}} \sqrt{g \cdot \frac{290}{1,100}}$$

$$\dot{m} = 0.06 P_f \cdot Y^{\frac{3}{2}} \sqrt{g}$$

$$\dot{m} = 0.188\ P_f \cdot Y^{\frac{3}{2}} [kg/sec]$$

여기서, $\dot{m}$: 연기발생량[kg/sec]

P_f : 화원의 둘레[m]

Y : 바닥에서 청결층까지 높이[m]

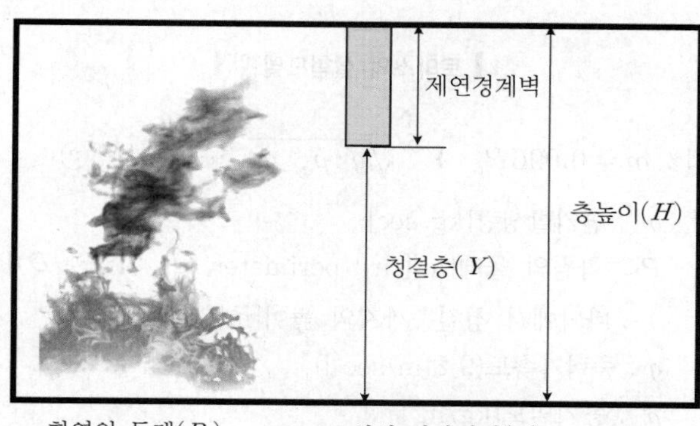

㉡ 상기 식은 강당, 스타디움, 넓은 개방된 사무실, 아트리움과 같이 천장이 높은 공간에서 화재위치가 공간의 중앙에 있는 경우를 전제로 한 연기의 생성을 계산하는 식이다.

㉢ 영국의 BRE(Building Research Establishment, 영국 건물연구소)에서는 청결층 높이가 화재크기의 제곱근 10배보다 작거나 같은 경우에만 한정하여 상기 식으로 연기발생량을 계산할 수 있게 하고 있다.

- $Y \le 10\sqrt{A_f}$

여기서, Y : 바닥에서 청결층까지 높이[m]
A_f : 화재의 크기[m^2]

- $\dot{m} = C_e \cdot P_f \cdot Y^{\frac{3}{2}}$

여기서, $\dot{m}$: 연기발생량[kg/sec]
P_f : 화원의 둘레[m]
Y : 바닥에서 청결층까지의 높이[m]
C_e : 상수
$C_e = 0.19$: 강당, 스타디움, 넓게 개방된 사무실, 아트리움과 같이 높은 천장
$C_e = 0.21$: 천장이 높지 않은 넓게 개방된 사무실, $Y \le 3\sqrt{A_f}$
$C_e = 0.34$: 작은 사무실, 호텔 객실, 방안의 거실 등 작은 공간. 방의 직경이 화원직경의 5배 이하가 되는 공간이자 연소 시 공기가 편방향으로 유입되는 구조

3) 헤스케스테이드(Heskestad)

① 화재 플럼에 대한 실험식으로, 실제 화원에서보다 더 아래에 화원이 있다고 가정한 실험식이며 실내화재에서는 일반적으로 일치한다.

② 일종의 주코스키(Zukoski) model을 보정한 경험식이다.

③ $Z > L$일 경우

$$\dot{m}_s = 0.071\,\dot{Q}_c^{\frac{1}{3}}\,Z_c^{\frac{5}{3}} + 0.0018\,\dot{Q}_c$$

여기서, L : 화염의 높이[m]
$\dot{m}_s$: 연기의 발생량[kg/sec]
Q_c : 대류 열방출률[kW]
Z_c : 청결층 높이$(Z - Z_0)$[m]

④ $Z < L$일 경우

$$\dot{m}_s = 0.0056\,\dot{Q}_c \cdot \frac{Z}{L}$$

⑤ $\dot{m}_s = 0.071k^{\frac{2}{3}}\,Q_c^{\frac{1}{3}}\,Z_c^{\frac{5}{3}} + 0.0018Q_c$: 보정 식으로 NFPA 92의 대규모 공간과 NFPA 204의 연기발생량을 계산하는 방식이다.

여기서, k : 벽 효과계수(wall factor)

Z_c : 청결층 높이[m]

4) 연기발생량 : 상부의 연기축적량 개념(과거의 개념)

$$Q = \frac{A(h-y)}{t}$$

여기서, Q : 연기발생량[m^3/sec]

A : 천장면적[m^2]

h : 층고[m]

y : 청결층의 높이[m]

t : 시간[sec]

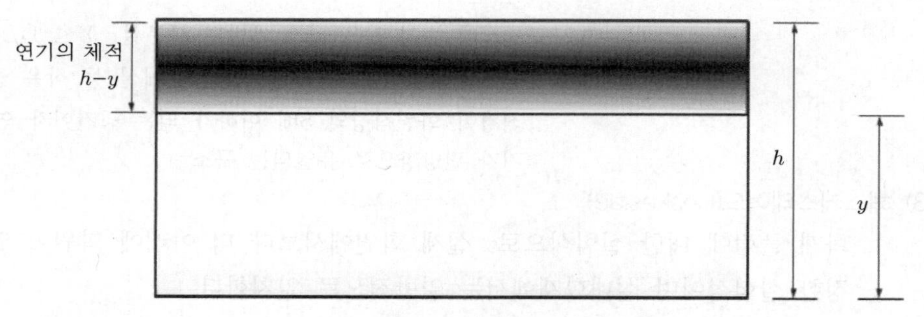

▌연기의 체적▐

5) 힝클리(Hinkley)의 연기하강시간

$$t = \frac{20A}{P_f\sqrt{g}} \times \left(\frac{1}{\sqrt{y}} - \frac{1}{\sqrt{h}}\right)$$

여기서, t : 연기층이 하강하는 데 걸리는 시간[sec]

P_f : 화원의 둘레[m]

A : 천장면적[m^2]

y : 바닥에서 청결층까지 높이[m]

h : 천장의 높이[m]

g : 중력가속도[m/sec^2]

공기온도 : 17[℃]

연기온도 : 300[℃]

6) 연기층 하강속도

$$v_t = \frac{m_s}{\rho_s \cdot A}$$

여기서, v_t : 연기층 하강속도[m/sec]
m_s : 연기질량 생성속도[kg/sec]
ρ_s : 연기층 밀도[kg/m^3]
A : 구획의 천장면적[m^2]

(5) 연기발생량과 조성에 영향을 미치는 변수

1) 연소생성물

① 환원영역

㉠ 가연물 구성성분

㉡ 물적 특성 : 탄화

② 산화영역

㉠ 산소농도 : 부족 시 불완전연소생성물이 많이 발생한다.

㉡ 온도 : 화학반응속도는 온도에 비례(아레니우스식)한다.

2) 유입공기(연기발생량)

① 열방출률과 청결층 높이의 함수

② 연기발생량 : 거실제연의 배출량

③ 난류 및 와류(Eddy)

06 연기의 농도

(1) 절대농도

연기의 농도를 절대치를 가지고 표현하려는 것이다.

1) 개수농도

① 단위체적 중에 포함된 입자의 개수를 말하며 보통 [개/cm^3]로 표현한다.

② 단순히 입자의 개수만으로 평가되며 그 형상이나 크기 혹은 색깔과는 무관하다.

2) 중량농도

① 단위체적 중의 입자의 중량으로 [mg/cm^3]로 표현한다.

② 연기입자를 여과지로 채취하여 그 중량을 측정한다.

(2) 상대농도

빛의 산란이나 감쇄 또는 전리 전류의 감소 등에 의하여 나타내는 방법

1) 산란광농도 : 빛이 입자에 부딪혀서 산란하는 성질을 이용한 것이며 산란광의 강도는 입자의 수나 입자의 지름에 의해 결정한다.

2) 감광계수에 의한 농도 – 감쇄를 이용하는 것

① 감광계수 : 단위체적당 포함되는 연기에 의해 흡수되는 빛의 단면적으로 빛의 감소량 측정

② 공식 : $K_S = \frac{1}{L} \ln \frac{I_0}{I}$

여기서, K_S : 감광계수[1/m]

L : 빛의 발생점과 닿는 점의 거리[m]

I_0 : 연기가 없을 때 빛의 세기

I : 연기가 있을 때 빛의 세기

(3) 연기의 농도

화재 발생 시 인명살상의 가장 중요한 독성 가스로 가스가 얼마나 많은 양이 발생했는지가 주요 관심사항이 아니라 무엇이(독성) 얼마만큼(농도) 언제 동안(시간) 발생했는지가 중요한 관심사항이다.

07 가시거리

* SECTION 029 연기의 시각적 유해성을 참조한다.

08 연기의 유동 및 제어

(1) 공기 구동력의 효과는 구획 칸막이, 벽, 바닥 그리고 출입문 간에 압력 차이를 만들어 연기를 화원으로부터 주변으로 전파한다.

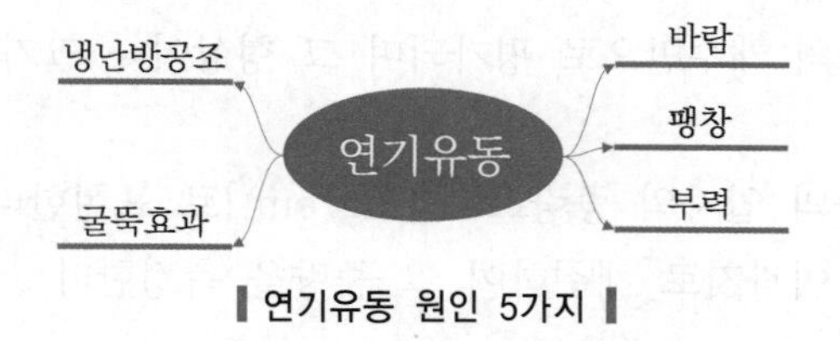

▌연기유동 원인 5가지▐

(2) 화재 시 연기의 유동원인

1) HVAC(냉난방공조, heating, ventilation, air conditioning, 즉 난방, 통풍, 공기조화)
2) 굴뚝효과(stack effect)
3) 화재 시 온도상승으로 인한 가스의 팽창(expansion)

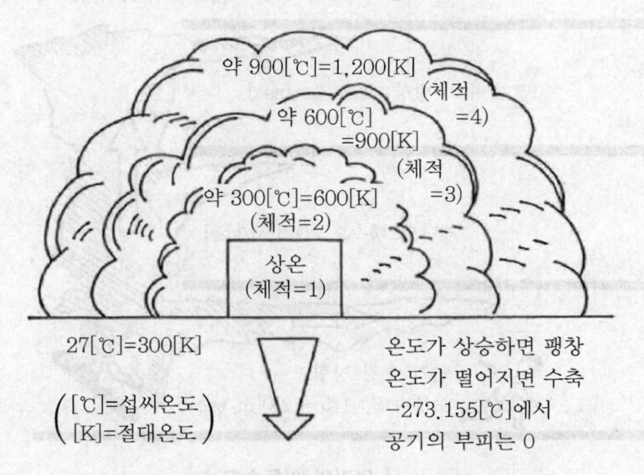

▌온도상승으로 인한 공기팽창▐

4) 화재로부터 직접 생긴 부력(buoyancy)
5) 외부 바람의 영향(wind effect)

(3) 화재 시 연기의 제어방법

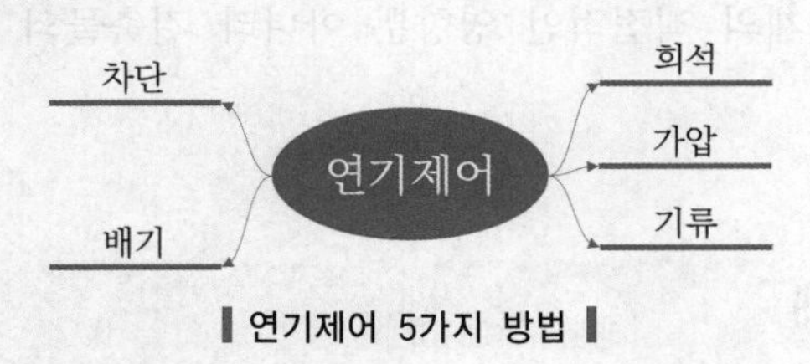

▌연기제어 5가지 방법▐

1) 차단 : 구획으로 연기의 이동을 제한
2) 배기(ventilation)
   ① 자연 바람이나 대류 또는 배기팬에 의해서 공건물 안의 공기를 실내 밖으로 배출
   ② 창문과 문을 열거나 지붕에 구멍을 내어 연기와 열을 구조물에서 제거하는 진화작업
3) 기류 : 방연풍속으로 연기의 이동을 억제
4) 가압 : 보호대상에 급기로 가압하여 연기의 이동압력보다 높게 형성하여 연기의 유동을 방지
5) 희석

(4) 연기의 이동속도

1) 수평 방향 : 0.5 ~ 1[m/sec]

2) 수직 방향 : 2 ~ 3[m/sec]

3) 계단실 내의 수직 이동속도 : 3 ~ 5[m/sec]

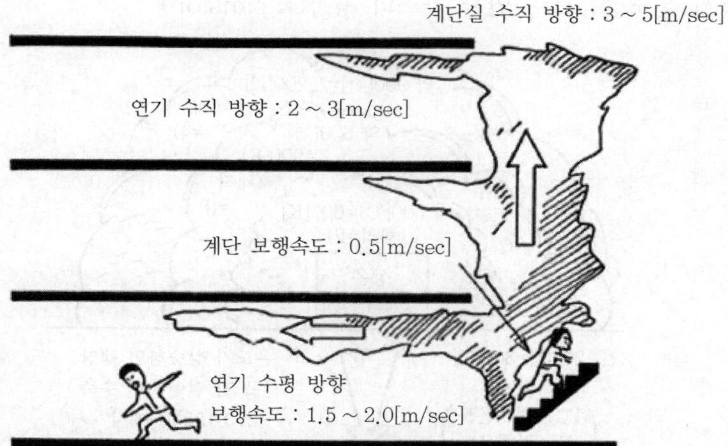

▌연기의 이동속도▐

(5) 건축물에서 연기유동

1) 저층 건축물 : 대류, 화재로 인한 압력 차와 같은 화재의 직접적인 영향을 받는다.

2) 고층 건축물 : 가스의 팽창, 굴뚝효과, 외부 바람압력의 영향, 건물에서의 강제적인 공기유동 등 화재의 직접적인 영향뿐 아니라 건축물의 높이, 외부효과 등 다양한 영향을 받는다.

09 연기의 피해

* SECTION 026 화재상황에 따른 연소생성물 유해성을 참조한다.

10 결론

(1) 화재 중에 유해상황이 발달한 경우에는 광범위한 범위의 인자들이 상호영향을 준다.

1) 발화로부터 시작해 전실화재(FO)가 일어난 후 화재와 연기가 전파되는 과정

2) 연기의 독성과 발생량

3) 화재와 구조물 및 소방설비 간의 상호작용

4) 피난인자(RSET)

① 감시 및 경보

② 탈출경로 제공, 통로 발견 및 이동

(2) 화재 중에 안전한 설비를 설계하기 위해서는 이러한 인자들을 모두 고려해야 한다. 아울러 궁극적인 안정성 평가는 건강과 생명을 위협할 수 있는 열 및 연기에 노출되기 전에 거주자들이 피난할 수 있는가에 따라 결정된다.

SECTION

029 연기의 시각적 유해성

01 개요

(1) 가시거리는 눈으로 볼 수 있는 가장 먼 거리로, 공기가 함유한 다른 입자들의 양에 의해 결정되며, 그 입자들의 종류는 수증기, 모래, 먼지, 물, 얼음 등이 있다. 즉 안개, 층운, 황사, 연무, 비, 눈 등에 의해 가시거리가 영향을 받는다.

(2) 연기의 감광계수는 가시도를 저하시켜 화재로부터의 피난을 방해하기 때문에 연기의 질을 나타내는 중요한 값이 된다. 특히 불특정 다수인이 있는 경우에는 30[m] 이상의 가시거리가 요구된다. 왜냐하면, 모르는 길을 가기 위해서는 멀리까지 볼 수 있어야 하기 때문이다.

(3) 연기의 가시도

화재 시 열과 독성에 의한 피해 이전에 발생할 수 있는 첫 번째 영향으로 피난안전 측면에서 가장 중요한 요소이다.

02 가시거리(L_v)

(1) 정의

1) 공학적 정의 : 가시도가 −0.02(우리가 눈으로 구별되는 대비도의 최솟값)까지 감소하는 거리(관찰자의 위치에서 보이는 위치까지의 거리)

2) 개념의 정의 : 물체를 멀리서 볼 때 그 물체의 윤곽을 볼 수 있는 최대 거리

(2) 가시도(visibility) 112회 출제

1) 해당 사물과 배경 간에 어느 정도 수준의 대비(contrast)로 대기의 혼탁을 나타내는 척도

2) 공식

$$C = \frac{B}{B_0} - 1$$

여기서, C : 가시도

B : 해당 사물의 휘도[cd/m^2]

B_0 : 배경의 휘도[cd/m^2]

(3) 피난 한계 가시거리

1) 숙지 : 5[m]

2) 비숙지 : 30[m]

(4) 영향인자

1) 연기의 산란 및 감광계수

2) 실내의 조명

3) 표지판이 발광형인지 산란(반사)형인지의 여부

4) 개인의 시력

5) 색상

① 밝기를 일정하게 유지한 상태에서 색상을 바꿀 경우 : 가시도 변화량은 최대 수십[%] 정도

② 종래에 사용하던 표지판의 가시도를 2배 이상 증가시키는 방법 : 밝기(휘도)를 현저하게 증가

6) 자극성 연기농도

① 연기의 자극은 피난자의 가시도를 떨어뜨려 결과적으로 불필요한 불안이나 패닉현상을 유발한다.

② 화재 연기 중의 가시도는 흡광도뿐만 아니라 연기의 자극성에 의해서도 결정된다.

㉠ 자극이 증가할수록 가시도가 급격하게 저하된다.

㉡ 점막 자극 때문에 눈 뜨기 어렵다.

③ 자극성 연기 중의 가시도 : 연기농도가 특정수준을 초과하는 시점에 급격히 감소한다.

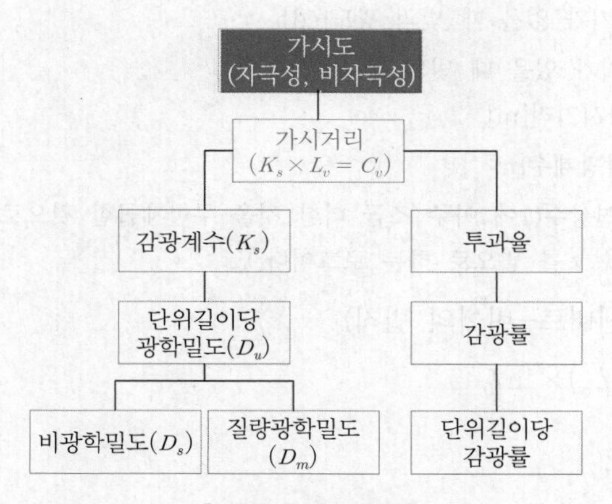

▌가시거리와 맵핑▐

03 감광계수 & 광학밀도

(1) 감광계수(K_s)

램버트-비어(Lambert - beer)의 법칙 125회 출제

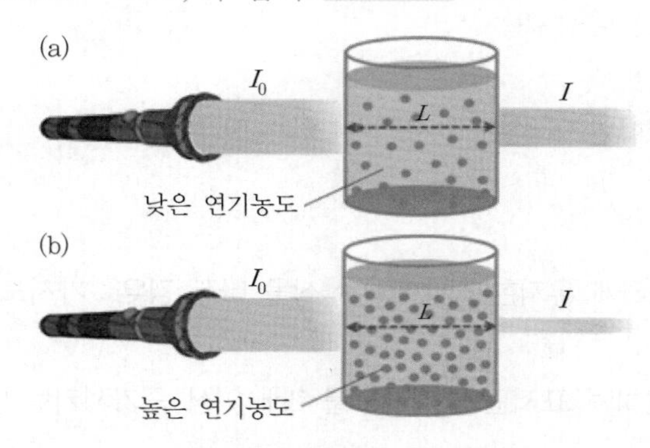

▌연기농도에 따른 감광▐

1) 예를 들어 1[m]의 연기를 빛이 통과한다고 했을 때 광속의 강도가 50[%] 저하되는 감광계수값을 가진다면 두 번째 같은 연기를 빛이 통과할 때는 광속의 강도가 25[%]로 저하되고 세 번째 같은 연기를 빛이 통과할 때는 광속의 강도가 12.5[%]로 저하되는 것을 말한다.

2) 감광계수 : 투과율(τ)의 역수$\left(\frac{1}{\tau}\right)$의 상용대수(log)로 표시한 값

$$\tau = \frac{I}{I_0} = e^{-K_s L_v}$$

여기서, τ : 투과율
I_0 : 연기가 없을 때 빛의 광도[cd]
I : 연기가 있을 때 빛의 광도[cd]
L_v : 가시거리[m]
K_s : 감광계수[m^{-1}]
e : 자연상수(1에 아주 조금 더한 것을 무한제곱한 것으로 2.718로 자연로그란 자연상수 e를 밑으로 하는 로그이다.)

$$I = I_o^{e^{-K_s \cdot L_v}}$$ (램버트-비어의 법칙)

$$\ln I = (-K_s \cdot L_v) \times \ln I_0$$

$$\ln \frac{I_0}{I} = K_s \cdot L_v$$

$$K_s = \frac{1}{L_v} \cdot \ln \frac{I_0}{I}$$ 117회 출제

3) 감광률(암흑도) 128회 출제

① 감광률[%]

$$O = \left(1 - \frac{I}{I_0}\right) \times 100[\%]$$

② 단위길이당 감광률[%/m] 또는 민감도

$$O_u = \left\{1 - \left(\frac{I}{I_0}\right)^{\frac{1}{L}}\right\} \times 100[\%/\mathrm{m}]$$

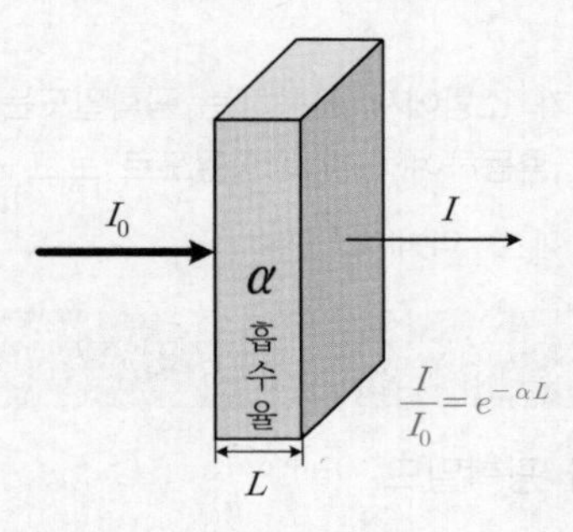

▌감광률▐

(2) 광학밀도(optical density, D)

1) 정의 : 연기를 통과한 빛의 감소를 나타내는 정도

2) 기능 : 연기를 통한 가시도 감소(피난 장애)를 일으키는 연기특성을 나타내는 중요 인자

① $D = \log_{10}\left(\frac{I_0}{I}\right) = -\log_{10}\left(\frac{I}{I_0}\right)$

여기서, D : 광학밀도

I_0 : 연기가 없는 빛의 광도[cd]

I : 연기가 있는 빛의 광도[cd]

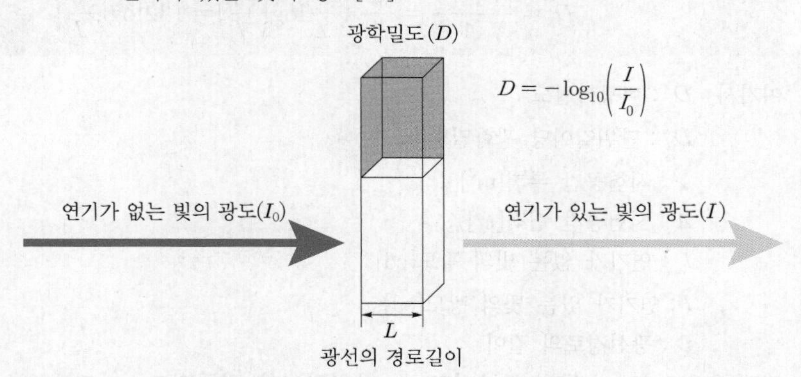

② 단위길이당 광학밀도(optical density per unit distance, D_u[m^{-1}])

$$D_u = \frac{D}{L} = \frac{1}{L}\log_{10}\left(\frac{I_0}{I}\right) = -\frac{1}{L}\log_{10}\left(\frac{I}{I_0}\right)$$

여기서, D_u : 단위길이당 광학밀도[m^{-1}]

D : 광학밀도

I_0 : 연기가 없는 빛의 광도[cd]

I : 연기가 있는 빛의 광도[cd]

L : 광선경로의 길이[m]

현재 우리가 소방에서 사용하는 광학밀도는 단위길이당 광학밀도인데 일부 책에서는 이를 혼동하여 이를 광학밀도로 보고 사용하고 있다.

③ 감광계수와 광학밀도와의 관계

$$K_s = 2.3 \cdot D_u$$

④ 단위길이당 감광률과 광학밀도

$$\left(\frac{I}{I_0}\right)^{\frac{1}{L}} = 1 - \frac{O_u}{100},\ D_u = \log\left(\frac{100}{100 - O_u}\right)$$

여기서, O_u : 단위길이당 감광률[%/m]

3) 비광학밀도(specity optical density, D_s)

① 정의 : 특정된 조건 아래의 광학밀도를 나타내는 실험값

② 기능 : 연기가 팽창할 때의 성장 잠재력을 나타낸다.

③ 공식 :

$$D_s = \frac{D_u \cdot V}{A} = \frac{V}{A} \times \frac{1}{L}\log\left(\frac{I_0}{I}\right) = 132\log\left(\frac{I_0}{I}\right)$$

여기서, D_s : 비광학밀도

D_u : 단위길이당 광학밀도[m^{-1}]

V : 시험공간 부피[m^3]

A : 시험공간 면적[㎡]

I_0 : 연기가 없는 빛의 광도[cd]

I : 연기가 있는 빛의 광도[cd]

L : 광선경로의 길이

④ 비광학밀도 또는 질량 광학밀도 → 단위길이당 광학밀도 → 감광계수 → 가시거리

4) 연기밀도(백분율)

① $D_s = 132 \cdot \log \frac{100}{T}$(방염의 발연량)

여기서, D_s : 연기밀도

T : 광선투과율[%]

132 : 연소 챔버에 대하여 $\frac{V}{A \cdot L}$로부터 유도된 인자

V : 시험공간 부피

A : 시험공간 면적

L : 광선경로의 길이

연기밀도 400 109회 출제

$400 = 132 \cdot \log \frac{100}{T} \rightarrow \frac{400}{132} = \log \frac{100}{T} \rightarrow 10^{\frac{400}{132}} = \frac{100}{T}$

$T = 0.09[\%] \fallingdotseq 0.1[\%]$

투과율이 0.1[%]이면 빛이 0.1[%]로 들어오므로 암흑도는 99.9[%]인 것을 의미

② 연기밀도 측정 : ASTM E 662(고체물질에서 발생하는 연기의 비광학밀도를 위한 표준시험법)

㉠ 최댓값 : $D_m = 132 \log \frac{100}{T_r}$

여기서, T_r : 광선투과율(maximum range)

㉡ 보정인자 : $D_c = 132 \log \frac{100}{T_c}$

여기서, T_c : 광선투과율(clean beam)

㉢ 보정값 : $D_s = D_m - D_c$

㉣ 최대 연기밀도는 보정값을 3회 이상 측정하여 중간값으로 한다.

5) 질량 광학밀도(D_m) : 질량 광학밀도(mass optical density)(실험값)

① 질량 광학밀도는 연기 내에 고체 · 액체 입자들의 수율을 나타낸다.

$$D_m = \frac{D_u \cdot V}{m}, \quad D_u = \frac{m \cdot D_m}{V}$$

여기서, D_m : 질량 광학밀도[m^2/g]

D_u : 단위길이당 광학밀도[m^{-1}]

V : 시험공간 부피[m^3]

m : 질량[g]

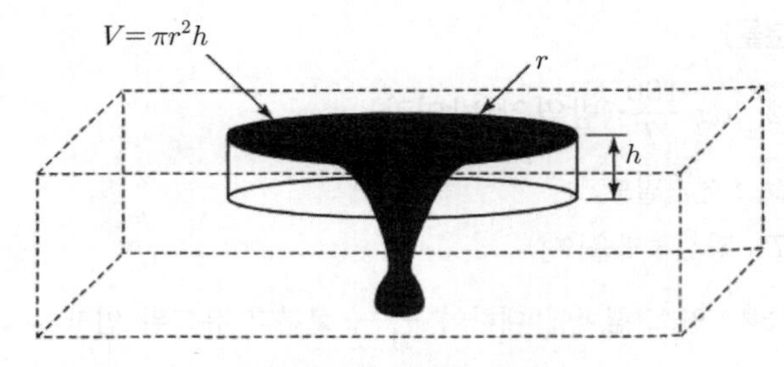

▌질량 광학밀도▐

② 시험공간 부피 계산방법 : $V=\pi r^2 h$

③ 기능 : 질량 광학밀도를 통해서 단위길이당 광학밀도와 가시거리를 산출할 수 있다.

04 감광계수와 가시거리 125회 출제

(1) 감광계수가 클수록 가시거리는 짧아진다.

$$K_s \cdot L_v = C_v$$

여기서, K_s : 감광계수

L_v : 가시거리

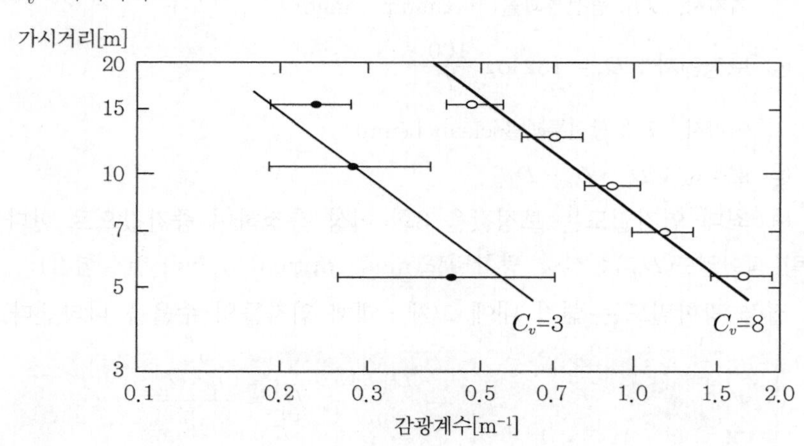

▌가시거리와 감광계수▐

(2) C_v

물체의 조명도에 의존되는 계수

1) 반사형 표시 : 2 ~ 4

2) 발광형 표시 및 주간의 창 : 5 ~ 10

(3) 감광계수에 따른 가시거리의 변화

감광계수(K_s)	가시거리(L_v)	현상
0.1	20 ~ 30[m]	• 연감지기 동작 • 불특정 다수의 피난 한계농도
0.3	5[m]	건물 내 숙지자의 피난 한계농도
0.5	3[m]	어두침침한 것을 느낄 정도의 농도
1	1 ~ 2[m]	거의 앞이 보이지 않을 정도의 농도
10	0.2 ~ 0.5[m]	최성기 때 연기농도
30	–	출화실에서 연기가 분출될 때의 연기농도

(4) 가시거리와 단위길이당 광학밀도 : 반비례 관계

1) 반사형일 경우(전방조명) : $L_v = \dfrac{1}{D_u}$

2) 발광형일 경우(후방조명) : $L_v = \dfrac{2.5}{D_u}$

여기서, L_v : 가시거리[m]

D_u : 단위길이당 광학밀도[m^{-1}]

3) 유도표지보다는 유도등이 가시거리가 길다.

(5) 자극성 연기에서 가시거리[33]

1) 자극성과 비자극성 연기에서의 가시거리

① 비자극성 연기 : 유류 등의 불꽃 연소와 같이 발생하는 검은색 연기

② 자극성 연기 : 훈소의 백연이나 색이 있는 연기에서 발생하는 눈물이 나고 눈을 오랫동안 뜰 수 없는 연기

2) 가시거리 공식

$$L_v = \frac{C_V}{K_s}(0.133 - 1.47\log K_s)$$

여기서, L_v : 가시거리[m]

K_s : 감광계수[m^{-1}]

C_V : 물체의 조명도에 의존되는 계수

3) 자극성 연기에서 가시거리(점선)는 감광계수가 0.25[m^{-1}]에서 급격히 저하(0.25[m^{-1}]값 이전에는 자극성과 비자극성 차이가 없음)

33) Studies on Human Behavior and Tenability in Fire Smoke. TADAHISA JIN

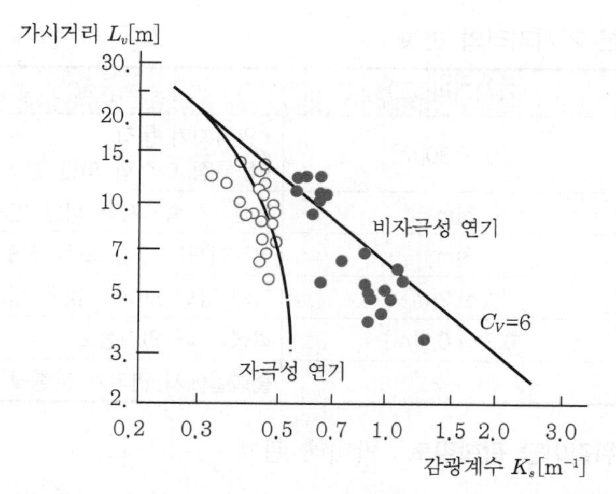

▌자극성 연기와 비자극성 연기의 가시거리와 감광계수의 관계▐

4) 자극성과 비자극성 연기에서의 보행속도 : 비자극성 연기보다 자극성 연기에서 보행속도가 크게 저하한다.

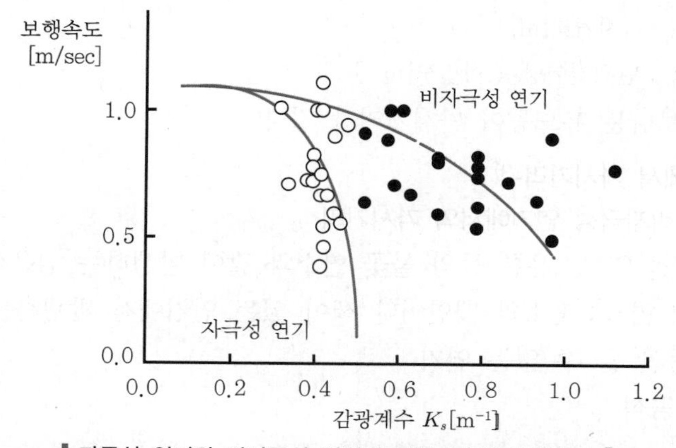

▌자극성 연기와 비자극성 연기의 감광계수와 보행속도▐

05 화재 시 어둠의 영향

(1) 어둠 속에서 인간의 행동은 방향성을 상실할 뿐만 아니라, 공포감에 의한 심리적인 압박감으로 크게 제한된다.

(2) 대피 실험에 따르면, 어둠 시 보행에서는 정상 시 속도의 30[%] 정도가 저하되는 것으로 보고되고 있다.

(3) 이것은 단순한 어둠 속에서이며, 이 상태에서 연기에 의한 시계 불량이 가해지면 좀 더 지연되는 것으로 볼 수 있다.

1) 어둠에 의한 공포보다는 연기에 의한 공포가 더 크고 조심스러운 행동을 유발하기 때문이다.

2) 일부의 조사결과에 의하면 화재 시 조도가 1[lux] 이하가 되면 평상시 보행속도의 50[%] 이하로 저하되는 것으로 보고되고 있다.

(4) 대피 바닥면의 밝기는 최저 1[lux] 정도가 필요하지만, 완전하게 조명이 사라진 상태에서는 플래시 등의 이동조명에 의한 밝기도 대피하는 데 유효하다. 라이터에 의한 밝기는 고정된 조명과 달리 밝기 자체를 비추는 장소에 따라 자유로이 변할 수 있다는 이점이 있기 때문이다.

(5) 어둠 및 공포 등의 영향으로 화재 시 인간의 행동특성을 고려한 피난설계가 되어야 한다.

06 가시거리 개선방법

(1) 표지판 크기를 크게 한다.

(2) 섬광 등을 이용한 주목성을 개선한다.

(3) 음향 유도식 피난구 유도등을 설치한다.

(4) 이동식 섬광등을 이용한 피난 유도장치를 설치한다.

(5) 반사형보다는 광원형을 설치한다. 왜냐하면 광원형이 반사형보다 2.5배 이상으로 가시거리가 길기 때문이다.

SECTION 030

발연점과 검댕

01 검댕(soot)

(1) 정의

연기 내에 존재하는 고체의 검은 탄소입자

(2) 검댕은 일반적으로 화염의 가연물 농후 구역에서 형성되어 고체-기체 반응을 거치면서 크기가 증가하고 곧이어 산화되어 일산화탄소(CO) 및 이산화탄소(CO_2)와 같은 기체 연소생성물을 생성한다.

(3) 검댕 생성의 변수

1) 가연물의 화학구조, 농도, 압력
2) 온도가 1,300[K] 미만일 경우 화염에서 검댕이 다량 방출한다.
3) 공기량

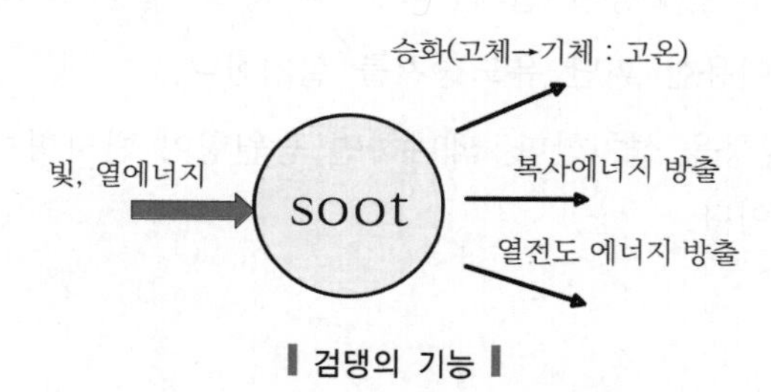

▌검댕의 기능▐

(4) 소방에서의 의의

1) 가시거리에 영향 : 흡수율이 증가하여 투과율($\tau = 1 - \alpha$)이 감소하므로 가시거리가 감소한다.
2) 열복사에 영향
   ① 흑체와 같은 검은색으로 유사한 성질을 가지고 있어, 흡수율이 높다.
   ② 많은 열을 받고, 배출하여 검댕(soot)이 많은 경우 복사열량이 많다(흡수율 = 방사율).

알코올은 화염은 고온이지만 주변으로 방사하는 복사열은 작다. 왜냐하면, 검댕이 없어서 복사열 방출이 작기 때문이다.

02 발연점(smoke point)

(1) 가연물의 연기방출 특성으로 검댕의 양을 추정할 수 있는 중요자료로 활용한다.

1) 발연점의 온도가 낮을수록 검댕(soot) 양이 증가한다.
2) 검댕양이 증가될수록 연기의 감광성, 복사 에너지가 증가한다.
3) 발연점이 낮을수록 낮은 온도에서 연기(퓸 : fume)를 내기 시작하며 독성 성분이 발생할 수 있다.

퓸(fume) : 기체 가운데 성질이 유독성이거나 냄새가 짙은 가스를 말한다. 승화, 증류, 화학반응 등에 의해 발생하는 연기로, 주로 고체의 미립자로 되어 있다. 보통 크기는 1[μm] 이하이다.

(2) 정의

지방이나 기름이 연기를 내며 타기 시작하는 최저 온도

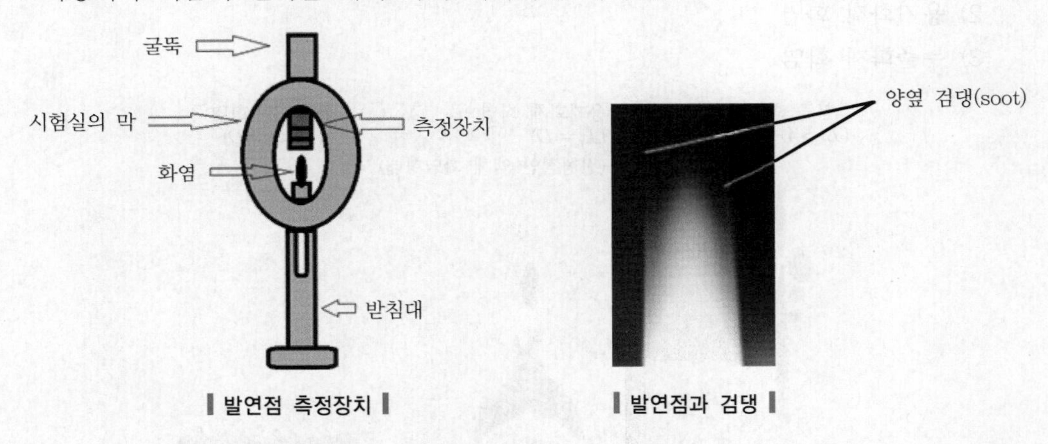

▌발연점 측정장치 ▌ ▌발연점과 검댕 ▌

SECTION 031 액체 가연물 화재

01 개요

(1) 액체 가연물 화재를 분석하는 첫 번째 단계는 가연물의 누출(spill) 혹은 용기(pool)를 가진 물리적 형태의 특징을 설명하는 것이다.

(2) 가연물로 만들어지는 초기 누출 또는 용기의 면적은 이로 인한 화재 크기와 연관된다.

(3) 화염의 형태에 따른 구분

1) 분출 화염
2) 용기화재 화염
3) 누출화재 화염

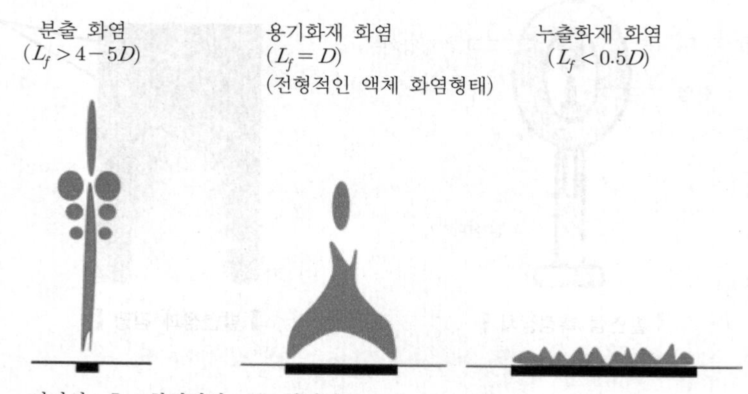

▌액체 가연물의 화염▐

02 발화의 조건

(1) 예열

액온이 인화점보다 낮을 때만 필요하고 높은 경우에는 필요없다.

1) 내부에 대류 형성 : 가열속도, 점성, 표면장력, 중력, 액체의 기하학적 형상
2) 휘발성 : 증기가 형성될 수 있는 용이성

(2) 기화

가연성 액체의 기상화

(3) 혼합

기화된 가연성 가스와 공기의 혼합

1) 공기의 운동, 정지
2) 저장용기의 밀폐(Pensky-martens), 개방(cleveland)
3) 주위 온도에 대한 액체 표면의 상대온도
4) 공기에 대한 해당 증기의 상대 분자량(부유, 체류)
5) 액체 저장용기 입구 둘레의 높이 및 특성

(4) 점화원

1) 유도발화 : 인화에 의한 발화
2) 자연발화 : 외부 점화원 없이 자체 열축적으로 발화

(5) 인화점

03 액체 가연물의 구분

(1) 인화점에 의한 구분

1) NFPA 30 기준

① 가연성 액체(combustible liquid) : 100[°F](37.8[℃]) 이상의 밀폐식 인화점을 갖는 액체

② 인화성 액체(flammable liquid) : 100[°F] 미만의 밀폐식 인화점을 가지고, 100[°F]에서 40[psia](2,068.6[mmHg])를 넘지 않는 리드(reid) 증기압을 가진 액체

등급		인화점	비점	비고
CLASS Ⅰ	ⅠA	22.8[℃] 미만	37.8[℃] 미만	인화성 액체 (flammable liquid)
	ⅠB	22.8[℃] 미만	37.8[℃] 이상	
	ⅠC	22.8 ~ 37.8[℃]	기준없음	
CLASS Ⅱ		37.8 ~ 60[℃]	기준없음	가연성 액체 (combustible liquid)
CLASS Ⅲ	ⅢA	60 ~ 93[℃]		
	ⅢB	93[℃] 이상		

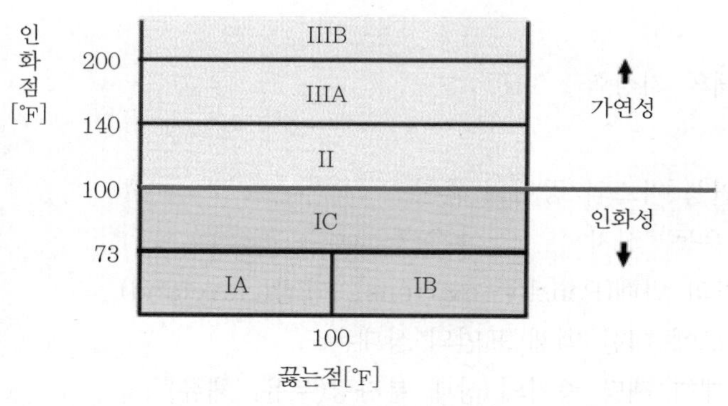

▌인화점 구분표▐

1. 「산업안전보건법」에서의 인화성 가스의 정의 : 폭발 하한이 13[%] 이하, 폭발 상한과 하한의 차이(연소범위)가 12[%] 이상
2. 「고압가스 안전관리법」에서의 가연성 가스의 정의 : 폭발 하한이 10[%] 이하, 폭발 상한과 하한의 차이(연소범위)가 20[%] 이상

2) 산업안전보건기준에 관한 규칙의 인화성 액체

분류 기준	종류
인화점 23[℃] 미만, 비점 35[℃] 이하	에틸에테르, 가솔린, 산화프로필렌
인화점 23[℃] 미만, 비점 35[℃] 초과	메틸에틸케톤, 메틸알코올, 에틸알코올, 이황화탄소
인화점 23 ~ 60[℃]	크실렌, 등유, 경유, 아세트산, 하이드라진

3) 「위험물안전관리법」의 인화성 액체

품명	종류	지정수량(단위 : [L])	조건
특수인화물	이황화탄소(CS_2), 디메틸에테르	50	① 발화점이 100[℃] 이하인 것 ② 인화점이 −20[℃] 이하이고 비점이 40[℃] 이하인 것
제1석유류	휘발유, 아세톤	200	인화점 21[℃] 미만
		400(수용성)	
알코올	메틸알코올, 에틸알코올	400	탄소 3가 이하
제2석유류	등유, 경유	1,000	인화점 21 ~ 70[℃]
		2,000(수용성)	
제3석유류	중유, 크레오소트유	2,000	인화점 71 ~ 200[℃]
		4,000(수용성)	
제4석유류	기어유, 실린더유	6,000	인화점 201 ~ 250[℃]
동 · 식물유류		10,000	인화점 250[℃] 미만

(2) 증기압에 의한 구분

증기압(vapor pressure) ASTM D 323, Standard method of test for vapor pressure of petroleum products(reid method)에 의해 측정된 압력[psia]

구분		경질유	중질유
증기압	100[°F]	2 ~ 4[psi] 이상	2[psi] 미만
	국내 기준	등유보다 휘발도가 큰 상태 (20[℃]에서 증기압이 5[mmHg] 이상)[34]	등유보다 휘발도가 작은 상태 (20[℃]에서 증기압이 5[mmHg] 이하)
종류		휘발유(gasoline), 등유(kerosene)	원유(crude oil), 중유(bunker oil)
비점		낮다.	높다.
상온에서 증기농도		연소범위를 형성(착화, 폭발위험)	연소범위 이하
적용 탱크		FRT, Vapor space tank, IFRT	CRT
예방대책		• 증기 공간 자체가 없는 방식의 탱크 사용 • 불활성화(이너팅)	• 증기 공간을 불활성 가스로 채운다. • 화염방지기(flame arrest) • 통기관(venting)
연소속도		액면 화재의 액면 강하속도	비점이 높은 열류층의 하강하는 속도
화재현상		액면 화재	• 보일오버 • 슬롭오버 • 프로스오버

04 액체 가연물의 화재 구분 116회 출제

(1) 용기화재(pool fire)

1) 정의 : 저장조 내의 액면 위에서 타는 액면 화재로 액체 가연물이 일정한 두께 이상을 가지고 있는 장소의 화재(2차원 화재)

2) 영향인자

① 물리적 특성

㉠ 다성분 액체인지의 여부 : 열류층(고온층 ; hot zone) 형성

㉡ 기화열의 크기 : 작을수록 연소속도가 크다.

㉢ 액체의 순수 열유속 : 클수록 연소속도가 크다.

㉣ 액면온도 < 인화점 : 구동류의 맥동적인 화염전파

㉤ 액면온도 > 인화점 : 기상 화염전파(예혼합)

② 용기의 직경

㉠ 작은 경우 : 대류가 주된 열전달

㉡ 1[m] 초과 : 복사가 주된 열전달로, 액면하강속도는 용기 직경과는 무관하다.

34) 환경부 휘발성 물질산정 지침(2006)

③ 기하학적 배치 : 용기화재와 수열체의 거리 및 위치에 따라 복사열이 결정된다.

④ 대기투과율 : 수분과 이산화탄소의 양 증가에 따라 대기투과율은 감소한다.

⑤ 화염의 높이 : 1[m] 이상이 되면 복사가 지배열류

⑥ 화염의 경사 : 화염이 영향을 미치는 거리(δ_f)를 증가시켜 전파속도를 증대하고 복사수열량을 증대한다.

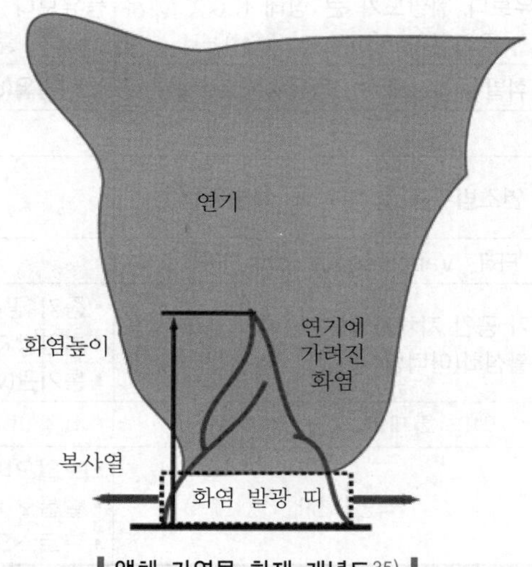

▌액체 가연물 화재 개념도[35] ▌

(2) 누출화재(spill fire)

1) 정의 : 저장조 내에서 넘쳐나거나 손상 때문에 탱크 파손 시 유출된 액체 가연물이 바닥으로 흐르는 비교적 얇은 표면의 액면 화재(2차원 화재)

2) 영향인자

① 유출원

② 바닥의 표면 특성

③ 발화지점

④ 유체의 초기 운동량

⑤ 유체의 표면장력

3) 유출면적

① 결정인자 : 초기 운동량, 표면장력, 바닥재의 특성(경사, 바닥의 미끈한 정도)

② 발화 후 유출면적 : 증가(155[%])

4) 낮은 연소속도 : 바닥을 통한 열손실

5) 연소면의 확대 : 타 가연물의 화재로 확산될 우려가 크다.

35) Thermal Radiation from Large Pool Fires. Kevin B. McGrattan, Howard R. Baum, Anthony Hamins November 2000

(3) 3차원 화재

1) 영향요소 : 인화점, 가연물의 양, 흐름, 프리번 타임, 재발화원

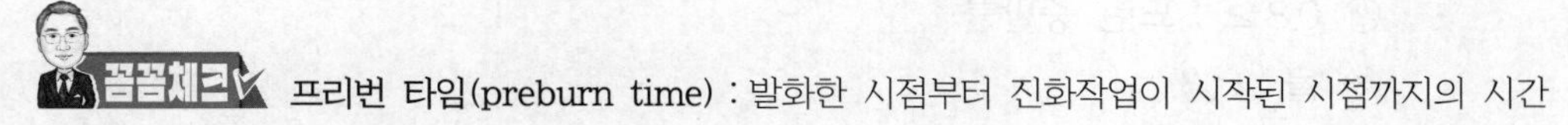

꼼꼼체크 프리번 타임(preburn time) : 발화한 시점부터 진화작업이 시작된 시점까지의 시간

2) 종류

① 분출 화재(Spray fires) : 분출 압력, 각도, 방향에 영향

② 흘러내리는 또는 흐르는 형태의 화재(Cascade/running fuel fires)

05 액체 가연물의 물리적 특성 121 · 72회 출제

(1) 인화점

(2) 연소점

1) 발화한 후 연소를 지속시킬 수 있는 충분한 증기를 발생시킬 수 있는 최저 온도

2) 보통 인화점보다 5 ~ 10[℃] 정도 높다.

3) 불꽃이 5초 이상 지속하는 온도

(3) 발화점

(4) 비중(specific gravity)

비수용성 가연성 액체는 대부분 비중이 1보다 작으므로 순수한 물을 사용하면 가연성 액체가 물 위에 있으므로 소화효과가 없다. 이런 경우 물에 약제를 섞어서 비중을 낮춘 포소화설비를 사용해야 한다.

(5) 증기압(vapor pressure)

(6) 증발률(evaporation rate)

1) 정의 : 액체 표면에서 단위시간당 증발하는 분자의 교환비$\left(\frac{dE}{dt}\right)$

2) 비점(boiling point)과 상대적 개념 : 비점이 높을수록 증발률이 낮다.

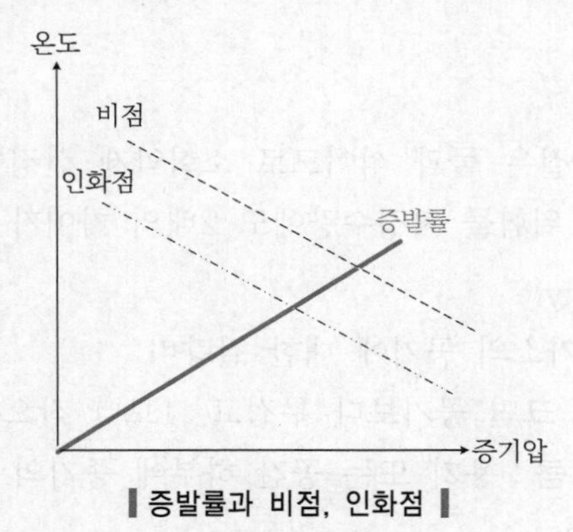

▌증발률과 비점, 인화점▐

3) 미국 MSDS의 기준 증발률 : 아세트산부틸(butyl acetate, 증발률=1)

① ≤ 3 : 매우 빠른 증발률

② 0.8 ≥ : 느린 증발률

③ 물 : 0.3

(7) 점성(viscosity)

1) 정의 : 유체의 흐름에 대한 저항

2) 단위

① 점성계수(μ) : 단위면적당 힘의 크기[N · sec/m^2]로 물질의 점도를 나타낸다.

② 동점성계수(ν) : [m^2/sec]

3) 점성이 낮으면 비등점이 낮아지고 분산성이 양호(발화지연 단축)해진다.

4) 온도 상승 시 점도

구분	점도	유동성	원리
액체	감소	증가	액체는 분자 간의 응집력에 의하므로 온도가 증가하면 분자 간의 결합선이 깨지면서 응집력이 약해져서 점도가 낮아지는 것
기체	증가	감소	기체의 점성원인은 분자 상호 간의 운동으로 온도가 증가하면 분자 상호 간 운동력이 향상하여 점성이 증가하는 것

(8) 비점(boiling point.)

1) 증기압(vapor pressure) = 대기압(atmospheric pressure)

2) 액체의 증기압은 대기압과 동일하고 액체가 끓으면서 증발이 일어날 때의 온도(외부의 공급열 ≥ 증발잠열)

3) 일반적으로 비점이 낮으면 기화하기가 쉬우므로 인화점이 낮다(인화점과 비점은 비례).

4) 비점이 발화점보다 높으면 기화와 동시에 발화위험(K급 화재)이 있다.

(9) 증발잠열(latent heat of vaporization)

1) 정의 : 증발하면서 온도변화는 없고 상태변화만 발생하는 상태에서의 흡수되는 열량

2) 증발잠열이 작다. = 증발속도가 빠르다. = 연소속도가 빠르다.

(10) 수용성

1) 물에 녹는 성질

2) 수용성이 있는 물질은 물과 섞이므로 소화약제 산정에서 희석소화로 물을 사용할 수 있다. 따라서, 위험물 지정수량에도 2배의 차이가 발생한다.

(11) 증기밀도(vapor density)

1) 정의 : 증기 또는 가스의 공기에 대한 질량비

2) 증기밀도가 1보다 크면 공기보다 무겁고, 1보다 작으면 공기보다 가벼운 것이다.

3) 증기밀도가 1 보다 큼 : 용기 또는 공간 하부에 증기의 체류 우려가 증대한다.

4) 증기밀도는 가스 검지센서의 배치를 결정하는 기준이 된다.
 ① 대기=1.0일 때 증기밀도가 1.0보다 작으면 해당 물질은 상승한다.
 ② 증기밀도가 1.0보다 크면 해당 물질은 하강한다.

▌주요 물질의 증기밀도▐

가스 또는 증기	증기밀도
메탄	0.55
일산화탄소	0.97
황화수소	1.19
유증기	약 3.0

06 액체에서의 확산 106회 출제

(1) 액체의 표면 화염확산은 고체의 표면 화염에 대한 메커니즘과 유사하다.

(2) 고체와 차이점
 1) 고체는 가연물 자체가 정지되어 있고 액체는 이동이 가능한 유체이기 때문에 부력, 표면장력 차이에 의하여 가연물 자체가 이동한다.
 2) 이동원인 : 온도가 증가하면 표면장력이 감소하여 액체 내부의 대류현상을 일으키고, 이로 인해 가열되지 않은 액체를 향해 화염을 끌어들인다.

(3) 액체온도에 따른 화염확산 지배인자
 1) 액체온도가 인화점보다 낮을 경우 화염확산 : 표면장력의 구동류 의해 지배
 2) 액체온도가 인화점을 초과할 경우 화염확산 : 기상전파에 의해 화염확산이 지배

(4) 액면온도 > 인화점
 1) 액면 상의 어떤 위치에도 이미 연소범위 내에 들어 있는 가연성 혼합기가 형성
 2) 외부로부터 점화원이 주어지면 즉시 발화하여 화염은 그 증기층을 통해서 전파
 3) 연소확대 : 기상전파, 예혼합형 전파
 4) 액온이 인화점 이상인 경우 화염전파속도

$$v_{\max} = A \cdot S_u \sqrt{\frac{\rho_o}{\rho_f}}$$

여기서, $v_{\max}$: 화염전파속도[m/sec]
 S_u : 연소속도[m/sed]
 A : 계수(2 ~ 3)
 ρ_o : 액온 증기밀도[g/L]
 ρ_f : 화염온도에서의 증기밀도[g/L]

① 발화되어서 화염이 전파됨에 따라 화염면이 증가 → 화재성장속도가 증가 → 구획실의 열방출률이 증가

② 성장률 : 발화에서 최대 연소속도까지의 열방출률을 시간으로 미분한 값

㉠ 시간 관련 문제 및 사건을 다룰 때 중요한 의미이다.

㉡ 사용처

- 피난 및 인명안전 조건
- 감지 및 진압설비 동작
- 화재전파 및 건축물 구성요소 파괴

③ 화염전파속도 : 상온에서 탄화수소나 알코올의 값은 2[m/sec] 정도이다.

(5) 액면온도 < 인화점

1) 액면 위에 가연범위에 들어가는 증기층을 형성하지 못하고 있으므로 부분적으로 액체를 가열해서 발화하여도 그대로 화염이 전파되지는 않는다.

2) 연소확대 : 예열형 확산

3) 표면장력

① 정의 : 액체가 표면적이 될 수 있는 대로 작게 하려고 그 표면에 작용하는 힘

② 액체의 경우 온도에 반비례한다.

③ 표면장력 구동류 : 액면이 주변 화재에 노출된 경우 국부가열로 표면장력 변화가 생겨 액체의 불연속인 순환이 발생한다.

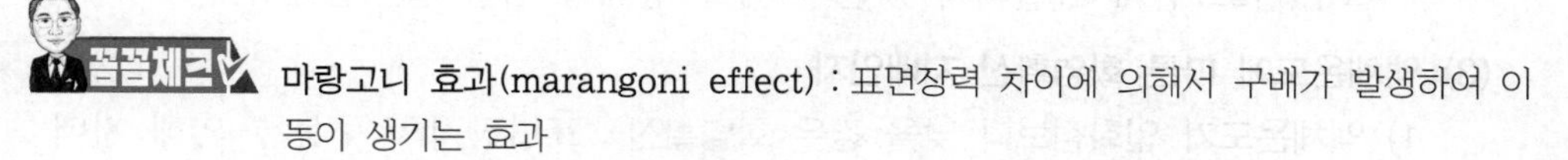

마랑고니 효과(marangoni effect) : 표면장력 차이에 의해서 구배가 발생하여 이동이 생기는 효과

㉠ 진행순서 : 중질유에 온도가 상승 → 표면장력 감소(차이 발생) → 마랑고니 대류현상으로 이동 → 중질유가 인화점 이하가 되면 점화원에 의해 화염이 발생 → 중질유의 이동방향과 동일한 방향으로 화염이동 → 중질유가 이동하고 난 후 하부 액체가 표면 위로 올라와 그 자리를 차지하며 순환(구동류)

㉡ 중질유에 인화점 이상이 되면 착화에 의한 화염이 생기고, 중질유 이동 방향과 같은 방향으로 화염도 이동

④ 맥동적 연소현상

㉠ 표면장력 구동류의 이동속도에 비례해서 화염의 전파속도가 빨라진다.

㉡ 화염의 전파속도가 빠를 때 화염의 크기가 크게 변화한다.

㉢ 표면장력의 구동류는 가열된 면적에서는 작용하지만, 미가열 영역에서는 작용하지 않아서 화염의 이동이 정지한다.

㉣ 화염이 불연속적으로 이동하는 것처럼 보이는 연소현상이다.

⑤ 화염전파속도 : 0.01 ~ 0.1[m/sec] 정도

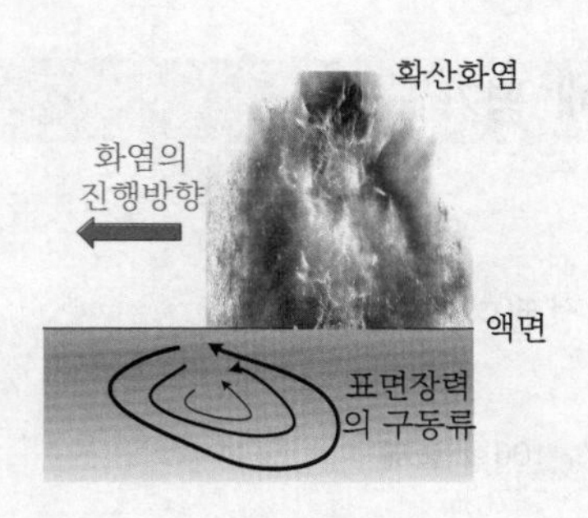

▌표면장력 구동류▐

(6) **화염주기의 영향요인**

1) 불규칙한 공기의 유입
2) 국부적인 혼합기 형성
3) 가스의 열팽창

(7) 바람에 의한 화염경사

1) 개방상태의 액면화재 화염의 경사
   ① 원인 : 공기의 움직임
   ② 경사 정도 : 바람의 세기
2) 공기의 움직임 → 화재 플럼으로의 공기 인입속도를 향상 → 화염 내의 연소속도를 가속(1[m/sec]에서 최대)
3) 바람에 의해 화염확산속도 $v_f = \frac{\delta_f}{t_{ig}}$ 의 δ_f(화염이 영향을 미치는 거리)가 증가함으로써 화염전파속도는 증가한다.

δ_f : 델타로, 변수 또는 함수의 변량을 의미한다.

4) 공기의 속도가 2[m/sec] 이상일 경우 : 다량의 공기 유입으로 인하여 화염이 영향을 미치는 거리의 증가보다도 냉각효과와 희석효과로 화염전파속도가 오히려 감소한다.

(8) **액면 화재의 열전달**

1) 용기가 작고 방사율이 낮은 층류화염 : 대류에 의해 열전달이 지배
2) 화염의 크기 및 두께가 증가하는 화재 : 복사열이 지배

(9) **액면 아래의 온도분포**

구분	단일성분 액체(경질유)	다성분 액체(중질유)
내용	• 화염의 중심에서 온도가 약 1,500[℃] 정도로 액면은 비점이 되고, 아래로 내려갈수록 온도는 낮아진다. • 액면 아래 온도는 거의 변동이 작으며, 지수함수적으로 감소	• 원유나 중유에 장시간 화재가 진행되면 유류 중 가벼운 성분이 먼저 표면층에 증발 연소된다. • 무거운 성분은 지속적으로 축적되어 표면에 층을 이루는 열류층 형성
비고	액면강하속도(연소속도)	보일오버, 슬롭오버

07 액체 가연물 화재 평가

(1) 화재성장속도

화염전파속도에 의해 결정된다.

(2) 화재 크기

1) 액면강하속도 113 · 107 · 106회 출제

① 열방출률

$$\dot{Q}'' = \dot{m}'' \cdot \Delta H_c$$

여기서, $\dot{Q}''$: 열방출률[kW/m²]

$\dot{m}''$: 연소속도[kg/sec · m²]

ΔH_c : 연소열[kW/kg]

② 연소속도

$$\dot{m}'' = y \cdot \rho$$

여기서, $\dot{m}''$: 연소속도 또는 질량감소속도[kg/sec · m²]

y : 액면 강하속도[m/sec]

ρ : 액체 가연물 밀도[kg/m³]

③ 증발속도($y = v$) 129 · 122 · 109회 출제

$$v = \frac{\dot{m}''}{\rho}$$

여기서, v : 증발속도[m/sec]

$\dot{m}''$: 질량감소속도[g/m² · sec]

ρ : 밀도[g/m³]

④ 공식(단위가 다를 뿐 같은 값)

㉠ $y = 1.27 \times 10^{-6} \times \dfrac{H_0}{H_v}$

여기서, y : 액면 강하속도[m/sec]

H_v : 액체의 기화열[kW/kg]

H_0 : 액체의 연소열[kW/kg]

㉡ $v = 0.076 \dfrac{H_0}{H_v}$ [mm/min]

여기서, v : 액면 강하속도[mm/min]

H_v : 액체의 기화열[kW/kg]

H_0 : 액체의 연소열[kW/kg]

⑤ 액면 강하속도의 영향요인
㉠ 액체 가연물의 기화열
㉡ 액체 가연물의 연소열
㉢ 유류의 불순물 및 수분함량
㉣ 용기의 크기
㉤ 바람에 의한 산소공급

⑥ 연소지속시간(t) 129 · 116회 출제

$$t = \frac{h}{y}$$

여기서, t : 연소지속시간[sec]
h : 액체가연물의 깊이[m]$\left(h = \frac{V}{A},\ V : \text{가연물의 체적},\ A : \text{용기의 면적}\right)$
y : 액면 강하속도[m/sec]

2) 탄화수소(유류)의 용기에 따른 화재의 크기
① 용기 지름 1[m] 이하일 경우
㉠ 용기의 지름 증가 : 액면 강하속도는 감소, 일정, 증가
㉡ 주된 열전달 : 대류, 전도

구분	레이놀즈 지수	탱크 지름(d)	용기 지름 증가 연소속도	화염 형태
층류영역	Re < 20	d < 5[cm]	감소	층류
천이영역	20 < Re < 200	5 ~ 20[cm]	일정	층류와 난류의 전이상태
		20 ~ 100[cm]	증가	층류와 난류의 전이상태

② 용기 지름 1[m]를 초과할 경우 : 주된 열전달은 플럼에서 발생하는 복사열 → 용기의 지름이 더 커진다고 해서 액면 강하속도의 변화는 없다.
㉠ 용기의 지름 증가 : 액면 강하속도는 일정하다.
㉡ 주된 열전달 : 복사
㉢ 화염 형태 : 불규칙한 난류화염
㉣ y(액면 강하속도) : 4[mm/min]
㉤ m(질량감소속도) : 0.05[kg/m^2 · sec](약 50[g/m^2 · sec])
㉥ 난류영역(Re > 200) : 탱크의 크기가 1[m] 이상 되면 연소속도는 거의 일정

층류화재(steady fire)
① 구획화재에서 최성기 화재
② 액면 화재(pool fire)

③ 액체로 열이 전달되는 지배적 방식 : 플럼(plume)에서 발산되는 복사열

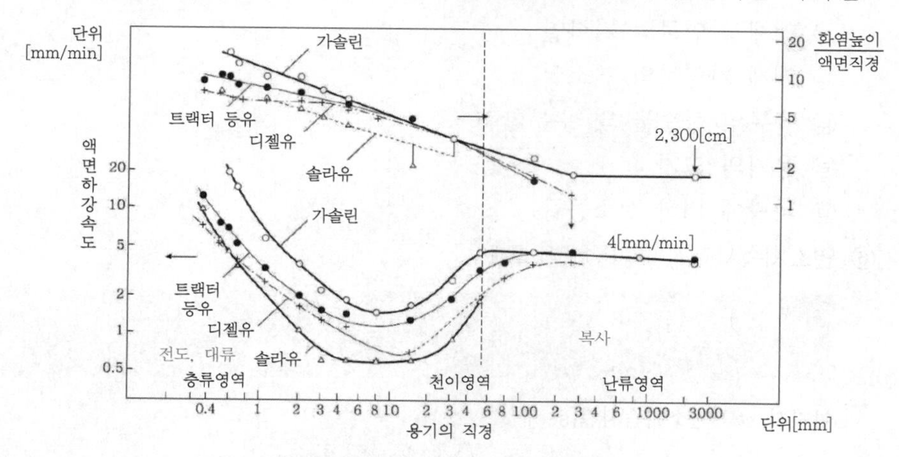

▌액면의 지름에 따른 액면 강하속도[36] ▌

④ 용기의 지름 증가

㉠ 액체화재의 가연성 증기 발생 : 증가(액면의 비례)

㉡ 공기 유입량 : 용기의 둘레 길이에 비례

㉢ 용기의 지름이 증가할수록 불완전연소가 증가(가연성 증기는 길이 제곱에 비례, 공기 유입량은 길이에 비례)

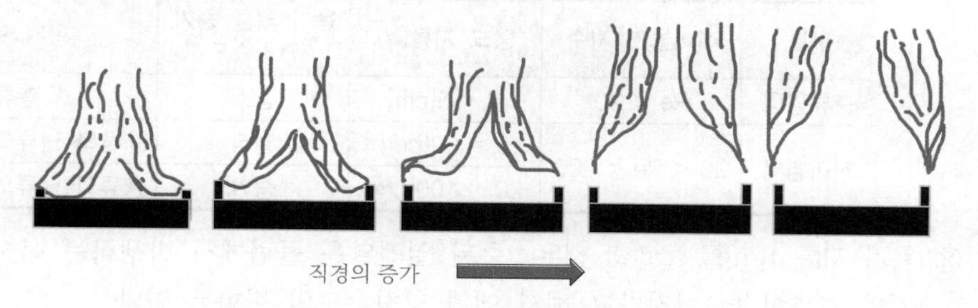

▌직경에 따른 화염형태 ▌

3) **알코올** : 복사 열유속은 유류와 비교할 때 미소한 수준이고 기화열이 작다.

① 방사율(ε)은 화염 내 검댕이(soot)의 양에 의해 영향을 받는다.

② 석유류가 알코올보다 검댕이(soot)를 더 많이 생성하므로 방사율이 크고 따라서 복사 열유속이 더 크다. 또한 에탄올의 기화열은 856[J/g]이고 가솔린의 기화열은 2,091[J/g]이다. 따라서, 액면하강속도가 빠르고 연소속도가 크다.

4) **누출화재(spill fire)** : 액면 화재(pool fire)의 $\frac{1}{5}$ 수준의 열방출률이 발생(지면 등에 의해 열손실)한다.

36) SFPE 2-15 Liquid Fuel Fires 2-309

5) 화염길이

① 공식

$$L_f = 0.23Q^{\frac{2}{5}} - 1.02D \quad \text{(Heskestad equation)}$$

여기서, L_f : 화염길이[m]

Q : 열방출량[kW]

D : 화염의 지름[m]

② 화염길이에서 에너지 방출속도를 계산할 수 있다.

③ 바람에 의한 화염 경사

$$\tan\theta = \frac{W^2}{g \cdot D}$$

여기서, W : 바람의 속도[m/sec]

g : 중력가속도[m/sec^2]

D : 화재의 지름[m]

6) 외부 환경의 영향요인

① 바람

② 주위 기체의 압력

③ 주위 기체의 산소농도

SECTION 032 증기-공기밀도와 증기 위험도 지수

01 증기-공기밀도(vapor-air density)

(1) 정의

연소 하한계에서 액체와 평형상태에 있는 증기와 공기의 혼합물이 보여주는 기체 비중(증기밀도)

(2) 증기-공기밀도의 영향요소

1) 액체의 온도
2) 현재 온도에서의 증기압
3) 액체의 분자량

(3) 증기-공기밀도의 필요성

1) 증기-공기밀도가 1에 가까울수록 위험성이 증가하는 데 이는 혼합물이 공기 중에 부유(폭발 우려)하기 때문이다.
2) 우수한 환기등급 및 신뢰성 높은 누출 방지대책의 수립이 필요하다.

(4) 증기-공기밀도의 계산

1) 이상기체 상태방정식을 통한 밀도 계산 : $PV = \frac{M}{W}RT \rightarrow \rho = \frac{W}{V} = \frac{PM}{RT}$

2) 공식

$$\text{증기-공기밀도} = \frac{P_v \cdot d}{P_t} + \frac{P_t - P_r}{P_t}$$

여기서, P_t : 전압(대기압)

P_v : 포화증기압[kg/m^2]

P_r : 액체의 증기압[kg/m^2]

d : 증기 비중

예 25[℃]에서 증기압이 76[mmHg]의 기체 비중이 2인 인화성 액체에 대하여 이 액체의 25[℃]에서의 증기-공기 비중을 구하면 P_v = 76[mmHg], d = 2, P_t = 760[mmHg], P_r = 76[mmHg]를 대입하면

$$\text{증기-공기밀도} = \frac{76 \times 2}{760} + \frac{760 - 76}{760} = 1.1$$

3) 이황화탄소(CS_2)의 증기-공기밀도 : 연소하한이 1.3[%]이고 증기밀도가 2.6인 경우 아래와 같다.

구분	이황화탄소(CS_2)
가스분율	0.013
공기분율	0.987
공기-증기밀도비	0.987×1 + 0.013×2.6 = 1.021

4) 이황화탄소의 경우 연소 하한계에서 증기-공기밀도가 공기와 차이가 작아 누출 시 가연성 혼합가스가 위치(높이)에 관계없이 존재하여 폭발위험이 크다.

(5) 증기압과 연소 하한계

$$\mathrm{LFL} = \frac{P_V}{P} \times 100 \left(= \frac{P_V}{1.01} \right)$$

여기서, LFL : 연소 하한계

P_V : 인화점에서 증기압[kPa]

P : 대기압[kPa]

02 증기 위험도 지수(VHI ; Vapor Hazard Index)

(1) 정의

허용농도와 포화 증기농도의 비이다.

(2) 유기용제 분자가 공기 중에 포화하였을 때 허용농도의 몇 배로 되는가를 나타내는 값이다.

(3) 기능

유기용제의 인체에 대한 잠재적인 독성을 평가한다.

$$\mathrm{VHI} = \frac{P_{\max}}{760} \times \frac{10^6}{AC}$$

여기서, VHI : 증기 위험도 지수

$P_{\max}$: 포화증기압[mmHg]

AC : 허용농도[ppm]

가연물의 분자량 증가

① 끓는점의 현저한 증가

② 액체 비등점 엔탈피의 경미한 감소

③ 눈에 띄는 인화점의 상승
④ 연소 하한계의 특이한 감소
⑤ 최소 자연발화 온도의 현저한 감소

03 순간 증발률(flashing)

(1) 정의

1) 위험물의 위험도 지수를 나타낸다.
2) 비등 액체팽창 증기 폭발(BLEVE) 및 자유 증기운 폭발 등의 저장위험물 폭발 가능성을 표시한다.

(2) 공식

$$\frac{q}{Q} = \frac{HT_1 - HT_2}{L}$$

여기서, $\frac{q}{Q}$: 순간 증발률

q : 기화한 액체의 양[g]

Q : 전체 액체량[g]

HT_1 : 방출 전 액체의 엔탈피[J/g]

HT_2 : 액체 비등점의 엔탈피[J/g]

L : 증발잠열[J/g]

SECTION 033

경질유·중질유 탱크의 화재특성

104회 출제

01 개요

(1) 경질유

비점이 낮고 등유보다 휘발도가 큰 상태로 20[℃]에서 증기압이 5[mmHg] 이상인 가솔린, 등유, 메탄올 등 가연성 액체

(2) 중질유

비점이 높고 등유보다 휘발도가 작은 상태로 20[℃]에서 증기압이 5[mmHg] 이하인 원유, 중유 등 가연성 액체

02 경질유

(1) 탱크의 특성

1) 증기압이 높은 액체의 저장 : 압력탱크

2) 경질유가 탱크 내에서 연소범위 내에 공간이 만들어졌을 때 점화원에 의해 착화되면 밀폐 탱크의 경우 폭발이 발생한다. 압력을 배출하기 위해 지붕의 재질을 쉽게 날아갈 수 있는 것으로 선정한다.

(2) 예방대책

1) FRT, Lift roof tank 등을 이용하여 증기 공간을 최소화(폭발 가능성 저감)한다.

① FRT(Floating-Roof Tank)

㉠ 구조 : 저장물질 위에 띄운 지붕 판의 탱크 측면을 따라 상하로 움직이게 되어 있는 원통 탱크의 구조

㉡ 저장대상 : 휘발성이 많은 위험물을 저장

㉢ 탱크의 크기 : 중·소형 탱크

㉣ 사용처 : 정유공장

㉤ 벤팅 : Breather valve 및 Flame arrester 부착

㉥ 종류(부상 지붕의 종류에 따른 분류) : Pan type, Pontoon type, Double deck

ⓢ 특징

- 화재 예방효과가 크고 화재 시 진화가 용이하다.
- 설치비가 고가이고 적설량이 많은 지역은 설치가 곤란하다.

ⓞ 화재

- 화재 초기 : 화재가 실과 벽면 사이의 환상 부분에만 한정한다.
- 화재 중기 : 지붕이나 벽면의 큰 변형이 발생하지 않는다.
- 소화 시 유의사항 : 소화수나 포가 지붕에 다량 살포 시 하중에 의해 지붕이 가라앉으면서 화재가 액 표면으로 확대된다.

② IFRT(Inter Floating-Roof Tank) : CFRT는 IFRT 구조의 한 종류로서, 2차 지붕의 형태가 콘형인 탱크

㉠ 구조 : 고정식 지붕 탱크 내부에 부상식 지붕이 설치된 탱크

㉡ 저장대상 : 휘발성이 강한 가솔린, 나프타 등의 위험물을 저장한다.

㉢ 탱크의 크기 : 중 · 소형 탱크

㉣ 사용처 : 정유공장

㉤ 위험성 : 부상식 지붕의 밀폐상태가 불량할 경우 지붕에 설치된 대구경의 벤트를 통하여 공기의 유입이 가능하다.

- 증발손실 증대
- 폭발범위 형성(화재, 폭발위험)

㉥ 화재

- 화재 초기 : 화재가 실과 벽면 사이의 환상 부분에만 한정된다.
- 화재 중 · 후기 : 부유 지붕이 알루미늄 또는 플라스틱 등 열에 잘 견디지 못하는 물질로 만들어져 있으며 화재 열에 의하여 부유 지붕이 변형되면서 액체 내부로 가라앉아 CRT와 동일한 화재양상으로 진행된다.

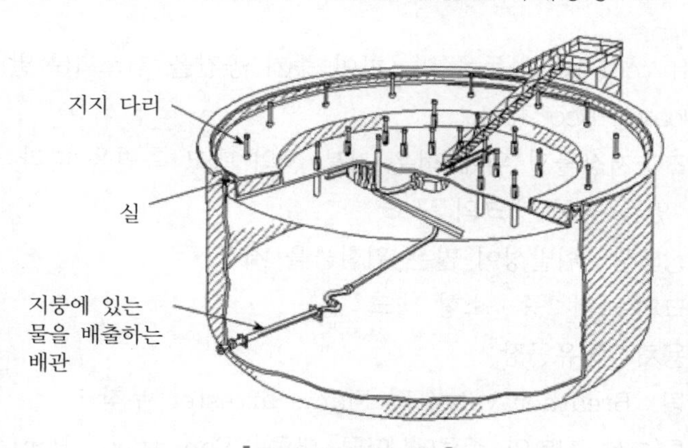

▌부상 덮개 탱크[37] ▌

37) Lecture 15C.1 : Design of Tanks for the Storage of Oil and Water. WG 15C : STRUCTURAL SYSTEMS : MISCELLANEOUS. ESDEP Course

③ VVST(Variable Vapor Space Tank)

㉠ 구조 : 저장탱크의 증기공간 부피가 변화될 수 있도록 하여 증기손실, 특히 일교차 등에 의한 저장손실(breathing loss)을 줄일 수 있도록 한 형태의 저장탱크

㉡ 저장대상 : 회전수(turn over)가 1년에 6회 이하로 적으면 주로 사용한다.

㉢ 탱크의 종류

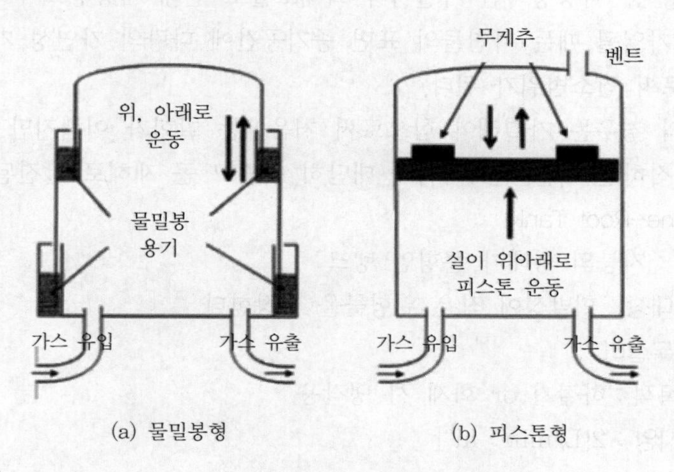

(a) 물밀봉형 (b) 피스톤형

2) 증기 공간

① 연소 하한계 이하 : 불활성 가스 주입

② 연소 상한계 이상 : 저장물과 동일한 가연성 가스 공급

(3) 저장방법

55[℃] 이상에서는 과압이 형성되므로 누설되지 않도록 충분한 공간 용적을 확보하여야 한다.

(4) 재해특성

1) 분출 화염(jet flame)

2) 증기운 화재(VCE)

3) 밀폐공간폭발

4) 비등 액체 증기운 폭발(BLEVE)

재해의 주된 특성이 폭발이다. 왜냐하면, 상온에서 가연물 표면에 가연성 증기가 연소한계 이상을 형성하고 다량의 증기운을 형성할 수 있기 때문이다.

(5) 연소속도 = 액면 강하속도

03 중질유

(1) 특성

1) 중질유 저장탱크는 상온에서 가연물 표면 위의 증기부분은 휘발성이 약하기 때문에 농도가 연소범위 하한계 이하로 유지되어야 한다.
2) 제조과정 중 비정상적인 가열이나 화재노출로 인해 저장탱크가 인화점 또는 그 이상까지 가열될 때는 가연물의 표면 증기공간에 다량의 가연성 가스가 발생하여 체류함으로써 연소범위가 된다.
3) 중질유의 경우는 가열해야 함으로써 처음에는 발화가 어렵지만 한번 연소가 개시되기 시작하면 이를 진화하기가 대단히 어렵고 큰 재해로 발전된다.
4) CRT(Cone-Roof Tank)
   ① 구조 : 지붕의 형태가 콘형인 탱크
   ② 저장대상 : 휘발성이 작은 위험물을 저장한다.
   ③ 물분무설비
      ㉠ 목적 : 하절기 or 화재 시 냉각용
      ㉡ 사양 : $2[L/min \cdot m^2]$
   ④ 벤팅
      ㉠ 브리더 밸브(breather valve) : 경질유
      ㉡ 벤트 노즐(vent nozzle) : 중질유
   ⑤ 특징
      ㉠ 설치비가 저렴하고 옥외 탱크에 있어서 가장 일반적인 탱크이다.
      ㉡ 탱크에 제품 입고 및 출고 시 손실(filling loss)이 발생한다.
      ㉢ 저장 시 일교차 등에 의해 손실(breathing loss)이 발생한다.
   ⑥ 화재 시 현상
      ㉠ 화재 초기의 폭발 : 지붕이 날아가게 되거나 벽면과 지붕의 용접부가 파열된다.
      ㉡ 폭발 후 화재 : 액면 화재(열에 의해 탱크 벽면이 안으로 휘어짐)
      ㉢ 증기압이 높은 경우 : 통기장치에 분출 화염에 의한 화재 발생
         - 분출 화염의 색이 황색-오렌지색이고 검은 연기가 분출될 경우 : 탱크 내부증기가 연소범위 상한계를 초과하여 화재가 탱크 내부로 전파되지 않아 소화가 용이하다.
         - 분출 화염의 색이 청색-적색이고 연기가 없는 경우 : 탱크 내부증기가 연소범위 내에 존재하여 화재가 탱크 내부로 전파되어 폭발위험이 증대된다.

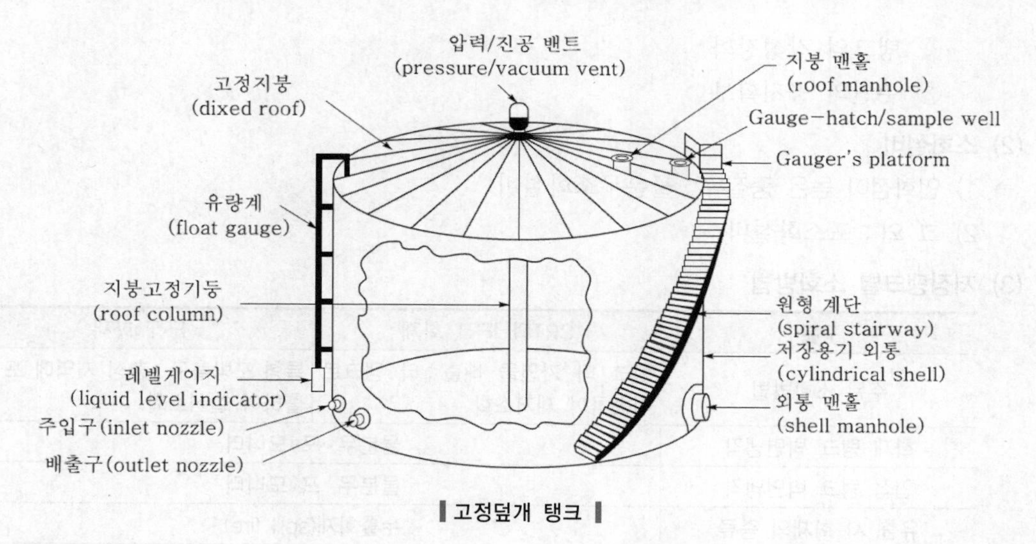

▌고정덮개 탱크▐

(2) 예방대책

1) 가연성 증기의 발생이 낮음 : CRT 저장이 가능하다.
2) 화재 노출, 방호를 위한 물분무설비를 설치한다.
3) 배출구(venting)
4) 화염방지기(frame arrest) 등

(3) 화재특성

보일오버(boil over), 슬롭오버(slop over), 프로스오버(froth over)

04 탱크 화재

(1) 화재 예방

1) 보일오버 방지 : 경사지게(1.5° 이상) 방유제를 설치하여 탱크에 화염이 접하지 않도록 한다.
2) 벤트 : 탱크 내 압력을 감압한다.
3) 탱크 내로의 입열 억제
   ① 탱크 외벽에 단열처리
   ② 탱크의 지하설치
   ③ 물분무, 포 모니터 등 수계 냉각설비
4) 용기의 내압 강도 유지 : 경년부식을 고려한 충분한 부식 여유두께로 설치한다.
5) 용기의 외력에 의한 파괴의 방지
   ① 타 물체에 의한 기계적 충돌을 방지

② 탱크의 강성강화

③ 주변의 공지확보

(2) **소화설비**

1) 인화점이 높은 중질유 : 물분무소화설비

2) 그 외 : 포소화설비

(3) **저장탱크별 소화방법**

구분	CRT와 IFRT 화재	FRT 화재
주된 소화방법	탱크 내 가연물 배출 : 타 탱크로 이송하여 제거소화	특형 포방출구 : 환상 지역에 포 방출하여 질식소화
화재 탱크 벽면냉각	물분무, 포 모니터	
인접 탱크 벽면냉각	물분무, 포 모니터	
유출 시 화재의 종류	누출화재(spill fire)	
지면화재 확대 방지	방유제	
유출 시 소규모 화재 소화방법	소화기, 건조사	
유출 시 대규모 화재 소화방법	보조 포 소화전, 포 호스릴	

SECTION

034 중질유 화재의 물넘침 현상

01 개요

(1) 물넘침 현상의 정의

중질유의 고온층에 물이 접촉하면서 비등하여 유류와 화염을 용기 밖으로 밀어내어 연소면의 확대를 유발해 화재피해를 증대시키는 현상이다.

(2) 원인

중질유가 휘발성이 낮아 열류층이라는 고온층이 발생하면서 이 고온층이 물과 접촉하면 온도구배에 의한 열전달이 발생하며 순간적으로 물이 비등하며 유면을 확대하는 현상이다.

(3) 종류

슬립오버, 프로스오버, 보일오버

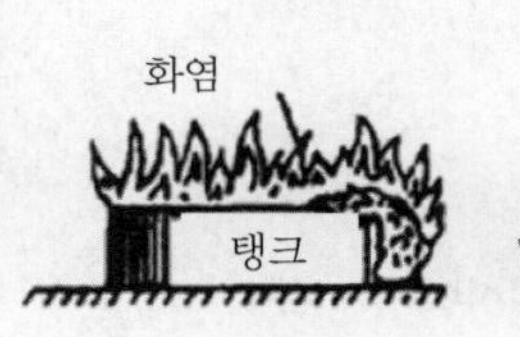

(a) 슬립오버

(b) 프로스오버

(c) 보일오버

▌중질유의 물넘침 현상▐

02 고온층 또는 열류층(heat layer, heat wave)

(1) 정의

원유나 중질유와 같이 비점이 서로 다른 성분을 가진 다성분 액체(대표적 원유)의 저장탱크에 화재가 발생하여 장시간 진행되면 유류 중 가벼운 성분이 먼저 증발하여 연소하고 무거운 성분은 계속 축적되어 화염에 의해 가열되어 유면 아래의 뜨거운 층을 형성하는 것을 말한다.

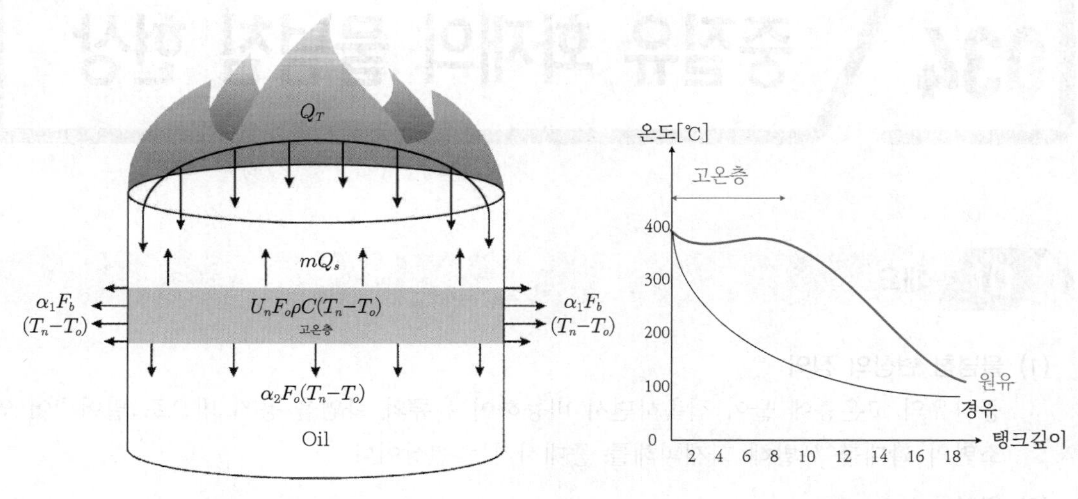

▌중질유의 고온층 형성▐ ▌고온층의 온도분포▐

여기서, Q_T : 화염에서 탱크 액체 표면으로 열유속[J/sec]

m : 가연성 액체의 질량감소속도[kg/sec]

Q_s : 가연성 액체의 열량[J/kg]

U_n : 가연성 액체의 예열속도[m/sec]

F_o : 가연성 액체 저장탱크 표면적[m^2]

ρ : 가연성 액체의 밀도[kg/m^3]

C : 가연성 액체의 비열[J/kg · K]

T_n : 화재 시 탱크의 액 표면온도[K]

T_o : 최초 저장온도[K]

α_1 : 탱크 벽면의 열전달계수[$J/m^2 \cdot sec \cdot K$]

α_2 : 고온층의 열전달계수[$J/m^2 \cdot sec \cdot K$]

F_b : 탱크 벽면 면적[m^2]

(2) 고온층의 생성과정

1) 화염에 의해 액면 상부의 온도가 상승된다.
2) 휘발되면서 액면 상부의 밀도가 증가한다.
3) 밀도층이 점차 두꺼워지면서 하강한다.
4) 층 온도를 평균화시켜 고온층을 형성한다.

(3) 열류층의 온도

1) 원유 : 150 ~ 200[℃]
2) 중유 : 250[℃]

(4) 열류층 하강속도 : 60[cm/hr]

03 보일오버(boil-over) 현상 107회 출제

(1) 정의

유류 탱크의 화재 시 상부에 100[℃] 이상의 고온층이 형성되어 고온층이 점차 탱크 아랫부분으로 하강하게 되어 탱크 하부에 잔류하는 수분 또는 에멀전을 만나서 열전달을 통한 부피팽창과 비등으로 상층의 유류를 갑작스럽게 탱크 외부로 분출시키며 화재를 확대하는 현상이다.

(2) 발생 메커니즘

1) 유류 탱크에 용기화재가 발생한다.
2) 고온층이 화재의 진행과 더불어 액면 강하속도에 따라 점차 탱크 바닥으로 하강한다.
3) 탱크 바닥에 물 또는 물-기름 에멀전이 존재하면 뜨거운 열류층의 온도에 의하여 물이 급격히 증발하면서 이에 수반되는 부피팽창이 발생한다.
4) 수증기가 유류를 밀어내어 유류가 불이 붙은 채로 탱크 밖으로 분출(연소면 확대)한다.

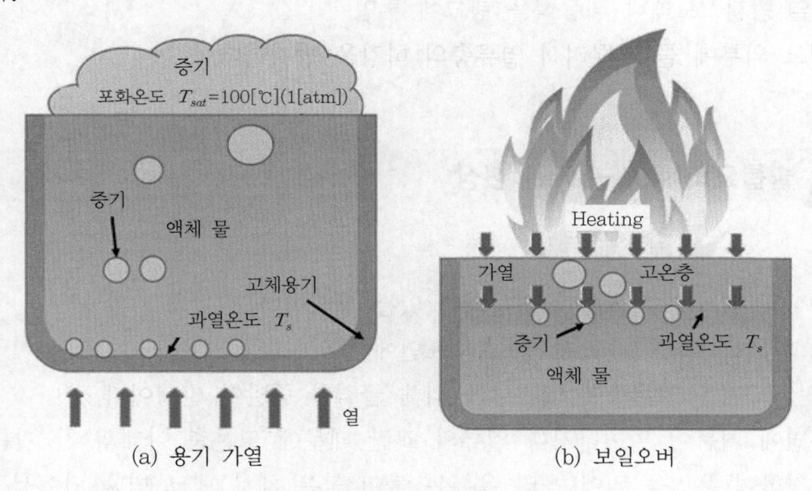

(a) 용기 가열 (b) 보일오버

▌용기 가열과 보일오버▐

(3) 보일오버(boil-over) 현상 발생조건

1) 유류가 광범위한 비점을 가진 다성분들의 혼합물 : 보일오버를 일으키려면 유류가 적당한 점성과 표면장력을 가지고 있어야 하는데, 대체로 중질유와 같은 다성분 액체는 다른 인화성 액체보다 적절한 점성과 표면장력을 가지고 있다.
2) 액면 강하속도 < 열류층 하강속도 : 고온층 형성조건
3) 저장탱크 내에 수분이 존재

(4) 화재 시 보일오버(boil over)에 대한 대책

1) 탱크 화재가 진행되고 있는 동안 어느 시점에 보일오버가 일어날 것인가를 예측한다.
   ① 액면 강하속도
   ② 고온층 하강속도
   ③ 고온층의 소재 파악 등의 정보취득이 필요
2) 고온층 위치확인
   ① 고온층 하강속도는 대체로 시간당 60[cm/hr] 정도이고 액면 강하속도는 24[cm/hr]이다.
   ② 액면이 강하하는 속도보다 열류층이 하강하는 속도가 빨라 탱크 하부에 물이 체류하는 경우에 열류층이 먼저 물과 접하여 열전달을 진행함으로써 물의 상변화로 부피가 팽창하여 이 팽창력이 유면을 외부로 밀어낸다.
   ③ 방법 : 탱크 외측에 온도표시용 도료를 바르거나 물을 뿌린다.
3) 고온층이 탱크의 저수 위치에 근접 시 : 보일오버의 위험으로 전원 대피한다.
4) 주기적으로 탱크 하부에서 물을 배출한다.
5) 탱크 내용물의 기계적 교반(수층의 형성을 미연에 방지하는 효과)을 한다.
6) 과열 방지 : 모래나 비등석을 탱크에 투입
7) 탱크 외부에 물을 뿌려서 열류층의 하강을 방지한다.

04 슬롭오버(slop-over) 현상

(1) 정의

1) 중질유 탱크에 고온층이 형성되어 있는 상태이다.
2) 소화작업으로 물을 화재 연소면 표면에 주입한다.
3) 물은 뜨거운 고온층에 열전달에 의해 급격한 증발이 발생이다.
4) 유면에 거품이 일어나거나 열류의 교란 때문에 고온층 아래의 찬 기름이 급히 열팽창하여 유면을 밀어 올려 유류는 불이 붙은 채로 탱크 벽을 넘어서 나오는 현상이다.

(2) 발생조건

1) 유류의 점성과 표면장력이 커야 한다(원유나 중질유).
2) 액 표면의 온도가 물의 비점보다 높은 온도를 형성한다.

(3) 대책

1) 물분무설비나 소화전을 이용하여 탱크를 냉각한다.
2) 고온층 온도가 충분히 저하된 후 포 소화약제를 투입한다.

05 프로스오버(floth-over) 현상

(1) 위의 현상과는 달리 화재와 무관하게 발생하는 현상이다.

(2) 정의

고온의 점성유체를 수용하고 있는 탱크에 물이 존재하거나 스며들면 유체가 증발 · 팽창하면서 뜨거운 기름을 탱크 밖으로 흘러넘치게 하는 현상이다.

(3) 예를 들어 고온의 아스팔트를 잔류수가 있는 탱크에 모르고 부었을 경우 순간적으로 잔류수가 비등하면서 아스팔트를 밀어내는 데 이때 거품 등이 발생하는 현상이다.

(4) 대책

탱크 내에 물 등 열의 이동으로 인한 부피팽창이 될 요소를 사전에 점검하여 이를 제거한다.

꼼꼼체크 Oil Over : 저장탱크 내에 위험물이 50[%] 이하로 저장된 탱크의 주변 화재의 열이 저장탱크를 가열하여 탱크 내 온도 상승으로 공기가 팽창하여 폭발하는 현상

SECTION 035 화재의 분류

01 개요

(1) 화재의 정의

사람의 의도에 반하거나 고의 또는 과실에 의하여 발생하는 연소 현상으로서 소화할 필요가 있는 현상 또는 사람의 의도에 반하여 발생하거나 확대된 화학적 폭발현상이다. (「소방의 화재조사에 관한 법률」 제2조)

(2) 화재는 다양한 메커니즘으로 복잡하게 진행되기 때문에 분류가 쉽지는 않지만, 대부분의 나라에서는 가연물의 종류와 성상에 따라 분류하고 있다.

(3) 이런 분류방법은 소화방법의 적용 측면에서 실익이 있다고 할 수 있다. 즉, 어떤 소화약제를 사용해야 적응성이 있느냔 문제 때문에 분류한 것이다.

(4) 국내 · 외 가연물별 화재 분류

구분	국내	NFPA	ISO
A급	일반	일반	일반
B급	유류	유류, 가스	유류
C급	전기	전기	가스
D급	없음	금속	금속
F(K)급	주방	주방(K)	식용유(F)

02 화재별 구분

구분	일반화재	유류화재	전기화재	금속화재	주방화재
화재등급	A급 화재	B급 화재	C급 화재	D급 화재	K급 화재
색표시	백색	황색	청색	무색	무색
특징	화재 후 재(ash)를 남긴다.	화재 후 재를 남기지 않는다.	통전 중인 전기기기 화재	가연성 금속의 화재	식용유의 화재
대표 소화약제	물	포	가스계	금속화재용(건조사, 불활성 기체)	• 제1종 분말 • Wet chemical

구분	일반화재	유류화재	전기화재	금속화재	주방화재
가연물	종이, 나무, 플라스틱 등 고체 가연물	휘발유, 알코올 등의 인화성 액체	전기기기(고분자화합물)	3류, 2류 중 금속분과 1류의 무기과산화물	식용유
특이사항	재발화 위험	• 용기화재 • 누출화재	• 단전 후에는 일반화재 • 물 사용 시 감전 우려	• 30 ~ 80[mg/L] 미립분진 • 물 사용 시 가연성 가스 발생	• 인화점과 발화점 차이가 작다. • 다른 소화약제로 소화가 곤란하다.

03 식용유 화재(K급 화재) 128 · 109 · 69회 출제

(1) 특징

1) 식용유 화재의 경우 B급 화재에 포함해 분류하였으나 일반 유류 화재와는 연소형태나 소화작업에 큰 차이가 있으므로 NFPA와 NFTC에서는 K급 화재, ISO에서는 F급 화재로 별도로 분류하게 되었다.

2) 식용유, 액체 파라핀, 왁스(cooking oils) 등과 같은 유류

① 비점 : 약 400[℃]

② 발화점 : 약 360[℃]

③ 인화점 : 약 300[℃]

④ 발화점이 비점보다 낮아, 비점 이하의 온도에서도 유면상의 증기가 바로 발화한다.

⑤ 유면상의 화염을 제거하여도 유면온도가 발화점 이상이면 재발화 → 발화점 이하로 냉각해야 화염이 제거된다.

(2) 소화

1) 제1종 분말($NaHCO_3$)

① 1종 분말약제를 방사하면 가연물(식용유)과 직접 반응하여 비누화 작용을 일으켜 비누막을 형성해 질식 소화한다.

② 최근 식물성 식용유의 경우에는 거품방지제(소포제)가 들어있어 비누화 작용이 일어나지 않고 비점이 발화점보다 높아 포가 깨져서 소화성능이 작다. 따라서, NFPA에서는 Wet chemical만 사용토록 하고 있다.

③ 비누화(saponification)

㉠ 일반적 의미 : 유지나 밀랍에 염기성의 NaOH를 넣어서 비누를 만들어 내는 반응이다.

㉡ 소방에서 의미 : 1종 분말소화약제로 식용류 표면의 화염을 제거하여도 기름의 온도가 발화점 이상으로 가열된 상태로 재발화 위험이 높다. 따라서, 대상물의 표면에 금속비누를 만들어 표면을 덮어 질식 소화를 하고 발생되는 물에 의한 냉각을 통해 발화온도 이하로 낮추어 재발화를 방지한다.

$$\begin{matrix} RCOOH \\ RCOOH \\ RCOOH \\ \text{식용유} \end{matrix} + \underset{\text{1종 분말}}{3NaHCO_3} \xrightarrow{\text{비누화 반응}} \begin{matrix} RCOONa \\ RCOONa \\ RCOONa \\ \text{금속비누} \end{matrix} + 3H_2O + 3CO_2\uparrow$$

▌비누화 반응▐

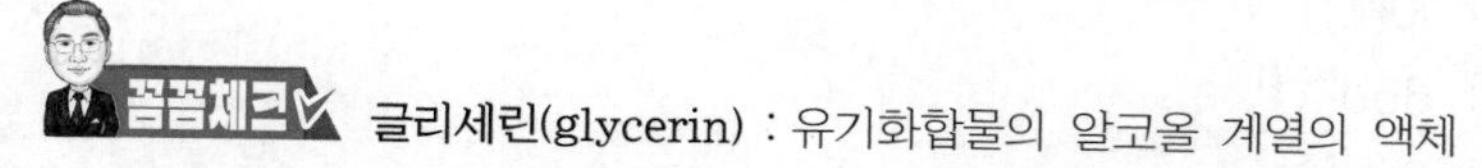

글리세린(glycerin) : 유기화합물의 알코올 계열의 액체

2) 이산화탄소(CO_2)에 의한 냉각 및 질식 효과 : 준 심부화재로 방출시간 3분 이상(NFPA 12)

3) 규모가 작은 식용유 화재 : 차가운 야채 등을 식용유에 넣어 소화(질식과 냉각 소화)

4) 최근에는 Wet chemical : 냉각 효과와 부촉매 효과

(3) 스플래시(splash) 현상 126회 출제

1) 정의 : 식용류 화재로 소화약제 방사 시 약제의 운동에너지로 인한 식용유가 밖으로 튀는 현상

2) 문제점 : 조리기구 주변에 가연물 존재 시 화재가 확대될 수 있다.

3) 방지대책(「상업용주방자동소화장치의 성능인증 및 제품검사의 기술기준」)

스플래시 소화시험(제29조)	스플래시 액적시험(제30조)
① 노즐에서 최대 방출량 방사 ② 노즐의 높이는 최소 높이 적용 ③ 소화장치 작동에 의한 약제 방출로 연소 중인 그리스가 시험 용기 밖으로 비산된 흔적 없을 것	① 고압 약제 방출에 의해 조리기구에서 그리스가 비산되는 정도를 조리기구별로 각각 시험 ② 비산된 그리스의 액적(droplet) 크기는 직경 5.0[mm]를 초과하지 않을 것

그리스(grease) : 점성이 있는 반고체 형태의 윤활제이다.

04 Wet chemical

(1) 정의

소화약제를 형성하는 유기염 · 무기염 또는 이들이 혼합된 염기성 수용액[NFPA 10(2014)]

(2) 명칭

Wet chemical, Wet agent, Liquid agent

(3) 성분(D.4.7)

초산칼륨(CH_3COOK), 탄산칼륨(K_2CO_3), 구연산칼륨($C_6H_5K_3O_7$) 또는 이들 조합으로 구성된 혼합 수용액

(4) 방출 메커니즘

1) 알칼리용액을 생성하기 위하여 소화약제와 물이 교반한다.
2) 가압용 가스의 압력하에서 배관 또는 튜브를 통하여 무상으로 방출한다.

(5) 소화 메커니즘

1) 먼저 무상으로 수용액이 방사하면서 증발잠열에 의해 가연성 가연물의 표면온도를 낮추어 화재확산을 방지하고 뜨거운 식용류나 지방이 튀는 것을 방지(냉각효과 → 재발화방지)한다.
2) 칼륨염과 물이 뜨거운 오일의 열을 받아 에스테르(−COO−)화된 식용유의 결합을 파괴시켜 지방산(−COOH−)과 글리세린($C_3H_8O_3$)으로 분리시키고, 이와 동시에 분리된 지방산과 소화약제가 결합된 비누화(−COOK−)로 인한 거품막을 형성하여 식용류나 지방표면의 막을 형성(foam blanket을 형성 → 질식소화)한다.

$$\begin{array}{l} RCOOH-CH_2 \\ \quad\quad\quad\;\; | \\ RCOOH-CH \\ \quad\quad\quad\;\; | \\ RCOOH-CH_2 \end{array} + 3KOH \xrightarrow{\text{비누화 반응}} 3RCOOK + \begin{array}{l} CH_2-OH \\ \;| \\ CH-OH \\ \;| \\ CH_2-OH \end{array}$$

식용유 칼륨염 금속비누 글리세린

3) 칼륨이온(K^+)에 의한 부촉매 효과

(6) NFPA 10(2018) Table H.2 Characteristics of Extinguishers에 따르면 K급 성능을 가지고 있는 것은 Wet chemical뿐이다.

(7) 강화액(loaded stream)

1) 개요 : 어는점을 약 −20[℃] 낮추기 위해서 알칼리 금속염을 사용하는 물을 기반으로 하는 액체이다.

1. Wet chemical과 강화액(loaded stream)은 약제성분이 유사한 물질을 포함할 수 있지만 약제의 제형은 다른 유지보수 절차를 지시할 수 있다(강화액은 약제점검 1년, 송수압 시험 5년, wet chemical 5년, 방출시험 5년). NFPA 10(2018) Table 7.3.3.1, Table 8.3.1
2. 강화액이 K급 화재에 적응성이 있는 것이 아니라 K급 화재시험에 통과한 강화액은 K급으로 사용할 수 있다.
3. 외국에서 강화액은 A급에 탁월한 성능의 소화기로 취급하고 동결방지용으로 이용한다.

2) 구성 : K_2CO_3 수용액 + 침윤제[$(NH_4)_2SO_4$, $(NH_4)_2PO_4$]

침윤제 : 물의 표면장력을 낮추어 물의 냉각작용 및 침투기능을 높여 A급 화재에도 효과적이고, 산소차단 작용으로 유류화재에도 사용이 가능하다.

3) 소화효과
① 무상물의 냉각작용
② 산화칼륨(KOH) 피막에 의한 비누화의 질식 작용
③ 칼륨이온(K^+)의 부촉매 효과

4) 특징
① 강알칼리성으로 독성이 없고 장기보관 시에도 분해, 침전이 없다.
② 식용유 화재에 적응성이 우수하다.
③ 재발화 방지효과가 뛰어나다.
④ 한랭지역 및 겨울철에 적응성(−20[℃])이 우수하다.
⑤ 전기화재에는 적응성이 떨어진다.
⑥ A급 화재에 침투효과가 우수해서 A등급만 적응성이 있다(NFPA 10(2018) Table H.2 characteristics of extinguishers).
⑦ 강한 부식성으로 매년 재충전해야 한다.

5) K급 소화약제 비교[38)]

구분	Wet chemical	강화액	분말소화약제
특성	• 식용유 기름화재에 뛰어난 효과를 가짐 • 분말시스템 이후의 신개발품	식용유 기름화재에 소화 효과를 가짐(국내의 경우 K급 약제에 해당 : 전세계 유일함)	현재의 UL Standard 300의 기준을 만족하지 못함에 따라 주방 소화용도로 제품이 생산되고 있지 않음
약제	소화약제인 보통 물과 탄산칼륨계, 초산칼륨계 화학물질의 용액 또는 그것들의 화합물인 소화약제	물에 탄산칼륨 등을 첨가한 알칼리금속염의 수용액으로 독성과 부식성이 있음	주성분은 탄산수소나트륨($NaHCO_3$)으로서 스테아린산 아연, 마그네슘으로 방습가공되어 있으며 백색으로 착색

38) 이택구 기술사님의 블로그의 자료를 발췌 정리한 것입니다.

구분	Wet chemical	강화액	분말소화약제
소화 메커니즘	소화약제가 기름 표면 위에 분사되면 증기발생을 억제하는 포를 그 표면 위에 급속히 넓게 확산시켜 산소와 기름 경계막을 형성하여 소화 및 화염을 안정시킨다. 이때의 경계막은 연료로부터 산소를 빼앗고 연료 표면 위의 인화성 증기가 방출되는 것을 막는다.	알칼리염으로 화학적 소화 및 냉각소화	제1종 분말소화약제를 지방이나 식용유의 화재에 사용하면 탄산수소나트륨의 Na^+ 이온과 기름(지방이나 식용유)의 지방산이 결합하여 비누거품을 형성함. 비누거품이 가연물을 덮어 산소공급을 차단하여 질식소화함
장점	• 식용유 화재에 소화효과가 가장 우수함 • Pre-Engineered 방식으로 설계가 용이함 • 소화 후 청소가 용이함 • A, B, K급에 적응성 • 재발화 우려가 낮음 • 독성, 화학물질이 배제되어 식당 등에 사용가능	• A, B, K급(일부)에 적응성 • −20[℃]에도 동결 우려가 없음	• 신속한 소화성능 • 전기적 절연성 • 동결의 우려가 없음
단점	C급 화재에 적응성이 없음	• 부식의 우려 • C급 화재에 적응성이 없음 • 음식에 대한 독성 문제	• 냉각효과가 낮아 재발화 위험 • 주방화재에 소화능력이 낮음 • 소화 후 2차 피해 • 금속에 대한 부식성

(8) 방호대책

1) 상업용 주방자동소화장치 법적 의무화

2) K급 소화기 제도 보완

① 기존 소화기는 기름 등이 튀는 현상(splashing)이 발생하므로 이에 대한 문제점이 없는 소화약제를 선택한다.

② 조리기구에 근접 배치(최소 9[m] 이내)한다.

③ 국내 K급 소화기의 최저 용량도 사용목적에 부합되게 규정 검토하여야 한다.

3) 유지관리기준 법적 의무화

① 소방시설유지관리 규정(ITM : Inspection Testing Maintenance)의 제정이 필요하다.

② 미국에서는 주방 자동소화장치의 경우 6개월마다 점검하도록 하고 있다.

SECTION

036 물리적 소화와 화학적 소화

01 개요

(1) 연소반응의 핵심

H + O_2 → OH + O에서 만들어진 라디칼 OH기와 O가 산화반응영역에서 환원반응영역에서 만들어진 CO와 반응해서 완전연소생성물인 CO_2를 만드는 반응이다.

(2) 소화방법

라디칼을 만들지 않도록 물리적으로 농도를 낮추는 방법이 제거소화이고, 화학적으로 반응을 억제하는 것이 억제소화, 반응 상대인 O_2를 줄이는 방법이 질식소화이며, 이 화학반응이 온도에 의존하므로 온도를 낮추는 소화방법이 냉각소화이다.

(3) 이 중에서 물리적 소화는 H + O_2의 반응이 일어나지 않도록 하는 것으로 농도한계에 바탕을 둔 제거 · 냉각 · 질식소화가 있고, 화학적 소화는 라디칼을 줄이는 억제소화로 억제소화 이론에는 자유라디칼 이론과 이온이론이 있다.

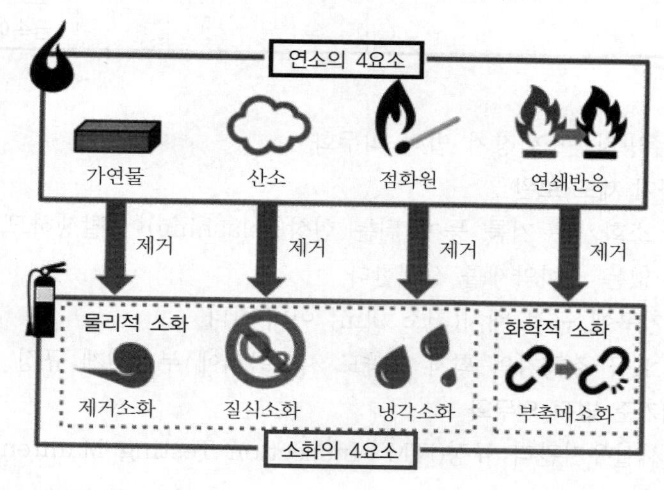

02 물리적 소화

(1) 개요

화학반응을 수반하지 않는 방법의 소화를 말한다.

(2) 가연물의 농도한계에 바탕을 둔 소화법

1) 연소범위 하한계(LFL) 밑으로 또는 상한계(UFL)를 초과하도록 하여 소화하는 방법

① 농도한계의 소화방법은 다시 가연물이 발생하거나 산소가 유입되어 연소범위를 형성하면 재발화 우려가 있다.

② 재발화 우려가 있는 가연물은 적응성이 없는 소화방법이다.

2) 가연물을 줄이거나 제거하여 소화(제거소화)

① 격리 : 바람을 불어서 촛불의 가연물과 불꽃을 격리시켜 소화시키는 방법

② 소멸

㉠ 유전화재 시 질소폭탄을 투하하여 순간적으로 유전표면의 가연성 증기를 일시에 소멸시키는 방법

㉡ 가스화재 시 가스밸브를 차단하여 가스의 공급을 소멸시키는 방법

㉢ 화재 시 창고의 물건을 다른 지역으로 이동시키는 방법

③ 파괴 : 산불화재 시 방화선을 구축하기 위하여 맞불을 놓거나 주위산림을 벌채하여 가연물을 파괴하는 방법

④ 희석 : 기체 · 고체 · 액체에서 나오는 가연성 분해가스, 증기의 농도를 작게 하여 연소를 중지시키는 소화방법

예 수용성 알코올을 물로 희석하는 방법

(3) 가연성 혼합기에 불활성 물질을 첨가하여 소화하는 방법(질식소화)

1) 산소농도 : 15[v%] 이하로 낮추어 질식소화

2) 소화방법

① 공기차단법 : 공기를 차단하여 산소농도를 낮추는 방법

㉠ 수건, 담요, 이불 등의 고체를 덮어 공기를 차단하여 소화하는 방법

㉡ 유류화재에서 포를 가연물 위로 덮어서 공기를 차단하여 소화하는 방법으로 유류화재에 가장 적합한 소화방법

㉢ 분말로 연소하는 가연물의 표면을 덮어서 공기를 차단하는 방법

㉣ 팽창질석, 팽창진주암, 마른 모래의 가연물 표면을 덮어서 공기를 차단하는 방법

② 다른 물질을 첨가하여 산소농도를 낮추는 방법

㉠ 무상주수로 물이 증발하여 수증기(1,700배)가 되어 산소농도를 낮추는 방법

㉡ 가스계 소화약제(이산화탄소, 불활성 기체)로 산소농도를 낮추는 방법

3) 가스계 소화설비의 소화효과

① 이산화탄소의 설계농도 : 34 ~ 75[v%] 정도(질식소화)

② 할론의 설계농도 : 5 ~ 10[v%] 이하(억제소화)

③ 불활성 기체의 설계농도 : 30 ~ 40[v%] 정도(질식소화)

④ 할로겐 화합물의 설계농도 : 10[v%] 내외(억제소화)

(4) 연소 에너지 한계에 의한 소화법(냉각소화)

1) 연소 시 생성되는 열에너지를 더 많이 빠르게 흡수하는 매체를 투입하여 가연물의 주변으로 열전달을 억제하여 화재확산을 방지하고 점화원 표면온도를 화염 한계온도 이하로 낮추어 소염시켜 소화하는 방법

2) 냉각은 결국에는 가연물의 온도 상승을 억제하여 화학 반응속도를 늦추어 연소를 방해하는 소화작용

3) 주된 소화효과로 증발잠열을 이용하는 소화설비 : 옥내소화전, 스프링클러 등

4) 냉각을 통해 가연물의 표면온도를 낮춤으로써 가연성 증기의 발생을 억제하여 재발화 우려가 없다.

(5) 화염의 불안정화에 의한 소화법(water mist의 운동효과)

1) 화염이 꺼지면 더 이상 화학반응에 참여하는 라디칼을 만들어 낼 수가 없다(화학반응의 온도 의존성).

2) 화염을 불면 신선한 공기가 다량으로 들어와서 냉각시키고 가연물 표면의 가연성 가스를 밀어내어 화염이 꺼지는 현상을 이용하는 방법

03 화학적 소화 71회 출제

(1) 자유라디칼 이론(free radical theory)

1) 활성화된 라디칼 H^+, OH^-가 화학반응을 통해 열을 방출해서 주변 가연물을 열분해하고 분해 성성물과 다시 반응하며 열을 발생시키는 연쇄반응을 유발 → 라디칼의 생성 방지 필요

2) 연소반응 억제 : 할로겐족 원소들과 반응하면 H^+, OH^-와 같은 활성기는 활성을 잃어버리고 반응성이 작은 알킬 활성기만 존재(억제반응)

① 개시반응 또는 활성화 반응 : $H_2 + e \rightarrow 2H^+$

② 전파반응

$H^+ + O_2 \rightarrow OH^- + O^{-2}$

$O^{-2} + H_2 \rightarrow OH^- + H^+$

전파반응을 통해 하나의 라디칼이 2개의 라디칼로 분기되어 반응이 폭발적으로 증가한다.

③ 정지반응

$OH^- + H^+ \rightarrow H_2O$

$H^+ + H^+ \rightarrow H_2$

④ 억제반응

$CF_3Br + H^+ \rightarrow HBr + CF_3$

$HBr + OH^- \rightarrow H_2O + Br$

(2) 이온이론(ionic theory)[39]

1) 산소는 탄화수소의 자유전자를 포획해서 자기 자신을 이온화한다.

2) 브롬과 같은 할로겐족 원소들은 산소보다 전기음성도가 커서 산소의 자유전자 포획을 방해한다.

3) 할로겐족 원소가 발생하면 산소의 활성화에 필요한 전자수가 부족해서 연쇄반응이 정지된다.

4) 연쇄반응이 정지되면서 연소반응도 정지된다.

$H^+ + O_2 \rightarrow OH^- + O^{-2}$ (탄화수소의 자유전자를 포획하여 이온화)

39) 12A[1]. Standard on Halon 1301 Fire Extinguishing Systems (1997) 12A-16Page

SECTION 037

건축물 내 화재성상

123 · 108 · 76회 출제

01 개요

(1) 건축물 내의 화재성상 연구는 점유자의 피난 및 내화구조 설계와 밀접한 관계가 있다.

(2) 구획화재(compartment fire)

1) 정의 : 화재가 어떤 방 한 개나 건물 내에서 비슷한 크기의 구획 내로 제한되는 것

2) 대상 : 산불이나 공장, 창고, 차량 등의 화재를 제외하고 대부분 화재

(3) 구획화재의 진행

1) 열축적에 의한 화재성장 → 발화, 플래시오버(FO), 피난

2) 산소 부족에 의한 화재 제한 → 내화, 백 드래프트(BD)

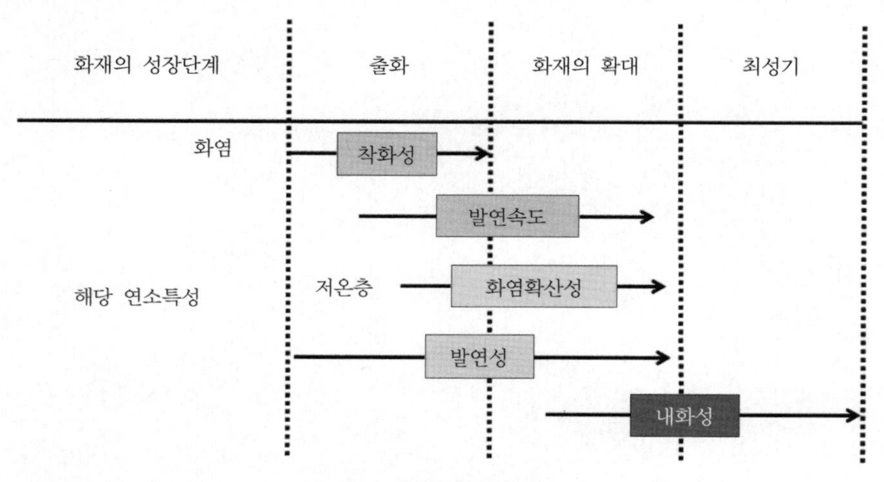

▌화재성장과 연소특성▐

(4) 열방출 속도(HRR : Heat Release Rate)

1) 연소속도(burning rate)와 열방출률 간의 정량적 관계 : $\dot{Q} = \dot{m} \cdot \Delta H_c$

여기서, $\dot{Q}$: 열방출률[kW]

$\dot{m}$: 연소속도(질량감소속도 또는 공기유입속도)[kg/sec]

ΔH_c : 연소열[kJ/kg]

2) 화재강도의 척도, 화염 크기의 정량적 수치

(5) 구획화재에서 열과 물질의 이동

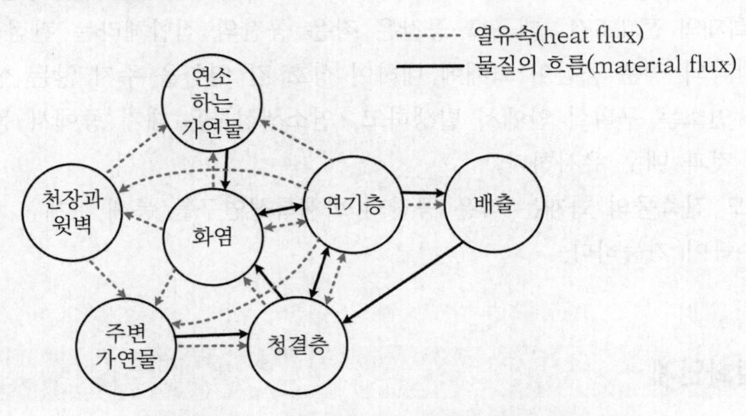

▌구획화재에서 발생하는 열유속과 물질의 이동[40] ▌

(6) 구획실 화재의 단계별 구분(Walton and Thomas에 의해서 구분)

1) 발화단계(ignition)
2) 성장단계(growth)
3) 전실화재 단계(flashover)
4) 최성기 화재 단계(fully developed fire)
5) 쇠퇴기 단계(decay)

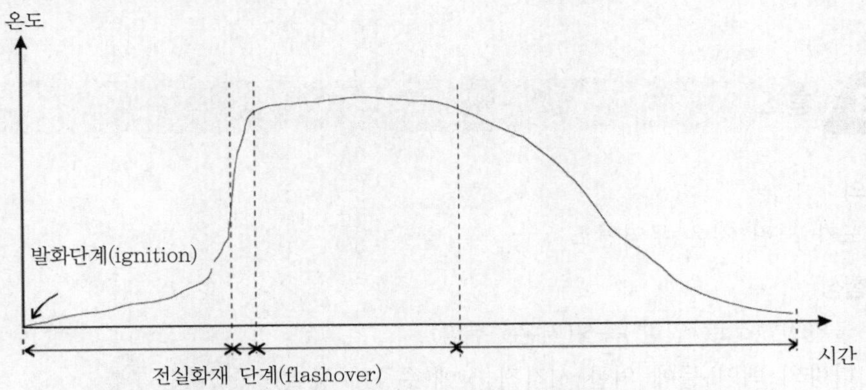

▌구획실 화재의 단계별 구분[41] ▌

40) FIGURE 2.1 Schematic of the heat fluxes and mass fluxes occurring in an enclosure fire. Friedman, R., "Status of Mathematical Modeling of Fires, "FMRC Technical Report RC81-BT-5, Factory Mutual Research Corp., Boston, 1981.

41) FIGURE 2.5 Idealized description of the temperature variation with time in an enclosure fire. Enclosure Fire Dynamics. Bjorn Karlsson and James G. Quintiere(2000)

(7) 구획화재의 필요성

1) 구획화재의 전제조건 : 대규모 공간은 작은 공간의 집합체라는 관점을 기본으로 하여 각각의 작은 공간이 화재에 대하여 상호 간 영향을 주지 않는 형태이다.

2) 모든 연소는 구획실 안에서 발생하고, 연소생성물은 대기 중에서 동일물질을 연소하는 것과 매우 유사하다.

3) 대규모 건축물의 화재는 작은 공간의 화재특성연구를 통해 문제점 및 표준화된 대책 수립이 가능하다.

02 발화단계

(1) 정의

최초의 화재 시작단계, 가연물로의 열 귀환 시작단계

(2) 변수

1) 발화

① 점화원의 크기

② 최초 착화되는 물체가 무엇인가(가연물의 연소특성)?

2) 화재성장 : 두 번째 착화되는 물질이 무엇인가(연소의 확대 또는 소멸)?

03 훈소

(1) 정의

속도가 느린 저온 무염연소

(2) 위험성

1) 불완전연소로 인한 독성(저온, 무염)

2) 다량의 백연 등에 의한 시각적 장애(수증기 증발)

3) 화염으로의 전이(화재성장)

04 화재성장단계(developed fire or Pre FO) : 전실화재 전 단계

(1) 화재가 화원 부근에 국부적으로 진행하는 단계

(2) 화재의 성장요인 : 대류, 화염확산

(3) 전실화재 전 단계(Pre FO)로 연료지배형 화재(fuel controlled fire)

1) 정의 : 열방출 속도(HRR)와 질량감소속도($\dot{m}$)가 가연물량에 의해 지배되는 화재

2) 조건 : 연소에 필요한 공기가 충분히 존재(과잉공기)

(4) 화재성장속도

1) **초기 열방출률** : 시간의 제곱에 비례(바닥에서의 화재성장)한다. 즉, 주로 가연물 자체의 함수로 성장하고 구획실의 영향은 아주 작게 받거나 거의 받지 않는다.

① $Q=\dfrac{1{,}055}{{t_g}^2}t^2$ (for SI units), $Q=\dfrac{1{,}000}{{t_g}^2}t^2$ (for inch-pound units)

② $Q=\alpha\cdot t^2$

여기서, Q : 열방출률(여기서는 1,055[kW])

α : 특정 가연물에 대해 화재성장 특성을 나타내는 상수[kW/sec^2]

t : 시간[sec]

t_g : 열방출률이 될 때까지의 시간[sec]

2) 설계에 중요한 요소

① 화재성장이 빠르면 조기에 경보, 피난, 소화, 제연설비가 동작해야 한다.

② 늦어지면 피난과 화재 제어 및 진압이 지체되고 곤란해진다.

(5) 연소속도(burning rate)가 중요한 변수

1) 화재의 성장기에서는 질량감소속도 = 연소속도(화재 크기)

2) 질량감소속도는 열유속의 크기에 비례하고 기화열량에 반비례한다.

3) 공식

$$\dot{m}''=\frac{\dot{q}''}{L_v}$$

여기서, $\dot{m}''$: 질량감소속도[kg/m^2 · sec]

$\dot{q}''$: 열유속[kg/m^2]

L_v : 기화열[kJ/g]

(6) 화재에서 유도되는 흐름

1) 열원에 의한 온도차(Δt) → 밀도차($\Delta\rho$) → 압력 차(ΔP) → 부력플럼 → 유동

2) 연기층 형성

① 구획실이 밀폐되거나 연기가 개구부를 통하여 배출되기 전 화재 초기 단계이다.

㉠ 연기는 구획실 상부에 충전되어 연기층(smoke layer)을 형성한다.

㉡ 연기는 구획실의 윗부분부터 차곡차곡 채우게 되고, 구획실에 일부 누설이 있어도 만일 화재의 크기가 아주 크다면 연기층을 형성한다.

② 연기층의 용량 증가 : 연기층 하강

③ 구획실 내 연기층이 충전되고 누설되는 동안 압력은 약간 양압이 형성되어 실외로 흐름이 발생한다.

④ 산소 부족(밀폐 시)

㉠ 화재가 소멸하면 냉각이 일어나고 공기가 인입(성장기에 발생하는 back draft)한다.

㉡ 공기의 인입 때문에 화재는 재발화한다.

⑤ 원자로 건물, 항공기, 산업 용기 등과 같이 완전밀폐에 가까운 구역 : 자연적으로는 화재에 의한 팽창 공기압력을 배출할 수 없으므로 이러한 공간에서 발생한 화재에 의해 압력이 상승하고 이로 인해 구조적 파괴가 발생한다.

3) 개구부의 연기이동

① 개구부 밖으로 이동 : 개구부 밖의 온도가 화재실보다 낮으므로 온도구배(양압)가 발생한다.

② 개구부 밖으로 빠져나간 연기만큼 실내는 공백이 발생하고 이 공백(진공)을 채우기 위해 개구부 하단으로 외부 공기가 유입(나오는 연기유량 = 들어가는 공기유량) : 2방향성

③ 들어오고 나오는 경계 : 중성대

㉠ 중성대 위(고온의 연기층) : 연기의 배출

㉡ 중성대 아래(청결층) : 공기의 인입

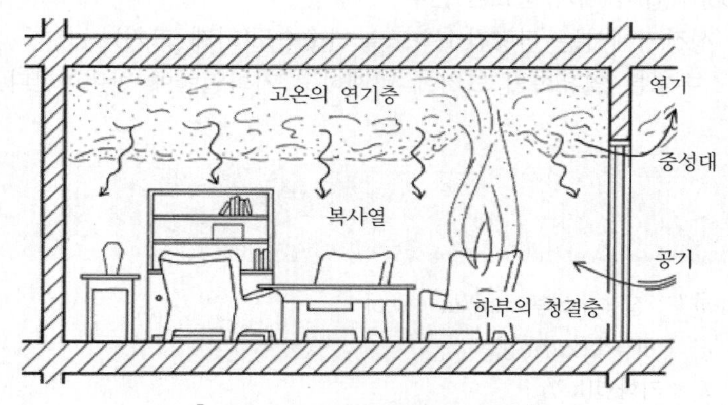

▌화재 초기의 연기층과 환기 흐름▐

4) 건물 내에서의 연기이동

① 연돌효과(stack effect)에 의한 수직 연기이동 : 빌딩 등의 한 개 층에서 화재 발생 시 화재실 내의 연기가 엘리베이터 샤프트 등의 수직 관통부로 이동하면 연돌효과에 의하여 화재부력으로 높이보다 더 높이, 더 빠르게 상층부로 연기가 이동한다.

② 빌딩의 수직 관통부에 중성대 형성

㉠ 중성대 위 : 연기배출

㉡ 중성대 아래 : 공기인입

(7) 하나의 화재실의 화재분석

1) 조건 : 하나의 개구부가 있는 화재실에서 연기 유량과 온도 계산

2) 연기이동

① 연소 시 발생하는 연기와 실내공기의 온도차에 의한 밀도차$\left(\frac{353}{T}\right)$로 압력 차가 발생하여 환기구를 통한 흐름이 발생한다.

② 인자 : 온도차와 환기요소(개구부 크기)

3) 화재실 에너지 계산

① 기본원리 : 질량보존의 법칙

㉠ 공식 : $m_g = m_a + m_f$

여기서, m_g : 화재 플럼의 발생량[kg/sec]

m_a : 공기 유입량[kg/sec]

m_f : 가연물의 질량감소속도[kg/sec]

㉡ 조건 : $m_a \ggg m_f$(과잉공기)

㉢ 상기 식을 보면 화재성장기에서는 공기 유입량이 가연물의 질량감소속도에 비해서 월등히 많은 것을 알 수 있다. 따라서, 연기량을 m_a로 보는 것이다. 왜냐하면, 연기 대부분은 부력에 의해 유입되는 공기이기 때문이다.

② 화재발생에너지 : $\dot{Q} = \dot{m} \cdot \Delta H_c$

여기서, $\dot{Q}$: 열방출률[kW]

$\dot{m}$: 질량감소속도[kg/sec]

ΔH_c : 연소열[kJ/kg]

(8) 구획실 화재의 열전달과 기류이동

1) 화재실의 열전달[42)]

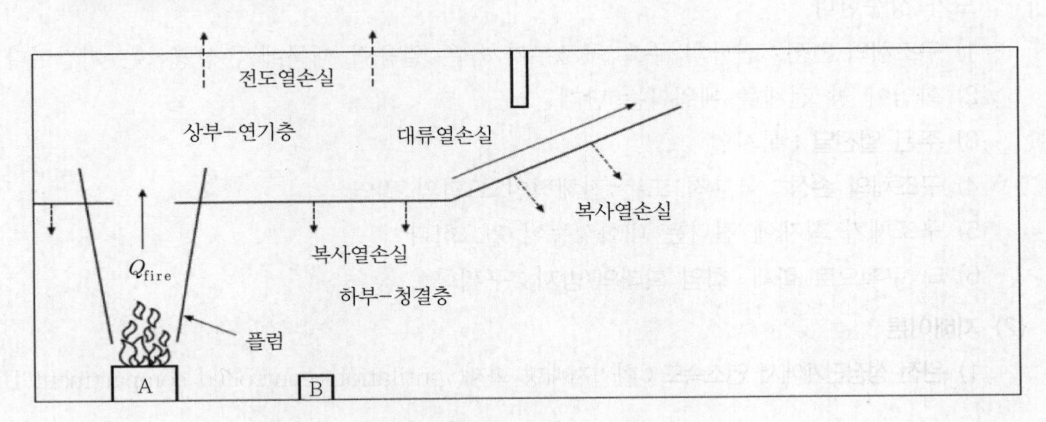

42) FPH 02-04 Dynamics of Compartment Fire Growth FIGURE 2.4.7 Compartment Fire Zones and Heat Transfer

2) 화재 시 압력분포와 기류이동[43)]

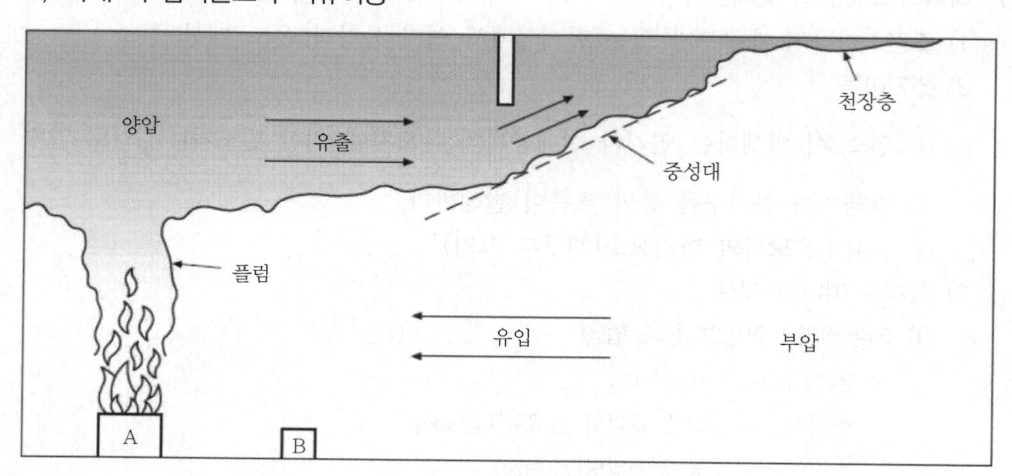

05 전실화재(flash over)

* SECTION 038 전실화재를 참조한다.

06 최성기(fully developed fire) 129 · 122 · 113 · 109회 출제

(1) 최고 온도 발생시기

전실화재가 일어난 후에는 그 방의 모든 가연물의 노출된 표면은 일시에 발화하기 시작할 것이고, 이때의 열방출률은 최고조에 달하며 실내온도는 약 1,100[℃] 정도까지 온도가 상승한다.

1) **구조체의 안전** : 건물의 주요 구조부가 높은 열응력 때문에 손상당하는 기간이다.
2) 화염이 방 전체를 에워싸는 단계
3) **주된 열전달** : 복사열
4) **구조체의 손상** : 국부적 또는 전체적인 도괴의 원인
5) 구조체가 화재에 견디는 내화성능이 필요하다.
6) 타 구획으로 화재 · 화염 확대의 방지 : 구획화

(2) 지배이론

1) **완전 성장단계에서 연소속도** : 환기지배형 화재(ventilation-controlled compartment fire)

43) FPH 02-04 Dynamics of Compartment FIGURE 2.4.8 Compartment Fire Pressure and Airflow. Note : A = source of fire. B = target fuel

① 연소속도

㉠ 구획실 화재의 경우 인입되는 공기의 양보다 연소하여 생성되는 가연성 가스가 많다.

㉡ 연소범위 : 양론비 이상의 가연성 가스 고농도 영역이 생성된다.

㉢ 부족인자가 공기여서 환기의존성을 가지므로 환기 개구부의 크기와 모양에 의존한다.

② 열과 가연성 증기의 축적이 된다.

③ 개구부가 개방되어 원활하게 공급되면 공기량 부족과는 무관하게 되는 경우 : 연료지배형 화재

2) 공기 유입량(연소속도)

① 공식 : $m_{\text{air}} = 0.5A_0\sqrt{H_0}$

여기서, m_{air} : 공기 유입량[kg/sec]

A_0 : 개구부 면적[m^2]

H_0 : 개구부 높이[m]

② 공기 유입의 목재 환산량 : $m[\text{kg/min}] = 5.5A_0\sqrt{H_0}$

여기서, m : 목재 1[kg]당 공기 유입량[kg/min]

A_0 : 개구부 면적[m^2]

H_0 : 개구부 높이[m]

(3) 화재실 최고 온도(화재강도)

1) 환기지배형 화재로 공기량(개구부 크기)의 영향

① 가연물이 공기보다 많을 때는 최성기의 구획실(well-developed room)이나 밀폐된 구획실 화재에서 자주 발생하는 상황으로 화재는 환기 때문에 공급되는 공기의 양에 지배된다.

② 환기지배형 구획실 화재(ventilation-controlled compartment fire)에서 구획실 내부는 산소부족 환경이 된다.

㉠ 불완전연소 : 다량의 일산화탄소가 생성된다.

㉡ 화염확산 곤란 : 산소가 부족한 환경에 화염이 존재한다면 그 연기층에는 가연성 증기가 있고 온도가 충분하여도 산소가 부족한 방향으로는 화염확산이 더 진행되기가 곤란하다.

③ 인접 공간으로 확산 : 미연소가연물과 다른 미연소생성물이 농도구배에 의한 유동력으로 구획실을 벗어나 산소가 풍부한 인접한 공간으로 확산된다.

④ 분출 화염

㉠ 만일 가스가 즉시 개구부로 배출하거나 충분한 가용산소가 있는 지역으로 유입된다면, 가스는 발화온도 이상에서 발화 및 연소를 한다.

㉡ 정의 : 화재실에서 신선한 공기가 다량 있는 외부로 화염이 분출되는 것

2) 손튼(Thornton)의 법칙

① 가연물은 공기 kg당 일정한 열량이 발생한다. 3,000[kJ/kg_{air}]

② 공기량을 가지고 열량을 도출할 수 있다.

3) 화재강도

① 결정인자

㉠ 가연물의 연소열

㉡ 비체적

㉢ 공기량

㉣ 구획실의 단열

② 열방출률(HRR) 공식

㉠ $Q = m_a \times 3,000$

여기서, Q : 열방출률[kW]

m_a : 유입 공기량([kg/sec], $m = 0.5 \times A\sqrt{H}$[kg/sec])

3,000 : 공기 kg당 열량[kJ/kg]

㉡ $Q = 1,500 A_0 \sqrt{H_0}$

여기서, Q : 열방출률[kW]

1,500 : 공기의 열량 3,000에 0.5를 곱한 값

A_0 : 전체 개구부 면적[m^2]

H_0 : 개구부의 높이[m]

③ 열류 조건

㉠ 실내 : 150[kW/m^2]

㉡ 바닥 면 복사수열량 : 60 ~ 80[kW/m^2]

㉢ 천장 면 복사수열량 : 100 ~ 150[kW/m^2]

4) 질량연소속도 ≪ 질량감소속도

5) 구획실 내의 온도

① 바브라스케스(Babrauskas) 실내온도 계산방법

$$T_g = T_a + (T^* - T_a) \cdot \theta_1 \cdot \theta_2 \cdot \theta_3 \cdot \theta_4 \cdot \theta_5$$

여기서, T_g : 화재실에서 발생한 가스의 온도[K]

T_a : 대기의 온도[K]

T^* : 상수로서 1,725[K]

θ_1 : 화학양론적 연소속도

θ_2 : 벽의 정상상태 손실(실내의 전면인 6면을 통하는 열손실을 나타내고 열전도 계수, 두께, 표면적 등의 요소에 영향을 받음)

θ_3 : 벽의 전이손실(정상적인 상태에서는 영향을 미치지 않으므로 1.0의 값을 가지며 상태가 변할 때 손실로 인하여 값에 영향을 미침)

θ_4 : 개구부 높이의 효과(일반적으로 개구부의 높이가 높을수록 온도는 상승)

θ_5 : 연소효율(실제 발생하는 화재는 양론비의 연소를 하지 않는다. 따라서, 이에 대한 보정의 값으로 효율을 적용)

② 구획실 내의 열평형

㉠ 에너지 보존법칙을 이용해서 화재 시 구획실의 온도를 계산하는 방법이다.

㉡ 아래의 그림과 같이 평형 방정식을 수립하여 구획실의 열량을 구한다.

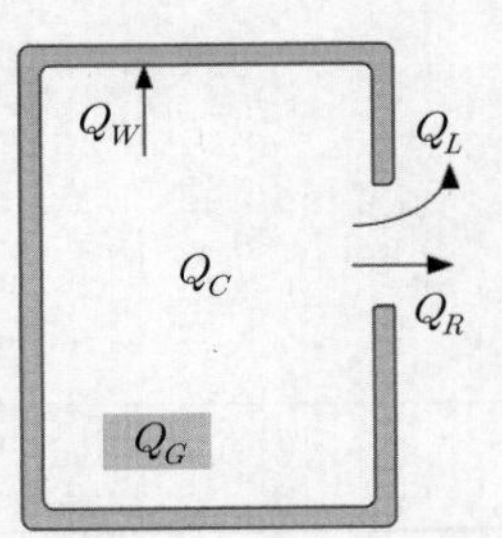

- Q_G : 구획 내 온도상승에 기여하는 열방출률[kW]
- Q_C : 화재에 의해 생성되는 열방출률[kW]
- Q_L : 개구부로부터 열기류에 의해 방출되는 열손실[kW]
- Q_W : 벽에 의한 열손실[kW]
- Q_R : 복사열손실[kW]

㉢ 화재에 의해 발생하는 에너지(Q_C) 중 일부는 개구부를 통해 손실(Q_L)되고 일부는 벽을 통해 손실(Q_W)되며 일부는 복사 때문에 손실(Q_R)되고 나머지 열에너지가 화재실 온도를 높인다.

㉣ 구획실 내의 열평형식

- $Q_G = Q_C -$ 열손실
- 열손실 $= (Q_L + Q_W + Q_R)$
- $Q_G = Q_C - (Q_L + Q_W + Q_R)$
- $Q_G = 1{,}500A\sqrt{H} - (Q_L + Q_W + Q_R)$

③ 온도인자

$$F_0 = \frac{A\sqrt{H}}{A_T}$$

여기서, F_0 : 온도인자

A : 개구부 면적[m²]

H : 개구부 평균 높이[m]

A_T : 실내의 전표면적[m²]

6) 환기에 지배받는 연소

① 가연물이 가지고 있는 열용량 > 연소 때문에 발생하는 열방출률(HRR)

② 차이 분(가연물의 열용량 − 실제 열용량)

㉠ 실내에서 연소하지 않고 미연소 상태(불완전연소)

㉡ 분출화염

7) 구획실의 총열방출량 계산(예제)

① $Q=\int_0^t \dot{Q}(t)dt$

여기서, Q : 총열방출량[kW]

$\dot{Q}$: 열방출률[kW]

t : 시간[sec]

② 성장기 열방출률 : $\dot{Q}= \dot{Q}_g \dfrac{t^2}{{t_g}^2}$

여기서, $\dot{Q}$: 열방출률[kW]

$\dot{Q}_g$: 최대 열방출률[kW]

t : 시간[sec]

t_g : 최대 열방출률 도달시간[sec]

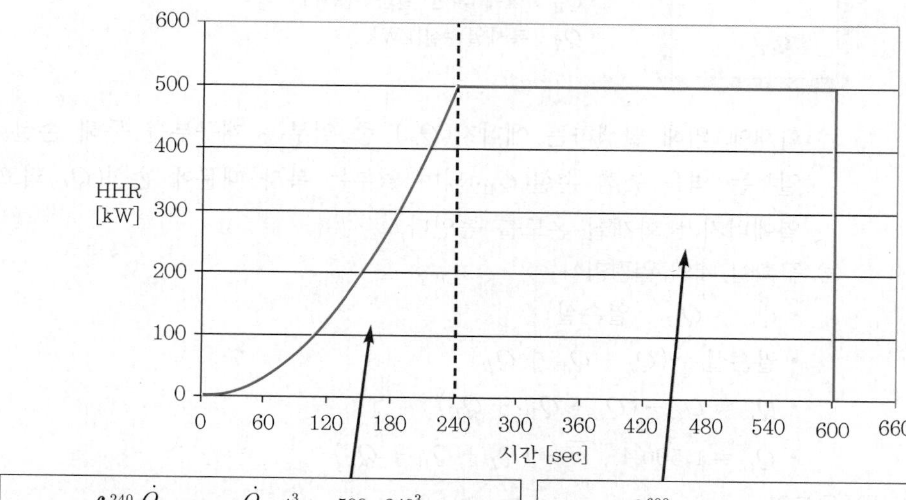

$Q_{240s} = \int_0^{240} \dfrac{\dot{Q}_g}{{t_g}^2} t^2 dt = \dfrac{\dot{Q}_g}{{t_g}^2} \dfrac{t^3}{3} = \dfrac{500}{240^2} \dfrac{240^3}{3} = 40[\mathrm{MJ}]$

$Q_{600s} = \int_{240}^{600} \dot{Q}\, dt = 500 \cdot 360 = 180[\mathrm{MJ}]$

(4) 화재 지속시간 주된 영향인자

1) 가연물의 양(화재하중)

2) 계속시간인자

$$F=\frac{A_F}{A\sqrt{H}}$$

여기서, F : 계속시간인자

A_F : 바닥면적[m^2]

A : 개구부 면적[m^2]

H : 개구부 높이[m]

(5) 화재 가혹도

1) 화재 가혹도 = 화재 최고 온도(화재의 질) × 화재 지속시간(화재의 양)

2) 내화 설계 : 화재 저항 > 화재 가혹도

(6) 최성기 이후

1) 불완전연소에 의한 일산화탄소(CO) 등의 독성 가스가 많이 생성된다.

2) 독성 가스의 농도구배에 의해 인접구역으로의 확산에 주의한다.

07 감쇠기(decay)

(1) 재발화에 주의

환기가 부족하여 감쇠기로 들어선 경우에는 환기의 공급으로 재발화 우려가 있다.

(2) **지배인자변경** : 환기지배형 → 연료지배형

(3) 온도하강 : 연소면이 감소 → 온도하강

1) 감쇠기의 온도하강 : 최성기 화재 지속시간의 함수

① 최성기 1시간 미만 : 10[℃/min] 하강

② 최성기 1시간 이상 : 7[℃/min] 하강

③ 비교적 짧은 화재 : 15 ~ 20[℃/min] 하강

2) 온도에 의한 구분 : 평균온도가 최곳값의 80[%] 이하로 떨어진 후의 단계이다.

08 결론

(1) 건축물 내의 점유자 보호 및 구조 안전을 위해서는 건축물 내의 화재성상에 기초한 설계가 필수적이다.

(2) 건축물 내 화재성상 예측을 통해 우리는 실제 화재의 발생과 근접한 정보를 얻을 수 있기 때문이다.

(3) 건축물의 온도 또는 열방출률에 대한 정보는 위험상황 발생, 발화, 연소속도, 재산 및 구조물 피해, 전실화재 발생 등을 예측하고 이에 대응책을 수립하는 데 중요한 정보가 된다.

SECTION 038

전실화재(flash over)

112 · 94 · 87 · 77 · 72회 출제

01 개요

(1) 정의

구획화재에 있어서 실(室) 전체가 갑작스럽게 화재에 휩싸인 상황(상태)으로 인명안전 및 구조물 안전에 많은 영향을 주는 현상

(2) 진행 과정

1) 실내 가연물의 연소 때문에 구획실 온도가 상승하고 동시에 다량의 가연성 가스를 수반하는 연기를 발생시켜 구획실의 상부에 연기층을 형성한다.

2) 천장이나 벽면의 온도도 상호복사를 통해 더욱더 온도가 상승한다.

3) 천장이나 벽면의 열복사가 바닥 위의 미연소 물질을 가열시킴으로써 바닥에 있는 가연물의 표면온도가 일시에 발화점 이상으로 상승한다.

4) 화재의 진행을 순간적으로 실내 전체에 확산한다.

(3) 화재가 성장하여 초기 발화로부터 열방출률(HRR)이 급격하게 증가하고 화염이 천장에 부딪히기까지를 전실화재 전 단계인 초기 화재라고 하는데 초기 화재는 상대적으로 열방출률이 낮고 화재가 제한적이므로 제어나 진압이 용이하다.

1) 화재의 크기가 비교적 작으므로 비교적 작은 소화능력으로도 구조나 소화작업의 높은 성공을 기대할 수 있다(초기 소화의 최적기).

2) 초기 화재단계에서는 화재에 대한 빠른 감지와 그에 대한 화재대응 및 환기가 화재를 제어 또는 진압하는 데 중요한 요소이다.

(4) 전실화재를 기점

1) 화재의 대응관점 : 피난, 초기 소화 → 내화

2) 연소속도 : 가연물의 양 → 공기의 공급량

3) 화재의 확대 : 국부화재 → 전실화재

4) 화재의 진행단계 : 성장기 → 최성기

5) 지배인자 : 연료지배형(FCF : Fuel Controled Fire) → 환기지배형(VCF : Ventilation Controled Fire)

6) 연소생성물 : 완전연소 → 불완전연소(산소 부족)

7) 열전달 : 대류 → 복사

8) 화재성장 : 상승률 급격히 증가
9) 화재를 분석하고 대응책을 수립해야 하는 중요한 변곡점

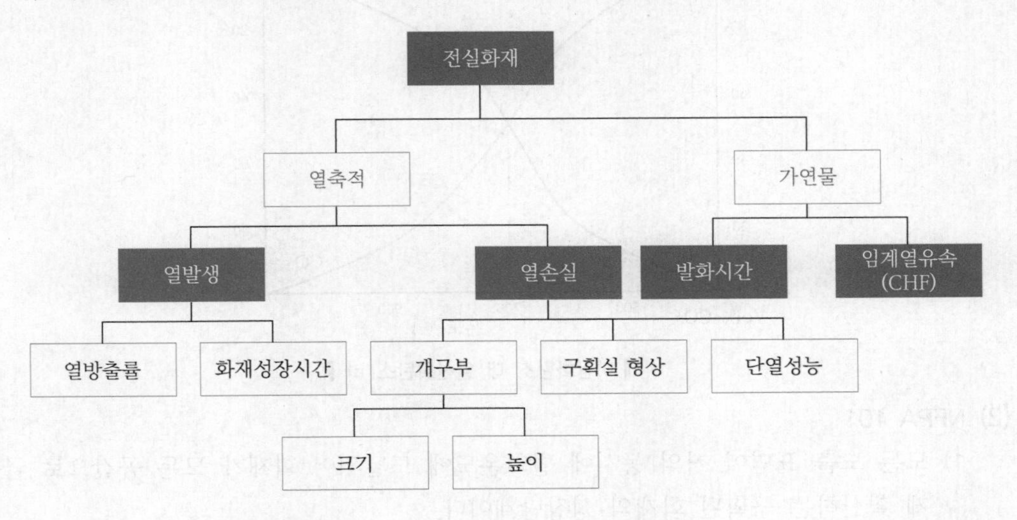

02 외국의 전실화재 개념

(1) ISO의 정의
1) 구역 내 가연성 재료의 전체 표면이 갑자기 불길에 휩싸이는 순간의 전이현상
2) 발생조건
① 구획실 내의 평균온도 : 500[℃] 전후
② 바닥의 방사 수열량 : 20 ~ 40[kW/m^2]
③ 산소(O_2) 농도 : 10[%]
④ $\dfrac{CO_2}{CO} = 150$

$\dfrac{CO_2}{CO}$: 완전연소 대 불완전연소비를 의미하는 것으로, 전실화재 전에는 산소가 부족한 상태가 아니므로 완전연소가 상대적으로 많이 이루어진다는 의미이다.

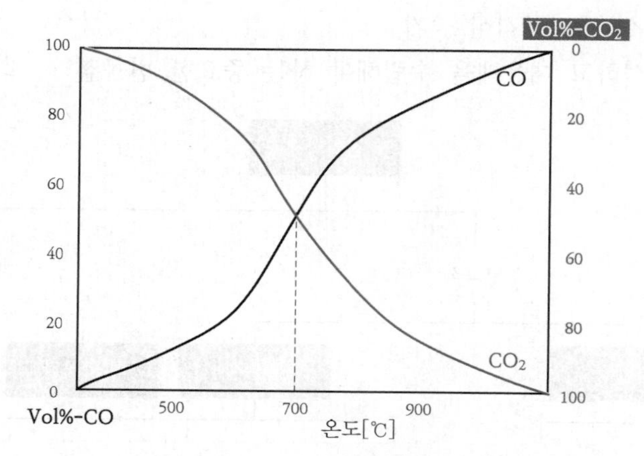

▌이산화탄소 대 일산화탄소 비▐

(2) NFPA 101

1) 모든 노출 표면이 거의 동시에 발화온도에 도달되어 화재가 모든 공간으로 급속하게 확산하는 구획된 화재의 성장단계이다.

2) 가연성 물질의 표면온도가 상승하여, 열분해 가스가 발생하고, 구획실의 열유속이 가스 전체를 발화온도까지 올리기에 충분할 때 발생한다.

(3) NFPA 921

1) 전실화재(flash over) : 천장 아래에 집결된 미연소 가스나 증기에 화염으로 착화되어 실 전체가 화염으로 뒤덮이는 현상

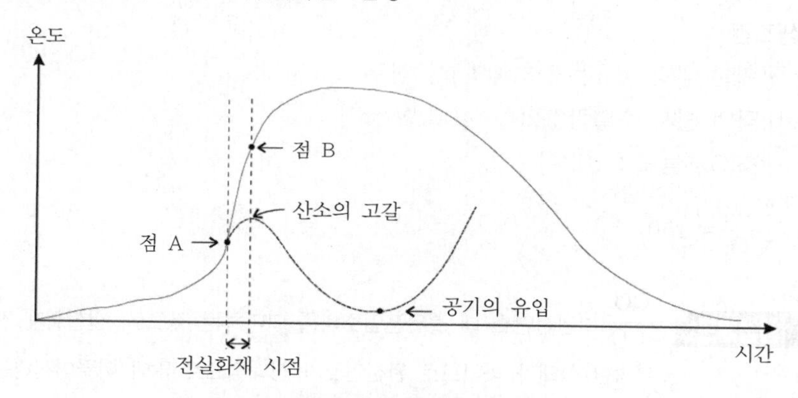

▌시간에 따른 화재의 성장곡선44)▐

2) 내화구조 건축물의 구획실 화재의 진행 5단계

① 발화(ignition)

② 성장기(growth)

③ 전실화재(flash over)

44) Enclosure fire development in terms of gas temperatures ; some of the many possible paths a room fire may follow

④ 최성기(full developed)

⑤ 감쇠기(decay)

3) 전실화재 전 단계 모델링의 요소

① 화재지배요소(fire regime) : 가연물 지배

② 질량감소속도(연소속도)와 열방출률(HRR)

③ 상층부 가스 온도

④ 복사 열유속(radiant heat flux)

03 전실화재로의 화재성장

(1) 전실화재의 필요조건

1) 연기층 평균온도의 영향인자

① 화재의 크기(Q)

② 환기요소($A_o\sqrt{H_o}$)

2) 워터맨(Waterman)의 실험

① 실험결과 : 일정량의 열원 or 가연물이 존재해야만 전실화재가 발생한다.

② 전실화재가 발생하기 위한 열유속 : 20[kW/m^2](임계열유속 ; CHF)

③ 가연물의 질량감소속도 : 40[g/sec](임계 질량감소속도)

3) 일반적인 조건

① 실내 천장 온도 : 538[℃] 이상(1,000[℉])

② 바닥면의 열유속 : 20[kW/m^2] 이상

③ 산소농도 : 15[%] 이하

④ 순간적인 압력상승 발생

(2) 전실화재가 되기 위한 화재 크기

1) 메카프리(Ma Caffrey)의 식

① $Q_{FO} = 610\sqrt{h_k \cdot A_T \cdot A_o\sqrt{H_o}}$

여기서, Q_{FO} : 전실화재 시 열방출률[kW]

h_k : 대류열 열전달계수[kW/m · ℃]

A_T : 개구부 면적을 제외한 내부의 총면적[m^2]

A_o : 개구부 면적[m^2]

H_o : 개구부 높이[m]

② $h_k = \left(\dfrac{k\rho c}{t}\right)^{\frac{1}{2}} t \le t_p$

여기서, t : 화재 발생 후 경과시간[sec]

t_p : 열관통시간$\left[t_p = \frac{\rho c}{k}\left(\frac{l}{2}\right)^2\right]$[sec]

ρ : 밀도[m^3/kg]

c : 비열[kJ/kg · K]

k : 전도열 전달계수[kJ/sec · m · K]

l : 벽두께[m]

③ $h_k = \left(\frac{k}{l}\right)t \geq t_p$ 45)

2) 토마스(Thomas)의 식

$$Q_{FO} = 7.8A_T + 378A_o\sqrt{H_o}$$

여기서, Q_{FO} : 전실화재 시 열방출률[kW]

A_T : 개구부 면적을 제외한 내부의 총면적[m^2]

A_o : 개구부 면적[m^2]

H_o : 개구부 높이[m]

3) 바브라스커스(Babrauskas)의 식

① $\dot{m}_{\text{air}} = 0.5A_o\sqrt{H_o}$

여기서, $\dot{m}_{\text{air}}$: 공기 유입량[kg/sec]

A_o : 개구부 면적[m^2]

H_o : 개구부 높이[m]

② 손튼의 법칙 : 공기 1[kg]당 발열량이 3,000[kJ]

$$Q_{\max} = 3{,}000\dot{m}_{air} = 3{,}000(0.5A_o\sqrt{H_o}) = 1{,}500A_o\sqrt{H_o}$$

③ 전실화재의 열방출률은 최성기의 절반이다.

$$Q_{FO} = 750A_o\sqrt{H_o}$$

여기서, Q_{FO} : 전실화재 시 열방출률[kW]

A_o : 개구부 면적[m^2]

H_o : 개구부 높이[m]

45) FPH 03-09 Closed Form Enclosure Fire Calculations

4) 퀸티에르(Quintiere) : 소규모 구획실의 전실화재 조건 100[kW]

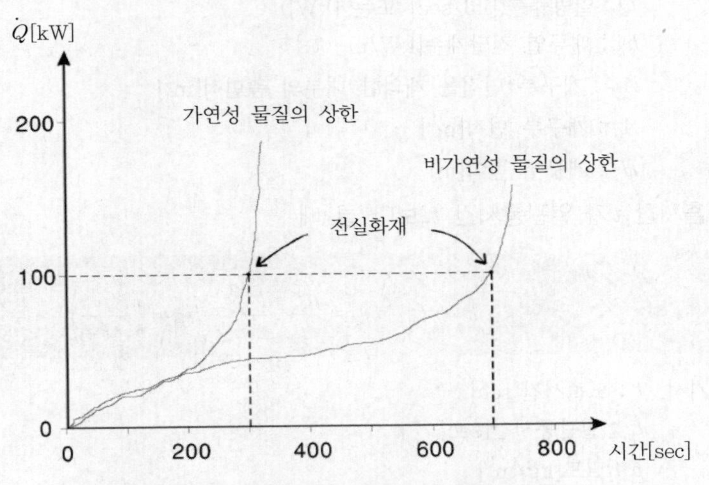

▌소규모 거실에서의 시간에 따른 열방출량 곡선[46] ▌

5) 상기 식을 보면 전실화재의 화재 크기 요건의 큰 변수가 환기지수임을 알 수 있다. 이는 아래의 도표를 보듯이 환기지수는 열방출률과 비례관계로 클수록 열방출량이 크기 때문이다.

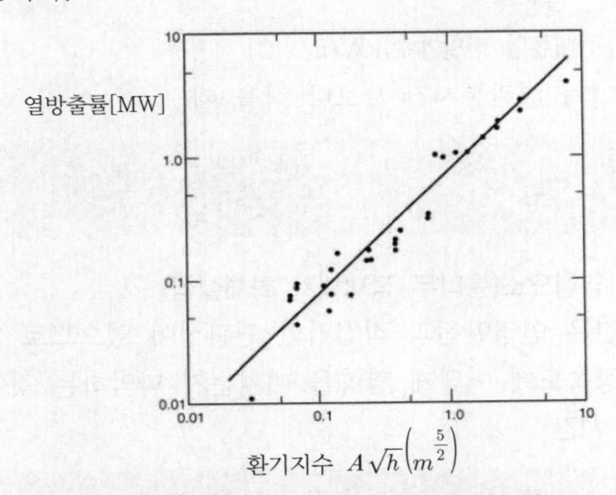

▌환기지수의 크기에 따른 열방출률의 변화 ▌

6) 온도 : 전실화재 온도

① 공식

$$\Delta T = 6.85\left(\frac{Q^2}{h_k\, A_T\, A_o\sqrt{H_o}}\right)^{\frac{1}{3}}$$

46) FIGURE 2.8 Energy release rate vs. time in a small room with particle board mounted on walls only and with particle board mounted on walls and ceiling. Flashover occurs when the energy release rate is 100kW in this compartment. Enclosure Fire Dynamics. Bjorn Karlsson and James G. Quintiere(2000)

여기서, ΔT : 주변부의 가스층의 온도상승[℃]

Q : 열방출률([kJ/sec] 또는 [kW])

h_k : 대류열 전달계수[kW/m · ℃]

A_T : 개구부 면적을 제외한 내부의 총면적[m^2]

A_o : 개구부 면적[m^2]

H_o : 개구부 높이[m]

② 노출시간 t가 열관통시간 t_p보다 클 때

$$t \geq t_p,\ t_p = \frac{\rho c}{k}\left(\frac{l}{2}\right)^2,\ h_k = \left(\frac{k\rho c}{t}\right)^{\frac{1}{2}}$$

여기서, t : 노출시간[sec]

t_p : 열관통시간[sec]

ρ : 밀도[kg/m^3]

c : 비열[kJ/kg · ℃]

k : 전도열 전달계수[kW/m · ℃]

l : 물질의 두께[m]

$k\rho c$: 열관성

ρcl : 열용량

h_k : 대류열 전달계수[kW/m · ℃]

③ 노출시간 t가 열관통시간 t_r보다 작을 때

$$t \leq t_p,\ h_k = \frac{k}{l}$$

(3) 전실화재 시간의 영향요소(통나무 적재해서 화재실험) 47)

1) 전실화재 시간은 인명안전과 직접적인 연관성이 있으므로 가연물 및 환기요소들이 초기 화재성장속도에 어떻게 영향을 미치는지 파악하는 것이 중요하다.

2) 전실화재까지 시간

$$T = t_f + t_2 + t_3$$

여기서, T : 전실화재까지 시간[sec]

t_f : 화염이 천장에 도달하는 시간(초기화재의 기준)[sec]

t_2 : 통나무의 상부 표면으로의 화염전달이 느린 속도에서 빠른 속도로 최종 전이되기까지의 시간[sec]

t_3 : 통나무 상부 표면 전체에 걸쳐 화염이 확산하는 시간[sec]

3) t_3를 전실화재 시간이라 한다. 이들 실험결과에 따라 다음과 같은 결론을 얻게 되었다.

47) An Introduction to Fire Dynamics, Third Edition. Dougal Drysdale.에서 발췌

① t_3는 구획의 모양에 의해서는 심하게 영향받지 않는다. 하지만 현실적으로는 구획의 모양에 의한 영향을 받는다. 특히 높이에 의한 영향을 크게 받는다. 따라서, 이는 잘못 도출된 결론이다.

② t_3는 환기구의 크기와 가연물의 연속성에 약간만 의존한다.

③ t_3는 화원의 위치와 면적, 가연물 상(床)의 높이, 가연물의 용적밀도, 그리고 라이닝 물질의 성질에 따라서 변화한다.

4) 플래시오버 시간의 영향요소(상기 시험의 영향요소)

① 화원의 위치 : **t_3는 화원의 위치가 중앙일 경우 짧아진다. 단, 벽에 가연물이 없는 경우이다.** 실제적으로는 중앙보다 벽에 화원이 위치할 때 t_3이 짧아진다.

② 가연물 높이 : **가연물 상이 높으면 화염은 천장에 더욱 빠르게 도달하며 거기서 가연성 표면 전체에 걸쳐 초기 단계에 화재확산을 증진한다.**

③ 용적밀도 : **낮은 용적밀도(겉보기 밀도)의 통나무들은 화재를 더욱 빠르게 확산시키며, 따라서 화재지름이 빠른 속도로 증가하며 전실화재에 훨씬 빨리 도달된다. 이는 실제 화재에서 주변의 열용량이 낮은 물질로의 화재확산에 해당된다.**

꼼꼼체크 **용적밀도** : 물질의 단위용적당 질량으로 [g/cm^3]의 단위로 나타낼 수 있다.

④ 라이닝 물질 : **가연성 라이닝 물질은 전실화재 시간을 감소시키고, 불연성 라이닝 물질은 증가시킨다.**

꼼꼼체크 **라이닝** : 물질의 안쪽에 화재의 확산을 방지하는 물질을 대는 일

⑤ 열관성($k\rho c$) : **토마스(Thomas)와 부렌(Bullen)에 의한 이론적 연구에 의하면 전실화재 시간이 열관성값의 제곱근에 직접 비례한다고 기술하였다.**

$$t_3 \simeq \sqrt{k\rho c}$$

(4) 가연재료에서 3 ~ 4분, 난연재료에서 5 ~ 6분, 준불연재료에서 7 ~ 8분이면 일반적으로 플래시오버에 도달한다.

드라이 달(drysdale)의 화재 구분 : 화재의 성장에는 두 번째 가연물이 무엇인지가 중요하다.

① 점화원이 첫 번째 가연물에 국한되는 경우. 이때는 가연물이 연소를 종료하고 나면 화재가 소화된다.

② ①에서 두 번째 가연물로 이어지면서 공기량이 충분한 경우. 전실화재가 발생하고 최성기까지 화재가 성장한다.

③ ①에서 두 번째 가연물로 이어지는데 공기량이 부족해서 화재가 소강상태를 이룰 때 공기의 공급이 이루어지면 백 드래프트(BD)가 발생한다.

04 발생 메커니즘

(1) 발생이론의 구분

1) 가연성 증기의 방사열에 의한 열 공급으로 가연물의 표면이 일시에 발화온도 이상으로 상승해서 전실로 화재가 확산된다.

① 원래 연료와 후속 연료 사이의 실제 화염 접촉(화염 충돌) 없이 불꽃연소의 확산이 일어난다.

② 구획화재에서의 열전달의 관계 : 대류 → 복사

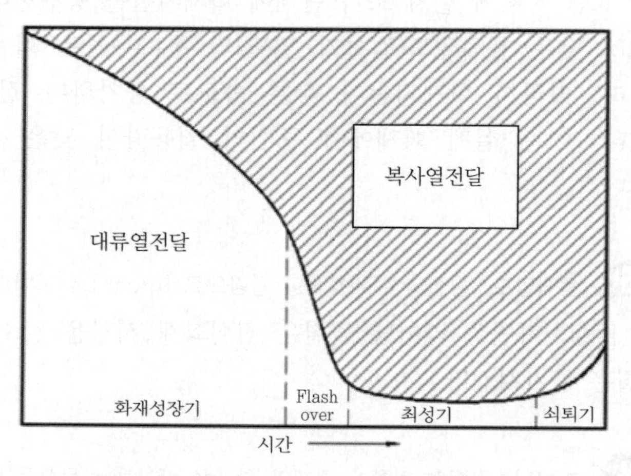

2) 가연성 증기가 천장에 체류하면서 아래로 하강해 공기와 섞여 연소한계에 도달한 경우 화원은 점화원으로 착화되면서 전실로 화재가 확산[플레임오버(flame over) NFPA 921(2012)]된다.

① 열에 의해 분해된 가연성 가스가 부력에 의해 천장 부근에 축적되고 천장 면을 따라 확산(천장 열기류)되면서 스스로 개구부를 향해 이동한다.

② 천장 열기류의 구분

㉠ 가연물 희박조건 : 천장 열기류가 연소반응이 가능한 충분한 공기를 함유한 조건

㉡ 가연물 노후조건 : 천장 열기류에 공기 유입이 적어 연기층 내 높은 농도의 가연성 가스가 존재하고 있는 조건

③ 가연성 증기의 연소 위치

㉠ 가연물 희박조건 : 산소농도가 충분하므로 천장 부근에서 연소가 가능하다.

㉡ 가연물 노후조건 : 화염생성이 공기 인입이 쉬운 지점인 천장 열기류 하부의 공기와의 경계 부근에서 연소가 이루어진다.

④ 연기층의 농도범위가 연소한계에 도달하고 화염이 점화원으로 작용하여 순간적이고 폭발적인 발화가 발생한다.

⑤ 연소한계 내를 화염이 전파되면서 전실로 화재가 확대되고 플럼 내의 산소가 일시에 소모된다.

▌플래시오버 진행단계▐

(2) 발생조건

가연성 가스 + 열축적 + 연소에 필요한 공기

(3) 가연성 증기의 방사열에 의한 열 공급 순서

구분	현상	지배 전열
연소시작	실내에서 화재가 발생하여 가연물에 착화	전도열
천장 열기류(ceiling jet flow) 발생	발생하는 화염이나 고온의 기체에 의해 벽의 일부가 타기 시작하는 동시에 고온의 기체가 천장 밑에 모이기 시작	대류열
연기층 형성	고온 기체층이 두꺼워지면 그곳에서 나오는 방사열이 증가	복사열
전실화재	바닥 등 실내 미연소 부분의 표면온도가 자동 발화온도에 가까워지면 실내의 가연물이 동시에 발화하여 공간이 화염으로 가득참	복사열

(4) 전실화재의 주원인

1) 과거 : 가연성 증기의 연소에 의한 열 공급

2) 현재 : 천장 열기류의 복사열에 의한 바닥의 가연물 가열을 통한 발화

(5) 사전징후

1) 실내가 자유연소 단계에 있는 상태

자유연소(free burning) : 완전히 개방된 상태에서 산소공급이 충분한 상태로 제한이 없는 연소

2) 구획실 내의 지속적인 열 집적으로 바닥에서 천장까지 고온인 상태

3) 두텁고 뜨거운 진한 연기가 천장에서 아래로 적재된 상태

4) 상부층의 열기류의 열기 때문에 소방대원은 안전을 위하여 낮은 자세를 유지하여 소방활동을 하는 상태

(6) 전실화재(FO) 발생예측

NFPA 555 FIGURE 4.2(2017) Guide on methods for evaluating potential for room flash over에 의한 플래시오버 발생 가능성 평가방법에 관한 지침

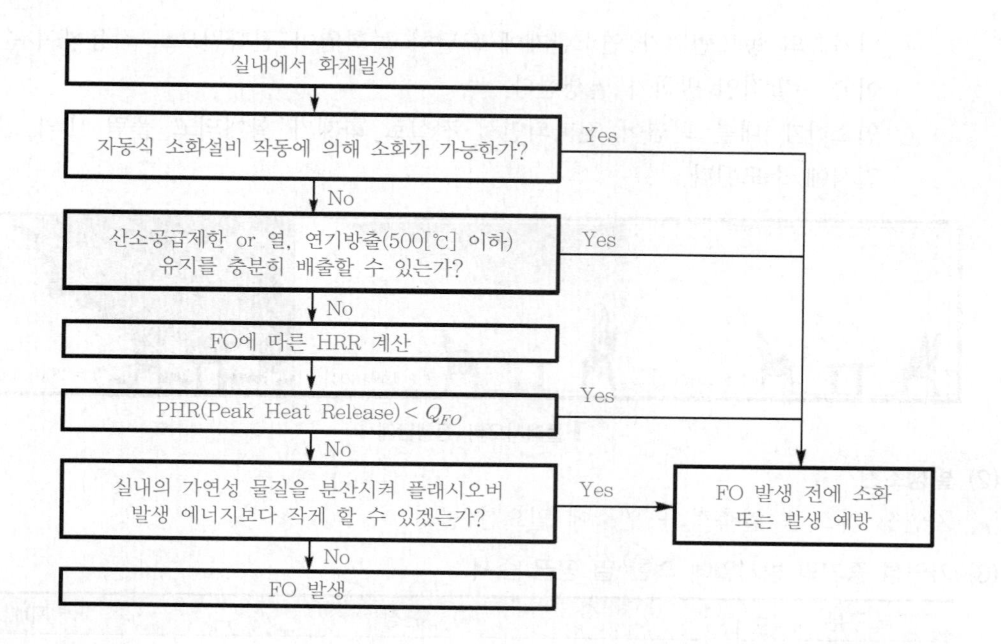

05 발생 변수

(1) 열축적

1) 연소특성

① 화원의 크기

㉠ 화원의 크기와 전실화재의 발생 가능성은 비례한다.

㉡ 화원이 작으면 재료의 연소특성이 나타나고, 화원이 크면 재료의 연소특성이 작아진다. 왜냐하면, 방염이나 난연제품도 화원이 크면 쉽게 연소할 수 있기 때문이다.

② 화재성장곡선

③ 열방출률(HRR)

2) 건축특성

① 개구율

㉠ 개구율이 지나치게 작거나 크면 전실화재 시간이 늦추어지거나 발생하지 않는다.

㉡ 벽 면적대비 창 면적 비율이 $\frac{1}{3} \sim \frac{1}{2}$일 때 전실화재 발생시간이 가장 빠르다.

㉢ 개구율이 과도하게 커지면 유입 공기에 의한 냉각 효과가 열방출 효과보다

커져서 오히려 전실화재 시간이 지연되거나 발생하지 않고 지나치게 작으면 공기의 공급이 원활하지 않아 연소반응이 이루어지지 않는다.

② 내장재료의 부위

㉠ 벽보다는 천장 재료에 의해 전실화재 시간이 결정된다.

㉡ 천장 : 가장 중요한 열 싱크

꼼꼼체크 열 싱크(heat sink) : 열의 흡수, 발산재

㉢ 열 싱크를 통한 열의 분산 : 천장 재질에 의해 결정된다.

플라스터나 석고보드와 같이 낮은 질량의 물질로 구성된 경량 천장은 철근 콘크리트나 철제 데크 플레이트로 구성되는 높은 질량의 천장보다 열전도계수가 상당히 낮다.

③ 구획의 단열성 : 구획화재에서 발생한 열손실이 적으면 열축적이 일어나고 이를 통해 구획실 온도가 상승한다.

④ 천장 높이, 구획 크기, 벽

㉠ 구획벽 방해 플럼 : 가연물 더미 또는 화재 플럼이 벽에 닿는다면(모서리가 아닌), 그 주위의 반원 정도에서만 공기가 플럼 안으로 들어갈 수 있다. 즉, 공기가 벽에 의한 제한적으로 플럼 안으로 들어가게 되는 현상이다.

- 더 오랫동안의 화염생성과 천장 열류층 가스 온도가 빠르게 상승한다.
- 적은 공기 유입으로 플럼 내의 낮은 공기온도에 의한 냉각 효과가 작아서 플럼 내의 온도 저하가 작다.
- 가연물 더미가 구획실의 중앙에 있을 때보다 벽에 있을 때 이른 시간에 전실화재가 발생한다.
- 동일한 가연물 더미가 구석에 위치할 때는 플럼 안으로 흘러 들어가는 기류 중 75[%]가 제한되어 더 오랫동안의 화염, 더 높은 플럼 및 천장 열류층의 온도와 더 짧은 시간의 전실화재가 발생한다.

㉡ 벽 : 자유공간보다 2배 이상의 열방출률 효과

㉢ 코너 : 자유공간보다 4배의 열방출률 효과

(2) 가연물 특성

1) 발화시간

2) 임계열유속

3) 가연물 높이

06 특징 및 현상

(1) 개구부로부터 분출 화염

1) 화염이 천장에 충돌하게 되면 화염 전면이 충돌지점으로부터 천장 면을 통해 외부로 나갈 곳을 찾으며 빠르게 이동하기 시작한다.

2) 화염면의 초기속도는 약 0.3[m/sec] 정도이나 때에 따라 창이나 문을 통해 화염이 분출되어 나가는 분출화염이 될 경우 초기 속도 10배의 속도가 되기도 한다.

3) 인접실 또는 인접건물로 화재가 확대됨으로써 피난은 이전에 대응행동이고 전실화재 이후에는 소화작업만이 주요 대응행동이 된다.

(2) 화재실의 온도가 급격히 상승하여 최성기로 발전하게 되는 지점

1) 보통 화재실 중심부 : 600 ~ 800[℃]

2) 바닥 면 : 500[℃]

(3) 전실화재 후 가스농도 : 피난의 한계지점으로 전실화재(FO) 이전에 피난자 대피

1) 산소농도 : 거의 0[%]

2) 일산화탄소(CO) : 6[%]

3) 이산화탄소(CO_2) : 10[%] 이상

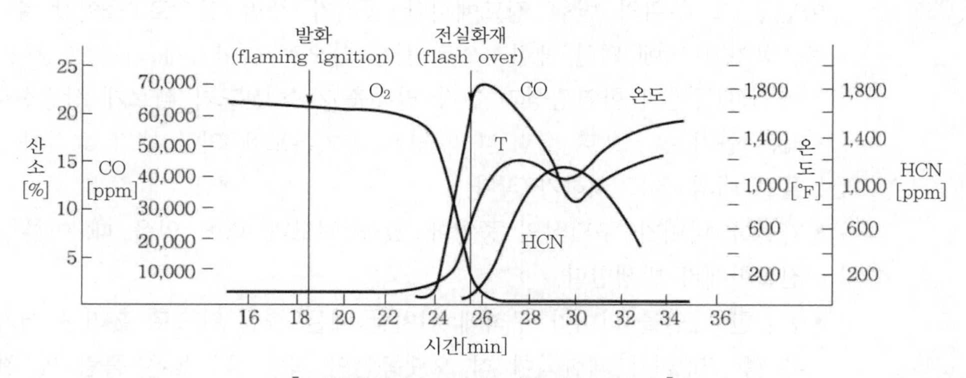

▍전실화재에서 가연성 가스의 농도변화▍

(4) 건축물 내 다른 점유자의 안전에 위협을 주는 변곡점

전실로 화재가 확대됨에 따라 구획실에서 다른 구획공간으로 화재가 확대된다.

전실화재(FO)

화재진행	발화단계 (incipient)	성장기 (growth)	최성기 (fully developed)	쇠퇴기 (decay)
인명피해	재실자 대피 가능 기간		재실자 사망 추정 기간	
지배인자	가연물		공기	가연물
화재진압		화재진압 기간		

▍실내화재 진행단계 및 대피관계▍

07 방지 또는 지연대책

(1) 내장재의 불연, 준불연화 또는 방염처리(화재하중의 감소)를 한다.

(2) 주수를 통한 화재실의 냉각

1) NFPA 13 주거용 스프링클러설비의 주목적 : 벽면을 적셔주고 화재실의 온도를 낮추어서 인간의 생존시간을 늘려주고 피난을 원활하게 하기 위해서이다.

인명안전 = 피난시간 연장 = 전실화재 방지 또는 지연

2) 스프링클러로 방호된 건물에서는 천장 온도가 260[℃]에서 315[℃]를 초과하지는 않는 것으로 알려져 있다. 따라서, 플래시오버에 필요한 열적 조건이 충족되지 않으므로 전실화재가 발생하지 않는다.

(3) 개구부 크기 조절

1) 아주 크게 하거나 작게 하면 전실화재를 억제한다.

㉠ 크게 : 열손실 증대

㉡ 작게 : 산소공급 제한

2) 하지만 개구부의 크기 조절에는 건축적 용도 및 목적에 적합하여야 하므로 조절에 어려움이 따른다. 특히 현대적 건물에서는 개구부의 크기를 확대하는 것은 건축물의 이용목적과 용도에 반하는 경우가 많아서 어렵다.

(4) 배기를 통한 고온가스를 배출한다.

08 결론

(1) 최근 건축물은 거주 환경의 거주성, 쾌적성과 에너지 절약 정책에 따라 작은 구획화가 이루어지고 있는 동시에 밀폐성, 단열성이 강조되고 있다. 하지만 이러한 구획실의 경우에는 전실화재가 유발될 수 있다.

(2) 전실화재가 발생하면 화재진압이 어렵고 화염 및 연기가 건물 전체로 확산되므로 인명피해가 커지고 건물의 구조에도 악영향을 준다.

(3) 방재계획 시 전실화재의 방지 및 가능성을 최소화하는 대책 수립이 중요하다.

SECTION 039

롤오버(roll over) / 플레임오버(flame over)

129회 출제

01 개요

(1) 발생장소

환기지배형 구획화재의 천장에서 발생한다.

(2) 롤오버

검은 연기와 불덩어리가 천장을 따라 굴러다니는 것처럼 뿜어져 나오기 때문에 붙여진 명칭이다.

(3) 화재가 진행되면 미연소 열분해 생성물이 천장 부분에 쌓이게 되고 이 가연성 가스 덩어리(검은 연기)가 인화점에 도달하여 한꺼번에 연소하기 시작하면 롤오버가 발생한다.

(4) 발생시기

플래시오버 전에 발생(플래시오버로 진행 가능성이 큼)한다.

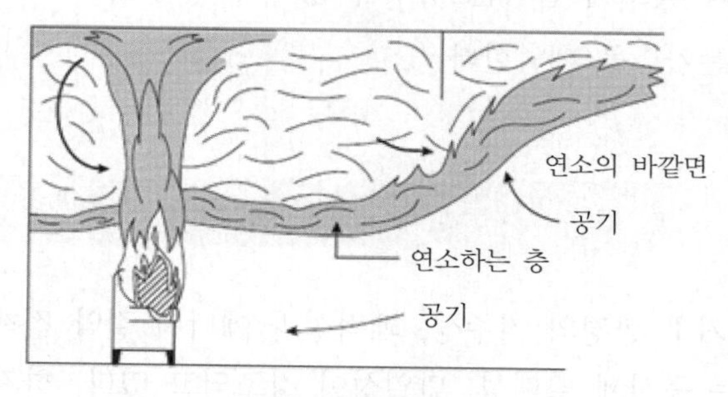

▮ 롤오버[48] ▮

롤오버(roll over) : LNG 저장탱크에서 발생
롤오버는 LNG 저장탱크 내에서 상·하층의 밀도차에 의해서 상하 역전현상이 일어나면서 순간적으로 증발이 발생하는 현상이다.

48) Figure 2-5.1c. An underventilated compartment fire with external burning of fuel-rich upper layer gases. SFPE

02 발생 메커니즘(mechanism) 및 현상

(1) 발생 메커니즘

1) 구획실 화재로 다량의 불완전연소생성물이 생성된다.
2) 구획실 내 산소 부족으로 미연소 가연성 가스가 상부층을 형성한다.
3) 구획실 상부에 미연소된 열분해 생성물이 축적되며 상부는 가스층, 하부는 청결층이 존재한다.
4) 상부층 아래의 공기가 가연성 가스와 섞여서 연소범위를 형성한다.
5) 상부층 가스에 화염이 접촉하거나 가스 온도가 발화점에 도달한다.
6) 가연성 가스와 공기의 혼합기체는 착화연소가 발생하며 공기 또는 연료가 소진될 때까지 연소를 진행한다.

(2) 발생징후

1) 상부 연기층이 두꺼워지면서 가시도가 감소된다.
2) 상부 연기층의 온도가 증가한다.
3) **상부 연기층에서 난류혼합이 발생** : 청결층의 공기와 혼합을 증대시켜 부피가 증가한다.

(3) 현상

1) 짙고 검은 연기가 실내 천장에 체류하다가 소방관 등이 출입문을 열면 복도 쪽으로 연기가 빠져나오면서 공기와 혼합되어 급격히 불덩어리로 변화한다.
2) 긴 복도와 같은 화재현장에서 불길이 마치 사람을 향해 돌진하는 것처럼 보인다.
3) 문제점
   ① 화재확대
   ② **연기폭발(smoke explosion)** : 백 드래프트와 유사하지만, 문이 개방되지 않은 상태에서 내부의 산소공급으로 예혼합상태(600[℃] 미만)가 되어 문을 열면 갑자기 외부로 화염이 분출되는 현상이다.

03 특징 및 플래시오버와의 차이점

(1) 특징

1) 롤오버는 종종 플래시오버로 진행하지만 플래시오버의 발생 요구조건은 아니다.
2) 미연소 열분해 생성물로 이루어진 가연 가스층과 공기층이 서로 층을 형성한다.
3) 인화점 이상의 농도가 되면 급격하게 층이 화염이 구르듯이 확산하면서 소모되는 현상이다.

(2) 플래시오버와의 차이점

1) 롤오버의 경우 구획실 내용물이 아닌 실내에 존재하는 가스만 점화된다.
2) 국지적으로 발생하며, 진행시간이 짧다.
3) 강도는 플래시오버의 시작단계와 비슷하나 노출시간이 짧다.
4) 플래시오버에 비해서 위험성이 낮다.
5) 플래시오버가 발생하기 전 선행하는 경우도 있다.

SECTION 040

백 드래프트(back draft)

112 · 94 · 87 · 77 · 72회 출제

01 개요

(1) **구획화재(compartment fire)**

건축물 내의 구획된 공간에서 발생하는 화재이다.

(2) **정의**

산소가 부족하거나 훈소상태에 있는 구획화재에 산소가 일시적으로 다량 공급될 때 폭발적인 연소를 일으키는 현상이다.

(3) **현상**

충격파와 분출 화염을 발생시킨다.

02 발생 메커니즘(mechanism)

(1) 화재가 산소를 소비하기 때문에 산소농도가 감소한다.

(2) 산소농도가 연소를 지원하기에 너무 낮아지면 비효율적 연소로 일부 또는 전체가 열분해로 전환된다.

(3) 구획실은 가연물을 열분해하기에 충분한 온도(열축적)가 유지된다.

(4) 지속적인 열분해물(미연소 연료)이 생성되어 구획의 전체 공간을 채운다(감쇠기).

(5) 두 가지 방식으로 백 드래프트 발생

1) 구획화재로 실내에 가능한 산소를 다 소모하고 더 이상 연소를 지속할 환기원이 없어서 훈소로 전환된 상태이다.

2) 플래시오버를 통해 연료와 연소의 급격한 증가로 인한 과도한 산소의 소모로 훈소로 전환된 상태이다.

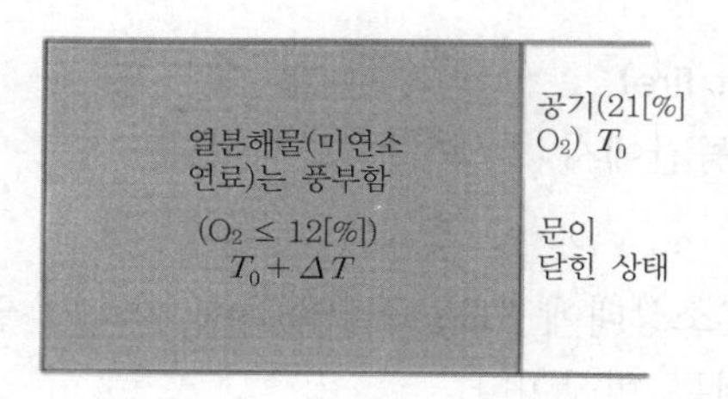

(6) 개구부 개방 시 중력에 의한 흐름 생성

내부의 열분해물과 외부의 공기 간에는 밀도차에 의한 경계층이 형성되어 개구부의 상부는 뜨거운 열분해물이 유출되고 하부는 외부공기가 유입된다.

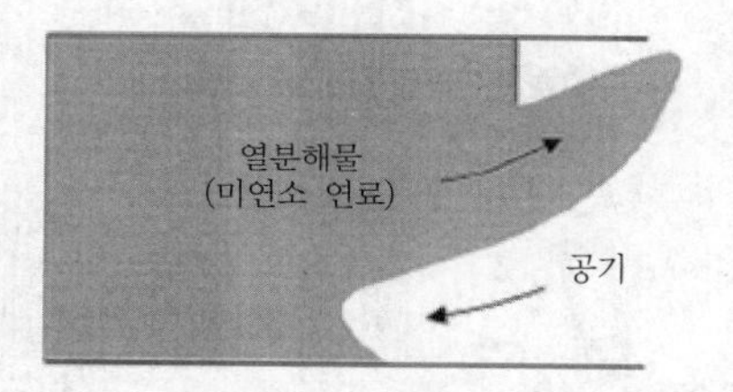

(7) 발화

1) 발화가능한 혼합물이 연소범위를 형성 : 경계면에서 형성

2) 점화원 : 화염연소, 고온표면, 훈소

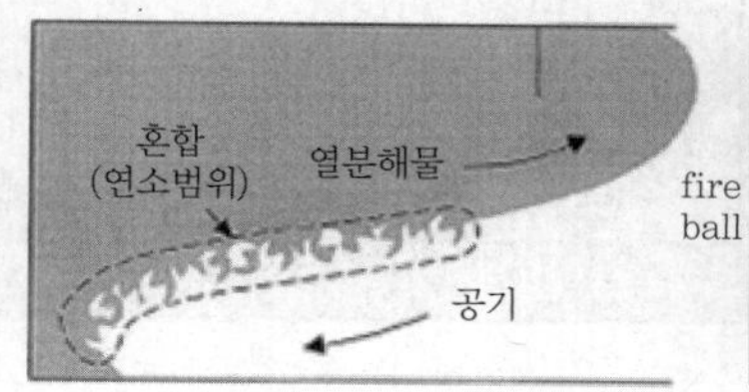

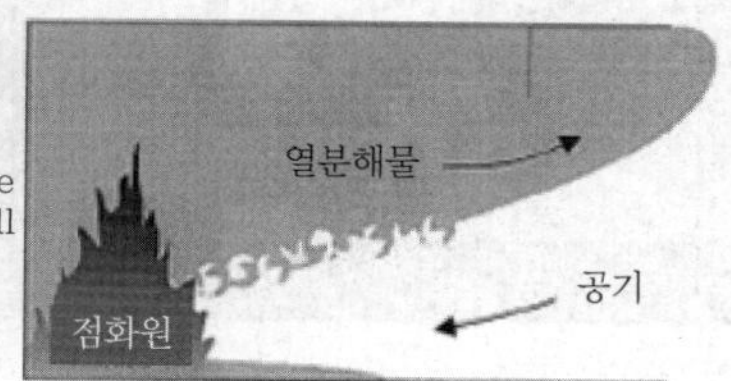

(8) 화염전파 및 Fire ball

1) 화염 전면이 구획을 통해 전파된다. 이 초기 점화가 발생하면 공기와 미연소 연료층이 더 많이 혼합되기 시작하여 점화 가능한 혼합물의 농도가 더 높아진다.

2) 화염 전선은 점화의 연쇄반응에서 형성되고 구획을 통해 전파된다. 화염 전면 전파로 인해 온도 및 압력이 증가하기 시작한다.

3) 구획 내부의 압력 증가는 개구부를 통해 과도한 열분해물이 풍부한 가연성 가스를 만든다. 이러한 풍부한 가스는 구획 외부의 가용 산소와 갑자기 혼합되기 시작하고 점화되어 구획에서 나갈 때 엄청난 Fire ball을 만들며 폭풍파와 같이 분출된다.

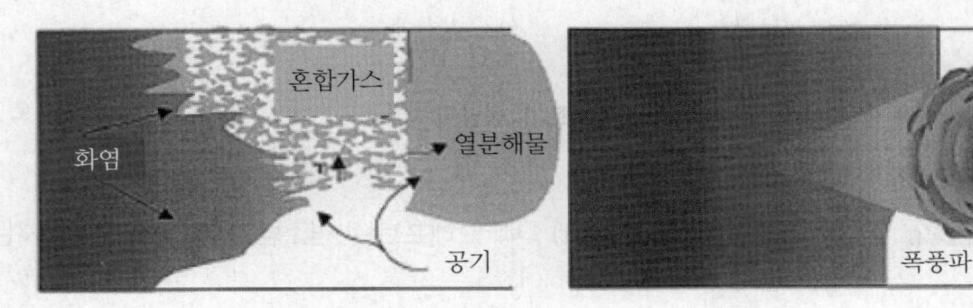

(9) 화재의 재성장

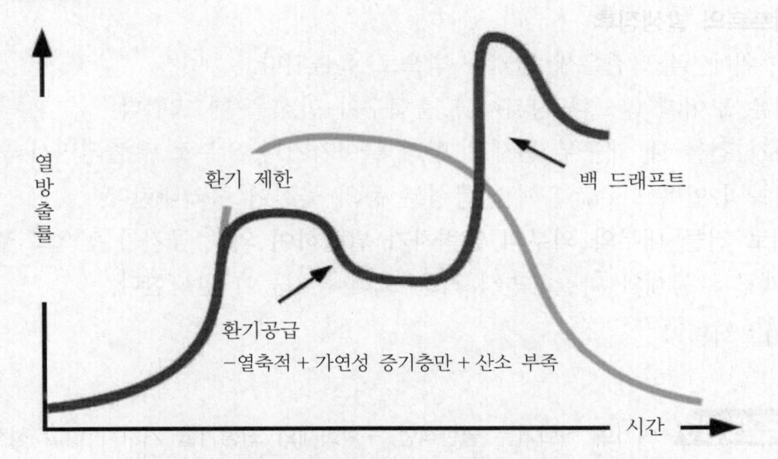

▌백 드래프트로 화재가 재성장하는 표준시간-온도곡선[49]▐

03 발생조건 및 발생징후

(1) 발생조건

1) 구획실이 작고 단열이 우수한 조건
2) 개구부가 거의 없는 환기 불량인 조건
3) 가연성 가스의 발생이 많아 연소범위 상한계 밖에 위치하는 조건

49) Extreme Fire Behavior Figure 5. Backdraft

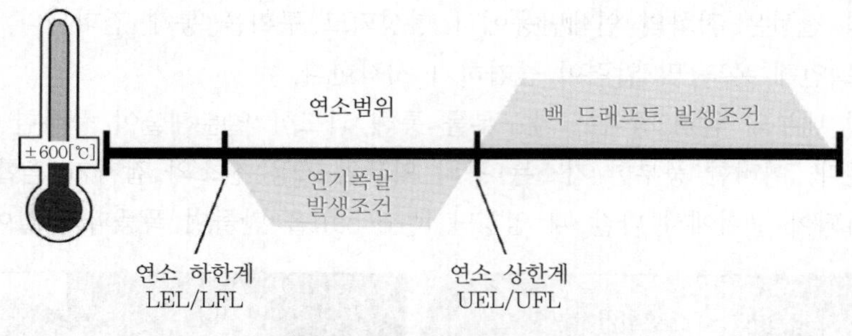

▌백 드래프트 발생범위[50]▐

1. **백 드래프트(backdraft)** : 백 드래프트는 연소범위 밖에서 이루어지는 확산화염(폭발이 아니라 화재)
2. **연기폭발(smoke explosion)** : 연소범위 내에서 이루어지는 예혼합연소

(2) 백 드래프트의 발생징후

1) 문 주위에 짙고 검은색 연기가 밖으로 유출된다.
2) 화염은 보이지 않으나 창문이나 출입구가 만졌을 때 뜨겁다.
3) 연기가 건물 내 개구부 틈새로 빨려 들어가거나 외부로 유출되면서 회전한다.
4) 유리창의 안쪽으로 검은색 기름성분 등의 물질이 흘러내린다.
5) 화재로 건물 내부와 외부의 압력차가 발생하여 외부 공기가 안으로 빨려 들어오면서 개구부 틈새와 마찰하면서 작은 소리나 진동이 발생한다.

(3) 발생시기 : 쇠퇴기

여기의 쇠퇴기는 일반적인 구획화재의 최성기를 거치지 않고 성장기나 전실화재에서 환기가 제한되어 소멸하는 쇠퇴기를 말한다.

04 피해

(1) 개구부를 개방하고 들어가는 사람(주로 소방관)에게 인명피해가 발생한다.

(2) 화재가 소강상태에서 다시 활성화되며 성장 또는 최성기가 유지(화재 지속)된다.

(3) 농연이 분출된다.

50) Extreme Fire Behavior Figure 7. Explosive/Flammable Range

(4) fire ball의 형성

개구부가 발생하여 공기가 유입되고 점화가 이루어지면 가연가스와 유입공기의 혼합경계면을 따라서 화염이 형성되고, 구획실 내부에 고온 화염이 가득차게 되면 열팽창으로 인해 내부압력이 상승하게 되고 이로 인해 화재구(fire ball)가 개구부를 통해 구획실 밖으로 급격히 밀려나가는 백 드래프트 현상이 발생하게 된다.

(5) 벽체가 도괴된다.

05 방지대책

(1) 출화방지
- 1) 점화원 방지
- 2) 화재하중 감소 : 내장재 불연화

(2) 가연성 가스 축적 방지
- 1) 가연성 가스의 배출
  - ① 자연적 방법으로 천장에 배출구(roof vent)나 벽면의 개구부를 개방하여 배출하는 방법
  - ② 기계적인 강제배출 방법
- 2) 적정한 개구부
  - ① 설치면적
  - ② 설치위치

(3) 열축적 방지
- 1) 스프링클러설비 등을 이용하여 화재실 온도를 낮춘다.
- 2) 소화전 등으로 물을 넣으면서 개방한다.

(4) 산소공급 방지

소화 활동 중 문 개방 시 천천히 개방하여 산소 유입을 최소화한다.

(5) 문이나 유리창 일부를 개방시켜 화염을 분출시킨 후 진입

화염이 분출되는 장소에서 격리된 장소에 위치하여 피해를 최소화한다.

06 전실화재(flash over)와 백 드래프트(back draft)의 비교

구분	전실화재(flash over)	역화(back draft)
폭풍, 충격파	없다.	수반한다.
조건	• 바닥부분의 복사량 : 20[kW/m²] 이상 • 연소속도 : 50[g/sec] 이상 • 연기층(ceiling jet flow) 가스온도 : 500[℃] 이상 • 산소농도(O_2) : 10[%] • $CO_2/CO = 150$	• 실내가 충분히 가열되어 고온상태 • 다량의 가연성 가스 축적 • 실내온도 : 600[℃] • 일산화탄소(CO)의 농도 : 12.5 ~ 74.2[%]
발생단계	성장기	감쇠기
발생원인	열의 공급	산소의 공급
열방출률	많이 증가	적게 증가(화재 성장 시 크게 증가)
현상	구획실내 가연물 동시에 발화	Fire ball, 폭풍파, 재발화
피해	• 농연 혹은 화염분출(화재관점) • 인접 구역 및 건물 연소확대 위험 증가	• 농연의 분출 • Fire ball의 형성 • 벽체 도괴 • 화재의 재성장 • 소방관 피해
방지대책	• 내장재를 불연, 준불연화 또는 방염처리 • 화재실의 온도를 낮춘다. • 개구부 크기 조절 • 환기 • 가연물량 감소	• 출화방지 • 가연성가스 축적 방지 • 열축적 방지 • 산소 공급방지 • 문이나 유리창 일부를 개방시켜 화염을 분출시킨 후 진입

07 결론

백 드래프트(back draft) 같은 급격한 연소 확대는 구획실 밖으로의 연소 확대 위험이 크고, 소방관들의 생명을 위협하는 등 위험이 크므로 열축적 방지 등 적절한 백 드래프트에 대한 방화대책이 필요하다.

SECTION 041

가스(기체)의 열균형(thermal layering of gases or thermal balance)

01 정의

(1) 가스가 구획실 온도에 따라 층을 형성하는 것이다.

(2) 원인

1) 가장 온도가 높은 가스는 많은 에너지를 가지고 있으므로 부력에 의해서 최상층에 체류하고, 반면에 낮은 층에는 상대적으로 낮은 에너지의 저온 가스가 체류된다.

2) 상부 고온층과 하부 저온층을 형성하는 현상이다.

(3) 문제점

가스의 열균형을 형성하고 있는 층에다 주수 시 연기층이 하강한다.

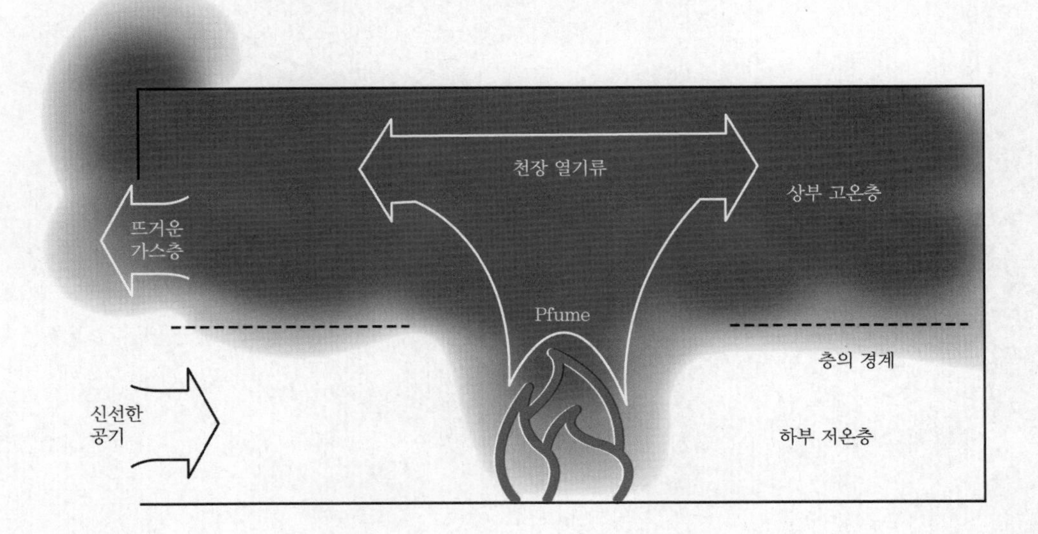

02 문제점 및 대응방법

(1) 열균형을 이루고 있는 가스층에 직접 방수 시 문제점

1) 가스층의 흐름 방해 : 높은 곳에서 연기배출구(환기구)를 통하여 밖으로 배출되는 가장 뜨거운 가스가 냉각되어 원활한 연기의 배출이 이루어지지 않을 수 있다.

2) 오염된 가스의 구획실 전체 확산

① 온도가 가장 높은 가스층에 물을 뿌리게 되면, 물이 급격하게 에너지를 흡수하여 수증기로 변화하여 구획실 내 하부 청결층의 신선한 공기와 고온층의 연기가 급속히 혼합된다.

② 연기와 수증기의 섞임은 정상적인 열균형을 파괴하여 뜨거운 오염물질이 전체에 확산된다.

3) 고온의 오염된 가스 하강

① 소방대원의 열에 의한 화상과 오염물질 흡입의 우려가 증가된다.

② 소방대원들은 유독가스와 열에 의한 피해를 최소화하기 위해 연기층보다 더 낮은 자세로 진입하여야 하므로 행동능력이 저하된다.

(2) 대응방법

1) 상부 고온층의 열기 배출 : 상부에 구멍을 뚫어 연기를 구획실로부터 밖으로 배출한다.

2) 배풍기를 이용한 강제 연기를 배출한다.

3) 화점에 방수하여 신선한 공기를 더욱더 냉각시켜 청결층을 확보한다.

SECTION 042

목조건물과 내화 구조건물의 표준시간 - 온도곡선

01 목조건물의 표준시간-온도곡선

(1) 목조건물의 발화 영향요인

1) 연소하는 물체의 외형(표면적) : 표면적이 크면 발화가 용이하다.

2) 열전도 : 목재의 열전도율은 콘크리트나 철재보다 작다.

재료	열전도율([W/m · K] at 20[℃])	밀도[kg/m^3]	열용량[J/kg · K]	근거
강재	53	7,800	470	KS
콘크리트(1:2:4)	1.6	2,200		KS
콘크리트	2	2,400	950	DIN(독일규정)
철근 콘크리트(1[%])	2.3	2,300	880	DIN
목재(보통량)	0.17	500		KS
소나무	0.13	520	1,600	DIN
낙엽송	0.13	460	1,600	DIN

3) 수분함유량 : 목재의 수분함량이 15[%] 이상이면 비교적 고온에 장시간 접촉해도 발화가 곤란하다.

가연물 중 수분 → 열 흡수 → 증발 → 표면온도 저하

4) 가열하는 속도와 시간 : 열원의 크기와 노출시간

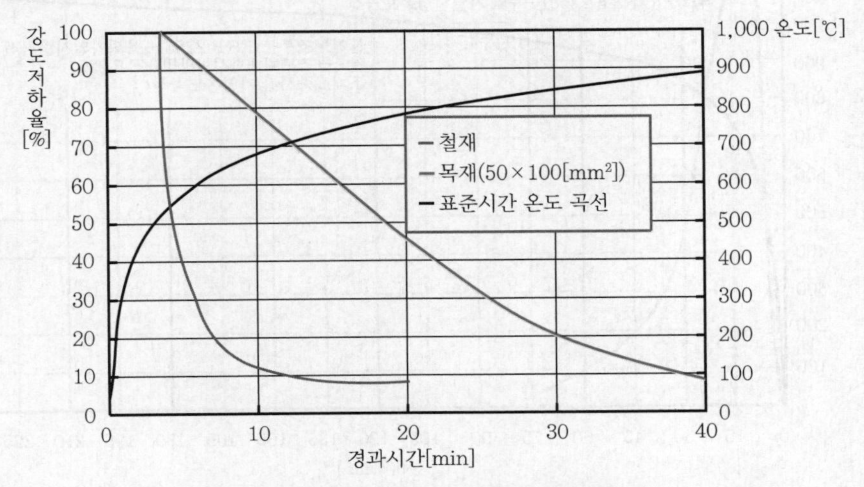

▌철재, 목재의 시간에 따른 강도 저하와 온도▐

(2) 목조건물의 화재진행(5단계)

1) 1단계 : 화재원인에 의해 무염 발화하는 단계(다량의 백연발생)
2) 2단계 : 무염 발화에서 발염 발화로 옮겨지는 단계
3) 3단계 : 발염 발화에서 계속 발화가 확산하는 단계(천장에 불이 닿는 시점)
4) 4단계 : 발화에서 최성기로 발전하는 단계
   ① 화재확산(연소속도)이 빨라진다.
   ② 연기의 색깔은 백색[수증기 함유량이 많아 백색(백연)]에서 흑색으로 변화한다.
   ③ 창문 등으로 화염이 분출되고 최성기에 화염, 흑연, 불꽃이 강한 복사열을 발생하여 최고 1,300[℃]까지 도달한다.
5) 5단계 : 최성기에서 연소낙화하는 단계
   ① 연소낙화 : 화세가 급격히 약화하며 지붕이 무너지고 벽이나 기둥이 허물어진다.
   ② 최성기까지의 소요시간 : 약 10분 이내
6) 화재의 원인 → 무염 발화 → 발염 발화 → 출화(발화) → 최성기 → 연소낙화 → 진화

(3) 목조건물의 화재 진행시간

1) 출화(발화) → 최성기 : 5 ~ 15분 내외
2) 최성기 → 연소낙화 : 6 ~ 9분
3) 전체의 화재 진행시간 : 13 ~ 24분(최대 30분 이내) 정도

(4) 목재 발화의 4단계

목재 가열 → 수분 증발 → 목재 분해 → 탄화종료 → 발화

(5) 목재의 표준시간-온도곡선

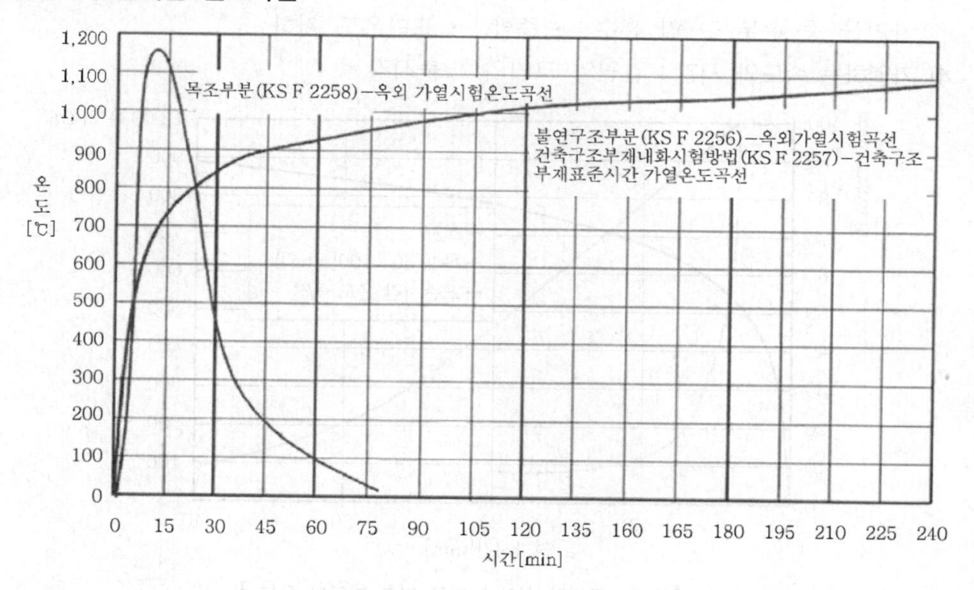

02 내화구조 건물의 표준시간-온도곡선

(1) 표준시간-온도곡선(화재저항) : ISO 제안기준

세계적으로 거의 공통의 내화시험 방법으로 규정되고 있는 「표준시간-온도곡선」은 화재 발생 시의 실내온도를 나타낸 것으로, 다음 식으로 표시하고 있다.

건물화재 표준시간-온도곡선의 공식 : $T = T_0 + 345\log(8t+1)$

여기서, T_0 : 시간 $t=0$에서의 온도[℃], T : 시간 t초에서의 온도[℃]

t : 시간[min]

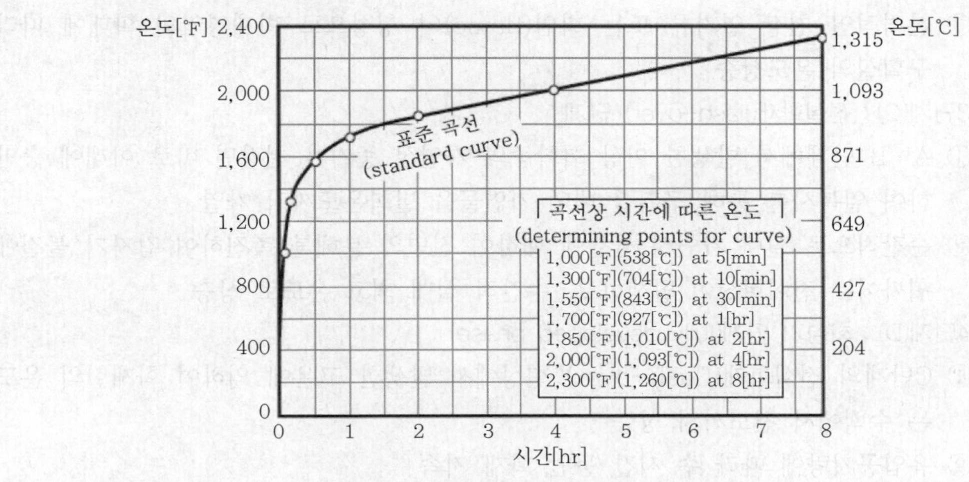

▌표준시간-온도곡선[51] ▌

(2) 내화구조 화재의 진행단계

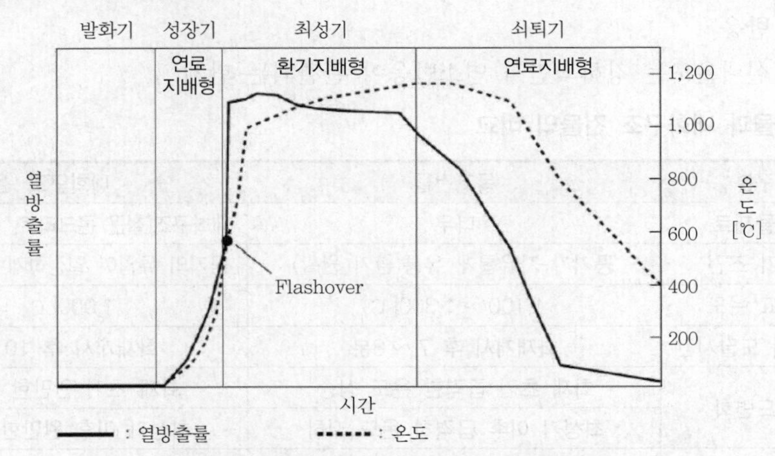

▌시간의 경과에 따른 HRR과 온도의 변화[52] ▌

51) FPH 18 Confining Fires CHAPTER 1 Confinement of Fire in Buildings 18-4 FIGURE 18.1.1 Standard Temperature-Time Curve

52) FPH 03-09 Closed Form Enclosure Fire Calculations 3-146 FIGURE 3.9.1 Enclosure Fire Development

1) 1단계(A) : 발화단계(incipient phase)
   ① 화원과 첫 번째, 두 번째 가연물의 제한된 연소는 안정된 열축적 현상 발생
   ② 원인 : 분해된 가연성 가스와 유입산소와의 적정 혼합비에 의한 안정된 산화반응 발생
2) 2단계(B) : 성장기(growth phase)
   ① 발화(A)단계에서 발생한 열에너지의 열전달에 의해서 가연물의 열분해 속도가 증가
   ② 아직 화염온도가 낮고 유입산소의 한계에 따른 미연소 가스의 다량 방출
   ③ 본격적인 천장 열기류 또는 화염(flame)의 형성으로 화재영역의 확대에 따라 구획실의 온도상승
3) 3단계(C) : 전실화재(flash-over) 단계
   ① A · B 단계에서 발생한 미상 화학종의 가연성 증기가 천장면 바로 아래에 충만하여 열복사를 통해 구획실 내의 가연물을 발화온도까지 가열
   ② 순간적으로 실내 가연성 물질에 대하여 전면의 분해를 촉진하여 갑자기 불길에 휩싸이는 전이현상이 발생하고, 순간적 실내 최고 온도로 상승
4) 4단계(D) : 최성기 단계(fully developed phase)
   ① C단계의 전실화재(flash-over) 현상에서 발생한 고온에 의하여 화재실의 온도는 수백에서 천도까지 상승
   ② 유입공기량에 따라 수 시간 동안 화재 지속
5) 5단계(E) : 감쇠기 단계(decay phase)
   ① 가연성 분해가스의 양이 소진되어 연료지배형으로 분해되는 연료양만큼 연소반응
   ② 실내온도는 강하되면서 연소반응이 완결되는 단계

(3) 목조건물과 내화구조 건물의 비교

구분	목조건물	내화구조 건물
건물재료	나무	내화구조(철근 콘크리트, 석조, 벽돌조 등)
공기 조건	공기가 자유롭게 유통(환기 원활)	공기의 유입이 일정하게 유지(환기 제한)
최고 온도	1,100 ~ 1,300[℃]	1,000[℃] 내외
최성기 도달시간	화재개시 후 7 ~ 8분	화재개시 후 10 ~ 30분
온도변화	화재 초기 급격한 온도 상승	화재 초기 완만한 온도 상승
	최성기 이후 급격히 온도 저하	최성기 이후 완만한 온도 저하
온도곡선	옥외 가열시험 온도곡선	옥내 가열시험 온도곡선
	건축물 목조부분의 방화시험방법 (KSF 2258)	건축구조 부재의 내화시험방법 (KSF 2257-1)

구분	목조건물	내화구조 건물
화재특징	고온 단기형	저온 장기형
연소속도	빠르다.	느리다(산소공급 제한).
화재 지속시간	짧다.	길다.
표준시간-온도곡선의 형상	급격한 상승과 하강 곡선	완만한 상승과 하강 곡선
표준시간-온도 곡선의 온도	• 550[℃](3급 가열) • 840[℃](2급 가열) • 1,120[℃](1급 가열)	• 925[℃](1시간 내화) • 1,010[℃](2시간 내화) • 1,050[℃](3시간 내화)

SECTION

043 화재의 성장

01 화재성장의 3요소 74회 출제

(1) 발화(ignition) : 화재성장의 시작점

(2) 연소속도(burning rate)

  1) 발화부터 전실화재 : 질량감소속도

  2) 최성기부터 쇠퇴기 전 : 공기 유입량

  3) 쇠퇴기 : 질량감소속도

(3) 화염확산(fire spread) : 화재 경계면이 이동하는 과정

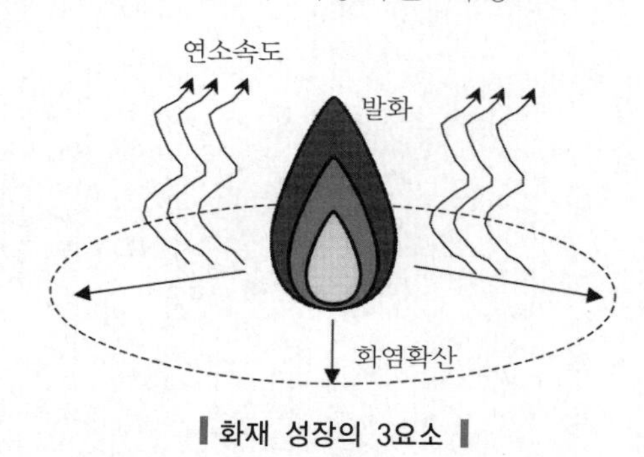

▌화재 성장의 3요소 ▌

02 고체의 발화(ignition)

* SECTION 013 고체의 발화를 참조한다.

03 연소속도

* SECTION 020 연소속도를 참조한다.

04 화염확산(flame spread)

(1) 정의

화염 경계면이 이동하는 과정으로 가연물을 휘발시키거나 공급하는 영역이 확대되는 것이다.

(2) 고체표면에서 화염확산

1) 화염확산 증가 = 연소속도 증가

2) 공식

$$v = \frac{\delta_f}{t_{ig}}$$

가연물의 발화시간(t_{ig})과 화염이 영향을 미치는 길이(δ_f)에 지배를 받는다.

3) 상향전파와 풍조확산 : 상향 및 풍조확산의 경우 화염이 영향을 미치는 길이(δ_f)가 급격히 증가한다.

4) 하향전파 또는 측면확산

① 일반적으로 공기흐름과 가연물에 의존하며 확산에 필요한 최소 온도(120[℃]) 이하에서는 확산이 일어나지 않는다.

② 하향 및 측면확산은 아주 낮은 속도이며, 확산면의 1[mm] 이하를 가열한다.

05 화재성장의 영향요소

(1) 화염전파속도

1) 화염이 주변으로 전파됨으로써 연소면이 확대(πr^2)된다.

2) 방사형 확산(radial spread) : 화원을 중심으로 원형태로 확대된다.

(2) 이격거리

1) 화염접촉 거리 : 직접 화염접촉이 일어나는 거리로, 이는 열원에 의한 직접적 가열을 한다.

2) 복사열이 유효하게 영향을 미치는 거리(거리의 제곱에 반비례) : 복사 열전달의 메커니즘에 의해 확산

3) 팡(Fang)과 바브라스커스(Babrauskas)의 실험 : 1[m] 이내에는 발화온도까지 상승시킬 수 있는 복사열류를 전달할 수 있지만 1[m] 이상 이격거리를 가지면 20[kW/m^2] 이상의 복사열류가 전달되지 않아서 발화시킬 수 없다.

(3) 교차복사

1) 통합배치계수(교차배치계수)가 적용되는 연소표면 주변에서의 열축적 : 상호 열복사

2) 유체 흐름의 동적 모멘텀 생성으로 인한 높은 열전달률이 얻어져서 급속한 화염확산이 증진된다.

(4) 화재성장곡선

(5) **공간의 밀폐성** : 산소공급의 부족 여부

(6) **공간의 단열성** : 열손실 감소

(7) 가연물의 형태와 배치

액체가 고체보다 위험한 이유 : 에너지 방출 속도(Q)는 직접 화재의 크기와 손상 가능성을 나타낸다.

$Q = \dot{m}'' \cdot A \cdot \Delta H_c$

$\dot{m}'' = \dfrac{\dot{q}''}{L}$

$Q = \dot{q} \cdot A \cdot (\Delta H_c / L)$

$\Delta H_c / L$은 가연물의 기화에 요구되는 에너지당 방출된 에너지를 나타내는 데 액체 가연물의 $\Delta H_c / L$값이 고체의 $\Delta H_c / L$보다 크다.

예 가솔린 : 40/-33, 나일론 6/6

SECTION 044

화재성장곡선

129 · 94 · 83 · 81 · 79 · 69회 출제

01 개요

(1) **화재**

제어되지 않는 연소과정이며 감지될 수 있는 충분한 양의 빛과 에너지를 발산하는 화학 반응

(2) 화재의 온도 및 속도 모델링을 위해 시간에 따라 지속해서 성장하는 열방출률을 갖는 함수형태의 관계식을 제시했다. 화재성장곡선은 화재 초기의 잠복기간에 관한 변수를 무시한 경험적인 자료이다.

(3) 이를 통해 빠른 화재성장에 따라서 화재의 감지 및 조기 진압 및 제어의 필요성이 대두되고, 화재를 조기에 감지 및 진압하지 못하면 화재의 열방출량이 화재를 진압 및 제어의 범위를 벗어나 소화의 불능 상태에 빠지게 된다.

(4) **화재성장곡선 이해의 목적**

화재를 분석하고 진압하는 데 유용한 가치를 제공한다.

02 주요 인자

(1) **화재성장곡선**

화재 자체에 의존하는 것이 아니라 화염전파속도에 의존한다.

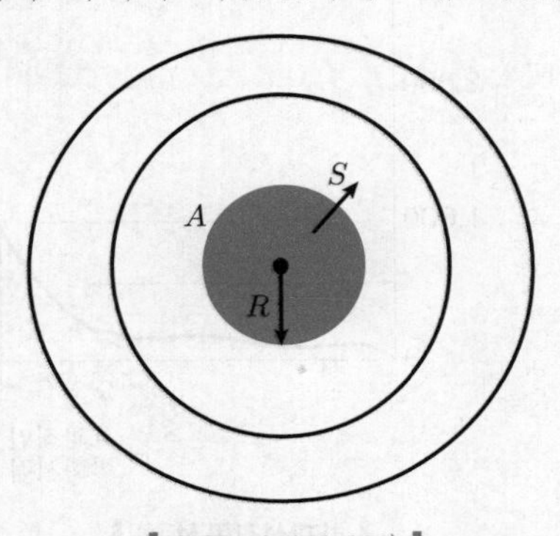

▌원형 화염전파[53] ▌

53) Introduction to Fire Dynamics for Structural Engineers, Training School for Young Researchers COST TU 0904, Malta, April 2012

$$\frac{dR}{dt} = S = \text{flame spread rate}$$

$$if\ S = \text{constant} \Rightarrow R = St$$

$$A = \pi R^2 = \pi (St)^2$$

$$\dot{Q} = \Delta h_c \dot{m}'' A = \pi \Delta h_c \dot{m}'' S^2 t^2$$

$$\dot{Q} = \pi \Delta h_c \dot{m}'' S^2 t^2 = at^2$$

(2) Q(HRR) $= \alpha_f (t - t_0)^2$

여기서, α_f : 화재성장계수[kW/sec^2]

t : 일정 시간[sec]

t_0 : 잠복기[sec]

Q : 일정 시간의 열방출률[kW]

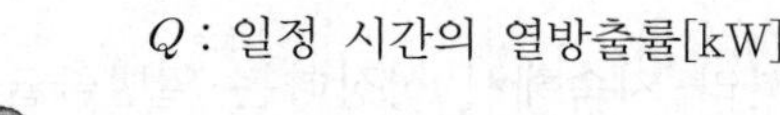

잠복기(t_0) : 최초 발화물건의 위치와 특성치 같은 화원의 성질에 좌우된다. 너무 작아서 무시할 수도 있다.

1) 화재성장속도는 시간의 자승에 비례하고 화염전파속도는 화재가 진행되는 시간 동안 일정하다.
2) 화재성장속도가 화재 자체에 열방출에만 의존한다면, 성장속도는 t^2이 아닌 지수항(e^t)이 될 것이다.
3) 복합적인 작용 때문에 화재성장속도가 결정되므로 화재성장곡선은 시간의 제곱에 비례하는 것이다.

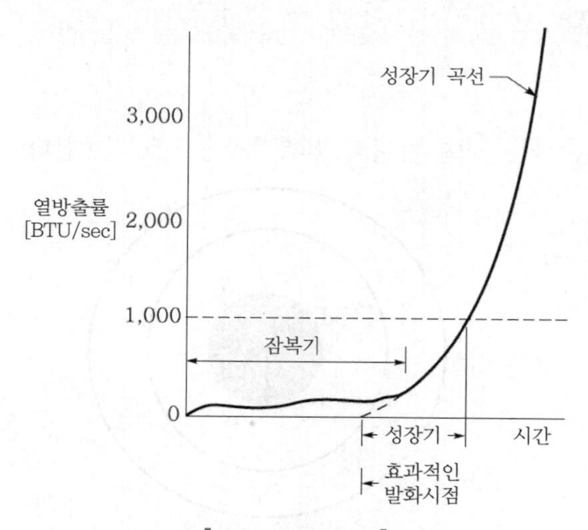

▌화재성장곡선[54] ▌

54) FIGURE C.2(a) Conceptual illustration of continuous fire growth. NFPA 92B Guide for Smoke Management Systems in Malls, Atria and Large Areas 2000 Edition 92B-47

4) 화재성장계수의 값(α_f)

① Slow $Q = 0.00293t^2$

② Medium $Q = 0.01172t^2$

③ Fast $Q = 0.0469t^2$

④ Ultrafast $Q = 0.1876t^2$

▌화재성장계수와 성장시간 ▌

구분	가연물 종류	화재성장계수 α_f[kW/sec^2, kJ/sec^3]	화재성장시간 t_g[sec]
Slow	가구제작용 목재	0.00293	600
Medium	천으로 덮인 가구	0.01172	300
Fast	나무더미	0.0469	150
Ultrafast	액체 가연물	0.1876	75

03 화재성장시간

(1) NFPA 72에서는 화재강도를 설명하기 위해 α 대신 '화재성장시간'이라는 상수 t_g를 사용하고 있다.

(2) **정의**

화재가 1,055[kW]의 열방출률에 도달하는 시점

$$Q = \frac{1{,}055}{{t_g}^2} t^2$$

여기서, Q : 열방출률[kW]

t_g : 화재성장시간(열방출률이 1,055[kW] or 1,000[Btu]가 되는 시간[sec])

t : 화재가 개시되어 현재(예측) 시점까지의 시간[sec]

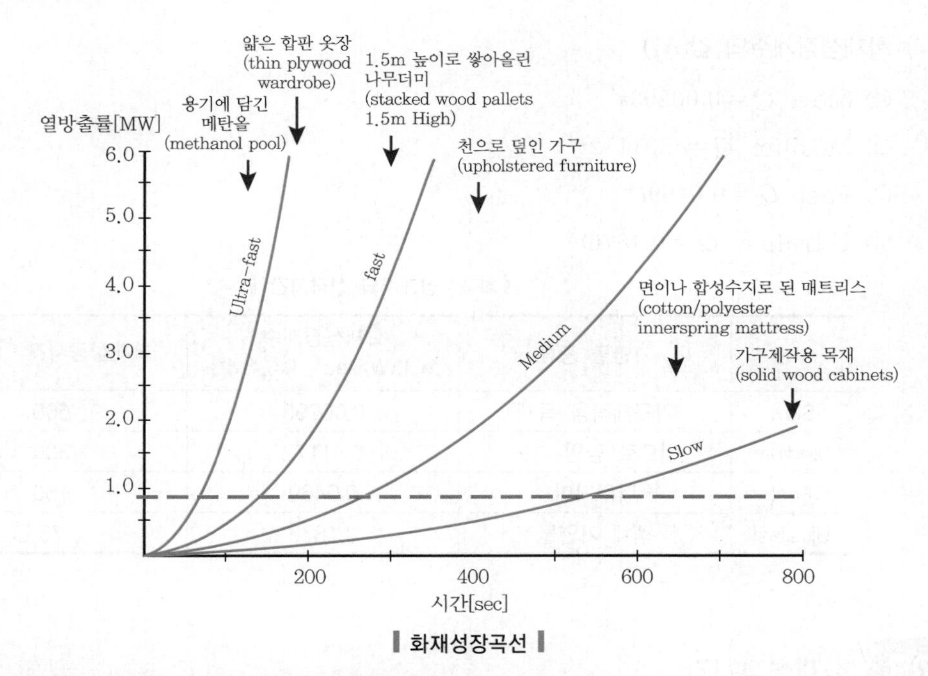

▌화재성장곡선▐

(3) 설계화재 시 건물 용도에 따른 화재성장곡선의 선정[55)]

건축물의 용도	화재성장속도(α)
주거 등	Medium
호텔, 의료시설 등	Fast
쇼핑센터, 극장 등	Ultrafast
학교, 사무실	Fast
위험물을 취급하는 산업시설	지정되어 있지 않음

(4) 화재성장시간의 응용

1) 화재성장시간이 빠르다는 것 : 화재가 급속하게 진행한다는 것으로, 시간이 빠를수록 조기감지의 필요성이 증대된다.
2) 왜냐하면 화재가 급격히 성장해서 시기를 놓치면 초기 진화가 실패하기 때문이다. 따라서, 감지기와 스프링클러의 RTI가 높은 조기감지, 조기반응형 설비의 설치가 고려되어야 한다.

(5) 대류열의 성장곡선[56)]

$$Q_c = 0.7Q = 0.7\alpha t^2$$

여기서, Q_c : 대류열량[kW](대류열량은 초기의 전체 열방출률 중 70[%] 정도임)

---

55) TABLE 3.7 Typical Growth Rates Recommended for Various Types of Occupancies. Enclosure Fire Dynamics. Bjorn Karlsson and James G. Quintiere(2000)
56) An Investigation of the Effects of Sprinklers on Compartment Fires M W Radford December 1996

SECTION 045 화재 플럼(fire plume)

130 · 106 · 75회 출제

01 개요

(1) 불은 직접 눈에 보이는 화염과 눈에는 보이지 않지만, 고온의 가스층으로 나눌 수가 있다.

(2) 정의

1) 화재 플럼 : 화재 바로 위 공간에서 뜨거운 가스 기둥과 연소생성물이 부력에 의해 상승하는 화염을 포함한 화재 또는 열의 기둥

2) 플럼(plume)

① 대류 기둥(convection column), 열상승기류(thermal updraft), 열기둥(thermal column) (NFPA 921)

② 모든 화재에는 열에 의한 부력이 수반되며, 이는 흐름형태와 화염성질을 결정한다. 화염을 포함하는 부력유동을 말한다.

부력(buoyancy) : 밀도 차이에 의하여 유체가 상승하는 힘이다. 기체의 밀도는 온도에 반비례하는데 화재 플럼의 온도는 주위 공기보다 상대적으로 높으므로 밀도가 낮아지고 이를 통해 상승시키는 힘을 발생시킨다.

(3) 흐름형태

1) 불의 성장을 지배한다.

2) 유입공기로 연기의 특성을 나타낸다.

(4) 화재 플럼의 해석을 위한 필요요소

1) 화염길이

2) 화염의 평균온도

3) 에너지 방출속도

(5) 소방에서의 플럼

1) 화재감지와 스프링클러 기동

2) 연기 발생량(거실 제연설비의 배출량)

3) 단층 현상

02 플럼

(1) 플럼의 기능

1) 상승기류의 형성 : 화재에서 발생한 고온 가스의 밀도차로 인한 부력으로 상승기류를 형성한다.

2) 유입공기(entrainment)

① 플럼이 상승함에 따라 주위의 찬 공기에 와류가 형성되며 플럼 내로 유입되면서 부피가 팽창한다.

② 거실제연 배기량 = 플럼

③ 주코스키(Zukoski)의 식

$$m_p = 0.071\, Q_c^{\frac{1}{3}} (Z - Z_0)^{\frac{5}{3}}$$

여기서, m_p : 연기발생량[kg/sec]

Q_c : 대류 열방출률 = $0.7Q$[kW](대류 열방출률은 총열방출의 70[%] 정도)

Z : 천장까지의 높이[m]

Z_0 : 가상 점열원의 높이[m]

④ 토마스의 식

$$m_p = 0.188\, P_f \cdot y^{\frac{3}{2}}$$

3) 난류효과

① 와류에 의한 난류 확산화염을 형성한다.

② 난류로 인해 유입되는 공기량이 증가되어 연기온도는 낮아지지만, 연기량은 증가한다.

(2) 플럼의 구분(mccaffrey)

1) 연속화염 영역(continuous flame)

① 정의 : 지속적인 화염이 존재하는 영역

② 영역의 길이는 화염 직경에 비례한다.

③ 연속 화염높이 공식

$$Z_c = 0.08 Q^{\frac{2}{5}}$$

여기서, Z_c : 연속 화염높이[m]

Q : 총 열방출률[kW]

2) 간헐화염 영역(intermittent flame)

① 정의 : 화염이 간헐적으로 존재하는 영역

② 화염의 생성과 소멸을 반복하는 진동이 있고 진동에 의해 난류를 증대한다.

③ 공기가 난류에 의한 화염 만곡 때문에 유입 시 진행과정 : 화염이 차가운 공기 때문에 냉각되는 냉각효과 > 신선한 공기의 공급에 의한 연소속도가 증가하는 효과 → 냉각 → 불완전연소가 증가 → 화염 안에서 검댕(soot) 발생 → 복사 에너지의 양 증가 → 화염의 크기 다시 증가

④ 대부분 화재는 난류성 유동으로 와류에 의해서 화염 : 매우 불안정하게 흔들리며 깜박거린다.

⑤ 화염이 깜박이는 맥동 주파수 공식

$$f = \frac{1.5}{\sqrt{D}}$$ (난류화염 내 주파수는 10[Hz] 이상으로 이를 이용하는 감지기가 플리커 감지기)

여기서, f : 화염의 맥동 주파수[Hz]
D : 화원의 지름[m]

상기 식을 통해 지름이 10[cm]의 작은 화염은 1초에 5번 깜박이지만, 100[m]의 옥외 넓은 장소에서의 큰 화염은 10초마다 깜박인다.

⑥ 간헐 화염높이 공식

$$Z_i = 0.2Q^{\frac{2}{5}}$$

여기서, Z_i : 간헐 화염높이[m]
Q : 총 열방출률[kW]

3) 부력플럼 영역(buoyant plume)

① 정의 : 화염상부의 대류 열기류 영역

② 높이가 높아질수록 주변 공기의 유입으로 인해 구동력이 약해져서 유속과 온도가 감소한다.

③ 구획실의 경우 천장에 부딪혀서 천장 열기류(ceiling jer flow) 형태로 천장면을 따라 이동하거나 확산하여 화재감지기, 스프링클러가 동작하는 원리가 된다.

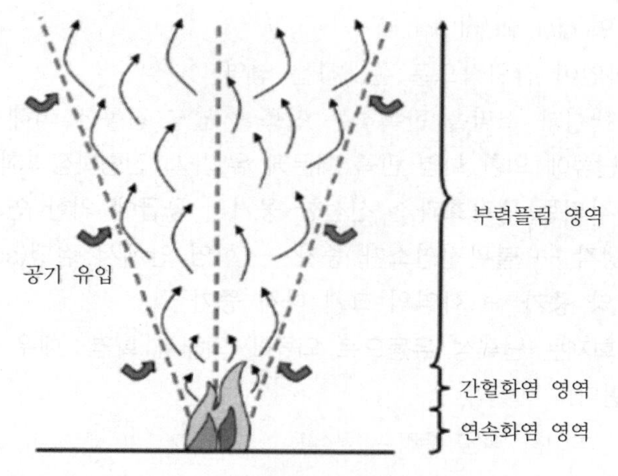

▌플럼의 구분▐

④ 부력플럼 영역은 공간 상부에 연소생성가스와 공기의 혼합기층을 만든다. 이것을 상부 고온층 또는 연기층이라고 하며, 공기층 하부에는 신선한 공기를 주체로 한 청결층이 형성된다.

(3) 플럼의 발생 메커니즘 124회 출제

1) 화재로 인한 온도차에 의해 밀도차 형성
2) 부력의 생성
3) 상승하면서 공기인입
4) 와류 · 난류 발생
5) 화염높이 및 공기인입 증가(높이의 함수)

03 화염높이

(1) 플럼의 유입공기

1) 플럼은 상승하면서 주위의 차가운 공기가 플럼 내부로 유입된다.
2) **유입공기의 원인** : 화재 플럼의 중심은 온도가 높아 높은 부력을 가지지만 플럼의 가장자리는 외부의 상대적으로 차가운 공기와 접하면서 온도가 내려가 부력이 점점 약해지면서 상대적인 속도 차에 의한 와류가 생기고 그 와류에 의해서 공기 유입(entrainment)이 발생한다.
3) 플럼이 공기를 유입하면서 연소가 확대되며 화염의 높이가 증대된다.
4) 플럼의 흐름형태 : 불의 성장을 지배하고 공기를 유입시켜 부피를 증대한다.

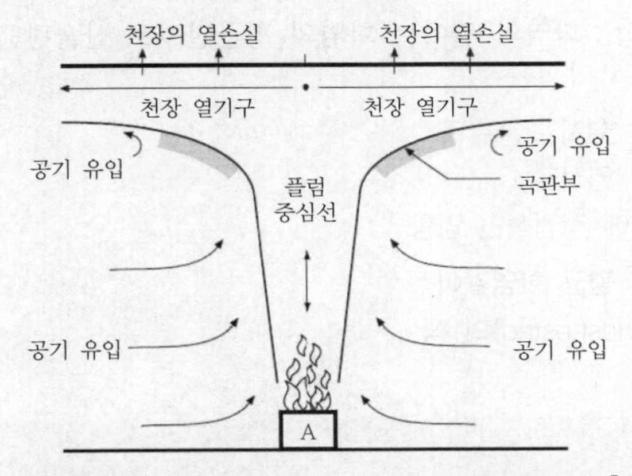

▌벽으로부터 멀리 떨어진 천장 열기류의 공기 흐름[57] ▌

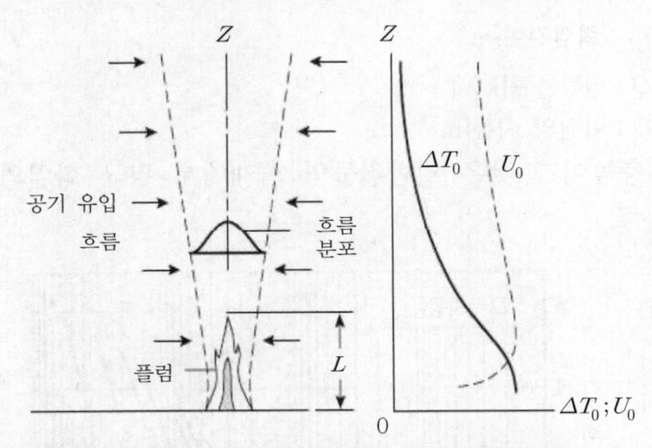

▌난류 화재 플럼의 중심선에서의 온도차와 속도의 변화[58] ▌

(2) 역삼각형 플럼 형태

1) 화염 속으로 공기가 인입되는 동적 작용의 증가 때문에 계속 증가하는 가스와 연기를 화염 속으로 끌어들이는 회전운동이 생기게 된다.

2) 이 단계에도 외부 공기는 계속 들어오게 된다. 이러한 모양은 상기 그림에서와 같이 역삼각형 형태의 플럼 형태를 만들어낸다.

3) 플럼의 폭 : $0.4H$

(3) 실제 화재에 의한 화염은 부력에 의한 화염으로 화염이 커져서 난류가 된다.

1) 화재의 화염과 연소기기 노즐에 의한 화염의 길이와 혼동되지 않도록 주의하여야 한다. 국내 일부 책자에서는 이 둘을 같은 것으로 보고 설명하는 오류를 범하고 있다.

2) 난류화염 내에서는 10[Hz] 이상의 고주파 저진동이 서로 중첩되면서 에너지가 증가하고 이로 인한 부력과 마찰로 큰 요동이 발생한다.

57) FIGURE 2.4.3 Fire Under Ceiling, Far from Walls. Note : A = source of fire. 2-53 FPH 02-04 Dynamics of Compartment Fire Growth

58) Figure 2-1.1. Features of a turbulent fire Plume, including axial variations on the centerline of mean excess temperature, ΔT_0, and mean velocity, u_0. SFPE 2-01 Fire Plumes, Flame Height, and Air Entrainment 2-1

(4) 화염길이의 중요성 : 화염의 길이는 화염의 평균길이로 산술평균값

1) 화재의 감지
2) 소화 시스템의 설계
3) 건물 구조부의 열전달
4) 연기의 발생량에 직접적인 영향

(5) 축 대칭 화재에서 평균 화염길이

1) 헤스케스테드(Heskestad)의 식

① 공식

$$L_f = 0.235\,\dot{Q}^{\frac{2}{5}} - 1.02\,D$$

여기서, L_f : 화염길이[m]

$\dot{Q}$: 열방출률[kW]

D : 화원의 지름[m]

② 사용처 : 층높이가 낮은 일반건물의 화재에서 평균 화염의 높이를 추정하는 데 사용

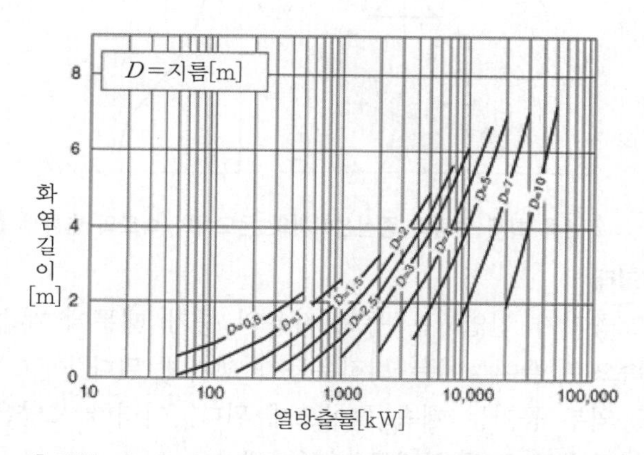

▌화원 지름의 다양한 크기에 따른 화재 화염의 높이[59] ▌

2) NFPA 92

① 공식

$$z = 0.166\left(\frac{Q}{k}\right)^{\frac{2}{5}}$$

여기서, z : 화염 평균높이[m]

Q : 열방출률[kW]

k : 벽 효과계수(보통의 경우 1)

59) FIGURE 3.9.5 Flame Heights for Steady Fires with Various Diameters Plotted Using Equation 11 3-135 FPH 03-09 Closed Form Enclosure Fire Calculations

② 사용처 : 화재의 크기에 비해 천장이 매우 높은 아트리움과 같은 공간에서 평균 화염의 높이를 추정

3) NFPA 921

$$L_f = 0.174(k \cdot \dot{Q})^{\frac{2}{5}}$$

여기서, L_f : 화염길이[m]

k : 벽 효과계수

$\dot{Q}$: 열방출률[kW]

① 열방출률로 정리하면 $\dot{Q} = \frac{79.18 L_f^{\frac{5}{2}}}{k}$ 이다.

② 화염길이가 알려지면 다음 식을 이용해 열방출률 $\dot{Q}$를 구할 수 있다.

벽 효과지수	내용
k = 1	근처에 벽이 없는 경우
k = 2	가연물이 벽에 있을 경우
k = 4	가연물이 모서리에 있을 경우

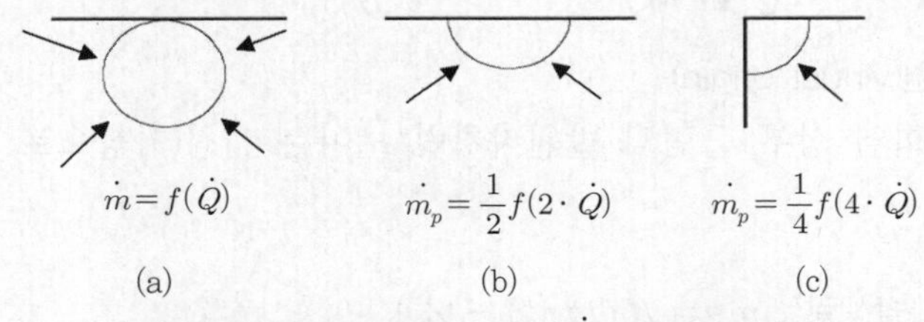

▌주변 환경에 따른 k값의 변화($\dot{m}_p$: 연기발생량)▐

③ 근처에 벽이 없는(k=1) 150[kW]의 대표적인 휴지통 화재의 경우 1.3[m](4.3[ft])의 화염 플럼이 발생한다. 장식 의자의 경우 열 $\dot{Q}$가 500[kW] 정도이면 플럼 높이는 대략 2.1[m](6.9[ft])가 된다.

④ 열방출률

$$Q = Q_r + Q_c$$

여기서, Q_r : 복사 열방출률($Q_r = \varepsilon \cdot Q$)

Q_c : 대류 열방출률($Q_c = (1-\varepsilon) \cdot Q$)

ε : 복사율(방사율)

(6) 축 대칭 화재에서 화원의 지름

1) $D = \sqrt{\frac{4\dot{Q}}{\pi \cdot \dot{q}''}} = \sqrt{\frac{4\dot{Q}}{\dot{m}'' \pi \Delta H_c}}$

여기서, D : 화원의 지름[m]

$\dot{Q}$: 열방출률[kW]

$\dot{q}''$: 열유속[kW/m^2]

$\dot{m}''$: 질량감소속도[g/m^2 · sec]

ΔH_c : 연소열[kJ/kg]

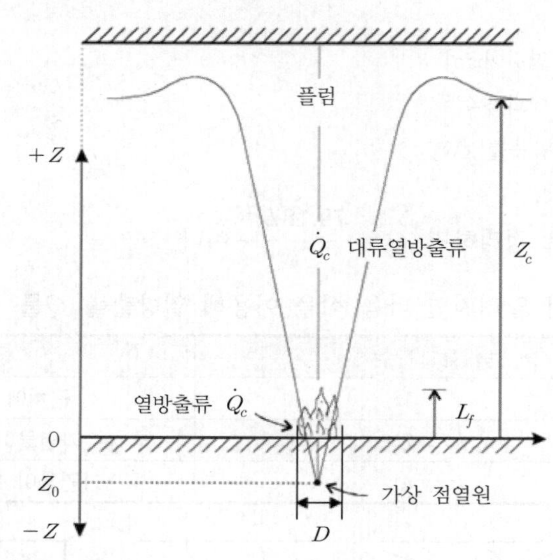

2) 가상 점열원(virtual origin)

① 정의 : 화염 상부 플럼의 발원지처럼 보이는 지점(가상으로 정한 발원지)

② 공식

㉠ 연기발생량 : $m_p = KQ_c^{\frac{1}{3}}(Z_c - Z_0)^{\frac{5}{3}}$

여기서, m_p : 연기발생량[kg/sec]

K : 계수

$\dot{Q}_c$: 대류 열방출률(0.7Q)[kW]

Z_c : 청결층 높이[m]

Z_0 : 가상 점열원 높이[m]

㉡ 가상 점열원 : $Z_0 = -1.02D + 0.083Q^{\frac{2}{5}}$

여기서, D : 화원 지름[m]

Q : 열방출률([kJ/sec] or [kW])

③ 의미

㉠ 열방출률이 낮고 화원의 지름이 충분히 큰 경우 음수값을 가진다.

㉡ 가상 점열원이 길면(음의 방향이란 실제 점열원보다 하부에 있으므로 음의 값을 가짐) 연기량은 증가, 열방출률은 감소한다.

꼼꼼체크 가상 점열원의 음수값이란 실제 점열원보다 하부에 있으므로 음의 값을 가지게 되고 가상 점열원이 길수록 원뿔모양의 면적이 증가하므로 연기발생량은 증가하고 화원의 지름이 일정하다면 열방출률은 가상 점열원의 길이에 반비례한다.

ⓒ 소방의 의의 : 연기량 발생량을 추정할 수 있다.

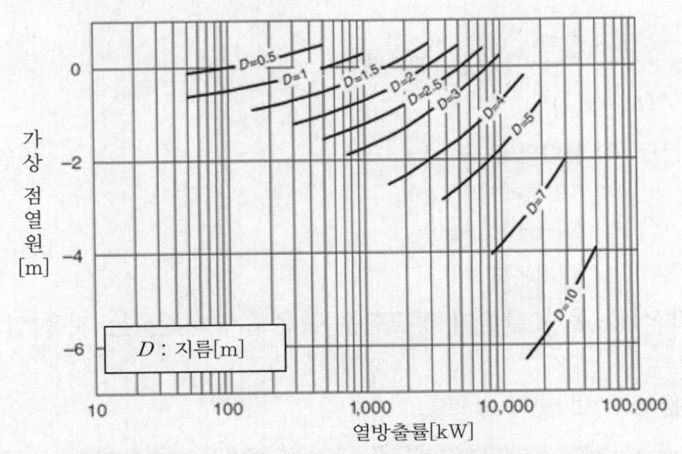

▌가상 점열원의 길이와 화원 지름에 따른 열방출률의 변화[60] ▌

04 화염온도 및 속도 106회 출제

(1) 플럼(plume)의 온도

1) 플럼으로부터 발생하는 화학종 생성량에 큰 영향을 미친다. 왜냐하면, 화재 시 발생하는 가스의 모든 연소작용은 상승하는 가시 화염(산화반응영역) 내에서만 일어나기 때문이다.

2) 화염온도가 일정 온도(단열한계 화염온도(adiabatic flame temperature, 1,600[K])[61] 이하가 되면 연소작용이 더 지속하지 않는다. 이는 적절한 산화반응영역이 활성화되어 있지 않기 때문이다.

(2) 화재 플럼의 온도와 속도

1) 온도

① $T_f = \dfrac{K \cdot Q_c}{\dot{m} \cdot c_f} + T_0$

여기서, T_f : 플럼의 평균온도[℃]

60) FIGURE 3.9.6 Virtual Origins for Steady Fires with Various Diameters 3-155 FPH 03-09 Closed Form Enclosure Fire Calculations

61) 연소 때문에 생성된 열이 외부로 달아나지 않고 모두 생성물의 가열에 쓰인다고 가정하고 이론적으로 계산한 연소온도(불꽃 온도)로 1[atm], 25[℃], 화학 양론비로 산출한다.

K : 계수로 일반적으로 0.5

Q_c : 대류 열방출률[kW]

$\dot{m}$: 플럼의 발생률[kg/sec]

c_f : 플럼가스의 비열[kJ/kg · ℃]

T_0 : 대기온도[℃]

② $T = \dfrac{18.8\,Q^{\frac{2}{3}}}{(h - Z_0)^{\frac{5}{3}}} + T_0$ 108회 출제

여기서, T : 플럼의 온도[℃]

h : 가연물에서의 높이

Z_0 : Virtual origin

T_0 : 대기온도[℃]

상기 식을 통해 플럼이 상승할수록 온도가 하강하는 것을 알 수 있다.

2) 발생률

① 플럼(plume)의 체적 발생률

$$\dot{V} = \frac{\dot{m}(T_f + 273)}{353}$$

여기서, $\dot{V}$: 플럼의 체적 발생률[m^3/sec]

$\dot{m}$: 플럼의 질량 발생률[kg/sec]

T_f : 플럼의 평균온도[°C]

353 : $\dfrac{29}{0.082}$

② 플럼(plume)의 상승속도

㉠ 결정인자 : 화재 플럼의 온도와 주변 온도차

㉡ 플럼의 상승속도 122회 출제

- 공식

$$v = \sqrt{2gh\frac{T_f - T_a}{T_a}}$$

여기서, v : 플럼의 상승속도[m/sec]

T_f : 플럼의 평균온도[°C]

T_a : 주위의 평균온도[°C]

h : 가연물에서의 높이

(온도와 밀도는 반비례 $\dfrac{T_f}{T_a} = \dfrac{\rho_a}{\rho_f}$) $v = \sqrt{2gh\dfrac{\rho_a - \rho_f}{\rho_f}}$

- 가연물의 기화속도에 비해 크게 빠르므로 공기 주된 혼입의 원인이 된다.
  - 주변보다 정압이 감소해 플럼 내로 외부 공기가 인입된다.
  - 인입공기에 의해 플럼의 온도는 저하, 유량이 증대된다.
  - 플럼의 온도는 플럼의 중심부가 가장 높고, 가장자리로 갈수록 와류에 의한 공기유입에 의해 냉각된다.

㉢ 플럼 내 최고 상승속도

$$v_{\max} = 1.9\ Q_c^{\frac{1}{5}}$$

여기서, $v_{\max}$: 최고 상향속도

Q_c : 대류 열방출률

3) 플럼에 의한 천장의 열전달 : 전도와 대류

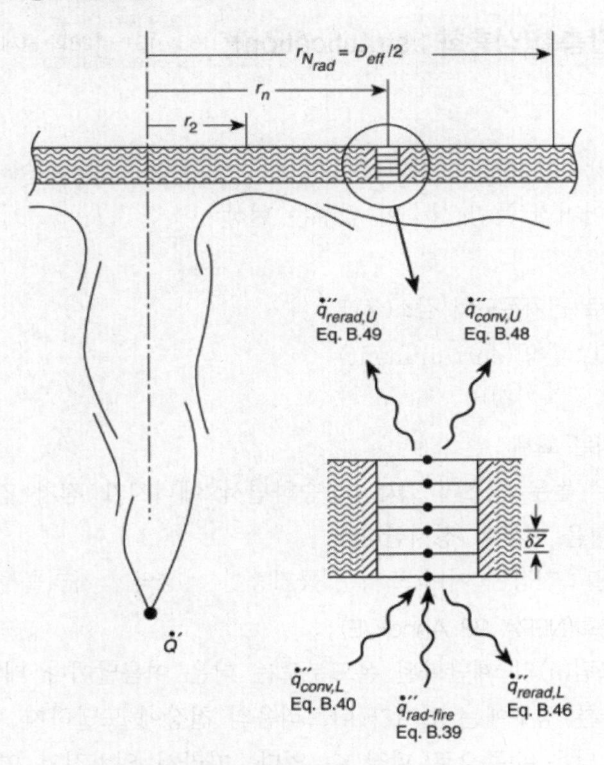

▌플럼에 의한 천장의 열전달[62] ▌

62) NFPA 204 Standard for Smoke and Heat Venting 2002 Edition FIGURE B.4.5.3

(3) 화염확산

1) 주된 열원 : 근처 가연성 물질의 복사 열원

2) 화염이 영향을 미치는 길이(δ_f)에 의해 영향

① 표면의 방위

② 바람

방위나 바람에 의해서 화염의 길이가 영향을 받고 그로 인해 화염이 영향을 미치는 길이가 달라진다.

3) 고체를 통한 확산속도 : 액상이나 기상보다 공기의 유동(바람) 또는 경사면에 의한 도움 없이는 대체로 느리다.

05 연기 단층화(성층화 ; stratification) 133 · 131 · 128회 출제

(1) 정의

플럼의 높이 상승에 따라 유입되는 공기 때문에 플럼이 냉각되어 주위 온도차가 사라지고 부력을 잃어버려 플럼 상승이 멈추는 현상

(2) 원인

1) 연기희석으로 연기온도의 감소(T_f)

① 자연대류 : 혼입(entrainment)

② 강제대류 : 환기설비

2) 에너지가 적은 화재 : 훈소

3) 천장이 매우 높은 장소의 화재 : 상승하면서 에너지가 점차 감소하여 주변 공기와 에너지 평형을 이루어 정지한다.

4) 난방 등 가열 : 천장에 이미 뜨거운 공기층이 형성되어 자리를 차지(T_a의 상승)한다.

5) 연기의 성층화(NFPA 92 Annex E)

① 아래 그림(a)의 계단화된 온도분포는 더운 여름날이나 태양 부하가 높은 날과 같은 다른 경우에는 연기가 아트리움의 천장에 도달하지 못하고 연기가 의도한 것보다 낮은 수준으로 퍼질 수 있다. 따라서 일반적인 연기감지기로는 감지가 곤란하고 분리형 연기감지기가 적응성이 있다.

② 아래 그림(b)는 넓은 공간 내의 실내 대기는 바닥에서 천장까지 일정한 온도구배(단위높이당 온도변화)를 갖는다. 이 경우는 계단함수에 가까운 온도보다 가능성이 낮다.

㉠ $z_m = 5.54 Q_c^{\frac{1}{4}} \left(\frac{\Delta T}{dz} \right)^{-\frac{3}{8}}$

여기서, z_m : 가연물 위 연기 상승의 최대 높이[m]

Q_c : 대류 열방출률[kW]

$\frac{\Delta T}{dz}$: 높이에 따른 주변 온도변화율[K/m]

㉡ 주변 온도 차이를 극복하고 연기를 천장으로 유도하는 데 필요한 최소 $Q_c(zm = H)$

$$Q_{c,\min} = 2.39 \times 10^{-5} H^{\frac{5}{2}} \Delta T_o^{\frac{3}{2}}$$

여기서, $Q_{c,\min}$: 성층화를 극복하기 위한 최소 대류 열방출률[Btu/sec]

H : 화재 표면 위의 천장 높이[ft]$(H_{\max} = 74 Q_c^{\frac{2}{5}} \Delta T_o^{\frac{3}{5}})$

ΔT_o : 천장 주변온도와 화재 표면 주변온도 간의 차이[K]

$\left(\Delta T_o = 1{,}300 Q_c^{\frac{2}{3}} H^{\frac{5}{3}}\right)$

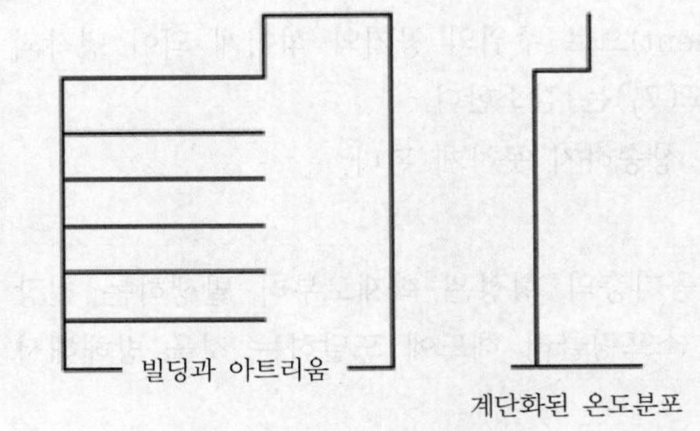

(a) 화재 전에 온도분포[63]

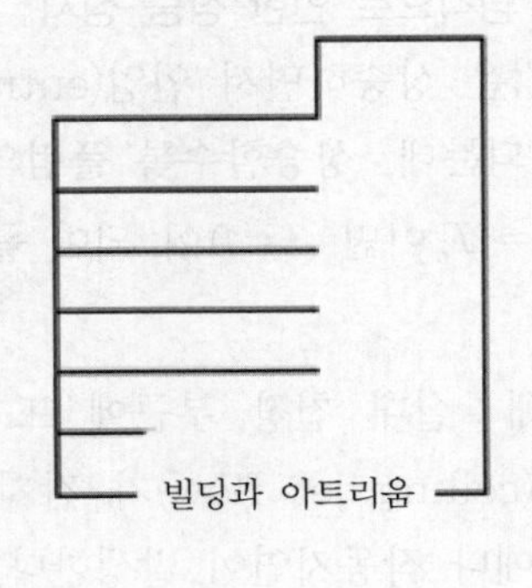

(b) 선형 온도분포의 특이한 사례[64]

(3) 연기의 단층 발생 메커니즘

1) $P_A = P_{\text{atm}} - \rho_f gh$

$P_B = P_{\text{atm}} - \rho_a gh$

2) $P_A - P_B = \Delta P = (\rho_a - \rho_f) gh$

$$\Delta P = \left(\frac{353}{T_a} - \frac{353}{T} \right) gh$$

$$= 3{,}460 \left(\frac{1}{T_a} - \frac{1}{T_f} \right) h$$

63) NFPA 92(2018) Annex E Stratification of Smoke FIGURE E.1 Pre-Fire Temperature Profile

64) NFPA 92(2018) Annex E Stratification of Smoke FIGURE E.1 Pre-Fire Temperature Profile

3) $v = \sqrt{2gH} = \sqrt{2g\dfrac{\Delta P}{\gamma}} = \sqrt{2\dfrac{\Delta P}{\rho}} = \sqrt{2gh\dfrac{\rho_a - \rho_f}{\rho}} = \sqrt{2gh\left(\dfrac{\rho_a}{\rho_f} - 1\right)}$

(여기서 밀도를 온도로 바꾸면 서로 반비례 관계이므로 $\sqrt{2g\left(\dfrac{T_f}{T_a} - 1\right)h}$ 로 나타낼 수 있음)

$= \sqrt{2g\left(\dfrac{T_f - T_a}{T_a}\right)h}$ 122 · 113 · 109 · 108 · 106회 출제

여기서, v : 플럼 상승속도[m/sec]

ρ_a : 주변의 공기밀도[kg/m^3]

ρ_f : 화재 플럼 가스밀도[kg/m^3]

T_a : 주변의 공기온도[K]

T_f : 화재 플럼 가스온도[K]

h : 높이[m]

4) $T_f > T_a$이면 $v > 0$이 되어 플럼은 $v = \sqrt{2gh\dfrac{T_f - T_a}{T_a}}$ 속도로 상승한다.

5) 플럼의 냉각으로 인한 상승 정지

① 플럼은 상승하면서 인입(entrainment)으로 주위의 공기와 섞이게 되어 냉각되게 되는데, 상승할수록 플럼의 온도(T_f)는 감소한다.

② $T_f = T_a$이면 $v = 0$이 되어 플럼은 상승하지 못하게 된다.

(4) 영향

1) 감지장애 : 실내 천장 부근에 뜨거운 공기층의 형성은 화재로부터 발생하는 천장 열기류(ceiling jet flow)가 감지기나 스프링클러 헤드에 도달하는 것을 방해해서 감지장애나 작동지연이 발생한다.

2) 연기배출 장애 : 아트리움과 같이 높은 천장고에 단층 현상이 발생하면 연기가 아니라 상부 공기층이 배출되어 연기배출에 장애가 발생한다.

(5) 대책

1) 훈소화재 및 공기층이 형성될 수 있는 장소에는 감지기 일부를 천장 아래에 부착되도록 고려한다.

2) 배연설비가 동작하여 고온 공기층을 제거(단층 현상도 제거)한다.

3) 소화설비 : 측벽형 스프링클러 헤드, 방수총

4) 감지기 : 불꽃감지기, 광전식 분리형 연기감지기

06 화재 플럼(fire plume)의 구획경계와의 상호작용

(1) 구획 벽의 방해플럼(confined plume)

1) 화원이 벽 쪽이나 구석에 있다면 자유로운 공기 인입이 제한된다.

2) 부력플럼에서는 온도가 높이에 따라 훨씬 천천히 저하 : 차가운 주변 공기의 혼합량이 구획 벽에 의해 방해받지 않는 자유로운 경우보다 약 $\frac{1}{2}$ 정도 작다.

3) 화재 플럼에서는 화염의 연장이 발생하는데 연소를 위해 인입해야 하는 공기를 위한 충분히 큰 면적을 만들기 위해 화염 크기가 커져야 하기 때문이다.

(2) 천장 열기류(ceiling jet flow) 133 · 125회 출제

1) 정의 : 구획실 안에서 화재에 의해 생성된 고온 가스와 연기의 부유층이 천장 표면 밑에서 얇은 층을 형성하는 비교적 빠른 속도의 고온 가스 유동으로 플럼에서 나오는 연소생성물이 천장을 따라 이동하는 현상이다.

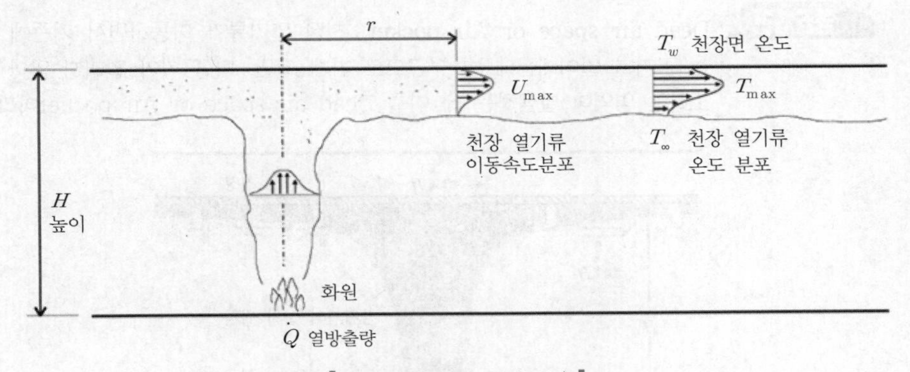

▌이상적인 천장 열기류[65] ▌

2) 천장 열기류의 구동력과 열전달

① 화재 초기에 발생하는 플럼의 주된 구동력 : 대류

② 대류의 결정인자 : 대류 열전달계수(h), 온도차(ΔT)

㉠ 대류 열전달계수(h)는 기류의 이동속도의 제곱근에 비례($\sqrt{v}$)한다.

$h = \sqrt{v}$ (이동속도가 빠를수록 열전달이 많아짐)

㉡ 기류의 이동속도는 온도차인 ΔT에 비례 : 화재실의 발생온도에 의해서 천장 열기류의 구동력이 결정된다.

3) 천장 열기류(ceiling jet flow)의 특징

① 형성 : 화재 초기에만 존재한다.

② 유동 : 화재 플럼(plume)이 천장에 충돌하는 지역에서부터 나타나며 화재로부

65) FIGURE 4.17 An idealization of the ceiling jet flow beneath a ceiling. Fire Plumes and Flame Heights. 2000 by CRC Press LLC

터 발생한 부력에 의하여 화재로부터 먼 곳으로 빠르게 이동한다.

③ 대류 열전달 : 천장 부근의 가연물 열분해

④ 천장의 분포비

㉠ 작은 거실의 경우 : 천장 높이의 5 ~ 12[%] 정도 형성한다.

㉡ 높은 천장이나 대규모 공간(아트리움) : 천장 높이의 20[%] 정도를 형성한다.

4) 천장 열기류(Ceiling Jet Flow) 활용

① 감지기의 응답시간 : 감지기는 화재의 조기감지가 목적이므로 천장 열기류 내에 설치한다.

② 스프링클러 헤드 동작 : 헤드의 감열부를 동작시키므로 헤드도 천장 열기류 내에 설치한다.

③ 천장과 벽 부분 사이에는 Dead air space가 발생하므로 헤드를 벽에서 10[cm] 이상 이격하여 설치한다.

Dead air space or Air pocket : 천장 열기류가 이동하면서 기존에 상부에 있는 공기를 밀어내는데 벽 부근으로 가게 되면, 더 공기가 밀리지 않아 속도가 감소하는 영역이 발생하는 데 이를 Dead air space or Air pocket이라고 한다.

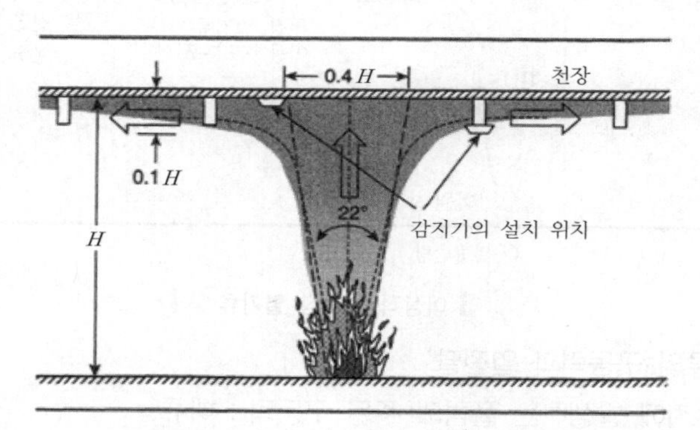

▌천장 열기류 내 감지기 설치 위치표시[66] ▌

07 난류 화재 플럼

(1) 부력현상으로 플럼 안의 고온 가스가 상승하면서 차가운 공기는 플럼 속으로 유입된다. 이 흐름의 과정을 혼입(entrainment)이라 한다, 이 혼입되는 속도는 화염길이와 플럼의 특성을 결정하는 데 중요한 역할을 한다.

66) 2010 National Fire Alarm and signal Code Handbook Section 17.7 Requirements for Smoke and Heat Detectors 274

1) 혼입 or 인트레인(entrain) : 화재, 플럼 또는 분출구로 가스나 공기가 빨려 들어가는 현상이다.

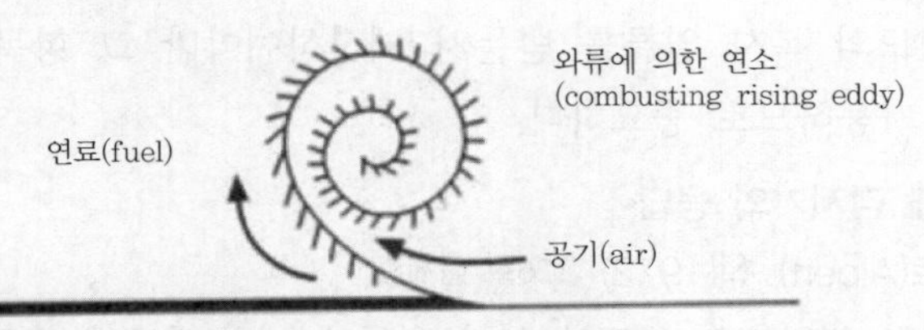

▌혼입되는 그림 ▌

① 플럼의 외부와 내부의 온도차에 의한 상승속도 차가 발생한다.

② 속도 차에 의해 와류가 형성된다.

③ 와류에 의해서 상부 그림과 같이 공기가 플럼 내로 혼입한다.

2) 플럼 안으로 차가운 공기의 유입

① 온도는 플럼 안의 높이 상승에 따라 감소한다.

② 체적은 높이 상승에 따라 증가한다.

③ 연소생성물의 비는 높이 상승에 따라 감소(희석)한다.

3) 플럼의 대부분은 유입되는 공기이다. 따라서, 플럼양을 계산할 때는 공기 유입량으로 계산한다.

(2) 발화 후에 플럼은 혼입(entrainment) 공기 때문에 희석된 연기를 천장까지 전달한다.

(3) 연기층(smoke layer)

1) 희석된 연소생성물 층이 천장 아래에서 형성되며 화재 초기에 수평으로 이동하는 연기를 천장 열기류라고 하며 벽에 의해 이동이 정지되면 실내 전체에 층을 형성한다.

2) 연기층은 시간이 지남에 따라 그 두께가 증가하고 온도도 상승한다.

08 실질적 응용 124회 출제

화재 플럼에 대한 연구는 소방기술자들이 화재의 영향을 예측하고 정량화하는데 이용될 개념과 기술을 제공한다.

(1) 화염으로부터의 복사

1) 화염으로부터 받아들이는 열유속의 영향인자

① 화염온도와 두께

② 열을 방사하는 수증기와 이산화탄소의 농도

③ 화염과 수열체 간의 기하학적 관계 : 형상계수, 이격거리

④ 검댕(soot)

2) 화재의 주된 열전달 : 복사(복사열을 통해 열방출률을 추정)

3) 화염복사계산의 정확도는 성능위주 소방설계에서 어떤 부분이 주변 화재로부터 어느 정도의 복사 열류를 받는지 계산하여야만 그 항목을 소화하기 위한 시스템 설계가 가능하므로 중요하다.

(2) 천장 화재 감지기의 응답

1) 알퍼트(Alpert) 식(1972) 125회 출제

① 천장 연기층의 온도와 연기 유동에 대한 유속을 측정하기 위하여 개발한 식이다.

② 천장까지 이르는 화재 플럼의 높이와 플럼으로부터 일정 거리에 있는 복사열을 측정하고 열감지기의 작동 여부를 측정하기 위한 일반적인 실험식이다.

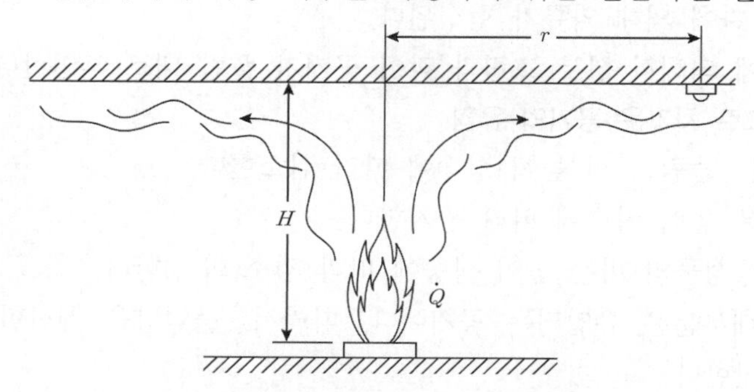

▌알퍼트식의 열방출률, 반경, 높이의 기준 ▌

구분	조건	내용
천장 열기류의 최고 온도	$\frac{r}{H} \le 0.18$ (수직 운동지역)	$T_{max} = \frac{16.9 Q^{\frac{2}{3}}}{H^{\frac{5}{3}}} + T_{\infty}$
	$\frac{r}{H} > 0.18$ (수평 운동지역)	$T_{max} = \frac{5.38 \left(\frac{Q}{r}\right)^{\frac{2}{3}}}{H} + T_{\infty}$
천장 열기류의 최대 속도	$\frac{r}{H} \le 0.15$	$u_{max} = 0.96 \left(\frac{Q}{H}\right)^{\frac{1}{3}}$
	$\frac{r}{H} > 0.15$	$u_{max} = \frac{0.195 Q^{\frac{1}{3}} \cdot H^{\frac{1}{2}}}{r^{\frac{5}{6}}}$
천장 열기류의 열방출률	$\frac{r}{H} \le 0.18$	$Q = \left(\frac{T_L - T_{\infty}}{16.9}\right)^{\frac{2}{3}} \times H^{\frac{5}{2}}$
	$\frac{r}{H} > 0.18$	$Q = r\left\{\frac{H(T_L - T_{\infty})}{5.38}\right\}^{\frac{3}{2}}$

여기서, T_{max} : 천장 열기류 최고 온도[℃]

T_{∞} : 주변 기류온도[℃]

Q : 열방출률[kW]

H : 화원으로부터 천장까지 높이[m]

r : 화원의 중심으로부터 대상(감지기, 헤드)까지 반경[m]

$u_{\max}$: 천장 열기류 최대 속도[m/sec]

T_L : 감지기 작동온도 등급(rating)으로 작동 시 감지부 온도[℃]

2) 감지부의 반응시간

$$t = \frac{mc}{A} \cdot \frac{1}{h_c} \ln\left(\frac{T_{\max} - T_\infty}{T_{\max} - T_L}\right) = \frac{mc}{Ah_c} \ln\left(1 - \frac{\Delta T_L}{\Delta T_{\max}}\right) = \frac{\text{RTI}}{\sqrt{v}} \ln\left(1 - \frac{\Delta T_L}{\Delta T_{\max}}\right)$$

여기서, t : 감지부의 반응시간[sec]

A : 감지부의 표면적[m^2]

ΔT_L : $T_L - T_\infty$

$\Delta T_{\max}$: $T_{\max} - T_\infty$

h_c : 감지기에 대한 대류열 전달계수[kW/m^2 · ℃]

m : 감지부의 질량[kg]

c : 감지부의 비열[kJ/kg · ℃]

(3) 스프링클러 분사와 화재 플럼 간의 상호작용 128회 출제

1) 화재 플럼 상승속도

$$v_{\text{plume}} = \sqrt{2gh\frac{\rho_a - \rho_f}{\rho_f}} = \sqrt{2gh\frac{T_f - T_a}{T_a}}$$

여기서, v_{plume} : 화재 플럼 상승속도[m/sec]

h : 화염에서 측정위치까지 높이[m]

ρ_a : 공기밀도[kg/m^3]

ρ_f : 플럼밀도[kg/m^3]

$\frac{\rho_a}{\rho_f} = \frac{T_f}{T_a}$

2) 스프링클러가 작동되어 화재를 소화하기 위한 방법

① 분사되는 물방울은 연소면의 주변을 적시어 연소면이 확대되지 않아야 한다. 따라서, 주변 침투 여부가 중요하다.

② 스프링클러 헤드에서 방출속도식

$$v_{\text{terminal}} = \frac{d^2 g(\rho_w - \rho_a)}{18\mu}$$

여기서, v_{terminal} : 방출속도(낙하 종말속도)

d : 물방울의 직경[cm]

g : 중력가속도(980[cm/sec^2])

ρ_w : 물방울의 밀도(1[g/m^3])

ρ_a : 공기의 밀도(0.00012[g/m^3])

μ : 공기의 점성계수(0.0179[g/cm · sec])

㉠ 스프링클러 헤드에서 방출속도(낙하 종말속도)는 물방울의 직경(d)에 비례하고, 공기의 밀도(ρ_a)에 반비례한다.

㉡ 물방울의 직경이 클수록 스프링클러 헤드에서 방출속도(v_{terminal})는 증가한다.

㉢ 화재로 인해 공기의 온도상승 시 공기밀도 저하로 스프링클러헤드에서 방출속도는 증가한다.

③ 살수밀도

㉠ 분사에 의한 전체 하향 운동 모멘텀이 부력보다 커야 한다.

㉡ 물방울이 자중에 의한 낙하 종말속도(terminal velocity)는 커야 한다.

- 물방울 입자의 순간 가속도 기본식 : $m\left(\frac{du}{dt}\right)$ = 중력(↓)−부력(↑)−항력(↑)
- du ≒ 0이면 중력 = 부력 + 항력일 때 속도가 낙하 종말속도이다.

1. **낙하 종말속도(terminal velocity)** : 낙하하는 물체에 작용하는 3가지 힘 중 부력과 항력의 합이 중력과 같아질 때의 속도로, 관성력에 의한 등속운동할 때 속도
2. **항력** : 운동에 저항하는 힘으로 낙하할 경우 낙하하는 반대방향으로 작용한다. 항력은 크게 마찰항력(유체의 점성으로 인한 표면적에 가해지는 항력)과 압력항력(유체의 유동 시 물체의 전후방에 압력차에 의해 발생하며 단면적이 클수록 커짐)이 있다.

3) 액적이 화재 플럼을 통과할 때 고온의 열에 의한 증발손실 때문에 액적 크기가 감소하므로 침투액이 감소하는데, 이는 화염 가스를 냉각시키겠지만 급속 성장 화재에서 화재의 주변을 냉각하여 제어하기는 곤란하다.

4) 물방울이 화염 바닥으로의 침투가 어려운 경우 물방울이 플럼의 상승기류가 스프링클러 방사 물방울의 중력을 상회하면 그 물방울은 화재기류에 따라 주변의 스프링클러를 적셔서 스프링클러 개방을 더디게 하거나 개방되지 않게 한다. 이것을 스키핑(skipping) 현상이라고 한다.

5) 스프링클러의 수평거리와 위치는 화재를 효과적으로 소화하려고 일부러 물방울을 서로 겹치게 하고, 종말속도의 차이는 물방울을 서로 충돌하게 한다. 작은 물방울은 큰 물방울이 되기도 하고 큰 물방울은 작은 물방울이 되게 하기도 한다.

6) 큰 물방울은 화염면의 침투성능을 높여 연소속도 및 열방출속도를 줄이는 역할을 하고, 작은 물방울은 주변을 냉각시켜 화재확산을 막는 화재제어의 역할을 한다.

SECTION 046 화재하중

129 · 122 · 109회 출제

01 화재하중(fuel load)

(1) 정의

1) 일정 구획 내에 있는 예상 최대 가연물질의 양(총에너지의 양)[NFPA 921(2021) 5.6 Fuel load]

2) 내부 마감재와 장식을 포함한 건물, 공간 또는 화재 지역의 가연물의 총량을 목재로 환산한 무게 또는 열량 단위[NAPA 921(2011) 3.3.82 Fuel load]

(2) 가연물의 종류도 다르고 발열량도 다르므로 목재로 환산하여 등가 목재 중량을 이용한 등가 목재 환산량으로도 나타낸다.

1) 국내의 화재하중

$$W = \frac{\sum Q_t \cdot H_t}{4{,}500[\text{kcal/kg}] \cdot A}$$

여기서, W : 화재하중[kg]

Q_t : 가연물의 양[kg]

H_t : 연소열[kcal/kg]

4,500[kcal/kg] : 목재 1[kg]당 연소열

A : 바닥면적[m^2]

2) Fire loads(FPH 18 Confining Fires CHAPTER 1 Confinement of Fire in Buildings 18-7)

① $F_T = W_E + W_{PE} + W_{FE}$

여기서, F_T : 화재하중[kg]

W_E : 완전폐쇄된 가연물의 양[kg]

W_{PE} : 6면 중 5면만 폐쇄된 가연물의 양[kg]

W_{FE} : 폐쇄되지 않은 가연물의 양[kg]

② $F_{DF} = k\,W_E + 0.75\,W_{PE} + W_{FE}$

여기서, F_{DF} : 보정된 화재하중[kg]

k : 보정계수

$\frac{W_E}{F_T}$의 값	보정계수 k
0.5 이하	0.4
0.5 ~ 0.8	0.2
0.8 초과	0.1

③ ①과 ②의 값에 19[MJ/kg](약 4,500[kcal/kg])로 나누어주면 목재 환산량이 나온다.

3) 화재하중(fuel load)은 모든 가연물이 연소한다는 가정하에 발생 가능한 전체 열을 측정할 수 있는 반면에 화재가 일어나자마자 화재가 얼마나 빨리 성장할 수 있는지를 묘사할 수 없다.

02 화재 지속시간과 관계

(1) 화재하중

화재 규모를 판단하고 주수시간을 결정하는 중요한 판단 근거이다.

(2) 잉버그(Ingberg)의 화재하중과 화재 지속시간 곡선

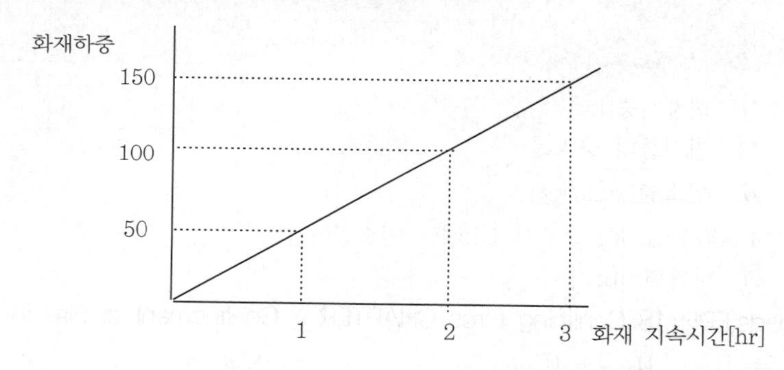

(3) 상기 그래프와 같이 화재하중에 비례하여 지속시간이 증가한다. 따라서, 화재하중을 화재 지속시간으로 간주(과거의 화재하중 개념)하기도 했다.

(4) 현재는 화재하중을 에너지[J]의 개념으로 보고 있다. 즉, 화재하중이 클수록 그 대상은 화재 시 방출에너지가 크다고 할 수 있다.

03 화재하중 감소대책

(1) 내장재나 수용물을 불연화한다.

(2) 가연물을 불연성 밀폐용기에 보관한다.

(3) 가연물을 잘게 나누어 소분하여 보관한다.

04 화재하중 밀도(fire load density)

(1) **정의**

단위 바닥면적당 화재하중을 말한다.

(2) **전제조건**

가연물의 열에너지가 바닥에 균등, 분포한다는 가정하에 산정[MJ/m^2]한다.

(3) **건물 용도별 화재하중 밀도**

용도	화재하중 밀도[MJ/m^3]	용도	화재하중 밀도[MJ/m^3]
병원/병실	350	학교/강의실	360
호텔/객실	400	카페	400
사무실	570	주거 건물/거실	870
상점/소매점	900	도서관/서고	2,250

(4) 우리가 예를 들어 병원의 화재하중은 350 이상이라고 하는 것은 화재하중을 말하는 것이 아니라 화재하중 밀도를 말하는 것이다.

SECTION 047 화재 가혹도

129 · 76회 출제

01 개요

(1) 기존의 설계방법은 정해진 표준시간 온도곡선에 의해 가열된 것이지만 이는 화재가 크기와 시간이 정해져 실제 화재의 크기와 시간을 반영하지 못하는 것으로 이는 면적, 즉 화재하중에 의한 설계방법으로 성능위주의 설계(PBD)에는 적합하지 않은 방법이다. 그래서 성능위주의 설계(PBD)에 의한 내화 설계 시 내화 부재의 내화 시간(화재저항)을 결정하기 위해서는 구획 내의 화재 지속시간과 화재강도를 알아야 한다.

(2) **화재 가혹도(fire severity)**

1) **필요성** : 방호공간 안에서 화재의 세기를 나타내는 개념으로 화재 규모를 판단하는 데 중요한 요소이다.

2) 최고 온도 × 지속시간은 열방출 곡선의 하부면적을 나타내는 것이고 이는 에너지의 개념(J = W×sec)이다.

3) 기존에 화재 가혹도는 화재강도[W] × 화재하중[J]이라는 표현은 에너지[J]가 화재강도[W]에 다시 에너지인 화재하중[J]의 곱이라는 의미로 정확하게 말하면 잘못된 개념이다.

4) 화재 가혹도[J] = 화재강도[kW]×화재 지속시간[hr]

(3) **20세기 초 잉버그(Ingberg)의 등가면적 개념(equal-area concept)**

1) **등가면적 개념** : 내화 설계 관점에서 표준시간-온도곡선의 면적이 같은 면적이면 피해가 같은 등가화재

2) 우리가 실제 화재에서 나타내는 면적을 화재가혹도라고 하고, 내화 구조물의 성능을 평가하기 위해 가열하는 시간 및 온도를 표준시간-온도곡선이라 하는 것이다.

3) 실제 화재와 표준시간-온도곡선의 면적이 같으면(단, 기준선(base line)이 300[℃] 이상의 면적) 같은 화재로 간주한다.

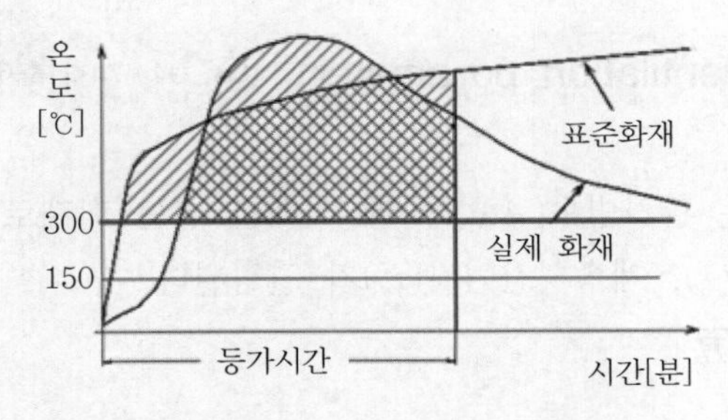

▌잉버그의 등가면적 곡선(1928)▐

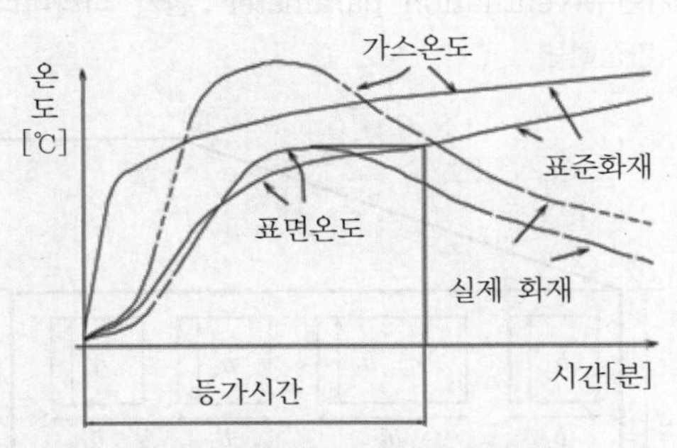

▌수정된 라우(Law)의 등가면적 곡선▐

(4) 잉버그의 등가면적의 문제점

1) 600[℃] 상태에서 2시간과 900[℃] 상태에서 1시간을 비교하면, 잉버그의 등가면적 개념으로 봤을 때는 동일한 화재 크기라 볼 수 있다.
2) 실제로는 내화 구조물에 끼치는 영향이 900[℃] 상태에서 1시간이 훨씬 화재에 의한 피해가 크다.

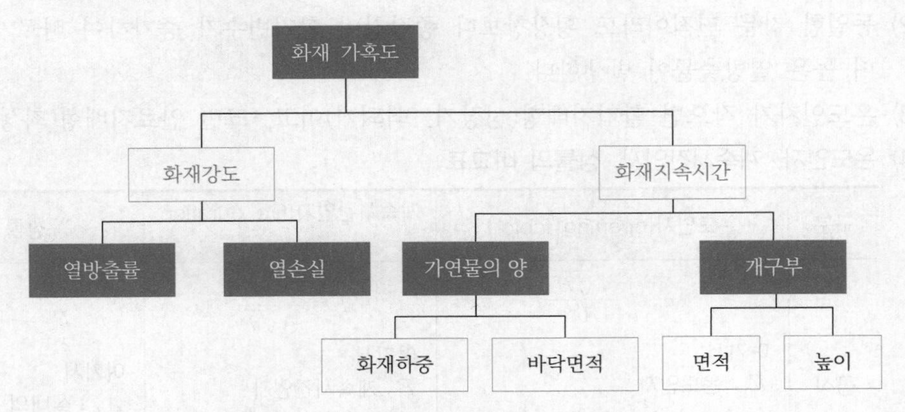

▌화재 가혹도의 맵핑▐

02 환기변수(ventilation parameter) 108 · 94 · 74회 출제

(1) 환기지배형 화재는 환기변수($A\sqrt{H}$)에 지배를 받는 화재로, 구획실로 유입되는 공기 때문에 온도인자(F_0), 계속시간인자(F)가 결정된다.

1) 환기변수 : $A\sqrt{H}$

환기변수(ventilation parameter ; 환기 파라미터) : 아래와 같은 구획실이 있다고 가정하면

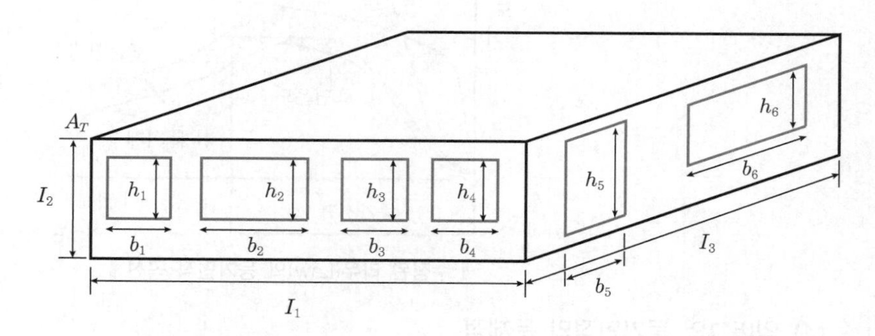

$$A = A_1 + A_2 + \cdots\cdots + A_6 = b_1h_1 + b_2h_2 + \cdots\cdots + b_6h_6$$

$$H = \frac{A_1h_1 + A_2h_2 + \cdots\cdots + a_6h_6}{A}$$

$$A_T = 2(I_1I_2 + I_1I_3 + I_2I_3)$$

2) 동일한 창문 면적이라도 횡장창보다 종장창이 환기변수가 증가하여 빠르게 연소하며 높은 열방출률이 발생한다.

3) 온도인자가 작으면 환기지배형(성장기, 쇠퇴기)이고, 크면 연료지배형(최성기)이다.

4) 온도인자, 계속시간인자, 상률의 비교표

구분	온도인자(opening factor)	계속시간인자(fire duration factor)	상률
공식	$F_0 = \frac{A\sqrt{H}}{A_T}$ 여기서, F_0 : 온도인자 A : 개구부 면적[m^2] H : 개구부 평균 높이[m] A_T : 실내의 전표면적[m^2]	$F = \frac{A_F}{A\sqrt{H}}$ 여기서, F : 계속시간인자 A_F : 바닥면적[m^2] A : 개구부 면적[m^2] H : 개구부 평균 높이[m]	$F_s = \frac{A_F}{A_T}$ 여기서, A_T : 실내의 전표면적[m^2] A_F : 바닥면적[m^2]

구분	온도인자(opening factor)	계속시간인자(fire duration factor)	상률
개념	• 온도인자 : 목조건물이나 내화 건물의 연소에 있어서 곡선을 정하는 요소 • 온도인자가 같으면 개구부 면적과 관계없이 같은 온도 상승곡선을 나타낸다.	$F = \frac{F_s}{F_0}$로 나타내고 계속시간인자가 같으면 개구부 면적과 관계없이 같은 지속시간을 나타낸다.	실내의 전표면적 대 바닥면적의 비
내용	• 얼마나 온도가 오를 것인가를 나타낸다. • 실내 전표면적에 반비례 : 화재실의 표면적이 넓을수록 벽체에 흡수되는 열손실량이 많아진다. • 실내 높이에 반비례 : 단순히 보면 비례하는 것처럼 보이지만 개구부 높이(H)가 높을수록 실내 전표면적(A_T)의 비율이 더 커지므로 온도인자가 오히려 감소한다. • 개구부 면적에 비례 : 개구부 면적이 클수록 공기 유입량이 증대하여 환기지배형 화재에서의 연소가 활발하게 진행	• 실내의 바닥면적에 비례 : 환기변수 대비 바닥 표면적이 작으면 창문이 커서 공기의 공급이 용이하다는 것이고, 이는 빨리 탄다는 것으로 화재지속시간이 줄어든다. • 환기변수에 반비례 : 환기변수가 크면 연소속도가 증가하여 온도가 높은 대신 지속시간은 짧고, 환기변수가 작으면 온도가 낮은 대신 지속시간이 길어진다.	상률이 클수록 층높이가 낮은 건축물로 개구부 면적이 줄어든다, 개구부 면적이 줄어들어서 화재지속시간이 증가한다.

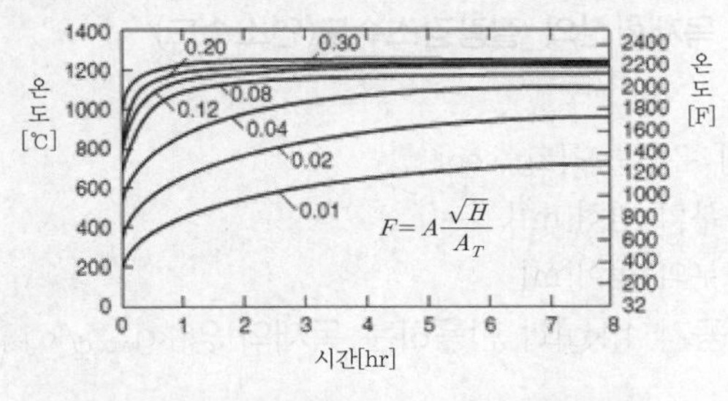

▌온도인자의 변화에 따른 온도의 변화[67] ▌

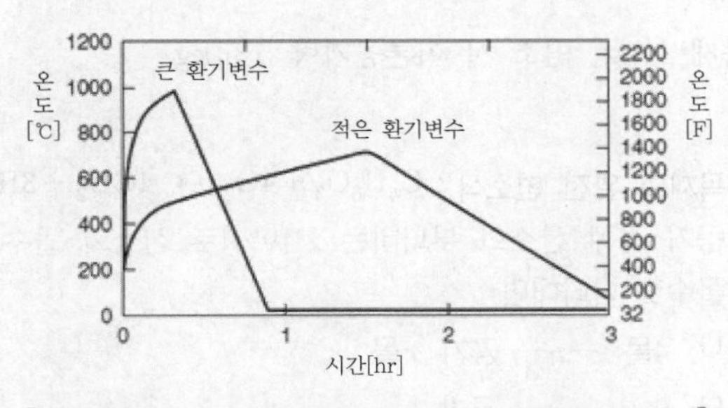

▌환기변수의 크기에 따른 시간온도 곡선의 변화[68] ▌

67) Figure 4-8.4. Temperature-time curves for ventilationcontrolled fires in enclosures bounded by dominantly heavy materials ($\rho \geq 1,600$ [kg/m^3]), calculated for various opening factors by solving a heat balance for the enclosure. SFPE

68) Figure 4-8.9. Influence of opening factor on fire temperature course. SFPE

(2) 환기변수와 연소속도의 관계

1) 환기지배형 화재 : 환기변수에 비례
2) 연료지배형 화재 : 환기변수와 관계없이 일정한 크기
3) 전실화재의 화재 크기의 가장 큰 변수 : 환기변수(환기변수는 열방출률과 비례하고 온도인자와도 비례)
4) 연료지배형과 환기지배형 비교

구분	연료지배형	환기지배형
당량비	$\phi < 1$(실제 가연물양<화학양론 가연물양)	$\phi > 1$(실제 가연물양>화학양론 가연물양)
지배인자	열분해되는 양이 작아서 열분해되는 만큼 연소	열분해되는 양에 비해 공기량이 적어서 유입되는 공기량에 의해 결정
$\frac{CO}{CO_2}$	< 0.05	$0.2 \sim 0.4$
일산화탄소의 발생	온도에 반비례	산소농도에 반비례

03 화재 지속시간

(1) 환기지배형 화재의 목재환산의 질량감소속도(연소속도)

1) $m = 0.5A\sqrt{H}$

여기서, m : 공기 유입속도[kg/sec]
A : 개구부의 면적[m^2]
H : 개구부의 높이[m]

2) m[kg_{air}/sec] × 공기 1[kg]과 반응하는 목재의 양[kg_{wood}/kg_{air} × sec/min]

$$0.5A\sqrt{H} \times \frac{1}{5.5} \times 60$$

여기서, 5.5 : 목재 1[kg] 연소 시 이론공기량 5.5[kg]

목재의 완전 연소식 : $C_4H_6O_3 + 4O_2 \rightarrow 4CO_2 + 3H_2O$

공기 중에 산소의 부피비는 21[v%]로 산소의 몰수를 비례식을 이용하여 공기의 몰수로 나타내면

O_2 4몰 ----- 공기 x몰

O_2 0.21 ----- 공기 1

$$x = \frac{4}{0.21} = 19.05$$

공기의 분자량이 약 29[kg]이므로 몰수를 곱하면 552.45[kg]이 필요하다.

∴ 목재 1몰(102[kg]) 시 필요 공기량이 552.45[kg]이므로 목재 1[kg]은

$\frac{552.45}{102} = 5.42[kg] ≒ 5.5[kg]$의 공기량이 필요

3) $R[\text{kg}_{\text{wood}}/\text{min}] = 5.5A\sqrt{H}$ or $R[\text{kg/hr}] = 330A \cdot \sqrt{H}$

(2) 화재 지속시간

1) $T = \frac{W}{R}$

여기서, T : 화재 지속시간[min]
W : 화재하중[kg]
R : 연소속도[kg/min]

2) $T = \frac{Q \cdot A_F}{330A \cdot \sqrt{H}} = \frac{Q}{330} \cdot F$

여기서, T : 화재 지속시간[hr]
Q : 화재 하중밀도[kg/m^2]
A_F : 바닥면적[m^2]
A : 개구부 면적[m^2]
H : 개구부 높이[m]
F : 계속시간인자$\left(F = \frac{A_F}{A\sqrt{H}}\right)$

3) 연소속도가 빨라지면 화재 지속시간이 짧아지지만 화재 온도는 높아진다.

4) 구획실의 전표면적(A_F)이 크면 주위 벽으로 흡수열량이 커서 화재 온도는 낮아진다.

(3) 화재 지속시간을 지배하는 요소

1) 가연물 표면적(방호구역 바닥면적)
2) 개구부를 통한 공기의 유량
3) 화재하중 밀도

(4) 환기지배형 화재의 경우

열방출률은 Ω(오메가)의 영향을 받는다.

1) 공식

$$Ω(오메가) = \frac{A_T - A}{A\sqrt{H}}$$

여기서, A_T : 실내 전표면적[m^2]
A : 개구부 면적[m^2]
H : 개구부 높이[m]

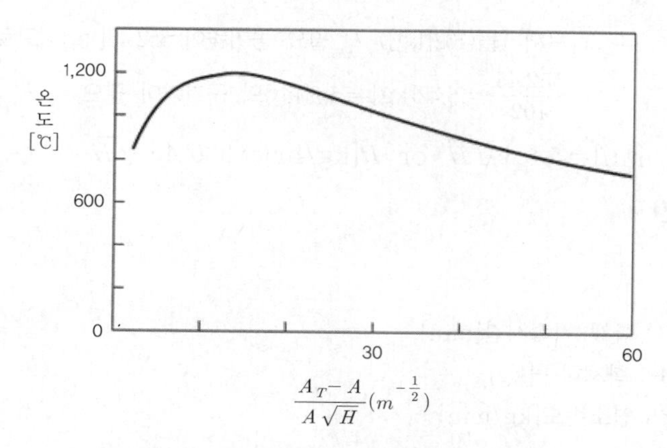

▌구획화재에서 오메가(Ω)와 온도와의 관계[69] ▌

2) 오메가(Ω)값이 15 이하로 낮으면(양호한 환기) 열방출률은 최대가 되지만 창에 의한 열손실이 커지므로 온도가 감소한다.
3) 오메가(Ω)값이 20 이상으로 크면(불량한 환기) 열손실은 작지만 열방출률도 작아서 온도가 감소한다.
4) 적당한 오메가(Ω)값인 16 ~ 19의 값을 가질 때 구획실은 높은 온도를 가진다.

04 화재강도(fire intensity, Q)

(1) 구획실 내 화재 최고 온도로서, 화재의 질적 개념이다.

(2) 주요 변수

1) 가연물의 연소열 : 가연물마다 구성성분에 따라 가지는 특성
2) 가연물의 비표면적 및 구조적 특성
3) 공기의 공급량 : 개구부의 높이와 크기에 의해서 결정된다.
4) 화재실의 단열성, 밀폐성 : 만일 건물의 단열성, 밀폐성이 완벽하다면 화재로부터 발생하는 열은 모두 화실의 온도 상승에 이용될 것이다. 하지만 공기의 유입이 제한되므로 연소반응이 소강상태가 되면서 저온 장기형 화재가 된다.
5) 건물의 구조 : 구획실 공간의 구성, 크기
6) 연소속도 : 가연물의 질량감소속도, 상호 열복사, 공기 유입량에 의해서 결정된다.
7) 화재하중 : 에너지의 양(J)

69) Figure 3-6.9. Average temperature during fully developed period measured in experimental fires in compartments. SFPE 3-06 Estimating Temperatures in Compartment Fires 3-183

(3) 화재하중과 화재강도와의 관계

1) 화재강도는 화재하중 이외에도 여러 가지 다른 요인에 의해서 변화될 수 있으므로 화재강도가 화재하중에 비례해서 커진다고 한마디로 말하기는 곤란하다.

2) 연소속도 등 다른 요인들이 같다고 가정할 때 화재하중이 크면 그만큼 연소시간이 길어지므로 온도로 표시되는 화재강도는 커지게 된다고 말할 수 있다.

(4) 화재하중과 화재 가혹도의 비교

구분	화재하중(fire load)	화재 가혹도(fire severity)
정의	화재실 또는 화재구획의 단위 바닥면적에 대한 등가 가연물량 값으로 화재의 양을 나타낸다.	화재의 양과 질을 반영한 화재강도이다.
계산식	$q = \dfrac{\Sigma(G_t \cdot H_t)}{H_0 \cdot A} = \dfrac{\Sigma Q_t}{4{,}500A}$ H_t : 가연물의 단위발열량[kcal/kg] H_0 : 목재의 단위발열량(4,500[kcal/kg]) A : 화재실, 화재구획의 바닥면적[m^2] ΣQ_t : 화재실, 화재구획 내의 가연물 전체 발열량[kcal]	• 화재 가혹도 = 지속시간 × 최고 온도 • 화재 시 지속시간이 긴 것은 가연물량이 많은 양적 개념이며, 연소 시 최고 온도는 최성기 때의 온도로서 화재의 질적 개념이다.
비교	• 화재의 규모를 판단하는 척도(에너지 총량) • 주수시간을 결정하는 인자	• 화재의 강도를 판단하는 척도(일정시간 동안의 최고 에너지) • 주수율을 결정하는 인자

05 화재저항(fire resistance) 78회 출제

(1) 정의

화재 가혹도에 구조체가 얼마나 견딜 수 있는가를 나타내는 개념

(2) 화재 기간 방화벽이나 구조적 요소로서의 그 기능을 계속할 수 있도록 하기 위한 건축물 구성요소의 능력과 관련된다.

(3) 시험방법

재해하중 또는 비재해하중의 원래 크기 시험체에 대한 파괴저항을 큰 로 내에서 화재 가스에 대한 시간-온도 변화로 정의되는 표준화재에 노출시켜 시험(내화시험)

SECTION 048

화재의 조사

01 화재조사(fire investigation) 105 · 98 · 76회 출제

(1) 정의

화재의 발화지점, 원인과 성장을 결정하는 과정

(2) 화재조사의 목적

1) 주된 목적 : 소방법의 주요 목적인 화재의 예방, 경계, 진압, 구급, 구조 등을 하기 위한 자료를 취득하고 데이터를 구축한다.

① 예방 : 화재의 피해사례를 홍보하여 화재 발생을 방지한다.

② 경계 : 점화원인을 분석하여 예방지도를 통해 화재 발생을 방지한다.

③ 진압 : 화재의 확대와 성장의 원인과 진행 상황을 파악하여 화재 예방 및 진압의 대책을 수립한다.

④ 구급 · 구조 : 인명피해 발생원인 및 방화관리 상황을 분석하여 구급 · 구조의 중요자료로 사용한다.

⑤ 데이터 구축 : 화재 발생부터 성장, 결과까지 자료를 통계화하여 소방정책의 자료로 사용한다.

2) 부차적 목적

① 방화 및 실화의 점화원인에 대한 책임을 규명한다.

② 화재보험의 적정보상을 위한 자료로 활용한다.

③ 화재 원인에 따른 각종 기술개발 연구로 활용할 수 있다.

(3) 구분

1) 화재원인에 관한 사항

2) 화재로 인한 인명 · 재산피해상황

3) 대응활동에 관한 사항

4) 소방시설 등의 설치 · 관리 및 작동 여부에 관한 사항

5) 화재발생건축물과 구조물, 화재유형별 화재위험성 등에 관한 사항

6) 그 밖에 대통령령으로 정하는 사항

① 「소방기본법」에 따른 소방대상물에서 발생한 화재

② 그 밖에 소방관서장이 화재조사가 필요하다고 인정하는 화재

(4) 화재조사의 특징

1) **현장성** : 화재조사와 관련한 가장 중요한 정보는 현장에서 획득되므로 현장을 기본으로 화재조사가 이루어져야 한다.
2) **신속성** : 화재로 인한 피해인 인적 · 물적 증거가 시간이 지남에 따라 훼손되거나 잊힐 수 있으므로 화재조사는 신속하게 이루어져야 한다.
3) **과학성** : 화재과학(fire science)이란 화재와 관련된 분야(연소, 화염, 연소생성물, 열방출, 열전달, 화재 · 폭발 화학, 유체역학, 화재 안전 등)와 사람, 구조물, 주위 환경과 화재와의 상호관계 연구와 관련된 지식이 있어야 한다.
4) **보존성** : 현장이 훼손되면 화재 원인과 성장을 파악하기가 곤란하므로 화재가 소화되고 나면 현장은 그대로 보존되어야 한다.
5) **안전성** : 소화 후에 화재현장의 구조물 또는 시설물은 강도나 안전성이 저하된 상태로 언제든지 붕괴 등의 2차 사고와 재발화를 유발할 수 있다. 따라서, 현장조사 시 조사자의 안전 및 2차 재난이 발생하지 않도록 충분한 대비를 하여야 한다.
6) **강제성** : 화재조사는 소방기본법에 따른 법률적 행위로 공권력에 의한 강제성을 가진다.
7) **프리즘식(prism) 진행** : 프리즘에 빛이 굴절, 분산되는 것과 같이 현장조사 시 관계자들이 각기 다양한 자기 처지에서의 주장을 하게 된다. 따라서, 조사관은 사실에 접근하기 위해서는 보다 종합적인 자료와 폭넓은 식견이 필요하다.

(5) 화재조사의 유의사항(미 캘리포니아 소방서의 연구자료 참조)

1) **2인 이상 조사** : 객관성을 확보하고자 2인 이상을 요구한다.
2) 현장 보존상태에서 신속하게 조사한다.
3) 현장의 평상시 습관이나 상식에 대해 참조한다.
4) **모든 자료는 철저히 보관** : 화재분석과 원인판단의 기초자료를 보호한다.

(6) 화재현장 조사의 요구사항(미 캘리포니아 소방서의 연구자료 참조)

1) **구조적 안정성(structural stability)** : 화재나 폭발 때문에 화재현장은 구조적으로 약해진다.
2) **편의설비(utilities)** : 조사자는 조사예정인 건물 내에서 지원설비(즉, 전기, 가스, 물)의 상태를 확인하고, 조사에 들어가기 전에 전선에 전기가 통하는지 가연물 가스 배관이 차 있는지 또는 물이 남거나 흐르는지를 알아야 한다. 이러한 조사로 감전이나 부주의한 가스의 유출 또는 물의 유출을 방지할 수 있다.
3) 전기적 위험(electrical hazards)
4) **물의 고임(standing water)** : 물의 고임은 조사자에게 여러 위험을 줄 수 있다. 감전(energized electrical systems)을 일으키는 물웅덩이의 존재는 조사자가 웅덩이에 서 있다가 전류가 흐르는 전선을 만지면 치명적이다.
5) 주변 관람인의 안전(safety of bystanders)

(7) 기관별 화재조사의 법적 근거와 목적

조사기관	법적 근거	목적
소방기관	「소방기본법」 제5장 화재의 조사(제29 ~ 33조)	소방정책자료 소방법 위반 조사
경찰기관	「형법」 제13장 방화와 실화의 죄 (제164 ~ 176조)	범죄 수사
가스 관련 기관	「액화석유가스의 안전관리 및 사업법」 제38조(보고와 조사 등), 제39조의1(사고의 통보 등)	피해보상
전기 관련 기관	「전기사업법」 제78조(사업) 전기안전에 관한 조사 및 연구	예방과 홍보 전기화재 감정
보험사	「화재로 인해 재해보상과 보험가입에 관한 법률」 제16조(안전점검)	보험금 지급

(8) 과학적 조사방법(NFPA 921) 108 · 105회 출제

1) 문제확인 : 화재의 발화지점을 알지 못한다.
2) 문제 정의 : 발화지점 판정
3) 자료수집
   ① 기본현장자료
   ② 현장조사
   ③ 화재 이전, 이후 현장기록
   ④ 목격자 진술
   ⑤ 현장복원
   ⑥ 각종 소방자료
4) 자료 분석
   ① 화재패턴 분석
   ② 탄화심도
   ③ 아크맴핑
   ④ 하소심도
   ⑤ 화재역학 확인
   ⑥ 타임라인 확인
   ⑦ 건축구조와 주거형태 분석
5) 가설개발
   ① 최초 발화지점 가설
   ② 발화지점 가설 등의 연관작업
   ③ 변경된 가설개발
6) 가설시험
   ① 발화지점의 적정한가?
   ② 점화원 각종 자료가 발화지점의 설명이 가능한가?

③ 발화지점에 대한 모순은 없는가?

④ 다른 점화원은 없는가?

7) 최종가설 : 발화지점, 점화원 판정

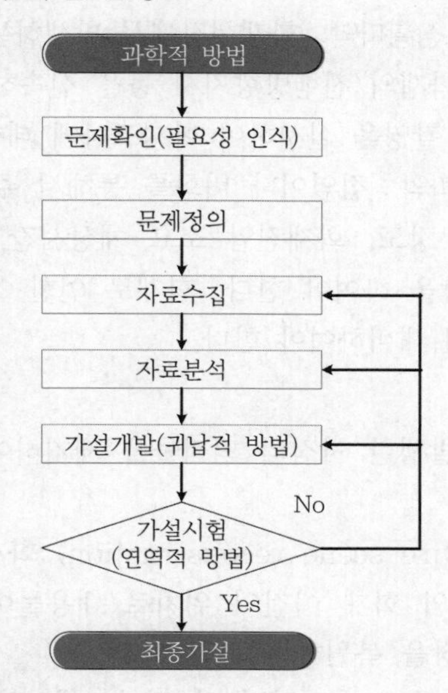

(9) 화재조사 대상(「소방의 화재조사에 관한 법률」)

1) 「소방기본법」에 따른 소방대상물에서 발생한 화재

2) 그 밖에 소방관서장이 화재조사가 필요하다고 인정하는 화재

02 화재조사의 진행순서 131회 출제

(1) 화재조사준비(화재조사 전에 사전준비)

1) 연소상황을 파악할 수 있는 인적·물적 대비태세를 갖추어 화재발생 시 신속한 화재조사에 임할 수 있도록 하는 사전의 준비태세이다.

2) 조사계획 수립

① 인적 요원의 구성

② 물적 장비의 구성 : 조명류, 필기도구, 조사 장비 등 기본적 물품

3) 화재조사 : 화재가 발생한 경우 소방관서장은 화재발생 사실을 알게 된 때에는 지체 없이 화재조사를 하여야 하는 기속행위이다. 이 경우 수사기관의 범죄수사에 지장을 주어서는 아니 된다.

(2) 화재 출동 중 조사

1) 화재 발생 접수 : 신고를 통해서 화재가 발생한 장소, 대상, 시간 등의 정보를 취득한다.

2) 출동 도중 화재 상황파악 : 화재현장에 출동하면서 소방활동을 위해서 사전에 취득한 자료(관리카드 등)를 통해서 주변 상황, 건물에 대한 정보, 관계자의 연락처를

파악할 수 있고, 기타 자료를 통해 기상상황, 교통상황 등의 정보 취득을 통해 화재현장에 대한 종합적인 정보를 파악한다.

3) 현장관찰

① 현장 도착 시 연소상황파악 : 화재현장에서 발생하는 연기의 색, 냄새, 연기나 화염의 발생장소, 화재의 진행방향지시 등을 신속하게 파악한다. 특히 현장에 대한 사진 · 동영상 촬영을 실시하여 화재조사에 대한 자료수집이 필요하다.

② 화재진압 시 상황파악 : 접염이나 비화를 통해서 주변 지역으로 화재가 확대되는지 여부, 화재의 강도, 화재진압 소요 예상시간, 발화지점, 출화개소 등에 대한 개략적인 파악을 하여야 한다. 화재로 인한 소실의 정도 등을 파악하여 건축물의 붕괴 등에 대비하여야 한다.

(3) 화재현장조사

1) **발굴** : 화재 흔적이 발생한 지점의 퇴적물을 제거하여 점화원과 화재의 성장 증거자료 취득

2) **복원** : 화재현장복원(fire scene reconstruction) 화재현장 분석을 하는 동안에 잔재물(debris)의 제거와 화재 이전의 위치로 내용물이나 구조물 요소의 교체를 통하여 물리적으로 현장을 복원하는 과정

3) **발화범위 추정** : 너무 좁게 추정하면 안 된다. 왜냐하면, 추정한 원인 이외의 가능성도 고려해야 하기 때문이다.

4) **연소확대 경위 조사**

① 화재 : 연소상황, 피난상황

② 설비 : 소방시설, 위험물, 관계시설

③ 관리 : 방화관리 상황

5) **목격자와 관계인 조사(자료취득)** : 될 수 있으면 많은 양의 자료와 다양한 목격자와 관계자에게서 자료취득

6) 인적, 물적 피해조사

(4) 정밀조사

1) 감식

① 정의 : 화재현장에 대한 전반적이고 종합적인 현장조사 행위

② 특징 : 화재현장을 기술적 · 경험적 관점에서 종합적이고 거시적인 분석과 파악을 하여 구체적인 사실관계를 규명하는 것이다.

③ 목적

㉠ 화재의 원인과 확산의 상관관계를 규명하기 위함이다.

㉡ 방화, 실화를 구분하여 과실 책임을 명확하게 하기 위함이다.

㉢ 대국민 홍보자료와 데이터를 수집하기 위함이다.

㉣ 화재 원인에 관한 연구, 분석 및 화재 예방을 자료화한다.

④ 감식방법
  ㉠ 시각
  ㉡ 청각
  ㉢ 후각
  ㉣ 촉각
⑤ 경험과 실험을 이용한 연구응용
⑥ 문제점으로는 현장 훼손 우려가 있을 수 있다.

2) 감정
① 사람의 감각으로는 식별이 곤란한 미시적인 분석
② 전체가 아닌 점화원에 대한 개별적인 특성 포착 · 분석하는 것을 말한다.
③ 화재와 관련된 모든 현상에 대해서 과학적인 방법과 실험을 통하여 화재원인을 밝히는 자료를 얻어내는 행위

3) 화재 원인 판정

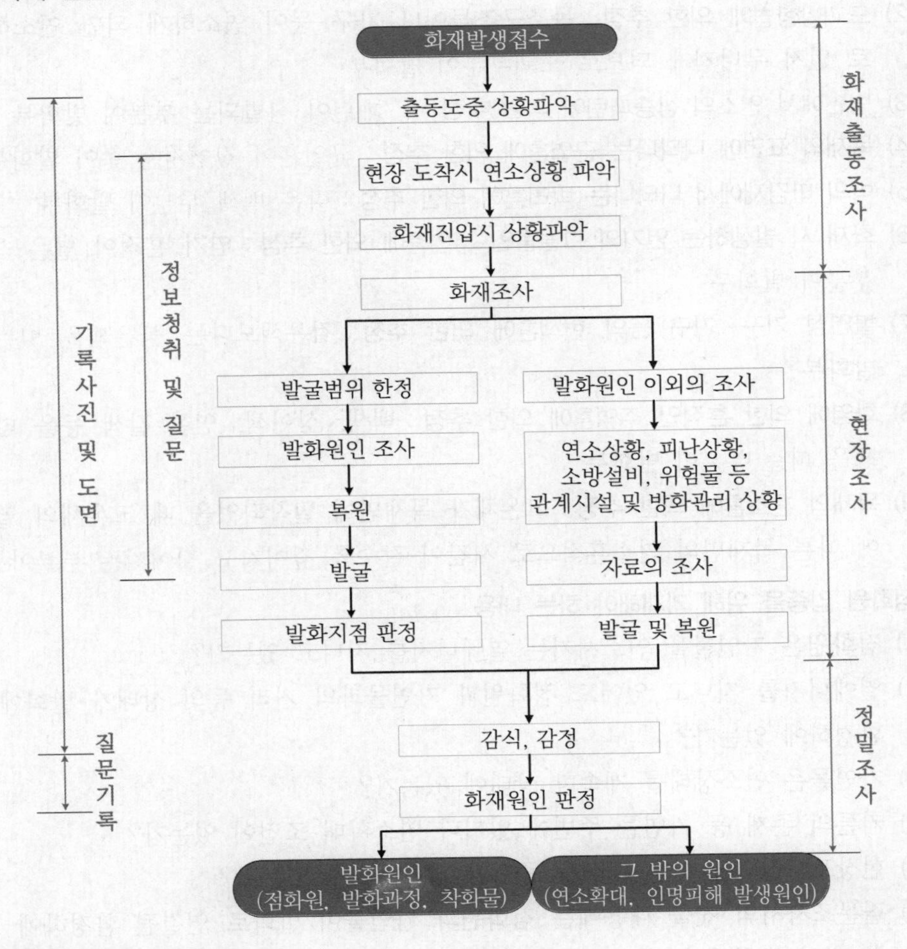

(5) 화재조사 결과 보고

03 발화부 110회 출제

(1) 발화 개소를 결정하는 주요 정보

1) 화재로 남겨진 물리적인 표시인 화재패턴이 있어야 한다.
2) 화재 당시의 목격자나 현장 상태를 알고 있는 사람이 보고한 관찰사항인 목격자 증언이 있다.
3) 화재의 개시, 발달 및 성장 조건을 일으킬 수 있다고 알려진 또는 가설적인 화재 조건과 관련된 도구의 물리·화학적 분석결과가 있다.
4) 전기적인 아크에 의한 피해가 있는 곳과 전기회로가 포함된 지역을 나타내는 것인 전기 시스템의 피해해석(interpreting damage to electrical systems)이 있다.

(2) 발화부 추정원칙

1) **탄화심도를 통한 추정** : 탄화심도가 깊은 부분이 발화부
2) **도괴방향법에 의한 추정** : 목조구조물이나 가구 등이 연소하게 되면 연소하는 쪽으로 먼저 무너지게 되므로 도괴부분이 발화부
3) **벽면에서 연소의 상승패턴에 의한 추정** : V 패턴이 식별되는 부분이 발화부
4) **목재의 표면에 나타나는 균열흔에 의한 추정** : 균열흔이 깊어지는 쪽이 발화부
5) **벽의 마감재에서 나타나는 박리흔에 의한 추정** : 밝은 백색 부분이 발화부
6) **화재 시 발생하는 연기의 그을음인 주연흔에 의한 추정** : 연기 흔적이 옅은 색을 띠는 부분이 발화부
7) **불연성 가구·기구 등의 변색흔에 의한 추정** : 검은색보다는 붉은색을 띠는 부분이 발화부
8) **화염에 의한 흔적인 주염흔에 의한 추정** : 백색, 상아색, 연한 갈색 등을 띠며 밝은 색을 띠는 부분이 발화부
9) **목재의 훈소흔에 의한 추정** : 고온체가 목재면에 밀착되었을 때 고온체의 열의 이동에 따른 목재면의 연소흔적으로 시간이 갈수록 깊어지고 길어지는 부분이 발화부

(3) 점화원 입증을 위해 기재해야 하는 내용

1) 점화원은 가연물을 연소시키는 열에너지를 지니고 있는가?
2) 열에너지를 지니고 있어도 점화원과 가연물과의 거리 등의 상태가 발화에 이르는 환경하에 있는가?
3) 가연물은 연소상태를 계속할 상태에 있는가?
4) 커튼의 존재 등 가연물 주변에 있거나 연소확대 조건이 있는가?
5) 현장조사결과에 따른 사실을 증명할 상황증거가 있는가?
6) 질문조사서의 진술 내용에는 점화원과 가연물이 발화로 연결될 환경하에 있을 만한 것이 녹취되어 있는가?

04 화재패턴(fire patterns)

* SECTION 049 화재패턴을 참조한다.

05 화재조사의 신개념, 신기술

(1) 화재 사진 촬영(건물의 구조 등 포함)

가능한 많은 사진 등 자료가 필요하다.

(2) 이미지화(image)

1) 포토 다이어그램(photo diagram) : 최종 평면도가 완성되었을 때 찍혀진 사진이 나타내는 바를 설명해 줄 지시 화살표(directional arrows)가 그려질 수 있다. 그다음에 사진에 부합하게 숫자가 놓인다. 이는 화재현장에 익숙하지 않은 사람이 방위를 맞추는 데 도움이 된다.

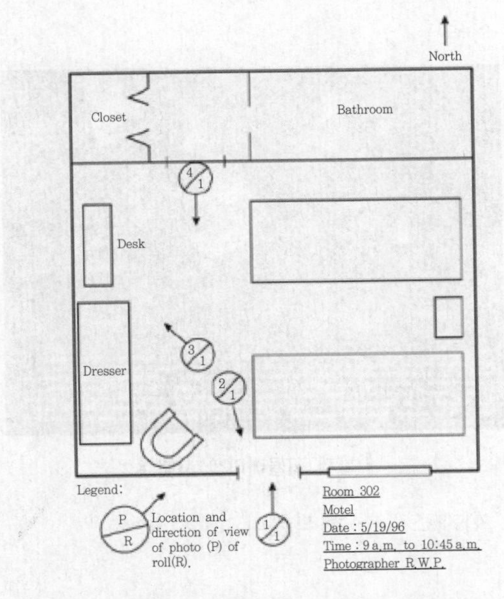

▌Diagram showing photo locations▐

2) 열과 화염 벡터(heat and flame vector) 화재의 성상을 표시할 때 열, 연기, 화염의 흐름을 나타내기 위하여 사용하는 화살표로 화재패턴의 크기를 나타내 준다.

(3) 시간에 따른 구성

1) 타임라인(time line) : 시간의 경과에 따라서 사건의 발생을 나열하는 방법으로, 시간의 구성은 Hard time과 Soft time으로 구분된다. 105회 출제

① Hard time : 일어난 시간이 측정된 객관적 자료의 시간

② Soft time : 객관적인 자료가 없이 추정된 시간

2) 퍼트(PERT : Project Evaluation and Review Technique)

① 프로젝트 관리를 분석하거나 주어진 완성 프로젝트를 포함한 일을 묘사하는 데 쓰이는 모델

② 화재조사에도 이를 사용하여 화재사건의 증거나 자료를 시간에 따라서 나열해 가며 시점이 중복되는 가설을 평가하고 제거하는 데 사용되어 가설수립에 유용한 도구

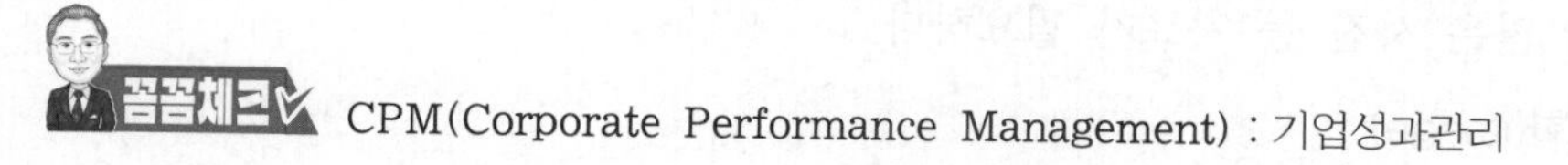

CPM(Corporate Performance Management) : 기업성과관리

(4) 검증

화재현장의 감식과 감정으로는 부족한 경우가 있다. 이를 보완하기 위해서 실제 화재가 발생하기 전에 상황을 만들어 놓고 이를 검증한다.

1) 화재 실물시험

2) 화재 시뮬레이션 시험

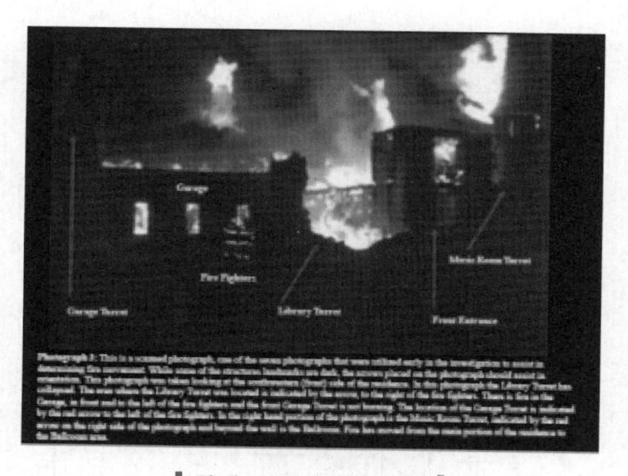

▌화재 시뮬레이션 시험▐

(5) 컴퓨터 프로그램으로 화재조사를 해석한다.

(6) 층화(layering)

위에서 아래로 잔해물을 제거하여 화재현장에서 유물의 사고순서를 추정하는 체계적인 과정 105회 출제

SECTION 049

화재패턴

122회 출제

01 개요

(1) **연소패턴(burn pattern) 또는 화재패턴(fire patterns)의 정의**

화재 발생 후 연소현상이 진행된 결과로 화재 종료 후 잔존물에 남겨진 일정한 흔적 127회 출제

(2) **NFPA 921에 의한 정의**

화재 이후 남아 있는 시각으로 보고 측정할 수 있는 물리적인 흔적

(3) **필요성**

1) 화재현장 감식에서 물적 증거
2) 화재의 전체적 거동을 재현

(4) **화재패턴**

탄화, 산화, 가연물의 소모, 연기와 매연의 축적, 뒤틀어짐, 용융, 변색, 물질의 특성 변화, 구조적 파괴 등 기타의 열적 효과

(5) 화재의 원인과 진행을 연구하기 위해서는 아래와 같은 요소들의 검토와 조사가 필요하다.

1) 경계선 또는 경계영역(lines or areas of demarcation) : 경계선 또는 경계영역(구역)은 화재로 인해 발생한 다양한 연소생성물질(열, 연기 등)에 의해서 변형된 시각적 정도의 차이를 정의하는 경계이다.
   ① 영향을 받은 지역(affected area)
   ② 영향을 받지 않거나 미약한 지역

2) 표면 효과(surface effect) : 화재패턴을 포함한 표면의 재료와 성질은 화재 그 패턴 자체의 성질 및 형태의 형성과 관계가 있다. 매끄러운 표면이 거친 표면에 비해서 상대적으로 난류효과와 접촉면의 증가로 인하여 화재 시 피해가 더 크다.

3) 수평면 관통부(penetrations of horizontal surfaces) : 아래서부터이든지 위에서부터이든지 수평면의 관통부는 복사열, 직접적인 화염의 충돌 또는 환기의 효과에 의해서 큰 영향을 받기 때문에 이로 인한 시각적인 차이가 발생한다. 즉, 손상이 많거나 심한 쪽으로부터 화염이 전파되었다고 추정할 수 있다.

4) 물질 손실(loss of material) : 나무나 기타 가연성 물질의 표면이 연소할 때 물질의 질량을 잃는다. 따라서, 잔존 가연물의 모양과 양은 그 자체로 경계선이라는 시각적인 화재패턴을 생성할 것이다.

5) 화재에 의한 사상자(victim injuries) : 화재로 인한 사상자의 위치 및 상태와 다른 물체나 사상자와의 관계 등을 주의 깊게 기록·문서화하여야 한다. 화재에서 발생한 사상자의 사망형태나 화상형태를 통해서 화재의 진행과정과 피해 정도를 추정할 수 있기 때문이다.

(6) 화재패턴의 종류(types of fire patterns)

1) 유동 패턴(movement patterns)

① 화염과 열의 유동 패턴은 화재의 유동과 성장, 초기 열원 때문에 만들어진 연소생성물에 의해 발생한다.

② 정보 : 유동 경로가 정확하게 검증되고 분석된다면 이 흔적은 화재를 일으킨 열원의 발생지점의 정보(점화원)

예 V형, U형, 역삼각형 등

2) 강도 패턴(intensity (heat) patterns)

① 화염과 열의 강도 등 다양한 열효과는 경계선을 만들 수 있다.

② 정보 : 경계선은 화염확산의 방향뿐만 아니라 가연물의 양과 특성을 추정하는 정보

예 탄화심도, 하소심도 등

3) 소화과정에서 생성되는 패턴(suppression-generated patterns)

(7) 화재패턴의 원인 127·104회 출제

1) 열원(heat)이나 고온 가스로부터 거리에 따른 복사열량의 감소

2) 연기의 응축물질이 화재잔존물 표면에 흡착

3) 탄화물의 침착

4) 물질의 연소에 따른 질량 감소

5) 화염과 고온 가스의 부력에 의한 상승

6) 연기나 화염의 장애물에 의한 차단

02 천장이나 바닥 부위의 패턴

화원부를 중심으로 원형으로 화염이 전파되어 나가는데 바람이나 기류의 영향에 따라서 타원이나 변형된 원형 형태로 바뀌기도 한다. 화원부의 위치에 따라서 아래와 같이 구분할 수 있다.

(1) 부분원형

(2) 완전원형

03 벽면 부위의 패턴

화재의 단계별 진행의 양상 및 흔적의 형태에 따라서 아래와 같이 구분할 수 있다.

(1) 플럼 생성 패턴(plume-generated patterns)

화재 플럼에 의해 직접 벽면에 생성되는 대부분 화재패턴은 아래와 같이 분류할 수 있다.

1) V형(V patterns)

① 정의 : 연소의 상승성에 의해 역삼각형 형태로 상승

② 건물의 연소특성으로 직소나 반소된 화재현장에서 대류 및 복사의 영향을 받아 벽면에 화재기점으로부터 역삼각형이나 V형태의 연소 확대된 흔적이 많이 발생한다. 특히 플럼의 시작 부위가 벽에 가까우면 V-형이 된다.

③ 뜨거운 가스나 연기가 화재로부터 위로 올라가면서 주변 공기를 혼합하게 되는데 이렇게 형성된 혼합존은 상승할수록 유입 공기량이 증가하므로 체적이 증가하여 위로 올라갈수록 넓어지는 형태를 가지게 된다. 화염에 대한 제한성이 없는 경우에는 V자로 벌린 각도가 약 30도 정도가 된다.

④ 영향인자

㉠ 가연물의 열방출률(Heat Release Rate ; HRR)

㉡ 가연물의 기하학적 구조

㉢ 환기 효과

㉣ 패턴이 나타나는 수직 표면의 발화성과 연소성

㉤ 천장, 선반, 테이블 윗면 등과 같이 수평 표면을 가로지르는 부분의 존재

⑤ V자의 뾰족한 부분이 국부적인 발화점이 될 수 있다. 따라서, V형으로 발화지점을 추정할 수 있는 것이다.

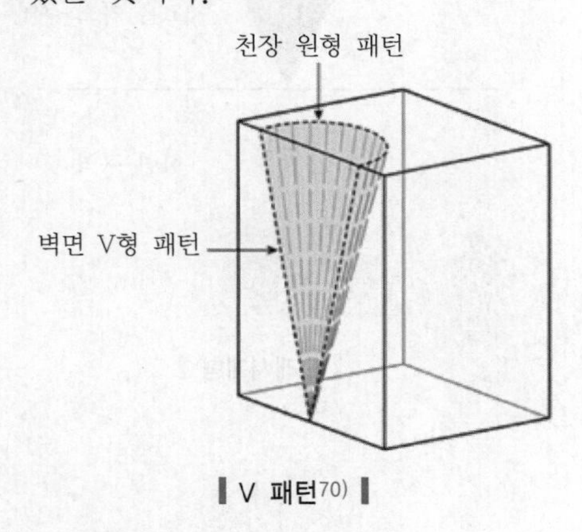

▌V 패턴[70]▐

70) NFPA 921 FIGURE 6.3.7.1(a) Idealized Formation of V Pattern and Circular Pattern.

2) 삼각형(역콘형, inverted cone patterns)

① 정의 : 화재 초기에서 발생한 열이 제한되고 그 작용도 한정적이어서 화염의 모양인 삼각형 형태를 벽에 나타낸다.

② 발생 : 화재 초기 성장단계, 창이나 커튼과 같은 2차 가연물들의 뒤늦은 연소, 조기 소화(또는 단순히 타서 소멸함)

③ 발생원인 : 연소물의 낙하, 조기 소화

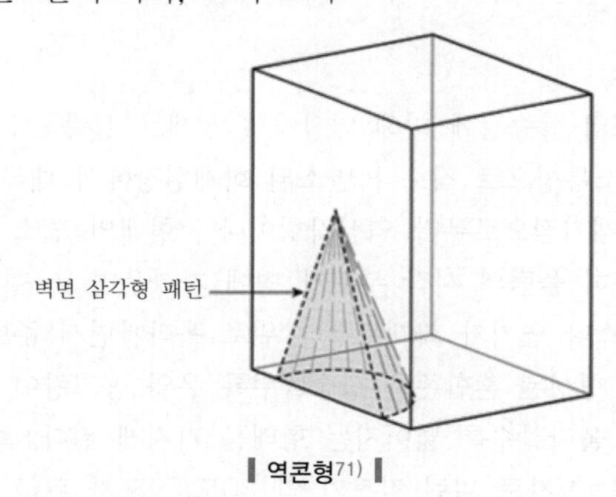

▌역콘형[71] ▌

3) 모래시계형(hourglass patterns)

① 정의 : 화재 위의 고온 가스 플럼 영역은 'V' 패턴과 같은 형상의 고온 가스 구역(hot gas zone)과 수직 평면 아래에 존재하는 화염 구역(flame zone)의 삼각형으로 구성된 모래시계 형상이다.

② 발생원인 : V 패턴으로 진행되기 이전, 연소물이 넓게 퍼져 있는 경우

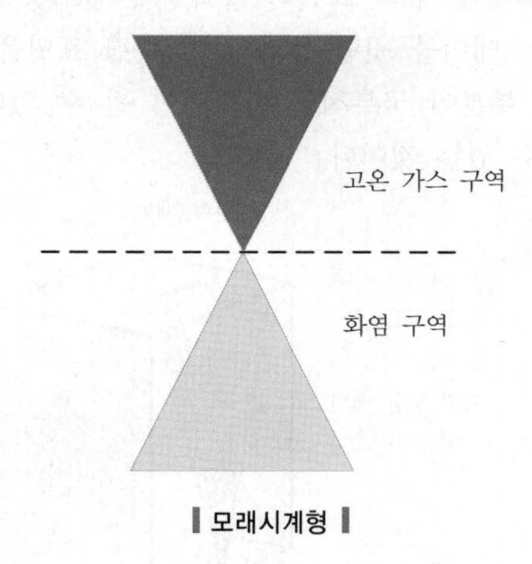

▌모래시계형 ▌

71) NFPA 921 FIGURE 6.3.7.2(a) Idealized Formation of an Inverted Cone Pattern.

4) U형(U-shaped patterns)

① 정의 : 수직부는 U형 수평부로 원형의 입체적 형태의 패턴

② 발생형태

㉠ 수직부

- 플럼의 발생 부분이 벽으로부터 멀리 이격하면 콘의 벽과의 교차부는 높고 제한적이다.
- 콘의 바닥 부분은 더욱 둥글게 되어 U형 패턴이다.

㉡ 수평부

- 콘이 천장과 교차하는 부분에서는 원형에 가까운 연소패턴이 생성된다.
- 벽과 거리가 상당히 멀어서 플럼이 벽과 전혀 교차하는 부분이 없게 되면 일반적인 천장이나 바닥 패턴인 완전한 원형이 되거나 부분원형이다.

③ 발생원인 : V형 패턴보다 열원이 더 먼 위치에 존재하여 벽면에 복사열의 영향을 미치기 때문에 발생한다.

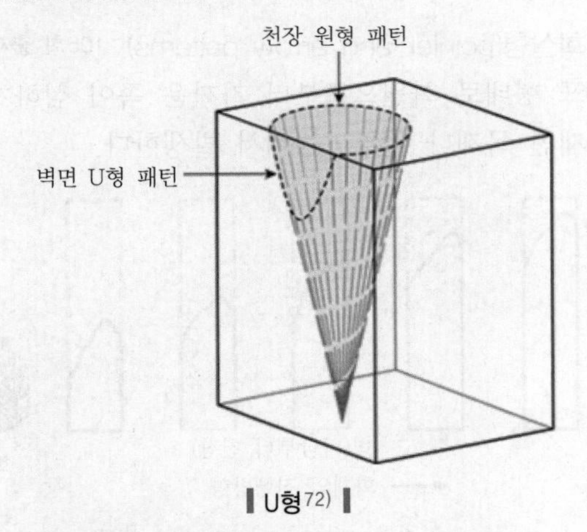

▌U형[72] ▌

5) 끝이 잘린 원추 패턴(truncated cone patterns)

① 정의 : 수직면과 수평면 양쪽에서 시각적 효과가 발생하는 3차원의 화재패턴

② 발생원인 : 화원이 U형 패턴보다 벽과 이격되어 있는 경우 발생한다.

③ 화원의 직상부 천장에 완전연소흔적이 발생한다.

72) NFPA 921 FIGURE 6.3.7.4 Idealized Formation of U-Shaped Pattern.

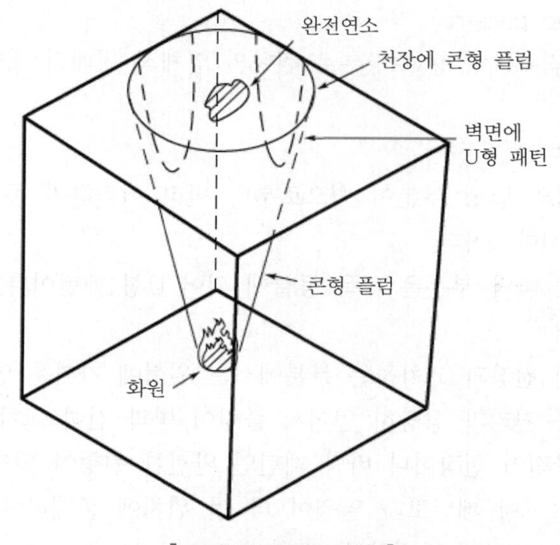

▌끝이 잘린 원추 패턴▐

6) 포인터 그리고 화살형(pointer and arrow patterns) 105회 출제

① 정의 : 화살표 형태로 화원으로부터 가까운 쪽이 심하게 탄화된 형태

② 대상 : 수직재인 목재나 알루미늄에서 발생한다.

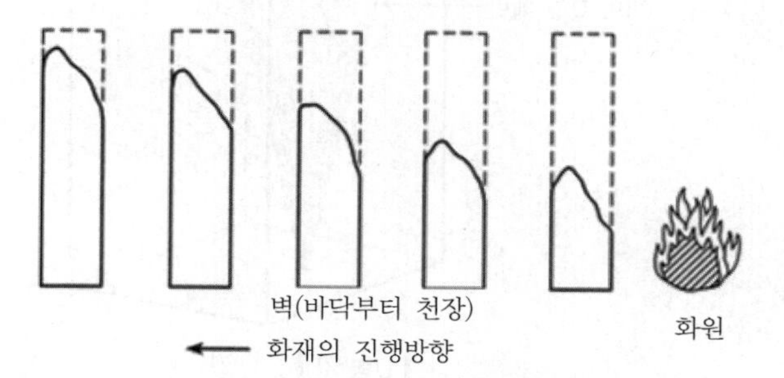

▌포인터 그리고 화살형[73]▐

7) 기둥형

① 정의 : 화재가 성장함에 따라 열방출률과 화염길이가 증대되어 연소생성물은 부력 플럼 내에서 상승하게 되면서 삼각형 모양이 불분명하게 되고 기둥 형태의 모양이 발생하는 패턴

② 발생시기 : 화재 중기 이후

③ 발생시기에 따른 패턴 : 삼각형 패턴 → 기둥형 패턴 → V형(콘형) 패턴

8) 화재 진행 시기에 따른 패턴

① 초기 단계에서의 소화 또는 자연 진화 : 삼각형(역콘형)

73) NFPA 921 FIGURE 6.3.7.4 Idealized Formation of U-Shaped Pattern.

② 중기 단계에서 위로의 연소 : V패턴, 기둥형(불에 타기 쉬운 가연물에서 발생)

③ 후기 단계에서 연소 : 수직면보다 수평면의 연소흔이 다량 관찰할 수 있다.

(2) 환기 때문에 생성된 패턴(ventilation-generated patterns)

화재의 패턴은 환기 때문에 큰 영향을 받는다.

1) 열 그림자형(heat shadowing patterns)

① 정의 : 열원으로부터 장애물 뒤에 가려진 가연물에 열전달이 차단되면서 주변과의 변색흔이 달라지면서 발생하는 흔적이다.

② 장애물로 인해 열 그림자(heat shadow)가 있어 열적 영향을 받지 않은 영역(보호구역)이다.

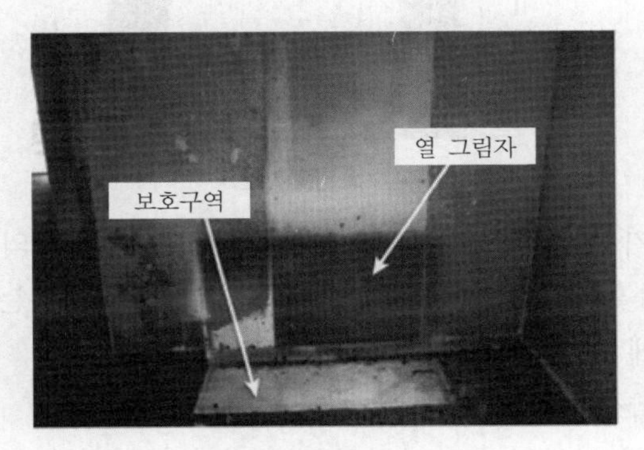

▌열 그림자형[74] ▌

2) 수평면의 화재확산형(penetrations of horizontal surfaces)

(3) 표면효과에 의한 화재패턴

1) 물질의 질량감소(mass loss of material)

① 물질이 연소하면서 질량이 감소하므로 이를 통해 화재의 진행과 순서를 알 수 있다.

② 결정인자 : 표면의 열유속, 화재성장속도, 물질의 열방출 특성

2) 탄화물 표면효과(surface effect of char)

① 목재 탄화물(wood char)

㉠ 검게 탄 목재는 거의 모든 구조물 화재에서 발견할 수 있다.

㉡ 목재는 고온에 노출될 때 가스, 수증기 및 연기 등 여러 가지 열분해 생성물을 분출하는 화학분해가 발생한다. 열분해 생성물을 만들고 남은 고체 잔류물(solid residue)은 탄소 덩어리이고 이것이 탄화물이다.

㉢ 탄화물이 만들어질 때 열분해 생성물이 방출되고 열팽창이 발생하므로 수축하고 갈라짐과 부풀림이 생긴다.

② 탄화속도(rate of charring) : 보통 소나무의 경우는 1[inch]/45[min] 정도가 된다.

74) NFPA 921 FIGURE 6.3.4.1 Heat Shadow and Protected Areas(USFA Fire Pattern Project).

㉠ 연소 지속기간 결정은 가연물의 탄화속도에 의존한다.

㉡ 탄화속도는 가스가 빠르게 유동하거나 환기량이 증가하게 되면 증가한다.

③ 탄화심도(depth of char)

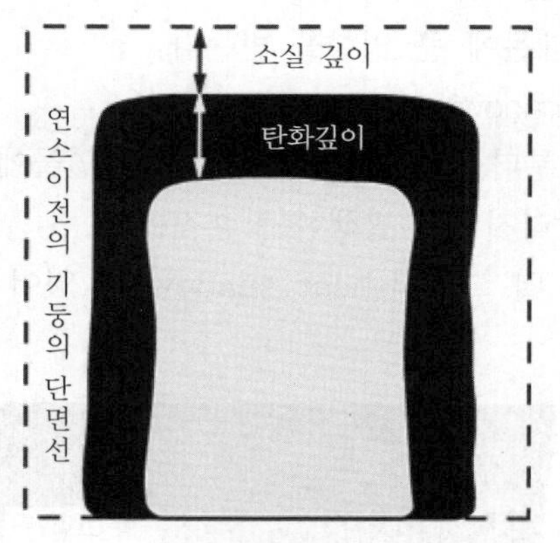

▌탄화심도▐

㉠ 정의 : 기둥, 보 등의 목재표면에 마치 거북 모양의 탄화된 깊이

㉡ 화재 가혹도가 심해질수록 탄화의 깊이가 깊어지는 비례관계

- 화재에 대한 이력판단
- 화염확산을 평가

㉢ 발화부에 가까워지면 탄화심도가 깊어지는 경향이 있다.

㉣ 탄화심도 도표 : 눈으로 보이지 않는 탄화의 경계선은 탄화심도를 측정하여 이를 격자형으로 나타낸 도표

㉤ 등탄화심도선(isochar) : 동일한 탄화심도를 가진 지점들을 연결한 선 105회 출제

▌다양한 탄화의 흔적[75]▐

75) NFPA 921 FIGURE 6.2.4.3 Variability of Char Blister

탄화심도 도표(depth of char diagram) : 명백하게 보이지 않는 경계선은 그리드 다이어그램에서 탄화심도를 측정하고 도표화하는 과정으로 나타낸다. 그리드 다이어그램에서 동일한 탄화심도(탄화등고선, isochars) 지점을 연결하는 선(탄화물 등심선)을 그림으로써 경계선을 확인할 수 있다.

④ 탄화심도 결정인자

㉠ 가열속도와 지속시간

㉡ 환기 영향

㉢ 표면적과 질량 비율

㉣ 나뭇결의 방향, 방위, 크기

㉤ 목재의 종류(소나무, 참나무, 전나무 등)

㉥ 함수량

㉦ 표면 코팅특성

⑤ 탄화면에 따른 연소의 정도 파악

㉠ 탄화면이 요철이 많은 소위 '거친 상태'로 될수록 연소가 강하다.

㉡ 탄화모양을 형성하고 있는 홈의 폭이 넓게 될수록 연소가 강하다.

㉢ 탄화모양을 형성하고 있는 홈의 깊이가 깊을수록 연소가 강하다.

3) 목재의 흔

① 균열흔

㉠ 정의 : 목재표면의 고온 화염을 받아 연소할 때 표면으로 분출되는 흔적이 되는 흔

㉡ 형태

- 목재표면의 균열흔은 발화부에 가까울수록 가늘어지는 형태
- 고온의 화염을 받아 연소 시 비교적 굵은 균열흔 형태
- 저온에서 장시간 연소 시 목재 내부 수분이나 가연성 가스가 표면에서 서서히 분출되어 비교적 가는 균열흔 형태

㉢ 균열흔의 종류

구분	발생온도	특징
완소흔	700 ~ 800[℃]	• 목재표면은 거북등 모양으로 갈라져 탄화된다. • 흠은 얕고 사각 또는 삼각형을 형성한다.
강소흔	900[℃]	흠이 깊고 만두 모양으로 요철형이 생긴다.
열소흔	1,100[℃]	• 흠이 가장 깊고 반월형의 모양으로 높아진다. • 대규모 목조건물화재에서 볼 수 있다.

② 훈소흔(燻燒痕)

㉠ 정의 : 고온체가 목재 면에 밀착되었을 때 장기간에 걸쳐 무염연소한 목재 면의 연소흔적

㉡ 발생장소 : 목재의 연결, 접합부, 부식부 등

㉢ 출화부 부근에 훈소흔이 남아 있으면 그 부분을 발화부로 추정할 수 있다.

㉣ 훈소의 확대 방향 : 주로 갈라진 틈, 연결이나 접합된 사이를 따라서 진행되며 점차 범위를 확대된다.

㉤ 5 ~ 6시간 지나면 지름 15[cm], 깊이 10[cm] 정도를 탄화한다.

4) 박리(spalling)

① 정의 : 콘크리트 폭열로 떨어져 나온 콘크리트 표면 또는 벽돌, 블록, 회반죽 등

② 박리의 원인

㉠ 굳지 않았거나 양생되지 않은 콘크리트 안에 존재하는 습기

㉡ 철근 또는 스틸 메시와 둘러싸고 있는 콘크리트 사이의 팽창 차이

㉢ 콘크리트 제조용 자갈과 콘크리트 혼합물 사이의 팽창 차이(규소 콘크리트 제조용 자갈이 가장 일반적)

㉣ 잘 연마된 표면 마감층과 거칠거칠한 내부층 사이의 팽창 차이

㉤ 슬래브의 내부와 화재에 노출된 표면 사이의 팽창 차이

③ 문제점 : 박리로 인해 단면결손이 발생하고 그로 인해 철근의 내화두께가 얇아져 구조체의 강도 유지에 악영향을 미치고 심하면 철근이 노출되어 열팽창에 따른 강도 저하를 초래한다.

④ 가열 정도 추정 : 박리 부위가 강한 열원에 의한 급격한 온도 상승(20 ~ 30[℃/min])으로 인한 것을 추정한다.

5) 산화(oxidation)

① 정의 : 화재로 인한 산화 현상으로 물질에 따라서 변색, 변질 등이 발생한다.

② 온도가 높으면 높을수록 그리고 노출시간이 길면 길수록 산화의 효과가 더욱더 명확해진다.

6) 변색(color changes)

① 정의 : 금속이나 비가연물의 표면에 수열의 정도, 주수의 정도에 따라 물체가 변색을 일으키며 흔적으로 남는 화재패턴

② 물질의 종류에 따라 다양한 변색이 일어나며 변색을 일으키는 온도범위도 각종 물질의 특성에 따라 달라지므로 이에 대한 자료를 정보화하여 이를 이용하면 화재의 진행상황을 추정하는 데 중요한 자료가 될 수 있다.

③ 금속의 변색

예 도료의 색 → 흑색 → (발포) → 백색 → 가지색(금속의 바탕금속)

7) 물질의 용융(melting of materials)

① 유리, 거울, 알루미늄 섀시 등은 600[℃]에서 쉽게 용융하여 흘러내린다. 이때, 바닥의 다른 물체를 덮어 버리면 바닥의 물체가 덜 타거나 질식소화되어 인화성 액체를 이용한 방화 등의 원인 파악이 가능하다.

② 물질의 용융은 열에 의해 일어나는 물리적 변화인데 용융부분과 비용융부분의 경계로서 열과 온도의 구분선이 만들어지며 이를 이용하여 화재패턴을 판단할 수 있다.

8) 재료의 열팽창 및 변형(thermal expansion and deformation of materials)

① 물질이 열에너지를 공급받으면 에너지가 증가하여 분자와 분자 사이의 결합력이 느슨해지고 간격이 길어진다.

② 팽창이 발생하고 변형이 발생한다.

③ 문제점 : 강도가 저하되므로 이로 인해 붕괴나 좌굴의 주요 원인이 된다.

9) 표면에 연기 장착(deposition of smoke on surfaces)

① 탄소를 함유한 유기물 연소의 경우는 검댕(soot)에 의해서 흔적을 생성한다.

② 고분자 화합물인 플라스틱류는 매연을 가장 많이 발생시킨다.

③ 화염이 벽이나 천장에 닿을 때 접촉면에 매연이 집적된다.

④ 연기 혼합물은 습하고 점착성이 있으며 얇은 경우와 두꺼울 때도 있고 건조하고 수지같이 되는 경우도 있다. 이러한 집적이 건조되고 나면 표면에 붙어서 쉽게 쓸어서 제거되지 않는다.

⑤ 개방공간의 화재면 집적물의 주요 성분은 매연과 연기 혼합물이다.

㉠ 연기 집적물이 화재 중 가열되면 갈색이 변색하고 표면은 짙은 갈색이 되거나 탄화되어 검은색이 된다.

㉡ 바닥이나 건축물 내부 표면들은 매연성 화재 중에나 후에 자중 때문에 가라앉는 매연의 코팅을 형성한다.

10) 완전연소(clean burn) 패턴

① 정의 : 불연성 벽면에 연기나 그을음의 흔적 없이 완전연소한 것

② 완전연소는 비가연성 표면 위에서 일반적으로 그 표면에 부착된 매연과 연기 응축물을 완전연소시킬 때 나타나는 화재패턴이다.

▍클린번[76] ▍

꼼꼼체크 Clean burn(방어소각) : 산림화재현장에서 화재 방어선과 산림화재현장 사이에 가연물을 미리 소각시키는 맞불

11) 하소(煆燒, calcination)

① 정의 : 화재로 인해 발생하는 석고벽판 재료 표면의 다양한 변화

② 석고가 열을 받으면 화학·물리적인 변화를 일으킴과 동시에 석고 속에 있는 결합수가 배출되면서 석고가 경석고(무수석고)로 된다.

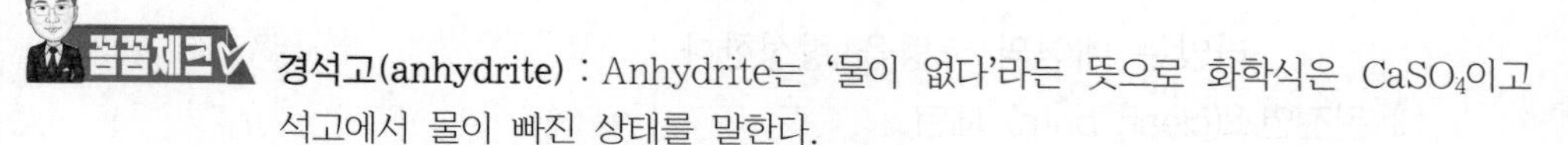

꼼꼼체크 경석고(anhydrite) : Anhydrite는 '물이 없다'라는 뜻으로 화학식은 $CaSO_4$이고 석고에서 물이 빠진 상태를 말한다.

③ 열을 받은 석고는 원래의 석고벽 판보다 저밀도의 상태가 된다.

㉠ 석고벽 판의 하소된 심도가 깊을수록 화열에 노출되어 받은 열량이 큰 것을 의미한다.

㉡ 석고 벽면은 열에 접촉된 방면으로 흰색으로 탈수된다.

㉢ 하소된 부분과 그렇지 않은 부분은 경계가 형성되고 하소심도를 가지고 열복사와 고온 상태의 지속 정도를 표시하는 지표이다.

76) NFPA 921 FIGURE 6.2.11 Clean Burn on Wall Surface

④ 하소심도

㉠ 하소심도를 측정하여 격자 도표에 표시하면 화재의 발달 정도를 알 수 있고 동일한 심도를 연결하면 마치 등고선과 같은 경계선으로 나타낼 수 있다.

㉡ 하소심도 측정방법

- 직접 단면 관찰방법 : 하소가 발생된 지점에서 하소시료를 채취(지름 50[mm] 이상)해서 단면을 직접 관찰하고 하소심도를 측정하는 방법
- 탐침 조사방법(probe method) : 하소가 발생한 지점으로 직접 장비를 가지고 와서 발생지점의 하소심도를 측정하는 방법

12) 유리파손(breaking of glass)

① 유리가 일정하지 않은 가열, 즉 국부가열로 인해 팽창의 차이에 의한 장력을 받게 되면 균열 등의 손상이 발생한다.

㉠ 유리 표면이 길고 불규칙한 곡선 형태로 파괴가 발생한다.

㉡ 유리의 측면에는 리플 마크(ripple mark)가 형성되지 않는다.

꼼꼼체크 **리플 마크(ripple mark)** : 외부 충격으로 인한 수평의 가는 줄무늬의 흔적으로, 곡선 형태로 나타난다.

② 유리는 화재열로 인해 공급되는 열에 의해서 연화 및 용융되어 아래나 힘을 잃은 방향으로 흐른다.

③ 화재로 발생한 힘은 창을 파괴하거나 유리에 힘을 가하는 압력이 형성되기는 어렵다. 유리가 파괴되는 경우는 불균일한 열의 공급이나 창틀과의 열팽창률 차이가 발생하기 때문이다.

④ 유리파손의 영향인자

㉠ 두께

㉡ 가열이나 냉각속도

㉢ 유리 틀의 설치방법

㉣ 유리 틀의 열적 특성

㉤ 유리의 결함

㉥ 열 그림자(thermal shadow) 효과

꼼꼼체크 **열 그림자(thermal shadow) 효과** : 기둥이나 보가 복사열을 차단하여 유리가 받는 복사열의 차이가 발생하고 그로 인해 온도차가 발생해서 팽창력의 차이가 발생하는 현상

13) 붕괴한 가구의 스프링들(collapsed furniture springs)

① 온도가 용융점 또는 열처리(annealing) 점을 넘게 되고 스프링이 고유의 성질을 잃게 될 때 일어나는 현상이다.

㉠ 철 온도가 400[℃]를 넘게 될 때 주로 발생한다.

㉡ 고유성질을 잃어버리고 스프링이 자체 무게로 주저앉게 된다.

② 화재가 지속하는 동안 침대 스프링은 보통의 경우 발화지점 방향으로 기울어진다. 이는 탄성이 가열 때문에 저하되기 때문이다.

14) 파괴된 전구(distorted lightbulbs)

① 가열된 면에서 팽창하고 부풀어 올라 파괴되므로 가열된 방향 등은 이를 통해 알 수 있다.

② 열로 인하여 전구 내부가 가열되어 소량의 질소나 아르곤가스에 의한 유리구 압력이 증가했기 때문이다. 하지만 LED와 같은 등에서는 알 수가 없다.

15) 주연

① 정의 : 연기가 달려간 흔적

② 내장재의 하얀 회벽이나 불연성 재질의 표면에 연기의 흔적을 남긴다.

16) 무지개 효과(rainbow effect) : 인화성 액체 또는 유성 물질들은 화재로 인한 주수 시에 물과 섞이지 않고 물의 표면 위로 부상하기 때문에 물 위에서 마치 무지개처럼 다양한 색을 나타내는 효과이다.

(4) 아크맵핑(arc mapping)

1) 정의 : 구리 도체는 일반적으로 화재에 의한 열에도 사라지지 않고 아래와 같은 용융 등의 흔적이 남아 있으므로 구리의 손상 정도에 따라서 화재의 강도를 추정할 수 있어서 이를 이용한 화재패턴이다.

2) 기능

① 전기 시스템이 손상된 순서를 알 수 있다.

② 발화지점을 찾을 수 있다.

3) 아크맵핑의 진행순서

① 모든 분기 회로 배선을 찾는다.

② 3차원의 실내 도면을 그린다.

③ 실내의 배선, 콘센트, 스위치류를 그린다.

④ 다른 실내의 가구, 코드, 가전제품을 그린다.

⑤ 도면 위에 아크 위치를 표시한다.

4) 아크맵핑의 작성 예

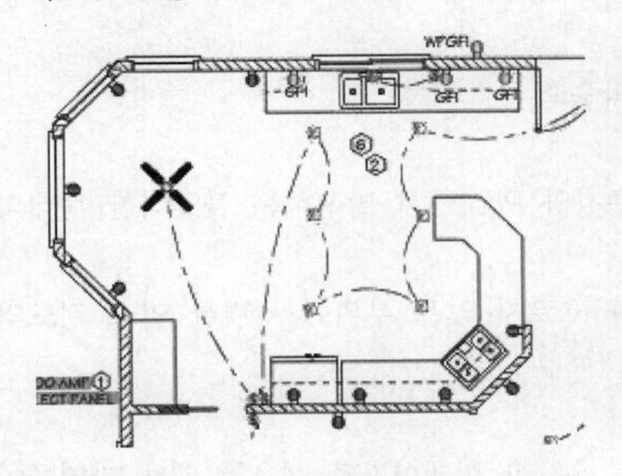

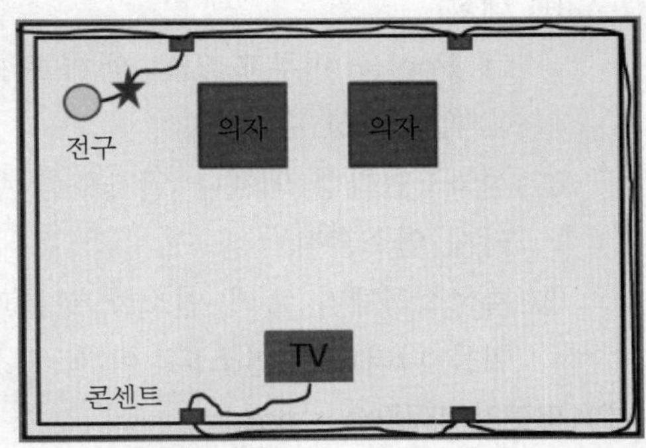

5) 아크맵핑 작성 시 유의사항

① 도체는 취성을 가지고 있고 허약하다.

② 부속 구성요소가 분리된다.

③ 아크 그 자체만 가지고는 점화원의 증거로 부족하다.

④ 사진이 실내공간의 그림을 대신할 수 있다.

(5) 도괴 방향법

1) 자빠진 상태로 점화원인을 추정하는 방법이다.

2) 일반적으로 화재가 발생한 건물의 기둥이나 벽은 발화부 방향으로 붕괴한다.

04 바닥 부위의 패턴 124 · 118 · 110 · 108회 출제

가연물의 종류와 연소상황에 따라 다양한 형태의 패턴이 결정된다.

(1) 유류 등의 연소에 의한 화재패턴의 특징

1) 일반적 액체의 특징인 낮은 곳으로 흐르며 고인다.

2) 바닥재의 특성에 따라서 광범위하게 퍼지거나 흡수될 수 있다.

3) 증발하면서 잠열에 의한 냉각효과가 발생한다.

4) 끓게 되면 주변으로 방울이 튈 수 있다.

5) 액체 가연물은 고분자 물질을 침식시키거나 변형시키는 등 용매로서의 성질을 가지기도 한다.

(2) 유류 등의 연소에 의한 화재패턴[77]

방화 시 유류 등을 사용하기 때문에 방화 시 패턴이라고도 한다.

77) 한국조사학회에서 2004년 발간한 '유류 화재패턴' 서울지방경찰청 과학수사계 화재폭발조사팀 이승훈 저에서 주요 내용 인용

1) Pool-shaped burn pattern

① 대상

㉠ Pool을 이루고 있는 액체 탄화수소

㉡ 열가소성 수지

② 정의 : 인화성 액체나 열가소성 수지의 Pool에서 발생하는 불규칙한 형태의 바닥재 연소흔적

③ 특성 : 액체가 흘러 연소한 부분과 흐르지 않은 부위에 뚜렷한 연소 정도의 차이를 나타내는 연소흔적이다.

2) 퍼붓기 패턴(pour pattern)

① Pool-shaped burn pattern과는 유사한 형태이지만 석유류 액체 가연물이 의도적으로 사용된 연소흔적이다.

② 형태적 표현 : Irregularly shaped fire pattern

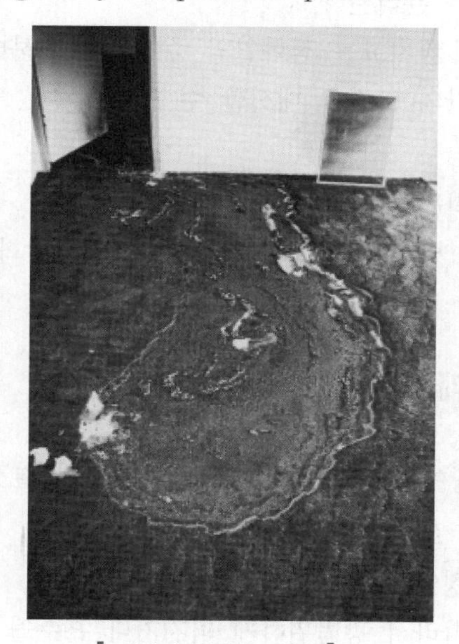

퍼붓기 패턴의 예[78]

3) 스플래시 패턴(splash pattern)

① 정의 : 인화성 액체 가연물이 연소하면서 발생하는 열에 의해서 가연물이 재가열되면서 액면이 끓으면서 주변으로 액체가 튀어 포어패턴의 미연소 부분에 국부적으로 마치 점처럼 연소된 흔적

② 풍향에도 영향 : 바람이 불어오는 방향으로는 잘 생기지 않고 바람이 부는 방향으로는 멀리까지 생긴다.

78) http://www.flickr.com/photos/jr1882/4026878680/lightbox에서 발췌

▌스플래시 패턴(splash pattern)의 예[79] ▌

4) 고스트 마크(ghost mark) 110회 출제

① 정의 : 콘크리트, 시멘트 바닥 면에 비닐타일 등이 유기용제인 접착제로 시공되어 있을 때, 그 위로 석유류의 액체 가연물이 쏟아져 화재가 발생하면 생긴 열에 의하여 타일의 가장자리 부분에서부터 타일을 들뜨게 만드는 패턴

② 문제점 : 타일 등 바닥재의 틈새 모양으로 변색되고 박리된다.

③ 발생시기 : 플래시오버 직전과 같은 화재성장기 최성기 등

▌고스트 마크(ghost mark)[80] ▌

5) 틈새 연소 패턴(gap combustion pattern)

① 정의 : 목재 마루 및 타일의 틈새, 문지방 및 벽과 바닥의 틈새 및 모서리 등 가연성 액체가 흘러 들어가 고인 액체의 연소가 타 부위에 비해 강하고, 더 오

79) http://www.kififire.kr/submenu_06_06.asp?b_Idx=3527&Search=&SearchTxt=&nowpage=view(한국화재조사학회)에서 발췌

80) Figure 11. Closeup of gasoline spill fire pattern on vinyl floor, National Institute of Justice, Flammable and Combustible Liquid Spill/Burn Patterns, NIJ Report 604-00, March 2001

랫동안 연소하게 되므로 진화 후에 탄화의 심도가 다른 곳보다 깊어서 구별이 가능한 패턴

② 고스트 마크와 차이점(외형은 거의 유사함)

㉠ 단순히 가연성 액체의 연소이다.

㉡ 콘크리트나 시멘트 바닥이 아니라 마감재 표면에서 보이는 패턴이다.

㉢ 화재 초기에 발생한다.

㉣ 플래시오버와 같은 강한 화염 속에서 쉽게 사라질 수 있다.

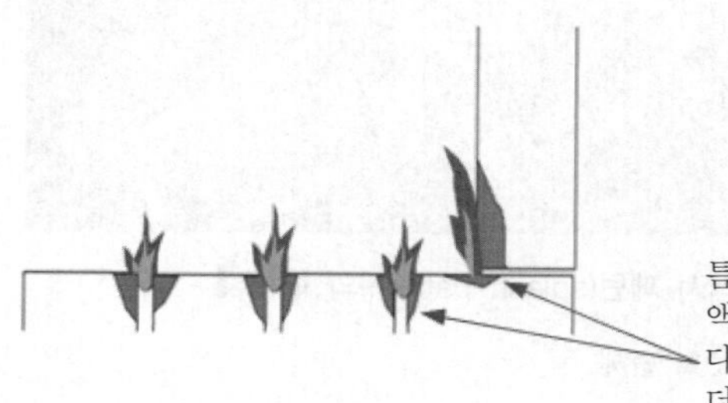

▌고스트 마크▐

6) 도넛 패턴(doughnut pattern)

① 정의 : 거친 고리모양으로, 연소한 부분이 덜 연소한 부분을 둘러싸고 있는 마치 '도넛 모양' 형태

② 대상 : 가연성 액체가 웅덩이처럼 고여 있을 경우

③ 발생원인 : 중심부는 액체가 증발하면서 증발잠열에 의해 웅덩이 중심부를 냉각시키고 중심부는 외곽보다 산소공급이 원활하지 않은 현상이다.

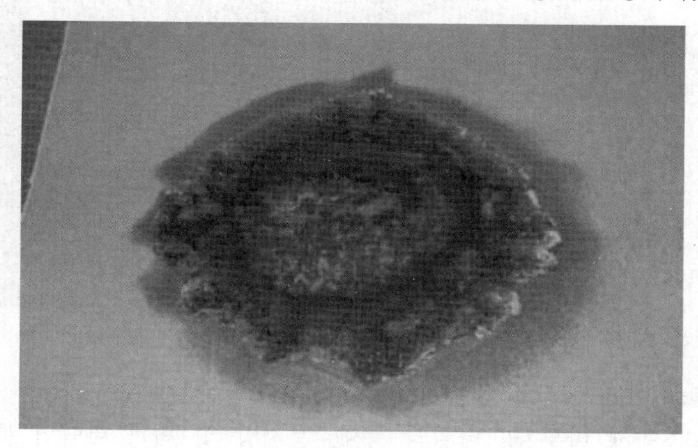

▌도넛 패턴(doughnut pattern)[81]▐

81) Figure 21. Doughnut burn pattern on carpet 1. 250[mL] gasoline fire extinguished at approximately 146[sec] with CO_2, National Institute of Justice, Flammable and Combustible Liquid Spill/Burn Patterns, NIJ Report 604-00, March 2001

7) 트레일러 패턴(trailer pattern) 110회 출제

① 정의 : 방화와 같이 인화성 액체를 연소촉매제로 이용해서 의도적으로 한 장소에서 다른 장소로의 연소확대를 위해서 뿌려진 가연물의 흔적

② 트레일러의 종류 : 액체 가연물, 짚단, 신문종이, 두루마리 화장지 및 나무 등의 고체 가연물

③ 시너나 휘발유와 같은 액체 가연물을 이용한 트레일러의 패턴을 포어패턴이라고도 한다.

(3) 화재가 최성기까지 확대되면 상기와 같이 단일패턴으로 나타나는 것이 아니라 다양하고 복잡한 형태의 패턴으로 조합되어 나타난다.

SECTION 050 화재 벡터링(fire vectoring)

01 개요

(1) 화재패턴은 화재의 확산이나 타는 강도 중 한 가지 이상의 메커니즘에 의해 생성되며, 가연물의 성분, 열방출률, 위치, 환기 차이로 인해 강도 패턴의 차이가 나타날 수 있는데, 이것이 처음 가연물의 발화점을 반드시 가리키는 것은 아니다.

(2) 화재의 성장과 이동(확산)으로 인해 생긴 화재패턴은 항상 발화점을 알려주는 데 중요한 정보가 된다. 그러나 강도 패턴으로부터 이동 패턴을 구하는 것은 어려울 수 있다. 또한, 일부 패턴은 강도 및 이동(확산) 모두를 나타내기도 한다.

02 열 및 화염 벡터 분석

(1) **화재패턴 분석의 도구**

1) 열 및 화염 벡터 분석 그리고 이에 대한 포토 다이어그램
2) 열 및 화염의 벡터화는 화재현장의 포토 다이어그램을 만드는 데 적용
3) **포토 다이어그램** : 벽, 복도, 문, 창문 및 관련 가구나 내용물도 포함

(2) 화살표를 사용하여 조사관은 확인되는 화재패턴을 기초로 열이나 화염의 확산방향에 대한 해석을 기록한다.

1) 화살표의 크기는 그려진 각 화재패턴의 측정 크기를 반영
2) 화살표는 벡터의 방향이 도표 전체에서 일관성이 있는 한, 열원으로부터 화재의 이동방향을 나타낼 수 있고 열원으로 되돌아가는 방향도 나타낼 수 있다.

(3) **조사관은 각 벡터가 나타내는 해당 화재패턴 확인**

조사관은 바닥에서부터의 높이, 화재패턴 정점의 높이, 화재패턴이 생긴 표면의 특성, 화재패턴의 모양, 해당 화재패턴을 만드는 특정 화재효과, 화재패턴이 나타내는 화재확산의 방향과 같은 각 해당 화재패턴에 대한 상세사항을 사진 다이어그램에 표시된 범례에 추가할 수 있다.

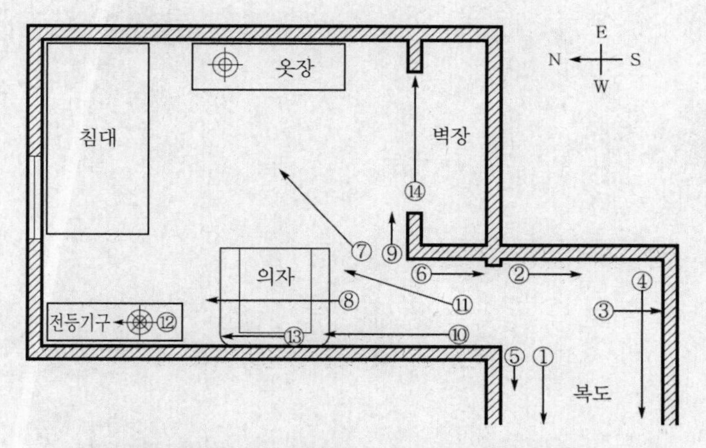

▌화재패턴의 열의 이동방향과 물리적 크기 벡터를 표시하고 벡터 ⑥, ⑩, ⑪ 부분에서 점화원을 나타내는 열 및 벡터 분석[82] ▌

(4) 보조 벡터

보조 벡터는 실제 열 및 화염확산 방향 모두를 나타내기 위해 사용한다.

(5) 벡터 분석을 하는 궁극적 목적

화재패턴에 대한 조사관의 해석을 논의하고 시각적으로 기록한다.

(6) 표현

화재의 확산 방향, 패턴의 모양, 화재패턴의 높이 등

82) Kennedy and Shanley, "USFA Fire Burn Pattern Tests – Program for the Study of Fire Patterns."

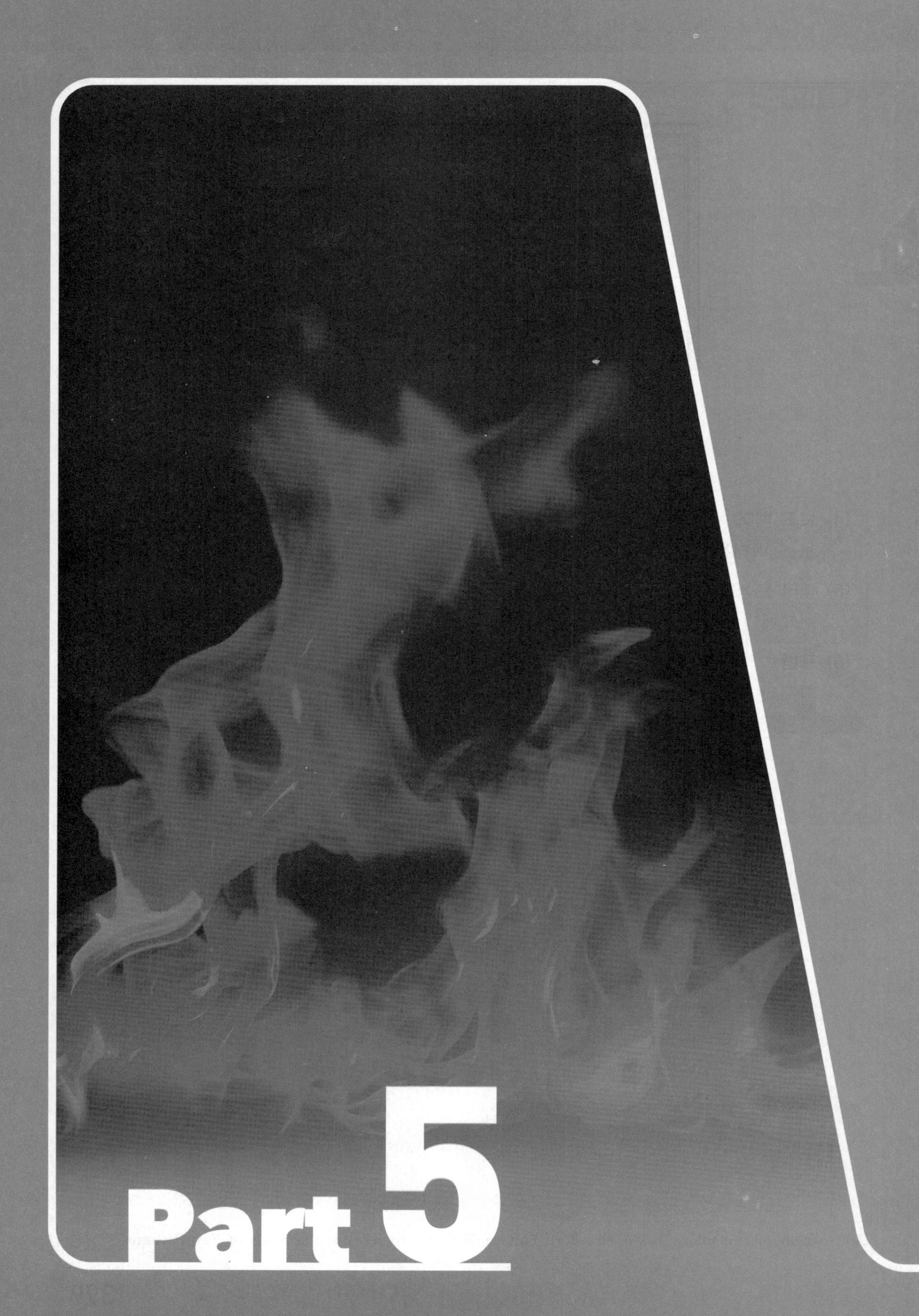

Part 5

건축방재

SECTION 001 수동적 방화(passive system)

01 개요

(1) 화재 피해의 정도를 나타내는 화재가혹도[J]는 화재강도[W]로 얼마나 지속되었는가[hr]를 나타내는 것이다.

(2) 수동적 방화

1) 정의 : 전기 · 기계적인 힘 또는 인간의 힘을 이용하지 않는 방화방법으로 흔히 건축적으로 고정된 방화방법

2) 설비보다 건물의 그 자체 구성 때문에 화염과 연기를 제어하여 안전을 확보하려는 방법

(3) 수동적 방화의 개념을 구분하면 구획화와 다중화가 있으며 이 개념은 안전설계의 기본이다.

1) 구획화 : 화재를 일정 공간에 국한하거나 제한시켜서 견디는 개념이다.

2) 다중화 : Fail safe 개념으로 실패하더라도 다시 다른 방법으로 대안을 제시하는 것이다.

(4) 능동적(active) 방화와 수동적(passive) 방화는 서로 상호 보완적인 관계이다. 수동적 방화는 건축법에서, 능동적 방화는 소방법에서 주로 다루고 있다.

(5) 건축방재의 개념으로 신뢰도가 높지만, 화재에 대한 발견과 대응에는 적합하지 않다.

02 종류

(1) 화재발생 방지를 위한 건축자재나 가구 등을 방화재료로 사용

1) 방화재료 : 일반적으로 방화재료란 화재 시 타지 않는 재료 또는 타기 어려운 특성인 재료를 총칭하며 내화구조와 방화구조의 건축물에 널리 사용한다.

2) 방화재료의 구분

재료	불연재료	준불연재료	난연재료
정의	불에 타지 아니하는 성질을 가진 재료	불연재료에 준하는 방화성능을 가진 재료	불에 잘 타지 아니하는 성능을 가진 재료
법규상의 규정	난연 1급	난연 2급	난연 3급

재료	불연재료	준불연재료	난연재료
재료구성	무기재료 무기재료와 소량의 유기재료 혼합	무기 · 유기의 혼합 (무기질이 중량비로 50[%] 이상)	유기재료
재료	콘크리트, 철강, 석재, 벽돌, 유리, 알루미늄, 시멘트판, 글라스울, 기와 등	석고보드, 미네랄 텍스, 목모 시멘트판, 펄프 시멘트판 등	난연 합판, 난연 플라스틱, 난연 섬유판 등

목모 시멘트판 : 목모, 시멘트, 물을 혼합해서 가압성형한 복합재료이다. 목모와 거친 시멘트 성분 사이의 공극률이 흡음 및 단열의 효과를 낸다. 주로 흡음, 단열재로 사용한다.

(2) 화재를 한정하여 제어하기 위한 내화구조, 방화구조

연소속도를 구조에 따라서 구분한다.
내화구조 1, 방화구조 3, 목조 5

(3) 화재에 견디는 화재저항(내화) : 하중지지력, 차염성, 차열성

(4) 인명의 안전한 대피를 위한 계단 등의 피난설비
1) 피난시설의 배치와 구조
2) 양방향 피난계단
3) 발코니, 옥상광장, 대피공간, 헬리포트, 피난안전구역, 선큰

(5) 인명의 안전한 대피를 위한 배연창 등의 배연설비

(6) 방유제, 보유공지, 안전거리(산업안전 측면)

(7) 부지, 도로
1) 피난층의 출입구
2) 부지 내의 통로와 도로, 광장 등
3) 소방대의 진입로, 주차공간, 소화활동공간 등

03 요구되는 기능

(1) 인명의 안전성
1) 화염, 연기 및 열의 확산을 방지하기 위한 구획화
2) 화재로 인해 건축물 강도 저하에 따른 하중지지력 확보

(2) 재산의 안전성

1) 화재 후 보수 및 정비를 통해 건물 재사용이 가능

2) 건축자재의 불연성

(3) 기능의 안전성

1) 화재 및 소방주수에 대한 충격에도 건축물의 강도유지

2) 건축 구조부재 접합부의 성능유지

04 방화성능의 판단기준

(1) 하중지지력

건축물이 파괴되지 않고 건물을 유지하는 능력

(2) 차열성

열이 전달되지 않아 이면에 화재가 전이되지 않도록 하는 능력

(3) 차염성

화염이 이면으로 전파되지 않도록 하는 능력

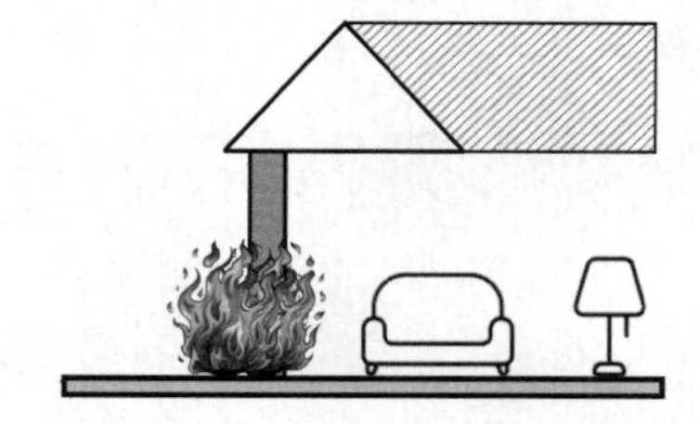

05 장단점

장점	단점
• 신뢰도가 높다. • 화재의 크기(화재가혹도)를 제한할 수 있다. • 경년변화에 따른 기능 저하가 작다.	• 화재의 화염이나 연기가 도달할 때까지 기다리는 피동적인 방화로서, 소화를 신속하게 진행하여 피해를 최소화할 수 있는 적극적 방화개념으로 보완이 필요 • 자연적으로 화염이나 연기가 도달할 때까지 기다림으로써 소화나 방재의 지연이 발생 • 추후에 증설이나 보강을 하는 것이 능동적 방화에 비해 어렵고 건축적 사용에 제한을 많이 가함

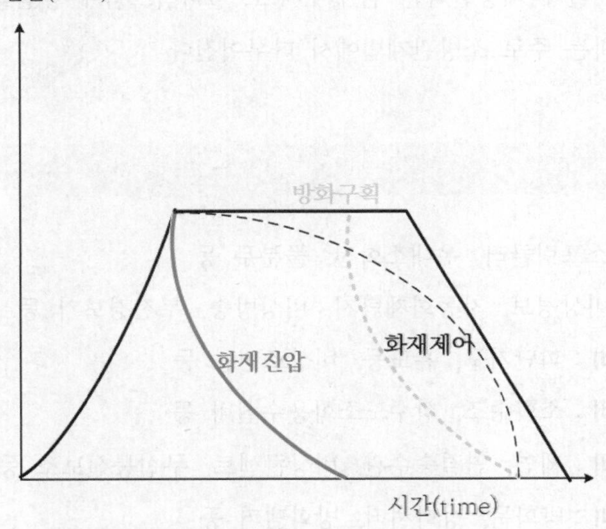

▌방화구획을 통한 최성기의 진행시간 감소 ▌

SECTION 002

능동적 방화(active system)

01 개요

(1) 정의

기계력, 전기력, 인력을 이용하여 화재를 감지하고 진압하는 방화시스템이다.

(2) 적극적으로 불에 대응한다는 점에서 주로 설비시스템에 중점을 두는 방재시스템이다.

(3) 능동적 방화는 주로 소방관계법에서 다루어진다.

02 종류

(1) **소화설비** : 스프링클러, 옥내소화전, 물분무 등

(2) **경보설비** : 비상경보, 자동화재탐지, 비상방송, 누전경보기 등

(3) **피난구조설비** : 피난기구, 유도등, 비상조명등 등

(4) **소화용수설비** : 소화수조, 상수도소화용수설비 등

(5) **소화활동설비** : 제연, 연결송수관, 비상콘센트, 무선통신보조 등

(6) **건축방재설비** : 방화문, 방화셔터, 방화댐퍼 등

03 능동적 방화성능의 판단기준

(1) 설비적 성능

(2) **독성** : 최소화

(3) **환경 영향성** : 최소화

(4) **물리적 특성** : 물질이 가지는 기본적인 특성

(5) **안전성** : 이용과 관리

(6) **경제성** : 설치비용과 기대이익

(7) 신뢰성

04 장단점

장점	단점
• 수동적 방화(passive)보다 능동적(active) 방화는 설치, 시공 및 추후 증설이 용이하다. • 능동적 방화는 화재 초기에 화원에 대한 능동적인 진압이 가능하므로 화재 피해를 최소화할 수 있다.	• 기계력, 전기력, 인력에 의존하기 때문에 고장 등이 일어날 가능성이 커 수동적 방화보다 신뢰도가 낮다. 따라서, 신뢰도 확보를 위한 다중화와 심층화가 필요하다. • 수명이 건물의 생애주기보다 짧고, 기능유지를 위해서는 관리가 필요하다. • 능동적 방화(active)와 수동적 방화(passive)는 상호 보완적이기 때문에 비용과 시간이 많이 드는 수동적 방화의 대체수단으로 능동적 방화를 이용하려고 한다. 하지만 서로가 보완재이지 대체재가 아니다.

다중화가 병렬적인 설비보완이라면 심층화는 직렬적인 설비보완으로 설비가 고장이 나도 다른 설비를 통해 대체할 수 있도록 하는 개념이다.

05 비교

구분	능동적 시스템(active system)	수동적 시스템(passive system)
기본 개념	적극적으로 불에 대응하여 제어 또는 진압	화염과 연기제어를 통한 안전확보
특징	건축설비시스템을 중심으로 하는 방재시스템	건축물 그 자체를 중심으로 하는 방재시스템
목적	화재발생을 억제, 제어, 진압	화재발생 후 화염과 연기의 제어, 기능유지 및 피난
수명	건물의 내용연수보다 짧다.	건물의 내용연수와 같다.
필요조건	• 설비나 기계에 관한 성능수준 확보 • 장비의 조작과 운영에 대한 신뢰성	• 화재의 크기와 구조내력, 연기배출량 및 피난안전 등에 대한 성능수준 확보 • 경년변화에 따른 기능 저하에 대한 신뢰성
예	• 스프링클러, 옥내소화전, 물분무 등의 소화설비 • 자동화재탐지설비, 비상방송설비, 누전경보기 등의 경보설비 • 피난기구, 유도등, 비상조명등 등의 피난설비 • 제연설비, 비상콘센트, 연결송수관설비 등의 소화활동설비	• 발화방지를 위한 불연, 준불연, 난연재료 • 화재의 확산방지를 위한 방화구획 • 화재 시 건물의 구조적 강성유지를 위한 내화구조 • 인명의 안전한 대피를 위한 피난통로 및 배연창

06 결론

능동적 방화와 수동적 방화는 상호보완을 통해서 방화성능을 유지할 수 있다. 예를 들어 능동적 방화인 스프링클러설비 설치 시 수동적 방화인 방화구획을 3배까지 완화할 수 있고 수동적 방화인 방화구획을 강화하기 위해 스프링클러나 물분무설비와 같은 능동적 방화를 설치하는 방법이 있다.

SECTION 003

소방법의 목적

(1) **소방기본법의 목적** 118회 출제

1) 화재를 예방 · 경계하거나 진압
2) 화재, 재난 · 재해, 그 밖의 위급한 상황에서의 구조 · 구급 활동
3) 국민의 생명 · 신체 및 재산을 보호
4) 공공의 안녕 및 질서 유지와 복리증진

(2) **화재의 예방 및 안전관리에 관한 법률(약칭 : 화재예방법)**

화재의 예방과 안전관리에 필요한 사항을 규정함으로써 화재로부터 국민의 생명 · 신체 및 재산을 보호하고 공공의 안전과 복리 증진에 이바지한다.

(3) **소방시설 설치 및 관리에 관한 법률(약칭 : 소방시설법)**

특정소방대상물 등에 설치하여야 하는 소방시설 등의 설치 · 관리와 소방용품 성능관리에 필요한 사항을 규정함으로써 국민의 생명 · 신체 및 재산을 보호하고 공공의 안전과 복리 증진에 이바지한다.

(4) **소방시설공사업법**

소방시설공사 및 소방기술의 관리에 필요한 사항을 규정함으로써 소방시설업을 건전하게 발전시키고 소방기술을 진흥시켜 화재로부터 공공의 안전을 확보하고 국민경제에 이바지한다.

(5) **위험물안전관리법**

위험물의 저장 · 취급 및 운반과 이에 따른 안전관리에 관한 사항을 규정함으로써 위험물로 인한 위해를 방지하여 공공의 안전을 확보한다.

(6) **소방의 화재조사에 관한 법률(약칭 : 화재조사법)**

화재예방 및 소방정책에 활용하기 위하여 화재원인, 화재성장 및 확산, 피해현황 등에 관한 과학적 · 전문적인 조사에 필요한 사항을 규정한다.

SECTION 004 건축방재

01 개요

(1) 정의

건축물에서 발생하는 재해로부터 피해를 예방하거나 최소화하는 것

(2) 건축물은 인간의 거주와 생산, 휴식의 공간이자 자연재해나 동물로부터의 보호공간으로, 인간은 건축물 안에서 생산, 소비, 휴식 등을 한다.

(3) 건축방재의 목적

소방에서 말하는 건축방재는 여러 가지 재해 중에서도 화재를 방지하거나 피해를 완화하고 건축물의 기능을 유지하는 목적과 피난을 주어진 시간 안에 용이하고 안전하게 수행하는 데 목적이 있다. 따라서, 건축 관계법에서는 건축방재에 관하여 아래와 같이 기술하고 있다.

02 법규에 나타난 건축방재

(1) 피난 · 방화구조 등의 기준에 관한 규칙

1) 구조 및 재료측면(진행방향 : 구조 → 내부마감재료 → 방화구획)

① 구조 : 방화구조, 내화구조

② 내부 마감재료 : 난연재료, 불연재료, 준불연재료

③ 외부 마감재료 : 준불연재료, 불연재료

2) 피난측면(진행방향 : 거실 → 복도 → 계단 → 출구 or 피난안전구역)

① 계단 및 복도 : 직통계단의 설치기준, 피난계단 및 특별피난계단의 구조, 계단의 설치기준, 복도의 너비 및 설치기준

② 출구 : 관람석 등으로부터의 출구 설치기준, 건축물 바깥쪽으로의 출구 설치기준, 회전문의 설치기준, 헬리포트의 설치기준, 복합건물 피난시설, 지하층의 구조

③ 피난안전구역 설치(준초고층 이상)

④ 피난용 승강기

3) 방화구획 및 벽의 구조측면

① 방화구획 : 설치기준, 방화문의 구조

② 벽 : 경계벽의 구조, 건축물에 설치하는 굴뚝, 내화구조의 적용이 제외되는 공장건축물, 방화벽의 구조, 대규모 목조건축물의 외벽 등, 방화지구 안의 지붕, 방화문 및 외벽 등, 건축물에 설치하는 굴뚝

(2) 건축물의 설비기준 등에 관한 규칙

1) 주요 항목

① 비상용 승강기를 설치하지 아니할 수 있는 건축물

② 비상용 승강기의 승강장 및 승강로의 구조

③ 배연설비 : 배연창, 특별피난계단, 비상용 승강기의 승강장

④ 피뢰설비

2) 의의 : 건축물의 설비에 대한 피난과 방화관점에서 의의가 있다.

① 피난관점 : 비상용 승강기의 설치와 승강장의 구조

② 방화관점 : 피뢰설비

(3) 화재의 진행에 따른 능동적(active) or 수동적 시스템(passive system) 시설 · 설비명

구분	목적	분류	시설 · 설비명	건축관계법 (법, 령, 규칙)	소방관계법		주요 내용
					시행령	NFTC	
경보설비	발화 ⇩ 감지 정보 전달 ⇩	능동적	자동화재탐지설비	–	15조	203	1. 화재의 감지 및 정보전달 2. 피난개시 시간단축 3. 화재진압시간 단축
			비상경보설비	–	15조	201	
			비상방송설비	–	15조	202	
			누전경보기	–	15조	205	
		수동적	–	–	–	–	–
소화설비	초기 소화 설비 ⇩	능동적	소화기구(소화기 등)	–	15조	101	1. 화재 초기에 자력 화재진압 1) 자동적 2) 수동적 2. 소방대가 출동하기 전까지 화재확산 방지
			옥내소화전	–	15조	102	
			스프링클러	–	15조	103, A,B	
			물분무등소화설비	–	15조	104 ~ 108	
			미분무수소화설비	–	15조	104A	
			옥외소화전	–	15조	109	
		수동적	–	–	–	–	–
피난시설 및 설비	피난 개시 및 행동 ⇩	능동적	피난기구	–	15조	301	1. 수동적 피난실패 시 대안(피난기구) 2. 안전한 피난(인명구조기구, 비상조명설비) 3. 신속한 피난(유도설비)
			인명구조기구	–	15조	302	
			유도등/유도표지	–	15조	303	
			비상조명등	–	15조	304	

구분	목적	분류	시설 · 설비명	건축관계법 (법, 령, 규칙)	소방관계법		주요 내용
					시행령	NFTC	
피난 시설 및 설비	피난 개시 및 행동 ⇩	수동적	피난안전구역 설치/구조	시행령 34조	–	–	1. 안전한 대피공간 확보 2. 안전한 피난경로 확보
			직통계단의 설치/구조	시행령 34조	–	–	
			피난계단/옥외피난계단	시행령 35 · 36조	–	–	
			특별피난계단	시행령 35조	–	–	
			관람석 등으로부터 출구	시행령 38조	–	–	
			건축물 밖으로의 출구	시행령 39조	–	–	
			계단 및 복도	시행령 48조	–	–	
			비상탈출구	기준 25조 2항	–	–	
			옥상광장 및 헬리포트 구조공간	시행령 40조	–	–	
			피난용 승강기	규칙 29조	–	–	
연소 확대 방지 시설	연기 및 연소 확대 방지 ⇩	반능동적	방화셔터(방화구획의 일부)	시행령 46조	–	–	화염, 연기 화재확대 방지
		수동적	주요 구조부의 내화구조	시행령 56조	–	–	1. 건축물 붕괴 방지 2. 화염, 연기 화재확대 방지(구획화) 3. 화재진행속도 지연 4. 발화방지
			방화구조	시행령 2조	–	–	
			방화구획(면, 층, 용도)	시행령 46조	–	–	
			방화문의 구조	시행령 64조	–	–	
			방화벽	시행령 57조	–	–	
			경계벽	시행령 55조	–	–	
			마감재료(내부, 외부)	시행령 61조	–	–	
			방염처리	–	20조		
소화 활동 설비	공공(소방관) 소화 활동 ⇩ 진화	능동적	소화용수설비	–	15조	401 ~ 402	1. 소방관 화재진압능력 향상 2. 효율적인 화재진압
			제연설비	–	15조	501, 501A	
			연결송수관설비	–	15조	502	
			연결살수설비	–	15조	503	
			비상콘센트설비	–	15조	504	
			무선통신보조설비	–	15조	505	
			배연설비(거실)	시행령 51조	15조	–	
			비상용 승강기	시행령 90조	–	–	
		수동적	막다른 도로	시행령 3조의3	–	–	1. 소방차의 접근가능 2. 구조 · 구급 공간의 확보
유지 관리 설비	평상시 유지 관리	능동적	방재센터(system/수신기 등)	–	–	101	요구되는 기능
		수동적	방재센터(위치)	특별법 16조	–	101	1. 화재 진압관리 2. 피난의 지휘

(4) 국토교통부 · 소방청의 방재영역 구분

국토교통부는 수동적 시스템에 관한 내용을 규정하고 있고, 소방청은 능동적 시스템에 관한 내용을 규정하고 있다.

분야	구분기준	세부사항	국토교통부 (허가 · 확인 행정)	소방청 (성능유지, 점검, 지도행정)
건축물의 생애주기 (life cycle)	건물의 생애주기와 동일 이상	주요 구조부 등 구조체	◎	–
	건물의 생애주기 미만	기계시스템, 내장재료, 칸막이	○	◎
재질	주요 구조부 및 구조체 인프라(infra)	구조체 및 구조체의 성능 보장을 위한 내화피복	◎	–
	비구조부 구획화	장식, 흡음, 단열	○	◎
성능	내화성능(열)시험	방화문, 셔터, 내화재료(판, 충진재)	◎	○
	감지 · 작동 시험	감지부, 기계시스템	–	◎
방호개념	수동적 : 자연형	방화구획 등	◎	○
	능동적 : 기계형	스프링클러 등	–	◎
	반기계적	방화문, 셔터, 배연창, 수막	○	◎
설계대상	건축대지 및 도로	대지 내 공지, 소방도로	◎	○
	시스템 관련	방재시스템	○	◎

[비고] ◎ : 고유 업무영역, ○ : 일부 내용이 포함되어 있는 업무영역

(5) 방재영역 구분의 쟁점사항

1) 방화셔터(semi-active)

① 방화셔터는 기계력을 이용하는 능동적 설비이나 개념상 방화구획을 구획하는 구획재로 사용되고 있다. 따라서, 국내에서는 건축법을 통하여 다루고 있으나 이는 방화구획을 대체하는 개념이 아니라 보완하는 개념이다. 따라서, 방화셔터는 보완재로 그 사용을 최소화하여야 한다.

② 국내 규정에는 방화셔터의 사용을 시 · 도조례로 정하게 되어 있지만, 실제로 제한하고 있지는 않고 방화구획의 대체재로 사용되고 있다.

반기계적 시스템(semi active system)

① 방화셔터와 같이 기능상으로는 건축적(passive)이지만 형태상이나 동작은 설비(active)와 같은 시설을 말한다.

② 화재의 한정을 기계력에 의존하기 때문에 화재에 대한 내력과 신뢰도 확보가 요구된다.

③ 신뢰도가 낮으므로 사용을 지양하여야 한다.

2) 마감재료(건축법)와 실내장식물의 방염 범위의 한계
   ① 건축법 : 내 · 외부 마감재료
   ② 소방법 : 실내장식물 및 방염 관련 사항
3) 방 · 배연의 영역
   ① 건축법 : 배연창, 기계식 방 · 배연은 건축법에서 소방법의 관련 규정에 따르도록 소방법에 일임하고 있다.
   ② 소방법 : 거실, 부속실 제연설비
4) 방재센터 : 방재센터의 중요성에 근거, 그 실의 위치, 규모 등은 건축설계 차원의 문제로 이에 관한 규정을 건축법에 명시하는 것이 적합하나 현재는 초고층과 지하연계 복합건축물에 관해서만 설치를 강제하고 있고 소방법에서는 직접적인 규정이 없어서 화재안전기술기준의 제어반 설치를 준용하고 있다.

(6) 건축법과 소방법의 상호관계

1) 화재안전을 위한 건축적 투자와 설비적 투자는 상호 반비례 관계가 있다고 말할 수 있다. 즉, 건축물의 화재에 대한 방호성능이 우수할수록 소방시설의 투자비는 적어도 된다. 그러나 건축물의 방호성능을 높이기 위한 방화구획 등은 건축물의 활용가치를 저하할 수밖에 없으므로 이를 이용하여 방호성능을 높이는 데는 한계가 있다. 따라서, 이 한계에 대한 대응책으로 방화성능을 구현하는 소방설비가 필요하게 되는 것이다. 결론적으로 건축에서의 방화상 한계점은 소방설비로 보완될 수 있다고 할 수가 있다.
2) 예를 들어 고층 건물에서 10층 이하의 층은 바닥면적 1,000[m^2] 이내마다 방화구획을 해야 하지만, 스프링클러 기타 이와 유사한 자동식 소화설비를 설치한 경우에는 바닥면적 3,000[m^2] 이하마다 구획할 수 있다. 따라서, 1개 방화구획의 면적을 1,000[m^2]보다 크게 하려면 스프링클러(sprinkler)설비인 능동적 시스템을 보완하면 된다. 이처럼 능동적 설비를 이용하여 수동적 설비의 제한을 보완하여 사용할 수 있는 것이다.

SECTION 005

화재안전기준의 이원화

129회 출제

01 개요

(1) 성능기준과 기술기준으로의 이원화

1) 성능기준 : 화재안전 확보를 위하여 재료, 공간 및 설비 등에 요구되는 안전성능으로서 소방청장이 고시로 정하는 기준

2) 기술기준 : 성능기준을 충족하는 상세한 규격, 특정한 수치 및 시험방법 등에 관한 기준으로서, 행정안전부령으로 정하는 절차에 따라 소방청장의 승인을 받은 기준

(2) 변경 사항

1) 변경 내용

ㅇㅇ 화재안전기준(NFSC) → ㅇㅇ 화재안전성능기준(NFPC)

ㅇㅇ 화재안전기술기준(NFTC)

2) 적용 시기 : 2022년 12월 1일

(3) 개정의 배경

1) 신기술 및 신제품의 신속한 도입의 필요성 부각

2) 화재안전성능기준은 고시형태의 행정절차로서, 개정에 4개월 이상의 기간이 필요하지만 기술기준은 공고로 개정작업이 기존 고시 수준보다 한층 수월해짐

3) 고시(성능기준), 공고(기술기준)로 이원화하여 기술기준 적용의 신속성 확보

02 화재안전성능기준과 화재안전기술기준의 비교

구분	화재안전성능기준	화재안전기술기준
영문	NFPC	NFTC
관점	목표	수단과 방법
내용	화재안전 확보를 위해 재료나 공간, 설비 등에 요구되는 안전 성능 규정	성능기준에서 정한 기준을 충족하기 위한 상세 규격
형식	고시	공고
절차	소방청(소방분석제도과) → 소방청 고시(행정규칙 제·개정 절차를 따름)	국립소방연구원(화재안전기술기준위원회) → 소방청 승인 → 소방청 공고

구분	화재안전성능기준	화재안전기술기준
구성	① 구성 : 조, 항, 호, 목 형식(구 화재안전기술기준과 동일) ② 성능기준 작성 : 기본규격 및 규제사항 ㉠ 수치는 최소화하고, 기본개념 또는 중요개념 위주로 작성(단, 구제사항은 포함함) ㉡ '항'까지만 작성하는 것이 원칙	① 구성 : 코드번호 형식 도입 ② 기술기준 작성 : 성능기준을 포함하는 상세규격 ㉠ 기술기준만으로도 소방시설의 설치 및 관리가 가능하도록 작성 ㉡ 일부 모호한 정의 수정 및 신규 용어 정의 추가
비교	① '조'[예 제4조(수원)] ② '항'(예 제4조 제1항)	① ○○(예 2.1 수원) ② ○○○(예 2.1.1 수원은 ~)

03 고시와 공고의 차이

(1) 고시와 공고의 차이(법제처 해석)

구분	고시	공고
공통점	공고문서(행정기관이 일정한 내용을 일반에게 알리기 위한 문서)	
법령 근거	필요함	필요 없음
효력	개정, 폐지가 없는 한 지속	단기·일시적

[비고] 고시와 공고에 대한 명백한 이론적 구분이 없어 법제처에서 차이를 해석해 줌

(2) 법규 체계와 행정명령의 근거

구분		개정 주체	종류	비고
헌법		국민	헌법	법률의 근거와 범위가 되는 기준
법률		국회의원	법	국민의 권리와 의무를 규정, 제한
명령	법규명령	대통령	시행령	법률이 있을 때 해당 법률을 시행하기 위한 상세한 내역을 규율하는 명령으로써 대통령령
		국무총리, 장관	시행규칙	시행령이 있을 때 그에 대한 상세한 내역을 규율하기 위한 것으로, 실제 시행과 관련된 행정부서에서 제정
	행정명령	각 부처장	고시	법령이 정하는 바에 따라 일정한 사항을 일반에게 알리기 위한 문서
			훈령	상급기관이 하급기관 또는 소속공무원에 대하여 장기간에 걸쳐 그 권한의 행사를 일반적으로 지시하기 위하여 발하는 명령
			예규	행정사무의 통일을 기하기 위하여 반복적인 사무의 처리기준

SECTION 006

설계화재 시나리오(fire scenario)

104 · 103 · 100 · 96 · 83회 출제

01 개요

(1) 정의

다수의 발생 가능한 화재 시나리오 중 어떤 화재가 잠재적으로 최악의(worst), 확실한(credible) 위험이 될 것인가에 대한 공학적인 판단(결정론적, 정성적), 관련 코드, 사례, 공학 데이터(확률론적, 정량적)의 정보검토를 통해 선택한 시나리오이다.

(2) 코드에서 제공하는 정보, 설계대상 건축물의 위험성과 위험도 분석결과를 종합적으로 검토하여 최소 3개 이상의 시나리오를 선택하는 것이 바람직하다.

(3) 성능위주설계(PBD)의 필수 구성요소

화재제어, 진압, 피난, 내화설계 등

(4) 화재 시나리오의 영향인자

연소특성, 건축특성, 거주자 특성으로 구분(SFPE engineering guide to performance-based fire protection)한다.

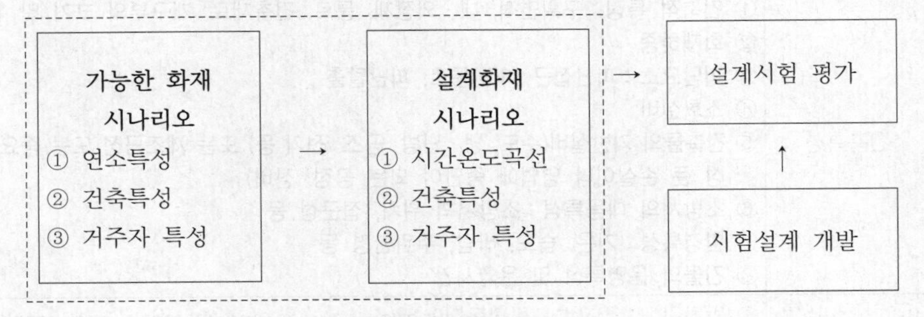

▌설계화재의 진행과정[1] ▌

02 설계화재 시나리오

(1) 작성방법

1) 가능한 화재 시나리오를 구성한다.

1) SFPE 5th Fig. 37.5 Process for identifying design fire scenarios

2) 가능한 시나리오 중 설계에 적용할 화재 시나리오를 압축 또는 선별한다.

3) 화재 시나리오를 채택한다.

(2) 평가

다음 중 한 가지 이상은 현실성이 있어야 한다.

1) 발화점

2) 화재강도와 화재성장속도

3) 연기발생

(3) 시나리오 구성요소

1) 발화요소(발화원, 위치 및 재료, 다른 발화 물품)

2) 최소한 한 개의 열방출곡선

3) 점유자의 위치

4) 점유자 특성

5) 특수요소(차폐, 설비상태 불량, 개방된 문)

03 설계화재 시나리오의 3가지 특성

(1) SFPE 기준

구분	내용
건축특성	① 건축적 특징 : 구획면적, 내 · 외장재, 통로, 건축재료, 개구부의 크기 및 위치 등 ② 화재하중 ③ 피난요소 : 피난접근, 피난통로, 피난탈출 ④ 소화설비 ⑤ 건축물의 기반설비(수도, 냉 · 난방, 공조, 전기 등) 또는 제조공정 또는 중요장비(재산상 큰 손실이나 영업에 중단이 되는 공정, 장비) ⑥ 소방서의 대응특성 : 소방서의 위치, 접근성 등 ⑦ 환경특성 : 기온, 습도, 바람, 주위환경 등 ⑧ 건물의 운영특성 및 운영시간
연소특성	① 발화원 및 첫 번째 발화물질(ignition sources and materials first ignited) ② 두 번째 발화물질 : 첫 번째 가연물로부터 연소확대를 시키는 매개로 화재성장의 중요인자 ③ 시간온도곡선(design fire curves) : 시간에 따른 열방출률로 표현하고, 이는 화재의 성장, 최성기, 쇠퇴기 등의 사건으로 구성
거주자 특성	① 점유자의 수와 밀도 ② 점유자 특성(특정 또는 불특정, 신체 및 인지능력, 사회적 소속, 역할과 책임, 위치, 성별, 문화, 나이 등)

(2) 국내기준(일반설계도서)

구분	내용
건축특성	① 건축물의 높이, 연면적 및 실크기 ② 가구와 실내 내용물 ③ 개구부 크기 및 형태
연소특성	① 연소 가능한 물질들과 그 특성 및 발화원 ② 최초 발화원과 발화물의 위치
거주자 특성	① 점유자의 수와 장소 ② 점유자 특성

(3) NFPA Code 101(2021) 5.4에서는 화재 시나리오 구성 시 최소한 다음 내용을 포함하도록 규정한다.

1) 명확한 기준제시(clear statement)
   ① 성능기반설계에 사용되는 설계사양 및 기타 조건을 명확하게 명시한다.
   ② 현실적이고 지속 가능한 것을 표시한다.
2) 가정 및 설계사양 데이터(assumptions and design specifications data)
3) 건축특성(building characteristics)
   ① 특정 건물의 특수한 내용, 장비 또는 설계사양 등
   ② 거주자의 행동
   ③ 화재의 성장 속도에 영향 등
4) 건물형태 및 시스템의 운영 상태 및 효과(operational status and effectiveness of building features and systems)
5) 거주자 특성(occupant characteristics)
   ① 응답특성(response characteristics)
   ② 거주자 위치(location)
   ③ 거주자 수(number of occupants)
   ④ 관리자의 존재 및 수(staff assistance)
6) 비상대응인원(emergency response personnel)
7) 건설 후 조건(post-construction conditions) : 건설 후 변경되는 조건들을 고려한다.
8) 오프사이트 조건(off-site conditions)
   ① 건물의 디자인 특성
   ② 특수목적에 의해 설계된 특징 등
9) 가정의 일관성(consistency of assumptions)
10) 특별조항(special provisions) : 설계사항에 포함되지 않은 추가사항
   ① 화재 예방 시스템의 신뢰성을 높이기 위해 주기적으로 시험 및 유지보수를 실시한다.

② 신뢰성을 높이기 위한 이중화 시스템
③ 화재감지를 향상하고 화재대응절차를 돕는 현장 경비업무
④ 직원 교육
⑤ 비상 대응요원의 가용성 및 성과
⑥ 기타 요인

04 시나리오의 적용

(1) 하나의 건물에 여러 가지 서로 다른 화재 시나리오가 적용되어야만 한다.

(2) 필수적 시나리오

1) 구조적 위험을 고려한 상황
2) 인명안전 위험을 고려한 상황

(3) 각종 화재에 대응하여 최소한 세 종류의 시나리오를 고려한다.

1) 높은 빈도수, 작은 피해
2) 낮은 빈도수, 큰 피해
3) 특수문제
① 스프링클러의 고장[스프링클러(S/P) shut off]
② 감지/경보설비의 일시적 고장
③ 방화
④ 지진 등 천재지변 후의 소방설비의 상태 악화

05 성능위주의 관점에서 제정된 표준 시나리오[NFPA 101, 인명안전코드(life safety code)의 제5장][2)]

(1) 설계화재 시나리오 1

1) **특징** : 발생 가능성이 가장 큰 일반적인 화재
2) 주요 내용
① 재실자 특성(occupant activities)
② 재실자의 수와 위치(number and location of occupants)
③ 실크기(room size)
④ 가구와 실내 장식물(contents and furnishings)
⑤ 가연물의 특성과 점화원(fuel properties and ignition sources)

2) NFPA 101 Chapter 5 Performance-Based Option. 5.5.3 required Design Fire Scenarios를 번역한 것임

⑥ 환기조건(ventilation conditions)

⑦ 최초 착화물과 위치(identification of the first item ignited and its location)

(2) 설계화재 시나리오 2

1) 특징 : 내부 문들이 개방된 상태에서 주 피난로에 화재가 발생하여 아주 빠르게 성장하는 화재(ultra fast - developing fire)

2) 위험성 : 화재 시 이용 가능한 피난방법의 수가 감소한다.

(3) 설계화재 시나리오 3

1) 특징 : 사람이 거주하지 않는 실에서 화재가 발생한다.

2) 위험성 : 건축물 내의 재실자가 없는 장소에서 화재가 발생하여 많은 재실자가 있는 장소로 화재가 확대되는 상황이다.

(4) 설계화재 시나리오 4

1) 특징 : 많은 사람이 있는 실에 인접한 은폐된 벽이나 천장 부근 공간 등에서 발생한 화재

2) 위험성 : 화재감지설비나 자동화재진압설비가 없는 은폐된 공간에서 화재가 발생하여 많은 재실자가 있는 곳으로 화재가 확산하는 상황이다.

(5) 설계화재 시나리오 5

1) 특징 : 많은 거주자가 있는 장소에 인접하고, 소방설비의 작동이 미치지 못하는 장소에서 천천히 성장하는 화재

2) 위험성 : 진압이 지체되어 작게 시작되는 화재지만 대형 화재를 일으킬 수 있는 화재이다.

(6) 설계화재 시나리오 6

1) 특징 : 일반건물에서 화재하중이 가장 큰 장소에서 발생한 가장 가혹한 화재

2) 위험성 : 재실자가 있는 공간에서 급격하게 성장하는 화재이다.

(7) 설계화재 시나리오 7

1) 특징 : 외부에서 발생한 화재가 당해 건물로 확대되는 경우

2) 위험성 : 건물에서 떨어진 장소에서 화재가 발생하여 건물 내부로 화재가 확대되거나, 피난로를 차단하거나, 거주할 수 없는 조건을 만드는 화재이다.

(8) 설계화재 시나리오 8

1) 특징 : 수동적(passive) 및 능동적(active) 소방수단이 작동하지 않은 경우의 화재

2) 위험성 : 소방설비 또는 소방시설의 신뢰도가 떨어지는 상태 또는 사용할 수 없는 상태인 최악의 상태이다.

06 화재 및 피난 시뮬레이션의 시나리오 작성 기준(2022년 폐지) 132회 출제

(1) 공통사항

1) 시나리오는 실제 건축물에서 발생 가능한 시나리오를 선정하되, 건축물의 특성에 따라 제2호의 시나리오 적용이 가능한 모든 유형 중 가장 피해가 클 것으로 예상하는 최소 3개 이상의 시나리오에 대하여 실시한다.

2) 시나리오 작성 시 시나리오 적용기준에 따른 기준을 적용한다.

(2) 시나리오 유형

1) 시나리오 1

① 건물용도, 사용자 중심의 일반적인 화재

② 시나리오에 포함되어야 할 내용

㉠ 건물사용자 특성

㉡ 사용자의 수와 장소

㉢ 실크기

㉣ 가구와 실내 내용물

㉤ 연소 가능한 물질들과 그 특성 및 발화원

㉥ 환기조건

㉦ 최초 착화물과 위치

③ 설계자가 필요한 경우 기타 시나리오에 필요한 사항을 추가할 수 있다.

2) 시나리오 2

① 내부 문들이 개방되어 있는 상황에서 피난로에 화재가 발생하여 급격한 화재연소가 이루어지는 상황

② 화재 시 가능한 피난방법의 수에 중심을 두고 작성한다.

3) 시나리오 3

① 사람이 상주하지 않는 실에서 화재가 발생하지만, 잠재적으로 많은 재실자에게 위험이 되는 상황

② 건축물 내의 재실자가 없는 곳에서 화재가 발생하여 많은 재실자가 있는 공간으로 연소확대되는 상황이다.

4) 시나리오 4

① 많은 사람이 있는 실에 인접한 벽이나 덕트 공간 등에서 화재가 발생한 상황

② 화재감지기가 없는 곳이나 자동으로 작동하는 화재진압시스템이 없는 장소에서 화재가 발생하여 많은 재실자가 있는 곳으로 연소확대가 가능한 상황이다.

5) 시나리오 5

① 많은 거주자가 있는 아주 인접한 장소 중 소방시설의 작동범위에 들어가지 않는 장소에서 아주 천천히 성장하는 화재

② 작은 화재에서 시작하지만 큰 대형 화재를 일으킬 수 있는 화재이다.

6) 시나리오 6

① 건축물의 일반적인 사용 특성과 관련, 화재하중이 가장 큰 장소에서 발생한 아주 심각한 화재

② 재실자가 있는 공간에서 급격하게 연소가 확대되는 화재이다.

7) 시나리오 7

① 외부에서 발생하여 본 건물로 화재가 확대되는 경우

② 본 건물에서 떨어진 장소에서 화재가 발생하여 본 건물로 화재가 확대되거나 피난로를 막거나 거주할 수 없는 조건을 만드는 화재이다.

상기 규정은 NFPA 101에서 가지고 온 것으로 시나리오 8번은 제외되었다(시나리오 8 : 설비의 고장).

(3) 시나리오 적용기준 104회 출제

1) 인명안전 기준

구분	성능기준		비고
호흡한계선	바닥으로부터 1.8[m] 기준		–
열에 의한 영향	60[℃] 이하		–
가시거리에 의한 영향	용도	허용가시거리 한계	단, 고휘도 유도등, 바닥유도등, 축광유도표지 설치 시 집회시설, 판매시설 7[m] 적용 가능
	기타 시설	5[m]	
	집회시설 판매시설	10[m]	
독성에 의한 영향	성분	독성기준치	기타, 독성가스는 실험결과에 따른 기준치 적용 가능
	CO	1,400[ppm]	
	O_2	15[%] 이상	
	CO_2	5[%] 이하	

[비고] 이 기준을 적용하지 않을 경우 실험적 · 공학적 또는 국제적으로 검증된 명확한 근거 및 출처 또는 기술적인 검토 자료를 제출하여야 한다.

2) 피난가능시간 기준(피난지연시간)[3]

(단위 : min)

용도	$W1$	$W2$	$W3$
사무실, 상업 및 산업건물, 학교, 대학교 (거주자는 건물의 내부, 경보, 탈출로에 익숙하고, 상시 깨어 있음)	< 1	3	> 4
상점, 박물관, 레저스포츠센터, 그 밖의 문화 · 집회시설 (거주자는 상시 깨어 있으나, 건물의 내부, 경보, 탈출로에 익숙하지 않음)	< 2	3	> 6
기숙사, 중 · 고층 주택 (거주자는 건물의 내부, 경보, 탈출로에 익숙하고, 수면상태일 가능성 있음)	< 2	4	> 5
호텔, 하숙용도 (거주자는 건물의 내부, 경보, 탈출로에 익숙하지도 않고, 수면상태일 가능성 있음)	< 2	4	> 6
병원, 요양소, 그 밖의 공공 숙소 (대부분의 거주자는 주변의 도움이 필요함)	< 3	5	> 8

[비고] • $W1$: 방재센터 등 CCTV 설비가 갖춰진 통제실의 방송을 통해 육성 지침을 제공할 수 있는 경우 또는 훈련된 직원에 의하여 해당 공간 내의 모든 거주자가 인지할 수 있는 육성 지침을 제공할 수 있는 경우
• $W2$: 녹음된 음성 메시지 또는 훈련된 직원과 함께 경고방송을 제공할 수 있는 경우
• $W3$: 화재경보신호를 이용한 경보설비와 함께 비훈련 직원을 활용할 경우

3) 수용인원 산정기준

(단위 : 1인당 면적[m^2])

사용용도	[m^2/인]	사용용도	[m^2/인]
집회용도		상업용도	
고밀도지역 (고정좌석 없음)	0.65	피난층 판매지역	2.8
저밀도지역 (고정좌석 없음)	1.4	2층 이상 판매지역	3.7
		지하층 판매지역	2.8
벤치형 좌석	1인/좌석길이 45.7[cm]	보호용도	3.3
고정좌석	고정좌석 수	의료용도	
취사장	9.3	입원치료구역	22.3
서가지역	9.3	수면구역(구내 숙소)	11.1
열람실	4.6	교정, 감호용도	11.1
수영장	4.6(물표면)	주거용도	
수영장 데크	2.8	호텔	18.6
헬스장	4.6	아파트	18.6
운동실	1.4	대형 숙식주거	18.6
무대	1.4	기숙사	18.6

3) 현 기준에서 위의 표 명칭이 피난가능시간 기준으로 되었지만 RSEA의 구성요소인 피난지연시간이 정확한 표현이다. SFPE 3-13 Movement of People : The Evacuation Timing

사용용도	[m^2/인]	사용용도	[m^2/인]
접근 출입구, 좁은 통로, 회랑	9.3	공업용도	
카지노 등	1	일반 및 고위험공업	9.3
스케이트장	4.6	특수공업	수용인원 이상
교육용도		업무용도	9.3
교실	1.9	창고용도 (사업용도 외)	수용인원 이상
매점, 도서관, 작업실	4.6		

07 결론

(1) 화재 시나리오는 화재 제어 · 진압, 피난, 내화설계 등의 PBD의 필수 구성요소이며, 설계의 기본이므로 대상물의 건축특성, 거주자 특성, 연소특성에 적합한 화재 시나리오 구성이 필요하다.

(2) 화재 시나리오는 화재모델링에 데이터로 정확하게 환산되어야 적정한 모델링의 값을 가질 수 있으므로 그 구성요소가 되는 화재 시나리오가 중요하다고 할 수 있다.

(3) 화재 + 피난 시뮬레이션의 커플링 필요 132회 출제

1) 화재 · 피난 시뮬레이션의 연동기법

① Non-Coupling : 화재 · 피난 시뮬레이션을 각각 독립 수행하여 특정지점에서의 ASET과 RSET을 비교하는 방식

② Semi-Coupling : 화재 · 피난 시뮬레이션의 결과 화면을 겹쳐보는 방식

③ Coupling

㉠ 화재 시뮬레이션 결과인 화재의 영향을 피난 시뮬레이션에서 연동하여 수행하는 방식

㉡ Semi-Coupling도 Coupling으로 같이 분류하기도 함

2) 필요한 이유

화재 · 피난 시뮬레이션을 위해 각각 별개의 프로그램을 사용하여 독립적으로 ASET과 RSET을 계산하고 단순 비교함으로써 해당 건축물의 인명안전성을 판단하여 왔다. 그러나 이 방식은 화재로 인한 열과 연기의 유동이 재실자의 피난동선에 어떠한 영향을 미치는지 계산하지 못하기 때문에(예를 들어, 피난자가 화염 위를 아무렇지도 않게 통과하는 경우도 발생하기도 함) 실제 화재 상황에서 인명피해의 주요 원인이라고 할 수 있는 연기에 의한 질식, 화염의 열에 의한 소사를 전혀 반영하지 못할 뿐만 아니라 설계자가 의도대로 결과를 유도할 수 있다는 문제가 제기되고 있기 때문에 두 개의 시뮬레이션을 병행하여 상호 보완할 필요가 있다.

SECTION 007 설계화재(design fire)

01 개요

(1) 정의

해당 건축물에 발생이 예상되는 화재를 시간의 경과에 따른 열방출률이나 화재의 크기로 나타내어 그것을 가지고 이에 대응할 수 있는 설계를 하기 위한 화재예측이다.

(2) 설계대상의 화재를 열방출률(에너지)로 나타낸 것이다.

1. BOCA(Building Officials and Code Administrator International)
   ① 사람이 거주하는 공간의 설계화재 크기 : 최소 4.7[MW] 이상
   ② 그 외의 공간의 설계회재 크기 : 2.1[MW] 이상
2. BOCA : 미국의 제품안전기준과 규격을 설정하는 기관

02 NFPA(National Fire Protection Association)의 설계화재

(1) 실제 설계적용

화재발화부터 감쇠기까지 설계화재가 다 필요한 것은 아니다.

(2) NFPA 72(감지기) or 204(거실제연)

화재성장기의 곡선

(3) NFPA 92(급기가압)

최성기에서의 온도로, 현재 설계화재 온도를 약 930℃로 정하고 있다.

(4) NFPA 5000(내화설계)

최성기의 온도와 지속시간

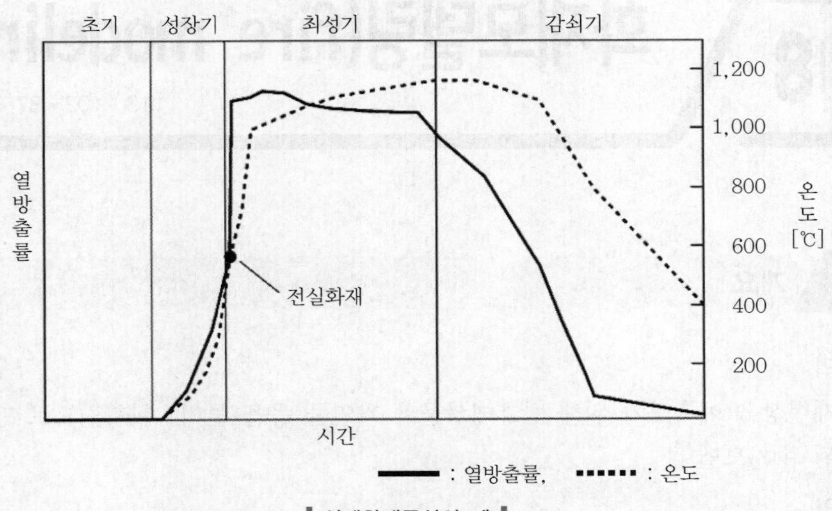

▌설계화재곡선의 예▐

03 설계화재 활용

(1) 성능위주의 설계를 하기 위한 기본 자료

1) 설계화재를 설정하는가에 따라서 설계의 품질이 결정된다.

2) 설계화재가 과하면 설비가 과다한 과다설계가 되어 비용이 낭비되고, 설계화재가 약하면 화재를 효과적으로 제어 및 진압하는 것이 곤란해져 무용의 설비가 되어 큰 재해를 유발된다.

(2) 설계화재는 실제 발생하는 화재와 가장 근접한 결과를 도출해야 한다.

1) 각종 실험 데이터, 기존 사례 및 연구결과, 경험 및 건축물의 화재하중, 각종 영향인자 등과 변수 등을 고려한다.

2) 다양한 요소들을 공학적으로 정량화시켜 수치화하고 이것을 이용해 적정한 대응이 가능하도록 설비 및 구조체의 설계가 가능하다.

3) 최적의 설계이고 위험을 제거할 수 있는 적절한 비용을 수반하는 설비와 구조체를 통해 안전을 담보할 수 있다.

SECTION 008

화재모델링(fire modeling)

113 · 102 · 87 · 79회 출제

01 개요

(1) 정의

화재현상을 예측하기 위해 방호대상물과 가연물 등을 물리·화학적으로 단순화시켜 구성된 수치모델

(2) 의의

1) 성능위주의 설계(PBD)에 의한 설계안의 목적, 목표 달성 여부를 평가할 수 있다.

2) 화재모델을 통해 연소특성을 해석, 규명하는 일련의 과정이다.

(3) 화재모델링은 실제로 실험을 하는 물리적 화재모델링과 방정식과 컴퓨터를 이용한 수학적 모델링로 구분할 수 있다.

(4) 피난안전(life safety)의 경우 치명적인 화재영향에 사람을 노출시켜야 하므로 시험방법을 사용할 수 없어 수학적 모델링에 의한 평가방법이 사용된다.

(5) 화재 시뮬레이션의 주요 분석내용

1) 연기층의 확대 : 시간대별 연기층 높이의 변화

2) 연기의 유동성 : 이산화탄소나 산소 등의 시간대별 농도변화

3) 화염전파 : 시간대별 열유속의 변화 등

(6) 모델링 방법의 구분

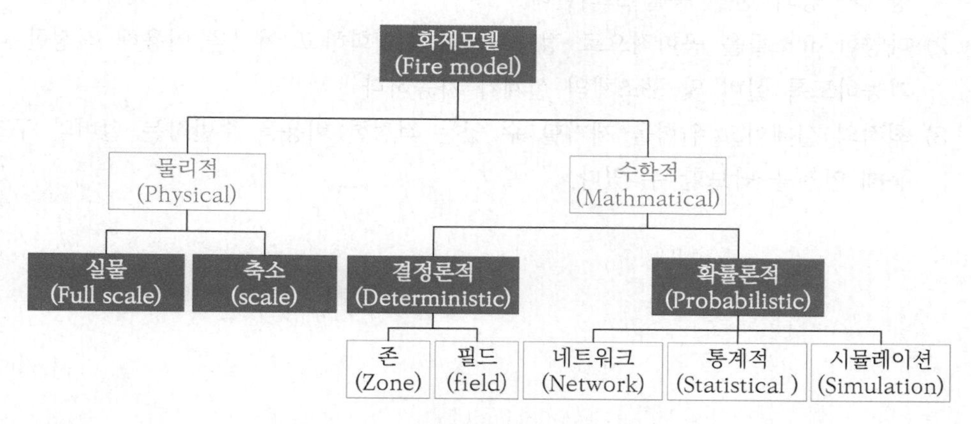

▌화재모델링의 구분 ▌

1. 화재모델(fire model) : 화재모델링의 산출물
2. 화재 시뮬레이션(fire simulation) : 화재모델을 시간의 흐름상에 구현하기 위한 방법론

02 분류

(1) 물리적 모델(physical)

1) 실물모델(full scale model)

2) 축소모델(scale model)

(2) 수학적 모델(mathematical)

1) 결정론적 모델(deterministic)

① 정의 : 물리적 법칙, 화재실험 자료를 기초로 한 계산식을 이용한 모델

② 특징

㉠ 가변적인(random) 변수가 아닌 고정된 수치를 가지고 분석하는 분석방법으로 구조화된 컴퓨터 시뮬레이션이 필수이다.

㉡ 특수한 물리적 상황을 근거로 한 모델링을 통해 화재상황을 구현한다.

③ 종류

㉠ 컴퓨터 유체역학(CFD, field)모델

㉡ 존(zone) 모델

㉢ 특수목적모델

㉣ 수작업모델

2) 확률론적 모델(probabilistic model)

① 정의 : 불확실한 미래의 사실을 확률적으로 나타낸 모델

② 특징 : 가능한 모든 시나리오에 대해 위험도의 크기를 정량화하여 사회적 허용 기준치와 비교하는 기법으로 위험도에 기반을 둔 성능분석(위험성 평가)이라고도 한다.

③ 건축물 화재 위험성(risk) 분석의 목적

㉠ 건축물의 설계, 시공 및 운영 과정에서 내려야 하는 광범위한 의사결정을 더욱 잘하기 위해 화재관련 위험(risk)을 특성화하고 포괄적으로 이해하는 것이다. 따라서, 복합적 요소들의 정량적 분석이 가능하므로 효과적인 대안 선정이 가능하다.

㉡ 건물에서 화재위험을 이해하고 특성을 파악하는 과정이다.

④ 모델링의 방법론

㉠ 개별 시나리오의 위험도의 크기는 손실(loss)과 발생확률(F)로 표현한다.

㉡ 손실(loss) : 일반적으로 재실자의 사망, 금전적 손실 등

㉢ 활용 : 특정 방재시스템의 효과 혹은 최악의 시나리오를 선정한다.

⑤ 확률론적 해석기법의 한계

㉠ 분석기법의 표준화(standard)가 부족하다.

- 도입단계로 다양한 분석기법에 비해 통일된 표준화(standard)가 부족하다.
- 위험도를 평가할 수 있는 객관적인 사회적 허용기준치가 미비하다.

㉡ 객관적 자료의 부족

- 적합한 통계자료의 부족 및 분기확률의 산정 근거가 미비하다.
- 화재방호 시스템의 유효성, 신뢰성 판단에 어려움이 있다.

㉢ 많은 시나리오

- ETA에 의해 구성된 모든 시나리오에 대해 방재 시뮬레이션을 수행, 손실을 산정하므로 많은 시간과 비용이 수반한다.
- 방재 시뮬레이션 코드의 한계 등으로 인해 구성할 수 없는 시나리오가 발생할 수 있다.

㉣ 개인적 편차

- 공학적 전문지식, 관련 소프트웨어 습득, 해석결과의 분석 등이 어려워 숙련화가 곤란하다.
- 분석기법상 주관적 판단이 개입할 수 있다.

⑥ 과거의 데이터나 통계가 필수적이다. 이는 DB의 부족을 초래하고 이는 출력부족을 초래한다.

⑦ 복합적 요소들의 정량적 분석이 가능하므로 효과적인 대안선정이 가능하다.

⑧ 종류

㉠ 네트워크 모델(network model)

- 정의 : 아래 그림과 같이 노드에서 노드(네트워크와 연결된 부분)까지의 경로를 표현하는 모델
- 경로로 이동하는 것 : 기체, 에너지 또는 정보 흐름 등
- 사용방정식 : 유동방정식
- 종류
  - 사건수목분석법(ETA : Event Tree Analysis)
  - 결함수목분석법(FTA : Fault Tree Analysis)

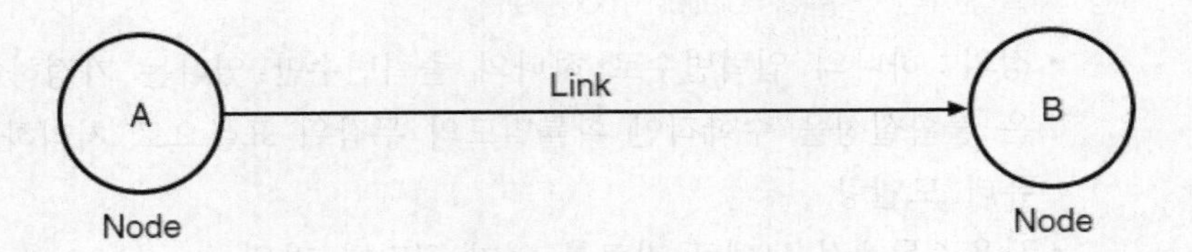

▌네트워크 모델의 링크[4] ▌

㉡ 통계적 모델(statistical models) : 화재모델은 표준정규분포를 가진다(확률값을 알 수 있음). 하지만 화재하중의 경우에는 로그정규분포를 가진다.

1. **표준정규분포** : 평균을 0으로 통일화시켜 놓고 표준편차를 1로 통일시켜 놓은 정규분포
2. **로그정규분포** : 상대적인 값의 움직임을 보기 때문에 항상 양(+)의 값을 가지지만, 절대적인 값의 움직임을 보는 정규분포는 음(-)의 값을 가질 수 있다.

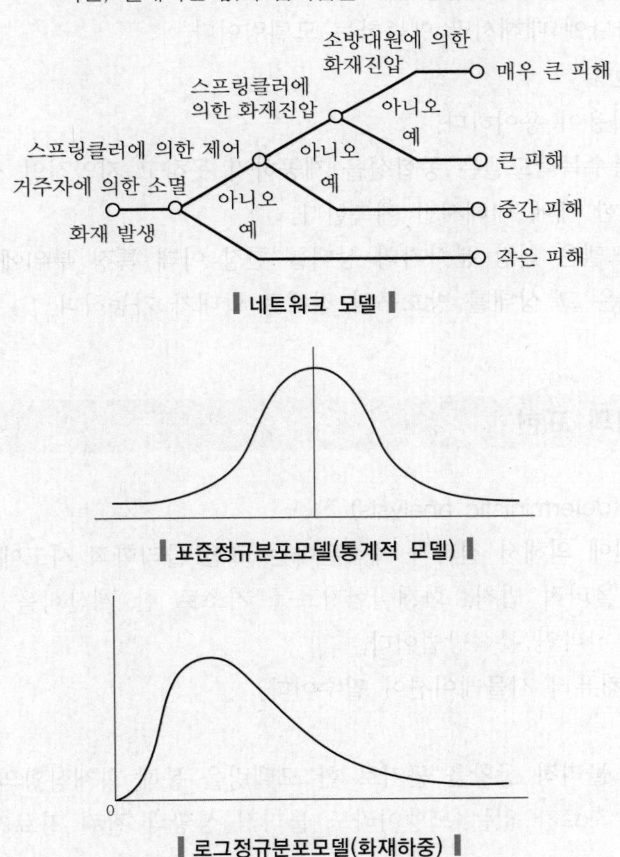

▌네트워크 모델 ▌

▌표준정규분포모델(통계적 모델) ▌

▌로그정규분포모델(화재하중) ▌

4) FIGURE 3.5.6 Network Components 3-103 FPH 03-05 Introduction to Fire Modeling

㉢ 시뮬레이션 모델(simulation models)

- 정의 : 하나의 입력변수로 하나의 출력변수만 있다는 가정하에 화재와 같은 불확실성을 수학적인 확률밀도의 무작위 표본으로 처리하여 나타낸 컴퓨터 모델링
- 사용 : 통계적 모델로 자료를 얻기 곤란한 경우
- 대표적인 평가기법 : 몬테카를로 기법으로 몬테카를로 기법이란 난수(random number)만을 생성해서 계산(computation)하는 것으로, 이를 위해서는 수많은 반복적인 계산이 필요하므로 컴퓨터와 같은 중앙처리장치(CPU)를 이용하지 않으면 계산이 곤란하다.

03 특수목적모델(단독모델)

(1) 관심 변수 하나에 대해서만 예측하는 모델링이다.

(2) 존모델과 비교

1) 유사성 : 사용이 용이하다.
2) 차이점 : 특수목적모델은 종합성을 제공하지 못하고 지엽적인 정보만을 제공한다.
3) 관심변수 한 개에 대해서만 예측한다.
4) 특수목적모델은 천장 분사기의 상태를 천장 아래 특정 부위에서만 예측한다. 하지만 존모델은 그 상태를 방호구역 전체로 확대가 가능하다.

04 모델링의 표현

(1) 결정론적 분석(deterministic analysis)

1) 정의 : 원인에 의해서 결과가 예측된다는 고전 물리학적 사고에 기초한 분석방법
2) 분석방법 : 물리적 법칙, 화재실험자료를 기초로 한 계산식을 이용한 하나의 입력에 결과가 하나인 분석방법이다.
3) 구조화된 컴퓨터 시뮬레이션이 필수이다.
4) 특징
   ① 특수한 물리적 상황을 근거로 한 모델링을 통해 화재상황의 구현이 가능하다.
   ② 과거의 자료가 없는 모델이라도 물리적 상황과 관련 자료가 있으면 분석이 가능하다.
5) 표현방법 : 건축물의 인명피해에 대한 결과값은 각 시나리오의 화재 경중에 따라 몇 명의 인원이 위험에 처했는지로 위험을 표현한다.

(2) 확률론적 분석(probabilistic safety analysis)

1) 정의 : 확률에 기초해서 평가하는 방법으로, 사고결과의 크기와 확률을 고려한 종합적인 위험의 개념을 수치적으로 표현한다.

2) 분석방법 : 과거의 화재결과 및 화재발생의 통계적 자료를 이용한 하나의 입력에 결과가 여러 개 발생하는 분석이다.

3) 특징

① 복합적 요소들의 정량적 분석이 가능하다.

② 효과적인 대안선정이 가능하다.

③ 과거의 자료가 없는 모델의 분석은 신뢰도가 낮고 분석하기도 어렵다.

4) 표현방법 : 0.005명/년 정도의 사망자가 나올 확률이 있을 정도로 위험을 표현한다.

(3) 시간 진행형

1) 정의 : 발화에서부터 진화까지의 시간의 진행에 따른 물리적 현상과 인간의 행동을 예측하여 해석하는 방법이다.

2) 특징 : 현재의 지식과 기술로는 합리적인 근거로 예측할 수 없는 것도 예측하는 방법이다.

(4) 기능요건 분해형

1) 정의 : 화재 시 고려하여야 할 각각의 기능적 요인에 대한 표준적인 설계화재를 설정하여 각종 공학적인 계산으로 그 결과가 설계화재의 허용기준을 넘지 않는 것을 확인하는 방법이다.

2) 특징 : 기능요건을 만족한 것인지 근사치를 도입하여 간편한 도구로 검정 가능하다.

05 화재모델의 개발 목적

(1) 화재과정에 대한 다양한 자료를 얻기 위함이다.

(2) 변화하는 다양한 변수들의 효과를 발견하기 위한 다수의 고비용의 실물규모 테스트 수행에 대한 대체방법을 제공한다.

(3) 기존 화재모델 대상에 대한 평가자료(안전성을 검증)로 사용할 수 있다.

(4) 방재시스템 설계조건을 변경하여 반복 시뮬레이션함으로써 보다 효율성이 높은 방재 시스템을 설계 및 채택할 수 있다.

(5) 화재사고조사 및 원인 규명에도 활용할 수 있다.

(6) 화재 시뮬레이션 결과를 고려하여 유사시 효과적으로 대응할 수 있도록 방재계획을 수립할 수 있다.

(7) 건축물의 구조, 내장재 및 수용품에 대한 설계, 배치 등에 사용한다.

06 화재모델링의 입력요소 113 · 109회 출제

(1) 입력조건의 결정인자 : 화재 시나리오와 설계

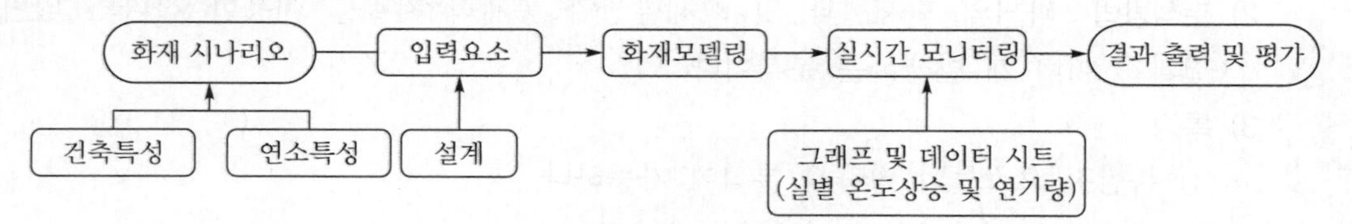

▎화재모델링 절차 개요도 ▎

(2) 건축특성

1) 건축물 용도, 연면적 및 층수
2) 실내외 마감재 및 화재하중 : 연료지배형 화재의 주요 인자
3) 화재실 크기
4) 개구부의 크기, 형태 및 위치 : 환기지배형 화재의 주요 인자
5) 화재실 구조체의 열적 특성 : 단열성, 풍괴 등에 영향

(3) 연소특성

1) 발화원 및 첫 번째 발화 물질
2) 두 번째 발화 가연물 및 화염전파 상태 : 화재의 성장에 중요요소
3) 화재성장곡선 : Slow, Medium, Fast, Ultrafast
4) 플래시오버 및 최성기 화재상태
5) 감쇠기
6) 열과 연기의 고려사항

구분	열	연기
고려 사항	① 열유속(온도) ② 습도 ③ 노출시간	① 연기발생량 ② 연소생성물의 종류 및 농도 ③ 노출시간

(4) 화재 감지

1) 설치조건
2) 수동 · 자동기동
3) 감지기 종류
4) 감지기 감지 특성
5) 경보방법
6) 소화설비, 피난구조설비, 소화활동설비, 일반 건축설비와 연동

(5) 소화설비

1) 설치조건

2) 수계와 가스계의 고려사항

구분	수계	가스계
고려 사항	① 수동 · 자동 기동 ② 기동 지연시간 ③ 수원량 ④ 노즐의 방사량/방사시간 ⑤ 화재 제어/진압	① 수동 · 자동 기동 ② 공간폐쇄 ③ 설계농도 ④ 재발화 여부 : 농도유지시간

07 결론

성능위주의 설계(PBD)에서 화재모델링은 소방설계가 안전한지 아닌지를 판단하는 방법으로 건축물, 화재, 재실자의 특성 및 경제성 등을 고려하여 해당 대상물에 가장 적합한 방식으로 수행하여야 한다.

SECTION

009 시험(test)

01 개요

(1) 설계안의 평가방법에서 모델과 기타 계산방법에 사용할 데이터를 생산하기 위해서는 자료가 되는 시험의 데이터가 필요하다.

(2) 화재의 각종 데이터를 얻기 위해서 그 대상물에 직접 시험하는 것을 시험이라고 한다.

02 표준시험

(1) **정의**

각종 설비와 부품을 미리 결정된 전형적인 규제 위주의 기준들에 대한 만족 여부를 판단하기 위한 시험

(2) **목적**

1) 모델 대신 사용 : 실물시험 결과

2) 모델의 수정을 위한 근거자료

3) 모델의 입력 자료

03 스케일(scale)

구분	소규모 시험(콘칼로리 미터)	중간규모 시험(룸코너, SBI)	실물규모 시험(large scale calorimeter)
내용	① 감지 및 진압장치의 작동 시험 ② 인화성 및 독성 시험 ③ 일반적으로 시험 품목을 기구 속에 넣고 시험	전체 설비가 아닌 문 및 창문 등의 설비부분의 적절성을 판단하기 위한 시험	① 건물과 구조물의 부분 또는 전체 설비의 시험에 사용 ② 시험 대상물을 현장에 설치된 상태와 가장 근사한 조건에서 시험하여, 실제 사용 시의 성능에 가장 가까운 성능을 판단하기 위한 시험
대상	구성재료의 연소특성	단위품목당 연소특성	실규모의 연소특성
시험의 크기	Max 0.1[MW]	Max 1[MW]	Max 10[MW]

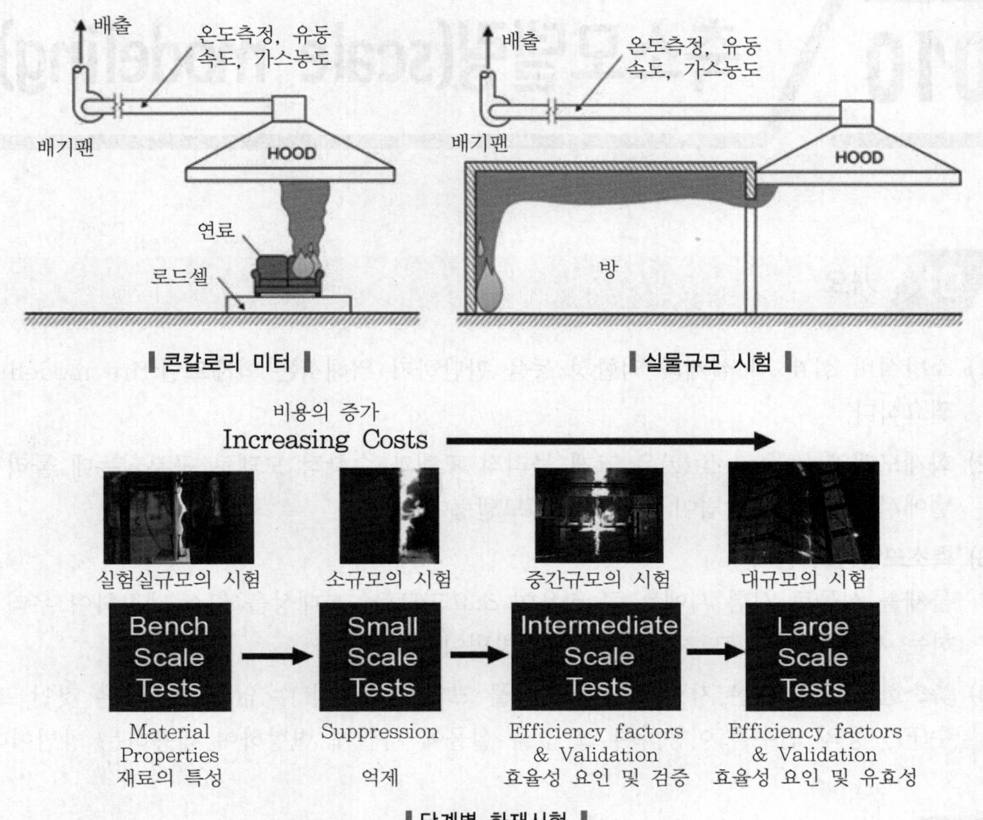

▌콘칼로리 미터▐ ▌실물규모 시험▐

▌단계별 화재시험▐

04 성능시험

화재안전설비가 설계기준에 따라 적절한 성능으로 작동됨을 증명하는 기법으로 사용한다.

SECTION 010

축소모델링(scale modeling)

01 개요

(1) 소방설비 설계 시 설계의 적합성 등을 판단하기 위해서는 화재모델(fire modeling)이 필요하다.

(2) 화재모델(fire modeling)은 크게 물리적 모델과 수학적 모델로 구분되는데 물리적 모델에서 대표적인 방법이 축소(scale)모델링이다.

(3) **축소모델링의 정의**
물체를 실물로 시험 시에는 큰 비용이 소요되므로 그 대상을 축소 제작하여 우리가 원하는 시험을 하고 그 시험값을 얻는 방법이다.

(4) 축소한 값으로 나온 자료를 그대로 실물 크기에 적용할 수 없으므로 나온 것인 프루드 수(Fr) 등의 변수를 이용하여 그 값을 실물에 가깝게 변형하여 적용하는 방법이다.

02 표준시험

(1) 특정 공간을 물리적으로 표현하되, 그 크기를 축소한 형태이다. 실물로 시험을 하는 것이 가장 이상적이나 비용의 발생으로 한계가 있으므로 이를 축소하여 시험하고, 그 값을 실제 크기로 변환시켜 실물화재를 가상한 데이터를 얻을 수 있다.

(2) 아트리움이나 터널 등의 공간에서 제연설비 등의 설계 및 평가 시에 매우 유용한 방법이다.

(3) 점성의 영향이 작은 곳에서 사용한다.

(4) 부력과 기계력이 공존하는 장소의 해석에 적합하다.

03 프루드 상사법칙(Froude similarity law)

$$\mathrm{Fr} = \frac{\mathrm{Re}}{\mathrm{Gr}} = \frac{\text{관성력}}{\text{부력}} = \frac{v^2}{g \cdot l}$$

여기서, Fr : 프루드수
Re : 레이놀즈수
Gr : 그라쇼프수
v : 속도(velocity)
g : 중력(gravity)
l : 대표 길이

1. Re가 큰 경우 : 유동 내의 관성력 > 점성력이 되며 유동은 난류가 된다.
2. Fr > 1 : 관성력의 영향이 중력의 그것보다 훨씬 크다.

(1) 프루드수를 이용해서 축소모델링을 실제 모델링과 같이 확대하여 해석한다. 이는 프루드수의 변수값이 아래와 같이 비례값을 나타내기 때문이다.

(2) **비례값**
1) 온도, 압력 = 1로 비례값이 없다.
2) 시간, 속도 = $\frac{1}{2}$로 비례
3) 대류 열전달, 체적유량 = $\frac{5}{2}$로 비례
4) 열관성(kpc) = 0.9로 비례

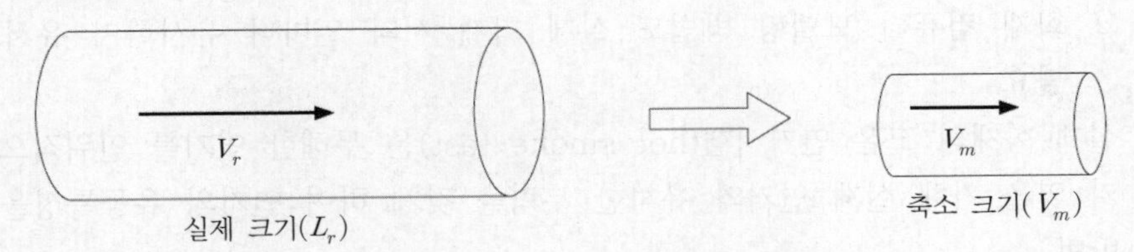

$$\frac{V_r}{V_m} = \left(\frac{L_r}{L_m}\right)^{\frac{1}{2}}$$

여기서, L_m : 모델링 길이
L_r : 실제 길이

04 결론

(1) 화재시험을 할 경우에는 실물 그대로를 지어놓고, 실제 화재상황에 적합하게 시험을 하는 실물시험이 가장 바람직하다.

(2) 소요비용과 인명안전 등 여러 가지 문제들을 고려하여 대상물을 축소하여 모형을 만들어 시험하고, 그 값을 실제 화재에 적합하도록 변수를 적용하여 실제 화재에 근접한 자료를 얻을 수 있다.

SECTION 011

고온 연기시험(hot smoke test)

130 · 123 · 117 · 87 · 71회 출제

01 개요

(1) 화재를 실물시험으로 진행한다면 가장 효과적인 정보를 취득할 수 있지만 큰 비용과 안전, 환경오염 등의 문제점을 내포하고 있어서 실제 시험이 곤란한 것이 현실이다.

(2) 가스연료 열원, 트레이서 연기와 시험 중 건물 내 온도와 가스농도 측정에 의하며, 서로 다른 열방출률을 갖는 고온 연기시험에서 시뮬레이션으로 결과의 대체가 가능하고, 시험의 경과는 수치학적인 시뮬레이션 예상경과와 직접 비교할 수 있는 시험이 고온 연기시험(hot smoke test)이다.

(3) 고온 연기시험(hot smoke test)의 필요성

1) 실물시험과 화재 컴퓨터 모델링 기법의 한계

① 실물시험의 경제적 부담과 환경적 문제로 한계

② 화재 컴퓨터 모델링 방법도 실제 화재 시와 얼마나 유사한지 유사도 확인이 필요

2) 실제 화재의 고온 연기시험(hot smoke test)은 무해한 연기를 인위적으로 발생시켜 열을 가해 실제 연기와 유사한 부력을 갖게 하여 연기의 유동특성을 파악하는 방법

(4) 정의

연기의 유동특성을 가시적으로 분석하기 위한 물리적 모델링

(5) Cold smoke test와 Hot smoke test

구분	Cold smoke test	Hot smoke test
방법	군대에서 사용되는 연막탄과 같이 연기를 발생시켜 연기의 유동성을 파악하는 방법	가열된 연기를 착색하여 실제 연기와 같은 부력을 갖게 하여 연기의 유동특성을 파악하는 방법
특성	온도가 낮아 부력이 없으므로 실제 연기의 유동특성과 다르게 나타남	건물 내부에 열적 손상을 입히지 않게 하기 위해 70[℃] 이하로 하며 보통 60[℃] 정도로 가열함

(6) 요구조건

1) 시험 연기는 인지된 플럼(plume) 특성을 갖는 부양성 가스를 이용하여 방출하여야 한다.

2) 시험 연기는 눈으로 식별이 가능하여야 한다.

3) 유동특성은 실제화재 연기특성과 유사하여야 한다.

4) 연기층 경계면 측정에는 객관적 기준을 적용하여야 한다.

(7) 절차도

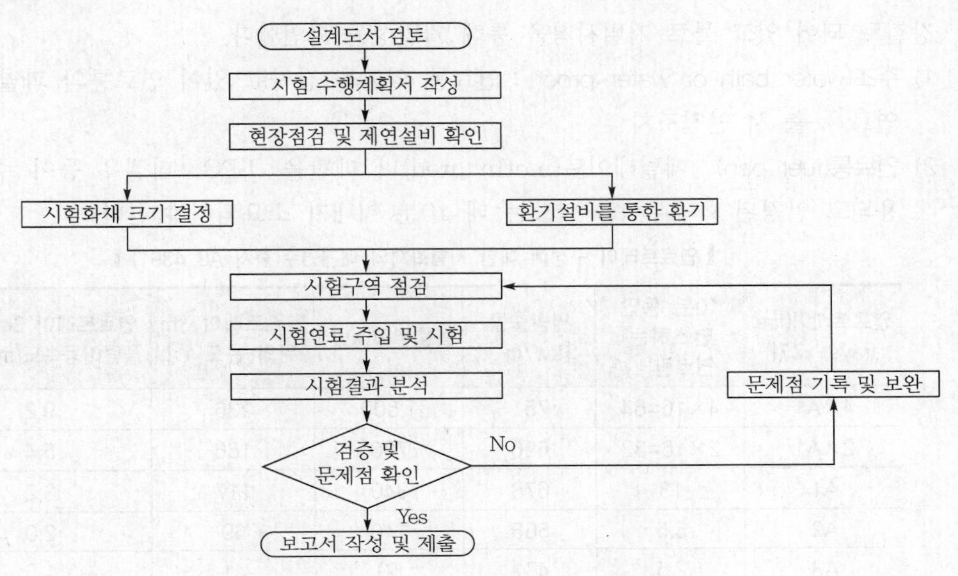

02 구성

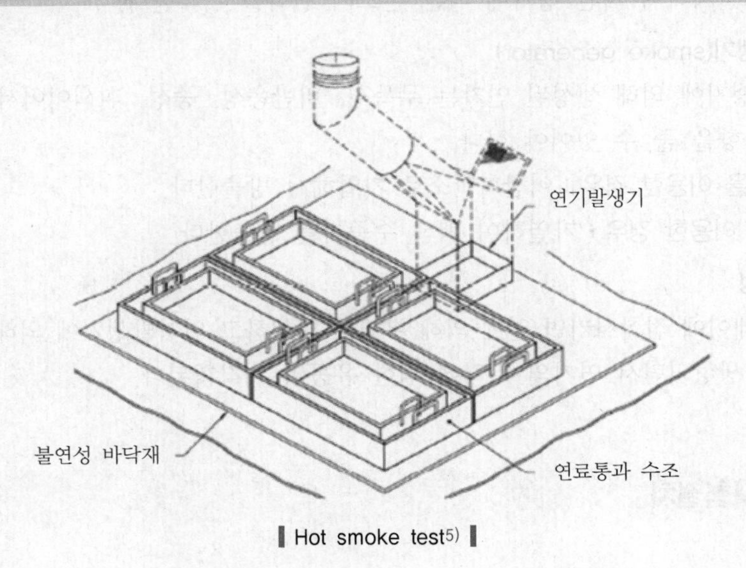

‖ Hot smoke test[5] ‖

5) Experiments for Verification of the Effectiveness of Smoke Control System in a Typical Subway Station 78Page

(1) 불연성 바닥재(non-combustible base)

불연성 바닥재는 플라스터 보드보다는 커야 한다.

(2) 연료트레이(fire trays)

강철로 되어 있고 물로 기밀시험을 통해 기밀성을 확인한다.

1) 수조(water bath or water proof) : 연료통 외면을 감싸고 있어 연료통의 과열 방지, 연료 누출 시 안전조치

2) 연료통(fuel pan) : 메틸레이트(methylated)나 메탄올, LPG, 디젤유 등이 주로 사용되고 안정된 화재부력을 만드는 데 10분 이내가 소요되어야 한다.

‖ 연료트레이 구성에 대한 시험화재의 매개변수(출처 AS 4391) ‖

연료트레이(fire trays) 크기	10분 동안 연소하는 연료량[L]	열방출률[kw/m²]	방출열량[kW]	연료트레이 3m 위의 온도[℃]	연료트레이 3m 위의 플럼이동속도[m³/sec]
4×A1	4×16=64	751	1,500	236	9.2
2×A1	2×16=32	696	700	166	5.4
A1	13	678	340	117	3.2
A2	5.5	566	140	69	2.0
A3	2.5	471	60	41	1.3

(3) 열센서(heat sensor)

천장에 설치하여 시간 경과에 따른 온도의 변화를 기록한다.

(4) 연기발생기(smoke generator)

연기발생기에 의해 생성된 연기는 무독성, 비반응성, 중성, 흰색이어서 건축물에 최소한의 영향을 줄 수 있어야 한다.

1) 오일을 이용한 경우 : 이산화탄소로 가압해서 방출한다.

2) 물을 이용한 경우 : 가열하여 백색 수증기를 방출한다.

(5) 진행과정

연료트레이에 점화시키면 열에 의해 부력이 발생하고 연기발생기에 의해 시야에 보이는 연기가 생성되면서 연기의 부력에 의한 유동이 시각화된다.

03 시험절차

(1) 천장온도 조건을 설정한다.

(2) 스몰 스케일링에 의한 Pool fire 크기를 결정한다.

(3) 연기발생량을 결정한다.

(4) 열전대 및 부대시설을 설치한다.

(5) 시험

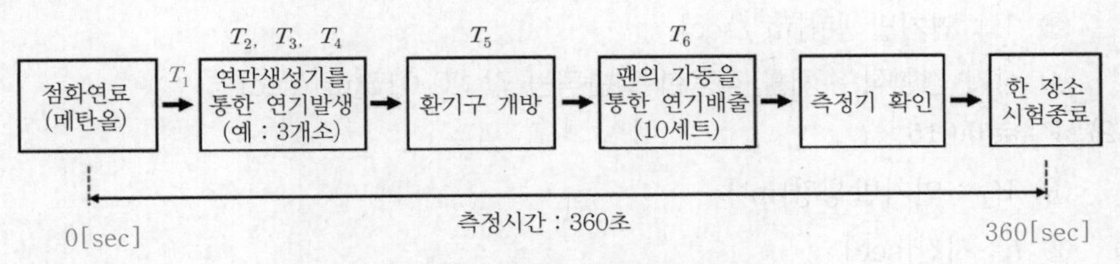

▌외국업체의 시험시퀀스▐

(6) 시험정보 취득

1) 천장 열기류의 온도분포를 측정한다.

2) 연기의 이동과정과 연기 누출현상을 확인한다.

3) 화재 시뮬레이션과 비교 및 보완한다.

04 Hot smoke test의 기대효과와 문제점

(1) 기대효과

1) 천장 연기층 온도분포를 추정 : 중심부가 가장 높고 가장자리로 갈수록 온도가 낮아진다.

2) 천장열기류(ceiling jet flow), 화재플럼(fire plume) 등 연기의 유동특성을 파악한다.

3) 제연설비의 신뢰성 확보 : 제연설비의 성능평가가 가능하다.

4) 제연설비의 효율성 제고 : 누설틈새 확인 및 문제점 확인이 가능하다.

(2) 문제점

1) 건축물 일부분에서 실시한 시험결과를 건물 전체에 확대 반영하는 것의 신뢰성 문제가 있다.

2) 고온 연기시험 결과와 해당 건축물 화재와의 유사성을 확인하여야 한다.

3) 건축물이 다 완성되어야 시험이 가능하다.

05 Hot smoke test에 의한 정보

(1) 연기발생량

1) $V = \dfrac{\pi D^2}{4} v$

① D : 연기발생기 굴뚝의 지름([m], 경험적으로 0.18[m]를 사용)

② v : 연기발생기에서 발생한 연기의 토출속도([m/sec], 경험적으로 2[m/sec])

③ V : 연기발생량[m^3/sec]

④ 상기 경험적 수치를 적용한 일반적인 값 : 0.015[m^3/sec]

2) $V_T = 0.015 \times t$

① V_T : 연기발생량[m^3]

② t : 시간[sec]

(2) 천장 열기류(ceiling jet flow)에 의해 상승한 천장 부근의 온도분포

1) 시험을 개시한 후 천장에 설치된 열센서에 의해서 시간에 따른 온도분포값을 데이터로 취득한다.

2) 데이터의 활용

① 화재모델링의 중요 데이터로 활용이 가능하다.

② 시험값과 화재모델링값의 비교 검토가 가능하다.

(3) 연기의 이동과정과 연기 누출현상 확인

1) 연기발생기에 의해 발생한 백연이 이동하는 과정을 눈과 CCTV를 통해서 확인한다.

2) 시험의 과정은 비디오로 녹화하여 데이터로 이용한다.

3) 연기가 충만하여 점점 하강하며 청결층을 침범하는 현상을 확인할 수 있고, 기밀이 되지 않는 곳으로 누설됨도 확인이 가능하다.

(4) 연기제어 성능향상을 위한 보완

▌Hot smoke test 사진 1 ▌

▌Hot smoke test 사진 2▐

06 결론

(1) 화재 시 발생한 연기는 독성 및 이동성에 의하여 인명피해의 주요 원인이 된다.

(2) 연기는 높은 온도와 부력에 의한 이동 때문에 감지기 동작, 스프링클러헤드를 작동시키는 매개가 된다.

(3) 연기를 분석하기 위해서는 컴퓨터 모델링, 실물시험을 통해서 가능하지만, 실물시험은 너무나 큰 비용과 안전문제를 가지고 있다. 컴퓨터 모델링은 과연 이것이 실제 건물에 적용되었을 때 데이터값이 정확한지를 확신할 수 없는 문제점을 가지고 있다.

(4) 문제점의 보완으로 실제 건물에 화재와 유사한 상황을 만들어 연기의 흐름을 확인하는 고온 연기시험(hot smoke test)이 나오게 된 것이다.

(5) **연기시험(hot smoke test)의 주요 목적**
1) 화재모델링 결과에 대한 신뢰성 검증
2) 제연설비의 검증

(6) 고온 연기시험(hot smoke test)을 통하여 연기층의 온도, 이동성 등을 파악하여 감지기, 스프링클러헤드의 선정 및 배치가 가능하고, 제연설비 등을 성능위주로 설계한다면 소방시스템의 신뢰성을 높일 수 있고 화재로부터 인명과 재산을 보호할 수 있다.

SECTION 012

존모델(zone modeling)과 필드모델(field modeling)

133 · 113 · 109 · 102 · 95 · 87 · 79회 출제

01 개요

(1) 결정론적 모델링의 대표적인 종류로는 경험적 상관관계 모델, 존모델, 필드모델 등이 있다.

(2) 경험적 상관관계 모델은 토마스의 플럼 발생량을 기준으로 한 특정 문제를 다루는 모델링이다.

1) **존모델** : 방호구역을 하나나 둘의 공간으로 구분해서 화재의 진행사항을 나타내는 기법

2) **필드모델** : 방호구역을 수많은 작은 셀로 나누어서 그 안에서의 이동과 변화 등을 통해 화재의 진행사항을 나타내는 기법

(3) 과거에는 존모델을 중심으로 화재에 대한 모델링이 이루어졌지만 최근에 화재에 대한 모델링은 대부분 필드모델을 통해 이루어지고 있다. 왜냐하면, 필드모델이 존모델보다는 정확하고 다양한 데이터를 얻을 수 있기 때문이다.

02 경험적 상관관계 모델(empirical correlations modeling)

(1) **특징**

1) 사용하기 매우 간단하다(very simple to use).

2) 특정 문제를 다루고 해결하기 위한 모델링(specific to a particular problem)이다.

3) 조건의 제한된 범위에 적용이 가능(applicable to a limited range of conditions)하다.

4) 화재모델링으로 얻을 수 있는 정보량이 적어 최근에는 사용하지 않는다.

(2) **프로그램** : Thomas' plume eqn

(3) 개념도

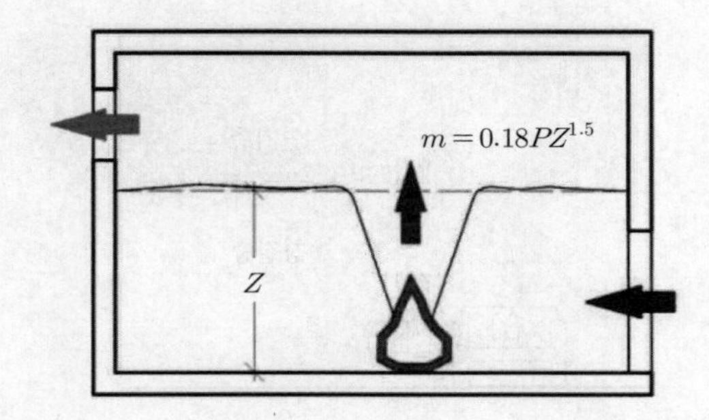

03 존모델(zone modeling, lumped-mass model)

(1) 개요

1) 정의 : 건물(실)을 몇 개의 존으로 나누어 화재발생 시 각 존 내에서 발생하는 현상과 존 간의 상호작용을 해석하는 화재모델링

2) 종류

① 2층 존모델 : '상부 고온 연기층(열기층)'과 '하부 상온 공기층(청결층)'과의 2개 층으로 구분

② 1층 존모델 : 최성기 화재에서 열기층을 하나로 분류

③ 다층 존모델 : 화재의 상태에 따라 열기층을 수개 층으로 구분

3) 위쪽의 화재로 인해 생성된 고온 가스가 있는 존과 아래쪽의 연소를 위한 공기원(source of the air for combustion)이 있는 구역의 2개 존으로 구분하여 분석하는 경우가 많다. 구역의 크기는 화재기간 중 변하게 되며 상부 구역은 시간이 경과함에 따라서 결과적으로 구획실 안의 모든 공간까지 확장된다.

(2) 개발목적

1) 몇 개의 제어체적 또는 하나의 제어체적으로 나누어지는 구획실 화재의 모델링이다.

2) 소화설비의 작동을 예측할 수 있다.

(3) 기본방정식(질량, 에너지, 운동량 전달) + 에너지보존방정식

(4) 프로그램

1) ASET(Available Safe Egress Time)

2) CFAST(Consolidated Model of Fire Growth and Smoke Transport)

① 목적

㉠ 화재 시뮬레이션 : 다 구획실(multi compartment)에서의 화재 예측 프로그램

㉡ 소화설비 작동성을 예측할 수 있다.

② 개념도

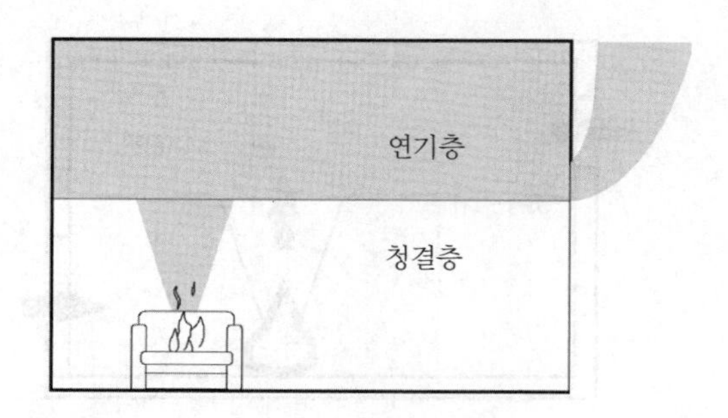

③ 내용

㉠ 일반적으로 2개의 구역으로 구분된 존모델링으로 뜨거운 연기층이 존재하는 상층부와 공기층이 존재하는 하층부로 분할하여 각 위치에서의 화재현상을 해석하는 프로그램으로, 간단하고, 짧은 시간 내에 화재현상을 분석할 수 있다.

㉡ 다 구획실 화재모델로 최대 30개의 격실 고려가 가능하다.

㉢ 압력, 연층 높이, 상하부 층의 온도는 초기값 문제의 상미분 방정식의 해를 통해 얻어진다.

상미분 방정식(常微分方程式, ODE) : 미분 방정식의 일종으로, 구하려는 함수가 하나의 독립 변수만을 가지고 있는 방정식(반 : 편미분)

④ 장단점

장점	단점
㉠ 대표적 건축자재의 물성 데이터베이스를 포함 ㉡ EXODUS(피난모델링 프로그램) 등과 연계가 용이 ㉢ 단순화와 가정을 통해 속도가 빠르고 결과의 해석이 쉽다(PC도 가능). ㉣ 환기시스템의 모델링이 가능 ㉤ 다양한 화재표현 가능 ㉥ 스모크 뷰(smoke view)란 프로그램 때문에 시뮬레이션 결과를 시각적으로 표현	㉠ 격실의 형태, 위치의 효과를 반영할 수 없음 ㉡ 화재성장을 예측하는 연소모델(유동, 화학반응)이 포함되지 않아 전적으로 초기 입력값에 의존하는 수치 알고리즘 • 열적 특성 : 발열량 • 농도 : CO/CO_2의 변화량 ㉢ 연기온도 조건만 획득할 수 있고 온도와 독성과의 상호관계는 고려되지 않는다. ㉣ 모델변수로의 제한된 접근만 허용 • 실의 형태 제한 : 사각형 • 실의 입력개수 : 30개실 • 스프링클러와 감지기의 최대 입력개수 : 20개 • 이동에 대한 제한 ㉤ 일반적으로 3개실까지는 신뢰할 만한 화재모델링 결과를 나타내지만 3개실이 초과할 경우 결과치의 신뢰도가 현저하게 저하됨 ㉥ 3차원 구조에 대해 고려가 되지 않음. 즉, 공간의 단면을 통하여 분석하고 화재성상을 예측 ㉦ 스프링클러 살수장애에 대한 해석이 불가능 ㉧ 완화시스템모델이 없음 ㉨ 신뢰도와 정확성이 필드모델에 비해 낮음

Smoke view(SMV)는 FDS 및 CFAST 시뮬레이션의 출력을 표시하는 데 사용되는 연기 시각화 프로그램이다.

3) LAVENT(Link-Actuated VENTs)

① 제연설비에 의해서 천장 열기류의 유동이 발생하여 스프링클러헤드 동작에 영향을 받는다.

② 제연설비의 가동으로 인한 헤드의 동작시간을 예측하고 상호관계 및 간섭 여부를 확인하는 프로그램이다.

04 필드모델(field modeling, computational fluid dynamics)

(1) 개요

1) 전산 유체역학 모델[computational fluid dynamics(CFD) models]

2) 필드모델이라는 용어는 화재 관련 연구에서는 전산 유체역학(CFD)과 동의어로 사용한다.

3) CFD 모델은 공간을 수십만 개의 작은 셀(cell)로 나눔으로써 존모델보다 가스의 흐름을 훨씬 세밀하게 검토할 수 있다.

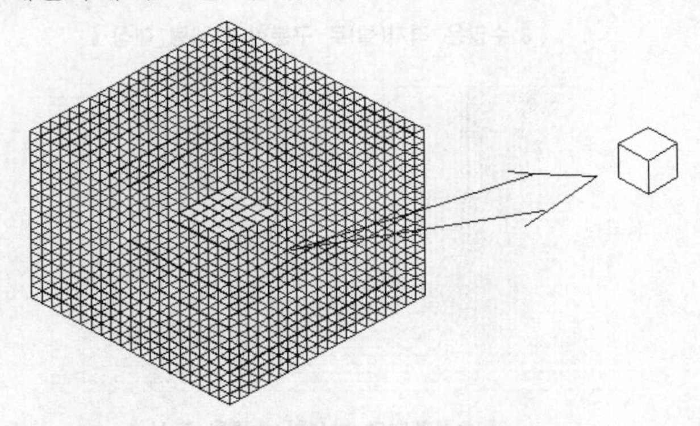

▌수많은 셀로의 공간 구분[6] ▌

4) 최근 화재조사 및 관련 소송사건에 CFD 모델을 사용하는 경우가 많아지고 있다. 왜냐하면, CFD 모델은 특히 공간과 연료의 성분이 불규칙적이고 난류가 중요한 요소이거나 또는 정밀한 세부내용을 추구할 경우의 분석에 적합하기 때문이다.

(2) 해석방법

1) 해당 공간(3차원)을 전형적으로 10^3에서 10^6 정도의 매우 작고 수많은 제어체적이라는 셀(cell)로 구분한다.

6) Figure 1.1 Illustration of an arbitrary grid representing a computational domain. 19Page. Fire Modelling Using CFD-An introduction for Fire Safety Engineers. Jörgen Carlsson Lund 1999

2) 각각의 제어체적에 대해 나비에-스토크스 방정식이라 불리는 편미분방정식을 이용하여 시간에 대해 전진하며 반복적으로 풀어서 해석(고성능의 컴퓨터 요구)한다.

(3) 프로그램

1) Fire Dynamics Simulator(FDS) : 화재로 생성된 유체의 흐름을 Navier-stokes 방정식을 이용하여 풀이하며, Smoke view라는 프로그램을 이용하여 3차원으로 결과를 구현할 수 있다.

① 사용목적

㉠ 화재모델링

㉡ 소화설비 작동성 예측

㉢ 가스 확산 예측

② 개념도

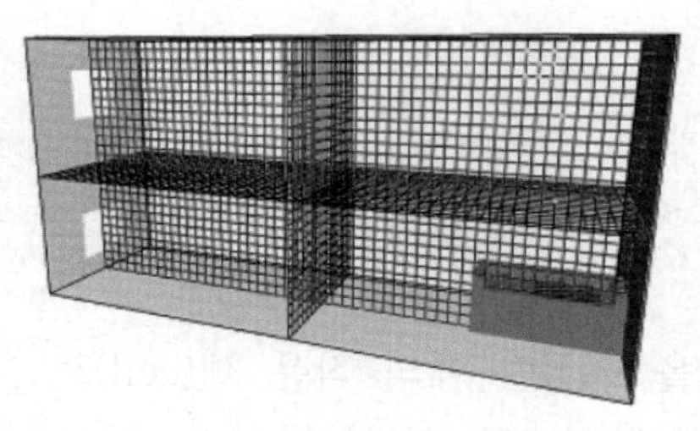

Field Model(FDS)

▌수많은 격자(셀)로 구분한 모델링 대상▐

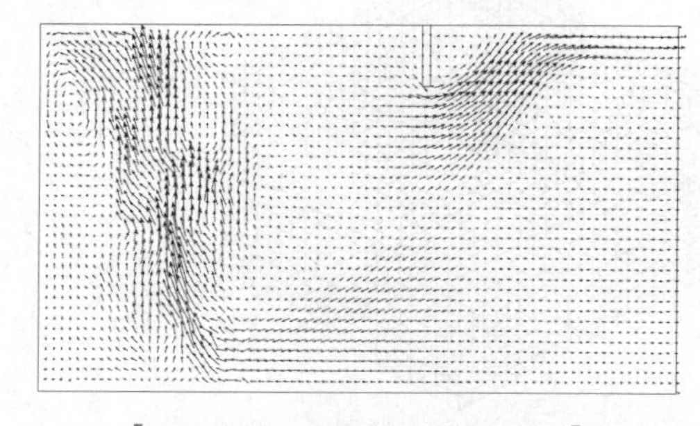

▌흐름펙터로 발생한 흐름을 표시▐

③ 장단점

장점	단점
㉠ 예측결과를 시각적으로 표현 : 스모크 뷰(smoke view)란 프로그램 때문에 시뮬레이션 결과를 시각적으로 표현함 ㉡ 화재 자체를 표현하지 않고 화학종이 혼합된 혼합비율 모델(MFCM : Mixture Fraction Combustion Model)로 표현 : 화염전파 및 화재확산 표현이 가능함 ㉢ 소화설비 작동성 예측 : 감지기, 스프링클러헤드 ㉣ 결과를 2D 또는 3D 형상으로 다양하게 표현 : 입자흐름, 크기와 흐름방향을 보여주는 흐름벡터, 온도와 같은 가스흐름 ㉤ 유체역학의 기본방정식 해석이 포함되어 다양한 화재현상의 정확한 기술이 가능함	㉠ 가연물 물성값의 정확성이 매우 중요한데, 물성값 DB가 미비함 ㉡ 연료지배형 화재에 적합한 모델로 환기지배형 화재에는 부적합 ㉢ 미세한 분석은 용이하나 난류의 확산, 반사열, 복사열 등의 전체적인 분석은 어려움

④ 적용법칙

㉠ 질량 보존의 법칙

㉡ 에너지 보존의 법칙

㉢ 운동량 보존의 법칙 : 뉴턴(Newton)의 제2법칙($F=m\times a$)

㉣ 나비에-스토크스(Navier-Stokes) 편미분방정식

나비에-스토크스(Navier-Stokes) 방정식 : 19세기 초 프랑스의 클로드 루이 나비에와 영국의 가브리엘 스토크스는 오일러의 분석(비압축성, 비점성)을 더 현실적인 점성유체로 확대하는 방정식을 만들었다.

$$\frac{\partial u}{\partial t}+(u\cdot\nabla)u=\nu\nabla^2 u-\nabla p+F$$

여기서, u : 유체의 흐름

$(u\cdot\nabla)u$와 $\nabla^2 u$: 벡터 미적분으로 흐름이 각 점에 따라서 어떻게 변화하는지를 나타낸다.

p : 유체의 밀도와 압력을 합쳐서 표현한 것

ν : 점성

F : 유체에 작용하는 외부의 힘

나비에-스토크스 방정식은 점성을 가진 유체의 운동을 기술하는 비선형 편미분방정식

2) Reynolds Averaged Navier-Stokes(RANS) Models

3) PyroSim

① 특징

㉠ 화재로부터의 열과 연기 유동에 중점을 두고 3차원 공간을 수치적으로 해석

㉡ 소방시설(스프링클러헤드, 감지기, 제연설비 등)의 작동여부 반영

㉢ 방화셔터 및 배연창 연동 시 화재상황 분석

② 활용

㉠ 열·연기 등 화재 생성물에 의한 허용피난시간 분석 등 Fire Modeling을 통한 화재안전성 평가

㉡ 건축물 화재안전성 검증, 최적 소화설비 설치에 대한 의사결정, 보험요율의 적정화 및 위험재무 대책의 제안

(4) 존모델과 필드모델의 비교

구분	Zone model	Field model
해석범위	건물을 크게 몇 개 정도의 존으로 분할	공간을 가능한 한 많은 수의 격자로 분할
해석표현	거시적 표현	미시적 표현
해석내용	화재 발생 시 각 존 안에서 발생할 현상과 화재진행 과정 중 존 간에 일어날 상호작용에 관한 내용을 수식화된 모델을 이용해 기술하고 결과를 분석하는 모델	공간을 가능한 한 많은 수의 격자로 분할하여, 분할된 각각의 작은 공간의 단위에 유체운동과 에너지 등에 관련된 기초방정식 등을 적용함으로써 연소현상을 기술하고 이를 일정 기준에 따라 분류하면서 상황을 예측, 판단하는 모델
적응화재	화재확대 이후	초기화재 및 확대화재까지
해석목적	① 화재 시뮬레이션(존모델) ② 소화설비 작동성 예측	① 화재 시뮬레이션(필드모델) ② 소화설비 작동성 예측 ③ 가스 확산 예측
수치해법	기어법, 뉴턴법	유한요소법, 경계요소법
보존식	에너지 보존, 질량 보존	에너지 보존, 질량 보존, 운동량 보존
지배방정식	1종 상미분방정식(변수 1개)	2종 편미분방정식(변수 2개 이상)
시뮬레이션 방법	개인용 컴퓨터, 워크스테이션	슈퍼컴퓨터
계산시간	짧다(수분 ~ 수 시간).	길다(수 시간 ~ 수십일).
계산요금	비교적 저렴하다(무료 ~ 수만 원).	고가이다(수백만 원 ~ 수천만 원).
모델	ASET, BRI, CFAST, FASTite, LAVENT	FLOW3D, JASMINE, FDS, RANS, PyroSim
사용실태	과거에 많이 사용하는 모델링기법(2000년대 이전)	최근에 주로 사용하고 있는 모델링기법

파이어 그리드(fire grid) 105회 출제

① 정의 : 건물을 모눈종이처럼 작은 구역으로 세분한 3차원 센서 시스템을 통해 화재의 발생 감지, 진행 속도 지연 및 방향 통제, 건물 붕괴 가능 시점 예측까지를 총체적으로 수행하는 화재 진압 시스템이다.

② 파이어그리드 테크놀로지의 요구조건

㉠ 고성능 컴퓨터연산 : CFD 화재모델 및 FE(Finite Element) 구조모델의 구축

㉡ 무선센서 : 입력자료의 검증과 필터링이 가능한 전송 알고리즘을 가지고 극한 상황에서 사용가능한 센서
㉢ 그리드 연산 : 센서를 통한 연산, 중요한 사건에 대한 데이터 흐름의 취합, 우선순위에 기초한 스케줄을 포함하는 연산
㉣ 지휘 및 통제 : 사용자에 의한 지식 기반 계획 기술을 사용한 관리

SECTION 013

성능위주설계(PBD)

01 개요

(1) 성능위주의 소방설계(PBD : Performance Based Fire Protection Design)의 정의

법규나 이해관계자의 요구에 따른 성능을 기반으로 설계하는 것으로, 방화적 측면에서 요구되는 목표를 적절한 수단을 써 가장 효율적이고 경제적으로 달성하고자 하는 설계이다.

(2) 상대적으로 PBD 이전의 방법은 법규위주설계나 사양위주설계라고 표현한다. 법규에서 요구하는 사양에 따라 방화시설을 설계하는 사양위주설계와 성능위주설계는 서로 비교되는 개념이다.

1. **법규위주설계** : 법규의 요구나 허용에 따라 설계하는 것
2. **사양위주설계**(CBD : Code Based Design) : 법규에 구체적으로 규정된 방법에 의하여 설계하는 것

02 도입배경

(1) 현재 우리나라는 정부의 주도하에 법령 및 NFTC를 제정, 시행하고 있다.

(2) 오늘날의 신재료, 신공법을 활용한 초대형, 초고층 빌딩의 출현 등에 기존의 NFTC(사양위주 설계)가 적절히 대응할 수 없을 뿐만 아니라, 수요자의 다양한 요구에 부응하기에는 많은 문제점이 있어 성능위주설계를 도입하고 있다.

1) 건축물의 고유특성을 반영하기가 곤란하다.

2) 법규에 정해진 수단과 방법에 의한 시공이 이루어지므로 신공법이나 신기술에 의한 설계나 시공이 곤란하다.

3) 설비의 개별적인 성능에 의존하므로 종합적인 방재전략을 수립하는 데는 한계가 있다.

4) 법규에 따른 획일적인 안전수준으로 과다설계나 불능설계가 될 수 있다.

(3) 사양위주설계와 성능위주설계의 관계

1) 성능위주설계와 사양위주설계는 서로 대체의 개념이 아니라 보완의 개념이다.
2) 성능위주설계를 실시하는 국가에서도 성능규정은 사양규정을 상호 보완하는 형태를 띠고 있다.
3) 성능위주설계 내에도 사양위주설계에 의한 법규와 표준적인 역할이 존재한다.

(4) 성능위주의 설계를 해야 할 특정소방대상물 및 설계 자격

1) 대상 127 · 123 · 119 · 117 · 111회 출제
   ① 연면적 200,000[m^2] 이상[예외 : 공동주택 중 주택으로 쓰이는 층수가 5층 이상인 주택(아파트 등)]
   ② 특정소방대상물
      ㉠ 준초고층 건축물 : 지하층을 포함한 층수가 30층 이상 또는 건축물의 높이가 120[m] 이상
      ㉡ 아파트 : 지하층을 포함한 층수가 50층 이상 또는 건축물의 높이가 200[m] 이상
   ③ 연면적 30,000[m^2] 이상인 특정소방대상물
      ㉠ 철도 및 도시철도시설
      ㉡ 공항시설
   ④ 영화상영관이 10개 이상인 특정소방대상물
   ⑤ 지하연계 복합건축물에 해당하는 특정소방대상물
   ⑥ 창고시설
      ㉠ 연면적 100,000[m^2] 이상
      ㉡ 지하 2개 층 이상이고 지하층의 바닥면적 합계가 30,000[m^2] 이상
   ⑦ 수저터널 또는 길이가 5,000[m] 이상인 터널

수저터널(underwater tunnel) : 바다 · 호수 · 하천의 아래를 지나가는 터널

2) 자격
   ① 전문소방시설설계업을 등록한 자
   ② 전문소방시설설계업 등록기준에 따른 기술인력을 갖춘 자로서, 소방방재청장이 정하여 고시하는 연구기관 또는 단체
   ③ 보유기술인력 : 소방기술사 2인 이상

(5) 성능위주설계의 목적

1) 화재예방 또는 화재성장과 확산억제
2) 화재로부터 재실자 보호
3) 화재에 의한 피해 최소화
4) 소화활동 지원

03 성능위주의 분석절차(performance based analysis)7)

(1) 1단계 : 프로젝트 범위의 설정(defining project scope)

1) 성능위주설계 및 분석의 범위를 확인하고 프로젝트를 명확하게 설정하는 단계
2) 검토사항
   ① 설계의 범위(건물의 전체 또는 일부 또는 개축 또는 보수 등)
   ② 관련 이해당사자(stakeholder objective)
   ③ 프로젝트의 공정기간
   ④ 예산의 규모
   ⑤ 적용되는 관련 법규
   ⑥ 건물과 거주자의 특성

(2) 2단계 : 최종 목적의 선정(identifying goals)

여기서, 최종 목적이란 질적으로 측정되는 달성해야 할 세부사항이 아닌 성능위주의 설계로 도달할 수 있는 목표를 말한다.

1) 최종 목적을 규명하기 위한 활동
   ① 다양한 관련 이해당사자의 최종 목적을 확인하고 문서화한다.
   ② 향후 설계과정에서의 갈등을 최소화하기 위해 설계진행 이전에 설정된 최종 목적에 대한 동의와 이해가 필요하다.
   ③ 프로젝트에서 가장 중요한 목적을 선정한다.
2) 최종 목적
   ① 인명안전
   ② 재산보호, 구조적 보전성
   ③ 기업활동 등의 연속성 유지
   ④ 환경보호

(3) 3단계 : 손실 · 설계 목표의 설정(defining stakeholder and design objectives) 117회 출제

1) 목표(objectives)의 정의
   ① 목적(goals)을 달성하는 데 필요한 구체적인 요구사항이 필요하다.
   ② 목적 달성 가능성을 높일 수 있는 일련의 행동을 의미한다.
2) 목표는 목적보다 더 구체적인 정의이며, 질적인 면보다 양적인 면의 측정에 의존한다.
3) 목표의 종류
   ① 손실목표(stakeholder objectives) : 관련 이해당사자들이 수용할 수 있는 최대 손실수준이다.

7) SFPE Engineering Guide to Performance-Based Fire Protection에서 주요 내용을 발췌

② 설계목표(design objectives) : 손실목표를 설계 엔지니어에 의해서 구체적인 설계 목표로 제시한다.

4) 소방의 목적, 목표, 성능기준

최종목적	손실목표 (이해관계자)	설계목표 (엔지니어)	성능기준
인명안전	화재가 발생한 실 이외의 공간에서 인명손실이 없을 것	열에 의한 영향	T < 60[℃]
		가시거리에 의한 영향	기타 시설 > 5[m] 집회 · 판매시설 > 10[m]
		독성에 의한 영향	CO < 1,400[ppm]
		호흡한계선	바닥으로부터 1.8[m] 이하
재산보호	화재가 발생한 실 이외의 공간이 열에 의한 손실이 없을 것	화재 전파방지를 위한 구획실 상층부 온도	300[℃] 이하
기업활동의 연속성 유지	8시간 넘는 업무정지 시간을 발생시키지 않을 것	독성에 의한 영향	HCl 5[ppm]보다 낮을 것
			연기 미립자가 0.5[g/m³]보다 작을 것
환경보호	소화용수 유입에 의한 지하수의 오염방지	배수설비의 설치	소화수×1.2배 배출능력 배수펌프

(4) 4단계 : 성능기준 결정(developing performance criteria)

1) 성능기준

① 정의 : 설계목표를 구체적으로 수치화한 값

② 표현 : 확률, 시간, 임계값 등

③ 소방의 성능기준 : 열, 가시거리, CO의 농도 등

2) 성능기준 선택요건

① 설계목적을 만족시키는 성능기준을 선택한다.

② 추후 개발될 설계안을 평가하는 기준이 되므로 공학적인 이론을 근거로 선택한다.

③ 물질의 온도, 가스 온도, 연기 농도, 연기 깊이, 복사열 세기 등을 고려한다.

④ 화재에 대한 인간의 노출범위를 규정한다.

⑤ 평가방법이 있는지 사전확인 후 성능기준을 설정한다.

3) 최소한 하나 이상의 성능기준이 필요하다.

4) 완벽한 화재안전 환경은 불가능하다.

5) 화재위험을 낮추기 위해서는 공사금액이 상승하므로 가치공학(VE : Value Engineering)을 통해서 적절한 수준을 결정한다.

6) 미국 PBD의 대표적 성능기준(예시)

① 거주자에게 노출되는 복사열로 발생하는 수포성 화상의 기준 : 2[kW] 이상

② 상층부 연기온도 : 200[℃]
③ 일반적 가시거리 : 2 ~ 4[m]
④ 산소농도 : 10 ~ 15[%]
⑤ 철골구조 온도, 건축물 붕괴 온도 : 538[℃]
⑥ 청결층 높이 : 1.9[m]

7) 성능기준의 모형(NKB 5 level system)

Level	모형의 예
① 목적	인명안전, 재산확보
② 기능요건	피난수단 확보, 연기로부터의 안전
③ 성능요건	연기층의 높이 제한
④ 검증수단	승인된 검증수단과 설계법
⑤ 검증방법	최신 연구성과, 기술개발 등이 포함된 공학적 기법

(5) 5단계 : 화재 시나리오 개발(developing design fire scenarios)

1) 성능기준이 수립되면 설계대안의 개발 및 분석이 시작되며, 이 과정의 첫 단계가 화재 시나리오의 개발이다. 최적의 화재모델은 화재 시나리오를 이용하여 만들어진다.

2) 화재 시나리오의 정의 : 화재의 발생, 성장, 쇠퇴를 시간의 경과에 따라 열방출 등 강도의 지표로 표현한 것이다.

3) 화재 시나리오의 종류

① 발생 가능한 화재 시나리오
㉠ 설계대상 건축물에서 발생이 가능한 또는 확률이 높은 화재
㉡ 건축 특성, 거주자 특성, 연소 특성으로 구성한다.

② 설계화재 시나리오
㉠ 발생 가능한 화재 시나리오를 몇 개의 설계화재 시나리오로 압축하고 정량화한 시나리오
㉡ 건축 특성, 거주자 특성, 설계화재 곡선으로 구성한다.

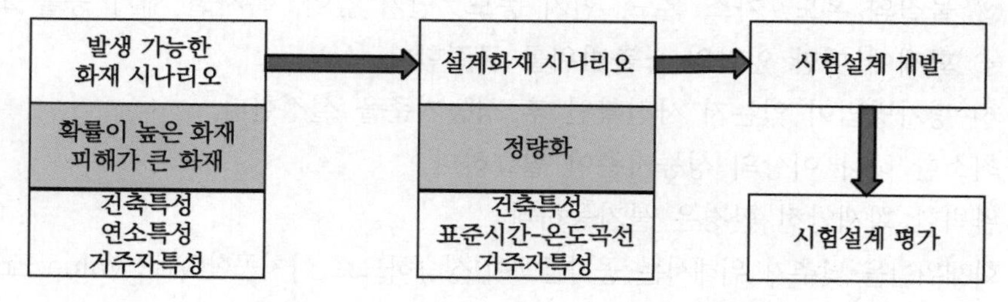

(6) **6단계** : 시험설계 개발(developing trial designs)

1) **목표** : 설계목표에 부합하는 시험설계안(trial designs) 개발

2) 시험설계의 내용

구분		목표	내용
발화 및 성장	발화방지	발화확률 감소	① 점화원의 관리 ② 가연물질의 관리 ③ 화재안전관리
	화재성장의 조정	연소속도 및 열·연기 발생량 감소	① 내용물의 선택 ② 내용물의 배치 ③ 구획실의 형태 ④ 환기 조절 ⑤ 소화설비 ⑥ 건축
연기의 전파, 조정 및 제어	물질의 조정	연기발생을 줄일 수 있는 내장재나 가구 등으로 조정	① 불연화, 난연화 ② 방염처리
	연기의 확산방지	연기의 제어	① 배출 ② 가압 ③ 방연(기류 : air flow)
화재감지	화재감지 화재 상태 알림, 소방시스템 작동	신속한 초등대응	① 사람에 의한 감지 → 발신기 ② 자동화재탐지설비에 의한 감지
	경보 화재발생 사실 및 발생장소 알림	신속한 피난 소방서에 통보	① 수동, 자동 ② 청각, 시각 ③ 소방대에 알림(자동, 수동) ④ 화재장소의 표시
소화	자동 소화설비	조기 소화	① 스프링클러 ② 물분무 등
	수동 소화설비	조기 소화	① 소화기구 ② 옥내소화전
거주자 행동 및 피난	보호된 피난로	안전한 대피	–
	건물 내에서 보호	현장방호	–
건축방화	방화구획	화재확산 방지	–
	하중지지력	구조물 지지	–
시스템 간의 상호작용	건축방화와 설비방화의 상호보완성	화재안전	① 배연창 ② 수막설비 ③ 방화셔터

(7) **7단계** : 시험설계평가(evaluation trial design)

1) **목표** : 화재모델링(fire modeling)을 통하여 설계(안)를 시나리오에 적용할 경우 어떠한 결과를 도출하는지 평가

2) 모델링은 성능위주평가법의 도구이다. 모델링이 직접적으로 문제점이나 해결방법을 찾아주지는 않는다. 단, 문제점을 지적하거나 해결방법을 찾는 과정의 한 가지 단계일 뿐이다.

3) 시험설계평가 3단계
   ① 평가의 의도와 유형 파악 : 평가의 수준과 연관된다.
   ② 평가 수행
      ㉠ 확률론적 분석
      ㉡ 결정론적 분석
   ③ 평가과정에서 결과에 영향을 줄 수 있는 변수(variations)와 불확실성(uncertainties) 설명
      ㉠ 각종 변수와 불확실성을 고려하여 안전가중치를 적용한다.
         • 안전계수(safety factors)
         • 분석 여유(analysis margin)
      ㉡ 불확실성
         • 이론과 모델의 불확실성
         • 입력 데이터의 불확실성

4) 확률론적 분석 : 위험분석(risk analysis) 절차
   ① 화재 시나리오의 작성 및 발생확률을 결정한다.
   ② 성능범위가 설계목표와 일치하는지를 평가한다.
   ③ 손실 예측을 한다.
   ④ 초기 설계가 실패하는 상황에서 손실 예측을 한다.
   ⑤ 초기 설계의 전체 위험도 산출한다.

5) 결정론적 분석 : 화재 시나리오에 의하여 방화시스템의 성능을 분석하는 방법으로, 화재 시뮬레이션 모델을 이용한다.
   ① 타임라인(time line)을 활용한다.

꼼꼼체크 타임라인(time line) : 시간 순서대로 사건을 나열해 놓은 것 105회 출제

   ② 초기 설계 신뢰도를 결정한다.
   ③ 불확실성의 고려사항
      ㉠ 자재의 편차
      ㉡ 시공의 부정확도
      ㉢ 시스템 및 부품의 변화
      ㉣ 인간행동의 예측 불확실성

(8) **8단계** : 선택된 설계가 성능기준을 만족하는지 비교(selecting design meets performance criteria)

1) 설계화재 시나리오를 이용하여 시험설계가 성능기준을 충족시키는지를 평가한다.
2) 가능한 시험설계가 없는 경우 : 설계목표 및 성능범위를 수정하여 상기 과정을 다시 반복한다.
3) 효율성, 신뢰도, 구매가능성 및 가격도 함께 검토한다.

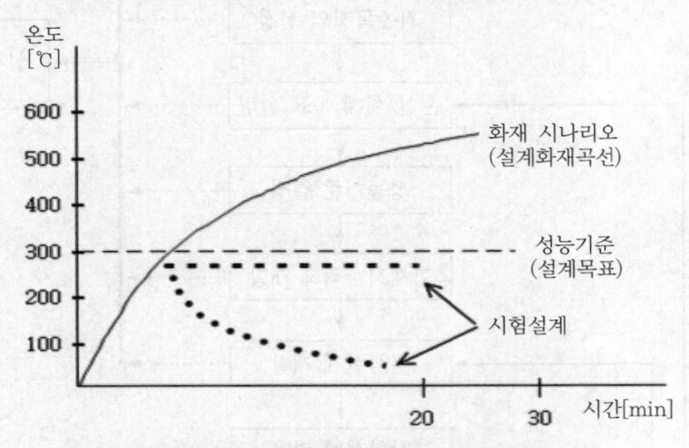

▌시험결과의 성능기준 만족 여부 확인곡선▐

(9) **9단계** : 최종설계안 선택(selecting the final design)

1) 성능기준을 충족시킨 경우 : 의사결정권자가 설계(안) 채택을 결정한다.
2) 성능기준을 충족하는 다수의 시험설계안이 있는 경우 : 예산, 공사기간, 시스템 및 재료의 유용성, 설치 및 유지관리, 사용상 편리성 등을 고려하여 최종 설계안을 결정한다.

(10) **10단계** : 설계 서류 준비(preparing design documentation)

1) 성능위주의 소방설계 보고서
   ① 프로젝트 범위, 목적, 목표
   ② 엔지니어 능력
   ③ 화재 시나리오
   ④ 최종 설계안 평가서
   ⑤ 성능기준
   ⑥ 최종 설계안
   ⑦ 평가서
   ⑧ 중대설계 가정
   ⑨ 중대설계 특성
   ⑩ 참고자료

2) 시방서
3) 도면 및 상세도면
4) 운전 및 유지보수 지침서
5) 시험성적서

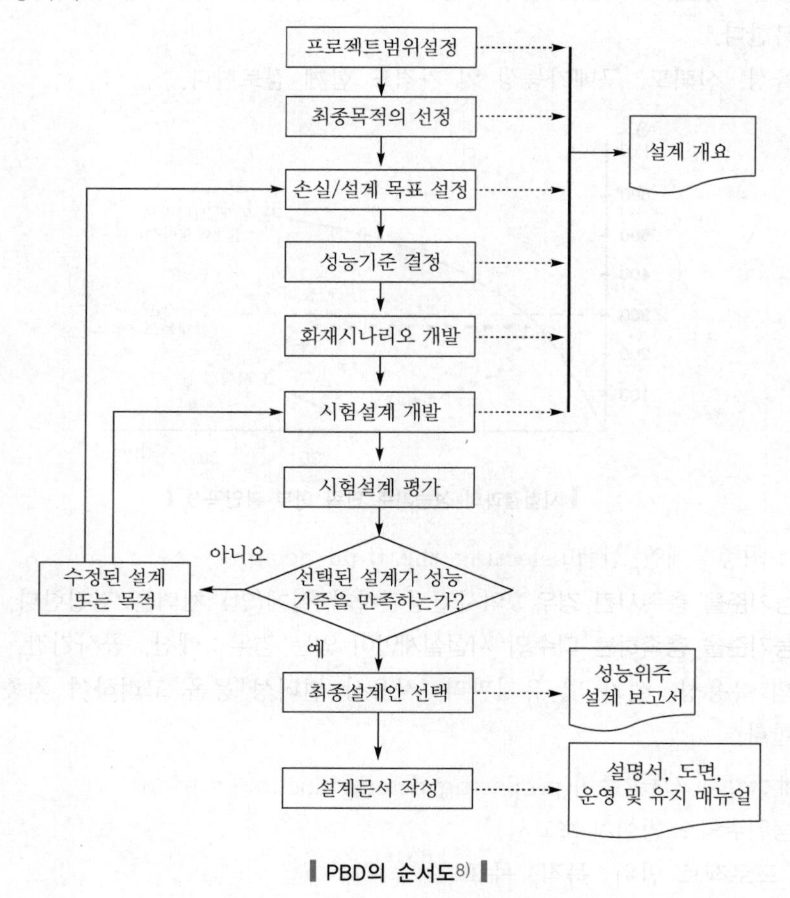

▍PBD의 순서도[8]▍

8) FIGURE 3.10.1 Steps in the Performance-Based Analysis and Design Procedure 3-169 FPH 03-10 Performance-Based Codes and Standards for Fire Safety

SECTION 014

국내 성능위주 소방설계 기준

01 소방시설 설치 및 관리에 관한 법률 시행규칙

(1) 성능위주설계의 사전검토(제7조) 123회 출제

1) 성능위주설계자는 「건축법」 제4조의2에 따른 건축위원회에 건축심의를 신청하기 전에 성능위주설계 사전검토 신청서에 다음의 서류를 첨부하여 관할 소방서장에게 사전검토를 신청(예외 : 건축심의를 하지 않는 경우)한다.

2) 다음의 사항이 포함된 건축물의 기본 설계도서 130회 출제

① 건물의 개요(위치, 규모, 구조, 용도)

② 부지 및 도로 계획(소방차량 진입동선을 포함)

③ 화재안전성능의 확보 계획

④ 화재 및 피난 모의실험 결과

⑤ 다음의 건축물 설계도면

㉠ 주단면도 및 입면도

㉡ 층별 평면도 및 창호도

㉢ 실내 · 실외 마감재료표

㉣ 방화구획도(화재 확대 방지계획을 포함함)

㉤ 건축물의 구조 설계에 따른 피난계획 및 피난 동선도

설계도서

① 건축법 : 공사용 도면, 구조계산서, 시방서

② 건축법 시행규칙 : 건축설비계산 관계서류, 토질 및 지질 관계서류, 기타 공사에 필요한 서류

⑥ 소방시설 설치계획 및 설계 설명서(소방시설 기계 · 전기 분야의 기본계통도를 포함함)

⑦ 성능위주설계를 할 수 있는 자의 자격 · 기술인력을 확인할 수 있는 서류

⑧ 성능위주설계 계약서 사본

3) 소방서장은 성능위주설계 사전검토 신청서를 받은 경우 성능위주설계 대상 및 자격 여부 등을 확인하고, 첨부서류의 보완이 필요한 경우에는 7일 이내의 기간을 정하여 성능위주설계를 한 자에게 보완을 요청할 수 있다.

(2) 성능위주설계의 신고(제4조)

1) 성능위주설계자는 「건축법」 제11조에 따른 건축허가를 신청하기 전에 성능위주설계 신고서에 다음의 서류를 첨부하여 관할 소방서장에게 신고(예외 : 사전검토 신청 시 제출한 서류와 동일한 서류) 130 · 104회 출제

① 건물의 개요(위치, 구조, 규모, 용도)

② 부지 및 도로계획(소방차량 진입동선을 포함)

③ 화재안전성능의 확보 계획

④ 성능위주설계 요소에 대한 성능평가(화재 및 피난 모의실험 결과를 포함)

⑤ 성능위주설계 적용으로 인한 화재안전성능 비교표

⑥ 다음의 건축물 설계도면

㉠ 주단면도 및 입면도

㉡ 층별 평면도 및 창호도

㉢ 실내 · 실외 마감재료표

㉣ 방화구획도(화재 확대 방지계획을 포함)

㉤ 건축물의 구조 설계에 따른 피난계획 및 피난 동선도

⑦ 소방시설의 설치계획 및 설계 설명서

⑧ 소방시설 계획 · 설계도면

㉠ 소방시설 계통도 및 층별 평면도

㉡ 소화용수설비 및 연결송수구 설치위치 평면도

㉢ 종합방재실 설치 및 운영계획

㉣ 상용전원 및 비상전원의 설치계획

㉤ 건축물의 구조 설계에 따른 피난계획 및 피난 동선도

⑨ 소방시설에 대한 전기부하 및 소화펌프 등 용량계산서

2) 성능위주설계를 할 수 있는 자의 자격 · 기술인력을 확인할 수 있는 서류

3) 성능위주설계 계약서 사본

(3) 성능위주설계의 심의 절차 및 방법

1) 심의 절차

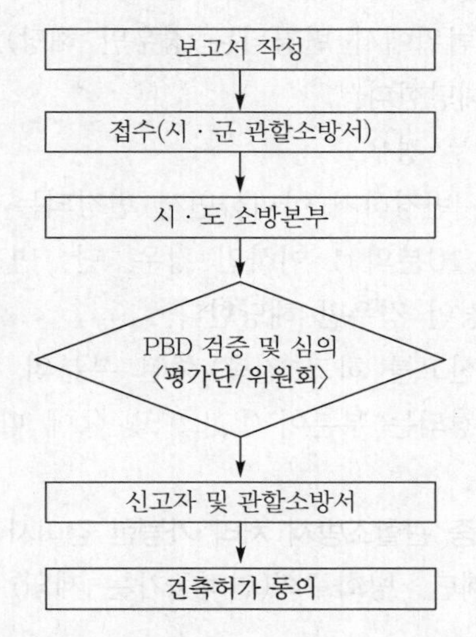

2) 성능위주설계에 대한 심의 결정을 통보한 경우 심의 결정된 사항대로 「소방시설설치 및 관리에 관한 법률」 제6조에 따른 건축허가 등의 동의를 한 것으로 본다.

3) 결과조치

① 사전검토(1단계) : 평가단 회의 개최 결과 평가단장 · 단원의 검토 의견에 대해 소방본부장(담당부서)은 취합하여 신청인 및 관할 소방서장에게 통보하고 각 시 · 도 건축위원회(건축심의)에 상정한다.

② 신고(2단계) : 성능위주설계 신고서를 접수받은 소방본부장(담당부서)은 접수한 날부터 20일 이내에 평가단을 구성 · 운영하여 신고서 등을 확인 · 평가하는 등 검증을 실시하고 그 내용을 심의 · 결정하여야 한다.

(4) 성능위주설계의 변경신고등(제6조) 119 · 111회 출제

1) 성능위주설계 변경신고 대상 : 특정소방대상물의 연면적 · 높이 · 층수의 변경이 있는 경우

2) 성능위주설계 변경신고 제외 대상(「건축법 시행령」 제12조)

① 건축물의 동수나 층수를 변경하지 아니하면서 변경되는 부분의 바닥면적의 합계가 50[m^2] 이하인 경우로서 다음의 요건을 모두 갖춘 경우

㉠ 변경되는 부분의 높이가 1[m] 이하이거나 전체 높이의 10분의 1 이하일 것

㉡ 허가를 받거나 신고를 하고 건축 중인 부분의 위치 변경범위가 1[m] 이내일 것

㉢ 법 제14조 제1항에 따라 신고를 하면 법 제11조에 따른 건축허가를 받은 것으로 보는 규모에서 건축허가를 받아야 하는 규모로의 변경이 아닐 것

② 건축물의 동수나 층수를 변경하지 아니하면서 변경되는 부분이 연면적 합계의 10분의 1 이하인 경우(연면적이 5천[m^2] 이상인 건축물은 각 층의 바닥면적이 50[m^2] 이하의 범위에서 변경되는 경우만 해당). 단, ④ 및 ⑤에 따른 범위의 변경인 경우만 해당한다.

③ 대수선에 해당하는 경우

④ 건축물의 층수를 변경하지 아니하면서 변경되는 부분의 높이가 1[m] 이하이거나 전체 높이의 10분의 1 이하인 경우. 단, 변경되는 부분이 ①, ② 및 ⑤에 따른 범위의 변경인 경우만 해당한다.

⑤ 허가를 받거나 신고를 하고 건축 중인 부분의 위치가 1[m] 이내에서 변경되는 경우. 단, 변경되는 부분이 ①, ② 및 ④에 따른 범위의 변경인 경우만 해당한다.

3) 면적 변경신고 대상 중 관할소방서 처리 가능한 경미사항

① 주요 시설[직통계단, 방화구획(면적증가는 제외) 등]의 위치 및 구조가 변경되지 않는 경우

② 분양 면적의 변경으로 건축허가 · 신고에 해당되지 않는 경미한 구획변경[구획변경에 따른 소방시설(감지기, 헤드 등)의 단순 위치 변경]

③ 면적 변경 사항이 평가단 개최가 필요 없다고 관할소방서장이 판단하는 경우

4) 보고를 받은 소방본부장은 성능위주설계의 심의를 실시한 평가단을 구성 · 운영하여 14일 이내에 심의결정을 하고, 그 결과를 신고인 및 관할 소방서장에게 통보한다.

(5) 평가단의 구성 및 운영(제11조)

구성은 평가단장을 포함하여 50명 이하의 평가단원으로 한다.

SECTION 015

성능위주설계 심의 가이드라인

01 목적

소방시설 등 성능위주설계 심의 시 논의된 사항 중에서 중요하고 공통적인 내용을 가이드라인으로 정하여 시행함으로써 건축물의 설계단계부터 적용하여 안전관리 업무향상에 기여하도록 한다.

02 심의절차 및 방법 127 · 123 · 119 · 113 · 111회 출제

(1) 건축심의 접수 전(사전검토단계)

사전검토 준비	신청 ⇄ 보완 (7일 이내)	소방서장	요청 →	소방본부장 (고도기술 필요시 중앙심의)	통보 → (지체 없이)	소방서장	통보 → (지체 없이)	성능위주 설계업자, 건축위원회
성능위주 설계업자		관할 소방서		검토 · 평가		관할 소방서		

1) 관할소방서장은 검토 · 평가 결과 수정 또는 보완이 필요할 경우 성능위주설계를 한 자에게 보완 요청
2) 실무에서는 보완 등이 필요한 경우에 보완요청 없이 평가단 검토 · 평가 내용을 건축위원회 통보 조치

(2) 건축허가 신청 전(신고단계)

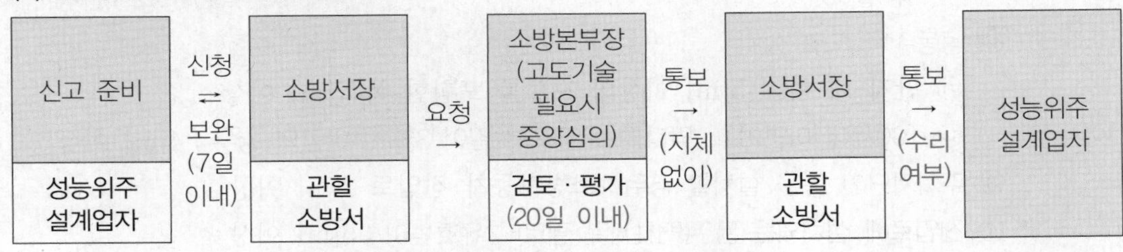

(3) 건축허가 완료 후(변경신고)

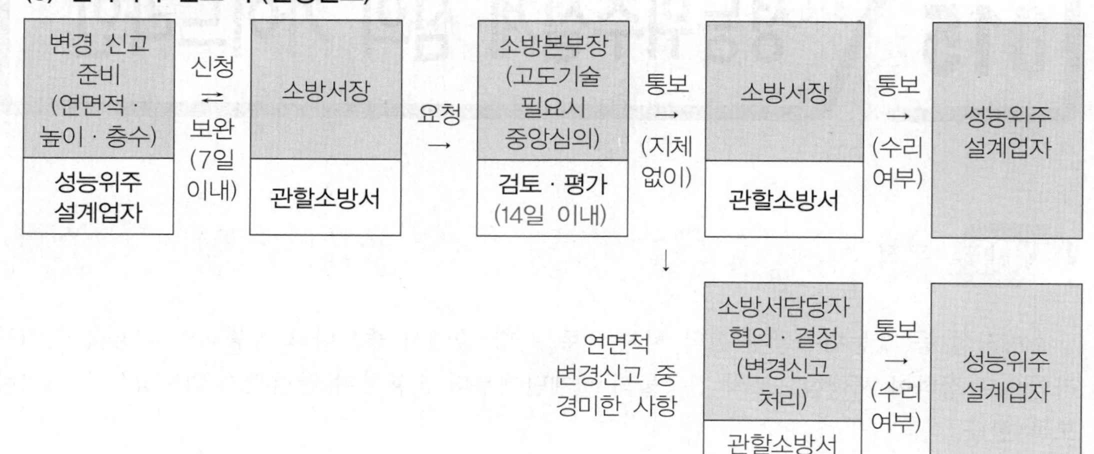

소방서 → 착공 신고 및 완공 신고 때 성능위주설계 최종 반영사항 인계 확인

03 가이드라인 내용

(1) 소방활동 접근성 분야 127회 출제

1) 소방자동차 진입(통로) 동선 확보(「건축법 시행령」 제41조 / 「주택건설기준규정」 제26조)

① 동별 최소 2개 면 이상

㉠ 소방자동차 진입로

- 경계석 등 장애물 설치금지
- 구조상 불가피하여 경계석 등을 설치할 경우 : 경사로로 설치하거나 그 높이를 최소화할 것

㉡ 진입로 회전반경 : 차량 중심에서 최소 10[m] 이상 고려하여 회차 가능하도록 할 것

② 공동주택 도로 설치

㉠ 단지 내 폭 1.5[m] 이상의 보도를 포함한 폭 7[m] 이상

㉡ 100세대 미만이고, 막다른 도로로서 길이 35[m] 미만의 경우 : 4[m] 이상

③ 주차차단기 등을 설치할 경우 : 소방자동차 진입로 3[m] 이상

④ 진입로에 설치되는 문주(門柱) 및 필로티 유효높이 : 5[m] 이상

⑤ 공동주택 번호 표시

㉠ 외벽 양쪽 측면 상단과 하단

㉡ 외부에서 주 · 야간에 식별이 가능하도록 동 번호 크기, 색상 구성할 것

⑥ 진입로 경사 구간 : 시작 각도 3° 이하, 최대각도 10° 이하로 권장

2) 소방자동차 소방활동 전용구역 확보(「소방기본법」 제21조의2 / 「소방기본법 시행령」 제7조의12)

① 소방자동차(사다리차 또는 굴절차) 전용구역 : 동별 전면 또는 후면에 1개소 이상

㉠ 건축물 외벽으로부터 차량 턴테이블 중심까지 6[m]에서 15[m] 이내(소방자동차 working diagram 참고하여 현장 여건에 따라 범위 조정 가능) 구간에 시 · 도별 보유한 소방자동차 제원에 따라 '소방자동차 전용구역' 설치할 것(폭 30[cm] 이상의 선을 황색반사도료로 칠하고 주차구역 표기)

㉡ 소방자동차 전용구역 : 동별 소방관진입창 또는 피난시설(대피공간 등)이 설치된 장소와 동선이 일치하도록 할 것

㉢ 문화 및 집회시설, 판매시설 등 불특정다수인이 이용하는 시설의 경우 : 동별 출입로에 구급차 전용구역을 확보하고 위치를 확인할 수 있는 번호 표지판을 부착할 것(예 Emergency-1, Emergency-2)

② 소방자동차 전용구역(활동공간) 바닥

㉠ 시 · 도별 보유한 소방자동차의 중량을 고려하여 견딜 수 있는 구조로 할 것
[참고] 52[m](26)5T), 70[m](35)2T)

㉡ 소방자동차 전용구역이 일부 보도를 포함할 경우 그에 대한 하중도 고려할 것

③ 소방자동차 전용구역 경사도 : 아웃트리거 조정각도 고려하여 5° 이하

④ 소방자동차 전용구역

㉠ 조경 및 볼라드 설치로 인해 장애가 되지 않도록 할 것

㉡ 공기안전매트 전개 장소와 중첩되지 않도록 할 것

3) 소방관진입창 설치(「건축법」 제49조 제3항 / 「건축물방화구조규칙」 제18조의2)

① 문화 및 집회시설, 판매시설 등

㉠ 1개소 이상 공용복도와 직접 연결되는 위치에 설치하도록 할 것

㉡ 외부에서 해정 가능한 구조, 문이 열리는 방향은 여닫이 구조인 경우 거실 방향으로 90° 이상 개방, 미닫이 구조인 경우 개방되는 개구부 폭이 0.9[m] 이상

② 2층 이상 11층 이하의 층에 설치

③ 시 · 도별 보유한 특수소방 자동차의 제원(52[m], 70[m])에 따라 12층 이상의 층에 설치

④ 공동주택(아파트)의 경우와 하나의 층에 공동주택(아파트) 및 주거용 오피스텔 용도가 함께 계획되어 있는 경우 : 주거용도임을 고려하여 소방관 진입창 표시 제외

⑤ 배연창 또는 피난기구가 설치된 창문(개구부)과 수평거리

㉠ 1[m] 이상

㉡ 건축물 구조상 불가피한 경우 배연창과 피난기구의 개구부는 겸용 가능, 이 경우 배연창은 피난기구 개구부의 법정 규격 및 개방 각도를 90° 이상 확보(개방 안 될 경우 대비 쉽게 파괴할 수 있는 구조)할 것

⑥ 가급적 건축물 공용복도와 직접 연결되는 위치에 설치 권고

⑦ 건축물 발코니로 진입하는 소방관진입창의 경우 외부에서 식별이 가능할 수 있도록 발코니 인근에 소방관진입창 안내 표시할 것

4) 종합방재실(감시제어반) 설치(「초고층재난관리법」 제16조 / 「화재안전기술기준 감시제어반 설치기준」) 131회 출제

① 종합방재센터

㉠ CCTV를 통해 화재발생 상황을 상시 모니터링 가능한 구조로 설치할 것

㉡ 보안요원 등이 상시 근무할 수 있도록 할 것

② 설치위치 : 소방대가 쉽게 접근할 수 있도록 피난층 또는 지상 1층 설치

㉠ 종합방재실(감시제어반)로 통하는 전용출입구가 확보되는 경우 : 지하 1층 또는 지상 2층에 설치할 것

㉡ 출입구 : 소방자동차 진입로 동선과 일치하도록 하고, 종합방재실(감시제어반실) 출입문은 양방향에서 출입할 수 있도록 최소 2개소 이상 설치할 것

③ 공간

㉠ 소방대가 지휘 및 재난 정보수집 등 원활한 소방활동을 할 수 있는 충분한 공간을 확보할 것

㉡ 급수전(식수공급) 1개소 이상과 화장실 설치, 소방관 휴게 및 장비배치 공간을 확인할 수 있는 상세도를 제출할 것

④ 용도별 관리 권원을 분리하여 2개소 이상 설치할 경우

㉠ 상호 재난관리 상황을 확인하고 제어할 수 있는 시스템을 갖출 것

㉡ 예외 : 용도별 관리권원별 비상시 대응이 가능한 상주인원이 24시간 근무하는 경우 제어기능은 제외할 수 있음

⑤ 종합방재실(감시제어반실)과 관리사무실 상호 인접하여 설치

㉠ 수직적, 수평적으로 최대한 근접하게 설치할 것

㉡ 종합방재실과 관리사무실을 같은 공간에 구획하여 설치하는 경우 : 상호출입이 가능하도록 출입문을 설치할 것

(2) 소방시설(기계 · 전기) 분야

1) 제연설비 130회 출제

① 거실제연설비

㉠ 거실제연설비 SMD : 누설등급 CLASS-Ⅱ 이상, 누설량을 반영할 것

㉡ 공조설비와 제연설비를 겸용하여 설치하는 경우 : 공조 TAB결과 댐퍼 개구율이 조정된 경우에도 제연 운전 시 개폐 스케줄에 따라 제연 풍량이 적절하게 배분될 수 있도록 제연 시 개방되는 댐퍼의 개도치를 공조댐퍼의 개구율 조정과 별도로 조정할 수 있도록 할 것

㉢ 감시제어반 : 거실제연설비(공조겸용 포함) 설치 시 댐퍼 개폐와 송풍기의 작동상태 등을 그림 또는 문자 등의 형태로 표시한 디스플레이방식으로 구성할 것

㉣ 판매시설 용도는 지상층 부분이 유창층일 경우 : 제연설비 설치 규모에 해당되면 거실제연설비 적용할 것(단, 복도에는 적용하지 않을 수 있음)

② 부속실 및 승강장 제연설비

㉠ 제연설비 풍량은 법적기준 출입문(20층 초과인 경우 2개소) + 1층 또는 피난층(1개소) 출입문이 개방되는 것을 기준으로 풍량을 산정할 것

㉡ 송풍량 : 연결된 덕트의 누설량 및 댐퍼는 누설등급에 따른 누설량을 반영하여 산정하고 설계도서에 명기할 것

③ 지하주차장 연기배출설비 131회 출제

㉠ 환기설비를 이용한 연기배출, 필요 환기량 : 10[회/hr] 또는 27[CMH/m^2] 중 큰 값으로 할 것

㉡ 환기설비에는 비상전원 및 배기팬의 내열성 확보, DA에 층간 연기 전파를 막을 수 있는 댐퍼를 설치할 것

㉢ 환기팬에 대한 원격제어가 가능한 수동기동스위치를 종합방재실 내에 설치할 것

㉣ 환기설비는 화재발생 시 감지기에 의해 연동되는 구조로 설치할 것

㉤ 주차장 팬룸

- 급기 루버 : 하부
- 배기 루버 : 상부

㉥ 주차장 유인팬의 가동 여부를 결정 : Hot Smoke Test를 통하여 성능을 검증

④ 지상층 피난안전구역의 제연설비

㉠ 외기취입구 : 하부층의 화재로 인해 발생된 연기가 유입되지 않도록 덕트 전용 연기감지기를 덕트 내에 설치하여 연기유입 시 자동으로 폐쇄할 수 있는 구조로 설치할 것

㉡ 연기유입 시 덕트가 자동 폐쇄되는 경우를 대비하여 외기취입구 위치를 이중화하고 이격하여 설치할 것

⑤ 제연설비 공통기준

㉠ 덕트 단열재 : 불연재료

㉡ 제연설비 성능시험 TAB : 전문성을 갖춘 기관 또는 업체에 성능시험을 의뢰하되 소방감리자의 책임하에 실시하도록 시방서(TAB 수행절차서 포함), 도면, 내역서에 반영할 것

㉢ 소방시설 착공신고 후 3개월 이내에 TAB 사전 검토보고서를 책임감리원에게 제출하고, 준공 시 최종 TAB를 실시하여 시공 중 덕트경로 및 크기 변경 등에 따른 정압계산 등을 반영하여 TAB 검토보고서를 제출할 것

㉣ 제연설비용 송풍기의 정압계산 : System effect, 덕트, 부속저항, 댐퍼 및 루버 저항 등을 반영하여 상세 계산서를 제출할 것

⑥ 차압감지관 : 최소 2개 세대 이상 평균값으로 적용할 것

⑦ 부속실 제연설비 가동 시 어느 층의 출입문을 개방하여도 부속실의 과압이 발생하지 않도록 대책을 제시할 것

⑧ 유입공기 배출 시 복도에 부압이 발생하지 않도록 대책을 제시할 것

⑨ 부속실 제연설비 급기풍도 : 지상층 피난안전구역의 계단분리에 따라 급기풍도를 분리할 것

⑩ 피난층 출입문 개방 및 외기 온도조건에 따른 제연성능 영향여부를 시뮬레이션을 통하여 확인하고 보완대책을 설계도서에 반영할 것

⑪ 샌드위치 가압방식 제연설비를 적용하는 경우 : 화재층 상·하층의 차압을 확인할 수 있도록 하고, 풍량, 차압 등의 설계와 관련된 사항은 성능위주설계 심의에서 적합 여부를 판단받을 것

2) 소화설비

① 고층건축물(지하층 포함 30층 이상)의 수계소화설비 : 각 동마다 펌프방식 및 자연낙차방식(최상부 구역의 경우 펌프방식) 적용

㉠ 1개동의 펌프가압으로 다른 동의 고층부를 가압할 경우

- 배관 부속류에 파손 등 영향을 주지 않고 원활하게 가압할 수 있는 경우 : 1개동에 설치할 것
- 50층 이상의 경우 : 각 동마다 적용하도록 할 것

㉡ 지하주차장이 2 이상의 동으로 연결된 경우 : 수원은 최소 40분 이상, 기준개수 30개 이상

② 펌프의 용량과 소화수원의 양 : 수리계산에 의해 선정

③ 주차장 외 부분에 설치하는 옥내소화전 : 호스릴 방식

옥내소화전을 호스릴 방식으로 적용 시 마찰손실 data를 설계도서에 첨부하여 양정계산서를 작성할 것

④ 지하 3층 이하의 주차장 또는 상온의 주차장 : 습식 스프링클러설비

⑤ 전기실, 통신실, 전산실 및 발전기실 등 : 면적과 관계없이 물분무등소화설비를 설치하고, 소공간 장소(EPS, TPS 등)에는 자동소화장치 또는 스프링클러설비를 설치할 것

⑥ 커튼월구조 건축물
  ㉠ 스프링클러헤드를 내창으로부터 0.6[m] 이내에 설치할 것
  ㉡ 헤드의 간격을 1.8[m] 이내마다 설치할 것[단, 기타 시설물(커튼박스, 시스템에어컨 등)에 의해 설치가 어려울 경우에는 성능에 지장이 없는 범위에서 0.6[m] 초과할 수 있음]

⑦ 옥외소화전함 : 건축물 외벽으로부터 5[m] 이상 떨어진 위치에 설치하거나, 방호 조치를 할 것

⑧ 스프링클러헤드 에스커천 : 불연재를 사용할 것

⑨ 소방용 감압밸브 : 성능시험을 할 수 있도록 배관을 구성(압력설정시험, 압력유지시험, 방출량 시험이 가능하도록 할 것)

⑩ 가스계 소화설비 : Door fan test 실시
  ㉠ 자격자가 실시한 Door fan test 결과 책임감리원에게 제출할 것
  ㉡ 가스계 소화설비 방호구역에 설치하는 자동폐쇄장치 : 유압방식 또는 모터댐퍼 방식 등으로 설치할 것
  ㉢ 소화약제 방출 전 급 · 배기팬 및 냉 · 난방기도 정지하도록 계획할 것

⑪ 배관 보온재 : 무기질 보온재 또는 국토교통부 표준시방서(KCS 31 20 05)에 따른 안전성능을 확보한 보온재를 적용하고, 동파의 우려가 있는 장소는 화재 위험이 없는 동파 방지 장치 또는 기구 등을 추가로 설치할 것

⑫ 옥내소화전설비(연결송수관 겸용)와 스프링클러설비 배관을 분리 설치할 것

⑬ 연결송수관설비 펌프 : 성능시험배관 및 성능시험을 위한 수조를 설치할 것(수조의 유효수량은 펌프 정격토출량의 150[%]로 2분 이상 방사량 이상이 되도록 할 것)

⑭ 주방이 설치되는 모든 장소 : 주거용 주방자동소화장치 또는 상업용 주방자동소화장치를 설치할 것

⑮ 소방펌프, 예비펌프 압력차에 의한 동시기동으로 수격피해 또는 전원공급 차질 우려가 있으므로, 인터록 제어가 가능하도록 동력제어반 제어회로도에 설계할 것

⑯ 수리계산(수리계산의 내용이 변경되는 경우 재계산을 수행하여 도서에 반영하고, 준공도서에 첨부)
  ㉠ 신축배관을 포함한 모든 부속류를 포함하고 각 구간의 최상부와 최저부로 나누어 계산할 것

㉡ 최저부에서의 과압 발생여부 및 최상부의 최소 방수 압력 적합 여부를 검토할 것

⑰ 감압밸브 2차측 이상 압력 형성 시 안전장치와 관리자가 인지 가능하도록 종합방재실에 경보장치 또는 점멸등을 설치할 것

⑱ 펌프 또는 송풍기 동력제어반의 선택스위치가 '자동' 위치에 있지 않을 경우 : 종합방재실에서 확인할 수 있는 구체적 방안을 제시할 것

⑲ 연결송수관설비용 배관

㉠ 펌프 흡입측 배관은 습식방식으로 배관 구성 후 도면에 반영할 것

㉡ 토출측 배관은 압력배관용 탄소강관으로 반영할 것

⑳ 전자식 압력스위치

㉠ 펌프별로 각각 설치할 것

㉡ NFPA 거리기준에 따라 소방펌프 설치 위치로부터 수평거리 1.5[m] 이격하여 설치할 것

㉢ 전자식 압력스위치 전원은 중계기 전원반이 아닌 수신기 또는 별도의 예비전원에서 공급하여 소화펌프 작동 신뢰성을 확보할 것

㉑ 펌프 성능시험 시 배수설비(집수정)

㉠ 펌프정격토출양의 150[%] 기준으로 2분 이상 집수 가능하도록 할 것

㉡ 배관은 집수정까지 연결하거나 직접 옥외로 배수 가능하도록 할 것

㉢ 소화수조 내부에 설치된 흡입측 배관에 Vortex plate를 설치하고, 성능 시험 배관이 소화수조로 직접 연결된 경우 그러하지 아니하다.

㉒ 알람밸브 2차측 과압방지 장치 적용(바이패스 밸브 등)

㉓ 배관의 사용압력 : 펌프의 체절압력을 기준으로 적용할 것

㉔ 옥상층에 화재 발생 우려가 있는 시설이 설치되는 경우 : 소화설비를 반영할 것

㉕ 동력제어반 전원 정상 투입 여부를 종합방재실에서 확인할 수 있도록 동력제어반 차단기 2차측에 릴레이, 감시용 중계기 등을 설치하여 감시할 것

㉖ 소화수조를 전용으로 할 경우 : 수조 내 부유물질 발생 등을 방지하는 설비적 조치를 할 것

㉗ 고성능 펌프차 보유 : 시 · 도에서는 초고층건축물 고층부에 소화활동이 가능하도록 별도의 전용 송수구, 수직(건식) 배관 및 방수구를 설치하고 전용의 관창을 방수기구함에 추가적으로 비치할 것

㉠ 송수구 주배관의 구경은 최소 100[mm] 이상으로 하고, 방수구는 특정소방대상물의 층마다 최소 1개 이상을 직통계단으로부터 5[m] 이내에 설치할 것

㉡ 각 층의 방수구에서 그 층의 각 부분까지의 수평거리는 100[m] 이하가 되도록 할 것

3) 경보설비 130회 출제

① 자동화재탐지설비의 수신기와 수신기, 중계기와 수신기 또는 중계기와 중계기간 배선 : Loop back system으로 설치하여 통신(신호)간선을 이중화할 것(단, 본선과 별도의 배관으로 분리 · 이격하여 설치할 것)

② 수신기 : 선로의 단락 등의 이상이 발생한 경우에도 성능을 유지할 수 있도록 보호기능을 가진 것 또는 보호설비를 설치할 것(경보설비 선로에는 단락 보호기능의 Isolator를 적정 개소마다 반영할 것)

③ 중계반 : 동별로 설치할 것

④ 지하주차장 또는 물류창고 등에 설치하는 화재감지기 : 아날로그방식 · 공기흡입형 감지기 등을 적용할 것

⑤ 시각경보기 : 실별 2개 이상 설치 시 동기점등방식

⑥ 비상방송 스피커 : 피난용 승강기 승강장 등 공용부에도 적용할 것

⑦ 관광호텔 객실 등 : 사운드 베이스 감지기 적용 권고

꼼꼼체크 음향 기반형 화재감지기(sound base analog detector) : 아날로그 기능과 경보기능을 가진 감지기(단독경보형 감지기와 유사)

⑧ 기계실 등과 같이 주위소음이 큰 장소 : 비상방송설비용 음향장치 출력 10[W], 시각경보장치를 설치할 것

⑨ 피난안전구역 및 옥상 출입문 인근 : 비상전화기를 설치할 것

4) 피난구조설비

① 피난계획에 적합한 유도등 설치

㉠ 통로유도등 : 복도 피난경로상 사각이 발생하지 않도록 추가 설치할 것

㉡ 구부러진 모퉁이와 피난계단 출입구 : 식별을 위하여 횡방향 유도등을 추가할 것

㉢ 피난층 피난계단 내부 피난구유도등 : 픽토그램 등(지나치지 않도록 하기 위함)을 반영할 것

㉣ 공동주택(아파트)과 주거용 오피스텔의 경우 : 피난구유도등을 대신하여 유도표지를 설치할 수 있음

㉤ 피난안전구역 직상층 계단실 : 피난안전구역 특별피난계단 출입구까지의 경로에 광원점등식 피난유도선을 설치할 것

② 발전기실, 소방펌프실, 제연팬룸 등 비상시 출입하는 주요 설비장소 : 비상조명등(예비전원 내장형 추가)을 설치할 것

㉠ A/V실, EPS/TPS 등 수직 샤프트 부분 : 유지관리용 조명등

㉡ 소화수조 수조 점검구 상부 : 점검용 조명등

③ 비상조명등 : 점멸기를 거치지 않는 구조로 설치할 것
④ 공동주택(아파트)의 공기안전매트의 관리대책
㉠ 지상 1층(피난층) 관리사무실 또는 종합방재실 등에 수레 등 바퀴달린 기구에 장착 · 보관(수레에는 실린더, 팬 등 매트 전개 시 필요 장비를 함께 보관할 것)
㉡ 관리사무실 또는 종합방재실 위치가 지상 1층(피난층) 외의 층에 있을 경우 : 지상 1층(피난층)에 별도의 공기안전매트 보관장소를 마련할 것
㉢ 전개장소에 조경 등 장애물이 있을 경우 : 전기톱 등(절단장비)을 갖출 것
㉣ 전기팬식 경우 : 설치 예정 공간 주변에 비상콘센트를 설치할 것

5) 무선통신보조설비
① 건축물의 CORE를 포함한 모든 부분에서 무선통신이 가능하도록 할 것
② 설치완료 후 : 전파강도 시험 및 무선통화 시험 실시

6) 그 밖의 안전시설 화재예방대책
① 전기자동차 주차구역(충전장소) 131회 출제

설치장소	지상에 설치(원칙)	지하에 설치할 경우 지표면과 가까운 층에 설치
설치조건	–	전기자동차 주차구역(충전장소)은 일정 단위별 격리 방화벽으로 구획(CCTV 설치로 24시간 감시)
		방출량이 큰 헤드(k factor 115 이상) 또는 살수 밀도를 높여 계획 [방출량 증가 · 수원량 추가 확보(수리 계산 등)]
		전용의 연결송수관설비 방수구와 방수기구함을 설치할 것 ① 방수기구함에는 '전기차 전용주차구역용'을 표시한 표지를 부착할 것 ② 방수구는 쌍구형으로 설치하고 호스 2개 이상 및 관창을 비치할 것
		충전소 및 주차구역 인근에 질식소화포(차량용) 비치 ① 식별이 용이한 곳에 비치 ② 보관함 별도 설치 ③ 사용설명서 및 표지판 부착

② 옥내소화전, 유도등 및 피난로 시인성 강화 권장
㉠ 옥내소화전 위치 시인성 강화(기둥 적색 페인트 도색)
㉡ 입체형 대형 피난구유도등
㉢ 유도등 상부 추가 설치
㉣ 바닥 홀로그램

③ 물류창고 및 창고형 판매시설 등 화재하중이 높은 장소 : 일반형 스프링클러설비 헤드(K factor 80) 사용을 지양하고 가연물의 양, 종류, 적재방법 및 화재 위험 등급에 따라 아래와 같이 소방시설을 적용할 것 130회 출제

구분	적용기준
소화설비	가연물의 종류, 양, 적재방법 등 물류창고 위험등급을 고려, 스프링클러설비 설치 ① 헤드 : 라지드롭(k factor 115 ~ 160) 또는 조기진압용 헤드(ESFR K factor 200 ~ 360) 적용 ② 헤드배치 : 랙식 창고는 랙 단마다 인랙스프링클러헤드 적용(단, ESFR 적용 시 제외) ③ 기준개수 : 라지드롭(k factor 115 ~ 160) : 30개 조기진압형 헤드(ESFR K factor 200 ~ 360) : 12개 ④ 수원용량 : 120분
경보설비	① 화재 조기감지, 위치확인 및 비화재보 방지를 위한 공기흡입형 감지기 등 특수 감지기 설치 ② 조기 안내방송을 위한 비상방송설비 성능 강화(음향 : 1W → 3W) ③ 창고시설에서 발화한 때에는 전 층에 경보를 발하도록 조치
피난설비	랙식 창고 랙 통로 부분 축광식 피난유도선 또는 랙부착유도등 설치로 피난설비 인지도 향상(지하층 및 무창층의 경우, 광원점등방식 피난유도선 설치)
방화시설	방화구획 완화 제한(건축법령), 드렌처(수막설비) 도입 등 ① 3,000[m^2]마다 내화구조의 벽으로 구획(불가피한 경우 방화셔터) ② 물류창고 자동화설비(컨베이어벨트, 수직반송장치 등) 방화구획 성능강화
기타	① 물류창고에 설치하는 비상용 승강기는 소방관 진입이 용이하도록 건물 외부 인근에 설치할 것 ② 물류창고 외벽 마감재는 불연재료로 할 것 ③ 물류창고 밀집지역 상수도소화용수 확보 ④ 물류창고 주위 소방활동공간 확보(위험물 보유공지 개념) ⑤ 로봇 등을 활용한 자동화 시스템 운용 시 로봇 충전시설 등에 소화기 비치, 스프링클러설치 등 안전강화 방안 마련

④ 임시소방시설(건축현장 소방시설)

㉠ 건축착공신고 단계에서 사업장에 비치

㉡ 간이소화장치(대형소화기로 대체불가)는 층마다 화재안전기술기준에 적합하게 설치

㉢ 옥내소화전설비(호스릴방식 등 권장) 또는 연결송수관설비를 우선 설치(시방서에 명기)

⑤ 피난층을 포함한 피난경로의 모든 전자제어시스템 출입문(자동유리문 등), 출입 통제장치 등

㉠ 화재 시 자동 개방되는 구조

㉡ 예외 : 피난구가 별도로 구성된 경우의 자동유리문은 닫히는 구조

⑥ 발전기실 및 소화가스용기실 : 공용부에서 진입 가능하도록 계획

⑦ 쓰레기처리장(분리수거장, 세대창고 등) : 화재예방대책 제시

⑧ 지하주차장 방화구획된 팬룸실 루버 : FD 설치

⑨ 비상발전기 기동 신호 : 비상 및 소방부하 변압기 2차측 주차단기(ACB)후단에서 신호

⑩ 완강기 고정 구조하지틀 상하부 및 구조하지틀과 완강기 고정방법 : 최대하중(1,500[N] 이상)에 적합여부(계산서)를 첨부

7) 소방시설의 내진설계

① 소방청 고시에 따른 내진설계 기준에 따라 설치

② 흔들림 방지 버팀대 방식이 아닌 특수한 구조 등으로 설계하는 경우 : 중앙소방심의

8) 아파트 에어컨 실외기실 : 자동식 루버

(3) 건축 피난 · 방재 분야

1) 방화구획 적정성 확보(「건축법 시행령」 제46조, 제56조 / 「건축물방화구조규칙」 제14조) 130회 출제

① 방화구획도 제출 : 내화구조의 벽, 60분 방화문 또는 60+ 방화문, 방화셔터는 각각 다른 컬러로 구분

② 건축물의 주요 설비 공간 및 공용시설물 : 방화구획(종합방재실, 펌프실, 제연팬룸실, 기계실, 전기실, 쓰레기집하장, 공용물품창고 등)

③ 판매시설 등 대형 공간 및 에스컬레이터, 지하주차장 램프구간 방화구획용 방화셔터 : 3[m] 이내에 고정식 방화문(일체형 방화셔터 지양)을 설치(계단에는 방화셔터 설치 금지)

㉠ 1단 또는 2단의 구분작동(예 아트리움, 에스컬레이트는 1단 / 피난통로는 2단)

㉡ 방화셔터 상부 천정 내부와 엑세스플로어 내부 : 설계도(방화구획선 관통부의 내화충전 상세도) 첨부

㉢ 방화셔터 하부 바닥 : 셔터 하강지점 표시

㉣ 비상구(피난구)가 설치된 지점 바닥 : 피난유도표시(화살표, 픽토그램 등)

④ 방화구획용 쌍여닫이 방화문인 경우 : 순위조절기 설치

⑤ 수직 · 수평 방화구획 관통부 : 내화채움성능이 인정된 구조(도면 및 내역 표기)

⑥ 제연구역과 면하는 피트공간(A/V, EPS, TPS 등) 및 세대별 샤프트 : 방화구획

⑦ 평상시 개방운영이 예상되는 방화문 : 수신기와 연동하여 작동하는 자동폐쇄장치

⑧ 물류창고의 경우 물품의 제조 · 가공 · 보관 및 운반 등에 필요한 고정식 대형 기기설비의 설치를 위하여 불가피한 부분과 그 이외의 부분 : 각각 방화구획

⑨ 매립형 방화문(포켓도어) 등 : 고리형 손잡이가 설치되지 않도록 할 것

2) 피트층(공간) 화재예방대책

① 유효한 소방시설(헤드, 감지기 등) 적용 : 피트층은 파이프덕트, 덕트피트에 해당하지 않아 소방시설 적용 제외 장소에 포함되지 않음

1. **피트층** : 건축법령상 연면적에 포함되지 않고, 거실 용도로 사용할 수 없는 수평적 공간
2. **피트공간** : 건축설비 등을 설치 또는 통과하기 위하여 설치된 구획된 공간

② 용도를 도면에 명확하게 표기, 스프링클러설비 유수검지장치실 등으로 사용되는 피트공간의 경우에는 점검공간을 충분히 확보하고 화재 발생 시 신속한 대응이 가능하도록 출입구(점검구)를 개방할 수 있는 구조일 것

③ 유수검지장치실 : 특별피난계단 및 비상용 승강기 승강장과 인접하여 설치할 것

3) 특별피난계단 피난안전성 확보(「건축법 시행령」 제35조 / 「건축물방화구조규칙」 제9조, 제22조의2) 127회 출제

① 특별피난계단 출입문

㉠ 패닉바 설치 권고

㉡ 예외 : 공동주택(아파트) 및 주거용 오피스텔

② 특별피난계단 계단실 : 도시가스배관, 전기배선용 케이블 등과 같은 화재 위험성이 있는 시설물 설치금지

③ 특별피난계단 계단실 출입문

㉠ 피난용도로 사용되는 것임을 표시할 것

㉡ 백화점, 대형 판매시설, 숙박시설 등 불특정다수인이 이용하는 시설에 설치되는 특별피난계단에 피난용도로 사용되는 표시를 할 경우 : 픽토그램(그림문자)

④ 특별피난계단

㉠ 옥상광장까지 연결할 것

㉡ 옥상광장에서 헬리포트 또는 인명구조공간까지는 별도의 계단으로 연결할 것

㉢ 계단실은 승강기 권상기실 등 다른 용도의 실로 직접 연결되지 않도록 할 것

⑤ 특별피난계단(피난계단) 출입문(매립형) : 고리형 손잡이 설치금지

⑥ 특별피난계단 부속실 : $4[m^2]$ 이상(유효면적)

4) 피난안전구역 화재안전성 확보(「건축법 시행령」 제34조 / 「건축물방화구조규칙」 제8조의2)

① 피난안전구역을 건축설비가 설치된 공간(기계실 등)과 같은 층에 설치하는 경우

㉠ 출입문을 각각 별도로 구성할 것

㉡ 구조상 불가피하여 공간을 서로 경유할 경우 : 이중문(60분 방화문 또는 60+ 방화문) 설치할 것

② 외벽

㉠ 소방관 진입창 및 제연 외기취입구 등 최소한의 개구부를 제외하고는 다른 부분과 완전구획할 것

㉡ 외벽 마감 : 다른 층과 구별되도록 할 것

③ 초고층건축물의 하부 피난안전구역 : 소방고가차(52[m], 70[m])의 접근 가능한 층에 설치할 것

④ 비상용 및 피난용 승강기 층 선택버튼에 피난안전구역 설치층을 별도로 표기할 것

⑤ 피난안전구역에 피난용도의 표시 : 픽토그램(그림문자)

⑥ 하향식피난구 착지지점에서 피난안전구역으로 연결되는 경로에는 광원점등식 피난유도선 설치할 것

5) 비상용(피난용) 승강기 승강장 안전성능 확보(「건축법」 제64조 / 「건축물설비기준규칙」 제10조 / 「주택건설기준규정」 제15조) 131 · 127회 출제

① 비상용 승강기 내부공간 : 길이 220[cm] 이상, 폭 110[cm] 이상 크기(구급대 운용), 승강장으로 이어지는 통로는 환자용 들것의 원활한 이동을 위해 여유폭(회전반경)을 확보할 것

② 비상시 피난용 승강기 운영방식 및 관제계획 초기 매뉴얼 제출 : 1차는 화재 층에서 피난안전구역, 2차는 피난안전구역에서 지상 1층 또는 피난층으로 이동 가능

③ 비상용 승강기 승강장과 피난용 승강기 승강장

㉠ 일정 거리 이격 설치

㉡ 경유되지 않는 구조[단, 공동주택(아파트)의 경우 부속실 제연설비 성능이 확보된다면 비상용 · 피난용 승강기 승강장을 경유하여 설치할 수 있음]

④ 비상용(피난용) 승강기 승강장 출입문

㉠ 사용 용도를 알리는 표시

㉡ 백화점, 대형 판매시설, 숙박시설 등 불특정다수인이 이용하는 시설에 설치되는 비상용(피난용) 승강기 승장장 출입문에 사용용도를 알리는 표시를 할 경우 : 픽토그램(그림문자)

⑤ 여러 대의 비상용 승강기 및 피난용 승강기 : 이격 설치[단, 구조상 불가피한 공동주택(아파트)의 경우 제외]

6) 건축물의 마감재료 불연화(「건축법」 제52조 및 「건축법 시행령」 제61조 / 「건축물방화구조규칙」 제24조)

① 도면 제출 시 : 내 · 외부 마감재료 상세표 제출

② 건축물 내부의 천장 · 반자 · 벽 · 기둥 등의 마감과 외벽 마감(단열재, 도장 등 코팅재료, 접착제 등 마감재료를 구성하는 모든 재료) : 준불연재료 이상

③ 내부마감재료 상세표에 석고보드 9.5T 또는 12.5T로 표기하는 방식을 지양하고 준불연재료 또는 불연재료 등으로 명확하게 표기(외벽마감 포함)

④ 필로티에 설치되는 단열재 : 불연재료, 필로티 천장 속에 설치되는 모든 배관은 불연재료(설비 배수 배관 등 PVC 재질 사용 불가)

⑤ 건축물 사용승인 신청 시 : 내 · 외부 마감재료 관련 시험성적서 및 납품확인서 제출

7) 옥상 피난대피공간 화재안전성 확보(「건축법 시행령」 제40조 / 「건축물방화구조규칙」 제9조, 제13조)

① 건축물의 규모 및 주변 환경 여건 파악하여 헬리포트 또는 인명구조 공간 장단

점 비교 후 선택 적용

② 옥상에 설치되는 피난시설(옥상광장, 대피공간, 헬리포트 등) 마감 : 불연재료

③ 아래층 또는 인근 : 별도의 피난대기 공간 설치

㉠ 아래층 화재로부터 열 · 연기의 영향을 덜 받을 수 있고 구조시간이 장시간 소요될 경우 대기할 수 있는 공간 필요

㉡ 천장이 없는 구조로서 3면 또는 4면 벽 높이는 최소 1.5[m] 이상의 불연재료로 구획

④ 옥상에 태양광집열판 등 화재에 노출되는 설비 설치는 지양, 설치할 경우 화재예방대책 제출 바람

㉠ 옥상광장의 충분한 피난공간 확보를 위해 태양광집열판 등 다른 용도의 설비 공간 면적은 최소화

㉡ 설비가 설치되는 장소 : 옥상의 다른 부분(광장 등)과 불연재료로 칸막이 구획

㉢ 특별피난계단, 비상용(피난용) 승강장 출입문과 최대한 거리를 두고 설치, 적응성 있는 소화설비 추가 설치

⑤ 옥상으로 통하는 출입문 : 표시(픽토그램 등)

8) 지하층 침수방지 대책(「건축법」 제49조 / 「건축물방화구조규칙」 제19조의2 / 「건축물설비기준규칙」 제17조의2)

① 물막이설비

㉠ 지하로 연결되는 모든 입구(통로) 등에 설치

㉡ 차수설비는 자 · 수동 조작방식(준초고층의 경우에는 자동 또는 수동방식)이 가능한 방식

㉢ 종합방재실 CCTV로 원격감시

② 주요 설비공간(전기실, 발전기실, 펌프실 등)을 지하층에 설치할 경우 : 침수방지를 위해 건축물 최하층에 설치하는 것을 지양, 지상층과 가까운 곳에 설치

③ 주요 설비공간의 출입로(문) : 해당 층 바닥보다 최소 0.5[m] 이상 높게 설치

9) 양방향 피난 안전성 강화(「건축법 시행령」 제46조 / 「건축물방화구조규칙」 제14조 / 「피난기구 화재안전기술기준」)

① 건축물에 피난시설을 적용하고자 할 경우에는 적응성과 시설별 장단점을 고려하여 적용하고, 관련 법령에 따라 성능인증제품을 설치할 것

② 건축물의 용도마다 효율적인 양방향 피난시설을 적용할 것

㉠ 공동주택(아파트) 및 그 사용 형태가 유사한 주거용 오피스텔의 경우 하향식 피난구 등 관계 법령에 적합한 피난시설을 적용할 것. 세대 내 하향식 피난구 설치 시 완강기 설치 면제(단, 원룸형 구조의 주거용 오피스텔 세대 내부에 하향식 피난구 등을 적용할 수 없을 경우에는 공용 복도에 1개소 이상 설치 권고)

㉡ 아파트 외 용도의 건축물일 경우 필요 시 공용복도 등에 하향식 피난구 추가 설치 권고

③ 피난시설 설치장소에는 피난상 장애가 되는 시설물을 설치하지 말 것

㉠ 출입문으로 인해 사용상 장애가 발생치 않아야 할 것

㉡ 실외기실(불연재료로 별도구획 시 예외) 및 빨래건조대 등 장애물을 설치하지 말 것

④ 공동주택(아파트) 피난시설(하향식 피난구 등) 설치장소 : 주방 또는 주출입문 인근을 제외하고 거실 각 부분에서 접근이 용이하고 외부에서 신속하게 구조활동을 할수 있는 장소에 설치할 것

10) 그 밖의 안전시설 화재예방대책

① 소화펌프실, 제연팬룸실 등 주요 설비장소 : 유지관리에 충분한 공간확보, 장비 배치를 포함한 상세도 제출

② 다중이용업소 및 건축물의 부속용도(피트니스 등) 주출입구 반대 방향에 비상구 확보할 것

③ 제연 외기취입구 : 신선한 공기를 공급받을 수 있는 장소에 설치

㉠ 전체 DA 도면 작성, 해당 용도(일반용, 소방용)를 명확히 기재

㉡ 지하층에서 DA를 통해 배출된 연기 : 상층부 및 제연설비의 급기구 등으로 유입되지 않도록 할 것

㉢ 거실제연설비 외기취입구 : 배기구 등으로부터 수평거리 5[m] 이상, 수직거리 1[m] 이상 낮은 위치에 설치

④ 기계식 주차장 : 내화구조로 설치, 최상부 배연대책을 마련할 것

⑤ 연돌효과 방지대책을 마련할 것

⑥ 지하주차장에 옥내소화전함이 설치된 기둥 색상 : 다른 기둥의 색상과 구분

⑦ 주차장 : 보행거리 50[m] 이하로 계단 배치, 계단 인근에 폭 1[m] 이상 피난경로(픽토그램) 표시

⑧ 막다른 복도의 보행거리 : 15[m] 이하

⑨ 준공 전 소방시설 전수검사가 필요한 경우 : 발주자(건축주)가 지정한 전문업체에서 실시

11) 전기화재예방대책 한국전기설비규정((산자부 공고 제2021-36호) / 소방시설법 시행령 [별표 5])

① 아크차단기 설치 권고

㉠ 누전차단기와 배선용 차단기는 전기스파크를 감지하는 기능이 없어 전기화재를 예방하기 위해서 전기스파크 사고를 감지하고 전원을 차단하는 아크차단기 권장

㉡ 물류창고 20[A] 이하의 분기회로에 전기 아크차단기 설치 권고

② 배전반 · 분전반 : 소공간용 소화용구 설치

③ 물류창고 등 취약시설 : 먼지와 습기에 의해 아크, 과부하, 트래킹등의 원인으로 인한 화재발생 시 열 및 불꽃을 감지하고 자동적으로 소화를 진행하는 화재안전콘센트 사용 권장

(4) 화재 · 피난 시뮬레이션 분야

1) 건축설계안에 대한 Passive형 화재위험평가(소방시설의 작동, 방화문, 방화셔터 등을 반영하지 않음)

① 「건축법」 및 「건축물의 피난 · 방화구조등의 기준에 관한 규칙」에서 언급하고 있는 '직통계단', '피난안전구역', '피난계단 및 특별피난계단', '관람실 등으로부터의 출구', '건축물의 바깥쪽으로의 출구' 등의 설치기준은 출입구 간의 가장 가까운 보행거리, 최대보행거리 등을 피난 시뮬레이션을 통해 검증할 것

② 건축법령에서 규정하고 있는 계단이나 복도 등의 최소 치수를 충족한다고 하더라도 피난 시뮬레이션을 통한 정량적 평가 시 인명안전성을 확보하지 못할 수 있음

2) 화재 · 피난 시뮬레이션의 커플링(coupling) 실시 132회 출제

① 화재 · 피난 시뮬레이션 커플링은 다음의 방법으로 가능하도록 실시할 것

㉠ ALT-1 화재 시뮬레이션 별도 수행, 피난 시뮬레이션 별도 수행 후 두 시뮬레이션 결과를 커플링하는 방법

ALT : 'alternative'의 약자로 대안이라는 의미이다.

㉡ ALT-2 화재 및 피난 시뮬레이션 컷을 15초 간격으로 각각 비교 검토할 수 있도록 이미지를 비교하는 방법

② 화재 · 피난 시뮬레이션의 커플링 수행 시, 시뮬레이션 동영상이나 파일을 평가단원에게 제공하고 평가단 회의에서도 확인할 수 있도록 제공할 것

3) 화재 시뮬레이션 시나리오와 수행 결과의 신뢰성 확보 필요

① 시뮬레이션 수행 시 기본 화재 시나리오 및 인명안전기준은 소방청 고시 제2017-1호 소방시설 등의 성능위주설계 방법 및 기준 및 동 고시 [별표 1]을 참조한다.

㉠ 가장 위험한 시나리오 외에 실제 자주 발생하는 화재와 관련해서는 화재통계에 따른 시나리오를 반영

㉡ 하나의 건축물에 여러 용도가 복합적인 경우, 용도별로 화재 및 피난 시뮬레이션을 수행하여 안전성을 검증할 것

㉢ 주상복합아파트, 생활형 숙박시설, 오피스텔, 호텔 및 이와 유사한 특정소

방대상물은 ①에서 언급한 동 고시 [별표 1] 중 시나리오 1은 단위세대나 객실이 있는 기준층, 시나리오 2는 근린생활시설이나 상가가 있는 기준층, 시나리오 3은 지하주차장을 대상으로 시뮬레이션을 수행할 것

② 화재·피난 시뮬레이션 수행 시 아래 사항들에 대해 반드시 제시할 것
  ㉠ 건물 내 용도별 사용자 특성(해당 지역 인구통계, 장애인 비율 등 활용)
  ㉡ 사용자의 수와 발화장소(용도별 재실자 밀도, 최대수용인원 표기)
  ㉢ 실크기(시뮬레이션 수행 도면 내 치수 및 스케일 표시 요망)
  ㉣ 가구와 실내 내용물, 자동차 등은 지오메트리에 반드시 반영하여 피난할 수 없는 장애공간 또는 보행할 수 없는 공간으로 설정할 것
  ㉤ 연소 가능한 물질들과 그 특성 및 발화원
    • 소방청 R & D를 통한 실물화재 DB 활용
    • 각종 연소실험 연구논문이나 보고서 데이터 인용 및 출처 표기 필수
    • Buliding EXODUS 사용 시 발화물 물질조성비 입력을 통한 CO, CO_2 이외 발생하는 HCN 등 독성가스 생성 필요
  ㉥ 주차장 연기배출(급·배기설비 설계안에 대한 평가·검증 필요)
  ㉦ 최초 발화물의 위치 : 거주밀도가 높은 다중이용시설(공연장, 문화 및 집회·판매시설 등)의 경우 화재 시 피난계단실로의 진입에 방해가 되는 곳을 화재실로 우선 설정 필요

③ 화원의 크기와 특성 설정 시 반드시 객관적 근거자료를 명시할 것

④ 소방청 R&D 연구과제의 실물 화재실험에 근거한 모델화원 DB, 단일가연물 DB, 공간용도별 DB, 장치물성 DB를 토대로 화재 시뮬레이션을 수행할 것. 만약, 해당 DB에 누락되었을 경우 NFPA Code, SFPE 핸드북, 국내외 R&D 연구보고서, SCIE 등재저널 논문, 한국연구재단 등재지 등에 게재된 연구논문의 내용을 인용할 것

⑤ 격자크기는 NUREG-1824(미국원자력규제위원회)의 민감도 권장범위를 참고하여 격자크기를 선정할 것

NUREG-1824의 격자 해상도(격자의 상대적인 조밀도를 나타내는 무차원 지표)

$$R = \frac{D^*}{\max(\delta x, \delta y, \delta z)}$$

여기서, R : 격자 해상도

D^* : 화재 특성길이[m]

$\max(\delta x, \delta y, \delta z)$: 미소 격자의 대표 크기[m]

4) 피난용 승강기 설계안 검증 필요

① 피난용 승강기 설치대상은 승강기를 활용한 최적안을 제시할 것

② 전층 피난 시뮬레이션도 같이 수행하여야 함('IBC 3008.1.1.'에 따라 1시간 이내 승강기를 활용한 전층 피난이 완료되도록 할 것)

③ 피난 시뮬레이션 상에서 최종 출구는 건축물 외부와 연결된 (단지 내) 지상층의 Assembly point(비상대피 집결장소)로 설정할 것

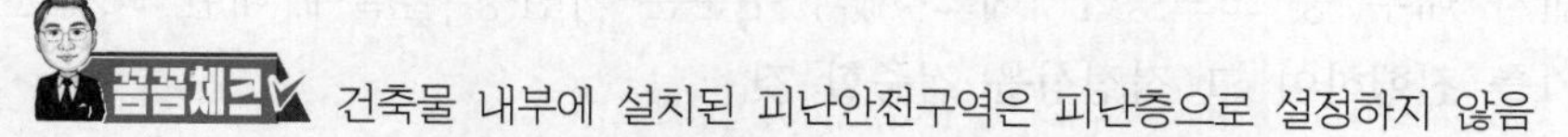

건축물 내부에 설치된 피난안전구역은 피난층으로 설정하지 않음

5) **피난 시뮬레이션 수행 시 화재실과 비화재실을 구분한 반응시간 계산 필요**

다용도 복합건축물의 경우 각 구역의 용도에 맞게 피난지연시간을 각각 계산하여야 하며, 반드시 화재실과 비화재실을 구분하여 반응시간을 계산하여야 함

6) **특정소방대상물 용도별 최대수용인원 및 재실자 특성 반영**

① 건축물의 용도에 따라 해당 건축물을 이용하는 수용인원의 수가 다르기 때문에 건축물의 용도에 맞는 재실자의 수를 계산하여야 함

② 하나의 건축물에 여러 가지 용도가 복합적일 경우에는 각 용도별로 재실자의 수를 설정하여 시뮬레이션을 수행할 것

③ 재실자의 연령 및 성별에 따라 피난능력이 다르기 때문에 재실자의 성별 및 연령, 신체치수의 분포가 피난소요시간에 큰 영향을 줌. 이에 따라 공신력 있는 통계자료 또는 국내외 실험연구논문 등을 참고하여 재실자의 연령 및 성별, 신체치수 분포를 설정할 것

④ 대지가 위치하는 지역의 인구통계자료 등을 참조하여 성별, 연령, 가구당 세대원수 등 에이전트 정보를 입력하고, 장애인(목발, 휠체어, 와상환자 등) 비율과 소요 조력자 수 또한 고려하여 피난 시뮬레이션에 반영할 것

⑤ 시뮬레이션 상에서 재실자의 배치는 실제 상황과 최대한 유사하게 설정할 것. 이 때, 재실자가 이동할 수 없는 곳은 지오메트리 상에서 가구나 자동차, 급수전 등으로 표시하여 실제 상황과 동일하게 설정해야 하고, 재실자의 위치 또한 현실감 있게 배치할 것

7) **지하주차장 내 급·배기설비 및 전기자동차 충전시설 화재 반영**

① 1면 이상 외기에 접하지 않는 지하주차장 화재를 가정한 시뮬레이션 수행 시 급·배기(환기)설비 작동 여부에 따른 연기 배출 상황을 비교할 것

② (권장) 지하주차장 바닥면적이 10,000[m^2] 이상일 경우, 급·배기설비의 용량, 설치위치, 설치수량, 설치방향 등을 컴퓨터 시뮬레이션을 통해 검증할 것

(5) 반도체 분야

1) 소방관 진입창

① 반도체 공장의 특수성 및 과밀한 장비 배치 등을 고려하여 이격거리 기준을 완화 적용할 것

② 건축물의 위험도를 고려하여 소방관 진입창 부분에 활동공간(6[m^2] 이상)은 단열재를 포함한 내부 마감재료는 불연재료로 설치하고 실내 출입문까지의 접근 동선을 확보할 것

2) 소방시설(기계 · 전기) 적용 강화

① 반자 내부 등 스프링클러헤드 제외 부분은 가연성 물질에 대한 화재안전성 평가를 진행하여 그 적정성을 검증할 것

② 반도체 공장에 적용하는 소화전은 반도체 공장 중 Main FAB(실리콘웨이퍼 제조공장)과 오피스 지역에는 호스릴소화전 적용을 권장한다.

③ FAB에 설치하는 스프링클러설비는 위험물 취급소에 해당하는 방사밀도 및 살수기준 면적 이상을 적용할 것

④ 배관, 덕트 및 설비 등이 밀집한 구간의 경우 살수 장애 등을 고려하여 스프링클러헤드를 추가 배치할 것(스프링클러헤드는 장애물 최상부와 최하단에 반영할 수 있도록 할 것)

⑤ 소화가스 방호구역 과압배출구는 사람이 상주하지 않는 장소 또는 건물 외부와 연결되도록 할 것

⑥ 인입되는 소방용 급수배관은 유지보수 등을 고려하여 최소 2개소 이상 인입되도록 구성하거나 루프배관으로 구성하고, 개폐밸브를 설치할 것

3) 건축 피난 · 방재시설 적용 강화

① 피난안전성 및 계단의 오염상황을 고려하여 헬리포트 또는 헬리콥터를 통한 구조 공간을 반영할 것

② 비상용 승강기가 설치되는 건축물은 층수과 관계없이 특별피난계단을 적용할 것

4) 화재 · 피난 시뮬레이션 검증

① 수용인원은 건물규모를 고려할 때 수용인원계수 부적절함에 따라 실제 근무인원을 기준으로 피난안전성을 평가 · 시행할 것

② 클린룸 화재 시뮬레이션 수행 시 클린룸 내 클린공조설비의 가동으로 인한 하향 기류의 흐름을 고려하여 수행할 것(화재 상황에서 클린공조설비가 정지되지 않는 조건을 고려하여 수행할 것)

(6) 도로터널 분야

1) 성능위주설계 평가(2회) 시기

① 사전검토(1단계) : 허가청(주무관청)의 기본계획 수립단계

② 신고(2단계) : 허가청(주무관청)의 실시설계 단계

2) 소방활동 접근성 확보

① 소형차 전용터널 : 통과높이 3.4[m] 이상

② 전차종 터널 : 통과높이 4.5[m] 이상

3) 소방시설(기계 · 전기) 적용 강화
   ① 원활한 소화용수 공급을 위한 방안 마련 : 물분무소화설비와 옥내소화전의 펌프 · 급수배관 분리 또는 그리드방식 등 급수배관 이중화(수리계산 활용)
   ② 소화전 사용 용이성 확보 방안 마련(발판 또는 계단 설치, 난간 제거 등)
   ③ 방재시설 기능연속성 확보방안 마련(일반 조명은 제외. 제트팬은 동력선만 해당) : 비상전원, 배선 이중화(또는 루프구성), 내열성 등
4) 건축 피난 · 방재시설 적용 강화
   ① 피난연결통로 간격 : 소형차전용은 200[m] 이하, 전차종은 250[m] 이하
   ② 사갱 또는 수직갱 등을 통해 터널 외부로 통하는 대피통로 출입구 : 내폭 2[m] 이상, 환기 및 가압방식 적용
5) 화재 · 피난 시뮬레이션 검증
   ① 정략적 위험성평가(QRA)를 실시하되, 필요한 경우 화재 · 피난 관련 특정 시나리오 추가
   ② ALARP(조건부 허용가능) 영역의 허용범위를 현행 기준보다 강화하여 안전성 확보

SECTION 016 PBD의 설계 장단점 및 선결조건

01 개요

PBD는 소방대상물의 연기발생량, 연기이동, 피난특성, 열방출률 및 내화도 등을 분석하여 소방대상물의 안전성에 적합하고 경제적인 최적 방화설계를 하는 것이다.

02 장점

(1) 설계 및 법률의 유연성(design flexibility)

1) 비교 분석된 대안설계의 선택으로 인하여 건축물이나 시설물의 특성에 적합한 안전수준을 선택한다.

2) 안전수준의 선택은 비용, 효율성 그리고 유지관리 등의 유연성을 제공한다.

3) 법의 발전속도가 시설이나 기술의 발전속도를 따라가지 못하기 때문에 법 적용의 사각지대가 발생한다. 따라서, 이를 성능위주의 설계가 보완할 수 있는 유연성을 제공할 수 있다.

(2) 안전성 향상(equal or better fire safety)

1) 건물 특성, 거주자 특성, 연소 특성을 고려함으로써 현장 위험성에 부합하는 설계가 가능하다.

2) 화재 시나리오 개발과 설계안 평가 등의 위험분석을 통해 위험을 확인하고 정량화할 수 있으므로 손해와 손실 파악이 가능하여 합리적인 위험관리가 가능하다.

3) 관리자나 건축주 등의 요구 및 사회적 안전성의 요구에 맞추어 건물 및 소방설비 성능에 대한 정량적 평가가 가능하다.

4) 종합적인 방재전략의 수립이 가능하다.

(3) 경제적 이익(maximization of the benefit/cost ratio)

법규에서 요구하고 있는 안전수준 이상의 안전성을 얻기 위해서 공학적으로 효율적이고 경제적인 방법으로 시공이 가능하다.

(4) 전문가 육성, 방화관련 기술의 발전(innovation in design, construction)[9]

1) 성능위주 소방설계는 소방관련 엔지니어링의 엄격한 적용이 요구된다. 여기서, 엄격한 적용은 더 보수적이고 안전한 성능이 요구되기 때문이다.

2) 엄격한 적용을 통한 소방공학 분야에 많은 발전동기를 제공한다.

3) 종합적인 소방전략 수립 : 성능위주 소방설계는 화재대비 전략을 세우는 데 있어서 각각 설비의 기능에 의존하지 않고 화재방호 시스템을 통합적으로 고려한 포괄적인 화재방호전략을 세울 수 있다.

4) 자료와 지식 제공

① 성능위주 소방설계는 화재로 인하여 건물에서 일어나는 피해를 예측하면서 보다 객관적이고 과학적인 지식을 제공한다.

② 법규적으로 해결하지 못하는 여러 현장상황에 성능위주의 소방설계로 접근함으로써 원만한 해결이 가능하다.

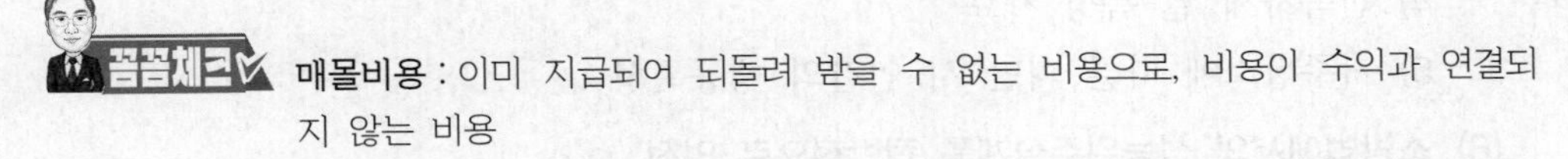

03 단점

(1) 새로운 설계에 대한 보수성으로 적용이 어렵다. 기존의 익숙하고 편한 것을 선택하려는 경향이 강하다.

(2) 개별적(case by case)인 설계로 시간과 비용이 증가한다. 기존의 것이 아닌 새로운 설계를 해야 하므로 기본틀이 완성되기까지는 매몰비용이 발생한다.

꼼꼼체크

매몰비용 : 이미 지급되어 되돌려 받을 수 없는 비용으로, 비용이 수익과 연결되지 않는 비용

(3) 품질(quality)이 설계자의 역량에 따라 지배(설계자에 대한 적절한 교육과 지도가 필요)된다.

(4) 법적 책임한계가 미정립되었다. 사양적 기준에서 벗어나는 설계나 시공의 책임문제가 있으므로 이에 대한 정립이 필요하다.

(5) 성능에 대한 입증을 위한 데이터가 필요하다. 화재 및 피난 시뮬레이션 등의 모델링이 필요한데 과거의 다양하고 많은 자료(data)의 축적이 필요하다.

9) Performance-Based Fire Protection chapter 3 15Page

04 선결조건

(1) 통일된 PBD 설계지침서 확립

PBD에 대한 설계지침이 개략적이고 포괄적이어서 구체적이고 실제적인 설계지침서의 개발과 보급이 필요하다. 국내에서는 소방청에서 성능위주의 설계에 대한 지침이 나와 있다.

(2) 독립된 심사기관

PBD의 내용이 적합한지 아닌지를 평가하기 위한 독립적인 심사기관이 필요하다. 현재 법적으로는 소방서에서 성능위주설계 심의위원회를 두어 이를 수행하게 하고 있다.

(3) 교육훈련

성능위주설계 전문가 양성을 위해서는 이에 대한 교육과 훈련을 전문적으로 수행하는 기관이나 단체가 필요하다.

(4) 화재 시뮬레이션에 관한 연구 및 프로그램 개발

현재 화재 시뮬레이션의 중요자료는 모두 외국의 것으로, 국내 현실과 동떨어진 면이 있으므로 국내 실정에 적합한 프로그램의 개발이 필요하다.

(5) 데이터베이스(DB) 구축

1) 화재발생 확률 자료
2) 연소시험 자료
3) 화재설비 고장 자료
4) 건축자재 열 특성 자료
5) 거주장소에 따른 피난 시 인간의 행동특성

(6) 소방법에서의 성능위주설계를 전반적으로 인정

현장에서는 아직도 소방법을 기준으로 점검 및 지도가 이루어지고 있으므로 소방관계자 및 공무원들도 교육을 통해서 이를 확인하고 판단할 수 있는 능력배양이 필요하다.

(7) 성능위주설계의 평가 절차를 간소화하고 전문화하는 것이 필요하다.

05 특징

(1) 적극적 설계

1) 사양위주설계 : 획일화, 보편화
2) 성능위주설계 : 국소화, 집중화(화재 예상지역)를 통한 조기 화재소화

(2) 자율적 설계
보호범위 및 강도 설정은 당사자들의 협의와 사회적 통념에 의해 결정한다.

(3) 과학적 설계
공학에 의한 구체적이고 설계내용의 입증이 가능한 설계이다.

(4) 정량적 설계
개량화된 자료와 수치로 표현된 설계이다.

(5) 창의적 설계
과거의 경험과 자료의 답습이 아닌 새로운 조건과 환경에 적합한 설계이다.

(6) 경제적 설계
투자비용 대비 성능을 구현하도록 상황에 적합한 가치설계(VE)이다.

06 결론

(1) 현재 우리나라는 정부의 주도하에 법령 및 NFTC인 사양위주의 설계를 제정 · 시행하고 있는데, 이는 오늘날의 신재료 · 신공법을 활용한 초대형 · 초고층 빌딩의 출현 등에 적절하게 대응할 수 없을 뿐만 아니라, 수요자의 다양한 건축적 요구에 부응하기에는 한계가 있다.

(2) 이러한 사양위주의 설계를 보완하기 위해서 성능위주설계의 필요성이 점점 대두되고 있다. 또한, 소방기술의 발달을 위해서는 성능위주의 설계가 필요하므로 정책적인 지원이 필요한 실정이다.

SECTION 017 건축계획과 방재계획

01 개요

(1) 방재계획

다음와 같은 내용을 계획하는 것을 방재계획이라 한다.

1) 화재예방 : 우선 불이 나지 않도록 화재발생 방지를 위한 노력
2) 화재조기 감지 및 초기 소화
3) 재실자의 안전한 피난 유도
4) 화재확산 방지 : 수동적 · 능동적
5) 소화활동 원활

(2) 소방법의 목적

화재의 예방, 감지통보, 초기 소화, 소화활동, 방화관리 등을 실시하여 인명 및 재산보호(능동적 방화)

(3) 건축법의 목적

방화(내화 · 방화구조) 및 피난(피난경로, 배연, 비상 E/V)의 관점에서 규제(수동적 방화)

02 기본원칙 117회 출제

(1) 원리성

안전이 건축이나 소방의 기본원리이므로 법규를 맹목적으로 따르는 것은 바람직하지 않다.

(2) 종합성

상호 이질적인 수단과 대책을 유기적으로 조합하는 종합성을 확보하여야 한다.

(3) 신뢰성

장비와 시스템의 고장 발생 가능성 및 관리의 필요성을 고려하여야 한다.

(4) 일상성

일상적으로 이용됨으로써 비상시에도 유효하게 기능을 발휘하도록 관리하여야 한다.

(5) 가변성

시대의 변화, 건축물의 변화에 대응하여야 한다.

(6) 선행성

기획 혹은 설계 초기단계부터 방재계획을 고려하여야 한다. 수동적 대책은 추후에 설치가 어렵고 능동적 설비도 추후에 설치할 경우 비용이 증가한다.

03 건축계획과 방재계획의 관계

(1) 건축계획과 방재계획과의 관계도

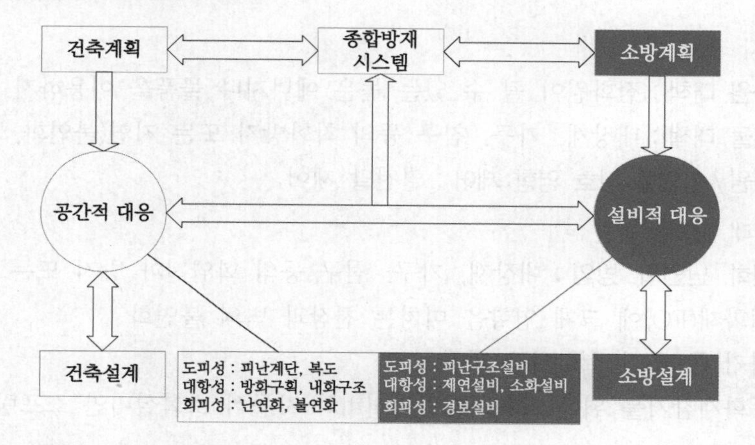

(2) 건축 · 방재계획의 대응 원칙

구분			내용
수동적 대응	도피성	정의	화재 시 피난할 수 있는 안전한 공간성과 그 구조
		예	피난계단, 복도, 통로, 피난안전구역 등
	대항성	정의	화재에 대응하는 건축적 대항력
		예	건축물의 내화성능, 방배연성능, 방화구획성능, 화재방어 능력, 초기 소화의 대항성(내충격성) 등
	회피성	정의	화재의 발화, 확대 등을 저감시키는 예방적 조치 또는 상황
		예	난연화, 불연화, 내장재의 제한, 방화구획의 세분화, 방화훈련, 불조심 등
능동적 대응	도피성	정의	안전한 피난을 위한 피난구조설비
		예	유도등, 비상조명등, 피난설비
	대항성	정의	화재에 대응하는 설비적 대항력
		예	방연성능에 대한 제연설비, 초기 소화의 대응성에 대한 자동화재탐지설비, 스프링클러설비, 옥내소화전 등
	회피성	정의	화재가 일어나기 전에 경보를 발하는 예방적 조치 또는 상황
		예	자동화재탐지설비, 가스경보기, 누전경보기

04 화재 단계별 대책

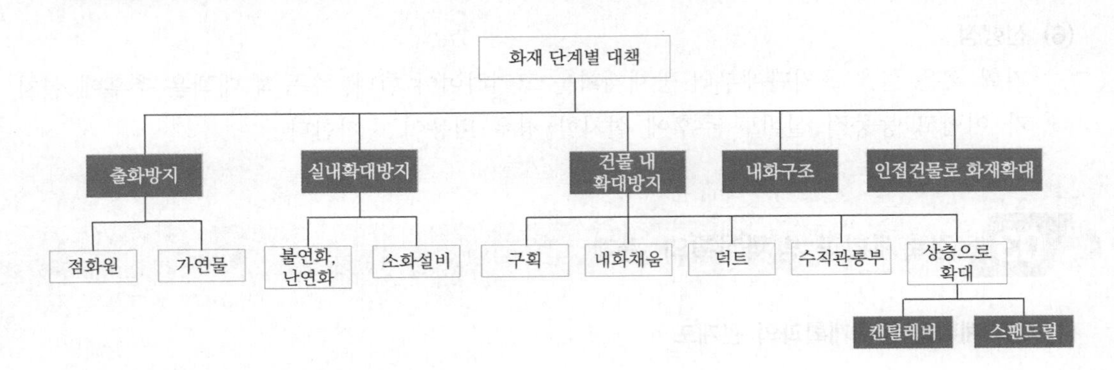

(1) 출화방지

1) 점화원 대책 : 점화원이 될 수 있는 높은 에너지나 물품을 이용하지 않는 방법
2) 가연물 대책 : 내장재, 가구, 침구 등의 착화방지 또는 지연(불연화, 난연화, 방염)
3) 점화원 / 가연물 상호 영향 제어 : 열전달 제어

(2) 실내 확대 방지

1) 불연화, 난연화, 방염 : 내장재, 가구, 침구 등의 화염전파 방지 또는 지연
2) 전실화재(FO)에 크게 영향을 미치는 천장과 벽의 불연화
3) 소화기 등 초기 소화기구 비치
4) 자동화재감지를 위한 자동화재탐지설비와 자동식 소화설비인 스프링클러설비 설치

(3) 건물 내 확대 방지

1) 소화설비로 화재진압을 한다.
2) 내장재 불연화와 가연물의 감량화로 급격한 연소확대를 방지한다.
3) 방화 · 방연구획을 설정하여 화재확대를 방지한다.
   ① 방화구획을 구성하는 내화구조의 벽과 바닥
   ② 개구부의 방화문, 방화셔터, 드렌처설비
   ③ 관통부와 접속부 : 내화채움구조
   ④ 덕트 : 방화댐퍼, 방연댐퍼, 스프링클러헤드
   ⑤ 상층으로의 연소방지 : 내화채움구조, 캔틸레버, 스팬드럴
   ⑥ 수직관통부 : 계단, 승강로, 샤프트 등의 구획화, 급기가압, 소화설비

(4) 내화구조 : 하중지지력

(5) 인접 건물로의 연소확대방지 : 연소 우려가 있는 구조

(6) 종합적인 방재계획

1) 기획, 설계, 시공, 유지관리까지의 단계별 방화대책을 구체화한다.

2) 재료, 공법, 설비 공간성 등 각각의 요소에 대해 구체화한 대책을 상호 연계하여 방재계획을 수립한다.

3) 출화방지, 실내 확대방지, 건물 내 확대방지, 내화구조, 인접건물로의 연소방지 등 화재의 각 단계에 대응한 대책의 종합적인 방재계획을 수립한다.

(7) 건축방재계획의 시스템화

1) 방재계획을 종합적으로 고려하기 위해서는 하나의 유기적 시스템으로서 대책을 수립한다.

2) 시스템은 출화방지, 실내 확대방지, 건물 내 확대방지, 내화구조, 인접건물로의 연소방지 등으로 구성하여 시스템에 성공 및 실패 확률을 정량화하므로 시스템의 신뢰도를 알 수 있다.

05 건축계획 작성순서 112회 출제

(1) 부지 · 배치계획

1) 인접하는 건축물 상호관계

① 연소확대방지 : 인동거리(연소 우려가 있는 구조)

② 상호 피난경로의 교차방지

③ 피난교 등의 인접 건축물과 상호 연결 : 수평피난의 안정성 증대

2) 피난 안전성 확보

① 화염이나 연기에 위험이 없는 안전한 공터를 확보한다.

② 옥외 피난로를 확보한다.

③ 재실자밀도에 적합한 안전한 공간을 확보한다.

3) 소방대의 소화 · 구조 활동을 위한 공간 확보

① 소방대의 진입이 가능한 도로를 확보한다.

② 사다리차 등 장비운용에 필요한 공간을 확보한다.

③ 소화용수의 공급, 연결송수관 등의 연결이 가능한 공간을 확보한다.

④ 이상적인 건물의 배치 : 소방력이 모든 방향에서 건물 내부로의 진입이 가능하도록 배치한다.

(2) 평면계획

1) 목적

① 건축 : 건축평면을 효율적으로 배치하고자 하는 계획을 한다.

② 소방 : 화재의 피해를 평면상 최소화로 한정시키기 위한 계획을 한다.

2) 주요 내용

① 조닝(zoning)계획(코어배치) : 계단과 승강로의 배치, 단순 명쾌한 양방향 피난로, 방배연 계획

② 안전구획 : 1 · 2 · 3차 안전구획(차수가 증가할수록 안전성 증대)

㉠ 개구부 : 방화문

㉡ 특별피난계단 : 제연설비

㉢ 적정면적 확보 : 피난 시에 체류의 가능성이 있는 장소

㉣ 내장재의 불연화

㉤ 점화원 및 가연물 제한

③ 수직통로구획 : 수직통로(계단, 에스컬레이터, 승강기, 수직덕트, 배관, 덕트 등)에 의한 상층오염확대를 방지한다.

④ 용도구획 : 용도별로 구획하여 타 용도 부분과 피난장해 방지, 용도별 별도의 피난로로 피난경로를 설치한다.

(3) 단면계획

1) 목적

① 건축 : 층을 어떻게 배치하고 활용할 것인가를 계획한다.

② 소방 : 화재가 다른 층으로 확산되지 못하도록 한정시키는 계획을 한다.

2) 주요 내용

① 수평구획 : 각 층 평면계획이 수직방향의 동선과 교차하지 않는 구조로 계획한다.

② 수직통로구획 : 수직동선(피난계단, 비상용 승강기 승강로, 덕트 샤프트)을 전용으로 구획하고 방연구획한다.

③ 피난안전구역 : 준초고층, 초고층 건축물의 중간층을 대피공간과 화재 절연층(상하층의 배관류, 샤프트 등을 절연)으로 활용한다.

④ 옥상피난 : 옥상의 안전공간을 확보한다.

⑤ 발코니 : 병원이나 취침 공간의 경우는 피난시간이 지연되므로 피난공간으로 필요하다. 연기의 오염으로부터 방연이 필요하다.

(4) 입면계획

1) 목적

① 건축 : 건축물의 외관에 대한 계획을 한다.

② 소방 : 외장재, 외부구조와 개구부를 통한 화재확대의 최소화를 위한 계획을 한다.

입면 = 평면 + 단면

2) 주요 내용

① 건축물 형태(벽과 슬래브) : 진입구 확보(피난, 소화활동), 커튼월(curtain wall)의 취약성

② 건물 외장재 : 상층의 화재확산 방지

③ 개구부 계획(창호 등) : 연소할 우려가 있는 개구부(방화셔터, 방화문, 드렌처)

④ 캔틸레버, 스팬드럴 : 상층의 화재확산 방지

⑤ 배연과 구조활동을 방해하는 무창구조의 취약성 보완계획 : 제연설비, 배연창 등

⑥ 옥외계단 : 피난 안전성

(5) 재료계획

1) 건축물의 용도, 규모에 따라서 방재안전의 입장에서 내부 마감재료를 선택해야 한다. 왜냐하면, 화재가 발생하고, 인명피해가 발생하는 가장 큰 이유는 건물의 내부 마감재가 가연성 물질로 이루어졌기 때문이다. 화재가 커지는 결정적인 요인은 어떤 내부 마감재(interior finish)를 마감에 사용했는가에 있다.

2) 건축물 내장의 불연화, 난연화의 효과

① 출화방지

② 발연량의 감소

③ 전실화재(FO)의 지연

3) 천장의 내부 마감재 : 전실화재(FO)에 큰 영향을 미치기 때문에 보다 중점적으로 불연화가 필요하다.

4) 기구, 집기, 커튼 등 : 화재의 전파와 급속한 성장 억제가 필요하다.

5) 지하층, 고층부, 무창층, 대구획실 등에 대해서는 더욱 철저한 내부 불연화가 필요하다.

6) 법규

① 건축법 : 발화, 화염확대 방지 및 피난안전의 측면에서 일정규모 이상의 건축물에 사용되는 실내 마감재료로 불연 · 준불연재료 및 난연재료를 사용하도록 의무화하고 있다.

② 소방법에서는 11층 이상이나 다중이용업소 등과 같이 화재 시 피해가 크게 발생할 우려가 있는 장소의 실내장식물, 커튼, 카펫 등에 방염성능을 보유하도록 의무화하고 있다.

(6) 일반 설비계획

1) 공조설비 : 설비의 방화, 방연조치 → 감지기 연동 댐퍼

2) 전기설비 : 방재설비 배선, 비상조명장치

3) 급 · 배수설비 : 소화용수확보 대책

(7) 소방 · 방재설비계획 : 소방설비(active) 및 건축방재설비(passive)의 설치계획을 한다.

1) 층별 용도, 면적, 수용인원, 지하층, 무창층 등에 의한 적용 소방시설을 명시한다.

2) 소방시설의 계통도

(8) 연소확대 방지계획

1) 방화구획 : 면적별, 층별, 용도별

2) 방화구획 개구부 : 방화문을 설치하고 방화셔터 설치는 제한한다.

3) 방화댐퍼 : 방화구획에 따른 설치장소, 보수 및 관리를 위한 점검구를 설치한다.

(9) 내화건축물계획(구조계획)

1) 화재에 의해 건축 구조체가 파괴되지 않도록 하중지지력을 확보한다.

2) 화재에 의해 부적절한 변형 및 파괴가 발생하지 않도록 계획한다.

3) 주요 내용

① 내화설계방법 : 요구내화시간 < 내화성능

② 내화성능 : 하중지지력, 차염성, 차열성

③ 내화피복 : 강구조 골조 등을 화열로부터 일정시간 보호

(10) 피난계획

1) 양방향 피난

2) 간단명료한 피난경로 확보

3) 피난시설계획 : 피난계단, 피난층, 피난기구 등

4) 계단과 부속실의 설계

(11) 방연 · 배연계획

1) 배연창

2) 부속실제연 : 특별피난계단, 부속실, 비상용 승강기 승강장, 노대 등

3) 거실제연 : 기계제연방식, 자연제연방식

06 결론

건축에서의 방화상 한계점을 소방설비로 극복하는 등 상호 보완적으로 방재계획을 수립하여야 한다.

SECTION 018

방재계획서 작성 시 주요 항목

01 개요

(1) 방재계획상 가장 중요한 것은 종합적인 방재계획을 수립하는 데 있다. 이에 관련 법규를 준수하며 건축과 설비 또는 각 설비 간의 상호관련성을 충분히 검토하여 건축물의 조건에 가장 효율적이고, 체계적인 종합계획을 수립함으로써 인명 및 재산을 보호하고자 방재계획서를 작성한다.

(2) **필요성**
현대의 건축물은 고층화 · 심층화 및 거대화 추세이고, 하나의 건물에 다양한 용도가 공존하며, 많은 사람을 수용함에 따라 화재 시 피해규모는 증가할 수 있다. 따라서, 건축물이 화재로부터 안전하다는 것을 객관적으로 입증하기 위해서는 방재계획서 작성이 필요하다.

(3) 소방계획서는 주로 건물의 소방안전 관리를 위해 작성되며, 방재계획서는 재난 상황에서의 대응을 위해 작성된다. 과거 2009년도에 서울시 고층건축물의 가이드라인에 의하면 초고층 건축물은 방재계획서를 의무화하였다. 일본의 경우는 복잡한 건물이나 31[m] 이상인 건축물 또는 5층 이상의 여관이나 호텔에는 방재계획서를 작성토록 하고 있다.

02 방재계획서

(1) **개요**
1) 목적 : 재난상황(화재, 지진, 홍수 등)에서의 대응 및 피해 최소화를 위해 작성된다.
2) 내용 : 재난발생 시의 대응절차, 비상연락처, 대피경로, 구조작업 등이 포함된다.

(2) **주요 내용**
1) 건축계획에 의해 건물의 구조적 · 공간적 특성 및 화재사례 조사 · 분석
2) 화재 및 피난 모델링
3) 방재계획 기본방침 설정 : 인명안전, 재산보호, 기업활동의 연속성 등
4) 화재의 발견, 통보 및 인명피난대책

5) 연소확대방지 및 제연대책

6) 자체 소화대책 및 소화활동 지원대책

7) 방재시스템 운영계획 등

(3) 기대효과

1) 건축물의 설계특성에 최적화한 종합 방재대책을 마련한다.

2) 모델링 등으로 효과가 검증된 적정 방재시설에 투자한다.

3) 객관적 평가로 건축허가 심사 시 유리하다.

03 방재계획서 기재사항

(1) 건축물의 개요 : 위치, 높이, 용도, 구조

(2) 방재계획서 기본방침

1) 피난층의 위치

2) 방화구획의 구성

3) 안전구획의 위치와 구성

4) 피난시설의 피난경로의 설정(기준층, 특수층에 관하여)

(3) 부지와 도로

1) 피난층의 출입구, 부지 내 도로와 외주도로, 광장 등의 관계

2) 소방대 진입로

(4) 방재설비

1) 종류

2) 배치

(5) 화재감지와 통보

1) 자동화재탐지설비 등의 경보설비, 열, 연기감지기, 비상전화의 종류와 배치

2) 제설비와 상호연동 방법

3) 피난정보 전달방법(벨, 사이렌, 시각경보기)

(6) 피난

1) 피난시설의 배치와 구조

① 배치 : 복도, 직통계단, 피난계단, 특별피난계단, 옥상광장, 발코니, 보행거리, 출구로의 거리

② 구조 : 비상조명등, 내부 마감재, 구조(내화구조, 방화구조)

2) 피난시간 계산
① 수용인원의 예상
② 피난경보의 예상(보행거리, 복도, 개구부의 폭, 계단의 수 등)
③ 안전율의 설정
④ 허용피난시간의 예상
⑤ 피난시간 계산 : 1차 안전구획, 2차 안전구획에 각각 피난하는 데 필요한 피난시간(T)과 허용피난시간(T_0)과의 비교($T_0 \geq T$)

(7) 배연설비
1) 배연방법
2) 배연설비의 구조

(8) 비상용 진입구와 비상용 엘리베이터
1) 배치
2) 구조

(9) 소화설비
1) 종류
2) 배치

(10) 중앙관리실
1) 방재시설 등의 관리방법
2) 외부로부터의 진입경로

(11) 내장재 제한

(12) 유지관리
1) 유지관리의 주체
2) 유지관리의 방법

SECTION 019 안전관리설계의 3대 원리

01 개요

인간 - 기계시스템은 신뢰도가 낮으므로 시스템의 안전을 달성하기 위해서는 안전관리설계의 3대 원리가 있다.

(1) Fail safe

장치가 고장나는 경우 어떤 상황에서도 안전하게 동작하도록 설계, 제작, 시공하는 원칙이다. 즉, 이것을 절대 안전성 확보의 원칙이라고도 한다.

(2) Tamper proof

부정하게 조작할 수 없게 되어 있는 인터록 시스템(interlock system)이 해당된다.

(3) Fool proof

바보라도 할 수 있는 매우 간단한 과실방지원칙이라고도 한다.

02 Fail safe 127회 출제

(1) 정의

실패하여도 다른 대안이 있어 안전하게 설계하는 방법이다.

(2) 대표적으로 구획화와 여분의 설계가 있다.

(3) 인간의 과오나 기계의 동작상 실패가 있어도 안전사고를 발생시키지 않도록 2중 또는 3중으로 통제를 가하거나 기계 내부에 고장이 발생하면 피해가 확대되지 않고 단순고장이거나 한시적으로 운영이 지속되도록 하여 안전을 확보하는 설계개념이다.

(4) 구획화

화재가 발생하더라도 피해를 제한하거나 한정한다.

1) 방화구획 : 화재확대 방지

2) 방연구획 : 연기전파 방지

(5) 여분의 설계

하나의 수단이 안 될 경우 대체수단이 있는 것으로 2중화, 3중화와 같은 계층적 · 여분적 설계가 여기에 해당된다.

구분	내용
수계	① 주펌프 → 예비펌프 ② 주펌프 → 고가수조 ③ 자동기동 실패 → 수동기동 ④ 루프와 그리드 배관
가스계	① 저장용기 Reserve system ② 연장방출 시스템(extended discharge) ③ 자동기동 실패 → 수동기동
전기	① 상용전원 차단 → 비상전원 ② 루프배선
건축방재	① 양방향 피난 → 피난기구 ② 피난용 승강기 ③ 피난안전구역

(6) 구획화로 피해를 최소화하고 여분의 설계로 안전성의 신뢰도를 높이는 방재설계가 필요하다.

03 Tamper proof

(1) 정의
부정하게 조작하여 설비의 동작이 발생하거나 발생하지 못하게 하는 방법이다.

(2) **소방의 예** : 탬퍼스위치를 설치하여 개폐밸브의 폐쇄를 못하게 하는 방법이다.

04 Fool proof

(1) 개요
1) 화재가 발생하면 사람은 당황하거나 패닉(panic)상태에 빠져 정상적인 사고가 어려운 불안정한 상태(fool)가 된다.
2) 정의 : 불안정한 상태에서는 이를 방호(proof)하기 위해서 더 쉽고, 단순하며 확실하게 표시하거나 동작할 수 있도록 안전장치나 설비를 설계한다.

(2) 패닉(panic)의 조건
1) 신체, 생명의 위험을 느껴야 한다. 화재 시에는 화염이나 연기와 만나게 되면 발생한다.
2) 경쟁적 관계가 되어서 관계자 간에 다툼이 발생한다.
3) 구성원 간이 이질적이어야 한다. 이질적이면 상호 간 신뢰성이 낮아서 서로 경쟁 관계가 된다.

4) 지도자가 없어야 한다. 따라서, 구성원 간의 다양한 의견이 충돌한다.

(3) Fool proof에 대한 방호대책

1) 그림이나 색채를 사용하여 안내 : 신속하고 쉬운 판단이 가능하도록 한다.

2) 피난방향으로 방화문이 열리도록 설치한다.

3) 도어 노브는 회전식이 아니라 레버식으로 설치한다.

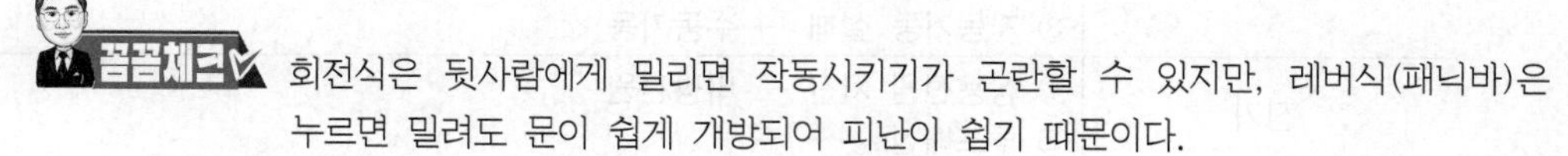

회전식은 뒷사람에게 밀리면 작동시키기가 곤란할 수 있지만, 레버식(패닉바)은 누르면 밀려도 문이 쉽게 개방되어 피난이 쉽기 때문이다.

4) 음성이나 동영상을 통해 작동을 안내한다.

5) 정전 시 피난구를 알 수 있도록 외광이 유입되는 곳에 도어를 설치한다.

05 Single-risk 127회 출제

(1) 개요

1) 정의 : 1개의 단일위험을 의미한다.

2) 여러 개의 고장이 동시에 발생하지 않고 시간차를 두고 발생한다는 개념이다.

(2) 소방에서 적용

1) 화재 시나리오 : 하나의 건축물에서 하나의 화재가 발생하는 것으로 가정한다.

2) 옥상수조 면제 : 주펌프와 동등 이상의 성능이 있는 별도의 펌프로서, 내연기관에 의해 작동하거나 비상전원을 연결한 경우에는 2 이상의 고장이 동시에 발생하지 않는다는 전제이다.

3) 겸용 설비의 수원 : 2개 이상의 고정식 소화설비가 설비별로 방화구획되어 있을 경우 각 해당 설비의 유효수량 중에서 최대량을 겸용설비의 수량으로 적용이 가능하다는 것은 2개의 별도 방화구획 장소가 동시에 화재가 발생하지 않는다는 전제이다.

4) 가스계 약제량 : 가장 큰 실을 기준으로 한다는 것도 다른 실에서 동시에 발생하지 않는다는 전제이다.

SECTION 020

IBC와 NFPA의 용도별 분류

01 IBC와 NFPA의 용도별 분류기준

(1) IBC

1) 점유자(occupant) : 인원(number), 밀도(density), 피난능력(mobility), 인지능력(awareness)

2) 건축물(building) : 가연성(combustibility), 구성수량(quantity), 환경요인(environment)

3) IBC 건축물 용도 분류

용도그룹 기호	용도분류 정의	용도그룹 기호	용도분류 정의
A	집회시설	I	병원 및 노약자시설
B	업무시설	M	상업시설
E	교육시설	R	주거시설
F	공장 및 산업시설	S	저장시설
H	상급 위험물시설	U	설비 및 기타 시설

(2) NFPA

1) 점유자(occupant) : 불특정(unfamiliar), 특정(familiar), 피난약자(young), 통제(supervision), 피난조력(no self-preservation), 취침(sleeping), 인원(numbers of people)

2) 건축물(building) : 가연성 물질(combustible contents), 복잡한 피난로, 다양한 위험물질

3) 수용품 위험(hazard of contents)

구분	위험
경급위험(low hazard contents)	화재가 자체 전파될 수 없는 낮은 가연성 수용품의 위험(금속물품이나 금속용기에 넣어둔 수용품)
중급위험(ordinary hazard contents)	적당한 속도로 연소되거나 상당한 양의 연기를 발생할 가능성이 있는 수용품의 위험
상급위험(high hazard contents)	매우 빠른 속도로 연소되거나 폭발의 가능성이 있는 수용품의 위험

02 인적 · 물적 · 환경적 특성에 따른 인명안전기준 114회 출제

(1) 현재 국내 화재안전기술기준은 건축물의 크기, 높이와 일부 수용인원에 의해서 설치대상을 규정하고 있다.

(2) 건축물의 면적이나 높이 등에 의한 분류는 인명안전이 최우선인 소방안전 목표에는 적합하지 않다.

(3) 선진국의 인적 · 물적 · 환경 특성을 고려하여 인명안전기준에 적합한 소방법의 제정이 필요하다.

▌인적 · 물적 · 환경적 특성을 고려한 인명안전기준 ▌

구분		인명안전기준	세부기준
인적 특성	이용자 특성	수용인원	거주(점유)자수, 재실자밀도
		인지능력	특정 또는 불특정
		피난능력	화재 시 대피(이동) 능력, 피난약자
물적 특성	화재위험성	건물특성	① 건축물의 구조 및 형태 ② 화기취급 여부
		화재하중	① 가연물의 종류/양/저장방법 ② 공정의 위험
		안전관리	소방시설 설치 및 안전관리에 대한 적정성 여부
환경 특성	용도별 이용형태	이용 특성	① 취침 여부, 피난조력자 존재 여부 ② 신체구속(구류/감금/통제) ③ 거주(체류)기간, 음주 · 마취 · 응급 ④ 복잡한 피난로

SECTION 021

내화구조와 방화구조

01 내화구조 133 · 109회 출제

(1) 정의

1) 「건축법 시행령」 제2조의 정의 : 화재에 견딜 수 있는 성능을 가진 구조

2) 철 · 콘크리트, 연와조, 기타 이와 유사한 구조로서, 대통령령이 정하는 내화성능을 가진 것으로 주요 구조부와 지붕에 적용한다.

3) 소방측면 : 화재가 최성기에 도달하였을 때에도 화재하중을 지지해야 하는 구조이어야 한다. 건축물의 주요 구조부는 화재 시에 작용하는 응력에 대해 적어도 설계화재시간 이상 안전하도록 지지하는 구조이자 화재저항이다.

(2) 내화구조의 요구기능

1) 벽이나 슬래브와 같이 공간을 구획하여 차열성능과 차염성능을 확보한다.

2) 기둥이나 보로 건축 구조체의 설계하중을 지지한다.

설계하중 : 건물이 세워지고 난 후에 건물이 견뎌내어야 할 각각의 외력을 시공 전에 예측하여 건물이 안전하게 서 있을 수 있도록 구조물을 설계한다. 이때, 예측한 외력을 설계하중이라 한다.

3) 화재 후 보수를 통하여 건물 재사용이 가능한 내력을 확보한다.

4) 화재 시 연소가 되지 않는 불연성의 재질을 확보한다.

5) 화재로 인한 열충격과 소방주수에 대한 강도를 유지한다.

6) 화재 시에도 건축부재의 성능을 유지한다.

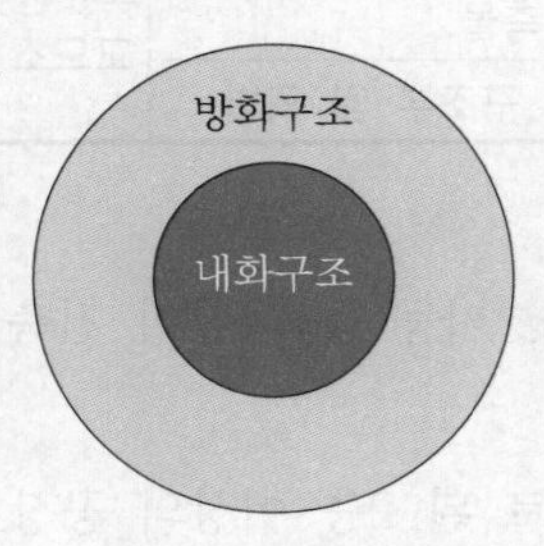

▌방화와 내화의 범위▐

(3) 목적

1) 건물 내 인명보호 및 소방활동의 확보
2) 연소확대 방지를 통한 재산보호
3) 건물의 도괴방지와 부지 주변으로의 위해방지

(4) 설치대상[「건축법 시행령」 제56조(건축물의 내화구조)]

▌면적별 층별 내화구조 ▌

<table>
<tr><th colspan="2" rowspan="2">구분
용도</th><th colspan="4">면적[m^2]</th><th rowspan="2">층별</th></tr>
<tr><th>200</th><th>400</th><th>500</th><th>2,000</th></tr>
<tr><td>공연장 · 종교집회장</td><td rowspan="3">관람석 또는 집회실의 바닥면적</td><td rowspan="3">○</td><td rowspan="3">–</td><td rowspan="3">–</td><td rowspan="3">–</td><td rowspan="18">무관</td></tr>
<tr><td>문화 및 집회시설(전시장 및 동 · 식물원은 제외), 종교시설</td></tr>
<tr><td>주점 및 장례시설</td></tr>
<tr><td colspan="2">다중주택, 다가구주택, 공동주택</td><td rowspan="5">–</td><td rowspan="5">○</td><td rowspan="5">–</td><td rowspan="5">–</td></tr>
<tr><td colspan="2">의원, 다중생활시설, 의료시설</td></tr>
<tr><td colspan="2">아동 관련 시설, 노인복지시설</td></tr>
<tr><td colspan="2">유스호스텔, 오피스텔, 숙박시설</td></tr>
<tr><td colspan="2">장례시설</td></tr>
<tr><td colspan="2">전시장, 동 · 식물원</td><td rowspan="9">–</td><td rowspan="9">–</td><td rowspan="9">○</td><td rowspan="9">–</td></tr>
<tr><td colspan="2">판매시설, 운수시설</td></tr>
<tr><td colspan="2">교육연구시설의 체육관, 강당, 수련시설</td></tr>
<tr><td colspan="2">체육관, 운동장</td></tr>
<tr><td colspan="2">위락시설(주점영업 제외)</td></tr>
<tr><td colspan="2">창고시설, 위험물저장 및 처리시설, 자동차 관련 시설</td></tr>
<tr><td colspan="2">방송국, 전신전화국, 촬영소</td></tr>
<tr><td colspan="2">화장시설, 관광휴게시설</td></tr>
<tr><td colspan="2">공장</td></tr>
<tr><td colspan="2">공장</td><td>–</td><td>–</td><td>–</td><td>○</td></tr>
<tr><td colspan="2">3층 이상 건축물</td><td colspan="5" rowspan="3">모두 적용(단독주택, 동 · 식물 관련 시설, 발전소, 교도소 및 소년원, 묘지 관련 시설의 용도는 제외)</td></tr>
<tr><td colspan="2">지하층이 있는 건축물</td></tr>
<tr><td colspan="2">방화지구 내의 건축물의 주요 구조부 및 외벽</td></tr>
</table>

(5) 주요 구조부(바지벽계보기)

바닥, 지붕, 벽, 주계단, 보, 기둥 등과 같이 건축물의 구조상 중요한 부분

(6) 설치 제외

1) 주요 구조부가 불연재료로 된 2층 이상의 공장
2) 내화구조 적용 제외 공장 : 화재의 위험이 작은 공장으로서, 국토교통부령이 정하는 공장) 105회 출제

① 생수 제조업
② 얼음 제조업
③ 과일, 채소 주스 제조업
④ 알코올 음료 제조업
⑤ 제철 제강업
⑥ 합금철제 제조업
⑦ 타일 및 유사 비내화 요업제품 제조업
⑧ 기타 내화요업 제조업

꼼꼼체크 요업(窯業) : 흙을 구워 도자기, 벽돌, 기와, 그릇 따위의 물건을 만드는 공업을 통틀어 이르는 말

3) 연면적이 50[m^2] 이하인 단층의 부속건축물로서, 외벽 및 처마 밑면을 방화구조로 한 것
4) 무대의 바닥

02 국내의 내화구조 설계방법 95 · 76회 출제

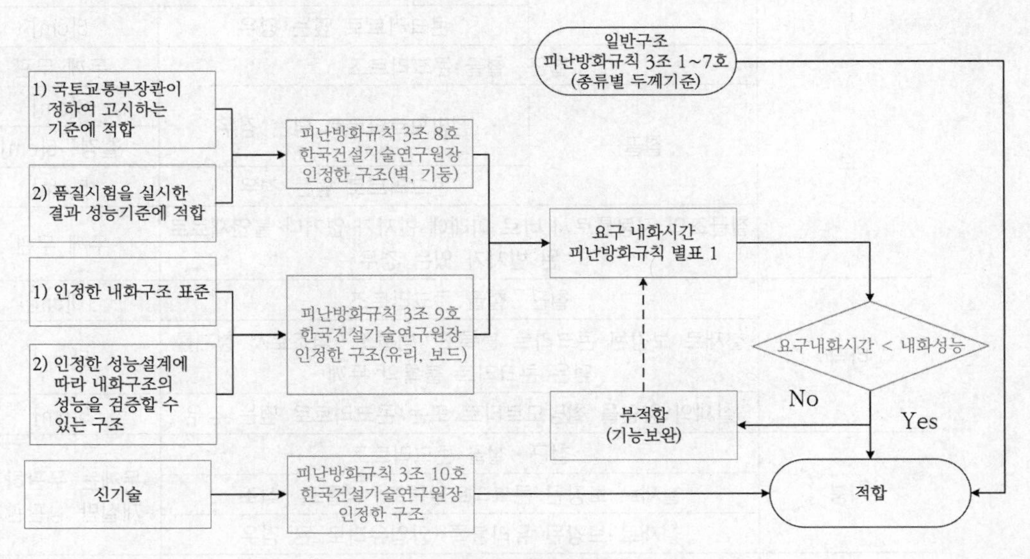

▌국내의 내화설계방법▐

(1) 법정 내화구조[내화구조 두께 기준(구조 기준)] : 사양적 규정(prescriptive regulation)

1) 건축물의 피난 · 방화구조 등의 기준에 관한 규칙 제3조(내화구조) 제1 ~ 7호

<table>
<tr><th colspan="2">구분</th><th colspan="2">재질</th><th>기준두께</th></tr>
<tr><td rowspan="9">벽</td><td rowspan="6">그 외</td><td colspan="2">철근 · 철골 콘크리트조</td><td>10[cm]</td></tr>
<tr><td colspan="2">벽돌조</td><td>19[cm]</td></tr>
<tr><td rowspan="2">철골조의 골구 양면</td><td>철망모르타르로 덮는 경우</td><td>4[cm]</td></tr>
<tr><td>콘크리트블록 · 벽돌 · 석재로 덮는 경우</td><td>5[cm]</td></tr>
<tr><td colspan="2">철재로 보강된 콘크리트블록조 · 벽돌조 · 석조</td><td>5[cm]</td></tr>
<tr><td colspan="2">고온 · 고압 증기 양생된 경량기포콘크리트 패널 또는 경량기포콘크리트 블록조</td><td>10[cm]</td></tr>
<tr><td rowspan="3">외벽 중 비내력벽</td><td colspan="2">무근콘크리트조 · 콘크리트블록조 · 벽돌조 · 석조</td><td>7[cm]</td></tr>
<tr><td rowspan="2">철골조의 골구 양면</td><td>철망모르타르로 덮는 경우</td><td>3[cm]</td></tr>
<tr><td>콘크리트블록 · 벽돌 · 석재로 덮는 경우</td><td>4[cm]</td></tr>
<tr><td colspan="2" rowspan="5">기둥
(작은 지름이 25[cm] 이상인 것)</td><td colspan="2">철근 · 철골 콘크리트조</td><td>두께 무관(25[cm])</td></tr>
<tr><td rowspan="4">철골</td><td rowspan="2">철망모르타르로 덮는 경우</td><td>6[cm]</td></tr>
<tr><td>철경* 5[cm]</td></tr>
<tr><td>콘크리트블록 · 벽돌 · 석재로 덮는 경우</td><td>7[cm]</td></tr>
<tr><td>콘크리트로 덮는 경우</td><td>5[cm]</td></tr>
<tr><td colspan="2" rowspan="5">보</td><td colspan="2">철근 · 철골 콘크리트조</td><td>두께 무관</td></tr>
<tr><td rowspan="3">철골</td><td rowspan="2">철망모르타르로 덮는 경우</td><td>6[cm]</td></tr>
<tr><td>철경* 5[cm]</td></tr>
<tr><td>콘크리트로 덮는 경우</td><td>5[cm]</td></tr>
<tr><td colspan="2">철골조의 지붕틀로서 바로 아래에 반자가 없거나 불연재료로 된 반자가 있는 경우</td><td>두께 무관</td></tr>
<tr><td colspan="2" rowspan="3">바닥</td><td colspan="2">철근 · 철골 콘크리트조</td><td>10[cm]</td></tr>
<tr><td colspan="2">철재로 보강된 콘크리트 블록조 · 벽돌조 · 석조로서 철재를 덮은 콘크리트 블록의 두께</td><td>5[cm]</td></tr>
<tr><td colspan="2">철재의 양면을 철망모르타르 또는 콘크리트로 덮는 경우</td><td>5[cm]</td></tr>
<tr><td colspan="2" rowspan="3">지붕</td><td colspan="2">철근 · 철골 콘크리트조</td><td rowspan="3">두께는 무관하고 재질만 상관관계</td></tr>
<tr><td colspan="2">철재로 보강된 콘크리트블록조 · 벽돌조 · 석조</td></tr>
<tr><td colspan="2">철재로 보강된 유리블록, 망입유리로 된 경우</td></tr>
<tr><td colspan="2" rowspan="4">계단</td><td colspan="2">철근 · 철골 콘크리트조</td><td rowspan="4">두께 무관</td></tr>
<tr><td colspan="2">무근콘크리트조 · 콘크리트블록조 · 벽돌조 · 석조</td></tr>
<tr><td colspan="2">철재로 보강된 콘크리트블록조 · 벽돌조 · 석조</td></tr>
<tr><td colspan="2">철골조</td></tr>
</table>

[비고] : 경* : 경량골재 사용 시, 철경* : 철골에 경량골재를 사용한 경우

내화구조의 기준

① 상기 표의 두께 이상으로 피복을 해야 한다. 여기서, 두께는 가장 얇은 부분의 두께이며 이때 마감재로 사용되는 보호모르타르의 두께는 포함되지 않는다.

② 포클랜드 시멘트 + 물 = 시멘트 페이스트(시멘트 풀) + 모래 = 모르타르 + 자갈 = 콘크리트

③ 콘크리트의 구성 = 시멘트(5 ~ 15[%]) + 물(15 ~ 16[%]) + 모래(25 ~ 30[%]) + 자갈(30 ~ 45[%])

④ 크기에 따른 구분 : 자갈(2[mm] 이상), 모래(0.06 ~ 2[mm]), 점토(0.06[mm] 이하)

▌법정 내화구조의 주요 내용▐

<table>
<tr><th>구분</th><th>철근, 콘크리트</th><th colspan="2">철골조</th><th>벽돌조, 석조, 콘크리트블럭조</th></tr>
<tr><td rowspan="2">내화구조 벽</td><td rowspan="2">10[cm]</td><td>철망모르타르</td><td>양쪽으로 4[cm]</td><td rowspan="2">19[cm] 이상</td></tr>
<tr><td>벽돌, 석재</td><td>양쪽으로 5[cm]</td></tr>
<tr><td rowspan="2">기둥</td><td rowspan="2">25[cm]</td><td>철망모르타르</td><td>양쪽으로 6[cm]</td><td rowspan="2">인정 안 함</td></tr>
<tr><td>벽돌, 석재</td><td>양쪽으로 7[cm]</td></tr>
<tr><td>바닥</td><td>10[cm]</td><td colspan="2">인정 안 함</td><td>인정 안 함</td></tr>
</table>

2) 기준이 확정되어 설계나 시공이 용이

3) 건축물의 특성을 반영하기 어렵고 과설계나 부족설계가 될 수 있다.

(2) 한국건설기술연구원장이 인정한 기준 : 성능규정(performance-based regulation)

1) 「건축물의 피난 · 방화구조 등의 기준에 관한 규칙」 제3조(내화구조) 제8호

2) 생산공장의 품질 관리 상태를 확인한 결과 국토교통부장관이 정하여 고시하는 기준에 적합할 것

3) '2)'에 따라 적합성이 인정된 제품에 대하여 품질시험을 실시한 결과 [별표 1]에 따른 성능기준에 적합할 것

품질시험방법은 「산업표준화법」에 따른 한국산업표준이 정하는 바에 따라 품질시험을 실시한다.

▌내화구조의 성능기준 [별표 1]▐

<table>
<tr><th colspan="3" rowspan="3">구성부재
용도</th><th colspan="6">벽</th><th rowspan="4">보·기둥</th><th rowspan="4">바닥</th><th rowspan="4">지붕 및 지붕틀</th></tr>
<tr><th colspan="3">외벽</th><th colspan="3">내벽</th></tr>
<tr><th rowspan="2">내력벽</th><th colspan="2">비내력</th><th rowspan="2">내력벽</th><th colspan="2">비내력</th></tr>
<tr><th>용도 구분</th><th colspan="2">용도 규모 층수/최고 높이 [m]</th><th>연소 우려가 있는 부분</th><th>연소 우려가 없는 부분</th><th>칸막이벽</th><th>샤프트실 구획벽</th></tr>
<tr><td rowspan="3">일반시설</td><td rowspan="2">12/50</td><td>초과</td><td>3</td><td>1</td><td>1/2</td><td>3</td><td>2</td><td>2</td><td>3</td><td>2</td><td>1</td></tr>
<tr><td>이하</td><td>2</td><td>1</td><td>1/2</td><td>2</td><td>1.5</td><td>1.5</td><td>2</td><td>2</td><td>1/2</td></tr>
<tr><td>4/20</td><td>이하</td><td>1</td><td>1</td><td>1/2</td><td>1</td><td>1</td><td>1</td><td>1</td><td>1</td><td>1/2</td></tr>
</table>

용도 구분	용도 규모 층수/최고 높이 [m]		벽: 외벽: 내력벽	벽: 외벽: 비내력: 연소 우려가 있는 부분	벽: 외벽: 비내력: 연소 우려가 없는 부분	벽: 내벽: 내력벽	벽: 내벽: 비내력: 칸막이벽	벽: 내벽: 비내력: 샤프트실 구획벽	보·기둥	바닥	지붕 및 지붕틀
주거시설	12/50	초과	2	1	1/2	2	2	2	3	2	1
		이하	2	1	1/2	2	1	1	2	2	1/2
	4/20	이하	1	1	1/2	1	1	1	1	1	1/2
산업시설	12/50	초과	2	1 1/2	1/2	2	1.5	1.5	3	2	1
		이하	2	1	1/2	2	1	1	2	2	1/2
	4/20	이하	1	1	1/2	1	1	1	1	1	1/2

4) 표준시간-온도곡선에 의한 내화설계

① 내화성능

㉠ 표준시간-온도곡선에 기초한다.

- 표준시간-온도곡선상의 한 점은 예상화재 온도를 나타낸다.
- ISO 기준 : $T = 345\log(8t+1) + T_0$

㉡ 가열된 구조부재 내부의 온도분포 산정

- 구조부재의 단면 형상
- 열특성
- 표면의 열전달특성

㉢ 구조부재의 열응력 및 기계적 특성의 시간적 변동 산정

- 구조재료의 기계적 특성
- 하중상태

② 내화요구시간 < 내화성능 : 내화성능 인정

5) 내화요구시간 : 건축법규에 따른 내화요구시간 동안 다음과 같은 성능

① 하중지지력 : 구조부재가 일정 기간 열에 의한 강도유지능력

② 차열성 : 구조부재가 이면에 열을 차단하는 능력

③ 차염성 : 구조부재가 이면에 화염을 차단하는 능력

6) 층별·용도별 내화요구 시간 < 표준시간-온도곡선에 의한 내화성능 : 내화성능 인정

7) 표준시간-온도곡선에 의한 내화설계의 특징

① 건축물의 용도, 구조, 층수에 따라서 제한을 두었지만, 위험용도, 거주자, 가연물의 양 등은 무시한다.

② 명시된 사양을 확정한다.

③ 건물의 실제 화재가혹도이나 공간조건 등을 고려하지 않는다.

④ 설계기준이 단순하고 확실하다.

⑤ 비경제적 또는 과설계 또는 부족한 설계(Over or Under Design) 요인을 내포한다.

(3) **한국건설기술연구원장에 의한 인정내화구조** : 성능규정(performance-based regulation)

1) **「건축물의 피난 · 방화구조 등의 기준에 관한 규칙」 제3조(내화구조) 제9호** : 한국건설기술연구원장이 국토교통부장관으로부터 승인받은 기준에 적합한 것으로 인정한 내화구조

① 한국건설기술연구원장이 인정한 내화구조 표준으로 된 것

인정내화구조 표준은 「건축물의 피난 · 방화구조 등의 기준에 관한 규칙」 제3조 제8호 및 「건축자재등 품질인정 및 관리기준」(국토교통부 고시), 그리고 동 기준 세부운영지침에 따라 한국건설기술원으로부터 내화구조 인정을 받은 구조이거나 인정기관 등의 관련 연구에 의해 제안된 구조는 정해진 절차와 심사를 거쳐 내화구조 표준으로 인정한 것

② 한국건설기술연구원장이 인정한 성능설계에 따라 내화구조의 성능을 검증할 수 있는 구조로 된 것

③ 대상 : 유리, 석고보드, 스터드 등

2) **「건축물의 피난 · 방화구조 등의 기준에 관한 규칙」 제3조(내화구조) 제10호** : 한국건설기술연구원장이 신제품에 대한 인정기준에 따른 인정에 따라 정한 인정기준에 따라 인정하는 것

(4) **사양적 내화구조 기준과 성능적 내화구조 기준의 비교**

구분 \ 내화설계		내화설계법	
		사양적 내화구조 기준	성능적 내화구조 기준
기존 법규 적용 유무	설계화재 시간(P)	시행령 제56조(건축물의 내화구조 대상) 고시 2005-112호(표)	설계화재시간을 예측, 계산
	부재내화성능 시간(T)	규칙 제3조의 제1 ~ 7호(두께)	• 부재내화성능 시간을 예측, 계산(규칙 3조 제8호) • 법정 내화구조 선택 여부를 결정
적용대상		중소규모의 일상적인 형태의 건축물	대형 건축물 또는 건축물이 복잡하고 신공법, 신기술이 적용된 경우
장점		설계가 용이하고 단순함	• 개개의 건축특성을 반영한 최적 설계임 • 신공법, 신기술 도입이 용이함
단점		• 신공법, 신기술 도입이 곤란함 • 비경제적인 설계 • 사용용도, 수용품, 공간조건에 따른 적정 위험도 설정이 곤란함	• 설계과정이 복잡함 • 높은 설계기술을 요구함

03 외국의 내화성능기준

(1) NFPA 5000의 내화성능(NFPA 5000, building construction and safety code 2009 edition)

1) TYPE Ⅰ 구조에서 TYPE Ⅴ 구조까지의 내화성능(시간)[10]

구분		TYPE Ⅰ		TYPE Ⅱ			TYPE Ⅲ		TYPE Ⅳ	TYPE Ⅴ	
		443	332	222	111	000	211	200	2HH	111	000
내력 외벽	2층 이상 바닥, 기둥 또는 다른 내력벽 지지	4	3	2	1	0	2	2	2	1	0
	1개 층 바닥만 지지	4	3	2	1	0	2	2	2	1	0
	지붕만 지지	4	3	1	1	0	2	2	2	1	0
내부 내력벽	2층 이상 바닥, 기둥 또는 다른 내력벽 지지	4	3	2	1	0	1	0	2	1	0
	1개 층 바닥만 지지	3	2	2	1	0	1	0	1	1	0
	지붕만 지지	3	2	1	1	0	1	0	1	1	0
기둥	2층 이상 바닥, 기둥 또는 다른 내력벽 지지	4	3	2	1	0	1	0	H	1	0
	1개 층 바닥만 지지	3	2	2	1	0	1	0	H	1	0
	지붕만 지지	3	2	1	1	0	1	0	H	1	0
빔, 거더, 트러스 및 아치	2층 이상 바닥, 기둥 또는 다른 내력벽 지지	4	3	2	1	0	1	0	H	1	0
	1개 층 바닥만 지지	2	2	2	1	0	1	0	H	1	0
	지붕만 지지	2	2	1	1	0	1	0	H	1	0
바닥구조		2	2	2	1	0	1	0	H	1	0
지붕구조		2	1½	1	1	0	1	0	H	1	0
비내력 내벽		0	0	0	0	0	0	0	0	0	0
비내력 외벽		0	0	0	0	0	0	0	0	0	0

1. Type 밑의 숫자 443의 의미 : First digit 내력 외벽, Second digit 내력벽, 기둥, 보, 트러스, 아치 Third digit 바닥을 나타낸다.
2. Ⅰ, Ⅱ는 철근콘크리트 or 철골콘크리트, Ⅲ은 Ⅰ, Ⅱ + 가연성 재료가 포함된 경우, Ⅳ는 목조, Ⅴ는 기타 건축자재, H는 중목재 부재를 가리킨다.

10) Table 7.2.1.1 Fire Resistance Ratings for Type I Through Type V Construction(hr). 5000-93Page. NFPA 5000 Building Construction and Safety Code 2015 Edition

2) 각 타입별 부재의 내화시간이 상기와 같이 나타나 있어 이들의 조합으로 구조기준에 의한 내화설계가 가능하다.

3) 비내력 방화벽

① 구조적 보존성

㉠ 지지력 : 비내력 방화벽과 그 지지부분은 어느 쪽에서든지 벽면에 직각으로 작용하는 최소 균일압력 0.24[kPa](0.035[psi])을 지지한다.

㉡ 목적 : 화재 중에 건물의 수용품이 비내력 방화벽에 충격을 가할지라도 붕괴나 파괴되지 않고 구조적 보전성을 유지한다.

② 연속성

㉠ 비내력 방화벽이 다른 비내력 방화벽, 외벽, 바닥 및 상층 바닥 또는 천장과 연결되는 연속성을 가져야 하고 비내력 방화벽의 모든 개구부를 완전히 밀폐한다.

㉡ 연속성에 의하여 방화 또는 방연구획을 형성한다.

③ 내화요구시간 : 2시간, 1시간, $\frac{1}{2}$시간 내화성능

(2) 국내 내화구조인정과 UL 263 비교

시험방법	부재 종류	공칭치수	내화시간별 피복두께							비고
			1[hr]	1.5[hr]	2[hr]	2.5[hr]	3[hr]	3.5[hr]	4[hr]	
내화구조 인정 및 관리업무세부 운영지침 (한국건설기술연구원)	Beam	400[mm] × 200[mm]	12	–	22	–	32	–	–	• 비재하 • 양단비구속 • 신청두께보다 10[%] 증가
	Column	300[mm] × 300[mm]	12	–	22	–	32	–	–	
UL 263**	Beam	Min. W8 × 28	9	13	18	23	27	32	36	• 보와 슬래브를 일체화시킨 구조체를 제작하여 테스트 • 최대 하중 재하 • 양단 구속 (괄호 안은 비구속 두께) • 피복두께와 내화시간 사이의 일정한 상관관계 도출 필요
			(9)	(15)	(20)	(26)	(31)	(36)	(44)	

시험방법	부재 종류	공칭치수	내화시간별 피복두께							비고
			1 [hr]	1.5 [hr]	2 [hr]	2.5 [hr]	3 [hr]	3.5 [hr]	4 [hr]	
UL 263**	Column	W6 × 9	22	30	37	45	52	59	66	• 비열, 밀도, 열전도율을 측정한 재료특성(material properties)에 의한 시뮬레이션 결과와 실제 내화테스트 사이에 일정한 상관관계가 도출되어야 함 • $H=\frac{T+25.5}{57.3\times\frac{W}{D}+81.3}$
		W6 × 12	21	28	35	42	49	57	64	
		W6 × 16	19	26	33	39	46	53	59	
		W8 × 28	19	25	31	38	44	50	57	
		W10 × 49	17	23	29	35	41	47	53	
		W21 × 73	16	22	27	33	38	44	50	
		W12 × 106	14	18	23	27	32	37	41	
		W14 × 233	3	13	17	20	23	27	30	
		W14 × 730	3	5	5	5	8	10	11	

(3) 철골 보와 기둥에 대한 UL 263 인증 프로세스

04 방화구조 116 · 86 · 79회 출제

(1) 정의

1) 화염의 확산을 막을 수 있는 성능을 가진 구조로서, 국토교통부령으로 정하는 기준에 적합한 구조
2) 불을 막아내는 구조
3) 화재로부터 연소확대를 방지할 수 있는 구조로 주로 목구조 건축물이 이에 속하여 건물 외벽이나 처마 등을 철망모르타르 등의 불연재료로 피복한 구조이다.

(2) 방화구조의 요구기능

화염의 확산을 방지할 수 있어야 한다. 따라서, 화염에 연소하지 않는 불연재 또는 준불연재이고 화염이 통과하지 못하는 구조이어야 한다.

(3) 「건축법」은 규모 측면에서 연면적 1,000[m^2] 이상을 방화상 위험한 건축물로 판단하고 있다.

1) 주요 구조부가 내화구조 또는 불연재료로 된 1,000[m^2] 이상인 건축물 : 방화구획
2) 주요 구조부가 내화구조 또는 불연재료가 아닌 1,000[m^2] 이상 건축물 : 1,000[m^2] 미만으로 방화벽을 설치

3) 1,000[m^2] 이상의 대규모 목조건축물 : 연소(延燒)할 우려가 있는 부분을 설정

① 방화구조 : 외벽, 처마 밑면

② 불연재료 : 지붕

③ 목적 : 목조건축물이 화재 특성상 인근 확산의 우려가 있으니 3 ~ 5[m] 이상 이격(離隔)하여 건축할 수 있도록 유도하려는 규정이다.

④ 대상 : 인접 대지경계선 · 도로중심선 또는 동일한 대지 안에 있는 2동 이상의 건축물(연면적의 합계가 500[m^2] 이하인 건축물은 이를 하나의 건축물로 봄)

⑤ 기준 : 상호의 외벽 간의 중심선으로부터 1층에 있어서는 3[m] 이내, 2층 이상에 있어서는 5[m] 이내의 거리에 있는 건축물의 각 부분

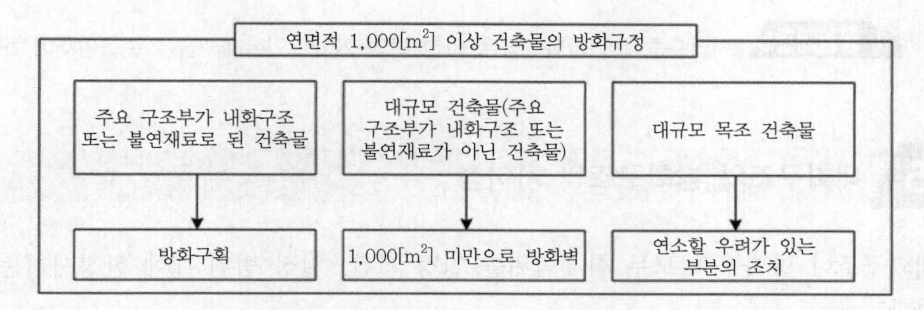

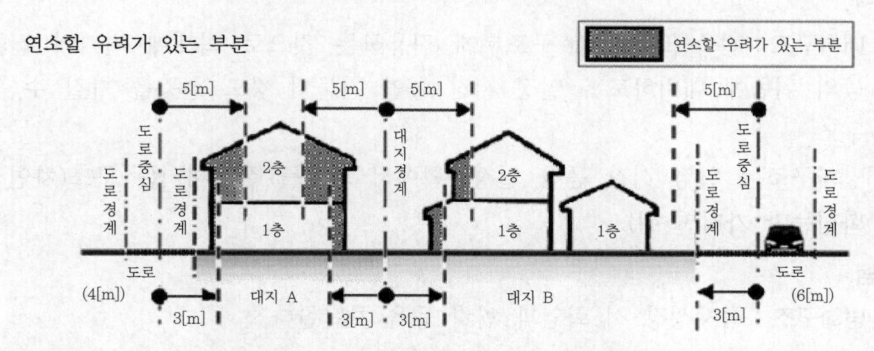

⑥ 예외 : 공원 · 광장 · 하천의 공지나 수면 또는 내화구조의 벽, 기타 이와 유사한 것에 접하는 부분

꼼꼼체크 소방법상의 연소 우려가 있는 구조(소방시설법 시행규칙)

① 대상 : 옥외소화전설비를 설치하여야 하는 특정소방대상물에서 2개 이상의 특정소방대상물이 있는 경우

② 사용처 : 행정안전부령이 정하는 연소 우려가 있는 구조면 이를 하나의 특정소방대상물로 봐서 **옥외소화전 설치대상을 규정하기 위한 개념**

㉠ 전제가 건축법과는 달리 대지경계선 안에 2 이상의 건축물이 있는 경우(옥외소화전 방호대상)

㉡ 다른 건축물의 외벽으로부터 수평거리가 1층에 있어서는 6[m] 이하, 2층 이상의 층에서는 10[m] 이하(거리는 건축법과 동일)

㉢ 개구부가 다른 건축물을 향하여 설치된 구조

(4) **방화구조의 의미** : 화재성장기의 화재저항

(5) **방화구조의 기준**

구분	기준 두께
「산업표준화법」에 따른 한국산업표준이 정하는 바에 따라 시험한 결과 방화 2급 이상에 해당하는 것	
철망모르타르 바르기	바름두께가 2[cm] 이상
심벽에 흙으로 맞벽치기한 것	두께 무관
석고판 위에 시멘트모르타르 또는 회반죽을 바른 것	두께의 합계가 2.5[cm] 이상
시멘트모르타르 위에 타일을 붙인 것	두께의 합계가 2.5[cm] 이상

산업표준에서 방화 2급은 없고 난연 2급은 있는데 2급은 준불연재에 해당한다.

05 내화구조와 방화구조의 차이점

(1) 내화구조나 방화구조 모두 화재범위를 일정 기간, 일정 범위 내에 한정시키는 데 유효하다.

1) 내화구조 : 건축물의 주요 구조부에 적용하는 것으로 화재에 견디어 건물의 붕괴 등의 위험에 대비하도록 일정 시간 동안 건물의 강도 성능을 가질 수 있도록 한 구조

2) 방화구조는 일정 시간 동안 일정구획에서 화재를 한정시키는 구조(차연성능과 방화성능만 가지면 됨)

(2) **개념**

1) 방화구조 : 화재성장 시 화염과 연기 등을 차단한다.

2) 내화구조 : 화재 최성기 시 화염에 견딘다.

3) 방화구조는 내화구조보다 방화성능이 작다.

(3) **내화구조와 방화구조 비교**

구분	방화구조	내화구조
목적	화재확산 방지	• 화재확산 방지 • 건물구조 안정성 확보
기능	화재를 일정구획에 한정함 (차연성, 차염성)	일정시간 동안 건물의 강도성능 유지 및 화재 한정(하중 지지력, 차염성, 차열성)함
재사용	화재 후 재사용 불가능	화재 후 재사용 가능
적용대상	벽, 천장 등의 구획부재	건물의 주요 구조부로 하중지지 부재를 포함
사용시기	화재성장 시 화염과 연기 등 차단함	화재최성기 시 화염에 견딤

(4) NFPA에서의 방화성능과 내화성능

1) 방화성능(rating, fire protection) : 화재시험에서 방화문 부재 및 방화창문 부재를 화염에 노출했을 때, 각각 NFPA 252, Standard methods of fire tests of door assemblies와 NFPA 257, Standard on fire test for window and glass block assemblies의 모든 허용기준을 충족시키는 성능이다.

2) 내화성능(fire resistance rating) : 재료 또는 그 재료의 부재가 NFPA 251, Standard methods of fire endurance of building construction and materials의 시험절차에 따라 확립된 것과 같은 화재노출을 견뎌내는 분 또는 시간단위의 시간에 따라서 정해지는 등급을 말한다.

06 결론

(1) 구조부재의 내화성능은 보통 화재발생 시 부재가 열에 대하여 견디는 내력기능과 방화구획기능을 동시에 만족해야 한다.

(2) 내화설계는 설계화재시간을 어떻게 정하여 이 시간 동안 구조부재의 안정성을 어느 정도로 확보하느냐가 중요하다.

(3) 건축물의 형태와 특성을 고려하여 실내 가연물의 종류와 양, 화재실 규모 등을 고려하여 건축물의 내화성능시간을 설정하고 내화성능 시간에 적합한 부재를 선택하기 위하여 재료의 열특성, 열전도도, 구조재료의 기계적 성질 등을 평가하여 적용하는 설계기법이 내화설계이다.

(4) 방화구조는 일정시간 동안 연소의 확대를 방지하기 위해 불연재로 화염과 열을 차단하는 구조이고, 내화구조는 방화구조에 화재에 견디는 능력을 더한 구조를 말한다.

(5) 건축물의 화재안전성을 건축법규인 사양적 기준에만 따르기에는 현재의 건축물은 너무나 복잡화 대규모화가 되고 있다.

(6) 실제 화재 · 성상을 예측하여 이에 따른 구조체의 열적 · 역학적 성상을 예측하고 평가기준에 따라 내화성능평가를 실시하는 내화설계방법의 도입이 필요하다. 그러나 법체계는 정비되었으나 성능위주의 내화설계를 수행할 전문인력과 국내 건설자재 및 용도별 건축물의 특성에 대한 데이터베이스의 부족 등으로 인해 즉각적인 시행에는 많은 어려움이 있다. 따라서, 화재분야에 대한 인력양성 및 다양한 연구와 국가차원의 데이터베이스 구축 등과 같은 다각적인 노력이 요구된다.

SECTION

022 내화 시험방법

01 가열시험 : 표준시간-온도곡선에 의하여 가열 107회 출제

(1) **표준시간-온도곡선(standard time-temperature curve)** : 건축물의 구조부재는 가열로에서 표준시간-온도곡선으로 알려진 시간, 온도곡선의 화재가혹도(fire severity)에 맞추어 화재에 노출시켜 평가한다.

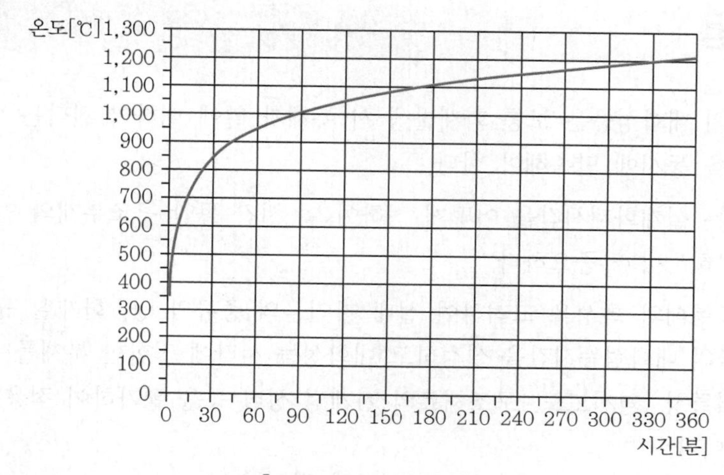

▌표준시간-온도곡선▐

(2) **표준시간-온도곡선 수식**

$$T = 345 \cdot \log(8t + 1) + T_0$$

여기서, T : 표준시간-온도곡선
T_0 : 최초의 온도
t : 시간[min]

▌국가별 시간에 따른 온도▐

구분	KS, ISO	JIS	ASTM	BS
30[min]	841[℃]	840[℃]	843[℃]	841[℃]
1[hr]	945[℃]	925[℃]	927[℃]	945[℃]
2[hr]	1,049[℃]	1,010[℃]	1,010[℃]	1,049[℃]
3[hr]	1,110[℃]	1,050[℃]	1,052[℃]	1,110[℃]
4[hr]	1,153[℃]	1,095[℃]	1,093[℃]	1,153[℃]

(3) 주요 부재부의 시험방법

주요 부재	시험체 크기	시험방법	성능평가
수직내력 구획부재	기준 이하는 실제 크기 3[m] × 3[m] 이상	재하가열	하중지지력
			차염성
			차열성
수직 비내력 구획부재	기준 이하는 실제 크기 3[m] × 3[m] 이상	비재하가열	차염성
			차열성
수평내력 구획부재	4[m] × 3[m] 이상 (길이) (너비)	재하가열	하중지지력
			차염성
			차열성
보	4[m]	재하가열	하중지지력
			차염성
			차열성
		비재하 (내화도료의 피복)	강재 평균온도 538[℃](1,000[℉])
			최고 온도 649[℃](1,200[℉])
기둥	3[m]	재하가열	하중지지력
			차염성
			차열성
		비재하 (내화도료의 피복)	강재 평균온도 538[℃](1,000[℉])
			최고 온도 649[℃](1,200[℉])

(4) 재하량의 종류

1) 시험체의 재료성상과 인정된 구조기준에서 규정된 재하량
2) 시험체의 특별한 재료성상과 인정된 구조기준에서 규정된 재하량
3) 특별한 용도를 위하여 의뢰자가 제시한 사용하중

02 비재하 가열시험

(1) 비재하 가열시험의 종류

1) 설계하중을 받지 않는 벽, 강재
2) 비내력벽 : 차염, 차열
3) 보, 기둥 : 강재의 온도

(2) 비재하 가열시험을 하는 이유

1) 하중을 받지 않는 부재 : 재하시험을 할 필요가 없기 때문이다.

2) 하중을 받는 부재 : 국내에서는 적정 재하시험을 할 수 있는 장치가 없기 때문이다.

03 성능기준

(1) 하중지지력(load-bearing)

1) 정의 : 구조부재가 일정 기간 화염이나 열에 의한 강도 저하로 누르는 하중에 의해서 파괴되지 않고 견디는 힘

2) 성능기준 : 하중을 받는 것에 따라 변형률과 변형량을 모두 초과할 때까지의 시간

3) 휨부재의 경우

구분	휨부재	축방향 재하부재
적용대상	보	기둥
변형량	$D[\text{mm}] = \dfrac{l^2}{400d}$	$C[\text{mm}] = \dfrac{h}{100}$
변형률	$\dfrac{dD}{dt} = \dfrac{l^2}{9{,}000d}$[mm/min]	$\dfrac{dC}{dt} = \dfrac{3h}{1{,}000}$[mm/min]

여기서, l : 시험체의 스팬(span)[mm]

d : 구조단면의 최대 압축력을 받도록 설계된 부분에서 최대 인장력을 받도록 설계된 부분까지의 거리[mm]

h : 시험체 초기의 높이[mm]

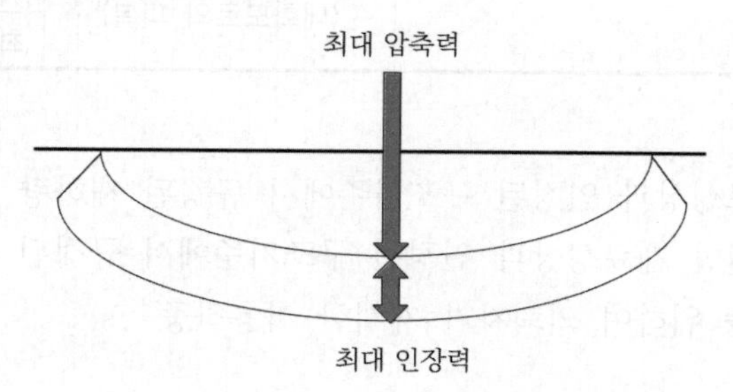

스팬 : 보 지점간의 거리. 통상 기둥의 심에서 심까지의 거리. 큰 보(girder), 작은 보(beam), 바닥 판(slab), 조이스트 보(joist) 등의 부재 등 지점과 지점 사이의 거리 또는 간격, 경간의 지점 간 수평거리

(2) 차염성(integrity)

1) 정의 : 이면에 착화되거나 부재에 균열 등이 생겨 불꽃이나 화염이 통과하여 연소가 확대되는 것을 방지하는가를 판단하는 시험을 통과한 성능

2) 시험방법

시험방법	성능기준	시험방법과 목적
면패드시험	시험체 표면에 발생한 구멍이나 화염에 30초간 면패드 접촉 시 착화되지 않은 것	내부나 주변의 균열부, 구멍 또는 기타 개구부를 통한 불꽃 및 가스의 통과 여부에 대한 시험
균열게이지시험	① 6[mm] 균열게이지를 가지고 대상물 틈을 관통하여 150[mm] 이동하지 않을 것 ② 25[mm] 균열게이지를 가지고 대상물의 틈새에 넣어 관통하지 않을 것	시험체를 20분 이상 가열 시 방화문의 형태가 뒤틀리기도 하고 균열이 발생하는데 정해진 기준 내의 균열인지 확인하는 시험
이면착화시험 (비가열면 화염발생)	시험체 비가열면에서 10초 이상 지속되는 화염이 발생하지 않을 것	균열된 틈을 따라 화염이 비가열면으로 노출되는지에 대한 시험

(3) 차열성(insulation)

1) 정의 : 화재실 벽, 바닥 등 주요 구조부 이면으로의 열전달에 의한 연소확대를 방지하기 위한 시험방법으로 평균온도와 최고 온도를 측정하여 평가한 성능

2) 시험방법 : 시험체의 한쪽 면을 요구내화시간(표준시간-온도곡선) 이상으로 가열한다.

3) 성능기준(둘 다 만족시켜야 함) : 비가열면의 상승온도

① 평균온도 : 상승온도가 초기 온도보다 140[K]를 초과하여 상승하지 않을 것

② 최고온도 : 상승온도가 초기 온도보다 180[K]를 초과하여 상승하지 않을 것

(4) 내화 피복된 비내력 보, 기둥의 비재하 가열시험

1) 평균 538[℃](1,000[℉])

① 임계온도(critical temperature)법으로 이는 단면의 온도분포를 일정하게 가정하고 피복된 강재의 평균온도가 538[℃] 이하로 조정되었을 경우 설계사용하중에 대한 안전성이 확보되었다고 가정한 것이다.

② 문제점 : 설계하중, 구조물의 적용 상황 및 단면의 비선형 온도분포 상태를 고려하면 한계온도로 실제 부재의 내력을 평가하기에는 무리가 있다.

③ 성능설계를 적용하는 외국에서는 강재의 제한온도(limiting temperature)를 사용하고 있다. 제한온도는 노출면의 상태(피복조건, 합성 정도)와 하중재하조건에 따른 부분별 가장 높은 온도의 표를 이용하여 온도의 한계에 도달하였는지를 통해서 내화성능을 판단하는 방법이다.

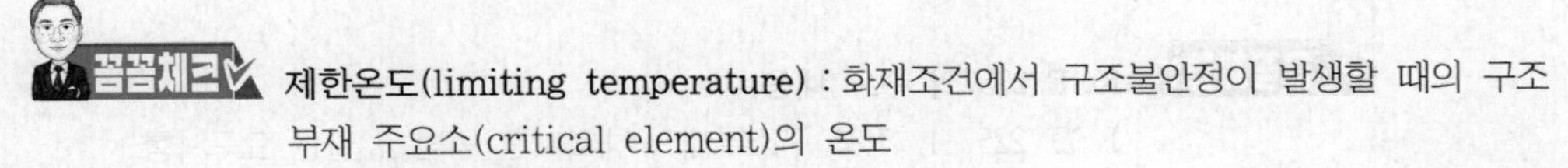

제한온도(limiting temperature) : 화재조건에서 구조불안정이 발생할 때의 구조부재 주요소(critical element)의 온도

2) 최고 : 649[℃](1,200[℉])

(5) 각 부재의 요구성능

▌부재별 내화 요구성능▐

구분	하중지지력	차염성	차열성	차연성	온도
수직구획(벽)	○	○	○	×	×
수직구획 (비내력벽)	×	○	○	×	×
수평구획부재 (지붕, 천장)	○	○	○	×	×
기둥, 보(재하)	○	○	○	×	×
기둥, 보(비재하)	×	×	×	×	○
방화문(비차열), 방화셔터	×	△	×	○	×
방화문(차열)	×	○	×	○	×

[비고] ○ : 인정, △ : 일부 인정, × : 인정하지 않음

04 각 시험의 우선순위(하중지지력 > 차염 > 차열)

(1) 하중지지력이 상실된 경우 차염성, 차열성은 없어진 것으로 간주한다.

(2) 차염성이 확보되지 않으면 차열성도 없는 것으로 간주한다.

(3) 과거의 기준인 주수, 충격 시험이 삭제되었다.

05 결론

(1) 내화시험은 가능한 실제 건물화재가 발생하는 상황과 최대 유사한 상황을 만들어 놓고 실시해야 현실에 적용 시 최적의 성능을 낼 수가 있다.

(2) 하지만 시험에서 실제 화재조건을 적용하는 것은 너무나 큰 비용과 시간 그리고 기술적인 문제를 유발하기 때문에 쉽고 빠르게 얻을 수 있고 과거 자료의 토대인 표준시간-온도곡선을 이용하여 내화시험을 하는 것이 현실적인 대안이 될 수 있는 것이다.

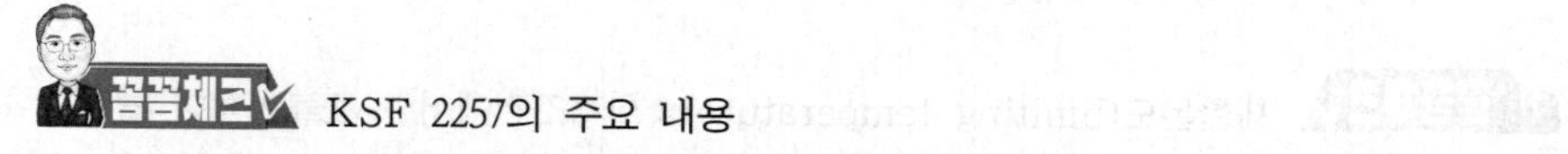

KSF 2257의 주요 내용

KSF 2257-1. 건축 구조부재의 내화시험 방법 - 일반 요구사항

KSF 2257-4. 건축 구조부재의 내화시험 방법 - 수직내력 구획부재의 성능조건

KSF 2257-5. 건축 구조부재의 내화시험 방법 - 수평내력 구획부재의 성능조건

KSF 2257-6. 건축 구조부재의 내화시험 방법 - 보의 성능조건
KSF 2257-7. 건축 구조부재의 내화시험 방법 - 기둥의 성능조건
KSF 2257-8. 건축 구조부재의 내화시험 방법 - 수직 비내력 구획부재의 성능조건(비재하)

SECTION

023 내화성능

01 개요

(1) 구조설계

외력(특히 하중)에 저항하여 구조물 본래의 기능을 유지할 수 있게 구조체의 단면을 결정하는 설계

(2) 상온에서의 구조설계방법

구분	내용	비고
허용응력법	외력에 의한 부재응력이 구조부재의 허용응력 이하가 되도록 하는 설계법	허용응력 > 부재응력
한계상태법	외력에 의한 하중효과가 부재의 저항응력보다 아래에 있도록 하는 설계법	저항응력 > 하중효과

(3) 화재가 발생하면 상온과 다른 변화가 생긴다(고온과 상온의 차이점).

1) 화재로 인해 하중으로 작용했던 가연물이 연소하면서 상온보다 질량이 감소하여 작용하중이 줄어든다.

2) 내부의 부재력(축력, 모멘텀, 전단력)이 열팽창에 의해 발생한다.

3) 온도가 상승할수록 재료의 강도가 감소한다.

4) 탄화 또는 폭렬(spalling)에 의해서 단면적이 감소한다.

(4) 고온 시 구조설계의 목적

건축물의 붕괴방지를 위해 고온에서의 부재 변형과 응력을 계산하기 위해서는 열적 특성과 기계적 특성의 자료가 필요하다.

(5) 내화성능

구조적 보전성, 안정성 그리고 온도전달 면에서 구조부재가 내성을 보이는 지속시간

(6) 화재를 격리하기 위한 다른 조치들이 실패할 경우 하중지지력이 마지막 방어선이 된다는 의미이다.

02 내화성능을 분석하는 방법 및 절차

(1) 화재노출

1) 실제 화재 예측(PBD) : 화재를 추정하여 발생하는 열과 연기를 건축 특성, 연소 특성 등을 고려해 분석하여 대상물에 실제 화재가 발생하였을 때의 현상을 예측하는 것이다.

2) 표준시험에 규정된 화재노출 가정 : 표준시간-온도곡선

(2) 구조부재의 열전달

1) 열전도도 분석방법을 활용한다.

2) 구조물 내부에 다공성 단열재를 사용할 경우 복사 및 대류 열전달도 고려한다.

(3) 구조적 응답

03 철골 구조물(강재) 92 · 87 · 86 · 85 · 84 · 79회 출제

(1) 기계적 특성

1) 항복강도(yield strength)

① 정의 : 탄성계수를 지나간 강도(본래의 상태로 돌아오지 못하고 변형이 남아있는 상태)

② 응력과 변형도 곡선에서 막 꺾이기 시작하는 점이 항복점이고 이 점에서의 강도가 항복강도이다.

꼼꼼체크 항복(yielding) : 물체에 작용하는 응력이 어느 일정 값에 이르면 소성변형이 개시되어 변형이 급격히 증가하는 현상이다.

③ 538[℃]일 때 항복강도 : 상온 대비 60[%]로 감소한다.

④ 최대 허용설계응력 : 항복강도 대비 60[%]로 제한하므로 철골의 온도제한을 538[℃]로 정한다.

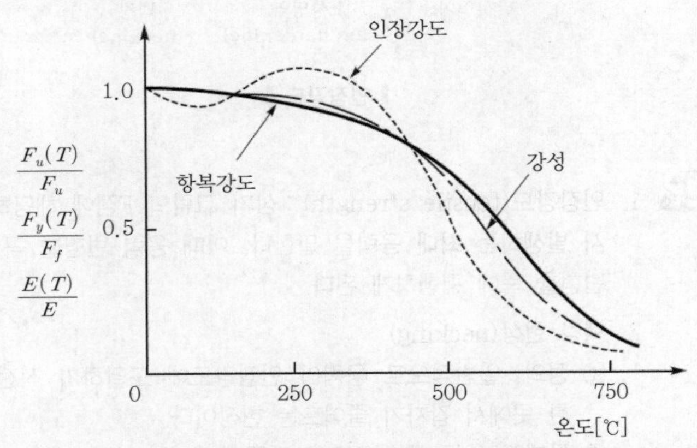

여기서, F_u, F_y, E : 상온에서의 인장강도, 항복강도, 강성

2) 인장강도(ultimate tensile strength)

① 정의 : 물체가 잡아당겨 파괴가 일어날 때 가해진 힘에 견딜 수 있는 최대 응력(저항력)으로 재료의 기계적 강도를 표시하는 값이다.

② 항복강도 후 재료는 계속 버티다가 파괴가 되면서 나누어진다.

③ 응력과 변형도 곡선상에서의 최대 응력(σ_{max})을 인장강도라고 한다.

④ 철의 인장강도 = 압축강도, 콘크리트는 인장강도 ≪ 압축강도

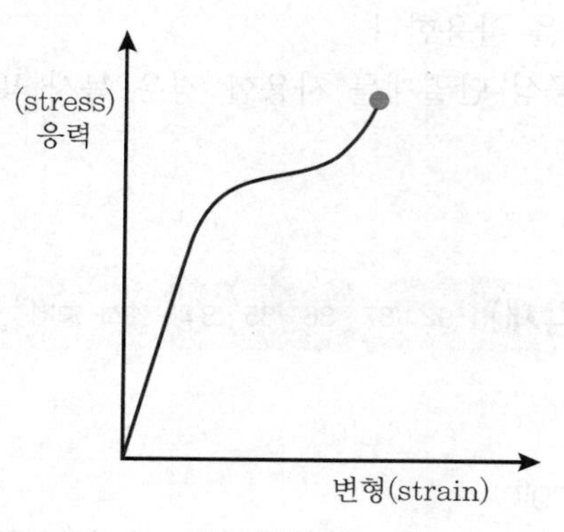

‖ 압축강도 ‖

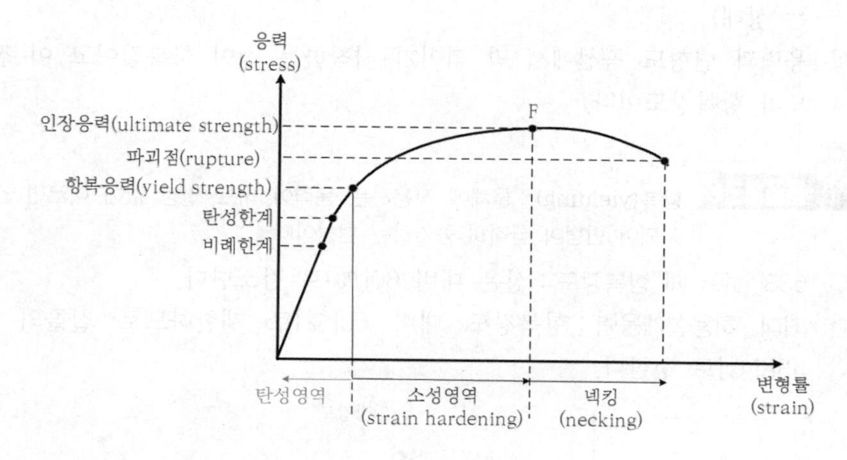

‖ 인장강도 ‖

1. **인장강도(tensile strength)** : 상기 그림의 F점에 해당하는 응력으로 **인장시험 시 발생하는 최대 응력**을 말한다. 이때 응력-변형률 곡선의 접선은 이 점에서 변형률 축에 평행하게 된다.
2. **넥킹 현상(necking)**
   ① 정의 : 일반적으로 응력이 인장강도에 도달하기 직전에는 시편의 단면적이 한 곳에서 갑자기 줄어드는 현상이다.
   ② 문제점 : 변형이 이곳으로 집중되어 발생한다.

3) 압축강도(compressive strength)

① 정의 : 어떠한 물질 또는 재료가 단일 방향으로 압축하는 힘(크기를 줄이기 위해 받는 힘)을 받았을 때 파괴가 되기 전까지의 최대한의 응력

② 콘크리트 : 20 ~ 80[MPa]

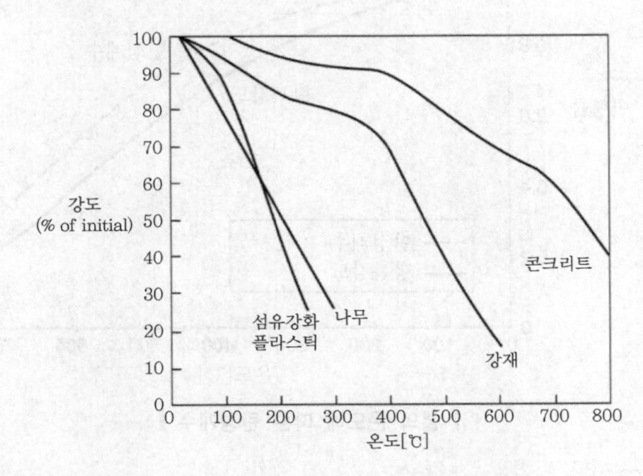

4) 탄성계수(elasticity modulus)

① "탄성을 잃어버렸다."라는 화재로 인한 변형력이 원래 상태로 돌아가지 않고 그대로 남아 있는 신장의 상태이다.

② 상온에서 일정한 값을 가지고 있다가 온도가 증가할수록 서서히 감소한다. 즉, 상온에서서는 변형이 일어나도 다시 복구되는 힘이 있지만, 온도가 증가할수록 복구되는 힘이 떨어진다.

③ $E = \dfrac{\sigma}{\varepsilon}$

여기서, E : 탄성계수 or 영계수

σ : 수직응력도

ε : 변형률

영계수(Young's modulus) : 영국의 학자인 토마스 영(Thomas Young)의 이름을 따서 붙여진 이름이다.

④ 철의 탄성계수 : 2.17×10^3[kgf/cm²]

⑤ 온도에 증가에 따른 철의 탄성강도

온도[℃]	강도 저하
350	$\frac{1}{3}$
500	$\frac{1}{2}$
750	$\frac{2}{3}$

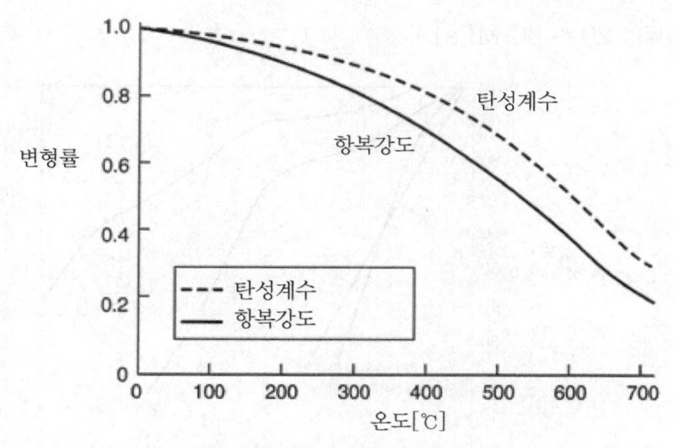

▌철의 온도에 따른 탄성계수▐

⑥ 변형률(strain)

㉠ 정의 : 응력으로 인해 발생하는 재료의 기하학적(형태나 크기) 변형을 나타내는 무차원수

㉡ 공식 : $\varepsilon = \dfrac{\Delta l}{l}$

여기서, l : 재료의 초기길이

Δl : 응력에 의해서 신장된 길이로, 인장일 경우는 양의 값을, 압축일 경우는 음의 값을 가질 수 있다.

㉢ 응력이 클수록 낮은 온도에서 변형이 발생한다.

㉣ 강재의 경우 항복점이 없어 오프셋 항복강도로 측정한다.

㉤ 변형률 곡선의 기울기는 온도증가에 따라 점차 감소한다.

탄성과 소성

① 탄성 : 외력을 제거하면 변형이 회복되는 성질

② 소성 : 외력을 제거하면 변형이 지속되는 성질

㉥ 구조체에 외력을 가하면 변형이 발생한다.

훅의 법칙 : 물체가 탄성의 범위에 있을 때 작용하는 하중에 의하여 발생하는 응력도와 변형도는 정비례한다.

$F = -kx$

여기서, F : 복원력

$-$: 복원력과 방향이 반대로 마이너스

k : 용수철 상수

x : 변화된 길이

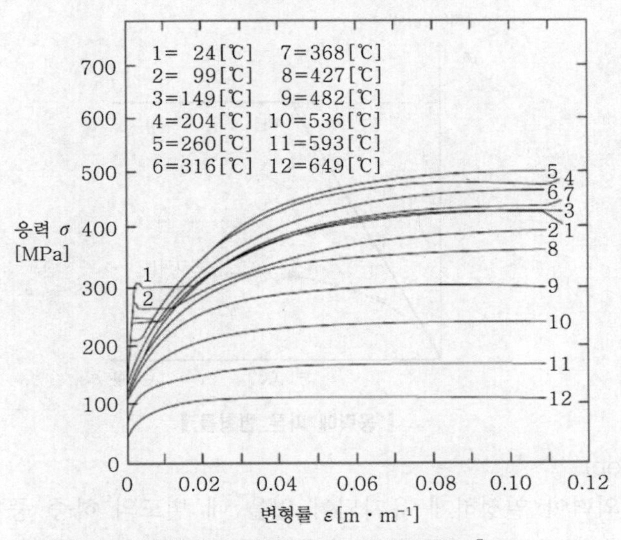

▌철의 온도에 따른 응력과 변형률▐

오프셋 항복강도(offset yield strength)

① 정의 : 탄성한계의 임의의 근사값(이유 : 소성변형으로 변형점이 명확히 보이지 않기 때문)

② Offset은 Strain으로 표현된다(흔히 0.2[%]).

③ 영률과 같은 기울기로 선을 그리고 $s-s$ 커브에서 오른쪽으로 0.2[%] 이동한 값을 근사값으로 보는 것이다.

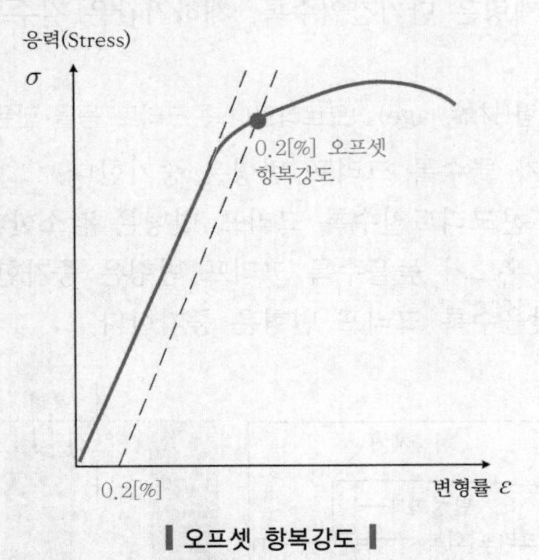

▌오프셋 항복강도▐

⑦ 응력과 변형률

㉠ 응력이 클수록 변형률이 증가하다가 일정 응력 이상이 되면 변형률이 크게 증가한다.

㉡ 변형률 곡선의 기울기는 온도증가에 따라 점차 감소한다.

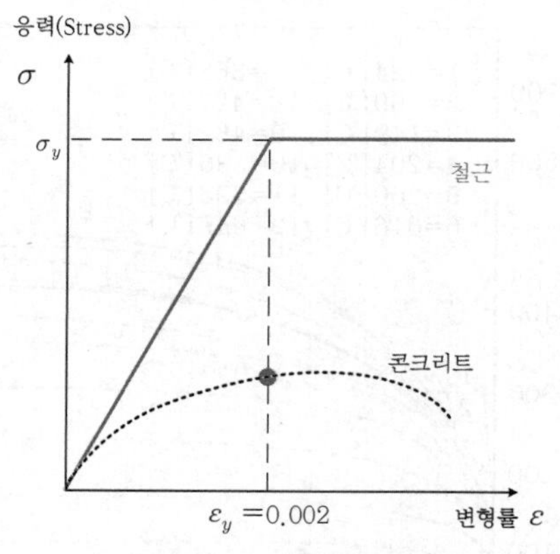

▌응력에 따른 변형률▐

5) 크리프(creep)

① 정의 : 외력이 일정하게 유지되어 있을 때 별도의 하중 증가도 없이 시간이 흐름에 따라 재료의 변형이 증대하는 현상(시간에 종속적 변형이며 건조와 수축이 동시에 발생)이다.

② 예를 들어 고무줄에 추를 매달면 순간적으로 고무가 늘어나고, 그대로 버려두면 시간의 흐름에 따라 고무가 서서히 늘어난다.

③ 표준응력 및 주위 온도 조건에서 크리프로 인한 변형은 크지 않다. 그러나 응력과 온도가 증가하면 크리프로 인해 발생하는 변형속도가 증가한다.

④ 영향인자

㉠ 재하 시 재령은 단기간일수록, 재하기간은 길수록 클리프 변형은 증가한다.

꼼꼼체크 재령(材齡, age) : 모르타르나 콘크리트 등을 만든 후에 경과한 기간

㉡ 하중재하가 클수록 크리프 변형은 증가한다.

㉢ 고강도의 콘크리트일수록 크리프 변형은 감소한다.

㉣ 콘크리트 온도가 높을수록 크리프 변형은 증가한다.

㉤ 습도가 낮을수록 크리프 변형은 증가한다.

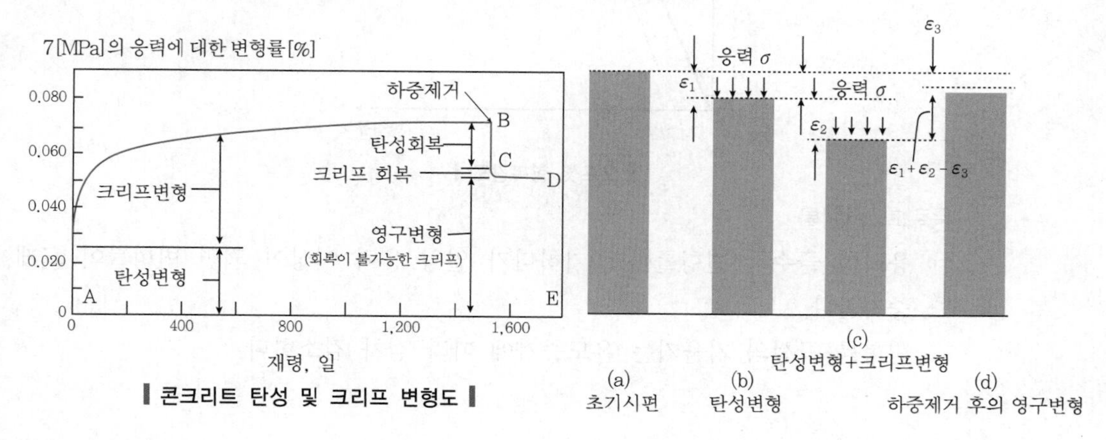

▌콘크리트 탄성 및 크리프 변형도▐

⑤ 460[℃] 초과 시 현저하게 증가한다.

⑥ 크리프 계수 : $\phi = \frac{\varepsilon_c}{\varepsilon_e}$

여기서, ϕ : 크리프 계수

ε_c : 크리프 변형률

ε_e : 탄성 변형률

위치	크리프 계수
옥내	3.0
옥외	2.0
수중	≤1.0

⑦ 크리프의 특징

㉠ 하중 재하 후 시간이 지남에 따라 크리프는 증가한다.

㉡ 크리프 변형률 : 탄성 변형률의 1.5배에서 3배 정도이다.

(2) 열적 특성

부재 내의 온도상승 및 분포에 영향을 미치는 특성(열의 저장과 흐름)은 아래의 인자와 관계가 있다. 이러한 특성은 구성재료의 조성 및 특성에 따라 달라진다.

1) 열팽창 : 철은 온도가 상승할수록 열팽창이 증가하는 비례관계이다.

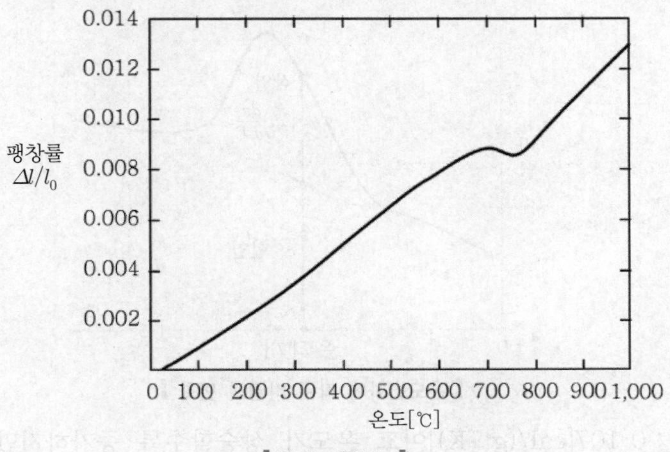

▮철의 열팽창▮

2) 질량손실 : 철의 경우에는 온도의 변화에 따른 질량손실이 거의 없다.

3) 밀도, 공극비(void ratio)

① 밀도 : 상온 기준으로 7,874[kg/m^3]이고 온도가 상승할수록 감소하지만 콘크리트에 비하면 일정하다.

② 공극비 : 콘크리트에 비하면 일정하다.

꼼꼼체크 **공극비 또는 간극비** : 공극을 포함하는 물질에서 고체 물질의 체적과 공극의 체적과의 비

$$e = \frac{V_V}{V_S}$$

여기서, e : 공극비

V_V : 공극의 부피

V_S : 고체 성분의 부피

4) 비열(specific heat)

① $c_p = \frac{\delta h}{\delta T_p} = \overline{c_p} + \Delta h \frac{d\varepsilon}{dT}$

여기서, c_p : 비열[J/kg · K]

h : 엔탈피[J/kg]

T_p : 절대온도[K]

δ : 변수가 여러 개 있을 때 하나만 변수로 보는 것(d와 유사한 의미로 차를 나타냄, 라운드)

$\overline{c_p}$: 현열

$\Delta h \frac{d\varepsilon}{dT}$: 잠열

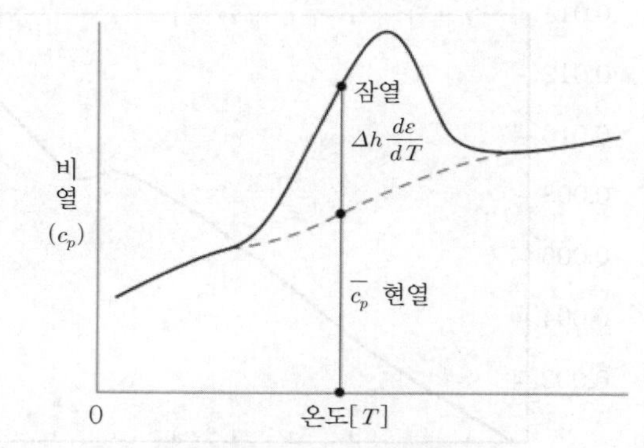

▌온도변화에 따른 비열의 변화▐

② 비열 : 0.107[cal/(g · K)]이고 온도가 상승할수록 증가하지만 콘크리트에 비하면 일정하다.

5) 열전도율(thermal conductivity) : 60.15[W/mK]로 열전도율이 크다(콘크리트의 47배).

6) 열확산율(thermal diffusivity)

① 공식 : $\alpha = \frac{k}{\rho c_p}$

여기서, α : 열확산율

k : 열전도도(thermal conductivity)

ρ : 밀도

c_p : 비열

② 의미 : 노출 표면적으로부터 내부로 전달되는 열의 속도

③ 열확산율이 클수록 물질 내의 특정 깊이에서 온도상승속도가 빠르다.

④ 열전도도가 커서 열확산율도 크다.

7) 철의 녹는점 : 1,530[℃]

(3) 방호방법

구조강에 전달되는 열전달속도를 감소시킨다.

1) 단열

① 판재

㉠ 석고보드, 광섬유 보드, 섬유강화 규산칼륨

㉡ 부착 수단 및 방법이 중요하다.

② 뿜칠 재료 : 시멘트 석고, 팽창제, 광섬유

③ 콘크리트 피막

2) 멤브레인(membranes, 막)

① 바닥 및 지붕 부재에 사용하는 구조강을 보호하는 데 사용한다.

② 공기압력 1.5inH_2O(38[mmAq]) 조건에서 지지가 될 수 있는, 물을 흡수하지 않는 얇은 신축성 재료로 막이 열을 받으면 팽창하면서 멤브레인 내 공기가 구조강에 전달되는 열을 차단하는 기능이다.

3) 화염차폐 : 직접적인 화염접촉을 예방함으로써 강재에 대해 입사되는 복사 열유속이 감소한다.

4) 히트싱크(heat sink) : 수냉강관

04 콘크리트

(1) 개요

1) 정의 : 시멘트와 물 그리고 강도를 위한 골재 및 혼화재료를 적절하게 배합하여 굳힌 혼합물

2) 구성

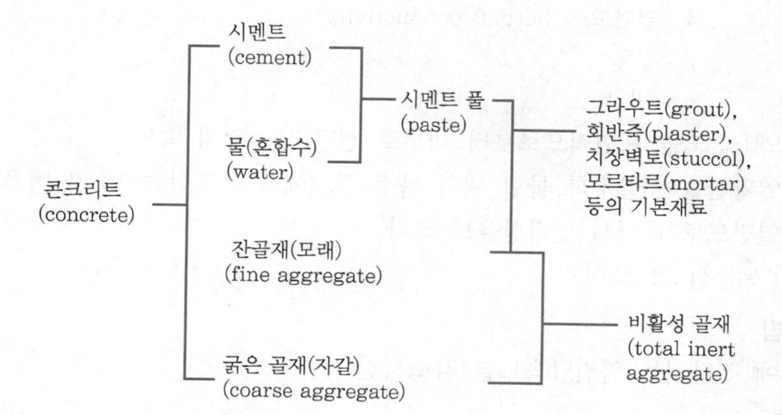

① 골재(자갈, 모래) : 70[%]

② 시멘트와 물 : 30[%]

3) 수화반응

① 정의 : 시멘트가 물과 반응하는 발열반응($CaO + H_2O$) → $Ca(OH)_2$이다.

② 경화 메커니즘 : 시멘트와 물이 혼합되면 입자표면이 겔화되면서 가수분해반응이 일어나고 물이 입자 내부로 침투하여 수화가 진행되고 안쪽에 또 다른 수화물 층을 형성하며, 이 수화물($Ca(OH)_2$)이 서로 결합하면서 시멘트 입자 사이가 수화물로 채워지며 응결과정을 시작하고 시간이 지나면서 더욱 수화반응이 진행하여 경화(hardening)되면서 강도가 강화된다.

③ 응결과 경화는 시멘트 화합물의 수화반응에 의해 생기는 것이며, 이러한 응결과 경화를 거쳐 고체가 되는 과정이 바로 시멘트의 수화반응이다.

④ 시멘트입자의 수화는 완전히 수화를 하는데 오랜 시일이 걸리므로 그동안 입자 내부는 수화하지 않은 미수화 상태로 남아 있다.

일수	강도의 증가	일수	강도의 증가	일수	강도의 증가
3일	약 25[%]	28일	약 80[%]	1년	약 95[%]
7일	약 45[%]	3개월	약 90[%]	–	–

⑤ 수화반응 속도의 영향인자 : W/C가 높을수록, 시멘트입자가 작을수록, 온도가 높을수록 빠르게 된다.

⑥ 시멘트가 완전히 수화하는 데는 시멘트 무게의 약 25 ~ 32[%]의 수분이 필요하다.

⑦ 시멘트와 반응할 물의 양이 많으면 수화반응 시 결합하지 않고 남은 물이 증발 후 기공이 생겨 강도 저하 및 수축과 균열 등의 원인이 되기도 한다.

4) 콘크리트에 열이 전달되면 콘크리트 내부의 미세한 공극에 존재하는 수분이 증발하면서 압력이 발생하고, 수화반응을 일으킨 수화생성물에서도 탈수가 진행되어 화학적 특성이 변화한다.

(2) 기계적 특성

1) 인장강도(ultimate tensile strength) : 콘크리트는 인장력이 압축력의 $\frac{1}{10}$ 수준으로 인장력이 낮고 압축력이 큰 건축자재이다.

2) 압축강도(compressive strength)

① 500[℃]까지는 일정하게 유지(상온의 80[%])한다.

② 규산염 골재 : 650[℃]에서 $\frac{1}{2}$ 강도를 가진다.

③ 탄산염 골재와 경량골재 : 650[℃]까지 일정하게 유지한다.

④ 800[℃] : 압축강도는 10[%] 정도로 감소한다.

⑤ 콘크리트의 압축강도는 400[℃]까지는 같다가 500[℃] 이상에서는 일정한 응력을 받는 재하상태의 강도가 더 크다.

⑥ 콘크리트의 압축강도는 일정한 응력을 받는 재하상태의 강도가 더 크지만 과다한 하중은 강도가 저하된다.

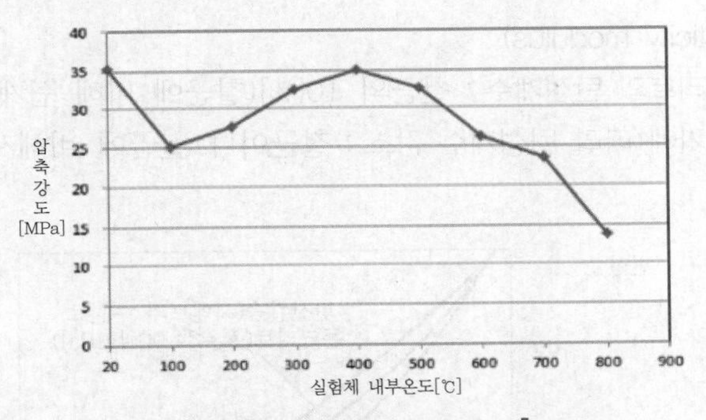

▌비재하 시 온도별 압축강도▐

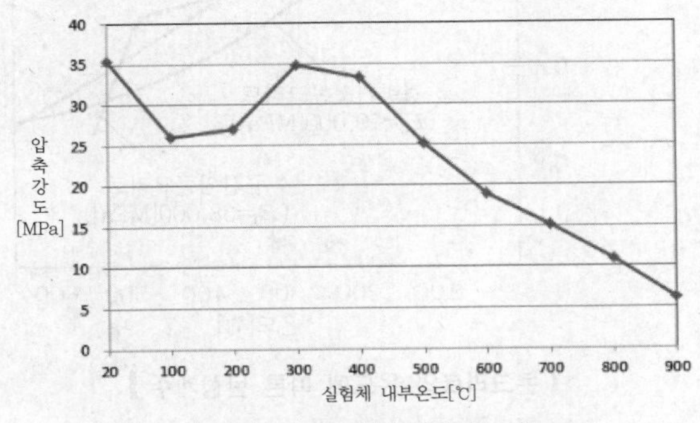

▌재하 시 온도별 압축강도▐

⑦ 영향인자 : 시멘트 종류, W/C(물/시멘트비), 골재배합, 양생조건, 콘크리트 재령 등

꼼꼼체크 재령 : 회삼물(灰三物)이나 콘크리트를 부어 넣은 후부터 완전히 굳어지기까지의 경과 일수

⑧ W/C(물/시멘트비) : 가장 영향이 크다(클수록 압축강도가 작음).

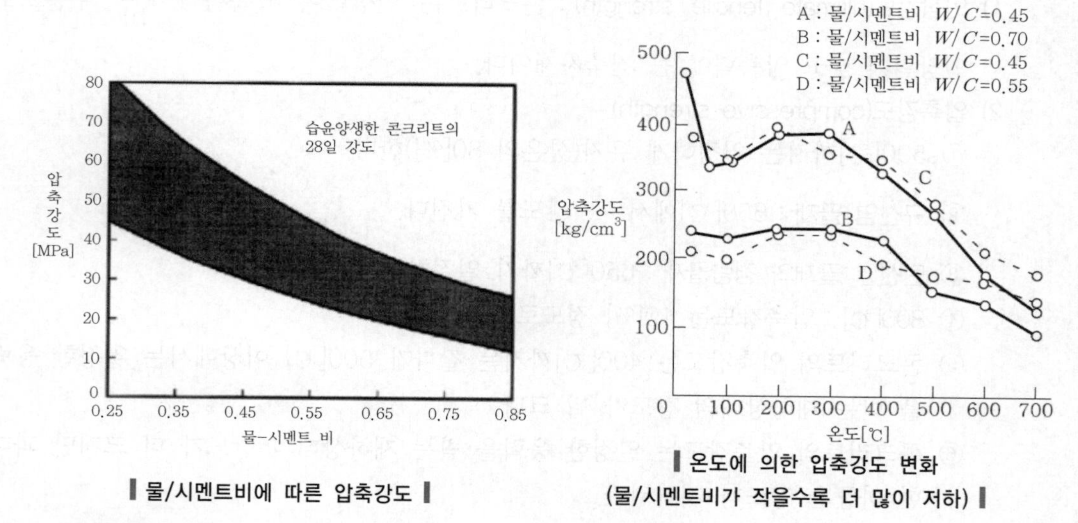

▌물/시멘트비에 따른 압축강도▐

▌온도에 의한 압축강도 변화 (물/시멘트비가 작을수록 더 많이 저하)▐

3) 탄성계수(elasticity modulus)

① 보통 콘크리트의 탄성계수 : 철근의 10[%](철근에 비해 쉽게 변함)로 매우 작다.

② 온도의 증가에 따라 탄성계수 감소 : 철근이나 철골에 비해서는 일정한 비율로 감소한다.

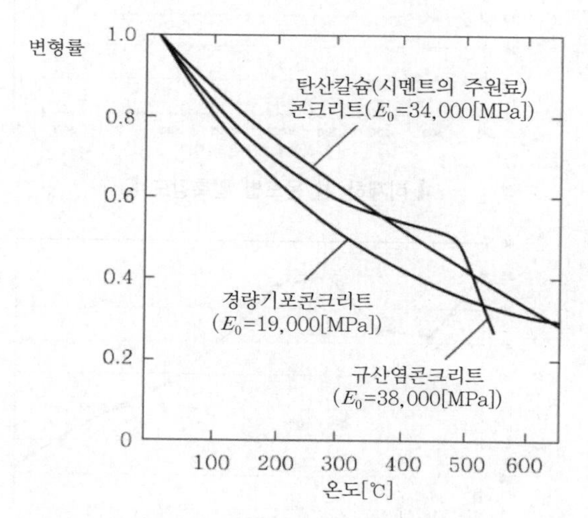

▌콘크리트의 온도에 따른 탄성계수▐

③ 응력과 변형률 : 응력이 증가하면 변형률도 증가(비례곡선)하고 온도가 증가할수록 변형률도 증가한다.

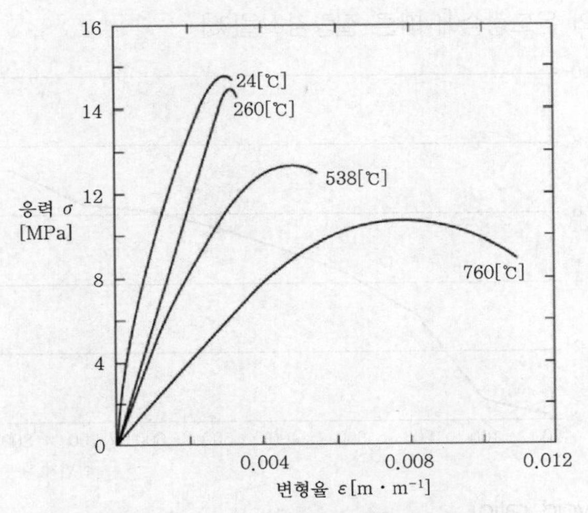

▌콘크리트의 온도에 따른 응력과 변형률▐

4) 크리프(creep)

① 하중재하 후 시간이 지남에 따라 크리프는 증가한다.

② 크리프 변형률 : 탄성 변형률의 1.5배에서 3배 정도(철골과 유사)이다.

③ 물/시멘트비(W/C)가 작고, 재령이 크며, 단면이 큰 고강도 콘크리트일수록 크리프가 작다.

④ 시멘트량이 많을수록 크리프는 증가한다.

(3) 열적 특성

1) 열팽창

① 콘크리트를 가열하면 내부의 공극압력이 상승하게 되고 이에 콘크리트는 열팽창이 증가하다가 600[℃] 이후부터는 증가율이 둔화한다. 열팽창은 열적 성능 저하를 발생시킨다.

② 열응력에 의한 균열

㉠ 표면온도와 콘크리트 내부 온도차 변화에 따른 응력이 발생한다.

㉡ 열응력 > 콘크리트 압축강도 : 균열이 발생 → 콘크리트 박리 또는 철근의 노출이 발생

2) 질량손실

① 콘크리트는 온도의 변화에 따른 질량손실의 변화가 작다가 600 ~ 800[℃]에서 급격하게 질량손실이 발생한다.

㉠ 콘크리트는 내부에 수분을 포함한 공극을 가지고 있다.

㉡ 열을 받으면 공극 내 수분은 증발팽창하여 내부압을 상승시키거나 증발하지 않고 이동하여 내부공극의 불안정성을 발생한다.

② 콘크리트의 온도상승에 따른 질량감소율[%]

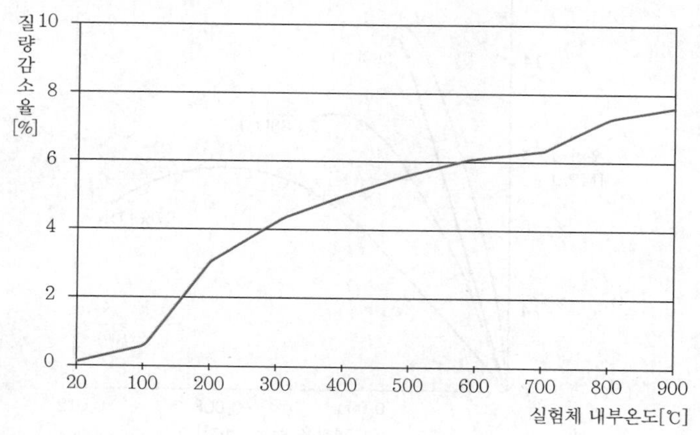

3) 밀도, 공극비(void ratio)

① 밀도가 증가할수록 열전달이 증가한다.

② 공극비가 증가할수록 열전달이 감소한다.

③ 콘크리트는 내부에 수분을 포함한 공극을 지니고 있어 열을 받게 되면 공극 내의 수분이 팽창하여 외부로 증발되거나 증발되지 않은 수분은 내부응력을 급격하게 상승시킨다.

4) 비열(specific heat)

① 400[℃] 이전 : 콘크리트 내부의 화학적 결합수가 배출되지 않기 때문에 비열은 일정하다.

② 400[℃] 이후 : 화학적 결합수가 배출되면서 비열이 완만한 상승세를 그린다.

③ 800[℃] 이후 : 급격히 비열이 증가한다.

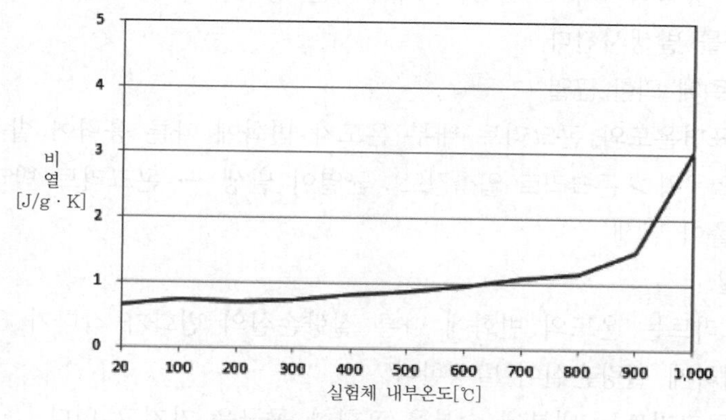

▌온도상승에 따른 비열의 변화▐

5) 열전도율(thermal conductivity)

① 불연성이며 열전도율(1.28[W/m · K])이 낮다.

② 온도가 상승할수록 열전도율은 감소한다.

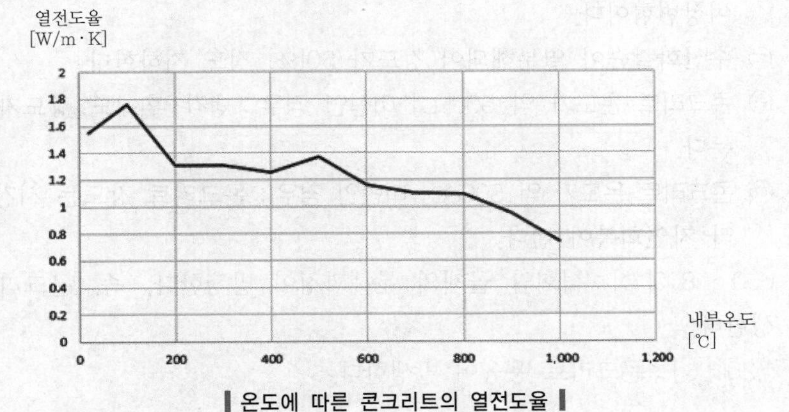

▌온도에 따른 콘크리트의 열전도율▐

6) 열확산율(thermal diffusivity)

7) 온도에 따른 콘크리트의 변화 127 · 106회 출제

① 100[℃] : 자유 공극수 증발이 시작되어 공극압의 팽창을 유발한다.

② 100 ~ 200[℃] : 물리적 흡착수가 배출된다.

③ 300[℃] : 시멘트 수화물의 화학적 변질이 발생한다.

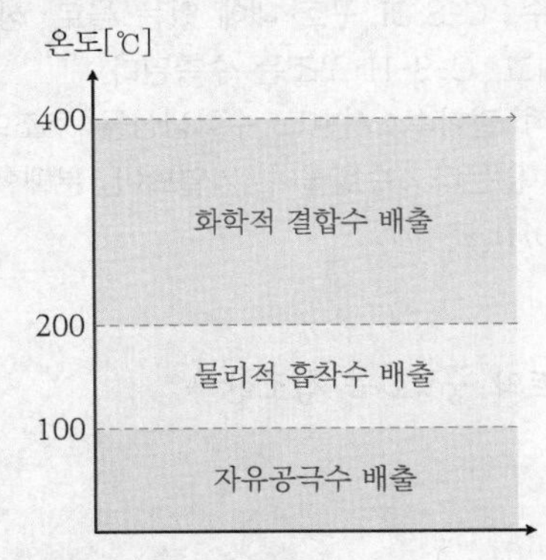

▌콘크리트의 물의 배출▐

④ 400[℃] : 화학적 결합수가 배출된다.

㉠ 시멘트 페이스트의 포틀랜다이트(portlandite), $Ca(OH)_2$이 화학적으로 석회(칼슘이 들어 있는 유기화합물)와 물로 열분해가 된다.

㉡ 주요 화학결합수의 분해 발생 및 콘크리트 화학적 조성의 결합약화를 발생시켜 강도를 감소시키는 요인이 된다.

⑤ 500 ~ 600[℃] : $Ca(OH)_2$의 열분해로 중성화
  ㉠ 열의 영향으로 시멘트의 결정구조가 α형태에서 β형태로 변형된다.
  ㉡ 골재의 급격한 팽창을 발생시켜 콘크리트에 균열을 일으키는 원인이 되는 이상변형이다.
  ㉢ 수산화칼슘이 열분해되어 강도가 50[%] 정도 저하한다.
  ㉣ 콘크리트 온도가 약 500[℃] 이상인 경우 : 냉각 후에도 강도가 회복되지 않는다.
  ㉤ 콘크리트 온도가 약 500[℃] 미만인 경우 : 콘크리트 강도는 시간이 지남에 따라 자연회복이 된다.
⑥ 600 ~ 800[℃] : 석회암 골재의 분해과정이 발생한다. 즉, 콘크리트 폭렬이 발생한다.
⑦ 1,200[℃] : 콘크리트 용융이 발생한다.

수화시멘트 풀 속의 물
① 자유 공극수 : 50[nm] 이상의 공극에 존재하는 물로, 자유 공극수를 없애면 계가 수축
② 흡착수 : 고체 표면 가까이에 존재하는 물로, 즉 상대습도 30[%] 정도까지 수화시멘트 풀을 건조하면 흡착수의 대부분을 잃게 된다. 건조수축을 유발한다.
③ 층간수 : C-S-H 구조 내에 있는 물로, 상대습도 11[%] 이하이면 층간수를 잃게 되고, C-S-H 구조는 수축된다.
④ 화학적 결합수 : 시멘트 수화생성물 구조의 일부로 된 물이며, 건조로는 없어지지 않는다. 수화물이 가열되어 분해할 때 발생[수화반응 : $CaO+H_2O \rightarrow Ca(OH)_2$]

(4) 콘크리트의 중성화

* SECTION 024 콘크리트의 중성화를 참조한다.

05 철근콘크리트

(1) 개요

콘크리트는 누르는 압축력에는 강하지만 당기는 인장력에는 약하기 때문에 인장력을 받는 구역에 철근을 배치하여 인장에 저항하도록 하기 위한 상호 보완적인 일체식 구조물이다.

(2) 철근콘크리트를 사용하는 이유

1) 철근과 콘크리트 사이의 부착강도가 크다. 따라서, 일체식 구조가 가능하다.
2) 철근은 콘크리트 속에서 부식의 진행속도가 늦다(콘크리트가 철근의 피복재 역할).

3) 철근과 콘크리트의 열팽창계수가 거의 같다. 따라서, 온도변화에 의한 응력은 무시가 가능하다.

(3) **특징**

구분	내용
장점	경제성
	내구성
	내화성
	구조물의 형상과 치수에 제약이 적음
단점	무게가 많이 나감
	균열이 발생함
	국부적 파손 시 개조·보강이 곤란함
	철근과 콘크리트의 열전도도 차이가 커 열이 공급되었을 때 분리와 인장강도의 저하가 발생함

(4) **철근콘크리트의 최고 허용온도** : 538[℃]

(5) **열적 손상을 입은 구조물의 보수보강**

1) 구조 내력상 손실 여부 조사 : 비파괴검사
2) 균열 정도 파악
   ① 내부균열
   ② 외부균열
3) 변색 정도 확인 : 손상범위와 보수보강 정도를 결정한다.
4) 보수보강 1단계 : 화상 콘크리트를 제거한다.
5) 보수보강 2단계 : 철근을 복원한다.
   ① 이물질 제거
   ② 내화철근으로 보강
   ③ 철근코팅
6) 보수보강 3단계 : 보수 모르타르를 시공한다.
7) 충분하고 적절한 양생을 한다.

06 목재

(1) **탄화**

목재는 탄화물과 가스로 변환되는 열분해 과정을 거치면서 밀도가 감소하여 강도는 저하되고 단열능력은 향상된다.

(2) 영향인자

1) 밀도 : 90 ~ 1,000[kg/m^3](나무의 종류와 함수율에 따라 다름)

2) 수분함량 : 15[%] 이하

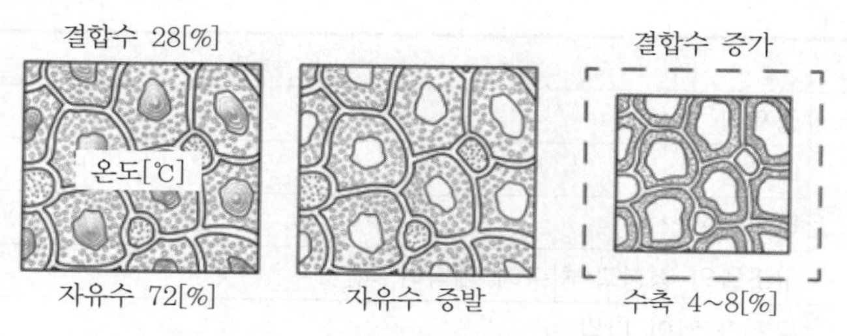

▌건조과정에 따른 목재 세포 속 수분변화▐

3) 목재의 수축

① 수축률 : 4 ~ 8[%]

② 목재 방향별 수축 정도 : 둘레방향 > 수직방향 ≫ 길이방향

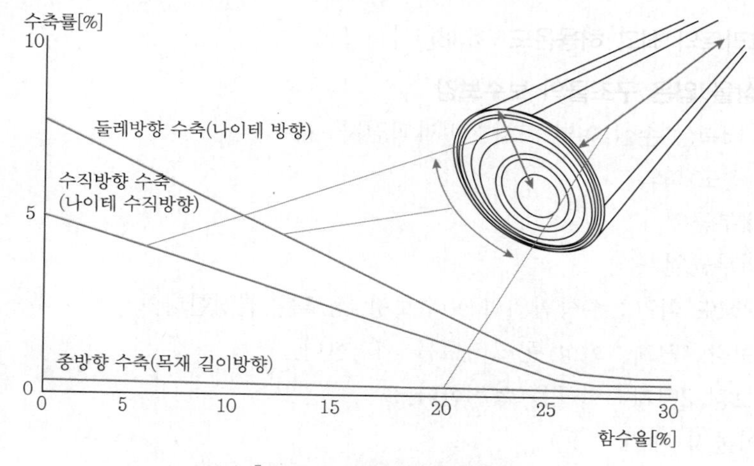

▌목재의 함수율과 수축률▐

4) 화재강도 : 환기상태에 따라 큰 영향을 받는다.

5) 표면상태 : 매끈한 것보다 거친 것이 잘 탄다.

6) 표면 도장상태 : 도장이 되어 있으면 잘 탄다.

7) 내화도료 등의 도포 여부 : 도포 시 내화성능이 향상된다.

8) 색상 : 어두울수록 잘 탄다.

07 결론

(1) 상기 내용에 의하면 철근콘크리트 구조물에서는 콘크리트 내부 온도와 철근 부위의 온도가 약 500[℃] 이하면 강도와 탄성계수가 회복된다는 것을 알 수 있다.

(2) 약 500[℃] 이하에서는 균열 등 피해 정도에 따라 적절히 보완하면 부재내력에 별다른 문제가 없이 재사용이 가능함을 알 수 있다. 하지만 약 500[℃]를 초과하면 별도의 보수보강 없이는 부재내력을 유지할 수가 없음을 알 수 있다.

(3) 이러한 구조부재의 내화성능을 판정할 수 있는 수단이 과거에는 시험뿐이었다. 하지만 시험에는 과다한 비용과 시간이 소요됨에 따라 실행 시 많은 문제점을 가지고 있다.

(4) 최근에는 실험이 아닌 수치방식을 적용하는 방법이 널리 사용되고 있다.

(5) 고온특성 및 온도분포를 알고 있으면 화재에 노출된 건축물 구성요소의 성능을 예측하기 위해 수학적인 접근방식을 적용할 수 있다.

파괴형태

① 인장재가 정적 하중상태에서 나타낼 수 있는 파괴형태는 다음 세 가지 중 하나로 나타날 수 있다.
   ㉠ 전단파괴
   ㉡ 취성파괴
   ㉢ 혼합파괴

② 전단파괴 : 전단력의 작용으로 인하여 국부적으로 큰 변형을 일으켜서 발생하는 파괴형태

③ 취성파괴 : 축방향응력이 일정한 크기에 도달했을 때 변형이 발생하지 않은 상태에서 갑자기 재편의 축에 수직한 방향으로 갈라지면서 발생하는 파괴형태 (취성은 재료가 소성변형이 거의 없어 빨리 파괴됨)

④ 혼합파괴 : 전단파괴와 취성파괴가 혼합된 파괴형태

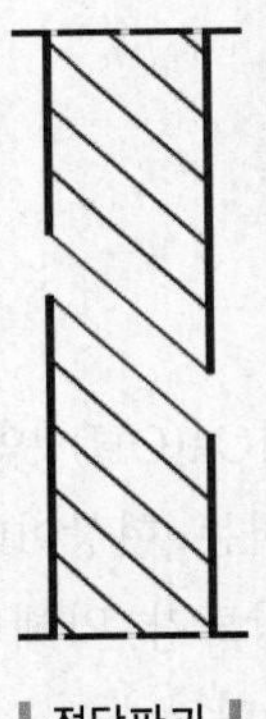

▌전단파괴▐

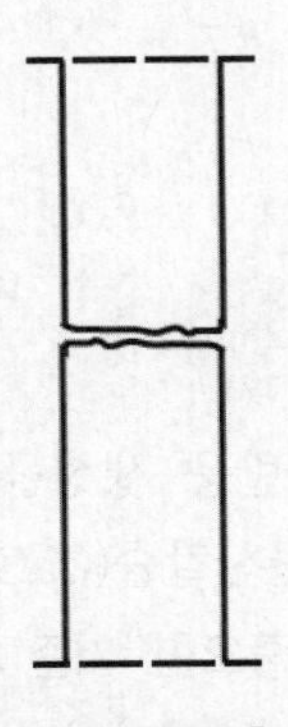

▌취성파괴▐

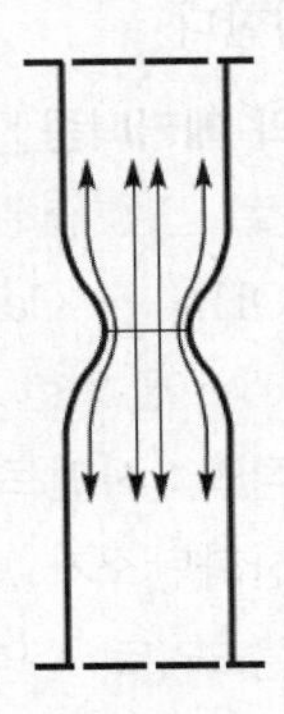

▌혼합파괴▐

SECTION
024 콘크리트의 중성화(carbonation of concrete)

01 정의

콘크리트는 표면으로부터 공기 중의 탄산가스를 흡수하여 콘크리트 중의 수산화칼슘이 탄산칼슘으로 변화하면서 알칼리성을 잃어버리게 되는 현상이다.

02 중성화 현상

(1) 수산화칼슘($Ca(OH)_2$)

1) pH 12 ~ 13 정도의 강알칼리성 물질이다.

2) pH가 11 이상에서는 산소가 존재해도 철근에 녹이 발생하지 않는다.

(2) 중성화 현상으로 산화칼슘(CaO)으로 변화

1) pH가 8.5 ~ 10 정도로 저하된다.

2) pH가 11보다 낮아지면 철근에 녹이 발생하고 철근의 약 2.5배까지 체적팽창이 발생한다.

(3) 중성화의 메커니즘

1) 화재로 인한 열에 의한 중성화(500 ~ 600[℃])

$Ca(OH)_2 \rightarrow CaO + H_2O$

2) 탄산가스에 의한 중성화

① 정의 : 시멘트와 물의 수화반응 생성물은 수산화칼슘[$Ca(OH)_2$]인데, 여기에 이산화탄소가 반응할 경우 탄산칼슘($CaCO_3$)으로 변화하는 현상이다.

② 콘크리트 수명판단에 있어 중요한 기준 : 탄산칼슘은 강도가 약해 건축물의 내력을 부담할 수 없기에 쉽게 부서지거나 균열이 발생한다.

③ 중성화 메커니즘 : 탄산가스 침투 → 중성화 → 부동태 피막파괴 → 철근부식 → 부피팽창 → 균열

$Ca(OH)_2 + CO_2 \rightarrow CaCO_3 + H_2O$

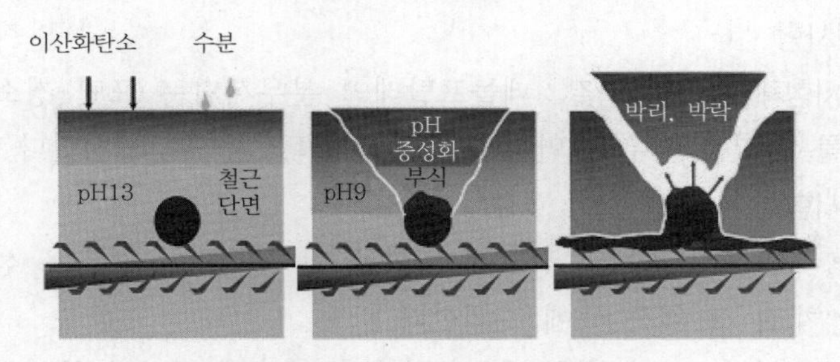

▌이산화탄소에 의한 중성화로 박리 · 박락 발생▐

(4) 중성화 깊이 127회 출제

1) 공식

$$y_D = r_{cb} \cdot a_d \sqrt{t}$$

여기서, y_D : 중성화의 깊이

r_{cb} : 안전계수(보통 1.5)

a_d : 설계 탄산화 속도계수

t : 시간(년)

2) 페놀프탈레인법(지시약법) 이용

① 페놀프탈레인 1[%] 용액을 분무하였을 때의 색상 변화를 이용한다.

② 색상

㉠ 무색 : pH 9 이하로 중성화 진행

㉡ 적색(분홍색) : pH 10 이상으로 중성화 미진행

③ 시험방법

㉠ 시약제조 : 페놀프탈레인 1[g]을 95[%] 에틸알코올 90[mL]에 용해시키고 증류수를 첨가하여 100[mL]로 제조한다.

페놀프탈레인 1[g] + 95[%] 에탄올 90[mL] + 순수한 물 9[mL] = 100[mL]

㉡ 측정방법

- 시험체 확보 : 콘크리트 측정부위를 드릴로 천공, 모서리 국부파손, 코어 채취 등을 이용한다.
- 표면 청소 : 압축공기, 솔, 물청소 등
- 시약분무 : 스프레이로 시약을 측정면에 분무
- 측정위치 : 조사 위치마다 3군데 이상 측정하여 평균값을 [mm]단위로 반올림하여 중성화 깊이를 측정한다.

㉢ 평가방법

- 콘크리트 표면에서 발색점까지 깊이를 측정한다.
- 측정된 중성화 깊이와 철근 피복을 비교하여 철근 부식의 위험성을 판단한다.

④ 주의사항

㉠ 시험체 표면의 청결 : 페놀프탈레인 분무시기는 표면 청소 직후 또는 물청소를 하였을 경우 표면이 완전히 건조되었을 때 실시한다.

㉡ 시험체

- 채취는 구조체의 강도에 영향을 미치지 않는 부위로 선정한다.
- 채취 시 철근 등에 주의한다.

㉢ 측정일시 : 코어 채취 후 48시간이 지나면 표면이 중성화될 수 있어 측정이 부정확하므로 채취 즉시 시험을 진행한다.

03 중성화 영향인자

(1) 온도 : 500[℃] 이상에서는 중성화 속도가 증가한다.

(2) CO_2 농도 : CO_2 농도가 높을수록 중성화 속도가 증가한다.

(3) 피복두께 : 피복두께가 두꺼울수록 중성화 속도는 감소한다.

(4) 시멘트의 종류 : 골재 실리카를 사용한 시멘트는 중성화 속도가 증가한다.

1. AAR(Alkali Aggregate Reaction) : 시멘트 알칼리 성분 + 골재 중 알칼리 반응성(실리카) → 실리카 겔을 형성 → 수분흡수 → 팽창균열 발생
2. 실리카 겔(silica gel) : 규산나트륨(Na_2SiO_3)의 수용액을 산으로 처리하여 만들어지는 규소(Si)와 산소가 주성분인 투명한 낟알 모양의 다공성 물질로, 다공질로 인한 수분 흡수능력이 우수하다.

(5) 골재의 종류 : 경량(비중이 낮은)골재 사용 시 중성화 속도가 증가한다.

(6) 마감재의 유무 : 마감재가 있으면 중성화 속도가 감소한다.

(7) 물/시멘트비(W/C) : 물/시멘트비가 클수록 중성화 속도가 증가한다.

04 문제점

(1) 철근이 부동태막을 상실하고 부피가 2.5배 체적팽창한다.

1) 부동태막(passivity) : 철근의 표면 콘크리트에 강알칼리성의 영향으로 인한 철근의 부식을 방지시켜 주는 얇은 막

2) 콘크리트가 중성화되면 알칼리성으로 있을 때와는 달리, 콘크리트는 철재에 대한 녹 방지력을 잃게 되므로 녹이 발생한다.

3) 철재가 녹이 슬면 녹이 슨 부분이 점점 커지게 되고, 더 나아가 콘크리트 표면에 균열이 발생하며, 균열면에 물과 공기가 침투함으로써 강재의 부식이 가속되고, 철근콘크리트 구조물의 내구성이 감소한다.

(2) 체적팽창으로 인해 균열되고 박리, 박락되는 현상이 발생한다.

(3) 내구성 저하

탄산칼슘으로 변성되어 응집력이 약화되고 부스러진다.

(4) 부착강도 저하

부식도가 2[%] 이상이면 철근의 부착강도가 저하한다.

05 중성화 방지대책

(1) 재료측면

1) 공극이 적은 재료를 선정한다.
2) 유해물성분(NaCl, 점토덩어리)을 포함하지 않은 재료를 선정한다.

(2) 설계측면

1) 철근에 대하여 콘크리트의 피복두께를 크게 하고, 스페이서를 좁은 간격으로 배치한다.
2) 콘크리트의 물시멘트비가 감소한다.
3) 화학혼화제 사용 : 혼화제(감수제, 공기연행감수제, 유동화제)를 사용하면 W/C비가 동일하더라도 시멘트 입자가 분산되어 밀실한 콘크리트를 생산하여 중성화를 억제한다.
4) 콘크리트의 슬럼프를 시공에서 요구하는 범위로 작게 하며, 블리딩을 작게 하여야 한다.

1. **슬럼프(slump)** : 콘크리트 반죽의 정도를 측정하는 치수로, 슬럼프값이 작을수록 된 반죽이라는 뜻이다. 반대로 값이 크면, 그만큼 진 반죽이라는 뜻이고 일반적으로 작업성이 증가한다.
2. **블리딩(bleeding) 현상** : 일종의 재료분리현상으로, 혼합수가 시멘트 입자와 골재의 침강에 의해 위 방향으로 떠올라 생기는 것으로, 약간의 블리딩은 콘크리트 타설 시 불가피하나 블리딩이 크면 부착력을 저하시키고 수밀성을 나쁘게 하는 원인이 된다.

5) CO_2 및 SO_2에 대하여 유리한 마감재로 설계한다.

(3) 시공측면

1) 시공하는 동안 균질하고, 밀실하게 콘크리트를 타설한다.

2) 초기 양생을 소정기간 동안 행한다.

3) 이어붓기 장소에서 주의한다. 그러한 곳은 취약할 수 있다.

4) 도장, 미장, 타일, 방수 등 마감재를 시공한다.

SECTION 025

열에 의한 콘크리트의 특성변화

106회 출제

01 개요

콘크리트 구조체는 화재에 따른 온도상승으로 인해 피해를 보게 되며 대표적인 피해형태로는 콘크리트의 탄성, 압축강도의 저하, 균열, 파단, 박리, 폭렬, 중성화, 변색 등이 있다.

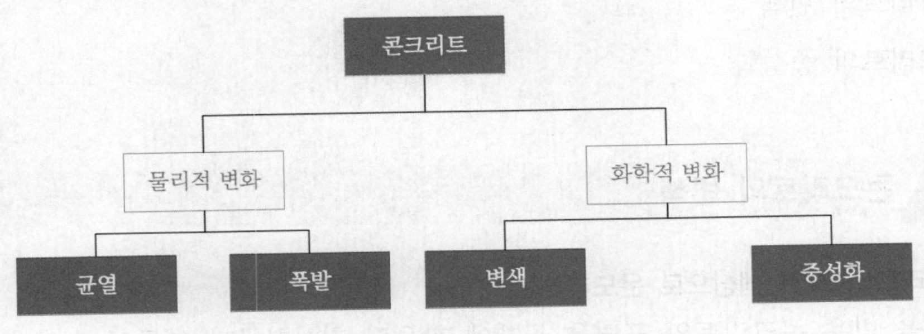

▌열에 의한 콘크리트의 특성변화 ▌

02 콘크리트의 물리적 변화

(1) 열적 특성변화

1) 질량감소율

2) 열팽창률

3) 열전도도

4) 비열

(2) 기계적 특성변화

1) 온도상승에 따른 탄성계수의 감소

2) 온도상승에 따른 강도의 감소

(3) 물리적 변화

1) 온도상승에 따른 콘크리트의 균열 : 고온을 받은 콘크리트는 팽창으로 밀도가 낮아져서 다공질이 되고 탄산칼슘이 되어 응집력 저하 등에 의해 팽창이 막혀 균열이 발생한다.

2) 폭렬로 인한 콘크리트의 박리 · 박락 : 폭렬의 주원인은 일반적으로 콘크리트 내부에 축적된 수증기의 압력 증대 때문이다.

03 콘크리트의 화학적 변화

(1) 콘크리트의 변색이나 중성화 정도

1) 콘크리트의 상태
2) 강도를 약화시키는 기능
3) 화재 후에는 열화의 정도

(2) 콘크리트의 변색

(3) 콘크리트의 중성화

04 콘크리트의 변색

(1) 콘크리트의 표면 색상으로 온도추정

고온을 받은 콘크리트의 표면은 골재에 함유된 철산화물과 염류의 수화작용에 의해서 온도에 따라 색이 영구변색된다.

1) 300[℃] 이하 : 표면에 그을음이 부착되고 그 하부는 보통 콘크리트의 색이 나타난다.
2) 300 ~ 600[℃] : 복숭아색(분홍색)
3) 600 ~ 900[℃] : 어두운 회색
4) 900 ~ 1,200[℃] : 갈색
5) 1,200[℃] 이상 : 노란색

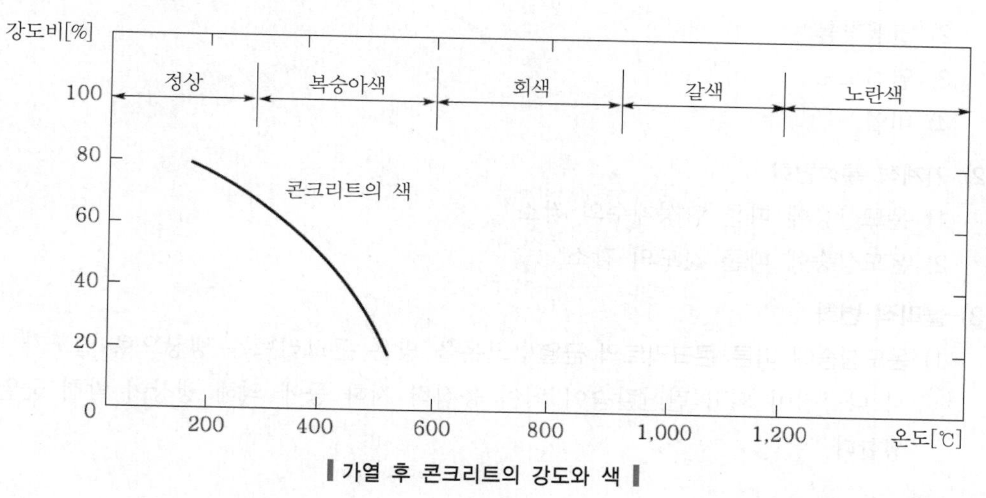

▌가열 후 콘크리트의 강도와 색 ▌

(2) 중성화 발생원인에 의한 내부온도 추정

1) 500 ~ 580[℃] : 시멘트 페이스트 내의 $Ca(OH)_2$ 성분이 CaO로 변화한다.

$Ca(OH)_2 \rightarrow CaO + H_2O\uparrow$

2) 825[℃] : $CaCO_3$가 CaO로 변화되는 시멘트 성분변화를 이용하여 내부온도를 추정한다.

$CaCO_3$(탄산칼슘) → CaO(산화칼슘) + $CO_2\uparrow$

3) 열화 깊이

① 정의 : 화재를 받은 콘크리트는 열에 의해 수산화칼슘이 분해되어 중성화하며 그 중성화한 깊이

② 활용 : 열화 깊이는 화재지속시간 및 규모와 밀접한 관련이 있어 콘크리트 구조물의 수열상태 유추가 가능하다.

(3) 화재의 지속시간에 따른 콘크리트 단면의 내부온도를 추정하면 표준시간-온도곡선을 통해 가열 시 다음 그림과 같다.

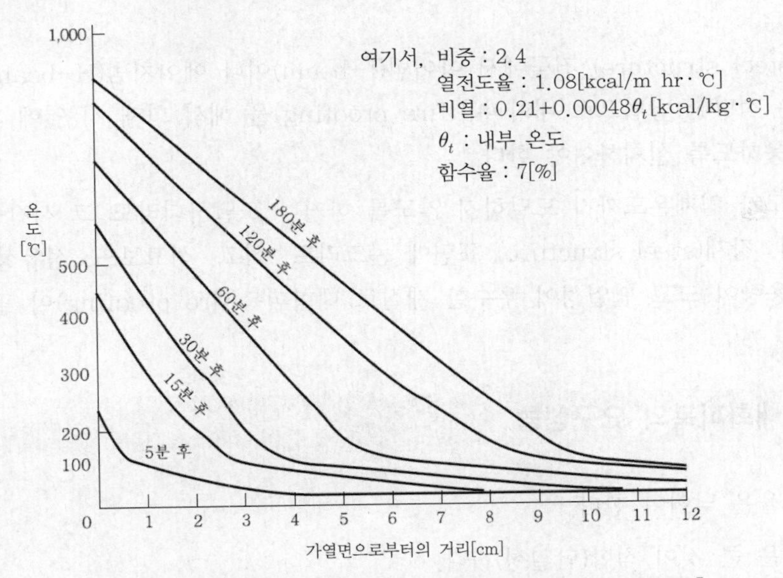

▌표준시간-온도곡선에 따른 가열 시 가열시간에 따른 온도분포▐

SECTION 026 내화피복(fire proofing)

01 개요

(1) ASTM E119에 의하면 538[℃](1,000[℉])에서 구조를 이루는 철의 조직은 임계온도를 가진다. 임계온도는 재료가 강도의 대부분을 잃고 작용하는 하중을 더 이상 지지할 수 없는 온도를 말한다. 따라서, 내화설계에서는 538[℃]의 온도를 강재의 내화한계로 보고 있다.

(2) 철의 내화성능은 돌이나 콘크리트 등의 다른 구조재에 비해서 매우 취약하다고 할 수 있다.

(3) 강재(steel structure) 건물에서 아이빔(I-beam)이나 에이치빔(H-beam) 등의 철 구조물은 적당한 방법으로 내화피복(fire proofing)을 해서 화재 시 열에 의한 강도저하에 대응하도록 설치하여야 한다.

(4) 철 온도가 임계온도까지 도달하지 않도록 하거나 도달하더라도 그 시간을 지연시키기 위해서, 강재(steel structure) 표면에 콘크리트, 석고, 석고보드, 섬유상 물질의 분사 등 열용량이 크고 단열성이 우수한 재질로 내화피복(fire proofing)이 필요하다.

02 내화피복의 요구성능

(1) 열전도율은 낮아야 한다.

(2) 열용량은 큰 것이 적합(단열성)하다.

(3) 열에 의한 수축이 작아야 한다.

(4) 변형, 변색은 적어야 한다.

(5) 금이 가거나 벗겨져 떨어지지 않아야 한다(내충격성).

(6) 동일 성능이면 두껍게 시공하는 것이 유리하다.

(7) 가격이 저렴(경제성)하다.

(8) 시공이 용이(시공성)하다.

03 내화대책

(1) 내화피복의 목적

피복되어 있는 철골, 철근의 급격한 온도상승으로 인한 팽창 및 강도저하를 방지한다.

(2) 강재 구조체의 열전달 특성

1) 주요 열공급원은 복사열이나 강재가 열을 받으면 강재 내부의 열전달은 전도에 의해 이루어진다.

2) 전도열 전달속도가 다른 구조체에 비해 빠르므로 이를 낮추는 방법이 필요하다.

(3) 열전도 공식의 내화대책 : 'L'을 상승시키거나, 'k'를 낮추는 방법

$$\dot{q}'' = \frac{k}{L}(T_1 - T_2)[\mathrm{W/m^2}]$$

여기서, $\dot{q}''$: 열복사 유속[W/m²]
k : 열전도도[kW/m · ℃]
$T_1 - T_2$: 온도차
L : 두께[m]

(4) 건식

1) 성형판 붙임공법(내화보드) : PC판, ALC판, 방화석고보드

① 정의 : 성형판을 철골표면 외부에 설치하여 내화성능을 확보한다.

1. PC(precast concrete) : 벽, 바닥 등을 구성하는 콘크리트 부재를 미리 운반 가능한 모양과 크기로 공장에서 만드는 콘크리트의 일종이다.
2. ALC(Autoclaved Lightweight Concrete) : 석회에 시멘트와 기포제(AL Powder)를 넣여 다공질화한 혼합물을 고온 · 고압에서 증기양생시킨 경량 기포 콘크리트의 일종이다.
3. 석고보드
   ① 정의 : 소석고를 주원료로 하여 톱밥, 펄라이트, 섬유 등을 혼합하고, 물로 반죽해서 풀상태로 만든 것을 2장의 시트 사이에 부어서 판상으로 굳힌 것이다.
   ② 수분을 21[%] 정도 가지고 있어 가열 시 결정수가 증발될 때까지 이면온도가 상승하지 않으므로 건물의 초기 연소지연 효과가 있으나 탈수되고 나면 무수석고가 되면서 하소(calcination)와 같은 물리 · 화학적 변화가 발생한다.
4. **방화 석고보드** : 내화성이 우수한 무기섬유 등이 첨가된 석고보드

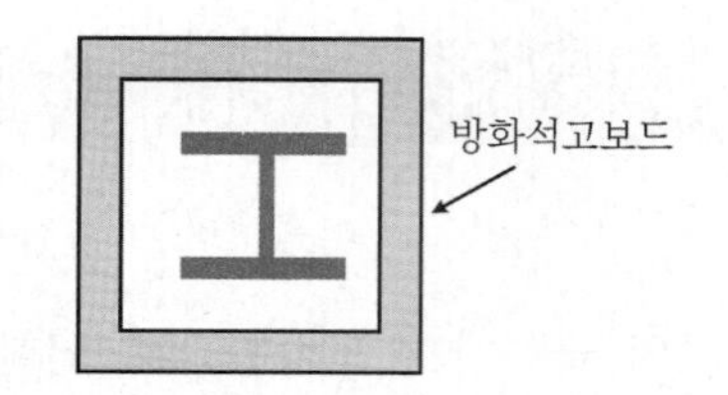

② 장단점

장점	단점
㉠ 시공기간이 짧다. ㉡ 뿜칠 등으로 인한 환경문제가 작다. ㉢ 재료가 공장제품이므로 품질신뢰 및 품질관리가 용이하다. ㉣ 부분적인 보수가 용이하다.	㉠ 시공이 어렵다. ㉡ 가격이 비싸다. ㉢ 접합부의 시공 정도가 나쁘면 결함에 의한 접합부 내화성능이 저하된다. ㉣ 시공 시 절단·가공에 의한 재료손실이 크다. ㉤ 충격에 약하며 흡수성이 크다.

2) 건식 뿜칠

① 정의 : 단열성이 있는 유리솜, 암면 등에 물을 사용하지 않고 압축공기로 뿜어서 구조체에 피복하는 방법이다.

② 장단점

장점	단점
㉠ 복잡형상에도 시공이 가능하다. ㉡ 작업속도가 빠르며 가격이 저렴하여 많이 사용되는 공법이다. ㉢ 성능이나 가격 면에서는 우수하다.	㉠ 경년변화에 약하다(탈락현상). ㉡ 작업 시 날림과 환경오염이 발생한다. ㉢ 철골 모서리 등에 일정한 두께를 확보하기 어렵다.

(5) 습식

1) 타설 : 보통 콘크리트, 경량 콘크리트, 기포 콘크리트

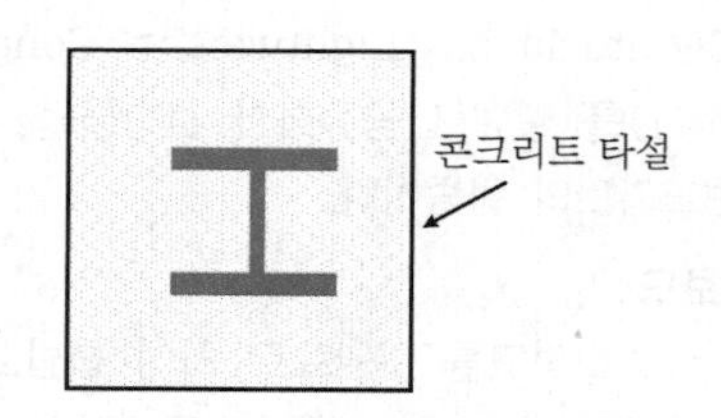

① 정의 : 철골 구조체 주위에 거푸집을 설치하고 일반 콘크리트(Con'c) 및 경량 콘크리트를 타설하는 공법이다.

② 피복두께에 따른 내화성능

피복두께[mm]	일반적인 내화성능
30	1시간
50	2시간
60	3시간

③ 장단점

장점	단점
㉠ 필요 치수제작 및 표면마감이 용이하다. ㉡ 구조체와 일체화로 시공성이 양호하다. ㉢ 접합부에 문제가 없고, 내구성이 우수하다.	㉠ 시공기간이 길다. ㉡ 소요중량이 커서 건축물의 하중이 증가된다.

2) 미장 : 철망 모르타르, 철망 펄라이트 모르타르

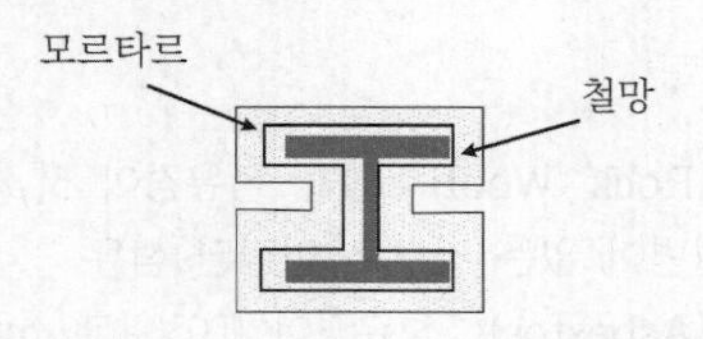

① 정의 : 철골 강재에 부착력 증대를 위해 철망(metal lath)을 부착해 모르타르(mortar)로 미장하여 모르타르의 단열성에 의해 내화를 하는 방법이다.

② 피복두께에 따른 내화성능

피복두께[mm]	일반적인 내화성능
40	1시간
60	2시간
80	3시간

③ 장단점

장점	단점
㉠ 내화피복과 표면마무리가 동시에 이루어진다. ㉡ 미관이 수려하다. ㉢ 내화성능은 피복두께에 의해서 결정된다.	㉠ 작업소요시간이 길며 기계화 시공이 곤란하다. ㉡ 부착성이 좋지 않고 균열이 발생한다.

3) 습식 뿜칠(가장 많이 이용되는 방법) : 뿜칠암면, 습식 뿜칠암면, 뿜칠 모르타르, 뿜칠 플라스터(plaster), 실리카(silica)

① 정의 : 암면을 주재료로 하여, 포틀랜드시멘트, 증점제, 계면활성제에 물을 가하여 섞은 재료를 압송하여, 압축공기로 뿜어내어 칠하는 방법이다.

② 시공방법 : 철골강재 표면에 접착제를 도포 후 내화재료를 뿜칠로 피복한다.

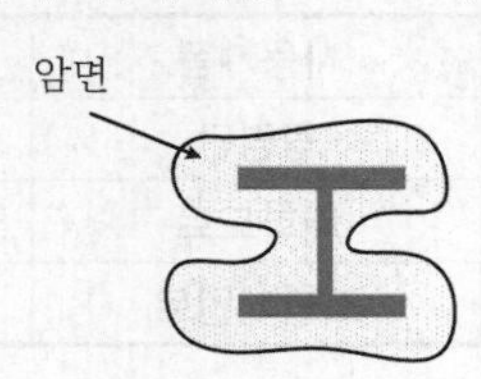

③ 장단점

장점	단점
㉠ 복잡형상에도 시공이 가능하다. ㉡ 작업속도 빠르며 가격이 저렴하여 가장 많이 사용되는 공법이다. ㉢ 수직압송능력이 높아 비교적 고층 건물의 작업 시 작업능률이 우수하다.	㉠ 경년변화에 약하다(탈락현상). ㉡ 작업 시 날림과 환경오염이 발생된다. ㉢ 철골 모서리 등에 일정한 두께를 확보하기 어렵다.

1. **암면(Rock Wool)** : 평균 섬유경이 5[μm] 정도의 비결정질 인공섬유로 호흡기 질병이 없는 것으로 인정된 섬유
2. **석면(Asbestos)** : 섬유경이 0.03~10[μm]의 결정질 천연섬유로 섬유가 무한대로 갈라져 호흡기 질병을 유발하는 섬유

4) 조적공법 : Con'c 블록, 경량 Con'c 블록, 돌, 벽돌

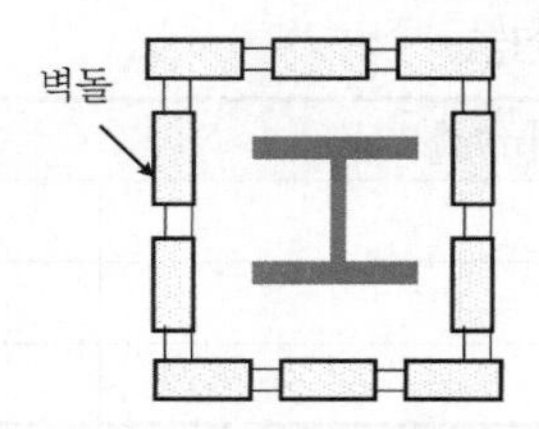

① 정의 : 철골강재 표면에 콘크리트 블록, 벽돌, 돌 등으로 조적하는 공법이다.

② 장단점

장점	단점
㉠ 충격에 강하다. ㉡ 박리 우려가 없다. ㉢ 마감재로 활용이 가능하다.	㉠ 시공시간이 길다. ㉡ 중량이 크다. ㉢ 시공이 어렵다.

5) 도장공법(내화도료)

① 개요

㉠ 도장공법에는 하도-중도-상도라고 하여 도료를 3단계로 칠한다.

㉡ 공정별 특성(1시간 기준)

공정	사용제품	도막두께[mm]	용도
하도	광명단	0.05	녹방지, 방음
중도	내화도료	0.80	내화구조(발포)
상도	조합페인트	0.05	중도보호, 색상

㉢ 다른 용어로는 멤브레인(membrane)공법이라고도 한다.

㉣ 성능시간

내화성능	작업위치	피복두께[mm]	법규
1시간	보, 기둥	0.70	국토교통부 내화규정
2시간	기둥	2.70	
	보	3.50	
3시간	–	17.95	

② 장단점

장점	단점
㉠ 얇아서 사용성이 우수하다. ㉡ 내수성, 내약품성	㉠ 뿜칠보다 내화성능이 다소 낮다. ㉡ 내화성, 내구성이 약하여 저강도 화재에 사용하며, 부분적인 파손으로 전체적인 성능 저하가 발생한다. ㉢ 원자재가 고가이고, 태양광, 비에 취약하다. ㉣ 3회 이상 도포 시 밀림현상이 발생할 수 있다.

③ 내화 메커니즘 : 도막이 화염에 노출 → 도장 내부에 기공형성 → 온도 증가로 기공이 50 ~ 100배 팽창

④ 사용처 : 선박, 조선소, 공장 H빔 등

(6) 합성 내화 피복공법 or 복합공법(hybrid)

1) 정의 : 각종 재료 및 공법의 조합으로 상기 공법을 2 ~ 3가지 혼용해서 사용하는 공법이다.

2) 종류

① 이종재료 적층공법

② 이질재료 접합공법

(7) 특수공법

1) 내화강(fire resistance steel)

① 정의 : 항복점이나 탄성계수 등의 고온 강도 특성이 양호한 강재를 사용하는 공법이다.

② 특성

㉠ 일반강과 상온 특성, 가공성 및 용접성은 동등하다.

㉡ 항복비가 낮아 내진성과 고온 특성이 우수하다.

③ 내화강의 고온 특성(600[℃] 기준) : 상온 강도의 $\frac{2}{3}$ 이상을 유지한다.

2) 무(無)내화피복 철골구조(CFT : Concrete Filled Steel Tube)

① 정의 : 각형 또는 원형 강관 내부에 콘크리트를 충전한 구조이다.

② 장단점

장점	단점
㉠ 강관과 콘크리트의 재료적 장점을 극대화해 종래의 철골조나 철근콘크리트 및 철골 철근콘크리트조보다 내진 · 내화성능, 시공성 및 경제성이 우수하다. ㉡ 강재의 열을 열용량이 큰 콘크리트가 흡수하여 강재의 온도를 낮추는 구조이다. ㉢ 강재가 거푸집 역할을 수행하므로 콘크리트 타설 시 거푸집이 필요 없는 구조이다.	자중이 크다.

③ 콘크리트 충전강관 구조라고도 한다.

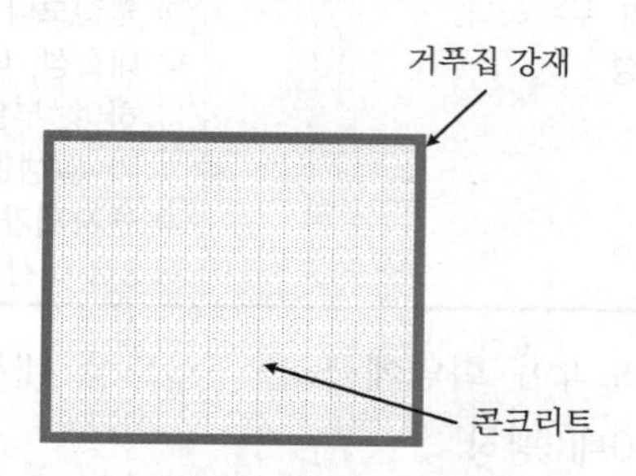

▌무내화피복 CFT 기둥▐

3) 수냉강관기둥 내화공법 또는 히트 싱크(heat sink) 방식 115회 출제

① 정의 : 4각형의 강관 또는 원형 강관을 구조물로 사용하여 여기에 물을 채워 순환시킴으로써 수냉관이 열을 흡수하는 방식이다.

② 화재 시 화재층의 기둥과 저장탱크 사이의 대류에 의해 물이 순환되어 열을 흡수하도록 하는 방법이다.

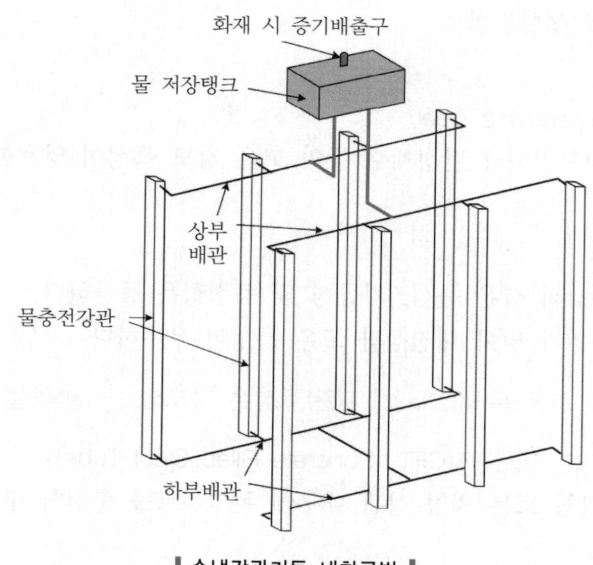

▌수냉강관기둥 내화공법▐

③ 열에 의해 발생하는 증기는 저장탱크 상부에 설치된 증기배출구를 통해서 배출된다. 수직부재의 열응력배출은 용이하나 수평부재의 열배출능력은 낮다.

④ 한랭지에서는 물의 동결을 방지하기 위해 외측 기둥 내부의 물에 부동액(탄산칼슘)을 혼합해서 사용한다.

⑤ 구조

㉠ 저장탱크 : 기둥 상부에 설치하여 기둥에 공급하는 물을 저장한다.

㉡ 배출구(감압밸브) : 화재 열에 의해 기둥 내부의 물이 증발하고, 내부의 압력이 상승하므로 기둥내부의 압력을 조정한다.

㉢ 배관 : 기둥 상부와 하부에 설치하여 기둥 내부에 물을 원활히 공급한다.

㉣ 기둥 : 내부에 물이 충전되어 있으며 설치높이는 15 ~ 68[m] 이내로 한다.

⑥ 단점

㉠ 건축물 상부에 물탱크가 필요하다.

㉡ 부식(부동액 → 열전도율이 낮아짐)의 우려가 있다.

㉢ 동파의 우려가 있다.

㉣ 수평부재에서는 열배출성능이 낮아서 내화성능을 기대하기가 곤란하다.

SECTION 027

폭렬(spalling)

127 · 101 · 94 · 89 · 82회 출제

01 개요

(1) 정의

콘크리트 내부 고열로 생성된 수증기가 방출되지 못해, 수증기압으로 폭발하는 현상이다.

(2) 현상

수증기압이 콘크리트의 인장강도를 초과하여 콘크리트나 조적물 표면에 깨짐 또는 구멍이 발생하여 강도가 저하된다.

(3) 발생시기

일반적으로 화재발생 후 약 20 ~ 30분 이내이다.

(4) 문제점

철근콘크리트는 화재로 구체의 온도가 상승 시 철과 콘크리트의 열팽창계수는 비슷하지만, 열전도도 차이(철근 ≫ 콘크리트)가 커서 균열(crack)이 발생하고 이것이 폭렬현상으로 진행하여 재료의 변형, 구조내력의 약화를 가지고 온다.

02 폭렬현상의 원인과 특징

(1) 원인(복합적 작용)

1) 흡수율이 큰 골재가 사용되었다.
2) 내화성이 약한 골재가 사용되었다.
3) 콘크리트 내부 함수율이 높은 경우
4) 치밀한 조직으로 화재 시 수증기 배출이 안 될 경우

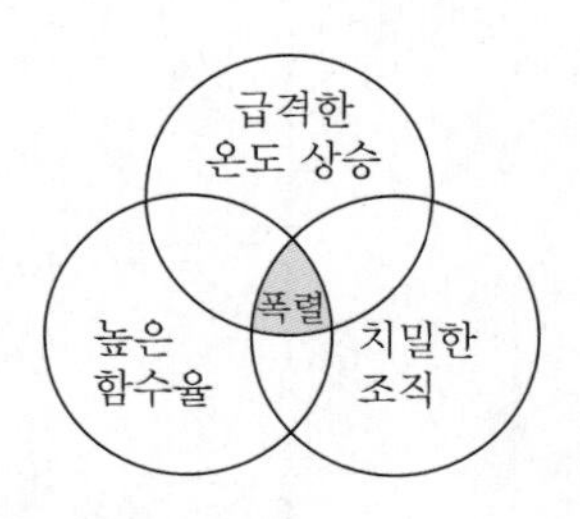

(2) 폭렬의 메커니즘

1) 화재 시 부재가 고온에 노출된다.
2) 노출면에 인접한 층의 수분이 상대적으로 온도가 낮은 내부로 이동한다.
3) 인접층의 공극으로 재흡수된다.
4) 부재 표면의 건조층(dry zone)의 두께가 증가한다.

5) 건조층 안쪽에 상당한 두께의 증기층(wet zone)이 증가한다.
6) 건조층과 증기층 사이의 구분이 발생한다.
7) 화재가 진행되면서 더 이상 내부로 수분이동이 곤란하다.
8) 수증기가 노출된 표면을 향해 이동하여 부재 내부에 강한 압력을 형성한다.
9) 수증기가 열을 받아 팽창, 압력이 콘크리트의 인장강도보다 커지므로 폭렬현상이 발생한다.

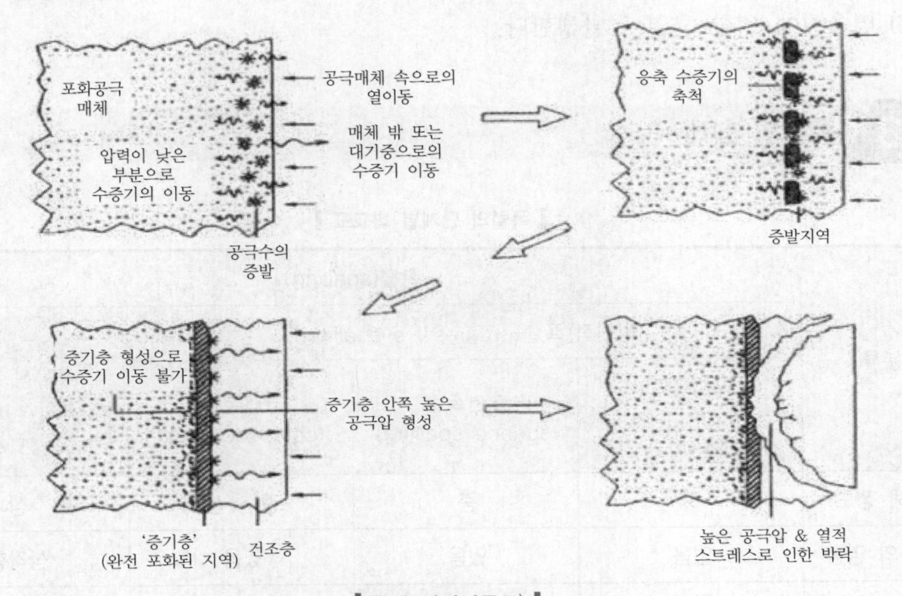

▌폭렬 메커니즘[11] ▌

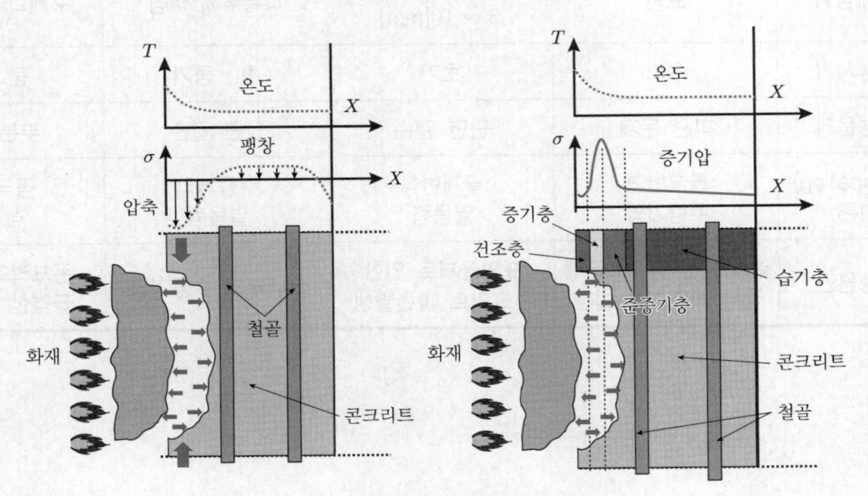

▌철근콘크리트의 열응력 ▌

11) 쌍용정보기술서비스 64호

(3) 특징

1) 박리나 박락으로 부재의 단면이 축소되어 강도가 저하된다.
2) 자중이 감소한다.
3) 취성이 증가한다.
4) 폭렬은 화재 초기에 발생한다.
5) 콘크리트의 중성화가 되면 폭렬에 취약하다.
6) 열응력에 의한 균열이 발생한다.

03 폭렬의 형태

▌폭렬의 단계별 비교표▐

분류	폭렬(spalling)			
	점진적 폭렬(progressive spalling)			폭발성 폭렬(explosive spalling)
	골재폭렬(aggregate spalling)	표면폭렬(surface spalling)	코너폭렬(coner spalling)	
피해 정도	하	중	중 ~ 상	상
철근의 영향	없음	있음	있음	심각함
피해범위	표면	표면으로부터 5 ~ 10[mm]	피복두께 이상	구체의 전체부분
발생시기	초기	초기	초 · 중기	전 기간
발생문제	미관 문제	단면 결손	단면 결손	부분 붕괴
폭렬(spalling) 이론	골재변형 수증기압	골재변형 열응력	수증기압 열응력	공극압력 삼투압
발생원인	열을 받은 골재표면에 국부 박락현상 발생	표면골재로 인한 콘크리트 파편발생	코너부의 수증기압	콘크리트 내부의 급격한 응력발생

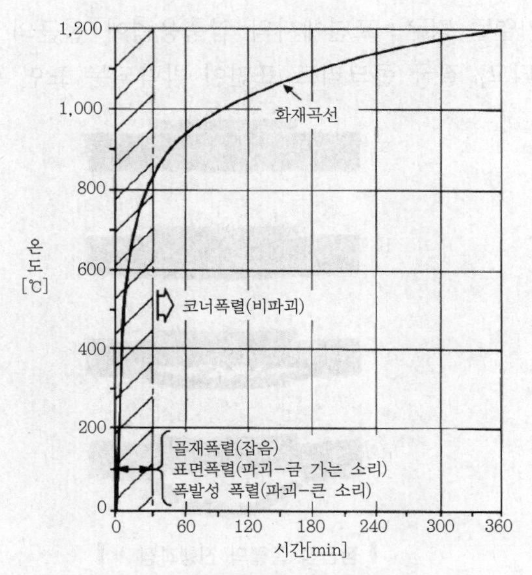

▌폭렬의 유형별 발생시간[12] ▌

04 점진적 폭렬(progressive spalling)

(1) 정의

고온가열 시 콘크리트 내부의 수분이 이동하게 되고 열특성에 의해 점진적으로 변형이 일어나게 되어서 표면박락(떨어져 나감)이 발생한다.

(2) 점진적 폭렬이론

1) 수증기압 이론 : 콘크리트가 고온에 노출될 때 자유수와 결합수의 증발로 인해 국부적인 수증기압 증가를 발생시키게 되는데 투수성이 낮은 재료일 경우에는 그 특성과 연동되어 고압증기의 분산을 어렵게 하는 현상이 발생하게 되어 궁극적으로 국부적인 폭렬이 발생한다.

2) 골재변형 이론 : 다른 열팽창률을 가진 콘크리트의 표면골재가 고온 노출 시에 국부적인 변형을 발생시키고 이로 인해 표면폭렬이 발생한다.

3) 열응력 이론

① 정의 : 비선형적인 온도분포가 콘크리트 단면에 영향을 주어서 최대 변형이 발생하면 콘크리트 강도 이상의 표면 압축응력이 발생하게 되고 결국 폭렬이 발생한다.

② 폭렬지연 : 표면에서 발생한 압축응력이 철근에 의한 구속력(열응력과 상반된 힘)에 의해 억제된다.

12) Figure 2.1. Time of occurrence of different types of Spalling in a fire. CONCRETE Spalling REVIEW. Professor Gabriel Alexander Khoury and Dr. Yngve Anderberg

③ 고온으로 가열될 경우 : 표면에서의 압축응력이 철근의 구속력을 초과할 경우가 발생하게 되고, 결국 콘크리트 표면이 박락되는 표면 폭렬현상이 발생한다.

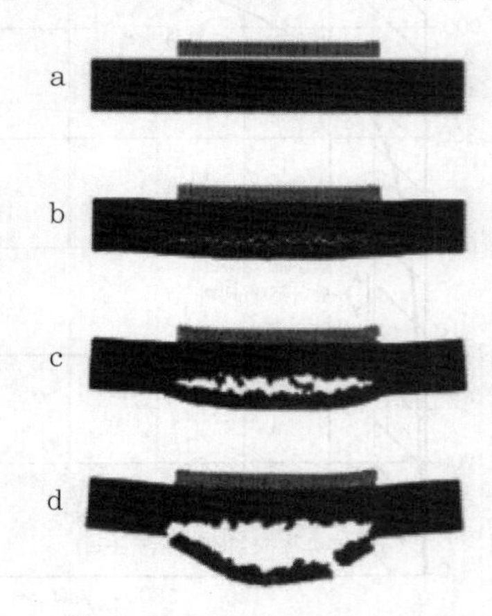

▌점진적 폭렬의 진행과정[13] ▌

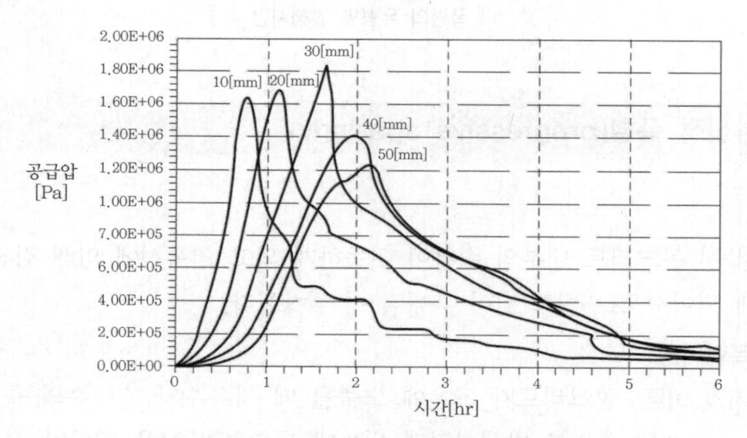

▌시간에 따른 콘크리트 공극압의 분포변화[14] ▌

05 폭발성 폭렬(explosive spalling)

(1) 공극압력 이론

1) 발생 메커니즘

① 콘크리트 부재가 한쪽 표면으로부터 일방향으로 고온을 받으면 내부의 자유수는 고온 표면에서 증발을 하거나 상대적으로 저온인 콘크리트 내부로 이동하기 시작한다.

13) Figure 2. A simulation result shows the sequences of Spalling (from Krivtsov, 1999). Spalling and Fragmentation. 2008 Henry Tan

14) 건설기술정보 2006.6 최승관, 김형준의 화재시 콘크리트 구조물 폭렬 거동 연구에서 발췌

② 수분을 이동시키는 압력에 의해 수증기는 콘크리트 내의 공극 사이로 이동을 하게 되고 공극압력이 폭발성 폭렬(explosive spalling)을 발생시킨다.

③ 반면 내부로 들어간 수증기는 열원과의 거리가 늘어나면서 수증기압도 감소한다.

2) 콘크리트 내의 공극압력 : 표면에서부터 점차 증가하다가 Vapor zone에서 최대 수증기압을 발생시키며 그 이후로 압력이 점차 감소한다.

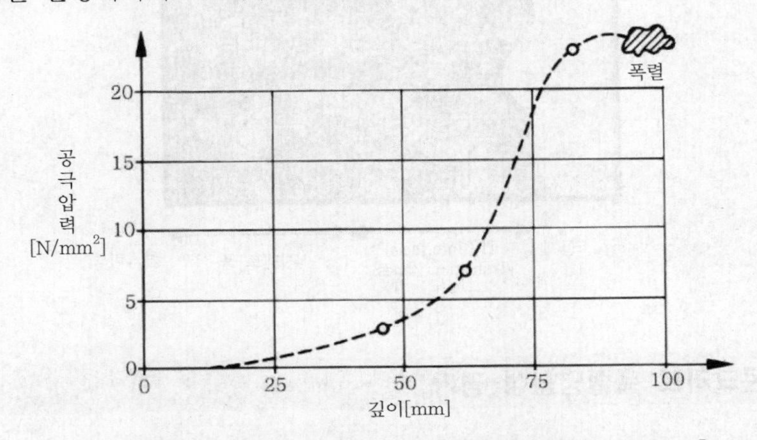

▌Sertmehemetoglu에 의한 관찰 실험결과 깊이에 따른 공극압력[15] ▌

(2) 삼투압 이론

1) 발생원인 : 고온 가열 시 콘크리트를 구성하는 두 성분의 서로 다른 열특성에 의해 발생한다.

2) 발생 메커니즘

① 시멘트 풀은 내부공극 수증기의 증발로 인해 수축하는 반면 골재는 열에 의한 팽창을 하게 되어 상반된 변형이 발생한다.

② 상반된 변형으로 인해 다공질의 ITZ(Interfacial Transition Zones)가 발생한다.

③ ITZ의 내부공극이 크기 때문에 수분을 흡수하려는 삼투압 현상이 발생한다.

④ 고온가열 시 ITZ의 온도는 급속도로 올라가게 되고 높은 삼투압이 발생하게 되어서 결국 폭렬이 발생한다.

15) Figure 4.5. Experimental pore pressure observed by Sertmehemetoglu. Sertmehmetoglu, Y. On a mechanism of Spalling of concrete under fire conditions. PhD thesis, King's College, London, 1977.

ITZ(Interfacial Transition Zones) : 계면변화영역, 미소경계영역, 천이영역이라고 하며 시멘트 풀과 골재 사이에 공극이 골재표면에 생기게 된다.

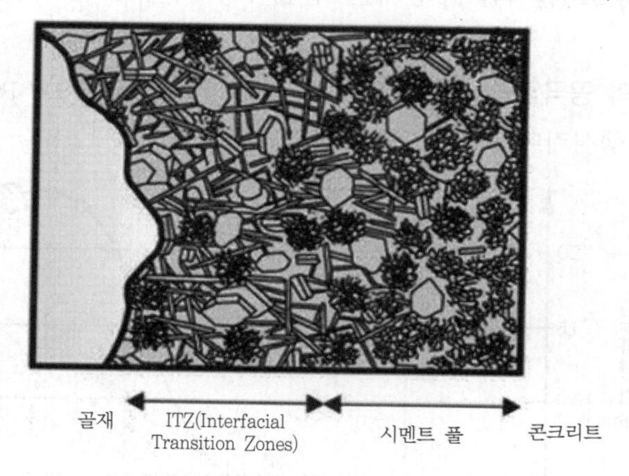

06 콘크리트 폭렬영향성 평가

(1) 다양한 형태의 폭렬 발생원인에 관한 이론들에서 제시된 것처럼 폭렬발생은 한 가지 변수에 의해 지배되는 것이 아니라 매우 복합적인 다양한 원인의 조합에 의해 결정되기 때문에 체계적인 관점에서의 접근이 필요하다.

(2) 하중재하 정도에 따른 폭렬발생 정도

1) 일반적인 경우 : 고온 가열 시의 콘크리트는 하중을 재하할수록 폭렬이 더 잘 발생한다.

2) 하중재하를 적정수준 이하로 조절할 경우

① 고온 가열 시의 콘크리트는 하중을 재하할수록 폭렬이 억제되는 현상이 발생한다.

② 원인 : 적당한 하중재하가 콘크리트 내부에 미세균열을 발생시키고 내부공극을 커지게 하거나 늘리는 효과를 발생시켜 수분의 흐름을 원활하게 한다.

3) 폭렬발생 정도 : 큰 하중재하 > 하중재하 없음 > 적당한 하중재하

(3) 실험체 크기와 폭렬의 관계

가열방향	두께	원인
전방향	두께가 얇을수록 폭렬이 더 잘 발생한다.	실험체가 얇을수록 수분의 이동경로가 짧고 폭렬을 억제하는 인장강도가 작다.
일방향	두께가 깊을수록 폭렬이 더 잘 발생한다.	한 방향으로 가열할 경우 수분은 가열되는 반대편으로 이동하게 되는데 이는 두께가 깊으면 이동경로가 길어지기 때문이다.

(4) 열팽창구속에 따른 폭렬발생 정도

1) 폭렬현상을 발생시키는 원인 : 열팽창에 대한 변위구속을 할수록 미세균열을 억제하여 공극 내 수분의 이동을 억제한다.

2) 약간의 열팽창구속

① 열응력과 열변형 차이를 완화시키는 역할을 한다.

② 폭렬현상을 경감하거나 지연시키는 효과이다.

3) 폭렬발생 정도 : 큰 열팽창구속 > 열팽창구속 없음 > 적당한 열팽창구속

07 폭렬에 영향을 주는 요소(Khoury, 2002)

(1) 재료적 특징

1) 재료와 배합 : 콘크리트 강도, 밀도가 크면 쉽게 발생된다. 따라서, 고강도 콘크리트에서 폭렬 가능성이 높다.

2) W/C와 단위수량

① 물시멘트비(W/C), 단위수량이 크면 폭렬 가능성이 높다.

단위수량(water content per unit volume)

① 골재가 흡수하는 수량을 제외한 콘크리트 1[m^3] 중의 물의 양

② 단위수량이 적을수록 단위시멘트량이 작아지고 W/C가 작아지므로 경제적이고 구조적으로 안정되며 재료의 분리현상도 적어지며 균질, 치밀, 표면결함이 없는 내구성이 우수한 콘크리트가 된다.

② 콘크리트 내 수분이 많을수록 폭렬이 더 잘 발생하는 이유 : 수분함유량이 수증기압과 공극압 상승의 직접적인 원인이 되기 때문이다.

③ 수분함유량이 콘크리트 전체 중량의 3[%] 이내일 경우 : 폭렬현상이 발생하지 않는다(Euro code 기준).

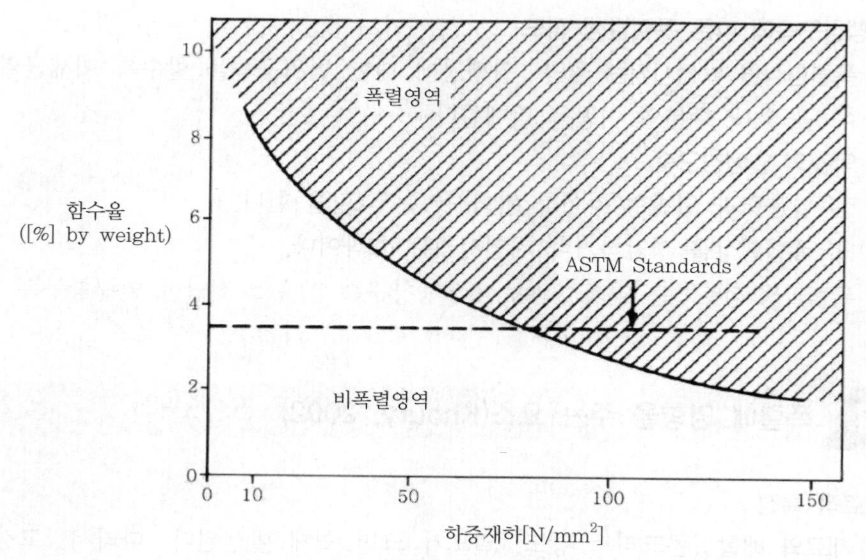

▌프리 스트레스와 수분에 따른 폭렬의 발생[16]▐

3) 투수성 : 투수성이 낮을수록 수증기압 상승의 원인이 된다(JumPannen, U.M.1989).

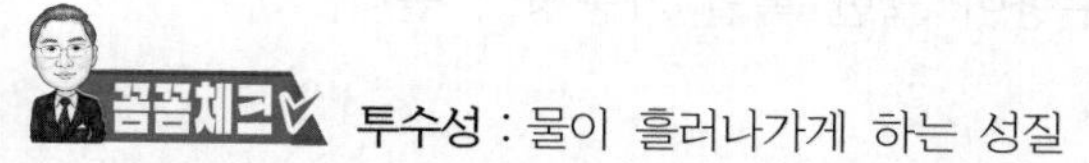

투수성 : 물이 흘러나가게 하는 성질

4) **혼화제 사용** : 유기합성혼화제를 사용하면 W/C가 감소하고 폭렬 가능성도 낮아진다.

혼화제 : 시멘트, 물, 골재 이외의 재료로서, 모르타르, 콘크리트에 특별한 품질을 부여하거나 성질을 개선하기 위해 첨가하는 재료로 유기합성재료를 포함하는 혼화재의 경우는 폭렬 가능성을 낮춘다.

5) 골재의 크기와 종류

① 인장강도 : 탄산염 골재 콘크리트 < 규산염 골재 콘크리트

② 열용량 : 경량골재 < 보통골재(중량이 많아서 열용량이 큼)

③ 석회암을 골재로 사용하는 경우 높은 열로 인한 증기압으로 폭렬 가능성이 높다.

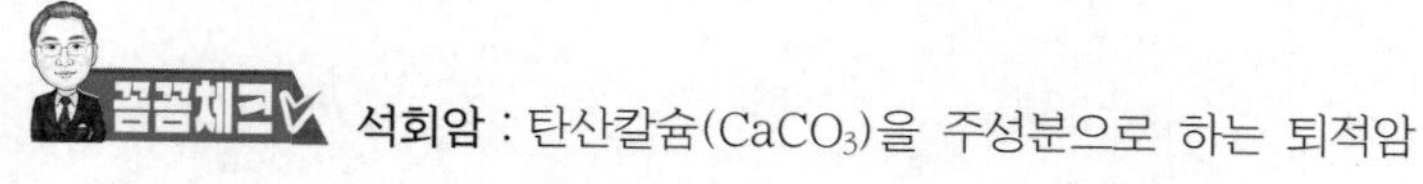

석회암 : 탄산칼슘($CaCO_3$)을 주성분으로 하는 퇴적암

6) 균열과 철근의 유무

16) Figure 3.2. Explosive Spalling envelope after Christiaanse. Christiaanse, A., Langhorst, A. and Gerriste, A. Discussion of fire resistance of lightweight concrete and Spalling. Dutch Society of Engineers(STUVO), Report 12, Holland, 1972.

7) 공극률

① 작을수록 공극압 상승의 원인이 된다.

② 공극압이 클수록 폭렬에 의한 피해가 증가한다.

8) 양생방법과 섬유보강

① 보통강도 콘크리트 : 수중 양생할수록 공극압력이 커진다.

② 고강도 콘크리트 : 섬유보강이 클수록 공극압력이 작아진다.

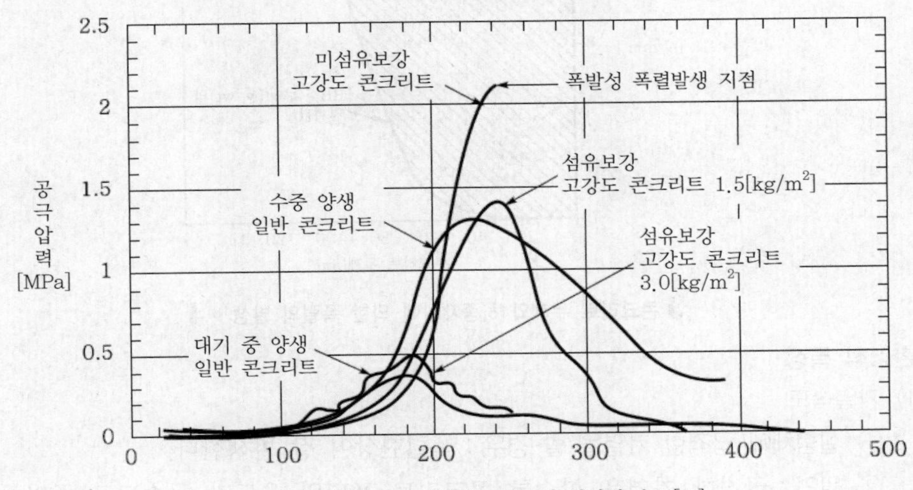

▌양생방법과 섬유보강에 따른 공극압의 변화[17] ▌

동결융해 : 미경화 콘크리트의 온도가 0[℃] 이하일 때 콘크리트 내의 물이 얼어 있다가 녹는 현상으로, 동결된 콘크리트는 양생 후에도 소요강도 확보가 곤란(원인 : 콘크리트의 자유수, 함수율이 큰 골재, W/C비가 큰 경우, 수분의 침투)하다.

(2) 구조적 특징

1) 형태 : 구조체의 단면에 따라 수열량의 변화 → 폭렬의 정도의 변화

2) 콘크리트 두께 : 두꺼울수록 폭렬의 발생이 적다.

17) 건설기술정보 2006.6 최승관, 김형준의 화재 시 콘크리트 구조물 폭렬 거동 연구에서 발췌

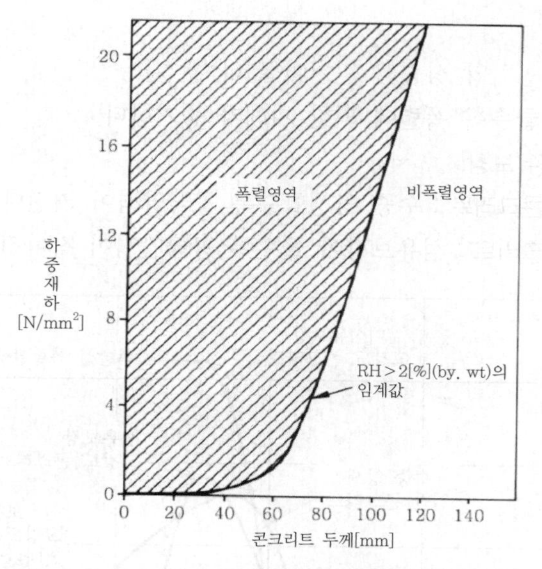

▌콘크리트 두께와 하중재하에 의한 폭렬의 발생[18] ▌

(3) 환경적 특징

1) 가열속도

① 실험체에 급격한 가열을 할 경우 : 폭렬현상이 잘 발생한다.

② 원인 : 급격한 가열을 할수록 콘크리트 표면의 온도가 급속도로 증가하게 되고 수증기가 빠져나가기도 전에 급속도로 증발하게 된다. 이로 인해 짧은 시간 안에 급격한 공극압이 발생한다.

2) 화재강도 : 최고 온도가 300[℃]까지는 콘크리트의 손상이 거의 없다.

3) 열분포 : 편향적인 경우가 피해가 크다.

4) 화재지속시간

화재지속시간[min]	화재강도[℃]	콘크리트 파손 깊이[mm]
80	800	0 ~ 5
90	900	15 ~ 25
180	1,100	30 ~ 50

5) 화재 시 발생하는 가스

6) 작용하중 조건 : 재하와 비재하

18) Explosive Spalling nomogram by Meyer-Ottens. Meyer-Ottens, C. The question of Spalling of concrete structural elements of standard concrete under fire loading. PhD Thesis, Technical University of Braunschweig, Germany, 1972

08 폭렬대책

(1) 화재실의 온도를 낮추는 대책

1) 자동식 수계소화설비를 설치한다.

2) 가연물의 양을 소량보관(just in time)한다.

3) 제연설비를 통한 열을 배출한다.

(2) 재료대책

1) 골재

① 경량골재(공극이 미세하므로 파괴의 우려가 있음)보다 보통골재를 사용한다.

② 함수율이 낮은 골재 사용 : 3.5[%] 이하의 골재를 사용한다.

③ 고강도 콘크리트의 경우 실리카질 골재 대신에 탄산염 골재를 사용 : 탄산염 골재가 실리카질 골재보다 열용량이 높다. 보통 10[%] 정도 내화성능이 향상된다.

2) 콘크리트

① 강도를 증진한다.

② 수분함유량을 전체 콘크리트 중량의 3[%] 이하로 유지 : ITZ의 두께를 조정해 20[μm] 이하로 유지하여 삼투압 발생을 억제한다.

③ 부배합 모르타르 사용 : 1 : 3 ~ 1 : 4의 부배합 모르타르 사용 시 콘크리트의 온도 전도율이 낮아 폭렬을 방지한다.

꼼꼼체크 부배합(富配合) : 콘크리트나 모르타르를 만들 때 시멘트를 표준량보다 많이 넣는 배합

④ 수분을 배출시킬 수 있게 충분하게 양생한다.

⑤ 부재의 크기 증대(열용량 증가) : 캐나다 건축법(NRCC) 기준 1시간(12in), 1.5시간(14in), 2시간(16in), 3시간(20in)

3) 첨가물

① 철근배근 간격을 축소한다.

② 띠철근(hoop)으로 와이어 메시 설치 : 와이어 메시는 부착력을 증가시켜 비산을 방지하는 기능을 한다.

③ 유리섬유, 탄소섬유 설치 : 인장강도를 증진시킨다.

㉠ 섬유는 콘크리트의 연성과 강도를 증가시켜서 균열과 폭렬을 방지하는 효과가 있다.

㉡ 폴리프로필렌 섬유가 폭렬을 방지하는 이유 : 낮은 온도(165[℃])에서 폴리프로필렌 섬유가 녹아 공극을 만들어 공극압을 감소(Kalifa P. 2001)시킨다.

㉢ 공법명칭 : FPC(Fire Performance Concrete) 공법

FPC 공법 : 콘크리트에 폴리프로필렌 수지 분말을 1 ~ 3[kg/m^3] 혼입해 부재의 내화성능을 향상

㉣ FRP(Fiber Reinforced Plastics)를 외부에 보강할 때는 재료의 축강도와 연성, 폭렬 등의 개선이 가능하지만, FRP는 가연성이며 유독가스가 배출되는 특성이 있으므로 화재 발생 시에 이러한 문제에 대한 고려가 필요하다.

▌일반 콘크리트와 섬유 혼입콘크리트(0.5%) 비교표 ▐

구분	시간간격 [min]	온도[℃]					
		200	300	400	500	600	700
일반 콘크리트	60	–	–	박리폭렬	심한 박리폭렬	파괴폭렬	–
섬유혼입 콘크리트	60	–	–	–	–	–	박리폭렬

4) 내화

① 내화피복의 두께가 증가한다.

② 내화도료로 피복한다.

③ 내화보드를 사용한다.

④ 장점 : 시공성, 경제성

⑤ 단점 : 시간경과에 따라 피복재의 성능이 저하된다.

⑥ 시공 시 유의점 : 균일한 피복두께(서멀 브리지)가 필요하다.

09 결론

(1) 폭렬 발생원인은 콘크리트 구성재료의 열수 역학적 상호작용 때문이며 그 종류는 크게 점진적 폭렬과 폭발성 폭렬로 분류된다.

(2) 점진적 폭렬은 콘크리트층 개념에서 양립할 수 없는 재료의 열적 팽창으로 인해 발생하는 서로 다른 열응력 및 변형 때문에 발생한다.

(3) 폭발성 폭렬은 수증기의 탈수부진으로 발생하는 집중현상으로 공극압력이 급격하게 커지면서 폭발적으로 발생하게 된다.

(4) 현재 다양한 측면에서 폭렬발생에 대한 대응연구가 수행되고 있으나 정량적으로 제시된 통합안전을 보장하는 설계방법은 존재하지 않으며 저온 융해 섬유(low melting fiber)의 첨가분야에서 상대적으로 주목할 만한 성과가 나타나고 있어 고강도 콘크리트를 사용하는 고층, 대형 건축물에서 많은 활용을 하고 있다.

화재가 목재지붕과 철재지붕에 미치는 영향

① 목재 : 열전도와 열팽창이 작다. 따라서, 탄화된 부분에 열전달이 늦어진다.

② 철재 : 붕괴 가능성이 증가한다. 왜냐하면, 지붕의 열전달이 빨라서 지붕 전체가 팽창하여 벽체를 밀어버리기 때문이다.

SECTION

028 고강도 콘크리트(High Strength Concrete ; HSC)

01 개요

(1) 건축의 고강도 콘크리트

1) 설계기준 강도가 일반 콘크리트에서는 40[MPa](N/mm^2) 이상, 경량골재 콘크리트에서는 27[MPa](N/mm^2) 이상인 콘크리트

2) 고강도 콘크리트의 내화성능 관리기준 : 설계기준 강도 50[MPa] 이상

(2) 사용목적

국내 · 외적으로 건물 중량을 최소화하고 유효면적을 넓히기 위해 초고층 건축물에서 주로 사용한다.

(3) 콘크리트의 고강도화 방안

방법	결합재의 강도개선	골재강도	골재와 결합재의 부착성능 개선
내용	① W/C 비의 감소 ② 된 비빔, 부배합 콘크리트, 혼화제로 고성능 감수제 사용 ③ 실리카 흄, 고로슬래그, 플라이애시 등 사용, 고속교반 혼합방법 이용 ④ 진동, 폴리머 합침	① 양질의 골재사용 ② 인공 골재사용	골재코팅, 활성골재

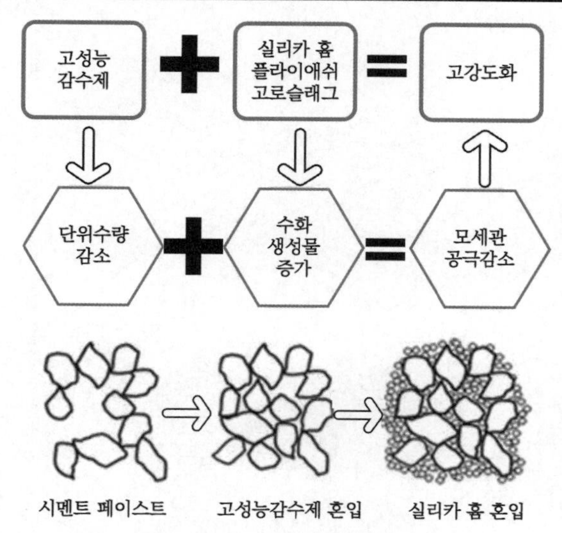

▍고강도 콘크리트 제조원리▍

(4) 고강도 콘크리트 기둥 · 보의 내화성능 관리기준(국토교통부 고시 제2008-334호)

1) 대상 : 초고층 건축물 등의 기둥 또는 보에 적용하는 50[MPa] 이상의 고강도 콘크리트

2) 기준

① 시간 : 내화구조 성능기준(국토교통부고시 제2008-154호)에서 규정한 시간

② 온도 : 평균 538[℃](1,000[℉]), 최고 649[℃](1,200[℉]) 이하

(5) 화재 시 문제점

1) 고강도 콘크리트는 그 내부조직이 치밀하여 열전도성이 낮고 비열이 높아 열을 받았을 때 열에너지 분산이 어렵다.

2) 화재 시 콘크리트 내부의 결합수가 콘크리트 공극을 통해 외부로 배출하지 못하고 수증기압이 점차 증가하여 콘크리트 인장강도보다 커질 경우 갑자기 폭발적인 폭렬이 발생한다.

02 특성

(1) 장단점

1) 장점

① 자중감소(경량화), 재료감소

② 고성능 감수재 이용, 시공성이 향상된다.

③ 부재 단면 감소로 임대면적이 증가(공간 활용성)한다.

④ 강성의 증가로 인한 횡변형이 감소한다.

⑤ 거푸집 존치기간이 감소(공기단축)한다.

2) 단점

① 시공방법에 따라 강도, 품질변동이 크다.

② 연성이 낮아 취성파괴가 우려된다.

③ 품질보증, 관리가 곤란하다.

④ 고성능 감수제, 혼화제의 확실한 시방이 없다.

⑤ 폭렬, 자기수축 발생 우려가 있다.

자기수축 : 외력이나 열적 요인, 습도변화 등과 관계없이 지속적인 시멘트 수화 때문에 생기는 체적변화 현상

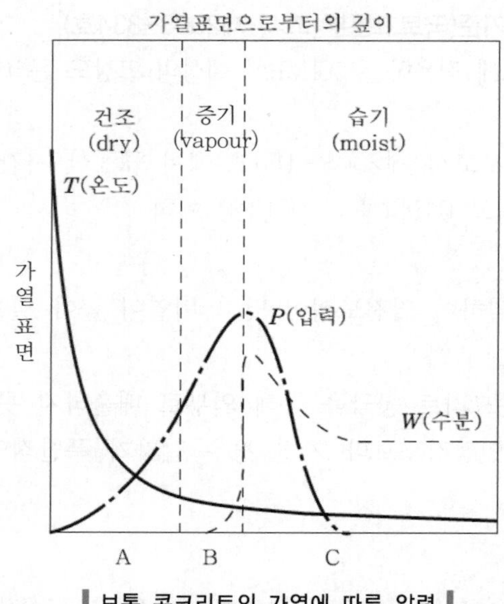

▌보통 콘크리트의 가열에 따른 압력▐

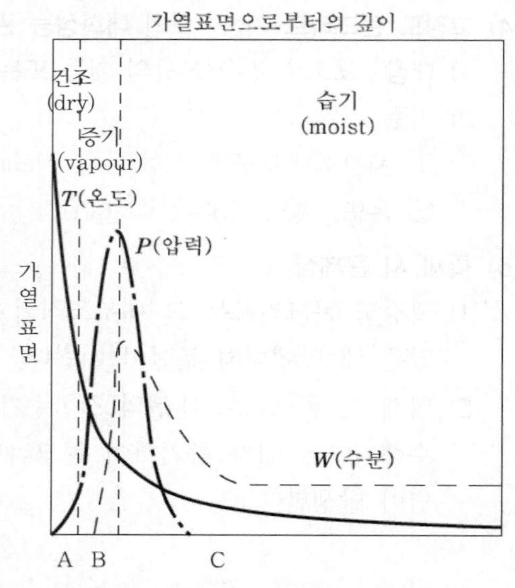

▌고강도 콘크리트의 가열에 따른 압력▐

(2) 고강도 콘크리트의 폭렬

1) 주요 원인 : 가열로 인한 내부 증기압의 상승

2) 고강도 콘크리트의 특성
   ① 강성을 높이기 위해 공극이 작아 낮은 투수성(압력변화에 민감)을 가진다.
   ② 화재에 노출 시 부재 내부의 높은 수증기압은 고강도 콘크리트의 작은 공극 때문에 밖으로 배출이 곤란하다.

3) 폭렬발생조건 : 포화 수증기압(300[℃]에서 압력은 8[MPa]) > 고강도 콘크리트의 인장강도(약 5[MPa])

4) 폭렬영향
   ① 폭렬이 계속됨에 따라 콘크리트 부재의 단면손실이 증가한다.
   ② 내부 철근으로의 열전달률이 증가한다.
   ③ 기계적 특성과 열적 특성에 의해 부재의 구조내력이 상실된다.
   ④ 붕괴

03 내화성능 확보 대책

* SECTION 027 폭렬을 참조한다.

SECTION 029

내화도료의 내화성능 평가 [19)]

01 개요

(1) 철강재는 불연재로 불에 타지는 않지만, 내화성능이 약하기 때문에 화재로 인해 철강재의 내부 온도가 상승하게 되면 인장강도, 압축강도 및 항복점이 변화하면서 철강재 내부의 구조적 특성이 변하면서 강성을 잃어버리게 되어 구조체로서의 구조적 기능을 발휘할 수 없게 된다.

(2) 화재의 열로 인한 주요 구조부의 변형 및 강성 저하로 붕괴를 미연에 방지하기 위해서는 철골부재를 포함한 건축물의 주요 구조부는 내화구조로 하여 화염과 고열로부터 보호조치를 하여야 한다.

(3) 내화도료는 시공이 용이하고 미관이 수료하여 널리 이용되고 있어 이에 대한 적절한 내화성능의 평가가 필요하다.

02 내화도료의 구성

(1) **하도** : 방청도료(KSM 603 광명단)

(2) **중도** : 내화도료

구분	무기 내화도료	유기 내화도료
내용	① 결정수를 포함하는 수지 ② 흡열반응을 일으키는 수지 ③ 흡열반응을 일으키는 촉매	① 도막을 발포하기 용이한 상태로 만들어 주는 수지 ② 가스를 방출시켜 도막을 수십 배로 발포시켜 주는 발포제 ③ 탄화도막을 형성시켜주는 탄화제 ④ 가스방출과 탄화도막 형성반응을 촉진하는 촉매

결정수(water of crystallization) : 물질의 결정 속에 일정한 화합비로 들어 있는 물

19) 방재시험연구원 연구자료에서 주요 내용 발췌, 강은수, 김대회, 서희원

(3) 상도

일반도료(내화도료를 보호하기 위해 내구성이 있는 불소수지, 아크릴 실리콘수지, 폴리우레탄 수지 등)

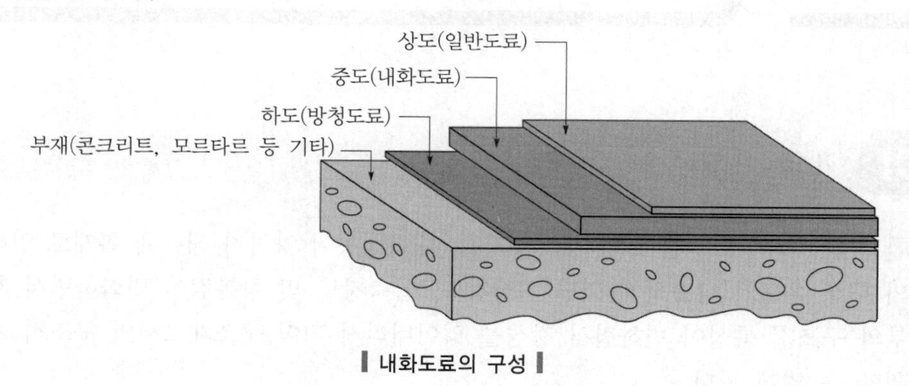

▌내화도료의 구성▐

03 발포 메커니즘

(1) 팽창이론(intumescence theory)

$$Q = K\frac{A}{L}\cdot\Delta T$$

여기서, Q : 화원으로부터 방호대상물로 이동되는 열량[kcal/h]
A : 열이 전달되는 면적[m^2]
K : 건조도막의 열전도율[kcal/m · h · ℃]
ΔT : 화원과 방호대상물 사이의 온도차
L : 건조도막의 두께[m]

1) 건조도막의 두께(L) 증가
   ① 화재로 인해 내화도료가 화염에 노출되면 각 구성요소가 상호가열에 의한 화학반응을 통해 고분자화합물로 변화한다.
   ② 약 250[℃]의 소화온도에서는 탄화재와 불연성 가스를 생성하면서 본래의 건조도막보다 80 ~ 100배의 발포 팽창막을 형성하게 되기 때문에 결국 L값이 80 ~ 100배 상승한다.
2) 건조도막의 열전도율(K) 감소 : 발포팽창으로 인한 공기층이 형성되므로 공기와 유사한 정도로 열전도율이 감소한다.
3) 세라믹층 형성 : 발포팽창층의 표면은 도료 중에 함유된 무기계 안료들이 녹으면서 세라믹층으로 표면을 감싸기 때문에 가연성 증기를 잘 흡착하고 공기 중의 산소가 발포팽창층 내부로 전달되지 못하는 장벽의 역할도 한다.

(2) 발포 메커니즘

1) 유기 내화도료 : 건조도막이 탄화층을 형성하여 열전도율(K)을 감소시킨다.

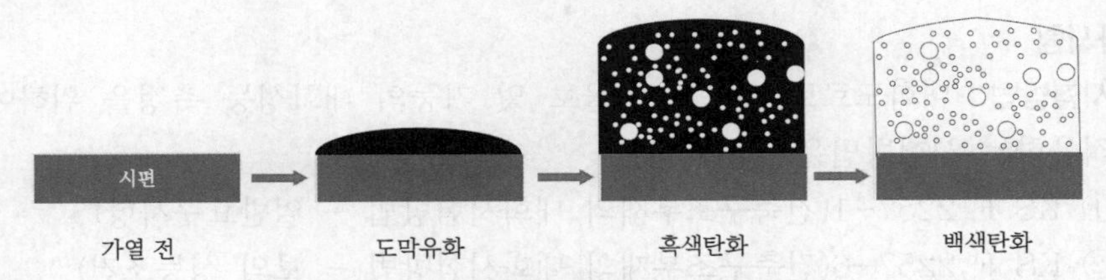

▌유기 내화도료의 내화 ▌

2) 무기 내화도료 : 발포 팽창막으로 건조도막의 두께(L)가 증가하고 건조도막의 열전도율(K)을 감소시키면서 흡열반응을 한다.

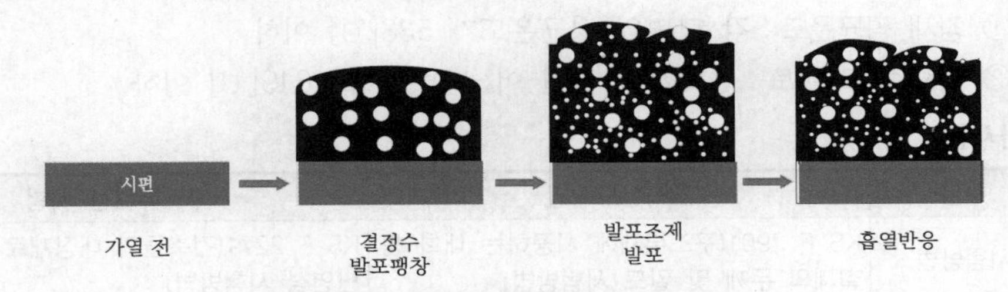

▌무기 내화도료의 내화 ▌

발포조제(發泡助劑) : 발포제의 분해온도를 자유로 컨트롤하기 위해 첨가하는 물질

04 내화도료의 장단점

장점	단점
① 유해성이 없으며 건조 후 유해분진이 없다. ② 상도 색상의 자유로운 선택 사용으로 외관이 미려하다. ③ 시공성과 작업성이 우수하고 경제적이다. ④ 내구성 및 내충격성이 우수하다. ⑤ 단순히 도료만 바르므로 건물하중 경감의 효과가 있다. ⑥ 시방을 준수하여 적절하게 시공한 경우는 탈락 · 박리 현상이 작다. ⑦ 습식 및 건식 뿜칠보다 공해물질 발생이 적으며 잔류물의 후속처리가 용이하다. ⑧ 도장 후 별도의 외장이 필요 없어 공간 확보성이 좋고 보수작업이 용이하다. ⑨ 손상된 부위는 단순한 Touch-up으로 보수작업이 용이하다. ⑩ 내구성 및 내후성이 우수하여 내 · 외부용으로 사용한다.	① 내화성능의 한계(기술적 발달로 극복되고 있음. 현재 3시간 성능 내화도료)가 있다. ② 균일한 피복두께 형성문제(서멀 브리지)가 있다. ③ 수분과 습기에 취약하고 충격에 의한 물리적 손상이 크다.

05 내화도료의 시험방법

(1) 내화시험

1) 시험방법 : 내화도료로 피복된 철골보 및 기둥의 내화성능 측정을 위하여 국내에서 적용하는 시험방법은 다음과 같다.

① KS F 2257-1(건축구조부재의 내화시험방법 - 일반요구사항)

② KS F 2257-6(건축구조부재의 내화시험방법 - 보의 성능조건)

③ KS F 2257-7(건축구조부재의 내화시험방법 - 기둥의 성능조건)

④ 내화구조 인정 및 관리업무 세부운영지침

2) 시험방법에 의한 보·기둥의 성능기준

① 강재 평균온도 : 각 단면의 평균온도가 538[℃] 이하

② 강재 최고 온도 : 온도가 측정된 어느 곳에서도 649[℃] 이하

(2) 부가시험

구분	부착강도시험	가스유해성 시험
시험방법	KS F 2901(구조부재에 시공하는 내화 뿜칠재의 두께 및 밀도 시험방법)	KS F 2271(건축물의 내장재료 및 구조의 난연성 시험방법)
시험절차	부착강도 시험체를 인정신청내용과 동일한 두께로 제작하여 3회 이상 부착강도를 시험한 결과 평균값으로 한다(단, 동일 품목 동일 배합으로 신청되어 동일하게 제작된 구조는 이 시험결과로 해당 품목의 부착강도를 확인한 것으로 한다).	가스유해성 시험체는 220[mm]×220[mm] 크기의 강판(두께 1.2[mm] 이상)에 인정신청 시 제출한 피복도료의 두께와 동일하게 제작하여 각 구조별로 2회 이상 시험을 실시한다(단, 동일 품목 동일 배합으로 신청되어 동일하게 제작된 구조는 이 시험결과로 해당 품목의 가스유해성을 확인한 것으로 한다).
성능기준	신청자가 제시한 부착강도 이상(연장시험 등의 경우 인정 부착강도 이상)	실험용 흰 쥐의 평균 행동 정지시간이 9분 이상

06 결론

(1) 내화도료는 부재의 단면 증가 없이 내화피복이 가능하여 건물의 하중을 경감할 수 있고 뛰어난 시공성과 미관성, 우수한 내후성으로 옥외 및 실내 노출부위에서의 사용이 가능하며 시공 후 분진 발생이 없는 등 기존의 내화피복 재료의 문제점을 해결할 수 있는 우수한 재료로 꾸준한 성장세를 보이는 내화방법이다.

(2) 실제 건축물에서 내화도료의 내화성능을 확보하기 위해서는 내화도료의 품질, 내화도료의 도막 두께 및 유지 관리라는 과제를 가지고 있다. 왜냐하면, 이것이 지켜지지 않는 경우 내화도료의 내화성능을 답보할 수 없기 때문이다.

SECTION 030

방화구획

130 · 128 · 121 · 114 · 113 · 112 · 111 · 94 · 87 · 74 · 72회 출제

01 개요

(1) 개념 : 화재를 국한 · 제어하는 최소 기본공간

(2) 목적

1) 화재에 의해 발생한 연기나 화염의 침투를 막아 화재확산 방지

2) 피난의 안전성 확보

3) 소화활동의 안전성 확보

(3) 방화구획은 수동적인 구획으로 화재를 한정할 수 있는 공간의 크기이다.

(4) 건축물의 용도, 층, 자동식 소화설비 및 내장재료의 종류 등에 의해 방화구획의 면적을 결정한다.

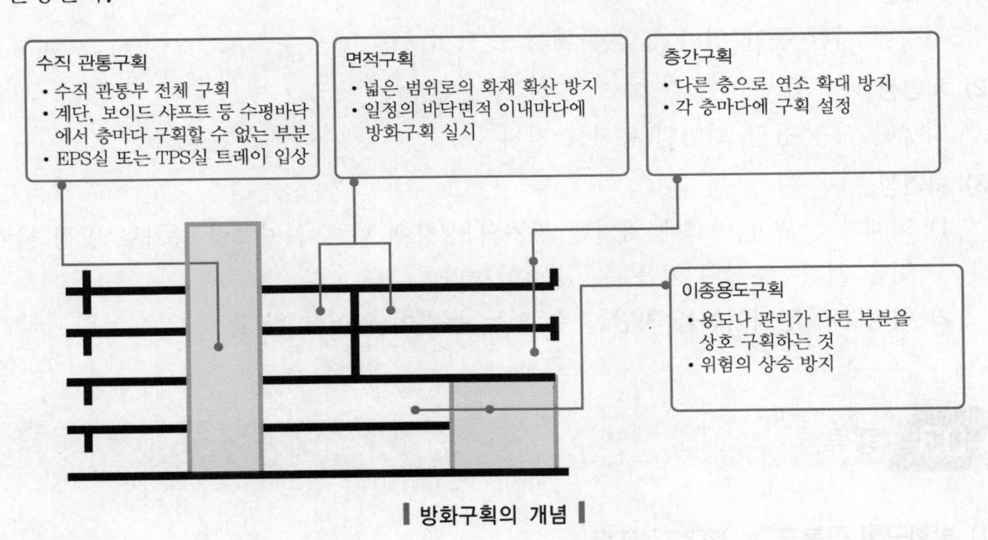

▌방화구획의 개념▐

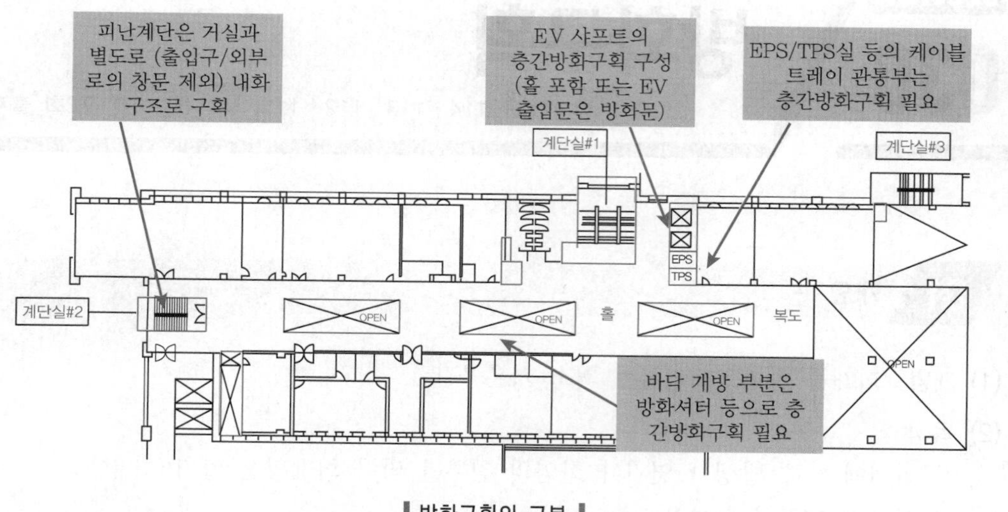

▌방화구획의 구분▐

02 기능

(1) 차열성

지정된 시간 동안 열의 전달을 저지

(2) 차염성

지정된 시간 동안 화염의 통과를 저지

(3) 차연성

1) 화재가 발생한 방향에 가열된 공기의 팽창에 따른 공기압력 증가로 발생하는 구동력을 적정수준까지 막을 수 있어야 한다.
2) 일정량의 연기이동을 차단할 수 있는 능력이 있어야 한다.

03 종류

(1) 방화구획 구분표[20] 126 · 124회 출제

구획기준	대상건축물	층별	마감재료	구획기준[m²]	예외규정
면적	내화구조 또는 불연재료로 연면적 1,000[m²] 이상	10층 이하	–	1,000	자*+3,000
		11층 이상	기타 재료	200	자*+600
			불연재료	500	자*+1,500

20) 건축물의 피난 · 방화구조 등의 기준에 관한 규칙 제14조

구획기준	대상건축물	층별	마감재료	구획기준[m^2]	예외규정
층간구획	모든 소방대상물	모든 층	–	층마다 구획	지하 1층에서 지상으로 직접 연결하는 경사로 부위
수직관통부	계단실, 승강로 등	–	–	별도 수직구획	–
용도별 구획	주요 구조부를 내화구조로 하는 대상 부분과 기타 부분 사이를 구획	–	–	대상 부분과 기타 부분을 구획	–
	방화구획을 완화하여 적용한 부분과 그 밖의 부분**	–	–	완화하는 부분과 그 밖의 부분을 구획	–
	아파트 발코니 대피공간	–	–	대피공간과 구획(피난)	하향식 피난구
	피난계단 및 특별피난계단 피난용·비상용 승강기	–	–	타 공간과 구획(피난)	–
	피난안전구역 대피공간(경사지붕 옥상 아래)	–	–	타 공간과 구획(피난)	–
	요양병원, 정신병원, 노인요양시설, 장애인 거주시설 및 장애인 의료재활시설	피난층 외의 층	–	층마다 대피공간과 방화구획	① 거실에 접하여 설치된 노대 등 ② 계단 이용하지 않고 건물 외부 지상으로 통하는 경사로 또는 인접 건축물로 피난할 수 있도록 설치하는 연결복도 또는 연결통로
	필로티나 그 밖에 이와 비슷한 구조(벽면적 $\frac{1}{2}$ 이상이 공간)를 주차장으로 사용	–	–	그 부분과 다른 부분을 구획	–
	소방관련 법령에서 규정하고 있는 용도별 방화구획***	–	–	–	–
목조건축물 구획	면적 1,000[m^2] 이상	–	–	방화벽과 방화문	–

[비고] 1. 자* : 자동식 소화설비 완화규정[m^2]

2. 방화구획 적용 제외 또는 완화하여 적용할 수 있는 경우** 132회 출제

㉠ 문화 및 집회시설(동·식물원 제외), 종교시설, 운동시설, 장례식장 용도로 사용하는 거실로서 시선 및 활동 공간 확보를 위하여 불가피한 부분

ⓛ 물품의 계도, 가공, 보관, 운반 등에 필요한 고정식 대형 기기설비의 설치를 위하여 불가피한 부분 단, 지하층인 경우 지하층 외벽 한쪽 면 전체가 건물 밖으로 개방되어 보행과 자동차 진·출입이 가능한 경우에 한정한다.
ⓒ 계단실, 복도, 승강기 승강장, 승강로로서, 그 건축물의 다른 부분과 방화구획으로 구획된 부분. 단, 해당 부분에 위치하는 설비 배관 등이 바닥을 관통하는 부분 제외
ⓔ 건축물 최상층 또는 피난층으로 대규모 회의장, 강당, 스카이라운지, 로비, 피난안전구역 등의 용도로 쓰는 부분으로서, 그 용도로 사용하기 위하여 불가피한 부분
ⓜ 복층형 공동주택 세대별 층간 바닥 부분
ⓑ 주요 구조부가 내화구조 또는 불연재료로 된 주차장
ⓢ 단독주택 동물 및 식물 관련 시설 또는 교정 및 군사시설 중 군사시설로 쓰는 건축물. 단, 집회, 체육, 창고 등 용도로 사용하는 시설만 해당
ⓞ 건축물 1층과 2층 일부를 동일한 용도로 사용하며 그 건축물의 다른 부분과 방화구획으로 구획된 부분(바닥면적 500[m^2] 이하인 경우로 한정)

3. 소방관련 법령에서 규정하고 있는 용도별 방화구획***

구분	내용
수계	① 감시제어반 전용실 ② 비상전원 설치장소 ③ 가압수조를 이용한 가압송수장치의 가압수조 및 가압원
가스계	① 비상전원 설치장소 ② 축전지를 내장한 제어반실 ③ 가스용기실

(2) 건축물 용도별 방화구획

건축물 용도구분	바닥면적 합계 규정
2종 근린생활시설 중 공연장 · 종교집회장(해당 용도로 쓰는 바닥면적의 합계가 각각 300[m^2] 이상인 경우만 해당), 문화 및 집회시설(전시장 및 동 · 식물원은 제외), 종교시설, 위락시설 중 주점영업 및 장례시설	관람석 또는 집회실의 면적 200[m^2](옥외관람석의 경우 1,000[m^2]) 이상
문화 및 집회시설 중 전시장 또는 동 · 식물원, 판매시설, 운수시설, 교육연구시설에 설치하는 체육관 · 강당, 수련시설, 운동시설 중 체육관 · 운동장, 위락시설(주점영업의 용도로 쓰는 것은 제외), 창고시설, 위험물저장 및 처리시설, 자동차 관련 시설, 방송통신시설 중 방송국 · 전신전화국 · 촬영소, 묘지 관련 시설 중 화장시설 · 동물화장시설 또는 관광휴게시설	500[m^2] 이상
공장	2,000[m^2] 이상
건축물의 2층이 단독주택 중 다중주택 및 다가구주택, 공동주택, 제1종 근린생활시설(의료의 용도로 쓰는 시설만 해당함), 제2종 근린생활시설 중 다중생활시설, 의료시설, 노유자시설 중 아동 관련 시설 및 노인복지시설, 수련시설 중 유스호스텔, 업무시설 중 오피스텔, 숙박시설 또는 장례시설	400[m^2] 이상
3층 이상인 건축물 및 지하층이 있는 건축물 [제외] • 단독주택(다중주택 및 다가구주택 제외), 동물 및 식물 관련 시설, 발전시설(발전소 부속용도로 사용되는 시설 제외), 교도소 및 감화원 또는 묘지 관련 시설(화장시설 제외)의 용도에 쓰이는 건축물 • 철강 관련 업종의 공장 중 제어실로 사용하기 위하여 연면적 50[m^2] 이하로 증축하는 부분	면적제한 없음

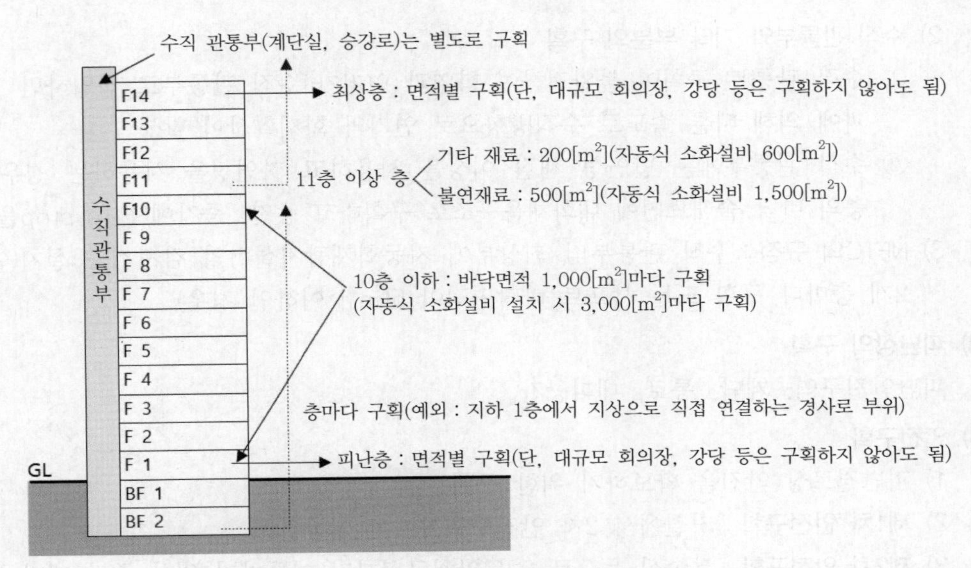

▌방화구획의 설정기준▐

(3) 수직 관통부

1) 종류

① 사람을 이동하기 위한 용도 : 계단, 승강기 샤프트, 에스컬레이터

② 물품을 이동하기 위한 용도 : 덤웨이터, 린넨슈트

③ 설비의 설치용도 : 배관 샤프트

④ 건축의 목적상 용도 : 아트리움의 중앙천장

린넨슈트(NFPA 82) : 화재위험이 큼

① 복도에 린넨 개구부가 설치되면 안 됨

② 문은 자동폐쇄식

③ 3개 층이 이어지는 경우 하부 집합실과 최상부, 2개 층마다 스프링클러 설치

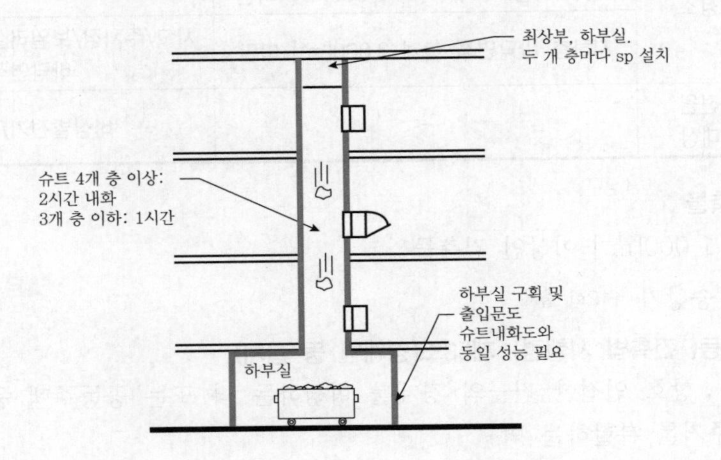

2) 수직 관통부와 기타 부분의 구획
① 수직 관통부 구획이 불완전하여 화염과 연기가 수직 관통부로 침입하면 연돌효과에 의해 빠른 속도로 수직방향으로 연기와 화재확산이 발생
② 수직 관통부에는 난연성 재질 이상을 사용하고 가연성을 사용하는 경우는 각 층의 바닥 슬래브면에 내화채움구조로 구획하고 중간, 중간에 Fire stop을 설치
3) NFTC의 규정 : 수직 관통부의 최상부에 자동화재탐지설비의 감지기를 설치(예외 : 2개 층마다 구획 또는 샤프트 바닥면적이 5[m^2] 이하인 경우)

(4) 피난상의 구획

피난안전구역, 계단, 통로, 대피공간

(5) 안전구획

1) 피난경로상 안전을 확보하기 위한 구획
2) 제1차 안전구획 : 거실에서 2차 안전구획까지의 이동경로
3) 제2차 안전구획 : 부속실 등으로 3차 안전구획까지 이동하기 위한 중간 대기공간
4) 제3차 안전구획 : 계단으로 옥외의 안전한 공지까지 이동하기 위한 경로
5) 차수가 높은 안전구획일수록 안전성이 더욱 강화

(6) 화기사용실

화기사용이나 다량의 가연물에 의해서 화재위험도가 높은 부분은 독립된 방화구획

(7) 소방관련 법규에서 요구하는 방화구획 설치대상

설치대상	예외조건	비고
가압수조	–	–
소화가스 저장용기실	해당 없음	제어반을 설치하는 경우
감시제어반 설치장소	내연기관/고가수조/가압수조에 따른 가압송수장치 사용	–
	7층(지하층 제외) 이하 2,000[m^2] 미만	–
	지하층 바닥면적 합계 3,000[m^2] 미만	차고/주차장/보일러실/기계실/전기실 등 바닥면적 제외
비상전원 설치대상	–	비상발전기/축전지설비

(8) 목조건축물

연면적 1,000[m^2] 이상인 건축물

(9) 피난용 승강기 112회 출제

(10) 경계벽 등(「건축법 시행령」 제53조(경계벽 등 설치)

1) 정의 : 상호 인접한 건물의 경계를 형성하는 벽 또는 공동주택 등에서 수평방향으로 주거를 분할하는 벽

2) 목적 : 화재확산 방지 및 소음차단

<table>
<tr><th rowspan="2">대상건축물</th><th rowspan="2">구획단위</th><th rowspan="2">설치방법(건축물방화구조규칙 제19조)</th><th colspan="2">구조</th></tr>
<tr><th>재질</th><th>두께</th></tr>
<tr><td>단독주택 중 다가구주택</td><td rowspan="3">각 세대 간 경계벽</td><td rowspan="6">• 내화구조로 하고, 이를 지붕 밑 또는 바로 위층 바닥판까지 닿게 설치
• 소리를 차단하는데 장애가 되는 부분이 없도록 설치</td><td rowspan="2">철근콘크리트조, 철골 철근콘크리트조</td><td rowspan="2">10[cm] 이상 (15[cm] 이상)*</td></tr>
<tr><td>공동주택(기숙사 제외)</td></tr>
<tr><td>노유자시설 중 노인복지주택</td><td>무근 콘크리트조 또는 석조</td><td>10[cm] 이상</td></tr>
<tr><td>공동주택 중 기숙사의 침실, 의료시설의 병실, 교육연구시설 중 학교의 교실 또는 숙박시설의 객실</td><td>각 객실 간 경계벽</td><td>콘크리트 블록조, 벽돌조</td><td>19[cm] 이상 (20[cm] 이상)*</td></tr>
<tr><td>제2종 근린생활시설 중 다중생활시설의 호실</td><td rowspan="2">각 호실 간 경계벽</td><td colspan="2">품질시험에서 그 성능이 확인된 것</td></tr>
<tr><td>노인요양시설</td><td colspan="2">한국건설기술연구원장이 인정기준에 따라 인정하는 것</td></tr>
</table>

[비고] ( )*는 공동주택인 경우에 해당

경계벽 : 벽체란 공간을 수직으로 구분하여 건물을 구성하기 위한 구조체를 말하며, 세대 간의 생활공간과 소음 등의 피해를 막기 위한 벽

04 설치방법(「건축법 시행령」 제46조, 건축물방화구조규칙 제14조)

(1) 구획부분 구조

내화구조의 바닥, 벽

(2) 개구부

60분+ 또는 60분 방화문, 자동방화셔터

1) 항상 닫힌 상태 유지
2) 연기, 불꽃 등을 신속하게 감지하여 자동으로 닫히는 구조(연기, 불꽃을 할 수 없는 경우 온도 인정)
3) 방화셔터
   ① 생산공장의 품질관리상태를 확인한 결과 국토교통부장관이 정하여 고시하는 기준에 적합할 것
   ② 비차열 1시간 이상의 내화성능
   ③ 60분+ 또는 60분 방화문으로부터 3[m] 이내에 별도 설치

(3) 배관 등의 관통부 충진

내화시간 이상 견딜 수 있는 내화채움성능이 인정한 구조

(4) 방화댐퍼

환기, 냉·난방시설의 풍도가 방화구획을 관통하는 경우

1) 화재로 인한 연기 또는 불꽃을 감지하여 자동으로 닫히는 구조(예외 : 주방 등 연기가 항상 발생하는 부분에는 온도를 감지하여 자동으로 닫히는 구조)
2) 국토교통부장관이 정하여 고시하는 비차열(非遮熱) 성능 및 방연성능 등의 기준에 적합할 것
3) NFPA에서는 내화성능이 2시간 이상 필요한 칸막이를 관통하는 덕트 또는 에어그릴(air grilles) : 승인된 방화댐퍼의 설치

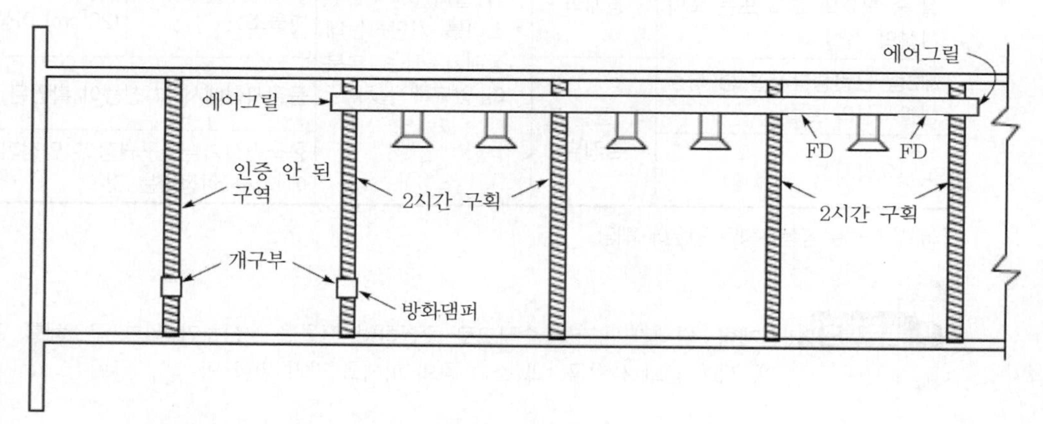

▌칸막이의 HVAC 관통부에 대한 NFPA 90A의 방화댐퍼 요구사항▐

05 방화구획 적용 완화

(1) 완화기준

화재의 위험이 비교적 낮고 방화구획 적용 시 건축의 목적달성이 곤란한 경우

(2) 완화 용도 및 시설과 대상

▌방화구획 완화규정▐

용도 및 시설	대상
문화 및 집회시설(동·식물원은 제외), 종교시설, 운동시설 또는 장례식장의 용도로 쓰는 거실	시선 및 활동공간의 확보를 위하여 불가피한 부분
물품의 제조·가공·보관 및 운반 등에 필요한 고정식 대형 기기 설비의 설치를 위하여 불가피한 부분	해당 용도로 사용되는 부분
	지하층인 경우에는 지하층의 외벽 한쪽 면(지하층의 바닥면에서 지상층 바닥 아래면까지의 외벽 면적 중 4분의 1 이상이 되는 면) 전체가 건물 밖으로 개방되어 보행과 자동차의 진입·출입이 가능한 경우 한정

용도 및 시설	대상
계단실 부분 · 복도 또는 승강기의 승강로 부분 (해당 승강기의 승강을 위한 승강로비 부분을 포함)	건축물의 다른 부분과 방화구획으로 구획된 부분
건축물의 최상층 또는 피난층	대규모 회의장 · 강당 · 스카이라운지 · 로비 또는 피난안전구역 등의 용도로 쓰는 부분으로서 그 용도로 사용하기 위하여 불가피한 부분
복층형 공동주택	세대별 층간 바닥 부분
주차장	주요 구조부가 내화구조 또는 불연재료인 경우
단독주택, 동물 및 식물 관련 시설 또는 교정 및 군사시설 중 군사시설(집회, 체육, 창고 등의 용도로 사용되는 시설만 해당)	해당 용도로 사용되는 부분
건축물의 1층과 2층의 일부를 동일한 용도로 사용하며 그 건축물의 다른 부분과 방화구획으로 구획된 부분	바닥면적의 합계가 500[m^2] 이하인 경우

06 검토

(1) 방연구획

1) 아트리움, 출입구 홀 등의 대규모 공간과 인접층과의 구획은 화염확대 방지보다는 연기확산 방지가 중요하므로 면적제한을 완화하거나 방연구획 개념으로 변경이 필요하다.

2) 방화구획과 방연구획 비교표 127회 출제

구분	방화구획	방연구획
개념	일정시간 동안 일정구역 내에 화재를 한정시킬 수 있도록 구획한 것	연기확산 방지 및 제어를 위해 구획한 것
목적	① 수평, 수직 화재확산 방지 ② 건물의 강도, 기능을 일정시간 유지 ③ 피난안전성 확보 ④ 소화활동 보장	① 연기유동 및 확산억제 ② RSET의 감소를 통한 피난 안전성 확보 ③ 제연설비의 성능확보 ④ 소화활동 지원
구성요소	① 구조체 : 내화구조로 된 바닥, 벽 ② 개구부 설비 : 60분+ 방화문 및 60분 방화문(자동방화셔터 포함) ③ 설비관통부 차단설비 : 내화채움구조 ④ 덕트 : 방화댐퍼	① 구조체 : 보, 제연경계벽, 벽 ② 개구부 설비 : 가동벽, 방화셔터, 방화문 ③ 덕트 : 방연댐퍼 ④ 방연성능을 확보한 기타 방화구획 요소

(2) 판매시설의 에스컬레이터(E/S) 부분의 방화구획

1) 성능 및 신뢰도 측면에서 많은 문제점이 있다.

2) NFPA에서는 방화셔터 대신 스프링클러[스프링클러(S/P)) + 드래프트 커튼(draft curtains] 방식 등을 대안으로 제시하고 있다.

(3) 방화구획을 나눌수록 건축적인 용도의 사용에는 제한이 가해져서 활용성이 떨어진다. 또한, 건축비용의 증가 등이 수반되므로 화재의 크기를 줄이기 위해 무조건 작은 규모로 구획화하는 것은 결코 합리적인 방안은 아니다. 건축물은 안전도 중요하지만, 무엇보다 건축목적을 실현할 수 있어야 하기 때문이다.

(4) 외국과 비교(IBC 2021)

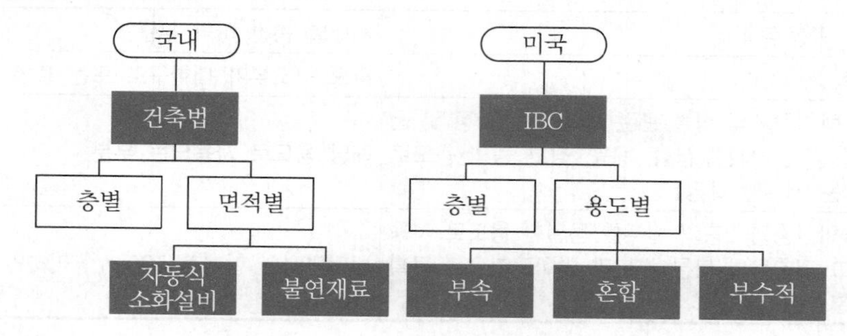

1) Table 601에 따라 각 건축구조(construction type)별 내화성능의 규정(단위 : 내화시간)

구분		Type Ⅰ		Type Ⅱ		Type Ⅲ		Type Ⅳ	Type Ⅴ	
		A	B	A	B	A	B	HT(중량목재)	A	B
주요 구조부		3	2	1	0	1	0	HT	1	0
내력벽	외부	3	2	1	0	2	2	2	1	0
	내부	3	2	1	0	1	0	1시간 또는 HT	1	0
바닥 및 부재		2	2	1	0	1	0	HT	1	0
지붕 및 부재		1.5	1	1	0	1	0	HT	1	0

2) 수평부재(floor and roof assemblies 711)에서 바닥, 천장 등의 수평부재의 연속성을 요구한다.

① 711.2.1 수평부재 : 건물 구조형식에서 허용하는 재료로 구성

② 711.2.2 연속성 : 수평부재는 수직 개구부가 없어야 함(예외 : 712조 수직 개구부)

③ 712.1.9 2개 층의 층간구획 완화 : 두 개 층간 개구부, 아래의 요건을 모두 만족하는 경우 2개층 간 개구부 허용(예외 : 용도 I-2 and I-3)

㉠ 두 개 층을 초과하여 연결하지 말 것

㉡ 방연구획을 구획하는 방연장벽(smoke barrier) 또는 화재구역(fire area)을 구획하는 수평부재를 관통하지 말 것

㉢ 벽체, 천장부재 내에 은폐되지 말 것

㉣ I, R 용도의 복도측으로 개방되지 말 것

㉤ 스프링클러가 설치되지 않은 복도측으로 개방되지 말 것

㉥ 수직공간 구획을 형성하는 개구부로부터 분리할 것

④ 712.1.10.1 주차장 구획 완화 : 주차장 경사로, 406.5(construction) 및 406.6 (openings)조에 따라 시공된 경우 개방식 또는 폐쇄형 주차장의 경사로에서의 수직 개구부 허용

3) 수직 개구부(vertical openings 712)

4) 수직 공간 구획수직 구획부(shaft enclosures)

① 3개 층 이하 연결되는 수직공간 : 1[hr] 이상

② 4개 층 이상 연결되는 수직공간 : 2[hr] 이상

5) 관통부(penetrations 714) : 내화구조 바닥, 바닥/천장 부재 또는 지붕/천장 벽체의 관통부는 714.5.1 내지 714.5에 따라 방호

6) 내화 접합부(fire-resistant joint systems 715) 이에 대한 예외, 즉 벽체의 개구부, 관통부에 대한 보완 대책을 기술하는 방식이다. 한정적으로 2개 층의 비 구획을 허용하는 것과 주차장의 수직 관통부(vertical opening)를 허용하는 것은 국내법과 유사하다.

7) 용도의 혼재

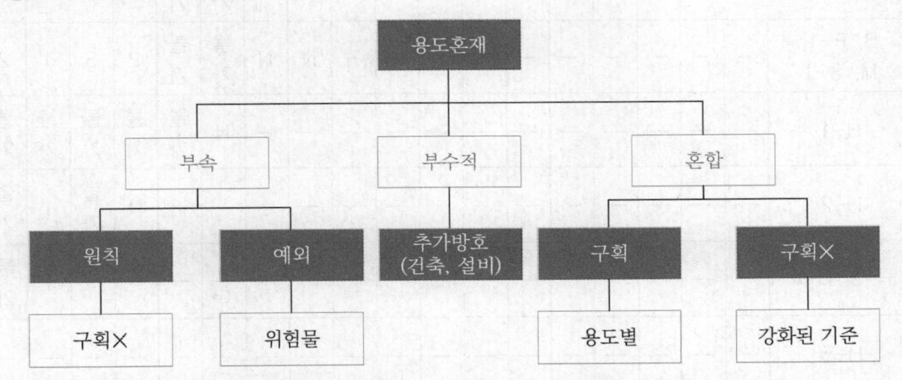

① 건물 내 같은 층에 단일한 용도만 있는 경우보다 다양한 용도가 상존하는 경우가 많다.

㉠ 국내 : 면적별로 방화구획하므로 용도별 구획은 없다.

㉡ IBC : 용도별로 구획(용도별 기준 : 면적, 층수, 구조 등)한다.

② 부속용도(accessory occupancy)

㉠ 정의 : 주용도에 부속되는 용도(예 공장 내 식당)

㉡ 미구획 부분 : 용도 면적의 10[%] 이내

㉢ 구획 : 숙박공간이 있는 용도(I, R), 위험물취급 용도(H)

③ 혼합용도(mixed occupancy)

㉠ 정의 : 상호의존적이지 않은 별개의 용도가 인접한 경우

㉡ 미구획 부분 : 각각의 용도별 기준을 적용, 소방설비는 위험성이 큰 용도를 전체에 적용

㉢ 구획 : 용도별로 구획, 각각의 기준을 적용

▌용도 간 구획 시 내화성능(TABLE 508.4, 단위 : [hr])▐

용도	A, E		I-1, I-3, I-4		I-2		R		F-2, S-2, U		B, F-1, M, S-1		H-1		H-2		H-3, H-4		H-5	
스프링클러	유	무	유	무	유	무	유	무	유	무	유	무	유	무	유	무	유	무	유	무
A, E	N	N	1	2	2	불가	1	2	N	1	1	2	불가	불가	3	4	2	3	2	불가
I-1, I-3, I-4	–	–	N	N	2	불가	1	불가	1	2	1	2	불가	불가	3	불가	2	불가	2	불가
I-2	–	–	–	–	N	N	2	불가	2	불가	2	불가	불가	불가	3	불가	2	불가	2	불가
R	–	–	–	–	–	–	N	N	1	2	1	2	불가	불가	3	불가	2	불가	2	불가
F-2, S-2, U	–	–	–	–	–	–	–	–	N	N	1	2	불가	불가	3	4	2	3	2	불가
B, F-1, M, S-1	–	–	–	–	–	–	–	–	–	–	N	N	불가	불가	2	3	1	2	1	불가
H-1	—	—	—	—	—	—	—	—	—	—	—	—	N	불가	불가	불가	불가	불가	불가	불가
H-2	—	—	—	—	—	—	—	—	—	—	—	—	—	—	N	불가	1	불가	1	불가
H-3, H-4	—	—	—	—	—	—	—	—	—	—	—	—	—	—	—	—	1	불가	1	불가
H-5	—	—	—	—	—	—	—	—	—	—	—	—	—	—	—	—	—	—	N	불가

[비고] N : 구획 불요, 불가 : 인접 안 됨

④ 부수적 용도(incidental uses)

㉠ 정의 : 주용도에 기능을 위해 부수적인 용도(예 호텔 내 보일러실, 세탁실)

부속용도와 부수적 용도의 차이는 부속용도는 주용도를 위해 필수적인 용도가 아닌 반면, 부수적 용도는 주용도를 위해 필수적인 용도를 말한다.

㉡ 구획 : 별도로 구획 또는 SP 설치(위험도 증가로 방재상 취약)

부수적 용도	건축적 구획	설비적 방호
화기시설	1시간 구획	스프링클러 설치
보일러실	1시간 구획	스프링클러 설치
냉동기 기계실	1시간 구획	스프링클러 설치
실험실	1시간 구획	스프링클러 설치

부수적 용도	건축적 구획	설비적 방호
세탁실	1시간 구획	스프링클러 설치
도장부스	2시간 구획	1시간 구획 + 스프링클러 설치
소각실	2시간 구획	스프링클러 설치

8) 구획을 위한 내화부재

① IBC는 화재확산을 방지하고 구조를 유지하는 역할의 내화벽체를 기능과 용도에 따라 4가지로 구분

② 내화 부재별 성능 및 용도

구분	Smoke barrier	Fire partition	Fire barrier	Fire wall
성능(시간)	1(연기방호)	≤1(지정조건 0.5)	1 ~ 4	2 ~ 4
특성	Fire barrier과 유사하며 특정용도에 사용	화재의 확산을 방지하여 ASET을 늘려주는 용도	가장 일반적인 벽 형태	벽 유형 중 가장 견고하고 제한적
적용대상	피난안전구역 의료시설 층내 구획	객실구획 세대구획	수직구획 수평구획 피난계단	별도의 건축물로 간주

③ 내화 부재별 비교표

구분	Fire partition	Fire barrier	Fire wall
내화성 재료	○	○	○
보호된 개구부	○	○	○
벽과 조립	○	○	○
수직 연속성	×	○	○
구조적 안정성	×	×	○

④ Fire barrier의 방화구획 적용

구분	기준(IBC)
구분된 용도구획	707.3.9 구분된 용도(separated occupancies) 혼합용도에서 Fire barrier는 구획되는 용도 간에 따라 지정되는 상기 표 508.4에 의한 내화성능 이상 요구
부수적 용도구획	707.3.7 부수적 용도를 기타의 장소와 구획하는 Fire barrier는 표 509의 내화성능 이상 요구(1 ~ 2[hr])
수직구획	713.2 수직 구획부는 707절(fire barriers) 또는 711(floor and roof assemblies)에 따라 Fire barrier로 구성
아트리움 구획	707.3.6 아트리움을 구획하는 Fire barrier의 내화성능은 404.6(enclosure of atriums)으로 구성

9) 방화구획 비교

구분	국내	미국
방화구획 대상	• 층별 구획 • 면적별 구획	• 층별 구획 • 용도별 구획(부속, 혼합, 부수적)
방화구획 내화성능	용도, 층수, 부재에 따라 내화성능 차등 (1 ~ 3시간)	용도, 적용장소에 따라 내화성능 차등 (1 ~ 4시간)
수직 관통부	구획은 별도로 하지만 시간에 관한 규정은 없음	• 4개층 이상 : 2시간 내화성능 • 3개층 이하 : 1시간 내화성능
에스컬레이터 구획	방화셔터로 구획(1시간)	• 제연경계와 스프링클러 • 방화셔터(1.5시간)
내화채움구조	관통부재의 내화성능 이상	관통부재의 내화성능 이상(~ 4시간)
방화문 내화성능	• 60분+(차열 30분, 비차열 60분) • 비차열 60분 • 비차열 30분 이상	적용부재 내화성능에 비례 ($\frac{1}{3}$ ~ 3시간)
방화댐퍼 내화성능	건축물의 피난·방화구조 등의 기준에 관한 규칙 제14조	• 3시간 미만 내화부재 : 1.5시간 • 3시간 이상 내화부재 : 3시간

(5) 개선방안

1) 화재가혹도나 위험의 크기와 설치되는 소방시설의 성능에 따라서 면적제한을 탄력적으로 적용하는 것이 필요하다. 화재의 크기가 큰 곳은 적은 면적을, 소방시설의 성능이 법규보다 강화된 성능위주의 설계가 된 곳은 넓은 면적으로 구획할 필요가 있다.
2) 피난층 등의 피난이 원활한 곳은 면적에 대한 제한을 삭제할 필요가 있다.
3) 아트리움, 출입구 홀 등의 대규모 체적을 가진 공간과 인접층과의 구획은 화염확대 방지보다는 연기확산 방지가 중요하므로 면적제한이 완화되거나 방연구획 개념으로 변경할 필요가 있다.
4) 판매시설 등의 에스컬레이터 부분은 구획화가 곤란하므로 방연구획 개념으로 전환하거나 제연경계벽에 수막설비의 병행설치에 의한 구획설계가 가능하도록 개선하여야 한다.
5) 고층 건축물의 경우는 수직으로 화재확대가 빠르므로 상층으로의 연소확대를 막기 위한 캔틸레버, 스팬드럴과 같은 것의 설치도 방화구획의 설치기준에 강제하여야 한다.

07 결론

(1) 연소확대 방지 및 안전하고 원활한 피난을 위한 구획을 구분하면 아래와 같이 구분할 수 있다.

1) 연소확대 방지를 위한 방화구획

2) 피난안전을 위한 안전구획, 대피공간 및 방연구획

3) 정보전달 및 방재관리의 적정화를 도모하기 위한 관리구획

(2) 건축물 내의 화재성상은 공간 내의 가연물의 종류 또는 양과 함께 그 공간의 크기 및 개구부 조건에 의해 정해지기 때문에 건축계획 초기부터 방화구획의 위치, 면적 등을 사전에 설정하는 것이 화재의 피해를 최소화하기 위해 고려하여 계획되고 설계되어야 한다.

SECTION 031 방화벽

01 개요

방화벽은 목조 건축물과 일정 크기 이상의 건축물에서 화재가 발생했을 때 건물 전체로 확대되는 것을 방지하기 위하여 설치하는 일정한 방화성능을 갖춘 벽을 의미한다.

02 설치대상

(1) 건축물의 내화구조와 방화벽(「건축법」 제50조)

1) 문화 및 집회시설, 의료시설, 공동주택 등 : 주요 구조부 내화구조

2) 대통령령으로 정하는 용도 및 규모의 건축물 : 방화벽으로 구획

(2) 대규모 건축물의 방화벽 등(「건축법 시행령」 제57조)

1) 연면적 1,000[m^2] 이상인 건축물

① 방화벽으로 구획

② 각 구획된 바닥면적의 합계는 1,000[m^2] 미만

건축물의 내화구조(「건축법 시행령」 제56조 제1항 제5호) : 3층 이상인 건축물 및 지하층이 있는 건축물. 단, 단독주택(다중주택 및 다가구주택은 제외), 동물 및 식물 관련 시설, 발전시설(발전소의 부속용도로 쓰는 시설은 제외), 교도소·감화원 또는 묘지 관련 시설(화장장은 제외)의 용도로 쓰는 건축물과 철강 관련 업종의 공장 중 제어실로 사용하기 위하여 연면적 50[m^2] 이하로 증축하는 부분은 제외한다.

2) **방화벽의 구조에 관하여 필요한 사항** : 국토교통부령으로 정한다.

3) **연면적** 1,000[m^2] 이상인 목조건축물의 **연소할 우려가 있는 부분의 조치** : 방화구조로 하거나 불연재료로 한다.

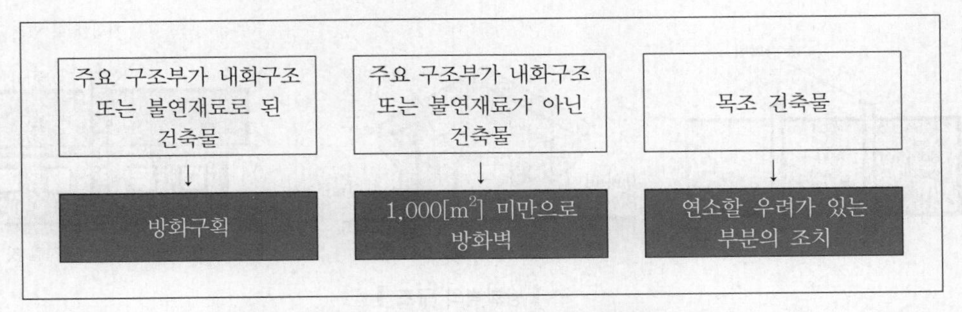

▌연면적 1,000[m^2] 이상 건축물의 방화규정▐

03 설치 제외(「건축법 시행령」 제57조 대규모 건축물의 방화벽 등)

(1) 주요 구조부가 내화구조이거나 불연재료인 건축물 : 방화구획 대상

(2) 동물 및 식물 관련 시설, 발전시설(발전소의 부속용도로 쓰는 시설은 제외), 교도소 · 감화원 또는 묘지 관련 시설(화장장은 제외)의 용도로 쓰는 건축물과 철강 관련 업종의 공장 중 제어실로 사용하기 위하여 연면적 50[m^2] 이하로 증축하는 부분(제56조 제1항의 제5호)

(3) 내부설비의 구조상 방화벽으로 구획할 수 없는 창고시설

04 구조

(1) 방화벽의 구조(「건축물의 피난 · 방화구조 등의 기준에 관한 규칙」 제21조)

1) 방화벽의 기준 130회 출제

① 내화구조로서 홀로 설 수 있는 구조이어야 한다.

② 방화벽의 양쪽 끝과 위쪽 끝을 건축물의 외벽면 및 지붕면으로부터 0.5[m] 이상 튀어나오게 한다.

③ 방화벽에 설치하는 출입문의 너비 및 높이는 각각 2.5[m] 이하로 하고, 해당 출입문에는 60분+ 또는 60분 방화문을 설치한다.

④ 제14조 제2항의 규정을 방화벽의 구조에 관하여 준용한다.

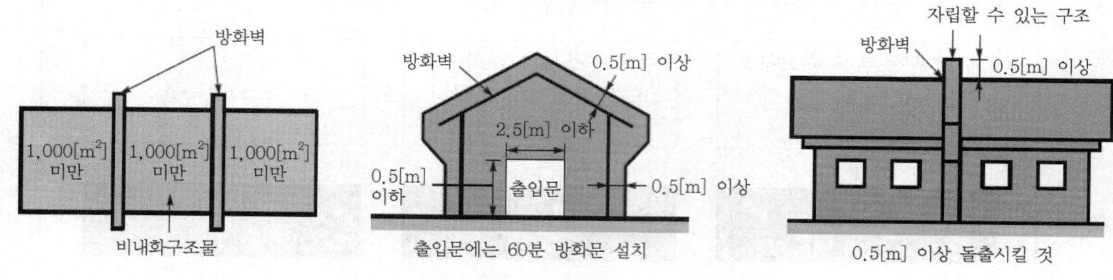

▌방화벽의 구조▐

2) 방화구획의 설치기준(제14조 제2항)

① 방화구획으로 사용하는 60분+ 또는 60분 방화문

㉠ 언제나 닫힌 상태를 유지한다.

㉡ 화재로 인한 연기, 불꽃 등을 가장 신속하게 감지하여 자동으로 닫히는 구조(예외 : 연기 또는 불꽃을 감지하여 자동으로 닫히는 구조로 할 수 없는 경우에는 온도를 감지하여 자동으로 닫히는 구조로 할 수 있음)이어야 한다.

② 외벽과 바닥 사이 틈에 생긴 때나 급수관 · 배전관 그 밖의 관이 방화구획으로 되어 있는 부분을 관통하는 경우 그로 인하여 방화구획에 틈이 생긴 경우 : 내화채움성능을 인정한 구조

③ 환기 · 난방 또는 냉방시설의 풍도가 방화구획을 관통하는 경우 : 관통부분 또는 이에 근접한 부분에 다음의 기준에 적합한 댐퍼를 설치(예외 : 반도체공장 건축물로서 방화구획을 관통하는 풍도의 주위에 스프링클러헤드를 설치하는 경우)한다.

㉠ 화재로 인한 연기 또는 불꽃을 감지하여 자동으로 닫히는 구조(예외 : 주방 등 연기가 항상 발생하는 부분에는 온도를 감지하여 자동으로 닫히는 구조로 할 수 있음)이어야 한다.

㉡ 국토교통부장관이 정하여 고시하는 비차열(非遮熱) 성능 및 방연성능 등의 기준에 적합할 것

(2) 방화벽의 설치기준[지하구의 화재안전기술기준(NFTC 605) 2.6] : 지하구에 한한다. 130회 출제

1) 항상 닫힌 상태를 유지하거나 자동폐쇄장치에 의하여 화재신호를 받으면 자동으로 닫히는 구조이어야 한다.

2) 설치기준

① 내화구조로서 홀로 설 수 있는 구조이어야 한다.

② 방화벽의 출입문 : 60분+ 또는 60분 방화문

③ 방화벽을 관통하는 케이블 · 전선 등 : 내화채움 구조로 마감한다.

④ 방화벽은 분기구 및 국사 · 변전소 등의 건축물과 지하구가 연결되는 부위(건축물로부터 20[m] 이내)에 설치한다.

⑤ 자동폐쇄장치를 사용하는 경우 : 「자동폐쇄장치의 성능인증 및 제품검사의 기술기준」에 적합한 것으로 설치한다.

차열벽(thermal barrier) - NFPA 기준

① 표준시간-온도곡선에 따라 화재에 노출한 후 15분이 지난 뒤에도 반대쪽 표면의 평균 상승온도가 121[℃](250[℉]) 이하로 제한되는 재료로 된 벽

② 스프링클러(S/P)설비가 설치되지 않은 화장실 : 15분 차열벽의 효과를 제공하는 구조

SECTION

032 개별난방설비

01 개요

(1) 정의

각 가정마다 개별적으로 난방설비(보일러)를 설치하여 난방을 하는 방식

(2) **공동주택과 오피스텔의 난방설비** : 개별난방방식(「건축물의 설비기준 등에 관한 규칙」 제13조)

구분	구조 및 설치 내용
보일러 설치위치	• 거실 외의 곳에 설치 • 보일러실과 거실 사이는 내화구조의 벽으로 구획
보일러실의 환기	• 윗부분에 0.5[m^2] 이상의 환기창 설치 • 지름 10[cm] 이상의 공기흡입구 및 배기구를 항상 개방상태로 외기에 접하도록 설치. 단, 전기보일러는 제외
보일러실과 거실 사이의 출입구	출입구가 닫힌 경우에는 보일러가스가 거실로 들어갈 수 없는 구조로 할 것
기름저장소	기름보일러의 기름저장소는 보일러실 외의 곳에 설치할 것
보일러 연도	내화구조로서 공동연도로 설치할 것
오피스텔 난방구획	난방구획마다 내화구조의 벽, 바닥, 60분 방화문으로 출입문 구획

(3) **가스보일러에 의한 난방설비를 설치하고 가스를 중앙집중 공급방식으로 공급하는 경우**

1) (2)의 규정에 불구하고 가스관계법령이 정하는 기준에 의하되, 오피스텔의 경우에는 난방구획마다 내화구조로 된 벽 · 바닥과 60분 방화문으로 된 출입문으로 구획하여야 한다.

2) 예외

① 밀폐식 가스보일러

② 옥외에 설치한 가스보일러

③ 전용 급기통을 부착시키는 구조로 검사에 합격한 강제배기식 가스보일러

02 고려사항

(1) 난방설비실 천장으로 주방, 화장실 등의 덕트가 관통하므로 다음 중 하나로 구획한다.

1) 천장을 방화석고보드(두께 25[mm] 이상 : 「건축법 시행령」 제56조)로 마감한다.

2) 벽 관통 부분에 방화댐퍼를 설치한다.

(2) 보일러실의 출입문

1) 60분 방화문 이상

2) 상시 닫힌 상태로 관리하여야 한다.

SECTION 033 내화채움구조

120 · 104 · 96 · 93 · 72회 출제

01 개요

(1) 정의

방화구획의 설비관통부 등 틈새를 통한 화재 확산을 방지하기 위해 설치하는 구조로서, 건축자재 등 품질인정기관이 이 기준에 적합하다고 인정한 제품을 말한다.

(2) 방화재는 특정 재질의 불연성능만 가지고 성능이 결정되는 것이 아니라 내화채움구조가 설치되는 구체의 성능시험이 요구된다. 따라서, 내화채움구조라고 불리며 각 내화채움구조별 성능시험을 통해 안전성을 확인하고 있다.

(3) 내화채움구조의 재료에 따라 팽창형과 비팽창형으로 구분할 수 있다.

구분	방호방식	예
비팽창형	선형 조인트에 설치되는 방식처럼 평상시나 화재 시에 방화구획 관통부의 틈새를 고정시켜 막는 방식	방화로드(암면), 방화보드
팽창형	관통부 틈새를 평상시에 메우고 있다가 화재 시 화염으로 인한 열이 전달되면 팽창하는 물질로 이루어져 있어, 열에 의해서 케이블 파손이나 배관 파손 시 그 틈새를 팽창하여 막는 방식	방화퍼티, 내화실란트, 실리콘폼, 방화도료

02 내화채움구조

(1) **법 규정에 따른 내화채움구조[「건축물방화구조규칙」 제14조(방화구획의 설치기준)]**

1) 설치대상과 성능기준

구분	성능기준	
방화구획의 수평 · 수직 설비 관통부 (through-penetration firestop systems)	차염성능	면패드 시험
		이면착화 시험
	차열성능	최고 온도 180[K] 이하
조인트(joint systems)	차염성능	면패드 시험
		이면착화 시험
	차열성능	최고 온도 180[K] 이하

구분	성능기준	
커튼월과 바닥 사이 등의 틈새(perimeter fire containment systems)	차염성능	면패드 시험
		이면착화 시험
	차열성능	최고 온도 180[K] 이하

2) 관련기준 : 외벽과 바닥 사이에 틈이 생긴 때나 급수관 · 배전관 그 밖의 관이 방화구획으로 되어 있는 부분을 관통하는 경우 그로 인하여 방화구획에 틈이 생긴 때에는 그 틈을 [별표 1] 제1호에 따른 내화시간(내화채움성능이 인정된 구조로 메워지는 구성 부재에 적용되는 내화시간을 말함) 이상 견딜 수 있는 내화채움성능이 인정된 구조로 메울 것

(2) 공학에 의한 내화채움구조

1) 공학적으로 내화채움구조의 요구성능 : 불연성, 차열성, 내충격성, 차염성 등

2) 방화구획으로서 내화채움구조의 요건

① 불연성 : 화재 시 화염이나 뜨거운 가스가 규정된 내화시간 동안 인접한 방화구획으로 통과되어 화재가 확산되지 않게 하려고 채움구조 자체가 쉽게 연소하지 않아야 한다.

② 차열성

㉠ 화재가 발생한 방화구획으로부터 내화채움구조를 통한 열전달에 의해서도 화재가 발생하지 않은 방화구획 내의 가연물질이 발화되지 않아야 한다.

㉡ 채움구조의 마감재 이면온도 상승에 의한 화재전파를 방지하는 구조

㉢ 마감재 이면에 열전달로 이면의 마감재의 온도가 발화온도 이상으로 상승하면 안 된다.

㉣ 마감재의 열유속 공식

$$\dot{q}'' = \frac{k}{L}(T_1 - T_2)[\mathrm{W/m^2}]$$

여기서, $\dot{q}''$: 열유속[W/m²]

k : 물질의 열전도도[W/m · K]

L : 경로길이, 즉 벽이나 물체의 두께[m]

T_1, T_2 : 온도차, 즉 물체(벽면)표면과 이면의 온도차[℃]

③ 내충격성 : 화재진압을 위한 소화수 살수 시에도 내화채움구조에 화염이나 뜨거운 가스가 통과될 수 있는 구멍이 생기지 않도록 구조적 건전성을 유지하여야 한다.

④ 차염성

㉠ 고온에 화염으로 모르타르 및 기타 충전재가 균열 및 박리 탈락을 방지하는 구조

㉡ 균열이나 박리 탈락이 생기게 됨에 따라 구멍으로 화염이 전파될 수 있기 때문에 제한한다.

03 내화채움구조의 내화시험방법(KSF ISO 10295-1)

(1) 화재구획부재

1) 지지구조

① 지지구조는 구획부재와 동등한 내화성능을 가진 것이어야 한다.

② 지지구조의 구성조건

부재구분 \ 내화성능	1시간	2시간
스터드 구조 경량부재 (건축용 철강재·보드류 벽체 포함)	• 1시간 성능 내벽 시스템으로 100[mm] 두께 구조 • 경량형강 구조벽체 중 1시간 이상 인정 내화구조	경량형강구조벽체 중 2시간 이상 인정 내화구조 콘크리트패널 부재
콘크리트패널 부재	콘크리트 패널벽체 중 1시간 이상 인정 내화구조	경량형강구조벽체 중 2시간 이상 인정 내화구조 콘크리트패널 부재
콘크리트 부재	• 100[mm] 두께의 콘크리트 • 경량기포 콘크리트	• 150[mm] 두께의 콘크리트 • 경량기포 콘크리트

2) 내화채움구조의 등급

① 수직부재 및 수평부재에 사용하는 내화채움구조 등급

부재구분 \ 내화성능	1시간	1.5시간	2시간
스터드구조 경량 부재 (건축용 철강재·보드류 벽체 포함)	A-1	A-1.5	A-2
콘크리트패널 부재	B-1	B-1.5	B-2
콘크리트 부재	C-1	C-1.5	C-2

스터드(stud) 구조 : 수직 기둥 역할 및 수평부재(보드)와 결합하여 수평하중을 지지하는 건식 벽체 구조

② 내화채움구조의 등급에 따른 사용

㉠ A등급 : 모든 구획부재 사용 가능

㉡ B등급 : B등급 및 C등급 구획부재 사용 가능

㉢ C등급 : C등급 구획부재에만 사용 가능

③ 시험결과에 따라 2시간 초과의 내화성능 등급표기를 할 수 있다.

④ 내화채움구조 : 구획부재에 요구되는 동등 이상의 내화성능 요구

(2) 설비관통부 충전시스템 내화시험방법

1) 시험체 제작 : 내화채움구조 시험체 제작은 한국산업규격 KS F ISO 10295-1 및 시험신청 내용에 따라 가능한 현장 시공조건과 동일하게 제작한다.

2) 시험조건

① 시험체수

㉠ 설비관통부 충전시스템의 내화시험은 2회를 실시한다.

- 수직부재 : 양면에 대해 각 1회씩 시험
- 수평부재 : 화재노출면에 대해 2회 시험

㉡ 동일 충전시스템이 수직구획부재와 수평구획부재에 모두 사용되는 경우

- 수직구획부재와 수평구획부재에 대해 각 1회씩 시험
- 단, 수직구획 충전시스템이 비대칭 구조일 때에는 수직부재 양 방향에 대해 각 1회씩 시험

② 시험체의 크기 : 관통부 및 이에 부수되는 관통부 충전재는 실제크기

③ 모든 시험조건은 KS F 2257-1에 따라 실시 : 차염성(균열게이지 제외)과 차열성 시험

④ 바닥과 벽 모두에 사용하고자 하는 관통부 충전시스템 : 그 설치 목적에 맞게 시험

3) 성능기준

① 차염성능

㉠ 이면착화시험 : 이면에서 10초 이상 화염이 발생해서는 안 된다.

㉡ 면패드시험 : 시험체 이면의 면패드에서 착화가 발생해서는 안 된다.

꼼꼼체크 균열게이지 시험은 제외된다. 왜냐하면 틈새에 충전하는 구조로 균열게이지 시험을 적용하기는 어렵기 때문이다.

② 차열성능 : 각 위치의 열전대 또는 이동용 열전대의 온도가 어느 한 개라도 초기 온도보다 180[K] 이하

(3) 선형 조인트 충전시스템 내화시험방법

1) 선형 조인트 : 하나 또는 두 개 이상의 건축구조부재 사이에 나란히 놓인 선형 공간으로 길이와 너비의 비율이 10 : 1 이상인 것

2) 선형 조인트 충전시스템 : 화재구획기능과 함께 선형 연결부 안에서 구조체의 움직임의 정도를 흡수 또는 대응하기 위해 설계된 시스템

3) 그 밖의 조건 등은 설비관통부 충전시스템 내화시험방법과 동일하다.

4) 시험결과의 적용

① 이전의 시험결과 적합한 충전시스템과 동일한 구성 및 재질인 것으로서, 조인트의 폭 및 길이가 작은 경우 : 이미 발급된 성적서로 그 성능을 갈음한다.

② 수용 가능한 최대 크기의 가열로 시험에 적합한 충전시스템 : 실제 사용할 수 있는 최대 길이의 사용을 허용한다.

(4) 커튼월 선형 조인트 충전시스템 내화시험방법

선형 조인트 충전시스템 내화시험방법과 동일하다.

IBC 2018 조인트

① 715.1 내화구조의 벽체, 바닥, 또는 바닥/천장 부재, 지붕 또는 지붕/천장 부재의 접합부분은 그 접합부 방호설비가 시공된 벽체, 바닥, 지붕의 내화시간 이상을 견딜 수 있게 방호

② 바닥/천장 부재와 외부 커튼월 부재 사이의 교차부분에 생기는 비어 있는 부분은 715.4(eExterior curtain wall/floor intersection)에 따라 방호

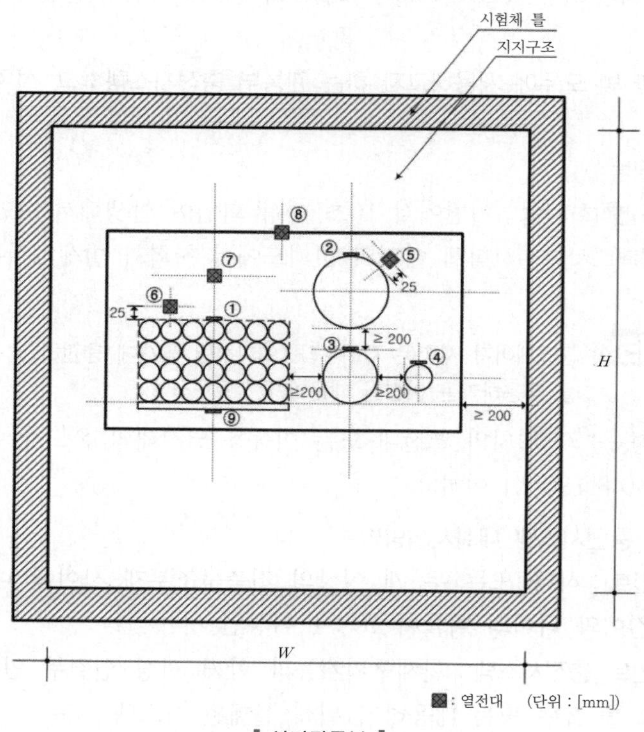

▌설비관통부▐

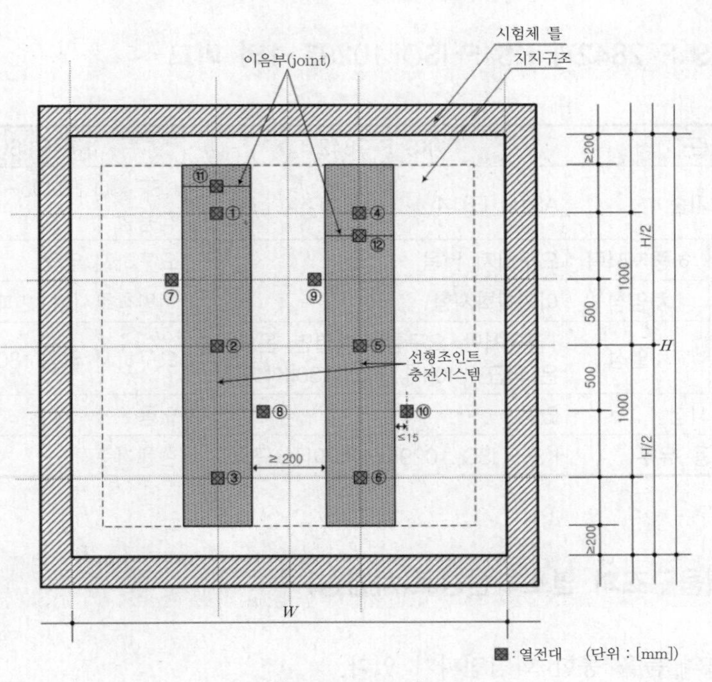

▌선형 조인트▐

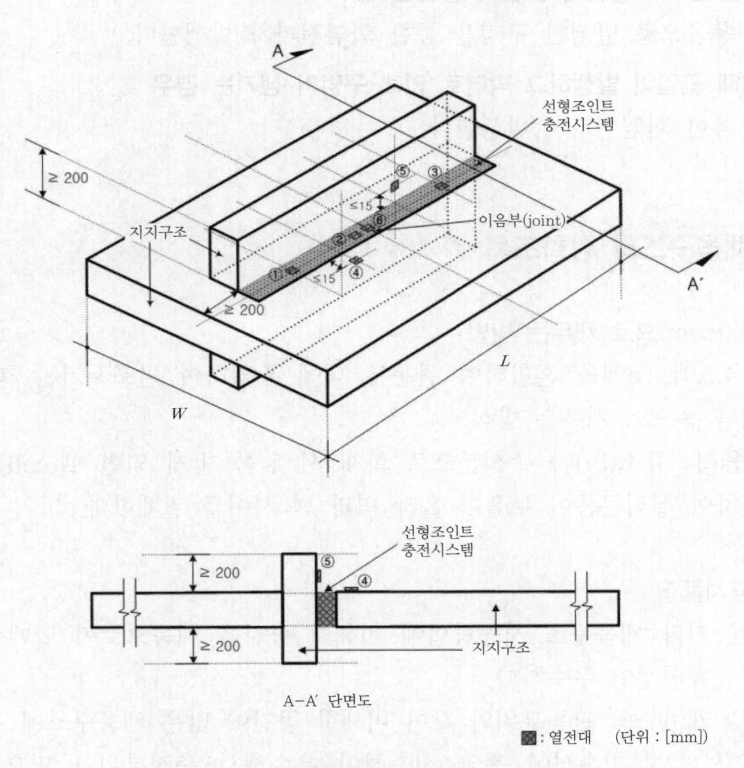

▌커튼월 선형 조인트▐

04 KS F 2842과 KS F ISO 10295-1의 비교

기준		KS F 2842	KS F ISO 10295-1
참고기준		ASTM E814	KSF ISO 10295-1 국제기준을 그대로 적용함
가열시험	하중지지력	요구하지 않음	요구하지 않음
	차염성	이면착화시험	이면착화시험, 면패드시험
	차열성	T급에서만 요구함(비가열면 온도상승은 평균 140[K], 최고 180[K] 이하)	요구하지 않음(180[K] 이하)
주수시험		있음	없음
현재 적용 유무		KS F ISO 10295-1의 이전 규격	현행기준

05 채움구조의 연소확산경로(차염성)

(1) 채움구조의 틈을 통한 화염전파가 있다.

(2) 가연성 물질이나 용융성 물질이 충전된 경우

연소나 용융으로 발생한 구멍을 통한 화염전파가 발생한다.

(3) 열에 의해 균열이 발생하고 박리로 인해 구멍이 생기는 경우

구멍을 통한 화염전파가 발생한다.

06 채움구조의 방화조치 125회 출제

(1) 실리콘폼(foam)으로 채우는 방법

1) 정의 : A액, B액을 혼합하여 관통부 내에 주입하여 발포시키는 형태로, 틈새공간 전체를 폼으로 체우는 방식

2) 방화원리 : 규소(Si)가 주성분으로 화재 시 열을 받게 되면 셀(cell) 내부의 공기가 팽창하여 실리콘폼이 부풀어 올라 벽과 벽 사이를 밀폐한다.

3) 특징

① 공사품질

㉠ 기타 채움구조 시공방법에 비해서 공간을 채움으로써 밀폐성과 연질상태로 유연성이 우수하다.

㉡ 케이블의 관통부위와 같이 미세한 공간이 많은 채움구조에 적합하다.

② 안전성 : 부피손실이 적고 신축성이 우수해서 충전부위가 밑으로 빠질 염려가 없다.

③ 차수성 : 시공(발포)면이 거칠고 표면에 미세한 구멍이 발생하여 차수시공이 곤란하다.

④ 시공성 : 현장 발포를 위한 2액형 제품으로 시공이 까다롭고 공사금액이 비싸다.

4) **용도** : 커튼월과 바닥 사이 틈새, 조인트, 방화구획의 수평 · 수직 설비의 관통부 화재확산 방지

(2) 시멘트 모르타르로 밀실하게 채우는 방법(내화채움성능이 인정된 구조만 가능해서 현재는 인정 안 됨)

1) **정의** : 시멘트 모르타르를 이용하여 밀실하게 충진하여 균열이 발생하지 않도록 하는 방식

2) **방화원리** : 불연재인 시멘트 모르타르로 밀실하게 충진해서 밀폐한다.

3) **특징**

① 공사품질 : 경화되거나 미세한 진동에도 균열이 발생할 우려가 있고 틈새 내부까지 균일하게 충진되도록 시공하기가 곤란하다.

② 안전성 : 화재 시 열을 받으면 균열 및 박리가 발생할 우려가 있어 충전재로 성능발휘가 곤란하다.

③ 시공성

㉠ 별도의 충전재를 살 필요 없이 현장에 있는 모르타르를 이용하기 용이하다.

㉡ 겔형태로 점도가 높아 틈새에 밀실하게 충전하기가 곤란하다.

④ 경제성 : 가장 저렴한 방식이나 성능인정이 어렵다.

4) **용도** : 커튼월과 바닥 사이 틈새, 방화구획의 수평 · 수직 설비의 관통부 화재확산 방지

(3) 내화 실란트로 채우는 방법

1) **정의** : 내화 실란트를 이용하여 내부를 밀실하게 충진하는 방법

> **꼼꼼체크** **실란트** : 건축물의 각종 부재 간의 접합부나 이음매에 충진하여 이음매의 방수 기밀성을 부여하는 것과 유리 등을 고정하는 재료

2) **방화원리** : 열을 받으면 그 자체는 타지 않으며, 열팽창하여 틈을 밀폐하거나 탄화층을 형성한다.

3) **특징**

① 공사품질 : 소용량 타입으로 면적이 크면 다량을 사용해야 하므로 효율성이 저하한다.

② 부착성 : 점도가 높아 이물질이 많이 묻어 있는 장소에서는 충전 시 부착력의 저하를 수반한다.

③ 차수성 : 수용성 제품으로 내수성이 취약하다. 따라서, 빗물 등에 노출되는 외장 공사에는 적합하지 않다.

④ 탄력성 : 진동과 충격을 흡수하여 장비와 설비를 보호한다.

⑤ 시공성

㉠ 한 가지 액체형으로 작업이 간편하고 개·보수가 용이하다.

㉡ 손이 들어가지 않는 좁은 공간에는 점도가 높은 액체형으로 시공이 곤란하다.

⑥ 환경성 : 무용제 타입의 수용성 재질로 환경 친화적이다.

4) 용도 : 커튼월과 바닥 사이 틈새, 조인트, 방화구획의 수평·수직 설비의 관통부 화재확산 방지

(4) 방화보드

1) 정의 : 철재의 뼈대에 방화판(방화보드)을 틈에 맞게 절단하여 앵커 또는 볼트로 고정하고 틈은 난연 레진으로 기밀하게 시공하는 방법

2) 방화원리 : 방화판을 이용하여 공간을 밀폐한다.

3) 특징

① 공사품질 : 철재와 방화판으로 넓은 관통부를 밀폐시키는 데 유리하다.

② 안전성 : 설치면이 견고하여 위에서 하중을 가하거나 충격을 주어도 파손의 우려가 작다.

③ 차수성 : 보드의 인접면이나 틈새가 있어 방화용 실란트로 메워야 한다.

④ 시공성

㉠ 보드를 고정시킬 수 있는 뼈대를 세울 수 있는 장소확보가 필요하다.

㉡ 복잡한 구조 또는 협소한 장소에서는 시공이 어렵다.

⑤ 경제성 : 충전구조 중에 가장 비용이 크다.

4) 용도 : 커튼월과 바닥 사이 틈새, 방화구획의 수평·수직 설비의 관통부의 화재확산 방지

(5) 방화로드(rod)

1) 정의 : 방화로드는 공장에서 암면을 절단한 후에 전체 면에 방화재를 도포·건조하여 만든 제품을 이용하는 방식

2) 방화원리 : 불연성 방화로드를 이용하여 밀폐한다.

3) 특징

① 공사품질 : 일정한 형태를 가지고 있어 제품의 규격화로 표면에 붓질이 매끄럽고 방화재가 스며들지 않아 균일한 도포두께로 품질시공이 가능하다.

② 신축성 : 커튼월 구조체가 풍압, 진동, 결로 등으로 변형 시에도 암면의 탄력성으로 밀폐성능을 유지한다.

③ 차수성 : 신축성이 있는 코팅막이 습기를 차단하고 암면의 부피손실을 방지한다.

④ 시공성 : 틈새에 끼워넣기 작업과 방화재 도포만으로 손쉽게 공사진행이 가능하다.

⑤ 환경성 : 암면에 코팅을 하여 분진을 방지해 실내공기의 오염을 방지한다.

⑥ 경제성 : 충전재 중에 비교적 저렴하다.

4) 용도 : 커튼월과 바닥 사이 틈새, 조인트, 방화구획의 수평 · 수직 설비의 관통부 화재확산 방지

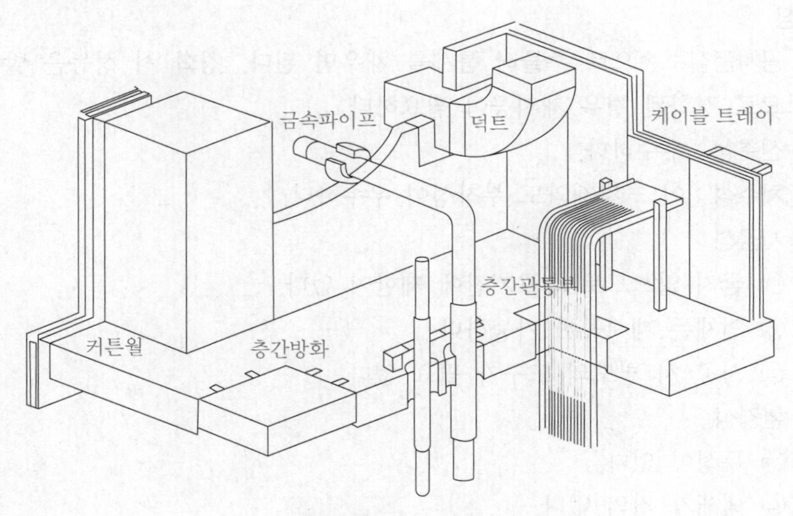

▌방화로드 설치장소▐

5) 성분 : 미네랄울과 탑코트

1. **미네랄울(mineral wool)** : 열경화성 수지 및 특수발수제를 사용하여 만든 판상제품으로 우수한 보온단열, 흡음효과와 다양한 규격 등의 용도로 쓰이고 있는 보온 및 방음재
2. **탑코트(top coat)** : 바탕면에 바르는 코팅제

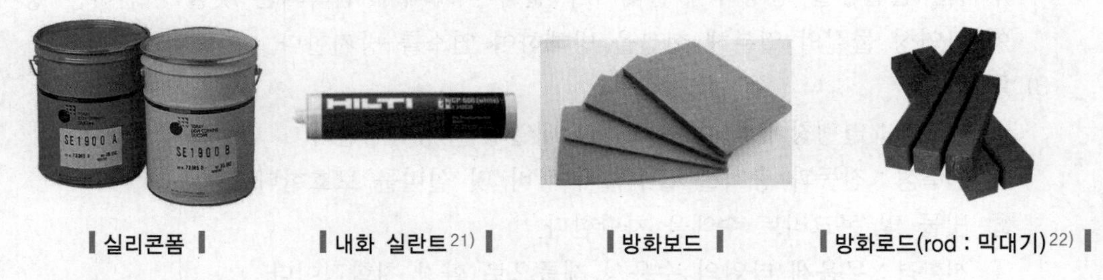

▌실리콘폼▐ ▌내화 실란트[21]▐ ▌방화보드▐ ▌방화로드(rod : 막대기)[22]▐

(6) 방화퍼티(putty)

1) 정의 : 구멍 및 빈틈을 쉽게 성형하여 사용할 수 있는 경화되지 않는 탄성 팽창형 (3배) 퍼티

21) 동아힐티카탈로그에서 발췌
22) 타지마 홈페이지에서 발췌

퍼티(putty) : 조형, 건축, 공업, 프라모델 등 분야에서 사용하는 재료로, 벌어진 틈새를 매꾸어주거나 움푹 패인 곳을 채우는 일종의 접착제(일본식 용어로는 빠대)

2) **방화원리** : 방화퍼티를 이용하여 밀폐하고 열을 받으면 팽창한다.

3) 특징

① 공사품질 : 손으로 주물러 틈새를 채우면 된다. 경화 시 성능을 발휘할 수 없으므로 경화된 경우 재시공이 필요하다.

② 신축성 : 우수하다.

③ 차수성 : 어느 자재와도 부착성이 우수하다.

④ 시공성

㉠ 굳지 않으므로 유효기간에 제한이 없다.

㉡ 언제든 재시공이 가능하다.

㉢ 시공 시 별도의 도구가 필요 없다.

⑤ 환경성

㉠ 독성이 없다.

㉡ 냄새가 거의 없다.

⑥ 경제성 : 가격이 저렴하다.

4) **용도** : 커튼월과 바닥 사이 틈새, 조인트, 방화구획의 수평 · 수직 설비의 관통부 화재확산을 방지한다.

(7) 방화도료

1) **정의** : 도막팽창으로 연소확대를 차단하는 발포성 도료

2) **방화원리** : 도막은 불꽃에 의해 가열되면 급속히 팽창하면서 다공성이며 불연성의 두터운 단열층을 형성하여 불꽃이나 열이 피도체에 접촉되는 것을 차단하는 동시에 가연성 물질의 열분해 현상을 방해하여 연소를 방지한다.

3) **특징**

① 내열성 : 열팽창에 의한 탄소막이 내열성을 향상시킨다.

② 신축성 : 진동과 충격을 흡수하여 장비 및 설비를 보호한다.

③ 빗물 및 콘크리트 수액을 차단한다.

④ 친환경 : 무용제 타입의 수용성 제품으로 환경 친화적이다.

4) **용도** : 커튼월과 바닥 사이 틈새, 조인트, 방화구획의 수평 · 수직 설비의 관통부 화재확산을 방지한다.

(8) 방화구획 관통부의 내화채움구조의 불량원인

1) 슬리브 미설치

① 슬리브(sleeve) : 바닥이나 벽을 관통하는 배관의 경우 콘크리트를 칠 때 미리

철판으로 만든 슬리브를 넣고 이 슬리브 속으로 관을 통과시켜 배관작업을 하는 철판통

② 관통구 및 배관 슬리브의 구경

㉠ 25 ~ 100[mm] 미만인 배관 : 배관 구경보다 5[cm] 이상

㉡ 100[mm] 이상 : 배관 구경보다 10[cm] 이상

③ 벽체나 바닥을 관통하는 경우 슬리브를 설치하고 관통부의 틈새를 내화채움구조로 마감한다.

④ 슬리브 미설치 시 코어작업을 통한 배관 관통부를 만들어야 하고, 따라서 벽체와 배관 간의 틈새가 발생한다.

2) 관통부위에 부적합한 보온재 시공

① 유기물질 보온재는 열전도율이 낮아 보온성능이 뛰어난 장점이 있지만 화재에 취약하다.

② 무기물 유리섬유 보온재 역시 일정한 시간이 지나면 화염의 온도에 의해 보온재가 녹기 시작하고 이로 인해 파이프 관통부에 공극이 생겨 화염 및 유독가스의 전이가 진행한다.

(9) 유리섬유

1) 불연재 또는 준불연재로, 「산업표준화법」 제4조의 규정에 따라 제정한 한국산업규격 KS F ISO 1182(건축재료의 불연성 시험방법)에 따르면 시험온도는 750 ± 5[℃]이다.

2) 내화채움구조로 사용될 경우는 내화채움구조 2시간 시험온도인 1,049[℃]로 불연성 시험보다 높은 온도로 가열하기 때문에 녹아내리는 문제가 발생한다.

3) 내화채움구조에서는 단열재 사용에 따른 별도의 보완 필요 : 최근에는 열을 받으면 발포되어 틈새를 오히려 막아 화염전이를 차단하는 보온재가 개발되었다.

4) 내화채움구조 불량 : 내화채움구조로 마감하지 않은 경우

① 모르타르 등 : 박리, 박락

② 가연성 충진재 : 화재확대

07 ASTM E814

(1) 국내외 기준비교

구분	ASTM E814	FS 012(방재시험연구원)	KS F ISO 10295-1
시험방법	2, 3시간 가열 및 1시간 가열 후 주수		2시간 가열시험체
시험체	2개(가열시험용, 주수시험용)		1개

구분		ASTM E814	FS 012(방재시험연구원)	KS F ISO 10295-1
주수압		210[kPa]	137.3[kPa]	주수 시험 없음
노즐지름		29[mm]	12.7[mm]	
주수시간(개구부 면적[m²]당)		16[sec]	2[min]	
성능기준	T급(차열성)	① 가열 중 시험체 이면으로 화염발생 없을 것 ② 가열 중 시험체 이면온도 181[℃] 이하 ③ 주수 중 시험체 이면으로 관통되지 않을 것		가열 중 시험체 이면온도 180[℃] 이하
	F급(차염성)	① 가열 중 시험체 이면으로 화염발생 없을 것 ② 주수 중 시험체 이면으로 관통되지 않을 것		가열 중 시험체 이면으로 화염발생 없을 것

(2) ASTM E814에 나타난 관통부 등급 표시

등급구분	등급의 의미	국내의 유사개념	평가기준
F-Ratings	Flame Ratings	차염성	시험체 비가열면으로 화염이 관통되거나 화염이 발생하지 않을 것
T-Ratings	Thermal Ratings	차열성	① 시험체 비가열면으로 화염이 관통되거나 화염이 발생하지 않을 것 ② 시험체 비가열면의 온도평균이 초기 온도보다 141[℃]를 초과하지 않을 것 ③ 시험체 비가열면의 최고 온도가 초기 온도보다 181[℃]를 초과하지 않을 것
L-Ratings	Leak Ratings	기밀성	압력을 걸어서 공기가 누설되는지를 테스트

(3) 내화채움구조 관련 제도

구분		한국	일본	미국	영국	호주
적용부위	요구성능					
슬래브 및 천장	차염성능	적용부위 및 관통재의 크기에 관계없이 동일하게 적용	관통재 외경, 두께에 따라 30분, 60분, 120분으로 차등 적용	관통부위의 구조체와 동일한 차염성능 요구	관통부위의 구조체와 동일한 차염성능, 차열성능 요구	건축물의 종류, 등급 및 하중조건에 따라 차염 및 차열성능을 동일하게 90분 ~ 120분 차등요구 (차열성능 제외 : 100[mm] 안에 가연재료가 없는 경우, 출입구 근처에 설치되지 않는 경우)
	차열성능		요구하지 않음(관통부 양측 인접부 불열재료로 감싸도록 조치)	관통부위의 구조체와 동일한 차열성능 요구(예외 F급 완화 조항 충족 시 요구하지 않음)		

구분		한국	일본	미국	영국	호주
적용부위	요구성능					
벽	차염성능	적용부위 및 관통재의 크기에 관계없이 동일하게 적용	상동	상동	관통부위의 구조체와 동일한 차염성능 요구	건축물의 종류, 등급 및 하중조건에 따라 차염 및 차열성능을 동일하게 90분 ~ 120분 차등 요구
	차열성능		상동	요구하지 않음	요구하지 않음	요구하지 않음

08 결론

(1) 방화구획을 구성하는 벽체 또는 바닥에는 건축물에 사용되는 건축설비, 전기, 통신 등에서 사용하는 각종 배관, 덕트, 케이블 트레이 등이 벽체를 관통하고 있으며, 이러한 관통부에는 벽과 배관 등 사이에 틈새가 발생한다. 또한, 건축물의 건축부재와 부재 사이에 선형 조인트에 의한 틈새가 생기고, 커튼월 부분 등과 같이 이질적인 부재의 접합부위에는 틈새가 발생하게 된다.

(2) 구획부분과 틈새는 화재 시 열과 연기의 이동경로가 되므로 화재확산의 주요 원인이 된다. 따라서, 틈새를 밀실하게 마감하고 열전달을 차단하여 화재 시 화재의 확산을 방지하기 위한 구획화의 조치가 방화구획이다.

SECTION 034

에스컬레이터(escalator), 이동식 보도(moving walk)

113 · 109회 출제

01 개요

(1) 건물의 신축 시에는 '에스컬레이터와 이동식 보도'가 피난로 내에 설치된 경우 이를 피난용량 계산에서 제외한다. 즉, 이는 피난로가 아님을 나타내고 있다. 왜냐하면, 이를 통해 화재 등의 확산 우려가 크고 전원에 의해서 동작하는 설비이므로 화재 시 전원이 차단될 우려가 있기 때문이다.

(2) 승강기나 이동식 보도는 건물의 사용자가 일상생활에서 사용하는 시설로 훈련이나 별도의 교육 없이는 이를 통한 피난이 발생할 수밖에 없다. 따라서, 이를 이용하는 피난자의 안전을 위해서 방화 셔터로 방호되거나, 스프링클러헤드-방연커튼에 의해 방호되고 있다.

(3) NFPA 13에서는 스프링클러[스프링클러(S/P)] + 제연경계벽(draft curtains) 방식을 제안하고 있다. 왜냐하면, 방호되지 않거나 부적절하게 방호된 수직 개구부는 많은 사상자를 발생시키는 주요 원인이기 때문이다.

1. **에스컬레이터(escalator)** : 건물이나 지하도 등에서 사용되는, 사람이 움직이지 않아도 동력에 의해 움직이는 계단(자동계단)
2. **이동식 보도(moving walk)** : 자동으로 움직이는 길이어서 '자동길'이라고도 한다. 이는 공항이나 지하도 등에서 쓰이는 컨베이어 벨트 구조의 기계장치로, 경사진 길이나 평면을 천천히 움직이므로 탑승자는 자동길 위에 걷거나 서서 이동할 수 있다. 보통 양방향이 한 쌍으로 설치되어 있으나, 한쪽으로만 만들기도 한다.

02 방화셔터방식(NFPA)

(1) 셔터의 자동기동

각각 독립적으로 연기감지기와 스프링클러설비의 작동 시 자동으로 닫혀야 한다.

(2) 셔터의 수동기동

수동으로 작동시켜 점검할 수 있어야 한다.

(3) 셔터의 점검

매주 1회 이상 작동상태를 점검한다.

(4) 셔터의 작동속도

30[ft/min(0.15[m/sec])] 이하이어야 한다.

(5) 선단부분의 감지

1) 선단부분 : 감지기능

2) 선단부분에 20lbf(90N) 이하의 힘을 받았을 경우

① 셔터의 작동이 중지된 후 대략 6[in](15.2[cm])만큼 셔터가 올라가야 한다.

② 그 후 다시 셔터는 계속 작동되어 닫혀야 한다.

(6) 비상전원

방화셔터의 작동장치는 NFPA 70, National Electrical Code의 규정에 적합한 비상전원에 연결한다.

03 스프링클러헤드-제연커튼방식

(1) 제연커튼 설치

에스컬레이터 개구부 주변에 아래쪽으로 폭 50[cm](18[in])의 제연커튼을 설치한다.

(2) 스프링클러 설치

제연커튼 바깥쪽 주변에 설치한다.

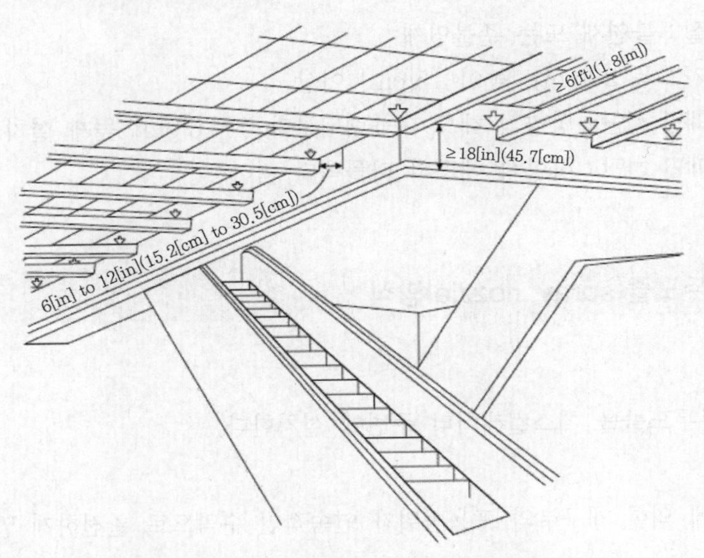

▌에스컬레이터 개구부 주변의 스프링클러헤드▐

(3) 목적

1) 작은 개구부의 화재를 제어하고 냉각작용으로 대류성 기류를 막아 위층에 설치되는 헤드 작동을 방지한다.
2) 백화점의 에스컬레이터(E/S) 개구부처럼 개구부와 바로 인접해 가연성 물질이 있는 경우 상부로의 화염전파를 방지하기 위해서이다.

(4) 개구부

1) 작은 개구부는 굴뚝과 같은 역할을 하므로, 화재로 인하여 발생하는 고온 가스를 빠르게 상층으로 이동시킨다.
2) 예외(작지 않은 개구부) : 개구부 치수의 한 변 6[m] 이상, 면적 93[m^3] 이상

(5) 제연경계벽(draft curtains)

1) 기능 : 화재 초기 열기류가 에스컬레이터(E/S)실로 들어가는 것을 방지하거나 지연시킨다.
2) 개구부 직근에 설치한다.
3) 높이 : 50[cm] 이상
4) 헤드가 작동하는 동안 유지될 수 있는 재질 : 불연재 또는 준불연재

(6) 헤드

1) 배치간격 : 1.8[m] 이하
2) 벽으로부터 15 ~ 30[cm] 이격
3) 헤드의 종류 : 개방형 또는 폐쇄형 헤드
4) 차폐장치 : Cold solder effect 방지
   ① 재질 : 불연재 또는 준불연재
   ② 크기 : 폭 20[cm], 높이 15[cm] 이상
   ③ 차폐판 상단 : 상향식 헤드 디플렉터보다 5 ~ 6[cm] 높게 설치
   ④ 차폐판 하단 : 하향식 헤드의 디플렉터 이하

04 분무노즐(spray nozzle)방식

(1) 정의

고속 물분무노즐을 에스컬레이터 주변에 설치한다.

(2) 방호방식

제연커튼에 의한 개구부의 포용범위가 연속적인 수막으로 완전하게 밀폐한다.

(3) 제연경계벽과 보강된 보호덮개(wellaway housing)의 설치가 필요하다.

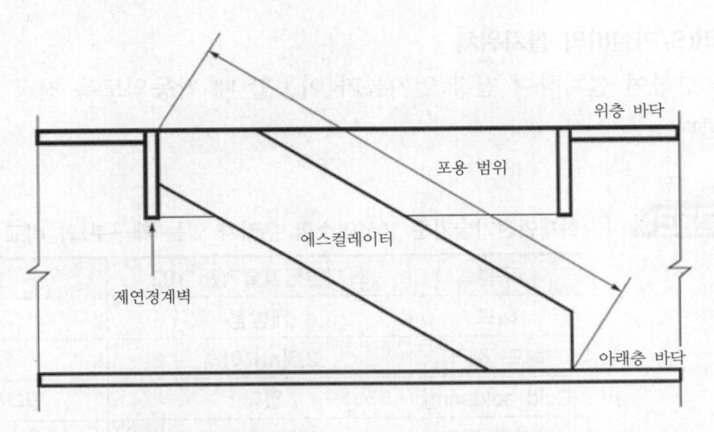

▌분무노즐방식을 이용한 에스컬레이터 개구부 방호에서의 포용범위▐

05 수직 개구부 방호를 위한 제연커튼과 불연성 덮개방식

(1) 제연경계벽을 설치한다.

(2) 주행로에 최소 1.5[m] 이상 불연성 덮개를 설치한다.

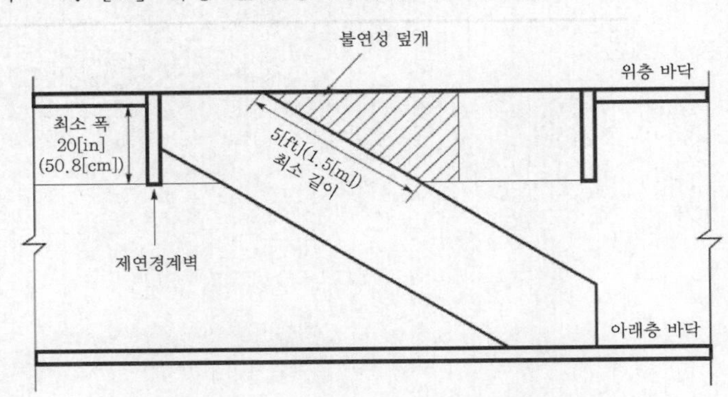

▌수직 개구부 방호를 위한 제연경계벽과 주행로의 불연성 덮개▐

06 스프링클러(S/P) + 공기배출구(vent method)

(1) 공기흐름

바닥 개구부를 통해 공기를 아래쪽으로 흐르게 해야 한다.

(2) 하향 통풍의 기준

1.5[m/sec]의 평균속도를 30분 이상 유지한다.

(3) 스프링클러(S/P)설비의 설치위치

개구부를 향하여 설치하여 천장 열기류가 이동할 때 작동되도록 천장 또는 바닥 개구부에 설치한다.

1. 화재안전기술기준 103(연소할 우려가 있는 개구부)과 비교

구분	화재안전기술기준 103	NFPA 13
헤드	개방형	폐쇄형
헤드 간격	2.5[m] 이하	1.8[m] 이하
Cold soldering	없다.	있다(차폐판 설치).
벽과의 간격	15[cm] 이하	15~30[cm]

2. IBC 2018의 **에스컬레이터 방호** : 층수와 개구면적이 작은 경우 제연경계벽과 스프링클러를 설치하는 것을 허용하고 있다.

조건	구획방법
4개 층 이하를 연결하고, 수직 개구부 면적이 작은 경우	제연경계벽 + 스프링클러
그 밖의 경우	1.5[hr] 이상 내화성능 방화셔터

SECTION 035

소방계획서

122 · 112 · 95 · 91 · 90회 출제

01 개요

(1) **정의** : 화재의 예방 및 안전관리에 관한 연간 계획을 나타낸 계획서

(2) **목적** : 효율적이고, 안전한 소방안전관리를 하기 위함이다.

(3) **작성자** : 소방안전관리자

(4) **법적근거** : 「화재의 예방 및 안전관리에 관한 법률」 제24조

02 소방계획서

(1) **소방계획서의 내용(화재예방법 시행령 제27조)**

1) 일반현황 : 위치 · 구조 · 연면적 · 용도 및 수용인원 등
2) 소방시설 · 방화시설, 전기시설 · 가스시설 및 위험물시설의 현황
3) 화재예방 : 자체 점검계획 및 진압대책
4) 소방시설 · 피난시설 및 방화시설의 점검 · 정비 계획
5) 피난계획 : 피난층 및 피난시설의 위치와 피난경로의 설정, 화재안전취약자의 피난 계획 등 포함
6) 방화구획, 제연구획, 건축물의 내부 마감재료 및 방염물품의 사용현황과 그 밖의 방화구조 및 설비의 유지 · 관리 계획
7) 관리의 권원이 분리된 특정소방대상물의 소방안전관리에 관한 사항
8) 소방훈련 및 교육에 관한 계획
9) 자위소방대 조직과 대원의 임무(화재안전취약자의 피난 보조임무를 포함)
10) 화기 취급작업에 대한 사전 안전조치 및 감독 등 공사 중 소방안전관리에 관한 사항

대수선

① 건축물의 기둥, 보, 내력벽, 주계단 등의 구조나 외부 형태를 수선, 변경하거나 증설하는 것으로, 대통령령으로 정하는 것이다.

② 개축은 내력벽, 기둥, 보, 지붕틀 중 3개소 이상을 포함하여 수선 또는 변경하는 것이고, 대수선은 이중 2개소 이하를 수선 또는 변경하는 것이다. 따라서, 대수선의 범위가 증대되면 개축된다.

11) 소화와 연소 방지에 관한 사항
12) 위험물의 저장 · 취급에 관한 사항(예방규정의 제조소 등 제외)
13) 소방안전관리에 대한 업무수행에 관한 기록 및 유지에 관한 사항
14) 화재발생 시 화재경보, 초기 소화 및 피난유도 등 초기 대응에 관한 사항
15) 소방본부장 또는 소방서장이 소방안전관리에 필요하여 요청하는 사항

(2) 소방계획의 작성 및 실시에 관하여 지도 · 감독 : 소방본부장 또는 소방서장

SECTION

036 건축물 마감재료 대상 및 적용

01 건축물의 마감재료(「건축법」 제52조)

(1) **대통령령으로 정하는 용도 및 규모 건축물의** 내부 마감재료 기준

1) 방화에 지장이 없는 재료

2) 실내공기질 유지기준 및 권고기준을 고려하고 관계 중앙행정기관의 장과 협의하여 국토교통부령으로 정하는 기준에 따른 것이어야 한다.

(2) **대통령령으로 정하는 건축물의** 외벽에 사용하는 마감재료 기준

1) 방화에 지장이 없는 재료

2) 마감재료 기준 : 국토교통부령

(3) **욕실, 화장실, 목욕장 등 바닥 마감재료** : 미끄럼 방지

02 건축물의 마감재료(「건축법 시행령」 제61조) 121 · 117 · 114회 출제

(1) **내부 마감재료**

1) 설치대상

<table>
<tr><th rowspan="2">구분</th><th rowspan="2">건축물의 용도</th><th rowspan="2">규모</th><th colspan="2">실내 마감재료</th></tr>
<tr><th>거실의 벽 및 반자</th><th>복도, 계단, 통로, 복합자재</th></tr>
<tr><td>1</td><td>단독주택 중 다중주택 · 다가구주택</td><td rowspan="4">규모와 관계없음</td><td rowspan="5">불연재료, 준불연재료, 난연재료 [예외(난연 ×) : 지하층, 지하 공작물, 다중이용업소, 주점], 7의 문화, 위락시설</td><td rowspan="5">불연재료, 준불연재료</td></tr>
<tr><td>2</td><td>공동주택</td></tr>
<tr><td>3</td><td>제2종 근린생활시설 중 공연장 · 종교집회장 · 인터넷컴퓨터게임시설제공업소 · 학원 · 독서실 · 당구장 · 다중생활시설의 용도로 쓰는 건축물</td></tr>
<tr><td>4</td><td>발전시설, 방송통신시설(방송국 · 촬영소의 용도로 쓰는 건축물로 한정)</td></tr>
<tr><td>5</td><td>공장, 창고시설, 위험물 저장 및 처리시설(자가난방과 자가발전 등 용도 포함), 자동차 관련 시설의 용도로 쓰는 건축물</td><td>–</td></tr>
</table>

<table>
<tr><th rowspan="2">구분</th><th rowspan="2">건축물의 용도</th><th rowspan="2">규모</th><th colspan="2">실내 마감재료</th></tr>
<tr><th>거실의 벽 및 반자</th><th>복도, 계단, 통로, 복합자재</th></tr>
<tr><td>6</td><td>용도에 상관없음</td><td>5층 이상인 층 거실의 바닥면적 합계가 500[m²] 이상인 건축물</td><td rowspan="3">불연재료, 준불연재료, 난연재료 [예외(난연 ×) : 지하층, 지하 공작물, 다중이용업소, 주점]</td><td rowspan="3">불연재료, 준불연재료</td></tr>
<tr><td>7</td><td>문화 및 집회시설, 종교시설, 판매시설, 운수시설, 의료시설, 초등학교·학원, 노유자시설, 수련시설, 업무시설 중 오피스텔, 숙박시설, 위락시설, 장례시설</td><td>규모와 관계없음</td></tr>
<tr><td>8</td><td>다중이용업의 용도로 쓰는 건축물</td><td>다중이용업소의 안전관리에 관한 특별법 적용대상</td></tr>
</table>

1. 통로와 복도
   ① 통로(通路) : 사람이나 사물이 이동하는 길
   ② 복도(複道) : 여러 개의 방을 연결하는 통로
2. **내부마감재료** : 건축물 내부의 천장·반자·벽(경계벽 포함)·기둥 등에 부착되는 마감재료(예외 : 다중이용업소의 특별법의 실내장식물을 제외)
3. 쉽게 구분하면 불연재료는 20분, 준불연재료는 10분, 난연재료는 5분 이상 불에 타지 않는 재료이다.

2) **예외** : 주요 구조부가 내화구조 또는 불연재료로 되어 있고 그 거실의 바닥면적(자동식 소화설비를 설치한 바닥면적 제외) 200[m^2] 이내마다 방화구획이 되어 있는 건축물(다중이용업소는 예외조항에 해당되지 않음)

3) **공장의 용도 중 예외** : 건축물이 1층 이하이고, 연면적 1,000[m^2] 미만으로서 다음의 요건을 모두 갖춘 경우
   ① 국토교통부령으로 정하는 화재위험이 작은 공장용도
   ② 화재 시 대피가 가능한 국토교통부령으로 정하는 출구
   ③ 복합자재를 내부 마감재료로 사용하는 경우

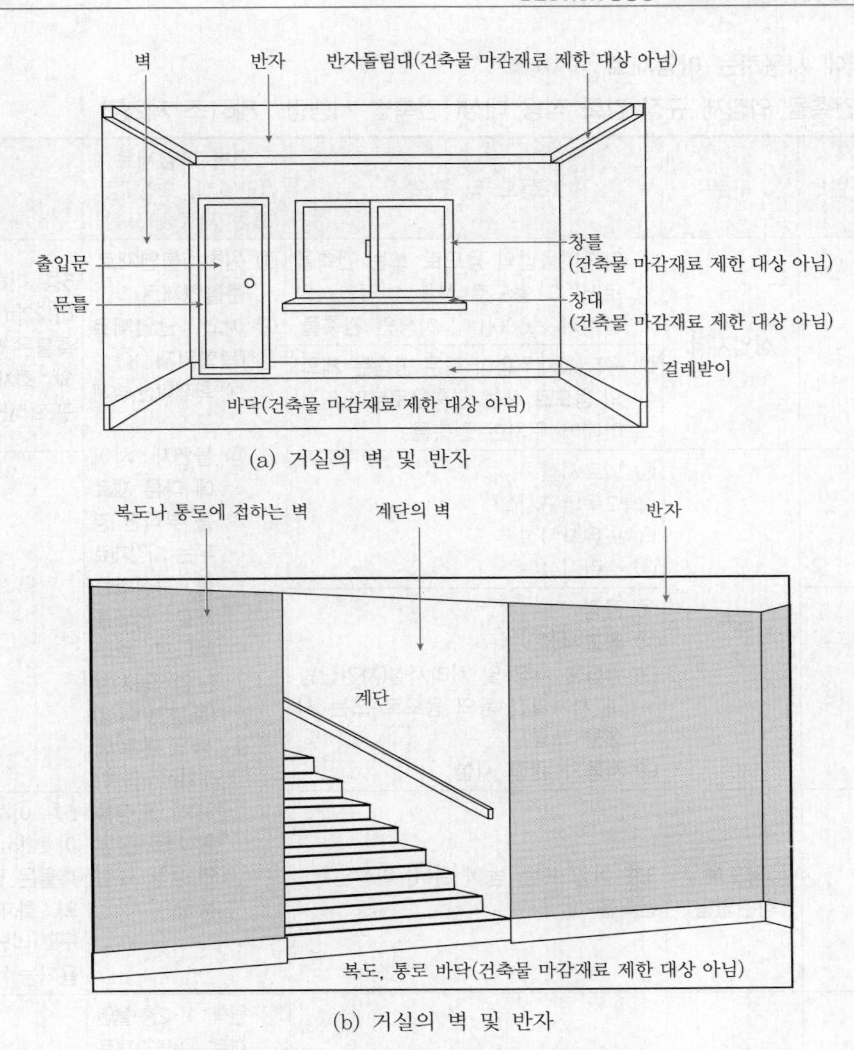

▌건축물 내부 마감재료 제한 대상 부분▐

4) 내부 칸막이벽의 경우의 시험 : 콘 칼로리미터 시험, 가스유해성 시험, 실물화재시험

(2) 외벽에 사용하는 마감재료 104회 출제

1) 건축물 외장재 규정 강화 적용 대상(「건축법 시행령」 제61조 제2항)

<table>
<tr><th>번호</th><th>구분</th><th>용도 및 규모</th><th>외벽 마감재료
(단열재, 도장 등 모든 재료를 포함)</th><th>예외</th></tr>
<tr><td rowspan="2">1</td><td rowspan="2">상업지역</td><td>① 다중이용업의 용도로 쓰는 건축물로서 그 용도로 쓰는 바닥면적의 합계가 2,000[m^2] 이상인 건축물</td><td rowspan="5">① 원칙 : 불연재료, 준불연재료
② 예외 : 난연재료(복합자재 ×)
㉠ 화재확산 방지구조
㉡ 불연재 사이에 다른 재료를 부착한 경우는 마감재료를 구성하는 재료 전체를 하나로 보아 난연성능시험(준불연 이상)
㉢ 불연재료에 0.1[mm] 이하의 도장을 한 재료는 난연성능시험 생략</td><td rowspan="2">5층 이하이면서 높이 22[m] 미만인 건축물은 난연재료[예외 : 화재확산 방지구조(비난연재료)]</td></tr>
<tr><td>② 공장(화재위험이 작은 공장은 제외)의 용도로 쓰는 건축물로부터 6[m] 이내에 위치한 건축물</td></tr>
<tr><td>2</td><td rowspan="2">용도</td><td>① 의료시설
② 교육연구시설
③ 노유자시설
④ 수련시설</td><td rowspan="2">–</td></tr>
<tr><td>3</td><td>① 공장
② 창고시설
③ 위험물 저장 및 처리시설(자가난방과 자가발전 등의 용도로 쓰는 시설을 포함)
④ 자동차 관련 시설</td></tr>
<tr><td>4</td><td>용도에 상관없음</td><td>3층 이상 또는 높이 9[m] 이상인 건축물</td><td>5층 이하이면서 높이 22[m] 미만인 건축물은 난연재료[예외 : 화재확산 방지구조(비난연재료 사용가능)]</td></tr>
<tr><td>5</td><td>1층의 전부 또는 일부를 필로티 구조</td><td>주차장으로 쓰는 건축물</td><td>① 원칙 : 1 · 2층 불연재료, 준불연재료
② 예외 : 마감재료를 구성하는 재료 전체를 하나로 보아 난연성능시험 결과 준불연 이상인 경우 단열재를 난연재료로 사용</td><td>–</td></tr>
</table>

다중이용업 : 제1종 근린생활시설, 제2종 근린생활시설, 문화 및 집회시설, 종교시설, 판매시설, 운동시설 및 위락시설

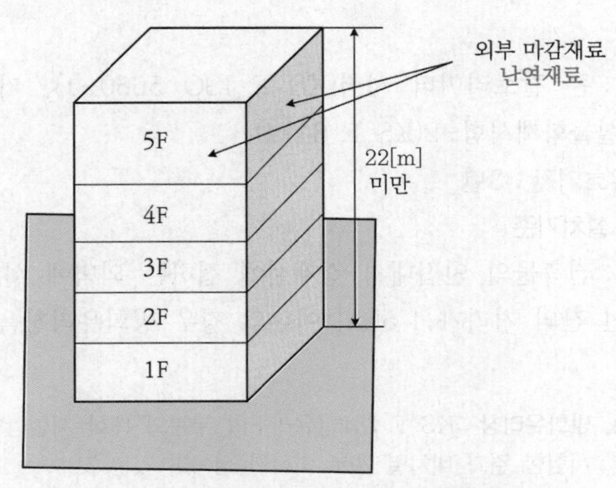

▌외벽에 사용하는 마감재료(예외 규정)▐

2) 강판과 심재로 이루어진 복합자재를 마감재료로 사용하는 경우의 구비조건

① 강판과 심재 전체를 하나로 보아 국토교통부장관이 정하여 고시하는 기준에 따라 실물모형시험을 실시한 결과가 국토교통부장관이 정하여 고시하는 기준을 충족할 것

② 강판 : 다음의 구분에 따른 기준을 모두 충족할 것

㉠ 두께[도금 이후 도장(塗裝) 전 두께] : 0.5[mm] 이상

㉡ 앞면 도장 횟수 : 2회 이상

㉢ 도금의 부착량 : 도금의 종류에 따라 다음의 어느 하나에 해당할 것. 이 경우 도금의 종류는 한국산업표준에 따른다.

도금의 종류	부착량
용융 아연 도금 강판	180[g/m^2] 이상
용융 아연 알루미늄 마그네슘 합금 도금 강판	90[g/m^2] 이상
용융 55[%] 알루미늄 아연 마그네슘 합금 도금 강판	
용융 55[%] 알루미늄 아연 합금 도금 강판	
그 밖의 도금	국토교통부장관이 정하여 고시하는 기준 이상

③ 심재 : 강판을 제거한 심재가 다음의 어느 하나에 해당할 것

㉠ 한국산업표준에 따른 그라스울 보온판 또는 미네랄울 보온판으로서 국토교통부장관이 정하여 고시하는 기준에 적합한 것

㉡ 불연재료 또는 준불연재료인 것

④ 시험방법 : 콘 칼로리미터 시험(KS F ISO 5660-1), 가스유해성 시험(KS F 2271), 실물화재시험1(KS F ISO 13784-1), 실물화재시험2(KS F 8414)

3) 외부마감재

① 시험방법 : 콘 칼로리미터 시험(KS F ISO 5660-1), 가스유해성 시험(KS F 2271), 실물화재시험-2(KS F 8414)

② 성적서 유효기간 : 3년

4) 방화 유리창 설치기준

① 설치대상 : 건축물의 인접대지 경계선에 접하는 외벽에 설치되는 창호는 인접대지 경계선 간의 거리가 1.5[m] 이내의 경우 방화유리창을 설치해야 한다.

방화유리창 : KS F 2845 (유리구획 부분의 내화 시험방법)에 규정된 방법에 따라 시험한 결과 비차열 20분 이상의 성능이 있는 것

① 표면 압축응력이 최소 170[Mpa] 이상

② 직선과 대각선의 교점 4곳의 응력 차이가 5[%] 범위 이내

③ 50[mm]×50[mm] 사각틀 안에 파편수가 180 ~ 220개 이상

▌비열유리와 차열유리▐

구분	비차열유리	차열유리
분류	Class E	Class EI
내용	화재 발생 시 화염, 가스, 연기를 차단하지만 복사열과 유리 표면의 온도 상승으로 반대편에 화재가 전달됨	화재 발생 시 화염, 가스, 연기 및 열까지 차단하여 반대편에 있는 대피자의 안전을 확보하고 화염 확산을 방지함(1,000[℃] 화재가 발생한 반대편의 차열유리 표면온도가 150[℃] 이하일 정도로 열을 차단)
적용대상	출입구의 방화유리문에 주로 적용되며, 방화유리문에 인접한 500[mm]까지 비차열 유리의 사용이 가능	출입구의 비차열 구간을 제외한 방화구획 내의 내화 유리 벽체
성능	차염성(균열게이지, 화염전파시험)	차염성, 차열성
종류	30분, 60분	60분, 90분, 120분

② 적용기준(적용일자 : 21. 7. 5.)

㉠ 건축허가(건축심의, 신고)

㉡ 용도변경(허가, 신고)

㉢ 기재내용변경 신청 시

③ 제외 적용(적용일자 : 21. 7. 5.) : 기재내용 변경대상 건축물로서 스프링클러 또는 간이스프링클러헤드가 창문 등으로부터 60[cm] 이내 설치되어 건축물 내부가 화재로부터 방호되는 경우

5) 더블스킨(double-skin) 105회 출제

① 개념 : 기존의 건물 외벽 바깥에 유리 외벽을 설치하는 다중 외피의 원리를 이용한다.

② 외측 유리는 외기의 영향을 최소화하는 역할을 담당한다. 두 외피 사이에 생기는 중간층은 에너지 완충공간으로 사용된다.

③ 장단점

장점	단점
• 냉 · 난방기 중 실내온도 분포 및 에너지 저감효과 • 자연환기기간 연장효과(겨울철 예열공기로 환기) • Wind effect 감소 • 차음 성능의 향상	• 화재층 열축적 • 연기배출 곤란 • 상층연소 확대 • 커튼월의 경우 내화채움 시공 곤란 • 시스템이 복잡하고 비용이 상승

6) 드라이비트(외단열미장마감공법) 115 · 116회 출제

① 개념 : 미국회사 이름으로 건물 외벽에 단열을 하는 외벽단열공법으로 외벽에 스티로폼을 부착하고 시멘트를 바른 단열재를 외장용으로 이용하는 방식이다.

② 시공상 문제점

㉠ 건물의 외벽에 밀착 접착 불량

㉡ 단열재 바깥쪽에 모르타르와 같은 불연재 마감처리가 규격에 적합하게 일정한 두께 유지 불량

㉢ 지면과 닿는 부분의 밀폐 마감 불량

㉣ 마감재를 잡아주는 화스너 앵커(Fastener Anchor)를 사용하지 않거나 부적절 사용으로 불량

㉤ 접착제의 양을 적게 사용하여 틈새 등이 발생하는 불량

③ 소방상 문제점 : 틈새나 노출된 부분에 불이 옮겨붙게 되면 굴뚝효과에 따라 열이 빠르게 위로 확산된다. 그 과정에서 단열재는 가연물로 화재확산의 역할을 할 수 있다.

④ 장단점

장점	단점
• 시공성이 우수함 • 마감재의 색상과 질감이 다양함 • 건축 구조체 보호 및 수명 연장 • 외단열은 내단열처럼 열손실이 적어 우수한 단열효과 • 경제성이 우수(조적/석재 대비 1/3)	• 스티로폼 같은 단열재를 사용하므로 화재에 취약함 • 시공자의 능력에 따라 품질이 결정됨 • 건물의 평활도 등에 품질이 결정됨 • 타일이나 대리석에 비해서 자재의 강도가 약함 • 다른 마감방식에 비해서 오염이 심함

⑤ 방호대책 : 불연성 미장 두께를 일정하게 시공, 외벽 방호용 스프링클러의 설치

03 건축물방화구조규칙 제24조

(1) **내부마감재료** : 건축물 내부의 천장 · 반자 · 벽(간막이벽 포함) · 기둥에 부착된 마감재료

(2) 공장, 창고시설, 위험물 저장 및 처리 시설(자가난방과 자가발전 등의 용도로 쓰는 시설을 포함), 자동차 관련 시설의 용도로 쓰는 건축물에서 단열재를 사용하는 경우는 난연재료 이상(예외 : 건축위원회 심의)

(3) 외벽에는 불연재료 또는 준불연재료를 사용(단, 고층건축물은 화재확산방지구조기준에 적합한 난연재료 사용 가능)한다.

(4) 시행령 제61조 용도의 건물외벽은 준불연재료 이상으로 마감한다.

04 화재확산방지구조(건축자재 등 품질인정 및 관리기준) 121 · 116 · 114 · 113 · 106 · 104회 출제

(1) 정의

수직 화재확산 방지를 위하여 외벽마감재와 외벽마감재 지지구조 사이의 공간(아래 참고)을 다음의 재료로 매 층마다 최소 높이 400[mm] 이상 밀실하게 채운 것

(2) 화재확산방지구조 채움재료

▌화재확산방지구조▐

규정	재료	규격
KS F 3504	방화 석고보드	12.5[mm] 이상
KS L 5509	석고 시멘트판	6[mm] 이상
KS L 5114	평형 시멘트판	6[mm] 이상
KS L 9102	미네랄울 보온판	2호 이상
KS F 2257-8 (건축부재의 내화시험방법 : 수직 비내력 구획부재의 성능)	제한 없음	① 차염성 : 15분 차염성능 ② 차열성 : 이면온도가 120[K] 이상 상승하지 않는 재료

(3) 5층 이하 + 높이 22[m] 미만의 건축물

1) 외벽 마감재료 : 준불연재료 이상으로 마감한다.

2) 예외 : 5층 이하 + 높이 22[m] 미만인 건축물로 화재확산방지구조를 매 두 개 층마다 설치한 경우

① 상업지역 : 다중이용업으로 2,000[m^2] 이상 + 공장의 용도로부터 6[m] 이내

② 3층 이상 또는 높이 9[m] 이상인 건축물

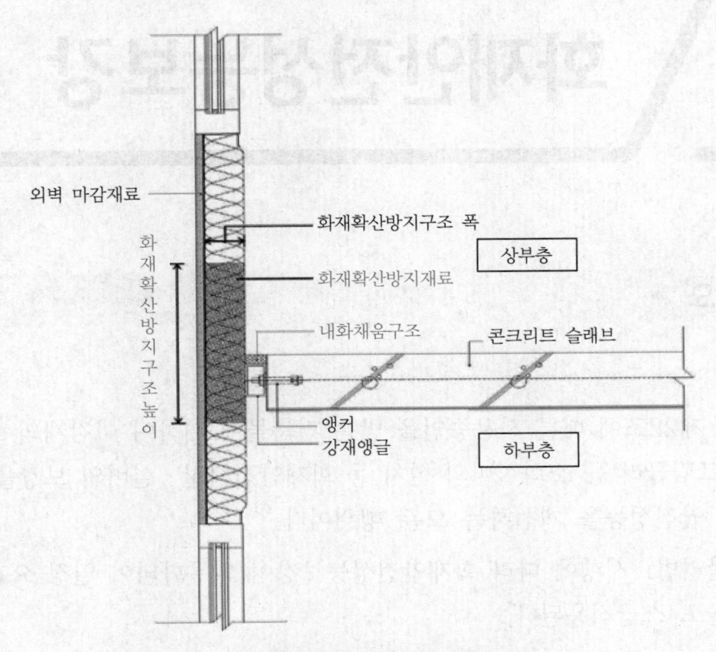
외벽 마감재료
화재확산방지구조 폭
화재확산방지구조높이
상부층
화재확산방지재료
내화채움구조
콘크리트 슬래브
앵커
강재앵글
하부층

▌화재확산방지구조의 예▐

SECTION
037 화재안전성능보강

126회 출제

01 개요

(1) 정의

「건축법」 제22조에 따른 사용승인을 받은 건축물에 대하여 마감재의 교체, 방화구획의 보완, 스프링클러 등 소화설비의 설치 등 화재안전시설 · 설비의 보강을 통하여 화재 시 건축물의 안전성능을 개선하는 모든 행위이다.

(2) 「건축물관리법」 시행에 따라 화재안전성능보강이 의무화되어 일정 요건에 해당되는 기존 건축물도 소급적용된다.

02 관련 규정

(1) 기존 건축물의 화재안전성능보강(「건축물관리법」 제27조)

다음 어느 하나에 해당하는 건축물 중 3층 이상으로 연면적, 용도, 마감재료 등 대통령령으로 정하는 요건에 해당하는 건축물로서, 이 법 시행 전 건축허가를 신청한 건축물의 관리자는 화재안전성능보강을 하여야 한다.

1) 제1종 근린생활시설
2) 제2종 근린생활시설
3) 의료시설
4) 교육연구시설
5) 노유자시설
6) 수련시설
7) 숙박시설

(2) 건축물의 화재안전성능보강(「건축물관리법 시행령」 제19조)

1) 연면적, 용도, 마감재료 등 대통령령으로 정하는 요건에 해당하는 건축물 종류

① 제1종 근린생활시설 중 목욕장 · 산후조리원
② 제1종 근린생활시설 중 지역아동센터
③ 제2종 근린생활시설 중 학원 · 다중생활시설
④ 의료시설 중 종합병원 · 병원 · 치과병원 · 한방병원 · 정신병원 · 격리병원

⑤ 교육연구시설 중 학원

⑥ 노유자시설 중 아동 관련 시설 · 노인복지시설 · 사회복지시설

⑦ 수련시설 중 청소년수련원

⑧ 숙박시설 중 다중생활시설

2) 외단열(外斷熱) 공법으로서 건축물의 단열재 및 외벽마감재를 난연재료 기준 미만의 재료로 건축한 건축물

외단열 공법 : 건축물의 에너지절약설계기준에서 정한 것으로, 건축물의 각 부분을 단열할 때 단열재를 구조체의 외벽에 설치하는 일 또는 방법

3) 스프링클러 또는 간이스프링클러 미설치 건축물

4) 1층의 전부 또는 일부를 필로티 구조의 주차장으로 쓰는 건축물 : 연면적이 1,000[m^2] 미만인 건축물

5) 건축물 구조형식에 따른 화재안전성능 보강공법(건축물의 화재안전성능보강 방법 등에 관한 기준 제5조 관련 [별표]) 125회 출제

구분		성능 보강공법		조건
필수 적용	필로티건축물	1층 필로티 천장 보강		필수
		1층 상부	차양식 캔틸레버 수평구조 적용	선택 1 필수
			화재확산방지구조 적용	
		전층	외벽 준불연재료 적용	
			화재확산방지구조 적용	
		옥상 드렌처설비 적용		
	일반건축물	스프링클러 또는 간이스프링클러 설치		선택 1 필수
		전층	외벽 준불연재료 적용	
			화재확산방지구조 적용	
선택적용		스프링클러 또는 간이스프링클러 설치		일반건축물은 필수
		옥외피난계단 설치		모든 층
		60분 방화문 설치		–
		하향식 피난구 설치		–

(3) 화재안전성능 보강공법(「건축물의 화재안전성능보강 방법 등에 관한 기준」 제5조 관련 [별표])

1) 1층 필로티 천장 보강공법

① 외기에 노출된 천장면의 가연성 외부 마감재료를 제거한다.

② 마감재료는 화재, 지진 및 강풍 등으로 인한 탈락을 방지할 수 있도록 고정철물로 고정하고, 준불연재료 또는 난연재료로 한다.

2) 1층 상부 차양식 캔틸레버 수평구조 적용 공법

① 차양식 캔틸레버 구조물

㉠ 설치위치 : 1층 필로티 기둥 최상단을 기준으로 높이 400[mm] 이내에서 200[mm] 이상의 마감재료를 제거한 부위에 설치한다.

㉡ 금속재질의 브라켓 : 외벽 구조체 표면에서 800[mm] 이상 돌출되어야 하고 두께는 200[mm] 이상 확보하여야 하며, 브라켓의 내부 충진을 위한 단열재는 불연재료로 한다.

㉢ 불연속 구간이 없도록 한다(예외 : 현장 여건에 따라 설치 불가능한 구간이 발생할 경우, 다른 화재안전성능보강 공법을 적용하여야 함).

② 차양식 캔틸레버 구조물과 기존 외부 마감재료의 틈 : 내화성능을 확보할 수 있는 재료로 밀실하게 채워야 한다.

3) 1층 상부 화재확산방지구조 적용 공법 124회 출제

① 1층 필로티 기둥 최상단을 기준으로 2,500[mm] 이내에 외부 마감재료(단열재 포함)를 제거한다.

② 단열재를 포함한 가연성 외부 마감재료 제거 부위의 마감 : 두께 155[mm] 이상의 불연재료

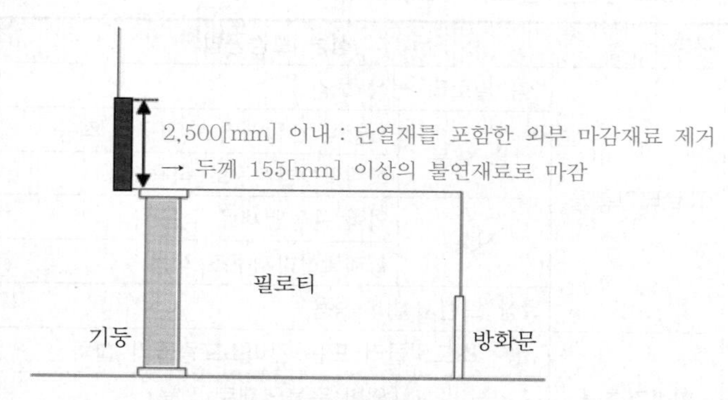

▌1층 상부 화재확산방지구조 적용 공법▐

4) 전층 외벽 준불연재료 적용 공법

① 외벽 전체에 가연성 외부 마감재료(단열재 포함)를 제거한다.

② 가연성 외부 마감재료를 제거한 외벽의 마감 : 두께 90[mm] 이상의 준불연재료

5) 전층 화재확산방지구조 적용 공법

① 외벽 전체에 가연성 외부 마감재료(단열재 포함)를 제거한다.

② 불연재료띠 : 1층 필로티 기둥 최상단을 기준으로 높이 400[mm]의 연속된 띠를 형성하도록 시공하고, 최대 2,900[mm] 이내의 간격으로 반복 시공한다.

③ 불연재료띠 이외의 외벽 마감 : 두께 155[mm] 이상의 난연재료

6) 옥상 드렌처설비 적용 공법

① 아래의 ⑤를 제외하고는 「스프링클러설비의 화재안전기술기준」을 준용한다.

② 소화펌프 : 설계도서에서 정하고 있는 토출압 및 토출량을 만족시키고, 콘크리

트와 같이 지지력이 있는 바닥면에 고정시켜 진동에 대한 안전성을 확보할 수 있도록 시공한다.

③ 배관 : 설계도서에 정하고 규격의 사이즈로 소화펌프에서 보강대상 건축물의 최상층부의 스프링클러헤드까지 연결되어야 하며, 동파방지 조치를 한다.

④ 소화펌프에 전원을 공급하는 전기배관 및 전기배선 : 내화배선

⑤ 드렌처 헤드

㉠ 방수압력 : 0.05[Mpa] 이상

㉡ 전동밸브 : 신속히 개방 가능한 구조

㉢ 최상층부의 드렌처헤드 : 설계도서에 따라 고르게 분배하여 시공

7) 스프링클러, 간이스프링클러, 하향식 피난구, 방화문, 옥외피난계단의 시공기준

① 스프링클러설비 : 화재안전기준에 적합하게 설치한다.

② 간이스프링클러설비 : 화재안전기준에 적합하게 설치한다.

③ 하향식 피난구 : 「건축물의 피난 · 방화구조 등의 기준에 관한 규칙」 제14조 제3항에 따라 설치한다.

④ 방화문 : 60+, 60분 방화문

⑤ 옥외피난계단 : 건축공사표준시방서에 따라 설치한다.

SECTION 038

방화재료의 시험 기준 및 방법

117 · 112 · 93 · 89 · 85회 출제

01 방화재료의 관련 법령

(1) 건축법 시행령 제2조

1) 난연재료(難燃材料) : 불에 잘 타지 아니하는 성능을 가진 재료로서, 국토교통부령으로 정하는 기준에 적합한 재료

2) 불연재료(不燃材料 ; noncombustible) : 불에 타지 아니하는 성질을 가진 재료로서, 국토교통부령으로 정하는 기준에 적합한 재료

3) 준불연재료(limited-combustible) : 불연재료에 준하는 성질을 가진 재료로서, 국토교통부령으로 정하는 기준에 적합한 재료

(2) 건축물의 피난 · 방화구조 등의 기준에 관한 규칙 제5 · 6 · 7조

1) 난연재료(제5조) : 건축법 시행령의 국토교통부령이 정하는 기준에 적합한 재료

① 시험방법 : 「산업표준화법」에 의한 한국산업규격이 정하는 바에 의하여 시험

② 성능기준 : 가스 유해성, 열방출량 등이 고시한 난연재료의 성능기준을 충족하는 것

2) 불연재료(제6조)

① 사양기준 : 콘크리트 · 석재 · 벽돌 · 기와 · 철강 · 알루미늄 · 유리 · 시멘트모르타르 및 회(시멘트모르타르 또는 회 등 미장재료는 건축공사표준시방서에서 정한 두께 이상)

② 한국산업규격이 정한 기준(성능기준)

㉠ 시험방법 : 「산업표준화법」에 의한 한국산업규격이 정하는 바에 의하여 시험

㉡ 성능기준 : 고시한 불연재료의 성능기준을 충족하는 것

③ 국토교통부장관이 인정한 기준

㉠ 그 밖에 사양기준과 유사한 불연성의 재료

㉡ 국토교통부장관이 인정하는 재료(예외 : 사양기준 재료와 불연성 재료가 아닌 재료가 복합으로 구성된 경우)

3) 준불연재료(제7조) : 건축법 시행령의 국토교통부령이 정하는 기준에 적합한 재료

① 시험방법 : 「산업표준화법」에 의한 한국산업규격이 정하는 바에 의하여 시험

② 성능기준 : 가스 유해성, 열방출량 등이 고시한 준불연재료의 성능기준을 충족하는 것

02 방화재료의 시험방법(건축자재 등 품질인정 및 관리기준)

(1) 건축법과 KS F 2271의 비교

구분		시험항목	관련 기준
건축법	KS F 2271		
불연재료	난연 1등급	불연성 시험	KS F 1182
		가스유해성 시험	KS F 2271
준불연재료	난연 2등급	열방출 시험(콘 칼로리미터 시험)	KS F 5660-1
		가스유해성 시험	KS F 2271
		실물 모형/화재 시험	KS F 8414
난연재료	난연 3등급	열방출 시험(콘 칼로리미터 시험)	KS F 5660-1
		가스유해성 시험	KS F 2271
		건축부재의 내화시험방법	KS F 2257-1

(2) 방화재료의 성능기준 121회 출제

관련 기준	시험방법	시험조건	성능기준
불연성 시험(불연) KS F 1182	일정한 가열온도 (750 ± 5[℃])에서 20분	① 시험체에 대해 총 3회 실시 ② 복합자재의 경우 강판을 제거한 심재를 대상으로 시험, 심재가 둘 이상의 재료로 구성된 경우, 각 재료에 대해서 시험 ③ 액상 재료(도료, 접착제 등)인 경우에는 지름 45[mm], 두께 1[mm] 이하의 강판에 사용두께만큼 도장 후 적층하여 높이(50 ± 3) [mm]가 되도록 시험체를 제작	① 온도상승 : 가열로 내의 최고 온도가 최종 평형온도 20[K] 이하 상승 ② 질량감소율 : 30[%] 이하

관련 기준	시험방법	시험조건	성능기준
건축자재 등 품질인정 및 관리기준	실물모형시험	강판과 심재로 이루어진 복합자재의 경우 KS F ISO 13784-1(건축용 샌드위치패널구조에 대한 화재 연소 시험방법)	① 시험체 개구부 외 결합부 등에서 외부로 불꽃이 발생하지 않을 것 ② 시험체 상부 천장의 평균 온도가 650[℃]를 초과하지 않을 것 ③ 시험체 바닥에 복사 열량계의 열량이 25[kW/m^2]를 초과하지 않을 것 ④ 시험체 바닥의 신문지 뭉치가 발화하지 않을 것 ⑤ 화재 성장 단계에서 개구부로 화염이 분출되지 않을 것
		외벽 마감재료 또는 단열재가 둘 이상의 재료로 제작된 경우(각각 난연성능시험) KS F 8414(건축물 외부 마감 시스템의 화재안전성능시험방법) 128회 출제	① 외부 화재 확산 성능평가 : 시험체 온도는 시작 시간을 기준으로 15분 이내에 레벨 2(시험체 개구부 상부로부터 위로 5[m] 떨어진 위치)의 16개 외부 열전대 어느 한 지점에서 30초 동안 600[℃]를 초과하지 않을 것 ② 내부 화재 확산 성능평가 : 시험체 온도는 시작 시간을 기준으로 15분 이내에 레벨 2(시험체 개구부 상부로부터 위로 5[m] 떨어진 위치)의 16개 내부 열전대 어느 한 지점에서 30초 동안 600[℃]를 초과하지 않을 것
열방출률시험(준불연, 난연) KS F 5660-1	가열 강도 : 50[kW/m^2]에서 10분 가열(난연제 5분)	① 시험체가 내부마감재료의 경우 3회 실시, 외벽 마감재료의 경우 앞면, 뒷면, 측면에 대해 각 3회 실시(예외 : 단일재료는 1회) ② 복합자재의 경우 강판을 제거한 심재를 대상으로 시험, 심재가 둘 이상의 재료로 구성된 경우 각 재료에 대해서 시험 ③ 시험두께 : 6 ~ 50[mm]	① 최대 열방출률 : 10초 이상 연속으로 200[kW/m^2] 이하 ② 총방출열량 : 8[MJ/m^2] 이하 ③ 방화상 유해한 균열, 구멍 및 용융 등이 없어야 하고 시험체 두께의 20[%]를 초과하는 일부 용융 및 수축이 없어야 한다.
가스유해성 시험(불연, 준불연, 난연) KS F 2271	가열시간 : 6분	① 시험은 시험체가 내부마감재료인 경우 2회 실시, 외벽 마감재료인 경우 외기에 접하는 면에 2회 실시 ② 시험체가 실내에 접하는 면에 2회 실시	쥐 행동 정지시간 : 9분보다 클 경우 합격(기본횟수 2회)

관련 기준	시험방법	시험조건	성능기준
가스유해성 시험(불연, 준불연, 난연) KS F 2271	가열시간 : 6분	③ 복합자재의 경우 강판을 제거한 심재를 대상으로 시험, 심재가 둘 이상의 재료로 구성된 경우 각 재료에 대해서 시험 ④ 시험체 두께 : 150[mm] 이하	쥐 행동 정지시간 : 9분보다 클 경우 합격(기본횟수 2회)
건축부재의 내화시험방법 (난연) KS F 2257-1	내화성능시험한 결과 15분	표준시간-온도곡선에 의한 가열	① 차염성능 ② 이면온도가 120[K] 이상 상승하지 않는 재료로 마감하는 경우

1. 최종 평형온도 : 재료를 투입하기 전 가열로 내의 평균온도(750±5[℃]), 이는 시험체에 의해서 노 내의 온도가 20[K] 상승하여서는 안 된다는 의미이다.
2. 영국 그렌펠타워 화재('17년)를 계기로 건물 외장 마감재의 난연성능을 강화하기 위해 제정된 'BS 8414' 시험규격을 KS 규격으로 제정

	개정 전		개정 후
시험규격	• KS F ISO 5660-1		• KS F 8414
시료크기	• 10[cm] × 10[cm] × 5[cm]	⇨	• 주벽 : 가로 6[m] × 세로 2.6[m] 이상 • 측벽 : 가로 6[m] × 세로 1.5[m] 이상 (시공 예정 마감재의 실물)
평가기준	• 가열 후 10분간 총 열방출량 8[MJ/m²] 이하인 경우 준불연재로 인정		• 15분 가열 후 600[℃] 이하 (BRE 기준 준용 예정)
시험사진			

03 외국의 기준 101 · 99 · 93 · 84 · 79회 출제

(1) ISO 기준(내장재 시험방법)

구분	특징	시험기준	평가방법
불연성 ISO 1182	① 국내 불연성 시험과 유사 ② 타는 물질인지 타지 않는 물질인지 시험	750 ± 5 30분	① 잔염시간 ② 최종 평형온도와 최고 노 내 온도차 ③ 질량손실
착화성 ISO 5657	① 시험체를 수평으로 설치 ② 복사열 상부에서 노출해 점화시간 측정 ③ 타는 물질이라면 얼마나 점화가 잘 되는 가를 시험	가열강도 50[kW/m^2]	초시계로 측정하여 점화시간을 측정
화염전파성 시험 ISO 5658	① 수직 방향으로 설치된 시험체(155[mm]×800[mm])의 연소특성을 평가하는 방법이다. ② 화염전파속도, 점화열[MJ/m^2], 연소 지속열[MJ/m^2], 소화 시 임계 열류량[kW/m^2], 평균 연소 지속열, 전체 열방출량[kW] ③ 국내 건축재료시험(KS F 2844)	복사강도 0.2 ~ 50[kW/m^2]	① 화염 수평전파 속도 ② 거리에 따른 점화 ③ 소화 시 임계열류량 ④ 전체 열방출률
싱글챔버 (single chamber) KS M ISO 5659	① 재료에서 발생하는 연기농도를 감쇄 정도로 측정 ② 작은 방에 소규모 물질을 측정에 사용 ③ 발연량 시험 : 연기가 발생하는 양을 측정(싱글챔버 발연)	특정 가열강도 25[kW/m^2], 50[kW/m^2]	단위면적당 발연계수로 평가
콘 칼로리미터 (cone calorimeter) ISO 5660	① 산소 1[kg]이 소모될 때 13.1[MJ/kg]의 에너지가 발생한다는 숀튼의 법칙을 이용 ② 측정범위 : 500[kW]	가열강도 10 ~ 100[kW/m^2]	① PHRR(최고발열량) ② AHRR(평균 발열량) ③ t(착화시간) ④ 연기방출률 ⑤ 가스발생률[%] : CO, CO_2
가구 칼로리미터 (furniture calorimeter) ISO 9705	① 룸코너 시험기(Room Corner Tester)를 이용한 가구 칼로리미터(Furniture Calorimeter) 실험 ② 산소 1[kg]이 소모될 때 13.1[MJ/kg]의 에너지가 발생한다는 숀튼의 법칙을 이용	10분간 100[kW] 나머지 10분간 300[kW]	① PHRR(최고발열량) ② AHRR(평균발열량) ③ t(착화시간) ④ 연기방출률 ⑤ 가스발생률[%] : CO, CO_2
룸코너 (room corner) ISO 9705	① 실제 화재 규모 시험방법 ② 룸을 코너에 가져다 놓고 시험화원이 실의 구석인 코너에 위치한다고 가정하고 화재 예상 실에서 직접 시험 ③ 측정범위 : 1 ~ 10[MW]	10분간 100[kW] 나머지 10분간 300[kW]	① Flash over 발생시간 예측 ② 열방출률 ③ 실내온도

(2) 미국(IBC 코드)

1) 내장마감재의 구분 : 벽 및 천장 마감재, 내장 바닥 마감재, 장식재

2) 발포 플라스틱 등 : 내부 마감재료 사용을 제한한다.

3) 내장재료의 분류기준

① 시험방법

② 재료의 분류기준

③ 내부 마감재료 적용

④ 최소 허용 불꽃 등

(3) HRR의 측정방법 비교(NFPA 기준)

1) 실험실에서 측정하는 규모의 열량 측정기(laboratory-scale calorimeters)

① 화재 전파장치(fire propagation apparatus)(ASTM E2058)

② 콘 칼로리미터(cone calorimeter) : 구성물 재료의 열방출률 등을 측정한다.

③ 싱글 버닝 아이템 시험(single burning item test) : 건축재료가 단일 연소원(Single Burning Item ; SBI)의 열에 노출되었을 때의 열방출량 등을 측정한다.

2) 라지 스케일 칼로리미터(large-scale calorimeters) : 일정 시험재료가 아닌 실제 산업에서 일어날 수 있는 화재(예 창고의 화재, 사무실 전체의 화재, 가구의 화재, 자동차 한 대의 화재 등)의 열방출량 등을 측정하는 장비의 통칭[산업용 칼로리미터(industry calorimeter)라고도 함]이다.

① 룸 코너 화재 시험(room-corner fire test) : 단일 품목에 대한 열방출률 등을 측정(예를 들어 가구 등의 열방출률 측정)한다.

② 가구 칼로리미터(furniture calorimeters)

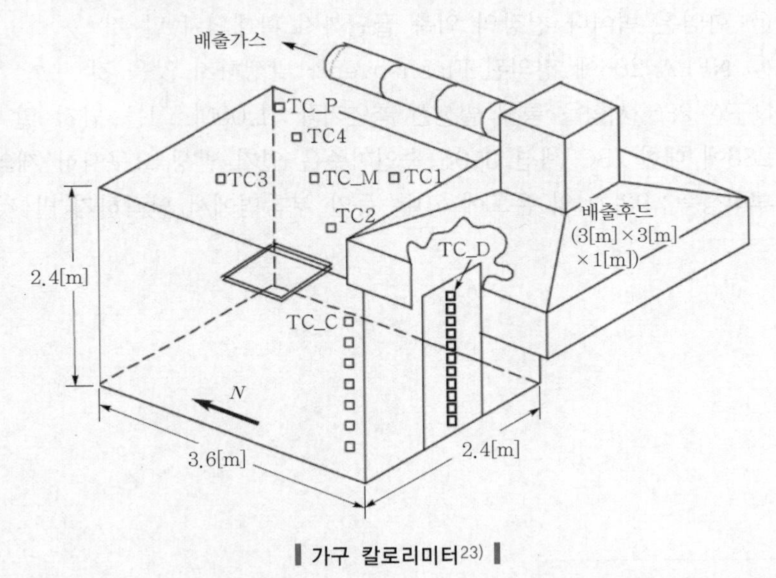

▌가구 칼로리미터[23] ▌

23) Figure 1. Schematic diagram of ISO 9705 fire test room. Fire Behaviour Studies of Combustible Wall

③ 중급 규모의 칼로리미터(intermediate-scale calorimeter) : 중급 규모의 화재를 측정할 수 있는 열량계

④ 물품 화재시험(commodity fire tests)

(4) 벽 및 천장 마감재(직물류 제외) 평가기준

1) IBC 코드와 NFPA에서 제한하는 벽 및 천장 마감재의 등급

CLASS IBC(NFPA 101)	화염확산지수(FSI)	재질	발연지수(SDI)	시험방법
Class Ⅰ(A)	0 ~ 25	벽돌, 석고판, 섬유시멘트판	450 이하	ASTM E84에 의해 시험
Class Ⅱ(B)	26 ~ 75	나무판자		
Class Ⅲ(C)	76 ~ 200	합판, 섬유판		
Class D	201 ~ 500	가연물		
Class E	501 이상	가연물		

1. **발연지수(SDI : Smoke Developed Index)** : 연기의 감광률로 산정
2. **화염확산지수(FSI : Flame Spread Index)** : 10분 터널 테스트 동안 재료가 어떻게 반응하는지 조사하여 얻은 수치로 임의의 수치로 표현된다.

2) ASTM E84를 따르지 않으면 NFPA 286 "Standard method of test of surface burning characteristics of building materials"에 의해 시험한 결과가 다음의 사항을 모두 만족시켜야 한다.

① 40[kW]에 노출되는 동안 화염이 천장까지 확산되어선 안 된다.

② 160[kW]에 노출되는 동안 실내 마감재의 기준

㉠ 화염은 벽이나 천장의 외측 끝단까지 확대되지 말 것

㉡ NFPA 286에 정의된 Flash over가 발생하지 않을 것

③ NFPA 286 시험을 통해 발생한 총연기량 : 1,000[m^2]를 넘지 말 것(단, NFPA 286에 대한 IBC 섹션 3105 승인기준은 연기 발생 요구사항 제외)

④ 부착성능 : 93[℃]의 온도에 30분 동안 부착면에서 탈락하지 말 것

Linings Applying Fire Dynamics Simulator. A. Z. Moghaddam*, K. Moinuddin, I. R. Thomas, I. D. Bennetts and M. Culton. December 2004

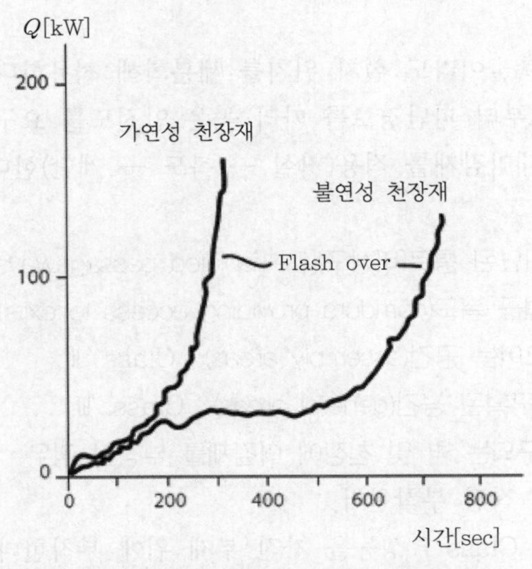

▌가연성과 불연성 천장재의 시간-열방출량 곡선▐

ASTM E84 : 스테이너 터널(steiner tunnel)이라는 밀폐된 연소실 내에서 건축 자재의 화염확산 및 연기 발생을 측정하는 시험

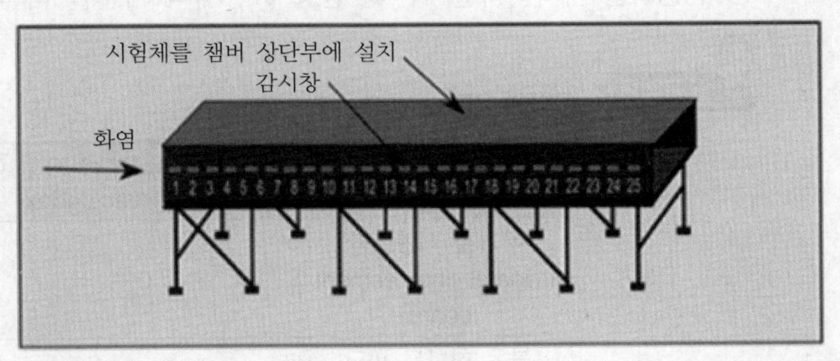

① 길이 7.3[m], 폭 0.56[m]의 통풍 터널로 구성되어 있으며 내화벽돌로 마감되어 있다.
② 시험체는 챔버의 상단부에 설치된다.
③ 챔버의 한쪽 끝에서, 샘플은 10분 동안 높은 에너지 화염에 노출된다.
④ 화염 확산은 터널에 내장된 창문을 통해 시각적으로 확인된다.
⑤ 터널 배기구에 장착된 광학 셀로 연기밀도를 측정한다.

3) 용도별 벽 및 천장 실내마감재 설치 기준(IBC)
① 구분방법 : 건축물의 용도, 스프링클러설비 설치와 미설치
② 자동식 스프링클러가 설치된 경우 : 한 등급씩 아래의 것을 사용(예외 : 의료시설) 할 수 있다.
예 Class Ⅰ → Class Ⅱ

③ 적용기준

㉠ 동일 건축물이라도 설치 위치를 세분화해 적용한다.

㉡ 화재실로부터 피난경로를 따라 높은 안전도를 요구하는 장소일수록 높은 등급의 실내마감재를 적용(거실 → 복도 → 계단)한다.

④ 용도별 등급

㉠ 화재가 차단된 통로(비상구)[fire-isolated passageways (exits)] : Class Ⅰ

㉡ 비상구 접근 복도(corridors providing access to exits) : Class Ⅱ

㉢ 다중이 모이는 공간(assembly areas) : Class Ⅱ

㉣ 거실 및 구획된 공간(general areas) : Class Ⅲ

⑤ 내화성이 요구되는 벽 및 천장에 마감재를 부착할 경우

㉠ 부착면에 직접 부착한다.

㉡ 무기질의 Class Ⅰ 성능을 가진 부재 위에 부착한다.

⑥ 직물류 벽 및 천장 마감재

㉠ 화염확산지수 : Class Ⅰ 등급

㉡ 스프링클러설비

⑦ 팽창비닐 벽지 : 직물 벽 및 천장 마감재의 기준을 따를 것

FSI와 SDI

대상(test specimen)	화염확산지수 (Flame Spread Index)	발연지수 (Smoke Developed Index)
무기질 시멘트판 (mineral fiber cement board)	0	0
붉은 참나무 바닥 (red oak flooring)	100	100

(5) 바닥마감재

1) 분류기준

Class	임계열유속(CHF : Critical Heat Flux)	대상	시험방법
Class Ⅰ	0.45[W/cm^2]	I-1, I-2, I-3 (보호시설)	NFPA 253 복사열 에너지원을 이용한 바닥마감재의 임계복사선속 표준시험법
Class Ⅱ	0.22 ~ 0.45[W/cm^2]	A(집회), B(업무), E(교육), H(상급위험), I-4(보호), M(상업), R-1, R-2(주거), S(창고)	

2) 시험방법 : ASTM E648=NFPA 253

임계열유속 : 고체나 액체의 표면에서 방출되는 가연성 혼합가스가 연소하한계(LFL)를 형성시키지 않는 최대 열유속

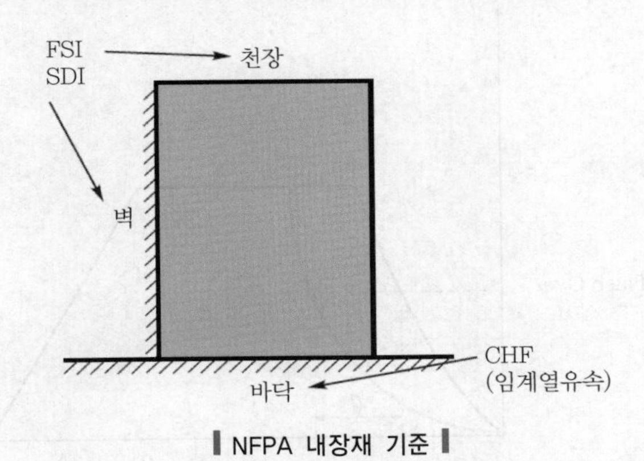

▌NFPA 내장재 기준▐

(6) 장식재

1) 성능기준

① 커튼, 아기 기저귀 교환 선반대 부착물과 같은 벽과 천장에 매달린 장식물 : 방염물품이거나 불연재(NFPA 701)

② 방염성 장식재의 적용기준

㉠ 벽 및 천장 면적합계의 10[%] 이내로 제한한다.

㉡ 자동식 스프링클러설비가 설치된 경우 : 50[%] 이하

③ 실내장식용으로 사용되는 목재(trim)

㉠ 화염확산지수 및 발연지수 : Class Ⅲ 이상

㉡ 가연성 목재의 설치면적 : 벽체와 천장 합산면적의 10[%] 이하

2) 부착성능 : 화재발생 시 실내온도 93[℃]에서 30분 이내에 탈락하지 않도록 견고하게 벽체나 천장에 부착한다.

04 결론

(1) 방화재료는 타지 않거나(불연재료), 잘 타지 않거나(난연재료)를 통해 화재 발화를 지연시키거나 화재성장속도를 늦추는 것이다. 또한, 화염전파의 요인인 발화시간(t_{ig})을 증가시켜 전파속도를 낮춤으로써 화재성장을 지연시킨다.

(2) 지연시킨 t시간만큼 전실화재(flash over)에 도달하는 시간이 길어지므로(ASET의 증가) 피난시간의 여유(RSET의 여유) 및 제어나 진압이 용이하다.

(3) 따라서, 건축방재의 시작은 마감재의 재료를 방화재료로 선택하는 것이며 방화재료가 아닌 경우나 등급이 낮은 경우는 스프링클러 등을 설치하여 화재 발생 시 공간을 충분히 적셔서 이로 인한 냉각으로 마감재의 성능을 향상할 수 있다.

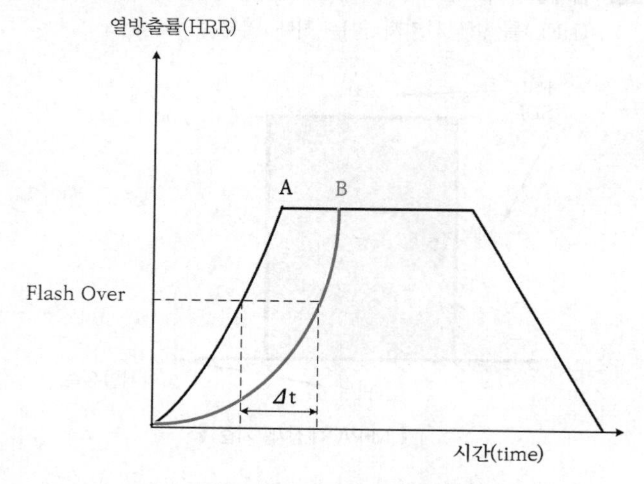

▌'A' 일반 마감재, 'B'는 준불연 마감재▐

1. **실내장식물**
   ① 건축물 내부의 **천장**, **벽**에 설치하는 것
   ② 가구류, 집기류, 넓이 10[cm] 이상의 반자돌림대를 제외한 모든 것
   ③ 종이류, 합판, 목재, 흡음재, 방음재, 칸막이벽
2. **최종허용시간(finish rating)**
   ① 대상 : 방호되는 가연성 물체 안에서 노출된 방호부재(protective membrane)에 닿아 있는 기둥이나 연결부위의 온도가 목재 평면 위의 화재 바로 옆에 있는 방호부재 뒤에서 측정했을 경우
   ② 평균 121[℃](250[℉]) 또는 최대 163[℃](325[℉]) 상승하는 데 걸리는 분 단위의 시간

SECTION 039

콘 칼로리미터(cone calorimeter)

01 개요

(1) 다양한 재료의 작은 시험 시편(100[mm]×100[mm])의 연소 특성을 연구하기 위해 사용되는 장치이다.

(2) 원뿔형 히터의 열원하에서 시험 시편에서 발생하는 열방출률, 연기발생률, 착화시간, 산소소모량, 일산화탄소 및 이산화탄소의 생성량, 질량감소율 등을 측정하는 장비이다.

02 장비의 구성요소

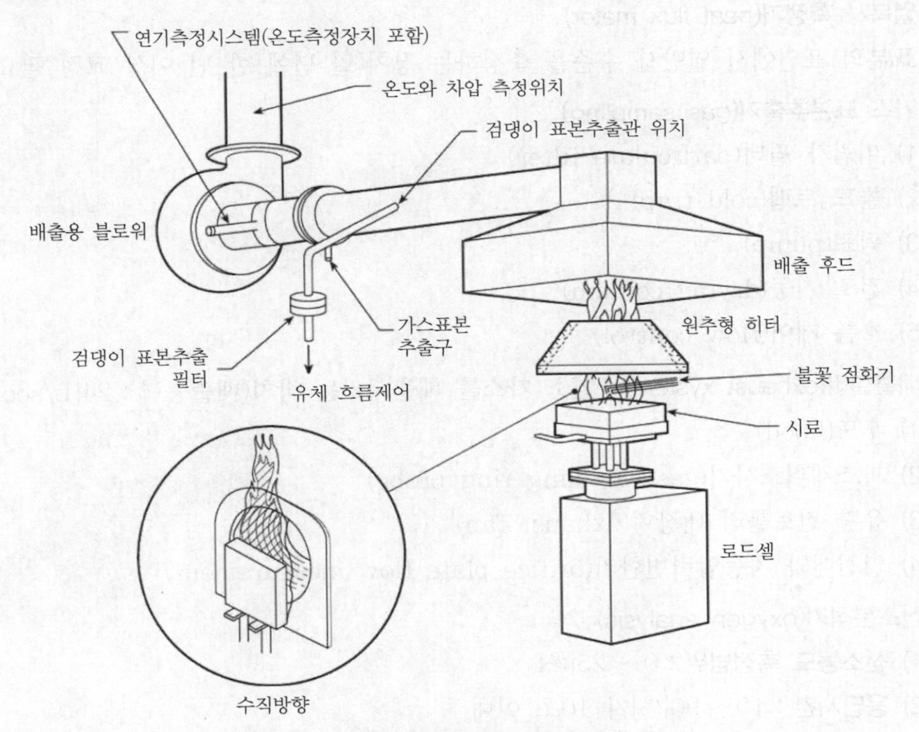

▌콘 칼로리미터의 개념도▐

'Cone calorimeter'라는 이름은 Dr. Vytenis Babrauskas가 NIST에서 개발한 Bench scale oxygen depletion으로 100[kW/m^2]까지의 Flux를 가지고 Test specimen(100[mm]×100[mm])을 조사하기 위해서 Dr. Vytenis Babrauskas가 사용했던 원뿔형의 히터 모양에서 유래되었다. 콘 칼로리미터는 미국 표준국(U.S. NBS)에서 Babrauskas, Parker, Swanson에 의해 최초로 설계되고 개발되었다.

(1) 로드셀(load cell)

0.1[g]의 정밀도와 2[kg]까지 시료의 중량 감소를 측정하는 장치

(2) 표본홀더(specimen holders)

수평과 수직 시험에서 50[mm] 두께까지의 100[mm] × 100[mm] 표본 설치용 장치

(3) 점화장치(spark Ignition)

안전 차단장치와 함께 10[kV] 불꽃을 발생시키는 장치

(4) 원추형 히터(conical heater)

0 ~ 100[kW/m^2], 수평과 수직 가열에 사용하는 가열장치

(5) 열복사 측정기(heat flux meter)

표본의 표면에서 열방사 수준을 측정하는 장치(일 년에 한 번 이상 교정 필요)

(6) 가스 표본추출기(gas sampling)

1) 미립자 필터(particulate filter)
2) 콜드 트랩(cold trap)
3) 펌프(pump)
4) 건조 기둥(drying column)
5) 흐름 제어(flow control)

(7) 배출설비(exhaust xystem) : 연소 가스를 배출시키는 장치(배출능력 : 24[L/sec])

1) 후드(hood)
2) 가스채취조사기(gas sampling ring probe)
3) 유량 컨트롤러 내장형(exhaust fan)
4) 열전대와 차동압력변환기(orifice plate flow measurement)

(8) 산소분석기(oxygen analysis)

1) 산소농도 측정범위 : 0 ~ 25[%]
2) 응답시간 : 10 ~ 90[%]가 10초 이내

(9) 연기측정시스템

0.5[mW] He-Ne 레이저를 이용하여 시료의 연기 발생 정도를 측정하는 시스템

(10) 자료수집 및 분석장치(data acquisition/switch unit)

(11) **프로그램 OS** : Windows software

03 측정원리

(1) 산소 소비 개념(숀튼의 법칙)

1) 연료가 무엇이든지 상관없이 소모되는 산소에 의해 열량 계산이 가능하다.

2) 이론적 근거 : 연료와 상관없이 일정하게 산소가 연소할 때는 13.1[MJ/kg]−O_2의 열량이 발생, 공기가 연소할 때는 3[MJ/kg]−Air가 발생한다.

$$\dot{q} = (13.1 \times 10^3) \cdot 1.10\, C \sqrt{\frac{\Delta P}{T_e}} \cdot \frac{(0.2095 - X_{O_2})}{(1.105 - 1.5X_{O_2})}$$

여기서, $\dot{q}$: 열방출률(rate of heat release)[kW]

C : 오리피스 계수[$kg^{½}m^{½}K^{½}$]

ΔP : 오리피스를 통한 압력강하[Pa]

T_e : 오리피스에서의 가스 온도[K]

X_{O_2} : 배출 공기에서 산소의 몰분율을 측정

(2) 연소계 내에서 소비되는 산소 또는 공기량 측정 = 열방출량(HRR)

04 측정방법

(1) 시험체를 로드셀에 올려 놓고 복사열에 노출해 연소한다.

(2) **복사열**

복사열	25[kW/m^2]	35[kW/m^2]	50[kW/m^2]
구분	발화점 수준	소형 발화원 수준	최성기 복사열 수준

(3) 연소생성물을 배출설비를 통해 수집 및 배출한다.

(4) 연소가스 유량, 산소소비량을 측정하여 숀튼의 법칙을 이용하여 열방출량(HRR)을 추정한다.

(5) **단계별 주요 측정내용**

1) 1단계 : 착화시간

2) 2단계 : 산소소모량

3) 3단계 : 열방출률(HRR) 및 연기발생량(SPR) 등

05 실험자료

(1) 점화시간(time to ignition[sec])
25, 35, 50[kW/m^2] 열량을 가해 점화시간을 측정한다.

(2) 산소소모량(oxygen production rate[g])

(3) 열방출률(rate of heat release[kW/m^2])
1) 최대 열방출률(PHRR : Peak Heat Release Rate)
① 정의 : 시료 표면에서 발생하는 순간적인 최대열량의 크기
② 화재의 성장 속도나 크기에 관한 정보를 제공한다.
2) 평균 열방출률(av HRR : average Heat Release Rate)
① 정의 : 시료의 실험 기간 전체에 걸쳐서 방출되는 열량 평균값이다.
② 180초와 300초의 방출률을 측정하여 자료화한다.
3) 총 방출열량(THR : Total Heat Released) : 측정된 열방출량을 적분한 값으로, 에너지의 총량이다.

(4) 질량감소속도 or 연소속도(mass loss rate[g/sec])

(5) 연기방출률(smoke release rate)

(6) **유효연소열(effective heat of combustion[MJ/kg])**
단위질량의 재료가 연소할 때 방출되는 열량[MJ/kg]

(7) 시편에 가해지는 복사열(heat flux, 단위 : [kW/m^2])

(8) 유독성 가스를 측정[rate of release of toxic gas release(e.g carbon oxide)]

(9) 연소가스 배출속도(exhaust duct flow rate, 단위 : [L/sec])

(10) 일산화탄소 발생량(carbon monoxide yield, 단위 : [kg/kg])

(11) 이산화탄소 발생량(carbon dioxide yield, 단위 : [kg/kg])

SECTION 040

난연화(flame retardants)

01 개요

가연성 고체재료의 난연화를 도모하려면 연소의 4요소 중 어느 하나 이상을 제거하거나 반응을 지연시키면 된다. 따라서, 크게 산화 반응영역인 기상에서 제어하는 부촉매와 희석이 있고 환원 반응영역에서 이루어지는 열을 흡수하는 방법이나 열차단 장벽을 형성하는 방법 등이 있다. 어느 경우도 구체적으로 각자의 효과가 있으려면 목적에 적합한 방법으로 처리하는 것이 필요하다.

02 난연제

(1) 개요

1) 정의 : 난연성을 부여하기 위하여 사용되는 약제

2) 기능 : 난연제는 연소하기 쉬운 성질을 가지고 있는 플라스틱과 같은 유기물질을 물리 · 화학적인 방법으로 개선하여 연소를 억제하거나 완화하는 효과가 있는 물질로서, 이는 가열, 분해, 발열 등의 특정한 연소단계를 방해한다.

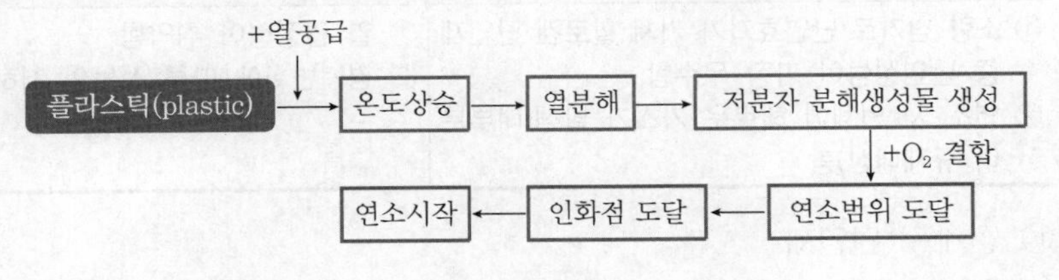

▌고분자 물질의 연소▐

(2) 구성성분에 의한 분류

난연제 구분		
유기계	인계	비할로겐계
	질소계	
	인계 + 할로겐계	할로겐계
	할로겐계	

<table>
<tr><th colspan="4">난연제 구분</th></tr>
<tr><td rowspan="3">무기계</td><td>금속화합물</td><td>① 수산화알루미늄
② 수산화마그네슘</td><td rowspan="3">비할로겐계</td></tr>
<tr><td colspan="2">안티몬(Sb)계</td></tr>
<tr><td>기타</td><td>① 몰리브덴(Mo)
② 붕산아연</td></tr>
</table>

1) 유기 난연제

① 특징 : 고분자와의 합성이 용이

② 종류 : 할로겐계, 인계

㉠ 할로겐 난연제

- 난연효과
  - 가스상에서 발생한 라디칼을 포획하여 안정화함
  - 라디칼의 수를 줄여줌으로써 화학반응을 억제하는 기능(부촉매)
- 일반적 특징
  - 현재 가장 많이 사용하는 난연제
  - 가격이 저렴하고, 난연효과가 우수
  - 연소 시 유독가스 발생, 발암물질 발생으로 인체 독성 및 환경오염의 원인(사용 감소추세)
  - 할로겐 화합물이 형성되어 강한 부식성으로 전자기기나 전선의 피복손상
  - 할로겐 원소를 다량 첨가할 경우 내충격성 등 표면의 얇은 막의 물성과 성형성 저하

브롬계(Br) 난연제	염소계(Cl) 난연제
① 소량 첨가로 난연효과가 커서 할로겐 난연제 중 난연성능이 가장 우수함 ② 연소 시 인체에 해로운 가스가 발생(대부분이 규제대상)함	① 열 안정성이 취약함 ② 경년변화에 따른 성능의 저하가 작음

㉡ 인계(P) 난연제

- 난연성능
  - 연소할 때 인화합물은 열분해 때문에 폴리인산(HPO)을 생성하고 이것이 보호층을 형성하는 경우
  - 폴리인산이 생성될 때 탈수작용 때문에 생성되는 탄화층이 열전달과 산소의 접근을 차단하여 연소를 막는다.
- 현재 가장 보편적인 난연제

• 특징

– 열분해 → 폴리인산 생성 → 탄화층 생성

↑

에스테르화, 탈수 소화

– 탄화층이 열의 유입을 차단

– 산소를 가지고 있는 물질에도 난연효과(제5류 자기반응성)

– 인에 의한 부촉매 효과(PO의 부촉매효과)

H_3PO_4 → PO + etc.

H + PO → HPO

H + HPO → H_2 + PO

OH + PO → HPO + O

– 종류 : 적린, 인산에스테르(phosphates)

– 포스핀(PH_3, Phosphine) : 폴리인산 첨가 시 탄화층 형성에 도움

– 적린(P, red phosphorus) : 독성이 없고 열적으로 안정하지만 물과 접촉 시 독성이 강하고 밀폐공간에서 폭발위험이 있는 포스핀 가스를 방출하므로 주의가 필요

㉢ 인 + 할로겐 난연제

㉣ 인 + 질소계 난연제(instrument계)

2) 무기 난연제

① 난연성능

㉠ 열에 휘발되지 않으며 분해되어 H_2O, CO_2, SO_2, HCl과 같은 불연성 기체 방출

㉡ 흡열반응을 통해 냉각

㉢ 기상에서 가연성 기체를 희석하여 고분자 중합체의 표면을 도포 : 열분해 억제 및 산소의 접근을 차단

② 종류

㉠ 수산화알루미늄($Al(OH)_3$)

• 난연성능

– 탈수반응 시 흡열반응에 의해 물(H_2O)을 생성하여 냉각 및 희석작용

– 산화알루미늄(Al_2O_3)이 피막을 형성해서 산소차단, 가열 및 열분해를 억제한다.

– 수산금속 화합물과 방염 조제에 의한 무기물과 숯의 복합층 생성

– 반응식 : $2Al(OH)_3 \rightarrow Al_2O_3 + 3H_2O - 298[kJ/mol]$

• 장단점

장점	단점
– 가격이 저렴함 – 화재 초기의 발열 억제효과가 큼 – 발연 억제효과 – 유독가스의 미발생 – 첨가량에 비해 물성변화가 작음 – 쉽게 투입할 수 있어 가장 많이 사용되는 난연제 중 하나임 – 저발연성, 낮은 부식성, 우수한 절연성	– 난연성을 부여하기 위해 다량 사용이 필요함 – 제품의 기계적 특성 및 가공성 저하(폼 성형 곤란) – 연소 후기(400[℃])에서의 난연효과가 작음 – 분해온도가 200[℃]로 성형온도(270[℃] 이상)가 높은 고분자 물질에는 사용할 수 없음

㉡ 산화안티몬(Sb_2O_3)

• 난연성능 : 안티몬과 할로겐 화합물은 연소 시 기상에서 자유라디칼(free radical)의 연쇄반응을 억제한다.

• 사용처 : PVC, PE, PP, ABS, 폴리우레탄 등의 난연재

• 난연제 중 할로겐 화합물과 산화안티몬계의 조합이 현재 세계적으로 가장 방염효율이 높은 방염제이다.

• 장단점

장점	단점
– 백색의 미립자 분말이고 은폐력이 크다. – 입자가 고와서 분산성이 우수 – 개발비가 저렴	– 연소가스가 먼저 발생하고 난연효과가 나중에 발생(초기에 화재를 확대) – 가격이 불안정하고, 단독으로는 난연효과가 낮음 – 독성물질로 환경문제

㉢ 수산화마그네슘[$Mg(OH)_2$]

• 난연성능

– 수산화마그네슘은 분해 시 물(H_2O)을 방출해서 기체상에서의 연소할 수 있는 연료의 농도를 희석(희석소화)한다.

– 반응식 : $Mg(OH)_2 \rightarrow H2O + MgO - 1,300[kJ/kg]$

• 장단점

장점	단점
– 수산화마그네슘은 300[℃] 이상에서 분해되며 가공온도가 높은 열가소성 플라스틱에서도 사용할 수 있음 – 부식성 가스와 연기발생을 억제함 – 비휘발성이라서 지속효과가 우수함 – 무독성인 것이 많고 재활용이 가능해서 환경측면에서 우수함 – 무기 탄화복합층을 생성함 – 탈수에 의한 냉각효과가 우수함 – 분해온도가 수산화알루미늄보다 높아 광범위한 적용이 가능함	다량 첨가 시 물성을 손상시킴

㉣ 붕소 화합물(B) : 고체표면에 유리상의 보호층을 형성하여 산소 및 열을 차단하는 피복효과를 가진다.

㉤ 확장흑연(expandable graphite) : 산소와 열을 효과적으로 차단하고 연기발생량을 감소시킨다.

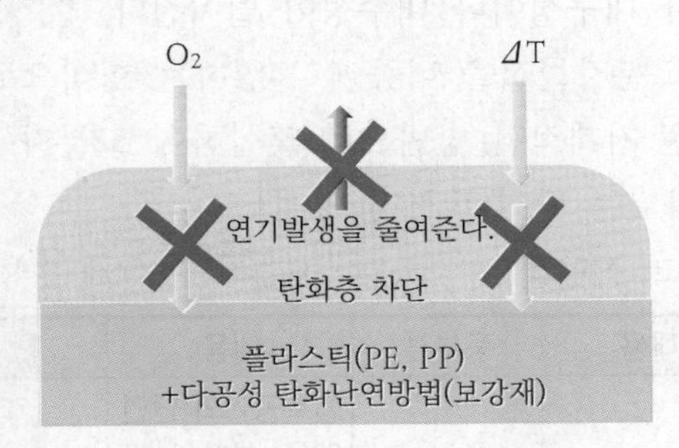

▌흑연의 탄화층 효과[24] ▌

㉥ 나노 복합재료(nano composites)

(3) 상에 의한 분류

구분	제어영역	종류	특징
고상 (solid phase)	환원 반응영역	인 화합물	탄화층 생성 효과
		발포성(인 + 질소) 방염계[APP + PER, 실리콘(silicon) 화합물], 확장흑연	발포 탄화물 생성 효과로 공간을 채워서 방염성능을 냄
		실리콘 화합물	-Si-O-, -Si-C- 결합으로 세라믹(ceramics) 복합층 생성효과
		나노 복합재료	조밀한 미립 무기 단열층을 생성함으로써 가연물의 기계적 강도와 안정성이 향상함
기상 (gas phase)	산화 반응영역	할로겐(halogen)계, 광안정제(hindered amine) 화합물, 인계 화합물	연소의 연쇄반응에 대해서 라디칼 포착제로서 활용되어 연소 억제
		금속화합물, 붕소 화합물	흡열반응에 의한 냉각

03 난연제의 요구 특성

(1) 난연성이 우수하여야 한다.

(2) 가공성이 우수하여야 한다.

(3) 기본 수지의 물성 변화가 작아야 한다.

(4) 내후 · 변색성이 작아야 한다.

(5) 지속성이 좋아야 한다.

24) http://www.pinfa.org/uploads/images/Inorganic_flame_retardants.jpg

04 난연 가공방법

(1) 난연제 첨가방법

첨가형은 반응형보다 내구성이나 내수성이 떨어진다.

1) 첨가형 : 기성의 고분자물질을 나중에 혼입하는 형식으로 난연제를 원료 수지의 내부에 물리적 혹은 기계적인 방법으로 혼합하여 고분자 내에서 난연제가 섞이게 되어 난연제가 첨가되는 방식(후처리 방법)

① 첨가형의 구분과 장단점

대분류	내용	중분류	내용	장점	단점
도포법	난연제를 가연물 물질 표면에 바르는 방법	분무법(spraying)	압축공기와 난연액을 섞어서 가연물 표면에 미립자 형태로 분사하는 방법	대형 가연물의 난연처리에 적합	• 난연제가 공기에 흩날리므로 난연제의 낭비가 심하고 작업이 어렵다. • 작업시간 : 중간
		붓칠법(brush)	붓이나 롤러를 이용하여 가연물의 표면에 난연제를 바르는 방법	• 도포 피막의 두께를 조절하기 쉬움 • 분무법과 같이 난연제가 공기 중으로 날리는 것이 없고, 침지법과 같이 많은 난연제를 사용하지 않아도 됨 • 환기가 어려운 장소에 효과적임	• 다량 및 대형 가연물에는 부적합 • 작업시간 : 장시간임
		흘림법	난연제를 가연물에 흘려서 적용하는 방법	• 대형 가연물에 적용 • 간편 • 작업시간 : 짧음	• 많은 양의 난연제가 소모 • 비경제적
		라이닝법	불연재를 표면에 부착시키는 방법	• 건조가 필요 없다. • 간편하다.	• 부착제의 난연성능 • 숙련공이 필요함
침지법(dipping)	시험체 전체를 침투액 탱크에 넣어서 가연물에 침투액이 충분히 젖은 뒤에 꺼내는 방식으로 침투제를 적용하는 방법			• 가연물의 전 표면에 동시에 침투제 적용(빠른 작업시간) • 형태가 복잡한 가연물에 적용 편리함 • 소형 다품종의 제품에 적용 편리함	• 별도의 침투액 탱크가 필요 • 대형 가연물에 적용하기 부적합함 • 다량의 난연제 소요

② 첨가형 난연제의 특징

㉠ 유기계 난연제 : 고분자와 난연화가 쉽다.

㉡ 무기계 난연제 : 저가 및 할로겐화 유기화합물과의 상승작용이 발생한다.

㉢ 장점 : 가격 저렴, 사용 편리, 시장의 대중성으로 큰 비중을 차지한다.

㉣ 단점 : 재료에 물성변화를 가져온다.

2) 반응형

① 개요

㉠ 정의 : 합성 시에 첨가하여 친 고분자와의 사이에 가교를 형성시키는 형식으로 고분자물질을 섞어서 새로운 고분자물질을 만들어 내는 방법(공중합법)

꼼꼼체크 공중합체(copolymer) : 중합체를 만드는 방법으로, 두 개의 서로 다른 단량체가 결합하여 사슬을 형성하는 것을 말한다.

㉡ 난연성능 : 수지 자체가 난연성을 나타낼 수 있도록 고분자 중합체와 반응하여 고분자 내에 난연성 원소가 화학적으로 결합하는 형태인 가교화를 형성한다.

㉢ 특성

- 난연효과가 우수하다.
- 물성의 변화가 작다.
- 비용이 많이 들고 제조시간이 많이 소요된다.
- 난연 선처리 방법으로 사용한다.

② 종류

㉠ 알로이(alloy)법 : 두 가지 이상의 물질을 섞은 후에 녹여서 만드는 방법

㉡ 폴리 블렌드(poly blend)법 : 두 가지 이상의 중합체를 녹이지 않고 섞어서 만드는 방법

가공방법에 따른 분류	
첨가형	유기계
	무기계
반응형	비닐기를 가진 것($-CH=CH_2$)
	수산기를 가진 것(OH)
	에폭시기를 가진 것 $(-CH-CH_2)$ (CH와 CH_2가 O로 연결된 고리)

(2) 첨가방법에 따른 구분

1) 분자구조 설계를 통해서 내열성을 갖는 고분자 합성방법
2) 고분자 제조 시 첨가해서 난연성을 증가시키는 반응형 난연제의 합성방법
3) 물리적으로 사후에 첨가하는 첨가형 난연제의 가공방법
4) 난연제로 표면처리를 하는 방법

05 난연성능 평가

(1) 난연성능의 평가 방법

국내에서는 산소지수와 방염기준(잔염, 잔신시간, 탄화길이, 탄화면적)에 의한 방법이 있고, 미국과 유럽에서는 UL-94 등에 의한 방법이 있다.

1) IEC 60332 : 탄화길이로 난연성능에 대한 적부 판정만 있다(전자제품).
2) UL 94 : 잔염시간으로 난연등급을 분류한다.
3) SBI : 유럽 등의 난연등급, 화재 위험성 분석 등의 연구에 이용한다.

(2) UL-94의 시험방법

1) 종류 : 표면, 수직, 수평의 3가지
2) 가장 많이 사용되는 난연성 시험 : 수평시험과 수직시험

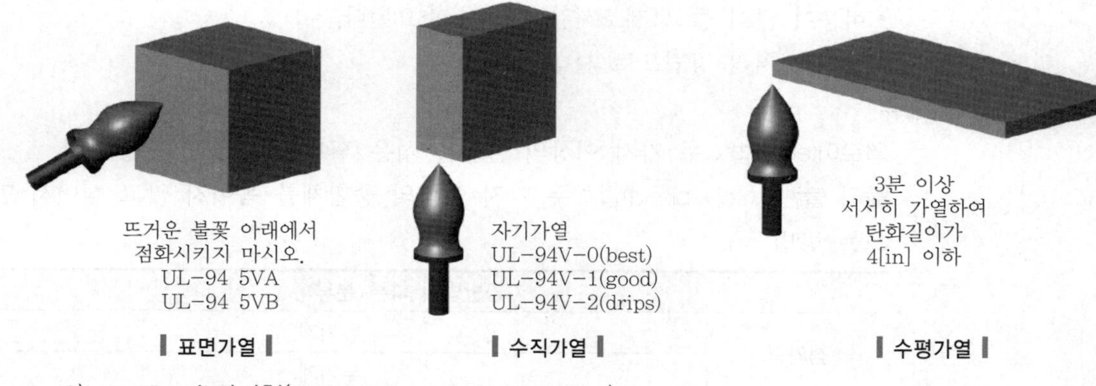

▌표면가열▐ ▌수직가열▐ ▌수평가열▐

3) UL-94 수평시험(HB : Horizontal Burning test)
   ① 정의 : 시편을 수평 방향으로 눕혀 설치 후 불을 붙여 1분당 타들어 간 길이로 평가한다.
   ② 유효성 : 시험규격이 까다롭지 않기 때문에 일반적인 플라스틱은 이 규격을 통과하지만, 수평시험의 경우에도 반드시 UL에 두께별로 신청, 테스트를 거쳐 UL-card(yellow book)를 발급받은 후에 유효하다.

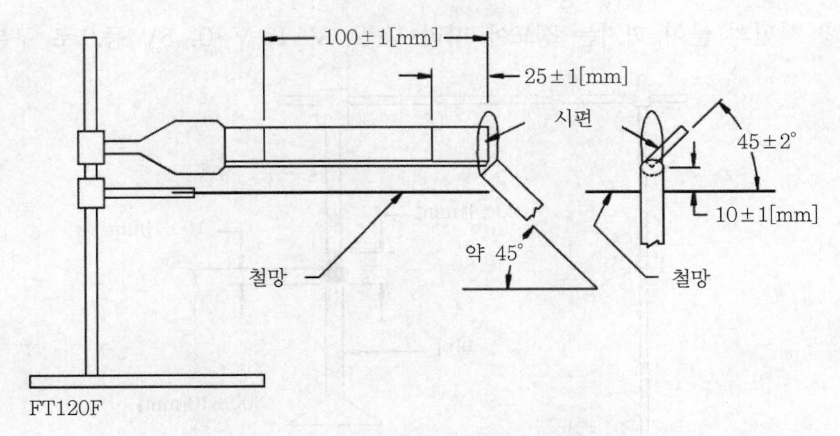

▌수평시험장치[25]▐

③ 시편 크기 : 길이 5[in](127[mm]), 폭 0.5[in](12.7[mm]), 두께 0.12 ~ 0.5[in] (3.05 ~ 12.7[mm])

④ 시편 처리조건 : 23 ± 2[℃], 상대습도(RH) 50 ± 5 상태에서 48시간 이상 방치 후 시험

⑤ 시편의 수 : 최소 3개, 3개가 1set

⑥ 길이 측정

㉠ 시편에 불꽃을 30초 동안 접속한다.

㉡ 시편이 1[in]까지 타들어 간 후부터 측정한다.

㉢ 3[in] 구간 내에서 1분간 시편이 타들어 간 길이를 측정한다.

⑦ 불꽃 : 메탄가스 1[in], 파란 불꽃 45° 각도

⑧ 인증기준

시편 두께	UL 94HB 요구조건
3.0 ~ 12.7[mm]	연소속도 < 38.1[mm/min]
3.05[mm] 이하	연소속도 < 76.2[mm/min]

⑨ 등급기준

등급	잔염시간(after flame)	잔신시간(after glow)	불꽃의 낙화로 인한 솜에 점화
HF-1	≤ 2[sec]	≤ 30[sec]	×
HF-2	≤ 3[sec]	≤ 30[sec]	○
HBF	연소속도가 40[mm/min]을 초과하면 안 된다.		

4) UL-94 수직난연성 시험(V : vertical burning test)

① 정의 : 시편을 수직으로 세워놓고 버너로 시편에 불을 붙여 일정 시간 내에 저절로 시편에 붙은 불이 꺼지는지를 측정한다.

25) Figure 7.1 Horizontal burning test for HB classification, 13Page UL 94

② 시편의 불이 꺼지는 정도에 따라 V-2, V-1, V-0, 5V 등으로 구분한다.

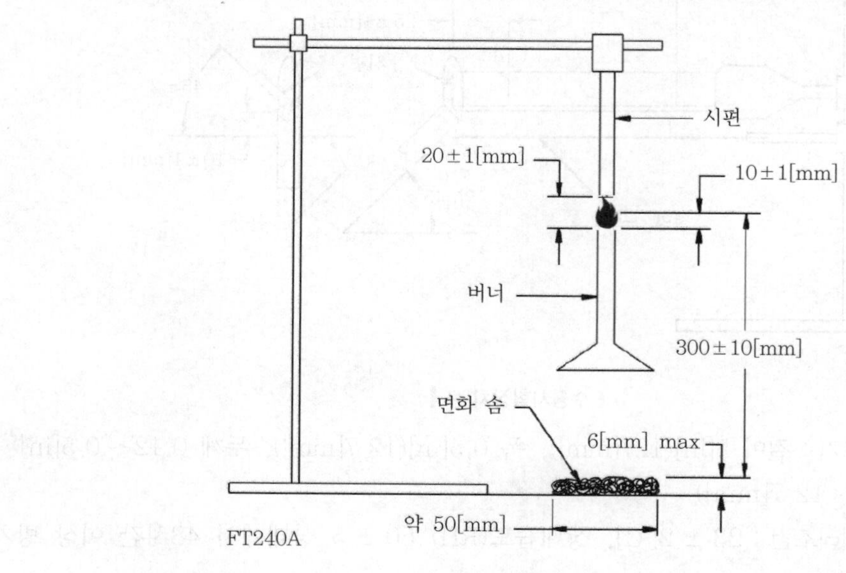

▌수직시험장치[26]▐

③ 시편의 크기 : $5 \times \frac{1}{2''} \times$ 두께(시편 5개)

④ 시편 처리조건 : 23 ± 2[℃], 상대습도(RH) 50 ± 5 상태에서 48시간 이상 방치 후 시험

⑤ 시험방법

㉠ 10초 동안 시편의 하부 모서리 중앙에 불꽃을 접속한다.

㉡ 만약 30초 이내에 연소가 멈추면 추가로 10초 동안 불꽃을 다시 접속한다.

㉢ 시간을 측정한다.

⑥ 등급 기준

등급	잔염시간(after flame)	잔신시간(after glow)	불꽃의 낙화로 인한 솜에 점화 여부
VTM-0	≤ 10[sec]	≤ 30[sec]	없어야 한다(5VA).
VTM-1	≤ 30[sec]	≤ 60[sec]	없어야 한다(5VA).
VTM-2	≤ 30[sec]	≤ 60[sec]	허용한다(5VB).

[비고] 5VA가 가장 난연성이 뛰어나고 5VB → V-0 → V-1 → V-2 → HB순이다.

(3) (한계)산소지수(limiting oxigen index)

1) **정의** : 고분자 시료의 불꽃이 3분간 꺼지지 않고 타는데 필요한 산소-질소 혼합공기 중 최소한 산소의 부피 퍼센트[v%]

26) Figure 8.1 Vertical burning test for V-0, V-1, V-2 classification. 18Page UL 94

2) 공식

$$LOI = \frac{O_2[L/min]}{O_2[L/min] + N_2[L/min]} \times 100[\%]$$

여기서, LOI : 한계산소지수

O_2 : 산소의 양(L/min)

N_2 : 질소의 양(L/min)

3) 물질별 산소지수

수지	LOI[%]	수지	LOI[%]
β-유리섬유	100	PS	18.1
테플론	95	PE	17.4
PVC	47	PP	17.4
나일론	2,429	PMMA(아크릴)	17.4
PC	2,628	파라핀	16.0

4) 의의

① LOI가 낮다는 것은 연소하기가 쉽다는 의미이다(26[%] 이하는 가연성).

② 연소성 시험방법

LOI	성질
21[%] 이하	공기 중에 빠르게 연소(가연성)
21 ~ 26[%]	공기 중에 느리게 연소(가연성)
27[%] 초과	공기 중에 타기 어려운 자기소화성

5) 시험방법

① 시험표준 : KSM ISO 4589-2(2011)

② 시험편의 조건 : 온도 23 ± 2[℃], 상대습도 50 ± 5[%]에서 최소 88시간

③ 시험방법 : 시편 상부면 점화, 최대 30초 접염

④ 성능기준(or)

㉠ 점화 후 연소시간 : 3분 이상

㉡ 연소길이 : 50[mm] 이상

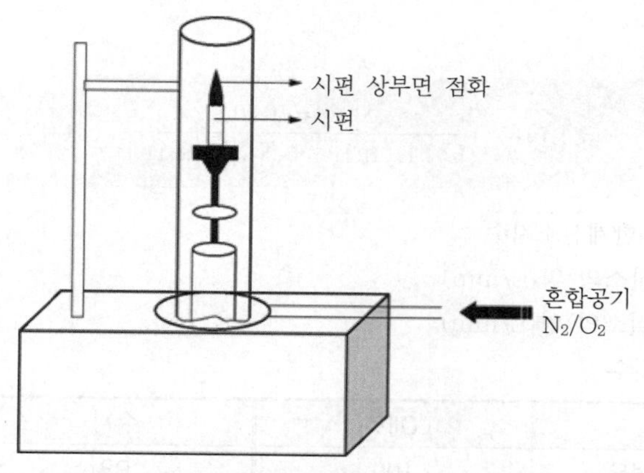

▌ASTM D2863에 의한 한계 산소지수(LOI) 시험 ▌

6) 각종 고분자화합물의 난연성은 사용 난연제의 양이 증가할수록 우수해지는데 양이 증가하면 산소지수도 동시에 증가하는 경향을 나타낸다.

7) UL-94의 난연등급과 산소지수의 차이점 : UL-94의 난연등급은 난연제 일정 비율에서 난연성이 나타난다는 점이 산소지수는 난연재에 비례한다.

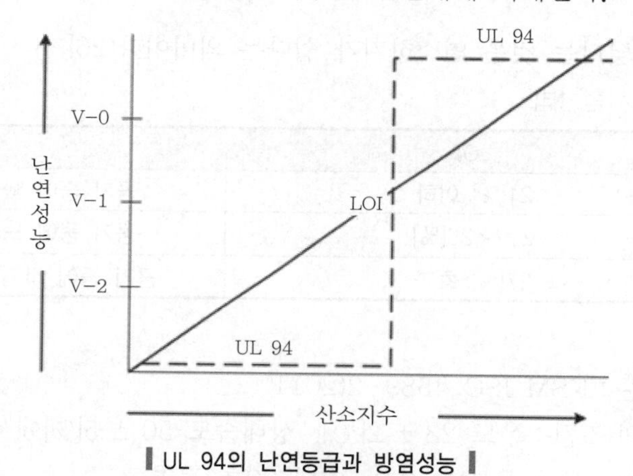

▌UL 94의 난연등급과 방염성능 ▌

06 난연처리의 문제점

(1) 난연처리를 아무리 잘한다고 하더라도 유기물질의 열분해까지 완전히 저지할 수는 없는 한계를 가지고 있다.

(2) 난연처리를 하면 발염 연소 대신 훈소의 형식을 취한 현상이 진행되어 도리어 연기나 유독가스라고 하는 바람직하지 못한 배출물을 증가시키는 결과를 초래하기도 한다. 이로 인해 독성물질에 의한 인적 피해, 부식성 가스에 의한 물적 피해가 발생한다.

(3) 한계산소지수(LOI) 측정과 같은 소형의 실험에서는 좋은 난연성을 가졌음에도 불구하고 실제로는 화염이 하향 전파가 아닌 상향으로 전파되므로 이를 통해서 난연성능의 신뢰성 확보가 곤란하다.

(4) 난연제의 물질 첨가 시 발생할 수 있는 기능 저하

1) 열안정성이 저하된다.
2) 기본 물성이 변질된다.
3) 상용성 부족으로 인한 블루밍(blooming) 및 금형 내의 가스방출(gas venting)이 발생한다.

블루밍(blooming) 현상 : 난연제를 주입한 대상물 표면에서 용매의 증발 또는 고정 과정의 부산물로 생긴 결정체 또는 분말을 나타내는 현상

SECTION 041

방염(flame retardancy, resist dyeing, 防焰)

119 · 118회 출제

01 개요

(1) 정의

연소하기 쉬운 마감재 등의 발화 및 화염 확산을 지연시키는 가공처리 방법이다.

(2) 목적

화재의 발생빈도가 높고 화재 시 인적 또는 물적 피해가 클 것으로 예상하는 특정 소방대상물에 사용하는 실내마감재 등에 방염처리를 하여야 착화방지 또는 발화지연시간 증대와 빠른 연소확대를 방지하여 ASET을 증가시키고, 초기 소화시간을 확보할 수 있다.

(3) 방염처리원칙

1) 선 처리가 원칙이다.

2) 예외적으로 목재, 합판은 후처리(현장 처리)가 가능하다.

02 방염처리 대상[27] 125 · 86 · 80 · 70회 출제

(1) 근린생활시설 중 의원, 체력단련장, 공연장 및 종교집회장

(2) 건축물의 옥내에 있는 시설로서, 다음의 시설

1) 문화 및 집회시설

2) 종교시설

3) 운동시설(수영장은 제외)

(3) 의료시설

(4) 교육연구시설 중 합숙소

(5) 노유자시설

(6) 숙박이 가능한 수련시설

(7) 숙박시설

(8) 방송통신시설 중 방송국 및 촬영소

(9) 다중이용업소

27) 「소방시설 설치 및 관리에 관한 법률 시행령」 제30조

(10) 상기 시설에 해당하지 않는 것으로서 층수가 11층 이상인 것(아파트는 제외)

03 방염대상물품 125회 출제

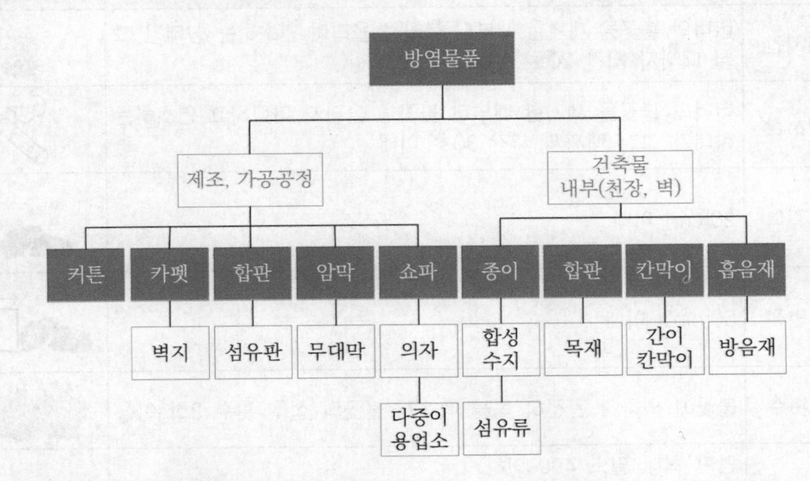

대통령령으로 정하는 물품(「소방시설 설치 및 관리에 관한 법률 시행령」 제31조)은 다음과 같이 구분한다.

▌방염대상물품 및 방염성능기준▐

구분	내용
제조 또는 가공 공정에서 방염처리를 한 물품(합판 · 목재류는 설치 현장에서 방염처리를 한 것을 포함)	① 창문에 설치하는 커튼류(블라인드를 포함) ② 카펫 ③ 두께가 2[mm] 미만인 종이벽지는 제외 ④ 전시용 합판 또는 섬유판, 무대용 합판 또는 섬유판 ⑤ 암막 · 무대막(영화상영관의 스크린과 골프 연습장업의 스크린을 포함) ⑥ 섬유류 또는 합성수지류 등을 원료로 하여 제작된 소파 · 의자(다중이용업소 중 단란주점영업, 유흥주점영업 및 노래연습장업의 영업장에 설치하는 것만 해당)
건축물 내부의 천장이나 벽에 부착하거나 설치하는 것(내부 마감 재료)	① 종이류(두께 2[mm] 이상인 것) · 합성수지류 또는 섬유류를 주원료로 한 물품 ② 합판이나 목재 ③ 공간을 구획하기 위하여 설치하는 간이 칸막이 ④ 흡음재(흡음용 커튼 포함) ⑤ 방음재(방음용 커튼 포함) ⑥ 예외 : 가구류(옷장, 찬장, 식탁, 식탁용 의자, 사무용 책상, 사무용 의자 및 계산대, 그 밖에 이와 비슷한 것)와 너비 10[cm] 이하인 반자돌림대 등과 내부마감 재료(실내장식물)
권장 물품(소방본부장 또는 소방서장의 권장)	① 다중이용업소, 의료시설, 노유자시설, 숙박시설 또는 장례식장에서 사용하는 침구류 · 소파 및 의자 ② 건축물 내부의 천장 또는 벽에 부착하거나 설치하는 가구류

04 방염성능의 기준 125 · 115 · 109 · 104 · 93 · 84 · 71회 출제

(1) 방염성능 기준표[28]

구분	기준	이미지
잔염시간	버너의 불꽃을 제거한 때부터 불꽃을 올리며 연소하는 상태가 그칠 때까지 시간 20초 이내	20초
잔신시간	버너의 불꽃을 제거한 때부터 불꽃을 올리지 아니하고 연소하는 상태가 그칠 때까지 시간 30초 이내	30초
탄화길이	20[cm] 이내	탄화 길이 20[cm]
탄화면적	50[cm^2] 이내	탄화 면적 50[cm^2]
접염횟수	불꽃에 의하여 완전히 녹을 때까지 불꽃의 접촉 횟수 3회 이상	3회 이상
발연량	연기 최대 밀도 400 이하 $D_s = 132\log\dfrac{100}{T}$ 여기서, D_s : 비광학밀도 T : 광선투과율	400 이하

(2) 대상별 방염성능 기준표(방염성능기준 소방청고시 제2022-29호)

구분	잔염시간 (초 이내)	잔신시간 (초 이내)	탄화면적 ([cm^2] 이내)	탄화길이 ([cm] 이내)	접염회수 (회 이상)	최대 연기 밀도
카페트	20	–	–	10	–	400 이하
얇은 포	3	5	30	20	3	200 이하
두꺼운 포	5	20	40	20	3	200 이하
합성수지판	5	20	40	20	–	400 이하
합판 등 (합판, 섬유판, 목재)	10	30	50	20	–	신청값 이하 (400 이하)
소파, 의자	120	120	–	평균 5 최대 7	–	400 이하

1) 얇은 포 : 450[g/m^2] 이하인 것
2) 두꺼운 포 : 450[g/m^2] 초과하는 것은 <, >로 표시

(3) 방염성능기준의 문제점

허용 독성 기준이 없다.

28) 「소방시설 설치 및 관리에 관한 법률 시행령」 제31조 제2항

05 방염의 목적

(1) 발화 억제 및 착화시간 지연

(2) 열, 연기 발생 및 화재성장속도의 저감

(3) 피난가능시간의 연장 및 초기 소화시간의 확보

(4) 인명 및 재산 피해의 저감

06 방염의 원리

(1) 가열 → 분해 → 가연성 가스와 산소의 혼합(확산) → 발화(화염)의 과정 중 어느 한 단계를 차단 및 지연하여 연소반응이 연쇄반응하는 것을 방해한다.

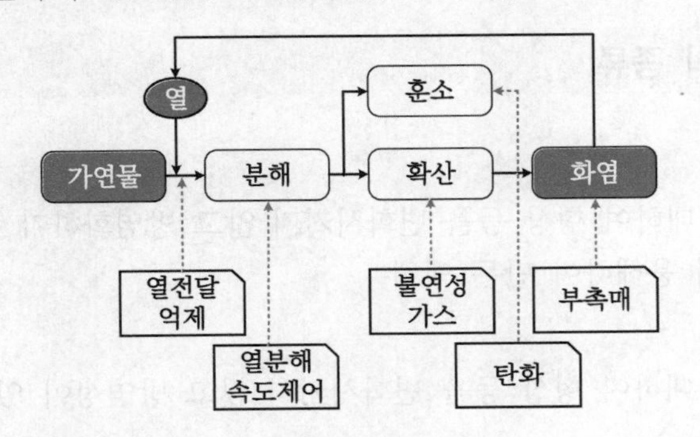

▌방염의 원리▐

(2) 방염의 원리, 방법, 방염제

원리	방법	방염제
냉각효과	흡열반응	수산화알루미늄, 붕소 화합물
열전달 억제	가연물 표면에 피막 형성 (탄화층, 무기물층)	인 화합물, 실리콘, Al_2O_3, 나노 복합자재
열분해 속도제어	열분해 속도 감소 : 가연성 가스 발생 억제(LFL 이하)	–
	열분해 속도 증가 : 가연성 가스가 착화 온도에 도달하기 전 가연성 가스방출 (UFL 이상)	–
질식효과	불연성 가스 생성	수산화알루미늄, 삼산화안티몬
부촉매효과	할로겐 원소로 라디칼 제거	할로겐 화합물

07 방염제 구비조건

(1) 방염가공이 용이하여야 한다.

(2) 방염효과가 우수하여야 한다.

(3) 방염효과 지속성이 우수하여야 한다.

(4) 내세탁성이 우수(얇은 포, 두꺼운 포)하여야 한다.

(5) 독성이 작아야 한다.

(6) 경제성이 있어야 한다.

(7) 방염재료의 물리적 성질을 저하하지 말아야 한다(본래 기능 저하).

(8) 환경의 오염이 없어야 한다.

08 방염제의 종류

(1) 방염액

가연성 재료에 대하여 형상 등을 변화시키지 않고 방염화하기 위하여 방염성의 물질을 물 또는 용제에 용해하여 만든 액체

(2) 방염도료

가연성 재료에 대하여 형상 등을 변화시키지 않고 방염성이 있는 물질을 도료와 혼합한 것

(3) 방염성 물질

가연성 재료에 대하여 형상 등을 변화시키지 않고 방염성이 있는 물질을 고체 또는 분말 형태로 만든 것

09 방염처리방법

(1) 섬유류나 플라스틱 제품

1) 공중합법(반응형) : 원료합성단계에서 방염성분을 공중합시키는 방법

2) 표면처리법(첨가형) : 제품표면에 방염제를 그래프트(graft : 접목, 이식) 또는 코팅하는 방법

(2) 목재류

1) 표면처리법(첨가형) : 방염제나 방염도료를 목재표면에 스프레이 또는 직접 칠하는 방법

2) 라이닝(lining)법(첨가형) : 금속판이나 기타 불연재를 목재표면에 부착시키는 방법
3) 함침법(含浸法)(첨가형) : 방염제를 목재 내부까지 침투시키는 방법
   ① 압력법 : 진공과 압력을 사용하여 방염제를 침투시키는 압력법이 방염제를 나무의 내부까지 침투시킬 수 있으므로 훨씬 효과적이지만 이 방법은 압력솥(autoclave)이 필요하므로 소형 목재의 처리에만 응용할 수 있으며 목조 건물이나 대형 목재는 처리가 곤란하다.
   ② 비압력법 : 스프레이에 의한 코팅법과 효과면에서 별 차이가 없다.
4) 목조건물이나 대형 목재의 방염처리는 결국 방염제를 목재표면에 분무하거나 칠하는 표면처리법만이 실용이 가능하다.

10 검토사항 118 · 115회 출제

(1) 현 방염내용은 착화 및 화재 확산에 주안점을 둔 관계로 독성에 관한 규정이 미비(선처리, 후처리)하다.
  1) 방염제의 방염성능을 높이려다 보면 열분해 시 독성물질의 발생이 증대되는 문제가 생길 수도 있는데 이에 관한 규정의 미비로 방염이 화재 초기에는 연소확대를 지연시키지만, 어느 정도 화재가 성장하면 오히려 인명피해를 증대시키는 요인이 될 수도 있다.
  2) 향후 방염성능기준에는 독성에 관한 검토를 통한 엄격한 관리가 필요하다.

(2) 후처리 시료의 신뢰성 문제
  1) 방염처리업자가 제출한 시료에 의한 성능시험을 실시한다.
  2) 시료를 방염처리업자가 제출하므로 현장과의 일치 여부를 확인할 수 없다(현장 시료 채취는 미관상 현장반발로 실효성이 낮음).
  3) 대책
     ① 도막 두께 측정방법 적용 : 도막 두께 측정 장비, 도막 두께 측정용 라벨 등
     ② 형광 분석(XRF)방법 적용 : 엑스레이 선을 조사했을 때 그 원소에서 나오는 2차 엑스레이를 검출기가 읽어내는 방식으로 시료를 훼손하지 않고도 정량 · 정성적 분석이 가능하다.

(3) 후처리 방염전문가의 부재
  1) 현장에서는 대부분 실내장식 기술자 또는 도장처리 기술자들이 현장 방염처리를 수행한다.
  2) 대책 : 방염기술인력에 대한 관리와 자격관리가 필요하다.

(4) 방염 후처리 문제

1) 후처리된 방염은 기능이 선처리에 비해 성능이 저하될 수밖에 없다.

2) 현장에서는 실내장식 등의 문제로 후처리한 제품을 많이 사용한다.

3) 대책 : 모듈러 타입이나 조립형태의 선처리 제품을 사용한다.

(5) 내구연한

1) 경년변화에 따른 성능 저하가 발생한다.

2) 대책 : 내구연한을 지정하고 내장재를 불연재, 준불연재로 설치한다.

SECTION 042

내화, 난연, 방염의 차이점

01 개요

건축물에 적용되는 내화, 난연 및 방염성능은 그 사용 성격 및 성능기준에 현격한 차이가 있으므로 적용 부위에 적합한 성능을 적용하는 것이 매우 중요하며 각각의 성능기준 및 차이점은 다음과 같다.

02 내화

(1) 정의

내화는 건축물의 주요 구조부가 화재에 견디는 성능적인 개념을 의미한다.

(2) 내화성능의 목적

건물 내 화재가 발생하였을 때 주요 구조부가 화열의 영향으로 고유의 강도를 잃게 되면 건물 전체의 붕괴 등을 일으킬 수 있으므로 실제 화재 시 발생하는 열원에 견딜 수 있는 시간으로 각 구조부위별, 용도별, 높이의 크기에 따라 건축법에서 정하고 있는 내화시간에 만족하도록 규정하고 있다.

(3) 내화의 규정 : 「건축법」

(4) 성능판정방법

1) 실제 화재 시 발생하는 열량을 기준으로 한 표준시간-온도곡선을 규정으로 한다.
2) 표준시간-온도곡선에 의해 내화조치가 된 부재에 열량을 가하여 하중지지력, 차염성, 차열성을 모두 만족하는 시간을 기준으로 내화시간 개념으로 성능기준을 표현한다.
   예 1시간 내화도, 2시간 내화도, 3시간 내화도 등

(5) 적용대상 : 건축물 주요 구조부

(6) 화재 시 건물의 주요 구조부는 내력을 유지하기 위한 재료인 구조재와 내화 피복재로 구분할 수 있다.

03 난연

(1) 정의

건축물의 난연성은 일반적으로 실내에 고정 부착 사용되는 부재의 불에 대한 저항성능을 평가하는 개념으로, 불에 타거나 견디는 정도를 나타내는 성능적 개념을 의미한다.

(2) 내화와 차이점

1) **난연제 적용부위** : 천장용 반자나 칸막이용 벽체 등의 화염전파에 대한 저항성능 개념으로 사용한다.

2) **건축법의 내장재 성능구분** : 불연재, 준불연재, 난연재

3) **한국산업규격기준(KS) 성능구분** : 난연 1급(불연재와 같은 성능), 난연 2급(준불연재와 같은 성능) 및 난연 3급(난연재)

(3) 난연의 규정 : 「건축법」

(4) 성능기준을 정하는 방법

1) 내화구조의 강도보다는 작은 화재 발생 초기의 열원을 기준으로(난연 1급의 경우 약 750[℃] 정도) 성능을 평가한다.

2) 내장재의 시험에는 실내마감재의 사용등급에 따라 가스 유해성 시험을 병행하도록 하여 화재 시 해로운 가스량의 발생을 규제한다.

(5) 적용대상 : 건축물 내외장재

04 방염

(1) 정의

화재위험이 큰 유기 고분자 물질에 방염을 처리하여 불에 잘 타지 않게 하기 위한 것으로 화재의 위험으로부터 시간상으로 지연해 주는 의미이다.

(2) 방염에 관한 규정

1) 소방법에서 규정한다.

2) 방염은 단순히 순간적인 열원(예 담뱃불)이 재료에 접하였을 때 잔염이나 탄화현상의 지속시간에 따라 성능기준이 판정된다.

(3) 방염성능

1) 순간적인 접염인 경우에만 착화지연 또는 미착화 성능

2) 화재 발생 시와 같이 지속적인 화염에 노출되었을 때는 일반가연물과 같이 발화되고 화염전파가 될 수 있다.

(4) 적용대상

카펫, 커튼, 벽지류, 비닐 벽지, 합판, 목재, 합성수지판, 섬유판 등과 같은 실내 장식물

(5) 난연과 방염의 비교

구분	영어	개념	인증방법	적용대상
난연	Flame resisting	소재 자체가 연소되기 어려운 물질	난연 실험을 통한 난연 등급에 맞는 수치를 기입	실내 장식물을 제외한 마감재와 단열재
방염	Flame retardant	화염이 퍼져나가는 것을 지연하거나 저지하는 성질	방염 인증 마크를 제품에 부착	실내 장식물

05 결론

상기에서 언급된 것과 같이 내화, 난연 및 방염의 성능기준에는 상호 간 차이가 있으므로 건물 내 사용목적에 따라 적합한 성능을 구별하여 적용하여야 한다.

SECTION 043

방화지구와 화재예방강화지구

01 방화지구

(1) 정의

도시의 화재 및 기타 재해의 위험을 예방하는 데 필요한 경우 국토교통부 또는 각 지방자치단체에서 지정하는 지역

(2) 방화지구 내 건축물

건축법상 화재예방을 위한 특별한 제한을 가한다.

02 방화지구 안의 건축법에 따른 제한

(1) 방화지구 안의 건축물(「건축법」 제51조)

구분	대상		내용
건축물	① 주요 구조부 ② 외벽		내화구조
공작물	① 간판 ② 광고탑 ③ 그 밖에 대통령령으로 정하는 공작물 • 지붕 위에 설치하는 공작물 • 높이 3[m] 이상의 공작물	주요 구조부	불연재료
건축물의 지붕	내화구조가 아닌 것		불연재료
인접 대지 경계선에 접하는 외벽 + 연소할 우려가 있는 부분일 때 설치하는 창문			① 60분+ 또는 60분 방화문 ② 소방법령이 정하는 기준에 적합하게 창문 등에 설치하는 드렌처설비 124회 출제 ③ 당해 창문 등과 연소할 우려가 있는 다른 건축물의 부분을 차단하는 내화구조나 불연재료로 된 벽 · 담장, 기타 이와 유사한 방화설비 ④ 환기 구멍에 설치하는 불연재료로 된 방화커버 또는 그물눈이 2[mm] 이하인 금속망

내화구조의 대통령령으로 정하는 예외[「건축법 시행령」 제58조(방화지구의 건축물)]

① 연면적 30[m^2] 미만 단층 부속 건축물로서, 외벽 및 처마 면이 내화구조 또는 불연재료로 된 것

② 도매시장의 용도로 쓰는 건축물로서, 그 주요 구조부가 불연재료로 된 것

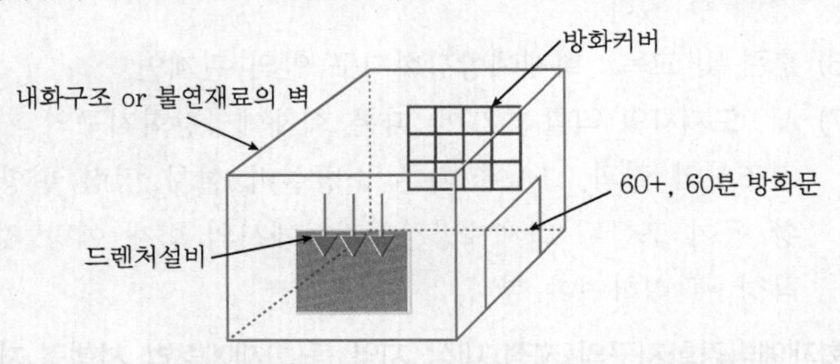

▌인접 대지 경계선에 접하는 외벽과 개구부 설치기준▐

(2) 연소할 우려가 있는 부분[「건축물의 피난·방화구조 등의 기준에 관한 규칙」 제22조(대규모 목조건축물의 외벽 등)]

03 화재예방강화지구(구 화재경계지구)

(1) 화재예방강화지구의 지정(「화재예방법」 제18조)

1) 지정권자 : 시·도지사

2) 지정사유 : 다음의 어느 하나에 해당하는 지역 중 화재가 발생할 우려가 높거나 화재가 발생하는 경우 그로 인하여 피해가 클 것으로 예상하는 지역

① 시장지역

② 공장·창고가 밀집한 지역

③ 목조건물이 밀집한 지역

④ 노후·불량건축물이 밀집한 지역

⑤ 위험물의 저장 및 처리시설이 밀집한 지역

⑥ 석유화학제품을 생산하는 공장이 있는 지역

⑦ 산업단지

⑧ 소방시설·소방용수시설 또는 소방출동로가 없는 지역

⑨ 물류단지

⑩ 그 밖에 ①부터 ⑨까지에 준하는 지역으로서, 소방청장·소방본부장 또는 소방서장이 화재예방강화지구로 지정할 필요가 있다고 인정하는 지역

3) 소방청장의 지정요청 : '2)'에도 불구하고 시·도지사가 화재예방강화지구로 지정할 필요가 있는 지역을 화재예방강화지구로 지정하지 아니하는 경우

4) 화재안전조사 : 소방본부장이나 소방서장은 화재예방강화지구 안의 소방대상물 위치 · 구조 및 설비 등에 대하여 화재안전조사를 하여야 한다.
5) 화재안전조사 결과 조치명령 : 화재의 예방과 경계를 위하여 필요하다고 인정할 때에는 관계인에게 소방용수시설, 소화기구, 그 밖에 소방에 필요한 설비의 설치를 명할 수 있다.
6) 훈련 및 교육 : 화재예방강화지구 안의 관계인
7) 시 · 도지사의 역할 : '2)'에 따른 화재예방강화지구의 지정 현황, '4)'에 따른 화재안전조사의 결과, '5)'에 따른 소방설비 설치 명령 현황, '6)'에 따른 소방교육의 현황 등이 포함된 화재예방강화지구에서의 화재 예방 및 경계에 필요한 자료를 매년 작성 · 관리하여야 한다.

(2) 화재예방강화지구의 지정 대상 지역 등(화재예방법 시행령 제20조)

1) 소방본부장 또는 소방서장 : 화재안전조사 연 1회 이상
2) 소방본부장 또는 소방서장 : 훈련 및 교육 연 1회 이상

04 화재안전조사(구 소방특별조사) 120회 출제

(1) 화재예방법 : 화재예방강화지구의 화재안전조사

(2) 화재예방법 시행령 : 화재안전조사 및 교육과 훈련

실시자	실시횟수	교육과 훈련 전 통보
소방본부장 소방서장	연 1회 이상	훈련 또는 교육 10일 전

(3) 「화재의 예방 및 안전관리에 관한 법률」

1) 화재안전조사(제7조)
① 조사권자 : 소방관서장(소방청장, 소방본부장 또는 소방서장)
② 조사목적
㉠ 소방대상물, 소방시설 등 소방관계법령에 적합하게 설치 · 유지 · 관리되고 있는지 여부 확인
㉡ 소방대상물에 화재, 재난 · 재해 등의 발생 위험이 있는지 등을 확인
③ 조사자 : 관계 소방공무원
④ 화재안전조사 대상
㉠ 자체점검 등이 불성실하거나 불완전하다고 인정되는 경우
㉡ 화재예방강화지구에 대한 화재안전조사 등 다른 법률에서 화재안전조사를 실시하도록 한 경우

ⓒ 화재예방안전진단이 불성실하거나 불완전하다고 인정되는 경우

ⓡ 국가적 행사 등 주요 행사가 개최되는 장소 및 그 주변의 관계지역에 대하여 소방안전관리 실태를 점검할 필요가 있는 경우

ⓜ 화재가 자주 발생하였거나 발생할 우려가 뚜렷한 곳에 대한 점검이 필요한 경우

ⓑ 재난예측정보, 기상예보 등을 분석한 결과 소방대상물에 화재, 재난 · 재해의 발생위험이 높다고 판단되는 경우

ⓢ 화재, 재난 · 재해, 그 밖의 긴급한 상황이 발생할 경우 인명 또는 재산 피해의 우려가 현저하다고 판단되는 경우

2) 화재안전조사의 방법 · 절차 등(제8조)

① 사전통지기한 : 7일 전

② 통지방법 : 서면통지(조사대상, 조사기간 및 조사사유 등을 기재)

③ 사전통지 예외사항

ⓖ 화재, 재난 · 재해가 발생할 우려가 뚜렷하여 긴급하게 조사할 필요가 있는 경우

ⓝ 화재안전조사의 실시를 사전에 통지하면 조사목적을 달성할 수 없다고 인정되는 경우

④ 화재안전조사는 관계인의 승낙 없이 해가 뜨기 전이나 해가 진 뒤에 할 수 없다.

(4) 화재안전조사 결과에 따른 조치명령(제14조)

1) 조치명령권자 : 소방관서장(소방청장, 소방본부장 또는 소방서장)

2) 조치명령 사유

① 화재안전조사 결과 소방대상물의 위치 · 구조 · 설비 또는 관리의 상황이 화재나 재난 · 재해 예방을 위하여 보완될 필요가 있을 때

② 화재가 발생하면 인명 또는 재산의 피해가 클 것으로 예상되는 때

3) 조치사항

① 대상 : 관계인

② 명령내용

ⓖ 소방대상물의 개수(改修) · 이전 · 제거

ⓝ 사용의 금지 또는 제한

ⓒ 사용폐쇄, 공사의 정지 또는 중지

ⓡ 그 밖의 필요한 조치

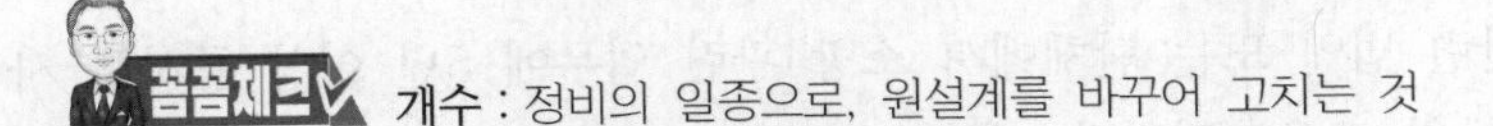

개수 : 정비의 일종으로, 원설계를 바꾸어 고치는 것

4) 화재안전조사에 따른 벌칙

① 조치명령을 위반한 자 : 3년 이하 징역 또는 3천만원 이하 벌금

② 거부 · 방해 또는 기피한 자 : 300만원 이하 벌금

(5) 「화재의 예방 및 안전관리에 관한 법률 시행령」

1) 화재안전조사의 항목(제7조)

① 화재의 예방조치 등에 관한 사항

② 소방안전관리 업무 수행에 관한 사항

③ 피난계획의 수립 및 시행에 관한 사항

④ 소화 · 통보 · 피난 등의 훈련 및 소방안전관리에 필요한 교육에 관한 사항

⑤ 소방자동차 전용구역의 설치에 관한 사항

⑥ 시공, 감리 및 감리원의 배치에 관한 사항

⑦ 소방시설의 설치 및 관리에 관한 사항

⑧ 건설현장 임시소방시설의 설치 및 관리에 관한 사항

⑨ 피난시설, 방화구획(防火區劃) 및 방화시설의 관리에 관한 사항

⑩ 방염(防炎)에 관한 사항

⑪ 소방시설 등의 자체점검에 관한 사항

⑫ 다중 이용업소의 안전관리에 관한 사항

⑬ 위험물 안전관리에 관한 사항

⑭ 초고층 및 지하연계 복합건축물의 안전관리에 관한 사항

⑮ 그 밖에 소방대상물에 화재의 발생 위험이 있는지 등을 확인하기 위해 소방관서장이 화재안전조사가 필요하다고 인정하는 사항

2) 화재안전조사의 방법 · 절차 등(제8조)

① 종합조사 : 화재안전조사 항목 전부를 확인하는 조사

② 부분조사 : 화재안전조사 항목 중 일부를 확인하는 조사

3) 화재안전조사위원회의 구성 · 운영 등(제11조)

① 구성 : 위원장 1명 포함하여 7명 이내의 위원으로 성별을 고려하여 구성한다.

② 위원회의 위원장 : 소방관서장

③ 위원회의 위원의 자격

㉠ 과장급 직위 이상의 소방공무원

㉡ 소방기술사

㉢ 소방시설관리사

㉣ 소방 관련 분야의 석사 이상 학위를 취득한 사람

㉤ 소방 관련 법인 또는 단체에서 소방 관련 업무에 5년 이상 종사한 사람

㉥ 소방공무원 교육훈련기관, 학교 또는 연구소에서 소방과 관련한 교육 또는 연구에 5년 이상 종사한 사람

SECTION 044

방화문(fire door)

01 개요

(1) 건물 내에서 화재가 발생하면 화재확산을 방지하고 피난의 안전성을 확보하기 위해 출입구에 설치하는 방화구획의 구성요소이다.

(2) **방화문의 구조**
한국건설기술연구원장이 국토교통부장관이 정하여 고시하는 바에 따라 다음의 구분에 따른 기준에 적합하다고 인정한 것을 말한다.
1) 생산공장의 품질관리상태를 확인한 결과 국토교통부장관이 정하여 고시하는 기준에 적합할 것
2) 품질시험을 실시한 결과 다음의 구분에 따른 기준에 따른 성능을 확보할 것
① 60분+ 또는 60분 방화문 : 다음의 성능을 모두 확보할 것
㉠ 비차열(非遮熱) 1시간 이상
㉡ 차열(遮熱) 30분 이상(60분+ 방화문만 해당)
② 30분 방화문 : 비차열 30분 이상의 성능을 확보할 것

02 기능과 종류

(1) **설치목적**
1) 화재 시 화염과 연기의 확산 방지 : 방화구획의 구성요소로 벽의 개구부 등에 설치
2) 피난 안전공간 : 피난계단의 출입구에 설치하여 연기나 화염을 차단함으로써 건물 내 재실자가 계단을 통하여 안전하게 피난할 수 있는 공간을 형성

(2) **설치 방식**
1) 상시 폐쇄식
① 정의 : 평상시 폐쇄상태를 유지한다.
② 수동으로 열 수 있으며 자동으로 폐쇄한다.
③ 적용대상 : 사용장소에 제한 없이 어느 구획이든 사용이 가능(예외 : 특별피난계단이 설치된 아파트의 계단실과 부속실 사이의 방화문)하다.

2) 상시 개방식
① 정의 : 평상시 개방된 상태를 유지하다가 화재로 인한 연기, 불꽃 등을 가장 신

속하게 감지하여 자동으로 닫히는 구조(연기, 불꽃이 부득이한 경우 온도로 할 수 있음)이다.

② 감지기에 의해 작동 : 계단실 등 수직 관통부 및 복도 등에 적용한다.

③ 화재 열에 의해 작동

㉠ 도어클로저에 용융 퓨즈가 설치되어 일정 온도에 녹으면서 문이 폐쇄된다.

㉡ 연기 또는 불꽃을 감지하여 자동적으로 닫히는 구조로 할 수 없는 경우와 같이 제한적으로 사용한다.

④ 적용대상 : 특별피난계단이 설치된 아파트의 경우 계단실과 부속실 사이의 방화문

⑤ 문제점 : 정전 시에는 자동으로 닫히지 않는 문제가 있어서 정전 시 자동으로 닫히는 구조로 설치할 필요(NAPA 72의 CLASS D)가 있다.

3) 수동 폐쇄 : NFPA의 경우 병원에 제한적으로 수동 폐쇄(침대 등 이동을 위한 문 개방)를 한다.

(3) 종류

1) 재질에 따른 종류

재질	기호	비고
알루미늄 합금제 문	A	문짝의 주요 부분이 알루미늄 합금으로 제작된 문
목제 문	W	문짝의 주요 부분이 목재로 제작된 문
강철제 문	S	문짝의 주요 부분이 강철로 제작된 문
합성수지 문	P	문짝의 주요 부분이 합성수지로 제작된 문
스테인리스강 문	SS	문짝의 주요 부분이 스테인리스강으로 제작된 문

2) 방화문의 구분(「건축법 시행령」 제64조)

① 60분+ 방화문 : 연기 및 불꽃을 차단할 수 있는 시간이 60분 이상이고, 열을 차단할 수 있는 시간이 30분 이상인 방화문

② 60분 방화문 : 연기 및 불꽃을 차단할 수 있는 시간이 60분 이상인 방화문

③ 30분 방화문 : 연기 및 불꽃을 차단할 수 있는 시간이 30분 이상 60분 미만인 방화문

3) 개방방식에 따른 종류

① 미닫이(sliding door) : 밀어서 닫는 방식

② 여닫이(swing door) : 여는 방식

4) 차열성능

① 차열방 화문(차염성, 차연성, 차열성)

② 비차열 방화문[차염성(면 패드 제외), 차연성]

(4) 방화문에 사용된 채움재의 따른 분류

1) 단열 방화문 : 그라스울과 미네랄울

2) 비단열 방화문 : 종이 허니콤, 폴리스틸렌, 폴리에스테르, 폴리우레탄 보드

03 설치장소

<table>
<tr><th>구분</th><th>사용장소(벽 개구부)</th><th>법적 기준</th><th>설치기준</th><th>내화성능</th></tr>
<tr><td>60분+ 방화문</td><td>기존 부분과 증축 부분을 구분하기 위하여 설치하는 방화구획 출입구</td><td>소방시설법 시행령 제15조</td><td>기존 부분 증축 시 기준 미적용</td><td rowspan="4">차열 30분(방화문)+비차열 1시간</td></tr>
<tr><td rowspan="3">자동방화셔터 또는 60분+ 방화문</td><td>둘 이상의 특정소방대상물의 피트로 연결(별개의 소방대상물)</td><td rowspan="3">소방시설법 시행령 [별표 2]</td><td rowspan="3">화재 시 경보설비 또는 자동소화설비의 작동과 연동하여 자동으로 닫히는 구조 또는 드렌처설비 설치</td></tr>
<tr><td>연결통로, 지하구(별개의 소방대상물)</td></tr>
<tr><td>지하층이 지하가와 연결(별개의 소방대상물)</td></tr>
<tr><td rowspan="12">60+ 또는 60분 방화문</td><td>① 방화구획에 설치하는 출입구</td><td>건축물방화구조규칙 제14조</td><td rowspan="12">언제나 닫힌 상태를 유지하거나 화재 시 연기의 발생 또는 온도 상승으로 자동으로 닫히는 구조일 것</td><td rowspan="12">비차열 1시간</td></tr>
<tr><td>② 방화벽에 설치하는 출입구</td><td>건축물방화구조규칙 제21조</td></tr>
<tr><td>③ 피난계단의 출입구</td><td rowspan="2">건축물방화구조규칙 제9조</td></tr>
<tr><td>④ 특별피난계단의 부속실 또는 노대 출입구</td></tr>
<tr><td>⑤ 비상용 승강기 출입구</td><td>건축물설비기준규칙 제10조(피난층 예외)</td></tr>
<tr><td>⑥ 피난용 승강기 출입구</td><td>건축물방화구조규칙 제30조</td></tr>
<tr><td>⑦ 피난용 승강기 기계실 출입구</td><td>건축물방화구조규칙 제30조</td></tr>
<tr><td>⑧ 연소 우려가 있는 외벽 개구부(방화지구 안의 인접 대지 경계선에 접하는 외벽)</td><td>건축물방화구조규칙 제23조</td></tr>
<tr><td>⑨ 오피스텔 난방구역의 출입구</td><td>건축물설비기준규칙 제13조</td></tr>
<tr><td>⑩ 소방관계법령 및 화재안전기술기준에서 요구하는 방화구획(제어반, 가압수조 및 가압원, 비상전원)</td><td>–</td></tr>
<tr><td>⑪ 옥상광장의 대피공간 출입구</td><td>건축물방화구조규칙 제13조</td></tr>
<tr><td>⑫ 아파트 대피공간</td><td>「발코니 등의 구조변경절차 및 설치기준」 제3조</td></tr>
</table>

구분	사용장소(벽 개구부)	법적 기준	설치기준	내화성능
60+ 또는 60분 방화문	⑬ 연소의 우려 있는 외벽 개구부	건축물방화구조규칙 제23조	–	비차열 1시간
60+, 60분 방화문 또는 30분 방화문	① 특별피난계단의 계단실 출입구	건축물방화구조규칙 제9조	상동	비차열 30분 내화
	② 가스계 소화설비 소화약제실 출입구	NFTC 106 2.1.1.4		

04 기준

(1) KS F 3109(문 세트)에 따른 방화문의 성능

1) 비틀림강도
2) 연직 하중강도
3) 개폐력
4) 개폐반복성
5) 내충격성 외에 화재성능을 추가로 확보(예외 : 미닫이 방화문의 비틀림 강도, 연직 하중강도)

(2) **화재성능**

1) 차염성능 : 모든 방화문에 해당(비차열은 면패드 제외)
2) 차연성능 : 모든 방화문에 해당
3) 차열성능 : 60분+ 방화문만 해당

구분	대피공간	계단실 등	현관	기준
비틀림 강도 외 4가지	○	○	○	KS F 3109(문 세트)
차염성능	○	○	○	60분+ : 60분 이상 60분 : 60분 이상 30분 : 30분 이상
차연성능	○	○	○	KS F 3109(문 세트)
차열성능	–	–	–	60분+ 방화문(30분)

4) 규정과 성능기준

구분	규정	성능기준
방화문	KS F 2268-1(방화문의 내화시험방법)	60분+ 또는 60분 방화문 60분+ 방화문, 60분 방화문 또는 30분 방화문
	KS F 2846(방화문의 차연성능시험방법) KS F 3109(문 세트)의 차연성능	KS F 3109(문 세트)에서 규정한 차연 성능 차압 25[Pa]에서 누설량 0.9[m^3/min · m^2] 이하
	KS F 2845(유리구획부분 내화시험방법)	방화문의 상부 또는 측면으로부터 50[cm] 이내에 설치되는 방화문 인접창 비차열 60분 이상
	KS F 3109(문 세트)	충격시험, 비틀림강도, 연직 하중강도, 개폐력, 개폐반복성, 내충격성
	문을 열 때 힘	133[N] 이하
	완전 개방할 때 힘	67[N] 이하
승강기 방화문	KS F 2268-1(방화문의 내화시험방법)	승강장에 면한 부분이 비차열 60분 이상
셔터	KS F 2268-1(방화문의 내화시험방법)	비차열 60분 이상
	KS F 2846(방화문의 차연성 시험방법)	KS F 3109(문 세트)에서 규정한 차연 성능 차압 25[Pa]에서 누설량 0.9[m^3/min · m^2] 이하
현관 등에 설치하는 디지털 도어락	KS C 9806(디지털 도어락)	화재 시 대비방법 및 내화형 조건에 적합하여야 한다.

(3) 현관 등에 설치하는 디지털 도어락(and)

1) KS C 9806(디지털 도어락)에 적합한 것
2) 화재 시 대비방법
3) 내화형 조건

(4) 방화문의 내화성능기준[NFPA 5000(2018)]

▌구조체에 따른 방화벽과 방화유리의 내화성능시간[29] ▌

구분	화재저지등급	화재보호등급	
	벽, 파티션	방화문	방화창문
엘리베이터 승강로	2	$1\frac{1}{2}$	NP
	1	1	NP
수직 샤프트(계단, 출입구 및 쓰레기 슈트 등을 포함)	2	$1\frac{1}{2}$	NP
	1	1	NP

29) Table 8.7.2 Minimum Fire Protection Ratings for Opening Protective in Fire Resistance--Rated Assemblies. 5000 - 109Page. NFPA 5000 Building Construction and Safety Code 2009 Edition

구분	화재저지등급	화재보호등급	
	벽, 파티션	방화문	방화창문
기존 수직 샤프트 패널 설치	$\frac{1}{2}$	$\frac{1}{3}$	NP
방화장벽	4	3	NP
	3	3	NP
	2	$1\frac{1}{2}$	NP
	1	$\frac{3}{4}$	$\frac{3}{4}$
수평피난로	2	$1\frac{1}{2}$	NP
건물 사이에 연결된 수평피난로	2	$\frac{3}{4}$	$\frac{3}{4}$
모퉁이, 피난로	1	$\frac{1}{3}$	$\frac{3}{4}$
	$\frac{1}{2}$	$\frac{1}{3}$	$\frac{1}{3}$
방연장벽	1	$\frac{1}{3}$	$\frac{3}{4}$
방연막	$\frac{1}{2}$	$\frac{1}{3}$	$\frac{1}{3}$

[비고] NP : Not Permitted로 허용하지 않음

(5) 방화문(IBC 2018)

1) 표시 : 방화문에는 인증기관이 표시를 부착한다. NFPA 80 기준에 따라 문 또는 문틀에 영구적으로 부착(716.5.7)한다.

2) 내용 : 제조자명, 검사기관, 내화성능, (필요시)최대 허용온도(716.5.7.1)

3) 방화문, 방화셔터의 내화성능(IBC 2018 table 716.5)

내화부재 종류	내화성능[hr]	방화문, 방화셔터 내화성능[hr]
Fire wall Fire barrier	4	3
	3	3
	2	1.5
	1.5	1.5
Fire barrier	1	1
Fire partitions(복도 벽체)	1	$\frac{1}{3}$
	0.5	$\frac{1}{3}$

(6) ASTM E119에 따른 자동방화셔터 및 방화문 내화시험기준 108회 출제

<table>
<tr><th colspan="2">시험항목</th><th colspan="3">성능기준</th></tr>
<tr><td rowspan="2">가열
시험</td><td>T급(차열성)</td><td colspan="3">① 시험체 비가열면으로 화염이 관통되거나 화염이 발생하지 않을 것
② 시험체 비가열면의 온도평균이 초기 온도보다 141[℃]를 초과하지 않을 것
③ 시험체 비가열면의 최고 온도가 초기 온도보다 181[℃]를 초과하지 않을 것</td></tr>
<tr><td>F급(차염성)</td><td colspan="3">시험체 비가열면으로 화염이 관통되거나 화염이 발생하지 않을 것</td></tr>
<tr><td colspan="2" rowspan="6">주수시험</td><td colspan="3">① 주수 시험 중 시험체 비가열면까지 관통하는 구멍이 없을 것
② 주수 압력 및 방출시간</td></tr>
<tr><th>내화등급[시간]</th><th>노즐 수압[MPa]</th><th>방출시간[sec/m²]</th></tr>
<tr><td>3[hr] 이상</td><td>0.31</td><td>32</td></tr>
<tr><td>3[hr] 미만, 1.5[hr] 이상</td><td rowspan="3">0.207</td><td>16</td></tr>
<tr><td>1.5[hr] 미만, 1[hr] 이상</td><td>10</td></tr>
<tr><td>1[hr] 미만</td><td>6</td></tr>
</table>

(7) NFPA 252에 따른 자동방화셔터 및 방화문 내화시험기준

<table>
<tr><th colspan="2">시험항목</th><th>성능기준</th></tr>
<tr><td rowspan="2">가열시험</td><td>차열성</td><td>① 시험 초기 30분 동안 측정하며 등급판정에는 활용하지 않는다.
② 가열 후 30분 동안의 이면온도에 따라 250[℉](121[℃]), 450[℉](250[℃]), 650[℉](343[℃]) 등급을 방화문에 표시할 수 있다.</td></tr>
<tr><td>차염성</td><td>① 시험체에 관통하는 어떤 개구부에도 발생하지 않아야 한다.
② 시험시작 후 초기 30분 동안은 시험체 이면에서 화염의 발생이 없어야 한다.
③ 시험시작 30분 후부터는 5분 이내의 간격으로 발생하는 간헐적인 화염은 허용한다.
④ 간헐적 화염이 문의 수직 가장자리로부터 38[mm] 이내, 문의 상부 가장자리로부터 76[mm] 이내, 관측창(vision panel)의 문틀 가장자리로부터 76[mm] 이내에서 시험시간의 마지막 15분 동안 발생하는 것은 허용한다.</td></tr>
<tr><td colspan="2">주수시험</td><td>ASTM E119의 주수시험과 동일</td></tr>
</table>

(8) 방화문 등급[NFPA 80 (2019)]

1) 벽체에 설치하는 방화문 등급(annex D)

등급	내용
Class A	단일 건물을 화재 구역으로 나누는 방화벽 및 벽의 개구부
Class B	건물을 통한 수직 관통부의 개구부 및 수평 화재 분리를 위한 2시간의 벽체의 개구부
Class C	내화 등급이 1시간 이하인 방과 복도 사이의 벽 또는 칸막이의 개구부
Class D	건물 외부에서 심각한 화재에 노출될 수 있는 외벽의 개구부
Class E	건물 외부에서 중간 정도 또는 가벼운 화재에 노출될 수 있는 외벽의 개구부

2) 방화문의 유리 최대 면적(table 4.4.5)

내화성능[hr]	유리 최대 면적
$\frac{1}{2}$, $\frac{1}{3}$	시험한 최대 면적 이하
$\frac{3}{4}$	시험한 최대 면적 이하(0.84[m^2] 이하, 1.37[m] 이하)
1, 1.5	시험한 최대 면적 이하(0.065[m^2] 이하)
3	0.065[m^2]

(9) 일본의 기준

1) JIS A 1311(건축용 방화문의 방화시험방법)
2) 국내와 동일하다.

05 시험방법

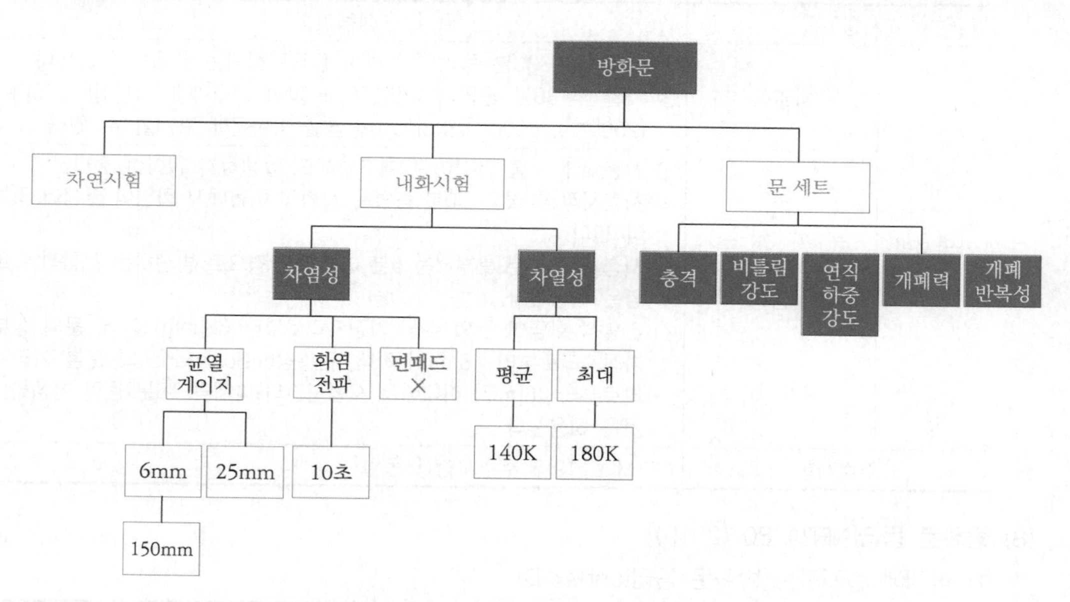

(1) 차연시험(KS F 2846 방화문 차연성 시험방법) 119회 출제

1) 시험목적 : 방화문의 기밀성 측정
2) 시험체의 크기 : 2[m] × 2.5[m]
3) 작동시험 : 문을 10번 개폐하여 정상동작 여부 확인
4) 시험장치의 공기누설측정 : 압력 100[Pa]에서 1[m^3/hr] 이하
5) 방화문의 공기누설량 측정
   ① 공기누설량 측정 : 시험체 양면에서 5, 10, 25, 50, 70, 100[Pa]의 차압

② 공기누설량 재측정 : 5,100[Pa]의 차압

③ 위의 방법으로 각각 2회씩 측정하고 그 평균값 기록

6) 문제점

① 측정방법은 있으나 성능기준이 없다.

② 문 세트의 시험방법을 준용[KS F 3109(문 세트)에서 규정한 차연성능]한다.

7) KS F 3109(ISO 5925-1) 문 세트 차연성능 : 25[Pa]에서 0.9[$m^3/m^2 \cdot min$] 이하

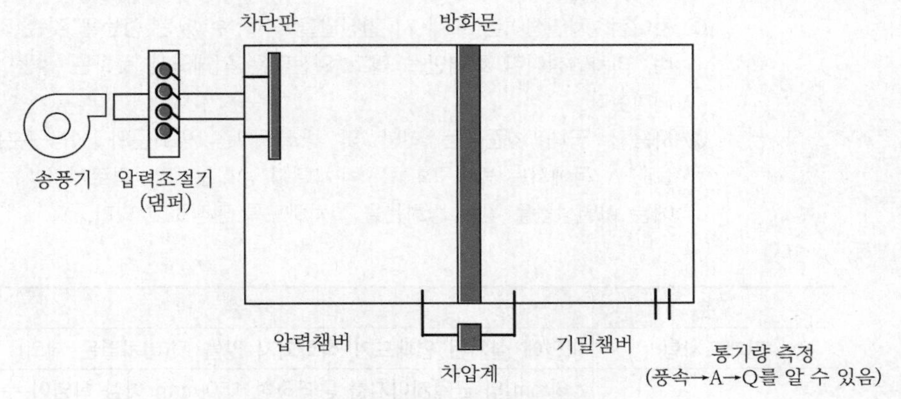

▎문 세트에 의한 압력측정방법 ▎

1. **차단판** : 기류를 차단하여 정확하게 정압이 걸릴 수 있게 하는 판
2. **IBC(Intenational Building Code) 문 세트 기준** : 문의 양면 차압이 25[Pa], 50[Pa], 75[Pa]의 3가지 경우로 차압을 측정하며 성능기준은 25[Pa]에서 0.9[$m^3/m^2 \cdot min$]을 초과하지 않아야 한다.

(2) 내화시험[KS F 2268-1(방화문의 내화 시험방법)]

1) 목적 : 방화문이 화재에 노출되었을 때 방화능력 측정

2) 시험방법

① 설치 : 문틀에 평행하게 장착한다.

② 크기 : 실제 크기(가열로의 수용크기 3[m]×3[m])

③ 가열조건 : 표준시간-온도곡선

$$T = 20 + 345\log(8t + 1)$$

여기서, 20 : 상온[℃](T_0)

T : 가열로 내 평균온도[℃]

t : 시간[min]

④ 가열방법 : 위의 온도로 시험체의 한쪽 면만 가열(2개를 이용 양면 시험)

3) 성능기준

① 차열성 : 5개 열전대로 측정(비차열은 제외)

㉠ 평균 온도상승 : 140[K] 이하

㉡ 최대 상승온도

- 문틀을 제외한 모든 열전대 : 180[K] 이하
- 문틀 열전대 : 360[K] 이하

방화문의 차열성과 비차열성

① 차이점 : 차열성이란 화재 시 열전달을 막을 수 있는 성능을 갖는 것을 의미하며, 비차열성이란 화염만을 막고 열전달은 억제하지 못하는 성능의 방화문을 의미한다.

② 사용처 : 국내 기준에는 피난 및 방화구획용 방화문의 성능구분은 없으나, NFPA 등에서는 방화구획용은 비차열성 방화문, 피난경로에 설치하는 방화문에는 차열성능을 갖는 방화문을 설치하도록 권장하고 있다.

② 차염성

구분	기준
면패드시험	이면에 설치된 면패드가 착화되지 않을 것(비차열은 제외)
균열게이지 시험	• 6[mm]의 균열게이지를 통과하여 150[mm] 이상 화염이 수평 이동되지 않을 것 • 25[mm]의 균열게이지를 관통하지 말 것
화염전파시험	비가열 이면에 10초 이상의 지속하는 화염의 발생이 없을 것

4) 방화문의 적용기준

① 차열성 방화문 : 차열성 + 차염성 모두 적용

② 비차열성 방화문 : 차염성 중 균열게이지 시험과 화염전파시험만 적용

(3) 문 세트 시험

1) 시험내용과 방법

시험내용	시험규격	시험방법	시험목적
충격시험	KS F 2236	문을 고정한 후 일정한 각도 65도, 1[m] 높이에서 30[kg] 모래주머니로 충격을 가했을 경우 문에 변형 여부 확인함	충격에 따른 문의 변형 여부 확인함
비틀림강도	KS F 2630	문을 일정한 힘으로 비틀었을 경우 힘을 제거했을 때 원래 상태로 돌아오는 정도를 파악함	문짝을 비틀었을 때 문짝의 상태에 이상 유무 확인함
연직 하중강도	KS F 2631	문에 수직 방향으로 일정한 힘을 가한 후 변형량(3[mm] 이하)을 측정함으로써 수직 방향에 대한 문의 저항함을 체크함	문과 문틀의 결합상태 이상 유무 확인함
개폐력 118회 출제	KS F 2237	문의 손잡이에 밧줄을 연결하여 도르래를 설치 후 추를 연결하고 200[mm] 높이에서 무게를 측정하여 시행함	개폐 하중 문세트 80[N](창세트 50[N])에서 개폐가 이루어지는지 확인함
개폐반복성	KS F 2636	모터 감속기, 도어클로저 등을 사용하여 문을 일정한 각도로 100,000회 이상 개폐함	개폐에 따른 이상 유무 확인함

2) 방화문의 성능기준[30] 88 · 85 · 77회 출제

<table>
<tr><th colspan="2">성능시험</th><th colspan="2">등급</th><th>등급과의 대응값</th><th>성능</th></tr>
<tr><td colspan="2" rowspan="3">비틀림강도
(KS F 3109)</td><td colspan="2">20</td><td>하중재하 200[N]</td><td rowspan="3">개폐에 이상이 없고 사용상 지장이 없을 것</td></tr>
<tr><td colspan="2">40</td><td>하중재하 400[N]</td></tr>
<tr><td colspan="2">60</td><td>하중재하 600[N]</td></tr>
<tr><td colspan="2" rowspan="3">연직 하중강도
(KS F 2631)</td><td colspan="2">50</td><td>하중재하 500[N]</td><td rowspan="3">잔류 변위 3[mm] 이하에서 개폐에 이상이 없고 사용상 지장이 없을 것</td></tr>
<tr><td colspan="2">75</td><td>하중재하 750[N]</td></tr>
<tr><td colspan="2">100</td><td>하중재하 1,000[N]</td></tr>
<tr><td rowspan="2">개폐력
(KS F 2237)</td><td>여닫이</td><td colspan="2">–</td><td>개폐하중 50[N]</td><td rowspan="2">문이 원활하게 작동할 것(1[N]씩 증가시키며 최소한의 힘을 5회 측정하여 평균값)</td></tr>
<tr><td>미닫이</td><td colspan="2">–</td><td>개폐하중 80[N]</td></tr>
<tr><td rowspan="4">개폐 반복성
(KS F 4534)</td><td>여닫이</td><td colspan="2">–</td><td>개폐횟수 100,000회</td><td rowspan="4">개폐에 이상이 없고 사용상 지장이 없을 것</td></tr>
<tr><td rowspan="3">미닫이</td><td colspan="2">1</td><td>개폐횟수 10,000회</td></tr>
<tr><td colspan="2">5</td><td>개폐횟수 50,000회</td></tr>
<tr><td colspan="2">10</td><td>개폐횟수 100,000회</td></tr>
<tr><td colspan="2" rowspan="3">내충격성
(KS F 2236)</td><td colspan="2">17</td><td>모래주머니 낙하높이(17[cm])</td><td rowspan="3">1회의 충격으로 해로운 변형이 없고, 개폐에 지장이 없어야 한다. 단, 유리의 파손은 지장이 없는 것으로 한다.</td></tr>
<tr><td colspan="2">50</td><td>모래주머니 낙하높이(50[cm])</td></tr>
<tr><td colspan="2">100</td><td>모래주머니 낙하높이(100[cm])</td></tr>
<tr><td colspan="2" rowspan="8">내화성능
(KS F 2268-1)</td><td rowspan="4">비차열</td><td>30</td><td>30분 내화</td><td rowspan="8">해당하는 등급에 대응하는 내화시험 결과 KS F 2268-1의 8의 성능기준을 만족하여야 한다.</td></tr>
<tr><td>60</td><td>60분 내화</td></tr>
<tr><td>90</td><td>90분 내화</td></tr>
<tr><td>120</td><td>120분 내화</td></tr>
<tr><td rowspan="4">차열</td><td>30</td><td>30분 내화</td></tr>
<tr><td>60</td><td>60분 내화</td></tr>
<tr><td>90</td><td>90분 내화</td></tr>
<tr><td>120</td><td>120분 내화</td></tr>
<tr><td colspan="2">차연성
(KS F 2846)</td><td colspan="2">–</td><td>차압 25[Pa]</td><td>공기누설량이 0.9[m^3/min · m^2]를 초과하지 않아야 한다.</td></tr>
</table>

30) KSF 3109(문 세트) 기준에서 발췌

3) 개폐력 시험방법 : 추를 이용한 측정

① 여닫이

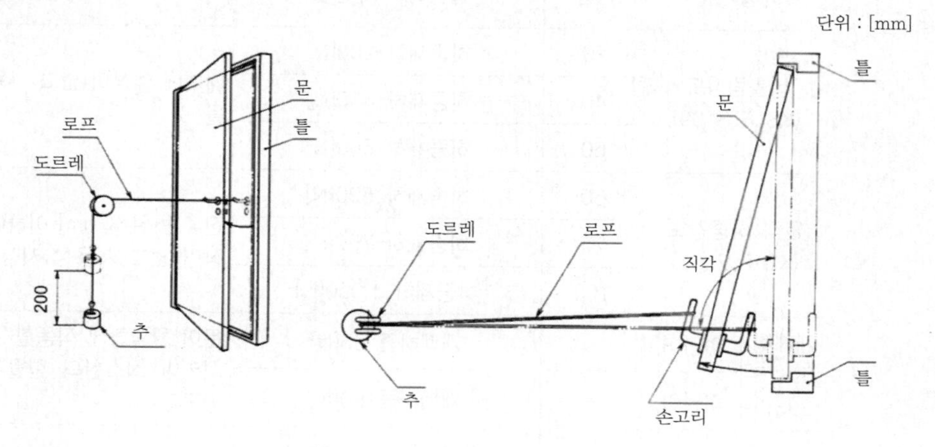

② 미닫이

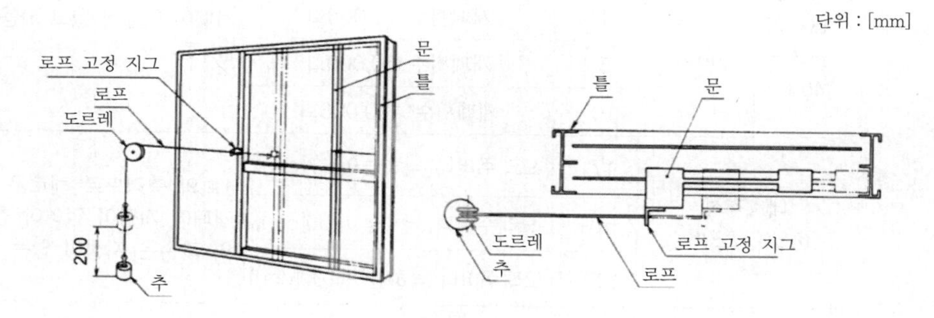

06 방화문 또는 방화셔터 등 제어방식

(1) 지역제어방식

1) 정의 : 개개의 방화문마다 개별 동작을 하도록 제어장치를 설치하는 방식이다.

2) 방재실 : 방화문의 작동상황 확인이나 원격조작을 할 수 없다.

3) 대상 : 소규모 건축물로서 확인이 쉬운 장소

(2) 집중제어방식

1) 정의 : 연동 제어반을 방재실 등에 설치하여 방화문마다 작동상태를 감시 · 제어하는 방식

2) 방재실 : 감시 · 제어

3) 대상 : 감시 · 제어를 한 곳에서 할 수 있으므로 가장 일반적인 장소

(3) 집중제어 중계방식

1) 정의 : 연동 제어반 또는 중계기를 방화문마다 설치하고 조작반 등을 방재실에 설치하는 방식

2) 방재실 : 양쪽에서 감시 · 제어

3) 대상 : 대규모 건축물

자동폐쇄장치의 포켓현상(pocket effect) : 방화문 전방에 포켓과 같은 벽이 돌출된 경우 방화문이 폐쇄 직전에 닫히는 방화문과 간섭되는 벽 사이에 심한 와류가 발생한다. 이로 인해 자동폐쇄장치가 닫히지 않는 현상

07 설치 시 검토사항

(1) 유리 방화문 적용

1) 장단점

장점	단점
① 투명하므로 미적으로 미려하고 공간이 넓어 보임 ② 눈으로 인접한 구역의 상황을 파악할 수 있음	① 금속이나 목재보다 유리는 복사열의 투과로 인하여 반대편에 열전달을 통하여 화재를 더욱 확대할 우려가 있음 ② 복사열로 인한 피난을 방해할 수 있음

2) 개선방안

① 피난장소의 경우 차열성을 확보할 수 있도록 한다.

② 피난 외 장소에 설치한다.

(2) 목재 방화문 적용

1) 장단점

장점	단점
① 목재가 열전도도가 낮으므로 차열방화문으로 사용함 ② 외관이 미려함	목재는 어디까지나 가연물이므로 이에 대한 주의가 필요함

2) 사용처 : 수려한 미관이 필요한 장소 또는 차열성능이 요구되는 장소

(3) 승강기문 방화문으로 적용

1) 장단점

장점	단점
승강로와 다른 부분을 별도의 방화구획할 수 있음	승강기문이 비차열 1시간의 성능은 가능하나 승강기문 구조상 차연성능 확보가 곤란함

2) 개선방안

① 승강장을 방화셔터로 구획 : 셔터의 비차열성 때문에 안전확보의 지장이 있을 수 있다.

② 승강기의 층간 방화구획은 승강장을 만들어 내화구조로 구획하고, 거실과 통하는 출입구를 방화문으로 구획한다.

3) 법규 : 비상용 승강기의 승강장은 각 층의 내부와 연결될 수 있도록 하되, 그 출입구(승강로의 출입구를 제외함)에는 60분 방화문을 설치한다. 단, 피난층에는 60분 방화문을 설치하지 아니할 수 있다(「건축물의 설비기준 등에 관한 규칙」 제10조).

(4) 미닫이 방화문의 적용

1) 장단점

장점	단점
① 문이 열리는 면적을 적게 차지함 ② 비틀림강도, 내충격성 및 연직 하중강도를 확보하지 않아도 되도록 규정하고 있음	방화문은 설치 또는 경년변화에 의해 틈새가 많이 발생함

2) 사용처 : 공간의 연속성이 필요한 공장 등

3) 구조적인 문제로 해결이 힘들어 가능하다면 사용이 극히 제한되는 것이 적합하다.

(5) 방화문의 열리는 방향

1) 원칙 : 방화문은 피난방향으로 열려야 한다.

2) 목적

① 건축물에 화재가 발생했을 때 피난자들이 피난방향을 따라 이동하면서 진행방향으로 출입문을 개방하도록 하여 더욱 직관적이고 쉽게 피난을 하려는 방안이다.

② Fool proof 개념인 인간의 직관에 의한 진행방향으로 출입문이 열려야 한다.

3) 방화문의 열리는 방향을 관계법령으로 제한 : 일부에 국한

① 건축법 관련 규정

㉠ 피난계단 및 특별피난계단

㉡ 관람석 등으로부터의 출구

㉢ 지하층 비상탈출구

② 소방법 관련 규정 : 다중이용업소의 안전관리 특별법에 따라 비상구의 열리는 방향

4) 방화문의 열리는 방향을 명확하게 정할 수 있는 이유

① 피난에 지장을 줄 수도 있기 때문이다. 거실은 대부분 복도와 면하는 경우가 많은데 이때 방화문의 열리는 방향이 과연 복도가 되어야 하는가? 복도로 방화문이 열릴 때 만일 다른 실에서 이미 피난하고 있으면 복도 방향으로 방화문

이 열리는 순간에 피난로의 폭이 감소하고, 피난하는 사람의 통행을 방해하거나 오히려 피난하는 사람을 위협하는 수단이 될 수도 있기 때문이다.

② 거실에서 복도방향으로 열리도록 출입문을 설치하되 피난에 장애가 없도록 복도의 폭이 감소하지 않는 구조로 방화문을 설치한다.

5) 법적으로 방화문의 열리는 방향을 지정하지 않는 것에 대해서는 설계자의 판단이 대단히 중요하다.

① 건축물의 구조 및 특성, 피난 시뮬레이션 등을 고려하여 방화문의 위치, 열리는 방향을 효율적이고 안전하게 구성한다.

② 시공과정에서는 감리자와 시공자가 그 적정성을 판단하여 관계자들과 협의를 통하여 필요한 경우 이를 조정한다.

(6) 방화문 품질인정제도(21. 8. 시행)

1) **필요성** : 방화문에서 약 25.8[%]의 불량률이 발생하여 성능기준을 강화하기 위함이다.

2) 성능시험에서 성능시험 + 제조 및 품질관리 능력 확인으로 개선되었다.

3) **건축자재 품질인정제도** : 제품의 성능시험(시험지관)과 업체의 제조 · 품질 관리능력 평가(품질인정기관 : 건설기술연구원)를 모두 합격한 자재에 대해서만 품질인정서를 발급한다.

4) **품질인정제품(방화문)에 관한 관리**

① 품질인정을 받은 제조업자는 인정제품에 인정라벨을 부착하여야 한다.

㉠ 인정표시 재질 및 두께 : 0.05[mm] 이상의 불연성 재료

㉡ 인정표시 : 길이 120 ± 2[mm], 폭 22 ± 1[mm]

㉢ 표시방법 : 접착제 부착 및 리벳 등

㉣ 표시유지기간 : 방화문(셔터)사용기간까지 유지

㉤ 인정표시 위치는 경첩(힌지)이 설치되는 문 폭의 중앙에 부착하고, 부착 높이는 문짝 하부에서부터 1,400 ~ 1,700[mm] 사이에 부착되어야 한다.

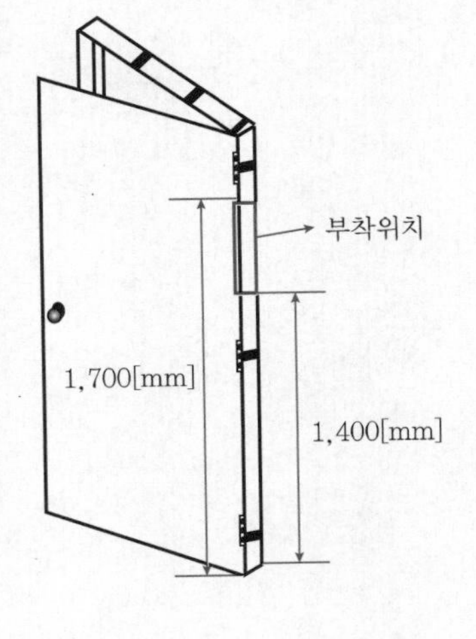

② 품질인정제품의 유효기간에 관한 사항

㉠ 품질인정을 받은 방화문의 유효기간 : 5년

㉡ 유효기간 연장의사 통보는 유효기간 만료 12개월 전 ~ 6개월 전까지 완료해야 한다.

㉢ 유효기간 연장신청에 따라 품질시험을 실시하고 성능이 확보될 경우 유효기간(5년) 연장이 가능하다.

08 결론

(1) 방화문은 내화시험, 차연시험, 문 세트시험을 한다.

(2) 현행 방화문 시험은 60분+ 방화문을 제외하고는 비차열시험으로 시행하며, 화재가혹도가 큰 화재 시 복사열의 전달로 화재전이 우려가 크므로 방화구획으로서 기능을 수행하지 못할 수가 있으므로 차열성을 가지는 방화문의 설치를 통한 안전성 강화가 필요하다.

SECTION 045

자동방화셔터(fire shutters)

112 · 80 · 77회 출제

01 개요

(1) 정의

방화구획의 용도로 화재 시 연기 및 열을 감지하여 자동 폐쇄되는 셔터

(2) 사용처

공항 · 체육관 등 넓은 공간에 부득이하게 내화구조로 된 벽을 설치하지 못할 때 사용한다.

(3) 기능

평상시에는 개방된 상태를 유지하다가 화재 시 연기나 열에 의하여 자동으로 차단하여 방화구획을 형성한다.

(4) 자동방화셔터의 설치기준(「건축물방화구조규칙」 제14조)

1) 피난이 가능한 60분+ 또는 60분 방화문으로부터 3[m] 이내에 별도로 설치한다.

2) 개폐방식 : 전동방식, 수동방식

3) 감지기 : 불꽃 또는 연기 중 하나와 열감지기를 설치한다.

4) 개폐성능

① 불꽃이나 연기를 감지한 경우 : 일부 폐쇄

② 열을 감지한 경우 : 완전 폐쇄

일체형 방화셔터 설치금지(자동방화셔터 및 방화문의 기준 개정 2020년 1월 30일)

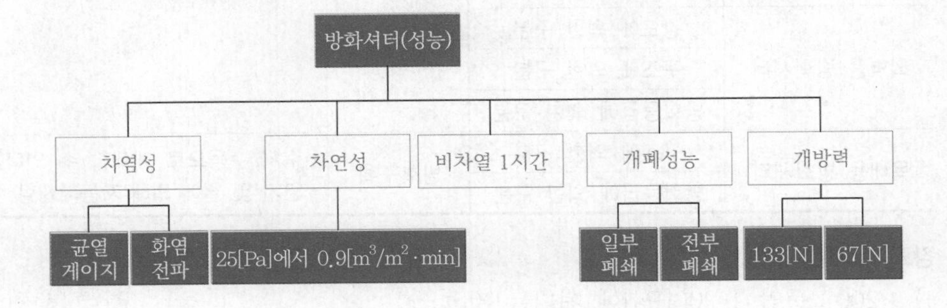

02 셔터의 구성(자동방화셔터, 방화문 및 방화댐퍼의 기준)

(1) 개폐장치

1) 구성
   ① 개폐기
   ② 개폐용 전동기(저압 3상 유도전동기 또는 단상 유도전동기)
   ③ 샤프트 롤러 체인(감아올리는 샤프트를 연결하는 기기)

2) 구조 : 셔터는 화재발생 시 연기감지기에 의한 일부 폐쇄와 열감지기에 의한 완전 폐쇄가 이루어질 수 있는 구조를 가진 것이어야 한다.

(2) 기동장치

1) 자동기동장치 : 연기감지기 또는 열감지기를 설치한다.
2) 수동기동장치 : 수동에 의해서 개폐할 수 있는 장치를 설치한다.

(3) 주요 구성부재 · 장치 · 규모 등

1) KS F 4510(중량셔터)에 적합하여야 한다.
2) 강재셔터가 아닌 경우에는 KS F 4510(중량셔터)에 준하는 구성조건이어야 한다.

(4) 셔터의 상부

1) 상층 바닥에 직접 닿도록 하여야 한다.
2) 부득이하게 발생한 바닥과의 틈새는 화재 시 연기와 열의 이동통로가 되지 않도록 방화구획에 준하는 처리를 하여야 한다.

03 셔터의 구분

(1) KS F 4510(중량셔터)의 종류

종류	구분	용도	부대조건
일반 중량셔터	강도에 의한 구분	외벽 개구부	–
외벽용 방화셔터	강도에 의한 구분		
	구조에 의한 구분		
	방화등급에 의한 구분		
옥내용 방화셔터	구조에 의한 구분	방화구획	• 수시 수동으로 폐쇄할 수 있다. • 연기 및 열에 의해 자동폐쇄할 수 있다.
	방화등급에 의한 구분		

(2) 강도에 의한 구분

1) 1,200 : 풍압 1,200[Pa]에 견디는 것
2) 800 : 풍압 800[Pa]에 견디는 것
3) 500 : 풍압 500[Pa]에 견디는 것

(3) 구조에 의한 구분은 아래의 표와 같다. 이를 통해서 소방에서는 두께 기준이 사라졌지만, 산업안전규격에서의 중량셔터에는 아직 존재함을 알 수 있다.

▌구조에 의한 구분표▐

구분	구조
갑종	철제로 철판의 두께가 1.5[mm] 이상인 것
을종	철제로 철판의 두께가 1.0[mm] 초과 1.5[mm] 미만인 것

(4) 방화등급에 의한 구분 방화등급에 의한 구분은 아래의 표와 같다.

▌방화등급에 의한 구분표▐

구분	가열시험의 등급
2[H]	2시간 가열
1[H]	1시간 가열
0.5[H]	30분 가열

1) 가열시험 : KS F 2268－1(방화문의 내화 시험방법)
2) 시험횟수 : 2회(2개의 시험체가 가열로에 서로 다른 면이 노출)
3) 시험결과 판정 : KS F 2268－1의 8(성능기준)에 따른 비차열 성능 이상
4) 가열등급 선정 : 인수 · 인도 당사자 사이의 협의

(5) **차연시험** : KS F 2846(25[Pa]에서 0.9[m^3/min · m^2] 누설량 이하)

(6) **온도 퓨즈 시험**
1) 부작동 : 50[℃]에서 5분 이내
2) 작동 : 90[℃]에서 1분 이내

(7) **스크린 방화셔터**
1) 재질 : 실리카 내화 섬유 원단

실리카 섬유 : 연속 사용온도 100[℃], 순간온도 1,650[℃]에서 견딜 수 있는 내열섬유이다.

2) 비교표

구분	스크린 방화셔터	철재 방화셔터
재질	Slica fiber	Steel 1.6T EGI
두께	0.6 ~ 0.7[mm] 원단	1.6[mm] EGI 절판
중량	0.5[kg/m^2]	25[kg/m^2]
셔터박스 크기	560[m] × 350[m] × 10[m]	850[m] × 600[m] × 10[m]
운반 용이성	가볍고 유연하며 접을 수 있어 운반이 편리함	무거워 장비를 사용하거나 많은 인원이 필요함

구분	스크린 방화셔터	철재 방화셔터
비상문	노약자도 적은 힘으로 개폐가 가능하다.	상대적으로 힘이 필요함
시공성	가볍고 유연하여 시공이 편리하고 시공 안전성이 높음	중량물로 시공이 힘들고 안전에 주의가 필요함
내화성	1,000 ~ 1,200[℃] 1시간	1,000[℃] 1시간
차연성	부드러운 섬유가 서로 기밀하게 맞물려 차연성이 뛰어남	힌지로 철재 조각(slat)을 지지하고 있어 밀착도가 떨어짐(밀착도를 강화하면 문의 개폐가 힘들어짐)
작동 시 소음	소음이 거의 없음	철재감기 시 소음이 심함
안전성	경량으로 인명피해가 적고 원상복귀가 편리함	중량으로 인명피해 우려가 있고 원상복귀가 어려움
유지관리	간편하고 유지관리가 편리함	시공 후 시간이 경과함에 따라 녹이 발생할 수도 있고 셔터무게에 따른 뒤틀림 현상이 있을 수 있음

(8) 셔터의 크기

1) 가로(폭) 8[m] 이하 × 세로(높이) 4[m] 이하로 설치한다.
2) **수평셔터의 크기** : 가로(폭) 4[m] 이하 × 길이 8[m] 이하
3) 대형공간(체육시설, 강당, 공연장 등) 등 부득이한 경우 구조기술사의 검토 및 운영위원회 심의를 통해 설치 크기를 조정할 수 있다.

04 셔터의 성능기준

(1) 수동폐쇄장치

1) 수동폐쇄장치를 조작함으로써 셔터를 강하시켜 임의의 위치에 정지하는 것이 확인 가능하여야 한다.
2) 수동폐쇄장치로 완전폐쇄가 가능하여야 한다.

(2) 연동 폐쇄기구(방화셔터의 요구조건)

1) 감지기 등을 작동시킴으로써 비록 장애물 감지장치가 작동하여도 셔터가 도중에서 정지하지 않고 완전히 닫히는가를 확인하여야 한다.
   ① 열감지기는 보상식 또는 정온식(정온점 또는 특종의 공칭작용온도가 각각 60 ~ 70[℃])인 것
   ② 연기감지기는 형식승인에 합격한 것
   ③ 연동제어기
      ㉠ 정의 : 감지기 등으로부터 신호를 받으면 자동폐쇄장치에 기동신호를 부여하는 것

㉡ 기능 : 수시제어하고 있는 것의 감시

㉢ 종류 : 마그네트식, 솔레노이드식, 모터식, 유압식(포켓도어 클로저)

④ 자동폐쇄장치 : 연동 폐쇄장치로부터 기동신호를 받으면 셔터를 자동으로 폐쇄하는 것

2) 자중강하에서 평균속도를 측정하여 아래 표의 기준 이상이어야 한다.

개폐 기능	내측의 높이	
	2[m] 미만	2[m] 이상 4[m] 이하
전동개폐	2 ~ 6[m/min](10 ~ 30[sec/m])	2.5 ~ 6.5[m/min](9.2 ~ 24[sec/m])
자중 강하	2 ~ 6[m/min](10 ~ 30[sec/m])	3 ~ 7[m/min](8.6 ~ 20[sec/m])

3) 예비전원 : 충전을 하지 않고 30분간 계속하여 셔터를 개폐할 수 있어야 한다.

(3) 셔터의 성능

비차열성능 + 차연성능 + 개폐성능 + 개방력

1) 비차열 1시간 성능[KS F 2268-1(방화문의 내화시험방법)] : 차염성

① 균열게이지 시험

② 화염전파시험(이면착화시험)만 적용

2) KS F 2846(방화문의 차연성 시험방법)에 따른 차연성 시험결과 KS F 3109(문세트)에서 규정한 차연성능을 확보하여야 한다.

① 시험방법 : KS F 2846 방화문 차연성 시험

② 성능 : 시험체 양면에서의 차압이 25[Pa]일 때의 공기누설량이 0.9[m^3/min · m^2] 이하

3) KS F 4510(중량셔터)의 개폐성능

(4) 전동식 셔터의 개폐 기능

1) 전동식 셔터의 개폐 기능시험

① 셔터의 개폐

㉠ 원활하게 작동하여야 한다.

㉡ 상부 끝 및 하부 끝에서 자동으로 정지한다.

② 셔터 강하 : 임의의 위치에서 확실하게 정지한다.

③ 장애물 감지장치 부착 셔터(or)

㉠ 누름버튼스위치 등의 신호에 의한 강하 중에 장애물 감지장치가 작동할 때 자동으로 정지한다.

㉡ 일단 정지한 후에 반전 상승하여 정지한다.

④ 장애물 감지장치가 장애물을 감지하는 데 필요로 하는 힘 : 200[N] 이하

㉠ 누름버튼스위치 등에 의한 재강하의 신호를 보내 셔터가 닫히면 동작이 없어야 한다.

㉡ 누름버튼스위치 등에 의한 열림 조작의 신호를 보내 셔터가 열림 동작을 하여야 한다.

⑤ 장애물 감지장치 부착 셔터의 하중 : 1.4[kN] 이하(예외 : 충격하중)

⑥ 장애물 감지장치가 작동하고, 셔터가 일단 정지한 후에 반전 상승하여 정지한 경우 : 누름버튼스위치 등에 의한 재강하의 신호를 받아 닫힘 동작을 할 때 장애물 감지장치가 작동한다.

2) 수동식 셔터의 개폐 기능시험

① 수동식 셔터의 개폐 기능시험에 대한 개폐기 핸들 회전에 필요한 도는 체인 등에 의해 끌어내리는 데 필요한 힘의 측정은 셔터의 바닥 면에서 200[mm]의 위치에 정지시키고 한다.

㉠ 셔터의 개폐 : 원활하게 작동하여야 한다.

㉡ 개폐기의 핸들 회전에 필요한 힘 : 50[N] 이하

㉢ 체인 등에 의해 끌어내리는 데 필요한 힘 : 150[N] 이하

② 개폐기의 브레이크 해방장치 조작 : 자중을 강하시켜, 임의의 위치에서 확실하게 정지한다.

③ 자중 강화에서의 평균속도를 측정(상기 전동셔터와 동일)한다.

3) 방화셔터의 수동폐쇄장치 시험

① 수동폐쇄장치를 조작하여 임의의 위치에서 정지하는 것을 확인한다.

② 그 후 수동폐쇄장치로 폐쇄한다.

(5) 전장품(전동식 셔터)

1) 제어반

① 누름버튼스위치 또는 리밋 스위치로부터의 동작신호에 의한 셔터의 열림 · 닫힘 · 멈춤의 동작을 제어한다.

② 개폐 조작 중에 누름버튼스위치를 역방향으로 조작하여도 역방향으로 작동하지 않는 회로(인터록)를 형성하여야 한다.

2) 누름스위치

① 누름버튼 조작(열림 · 닫힘 · 멈춤)에 의해 제어반으로 동작신호를 전송한다.

② 열림 · 닫힘 · 멈춤 동작을 조작할 수 있는 것

3) 리밋 스위치 : 셔터의 개방 또는 폐쇄 동작을 셔터의 상부 끝 또는 하부 끝의 위치에서 자동으로 정지한다.

(6) 시험방법 및 시험성적서 등(자동방화셔터, 방화문 및 방화댐퍼의 기준)

1) 시험체

① 가이드레일, 케이스, 각종 부속품 등을 포함하여 실제의 것과 동일한 구성 · 재

료 및 크기의 것으로 하되, 실제의 크기가 3[m] × 3[m]의 가열로 크기보다 큰 경우에는 시험체 크기를 가열로에 설치할 수 있는 최대 크기로 한다.

② 도어클로저를 제외한 도어록과 경첩 등 부속품은 실제의 것과 동일한 재질의 경우 형태와 크기에 관계없이 동일한 시험체로 볼 수 있다.

③ 시험체는 동일한 구성 · 재료 및 크기로 제작되어야 한다.

2) **내화시험 및 차연성 시험** : 시험체 양면에 대하여 각 1회씩 실시한다.

3) 도어클로저는 1회 시험을 하여 성능이 확인된 경우 유효기간 내 성능시험을 생략할 수 있다.

05 문제점

(1) 우리나라 방화셔터의 시험기준은 비차열로 차열성능을 담보하지 못함으로써 이면으로 복사열 전달 위험이 있다.

(2) 개방된 장소를 폐쇄하는 기능을 하므로 피난장애를 발생시킨다. 다수의 피난자가 사용하는 장소는 셔터로 인하여 피난에 장애가 일어날 수 있다.

(3) 오동작 시 인명피해의 우려가 있다.

(4) 고장으로 인한 작동 불능의 우려가 있다.

(5) 방화구획을 하기에는 내화성능이 부족하므로 추가적인 보완이 필요하다. 예를 들어 스프링클러 시스템과 같은 능동적 시스템으로의 보완을 검토하여야 한다.

06 안전대책(오동작으로 인한 인명피해 방지)

(1) **주의 장치 및 위험표시**

1) 음성발성장치

2) 주의등

3) 방화셔터의 위험표시

4) 방화셔터 하강 위치의 표시

(2) **위해 방지**

1) 장애물 감지장치 : 일단 정지

2) 2단 하강 방화셔터

(3) **차열대책**

열을 차단하거나 냉각이 가능한 수막설비를 설치한다.

(4) NFPA 5000

1) 하강속도를 0.15[m/sec] 이하로 제한하고 있다.

2) 선단부분

① 장애물 감지기능

② 90[N] 이상의 힘을 받았을 경우

㉠ 셔터의 작동이 중지된 후 인명안전을 위해 약 15[cm] 후퇴를 한다.

㉡ 후퇴 후에 셔터는 계속 작동되어 닫혀야 한다.

3) 예비전원을 설치한다.

4) 주 1회 이상 기동시험을 시행한다.

5) 셔터의 기동 : 연기감지기 또는 스프링클러 작동과 연계한다.

SECTION

046 출구지연장치(delay egress device)

01 개요

(1) 최근 고층 건물과 인텔리전트 빌딩이 많이 건설되는 추세이고 이러한 빌딩은 정보보안 문제에 있어서 외부인의 출입을 통제하기 위해 통로에 잠금장치를 설치해 놓은 경우가 많다. 이러한 잠금장치는 피난하기에 중대한 장애를 발생시키는 요인으로 이에 대한 대책과 제한이 필요하다.

(2) 국내에는 어떠한 제한이나 규정이 없어 NFPA의 규정을 통해 그 대책을 살펴봄으로써 우리의 문제점을 해결할 수 있을 것이다. NFPA에서는 이처럼 피난시간을 지연시키는 잠금장치를 출구지연장치(delay egress device)라고 한다.

(3) **주요 내용**

1) 5개 층 이상이 사용하는 피난 계단실의 모든 문(or)

① 피난계단에서 건물 내부로 다시 진입할 수 있는 문을 사용하여야 한다.

② 재진입이 가능하도록 피난 계단실의 모든 문에 자동식 해제장치를 설치한다.

2) 자동식 해제장치 : 건물의 화재경보설비 작동과 연계되어 동시에 작동한다.

(4) **출구지연장치가 허용되는 용도**

1) 집회용도
2) 교육용도
3) 보호용도
4) 의료용도
5) 외래환자 치료센터
6) 호텔과 기숙사
7) 아파트
8) 갱생보호시설
9) 상업용도
10) 업무용도
11) 공업용도
12) 창고용도

02 자동식 해제장치 설치의 예외

다음 기준들을 만족시키는 경우에는 피난 계단실의 문에 건물 내부로의 재진입을 막을 수 있는 철물 설치가 허용(보안강화)된다.

(1) 피난 계단실을 떠날 수 있는 층이 2개 미만이어서는 안 된다.
   1) 계단실 밖으로 나갈 수 있도록 2개 이상의 층에서 문을 잠그지 않아야 한다.
   2) 그 중 한 개는 최상층 문이거나 바로 그 아래층 문이어야 한다.
   3) 나머지 한 개는 보통 피난층에 있는 문이어야 한다.

(2) **피난 계단실을 떠날 수 있는 층의 간격** : 4개 층 이하

꼼꼼체크 계단실 밖으로 나갈 수 있는 출입구를 4개 층마다 1개 이상을 설치하여야 한다는 뜻

(3) 다른 피난 통로로의 접근이 가능한 최상층 또는 그 바로 아래층에서는 재진입이 가능하여야 한다.

꼼꼼체크 대피공간인 옥상이나 그 아래층으로 진입이 가능한 구조이어야 한다는 뜻

(4) **재진입이 가능한 문**
   계단 측에 재진입 가능 사실을 표시한다.

(5) **재진입이 불가능한 문**
   가장 가까운 거리에 있는 재진입 가능 문 또는 출구 문을 나타내는 표지를 부착한다.

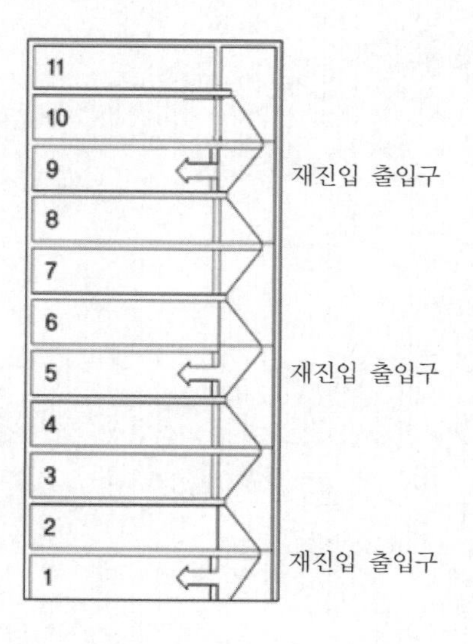

[delayed-egress locking systems]

03 특수잠금장치

(1) 지효성 출구 자물쇠 또는 지연출구 전기잠금시스템(Delayed Egress Electrical Locking System) 131회 출제

꼼꼼체크 지효성 : 개방 효과를 지연시킨다는 것이고 일정시간 후에 개방된다는 것이다.

1) 설치제외 대상
① 교정시설 : 유치장, 교도소 등
② 의료시설 중 정신병동 등

2) 설치할 수 있는 대상
① 자동화재탐지설비에 의해서 또는 스프링클러설비에 의해서 건물 전체가 방호되는 경우 + 경급 위험 및 중급 위험 수용품을 수용하는 건물
② 해당 용도 설치기준에서 허용하는 경우 + 경급 위험 및 중급 위험 수용품을 수용하는 건물
③ 승인되고 등록된 지효성 출구 자물쇠의 설치가 허용된다.

3) 설치기준
① 문 잠금 상태가 해제되어야 하는 경우
㉠ 스프링클러설비의 동작
㉡ 1개 열감지기 동작
㉢ 2개 이하 연기감지기 동작
② 자물쇠나 잠금장치를 제어하는 전원 차단 시 : 문의 잠금상태 해제
③ 15[lbf](67[N]) 이하의 힘을 3초 이하 동안 계속 작용시켜 해제하게 되어 있는 '자물쇠, 걸쇠 및 경보장치'에 요구하는 해제장치에 힘을 작용시켰을 경우
㉠ 15초 이내에 잠금상태가 해제
㉡ 소방서장 또는 본부장이 승인하는 경우 : 30초 이하
④ 해제작동을 위한 조작 시 문 부근의 음향 신호 장치가 작동
⑤ 해제장치에 힘을 가하여 해제된 문 잠금장치 : 수동식 방법만으로 다시 잠글 수 있어야 한다.
⑥ 문의 해제장치 인접 부분에 표지판을 부착한다.
㉠ 눈에 잘 보이게 "경보가 울릴 때까지 미십시오. 15초 이내에 문이 열립니다."라는 문구의 표지판을 부착한다.
㉡ 표지판 글자는 바탕색과 잘 대조되는 글자로서, 높이 1[in](2.5[cm]) 이상, 폭 $\frac{1}{8}$[in](0.3[cm]) 이상

4) 주의사항

① 상용전원이 차단된 후 10분 이내에 피난로에 설치된 방화문의 잠금이 해제되도록 설치한다.

② 예비전원이 충분한 여유가 있는 경우가 아니라면 피난로 방화문의 잠긴 상태를 유지하기 위해 수신기의 축전지를 사용하지 않아야 한다.

③ 화재경보설비에 의해 피난로 방화문의 잠금이 해제되는 경우 : 잠금 해제 기능은 잠금 제어장치가 작동되는 즉시 또는 이전에 작동한다.

(2) 접근통제 출구문

1) 정의 : 건물 외부에 대하여 잠기는 문으로서, 출입을 허락받기 위해서는 마그네틱 카드 또는 그와 유사한 도구가 필요한 문

2) 설치기준

① 문에 접근하는 점유자를 감지하는 센서를 피난하는 쪽에 설치 : 점유자의 접근을 감지하거나 센서의 전원이 차단되었을 때 피난방향으로 문의 잠금장치가 해제되도록 배열한다.

② 접근통제장치의 문을 잠그는 부분에 전원이 차단 시 문이 피난방향으로 자동 잠금 해제된다.

③ 수동해제장치

㉠ 설치위치 : 잠긴 문은 바닥 위 수직으로 40[in](102[cm]) 이상 48[in](122[cm]) 이하의 높이와 문에서 5[ft](1.5[m]) 이내

㉡ 쉽게 접근할 수 있어야 한다.

㉢ 표지부착 : "밀고 나가십시오." 문구를 표시한다.

④ 수동해제장치 작동 시

㉠ 접근통제장치의 전자장치와는 독립적으로 자물쇠의 전원이 직접 차단되어야 한다.

㉡ 문은 30초 이상 잠금 해제상태가 유지되어야 한다.

⑤ 건물에 소방경보설비가 설치된 경우

㉠ 소방경보설비가 작동되면 자동으로 문이 피난방향으로 잠금 해제되어야 한다.

㉡ 소방경보설비를 수동으로 재설정할 때까지 문은 잠금 해제된 상태로 유지되어야 한다.

04 비상문자동개폐장치 108회 출제

(1) 정의 및 구성

1) 정의 : 제연구역의 출입문 등에 설치하는 것으로써 화재발생 시 옥내에 설치된 연기나 불꽃감지기 작동과 연동하여 출입문을 자동적으로 닫게 하는 장치이다.

2) 구성

① 제어부 : 방화문의 개방상태 유지 및 화재 신호 시 개방상태를 제어하며 해지하는 기능

② 구동부 : 방화문의 개방상태 해제 시 문을 폐쇄하는 기능

3) 출입문(「주택건설기준 등에 관한 규정」 제16조의2)

① 주택단지 안의 각 동 옥상 출입문(and) : 비상문자동개폐장치

㉠ 「소방시설법」 제40조 제1항에 따른 성능인증

㉡ 같은 조 제2항에 따른 제품검사

㉢ 예외 : 대피공간이 없는 옥상의 출입문

② 전자출입시스템 및 비상문자동개폐장치 : 화재 등 비상시에 소방시스템과 연동(連動)되어 잠긴 상태가 자동으로 풀려야 한다.

4) 자동폐쇄장치 성능기준(「성능시험기술기준」 제6조 내구성능)

① 시험용 도어가 닫힌 상태에서 최대 열림 고정각도까지 개방시킨 후 연기감지기의 작동신호에 의해 완전히 닫고 복구하는 것을 1회로 하여 50,000회를 반복시험하는 경우 그 기능에 이상이 없도록 정한다.

② 원하는 개방각도에 방화문이 정지(방화문의 개방상태 유지)하여야 한다.

③ 연기감지기 신호를 받아 방화문을 제연구역의 차압인 경우에도 10초 이내에 완전 폐쇄하여야 한다.

④ 화재신호 수신 시 재잠김 방지기능이 있어야 한다.

⑤ 화재 종료 시 자동으로 문의 정지 복귀가 가능하여야 한다.

⑥ 50,000회 이상 반복시험을 거쳐야 한다.

⑦ 수신기 등의 외부장치에서 작동상태 및 도통상태를 확인하여야 한다.

⑧ 전원이 차단될 경우 즉시 자동으로 문이 폐쇄되어야 한다.

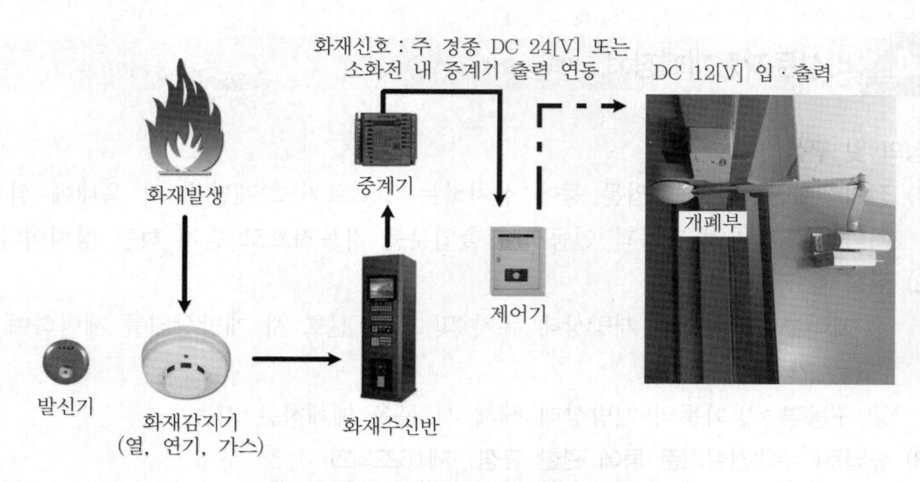

▌비상문 자동개폐장치 구성과 동작원리▐

SECTION 047

대피공간과 하향식 피난구

118회 출제

01 대피공간[「건축법 시행령」 제46조(방화구획의 설치)] 129 · 97 · 93 · 91 · 81 · 78회 출제

(1) 정의

계단을 통해 피난이 곤란한 아파트 등의 경우 화재로부터 대피할 수 있는 피난공간

(2) 설치대상

공동주택 중 아파트로서 4층 이상인 층의 각 세대가 2개 이상의 직통계단을 사용할 수 없는 경우

(3) 설치기준 123회 출제

1) 대피공간은 바깥의 공기와 접할 것

2) 대피공간은 실내의 다른 부분과 방화구획으로 구획한다.

3) 면적

① 대피공간의 바닥면적은 인접 세대와 공동으로 설치하는 경우 : 3[m^2] 이상

② 세대별로 설치하는 경우 : 2[m^2] 이상

4) 국토교통부장관이 정하는 기준에 적합하여야 한다.

(4) 대피공간 설치 예외규정 123회 출제

1) 인접 세대와의 경계벽이 파괴하기 쉬운 경량구조 등인 경우

공동주택의 3층 이상인 층의 발코니에 세대 간 경계벽을 설치하는 경우에는 「주택건설기준 등에 관한 규정」 제14조 제1항 및 제2항에도 불구하고 화재 등의 경우에 피난용도로 사용할 수 있는 피난구를 경계벽에 설치하거나 경계벽의 구조를 파괴하기 쉬운 경량구조 등으로 할 수 있다. 단, 경계벽에 창고, 그 밖에 이와 유사한 시설을 설치하는 경우에는 그렇지 않다(「주택건설기준 등에 관한 규정」 제14조 제5항).

2) 경계벽에 피난구를 설치한 경우

3) 발코니의 바닥에 국토교통부령으로 정하는 하향식 피난구를 설치한 경우

4) 국토교통부장관이 중앙건축위원회의 심의를 거쳐 대피공간과 동일하거나 그 이상의 성능이 있다고 인정하여 고시하는 구조 또는 시설을 설치한 경우[현재 (안)만 나온 상태]

① 대피시설 : 대피공간과 동일하거나 그 이상의 성능이 있다고 인정하는 구조 또는 시설로 성능을 인정하는 경우에는 대피시설 인정서를 신청자에게 교부하고 아파트 대피시설 관리대장을 작성 · 관리한다.
② 체류형 대피시설 : 대피시설 중 거주자가 대피를 위하여 체류하는 시설
③ 탈출형 대피시설 : 대피시설 중 건축물 외부에 설치하여 지상, 피난안전구역 또는 피난층으로 대피할 수 있는 시설
④ 품질시험 : 대피시설의 대피성능을 확인하기 위하여 품질시험기관에서 실시하는 시험

(5) 대피공간의 구조(「발코니 등의 구조변경절차 및 설치기준」)
1) 구획 : 1시간 이상의 내화구조의 벽
2) 내부마감재 : 불연재료, 준불연재료
3) 대피공간
① 외기에 개방한다.
② 창호 설치 : 폭 0.7[m] 이상, 높이 1.0[m] 이상은 반드시 외기에 개방될 수 있어야 하며, 비상시 외부의 도움을 받는 경우 피난에 장애가 없는 구조
4) 출입구
① 60분 방화문
② 거실 쪽에서만 열 수 있는 구조
5) 면적
① 세대별 설치 : 2[m²] 이상
② 공용 사용인 경우 : 3[m²] 이상

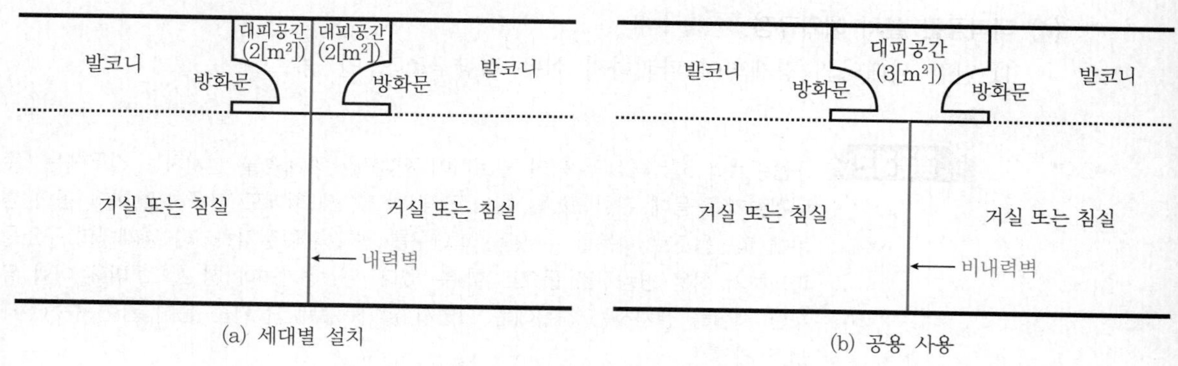

(a) 세대별 설치 (b) 공용 사용

▌대피공간 면적▐

6) 조명설비 : 휴대용 손전등 또는 비상전원이 연결된 조명설비
7) 위치
① 채광 방향과 관계없이 거실 각 부분에서 접근이 쉬운 장소
② 대피에 지장이 없도록 시공, 유지 · 관리되어야 하며 보일러실 또는 창고 등 대피에 지장이 되는 공간이 없도록 할 것

8) 표지 : 대피공간임을 나타내는 표지
9) 에어컨 실외기 등 냉방설비의 배기장치를 대피공간에 설치하는 경우 설치기준(「발코니 등의 구조변경절차 및 설치기준」 제3조 제5항)
   ① 냉방설비의 배기장치 : 불연재료로 구획한다.
   ② 위에 따라 구획된 면적 : 대피공간 바닥면적 산정 시 제외

02 하향식 피난구 130회 출제

(1) 법규

「건축물의 피난·방화구조 등의 기준에 관한 규칙」 제14조(방화구획의 설치기준)

(2) 정의

발코니 바닥에 설치하는 수평 피난설비

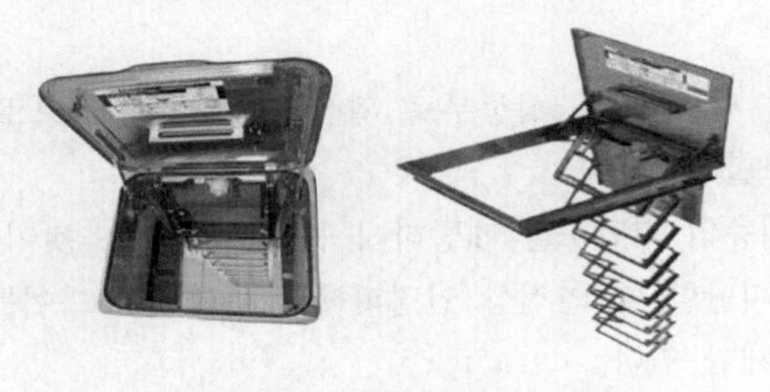

▌하향식 피난구 설치 모습▐

(3) 설치대상

공동주택 중 아파트로서 4층 이상인 층의 각 세대가 2개 이상의 직통계단을 사용할 수 없는 경우

(4) 설치기준

1) 피난구 덮개 : 비차열 1시간 이상의 내화성능
2) 피난구 유효 개구부 규격 : 지름 60[cm] 이상
3) 상·하층 간 피난구의 설치 위치 : 수직 방향 간격을 15[cm] 이상 띄어서 설치한다.
4) 아래층에서 바로 위층의 피난구를 열 수 없는 구조
5) 사다리 : 바로 아래층의 바닥면으로부터 50[cm] 이하까지 내려오는 길이
6) 덮개 개방 시 : 경보음
7) 피난구 설치장소 : 예비전원에 의한 조명설비
8) 건축물의 외벽과 바닥 사이의 내화채움구조 : 국토교통부장관이 정하여 고시

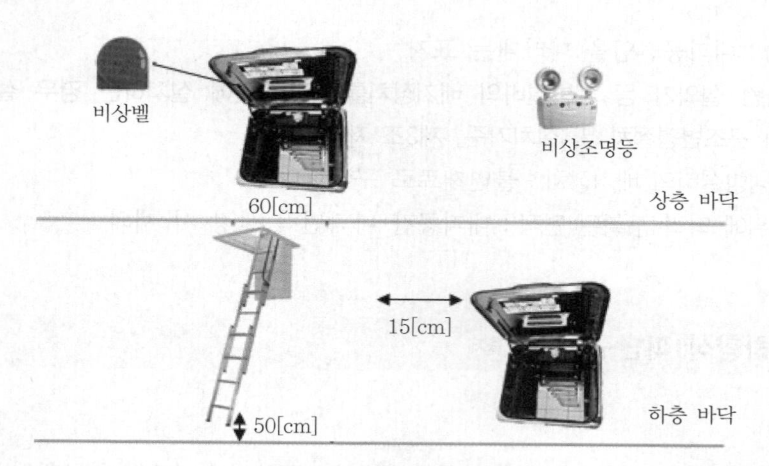

▍하향식 피난구 설치기준▍

(5) 설치 유효성

1) 하향식 피난구를 통해 대피공간을 대체하는 효과와 함께 실질적인 대피가 가능하게 되었다.
2) 화재 시 연기 및 화염은 상층부로 확산되므로 직하층으로 피난은 피난 안전상의 유효성을 확보할 수 있다.
3) 아래층에서 위층의 피난구를 개방하지 못하도록 하는 것이다.
   ① 상층으로 피난할 때 안전상 인명피해가 우려되므로 이를 제한하기 위함이다.
   ② 보안의 문제가 있다.

(6) 성능시험 및 성능기준(건축자재 등 품질인정 및 관리기준 제36조)

1) KS F 2257-1(건축 부재의 내화시험방법-일반요구사항)에 적합한 수평 가열로에서 시험한 결과 KS F 2268-1(방화문의 내화시험방법)에서 정한 비차열 1시간 이상의 내화성능이 있을 것(단, 하향식 피난구로서 사다리가 피난구에 포함된 일체형인 경우에는 모두를 하나로 보아 성능을 확보하여야 함)
2) 사다리 : 「피난사다리의 형식승인 및 검정기술기준」의 재료 기준 및 작동시험 기준에 적합할 것
3) 덮개 : 장변 중앙부에 637[N](65×9.8)/0.2[m^2]의 등분포하중을 가했을 때 중앙부 처짐량이 15[mm] 이하일 것
4) 시험성적서 유효기간 : 3년

SECTION 048

피난약자시설 대피공간 등 설치 및 안전관리 가이드라인

01 개요

(1) 적용대상

1) 의료시설

① 요양병원 : 「의료법」 제3조 제2항 제3호 라목의 병원급 의료기관

② 정신병원 : 「정신건강증진 및 정신질환자 복지서비스 지원에 관한 법률」 제3조 제5호 가목의 정신의료기관

③ 장애인의료재활시설 : 「장애인복지법」 제58조 제1항 제4호의 장애인복지시설

장애인복지시설(법령상 정의) : 장애인을 입원 또는 통원하게 하여 상담, 진단 · 판정, 치료 등 의료 재활서비스를 제공하는 시설

2) 노유자시설

① 노인요양시설 : 「노인복지법」 제34조 제1항 제1호의 노인의료복지시설

노인의료복지시설(법령상 정의) : 치매 · 중풍 등 노인성질환 등으로 심신에 상당한 장애가 발생하여 도움을 필요로 하는 노인을 입소시켜 급식 · 요양과 그 밖에 일상생활에 필요한 편의를 제공함을 목적으로 하는 시설

② 장애인거주시설 : 「장애인복지법」 제58조 제1항 제1호의 장애인복지시설

장애인복지시설(법령상 정의) : 거주공간을 활용하여 일반가정에서 생활하기 어려운 장애인에게 일정기간 동안 거주 · 요양 · 지원 등의 서비스를 제공하는 동시에 지역사회생활을 지원하는 시설

(2) 설치장소 및 시설

1) 설치장소 : 피난층 외의 층

2) 설치시설 : 다음의 어느 하나에 해당하는 시설을 설치한다.

① 각 층마다 별도로 방화구획된 대피공간

② 거실에 접하여 설치된 노대 등

③ 계단을 이용하지 않고 건물 외부의 지상으로 통하는 경사로

④ 인접 건축물로 피난할 수 있도록 설치하는 연결복도 또는 연결통로

3) 적용사례

① 법령 시행일자 : '15. 9. 22.

② 적용시기 : 시행일 이후 건축허가를 신청하거나 용도변경 허가를 신청하는 경우부터 적용

02 피난약자시설 적용 피난 · 대피시설의 종류

(1) **층마다 별도로 방화구획된 대피공간** : 건축물 내부의 안전구획된 공간으로 「건축법 시행령」 제46조(방화구획 등의 설치) 규정에 적합하게 설치된 공간을 말한다(병실 등 해당 거실 부분을 방화구획한 경우를 포함).

(2) **거실에 접하여 설치된 노대 등** : 건축물의 외벽에 부착되어 노출된 부분을 말하는 것으로 발코니, 외부 복도 등을 포함하며 건물의 내부와 연결된 공간을 말한다(병실 등 거실에 접하여 설치한 노대 등을 포함).

(3) **건물 외부의 지상으로 통하는 경사로** : 건축물의 1개 층에서 다른 층으로 편리하게 이동할 수 있도록 장애인등편의법 시행규칙 제2조(편의시설의 세부기준) 관련 [별표 1] 제12호 규정에 적합하게 설치된 시설을 말한다.

(4) **인접 건축물로 피난할 수 있는 연결복도(통로)** : 건축물 사용자의 편의증진 및 이용 동선을 줄여서 건축물의 기능향상을 도모할 목적으로 인근 건축물과 이어지는 「건축법 시행령」 제81조(맞벽건축 및 연결복도) 규정에 적합하게 설치된 연결복도 · 통로를 말한다.

03 피난약자시설 적용 피난 · 대피시설의 설치기준

(1) **대피공간 및 노대 등**

1) 설치위치

① 거실의 각 부분에서 접근이 용이한 위치에 설치하되 다른 영업장 또는 구획된 실을 경유하는 구조가 아닐 것

거실의 각 부분으로부터 대피공간 및 노대 등에 이르는 보행거리가 30[m] 이하로 설치. 단, 주요 구조부가 내화구조 또는 불연재료로 된 건축물은 보행거리 40[m] 이하로 설치(단, 병실 등 거실 및 노대 등을 대피공간 및 노대 등의 설치기준에 적합하게 양방향으로 분산하여 2개소 이상 설치한 경우 보행거리 적용 제외)

② 소방차가 접근하기 쉽고 외부에서 신속하고 원활한 소방활동을 할 수 있는 장소에 설치하고 소방자동차 전용구역을 설치할 것(단, 건물에 적용되는 법정 피난기구 외

대피공간 및 노대 등에 적응성 있는 피난기구를 추가로 설치한 경우 소방차 접근성 및 전용구역 설치 적용 제외)

대피공간 및 노대 등은 소방자동차 진입로 및 전용구역과 같은 동선에 위치하여 신속한 인명구조 활동이 가능할 수 있도록 할 것

▌적응성 피난기구 ▌

구분	지하층	1층	2층	3층	4층 이상 10층 이하
요양병원 정신병원 장애인의료 재활시설	–	–	미끄럼대, 구조대, 피난교, 다수인피난장비, 승강식피난기		피난교, 다수인피난장비, 승강식피난기
장애인 거주시설 노인요양시설	–	–	미끄럼대, 구조대, 피난교, 다수인피난장비, 승강식피난기		구조대, 피난교, 다수인피난장비, 승강식피난기

③ 피난 체류할 수 있는 안전 구획된 공간으로 설치할 것
   ㉠ 내 · 외부 마감재료는 불연재료로 사용
   ㉡ 예비전원(60분 이상)에 의한 조명설비 및 급 · 배기설비를 설치
   ㉢ 방재실 등과 긴급 연락이 가능한 통신시설을 설치
   ㉣ 비상 식수를 공급받을 수 있도록 수전설비 설치

④ 대피공간에는 소방관이 진입할 수 있도록 소방관진입창을 1개소 이상 설치할 것(단, 소방차량 진입이 불가한 경우 적용 제외)

⑤ 노대 등에는 1.2[m] 이상 높이의 난간을 설치할 것

⑥ 대피공간의 외벽은 소방관진입창 등 최소한의 개구부를 제외하고 해당 건축물의 다른 부분과 완전구획 할 것

⑦ 대피공간은 출입문을 포함하여 건축물의 다른 부분과 방화구획 할 것
   ㉠ 외벽과 바닥 사이에 틈이 생긴 때나 급수관 · 배전관 그 밖의 배관이 방화구획으로 되어 있는 부분을 관통하는 경우 그로 인하여 방화구획에 틈이 생긴 때에는 그 틈을 다음의 어느 하나에 해당하는 것으로 메울 것
   - 「산업표준화법」에 따른 한국산업표준에서 내화충전성능을 인정한 구조로 된 것
   - 한국건설기술연구원장이 국토교통부장관이 정하여 고시하는 기준에 따라 내화충전성능을 인정한 구조로 된 것

   ㉡ 환기 · 난방 또는 냉방시설의 풍도가 방화구획을 관통하는 경우에는 그 관통부분 또는 이에 근접한 부분에 다음의 기준에 적합한 댐퍼를 설치할 것
   - 닫힌 경우에는 방화에 지장이 있는 틈이 생기지 아니할 것
   - 「산업표준화법」에 의한 한국산업규격상의 방화댐퍼의 방연시험방법에 적합할 것

• 철재로서 철판의 두께가 1.5[mm] 이상일 것
• 화재가 발생한 경우에는 연기의 발생 또는 온도의 상승에 의하여 자동적으로 닫힐 것

⑧ 광원점등방식의 피난유도선을 설치할 것
㉠ 구획된 각 실로부터 대피공간(직통계단 출입구 포함)까지 설치
㉡ 산출산식
설치면적[m^2](해당 층 재실자 수 × 0.5) × 0.28[m^2]

1. **해당 층 재실자 수** : 대피공간 설치층의 바닥면적을 해당 용도별 재실자의 밀도로 나눈 값
2. 계단실, 승강로, 복도 및 화장실은 사용 형태별 재실자 밀도의 산정에서 제외하고, 취사장 · 조리장의 사용 형태별 재실자 밀도는 9.30으로 본다.

⑨ 해당 층에 대피공간 및 노대 등을 2개소 이상 설치한 경우 각각의 면적을 합한 것으로 산정하되 노대 등에 화단 등 조경시설을 설치한 경우 그 부분은 노대 등의 산정면적에서 제외한다.
⑩ 병실 등의 거실 및 거실에 접한 노대 등을 대피공간 및 노대 등의 설치기준에 적합하게 설치한 경우 해당 거실 바닥면적의 1/2을 산출산식에 따른 설치면적에 포함한다.
⑪ 대피공간 및 노대 등으로 통하는 출입구에는 60분+ 방화문을 설치할 것
㉠ 대피공간의 출입문은 이중문으로 설치할 것
㉡ 문과 문 사이 전실의 폭은 최소 1.2[m] 이상 확보할 것
㉢ 언제나 닫힌 상태를 유지하거나 화재로 인한 연기, 불꽃 등을 가장 신속하게 감지하여 자동적으로 닫히는 구조
⑫ 출입문의 유효폭은 1.2[m] 이상, 높이는 2[m] 이상으로 할 것
문의 방향은 대피공간 및 노대 등을 향해 열리는 구조로 할 것
⑬ 축광식의 표지판(피난기구 포함) 또는 피난 픽토그램을 설치할 것
표지판 규격은 긴 변의 길이 360[mm] 이상, 짧은 변의 길이 120[mm] 이상
⑭ 피난에 지장이 없도록 유지 · 관리
보일러실 또는 창고 등 대피에 장애가 되는 공간으로 사용금지 및 피난기구 및 통신시설 등 피난에 필요한 시설 외의 것을 두지 말 것(병실 등의 거실 및 거실에 접한 노대등에 설치한 경우 제외)
⑮ 정상작동에 지장이 없도록 유지 · 관리
소방시설 등의 자체점검(작동기능 · 종합정밀점검) 시 포함하여 점검(타용도 사용여부, 피난에 필요한 시설의 물품 적치여부, 피난기구, 피난유도선, 비상조명등, 비상문 자동개폐장치 등)

(2) 경사로

1) 유효 폭 및 활동공간

① 경사로의 유효 폭은 1.2[m] 이상을 확보할 것

㉠ 건축물을 증축 · 개축 · 재축 · 이전 · 대수선 또는 용도변경의 경우 1.2[m] 이상의 유효 폭을 확보하기 곤란한 때에는 0.9[m]까지 완화

㉡ 바닥면으로부터 높이 0.75[m] 이내마다 휴식을 할 수 있도록 수평면으로된 참을 설치

㉢ 경사로의 시작과 끝, 굴절부분 및 참에는 1.5[m] × 1.5[m] 이상의 활동공간을 확보하여야 한다. 단, 경사로가 직선인 경우에 참의 활동공간의 폭은 경사로의 유효 폭과 같게 할 수 있다.

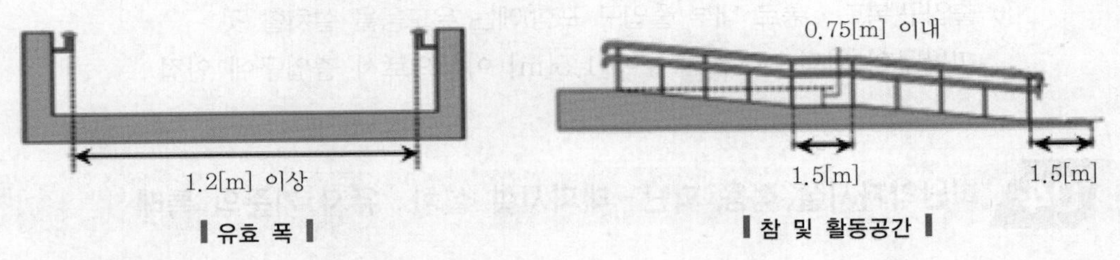

▌유효 폭 ▌ ▌참 및 활동공간 ▌

2) 기울기

① 경사로의 기울기는 12분의 1 이하로 할 것

② 다음의 요건을 모두 충족하는 경우에는 경사로의 기울기를 8분의 1까지 완화

㉠ 신축이 아닌 기존 시설에 설치되는 경사로일 것

㉡ 높이가 1[m] 이하인 경사로로서 시설의 구조 등의 이유로 기울기를 12분의 1 이하로 설치하기가 어려울 것

㉢ 시설관리자 등으로부터 상시보조서비스가 제공될 것

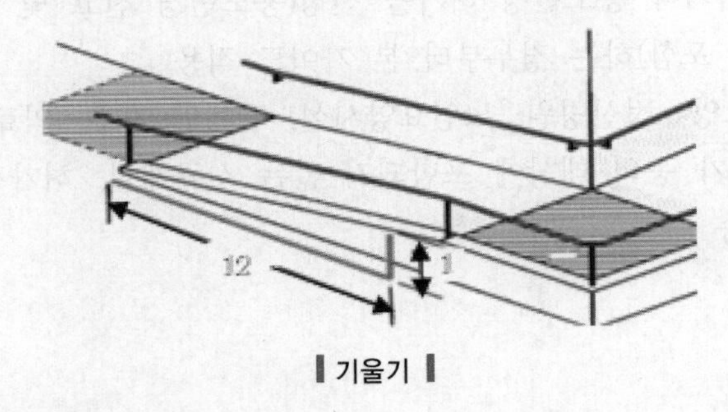

▌기울기 ▌

(3) 연결복도 · 통로

1) 구조 및 설비

주요 구조부가 내화구조일 것

① 내부 마감재료는 불연재료로 사용한다.

② 밀폐된 구조인 경우 벽면적의 10분의 1 이상에 해당하는 면적의 창문을 설치한다. 단, 지하층으로서 환기설비를 설치하는 경우에는 제외한다.
③ 연결복도 · 통로의 유효 폭은 1.5[m] 이상으로 한다.
④ 예비전원(60분 이상)에 의한 조명설비를 설치한다.

2) 연결부분 출입문 등
① 연결복도 · 통로로 통하는 출입구에는 60분+ 방화문을 설치할 것
언제나 닫힌 상태를 유지하거나 화재로 인한 연기, 불꽃 등을 가장 신속하게 감지하여 자동적으로 닫히는 구조
② 출입문의 유효 폭은 1.2[m] 이상, 높이는 2[m] 이상으로 할 것
문이 열리는 방향은 연결복도 · 통로로 열리는 구조
③ 출입구(복도 · 통로 내부 출입구 포함)에는 유도등을 설치할 것
피난구의 바닥으로부터 높이 1.5[m] 이상으로서 출입구에 인접

04 피난약자시설 적용 피난 · 대피시설 설치 · 유지 기준의 특례

(1) 설치 · 유지기준의 특례

기존 건축물이 증축 · 개축 · 대수선되거나 용도변경 등이 되는 경우에 있어서 이 기준이 정하는 기준에 따른 공사가 현저하게 곤란하다고 인정되는 경우에는 피난에 지장이 없는 범위 안에서 기준의 일부를 적용하지 아니할 수 있다.

(2) 가이드 시행일자

1) 2021. 10. 이후 건축허가를 신청(건축위원회에 심의를 신청 및 건축신고를 한 경우를 포함)하거나 용도변경 허가를 신청(용도변경 신고 및 건축물대장 기재내용의 변경 신청을 포함)하는 경우부터 본 가이드 적용
2) 적용대상 : 요양 · 정신병원, 노인요양시설, 장애인 거주 · 의료재활시설
3) 상기 건축허가 등의 대상에 포함되지 않는 신규개설, 허가사항 변경 등의 경우에도 준용 가능

SECTION

049 발코니(balcony)

01 개요

(1) 베란다(veranda)

1) 정의 : 건축물에서 툇마루처럼 튀어나오게 하여 벽이 없이 지붕을 씌운 부분으로 일반적으로 베란다는 건축물의 상층이 하층보다 작게 건축되어 남는 아래층의 지붕 부분을 의미한다.

2) 종류 : 테라스 형식, 발코니 형식

3) 사용 목적 : 휴식, 일광욕

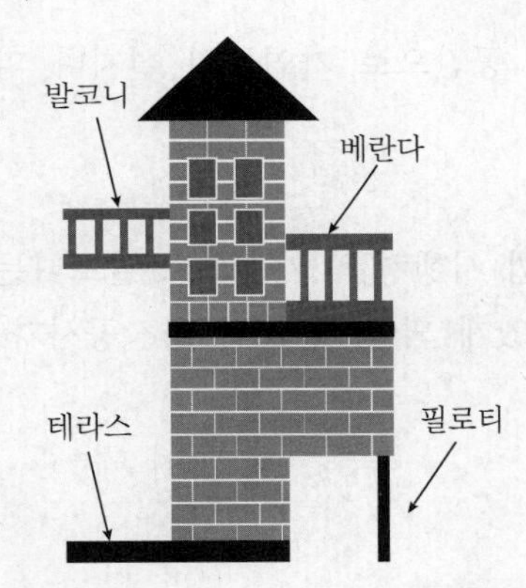

▌베란다, 발코니, 테라스, 필로티의 예▐

(2) 발코니(balcony)

1) 개요

① 정의 : 건축물의 내부와 외부를 연결하는 완충공간으로서, 전망이나 휴식 등의 목적으로 건축물 외벽에 접하여 부가적으로 설치되는 공간

② 설치위치 : 지붕 없이 난간을 둘러친 것으로, 보통 2층 이상에 설치한다.

③ 건축적 특성 : 건물의 외관상으로 장식적 요소, 전용의 정원이 없는 아파트 건축에서는 외부와 면하는 유일한 장소이다.

④ 건축법적 의미 : 바닥면적 산정에서 제외되어 용적률이 산정되지 않는다.

2) 용도

① 거실의 연장으로서 주거(living) 발코니 : 유아의 놀이터, 일광용, 휴식과 전망을 위한 공간

② 부엌에 연결되는 서비스(service) 발코니 : 주방의 보조공간

③ 조경 발코니 : 식물 재배 등의 공간

④ 소방 목적의 발코니

㉠ 상층으로 연소확대 방지

㉡ 대피공간

㉢ 구조의 공간

⑤ 「건축법 시행령」 제2조 제14호에 의한 발코니의 용도 : 국토교통부장관이 정하는 기준에 적합한 경우에는 필요에 따라 거실 · 침실 · 창고 등

노대 : 발코니처럼 외부로 돌출된 바닥 구조물을 포함하여 옥상광장처럼 개방형 구조로 된 바닥 구조물을 아우르는 폭넓은 대표 개념이다. 건축법상 규정이 되어 있지 않은 개념으로 발코니, 옥상광장, 베란다, 테라스 데크 등을 포함하는 개념이다.

(3) 외국의 경우

피난과 연소확대 방지의 공간으로 가연물의 설치나 피난의 장애가 되지 않도록 하고 있다.

(4) 국내의 경우

2005년 12월 2일 「건축법 시행령」의 개정으로 발코니는 필요에 따라 거실 · 침실 · 창고 등의 용도로 사용할 수 있게 되어, 발코니 확장공사가 합법화되었다.

02 발코니 창호공사

(1) 「발코니 창호공사 표준계약서」(공정거래위원회 제정)의 사용을 권장하고 있다(「약관의 규제에 관한 법률」 제19조의3 제5항).

(2) 하자담보책임 기간

2년(유리는 1년)(「발코니 창호공사 표준계약서」 제10조 제1항)

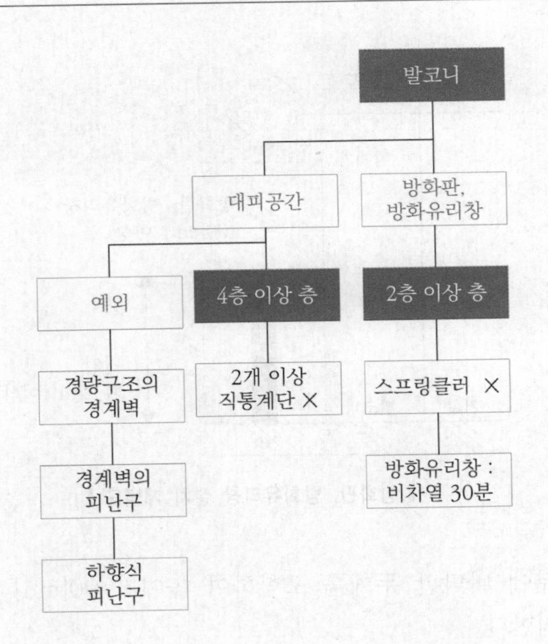

03 발코니의 대피공간

(1) 설치대상

공동주택(아파트)으로서 4층 이상인 층의 각 세대가 2개 이상의 직통계단을 사용할 수 없는 경우

(2) 설치기준

* SECTION 048 피난약자시설 대피공간 등 설치 및 안전관리 가이드라인을 참조한다.

04 방화판, 방화유리창 129 · 123회 출제

(1) 설치대상

아파트 2층 이상의 층에서 스프링클러의 살수범위에 포함되지 않는 발코니를 구조변경하는 경우(예외 : 스프링클러 설치)

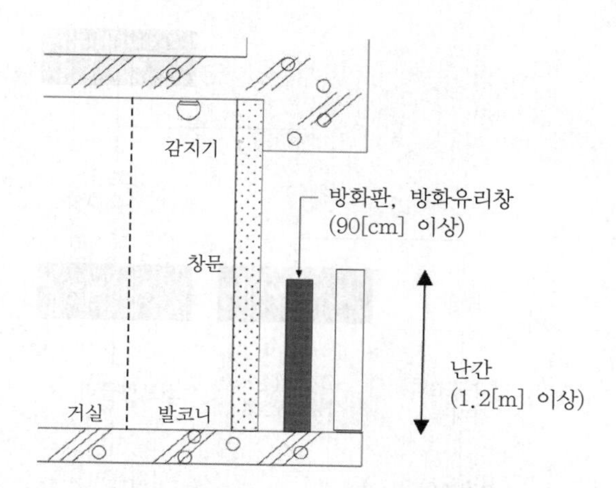

▌방화판, 방화유리창 설치 개념도▐

(2) 설치구조

1) 발코니 끝부분에 바닥판 두께를 포함하여 높이가 90[cm] 이상 방화판 또는 방화유리창을 설치한다.
2) 창호와 일체 또는 분리하여 설치한다. 단, 난간은 별도로 설치한다.
3) 방화판
   ① 불연재료(유리는 이미 불연재료)
   ② 유리 : 방화유리
   ③ 아래층에서 발생한 화염 차단 : 발코니 바닥과의 사이에 틈새가 없이 고정한다.
   ④ 틈새가 있는 경우 : 내화채움성능 재료로 틈새를 메워야 한다.

외벽과 바닥 사이에 틈이 생긴 때나 급수관·배전관, 그 밖의 관이 방화구획으로 되어 있는 부분을 관통하는 경우 그로 인하여 방화구획에 틈이 생긴 때에는 그 틈을 다음의 어느 하나에 해당하는 것으로 메울 것
① 「산업표준화법」에 따른 한국산업규격에서 내화채움성능을 인정한 구조로 된 것
② 한국건설기술연구원장이 국토교통부장관이 정하여 고시하는 기준에 따라 내화채움성능을 인정한 구조로 된 것

4) 방화유리창에서 방화유리(창호 등을 포함) : 비차열 30분 이상의 성능
5) 입주자와 사용자는 관리규약을 통해 방화판 또는 방화유리창 중 하나 선택이 가능하다.

05 발코니 창호 및 난간 등의 구조

(1) 난간의 구조
 1) 발코니를 거실 등으로 사용하는 경우 난간의 높이 : 1.2[m] 이상
 2) 난간 살의 간격 : 10[cm] 이하

(2) 창호의 구조
 1) 기준 : 「건축물의 에너지절약설계기준」 및 「건축구조기준」(KBC 2009)
 2) 방화유리창 : 추락 등의 방지를 위하여 필요한 조치(예외 : 방화유리창의 방화유리가 난간 높이 이상으로 설치되는 경우)를 한다.

(3) 발코니 내부마감재료 등 123회 출제
 1) 스프링클러의 살수범위에 포함되지 않는 발코니를 구조 변경하여 거실 등으로 사용하는 경우 : 발코니에 자동화재탐지기를 설치(단독주택 제외)한다.
 2) 내부마감재료
  ① 거실의 벽 및 반자의 실내에 접하는 부분 : 불연재료 · 준불연재료 또는 난연재료
  ② 거실에서 지상으로 통하는 주된 복도 · 계단, 기타 통로의 벽 및 반자의 실내에 접하는 부분 : 불연재료 또는 준불연재료

06 방화유리창 128회 출제

(1) 「건축법」 제52조 제4항
대통령령으로 정하는 용도 및 규모에 해당하는 건축물 외벽에 설치되는 창호(窓戶)는 방화에 지장이 없도록 인접 대지와의 이격거리를 고려하여 방화성능 등이 국토교통부령으로 정하는 기준에 적합하여야 한다.

(2) 방화유리창 대상 건축물
 1) 상업지역(근린상업지역은 제외)
  ① 제1종 근린생활시설, 제2종 근린생활시설, 문화 및 집회시설, 종교시설, 판매시설, 운동시설 및 위락시설의 용도로 쓰는 건축물로서, 그 용도로 쓰는 바닥면적의 합계가 2,000[m^2] 이상인 건축물
  ② 공장(화재 위험이 작은 공장은 제외)의 용도로 쓰는 건축물로부터 6[m] 이내에 위치한 건축물
 2) 의료시설, 교육연구시설, 노유자시설 및 수련시설의 용도로 쓰는 건축물
 3) 3층 이상 또는 높이 9[m] 이상인 건축물
 4) 1층의 전부 또는 일부를 필로티 구조로 설치하여 주차장으로 쓰는 건축물

5) 공장, 창고시설, 위험물 저장 및 처리시설(자가난방과 자가발전 등의 용도로 쓰는 시설을 포함), 자동차 관련 시설의 용도로 쓰는 건축물

(3) 적용기준(「건축물방화구조규칙」 제24조 건축물의 마감재료 등)

1) 인접 대지경계선에 접하는 외벽의 창호와 인접 대지경계선 간 1.5[m] 이내인 경우 : 창호는 방화유리창(비차열 20분 이상)을 설치하여야 한다.

2) 예외 : 스프링클러(간이 포함)가 창호로부터 60[cm] 이내에 설치된 경우 방화유리창 설치제외가 가능하다.

SECTION 050 소방관 진입창

01 개요

(1) 정의

화재 등 재난 시 소방대가 진입을 할 수 있는 창을 말한다.

(2) 목적

고층 빌딩의 유리는 강화유리 등이 적용이 되어 있기 때문에 진입창의 유리를 쉽게 깨뜨릴 수 있는 구조를 적용하여 소방관이 쉽게 진입하고, 내부에서 쉽게 깨뜨려서 피난할 수 있도록 하기 위함이다.

02 관련 법규

(1) 설치규정

건축물의 피난시설 및 용도제한 등(「건축법」 제49조)

1) 대통령령으로 정하는 건축물은 국토교통부령으로 정하는 기준에 따라 소방관이 진입할 수 있는 창을 설치한다.
2) 외부에서 주야간에 식별할 수 있는 표시를 한다.

(2) 설치대상

거실의 채광 등(「건축법 시행령」 제51조)

1) 건축물의 11층 이하의 층
   ① 소방관이 진입할 수 있는 창을 설치한다.
   ② 외부에서 주야간에 식별할 수 있는 표시를 한다.
2) 예외 : 다음의 어느 하나에 해당하는 아파트
   ① 대피공간 등을 설치한 아파트
   ② 비상용 승강기를 설치한 아파트

(3) 설치기준

소방관 진입창의 기준(건축물방화구조규칙 제18조의2) 121회 출제

1) 설치개수
   ① 2층 이상 11층 이하인 층 : 층별 1개소 이상
   ② 창의 가운데에서 벽면 끝까지의 수평거리가 40[m] 이상인 경우 : 40[m] 이내마다 추가로 설치한다.
2) 진입창의 위치 : 소방차 진입로 또는 소방차 진입이 가능한 공터에 면할 것
3) 진입창 표시 : 창문의 가운데에 지름 20[cm] 이상의 역삼각형을 야간에도 알아볼 수 있도록 빛 반사 등으로 붉은색으로 표시한다.
4) 타격지점 표시 : 창문의 한쪽 모서리에 타격지점을 지름 3[cm] 이상의 원형으로 표시한다.
5) 창문의 크기
   ① 폭 : 90[cm] 이상
   ② 높이 : 1.2[m] 이상
   ③ 실내 바닥면으로부터 창의 아랫부분까지의 높이 : 80[cm] 이내
6) 유리 설치기준 129회 출제
   ① 플로트 판유리 : 6[mm] 이하

꼼꼼체크 **플로트 판유리** : 플로트법으로 제조된 소다석회유리로, 투과율이 좋은 무색 투명유리

   ② 강화유리 또는 배강도유리 : 5[mm] 이하

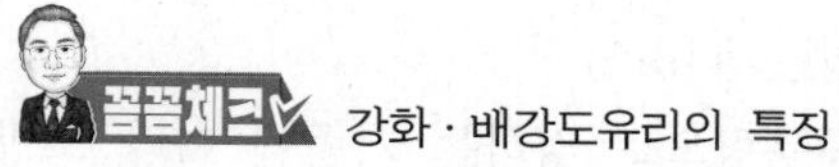

강화·배강도유리의 특징

① 외부충격에 대한 저항성이 강하며, 파손되더라도 파편이 날카롭지 않아 위험성이 작다.
② 판유리를 연화온도에 가까운 500 ~ 600[℃]로 가열하고, 급냉 또는 서냉을 통해 생산하는 안전유리이다.
③ 보통 유리에 비해 굽힘강도는 3 ~ 5배, 내충격성은 3 ~ 8배로 강하며, 내열성이 우수하다.

▌강화유리와 배강도유리 비교 ▌

구분	강화유리	배강도유리
열처리 방법	급냉	서냉
파손상태	팥알조각	파손형태를 유지
안전강도	일반유리 3 ~ 5배	일반유리 2 ~ 3배
사용처	저층부	고층부

   ③ '①' 또는 '②'에 해당하는 유리로 구성된 이중 유리 : 24[mm] 이하(단열조치 예외사항 「건축물의 에너지절약설계기준」 제6조)

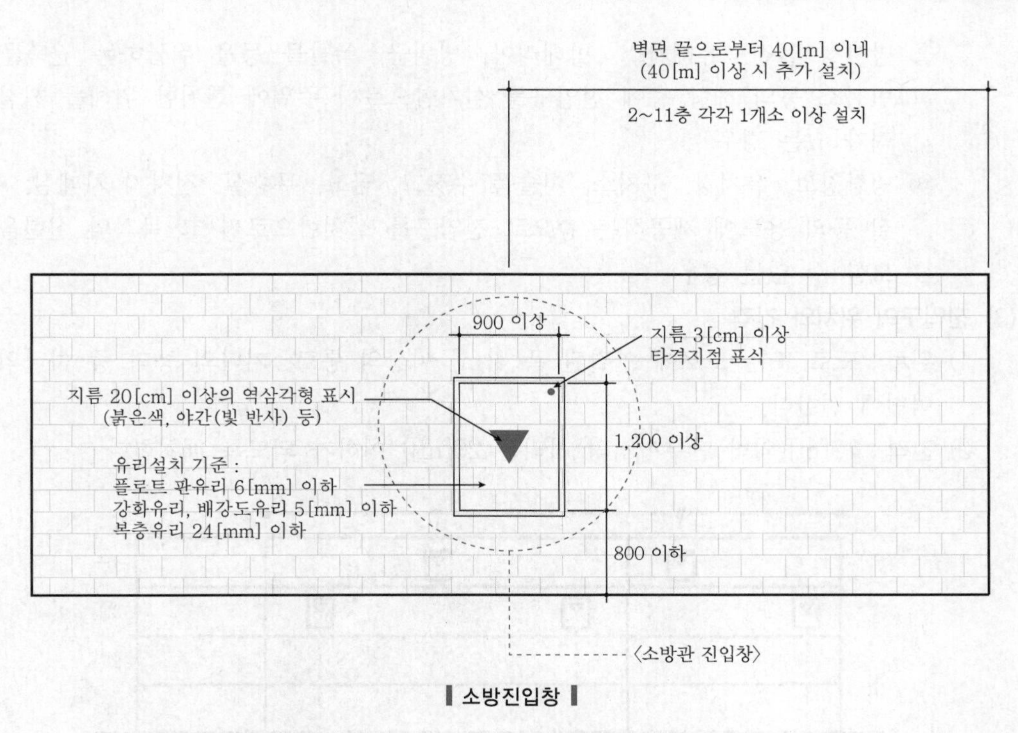

▌소방진입창▐

03 일본의 관련 규정

(1) 설치대상

건축물의 높이 31[m] 이하의 부분에 있는 3층 이상의 층에 설치한다.

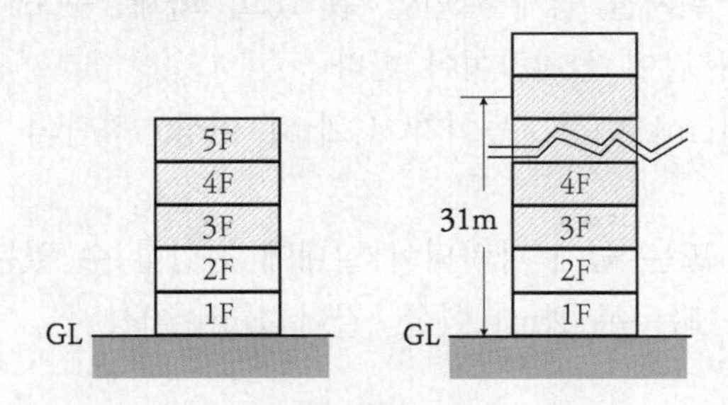

▌소방진입창 설치대상▐

(2) 설치제외 대상

1) 비상용 승강기가 설치된 건축물
2) 다음의 시설이 설치된 층의 직상층이나 직하층의 경우는 설치 제외(해당 용도 이외의 부분에 필요)
   ① 불연성 물품의 보관 등 화재 발생의 우려가 작은 용도의 층

② 방사성 물질, 유해가스, 박테리아, 병원균, 폭발물 등을 취급하는 건축물 및 변전소 등의 해당 층에 진입구를 설치함으로써 주위에 현저한 위해를 끼칠 우려가 있는 경우

③ 냉장창고, 유치장, 구치소, 미술품 수장고, 금고, 무향실, 전자기 차폐실, 무균실 등의 용도에 제공하는 층으로 진입구를 설치함으로써 그 목적의 실현을 도모할 수 없는 경우

(3) 진입구의 위치와 간격

1) 위치 : 도로 또는 도로에 연결된 폭 4[m] 이상의 통로, 기타의 공터 중 하나의 외벽면에 면한다.

2) 간격 : 40[m](외벽 단부까지의 거리는 20[m]) 이하가 되도록 배치한다.

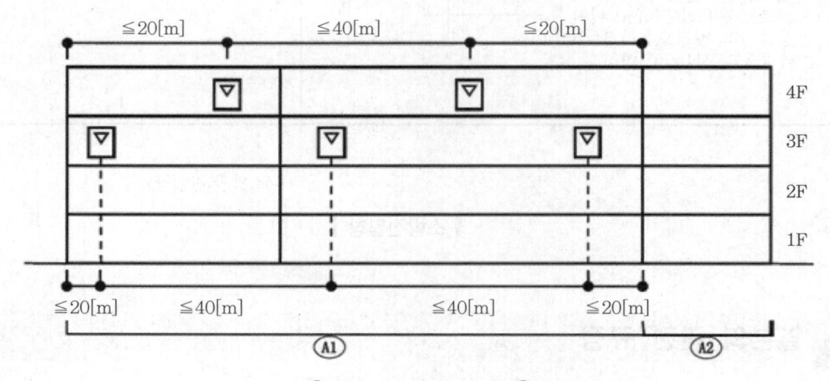

▌진입구 위치와 간격▐

(4) 비상용의 진입구 구조

1) 소방대원이 그 위치를 쉽게 확인할 수 있고, 화재·구조 활동에 지장이 되지 않도록 다음 규정과 같이 설치하여야 한다.

2) 진입구 : 폭 75[cm] 이상, 높이가 1.2[m] 이상, 하단의 바닥에서 높이가 80[cm] 이하

3) 외부에서 개방 또는 쉽게 파괴되어 실내에 진입할 수 있는 구조이어야 한다.

4) 발코니 : 진입구에는 폭 1[m] 이상, 길이 4[m] 이상

5) 표시

① 진입구에는 그 근처에 외부로부터 보기 쉬운 위치에 예비전원을 갖춘 적색등을 설치한다.

② 진입구에 한 변이 20[cm]인 정삼각형의 적색 반사도료에 의한 표시를 한다.

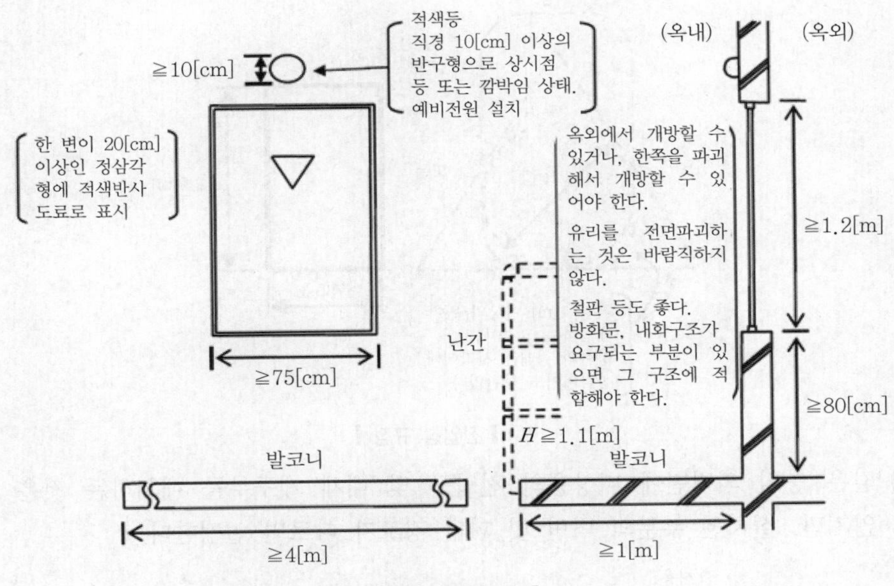

▌진입구의 구조▐

(5) 비상용 진입구의 대체 개구부화

1) 비상용의 진입구의 기능을 충분히 수행할 수 있는 창문, 기타 개구부를 해당 벽면 길이 10[m] 이내마다 설치한 경우에는 비상용 진입구를 대체 개구부로 인정한다.

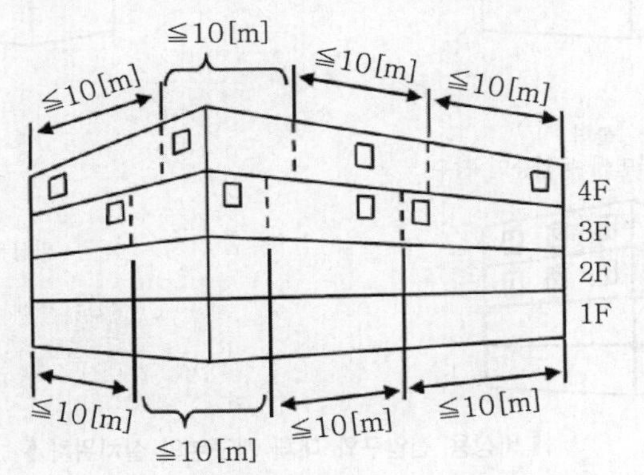

▌대체 개구부의 설치▐

2) 개구부

① 크기 : 직경 1[m] 이상의 원형 형태의 것 또는 폭 75[cm] 이상

② 높이 : 1.2[m] 이상

③ 야외에서의 진입을 방해하지 않는 구조이어야 한다.

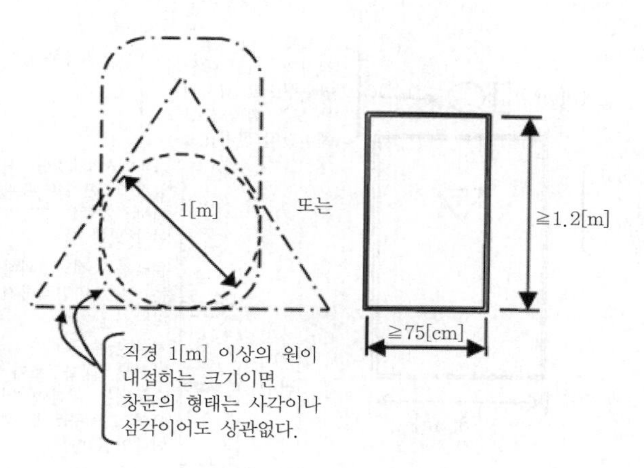

▌진입창 규정▐

3) 같은 층의 외벽면에 비상용의 진입구 및 대체 개구부를 배치하는 것은 인정되지 않지만, 설치된 부분의 벽면 및 피난 경로가 다르면 인정한다.

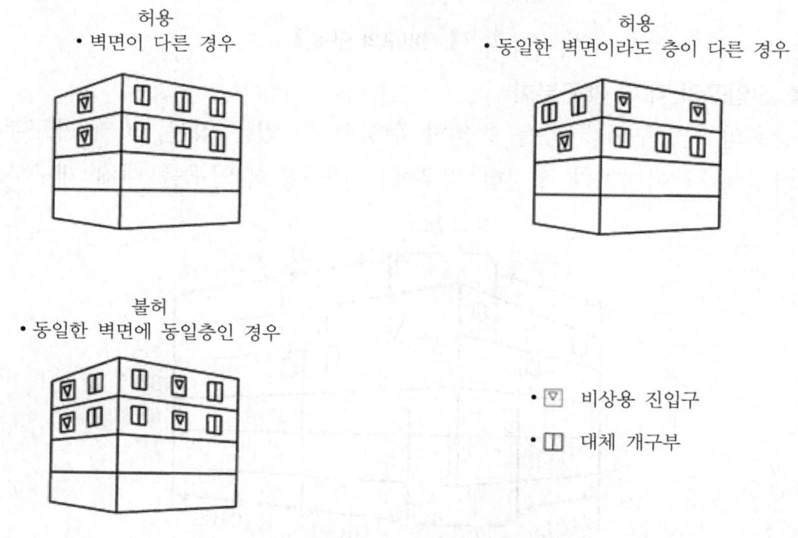

▌비상용 진입구와 대체 개구부의 설치위치▐

SECTION 051

디지털 도어락(KS C 9806)

01 디지털 도어락(digital door lock)과 화재

(1) 정의

건축물 입구 출입문 등에 사용되며 모터나 솔레노이드 등의 전기적 작동으로 직접 또는 간접적으로 데드볼트를 동작시키는 도어락

▎디지털 도어락 ▎

(2) 문제점 및 원인

1) 문제점 : 화재가 발생해 디지털 도어락에 고온의 열이 가해지면 자동 해제장치의 작동이 곤란하다.
2) 주요 원인 : 도어락 내부의 회로와 전원장치 등이 녹거나 파손
3) 대책 : 자동 잠금장치 대신 수동 개폐 장치를 돌린 후 문을 열고 피난
4) 소방에서 디지털 도어락을 다루는 이유 : 피난에 중요한 장애요인

02 용어의 정의

(1) 도어락(door lock)

데드볼트(키를 꼽는 돌리면 동작하는 장치), 래치볼트(손잡이를 잡아 돌리면 동작하는 장치, 보조키에서는 제외됨) 등으로 구성된 문을 열고 잠그는 기계적 장치

(2) **비상키**

전기회로계의 고장 등으로 입력부와 비상전원 단자의 기능이 불가한 비상시 사용하는 기계적 키

(3) **수동개폐장치**

문 내부에서 도어락을 수동 조작으로 개폐 시 모터나 솔레노이드와 무관하게 데드볼트를 동작시키는 장치

(4) **패닉열림장치**

문 내부에서 한 번의 도어락 손잡이 조작으로 도어락을 열 수 있는 장치

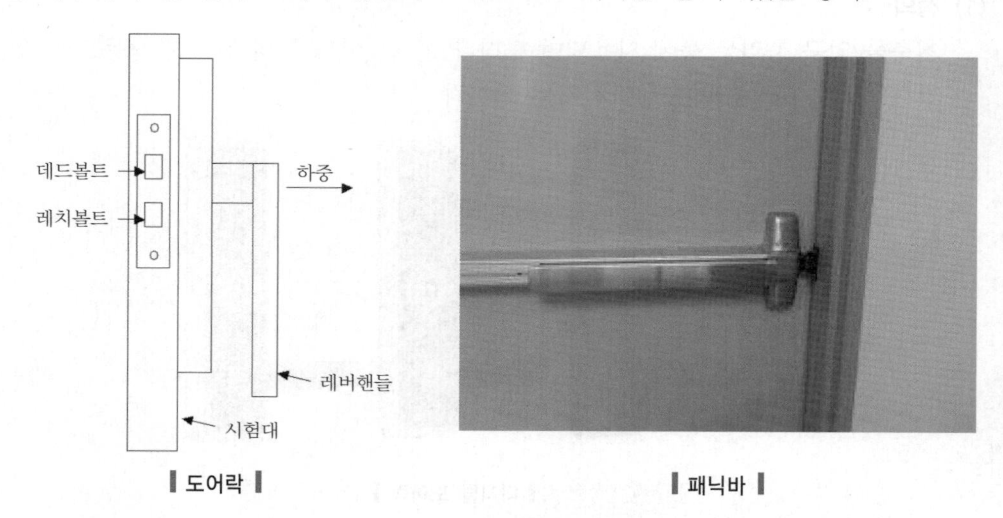

▌도어락 ▌ ▌패닉바 ▌

03 디지털 도어락의 종류

내화 여부	화재 시 대비방법	금속 비상키 사용 유무	손잡이 유무
내화형(F)	내열식(H)	열쇠식(K)	주키 도어락(M)
비내화형(NF)	온도센서식(T)	비열쇠식(NK)	보조키 도어락(S)

04 디지털 도어락의 요구성능

(1) 화재 시 대비시험

1) 목적 : 화재 시 도어락이 높은 온도의 최악의 상태에서도 개폐되고 탈출할 가능성에 대한 안전시험

2) 시험대상

① 내열식 : 화재 시 대비시험

② 온도센서식 : 화재 시 대비시험 + 외기에서의 열판시험(도난에 악용될 소지를 방지하기 위함)

3) 시험방법

① 도어락의 데드볼트 및 래치볼트를 잠근 상태(이중 잠금장치가 있으면 이중 잠금장치도 잠근 상태)에서 시험기에 넣고 30분 이내의 상온에서 270[℃]까지 상승시켜 10분간 유지한 후 즉시 꺼내어 수동레버로 열 수 있어야 한다.

② 이중 잠금장치가 있는 경우 : 이중 잠금장치를 잠근 상태에서 시험, 온도는 열충격을 받지 않을 정도로 서서히 상승한다.

4) 성능기준 : 시험 후 내기에서 조작으로 도어락을 열고 나갈 수 있어야 한다.

5) 열판 시험방법

① 가로, 세로 10[cm] 정사각형의 열판을 온도센서와 가장 가까운 거리의 외기표면에서 10분 동안 접속했을 때 데드볼트가 동작하지 않아야 한다.

② 열판 중심부의 온도 : 100 ± 10[℃]

(2) 내화시험

1) 시험대상 : 내화형만 해당

2) 시험방법 : 방화문 내화시험(KS F 2268-1)에 따라 1시간 동안 시험

3) 성능기준 : 도어락이 포함된 문짝이 고정문에 래치볼트로 닫힌 상태에서 내화시험에 따라 시험하여 래치볼트(latch bolt)가 파손되어 열리면 안 된다.

SECTION

052 전동문(auto door)

01 개요

(1) 전동문의 경우 화재 시 파손으로 수동개폐가 곤란한 경우 피난에 장애가 되기 때문에 선진국에서는 이에 대한 제한과 규정을 두어서 피난 시 유효하게 동작하도록 관리하고 있다.

(2) 국내에서는 아직 이에 관한 규정이 미흡한 실정이므로 선진국의 안전규정을 살펴보고 우리에게 어떻게 적용 가능한지 살펴볼 필요가 있다.

02 종류

(1) 보조전동식(power assisted)

1) 기준 : ANSI/BHMA A156.19, American national standard for power assist & low energy power operated doors

2) 특징

① 상기 기준에 적합한 문으로서 문을 작동시키는 동력이 제한된다.

② 문은 완전 전동식 문보다 요구되는 안전장치가 적다.

③ 문 작동장치는 여닫이문에만 사용되도록 제한된다.

(2) 전동식(power operated)

1) 기준 : ANSI/BHMA A156.10, American national standard for power operated pedestrian doors

2) 특징

① 상기 기준에 적합한 문으로서, 문을 작동시키기 위하여 더 큰 동력이 필요하다.

② 사용자의 부상을 방지하기 위한 추가 안전장치가 필요하다.

③ 전동식 문은 여닫이, 미닫이 또는 접는 문에 사용될 수 있다.

03 일반기준

(1) 사람의 접근을 감지하는 장치 때문에 작동되는 문이나 동력 보조식 수동조작 자동문과 같이 문이 동력에 의해 작동되는 경우

전력공급이 중단되는 경우 피난을 가능하게 할 수 있도록 수동으로 개방이 가능해야 한다.

(2) 문이 동력으로 작동하는 경우

피난로를 방호하는 데 필요한 경우 폐쇄가 가능해야 한다.

(3) 피난로의 문은 정전 시 수동으로 문의 개폐가 가능하다.

(4) 문을 수동으로 여는 데 필요한 힘

1) 피난로에서 요구하는 힘을 초과해서는 안 된다.

2) 문을 움직이는 데 필요한 힘 : 30[lbf](133[N]) 이내

3) 문을 완전히 개방하는 데 필요한 힘 : 15[lbf](67[N]) 이내

(5) 완전개방

문은 피난방향으로 힘이 가해졌을 때 개구부의 필요한 폭 전체를 사용할 수 있도록 어느 위치에서든지 완전히 개방할 수 있게 설계 및 설치하여야 한다.

(6) 표지판 부착

1) 위치 : 각 문의 출구측

2) 문구 : "비상사태 시 문을 밀어서 여십시오."

3) 표지판 글자 : 1[in](2.5[cm]) 이상 높이의 글자로서, 바탕색과 잘 대조되는 글자

04 피난로에 설치하는 경우의 규정

(1) 정전 시 수동으로 문의 개방이 가능하여야 한다.

(2) 상시폐쇄

수동으로 작동시키거나 열어 주지 않는 한 닫혀 있는 문

(3) 문의 개방시간

작동시켰을 때 30초 이하

(4) 문이 열려 있었던 시간의 길이와 관계없이, 문 개구부의 안쪽과 바깥쪽에서 연기를 감지하도록 설치된 승인된 연기감지기 작동

보조 전동장치의 기능이 중지되고 폐쇄되어야 한다.

(5) BHMA/ANSI A156.19, American national standard for power assisted and low energy power operated doors에 적합한 문

SECTION 053

방화댐퍼(fire damper)

116 · 115 · 99 · 88 · 80회 출제

01 개요

(1) 댐퍼(damper)

1) 정의 : 공조 덕트 내부에 주로 유량의 조절이나 폐쇄용으로 사용하는 설비

2) 기능 : 마치 배관에서 사용하는 밸브와 같은 유량조절 및 개폐

(2) 방화댐퍼(FD : Fire Damper)

1) 정의 : 공조 또는 환기설비 등의 덕트 내부에 퓨즈로 지지하여 설치하는 것으로, 방화구획을 관통하는 부근에 방화구획을 하기 위한 댐퍼

2) 기능 : 덕트 내부를 지나는 공기온도가 일정 온도 이상이 되면 퓨즈가 녹거나, 화재감지기와 연동되는 방식에 의해 자동으로 덕트를 폐쇄해 화염 또는 연기의 확산을 방지하는 건축방화설비

(3) 필요성

1) 방화댐퍼가 설치되지 않으면 덕트가 연기 및 화염의 전파경로가 되어 화재실에서 다른 장소로 연소확대가 진행하게 되므로 방화구획을 구성하기 위해서 설치하여야 한다.

2) 제연설비를 전용으로 하는 덕트를 설치하는 경우에는 방화댐퍼를 설치하지 않아도 된다(국토교통부 회신). 하지만, 해설서 등을 보면 소방에서는 제연설비가 설치된 경우에도 방화구획을 관통하는 경우에는 설치하는 것으로 보고 있다.

(4) 방화댐퍼를 요구하는 성능기준

구분		방화댐퍼
작동	연기/불꽃	화재로 인한 연기 또는 불꽃을 감지하여 자동적으로 닫히는 구조
	온도	주방 등 연기가 항상 발생하는 부분에는 온도를 감지하여 자동적으로 닫히는 구조
성능	기준	국토교통부장관이 정하여 고시하는 비차열 성능 및 방연성능 등의 기준에 적합할 것
	내화성능	KS F 2257-1(비내력 수직 구획부재의 성능조건)에서 정한 비차열 1시간 이상의 성능
	방연성능	KS F 2815(배연설비의 검사표준)의 누기율, KS F 2822(방화댐퍼의 방연시험방법)에서 규정한 방연성능

(5) 방화댐퍼의 동작방식

1) 퓨즈 블링크(fusible links) 구동방식

① 정의 : 특정 온도에서 퓨즈가 용융되어 스프링 장력에 의해 댐퍼가 자동으로 차단되는 방식

② 사용처와 작동온도 : 환기설비에는 일반적으로 72[℃]용을 사용하고, 제연설비에는 280[℃]용을 사용해 왔다.

③ 문제점 : 퓨즈 블링크 방식은 저온의 연기에는 동작하지 않아 2021년 8월 7일부터는 환기설비 등에서는 사용할 수 없다.

④ 제연설비 전용으로 하는 덕트에는 사용할 수 있다고 볼 수 있다(국토교통부 회신). 하지만 일부 소방전문가들은 퓨즈 블링크 방식은 사용할 수 없는 것으로도 보고 있다.

2) 모터(actuator) 구동 방식

① 정의 : 연기 또는 불꽃을 감지해 자동으로 닫히도록 하는 방식

② 특징 : 저온과 고온의 연기에도 정상적인 동작이 가능하다.

③ 2021년 8월 7일부터 적용 시행했다.

02 건축법상 방화댐퍼의 설치기준 129회 출제

(1) 방화구획의 설치기준(「건축물의 피난·방화구조 등의 기준에 관한 규칙」 제14조 제2항 제3호)

1) 설치위치 : 환기, 난방 또는 냉방시설의 공조기 풍도가 방화구획을 관통하는 경우에 그 관통부분 또는 이에 근접한 부분에 설치(쉽게 말해 FD는 벽체에 물려서 시공하여야 함)

2) 설치제외 대상 : 반도체공장 건축물로서, 관통부 풍도 주위에 스프링클러헤드를 설치하는 경우

(2) 성능기준 및 구성(「건축자재 등 품질인정 및 관리기준」 제35조)

1) 성능기준

① 내화성능시험 결과 비차열 1시간 이상의 성능

② KS F 2822(방화댐퍼의 방연 시험방법)에서 규정한 방연성능

2) 구성

① 미끄럼부 : 열팽창, 녹, 먼지 등에 의해 작동이 저해받지 않는 구조

② 방화댐퍼의 설치위치 : 주기적인 작동상태, 점검, 청소 및 수리 등 유지·관리를 위하여 검사구·점검구는 방화댐퍼에 인접하여 설치한다.

③ 부착방법 : 구조체에 견고하게 부착시키는 공법으로, 화재 시 덕트가 탈락, 낙하해도 손상되지 않을 것
④ 배연기(제연 송풍기)의 압력에 의해 방재상 해로운 진동 및 간격이 생기지 않는 구조

(3) 성능시험(「건축자재 등 품질인정 및 관리기준」 제35조)

1) **시험체 규격** : 날개, 케이싱, 각종 부속품 등을 포함하여 실제의 것과 동일한 구성 · 재료 및 크기의 것
2) **최대 크기** : 3[m] × 3[m](가열로의 한계)
3) **내화시험 및 방연시험**
① 원칙 : 시험체 양면에 대하여 각 1회씩 실시
② 예외 : 수평부재에 설치되는 방화댐퍼의 내화시험 화재노출면에 2회 실시
③ 내화성능 시험체와 방연성능 시험체
㉠ 내화성능 시험체 : 가장 큰 크기로 제작
㉡ 방연성능 시험체 : 가장 작은 크기로 제작
4) **시험성적서** : 2년간 유효(시험성적서와 동일한 구성 및 재질로서, 다음에 해당하는 경우에는 이미 발급된 성적서로 그 성능을 갈음 가능)
① 셔터 및 방화문 : 시험체보다 크기가 작은 것인 경우
② 방화댐퍼 : 내화성능 시험체 크기와 방연성능 시험체 크기 사이의 것인 경우

03 방화댐퍼 내화시험 108회 출제

구분		내용
시험기준	시험체	① 시험체의 기준은 상기의 성능시험을 준용 ② 시험체는 KS F 2257-1에 따라 현장 시공조건과 동일하게 제작
내화시험	로내 열전대, 가열로 압력	KS F 2257-1(비내력 수직 구획부재의 성능조건)을 따름
	시험환경	
	시험조건	
	시험체 수	① 방화댐퍼 내화시험 : 2회 ② 수직부재 방화댐퍼 : 양면에 각 1회씩 ③ 수평부재 방화댐퍼 : 화재 노출면에 2회
	시험방법	① 내화시험 전 주위온도에서 방화댐퍼의 작동장치(모터 등)를 사용하여 10번 개폐하여 작동에 이상이 없는지를 확인 ② 차염성 측정 : 방화댐퍼를 폐쇄상태로 하여 한국산업표준 KS F 2257-1의 표준시간-온도곡선에 따라 가열 $T = 345\log(8t+1) + T_0$

구분		내용
내화시험	판정기준	① 내화성능 : KS F 2257-1의 차염성 성능기준(면패드시험은 미적용) ② 차염성(integrity) ㉠ 균열게이지 시험 ㉡ 비가열면에서 10초 이상 지속되는 화염이 발생하지 않을 것
	시험결과 표현	① 시험성적서에 신청 내화등급을 표시하고 합·부를 표기 ② 기타 시험결과의 표현 및 시험성적서에 명시되어야 할 사항으로서, 고시에서 정하지 않은 사항은 한국산업표준 KS F 2257-1에 따름

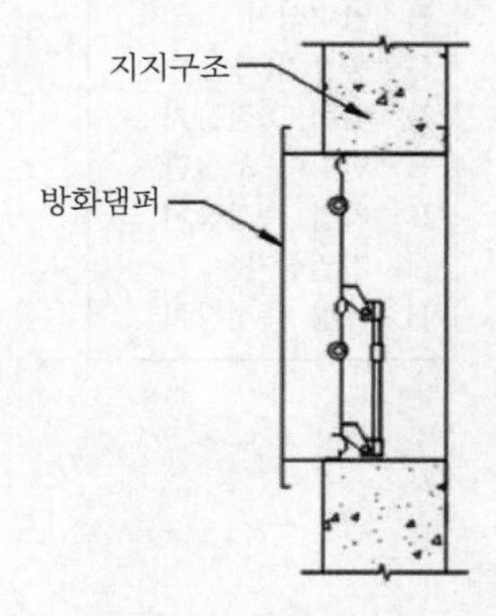

(a) 벽체에 설치되는 경우

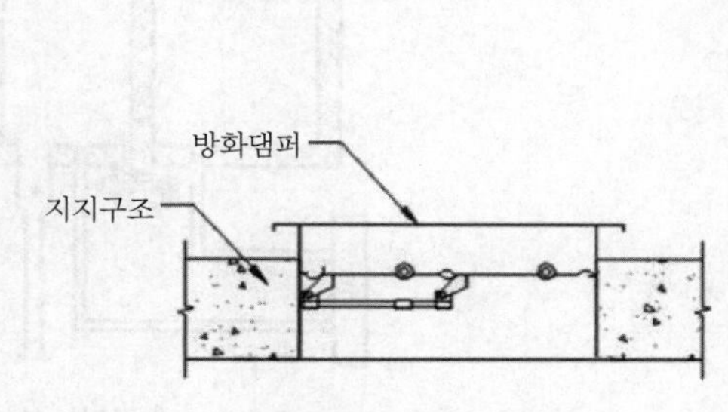

(b) 바닥에 설치되는 경우

▌시험체 제작의 예시 ▌

04 KS F 2822(방화댐퍼의 방연시험방법)

(1) 시험목적

건축물에 설치하는 방화댐퍼를 통한 연기의 누설량 측정

(2) 시험장치

1) 구성 : 압력상자, 송풍기, 압력 조절장치, 차압 측정장치 및 유량 측정장치

2) 조건

① 압력상자 : 기밀구조로 하고 시험체를 현장의 부착방법에 준하여 부착한다.

② 송풍기 및 압력조절장치

㉠ 시험제 전후 압력차의 범위 : 0 ~ 100[Pa]

㉡ 일정한 압력으로 유지가 가능하여야 한다.

③ 차압 측정장치

㉠ 시험체 양면 사이의 정압차의 범위 : 5 ~ 100[Pa]

㉡ 최대 허용오차 : ±5[Pa]

㉢ 정확도 : 규정값의 ±10[%](대기압은 ±1[%])

④ 유량 측정장치

㉠ 풍량 측정부 및 풍속계를 조합한 상태에서 교정한다.

㉡ 공기누설량 측정의 정확도 : ±5[%]

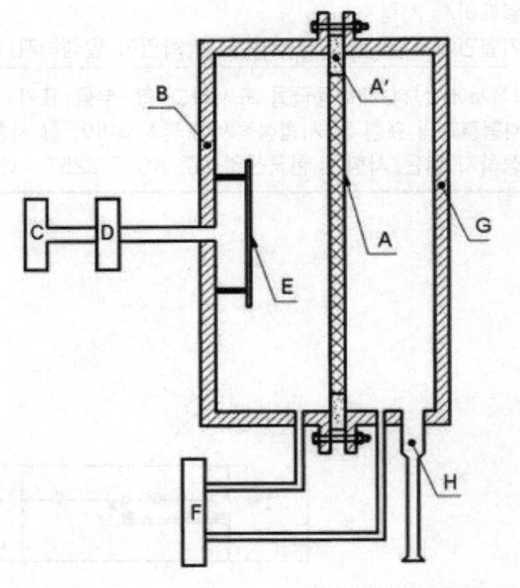

▌공기누설시험 챔버▐

(3) 시험체

1) 방화댐퍼 몸체에 연동 폐쇄장치를 포함한 것

2) 재료 및 구성이 실제의 것과 동일한 조건에서 제작된 것

(4) 시험방법

1) 시험체를 압력상자의 시험체 부착부에 현장의 부착방법에 준하여 기밀하게 부착한다.

2) 시험체가 원활하게 개폐되는 것을 확인하고, 연동 폐쇄장치에 의해 폐쇄상태로 시험한다.

3) 압력조절장치

① 시험체 전후 압력차 : 10, 20, 30, 50[Pa]로 각각의 통기량 측정

1. 방화댐퍼 폐쇄 시에는 공조설비 또는 환기설비의 송풍기가 정지되었다고 보고 압력차는 화염에 의한 부력을 고려하여 50[Pa]까지의 범위에서 통기량을 측정
2. 연기 배출설비에서는 송풍기가 작동한 상태에서 폐쇄되는 경우도 발생할 수 있으므로 필요시 큰 압력차를 주고 통기량 측정

② 측정횟수 : 기류방향을 앞뒤로 바꾸어 각각 3회 실시(1회마다 개폐 동작을 확인)

③ 통기량

$$q = \frac{Q}{A} \times \frac{P_1 \times T_0}{P_0 \times T_1}$$

여기서, q : 시험체의 단위 개구면적, 단위시간당 통기량[$m^3/m^2 \cdot min$]

Q : 측정 시 공기온도에서 단위시간당 전체 통기량[m^3/min]

A : 시험체의 개구면적(방화댐퍼 케이싱 안쪽 면적)[m^2]

P_0 : 101.3[kPa]

P_1 : 풍량 측정부 관 내 기압[Pa]

T_0 : 273 + 20 = 293[K]

T_1 : 풍량 측정부 관 내의 공기온도[K]

④ 성능기준 : 통기량은 20[℃]의 온도, 20[Pa]의 압력에서 5[$m^3/m^2 \cdot min$] 이하

(5) 성적서

1) 시험기관 명칭
2) 의뢰자 명칭
3) 시험일자
4) 제조자명, 상품명 및 제품의 모델번호가 있는 경우 모델번호
5) 시험체 설계도, 구조 상세도 및 물리적 특성, 양생
6) 측정장치를 포함한 시험장치의 설명과 적용 가능한 경우 방화댐퍼와 관련한 공기 유동방향
7) 주위 벽체와 시험체와의 고정물 및 방화댐퍼와 주변 벽체에 연결부가 있는 경우 연결부에 대한 설명
8) 시험하고자 하는 방화댐퍼의 면
9) 시험결과
   ① 방화댐퍼의 각 면에서의 공기 누설량[$m^3/m^2 \cdot min$]
   ② 압력차–통기량 선도(양 로그 그래프)
   ③ 성능기준에 따른 성능만족 여부 : 20[℃]의 온도, 20[Pa]의 압력에서 5[$m^3/m^2 \cdot min$] 이하

05 KS F 2815(배연설비의 검사표준) 5.1.4 방화댐퍼(한국산업규격상의 방화댐퍼의 방연시험방법) 129회 출제

(1) 재질

1.5[mm] 이상의 철판

(2) **폐쇄 시 누출량**

20[℃]에서 1[m^2]당 19.6[N]의 압력으로 매분 5[m^3] 이하

(3) **구조**

1) 미끄럼부 : 열팽창, 녹, 먼지 등에 의해 작동이 저해받지 않는 구조

2) 배연기의 압력에 의해 방재상 해로운 진동 및 간격이 생기지 않는 구조

(4) **검사구 · 점검구의 위치**

적정한 위치일 것

(5) **부착방법**

구조체에 견고하게 부착시키는 공법으로, 화재 시 덕트가 탈락, 낙하해도 손상되지 않을 것

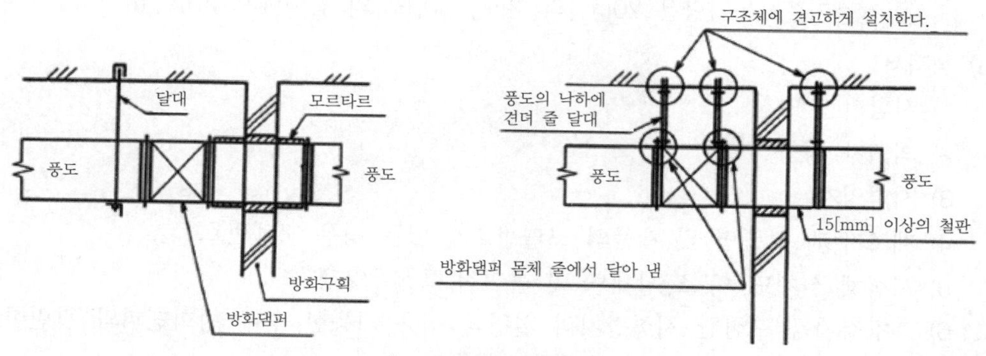

▍방화댐퍼 설치방법 ▍

(6) **점검구**

천장, 벽 등에 보수점검이 쉽도록 한 변의 길이가 45[cm] 이상의 점검구를 설치한다.

(7) **검사구**

날개의 개폐 및 동작 상태를 확인할 수 있는 검사구를 설치한다.

06 방화(제연)댐퍼의 감열체

(1) **적용 대상**

방화댐퍼 및 제연댐퍼 등에 사용되는 감열체(온도 퓨즈 및 센서)

(2) **시험항목**

작동시험, 작동온도시험, 감도시험, 강도시험, 염수분무시험 등

(3) **시험기준**

1) KS F 2847 : 방화댐퍼의 감열체 성능시험 방법

2) UL-33 : Heat responsive links for fire-protection service

3) Filk standard 024 : 감열체

(4) 시험절차 및 방법

1) 일반사항

① 시험장치의 구성 : 덕트, 팬, 히터, 공기 유속측정장치, 온도측정장치, 제어장치 등

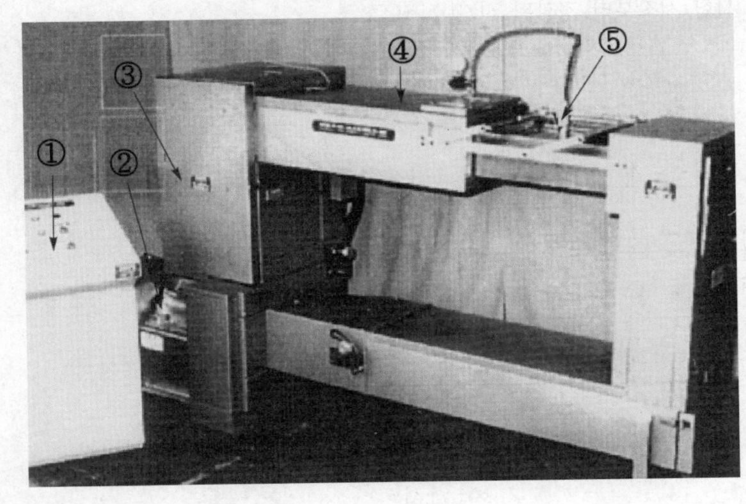

① 제어반
② 팬
③ 히터
④ 덕트
⑤ 감열체 설치부

② 시험 전 감열체

㉠ 25 ± 2[℃]에서 최소한 2시간 동안 유지

㉡ 덕트 단면 중앙부에 설치하며 감열체의 가장 넓은 부분이 기류방향으로 향하도록 한다.

③ 감열체의 수량 : 유형별로 최소 22개

④ 감열체의 형상이 대칭이 아닌 경우 : 작동시험 및 부작동시험은 감열체의 양쪽 면에 대하여 각각 3회씩 시험한다.

⑤ 고온용 감열체의 경우 : 작동시험 및 부작동시험의 시험온도는 다른 값을 선택한다.

2) 작동시험

① 25 ± 2[℃] 온도로 설정된 온도조절챔버로부터 감열체를 꺼내어 시험 덕트에 설치한 후 온도의 안정을 위하여 최소한 5분 동안 기다린다.

② 시험 전, 시험 덕트 내부의 기류온도 : 25 ± 2[℃]

③ 시험 덕트 내부의 온도제어

㉠ ±2[℃] 이내의 편차

㉡ 온도상승률 : 1 ~ 30[℃/min]의 범위에서 조절가능

④ 시험 시 감열체의 최소 설계하중 : 제조자가 제시

⑤ 시험 시작 시 감열체 위치의 평균 기류속도 : 1 ± 0.1[m/sec]

⑥ 감열체를 초기 온도 25 ± 2[℃]의 시험 덕트 내부에 투입하여 아래 식에 따른 그림의 시간 온도에 노출

$$T = 20t + 25$$

여기서, T : 온도[℃]

t : 시험 시작부터 경과된 시간[min]

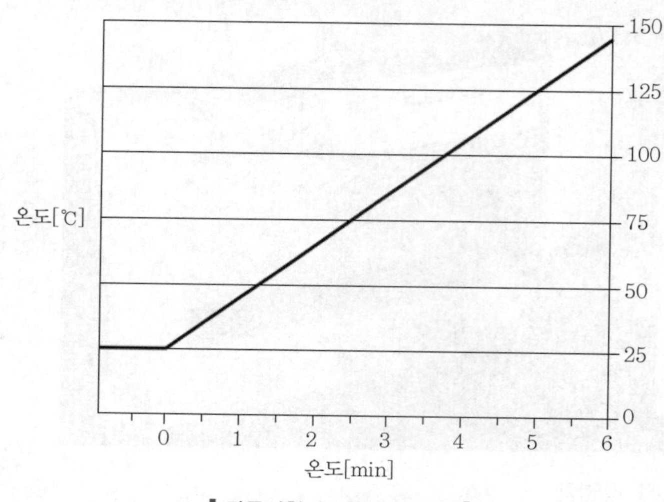

▌작동시험의 시간온도곡선▐

3) 부작동시험

① 감열체를 시험덕트 내부에 투입하여 1시간 동안 60 ± 2[℃]에 노출한다.

② 시험 전 감열체가 작동하는 방향으로 제조자가 제시하는 최대 설계하중을 가한다.

③ 시험 시작 시 감열체 위치의 평균기류속도 : 1 ± 0.1[m/sec]

④ 감열체가 작동 스프링 등과 함께 시험될 수 없는 경우 : 최대 설계하중을 가할 수 있는 적절한 기구를 갖추어야 한다.

4) 강도시험

① 감열체 주위온도 : 25 ± 2[℃]

② 10개 이상의 감열체를 150시간 동안 제조자가 제시하는 최대 설계하중의 5배 하중을 부가한다.

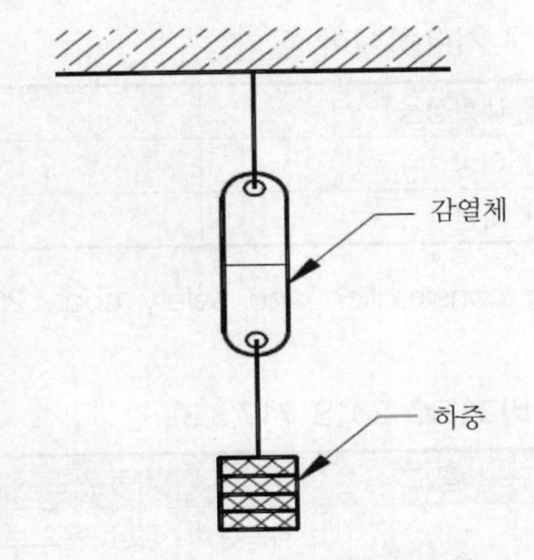

▎강도시험의 시험하중 부가 ▎

5) 판정기준

구분	판정기준
작동시험	감열체는 최대 작동온도 105[℃] 이하(고온감열체는 140[℃] 이하)
	감열체가 4분 이내에 작동
부작동시험	어떠한 감열체도 작동되지 않아야 한다.
강도시험	감열체의 하중시험 : 150시간 × 최대 설계하중의 5배

6) 선택시험 : 신뢰성 시험은 감열체를 다음의 부식환경에 5일 동안 노출시킨 후 감열체의 작동을 측정한다.
   ① 부식환경
      ㉠ 염수분무(salt spray)
      ㉡ 황화수소와 공기의 혼합물(hydrogen sulfide/air mixture)
      ㉢ 이산화탄소와 이산화황과 공기의 혼합물(carbon dioxide/sulfide dioxide/air mixture)
   ② 시험방법
      ㉠ 감열체는 5개의 시료를 1그룹으로 한다.
      ㉡ 각 그룹의 시료를 위의 부식환경에 노출시킨 후 4 ~ 7일이 지난 후 각 감열체를 상기의 작동시험 및 부작동시험을 실시한다.
   ③ 판정기준 : 작동시험과 부작동시험 동일하다.

07 방화댐퍼의 국제기준

(1) 내화성능

1) 방화댐퍼는 UL 555C Standard for fire damper의 성능 요구사항에 따라 설계 및 시험하여 아래 표 좌항의 관통 부재의 방화(내화)성능에 대해 동등 이상의 내

화성능인 것을 풍도에 사용하여야 한다.

관통 부재 내화성능	방화댐퍼 내화성능
3시간 이상	3시간 내화성능
3시간 미만	1.5시간 내화성능

2) NFPA 5000 Building construction and safety code 2018 edition : UL 555C의 내화성능을 적용한다.

3) 방화댐퍼와 방연댐퍼 비교(IBC 2018 717.3.3)

명칭	성능/등급	용도	작동온도	적용대상
방화댐퍼	1.5 ~ 3시간	열에 의한 동작	① 덕트설비 정상 온도보다 10[℃] 높아야 하지만 71[℃] 이상이어야 한다. ② 제연설비에 적용 시 177[℃]를 초과하지 않아야 한다.	① Fire wall ② Fire barrier ③ 반밀폐 ④ Fire partition
방연댐퍼	Class Ⅰ Class Ⅱ (누출등급)	제연설비 일부로서 연동	최소 작동온도 121[℃](250[℉])	① 내화등급의 복도 ② Smoke partitions ③ Smoke barriers

① 방연댐퍼

㉠ 덕트 내와 벽에 스포트형 연기감지기 설치 시 덕트와 감지기 간격은 1.5[m] 이하이어야 한다.

㉡ 방화문 위에 설치 시 개구부 양쪽에 설치한다.

② 복합댐퍼 : 방화댐퍼의 내화성능 이상과 연기댐퍼의 누출등급 이상의 성능

4) IBC 기준 내화부재별 댐퍼 설치

내화부재	댐퍼종류	설치면제
Fire wall	방화댐퍼	없음
Fire barrier	방화댐퍼	아래 조건을 모두 만족하는 경우 ① 관통부 덕트가 공조설비의 일부인 경우 ② 관통부가 1시간 이내 구조인 경우 ③ 병원용도가 아닌 경우 ④ 건물 전체에 스프링클러가 설치된 경우
Fire partition	방화댐퍼	아래 조건을 모두 만족하는 경우 ① 건물 전체에 스프링클러가 설치된 경우 ② 옥내형 상가건물의 각 상가가 구획실인 경우
Smoke barrier	방연댐퍼	해당 덕트가 철재이면서 1개의 구획공간만 담당하는 경우

(2) 작동온도

1) 댐퍼 열작동식 장치 : 덕트 내 정상온도보다 50[℉](28[℃]) 높고 160[℉](71[℃]) 이상

2) 제연덕트에 설치되는 작동장치 : 286[℉](141[℃]) 이하

3) 방화 및 방연 조합식 댐퍼를 제연덕트에 설치한 경우 작동장치 : 350[℉](177[℃]) 이하

(3) 점검구 설치기준

1) 크기 : 댐퍼 및 작동부위를 점검 및 유지 관리할 수 있을 정도
2) 내화구조의 부재 성능과 성능 유지에 지장을 두어서는 안 된다.
3) 위치 : 영구적으로 표시한다.
4) 덕트 점검구
   ① 문자 높이가 0.5[in] 이상인 표지로 표시한다.
   ② 덕트 구조에 적합하다.

(4) 방화댐퍼(fire damper)

1) 설치목적 : 화염의 이동에 의한 피해를 방지할 목적으로 화염을 차단하기 위해서 설치한다.
2) 작동 원리에 따른 종류
   ① 전기식 - 모터릴리즈
   ② 기계식 - 퓨지블 링크
   ③ 가스 압력식 - 피스톤 릴리즈
3) 닫히는 형태에 따른 종류
   ① 일반댐퍼(volume control damper)와 같이 회전하는 형태
   ② 슬라이딩 셔터(curtain)처럼 미끄러지며 닫히는 형태
4) 작동시스템에 의한 분류
   ① 정적 화재댐퍼(static rated fire damper)
      ㉠ 동작원리 : 화재가 발생하면 이를 감지하여 팬(fan)이 정지하고 댐퍼는 닫히는 형태
      ㉡ 사용댐퍼 : 방화댐퍼
   ② 동적 화재댐퍼(dynamic rated fire damper)
      ㉠ 개념 : 정적 화재댐퍼 + 자동제어
      ㉡ 화재지역의 연기를 배출하며 비화재지역으로 확산을 방지하여 피난자의 대피시간을 확보하는 방화방연의 시스템[dynamic smoke(fire) control system]

▌UL 555에서의 방화댐퍼 구분 ▌

구분	급기댐퍼	배기댐퍼	비고
화재지역	폐쇄	개방	화재지역은 감압
비화재지역	개방	폐쇄	비화재지역은 가압

5) UL 555(방화댐퍼)의 기준
   ① 내화성능
      ㉠ 댐퍼를 1.5시간 또는 3시간 동안 규정된 온도에 노출한다.

㉡ 댐퍼에 많은 양의 물로 수충격을 주어 이상 유무를 확인한다.

② 운영 신뢰성 시험

㉠ 댐퍼는 소금과 먼지 등의 오염이 된 상태에서 시험한다.

㉡ 댐퍼 개폐시험

- 액추에이터가 없는 댐퍼 : 250회 이상 개폐가 가능해야 한다.
- 액추에이터가 있는 댐퍼 : 20,000회 이상 개폐가 가능해야 한다.

③ 작동등급시험

㉠ 댐퍼 : 가열된 공기흐름(2,400[fpm](12[m/sec]))과 압력(4.5" W.G(1.1[kPa]))에서 폐쇄가 가능해야 한다.

㉡ 액추에이터 : 정해진 속도 및 압력에 대하여 댐퍼를 열고 닫아야 하므로 가장 큰 크기의 댐퍼에 대하여 등급을 정해야 한다.

④ 방화댐퍼의 최고 작동온도 : 141[℃]

6) 설치대상(NFPA 101) : 2시간 이상 내화구조의 벽을 관통하는 공조 덕트

(5) 방연댐퍼(smoke damper)

1) 필요성 : 화재 발생 시에는 화염에 의한 인명피해보다 유독가스나 연기에 질식되어 발생하는 인명피해가 더 크며 가스의 이동속도는 화염의 전파속도보다 훨씬 더 빠르므로 가스의 이동을 차단하고 이를 배연하는 시스템이 요구된다.

2) 요구 성능

① 화염에 충분히 견딜 수 있는 차염성

② 가스의 유동을 차단하기 위한 기밀성

3) Dynamic smoke control system에서는 일정시간 동안 제어할 수 있는 자동제어 계통의 화염에 대한 내화성능을 요구하고 있다.

4) UL 555S(방연댐퍼)의 기준

① 반복시험

㉠ 댐퍼를 소금과 먼지 등으로 오염이 된 상태에서 시험한다.

㉡ 댐퍼 구동기(액추에이터)를 반복시험해서 정상작동인지 확인한다.

- 개폐작동 : 20,000회 이상 개폐가 가능해야 한다.
- 제동장치 작동 : 100,000회 이상 정지가 가능해야 한다.

② 온도강등시험 : 댐퍼 액추에이터를 30분 동안 상승된 온도(250[°F] 또는 350[°F])에 노출시키는 것을 3회 반복한다.

③ 작동시험

㉠ 댐퍼 액추에이터를 가열식 덕트(250[°F] 또는 350[°F])에 15분 노출(최소 2,400[fpm](feet per minute) 및 4.5" W.G(1.1[kPa])을 한다.

㉡ 15분 후 댐퍼를 열고 식히고 개방, 폐쇄를 3회 반복한다.

㉢ 열이 다시 유입되고 가열된 기류에서 추가 1회 시험을 실시한다.

㉣ 최소 기류에서 성공적으로 작동하면 정격은 2,000[fpm](10[m/sec]), 압력은 4" W.G(1[kPa]) 더 높은 등급으로 시험을 실시한다.

④ 누설시험

㉠ 누설시험은 운전시험의 연속이며 다음과 같은 크기로 실시한다.
- 최대 높이일 때 최소 너비
- 최소 높이일 때 최대 너비
- 최대 높이일 때 최대 너비

㉡ 누설시험은 최소 4" W.G(1[kPa]) 압력에서 순차적으로 진행되며 댐퍼 전후 차압별 누설률[$ft^3/min \cdot ft^2$]로 측정

㉢ 제연댐퍼의 누설등급 : 등급 1(최저 누출)에서 등급 3(최고 누출)까지

등급	댐퍼 전후 차압별 누설률[cfm/sq · ft]($m^3/sec \cdot m^2 \times 196$)		
	4.5" W.G.(1.1[kPa])	8.5" W.G(2.1[kPa])	12.5" W.G(3.1[kPa])
Class Ⅰ	8	11	14
Class Ⅱ	20	28	35
Class Ⅲ	80	112	140

W.G(Water Gauge) : mmAq

5) 방연댐퍼 시험(ISO 21927 smoke and heat control systems – Part 8)

시험항목	시험방법	성능기준	비고
공기누설시험	댐퍼의 기밀(연기차단)성능을 확인하기 위하여 누설시험을 실시하여 차압을 측정함	대기와의 차압에 따른 누설량이 해당 등급의 범위 안에 들 것	블레이드와 케이스에 대해 각각 실시
반복작동시험	시험체의 반복작동에 따른 신뢰성 및 내구성을 확인하기 위하여 모래주머니를 각 날개에 부착하고 100회 반복시험을 실시하여 동작시간 측정함	동작시간이 60초 이하	–
고온시험	화재 시 연기 및 열기류가 흐르는 고온의 환경조건에서 시험체의 동작 여부 및 폐쇄유지 상태 확인함	동작 여부 확인 및 면적감소율이 10[%] 이내	최고 온도 600[℃]
염수분무시험	염수분무 챔버 안에 시험체를 설치하고 2시간 동안 염수분무 후 40[℃], 93[%]의 환경조건에 하루 동안 방치하는 것을 총 3회 반복함	내식시험 후 정상적으로 동작, 동작시간 60초 이하	–

6) 설치대상(NFPA 101)

① 덕트 또는 공기조화설비 개구부가 방연벽을 관통하는 경우 : ANSI/UL 555S, Standard for smoke dampers 규정에 따른 방연댐퍼를 설치한다.

② 예외 : 방연방벽에 설치된 방연댐퍼가 제연설비의 작동을 방해할 때는 방연댐퍼를 설치하지 않도록 하고 있다.

7) 기동 : 덕트 내의 연기감지기에 의한 자동기동

(6) 방화 · 방연 댐퍼(fire & smoke damper)

1) 개념 : 방화댐퍼와 방연댐퍼를 혼합한 형태의 댐퍼

2) 최근에는 방화 · 방연 댐퍼를 사용하는 추세이다.

3) 설치대상(NFPA 101) : 방연벽이 방화벽으로 구성되는 경우엔 ANSI/UL 555, Standard for fire dampers, ANSI/UL 555S, Standard for smoke dampers 기준에 따라 시험 · 설계된 방화 · 방연 복합 댐퍼를 설치해야 한다.

(7) 일본 소방법 시행규칙 제30조 제3호

1) 법규규정 : 화재에 의해 풍도 내부의 온도가 현저하게 상승하는 경우 이외에는 폐쇄하지 말 것. 이 경우에 있어서 자동폐쇄장치를 설치한 댐퍼의 폐쇄온도는 280[℃] 이상으로 할 것

2) 목적 : 탄화수소계 연료에서 화재플럼의 최고 온도가 약 300[℃] 정도이므로 화재실의 온도가 280[℃] 이상이 되는 경우에는 소화활동 및 피난시간 확보를 위한 제연에서 연소범위를 한정시키기 위해 차단의 개념으로 도입된 것이다.

08 방화댐퍼의 구조 및 점검 시 문제점

(1) 방화댐퍼 퓨즈형의 구조

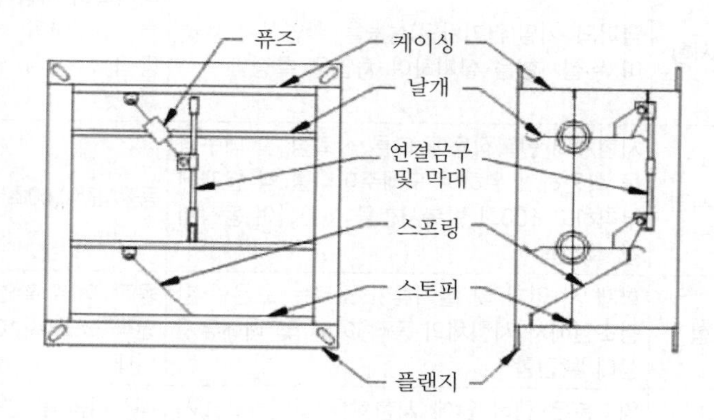

(2) 점검 시 문제점

1) 벽돌 또는 목재 블록으로 댐퍼 주위가 내화채움구조로 되어 있지 않다.

2) 덕트 안에 점검구가 설치되어 있지 않다.

3) 덕트 점검을 위한 반자 안의 45[cm] 이상의 점검구가 없다.

4) 점검구가 댐퍼로부터 너무 멀리 설치되어 있다.

5) 전등 등기구류나 천장 반자틀 등으로 인해 점검구가 막혀 있다.
6) 댐퍼가 방화벽이 아닌 곳에 설치되어 있다.
7) 댐퍼는 설치되었으나 도면의 위치와는 다른 곳에 설치되었다.
8) 댐퍼의 시공이 잘못되어 있다(거꾸로 설치되거나 고정이 불안).

09 기타 방화댐퍼 설치 시 고려사항

(1) 가스계 소화설비가 설치된 방호구역

1) 가스계 소화설비의 감지장치인 감지기와 연동하여 동작하는 원격자동식 댐퍼를 설치하여야 한다.
2) 설치이유 : 가스계 소화설비가 동작하기 전에 방화댐퍼가 동작하지 않으면 덕트를 통해 약제가 누설되어 소화농도 유지시간 동안 가스의 소화농도를 유지하지 못하기 때문이다.

(2) 제연덕트에서 방화댐퍼

1) 댐퍼가 닫히지 않으면 완전한 의미의 방화구획이 되지 못한다.
2) 화재는 초기에는 피난을 위한 제연이 중요관점이고, 어느 정도 시간이 지나 피난이 완료된 경우에는 연소확대가 가장 중요한 관리관점이다.
3) 국토교통부 질의회신에서도 제연을 위한 전용설비는 「건축물의 피난·방화구조 등의 기준에 관한 규칙」 제14조 제2항 제3호에 해당하지 않아 방화댐퍼를 설치하지 않아도 되는 것으로 답변하고 있다.

「건축물의 피난·방화구조 등의 기준에 관한 규칙」 제14조 제2항 제3호 : 환기·난방 또는 냉방시설의 풍도가 방화구획을 관통하는 경우에는 그 관통부분 또는 이에 근접한 부분에 다음의 기준에 적합한 댐퍼를 설치할 것. 단, 반도체공장 건축물로서 방화구획을 관통하는 풍도의 주위에 스프링클러 헤드를 설치하는 경우에는 그렇지 않다.

4) 제연설비의 효과적인 동작을 위해서는 화재 초기에는 작동이 되지 않고 피난 및 초기 소화 활동이 끝난 시점에 동작하도록 중온도용의 퓨즈를 사용한 방화댐퍼의 설치를 검토하여야 한다.

(3) 방화벽에서 댐퍼까지의 풍도

1) 방화벽에서 댐퍼까지의 풍도는 화염, 열 등의 진입으로 풍도의 성능 유지가 곤란해질 우려가 있는 부분이 있다.
2) 이 부분의 풍도는 내화피복을 하거나 열에 의한 변형을 쉽게 하지 않는 구조로 설치하여야 한다.

(4) 방화댐퍼의 내화성이 NFPA와 같이 성능에 의해서 결정되어야 기술개발과 화재 시 실제 성능향상에 이바지할 수 있다. 지금과 같은 두께에 의한 댐퍼의 기준은 획일적이고 규약적인 방법으로 개선이 필요하다.

(5) 댐퍼는 열의 이동경로보다도 연기의 이동경로일 경우가 많으므로 방연댐퍼에 대한 규정도 요구된다.

(6) **KSF 2822 방연성능기준의 문제점**

1) 차압기준이 20[Pa]을 기준으로 하고 있는데 이는 해외 기준인 UL의 1.1[kPa], 2.1[kPa], 3.1[kPa]에 비해 지나치게 낮아서 낮은 압력하에 누기량의 측정은 실효성이 떨어진다.
2) 차압의 기준을 해외 기준 수준 이상으로 향상시킬 필요가 있다.
3) 방화댐퍼는 내화구조의 벽에 매립해 설치하지 않으면 화재 시 덕트가 붕괴되면서 방화댐퍼로써의 기능을 상실한다. 하지만 성능시험에서는 벽에 매립한 상태를 상정하지 않는다.
4) 송풍기가 작동하는 상황에서 댐퍼가 폐쇄되면 전체적인 설비의 유량은 감소하지만 덕트유속은 설계유속의 몇 배로 높아질 수 있다. 따라서, 동적 기류(dynamic airflow)와 댐퍼의 압력은 댐퍼 폐쇄압력 이하에서 닫힐 수 있어야 한다. 국내에서는 댐퍼의 방연시험을 할 때 송풍기가 정지된 것을 기준으로 성능을 확인하고 있으나 실제 화재 시 송풍기를 정지하는 기능은 작동하지 않고 송풍기를 정지하도록 하는 기준도 없다. 화재 시 방화댐퍼가 작동하는 시점에 송풍기가 운행되고 있기 때문에 방화댐퍼는 정상적으로 폐쇄되지 않을 수 있다.

SECTION 054

배연창

01 개요

(1) 정의

화재 시 자동으로 개방되어 연소생성물인 연기 및 유독가스를 부력에 의해 배출시키는 배연설비이다.

(2) 「건축법 시행령」(제51조 제2항)에 따른 설치기준에 준하여야 하며, 화재 발생 시 열 및 연기감지기에 의하여 자동 및 수동으로 개방되어야 한다.

02 배연창 설치기준

(1) 거실의 채광 등(「건축법 시행령」 제51조)

1) 단독주택 및 공동주택의 거실, 교육연구시설 중 학교의 교실, 의료시설의 병실 및 숙박시설의 객실에는 국토교통부령으로 정하는 기준에 따라 채광 및 환기를 위한 창문 등이나 설비를 설치한다.

2) 건축물의 거실에는 국토교통부령으로 정하는 기준에 따라 배연설비(排煙設備)를 설치한다.

3) 예외 : 피난층

4) 기타 설비 설치기준 : 오피스텔에 거실 바닥으로부터 높이 1.2[m] 이하 부분에 여닫을 수 있는 창문을 설치하는 경우에는 국토교통부령으로 정하는 기준에 따라 추락 방지를 위한 안전시설을 설치하여야 한다.

5) 설치대상

① 6층 이상인 건축물(불특정 다수인이 모이는 장소)

② 다음 용도로 쓰는 건축물

㉠ 의료시설 중 요양병원 및 정신병원

㉡ 노유자시설 중 노인요양시설 · 장애인 거주시설 및 장애인 의료재활시설

㉢ 제1종 근린생활시설 중 산후조리원

(2) 배연설비(「건축물의 설비기준 등에 관한 규칙」 제14조) 설치기준

1) 설치기준

구분		설치기준
설치개수		방화구획이 설치된 경우에는 그 구획마다 1개소 이상의 배연창을 설치
설치 높이	3[m] 미만	배연창의 상변과 천장 또는 반자로부터 수직거리가 0.9[m] 이내
	3[m] 이상	배연창의 하변이 바닥으로부터 2.1[m] 이상
배연창 유효면적	최소 기준	1[m^2] 이상
	일반기준	바닥면적의 100분의 1 이상
	바닥면적 산정 예외	바닥면적의 20분의 1 이상으로 환기창을 설치한 거실의 면적
배연구	자동기동	연기감지기 또는 열감지기에 의하여 자동으로 열 수 있는 구조
	수동병행	손으로도 여닫을 수 있도록 할 것
	예비전원	예비전원에 의하여 열 수 있도록 할 것
기계식 배연설비		소방관계법령의 규정에 적합하도록 할 것

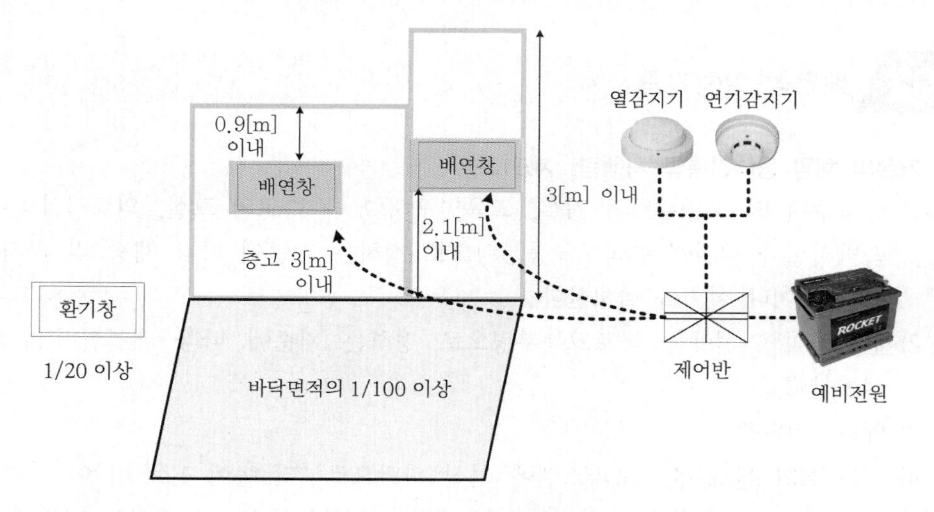

▌배연설비 설치기준▐

(3) 특별피난계단 및 비상용 승강기의 승강장에 설치하는 배연설비의 구조(「건축물의 설비기준 등에 관한 규칙」 제14조(배연설비)) 123회 출제

구분		구조기준
배연구	재질	불연재료
	연결	외기 또는 평상시에 사용하지 아니하는 굴뚝에 연결
	개방장치	수동개방장치 또는 자동개방장치(열감지기 또는 연기감지기에 의한 것을 말함)는 손으로도 여닫을 수 있도록 할 것
	평상시	닫힌 상태를 유지
	개방 시	배연에 의한 기류로 인하여 닫히지 아니하도록 할 것

구분		구조기준
배연풍도	재질	불연재료
배연기	설치대상	배연구가 외기에 접하지 아니하는 경우
	자동동작	배연구의 열림에 따라 자동으로 작동
	작동능력	충분한 공기 배출 또는 가압능력이 있을 것
	예비전원	배연기에는 예비전원을 설치할 것
소방관계법령에 따라 설치해야 하는 대상		공기 유입방식을 급기 가압방식 또는 급·배기방식으로 하는 경우

03 특징과 문제점

(1) 특징

1) 구조는 간단하고 동작이 확실(외부와 접하는 벽의 상부에 설치하여 연기를 자연적으로 배출)하여야 한다.
2) 개폐의 고장이 빈번하게 발생한다.
3) 건축계획에 제약을 준다.
4) 외기에 면한 창이 반드시 있어야 한다.
5) 상층으로 연소확대 및 연기오염의 우려가 있다.
6) 연돌효과가 배연에 영향을 미칠 수가 있다.
7) 바람효과(wind effect)의 영향을 받아 제연에 역효과가 날 수도 있다.

(2) 문제점

1) 배연창으로 인하여 유지·관리상의 어려움이 발생한다.
2) 바람에 의해서 동작 시 오히려 화세를 강화시키고 역풍일 경우는 연기를 확산시킬 수 있다.

04 결론

고층이나 초고층의 경우는 배연창의 순기능보다 역기능의 발생 우려가 더 크다. 따라서, 일률적인 법 적용에 의한 무조건적인 설치가 반드시 득이 되는 것이 아니므로 성능위주의 설계가 필요하다.

SECTION

055 연소확대 방지계획

01 개요

(1) 내화구조 건물의 실내에서 발생한 화재가 건물 내의 각 부분으로 연소확대되어 가는 건물 내 연소확대는 일반적으로 아래와 같은 여러 가지 경로 등으로 제시되고 있다. 이 경로를 알고 이에 대한 방지대책을 수립함으로써 연소확대를 방지하거나 완화할 수 있는 것이다.

(2) 화재는 발생하지 않도록 하는 것이 가장 효과적이나 일단 발생한 화재는 그 피해가 최소화될 수 있도록 해야 한다. 이를 위해서는 출화방지, 조기진압, 또는 지연, 구획 내 국한해 화재확대를 방지하고자 하는 연소확대 방지를 위한 수동·능동적 대책이 필요하다.

(3) 화재의 진행 과정 중 어디서든 연결고리를 끊어서 더는 확대되지 않도록 해야 한다.
출화 → 초기 확대 → 내부 연소확대 → 외부 연소확대 → 인접건물로 확대 → 도시화재

(4) 건축물 내의 연소확대 주요 경로

1) 계단
2) 수직 샤프트
3) 덕트
4) 외벽과 슬래브 틈
5) 은폐공간
6) 창문

02 출화방지 및 초기 확대방지

(1) 출화방지

1) 화기취급주의, 방폭설비
2) 가연성 물질의 안전관리
3) 인간의 실수요인 제거

(2) 초기 확대방지

1) 가연물의 양을 제한 : 화재하중 감소

2) 화재의 초기 진압 : 조기감지 시스템 구축, 능동적 소화설비

3) 급속한 화재확대 방지

① 건축물 내외부 마감재의 불연화, 난연화

② 인접구역으로 확대방지 : 플래시오버 발생 방지

03 확대방지 구획

(1) 구획

방화 · 방연 · 안전구획(피난안전확보)

(2) 방화구획

1) 기능 : 화재 시 연소의 확대를 차단하기 위하여 일정한 공간을 구획한다.

2) 방화구획의 목적 : 연소 방지와 방 · 배연이나 열적 영향의 방지를 포함한 피난경로의 안전성 확보

3) 종류

① 용도별 구획

② 면적별 구획

③ 층별 구획

④ 수직 관통부 구획

⑤ 피난상 안전구획 : 차수가 높아질수록 안전성 증대

⑥ 방재센터, 비상 발전기실의 구획 : 화재 시 방재거점으로 안전성이 확보

4) 화재의 확산을 방지하기 위해 내화구조의 벽과 바닥으로 구획

(3) 방연구획

1) 정의 : 연기의 확산을 방지하기 위해 기밀성이 있는 벽과 바닥으로 구획된 공간

2) 방화구획은 화재에 견디는 능력이 있지만 방연구획은 화염과 연기를 차단하는 능력은 있으나 내화능력은 없다.

(4) 안전구획

1) 정의 : 화재 발생 시 인명의 피난에 안전하도록 방화구획되고 제연설비를 갖춘 장소

2) 안전구획 구분 : 거실의 가까운 곳부터 제1차, 제2차, 제3차 안전구획

① 제1차 안전구획 : 거실에서 출화한 경우 거실과 방화 · 방연 구획된 피난로인 복도가 해당 피난자의 일시적 안전을 도모하기 위한 곳

② 제2차 안전구획 : 복도와 연결된 계단 또는 특별피난계단의 부속실 등이 해당되며, 장시간에 걸쳐 화염, 연기로부터 피난이 가능한 곳

③ 제3차 안전구획 : 특별피난계단의 계단실이 해당되고, 화재 최성기에도 안전성이 보장되는 곳

04 연소확대 경로 및 방지대책

(1) 창을 통한 연소확대(수직적) 129 · 116 · 113 · 109 · 106 · 85회 출제

1) 정의 : 출화한 구획실의 외측 창에서 분출한 화염이 상층의 창을 파괴하고 그 상층의 내부 가연물에 착화되어 연소(수직적 연소확대)

2) 창을 통한 수직적 연소확대 메커니즘

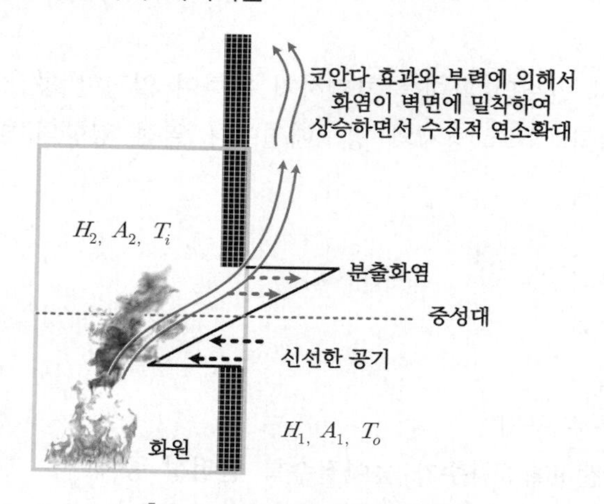

▌창을 통한 수직적 연소확대▐

① 출화한 구획실의 외측 창에서 분출화염이 상층의 창을 파괴한다.

㉠ 가연물에서 발생하는 열분해 가스가 구획 내에서 전부 연소하는 것은 아니다(환기지배형 화재 : 질량감소속도 > 연소속도).

㉡ 환기지배 조건으로는 충분한 양의 공기가 공급되지 않으므로, 일부는 과잉연료가 되어 창문 등으로 분출해서 분출화염이 된다.

㉢ 분출화염은 상층연소, 인접건물 등으로 연소확대의 원인이 된다.

② 창의 수직으로 중앙을 중심으로 건축물 내부를 기준으로 한다.

㉠ 아래쪽은 부압 : 하부에는 외부의 신선한 공기가 유입된다.

㉡ 위쪽은 가압 : 위층의 뜨거운 화염과 플럼이 창을 통해 유출된다.

③ 외부로 분출된 화염 : 코안다 효과에 의해 상층의 벽면을 타고 상승한다.

코안다 효과(Coanda effect)

① 루마니아의 과학자 헨리 코안다(H. Coanda)에 의해 발견된 효과로, 일부 면에 접근하여 분출된 기류가 그 면에 부착하여 흐르는 현상을 말한다.

② 코안다 효과가 생기는 이유 : 유체의 점성 때문에 유체와 표면 사이의 유속이 느려지고 유체와 표면 사이에 서로 당기는 인력이 발생하여 상호 간에 부착하여 흐르게 된다.

③ 소방에서의 코안다 효과 : 창문을 통해 옥외로 분출된 화염은 부력에 의해 상승 → 벽면 부근의 공기 인입 부족 → 벽면에 압력이 낮은 영역 형성 → 압력이 낮은 벽면 부근으로 향하는 플럼 형성 → 화염이 벽면에 부착되어 상승 → 더 빠르게 더 높이 진행

④ 상층으로 연소확대가 발생된다.

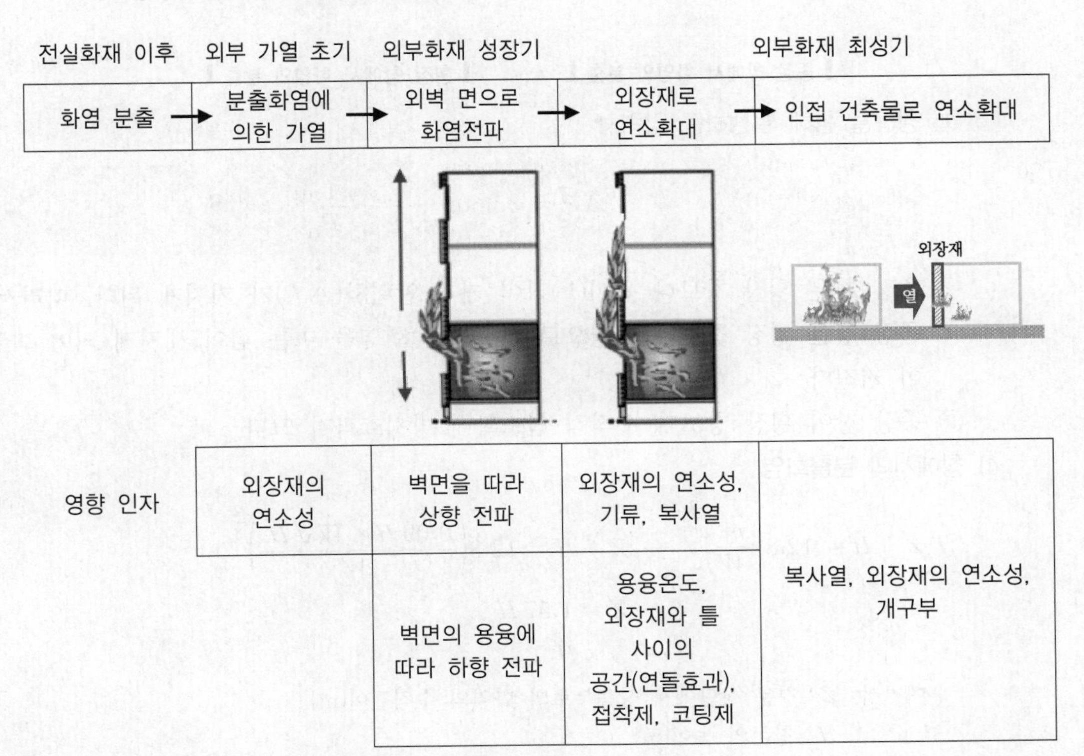

▌개구부를 통한 화재 확산 메커니즘▐

3) 창문의 종횡비에 따른 화염 상승특성

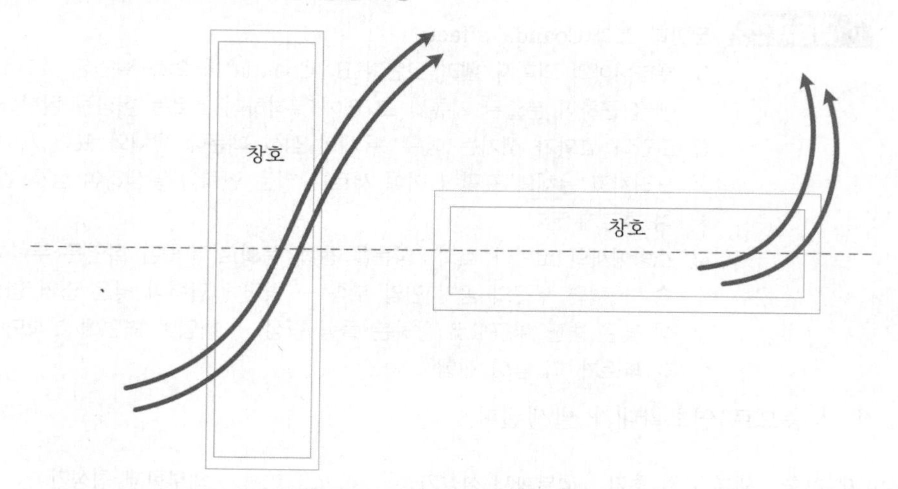

▌종장 창에서 화염의 분출▌ ▌횡장 창에서 화염의 분출▌

① 창문을 통해 발생하는 압력차

$$\Delta P = 3{,}460h\left(\frac{1}{T_o} - \frac{1}{T_i}\right)$$

② 종장 창은 횡장 창보다 높이(h)값이 커져 압력차(ΔP)가 커지게 된다. 따라서, 종장 창은 횡장 창보다 수평으로 분출되는 화염을 미는 힘이 세지게 되어 화염이 커진다.

③ 종장 창이 횡장 창보다 수직적 연소확대 방지효과가 크다.

4) 창에서의 분출화염

① $Z + H = 12.8\left(\frac{\dot{m}}{W}\right)^{\frac{2}{3}} \rightarrow Z + H = 12.8\left(\frac{0.09\,H \times W\sqrt{H}}{W}\right)^{\frac{2}{3}}$

$\rightarrow Z = 1.57\,H$

$\rightarrow Z \propto H$

여기서, Z : 창문 상단에서 상층부로의 화염의 수직길이[m]

H : 창문의 높이[m]

$\dot{m}$: 연소속도$(0.09\,H \times W\sqrt{H})\left(\frac{M}{1{,}200}[\text{kg/sec}]\right)$

W : 창문의 폭[m]

M : 화재하중[kg]

② $\frac{x}{H} = \frac{0.454}{n^{0.53}}$ → 개구의 형성계수(n)의 값이 증가할수록(횡장 창일수록) 화염의 수평길이는 감소한다.

여기서, x : 창문면으로부터 화염의 수평거리[m]

n : 개구의 형성계수$\left(n = \dfrac{2W}{H}\right)$

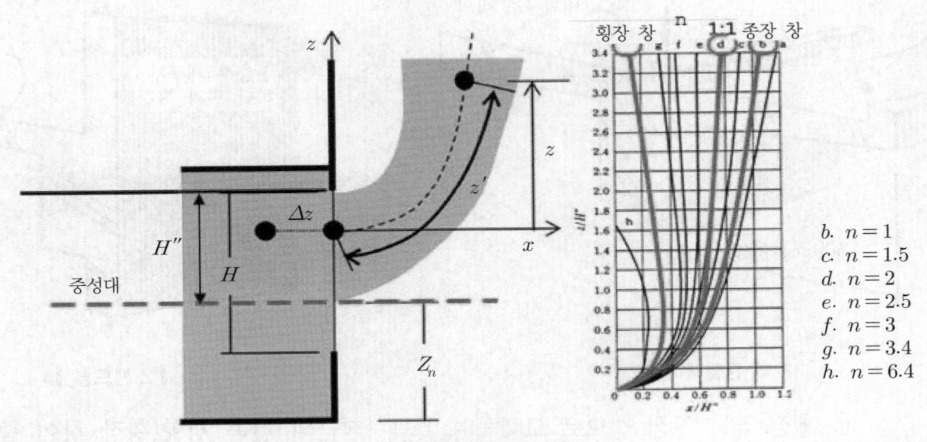

▌창에서 분출화염▐

③ x는 분출속도의 영향을 받는데 분출속도는 개구의 형성계수(n)의 함수이고 결국 횡장 창이 벽면에 붙어서 화염이 상승하기 때문에 화염전파가 더 잘된다.

5) 발생시기(SFPE 2-292)

① 전실화재(FO)에 도달한 화재는 화재실 외부로 화재를 확대하는 경향이 있다.

② 창문을 통해 건축물 외부로 확장되는 전실화재(FO) 후 화재에서 나오는 화염은 부력에 의해 건축물 외장을 따라 상승한다.

6) 영향인자

① 창문의 크기

② 창문의 종횡비

③ 구획실 내부의 화재 크기

7) 대책 : 창대 아래의 벽만으로는 상층으로의 연소방지가 불충분하므로 상층의 벽면에서 화염이 멀리 떨어지게 하는 건축물 발코니는 상층 연소방지의 기능이 있어서 안전상 중요한 부분이다.

① 건축적 대책(passive)

㉠ 캔틸레버(cantilever) or 외팔보

• 정의 : 한쪽 끝은 고정되고 다른 쪽 끝은 자유로운 들보

• 건축물의 바닥 면을 연장한 것으로 발코니는 캔틸레버의 목적이 있다.

㉡ 스팬드럴(spandrel)

• 정의 : 건물의 외벽에 있어서 창대에서 그 아래층의 창인방까지의 사이에 있는 벽

• 길수록 화염이 타고 상층으로 확대되기가 어렵고 짧거나 없는 경우에는 확산이 쉽다.

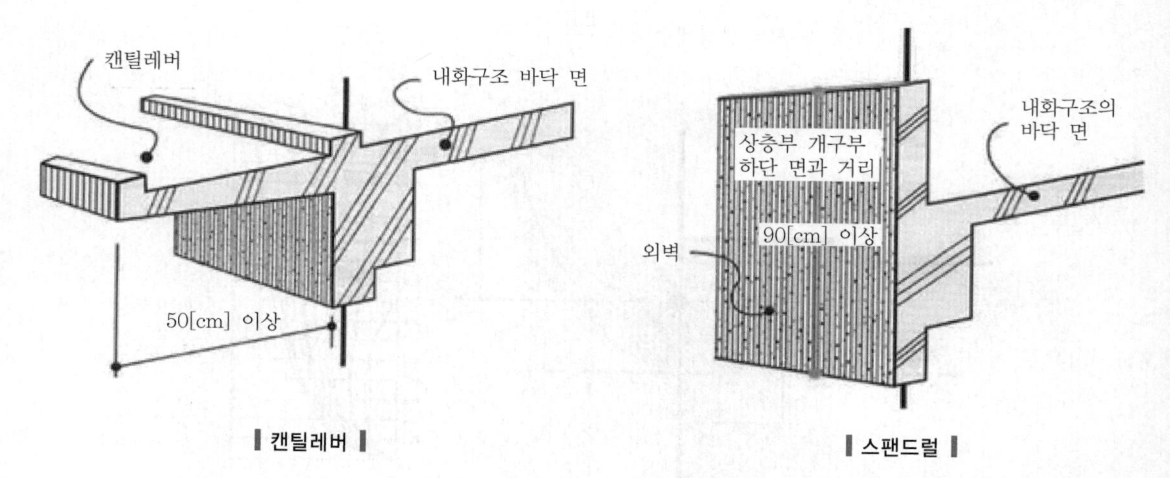

▎캔틸레버 ▎　　▎스팬드럴 ▎

㉢ 횡장 창을 종장 창으로 교체하여 설치 : 최근의 건축 경향(횡장 창이 증가하는 추세)에 반하는 것으로, 실제 설치는 어려움이 있다.

㉣ 방화셔터 설치

㉤ 방화유리 or 방화판 설치 or 망입유리

㉥ 창틀 공법의 개선
- 섀시와 유리의 열팽창률 차이에 의해서 유리가 파손되어 화재가 상층으로 확대될 우려가 있다.
- 대책 : 유리창과 섀시의 열팽창이 같아지도록 하여야 팽창차로 인한 손상을 최소화할 수 있다.

㉦ 창문 크기의 최소화
- 옥외 개구부의 크기를 최소화하여 상층 연소확대를 방지할 수 있다.
- 개구부의 크기가 작아지면 공기공급량이 줄어들어 구획화재 시 환기지배형 화재가 되어 연소속도가 감소하고 개구부를 통해 나오는 분출화염과 열기류의 양이 적고 온도도 연료지배형 화재보다는 낮아서 연소확대방지 효과를 얻을 수 있다.

㉧ 실내 가연물량의 감소 : 화재하중이 줄어들면 열방출률이 줄어들고 화재강도도 낮아져서 분출화염과 열기류가 감소한다.

② 설비적 대책(active)

㉠ 드렌처설비를 설치한다.

㉡ 창호 부근에 스프링클러설비를 설치한다.

㉢ 옥외소화전 : 1 · 2층 저층의 경우 옥외소화전을 통한 주수로 분출화염을 제어한다.

㉣ 연결송수관 : 옥내의 계단실 주변에 설치된 송수관을 이용하여 개구부에 주수 시 상층으로 연소확대 방지한다.

(2) 출입문 등 개구부를 통한 연소확대(수직적, 수평적)

1) 개요

① 내화구조의 방화구획된 건물에서 출입문 개구부의 방화관리 부실로 방화구획이 기능을 상실함으로써 구획된 방화경계를 넘어 연소하는 경우에 연소확대가 발생한다.

② 피난상 지장이 없는 한 연소확대 저지를 위한 방화구획의 기능을 고려한 개구부를 설계하여야 한다.

2) 연소확대의 종류

① 창문을 통해 다른 구획연료에 화염이 직접 접촉

② 개구부를 통한 열복사 열전달

③ 불씨가 기류나 바람에 의해 이동하여 연료에 발화

3) 건축적(passive) 대책

① 차열방화문을 설치한다.

② 상시 폐쇄된 방화문

4) 설비적(active) 대책

① 자동폐쇄장치를 설치한다.

② 문에 스프링클러설비나 드렌처설비를 설치한다.

(3) E/V 샤프트(shaft)를 통한 연소확대(수직적)

1) 화재 피해가 큰 화재의 주요 확산경로이다.

2) 연돌효과, 피스톤효과에 의해 연기가 예상한 높이보다 더 높이 빠르게 유동한다.

3) 대책

① 엘리베이터 출입문의 방화 · 방연 성능을 확보한다.

② 부속실을 설치하여 화재확산을 방지한다.

③ 승강로 급기가압을 통해 연기유입을 방지한다.

④ 피스톤효과에 의한 압력변동에 대책 : 상부의 압력배출구 등

(4) 설비 샤프트(피트공간)를 통한 연소확대(수직적)

1) 원인 : 각종 설비배관은 수직 샤프트에 집합되어 상하층으로 공급되는데, 화재 발생 시 수직 샤프트를 통하여 상층으로 연기나 화염이 전파된다.

2) 건축적(passive) 대책

① 샤프트의 벽체 : 내화구조로 상층 바닥까지 연결하여 누설 부위가 없도록 한다.

② 관통부 주위 틈새 : 내화채움구조 등으로 밀폐한다.

③ 점검구 문 : 60분 방화문

3) 설비적(active) 대책

① 샤프트 벽체에 설치된 배기 그릴 : 자동방화댐퍼 설치(화염전파방지)한다.

② 샤프트 내 : 스프링클러설비 등 소화설비를 설치한다.

4) 유지관리

① 공사 등으로 샤프트 벽체를 해체한 후에는 반드시 빠른 시일 내 원상복귀시켜야 한다.

② 자동방화댐퍼의 퓨즈 등 차단장치 : 수시로 이상 유무를 점검한다.

(5) 계단을 통한 연소확대(수직적)

1) 직통계단은 전 층에 걸쳐 관통하고 있으므로 화재 발생 시 연기나 화염의 상승경로가 되기 쉽다.

2) 건축적(passive) 대책

① 건축물의 바깥쪽으로의 출구까지 방호된 보행로를 제공하기 위해 건물의 다른 부분과 구획화한다.

② 화재로부터 안전한 옥외로 설치(옥외계단)한다.

3) 설비적(active) 대책 : 급기 가압을 통해서 연기나 화염의 계단실 내 확산을 금지한다.

4) 유지관리

① 계단실 출입 방화문 : 항상 닫혀 있거나 화재 시 연기나 불꽃에 의해 자동으로 닫힐 수 있는 구조이다.

② 자동폐쇄장치를 해제하거나 하부에 쐐기나 도어스토퍼를 사용하여 문의 폐쇄를 막으면 안 된다.

(6) 덕트를 통한 연소확대 109회 출제

1) 개요 : 건물의 냉 · 난방 공조설비의 덕트를 통하여 연기와 열기류가 전달되어 다른 실로 연소가 확대된다.

2) 덕트를 통한 연소확대 방지대책

① 건축적 대책(passive)

㉠ 각 층 유닛방식

- 대상 : 공조면적이 넓은 경우에 사용
- 정의 : 층마다 공조기를 두고 공조하는 방식
- 소방관점 : 각 층을 구획하여 상층으로 연소확대를 방지한다.

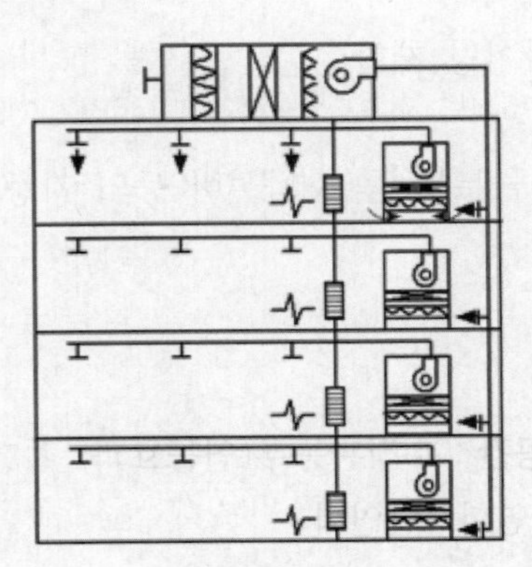

▌각 층 유닛방식▐

㉡ 방화구획을 관통하는 덕트 없이 방화구획 내 패키지 등을 통한 냉·난방을 한다.

㉢ 방화구획 관통부 : 내화채움구조

② 설비적 대책(active)

㉠ 방화댐퍼 설치 : 화재 발생 시 자동으로 차단한다.

㉡ 덕트 대책

- 덕트의 재질 : 불연재
- 덕트의 보온재 : 난연재 이상
- 덕트 방화판 : 시공

㉢ 덕트 내부 : 스프링클러설비를 설치한다.

③ 유지관리

㉠ 제연설비의 방화댐퍼는 퓨즈의 작동온도(중온도)가 적정한지 확인한다.

㉡ 공조와 제연 겸용 덕트의 경우 자동방화댐퍼가 너무 빨리 차단되면 제연설비의 역할을 못하게 되므로 덕트 내 연기감지기의 농도를 검토하여야 한다.

(7) 은폐공간을 통한 연소확대

1) 은폐공간은 간과되기 쉬운 공간으로 다른 부분에 비해서 방호대책 등이 부실하여 연소확대 우려가 오히려 다른 공간보다 높다.

2) 장소

① 액세스 플로어(access floor)

② 반자와 슬래브(slab) 사이

③ 외벽과 슬래브 틈새

3) 건축적(passive) 대책

① 방화 조치 : 불연, 준불연재 사용

② 화염 차단 조치 : 구획화, 내화채움구조

③ 면적제한 : 3,000[ft^2](NFPA) 이하

④ 수용품과 내부 라이닝 제한

4) 설비적(active) 대책

① 스프링클러설비, 물분무 등 소화설비 등의 자동식 소화설비

② 제연설비

(8) 외장재를 통한 연소확대

1) 외장재의 연소성

2) 외장재와 틀 사이의 공간 : 수직관통부(연돌효과)

3) 접착제, 실링제의 불연화, 난연화

(9) 기타의 연소확대 경로

1) 각종 틈새

① 내용

㉠ 칸막이벽과 바닥 사이의 틈새

㉡ 배관의 관통 부분의 간극(틈새) 등 내화구조 건축물 시공상의 결함에 의한 연기와 열의 확산에 의한 경우

㉢ 커튼월과 슬래브의 틈새

② 대책

㉠ 건축적 : 내화채움구조로 기밀하게 시공한다.

㉡ 설비적 : 상승 화염확산 방지용 스프링클러헤드를 설치한다.

2) 벽의 붕괴를 통해 다른 구획실의 가연물을 발화시킨 경우

① 건축적 : 구조적 내화강성의 확보

② 설비적 : 화재실의 온도를 낮출 수 있는 자동식 소화설비, 제연설비 설치

3) 화염의 열전달로 벽 온도가 상승하고 그 열의 전도 때문에 인접 구역의 가연물을 발화시킨 경우

① 건축적 : 난연성 이상의 단열재의 사용

② 설비적 : 화재실의 온도를 낮출 수 있는 자동식 소화설비, 제연설비 설치

05 인접건물 연소확대 방지

* SECTION 056 인접건물 연소확대 방지대책을 참조한다.

SECTION

056 인접건물 연소확대 방지대책

110회 출제

01 개요

(1) 부지계획 시 인접건물과 일정거리 이상 이격 및 방화시설 설치를 통해서 주변 건축물로의 연소확대를 방지한다.

(2) **건물의 최초 유소의 부위**

목조 외벽, 가연성 지붕, 창 등

02 유소의 전파방법 3가지[유소(類燒) : 인접건물로의 연소확대]

110회 출제

(1) **접촉**

화염이 직접 날아가는 것으로 분출화염이 직접적으로 인접건물에 접촉하는 것

(2) **복사**

매질이 없어도 전파가 가능한 전자기파

1) 복사열에 의한 화염전파[31]

① 수열면이 받는 복사열 강도

$$\dot{q}'' = \frac{Q \cdot X_L}{4\pi R^2}$$ (화염의 직경에서 2배 이상 이격 시 복사열의 강도)

여기서, $\dot{q}''$: 복사 열유속[kW/m²]

Q : 화재 시 연소 에너지 방출속도[kW]

X_L : 총발열량 중 복사 에너지로 방출되는 비율(0.3 ~ 0.6)

R : 화염에서 목표물까지의 거리[m]

31) NFPA 921 Table 5.5.4.2. Effect of Radiant Hea Flux(2021)에서 내용발췌

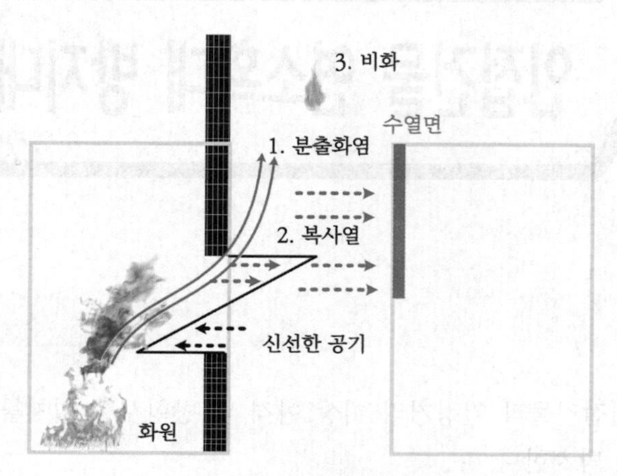

▌유소의 3가지 전파방법▐

㉠ 목재 인화에 의한 발화의 한계 : 12.5[kW/m^2]

㉡ 목재의 자연발화에 의한 한계 : 29[kW/m^2]

㉢ 최성기(post FO)에서 측정할 수 있는 가장 높은 열복사 : 170[kW/m^2]

② 등온도 곡선에 의한 인동거리

㉠ 등온도 곡선에 의한 연소확대 한계거리를 측정한다.

㉡ 목조의 표면온도 260[℃](목재의 연소점)가 되는 점을 연결한 곡선이다.

㉢ 공식

$$h = pd^2$$

여기서, h : 수열헌고(처마가 열을 받는 높이를 말하며, 이때 h 곡선을 등온도 곡선이라고도 함)

p : 파라미터

d : 인동거리

㉣ 이 등온도 곡선을 이용해서 다음을 산출한다.

- 연소할 우려가 있는 부분
- 제조소의 안전거리

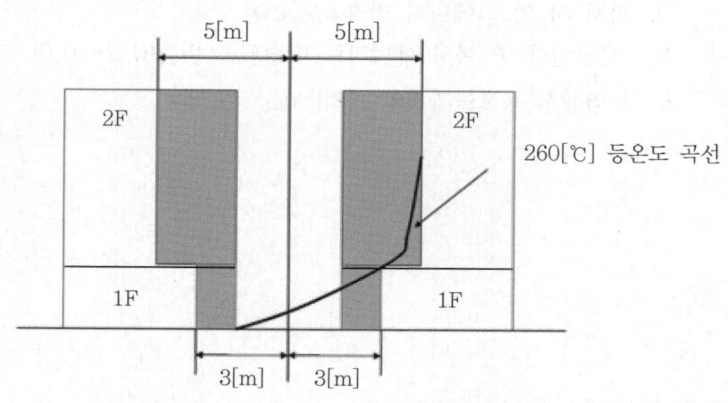

▌연소할 우려가 있는 부분과 등온도 곡선▐

2) 개구부의 모양과 크기 : 개구부는 외벽보다 열전달이 쉬워 연소확대위험이 크다.

(3) 비화

바람압력에 의해서 불티를 날려 보내는 것으로 이 불티가 가연물과 접촉하면 점화원이 될 수 있다.

1) 바람이 강하게 부는 경우 위험성이 증대(화재확대 범위의 증가)된다.
2) 송진과 같은 고분자 화합물이 미립자 형태로 부유할 경우 불티가 더 멀리 갈 수 있으므로 위험성이 증대된다.
3) 화점으로부터 10 ~ 25°의 각도가 가장 큰 위험성을 가지며, 화점으로부터 800[m] 전, 후에서 비화가 빈번히 발생한다.

03 연소확대 방지대책

(1) 예방

1) 건축물 사이의 가연물을 제거한다.
2) 개구부를 제거하거나 최소화한다.

(2) 소방

1) 드렌처(drencher)설비, 수막설비
2) 스프링클러설비
3) 연소확대 방지용 옥외 스프링클러(NFPA 13)
   ① 목적
      ㉠ 외부의 화재로 인한 복사·대류 열이 개구부를 통해 건물 안으로 침투하는 것을 방지한다.
      ㉡ 외벽 표면의 발화 및 열손상의 가능성을 최소화한다.
   ② 수원 : 60분 이상
   ③ 동결 방지를 위해 배수밸브 및 체크밸브를 설치한다.
   ④ 외부에 설치하는 배관 및 관 부속품은 내식성의 재질을 사용한다.
   ⑤ 열전달 방호
      ㉠ 대류열은 방수에 의해 쉽게 냉각이 가능하다.
      ㉡ 복사열은 물분무를 통과하여 건물에 도달이 가능하다. 따라서, 일정량의 물이 건물 벽에서 연속적으로 흘러내리도록 배치하여 복사열을 차단한다.

(3) 건축

1) 방화구조나 내화구조의 벽이나 담장을 설치한다.
2) 개구부
   ① 최소화한다.

② 방화조치 : 방화셔터, 동망, 방화커버, 방화문, 망입유리, 그물눈이 2[mm] 이하인 금속망을 설치한다.

망입유리(wire glass)

① 정의 : 유리액을 롤러로 제판(판유리)하여 그 내부에 금속망을 삽입하고, 내열성이 뛰어난 특수 레진을 주입한 다음 압착 성형한 유리

② 특징

㉠ 열파손 방지 : 내부의 레진층은 탄성을 가지고 있어서 금속망과 판유리 사이의 열로 인한 열응력이나 팽창을 흡수

㉡ 비산방지 : 파손 시 금속망에 의해 유리파편, 충격물 등이 반대편으로 관통하지 않는다.

③ 망입유리의 종류

㉠ 크로스와이어형 : 유리 중에 금속의 망이 들어있는데 망의 형상이 크로스와이어형

㉡ 마름모형 : 유리 중에 금속의 망이 들어있는데 망의 형상이 마름모형

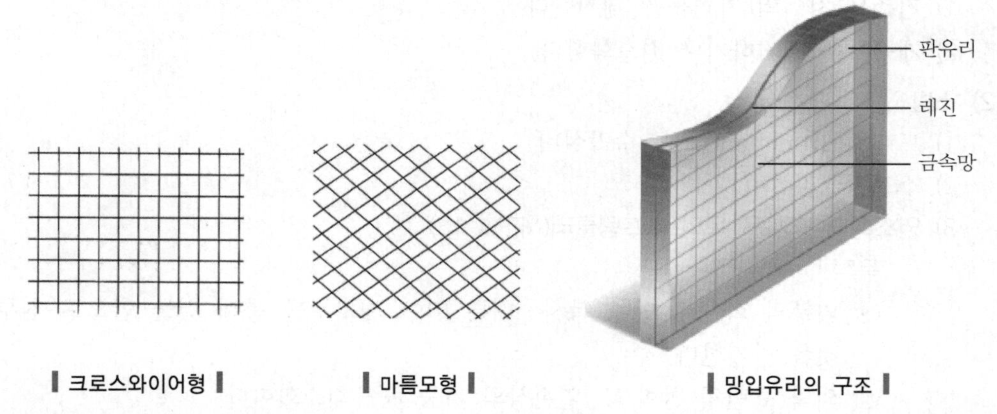

▌크로스와이어형▐ ▌마름모형▐ ▌망입유리의 구조▐

3) 인동 간의 거리를 일정 거리 이상 확보 : 복사열은 거리의 제곱에 반비례하므로 최소 인동 건축물 화재 시 건축물 외부의 온도가 표면발화온도 이하를 유지할 수 있는 거리

4) 파라피트(난간대), 캔틸레버를 설치한다.

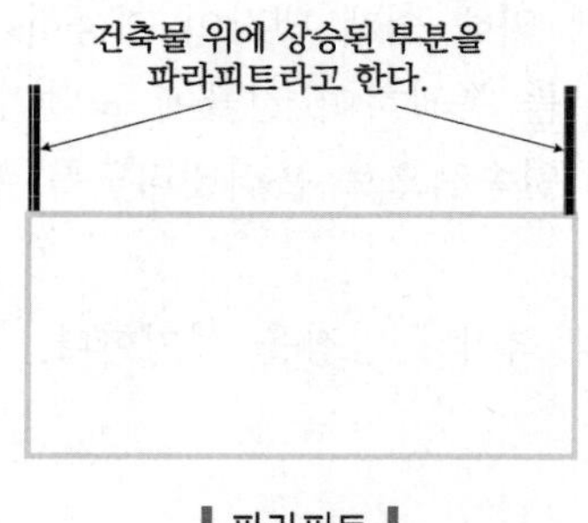

▌파라피트▐

04 건축법에 따른 유소대책

(1) 연소할 우려가 있는 부분(「건축물의 피난 · 방화구조 등의 기준에 관한 규칙」 제22조(대규모 목조건축물의 외벽 등))

(2) 방화지구 안의 건축물(「**건축법**」 제51조)

1) 주요 구조부와 외벽
   ① 내화구조
   ② 대통령령으로 정하는 예외[「건축법 시행령」 제58조(방화지구의 건축물)]
      ㉠ 연면적 30[m^2] 미만인 단층 부속 건축물로서, 외벽 및 처마 면이 내화구조 또는 불연재료
      ㉡ 도매시장의 용도로 쓰는 건축물로서 주요 구조부가 불연재료

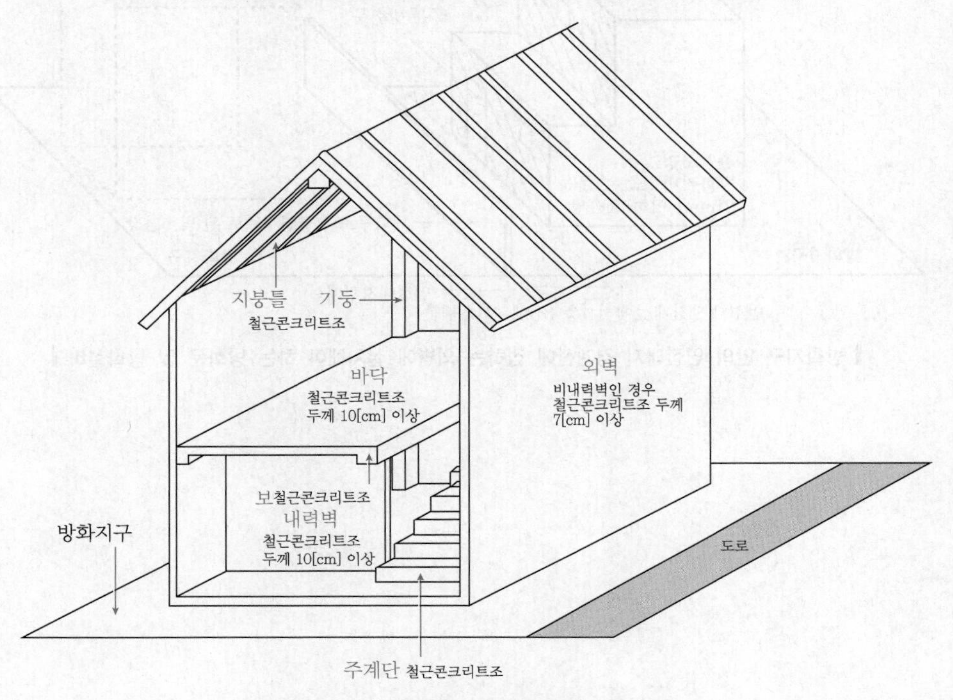

▌방화지구 내 건축물▐

2) 간판, 광고탑, 그 밖에 대통령령으로 정하는 공작물 : 주요부를 불연(不燃)재료
   ① 지붕 위에 설치하는 공작물
   ② 높이 3[m] 이상의 공작물

3) 지붕 · 방화문 및 인접 대지 경계선에 접하는 외벽
   ① 목적 : 화재 시 복사열에 의한 화염전파를 방지
   ② 구조 및 재료 : 국토교통부령으로 정하는 구조 및 재료(방화지구 안의 지붕 · 방화문 및 외벽 등(「건축물의 피난 · 방화구조 등의 기준에 관한 규칙」 제23조)

㉠ 건축물의 지붕 : 내화구조가 아닌 것은 불연재료
㉡ 인접 대지 경계선에 접하는 외벽 + 연소할 우려가 있는 부분에 설치하는 창문
- 60분+ 또는 60분 방화문을 설치한다.
- 창문 등 : 드렌처
- 당해 창문 등과 연소할 우려가 있는 다른 건축물의 부분을 차단하는 내화구조나 불연재료로 된 벽 · 담장, 기타 이와 유사한 방화설비를 설치한다.
- 환기 구멍에 설치하는 불연재료로 된 방화커버 또는 그물눈이 2[mm] 이하인 금속망을 설치한다.

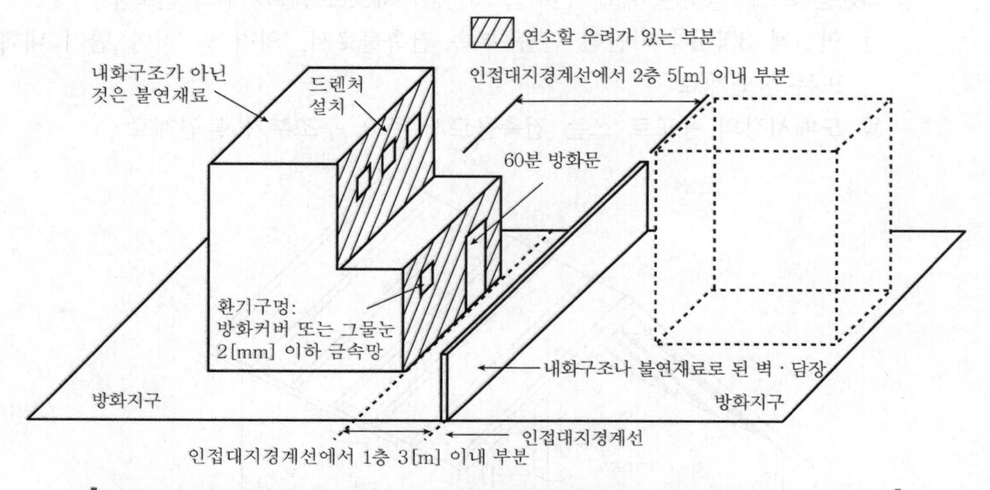

▌방화지구 안의 인접대지 경계선에 접하는 외벽에 설치해야 하는 방화문 및 방화설비▐

SECTION 057

커튼월(curtain wall)

01 개요

(1) 정의

건물의 하중을 모두 기둥, 들보, 바닥, 지붕으로 지탱하고, 외벽은 하중을 부담하지 않은 채, 마치 커튼을 치듯 건축자재를 돌려쳐 외벽으로 삼는 건축양식이다.

(2) 커튼월은 비내력벽으로 사실상 외부와 내부를 단순 구획하는 구획벽이나 다름없다.

(3) 최근 초고층 건축물은 건설의 용이성과 미적인 우수성으로 많이 사용하는 추세이나 유리 커튼월을 사용한 건물에서 화재로 인한 내부화재 확산인 포크 스루 효과(poke through effect ; 찌르기 효과)와 외부화재 확산인 립프로그 효과(leapfrog effect ; 뛰어넘기 효과)가 발생하여 큰 피해를 유발하는 문제점을 가지고 있다.

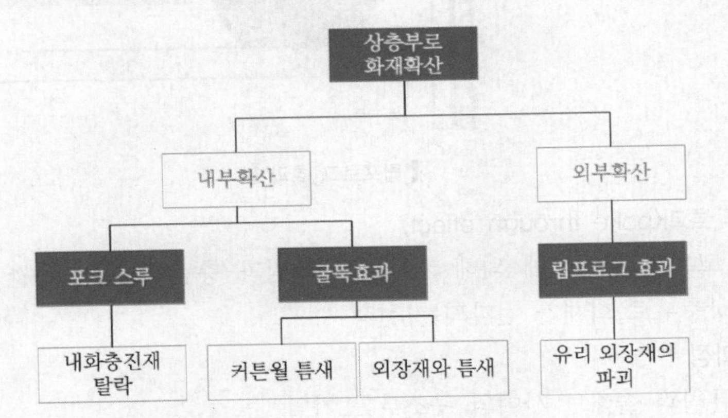

02 위험성

(1) 립프로그 효과(leapfrog effect ; 뛰어넘기 효과) 116 · 110회 출제

1) 정의 : 화재가 발생하면 유리 외장재가 파손되면서 외부의 공기가 급격히 유입되어 화재가 건너뛰기 하듯이 상층부로 빠르게 전파되는 효과

2) 진행 과정

① 커튼월의 유리 외장재 파손

② 공기가 급격히 유입되고 화재가 성장하면서 화염분출 발생
③ 분출된 화염이 상층부의 커튼월 유리 외장재를 파손
④ 다시 ②·③을 반복

3) 초고층 건축물의 경우 주위 기류가 건물 벽에 부딪혀 빠른 상승기류(빌딩풍)가 형성되므로 화염의 수직전파속도는 더욱 증가된다.

4) 주요 원인 : 커튼월의 유리 외장재의 파손

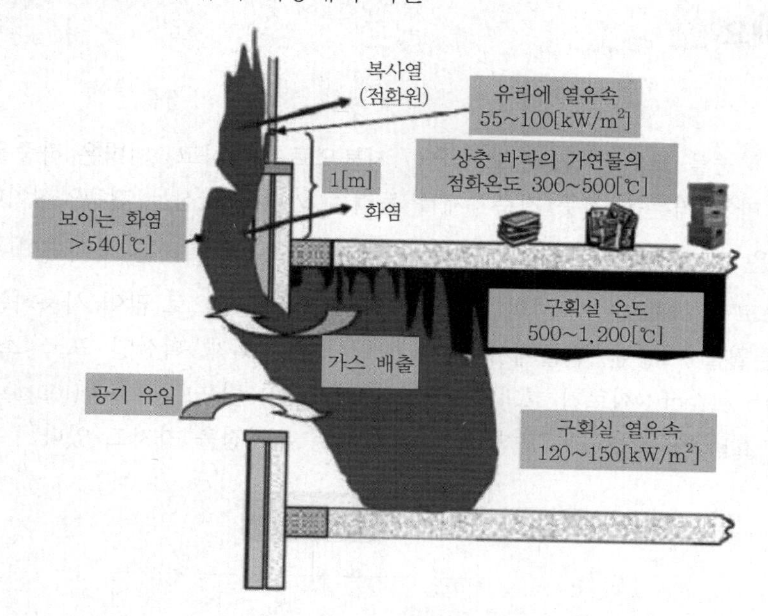

▍립프로그 효과▐

(2) 포크 스루 효과(poke through effect)

1) 정의 : 고온의 열기류에 의해 커튼월 프레임과 층간 사이의 층간 충진재를 탈락시키며 상층부로 화재가 전파되는 현상

2) 진행 과정
① 커튼월과 슬래브 사이의 구조부를 가열
② 구조부의 열적 변형에 의한 내화 충진재의 탈락
③ 탈락한 틈을 통해 상층부로 화염이 전파
④ 상층부 화재가 성장하면 ①·②·③을 반복

3) 초고층 건축물의 경우 주위 기류가 건물 벽에 부딪혀 빠른 상승기류(빌딩풍)가 형성되므로 화염의 수직전파속도는 더욱 증가된다.

4) 주요 원인 : 내부 충전재의 파손

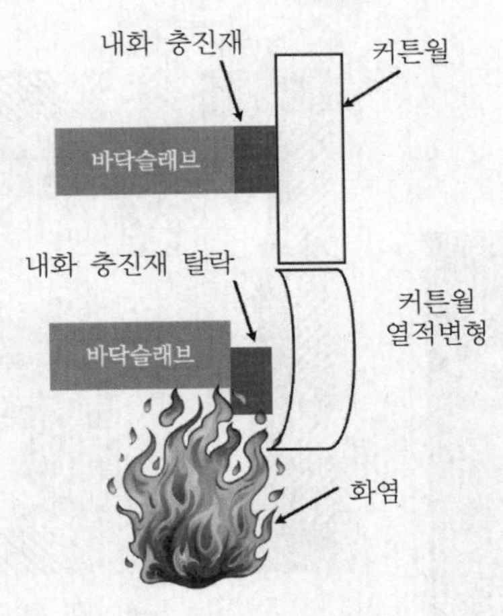

▌포크 스루 효과▐

(3) 굴뚝효과(chimney effect)

1) 바닥 슬래브 가장자리와 커튼월 사이의 틈새를 통해 위쪽으로 화재가 상층부로 확산되는 현상이다.
2) 외국에서는 Poke through라고 해서 건축물에 발생하는 틈새를 통한 화재확산을 Chimney effect(침니 이펙트)라고 한다.
   ① 내부의 굴뚝효과 : 커튼월과 바닥의 틈새를 통한 화재확산
   ② 외장재의 굴뚝효과 : 외장재와 벽체의 틈새를 통한 화재확산

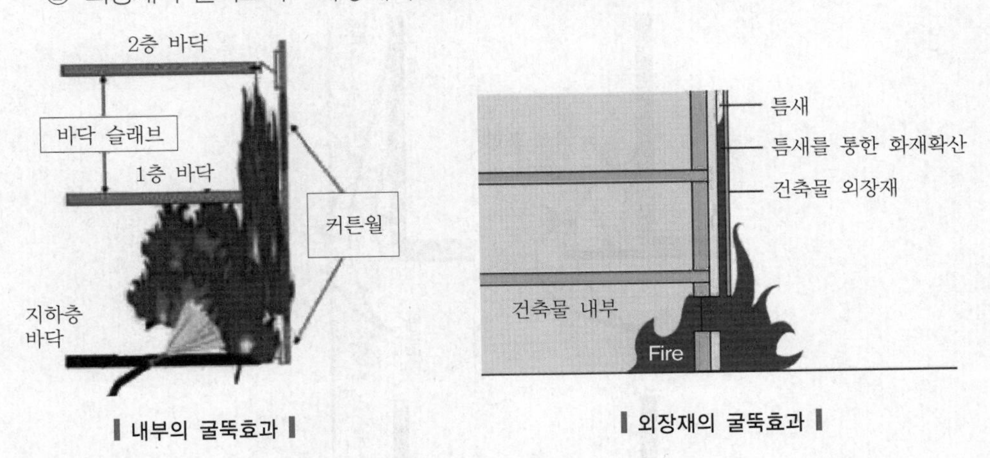

▌내부의 굴뚝효과▐ ▌외장재의 굴뚝효과▐

03 해결방안

(1) 커튼월용 수막노즐의 설치

기존의 윈도우 스프링클러의 단점을 개선하기 위해 워터 커튼 노즐에 유리면 살수부를 추가한 커튼월용 수막노즐

▎커튼월용 수막노즐▎

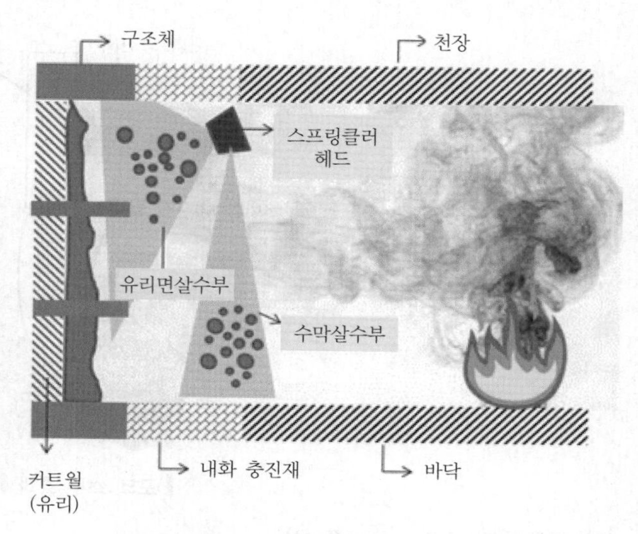

▎커튼월용 수막노즐의 설치 예▎

(2) 커튼월의 내화성능을 강화한다.

(3) 커튼월과 구조체의 열적 변형의 균형을 통해 내화 충진재의 탈락을 방지한다.

(4) 고층 건축물 화재에 적응성이 있는 내화 충진재의 시공이 필요하다.

(5) 켄틸레버, 수직 보호대의 강화(립프로그)

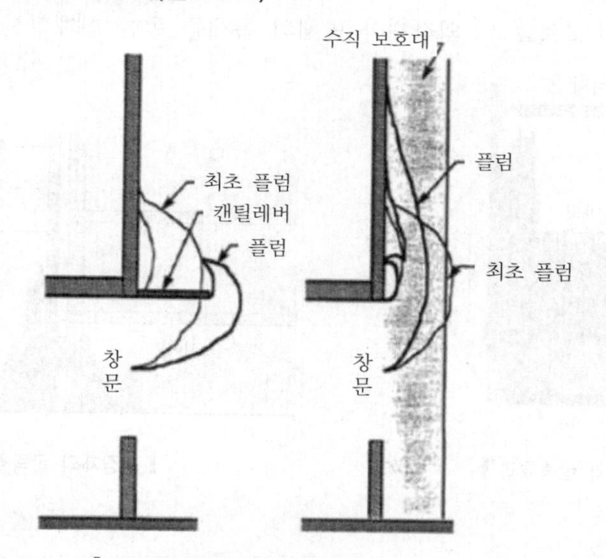

▎캔틸레버와 수직보호대 설치 시 립프로그▎

(6) 굴뚝효과 방지

1) 외장재와 내장재 사이의 틈새를 최소화한다.

2) 외장재와 내장재 사이의 단열재를 불연화한다.

3) 스팬드럴 단열재의 압축 맞춤으로 인해 구부러지지 않도록 스팬드럴 단열재 뒤에 있는 공간에 보강 부재 또는 보강재를 설치한다.

4) 불연성 단열재(암면)의 기계적 부착
   ① 접착제 사용 온도 범위는 −30 ~ 250[℉](−34 ~ 121[℃])이다.
   ② ASTM E119에 따른 화재확산온도는 접착제 사용온도를 매우 빠르게 초과하여 접착제가 도포된 부착물이 스팬드럴 단열재를 고정하지 못한다.

5) 단열재 보호커버로 보호 : 알루미늄은 1,220[℉](660[℃])에서 녹기 시작한다. 따라서, 보호장치가 없으면 외장재는 녹아내리고 단열재가 떨어지면서 불꽃과 가스 등이 노출될 수 있다.

6) 승인된 차연 실란트는 단열재 위에 적용하여 방연구획 : 승인된 연기실란트는 스프레이로 도포되어 L등급 또는 누출등급이 0인 방연구역을 형성한다.

04 고층건축물 가이드라인

* SECTION 015 성능위주설계 심의 가이드라인을 참조한다.

SECTION

058 선큰 가든(sunken garden)

01 개요

(1) 지하나 지하로 통하는 지면보다 한층 낮은 공간에 꾸민 정원이다.

(2) 정의

지표 아래에 있고 외기(外氣)에 개방된 공간으로서 건축물 사용자 등의 보행 · 휴식 및 피난 등에 제공되는 공간(초고층 및 지하연계 복합건축물 재난관리에 관한 특별법 시행령)

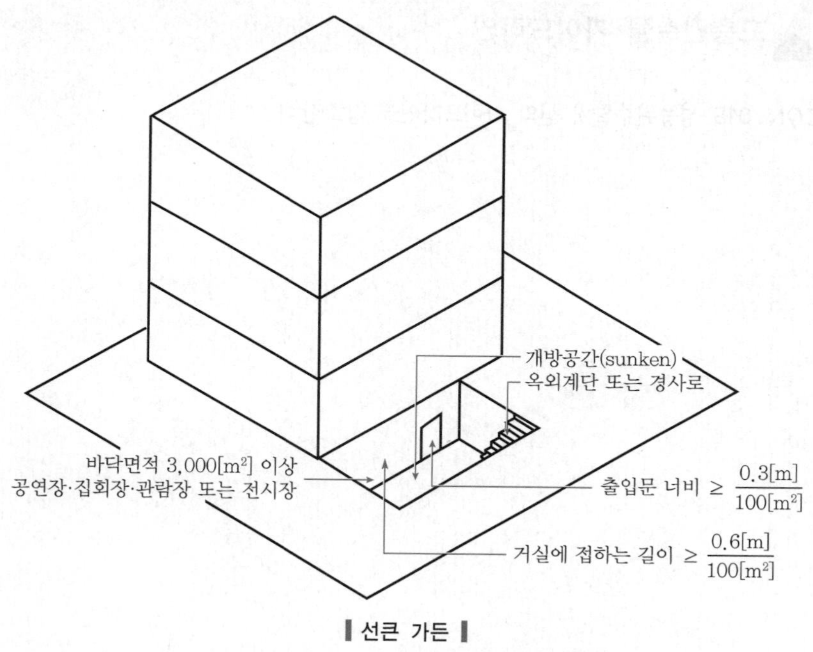

▌선큰 가든▐

02 소방에서의 역할

(1) 피난의 공간

1) 지하공간의 단점인 인공채광, 인공환기로 인해 축열 · 축연 피난의 장애가 발생하는데, 피난자가 외부의 안전한 장소까지 피난하기 전에 피난할 수 있는 피난의 공간이다.

2) 제연설비

① 선큰에 연기가 유입되면 피난의 공간이라는 기능을 상실한다.

② 선큰에서 기류(방연풍속)와 거실제연설비의 배출로 연기유입을 방지한다.

$$v = 2\sqrt{\frac{T_f - T_a}{T_f}h}$$

여기서, v : 기류[m/sec]

T_f : 연기온도[K]

T_a : 공기온도[K]

h : 개구부 높이

(2) 방화의 공간

1) 선큰 가든은 외기와 노출되어 있으므로 자연채광과 연기배출이 쉬운 공간

2) 소화활동이 쉬운 공간

3) 연소확대를 방지하는 공간

03 법적 제한

(1) 지하층과 피난층 사이의 개방공간 설치(「건축법 시행령」 제37조)

1) 바닥면적의 합계가 3,000[m^2] 이상인 공연장 · 집회장 · 관람장 또는 전시장을 지하층에 설치하는 경우

2) 각 실에 있는 자가 지하층 각 층에서 건축물 밖으로 피난하여 옥외계단 또는 경사로 등을 이용하여 피난층으로 대피할 수 있도록 천장이 개방된 외부공간(선큰 가든)을 설치하여야 한다.

(2) 피난안전구역 설치기준 등(「초고층 및 지하연계 복합건축물 재난관리에 관한 특별법 시행령」 제14조) – 초고층 건축물 등의 지하층이 법 제2조 제2호 나목의 용도로 사용되는 경우(or)

1) 해당 지하층에 피난안전구역 면적 산정기준에 따라 피난안전구역을 설치한다.

2) 선큰을 설치한다.

「초고층 및 지하연계 복합건축물 재난관리에 관한 특별법」 제2조 제2호 나목

건축물 안에 문화 및 집회시설, 판매시설, 운수시설, 업무시설, 숙박시설, 위락(慰樂)시설 중 유원시설업(遊園施設業)의 시설 또는 대통령령으로 정하는 용도의 시설이 하나 이상 있는 건축물

※ 열과 연기의 배출이 용이한 선큰 구조 등으로 연결된 건축물은 지하연계 복합건축물에서 제외됨(2025년 2월 시행)

(3) 선큰 설치기준 112회 출제

1) 설치면적 : 다음의 구분에 따라 용도별로 산정한 면적을 합산한 면적 이상으로 설치한다.

용도	용도별 합산면적
공연장·집회장, 관람장	7[%] 이상
소매시장	7[%] 이상
그 밖의 용도	3[%] 이상

2) 설치기준

① 지상 또는 피난층(직접 지상으로 통하는 출입구가 있는 층 및 피난안전구역)으로 통하는 부분

㉠ 너비 1.8[m] 이상의 직통계단을 설치한다.

㉡ 너비 1.8[m] 이상 및 경사도 12.5[%] 이하의 경사로를 설치한다.

② 거실 바닥면적 100[m^2]마다 0.6[m] 이상을 거실에 접하도록 설치한다.

③ 선큰과 거실을 연결하는 출입문의 너비 : 거실 바닥면적 100[m^2]마다 0.3[m]로 산정한 값 이상

3) 설비기준

① 빗물에 의한 침수방지를 위하여 차수판(遮水板), 집수정(集水井), 역류방지기를 설치한다.

② 선큰과 거실이 접하는 부분

㉠ 제연설비[드렌처(수막)설비 또는 공기조화설비와 별도로 운용하는 제연설비]를 설치한다.

㉡ 예외 : 선큰과 거실이 접하는 부분에 설치된 공기조화설비가 화재안전기술기준에 맞게 설치되어 있고, 화재 발생 시 제연설비 기능으로 자동 전환되는 경우

③ 자동제세동기 등 심폐소생술을 할 수 있는 응급장비를 설치한다.

④ 방독면 : 피난안전구역이 설치된 층의 수용인원의 10분의 1 이상

SECTION 059 지하층

01 개요 127 · 104회 출제

(1) 정의

건축물의 바닥이 지표면 아래에 있는 것으로서, 그 바닥으로부터 지표면까지의 평균 높이가 당해 층 높이의 2분의 1 이상인 것

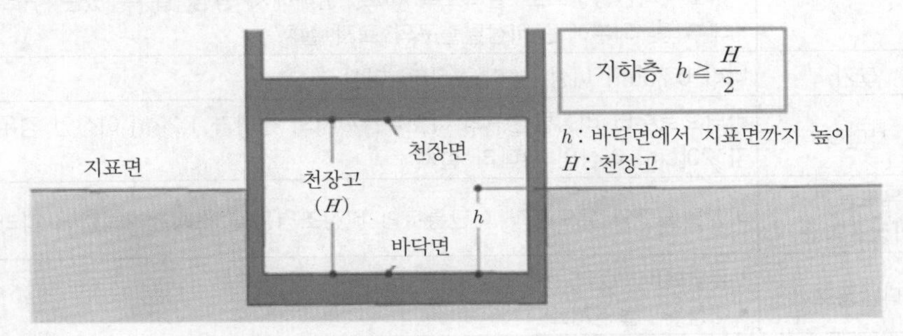

(2) 건축물에 설치하는 지하층의 구조 및 설비

국토교통부령으로 정하는 기준(「건축법」 제53조 지하층)

(3) 소방에서 지하층에 대한 각종 설비 및 시설의 제한을 강제하는 이유

무창의 공간으로 소방, 방재상 취약하기 때문이다.

02 지하층의 구조(「건축물의 피난 · 방화구조 등의 기준에 관한 규칙」 제25조)

(1) 지하층에 설치해야 하는 시설 118 · 104회 출제

구분	대상 규모	구조기준
비상탈출구 환기통	바닥면적 50[m^2] 이상인 층	① 직통계단 이외 피난층 또는 지상으로 통하는 비상탈출구 설치 ② 환기통 설치(단, 직통계단 2개소 이상 설치 시 제외)
피난계단 특별피난계단	바닥면적 1,000[m^2] 이상인 층	방화구획으로 구획되는 부분마다 1개소 이상 피난층 또는 지상으로 통하는 피난계단 또는 특별피난계단 설치
환기설비	거실의 바닥면적 합계가 1,000[m^2] 이상인 층	환기설비 설치
급수전	바닥면적 300[m^2] 이상인 층	식수 공급을 위한 급수전 1개소 이상 설치

(2) 직통계단 2개 이상 설치대상

구분	대상용도
그 층 거실바닥면적 합계가 50[m²] 이상인 층	① 공연장 · 단란주점 · 당구장 · 노래연습장 ② 예식장 · 공연장 ③ 생활권 수련시설 · 자연권 수련시설 ④ 여관 · 여인숙 ⑤ 단란주점 · 주점영업 ⑥ 다중이용업의 용도

(3) 지하층의 비상탈출구의 설치기준(예외 : 주택) 128 · 96 · 81 · 78회 출제

구분	구조기준
위치	출입구로부터 3[m] 이상 떨어진 곳
문	• 구조 : 피난방향으로 열리도록 하고, 실내에서 항상 열 수 있는 구조 • 내부 및 외부에는 비상탈출구의 표지 설치
크기	너비 0.75[m] 이상, 높이 1.5[m] 이상
사다리	바닥으로부터 비상탈출구의 아랫부분까지의 높이가 1.2[m] 이상인 경우 발판의 너비가 20[cm] 이상인 사다리 설치
유도등과 비상조명등	비상탈출구의 유도등과 피난통로의 비상조명등을 소방관계법령에 따라 설치
피난통로	• 유효너비 : 0.75[m] 이상 • 내장재 : 불연재료
장애물	비상탈출구의 진입부분 및 피난통로에는 통행에 지장이 있는 물건을 방치하거나 시설물을 설치하지 말 것

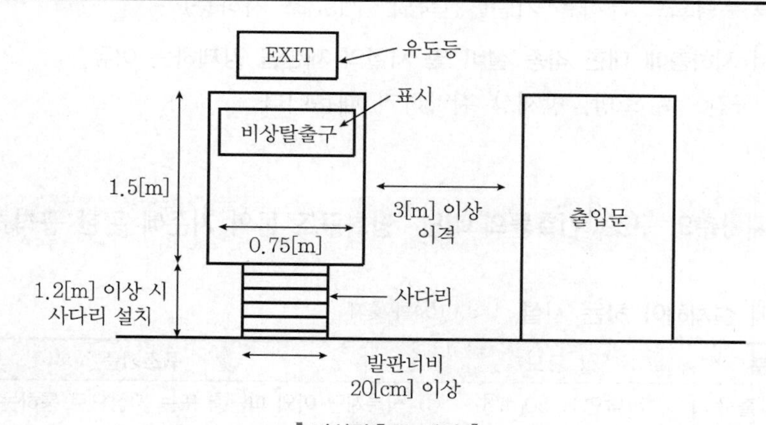

▌비상탈출구 개념▐

SECTION 060

피트(PIT) 공간

105회 출제

01 개요

(1) **피트층**

방습, 단열, 오염을 방지하기 위한 목적으로 주로 최고층과 최저층에 설치하는 슬래브로 건축법령상 연면적에 포함되지 않고, 거실용도로 사용할 수 없는 수평적 공간

(2) **피트공간**

건축설비 등을 설치 또는 통과하기 위하여 설치된 구획공간

(3) **유로(수직 관통부)**

급 · 배수관, 배전 · 통신용 케이블 등을 설치하기 위해 건축물 내의 바닥을 관통하여 수직방향으로 연속된 공간

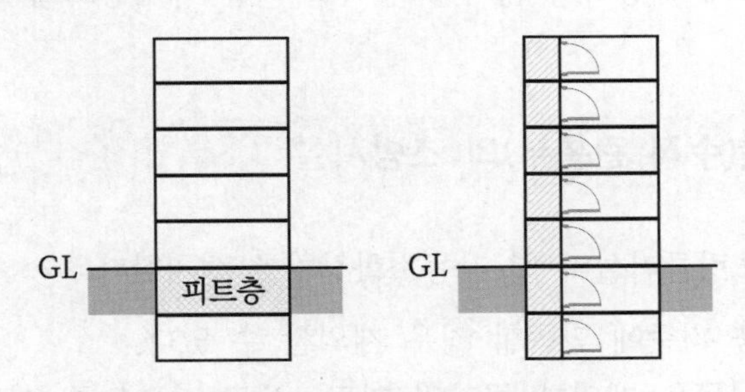

▌피트층과 피트공간(수직 관통부) ▌

02 피트층의 소방시설

(1) 원칙적으로 스프링클러설비를 설치한다.

(2) **예외적으로 완전구획된 구조인 경우(and)**

1) 「소방시설의 설치 및 관리에 관한 법률 시행령」 제5조 [별표 2] 비고 1의 기준 만족 : 내화구조로 된 하나의 특정소방대상물이 개구부(건축물에서 채광, 환기, 통풍, 출입 등을 위하여 만든 창이나 출입구를 말함)가 없는 내화구조의 바닥과 벽으로 구획되어 있는 경우에는 그 구획된 부분을 각각 별개의 특정대상소방물로 본다.

2) 점검구 : 다음과 같은 구조

① 개수 : PIT 공간당 1개소로 제한(단, 한 층에 여러 개는 가능)

② 크기 : 1[m^2] 이하(기존 0.5 × 1.0[m^2]에서 변경)

③ 재질 : 두께 1.5[mm] 이상의 철판 또는 60분 방화문 이상 성능이 있는 재질로 4곳 이상 볼트 조임

3) 출입문이 없고 크기가 1[m^2] 이하인 경우에도 소화기 등 소화설비는 설치하여야 한다(소방방재청 방호과-4171).

(3) 2011. 4. 20. 이전에 완공된 특정소방대상물

1) 피트층의 출입구가 타 용도로 사용되지 않도록 1[m^2] 이하의 60분 방화문 이상 성능을 가진 재질로 시건장치를 설치하여 관리자 외의 출입이 엄격히 통제될 경우 소방시설의 설치 제외가 가능하다.

2) 피트공간 등을 타 용도로 사용할 경우 : 소방시설을 설치하여야 한다.

(4) 성능위주설계 표준 가이드라인(서울시)

1) 피트층(공간)에 유효한 소방시설(헤드, 감지기 등)을 적용할 것

2) 피트층(공간 EPS, TPS 등)은 스프링클러설비 화재안전기술기준에 따른 파이프덕트, 덕트피트에 해당하지 않아 소방시설 적용 제외장소에 포함되지 않는다.

03 피트공간(수직 관통부)의 소방시설

(1) 원칙적으로 스프링클러설비 및 자동소화장치를 설치한다.

(2) 예외적으로 다음 기준에 만족할 경우 제외할 수 있다.

1) 배관 등 시설물을 제외한 공간의 가로, 세로, 높이 중 어느 한 면이라도 1.2[m] 이하인 경우

2) 문제점 : 이 기준을 만족하기 위해 인위적으로 길이를 줄이는 경우가 발생

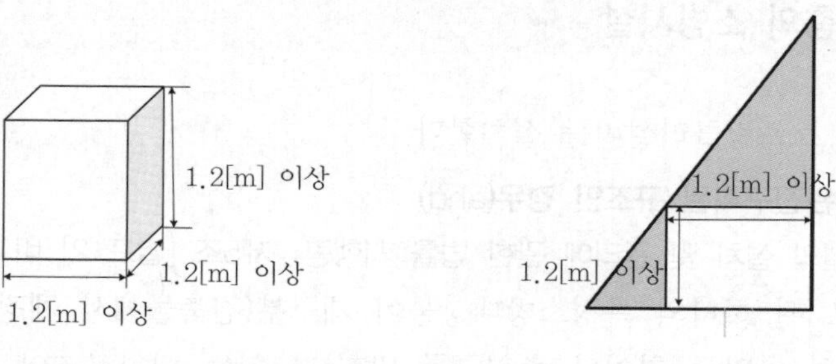

▌피트공간의 최소기준▐　　▌피트공간이 삼각형인 경우▐

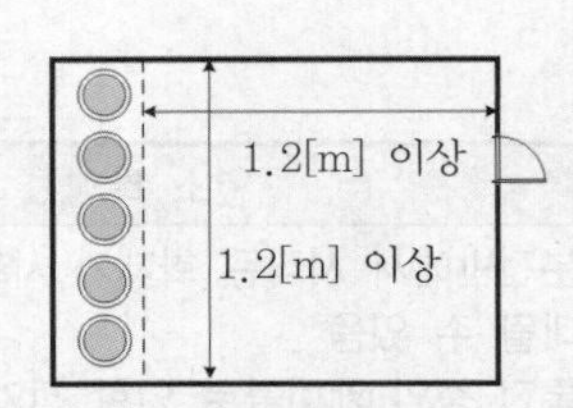

▌피트공간 내 시설물이 설치된 경우 ▌

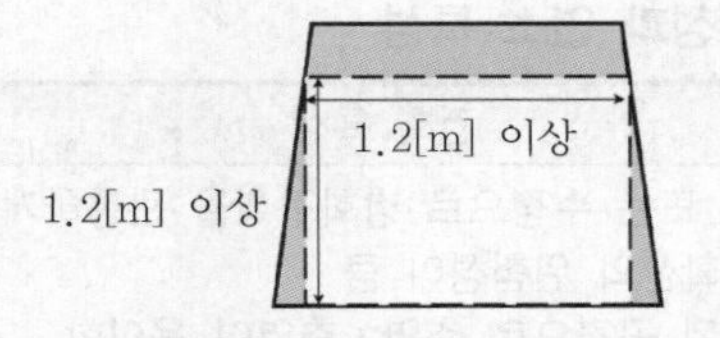

▌피트공간이 다각형인 경우 ▌

(3) 2011. 4. 20. 이전에 완공된 특정소방대상물

1) 피트공간이 타 용도로 사용되지 않고 출입구에 시건장치를 설치하여 관리자 외의 출입이 엄격히 통제될 경우 소방시설의 설치 제외가 가능하다.

2) 피트공간 등을 타 용도로 사용할 경우 : 소방시설을 설치하여야 한다.

PS(Pipe Shaft) : 배관 등이 지나가는 수직 관통부

(4) 피트층과 피트공간 등에 설치하는 소화설비

구분	스프링클러	자동소화장치			
		고체에어로졸	캐비넷	가스식	분말식
피트층	○	×	×	×	×
피트공간(PS, PD)	○	○	○	○	○
EPS	×	○	○	○	○
TPS	×	○	○	○	○

04 EPS/TPS 127회 출제

(1) 소방법에 따른 스프링클러설비의 설치대상 지역은 아니다.

1. EPS : 전기관련 수직 관통부
2. TPS : 통신관련 수직 관통부

(2) 소방시설 설치구역에 해당되므로 자동소화장치 등 기타 소화기구를 설치하여야 한다.

(3) EPS/TPS실 등의 케이블 트레이 관통부는 층간방화구획이 필요하다.

(4) 피트공간 내 제연팬 설치 금지(업무지침 2012. 5. 18.)

(5) 건축 특성과 연소 특성

건축 특성	연소 특성
① 수직 또는 수평으로 방화구획을 관통하게 되어 화재확산의 위험성이 큼 ② 밀폐된 공간으로 축연 · 축열이 용이함 ③ 피트공간을 개조하여 창고로 사용 시 적발이 어렵고 화재위험성이 큼	① 분전반에서 시작된 화재가 샤프트를 통하여 확대될 수 있음 ② 통전 중인 케이블로 인한 전기화재와 유독가스 발생 위험이 있음 ③ 소공간으로 구획되어 있으므로 화재 초기부터 환기지배형의 연소특성을 가짐 ④ 전기 및 통신 공급차단으로 인한 2차 재해를 유발함

SECTION

061 도로

01 개요

(1) 정의

평상시 건축물의 이용에 지장이 없도록 보행 및 자동차의 통행이 가능한 4[m] 이상의 폭을 가진 길

(2) 도로는 소방법상에서 피난의 경로가 되고 소화활동을 위한 장비가 이동할 수 있는 길이 된다.

02 종류와 규정

(1) 통과도로

보행 및 자동차 통행이 가능한 너비 4[m] 이상의 도로로, 다음 중 어디 하나에 해당하는 도로 또는 예정도로(「건축법」 제2조)

1) 법률에 따라서 신설 또는 변경에 관한 고시가 된 도로
   ① 국토의 계획 및 이용에 관한 법률
   ② 도로법
   ③ 사도법
   ④ 기타 관계 법령
2) 건축허가 또는 신고 시 : 시 · 도지사 또는 시 · 군 · 구청장이 그 위치를 지정하여 공고한 도로

(2) 지형적 조건 등으로 차량통행을 위한 도로의 설치가 곤란한 경우(「건축법 시행령」 제3조의3)

1) 시 · 군 · 구청장이 도로의 설치가 곤란하다고 인정하여 그 위치를 지정 · 공고하는 구간 안의 너비 3[m] 이상인 도로
2) 예외 : 길이가 10[m] 미만인 막다른 도로의 경우는 너비가 2[m] 이상인 도로

(3) 막다른 도로(「건축법 시행령」 제3조의3)

막다른 도로	도로의 너비
10[m] 미만	2[m]
10[m] 이상 35[m] 미만	3[m]
35[m] 이상	6[m](도시지역이 아닌 읍·면 지역 4[m])

03 도로에 접해야 하는 건축물의 대지

(1) 일반적 건축물

2[m] 이상

(2) 연면적이 2,000[m^2] 이상인 건축물

너비 6[m] 이상인 도로에 4[m] 이상

SECTION 062 복합건축물

01 복합건축물(「소방시설 설치 및 관리에 관한 법률 시행령」 제5조 [별표 2])

(1) 정의

1) 하나의 건축물 안에 특정소방대상물 중 2 이상의 용도로 사용되는 것
2) 하나의 건축물이 근린생활시설, 판매시설, 업무시설, 숙박시설 또는 위락시설의 용도와 주택의 용도로 함께 사용되는 것

(2) 복합건축물의 예외

1) 관계 법령에서 주된 용도의 부수시설로서 그 설치를 의무화하고 있는 용도 또는 시설
① 건축물의 주된 용도의 기능에 필수적인 용도로서 부속용도(대법원 2009. 12. 24. 선고 2007도1915 판결례 참조)
② 부속용도 : 건축물의 주된 용도의 기능에 필수적인 용도로서 다음의 어느 하나에 해당하는 용도와 그 밖에 이와 비슷한 시설의 용도[「건축법 시행령」 제2조(정의)]
㉠ 건축물의 설비, 대피, 위생
㉡ 사무, 작업, 집회, 물품저장, 주차
㉢ 구내식당 · 직장 어린이집 · 구내 운동시설 등 종업원 후생복리시설, 구내 소각시설
㉣ 관계 법령에서 주된 용도의 부수시설로 설치할 수 있게 규정하고 있는 시설의 용도
③ 부속용도를 복합건축물로 보지않는 이유 : 부속용도는 주용도의 운용상 꼭 필요한 것이고 부속용도가 단독으로 사용되는 것이 아니므로 주용도를 중심으로 판단해야 하고 따라서 부속용도를 주용도와 분리하여 별도의 용도로 용도제한을 해서는 아니되기 때문이다.

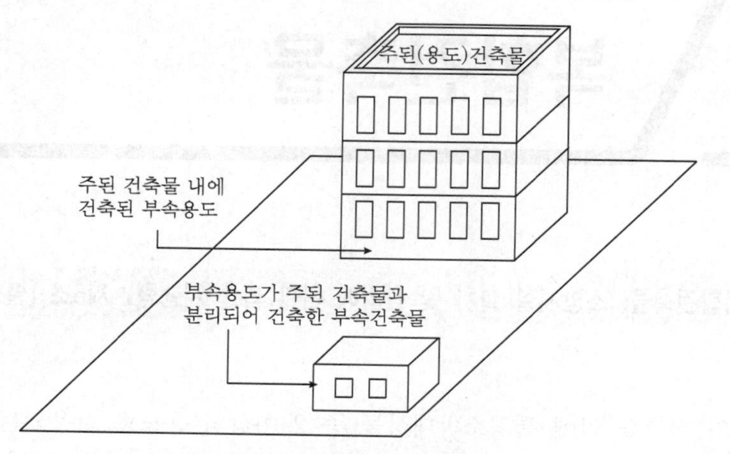

▌부속건축물과 부속용도 ▌

2) 「주택법」의 주택건설기준 등에 따라 주택 대지 안에 설치하는 부대시설 또는 복리시설이 설치되는 특정소방대상물

① 부대시설(주택건설기준 등에 관한 규정) : 진입도로, 주택단지 안의 도로, 주차장, 관리사무소 등, 수해방지 등, 안내표지판등, 통신시설, 지능형 홈네트워크 설비, 보안등, 가스공급시설, 비상급수시설, 난방설비 등, 폐기물보관시설, 영상정보처리기기의 설치, 전기시설, 방송수신을 위한 공동수신설비의 설치 등, 급·배수시설, 배기설비 등

② 복리시설 : 근린생활시설 등, 유치원, 주민공동시설

02 방화에 장애가 되는 용도의 제한(「건축법 시행령」 제47조) 126회 출제

다음 표와 같은 다중이용시설과 위험시설은 방화에 장애가 되므로 함께 설치할 수 없다.

같은 건축물 안에 설치할 수 없는 방화에 장애가 되는 용도(A와 B는 병행설치 곤란)		용도제한의 예외규정(혼재가 가능한 경우)
대상 A (피난에 지장이 있는 용도로 보호대상용도)	대상 B (화재위험이 높은 용도)	① 기숙사와 공장이 같은 건축물 안에 있는 경우 ② 상업지역(중심 · 일반 · 근린) 안에서 「도시 및 주거환경정비법」에 의한 도시환경정비사업을 시행하는 경우 ③ 공동주택과 위락시설이 같은 초고층 건축물에 있는 경우 ④ 지식산업센터와 직장 어린이집이 같은 건축물에 있는 경우
의료시설 아동 관련 시설 노인복지시설 공동주택 장례시설 산후조리원	위락시설 위험물 저장 및 처리시설 정비공장	

같은 건축물 안에 설치할 수 없는 방화에 장애가 되는 용도(A와 B는 병행설치 곤란)		용도제한의 예외규정(혼재가 가능한 경우)
아동 관련 시설, 노인복지시설	도매시장, 소매시장	없음
다중주택, 다가구주택, 공동주택, 조산원, 산후조리원	다중생활시설(고시원)	없음

03 복합건축물의 피난시설 등의 기준(「건축물의 피난·방화구조 등의 기준에 관한 규칙」 제14조의2) 126회 출제

의료시설, 노유자시설(아동 관련 시설 및 노인복지시설만 해당), 공동주택, 장례시설 또는 제1종 근린생활시설(산후조리원만 해당)과 위락시설, 위험물저장 및 처리시설, 공장 또는 자동차 관련 시설(정비공장만 해당) 중 하나 이상을 함께 설치하고자 할 때의 시설기준

(1) **출입구** : 보행거리가 30[m] 이상

(2) 내화구조로 된 바닥 및 벽으로 구획하여 서로 차단할 것(통로 포함)

(3) 서로 이웃하지 아니하도록 배치한다.

(4) **건축물의 주요 구조부** : 내화구조

(5) **마감재료**

1) 거실 : 불연재료 · 준불연재료 또는 난연재료

2) 복도 · 계단 그 밖에 통로 : 불연재료 또는 준불연재료

SECTION 063 2개 이상의 소방대상물 연결

01 개요

화재 발생 시 2개 이상 건축물이 연결되어 화재로 인한 피해가 확산될 가능성이 증가하기 때문에 제정하여 별도의 건물이 아닌 하나의 건물로 보아서 방재설비를 강화하기 위함이다.

02 별도의 대상물로 볼 수 있는 하나의 건축물

(1) 법규

「소방시설 설치 및 관리에 관한 법률 시행령」 [별표 2] 비고 1

(2) 내화구조로 된 하나의 특정소방대상물이 개구부가 없는 내화구조의 바닥과 벽으로 구획된 경우에는 그 구획된 부분을 각각 별개의 특정소방대상물로 본다.

03 연결통로로 연결된 하나의 소방대상물

(1) 법규

「소방시설 설치 및 관리에 관한 법률 시행령」 [별표 2] 비고 2

(2) 둘 이상의 특정소방대상물이 다음의 어느 하나에 해당하는 구조의 복도 또는 통로(이하 '연결통로')로 연결된 경우에는 이를 하나의 소방대상물로 본다.

1) 내화구조로 된 연결통로(or)

① 벽이 없는 구조 : 길이 6[m] 이하

② 벽이 있는 구조 : 길이 10[m] 이하

1. 벽 높이가 바닥에서 천장 높이의 2분의 1 이상 : 벽이 있는 구조
2. 벽 높이가 바닥에서 천장 높이의 2분의 1 미만 : 벽이 없는 구조

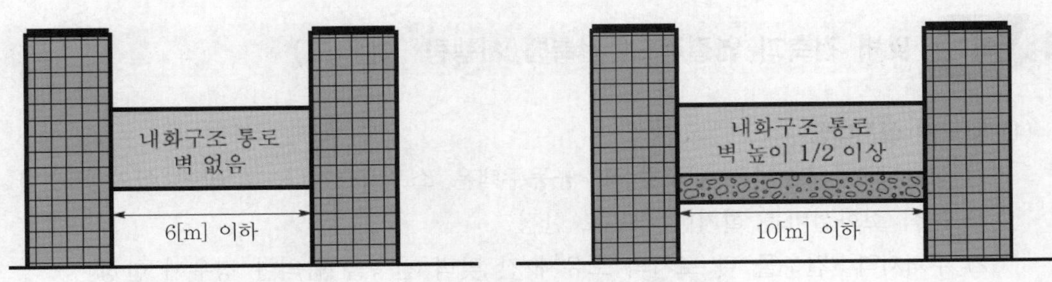

▌내화구조로 된 연결통로▐

2) 내화구조가 아닌 연결통로로 연결된 경우
3) 컨베이어로 연결되거나 플랜트 설비의 배관 등으로 연결된 경우
4) 지하보도, 지하상가, 지하가로 연결된 경우
5) 방화셔터 또는 60분+ 방화문이 설치되지 않은 피트로 연결된 경우
6) 지하구로 연결된 경우

04 별도 건축물로 할 수 있는 연결통로의 구조

(1) 화재 시 경보설비 또는 자동소화설비의 작동과 연동(or)
1) 자동으로 닫히는 방화셔터
2) 60분+ 방화문

(2) 화재 시 자동으로 방수되는 방식(or)
1) 드렌처설비
2) 개방형 스프링클러헤드

05 특정소방대상물의 지하층이 지하가와 연결된 경우

(1) 해당 지하층의 부분을 지하가로 본다.

(2) 예외(or)
1) 60분+ 방화문이 자동폐쇄장치 · 자동화재탐지설비 또는 자동소화설비와 연동하여 닫히는 구조
2) 상부에 드렌처설비를 설치한 경우

06 맞벽 건축과 연결복도(「건축법 시행령」 제81조)

(1) 맞벽의 설치대상

1) 상업지역 : 다중이용 건축물 및 공동주택은 스프링클러나 그 밖에 이와 비슷한 자동식 소화설비를 설치한 경우로 한정
2) 주거지역 : 건축물 및 토지의 소유자 간 맞벽 건축을 합의한 경우에 한정
3) 허가권자가 도시미관 또는 한옥 보전 · 진흥을 위하여 건축조례로 정하는 구역
4) 건축 협정구역

(2) 맞벽의 설치기준

1) 주요 구조부 : 내화구조
2) 마감재료 : 불연재료

(3) 맞벽, 연결복도, 연결통로의 구조 · 크기 등에 관하여 필요한 사항

1) 주요 구조부 : 내화구조
2) 마감재료 : 불연재료
3) 밀폐된 구조인 경우 : 벽 면적의 10분의 1 이상에 해당하는 면적의 창문을 설치(예외 : 지하층으로서 환기설비를 설치하는 경우)
4) 너비 및 높이 : 각각 5[m] 이하(예외 : 지방 건축위원회의 심의)
5) 건축물과 복도 또는 통로의 연결부분 : 방화셔터 또는 방화문을 설치한다.
6) 연결복도가 설치된 대지면적의 합계 : 「국토의 계획 및 이용에 관한 법률 시행령」 개발행위의 최대 규모 이하(예외 : 지구단위계획구역)

(4) 연결복도나 연결통로

건축사 또는 건축구조기술사로부터 안전에 관해 확인한다.

SECTION 064

설계도서 작성기준

123회 출제

01 계획설계 등

(1) 기본 조사

1) 입찰안내서, 현장설명서 또는 발주처 요구사항 등을 분석한 후 불명확한 사항이 있거나 이해가 발주처의 결정이 필요한 경우 질의 · 회신

2) 소방대상물의 규모, 용도 등을 고려하여 유사 건축물 사례조사

3) 시상수, 전력 수전 등 주변 인프라 조사

4) 개 · 보수 또는 증축인 경우

① 이설 · 보존 시설 및 장비 확인

② 기존 소방시설 확인 및 자료 조사

5) 기타 소방대상물에 대한 소방시설설계에 대한 필요한 자료조사

(2) 계획설계

1) 기간 : 건축심의의 방재계획심의를 마친 때까지

2) 목적 : 본 설계를 하려는 가장 기본적인 단계로서 화재 안전성 평가에 있어서 가장 중요한 사안들을 결정한다.

3) 내용 : 건축 기본 계획안 검토

① 건축 기본도서 접수 및 검토

② 관련 법규 검토

③ 관련 법규의 적용

(3) 건축방재 심의도서의 구성(부지 · 배치 계획 등)

02 기본설계

(1) 목적

계획설계에서 계획된 사항들을 기본으로 하여 분야별 시스템의 기본구성들을 설계하며, 담당 건축허가청에 건축허가 신청행위 및 개략적인 공사비 산출을 한다. 기본설계의 개략 공사비에 의해서 실시설계 비용을 산정한다.

(2) 내용

1) 소방시설 설치계획서

① 건축개요에 따른 소방시설의 적용(갑지)

② 층별 세부 소방시설의 수량 적용(을지)

2) 장비용량 검토(개략계산서 작성)

3) 소방시설 설치공간 검토

4) 장비의 배치

5) 계통도 작성

① 소방기계분야 : 수계 소화설비 → 제연설비 → 가스계 소화설비 순으로 작성한다.

② 소방전기분야 : 자동화재탐지설비 → 기계분야 연동설비 → 전기설비장비 → 유도등설비 순으로 작성한다.

6) 평면도 작성 : 세부적인 소방시설을 도면에 표현한다.

7) 장비용량 계산서를 재작성한다.

8) 시방서 작성

① 표준시방서 : 공사에 대한 표준안의 설명이나 규정 혹은 그것을 글로 쓴 것을 말한다. 재료에 대한 성질과 특성이나 상품 등에 대한 사용법을 설명한 사용설명서를 뜻하기도 한다.

② 일반시방서 : 도면에서 표현하기 어려운 세부사항 등을 별도로 문서화하여 시공자 및 관계자 등이 참고할 수 있는 서류

③ 특기시방서 : 건축주의 별도 요구사항 또는 공사의 방법 등 특별한 내용을 기술하는 서류

9) 공사비 산정 : 기계분야와 전기분야를 별도 산정한다.

10) 검토내용을 관련 각 공종에 통보한다.

03 실시설계

(1) 목적

기본설계 단계가 종료되면 건축주 또는 발주자는 건설사 및 분야별 시공사를 선정하고 이에 따라 각 설계업체는 건축물의 공사착수를 위한 현실적인 설계도서를 작성한다.

(2) 내용

1) 건축 설계도서 검토

2) 소방시설 설계도서 작성

3) 소방 시방서 · 계산서 수정 및 보완
4) 공사내역서 수정 및 보완
5) 설계도서 및 자료의 출력, 정리 제출

04 설계변경 및 준공도서 작성

(1) 설계변경

1) 소방시설의 설계변경 대상
① 설비를 신설하는 경우
㉠ 소방기계 : 옥내소화전설비 · 옥외소화전설비 · 스프링클러설비 · 간이스프링클러설비 · 화재조기진압용 스프링클러설비 · 물분무소화설비 · 미분무소화설비 · 포소화설비 · 이산화탄소소화설비 · 할론소화설비 · 할로겐화합물 및 불활성 기체 소화약제소화설비 · 분말소화설비 및 강화액소화설비 · 연결송수관설비 · 연결살수설비 · 제연설비 · 소화용수설비 · 연소방지설비
㉡ 소방전기 : 자동화재탐지설비 · 비상경보설비 · 비상방송설비 · 비상콘센트설비 · 무선통신보조설비
② 설비 또는 구역을 증설하는 경우
㉠ 옥내 소화전설비, 옥외 소화전설비, 스프링클러설비, 간이스프링클러설비, 물분무소화설비의 방호 · 방수구역
㉡ 자동화재탐지설비의 경계구역, 제연설비의 제연구역, 연결살수설비의 살수구역, 연결 송수관설비의 송수구역, 비상콘센트설비의 전용회로, 연소방지설비의 살수구역

2) 설계변경의 사유
① 건축분야의 설계변경 등에 따라 층수, 면적, 구조, 용도 등이 변경되는 경우
② 발주처의 사업계획의 변경이 있는 경우
③ 발주처의 요청이 있는 경우
④ 당초 설계도서가 소방 관련 법규 및 화재안전기술기준 등에 적합하지 않거나 당초 설계도서에 오류가 있는 경우
⑤ 신공법의 개발 등으로 공사방법에 변동이 있는 경우
⑥ 기타 소방공사 시공현장 여건 등에 의해 설계도서대로 시공할 수 없는 경우

3) 설계변경의 절차
① 소방시설공사의 시공자 : 설계변경 개요서 등을 첨부하여 소방시설공사의 책임 감리원에게 제출하여 검토하도록 요청한다.
㉠ 설계변경 개요서

㉡ 설계변경 도면, 시방서, 계산서 등
㉢ 수량산출조서
㉣ 기타 필요한 서류

② 소방시설공사의 책임감리원 : 소방시설 설계자에게 소방시설 설계도서의 변경을 서면으로 요청한다.

③ 소방시설 설계자와 소방시설공사의 책임감리원은 상호 협의하여 발주자에게 설계변경을 요청한다.

4) 설계변경의 반영

(2) 준공도서

1) 준공도서 검수 및 날인
2) 설계업체의 준공도서 작성 완료

05 설계도서 해석의 우선순위

(1) 공사시방서
(2) 설계도면
(3) 전문시방서
(4) 표준시방서
(5) 산출내역서
(6) 승인된 상세시공도면
(7) 관계법령의 유권해석
(8) 감리자의 지시사항

SECTION

065 건축허가 등의 동의

01 용어의 정의

(1) 신축

건축물이 없는 대지에 새로 건축물을 축조(築造)하는 것이다.

(2) 증축

기존 건축물이 있는 대지에 건축물의 건축면적, 연면적, 층수 또는 높이를 늘리는 것이다.

(3) 개축

기존 건축물의 전부 또는 일부(내력벽 · 기둥 · 보 · 지붕틀 중 셋 이상이 포함되는 경우)를 철거하고 그 대지에 종전과 같은 규모의 범위에서 건축물을 다시 축조하는 것이다.

(4) 재축

건축물이 천재지변이나 그 밖의 재해로 멸실된 경우 그 대지에 다음의 요건을 모두 갖추어 다시 축조하는 것을 말한다.

1) 연면적 합계는 종전 규모 이하로 할 것
2) 동수, 층수 및 높이는 다음의 어느 하나에 해당할 것
   ① 모두 종전 규모 이하일 것
   ② 상기 내용 중 어느 하나가 종전 규모를 초과하는 경우에는 「건축법」 등에 모두 적합할 것

(5) 이전

건축물의 주요 구조부를 해체하지 아니하고 같은 대지의 다른 위치로 옮기는 것

(6) 대수선

건축물의 기둥, 보, 내력벽, 주계단 등의 구조나 외부 형태를 수선 · 변경하거나 증설하는 것으로서, 대통령령으로 정하는 것이다.

1) 내력벽을 증설 또는 해체하거나 그 벽면적을 30[m^2] 이상 수선 또는 변경하는 것
2) 기둥, 보, 지붕틀을 증설 또는 해체하거나 3개 이상 수선 또는 변경하는 것
3) 방화벽 또는 방화구획을 위한 바닥 또는 벽을 증설 또는 해체하거나 수선 또는 변경하는 것

4) 주계단 · 피난계단 또는 특별피난계단을 증설 또는 해체하거나 수선 또는 변경하는 것
5) 미관지구에서 건축물의 외부형태(담장 포함)를 변경하는 것
6) 다가구주택의 가구 간 경계벽을 증설 또는 해체하거나 수선 또는 변경하는 것
7) 건축물의 외벽에 사용하는 마감재료를 증설 또는 해체하거나 벽면적 30[m^2] 이상 수선 또는 변경하는 것

02 건축허가 등의 동의(소방시설법 제7조)

(1) 건축물 등의 신축 · 증축 · 개축 · 재축(再築), 이전 · 용도변경 또는 대수선(大修繕)의 허가 · 협의 및 사용승인의 권한이 있는 행정기관은 건축허가 등을 할 때 미리 그 건축물 등의 시공지(施工地) 또는 소재지를 담당하는 소방본부장이나 소방서장의 동의를 받아야 한다.

건축허가 등 : 건축물 등의 신축 · 증축 · 개축 · 재축(再築), 이전 · 용도변경 또는 대수선(大修繕)의 허가 · 협의 및 사용승인, 「주택법」의 승인 및 사용검사, 「학교시설사업 촉진법」 승인 및 사용승인을 포함

▌건축허가 요건▐

목적	구조안전	방화	피난안전	위생 및 기능(건축설비)
관련 규정	건축물의 구조기준 등에 관한 규칙	건축물의 피난 · 방화구조 등의 기준에 관한 규칙		건축물의 설비기준 등에 관한 규칙

(2) 행정기관의 동의요청 의무

행정기관은 그 신고를 수리하면 그 건축물 등의 시공지 또는 소재지를 담당하는 소방본부장이나 소방서장에게 지체 없이 그 사실을 알려야 한다.

(3) 소방기관의 기간 내 동의 여부 통보의무

소방본부장이나 소방서장은 동의를 요구받으면 그 건축물 등이 이 법 또는 이 법에 따른 명령을 따르고 있는지를 검토한 후 행정안전부령으로 정하는 기간 이내에 해당 행정기관에 동의 여부를 알려야 한다.

(4) 사용승인에 대해 동의

1) 소방시설공사의 완공검사 증명서를 교부하는 것으로 동의를 갈음한다.
2) 건축허가 등의 권한이 있는 행정기관은 소방시설공사의 완공검사 증명서를 확인할 의무가 있다.

(5) 다른 법령에 따른 인가 · 허가 또는 신고 등의 시설기준에 소방시설 등의 설치 · 유지 등에 관한 사항이 포함된 경우

1) 인허가 등 확인요청 : 해당 인허가 등의 권한이 있는 행정기관은 인허가 등을 할 때 미리 그 시설의 소재지를 담당하는 소방본부장이나 소방서장에게 그 시설이 이 법 또는 이 법에 따른 명령을 따르고 있는지를 확인해 달라고 요청하여야 한다.
2) 인허가 등 확인결과 통보 : 요청을 받은 소방본부장 또는 소방서장은 행정안전부령으로 정하는 기간(7일) 이내에 확인 결과를 알려야 한다.

03 건축허가 등의 동의대상물의 범위 등(소방시설법 시행령 제7조) 121회 출제

(1) 소방본부장 또는 소방서장의 동의를 받아야 하는 건축물 등

건축허가 등의 동의 대상	세부내용
연면적이 400[m²] 이상인 건축물	학교시설 : 100[m²]
	노유자시설 및 수련시설 : 200[m²]
	정신의료기관(입원실이 없는 정신건강의학과 의원은 제외) : 300[m²]
	장애인의료재활시설 : 300[m²]
지하층 또는 무창층이 있는 건축물	바닥면적 : 150[m²](공연장 : 100[m²]) 이상인 층이 있는 것
차고 · 주차장 또는 주차용도 시설 (암기팁 : 차주 이기이)	차고 · 주차장 : 바닥면적이 200[m²] 이상인 층
	승강기 등 기계장치에 의한 주차시설 : 자동차 20대 이상을 주차하는 시설
건축물 층수	6층 이상
항공기 격납고, 관망탑, 항공관제탑, 방송용 송수신탑	
조산원, 산후조리원, 위험물 저장 및 처리시설, 발전시설 중 전기저장시설, 지하구	
노유자시설 (단독주택 및 공동주택에 설치되는 시설은 예외)	노인 관련 시설 ① 노인주거복지시설 · 노인의료복지시설 및 재가노인복지시설 ② 학대 피해노인 전용 쉼터
	아동복지시설
	장애인 거주시설
	정신질환자 관련 시설
	노숙인 자활시설, 노숙인 재활시설 및 노숙인 요양시설
	결핵환자나 한센인이 24시간 생활하는 노유자시설
요양병원(정신병원과 의료재활시설은 제외)	
공장 또는 창고	750배 이상의 특수가연물 저장 · 취급
가스시설	지상에 노출된 탱크의 저장용량 합계가 100톤 이상

(2) 동의 예외대상

1) 소화기구, 누전경보기, 피난기구, 방열복 · 공기호흡기 및 인공소생기, 유도등 또는 유도표지
2) 건축물의 증축 또는 용도변경으로 인하여 해당 특정소방대상물에 추가로 소방시설이 설치되지 아니하는 경우 그 특정소방대상물
3) 성능위주설계를 한 특정소방대상물

04 건축허가 등의 동의요구(소방시설법 시행규칙 제3조)

(1) 동의 요구기관

1) 건축물 등과 위험물 제조소 등의 경우 : 허가(협의, 주택의 사용검사, 학교 승인 및 사용승인을 포함)의 권한이 있는 행정기관
2) 가스시설의 경우 : 허가의 권한이 있는 행정기관
3) 지하구의 경우 : 도 · 시 · 군계획시설사업 실시계획 인가의 권한이 있는 행정기관

(2) 건축허가 등의 동의 요구 시 서류 108회 출제

1) 동의요구서
2) 첨부서류
   ① 건축허가신청서 및 건축허가서 또는 건축 · 대수선 · 용도변경신고서 등 건축허가 등을 확인할 수 있는 서류의 사본
   ② 건축물 설계도서(㉠, ㉢은 소방시설공사 착공신고대상만 해당)
      ㉠ 건축물 개요 및 배치도
      ㉡ 주단면도 및 입면도
      ㉢ 층별 평면도(용도별 기준층 평면도를 포함)
      ㉣ 방화구획도(창호도를 포함)
      ㉤ 실내 · 외 마감재료표
      ㉥ 소방자동차 진입 동선도 및 부서 공간 위치도(조경계획을 포함)
   ③ 소방시설 설계도서
      ㉠ 소방시설(기계 · 전기 분야의 시설을 말함)의 계통도(시설별 계산서를 포함)
      ㉡ 소방시설별 층별 평면도
      ㉢ 실내장식물 방염대상물품 설치계획(「건축법」 제52조에 따른 건축물의 마감재료는 제외)

㉣ 소방시설의 내진설계 계통도 및 기준층 평면도(내진 시방서 및 계산서 등 세부내용이 포함, 상세 설계도면은 제외)

④ 소방시설 설치계획표

⑤ 임시소방시설 설치계획서

⑥ 소방시설설계업 등록증과 소방시설을 설계한 기술인력의 기술자격증 사본

⑦ 소방시설설계 계약서 사본

(3) 건축허가 등 동의 여부 회신기간

1) 동의 요구서류를 접수한 날부터 5일 이내

2) 특별시장 또는 광역시장의 허가를 받아야 하는 건축물 : 10일 이내

(4) 동의요구서 및 첨부서류 보완요구

1) 4일 이내의 기간을 정하여 보완을 요구

2) 보완기간은 회신기간에 산입하지 아니하고, 보완기간 내에 보완하지 아니하는 때에는 동의요구서는 반려한다.

(5) 건축허가 등의 동의를 요구한 기관이 그 건축허가 등을 취소하였을 경우

취소한 날부터 7일 이내에 소방본부장 또는 소방서장에게 통보한다.

(6) 건축허가 동의대장 기재 및 관리의무

소방본부장 또는 소방서장 동의 여부 회신 시

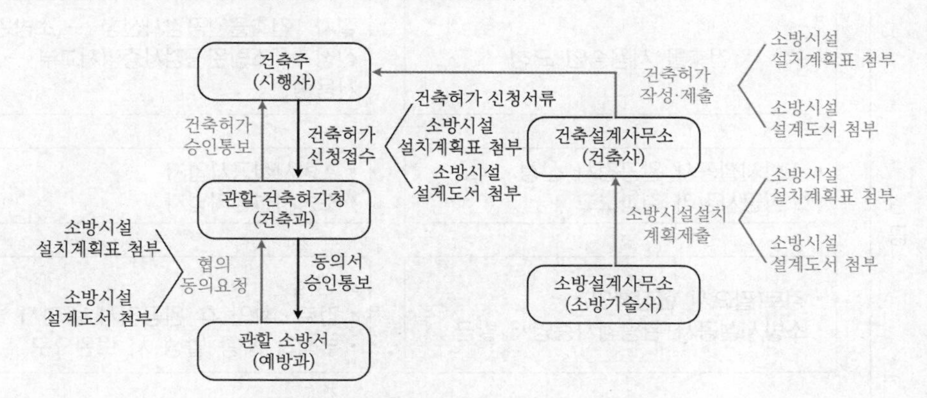

▌건축허가 동의업무 흐름도(flowchart)▐

(7) 건축허가 동의부터 유지관리까지 행정절차

구분	진행절차	대상 및 내용
건축허가동의	건축허가 등 신청	건축주(시행사)
	건축허가 동의요청	관할 건축허가청
	접수 및 검토	소방서
	동의(보완) 통보	소방서 • 동의회신 기간 5일(특급 10일) • 서류보완 필요 시 보완요구 • 4일(기한) 내 미 보완 시 반려
착공·감리	• 소방시설공사 착공(변경) 신고 • 소방공사감리자 지정신고 • 소방공사감리원 배치통보	• 소방시설공사업자 • 건축주(시행사) • 소방공사감리업자
	접수(검토) 후 수리 통지	소방서 : 수리 통지 또는 보완요구
완공	건축물 사용승인 요청	절차 : 건축물완공검사신청 → 소방완공검사신청 → 소방완공검사증명서교부 → 건축물사용승인
	• 소방시설공사 완공검사 신청 • 소방공사감리 결과보고	• 소방시설공사업자 • 소방시설감리업자
	• 검토(필요시 현장확인) • 소방시설공사 완공검사증명서 발급	소방서 • 검토·확인 후 완공검사 증명서 발급 • 부적합 사항 발생 시 보완요구
	건축물 사용승인	관할 건축허가청
유지·관리	최초 점검	소방시설관리업자(종합점검) : 건축물 사용승인 후 60일 이내
	자체점검	• 특급, 1급, 2급 자체점검 : 관리업자, 소방안전관리자(자격자) • 3급 작동기능점검 : 관계인(소방안전관리자), 특급점검자

SECTION 066

건설현장의 화재안전기술기준 (NFTC 606)

130 · 122 · 121 · 116 · 105회 출제

01 목적

(1) 건설현장의 임시소방시설 설치 및 관리(소방시설법 제15조)

건설산업기본법에 따른 건설공사를 하는 자는 특정소방대상물의 신축 · 증축 · 개축 · 재축 · 이전 · 용도변경 · 대수선 또는 설비 설치 등을 위한 공사현장에서 인화성(引火性) 물품을 취급하는 작업 등 대통령령으로 정하는 작업(화재위험작업)을 하기 전에 설치 및 철거가 쉬운 화재대비시설(임시소방시설)을 설치하고 관리하여야 한다.

(2) 화재위험작업 및 임시소방시설 등(소방시설법 시행령 제18조)

인화성(引火性) 물품을 취급하는 작업 등 대통령령으로 정하는 작업 121회 출제

1) 인화성 · 가연성 · 폭발성 물질을 취급하거나 가연성 가스를 발생시키는 작업
2) 용접 · 용단 등 불꽃을 발생시키거나 화기(火氣)를 취급하는 작업
3) 전열기구, 가열전선 등 열을 발생시키는 기구를 취급하는 작업
4) 알루미늄, 마그네슘 등을 취급하여 폭발성 부유분진을 발생시킬 수 있는 작업
5) 그 밖에 1)부터 4)까지와 비슷한 작업으로 소방청장이 정하여 고시하는 작업

02 임시소방의 종류와 설치기준 등(소방시설법 제18조 제2항 및 제3항 관련) [별표 8]

(1) 임시소방의 종류

1) 소화기
2) 간이소화장치 : 물을 방사(放射)하여 화재를 진화할 수 있는 장치로서, 소방청장이 정하는 성능을 갖추고 있을 것
3) 비상경보장치 : 화재가 발생한 경우 주변에 있는 작업자에게 화재사실을 알릴 수 있는 장치로서, 소방청장이 정하는 성능을 갖추고 있을 것
4) 간이피난유도선 : 화재가 발생한 경우 피난구 방향을 안내할 수 있는 장치로서, 소방청장이 정하는 성능을 갖추고 있을 것
5) 비상조명등 : 화재발생 시 안전하고 원활한 피난활동을 할 수 있도록 계단실 내부에 설치되어 자동 점등되는 조명등

6) 방화포 : 건설현장 내 용접 · 용단작업 시 발생하는 금속성 불티로부터 가연물이 점화되는 것을 방지해주는 차단막

(2) 임시소방을 설치하여야 하는 공사의 종류와 규모

설치대상종류 \ 종류		소화기	간이 소화장치	비상 경보장치	가스누설 경보기	비상 조명등	간이피난 유도선	방화포
화재위험작업현장	모든 경우	○	–	–	–	–	–	–
	연면적 400[m²] 이상	○	–	○	–	–	–	–
	연면적 3,000[m²] 이상	○	○	○	–	–	–	–
	바닥면적이 150[m²] 이상인 지하층 또는 무창층	○	–	○	○	○	○	–
	바닥면적이 600[m²] 이상인 지하층, 무창층 및 4층 이상의 층	○	○	○	–	–	○	–
	용접 · 용단작업	–	–	–	–	–	–	○

(3) 임시소방과 기능 및 성능이 유사한 소방시설로서 임시소방을 설치한 것으로 보는 소방시설

1) 간이소화장치를 설치한 것으로 보는 소방시설 : 옥내소화전 또는 소화기(연결송수관설비의 방수구 인근에 설치한 경우로 한함)

2) 비상경보장치를 설치한 것으로 보는 소방시설 : 비상방송설비 또는 자동화재탐지설비

3) 간이피난유도선을 설치한 것으로 보는 소방시설 : 피난유도선, 피난구유도등, 통로유도등 또는 비상조명등

▌건축공정별 주요 사용 위험물질▐

공정율	30[%] 미만	30 ~ 70[%]	70 ~ 80[%]	80 ~ 90[%]
작업내용	건설기계 연료 (경유, 윤활유 등)	방수, 거푸집 제거 (방수제, 박리제 등)	① 방음 단열공사(우레탄폼) ② 옥상방수, 거푸집제거(방수제, 박리제)	주차장 도장공사 (페인트류, 프라이머, 시너, 에폭시 등)

03 건설현장의 화재안전기술기준(NFTC 606)

(1) 소화기의 성능 및 설치기준

1) 성능기준 : 소화약제는 적응성이 있는 것을 설치

2) 설치기준

① 일반적 작업 : 각 층 계단실마다 계단실 출입구 부근에 능력단위 3단위 이상인 소화기 2개 이상

② 인화성(引火性) 물품을 취급하는 작업 등 : 작업종료 시까지 작업지점으로부터 5[m] 이내 쉽게 보이는 장소에 능력단위 3단위 이상인 소화기 2개 이상과 대형 소

화기 1개를 추가 배치

③ 축광식 표지 설치

(2) 간이소화장치 성능 및 설치기준

1) 수원 : 20분 이상의 소화수를 공급할 수 있는 양

2) 소화수의 방수압력 : 최소 0.1[MPa] 이상

3) 방수량 : 65[L/min] 이상

4) 인화성(引火性) 물품을 취급하는 작업 등을 하는 경우 : 작업종료 시까지 작업지점으로부터 25[m] 이내에 설치 또는 배치하여 상시 사용이 가능하여야 하며 동결방지 조치

5) 간이소화장치 설치 제외(완공검사를 받은 경우)

① 옥내소화전설비

② 연결송수관설비와 연결송수관설비의 방수구 인근에 대형 소화기를 6개 이상 배치한 경우

(3) 비상경보장치의 성능 및 설치기준

1) 설치위치 : 피난층 또는 지상으로 통하는 각 층 직통계단의 출입구마다 설치

2) 발신기를 누를 경우 해당 발신기와 결합된 경종이 작동하여야 하며 다른 장소에 설치된 경종이 연동하여 작동

3) 경종의 음량 : 1[m] 떨어진 위치에서 100[dB] 이상

4) 비상경보장치 표지 : 비상경보장치 상단에 부착

5) 비상전원 : 20분 이상

6) 비상경보장치 설치 제외(완공검사를 받은 경우)

① 자동화재탐지설비

② 비상방송설비

7) 휴대용 확성기 설치 불가

(4) 가스누설경보기의 설치기준

1) 설치대상 : 가연성 가스를 발생시키는 작업을 하는 지하층 또는 무창층 내부

2) 설치위치 : 가연성 가스를 발생시키는 작업을 하는 부분으로부터 수평거리 10[m] 이내에 바닥으로부터 탐지부 상단까지의 거리가 0.3[m] 이하인 위치

3) 기술기준에 적합한 것 설치

(5) 간이피난유도선의 성능 및 설치기준

1) 방식 : 녹색 광원 점등방식

2) 설치장소

① 각 층 직통계단마다 계단의 출입구로부터 건물 내부로 10[m] 이상 길이로 설치

② 층 내부에 구획된 실이 있는 경우에는 구획된 각 실로부터 가장 가까운 직통계

단의 출입구까지 연속하여 설치

3) 설치위치 : 바닥으로부터 높이 1[m] 이하
4) 표시설치 : 작업장의 어느 위치에서도 출입구로의 피난방향을 알 수 있는 화살표로 표시
5) 상태 : 상시 점등
6) 비상전원 : 20분 이상
7) 간이피난유도선 설치 제외(완공검사를 받은 경우)
   ① 피난유도선, 피난구유도등, 통로유도등
   ② 비상조명등
8) 조도 : 바닥에서 1[lx] 이상

(6) 비상조명등

1) 지하층이나 무창층에서 피난층 또는 지상으로 통하는 직통계단의 계단실 내부에 각 층마다 설치
2) 조도 : 바닥에서 1[lx] 이상
3) 비상전원 : 20분 이상(지하층과 지상 11층 이상은 60분)
4) 비상경보장치와 연동
5) 기술기준에 적합

(7) 방화포의 성능 및 설치기준

1) 설치대상 : 용접 · 용단작업 시 11[m] 이내에 가연물이 있을 경우
2) 설치 제외 : 용접불티 비산방지덮개, 용접방화포 등 불꽃, 불티 등 비산방지조치를 한 경우

(8) 소방안전관리자의 업무 131회 출제

1) 선임기간 : 소방시설공사 착공신고일부터 건축물 사용승인일까지 선임(소방본부장 또는 소방서장에게 신고)
2) 건설현장 소방안전관리자의 업무
   ① 방수 · 도장 · 우레탄폼 성형 등 가연성 가스 발생작업과 용접 · 용단 및 불꽃이 발생하는 작업이 동시에 이루어지지 않도록 수시로 확인하여야 한다.
   ② 가연성 가스가 발생되는 작업을 할 경우에는 사전에 가스누설경보기의 정상작동 여부를 확인하고, 작업 중 또는 작업 후 가연성 가스가 체류되지 않도록 충분한 환기조치를 실시하여야 한다.
   ③ 용접 · 용단작업을 할 경우에는 성능인증 받은 방화포가 설치기준에 따라 적정하게 도포되어 있는지 확인하여야 한다.
   ④ 위험물 등이 있는 장소에서 화기 등을 취급하는 작업이 이루어지지 않도록 확인하여야 한다.

(9) 비교표

관련 규정		임시소방시설(NFSC 606)	건설현장(NFPC 606)
소화기	기준	각 층마다 소화기 2개	각 층 계단실 출입구 소화기 2개
	인화성 물품을 취급하는 작업	소화기 2개＋대형 1개	소화기 2개＋대형 1개 축광식 위치표시
간이소화장치		인화성 물품을 취급하는 작업 시 25[m] 이내 설치 방수압력 0.1[MPa], 방수량 65[L/min]	
		• 동결방지조치 • 넘어질 우려가 없게 설치 • 면제(대형소화기 6개)	• 성능인증제품 사용 • 완공검사 후 • 완화(옥내소화전 등)
비상경보장치		인화성 물품을 취급하는 작업 시 5[m] 이내 설치	각 층 계단실 출입구 설치
		비상벨 음량 1[m] 위치 90[dB] 이상	비상벨 음량 1[m] 위치 100[dB] 이상
		휴대용 확성기 가능	• 휴대용 확성기 불가 • 발신기, 경종(형식승인제품 사용) • 표시등(성능인증제품 사용)
가스누설경보기		신설	• 가연성 가스 발생작업을 하는 경우 지하층 또는 무창층 내부, 작업부분 수평거리 10[m] 이내 바닥 상단까지의 거리가 0.3[m] 이하인 위치에 설치 • 형식승인제품 사용
간이피난유도선		공사장의 출입구까지 설치	각층 출입구로부터 10[m] 이상 설치
		색상 규정 없음	녹색계열 광원
비상조명등		신설	• 피난층으로 연결된 계단실 내부에 비상경보장치와 연동하여 설치 • 형식승인제품 사용
방화포		신설	• 용접 · 용단작업 시 11[m] 이내에 가연물을 방화포로 도포 • 성능인증제품 사용
소방안전관리자의 업무		신설	• 가연성 가스 발생작업과 용접 · 용단 및 불꽃이 발생하는 작업이 동시에 이루어지지 않도록 수시 확인 • 가연성 가스 발생작업 시 환기 조치, 방화포, 화기취급 관리

04 특례

소방본부장 또는 소방서장은 기존 건축물의 증축 · 개축 · 대수선이나 용도변경으로 인해 이 기준에 따른 임시소방(건설현장)의 설치가 현저하게 곤란하다고 인정되는 경우에는 해당 임시소방의 기능 및 사용에 지장이 없는 범위 안에서 이 기준의 일부를 적용하지 아니할 수 있다.

SECTION 067 용접 · 용단작업

129 · 119회 출제

01 정의

(1) 용접

압력이나 용가재(溶加材)를 사용하거나 사용 없이 적정 온도로 열을 가하여 2개 이상의 금속재료를 접합시키는 기술

1) **용접** : 접합하려는 모재의 접합부를 가열하여 모재만으로, 또는 모재와 용가재를 융합하여 접합하는 방법
2) **압접** : 이음부를 가열하여 큰 소성 변형을 주어 접합하는 방법
3) **납땜** : 모재를 용융하지 않고 모재보다도 낮은 융접을 가지는 금속의 첨가제(납)를 용융시켜 접합하는 방법

(2) 용단

금속 · 유리 · 플라스틱 따위를 녹여서 절단하는 일

02 주요 위험원인

(1) 고열 · 불티에 의한 화재 · 폭발 위험
(2) 용접 흄, 유해가스, 유해광선, 소음, 고열에 의한 건강 장해
(3) 용접 · 용단작업 중 화상 위험
(4) 유독물 체류장소 및 밀폐장소작업 중 중독 또는 산소결핍 위험
(5) 불꽃 역화에 의한 폭발 및 화상 위험

03 용접 · 용단작업 시 발생되는 비산불티의 특성

(1) 수천 개의 불티가 발생하고 비산한다.
(2) 풍향, 풍속에 따라 비산거리가 달라진다(일반적인 경우 10[m]가 최대).

(3) 비산불티

1) 1,600[℃] 이상의 고온체

2) 발화원이 될 수 있는 크기는 직경이 0.3 ~ 3[mm] 정도

(4) 가스용접 시 산소의 압력, 절단속도 및 절단방향에 따라 비산불티의 양과 크기가 달라질 수 있다.

(5) 비산된 후 상당시간 경과 후에도 축열에 의하여 화재를 일으키는 경향이 있다(지연화재).

(6) 스패터(spatter) 현상

1) 용접작업 시에 작은 입자의 용적들이 비산되는 불티가 튀는 현상이다.

2) 아크용접에서 발생되는 경우 : 가스폭발, 아크 휨, 긴 아크 등

3) 가스용접(용단)에서 발생되는 경우 : 용접(용단)의 불꽃 세기가 강할 경우 스패터 현상 발생률이 증가한다.

(7) 비산거리 영향요인 및 비산거리의 예

높이 [m]	철판두께 [mm]	작업의 종류	불티의 비산거리(m)				풍속 [m/sec]
			역풍		순풍		
			1차 불티	2차 불티	1차 불티	2차 불티	
8.25	4.5	세로방향	4.5	6.5	7.0	9.0	1 ~ 2
		아래방향	3.5	6.0	–	–	
12.25	4.5	세로방향	5.5	7.0	6.0	9.5	1 ~ 2
		아래방향	3.5	6.0	–	–	
15	4.5	세로방향	4.5	6.0	8.0	11.0	2 ~ 3
	9		6.0	12.0	8.5	12.0	
	16		5.5	7.0	9.0	12.0	
	25		6.0	8.0	9.0	12.0	
	4.5	아래방향	3.0	6.0	–	–	
	9		4.0	7.0	–	–	
	16		5.0	8.0	–	–	
	25		6.0	9.0	–	–	
20	4.5	세로방향	4.0	6.0	8.0	12.0	4 ~ 5
	9		4.5	6.0	9.0	15.0	
	16		4.5	6.0	10.0	15.0	
	4.5	아래방향	6.5	14.0	–	–	
	9		7.0	10.0	–	–	
	16		8.0	10.0	–	–	

1. **1차 불티** : 용접 · 용단 시 발생하는 불티
2. **2차 불티** : 1차 불티가 지면에 낙하하여 반사되면서 2차적으로 비산하는 불티
3. **순풍** : 바람을 등지고 작업할 때
4. **역풍** : 바람을 향하고 작업할 때

04 작업 시의 화재예방 안전수칙

(1) 장소

1) **용접 및 용단작업의 장소** : 화재안전지역(정비실 또는 가연성, 인화성 물질이 없는 내화건축물 내)에서 실시하는 것이 원칙이다.

2) **용접 및 용단작업을 안전한 지역으로 옮겨서 실시할 수 없을 경우** : 가연성 물질의 제거 등 그 지역을 화재안전지역으로 만들어야 한다.

3) **불티 비산거리 내** : 기름, 도료, 걸레, 내장재 조각, 전선, 나무토막 등 가연성 물질과 폐기물 쓰레기 등이 없도록 바닥을 청소하여야 한다.

4) **불티가 인접지역으로 비산하는 것을 방지** : 작업장소에서 불티 비산거리 내의 벽, 바닥, 덕트의 개구부 또는 틈새는 빈틈없이 덮어야 한다.

(2) 감시

1) 화기작업이 진행되는 동안에는 안전작업을 위해 화재감시자를 배치한다(안전보건규칙 241조의2).
   ① 작업반경 11[m] 이내에 가연성 물질이 있는 장소
   ② 작업반경 11[m] 이내의 바닥 하부에 가연성 물질이 11[m] 이상 떨어져 있지만 불꽃에 의해 쉽게 발화될 우려가 있는 장소
   ③ 가연성 물질이 금속으로 된 칸막이 · 벽 · 천장 또는 지붕의 반대쪽 면에 인접해 있어 열전도나 열복사에 의해 발화될 우려가 있는 장소

2) 사업주는 배치된 화재감시자에게 업무수행에 필요한 확성기, 휴대용 조명기구 및 방연마스크 등 대피용 방연장비를 지급하여야 한다.

3) **작업 후 일정 시간 비산 불티, 훈소 징후 등 감시활동** : 화재감시자는 작업 완료 후에도 1시간 이상 훈소 발생 징후 여부를 관찰한다.

(3) 환경

1) 바람의 영향으로 용접 및 용단 불티가 운전 중인 설비 근처로 비산할 가능성이 있을 경우 : 작업을 실시하지 않아야 한다.

2) 그리스, 유류, 인화성 또는 가연성 물질이 덮여 있는 표면 : 용접해서는 안 된다.

3) 통풍, 냉각 그리고 옷에 묻은 먼지를 털어내기 위해 산소를 사용해서는 안 된다.

(4) 작업 전

1) 위험물질을 보관하던 배관, 용기, 드럼에 대한 용접 · 용단작업 시 내부에 폭발이나 화재위험물질이 없는 것을 확인한다.

2) 예상되는 화재의 종류에 적합한 소화기를 작업장에 비치해야 하며 주위에 소화전이 설치되어 있으면, 즉시 사용할 수 있도록 준비해야 한다.

3) 용접작업자 : 내열성의 장갑, 앞치마, 안전모, 보안경 등 보호구를 착용

(5) 폭발물 혹은 가연성 물질을 담은 용기

1) 용접 · 용단작업을 실시해서는 안 된다. 단, 부득이 용접 · 용단작업을 실시할 때 용기 내는 불활성가스로 대체한 후에 실시한다(퍼징).

2) 화기취급작업의 용도 및 건축구조에 따른 감시 및 모니터링 기준[32]

<table>
<tr><th rowspan="3">구분</th><th colspan="2">불연재료</th><th colspan="4">불연재료가 아닌 재료</th></tr>
<tr><th rowspan="2">화기작업 후 감시시간</th><th rowspan="2">추가 모니터링</th><th colspan="2">반자 등 감춰진 공간이 없는 경우</th><th colspan="2">반자 등 감춰진 공간이 있는 경우</th></tr>
<tr><th>화기작업 후 감시시간</th><th>추가 모니터링</th><th>화기작업 후 감시시간</th><th>추가 모니터링</th></tr>
<tr><td>불연재를 취급하며 가연물을 밀폐된 공간에 보관하는 경우(배관 내 인화성 액체 등)</td><td>30분</td><td>불필요</td><td rowspan="4">60분</td><td rowspan="4">3시간</td><td rowspan="4">60분</td><td rowspan="4">5시간</td></tr>
<tr><td>사무실, 교회, 식당, 소매업 및 소량의 가연물만을 취급하는 경우</td><td>60분</td><td>1시간</td></tr>
<tr><td>플라스틱 공장 등 가연물을 주로 취급하는 경우</td><td>60분</td><td>2시간</td></tr>
<tr><td>훈소가 발생하기 쉬운 목재, 석탄, 곡물 등의 가연물을 제조하는 경우</td><td>60분</td><td>3시간</td></tr>
</table>

05 가스 용접 · 용단작업 시 안전수칙

(1) 가스용기 취급 시 준수사항

1) 위험장소, 통풍이 안 되는 장소에 보관 · 방치하지 않는다.

2) 직사광선을 받지 않는 장소로서, 저장소의 온도는 40[℃] 이하로 유지한다.

3) 충격을 가하지 않도록 하고 충격에 대비하여 방호물 등을 설치한다.

4) 건설현장이나 설비공사 시는 용기고정장치 또는 끌차를 사용한다.

32) 용접 · 용단 등 화기작업 화재예방기준, 화재보험협회

5) 운반 시 캡을 씌워 충격에 대비한다.
6) 밸브는 서서히 열어 갑자기 가스가 분출되지 않도록 한다.
7) 사용 중인 용기와 사용 전 용기를 명확히 구별하여 보관한다.

(2) 산소용기

1) 산소용기의 밸브, 조정기 등에 기름이 묻지 않게 한다.
2) 다른 가스에 사용한 조정기, 호스 등을 그대로 다시 사용하지 않는다.
3) 산소용기 속에 다른 가스를 혼합하지 않는다.
4) 산소는 조연성 가스이므로 특히 기름과 그리스에 접근시키지 않는다.
5) 산소와 아세틸렌용기는 각각 별도로 저장한다.
6) 전도 및 충격을 주지 않는다.
7) 크레인 등으로 운반할 때는 로프나 와이어 등으로 메지 말고 반드시 철재상자 등 견고한 상자에 넣어 운반한다.
8) **용기 내의 압력** : 1.7[MPa] 이하로 유지(압력이 높으면 밸브의 안전변이 파괴되어 산소가 분출하므로 적정압력 유지)한다.

(3) 아세틸렌용기

1) 반드시 세워서 사용한다.
2) 전도 및 충격을 주지 않는다.
3) 압력조정기와 호스 등의 접속부에서 가스누출 여부를 항상 점검한다.
4) 불꽃과 화염 등의 접근을 막고 사용하고, 빈 용기는 즉시 반납한다.
5) 가스출구는 완전히 잠궈 잔여 아세틸렌이 새어 나오지 않도록 한다.

아세틸렌의 위험성 : 공기 중에서 가열하여 406 ~ 408[℃] 부근에 도달하면 자연발화하고 505 ~ 515[℃]가 되면 폭발이 일어난다. 또한, 1기압 이하에서는 폭발의 위험이 없으나 **2기압 이상으로 압축하면 분해폭발**을 일으킨다.

(4) 가스용접작업 시 준수사항

1) 호스 등의 접속부분은 호스밴드, 클립 등의 안전한 호스연결기구를 사용하여 확실하게 조인다.
2) 가스공급구의 밸브, 콕에는 여기에 접속된 가스 등의 호스를 사용하는 자의 명찰을 부착하는 등 오동작을 방지하기 위한 조치를 한다.
3) 용단작업 시 산소의 과잉방출로 인한 화상을 예방하기 위하여 충분히 환기한다.
4) 작업을 중단하거나 작업장을 떠날 때에는 공급구의 밸브, 콕을 반드시 잠근다.
5) 작업중지 시에는 가스호스를 해체하거나 환기가 충분한 장소로 이동한다.
6) 가스용기는 열원으로부터 멀리 떨어진 곳에 세워서 보관하고 전도방지조치를 한다.
7) 적절한 보안경을 착용한다.

8) 산소밸브는 기름이 묻지 않도록 한다.
9) 가스호스는 꼬이거나 손상되지 않도록 하고 용기에 감아서 사용하지 않는다.
10) 가스호스의 길이 : 최소 3[m] 이상
11) 호스를 교체하고 처음 사용하는 경우 사용 전에 호스 내의 이물질을 깨끗이 불어 낸다.
12) 토치와 호스연결부 사이에 역화방지를 위한 안전장치를 설치한다.
13) 작업하기 전에 안전기와 산소조정기의 상태를 점검한다.
14) 토치점화는 조정기의 압력을 조정하고 먼저 토치의 아세틸렌 밸브를 연 다음에 산소밸브를 열어 점화시키며, 작업 후에는 산소밸브를 먼저 닫고 아세틸렌 밸브를 닫는다.
15) 토치 내에서 소리가 날 때 또는 과열되었을 때는 역화에 주의한다.
16) 아세틸렌의 사용압력 : 0.1[MPa] 이하
17) 작업이 끝난 후 가스의 누설 여부를 확인한다.
18) 용접 이외의 목적으로 산소를 사용하지 말아야 한다.
19) 산소용 호스와 아세틸렌용 호스는 색으로 구별된 것을 사용한다.
20) 산소압력은 아세틸렌가스가 산소배관으로 역류해 들어오는 것을 막기 위해 항상 충분히 높은 상태를 유지한다.
21) 작업장소를 이탈할 때에는 주위에 불티가 남아 있는지 확인하고 토치와 호스는 공기가 잘 통하는 곳으로 이동시켜 보관한다.
22) 토치 사용 시에는 반드시 호스와 각 조임부의 누출을 점검한다.
23) 작업종료 후 토치와 호스를 철거, 지정장소에 보관한다.

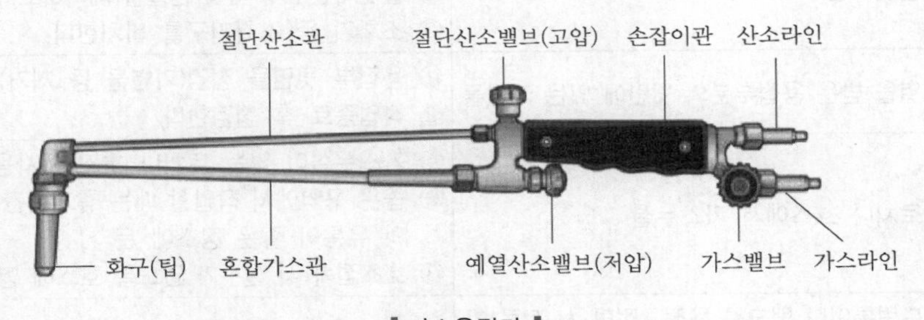

▌가스용접기▐

06 전기 용접 · 용단작업 시 안전수칙

(1) 용접봉 홀더는 용접봉에 전달되는 최대 정격전류를 안전하게 통전할 수 있어야 한다.
(2) 작업중단 또는 종료로 작업장소를 떠날 때에는 용접봉 홀더에서 용접봉을 제거한다.

(3) 케이블은 최대 전류에 적합한 것을 사용한다.

(4) 차량이나 중량물이 지나갈 염려가 있는 통로나 교차로 등에는 케이블을 걸어 두거나 파이프, 앵글 등으로 보호한다.

(5) 케이블은 단선이나 피복의 손상, 충전부의 노출부분이 없어야 한다.

(6) 용접기를 사용하지 않을 때에는 용접봉 홀더가 작업장 또는 물체에 전기적으로 접촉되지 않도록 한다.

(7) 용접기를 이동시킬 때 또는 일정시간 작업을 중단할 때에는 전원스위치를 차단한다.

(8) 용접봉은 항상 방습조치를 강구하여 건조한 상태를 유지한다.

(9) 작업 종료 시 아직 사용하지 않은 용접봉은 반드시 반환한다.

(10) 용접기용 전원개폐기의 설치장소 주변에는 가연성 물질이 없어야 한다.

(11) 용접기용 전원개폐기는 기둥, 벽 등에 견고하게 부착하고 접지한다.

(12) 용접기용 접지는 기계적 손상 및 우발적인 분리가 발생하지 않도록 보호한다.

(13) 감전보호를 위하여 자동전격방지기를 사용한다.

07 용접 · 용단작업자의 주요 재해발생 원인 및 대책

구분	주요 발생원인	대책
화재	불꽃비산	① 불꽃받이나 방염시트를 사용한다. ② 불꽃비산구역 내 가연물을 제거하고 정리 · 정돈한다. ③ 소화기 등 소화기구를 비치한다.
	열을 받은 용접부분의 뒷면에 있는 가연물	① 용접부 뒷면을 점검(가연물 등 제거)한다. ② 작업종료 후 점검한다.
폭발	토치나 호스에서 가스누설	① 가스누설이 없는 토치나 호스를 사용한다. ② 좁은 구역에서 작업할 때는 휴게시간에 토치를 공기의 유통이 좋은 장소에 둔다. ③ 호스접속 시 실수가 없도록 호스에 명찰을 부착한다.
	드럼통이나 탱크를 용접 · 절단 시 잔류 가연성 가스 증기의 폭발	내부에 가스나 증기가 없는 것을 확인한다.
	역화	① 호스 및 연결부 파손 상태 확인하여 파손품은 즉시 교체한다. ② 역화방지기를 설치한다.

08 공간별 화기취급작업 주의사항

(1) 고위험 장소

다음에 해당하는 장소에 대해서는 가급적 화기취급작업 금지구역으로 설정하여 관리하며, 부득이 화기취급작업을 해야 하는 경우에는 상기에서 언급한 작업 전, 작업 중, 작업 후의 단계별 안전대책을 각별히 유의하여 작업을 해야 한다.

1) 가연성 액체 · 기체 · 미분 등을 보관하거나 사용하는 장소
2) 가연성이 높은 재료(발포플라스틱 단열재, 샌드위치 패널 등)로 마감된 벽, 칸막이, 천장, 지붕 등의 장소
3) 산소농도가 높은 공간 또는 산화성 물질을 보관하거나 취급하는 장소
4) 기타 위험물질을 보관 및 취급하는 장소

(2) 밀폐공간

1) 환기설비 가동 및 작업 중 발생할 수 있는 유해가스의 농도를 지속적으로 측정하여 화재 및 폭발의 위험을 상시 모니터링한다.
2) 밀폐공간과 연결되는 모든 배관, 덕트, 전선 등은 작업에 지장을 주지 않는 경우 차단 등을 통하여 작업공간으로의 유입을 차단한다.
3) 화기취급 작업 중 지속적인 환기가 가능하도록 조치하며 작업을 실시한다.
4) 화기취급 작업에 필수장치(가스실린더 및 전기동력장치 등)는 반드시 밀폐공간 외부 안전한 곳에 배치하여 작업한다.
5) 화재감시인은 작업자가 밀폐공간에서 작업 중에는 개인보호장구 등을 갖춘 상태에서 반드시 정위치에서 감시업무를 실시한다.

09 결론

용접 · 용단작업 시에 반드시 다음의 안전사항을 고려하여야 한다.

(1) 화기작업의 경우는 안전허가를 득한 후에 실시한다.
(2) 불티 비산방지장치를 설치한다.
(3) 작업 중 사고에 대비하여 소화기나 소화설비를 배치한 후 작업을 실시한다.
(4) 작업장 주변에는 불연포를 덮어야 한다.
(5) 작업자 외에 화재감시인 또는 안전관리원을 상주시켜 화재를 감시한다.
(6) 작업 후 지연발화에 대비하여 현장을 꼼꼼히 재점검한다.

SECTION 068 공사감리업무

118 · 102 · 99 · 78 · 71회 출제

01 건축물의 공사감리(「건축법」 제25조)

(1) 건축주의 공사감리 의무

1) 대통령령으로 정하는 용도 · 규모 및 구조의 건축물을 건축하는 경우 건축사나 대통령령으로 정하는 자를 공사감리자로 지정하여 공사감리를 하게 하여야 한다.

2) 시공에 관한 감리에 대하여 건축사를 공사감리자(공사시공자 본인 및 계열회사는 제외)로 지정하여 공사감리를 하게 하여야 한다.

(2) 소규모 건축물로서 건축주가 직접 시공하는 건축물 및 분양을 목적으로 하는 건축물 중 대통령령으로 정하는 건축물의 경우

1) 대통령령으로 정하는 바에 따라 허가권자가 해당 건축물의 설계에 참여하지 아니한 자 중에서 공사감리자를 지정한다.

2) 예외 : 건축물을 설계한 자를 공사감리자로 지정

① 신기술을 적용하여 설계한 건축물

② 역량있는 건축사가 설계한 건축물

③ 설계공모를 통하여 설계한 건축물

(3) 공사감리자의 시정, 재시공 요청 및 공사중지

1) 공사감리를 할 때 이 법과 이 법에 따른 명령이나 처분, 그 밖의 관계 법령에 위반된 사항을 발견하거나 공사시공자가 설계도서대로 공사하지 아니하면 이를 건축주에게 알린 후 공사시공자에게 시정하거나 재시공하도록 요청하여야 한다.

2) 공사시공자가 시정이나 재시공 요청에 따르지 아니하면 서면으로 그 건축공사를 중지하도록 요청할 수 있다.

3) 공사중지를 요청받은 공사시공자는 정당한 사유가 없으면 즉시 공사를 중지한다.

(4) 공사시공자가 시정이나 재시공 요청을 받은 후 이에 따르지 아니하거나 공사중지 요청을 받고도 공사를 계속할 경우 허가권자에게 보고한다.

(5) 시공상세도면 요청권리

대통령령으로 정하는 용도 또는 규모의 공사의 공사감리자는 필요하다고 인정하면 공사시공자에게 시공상세도면을 작성하도록 요청할 수 있다.

(6) 공사감리자의 의무

1) 감리일지를 기록 · 유지한다.

2) 공사의 공정(工程)이 대통령령으로 정하는 진도에 다다른 경우 : 감리중간보고서를 제출한다.

3) 공사를 완료한 경우 : 감리완료보고서를 건축주에게 제출한다.

(7) 건축주는 건축물의 사용승인을 신청할 때 중간감리보고서와 감리완료보고서를 첨부하여 허가권자에게 제출한다.

(8) 허가권자가 공사감리자를 지정하는 건축물의 건축주

1) 착공신고를 하는 때에는 감리비용이 명시된 감리계약서를 허가권자에게 제출한다.

2) 사용승인을 신청하는 때에는 감리용역 계약내용에 따라 감리비용을 지불한다.

3) 허가권자는 감리계약서에 따라 감리비용이 지불되었는지를 확인한 후 사용승인을 한다.

02 공사감리(「건축법 시행령」 제19조)

(1) 공사감리자의 자격

1) 다음의 어느 하나에 해당하는 경우 : 건축사

① 건축허가를 받아야 하는 건축물(건축신고 대상건축물은 제외)을 건축하는 경우

② 건축물을 리모델링하는 경우

리모델링 : 건축물의 노후화를 억제하거나 기능향상 등을 위하여 대수선하거나 일부 증축하는 행위를 말한다

2) 다중이용 건축물을 건축하는 경우 : 건축감리전문회사 · 종합감리전문회사 또는 건축사

(2) 위 '(1)'에 따라 공사감리자를 지정하는 경우 감리원의 배치기준 및 감리대가는 「건설기술관리법」에서 정하는 바에 따른다.

(3) 공사의 공정이 대통령령으로 정하는 진도에 다다른 경우(감리중간보고서 작성)

1) 해당 건축물의 구조가 철근콘크리트조 · 철골조 · 철골철근콘크리트조 · 조적조 또는 보강콘크리트블럭조인 경우

① 기초공사 시 철근배치를 완료한 경우

② 지붕 슬래브 배근을 완료한 경우

③ 5층 이상 건축물인 경우 지상 5개 층마다 상부 슬래브 배근을 완료한 경우

2) 해당 건축물의 구조가 철골조인 경우

① 기초공사 시 철근배치를 완료한 경우

② 지붕 철골조립을 완료한 경우

③ 지상 3개 층마다 또는 높이 20[m]마다 주요 구조부의 조립을 완료한 경우

3) 해당 건축물의 구조가 '1)', '2)' 외의 구조인 경우 : 기초공사에서 거푸집 또는 주춧돌의 설치를 완료한 경우

(4) 대통령령으로 정하는 용도 또는 규모의 공사(시공상세도 작성요청)

연면적이 5,000[m^2] 이상인 건축공사

(5) 건축사보 배치

1) 건축공사를 감리하는 경우

① 건축사보 중 건축분야의 건축사보 한 명 이상을 전체 공사기간 동안 배치

② 토목·전기 또는 기계분야의 건축사보 한 명 이상을 각 분야별 해당 공사기간 동안 배치

2) 건축사보의 자격 : 해당 분야의 건축공사 설계·시공·시험·검사·공사감독 또는 감리업무 등에 2년 이상 종사한 경력

3) 배치대상

① 바닥면적의 합계가 5,000[m^2] 이상 건축공사(예외 : 축사 또는 작물 재배사의 건축공사)

② 연속된 5개 층(지하층 포함) 이상으로서, 바닥면적의 합계가 3,000[m^2] 이상인 건축공사

③ 아파트 건축공사

(6) 공사감리자가 수행하여야 하는 감리업무

1) 공사시공자가 설계도서에 따라 적합하게 시공하는지를 확인하여야 한다.

2) 공사시공자가 사용하는 건축자재가 관계 법령에 따른 기준에 적합한 건축자재인지 아닌지를 확인하여야 한다.

3) 그 밖에 공사감리에 관한 사항으로서, 국토교통부령으로 정하는 사항을 수행하여야 한다.

03 공사감리업무 등(「건축법 시행규칙」 제19조, 제19조의2)

(1) 위법건축공사보고서

1) 작성사유 : 공사감리자는 건축공사 기간 중 발견한 위법사항에 관하여 시정·재시공 또는 공사중지의 요청을 하였음에도 불구하고 공사시공자가 이에 따르지 않아 시정 등을 요청할 때

2) 기간 및 제출처 : 명시한 기간이 만료되는 날부터 7일 이내에 허가권자에게 제출하여야 한다.

(2) 공사감리자의 업무

구분	업무내용
지도	① 건축물 및 대지가 관계 법령에 적합하도록 공사시공자 및 건축주를 지도 ② 공사현장에서의 안전관리의 지도
적정 여부의 확인	① 시공계획 및 공사관리의 적정 여부의 확인 ② 구조물의 위치와 규격의 적정 여부의 검토 · 확인 ③ 설계변경의 적정 여부의 검토 · 확인
검토 · 확인	① 공정표의 검토 ② 시공상세도면의 검토 · 확인 ③ 품질시험의 실시 여부 및 시험성과의 검토 · 확인
기타	공사감리계약으로 정하는 사항

04 감리(「소방시설공사업법」 제16조)

(1) 감리업자의 업무 133 · 128 · 124회 출제

구분	업무내용
적법성	① 소방시설 등의 설치계획표 ② 피난시설 및 방화시설 ③ 실내장식물의 불연화(不燃化)와 방염물품
적합성 : 적법성과 기술상의 합리성	① 소방시설 등 설계도서 ② 소방시설 등 설계변경 사항 ③ 소방용품의 위치 · 규격 및 사용 자재 ④ 공사업자가 작성한 시공 상세 도면
지도 · 감독	소방시설 등의 시공이 설계도서와 화재안전기술기준에 맞는지 여부
성능시험	완공된 소방시설 등

(2) 용도와 구조에서 특별히 안전성과 보안성이 요구되는 소방대상물(「원자력안전법」 제2조 제10호에 따른 관계시설이 설치되는 장소)로서, 대통령령으로 정하는 장소에서 시공되는 소방시설물에 대한 감리는 감리업자가 아닌 자도 할 수 있다.

(3) 감리의 종류, 방법 및 대상은 대통령령으로 정한다.

05 소방공사감리의 종류와 방법 및 대상(「소방시설공사업법 시행령」 제9조)

(1) 법 제16조 제3항에 따른 소방공사감리의 종류, 방법 및 대상은 [별표 3]과 같다.

▌소방공사 감리의 종류, 방법 및 대상(제9조 관련) [별표 3] ▌

종류	대상	방법
상주 공사감리 (3, 16, 500)	① 연면적 30,000[m^2] 이상의 특정소방대상물(아파트는 제외)에 대한 소방시설의 공사 ② 지하층을 포함한 층수가 16층 이상으로서, 500세대 이상인 아파트에 대한 소방시설의 공사	① 감리원은 행정안전부령으로 정하는 기간 동안 공사현장에 상주하여 업무를 수행하고 감리일지에 기록해야 한다. 단, 실내장식물의 불연화(不燃化)와 방염물품의 적법성 검토에 따른 업무는 행정안전부령으로 정하는 기간 동안 공사가 이루어지는 경우만 해당한다. ② 감리원이 행정안전부령으로 정하는 기간 중 부득이한 사유로 1일 이상 현장을 이탈하는 경우에는 감리일지 등에 기록하여 발주청 또는 발주자의 확인을 받아야 한다. 이 경우 감리업자는 책임감리원의 업무를 대행할 사람을 감리현장에 배치하여 감리업무에 지장이 없도록 해야 한다. ③ 감리업자는 책임감리원이 행정안전부령으로 정하는 기간 중 법에 따른 교육이나 「민방위기본법」 또는 「향토예비군 설치법」에 따른 교육을 받는 경우나 「근로기준법」에 따른 유급휴가로 현장을 이탈하게 되는 경우에는 감리업무에 지장이 없도록 책임감리원의 업무를 대행할 사람을 감리현장에 배치해야 한다. 이 경우 책임감리원은 새로 배치되는 업무대행자에게 업무 인수 · 인계 등의 필요한 조치를 해야 한다.
일반 공사감리	상주 공사감리에 해당하지 않는 소방시설의 공사	① 감리원은 공사현장에 배치되어 법에 따른 업무를 수행한다. 단, 실내장식물의 불연화(不燃化)와 방염물품의 적법성 검토에 따른 업무는 행정안전부령으로 정하는 기간 동안 공사가 이루어지는 경우만 해당한다. ② 감리원은 행정안전부령으로 정하는 기간 중에는 주 1회 이상 공사현장을 방문하여 위 '①'의 업무를 수행하고 감리일지에 기록해야 한다. ③ 감리업자는 책임감리원이 부득이한 사유로 14일 이내의 범위에서 '②'의 업무를 수행할 수 없는 경우에는 업무대행자를 지정하여 그 업무를 수행하게 해야 한다. ④ '③'에 따라 지정된 업무대행자는 주 2회 이상 공사현장을 방문하여 '①'의 업무를 수행하며, 그 업무수행 내용을 책임감리원에게 통보하고 감리일지에 기록해야 한다.

(2) **감리업자의 성능시험의뢰 및 확인의무**

1) 감리업자는 제연설비 등 소방시설의 공사감리를 위해 소방시설 성능시험(확인, 측정 및 조정을 포함)에 관한 전문성을 갖춘 기관 · 단체 또는 업체에 성능시험을 의뢰할 수 있다.

2) 해당 소방시설공사의 감리를 위해 배치된 감리원은 성능시험 현장에 참석하여 성능시험이 적정하게 실시되는지 확인해야 한다.

06 공사감리자 지정대상 특정소방대상물의 범위(「소방시설공사업법 시행령」 제10조) 124회 출제

공사범위	설비의 종류
신설 · 개설 또는 증설	옥내소화전설비
	옥외소화전설비
신설 · 개설하거나 방호 · 방수 구역을 증설	스프링클러설비 등(캐비닛형 간이스프링클러설비 제외)
	물분무 등 소화설비(호스릴 방식의 소화설비는 제외)
신설 · 개설하거나 경계구역을 증설	자동화재탐지설비
신설 · 개설하거나 송수구역을 증설	연결살수설비
신설 · 개설하거나 제연구역을 증설	제연설비
신설 · 개설하거나 전용회로를 증설	비상콘센트설비
신설 · 개설하거나 살수구역을 증설	연소방지설비
신설 또는 개설	통합감시시설
	소화용수설비
	무선통신보조설비
	연결송수관설비
	비상방송설비
	비상조명등

착공신고대상 = 감리대상

07 소방기술자의 배치기준 및 배치기간(「소방시설공사업법 시행령」 제3조)

(1) 소방기술자의 배치기준(제3조 관련)(「소방시설공사업법 시행령」 [별표 2])

소방기술자의 배치기준	소방시설공사현장의 기준
특급기술자	① 연면적 200,000[m^2] 이상 ② 지하층을 포함한 층수가 40층 이상
고급기술자	① 연면적 30,000[m^2] 이상 200,000[m^2] 미만(아파트는 제외) ② 지하층을 포함한 층수가 16층 이상 40층 미만
중급기술자	① 물분무 등 소화설비(호스릴 방식의 소화설비는 제외) 또는 제연설비가 설치되는 특정소방대상물 ② 연면적 5,000[m^2] 이상 30,000[m^2] 미만 ③ 연면적 10,000[m^2] 이상 200,000[m^2] 미만인 아파트

소방기술자의 배치기준	소방시설공사현장의 기준
초급기술자	① 연면적 1,000[m²] 이상 5,000[m²] 미만(아파트는 제외) ② 연면적 1,000[m²] 이상 10,000[m²] 미만인 아파트 ③ 지하구(地下溝)
자격수첩 소방기술자	연면적 1,000[m²] 미만

(2) 소방기술자 공사현장 배치대상

기계분야	전기분야
① 옥내소화전설비, 옥외소화전설비, 스프링클러설비등, 물분무 등 소화설비의 공사 ② 소화용수설비, 소화수조 · 저수조 또는 그 밖의 소화용수설비의 공사 ③ 제연설비, 연결송수관설비, 연결살수설비, 연소방지설비의 공사 ④ 기계분야 소방시설에 부설되는 전기시설의 공사(예외 : 비상전원, 동력회로, 제어회로, 기계분야의 소방시설을 작동하기 위하여 설치하는 화재감지기에 의한 화재감지장치 및 전기신호에 의한 소방시설의 작동장치공사)	① 비상경보설비, 시각경보기, 자동화재탐지설비, 비상방송설비, 자동화재속보설비 또는 통합감시시설의 공사 ② 비상콘센트설비 또는 무선통신보조설비의 공사 ③ 기계분야 소방시설에 부설되는 전기시설 중 기계분야 ④의 전기시설공사

(3) 기계분야 및 전기분야의 자격을 모두 갖춘 소방기술자가 있는 경우 소방기술자 1명을 배치할 수 있다.

(4) 소방기술자 소방시설공사현장에 배치 제외대상

1) 소방시설의 비상전원 : 전기공사업자가 공사
2) 상수도 소화용수설비, 소화수조 · 저수조 또는 그 밖의 소화용수설비
   ① 기계설비 공사업자가 공사
   ② 상 · 하수도 설비공사업자가 공사
3) 소방 외의 용도와 겸용되는 제연설비 : 기계설비 공사업자가 공사
4) 소방 외의 용도와 겸용되는 비상방송설비 또는 무선통신보조설비 : 정보통신 공사업자가 공사

(5) 공사업체 이중배치 금지

1) 공사업자는 1명의 소방기술자를 2개의 공사현장을 초과하여 배치해서는 안 된다.
2) 예외
   ① 건축물의 연면적이 5,000[m²] 미만인 공사현장에만 배치하는 경우. 단, 그 연면적의 합계는 20,000[m²]를 초과해서는 안 된다.
   ② 건축물의 연면적이 5,000[m²] 이상인 공사현장 2개 이하와 5,000[m²] 미만인 공사현장에 같이 배치하는 경우. 단, 5,000[m²] 미만의 공사현장의 연면적의 합계는 10,000[m²]를 초과해서는 안 된다.

③ 예외에도 불구하고 1개의 공사현장에만 배치하는 경우

㉠ 연면적 30,000[m^2] 이상의 특정소방대상물(아파트는 제외)

㉡ 지하층을 포함한 층수가 16층 이상으로서 500세대 이상인 아파트

(6) 특정 공사현장이 2개 이상의 공사현장 기준에 해당하는 경우에는 해당 공사현장 기준에 따라 배치해야 하는 소방기술자를 각각 배치하지 않고 그 중 상위 등급 이상의 소방기술자를 배치할 수 있다.

(7) 소방기술자의 배치기간

1) 원칙 : 소방시설공사의 착공일부터 소방시설 완공검사증명서 발급일까지 배치한다.

2) 예외 : 공사업자는 시공관리, 품질 및 안전에 지장이 없는 경우로서, 다음의 어느 하나에 해당하여 발주자가 서면으로 승낙하는 경우에는 해당 공사가 중단된 기간 동안 소방기술자를 공사현장에 배치하지 않을 수 있다.

① 민원 또는 계절적 요인 등으로 해당 공정의 공사가 일정 기간 중단된 경우

② 예산의 부족 등 발주자(하도급의 경우에는 수급인을 포함)의 책임 있는 사유 또는 천재지변 등 불가항력으로 공사가 일정기간 중단된 경우

③ 발주자가 공사의 중단을 요청하는 경우

08 소방공사 감리원의 배치기준(「소방시설공사업법 시행령」 제11조) 121 · 108회 출제

(1) 감리업자의 감리원 배치기준[소방공사감리원의 배치기준(제11조 관련)(「소방시설공사업법 시행령」 [별표 4])

<table>
<tr><th colspan="2">감리원의 배치기준</th><th rowspan="2">소방시설공사현장의 기준</th></tr>
<tr><th>책임감리원</th><th>보조감리원</th></tr>
<tr><td>특급감리원 중 소방기술사</td><td rowspan="3">초급감리원 이상(기계분야 및 전기분야)</td><td>① 연면적 200,000[m^2] 이상
② 지하층을 포함한 층수가 40층 이상</td></tr>
<tr><td>특급감리원 이상</td><td>① 연면적 30,000[m^2] 이상 200,000[m^2] 미만
② 지하층을 포함한 층수가 16층 이상 40층 미만</td></tr>
<tr><td>고급감리원 이상</td><td>① 물분무 등 소화설비(호스릴방식의 소화설비는 제외) 또는 제연설비
② 연면적 30,000[m^2] 이상 200,000[m^2] 미만인 아파트</td></tr>
<tr><td colspan="2">중급감리원 이상</td><td>연면적 5,000[m^2] 이상 30,000[m^2] 미만</td></tr>
<tr><td colspan="2">초급감리원 이상</td><td>① 연면적 5,000[m^2] 미만
② 지하구</td></tr>
</table>

(2) 비고

1) 책임감리원 : 해당 공사 전반에 관한 감리업무를 총괄하는 사람

2) 보조감리원 : 책임감리원을 보좌하고 책임감리원의 지시를 받아 감리업무를 수행하는 사람

3) 보조감리원 추가배치 : 연면적 합계가 200,000[m^2] 이상인 경우에는 200,000[m^2]를 초과하는 연면적에 대하여 100,000[m^2](연면적이 100,000[m^2]에 미달하면 100,000[m^2]로 봄)마다 보조감리원 1명 이상을 추가로 배치

4) 비상주공사감리 : 보조감리원을 배치하지 않을 수 있다.

5) 특정 공사현장이 2개 이상의 공사현장 기준에 해당하는 경우에는 해당 공사현장 기준에 따라 배치해야 하는 감리원을 각각 배치하지 않고 그 중 상위 등급 이상의 감리원을 배치할 수 있다.

(3) 소방공사 감리원의 배치기간

1) 원칙 : 감리업자는 소방공사 감리원을 상주 공사감리 및 일반 공사감리로 구분하여 소방시설공사의 착공일부터 소방시설 완공검사증명서 발급일까지의 기간 중 행정안전부령으로 정하는 기간 동안 배치한다.

2) 예외 : 감리업자는 시공관리, 품질 및 안전에 지장이 없는 경우로서, 다음의 어느 하나에 해당하여 발주자가 서면으로 승낙하는 경우에는 해당 공사가 중단된 기간 감리원을 공사현장에 배치하지 않을 수 있다.

① 민원 또는 계절적 요인 등으로 해당 공정의 공사가 일정 기간 중단된 경우

② 예산의 부족 등 발주자(하도급의 경우에는 수급인을 포함)의 책임 있는 사유 또는 천재지변 등 불가항력으로 공사가 일정기간 중단된 경우

③ 발주자가 공사의 중단을 요청하는 경우

09 소방공사감리자의 지정신고 등(「소방시설공사업법 시행규칙」 제15조)

(1) 감리자 지정신고

1) 신고자와 신고사유 : 특정소방대상물의 관계인은 공사감리자를 지정한 경우

2) 신고기간 : 착공신고일까지

3) 소방공사감리자 지정신고서에 다음의 서류를 첨부하여 소방본부장 또는 소방서장에게 제출

① 소방공사감리업 등록증 사본 1부 및 등록수첩

② 감리원의 감리원 등급을 증명하는 서류 각 1부

③ 소방공사감리계획서 1부

④ 소방시설설계 계약서 사본 1부 및 소방공사감리용역계약서 사본 1부

(2) 특정소방대상물의 관계인은 공사감리자가 변경된 경우

1) 신고기간 : 변경일부터 30일 이내

2) 소방공사감리자 변경신고서에 '(1)'의 서류를 첨부하여 소방본부장 또는 소방서장에게 제출한다.

(3) 소방본부장 또는 소방서장은 공사감리자의 지정신고 또는 변경신고의 접수 후 등록수첩에 기재발급
   1) 처리기간 : 2일 이내
   2) 등록수첩 기재내용 : 감리원의 등급, 감리현장의 명칭 · 소재지 및 현장 배치기간

10 감리원의 세부 배치기준 등(「소방시설공사업법 시행규칙」 제16조)

(1) 상주 공사감리 대상인 경우
   1) 감리자 배치
      ① 기계분야의 감리원 자격을 취득한 사람과 전기분야의 감리원 자격을 취득한 사람 각 1명 이상을 책임감리원으로 배치한다.
      ② 기계분야 및 전기분야의 감리원 자격을 함께 취득한 사람이 있는 경우 : 1명 이상을 배치한다.
   2) 책임감리원의 배치기간 : 소방시설용 관(전선관을 포함)을 설치하거나 매립하는 때부터 소방시설 완공검사증명서를 발급받을 때까지

(2) 일반 공사감리 대상인 경우
   1) 감리자 배치 : 상주 공사감리와 동일하다.
   2) 배치기간 : 일반 공사감리기간 동안 책임감리원을 배치한다.
   3) 책임감리원은 주 1회 이상 소방공사감리현장을 방문하여 감리한다.
   4) 1명의 책임감리원이 담당하는 소방공사감리현장
      ① 5개 이하(자동화재탐지설비 또는 옥내소화전설비 중 어느 하나만 설치하는 2개의 소방공사감리현장이 최단 차량 주행거리로 30[km] 이내에 있는 경우에는 1개의 소방공사감리현장으로 봄)로서 감리현장 연면적의 총합계가 100,000[m^2] 이하
      ② 지하층을 포함한 층수가 16층 미만인 아파트의 경우 : 연면적의 합계와 관계없이 1명의 책임감리원이 5개 이내의 공사현장 감리
   5) 일반 공사감리기간(제16조 관련)(「소방시설공사업법 시행규칙」 [별표 3])

설비명	공사감리기간
옥내소화전설비 · 스프링클러설비 · 포소화설비 · 물분무소화설비 · 연결살수설비 및 연소방지설비의 경우	가압송수장치의 설치, 가지배관의 설치, 개폐밸브 · 유수검지장치 · 체크밸브 · 템퍼스위치의 설치, 앵글밸브 · 소화전함의 매립, 스프링클러헤드 · 포헤드 · 포방출구 · 포노즐 · 포호스릴 · 물분무헤드 · 연결살수헤드 · 방수구의 설치, 포소화약제 탱크 및 포혼합기의 설치, 포소화약제의 충전, 입상배관과 옥상탱크의 접속, 옥외 연결송수구의 설치, 제어반의 설치, 동력전원 및 각종 제어회로의 접속, 음향장치의 설치 및 수동조작함의 설치를 하는 기간

설비명	공사감리기간
이산화탄소소화설비 · 할론소화설비 · 할로겐화합물 및 불활성기체소화약제 소화설비 및 분말소화설비의 경우	소화약제 저장용기와 집합관의 접속, 기동용기 등 작동장치의 설치, 제어반 · 화재표시반의 설치, 동력전원 및 각종 제어회로의 접속, 가지배관의 설치, 선택밸브의 설치, 분사헤드의 설치, 수동기동장치의 설치 및 음향경보장치의 설치를 하는 기간
자동화재탐지설비 · 시각경보기 · 비상경보설비 · 비상방송설비 · 통합감시시설 · 유도등 · 비상콘센트설비 및 무선통신보조설비의 경우	전선관의 매립, 감지기 · 유도등 · 조명등 및 비상콘센트의 설치, 증폭기의 접속, 누설동축케이블 등의 부설, 무선기기의 옥외안테나 · 분배기 · 증폭기의 설치 및 동력전원의 접속공사를 하는 기간
피난기구의 경우	고정금속구를 설치하는 기간
제연설비의 경우	가동식 제연경계벽 · 배출구 · 공기유입구의 설치, 각종 댐퍼 및 유입구 폐쇄장치의 설치, 배출기 및 공기유입기의 설치 및 풍도와의 접속, 배출풍도 및 유입풍도의 설치 · 단열조치, 동력전원 및 제어회로의 접속, 제어반의 설치를 하는 기간
비상전원이 설치되는 소방시설의 경우	비상전원의 설치 및 소방시설과의 접속을 하는 기간

[비고] 위에 따른 소방시설의 일반 공사감리기간은 소방시설의 성능시험, 소방시설 완공검사증명서의 발급 · 인수인계 및 소방공사의 정산을 하는 기간을 포함한다.

11 감리원 배치통보 등(「소방시설공사업법 시행규칙」 제17조)

(1) 배치통보서와 배치변경통보서

1) 배치통보서

① 대상 : 소방공사감리업자는 감리원을 소방공사감리현장에 배치하는 경우

② 첨부서류

㉠ 감리원의 등급을 증명하는 서류

㉡ 소방공사 감리계약서 사본 1부

2) 배치변경통보서

① 대상 : 배치한 감리원이 변경된 경우

② 첨부서류

㉠ 변경된 감리원의 등급을 증명하는 서류(감리원을 배치하는 경우에만 첨부)

㉡ 변경 전 감리원의 등급을 증명하는 서류

3) 통보기간 : 감리원 배치일부터 7일 이내에 소방본부장 또는 소방서장에게 통보한다.

(2) 배치확인

소방본부장 또는 소방서장은 통보된 내용을 7일 이내에 소방기술자 인정자에게 통보한다.

12 감리결과의 통보 등(「소방시설공사업법 시행규칙」 제19조) 128회 출제

(1) 감리결과 통보

1) 시기 : 감리업자가 소방공사의 감리를 마쳤을 때

2) 소방공사감리 결과보고(통보)서의 첨부서류 제출기한 : 공사가 완료된 날부터 7일 이내

① 통보

㉠ 특정소방대상물의 관계인

㉡ 소방시설공사의 도급인

㉢ 특정소방대상물의 공사를 감리한 건축사

② 보고 : 소방본부장 또는 소방서장

(2) 첨부서류

1) 소방시설 성능시험조사표 1부

2) 착공신고 후 변경된 소방시설설계도면(변경사항이 있는 경우에만 첨부) 1부

3) 소방공사 감리일지(소방본부장 또는 소방서장에게 보고하는 경우에만 첨부)

4) 건축 사용승인 신청서 등 증빙서류

13 위반사항에 대한 조치(「소방시설공사업법」 제19조) 133 · 124회 출제

(1) 감리업자는 감리를 할 때 소방시설공사가 설계도서나 화재안전기준에 맞지 아니할 경우 관계인에게 알리고, 공사업자에게 그 공사의 시정 또는 보완 등을 요구하여야 한다.

(2) 공사업자가 '(1)'에 따른 요구를 받았을 경우

1) 요구에 따라서 시정 또는 보완을 하여야 한다.

2) 벌칙 : 감리업자의 보완 요구에 따르지 아니한 자는 300만원 이하의 벌금에 처한다.

(3) 감리업자는 공사업자가 '(1)'에 따른 요구를 이행하지 아니하고 그 공사를 계속할 경우

1) 행정안전부령으로 정하는 바에 따라 소방본부장이나 소방서장에게 그 사실을 보고하여야 한다.

2) 벌칙 : 보고를 거짓으로 한 자는 1년 이하의 징역 또는 1천만원 이하의 벌금에 처한다.

(4) 관계인의 불이익 조치금지

1) 감리업자가 '(3)'에 따라 소방본부장이나 소방서장에게 보고한 것을 이유로 감리계약을 해지하거나 감리의 대가 지급을 거부하거나 지연시키거나 그 밖의 불이익을 주어서는 안 된다.

2) 벌칙 : 공사감리 계약을 해지하거나 대가 지급을 거부하거나 지연시키거나 불이익을 준 자는 300만원 이하의 벌금에 처한다.

14 소방감리자 처벌규정 강화에 따른 운용지침 119회 출제

(1) 위반사항

중요사항	경미한 사항	기타 사항
① 특정소방대상물에 갖추어야 하는 소방시설이 설치되지 않은 경우 ② 비상구 및 방화문, 방화셔터가 설치되지 않은 경우 ③ 형식승인을 받지 않은 소방용품을 소방시설공사에 사용한 경우 ④ 완공된 소방시설에 대하여 성능시험을 실시하지 않은 경우 ⑤ 소방시설공사가 완료되지 않은 상태에서 소방공사감리 결과보고서를 제출한 경우 ⑥ 화재안전기준 위반으로 소방시설 등 성능에 장애가 발생되거나 인명 및 재산피해가 발생한 경우 ⑦ 소방시설 시공공정과 소방공사 감리일지 기재 내용의 불일치 행위가 명백하거나 반복적으로 발생한 경우 ⑧ 법령위반 행위가 고의 또는 중대한 과실로 발생한 경우 ⑨ 기타 소방관서장이 중요하다고 정한 위반행위	① 소방공사감리 결과보고서, 소방시설 성능시험 조사표, 소방공사 감리일지 등에 단순 오기사항으로 즉시 시정이 가능하거나 기타 참고자료 등으로 증빙이 가능한 경우 ② 부속품의 탈락 및 미점등 등 화재안전기준에 극히 사소한 차이가 있는 사항으로 소방시설의 성능에 지장이 없고 즉시 현지 시정이 가능한 경우	① 법령 위반사항이 중요 · 세부사항 중 구분이 불명확한 경우 ② 기타 소방관서장이 자체 심의회 개최를 요구하는 위반사항

(2) 소방감리자 처벌규정

구분	벌칙	행정처분
감리업무 위반자	1년 이하 징역 또는 1천만원 이하 벌금	1차 : 영업정지 1개월 2차 : 영업정지 3개월 3차 : 등록취소
감리결과 제출 거짓으로 한 자	1년 이하 징역 또는 1천만원 이하 벌금	1차 : 경고 2차 : 영업정지 3개월 3차 : 등록취소

(3) 법령위반 판단

1) 중요사항 : 입건조치(법 제36조 적용)

2) 경미한 사항 : 시정보완 → 시정보완 불이행 → 입건조치

3) 기타 사항 : 자체 심의회 개최

SECTION 069

소방감리 절차

131 · 115회 출제

01 착공단계

(1) 착공단계 현장조사 확인내용

1) 지구 및 건축물의 용도 등 목적물의 사용계획
2) 건축허가서, 사업계획승인서(아파트), 승인(허가) 및 심의조건 검토
3) 소방시설설치계획표
4) 건축도면과 소방도면의 평면, 연면적 등의 상이 여부
5) 소방차진입로

(2) 착공단계 관리서류

1) 소방시설공사 착공(변경)신고서
2) 소방설계업자 시설업 등록증 및 담당자 연락처
3) 공사업자의 소방시설공사업 등록증 사본
4) 공사업자의 소방시설공사업 등록수첩
5) 시공사 기술자격증(자격수첩) 사본
6) 소방시설공사 하도급 통지서(내역서, 경영진단)
7) 설계도서(설계설명서 포함)
8) 소방시설 설치 계획표 및 산출표
9) 건축허가서(허가조건, 심의요구사항 등)
10) 피난 · 방화구조 등의 검토 · 확인서
11) 비상전원 출력용량 검토서
12) 현장 현황조사 기록부
13) 건축허가 및 사업계획승인, 허가(승인)조건 등 관련 서류
14) 도면검토서
15) 감리지정신고서 및 배치통보서 사본

(3) 도면 등의 검토사항

1) 건축허가 및 사업계획 승인조건 등의 건축도면 및 소방도면 등에 반영 여부
2) 건축허가동의 시 설계자가 제출한 설치계획표 및 산출표
3) 연면적 및 용도, 층고에 따른 소방대상물의 소방시설 누락 여부 확인

4) 화재안전기술기준에 따른 소방시설 및 기구의 적합성 여부(설계체크리스트 활용)
5) 소화전, 밸브, 댐퍼 등 소방기계 도면과 전기도면의 일치 여부
6) 타 사업 또는 확장성 등 현장조건에 부합 여부
7) 시공의 실제 가능 여부 및 시공 시 예상 문제점 등
8) 타 공정과의 간섭 또는 상호 부합 여부
9) 동파 방지 전원 및 배관
10) 설계도면 시방서, 계산서, 산출내역서 등의 내용에 대한 상호 일치 여부
11) 설계서의 누락 오류 등 불명확한 부분의 존재 여부
12) 공종별 목적물의 물량내역서의 도면일치 여부
13) 사업비 절감을 위한 VE 등 구체적인 검토
14) 피난 및 방화구획 검토

(4) 감리지정 및 배치신고

(5) 착공신고

1) 시기 : 소방시설공사의 매립배관 및 기구설치 공사 이전에 착공신고를 한다.
2) 관련 서류
   ① 착공신고서
   ② 설치계획표 및 산출표
   ③ 착공내역서
   ④ 도면검토서
   ⑤ 소방시설업 등록증
   ⑥ 기술인력 적정성 및 하도도급 여부(계약서, 내역서)
   ⑦ 회의록 작성
   ⑧ 각종 보험료 등 확인

02 시공단계

(1) 관리서류

1) 도면검토서(부하, 용량계산서 포함)
2) 지급자재 및 주요 자재 수불요청서
3) 검사 및 시험계획서
4) 자재승인요청서(시험성적서 및 시험성과 대비표 포함)
5) 자재반입검수요청서
6) 시공계획서

7) 시공상세도
8) 검측요청서
9) 시공사진(공정별 사진촬영)
10) 작업일보
11) 시험 및 측정결과 보고서(TAB)
12) 설계변경 및 기술검토 요청서
13) 연동제어 대상(제연, 방화문, 셔터, 승강기 등) 제어방식 협의서
14) 펌프 및 제연팬 등의 제어반 협의서 및 회로도

(2) 수명(受命)사항

소방공사와 관련하여 감리원이 시공사에 지시하는 경우 업무지시서 및 시정지시서 등의 문서를 원칙으로 하며, 지시에 대한 이행결과를 제출받아 기록 및 관리한다.

(3) 소방기술자 교체

교체되는 기술자의 경력사항 등을 첨부한 교체승인요청서를 제출받아 검토하고 교체승인요청서와 검토의견서를 발주자에게 보고한다.

(4) 하도급 검토

하도급승인요청서를 제출받아 적정성을 검토하고 승인요청서와 검토의견서를 발주자에게 보고한다.

(5) 품질관리계획

시공사의 검사 및 시험계획서(ITP) 적정성 검토, 이행 여부를 확인하고 관리한다.

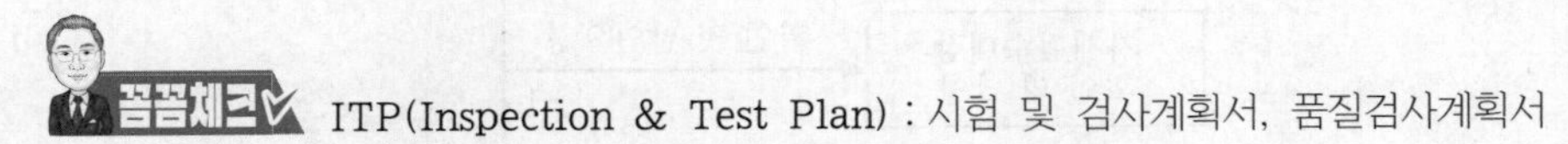

ITP(Inspection & Test Plan) : 시험 및 검사계획서, 품질검사계획서

(6) 시공계획서의 검토 확인

(7) 시공상세도 승인

(8) 검측

품질관리계획서에 의해 검측업무를 수행한다.

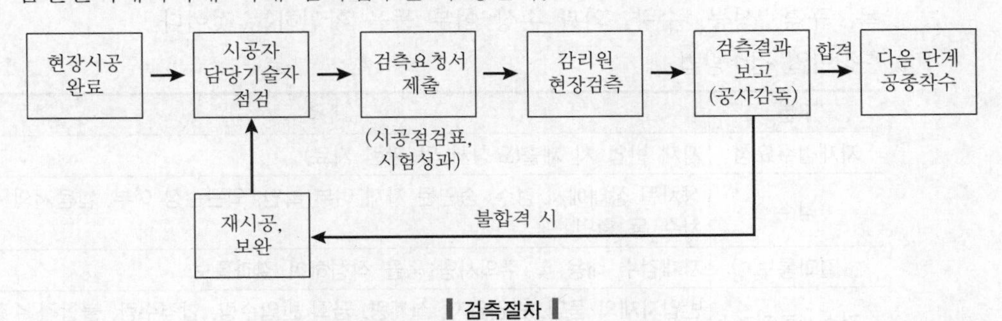

▌검측절차▐

(9) **기술검토의견서**

시공사 및 발주자의 기술검토 요청에 공사를 원활하게 수행할 해결방안을 제시한다.

(10) **자재승인**

1) 감리원은 자재공급원 승인요청서가 시공업체로부터 접수되면 관계법규, 설계도면, 시방서 등에서 제시하는 규격과 기준을 우선하여 검토하여야 한다.

2) 감리원은 필요한 경우 주요 자재의 품질시험을 직접 실시하거나 발주자에게 의뢰, 실시하여 합격 여부를 판단하여야 한다.

3) 감리원은 공급원 승인요청을 제출받을 경우에는 특별한 사유가 없는 한 2개 이상의 공급원을 제출받아 제품의 반입중지 등 부득이한 경우에도 예비적으로 사용할 수 있도록 하여야 한다.

(11) **자재검수** 126회 출제

1) 검수 수행절차

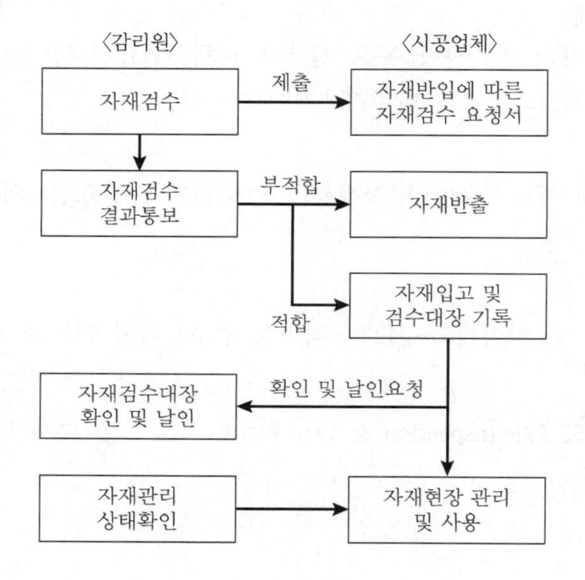

2) 현장반입 검수

① 현장 검수확인 자재는 견본품, 카탈로그, 제작도 및 시험성적서 등에 의한 품목, 규격, 성능, 수량, 외관 손상 여부 등을 확인하는 것이다.

② 현장반입 검수방법

구분	내용
자재검수요청	자재 반입 시 제출(요청서 및 관련 자료)
검수	상차된 상태에서 검수, 승인된 자재 여부 확인, 외관손상 여부, 납품서의 수량, 치수 등 확인
결과통보	자재검수 내용 및 주의사항 등을 작성하여 결과통보
검수서류정리	반입자재의 품명, 반입일자, 설계량, 금회 반입수량, 합격수량, 불합격 수량 등을 기록한 중요자재 검사부를 작성하여 보관

3) 공장 검수

① 공장 검수확인 자재는 제작과 일정 성능을 요하는 자재로 필요한 요소를 체크리스트로 작성하여 각각의 시험항목을 확인하고 기록하는 것이다.

② 공장 검수방법

구분	내용
일정계획 수립	펌프 또는 Fan 등의 제작이 완료된 경우 또는 필요시 제작과정에 따라 일정 계획 수립
성능시운전	제출된 성능, 제작도면, 요구하는 성능의 적합 여부 등 확인
결과통보	공장검수 내용을 정리하여 결과 통보
공장검수 결과보고 및 보고서 작성	공장검수 내용을 정리하여 발주처에 보고(필요시) 및 결과보고서 작성

(12) **공정관리**

실시공정표의 이행 여부를 확인한다.

(13) **사진촬영**

시공사가 공종별, 공정별 시공사진을 촬영하여 디지털 저장매체로 제출하도록 하고 감리원은 관리한다.

03 설계변경 및 기성 관련 감리업무

(1) **설계변경 및 계약금액 조정** 130회 출제

1) 시공자의 설계변경도면, 수량증감 및 증감공사비 내역을 제출받아 검토·확인하고 검토의견서를 첨부해 발주자에게 보고한다.

2) 내용

① 수량 및 도면 설계변경에 따른 계약금액의 조정

② 장기계속 공사의 물가변동에 따른 계약금액의 조정

3) 설계변경의 개념

① 설계도서의 변경이 있을 때 계약금액에서 증액 또는 감액하는 것을 말한다.

② 발주자와 계약자(도급업자, 시공사) 사이에 공사에 대한 계약 금액을 조정하는 것을 말한다.

③ 전체 공사를 일괄로 계약하는 대형공사 또는 턴키공사와 공정별(건축, 토목, 전기, 기계, 통신, 소방)로 계약하는 일반공사가 있다.

4) 설계변경 절차 및 방법

① 설계변경은 발주자와 시공사(하도급업자) 사이에서 필요시 행하는 것으로, 적정성 여부는 감리원이 검토 및 확인해야 한다.

② 설계변경 절차도

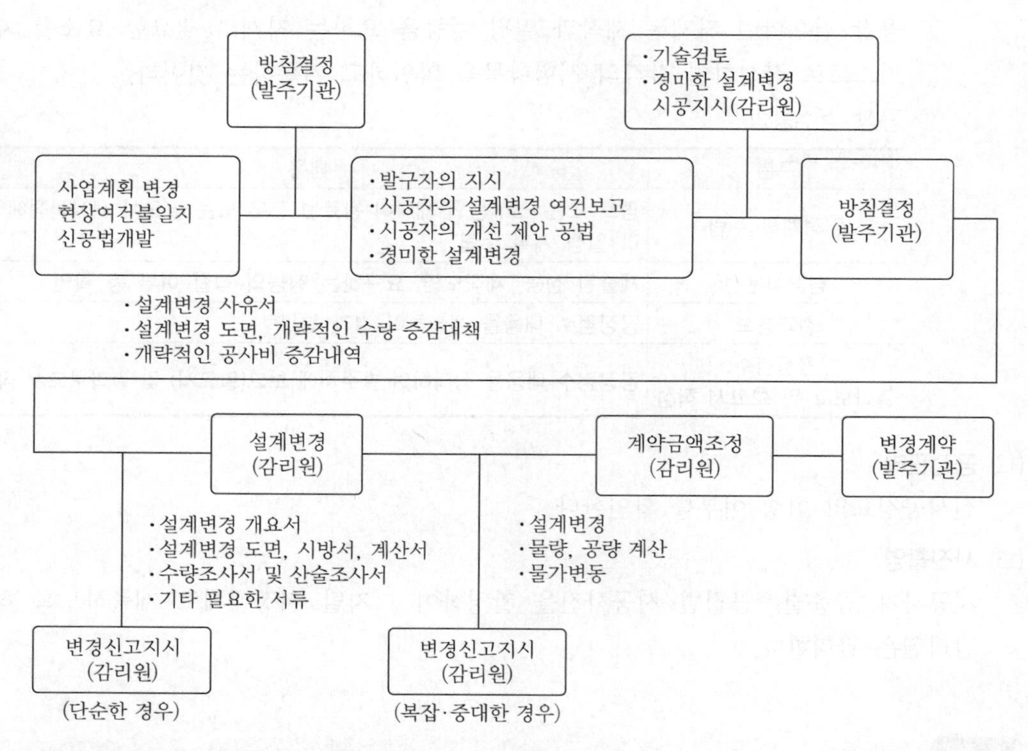

5) 발주자 지시에 의한 설계변경

① 감리원은 발주자에게 다음의 서류를 요구한다.

㉠ 설계변경 개요서

㉡ 설계변경 도면, 시방서, 계산서, 공사비 증감 내역서 등

㉢ 수량산출조서

㉣ 그 밖의 필요한 서류

② 발주청의 요구로 만들어지는 설계변경도서 작성비용은 원칙적으로 발주청이 부담하여야 한다.

③ 감리원은 시공자에게 즉시 내용을 통보한다.

④ 시공자가 이행 불가능 시 감리원은 사유를 제출받아 검토 후 발주자에게 보고한다.

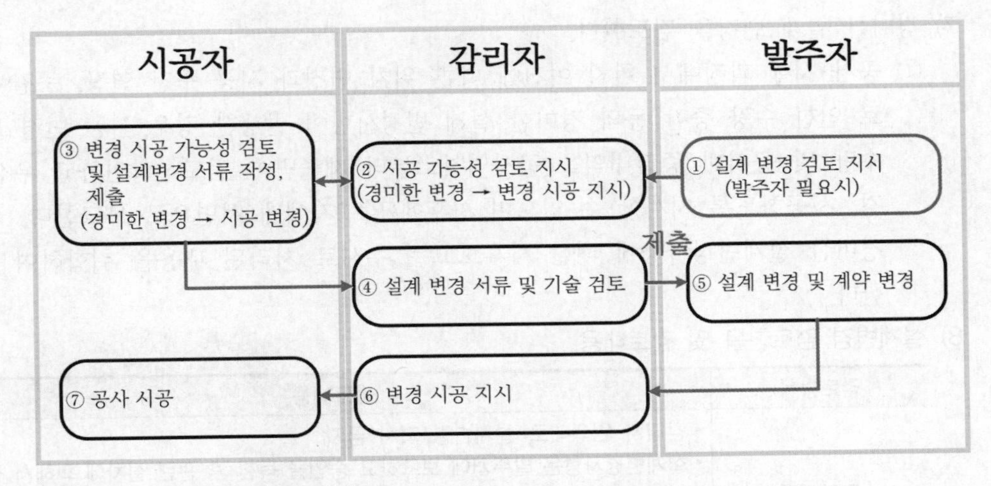

6) 시공자 제안에 의한 설계변경

① 시공자는 설계변경이 필요한 경우 실정보고서를 첨부하여 감리원에게 제출한다.

㉠ 설계변경사유서

㉡ 설계변경도면

㉢ 개략적인 수량 증감내역 및 공사비 증감내역 등

② 감리원은 검토 후 기술검토서를 첨부하여 발주자에게 보고하고, 발주자의 승인을 득한 후 시공하도록 조치(단순 사항은 7일 이내, 그 외 14일 이내에 검토)한다.

③ 주공정에 중대한 영향을 미치는 긴급한 설계변경 발생 시 발주자에게 유·무선 등으로 보고 후 승인을 득한 후 시공을 지시한다.

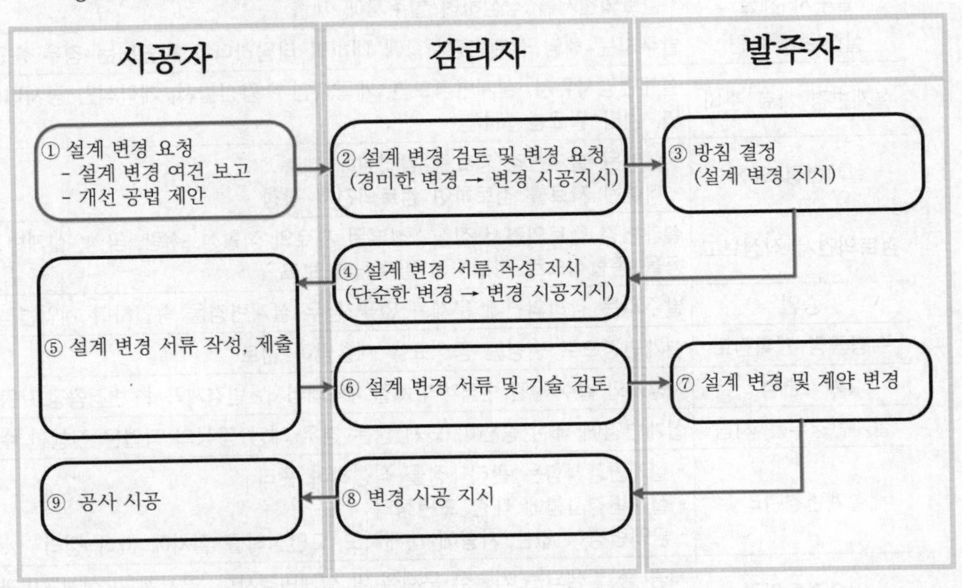

7) 경미한 설계 변경을 검토한다.

① 공사 시행 과정에서 현지 여건에 따른 위치 변경과 시공 구간 연장, 증감 등으로 인한 수량 증감 등의 경미한 설계 변경사항이 발생한 경우 시공 변경 도면, 수량 및 공사비 증감내역을 공사업자로부터 제출받아 검토·확인하고 우선 변경, 시공하도록 지시할 수 있으며 사후에 발주자에게 서면으로 보고한다.

② 경미한 설계변경사항에 대한 사후보고는 수시로 처리된 내용을 취합하여 보고한다.

8) 설계변경 검토항목 및 검토내용

검토항목	검토내용
주의사항	• 감리자 임의대로 설계변경 지시 금지 • 설계변경사항은 발주처에 보고하고 승인을 득한 후 관련 절차에 의해서 진행 • 감리자는 설계변경의 권한을 가지지 못함 • 시방서 등이 변경된 경우에도 설계변경 시행 • 금액변경이 있는 설계변경과 금액변경이 없는 설계변경으로 진행
설계변경 요건	• 발주자 지시 : Layout 변경, 설계누락, 오류, 시방서 변경 등 • 시공자 제안 : 시공자가 시공상의 문제점 또는 신기술 등 제안사항 • 경미한 설계변경, ESC(물가변동)
발생조건 확인	ESC 발생/설계도서 변경 및 누락, 오류 등 발췌 : 설계사 의견첨부 등 관련 근거 마련
실정보고	• 설계변경관련 근거 마련 : 실정보고 자료정리 제출 • 설계변경사항 발생 시 해당사항에 대하여 문제점, 타당성 등을 검토하여 보고 • 실정보고 시 예상 소요금액을 포함하여 검토
검토의견서 작성 및 발주자 제출	• 시공자가 제출한 자료에 대하여 적합 여부, 문제점 등을 세부적으로 검토 • 검토의견서를 작성하여 발주자에 제출
실정보고 승인	발주자는 해당 설계변경사항에 대하여 타당하다고 판단되는 경우 승인
설계변경 자료 준비	설계변경사유서, 설계변경도면, 개략적인 수량산출서, 개략적인 공사비증감내역, 기타 필요한 서류
설계변경 요청	• 준비된 설계변경 자료를 감리원에 제출 • 제출된 자료를 검토하여 검토의견서 작성
검토의견서 작성보고	설계변경 검토의견서 작성 : 첨부된 자료의 적합성, 수량, 금액, 설계변경요건 등을 종합적으로 검토하여 발주처에 보고
승인	발주자는 감리의견에 문제가 없을 경우 설계변경을 승인하며 계약변경 진행
수정공정 계획검토	설계변경으로 변경된 공정표를 제출받아 검토
계약변경	시공자와 발주처 간 변경계약 체결(계약내역서 · 변경계약서 · 변경공정표 등 첨부)
설계변경부분 시공	설계변경에 대한 승인이 되지 않은 경우 해당 공정의 작업은 진행할 수 없음
설계변경관리	• 설계변경사항은 관리대장을 작성하여 관리 • 설계변경사항에 대한 도면정리 • 금액변경이 없는 사항에 대해서도 도면정리를 절차에 따라 정리
기술검토의견	시공 중 발생되는 기술적 문제점 및 설계변경사항, 공사계획, 설계도면과 시방서 간 차이 등의 문제점, 발주처 요청사항 등에 대하여 해결방안 등을 제시

(2) 기성검사

1) 기성 부분명세가 설계도서대로 시공되었는지 여부를 확인한다.
2) 사용된 자재의 규격 및 품질에 대한 시험의 실시 여부를 확인한다.
3) 시험기구의 비치와 그 활용도를 판단한다.
4) 지급자재의 수불 실태를 확인한다.
5) 지하 또는 기초 부분의 시공확인과 주요 시공과정을 촬영한 사진을 확인한다.
6) 감리원의 기성검사원에 대한 사전 검토의견서를 작성한다.
7) 기타 검사자가 필요하다고 인정하는 사항

(3) 문서해석의 우선순위 113회 출제

1) 소방 관계법령 및 유권해석
2) 성능심의 대상인 경우 조치계획 준수사항
3) 사전재난영향평가 조치계획 준수사항
4) 계약특수조건 및 일반조건
5) 설계도서(설계도서 작성기준)
   ① 공사시방서
   ② 설계도면
   ③ 전문시방서
   ④ 표준시방서
   ⑤ 산출내역서
   ⑥ 승인된 시공상세도면
   ⑦ 관계법령의 유권해석
   ⑧ 감리자의 지시사항

04 준공단계 감리업무

(1) 시운전 계획서를 확인한다.

(2) 예비준공검사 및 제출서류를 확인한다.

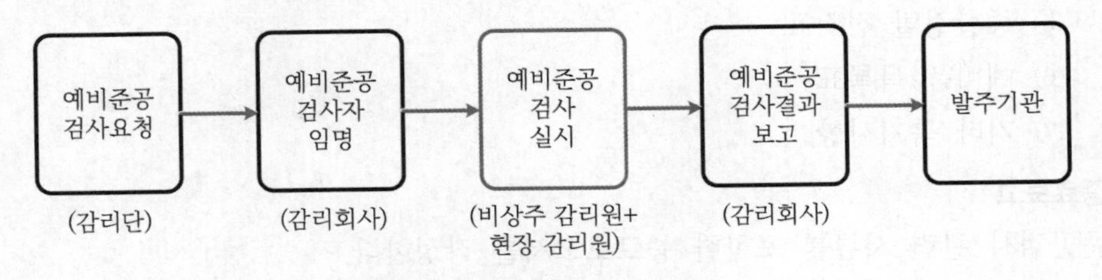

▌예비준공검사 절차▐

(3) 준공검사

1) 시공사의 종합정밀점검을 실시한다.
2) 준공검사원 : 14일 이내에 준공검사 감리원을 지정하여 준공검사를 수행하고 결과를 발주자에게 보고한다.
3) 공사준공계
4) 사진대지
5) 제경비의 사용내역서 및 납부확인서 확인
6) 준공관련 서류
   ① 피난 · 방화구조 등의 검토 확인서
   ② 건축도면의 방화구획도 및 소방차 진입로 계획도
   ③ 비상전원 출력용량 검토서
   ④ 소방시설 종합정밀점검표 및 예비준공검사 체크리스트
   ⑤ 소방 준공관련 제출서류 목록 및 첨부서류
   ⑥ 소방시설공사 관련 완료 확약서
7) 감리결과보고서 및 첨부서류
8) 준공절차 비교
   ① 과거 : 소방 완공증명서를 득한다. → 건축물 사용승인을 득한다. 따라서, 최종 사용승인까지 수개월 ~ 수년 소요 문제점이 발생하여 건축물의 내부 마감이 미비한 상태에서 소방 완공증명서가 발급되었다.
   ② 현재 : 건축물 사용승인 신청 → 소방 완공증명서 → 건축물 사용승인을 득한다.

(4) 인수인계

1) 예비준공검사완료 후 인계 · 인수를 위한 계획을 수립하도록 하여 이를 검토 · 확인하고 소방공사감리결과 보고서와 함께 발주자에게 인계한다.
2) 관련 서류
   ① 소방시설 현황(소방시설 산출표를 포함)
   ② 소방 준공도면(제어반 결선도를 포함)
   ③ 유지관리지침서
   ④ 시운전 결과보고서(시운전 실적이 있는 경우)
   ⑤ 종합정밀 점검표
   ⑥ 예비품 목록표
   ⑦ 기타 특기사항

(5) 종료보고

준공검사 관련 서류를 포함한 종료보고서를 작성한다.

(6) 종합점검 실시(2022년 12월 1일 실시)

준공 후 사용승인일 또는 소방시설 완공검사증명서를 받은 날로부터 60일 이내에 종합점검을 실시한다.

SECTION 070

하자보수

01 공사의 하자보수 보증 등(「소방시설공사업법」 제15조)

(1) 공사업자는 소방시설공사 결과 자동화재탐지설비 등 대통령령으로 정하는 소방시설에 하자가 있을 때는 대통령령으로 정하는 기간 동안 그 하자를 보수하여야 한다.

(2) 관계인은 하자보수기간에 소방시설의 하자가 발생하였을 때는 공사업자에게 그 사실을 통보(or)한다.

1) 공사업자는 3일 이내에 하자를 보수한다.

2) 보수 일정을 기록한 하자보수계획을 관계인에게 서면으로 통보한다.

(3) 관계인의 소방본부장이나 소방서장에게 하자에 따른 통보 사유

1) 하자보수기간에 하자보수를 이행하지 아니한 경우

2) 하자보수기간에 하자보수계획을 서면으로 알리지 아니한 경우

3) 하자보수계획이 불합리하다고 인정되는 경우

(4) 소방본부장이나 소방서장이 하자에 따른 통보를 받았을 경우의 처리과정

1) 지방 소방기술심의위원회에 심의를 요청한다.

2) 심의결과 위 '(3)'의 어느 하나에 해당하는 것으로 인정할 때에는 시공자에게 기간을 정하여 하자보수를 명하여야 한다.

02 하자보수 대상 소방시설과 하자보수 보증기간(「소방시설공사업법 시행령」 제6조)

소방시설의 종류		하자보수 보증기간
피난구조설비	피난기구, 유도등, 유도표지	2년
경보설비	비상경보설비, 비상조명등, 비상방송설비	
소화활동설비(예외)	무선통신보조설비	
소화설비	자동소화장치, 옥내소화전설비, 스프링클러설비, 간이스프링클러설비, 물분무 등 소화설비, 옥외소화전설비	3년
경보설비(예외)	자동화재탐지설비	
소화용수설비	상수도 소화용수설비	
소화활동설비	무선통신보조설비는 제외	

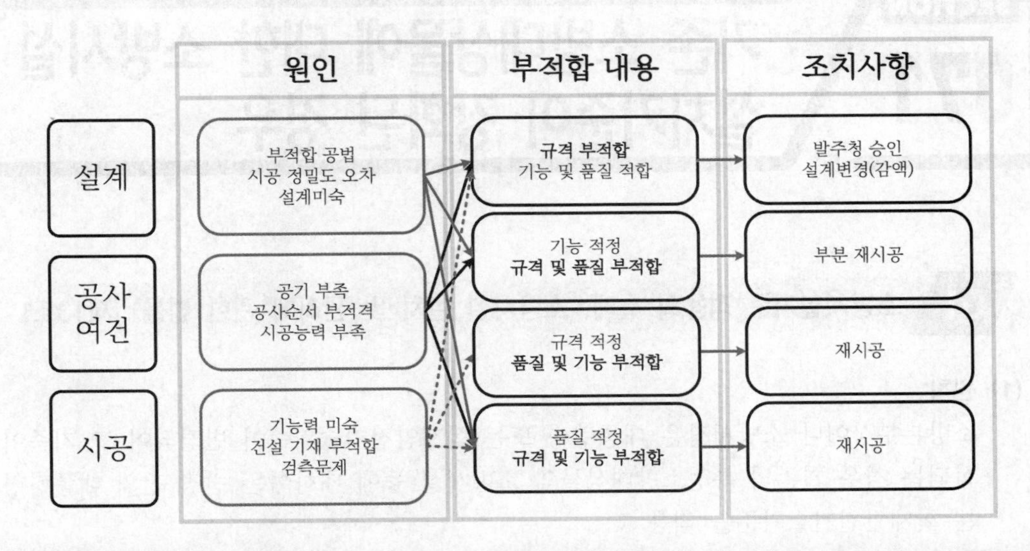

구분	처리절차
재시공	재시공지시서 발송 – 비용 시공자 부담 명시 – 재시공과정 및 절차 문서화
부분 재시공	기술검토서 작성, 발주기관장에게 보고(시공방법, 전체 시공물의 영향, 안전성 및 기능에 대한 의견) – 비용 시공자 부담 명시 – 부분 재시공 과정 및 절차 문서화
설계변경	부적합 시공검토의견서 작성 – 비용산출 – 실정보고 – 변경승인 – 계약금액 조정

▌부적합 시공처리절차 예시▐

SECTION 071

기존 소방대상물에 대한 소방시설 설치기준이 강화된 경우

01 소방시설기준 적용의 특례(「소방시설 설치 및 관리에 관한 법률」 제13조)

(1) 원칙

소방본부장이나 소방서장은 대통령령 또는 화재안전기술기준이 변경되어 그 기준이 강화되는 경우 기존의 특정소방대상물의 소방시설 등에 대하여는 변경 전의 대통령령 또는 화재안전기술기준을 적용

(2) 예외 : 소급적용의 특례

구분			내용
소방시설			① 소화기구 ② 비상경보설비 ③ 자동화재탐지설비 ④ 자동화재속보설비 ⑤ 피난구조설비
특정소방대상물	지하구	공동구	소화기, 자동소화장치, 자동화재탐지설비, 통합감시시설, 유도등, 연소방지설비
		전력, 통신	
	노유자시설		간이스프링클러, 자동화재탐지설비, 단독경보형 감지기
	의료시설		스프링클러, 간이스프링클러, 자동화재탐지, 자동화재속보설비

(3) 유사한 소방시설 면제

특정소방대상물에 설치하여야 하는 소방시설 가운데 기능과 성능이 유사한 물분무소화설비, 간이스프링클러설비, 비상경보설비 및 비상방송설비 등의 소방시설의 경우에는 대통령령으로 정하는 바에 따라 유사한 소방시설의 설치를 면제할 수 있다.

(4) 기존의 특정소방대상물이 증축되거나 용도변경되는 경우

증축 또는 용도변경 당시의 소방시설 등의 설치에 관한 대통령령 또는 화재안전기술기준을 적용한다.

(5) 대통령령으로 정하는 소방시설을 설치하지 아니할 수 있는 대상

1) 화재위험도가 낮은 특정소방대상물
2) 화재안전기술기준을 적용하기 어려운 특정소방대상물
3) 화재안전기술기준을 다르게 적용하여야 하는 특수한 용도 또는 구조를 가진 특정소방대상물
4) 「위험물안전관리법」에 따른 자체소방대가 설치된 특정소방대상물

(6) 위 '(5)'의 어느 하나에 해당하는 특정소방대상물에 구조 및 원리 등에서 공법이 특수한 설계로 인정된 소방시설을 설치하는 경우

중앙소방기술심의위원회의 심의를 거쳐 화재안전기술기준을 적용하지 아니할 수 있다.

1. 중앙위원회의 심의사항 111회 출제
   ① 화재안전기준에 관한 사항
   ② 소방시설의 구조 및 원리 등에서 공법이 특수한 설계 및 시공에 관한 사항
   ③ 소방시설의 설계 및 공사감리의 방법에 관한 사항
   ④ 소방시설공사의 하자를 판단하는 기준에 관한 사항
   ⑤ 그 밖에 소방기술 등에 관하여 대통령령으로 정하는 사항
      ㉠ 연면적 100,000[m²] 이상의 특정소방대상물에 설치된 소방시설의 설계·시공·감리의 하자 유무에 관한 사항
      ㉡ 새로운 소방시설과 소방용품 등의 도입 여부에 관한 사항
      ㉢ 그 밖에 소방기술과 관련하여 소방청장이 심의에 부치는 사항
2. 시·도 지방위원회의 심의사항
   ① 소방시설에 하자가 있는지의 판단에 관한 사항
   ② 그 밖에 소방기술 등에 관하여 대통령령으로 정하는 사항(상기 중심 위 내용과 동일)

02 유사한 소방시설의 설치 면제의 기준(소방시설법 시행령 제14조)

(1) 특정소방대상물에 설치하여야 하는 소방시설 가운데 기능과 성능이 유사한 소방시설의 설치를 면제하고자 할 때는 [별표 5]의 기준에 의한다.

(2) 특정소방대상물의 소방시설 설치의 면제 기준(소방시설법 시행령 제14조 [별표 5])

설치가 면제되는 소방시설	설치면제 기준
자동소화장치	자동소화장치(주거용 주방자동소화장치 및 상업용 주방자동소화장치는 제외함)를 설치하여야 하는 특정소방대상물에 물분무등소화설비를 화재안전기준에 적합하게 설치한 경우에는 그 설비의 유효범위(해당 소방시설이 화재를 감지·소화 또는 경보할 수 있는 부분을 말한다)에서 설치가 면제된다.
옥내소화전설비	소방본부장 또는 소방서장이 옥내소화전설비의 설치가 곤란하다고 인정하는 경우로서, 호스릴 방식의 미분무소화설비 또는 옥외소화전설비를 화재안전기준에 적합하게 설치한 경우에는 그 설비의 유효범위에서 설치가 면제된다.

설치가 면제되는 소방시설	설치면제 기준
스프링클러설비	① 스프링클러설비를 설치하여야 하는 특정소방대상물에 적응성 있는 자동소화장치 또는 물분무등소화설비를 화재안전기준에 적합하게 설치한 경우에는 그 설비의 유효범위에서 설치가 면제된다. ② 스프링클러설비를 설치해야 하는 전기저장시설에 소화설비를 소방청장이 정하여 고시하는 방법에 따라 설치한 경우에는 그 설비의 유효범위에서 설치가 면제된다.
간이스프링클러설비	간이스프링클러설비를 설치하여야 하는 특정소방대상물에 스프링클러설비, 물분무소화설비 또는 미분무소화설비를 화재안전기준에 적합하게 설치한 경우에는 그 설비의 유효범위에서 설치가 면제된다.
물분무등소화설비	물분무등소화설비를 설치하여야 하는 차고 · 주차장에 스프링클러설비를 화재안전기준에 적합하게 설치한 경우에는 그 설비의 유효범위에서 설치가 면제된다.
옥외소화전설비	옥외소화전설비를 설치하여야 하는 문화유산인 목조건축물에 상수도소화용수설비를 화재안전기준에서 정하는 방수압력 · 방수량 · 옥외소화전함 및 호스의 기준에 적합하게 설치한 경우에는 설치가 면제된다.
비상경보설비	비상경보설비를 설치하여야 할 특정소방대상물에 단독경보형 감지기를 2개 이상의 단독경보형 감지기와 연동하여 설치하는 경우에는 그 설비의 유효범위에서 설치가 면제된다.
비상경보설비 또는 단독경보형 감지기	비상경보설비 또는 단독경보형 감지기를 설치하여야 하는 특정소방대상물에 자동화재탐지설비 또는 화재알림설비를 화재안전기준에 적합하게 설치한 경우에는 그 설비의 유효범위에서 설치가 면제된다.
자동화재탐지설비	자동화재탐지설비의 기능(감지 · 수신 · 경보기능을 말함)과 성능을 가진 화재알림설비, 스프링클러설비 또는 물부무등소화설비를 화재안전기준에 적합하게 설치한 경우에는 그 설비의 유효범위에서 설치가 면제된다.
화재알림설비	화재알림설비를 설치해야 하는 특정소방대상물에 자동화재탐지설비를 화재안전기준에 적합하게 설치한 경우에는 그 설비의 유효범위에서 설치가 면제된다.
비상방송설비	비상방송설비를 설치하여야 하는 특정소방대상물에 자동화재탐지설비 또는 비상경보설비와 동등 이상의 음향을 발하는 장치를 부설한 방송설비를 화재안전기준에 적합하게 설치한 경우에는 그 설비의 유효범위에서 설치가 면제된다.
자동화재속보설비	자동화재속보설비를 설치해야 하는 특정소방대상물에 화재알림설비를 화재안전기준에 적합하게 설치한 경우에는 그 설비의 유효범위에서 설치가 면제된다.
누전경보기	누전경보기를 설치하여야 하는 특정소방대상물 또는 그 부분에 아크경보기(옥내 배전선로의 단선이나 선로 손상 등에 의하여 발생하는 아크를 감지하고 경보하는 장치를 말함) 또는 전기 관련 법령에 따른 지락차단장치를 설치한 경우에는 그 설비의 유효범위에서 설치가 면제된다.
피난구조설비	피난구조설비를 설치하여야 하는 특정소방대상물에 그 위치 · 구조 또는 설비의 상황에 따라 피난상 지장이 없다고 인정되는 경우에는 화재안전기준이 정하는 바에 의하여 설치가 면제된다.
비상조명등	비상조명등을 설치하여야 하는 특정소방대상물에 피난구유도등 또는 통로유도등을 화재안전기준에 적합하게 설치한 경우에는 그 유도등의 유효범위에서 설치가 면제된다.

설치가 면제되는 소방시설	설치면제 기준
상수도소화용수설비	① 상수도소화용수설비를 설치하여야 하는 특정소방대상물의 각 부분으로부터 수평거리 140[m] 이내에 공공의 소방을 위한 소화전이 화재안전기준에 적합하게 설치되어 있는 경우에는 설치가 면제된다. ② 소방본부장 또는 소방서장이 상수도소화용수설비의 설치가 곤란하다고 인정하는 경우로서 화재안전기준에 적합한 소화수조 또는 저수조를 설치하거나 설치되어 있는 경우에는 그 설비의 유효범위에서 설치가 면제된다.
제연설비	① 제연설비를 설치하여야 하는 특정소방대상물에 다음에 해당하는 설비를 설치한 경우에는 설치가 면제된다. ㉠ 공기조화설비를 화재안전기준의 재연설비기준에 적합하게 설치하고 공기조화설비가 화재 시 제연설비기능으로 자동전환되는 구조로 설치되어 있는 경우 ㉡ 직접 외기로 통하는 배출구 면적의 합계가 당해 제연구역[제연경계(제연설비의 일부인 천장을 포함)에 의하여 구획된 건축물 내의 공간을 말함] 바닥면적의 100분의 1 이상이며, 배출구로부터 각 부분의 수평거리가 30[m] 이내이고, 공기유입구가 화재안전기준에 적합하게(외기를 직접 자연유입할 경우에 유입구의 크기는 배출구의 크기 이상인 경우) 설치되어 있는 경우 ② 제연설비를 설치해야 하는 특정소방대상물 중 노대(露臺)와 연결된 특별피난계단, 노대가 설치된 비상용 승강기의 승강장 또는 배연설비가 설치된 피난용 승강기의 승강장에는 설치가 면제된다.
연결송수관설비	연결송수관설비를 설치하여야 하는 소방대상물에 옥외에 연결송수구 및 옥내에 방수구가 부설된 옥내소화전설비 · 스프링클러설비 · 간이스프링클러설비 또는 연결살수설비를 화재안전기준에 적합하게 설치한 경우에는 그 설비의 유효범위에서 설치가 면제된다. 단, 지표면에서 최상층 방수구의 높이가 70[m] 이상인 경우에는 설치해야 한다.
연결살수설비	① 연결살수설비를 설치하여야 하는 특정소방대상물에 송수구를 부설한 스프링클러설비, 간이스프링클러설비, 물분무소화설비 또는 미분무소화설비를 화재안전기준에 적합하게 설치한 경우에는 그 설비의 유효범위에서 설치가 면제된다. ② 가스 관계 법령에 따라 설치되는 물분무장치 등에 소방대가 사용할 수 있는 연결송수구가 설치되거나 물분무장치 등에 6시간 이상 공급할 수 있는 수원이 확보된 경우에는 설치가 면제된다.
무선통신보조설비	무선통신보조설비를 설치하여야 하는 특정소방대상물에 이동통신 구내 중계기선로설비 또는 무선이동중계기(「전파법」 제58조의2에 따른 적합성 평가를 받은 제품만 해당함) 등을 화재안전기준의 무선통신보조설비기준에 적합하게 설치한 경우에는 설치가 면제된다.
연소방지설비	연소방지설비를 설치하여야 하는 특정소방대상물에 스프링클러설비, 물분무소화설비 또는 미분무소화설비를 화재안전기준에 적합하게 설치한 경우에는 그 설비의 유효범위에서 설치가 면제된다.

03 특정소방대상물의 증축 또는 용도변경 시 소방시설기준 적용의 특례(소방시설법 시행령 제15조) 123회 출제

(1) 특정소방대상물이 증축되는 경우

1) 원칙 : 기존 부분을 포함한 특정소방대상물의 전체에 대하여 증축 시 기준을 적용한다.

2) 예외 : 증축부분만 증축 시 기준을 적용한다.

① 기존 부분과 증축 부분이 내화구조로 된 바닥과 벽으로 구획된 경우

② 기존 부분과 증축 부분이 60+, 60분 방화문(자동방화 셔터 포함)으로 구획된 경우

③ 자동차생산 공장 등 화재위험이 낮은 특정소방대상물

㉠ 내부에 연면적 33[m^2] 이하의 직원 휴게실을 증축하는 경우

㉡ 캐노피(3면 이상에 벽이 없는 구조의 캐노피)를 설치하는 경우

(2) 특정소방대상물이 용도변경되는 경우

1) 원칙 : 용도변경되는 부분만 용도변경 당시의 기준을 적용한다.

2) 예외 : 전체에 대하여 용도변경되기 전의 기준을 적용한다.

① 특정소방대상물의 구조 · 설비가 화재연소확대 요인이 적어지거나 피난 또는 화재진압활동이 쉬워지도록 변경되는 경우

② 용도변경으로 인하여 천장 · 바닥 · 벽 등에 고정된 가연성 물질의 양이 감소하는 경우

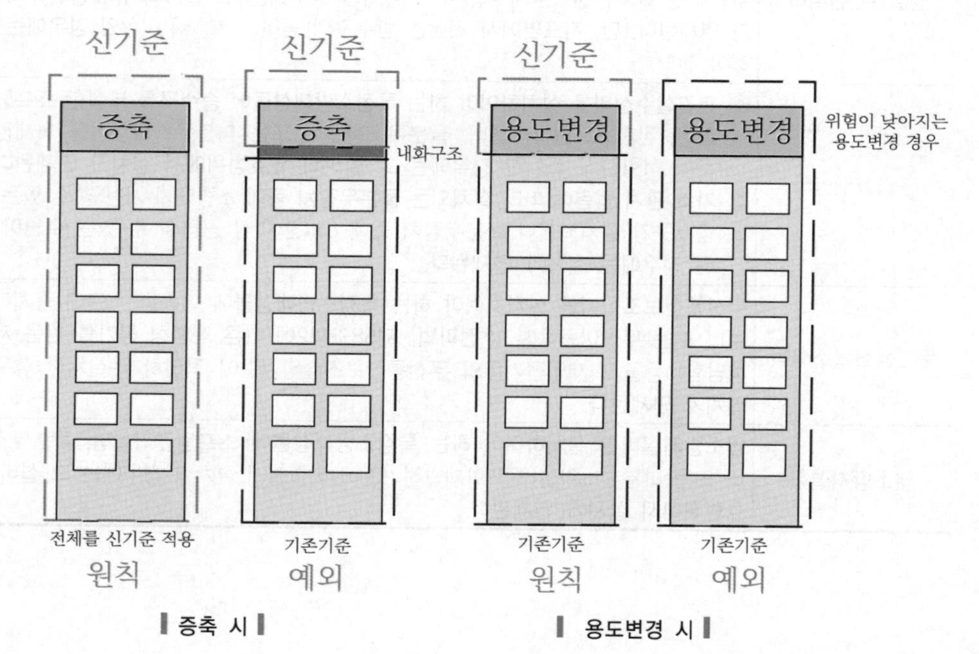

▌증축 시▌ ▌용도변경 시▌

04 소방시설을 설치하지 않는 특정소방대상물의 범위(소방시설법 시행령 제16조 [별표 6])

▌소방시설을 설치하지 않을 수 있는 특정소방대상물 및 소방시설의 범위▐

구분	특정소방대상물	설치하지 않을 수 있는 소방시설
화재위험도가 낮은 특정소방대상물	석재 · 불연성 금속 · 불연성 건축재료 등의 가공공장 · 기계조립공장 또는 불연성 물품을 저장하는 창고	옥외소화전 및 연결살수설비
화재안전기준을 적용하기가 어려운 특정소방대상물	펄프공장의 작업장 · 음료수 공장의 세정 또는 충전하는 작업장, 그 밖에 이와 비슷한 용도로 사용하는 것	스프링클러설비, 상수도소화용수설비 및 연결살수설비
	정수장, 수영장, 목욕장, 농예 · 축산 · 어류양식용 시설, 그 밖에 이와 비슷한 용도로 사용되는 것	자동화재탐지설비, 상수도소화용수설비 및 연결살수설비
화재안전기준을 달리 적용해야 하는 특수한 용도 또는 구조를 가진 특정소방대상물	원자력발전소, 중 · 저준위 방사성폐기물의 저장시설	연결송수관설비 및 연결살수설비
「위험물 안전관리법」의 규정에 의한 자체소방대가 설치된 특정소방대상물	자체소방대가 설치된 제조소 등에 부속된 사무실	옥내소화전설비, 소화용수설비, 연결살수설비 및 연결송수관설비

SECTION 072 적산 및 견적

104회 출제

01 개요

(1) 적산(積算 ; Cost estimating)의 정의(광의)

1) 적산이란 건설물을 생산하는 데 소요되는 비용, 즉 공사비를 산출하는 공사원가계산 과정을 말하는 것이다.

2) 설계도면과 시방서, 현장설명서 및 시공계획에 의거하여 시공하여야 할 재료 및 품의 수량, 즉 공사량과 단위단가를 구하여 재료비, 노무비, 경비를 산출하고 여기에 일반관리비와 이윤 등 기타 소요되는 비용을 가산하여 총공사비를 산출하는 과정을 말한다.

(2) 적산(협의)과 견적

1) 적산 : 공사에 필요한 공사 수량(재료와 품/노무비의 수량) 산출 활동

2) 견적 : 공사 수량에 적정 단가를 곱하여 공사비를 산출하는 기술 활동

02 작업과정

(1) 설계도서 인수

도면, 시방서, 현장설명서 등

(2) 적산조건 확인

1) 설계도서(도면, 시방서, 현장설명서 등) 검토

2) 적산기간(제출일), 적산투입 인력확인

3) 내역서 작성기준, 수량산출방법, 단가적용기준

4) 품셈의 적용기준

① 소방품셈을 원칙적으로 적용하고 없는 경우는 기계 · 전기의 유사공정을 적용한다.

② 품셈의 적용기준과 '주'를 확인하여 중복적용이나 누락이 생기지 않도록 한다.

5) 제비율 적용기준 확인 : 조달청 원가계산 간접공사비율(제비율)을 기준으로 작성한다.

6) 자재업체 일람, 입찰유의서 등

7) 기타 의뢰인(발주자 또는 견적참여자)이 요청하는 사항

(3) 수량산출 및 단가조사

1) 도면에 의해서 공정별 수량을 산출한다.

2) 단가조사 : 물가정보지 자료, 외부견적서 의뢰 등

(4) 수량산출 집계

계산, 검산, 분석, 외부견적서 취합, 일위대가표 검토 등

(5) 산출 내역서 작성

1) 공사별(공종별) 분류

2) 내역서 작성

3) 단가 적용 : 일위대가표, 외부견적서, 자재단가 조사서 등

(6) 원가계산서 작성

직접공사비 + 간접비 + 제경비 + 이윤(산출내역서 첨부)

03 주의사항

(1) 수량산출 계상은 정부재정 표준품셈, 단위 및 소수위 표준, 금액단위 표준, 수량의 환산율을 기준한다.

1) **설계수량** : 설계도면에 표시된 계산수량

2) **계획수량** : 시공계획에 따른 수량

3) **소요수량** : 제품수치에 의한 절단방법 및 시공상의 손실 등을 포함한 수량

(2) 적산은 설계도서를 금액으로 환산하는 것이므로 도면에 명기된 내용이 정확하게 적산에 반영되도록 수량산출 과정에서의 수치가 설계도서의 어느 부분의 내용인가를 표시하며 산출한다.

(3) 설계도서에 불분명하게 표시된 사항은 설계자에게 명확하게 질의하며, 문의내용 확인시간 등을 문서 또는 기록으로 남기도록 한다.

(4) 수량산출서는 중복되지 않게 세분하여 작업한다.

1) 수평방향에서 수직방향으로

2) 시공순서대로

3) 내부에서 외부로

4) 큰 곳에서 작은 곳으로

5) 아파트의 경우 단위세대에서 전체로

(5) 계산 시 산출산식, 내용표시, 단위 등을 명확히 하고 간단명료하게 표현하며 계산이 완료되면 도면, 시방서, 외주견적서, 질의응답서, 지시사항 등을 확인 검토한다.

SECTION 073

물가변동에 따른 계약금액 조정

126 · 109회 출제

01 개요

(1) 물가변동에 의한 계약금액 조정을 Escalation이라고 부르기도 한다. 물가변동에 의한 계약금액 조정이란 계약체결 후 일정기간이 경과된 시점에서 계약금액을 구성하는 각종 품목 또는 비목의 가격이 상승 또는 하락된 경우 계약금액을 증감 조정하는 제도를 말한다.

(2) 당사자 일방의 불공평한 경제적 부담을 심화하면 공사계약 진행에 무리가 가기 때문에 이러한 상황의 변경을 경감시켜 계약이행을 원활히 할 수 있도록 만들 수 있는 계약금액조정 제도이다.

02 물가변동으로 인한 계약금액 조정

(1) 조정방법

구분	기간	등락
지수조정률	90일 경과	3[%] 증감
품목조정률	90일 경과	3[%] 증감
단품조정	–	15[%] 증감
원자재가격 급등 등	계약이행 곤란함 인정	
환율변동	90일 경과	3[%] 증감

(2) 원가계산

1) 일반관리비 비율 : 공사의 경우 6[%]를 초과하지 못한다.

2) 이윤율 : 특별한 사유 외에는 15[%]를 넘지 못한다.

(3) 계약금액 조정 여부와 구체적 범위

발주자와 계약상대자 간의 계약을 통하여 정할 수 있다.

(4) 선급금을 지급한 경우 공제금액의 산출

공제금액 = 물가변동적용대가 × (품목조정률 또는 지수조정률) × 선급금률

(5) 물가변동에 따른 계약금액 조정 요청서류

1) 물가변동 조정요청서

2) 계약금액 조정요청서
3) 품목조정률 또는 지수조정률 산출근거
4) 계약금액 조정 산출근거
5) 기타 설계변경 시 필요한 서류

03 단계별 주요 확인사항

물가변동 요건충족 검토		제출서류 확인		작성자료 검토		물가변동적용 및 제외대가 구분	
① 조정방법(지수, 품목) ② 요건확인(기간, 등락)	→	① 관련 기관 의견서, 공문 ② 계약서 및 산출내역서 ③ 예정공정표, 공정보고	→	① 계약서상 조정방법 일치 여부 ② 신규비목 설계변경 자료	→	① 제외대가(공정확인, 물가변동 전 기성대가) ② 법정 경비 공정률 반영	→

비목군 분류, 가중치 산정		신규품목 물가지수		물가자료 적정성		최종확인
① 순공사비, 노무비, 경비, 재료비 ② 표준시장단가, 법정경비	→	① 신규품목 비목분류 및 계수 산출 ② 물가지수 확인 ③ 비목별 지수적용	→	① 품목별 입찰 당시 물가조사방법 대상과 일치 여부 ② 조정일 적용가격	→	① 총사업비 검토보고서 작성 ② 최종데이터 저장, 관리

04 품목조정률과 지수조정률

(1) 품목조정률

1) 계약금액을 구성하고 있는 모든 각종 품목 또는 비목을 대상으로 품목조정률을 산정한 후 물가변동적용대가에 품목조정률을 곱하여 계약금액을 조정하는 방법이다.
2) 설계변경 등으로 당초의 계약금액이 증감되었다면 그 증감된 계약금액을 기준으로 실시한다.
3) 품목조정률 산정 방법

$$\text{품목조정률} = \frac{\sum(\text{각종 품목 또는 비목의 수량} \times \text{등락폭}) + \text{일반관리비} + \text{이윤} + \text{부가가치세 등}}{\text{계약금액}}$$

여기서, 등락폭=계약단가×등락률

$$\text{등락률} = \frac{\text{물가변동 당시 가격} - \text{입찰 당시 가격}}{\text{계약 당시 가격}}$$

(2) 지수조정률

1) 계약금액을 구성하는 비목을 유형별로 정리하여 비목군을 편성하고 각 비목군별 순공사원가에 대한 계수를 산정한 후 비목군별로 지수조정률을 산출하여 지수 조정률 값이 3[%] 이상일 때 계약금액을 조정하는 방법이다.

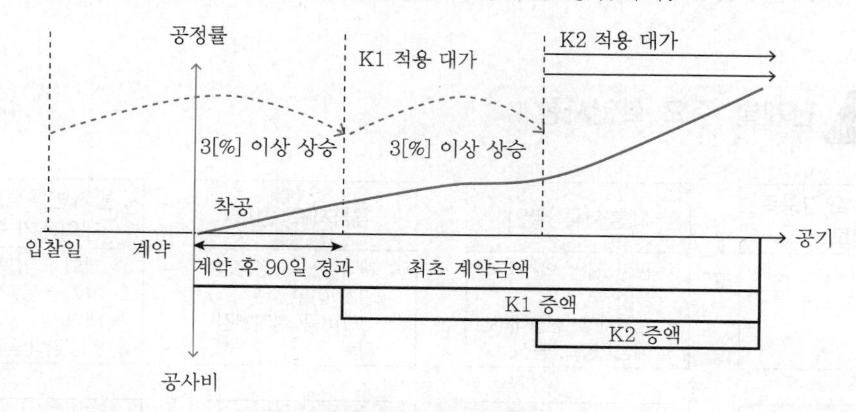

▍지수조정률에 의한 물가변동 개념도 ▍

2) 지수조정률에 따른 계약금액 적용지수

① 한국은행이 조사하여 공표하는 생산자물가 기본분류지수 또는 수입물가지수

② 정부 · 지방자치단체 또는 공공기관이 결정 · 허가 또는 인가하는 노임 · 가격 또는 요금의 평균지수

③ 조사 · 공표된 가격의 평균지수

④ 그 밖에 ①부터 ③까지와 유사한 지수로서, 기획재정부장관이 정하는 지수

⑤ 노무비 지수는 공인기관이 조사, 공표한 노임단가에 대하여 해당 부문 직종의 평균단가

3) 지수조정률(K) 산정방법

$$지수조정률(K) = (\Sigma 비목군\ 조정계수 - 1) \times 100[\%]$$

여기서, 비목군 조정계수 = 계수 × 지수변동률

$$지수변동률 = \frac{비교시점\ 지수}{기준시점\ 지수}$$

(3) 계약금액 조정

1) 계약금액 중 조정기준일 이후에 이행되는 부분의 품목조정률 또는 지수조정률을 곱하여 산출한다.

2) 계약상 조정기준일 전에 이행이 완료되어야 할 부분은 적용대가에서 제외한다.

3) 선급금을 지급할 경우 공제금액을 산출한다.

공제금액 = 물가변동 적용대가 × (품목조정률 또는 지수조정률) × 선급금률

4) 감리원은 시공자로부터 물가변동에 따른 계약금액 조정을 요청받은 경우 검토 및 확인을 하여야 하며 시공자는 감리원의 협조요청에 지체없이 응해야 한다.

5) 발주자는 계약상대자로부터 계약금액의 조정을 청구받은 날로부터 30일 이내에 계약금액을 조정하여야 한다.

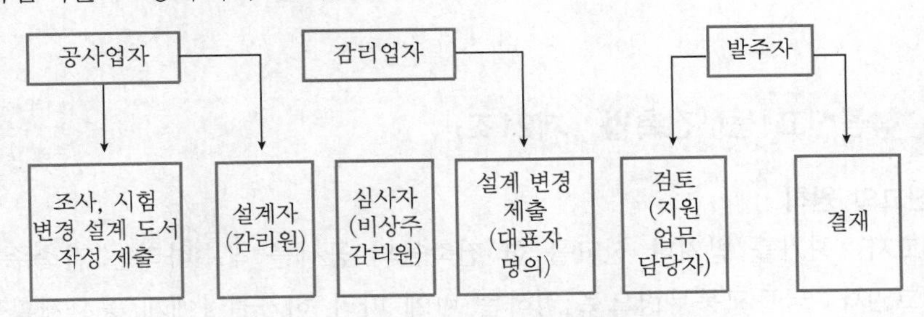

▌설계변경에 따른 계약금액 조정업무 처리절차▐

(4) 품목조정률과 지수조정률의 비교

구분	지수조정률	품목조정률
개요	계약금액의 산출내역을 구성하는 비목군의 지수변동이 당초 계약금액에 비하여 3[%] 이상 증감 시 동 계약금액을 조정	계약금액의 산출내역을 구성하는 품목 또는 비목의 가격이 당초 계약금액에 비하여 3[%] 이상 증감 시 동 계약금액을 조정
조정률 산출방법	① 계약금액을 구성하는 비목을 유형별로 정리한 '비목군'을 분류 ② 당해 비목군에 계약금액에 대한 가중치 부여(계수) ③ 비목군별로 생산자물가 기본 분류지수 등을 대비하여 산출	계약금액을 구성하는 모든 품목 또는 비목의 등락을 개별적으로 계산하여 등락률을 산정
장점	① 한국은행에서 발표하는 생산자물가 기본 분류지수, 수입물류지수 등을 이용하므로 조정률 산출이 쉬움 ② 일반적으로 사용되는 물가변동에 따른 계약금액 조정방식임	계약금액을 구성하는 각 품목 또는 비목별로 등락률을 산출하므로 당시 비목에 대한 조정 사유를 실제대로 반영가능
단점	평균가격 개념인 지수를 이용하므로 당해 비목에 대한 조정 사유가 실제대로 반영되지 않는 경우가 있음	매 조정 시 마다 수많은 품목 또는 비목의 등락률을 산출해야 하므로 계산이 복잡함
용도	계약금액의 구성비목이 많고 조정횟수가 많을 경우에 적합(장기, 대규모, 복합 공종공사 등)	계약금액의 구성비목이 적고 조정횟수가 많지 않을 경우에 적합(단기, 소규모, 단순 공종공사 등)

SECTION 074

착공신고

01 착공신고 등(「건축법」 제21조)

(1) 착공신고의 원칙

1) 신고자 : 허가를 받거나 신고를 한 건축물의 공사를 착수하려는 건축주

2) 신고권자 : 국토교통부령으로 정하는 바에 따라 허가권자에게 공사계획을 신고한다.

3) 예외 : 건축물의 철거를 신고할 때 착공 예정일을 기재한 경우

(2) 공사계획을 신고하거나 변경신고를 하는 경우

해당 공사감리자(공사감리자를 지정한 경우만 해당)와 공사시공자가 신고서에 함께 서명한다.

(3) 신고인에게 통지

1) 허가권자는 3일 이내에 신고 수리 여부 또는 민원처리 관련 법령에 따른 처리기간의 연장 여부를 통보한다.

2) 통지하지 아니하면 그 기간이 끝난 날의 다음 날에 신고를 수리한 것으로 본다.

(4) 건축주는 「건설산업기본법」 제41조를 위반하여 건축물의 공사를 하거나 하게 할 수 없다.

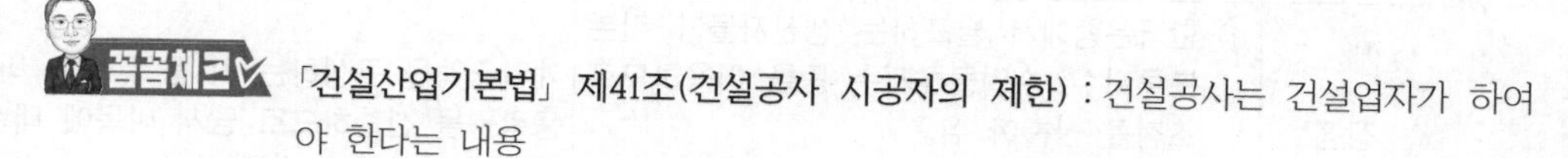

「건설산업기본법」 제41조(건설공사 시공자의 제한) : 건설공사는 건설업자가 하여야 한다는 내용

(5) 허가를 받은 건축물의 건축주는 신고를 해야 하며, 각 계약서 사본을 첨부해야 한다.

02 착공신고 등(「건축법 시행규칙」 제14조)

(1) 착공신고 서류

1) 착공신고서

2) 건축관계자 상호 간의 계약서 사본(해당 사항이 있는 경우로 한정)

3) [별표 4의2]의 설계도서

(2) 공사착수 시기의 연기

착공연기신청서를 허가권자에게 제출한다.

(3) 관계기관에 토지굴착 통보의무

허가권자는 토지굴착공사를 수반하는 건축물로서, 가스, 전기 · 통신, 상 · 하수도 등 지하매설물에 영향을 줄 우려가 있는 건축물의 착공신고가 있는 경우에는 당해 지하매설물의 관리기관에 토지굴착공사에 관한 사항을 통보한다.

03 착공신고(「소방시설공사업법」 제13조)

(1) 공사업자의 소방신고 의무

1) 신고내용 : 대통령령으로 정하는 소방시설공사를 하려면 행정안전부령으로 정하는 바에 따라 그 공사의 내용, 시공 장소, 그 밖에 필요한 사항

2) 신고권자 : 소방본부장이나 소방서장

(2) 변경신고 또는 보고의무

1) 행정안전부령으로 정하는 중요한 사항을 변경 : 변경신고

2) 중요한 사항에 해당하지 아니하는 변경사항 : 공사감리 결과보고서에 포함하여 보고한다.

04 소방시설공사의 착공신고 대상(「소방시설공사업법 시행령」 제4조)

(1) 대통령령으로 정하는 소방시설공사

공사의 종류	설비의 종류		
신축, 증축, 개축, 재축(再築), 대수선(大修繕) 또는 구조변경 · 용도변경	소화설비	소화전	옥내소화전(호스릴 포함)
			옥외소화전
		스프링클러 등	스프링클러
			간이스프링클러(캐비닛형 포함)
			화재조기진압용
		물분무 등	물분무
			포소화
			이산화탄소
			할론
			할로겐화합물 및 불활성 기체
			미분무
			강화액
			분말

<table>
<tr><th>공사의 종류</th><th colspan="3">설비의 종류</th></tr>
<tr><td rowspan="10">신축, 증축, 개축, 재축(再築), 대수선(大修繕) 또는 구조변경 · 용도변경</td><td rowspan="6">소화활동설비</td><td colspan="2">연결송수관</td></tr>
<tr><td colspan="2">연결살수</td></tr>
<tr><td colspan="2">제연설비(겸용의 경우 설비공사업자가 하는 경우 제외)</td></tr>
<tr><td colspan="2">연소방지</td></tr>
<tr><td colspan="2">비상콘센트(공사업자가 하는 경우 제외)</td></tr>
<tr><td colspan="2">무선통신보조설비(겸용의 경우 설비공사업자가 하는 경우 제외)</td></tr>
<tr><td>소화용수설비</td><td colspan="2">소화용수(공사업자가 하는 경우 제외)</td></tr>
<tr><td rowspan="3">경보설비</td><td colspan="2">자동화재탐지설비</td></tr>
<tr><td colspan="2">비상경보</td></tr>
<tr><td colspan="2">비상방송(겸용의 경우 설비공사업자가 하는 경우 제외)</td></tr>
<tr><td rowspan="2">설비를 증설하는 공사</td><td rowspan="2">소화설비</td><td rowspan="2">소화전</td><td>옥내소화전</td></tr>
<tr><td>옥외소화전</td></tr>
<tr><td rowspan="10">구역을 증설하는 공사</td><td rowspan="3">소화설비</td><td rowspan="3">방호구역</td><td>스프링클러</td></tr>
<tr><td>간이스프링클러</td></tr>
<tr><td>물분무 등</td></tr>
<tr><td>경보설비</td><td>경계구역</td><td>자동화재탐지</td></tr>
<tr><td rowspan="5">소화활동설비</td><td>제연구역</td><td>제연설비</td></tr>
<tr><td rowspan="2">살수구역</td><td>연결살수</td></tr>
<tr><td>연소방지</td></tr>
<tr><td>송수구역</td><td>연결송수관</td></tr>
<tr><td>전용 회로</td><td>비상콘센트</td></tr>
<tr><td rowspan="3">다음 시설물의 전부 또는 일부를 개설, 이전 또는 정비하는 공사(단, 긴급보수 · 교체는 제외)</td><td colspan="3">수신반</td></tr>
<tr><td colspan="3">소화펌프</td></tr>
<tr><td colspan="3">동력(감시)제어반</td></tr>
</table>

05 착공신고 등(「소방시설공사업법 시행규칙」 제12조)

(1) 신고기한

소방시설공사의 착공 전

(2) 첨부서류

1) 소방시설공사 착공(변경)신고서

2) 첨부서류

① 공사업자의 소방시설공사업 등록증 사본 및 등록수첩

② 해당 소방시설공사의 책임시공 및 기술관리를 하는 기술인력의 기술자격증(자격수첩) 사본

③ 설계도서(설계설명서를 포함하되, 건축허가 동의 시 제출된 설계도서가 변경된 경우에만 첨부)

④ 소방시설공사 하도급통지서 사본(소방시설공사를 하도급하는 경우에만 첨부)

(3) 행정안전부령으로 정하는 중요한 사항

1) 시공자

2) 설치되는 소방시설의 종류

3) 책임시공 및 기술관리 소방기술자

(4) 변경신고

1) 기간 : 공사업자는 변경일부터 30일 이내

2) 변경된 해당 서류를 첨부하여 소방본부장 또는 소방서장에게 신고한다.

(5) 소방본부장 또는 소방서장은 소방시설공사 착공신고 또는 변경신고를 받은 경우 다음과 같이 처리한다.

1) 2일 이내에 소방시설업 등록수첩에 소방시설공사현장에 배치되는 소방기술자의 자격증 번호, 성명, 시공현장의 명칭 · 소재지 및 현장 배치기간을 기재하여 발급한다.

2) 발급한 날부터 7일 이내에 협회 또는 소방기술자 인정자에게 통보한다.

3) 소방본부장 또는 소방서장은 소방시설 착공 및 완공대장에 필요한 사항을 기록하여 관리한다.

SECTION 075 사용승인

01 건축물의 사용승인(「건축법」 제22조)

(1) 사용을 위한 사용승인

1) 신청자 : 건축주

2) 대상 : 허가를 받았거나 신고를 한 건축물의 건축공사를 완료한 후 그 건축물을 사용하려는 건축물

3) 제출서류 : 공사감리자가 작성한 감리완료보고서와 국토교통부령으로 정하는 공사완료도서를 첨부

4) 허가권자에게 사용승인을 신청한다.

(2) 사용승인서 교부

1) 원칙 : 허가권자는 사용승인신청을 받으면 국토교통부령으로 정하는 기간에 다음의 사항에 대해 검사하고, 검사에 합격한 건축물에 대하여는 사용승인서를 교부한다.

① 사용승인을 신청한 건축물이 이 법에 따라 허가 또는 신고한 설계도서대로 시공되었는지의 여부

② 감리완료보고서, 공사완료도서 등의 서류 및 도서가 적합하게 작성되었는지의 여부

2) 예외 : 해당 지방자치단체의 조례로 정하는 건축물은 사용승인을 위한 검사를 하지 아니하고 사용승인서를 교부할 수 있다.

(3) 사용승인 후 사용원칙

1) 건축주는 사용승인을 받은 후가 아니면 건축물을 사용하거나 사용하게 할 수 없다.

2) 예외

① 허가권자가 기간 내에 사용승인서를 교부하지 아니한 경우

② 사용승인서를 교부받기 전에 공사가 완료된 부분이 건폐율, 용적률, 설비, 피난·방화 등 국토교통부령으로 정하는 기준에 적합한 경우로서, 기간을 정하여 대통령령으로 정하는 바에 따라 임시로 사용의 승인을 한 경우

(4) 건축물대장에 기재

1) 특별시장 또는 광역시장이 사용승인을 한 경우 군수 또는 구청장에게 알려서 건축물대장에 기재한다.

2) 내용 : 설계자, 대통령령으로 정하는 주요 공사의 시공자, 공사감리자를 기재한다.

02 건축물의 사용승인(「건축법 시행령」 제17조)

(1) 임시사용승인

1) 신청서 제출

① 목적 : 건축주는 사용승인서를 받기 전에 공사가 완료된 부분에 대한 임시사용의 승인을 받으려는 경우

② 국토교통부령으로 정하는 바에 따라 임시사용승인신청서를 허가권자에게 제출한다.

2) 임시사용승인

① 허가권자는 신청서를 접수한 경우에는 공사가 완료된 부분이 적합한 경우에만 임시사용을 승인한다.

② 식수 등 조경에 필요한 조치를 하기에 부적합한 시기에는 조건부로 임시사용의 승인이 가능하다.

3) 임시사용승인 기간 : 2년 이내

(2) 대통령령으로 정하는 주요 공사의 시공자(건축물대장에 기재)

1) 종합공사를 시공하는 업종을 등록한 자로서, 발주자로부터 건설공사를 도급받은 건설업자

2) 「전기공사업법」, 「소방시설공사업법」 또는 「정보통신공사업법」에 따라 공사를 수행하는 시공자

03 사용승인신청(「건축법 시행규칙」 제16조)

(1) 건축물의 사용승인 신청서류

1) (임시)사용승인 신청서

2) 첨부서류

① 공사감리자를 지정한 경우 : 공사감리완료보고서

② 허가를 받아 건축한 건축물의 건축허가도서에 변경이 있는 경우 : 설계변경사항이 반영된 최종 공사완료도서

③ 신고를 하여 건축한 건축물 : 배치 및 평면이 표시된 현황도면

④ 액화석유가스의 사용시설에 대한 완성검사를 받아야 할 건축물인 경우 : 액화석유가스 완성검사필증

⑤ 사용승인 · 준공검사 또는 등록신청 등을 받거나 하기 위하여 해당 법령에서 제출하도록 의무화하고 있는 신청서 및 첨부서류(해당 사항이 있는 경우로 한정함)
⑥ 감리비용을 지불하였음을 증명하는 서류
⑦ 내진능력을 공개하여야 하는 건축물인 경우 : 건축구조기술사가 날인한 근거자료

(2) 현장검사

1) 허가권자는 사용승인신청을 받은 경우에는 7일 이내에 사용승인을 위한 현장검사를 실시한다.
2) 현장검사에 합격한 건축물에 대하여는 사용승인서를 신청인에게 발급한다.

04 완공검사(「소방시설공사업법」 제14조)

(1) 완공검사 의무

1) 원칙 : 공사업자는 소방시설공사를 완공하면 소방본부장 또는 소방서장의 완공검사를 받아야 한다.
2) 예외
① 공사감리자가 지정된 경우에는 공사감리 결과보고서로 완공검사를 갈음한다.
② 대통령령으로 정하는 특정소방대상물의 경우 : 소방본부장이나 소방서장이 소방시설공사가 공사감리 결과보고서대로 완공되었는지를 현장에서 확인할 수 있다.

(2) 부분완공검사

1) 공사업자가 소방대상물 일부분의 소방시설공사를 마친 경우로서 전체 시설이 준공되기 전에 부분적으로 사용할 필요가 있는 경우에는 그 일부분에 대하여 소방본부장이나 소방서장에게 부분완공검사를 신청한다.
2) 소방본부장이나 소방서장은 그 일부분의 공사가 완공되었는지를 확인한다.

(3) 완공검사의 문제점 128회 출제

1) 소방시설 완공 전 감리결과보고서 제출
① 순서는 건축 사용승인 신청 후에 소방완공검사 교부로 바뀌었으나, 무리한 사용승인 일정으로 인한 보완, 추가공사 등이 많은 실정이다.
② 사용승인 일정이 촉박한 경우 건축주로부터 감리결과보고서 제출을 강요받는다.
③ 소방시설 성능 및 시공이 미흡한 상태로 감리결과보고서를 제출하는 경우가 종종 발생한다.

2) 완공검사 후 사용승인일 사이 소방시설 훼손

① 완공검사 후 사용승인일 사이 인테리어 공사 등으로 소방시설이 훼손되는 경우가 있다.

② 감리자 철수 후에는 책임소재가 불명확해진다.

3) 감리원 인적 구성

① 상주감리 현장의 경우 일반적으로 감리원 2명으로 구성된다.

② 200,000[m^2] 미만의 현장의 경우 소방감리원 1명이 모든 소방시설에 대해 완공검사를 해야 한다.

③ 2명이 소방시설 전체를 성능시험하는 것은 현실적으로 인력부족 문제가 발생한다.

4) 건축법 관련 시설의 감리

① 소방법 적용을 받지 않는 건축의 소방시설의 경우 소방감리가 감리를 하기에 어려움이 있다.

② 건축법 관련 소방시설의 경우 변경하기에 어려움이 크다.

5) 성능시험 장비 및 인력 부족

(4) 완공검사에 대한 개선사항

1) 소방시설 완공 후 완공검사 의무화

2) 감리기간 연장

① 감리자 배치기간을 건축물 사용승인일까지 연장하여 소방시설 훼손 및 변경행위 등 관리 · 감독한다(기존 배치기간 : 착공일 ~ 완공검사증명서 발급일).

② 감리원은 소방시설의 이상 유무를 관계인 또는 소방안전관리자 등에게 인계인수하고 철수한다.

3) **적정한 소방감리원 수 지정** : 현장의 규모가 아닌 소방시설의 종류 및 수에 따라 소방감리원 배치가 되도록 하여 신뢰도를 확보할 수 있도록 해야 한다.

4) **건축설계 시 소방감리원 참여** : 건축허가 전 기본설계 단계에서 소방감리가 설계감리에 참여한다.

5) 성능시험 전문업체에게 성능시험하도록 개선

05 완공검사를 위한 현장확인 대상 특정소방대상물의 범위(「소방시설공사업법 시행령」 제5조)

(1) 문화 및 집회시설, 종교시설, 판매시설, 노유자(老幼者)시설, 수련시설, 운동시설, 숙박시설, 창고시설, 지하상가 및 다중이용업소

(2) 다음의 어느 하나에 해당하는 설비가 설치되는 특정소방대상물
1) 스프링클러설비 등
2) 물분무등소화설비(호스릴 방식의 소화설비는 제외)

(3) 연면적 10,000[m^2] 이상인 특정소방대상물(아파트는 제외)

(4) 11층 이상인 특정소방대상물(아파트는 제외)

(5) 가연성 가스를 제조 · 저장 또는 취급하는 시설 중 지상에 노출된 가연성 가스탱크의 저장용량 합계가 1,000[ton] 이상인 시설

SECTION 076

소방준공

01 개요

(1) 준공의 정의

준공이란 공사가 적법하게 완료되었음을 문서상으로 처리함을 의미한다.

(2) 건축물에서 준공이란 건물이 사용승인을 받음과 같은 의미로 사용한다.

(3) 소방설비의 준공에는 설비의 성능이 적합하게 설치되었는가를 확인하기 위해 시운전(성능시험) 계획서와 시운전 성과품에 포함된다.

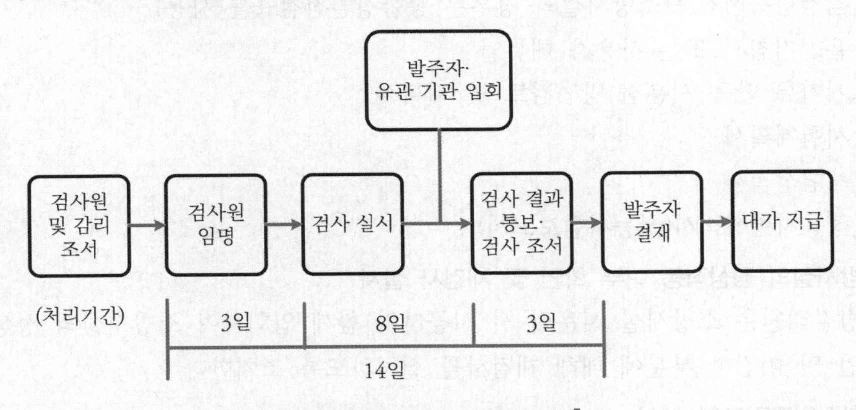

▌기성검사 및 준공검사 처리절차▐

02 시운전(성능시험)계획서

(1) 시운전 계획수립

1) 소방준공검사 대비 소방시설의 성능에 대한 시운전 계획을 수립하도록 지도 : 소방감리원은 시공자에게 대략 시운전 30일 전

2) 시운전계획서에 포함되어야 할 사항

① 시운전 일정

② 시운전 항목 및 종류, 시운전 절차

③ 시험 장비 및 보정, 설비기구 사용계획 및 운전요원

④ 검사요원 선임 계획

(2) 시운전계획 검토서

1) 소방감리원은 시공자로부터 시운전계획서를 접수받아 시운전검사 20일 전에 검토하여 발주청 및 시공자에게 통보한다.
2) 소방관련 타 공종의 작업공정일정 대비 시운전 일정을 확인한다. 이 경우 전기 수전일정 계획, 설비 통수일정 계획, 통신 전관방송설비 설치 일정 및 건축방화 관련 설비 등이 포함된다.

03 시운전 성과품(종합정밀점검표)

(1) 시운전 완료 후 서류검사

소방감리원은 시공자가 작성한 시운전계획서에 의해 시운전 완료 후 아래의 성과품을 시공자로부터 제출받아 검토 후 발주청으로 인계한다.

1) 점검항목점검표(소방시설의 경우는 종합정밀점검표를 사용)
2) 운전지침서 또는 사용자 매뉴얼
3) 기기류 단독 시운전 방법검토 및 계획서
4) 시험계획서
5) 시험성적서
6) 성능시험성적서(성능시험보고서)

(2) 소방시설의 정상작동 여부 확인 및 재검사 실시

소방감리원은 소방시설 시운전 시 시공자와 함께 입회하여 소방시설의 정상작동 여부 확인 및 미진한 부분에 대해 재검사를 실시하도록 조치한다.

(3) 종합정밀점검표의 작성

종합정밀점검표는 소방준공검사 완료 후 관할소방서에 소방감리결과 보고 시 첨부해야 할 서식이므로 정확하게 명기한다.

SECTION 077

소방검정

01 개요

(1) 소방용품의 규격 및 검정에 관하여는 그 필요한 사항과 기술상의 규격을 정하여 소방상의 목적을 달성하도록 규제하고 있다.

(2) 일반 기계나 전기와는 달리 화재진화 시 긴박한 상황에서 그 목적 달성을 위한 최소한의 성능을 만족하기 위해 규제를 하고 있다고 할 수 있다.

(3) 소방용품은 다양한 화재현상을 감지하고 진압하기 위하여 많은 부분이 과학적이고 기술적인 요소로 구성되어 있다.

(4) 소방용품의 작동 특성은 직 · 간접적인 화재에 노출 등을 통하여 확인할 수 있다.

(5) 소방용품은 일반인이 판단하거나 확인할 수 없는 전문성이 요구된다는 것이다.

(6) 전문성이 요구되는 소방용품에 대한 성능판단을 소비자의 선택과 책임으로 일임할 수는 없게 되고, 또한 소방용품이 정상적으로 작동하지 않으면 큰 재산 및 인명피해를 유발하므로 이를 소방용품 전문기관의 시험과 판단 때문에 안전성을 담보할 수 있다는 것이다.

02 소방용품의 법령체계

검정(형식승인 및 제품검사)/ 방염성능검사/성능시험
소방시설 설치 및 관리에 관한 법률 • 제21조 : 방염성능의 검사 • 제37조 : 소방용품의 형식승인 등 • 제40조 : 소방용품의 성능인증 등

업무위탁
1. 소방시설 설치 및 관리에 관한 법률 • 제50조 : 권한의 위임과 위탁 등 2. 소방시설 설치 및 관리에 관한 법률 시행령 • 제48조 : 권한 또는 업무의 위임 · 위탁 등

대상품목의 범위
1. 소방시설 설치 및 관리에 관한 법률 시행령 • 제32조 : 시 · 도지사가 실시하는 방염성능검사 2. 소방용품의 품질관리 등에 관한 규칙 • 제4조 : 선처리물품의 방염성능검사의 방법 • 제5조 : 방염성능검사 합격표시 등 • 제6조 : 형식승인의 신청 등 • 제7조 : 형식승인의 방법 등 • 제15조 : 성능인증의 대상 및 신청 등, [별표 7]

시설기준 및 업무수행에 필요한 방법 · 절차
소방용품의 품질관리 등에 관한 규칙 제1장 총칙 / 제2장 방염성능검사 / 제3장 형식승인 / 제4장 성능인증 / 제5장 제품검사 / 제6장 우수품질인증 / 제7장 전문기관의 지정 등

기술기준
1. 형식승인 및 검정기술기준 2. 방염성능의 기준 3. 성능시험기술기준

03 소방용품 형식승인 체계

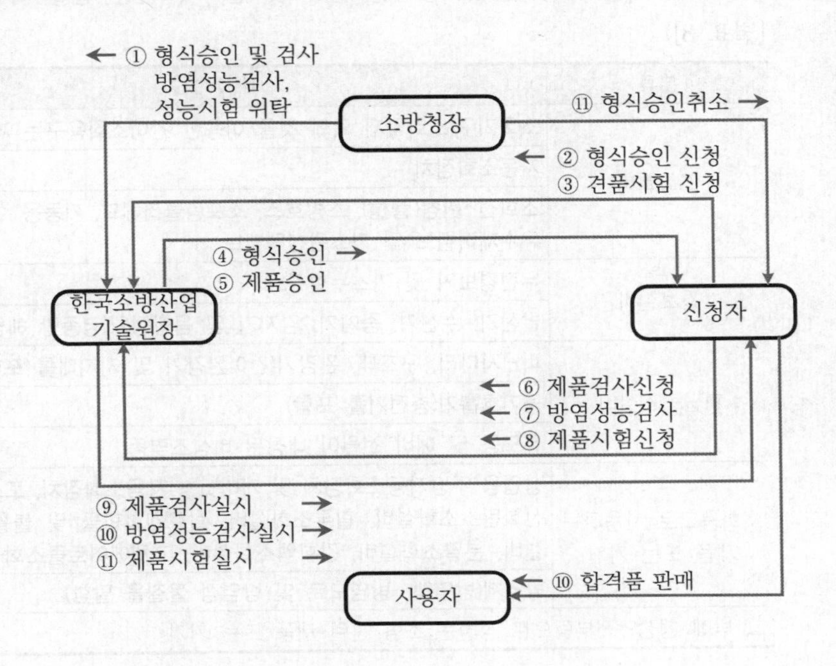

04 소방검정 129회 출제

(1) 종류

1) 대통령령에서 정하는 소방용품의 견품에 대하여 실시하는 형식승인

2) 형식승인을 받은 후 양산된 제품을 판매 등의 목적으로 신청한 제품에 대하여 실시하는 제품검사

① 사전제품검사

② 사후제품검사

(2) 의무검정

1) 형식승인

① 정의 : 물품을 제작, 수입하여 자세히(모양, 성능) 소방산업기술원의 기준에 적합한 소정의 성능을 보유하고 있는가를 검정

② 목적 : 성분 및 성능이 규칙에서 정하는 소방용품의 품질관리 기준에 적합한가를 검정

③ 강제규정 : 형식승인을 득한 다음 제품검사를 받고 판매 또는 사용이 가능

④ 소방용품의 모델을 결정하는 검사 → 형식승인번호 부여

㉠ 형식시험 : 성능이 형식승인기준에 적합한지 아닌지를 검사

㉡ 시험시설심사 : 신청자가 보유한 시험시설이 규정에 적합한지 아닌지를 검사

㉢ 형식승인 대상 소방용품(「소방시설 설치 및 관리에 관한 법률 시행령」 제6조 [별표 3])

분류	대상 기기
소화설비	소화기구(소화약제 외의 것을 이용한 간이소화용구는 제외)
	자동소화장치
	소화전, 관창(菅槍), 소방호스, 스프링클러헤드, 기동용 수압개폐장치, 유수제어밸브 및 가스관선택밸브
경보설비	누전경보기 및 가스누설경보기
	발신기, 수신기, 중계기, 감지기 및 음향장치(경종만 해당)
피난구조설비	피난사다리, 구조대, 완강기(간이완강기 및 지지대를 포함)
	공기호흡기(충전기를 포함)
	유도등 및 예비 전원이 내장된 비상조명등
소화용으로 사용하는 제품 또는 기기	상업용 주방자동소화장치 및 캐비닛형 자동소화장치, 포소화설비, 이산화탄소소화설비, 할론소화설비, 할로겐화합물 및 불활성기체소화설비, 분말소화설비, 강화액소화설비, 고체에어로졸소화설비
	방염제(방염액 · 방염도료 및 방염성 물질을 말함)
그 밖에 행정안전부령으로 정하는 소방 관련 제품 또는 기기	

소방용품 : 소방시설 등을 구성하거나 소방용으로 사용되는 제품 또는 기기로서 대통령령으로 정하는 것

2) 방염성능검사

① 선처리물품 : 제조 또는 가공 과정에서 방염처리(불에 잘 타지 아니하는 소재로 제조되거나 가공되는 경우를 포함)되는 물품의 방염성능검사

선처리물품 : 제조 또는 가공 과정에서 방염처리(불에 잘 타지 아니하는 소재로 제조되거나 또는 가공되는 경우를 포함한다)되는 물품

② 현장처리물품 : 설치현장에서 방염처리되는 목재 및 합판에 대한 방염성능검사

(3) 자율검정

1) 성능인증 : 형식승인 대상 이외의 소방용품에 대하여 국가에서 성능기준을 고시하고 관계인의 요청으로 시험을 시행하여 성능기준을 만족하는 것을 인증하는 것으로 제품의 모델을 결정하는 시험

성능인증시험 : 성능인증 대상 품목이나 소방대상물에 설치된 소방용품은 「소방시설 설치 및 관리에 관한 법률」 제40조의 규정에 의거 신청인이 요청하는 경우에 성능시험을 실시하고 있다.

① 모델을 정하는 견품 성능인증 시험

② 양산제품에 대하여 검사하는 제품 성능인증 시험

③ 성능인증 대상 품목(「소방용품의 품질관리 등에 관한 규칙」 [별표 7] + 성능인증의 대상이 되는 소방용품의 품목에 관한 고시)

분류	대상 기기
소화기류	지시압력계, 소화기가압용 가스용기, 가스계 소화설비 설계프로그램, 상업용 주방자동소화장치
경보기류	축광표지, 예비전원, 비상콘센트설비, 표시등, 소방용 전선(내화 및 내열), 탐지부, 비상경보설비의 축전지, 자동화재속보설비속보기, 시각경보장치, 피난유도선, 휴대용비상조명등, 소방전원공급장치, 간이형 수신기, 비상문자동개폐장치
기계류	소화전함, 스프링클러설비 신축배관, 공기안전매트, 소방용 밸브(개폐표시형, 릴리프, 푸트), 소방용 스트레이너, 소방용 압력스위치, 소방용 합성수지배관, 소화설비용헤드(물분무, 분말, 포, 살수), 방수구, 소방용 흡수관, 분기배관, 포소화약제의 혼합장치, 자동차압 · 과압조절형 댐퍼, 자동폐쇄장치, 가압수조식 가압송수장치, 다수인피난장비, 캐비넷형 간이스프링클러설비, 승강식 피난기, 미분무헤드, 압축공기포헤드, 플랩댐퍼, 가스계 소화설비용 수동식 기동장치, 호스릴 이산화탄소 소화장치, 과압배출구, 흔들림방지버팀대, 소방용 수격흡수기, 소방용 행가
방염류	방염제품, 방열복

2) 우수품질인증

① 목적 : 유통 설치되는 소방용품 간의 품질 수준 차이를 소비자에게 알림으로써 제조업체 간 품질경쟁을 할 수 있는 여건을 조성하고 우수품질제품에 대하여 다양한 지원과 혜택을 부여함으로써 제조업체의 자발적인 품질개선과 제품개발 연구 등을 유도하기 위하여 도입한 제도

② 대상 품목 : 형식승인 대상 물품과 동일

3) KFI 인정

① 개요 : 화재 및 재난으로부터 국민의 생명과 재산을 보호하기 위하여 화재의 예방 구조 · 구급 등에 사용되는 제품 중 소방법령에 따른 형식승인, 성능인증 대상 이외의 소방용품에 대하여 성능을 인정하는 그것으로 한국소방산업기술원의 자체규정으로 운영하는 제도

② 목적 : 법에서 지정한 기술기준을 통과한 제품이라도 제품의 특성상 소방업체가 저가의 제품을 선호하여 유통 · 설치되는 제품의 품질 수준의 차이를 소비자에게 알림으로써 제조자의 자발적인 품질개선과 제품개발연구 등을 유도코자 함

③ 인증의 장점 : 소방용 기계 · 기구 등의 기능상, 품질상의 완전한 성능 확보

④ 인정시험 : KFI 인정을 위하여 인정기준에 적합 여부를 시험하는 것으로 법에 의해 강제되어 있지 않다. 화재의 예방, 구조 · 구급 등에 사용되는 제품 중 소방법령에서 정한 소방용품 이외의 제품 등에 대해 성능을 인정받는 것을 말한다.

⑤ 설계심사 : 소방대상물에 시공하고자 하는 소화설비의 설계도서가 이미 FKI 인정을 받은 설계 매뉴얼과 설계 프로그램상의 기술적 사항 등에 적합한지 심사하는 것

⑥ 대상

구분	대상
소화기류	가스계소화설비 용기 밸브 개방장치, 과압배출구, 이산화탄소 호스릴 소화장치, 차량용소화기 고정장치, 캐비닛형 간이 호스릴 포소화장치
경보기류	소방용 전자음향경보장치, 소방전원공급장치 , 아크경보기, 휴대용비상조명등, 영상음향차단장치, 가스계소화설비용 수동식기동장치
기계류	결합금속구, 내진스토퍼, 미분무건, 방수총, 소방용 감압밸브, 소방용 릴호스드럼, 소방용 수격흡수기, 소방용 체크밸브, 소방용 행가, 소화설비 배관이음쇠, 연결용 고압호스, 지진분리장치, 흔들림방지버팀대, 피난밧줄, 미끄럼대, 합성수지라이닝 강관, 미분무소화설비 설계도서, 가스계소화설비용 신축관, 패키지형 압축공기포소화장치
방염류	난연바닥마감재, 비상대피용 자급식 호흡기구, 실내장식물의 불연 · 준불연재료
소방장비	구급차, 구조차, 무인방수차, 방화두건, 방화복, 방화장갑, 배연차, 소방굴절사다리차, 소방고가사다리차, 소방물탱크차, 소방용 구조헬멧, 소방용방화복 세탁기, 방화신발, 소방용 진압헬멧, 소방용 화학보호복, 소방자동차 경광등, 소방자동차용 소방펌프, 소방자동차용 합성수지탱크, 방용사이렌, 소방자동차차체작업등, 소방펌프차, 소방화학차, 압축공기포소화장치, 이동용 소화펌프, 인명구조매트, 조명배연차, 휴대용탐조등, LED연기 투시랜턴, 소방용 안전헬멧, 소형사다리차, 방화헬멧

(4) 비교표

구분	형식승인	성능인증	KFI 인정
대상	국가에서 정한 소방용품	형식승인 이외의 소방용품	법정 소방용품 외에 예방, 구조, 구급에 사용되는 제품
개념	형식승인의 기술기준을 고시하고 형식승인 및 제품검사	성능인증의 기술기준을 고시하고 관계인의 요청에 의해 성능인증 및 제품검사	KFI에서 자체규정으로 운영 KFI 인정 등에 관한 규칙
종류	① (신청된 제품의) 실물시험 ② (신청자가 보유) 시험시설 심사	① 신청된 대상품목 ② 소방대상물에 설치된 소방용품	① (제품의) 인정시험 ② (설계도서) 설계심사
규정	소방시설법 제37조	소방시설법 제40조	KFI
차이점	① 대통령령으로 정하는 소방용품을 제조하거나 수입하려는 자는 소방청장의 형식승인을 받아야 한다. ② 시중에 유통 전 의무적으로 형식승인을 거쳐야 하는 법적 의무사항이다.	① 소방청장은 제조자 또는 수입자 등의 요청이 있는 경우 소방용품에 대하여 성능인증을 할 수 있다. ② 필요로 하는 사람의 신청을 통해 제조 또는 수입한 소방용품이 성능인증 기준에 적합하다는 것을 인증하는 임의사항이다.	소방법령에 따른 형식승인, 성능인증 대상 이외의 소방용품에 대하여 성능을 인정하는 그것으로 한국소방산업기술원의 자체규정으로 운영하는 제도

구분	형식승인	성능인증	KFI 인정
품목	소화기, 스프링클러헤드, 감지기 등 32개 품목	지시압력계, 비상문 자동개폐장치 등 39개 품목	차량용 소화기 고정장치, 소공간용 소화용구 등 67개 품목
표시	KC AA AA 0 0 0 0 0 (15 × 15)	KFI AA AA 0 0 0 0 0 (15 × 15)	KFI (10)

05 소방용품의 수집검사

(1) 정의

생산된 소방용품의 형상 등이 이미 형식승인을 얻은 소방용 기계 · 기구와 동일한가 여부를 검사하는 것

(2) 종류

1) 생산제품검사 : 생산된 소방용품이 출고되기 전에 생산된 소방용품의 형상 등이 형식승인기준 또는 성능인증기준에 맞는지를 일정한 주기를 정하여 검사

2) 품질제품검사

① 공정심사 : 소방용품 제조과정 등의 품질관리체계를 검사

② 정밀검사 : 생산된 소방용품의 형상 등이 기술기준에 맞는지를 검사

SECTION 078

방재센터

01 방재센터(building safety center)

(1) 정의

대규모 건물에서 건물 내에 설치된 각종 자동소화설비의 수신이나 감시제어 및 외부 소방기관의 연락 등을 일괄 처리하는 각종 설비나 장비가 비치되어 있고 이러한 설비를 항상 감시하는 인원이 상주하는 장소

(2) 건물의 대형화, 고층화, 지하가의 확대, 대형 공장이나 각종 복합단지, 연료기지 등의 설치로 인하여 이들의 방재 관리방식에 대한 합리적이며 종합적인 관리시스템이 필요하다.

02 기능

(1) 평상시

각종 장비의 감시 및 유지관리

(2) 화재 시

1) 화재발견을 통보
2) 초기 소화를 지휘
3) 피난유도
4) 자위 또는 공설 소방대와 협력
5) 소방대의 소화활동 지휘본부
6) 화재의 확산경로 감시

03 종합적 방재시스템

구분	내용	장점	단점
중앙처리방식	중앙에서 정보처리 및 관리	① 이론적 관리, 사각지대가 없다. ② 정보전달의 폭주 우려는 있으나 혼란은 없다.	① 영역이 넓으면 초기 대처시간이 과다 소요된다. ② 백업장치가 없으면 장비다운 시 대처가 곤란(장비의 이중화 고려)하다.

구분	내용	장점	단점
분산처리방식	중앙에서는 정보만 처리하고 지역에서는 관리	① 정보의 효율적 처리가 가능하다. ② 처리시간이 빠르다.	① 비용이 과다하게 소요된다. ② 상시 감시인력이 많이 필요하다.

04 관련 법

(1) 관련 법 규정

1) 건축법 : 관련 법 규정 없다.

2) 소방법

① 제어반(옥내소화전설비의 화재안전기술기준 제어반 2.6.3)

감시제어반	동력제어반
㉠ 화재 및 침수 등의 재해로 인한 피해를 받을 우려가 없는 곳에 설치할 것 ㉡ 옥내소화전설비의 전용으로 할 것(예외 : 제어에 지장이 없는 경우에는 겸용 가능) ㉢ 전용실 안에 설치할 것(예외 : 중앙제어실 내에 감시제어반을 설치하는 경우) ㉣ 다른 부분과 방화구획을 할 것(두께 7[mm] 이상의 망입유리로 된 4[m^2] 미만의 붙박이창 설치 가능) ㉤ 설치장소 • 피난층 또는 지하 1층에 설치할 것 • 설치장소 예외(지상 2층 또는 지하 1층 외의 지하층에 설치 가능) – 특별피난계단이 설치되고 그 계단(부속실을 포함) 출입구로부터 보행거리 5[m] 이내에 전용실의 출입구가 있는 경우 – 아파트의 관리동(관리동이 없는 경우에는 경비실)에 설치하는 경우 ㉥ 비상조명등 및 급 · 배기설비를 설치할 것 ㉦ 무선통신보조설비를 유효하게 통신이 가능할 것 ㉧ 바닥면적 = 감시제어반의 설치에 필요한 면적 + 감시제어반의 조작에 필요한 최소 면적 이상 ㉨ 전용실에는 특정소방대상물의 기계 · 기구 또는 시설 등의 제어 및 감시설비 외의 것을 두지 않을 것	㉠ 앞면은 적색으로 하고 '옥내소화전소화설비용 동력제어반'이라고 표시한 표지를 설치할 것 ㉡ 외함은 두께 1.5[mm] 이상의 강판 또는 이와 동등 이상의 강도 및 내열성능이 있는 것으로 할 것 ㉢ 화재 및 침수 등의 재해로 인한 피해를 받을 우려가 없는 곳에 설치할 것 ㉣ 옥내소화전설비의 전용으로 할 것(예외 : 제어에 지장이 없는 경우에는 겸용 가능)

② 종합방재실의 설치 · 운영(「초고층 및 지하연계 복합건축물 재난관리에 관한 특별법」 제16조)

㉠ 초고층 건축물 등의 관리 주체는 그 건축물 등의 건축 · 소방 · 전기 · 가스 등 안전관리 및 방범 · 보안 · 테러 등을 포함한 통합적 재난관리를 효율적으

로 시행하기 위하여 종합방재실을 설치 · 운영하여야 하며, 관리 주체 간 종합방재실을 통합하여 운영할 수 있다.

㉡ 종합방재실은 종합상황실과 연계

㉢ 정보망 구축 : 관계지역 내 관리 주체는 종합방재실(일반 건축물 등의 방재실 등을 포함) 간 재난 및 안전정보 등을 공유할 수 있는 정보망 구축

㉣ 유사 시 서로 긴급연락이 가능한 경보 및 통신설비 설치

㉤ 종합방재실의 설치기준 등 필요한 사항 : 행정안전부령

③ 종합방재실의 설치기준(「초고층 및 지하연계 복합건축물 재난관리에 관한 특별법 시행규칙」 제7조)

㉠ 종합방재실 설치 · 운영 기준 128 · 116 · 111회 출제

<table>
<tr><th colspan="2">구분</th><th>내용</th></tr>
<tr><td rowspan="2">종합방재실의 개수</td><td>기준</td><td>1개</td></tr>
<tr><td>예외</td><td>100층 이상인 초고층 건축물 등(공동주택 제외)의 관리 주체는 종합방재실이 그 기능을 상실하는 경우에 대비하여 종합방재실을 추가로 설치하거나, 관계지역 내 다른 종합방재실에 보조 종합재난관리체제를 구축하여 재난관리 업무가 중단되지 아니하도록 하여야 한다.</td></tr>
<tr><td rowspan="6">종합방재실의 위치</td><td>기준</td><td>1층 또는 피난층</td></tr>
<tr><td>예외</td><td>초고층 건축물 등에 특별피난계단이 설치되어 있고, 특별피난계단 출입구로부터 5[m] 이내에 종합방재실을 설치하려는 경우에는 2층 또는 지하 1층에 설치할 수 있으며, 공동주택의 경우에는 관리사무소 내에 설치할 수 있다.</td></tr>
<tr><td rowspan="4">장소</td><td>비상용 승강장, 피난 전용 승강장 및 특별피난계단으로 이동하기 쉬운 곳</td></tr>
<tr><td>재난정보 수집 및 제공, 방재 활동의 거점(據點) 역할을 할 수 있는 곳</td></tr>
<tr><td>소방대(消防隊)가 쉽게 도달할 수 있는 곳</td></tr>
<tr><td>화재 및 침수 등으로 인하여 피해를 입을 우려가 작은 곳</td></tr>
<tr><td rowspan="5">종합방재실의 구조 및 면적</td><td>구획</td><td>다른 부분과 방화구획(防火區劃)으로 설치할 것</td></tr>
<tr><td>예외</td><td>다른 제어실 등의 감시를 위하여 두께 7[mm] 이상의 망입(網入)유리(두께 16.3[mm] 이상의 접합유리 또는 두께 28[mm] 이상의 복층유리를 포함함)로 된 4[m^2] 미만의 붙박이창을 설치할 수 있다.</td></tr>
<tr><td>구조</td><td>• 인력의 대기 및 휴식 등을 위하여 종합방재실과 방화구획된 부속실(附屬室)을 설치할 것
• 재난 및 안전관리, 방범 및 보안, 테러 예방을 위하여 필요한 시설 · 장비의 설치와 근무 인력의 재난 및 안전관리 활동, 재난 발생 시 소방대원의 지휘 활동에 지장이 없도록 설치할 것</td></tr>
<tr><td>면적</td><td>면적은 20[m^2] 이상으로 할 것</td></tr>
<tr><td>출입문</td><td>출입문에는 출입제한 및 통제장치를 갖출 것</td></tr>
</table>

구분	내용
종합방재실의 설비 등	조명설비(예비전원을 포함)
	급수 · 배수설비
	상용전원과 예비전원의 공급을 자동 또는 수동으로 전환하는 설비
	급기(給氣) · 배기(排氣)설비
	냉방 · 난방설비
	전력공급 상황 확인시스템
	공기조화 · 냉난방 · 소방 · 승강기 설비의 감시 및 제어시스템
	자료저장시스템
	지진계 및 풍향 · 풍속계(초고층 건축물에 한정)
	소화장비 보관함
	무정전(無停電) 전원공급장치
	피난안전구역, 피난용 승강기 승강장 및 테러 등의 감시와 방범 · 보안을 위한 폐쇄회로 텔레비전(CCTV)

㉡ 관리인력 : 인력을 3명 이상 상주

㉢ 종합방재실의 시설 및 장비 등을 수시로 점검하고, 결과를 보관

3) 종합방재실(감시제어반) 설치(성능심의 기준)

① 종합방재센터

㉠ CCTV를 통해 화재발생 상황을 상시 모니터링 가능한 구조로 설치

㉡ 보안요원 등이 상시 근무할 수 있도록 할 것

② 설치위치 : 소방대가 쉽게 접근할 수 있도록 피난층 또는 지상 1층 설치

㉠ 종합방재실(감시제어반)로 통하는 전용출입구가 확보되는 경우 : 지하 1층 또는 지상 2층

㉡ 출입구 : 소방자동차 진입로 동선과 일치하도록 하고, 종합방재실(감시제어반실) 출입문은 양방향에서 출입할 수 있도록 최소 2개소 이상 설치할 것

③ 공간

㉠ 소방대가 지휘 및 재난 정보수집 등 원활한 소방활동을 할 수 있는 충분한 공간

㉡ 급수전(식수공급) 1개소 이상과 화장실 설치, 소방관 휴게 및 장비배치 공간을 확인할 수 있는 상세도 제출

④ 용도별 관리 권원을 분리하여 2개소 이상 설치할 경우

㉠ 상호 재난관리 상황을 확인하고 제어할 수 있는 시스템을 갖출 것

㉡ 예외 : 용도별 관리권원별 비상시 대응이 가능한 상주인원이 24시간 근무하는 경우 제어기능은 제외할 수 있음

⑤ 종합방재실(감시제어반실)과 관리사무실 상호 인접하여 설치

㉠ 수직적, 수평적으로 최대한 근접하게 설치

㉡ 종합방재실과 관리사무실을 같은 공간에 구획하여 설치하는 경우 : 상호출입이 가능하도록 출입문 설치

(2) 실태와 문제점

1) 방재센터의 위치 · 규모 · 구조는 건축 공간적인 차원에서 계획되고 설계되어야 하나 현행 건축법에는 이와 관련한 규정이 없으며, 화재안전기술기준(NFTC 102) 2.6.3에서 감시제어반(일반적으로 방재센터에 위치)에 대한 기준이 있어 이를 방재센터로 준용하여 사용한다.

2) 방재센터의 중요성에도 불구하고 건축법에는 방재센터의 설치에 관한 법 규정이 적절하게 마련되어 있지 못하다.

3) 현재 기존 건축물에 설치된 방재센터의 설치위치(2층에 있는 경우, 지하층에 있는 경우, 접근이 곤란한 위치, 찾기 어려운 미로에 있는 경우)가 건축적으로 이용빈도가 낮거나 후미진 위치 및 장소에 설치되어 있어 화재 발생 시에 최후까지 지휘 및 안내를 해야 하는 방재센터 본연의 업무수행에 지장이 있는 문제점이 발생한다. 왜냐하면, 방재센터는 평상시 사용하지 않는 운휴설비이기 때문에 일상적인 용도로의 활용성이 떨어지기 때문이다.

(3) 개선대책

1) 초고층 건물 이외에도 일정 면적이나 일정 층 이상의 건축물에 대해서는 방재센터의 설치를 의무화하는 법률제정이 필요하다.

2) 설치기준도 구체적이고 현실적인 내용으로 기술하여야 한다.

3) 방재센터는 이제 선택이 아니라 방재안전을 위한 필수시설이다.

SECTION

079 불을 사용하는 설비의 관리기준 등

01 불을 사용하는 설비의 관리기준 등

(1) **화재예방법 제17조** : 보일러, 난로, 건조설비, 가스 · 전기시설 그 밖에 화재 발생의 우려가 있는 대통령령으로 정하는 설비 또는 기구 등의 위치 · 구조 및 관리와 화재예방을 위하여 불의 사용에 있어서 지켜야 하는 사항은 대통령령으로 정한다.

(2) **화재예방법 시행령 제18조**

1) 설비 또는 기구의 위치 · 구조 및 관리와 화재예방을 위하여 불을 사용할 때 지켜야 하는 사항은 [별표 1]과 같다.

2) 위에 규정된 것 외에 화재 발생 우려가 있는 설비 또는 기구의 종류, 해당 설비 또는 기구의 위치 · 구조 및 관리와 화재예방을 위하여 불을 사용할 때 지켜야 하는 사항은 시 · 도의 조례로 정한다.

02 보일러 등의 위치 · 구조 및 관리와 화재예방을 위하여 불의 사용에 있어서 지켜야 하는 사항(화재예방법 시행령 제18조 [별표 1])

(1) **보일러**

1) 가연성 벽 · 바닥 또는 천장과 접촉하는 증기기관 또는 연통의 부분 : 규조토 등 난연성 또는 불연성 단열재로 덮어씌워야 한다.

2) 경유 · 등유 등 액체연료를 사용하는 경우

① 연료탱크는 보일러 본체로부터 수평거리 1[m] 이상의 간격을 두어 설치

② 연료탱크는 연료를 차단할 수 있는 개폐밸브를 연료탱크로부터 0.5[m] 이내에 설치

③ 연료탱크 또는 연료를 공급하는 배관 : 여과장치 설치

④ 사용이 허용된 연료 외의 것을 사용하지 아니할 것

⑤ 연료탱크에 불연재료로 된 받침대를 설치(연료탱크 전도방지)

3) 기체연료를 사용하는 경우

① 보일러 설치장소 : 환기구를 설치하는 등 가연성 가스가 머무르지 아니하도록 할 것

② 연료를 공급하는 배관 : 금속관

③ 연료를 차단할 수 있는 개폐밸브를 연료용기 등으로부터 0.5[m] 이내에 설치
④ 보일러가 설치된 장소 : 가스누설경보기

4) 화목 등 고체연료를 사용하는 경우 131회 출제
① 고체연료는 보일러 본체와 수평거리 2[m] 이상 간격을 두어 보관하여나 불연재료로 된 별도의 구획된 공간에 보관할 것
② 연통은 천장으로부터 0.6[m] 떨어지고, 연통의 배출구는 건물 밖으로 0.6[m] 이상 나오도록 설치할 것
③ 연통의 배출구는 보일러 본체보다 2[m] 이상 높게 설치할 것
④ 연통을 관통하는 벽면 지붕 등은 불연재료로 처리할 것
⑤ 연통재질은 불연재료로 사용하고 연결부에 청소구를 설치할 것

5) 보일러와 벽 · 천장 사이의 거리 : 0.6[m] 이상
6) 보일러 실내에 설치 시 : 콘크리트바닥 또는 금속 외의 불연재료로 된 바닥 위에 설치

(2) 난로

1) 연통 : 천장으로부터 0.6[m] 이상 떨어지고, 건물 밖으로 0.6[m] 이상 나오게 설치
2) 가연성 벽 · 바닥 또는 천장과 접촉하는 연통의 부분 : 규조토 등 난연성 또는 불연성의 단열재로 덮어씌워야 한다.
3) 이동식 난로 사용금지 장소(예외 : 난로가 쓰러지지 아니하도록 받침대를 두어 고정하거나 쓰러지는 경우 즉시 소화되고 연료의 누출을 차단할 수 있는 장치가 부착된 경우)
① 다중이용업소
② 학원
③ 독서실
④ 숙박업 · 목욕장업 · 세탁업의 영업장
⑤ 종합병원 · 병원 · 치과병원 · 한방병원 · 요양병원 · 의원 · 치과의원 · 한의원 및 조산원
⑥ 식품접객업의 영업장
⑦ 영화상영관
⑧ 공연장
⑨ 박물관 및 미술관
⑩ 상점가
⑪ 가설건축물
⑫ 역 · 터미널

(3) 건조설비

1) 건조설비와 벽 · 천장 사이의 거리 : 0.5[m] 이상

2) 건조물품이 열원과 직접 접촉하지 아니하도록 하여야 한다.
3) 실내에 설치하는 경우 : 벽 · 천장 또는 바닥은 불연재료

(4) 가스 · 전기시설

1) 가스시설의 경우 「고압가스 안전관리법」, 「도시가스사업법」 및 「액화석유가스의 안전관리 및 사업법」에서 정하는 바에 따른다.
2) 전기시설의 경우 「전기사업법」 및 「전기안전관리법」에서 정하는 바에 따른다.

(5) 불꽃을 사용하는 용접 · 용단 기구(예외 : 「산업안전보건법」 제38조(안전조치)의 적용을 받는 사업장)

1) 용접 또는 용단 작업장으로부터 반경 5[m] 이내 : 소화기
2) 용접 또는 용단 작업장 주변 반경 10[m] 이내 : 가연물을 쌓아두거나 놓아두지 말 것 (예외 : 가연물의 제거가 곤란하여 방지포 등으로 방호조치를 한 경우)

용접 불티는 불티가 튈 때보다는 떨어지고 난 후에 착화할 가능성이 크다. 휘발유, 신나 등과 같이 인화점이 낮은 액체나 LNG, LPG 등에는 착화하기 쉽나 등유나 경유와 같이 인화점이 높은 액체에는 착화가 어렵다.

(6) 노 · 화덕설비

1) 실내에 설치하는 경우 : 흙바닥 또는 금속 외의 불연재료로 된 바닥
2) 노 또는 화덕을 설치하는 장소의 벽 · 천장 : 불연재료
3) 노 또는 화덕의 주위 : 높이 0.1[m] 이상의 턱(녹는 물질 확산방지)
4) 시간당 열량이 30만[Kcal] 이상인 노를 설치하는 경우
   ① 주요구조부 : 불연재료
   ② 창문과 출입구 : 60+ 방화문 또는 60분 방화문
   ③ 노 주위 : 1[m] 이상 공간을 확보

(7) 음식물 조리를 위하여 설치하는 설비

1) 주방설비에 부속된 배기덕트 : 0.5[mm] 이상의 아연도금강판 또는 이와 동등 이상의 내식성 불연재료
2) 주방시설 : 동물 또는 식물의 기름을 제거할 수 있는 필터 등을 설치
3) 열을 발생하는 조리기구 : 반자 또는 선반으로부터 0.6[m] 이상 떨어지게 할 것
4) 열을 발생하는 조리기구로부터 0.15[m] 이내의 거리에 있는 가연성 주요구조부는 단열성이 있는 불연재료로 덮어 씌울 것

보일러, 난로, 건조설비, 불꽃을 사용하는 용접 · 용단기구 및 노 · 화덕설비가 설치된 장소에는 소화기 1개 이상을 갖추어 두어야 한다.

SECTION

080 사전재난영향성 검토

01 개요

(1) **사전재난영향평가(초고층재난관리법 제6조)**

1) 초고층 건축물의 신축 · 증축 · 개축 · 재축 · 이전 · 대수선

2) 대통령령으로 정하는 용도변경

(2) **사전재난영향성검토협의[사전재난영향평가로 개정되어야 함(초고층재난관리법 시행령 제5조)]**

1) 초고층 건축물 등의 설치에 대한 허가 · 승인 · 인가 · 협의 · 계획수립 등의 신청을 받은 경우

2) 「건축법」에 따라 초고층 건축물 등의 건축에 대한 사전결정 신청을 받은 경우

3) 「건축법」에 따라 용도변경 허가신청을 받은 경우로서 다음의 어느 하나에 해당하는 경우

① 건축물 또는 시설물이 용도변경 또는 용도변경에 따른 수용인원 증가로 초고층 건축물 등이 되는 경우

② 초고층 건축물 등이 문화 및 집회시설로 용도변경되어 거주밀도가 증가하는 경우

4) 그 밖에 시 · 도본부장이 사전재난영향성검토협의가 필요하다고 인정하여 고시하는 경우

(3) **사전재난영향평가** 127 · 113회 출제

1) 인허가 전에 평가를 받아 설계에 반영하여야 한다.

2) 관련 규정 개정(2024. 2.), 시행(2025. 2.)

개정 전	개정 후
사전재난영향성검토협의	사전재난영향평가
초고층 건축물 등의 건축허가 신청을 받은 시 · 도지사 등이 「재난안전법」에 따른 시 · 도재난안전대책본부장에게 사전재난영향성검토협의를 요청	초고층 건축물 등의 건축 등을 하려는 자가 직접 시 · 도지사에게 사전재난영향평가를 신청하고, 시 · 도지사는 사전재난영향평가위원회의 심의를 거쳐 사전재난영향평가를 실시한 뒤 그 결과를 신청자에게 통보하도록 하여 건축허가 기간이 대폭 단축되게 되었다.

개정 전	개정 후
지하연계 복합건축물에서 선큰(Sunken) 구조의 포함	지하연계 복합건축물에서 선큰(Sunken) 구조의 제외
대리자 없음	총괄재난관리자가 여행·질병 중인 경우나 해임 또는 퇴직으로 공석인 경우 등에 관리주체가 총괄 재난관리자의 대리자를 지정하도록 하여 안전공백을 해소
없음	조치명령 위반 시 3년 이하의 징역 또는 3천만원 이하의 벌금

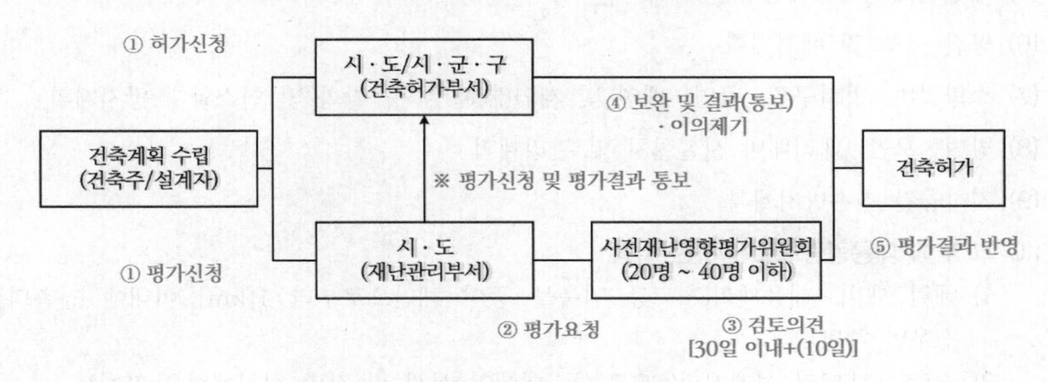

▌사전재난영향평가 절차▐

(4) **조치명령** : 관리주체에게 보완 또는 수리·개조 등

1) 재난예방 및 피해경감계획을 수립·시행하지 아니한 경우
2) 종합방재실을 설치·운영하지 아니한 경우
3) 관계지역 내 종합방재실 간 재난 및 안전정보 등을 공유할 수 있는 정보망을 구축하지 아니하거나 긴급연락이 가능한 경보 및 통신설비를 설치하지 아니한 경우

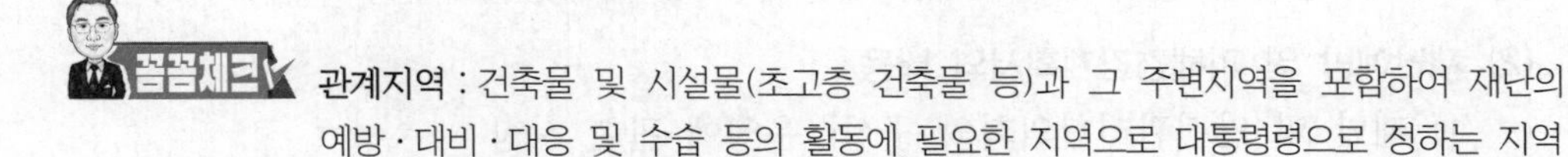

관계지역 : 건축물 및 시설물(초고층 건축물 등)과 그 주변지역을 포함하여 재난의 예방·대비·대응 및 수습 등의 활동에 필요한 지역으로 대통령령으로 정하는 지역

4) 종합방재실이 설치기준에 적합하지 아니한 경우
5) 피난안전구역을 설치·운영하지 아니한 경우
6) 피난안전구역이 설치·운영 기준 및 규모에 적합하지 아니한 경우
7) 유해·위험물질 반출·반입 관리를 위한 위치정보 등 데이터베이스를 구축·운영하지 아니한 경우
8) 유해·위험물질의 누출을 감지하고 자동경보를 할 수 있는 설비 등을 설치하지 아니한 경우
9) 유해·위험물질의 관리 등에 필요한 사항을 준수하지 아니한 경우

02 사전재난영향평가위원회 심의내용

(1) 종합방재실 설치 · 운영계획
(2) 종합재난관리체제 구축 · 운영계획
(3) 피난안전구역 설치 · 운영계획
(4) 피난시설의 설치 및 피난유도계획
(5) 내진설계 및 계측설비 설치계획
(6) 공간 구조 및 배치계획
(7) 소화설비, 방화구획, 방연 · 배연 및 제연(制煙)계획, 발화 및 연소확대 방지계획
(8) 방범 · 보안, 테러대비 시설설치 및 관리계획
(9) 지하공간 침수방지계획
(10) **그 밖에 대통령령으로 정하는 사항**
   1) 해일 대비 · 대응계획(초고층 건축물 등이 해안으로부터 1[km] 이내에 건축되는 경우만 해당)
   2) 건축물 대테러 설계계획(CCTV 등 대테러 시설 및 장비 설치계획을 포함)
   3) 관계지역 대지 경사 및 주변 현황
   4) 관계지역 전기, 통신, 가스 및 상하수도 시설 등의 매설 현황

03 재난예방 및 피해경감계획의 수립 · 시행(초고층재난관리법 제9조) 124 · 123회 출제

(1) 초고층 건축물 등의 관리주체는 재난예방 및 피해경감계획을 수립 · 시행
(2) **재난예방 및 피해경감계획서의 내용**
   1) 재난 및 안전관리협의회의 구성 · 운영에 관한 사항
   2) 교육 및 훈련에 관한 사항
   3) 종합방재실의 설치 · 운영에 관한 사항
   4) 종합재난관리체제의 구축 · 운영에 관한 사항
   5) 피난안전구역의 설치 · 운영에 관한 사항
   6) 유해 · 위험물질의 관리 등에 관한 사항
   7) 초기대응대의 구성 · 운영에 관한 사항
   8) 대피 및 피난유도에 관한 사항
   9) 어린이 · 노인 · 장애인 등 재난에 취약한 사람을 위한 안전관리대책
   10) 소방시설 설치 · 유지 및 피난계획

11) 다른 법령에 따른 전기 · 가스 · 기계 · 위험물 등에 대한 안전관리계획

12) 그 밖에 대통령령으로 정하는 사항

① 초고층 건축물 등의 층별 · 용도별 거주밀도 및 거주인원

② 재난 및 안전관리협의회 구성 · 운영계획

③ 종합방재실 설치 · 운영계획

④ 종합재난관리체제 구축 · 운영계획

⑤ 재난예방 및 재난발생 시 안전한 대피를 위한 홍보계획

(3) 재난예방 및 피해경감계획을 수립한 경우 : 소방계획서, 비상 대처계획, 다중이용시설 등의 위기상황 매뉴얼을 작성 또는 수립한 것으로 본다.

(4) 재난예방 및 피해경감계획의 제출 등(초고층재난관리법 시행령 제13조)

제출자	기준일	제출대상
초고층 건축물 등의 관리주체	용도변경 허가, 사용승인 또는 사용검사 등을 받은 날부터 30일 이내	시 · 군 · 구본부장
시 · 군 · 구본부장	받은 날부터 3일 이내	소방서장
소방서장	받은 날부터 15일 이내	시 · 군 · 구본부장
관리주체	시 · 군 · 구본부장에게 수정 · 보완을 통보받은 경우 10일 이내	시 · 군 · 구본부장

(5) 재난 및 안전관리협의회의 구성 · 운영(제11조)

1) 관계지역 안에 관리 주체가 둘 이상인 경우 이들 관리 주체는 재난 및 안전관리협의회를 구성 · 운영하여야 한다. 이 경우 각 관리 주체는 소속 임원중에서 대리인을 선임할 수 있다.

2) 협의회의 협의 · 조정내용

① 종합방재실(일반 건축물 등의 방재실 등을 포함) 간 정보망 구축, 경보 및 통신설비 설치에 관한 사항

② 공동소방안전관리, 종합재난관리체제 구축 등 안전 및 재난관리에 관한 사항

③ 실무협의회를 대표하는 대표총괄재난관리자의 선임 · 해임에 관한 사항

④ 재난예방 및 피해경감계획의 수립 · 시행 및 제출에 관한 사항

⑤ 재난발생 시 유관기관과 협조할 사항

⑥ 재난 및 테러 등 대비 교육 · 훈련 및 홍보에 관한 사항

⑦ 관계지역 안의 재난관리를 위하여 시 · 도본부장 또는 시 · 군 · 구본부장이 협의를 요청한 사항

⑧ 협의회 운영 및 실무협의회의 구성 · 운영에 관한 사항

⑨ 통합안전점검의 실시 및 요청에 관한 사항

⑩ 그 밖에 협의회에서 필요하다고 인정한 사항

SECTION 081 초고층 건축물 방재대책

130 · 116 · 105 · 91 · 83 · 81회 출제

01 초고층의 정의

(1) 「건축법」 제2조(정의)

고층 건축물이란 층수가 30층 이상이거나 높이가 120[m] 이상인 건축물

(2) 「건축법 시행령」 제2조(정의)

1) 초고층 건축물이란 층수가 50층 이상이거나 높이가 200[m] 이상인 건축물

2) 준초고층 건축물이란 고층건축물 중 초고층 건축물이 아닌 것

(3) 「초고층 및 지하연계 복합건축물 재난관리에 관한 특별법」 제2조(정의)

초고층 건축물이란 층수가 50층 이상 또는 높이가 200[m] 이상인 건축물

(4) 고층 건축물의 화재안전기술기준(NFTC 604)

고층 건축물이란 「건축법」 제2조 제1항 제19호 규정에 따른 건축물을 말한다.

02 초고층의 필요성

장점	단점
① 도시의 상징성으로서 도시의 이미지 제고 및 건물의 관광자원화 ② 부족한 토지자원의 효율적 공간개발 가능 ③ 새로운 업무, 상권 형성으로 지역경제 활성화 및 대규모 공사에 따른 고용창출 ④ 건설관련 신기술 개발 및 건설산업의 발전	① 역사, 문화 자원 등의 도시경관 침해 ② 안전, 방재대책 등의 취약으로 재난 시 대형피해 유발 ③ 교통량 증가로 인한 교통장애 ④ 에너지 과소비

03 초고층 건물의 화재특성

(1) 건축 특성

1) 대부분 외장이 유리로 마감된다.

2) 밀폐시공

① 축연, 축열

② 인공환기, 인공채광에 의존한다.

③ 피난장애(미로형)

3) 외부에서 진입이 곤란한 탑구조

4) 재질이 철근고강도콘크리트 또는 철골콘크리트로 구성으로 되어 있어, 일반 건축물보다 화재에 취약하다.

5) 커튼월의 구조 : 포크 스루 효과(poke through effect), 립프로그 효과(leapfrog effect)

커튼월(curtain wall) : 유리, 알루미늄, 석재, 철재, PC 등의 재료를 사용하여 창, 마감재, 부속품 등의 벽을 구성하는 구성부재를 공장에서 제조하여 현장에서 볼트 등을 이용하여 설치하는 비내력 외주 벽을 커튼월이라 한다.

6) 긴 수직 관통부 : 굴뚝효과, 빠른 화재확산

(2) 거주자 특성

1) 다양한 용도와 거주자의 집합으로 구성 : 교육이나 훈련이 어렵고, 통제가 곤란하다.

2) 전체 거주자수가 많아 피난경로에 병목현상이 나타날 우려가 크다.

3) 피난경로가 길어서 피난약자의 경우에는 피난의 피로 때문에 피난 자체가 곤란하다.

(3) 연소 특성

1) 고층 업무용 사무실의 경우에는 공간마다 화재하중이 매우 높으며, 특히 종이나 가구류 등은 가연물 연소 특성상 연소확대 속도가 매우 빠르고, 물질 자체의 열용량이 커서 많은 열을 방출한다.

2) 엘리베이터, 전기, 공조, 배관 등의 수직 관통부는 초고층 건물의 높이에 비례하여 굴뚝효과(stack effect)를 발생시켜 연소확대와 인명피해가 증가한다.

① 건물이 높아 굴뚝효과와 바람의 영향을 많이 받는다.

② 저층부에서 계단실은 압력이 매우 낮아 화재 발생 시 연기의 유입을 촉진하고, 개방된 문의 폐쇄를 방해하여 계단실로의 연기유입을 지속시킨다. 따라서, 저층부의 배연창 개방은 저층부의 부압효과로 인해 오히려 화재실에서 계단실 내부로의 연기의 유입을 가속할 수도 있고, 배연효율도 기대하기 어려운 문제점이 있다.

③ 고층부는 계단실의 압력이 굴뚝효과로 과도하게 상승하여, 옥내에서 계단실로의 진입 시 차압에 의한 문의 개방에 어려움이 발생할 수도 있다.

3) 공조시스템(HVAC)은 덕트에 의하여 연기와 유독가스가 급속도로 확산될 위험이 있다.

4) 전실화재(flash over) 등이 발생하게 되면 고온의 열과 압력에 의하여 비교적 구

조체보다 강도가 낮은 창문이 파괴되며, 이때 창을 통한 분출화염과 고온의 연기는 코안다 효과, 부력, 립프로그 효과 등에 의해 상층창을 파괴하고 가연물을 발화시켜 화재를 상층 방향으로 전파시킨다.

5) 바람에 의한 영향(wind effect)

① 고층부에서의 강풍이 역풍일 경우 개구부가 개방 시(배연창, 창파괴 등) 화염과 연기를 건축물 내부로 밀어내 오히려 연소확대로 이루어질 가능성이 크다.

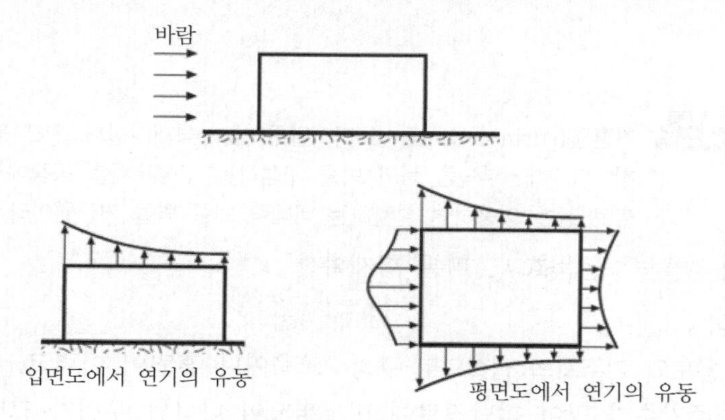

▌빌딩에서의 연기의 유동▐

② 바람에 의해 형성된 압력은 실내의 화재나 기계적인 힘에 비해 매우 큰 관계로 건물 전체의 연기이동의 주요 원인이 될 수 있다.

③ 바람으로 인해 표면에 작용하는 압력

$$p_w = c_w \rho \frac{v^2}{2}$$

여기서, p_w : 풍압[Pa]

c_w : 압력계수

ρ : 외부 공기밀도[kg/m^3]

v : 풍속(m/sec)

6) 계단실 등의 Draft(틈새 바람) 효과 : 상승기류에 의하여 방화문 등의 개폐 및 연기의 제어장애

7) 화재로 라이프-라인(life-line) 기능 상실

8) 다양한 용도로 사용 : 점화원이 다양하게 산재한다.

9) 커튼월 형태 구조물 : 스팬드럴이나 캔틸레버와 같이 상층의 연소확대를 방지하는 설비의 설치가 곤란하다.

(4) 피난의 특성

1) 다수인 동시 피난의 어려움 : 재해의 발생 시 피난자가 일시에 대피할 때 피난 한계 용량을 초과하여 적체 현상, 피난로의 혼잡 등이 발생할 수 있다.

2) 거주자들의 심각한 패닉(panic)현상 발생 : 피난동선이 길고 복잡하면 심리적 불안감 및 경쟁으로 패닉현상 발생 우려가 더 크다.

3) 용도에 따른 위험성
   ① 사무용 빌딩은 수용인원의 다수가 피난경로를 알고 있고 반복훈련이 가능하므로 원활한 피난이 가능하다.
   ② 불특정 다수가 이용하는 호텔, 백화점과 같은 용도의 인원은 피난로를 인식하지 못하고 피난시간이 지체되면서 다수의 인명피해 우려가 있다.
   ③ 취침, 음주의 장소인 경우는 피해가 확대될 수 있다.

4) 일상적인 방재교육과 훈련 부족으로 화재 시 엘리베이터(E/V)를 사용하여 피난하는 경향이 있어 피해 발생이 증가할 수 있다.

5) 피난용 승강기(E/V)를 이용한 피난을 고려 : 피난약자(노유자, 신체약자)의 피난을 위해서는 제한적으로 피난용 승강기(E/V)를 이용한다.

6) 초고층 빌딩 수직피난의 난점
   ① 불과 연기의 확산속도는 일반적으로 수평 방향으로는 0.5 ~ 1[m/sec]이므로 수평대피를 할 경우 빠른 걸음으로 보행함으로써 불과 연기로부터 대피하는 것이 가능하다.
   ② 난점은 수직 통로의 대피이다. 연기는 상승확산속도가 3 ~ 5[m/sec으로 인간의 계단강하속도(0.25[m/sec])의 약 12 ~ 20배의 속도로 크게 상승하여 아무리 빠르게 움직인다고 해도 연기의 위험에 노출될 수밖에 없다.
   ③ 화재층보다 상층부에 있는 경우에 하층으로 피난할 경우 계단을 내려가면 상승하는 연기로 가득 찬 옥내계단을 내려가기가 곤란해진다. 그리고 화재층과 가까워지면서 열에도 추가로 노출되게 된다. 이러한 현실에서는 옥내계단으로 대피한다는 것은 상당한 어려움에 봉착하게 되어 대안으로 옥상광장으로 피난을 고려하여야 한다.

7) 피난경로의 안정성 확보
   ① 피난계단 이용의 어려움
      ㉠ 문제점 : 초고층 건물의 저층부에서 화재가 발생한 경우 연기를 화재실 내로 제한할 수 없게 되는 경우는 건물의 굴뚝 효과(stack effect) 및 바람의 영향(wind effect) 등으로 인해서 연기가 급속히 상층으로 상승하여 피난계단까지 오염시키게 되므로 피난계단 또는 특별피난계단을 이용한 피난이 곤란해지기 쉽다.
      ㉡ 대책 : 수직관통부인 피난계단의 가압이 필요하다.

② 특별피난계단의 신뢰성 저하

㉠ 특별피난계단의 구조

- 건축물의 내부와 계단실을 노대를 통해 연결한다.
- 외부를 향해 열 수 있는 창문을 설치한다.
- 배연설비가 있는 부속실을 통해서 연결하는 구조로 한다.

㉡ 초고층 건물은 건축물 구조상 노대나 외부를 향해 열 수 있는 창문이 없으므로 기계식 배연설비에 의존할 수밖에 없는 형편이다.

㉢ 배연설비와 같은 인공적인 설비는 언제라도 전원이 차단되거나 고장의 가능성이 있으므로 신뢰성이 떨어지게 되며, 고층 건축물은 외부 바람의 영향에 의하여 옥외 피난계단의 설치도 곤란하다.

③ 피난동선이 길어서 피난시간이 장시간 소요되기 때문에 피난통로의 연기유입을 방지하는 방연설비가 필요하다.

④ 전실화재 이후에 급격한 화재의 성장영향에도 피난경로는 장시간 화열로부터 안전해야 하며 구조적 안전성도 보장되어야 한다.

8) 피난기구 사용이 불가능

9) 옥상으로 피난 시 구조의 어려움 : 옥상의 피난자를 인명구조용 헬리콥터를 이용하여 구조하는 방법밖에는 없는데, 이 또한 화재로 인한 연기와 열기류 때문에 운행에 상당한 지장을 받게 된다.

10) 긴 피난경로 : 피난약자의 피로도가 증가하고 소방대의 피로도도 증가한다.

(5) 소방설비의 특성

1) 수압의 차이 129 · 114회 출제

① 옥내소화전설비, 스프링클러설비 등을 설치하면서 고가수조 등의 가압송수장치를 설치할 때 하층부 설비의 수압이 상층부보다 매우 높을 수밖에 없는 구조이다.

㉠ 문제점 : 수압이 규정보다 높은 스프링클러헤드 또는 옥내소화전에서는 유량 $Q = k\sqrt{P}$ (여기서, k는 상수, P는 압력[kg/cm^2])의 공식에 의해 더 많은 수량이 방출되므로 수원의 물이 규정시간보다 일찍 소진될 우려가 있다.

㉡ 대책

구분	내용	특징
감압밸브 방식	수압이 높은 저층부에는 감압밸브 등을 설치	• 고층부 펌프(가압) • 중층부 고가 수조의 자연낙차(가압) • 저층부 고가 수조의 자연낙차 + 감압밸브(감압) • 가장 보편적인 방법 • 감압밸브의 세팅 및 유지관리가 중요(감압밸브 참조) • 밸브 고장 우려로 신뢰도는 낮음

구분	내용	특징
고가수조 방식	고가수조를 분리하여 설치	• 고층부 펌프(가압) • 중층부 고가 수조의 자연낙차(가압) • 저층부 중간수조의 자연낙차(펌프가압 가능) • 중간수조나 펌프설치로 비용 증가 • 신뢰도는 높음

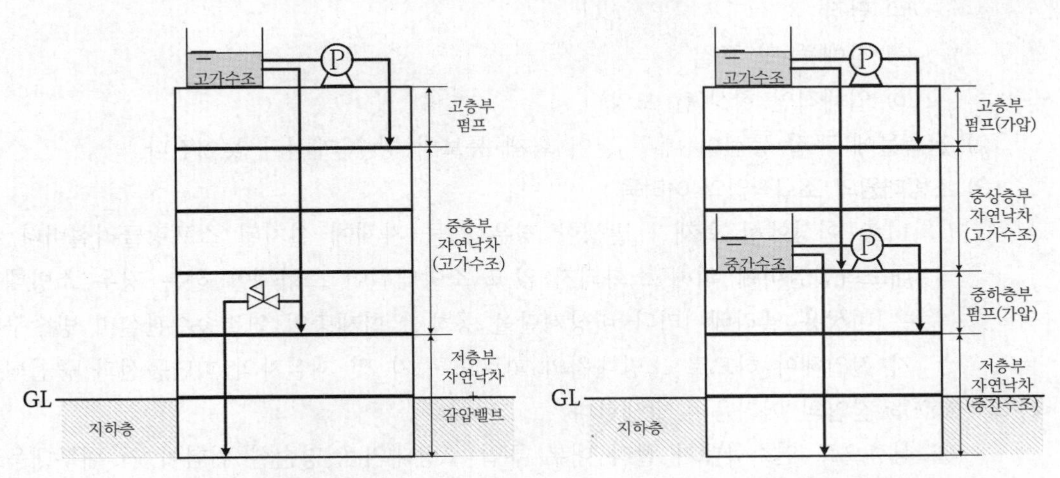

▌감압밸브 방식▐ ▌고가수조 방식▐

② 중간 가압송수장치 : 연결송수구 가압송수장치 설치위치로부터 높이가 70[m] 이상이 되면 소방차의 펌프(최대 1[MPa])로 가압을 하는 데 한계가 있으므로 건물의 중간층에 중간 가압송수장치를 설치하여 압력을 보강하여야 한다.

2) 제연설비

① 우리나라의 건축법상 지상 6층 이상에 배연설비 설치 시 배연창 사용이 가능하도록 되어 있어 빌딩의 높이가 높아질수록 외기의 영향을 크게 받게 된다. 따라서 고층부일수록 배연창이 풍압으로 인해 제 역할을 할 수 없을 뿐 아니라 태풍이나 돌풍 등으로 인하여 배연창이 탈락하는 위험성도 가지고 있다. 또한 연돌효과의 문제점도 발생할 수 있으므로 소방법에 의한 기계식 제연설비를 설치하는 것이 효과적이다.

② 효과적인 제연설비가 동작하지 않으면 오히려 제연덕트를 통해서 연기가 비화재실 또는 비화재층까지 확산될 우려가 있다.

(6) 소방활동상의 특성

1) 소방대 구조용 사다리차의 도달 한계상 외부에서의 진압과 구조, 창쪽의 연소확대 방지 및 소화작업에는 많은 제약이 있다.

① 우리나라의 소방서에서 보유하고 있는 고가 사다리차가 이를 수 있는 최고 높이는 45[m] 정도로 약 15층 건물의 높이에 해당된다(70[m] 굴절 사다리차도 보급 중임).

② 고가 사다리로는 보편적인 건물의 11층 이상에서 화재가 발생한 경우는 소방 사다리차를 통한 소화활동이 곤란하다.

③ 사다리차의 접근을 곤란하게 하는 요소

㉠ 절단면

㉡ 사면

㉢ 담장

㉣ 장애물 및 요철

㉤ 입체적인 형상(탑 모양)

2) 건축물에 근접 동선이 매우 길어 화재 통보와 방수 개시가 늦어진다.

3) 소방대원의 소화작업의 어려움

① 11층 이상에서 화재가 발생한 경우 건물 자체에 설치된 스프링클러설비나 옥내소화전설비에 의해 소화되지 않고 소방대원이 소화해야 하는 경우 소방대원은 비상용 엘리베이터나 비상계단을 통해서 화재층의 연결송수관설비 방수구까지 진입해야 하므로 소방대원의 피로도 증가 및 재실자의 피난동선과 중첩되는 등 진입의 어려움이 발생한다.

② 상층으로 연소확대가 빨라 내부 투입 소방대의 인명손실 위험이 커 내부대응도 한계에 봉착할 가능성이 크다.

4) 유리 파괴의 위험성 : 11층 이하의 저층에서 화재가 발생했다고 하더라도 소방대원이 건물 외부로부터 화재실 내로 물을 분사하기 위해서는 건물 외부의 유리를 파괴해야 하는데 이때 유리 파편 등에 의한 위험이 수반된다.

5) 고층부의 무선통신에 어려움이 있다(준초고층 이상 무선통신보조설비 설치).

(7) 고층 건축물의 화재안전기술기준(NFTC 604)

1) 옥내소화전(2.1)

① 수원의 증가

㉠ 준초고층 : 5.2[m^3](2.6[m^3] × 2배) × 옥내소화전의 설치개수가 가장 많은 층의 설치개수(최대 5개)

㉡ 초고층 : 7.8[m^3](2.6[m^3] × 3배) × 옥내소화전의 설치개수가 가장 많은 층의 설치개수(최대 5개)

② 옥상수조의 설치

㉠ 유효수량의 3분의 1 이상을 옥상에 설치한다.

㉡ 예외

- 고가수조를 가압 송수장치로 설치한 옥내소화전설비
- 수원이 건축물의 지붕보다 높은 위치에 설치된 경우

③ 전동기 또는 내연기관을 이용한 펌프방식의 가압송수장치

㉠ 옥내소화전설비 전용으로 설치한다.

㉡ 주펌프 이외에 동등 이상인 별도의 예비펌프를 설치한다.

④ 배관 등

㉠ 급수배관 : 전용(예외 : 옥내소화전설비의 성능에 지장이 없는 경우에는 연결송수관설비의 배관과 겸용)

㉡ 50층 이상인 건축물의 옥내소화전 주배관 중 수직배관 : 2개 이상(하나의 수직배관의 파손 등 작동불능 시에도 다른 수직배관으로부터 소화용수가 공급되도록 구성)

⑤ 비상전원

비상전원의 종류	구분	비상전원의 용량
자가발전설비 축전지설비 전기저장장치	30층 이상 50층 미만	40분 이상
	50층 이상	60분 이상

2) 스프링클러(2.2)

① 수원의 증가 : 층수가 30층 이상의 특정소방대상물의 수원은 스프링클러헤드의 기준개수에 다음을 곱한 양 이상이 되도록 하여야 한다.

㉠ 준초고층 : 3.2[m^3](1.6[m^3] × 2배)

㉡ 초고층 : 4.8[m^3](1.6[m^3] × 3배)

② 옥상수조의 설치

㉠ 유효수량 외에 유효수량의 3분의 1 이상을 옥상에 설치한다.

㉡ 예외

- 수원이 건축물의 최상층에 설치된 헤드보다 높은 위치에 설치된 경우
- 건축물의 높이가 지표면으로부터 10[m] 이하인 경우

③ 전동기 또는 내연기관을 이용한 펌프방식의 가압송수장치

㉠ 스프링클러설비 전용으로 설치한다.

㉡ 주펌프 이외에 동등 이상인 별도의 펌프로서 내연기관의 기동과 연동하여 작동되거나 비상전원을 연결한 예비펌프를 추가로 설치한다.

④ 배관

㉠ 급수배관 : 전용

㉡ 50층 이상인 건축물의 스프링클러설비 주배관 중 수직배관

- 2개 이상(하나의 수직배관이 파손 등 작동 불능 시에도 다른 수직배관으로부터 소화용수가 공급되도록 구성)
- 각각의 수직배관에 유수검지장치를 설치한다.

㉢ 50층 이상인 건축물의 스프링클러헤드

• 2개 이상의 가지배관 양방향에서 소화용수가 공급(그리드방식)되도록 한다.
• 수리계산에 의한 설계를 한다.

⑤ 음향장치[11층 이상(공동주책 16층 이상) : 발화층 직상 4개층 경보방식]

발화층	경보층
2층 이상의 층	발화층 및 그 직상 4개층
1층	발화층 및 그 직상 4개층 및 지하층
지하층	발화층 · 그 직상층 및 기타의 지하층

⑥ 비상전원

비상전원의 종류	구분	비상전원의 용량
자가발전설비 축전지설비 전기저장장치	30층 이상 50층 미만	40분 이상
	50층 이상	60분 이상

3) 비상방송설비(2.3)
① 음향장치(발화층, 직상 4개층 경보방식)
② 비상전원
㉠ 성능 : 감시상태를 60분간 지속한 후 유효하게 30분 이상 경보
㉡ 종류 : 축전지설비 또는 전기저장장치

4) 자동화재탐지설비(2.4) : 성능의 강화 113회 출제
① 감지기
㉠ 아날로그방식의 감지기
㉡ 예외 : 공동주택의 경우에는 감지기별로 작동 및 설치지점을 수신기에서 확인할 수 있는 감지기(주소형 감지기)
② 음향장치(발화층, 직상 4개층 경보방식)
③ 50층 이상(초고층)인 건축물에 설치하는 통신 · 신호배선
㉠ 이중배선을 설치(루프방식)
㉡ 단선(斷線) 시에도 고장표시가 되며 정상작동할 수 있는 성능
㉢ 통신 · 신호배선
• 수신기와 수신기 사이의 통신배선
• 수신기와 중계기 사이의 신호배선
• 수신기와 감지기 사이의 신호배선
④ 비상전원
㉠ 성능 : 감시상태를 60분간 지속한 후 유효하게 30분 이상 경보
㉡ 종류 : 축전지설비 또는 전기저장장치
㉢ 예외 : 상용 전원이 축전지설비인 경우

5) 특별피난계단의 계단실 및 부속실 제연설비(2.5)

① 특별피난계단의 계단실 및 그 부속실 제연설비의 화재안전기술기준(NFTC 501A)에 따라 설치

② 비상전원 : 자가발전설비, 축전지설비, 전기저장장치로 하고 40분 이상(초고층 60분 이상)

6) 피난안전구역의 소방시설 125 · 120 · 112회 출제

피난안전구역에 설치하는 소방시설은 아래 표와 같이 설치하여야 하며, 이 기준에서 정하지 아니한 것은 개별 화재안전기술기준에 따라 설치

▌피난안전구역에 설치하는 소방시설 설치기준▐

구분	설치기준
제연설비	피난안전구역과 비제연구역 간의 차압 : 50[Pa](옥내에 스프링클러설비가 설치된 경우에는 12.5[Pa]) 이상(예외 : 피난안전구역의 한쪽 면 이상이 외기에 개방된 구조의 경우)
피난유도선	① 설치대상 : 피난안전구역이 설치된 층의 계단실 출입구에서 피난안전구역 주 출입구 또는 비상구까지 설치 ② 계단실에 설치하는 경우 : 계단 및 계단참에 설치 ③ 피난유도 표시부의 너비 : 25[mm] 이상 ④ 광원점등방식(전류에 의하여 빛을 내는 방식)으로 설치, 60분 이상 유효하게 작동할 것
비상조명등	조도 : 10[lx] 이상
휴대용 비상조명등	① 초고층 건축물에 설치된 피난안전구역 : 피난안전구역 위층의 재실자수의 10분의 1 이상 ② 지하연계 복합건축물에 설치된 피난안전구역 : 피난안전구역이 설치된 층의 수용인원의 10분의 1 이상 ③ 건전지 및 충전식 건전지의 용량 ㉠ 40분 이상 ㉡ 피난안전구역이 50층 이상에 설치되어 있을 경우 60분 이상
인명구조기구	① 방열복, 인공소생기 : 각 2개 이상 ② 공기호흡기(보조마스크를 포함) ㉠ 45분 이상 사용할 수 있는 성능을 2개 이상 ㉡ 피난안전구역이 50층 이상에 설치되어 있을 경우 : 예비용기를 10개 이상 ③ 화재 시 쉽게 반출할 수 있는 곳에 비치 ④ 인명구조기구가 설치된 장소의 보기 쉬운 곳에 '인명구조기구'라는 표지판 등을 설치

7) 연결송수관설비(2.7)

① 배관

㉠ 원칙 : 전용으로 설치한다.

㉡ 예외 : 주배관의 구경이 100[mm] 이상인 옥내소화전설비와 겸용할 수 있다.

② 비상전원

㉠ 종류 : 자가발전설비, 축전지설비, 전기저장장치

㉡ 용량

구분	비상전원의 용량
30층 이상 50층 미만	40분 이상
50층 이상	60분 이상

04 초고층 건물의 방재대책 127회 출제

(1) 비상방송 및 경보설비

1) 초고층 건축물의 화재경보시스템은 건물규모나 내부기능의 복잡성 등 건축적인 요구와 교통체증에 따른 관할 소방대의 대응시간이 지연되는 등의 문제는 최첨단의 종합적인 방재시스템을 구축하여야 한다.

2) 경보설비 : 비상시에도 항상 경보를 발생할 수 있도록 예비회로를 구축하여야 한다.

3) 비상방송설비 : 효과적인 피난안내를 하여야 한다.

4) 충분한 여유율을 고려하는 설계 : 초기 비용을 절감하기 위하여 코어부분을 우선 설계해도 장래 증설을 고려하여 60 ~ 70[%]의 설비용량을 유지하며, 전선 등도 추후에 연장 또는 증설되는 환경을 예상하여 배치하여야 한다.

5) 경보설비의 음향장치 : 단계적 또는 부분적 피난(발화층, 직상 4개층 우선경보)을 통해 피난부하를 분산하여야 한다.

(2) 소화설비

1) 스프링클러설비와 옥내소화전설비 : 방호구역 전체를 방호(유수검지장치 등은 각 층마다 별도의 방호구획으로 설치)할 수 있어야 한다.

2) 옥내소화전설비

① 초기 소화대응용으로 거주자 또는 점유자가 혼자서도 작동시킬 수 있는 '호스릴 옥내소화전설비'가 옥내소화전설비보다 더 효율적이다.

② 소방차에서 급수가 곤란하므로 연결송수관설비와 겸용하거나 층마다 연결송수구를 규정에 적합하게 설치하여야 한다.

3) 스프링클러설비

① 습식 스프링클러설비 : 화재에 반응이 빠르고 신속히 화재를 제어할 수 있다.

② 전산실 · 문서고 등과 같은 수피해가 큰 장소 : 수피해를 최소화하기 위해 준비작동식 스프링클러설비 또는 미세물분무설비, 가스계 소화설비의 설치를 고려하여야 한다.

③ 배관이 길어 공기가 찰 우려가 있는 배관에는 배관의 방향이 바뀌는 곳마다 잔류공기를 빼줄 수 있는 '에어벤트'를 설치하여 에어락 현상을 방지(특히, 그리드 배관)하여야 한다.

④ 윈도우 스프링클러

㉠ 노출방지(NFPA 80) : 건물의 외벽 바로 바깥쪽에 서로 밀접하게(보통 6[ft] 간격) 배치

㉡ 일반적으로 일제개방밸브와 개방형 스프링클러를 사용하고 방사특성이 유리면 전체를 적실 수 있어야 한다.

㉢ 1,000[℃] 기준으로 2시간 내화성능

㉣ 서울시 지침 : 창문으로부터 0.6[m] 이내의 위치, 헤드 간 1.8[m] 간격 설치

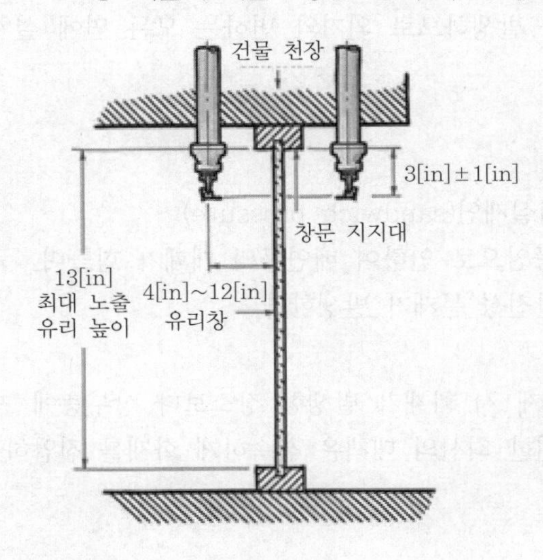

▌설치 예▐

▌개념도▐

4) 예비용의 설치 : 펌프나 수조 등 장비의 신뢰성을 확보하여야 한다.

5) 정전 시나 전원차단 시를 대비하여 비상전원을 설치하고, 방화구획된 별도의 장소에 비상전원설비를 설치하여야 한다.

(3) 제연

1) 고층 건축물은 피난경로가 길어 피난가능시간(RSET)이 늘어나 피난자에게 피난경로 및 피난시간을 확보할 수 있는 제연설비가 필수적이다.

2) 초고층 건물의 제연설비 설계

① 화재가 발생한 층의 배연설비를 작동하여 화재층의 연기를 배출하며 화재실에 부압이 발생하게 한다.

② 화재층 이외의 건물 각 층은 급기가압을 한다.

③ 화재층에서는 상대적으로 낮은 압력을, 주변은 높은 압력을 유지하므로 압력구배로 인하여 연기가 인접 층으로 확산되지 않도록 한다.

3) 연기에 영향을 받지 않는 다른 층의 거주자는 대피가 필요한 시점에 도달하기 이전에는 피난하지 않도록 하고, 특히 화재층의 특별피난계단은 급기가압을 유지하여 안전성을 담보할 수 있어야 한다.

① 부속실제연 : 초고층의 특별피난계단 전층 가압은 경제적 · 기술적인 이유로 사실상 곤란하다. 따라서, 구역별 가압을 검토해 볼 필요가 있다.

㉠ 과도한 굴뚝효과로 제연설비의 성능을 기대하기가 어렵다. 따라서, 계단실의 수직분할, 일정한 높이마다 피난안전공간(화재, 연기의 절연공간)의 설치가 필요하다.

㉡ 배연창은 화재 시 연기의 배출이 유효하게 중성대 상부층만 적용하고, 외기바람에 의해 연기가 역류할 때는 자동으로 폐쇄가 가능한 구조로 설치하고 바람에 방향에 의해 효과가 발생하므로 외기와 면하는 모든 면에 설치하여야 효과적 대응이 가능하다.

② 거실제연

㉠ 자연배연 : 곤란함

㉡ 기계배연 시 급기 필요성 : 거실제연(sandwich pressure)

4) **풍압대책 필요** : 초고층 건물에는 풍압으로 인하여 배연구의 개폐가 힘들며, 풍력에 의해 화재 및 연기의 확산 등의 안전성 문제가 발생한다.

(4) 소방대 활동

1) **신속한 초기 대응** : 초고층 건물 화재 시 화재가 발생한 장소보다 상부층에 거주자가 체류하는 경우에 인명보호를 위한 최선의 대책은 신속하게 화재를 진압하는 것이다.

2) **자체 대응체계**

① 소화활동의 문제점 : 대도시는 교통체증으로 인해 비상시 인근 소방대의 출동 및 대응시간이 지연되고 초고층은 소방대가 현장에 출동하는 데 구조적으로 지연된다.

② 초고층 건물의 화재안전시스템은 근본적으로 자체 소방력을 강화하여 주된 소화수단으로 하며 관할 소방대의 지원은 보조적 수단으로 접근하여야 한다.

3) **소화활동수단 제공**

① 소방관이 개인장비나 소화활동장비 등을 갖추고 화재층까지 접근하는 경우 특히 승강기를 이용할 수 없다면 상당한 이동시간이 소요되고 피로도 역시 증가하여 효과적인 소화활동을 기대하기가 어렵다.

② 국내법에서는 소방대의 효과적인 이동을 위해 비상용 승강기를 설치하도록 하고 있다.

③ 화재가 고층에서 발생할수록 연결송수관설비의 필요성은 높아진다. 연결송수관이 없는 건물에서는 화재층에 소방호스를 운반하고 설치하기가 쉽지 않고 준초고층이나 초고층의 상황이면 더욱 곤란할 것이다.

④ 소방대 간의 연락 및 지휘를 위해 양방향 통신이 가능한 무선통신보조설비가 필요하다.

소방시설법 시행령 [별표 4]
특정소방대상물의 관계인이 특정소방대상물에 설치·관리해야 하는 소방시설 등의 종류(제11조 관련) : 무선통신보조설비를 설치하여야 하는 특정소방대상물(위험물저장 및 처리시설 중 가스시설은 제외)은 다음의 어느 하나와 같다.
• 층수가 30층 이상인 것으로서, 16층 이상 부분의 전 층

(5) 피난계획 100 · 91회 출제

1) 일반적인 건축물의 경우 화재 발생 시 건물의 외부로 나가게 되는 것을 화재로부터 안전한 환경에 도달하는 것이라 할 수 있다.

① 피난층 127회 출제

㉠ 소방시설법(제2조 정의) : 직접 지상으로 통하는 출입구가 있는 층

㉡ 건축법 시행령(제34조 직통계단의 설치) : 직접 지상으로 통하는 출입구가 있는 층 및 피난안전구역

② 고층 건축물은 피난층까지 피난하기에는 많은 시간이 요구되므로 지면에 접하지 않더라도 쉽게 피난할 수 있는 대피공간(피난안전공간)을 피난층으로 인정하는 것이 초고층 건축물에서는 효율적인 방재계획을 수립하는 데 효율적이다.

③ 중간층에 대피층(공간) 설치(피난안전공간)

㉠ 대피층을 피난층으로 간주하여 효율적인 방재계획 수립 가능

㉡ 피난약자를 위한 1차적인 안전대피 장소

㉢ 소화활동을 위한 베이스캠프 기능

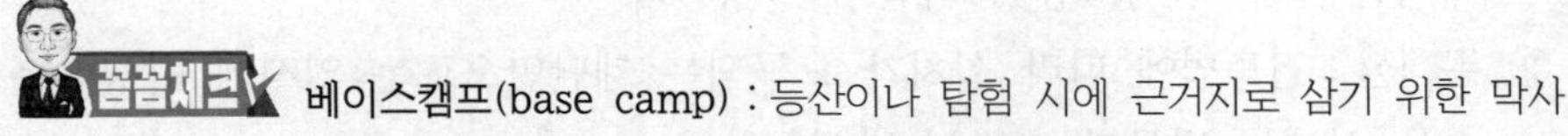

베이스캠프(base camp) : 등산이나 탐험 시에 근거지로 삼기 위한 막사

㉣ 상 · 하층으로의 화재 확산을 확실하게 차단하는 공간차단 효과 : 중간절연층

2) 국내의 피난안전구역

① 초고층 건축물: 30개 층마다 1개소 이상

② 30층 이상 49층 이하인 지하연계 복합건축물: 층수의 $\frac{1}{2}$에 해당하는 층으로부터 상하 5개층 이내에 1개소 이상

③ 16층 이상 29층 이하인 지하연계 복합건축물: 지상층별 재실자밀도가 [m^2]당 1.5명을 초과하는 층은 해당 층의 사용형태별 면적 합의 $\frac{1}{10}$에 해당하는 면적을 피난안전구역으로 설치

④ 초고층 건축물 등의 지하층이 문화 및 집회시설, 판매시설, 운수시설, 업무시설, 숙박시설, 위락시설 중 유원시설업시설, 종합병원, 요양병원으로 사용되는 경우

㉠ 지하층에 피난안전구역을 면적산정기준에 따라 설치

㉡ 선큰을 설치

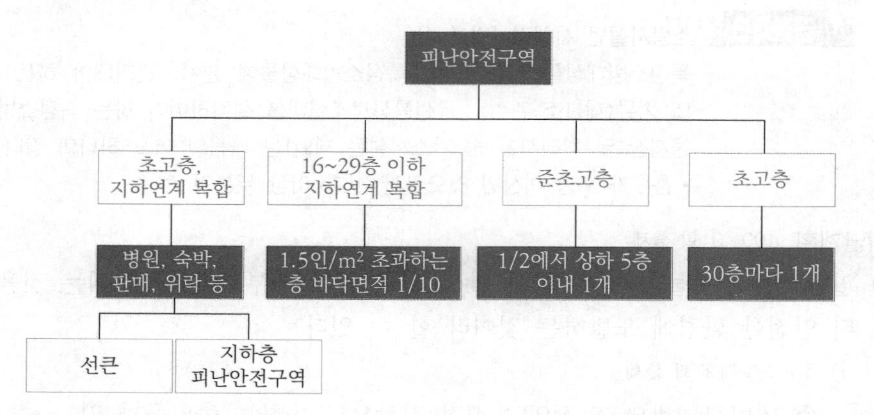

3) 초고층 건축물의 피난경로는 상황에 따라 거주자를 수평적 또는 수직적으로 대피시키고, 대피공간을 제공할 수 있도록 설계하여야 한다.

4) 옥내 측의 수직 연소확대를 형성하는 공간 최소화 : 층간 연소확대, 연기의 확산, 대피장애 등을 최소화한다.
   ① 피난안전공간을 설치한다.
   ② 건축물 코어부분의 위치를 동일 직선상에 배치하지 않고 중간마다 끊어서 배치한다.

5) 전 층 동시 피난의 대응
   ① 종래의 화재층, 직상층 우선 피난이 원칙이지만 위험이 급속하게 건물 전체에 미치는 경우 전 층 동시 피난이 발생한다.
   ② 문제점 : 건축법에 따라 설치가 요구되는 계단만으로는 일시에 발생하는 피난을, 수용 시에는 병목과 혼란이 발생한다.
   ③ 대책
      ㉠ 건물을 수직으로 나누어 중간층에 피난안전공간을 설치한다.
      ㉡ 각 층을 여러 방화구획으로 나눠 상호 수평방화구획하여 수평피난을 하도록 설치한다.
      ㉢ 화재안전취약자 : 피난용 승강기(E/V)를 이용(일반인 이용제한)한다.
      ㉣ 피난 유도시스템 : 비상방송설비 또는 피난유도표지를 통해 피난자에 대한 적절한 정보제공, 피난지시, 피난유도로 효율적인 피난을 도모한다.
      ㉤ 양방향 정보전달시스템 : 건물사용자가 방재센터 등으로 정보제공이나 확인 또는 피난지시 등이 가능하다.
      ㉥ 피난경로의 구조적 설계 : 피난용량에 적합한 통로 폭, 피난로 수, 피난로 입구의 폭을 가질 수 있도록 설계한다.

6) 헬리포트

① 옥상광장 등의 설치(「건축법 시행령」 제40조)

㉠ 대상 : 층수가 11층 이상인 건축물로서 11층 이상인 층의 바닥면적 합계가 10,000[m^2] 이상인 건축물의 옥상

㉡ 설치기준

건축물의 지붕	안전시설
평지붕	헬리포트 or 헬리콥터를 통하여 인명 등을 구조할 수 있는 공간
경사지붕	대피공간

② 문제점

㉠ 도시 미관 : 헬리포트를 설치할 때 건축물의 옥상이 평면적인 디자인의 한계가 있다.

㉡ 빌딩풍 등 강한 기류로 헬기 이착륙에 어려움이 있다.

7) 피난용 승강기 설치 : 일반인의 피난용이 아니라 노약자 등 화재안전취약자의 피난을 위한 설비이다. 하지만 최근 고층 건축물은 전체 거주자의 피난을 피난용 승강기를 통하여 하도록 설계하는 경향이 커지고 있다.

(6) 비상조명과 비상전원

1) 비상전원 : 필요한 모든 설비에 각기 공급하기 충분한 용량과 정격

2) 비상조명 : 피난경로에 조도확보(조도 균제도 고려)

(7) 피뢰설비 : 고층 건축물은 낙뢰뿐만 아니라 건축물의 측면에 발생할 수 있는 측뢰도 고려하여야 한다.

(8) 댐핑 탱크(damping tank)의 이용

1) 댐핑 탱크의 정의 : 초고층 빌딩 최상부에 설치하여 빌딩의 흔들림을 방지하기 위해 많은 양의 물을 저장하는 물탱크

2) 건물의 자중을 변화시켜 고유진동수를 변화시켜 줌으로써 공진으로 인해 발생할 수 있는 피해를 방지한다.

3) 댐핑 탱크의 물을 소화수로 이용한다.

(9) 기둥축소(column shorting)

1) 정의 : 하중증가로 인해 수직부재(기둥)에 수축변위가 발생되는 현상

2) 컬럼 쇼팅을 만드는 축소의 구분

① 탄성축소

② 크리프에 의한 축소

③ 건조수축에 의한 축소

(10) 종합방재실 설치

(11) 공사장(건설현장)에 임시소방시설 설치 : 초기 화재소화

(12) **발화방지 및 초기 소화**

1) 내장재 : 불연화 및 난연화
2) 화기사용 제한, 화기설비의 관리 철저 및 환경정비
3) 조기 화재발견 : 아날로그 감지기, 주소형 감지기 등
4) 초기 소화 : 고감도 스프링클러, 가스계 소화설비

(13) **연소확대 방지**

1) 용도별, 면적별, 층별 방화구획 : 내화구조, 방화문, 방화셔터, 방화댐퍼
2) 전용의 제연설비 : 화재실 감압, 주변 가압
3) 상층 연소확대방지 : 켄틸레버, 스팬드럴
4) 승강기 방화문, 승강로 가압
5) 발코니의 효용이 크므로 설치를 고려한다.
   ① 아래층에서 상층부로의 열방사를 차단한다.
   ② 화염의 상층부로의 이동을 방지함으로써 연소방지 효과가 있다.
   ③ 단기간 피난공간
6) 건축설비, 전기설비의 관통부는 내화채움구조로 한다.

05 초고층 및 지하연계 복합건축물 재난관리에 관한 특별법

(1) 총괄재난관리자의 선임 등(제12조)

1) 다음의 업무를 총괄 · 관리하기 위하여 총괄재난관리자를 선임하여야 한다. 다만, 총괄재난관리자는 다른 법령에 따른 안전관리자를 겸직할 수 없다.
   ① 재난예방 및 피해경감계획의 수립 · 시행
   ② 협의회의 구성 · 운영
   ③ 교육 및 훈련
   ④ 종합방재실의 설치 · 운영
   ⑤ 종합재난관리체제의 구축 · 운영
   ⑥ 피난안전구역의 설치 · 운영
   ⑦ 유해 · 위험물질의 관리 등
   ⑧ 초기대응대의 구성 · 운영
   ⑨ 대피 및 피난유도
   ⑩ 그 밖에 재난 및 안전관리에 관한 업무로서 행정안전부령으로 정하는 사항

2) 총괄재난관리자 대리자 지정 : 안전관리 공백 최소화

① 총괄재난관리자가 여행 · 질병이나 그 밖의 사유로 일시적으로 그 업무를 수행할 수 없는 경우

② 총괄재난관리자의 해임 또는 퇴직과 동시에 다른 총괄재난관리자가 선임되지 아니한 경우

3) 총괄재난관리자의 업무 : 해당 초고층 건축물 등의 시설 · 전기 · 가스 · 방화 등의 재난 · 안전관리 업무 종사자를 지휘 · 감독

4) 총괄재난관리자의 교육의무 : 소방청장이 실시하는 교육(2년에 1회 이상)

(2) 총괄재난관리자의 조치요구 등

1) 총괄재난관리자는 업무 수행 중 법령 위반 사항을 발견한 경우에는 지체 없이 초고층 건축물 등의 관리주체에게 위반 사항에 대하여 개수(改修) · 이전 · 제거 · 수리 등 필요한 조치를 요구하여야 한다.

2) 초고층 건축물 등의 관리주체는 조치요구를 받은 경우 지체 없이 이에 따라야 한다.

3) 초고층 건축물 등의 관리주체는 조치요구를 이유로 총괄재난관리자를 해임하거나 보수의 지급을 거부하는 등 불이익한 처우를 하여서는 아니 된다.

4) 총괄재난관리자는 조치요구를 하였으나 초고층 건축물 등의 관리주체가 이에 따르지 아니하는 경우에는 시 · 도지사 또는 시장 · 군수 · 구청장에게 그 사실을 알려야 한다.

(3) 통합안전점검의 실시(제13조)

1) 안전점검을 통합안전점검으로 시행하고자 하는 경우 : 계획을 수립하여 시 · 도지사 또는 시장 · 군수 · 구청장에게 시행을 요청할 수 있다.

① 고압가스 정기검사

② 도시가스 정기검사

③ 전기안전점검

④ 승강기시설 정기검사

⑤ 특정열사용기자재 중 검사대상기기의 검사

⑥ 어린이놀이시설 정기시설검사

2) 시 · 도지사 또는 시장 · 군수 · 구청장은 관리주체로부터 통합안전점검 시행 요청이 있는 경우 관계 기관과 협의 · 조정을 거쳐 관리주체에게 통보

(4) 교육 및 훈련(제14조) 123회 출제

1) 초고층 건축물 등의 관리주체는 관계인, 상시근무자 및 거주자에게 재난 및 테러 등에 대한 교육 · 훈련(입점자의 피난유도와 이용자의 대피에 관한 훈련을 포함)을 실시(「화재의 예방 및 안전관리에 관한 법률」의 소방훈련 또는 교육을 실시한 것으로 간주)한다.

2) 소방청장, 시 · 도지사, 시장 · 군수 · 구청장 : 교육 · 훈련의 지도 · 감독
3) 그 밖에 사항은 행정안전부령으로 정한다.

(5) 홍보계획의 수립 · 시행(제15조) : 초고층 건축물 등의 관리주체는 그 건축물 등의 상시근무자, 거주자 및 이용자에 대한 재난예방 및 피난유도를 위한 홍보계획을 수립 · 시행

(6) 종합방재실의 설치 · 운영(제16조) 124회 출제

1) 초고층 건축물 등의 관리주체는 그 건축물 등의 건축 · 소방 · 전기 · 가스 등 안전관리 및 방범 · 보안 · 테러 등을 포함한 통합적 재난관리를 효율적으로 시행하기 위하여 종합방재실을 설치 · 운영하여야 하며, 관리주체 간 종합방재실을 통합하여 운영할 수 있다.
2) 종합방재실은 종합상황실과 연계
3) 관계지역 내 관리주체는 종합방재실 간 재난 및 안전정보 등을 공유할 수 있는 정보망을 구축하여야 하며, 유사시 서로 긴급연락이 가능한 경보 및 통신설비를 설치한다.

(7) 종합재난관리체제의 구축(제17조) 124 · 123회 출제

1) 종합재난관리체제를 구축 · 운영 : 관계지역 안에서 재난의 신속한 대응 및 재난정보 공유 · 전파를 위한 종합방재실에 구축 · 운영한다.
2) 종합재난관리체제의 내용
   ① 재난대응체제
      ㉠ 재난상황 감지 및 전파체제
      ㉡ 방재의사결정 지원 및 재난 유형별 대응체제
      ㉢ 피난유도 및 상호응원체제
   ② 재난 · 테러 및 안전 정보관리체제
      ㉠ 취약지역 안전점검 및 순찰정보 관리
      ㉡ 유해 · 위험물질 반출 · 반입 관리
      ㉢ 소방시설 · 설비 및 소방안전관리 정보
      ㉣ 방범 · 보안 및 테러 대비 시설관리
   ③ 그 밖에 관리주체가 필요로 하는 사항

(8) 피난안전구역 설치(제18조)

1) 피난안전구역을 설치 · 운영 : 재난발생 시 상시근무자, 거주자 및 이용자가 대피할 수 있는 구역
2) 피난안전구역의 기능과 성능에 지장을 초래하는 폐쇄 · 차단 등의 행위를 하여서는 아니 된다.

(9) 유해 · 위험물질의 관리 등(제19조)

1) 데이터베이스 구축 · 운영의 대상 : 건축물 등의 유해 · 위험물질 반출 · 반입 관리를 위한 위치정보 등

2) 유해 · 위험물질의 방치 등으로 재난발생이 우려될 경우

① 즉시 제거하거나 반출한다.

② 유해 · 위험물질을 이용한 테러 등이 예상될 경우 차량 등에 대한 출입제한을 한다.

3) 2)에 따른 조치를 취하였을 경우 관할지역의 시장 · 군수 · 구청장 또는 소방서장에게 신고한다.

4) 지하공간에 화기를 취급하는 시설이 있을 경우 : 유해 · 위험물질의 누출을 감지하고 자동경보를 할 수 있는 설비 등을 설치한다.

유해 · 위험물질

① 유독물질, 허가물질, 제한물질, 금지물질 및 사고대비물질

② 지정수량 이상의 위험물

③ 「고압가스 안전관리법」의 적용대상인 가연성 가스 및 독성 가스

④ 「산업안전보건법」에 따른 제조 등의 허가대상물질

06 결론

(1) 초고층 건축물의 경우는 일반 건축물과 비교해서 여러 가지 차이점이 있는 관계로 현 법규 및 코드를 그대로 적용하기에는 많은 문제점이 있다. 왜냐하면, 재난발생 시 일반 건축물보다 피해가 엄청나게 크기 때문이다.

(2) 초고층 건축물에 있어서 완화할 부분은 완화하고 강화해야 할 부분은 강화하는 방법으로 법규에 대한 검토 및 성능위주의 설계가 이루어져야 할 것이다.

SECTION

082 인텔리전트 빌딩(intelligent building)

01 개요

(1) 인텔리전트 빌딩(intelligent building)은 미국에서 처음으로 등장한, 사무자동화에 대응한 빌딩을 말한다.

(2) 정의

인텔리전트 빌딩은 사무자동화에 대응하여 충실한 통신회선, 사무기기의 무게를 견디는 바닥의 강화, 용량이 큰 전원 등을 갖춘 빌딩을 지칭한다.

(3) 이 밖에 공기조절, 조명, 방재 등 자동제어가 가능한 '빌딩 오토메이션' 등의 기능을 포함한다.

02 인텔리전트 빌딩의 내용

(1) 고도의 통신망

다기능 전자교환기를 설치하고 고도의 통신시스템을 구축한다.

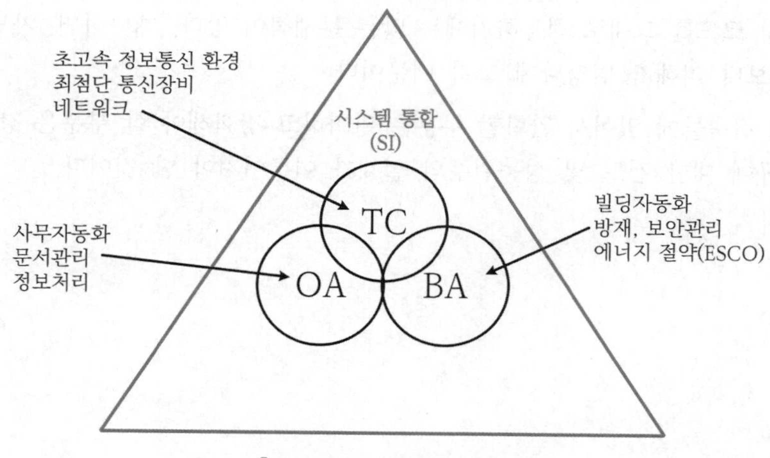

▌인텔리전트 빌딩 구성도▐

(2) 사무자동화

건물 내에 워크스테이션(work station), 개인용 컴퓨터(PC), 근거리 통신망 등을 구축한다.

(3) 건물자동화

건물의 HVAC, 방재 · 방범 관리, 에너지절약 등을 다른 기능과 연계시켜 효율적인 운용을 한다.

03 인텔리전트 빌딩의 특성

(1) 인텔리전트 빌딩은 대부분 초고층 건물이 많다. 따라서, 앞의 초고층 건축물의 방재적 특성을 모두 가지고 있다.

(2) 인텔리전트 빌딩에는 대부분 방재센터가 설치되어 평상시에는 각종 방재시설 및 유관설비의 작동상황을 감시하고 해당 설비들의 기능을 유기적으로 제어 관리하여 방재관리 운영의 일원화를 도모하고, 재해발생 시 또는 비상시에는 그 상황을 정확히 파악하여 초기 소화활동이나 피난을 돕고 소방대가 도착해서는 화재진압 작전을 효율적으로 수행하는 지휘장소로 활용된다.

(3) 보안이 중요

잠금해제 지연장치 문제가 발생한다.

SECTION

083 BIM

96회 출제

01 개요

(1) 광의의 BIM[Building Information Model(s)]의 개념

1) 정의 : 다차원 가상공간에 기획, 설계, 엔지니어링(구조, 설비, 전기 등), 시공, 더 나아가 유지관리 및 폐기까지 가상으로 시설물을 모델링해 보는 과정

2) 특히 최근의 쟁점이 되는 최첨단 디자인 및 친환경 에너지 저감형 건축물 설계 및 시공을 할 수 있게 해주며 다차원 가상설계건설(VDC : Virtual Design Construction)와도 유사한 개념

(2) ISO/DIS 29481-1 Building information models - information delivery manual

A shared digital representation of physical and functional characteristics of any built object including buildings, bridges, roads, process plants etc. forming a reliable basis for decisions.

건물, 교량, 도로, 공정 플랜트 등의 설계 시 의사결정에 대한 신뢰를 할 수 있는 정보를 제공하는 모든 기본 개체의 물리적 및 기능적 특성을 공유하는 디지털 표현

(3) 공공건설분야 BIM 로드맵 및 활성화 전략

자재, 공정, 공사비, 제원정보 등 속성정보가 입력된 3차원 입체 모델링을 통해 건설 전 생애주기정보를 통합 관리하는 기술이다.

(4) 건설정보모델링(BIM : Building Information Modeling)

시설물의 생애주기 동안 발생하는 모든 정보를 3차원 모델 기반으로 통합하여 건설 정보와 절차를 표준화된 방식으로 상호 연계하고 디지털 협업이 가능하도록 하는 디지털 전환(digital transformation) 체계를 의미한다(건설산업 BIM 기본지침).

(5) 협의의 BIM(Building Information Modeling)

건축물을 표현하는 2차원 설계의 한계를 극복한 것으로 객체기반 3차원 설계를 통해 건축과 관련된 모든 정보를 데이터베이스화해서 연계하는 시스템을 말한다. 따라서, 정보의 입출력과 가공이 쉬워 정보의 인지성, 활용성, 연계성이 뛰어나다.

1) B(Building) : 건축물의 기획, 설계, 시공, 유지 단계의 전 생애주기

2) I(Information) : 생애주기 동안 생성되고 관계되는 정보

3) M(Modeling) : 정보 활용이 쉬운 디지털 모델

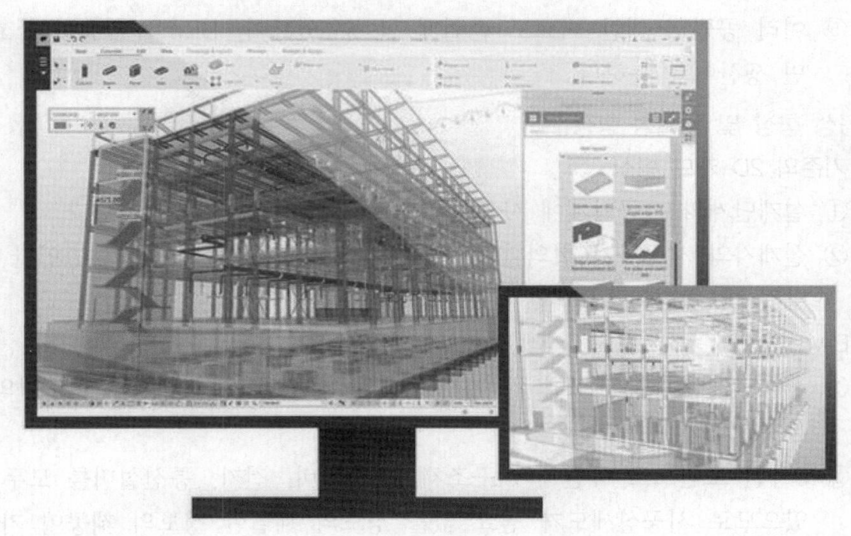

▌BIM의 예 ▌

02 BIM의 필요성

(1) 원활한 협업체계 구축 및 계획성, 생산성 향상

1) 기존의 2D 캐드방식

① 분야별 개별적인 도면과 자재관리를 함으로써 복잡한 의사소통 체계를 가진다.

② 단편적 정보전달 방식으로 작업의 효율성이 저하된다. 즉, 건축, 기계, 전기, 소방, 통신 등 모두가 개별적이어서 각 요소를 개별적으로 수정하여야 한다.

③ 여러 분야의 합동작업 시 발생한 요구사항 반영이 어렵다.

④ 개념설계, 기본설계, 실시설계 단계를 거치면서 생성된 2D 도면은 발주자와 관계자의 요구사항이 반영됨에 따라 수많은 설계변경을 거치게 되며, 이때 변경된 도면들은 캐드 수작업으로 수정됨에 따라 착오나 과실로 인한 도면 불일치 및 오류가 자주 발생하게 된다.

2) BIM 방식

① 통합정보체계인 BIM으로 원활한 의사소통이 가능하다.

② 하나의 데이터를 수정하면 다른 데이터도 연동 수정이 가능하다.

③ 합동작업 현장에서 즉시 수정사항을 반영할 수 있다. 또한, 한 번의 수정으로 연계된 모든 것이 수정된다.

④ 참여자들의 합동작업이 가능하고, 설계변경 시 관련 수정사항이 즉시 반영됨으로써 설계변경에 빠르게 대응할 수 있는 장점이 있으며, 설계오류 검토가 쉬워 설계의 품질을 향상시킨다.

⑤ 여러 공법의 대안 비교도 손쉽게 할 수 있으며, BIM을 활용하여 효율적인 도면 생산이 가능하다.

(2) 시공성 향상 및 경제성 향상

1) 기존의 2D 캐드 방식

① 설계단계와 시공단계에 사용되는 도면의 일관성 유지가 어렵다.

② 설계자와 시공자가 협의할 수 있는 별도의 도구가 없어, 그로 인한 설계오류의 발견 및 변경이 어렵다.

2) BIM 방식

① 시공단계에 BIM 도입 시 설계단계와 시공단계에 사용되는 도면의 일관성을 유지한다.

② 3차원 도면으로 공간에다 구조체, 건축설비, 전기, 통신설비를 모두 표현할 수 있으므로 시공상세도가 필요 없을 정도의 세밀한 정보의 제공이 가능하다. 따라서, 이를 통해 설계자와 시공자가 협의할 수 있는 유용한 의사소통의 도구를 제공하며, 그로 인한 설계오류 및 변경이 감소한다.

③ 시공과정, 비용 절감, 법적 분쟁의 가능성 최소화, 전체 프로젝트의 원활한 수행을 지원한다.

④ 예정공정계획의 BIM 시뮬레이션을 통해 사전검증을 할 수 있고 이를 통하여 공정 간 간섭배제 및 작업 일정 조정을 통해 생산성을 향상시킨다.

⑤ BIM 데이터를 활용한 공정 및 물량정보를 관리해 자원 절약이 가능하며, 단위부재에 대한 정확한 물량정보를 제공함으로써 전체수량의 오차범위를 최소화하고 실행내역의 신뢰성을 제공한다.

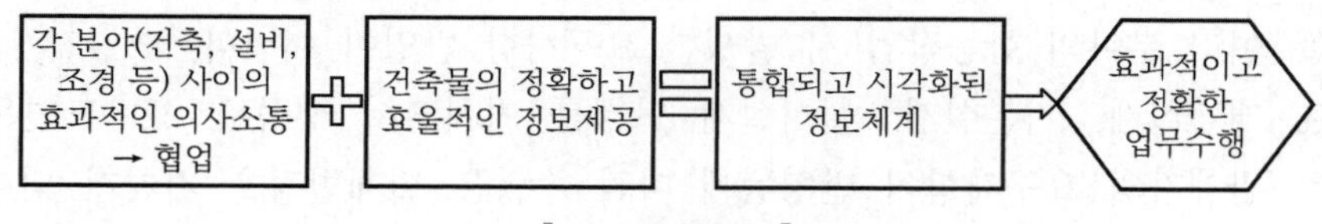

▌BIM의 필요성▐

03 개방형 BIM(open BIM)

(1) 다차원 설계시공 방식에서 활용되는 소프트웨어는 무수히 많다.

(2) BIM 소프트웨어는 초기의 기획 및 공간계획, 다양한 측면의 설계계획, 엔지니어링(구조, 설비, 전기, 기계 등) 설계, 시공계획 등에 다양하게 활용될 수 있다. 그러므로 다양한 기능을 하는 수십 개 또는 수백 개 이상의 BIM 소프트웨어들이 하나의 프로젝트에 쓰이게 되는 것이다.

(3) 개방형 BIM 형식을 통하여 그 데이터가 호환되어야만 실제적인 BIM의 기능을 유지할 수 있다.

(4) 하나의 소프트웨어 군에서 데이터가 호환되는 것을 작은(small) BIM이라고 한다면 어떤 소프트웨어와도 호환될 수 있도록 하는 것은 큰(big) BIM이라 하고 이것이 개방형 BIM이다.

(5) 개방형 BIM이란 국제표준인 IFC와 같은 중립포맷을 통하여, 소프트웨어 간 호환이 되는 것을 말한다. BIM은 다양한 활용을 위해서는 개방형 BIM으로 가야 한다.

04 BIM의 기능(건축물을 기획, 설계, 시공, 유지관리를 가상으로 모델링하는 것)[33]

(1) 건축 BIM

1) 정보의 시각화 및 의사결정을 위한 설계 대안을 제시하고 비정형의 자유로운 디자인 구현
2) IFC 모델을 통하여 설계자 간의 데이터를 원활하게 전송할 수 있어 정보의 교류를 강화하고 오류를 최소화

IFC(Industry Foundation Classes) : IAI에서 정의된 IFC는 AEC/FM 산업에서 정보공유를 위한 방법을 제공한다. IFC 모델은 **건설정보 호환을 위한 표준통합모델**로서, 기획에서부터 디자인, 시공, 운영, 유지관리 등 생명주기에 걸쳐 건설 프로젝트에 참여하는 여러 조직체들이 사용하는 어플리케이션들 간에 정보가 원활하게 유통되고 또 업무들 간의 상호관계가 유기적으로 관리되게 함으로써, 단위 프로젝트, 나아가서는 국가별, 국제적 범위의 AEC/FM 산업 전체의 생산성과 품질을 향상시키기 위한 것이다. 이를 위하여 IFC 모델은 건축 프로젝트 전 과정에서 처리되는 모든 정보를 단일의 구조화된 뼈대(framework)에 체계적으로 표현하고, 프로젝트의 진행에 따라 참가자들이 공통적으로 활용하고 갱신(update)할 수 있는 정보공유 및 상호연동을 위한 기반을 제공한다.

3) 설계 변경 발생 시 낮은 수준에서의 자동 수정
4) 정확하고 일정한 2D 설계도 생성
5) 설계단계에서 공사비 견적 추출
6) 에너지 효율성과 지속 가능성 향상

(2) 구조 BIM

1) 구조시스템을 시각화하여 안정성 및 계획성, 시공성을 검토
2) 작성된 3D 모델로 3D 이중 곡률 부재를 제작할 수 있고, 따라서 구조 부재의 모듈화가 가능

---

33) BIM의 활성화를 위한 제언. BIM의 이해와 활성화방안. 김재준 한양대학교 건축공학부 교수(2009.10)에서 발췌

(3) 설비 BIM

1) 건축, 구조 데이터를 활용하여 설비 조닝(zoning)계획에 시각적으로 활용할 수 있고 기계, 전기 · 통신, 소방 등 상호 간 도면을 한 공간에 나타낼 수 있으므로 협업을 통해 효과적으로 설비시스템을 구축할 수 있다.
2) 건축구조와 설비 시스템 간의 간섭 체크를 통해 설계오류 및 재시공을 막을 수 있다.

(4) 시공 BIM

1) **설계와 시공계획 일치** : 진행하고 원하는 공사시점에서 건물을 확인하여 건물시공에 대한 감을 얻고, 잠재적인 문제를 파악하고 대처할 수 있다.
2) **설계 오류 및 누락 발견** : 도면이 3차원 가상 건축물 모델에서 일관성 있게 생성되므로 3차원 도면 간의 불일치로 인해 발생하는 설계 오류를 발견할 수 있다.
3) **설계 및 시공 문제에 대한 신속한 대응** : 설계 변경내용이 BIM 모델에 반영되면, 변경된 내용은 다른 객체들에도 자동적으로 반영한다.
4) **부품들을 제작하기 위한 기초로서 설계 모델 활용** : 제작이 가능한 수준(공작도)으로 자동생산이 가능하고 부재의 선조립이 가능하다.
5) **설계와 시공 동시 진행** : 모든 자재 및 객체의 물량정보를 제공하므로 자재생산이 가능하다.

(5) 견적 BIM

1) 컴퓨터로 하는 설계는 BIM 모델을 통하여 정확한 물량산출이 가능하고, 따라서 정확한 예산 수립과 집행이 가능하다.
2) 견적 라이브러리를 통하여 자동으로 물량산출이 가능함으로써 물량산출 시간을 단축할 수 있다.

(6) 유지관리 BIM

1) 전 생애에 걸친 건축물의 자료 데이터베이스를 통하여 더욱 효율적인 건축물의 유지관리를 할 수 있다.
2) 시스템의 개보수 시 언제든지 원하는 도면의 추출이 가능하다.

05 BIM의 효과[34]

(1) 기술혁신

1) 건설산업이 첨단 IT산업과 결합된 고부가 가치형 지식기반산업으로 발전되었다.
2) 건설산업의 기술경쟁력이 세계적으로 향상되었다.

34) BIM의 활성화를 위한 제언. BIM의 이해와 활성화방안. 김재준 한양대학교 건축공학부 교수(2009.10)에서 발췌

(2) 예산절감

1) BIM 적용을 통해 기획단계부터 시공단계까지 프로젝트의 범위와 비용을 명확히 설정하여 프로젝트관리를 효율화한다.

2) 정확한 데이터와 자동화에 따른 설계 및 시공기간 단축으로 정확한 예산수립과 집행이 이루어져 예산이 절감된다.

3) 건축물 유지 보수 : 자재 및 부품 관리가 용이해진다.

(3) 투명성 확보

1) 건설 프로젝트 전 생애주기의 업무를 수행함으로써, 효율성을 극대화하고 업무의 단계별 검증과 이력추적에 따른 책임소재 명확화로 전반적인 건설산업의 투명성이 확보된다.

2) 공공프로젝트 발주 시 발주자 입장에서 합리적인 사업예산을 수립할 수 있어 입찰 시에도 정량적인 평가지표를 마련할 수 있다.

(4) 자원절감

1) AEC/FM 분야에서 전 세계적인 천연자원(에너지 포함)의 40[%]를 쓰고 있고, 전 세계 쓰레기의 40[%]를 방출한다.

2) BIM은 '1)'의 문제를 지연시키거나 예방할 수 있는 미래의 핵심기술이다.

3) 도면 및 일람표 자동 수정 : 개별수정이 아니라 일괄수정이 가능하다.

4) 공종별 중복 확인

AEC/FM(Architectural, Engineering, Construction and Facility Management) : 건축, 엔지니어링, 건설 및 시설관리

06 BIM의 활성화 방안

(1) 일정 규모 이상의 공공 발주사업에 대한 BIM 의무 적용을 규정화

2013년부터 조달발주 금액 500억 이상은 BIM으로 한다.

(2) 민간부분은 BIM 활성화를 위하여 인센티브 제도를 도입하고 있다.

(3) 적용대상

1) 건설산업기본법상 모든 건설산업에 적용하되, 설계 · 시공 통합형 사업에 우선 적용하는 것을 권고하고 있다.

2) 설계 · 시공 일괄입찰(턴키), 기본설계 기술제안 입찰, 시공책임형 건설사업관리방식

(4) 적용수준

1) 조사-설계-발주-조달-시공-감리-유지관리 등 전(全) 생애주기에 대해 BIM을 도입하며, 특히 설계단계는 전면 BIM 설계를 원칙으로 하였다.
2) (현재) 병행설계(2D + BIM) 및 전환설계(2D 설계 후 BIM 전환)로 비효율 발생 → (전면설계) 처음부터 BIM으로 설계하고 이를 통해 성과물(도면, 수량 등)을 작성한다.

(5) 로드맵

<table>
<tr><th rowspan="2">구분</th><th colspan="3">단기 (~'23)</th><th colspan="3">중기 (~'26)</th><th colspan="4">장기 (~'30)</th></tr>
<tr><th>'21</th><th>'22</th><th>'23</th><th>'24</th><th>'25</th><th>'26</th><th>'27</th><th>'28</th><th>'29</th><th>'30</th></tr>
<tr><td>공동주택
(LH)</td><td>신규공모
25[%]</td><td colspan="2">신규공모
50[%]</td><td colspan="7">신규공모
100[%]</td></tr>
<tr><td rowspan="4">공공
건축물
(조달청)</td><td colspan="6">조달청 맞춤형 서비스 설계관리 사업 및
공공건축사업 사업비 규모(원)</td><td colspan="2">적용단계</td><td colspan="2">적용범위</td></tr>
<tr><td colspan="6">300억 이상</td><td colspan="2">계획 · 중간 · 실시</td><td colspan="2">모든 공종</td></tr>
<tr><td colspan="6">200억 ~ 300억 미만</td><td colspan="2">계획 · 중간 · 실시</td><td colspan="2">건축, 구조</td></tr>
<tr><td colspan="6">100억 ~ 200억 미만</td><td colspan="2">계획</td><td colspan="2">건축</td></tr>
<tr><td>민간
(인허가
지원)</td><td colspan="3">–</td><td colspan="3">관계전문기술자 협력대상
건축물(연면적 10,000[m^2]
이상 등)</td><td colspan="3">상주감리 대상 건축물
(연면적 2,000[m^2] 이상)</td><td>연면적
500[m^2]
이상</td></tr>
</table>

SECTION 084

아트리움(atrium)

106 · 82회 출제

01 개요

(1) 정의

중정이 있어 2 ~ 3개 층 이상이 개방된 넓은 공간

(2) NFPA의 정의

방호구획된 계단, 승강로, 에스컬레이터 통로 또는 배관, 전기, 냉 · 난방 또는 통신시설용으로 사용되는 샤프트 이외 목적의 대규모의 공간으로서 층과 층 사이의 개구부 또는 상부가 막힌 복수 층들 사이의 개구부에 의해서 형성된 공간

(3) 아트리움 공간을 선호하는 이유

1) 태양광선을 건물 중앙으로 끌어들임으로써 일정량의 조도가 확보

2) 시원한 전망확보 및 개방성

3) 환기력 강화

(4) 아트리움 공간은 화재 시 일반 건축물과는 다른 형태임에도 현행 소방관계법규는 무시설 공간으로 방치해두는 실정이다.

02 방재 특성과 문제점

(1) 건축 특성

1) 화재의 구획화(confinement of fire)가 곤란 : 중정은 개방되는 공간

① 구역설정의 어려움 : 경계구역이나 방호구역의 구분이 곤란하다.

② 방화구획 및 연기제어 문제 : 중정으로 연결되어 있어 제연계획이 적절치 못하면 건물 전체가 연기에 오염될 위험이 있다.

③ 면적별 구획은 어려우나 내부진입이 원활하여 방화 및 구조 활동은 다른 공간에 비해 유리하다.

2) 화재감시 및 소화의 어려움

① 천장 상층부에 빠른 기류를 형성하여 화재 감지 및 스프링클러의 동작에 어려움이 있다.

② 중정의 층고가 높아 자동화재탐지설비나 스프링클러(S/P)설비의 동작 지연 또는 미동작 우려가 있다.

③ 소화효과 저하 : 층고가 높아 스프링클러를 설치하여도 물방울이 증발하여 효과가 낮다.

꼼꼼체크 스프링클러헤드를 바닥으로부터 8[m] 이상의 천장에 설치한 경우 가연물 표면에 도달 시 증발하거나 작아져 소화효과가 현저히 저하된다.

3) 층고가 높다.

① 단층화(stratification)

② 단층화의 문제점

㉠ 화재감지기 감지 장애 : 연기나 열이 감지기 설치 높이까지 도달하지 못한다.

㉡ 스프링클러 작동 장애 : 열이 헤드 설치 높이까지 도달하지 못한다.

㉢ 단층화된 높이에서 수평으로 연기가 확산된다.

③ 층고가 높은 장점 : 연기의 하강시간이 많이 소요되고 시각적인 장애 요인이 작다.

4) 아트리움 지붕 등의 구조체 파괴 : 유리 등의 낙하

5) 수직 관통부 : 빠른 연기 및 화염의 확산

6) 거실과 중정의 연결 : 거실의 화재가 중정으로 확산

(2) 거주자 특성

1) 재실자 전원 동시 피난 : 화재정보의 전달(중정에서 화재확인이 용이)

2) 혼란, 병목현상과 패닉 우려가 있다.

(3) 연소 특성

1) 연료 지배형 연소 : 넓은 중정의 대공간을 통한 공기공급

2) 연소확대 우려

① 거실에서 아트리움으로 확대 → 다시 주변 거실로 확대

② 중정의 굴뚝효과 : 상층부로 빠른 확대

03 설치기준(NFPA 기준)

(1) 연결(관통)공간이 인접한 4개 이상의 층을 연결하지 않는다(최대 3개 층만 연결).

꼼꼼체크 **연결(관통)공간** : 화재층과 다른 층에서 화재상태를 즉시 발견할 수 있도록 수직 개구부에 충분히 개방된 공간으로, 중정을 말한다.

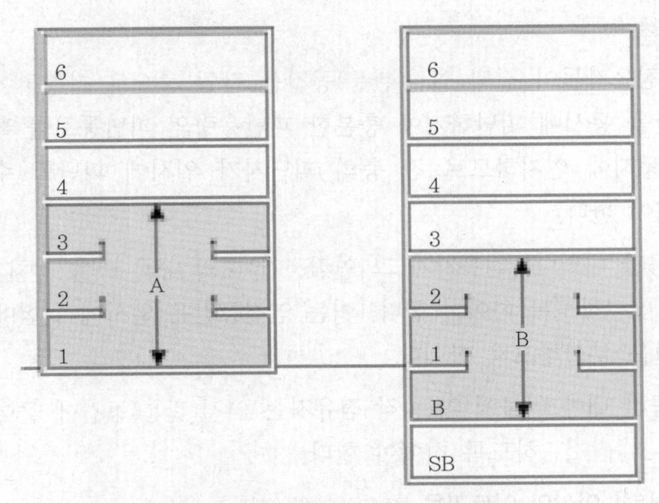

▌3개층 수직 개구부가 허용되는 위치▐

(2) 연결(관통)공간의 최저층이나 최저층 다음 층 : 피난층

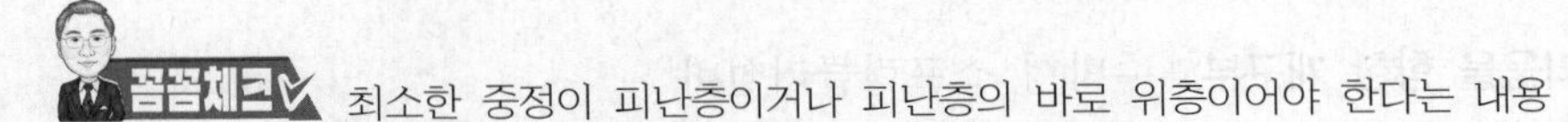
꼼꼼체크 최소한 중정이 피난층이거나 피난층의 바로 위층이어야 한다는 내용

(3) 위험한 상황으로 발전되기 전에 점유자가 쉽게 알아볼 수 있도록 연결(관통)공간의 전체 바닥면적이 개방되고 막힘이 없어야 한다.

꼼꼼체크 중정에 대한 시야 확보를 통해 화재상황을 쉽게 인지할 수 있어야 한다는 내용

(4) 연결공간이 1시간 이상의 내화성능이 있는 비내력 방화벽으로 구획(중정과 연결된 공간을 통해 타 구역으로 화재가 확산하는 것을 방지)

1) 건물 전체가 스프링클러설비로 방호되는 경우
   ① 벽에 대한 내화성능 면제가 허용
   ② 벽은 '방연벽' 성능 이상이다.

꼼꼼체크 방연벽(smoke barrier) : 방호된 개구부에 의해 형성된 연속 또는 불연속형 벽으로, 연기의 유동을 제한하기 위해서 설계되고 시공된 것

2) 방연벽은 스프링클러설비 방호기준에서 어느 정도의 연기유동을 제어함으로써 피난로 통로의 방어능력을 유지하는 데 도움을 준다.

(5) 연결(관통)공간

1) 경급 수용품만 수용
2) 예외 : 스프링클러(S/P)로 방호 시 중급 위험 수용품 수용이 가능하다. 하지만 어떤 상황에서도 상급 위험성의 수용품 수용은 금지한다.

(6) 피난용량 기준

모든 층의 점유자들이 전체 연결(관통)공간을 단일 층으로 가정하여 산출한다.

1) 연결공간을 동시에 피난하기에 충분한 피난용량의 피난통로를 확보한다.

2) 화재를 동시에 인지하므로 전 층의 피난자가 일시에 피난할 수 있는 피난용량을 보유하여야 한다.

(7) 연결(관통)공간 내의 각 점유자가 그 연결공간 내의 다른 층을 거치지 않고 1개 이상의 피난통로에 접근하도록 하여야 한다. 이는 연결공간은 일시에 위험에 노출될 수 있으므로 위험요인을 분산하고자 함이다.

(8) 연결(관통)공간 내에 머물지 않는 각 점유자는 연결(관통)공간에 들어가지 않고, 1개 이상의 피난통로에 접근하도록 하여야 한다.

(9) 용적 60,000[ft^3] 이상의 아트리움

바닥에서 배연량의 20[%]에 해당하는 신선한 공기를 공급한다.

(10) 제연설비에 지장을 주는 바닥 개구부 : 폐쇄

(11) 아트리움을 향한 개구부 : 수막형 스프링클러설비

(12) 제연설비

1) 원칙 : 성능시험을 통해 설치한다.

2) 예외

① 중앙집중방식의 비상 조치장치가 설치된 공조설비

② 중정을 향한 개구부에 스프링클러를 설치한 경우 : 제연경계벽 설치

(13) IBC 2018

1) 방화구획 : 1시간 이상

2) 예외 : 강화유리 양측에 스프링클러, 3층 이내로 제연설비

04 방호대책

(1) 제연설비

1) 방연풍속 : 연기의 인접 거실로 유입방지

▌화재공간에서 비화재공간으로의 연기전파를 방지하기 위한 기류의 사용▐

2) 공식

$$v = 0.64\sqrt{g\frac{(T_f - T_0)}{T_f}h} \quad \text{(NFPA 92)}^{35)}$$

여기서, v : 기류[m/sec]
T_f : 연기온도[K]
T_0 : 공기온도[K]
h : 개구부 높이[m]

3) 배연창 : 최상부, 측면부에 설치한다.

(2) 자동화재탐지설비

1) 광전식 분리형 : 연기 단층화를 고려하여 광전식 분리형 감지기를 적절한 높이에 설치한다.
2) 불꽃 감지기 : 열기류의 상승시간으로 인한 지연을 방지하기 위해 화원으로부터의 열복사를 감지한다.
3) VSD, VFD : CCTV를 이용하여 연기 및 불꽃을 감지(대공간에 적합)한다.
4) 공기흡입형 : 능동적으로 연기를 흡입하여 화재를 감지한다.

(3) 소화설비

1) 아트리움 천장
① 개방형 스프링클러헤드
② 감지기에 의한 스프링클러 기동 : 층고로 인한 감지 곤란문제 대안
2) 측벽형 헤드를 설치하여 수평 방수로 화재제어 : 작동 곤란문제 대안

35) [5.10.1b] 5.10 Opposed Airflow. NFPA 92 2018 Edition

3) 아트리움 유리창에 스프링클러설비

① 화재에 노출된 유리를 적셔서 유리를 보호한다.

② 좁은 간격의 스프링클러헤드 설치 라인과 유리 사이에는 유리가 젖는 것을 막는 창문 블라인드나 커튼을 설치해서는 안 된다.

③ 1시간 내화성능의 방호구역 벽 대신에 유리벽을 설치한 경우에는 유리벽의 아트리움 쪽 바닥에 가연물이 존재할 수 있으므로 그 층에 대해서는 유리벽 양쪽에 스프링클러헤드를 설치한다.

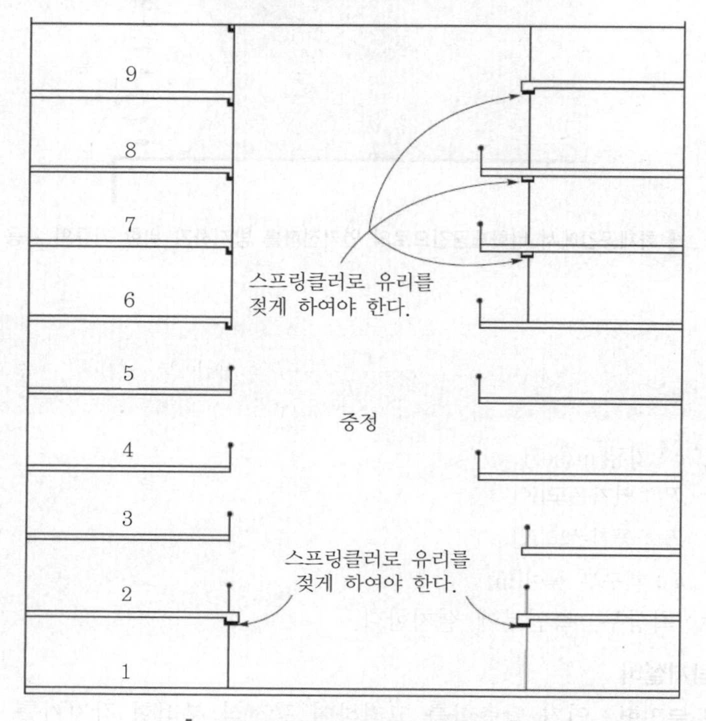

▌아트리움에 설치되는 스프링클러▐

4) 초기 화재 발견 시 수동진화를 위한 소화기 및 옥내소화전을 연결공간 근처에 집중배치한다.

5) 방수총 System(water cannon system) : 대공간 화재 방호(주사선식 감지기 또는 CCTV와 연계)

6) 이동형 스프링클러

① 건축구조물 화재의 소화설비 중 스프링클러소화설비가 대단히 효과적이나, 아트리움에는 층고가 대단히 높으므로 일반 스프링클러는 효과가 떨어진다.

② 필요성 : 화재진압의 효율을 높이기 위하여 일정 거리까지 이동하여 화원에 접근 후 분무하여 소화효율을 증대시키는 이동형 스프링클러가 필요하다. 이는 안정성을 높이려는 방법으로 백업용으로 천장 면에 종래형의 헤드를 설치하고 이동형 스프링클러를 설치한다.

③ 종류

㉠ 승강형 : 상하로 스프링클러헤드의 설치 면을 이동하는 방식으로, 전체 이동방식과 부분 이동방식이 있다.

㉡ 상하좌우 자유 이동형 : 유압식 방식으로 헤드가 화원방향으로 자유자재로 이동하는 방식이다.

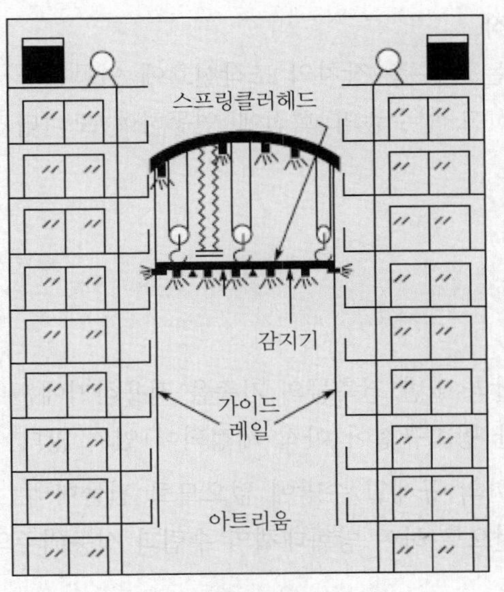

(a) 승강형

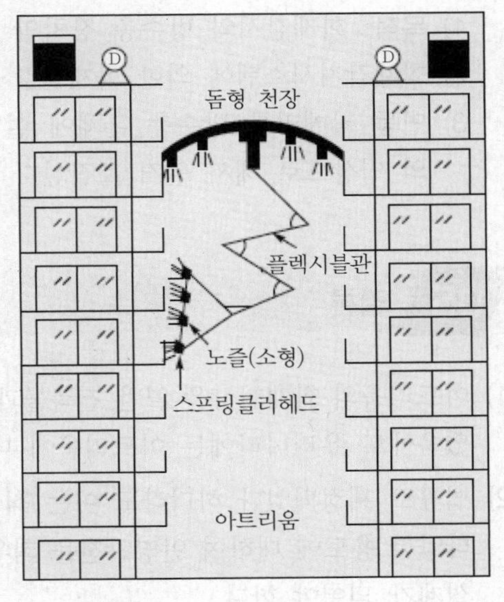

(b) 상하좌우 자유 이동형

이동형 스프링클러[36]

7) 고감도 스프링클러 : 감도가 높은 스프링클러를 설치하여야 중정의 높은 공간 내에서 발생하는 화재를 유효하게 감지한다.

8) 오리피스가 큰 스프링클러 : 중정에 설치하는 스프링클러의 경우 물방울이 줄어들어 효과가 감소하므로 오리피스가 큰 스프링클러를 설치한다.

(4) 피난

1) 전체 중정을 단일층으로 가정하여 중정 내 재실자가 동시에 피난할 수 있는 피난용량 이상을 설치한다.

2) 피난용량 산정 시 다른 건물에 비해서 용량이 많이 증가한다.

3) 아트리움의 개방된 공간과 피난통로를 연결하지 않아야 한다.

(5) 내화구조

1) 아트리움의 철골 구조부재 : 내화피복으로 보호(철골은 열전도가 높아 이로 인해 팽창되면서 강도 저하가 발생하여 붕괴 우려)

2) 유리 지붕의 파손대책 : 수막설비

36) Atrium 방재의 첨단기술에서 발췌. 서울산업대 이수경 교수

(6) **연소확대 방지대책**

1) 중정과 인접공간 구획 : 고정식 망입 유리창과 방화셔터 등

2) 드렌처설비 설치 : 아트리움과 인접공간의 연소확대방지

(7) **출입구에서 신선한 외기 유입 방지** : 방풍실과 회전문

(8) **CCTV 시스템**

1) 목적 : 화재감시와 방수총 장치의 조작

2) 화재감지시스템에 의한 화재신호 또는 방수총 장치의 조작신호에 연동한다.

3) 연동 카메라를 방수총 본체에 설치하고 방수총의 회전에 연동하여 모니터 수상기의 영상으로 해서 원격 조작한다.

05 결론

(1) 아트리움의 화재현상은 일반 건축물과 달라 일반 건축물의 기준을 적용하기에는 무리가 있음에도 우리나라에는 아트리움에 대한 방화규정이 아직 제정되어 있지 않다.

(2) 법규로 제정되었다 하더라도 이는 최소한의 규제일 수밖에 없으므로 건물형태, 내부의 다양한 용도에 대하여 인명안전을 최우선으로 하여 방화대책의 수립과 성능위주의 최적 설계가 되어야 한다.

SECTION 085

지하공간 화재

112 · 107 · 104 · 83 · 76회 출제

01 개요

(1) 지하공간의 개발목적

효율적인 도시공간의 구축과 도시경관 및 환경문제를 해결하는 것이다.

(2) 지하공간의 특성

1) 창이 없고 출입구가 한정된 지하공간에서의 화재 발생 시 안전을 확보하기 위해서는 소화 및 피난 등을 위한 소방시설이 더욱 중요하다.

2) 왜냐하면, 미로 형태로 구성되어 공간 및 위치에 대한 지각이 어렵고, 무창구조로 되어 있어 밖을 볼 수 없다는 불안감으로 폐쇄공포증이 유발되기 쉬우며, 화재나 재해 시에 붕괴나 고립 등에 대한 공포로 쉽게 패닉(panic)상태가 유발되기 때문이다.

3) 지하공간은 지상보다 화재가 발생했을 때 중대재해로 이어져 막대한 인명피해와 재산손실을 가져올 수 있다.

(3) 대도시의 부족한 토지로 인해 지하공간은 새로운 도시공간 창출의 수단으로써 활용되고 있다. 따라서, 이렇게 활용도가 높은 지하시설은 무창이라는 특성과 이용자의 심리를 토대로 한 방재계획이 필요하다.

(4) 화재발생원인

1) 발생하는 주요 화재 : 유류화재, 가스화재, 전기화재

2) 원인

① 지하공간의 난방, 취사용 연료사용

② 노후화된 전기시설

③ 무자격자에 의한 시공 및 관리

02 공간적 특성 및 위험성

(1) 건축 특성

1) 무창공간 : 인공채광, 인공환기 필요

① 정전 시 주간에도 암흑상태로 피난장애가 발생한다.

② 창이 없으므로 내부에서 외부로의 인지 곤란 : 피난의 어려움, 패닉(panic)
③ 창이 없으므로 외부에서 내부로의 인지 곤란 : 소화활동의 어려움(정보 확보가 곤란)
④ 외부 바람이나 기온에 의한 영향이 작다.
⑤ 연기가 상층으로 확대될 공간이 없으므로 수평으로 빠르게 확산된다.
⑥ 인공환기 경로인 덕트를 통해 연기가 확산된다.
⑦ 수평으로 확산된 연기가 출입구를 통해 밖으로 배출 : 화재지점 확인이 곤란하다.

2) 지상보다 낮은 위치 : 피난방향과 연기흐름의 방향이 동일하다.
① 계단만이 유일한 출입구
㉠ 소방대의 진입방향과 피난방향이 충돌 : 소화활동 장애요인
㉡ 소방대의 진입방향과 연기의 이동방향이 충돌 : 소화활동 장애요인
㉢ 진입 시 소방대의 피로가 증대되어 소화활동 능력이 저하된다.
② 무선통신 곤란 : 무선통신보조설비가 필요하다.
③ 소화수의 자연배수 곤란 : 수피해가 크다. 따라서, 수계 소화시스템을 사용 시에는 적절한 배수설비의 설치를 고려한다.
④ 피난자의 피난방향과 연기의 이동방향이 일치해서 연기가 피난자를 추적하는 형상이 된다. 따라서, 연기에 의한 시야 확보가 곤란하고 질식 등의 우려가 크다.

3) 규모가 방대하면 내부 통로가 미로가 되기 쉽고, 전체 상황이나 자신이 있는 위치를 인식하기 어려워 비상시에 적절한 대응이 곤란하다.
① 패닉발생(공포, 불안)
② 소화활동공간 확대

4) 지상 건축물과는 달리 상단부에서 외기와 면하고 하단부에서 외기와의 접속이 없으므로 건축물 내부 전체에서 자연적으로 큰 순환류가 발생하여 복잡한 내부기류 성상이 발생한다.

(2) 거주자 특성

1) 불특정 다수가 이용한다.
① 군중 제어 및 소방훈련, 방화관리의 어려움이 발생한다.
② 방향감각을 잃어버리기 쉽다.

2) 외부로의 시각적인 정보부족 : 폐쇄감, 불안감 등 심리적 측면에서 문제점(패닉유발)이 발생한다.

3) 계단을 올라가야 한다 : 피난능력 및 환경이 악화된다.

(3) 연소 특성

1) 환기지배형 화재, 불완전연소 : 훈소가 발생하여 짙은 연기와 일산화탄소(CO)가 다량 발생한다.

2) 열 배출이 곤란해 축열 : 전실화재의 발생 우려가 크다.
3) 지하상가의 연소 특성
① 영업특성상 가연물이 많은 의류점이나 화기를 주로 취급하는 음식점이 많아 화재 발생위험 및 연소확대 위험성이 크다.
② 가연물이 많음 → 지속시간이 길어짐 → 단열의 공간으로 축열
4) 자연적으로 연기배출이 곤란하여 축연하는데 연기발생량이 많다.
5) 축적된 가연성 가스 : 폭발 우려
6) 지하역사나 연계된 지하공간에서 지하철, 열차의 바람으로 인한 영향 : 열차풍, 피스톤 효과 등 내부에 생기는 기류의 복잡성으로 연기의 발생원 및 발생지점의 확인이 늦어져 공간 전체에 연기가 충만할 위험이 있다.

03 지하공간의 화재 안전대책

(1) 예방
가연물을 많이 취급하는 곳이나 화기를 많이 취급하는 곳에는 화재 예방교육 및 방화관리를 철저히 한다.
1) 예방의 3E : Education, Engineering, Enforcement
2) 점화원 안전관리 : 화기사용 제한, 화기설비의 점검 및 관리체계의 강화, 화기사용 설비의 집중화를 통한 관리의 강화
3) 가연물 안전관리 : 내장재의 불연화 · 난연화, 가연물의 종류와 수량의 제한

(2) 조기감지 및 경보
1) 화재 초기에 감지하도록 고성능의 감지시스템을 구축한다.
2) 먼지 등에 의한 비화재보를 고려한다.
3) 방재센터와 여러 대피장소, 주요 공간 사이에 양방향 통신시스템을 구축한다.
4) CCTV와 내열 카메라를 설치하여 모니터링을 통한 화재감시가 가능하고 화재의 진행방향도 파악한다.

(3) 소화
스프링클러설비와 옥내소화전으로 전 공간 방호

(4) 연기제어(감압 방식) : Dynamic smoke control
1) 화재 시 HVAC는 연기의 순환을 막기 위해 급 · 배기구를 폐쇄한다.
2) 화재 발생구역에서 직접 외부로 제연설비를 이용하여 연기를 배출한다.
3) 화재 발생 인접지역은 가압을 유지하기 위해 100[%] 외부 공기를 공급한다.
4) 가급적 제연전용 설비를 적용한다.

(5) 공간계획

1) 명확한 내부공간의 구성 : 단순하고 유효 폭이 넓은 피난로를 확보한다.

2) 채광, 배연용의 대규모 중정과 다수의 소규모 중정을 가진 광장 설치 : 화재 시 채광과 배연을 강화하며 피난자들이 일시 대피할 공간을 확보한다.

3) 공간의 구획화, 지상으로 통하는 직통계단의 설치, 탁 트인 전망으로 시야 확보

① 공간을 구획하는 경우 방화셔터보다는 상시 개방식 방화문으로 구획을 설치하고, 불가피하게 셔터에 의해 구획하는 경우에는 일체형 셔터보다는 고정식 상시 폐쇄식 방화문과 셔터가 병행 설치된 형식으로 설치하는 것이 더 안전하다.

② 천장과 반자 사이의 은폐된 공간 등의 방화구획을 한다.

4) 수평 덕트의 방화구획 철저

① 공조덕트의 블록화 : 화재의 확산을 방지하고 수평 피난을 가능하게 한다.

② 공조덕트의 전용화 : 위험성이 높은 장소의 경우는 덕트를 단독화, 전용화한다.

5) 타 건축물과 연결된 경우 방화구획과 접속통로 사이에 절연공간을 확보하여 인접 건물로의 화재 확산을 방지한다.

(6) 피난

1) 출입구 수 증가 및 폭의 확대 : 피난용량의 증대

2) 대규모 인원이 거주하는 장소면 일시적 대피 장소 구비(수평적 피난) : 피난안전공간

3) 선큰 가든(sunken garden) 설치 : 직접 외부로 대피가 가능

4) 자연채광 : 광 덕트 등

꼼꼼체크 **광 덕트** : 반사경과 덕트를 이용하여 태양광을 건물 내부로 끌어오는 덕트

5) 드라이 에어리어(dry area) 설치

꼼꼼체크 **드라이 에어리어(dry area)** : 지하층의 환기 및 채광을 목적으로 만들어 놓은 도랑

6) 신뢰성 있고 명확한 유도등과 비상조명등(비상전원)

7) 비상방송설비 : 화재에 대한 적절한 정보제공 및 피난요령 안내방송을 전달

8) 심층 공간 : 피난용 승강기(E/V)

9) 막다른 복도를 최소화하고 어느 위치에서도 양방향으로 피난할 수 있도록 한다.

10) 연기 유동, 소화활동 방향을 고려한 피난계획을 수립한다.

(7) 소화활동 및 구조를 위한 대책

1) 소방서에 신속한 연락체계 구축 : 자동화재속보설비, Hot line

2) 소화활동의 거점 확보(종합방재센터)

3) 소화활동설비 구축 : 무선통신보조설비, 비상용 콘센트, 연결송수관, 연결살수설비 등 설치

4) 인명구조기구 설치

04 지하공간 연결의 문제

(1) 지하역사와의 연결

1) 피난 특성

① 이동하는 불특정 다수인에 의한 통행량이 증가한다.

② 피난경로가 복잡하다.

2) 건축 특성

① 지하역사 부분과 지하공간의 일체화가 되어 열차풍이나 지하역 공조의 영향을 받아 지하공간의 기류가 복잡하고 설계와는 상이하게 나타날 수 있다.

② 화재 시에는 지하역사와 연결된 공간의 구획화가 지연되거나 충분히 구획화를 달성하지 못할 때는 지하역사와 지하공간 모두가 화재의 확산공간이 될 수 있다.

3) 지하역사와 지하공간의 연계된 부분의 화재 시뮬레이션을 통해 소방시스템을 보완하고 철저한 방화구획과 두 장소 간 소방정보를 공유하여 신속하게 대처할 수 있도록 하여야 한다.

4) 지하철 승강장 제연(smoke control)

① 선로에서 화재 : 승강장(기류로 밀어내고) + 선로(배출)

② 승강장에서 화재 : 승강장(배출) + 선로(배출)

(2) 지하주차장과 연결

1) 일반 건축물과는 달리 유류를 촉진재로 하는 화재일 가능성이 커 화재하중과 확산속도가 빠르므로 구획화를 해야 한다.

2) 화재 시 연기나 화재의 전파 또는 피난과 서로 영향을 받지 않도록 건축물의 지하부분을 지하가와 동등한 성능을 가지도록 구획화나 설비를 갖추어야 한다.

① 연결공간의 계단은 모두 외부와 직접 연결되도록 설치

② 연결공간은 통행의 전용으로만 사용

③ 연결공간은 방화구획으로 구획

④ 연소확대 방지를 위한 충분한 거리를 확보

⑤ 연결공간에는 스프링클러설비 또는 드렌처설비를 설치

⑥ 연계되는 곳의 방재센터와는 서로 정보를 공유

05 결론

(1) 지하공간의 화재는 다른 공간보다 심리적 · 공간적으로 더 위험하므로 화재예방, 감지, 진압 및 피난 등 방재시스템의 고도화된 인명안전대책이 요구된다.

(2) 지하공간의 화재안전에 관한 기준은 지상공간보다 더 강화된 규정이 요구된다.

(3) 지하공간에 있어서 탑 라이트(top light)를 확장하고, 선큰 가든(sunken garden) 등을 이용하여 인간의 공간인지와 피난안전성을 배려한 방재계획이 필요하다.

탑 라이트(top light) : 지붕 층의 일정한 공간을 뚫어서 유리 등의 재료로 마감한 것, 즉 천창을 의미하는 데 그 목적은 채광으로서 일명 roof light 또는 sky light라고도 부르며 측창에 비해서 약 3배 이상의 채광효과가 있다. 그냥 뚫은 것이나, 유리 등으로 마감을 한 것 모두 천창에 해당한다.

SECTION 086 지하구 124 · 117회 출제

01 개요

(1) 지하공동구 또는 지하구라 불리는 시설은 도시에 전기, 수도, 가스, 냉·난방 등의 도시기반시설을 공급해 주므로 '생명선(life line)'이라고도 불린다. 이러한 지하구에서 화재 발생 시 화재로 인한 지하구 시설물의 1차 피해뿐만 아니라 전기, 가스 등의 국가기간산업 공급중단으로 인한 2차 피해가 더 크다. 따라서, 화재를 신속하게 감지하고 발화 즉시 제어 및 진압할 수 있는 시스템이 필요하다.

(2) **지하구에 설치하여야 하는 소방시설 등의 소급적용 특례**

1) 공동구(「국토의 계획 및 이용에 관한 법률」)
2) 전력 또는 통신사업용 지하구

02 지하구의 정의 124회 출제

(1) 전력·통신용의 전선이나 가스 냉·난방용의 배관 또는 이와 비슷한 것을 집합 수용하기 위하여 설치한 지하 공작물로서 사람이 점검 또는 보수하기 위하여 출입이 가능한 것 중 다음의 어느 하나에 해당하는 것이다.

1) 전력 또는 통신사업용 지하 인공구조물로서, 전력구(케이블 접속부가 없는 경우에는 제외) 또는 통신구 방식으로 설치된 것
2) '1)' 외의 지하 인공구조물로서 폭이 1.8[m] 이상이고 높이가 2[m] 이상이며 길이가 50[m] 이상인 것

(2) 「국토의 계획 및 이용에 관한 법률」 제2조 제9호에 따른 공동구

03 지하구의 기능

(1) **도로교통 장애요인의 제거**

1) 상수도관, 가스관, 통신케이블 등 각종 편의시설의 반복적인 지중매설을 피할 수 있는 기능을 공동구가 가지고 있으므로 반복된 도로굴착을 방지한다.

2) 잦은 공사로 인한 유지관리비용의 절감, 교통혼잡을 사전에 방지함으로써 이로 인한 사회간접비용을 절감한다.

(2) 도시 정비

뒤얽힌 도시 기간 공급처리시설을 정리하고 도시미관을 증진한다.

(3) 지하공간의 효과적인 활용

(4) 재해 방지

1) 태풍이나 화재, 지진 등의 재해에 대해 능동적인 대처가 가능하다.

2) 수용시설의 수요현황을 육안으로 쉽게 식별하고 훼손이나 누설로 인한 취약부분도 쉽게 파악할 수 있으므로 유지관리가 용이하다.

(5) 도로공간 활용의 극대화

04 지하구 화재의 원인

(1) 흡연, 부주의한 작업 등에 의한 발화

(2) 단선, 지락 등에 의한 과전류 및 스파크(spark)에 의한 발화

(3) 전선, 케이블의 과부하로 인한 온도상승에 의한 발화

(4) 절연물의 손상, 열화 등 절연파괴에 의한 발화

(5) 시공 및 접속 불량에 의한 발화

05 지하구 화재의 특징 124회 출제

(1) 건축 특성

1) 출입구

① 제한적으로 설치되어 출입구와 출입구 간 간격이 길다.

② 사람이 진입하기 힘들다. 상시 사람이 출입하는 공간이 아니므로 출입구의 설치개소가 적다.

③ 피난방향과 연기이동방향이 같다.

2) 무창의 밀폐공간

① 인공채광, 인공조명

② 통신불량

③ 축연, 축열

④ 화재지점의 인지가 곤란

3) 사회기반시설로서 간접피해가 크고 복구에 많은 시간이 소요되는데 루프로 구성하면 간접피해를 최소화하고 긴급복구로 복구시간을 단축할 수 있다.

(2) 거주자 특성

1) 일반인의 출입이 제한되므로 전문보수인력이나 관리자 외에 통행 곤란 : 교육이나 훈련의 성과가능

2) 원칙적 : 비거주 공간

(3) 연소 특성

1) 케이블이나 보온재의 가연성으로 유독가스와 연기가 다량 배출

2) 무창의 공간으로 공기공급이 제한 : 불완전연소

3) 할로겐 화합물이 포함된 난연화 재료 : 독성, 부식성 가스가 발생하여 2차 피해 유발

06 지하구의 법정 소방시설 124회 출제

(1) 소화기구 및 자동소화장치

1) 소화기구

① 소화기의 능력단위

㉠ A급 화재 : 개당 3단위 이상

㉡ B급 화재 : 개당 5단위 이상

㉢ C급 화재 : 적응성이 있는 것

② 한 대의 총중량 : 7[kg] 이하(사용 및 운반의 편리성 고려)

③ 설치위치 및 개수 : 사람이 출입할 수 있는 출입구 부근에 5개 이상

④ 설치높이 : 1.5[m] 이하

⑤ 표지 : '소화기'라고 표시한 조명식 또는 반사식의 표지판 부착

2) 자동식 소화장치

① 설치대상 : 지하구 내 발전실 · 변부속실 · 송부속실 · 변압기실 · 배전반실 · 통신기기실 · 전산기기실 · 기타 이와 유사한 시설이 있는 장소 중 바닥면적이 300[m^2] 미만인 곳

② 자동소화장치 : 가스 · 분말 · 고체에어로졸 · 캐비닛형

③ 예외 : 물분무등소화설비를 설치한 경우

④ 가스 · 분말 · 고체에어로졸 자동소화장치 또는 소공간용 소화용구 : 제어반 또는 분전반마다 설치

⑤ 케이블 접속부(절연유를 포함한 접속부에 한함)마다 자동소화장치를 설치하되 소화성능이 확보될 수 있도록 방호공간을 구획하는 등 유효한 조치를 해야 한다.

㉠ 가스 · 분말 · 고체에어로졸 자동소화장치

㉡ 중앙소방기술심의위원회의 심의를 거쳐 소방청장이 인정하는 자동소화장치

(2) 자동화재탐지설비 119회 출제

1) 감지기 중 먼지 · 습기 등의 영향을 받지 아니하고 발화지점(1[m] 단위)과 온도를 확인할 수 있는 것을 설치

2) 설치기준

① 지하구 천장의 중심부에 설치하되 감지기와 천장 중심부 하단과의 수직거리는 30[cm] 이내로 할 것

② 형식승인 내용에 설치방법이 규정되어 있거나, 중앙기술심의위원회의 심의를 거쳐 제조사 시방서에 따른 설치방법이 지하구 화재에 적합하다고 인정되는 경우에는 형식승인 내용 또는 심의결과에 의한 제조사 시방서에 따라 설치할 수 있다.

3) 수신기에 표시되는 발화지점은 지하구의 실제거리와 일치하도록 할 것

4) 설치예외 : 공동구 내부에 상수도용 또는 냉 · 난방용 설비만 존재하는 부분

5) 발신기, 지구음향장치 및 시각경보기는 설치하지 않을 수 있다.

(3) 유도등

1) 설치대상 : 사람이 출입할 수 있는 출입구(환기구, 작업구를 포함)

2) 규격 : 지하구 환경에 적합한 크기의 피난구유도등을 설치

(4) 연소방지설비 76회 출제

1) 방수헤드

① 천장 또는 벽면에 설치

② 수평거리

㉠ 전용헤드 : 2[m] 이하

㉡ 스프링클러헤드 : 1.5[m] 이하

2) 헤드설치

① 설치위치 : 소방대원의 출입이 가능한 환기구 · 작업구마다 지하구의 양쪽방향으로 살수헤드(개방형)를 설치

② 한쪽 방향의 살수구역의 길이 : 3[m] 이상

③ 예외 : 환기구 사이의 간격이 700[m]를 초과할 경우에는 700[m] 이내마다 살수구역을 설정하되, 지하구의 구조를 고려하여 방화벽을 설치한 경우에는 그러하지 아니하다.

④ 연소방지설비 전용헤드를 설치할 경우 : 「소화설비용헤드의 성능인증 및 제품검사의 기술기준」에 적합한 살수헤드를 설치한다.

(5) 송수구

1) 소방차가 쉽게 접근할 수 있는 노출된 장소에 설치하고, 눈에 띄기 쉬운 보도 · 차도에 설치한다.
2) 구경 : 65[mm] 쌍구형
3) 살수구역 안내 표시 : 송수구로부터 1[m] 이내
4) 설치높이 : 0.5 ~ 1[m]
5) 자동배수밸브 및 체크밸브 : 송수구 가까운 곳
6) 송수구로부터 주배관에 이르는 연결배관에는 개폐밸브를 설치하지 아니할 것

(6) 연소방지재

1) 설치대상 : 지하구 내에 설치하는 케이블 · 전선 등
2) 예외 : 케이블 · 전선 등을 다음의 난연성능 이상을 충족하는 것으로 설치한 경우
3) 성능기준 : 한국산업표준(KS C IEC 60332-3-24)에서 정한 난연성능 이상을 충족할 것

1. 시험에 사용되는 연소방지재는 시료(케이블)의 아래쪽(점화원으로부터 가까운 쪽)으로부터 30[cm] 지점부터 부착 또는 설치되어야 한다.
2. **성능기준** : 시료에서 측정된 탄화비율의 최대 정도가 버너의 바닥 모서리 부분으로부터 높이 2.5[m]를 초과하지 않도록 한다.
3. **수직 배치된 케이블 또는 전선의 불꽃전파시험**(KS C IEC 60332-3-24)

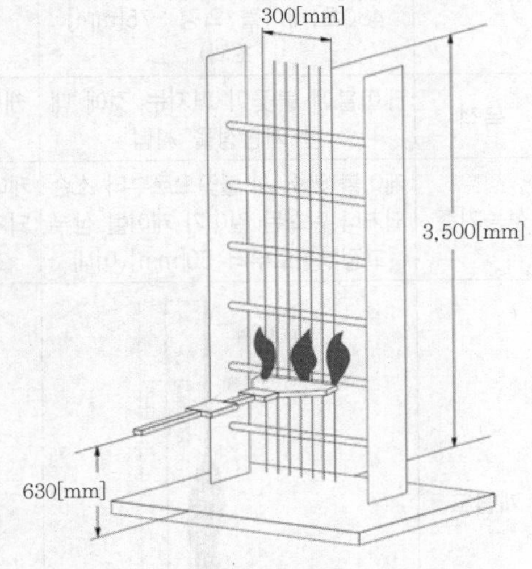

▌시험장치▐

① 시료 1.5[L/m]의 비금속 재료의 공칭값이 전체 체적에 도달하기 위해 필요한 개수
② 시험 케이블 길이는 0.3[m] 이상
③ 불꽃인가장치 : 20분간 가열(KS C IEC 60332-3-10에 따른 리본형 프로판 가스버너)

④ 성능기준 : 시료에서 측정된 탄화비율의 최대 정도가 버너의 바닥 모서리 부분으로부터 높이 2.5[m]를 초과하지 않도록 한다.

⑤ 케이블 난연성 구분

구분	단위길이당 비금속재료의 양	화염 적용시간	시험기준
A	7[L/m]	40분	KS C IEC 60332-3-22
B	3.5[L/m]		KS C IEC 60332-3-23
C	1.5[L/m]	20분	KS C IEC 60332-3-24
D	0.5[L/m]		KS C IEC 60332-3-25

4. IEC 60332-1, IEC 60332-2의 비교

구분	IEC 60332-1	IEC 60332-2
시험소재 길이	600[mm]	600[mm]
시험위치	수직에서 45도	수직에서 45도
시험온도	1[kW] 화염	화염길이의 규정에 따라 설정
화염지속 시간	60초(케이블 외경 : 25[mm] 이하)	20초
	120초(케이블 외경 : 25[mm] 초과 50[mm] 이하)	
	240초(케이블 외경 : 50[mm] 초과 75[mm] 이하)	
	480초(케이블 외경 : 75[mm] 초과)	
목적	케이블에 불꽃이 퍼지는 것에 대한 저항성을 시험	케이블에 붙은 불꽃이 확산되는 시간을 평가하는 시험
성능기준	케이블 연소 시 불꽃으로부터 소손되거나 탄화된 길이가 케이블 상부 고정부위로부터 50[mm] 이내	케이블 연소 시 불꽃으로부터 소손되거나 탄화된 길이가 케이블 상부 고정부위로부터 10[mm] 이내
개념도	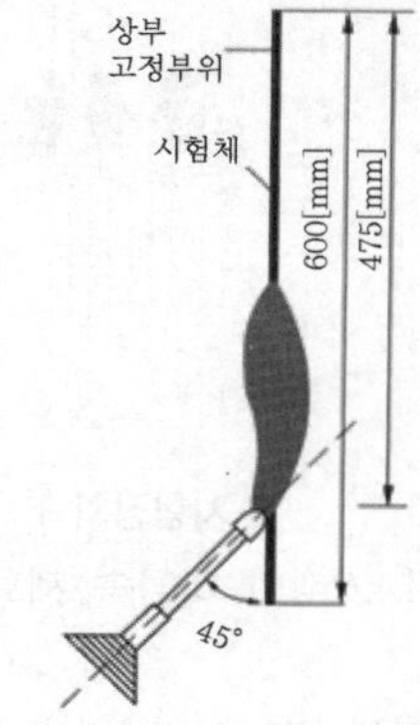 상부 고정부위, 시험체, 600[mm], 475[mm], 45°	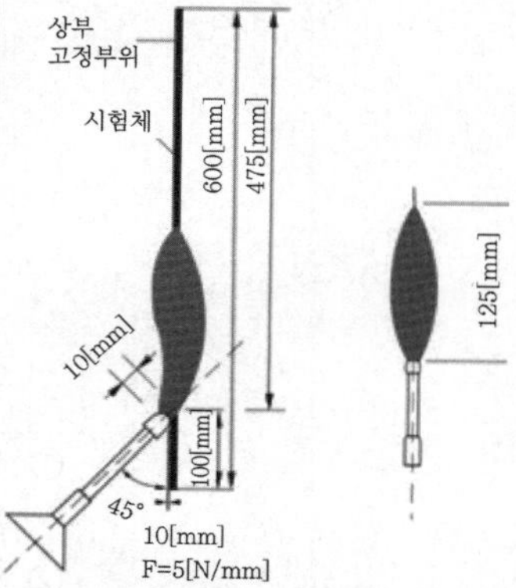 상부 고정부위, 시험체, 600[mm], 475[mm], 125[mm], 10[mm], 100[mm], 45°, 10[mm], F=5[N/mm]

4) 설치기준

① 시험성적서에 명시된 방식으로 명시된 길이 이상으로 설치한다.

② 연소방지재 간의 최대 설치간격 : 350[m] 이하

③ 설치위치

㉠ 분기구

㉡ 지하구의 인입부 또는 인출부

㉢ 절연유 순환펌프 등이 설치된 부분

㉣ 기타 화재발생 위험이 우려되는 부분

(7) 방화벽

1) 구조

항상 닫힌 상태를 유지하거나 자동폐쇄장치에 의하여 화재신호를 받으면 자동으로 닫히는 구조

2) 내화구조로서 홀로 설 수 있는 구조

3) 출입문 설치 시 방화문으로 할 것

4) 관통하는 케이블, 전선 등에는 내화충전 구조로 마감한다.

5) 방화벽은 분기구 및 국사·변전소 등의 건축물과 지하구가 연결되는 부위(건축물로부터 20[m] 이내)에 설치

6) 자동폐쇄장치를 사용하는 경우 : 「자동폐쇄장치의 성능인증 및 제품검사의 기술기준」에 적합한 것으로 설치

(8) 무선통신보조설비의 옥외 안테나의 설치위치

1) 방재실 인근

2) 공동구의 입구

3) 연소방지설비 송수구가 설치된 장소(지상)에 설치

(9) 통합감시시설

1) 소방관서와 지하구의 통제실 간에 소방활동과 관련된 정보를 상시 교환할 수 있는 정보통신망 구축

2) 정보통신망은 광케이블 또는 이와 유사한 성능을 가진 선로일 것

3) 수신기는 지하구의 통제실에 설치하되 화재신호, 경보, 발화지점 등 수신기에 표시되는 정보가 [별표 1]에 적합한 방식으로 119 상황실이 있는 관할 소방서의 정보통신장치에 표시되도록 할 것

07 문제점

(1) 초기 자동식 소화설비가 없다.

(2) 전력구 트레이 내 전선이 과밀상태(통신은 광케이블로 교체되면서 과밀화 해소)이다.

(3) 환기 및 배수시설이 부족하다.

(4) **출입구의 협소**
장비휴대 시 출입에 어려움이 있다.

(5) **인접건물과의 연결 및 관통 부위 방화구획이 부실** : 방화구획 및 내화채움 구조

(6) **소화활동을 위한 조명시설 부족**
순찰 등을 위한 최소 조도(작업을 위해서는 작업등 필요)

(7) 전력케이블 일부가 아직도 OF(Oil Filled) Cable이므로 화재 시 연소확대 우려가 크다.

(8) 대부분의 지하구 내부가 포화상태로 통로 폭이 협소하다.

08 결론

(1) 지하구 화재는 발생 시 사회기반시설의 피해가 크므로 화재 예방 및 진압대책을 철저하게 세워야 한다.

(2) 초기 소화시설의 확보가 중요한데, 냉각 및 질식 효과가 뛰어난 미분무(water mist)나 강화액의 설치를 검토해 볼 필요가 있다.

1) 강화액 소화설비 구성 116 · 114회 출제
① 강화액 소화약제
② 감지기 : 화재의 위치를 정확히 인지할 수 있는 광센서감지기 등
③ 배관과 가압송수장치
④ 방출헤드(미분무형태의 방사)

2) 소화시스템 비교

구분		C급 화재 적응성	재발화 위험	약제의 의한 2차 피해	소화성능
기존	수계	×	○	○	냉각
	가스계	○	×	○	질식/부촉매
	강화액	×	○	×	냉각/부촉매
강화액 자동식소화설비		○	△	△	질식/냉각/부촉매
미분무 자동식 소화설비		○	△	○	질식/냉각

(3) 공동구 내의 상수도와 연결하여 설치할 수 있는 자동식 소화설비를 설치한다면 보다 효과적일 것이다.

SECTION 087

무창층

127 · 119 · 100 · 91회 출제

01 정의

(1) 소방에서 무창층이란 지상층 중에 개구부 면적의 합계가 그 층 바닥면적의 $\frac{1}{30}$ 이하가 되는 층으로, 일반적인 의미의 창이 없는 무창층과는 개념이 다르다.

(2) 창이 없는 것이 아니라 피난할 수 있는 창이 없는 것이다.

02 개구부 조건

(1) 크기

50[cm] 이상의 원에 내접할 수 있는 크기

1. 쉽게 파괴되지 않는 개구부는 문이 열리는 공간이 50[cm] 이상이어야 한다.
2. 지름 산정 시 창틀은 포함하지 않으며 파괴가 가능한 유리부분의 지름만 인정된다.

(2) 구조

1) 화재 시 쉽게 피난할 수 있도록 창살, 그 밖의 장애물이 설치되지 아니할 것

쉽게 파괴할 수 있는 유리의 종류

① 일반유리 : 두께 6[mm] 이하
② 강화유리 : 두께 5[mm] 이하
③ 복층유리
   ㉠ 일반유리 두께 6[mm] 이하 + 공기층 + 일반유리 두께 6[mm] 이하
   ㉡ 강화유리 두께 5[mm] 이하 + 공기층 + 강화유리 두께 5[mm] 이하
④ 기타 소방서장이 쉽게 파괴할 수 있다고 판단되는 것

2) 내부 또는 외부에서 쉽게 부수거나 또는 열 수 있는 것

(3) 높이

그 층의 바닥으로부터 개구부 밑부분까지가 1.2[m] 이하

(4) 위치

도로 또는 차량의 진입이 가능한 공지에 면할 것

도로는 일반도로의 경우 4[m], 막다른 도로는 2[m] 이상을 의미한다.

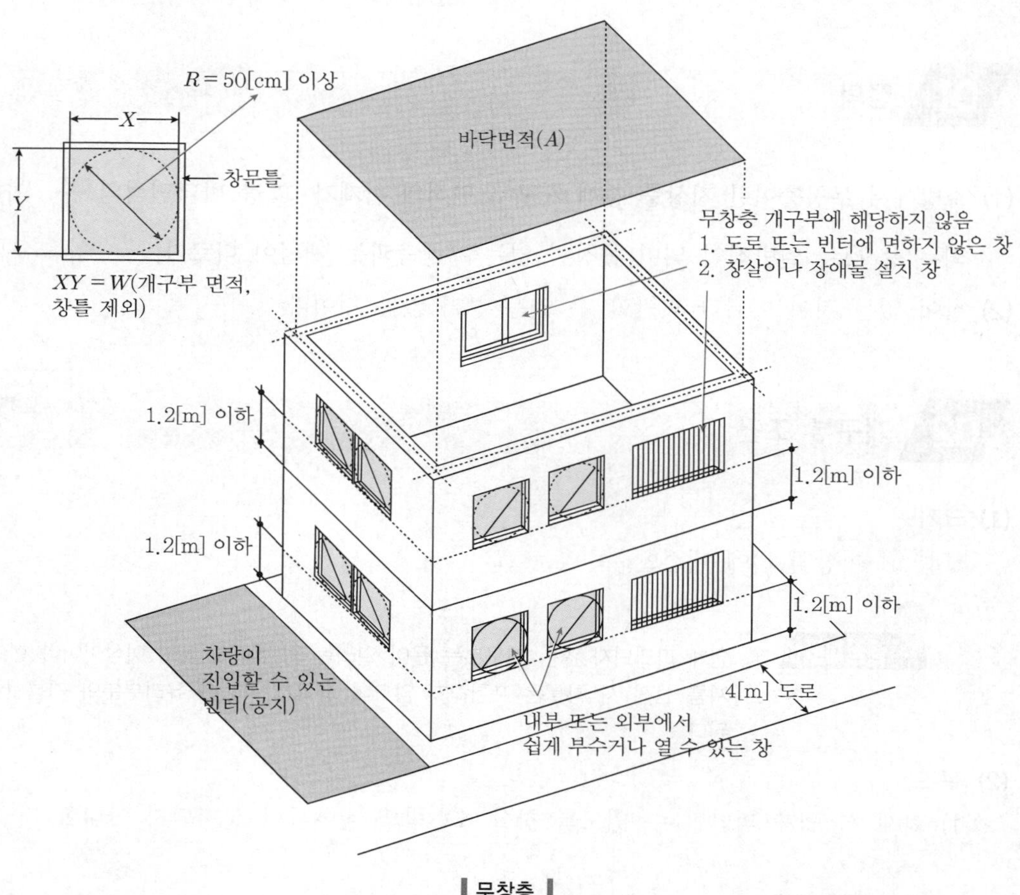

‖ 무창층 ‖

03 무창층의 문제점

(1) 외부로부터 구조 및 피난이 곤란하다.

(2) 지하공간의 무창층은 피난에 필요한 빛이 조명설비에 의존한다.

(3) 연기의 배출이 곤란해져 축적된 연기로 조명설비의 기능 저하 및 가시거리가 줄어들어 피난이 지체된다.

(4) 무창의 공간은 창을 이용한 자연환기보다 공조덕트를 이용한 강제환기에 의존하므로 이러한 공조설비의 덕트 등을 통해 연소 및 연기확산이 우려된다.

(5) 소방대가 피난경로인 개구부로 진입하므로 동선이 겹쳐 소화활동시간이 지연된다.

04 무창층에 설치해야 하는 소방시설

구분	용도	면적기준	설치대상
소화기구	모든 용도	33[m^2](연면적)	전층
옥내소화전	근린생활, 판매, 운수, 의료, 노유자, 업무, 숙박, 위락, 복합시설 등	300[m^2](바닥면적)	전층
	기타	600[m^2](바닥면적)	
스프링클러	문화 · 집회, 종교, 운동시설	300[m^2](무대부)	전층
	영화상영관	500[m^2]	
	소방대상물의 4층 이상	1,000[m^2]	해당 층
간이스프링클러	다중이용업소	면적 무관	해당 용도
비상경보설비	모든 용도	150[m^2]	전층
비상조명등	모든 용도	450[m^2]	해당 층
제연설비	시외버스 정류장, 철도 및 도시철도시설, 공항시설 및 항만시설의 대합실 또는 휴게실	1,000[m^2]	해당 용도
	근린생활, 위락, 판매 및 영업, 숙박시설	1,000[m^2]	1,000[m^2] 이상 해당 용도 모든 층

SECTION 088

터널화재

89회 출제

01 개요

(1) 터널(tunnel)의 정의

땅속을 뚫어 만든 통로

(2) 목적

도로, 철도, 수로, 전선, 송유관 등의 건설, 광산의 채굴 등

(3) 터널화재 시 터널 내부는 외부와의 통로가 한정되고, 고립된 공간특성을 가지기 때문에 화재로부터 발생하는 연기와 열은 터널이용자와 구조체의 안전에 심각한 문제를 일으킨다.

(4) 방호목적

1) 연소확대(화재전파) 방지

2) 인명보호

3) 구조물 안정성(내화성능 확보)

(5) 국내 터널의 수

구분	2023년
개소[개]	3,720
총연장[km]	2,498

(6) 국내 터널화재의 주요 원인

1) 기계적 요인 : 엔진(36[%])

2) 전기적 요인 : 누전(23[%])

3) 부주의(18[%])

4) 교통사고(13[%])

02 방재 특성

(1) 건축 특성

1) 무창의 폐쇄공간 : 인공채광, 환기(자연, 강제)

2) 방화 · 방연구획의 곤란 : 구획화가 곤란하다.

3) 연기확산이 빠르고 온도가 급격히 상승한다.

4) 매연 등에 의해 소방시설의 노후화가 급속하게 진행된다.

5) 구조적 특수성

① 피난거리가 상당히 길어 피난에 장시간이 소요되고, 소방대의 호흡장비로 진입하기에도 한계가 있다.

② 출입구의 제한 : 입구, 출구가 막히면 진입이 어렵다.

(2) 연소 특성

1) 인화성 액체, 가연성 가스의 가연물 존재 : 자동차 연료(휘발유, 디젤유, LPG, 수소, 배터리 등)

① 근거리 차량은 화염에 직접 닿아서 접염에 의한 화재가 발생

② 열기류에 의하여 원거리 차량 간 건너뛰기 화재(jumping fire)가 발생

③ 가솔린 등의 액체유동에 의한 화염전파가 발생

④ 아스팔트 도료에 의한 화염전파가 발생

2) 다량의 열, 연기 발생

① 발화점의 확인이 어렵다.

② 열로 인한 구조체의 붕괴 우려가 있다.

3) 주위환경으로부터의 열 피드백(heat feedback)

① 화염의 크기

② 터널 벽면의 재질, 단면적

③ 환기조건 등

4) 환기의 영향

① 연소에 필요한 공기가 제한적이므로 경우에 따라 연료지배형(fuel-controlled) 화재나 환기지배형(ventilation-controlled) 화재가 될 수 있다.

② 터널화재는 화염부근에서 복잡한 공기유동 패턴과 난류를 형성하며, 경사진 터널의 경우 부력이 발생하여 터널 내부로 기류를 이동시켜 환기패턴에 상당한 영향을 줄 수 있다.

5) 연기의 성층화 : 화재플럼 지점 부근에서 터널의 양쪽 길이방향으로 연기가 유동하면서 연기층이 점점 두꺼워지며 층을 형성하고 터널 바닥쪽으로 하강한다.

(3) 거주자 특성

1) 사람이 거주하는 장소가 아니라 이동하는 장소

2) 불특정 다수

① 교육이나 훈련이 불가능

② 피난경로 인지곤란

3) 주로 교통수단(차량)을 이용하여 통행 : 현장시설을 인지하지 못한다.

(4) 기류 특성

1) 피스톤 효과(piston effect)에 의해 최대 10[m/sec]의 풍속까지 증대될 수 있다.

2) 풍속에 의해 대류 열전달이 쉽지 않아 일반적인 열 · 연기 감지기의 적응성이 떨어진다.

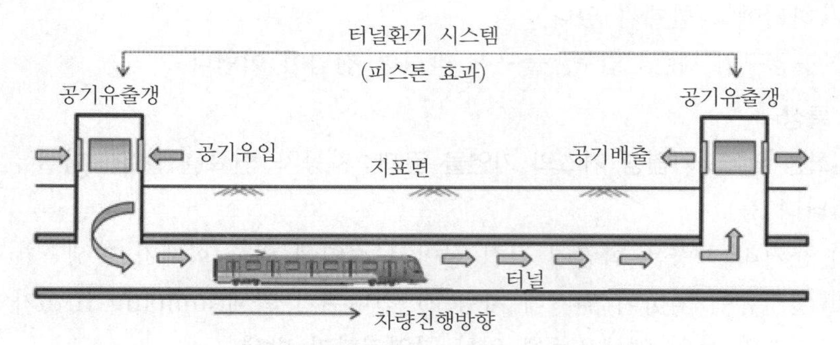

▌지하철 터널에서의 피스톤 효과▐

(5) 지리적 특수성

1) 도심지에서 멀리 떨어진 산악지형에 많이 설치한다.

2) 소방대의 접근이 쉽지 못하다.

① 도심 : 많은 차량

② 산악지형 : 먼 거리

03 터널 방재의 설계목적

(1) 연소가스의 냉각, 연무의 세척을 통한 터널 내의 위험구역에 있는 거주자 및 소방관 생명보호

(2) 터널의 기반시설을 포함한 재산의 보호 및 구조물 붕괴방지

(3) 통제불능의 화재확산을 방지하여 재난의 피해 최소화

04 터널 방재등급의 구분[37] 130 · 129회 출제

(1) 도로터널의 정의

1) 자동차의 통행을 목적으로 지반을 굴착하여 지하에 건설한 구조물(예 지하터널)

2) 개착공법으로 지중에 건설한 구조물(예 BOX형 지하차도)

37) 도로터널 방재시설 설치지침에서 발췌

개착공법 : 굴착면의 안정을 유지하며 지표면으로부터 수직으로 필요한 깊이만큼 파내려가 목적하는 구조물을 축조하고 다시 메우는 공법

3) 기타 특수공법(침매공법 등)으로 해저에 건설한 구조물(예 침매터널 등)

침매터널(immersed tunnel) : 육상에서 제작한 각 구조물을 가라앉혀 물속에서 연결시켜 나가는 최신 토목공법으로 만드는 터널로, 해저 터널공사에 주로 활용된다.

4) 지상에 건설한 터널형 방음시설(예 방음터널)

(2) 국내외 터널길이에 따른 방재등급 구분

국가	방재등급				비고
	1등급	2등급	3등급	4등급	
한국	$L \geq 3{,}000$[m]	3,000[m] > L 1,000[m] ≥ L	1,000[m] > L ≥ 500[m]	L < 500[m]	위험도지수(X) 기준등급을 고려하여야 한다.
일본	$L \geq 3{,}000$[m]	3,000[m] > L 1,000[m] ≥ L	1,000m > L ≥ 500[m]	L < 500[m]	10[km] 이상 AA급, AADT/tube당 4,000 이상은 등급 상향조정
유럽연합	$L \geq 3{,}000$[m]	3,000[m] > L 1,000[m] ≥ L	1,000m > L ≥ 500[m]	L < 500[m]	차선당 통행량이 2,000 이상인 경우 방재설비 설치기준 강화

(3) 터널 연장기준 방재등급의 범위

등급	터널연장(L) 기준등급	위험도지수(X) 기준등급	국내터널 비율
1	3,000[m] 이상 ($L \geq 3{,}000$[m])	$X > 29$	2[%]
2	1,000[m] 이상 3,000[m] 미만 ($1{,}000 \leq L < 3{,}000$[m])	$19 < X \leq 29$	15[%]
3	500[m] 이상 1,000[m] 미만 ($500 \leq L < 1{,}000$[m])	$14 < X \leq 19$	26[%]
4	연장 500[m] 미만 ($L < 500$)	$X \leq 14$	57[%]

(4) 터널 위험도지수의 위험인자

주행거리계(터널연장 × 교통량), 터널제원(종단경사, 터널높이, 곡선반경), 대형차 혼입률, 위험물의 수송에 대한 법적 규제(대형차 통과대수, 위험물 수송차량에 대한 감시시스템, 위험물 수송차량에 대한 유도시스템), 정체 정도(터널 내 합류/분류, 터널 전방 교차로/신호등/요금소), 통행방식(대면통행, 일방통행)을 잠재적인 위험인자로 하여 산정한다.

(5) 미국의 터널길이에 따른 방재등급 구분표

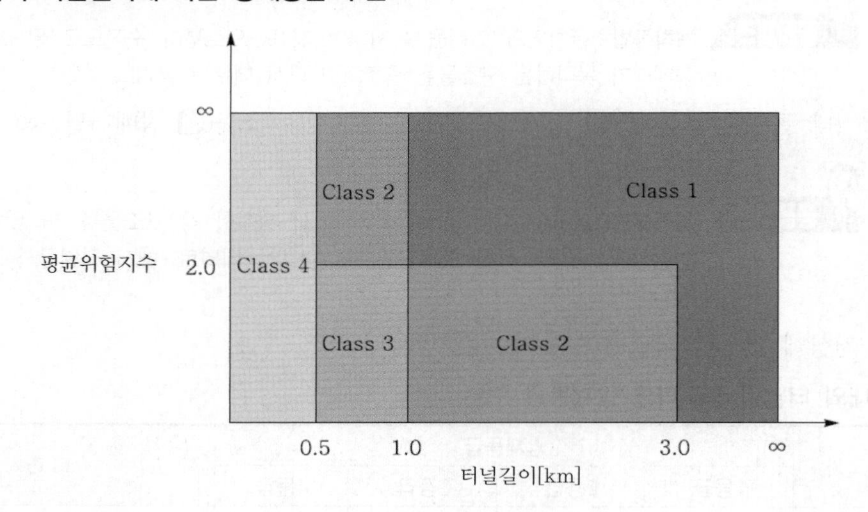

05 일반적 대책

(1) 제연설비

(2) 비상대피소(외부와 통할 것) 및 피난통로 확보

(3) 단방향 통행

(4) 정기적이고 통합된 훈련

(5) 비상통보체계 확립

(6) 연기 속에서 작업 가능한 특수장비 보강

(7) CCTV 등을 설치하여 24시간 감시

(8) 운전 안전교육 시 소방교육 시행

(9) 교통통제, 중장비 · 구급 지원 등 관계기관의 협조체계

(10) 위험물질 적재차량의 장대 터널 통과규제

06 도로터널의 화재안전기술기준 [NFTC 603(도로터널 방재·완기시설 설치 및 관리지침 내용 포함)]

(1) 소화기구

1) 수동식 소화기

① 소화기의 능력단위

화재	능력단위
A급 화재	3단위 이상
B급 화재	5단위 이상
C급 화재	적응성이 있는 것

② 수동식 소화기의 총중량 : 7[kg] 이하

③ 설치기준

㉠ 일반기준 : 주행차로의 우측 측벽에 50[m] 이내의 간격으로 2개 이상

㉡ 편도 2차선 이상의 양방향 터널과 4차로 이상의 한 방향 터널 : 양쪽 측벽에 각각 50[m] 이내의 간격으로 엇갈리게 2개 이상

④ 설치높이 : 바닥면(차로 또는 보행로)으로부터 1.5[m] 이하

⑤ 표지판 부착 : 소화기구함의 상부에 '소화기'라고 조명식 또는 반사식

(2) 옥내소화전

1) 설치대상 : 1,000[m] 이상의 터널

2) 설치기준

① 소화전함과 방수구

㉠ 일반기준 : 주행차로의 우측 측벽에 50[m] 이내의 간격으로 설치

㉡ 편도 2차선 이상의 양방향 터널과 4차로 이상의 한 방향 터널 : 양쪽 측벽에 각각 50[m] 이내의 간격으로 엇갈리게 설치

② 수원 : 옥내소화전의 설치개수 2개(4차로 이상의 터널 3개) × 40분 이상

③ 가압송수장치

㉠ 옥내소화전 2개(4차로 이상의 터널 3개)를 동시에 사용할 경우 각 옥내소화전의 노즐선단에서의 방수압력은 0.35[MPa] 이상이고 방수량은 190[L/min] 이상이 되는 성능의 것

㉡ 하나의 옥내소화전을 사용하는 노즐선단에서의 방수압력이 0.7[MPa]을 초과할 경우 : 호스접결구의 인입측에 감압장치 설치

④ 압력수조나 고가수조가 아닌 전동기 및 내연기관에 의한 펌프를 이용하는 가압송수장치 : 주펌프와 동등 이상인 별도의 예비펌프 설치

⑤ 방수구

㉠ 40[mm] 구경의 단구형

ⓛ 설치높이 : 바닥면으로부터 1.5[m] 이하

⑥ 소화전함에 비치물 : 방수구 1개, 15[m] 이상의 소방호스 3본 이상 및 방수노즐

⑦ 비상전원 : 40분 이상

(3) 물분무설비

1) **설치대상** : 지하가 중 예상 교통량, 경사도 등 터널의 특성을 고려하여 행정안전부령으로 정하는 터널[물분무소화설비(미분무소화설비 포함)는 방재등급이 1등급 이상 터널에 설치]

2) **설치기준**

① 물분무헤드 : 6[L/min · m^2] 이상(국내 인증제품 : 360 ~ 390[lpm])

② 방수구역 : 25 ~ 50[m]

③ 수원 : 3개 방수구역(75[m] 이상)을 동시에 40분 이상 방수할 수 있는 수량

④ 비상전원 : 40분 이상

⑤ 물분무소화설비(미분무소화설비 포함) 작동

㉠ 원칙 : 관리자가 CCTV에 의해서 방수구역에 대피자가 없는 것을 확인하고 방수한다.

ⓛ 예외 : 급격한 화재의 확산으로 조기에 방수하는 경우에는 3회 경고방송을 시행한 후에 방수

⑥ 물분무소화설비의 비교

구분	도로터널의 화재안전기술기준(NFTC 603)	도로터널 방재 · 환기시설 설치 및 관리지침
설치대상	지하가 중 예상교통량, 경사도 등 터널의 특성을 고려하여 행정안전부령으로 정하는 터널	방재등급 1등급 이상
설치기준	물분무설비의 하나의 방수구역은 25[m] 이상으로 하며, 3개 방수구역을 동시에 40분 이상 방수할 수 있는 수량을 확보할 것	물분무소화설비의 방수구역은 25 ~ 50[m]로 하며, 2 ~ 3구역(75[m] 이상)을 동시에 40분 이상 방수할 수 있는 소화용수를 확보할 것
헤드	도로면에 1[m^2]당 6[L/min] 이상 방수	도로면(비상주차대, 갓길 포함)에 1[m^2]당 6[L/min] 이상 방수
개요도	75[m] / 25[m] 25[m] 25[m]	100[m] / 25[m] 50[m] 25[m]
방수구역	25[m] 3구역 최대 75[m]	50[m] 2구역 최대 100[m]
헤드수량	15개(75 ÷ 5 = 15)	20개(100 ÷ 5 = 20)
방수량	6,000[L/min] 헤드방수량 400[L/min] 적용 시	8,000[L/min] 헤드방수량 400[L/min] 적용 시
제어밸브	소화전함당 2개	소화전함당 1개

구분	도로터널의 화재안전기술기준(NFTC 603)	도로터널 방재 · 환기시설 설치 및 관리지침
비상전원	40분 이상 기능 유지	40분 이상 기능 유지
운영기준	–	물분무소화설비의 작동은 관리자가 CCTV에 의해서 방수구역에 대피자가 없는 것을 확인하고 방수함을 원칙으로 한다. 단, 급격한 화재의 확산으로 조기에 방수하는 경우에는 3회 경고방송 시행을 확인하고 방수할 수 있다.

⑦ 측벽설치 : 도로면 전체에 균일하게 방수되도록 한다.

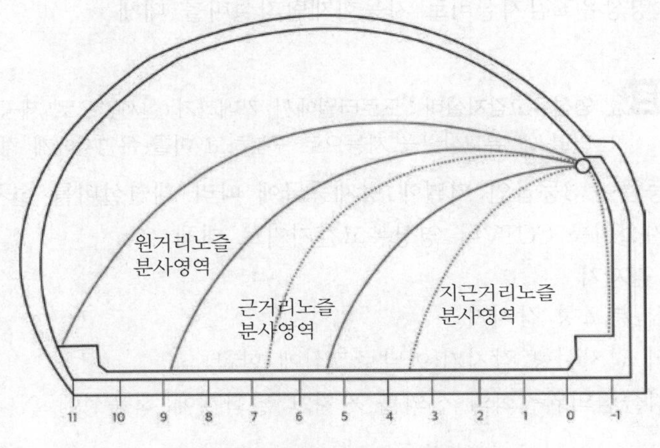

▌터널용 물분무헤드 살수패턴 ▌

(4) 비상경보설비 124회 출제

1) 설치대상 : 500[m] 이상 길이(연장등급 3등급 이상)

2) 발신기 설치기준

① 일반원칙 : 주행차로 한쪽 측벽에 50[m] 이내의 간격으로 설치

② 편도 2차선 이상의 양방향 터널이나 4차로 이상의 일방향 터널의 경우 양쪽의 측벽에 각각 50[m] 이내의 간격으로 엇갈리게 설치

③ 설치높이 : 바닥면으로부터 0.8[m] 이상 1.5[m] 이하

3) 음향장치

① 발신기 설치위치와 동일하게 설치

② 비상방송설비를 비상경보설비와 연동하여 작동하도록 설치한 경우 비상경보설비의 지구음향장치를 설치하지 아니할 수 있다.

③ 음량 : 1[m] 떨어진 위치에서 90[dB] 이상

④ 터널 내부 전체 동시에 경보를 발하도록 설치

4) 시각경보기

① 주행차로 한쪽 측벽에 50[m] 이내의 간격으로 설치

② 비상경보설비 상부 직근에 설치

③ 전체 시각경보기는 동기방식에 의해 작동

(5) 자동화재탐지설비

1) 설치대상

① 1,000[m] 이상 길이(연장등급 2등급 이상)의 터널

② 2,000[m] 이상 : 가시도 측정장치, CCTV 및 영상유고감지설비를 화재감시시스템으로 병용 설치(권장)

③ 연장등급이 2등급이지만 방재등급이 3등급인 터널 : 관할소방서와 협의하여 CCTV 또는 영상유고감지설비로 자동화재탐지설비를 대체

영상유고감지설비 : 도로터널에서 카메라가 실시간으로 제공하는 영상을 분석하여 터널 내 유고상황을 자동으로 구분하고 이를 운영자에게 경보하는 장치

④ 연장등급이 3등급인 터널에 방재등급에 따라 제연설비를 설치하는 경우 자동화재탐지설비를 CCTV나 영상유고감지기로 대체

2) 설치대상 감지기

① 차동식 분포형 감지기

② 정온식 감지선형 감지기(아날로그식에 한함)

③ 중앙기술심의위원회의 심의를 거쳐 터널화재에 적응성이 있다고 인정된 감지기

3) 설치기준

① 경계구역의 길이 : 100[m] 이하

② 감지기 설치기준 105회 출제

㉠ 터널에 따른 감지기 설치기준

터널종류		감열부와 감열부 사이의 이격거리	설치기준
일반형		10[m] 이하	터널 좌·우측 벽면과의 이격거리는 6.5[m] 이하
아치형	1열	10[m] 이하	아치형 천장의 중앙 최상부
	2열 이상	10[m] 이하	감지기 간의 이격거리는 6.5[m] 이하

㉡ 감지기를 천장면에 설치하는 경우 감기기가 천장 면에 밀착되지 않도록 고정금구 등을 사용하여 설치

㉢ 형식승인 내용에 설치방법이 규정된 경우 형식승인 내용에 따라 설치

㉣ 자동화재탐지기 성능

- 화재강도 : 1.5[MW]
- 화재 시 터널 내 종방향 풍속 : 3[m/sec]
- 성능기준 : 화재 발생 후 1분 이내

ⓜ 화재지점에 대한 인지능력은 환기방식에 따라서 고려한다.
- 종류환기방식 : 화재 부근의 제트팬의 가동은 연기의 성층화를 교란하여 대피에 악영향을 주게 되므로 제트팬의 가동에 필요한 범위 내에서 화재지점을 인지할 수 있는 능력을 갖추어야 한다.
- (반)횡류 환기방식 : 배연을 위한 구역을 구분하는 경우에는 구역제어를 위해서 필요한 범위에서 화재지점을 인지할 수 있도록 한다.
- 대배기구방식 : 화재지점의 원격제어 댐퍼의 개폐조작을 위해서 댐퍼의 설치간격 이내로 화재지점을 인지할 수 있는 감지능력이 있어야 한다.

ⓑ 감지기는 자동차의 배기가스에 의한 열기류 및 입출구부의 태양광에 의한 온도상승에 따라 영향을 받지 않아야 한다.

③ 감지기의 작동에 의하여 다른 소방시설 등이 연동되는 경우로서, 해당 소방시설 등의 작동을 위한 정확한 발화위치를 확인할 필요가 있는 경우 경계구역의 길이가 해당 설비의 방호구역 등에 포함되도록 설치(경계구역과 방호구역 일치)

④ 발신기 및 지구음향장치 : 비상경보설비의 규정을 준용한다.

⑤ 자동화재탐지설비가 작동하면 CCTV와 연동하여 CCTV에 의해서 화재구역에 대한 감시가 자동적으로 이루어질 수 있도록 한다.

(6) 비상방송설비

1) 설치대상 : 500[m] 이상

2) 제연설비나 피난 · 대피시설이 설치되는 터널 내부 및 터널입구 전방에 설치한다.

3) 설치기준

① 화재 시 화재수신기와 연동하여 자동으로 비상방송이 가능

② 비상전원 : 60분 이상(무정전전원 공급)

③ 비상방송설비와 재방송설비 : 상호 연동하여 비상시 터널 내 라디오방송 채널, DMB 방송에서도 비상방송이 동시에 송출되도록 구성한다.

④ 스피커

㉠ 유선 또는 무선스피커

㉡ 설치위치 : 검사원통로 또는 주행차로 측벽 상부

㉢ 터널 내 소음을 고려한 스피커 음압 : 90[dB/W/m] 이상

㉣ 방수용 옥외설치형

㉤ 구역별로 작동

㉥ 터널입구 전방에 설치되는 스피커 : 정차한 차량의 운전자가 창문을 열고 알아들을 수 있도록 터널 입구에서부터 전방 200[m]까지 50[m] 이내의 간격으로 설치하고 옥외 가로등시설 등과 병설하여 설치할 수 있다.

⑤ 피난 · 대피시설(비상주차대, 피난대피터널) : 비상방송설비 설치

⑥ 마이크를 통해서 직접 방송하거나 녹음된 내용을 방송할 수 있어야 한다.

(7) 비상조명등

1) 설치대상 : 500[m] 이상

2) 설치기준

① 조도

㉠ 차도 및 보도의 바닥면 : 10[lx] 이상

㉡ 그 외 모든 지점 : 1[lx] 이상

② 비상전원용량 : 60분 이상

③ 내장된 예비전원이나 축전지설비 : 상시 충전상태 유지

(8) 유도등

1) 설치대상 : 500[m] 이상의 터널 및 피난 · 대피시설이 설치되는 터널

2) 설치기준

① 유도등의 종류

㉠ 유도등 A : 피난 · 대피시설(피난연결통로, 피난대피터널, 격벽분리형 피난대피통로, 비상주차대)의 위치표시를 위한 유도등(피난구 유도등)

- 용도에 따른 종류 : 갱문형, 벽부형, 천장형
- 원거리에서 식별이 가능하도록 연기에 의해서 빛이 차단되지 않는 피난 · 대피시설의 근접한 지점에 돌출형으로 설치

㉡ 유도등 B : 터널 측벽에 일정 간격으로 설치하여 피난 · 대피시설(피난연결통로 등)과 안전지역까지의 거리와 방향을 지시하는 유도등(통로 유도등)

- 피난 · 대피시설의 방향 및 거리를 표시하여 근접한 안전지역으로 대피를 유도
- 피난 · 대피시설이 설치되는 방향의 측벽에 설치
- 설치높이 : 차도면에서 1.5[m]
- 피난 · 대피시설의 피난연결통로 간에 50[m] 정도의 간격으로 설치하는 것을 표준으로 한다.

② 비상전원시설 용량 : 60분 이상

③ 유도등 A : 녹색바탕에 백색표지

④ 유도등 B : 백색바탕에 녹색표지

⑤ 유도등은 경년변화가 작고 비상조명 조건에서 최대 30[m]의 거리에서 문자 및 색채 식별가능

(9) 제연설비 124회 출제

1) 설치대상 : 피난, 대피시설이 미흡한 500[m] 이상(도로터널 방제 · 환기시설 설치 및 관리지침 4.3.3 설치지침)

2) 설계기준

① 설계화재강도 : 20[MW]

② 연기발생률 : 80[m^3/sec]

③ 배출량 : 발생된 연기와 혼합된 공기를 충분히 배출할 수 있는 용량 이상

꼼꼼체크 설계화재강도 : 터널화재 시 소화설비 및 제연설비 등의 용량산정을 위해 적용하는 차종별 최대 열방출률(MW)

④ 화재강도가 설계화재강도보다 높을 것으로 예상될 경우 위험도분석을 통한 설계화재강도 설정

3) 설치기준

① 종류 환기방식 : 예비용 제트 팬 설치(팬 소손대비)

② 횡류 환기방식(또는 반횡류 환기방식) 및 대배기구방식의 배연용 팬 : 수치해석 등을 통해서 내열온도 등을 검토한 후에 적용(덕트의 길이에 따라서 노출온도가 달라짐)한다.

③ 대배기구 개폐용 전동모터 : 정전 등 전원이 차단되는 경우에도 조작상태를 유지

꼼꼼체크 대배기구방식 : 횡류 환기방식의 일종으로 배기구에 개방·폐쇄가 가능한 전동댐퍼를 설치하여 화재 시 화재지점 부근의 배기구를 개방하여 집중적으로 배연할 수 있는 제연방식

④ 화재에 노출이 우려되는 제연설비와 전원공급선 및 제트 팬 사이의 전원공급장치 등 : 250[℃]의 온도에서 60분 이상 운전상태를 유지한다.

⑤ 제연설비 기동(자동 또는 수동)

㉠ 화재감지기가 동작되는 경우

㉡ 발신기의 스위치 조작 또는 자동소화설비의 기동장치를 동작시키는 경우

㉢ 화재수신기 또는 감시제어반의 수동조작스위치를 동작시키는 경우

⑥ 비상전원용량 : 60분 이상

(10) 연결송수관설비

1) 설치대상 : 1,000[m] 이상

2) 설치기준

① 방수압력 : 0.35[MPa] 이상

② 방수량 : 400[L/min] 이상

③ 방수구

㉠ 50[m] 이내의 간격으로 옥내소화전함에 병설한다.

㉡ 독립적으로 터널출입구 부근과 피난연결통로에 설치한다.

④ 방수기구함

㉠ 50[m] 이내의 간격으로 옥내소화전함 안에 설치한다.

㉡ 독립적으로 설치한다.

㉢ 내용물 : 65[mm] 방수노즐 1개, 15[m] 이상의 호스 3본

(11) 무선통신보조설비

1) 설치대상 : 500[m] 길이 이상

2) 설치기준

① 옥외 안테나 : 방재실과 터널의 입구 및 출구, 피난연결통로에 설치한다.

② 재방송설비가 설치되는 터널의 경우 무선통신보조설비와 겸용으로 설치한다.

(12) 비상콘센트

1) 설치대상 : 500[m] 길이 이상

2) 설치기준

① 전원회로

㉠ 단상 교류 100[V] 또는 220[V], 공급용량은 1.5[kVA] 이상

㉡ 주배전반에서 전용 회로

② 콘센트마다 배선용 차단기(KS C 8321)를 설치, 충전부가 노출되지 아니하도록 할 것

③ 설치간격 : 주행차로의 우측 측벽에 50[m] 이내의 간격

④ 설치높이 : 바닥으로부터 0.8[m] 이상 1.5[m] 이하

(13) 기타 도로공사 기준

1) 경보설비

① 비상전화

㉠ 중앙감시실에서 비상전화를 설치한다.

㉡ 설치간격 : 250[m] 이내

② CCTV

㉠ 화재감지기, 소화전 개폐함 등과 연동하도록 설치 또는 발견자가 수동 조작 시에도 사고위치를 확인할 수 있게 설치한다.

㉡ 터널 내 : 200 ~ 400[m] 간격

㉢ 터널 외부 : 500[m] 이내

③ 재방송설비

㉠ 차량 내에서 라디오를 청취하는 이용자에게 화재상황을 통보할 수 있어야 한다.

㉡ 전 구간 방송

④ 정보표지판(VMS)

㉠ 터널 내 상황을 문자로 터널진입 차량에 통보한다.

㉡ 설치위치 : 터널 전방 500[m] 이내

2) 피난설비

① 피난연결통로

㉠ 정의 : 쌍굴터널에서 상대터널을 연결하는 통로, 본선터널과 피난대피터널을 연결하는 통로, 격벽분리형 피난대피통로와 본선터널을 연결하기 위한 통로(또는 문) 등(인도용과 차량용)

㉡ 인도용 : 250[m]

㉢ 차량용 : 750[m]

② 피난대피터널 : 대면통행터널에서 화재 시 터널로부터 안전지역으로 대피자를 탈출시키기 위한 터널로 본 터널과 평행한 서비스 터널이나 사갱 및 수직갱 등

③ 격벽분리형 피난대피통로 : 본선 터널 내에 터널과 격벽에 의해서 분리하여 화재 연기 및 열을 차단할 수 있는 통로

④ 비상주차대 : 터널 내 고장 또는 사고차량이 2차 사고를 유발하지 않도록 정차하기 위한 지역

⑤ 차단문 : 피난연결통로를 통한 연기의 유출입 방지 및 평상시 환기의 신뢰성 확보를 위해서 설치하는 문으로 방화문 역할을 수행할 수 있도록 하며, 정전 시에도 동작이 용이한 무동력 자동닫힘기능을 보유한 문

⑥ 비상조명등

㉠ 상용전원 차단 시 비상전원에 의한 조명설비가 동작

㉡ 전 구간(조도 : 15[lx])에 걸쳐 설치

⑦ 유도표시판(비상구표시등)

㉠ 피난연결통로 등 피난대피시설의 위치를 알리기 위한 표지판 설치

㉡ 피난대피시설 부근에 설치

⑧ 유도표시등

㉠ 피난대피시설의 방향 및 거리를 표시하여 대피를 유도

㉡ 피난대피시설 간 최소 4개소 이상

(14) 터널길이에 따라 설치하는 소방시설

터널길이 / 소방시설	3,000[m] 이상	2,000[m] 이상	1,000[m] 이상	500[m] 이상	500[m] 미만
소화기구	●	●	●	●	●
비상경보설비, 비상조명등, 무선통신보조설비, 비상콘센트설비	●	●	●	●	–
옥내소화전, 자동화재탐지설비, 연결송수관설비	●	●	●	–	–

소방시설 \ 터널길이	3,000[m] 이상	2,000[m] 이상	1,000[m] 이상	500[m] 이상	500[m] 미만
물분무설비			○		
제연설비			○		
연결송수관설비	●	●	●	–	–

[비고] ● : 연장기준에 의해 설치
○ : 「도로터널 방재시설 설치 및 관리지침」의 위험등급에 해당하는 터널에 설치
설치 제외 : 비상방송설비, 유도등설비, 시각경보기

(15) 방재시설 적용 기준표[38]

1) 등급별 방재시설 설치기준(일반도로 터널)

방재시설 \ 터널등급		1등급	2등급	3등급	4등급	비고
소화설비	소화기구	●	●	●	●	–
	옥내소화전설비	●○	●○	–	–	연장등급, 방재등급 병행
	물분무설비	○	–	–	–	–
경보설비	비상경보설비	●	●	●	–	–
	자동화재탐지설비	●	●	–	–	–
	비상방송설비	○	○	○	△(5)	–
	긴급전화	○	○	○	–	–
	CCTV	○	○	○	△	△ : 200[m] 이상
	영상유고감지설비	△	△	△	–	–
	재방송설비	○	○	○	△	△ : 200[m] 이상
	정보표시판	○	○	△(5)	△(5)	–
	진입차단설비	○	○	△(5)	△(5)	–

38) 도로터널 방재시설 설치지침에서 발췌

방재시설 \ 터널등급			1등급	2등급	3등급	4등급	비고
피난대피설비 및 시설		비상조명등	●	●	●	△	△ : 200[m] 이상
		유도등	○	○	○	○(4)	대피시설이 설치되는 연장 4등급 터널(4)
	피난대피시설	피난연결통로	●	●	●	●(4)	250[m] 초과하는 연장 4등급 터널(4)
		피난대피터널(1)	●	△	–	–	1등급 : 피난대피터널을 우선적용 2등급 : 격벽분리형 피난대피통로를 우선적용 250[m] 초과하는 연장 4등급 터널(4)
		격벽분리형 피난대피통로(1)	△	●	●	●(4)	
		피난대피소(1)	삭제				–
		비상주차대	○	○	–	–	–
소화활동설비		제연설비	○	○	◎	◎	–
		무선통신보조설비	●	●	●	△(2)	–
		연결송수관설비	●○	●○	–	–	연장등급, 방재등급 병행
		비상콘센트설비	●	●	●	–	–
비상전원설비		무정전전원설비	●	●	●	△(3)	–
		비상발전설비	●○	●○	△	–	연장등급, 방재등급 병행

[비고] ● 기본시설 : 연장등급에 의함
○ 기본시설 : 방재등급에 의함
△ 권장시설 : 설치의 필요성 검토에 의함
◎ 보강설비 : 운영 중 연장등급 및 연장 4등급 중 250[m] 초과하고 대피시설이 미흡한 터널
(1) 피난연결통로의 설치가 불가능한 터널에 설치
(2) 4등급 터널의 경우 재방송설비가 설치되는 경우에 병용하여 설치함
(3) 4등급 터널은 방재시설이 설치되는 경우에 시설별로 설치함
(4) 연장등급 중 250[m]를 초과하는 경우 정량적 위험도 평가결과에 따라 설치함
(5) △ : 3등급 및 4등급 BOX형 지하차도에 적용함

2) 방재시설 설치위치 및 설치간격

방재시설		설치위치와 설치방법	설치간격
소화설비	수동식 소화기	• 일방통행터널 : 4차로 미만의 일방통행 터널은 주행차로 우측 측벽, 4차로 이상의 터널은 양쪽 측벽에 설치 • 대면통행터널 : 양쪽 측벽에 교차하여 설치, 격납상자를 설치하여 내부에 2개 1조로 비치	50[m] 이내
소화설비	옥내소화전설비	• 4차로 미만의 일방통행터널은 주행차로 우측 측벽 • 편도 2차로 미만의 대면통행터널은 한쪽 측벽 • 4차로 이상 일방통행터널 및 편도 2차로 이상의 대면통행터널은 양쪽 측벽	50[m] 이내
소화설비	물분무설비	측벽설치(도로면 전체에 균일하게 방수되도록 함)	방수구역 : 25 ~ 50[m]
경보설비	비상경보설비	수동식 소화기 또는 옥내소화전함에 병설	50[m] 이내
경보설비	자동화재탐지설비	최적성능을 확보할 수 있는 위치	환기방식별 필요인식 범위
경보설비	비상방송설비	터널 측벽과 피난대피시설(피난대피터널, 피난대피소, 비상주차대)에 설치	50[m] 이내
경보설비	긴급전화	터널입구와 출구부, 터널 측벽과 피난대피시설(피난대피터널, 격벽 분리형 피난대피통로, 비상주차대)에 설치	250[m] 이내
경보설비	CCTV	터널 측벽설치(피난대피시설 및 터널 전구간 감시가 가능하도록 설치함)	• 터널 내 : 200 ~ 400[m] 간격 • 터널 외부 : 500[m] 이내
경보설비	영상유고 감지설비	터널 전구간 감시가 가능하도록 설치간격을 정함	100[m] 간격
경보설비	재방송설비	터널 전구간에서 청취 가능하도록 설치	–
경보설비	정보표지판 – 터널입구 정보표지판	터널 전방 500[m] 이내	–
경보설비	정보표지판 – 터널진입 차단설비	터널 전방 500[m] 이내	–
경보설비	정보표지판 – 차로이용 규제신호등	터널 외부는 터널입구 정보표지판과 터널진입 차단설비 사이에 설치	• 터널 내 : 400 ~ 500[m] 간격 • 터널 외부 : 500[m] 이내

방재시설			설치위치와 설치방법	설치간격
피난대피설비 및 시설	비상조명등		야간점등회로를 병용하여 설치	–
	유도표지등	A	대피시설 부근	–
		B	대피시설이 설치된 측벽설치	약 50[m] 간격
	피난대피시설	피난연결통로	쌍굴터널, 피난대피터널, 격벽분리형 피난대피통로(차단문 설치)	250 ~ 300[m] 이내
		피난대피터널	본선 터널과 평행하게 설치하는 것을 원칙으로 함	–
		격벽분리형 피난대피통로	본선 터널 내 측벽에 설치	–
		피난대피소	삭제	–
		비상주차대	주행차선 갓길(길어깨), 대면통행터널은 양측 벽	750[m] 이내
제연설비			환기설비와 병용	–
소화활동설비	무선통신보조설비		재방송설비와 병용할 수 있음	• 터널 내 : 터널연결통로(250[m] 이내) • 터널 외부 : 10[m] 이내 • 터널관리소 : 10[m] 이내
	연결송수관설비		• 송수구 : 터널 입출구부 • 방수구 : 옥내소화전설비와 병설	50[m] 이내
	비상콘센트설비		소화전함에 병설	50[m] 이내
비상전원설비	무정전전원설비		시설별 설치	시설별
	비상발전설비		별도로 구획된 실내 또는 함체에 설치	–

(16) 대피소요시간

1) 정의 : 터널 화재 시 화재를 인지한 후에 안전지역까지 대피하는 데 필요한 시간
2) 화재인지시간을 포함하며, 일반적으로 6분으로 본다.
3) 위 시간을 사람의 피난속도 0.85[m/sec]를 고려하여 거리로 환산할 경우 최대 피난 가능한 최대 거리는 306[m]이다.
4) 현 실태 : 250 ~ 300[m]

(17) 외국의 소화설비

1) 미국
   ① The Presidio ParkWay tunnel의 물분부설비
   ② Fort Lauderdale Hollywood International Airport-Expansion Tunnel의 미분무설비
   ③ 타이코(Tyco)사의 스프링클러설비 : 20[m] 간격으로 설치된 델류즈 노즐(Deluge Nozzle)(30[m^2]을 방호)에서 많은 물을 방수

2) 유럽

① 미분무설비

㉠ 상표명 HI-FOG®로 알려진 고압 시스템

㉡ 방식 : 습식, 건식, 준비장공식, 일제개방식 등

② CAF 등의 포소화설비

③ 방수총

3) 일본

① 물분무설비

② 방수총

4) 수계소화설비의 장단점 및 효용성 비교평가

항목	스프링클러설비	물분무설비
장점	① 일반화재에 적합함 ② 화염주위를 냉각해서 화재확산을 방지함	① 용기화재, 유류화재에 효과적(소화 가능)임 ② 화재플럼을 기상 냉각하여 풀로의 복사열 전달을 감소시켜 화재억제 ③ 소량의 소화수 사용(스프링클러의 약 10[%])으로 배관, 수조 등 경량화
단점	① 다량의 소화수를 사용하여 배관 등 규모가 크며 수손피해 우려가 있음 ② 유류화재에 사용 시 화면확대(boil over 등)	① 일반화재에 비효과적 ② 미세한 액적이 부유하며 기류유동을 따라 유동
평가	① 양 설비 모두 차량화재를 소화하기 어려운 것으로 간주함 ② 터널화재 시 수계소화설비의 역할은 열 관리(thermal management)이며 화재진압보다 화재제어가 목표 ③ 소화는 소방대나 방수총에 의해 가능함	

5) 해외 사례 비교표

국가	적용대상	비고
국내	3,000[m] 이상 + 행정안전부령이 정한 위험등급 이상	–
일본	① AA등급은 1,000[m] 이상 ② A등급은 3,000[m] 이상 ③ 교통량 4,000[대/일] 이상의 양방향 통행 터널에 설치	① 한쪽 벽에 설치 ② 물분무헤드의 설치간격 4 ~ 5[m] 정도 ③ 차도 위 6[m] 정도 ④ 화재 통보에 의한 방수타이머 기동 후 아래의 시간이 경과 후 자동으로 방수하는 것이 원칙 ㉠ 일방 통행터널 : 3분 ㉡ 양방 통행터널 : 10분 ⑤ 방수압 0.29[MPa] 이상으로 차선폭 범위 내의 도로면 1[m^2]에 6[L/min] 이상 한 번에 방수 ⑥ 방수구간은 75[m] 이상으로 하고 구간 경계의 화재에 대해서는 2 ~ 3구간 동시 방수 ⑦ 물분무방수 예고방송은 3회 이상

국가	적용대상	비고
미국	일반적으로 적용하지 않고, 위험물수송이 허용된 터널에서 특정 형태의 물분무설비를 갖추고 있다.	
유럽	모든 터널에 물공급설비가 필요하며, 물분무설비에 대한 규정은 없다.	

(18) **자동식 소화설비 적용검토**

1) 스프링클러설비

① OECD : 스프링클러는 화재와 연기 내에 사람이 있으면 위험을 초래할 수 있으므로 터널 내 안전장치로서 권장되지 않는다.[39]

② 터널의 스프링클러가 부적절한 이유[40]

㉠ 터널에서 일반적인 화재는 차량의 내부, 객실 내부, 엔진룸 등과 같이 지붕으로 덮인 장소에서 발생한다. 따라서, 스프링클러는 내부로 도달하지 못하므로 소화효과를 기대하기 어렵다.

㉡ 화재와 스프링클러 작동 사이의 시간 지연이 발생하면 뜨거운 화염 위에 물방울은 화재제어 능력이 없는 상태에서 대용량의 과열 수증기를 발생시킬 우려가 있다.

㉢ 터널은 길고 폭이 좁아 측면과 길이방향으로 경사지고, 강한 바람이 있고, 벽으로 구획할 수 없으므로 열은 화재 상부에 국한되지 않아서 스프링클러로 화재제어가 곤란하다.

㉣ 터널을 따라 고온 연기가 층을 이루고 있는데 스프링클러가 작동하면 발화지점에서 먼 거리의 연기층에 냉각 효과를 발생시켜 연기층 하강 및 난류를 일으켜 구조활동과 소화활동에 방해가 될 수 있다.

㉤ 해저터널의 천장에서 살수되는 물은 터널이 붕괴되고 있다고 운전자들에게 착오를 일으켜 혼란을 일으킬 수 있다.

㉥ 일정한 기간에 스프링클러설비의 시험을 위해 터널을 폐쇄해야 하고, 설치에는 큰 비용이 요구된다.

㉦ 많은 양의 저수량 및 배수시설이 필요하다.

㉧ 유류 유출에 의한 화재 시 연소면 확대의 우려가 있다.

2) 포소화설비

① 유류화재에 적응성이 우수하다.

② 저팽창포를 이용하면 2차원 소화로 한계가 있다.

③ 합성 계면활성제 포를 이용한 고팽창포 사용 시에는 발포함으로써 단시간에 공간을 채워 3차원 소화가 가능하다.

39) OECD, Safety in tunnels-Transport of dangerous goods through road tunnels, 2001
40) World Road Association, PIARC, Fire and Smoke control in Road Tunnel, 05.05B, 1999

④ 미국에서는 터널의 개방형 스프링클러에 AFFF(Aqueous Film Foaming Foam)를 주로 적용한다.

⑤ 포의 특성에 의해 미끄럽고, 호흡곤란 등의 문제가 발생하여 피난에 악영향을 줄 우려가 있어 설치가 곤란하다.

3) 물분무설비

① 현재 우리나라에서 주로 적용하는 시스템으로 방수밀도 6[L/m^2 · min] × 40[min]을 요구한다.

② 3,000[m] 이상의 방재등급 1급 터널에 적용한다.

③ 물분무시스템의 장단점

장점	단점
• 환경친화적 소화 시스템 • 인체에 무해함 • 매우 작은 지름의 파이프를 이용한 간편하고 저렴한 설비비용 • 기존의 스프링클러 시스템보다 획기적 소량의 물을 사용(90[%] 절감) • 화재진압의 효율성이 높음 • 화재진압을 위한 진입 시 온도 하강 효과의 탁월한 성능 • 소화 후 잔여오염물로 인한 환경피해가 최소화 • 화재진압과정에서 발생하는 물로 인한 2차적 피해 최소화	• 유류 화재 시 스프링클러에서 분사된 물이 기름을 넓은 지역으로 확산시키는 역효과로 화재확산의 우려 • 특정 물질과 물이 접촉하여 화학반응에 의해서 위험한 반응을 할 수 있음 • 증발 증기가 가시거리를 저해할 가능성이 있으며, 연기의 냉각으로 성층화를 파괴하고 연기층을 강하 및 교란해 피난시간의 축소를 가져올 수 있음 • 차량 밖의 화재는 진압할 수 있나 엔진룸이나 차량 내부의 화재에는 효과적이지 못함 • 터널과 같이 기류가 상시 존재하는 곳에서의 효과에 대한 신뢰성 평가가 미흡함

④ 터널모형 화재실험을 통한 방수량 측정 및 온도측정 결과 물분무소화설비의 특징

㉠ 화재진압 효과는 거의 없으나 화재의 제어효과는 뚜렷하다.

㉡ A급 화재 및 B급 화재에도 화점의 근거리를 제외한 터널 대부분 공간에서 물분무시스템에 의한 온도 강하효과가 뚜렷하며, 강하된 온도를 유지한다.

㉢ 터널 내 풍속이 있을 경우 온도 강하의 시간이 지연되나 일정 시간이 지나면 온도 강하의 경향을 나타낸다.

4) 미분무수(water mist)

① 현재 3,000[m] 이상의 터널에 적용한다.

② 소화효과

㉠ 기상 냉각 및 질식

㉡ 가연물을 미리 적심

㉢ 복사열 차단

③ 문제점 : 터널 내 발생하는 기류에 의한 물방울의 부유가 가장 큰 문제점이다. 따라서, 이를 개선하기 위해서는 Class Ⅲ 크기 이상이어야 한다.

Class Ⅲ : 물입자의 90[%]가 400~1,000[μm]

07 도로터널 방재 · 환기시설 설치 및 관리지침

(1) 목적

사고예방, 초기대응, 피난대피, 소화 및 구조활동, 사고확대방지

(2) 사고예방계획

도로의 적정 설계속도의 계획, 도로의 선형 및 구조, 비상주차대나 비상차로 등

(3) 초기 대응계획

비상경보설비 및 감시체계, 대피유도 및 피난 · 대피시설, 초기 소화설비, 제연설비 등

초기 대응계획은 화재 초기 자기구조단계에서 위험상황에 처한 인명의 손상을 최소화하기 위한 수단이란 측면에서 신속한 대피 및 대피유도에 중요성을 두어 계획하여야 한다.

(4) 소화 및 구조활동계획

사고의 확대방지를 위해서 소방대의 접근성을 우선적으로 고려해 계획하여야 하며, 소화활동을 원활하게 수행할 수 있도록 소화활동설비의 적절한 배치 및 운영계획을 수립한다.

(5) 피난 · 대피시설의 계획

화재 및 기타 재해 등의 비상시 생명을 보존하기 위해 안전지역으로 이동하는 행위이며, 터널의 경우에는 기본적으로 도로 이용자가 현장 상황을 스스로 판단하여 대피 여부를 결정해야 하는 경우가 많다는 점을 인식하여 피난유도시설 및 피난 · 대피시설을 적절히 계획한다.

(6) 방재시설 운용계획

1) 제연설비
   ① 관리자 상주 : 자동운전이 가능하나 관리자가 상황을 파악한 후에 수동운전을 하는 것이 원칙
   ② 관리자 비상주 : 제연운전모드에 의해서 우선적으로 자동운전
2) 물분무소화설비 : 방수구역 내의 대피자가 대피한 후에 작동하는 것을 원칙

(7) 화재 시 대응계획

1) 화재감지 : 자동화재탐지설비에 의해서 수행되는 것을 기본으로 하지만, 초기 감시능력의 강화를 위해 소화전함 문의 개방감지, CCTV, 영상유고감지설비 및 주행속

도 감지기, 환경계측기(매연, CO 계측기 등)에 의해서도 이상상황을 감지할 수 있도록 감시체계를 구축한다.

2) **경보설비의 구성** : 자동화재탐지설비 등의 이상신호가 수신반에 수신되면, 비상경보설비에 의해서 자동으로 경보를 발하고, 신호발신구역의 CCTV가 연동하여 집중감시가 될 수 있도록 구성한다.

3) **경보설비**

① 관리자가 상주하는 터널 : 관리자에 의해서 확인할 수 있도록 설치한다.

② 원격관리를 수행하는 터널 : 해당 통합관리센터 또는 관리기관에 자동으로 통보될 수 있도록 설치한다.

4) **관리자 대응**

① 터널 내 비상상황이 인지되면 터널진입 차단설비나 입구정보 표지판에 의해서 차량의 진입을 차단한다.

② 재방송설비, 비상방송설비, 차로이용규제신호등의 통보수단을 이용하여 터널 내 이상상황을 통보한다.

③ 전원이 정상적으로 공급되고 있는 상황에서는 터널 내 조명을 모두 점등하여 최대한의 조도를 확보한다.

08 무정전전원(UPS)설비 116회 출제

(1) 일반사항

1) 터널 내 화재 등 비상사태로 인하여 터널 내 정전상황이 발생하는 경우에 비상발전기의 전원공급 개시 전 및 비상발전기 가동 정지 후 일정시간 동안 방재설비에 대하여 비상전원을 공급하기 위한 시설이다.

2) 「도로터널 방재 · 환기시설 설치 및 관리지침」에 언급되지 않은 사항은 옥내소화전설비의 화재안전기술기준(NFTC 102)을 준용하여 설치한다.

3) UPS(Uninterruptible Power Supply System)라고 부르며, 상용전원 정전 등에 대비하여 안정된 전원을 부하에 공급하기 위한 장치로 컨버터, 인버터, 축전지, 전환스위치 등으로 구성된다.

(2) 기기사양

1) UPS의 동작방식은 인버터 및 컨버터에 IGBT(Insulated Gate Bipolar Transistor) 반도체를 채용한 ON-LINE Type이어야 한다.

2) UPS용 축전지는 2[V] 또는 12[V]의 무보수 밀폐형을 사용하여 큐비클 내부에 내장하여 설치할 수 있어야 한다.

(3) 설치지침

1) 터널연장이 200[m] 이상인 터널에 본 지침에서 정하는 방재시설이 설치되는 경우 비상전원 공급용으로 설치한다.
2) 무정전전원설비는 비상조명 및 유도등 등 방재설비에 대하여 전원을 공급할 수 있는 적정한 용량으로 선정한다.
3) 무정전전원설비는 옥내설치를 원칙으로 하며, 옥외설치 시에는 단열 및 냉난방 시설을 갖춘 큐비클 내부에 설치한다.
4) 무정전전원설비는 일반적으로 소방서와 원거리에 위치한다는 점에서 접근성 등을 고려하여 60분 이상 비상전원을 공급할 수 있도록 시설한다.

09 향후 터널의 안정성을 확보하기 위한 조치

(1) 터널에서 발생할 수 있는 화재의 크기를 결정하고 시스템이 설정되어야 한다.
(2) 터널의 제연설비는 실물 화재시험을 통하여 안전성을 확인하거나 다양한 수치해석을 활용하여 적정한 설계가 이루어지도록 해야 한다.
(3) 피난로의 설치와 임시대피소를 설치하고 신선한 공기를 공급하는 방식이어야 한다.
(4) 기존의 터널 등은 성능개선을 통하여 소방시설을 보강하여야 한다.

(5) 터널군 통합관리(TGMS : Tunnel Group Management System)

1) 인접한 여러 터널을 중앙 집중적인 통합센터에서 통합 관리 · 운영하는 시스템
2) **목적** : 개별 터널관리의 개념을 확장하여 여러 터널을 안전하고 효율적으로 통합하여 관리하는 시스템
3) **장점**
   ① 터널 운영관리의 안정성과 신뢰성을 확보하여 도로이용자에게 안전하고 쾌적한 도로 이용환경을 제공한다.
   ② 개별적 관리에서 종합적 관리를 통해서 효율적인 시설물 운영을 통한 유지관리로 비용이 절감된다.
4) **통합관리의 조건** : 터널에 설치된 환기, 조명, 방재, 전력 등의 제반설비를 효율적으로 감시 · 제어하는 시스템 모니터링 및 운영시스템 등의 하드웨어와 소프트웨어 통합 그리고 이러한 단위터널들을 통합하기 위한 개방적인 구조가 요구되며 이를 네트워크로 연결시켜 유기적으로 정보가 교류될 수 있고 제어가 가능하도록 설치한다.

(6) 교통지능화 정보체계(FTMS, ITS)

1) FTMS(Freeway Traffic Management System) : 도로상의 CCTV, 차량검지기(VDS :

Vehicle Detection System) 등을 설치하여 교통정보를 수집 · 전송하고, 교통정보 센터에서 수집된 교통상황을 종합분석하여 도로상에 설치된 도로전광표시(VMS : Variable Message Sign)와 인터넷, 휴대폰, 개인휴대단말기(스마트폰, 내비게이션) 및 방송 등을 통해서 실시간 교통정보를 제공하는 시스템

2) ITS(Intelligent Transport System) : 지능형 교통시스템으로 기존의 교통체계에 전자, 정보통신, 제어 등의 기술을 접목해 실시간으로 교통정보를 제공함으로써 교통의 흐름을 원활하게 하고, 도로이용의 효율성을 향상시키는 시스템

(7) 유비쿼터스(ubiquitous)

1) 라틴어로 '편재하다(보편적으로 존재하다)'라는 의미이다.
2) 모든 곳에 존재하는 컴퓨터 네트워크라는 것은 지금처럼 책상 위 PC의 네트워크뿐만 아니라, 휴대전화, TV, 게임기, 휴대용 단말기, 카 내비게이션 등 PC가 아닌 모든 지능형 기기가 네트워크로 연결되어 언제 어디서나 누구든지 대용량의 통신망을 사용할 수 있고 낮은 요금으로 자유롭게 정보를 주고받을 수 있는 것을 뜻한다.
3) 유비쿼터스의 효과가 가장 큰 분야는 재해 예방 및 구조 활동 분야로 방재시스템의 연동은 필수적인 요소이다.
4) 첨단 통신 인프라와 유비쿼터스 정보서비스를 도시나 국가 전체에 융합하여 생활의 편익 증대, 삶의 질 향상, 체계적인 도시관리, 안전과 주민복지 증진 등을 위한 유비쿼터스 사회의 한 부분 역할을 ITS가 담당하고 있다. 터널 방재시설도 유비쿼터스의 한 부분을 차지하고 있다.

(8) 신기술

1) 압축공기포 : 터널 내에서의 열차 및 차량화재 시 창문을 파괴하고 압축공기포를 분사하여 화재를 진압하는 방식의 시스템
2) 방수총 : 고정식으로 방수총이 설치되고, 방수총에는 화재를 감지하는 적외선 감지기가 부착되어 화재 발생 시 화재 감지와 동시에 방수총으로부터 물 또는 포소화약제가 분사되는 방식의 시스템

10 검토

(1) 국토교통부 「도로터널 방재 · 환기시설 설치 및 관리지침」에서는 자동소화시설의 경우 3,000[m] 이상의 방재등급이 1등급 이상인 장대 터널에 설치할 것을 권장하고 있는데, 위험물 수송차량의 통과가 허용되거나 차량 운행 수가 많아 위험성이 증대되는 경우에는 적용대상의 확대적용이 필요하다.

(2) 내화성능이 있는 자재에 의해 방호되지 않는 터널에는 자동식 소화설비의 설치가 필수적이다. 왜냐하면, 물분무설비 등 소화설비를 통한 화재제어로 터널 온도를 제한함으로써 붕괴를 방지할 수 있기 때문이다.

(3) 도로 터널에 자동식 소화설비를 설치할 경우 발생할 수 있는 문제점은 아무래도 설치비용과 관련되어 있다. 그러나 화재 발생 시 엄청난 피해(몽블랑 터널화재 약 500억)가 발생하므로 일정 규모 이상의 터널에는 자동식 소화설비의 설치가 필수이다.

SECTION 089 터널 제연설비

111 · 94회 출제

01 개요

(1) 터널화재는 반밀폐구조로 인해 배연에 많은 어려움이 있으며, 고온의 유독성 연기로 인해 호흡과 시야에 장애를 주고 심리적인 공포감으로 패닉(panic)에 빠져 대형 재해를 초래할 수 있다.

(2) 터널 제연방식의 구분

1) 희석(dilution)

2) 배출(extraction)

3) 방연풍속(longitudinal airflow)

02 터널의 특징

(1) 전체 용적에 비해 앞뒤로 작은 구멍을 가지고 있어 거의 무창층(폐쇄공간)과 같은 특성을 가지고 있다.

1) 산소농도가 낮아서 불완전연소의 발생 우려가 크고 이로 인해 다량의 유독가스 방출 및 가연성 가스가 발생한다.

2) 시계확보가 곤란(무창의 공간, 인공조명에 의존)하다. 이로 인해 패닉(panic)의 우려가 있다.

3) 고열의 연기가 빠르게 전파된다.

(2) 피난경로가 전 · 후 단 두 개이고 화재 시에는 그중 하나는 사용이 불가(화재 때문에)하다.

(3) 차량(유류) 화재 우려가 있고, 차량 진행 역방향으로 피난이 곤란하다. 다양한 차량(유조차 등)의 종류와 터널의 크기에 따라 진압방법의 차이가 발생한다.

(4) 산속에 굴을 파 놓은 것이라 온도변화가 작고 축열 · 축연 공간이 되며, 축열효과에 의해 온도가 매우 높기 때문에 복사열에 의한 손상이 매우 심하다.

03 터널특성별 권장 환기방식[41)]

지역 및 통행방식	터널길이(연장등급)	화재 시 적용 제연방식 및 방법
대면통행 터널 및 도시지역	500[m] 미만(4등급)	자연환기에 의한 제연
	500 ~ 1,000[m] 미만(3등급)	방재등급 2등급 이상의 터널은 기계환기방식
	1,000[m] 이상(2등급)	방재등급 1등급 이상의 터널은 대배기구방식의 횡류방식 또는 반횡류식
지방지역의 일방통행	500[m] 미만(4등급)	자연환기에 의한 제연
	500 ~ 1,000[m] 미만(3등급)	방재등급 2등급 이상의 터널은 기계환기방식
	1,000 ~ 3,000[m] 미만(2등급)	
	3,000[m] 이상(1등급)	수직구, 집중배기, 대배기구방식 등 배연능력을 향상하기 위한 구간 배연시스템 권장

04 터널의 환기방법

(1) 터널의 환기방법 구분

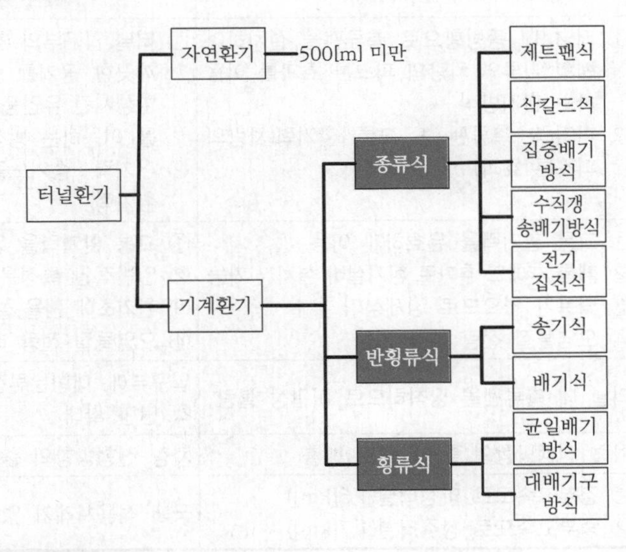

(2) 자연환기 가능 여부 판단

ΔP_r(환기저항) + $\Delta P \le \Delta P_t$(교통환기력)일 경우에는 자연환기가 가능하다.

41) 한국의 도로터널 현황 및 방재시설 설치기준에서 발췌(2007)

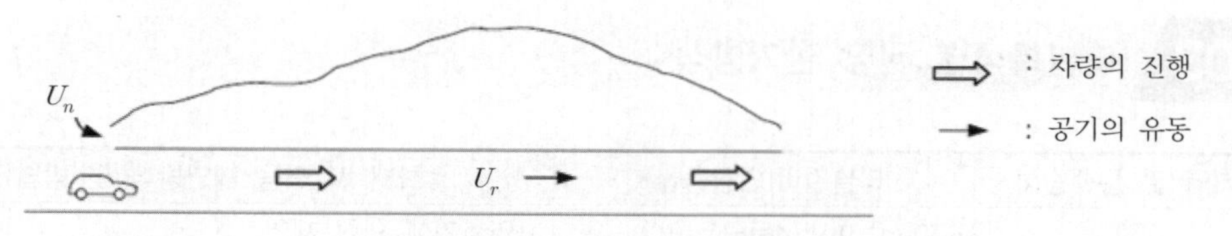

▌자연환기방식▌

(3) 종류식 환기방법

1) 제트팬식과 삭칼드방식

구분	JET FAN방식	삭칼드(Saccardo)방식
개요도	축류팬	삭칼드
특징	① 터널 내 종방향으로 축류팬을 설치하여 팬의 기류와 차량의 피스톤 효과를 이용하는 환기방식 ② 환기력 : 축류팬 + 교통 환기력(차량의 피스톤 효과)	① 터널 입구부의 환기소에서 대형 송풍기로 깨끗한 공기를 삭칼드 노즐로 급기시켜 발생시킨 유인풍속과 차량의 피스톤 효과를 이용하는 방식 ② 환기력 : 송기노즐에 의한 송기압 + 교통 환기력
장점	① 교통 환기력을 유효하게 이용 ② 개통 후에도 추가로 환기설비 설치가 가능 ③ 덕트가 없으므로 경제성이 우수 ④ 오염물질 전량 배출 가능	① 교통 환기력을 유효하게 이용 ② 일반적인 특성은 제트팬 방식과 동일 ③ 환기소에 팬을 설치함으로써 정비가 용이 ④ 오염물질 전량 배출이 가능
단점	터널 내 축류팬을 장착하므로 미관상 불량	입구부에 대형분류장치를 설치함으로써 굴착 단면 확대
배출방향	차량 진행방향의 출구쪽으로 배출	차량 진행방향의 출구쪽으로 배출
적용사례	① 경부고속도로 마성터널(1.5[km]) ② 중부고속도로 상주터널(1.7[km])	국내 적용사례가 없음

2) 수직갱방식과 집중배기방식

구분	수직갱방식	집중배기방식
개요도	수직갱	배기구 정화 시설
특징	터널 중간부에 수직갱을 설치하여 배기와 급기를 시키는 방식으로, 장대 터널과 같은 터널에 유리한 방식	터널 출구쪽으로 배출되는 오염된 공기를 정화시켜 배출시키는 방식(대도심지 환경보호용 환기방식)
장점	① 신선한 외기를 공급함으로써 오염물질 농도 조절이 가능함 ② 화재 시 대처가 쉬움 ③ 이론적으로 터널 길이에 대한 제한은 없음	① 출구부 오염물질의 방향을 조절할 수 있음 ② 도심지에 적합함 ③ 환기소에 팬을 설치하기 때문에 정비가 쉬움
단점	① 다른 종류식에 비해 공사비가 큼 ② 자연훼손이 큼	교통 환기력을 유효하게 이용할 수 있으나 오염물질을 전량 제거하기가 곤란함(교통량 및 자연풍의 적정한 운용이 비교적 곤란)
배출방향	출구측 갱구를 향해 배출	출구측 갱구 + 집중 배기구를 통해 배출
적용사례	① 영동고속도로 둔내터널(3.3[km]) ② 중앙고속도로 죽령터널(4.5[km])	황령산 제3터널(1.8[km])

3) 전기집진기방식

구분	전기집진기방식(바이패스형)	전기집진기방식(천장형)
개요도	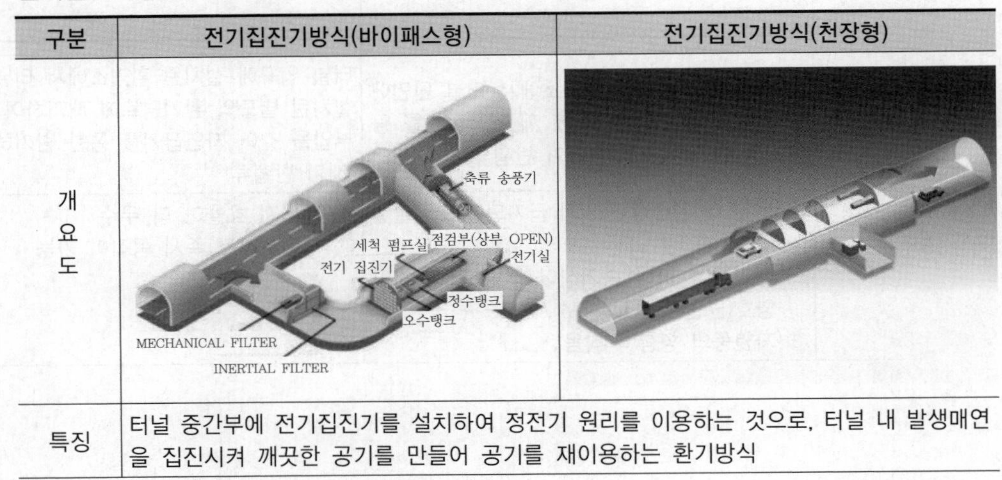	
특징	터널 중간부에 전기집진기를 설치하여 정전기 원리를 이용하는 것으로, 터널 내 발생매연을 집진시켜 깨끗한 공기를 만들어 공기를 재이용하는 환기방식	

구분	전기집진기방식(바이패스형)	전기집진기방식(천장형)
장점	① 천장형에 비하여 대용량 처리가 가능함 ② 출구부 오염물질 환경개선 효과가 뚜렷함 ③ 시공사례가 많음	① 바이패스방식에 비해 공기의 순환효율이 높음 ② 환기저항이 작아 동력비가 절감 ③ 출구부 오염물질 환경개선 효과가 뚜렷함
단점	① 화재 시에는 전기집진설비의 운전이 정지됨 ② 별도의 바이패스갱 설치비가 발생함	① 화재 시에는 전기집진설비의 운전이 정지 ② 본선 확대구간이 필요함 ③ 바이패스방식보다 설치용량이 적으며, 전문적인 시공기술이 요구
제연	기능정지	기능정지
적용사례	① 영동고속도로 진부터널(2.0[km]) ② 우면산터널(1.6[km])	국내 적용사례가 없음

(4) 반횡류식 환기방법(송기식과 배기식)

▌평상시 반횡류식 운영▐

구분	송기식	배기식
개요도		
특징	터널 입구에 설치된 환기소에서 터널 단면에 설치된 별도의 환기덕트에 깨끗한 공기를 공급하여 환기하는 방법(급기 반횡류)	터널 입구에 설치된 환기소에서 터널 단면에 설치된 별도의 환기덕트에 배기하여 터널 내 부압을 걸어 자연급기를 통한 환기하는 방법(배기 반횡류)
장점	① 터널 내 신선한 공기가 급기되어 오염물질이 희석 ② 배기식에 비해 송기식이 터널 내 환경이 양호(균일한 농도분포) ③ 자연풍의 영향이 작음	① 에너지 효율이 더 우수 ② 제연설비로 즉시 동작이 가능

구분	송기식	배기식
단점	① 오염물질은 출입구측으로 배출되고 에너지 효율이 떨어짐 ② 제연을 위한 역회전 운전 시 시간지연(time delay)이 필요함 ③ 덕트의 설치로 터널 단면적의 확대 ④ 별도의 대규모 환기실 필요 ⑤ 화재 시 축류팬 역회전에 의한 지연시간 발생	① 말단지점에서 오염물질의 농도는 이론적으로 크게 증가함 ② 덕트의 설치로 터널 단면적의 확대 ③ 송기식에 비해 차도 내 공기질 분포가 나빠지는 부분이 있고 환기의 효율도 낮음 ④ 별도의 대규모 환기실 필요 ⑤ 오염물질이 환기탑부로 집중배기되므로 환기탑부 환경성 불량
제연	환기기기의 조합에 의하여 터널구간의 배기와 송기가 자유로워 화재 대응력이 우수함	
적용사례	① 구룡터널(1.6[km]) ② 박달재터널(2.3[km])	북악터널(0.86[km])

(5) 횡류식 환기방법(대배기구식과 균형배기구식)

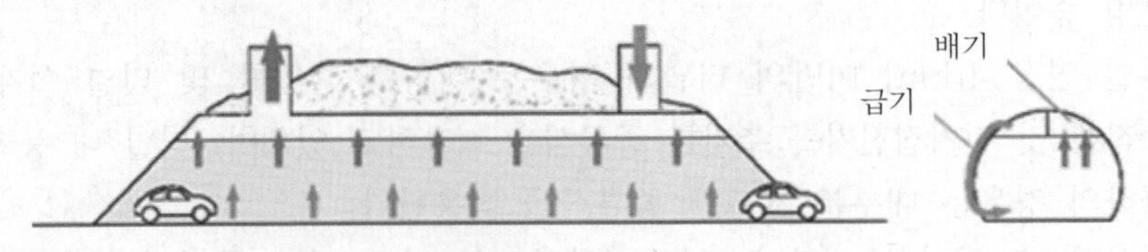

▌평상시 횡류식 운영▐

구분	대배기구식	균형배기구식
개요도	대배기구	균형 배기구
특징	① 터널 입출구에 설치된 환기소에서 터널 단면에 설치한 별도의 급·배기덕트를 이용하여 깨끗한 공기는 급기하고, 오염된 공기는 배기하는 환기방식 ② 횡류식의 일종으로 배기구에 개방/폐쇄가 가능한 전동댐퍼를 가지고 있는 방식으로 화재지점 부근의 배기구를 집중적으로 개방, 집중적으로 배연할 수 있는 제연방식	① 터널 입출구에 설치된 환기소에서 터널 단면에 설치한 별도의 급·배기덕트를 이용하여 깨끗한 공기는 급기하고, 오염된 공기는 배기하는 환기방식 ② 천장에 설치된 덕트를 통해서 배연을 수행하는 횡류 환기방식 중에서 배기구나 급기구를 일정한 간격으로 설치하여 터널 전체에 균일하게 급기 또는 배기가 이루어지도록 하는 방식
장점	화재 시 효율적인 배연	종합적으로 볼 때 가장 신뢰성 있는 환기가 가능

구분	대배기구식	균형배기구식
단점	① 덕트 공간이 커서 내부 단면적이 가장 큼 ② 설비동력이 반횡류식에 비해 고가 ③ 공사비가 가장 큼 ④ 설치비가 균형배기구방식에 비해 큼	① 덕트 공간이 커서 내부 단면적이 가장 큼 ② 설비동력이 반횡류식에 비해 고가 ③ 공사비가 가장 큼 ④ 배연에는 대배기구방식보다 효율이 낮음
제연	화재발생지점 부근의 배기구를 개방하여 집중적으로 배기	급기와 배기를 병행하여 효율적으로 연기를 배출
적용사례	① 남산1호터널(1.5[km]) ② 대전-진주 고속도로 간 육십령터널(3.2[km])	

(6) **터널 연장별 환기방식 현황**

1) 고속도로 내 기시공되어 운영 중인 터널 중 1,000[m] 미만의 터널은 모두 자연환기로 계획되어 있으며, 1 ~ 2[km] 이하의 터널은 모두 제트팬 종류식으로 설치·운영 중이다.

2) 터널 연장 4[km] 미만의 터널의 경우는 대형차 혼입률 및 터널 설계조건에 따라 수직갱 및 전기집진기를 추가한 종류식을 적용하고 있으며, 터널 내 풍속 10[m/sec] 이하의 경우는 대부분 제트팬 종류식을 적용한다.

3) 도심지 내 위치하는 터널 또는 지하차도의 경우 외부 환경성 등을 고려한 환기방식을 채택하고 있다.

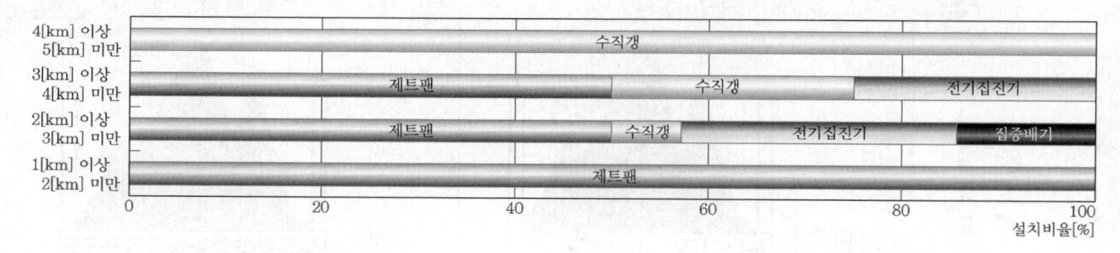

05 종류식과 횡류식 제연방식

(1) 종류식 제연방식

1) 정의

① 터널 안의 배기가스와 연기 등을 배출하는 환기설비로서, 기류를 종방향(출입구 방향)으로 흐르게 하여 제연하는 방식

② 터널 천장에 제트 팬(jet fan) 등을 설치하여 차량 진행방향으로 바람을 불어넣어 피난방향으로의 연기유동을 막는 방식

③ 터널 입구 또는 수직갱, 사갱 등으로부터 신선한 공기를 유입하여 종방향 기류를 형성하고 터널 출구 또는 수직갱, 사갱 등을 이용하여 환기하는 방식(지침)

2) 임계풍속 133회 출제

① 정의 : 화재 시 연기가 피난자의 대피방향으로 역류하지 않도록 하는 풍속

② 화재 시 성층화를 유지하면서 열(연)기류의 역류현상을 억제하기 위한 최소한의 풍속으로 일반적으로 3 ~ 3.5[m/sec]이다.

성층화 : 화재 시 연기가 온도차에 의한 부력에 의해 터널 상층부에 연기층을 이루는 현상

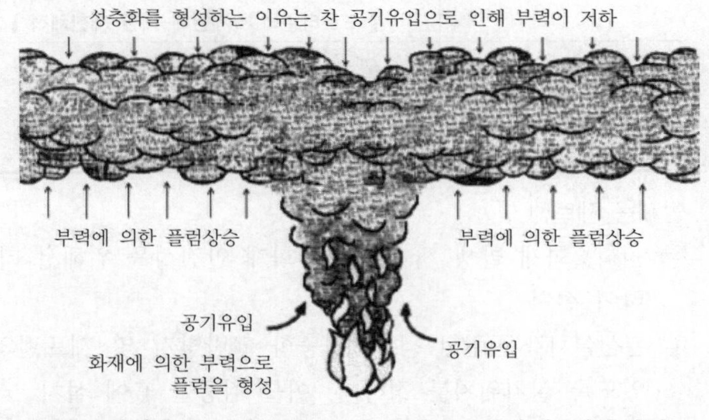

③ 경사, 터널 높이, 열방출률, 개구부 크기 등을 고려하여 계산한다.

▌임계풍속 계산식▐

적용 차종	승용차	버스	트럭	탱크로리
열방출률[MW]	5 이하	20	30	100
연기발생량[m^3/sec]	20	60 ~ 80	80	200
임계풍속 계산식 (Tetzner의 준경험식) 국토교통부 제안식	$V_r = K_g Fr_c^{-\frac{1}{3}}\left(\frac{gHQ}{\beta\rho_0 C_p A_r T_f}\right)^{\frac{1}{3}}$ $T_f = \frac{Q}{\beta\rho_0 C_p A_r V_r} + T_0$ 여기서, V_r : 임계풍속[m/s] K_g : 경사보정계수[K_g=1+0.014$\tan^{-1}$(터널의 구배/100)] Fr_c : 임계 프라우드수(4.5) H : 터널높이[m] Q : 열방출율[MW] T_f : 화재로 인한 고온공기의 온도[K] A_r : 터널 단면적[m^2] C_p : 공기의 정압비열(1,005[J/kg · ℃]) β : 공기보정계수 ρ_0 : 주위 공기밀도(1.2[kg/m^3])			

적용 차종	승용차	버스	트럭	탱크로리
임계풍속 계산식 (Tetzner의 준경험식) 국토교통부 제안식	T_0 : 주위온도[K] 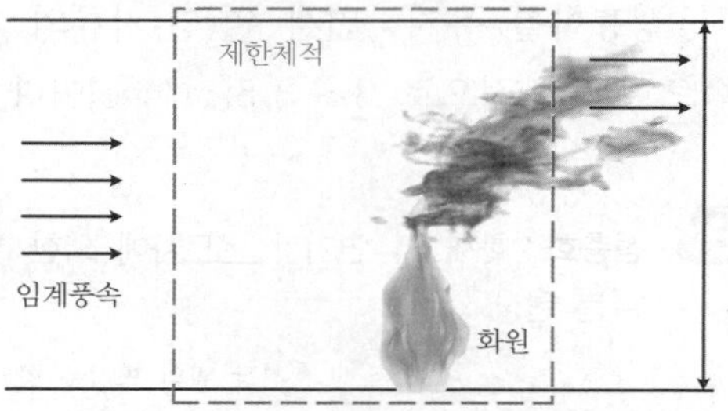 제한체적 / 임계풍속 / 화원 ▌도로터널의 화재원에 대한 제한체적 ▌			
열방출률	$Q = H_c \cdot \dot{m}_b$ [42] 여기서, H_c : 유효 연소열[MJ/kg] $\dot{m}_b$: 질량감소속도[kg/sec]			

④ 방재용 제트팬

㉠ 원칙 : 화재 발생 시 가압 및 화재 안전성을 위해서 터널의 입출구부에 분산하여 설치

㉡ 분산설치가 곤란한 경우 : 성층화 교란방지 및 제트팬의 소손을 최소화할 수 있도록 설치위치를 정하며, 이를 검증한 후에 설치

3) **제연송풍기 용량 계산** : 임계풍속을 유지하기 위한 환기저항(자연환기력에 의한 환기저항 + 터널 벽면 마찰저항 + 교통 환기저항) ≥ 제트팬 승압력

① $N_j = \dfrac{\Delta P_m + \Delta P_r + \Delta P_t}{\Delta P_j}$

여기서, N_j : 제연용 제트팬 대수

ΔP_m : 자연환기력에 의한 환기저항

ΔP_r : 터널벽면 마찰저항

ΔP_t : 교통 환기저항

ΔP_j : 제트팬 승압력

② $\Delta P_m = \left(1 + \xi_e + \lambda_r \cdot \dfrac{L_r}{D_r}\right) \cdot \dfrac{\rho}{2} \cdot {V_n}^2 = a \cdot {V_n}^2$

여기서, ΔP_m : 자연환기력에 의한 환기저항[mmAq]

ξ_e : 터널입구 손실계수(0.6)

λ_r : 터널벽면 마찰손실계수(0.025)

L_r : 터널연장[m]

42) A Study of the Heat Release Rate of Tunnel Fires and the Interaction between Suppression and Longitudinal Air Flows in Tunnels Yoon J. Ko April 2011 Eq4 P34

D_r : 터널직경[m]

ρ : 공기밀도 (0.1224[kgf · sec²/m⁴])

V_n : 자연풍 저항풍속[m/sec]

$a : \left(1+\xi_e+\lambda_r \cdot \dfrac{L_r}{D_r}\right) \cdot \dfrac{\rho}{2}$

③ $\Delta P_r = \left(1+\xi_e+\lambda_r \cdot \dfrac{L_r}{D_r}\right) \cdot \dfrac{\rho}{2} \cdot V_c^2 = a \cdot V_c^2$

여기서, ΔP_r : 터널벽면 마찰저항[mmAq]

V_c : 임계풍속[m/sec]

④ $\Delta P_t = \dfrac{A_m}{A_r} \cdot \dfrac{\rho}{2} \cdot n^+ \cdot (V_t^+ - V_r)^2 - \dfrac{A_m}{A_r} \cdot \dfrac{\rho}{2} \cdot n^- \cdot (V_t^- - V_r)^2$

여기서, ΔP_t : 교통 환기저항[mmAq]

A_r : 터널 단면적[mm²]

A_m : 차량의 등가 저항면적[mm²]

n : 터널 내 자동차 대수[대](+는 환기풍의 동일한 방향의 차량수, −는 환기풍의 반대방향의 차량수)

V_t : 터널 내 주행속도[m/sec]

V_r : 터널 내 임계풍속[m/sec]

⑤ $\Delta P_j = \rho \cdot V_j^2 \cdot \dfrac{A_j}{A_r} \cdot \left(1-\dfrac{V_r}{V_j}\right)$

여기서, ΔP_j : 제트팬 승압력[mmAq]

A_r : 터널 단면적[mm²]

A_j : 제트팬의 출구 단면적[mm²]

V_j : 제트팬의 속도[m/sec]

⑥ 제트팬 설치간격(국토교통부 도로설계편람)

차도 내 풍속	설치간격
4[m/sec] 이하	100[m] 이상
4 ~ 8[m/sec]	120[m] 이상
8 ~ 12[m/sec]	140[m] 이상

입구부 간격 : 입구에 가까울수록 화재 시 안전성이 향상되고, 승압효율은 상승하나 우수에 노출된다. 터널 입구부 미관 등을 고려하여 입구에서 30 ~ 45[m] 지점에 설치하고, 나머지 간격은 100 ~ 140[m]로 한다.

4) 장단점

장점	단점
① 횡류식에 비하여 설치가 간단함 ② 입구와 출구 양쪽으로 연기를 모두 뺄 수 있는데 역회전 운전이 가능한 축류형(Axial fan)에 한함 ③ 횡류식에 비해 경제성이 우수함	① 임계풍속 계산의 어려움 ㉠ 느리면 연기의 역류(back layering)가 발생 ㉡ 빠르면 아래쪽 연기가 역류 ② 외기의 영향을 많이 받음. 특히 역풍이 부는 경우 연기의 제어가 어려움 ③ 연기를 차량 이동방향으로 보내므로 차량 정체 시 위험 : 도심의 터널에는 사용이 어려움. 왜냐하면, 제트팬 가동으로 연기층이 흐트러져서 청결층이 오염되기 때문임 ④ 단방향 터널에만 적용 가능 ⑤ 화재 시 제트팬의 소손을 고려 : 예비용 제트팬 설치

5) 최근의 경향

① 입구와 출구에 축류형 팬을 설치

㉠ 평상시 : 한 쪽 방향으로 환기

㉡ 화재 시

- 화재가 발생한 터널에서는 평상시와 같이 한쪽으로 공기를 불어 넣고 빼준다. 따라서, 터널 내에는 양압이 걸리지 않도록 한다(화재발생 터널은 음압유지).
- 화재가 발생하지 않은 터널은 급기쪽은 그대로, 급기 배기쪽은 급기를 가하여서 터널 내에 양압을 형성하여 연기가 들어오지 못하도록 한다.

② 능동제어형 선택집중배기 환기방법

㉠ 구성

- 터널의 입구측에 설치되어 출구측으로 신선공기를 유입시키는 하나 이상의 환기용 제트팬
- 터널의 출구측에 설치되어 입구측으로 신선공기의 유입방향에 대해 반대방향인 역방향 기류를 형성시키는 하나 이상의 밸런스제어용 제트팬
- 환기용 제트팬과 밸런스제어용 제트팬과의 사이 구간에 설치되고, 일정 간격마다 개폐 가능한 댐퍼를 갖는 배연덕트
- 터널 입구측에서 유입되는 교통환기와 터널 출구측에서 유입되는 외부자연풍이 합류되는 위치에 설치되고 배연덕트에 연결되어 집중배기 및 화재 시 배연기능을 가지는 집중배기용 환기구 및 배기팬

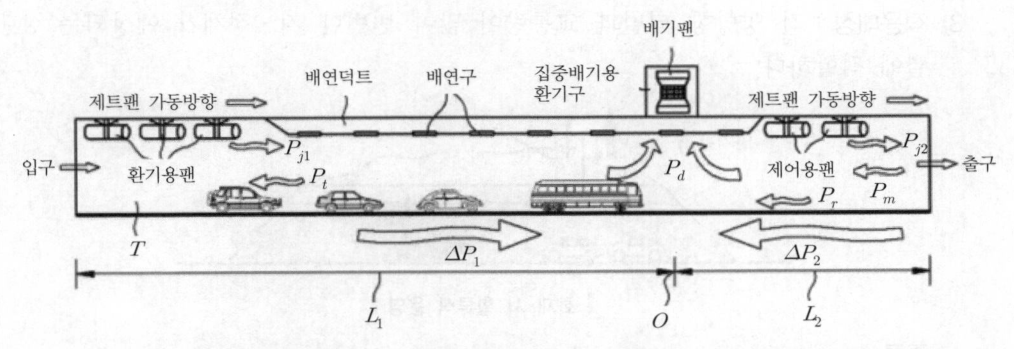

ⓛ 특징 : 배기팬 및 환기용 제트팬에 연동하여 밸런스제어용 제트팬을 터널의 입구측에서 집중배기용 환기구까지의 제1구간(L_1)과 터널의 출구측에서 집중배기용 환기구까지의 제2구간(L_2)에 압력차가 서로 동일하게 이루어질 때까지 선택적으로 가동시켜 터널 내의 집중배기용 환기구의 양쪽 구간의 압력밸런스 조정이 이루어지는 방식이다.

ⓒ 기존 축류형의 문제점 : 화재 시에는 터널 자체를 배연풍도로 이용하므로 화재지점의 전방에 위치한 승객이 화재연기에 노출되어 질식할 수 있다.

ⓔ 화재 시 운영방안

- 초기 화재 : 발생장소에서 가장 가까운 댐퍼를 개방시켜 배연덕트를 통해 집중배기용 환기구로 배출한다.

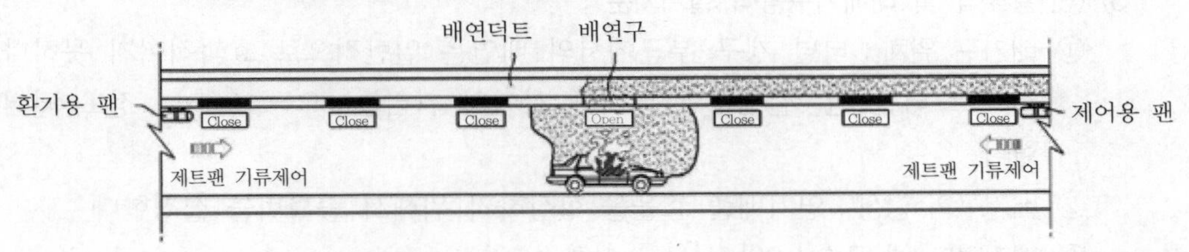

- 대형 화재 : 집중배기용 환기구에 가장 가까운 댐퍼를 개방시켜 차량 진행방향으로 배연을 유도한 후 집중배기용 환기구로 배출한다.

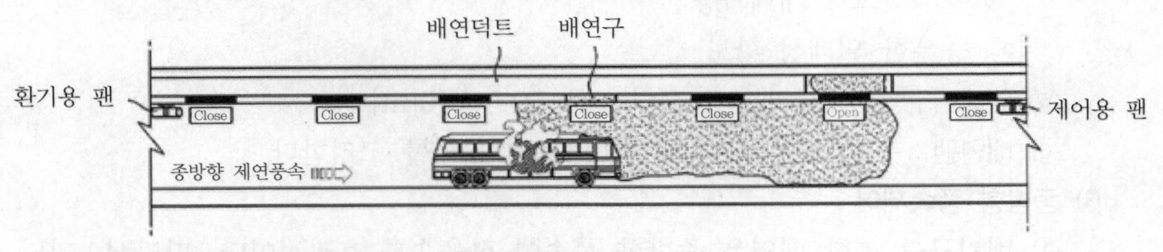

③ 축류형에 배연덕트를 설치한 방식

(2) 횡류 환기방식

1) 정의 : 터널 안의 배기가스와 연기 등을 배출하는 환기설비로서, 기류를 횡방향(바닥에서 천장)으로 흐르게 하여 환기하는 방식

2) 제어방식 : 연기를 배기하면서 동시에 급기하여 청결층과 연기층을 분리하면서 제연하는 방식

3) 적용대상 : 긴 양방향 터널과 교통량이 많아 빈번한 지 · 정체가 예상되는 장대 터널에 적합하다.

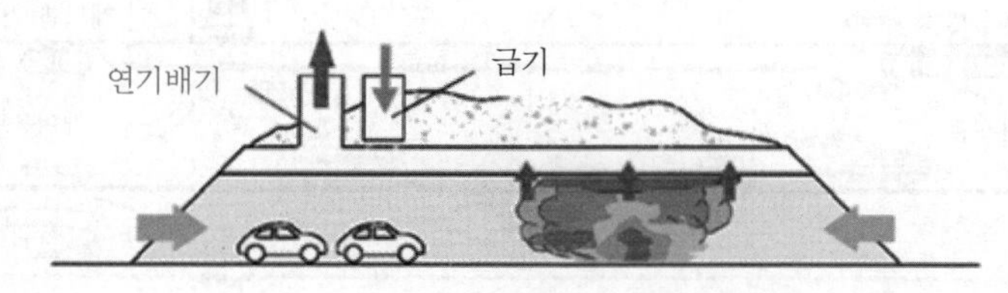

▎화재 시 횡류식 운영▎

4) 종류

① 대배기구방식 : 횡류식의 일종으로, 배기구에 개방 · 폐쇄가 가능한 전동댐퍼를 가지고 있는 방식이다. 화재지점 부근에 배기구를 집중적으로 개방 배연할 수 있는 제연방식이다.

② 균일배기방식 : 천장에 설치된 덕트를 통해서 배연을 수행하는 횡류환기방식 중에서 배기구를 일정한 간격으로 설치하여 터널 전체에 균일하게 급기 또는 배기가 이루어지도록 하는 방식이다.

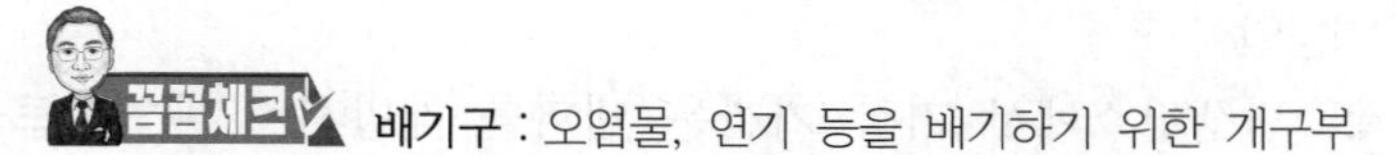

배기구 : 오염물, 연기 등을 배기하기 위한 개구부

5) (반)횡류식 및 대배기구방식 설계기준

① 배기구 위치 : 터널 갱구 부근에서의 배연은 일반적으로 효과적이지 못하다. 그러므로 터널 진 · 출입부와 배기구 사이의 거리는 50 ~ 100[m] 정도 떨어져야 한다.

② 배기구의 형상 : 연기배출 효율을 향상하기 위해서 종횡비를 설정한다.

③ 배기덕트 내 풍속 : 20[m/sec] 이하

④ 대배기구방식에서 댐퍼

㉠ 개별적으로 개폐가능

㉡ 충분한 밀폐성 확보

⑤ 대배기구방식에서 배기구 설치간격 : 50 ~ 100[m]

⑥ 배연팬 : 용량 산정 시 댐퍼 및 덕트의 누기를 고려한다.

6) 종방향 풍속제어

① 배기구를 통한 배연은 종방향 풍속이 작을수록 효과적이다. 따라서, 터널 연장이 2,000[m] 이상인 터널에서는 종방향 풍속을 제어하려는 조치를 강구할 것을 권장한다.

② 종방향 풍속제어 방법 : 구간풍량제어, 제트팬, 제연보조설비(연기확산을 차단 · 지연 설비)

③ 종방향 풍속제어 방법의 적정성 여부 : 시뮬레이션이나 모형실험을 통해서 검증

7) 장단점

장점	단점
① 종류식에 비하여 연기배출이 용이함(환기성능이 우수) ② 양방향 터널에 적용 가능 ③ 외기의 영향이 작음 ④ 터널 내 공기분포가 균일 ⑤ 화재 시 대응이 비교적 단순	① 급 · 배기설비 등 설비비가 많이 듦 ② 송풍기가 다익형으로 공기의 흐름이 한 방향으로 고정 ③ 화재 발생이 배기방향과 반대일 경우 먼 구간의 연기 유동이 발생하는 문제가 있음 ④ 터널 전체에서 급 · 배기하는 것이 아니라 일부분에서 급 · 배기하는 시퀀스가 필요(대비기구방식)함 ⑤ 환기탑부로 오염물질 집중배출

시퀀스(sequence) : 장비의 기동버튼을 누르면 전기적으로 결정된 순서를 거쳐 운전한다. 이 일정한 순서를 표현한 전기회로도를 시퀀스도 또는 시퀀스라고 한다.

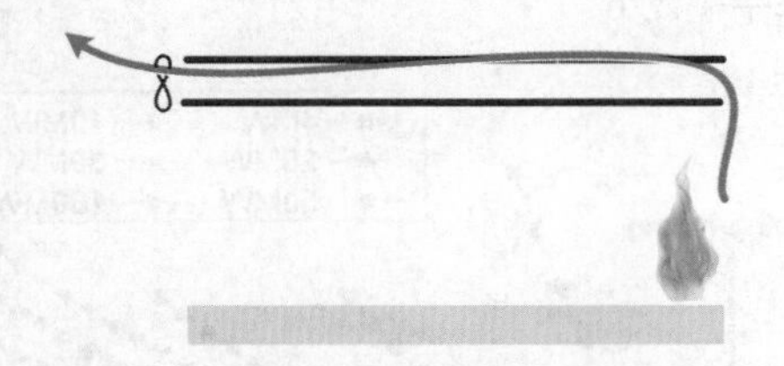

▌화재 발생이 배기방향과 반대인 경우▐

(3) 반횡류 환기방식

1) 정의 : 터널 안의 배기가스와 연기 등을 배출하는 환기설비로서, 터널에 수직 배기구를 설치해서 횡방향과 종방향으로 기류를 흐르게 하여 환기하는 방식

2) 터널에 급기 또는 배기덕트를 시설하여 급기 또는 배기만을 수행하는 환기방식이다.

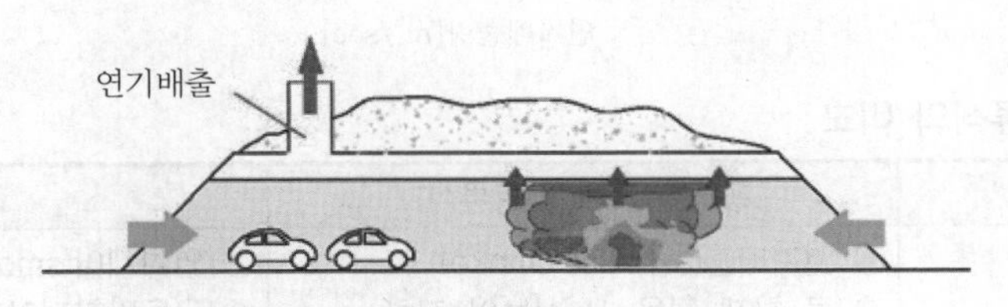

▌화재 시 반횡류 방식 운영▐

(4) Plug-holing

1) 터널의 플러그 홀링

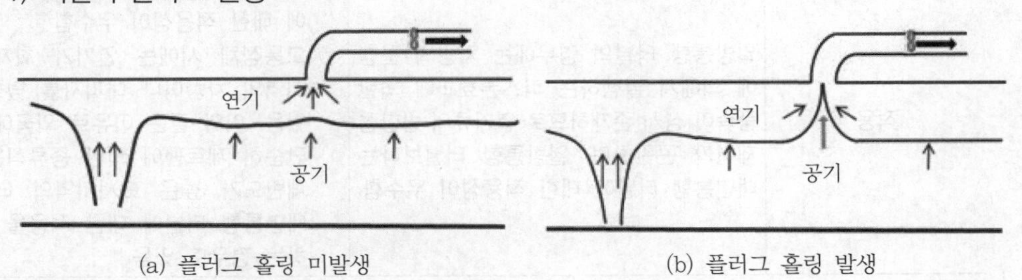

(a) 플러그 홀링 미발생 (b) 플러그 홀링 발생

2) 프루드수

$$F_r = \frac{v_s A}{\left(\frac{g \Delta T}{T_0}\right)^{\frac{1}{2}} d^{\frac{5}{2}}}$$

여기서, v_s : 연기 배출구에서의 유속[m/sec]

A : 연기 배출구의 면적[m^2]

d : 연기층의 두께[m]

ΔT : 연기층의 평균 온도 상승[K]

T_0 : 주변 온도[K]

g : 중력가속도[m/sec^2]

3) 터널의 임계 프루드수 : 2.1

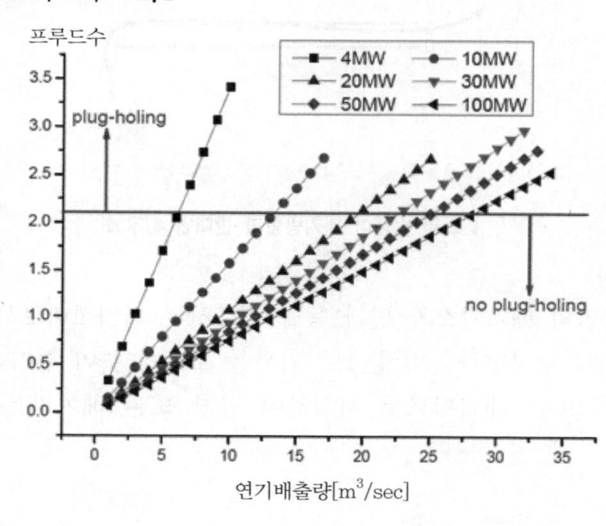

(5) 종류식과 횡류식의 비교

구분	횡류식(또는 반횡류식)	종류식
연기제어개념	① 연기배출(exhaust smoke) ② 큰 화재 적용 시 성능이 저하 ③ 기류를 바닥에서 천장으로 흐르게 하는 방식(기류방향이 횡류방향)	① 연기제어(smoke control) ② 유동방향제어가 쉽다. ③ 기류를 출입구 방향으로 흐르게 하는 방식(기류방향이 종류방향)
적용	일방통행 터널의 경우에는 차량의 운행에 의해서 발생하는 피스톤효과에 의한 풍속이 상시 존재하므로 열기류의 방향성 제어가 곤란하며, 일방통행 터널보다는 대면통행 터널에 대한 적용성이 우수함	① 대면통행 터널보다는 일방통행 터널에 대한 적용성이 우수함 ② 교통정체 시에는 연기가 화재하류지역의 차량이나 대피자를 덮칠 수 있음. 이와 같은 이유로 외국에서는 단순히 제트팬에 의한 종류식은 정체빈도가 높은 도시지역의 터널과 대면통행 터널에 대한 적용을 금지하는 경우도 있음

구분	횡류식(또는 반횡류식)	종류식
환기팬의 운전제어	급기 반횡류식의 경우 화재 시 배연모드로 전환하기 위한 대기시간과 역전운전 후에 정상가동에 필요한 시간 지연이 김	일반적으로 30초에서 1분 이내에 제트팬 정상운전속도에 도달하지만, 터널 내 풍속이 정상상태에 도달하기 위해서 시간지연이 필요함
배연을 위한 환기용량산정	$Q_b = A_r \cdot V_r + Q_s$ 화재강도에 따른 연기발생량 및 연기의 확산을 억제할 수 있도록 최소한의 풍속을 얻기 위한 풍량에 의해서 배연량을 결정	$V_r = K_g K_1 \left(\frac{gHQ}{\beta \rho_0 C_p A T_f} \right)^{\frac{1}{3}}$ 연기의 역류를 억제하기 위한 임계풍속을 유지할 수 있도록 제트팬 설치대수를 결정
통행방식에 따른 적용	① 일방통행 터널의 경우에는 차량의 운행에 의해서 발생하는 피스톤효과에 의한 풍속이 상시 존재하므로 열기류의 방향성 제어가 곤란하며, 일방통행 터널보다는 대면통행 터널에 대한 적용성이 우수함 ② 도시터널에 적용성이 우수함	① 대면통행보다는 일방통행과 지방터널에 대한 적용성이 우수함 ② 차량 정체 시에는 연기가 화재 하류지역의 차량이나 대피자를 덮칠 수 있음 ③ 외국에서는 단순히 제트팬에 의한 종류식은 정체빈도가 높은 도시지역의 터널과 대면통행 터널에 대한 적용을 금지하는 경우도 있음
기능향상방안	대배기구방식에 의해서 화재지점에서 집중적으로 연기를 배기할 수 있는 시스템 구축이 필요. 제어의 정확성이 요구되며 배기구의 개폐조절을 위한 전동댐퍼의 설치로 인하여 설치 및 유지관리 비용이 증대함	연기가 전 구간으로 확산하는 것을 억제하기 위해서 일정 간격으로 수직갱 또는 배기덕트를 설치하여 구간배연을 통해 연기의 배기 능력을 증대할 필요가 있음
비상전원	배기 또는 급기 목적의 대형 축류팬은 비상 전원시설에 의한 가동이 가능하나 발전실 규모와 용량이 증대함	종류식의 주제연설비인 제트팬은 비상발전기에 의해서 가동되도록 시설하고 있어, 정전 등의 비상시 제연이 가능함

06 배연 및 제연용량 산정식

(1) 화재에 의한 열부력

1) 화재 시 발생열에 열부력은 상향 경사방향으로 작용하기 때문에 상향 경사의 경우에 열부력은 승압력으로 작용하고, 하향 경사의 경우에는 환기저항으로 작용하므로 제연용 환기팬 수를 증가시킨다.

2) $\Delta P_{th} = (\rho_{out} - \rho_{fire}) g \Delta H$

여기서, ρ_{out} : 외기의 밀도[kg/m^3]

ρ_{fire} : 화재구역의 공기밀도[kg/m^3]

g : 중력가속도[m/sec^2]

ΔH : 부력이 작용하는 고도차[m]

(2) 화재로 인한 상승온도(ΔT) :

$$\Delta T = 11.9\sqrt{Q}$$

여기서, ΔT : 화재로 인한 상승온도[℃]
Q : 화재강도[MW]

(3) 배연 및 제연용량

<table>
<tr><th>구분</th><th colspan="2">(반)횡류식(환기량)</th><th>종류식(방연풍속)</th></tr>
<tr><td rowspan="2">방재용량 계산식</td><td colspan="2">관계식 : $Q_b = A \cdot V_r + Q_s$
여기서, Q_s : 연기발생량[m^3/s], V_r : 방연풍속[m/s], A : 터널개구면적[m^2]</td><td rowspan="2">$V_r = K_g K_1 \left(\dfrac{gHQ}{\beta \rho_0 C_p A T_f} \right)^{\frac{1}{3}}$</td></tr>
<tr><td>균일배기방식
$Q_E = 80 + 3.0A$ 이상</td><td>대배기구방식
$Q_E = 80 + 1.0A$ 이상</td></tr>
<tr><td>정체차량수
(일 방향기준)</td><td colspan="3">$n = \dfrac{N \cdot L}{V_t} + N \cdot \dfrac{3}{60}$
여기서, N : 시간당 교통량[대/hr], L : 터널연장[km], V_t : 주행속도[km/h]</td></tr>
</table>

(4) 배기구의 설치간격

약 100[m] 정도를 떨어져 설치한다.

(5) 배연구역

화재발생지점을 중심으로 200 ~ 300[m] 정도이다.

(6) 배기구 풍속

15[m/sec] 이하

(7) 댐퍼(damper)

충분한 밀폐성능을 확보한다.

(8) 풍속과 열방출률

풍속[m/sec]	열방출률[MW/min]
1 이하	약 5
약 3	15 이상
6 이상	약 10

07 고려사항

(1) 제연설비와 자동소화설비와의 관계를 고려

(2) 화재 시 진입금지 표시

(3) 제연설비 설계 시 기준 교통량 고려

(4) CFD, Scale 모델링 필요

(5) **터널의 가연물**

차량(유류), 전선 등 전기설비

(6) **터널의 점화원**

차량사고, 정전기, 케이블 화재

(7) **피스톤 효과 고려** : 교통환기력

꼼꼼체크 **교통환기력** : 차량이동에 따라 차량이 공기를 밀어서 발생하는 환기력

1) 피스톤 효과 : 터널을 운행하는 차량의 공기저항에 의해 기류를 형성하는 효과로 교통환기력을 발생시켜 외부 자연풍 외에 자연환기를 유도하는 역할을 한다.

2) 차도 내의 한계풍속

① 인명안전 측면 : 보행자나 운전자에게 이동을 곤란하게 하고 사고를 유발시킬 수 있다.

② 환기시스템 측면 : 승압이 증가하면 환기시스템의 효율이 감소한다.

③ 일방향 터널의 경우 : 10[m/sec] 이하

④ 양방향 터널의 경우 : 8[m/sec] 이상이 되면 기계식 팬의 설치가 곤란(교통환기력이 기계환기력을 초과)한다.

(8) **비상전원** : 제연설비는 비상시 60분 이상 기능을 유지할 수 있도록 비상발전설비에 의한 비상전원설비를 갖춘다.

(9) **환기시설의 온도저항** : 연기를 주행공간으로부터 직접 배출시키는 제연용 제트팬은 250[℃]의 온도에서 60분 이상의 정상가동 상태를 유지할 수 있어야 한다.

08 역기류 또는 역류(back layering) 129 · 128회 출제

(1) 화재가 발생하면 생성된 연기가 부력에 의해 수직으로 상승한 뒤 터널의 길이방향으로 전파

(2) **정의**

역기류가 부력에 의해서 차량흐름의 반대방향이나 화재 직전에 형성된 주기류의 반대방향으로 흐르는 현상(역류)

(3) **역기류의 발생원인**

1) 터널 내의 배연설비의 용량부족

2) 피난방향의 반대방향으로 바람이 불 때 발생

(4) 임계풍속(critical velocity)

1) 임계풍속 : 역기류가 발생하지 않도록 불어주는 최소한의 풍속

$$V_r = 0.292 \cdot \left(\frac{Q}{w}\right)^{\frac{1}{3}} = K_g K_1 \left(\frac{gHQ}{\beta \rho_0 C_p A T_f}\right)^{\frac{1}{3}}$$

여기서, V_r : 임계유속[m/sec]

Q : 열방출률[kW]

w : 개구부 폭[m]

2) 임계풍속의 영향인자

① 열방출률

② 터널의 폭

③ 경사도

④ 터널높이

⑤ 외기온도

⑥ 터널의 면적

⑦ 팬의 용량

⑧ 바람의 방향

3) 동일 화재하중일 경우

① 터널의 높이와 면적이 클수록 임계풍속이 감소 : 터널의 단면이 커지면 연기가 체류할 수 있는 용량이 커지고 연기가 냉각되므로(터널 내벽과 접촉하여 열을 빼앗김) 확산속도가 감소한다.

② 화재하중이 클수록 임계풍속은 증가한다.

4) 화재하중 및 가혹도 등 : 화재시뮬레이션에 의해 설계

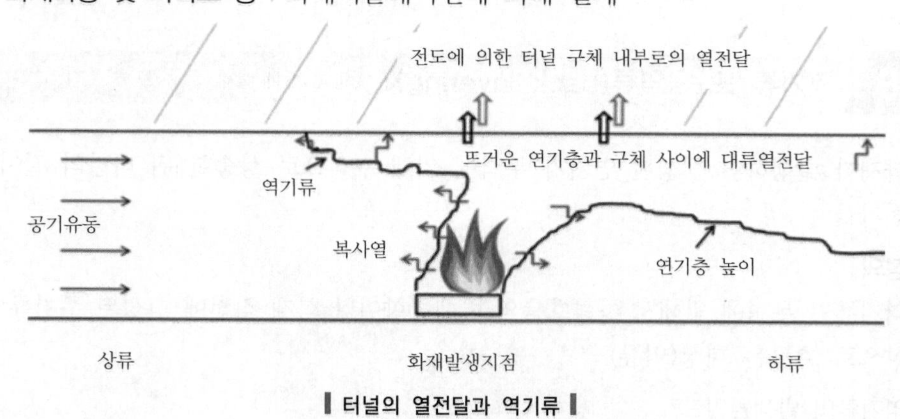

▌터널의 열전달과 역기류▐

5) 임계풍속은 화재 강도가 증가하면 증가하는 경향으로 보이나 화재 강도가 30[MW]를 초과하면 임계풍속은 상임계풍속에 도달하여, 화재 강도가 증가하여도 크게 증가하지 않는다.

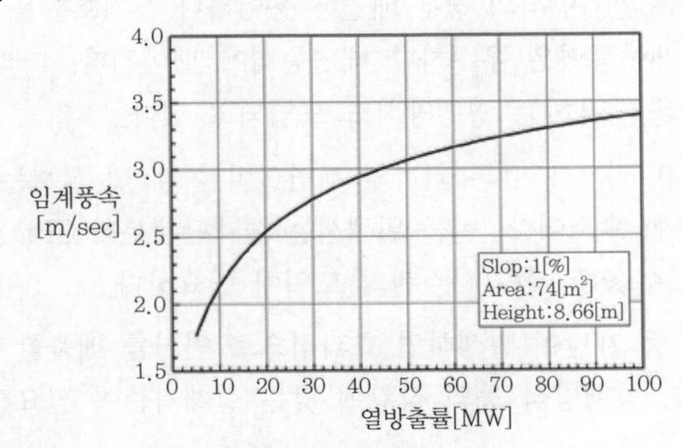

▌임계풍속과 열방출률▐

6) 임계풍속의 증가 : 벽면 마찰손실을 증가시켜 제트팬 대수를 증가시키는 요인

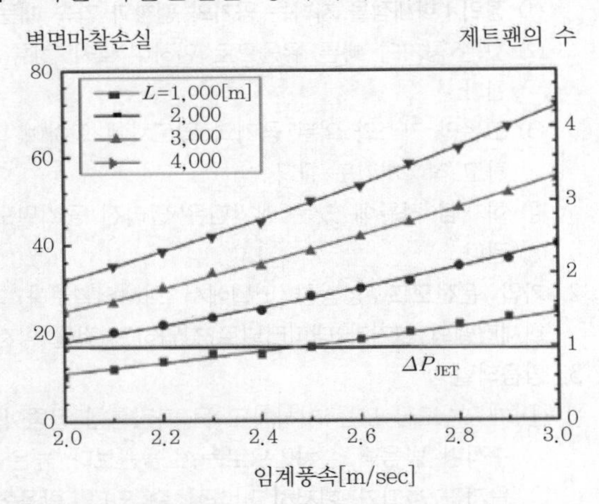

▌임계풍속에 따른 터널 연장별 벽면 마찰손실의 영향▐

(5) 대책

1) 팬용량 : 임계풍속을 형성시킬 수 있는 용량 이상으로 선정한다.
2) 주로 종류식에서 Back layering 현상이 발생하므로 횡류 또는 반횡류 환기방식을 적용한다.
3) 자동소화장치 설치 : 화재성장속도와 플럼의 크기를 줄여 부력을 낮춤으로써 역기류를 완화시킬 수 있다.
4) 터널의 크기, 화재규모 등에 따른 시뮬레이션을 통한 적절한 배연설비를 설계한다.

09 결론

(1) 일반적으로 횡류 환기방식의 경우 배연은 용이하나 연기흐름을 제어하는 능력이 떨어지며, 종류식은 제어능력은 우수하나 배연능력이 떨어진다. 따라서, 최근에는 종류식에 덕트와 배기팬을 사용하는 병행방식도 도입되고 있다.

(2) 적절한 화재 시나리오에 따른 최적의 제연설비 설계 및 설치는 인명안전 및 구조물 보호에 매우 중요한 요소이다. 이를 위해서는 설계단계부터 CFD를 도입해서 다양한 화재 현상에 대응할 수 있는 환기시스템의 도입이 필요하다.

(3) 터널에서 화재 등 재난이 발생하면 효과적으로 연기를 배출할 수 있도록 터널위치, 터널길이, 교통량, 통행방식 등의 상황에 맞는 설계기준이 필요하다.

1. **스로틀링(Throttling) 효과**
   ① **정의 : 화재점을 지나는 공기의 팽창과 가속 때문에 공기유동이 방해받는 현상**
   ② 고온 공기의 빠른 유동으로 인하여 화재 하류 지점에서는 점성손실이 증가한다.
   ③ 고온의 가스와 외부 공기의 밀도차에 의하여 터널 내 공기속도는 커지기도 하고 작아지기도 한다.
   ④ 화재점 하류에 있는 배기팬은 달라진 공기밀도로 인하여 성능특성이 저하된다.
2. **가압 운전모드** : 양방향 터널에서 화재터널보다 대피터널의 압력을 상승시켜 화재터널의 연기가 대피터널로 침입하는 것을 방지하기 위한 운전모드
3. **방음터널**[43)]
   ① 개요 : 도심 또는 지하차도 등 차량통행 집중이 과도한 지역의 경우 기존의 수직형 방음벽 설치만으로는 소음원보다 높은 위치에 있는 수음점에서 소음저감 효과가 현저히 낮아질 수 있다. 방음벽과는 달리 입·출구를 제외하고 상부와 좌·우측 3면을 방음판으로 완전히 차단하기 때문에 방음벽에 비해 약 20[dB] 이상의 소음차단효과를 기대할 수 있다. 이를 방음벽만으로 해결하기 위해서는 그 높이가 매우 높아져야 하므로 터널형식의 방음시설 시공이 요구된다.
   ② 특징
      ㉠ 차량통행 집중지역에 특화
      ㉡ 회절음의 영향을 최소화
      ㉢ 강력한 흡차음 효과의 터널형식 방음벽
      ㉣ 소음민원의 완전한 해결
   ③ 관련 법규
      ㉠ 주택법에 소음도 65[dB] 미만

---

43) 방음터널의 화재안전성에 관한 국내 연구동향 분석 2019. 김태우, 윤명오, 이준

ⓛ 방음시설의 성능 및 설치기준 : 주민 의견수렴, 주변경관과 조화 및 친환경성, 파손된 방음판의 쉬운 교체가 가능한 구조, 대피 · 청소 · 유지관리를 위한 통로, 강풍 · 강우 · 진동에 의하여 변형 또는 파괴되지 않는 안전한 구조, 방음효과가 우수하고 사후관리가 편리하며 내구성이 좋을 것

ⓒ 도로터널 방재 · 환기시설 설치 및 관리지침 : 터널 내 방재시설은 터널연장등급(길이)과 방재등급(위험도지수)에 준해서 설치하도록 규정하고 있으며, 예외규정으로는 직상부가 시설 폭원의 $\frac{1}{2}$ 이상 개방된 경우 한 쪽 이상의 측벽부가 최대 시설높이만큼 개방된 경우, 모형실험 또는 수치 시뮬레이션을 통해 안전성이 확인되는 경우와 일시적으로 사용할 목적으로 설치하는 경우에는 방재시설의 설치를 면제할 수 있다.

④ 국내 방음터널 현황(2022년 기준 55개소)

구조체	방음판	개방	소화설비	피난설비	제연설비
H형강	강화유리 PC or PMMA 방음판	상부 및 측면 중 일부 개방 입 · 출구부만 개방	옥내소화전, 소화기	피난사다리, 피난문	제트팬, 배연창

⑤ 위험성

㉠ 방음판의 연소성 : 차량화재 등으로 방음판에 열기류(ceiling jet flow)를 형성해서 방음판을 연소시킬 경우 불이 붙은 상태로 녹아내려 주변 차량 및 피난자의 인명피해 우려가 있다.

ⓛ 구조체의 붕괴 우려 : 강재 평균온도 538[℃]를 초과하는 경우 구조체 강도 및 강성이 급격히 감소되어 붕괴 우려가 있다.

⑥ 대책

㉠ 방음판의 불연재 사용

ⓛ 구조체에 내화성능 확보

SECTION

090 터널의 정량적 위험성 평가

116회 출제

01 개요

(1) 정량적 위험도 평가는 도로터널의 위험도를 정량적으로 분석하고 수치화함으로써 방재시설의 설치 또는 적정성 여부를 판단하기 위한 기준을 제시하여 도로터널의 방재시설에 대한 성능설계를 수행하기 위한 자료로 활용함을 목적으로 한다.

(2) 도로터널의 위험도에 대한 평가는 시나리오별 사상자수(fatalities) 및 누적빈도(frequency)에 대한 분석을 수행하여 사상자-누적빈도선도(F/N curve)를 그래프화하여 이를 사회적 위험도(societal risk) 기준과 비교함으로써 방재시설의 규모나 적정성 여부를 판단한다.

02 정량적 위험성 평가

(1) 정량적 위험성 평가대상

1) 터널방재설비의 성능위주설계 시
2) 예외적인 터널에 대하여 개별 방재시설을 계획하는 경우
3) 터널 방재등급이 연장등급보다 1단계 하위등급을 적용하는 경우
4) 터널연장이 1,200[m] 이하의 터널에서 피난 연결통로를 300[m]로 계획하는 경우
5) 터널 중 격벽분리형 피난 대피통로를 계획할 경우
6) 대면통행 터널 및 정체빈도가 높을 것으로 예상되는 일방통행 터널에 종류식을 적용하는 경우
7) 터널에 제연설비를 설치하여야 하는 우선순위 결정 시
8) 터널에 제연보조설비를 설치하는 경우

(2) 정량적 위험성 평가절차

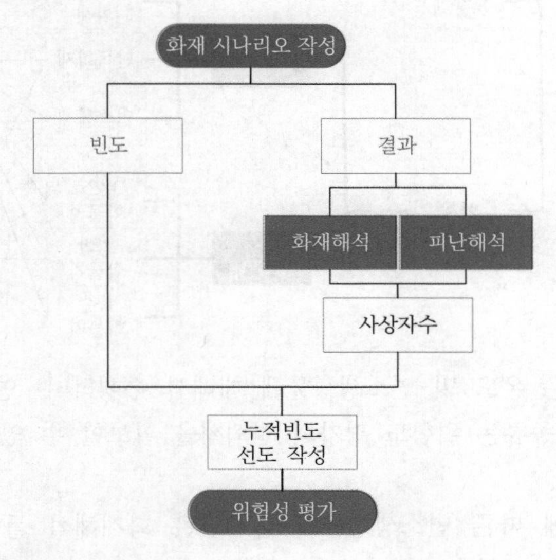

1) 화재사고 시나리오 작성

① 건축 특성 : 터널길이, 피난구 간격 등

② 연소특성

㉠ 승용차의 화재강도는 5[MW]로 산정함을 원칙으로 하며, 단독화재 및 2대 연속화재로 구분하여 시나리오를 구성할 수 있다.

㉡ 버스 및 화물차량은 화재강도(20, 30, 100[MW])별로 재분류하며 화재확대 확률을 고려하여 시나리오를 작성한다.

- 20[MW] : 버스(소형 + 대형) + 소형트럭
- 30[MW] : 트럭중형 + 트럭(대형 + 특수) × (1 − 탱크롤리 및 위험물 수송 차량 구성비)
- 100[MW] : 트럭(대형 + 특수) × 탱크롤리 및 위험물 수송차량 구성비
- 탱크롤리 및 위험물 차량의 구성비는 5[%]

2) 화재해석

① 시나리오별 화재해석 결과는 사상자수 추정에 영향을 미치므로 기술적 · 통계적인 방법에 의해서 신뢰성을 확보한 기술자료를 적용한다.

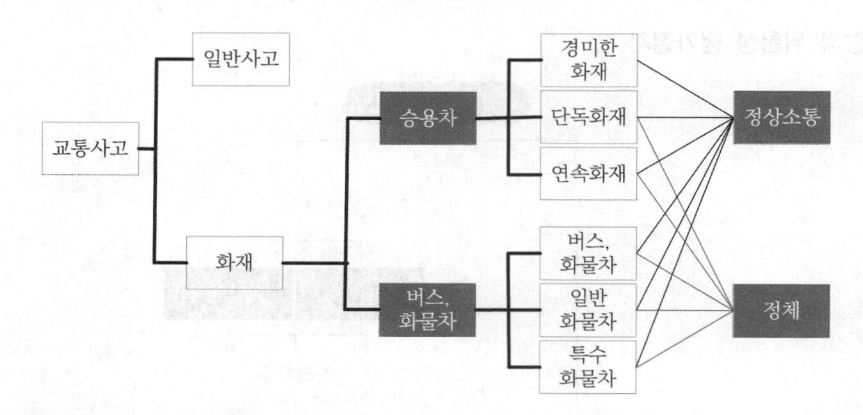

② 화재해석은 온도 및 연소생성물에 대해서 수행하며, 연소로 인해 발생되는 유해가스의 종류는 위험도 평가의 신뢰성을 확보할 수 있도록 연소이론에 근거하여 정한다.

③ 화재강도에 따른 연소생성물의 발생량은 화재해석 툴에 따라서 상이한 입력 데이터를 요구할 수 있으므로 일반적으로 제시되는 값을 변환하여 사용할 수 있다.

④ 교통밀도 산정식

$$D = \frac{D_0 \times M_{\max}}{(D_0 \times V) + M_{\max} \times \left(1 - \frac{V}{60}\right)^2}$$

여기서, D : 교통밀도[PCU/km]

D_0 : 정체 시 교통밀도(속도 $V=0$[km/hr]인 경우 150[PCU/km · lane] 적용)

$M_{\max}$: 승용차 대수 표시 최대가능교통량 및 도로용량[PCU/hr · lane]

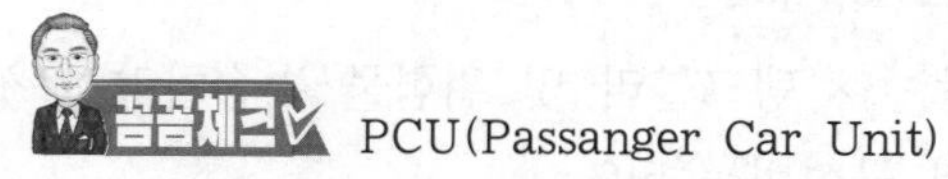

PCU(Passanger Car Unit)

① 승용차 환산교통량

② 버스, 트럭 등 대형 차량들은 승용차와 비교할 때 도로를 점유하는 면적과 속도가 다르므로 도로의 용량을 많이 차지함 → 승용차 기준으로 환산하여 계산

③ PCE(Passenger Car Equivalent, 승용차 환산계수) : 예를 들어 버스 2.0, 화물차 2.5 ~ 3.5

⑤ 주행속도별 교통밀도

구분	차량속도[km/hr]							
	10	20	30	40	50	60	70	80
$M_{\max}$ = 2,000	109	79	61	49	40	34	29	25

3) 대피해석

① 대피시간 = 피난지연시간 + 이동시간

② 피난지연시간

㉠ 감지시간 + 반응 / 결정시간

㉡ 감지시간 및 반응 / 결정시간은 터널에 설치되는 감지기 및 경보설비의 성능 또는 신속성을 반영하여 결정할 수 있다.

③ 이동시간

㉠ 대피자 간 거리에 따른 이동속도

㉡ 밀도에 따른 이동속도

밀도	피난속도
0.55[인/m^2] 이하	$S=0.85k$
0.55[인/m^2] 이상	$S=k-0.266kD$

여기서, S : 피난속도[m/sec]

D : 재실자 밀도[인/m^2]

복도, 통로, 경사로, 출입구의 경우 $k=1.4$

㉢ 가시도에 따른 이동속도

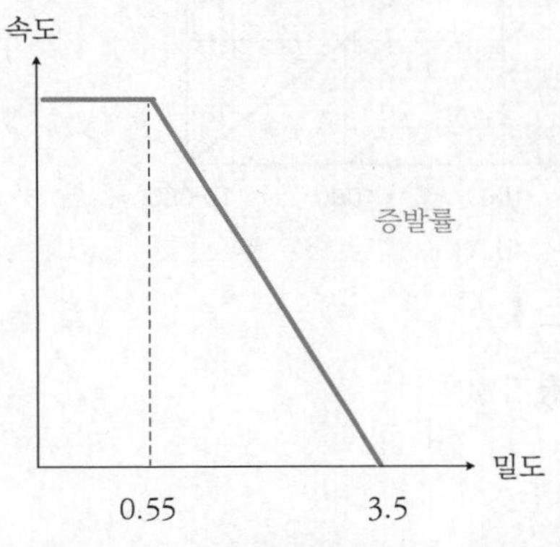

▌재실자 밀도와 피난속도▐

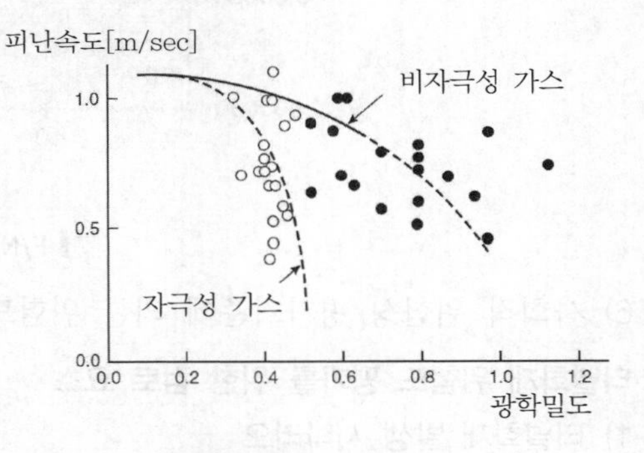

▌광학밀도와 피난속도▐

4) 사상자수의 추정

① 유효복용분량(FED)

$$FED = F_{CO} \times V_{CO_2} + F_{CO_2} + F_{O_2} + F_{heat} + F_{rad}$$

여기서, F_{CO} : 일산화탄소 무력화분율

V_{CO_2} : 이산화탄소로 인한 과다 호흡계수

F_{CO_2} : 이산화탄소 무력화분율

F_{O_2} : 산소 무력화분율

F_{heat} : 온도 무력화분율

F_{rad} : 복사열 무력화분율

② 판단

㉠ FED ≥ 0.3 : 사상자

㉡ FED < 0.3 : 경상자

5) 사상자수에 따른 누적빈도 선도

① 추정 사상자수 – 사고 발생빈도 (F/N 선도)

② 위험도 평가기준

㉠ Unacceptable 영역 : 사회적으로 위험수준을 받아들일 수 없는 영역

㉡ Acceptable 영역 : 사회적으로 위험수준을 받아들일 수 있는 영역

㉢ ALARP 영역 : 경제성을 고려하여 적극적으로 위험수준을 최대한 낮춰야 하는 영역

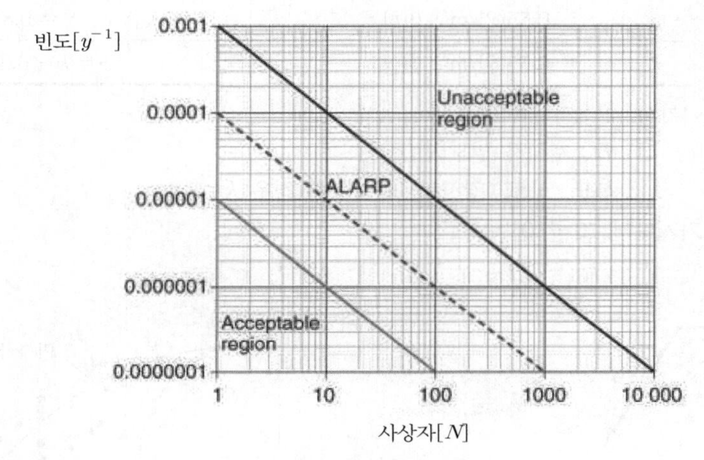

▌F/N 선도▐

6) 사회적 위험성 평가기준에 의한 위험도 평가

(3) 터널화재 위험도 평가를 위한 검토 요소

1) 터널화재 발생 시나리오

① 터널에서 일반사고 및 화재사고 발생률 분석데이터

② 차종별 화재강도기준

③ 화재사고 결과의 경중 및 인접차량으로의 화재 전파 및 이에 대한 통계데이터

④ 화재발생 시 교통조건에 따라서 환기기기의 운전이 상이하므로 화재발생 전 교통조건(정상주행상태와 정체상태)을 평가하기 위한 기법

⑤ 제연시설의 설치 여부 및 제연 성공 여부

⑥ 자연풍에 의한 터널 내 풍속 조건

2) 화재 시 터널 내 유해물질 농도 평가

① 화재 시 터널 내 온도분포, 복사열의 강도, 유해가스(CO, CO_2) 농도, 가시거리를 해석하기 위한 모델

② 각 유해요소가 인체에 미치는 영향에 대한 정량적 기준

3) 대피 시뮬레이션

① 화재 시 대피자의 위치 및 대피시간을 파악하기 위한 대피 시뮬레이션 기법 및 프로그램

② 초기 대피시간 설정을 위한 대피자의 대피특성에 대한 자료

③ 수용밀도, 전방의 피난자와의 거리, 연기농도 등을 반영하는 대피속도 평가 모델

4) 시나리오별 사상자수의 추정방법

① 유해요소가 피난자에게 미치는 영향에 대한 기준 정립

② 유해요소에 노출되는 정도를 정량적으로 평가하기 위한 기법

③ 사상자수의 평가방법(사상자로 판정하기 위한 평가기준)

5) 사회적 위험도 평가기준

① 누적빈도(F) / 사상자(N)에 대한 평가기준

② 터널사고에 대한 사회적인 위험도(societal risk) 평가기준

03 결론

(1) 터널의 안전성 확보를 위한 정량적 위험도 평가 시 해당 터널의 조건에 맞는 화재시나리오의 작성과 대피 시뮬레이션 및 FED 계산모델의 적정한 분석이 필요하다.

(2) 정량적 위험도 평가분석은 단순히 위험도에 대한 내용을 수치로 나타낸 것이 아닌 안전을 평가한다는 점에서 보다 정확하고 심도 있는 연구가 필요하며 지속적인 통계자료의 정량화와 다양한 시나리오 분석이 필요하다.

SECTION 091

차량화재(vehicle fires)

113회 출제

01 개요

2020년을 기준으로 차량화재는 총 화재 38,659건 중 4,558건으로 전체 화재의 11.82[%]를 차지하고 있고, 그 결과로 34명의 사망, 139명의 부상자가 발생했다. 따라서, 화재빈도가 높고 날로 증가하는 추세이므로 이에 대한 분석과 이해를 통해 대비책과 개선방안을 도출해야 한다.

02 차량화재의 분류

(1) 차량 외부 또는 내부에서 가연물을 이용하여 발화시키는 방화

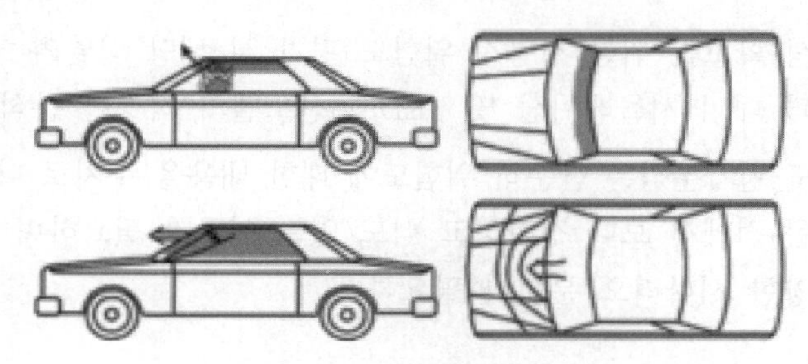

▌차량 내부에서 발화된 화재[44] ▌

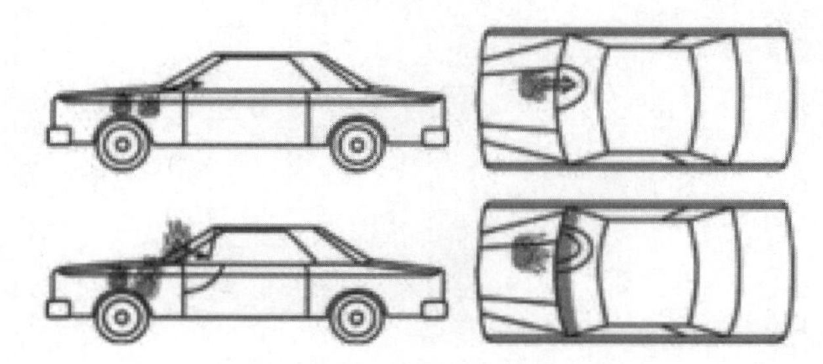

▌엔진에서 발화된 차량화재[45] ▌

(2) 충돌사고의 영향에 의한 화재

(3) 차량의 구조적 결함에 의한 화재

44) NFPA 921 FIGURE 25.8.1.1(a) Fire Pattern Development from an Interior Origin.
45) NFPA 921 FIGURE 25.8.1.1(b) Fire Pattern Development from an Engine ComPartment Origin.

03 차량 구조상 주요 가연물과 발화원[46] 106회 출제

(1) 차량 구조상의 가연물

1) 급속한 연소반응이 일어나는 가연물로서 차량 연료로 사용되는 가솔린(gasoline), 경유(diesel), 액화석유가스(LPG), 수소가스, 배터리 등이 있으며 그 외 차량에서 사용되는 엔진오일, 브레이크유, 변속기 기름, 차체의 도장페인트, 전기배선, 차·흡음재, 시트 및 내장재, 타이어, 범퍼 등과 같이 엄청나게 다양한 요소와 물질이 차량화재의 최초 착화물(first materials ignited)로 작용할 수 있다.

2) 화재가 발생하면 상기 물질은 화재의 2차 연료로 작용하여 화재 성장과 크기에 큰 영향을 미친다.

(2) 차량 구조상의 발화원

차량 구조상의 열 또는 불꽃 발생요소가 점화원이 될 수 있는데 여기에는 기관 과열, 엔진 역화(back fire), 배기 과열, 베어링 및 바퀴(타이어)의 발열, 점화계통, 충전·시동장치, 기타 각종 전기장치의 누설, 단락, 합선, 피복 손상, 배터리 반응폭주 등이 있다.

1) 화염 노출(open flames)

① 카뷰레터 차량(carburetted vehicle)의 화염 노출은 카뷰레터(carburetor)를 통한 역화(backfire)에 의해 발생한다.

㉠ 역화 : 혼합가스가 실린더 실에서 폭발하여 발생한 화염이 다시 기화기쪽으로 전파되는 현상이다.

㉡ 현재의 자동차는 카뷰레터를 사용하지 않고 연료분사 시스템을 대부분 사용하므로 이로 인한 화재발생은 점차 감소하는 추세이다.

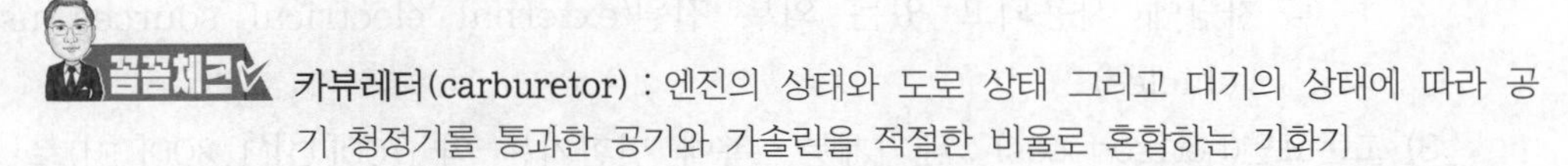

카뷰레터(carburetor) : 엔진의 상태와 도로 상태 그리고 대기의 상태에 따라 공기 청정기를 통과한 공기와 가솔린을 적절한 비율로 혼합하는 기화기

② 차량에 놓아둔 라이터나 충전지 등이 태양열에 의한 과열 때문에 증기 발생으로 인해 압력이 증가되고 이로 인해 폭발이 발생하면서 이때 발생한 에너지가 발화원이다.

③ 후화(after fire) : 실린더 실에서 불완전연소한 혼합가스가 배기배관으로 들어가 고온의 배기가스와 섞이면서 고온의 에너지에 의해서 발화한다.

2) 전기에 의한 발화원(electrical sources)

① 배터리 폭발사고

46) NFPA 921(2011 Edition)에서 주요 내용 번역·발췌하여 정리

㉠ 보수형

- 과충전으로 인하여 전해액이 고갈되고, 극판에 고열 등이 발생하면 내부의 수소가스에 인화원이 되어 폭발이 발생한다.
- 연축전지는 전기를 생성시키는 화학적 과정에서 수소가스가 발생하지만, 이 수소가스는 배터리 내부에서 다시 흡수되고 환원되는 과정을 거치므로 외부로 방출되는 수소가스의 양은 매우 적다. 그러나 밀폐되고 협소한 공간에서는 적은 양의 수소가스라도 폭발의 위험이 있다.
- 배터리 단자가 느슨한 상태에서 시동을 걸 때 대전류에 의한 스파크가 가스를 점화시켜 폭발이 발생한다.
- 기타 증류수가 부족하여 극판이 공기 중에 노출되거나 불량 증류수를 보충하여 극판의 변형이 발생할 때도 극판 간 단락에 의한 폭발사고가 발생한다.

㉡ 무보수형 : 전해액의 유지관리가 필요 없는 배터리

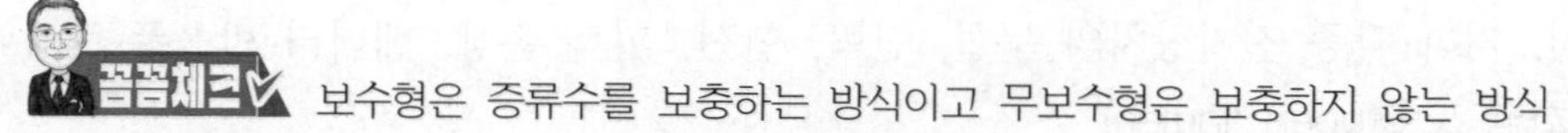

보수형은 증류수를 보충하는 방식이고 무보수형은 보충하지 않는 방식

㉢ 전기차 리튬이온 배터리의 과충전, 분리막 파손 등

② 주행 중인 차량

㉠ 배선 과부하(overloaded wiring) : 대시패널(dash panel) 아래가 위험하다.

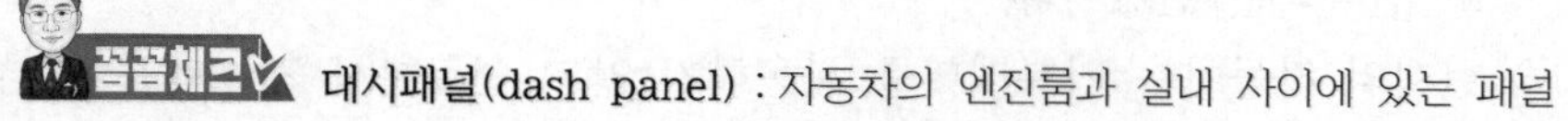

대시패널(dash panel) : 자동차의 엔진룸과 실내 사이에 있는 패널

㉡ 전기적 단락과 아크 발생(electrical short circuits and arcs)

㉢ 차량에 사용되고 있는 외부 전원(external electrical sources used in vehicles)

3) 고온표면(hot surfaces) : 배기계통, 촉매 변환기는 약 700[℃](1,300[℉])로 운전됨에 따라 이들 고온 표면과 미연소 배기가스가 직접적인 접촉을 통해 착화가 가능하다.

4) 기계적인 불꽃(mechanical sparks) : 금속 대 금속 간의 접촉(강철, 철 또는 마그네슘)이나 금속 대 포장도로 간의 접촉 시 발생한다.

5) 담배(smoking materials) : 담뱃불이 재떨이나 시트 물질에 옮겨 붙어 훈소화재가 발생한다.

04 차량화재의 특징

(1) 차량화재는 밀폐구조로 화재 초기에 진압이 어렵고, 차량의 변형으로 발화지점과 원인을 확인하기 곤란하다.

(2) 유류나 가연성 가스를 사용하고 폐쇄공간이 아닌 노출공간에서 발생하기에 순식간에 전소로 확대된다.

(3) 발생장소

1) 대다수가 도로에서 발생하므로 사고규모를 떠나 차량 정체로 이어져 소방차 접근이 지연(공공소방대에 의한 초기 진압 어려움)된다.

2) 주차장

(4) 차량화재의 유형

화재 발생을 원인별로 분석하면 부주의한 요인이 가장 많고 기계적 요인, 전기적 요인 순으로 발생한다(12년 기준).

1) 기계적 요인 : 엔진 과열, 정비 불량, 축 베어링 마모, 팬벨트 마모(31[%])

2) 전기적 요인 : 과부하, 배선절연손상, 접촉 불량, 과충전, 분리막 파손(26[%])

3) 화학적 요인 및 연료계통의 요인 : 연료계통의 결함, 윤활유 누출, 맞불(3[%])

4) 교통사고(1[%])

5) 방화(1[%])

① 내부방화

② 외부방화

6) 부주의(42[%])

(5) 유류나 가스를 연료원으로 사용하기 때문에 화재발생 시에 이들 연료를 가열하거나 착화시켜 유류나 가스화재가 될 수 있다.

(6) 차량 간 화재확산

1) 화재확산 경로 : 실내 → 엔진룸, 트렁크

2) 전파속도 : 창문의 개폐도에 따른 산소농도의 영향을 크게 받는다.

3) 열유속 : 거리에 따른 열유속 차이(50[cm] : 40[kW/m^2], 1[m] : 10 ~ 20[kW/m^2])

4) 점화 후 전소까지의 시간 : 창문 개방 시 10분, 창문 폐쇄 시 1시간

(7) 최근에 들어서 화재성장시간과 열방출률이 크게 증가하고 있다.

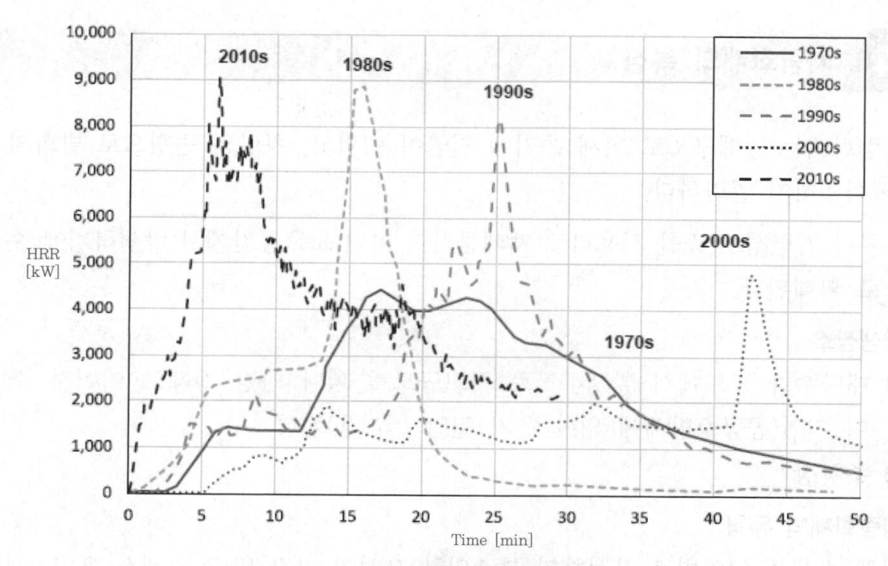

▌10년 주기 차량에 대한 열방출률 곡선[47] ▌

(8) 전기차 화재(electric vehicle fires)의 증가

1) 전기차 화재의 원인(2017 ~ 2020년) : 전기적 요인(58[%]), 기계적 요인(14.5[%]), 원인미상(14.5[%]), 교통사고(7[%]), 부주의(3[%]), 화학적 요인(1[%]), 기타(1[%])

① 전기적 원인 : 과충전, 과방전, 분리막 파손

㉠ 과충전의 원인은 대표적으로 PCM 혹은 EMS 불량이 있다.

㉡ PCM : 과충전 방지 보호회로 과충전 등을 막는 장치이다.

㉢ EMS : 전력관리시스템으로 PCM의 사용 이력이나 모니터링 배터리 잔량 등의 기능을 추가한 것이다.

㉣ PCM과 EMS 장치들은 수많은 배터리의 충전상황을 모니터링하면서 가득찬 배터리는 충전을 멈추고 충전이 필요한 배터리로 전력을 분배하는 기능을 한다.

㉤ PCM과 EMS 장치들이 기능을 제대로 작동하지 않으면 꽉찬 배터리에 계속 충전이 진행되면서 배터리가 점점 뜨거워지게 된다.

㉥ 초기에는 전해질이 끓기 시작하다가 두 극이 분해되고, 극을 나누는 분리막까지 녹아서 화재로 발전한다. 특히, 전해액은 유기용매와 육불화인산리튬으로 인해서 화재가 발생한다.

㉦ 전해액의 구성성분 : 육불화인산리튬($LiPF_6$) + 유기용매(organic solvent) + 첨가제(additive)

㉧ $LiPF_6$(리튬 · 인산 · 불소로 구성)은 리튬염으로 리튬이온이 일정한 경로로 이동할 수 있는 통로의 역할을 수행한다. $LiPF_6$는 이온전도도, 용해도, 화

47) NFPA 88A October 20-23, 2020 First Draft Meeting Agenda (A2022)

학적 안정성이 다른 염에 비해 우수하여 전해액으로 사용된다.

꼼꼼체크 이온전도도 : 이온을 전달하는 효율

ⓩ 유기용매 : 염을 용해시키는 액체로 리튬염을 잘 용해시켜 리튬이 원활하게 이동할 수 있도록 돕는다. 유기용매는 이온 화합물을 잘 분리시킬 수 있도록 리튬염에 대한 용해도가 커야 하며, 리튬의 이동이 원활하도록 점도가 낮아야 한다.

ⓒ 첨가제 : 양극이나 음극 표면에 보호막을 형성하는 역할을 한다. 리튬이 양극과 음극 사이를 원활하게 이동할 수 있도록 도와주고 배터리의 성능이 악화되는 것을 방지하는 핵심적인 역할을 수행한다.

ⓚ 최근 4년(2019 ~ 2022년)간 주차장 내에서 발생한 전기자 화재는 총 46건 중 40건의 화재는 충전을 마친 뒤에도 충전하다가 화재가 발생했다. 해당 차량의 화재의 원인으로는 전기차의 배터리 셀 공간에서 전류를 나눠 담는 중 특정 셀이 과충전되면서 과부하가 걸려 화재가 발생했다는 분석이 나왔다. 또 일부 배터리의 경우에는 100[%] 충전이 됐음에도 불구하고 재충전을 실시하는 등 과충전을 계속하면서 화재가 발생하는 경우도 있는 것으로 나타났다. 특히, 완속 충전기의 경우 이 같은 '통신모듈'이 없어, 충전된 용량을 확인하고 자동 조치하는 기능이 없다는 문제가 있다.

② 기계적 원인 : 단락, 물리적 손상(충격 등), 제조결함(셀 속에 이물질)

㉠ 셀 속에 이물질

- 필요한 부품이나 물질 외 불순물이 양극과 분리막 사이에 들어가게 되면, 시간이 지나면서 뾰족한 나뭇가지 모양의 '덴드라이트(dendrite)'라는 결정이 된다.
- 이 결정이 양극과 음극이 직접 만나게 만드는 징검다리 역할을 하거나 분리막을 손상시킨다.
- 분리막 파손으로 음극재와 양극재가 섞이면서 반응하므로 엄청난 열이 발생하는데, 이 현상을 '열폭주'라고 한다.
- 열폭주로 전해액이 부글부글 끓어서 가스가 생기고 배터리가 팽창하면서 폭발하게 되고, 전해액이 흘러나와 화재로 이어진다.

㉡ 물리적 손상(외부 충격)

- 차량사고 혹은 하부에 강한 충격이 가해지면 전해액이 흘러나오거나 일부 기능이 작동하지 않을 수 있다.
- 전해질은 가연성 유기용제의 혼합물로 누출 시 화재 및 폭발의 우려가 있다.

③ 열적 원인 : 과열, 내부 국부가열

중국 전기차 화재통계(86건)
① 배터리를 충전할 때 27.5[%]
② 주차 중 38.5[%]
③ 운전하는 동안
④ 충돌 후
⑤ 기타

2) 최근 4년간 전기차 화재현황

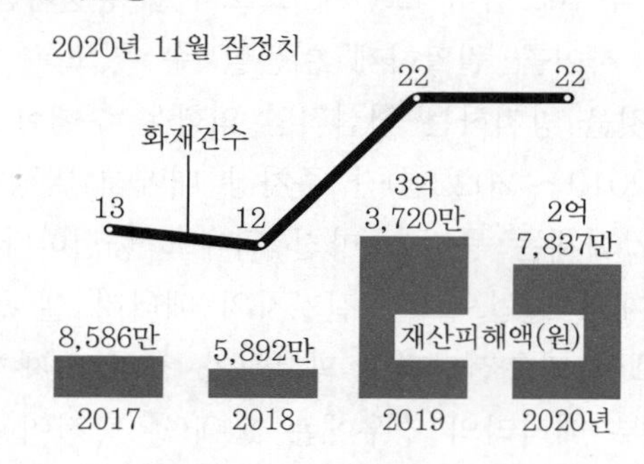

3) 전기적 요인의 대부분은 분리막의 파손으로 인한 열폭주로 추정한다.

4) 차량화재 비교(국립소방연구원 실험결과)

① 동일한 조건을 위하여 가솔린 차량도 만충시키고 전기차도 만충시킨 경우 연소되면서 휘발유의 영향으로 가솔린 차량이 더 화재확산이 많이 일어나고 높은 온도까지 상승했다.

② 전기자동차는 배터리 팩이 폭발하는 양상은 보였지만 가솔린 차량과 같은 연소확산은 일어나지 않고 시간이 경과할수록 내부 온도가 상승했다.

구분	가솔린차	전기차
외부 최고 온도	935.4[℃]	631[℃]
내부 최고 온도	1,362.9[℃]	1,362[℃]

5) 유독물질 발생

① 화학식 : $LiPF_6 + H_2O \rightarrow HF + PF_5 + LiOH$

② 배터리 전해질($LiPF_6$)이 액체인 특성상 외부로 누출이 용이하며 약 70[℃]에서 가수분해하여 매우 유독한 불화수소(HF) 기체가 발생한다.

6) 구분

① 리튬 이온 NCM, NCA 및 NCMA(3원계) : 고전압 배터리 유형으로 거의 전기 자동차에서만 사용된다. N은 니켈, C는 코발트, M은 망가니즈, A는 알루미늄을 나타낸다. 배터리 음극에서 이러한 물질의 비율에 따라 다른 특성이 나타난다. 예를 들어 NCM 712 배터리는 70[%] 니켈, 10[%] 코발트 및 20[%] 망가니즈로 구성되어 있음을 의미한다. 일반적으로 배터리의 니켈 비율이 높을수록 배

터리가 제공할 수 있는 에너지 밀도가 높아져 배터리 팩의 무게와 크기에 매우 큰 장점이 된다.

㉠ NCM : 코발트와 망가니즈가 배터리 안전성과 관련이 있는 물질로, 최근에는 에너지 밀도와 코발트의 가격 때문에 하이니켈의 사용이 증대되는 추세이다.

㉡ NCA : 망가니즈 대신 알루미늄을 첨가하여 출력 성능을 향상시켜준 전지이지만 원료 합성과 수분제어가 어렵기 때문에 많이 사용하지는 않고 원통형 배터리에 이용된다.

㉢ NCMA : NCM에 알루미늄까지 추가된 양극재로, 현재 양산에 적용하고 있지는 않지만 향후 양산예정으로 출력이 증가된 전지이다.

② 리튬 이온 LFP 음극 : 음극제로 리튬인산철을 사용하는 것이다. 이러한 종류의 배터리 성능과 에너지 밀도는 일반적으로 3원계보다 낮지만 수명이 길고 사용되는 재료가 더 저렴하고 안정적이며 일반적이기 때문에 일부 제조업체에서 사용한다. 하지만 재생이 곤란하다는 큰 문제가 있다.

③ 전고체 전지(anode free) : 액체 전해질과 분리막은 고체 전해질로 대체된다. 분리막이 액체가 아니므로 화재위험이 급격히 저하되고 에너지 밀도 또한 높아 향후 발전 가능성이 가장 높은 자동차 배터리이다.

(9) 자동차 종류별 10만대당 화재건수(미국 통계)

1) 전기차 : 25건
2) 내연기관차 : 1,530건
3) 하이브리드차 : 3,476건

05 차량화재예방의 문제점

(1) 도로교통법의 소화기 비치 의무차량

1) 위험물 운송차량
2) 가스운송화물차
3) 5인 이상의 모든 차량(2024년 12월 시행 / 과거 7인 이상의 승합차)

대상	능력단위 및 수량
5인 이상 승용차 및 경형 승합차	능력단위 1 + 소화기 1개
15인 이하 승합차	능력단위 2 + 소화기 1개 또는 능력단위 1 + 소화기 2개
16 ~ 35인승 중형 승합차	능력단위 2 + 소화기 2개
36인승 이상 대형 승합차	능력단위 3 + 소화기 1개 또는 능력단위 2 + 소화기 2개
1톤 초과 ~ 5톤 미만 중형 화물차	능력단위 1 + 소화기 1개
5톤 이상 대형 화물차	능력단위 1 + 소화기 2개 또는 능력단위 2개 + 소화기 1개

4) 상기 차량 외에는 소화기 비치 의무에서 제외 : 제외된 차량의 경우 소화기 미비치

(2) **차량 유리 통유리** : 피난장애 요인

(3) **교통사고로 인한 문 등 파손** : 피난장애 요인

(4) 차량의 연료인 휘발유, 경유, LPG, 수소 등으로 급격한 화재 확산의 우려

(5) 소방대 출동지연

(6) 차량의 밀폐구조로 외부에서 소화가 곤란

06 차량화재예방을 위한 대책 106회 출제

(1) 차량에 대한 일상점검과 정기점검을 실시한다.

(2) LPG, 수소 차량의 경우에는 가스 누출점검을 주기적으로 하고 타르 제거방법, 각종 밸브의 종류와 기능 등의 취급요령을 숙지한다.

(3) 인화성 물질 또는 가연성 물질을 트렁크 또는 실내에 싣고 다니지 않는다.

(4) 연료장치나 전기장치에 대한 불법개조를 금지한다.

(5) 차량 주변에서 흡연을 금지한다.

(6) 차량에 휴대용 소화기를 비치한다.

(7) 차량 내에 라이터나 축전지를 넣어두지 않는다.

(8) 전기차는 80[%] 이상의 충전을 하지 않고, 통신 모듈을 설치하여 충전된 용량을 확인하고 충전을 중단하는 장치의 설치가 필요하다.

(9) 전기차의 안전한 PCM과 EMS 구축

(10) **소방대원에게 적절한 소화정보 제공**

1) 전기차의 전원을 차단할 수 있는 위치를 제공한다.

2) 전기차 관련 구조활동지점을 도출한다.

(11) **전기자동차 충전설비 사용 시 기준(「위험물안전관리법 시행규칙」 [별표 18])**

1) 충전기기와 전기자동차를 연결할 때에는 연장코드를 사용하지 아니한다.

2) 전기자동차의 전지 · 인터페이스 등이 충전기기의 규격에 적합한지 확인한 후 충전을 시작한다.

3) 충전 중에는 자동차 등을 작동시키지 아니한다.

07 차량화재의 대응방법

(1) 화재 발생 시 에어컨이나 히터를 끄고 즉시 비상등을 키고 갓길 등 안전한 곳으로 이동하고, 엔진은 정지한다(에어컨이나 히터로 연기가 순환할 수 있고 이것이 발화원이 될 수도 있기 때문임).

(2) 동승자가 있을 경우 안전한 곳으로 대피시키고, 119에 신고한다,

(3) LPG 차량의 경우 LPG 스위치를 OFF하고, LPG 탱크의 모든 밸브를 잠근다.

(4) 보닛 밖으로 불길이 보이는 경우 보닛을 열거나 손을 대지 말고 대피한다.

(5) 소화기로 화재를 진압할 때에는 바람을 등져야 한다(안전핀을 뽑고 화염을 향하여, 손잡이를 움켜쥐고, 비로 쓸 듯이 소화함). 만약 하이브리드나 전기차인 경우는 고전압에 의한 감전사고에 유의하며 분말이나 가스계소화기를 사용해 화재를 진압하고, 절대 물에 의한 주수소화는 하지 않는다.

(6) 초동진압에 실패했다면 최대한 멀리 대피하여 소방대를 기다린다.

(7) 다른 차량의 피해방지를 위해 주변차량에 유의하면서 안전 삼각대를 설치한다.

차량화재의 실물시험결과 : 차량 내부에서 발화가 되었을 경우에는 대략 1 ~ 2분 이내에 차량 실내의 온도가 100[℃] 이상으로 급격히 상승하였고, 또한 화재 진행 과정이 최성기에 도달했을 때의 온도는 약 700[℃] 전후였으며, 이때 약 1[m] 이격거리의 인접차량의 복사열은 80[℃]까지 상승하였다.

(8) 소화방법

1) 다량의 물로 주수소화

구분	내연기관 자동차	전기 자동차
진압시간	1시간	8시간
소요인력	2 ~ 3명	7명 이상
소요수량	1,000[L]	110,000[L] 정도(소방차가 3,000[L]로 소방서의 한달 사용하는 물의 양과 같음. 약 37대)
재발화	낮음	높음

2) 화재 초기에 소화기를 이용한다.

3) 방염포로 덮고 이산화탄소나 물을 넣어서 소화한다.

4) 차량을 수조에 담그거나 확산방지 벽을 채우고 물로 채우는 방식(이동식 침수조)이 가장 효과적인 방법이다.

1. 리튬이온 배터리 셀은 연소하기 위해 외부 산소가 필요하지 않다. 따라서, 열폭주를 막는 데 효과적이지 않다.

2. Class D **소화약제** : 가연성 금속화재를 진압하도록 설계된 소화약제이다. 리튬이온 배터리 셀이라고 하지만 셀에는 고체 리튬금속이 포함되어 있지 않아 금속소화약제가 기능을 발휘할 수 없다. 또한, 상자의 구조와 배터리 셀이 고장나는 속도로 인해 소화약제를 화재 셀에 직접 전달하는 방법이 없다.
3. **방염포** : 리튬이온은 연소하기 위해 대기의 산소가 필요하지 않으므로 불을 끄려는 시도는 효과가 없다. 그러나 이러한 방염포는 노출보호를 위해 화재를 진압하는 데 사용할 수 있다. 하지만 주의할 점은 배터리 셀은 방염포 아래에 갇힐 수 있는 유해하고 가연성 가스(수소, 불화수소)를 방출한다는 것이다. 방염포를 제거하면 가스가 방출될 때 강력한 화재가 발생할 수 있다. 불화수소에 노출되면 소방관의 폐와 눈에 영구적인 손상을 일으킬 수 있다.

08 주차장 화재

(1) 주차장 관련 소방시설의 종류 및 설치대상

구분		설치대상	설치조건
소화설비	옥내소화전	건축물 옥상에 설치된 차고 또는 주차장	바닥면적 200[m^2] 이상
		근린생활시설 등 복합건축물의 지하층	바닥면적 300[m^2] 이상
	스프링클러	영화관 지하층 또는 무창층	바닥면적 500[m^2] 이상
		지하층 또는 4층 이상	바닥면적 1,000[m^2] 이상
	물분무등	주차용 건축물(기계식 주차장 포함)	연면적 800[m^2] 이상
		건물 내부 차고나 주차장(필로티 포함)	바닥면적 200[m^2] 이상
		기계식 주차장치	수용대수 20대 이상
경보설비	자동화재 탐지	근린생활, 의료, 숙박, 위락, 장례식장 등의 복합건축물	연면적 600[m^2] 이상
		공동주택, 문화 · 집회시설, 종교시설, 판매시설, 자동차 관련 시설	연면적 1,000[m^2] 이상
소화활동	제연설비	지하층 또는 무창층	바닥면적 1,000[m^2] 이상

(2) 지하주차장 123 · 114회 출제

1) 스프링클러설비와 옥내소화전이 설치되어 있다.
2) 스프링클러도 준비작동식이 설치되어 준비작동밸브 2차측의 감시가 곤란한 실정이다.
3) 감지기는 차동식 스포트형 열감지기를 교차회로로 구성해서 사용[연기(배기가스), 불꽃(전조등)은 오동작 고려]한다.
   ① 감지기의 종류와 설치높이에 따라 감지기 1개의 방호면적이 규정되어 있으며 대부분 설계 및 시공 시 지하주차장 바닥면적을 이 면적으로 나누어 필요한 최소 수량 이상을 설치한다.

② 보가 설치된 경우 보와 보 사이 천장 열기류가 지연되는 현상이 발생하고 이로 인해 조기소화가 곤란하다.

4) 제연설비 : 지하주차장 환기용과 겸용 방식

5) 지하주차장에는 환기설비를 이용하여 연기배출을 하고, 필요 환기량은 시간당 10회 또는 27[CMH/m^2] 중 큰 값으로 하여야 한다.

1. 미국의 NFPA 88A (2019) 6.3 Ventilation 기준 : 면적당 18[CMH]
2. 「건축물의 설비기준 등에 관한 규칙」 제11조 제5항 관련 [별표 1의6] 자목에서 정하는 연면적 2,000[m^2] 이상인 주차장 : 바닥면적당 27[CMH]

6) 환기설비에는 비상전원 및 배기팬의 내열성을 확보하고, DA에 층간 연기 전파를 막을 수 있는 댐퍼를 설치한다.

7) 환기팬에 대한 원격제어가 가능한 수동기동스위치를 종합방재실 내에 설치한다.

8) 환기설비는 화재발생 시 감지기에 의해 연동되는 구조로 설치한다.

9) 주차장 팬룸에 연기배출용으로 설치된 급기 루버는 하부에, 배기 루버는 상부에 설치하고, 주차장 유인팬의 가동 여부를 결정하기 위하여 Hot smoke test를 통하여 성능을 검증하여야 한다.

10) 개별 동마다 제연송풍기의 수동조작 스위치를 설치한다. 왜냐하면 지하층의 연기 확산에 따라 다소 위험성은 내재하고는 있지만 화재가 확산되지 않은 장소까지 예측하여 제연설비를 제어하기에는 복잡한 시스템 구성으로 제연설비의 신뢰성에 불확실성이 크고, 큰 비용이 발생하며 유지관리에 문제점이 많기 때문이다.

(3) 기계식 주차타워 129회 출제

1) 건축물 특성

① 내부 진입로가 제한되어 소방대의 진입 및 소화활동이 곤란하다.

② 주차타워의 외부 마감재로 비난연성 소재의 사용이나 난연성 소재(2010년 이후)를 사용하는데 접착제에 대한 제한이 없어서 화재 시 급격한 확산 우려가 크다.

③ 밀폐구조로 화재발생 시 축열이 발생할 수 있다.

④ 도심지 주차타워의 화재는 인접건물로의 화재확산 우려가 크다.

2) 연소특성

① 수직 관통부가 긴 공간으로 화재 시 연돌효과가 발생하여 급격한 화재확산 우려가 있다.

② 차량 연료가 다량 존재(휘발유, 경우, LPG, 배터리)하는 등 화재 위험성이 크다.

③ 전기차의 배터리 열폭주 현상이 발생하고 LPG 차량의 경우 폭발 우려가 있다.

3) 방호대책

구분	소방시설	방화시설
내용	① 감지기 : ASD, 불꽃감지기 ② 소화설비 : 물분무, 미분무수, 포소화설비, 스프링클러(측벽형, 일제살수식, K-factor가 큰 헤드, 드렌처설비 ③ 제연설비 : 최상부에 배연설비	① 초기 소화 및 소방대의 진입을 용이하게 출입구 설치 ② 내부 진입로 확보 ③ 방화구획 ④ 마감재의 난연화 ⑤ 내화구조

4) 구로구 기계식 주차장(주차타워 등) 화재예방 기준

① 공용부분의 각 층 또는 2개 층마다 1개소 방화문 설치 : 건물 각 층마다 또는 2개 층마다 1개소씩 주차타워에 면한 공용공간이 있을 경우 화재발생 시 옥내소화전으로 직접 진화에 나설 수 있도록 개폐가능한 방화문을 설치하여 초동 진압 및 방화문 안쪽으로 추락방지용 난간을 설치하여 진화자의 안전을 도모한다.

② 주차타워 외벽 1면에 화재 진압용 개구부 설치 : 주차타워 화재 시 초동 진화를 위하여 건축계획 시 주차타워 외벽 1면 이상은 외기에 반드시 접하도록 하고 높이 5[m] 이내 탈착이 용이한 개구부(화재 진압구)를 설치한다.

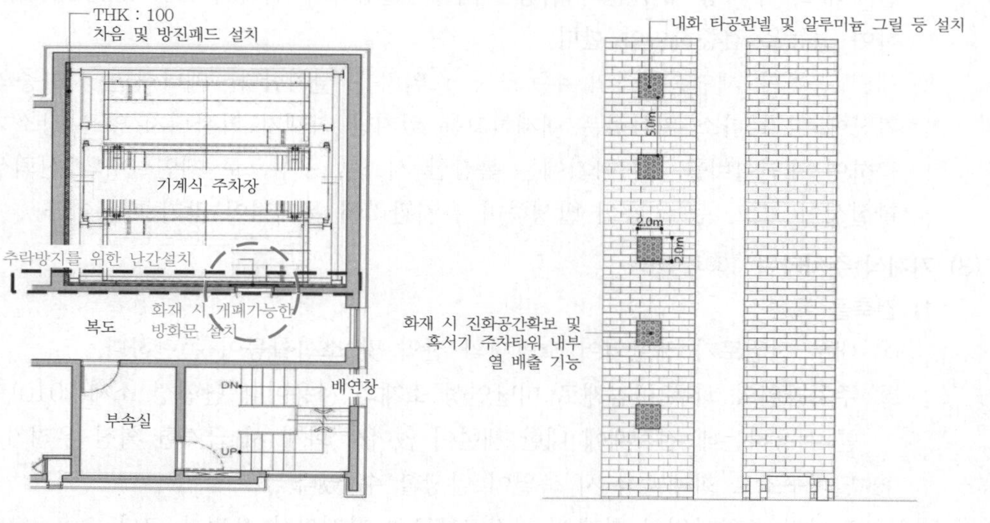

(4) 일본

1) 법적 기준은 국내 기준과 유사하다.

2) 물분무등소화설비를 스프링클러가 대체한다는 면제규정이 없어 주로 포소화설비가 주로 설치되어 있다.

3) 기계식 주차장치 : 불활성기체 소화설비가 많이 사용되고 있고 설치대상도 수용대수 10대 이상이다.

4) 감지기 설치기준 : 계단 천장의 장애물 높이가 40[cm] 이상이고 폭이 1.5[m] 이상이면 그 공간에 별도의 감지기를 설치하고 40[cm] 미만의 높이인 경우는 무시한다.

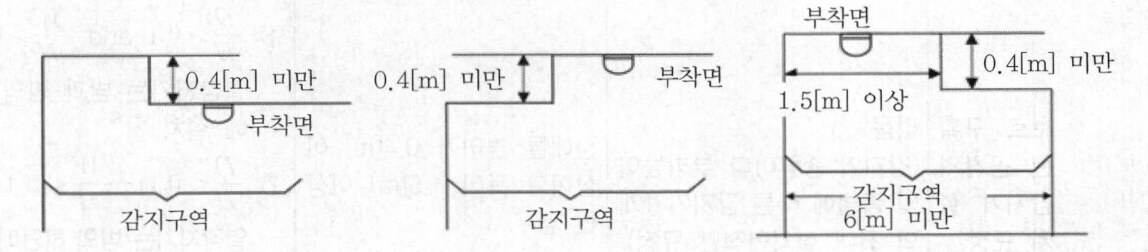

(5) 미국

1) IBC 코드의 사용장소 용도 분류(Ch 3. Use and Occupancy Classification)에 따르면 주차장(parking garages)은 저장공간 그룹(storage group) 중 2 그룹(S-2)으로 분류되며, 차량 관련 장소(Ch 4. Motor-Vehicle related Occupancies)의 406.6.3절에 실내주차장은 903.2.10절에 따라 NFPA 13의 code를 적용한 스프링클러설비를 설치해야 한다고 규정하고 있다.

2) 국내외 지하주차장에 설치하는 소화설비 및 설치대상 비교

구분	한국	일본	미국
소화설비	스프링클러설비 물분무소화설비 가스계 소화설비 (CO_2, 할론, 할로겐화합물, 불활성기체, 분말)	포소화설비 미분무소화설비 물분무소화설비 가스계 소화설비 (CO_2, 할론, 할로겐화합물, 불활성기체, 분말)	스프링클러설비
관련 규정	소방시설 설치 및 관리에 관한 법률 시행령 제15조 (별표 4, 5)	소방법 시행령 제13조	IBC(International Building Code) 406.6.3
설치규정	스프링클러설비의 화재안전기술기준(NFTC 103)	소방법 시행규칙	NFPA 13
설치대상	바닥면적 200[m^2] 이상	바닥면적 200[m^2] 이상	① 바닥면적 1,115[m^2] 초과 ② R-3(소형 공동주택) 외 다른 용도등급 건물에 설치된 경우

3) 보로 구획된 공간의 감지기 설치 규정 비교

구분	한국	일본	미국
보로 구획된 공간의 감지기 설치 규정	없음 (감지기 종류마다 부착높이 및 종별에 따른 감지기 1개의 최대 설치면적만 규정)	장애물 높이가 0.4[m] 이상이고 폭이 1.5[m] 이상인 경우	① $\frac{D}{H}>0.1$ and $\frac{W}{H}>0.4$ 열감지기는 빔과 빔의 공간에 설치 ② $\frac{D}{H}<0.1$ or $\frac{W}{H}<0.4$ 열감지기는 빔의 하단에 설치 여기서, D : 빔 깊이 H : 천장높이 W : 빔의 간격
관련 규정	자동화재탐지설비 및 시각경보장치의 화재안전기술기준(NFTC 203)	일본(소방용 설비 등의 운용기준 25)	미국 (NFPA 72)

3) NFPA 88A에서는 개방형 주차장의 내화등급 1 ~ 2시간

(6) 전기차 전용 주차구역 설치기준 129회 출제

1) 설치장소 : 외기에 개방된 지상에 설치할 것. 단, 아래의 설치기준에 맞게 구조 및 설비 등을 모두 설치한 경우 지하층에도 설치가 가능하나 가급적 주차장 램프 인근 등 외기에 가까운 피난층에 설치하는 것을 고려할 것
   ① 직통계단과 멀리 떨어진 위치에 설치할 것
   ② 구조상 불가피한 경우 전용 주차구역이 직통계단의 출입문과 직접 면하지 않도록 반대 또는 측면에 위치하도록 할 것

2) 구조 및 시설
   ① DA(Dry Area) 인근에 설치하여 굴뚝효과에 따라 연기가 자연적으로 배출되도록 하되 구조상 불가피하게 DA 인근에 설치가 어려운 경우 연기배출을 위하여 다음의 기준에 따른 전용의 배출설비를 설치할 것
      ㉠ 배풍기, 배출덕트, 후드 등을 이용하여 옥외로 강제적으로 배출하되 배출덕트는 아연도 금강판 또는 이와 동등 이상의 내식성, 내열성이 있는 것으로 할 것
      ㉡ 전용주차구역 바닥면적 $1[m^2]$에 $27[m^3/hr]$ 이상의 용량을 배출할 것
      ㉢ 전용주차구역용 화재감지기의 감지에 따라 작동하되 직통계단의 인근에서 수동기동에 따라서도 작동될 수 있도록 할 것

㉣ 옥외와 면하는 벽체에 설치할 것

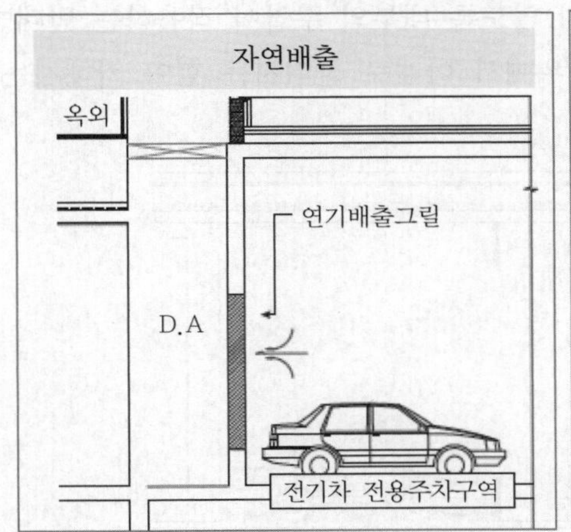

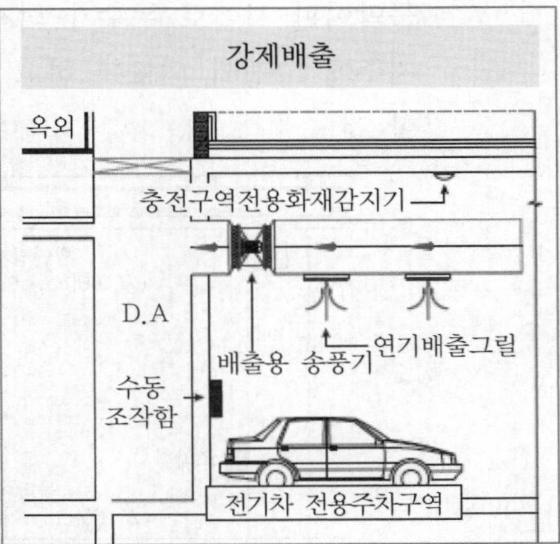

② 주차구역 전면에는 전기차 화재 시 발생한 연기가 다른 구역으로 유출되지 않도록 내화구조 또는 불연재료로 된 60[cm] 이상의 제연경계벽을 설치하되 화재 시 쉽게 변형, 파괴되지 아니하고 연기가 누설되지 않는 기밀성 있는 재료로 할 것

③ 주차단위구획별(최대 3대까지 하나의 방화구획으로 구획 가능)로 3면을 내화성능 1시간 이상의 벽체로 방화구획을 할 것

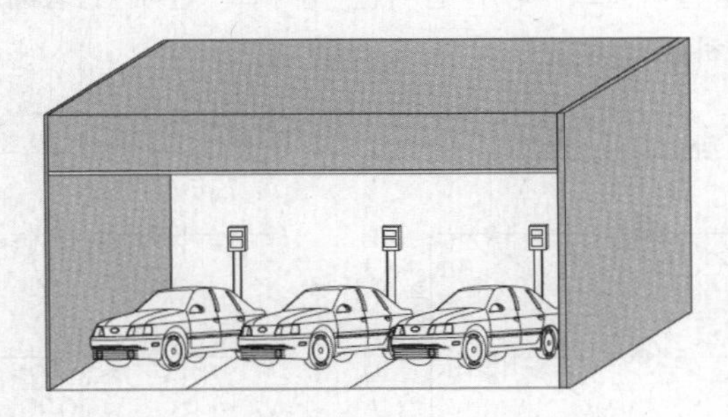

㉠ 양쪽 벽체의 길이는 평행주차형식의 경우 2[m] 이상으로 하고 평형주차형식 외의 경우 5[m] 이상으로 할 것

㉡ 전용 주차구역에는 높이 600[mm] 이상의 물막이판(방화구획 벽체 활용 가능)을 주차단위 구획별로 수동으로 설치하거나 전용의 화재감지기와 연동하여 자동으로 작동될 수 있도록 하되 주차단위구획 또는 방화구획된 전 주차단위구획에 조립형 소화수조의 형태로 물을 충수할 수 있는 구조로 할 것

㉢ 물막이판(지주 포함)의 재질은 알루미늄 등의 불연재료로 충수된 수압에 의해 쉽게 변형, 파괴되지 아니하고 전용주차구역 인근의 식별이 용이한 위치에 '조립형 소화수조'라고 표시한 표지판을 부착하여 물막이판이 가장 많이 설치되는 주차단위구획 1대에 설치할 수 있는 수량(전면은 전체 수량)을 보관함(이동식 포함)에 비치할 것

㉣ 1개의 물막이판(지주 포함)은 1인이 운반과 설치가 용이한 무게로 바닥과 물막이판 사이로 누수가 되지 않도록 내부의 수압이 작용하는 반대방향으로 지주에 고정이 되도록 하고 위에서 아래로 눌러지는 힘이 가해지는 구조로 할 것

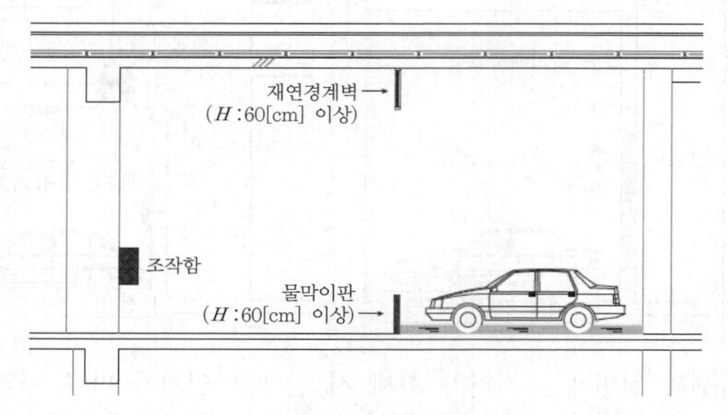

④ 수원의 수량은 방화구획된 전용주차구역(여러 개의 전용주차구역이 있는 경우 가장 큰 면적)의 바닥면적 1[m^2]에 분당 18.4[L] 이상의 방수량을 30분 이상 방수할 수 있도록 하거나 방출량이 큰 K-factor 115 이상의 헤드를 설치하되 수리계산을 통한 30분 이상 방수할 수 있도록 수원량을 추가로 확보할 것. 또한, 스프링클러헤드 사이 간격은 방수로 인해 인접헤드에 미치는 영향을 최소화하기 위하여 1.8[m] 이상 유지할 것

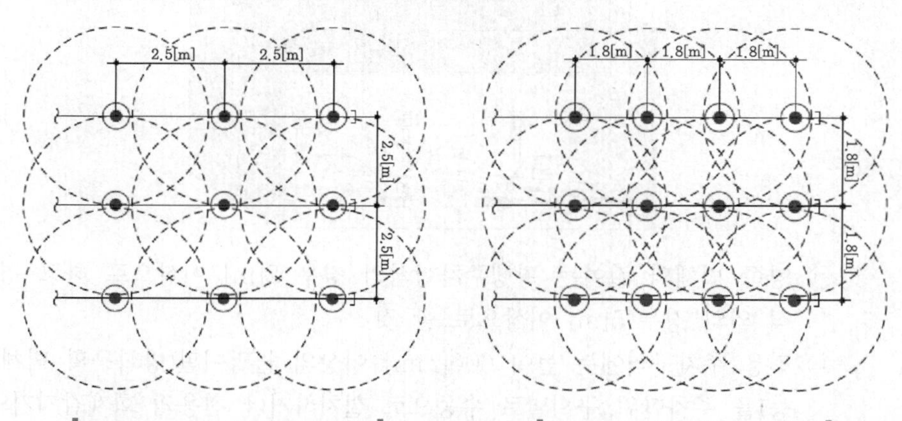

‖ K-factor 115 이상 헤드 배치 ‖　‖ 18.4[L/min] 이상 헤드 배치 ‖

⑤ 전기차 전용주차구역에 전용의 연결송수관설비 방수구와 방수기구함을 추가로 설치할 것

㉠ 방수구의 위치표시는 함의 상부에 표시등으로 설치할 것

㉡ 방수기구함에는 '전기차 전용주차구역용'이라고 표시한 축광식 표지를 설치하고 쌍구형 방수구와 길이 15m의 관창 1개, 호스 2개 이상을 설치할 것

⑥ 물막이판이 작동 또는 설치(4면이 구획)된 후 전기차 전용주차구역 내부로 물을 채울 수 있는 65[mm] 이상의 별도의 급수배관(65[mm] 이상의 급수배관에서 분기, 소화배관에서 연결 금지)을 설치할 것

㉠ 급수배관은 전용주차구역의 방화구획별로 소화수를 공급할 수 있도록 하되 배관을 분기하여 선택밸브를 설치하는 등의 방법으로 주차단위구획별로 충수할 수 있도록 할 것

㉡ 조작함은 전용주차구역 인근의 조작이 용이한 위치에 설치하고 함의 외부에는 '전기차 전용주차구역 충수용'이라고 표시한 축광식 표지를 할 것

⑦ 초기 소화 및 연소확대 방지를 위한 질식포를 전용주차구역 인근의 식별이 용이한 위치에 '전기차 소화질식포'라고 표시한 표지판을 부착하여 보관함에 비치할 것(감전방지를 위한 방전화 · 방전장갑 2set 포함)

3) 집수설비 : 소화 오염수 처리를 위한 전용의 집수설비(가장 큰 전용주차구역의 소화수를 수용할 수 있는 용량 이상)를 설치하거나 차수판 내부의 오염수를 직접 전문 폐기물 업체에서 처리할 수 있도록 할 것

4) 감시설비

① 전기차 전용주차구역 감시용 CCTV를 설치하여 방재실, 관리실 등에서 상시 감시할 수 있도록 할 것

② CCTV는 열 또는 영상 등을 인식하여 경보를 발할 수 있는 기능을 가진 것으로 설치할 것

5) 충전구역 표시 및 표지판

① 주차단위구획 바닥에는 전기차 충전구역임을 쉽게 알 수 있도록 구획선 또는 문자 등을 표시할 것

② 전용주차구역 인근의 식별이 용이한 위치에 충전 방해행위 및 주차금지 등에 대한 표지를 할 것

(7) 개선방안

1) 스프링클러

① 헤드를 최대한 천장에 근접하여 설치검토

② 조기반응형 헤드의 설치검토

③ 준비작동식 설치 시 논 인터록 준비작동식의 설치검토

2) 포소화설비 설치검토

3) 자동화재탐지설비

① 아날로그 감지기 설치검토

② 보와 보 사이 감지기 설치검토

③ 논 인터록 준비작동식 설치 시 단일회로 구성

SECTION

092 공동주택(apartment house)

01 개요

(1) 정의

하나의 건물 내에 서로 독립적인 여러 세대가 공동으로 거주하는 주거의 형태

(2) 종류와 범위

1) **단독주택** : 단독주택, 다중주택, 다가구주택, 공관
2) **공동주택** : 아파트, 연립주택, 다세대주택, 기숙사
3) **연립과 다세대 비교**

구분	면적기준	층수기준	비고
연립	주택으로 쓰는 1개동의 바닥면적 합계가 660[m^2]를 초과	4개 층 이하	2개 이상의 동을 지하주차장으로 연결하는 경우에는 각각의 동으로 본다.
다세대	주택으로 쓰는 1개동의 바닥면적 합계가 660[m^2]를 이하	4개 층 이하	

4) **아파트** : 주택으로 쓰이는 층수가 5개 층 이상인 주택
5) **기숙사** : 학교 또는 공장 등의 학생 또는 종업원 등을 위해 사용되는 것으로서, 공동 취사 등을 할 수 있는 구조이되, 독립된 주거형태를 갖추지 않은 것

(3) 공동주택은 우리 주거 비중의 60[%] 이상이고 화재는 전체 화재의 10[%] 이상이며 화재로 인한 인명피해가 심하므로 특성에 적합한 방호대책을 수립하여야 한다.

(4) 공동주택 중 연립주택과 다세대주택의 비중은 11.4[%]를 차지하고 있으나 화재건수는 32[%], 인명피해는 31[%]를 차지하고 있다.

공동주택 (아파트, 다세대주택, 연립주택, 기숙사)				다세대주택, 연립주택			
화재건수	인명피해[명]			화재건수	인명피해[명]		
	소계	사망	부상		소계	사망	부상
14,978	1,477	181	1,267	4,855	453	59	394

주택화재는 전체 화재의 연평균 18[%]에 해당된다.

02 특성과 문제점

(1) 건축 특성

1) 이웃 세대와 인접되어 연소확대의 우려가 크다.

2) 단열이 우수하고 세대별 폐쇄구조로 전실화재(FO)의 발생 가능성이 크다.

3) 세대별 칸막이가 된 폐쇄구조

① 장점 : 방호구획으로 구획되어 연소확대 방지에 유리하다.

② 단점

㉠ 폐쇄구조로 복도의 비상방송이나 경보가 잘 들리지 않는다.

㉡ 피난자가 집 안에 갇히기가 쉽다.

㉢ 소방대의 진입이 어렵다(개인공간).

4) 외부로 통하는 현관문 : 한 개(양방향 피난곤란)

5) 초고층 아파트 : 탑 형태(타워형)로 공간적으로 폐쇄된 형태

6) 계단이나 복도를 여러 세대가 공용으로 사용 : 피난장애

7) 발코니 설치

① 장점 : 발코니는 상층 연소확대 방지 또는 피난공간으로 활용할 수 있다.

② 단점 : 발코니에 가연물을 적재한 경우에는 피난장해를 유발하고 연소확대 매체가 된다.

8) 세대 내의 구획 : 세대 내는 방화구획이 되어 있지 않아 천장면을 타고 급속한 화재확대 우려가 있다.

9) 방범창 : 피난의 장애요인이 된다.

(2) 거주자 특성

1) 사적 공간

① 장점 : 외부로부터의 방화나 침입에 대해서는 안전성이 높다.

② 단점

㉠ 사적 공간으로 소유자 이외에는 내부에서 벌어지는 정보를 알 수가 없다.

㉡ 관리자도 쉽게 내부로 들어갈 수 없다.

2) 생활의 용도로 화원을 사용

① 가연성 가스와 가연물이 상시 존재한다.

② 주방, 난방 등의 목적으로 각종 불씨가 존재한다.

3) 노유자 등의 높은 비율 : 피난능력의 저하

① 피난속도가 성인에 비해서 느리다.

② 상황 대처능력이 떨어진다.

4) 취침의 공간

① 호텔이나 숙박업소와 마찬가지로 야간에는 숙면 때문에 화재의 발견이 늦어진다.

② 피난개시가 늦어지는 경우가 많다.

(3) 연소 특성

1) 화기시설(주방, 보일러실)과 가전기기 등의 사용이 많아 화재발생의 위험이 크다.
2) 다양한 종류의 가연물(가구, 전기기기)의 증가로 인해 화재하중이 크고 다양하게 분포되어 있다.
3) 내장재에 대한 제한이 없으므로 가연성 내장 물품이 많아 화재 발생 시 연소속도가 빠르다.
4) 소방설비에 대한 점검의 곤란 : 점검을 통한 장비 성능의 불확실성을 개선하기가 곤란하다.

(4) 피난 행동단계별 문제점

행동단계	문제점	세부내용
인지단계	인지지연에 의한 대피시간확보 불가로 사망	① 야간시간 대 화재발생 시 취침으로 인한 인지지연 ② 행동이 불가능한 인적상태(수면, 음주 등)에서의 인지지연 ③ 감지기 작동방식에 따른 유효피난시간 미확보(열감지기 작동지연, 훈소를 통한 감지지연)
	화재인지 및 신고지연에 의한 사망	① 현장도착 5분 이내 전체 사망자 다수 발생 ② 현장도착 5분 이내의 경우에도 화재인지와 그에 따른 신고지연으로 사망자 증가
반응단계	신고 및 화재알림보다 우선 탈출 시도로 피해 확산	① 화재인지 이후 화재신고보다 직접 탈출을 먼저 시도 ② 문을 열고 탈출할 경우 연소 확대 및 연기 확산으로 계단실 오염
	본능적인 행동으로 잘못된 피난경로 선택	① 잘못된 행동특성으로 피난 실패사례 다수 ② 수평방향은 발코니로, 수직방향은 옥상으로 대피경향으로 해당 부분에서 사망사례 다수
대피단계	피난계단 사용불가로 사망	아래층 화재 시 먼저 피난시도할 경우 계단실 오염으로 피난계단 사용불가
	양방향 피난경로 미확보로 사망	① 출입구 부분 화재 시 대피불가 ② 친숙한 경로를 선택하는 행동특성으로 피난에 부적절한 승강기 사용 중 질식으로 인한 사망

03 대응책

(1) 내장재

불연재나 준불연재를 사용하거나 방염처리하여 화재발생의 예방 및 확산지연을 도모한다.

(2) 발화한 경우 가연물에 의해 화재확산속도가 빠르다. 초기소화가 가능하고 인명보호용인 주거형(조기반응) 스프링클러헤드를 설치한다.

(3) 고층 공동주택

1) 강풍 또는 드래프트 효과에 의해 창에서 분출화염으로 상층으로 연소확대 우려가 크므로 가연물이 없는 발코니, 캔틸레버, 스팬드럴 등을 설치한다.

2) 소방대의 접근 또는 피난경로 및 구출경로를 확보한다.

3) 창호에 스프링클러 등 수막설비를 설치해 상층으로 화재확산을 방지한다.

(4) 노약자 및 취침에 의한 피난능력 약화를 고려한 피난계획과 방호대책을 수립(피난용 승강기)한다.

04 공동주택에 설치해야 하는 법정(NFTC) 소방시설

(1) 소화설비

1) 소화기구

① 수동식 소화기 : 세대별로 1대 이상 설치

② 자동확산소화기 : 세대별 보일러실

2) 주거용 주방자동소화장치 : 주방

3) 옥내소화전 : 연면적 3,000[m^2] 이상

4) 옥외소화전 : 1 · 2층 바닥면적 9,000[m^2] 이상

5) 스프링클러(S/P) : 6층 이상인 층의 전 층

6) 물분무등 : 전기실, 발전기실 등 그 밖에 이와 비슷한 것으로서 바닥면적 300[m^2] 이상인 것

(2) 경보설비

1) 자동화재탐지설비 : 층수가 6층 이상인 건축물의 경우 모든 층

LH 등에서는 공동주택에 아날로그형 감지기를 설치하고 있다.

2) 단독경보형 감지기

3) 비상경보설비 : 400[m^2] 이상

4) 비상방송설비 : 연면적 3,500[m^2] 이상

(3) 피난설비

1) 유도등

2) 비상조명등 : 지하층을 포함한 층수가 5층 이상이고 연면적 3,000[m^2] 이상

3) 피난기구 : 피난층, 지상 1, 2층 및 11층 이상을 제외한 전층

(4) 소화활동설비

1) 부속실 제연설비 : 16층의 아파트에 설치된 특별피난계단, 비상용(피난용) 승강기의 승강장

2) 비상콘센트

① 지하층을 포함한 11층 이상인 APT의 11층 이상인 층

② 지하층의 층수가 3층 이상이고 지하층의 바닥면적 합계가 1,000[m^2] 이상인 것은 지하 전 층

3) 무선통신보조설비

① 지하층의 바닥면적 합계가 3,000[m^2] 이상

② 지하층의 층수가 3개 층 이상이고 지하층의 바닥면적 합계가 1,000[m^2] 이상인 전 층

③ 층수가 30층 이상인 것으로서, 16층 이상 부분의 모든 층(준초고층 이상)

4) 연결살수설비 : 국민주택규모 이하인 아파트의 지하층(대피시설만 해당)

5) 연결송수관설비 : 연면적 6,000[m^2] 이상, 지하층 포함 층수가 7층 이상

(5) 상수도 소화용수설비

연면적 5,000[m^2] 이상

공동주택 화재안전기술기준 133회 출제

소방시설	설치내용	
소화기구	1) 1단위/100[m^2] 2) 각 세대 및 공용부(승강장, 복도)에 설치 3) 보일러실 : 방화구획 또는 SP, 간이SP, 물분무등 설치 시 부속용도별 제외 4) 주방 : 주거용 자동소화장치 + 열원차단장치(부속용도별 제외)	
옥내소화전	호스릴방식	
스프링클러	헤드 기준개수	기본 : 10개
		아파트 각 동이 주차장으로 서로 연결된 구조 : 30개
	합성수지배관(습식)	항상 소화수가 채워진 상태(습식)
	방호구역	1) 하나의 방호구역은 1개층 2) 예외 : 복층형 아파트는 3개층
	수평거리(R)	2.6[m]
	윈도우헤드	창문에서 0.6[m] 이내 서울시 조례처럼 180[cm] 간격은 적용안해도 됨 SP헤드는 창문이 모두 포함되도록 설계
	윈도우헤드 제외 가능	1) 드렌처설비 시공 시 2) 창문과 창문 사이 수직부분이 내화구조 90[cm] 이상 이격됐을 시 3) 발코니 규정의 방화판 또는 방화유리창 설치 시 4) 발코니 설치된 부분

소방시설	설치내용	
스프링클러	헤드 종류	조기반응형
	대피공간	헤드 제외 가능
	실외기 등 소규모 공간	60[cm] 반경확보나 장애물 폭의 3대 확보 못하는 경우 살수방해가 최소화되는 위치에 설치
자동 화재탐지	감지기	아날로그감지기, 광전식 공기흡입형 감지기 또는 동등 이상
	거실	연기감지기(아날로그)
	회로	단선 시 고장표시가 되며, 해당 회로에 설치된 감지기가 정상 작동될 수 있는 성능(class A 루프)
	복층형 발신기	출입구 없는 층은 제외 가능
비상방송	확성기	1) 세대마다 설치 2) 2[W] 이상
피난기구	설치	각 세대마다 설치
	피난장애방지	동일 직선상이 아닌 위치
	공기안전매트	1) 관리주체의 관리구역마다 1개 이상 추가 2) 예외 : 옥상이나 수직, 수평 방향으로 인접세대로 피난이 가능한 경우
	피난기구 설치 예외	갓복도식 또는 인접세대로 피난이 가능한 구조
	대피실 설치 예외	승강식 피난기, 하향식 피난구용 내림식 사다리를 방화구획된 장소에 설치하고 대피실 면적규정과 외기에 접하는 구조인 경우
유도등	유도등	1) 소형 피난구유도등(예외 : 세대 내) 2) 주차장 : 중형 피난구유도등
	옥상 출입문	비상문자동개폐장치가 설치된 경우 대형 피난구유도등
	내부구조가 단순하고 복도식이 아닌 층은 다음의 예외	1) 피난구유도등의 면과 수직이 되는 피난구유도등 추가 설치 2) 복도통로유도등을 피난구유도등이 설치된 출입구의 맞은편 복도에 입체형 또는 바닥에 설치
비상조명등	공용부분	복도 · 통로 · 계단
	세대 내	출입구 인근 통로
부속실 제연설비	성능확인	부속실 단독 제연의 경우 부속실과 면하는 옥내 출입문만 개방한 후 방연풍속 측정 가능

소방시설		설치내용
연결송수관	설치	1) 층마다 설치 2) 예외 : 아파트 등의 1층, 2층(피난층, 직상층) 3) 계단의 출입구로부터 5[m] 이내에 설치하고 수평거리 50[m]마다 설치 4) 송수구 ① 쌍구형(아파트 등 용도는 단구형 가능) ② 동별로 설치하되 소방차량의 접근 및 통행이 용이하고 잘 보이는 장소 5) 펌프의 토출량 ① 2,400[L/min](계단식 아파트 1,200[L/min]) ② 방수구 3개 초과 시 800[L/min · 개](max 5개)
비상콘센트	설치	계단의 출입구로부터 5[m] 이내에 설치하고 수평거리 50[m]마다 설치

05 소방차 소방활동 전용구역 126회 출제

(1) 소방자동차 전용구역 설치대상(「소방기본법 시행령」 제7조의12)

설치대상	제외대상
① 아파트 중 세대수가 100세대 이상인 아파트 ② 기숙사 중 3층 이상의 기숙사	하나의 대지에 하나의 동으로 구성되고 정차 또는 주차가 금지된 편도 2차선 이상의 도로에 직접 접하여 소방자동차가 도로에서 직접 소방활동이 가능한 공동주택

(2) 소방자동차 전용구역의 설치기준 · 방법(「소방기본법 시행령」 제7조의13)

1) 설치개수

① 원칙 : 공동주택의 건축주는 소방자동차가 접근하기 쉽고 소방활동이 원활하게 수행될 수 있도록 각 동별 전면 또는 후면에 소방자동차 전용구역을 1개소 이상 설치한다.

② 예외 : 하나의 전용구역에서 여러 동에 접근하여 소방활동이 가능한 경우로서 소방청장이 정하는 경우에는 각 동별로 설치하지 않을 수 있다.

2) 전용구역의 설치방법([별표 2의5])

구분	내용
전용구역 노면표지의 외곽선	① 표시 방법 : 빗금무늬 ② 빗금 두께 : 30[cm] ③ 빗금 간격 : 50[cm]
전용구역 노면표지 도로의 색채	① 기본 : 황색 ② 문자(P, 소방차 전용) : 백색으로 표시

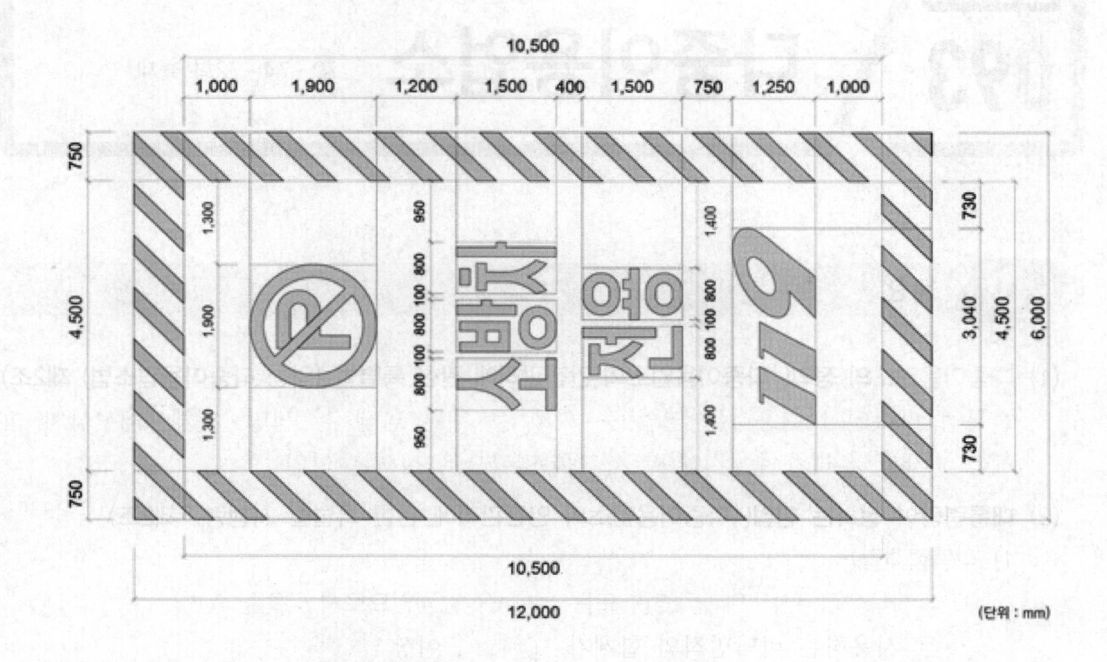

06 결론

아파트는 화재 발생 시 인명피해 비율이 타 화재에 비해 높아서 생명안전(life safety)에 의한 확실한 방재계획의 수립과 실행이 필요하다.

SECTION 093

다중이용업소

79 · 74 · 72회 출제

01 개요

(1) 다중이용업소의 정의(「다중이용업소의 안전관리에 관한 특별법」(약칭 다중이용업소법) 제2조)

불특정 다수인이 이용하는 영업 중 화재 등 재난 발생 시 생명 · 신체 · 재산상의 피해가 발생할 우려가 높은 것으로서 대통령령으로 정하는 영업

(2) 대통령령이 정하는 영업(「다중이용업소의 안전관리에 관한 특별법 시행령」 제2조)

1) 식품접객업

① 휴게음식점영업 · 제과점영업 또는 일반음식점영업으로서 영업장

㉠ 사용하는 바닥면적의 합계가 100[m^2] 이상

㉡ 영업장이 지하층에 설치된 경우에는 그 영업장의 바닥면적 합계가 66[m^2] 이상

㉢ 예외 : 영업장(복층구조 제외)이 지상 1층 또는 지상과 직접 접하는 층에 설치되고 그 영업장의 주된 출입구가 건축물 외부의 지면과 직접 연결되는 곳

② 단란주점영업과 유흥주점영업

2) 영화상영관 · 비디오물감상실업 · 비디오물소극장업 · 복합영상물제공업

3) 학원

① 수용인원 300인 이상

② 수용인원 100명 이상 300명 미만(방화구획된 경우 제외)

㉠ 하나의 건축물에 학원과 기숙사가 함께 있는 학원

㉡ 하나의 건축물에 학원이 둘 이상 있는 경우로서, 학원의 수용인원이 300명 이상인 학원

㉢ 하나의 건축물에 위의 다중이용업 중 어느 하나 이상의 다중이용업과 학원이 함께 있는 경우

4) 목욕장

① 하나의 영업장에서 찜질방으로서 수용인원(물로 목욕을 할 수 있는 시설부분의 수용인원은 제외)이 100명 이상

② 찜질방 시설을 갖춘 목욕장업

5) 게임제공업 · 인터넷컴퓨터게임시설제공업 및 복합유통게임제공업[예외 : 영업장(복층구조는 제외)이 지상 1층 또는 지상과 직접 접하는 층에 설치되고 그 영업장의 주된 출입구가 건축물 외부의 지면과 직접 연결된 구조]

6) 노래연습장업
7) 산후조리업, 고시원업, 실내사격장, 스크린 골프연습장업, 안마시술소
8) 소방청장이 관계 중앙행정기관의 장과 협의하여 행정안전부령으로 정하는 영업
   ① 화재위험평가결과 위험유발지수가 D등급 또는 E등급
   ② 화재발생 시 인명피해가 발생할 우려가 높은 불특정다수인이 출입하는 영업
   ③ 행정안전부령으로 정하는 영업
      ㉠ 전화방업 · 화상대화방업 : 구획된 실(室) 안에 전화기 · 텔레비전 · 모니터 또는 카메라 등 상대방과 대화할 수 있는 시설을 갖춘 형태의 영업
      ㉡ 수면방업 : 구획된 실(室) 안에 침대 · 간이침대, 그 밖에 휴식을 취할 수 있는 시설을 갖춘 형태의 영업
      ㉢ 콜라텍업 : 손님이 춤을 추는 시설 등을 갖춘 형태의 영업으로서, 주류 판매가 허용되지 아니하는 영업
      ㉣ 방탈출카페업 : 제한된 시간 내에 방을 탈출하는 놀이 형태의 영업
      ㉤ 키즈카페업
      ㉥ 만화카페업 : 만화책 등 다수의 도서를 갖춘 다음의 영업. 다만, 도서를 대여 · 판매만 하는 영업인 경우와 영업장으로 사용하는 바닥면적의 합계가 50[m^2] 미만인 경우는 제외한다.
         • 「식품위생법 시행령」에 따른 휴게음식점영업
         • 도서의 열람, 휴식공간 등을 제공할 목적으로 실내에 다수의 구획된 실을 만들거나 입체 형태의 구조물을 설치한 영업

02 다중이용시설의 특징

(1) 건축 특성

1) 지하층에 설치된 시설이 많다.
2) 강화유리를 사용할 경우 파괴가 어렵다(피난 장애요인).
3) 복잡한 실내구조(피난 장애요인)
4) 다량의 소음발생(노래방, 주점 등) : 소방경보 인지곤란 또는 지연
5) 별실구조 : 소규모실로 구획되어 화재 인지곤란 또는 지연
6) 낮은 내부 조도 : 피난장애
7) 무창의 공간 : 축연, 축열

(2) 거주자 특성

1) 건물구조에 익숙하지 않은 불특정 다수인의 출입
2) 이용자들의 비정상적인 상태인 경우가 존재 : 음주 또는 수면상태
3) 업주와 이용자 : 안전의식 부족

4) 종업원 : 빈번하게 교체되어 교육 및 훈련에 어려움이 있고, 전반적으로 안전의식이 낮음

(3) 연소 특성

1) 다양한 유형의 가연물과 실내장식물 사용

① 화재하중이 크다.

② 열방출률이 크다.

③ 유독가스의 발생 우려가 크다.

2) 지하층 등에 위치하는 경우가 많다. : 지하공간 화재특성

3) 화기의 사용 : 화기의 사용(주방, 흡연)이 빈번하다.

4) 전기적 원인 : 다량의 전기설비, 전기배선의 노후화, 불량시공, 관리미흡 등

(4) 신종업종의 출현

제도적 관리가 미흡하다.

(5) 소규모 자영업자의 영업

소방시설에 대한 준비 및 투자가 부족하다.

03 다중이용업소에 설치해야 하는 소방시설

(1) 다중이용업소의 안전관리기준 등(다중이용업소법 제9조)

1) 다중이용업주 및 다중이용업을 하려는 자는 영업장에 대통령령으로 정하는 안전시설 등을 행정안전부령으로 정하는 기준에 따라 설치 · 유지하여야 한다.

2) 다음의 영업장 중 대통령령으로 정하는 영업장 : 간이스프링클러설비

① 숙박을 제공하는 형태의 다중이용업소의 영업장

② 밀폐구조의 영업장

3) 소방본부장이나 소방서장은 안전시설 등이 행정안전부령으로 정하는 기준에 맞게 설치 또는 유지되어 있지 아니한 경우(or)

① 안전시설 등의 보완 등 필요한 조치를 명한다.

② 허가관청에 관계 법령에 따른 영업정지 처분 또는 허가 등의 취소를 요청한다.

4) 다중이용업을 하려는 자는 안전시설 등을 설치하기 전에 미리 소방본부장이나 소방서장에게 설계도서를 첨부하여 신고하여야 한다.

① 안전시설 등을 설치하려는 경우

② 영업장 내부구조를 변경하려는 경우

㉠ 영업장 면적의 증감

㉡ 영업장의 구획된 실(室)의 증감

㉢ 내부통로 구조의 변경

③ 안전시설 등의 공사를 마친 경우

5) 확인 및 지도의무 : 소방본부장이나 소방서장은 신고를 받았을 때에는 설계도서가 행정안전부령으로 정하는 기준에 맞는지를 확인하고, 그에 맞도록 지도하여야 한다.

6) 완비증명서 발급 : 소방본부장이나 소방서장은 공사완료의 신고를 받았을 때에는 안전시설 등이 행정안전부령으로 정하는 기준에 맞게 설치되었다고 인정하는 경우에는 행정안전부령으로 정하는 바에 따라 안전시설 등 완비증명서를 발급하여야 하며, 그 기준에 맞지 아니한 경우에는 시정될 때까지 안전시설 등 완비증명서를 발급하여서는 안 된다.

(2) 소방시설과 영업장 내부피난통로(다중이용업소법 시행령 제9조)

1) 다중이용업소의 영업장에 설치 · 유지하여야 하는 안전시설 등 [별표 1]

구분		내용
소방시설 123회 출제	소화설비	소화기, 자동확산소화기
		간이스프링클러설비(캐비닛형 간이스프링클러설비 포함) 설치대상 ① 지하층에 설치된 영업장 ② 무창층에 설치된 영업장 ③ 산후조리업, 고시원업의 영업장(예외 : 무창층에 설치되지 않은 영업장으로서, 지상 1층에 있거나 지상과 직접 맞닿아 있는 층에 설치된 영업장은 제외) ④ 권총사격장의 영업장
	경보설비	비상벨설비 또는 자동화재탐지설비(영상음향장치를 사용하는 영업장은 자동화재탐지설비를 설치)
		가스누설경보기(가스시설을 사용하는 주방이나 난방시설의 영업장에만 설치)
	피난구조설비	피난기구 : 미끄럼대, 피난사다리, 구조대, 완강기, 다수인 피난장비, 승강식 피난기
		피난유도선(영업장 내부 피난통로 또는 복도가 있는 경우)
		유도등, 유도표지 또는 비상조명등
		휴대용 비상조명등
방화시설		① 원칙 : 비상구 ② 예외 ㉠ 주된 출입구 외에 해당 영업장 내부에서 피난층 또는 지상으로 통하는 직통계단이 주된 출입구로부터 영업장의 긴 변 길이의 2분의 1 이상 떨어진 위치에 별도로 설치된 경우 ㉡ 피난층에 설치된 영업장[영업장의 바닥면적이 33[m^2] 이하인 경우로서 영업장 내부에 구획된 실(室)이 없고, 영업장 전체가 개방된 구조]으로서, 그 영업장의 각 부분으로부터 출입구까지의 수평거리가 10[m] 이하인 경우
영업장 내부 통로		단, 구획된 실(室)이 있는 영업장에만 설치한다.
그밖에 안전 시설	영상음향차단장치	노래반주기 등 영상음향장치를 사용하는 영업장
	누전차단기	–
	창문	고시원업의 영업장

2) 용어의 정의

① 피난유도선 : 햇빛이나 전등불로 축광(蓄光)하여 빛을 내거나 전류에 의하여 빛을 내는 유도체로서, 화재발생 시 등 어두운 상태에서 피난을 유도할 수 있는 시설

② 비상구 : 주된 출입구와 주된 출입구 외에 화재발생 시 등 비상시 영업장의 내부로부터 지상 · 옥상 또는 그 밖의 안전한 곳으로 피난할 수 있는 직통계단 · 피난계단 · 옥외피난계단 또는 발코니에 연결된 출입구

③ 구획된 실(室) : 영업장 내부에 이용객 등이 사용할 수 있는 공간을 벽이나 칸막이 등으로 구획한 공간(영업장 내부를 벽이나 칸막이 등으로 구획한 공간이 없는 경우 : 하나의 구획된 실)

④ 영상음향차단장치 : 영상 모니터에 화상(畵像) 및 음반 재생장치가 설치되어 있어 영화, 음악 등을 감상할 수 있는 시설이나 화상 재생장치 또는 음반 재생장치 중 한 가지 기능만 있는 시설을 차단하는 장치

04 다중이용업소에 설치하는 소방시설 등의 설치유지기준

(1) 다중이용업소법 시행규칙 [별표 2]

안전시설 등 종류	설치 · 유지기준
1. 소방시설	
1) 소화설비	
① 소화기 또는 자동확산소화장치	영업장 안의 구획된 실마다 설치할 것
② 간이스프링클러설비	㉠ 원칙 : 화재안전기술기준에 따라 설치 ㉡ 예외 : 영업장의 구획된 실마다 간이스프링클러헤드 또는 스프링클러헤드가 설치된 경우에는 그 설비의 유효범위 부분에는 간이스프링클러설비를 설치하지 않을 수 있다.
2) 비상벨설비 또는 자동화재탐지설비	
	㉠ 영업장의 구획된 실마다 비상벨설비 또는 자동화재탐지설비 중 하나 이상을 설치할 것 ㉡ 자동화재탐지설비를 설치하는 경우 : 감지기와 지구음향장치는 영업장의 구획된 실마다 설치(예외 : 영업장의 구획된 실에 비상방송설비의 음향장치가 설치된 경우 해당 실에는 지구음향장치가 면제) ㉢ 영상음향차단장치가 설치된 영업장 : 자동화재탐지설비의 수신기를 별도로 설치

안전시설 등 종류	설치 · 유지기준
3) 피난구조설비	
① 피난기구(간이완강기 및 피난밧줄은 제외)	4층 이하 영업장의 비상구(발코니 또는 부속실)에는 피난기구를 설치(5층 이상은 피난계단이 설치되어 피난기구 필요성이 낮음)
② 피난유도선	㉠ 영업장 내부 피난통로 또는 복도에 유도등 및 유도표지를 설치 ㉡ 전류에 의하여 빛을 내는 방식으로 할 것
③ 유도등, 유도표지 또는 비상조명등	영업장의 구획된 실마다 유도등, 유도표지 또는 비상조명등 중 하나 이상을 설치
④ 휴대용 비상조명등	영업장안의 구획된 실마다 휴대용 비상조명등을 설치
2. 주된 출입구 및 비상구 108회 출제	1) 공통 기준 ① 설치 위치 ㉠ 비상구는 영업장(2개 이상의 층이 있는 경우에는 각각의 층별 영업장) 주된 출입구의 반대방향에 설치하되, 주된 출입구로부터 영업장의 긴 변 길이의 2분의 1 이상 떨어진 위치에 설치할 것 ㉡ 건물구조로 인하여 주된 출입구의 반대방향에 설치할 수 없는 경우 : 영업장의 긴 변 길이의 2분의 1 이상 떨어진 위치에 설치할 수 있다. ② 규격 : 가로 75[cm] 이상, 세로 150[cm] 이상 ③ 구조 ㉠ 비상구는 구획된 실 또는 천장으로 통하는 구조가 아닌 것으로 할 것 예외 : 영업장 바닥에서 천장까지 준불연재료 이상의 것으로 구획된 부속실, 산후조리원에 설치하는 방풍실 또는 방풍구조는 그러하지 아니하다. ㉡ 다른 영업장 또는 다른 용도의 시설을 경유하는 구조가 아닌 것 ④ 문이 열리는 방향 : 피난방향으로 열리는 구조로 할 것 예외 : 주된 출입구의 문이 피난계단 또는 특별피난계단의 설치기준에 따라 설치하여야 하는 문이 아니거나 방화구획이 아닌 곳에 위치한 주된 출입구가 다음의 기준을 충족하는 경우에는 자동문으로 설치할 수 있다. ㉠ 화재감지기와 연동하여 개방되는 구조 ㉡ 정전 시 자동으로 개방되는 구조 ㉢ 수동으로 개방되는 구조 2) 복층구조 영업장의 기준 ① 각 층마다 영업장 외부의 계단 등으로 피난할 수 있는 비상구를 설치 ② 비상구의 문의 재질 : 방화문 ③ 비상구의 문이 열리는 방향 : 실내에서 외부로 열리는 구조 ④ 하나의 층에 비상구를 설치할 수 있는 조건 ㉠ 건축물 주요 구조부를 훼손하는 경우 ㉡ 옹벽 또는 외벽이 유리로 설치된 경우 등 3) 영업장의 위치가 2층 이상 4층(지하층은 제외) 이하인 경우의 기준 ① 피난 시에 유효한 발코니 또는 부속실을 설치하고, 그 장소에 적합한 피난기구를 설치 ㉠ 발코니 : 가로 75[cm] 이상, 세로 150[cm] 이상, 높이 100[cm] 이상인 난간, 면적 1,500[m^2], 활하중 5[kN/m^2] 이상

안전시설등 종류	설치 · 유지기준
2. 주된 출입구 및 비상구 108회 출제	㉡ 부속실 : 불연재료 이상의 것으로 바닥에서 천장까지 구획된 실로서 가로 75[cm] 이상, 세로 150[cm] 이상, 면적 1.12[m^2] 이상 ② 부속실을 설치하는 경우 부속실 입구의 문과 건물 외부로 나가는 문은 비상구 규격으로 할 것(준불연 이상)다만, 120[cm] 이상의 난간이 있는 경우에는 발판 등을 설치하고 건축물 외부로 나가는 문의 규격과 재질을 가로 75[cm] 이상, 세로 100[cm] 이상의 창호로 설치할 수 있다. ③ 추락 등의 방지를 위한 시설 132회 출제 ㉠ 발코니 및 부속실 입구의 문을 개방하면 경보음이 울리도록 경보음 발생 장치를 설치 ㉡ 추락위험을 알리는 표지를 문(부속실의 경우 외부로 나가는 문도 포함)에 부착 ㉢ 부속실에서 건물 외부로 나가는 문 안쪽 : 기둥 · 바닥 · 벽 등의 견고한 부분에 탈착이 가능한 쇠사슬 또는 안전로프 등을 바닥에서부터 120[cm] 이상의 높이에 가로로 설치(예외 : 120[cm] 난간)
2의2. 영업장 구획 등	1) 층별 영업장은 다른 영업장 또는 다른 용도의 시설과 불연재료 · 준불연재료로 된 차단벽이나 칸막이로 분리되도록 할 것 2) 예외 ① 둘 이상의 영업소가 주방 외에 객실부분을 공동으로 사용하는 등의 구조인 경우 ② 식품접객업 중 동물의 출입, 전시 또는 사육이 수반되는 영업을 하는 경우 ③ 안전시설 등을 갖춘 경우로서 실내에 설치한 유원시설업의 허가 면적 내에 청소년게임제공업 또는 인터넷컴퓨터게임시설제공업이 설치된 경우
3. 영업장 내부 피난통로 108회 출제	1) 내부 피난통로 폭 ① 원칙 : 120[cm] 이상 ② 예외 : 양 옆에 구획된 실이 있는 영업장으로서 구획된 실의 출입문 열리는 방향이 피난통로 방향인 경우에는 150[cm] 2) 구조 : 세 번 이상 구부러지는 형태로 설치하지 말 것
4. 창문	1) 영업장 층별로 가로 50[cm] 이상, 세로 50[cm] 이상 열리는 창문을 1개 이상 설치 2) 영업장 내부 피난통로 또는 복도에 바깥 공기와 접하는 부분에 설치(구획된 실에 설치하는 것을 제외)
5. 영상음향차단장치	1) 화재 시 감지기에 의하여 자동으로 음향 및 영상이 정지될 수 있는 구조 2) 수동(하나의 스위치)으로 조작할 수 있도록 설치 3) 수동차단스위치를 설치하는 경우 ① 관계인이 일정하게 거주하거나 일정하게 근무하는 장소에 설치 ② 수동차단스위치와 가장 가까운 곳에 "영상음향차단스위치"라는 표지를 부착 4) 누전차단기(과전류차단기를 포함)를 설치 5) 영상음향차단장치의 작동으로 실내 등의 전원이 차단되지 않는 구조
6. 보일러실과 영업장 사이의 방화 구획	1) 보일러실과 영업장 사이의 출입문 : 방화문 2) 개구부 : 자동방화댐퍼(damper)

(2) 비고

1) 방화문

① 정의 : 60분+ 또는 60분 방화문 또는 30분 방화문으로서, 언제나 닫힌 상태를 유지하거나 화재로 인한 연기의 발생 또는 온도의 상승에 따라 자동적으로 닫히는 구조

② 예외 : 자동으로 닫히는 구조 중 열에 의하여 녹는 퓨즈타입 구조의 방화문

2) 화재위험평가를 실시한 결과 화재위험유발지수가 A등급에 따른 기준 미만인 업종에 대해서는 소방시설 · 비상구 또는 그 밖의 안전시설 등의 설치를 면제

3) 소방본부장 또는 소방서장은 비상구의 크기, 비상구의 설치거리, 간이스프링클러 설비의 배관구경(口徑) 등 소방청장이 정하여 고시하는 안전시설 등에 대해서는 소방청장이 고시하는 바에 따라 안전시설 등의 설치 · 유지기준의 일부를 적용하지 않을 수 있다.

05 다중이용업의 실내장식물

(1) 실내장식물

건축물 내부의 천장 또는 벽에 설치하는 것으로서, 대통령령으로 정하는 것

(2) 다중이용업의 실내장식물(다중이용업소법 제10조)

1) 다중이용업소에 설치하거나 교체하는 실내장식물

① 원칙 : 불연재료 또는 준불연재료

② 예외 : 반자돌림대 등의 너비가 10[cm] 이하인 것

2) 합판 또는 목재로 실내장식물을 설치하는 경우로서, 그 면적이 영업장 천장과 벽을 합한 면적의 10분의 3(스프링클러설비 또는 간이스프링클러설비가 설치된 경우에는 10분의 5) 이하인 부분 : 방염성능기준 이상

3) 소방본부장이나 소방서장은 다중이용업소의 실내장식물이 '1)' 및 '2)'에 따른 실내장식물의 기준에 맞지 아니하는 경우에는 그 다중이용업주에게 해당 부분의 실내장식물을 교체하거나 제거하게 하는 등 필요한 조치를 명하거나 허가관청의 관계 법령에 따른 영업정지 처분 또는 허가 등의 취소를 요청할 수 있다.

(3) 실내장식물(다중이용업소법 시행령 제3조)

1) 종이류(두께 2[mm] 이상) · 합성수지류 또는 섬유류를 주원료로 한 물품

2) 합판이나 목재

3) 간이 칸막이(접이식 등 이동 가능한 벽체나 천장 또는 반자가 실내에 접하는 부분까지 구획하지 아니하는 벽체)

4) 흡음재(흡음용 커튼을 포함) 또는 방음재(방음용 커튼을 포함)

5) 예외

① 가구류(옷장, 찬장, 식탁, 식탁용 의자, 사무용 책상, 사무용 의자 및 계산대, 그 밖에 이와 비슷한 것)

② 너비 10[cm] 이하인 반자돌림대 등

③ 내부마감재료

06 피난안내도의 비치 또는 피난안내 영상물의 상영

(1) 피난안내도의 비치 또는 피난안내 영상물의 상영(다중이용업소법 제12조)

피난안내도를 갖추어 두거나 피난안내에 관한 영상물을 상영

(2) 피난안내도의 비치대상 등(다중이용업소법 시행규칙 제12조)

1) 피난안내도 비치대상

① 다중이용업의 영업장

② 예외

㉠ 영업장으로 사용하는 바닥면적의 합계가 33[m^2] 이하

㉡ 영업장 내 구획된 실이 없고, 영업장 어느 부분에서도 출입구 및 비상구를 확인할 수 있는 경우

2) 피난안내 영상물 상영 대상

① 영화상영관 및 비디오물소극장업의 영업장

② 노래연습장업의 영업장

③ 단란주점영업 및 유흥주점영업의 영업장(영상물을 상영할 수 있는 시설이 설치된 경우)

④ 소방청장이 관계 중앙행정기관의 장과 협의하여 행정안전부령으로 정하는 영업(상기 01의 (2), 8) ③)으로서 피난안내 영상물을 상영할 수 있는 시설을 갖춘 영업장

3) 피난안내도 비치 위치

① 영업장 주출입구 부분의 손님이 쉽게 볼 수 있는 위치

② 구획된 실의 벽, 탁자 등 손님이 쉽게 볼 수 있는 위치

③ 인터넷컴퓨터게임시설제공업 영업장의 책상(모니터 표현 가능)

(3) 피난안내 영상물 상영 시간

1) 영화상영관 및 비디오물소극장업 : 매 회 영화상영 또는 비디오물 상영시작 전

2) 노래연습장업 등 그 밖의 영업 : 매 회 새로운 이용객이 입장하여 노래방 기기 등을 작동할 때

(4) 피난안내도 및 피난안내 영상물에 포함되어야 할 내용
1) 화재 시 대피할 수 있는 비상구 위치
2) 구획된 실 등에서 비상구 및 출입구까지의 피난 동선
3) 소화기, 옥내소화전 등 소방시설의 위치 및 사용방법
4) 피난 및 대처 방법

(5) 피난안내도의 크기 및 재질
1) 크기
① B4(257[mm]×364[mm]) 이상
② 각 층별 영업장의 면적 또는 영업장이 위치한 층의 바닥면적이 각각 400[m^2] 이상인 경우 : A3(297[mm]×420[mm]) 이상
2) 재질 : 종이(코팅처리한 것을 말함), 아크릴, 강판 등 쉽게 훼손 또는 변형되지 않는 것

(6) 피난안내도 및 피난안내 영상물에 사용하는 언어
피난안내도 및 피난안내 영상물은 한글 및 1개 이상의 외국어를 사용하여 작성한다.

(7) 장애인을 위한 피난안내 영상물 상영 : 영화상영관 중 300석 이상인 경우

07 화재위험평가

(1) 다중이용업소에 대한 화재위험평가 등(다중이용업소법 제15조)
1) 소방청장, 소방본부장 또는 소방서장은 다음의 어느 하나에 해당하는 지역 또는 건축물에 대하여 화재를 예방하고 화재로 인한 생명 · 신체 · 재산상의 피해를 방지하기 위하여 필요하다고 인정하는 경우에는 화재위험평가를 할 수 있다.
① 2,000[m^2] 지역 안에 다중이용업소가 50개 이상 밀집하여 있는 경우
② 5층 이상인 건축물로서, 다중이용업소가 10개 이상 있는 경우
③ 하나의 건축물에 다중이용업소로 사용하는 영업장 바닥면적의 합계가 1,000[m^2] 이상인 경우
2) 화재위험평가 결과 그 위험유발지수가 D등급 또는 E등급인 경우 : 화재안전조사 결과에 따른 조치명령에 따른 조치를 명할 수 있다.

(2) 화재위험유발지수의 평가점수(다중이용업소법 시행령 [별표 4]) 110회 출제

등급	평가점수
A	80 이상
B	60 이상 79 이하
C	40 이상 59 이하

등급	평가점수
D	20 이상 39 이하
E	20 미만

1) 정의 : 가연물의 양, 소방시설의 화재진화를 위한 성능 등을 고려한 영업소의 화재 안정성을 100점 만점 기준으로 환산한 점수
2) 소방시설의 화재진압성능으로 화재에 대한 안전성이 기준이 된다.

08 다중이용업주의 안전시설 등에 대한 정기점검 등

(1) 개요(다중이용업소법 제13조)
1) 다중이용업주의 정기점검 의무 : 정기적으로 안전시설 등을 점검
2) 점검결과서 보관의무 : 1년간
3) 정기점검 위탁 : 소방시설관리업자

(2) 안전점검의 대상, 점검자의 자격, 점검주기, 점검방법(다중이용업소법 시행규칙 제14조)
1) 안전점검 대상 : 다중이용업소의 영업장에 설치된 안전시설 등
2) 안전점검자의 자격
① 다중이용업주 또는 소방안전관리자
② 종업원 중 소방안전관리자 자격을 취득한 자, 소방기술사 · 소방시설관리사 · 소방설비기사 또는 소방설비산업기사 자격을 취득한 자
③ 소방시설관리업자
3) 점검주기
① 매 분기별 1회 이상 점검
② 자체점검을 실시한 경우에는 자체점검을 실시한 그 분기에는 점검을 실시하지 아니할 수 있다.
4) 점검방법 : 안전시설 등의 작동 및 유지 · 관리 상태를 점검한다.

09 피난시설 및 방화시설의 유지 · 관리

다중이용업주는 해당 영업장에 설치된 피난시설, 방화구획과 방화벽, 내부 마감재료 등을 소방시설법에 따라 유지하고 관리하여야 한다(「다중이용업소의 안전관리에 관한 특별법」 제11조).

(1) 피난시설, 방화구획 및 방화시설을 폐쇄하거나 훼손하는 등의 행위

(2) 피난시설, 방화구획 및 방화시설의 주위에 물건을 쌓아두거나 장애물을 설치하는 행위

(3) 피난시설, 방화구획 및 방화시설의 용도에 장애를 주거나 소방활동에 지장을 주는 행위

(4) 그 밖에 피난시설, 방화구획 및 방화시설을 변경하는 행위

10 다중이용업에 대한 소방관련 규정

(1) 소방시설 완비증명 대상

(2) 소방시설공사 착공신고 대상

(3) 방염대상의 특수장소

(4) 방화관리를 하여야 할 특수장소

(5) 2급 방화관리 대상물(지하층 영업장의 바닥면적이 150[m^2] 이상에 한함)

(6) 소방훈련과 교육 대상물(2급 방화관리 대상물에 해당되는 때)

(7) 소방안전교육 대상

(8) 실내장식물을 원칙적으로 불연 또는 준불연재료로 하여야 할 대상

(9) 화재안전조사 결과에 따른 조치명령 대상

SFPF의 화재위험도 표준화 : $f = \dfrac{\text{화재발생건수}}{\text{대상시설물수}}$

▌시설물의 화재위험도 ▌

등급	개념	발생빈도 (건물의 수명주기)
A(Anticipated) : 화재발생 가능성이 있음	흔한 사고	수차례 발생 가능
U(Unlikely) : 화재발생 가능성이 희박	희박하지만 발생 가능성은 있음	발생할 확률이 적음
EU(Extremely Unlikely) : 화재발생 가능성이 매우 희박	매우 희박하지만 발생 가능성은 있음	거의 발생하지 않음
BEU(Beyond Extremely Unlikely) : 화재발생 가능성 거의 없음	거의 발생 가능성은 없음	거의 발생하지 않음

SECTION 094

전통시장 화재

123 · 106회 출제

01 개요

(1) 전통시장의 소방안전 특별관리시설물

1) 화재예방법 제40조 제1항 제13조 : 소방청장은 화재 등 재난이 발생할 경우 사회, 경제적으로 피해가 큰 시설로서, 대통령령으로 정하는 전통시장은 소방안전특별관리를 해야 한다.

2) 화재예방법 시행령 제41조 제1항 : 대통령령으로 정하는 전통시장이란 점포가 500개 이상인 전통시장을 말한다.

(2) 특정소방대상물 중 판매시설

소방시설을 설치하여야 하는 특정소방대상물의 판매시설이란 도매시장, 소매시장, 상점, 그리고 「전통시장 및 상점가 육성을 위한 특별법」 제2조 제1호에 따른 전통시장을 포함한다.

02 화재특성과 대책

(1) 건축 특성

1) 노후 건축물이 밀집되고 건축물이 구조적으로 취약하여 화재 시 붕괴위험이 크다.
2) 점포 간 방화구획이 미비되어 화재확산이 빠르다.
3) 구조가 복잡하고 소방시설 설치가 곤란하여 화재 초기 대응이 곤란하다.
4) 미로식 통로와 협소한 피난통로로 화재 시 피난시간이 증대된다.
5) 노점상과 좌판, 상품의 무단점유 등으로 소방차 진입이 어려워 소방활동이 어렵다.
6) 경비원의 방화순찰에 의존(전체적인 자탐설비나 자동소화설비의 부재)하는 곳이 있다.

(2) 연소 특성

1) 전기화재가 비중이 크다.
   ① 문어발식 콘센트 사용에 따른 과부하가 발생한다.
   ② 부적절한 전선사용에 따른 허용전류 초과 문제가 있다.

③ 노후 전선의 절연성능 저하로 인한 누전 · 단락 · 지락이 발생한다.
④ 먼지 · 습기 등에 의한 트래킹 발화가 발생할 우려가 크다.

2) 다량의 가연물에 의한 유독가스가 발생(아케이드 개폐장치 작동불량 시 폐쇄공간으로 축연 · 축열)한다.
3) 연료지배형 화재의 형태가 많다(공기의 충분한 공급).
4) 개별 난방기구 관리부실에 따른 화재가 발생할 우려가 크다.
5) LPG 용기 관리부실(옥내 보관 등)에 따른 폭발 위험성이 존재한다.
6) 상품으로 인한 화재하중과 화재강도가 크다.
7) 스티로폼, 경량철골 등을 이용하여 임시로 가설한 건축물이 많다.

(3) 거주자 특성

1) 불특정 다수가 이용한다.
2) 주간에는 다수의 인원이 있지만 야간에는 최소 인원만 경비업무를 수행하므로 화재 시 신속한 대응에 어려움이 있다.
3) 개별 소유점포로 종합적인 안전관리가 미흡하다.

(4) 대책

1) 피난로를 확보하여야 한다.
2) 보험을 통하여 화재피해로 인한 손실을 보존한다.
3) 공용 소화설비(옥외소화전, 소화용수설비)를 설치해야 한다.
4) 잦은 순찰로 인하여 화재발생요인을 사전에 제거하여야 한다.

03 전통시장 화재알림시설 지원사업 목적 및 대상

(1) 지원사업의 목적

1) 전통시장 내 화재알림시설을 지원하여 조기 발화요인(연기, 열, 불꽃 등) 감지 및 소방관서, 상인에게 통보로 화재조기진압 등 대응체계 마련
2) 즉시 대응을 통한 화재 초기 진화 및 대형화재로의 확대 방지 등 안전한 전통시장 환경조성

(2) 지원대상

「전통시장 및 상점가 육성을 위한 특별법」에 따른 제2조 제1호에 따른 전통시장 및 제2조 제4호에 따른 상권활성화 구역(상점가 및 지하도 상점가 제외)

1) 영업점포의 50[%] 이상 신청한 곳(50[%] 미만 지원불가)
2) 민간부담금 30[%] 확보가 가능한 곳(지자체 부담가능)

04 화재알림시설 설치기준 및 구성도(전통시설 화재알림시설 설치사업 가이드라인)

(1) 화재발생 시 화재위치를 감지하여 소방관서(119) 및 상인에게 자동 통보하는 시스템

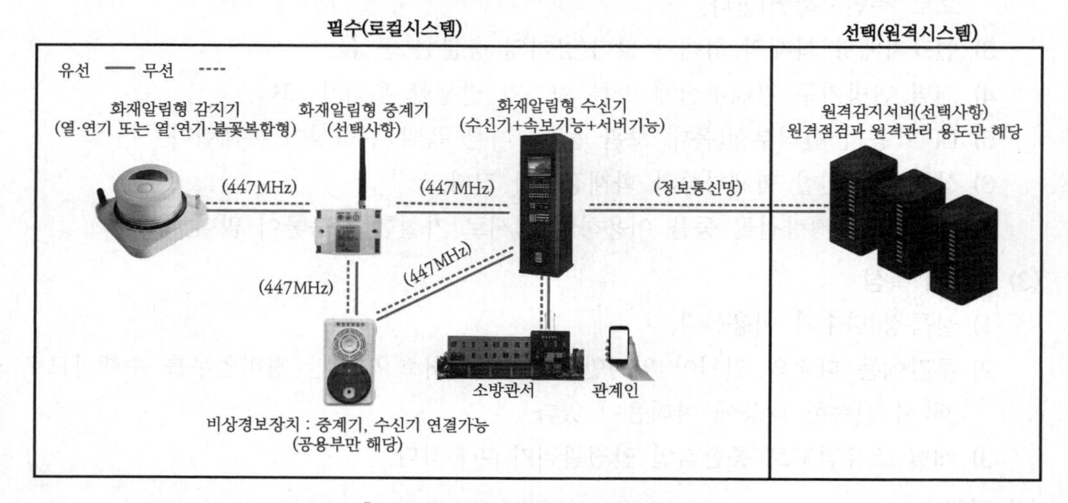

▌전통시장 화재알림시설 기본구성도▐

1) 개별점포형 : IoT 기술을 접목하여 점포별로 화재알림시설 설치
2) 오픈점포형 : 건물구조가 개방되어 있는 구조로 개별점포에 설치하지 않고 공용부분에 설치하여도 화재감지가 가능한 시장
3) 지원예산 내에서 기본구성도에 명시하지 않은 장비(경종, 발신기, 시각경보기 등) 설치 가능(반드시 경보설비만 가능, 소화설비, 피난구조설비, 소화용으로 사용하는 제품 등은 설치불가)

(2) 장비 설치 가이드라인

1) 자동화재탐지설비 등 장비 기설치 시장
   ① 중복설치 방지를 위해 기설치된 장비는 지원에서 제외한다.
      ㉠ 기설치된 장비가 있는 경우 기설치 장비를 제외한 장비 설치(자동화재탐지설비가 있는 경우 자동화재속보설비, 서버, CCTV 등 설치)
      ㉡ 단, 장비의 내용연수, 호환 여부, 고장 등의 사유에 따라 중복설치 가능
   ② 신규설치 시장 : 화재알림시설 기본 구성도를 참고하여 설치(관할 소방서와 협의하여 변경 가능)
   ③ 공통사항
      ㉠ 화재알림시설 설치의 입찰에는 제품 개발업체가 포함되는 컨소시엄방식으로 참여 가능
      ㉡ 화재알림시설의 안정성 확보 및 소방관련 법준수를 위해 계획단계부터 반드시 관할 소방서와 협의하여 설치

㉢ 장비의 통신방식 : 감지기 ↔ 중계기 ↔ 수신기 간의 데이터통신은 유·무선 방식 모두 가능(유무선 혼용 가능)

㉣ 장비의 기본적 요구사항

- 시장점포의 상황에 따라 연기, 온도, 불꽃 등 최소 1개 이상의 감지기능을 갖춘 감지기를 설치
- 자동화재속보설비 반드시 설치[소방시설법 제11조(소방시설기준 적용특례) 미적용 사항]
- 비화재보를 최소화할 수 있는 장비(축적형 감지기, 중계기, 수신기, 기 설비 활용 시 축적기능 부가장치 부착 가능) 등 설치를 통해 비화재보 최소화
- 무선방식을 사용할 경우 : 건물구조상 무선감지기의 통신음영이 발생할 경우 추가장비(중계기 등)를 설치하여 건물구조에 따른 통신 불능현상이 발생되지 않도록 해야 함
- 화재발생 시 화재속보설비는 소방관서에 화재사실을 알려야 하며, 수신기 및 서버를 통해 해당 점포 및 이웃점포에 순차적으로 화재사실을 음성 및 문자(모바일) 등을 통해 전달해야 함
- 공용부분에 CCTV 설치 시 현장 감시(영상확인 및 녹화, 방범)기능 구현

㉤ 권장사항

- 감지기 미작동에 따른 대안으로 CCTV 설치 시 지자체의 CCTV 관제센터와 연결
- 화재발생 시 수신기 및 서버를 통해 화재발생구역 CCTV 영상정보를 관계자(점포주, 상인회, 지자체 등)에 전송

④ 업체선정에 관한 사항

㉠ 입찰 기술능력평가에는 반드시 관할 소방관서 인력이 참여하여 장비의 안정성 및 기술능력 확인

㉡ 관리책임, 유지보수기간(3년), 예비수량 확보, 소방시설물에 준한 유지관리, 정기점검 등을 명확히 함

SECTION

095 덕트화재

01 개요

(1) 덕트화재는 공기 유동경로로 환기 및 냉난방 용도로 사용되어 방화구획 구간을 관통해서 설치할 수밖에 없다. 따라서, 방화구획이 되어 있는 구역에서 인접 구역 또는 다른 층으로의 연소 확대를 일으키는 주된 원인 중 하나이다.

(2) 덕트의 종류에는 공조덕트, 배기덕트, 제연덕트 등 여러 가지가 있으나 이중 가장 많은 화재를 일으키는 유형은 주방 배기덕트로 덕트에 쌓인 유지분은 가연물로 작용하여 급격한 화재 확산이 되며 덕트 내 방화댐퍼의 퓨즈를 유지가 감싸 화재 시 작동 불능상태로 만들기도 한다.

02 화재의 종류

(1) 덕트 내부에서 발생한 화재

1) 가연성 재질의 덕트 : FRP 등

2) 덕트 내부의 유지분, 섬유류, 먼지 등의 연소

(2) 덕트 내부로 확대된 화재

화재실에서 발생한 열, 연기가 덕트 내부로 유입되어 다른 구역으로 유출되면서 확대되는 화재

(3) 화재로 인해 덕트 외부의 보온재 등의 연소

외부화재로 가연성 덕트 보온재가 착화되면서 덕트 설치경로를 따라 확대되는 화재

03 특징

(1) 시설 특성

1) 덕트 연결이 길고 복잡하고 밀폐

① 덕트 내부의 화염이나 연기가 외부로 유출되지 않으면 화재사실을 알 수 없다.

② 화재 시 최초 발화지점의 위치확인이 곤란하다.

2) 덕트가 밀폐되어 있어 내부로 직접적인 주수가 곤란하다.
3) 덕트를 개방하여 화재를 진압하더라도 덕트 내부의 부진 및 침전물로 인한 위험성이 있다.
   ① 훈소 가능성
   ② 훈소로 인한 재발화 위험

(2) 연소 특성

1) 내부에 적절한 기류의 흐름과 금속덕트의 복사 때문에 화염전파속도가 빠르다.
2) 주방덕트의 경우 유증기 및 유분으로 인한 화염전파 또는 폭발의 우려가 있다.
3) 덕트 내 청소가 곤란하므로 미립분 등 체류로 화염전파의 우려가 있다.

04 방호대책

(1) 예방대책

1) 물적 조건
   ① 덕트 내부에 대한 정기점검 및 청소
   ② 덕트 재료의 불연화
   ③ 공사 중 유기용매 등이 내부로 유입되지 못하도록 보양 조치
   ④ 필터를 통해 유지분이 덕트 내부로 유입되지 못하도록 설치
2) 에너지 조건
   ① 점화원 대책 : 외기 유입구, 배기구 등에 불티가 들어가지 못하는 구조로 설치
   ② 공사 중 용접 및 용단 불티가 덕트 내로 유입하지 못하도록 보양 조치

(2) 방호대책

1) 설비적 대책(active)
   ① 적응성이 있는 감지기를 덕트 내부에 설치한다.
      ㉠ Spark-ember 감지기
      ㉡ 지능형 차동식 열감지기

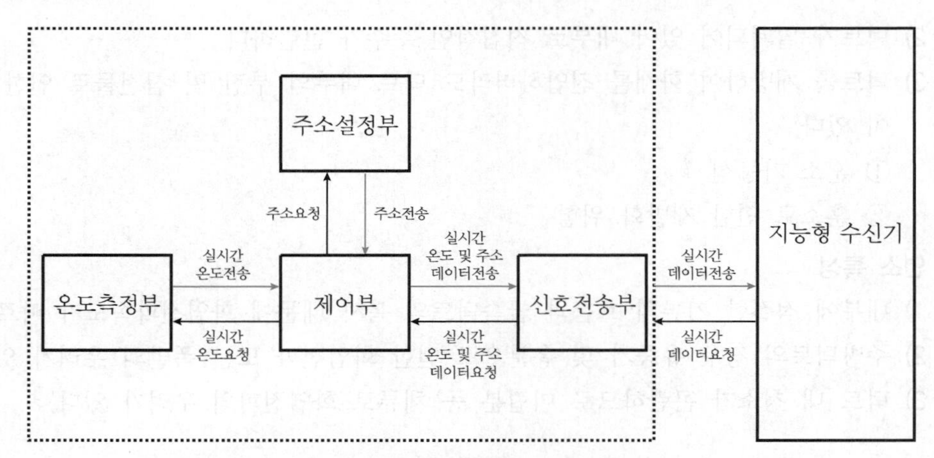

▍지능형 열감지기 개념도▍

② 덕트에 외부 화염접촉을 감시하는 불꽃감지기 설치

③ 덕트 내부를 확인할 수 있는 점검구 설치

④ 덕트 내부에 소화설비 설치

㉠ 스프링클러 설치 : 화재위험이 큰 장소에 감지기와 연동구조의 개방형 헤드 설치

㉡ 가스계, 분말, 고체에어로졸 등 설치

2) 건축적 대책(passive)

① 방연, 방화댐퍼 설치

② 덕트의 방화구획 관통부 틈새의 내화채움구조로 밀봉한다.

SECTION 096

창고화재

106회 출제

01 개요

(1) 창고화재의 경우 다량의 가연물이 존재하기 때문에 화재성장속도가 빠르고 화재강도가 크다. 또한, 상시 감시인이 거주하지 않아 화재의 조기감지 및 화재진압이 어려우므로 화재 예방부터 조기 화재진압에 이르기까지 유기적인 계획이 필요하다.

(2) 창고시설의 화재위험은 용도별 위험등급에서는 저장된 물품의 종류, 높이 및 창고 높이가 가장 중요한 요소이다.

(3) 건축법의 창고시설

1) 창고(물품저장시설로서 냉장 · 냉동 창고를 포함)
2) 하역장
3) 물류터미널
4) 집배송시설

(4) 스프링클러 설치대상

1) 창고시설(물류터미널 제외)로서 바닥면적 합계가 5,000[m^2] 이상인 경우에는 모든 층
2) 천장 또는 반자의 높이가 10[m]를 넘는 랙식 창고로서 바닥면적의 합계가 1,500[m^2] 이상인 것
3) 공장 또는 창고
   ① 지정수량의 1,000배 이상의 특수가연물을 저장 · 취급하는 시설
   ② 중 · 저준위방사성폐기물의 저장시설 중 소화수를 수집 · 처리하는 설비가 있는 저장시설
4) 지붕 또는 외벽이 불연재료가 아니거나 내화구조가 아닌 공장 또는 창고시설
   ① 물류터미널 중 바닥면적의 합계가 2,500[m^2] 이상이거나 수용인원이 250명 이상인 것
   ② 창고시설(물류터미널은 제외) 바닥면적의 합계가 2,500[m^2] 이상인 것
   ③ 천장 또는 반자의 높이가 10[m]를 넘는 랙식 창고로서 바닥면적의 합계가 750[m^2] 이상인 것
   ④ 공장 또는 창고시설 중 특정소방대상물의 지하층 · 무창층 또는 층수가 4층 이상인 것 중 바닥면적이 500[m^2] 이상인 것

⑤ 공장 또는 창고시설 중 지정수량의 500배 이상인 특수가연물을 저장·취급하는 시설

02 방재 특성

(1) 건축 특성
1) 운송기 및 물품적재 등으로 방화구획이 어려운 대규모의 개방공간
2) 건축자재로 샌드위치 패널(복합자재) 등을 사용하는 경우가 많다.

(2) 거주자 특성
1) 비상주 공간 : 사람이 거주하지 않으므로 화재발견이나 조치가 지연된다.
2) 사람 이동통로 등 피난에 대한 대비가 떨어진다.

(3) 연소 특성
1) 층고가 높아 화재 감지 및 스프링클러(S/P)의 작동시간이 길어진다.
2) 화재하중이 크고, 연소속도가 빠르다.
3) 초기 화재단계를 지나 심부화재로 발전되면 화재진압이 어렵다(적재더미 붕괴).
4) 화재의 60[%]가 오후 6시 이후에서 오전 6시로, 관계자의 부재중에 많이 발생(감지 및 초기 대응 지체)한다.
5) **화재는 송기공간(Flue Space)에 도달할 때까지 적재 공간 아래로 이동한 후 당해 송기공간으로 올라가면서 크게 확대된다.**

송기공간 : 랙을 일렬로 나란하게 맞대어 설치하는 경우 랙 사이에 형성되는 공간(사람이나 장비가 이동하는 통로는 제외)이다.

(4) 소화 특성
1) 발화시점을 제외하고는 인력 소화가 거의 불가능하다.
2) 창고 외부에서 주수가 어렵다. 도난방지 목적으로 외부 창이 없기 때문이다.
3) 헤드의 방수로부터 차폐되는 구역이 많다.
4) 저장물 때문에 화재지점에 정확한 주수가 곤란하다.
5) 건너뛰기(skipping)가 발생할 우려가 있다.

03 고려사항

(1) 저장물질의 화재 성상
1) 발화의 난이도

2) 화염전파속도

3) 열방출률(HRR)

(2) 적재방법

1) 적재높이

2) 통로 폭

3) 적재상태

(3) 건축물 구조 및 내외장재

04 대책

(1) 예방

1) 물품의 저장 및 관리 철저

① 저장물품의 양과 종류, 위험성을 파악[물질안전데이터표(MSDS), 위험물질명세서]한다.

② 상호 혼합 때문에 위험해질 수 있는 물품은 별도로 분리하여 저장한다.

③ 발화위험이 있는 물질은 방화구획된 별도의 장소에 저장한다.

2) 발화원 관리 철저

① 용접, 전기적 단락, 나화, 자연발화 등의 점화원 관리

㉠ 용접 불똥의 온도 : 400 ~ 500[℃]

㉡ 1[m]의 높이에서 용접 불똥의 이동거리 : 수평반경 1.5[m]

② 난방용 덕트 또는 조명설비와는 안전거리를 유지한다.

③ 과열차단장치, 가스차단장치를 설치한다.

④ 방화에 대비한 CCTV, 보안시설을 설치한다.

⑤ 흡연금지를 한다.

3) 유휴 팔레트(pallet) 연소특성

① 연소하기 좋게 표면적이 크고 공기를 원활하게 공급한다.

② 작은 점화원에 의해서도 쉽게 착화한다.

③ 닳고 쪼개진 가장자리와 잘 마른 상태로 인하여 쉽게 발화한다.

④ 방수차폐 : 소화장애 요인

⑤ 가능한 한 옥외에 저장한다.

4) 산소 저감 시스템

① 대상 : 무인화된 높은 창고 또는 냉동창고 등

② 산소농도를 일정농도로 낮추어 화재를 예방한다.

5) 송기공간의 확보

① 길이방향 송기공간(Longitudinal Flue Space) : 적재방향과 수직을 이루는 적재물의 열 사이 0.6[m] 공간

㉠ 적재 높이 7.6[m] 이하의 2열 및 다열 개방형 랙크에 적재된 클래스Ⅰ, Ⅱ, Ⅲ, Ⅳ 및 그룹 A 플라스틱 물품의 경우, 길이방향 송기공간은 필요하지 않는다.

㉡ 적재 높이 7.6[m]를 초과하는 2열 랙크에 적재된 클래스Ⅰ, Ⅱ, Ⅲ, Ⅳ 및 그룹 A 플라스틱 물품의 경우, 공칭 0.15[m]의 길이방향 송기공간을 확보하여야 한다.

② 가로방향 송기공간(Transverse Flue Space) : 적재 방향과 평행한 적재물 열 사이의 간격으로써, 1열, 2열, 그리고 다열 랙크에는 적재물과 랙크 기둥 사이에 0.15[m]의 가로방향 송기공간을 확보하여야 하며, 송기공간의 폭 또는 수직 배열은 임의로 변경할 수 있다.

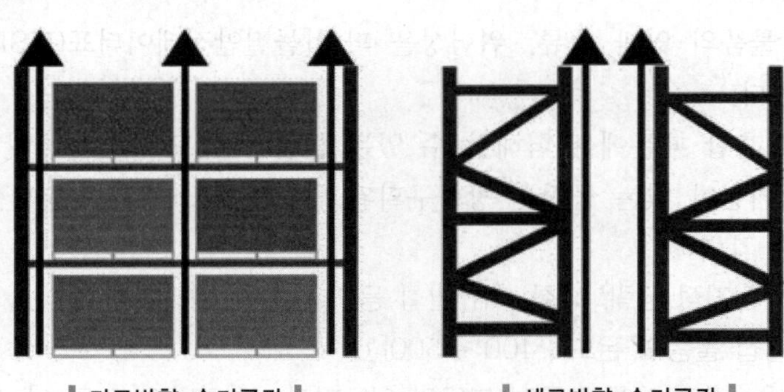

▌가로방향 송기공간▐ ▌세로방향 송기공간▐

(2) 경보설비

1) 조기감지, 초기 소화를 위해 연기감지기를 설치한다.

2) 20[m] 이상의 높이 : 불꽃감지기, 광전식 아날로그형을 설치한다.

(3) 소화설비

1) ESFR

① 현재 적용 가능한 창고 천장 높이는 13.7[m], 천장 경사도는 $\frac{2}{12}$ 이하

② 최소 작동압력 – 최소개수 설계방식

저수량 : $12 \times 60 \times K\sqrt{10p}$

여기서, K : 상수[L/min/MPa$^{1/2}$]

③ 습식만 설치가 가능하다.

④ ESFR은 코드(code)에 적합한 설계가 필요 : 만일 규정에 벗어나는 설치를 한 경우에는 설치목적인 화재진압은 고사하고 화재제어도 기대하기 어렵다.

⑤ 고려사항

㉠ 충분한 살수밀도를 유지하여야 한다.

㉡ 헤드 간 충분한 간격을 유지하여야 한다(스키핑 방지).

㉢ 오작동을 방지하기 위해 천장 높이에는 충분한 냉각상태를 유지한다.

⑥ 수동사용이 가능한 호스 접결구 : 배관에 설치된 접결구에 호스를 연결하여 차폐된 곳을 잔화 진화에 사용한다.

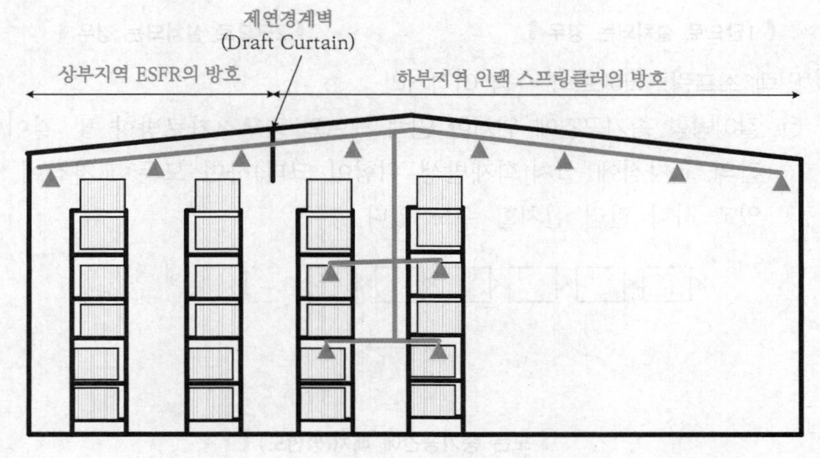

▌랙식 창고의 방호 ▌

2) 랙식 스프링클러

① NFPA에서는 천장에 설치하는 헤드는 랙 내 헤드에 비해 높은 온도의 것을 설치하도록 권장한다. 랙식 창고의 천장 헤드는 랙 내 헤드보다 먼저 작동할 가능성이 있기 때문이다.

② 차폐판(water shield)을 설치하도록 권장하는데 천장면 헤드가 먼저 동작하면 랙 내 헤드가 물에 젖어 작동되지 않을 수 있다.

③ 인랙 스프링클러헤드의 수직 이격거리

㉠ 1단으로 설치되는 경우 : 적재높이의 1/2 지점 또는 그 상부에서 첫 번째 단에 위치하도록 설치

㉡ 2단으로 설치되는 경우 : 적재높이의 1/3 지점 및 2/3 지점 또는 그 상부에서 첫 번째 단에 위치하도록 설치

㉢ 인랙 스프링클러헤드의 반사판과 그 아래에 있는 적재물 상단 사이에 최소 수직 이격거리 : 150[mm] 이상

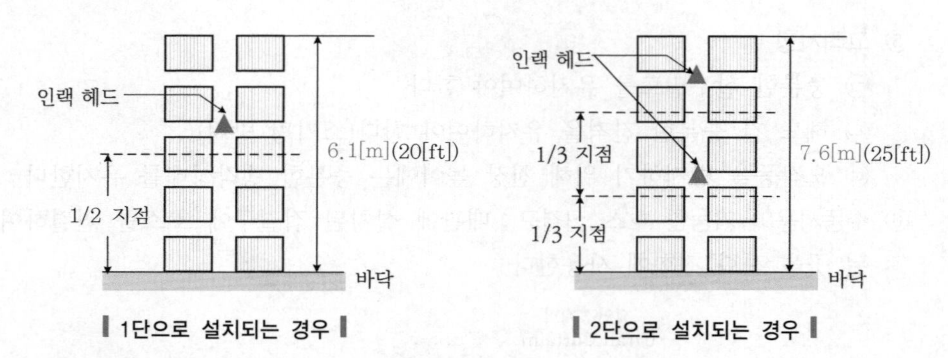

▌1단으로 설치되는 경우▐ ▌2단으로 설치되는 경우▐

④ 인랙 스프링클러헤드의 수평 이격거리

㉠ 길이방향 송기공간에 위치한 인랙 헤드의 경우 : 가로방향 및 길이방향 송기공간의 교차점에 설치(화재발생 위험이 크다)하며 모든 교차점에 설치할 수도 있고 하나 걸러 설치할 수도 있다.

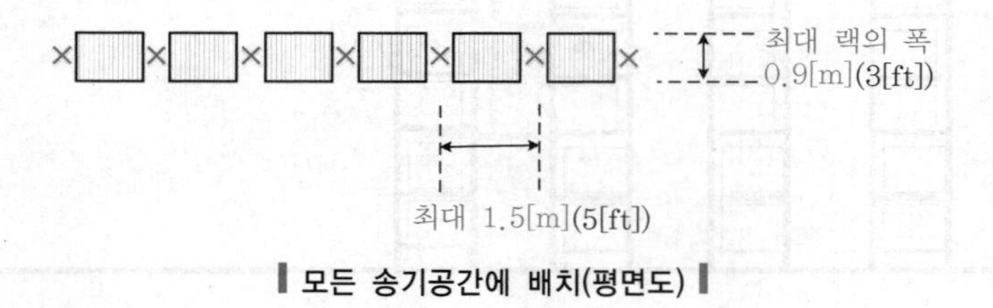

▌모든 송기공간에 배치(평면도)▐

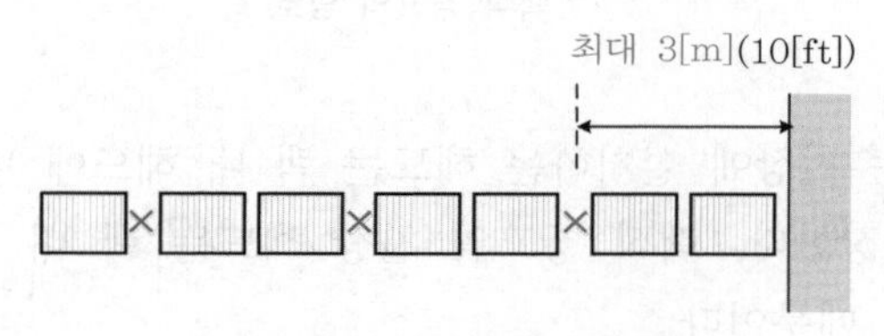

▌하나 걸러 배치(평면도)▐

㉡ 더 이상 교차점이 없는 경우 : 유효한 가로방향 송기공간 사이의 길이방향 송기공간을 따라 배치한다.

㉢ 가로방향 송기공간이 없는 경우 : 랙 안팎으로 이동하는 상품에 의해 파손될 가능성이 가장 낮은 위치에 설치한다.

㉣ 인랙 스프링클러헤드 사이에는 헤드 간 최소 거리가 없다. 일반적으로 최소 1.8[m]의 간격으로 인랙 헤드를 설치한다.

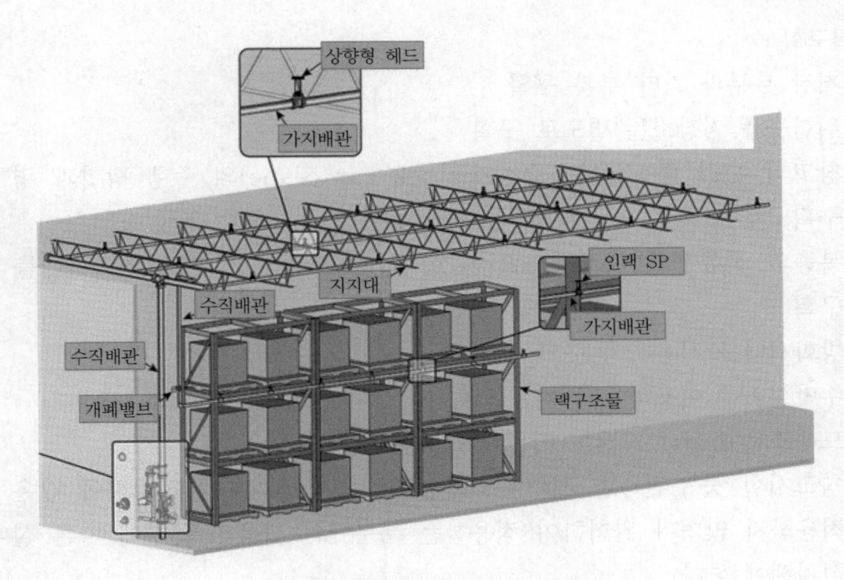

▌인랙 스프링클러 설치 예[48] ▌

3) 고팽창포

① 고팽창포가 창고를 채워 질식 소화하는 데 대규모 창고는 곤란하다.

② 적재물의 훼손 우려가 있다.

③ 공간을 빠르게 채워서 질식하므로 신속한 소화가 가능하다.

(4) 배연구(venting) 설치 제한

1) ESFR의 경우(NFTC)

① 공기의 유동으로 인하여 헤드의 작동온도에 영향을 주지 않는 구조

② 화재감지기와 연동하여 동작하는 자동식 환기장치

㉠ 원칙 : 설치하지 아니할 것

㉡ 예외 : 자동식 환기장치를 설치할 때는 최소 작동온도가 180[℃] 이상이어야 한다.

2) NFPA 13의 기준

① 수동식 또는 자동식 배기구의 작동온도 : 스프링클러헤드보다 높은 온도

② 스프링클러헤드의 방호기준은 지붕 배기구와 방연커튼이 화재 시에는 작동되지 않는다는 가정에서 설계된 것이다.

③ ESFR은 고온 등급, 표준반응형 작동방식 : 자동식 열 또는 연기 배기구가 설치된 건물에 사용한다.

④ ESFR의 경우는 방연커튼이 설치된 장소에는 설치금지 : 방연커튼이 ESFR의 작동을 왜곡시킬 수 있기 때문이다.

48) Automatic Sprinkler Systems Handbook 2019 EXHIBIT 25.3 In-Rack Sprinklers Occupying Only Portion of Area Protected by Ceiling Sprinklers. (Courtesy of Stephan Laforest)

(5) 방화구획

1) 저장 부분과 기타 부분 구획
2) 위험물품 저장소는 별도로 구획
3) 창고의 폭이 큰 경우는 승강기(stock car crane)의 주행 방향과 평행하게 방화구획
4) 복층의 물류센터면 스팬드럴을 설치하여 복층의 상부로 연소확대를 방지하도록 구획
5) 방화셔터를 사용하여 구획
6) 수막설비를 이용하여 구획
7) 드래프트(draft) 커튼을 이용하여 방연구획
8) 창고시설 중 「건축법 시행령」 제46조 제2항 제2호에 해당하여 같은 방화구획을 적용하지 않거나 완화하여 적용하는 부분에는 다음의 구분에 따른 설비를 추가로 설치해야 한다.
   ① 개구부의 경우 : 화재안전기준을 충족하는 설비로서 수막(水幕)을 형성하여 화재 확산을 방지하는 설비
   ② 개구부 외의 부분의 경우 : 화재안전기준을 충족하는 설비로서 화재를 조기에 진화할 수 있도록 설계된 스프링클러설비

제46조 제2항 제2호 : 물품의 제조 · 가공 및 운반 등(**보관은 제외**한다)에 필요한 고정식 대형 기기(器機) 또는 설비의 설치를 위하여 불가피한 부분. 다만, 지하층인 경우에는 지하층의 외벽 한쪽 면(지하층의 바닥면에서 지상층 바닥 아래면까지의 외벽 면적 중 4분의 1 이상이 되는 면을 말한다) 전체가 건물 밖으로 개방되어 보행과 자동차의 진입 · 출입이 가능한 경우로 한정한다.

(6) 기타

1) 수손 피해가 우려될 때는 받침대 등으로 바닥에서 10[cm] 이상 이격하고 배수설비 설치
2) **통로** : 연소확대 방지, 소화활동, 물품 반출 등을 위하여 충분한 공간확보(NFPA : 최소 2.4[m] 이상)
3) **물을 흡수하여 팽창하는 물품** : 벽과 이격(팽창 시 전도 우려)
4) 성능 내화시간을 기준으로 철저한 내화구조를 실현하여야 한다.

(7) 성능위주설계에서 물류창고 및 창고형 판매시설에 요구되는 소방시설

구분	적용기준
소화설비	가연물의 종류, 양, 적재방법 등 물류창고 위험등급을 고려, 스프링클러설비 설치 ① (헤드) 라지드롭(k-factor 115 ~ 160) 또는 조기진압용 헤드(ESFR k factor 200 ~ 360) 적용 ② (헤드배치) 랙식 창고는 랙 단마다 인랙 스프링클러헤드 적용(단, ESFR 적용 시 제외) ③ (기준개수) 라지드롭(k-factor 115 ~ 160) : 30개 조기진압형 헤드(ESFR k-factor 200 ~ 360) : 12개 ④ (수원용량) 120분
경보설비	① 화재 조기감지, 위치확인 및 비화재보 방지를 위한 공기흡입형 감지기 등 특수감지기 설치 ② 조기 안내방송을 위한 비상방송설비 성능 강화(음향 : 1[W] → 3[W])
피난설비	랙식 창고 랙 통로 부분 축광식 피난유도선 또는 랙부착 유도등 설치로 피난설비 인지도 향상
방화시설	방화구획 완화 제한(건축법령), 드렌처(수막설비) 도입 등 ① 3,000[m^2]마다 내화구조의 벽으로 구획(불가피한 경우 방화셔터) ② 물류창고 자동화설비(컨베이어밸트, 수직반송장치 등) 방화구획 성능강화
기타	① 물류창고 밀집지역 상수도 소화용수 확보 ② 물류창고 주위 소방활동공간 확보(위험물 보유공기 개념) ③ 물류창고 20[A] 이하의 분기회로에 전기 아크차단기 설치 권고 ④ 물류창고 등 취약시설에는 화재안전콘센트 사용 권고

1. **화재안전콘센트** : 먼지와 습기에 의해 아크, 과부하, 트래킹 등의 원인으로 인한 화재발생 시 열 및 불꽃을 감지하고 자동적으로 소화하는 콘센트
2. **면포, 두루마리 창고**
   ① 급속한 화재 확산, 높은 가연물 하중을 가지고 있다.
   ② 빠르게 확산하는 전실화재 가능성이 커서 설계 시 방호면적을 크게 한다.
   ③ 심부화재를 진압할 수 있는 지속적인 소화용수 공급이 필요하다.
   ④ 고온도 등급 헤드를 사용(속동형 헤드는 사용할 수 없음)
3. **고소의 화재위험(high challenge fire hazard)**
   ① 높게 적재된 가연성 창고 내에서 발생하는 화재위험
   ② 고소(高所) : 일반적인 화재제어 또는 화재진압을 위해 경·중·상급 위험용도에 필요한 것 이상의 강화된 규정이 필요하다는 의미를 내포하고 있다.
   ③ 높게 쌓아서 저장(high-piled storage)하는 높이가 3.7[m]를 초과하는 밀집 적재 창고
4. **고무 타이어 창고**
   ① 특징
   ㉠ 화재위험이 대단히 크다.
   ㉡ 빈 공간이 많아 연소 시 충분한 공기가 공급될 수 있다.
   ㉢ 타이어 내부 표면에서 연소하는 화재는 스프링클러(S/P)헤드의 방수로부터 차폐
   ② 적재높이 및 적재형태가 중요

③ 고무타이어 창고의 내부기둥(or)

㉠ 내화처리 철골 기둥을 설치

㉡ 인랙 스프링클러, ESFR, CMSA

④ 수원공급

㉠ 스프링클러(CMSA)와 포소화설비의 소요수량에 추가적으로 옥내소화전 3시간 이상 수원확보

㉡ ESFR의 소요수량에 추가적으로 옥내소화전 1시간 이상 수원확보

⑤ 인랙 스프링클러설비

㉠ 인랙 스프링클러헤드의 최대 수평 배치간격 : 8[ft](2.4[m]) 이내

㉡ 소요수량 : 수리학적으로 가장 멀리 있는 스프링클러헤드 12개 동시 작동을 기준

㉢ 방수압력 : 30[psi](2.1[bar]) 이상

⑥ 살수밀도의 감소 : 고팽창포소화설비가 설치된 경우 스프링클러헤드의 살수밀도를 표에 명시된 살수밀도 또는 0.24[gpm/ft^2](9.78[mm/min]) 중 보다 높은 값의 $\frac{1}{2}$로 감소시킬 수 있다.

05 창고화재안전기술기준

소방시설		설치내용
소화기구		1) 설치대상 : 창고시설 내 배전반 및 분전반 2) 가스, 분말, 고체 자동소화장치 또는 소공간용 소화용구
옥내소화전		1) 저수량과 비상전원 용량 기존 특정소방대상물 대비 2배 ① 수원 : 5.2[m^3](2.6[m^3]×2)×N(max 2) ② 비상전원 ㉠ 종류 : 자가발전설비, 축전지설비(내연기관에 따른 펌프를 사용하는 경우에는 내연기관의 기동 및 제어용 축전지를 말함) 또는 전기저장장치 ㉡ 용량 : 40분 이상 2) 사람이 상시 근무하는 물류창고 등 동결의 우려가 없는 경우 : 건식 설치 규정 제외(습식 설치)
스프링클러	방식 - 일반창고	1) 습식 : 라지드롭형 스프링클러헤드 2) 예외 : 건식설비 설치가능 ① 냉동창고 또는 영하의 온도로 저장하는 냉장창고 ② 창고시설 내에 상시 근무자가 없어 난방을 하지 않는 창고시설
	방식 - 랙식 창고	1) 라지드롭형 스프링클러헤드 : 3[m]마다 설치 2) 예외 : 수평거리 15[cm] 이상의 송기공간이 있는 랙식 창고는 송기공간에 설치 가능 3) 적층식 랙 : 면적을 방호구역 면적에 포함한다. 4) 13.7[m] 이하 랙식 창고 : 화재조기진압용 스프링클러설비 설치가능
	수원	1) 라지드롭형 스프링클러 : N(max 30개)×3.2[m^3](160[L/min]×20[min]) 2) 랙식 창고 : 라지드롭 헤드 : N(max 30개)×9.6[m^3](160[L/min]×60[min]) 3) 화재조기진압용 스프링클러설비를 설치하는 경우 : $Q=12\times60\times K\sqrt{10P}$

소방시설	설치내용	
스프링클러	가압송수장치	1) 스프링클러 송수량 : 160[L/min]× N 2) 스프링클러 방수압력 : 0.1[MPa] 3) 화재조기진압용 스프링클러설비 : 화재조기진압용 SP의 방사량(Q) 및 헤드선단의 압력(0.1 ~ 0.52)을 충족할 것
	가지배관의 헤드수	1) 4개 이하(반자 아래와 반자 속에 병설하는 경우는 반자 아래의 헤드 수) 2) 예외 : 화재조기진압용 스프링클러설비
	라지드롭형 헤드의 수평거리	1) 특수가연물을 저장 또는 취급하는 창고 : 1.7[m] 이하 2) 그 외의 창고는 2.1[m](내화구조로 된 경우에는 2.3[m]) 이하
	화재조기진압용 스프링클러헤드의 수평거리	「화재조기진압용 스프링클러설비의 화재안전기술기준(NFPC 103B)」 2.7(헤드)에 따라 설치할 것
	드렌처설비	방화구획이 적용되지 아니하거나 완화 적용되어 연소할 우려가 있는 개구부
	비상전원	1) 종류 : 자가발전설비, 축전지설비(내연기관에 따른 펌프를 사용하는 경우에는 내연기관의 기동 및 제어용 축전지를 말한다) 또는 전기저장장치 2) 용량 : 20분(랙식 창고의 경우 60분) 이상
자동 화재탐지	감지기	1) 일반 : 주소형 감지기 2) 스프링클러 설치대상(바닥면적 합계 5,000[m²] 이상(물류터미널 제외)) : 아날로그방식의 감지기, 광전식 공기흡입형 감지기 또는 이와 동등 이상의 기능 · 성능이 인정되는 감지기
	신호처리방식	유선식, 무선식, 유 · 무선식
	경보방식	일제경보방식
	비상전원용량	감시상태를 60분간 지속 후 30분 이상 경보
	비상전원	축전지, 전기저장장치
비상방송	확성기 음성입력	실내 · 외 3[W]
	화재경보방식	일제경보방식
	비상전원용량	감시상태를 60분간 지속 후 30분 이상 경보
유도등	피난구유도등과 거실통로유도등	대형
	피난유도선	1) 설치대상 : 연면적 1만 5천[m²] 이상인 창고시설의 지하층 또는 무창층 2) 설치기준 ① 광원점등방식으로 바닥으로부터 1[m] 이하의 높이에 설치 ② 각 층 직통계단 출입구로부터 건물 내부 벽면으로 10[m] 이상 설치 ③ 화재 시 점등되며 비상전원 30분 이상 ④ 피난유도선은 소방청장이 정하여 고시하는 「피난유도선 성능인증 및 제품검사의 기술기준」에 적합한 것으로 설치
소화수조 및 저수조	저수량	특정소방대상물의 연면적을 5,000[m²]로 나누어 얻은 수(소수점 이하의 수는 1로 본다)에 20[m³]를 곱한 양 이상

적층식 랙(mezzanine floor rack) : 한국산업표준규격(KS)의 랙 용어(KS T 2023)에서 정하고 있는 선반을 다층식으로 겹쳐 쌓는 랙

▌적층식 랙 ▌

SECTION 097

랙식 창고(rack warehouse)

125 · 106 · 86회 출제

01 개요

(1) 중 · 고층 선반을 입체적으로 배치하고 선반 사이를 주행하는 승강기와 집차를 이용하여 자동으로 입 · 출고할 수 있는 창고로서, 팔레트(pallet)와 팔레트(pallet) 사이의 공간이 있어 가연물과 공기가 아주 적절하게 섞인 위험물 창고를 랙식 창고라고 한다.

(2) **랙식 창고의 정의(「소방시설 설치 및 관리에 관한 법률 시행령」 [별표 3])**
반자까지의 높이가 10[m]를 넘는 것으로 선반 또는 이와 유사한 것을 설치하고 승강기 등에 의하여 수납물을 운반하는 장치를 갖춘 창고

▌랙식 창고[49] ▌

49) STRATEGIC OUTCOMES PRACTICE. October 2011 www.willis.com에서 발췌

02 종류

구분	빌딩식 랙	유닛식 랙
형태		
특징	① 지붕, 벽과 일체형 ② 무인창고 ③ 스태커크레인 이용한 물품 입반출 ④ 대형보관 시스템 ⑤ 고층(20 ~ 30[m])이 일반적 ⑥ 건물로 건축법 적용	① 지붕, 벽과 분리 ② 스태커크레인 이용한 물품 입반출 ③ 일반 창고 또는 공장 건물 내 부분설치가 많음 ④ 기존 건물 내에 설치하는 경우가 많음 ⑤ 전용건물 내에 설치할 때는 무인창고인 경우가 많음 ⑥ 높이 10[m] 전후가 일반적
구분	유동랙	이동랙
형태		
특징	① 지붕, 벽과 분리형 ② 포크리프트 이용한 물품 입반출이 일반적 ③ 높이 10[m] 이하가 일반적 ④ 싱글 랙, 더블 랙의 구별이 없음	① 지붕, 벽과 분리형 ② 포크리프트 이용한 물품 입반출이 일반적 ③ 높이 10[m] 이하가 일반적 ④ 선반이 바닥 레일로 이동

03 특성

(1) 건축 특성

1) 대공간 : 건축물 설치 목적상 방화구획이 곤란하다.

2) 내화 피복이 되지 않은 가구식 철골구조인 경우 내열성이 취약(강재온도 538[℃]일 경우 항복강도 $\frac{1}{2}$로 저하)하다.

3) 팔레트(pallet)의 재질 : 대부분을 목재 또는 플라스틱(가연성 물질)을 사용한다.

4) 팔레트(pallet)의 사용

① 더 많은 물건을 쌓을 수 있다(화재하중이 큼).

② 공기의 유동이 좋아 연소확대 및 연소속도가 빠르다.

5) 층고가 높다 : 화재의 감지가 지연되고 축연이 된다.

6) 무창층 공간$\left(\frac{1}{30}\text{ 이하}\right)$이 된다.

7) 상부랙 화재 시 천장을 직접적으로 가열하여 붕괴위험이 높다.

8) 샌드위치 패널

① 가연성 단열재의 패널을 사용 : 폴리스티렌폼 패널 및 우레탄폼 패널 사용(화재하중, 독성가스 다량 발생)

② 불연성 패널을 사용 : 비용의 증가로 제한적으로 사용된다.

9) 랙커차 충전장치 : 배터리 및 충전장치의 화재 위험성

(2) 연소 특성

1) 모든 측면에서 화재에 공기의 유입이 가능한 구조 : 연료지배형 화재

2) 적재 더미가 붕괴 시 내부는 심부화재(재발화)가 발생한다.

3) 속이 가득 찬 적재 더미와 같이 적재된 물품은 전복되지 않고 가연물의 지속적인 공급이 가능(화재하중이 큼)하다.

4) 연소확대속도가 빠르다.

(3) 거주자 특성

1) 비상주 지역

2) 사람의 이동이나 피난경로에 대한 고려가 상대적으로 작다.

04 NFPA 13(2019)

(1) 랙식 창고의 경우 IBC 'R-3, U 용도를 제외한 모든 용도 중 높이가 55[ft](16.174[m]) 이상인 건물 전체'에 해당되어 거의 대부분의 스프링클러설비의 대상이 된다.

(2) NFPA 101(인명안전코드)과 NFPA 13에 의해 랙식 창고는 High-piled storage로 분류되어 Extra Hazard Group 1에 해당되어 설계자가 해당 창고에 맞는 스프링클러설비를 설계할 수 있다.

(3) 랙식 창고에 설치하는 소화설비

1) CMSA 스프링클러헤드

2) ESFR

(4) 플라스틱으로 팔레트와 선반을 사용하여 저장하는 경우는 열방출률이 커서 표준형 헤드의 적용이 곤란하다.

(5) 건물기둥이 내화처리되지 않고, 적재높이가 15[ft](4.6[m])를 초과하는 경우에 랙식 구조물 내의 건물기둥 또는 하중을 지지하는 수직랙 부재의 방호[50)]

1) 철골기둥의 한쪽 면을 향하여 15[ft](4.6[m])의 높이에 설치된 측벽형 스프링클러헤드

2) 15[ft](4.6[m]) 초과 20[ft](6.1[m]) 이하의 적재높이 : 2,000[ft^2](186[m^2]) 이상의 면적에 아래의 살수밀도를 가진 일반온도등급 74[℃] 또는 고온도 등급 141[℃]의 스프링클러헤드

등급	통로 폭	
	1.2[m]	2.4[m]
	살수밀도[L/min · m^2]	
Class 1	15.1	13.5
Class 2	17.9	15.1
Class 3	20.0	17.1
Class 4	27.7	23.2

3) 랙식 창고 설치기준

구분	내용
랙의 배열	단일랙, 이중랙, 다중랙
저장상품의 종류	Class 1, Class 2, Class 3, Class 4, 플라스틱 상품(발포 및 비발포), 고무제품 등
상품의 적재높이	3.7[m] 초과 7.6[m] 이하, 7.6[m] 초과
층고의 최대 높이	7.6[m], 9.1[m], 10.7[m], 12.2[m], 13.7[m] 이하
랙의 선반	구멍이 뚫린 것, 막힌 것

(6) 기타 NFPA 규정

1) 수평 방화장벽 : 화재의 수직 확산을 방지하기 위하여 인랙 스프링클러헤드와 함께 설치되는 금속판, 목재, 또는 이와 유사한 재료로 제작된 수평 방화장벽은 랙의 전체 길이 및 폭까지 연장하여 설치한다.

2) 수직 방화장벽

① 두께 10[mm]의 합판이나 하드보드, 또는 0.78[mm]의 금속판과 동등한 재질의 밀폐형 수직 방화장벽이 랙의 한쪽 끝에서 다른 끝까지 설치한다.

② 양면 선반에 적재된 그룹 A 플라스틱 물품(판지상자 포장, 비발포형) 창고 및 그룹 A 플라스틱 물품(비포장, 발포형)의 랙식 창고에 전체적으로 설치한다.

3) 감지기를 각 통로 위의 천장 및 랙의 중간 높이에 설치 : 발생 초기 단계에서 랙에 갇힌 연기를 감지

50) NFPA 13 16.1.4.1

05 워싱턴주 코드

(1) 스프링클러

1) 화재조기진압용(ESFR) 스프링클러 설치와 인랙 스프링클러를 함께 설치한다.
2) 모든 스프링클러헤드 아래에 최소 0.45[m]의 공간이 있어야 한다. 최소 공간이 없으면 물의 흐름을 차단하고 창고 보호기능을 손상시킬 수 있다.

(2) 공간확보

1) 팔레트 사이의 공간 확보 : 팔레트에 물건을 보관하는 경우 각 팔레트의 모든 측면에 7.62[cm]의 가로공간을 유지하고 연속된 열 사이에 15.24[cm]의 세로 굴뚝공간(적재물과 적재물 사이의 공간)을 유지해야 한다.
2) 랙이 있는 팔레트를 사용하여 물건을 보관하는 경우 모든 랙의 양쪽에 최소 7.62[cm]의 '가로 굴뚝 공간'을 유지한다. 가로 굴뚝 공간은 랙이 설치된 팔레트의 양쪽에 있는 공간을 나타낸다. 또한, 15.24[cm]의 세로 굴뚝 공간 또는 연속된 랙 열 사이의 공간을 유지해야 한다.
3) 창고가 위의 굴뚝 공간 요구 사항을 충족하는 경우 랙 내 스프링클러 시스템을 설치할 필요가 없다. 그러나 견고한 데크 및 선반을 사용하여 랙을 설치하는 경우, 굴뚝 공간 유지를 방지하는 보관구성을 사용하는 경우, 고위험 물질을 보관하는 경우 또는 보관 높이가 12.2[m] 이상에 도달하는 경우 인랙 화재 스프링클러 시스템을 강력히 권장한다.

(3) 피난

1) 창고의 막다른 골목은 반드시 기록해야 하며 길이가 15.24[m]를 초과할 수 없다.
2) 단단한 쌓인 바닥 보관시설에서는 적어도 매 30.48[m]마다 통로공간을 유지해야 하며, 보관장소가 벽에 붙어 있는 경우에는 해당 벽에서 15.24[m] 이내로 통로공간을 유지해야 한다. 기본적으로 이것은 단단한 쌓인 바닥 저장소가 있는 모든 장소가 통로에서 15.24[m] 이내에 있어야 함을 의미한다.
3) 창고에 수동으로 재입고하는 경우 장애물이 없는 최소 통로 너비를 0.6[m] 또는 절반 중 더 큰 너비로 유지해야 한다.
4) 기계적 재입고 중에는 최소한 1.1[m]의 장애물이 없는 통로를 유지해야 한다.
5) 흡연은 창고에서 절대 허용돼서는 안 된다. 시설 전체에 '금연' 표지판을 게시하여야 한다.
6) 액체 프로판 연료 실린더는 화재 출구에서 최소 6[m] 떨어진 곳에 보관해야 하며 보관시설당 136[kg]으로 제한된다. 프로판 탱크를 계산할 때 실린더가 가득 찬 것으로 간주한다. 이보다 더 많은 연료를 저장해야 하는 경우 저장 위치가 91.44[m] 이상 떨어져 있는지 확인한다.

06 일본 규정

(1) 수원과 가압송수량

1) 수원 : 아래 표의 감도종별란의 수치에 수량란의 수량을 곱해 얻은 양 이상의 양 (건식은 1.5배)

등급	감도종별		수량		인랙헤드 설치높이
	1종	1종 이외	차폐판 없음	차폐판 있음	
Ⅰ(위험물)	24	30	3.42[m³]	–	4[m]
Ⅱ(위험물)	24	30		–	8[m]
Ⅲ(위험물)	24	30		2.28[m³]	8[m]
Ⅳ(기타)	16	20			12[m]

2) 가압송수량 : 감도종별란의 수치에 130[L/min]을 곱하여 얻은 양 이상

(2) 헤드 설치기준

1) 헤드의 종류

방화대상물의 부분	종류
1,000[m²] 미만 또는 천장까지의 높이가 3[m] 미만	폐쇄형 스프링클러헤드 중 소구획형 헤드
1,000[m²] 이상 또는 천장까지의 높이가 3[m] 미만	폐쇄형 스프링클러헤드 중 소구획형 헤드 또는 표준형 헤드
1,000[m²] 미만 또는 천장까지의 높이가 3[m] 이상 10[m] 이하	폐쇄형 스프링클러헤드 중 소구획형 헤드 또는 개방형 스프링클러헤드
1,000[m²] 이상 또는 천장까지의 높이가 3[m] 이상 10[m] 이하	폐쇄형 스프링클러헤드 중 소구획형 헤드 또는 표준형 헤드 또는 개방형 스프링클러헤드
방화대상물 또는 천장까지의 높이가 10[m]를 넘는 부분	방수형 헤드 등

1. **소구획형 헤드** : K50, r2.6, 13[m²](벽면을 적시는 소구획으로 국내의 간이SP와 유사)
2. **방수형 헤드** : 아트리움이나 전시장 등, 고천장 부분(10[m]를 넘는 부분, 판매점포 등은 6[m]를 넘는 부분)에 설치하는 스프링클러설비로 벽면 또는 천장면에 설치된 고정식 헤드에서 일제히 방수하는 방식과 방수총 등 방수범위를 바꿀 수 있는 가동식 헤드를 이용한 방식이 있다. 방수총 형태라 방수형 헤드라고 한다.

2) 헤드의 구경 : 20[mm](예외 : 헤드가 15[mm]인 경우는 114[L/min] 이상 또는 Ⅳ등급으로 수납물 및 수납용기 · 포장재 등이 모두 난연재료이며, 출화 위험이 현저하게 낮다고 인정되고, 또한 방수량을 80[L/min] 이상을 확보할 수 있는 경우)

3) 헤드의 감도종별은 랙 등의 부분 및 천장부분에서 각각 동일해야 한다.

4) 헤드의 방사압 : 0.1[MPa] 이상(헤드가 15[mm]인 경우는 0.203[MPa] 이상)

5) 랙에 설치하는 헤드 간 수평거리(R) : 2.5[m]

6) 랙의 기둥으로부터 0.8[m] 이상 이격

7) 보행통로에 면하는 부분의 헤드는 통로에서 0.45[m] 이내에 설치

8) 헤드의 디플렉터와 수납물의 수직거리 : 0.15[m] 이상

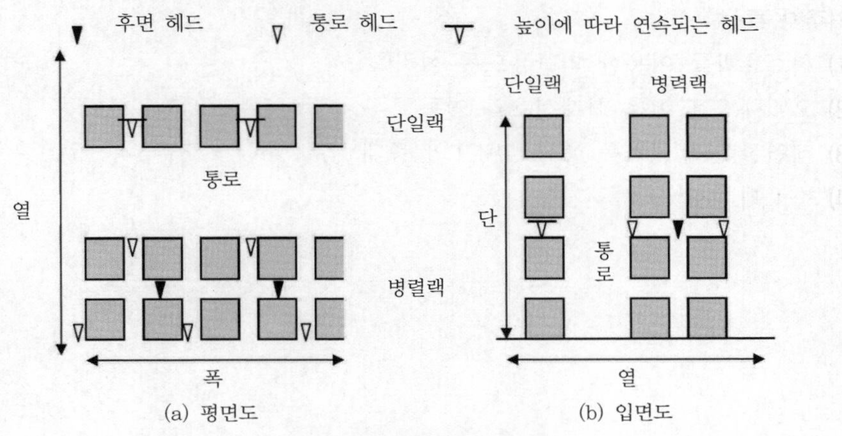

▌일본 규정에 따른 헤드 설치 예▐

07 국내 랙식 창고의 문제점과 개선방안

(1) 건축 특성

1) 방화구획을 강화

① 방화구획 설치

② 구획화가 곤란한 경우 : 불연성 천을 이용한 방화셔터, 금속 방화셔터, 수막설비 또는 병행설치

2) 가구식 철골구조의 내화피복 강화

3) 팔레트(pallet)의 재질 : 불연성 재질의 사용

4) 높은 층고 : 공기흡입형 감지기, 아날로그 감지기 등 고성능 감지기 사용

5) 개구부에는 연소방지를 위해 드렌처(drencher)설비 등의 설치

6) 샌드위치 패널 : 불연성 패널을 사용

(2) 연소 특성

1) 화재가혹도를 고려한 소방설비의 적용 : ESFR, CMSA(라지드롭형), 인랙형 스프링클러

2) 준비작동식 스프링클러는 2차측 감시가 곤란하므로 습식, 건식, 더블 인터록, 2차측 감시시스템 등을 검토

3) 1인 조작이 용이한 호스릴 옥내소화전의 설치
4) 넓은 면적의 감시를 위한 CCTV의 설치
5) 수원의 증대(기존 20분에서 60분 이상)
6) 성능위주의 소방설계 : 화재하중 및 가혹도를 고려
7) 랙커차 충전장치의 소화설비 : 대형 소화기 및 스프링클러설비

(3) 거주자 특성
1) 허스효과를 이용한 피난유도등 설치
2) 오버헤드 도어를 화재신호와 연동
3) 제연설비의 설치를 통한 ASET의 증대
4) 통로에 물건적치를 지양

SECTION 098

단열재(insulation material)

133회 출제

01 개요

(1) 단열의 정의

물체의 열 저항을 높여 열 흐름을 막거나 낮추어 주는 것이다.

(2) 단열의 목적

건축물의 내외부의 열 흐름을 막고 조절하여 쾌적한 환경을 조성하고 열손실을 방지하며 건축물의 내구성을 높이는 것이다.

(3) 단열성에 영향을 미치는 요인

1) 밀도 : 열전도율은 단열재의 밀도에 비례한다.
2) 흡수성 : 물을 흡수하면 열전도율이 크게 증가하여 단열성능이 저하된다.
3) 열전도율 : 단열재의 고유특성
4) 내열성 : 열에 의해 변형되거나 용융되면 단열성능이 저하된다.
5) 내구성 : 경년변화에 따른 열전도율의 변화가 작아야 한다.
6) 발포비 : 발포되어 사용되는 단열재는 발포비와 열전도율은 반비례한다.

02 단열재의 종류

(1) 비드법(EPS : Expanded Poly Styrene)

1) 비드라고 불리는 구슬 형태의 아주 작은 폴리스틸렌(PS) 알갱이를 수증기로 발포시켜 만드는 스티로폼

▌비드법에 의한 스티로폼▐

2) 발포 크기와 밀도에 따른 등급 구분(1 ~ 4등급) : 발포한 입자의 크기가 작을수록 밀도가 높고 열전도율이 우수하다.

3) 색에 따른 구분

구분	비드법	장점	단점
흰색 스티로폼	1종	경제적, 시공성 우수함	가연성, 고온에 약하여 불이 잘 번지고 표면에 틈이 많아 습기에 취약
회색 스티로폼(네오폴)	2종(1종에 흑연을 첨가)	① 열복사에 의한 축열능력을 개선하여 단열성능을 20[%] 이상으로 복원한 단열재 ② 불에 타지 않는 난연성 제품(화기에 노출되면 흰색 스티로폼같이 불이 번지지는 않고 녹아내림)	온도상승에 대한 휜 정도가 더 크므로 이 또한 반드시 7주 이상의 숙성과정이 필요함

(2) 압출보온판(XPS)

1) 폴리스틸렌을 압축해서 판재 모양으로 가공

2) 장단점

장점	단점
① 가장 낮은 열전도열로 단열성능 우수함 ② 습기 저항이 높아 부식에 강함 ③ 압축강도가 높아 내구성이 우수함	① 이음새 부분에 열교현상 발생 우려 ② 초기 열전도율은 시간이 지날수록 상승하므로 단열성이 저하됨 ③ 단열재 표면이 너무 미끄러워 미장 마감에 어려움 ④ 가연성

3) 사용처 : 지표면 아래, 습기가 많은 장소

4) 대표적 상표 : 아이소핑크

(3) E보드

1) 아이소핑크와 PP보드(플라스틱 판재)가 결합이 된 제품

2) 장단점

장점	단점
① 단열성능이 우수 ② 시공성이 용이	① 부직포 탈락이나 PP보드 탈락 및 기공 불량으로 하자 발생률이 높음 ② 보드 위에 도배지가 잘 붙지 않음

(4) 열반사 단열재

1) 복사 에너지를 반사해 열의 이동을 방해하는 단열재

2) 장단점

장점	단점
① 내외장재로 동시에 사용 가능 ② 표면이 알루미늄층으로 내구성과 내열성, 내진성, 방음성이 우수 ③ 두께가 얇음	① 단열재 표면과 외장재 사이에 일정 폭 이상의 중공층이 존재하도록 시공하여야 효과가 있음 ② 단독보다는 다른 단열재와 복합사용 시 효과 증대

3) 사용처 : 얇고 유연성이 우수하므로 곡면이나 불규칙한 벽체, 무거운 외장재가 설치된 장소

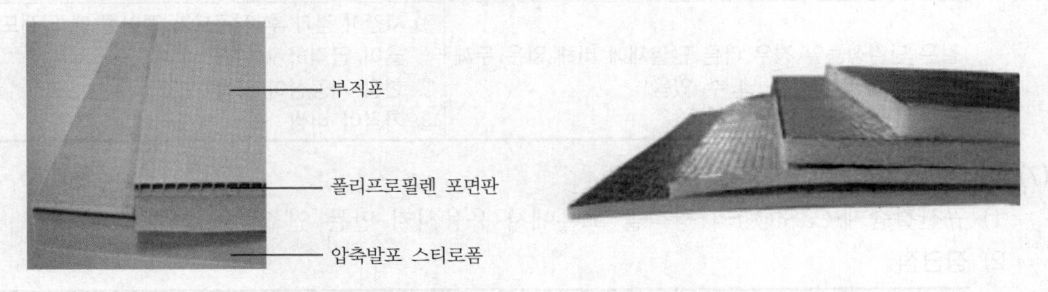

▌E보드의 구조▐ ▌열복사 단열재▐

(5) 인슐레이션(유리솜)

1) 폐유리를 고온에서 녹인 후 고속 회전력을 이용해 섬유처럼 만든 다음 일정한 크기로 성형한 무기질의 '광물섬유 단열재'이다.

유리솜 밀도 구분	열전도율[W/mK], 20[℃]
24K	0.037
32K	0.036
48K(난연 2급)	0.035
64K(내화 30분) ~ 74K(내화 1시간)	0.034

2) 두께

① 내화 30분 인증 : 75T, 100T, 125T(납품 후 인증서 발급)

② 내화 1시간 : 125T(납품 후 인증서 발급)

3) 장단점

장점	단점
① 다른 단열재에 비해 저렴하고 단열성능이 우수 ② 불연재(상태 유지의 한계온도는 약 350[℃] 이상이 되면 녹아내림) ③ 섬유 크기가 호흡기로 들어가기에는 큰 구조이고 유입되더라도 체내에서 용해되어 배출 ④ 가벼워 시공성이 우수함 ⑤ 가격이 저렴함	① 외관이 솜의 형태이기 때문에 시간이 지나면 아래로 쳐지거나 뭉쳐 복원이 안 됨 ② 유리조직이므로 맨손에 만지거나, 피부에 직접 닿을 경우는 악영향을 미칠 우려가 있음 ③ 습기를 머금을 수 있고 습기를 머금으면 단열성능이 급격히 저하됨(내단열에만 사용)

(6) 진공단열판(VIP)

1) 단열 판재 내부를 진공 상태로 만들어서 전도와 대류에 의한 열의 이동을 차단하고 단열 판재 표면을 열반사 단열재로 감싸서 복사열을 차단하는 원리

2) 장단점

장점	단점
같은 단열성능일 경우 다른 단열재에 비해 얇은 두께로도 같은 단열성을 낼 수 있음	① 시간이 경과 후 진공도가 떨어질 때 열전도율이 급격하게 상승 ② 현장 시공성이 나쁨 ③ 가격이 비쌈

(7) 미네랄울(암면)

1) 규산칼슘계($CaSiO_3$)의 광석을 고온에서 용융시켜 만든 인조광물 섬유 단열재

2) 장단점

장점	단점
① 시공성이 우수 ② 섬유가 유연하고 복원력이 우수함 ③ 열전도율이 낮아 단열성능 우수함 ④ 불연성, 내열성 무기질 단열재로 화재 시 연기와 유독가스가 발생하지 않음 ⑤ 높은 밀도로 강성이 있고 융해점 1,000[℃] 이상	① 습기에 약해 곰팡이 서식 위험이 있음 ② 공기 중에 장기간 노출 시 풍화 발생 우려가 있음

(8) 셀룰로오스

1) 나무를 활용해서 만든 종이나 신문 등의 재생 종이에 불에 잘 타지 않게 붕산(H_3BO_3) 계열의 난연재를 첨가하여 만든 단열재

2) 장단점

장점	단점
① 우수한 흡음성과 친환경성 ② 고밀도를 시공되어 단열효과와 차음효과 우수 ③ 열을 저장하는 축열 성능 우수 ④ 화재 시 유독가스가 적고 화재의 전파속도를 지연	전문장비와 인력이 필요하므로 경제성이 낮음

(9) 우레탄폼

1) 서로 다른 원료를 장비를 통해 배합하여 발포건으로 현장에서 부위에 직접 분사하는 단열재로서, 발포 즉시 약 100배 이상 팽창하여 시공 면이 빈틈없이 기밀한 시공이 가능하다.

2) 구분

구분	장점	단점	특징
수성연질폼 (수성연질우레탄폼(PUR))	① 차음성과 흡음성 우수 ② 경질우레탄폼에 비해 무게가 가벼움 ③ 친환경 주장(물이 발포제) ④ 난연 3등급 주장(가스 유해성 시험통과가 문제)	① 밀도가 상대적으로 떨어져 경질보다 단열효과가 낮음 ② 시공이 어려움 ③ 분사 시 이산화탄소 발생	① 물(발포 시 이산화탄소 발생)을 발포제로 사용 ② 연질로 공극과 탄성이 있음 ③ 내부의 천장, 벽에 사용(내단열 사용 시 문제)

구분	장점	단점	특징
경질우레탄폼 (PIR)	① 다양한 재료와 사용성이 우수 ② 접착력이 우수 ③ 유기질단열재 중 단열성이 우수 ④ 물에 대한 저항성이 강함 ⑤ B3	① 이산화탄소와 프레온 같은 휘발성 용제를 발포제로 섞어서 만드는 발포제품임 (이산화탄소 사용 시 열전도율 상승-단연재로 기능 저하) ② 시간 경과에 따라 성능 저하 ③ 가격이 상대적으로 고가	① 강성이 있음 ② 주로 외단열이나 중단열에 사용

1. 물로 발포한 우레탄폼을 고밀도 발포를 하면 수성경질우레탄폼이 되고, 저밀도 발포를 하면 수성연질우레탄폼이 된다.
2. DIN 4102 B1(불연), B2(준불연), B3(난연)
3. **우레탄**

   ① 표면처리에 의한 구분 : 1종은 누드폼, 2종은 패브릭 또는 금속박막 처리

   ② 밀도에 따른 구분 : 1호부터 3호까지 구분(1호 45, 2호 35, 3호 25)

   ③ 성분에 따른 구분

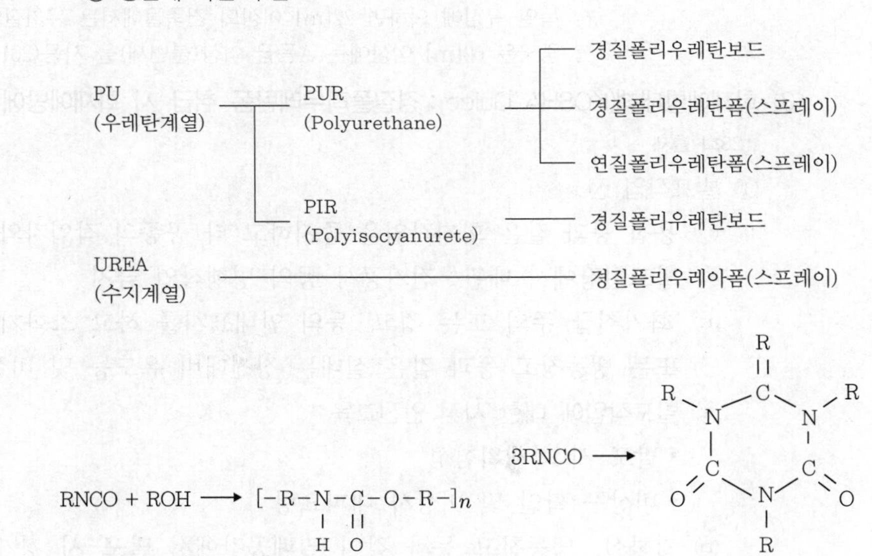

▌PUR의 화학구조▐ ▌PIR의 화학구조▐

4. PUR과 PIR의 비교

항목	PUR	PIR
단열성	○	○
내열성	×	○
난연성	△	○
발연성	×	○
접착성	○	
사용국가	대다수 선진국에서 안정성 문제로 사용에 많은 제약	대다수 선진국에서 사용하고 있음
사진		

5. 미국은 건축법에 따라 모든 발포 플라스틱은 FSI 25, SDI는 450을 요구 (Class 1)
6. 독일 규정에 의하면 22[m] 이상의 건축물에서는 유기질의 사용이 제한
7. 중국은 60[m] 이상에는 A등급 이상(불연재)을 사용(2011)

3) 화재예방대책(KOSHA Guide : 경질폴리우레탄폼 취급 시 화재예방에 관한 기술지침)

123회 출제

① 발포작업 전

㉠ 용접 등과 같은 화기작업을 중지하고 타 공종의 작업자와 안전회의 시행

㉡ 발포현장에서 배관 · 전기공사 등의 병행작업 금지

㉢ '화기취급 주의 또는 경고' 등의 안내표시를 하고 소화기구 비치, 지하공간 또는 냉동창고 등과 같은 실내는 정전대비 유도등 및 비상조명기구 설치

㉣ 발포작업에 대한 사전 안전교육
- 발포 시 화재위험성
- 비상구 확인 및 비상시 대피요령

㉤ 지하실, 냉동창고 등과 같이 밀폐공간에서 발포 시 강제급기 및 배기장치 설치

㉥ 인화성이 매우 높은 발포제 사용 시 현장의 전기기계기구는 방폭형으로 할 것

㉦ 우레탄폼을 화학공정 장치 및 설비 등의 외부단열용으로 사용 시 보호대책 수립
- 햇빛의 자외선 및 악천후로부터 보호대책
- 물리적 충격으로부터 보호대책
- 점화원으로부터 보호대책

② 발포작업 중

㉠ 시공자는 6단계 화재예방 안전수칙 준수 : 안전회의 실시, 경고주의 표지부착, 가연성 물질 이전, 가연성 물질 보호, 화재감시, 발포면 보호

㉡ 시공자는 설계자가 제시한 시방서, 설계도서 및 건축 코드 등에 따라 우레탄폼을 엄격히 시공

㉢ 우레탄폼 원료 제조자 및 공급자가 제공하는 안전보건정보를 준수, 발포 작업대상물의 온도가 5[℃] 이하인 경우와 32[℃] 이상인 경우에는 가급적 시공을 피할 것

㉣ 인화성 물질의 증기 또는 가연성 가스가 체류할 수 있는 지하공간 또는 냉동창고 등 발포작업이 이루어지는 건축물 내부에는 인화성 물질의 증기 또는 가연성 가스 농도측정 및 경보장치를 이용하여 다음과 같은 경우 가스 농도를 측정하도록 하여야 하며, 가스의 농도가 폭발하한계 값의 25[%] 이상인 때는 즉시 근로자를 안전한 장소에 대피시키고 화기, 기타 점화원이 될 우려가 있는 기계 · 기구 등의 사용을 중지하며 통풍 · 환기 등을 시행

- 매일 작업을 시작하기 전
- 인화성 물질의 증기 또는 가연성 가스에 대한 이상을 발견한 때
- 인화성 물질의 증기 또는 가연성 가스가 발생하거나 정체할 위험이 있을 때
- 장시간 작업을 계속 할 때

㉤ 흡연 또는 용접 등과 같은 화기작업 금지, 화재감시원이 감시

③ 발포작업 후

㉠ 시공자는 발포작업 후에도 우레탄폼 화재를 예방할 수 있도록 화재예방 안전수칙 준수

㉡ 우레탄폼 표면의 상부 또는 우레탄 표면 등과 11[m] 이내에서 화기작업을 할 경우에는 방화덮개 또는 방염포로 표면을 차단하고 화재감시원 배치

㉢ 우레탄폼이 적재 또는 시공되어 있는 장소에서 용접 등의 화기작업을 할 경우 화기작업을 행하는 자는 KOSHA guide(안전작업허가지침)에 따라 화기작업허가서 발행 등 사전 안전조치를 수행 후 실시

㉣ 발포된 우레탄폼은 용접 또는 용단 중인 고열물 등과 접촉되지 않도록 주의, 우레탄폼을 벽체 및 천장내장재로 마감할 경우에는 폼 표면 위에 12.5[mm] 이상의 석고보드 또는 그와 동등한 성능을 갖는 불연재를 사용하여 내부를 점화원으로부터 격리

㉤ 이소시아네이트 및 폴리올을 혼합발포한 후 혼합헤더 내부의 경화방지를 위하여 인화성 물질을 사용하여 청소하는 경우에는 인화성이 높은 유증기가 발생할 수 있으므로 주변 점화원 제거

4) 우레탄폼의 착화 : 난연제를 첨가한 경우 점화 지연시간이 훨씬 길지만 외부로부터 에너지를 지속적으로 공급받아 임계값에 이르러 점화된 후에는 최대 열방출률(HRR)이 더 크게 나타난다.

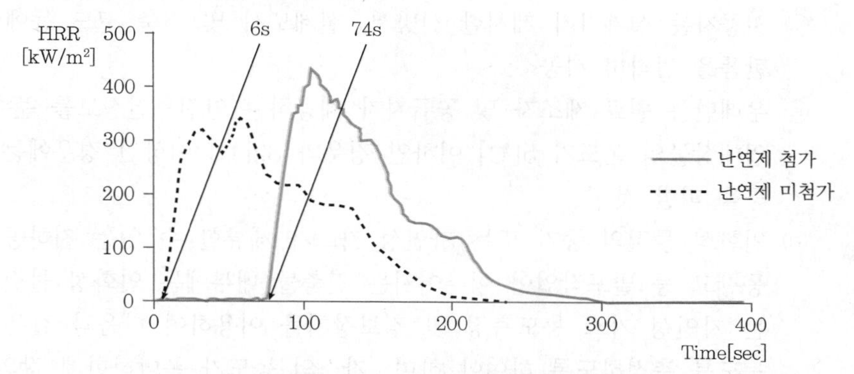

▌난연첨가와 미첨가 시 우레탄폼의 열방출률 ▌

5) 화재의 경과와 발생가스

화재의 진행단계	온도	발생가스
열분해 단계	< 500[℃]	재료의 성분에 따라 HCN, HCl, 아크로레인 등과 같은 자극성 가스의 분해생성물이 발생하고 CO_2와 CO의 발생량이 많음. CO 중독이 가장 큰 위험요인임
초기 ~ 성장기	400 ~ 700[℃]	불꽃이 발생하면 고온과 산화로 발생가스의 대부분은 완전분해 생성물인 CO_2와 H_2O가 발생, 자극성 가스나 CO가 상대적으로 줄어들지만 화재 규모가 커지면서 독성가스의 발생량 증가
최성기 ~ 쇠퇴기	< 800[℃]	고온에서 O_2 농도가 낮기 때문에 열분해 생성물은 저분자화되어 CO나 HCN 등 독성가스 발생량 증가

(10) **페놀폼(PF 보드)**

1) 페놀수지를 90[%] 이상 독립기포로 발포시킨 단열재

2) 페놀수지의 특징 : 열경화성수지(thermosetting resins)로서 우수한 내열성을 가지며 자기소화온도(self-ignition temp.)가 480[℃]로 매우 높고 연소 시 분해가스로는 물(H_2O)과 이산화탄소가(CO_2)가 주생성물로서, 연기발생량이 적고 독성가스의 발생이 적다.

3) 장단점

장점	단점
① 화재 안전성 : 준불연성 ② 뛰어난 단열성능 ③ 표면이 20 ~ 80[μm]의 알루미늄 박판 표면에 특수 항균처리가 되어 있어 항균성 및 항곰팡이 특성이 매우 우수	① 습기(수분)에 취약 ② 하중이 없는 건식 시공에 적용 가능 ③ 부서짐 발생 ④ 산성일 경우 부식을 유발(중성 제품 사용)

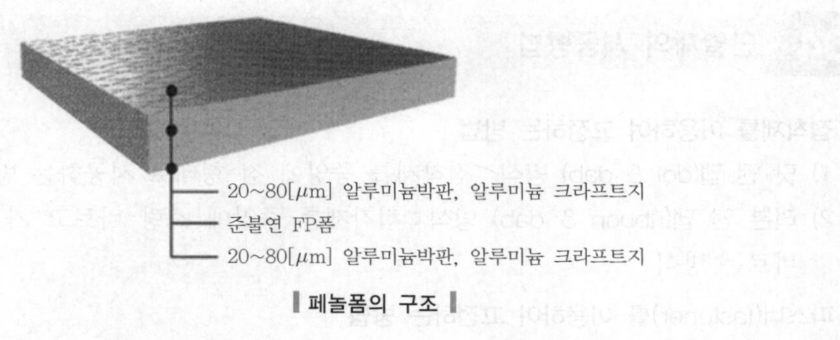

▌페놀폼의 구조▐

03 주요 단열재의 비교표

구분	종류	특징	장점	단점
무기단열재	유리솜	유리를 원료로 한 섬유	① 가볍고 유연해 시공성 우수 ② 내구성, 내진성 우수 ③ 불연성	① 습기에 취약 ② 작업자의 숙련도 영향이 큼
	미네랄울	규산칼슘계의 광석을 고온에서 용융해서 만든 인조 광물 섬유	① 섬유라 유연하고 복원력이 좋음 ② 온도 범위가 넓음 ③ 불연성	① 공기 중 장시간 노출 시 풍화 발생 ② 습기에 취약
유기단열재	비드법	작은 알갱이(비드)로 이루어진 발포 단열재	① 높은 단열성능 ② 저렴한 가격 ③ 시공성 우수	① 습기에 약함 ② 가연성
	압출법	고온 · 고압에서 여러 가지 재료를 압출시켜 만든 단열재	① 습기에 대한 저항성 우수 ② 단열성능 우수 ③ 내구성, 저항성 우수	① 가격이 고가 ② 가연성
	수성연질폼	폴리올은 분자량이 3,000 ~ 8,000 정도 되는 상당히 긴 분자를 사용	연질로 굴곡 부위에 사용 가능	밀도가 낮아 단열효과가 낮음
	PIR	폴리올의 분자량이 200 ~ 1,000 정도 되는 분자를 사용	① 유기질 단열재 중 열전도율이 가장 낮음 ② 준불연성 제품	① 가격이 고가 ② 경년변화에 따른 성능 저하

04 단열재의 시공방법

(1) 접착제를 이용하여 고정하는 방법

1) 닷 앤 댑(dot & dab) 방식 : 접착제를 중앙에 점 형태로 시공하는 방식
2) 리본 앤 댑(ribbon & dab) 방식 : 접착제를 중앙에 소량 바르고 가장자리에 추가로 바르는 방식

(2) 파스너(fastener)를 이용하여 고정하는 방법

1) 가운데의 동그란 구멍으로 가스 타정기(가스총)를 넣고, 파스너 안에 있는 못을 타격하여 단열재를 고정시키는 방식이다.
2) 가스 타정기를 넣은 구멍에 우레탄폼을 충진하여 마무리를 한다.

화스너 또는 파스너 : 부재를 고정하기 위한 철물의 총칭

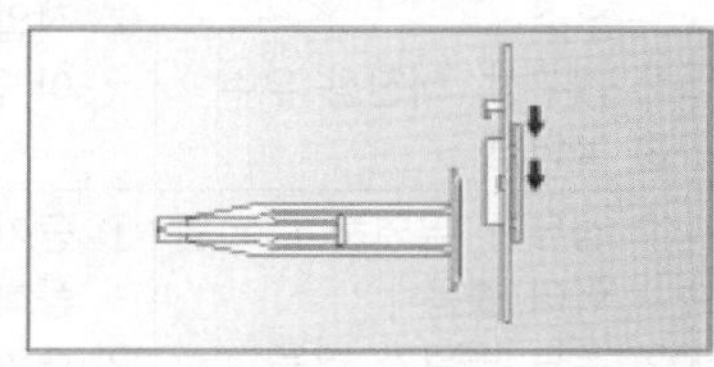
1. 인슈레이션+지지핀 디스크 결합

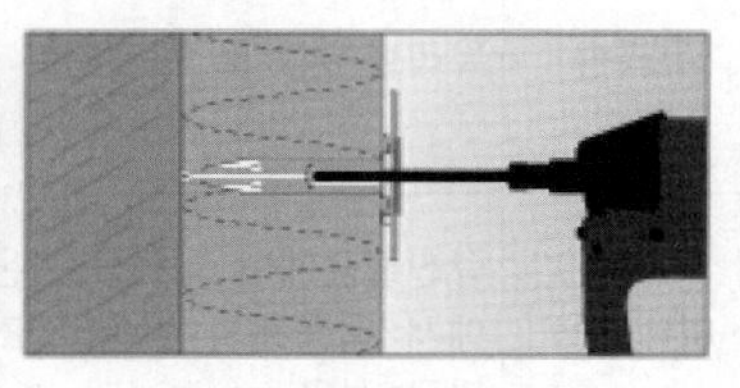
2. 단열재에 파스너 밀어넣기

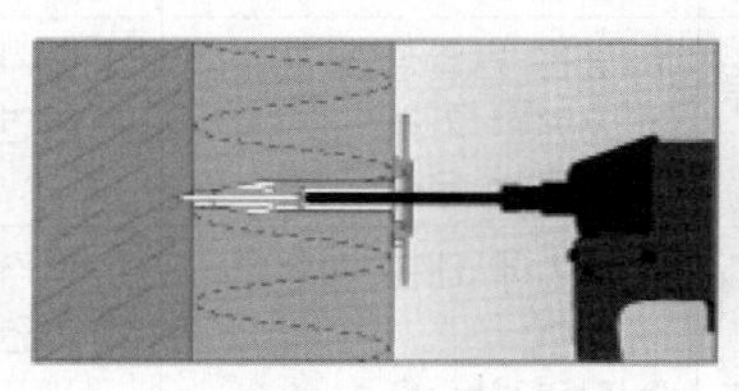
3. 고정을 위해 파정기 격발하기

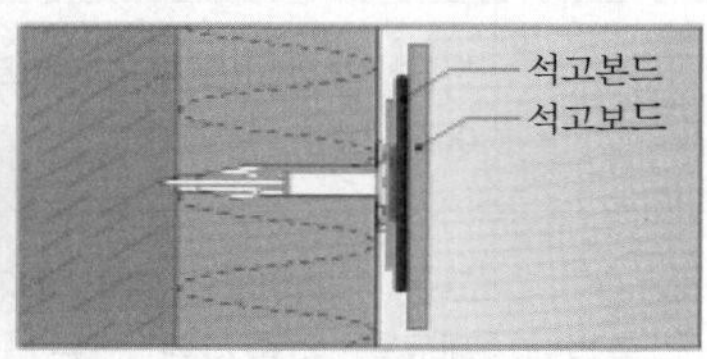

4. 석고본드 및 석고보드 부착

▌파스너 고정방법▐

SECTION 099

냉동창고(cold storage warehouse)

113회 출제

01 개요

(1) 냉동창고는 야채나 과일, 생선 등의 신선도를 유지하기 위해 냉동기에 의해 일정 온도 이하로 유지하는 창고로, 최근에 대단위의 인명피해를 유발한 이천 냉동창고 화재에서 보듯이 화재 발생 시 큰 피해를 유발한다.

(2) 냉동창고에서 단열을 구성하는 중요재료로 쓰이는 우레탄폼은 현재까지는 가격 대비 성능이 우수하지만, 화재 시에는 화재 확산이 빠르고 독성물질이 다량 방출된다. 냉동창고는 우레탄 뿜칠과 우레탄 패널로 구성되어 있으며 저장온도에 따라 우레탄의 두께가 결정된다. 문제는 공사비를 줄이는 차원에서 스티로폼이 들어 있는 건축용 샌드위치 패널에 우레탄 뿜칠과 패널을 연결하는 공사에서 발생한다. 이천 화재의 원인도 공사비를 절약하기 위한 샌드위치 패널에 불이 붙으면서 내부의 우레탄으로 불이 옮겨지면서 화재가 확대된 것이다.

(3) 현행법에서 창고는 거실의 용도에 해당하지 아니하므로 불연재료, 준불연재료, 난연재료의 마감기준을 갖추지 않더라도 건축법상의 문제가 되지 않는다. 단, 최근에 대형 창고 화재로 인해 바닥면적 3,000[m^2] 이상의 창고는 내부마감 재료를 난연등급 이상을 사용하게 되어 있으나, 이러한 난연재질을 사용하는 창고는 비용 발생 때문에 전체 창고의 극히 일부분(3[%])에 지나지 않는다. 특히, 우레탄 패널 및 뿜칠은 그 자체가 바로 불에 착화되는 성질을 가지고 있으며 스티로폼과 같은 불에 잘 타는 재료와 연접하여 시공하면 스티로폼에 의한 불씨가 우레탄까지 전달되어 대형화재와 같은 상황이 벌어진다.

02 검토사항

(1) 차가운 창고로 창고화재와 유사한 특성을 가진다.

(2) 우레탄폼 등 단열재에 의한 화재의 확산과 유독가스에 의한 인명피해 증가의 우려가 크다.

(3) 냉동기 등 기계 · 전기설비에 의한 화재 발생 우려가 있다.

(4) 냉동기 내는 동파로 습식설비의 설치가 곤란하다.

(5) 외국의 패널요구 조건

1) 화염확산을 방지할 수 있어야 한다.

2) 화재성장에 기여해서는 안 된다(패널 자체가 가연물로써 화재 시 연료로 작용하여서는 안 됨).

3) 화재 시 구조적 안정성을 유지하여 다음의 활동을 지원한다.

① 소화활동

② 작업자의 피난

4) 화재 시 화염이나 열에 노출되었을 때 변형이 다음의 일정 한도 내이어야 한다.

① 변형으로 인한 화염이나 연기 전파

② 하중지지력의 붕괴 이전에 변형으로 인한 화염이나 연기 전파의 선행

5) 패널을 연결할 때 지지장치 사용 유무와 사용 시 그 지지장치의 방호수단 유무 등에 따라 건축높이나 지붕의 패널 수평거리가 적합하게 적용되어야 한다.

6) 냉동창고 내에 설치되는 문이나 창문 또한 일정 내화성능을 확보한다.

7) 냉동창고의 규모가 클 경우에는 내부에 추가적인 방화벽(방화셔터 포함)을 설치한다.

8) 방화벽을 관통하는 개구부에는 패널과 동등 이상의 내화성능을 가진 것으로 밀폐 또는 밀봉되어야 한다.

9) 천장과 지붕 사이의 공간이 클 경우

① 별도로 방화구획

② 관계자의 접근 및 비상시 필요한 조치가 가능하도록 하여야 한다.

03 냉동창고 화재의 특징

(1) 건축 특성

1) 운송기 및 물품적재 등으로 방화구획이 어려운 대규모의 개방공간이다.

2) 샌드위치 패널(복합자재) 등을 사용하는 경우가 많다.

3) 단열이 필수이므로 단열재의 사용량이 타 장소에 비해서 많다.

4) 냉동특성상 습식 스프링클러의 설치가 곤란하다.

(2) 거주자 특성

사람이 거주하지 않으므로 화재발견이나 조치가 늦다.

(3) 연소 특성

1) 층고가 높아 화재 감지 및 스프링클러(S/P)의 작동시간이 길어진다. 작동온도, 낮은 습도, 연기의 상당한 희석을 초래하는 높은 기류조건 및 높은 저장 랙의 부피

와 같은 환경조건은 기류에 영향을 미치고 기존의 연기 감지 시스템으로 화재 사건 감지를 방해할 수 있다.

2) 다량의 단열재 사용

① 화재하중이 크고, 연소속도가 빠르다.

② 독성물질의 발생 우려가 크다.

3) 초기화재 단계를 지나 심부화재로 발전되면 화재진압이 어렵다.

4) 화재의 60[%]가 오후 6시 이후부터 오전 6시 사이로 관계자의 부재중에 발생한다.

5) 화재의 주요 원인 : 배전 문제, 조명장비, 운송장비 결함(컨베이어), 유지 보수 작업(화기 작업) 등

04 냉동창고 화재의 문제점

(1) 공사 중 화재의 문제점

1) 안전관리 : 일당 인부, 소방시설이 사용 불능상태로 관리[임시소방(건설현장) 필요]

2) 화재진압 : 유독성 가스와 화염분출로 소화 작업의 곤란

3) 제도 및 행정관리 : 작업장에 대한 관리감독 부실, 다단계 하도급으로 안전관리 부실

(2) 미국 화재보고서에 의한 냉동창고의 문제점[51)]

1) 버려진 건물 : 보호하고 보안되지 않은 상태로 노숙자나 청소년, 사회 불만 세력에 의해서 방화 등에 노출

2) 구획이 되지 않은 넓은 공간으로 화재와 연기의 확산을 방지하기 위해 장벽이 없다.

3) 화재는 가연성 실내장식 마감재를 통해 확산 : 냉동저장창고 대부분 벽과 천장은 코르크, 타르, 발포 폴리스티렌 거품, 폴리우레탄 폼 등 가연성 단열재로 덮여 있다.

4) 화재신고의 지연 : 비상주 공간

5) 구조상 화재진압 및 구조에 대한 진입의 제한 : 출입을 위한 개구부수의 부족(보냉 목적)

6) 비정상적인 이동거리 : 소방관들의 적정 이동거리는 50걸음 내외이고, 공기호흡기의 유효시간은 30분 내외임에도 불구하고 냉동창고의 경우는 이동거리가 멀다는 문제점이 있다.

(3) 소방시설의 설치제외

1) 스프링클러설비의 화재안전기술기준(NFTC 103) 2.12 스링클러헤드 설치제외 장소 중 2.12.1.10 영하의 냉장창고의 냉장실 또는 냉동창고의 냉동실

51) December 1999 Massachusetts 주의 화재보고서에서 발췌

2) 옥내소화설비의 화재안전기술기준(NFTC 102) 2.8 방수구의 설치제외 장소 중 2.8.1.1 냉장창고 중 온도가 영하인 냉장실 또는 냉동창고의 냉동실
3) 자동화재탐지설비의 화재안전기술기준(NFTC 203) 2.4.5.4 고온도 및 저온도로서 감지기의 기능이 정지되기 쉽거나 감지기의 유지관리가 어려운 장소에는 감지기를 설치하지 않을 수 있다.

05 적용 가능한 소방설비

(1) 냉동창고에는 건식 또는 더블 인터록 준비작동식 소화설비를 설치한다(NFPA 13).
  1) 2차측에 압축공기 2개 이상의 공기, 질소 공급관을 구비한다.
  2) 전기적 혹은 공기압을 사용하는 정온식 감지기로 스프링클러의 동작온도보다 낮은 것을 사용한다.

(2) 스프링클러헤드(NFPA 13)
  1) 소방대상물 전체에 헤드를 설치하여야 한다.
  2) 헤드 설치제외는 명확히 규정된 장소만 해당한다.

(3) 습식설비

부동액을 넣어 사용한다.

(4) IACSC[52]의 냉동창고에 적용 가능한 소방설비
  1) 소화설비
    ① 불활성기체 소화설비
    ② 할론 및 할로겐화합물 소화설비
    ③ 물분무소화설비
    ④ 포소화설비
    ⑤ 스프링클러설비
  2) 경보설비
    ① VSD
    ② 광전식 분포형 감지기
    ③ 정온식 감지선형 감지기
    ④ ASD
    ⑤ 스포트형 연기감지기

52) International Association for Cold Storage Construction 저온저장 건설 산업을 대표하는 기관

06 냉동창고 화재의 개선사항

(1) 소방시설공사업의 자격과 권한 강화

(2) 임시소방시설(건설현장) 철저한 설치

(3) 공사장 안전관리 강화
상수도를 활용한 임시 소화전, 소방시설물 작동상태를 제한하는 경우 처벌 강화
1) 용접공이나 현장 관리자의 안전관리를 철저히 한다.
2) 밀폐된 공간에서 현장 용접 등과 같은 위험요소가 있을 때 현장책임자, 안전관리자, 방화관리자 등이 현장 안전관리의 교육을 한 후 작업종료 시까지 현장에 상주하는 것을 원칙으로 해야 한다.

(4) 건축자재 화재 안전성 확보
1) 기술개발 : 냉동창고에 쓰이는 우레탄 단열재 및 패널에 대해 난연재료 등급을 적용할 수 있는 기술개발
2) 법 제도의 개선 : 현행 기준보다 강화된 기준의 적용이 필요하다.

(5) 건축계획 설계 시 지하공간에 선큰 등을 두어 환기, 채광 및 피난이 쉽도록 설계를 해야 한다.

(6) 안전관리자의 철저한 배치와 권한강화
1) 이천화재 시 안전관리자의 사상자가 없는 것은 안전관리자가 현장에 있었는지 의문이 나는 점으로, 안전관리자가 배치되도록 법적인 강화가 필요하다.
2) 안전관리분야에서 재하청 등으로 인한 안전관리비용의 감액지급 등의 문제와 최저가 입찰을 통한 안전관리 약화문제점 해결이 필요하다.
3) 안전관리자가 건축주나 시공사의 하위구조로 되어 있어 안전관리의 어려움이 있고 지나치게 안전을 강화한 경우에는 오히려 안전관리자를 교체하는 등 권한이 약화되어 있다.
4) 중복공정 진행제한
① 용접, 설비, 도장, 단열 작업자 중복작업은 가연물과 점화원을 동시에 노출시키는 형태의 작업이다.
② 난연성 우레탄이라도 경화되지 않으면 가연물로 중복공정은 지양하여야 한다.

(7) 감리업체 선정제도의 개선
1) 현행 건축주가 금액을 지불하고 감리업체를 선정하는 구조는 건축주와 감리자의 관계가 종속관계로 변질될 우려가 크다.
2) 감리업체가 독립적으로 업무를 수행할 수 있도록 공사 중간에 임의적인 변경 등 법적 안정성을 확보해줄 필요가 있다.

(8) 건축주의 처벌강화

1) 실제 경제력을 가지고 의사결정을 하는 건축주의 처벌이 미약하므로 안전에 대한 투자가 미흡한 실정이다.

2) 건축주에 대한 처벌을 강화해야지만 안전에 대한 투자를 강화시킬 수 있다.

(9) 불법개조에 대한 처벌강화

1) 이천 냉동창고 화재가 발화된 지하 1층은 애초 냉동창고가 아닌 일반창고로 설계돼, 단열제인 우레탄폼 발포작업이 불필요했던 장소이다.

2) 냉동창고로 불법 개조하려 추가 우레탄폼 발포작업을 하라는 지시가 내려지므로 이로 인한 피해가 크게 증대된다.

3) 설계변경 시 위험용도 등의 증대 등이 충분히 검토되어야 하고 이에 따른 각종 안전설비 등의 검토가 이루어져야 하는데 현장관계자의 지시로 불법 개조 등이 일어나는 문제가 있다.

4) 설계변경 시 필수적으로 설계자의 안전검토를 득하도록 권한을 강화하고 변경사항은 관계기관에 승인 또는 신고하는 등의 조치가 필요하다.

SECTION 100

샌드위치 패널(복합자재)

121 · 92 · 86 · 80회 출제

01 개요

(1) 정의

샌드위치 패널은 외부마감재(0.5[mm] 아연도강판 위 실리콘 폴리에스터 코팅 또는 불소코팅)와 내부마감재 사이에 중간재(심재에 따라 유리솜, 미네랄울 등)를 넣고 눌러 붙인 것이다.

(2) 가격이 저렴하고, 시공이 간편하며, 단열성능이 우수하여 창고나 가설건축물의 설치에 많이 사용되나 화재 시 중간재에 따라 각종 연소생성물을 발생시키고 연소확대가 대단히 빨라 큰 피해를 발생시키는 문제점이 있다.

(3) 국내 법규에서는 샌드위치 패널을 복합자재라고 하여 공장 등에 사용이 가능하도록 완화하고 있어 사고 시 큰 문제를 일으키고 있다.

02 심재에 의한 샌드위치 패널의 종류

구분	유기질 패널			무기질 패널	
	발포폴리스티렌폼 (EPS) 패널	우레탄폼(PUR) 패널	경질 폴리우레탄 (PIR) 패널	글라스울 패널	미네랄울 패널
외부표면재	상하 양면에 착색 아연도금 강판				
내부심재	발포폴리스티렌폼	우레탄폼	폴리시안폼	유리솜	규산칼슘계 광물섬유
심재의 난연특성	극심한 가연성	극심한 가연성	난연성능	불연성	불연성
난연등급	등급 외	등급 외	난연 2 · 3급	난연 1급	난연 1급
유독가스 발생	극심하다.	가장 극심하다.	매우 극심하다.	매우 적거나 없다.	매우 적거나 없다.
단열성능	양호	가장 우수	가장 우수	우수	우수
차음성능	양호	양호	양호	양호	우수

구분	유기질 패널			무기질 패널	
	발포폴리스티렌폼(EPS) 패널	우레탄폼(PUR) 패널	경질 폴리우레탄(PIR) 패널	글라스울 패널	미네랄울 패널
생성	유기질 원료를 발포하여 생성, 스티렌의 중합 반응	폴리우레탄+휘발성 용제(유기질) 사용하여 발포	우레탄의 Isocyanurate(이소시아누레이트) 비율을 높여 개질한 폼	광물을 용융하여 고압 분사하여 섬유화하고 일정 형태로 성형(무기질)한다.	광석과 제철을 섞어서 섬유화한 것(무기질)
물성	100[℃] 이상에서 부드럽게 되고 185[℃]에서 점성 액체가 된다.	가연성	난연성	고온에서 견딘다.	650[℃] 이상에서 사용 가능
장점	① 단열성 ② 가볍다. ③ 기계적 강도 좋다. ④ 내구성이 좋다. ⑤ 경제성이 좋다.	① 단열성 ② 구조 성능 ③ 내열성 ④ 절연성	① 단열성 ② 구조성능 ③ 우레탄폼보다 강화된 난연성 ④ 내열성 ⑤ 절연성 ⑥ 자기 접착성으로 시공이 용이	① 단열성 ② 무독성(연소 시) ③ 내화성능 ④ 방화성능 ⑤ 내열성능	① 단열성 ② 무독성 ③ 내화성능 ④ 가벼움 ⑤ 흡음효과가 높음 ⑥ 방화성능 ⑦ 내열성능 ⑧ 환경성
단점	① 독성가스 발생 ② 화염전파가 신속하다. ③ 열에 약하다.	① 유독가스 생성 ② 화염전파가 신속하다.	가격이 우레탄폼에 비해 비싸다.	① 미세 유릿가루 비산 우려가 있다. ② 습기나 물에 취약하다.	미세먼지 발생 우려가 있다.
특징	열가소성에 해당된다.	폼의 겉보기 밀도를 자유롭게 조절 가능	우레탄폼의 장점을 모두 가지고 난연성능을 향상한다.	t=50[mm] 이상 30분 내화성능 t=100[mm] 이상 1시간 내화성능	사용 가능 온도가 650[℃] 이상으로 내화성이 좋다.

03 스티로폼

(1) **스티로** : 폴리스티렌(PS : Polystyrene)

(2) **폼(foam)** : 기포

(3) 기포구조(closed-cell foam)

1) 공기가 포 안에 갇혀 움직이지 못하는 구조이다.
2) 탄성력이 떨어진다. 또한, 폴리스티렌의 구조로 분자수가 적다.
3) 구성성분의 97 ~ 98[%]가 공기이다. 따라서, 열전도를 위한 자유전자가 공기가 존재하는 공간을 통해서 에너지를 전달해야 하므로 열전달이 작다.

4) 무색투명한 열가소성 물질로, 100[℃] 이상에서 부드러워지고 185[℃] 정도가 되면 점성의 액체가 된다.
5) 검댕(soot)이 많이 발생한다. 이는 다시 말하면 독성물질(일산화탄소)이 많이 발생하고 복사열이 증가(흑체에 가까워짐)한다는 것이다. 왜냐하면, 검댕이가 많이 발생한다는 것은 탄소함량이 많다는 것이기 때문이다.

검댕(soot) : 연료의 연소 시 발생하는 탄소입자가 타르에 젖어서 응결하여 생성되며, 50[%] 이상이 탄소성분인 입자상 물질

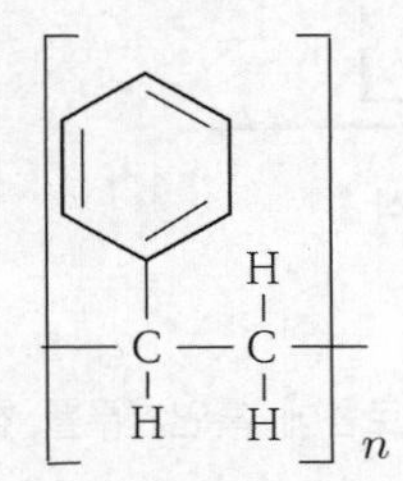

▎폴리스티렌의 구조식 ▎

6) 스티로폼 단열재 시공방법 116회 출제
① 닷 앤 댑(dot & dab) 방식 : 접착제를 중앙에 점 형태로 시공하는 방식
㉠ 중앙 부분 외의 가장자리는 완전밀착이 되지 않으므로 산소의 유입이 가능하다.
㉡ 점화 시 급격한 연소확대 위험성이 있다.
② 리본 앤 댑(ribbon & dab) 방식 : 접착제를 중앙에 소량 바르고 가장자리에 추가로 바르는 방식
㉠ 점화원으로 가열 시 착화는 되지만 내부로의 산소 유입은 차단할 수 있다.
㉡ 닷 앤 댑 방식에 비해서 연소확대 위험이 현저히 낮아진다.
③ 드라이비트
㉠ 충분한 두께로 단열재를 덮어야 한다(10[mm] 이상).
㉡ 리본 앤 댑 방식으로 공간층이 생기지 않도록 시공한다.

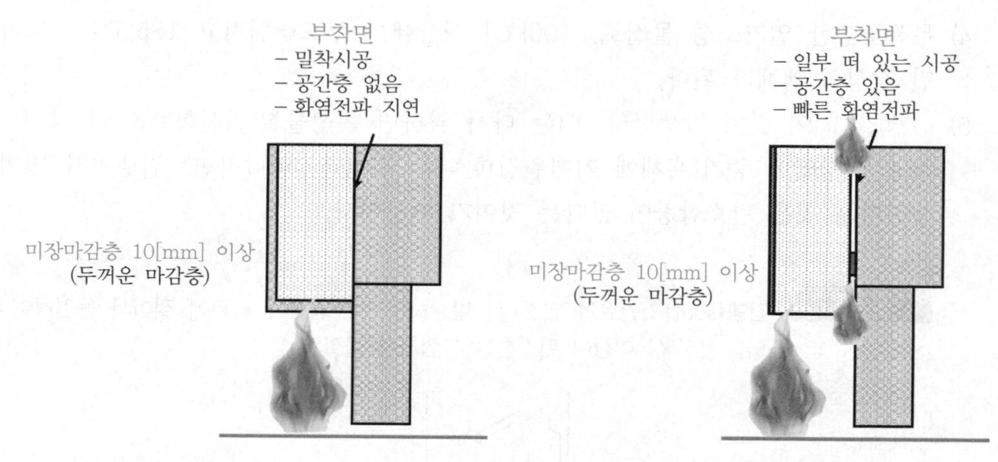

▍리본 앤 댑(ribbon & dab) 방식▍　　▍닷 앤 댑(dot & dab) 방식▍

EPS 패널 : 스티로폼에 흑연가루를 첨가하고 밀도를 향상시켜 난연성을 증대시킨 패널

04 우레탄폼

(1) 아이소사이안산염 화합물과 글리콜의 반응으로 얻어지는 폴리우레탄을 구성재료로 하고, 구성 성분인 아이소사이안산염과 다리 결합제로 쓰는 물과의 반응으로 생기는 이산화탄소와 프레온과 같은 휘발성 용제를 발포제로 섞어서 만드는 발포제품을 우레탄폼이라고 한다.

(2) **폴리우레탄의 특성**

1) 구조

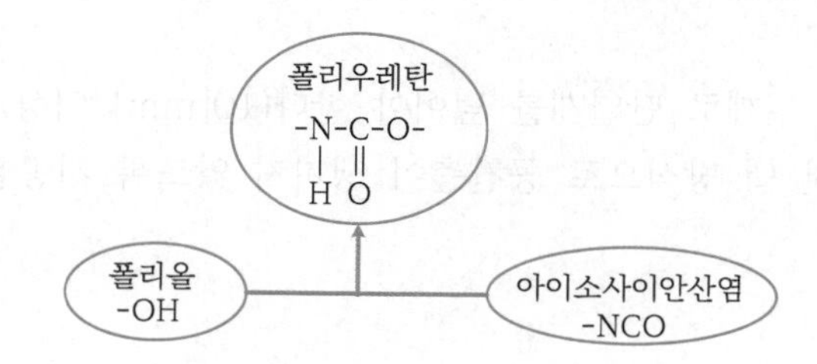

2) 연소 특성

① 350 ~ 400[℃] 부근에서 80 ~ 90[%] 급격한 무게의 감량

② 발화 시까지 115초(KS F ISO 5660-1)

③ 일정 온도(100 ~ 200[℃]) 이상이 되면 우레탄의 착화로 시안화수소 등 다량의 유해가스 발생

④ 난연성 우레탄폼 : 할로겐 화합물이나 인(phosphate)을 첨가

⑤ 1,000[℃] 이상 되는 용접불티가 발포 우레탄에 떨어지면 우레탄 속으로 파고 들어가 지연연소하고 일정 시간이 경과되어 발화되면 급속히 확산되는 특성

3) 사용 특성 : 우레탄폼의 겉보기 밀도를 비교적 자유롭게 조절할 수 있으며, 쉽게 현장에서 간단히 발포

4) 연기발생 : 우레탄폼 발화 초기에는 흰 연기를 내며 분해반응을 일으키다 발포체가 녹아 타면서 검은 연기를 방출하며 급격히 확산

5) 소화의 난이성 : 우레탄폼 표면의 피막으로 인해 소화약제 침투가 곤란

(3) PIR 패널

1) ASTM E84 규정의 B1 등급을 만족

2) 화재 시 손상 및 변형에 강하고 발연성을 감소시켜 화재 저항성을 강화한 패널로서 난연성능을 가진다.

3) 환경친화적, 비부식성으로 우레탄폼보다 가격이 비싸다.

05 샌드위치 패널의 문제점(스티렌폼, 우레탄폼)과 대책

(1) 화재위험성

1) 급격한 연소확대

① 스티로폼 패널은 72[℃]에서 착화되고 3분 이내에 건물지붕이 붕괴된다.

② 우레탄폼 패널은 100[℃]에서 착화되고 10분 이내에 건물지붕이 함몰된다.

2) 화재의 진행위치와 연소상태 파악 곤란 : 내장재를 둘러싸고 있는 철판으로 화재의 진행위치와 연소 정도 파악이 곤란하다.

3) 화재진압이 어렵고 인명피해가 크다.

① 화재 시 열에 의해 강판이 벌어져 화염이 지속해서 확산된다.

② 가연물을 소화하기 위해 철판의 파괴활동을 병행하여야 하므로 화재진압이 곤란하다.

③ 연소 시 다량의 유독가스가 발생한다.

④ 잔염이 남아 추가 재발화위험이 크다.

⑤ 접합부에 틈새나 간격이 불가피하여 화재발생과 확대의 요소가 된다.

4) 불연재질의 표면재와 가연성 재질의 심재가 결합

① 표면은 열에 일정 시간 견디지만 열이 전달되어 내부 심재는 지속해서 연소한다.

② 표면이 견디는 관계로 소화수나 약제의 심재 침투에 어려움이 있다.

5) 급격한 연소확대로 건물붕괴 위험 : 일반적으로 샌드위치 패널 구조의 건축물의 골격은 철골로 하지만 내화피복을 하지 않기 때문에 연소열에 의해 철골이 팽창하면서 강도가 저하되어 붕괴의 위험성에 쉽게 노출된다.

6) 난연성 우레탄도 경화 완료되기 전에는 가연성
   ① 화재 후 테스트 결과(우레탄폼 충진 두께에 따라 다르지만 3[cm] 정도 두께일 경우) 6 ~ 8시간 정도 경과하여 경화되어야 난연성능을 발휘한다.
   ② 포설 직후는 경화 중이라 그냥 폭발성이 있는 가연물질이다.

(2) 화재진행과정

화재발생 → 천장에 연소생성물 축적 → Flash over 발생 → 철판변형(틈새) → 외부공기 유입 → 심재용융 → 아래층 연소확대

(3) 대책

1) 패널은 단순한 내장재가 아니라 벽과 지붕 등과 같은 구조를 담당하는 자재이다. 따라서, 종합적인 화재시험을 통해서 난연성능이 확보된 자재로 사용을 제한해야 한다.
   ① 소규모 시편시험인 콘 칼로리미터를 이용한 시험은 실제 화재를 규명하기에는 한계가 있다.
   ② 실규모의 화재성능평가(라지 스케일 칼로리미터)를 통하여 화재안전등급을 평가할 필요가 있다.

2) 패널의 전용 소화설비의 설치 : 패널 상부에 수막설비를 설치하여 화재 시 초기 소화를 한다. 외국에는 가연성 패널에 스프링클러 등을 설치해서 보완하고 있다.

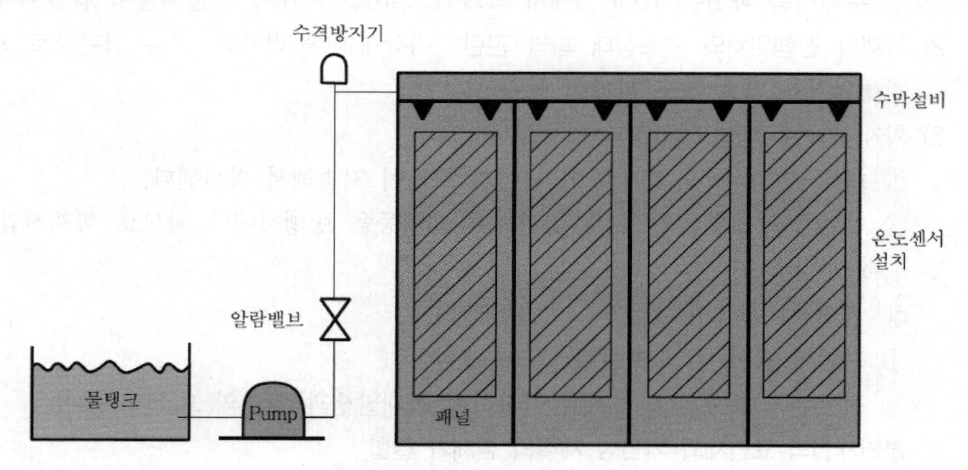

▌샌드위치 패널 소화설비▐

3) 샌드위치의 단열재는 불연재 또는 준불연재나 난연처리가 된 단열재를 사용한다.

06 법에 나타난 샌드위치 패널

(1) 건축물의 외벽에 사용하는 마감재료(「건축법」 제52조 건축물의 마감재료 등)

1) 건축물의 마감재료 등(「건축법 시행령」 제61조) : 상업지역(근린상업지역 제외)의 건축물 중 공장(국토교통부령으로 정하는 화재 위험이 작은 공장은 제외)의 용도로 쓰는 건축물로부터 6[m] 이내에 위치한 건축물

2) 화재 위험이 작은 공장과 인접한 건축물의 마감재료(건축물방화구조규칙 제24조의2) : 공장의 용도로 쓰는 건축물. 단, 건축물이 1층 이하이고, 연면적 1,000[m^2] 미만이다. 국토교통부령으로 정하는 화재위험이 작은 공장은 다음과 같다.
   ① 원칙 : 내부의 마감재료는 방화에 지장이 없는 재료의 예외
   ② 예외 : 공장의 일부 또는 전체를 기숙사 및 구내식당의 용도로 사용하는 건축물

(2) 건축물의 내부 마감재료의 난연성능기준

1) 방화상 유해한 균열, 구멍 및 용융(복합자재의 경우 심재가 전부 용융, 소멸되는 것을 포함)이 있는 것은 부적합하다.

2) 복합자재의 경우에는 심재가 관통하는 경우(한쪽 면 강판을 제거하였을 경우 심재가 관통되어 다른 한쪽 면 강판이 육안으로 관찰되는 경우)에도 부적합하다.

(3) 시험체 및 시험횟수 등(「건축자재 등 품질인정 및 관리기준」 제28조)

1) 복합자재인 경우 : 강판을 제거한 심재를 대상으로 시험하여야 하며, 심재가 둘 이상의 재료로 구성된 경우에는 각 재료에 대해서 시험하여야 한다.

2) 시험대상 : 불연재료 시험, 준불연재료 및 난연재료 시험, 가스유해성 시험

(4) 건축물의 마감재료 등(「건축물의 피난 · 방화구조 등의 기준에 관한 규칙」 제24조)

1) 강판과 심재(心材)로 이루어진 복합자재를 마감재료로 사용하는 부분의 마감재료는 불연재료 또는 준불연재료를 사용해야 한다.

2) 강판과 심재로 이루어진 복합자재를 마감재료로 사용하는 경우 해당 복합자재의 성능
   ① 강판과 심재 전체를 하나로 보아 국토교통부장관이 정하여 고시하는 기준에 따라 실물모형시험을 실시한 결과가 국토교통부장관이 정하여 고시하는 기준을 충족할 것
   ② 강판 : 다음의 구분에 따른 기준을 모두 충족할 것
      ㉠ 두께[도금 이후 도장(塗裝) 전 두께] : 0.5[mm] 이상
      ㉡ 앞면 도장 횟수 : 2회 이상

㉢ 도금의 부착량
- 용융 아연 도금 강판 : 180[g/m²] 이상
- 용융 아연 알루미늄 마그네슘 합금 도금 강판, 용융 55[%] 알루미늄 아연 마그네슘 합금 도금 강판, 용융 55[%] 알루미늄 아연 합금 도금 강판 : 90[g/m²] 이상
- 그 밖의 도금 : 국토교통부장관이 정하여 고시하는 기준 이상

③ 심재 : 강판을 제거한 심재가 다음의 어느 하나에 해당할 것

㉠ 한국산업표준에 따른 그라스울 보온판 또는 미네랄울 보온판으로서 국토교통부장관이 정하여 고시하는 기준에 적합한 것

㉡ 불연재료 또는 준불연재료인 것

(5) 복합자재 품질관리서(「건축물의 피난 · 방화구조 등의 기준에 관한 규칙」 제24조의3)

1) 품질관리서 첨부서류(① + ② + ③ 또는 ④ 첨부)

① 난연성능이 표시된 복합자재(심재) 시험성적서 사본

② 강판의 두께, 도금 종류 및 도금 부착량이 표시된 강판생산업체의 품질검사증명서 사본

③ 실물모형시험 결과가 표시된 복합자재 시험성적서

④ 건축자재 품질인정서

2) 품질관리절차

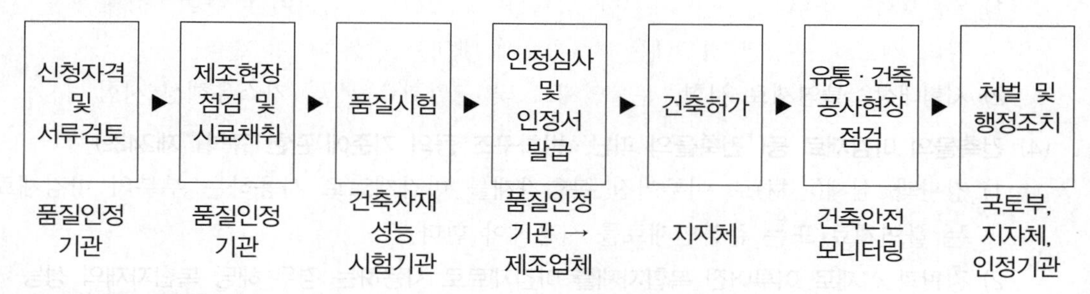

(6) 건축자재등 품질인정 및 관리기준(국토교통부고시 제2022-84호) 128 · 121회 출제

1) 도입배경

① 현행 건축법에서는 건축물 마감재료 중 복합재료 및 시공방법에 따른 외부 마감재료의 수직확산과 내부 마감재료의 연소확산에 대한 검증이 곤란하였다.

② 단일자재는 KS F ISO 1182, KS F 5660-1 및 KS F 2271 등의 시험방법으로 마감재료의 성능을 평가할 수 있지만, 샌드위치 패널 등과 같은 복합자재에 대한 성능평가에는 부적절한 시험방법이었다.

2) 복합자재의 실물모형시험(제26조) : 복합자재의 심재는 무기질재료 또는 불연재료 이상 성능 확보

강판과 심재로 이루어진 복합자재는 한국산업표준 KS F ISO 13784-1(건축용 샌

드위치패널 구조에 대한 화재 연소 시험방법)에 따른 실물모형시험 결과, 다음의 요건을 모두 만족하여야 한다. 다만, 복합자재를 구성하는 강판과 심재가 모두 불연재료인 경우에는 실물모형시험을 제외한다.

① 시험체 개구부 외 결합부 등에서 외부로 불꽃이 발생하지 않을 것
② 시험체 상부 천정의 평균 온도가 650[℃]를 초과하지 않을 것
③ 시험체 바닥에 복사 열량계의 열량이 25[kW/m^2]를 초과하지 않을 것
④ 시험체 바닥의 신문지 뭉치가 발화하지 않을 것
⑤ 화재 성장 단계에서 개구부로 화염이 분출되지 않을 것

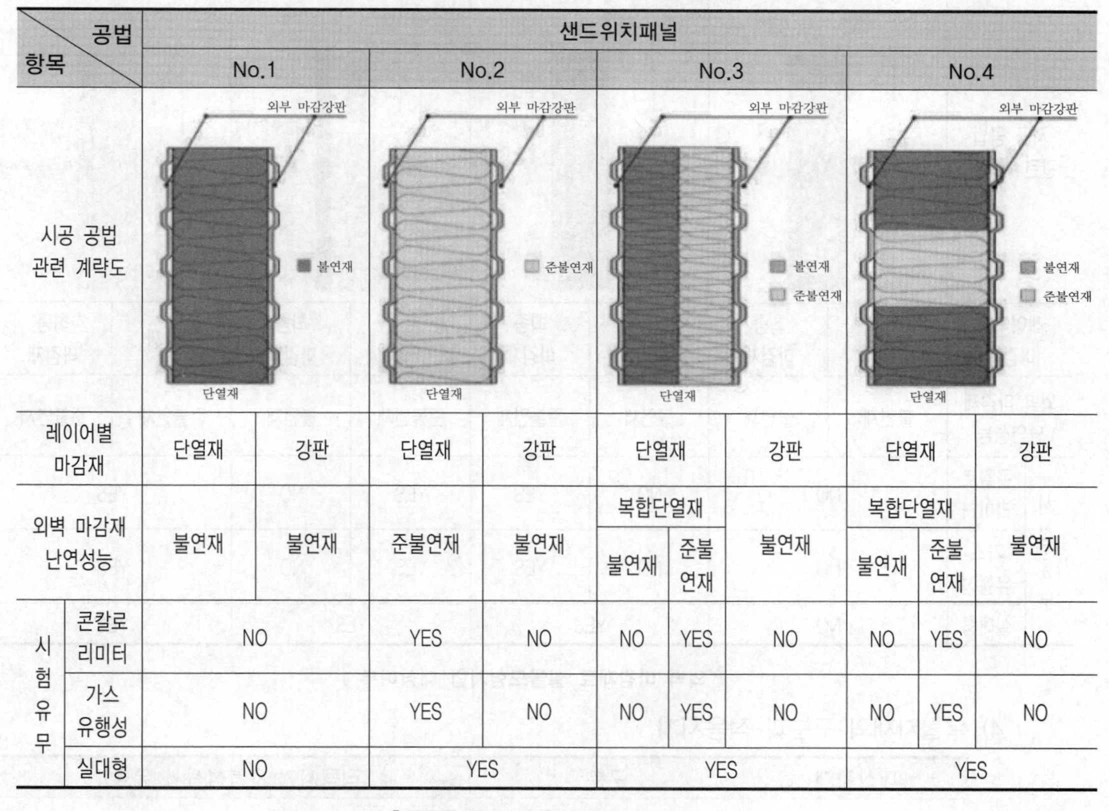

항목 \ 공법		샌드위치패널									
		No.1		No.2		No.3			No.4		
시공 공법 관련 계략도		외부 마감강판, 불연재, 단열재		외부 마감강판, 준불연재, 단열재		외부 마감강판, 불연재, 준불연재, 단열재			외부 마감강판, 불연재, 준불연재, 단열재		
레이어별 마감재		단열재	강판	단열재	강판	단열재		강판	단열재		강판
외벽 마감재 난연성능		불연재	불연재	준불연재	불연재	복합단열재 불연재	복합단열재 준불연재	불연재	복합단열재 불연재	복합단열재 준불연재	불연재
시험 유무	콘칼로리미터	NO		YES	NO	NO	YES	NO	NO	YES	NO
	가스 유행성	NO		YES	NO	NO	YES	NO	NO	YES	NO
	실대형	NO		YES		YES			YES		

▌복합자재 실물모형시험 대상여부 ▌

3) 외벽 복합 마감재료의 실물모형시험(제27조) : 두 가지 이상 재료로 제작된 외벽 마감재료는 각 재료별 성능 기준을 적용

외벽 마감재료 또는 단열재가 둘 이상의 재료로 제작된 경우 마감재료와 단열재 등을 포함한 전체 구성을 하나로 보아 한국산업표준 KS F 8414(건축물 외부 마감 시스템의 화재 안전 성능 시험방법)에 따라 시험한 결과, 다음에 적합하여야 한다. 다만, 외벽 마감재료 또는 단열재를 구성하는 재료가 모두 불연재료인 경우에는 실물모형시험을 제외한다.

① 외부 화재 확산 성능 평가 : 시험체 온도는 시작 시간을 기준으로 15분 이내에 레벨 2(시험체 개구부 상부로부터 위로 5[m] 떨어진 위치)의 외부 열전대 어느 한 지점에서 30초 동안 600[℃]를 초과하지 않을 것

② 내부 화재 확산 성능 평가 : 시험체 온도는 시작 시간을 기준으로 15분 이내에 레벨 2(시험체 개구부 상부로부터 위로 5[m] 떨어진 위치)의 내부 열전대 어느 한 지점에서 30초 동안 600[℃]를 초과하지 않을 것

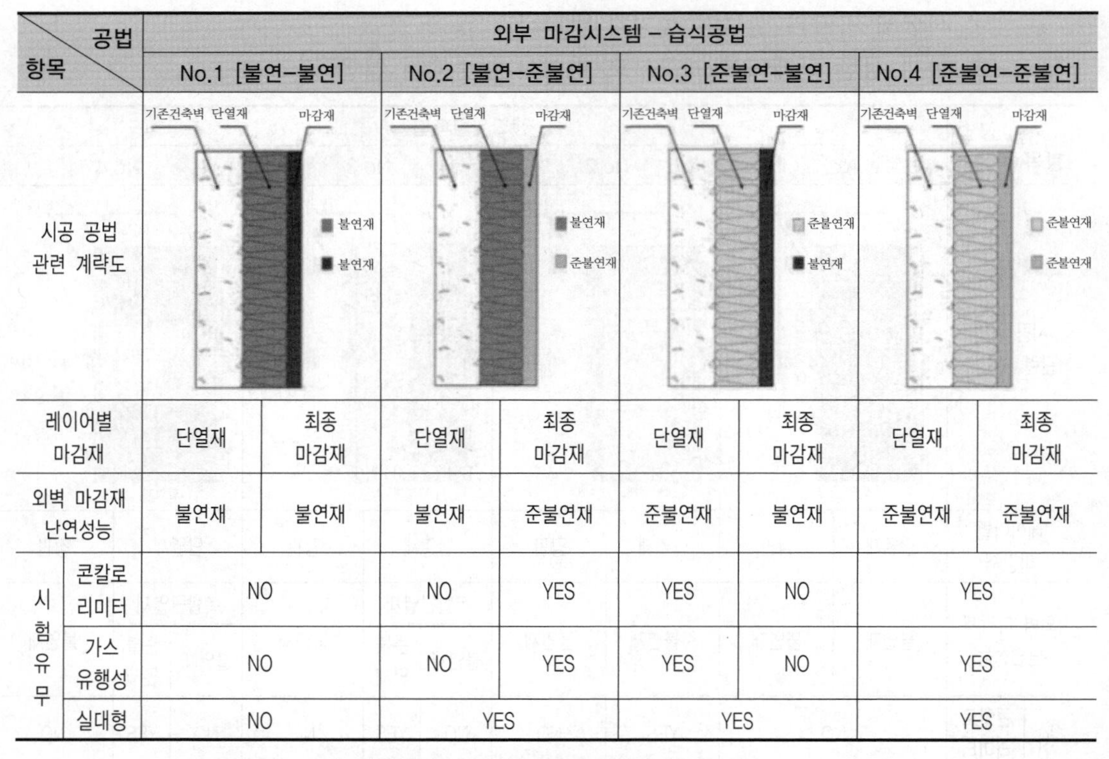

공법 / 항목	외부 마감시스템 - 습식공법							
	No.1 [불연-불연]		No.2 [불연-준불연]		No.3 [준불연-불연]		No.4 [준불연-준불연]	
시공 공법 관련 계략도								
레이어별 마감재	단열재	최종 마감재	단열재	최종 마감재	단열재	최종 마감재	단열재	최종 마감재
외벽 마감재 난연성능	불연재	불연재	불연재	준불연재	준불연재	불연재	준불연재	준불연재
시험유무 콘칼로리미터	NO		NO	YES	YES	NO	YES	
시험유무 가스유행성	NO		NO	YES	YES	NO	YES	
시험유무 실대형	NO		YES		YES		YES	

▌외벽 마감재료 실물모형시험 대상여부▐

4) 복합자재의 구분과 적용시기

대상자재	구분	적용시기(시험성적서 유효)
복합자재(강판+심재) 예 샌드위치 패널	국토부 고시 2022-84호 완성품 실물모형시험성적서	① 22. 2. 11. 시행 ② 21. 12. 23. 전 건축허가 신청분의 경우 종전 규정 적용(즉 21. 12. 23. 전 건축허가 신청한 건축인허가건의 경우 종전 규정에 의한 시험성적서 인정됨. 단, 설치기준으로 시험성적서 유효기간 내)
복합외벽 마감재료 예 드라이 비트 단열재 + 외벽마감	국토부 고시 2022-84호 표면재(준)불연 성적서 심재(준)불연 성적서 + 완성품 실물모형시험성적서	① 22. 02. 11.부터 시행 ② 22. 02. 11.(국토부 고시 2022-84호) 시행 전 시험성적서 발급받아 유효기간 도래하지 않은 경우 사용 가능(즉, 유효기간 23. 02. 10. 까지 가능)

(7) 샌드위치 패널의 국제 시험기준

1) 샌드위치 패널의 실대형 화재안전성 평가방법(ISO 13784-1)

① 시험체 공간

㉠ 공간 크기 : ($L \times H \times W$) 3.6[m] × 2.4[m] × 2.4[m]

㉡ 개구부 크기 : ($W \times H$) 0.8[m] × 2.0[m]

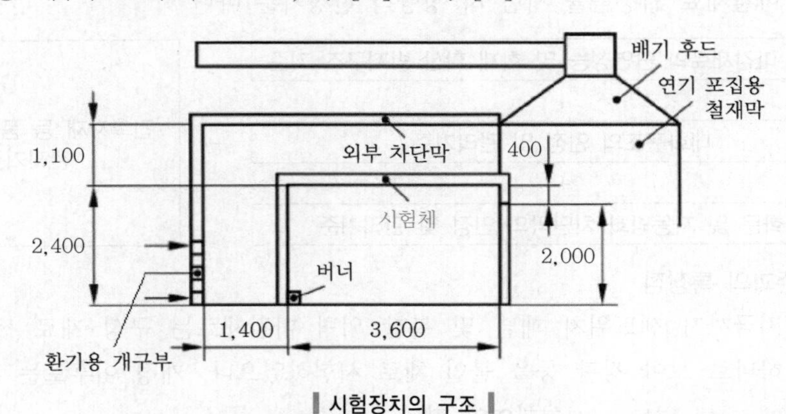

▌시험장치의 구조▐

② 시편의 설치 : 실내 마감재료 부착

③ 화원

㉠ 프로판가스 버너를 개구부 반대편에 설치

㉡ 최초 10분간 100[kW] 가열 후 10분간 300[kW]

④ 시험시간 : 30분 또는 Flash over 발생

2) 성능기준

① Flash over 발생 유무

㉠ 정성적 방법 : 시험체 바닥에서 복사열로 인한 신문지 발화순간

㉡ 시험체 개구부로의 화염분출 순간

㉢ 정량적 방법 : 시험체 바닥 정중앙부에 열유속 열량계를 설치하여 복사열량 25[kW/m^2] 측정 순간

㉣ 시험체 상부 천장 온도평균(650 ~ 750[℃]) 측정 순간

㉤ 산소감량에 따른 열량 측정 가스분석기를 통해 열방출률 1,000[kW] 도달 순간

② 실외로 화재확산 발생 및 연기의 발생량

③ 구조물 붕괴 여부

ISO 13784-1의 연소성능(reaction-to-fire)

① 대상 : 초기 피난까지(20분 이내)의 화재 연소성상

② 정보 : 열방출률, 연기발생률, 화염전파거리, 용융적하물 등

③ 목적 : 플래시오버 시간예측

(8) 건축물 마감재료 성능시험 방법 개정

1) 주요 내용

① 유사 모형 시험으로 마감재료 화재성능을 평가하는 실대형 성능시험 도입

② 샌드위치 패널, 심재·복합 외벽 마감재료에 대해 단일 재료 별도 성능 평가

③ 마감재료 열방출률 시험 시 정량적 판정기준 마련

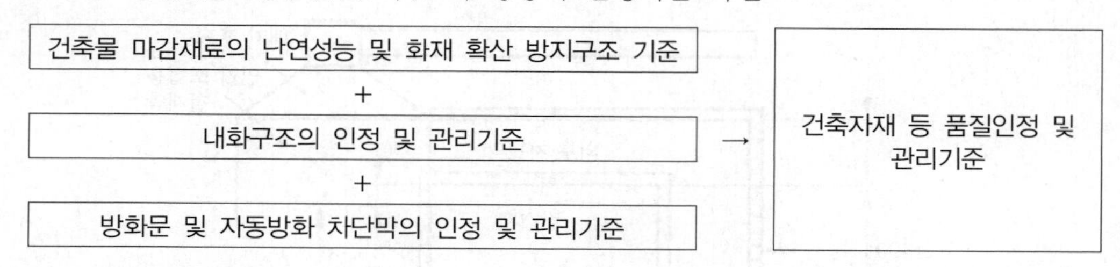

2) 기존과의 특장점

① 지금까지 샌드위치 패널 및 복합 외벽 마감재료는 구성 재료 전체(완성품)를 하나로 보아 강판 등을 붙인 채로 시험하였으나, 개정 이후로는 각 단일 재료에 대해 별도로 시험하여야 한다.

② 샌드위치 패널은 심재가, 복합 외벽 마감재료(6층 이상 건축물 등)는 각 구성 재료가 준불연 성능 이상을 확보하여야 한다.

③ 불에 잘 타지 않는 일정한 밀도 이상의 그라스울, 미네랄울 등 무기질 재료 : 가스 유해성 시험과 실대형 성능시험만 실시

④ 모든 마감재료는 난연 성능 시험방법 중 하나인 열방출률 시험 시 두께가 20[%]를 초과하여 용융 및 수축하지 않아야 한다. 일부 용융 및 수축에 대한 객관적 지표 부재로 시험기관에 따라 같은 자재에 대해서도 다른 시험결과가 발생할 수 있는 문제가 있었다.

⑤ 제조현장 관리강화 : 인정 이후에도 정기적인 점검을 통해 사후관리를 강화하였다.

⑥ 성능시험 관리강화 : 품질인정기관(한국건설기술연구원)을 통해 제조현장 점검 시 채취한 시료로 성능을 검증하고, 매년 인정자재 등의 성능시험(시험기관)에 대한 점검도 실시하여 자재의 신뢰성을 향상시켰다.

⑦ 유통체계 관리강화 : 건축안전모니터링 사업을 확대하여 건축공사 현장 불시 점검을 강화하고, 부적합한 유통 및 시공 시 인정취소 등 행정조치를 강화하였다.

07 결론

(1) 샌드위치 패널도 내부보온재가 불연재(유리솜이나 암면)일 경우에는 화재의 확산 우려가 많이 감소하는 데 반해 비용적 측면이 많이 증가하게 된다. 이에 따라 업체의 요청으로서 법규가 완화되었다.

(2) 씨랜드 및 각종 창고화재에서 대규모 인명피해를 경험한 우리로서는 경제적 이익 때문에 안전을 포기하는 일은 심각하게 고민할 수밖에 없다.

(3) 건축물의 마감재료에 대한 기준을 변경하여 보다 안전을 강화하게 되었다.

SECTION 101

필로티 구조 화재

105회 출제

01 개요

(1) **정의**

일반적으로 지상층에 면한 부분에 기둥, 내력벽 등 하중을 지지하는 구조체 이외의 외벽, 설비 등을 설치하지 않고 개방시킨 구조이다.

(2) 필로티 구조로 되어 있는 1층은 건축물의 높이에도 산정되지 않으며, 건축물의 바닥면적에도 포함되지 않기 때문에 주차공간을 확보하면서 건축주의 수익성을 극대화할 수 있는 구조이다.

(3) 필로티 공간은 소방설비의 제외공간이며 사방이 개방된 공간으로 마치 아궁이와 같은 역할을 할 수 있으므로 화재 시 급격한 확대의 주요 원인이 된다.

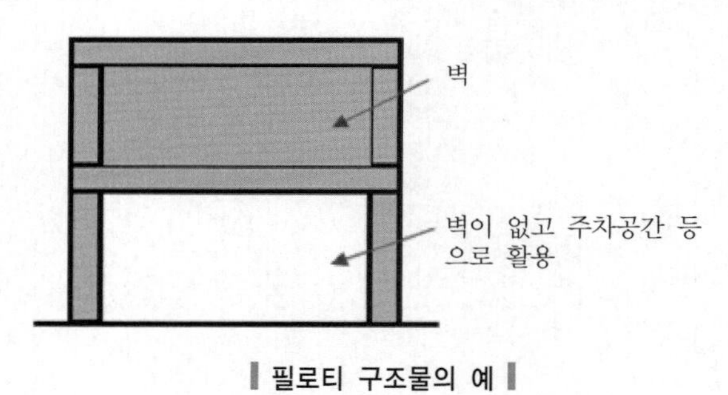

▌필로티 구조물의 예▐

02 필로티 구조의 특징

(1) **건축 특성**

1) 개방형 구조 : 벽이 없고 기둥만으로 하중을 지지하는 구조로 불필요한 동선이 사라지고 동선 자체가 가까워진다.

2) 주차공간의 확보 : 필로티 공간을 주차장으로 이용함으로써 공간의 활용도를 높이고 비용이 절감된다.

3) 채광, 전망, 조망 용이 : 1층이 주차장으로 저층부의 단점인 채광, 전망, 조망이 보완된다.

4) 난방이나 단열문제 : 1층이 난방되지 않아 난방이나 단열에 취약하다.

5) 화재에 취약 : 1층에 화재 발생 시 건물 안 거주자의 피난이 가능한 출입구가 없다.

6) 지진에 취약 : 벽 없이 몇 개의 기둥이 건축물의 하중을 지지하는 구조이므로 진동의 흡수에 취약하다.

(2) 연소 특성

1) 화재하중 : 1층 공간이 쓰레기, 분리수거 등의 공간이자 차량이 주차된 공간으로 다른 건축물에 비해 화재하중이 크다.

2) 빠른 화염 확산 : 1층 개방형 구조로 공기가 유입되기 쉽고 바람의 영향으로 화염 확산이 빠르다.

3) 소화설비 설치제외 대상 : 건축구조가 대부분 저층 3 ~ 5층 내외의 주택으로, 소방시설 설치대상에서 제외되는 경우가 많다.

4) 소화활동의 어려움 : 필로티에서 발생하는 화염으로 건물진입이 어렵고 구조시간이 길어진다.

5) 도시생활형 주택 : 도시생활형 주택이 많고 인접건물과의 거리도 근접해 인접건물로 화재확대 우려가 크다.

(3) 거주자 특성

1) 건축물의 용도에 따라 거주자 특성이 상이하다.

2) 주택으로 이용되는 경우가 가장 많다.

03 화재 진행 메커니즘

(1) 화재 발생

1) 쓰레기 또는 분리수거 물품 등에서 발화한다.

2) 차량 등에서 발화한다.

(2) 주차 차량으로 연소가 확대된다.

(3) 필로티 천장의 단열재로 화재가 확대된다.

(4) 외벽을 통한 순풍 화염전파(드라이비트가 아주 빠른 화염전파)가 된다.

(5) 수직 관통부인 계단, 승강로로 연기가 빨리 이동(피난장해, 대부분의 인명피해 원인)이 된다.

(6) 인접건물로 화재 확대

열복사로 주변으로 화재가 확대된다.

04 방호대책

(1) 화재 예방

1) 필로티 공간에 가연물 적치 금지
2) 필로티 공간 경비 강화 : CCTV 설치, 주기적인 순찰
3) 계단 등 피난 경로에 가연물, 장애물 적치 금지

(2) 설비적 대책

1) 필로티 공간에 자동화재탐지설비의 설치
2) 필로티 공간에 자동식 소화설비 설치 : 스프링클러
3) 옥상에 트렌처설비 설치

(3) 건축적 대책

1) 드라이비트 단열재
   ① 사용제한 : 5층 이하의 건축물 외벽을 드라이비트 공법 시행 시 마감 소재를 발포 폴리스티렌을 사용하는 경우 빠른 연소확대 우려가 있고 시멘트로 마감 시 소방호스의 물길이 시멘트에 막혀 소화가 곤란한 문제점이 있다. 따라서 반드시 불연성 단열재를 사용하도록 강화해야 한다.
   ② 폴리스티렌을 사용할 때 리본 앤 댑 방식으로 부착을 하고 표면 피복의 두께를 충분히 강화하거나 충분한 두께의 불연성 외장재를 부착하는 방안이 있다.
2) 필로티에 설치되는 단열재 : 불연재료, 필로티 천장 속에 설치되는 모든 배관은 불연재료(설비, 배수, 배관 등 PVC 재질 사용 불가)
3) 방화문 설치 : 1층 출입문(기존 유리문이 많음)
4) 방화문에 도어클로저 설치 또는 감지기에 의한 자동폐쇄 구조
5) 비상구 설치 : 양방향 피난이 가능하도록 추가 출입구를 설치한다.
6) 건물과의 이격거리 : 3[m] 이상[53)]
7) 필로티 부분과 그 외 다른 부분을 방화구획한다.

53) 필로티 건물 이격거리에 따른 화재확산 위험성 연구 2017년 저 최승복, 최두찬, 최돈묵

05 결론

(1) 소형 위주의 도시생활형 주택의 증가와 답답함과 사생활 침해 기피, 주차공간의 확보 등을 목적으로 지층을 필로티 구조로 하고 그 공간을 주차장으로 활용하는 경우가 많다.

(2) 대부분 필로티 구조의 건축물은 필로티를 통해야만 출입이 가능한 구조로 필로티 구조에 화재 발생 시 짧은 시간에 화재의 급속한 확대 우려가 있다.

(3) 화재하중이 큰 차량과 천장, 외벽의 단열재 연소열과 연기가 출입문을 통해 건물로 유입되어 수직 관통부를 따라 확대되어 단시간 내 많은 인명피해를 유발한다.

(4) 다양한 예방 및 설비, 건축적 대책을 통해 화재의 발생을 억제하고 피해를 최소화할 수 있을 것이다. 또한, 제천 스포츠 센터 화재와 같이 다수의 인명피해가 우려되므로 필로티에 관한 안전성을 높일 수 있도록 관련 규정이 제정비되어야 할 것이다.

SECTION 102

복합상영관(multiplex) 시설의 방재대책

107회 출제

01 개요

(1) 복합상영관(multiplex)은 보통 6개 이상의 스크린을 복합적으로 운영하고 디지털 상영시스템(DTS : Digital Theater System)과 3차원 첨단상영장비 등을 갖추고 부대시설로 대형주차장, 식당, 카페, 쇼핑타운, 각종 전시장 등을 갖춘 건축물로서, 우리나라에서는 1990년대부터 극장 불황의 타개책으로 생겨나기 시작하였으며 원스톱 엔터테인먼트(one-stop entertainment)를 제공하는 복합화된 시설을 의미한다.

(2) 복합상영관은 불특정 다수인이 이용하는 공간으로 화재 시 많은 인명피해가 예상된다.

(3) 대부분 대형 지하공간이나 고층 건축물의 상층부에 위치하여 위치상 재난에 취약한 형태이고 일시에 수많은 인파가 몰리는 대표적 다중이용시설이다.

02 화재위험성 및 공간 특성

(1) 영화관 화재 위험성

영화관은 밀집, 밀폐된 공간으로 개구부가 없거나 있어도 매우 적은 무창층 구조이다. 또한, 방재상 특이성과 연기의 배출이 용이하지 못한 점 등 아래와 같은 화재 특성을 가진다.

1) 건축 특성

① 많은 내장재(커튼류, 의자 및 카펫 등) : 화재 초기부터 다량의 연기 발생

② 무창의 공간 : 농연, 기계환기(정지 시 환기흐름이 없음)

③ 층고 높음 : 조기 감지 및 조기 소화가 곤란

④ 조도가 낮음 : 피난 장애

⑤ 의자가 많고 계단이 많음 : 피난 장애

2) 거주자 특성

① 밀집, 밀폐된 공간으로 불특정 다수의 사람들이 이용 : 화재 및 정전 시 공포감을 강하게 느끼고, 패닉(panic)에 빠질 우려가 크다.

② 2차적인 재해발생요인이 큼 : 계단형태 구조와 낮은 조도로 넘어져서 압사사고 등의 발생 우려가 크다.

압사사고 : 우리 몸에는 가슴과 배가 나뉘는 부분에 '횡격막'이라는 넓은 막이 있다. 이 막이 아래로 내려가면 폐가 부풀어 올라 외부의 공기가 폐로 들어오게 되고, 이 막이 위로 올라가면 폐가 수축하며 폐 속의 공기가 외부로 나가게 된다. 떠밀려 넘어져 깔리면 가슴에 강한 압박으로 공기가 폐로 제대로 전달되지 않아 산소 부족으로 결국 사망하게 된다. 평지보다 경사가 가파른 길에서 깔렸을 때 눌리는 힘이 커진다. 따라서, 경사지 중간에 수평공간을 만들어 주면 충격을 줄일 수 있다. 몸무게 65[kg]인 성인 100명이 한꺼번에 밀 때의 압력이 최고 18[ton]까지 발생할 수 있다.

③ 피난장해
 ㉠ 연기의 확산으로 농연 등이 여러 곳에 미치기 때문에 발화장소의 오인이 쉽고, 화점 및 연소 범위의 파악이 곤란하다.
 ㉡ 다수의 극장이 미로형태로 배치하여 피난자의 혼란이 발생할 수 있다.

3) 연소 특성
① 환기지배형 화재 : 보안의 목적과 음향문제로 영화관의 공간은 외부와는 거의 차단되어 있어 공기의 유입이 쉽지 않고 따라서 공기의 흐름이 거의 없거나 적기 때문이다.
② 연소열 축적의 용이 : 내부의 공간적 한계
③ 발화위험 : 식당, 스낵바 등의 화기 및 인화성 위험물의 사용
 ㉠ 과거에 필름을 사용하는 경우에는 영사실이 필름의 인화성 및 세척을 위한 각종 인화물질이 다량 배치되어 화재위험이 컸으나, 최근에는 디지털 영상이 대부분이어서 필름이나 약품에 의한 발화 및 연소확대 우려는 크게 감소했다.
 ㉡ 최근에는 팝콘 등 스낵바와 식당의 증가로 인한 화재의 위험은 과거보다 크게 증가하고 있다.
④ 좌석이나 스크린, 바닥재 등 다량의 가연물이 존재하여 화재하중이 크다.

(2) 복합상영관의 구성 및 공간 특성

1) 상영관 : 복합상영관은 스크린의 크기를 줄여 적은 관람석 수를 갖는 상영관으로 운영을 하고 있기 때문에 다양한 크기와 여러 형태의 공간구조로 이루어져 있다.
2) 영사실 : 멀티플렉스의 영사실은 보통 영사기 1대를 기준으로 하는 것이 아니고 최소 2대 이상 많은 경우는 열두세 대의 영사기를 기준으로 시설을 구성하고 있으며, 수평형 공간구조를 가질 경우에는 다량의 영사기를 운영할 수 있다. 그 외의 환등영사기, 스포트라이트 등을 갖춘다. 기타 전등기, 축전지, 세면소, 자료보관실, 기사대기실 등의 공간이 필요하다.
3) 기타 부대시설 : 상영관과 영사실을 제외한 음향시설과 매표시설 그리고 구내매점을 포함한 카페, 게임룸, 캐릭터 숍, 스낵바 등

4) 상영관의 단면상 배치유형

유형	특징	사례
1층형	건축물의 1층 또는 2층의 일부를 사용하는 형태	CGV 상암
지상 + 지하형	지하와 지상에 두는 형태	대한극장
지상형	건물의 중간에 영화관을 두는 형태	메가박스 동대문, 서울극장
최상층형	대규모 건물의 최상층에 두는 형태	강변 CGV11
지하형	최근에 나타난 지하쇼핑몰의 대규모 공간을 활용하는 형태	메가박스, 센트럴시티, 하이페리온, 피카디리(롯데시네마)

5) 공간상의 배치유형

① 수직형 : 영화관을 수직으로 배치하는 방법으로, 국내에서는 대표적인 형태가 대한극장이다.

② 수평형 : 영화관을 동일한 수평면에 배치하는 방법으로, 대부분의 쇼핑센터와 연계된 극장이 여기에 해당되고 대표적인 형태가 삼성동 메가박스이다.

③ 조합형 : 수직형과 수평형의 조합형태로, 현재 대부분의 전용 복합상영관의 형태이다.

(3) 공간 특성에 따른 문제점

1) 고층의 공간

① 고층화재 시 사람의 행동은 연기에 대한 공포심으로 신속히 대피하려고 한다. 따라서, 계단, 엘리베이터와 같은 한정된 피난시설을 동시에 사용하기 때문에 병목현상이 발생하여 출구 및 계단 앞에서 일시 지체하게 된다.

② 위험에 노출되거나 정보의 부재로 패닉상태가 되어 비이성적, 비상식적인 행동이 발생하기도 한다.

③ 특히 복합상영관과 같은 불특정 다수인이 다량으로 거주와 이동을 하는 장소에서는 외부 및 지상으로의 피난을 위한 피난로와 동선이 한정되어 있어 많은 인원이 피난하기는 곤란한 문제점을 가지고 있다. 이로 인한 지체와 혼란으로 화재와 연기에 의한 피해뿐만 아니라 피난에 따른 2차 피해가 우려된다.

2) 무창의 폐쇄된 공간

① 건물의 전체 모양과 형태를 볼 수 없으며, 창의 결핍으로 외부에 대한 식별이 곤란하여 방향감각 상실의 우려가 있다.

② 복합상영관은 창이 없는 폐쇄된 공간이기 때문에 산소공급의 불충분으로 불완전연소가 되어 연기 및 일산화탄소의 발생량이 많다. 그리고 화재발생 시 전원공급이 차단됨으로써 배연설비 등이 작동되지 않는 경우가 많으며, 더욱이 창이 없기 때문에 외부로의 자연배연도 불가능하여 결국에는 내부로 연기가 확산되어 충만하게 된다.

③ 연소열 축적 가능성 : 전실화재(FO)의 발생 가능성이 증가

3) 지하공간

① 일반적으로 지하공간은 화재, 침수 또는 지진으로 인해 감금될 수 있다는 심리적 두려움이 존재한다.

② 지하공간은 지상보다 낮은 위치에 있기 때문에 자연적인 원인, 또는 화재 시 작동한 소화설비의 소화수에 의한 침수가 발생 시 건물 외부로의 자연배수가 불가능하다.

③ 화재 시 피난방향과 연기의 이동방향이 같아지므로 피난자가 연기로부터 떨어진 곳에 위치하는 것이 아니라 상승하는 연기 속에 노출될 우려가 크다. 따라서, 피난능력과 피난환경이 크게 악화된다.

4) 대규모로 연결된 지하가

① 지하상가, 지하철 및 인접건물의 지하층이 서로 연결된 대규모 지하생활공간은 무질서하고 부정형의 미로와 같은 거대한 공간이 형성된다.

② 지하공간에 화재가 발생할 경우 지하보도를 통하여 전체 지하공간으로 화재가 확산됨은 물론 인접건물의 지하층에까지 확대될 가능성이 높다.

③ 부정형의 미로와 같은 지하공간에서는 방향감각을 상실하게 되어 피난에 큰 지장을 초래하게 된다. 그리고 지상으로 통하는 계단과 인접건물의 내부로 통하는 계단의 구별이 분명하지 않기 때문에 피난상 중요한 문제점이 야기될 수 있다.

(4) 관련 규정의 문제점

1) 피난경로의 크기나 수의 산정이 면적별, 용도별로 획일적인 기준 : 건축물의 다양한 용도별 특성을 미반영

2) 수용인원을 고려한 피난경로 확보 기준이 미비

3) 불특정 다수인이 출입하고 다양한 복합용도가 존재하므로 복합적인 위험에 대한 기준이 미비

03 방재대책(NFPA 101)

(1) 피난대책

1) 안전한 피난을 확보하기 위해 1인당 점유면적 및 출입구의 폭과 수를 적정하게 산정하여야 한다.

① 피난로의 수

㉠ 수용인원 500 ~ 1,000명 이하 : 3개

㉡ 수용인원 1,000명 초과 : 4개

② 통로의 폭
㉠ 양쪽에 좌석이 있는 경우 : 122[cm] 이상
㉡ 한쪽만 좌석이 있는 경우 : 91[cm] 이상
③ 막다른 골목(dead end) : 6.1[m] 이하
④ 공용이용통로(common path) : 6.1[m] 이하
⑤ 보행거리(travel distance) : 45[m] 이하(스프링클러 설치 시)
⑥ 피난경로에 비상조명설비(예비전원) 설치
⑦ 출입구 : 피난방향으로 열리는 패닉바 설치

2) 피난경로는 가급적 짧게 구성하고, 피난수단은 단순하게 배치한다.
3) 객석부의 피난에서 가장 중요한 것은 객석의 간격과 통로의 배열과 피난동선의 최소화이다.
4) 층별 순차적 피난을 위한 비상경보설비 및 비상방송설비를 체계적으로 계획하여야 한다.
5) 피난동선상에 유도등 및 비상조명등을 설치하여야 한다.
6) 직원 및 관계자를 대상으로 한 소방훈련 및 교육을 철저하게 진행하여야 한다.
7) 영화상영 전에 피난안내영상을 상영하여 피난 시 조치요령을 관객들에게 숙지시켜야 한다.

(2) 발화방지 및 초기 소화

1) 화재예방 : 전기 및 화기 사용제한, 영사실 등에 용도별 누전차단기 설치, 흡연관리 철저
① 흡연관리 : 「금연」 표지
② 화기관리 : 화기 사용제한, 불가피한 경우 간접 가열식 사용
③ 교육 및 훈련 : 피난, 초기 소화
④ 관리자 배치 : 수용인원 250명당 1명
2) 내장재료 : Class A(불연재료) 이상
3) 스크린, 커튼류, 의자 및 카펫 등 : 방염처리
4) 속동형 스프링클러헤드 설치
5) 높은 천장 : 적응성이 있는 감지기 설치
6) 스낵바나 식당에 기름을 사용하는 경우 : 강화액을 이용한 자동소화장치(K급 화재)
7) 영사실 : 가스계 소화약제 등 설치
8) 자동화재탐지설비
① 수용인원 : 300명 초과
② 하나의 층에 영화관 2관 이상
9) 스프링클러설비 : 수용인원 300명 초과

(3) 연소확대 방지

1) 영사실과 상영관 사이에 설치된 투과창은 내화 · 내열 등급을 가진 유리를 사용하고 감지기 연동에 의한 방화셔터, 60분+ 방화문 또는 60분 방화문을 설치하여 연소확대를 방지한다.

2) 방화구획

① 공간의 특성상 건축적인 방화구획에 한계가 있는 관계로 설비적인 시설로 보충할 수 있다. 예를 들어 수막설비 등을 설치할 수 있다.

② 특히 에스컬레이터 주변의 경우 방화셔터를 사용하면 피난에 악영향을 줄 가능성이 있으므로 스프링클러 + 방연커튼 방식을 고려할 필요가 있다.

③ 층마다 1시간 이상 내화성능을 확보한다.

(4) 제연

1) 전용의 제연설비를 설치한다.

2) 제연용량 = 거실 체적용량 × 6회 / h 이상

「공연법」에 의한 방화막 기준

1. **방화막** : 화재로 인한 화염 및 연기의 관람석 확산을 막기 위하여 설치하는 내화성의 막으로 공연장에 화재나 비상시 내려와 무대와 객석을 두 개의 방화구역으로 분리한다.
2. 공연장운영자는 공연장 무대에 방화막을 설치한다.(법 제11조의7)
3. **방화막 설치 제외대상(시행령 제9조의7)**

구분	내용
좌석 수	1천석 미만
문화체육관광부장관이 인정하는 공연장	1) 액자 모양의 건축 구조물을 설치하여 무대와 객석을 구분하는 구조가 아닌 공연장 2) 방화막 작동에 필요한 공간을 확보할 수 없는 공연장 3) 방화막을 설치하는 경우 「건축법」 제48조 제1항에 따른 구조내력의 기준을 충족하지 못하게 되는 공연장

4. **방화막 설치 제외대상 공연장의 인정(시행규칙 제6조의6)**
   ① 공연장운영자는 방화막 설치 제외대상 공연장으로 인정을 받으려면 방화막 설치 제외대상 공연장 인정신청서에 따른 공연안전지원센터의 확인서를 첨부하여 문화체육관광부장관에게 제출해야 한다.
   ② 문화체육관광부장관은 제출된 서류를 검토한 결과 해당 공연장을 방화막 설치 제외대상 공연장으로 인정한 경우에는 방화막 설치 제외대상 공연장 인정서를 신청인에게 발급해야 한다.
5. **방화막의 성능기준(시행규칙 제6조의6)**
   ① 내화소재를 사용할 것
   ② 연기가 새어나가지 않는 구조일 것

③ 화재 발생 시 작동하여 객석과 무대를 분리하는 기능을 갖출 것
④ 상기 규정한 사항 외에 문화체육관광부장관이 정하여 고시하는 기준에 부합할 것

04 결론

(1) 복합상영관의 화재는 다수의 인명피해가 발생할 수 있는바 적정한 피난을 위한 피난통로의 폭과 수를 확보하고 피난동선상의 비상조명을 확보하여야 한다. 또한, 발화방지와 초기 소화를 위해서는 전기 및 화기 사용을 제한하고 내장재의 방염처리 및 속동형 헤드를 이용한 스프링클러를 설치하며, 화재발생 우려 지역인 영사실에 대한 할로겐화합물 및 불활성기체 소화약제설비 및 전용의 제연설비를 설치하여야 한다.

(2) 화재발생 시 연소확대를 방지하기 위하여 용도와 면적에 따른 철저한 방화구획과 영사실과 상영관을 통하는 개구부를 포함한 각종 개구부에 방화셔터 또는 방화문을 설치한다. 상영관에는 제연설비를 설치함으로써 다량의 인명피해의 원인이 되는 연기를 제어하여야 한다.

(3) 불특정 다수가 거주하는 복합상영관의 경우는 가연물이 많고 재실자밀도도 높아 화재 등 재해발생 시에는 큰 피해를 유발할 수 있으므로 이에 대한 다양한 연구와 대응책 수립이 필요하다.

SECTION 103 목조건축물 문화재 화재

103 · 74회 출제

01 개요

(1) 문화재란 대체가 곤란한 것으로 화재가 발생해서 한번 소실되면 그 가치를 재산상 금액으로 산출하기가 곤란하다.

(2) 우리나라에 현존하는 문화재의 대부분이 목조건축물로 화재 시 연소가 빠르고, 그 구조상 소방설비의 설치가 곤란하며, 소방대의 진압활동이 곤란한 장소나 지점에 위치하고 있어 화재나 재해에 취약한 실정이다.

(3) 문화재 화재와 연소 특성, 법적 소방시설 및 외국의 소방시설 설치사례 등을 살펴봄으로써 효율적인 예방, 소방, 방화대책을 검토함으로써 재난에 유효한 대응을 할 수 있을 것이다.

02 문화재 화재의 특징

목조문화재의 화재 취약원인으로 아래에서 나열하는 취약원인들은 단독으로 존재하는 것이 아니라 복합적으로 작용하며, 이러한 복합성으로 인해 화재 시 어려움이 있다. 따라서 문화재 주변에 진화 및 확산방지를 위한 종합적인 소방시설을 구축하는 것이 필요하다.

(1) 건축 특성

1) 화재에 취약한 목조양식 및 기와조로 건축된 문화재는 화재 시 문화재의 가치와 보존의 특성상 적극적인 진화작업이 곤란한 실정이다.
2) 문화재 특성상 내부에 소화설비 설치가 곤란해 초기 진화에 어려움이 있다.
3) 도심에서 떨어져 있을 뿐만 아니라 문화재 특성상 진입로가 협소하여 소방차의 접근이 어렵고, 상수도 설치 등이 곤란한 장소가 많아 소방용수 확보에도 많은 어려움이 있다.
4) 주로 산속 등에 위치하고 있어 소방차 진입이 어렵거나 거리가 멀어 소방기관에 의존할 수 없는 실정이라, 자체적인 소방진화능력이 요구된다.

(2) 거주자 특성

문화재 내에 상주하는 관계자 및 관광객 등 항상 다수의 이용자들이 거주 및 왕래하고 있어 불특정 다수의 인명 피해위험이 크다.

(3) 연소 특성

1) 목조문화재는 주요 부재가 목재(육송)로 되어 있어 연소성이 강하고, 오랜 기간, 길게는 수백 년간 잘 건조된 상태라 발화원에 의해 쉽게 착화되고 빠른 속도로 화염이 전파되기 때문에 초기진화에 실패하면 대부분 전소의 위험이 있다.
2) 산 주변의 문화재 화재는 주변 산불로 이어져 대형 재난으로 확대될 수 있고, 또한 주변의 산불로부터 피해를 볼 수 있는 환경적인 위험요소를 안고 있다.
3) 지붕 내부 적심 : 적심 목은 지붕에 넣은 원목으로, 보통 나무가 탈 때에는 수증기가 증발하여 발생하는 백연이 나지만 진흙 등에 덮여 있는 적심 목이 탈 때에는 산소가 부족해 불완전연소하면서 노란색 등의 연기가 발생(훈소) → 개방 시 불꽃화재로 성장한다.
4) 목조문화재 내에 있는 소조불(흙), 탱화, 전적류 등으로 인해 화재 소화진압 시 어려움이 있고, 낙하와 붕괴로 인한 사고 발생가능성도 높다.

전적류 : 기록정보 가운데 각 학문분야에 있어 학술적 혹은 예술적 가치가 있는 기록자료

(4) 관리실태의 이원화

1) 운영관리가 국가(국가유산청)와 지방자치단체로 이원화
2) 방화관리가 국가유산청과 소방청으로 이원화

(5) 관리인력의 부족

40[%] 정도가 관리인력이 미배치되어 있다.

(6) 문화재 화재(지정문화재)의 분석

1) 방화 : 40[%]
2) 부주의 : 40[%]
3) 전기 과열 및 미상 : 20[%]

(7) 문화재 소방시설 설치현황(2021년 기준)

1) 소화전 : 191개소의 목조문화재 중 26개소를 제외하고는 설치
2) 감지기 : 불꽃감지기, 연기감지기, 열감지기가 대부분 설치(일부 다중센서)
3) 자동화재속보설비 : 191개소의 목조문화재 중 22개소를 제외하고는 설치
4) 방수총 : 191개소 중 91개소에 설치
5) 스프링클러설비가 설치된 곳은 없는 실정이다.

03 목재의 물리화학적 특징

(1) 목재의 원소조성

1) 목재의 주요 성분
   ① 섬유소(cellulose, $C_6H_{10}O_5$) : 목질 건조중량의 60[%]
   ② 리그닌(lignin, $C_{18}H_{24}O_{11}$과 $C_{40}H_{45}O_{18}$ 사이라고 추정) : 20 ~ 30[%]
2) 화학성분 : 탄소 50[%] 산소 44[%], 수소 5[%], 질소 1[%] 정도, 회분 · 석회 · 칼슘 · 마그네슘 · 나트륨 · 망가니즈 · 간알루미늄 · 철 등이 미량으로 함유되어 있다.

(2) 목재의 물리적 특징

1) 목재 종류별 인화점(열분해는 온도가 높을수록 증가하고 생성된 가스는 공기와 혼합되어 화원을 가까이 하면 인화하는 데 이때의 온도) : 260[℃]
2) 발화점(화원을 가까이 하지 않아도 자발적으로 불이 붙게 되는 데 이때의 온도가 발화점) : 450[℃]

(3) 밀도 영향

고비중(밀도)의 목재일수록 그들의 세포벽에 많은 양의 수분이 포함될 수 있기 때문에 발화 및 연소의 확대가 어려운 화재 특성과 밀접한 연관성이 있고, 비중이 높을수록 강도가 증가한다.

(4) 목재의 발열량

1) 대략 목재는 4,500[kcal/kg]의 발열량을 가지고 있으며, 활엽수보다는 침엽수의 발열량이 높다.
2) 수지(송진)는 발열량이 8,500[kcal/kg] 정도로서 높은 편이기 때문에 소나무류와 같이 수지(송진)를 지니는 침엽수재는 높은 발열량을 지니게 되어 화재에 취약하다. 수지는 임야화재 시 비화의 주요 요인이 된다.

(5) 목재 열전도율

1) 목재의 열전도율은 비중에 따라 좌우되는데 이것은 공극 중에 존재하는 건조공기의 열전도율이 세포벽의 열전도율에 비해 작기 때문이다. 이러한 공극 중의 건조공기가 단열재의 역할을 하게 된다.
2) 비중이 작을수록 열전도율은 낮아져 연소에 유리하게 된다.
3) 목재에 있어서 열전도율이 섬유방향과 같은 경우는 반대방향에 비해 대략 2 ~ 2.5배 정도 큰 편이어서 화재 시 목재는 안으로 타들어가지 않고 표면 쪽으로 화재가 빠르게 진행된다.
4) 목재는 탄화층으로 인해 열전도가 낮아져 연소가 느려진다. 따라서, 탄화층이 단열기능을 하여 어느 일정 깊이 이상 침투가 어렵게 된다(횡방향으로 보통 1분에 0.6[mm] 정도 탄다).

(6) 함수율

1) 목재의 종류에 따라 조금씩 다르지만 통상 생목재는 함수율 25[%] 정도로 추정된다.

2) 비중 0.9 이상이며 건재의 함수율은 12[%] 이하를 유지한다. 수분함량이 15[%] 이상이면 비교적 고온에서 장시간 접촉해도 착화하기 어렵다. 그 이유는 목재에서 가연성 기체가 발생할 때까지 가열되어 열분해해야 불이 붙는 연소를 할 수 있으나 목재가 타면서 발생하는 열량이 목재의 수분을 증발시키는 데 거의 소진되므로 목재가 계속 에너지의 공급을 받지 못하기 때문이다.

3) 대기 중에서의 목재의 평형 함수율(equilibrium moisture content)

① 정의 : 주변 대기의 온도 및 상대습도에 따라 목재의 수분이 증가 또는 감소하는데 온도와 상대습도의 조건을 부여하여 어떤 함수율에 도달하게 되는 상태

② 온도의 변화보다는 상대습도 변화에 따라 더 크게 변한다.

③ 상대습도가 낮은 겨울에 목재의 함수율이 타 계절에 비해 낮아져 화재에 더욱 취약해진다. 예를 들어 온도 15[℃] 습도 50[%]일 때 평형 함수율은 약 10[%] 정도이며, 온도 30[℃] 습도 75[%]일 때 평형 함수율은 약 15[%] 정도이다.

4) 공식

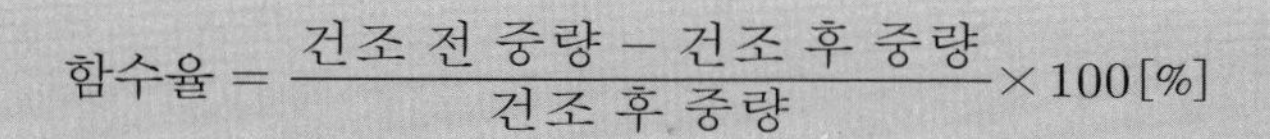

$$\text{함수율} = \frac{\text{건조 전 중량} - \text{건조 후 중량}}{\text{건조 후 중량}} \times 100[\%]$$

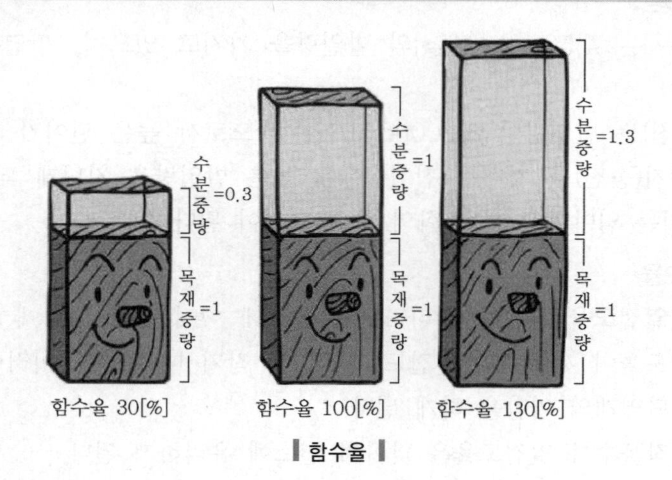

▌함수율▐

(7) 화염전파방향

1) 목재의 나뭇결과 평행하다.

2) 열전도도가 수직인 경우에 비해 2배가 되고 가스 침투성에도 차이가 발생된다.

3) 휘발분이 나뭇결을 따라 이동하므로 화염전파도 나뭇결을 따라 진행(화염전파방향은 나뭇결과 평행)된다.

04 목재의 연소진행

(1) 목재의 발화과정

크게 4단계로 나누어 설명할 수 있다. 목재의 착화는 가열에 의해 열분해, 인화, 숯의 발생, 발화로 진행된다.

단계	발화과정	온도	내용
1	열분해	200[℃] 이하	목재가 방사열, 고온 공기에 의해서 가열될 때 수증기, 이산화탄소 등과 가연성 가스가 발생하기 시작하는 단계(탈수가 완료)
2	인화	260[℃] 부근	수증기 발생이 적고 이산화탄소가 발생하기 시작하여 아직 1차적인 흡열반응상태이며 점점 인화점(260[℃])에 도달
3	숯의 발생	280 ~ 450[℃]	가연성 가스와 입자들의 발열반응으로 탄화물질로부터 숯이 되는 2차적인 반응단계
4	발화	450[℃] 이상	현저한 촉매활동으로 목탄이 생성되어 지속적인 연소(발화점)가 되는 단계로서 발화점(450[℃])에 도달

(2) 목조건축물의 화재 진행과정

목조주택에서의 화재진행은 보통 5단계로 나눌 수 있으며, 일반적인 건축물(내화구조)보다 연소진행속도가 빠르고, 연소진행시간이 짧으며, 화재 최고 온도는 높지만 유지시간은 짧은 특징이 있다.

단계	화재 진행과정	내용
1	무염착화	① 발화원에 의해 무염착화하는 단계로서, 발화원과 주변 환경에 따라 차이가 나며 유류 등의 인화는 발염착화 ② 자연발화의 경우는 장시간 무염착화
2	발염착화	무염착화에서 발염착화로 옮겨지는 단계로, 화재원인과 발생장소에 따라 차이가 발생
3	발화	① 발염착화에서 계속 발화가 진행되는 단계로, 보통 발화하는 것은 가연물의 일부가 발염착화한 상태가 아니라 천장에 불이 닿았을 시기를 말한다. ② 보통 일본에서는 초기 화재라고 정의한다.
4	최성기	① 발화에서 최성기로 발전하는 단계로, 화재진행(연소속도)이 빨라지고 연기의 색깔은 백색에서 흑색(다량의 검댕이 발생)으로 변하며, 창문 등으로 화염이 분출되고 최성기에 이르면 천장, 지붕 등이 붕괴된다. ② 화염, 흑연, 불꽃이 강한 복사열을 발생하여 최고 1,300[℃]까지 도달한다.
5	연소낙하	최성기에서 연소가 낙하하는 단계로 최성기까지의 소요시간은 평균 10분 내외이다.

(3) 목조건축물의 화재진행시간

1) 출화에서 최성기까지 초속 2 ~ 3[m] 이하의 풍속이고 소규모 목조건축물에서의 일반적인 화재진행상황은 4 ~ 14분이 소요된다.
2) 최성기에서 연소낙하(붕괴)까지 6 ~ 19분 정도 소요된다.

3) 보통 최성기까지 10분 정도 소요되며 30분 이내에 전체 목조건축물로 화재가 전이된다.

4) 전체 목조건축물의 화재지속시간은 30분 이상이므로 이 점을 고려하면 인접 가연물로의 화재확산 방지를 위해 문화재 소화설비의 방사시간도 최소 30분 이상은 되어야 할 것이다.

5) 빠른 시간 내에 고온으로 상승하고 화재가 진행함에 따라 목조건축물은 고온단기형 화재라고 할 수 있다.

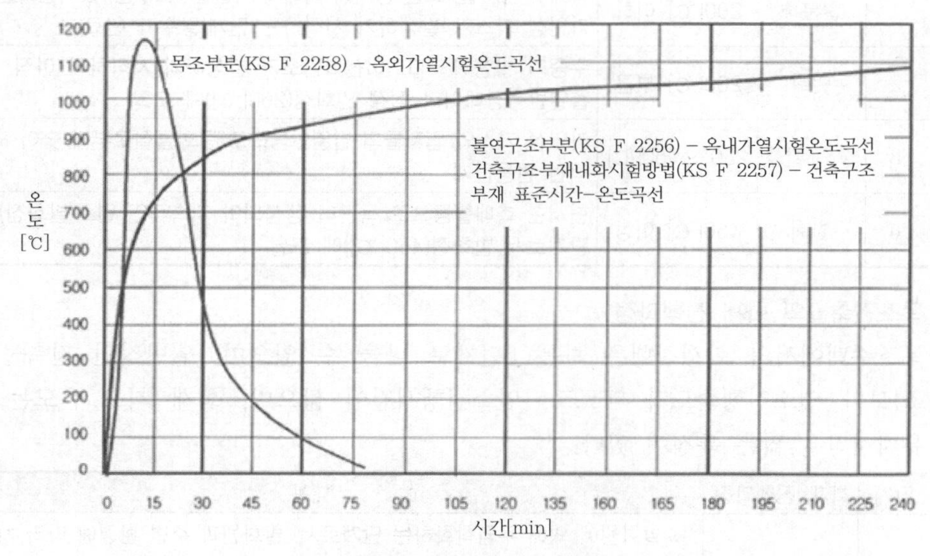

▌목조건축물과 일반 내화건축물의 표준화재온도곡선▐

05 목조문화재 화재 시 특성

(1) 훈소

1) 훈소는 저온 무염연소로 온도가 낮고 산소의 공급이 적어 열분해 시 충분한 열과 가연성 증기를 만들지 못하고 불완전연소와 낮은 온도의 연기 및 다량의 수증기(백연) 등을 유발한다.

2) 외부에서 신선한 공기가 다량으로 공급되면 연소의 화학반응이 촉진되며 목재가 착화되어 연소가 갑자기 확대된다.

3) 목조문화재 화재의 경우 천장내부 적심(한옥에서 기와를 올리기 전에 설치하는 톱밥이나 흙, 강회)에서 화재의 열기로 인해 천천히 숯으로 변하며 가연성 가스가 발생한다.

4) 특징

① 목탄, 담배 등이 타는 현상처럼 산소와 고체연료 사이에서 발생하는 비교적 느린 연소과정으로 화재 초기에 고체 가연물에서 많이 발생한다.

② 훈소가 지속되는 중 외부공기가 유입될 때는 급격히 연소가 발생하며 유염연소로 화재가 성장한다.

③ 진행과정이 느려 공기가 많이 필요하지 않으며 훈소 반응속도는 1 ~ 5[mm/min] 정도가 된다.

④ 불완전연소에 의해 이산화탄소 대신에 일산화탄소의 발생이 많으며, 적은 양의 공기로 지속적인 연소가 발생한다.

(2) 백드래프트(back draft) 현상

1) 화재가 발생한 공간에서 연소에 필요한 산소가 부족하여 훈소상태(smoldering)에 있는 공간(적심공간)이 개방이나 파괴로 인하여 산소가 갑자기 다량 공급될 때(숭례문의 경우 어느 일부분이 붕괴되면서) 연소가스의 순간적인 압력의 증가와 급속한 연소가 발생하는 현상이다.

2) 목조문화재의 경우, 지붕 내화재료인 기와(보토, 강회)는 화염과 열기를 외부로 방출되는 것을 막는 단열재의 기능을 한다. 따라서 일정 시간이 경과하게 되면 축열량이 적심 전체로 번져 나중에는 건물 전체로 화재가 확대되는 역할을 한다.

3) 역화현상이 발생하게 되면 화염이 폭풍을 동반하여 산소가 유입된 곳으로 갑자기 분출되기 때문에 강한 폭발력을 지니게 된다.

06 목조문화재 소방시설

(1) 소방법에 의한 소방시설

1) 소화기 : 바닥면적 33[m^2] 미만일 경우에도 설치

2) 물분무소화설비 : 지정문화재 중 소방청장이 국가유산청장과 협의하여 정하는 것

3) 비상경보설비 : 연면적 400[m^2] 이상

4) 옥외소화전

① 연면적 1,000[m^2] 이상

② 국보 또는 보물로 지정된 목조건축물

5) 자동화재속보설비 : 국보 또는 보물로 지정된 목조건축물

6) 자동화재탐지설비 : 연면적 1,000[m^2] 이상

① 소방관계법령에 의한 화재안전기술기준(NFTC 203)을 바탕으로 하여 목조문화재의 주변 환경과 특성을 고려하여 설치

② 감지기의 종류는 재료와 문화재의 특성을 고려한 연기감지기가 우선 설치 대상

③ 중층 또는 반자가 없어 천장이 높은 건물은 공기흡입형, 광전식 분리형, 불꽃감지기의 설치를 검토

④ 건물 내부에 기류가 통하거나 외부에 노출되어 있을 때에는 내부에 불꽃감지기를 설치하는 것도 검토

⑤ 화재안전기술기준의 설치면적에 따른 감지기의 설치방법은 목조문화재 천장면 구조상 맞지 않는 부분이 많아 감지성능이 좋고 최소감지면적 이하 건물마다 2개 이상 설치하되 천장에 구획되어 있을 때에는 면적에 관계없이 구획마다 설치하도록 하여야 한다.

⑥ 발화지점을 신속히 파악하기 위해 건물 내부를 몇 개의 구획으로 나누어 별도의 회로를 구성하거나 주소형 감지기를 설치하면 화재지점을 보다 쉽고 신속하게 알아낼 수 있다.

⑦ 중요 목조문화재 내에 훼손문제로 화재감지기를 설치할 수 없을 경우에는 외부에 불꽃감지기를 설치하거나, 영상감지시스템(CCTV)을 설치하면 문화재의 훼손 없이 화재의 감시가 가능하다.

(2) 「문화유산법」에 의한 소방시설

1) 화재 등 방지 시책 수립과 교육 훈련 · 홍보 실시(제14조)

2) 화재 등 대응매뉴얼 마련 등(제14조의2)

3) 화재 등 방지시설 설치 등(제14조의3) : 국가유산청장 또는 지방자치단체의 장은 다음에 해당하는 시설을 설치 또는 유지 · 관리하는 자에게 예산의 범위에서 그 소요비용의 전부나 일부를 보조할 수 있다.

① 소방시설, 재난방지시설 또는 도난방지장치

② 금연구역과 흡연구역의 표지

4) 금연구역의 지정 등(제14조의4)

5) 관계 기관 협조요청(제14조의5) : 국가유산청장 또는 지방자치단체의 장은 화재 등 방지시설을 점검하거나 화재 등에 대비한 훈련을 하는 경우 또는 화재 등에 대한 긴급대응이 필요한 경우에 다음의 어느 하나에 해당하는 기관 또는 단체의 장에게 필요한 장비 및 인력의 협조를 요청할 수 있으며, 요청을 받은 기관 및 단체의 장은 특별한 사유가 없으면 이에 협조하여야 한다.

① 소방관서

② 경찰관서

③ 재난관리책임기관

④ 그 밖에 대통령령으로 정하는 문화유산 보호 관련 기관 및 단체

6) 정보의 구축 및 관리(제14조의6) : 국가유산청장은 화재 등 문화유산 피해에 대하여 효과적으로 대응하기 위하여 문화유산 방재 관련 정보를 정기적으로 수집하고 이

를 데이터베이스화하여 구축·관리하여야 한다. 이 경우 국가유산청장은 구축된 정보가 항상 최신으로 유지될 수 있도록 하여야 한다.

7) 문화유산 방재의 날(제85조)

(3) 목조문화재 소방시설 가이드라인[54]

1) 소화기

① 소화기 : A급 화재에 적응성이 있는 소화기를 사용

② 목조건축 문화재의 내부에 소화기 설치기준

㉠ 소화기는 출입구에 설치하되, 보행거리가 20[m]가 넘는 경우에는 추가하여 설치

㉡ 구획된 실이 20[m^2]를 초과하는 경우에도 구획된 실의 출입구에 추가하여 설치

소화기의 배치는 사람의 출입이 잦고 소화기를 쉽게 찾을 수 있도록 내부 출입구로부터 3[m] 이내에 배치하도록 한다.

㉢ 소화기는 A급 3단위 이상의 분말소화기와 A급 1단위 이상의 할로겐화합물 및 불활성기체 소화기를 각각 1개씩 동시에 설치

1. NFPA(NFPA Code 10 : standard for portable fire extinguishers)에서 목조재질의 화재에 대하여 최소 A급 2단위 이상의 소화성능을 가진 소화기를 배치하도록 하고 있어, 이를 차용하고 문화재의 가치적인 특징을 감안하여 3단위 이상의 성능을 가진 소화기를 배치하도록 기준을 마련한 것이다.
2. 제3종 분말소화기의 2차 피해(문화재 표면에 분말이 붙어서 문화재의 보존가치를 저하시킴)를 방지하기 위하여 화학적 소화방식인 청정소화기(목조 문화재에 적용 시 2차 피해발생 없음)를 동시에 배치하여 소규모 화재의 경우 청정소화기로 우선 소화하는 방식을 위해서 두 대를 설치하는 것이다.

③ 목조건축 문화재의 외부에 설치하는 소화기 설치기준

㉠ 보행거리 20[m]마다 설치

㉡ 보호함을 설치하여 직사광선 및 빗물로부터 영향을 받지 아니하도록 설치

④ 소화기구(자동소화장치를 제외) 설치위치

㉠ 거주자 등이 손쉽게 사용할 수 있는 장소의 바닥에 설치

㉡ 문화재 훼손이 되지 아니하는 경우에는 바닥으로부터 높이 1.5[m] 이하의 곳에 설치

⑤ 보일러실 : 자동확산소화기를 추가로 설치

---

54) 목조문 화재 소방시설 가이드라인 해설판 문화재청(2014)

⑥ 주방용 자동소화장치는 문화재 및 문화재와 인접한 건축물의 주방에 다음의 기준에 따라 추가하여 설치한다.
㉠ 소화약제 방출구는 환기구(주방에서 발생하는 열기류 등을 밖으로 배출하는 장치)의 청소부분과 분리되어 있어야 하며, 형식승인 받은 유효설치 높이 및 방호면적에 따라 설치할 것
㉡ 감지부는 형식승인 받은 유효한 높이 및 위치에 설치할 것
㉢ 가스차단장치는 주방배관의 개폐밸브로부터 2[m] 이하의 위치에 설치하되, 상시 확인 및 점검이 가능하도록 설치할 것
㉣ 탐지부는 수신부와 분리하여 설치하되, 공기보다 가벼운 가스를 사용하는 경우에는 천장면으로부터 30[cm] 이하의 위치에 설치하고, 공기보다 무거운 가스를 사용하는 장소에는 바닥면으로부터 30[cm] 이하의 위치에 설치할 것
㉤ 수신부는 주위의 열기류 또는 습기 등과 주위온도에 영향을 받지 아니하고 사용자가 상시 볼 수 있는 장소에 설치할 것

⑦ 자동소화장치의 설치기준
㉠ 소화약제 방출구는 형식승인 받은 유효설치범위 내에 설치
㉡ 자동소화장치는 방호구역 내에 형식승인된 1개의 제품을 설치한다. 감지부는 형식승인된 유효설치범위 내에 설치하여야 하며 설치장소의 평상시 최고 주위온도에 따라 다음 표에 따른 표시온도의 것으로 설치

설치장소의 최고 주위온도	표시온도
39[℃] 미만	79[℃] 미만
39[℃] 이상 64[℃] 미만	79[℃] 이상 121[℃] 미만
64[℃] 이상 106[℃] 미만	121[℃] 이상 162[℃] 미만
106[℃] 이상	162[℃] 이상

⑧ 할론(할론 1301과 할로겐화합물 및 불활성기체 소화약제 제외)을 방사하는 소화기
㉠ 지하층이나 무창층 또는 밀폐된 거실로서 그 바닥면적이 20[m^2] 미만의 장소에는 설치할 수 없다.
㉡ 예외 : 배기를 위한 유효한 개구부가 있는 장소

2) 옥외소화전설비
① 최소 유효수량
㉠ 옥외소화전의 설치개수(옥외소화전이 3개 이상 설치된 경우에는 3개)에 7[m^3]을 곱한 양 이상
㉡ 소방대 도착시간이 10분 이상이면 설치개수에 10.5[m^3]를 곱한 양 이상
㉢ 소방대 도착시간이 20분 이상이면 설치개수에 17.5[m^3]를 곱한 양 이상

② 성능

㉠ 옥외소화전의 노즐선단에서의 방수압력 : 0.25[MPa] 이상

㉡ 방수량이 350[L/min] 이상

㉢ 하나의 옥외소화전을 사용하는 노즐선단에서의 방수압력이 0.4[MPa]을 초과할 경우 : 호스접결구의 인입측에 감압장치 설치

0.4[MPa]로 제한한 이유 : 옥외소화전의 압력이 0.7[MPa]에 이르는 경우에는 호스 및 관창에서 작용하는 반동력이 40[kgf]에 해당하여 사용자가 소화활동을 하는 데 어려움이 있으므로 반동력을 20[kgf/cm^2]로 낮추기 위함이다.

① 반동력(R) = $0.015 \times d^2 \times P_{nozzle}$

여기서, d : nozzle구경(옥외소화전노즐 : 19[mm])

P_{nozzle} : 노즐압력[kgf/㎠]

R : 노즐반동력[kgf]

② R값이 20[kg]일 경우 대입하여 풀이하면 다음과 같다.

$20 = 0.015 \times 19^2 \times P_{nozzle}$

$P_{nozzle} \fallingdotseq 3.69$

③ 소화인력 1인당 반동력 20[kgf]으로 제한하고 있으므로 이에 근접하도록 방사압을 0.4[MPa]로 낮추었다.

③ 호스접결구

㉠ 앵글밸브 설치

㉡ 특정소방대상물의 각 부분으로부터 하나의 호스접결구까지의 수평거리가 25[m] 이하, 보행거리가 40[m] 이하

④ 함의 내용물

㉠ 함 내에는 호스접결구와 호스 및 관창이 결착된 상태로 보관

㉡ 호스는 구경 65[mm]의 것으로 하고, 호스의 길이는 목조건축 문화재의 각 부분에 물이 유효하게 뿌려질 수 있는 길이로 설치

⑤ 함의 설치기준(옥내소화전화재안전기술기준과 동일)

⑥ 소화전함 표면

㉠ '옥외소화전'이라고 표시한 표지와 그 사용요령을 기재한 표지판(외국어 병기)을 부착한다.

㉡ 가압송수장치의 조작부 또는 그 부근에는 가압송수장치의 기동을 명시하는 적색등을 설치한다.

⑦ 옥외소화전 방수구 · 호스릴소화전 및 방수총을 하나의 함 내에 동시 설치가 가능하다.

⑧ 표시등 설치기준(옥내소화전 화재안전기술기준과 동일)

3) 호스릴소화전설비

① 유효수량

㉠ 호스릴소화전의 설치개수(최대 3개)에 개당 분당방사량을 소방대 도착시간에 1.5배를 곱한 시간동안 방사(최대 50분)

㉡ 최소 유효수량 : 호스릴소화전의 설치개수(최대 3개)×6.5[m^3] 이상

② 성능

㉠ 노즐선단의 방수압력 : 0.25[MPa] 이상

㉡ 방수량 : 130[L/min] 이상

㉢ 하나의 호스릴소화전을 사용하는 노즐선단에서의 방수압력이 0.7[MPa]을 초과할 경우 : 호스접결구의 인입측에 감압장치를 설치

③ 호스접결구(옥외소화전과 동일)

④ 함의 내용물(옥외소화전과 동일)

⑤ 함의 설치기준(옥외소화전과 동일)

⑥ 호스릴 소화전함 표면

㉠ '호스릴소화전'이라고 표시한 표지

㉡ 가압송수장치의 조작부 또는 그 부근에는 가압송수장치의 기동을 명시하는 적색등을 설치

⑦ 호스릴소화전 방수구 · 호스릴소화전 및 방수총을 하나의 함 내에 동시에 설치할 수 있다.

⑧ 표시등(옥외소화전과 동일)

4) 방수총설비

① 목적 : 산불화재에 대한 목조건축 문화재의 화재방호용

② 설치간격 : 소방대상물이 산과 접하고 있는 길이 방향의 각 부분으로부터 25[m] 이내

③ 수원

㉠ 방수총의 설치개수에 개당 분당방사량을 소방대 도착시간에 1.5배를 곱한 시간동안 방사

㉡ 최소 방사시간 : 20분 이상

④ 380[V]의 3상 동력전원을 공급하기 어렵거나 발전설비가 없는 경우

㉠ 내연기관을 이용한 펌프방식의 가압송수장치를 방수총설비 전용으로 설치

㉡ 예외 : 방수총설비의 기능에 이상이 없도록 설치하는 경우(겸용 가능)

⑤ 급수배관 : 전용(예외 : 방수총설비의 성능에 지장이 없는 경우)

⑥ 성능

㉠ 방사압 : 0.7[MPa] 이상

㉡ 방수량 : 700[lpm] 이상

⑦ 가압송수장치로 기동용 수압개폐방식을 이용하는 펌프의 기동은 수신기에 전원이 차단되는 경우에도 자동으로 펌프의 기동이 이루어져야 한다.

⑧ 내연기관에 따른 펌프를 기동하기 위한 제어용 축전지는 수신기에서 정상 여부를 확인할 수 있도록 설치한다.

1. 가압송수장치로 펌프를 사용하는 경우 방수총은 분당 방사량이 크기 때문에 펌프의 용량이 대용량이 될 수 있다. 따라서, 다른 소화설비와 분리하여 전용으로 설치하도록 한다.
2. 방수총이 다수 설치되어 펌프의 분당 방사량이 3,000[lpm] 이상이 되는 경우에는 2대로 분리하여 설치하도록 한다.

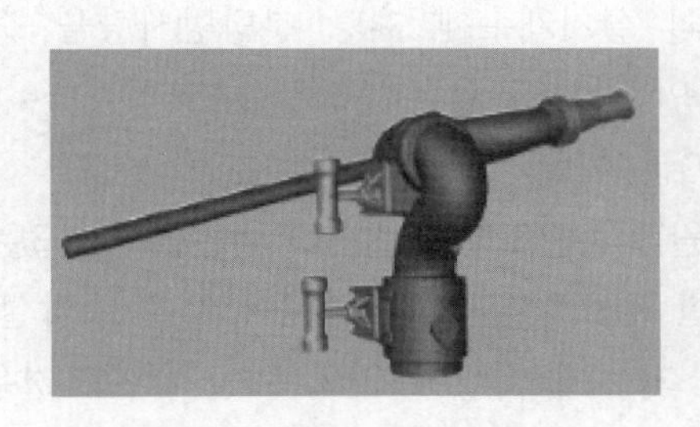

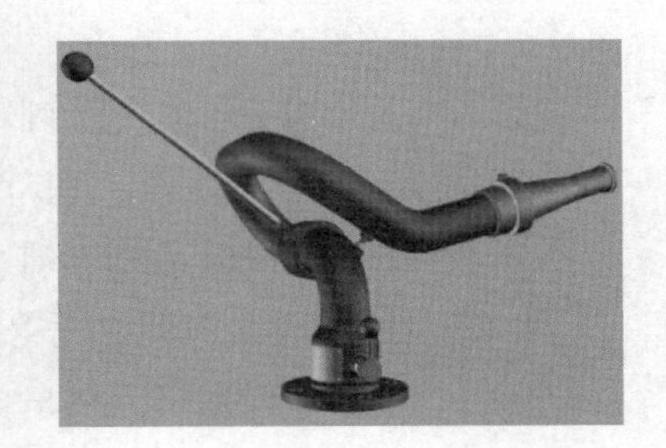

▍방수총[55] ▍

3. 방수총
   ① 위험물저장소, 옥외유류탱크, 가스저장고, 화학공장, 문화재시설 등의 화재 시 사람이 접근하기 곤란한 장소에 설치하고 소방차 등에 부착하여 화재를 진압하는 장비이다.
   ② 방수총의 종류
      ㉠ 설치방법에 따라 구분
         • 이동식(portable type)
         • 고정식(fixed type)

55) www.elkhartbrass.com에서 발췌

㉡ 조작방법에 따라 구분
- 수동식 : 레버작동식, 기어작동식
- 자동식 : 전동식과 유압식

5) 수막설비(water spray curtains) : 인접건물이나 산불로의 화재피해가 우려되는 곳에 극히 제한적으로 설치한다.

① 목적 : 수막헤드는 산불화재 및 인접한 목조건축물의 화재에 대한 목조건축 문화재의 방호용

② 설치장소 : 소방대상물이 산과 접하고 있는 길이 방향 또는 인접한 목조건축물과 접하고 있는 길이 방향의 각 부분에 설치

③ 설치간격 : 수막헤드의 방호반경 이내가 되도록 설치

④ 수원

㉠ 설치된 수막노즐의 설치개수에 개당 분당방사량을 소방대 도착시간에 1.5배를 곱한 시간동안 방사

㉡ 최소 방사시간 : 20분 이상

⑤ 380[V]의 3상 동력전원을 공급하기 어렵거나 발전설비가 없는 경우

㉠ 내연기관을 이용한 펌프방식의 가압송수장치를 수막설비 전용으로 설치

㉡ 예외 : 수막설비의 기능에 이상이 없도록 설치하는 경우(겸용 가능)

⑥ 급수배관

㉠ 전용

㉡ 수막설비의 성능에 지장이 없는 경우(겸용 가능)

⑦ 하나의 수막노즐은 방사압 및 방수량 : 소방검정기준에 의하여 형식승인에 의하거나 제조사의 시방서에 의하여 설치

⑧ 가압송수장치로 기동용 수압개폐방식을 이용하는 펌프의 기동은 수신기에 전원이 차단되는 경우에도 자동으로 펌프의 기동이 이루어져야 한다.

⑨ 내연기관에 따른 펌프를 기동하기 위한 제어용 축전지는 수신기에서 정상 여부를 확인할 수 있도록 설치

▌처마 밑 드렌처설비▐

▌드렌처 수막설비 동작(일본)▐

6) 자동화재탐지설비

① 수신기와 감지기 사이의 신호배선

㉠ 이중배선으로 설치

㉡ 단선(斷線) 시에도 고장표시가 되며 정상 작동할 수 있는 성능

② 전선관 : 목조건축 문화재의 외관과 조화되도록 표면의 색상을 보완

③ 수신기

㉠ 목조건축 문화재에 가스누설탐지설비가 설치된 경우 : 가스누설탐지설비로부터 가스누설신호를 수신하여 가스누설경보를 할 수 있는 수신기를 설치(GP, GR)

㉡ 낙뢰의 유도뢰로부터 보호되는 구조로 시공

- 수신기로 이어지는 배선 : 유도뢰로부터 영향이 방지되도록 수신기 인입배선에 내뢰변압기를 설치하고 SPD(Surge Protector Device)를 설치한다.
- 내뢰변압기 : 자체 성능이 서지에 대한 내성이 클 뿐 아니라, 전원단 유입의 서지를 공통모드(common mode)에 대하여 $\frac{1}{1,000}$의 비율로 감소시키며, 정상모드(normal mode)에 대하여 $\frac{1}{100}$ 정도로 감소시키므로, 충분히 감소된 서지 및 노이즈 레벨을 유지하게 된다.
- 내뢰변압기의 특징
  - 유입서지의 감쇄
  - 저용량의 SPD와 보호협조로 완벽한 전원측 유입보호
  - 노이즈 컷 효과
  - 전위차 손상 방지 효과

④ 설치대상 감지기

㉠ 불꽃감지기

㉡ 정온식 감지선형 감지기

㉢ 광전식 분리형 감지기

㉣ 아날로그방식의 감지기

㉤ 광센서식 선형 감지기

⑤ 감지기의 종류에 따른 부착높이 및 구조

구분	부착높이 및 구조	감지기의 종류
옥내	부착높이 8[m] 미만	연기감지기(분리형, 아날로그형), 불꽃감지기, 광센서식 선형 감지기
	부착높이 8[m] 이상	불꽃감지기, 광센서식 선형 감지기
옥외	개방구조, 외벽면, 처마하부	불꽃감지기, 정온식 감지선형 감지기, 광센서식 선형 감지기
	루밑	불꽃감지기, 정온식 감지선형 감지기

[비고] 1) 감지기별 부착높이 및 구조 등에 대하여 별도로 형식승인 받은 경우에는 그 성능 인정범위 내에서 사용할 수 있다.

2) 부착높이 8[m] 이상에 설치되는 광전식 중 아날로그방식의 감지기는 공칭감지 농도 하한값이 감광률 5[%/m] 미만인 것으로 사용한다.

3) 루(樓) : 지면에서 바닥을 높여 마루를 설치한 건물

⑥ 목조건축 문화재의 외부

㉠ 불꽃감지기를 설치한다.

㉡ 마루 또는 루의 하부가 바닥으로부터 1.5[m] 이하인 경우(예외 : 마루 또는 루의 하부가 바닥으로부터 0.3[m] 미만인 경우에 방화방지용 망을 설치한 경우에는 감지기 설치 제외)와 불꽃감지기의 설치 시 부분적으로 사각이 발생하는 지점 : 정온식 감지선형 감지기를 설치한다.

⑦ 불꽃감지기 설치기준(NFTC와 달리하는 기준만 제시)

㉠ 옥외에, 설치하거나 수분이 많이 발생할 우려가 있는 장소에는 방수형으로 설치한다.

㉡ 목조건축 문화재의 처마 하부에 설치하여 옥외화재감지에 사용하는 경우에는 외벽면을 감시하도록 설치한다.

㉢ 옥외에 설치하는 경우에는 지지대를 설치하고 그 곳에 불꽃감지기를 설치한다. 지지대는 낙뢰에 영향을 받지 아니하거나 최소화할 수 있는 구조이어야 한다.

7) 자동화재속보설비

8) 방범설비

① 목조건축 문화재의 내부 또는 외부에는 사람의 침입 및 화재를 감시할 수 있도록 영상감시장치 또는 적외선감지장치를 설치한다.

② 영상감시장치

㉠ 감시사각이 발생하지 않아야 한다.

㉡ 모션디텍션 기능을 가지고, 비상시 경보기, 경광등 또는 조명등과 연동하여 작동한다.

모션디텍션(motion detection) : 야간 또는 사람의 왕래가 빈번하지 않는 지역에서 물체가 움직이는 것만을 녹화하게 하는 장비로, 메모리에 일시 저장된 영상신호를 전단계 화면과 비교하여 변화된 부분이 어느 선 이상 발생했을 때만 저장하도록 명령을 수행하는 기능

㉢ 낙뢰로부터 장비가 보호되도록 조치한다.

㉣ 상용전원이 차단되는 경우 : 1시간 이상 작동될 수 있는 예비전원을 확보하도록 설치한다.

③ 적외선감지장치

㉠ 설치위치 : 내부 또는 외부에 사람의 침입을 제한하는 위치

㉡ 외부침입을 방지하고 경보기, 경광등 또는 조명등과 연동하여 작동한다.

(4) 개선방안

1) 방염제 도포 : 발화지연 목적

2) 전기시설정비 및 누전차단기 : 화재발생 방지 목적

3) 방범설비(CCTV카메라, 침입센서 등) : 화재의 조기발견과 신속한 대응 및 방화예방 목적

4) 미분무소화설비와 기타 소화설비 : 화재발생 시 신속한 진압 목적

① 미분무소화설비

㉠ 문화재의 수피해를 최소화

㉡ 소량의 수원으로도 화재의 진압이 가능(약 $\frac{1}{10}$)

㉢ 전기 · 유류 화재에도 사용 가능

② 기타 분말소화설비와 가스계 소화설비(이산화탄소, 할론, 할로겐화합물 및 불활성기체 소화약제)

㉠ 소화약제의 특성에 따른 설비로 별도 시설을 설치해야 하는 어려움이 있다.

㉡ 가스계는 건물이 밀폐가 필요(목조 건축물의 구조적 난재)하다.

㉢ 방사시간이 짧다(적은 연소생성물).

㉣ 일반화재에 적응성이 떨어지는 단점이 있어 목조문화재 설비에는 잘 사용되지 않는다.

5) 소화수조 별도 설치 및 용수공급

6) 임야화재 대비 내화수림대를 조성

7) 임야화재의 복사열에 대비 방화선 및 안전선 설치
8) 임야화재 진화용 진입도로 시설공사
9) 목조문화재 자체 진압시스템 구성 : 자체 소방대를 편성 훈련 및 교육
10) 문화재 상시점검체계 구축 및 방재 연구센터 설립
11) GIS(지리정보체계) 기반 문화재 안전관리 구축

사찰화재의 원인 분석

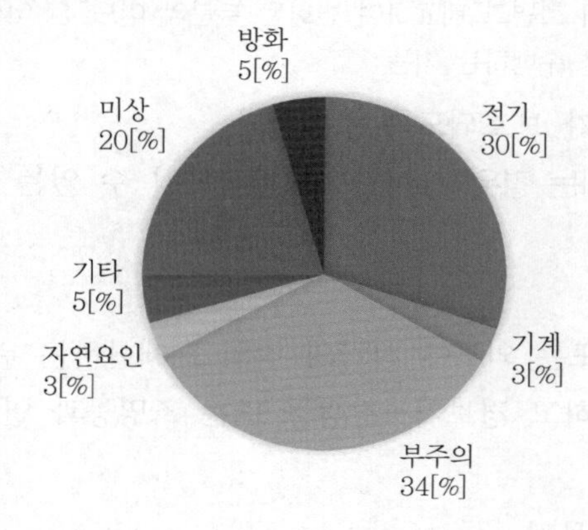

SECTION 104

임야화재(wild fire, brush fire)

121 · 109 · 98 · 85회 출제

01 개요

(1) 산불은 산림지역을 파괴하는 자연재해일 뿐만 아니라 야생동물과 산림에 사는 사람들에게 큰 위험이 될 수 있다.

(2) 삼림화재는 일반적으로 낙뢰에 의해 시작되고, 또한 인간의 부주의 또는 방화에 의해, 수천 평방킬로미터의 산림을 태울 수 있고 이로 인해 인명피해, 재산피해, 환경피해 등을 유발할 수 있다.

(3) 다른 화재에 비해 환경적인 영향에 커서 인간의 능력으로는 화재의 제어와 진압이 어렵다. 따라서, 그 종류와 발생원인, 영향인자, 대책을 살펴봄으로써 효과적인 임야화재에 대한 대응력을 향상시킬 수가 있을 것이다.

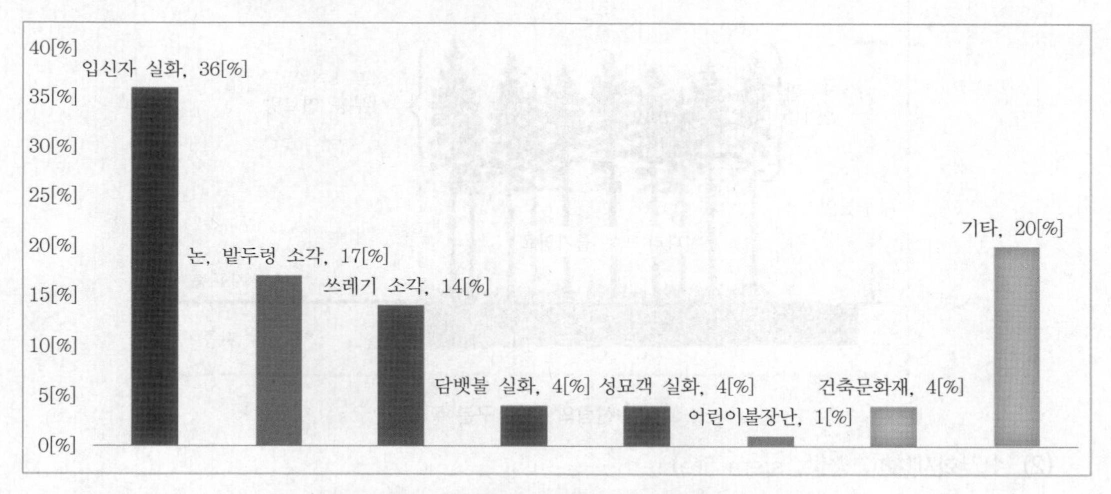

▌최근 10년(2009~2018년) 임야화재 원인 ▌

02 화재의 종류

(1) 수관화재(樹冠火災, crown fire) 116회 출제

1) 특징

① 연소대상 : 서 있는 나무의 가지와 잎을 태운다.

② 화재확대 : 나무의 윗부분(수관)에 불이 붙어 연속해서 번진다.

③ 한국에서 발생하는 대부분의 산불이 수관화재이며, 산불 중에서 가장 큰 피해를 준다.

④ 보통 산 정상을 향해 바람을 타고 올라가며 바람이 부는 방향으로 V자 패턴을 그린다. V자 패턴은 구획화재의 벽에서 보이는 화재패턴과 달리 수평면으로 확산되는 패턴을 말한다.

⑤ 일반적으로 활엽수보다 침엽수림에서 잘 발생한다.

2) 종류

① 능동적 수관화재(active crown fire) : 표면화재에서 분출된 화염이 상부층 연료(canopy fuel)에 확산되는 화재

② 수동적 수관화재(passive crown fire) : 표면화재에서 나뭇가지를 타고(사다리꼴 연료) 화염이 개별적인 상부층 연료에 확산되지만 다른 상부층 연료에는 확산되지 않는 수간적 성격의 화재

③ 독립적 수관화재(independent crown fire) : 표면화재와는 무관하게 상부층 연료를 독립적으로 연소하는 화재

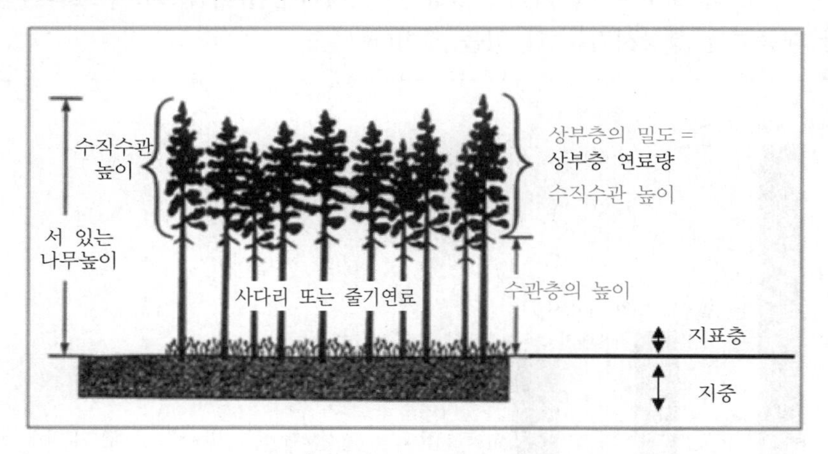

▌산림의 연료 구분[56] ▌

(2) 수간화재(樹幹火災, stem fire)

1) 정의 : 나무의 줄기(수간)가 연소되는 화재이다.

2) 불이 강해져서 다시 지표화재나 수관화로 확대될 수 있다.

3) 나무 줄기부분의 높이에 있는 나무덤불, 잘라진 간벌나무 등에서 발생하는 화재로서, 나무 아래에서 상부로 확산시키는 사다리 화재(ladder fire)도 포함된다.

4) 줄기가 마치 관처럼 둘러싸인 공동을 형성하면 굴뚝효과가 발생하여 화재의 성장과 전파가 더 빠르게 진행된다.

56) Fig. 1. Screen of the Canopy Fuel Stratum Characteristics Calculator tab. Proceedings of 3rd Fire Behavior and Fuels Conference, October 25-29, 2010, Spokane, Washington, USA

(3) 지표화재(surface fire)

1) 정의 : 지표면에 축적된 초본, 관목, 낙엽, 낙지, 고사목 등의 연료를 태우며 확산되는 산불

2) 초기단계의 불로 가장 흔하게 일어난다.

3) 지표화재가 유령림(young) 내에 발생하게 되면 반드시 수관화를 유발시켜 전멸하나, 장령림이나 노령림(old)은 잘 고사하지 않는다.

4) 화재가 발생하면 원형으로 전파되어 나간다. 하지만 바람이 불면 바람이 부는 방향으로 편향적인 타원 형태로 전파되어 나간다.

(4) 지중화재(ground fire)

1) 정의 : 지표화로부터 시발되어 주로 낙엽층 아래의 부식층에 축적된 유기물들을 태우며 확산되는 산불

2) 훈소(smoldering) 연소반응에 의해 확산되므로 확산속도가 느리지만, 화염이나 연기가 적어서 눈에 잘 띄지 않기 때문에 진화하기가 매우 어려운 산불 형태이다.

3) 연료

① 토양 유기물층, 썩은 낙엽더미

② 이끼, 쓰레기류

③ 목재연료류

4) 지중화재의 영향

① 하부줄기의 신생조직을 죽여 나무에 큰 상처를 준다.

② 유기물질을 감소시킨다.

③ 질소를 증발시켜 토양의 질을 저하시킨다.

5) 지하의 미탄질 또는 연소하기 쉬운 유기퇴적물이 연소하는 불로 한번 불이 붙으면 오랫동안 연소한다.

6) 나무뿌리가 피해를 받으면 나무 전체가 말라 죽으며 대면적에서 발생하나 우리나라에서는 극히 드물다.

7) 바람에 의한 확산은 없으나, 화열과 연소가 오래 지속되므로 특히 주의가 필요하다.

(5) 비산화재(spotting)

1) 정의 : 불에 붙은 연료의 일부가 상승하는 기류를 타고 올라가서 산불이 확산되고 있는 지역 밖으로 날아가 떨어지는 현상

2) 비산은 화염으로부터 발산되는 열에너지의 파장과 밀접한 관련이 있는데, 주로 산불이 개별 입목을 태우며 위로 솟아오를 때나, 혹은 낙엽이나 잔가지 등의 퇴적물을 태울 때 발생하기 쉬우며 방화선을 무력화시킬 정도로 먼 지역까지 비산에 의해 화재가 확대되고, 이로 인해 소방대나 임야화재 진화팀이 위험에 빠질 수가 있다.

3) 조건
① 나무에서 분리
② 가연물
③ 바람

4) 비화로 인해 불붙은 연료의 이동거리 : 50 ~ 70[m](레진의 경우는 수 [km]까지 이동)

5) 비화로 인한 문제점
① 소방관의 고립(소방관의 인명안전에 중요한 요인)
② 소방차의 소실
③ 방화림의 무력화

03 특징

(1) 대형화재로 발전되기 때문에 산림손실로 인한 피해가 크다.
1) 귀중한 문화재, 보물 등이 불에 의해 소실된다.
2) 수십 년생 나무들이 가득한 임야와 가옥을 태우는 등 큰 재산피해 및 이재민이 발생된다.
3) 화재로 인한 환경오염이 발생한다.

(2) 인간의 힘으로는 불가항력적인 지진이나 태풍, 해일 등과는 달리 예방과 피해 최소화가 가능한 천재와 인재의 복합적인 성격이다.

(3) **산불의 확대요인**
산불은 다음의 3개의 요인이 산불의 강도, 진행방향, 진행속도에 커다란 영향을 미친다.
1) **연료** : 연료형태, 크기, 배열, 밀도, 건조 상태는 산불의 강도에 영향을 미친다.
① 공간적 나뭇가지 상부(canopy)의 연속성 : 사다리꼴 연료
② 밀도
③ 나무의 종류

침엽수	활엽수
① 송진 등의 기름성분이 있어 열용량이 큼 ② 겨울, 봄과 같은 건기에 나뭇잎이 있어 수관화재 확산우려가 큼	① 수분함유량이 높아서 발화가 어렵고 열용량이 침엽수에 비해 작음 ② 겨울, 봄과 같은 건기에 나뭇잎이 없어 화재 위험이 낮음

④ 건조상태 : 함수율

2) **지형** : 경사도, 골짜기의 형세 등 지형은 산불의 진행방향과 불의 확산속도에 중요한 영향을 미친다.

3) 기상조건 : 불의 확산속도에 중요한 영향

① 강우량 : 가연물의 연료습도를 결정하는 직접적인 요인이 된다.

② 바람 : 풍속은 연소속도를 결정하며 풍향은 연소방향을 결정한다.

다공성 물질이 순풍확산화염(Thomas 식)

$$V = (1 + V_{\infty}) \times \frac{C}{\rho}$$

여기서, V : 화염전파속도[m/sec]

C : 가공되지 않는 연료 약 0.07[kg/m^3], 직경이 3[cm]인 나무토막 약 0.05[kg/m^3]

V_{∞} : 바람의 풍속[m/sec]

ρ : 나무의 밀도[kg/m^2]

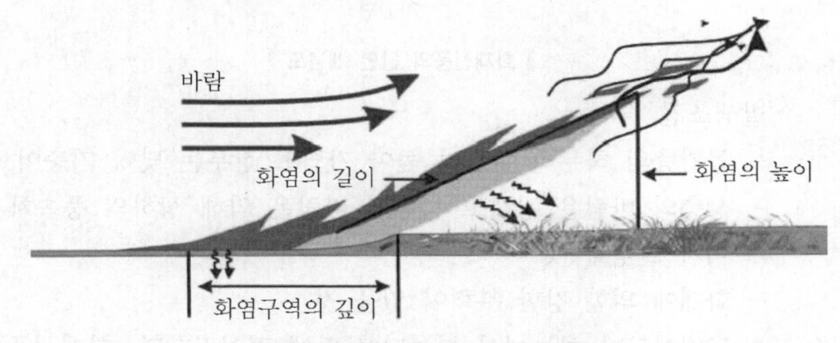

▍임야화재에서 바람의 영향 ▍

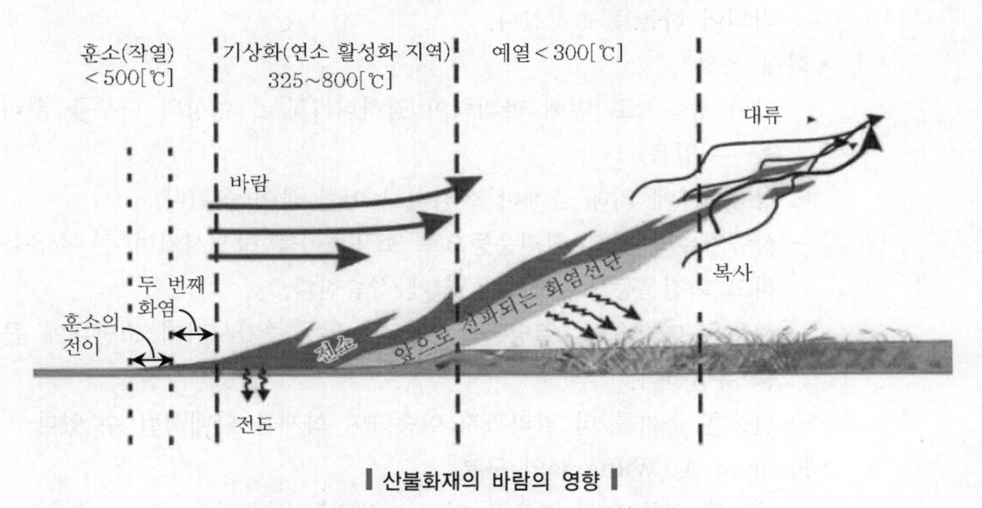

▍산불화재의 바람의 영향 ▍

㉠ 일주풍

- 낮에는 공기가 햇빛에 의하여 가열되어 팽창하여 위로 상승하므로 산 위쪽으로 바람이 분다.
- 밤에는 공기가 냉각되어 산 정상에서 산 아래에 방향으로 바람이 분다.

㉡ 화재풍 : 화재에 의한 부력으로 발생하는 바람으로, 풍상에서 풍하 쪽으로 번진다.

㉢ 화재선풍(whirl winds) 133 · 109회 출제

- 정의 : 대형화재에 의해 발생하는 화염을 동반 선풍(회오리바람)

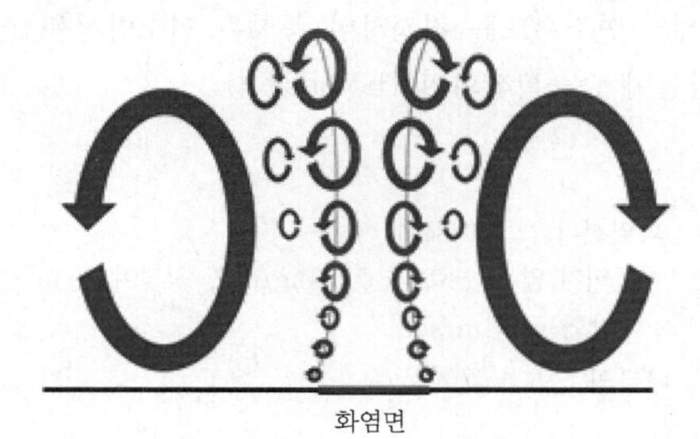

▌화재선풍의 단면 개념도▐

- 발생조건
  - 공기층의 하부의 온도가 높아 가볍고 상부는 낮아 기층이 불안정할 것
  - 상층의 바람은 강하고 하층의 바람은 약해 상하의 풍속차가 커 소용돌이가 발생할 것
  - 화재에 의한 강한 부력이 있을 것
  - 토네이도가 하늘에서 형성되어 땅에 떨어진다면, 화재선풍은 땅에서 시작되어 하늘로 올라간다.
- 화재 특성
  - 강한 풍속으로 인해 파괴력이 강하다(15[m] 이상의 나무를 뿌리째 뽑을 수 있음).
  - 상승기류에 의해 물체나 화염의 높이를 불어 올린다.
  - 상승기류의 강한 회전운동으로 소용돌이를 발생시키며 큰 소음을 유발하고 회전운동으로 직경을 크게 상승한다.
  - 선풍은 연소속도, 열방출률, 연료소비를 증가시키며 소방대에 큰 피해를 유발한다.
  - 선풍은 불씨를 더 멀리까지 이송하여 화재를 확대시킬 수 있다.
- Forman A. Williams의 구분
  - 바람에 의한 연료 분포로 인해 발생하는 선풍
  - 연료나 물 위의 선풍
  - 기울어진 선풍
  - 움직이는 선풍
  - 와류 파괴로 인한 수정된 선풍

화재폭풍(Fire Storm) 109회 출제

① 장소 : 크고 건조한 나무가 밀집된 넓은 숲속과 같이 가연물의 연소환경이 좋은 상태에서 발생할 우려가 있다. 보통의 경우 나무보다는 인화성 액체나 가연성 가스가 다량 체류하는 장소에서 발생위험이 더 크다.
② 환경 : 한꺼번에 연소가 발생하여 이로 인해 불기둥이 급격하게 상승한다.
③ 현상 : 화재플럼이 생성되어 주변 공기를 매우 빠른 속도로 상부로 밀어낸다.
④ 메커니즘 : 숲속의 넓은 면적이 일시에 연소 → 불기둥에 의한 부력으로 주변 공기의 급속한 상승 → 중심부 진공상태 → 주변과의 압력차로 인해 주변 공기가 수십에서 수백 [km/s] 속력으로 밀려오는 폭풍 발생
⑤ 화재폭풍 지역 내의 높은 온도는 전환점에 도달할 때까지, 즉 화재폭풍이 화재폭풍 지역 내에서 사용 가능한 연료를 너무 많이 소모한 후 발생하는 연료가 부족할 때까지 연소할 수 있는 대부분의 모든 것을 발화시킨다. 화재폭풍의 풍력 시스템을 활성 상태로 유지하는 데 필요한 연료 밀도가 임계값 수준 아래로 떨어지면, 화재폭풍은 고립된 큰 화재로 분열된다.

③ 습도 : 산림 내 가연물의 건조도 및 산불의 연소진행속도에 영향을 미친다.
㉠ 산림 내의 가연물질은 식물성으로 고체성 연료이며 습도 60[%] 이하에서 쉽게 불이 붙고 건조한 상태일수록 잘 연소된다.
㉡ 습도가 60[%] 이상이면 산불은 발생하지 않는다.
㉢ 우리나라는 봄철에 공기 중의 수분함량을 나타내는 상대습도와 물체의 건조도를 나타내는 실효습도가 50[%] 미만인 날의 발생일수가 다른 계절보다 많아 산불발생 건수의 80[%]가 봄에 발생한다.

④ 온도 : 일정한 경향성은 없다. 온도가 올라갈수록 열역학상 착화가 용이하지만 습도와 상관관계에 비해 그 효과가 미미하다.

(4) 임야화재의 화염의 형태

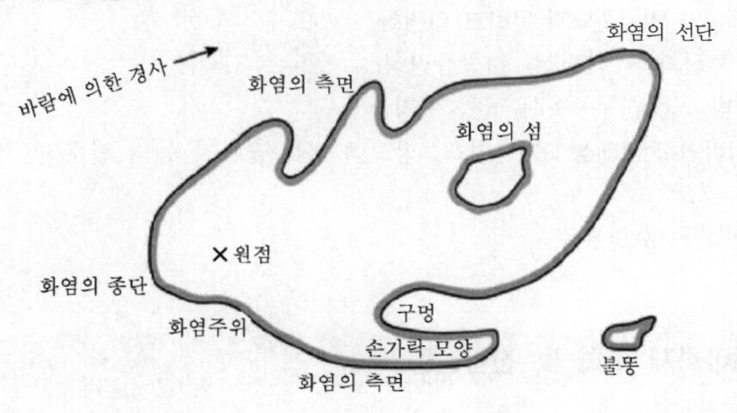

04 임야화재의 원인

(1) 인위적 원인

1) 방화 : 고의적으로 타인 또는 자기의 소유림에 방화하는 것으로, 의도나 장난, 정신 이상 등에 의해서 발생한다.
2) 실화 : 논·밭두렁 또는 농산폐기물 소각 중 실화, 등산객의 부주의에 의한 실화, 담배꽁초 및 성냥개비의 여진, 성묘객들의 부주의, 어린이들의 불장난, 비화 등에 의해서 발생한다.

(2) 자연적 원인

1) 화산의 폭발
2) 낙뢰
3) 자연발화

05 임야화재의 소화활동상 문제점

(1) 임야화재는 지형적인 이유로 인해 일반 소방장비의 접근이 용이하지 않다.

(2) 건조한 기후와 강한 바람 등은 피해확산의 주요인이며 소화 및 진압 활동이 매우 어렵다.

(3) 산림소방 대책의 문제점

1) 대국민 홍보 및 산림자원 중요성에 대한 인식부족
2) 감시체계의 낙후성 : 주민신고, 산림순찰 등 인력에 의존하는 감시체계
3) 비합리적인 진압체계 : 전문 인력의 부족으로 공무원, 마을주민, 군인 등 비전문 인력을 동원한 진압체계
4) 지휘체계가 일원화되지 못하고 다변화
   ① 산불진화 – 산림청, 지방산림청
   ② 경방활동 사무 – 시·군·구청
5) 예방장비의 전근대성 : 등짐펌프, 갈고리, 삽, 솔가지 등의 단순진압장비가 대다수를 차지
6) 산불진화용 수원부족

06 임야화재 소화 및 진압활동

(1) 소화약제

1) Class A Foam : 포블랭킷(foam blanket)

꼼꼼체크 포블랭킷(foam blanket) : 연소 중이거나 또는 연소하기 쉬운 물체의 표면에 두껍게 포막을 형성하여 화염을 질식소화하거나 발화를 방지해 주는 포의 막

2) 임야화재에 유효한 참가제

① 증점제(viscosy agent) : 헬리콥터에서 낙하 시 물입자가 흩어지는 것을 방지하고 나뭇가지 등에 부착력을 강화

② 침투제(class A foam, MAP, CAP) : MAP(제1인산암모늄) → 3종 분말 + 고무풀(나무의 접착성 강화))

③ 적색안료 : 색을 입혀서 약제를 뿌린 곳을 알게 되어 균일하게 뿌릴 수 있게 된다.

3) 물 슬러리(water slurry)

① 보통 미국에서는 fire break라고 부른다.

② 물 슬러리라고 부르는 특수 소화약제로 임야화재 전용이라고 할 만큼 탁월한 소화능력을 가지고 있다.

③ 정의 : 물과 모래를 혼합하여 화점에 뿌리는 것

④ 소화효과

㉠ 화점에 남은 고체가 공기차단 효과

㉡ 물에 의한 냉각효과와 질식 효과

(2) 소방설비

1) 드렌처(drencher)설비

2) 옥외소화전

3) 방수총 설치

4) 헬리콥터를 이용한 공중 소화활동 : 가장 효과적이다.

(3) 직접소화(두들김 및 흙으로 덮는 소화)

1) 특징 : 산세 등이 험하고 소방용수가 부족한 경우에 유효한 방법이지만 완전진화 시까지는 장시간을 요하고 체력소모가 많으며 위험 정도가 높다.

2) 방법

① 두들김 : 지표면에서 화세가 약할 때 타기 어려운 침엽수가지 또는 두들김 도구를 사용하여 직접 두들겨서 진화하는 방법

② 흙으로 덮음 : 삽 등을 사용하여 연소부위에 직접 흙을 덮어 소화하거나 또는 가연물을 흙으로 덮는 방법

(4) 방화선 설정

화세가 강하고 연소확대가 빨라 직접소화가 불가능한 경우

1) 방화림(firebreak forest)

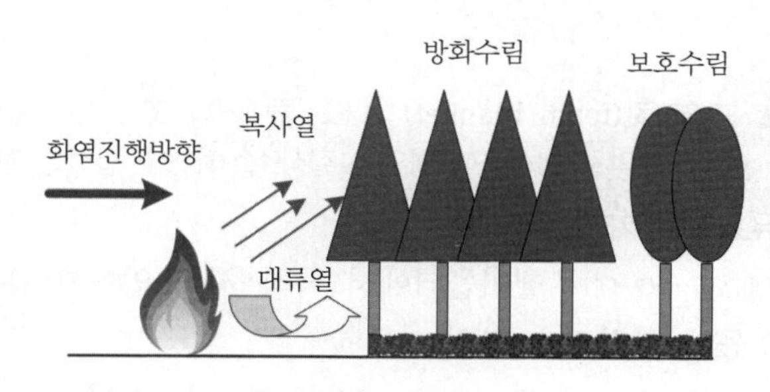

▌방화림▐

① 나무높이에 따라 큰 영향을 받는다. 화재로 나무가 쓰러져서 연결고리로 타기 때문이다.

② 방화대 역할을 한다.

③ 방화림을 내화수림대라고도 하고 나무의 키가 클수록 안쪽에 바람 등의 영향을 작게 받는다.

④ 방화림에 사용되는 나무는 나무의 표피가 내화성능이 있는 코르크 재질을 사용한다.

⑤ 방화림에 사용되는 나무는 수분함유율이 높고 밀도가 높은 나무가 유리하다.

2) 흙을 이용한 방화선(forest fire break) : 50[cm] 이상

3) 물을 이용한 방화선(fire fighting reservoir)

(5) 가연물 제거

1) 맞불 : 화세가 강하여 계속해서 연소확대되고 다른 적당한 소화수단이 없을 경우에 연소 진행방향의 앞쪽에 불을 놓아서 미리 태움으로써 화재를 진압한다.

2) 벌목

07 임야화재의 방지대책

산불방지대책의 추진방향은 크게 2가지로 구분할 수 있다. 첫째, 산불발생 요인을 근원적으로 차단하여 산불발생을 최소화하는 것이다. 둘째, 불가피하게 발생하는 산불에 대하여는 조기에 발견하여 초동진화함으로써 산림피해를 최소화하는 것이다. 이러한 기본방향에 따라 산불 방지대책은 사전준비, 산불예방대책, 진화대책으로 대별하여 볼 수 있다.

(1) 사전준비단계

1) 산불조심기간 설정 및 산불방지대책본부 설치 · 운영

2) 유관기관과의 공조체계 구축

3) 인터넷을 이용한 산불위험예보제 실시

4) 산불 진화대 편성 및 진화장비 점검

(2) 산불예방대책

1) 다양한 산불예방 홍보로 국민의 산불경각심 고취
2) 산불위험기간 입산통제 및 등산로 폐쇄
3) 산림 내 취사행위 및 화기소지 금지 등
4) 산불요인 사전제거사업
5) 산림학적 희박화[57)]
   ① 목적 : 연료하중을 경감시키고 궁극적으로 임야화재의 양상을 개선하기 위함이다.
   ② 상부층 희박화 : 큰 나무를 제거하거나 지배수종을 제거함으로써 상부층 화재가 발생하지 못하게 하나 표면화재에는 효과가 없다.
   ③ 하부층 희박화 : 작은 나무를 제거함으로써 표면화재에는 효과가 있으나, 상부층 화재에는 효과가 없다.
   ④ 자유 희박화 : 선택적으로 개별 나무들을 제거하고 나머지는 남겨둠으로써 밀도를 낮추는 방법으로, 상부층 화재 및 표면화재 완화에 약간씩 효과가 있다.
   ⑤ 선택적 희박화 : 큰 나무를 제거하여 작은 나무의 성장을 도모하는 산림 프로그램에서 제한적으로 활용하는 방법으로, 상부층 화재 및 표면화재 완화에 약간씩 효과가 있다.
   ⑥ 다양한 밀도에 의한 희박화 : 동일한 밀도가 아닌 다양한 밀도를 둠으로써 이것이 방화수림의 역할을 할 수 있게 하는 방식으로, 밀도조정을 통해 연속성을 감소시키는 방법이다.
6) 산불감시대 설치(fire watchtower)

(3) 산불진화대책

1) 산불진화 현장 지휘체계 확립
2) 산림헬기에 의한 초동진화
3) 첨단장비를 이용한 산불 조기발견체계 구축(GPS 등)
4) 산림무선통신 종합시스템의 구축
5) 진화인력에 의한 초동진화 및 잔화정리
6) 지휘체계 일원화 : 소방서장, 본부장 지휘운영
7) 소화용수 확보
8) 인공강우

(4) 산불의 영향

1) 생태학적인 측면
   ① 탈산림화, 생물 다양성 감소

---

57) 119매거진 2005년 7월호 임야화재 경감을 위한 산림학적 대책. 이창욱 소방기술사

② 야생동물 서식지 파괴

③ 토양 영양물질 소실

④ 홍수피해 증가

⑤ 국지기상의 변화

⑥ 산성비와 대기오염 증가

⑦ 이산화탄소 배출량 증가로 기후변화 초래

2) 경제적인 측면

① 목재, 가축, 임산물 소득 손실

② 산림의 환경기능 손실

③ 국립공원의 파괴

④ 식품생산과 물공급으로 비용 증가

⑤ 산업교란, 수송교란으로 인한 경제적 손실

3) 사회적인 측면

① 관광객 감소 등

② 산업의 교란

③ 대기 중 연무농도에 따라 피부 및 호흡기 계통의 영향(암, 만성질환의 증가)

08 발화지점 추정 121회 출제

(1) 사전조사

1) 가연물의 종류

2) 지형

3) 현장 기상상태

① 바람, 온도, 습도, 경사도를 파악하여 임야화재의 연소 확산과정에서 임야화재의 진행방향 등을 파악한다.

② 정확한 시간과 풍향 및 풍속의 변화를 확인한 후 발화지점 조사는 이와 반대방향으로 진행된다.

③ 화재 전의 낙뢰 기상 상태를 확인한다.

(2) 탄화심도(炭化深度) 조사

화재현장에서 연소의 방향성 판단을 위한 탄화된 나무의 탄화심도를 측정해서 발화부 추정의 자료로 활용한다.

(3) 도괴방향성 및 화염 연소방향

1) 도괴방향성 : 바람의 영향이 없는 경우 고사목 및 어린나무는 화염 접촉부분이 빨리 연소하여 그 방향으로 넘어진다.

2) 화염 연소방향 추정 : 현장에서 탄화된 나무의 형태와 지표면에 남아 있는 잔존부분을 복원시켜 화염의 진행방향을 판단(균열흔, 훈소흔)한다.

(4) 변색흔

암벽 및 바위표면 등이 장시간 화염에 접촉하면 불완전연소로 나타나는 그을림이 완전히 연소하여 백화(白化)와 같은 변색흔이 발생한다.

SECTION 105 수렴화재(burning glass)

118회 출제

01 개요

(1) 정의

렌즈상이 될 수 있는 볼록면, 구면, 오목면상 물질을 매개로 하여 태양광선의 굴절 또는 반사가 지속되어 출화에 이르게 되는 화재

(2) 특징

태양이 발화원으로 발화원인을 판단할 수 있는 물증을 남기지 않는다.

(3) 태양광

1) 입사각에 따른 방사에너지
① 여름철 > 봄, 가을 > 겨울
② 저녁 > 점심 > 아침

2) 지표면에 도달하는 방사에너지 : 겨울철 > 봄, 가을 > 여름철(습도에 의한 열흡수로 손실 정도가 커서 건조한 계절인 겨울철이 가장 큼)

02 화재 위험성

(1) 위험성

1) 일반적인 경우 : 가연물의 건조와 온도상승에 기여하는 정도로서, 화재의 조력자 기능으로 발화원의 위험성이 낮다.

2) 볼록렌즈나 오목거울 또는 이와 유사한 역할을 하는 물체가 있는 경우 : 태양광이 입사되면 에너지가 좁은 범위에 집중되어 가연물 표면의 온도를 높이고 화재 위험성이 높아진다.

(2) 태양광 수렴화재의 3요소

1) 집속물체의 입사면적 : 입사면직이 넓고 핫스팟(hot spot)이 좁을수록 해당 부위의 에너지가 증가한다.

핫스팟(hot spot) : 비정상적으로 고농도로 모인 태양광이 모이는 부위로 핫스팟의 크기는 화재 가능성과 반비례한다.

2) 초점

① 광선이 굴절과 반사에 의해서 수렴되는 지점이다.

② 수렴하는 태양광을 받는 물체의 입사면적이 일정할 경우 초점거리와 가연물의 위치에 따라서 화재위험성이 높아지거나 낮아진다.

㉠ 가연물의 위치가 초점거리와 일치할 경우 태양광의 집중도가 가장 높다.

㉡ 가연물의 위치가 초점거리로부터 멀어질 경우 핫스팟은 넓어지고, 집중도는 낮아지며 가연물의 표면온도를 높이기 어려워진다.

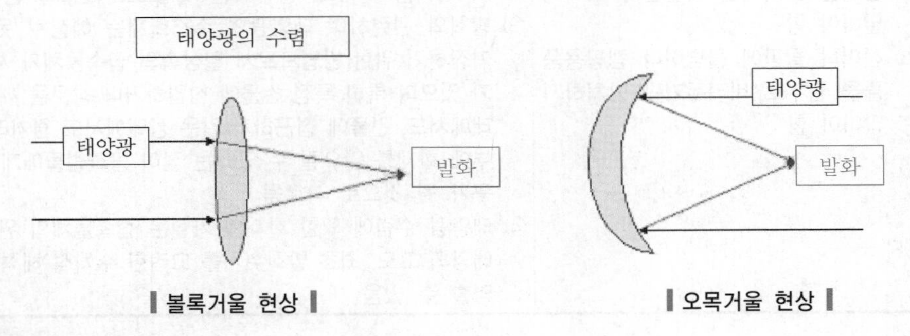

▌볼록거울 현상▐ ▌오목거울 현상▐

3) 가연물의 성질

① 가연물의 연소성

② 빛의 흡수율과 관련된 표면의 성질

③ 입사각 : 직각(90°)에 가까울수록 복사에너지 전달률이 높으며 예각일수록 낮아진다.

④ 표면광택

㉠ 광택으로 인해 태양광의 전부 또는 일부를 다른 방향으로 반사시킬 수도 있다.

㉡ 광택이 없는 어두운 표면일수록 복사에너지의 흡수율이 높아지므로 화재가 발생할 가능성이 높다.

⑤ 열전도도 : 높다면 집중된 부위에 전달된 열에너지가 빠르게 분산되기 때문에 온도상승이 더디며 화재가 발생할 가능성은 낮아진다.

(3) 수렴화재의 예

1) 생활용품의 예 : 화장 거울에 의한 화재사례, 스테인리스 용기에 의한 화재사례, 페트병에 의한 화재사례, 자동차 유리에 의한 화재사례

2) 건물 등의 예 : 스테인리스 조형물의 집광 화재사례, 건축물의 집광 화재사례(오목한 형태의 유리외관)

(4) 주의사항과 착안사항

수렴화재를 예방하기 위한 주의사항	화재조사 관점에서 감식 착안사항
① 창가 또는 발코니에 무심코 방치한 생활용품 중에 물이 담긴 PET병이나 스테인리스 양푼, 거울, 장식물 등 반사되는 물건이 없는지를 살펴 확인해야 함 ② 곡면 형태의 반사 재질의 조형물, 건축물 근처에는 차량을 주차하지 말아야 함 ③ 산이나 들판에 물병이나 캠핑용품들을 함부로 버려두거나 방치하지 말아야 함	① 태양광의 수렴에 의한 화재 가설을 증명하기 위해서는 집속물체의 곡률반경과 최초 가연물과의 거리, 그리고 가연물의 성질을 고려하여야 함 ② 조형물이나 건축물의 초점이 또 다른 어느 건물의 창문으로 향해 내부의 가연물을 가열시켜 화재가 발생한다고 한다면 불에 탄 현장을 조사하는 것만으로는 화재의 원인을 판단하기 어려울 것이다. 광범위한 시각으로 사물을 관찰해야 함 ③ 방화와 관련하여 태양광의 수렴화재는 예상치 못한 화재를 가장하기 위한 방법으로서 일상속의 집속물체가 사용될 여지가 있으며 특히 특정 건물에 침입하거나 창문을 깨지 않은 상태에서도, 건물에 접근하지 않은 상태에서도 원거리의 건물내부에 화재를 일으킬 수 있다는 점이 방화범들에게 유용한 도구가 될 것으로 사료됨 ④ 태양광 수렴에 의한 화재의 가설은 집속물체의 위치, 각도와 태양의 고도, 최초 발화위치를 고려한 수치적 해석을 통해 증명할 수 있음

SECTION

106 기상과 화재의 관계

01 습도

(1) 고체 가연물이 발화하기 위해서는 일단 외부로부터 가해지는 열에너지에 의해서 열가소성 고체인 경우는 용융증발이 발생하고, 열경화성인 경우는 열분해가 선행하여 발생하고 이로 인해 가연성 증기가 발생한다. 가연성 증기가 발생하여 산소와 혼합되어 가연성 혼합기를 형성하고, 이 가연성 혼합기가 연소(폭발)범위 내에 들어오면 발염연소를 시작한다.

(2) 고체 가연물이 수분을 흡수하여 내부에 다량의 수분을 함유하고 있는 경우에는 가연물이 건류되거나 열분해되기 전에 먼저 함유하고 있는 수분을 증발시켜야 하기 때문에 그 가연물이 고온으로 가열되거나 착화원에 접촉해도 발화하는 것이 용이하지 않으며 발화한다 해도 발화지연시간이 길어지게 된다.

1) 발화지연시간

$$\log\tau = \frac{52.55E}{T} + B$$

여기서, τ : 발화지연시간[sec]

E : 활성화 에너지로, 대략 167.4[kJ/mol]로 추정할 수 있고 혼합물의 종류에 따라 그 값은 달라질 수 있음

T : 자연발화온도[K]

B : 상수

2) 화염전파속도

$$V = \frac{\delta_f}{t_{ig}}$$

발화시간이 지연되면 화염전파속도도 낮아진다.

(3) 습도가 높으면 화재의 위험은 그만큼 작아지고 습도가 낮으면 위험은 커진다. 우리나라에서 겨울철에 화재가 집중적으로 많이 발생하는 것은 겨울철에 불을 많이 사용하는 이유도 있지만, 여름철에는 습도가 높고 겨울철에는 습도가 매우 낮은 것도 큰 이유 중의 하나이다.

(4) 실효습도

1) 정의 : 수 일 전부터의 상대습도에 경과시간에 따른 가중치를 주어서 산출한 목재 등의 건조도를 나타내는 지수이다.
2) 실효습도가 50[%]를 밑돌면, 성냥개비 한 개로 기둥에 불이 붙는다고 한다.
3) 건조 특보를 발표할 때에는 최소 습도와 실효습도를 기반으로 발표한다.
4) 실효습도를 구하는 식

$$H_e = (1-r)(H_0 + rH_1 + r^2H_2 + r^3H_3 + r^4H_4)$$

여기서, H_e : 실효습도
r : 0.7
H_0 : 당일의 상대습도
H_1 : 1일 전의 상대습도
H_2 : 2일 전의 상대습도
H_3 : 3일 전의 상대습도
H_4 : 4일 전의 상대습도

02 온도

(1) 온도가 높아지면 우선 세메노프의 식으로부터 발화지연시간이 짧아진다.

(2) 발화지연시간이 짧아지면 그만큼 화염전파속도는 커진다.

(3) 연소현상은 화학반응의 하나인데 모든 반응은 그것이 발열반응이든 흡열반응이든, 온도가 높아질수록 그 속도가 빨라진다.

1) 아레니우스는 어떤 반응의 온도의존성이 다음 식으로 주어짐을 발견하였다.

$$k = Ae^{\frac{-E_a}{RT}} = A\exp\left(\frac{-E_a}{RT}\right)$$

여기서, k : 반응속도상수
R : 기체상수[J/mol-K]
T : 절대온도[K]
E_a : 활성화 에너지[J/mol]
A : 빈도계수

2) 온도가 높아질수록 연소속도가 증가하게 된다.

(4) 가연성 증기의 연소 상하한계, 상부 및 하부 인화점 등과의 상호관계를 그림으로 보면 다음과 같다. 그림에서 연소상한계와 포화증기압 곡선의 교점이 상부 인화점이고, 연소

하한계와 포화 증기압 곡선의 교점이 하부 인화점임을 알 수 있는데 상부 인화점과 하부 인화점의 온도차는 대개 30[℃] 정도이다. 그림에서 온도가 높아질수록 연소범위가 넓어지므로 화재 위험성이 그만큼 커진다는 것을 알 수 있다.

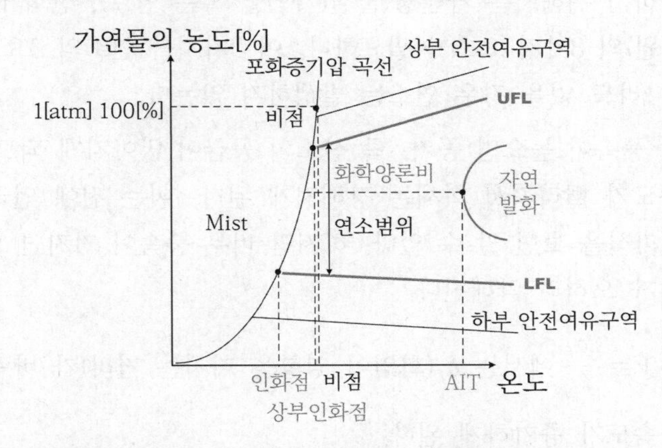

(5) 온도가 높아지면 기체분자의 운동이 증가하므로 반응이 활발해진다. 일반적으로 화학반응은 온도가 10[℃] 상승하면 반응속도가 2배로 되고 폭발범위도 온도상승에 따라 확대되는 경향이 있다. 이것은 전이상태이론에서 활성화된 분자수가 2배 이상 증가함에 따라서 화학반응이 증가하므로 반응속도가 약 2배 정도 증가하는 것이다.

(6) 일반적으로 연소범위는 온도에 따라 증가한다. 이를 온도의존성이라 하고 아래와 같은 온도의존식이 있다.

$$\mathrm{LFL}_T = \mathrm{LFL}_{25} \times \left\{1 - \frac{0.75(T-25)}{\Delta H_C}\right\}$$

$$\mathrm{UFL}_T = \mathrm{UFL}_{25} \times \left\{1 - \frac{0.75(T-25)}{\Delta H_C}\right\}$$

여기서, LFL_T : 일정온도에서 하한계

ΔH_C : 유효 연소열[kcal/mol]

T : 온도[℃]

UFL_T : 일정온도에서 상한계

(7) 다른 또 하나의 계산방법이 있는데 이는 연소하한계는 온도가 100[℃] 올라가는 데 따라서 8[%] 정도가 감소하고 상한계 역시 온도가 100[℃] 올라가는 데 따라서 8[%] 정도가 증가한다는 온도의존식을 아래와 같이 나타낼 수 있다(상온을 25[℃]로 설정).

$$\mathrm{LFL}_T = \mathrm{LFL}_{25} - (0.8\mathrm{LFL}_{25} \times 10^{-3})(T-25)$$

$$\mathrm{UFL}_T = \mathrm{UFL}_{25} + (0.8\mathrm{UFL}_{25} \times 10^{-3})(T-25)$$

03 풍량과 풍속

(1) 연소가 발생하기 위해서는 가연성 물질(가연물 혹은 연료), 산화제(공기 또는 산소), 착화원(에너지원)의 3가지 요소가 필요하다. 이 3가지를 연소의 3요소라고 한다. 이 가운데 어느 하나라도 없을 경우 연소는 발생하지 않는다.

(2) 풍량이 많고 풍속이 높으면 공기, 즉 산소의 공급이 많아지게 되므로 일단 화재가 발생하면 연소속도가 빨라져서 화세는 강해지게 된다. 이는 전에 언급한 토마스의 바람에 의한 화염전파식을 보면 알 수 있다. 하지만 너무 풍속이 커지면 오히려 냉각효과가 증대해서 화세가 오히려 약해진다.

(3) 화염전파식 $V=\dfrac{\delta_f}{t_{ig}}$에서는 δ_f(화염이 영향을 미치는 거리)가 바람에 의해서 커짐으로써 화염전파속도가 증가하게 된다.

(4) 건물 외부의 화재이거나 또는 건물 내부의 화재라도 화재양상이 연료지배형 화재이고 개구부의 방향이 풍향과 일치하면 연소속도는 더욱더 커진다.

(5) 바람으로 인해 표면에 작용하는 압력은 아래의 식으로 나타낼 수 있다. 이러한 압력이 플럼의 이동을 유발시켜 화재의 확산에 관여한다.

$$p_w = c_w \rho \frac{v^2}{2}$$

여기서, p_w : 풍압[Pa]

c_w : 압력계수

ρ : 외부 공기밀도[kg/m^3]

v : 풍속[m/sec]

(6) 액면화재의 경우 바람에 의해서 화염은 경사지게 되고 그에 따라 화염과 액면 사이의 거리가 짧아져서 화염으로부터 액면으로의 열전달이 용이해지기 때문에 예열형 화염전파에서는 그 전파속도가 빨라지게 된다.

(7) 삼림화재의 경우 풍량과 풍속은 치명적이다. 풍속이 높고 거기다 풍향이 화재의 진행방향과 일치한다면 운이 좋게 비가 와주지 않는 한 삼림화재는 진화가 불가능한 상태에까지 이를 수 있다.

SECTION 107

방화(incendiary fire, Arson)

133 · 107회 출제

01 개요

(1) 정의

1) 자신의 소유를 포함한 주거지, 건물, 구조물, 기타 자산 등에 의도적으로 불을 지르는 범죄행위[58]

2) NFPA 921 Code : 발화하지 않아야 했을 화재로 인식된 상황 하에 고의로 발생된 화재

(2) 방화는 인명 및 재산상의 손실을 초래할 뿐만 아니라, 심리적으로 불안감을 조성하는 등 사회에 많은 악영향을 미치기 때문에 전 세계적으로 큰 사회문제로 대두되고 있다.

(3) 선진국의 경우 방화가 화재의 첫 번째 원인인 경우가 많고, 그로 인한 피해액도 전체 화재피해의 $\frac{1}{3}$ 정도에 이르고 있으며 점차적으로 증대되고 있는 추세이다. 더욱이 방화범죄의 60[%] 가량은 주택을 대상으로 발생한다(미연방소방국 통계).

02 방화의 특징

(1) 은폐장소에서 발생하므로 발견이 늦고 피해가 크다. 왜냐하면 의도적이기 때문에 화재의 발견이 곤란하고 후미진 장소를 선택하여 화재를 발생시키기 때문이다.

(2) 비계절적 · 비주기적이다. 발생사례를 분석 시 계절적 · 주기적 연관관계가 작다.

(3) 범죄증거의 소멸로 범죄은폐 목적으로 사용한다.

(4) 방화동기가 다양하다.

(5) 색다른 촉진제(exotic accelerant)의 사용

인화성 액체 등을 사용한다.

(6) 확산도구의 존재(트레일러, Trailers)

1) 방화화재 후 연료가 고의적으로 뿌려졌거나 한 곳에서 다른 곳으로 '연소의 흔적이 꼬리에 꼬리를 물고 이어지도록 했을 때(trailed)'에는 화재가 확산된 형태가 뚜렷하다.

58) 한국화재보험협회, 「영·한 방재용어사전」, 1998, P26

2) '트레일러'라고 불리는 이러한 화재패턴은 바닥을 따라 독립된 화재의 연결이나 층계(계단)로의 상승, 건축물 내부의 한 층에서 다른 층으로 화재가 확산됨을 나타내준다.

3) **트레일러의 연료** : 인화성 액체, 고체 또는 이러한 것의 조합이 사용된다.

(7) 다수 발화지점의 존재(multiple fires)

1) 다수 발화지점의 화재는 둘이나 그 이상 분리되어, 연관되지 않고 동시에 타오르는 화재이다.

2) 의도적인 화재이므로 타 화재와는 달리 다수의 발화지점이 존재할 수 있다.

(8) 화재의 진화를 방해하는 장치가 설치될 수 있다.

1) 소방대의 진입 방해

2) 소방설비의 고장

3) 방화구획의 파괴

4) 방화문 개방

(9) 낮은 연소패턴(low burn pattern)

1) 인화성 연소촉진재를 사용하는 경우에는 일반화재와는 달리 살포한 곳이 바닥인 경우가 많아서 낮은 지점의 소실이 심하게 된다.

2) 의도된 화재인 방화로 추정할 수 있는 중요 증거가 된다.

(10) 모방성과 연쇄성이 강하다.

1) 모방방화

2) 연쇄방화

(11) 지연착화가 있다. 방화범이 도주를 하거나 알리바이를 만들기 위하여 일정 시간을 지연하여 화재가 발생하도록 한다.

(12) 연속이나 연쇄방화 우려가 있다.

1) **단일방화** : 단발적으로 불을 지르는 방화

2) **연속방화** : 동일인이나 동일 집단이 2건 이상의 불을 지르는 방화

3) **연쇄방화** : 방화범이 3번 이상 불을 지르고 각 방화시점과 시점 사이의 일정 시간이 경과를 한 후 저지르는 방화

03 방화의 6가지 동기

(1) 계획적인 방화

1) 경제적 이익(profit) 추구

2) 다른 범죄증거, 범죄은폐(evidence of other crimes, crime concealment)

3) 원한, 복수(revenge)

4) 고의적 파괴행위(기물파괴, vandalism)

(2) 우발적인 방화

1) 음주, 약물중독과 같은 흥분(excitement)

2) 과격주의(extremism)

04 방화판정의 10대 조건

(1) 여러 곳에서 발화(multiple fires)

1) 발화점이 2개소 이상인 경우에는 방화로 추정이 가능하다. 왜냐하면 화재가 동시에 2개소 이상에서 발생할 확률은 매우 낮기 때문이다.

2) 이 경우 제2의 발화로 추정되는 것의 원인이 최초의 발화와 연관된 것이 아니어야 한다.

(2) 화재현장에 타 범죄 발생증거(evidence of other crimes)

화재현장에 타 범죄의 발생증거가 있는 경우에는 범죄를 은폐나 용이하게 저지르기 위한 방화로 판정할 수 있다.

(3) 화재발생 위치(location of the fire)

화재발생 위치가 사고로 인한 화재가 발생할 원인이 없는 장소일 때에는 방화로 판정할 수 있다.

(4) 연소촉진물질의 존재(presence of flammable accelerant)

1) 화재의 빠른 확대를 위해서 가연성 액체와 같은 연소촉진물질이 존재하거나 사용한 흔적이 있는 경우이다.

2) 연소촉진물질을 거주자가 필요에 의해 비치한 것이라도 이것이 화재에 이용될 수 있는 장소로 이동되어 있거나 화재발생 지역의 전체나 부분에 산재되어 있으면 방화로 판정할 수 있다.

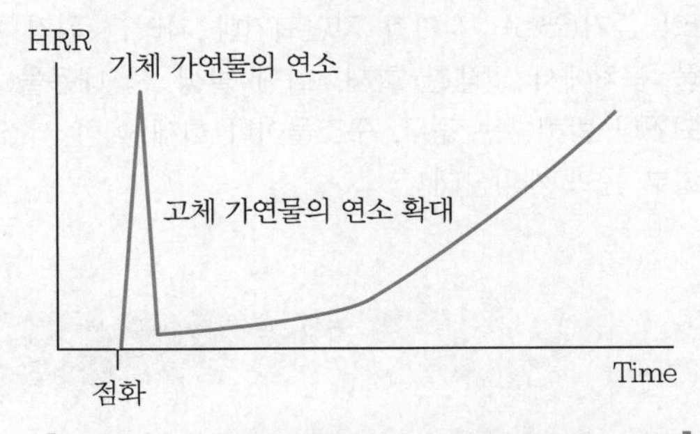

▌소량의 연소촉진재에 의한 구획실 화재의 성장▐

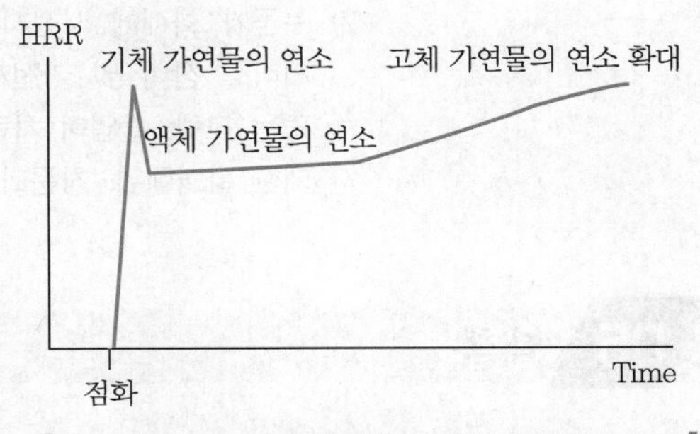

▌다량의 연소촉진재에 의한 구획실 화재의 성장▐

(5) 화재 이전 건물의 손상(structural damage prior to fire)

화재가 발생하기 전에 건축물의 일부가 화재가 확산되기 용이하도록 인위적인 손상이 있는 경우는 의도적인 손상으로 방화로 판정할 수 있다.

(6) 사고 화재원인 부존재(absence of all accidental fire causes)

화재의 원인을 자연적인 원인이나 실화 등으로 추정할 수 없는 경우에는 방화로 판정할 수 있다.

(7) 귀중품 반출 등(contents out of place or contents not assemble)

평상시 귀중품 또는 중요서류의 보관장소에 있는 물품이 화재발생 전에 안전한 장소나 외부로 반출되거나 대체품이나 유사품으로 교체되었으면 방화로 판정할 수 있다.

(8) 수선 중의 화재(fires during renovations)

건물의 보수공사 중에는 인화성 액체나 가연물 등이 빈번하게 사용되므로 사고화재의 가능성이 높아진다. 따라서, 화재가 확산되도록 자재를 배치하거나 사용한 경우에는 방화로 판정할 수 있다.

(9) 동일 건물에서의 재차화재(second fire in structure)

1) 동일한 건물 또는 동일 장소에 연속해서 화재가 발생하기는 확률상으로 어렵다. 그럼에도 불구하고 반복해서 화재가 발생한 경우에는 방화로 판정할 수 있다.
2) 단, 최초 화재의 재발화가 아니어야 한다.

(10) 휴일 또는 주말화재(fire occuring on holidays or weekend)

휴일 또는 주말의 경우에는 화재의 인지와 대응이 어려워서 이를 노리고 방화하는 사례가 있으므로 휴일 또는 주말의 화재는 방화로 판정할 수 있다.

NFPA 921 Code 2021 Chapter 23 Incendiary Fires

1) 방화에 대한 증거항목(23.2) : 여러 곳에서 발화, 확산도구의 존재, 예상되는 연료 또는 점화원의 부족, 연소촉진재, 비정상적인 가연물 또는 구성, 화상주상, 방화장치, 화재성장 및 피해의 평가
2) 누군가 화재에 사전지식의 증거(23.3) : 시야가 차단되거나 가려진 원격 위치, 서비스 장비 및 가전제품 근처에서 발생한 화재, 화재 발생 전 내용물 제거 또는 교체, 출입이 차단되거나 방해받는 경우, 구조물이나 화재 예방 시스템에 대한 파괴행위, 창문과 외부 문의 개방상태

05 대책

(1) 제도적 보완

방화범죄에 대한 처벌을 강화한다.

(2) 교육 강화

1) 방화는 사회의 질서와 안녕을 파괴하는 범죄라는 인식을 널리 교육시켜야 한다.
2) 물질만능주의에 대한 잘못된 인식과 사고를 없애도록 교육을 강화하여야 한다.

(3) 환경적 보완책

1) 범죄예방환경설계 및 개선전략 CPTED(Crime Prevention Through Environmental Design)
   ① 범죄예방환경설계는 건축환경(built environment)설계를 통해 범죄를 예방하고자 하는 개선전략으로, 셉테드(CPTED : Crime Prevention Through Environmental Design)라고도 한다.
   ② 범죄학, 건축학, 도시공학이 결합된 응용공학의 한 분야이다.
   ③ 범죄가 발생하는 장소적 특징과 환경에 중점을 두어 범죄가 발생하기 쉬운 어두운 곳, 감시가 어려운 곳, 범죄자 접근이 쉬운 곳, 인적이 드문 곳을 밝고, 깨끗하고, 사람들이 모일 수 있는 환경으로 개선함으로써 범죄의 기회를 차단하자는 범죄예방 전략이다.
2) 깨진 유리창 이론(broken windows theory)
   ① 미국의 범죄학자인 제임스 윌슨과 조지 켈링이 1982년 3월에 공동 발표한 깨진 유리창(fixing broken windows : restoring order and reducing crime in our communities)이라는 글에 처음으로 소개된 사회 무질서에 관한 이론이다.
   ② 깨진 유리창 하나를 방치해 두면, 그 지점을 중심으로 범죄가 확산되기 시작한다는 이론이다.
   ③ 사소한 무질서를 방치하면 큰 문제로 이어질 가능성이 높다는 의미를 담고 있다.
3) 주변을 정리하여 깨끗하게 관리한다.
4) 어둡지 않게 조도를 개선한다.
5) 시건장치를 강화하여 관계자 외에는 가연물이나 중요시설에 접근을 제한한다.
6) 쓰레기 등은 지정일에 배출수거(가연물의 최소 보유원칙)한다.
7) CCTV 설치하여 감시를 강화(CCTV 설치 안내문구 부착)한다.
8) 순찰을 강화한다.

(4) 범죄분류 매뉴얼(Crime Classification Manual ; CCM)

범죄자와 피해자의 중요한 특징을 구분하기 위해 의도된 진단시스템을 이용해서 분석함으로써 범죄를 사전에 예방할 수 있다.

(5) 전문 화재조사인력을 강화하고 조사기관 간의 업무공조를 강화하여 방화범이 어떠한 이익도 영유하지 못한다는 인식을 심어주어야 한다.

06 위험성과 문제점

(1) 방화의 위험성

1) 은폐된 공간에서 시작되는 경우 화재발견이 늦다.

2) 휘발유와 같은 인화성 물질이 촉매제로 사용되는 경우가 많아 화재성장속도가 빠르다.

3) 방재계획 시 안전구획으로 계획되는 복도나 피난계단 등에서 발생하므로 인명피해가 크다.

4) 설계 시 방화에 대한 방호대책은 제외되어 있다.

(2) 문제점

1) 유관기관 간의 협조체제 미흡 : 화재와 연결된 기관은 많으나 개별적으로 원인을 분석할 수 있는 구심체가 없다.

2) 통계자료의 부정확성

3) 전문 인력의 부족 및 조사업무의 비과학화

4) 연구개발 인프라의 취약

(3) 대책

1) 소방당국과 보험당국 간의 핫라인(hot-line) 구축

2) 민간 전문인력의 활용 및 장비의 현대화

3) 연구개발 지원 및 포상제도의 도입

07 결론

(1) 현 사양 위주의 소방설계에는 방화의 개념이 고려되지 않고 있다.

(2) 화재 감지와 소화 및 피난 측면에서 완벽한 방재계획을 수립하기 위해서는 방화의 개념을 포함하는 화재 시나리오를 기초로 한 성능위주의 소방설계(PBD)가 방화로 인한 피해를 줄일 수 있다.

SECTION 108

옥외변압기 화재의 위험과 대책

01 개요

(1) 변압기의 이상현상은 매우 복잡한 과정과 다양한 원인에서 기인되나 일단 변압기에 문제가 발생되면 전력공급에 차질이 발생하므로 엄청난 재산적 손실을 가져오게 되고 아울러 사업수행에 심각한 영향을 주게 된다.

(2) 변압기는 건식 변압기와 액체절연유 봉입변압기가 있는데 건식 변압기는 동일한 용량의 액체절연유 봉입변압기에 비하여 환경적 요인과 전력품질의 저하로부터 상당히 민감하여 이상현상을 나타낸다. 따라서, 보통 대용량의 변압기는 액체절연유가 봉입된 변압기를 사용하는데 이 경우에도 아래와 같은 여러 가지 원인에 의하여 화재 및 폭발의 위험이 있다.

(3) 변압기의 효율적인 화재진압설비로는 물분무가 이용되고 있으므로 소화원리 및 설치기준 등을 살펴봄으로써 옥외변압기 화재의 위험과 대책을 수립할 수 있다.

02 변압기의 종류

(1) 유입변압기

1) 전기절연유(광유, 혼합유, 실리콘유 등)에 권선이 합침된 변압기이다.

합침 : 다공성 물체에 기체 또는 액체 상태의 물질을 침투시켜 그 물체의 특성을 사용목적에 따라 개선하는 일

2) 특징

① 가격이 저렴하고, 저소음으로 변압기로 널리 사용된다.

② 충격 내전압이 높아 서지흡수기(SA)가 불필요하다.

③ 옥내 · 옥외 등 설치장소에 구애를 받지 않는다.

(2) 건식 변압기

1) 몰드변압기 : 권선을 에폭시(epoxy) 등의 수지로 사용하여 고체 절연화시킨 변압기

① 종래의 유입식 및 건식 변압기의 문제점을 해결하기 위해 코일을 에폭시수지로 몰드(mold)한 고체 절연방식의 변압기

② 에폭시 수지의 특성

㉠ 열경화 시 가스 발생이 없고 반응수축이 작다.

㉡ 기계 · 전기적 특성이 우수하다.

㉢ 금속에 대한 접착성이 매우 강하다.

㉣ 내약품성, 내열성, 내수성, 내진성이 우수하다.

③ 충전제 : 주형수지로는 보통 에폭시수지와 무기물 충전제를 배합하여 사용한다.

2) 일반 건식 변압기 : 권선을 절연제로 절연하여 바니시 등에 함침시킨 변압기

3) 가스변압기 : 육불화황(SF_6) 가스를 사용하여 절연한 변압기

4) 특징

① 화재 위험성이 있는 장소에 사용(난연성 및 피폭발성)한다.

② 소용량은 내열등급 B종(130[℃]), 대용량은 H종(180[℃])을 사용한다.

③ 옥내에서만 사용한다.

03 변압기 고장 메커니즘

(1) 전기적 절연파괴

1) 철심의 절연파괴 : 기계적인 손상 및 과여자, 관통부 고장, 내부 고장, 철심의 접지, 진동 등

2) 권선의 절연파괴

① 권선의 진동

② 관통부의 고장 : 변압기에 고장전류를 통과시키는 외부 고장으로 열적 및 기계적인 손상을 유발한다.

③ 권선의 과열 : 접속부분의 접속불량, 탱크의 바닥, 코일 및 철심 위에 있는 슬러지(열전달률 감소), 불충분한 냉각으로 과열된다.

㉠ 변압기를 과열시키는 비선형 부하

- 히스테리시스(hysteresis) : 높은 주파수의 고조파로 인해 적층철심에서 과열을 발생시킨다.
- 와전류(eddy current) : 높은 주파수의 고조파에 의한 자기장이 적층 철심의 통과를 차단할 때 발생(저항열 손실)한다.
- 표피효과(skin effect) : 전선의 횡단면적을 감소시킨다.

㉡ 중성선을 과열시키는 비선형 부하

- 영상 및 홀수 고조파 : 기본주파수인 60[Hz]보다 3배 정도 과열될 수 있다.
- 표피효과(skin effect)

④ 낙뢰 및 개폐 서지 : 권선에는 충격(임펄스) → 임피던스의 변화 → 절연파괴

3) 수분 : 절연물에 수분의 침투, 초기 통전 이전에 부적절한 건조 등

4) 절연유의 열화

① 변압기에 수분의 침투, 장기간 과부하, 저액위, 도전성 입자가 존재하는 경우

② 절연유 유중가스의 최댓값(가스체적당 PPM)

PPM	가연성 가스	원인
100	수소(H_2)	코로나, 철심의 녹, 전해, 스파크, 아크와 같이 낮은 에너지에서의 부분방전(PD : Partial Discharge)
50	메탄(CH_4)	오일의 과열, 스파크와 같이 온도 200 ~ 500[℃] 이상의 온도에서 오일의 열분해
25	아세틸렌(C_2H_2)	아크와 같은 높은 에너지에 의해 발생, 800[℃] 이상의 온도
30	에틸렌(C_2H_4)	오일의 과열과 같이 온도 500[℃] 이상의 온도에서 오일의 열분해(과열의 지표)
65	에탄(C_2H_6)	300 ~ 400[℃]에서 오일의 열분해
350	일산화탄소(CO)	비정상적인 오일 산화 및 절연지의 과열

5) 부싱의 고장 : 응력변화, 절연물 또는 부싱 절연유의 열화

6) 부하탭 절환장치의 고장 : 정상 작동 시에도 상당한 양의 가연성 가스와 물이 발생한다.

7) 과열

(2) 외부 위험

1) 낙뢰

2) 외부로부터 화재

(3) 2차 위험

1) 아크

2) 절연유 유출

① 절연유의 발화온도가 낮고 연소성이 있다. 따라서, 대용량 변압기의 경우는 별도의 안전장치가 필요하다.

② 절연유의 내열온도가 A종(105[℃])으로 과부하 사용 시 열화되기가 쉽다.

04 변압기 화재, 폭발 메커니즘 124 · 77회 출제

(1) 화재 · 폭발 발생 전 진행과정

변압기 내부 절연파괴 → 단락 및 지락 → 변압기 내 국부적인 아크 발생 → 분해가스 발생 → 내부압력 상승 → 취약부분 파손 → 절연유 분출 및 초기 화재 발생

(2) 화재 · 폭발 발생 후 진행과정

초기 화재는 분무에 의한 분무화재(spray fire)로 시작 → 분출된 절연유가 변압기를 타고 흐르면서 누출화재(spill fire) → 바닥에 고인 기름에 의한 Pool fire

05 변압기의 방호를 위한 물분무설비의 기술

(1) 물분무설비의 옥외변압기 방호의 메커니즘

1) 표면냉각(surface cooling)
   ① 인화점이 125[℉](52[℃]) 이상인 액체 위험물은 물의 주수로 냉각효과를 얻을 수 있다.
   ② 표면의 냉각에 의해 점화원이 제거되거나 화염이 전파될 수 없는 온도로 낮출 수 있다.
2) 증기질식(steam smothering)
   ① 화재에 의해 주수된 물방울이 증발하여 약 1,700배의 부피팽창을 통한 질식
   ② 증기는 몰(mole)당 약 9.72[kcal]의 열을 흡수
3) 희석(dilution) : 인화성 액체 위험물이 수용성인 경우에는 주수된 물과 혼합되어 희석
4) 코팅(coating) : 물분무설비는 시스템이 동작하는 동안 변압기의 수평면 또는 수직면에 아주 얇은 물의 수막을 형성하여 연소를 억제
5) 재방향(redirection) : 압력을 가진 물은 변압기 표면에 흘러있는 물과 인화성 액체를 미리 설계된 집수정과 같이 위험이 작은 장소로 이동
6) 가연성 증기 배출(vapor exhaust) : 변압기 위의 가연성 증기를 물분무 방사압으로 분산

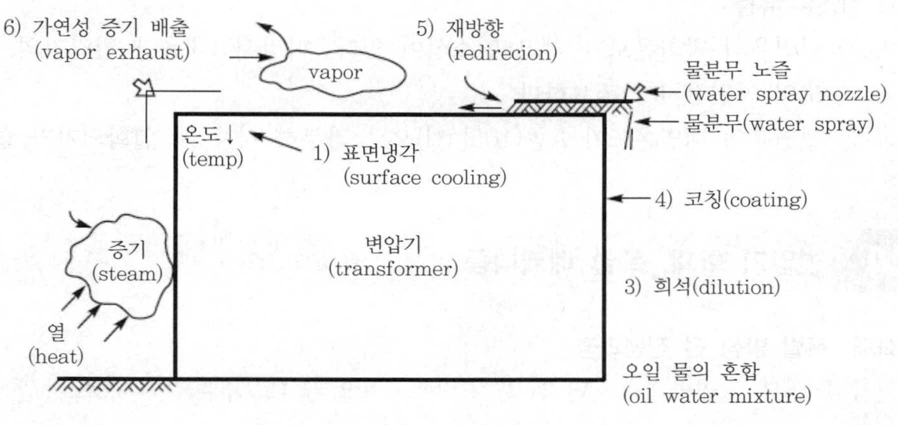

▌물분무설비의 변압기 방호 메커니즘▐

(2) 물분무설비의 설치기준

1) 방사밀도(discharge density) : 노출방호를 위하여 변압기에 방사되어야 하는 물의 단위면적당 유량(방사밀도)은 일반적으로 코드(code)와는 관계없이 10.2[lpm/m^2] (0.25[gpm/ft^2])이다.
   ① NFPA 15 4-5.4(transformers).2 : 10.2[lpm/m^2]
   ② FM 5-4.2.3.2.1 Active protection for outdoor transformers : 12[lpm/m^2](0.30 [gpm/ft^2])
   ③ NFTC 104 2.1.1.3 : 10[$L/min \cdot m^2$](20분 이상)

1. 수원(물분무소화설비의 화재안전기술기준 NFTC 104 2.1.1.3) : 절연유 봉입 변압기에 있어서는 바닥부분을 제외한 표면적을 합한 면적 1[m^2]에 대하여 10[L/min]로 20분간 방수할 수 있는 양 이상으로 할 것
2. 가압송수장치(물분무소화설비의 화재안전기술기준 NFTC 104 2.2.1.2.3) : 펌프의 1분당 토출량은 다음의 기준에 따라 설치할 것
   - 절연유 봉입변압기에 있어서는 바닥면적을 제외한 표면적을 합한 면적 : 1[m^2]당 10[L]를 곱한 양 이상이 되도록 할 것

2) 방사압력(discharge pressure)
   ① 변압기의 외부노출방호를 위한 물분무설비 노즐에서의 방사압력은 바람이 있는 상태에서도 속도를 유지하려면 20[psi](0.14[MPa]) 이상의 압력이 필요하며 보통은 30[psi](0.21[MPa]) 이상의 압력으로 유지되도록 설치하는 것이 바람직하다.
   ② 압력이 50[psi](0.35[MPa]) 이상으로 너무 높으면 물입자가 너무 작아져서 변압기의 표면은 코팅하고 냉각하기 전에 바람에 의해 날아가거나 증발된다. 또한, 열기류에 의해서 상부로 날아가거나 증발하게 되어 소화능력을 발휘하기가 곤란하다.
      ㉠ 최소 압력 : 20[psi](0.14[MPa])
      ㉡ 최대 압력 : 50[psi](0.35[MPa])
   ③ NFTC 104 : 기준은 없음

3) 수원확보시간(water supply duration)
   ① NFPA 15. 15 4-5.4(transformers).2.3 : 250[gpm](946[L/min])로 1시간 이상
   ② FM 5-4.2.3.(Fire Protection for Outdoor Transformers) 1.4.3 : 60분
   ③ 수원(물분무소화설비의 화재안전기술기준 NFTC 104 제4조) : 20분

(3) 물분무설비의 기동을 위한 감지설비

1) 전기적인 감지설비(electric detection system)
   ① 정온식 열감지기(fixed temperature detectors)

② 보상식 열감지기(rate compensated detectors)

③ 정온식 감지선형 열감지기(linear heat detection system)

2) 스프링클러설비를 이용한 감지설비(pilot head detection system)

① 건식 방식(dry pilot system)

② 습식 방식(wet pilot system)

3) 감지설비별로 장단점은 있으나 외기에 노출된 상태에서의 설치조건과 우리나라의 기후조건에서의 적응성 등을 고려하면 정온식 감지선형 열감지기가 적합하다고 할 수 있다.

06 변압기의 방호를 위한 방호벽 설비[59)]

(1) 변압기와 변압기 사이

2시간 이상의 방호벽

(2) 방호벽의 크기

수직으로 1[ft](0.3[m]) 이상, 수평으로는 2[ft](0.6[m]) 이상

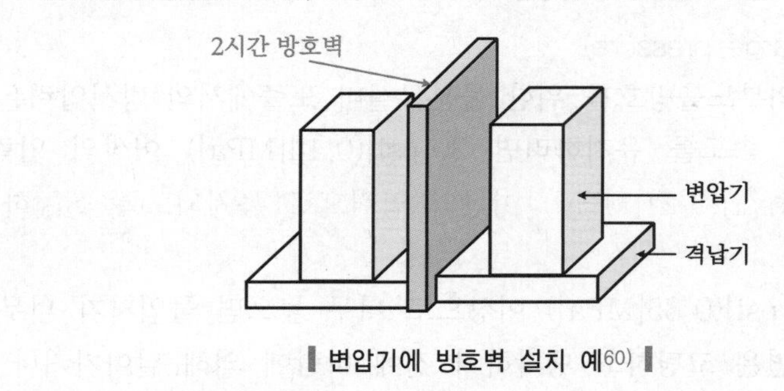

▍변압기에 방호벽 설치 예[60)] ▍

07 결론

(1) 선진국에 비하여 우리나라에서는 아직 사용이 활성화되지 않은 물분무소화설비는 설비의 특성상 석유화학공장, 전기시설 또는 통신시설 등 다양한 용도에 적용이 가능하다.

(2) 물분무설비는 그 대상물과 용도에 따라서 그에 적합한 압력, 살수밀도 또는 물입자 크기 등을 적용하여야만 원하는 효과를 얻을 수 있다.

(3) 사양위주의 일괄적인 설계의 적용보다는 건별로 성능위주의 설계가 이루어져야 하고 이를 위한 자료와 실험치를 얻기 위해서 다양한 연구와 실험이 필요하다.

59) FM5-4.2.3.(Fire Protection for Outdoor Transformers).1.3.2
60) Fig. 2e. Fire barriers for multiple outdoor transformers. FM5-4. 24Page

SECTION 109 원자력 발전소[61]

113 · 108회 출제

01 개요

(1) 원자력 발전소의 사고빈도는 낮지만 발생 시에는 피해가 상당히 심각하므로 위험(risk)이 매우 크다.

(2) 핵심은 비상시 코어를 어떻게 정지시키고 보호하느냐이다.

(3) 현재 NFPA의 경우 원자력발전소는 성능위주의 설계이다.

02 용어 정리

(1) **원자로(原子爐, nuclear reactor)**
제어된 핵 연쇄반응을 시작하고 관리하기 위한 장치

(2) **심층방호(defense-in-depth)** 132 · 115회 출제

1) 원전의 설계목적을 달성하기 위한 기본 개념이다.

2) 구성요소

① 시작부터 화재를 예방한다.

② 빠른 화재 감지 및 소화를 함으로써 화재로 인한 피해 발생을 최소화한다.

③ 즉시 소멸되지 않은 화재의 경우에는 화재의 진행에도 불구하고 필수 설비의 안전기능을 정지시키지 못하도록 하여야 한다(기능유지).

④ 구조물, 시스템 및 안전에 중요한 구성요소에 대한 화재방지의 적절한 수준을 제공할 수 있는 다중 방호체계 확립이 필요하다(구획화).

▌구획화의 심층방호의 예▐

구분	위치	재료
제5차 방호벽	원자로 건물 외벽	120[cm] 철근콘크리트
제4차 방호벽	원자로 건물 내벽	6[cm] 내부 철판
제3차 방호벽	원자로 용기	강철
제2차 방호벽	연료 피복관	지르코늄합금 금속관
제1차 방호벽	연료 펠릿	산화우라늄 금속

61) 한국원자력안전기술원의 자료에서 발췌

3) 수직적(직렬적) 개념으로 화재예방 : 화재 감지 및 소화 → 구조 및 시스템(nuclear reactor)의 보호
4) 화재방호계획의 수립 및 이행에 관한 규정(심층방어개념) : 화재의 발생을 미연에 방지하고, 발생한 화재를 신속하게 감지, 진압하여 피해를 경감시키며, 진압되지 않은 화재의 경우 이의 확대를 방지하여 발전소의 필수 기능에 미치는 영향을 최소로 하는 방안이다.

(3) 다중방호(redundancy safety system)

1) 원전의 경우 사회적 위험(risk)이 상당히 크므로 일반적인 건축물의 방호에서 요구하지 않는 다중방호(redundancy protection) 개념을 도입하여 설계한다.
2) 정의 : 일반적인 예비용보다 더 강화된 기준으로 평상시에 쓸모가 없음에도 대비를 위하여 설치한다는 개념이다.
3) 장치나 회로의 중복성을 나타낸다. 즉, 예비펌프가 있음에도 불구하고 추가 예비펌프를 더 설치한다든지 여유로운 설계를 통해 안전성을 강화시킨다는 개념이다.
4) 수평적(병렬적) 개념으로 화재예방
펌프 고장 → 1차 예비펌프 → 2차 예비펌프

03 원자력 화재 방호

(1) 원자력 화재 방호의 목적

1) 원전의 안전한 유지
2) 핵물질 누출 방지
3) 인명안전
4) 중단 없는 운전

(2) 원자력 화재 방호의 목표

1) 원자로의 안전한 반응 종료
2) 원자로에서 잔류열 제거
3) 방사능의 방출 최소화

(3) 원전안전의 개념[62]

1) 다중성(redundancy)
2) 독립성(independence)
3) 다양성(diversity)
4) 견고성(durability)

62) 원자력 발전소 안전관리 체계. 2003.11. 한국수자원원자력. 품질보증실 운영품질팀장 김원동.

5) 운전 중 상시 점검기능(testability)
6) 고장 시 안전한 방향으로 작동(fail to safe)
7) 연동기능(interlock)

04 원전시설의 특징

(1) 건축 특성

1) 높고, 넓고, 폐쇄적인 비연소성의 대규모 집단시설
2) 방사능 폐기물 저장 및 기타 지원시설 등 다양한 기능의 시설 복합체
3) 외부인의 침입 등이 곤란하다.

(2) 연소 특성

1) 방사능 폐기물 저장 및 기타 지원시설 등 다양한 기능의 시설 복합체로, 다양한 화재형태가 발생한다.
   ① 터빈이 설치된 건물에서 많이 발생한다.
      ㉠ 발전기에 사용되는 수소 누출에서 폭발로 확대한다.
      ㉡ 소화수와 냉각수가 넘쳐서 피해가 확대한다.
   ② 케이블 화재 : 물에 의해 신속히 소화할 수 없고, 연소에 의해 다수의 구역으로 확산된다.
2) 화재로 인한 피해보다 2차 피해가 더 큼 : 방사능 누출
3) 기존 소방시설 및 대응장비로는 한계에 노출
   ① 소방의 일반개념은 일상적 활동 거주공간에 대한 화재예방, 방호시설(주로 수계소화설비, 낮은 천장구조 적합)인데 반해 원자력발전소의 공간적 특성은 크게 상이하여 일반소방설비를 그대로 적용하기가 곤란하다.
   ② 작은 사고에도 국민적 관심이 고조된다(방사능 유출로 피해규모가 큼).
4) 연쇄반응 : 우라늄 원자가 외부로부터 중성자를 흡수하면 둘로 쪼개진다(핵분열).
   → 2 ~ 3개 중성자가 방출 → 반복적인 연쇄반응 발생
5) 에너지 : $E = mc^2$ (물질이 소멸하면 질량에 빛의 속도의 제곱을 곱한 만큼 에너지로 변한다. 약 1[g]의 우라늄이 3[ton]의 석탄과 동일한 열량을 냄)

(3) 거주자 특성

1) 대부분 원전의 종사자(교육, 훈련 등이 용이)
2) 화재로 인한 사상자보다 피폭 등 화재 2차 피해자가 크다.

(4) 화재방호 측면에서 원전의 특징

화재로 인한 위해로부터 공공의 안전, 환경 및 발전소 종사자를 보호하고 원자로의 안전운전에 미치는 잠재적 위해요소로부터 보호한다(심층방어 개념).

1) 화재발생 가능성 차단
2) 연소억제
3) 최소한의 소화약제 사용
4) 화재로 인한 손실보호보다 방사능 누출차단이 우선

(5) 일반화재와 원자력 화재의 비교

구분	일반화재	원자력화재
사고발생률	원자력에 비해 크다.	일반화재에 비해서는 극히 작다.
피해심각도	낮다.	높다.
피해대상	시설물 종사자 등 소수의 관련자	종사자 및 다수의 일반대중
환경피해	국지적	광역적
피해효과	단기간에 걸쳐 피해가 발생한다.	장기간에 걸쳐 피해가 발생한다.

(6) 원자력 재난의 특수성

1) 광범위한 피해
   ① 방사성 물질이 환경에 다량 방출될 경우 방사선 피폭 크기에 따라 급성 방사성 증후군 등 인체에 심각한 피해를 유발
   ② 비산된 낙진, 방사성 구름에 의해 광범위한 영향
   ③ 인위적 조작 제거가 곤란하다. 또한, 소량의 방사능 물질에서 강력한 방사선을 방출
   ④ 방사성 물질, 방사선의 존재를 인간이 느낄 수 없고 피폭 정도를 판단하기가 곤란
2) 신속하고 단호한 조치요구
   ① 즉각적인 방사선 비상상황을 전파
   ② 긴급한 주민보호 및 음식물 섭취제한조치가 필요
   ③ 방사능 재난 처리절차에 의한 초기 비상대응이 요구
   ④ 비상대응 시설 및 장비 등의 유지 관리가 필요
   ⑤ 주기적인 방재 교육 · 훈련이 필요
3) 대응에 전문성 필요
   ① 원자력에 관한 전문지식을 소유한 기관사고 처리 담당자를 배치
   ② 일반적인 재난과 달리 방사선 등에 관한 전문지식이 필요
   ③ 원자력 시설사고는 원자력 사업자가 예방, 대비, 대응 및 복구 임무를 수행
   ④ 방사선 모니터링 등 전문가의 기술적 평가, 핵의학 의료진에 의한 전문적인 대응체제 구축이 필요

05 원전시설 화재방호의 문제점과 개선방안

(1) 국내 소방법 및 원자력법 적용의 문제점

1) 원자력 안전 측면

① 스프링클러설비 등 수계설비 동작 시 분무된 소화용수에 의한 안전계통의 계전설비 손상 및 안전기능 상실 가능성이 증가한다.

② 원자로 안전정지 기기에 대한 침수방호(flooding protection) 문제가 발생한다.

③ 방사능물질 외부누출 가능성 증가 및 방사성 오염물질 처리에 어려움이 있다.

④ 무선통신(고주파)에 의한 안전설비 오동작 가능성이 존재한다.

⑤ 불필요한 자동소화설비와 같은 Active 설비의 오동작 가능성 및 발전소 운전 불안전성이 증가한다.

2) 원자력 설계 측면

① 「건축법 시행령」 [별표 1]에서 원전은 발전시설로 분류되고, 화력, 수력 및 풍력 발전소 등이 포함되었으나, 원전의 특수성이 반영된 특화된 화재안전 규제 요건은 없다.

② 원자력법과 소방법의 목적, 설계 접근방법의 차이로 인해 설계기준의 통일성 및 일관성 확보가 곤란하다.

③ 원전의 안전설계에 불필요한 소화설비의 설계 및 설치로 과다한 추가비용이 발생한다.

④ 원전 화재방호계통의 국제적 표준설계기준과 불일치(해외 원전 선진국의 원전 기술과 경험이 반영된 최적화 기준과 상이함)한다.

3) 소방기관과 원전 관련 기관과의 상호 협조체제 미흡

① 원자력시설 대응에 대한 법적, 규제 등에 대한 제한(출입통제)이 있다.

② 소방관서의 역할 및 진압대응 등 원전사업소와 협조체제가 미흡하다.

③ 화재진압대원이 현장에 출입 시 원자력시설 등에 대한 정보가 부족하다.

④ 주관기관의 사전협의를 통한 단계별 대응 방안 구축이 미흡하다.

⑤ 국가보안시설로서 보안상 출입통제로 사전정보 파악이 불가하다.

⑥ 보안상 문제로 출동분대 진입통제 및 내부시설 등에 대한 확인 장애가 발생한다.

(2) 화재방호 설계상 문제점 노출 사례

1) 중저준위 방사성 폐기물 저장시설(스프링클러 혹은 물분무등소화설비 설치대상) : 가연성 물질이 없고, 외부인 출입통제구역인 중저준위 방사성 폐기물 저장시설에 스프링클러설비나 물분무등소화설비 설치기준은 해외 원전국가에도 없는 규정으로, 불

필요 소화설비의 오동작 위험과 방출된 물, 가스의 방사성 물질 처리에도 어려움이 있다.

2) 최초 저장과정에서 발생할 수 있는 화재위험성 경감을 위해 소화기 또는 옥내소화전 설치를 고려한다.

3) 문제해결 의지 및 실행력 부족 : 문제를 지속적으로 방치함으로써 갈등, 혼선을 증폭시킨다.

(3) 원전시설 화재방호 개선방향

1) 화재방호시설을 원전관계법으로 일원화

① 원전의 특수성을 반영하기에는 소방법이 미흡하다.

② 소방관계법령에 규정 : 소방현장경험, 현장 활동대책 반영하는 소화활동 및 방화관리에 국한된다.

2) 시설의 구분

① 원전업무 지원시설 : 일반 소방법령의 적용이 가능하다.

② 원자로 관련 시설 : 원자로, 발전시설 및 연계시설은 일반 건물과 달리 특수성이 있으므로 소방법상 성능위주설계대상으로 지정한다.

3) 안전관리

① 원전 특성에 따른 원전 소방시설 화재안전관리기준 고시 제정이 필요하다.

② 자체 소방안전관리의 합리적 개선

㉠ 원전시설을 특급소방안전관리 대상으로 격상(현재 1급 대상)하여야 한다.

㉡ 소방계획서 작성 시 관할 소방본부장의 사전 검토승인을 받아야 한다.

㉢ 자체 소방대의 합리적 운영체계 모색(인력 · 장비 기준 명시) : 원전시설마다 화학소방차를 자체 운영하고 있으나 인력기준에 대한 규정이 없다. 최소한의 제한이나 지침을 마련할 필요가 있다.

③ 원전시설 건축허가 동의 시 중앙, 지방 합동 소방기술심의회의 개최를 검토할 필요가 있다.

4) 현장 대응

① 시 · 도별 소방본부별 특수화재진압 전문소방대 신설 운영

② 원자력안전위원회, 원전사업자, 전담소방대(중앙 119 구조단 등), 군 · 경 유관기관 전국단위 합동훈련(방법, 규모, 횟수 등 개선)

③ 각 원전별, 원전 내 단위시설별 대응매뉴얼 구축

④ 사고상황에 따른 전국 소방대 단계별 동원체계 및 대응방법 구축

㉠ 전문교육 강화 및 검측 · 대응 장비 보강

㉡ 원전 보유 전문장비 등 공동활용방안 강구

㉢ 유관기관 유기적 협력체계 구축 강화 협의회 개최(수시)

06 원전시설 화재방호

(1) 화재방호계획

원전을 설계 및 건설하거나 운영 또는 폐기하고자 하는 모든 원전사업자는 「원자로 시설 등의 기술기준에 관한 규칙」 제14조(화재방호에 관한 설계기준 등) 제1항에 따라 원전의 화재방호 활동을 수행하는 데 필요한 기기나 절차, 종사원 등을 포괄하는 화재방호계획을 수립하여야 한다.

1) 심층방어개념 : 화재발생 가능성 및 화재의 영향을 최소화한다.

① 화재를 예방

② 화재를 신속 감지하여 제어 및 진화

③ 안전정지 기능을 방해하지 않도록 안전에 중요한 구조물, 계통 및 기기들을 보호

2) 화재방호계획의 내용

① 계통이나 기기의 설계

② 화재예방 및 화재진압 활동을 위한 행정관리 사항 및 인적 요건

③ 자동 및 수동 화재감지 및 진압계통

④ 안전에 중요한 구조물, 계통 및 기기들은 화재발생 시 발전소를 안전하게 정지할 수 있도록 화재로부터의 손상이 제한되도록 방호기기나 방호대책을 수립하는데 방사능 유출과 같은 최악의 사태를 방지하는 것이 목적이다.

⑤ 제한조치, 검사 및 보수, 훈련, 품질보증 등

(2) 화재방호계획 성능목표

1) 안전정지에 중요한 구조물, 계통 및 기기들에 대한 화재방호 방안 제공

① 고온정지를 위해 적어도 하나의 계통을 구성하는 구조물, 계통 및 기기들은 화재에 의한 피해를 입지 않아야 한다.

② 상온정지를 달성하고 유지하기 위해 필요한 하나의 계통을 구성하는 구조물, 계통 및 기기들은 발전소 자체의 능력으로 규정된 시간(72시간) 내에 보수 또는 운전이 가능한 상태로 복구하여야 한다.

③ 하나의 방화지역(주제어실과 원자로 격납건물은 제외)에서 모든 장비가 화재에 의해 운전이 불가능한 것으로 간주하고, 보수나 운전원 조치를 위하여 그 방화지역으로 재진입이 불가능한 것으로 가정한 상태에서도 안전정지를 달성할 수 있음을 입증하여야 한다.

2) 설계기준 사고를 대비하는 계통에 대한 화재손상한도보다 화재 이후 안전정지 조건을 달성하고 유지하는 계통에 대한 화재손상한도를 보수적으로 설정한다.

3) 화재방호계획은 발전소가 화재사고 시 외부환경으로의 방사성 물질 누출 가능성을 최소화할 수 있는 능력을 가지고 있음을 입증하여야 한다.

(3) 국내 규정의 화재위험도 분석

1) 화재위험도 분석의 목적
① 원래 존재하거나 또는 일시적인 화재위험을 파악하여야 한다.
② 발전소 전 지역에서 발생하는 원자로 안전정지능력이나 환경으로의 방사능물질 방출을 최소화할 수 있는 능력에 대한 화재영향평가를 하여야 한다.
③ 안전에 중요한 구조물, 계통 및 기기가 설치된 방화지역에 필요한 화재예방, 감지, 진압, 확산방지 및 대체 정지성능을 위한 방안을 평가하여야 한다.

2) 화재위험도 분석은 원자력안전위원회 고시 제2018-9호(화재위험도 분석에 관한 기술기준)에 따라 화재위험도 분석을 수행하여야 하며, 화재위험도 분석에 대한 세부사항은 관련 규제지침을 참조한다.

화재위험도 분석에 관한 기술기준

① 화재위험성 평가(제15조) : 화재위험성 평가에서는 화재하중 및 화재특성에 대한 분석을 위하여 실제경험과 공학적 판단에 의한 평가, 실험식이나 도표에 의한 수계산 및 화재모델링 등을 사용할 경우 다음의 사항을 제시하여야 한다.
㉠ 분석에 사용된 가정이나 제한값의 보수성을 입증할 수 있는 자료
㉡ 입력자료에 대한 민감도와 분석결과의 신뢰도

② 소방시설 등(제16조) : 화재위험도 분석보고서에는 소방시설 등에 대하여 다음의 사항을 포함하여야 한다.
㉠ 선정의 적절성에 대한 평가
㉡ 용량 및 성능의 적합성에 대한 평가
㉢ 소방시설 등에 적용된 설계기준
㉣ 소방시설 등의 종류 및 위치

③ 설계기준화재의 범주(제17조) : 화재위험도분석 시 고려해야 하는 설계기준화재의 범주는 다음과 같다.
㉠ 동일 부지 내 2개의 원자로 시설 사이에 공유된 설비의 화재와 하나 이상의 원자로시설에 영향을 줄 수 있는 항공기 충돌과 같은 인위적인 부지 관련 사고를 고려하여야 한다.
㉡ 안전에 중요한 구조물·계통 및 기기의 비화재 관련 고장, 발전소 사고 또는 심각한 자연재해 등과 동시에 발생하는 최악의 화재와 각 원자로시설에서 서로 관련되지 않은 화재의 동시 발생은 고려하지 않는다.
㉢ 방화지역별로 설계기준화재를 설정하고, 설계기준화재가 안전에 중요한 구조물·계통 및 기기에 미치는 잠재적 영향을 평가하여야 한다.
㉣ 방화지역별 설계기준화재의 특성 및 시나리오가 파악되어야 하며, 이에 대한 방호대책을 기술하여야 한다.

(4) 화재위험도 분석(FHS : Fire Hazard Analysis)

1) 화재발생 시 원자로의 안전정지능력을 확보하고 환경으로의 방사성 물질 누출가능성이 최소화됨을 입증하기 위하여 각 방화지역별 가상 화재에 대한 위험성을 검토하고 화재예방 및 화재방호조치가 적합한지 평가하기 위한 정량적 또는 정성적인 위험도분석을 말한다.

1. **정량적** : 숫자 또는 데이터를 가지고 있어 상호 간의 크기를 비교할 수 있는 상태를 말한다. 즉, A는 B의 몇 배가 된다는 분석이 가능하다.
2. **정성적** : 숫자 또는 데이터를 갖지 않고 물리법칙이 적용되는 경향성이나 양상을 통해 상대적인 순위의 비교는 가능하지만 상호 간 몇 배가 크다든지 작다든지의 비교는 곤란한 상태를 말한다.

2) 화재구역의 정의 : 화재구역, 화재 소구역으로 구분

3) 구역별 내화등급 평가
   ① 가연성 물질 분석(종류, 양) : 케이블, 윤활유, 임시가연성 물질(목재, 고무, 필터 등)
   ② 화재하중(열하중, 바닥면적), 내화등급 계산

4) 화재방호설비 평가 : 화재감지, 경보, 진압, 대피설비의 적합성 평가

5) 화재구역 평가
   ① 화재로 인한 발전소설비 영향 평가
   ② 개선방안 도출

(5) 안정정지능력분석(SSA : Safe Shutdown Analysis)

1) 정의 : 사고 시 원자로의 핵분열을 차단한 다음 발생열 및 잔열 제거를 통한 안전한 정지력 분석

2) 목적 : 냉각능력 상태를 감시하고 제어변수를 확인할 수 있는 기능을 확보

3) 안전정지기기 선정
   ① 안전정지 기능 정의(고온정지, 저온정지) 및 계통 선별
   ② 안전정지 기기 목록 선정(약 400 ~ 500개)

4) 안정정지기기, 케이블 경로 파악
   ① 동력, 제어, 지시, 계측의 연동, 연계회로
   ② 도면확인, 현장조사 필요

5) 격리요건 평가 : 다중계열기기, 케이블의 격리요건(격납건물 외부 및 내부)

6) 간섭영향 평가 : 공통전원 분석, 공통배선함 분석, 오동작 분석

7) 안전정지영향 평가

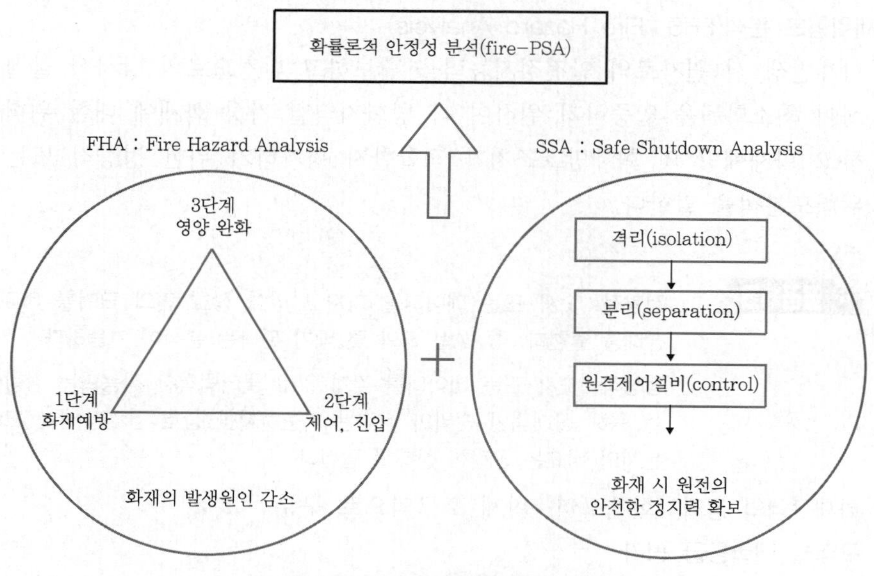

▌원전시설의 화재위험성 평가▐

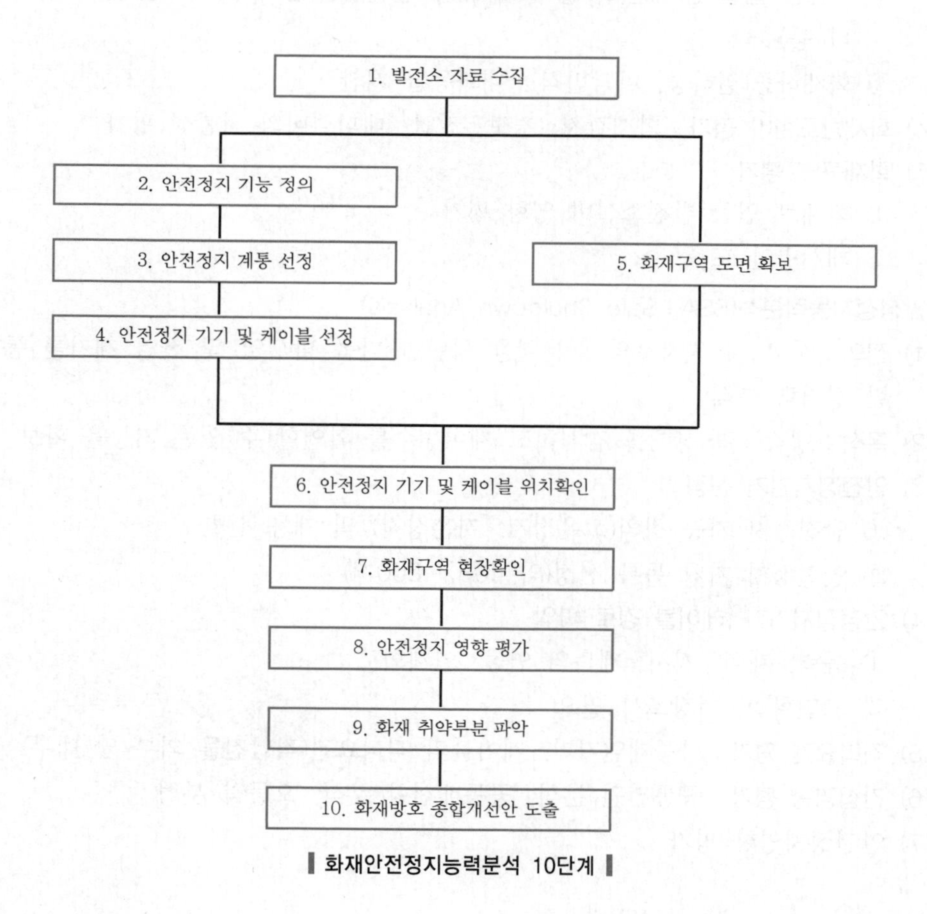

▌화재안전정지능력분석 10단계▐

(6) 확률론적 안전성 평가(PSA : Probabilistic Safety Assessment)

1) 정의 : 기기의 신뢰도, 사고추이 분석, 계통 모델링 및 열수력학적 분석기술을 활용하여 원자력 발전소에서 발생 가능한 모든 중대사고 시나리오에 대해 확률론적인 방법으로 노심 손상빈도 및 격납건물 손상확률을 정량화하고 또한 방사능 누출로 인한 주민건강, 재산피해 및 주변 환경에 미치는 결과를 종합적으로 분석하고 원자력 발전소의 안전성 향상을 위한 실질적 방안을 도출하는 평가방법이다.

2) 추진단계 : 국내는 2단계를 인허가 요건으로 규정한다.

① 1단계 : PSA에서는 발전소의 계통을 분석하여 중대사고에 대한 사고경위를 추적하고 최종적으로 노심(원자로) 손상빈도를 정량적으로 산출하는 단계

② 2단계 : PSA에서는 원자로 격납건물 파손확률과 방사성 물질 방출 및 이동 특성을 정량화함으로써 격납건물 성능을 분석하는 단계

③ 3단계 : 방사능 누출로 인한 주민건강 영향, 재산손실 정도 및 주변 환경영향을 평가하는 등의 외부 피해분석을 수행하는 단계

▌핵분열생성물(FP)의 방출 이행 거동에 대한 안전평가▐

<table>
<tr><th rowspan="2">원인사건
등급</th><th rowspan="2">내적 원인</th><th colspan="4">외적 원인</th></tr>
<tr><th>지진</th><th>화재</th><th>침수</th><th>비래물 등</th></tr>
<tr><td rowspan="3">1등급</td><td rowspan="2">고장평가</td><td colspan="4">위험도 평가</td></tr>
<tr><td colspan="4">응답, 손상 평가</td></tr>
<tr><td colspan="5">사고발생빈도 평가</td></tr>
<tr><td rowspan="2">2등급</td><td colspan="5">사고진전 평가</td></tr>
<tr><td colspan="5">사고사 선원항 평가</td></tr>
<tr><td rowspan="2">3등급</td><td colspan="5">환경 중 FP이행 해석</td></tr>
<tr><td colspan="5">대중의 리스크 평가</td></tr>
</table>

1. 비래물 : '날아서 온 물건'이라는 뜻으로, 보통 현장에서는 높은 곳에 있는 자재 등이 비래 후 낙하해서 발생한 재해
2. 선원항 평가(source-term) : 방사선원에 대한 평가

3) 화재로 인한 위험정도의 정량적 평가의 결과

① 화재영향 최소화

② 화재피해범위 제한

③ 공공의 피해 최소화

4) 원자력 발전소의 확률론적 안전평가의 순서

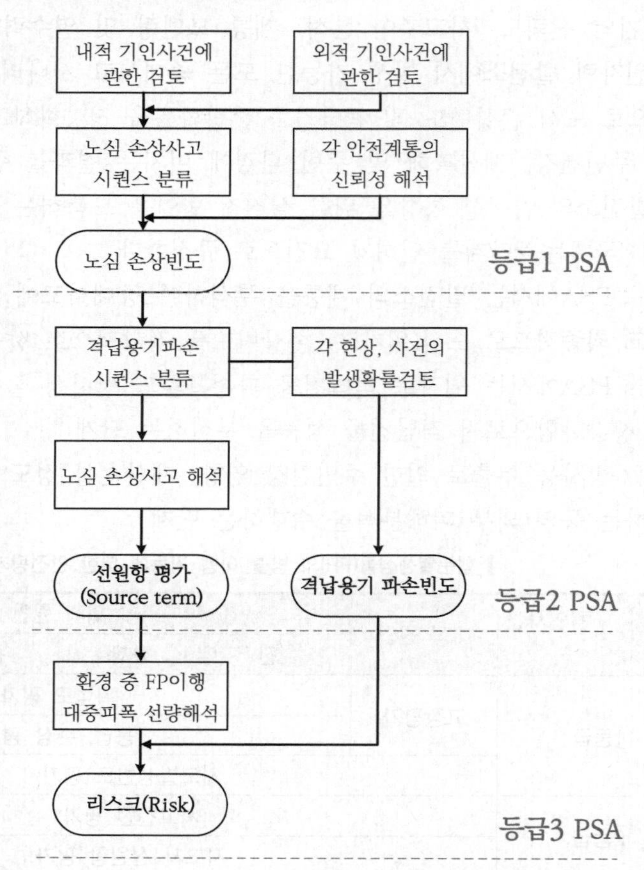

SECTION 110 반도체 공장 화재[63)]

01 개요

(1) 반도체 제조과정에는 다양한 인화성, 독성 케미컬과 가스가 사용되며 이로 인한 반도체 공장은 항시 화재·폭발 위험에 노출되어 있다.

(2) 반도체 공정에는 고가의 첨단 장비가 사용되고, 청정 환경에서 생산이 이루어지는 클린룸의 공정 특성상 작은 화재에도 피해규모는 엄청나게 커질 수 있다.

(3) 반도체 공장 내 인명과 시설을 안전하게 보호하기 위해서는 최신 소방안전설비를 갖추기 이전에 반도체 제조공정의 특수성을 이해하고 그에 부합한 규제 개선과 안전표준 도입 등이 이루어져야 할 것이다.

02 반도체 제조공정의 특성 및 위험성

(1) 반도체 공정의 특징

1) 고가의 첨단장비를 사용한다.
2) 다양한 종류의 인화성, 독성 화학물질, 가스를 사용한다.
3) 클린룸의 환기 특성상 작은 화재에도 큰 피해가 발생한다.
4) 사용되는 화학물질은 소량이지만 광범위한 공정에 사용한다.
5) 공정중단 시 복구까지 많은 비용과 시간이 소요된다.

(2) 반도체 위험물 취급공정

구분	위험물 공정요약	취급 위험물의 종류
Wafer 연마 / 세정	웨이퍼에 있는 미립자 오염물, 금속, 유기 오염물질을 제거하는 공정으로 IPA로 세정	제4류 알코올류(IPA)
확산공정	• 웨이퍼 표면에 산화막 형성 후 불순물(dopant)을 주입하여 P-type 또는 N-type의 반도체 전도 특성을 향상시키는 공정 • 1,100[℃] 이상의 고온 열처리(annealing)를 하여 소요 깊이만큼 확산시키는 공정	4류 1석유류(pyridine, octane), 2석유류(thinner, TEOS), 알코올류(IPA) 및 3류 유기금속 화합물(LTO520), TMA 위험물을 취급함

63) The SEMICON Magazine 9월호에서 일부내용 발췌

구분		위험물 공정요약	취급 위험물의 종류
Photo 공정	감광액 도포	감광액을 웨이퍼 표면에 고르게 도포(coater)하는 공정	제4류 3석유류(PR류) 위험물 취급함
	현상 (development)	현상공정에서는 웨이퍼 표면에 불균일하게 남아 있는 감광액을 완만하게 해주는 공정(baking 장비)	제3류 유기금속화합물(BDEAS), 금속의 수소화물(2NTe) 취급함(baking 장비 내부에서 canister 형태)
식각(etching)		웨이퍼에 회로 패턴을 만들어 주기 위한 공정으로 웨이퍼를 일정시간 담구어 막질을 선택적으로 제거하는 공정	세척용으로 제4류 알코올류(IPA), 2석유류(thinner) 위험물 취급함

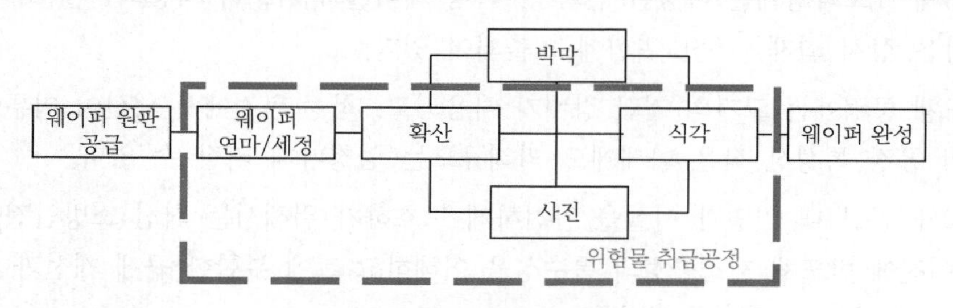

▌반도체 제조공정▐

(3) 반도체 공장 화재사고 유형

1) 덕트
2) 스크러버(scrubber) : 습식의 집진장치
3) 웨트–벤치(wet–bench) : 세정공정(불산을 사용)
4) 자연발화성 및 인화성 가스
5) 자연발화성 및 인화성 액체
6) 기타 공정

(4) 반도체 제조공정의 화재위험 특성

1) 화재 위험성이 높은 화학물질 : 공정 중 사용하는 물질이 대부분 인화성 물질(특히, 세척용 물질)로 장비의 과열, 누설, 점화원에 노출 시 화재가 발생된다.
2) 특수가스
   ① 실란, 디실란 : 자연발화

실란(SiH_4) : 구조적으로 포화 탄화수소와 유사하나 매우 불안정하다. 모든 실란은 공기에 노출되면 발화하거나 폭발한다.

   ② 수소 : 화재 및 폭발
3) 클린룸
   ① 지속적 공기순환 : 화재확산
   ② 조금의 오염에도 막대한 피해를 유발한다.

4) 고가의 장비

5) 불연화 어려운 장비, 덕트, 실내 내장재

① 덕트나 장비 : 부식성을 고려해서 PVC나 FRP 등의 가연성 플라스틱을 사용한다(STS도 많이 사용됨).

② 내부 내장재, 파티션 : 제작의 편의성 및 공사기간 단축을 위해 가연성 플라스틱을 사용한다(최근에는 STS도 많이 사용됨).

6) 사용할 수 없는 스프링클러설비 : 장비나 웨이퍼의 수손피해 우려가 있다.

7) 환경적 어려움 : 오염의 막대한 피해가 발생한다.

(5) 플라스틱 덕트화재

1) 덕트를 통한 빠른 화재전파

2) 덕트의 내부전파, 수직전파 : 진화에 어려움이 있다.

3) 스프링클러의 무력화 : 화재면적의 증가

4) 큰 피해가 발생할 수 있다.

03 반도체 제조공정의 화재예방 105회 출제

(1) 화재위험에 대한 반도체 공장의 주요 방재시설

1) 클린룸을 포함한 전 지역 스프링클러 설치

① 덕트화재

㉠ 덕트 내 · 외부에 스프링클러 설치

㉡ 가스계 소화약제 설치

㉢ 미세물분무소화설비 설치

② 장비 등의 보호 : 가스계 소화약제

③ 습식 스프링클러(KFS 520-2018)

㉠ 설계밀도 · 면적방식 : $8.15[\text{lpm/m}^2] \times [280\text{m}^2] \times 60[\text{min}]$

㉡ 표시온도 57 ~ 77[℃]인 속동형 하향식 스프링클러헤드를 사용한다.

㉢ 너비가 6.1[m](20[ft])를 초과하는 클린룸 통로지역에 측벽형 스프링클러헤드를 설치하는 경우 하향형 스프링클러헤드가 부착된 가지배관은 통로의 중앙에 위치되어야 한다.

㉣ 적절한 보완조치가 불가능한 경우 클린룸 상부 다락 공간에는 스프링클러설비를 설치해야 한다.

2) 덕트 및 내부 파티션 등의 불연재 사용

3) 케미컬 및 가스의 관리체계 및 비상시 인터록을 설치한다.

4) 생산장비 및 웨이퍼 박스 등의 불연재를 사용한다.

5) 위험물을 취급하는 생산장비에 대한 개별 소화설비를 설치한다.

6) 클린룸 내부 : ASD를 설치한다.

7) 장소별 적정 소화기 배치 : 유기금속화합물이 사용되는 경우는 D급 소화기가 배치되어야 하고 분말소화기를 통해 부식 및 오염이 발생할 수 있기 때문에 사용하여서는 안 된다(일반 장소에서 사용 가능).

(2) 화재 예방대책

1) 안전표준 및 화재위험성 평가의 도입이 필요하다.

2) 미분무소화전의 도입 : 수피해 최소화

SECTION 111

데이터센터

130회 출제

01 용어의 정의

(1) **데이터센터(Data Center)** : 정보통신서비스의 제공을 위하여 전산장비를 일정한 공간에 집적시켜 통합 운영·관리하는 시설

(2) **모듈형 데이터센터(Mobile/modular data center)** : 컨테이너 내부에 전산장비, 전원공급설비, 공조설비 등의 지원설비가 설치된 형태의 데이터센터

(3) **블랭킹 패널(Blanking panel)** : 전산장비를 랙(rack)에 장착 후 장비와 장비 사이의 빈 공간을 막는 판재

(4) **컨테인먼트 시스템(Containment system)** : 전산실 내 마주 보게 설치되는 랙(rack)과 랙(rack), 랙(rack)과 구획 벽체 사이 등 공간을 구분하여 전산장비를 효과적으로 냉각시키는 방식

1) 높임바닥(Access Floor)의 개구부를 통하여 차가운 공기가 모이는 구역(Cold Aisle, 이하 냉복도)

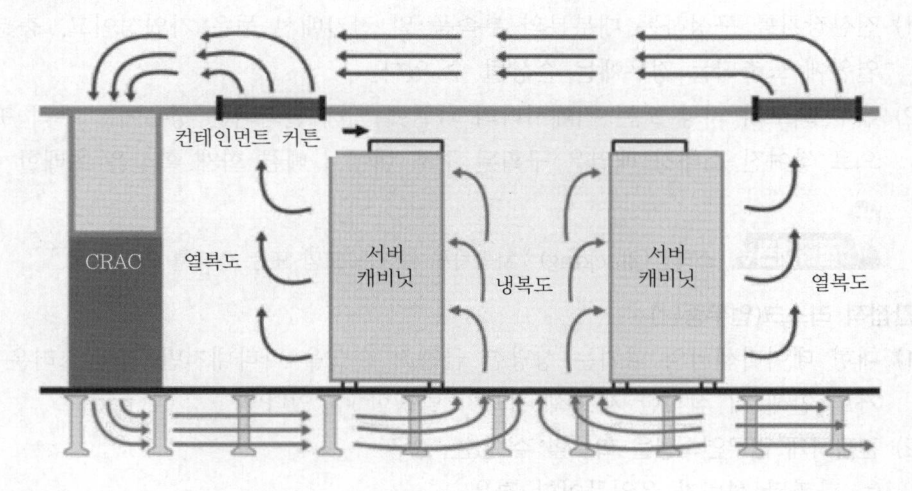

2) 전산장비에서 배출되는 뜨거운 공기가 모이는 구역(Hot Aisle, 이하 열복도)으로 설정하는 방식

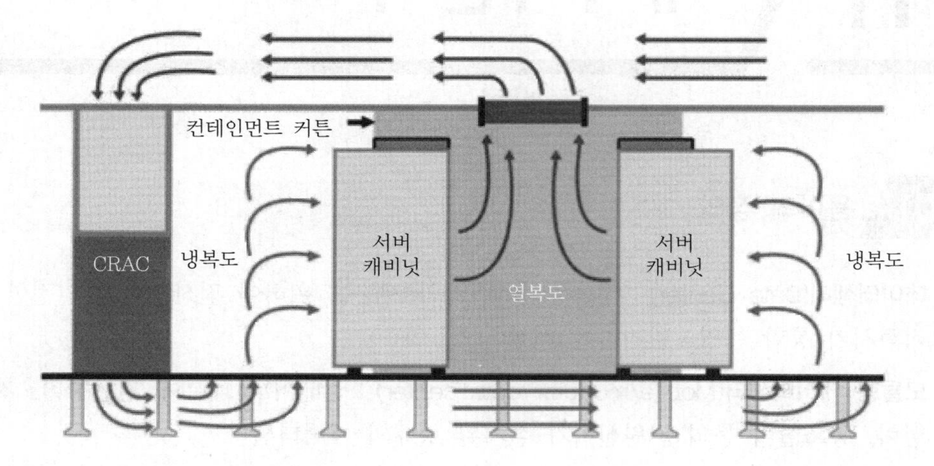

(5) **플레넘(plenum)** : 공조설비의 한 구성요소로 설치된 구획공간 또는 하나 이상의 덕트와 연결된 형태의 공간

02 데이터센터의 리스크

(1) 직접적 손실

1) 전산장치를 구성하는 대부분의 부속품 및 전기배선 등은 가연성이고, 충분히 높은 열원에 노출되는 경우에는 손상될 수 있다.
2) 내부 회로의 저항 또는 커패시터의 과열에 의해 발화되는 경우에는 수직 또는 수평으로 쌓여진 스태킹 배열은 구획된 구조 내에서 빠른 화재 확산을 초래할 수 있다.

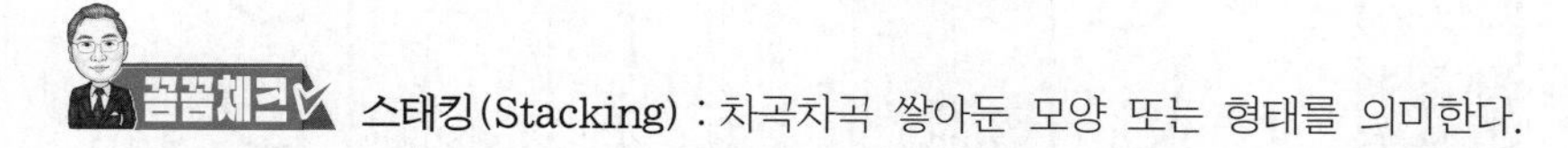

스태킹(Stacking) : 차곡차곡 쌓아둔 모양 또는 형태를 의미한다.

(2) 간접적 리스크(업무중단)

1) 대형 데이터센터의 파괴는 상당한 금전적 손실을 나타내지만, 갑작스러운 이용 불가로 인해 더 심각한 재정적 결과가 발생할 수 있다.
2) 긴급하게 업무연속성을 확보할 수 없는 경우
   ① 파괴된 설비가 유일무이한 경우
   ② 유사한 장치가 너무 멀리 있거나 기존 데이터처리 부하로 인해 사용할 수 없는 경우
   ③ 자연재해로 광범위한 지역에서 다수의 데이터센터가 피해를 입은 경우
   ④ 보안문제로 외부에서 기밀 데이터를 처리하는 것이 허용되지 않는 경우

⑤ 전산장비가 화학 플랜트 등 산업공정을 직접 제어하는 경우

03 데이터센터의 화재 관련 손실 발생

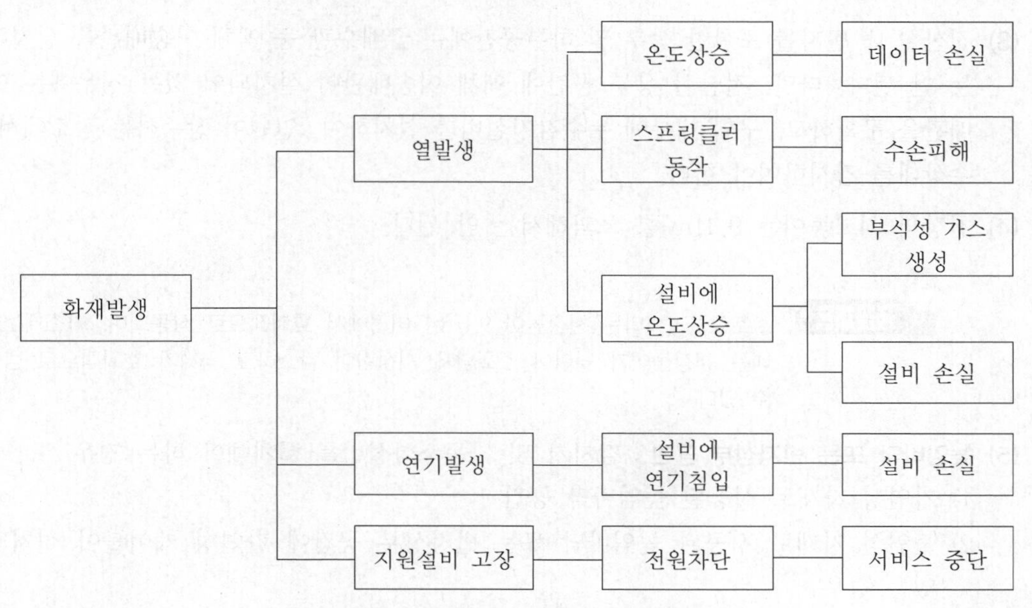

▌화재발생으로 인한 주요한 손실 발생▐

(1) 연기침입

1) 터미널 및 회로 보드에 달라붙은 연기 입자로 인하여 컴퓨터 동작에 이상이 발생 : 테이프, 디스크, 카세트 또는 드럼에 증착되면 이러한 입자가 불완전하거나 잘못된 정보 번역을 일으킬 수 있다.

2) 복구될 수 있지만 필요한 청소에는 상당한 가동 중지 시간이 필요하다.

(2) 온도상승

온도	발생현상
66[℃]	데이터의 손실 발생
93[℃] 이상	테이프 릴, 디스크, 카세트, 드럼 등에 심각한 비틀림 현상 발생
149 ~ 260[℃]	부품의 손상
343 ~ 400[℃]	폴리스티렌 케이스와 릴의 품질의 저하, 인화성 스티렌 가스 생성

(3) 부식성 가스 발생 : 폴리비닐클로라이드(PVC) 절연체는 열분해 시 많은 양의 염화수소를 발생하고 습기와 결합하는 경우, 단자, 회로의 구성요소, 전자부품을 손상시키는 강한 부식제인 염산으로 변화한다.

(4) 수손 : 스프링클러 작동, 설비의 고장

04 주요 구조

(1) 불연성 자재의 사용

(2) 방화구획

(3) 전산실 내 반자를 포함한 상부 및 하부공간에는 급배수관 등 액체 이송배관을 설치해서는 안 된다. 다만, 전산실 상부 공간에 액체 이송배관이 설치되어 있는 경우에는 이송배관을 구획하고, 구획 내부에 누수감지설비를 설치하여, 인원이 상주하는 장소에서 누수상태를 감시하여야 한다.

(4) 천장의 최고높이는 9.1[m]를 초과해서는 안 된다.

스프링클러설비는 천장높이 9.1[m] 이하에서 효과적으로 작동되며, 가스계소화설비는 천장높이가 낮아야 소화약제 저장량이 감소하고 약제가 효과적으로 방출될 수 있다.

(5) **높임바닥 또는 반자상부 공간** : 감지기 및 자동소화설비를 설치해야 하는 경우

1) 가연성 자재로 시공된 높임바닥 공간

2) 불연성 자재로 시공된 높임바닥 또는 반자상부 공간에 가연성 케이블이 설치되어 있는 경우

05 소방설비

(1) **일반사항**

1) 데이터센터로 사용되는 모든 공간에는 스프링클러설비 등 자동식소화설비를 설치하여야 한다.

2) 건물 내 데이터센터와 인접한 기타 용도 및 데이터센터의 운영을 위한 필수적인 공간에는 자동화재탐지설비를 설치하여야 한다.

3) 문서화된 전력 차단 계획을 수립하여야 한다.

4) 데이터센터 관련 구역 또는 전자장비 내에 고체 에어로졸 자동소화장치가 설치되어서는 안 된다.

일부 제품은 열에 의해서 작동하므로 스프링클러설비와 함께 설치되더라도 장비 방호가 되지 않는다. 또한, 에어로졸 소화약제 잔류물에 대하여 전자장비와 기타 물품에 대한 잠재적인 영향이 있을 수 있다.

(2) 소화기 : 할로겐화합물 및 불활성기체 소화기 또는 이산화탄소소화기를 비치하여야 한다. 단, 이산화탄소소화기를 단독으로 배치해서는 안 된다.

분말소화약제는 전자회로에 부식성이 있으며, 이러한 소화기가 전자장비가 있는 구역에서 방출되는 경우, 매우 가벼운 분말이 부유함에 따라 해당 구역의 모든 장비를 청소하거나 교체해야 할 수 있으므로 배치가 금지되며, 이산화탄소소화기는 A급 화재에 적응성이 없다.

(3) 자동화재탐지설비 : 공기 흡입형 감지기, 고감도 광전식 스포트형 연기감지기

(4) 자동식소화설비

1) 할로겐화합물 및 불활성기체 소화설비

① 농도유지시간 : 10분 또는 해당 방호구역의 장비나 부품이 소화될 때까지 소요되는 시간 중 많은 시간

② 할로겐화합물 및 불활성기체 소화약제 방출 소음으로 인해 하드 디스크 드라이브(HDD)의 성능을 저하가 예상되는 경우

㉠ 분사헤드에 '소음기(Silencer)'를 설치

㉡ 소음기 설치가 곤란한 경우

- 분사헤드의 개수를 늘려 노즐의 간격을 줄인다.
- 불활성기체 소화약제를 사용하는 경우에는 방출시간을 60초 또는 그 이상으로 한다.
- 분사헤드는 방출압력을 최소화해야 한다.
- 공압식 사이렌이 사용될 경우에는 소음수준은 110[dB] 이하여야 한다.
- 분사헤드의 최대 방출압력에서의 소음 수준이 HDD 장비의 허용 임계값 미만인지 확인해야 한다.

㉢ 전산실에 설치할 수 있는 경우

- 불연성 건축자재로 시공
- 장비 외함을 금속자재로 제작
- 전산실 내 종이 등 가연물 제한

꼼꼼체크

제한(Scant) : 최악의 화재 상황에서 소화기 1개를 사용하여 완전하게 소화할 수 있는 정도의 가연물의 양 및 분포를 말함

- 전산실 내 포장재 등 가연물 보관 금지
- 환기장치의 가동 정지, 개구부 및 통기구 폐쇄

③ 외부 보충공기가 유입되지 않으며, 아래 2가지 사항이 모두 만족하는 경우에는 환기장치의 가동을 정지시킬 필요가 없다.

㉠ 전산실 내에서만 공기를 순환하는 냉방장치가 설치된 경우
㉡ 소화약제량이 방호구역으로 개방된 환기설비 덕트 및 구성품 체적을 포함하여 계산된 경우

④ 아래와 같이 변경사항이 발생되는 경우에는 할로겐화합물 및 불활성기체 소화설비 방호구역의 밀폐 적정성을 점검해야 한다.
㉠ 실의 체적이나, 위험도가 변경된 경우
㉡ 소화약제의 누설이 예상되는 관통부가 발생된 경우

2) 스프링클러설비

① 습식 또는 준비작동식(더블 인터락 방식 제외)으로 설치
② 전산실 내 공조설비가 설치되어 있는 경우 : 조기반응형 스프링클러헤드를 설치, 수원 40분 이상
③ 전산실에 스프링클러설비를 설치하여야 하는 경우
㉠ 수직방향으로 지름 76[mm] 이상의 가연성 케이블(통신 및 신호)이 이격거리 1.2[m] 이내에 위치
㉡ 케이블 트레이에 가연성 케이블(통신 및 신호)이 2단을 초과하여 설치
㉢ 전산장비가 가연재로 구성되어 있는 경우
㉣ 케이블트레이가 가연성 플라스틱으로 설치되어 있는 경우
④ 컨테인먼트 시스템의 열복도와 냉복도 부분 : 스프링클러설비로 방호

3) 미분무소화설비

① 전산실 바닥면의 급기구로부터의 상승기류 최대속도가 1[m/sec] 미만, 수평기류 최대속도가 1.2[m/sec] 미만으로 공조설비가 가동되는 경우에는 미분무소화설비를 설치할 수 있다.
② 미분무소화설비는 습식 또는 준비작동식(더블 인터락 방식 제외)으로 설치해야 한다.
③ 수원은 40분 이상 가동할 수 있는 양이어야 한다.
④ 미분무소화설비는 전산실 내 다층 형태의 개방형 케이블 트레이 내 가연성 케이블이 설치된 장소에 대하여는 화재에 적응성이 없다.

06 안전관리

(1) 비상대응조직(Emergency Response Team, ERT) 및 비상대응계획

1) 비상대응요원에게는 다음을 수행하기 위한 절차와 권한을 부여해야 한다.

① 전원차단계획에 따른 화재 발생 설비의 전원 차단
② 소방서 통보

③ 소방설비 가동

2) 비상대응계획을 마련하는 경우에는 최소한 아래 사항이 포함되어야 한다.

① 현장점검 실시

② 주요 시설과 설비 현황

③ 전원 차단 계획의 실행 가능성 확인

(2) 재해복구계획

(3) 사업연속성 계획

(4) 온도제어 실패에 대비한 비상대응계획

(5) 전산장비 및 HVAC 시스템의 전력 차단

(6) 보안

(7) 정리정돈

SECTION

112 지진방재

95 · 83회 출제

01 개요

(1) 개요

1) 정의 : 지표면 아래의 암석이 깨지면서 발생하는 지면의 흔들림 또는 떨림

2) 지진의 진동에 의한 피해의 직접적 원리는 질량에 의해서 결정되는 관성운동에 의한 공진의 발생으로 충격에너지에 의하여 충격, 낙하, 파손 등이 발생하여 물리적 · 전기적 재해를 유발한다.

(2) 광의적 대책으로 내진설계, 면진, 제진이라는 3종류가 있으며 면진, 제진은 예방적인 대책으로 관성운동에 의한 공진현상을 최대한 감소시키는 대책이다.

(3) 내진설계의 중요성은 지진에 의한 건축물의 충격으로 소방설비는 파손되어 그 기능을 잃고 또한 예상치 못한 물리적 · 전기적 원인에 의한 화재가 발생한 경우 소방설비가 기능을 하지 못하여 2차적인 피해가 발생되어 더욱더 큰 재해로 발전할 수 있기 때문이다.

02 지진의 특징과 국내 내진의 취약부

(1) 지진의 특징

1) 동시 다발적으로 발생한다.

2) 대형 화재로 발전할 우려가 크다.

3) 화재로 인해 기반시설의 파괴 우려가 크다.

4) 기반시설 파괴로 접근, 소화활동이 어렵다.

5) 연소되기 쉬운 불완전한 상태가 되기 쉽다. : 가스누출, 배관파손, 가연물의 전도 등

(2) 국내 내진 취약부

1) 국내 건물은 중량이 무거운 콘크리트를 과다 사용하여 횡변위에 대한 안정성이 떨어진다.

2) 다세대 등 소규모 주택은 건물이 비대칭적으로 건축되어 한쪽에 과도하게 하중이 부과됨으로써 작은 횡변위에도 붕괴위험이 있다.

3) 지진피해

① 직접적인 피해 : 주택, 건물, 교량 등과 같은 구조물의 붕괴로 인한 인명피해 및 재산손실

② 2차적 피해 : 화재, 가스 및 유해물질의 유출, 교통, 통신두절로 인해 유발되는 손실형태 → 사회, 경제를 마비시킨다.

(3) 지진으로 인한 소방설비 손상요인

1) 소방설비 자체의 관성 또는 흔들림에 의한 영향

2) 건물 구조체가 수평으로 흔들릴 때 발생하는 소방설비의 변형

3) 인접된 구조체와 경계면에서의 분리와 충돌로 인한 영향

4) 소방설비와 기타 다른 시설 간의 간섭으로 인한 영향

(4) 피해확대 요인

1) 도로붕괴와 소화설비 변형 및 파손으로 기능상실 → 자체 방호대책 필요하다.

2) 도시화, 고밀도화로 인한 화재확대 심화 → 소방력 저하로 피해확대 우려가 있다.

1. **진앙(epicenter)** : 지진을 발생시키기 위하여 깨어진 암석이 있는 곳 위의 지표상의 위치
2. **진원(focus 또는 hypocenter)** : 처음에 깨어지거나 파열되는 지구 내부의 지점

(5) 규모

지진은 방출되는 에너지의 양에 의한 규모(magnitude)에 의해 지진의 크기가 결정된다.

1) 리히터 규모(richter scale, 크기)

① 지진의 크기를 1에서 9 이하의 숫자로 나타낸다.

② 리히터 규모 1의 세기 : 1[kgf]의 폭약(TNT)의 힘이다.

③ 리히터 규모 2의 세기 : 규모 1의 약 32배의 강도를 갖게 되며, 리히터 규모가 1씩 증가할 때마다 31배의 강도(세기)가 증가한다.

④ 규모는 아라비아 숫자로 소수점 한자리까지 표시(예 규모 5.1)한다.

2) 모멘트 규모(M_W)

① 리히터 규모 7.5 이상의 강진 : 모멘트 규모(M_W)라는 별도의 값으로 표현한다.

$$M_W = \log\frac{M_0}{1.5} - 10.7$$

여기서, M_W : 모멘트 규모

M_0 : 지진 모멘트($\mu \overline{U} S$)

μ : 강성(rigidity)

$\overline{U}$: 평균변위

S : 단층면적

② 크기에 따른 파괴력

규모	크기
4.0 ~ 5.0	원자탄의 폭발력
6.0 ~ 7.0	수소폭탄의 폭발력
8.0의 경우	수소폭탄 31개를 한꺼번에 터뜨릴 때 나오는 에너지

3) 국내의 지진크기 기준 : 수정 메르칼리 진도(2001)

① 계급은 I에서 XII까지 총 XII개로 구성되어 있으며, I는 약한 지진을 나타내며 XII는 강한 지진을 나타낸다.

② 건물 손상, 교통 장애, 화재, 댐 손상, 지진 흔적 등을 고려하여 평가된다.

③ 수정 메르칼리 진도계급은 공식 지진규모보다 구체적이고 지역적인 지진 영향을 더 잘 나타내어 지진 대응과 복구작업에 유용하게 사용된다.

(6) 진도(intensity)

일반적으로 동일한 지진에 대해 거리에 따라 느껴지는 정도 또는 지진이 인간에게 얼마만큼의 피해를 주었는가를 나타내는 지표

1) 메르칼리 진도계급(MMI : Modified Mercalli Intensity) : 흔들림의 정도를 I ~ XII 등급으로 분류(국제표준)

2) 등진도 : 진도 등고선

3) 진도는 로마자로 표기(예 진도 I, II, III, ……, XII)

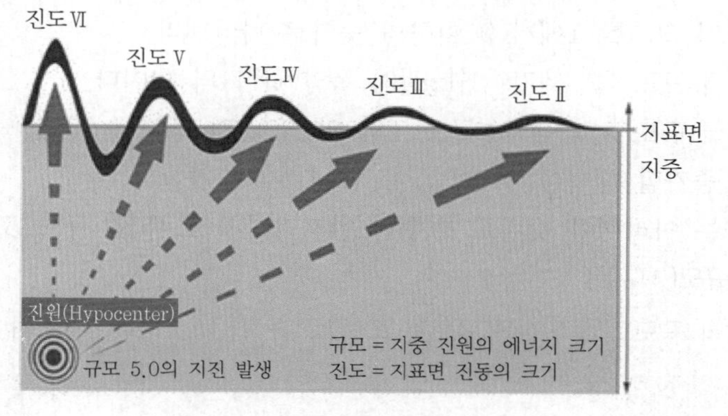

▌지진의 규모와 진도[64] ▌

64) 기상청 인터넷 자료

03 지진파의 종류

(1) 지진파

1) 횡파로 전달되고 주요 매개체는 지반이다.
2) 파동의 속력은 기체보다는 액체에서, 액체보다 고체에서 더 빠르다. 따라서, 지진파의 속력은 통과하는 매질의 특성에 의존한다. 즉, 암석의 특성에 따라 달라진다. 암석의 밀도와 탄성이 크면 증가하고, 반대로 밀도와 탄성이 작으면 감소하게 된다.
3) 지진파의 구분 : 실체파와 표면파

(2) 실체파(body waves)

지구 내부에서 퍼져 나가는 지진파이다.

구분	1차 파동 P파(P waves)	2차 파동 S파(횡파, S waves)
명칭의 유래	Primary 또는 Push의 앞글자를 따서 P파라고 함	Secondary 또는 Shake의 앞글자를 따서 S파라고 함
파동의 형태	종파	횡파
파동진행방향	종의 진동처럼 진원지로부터 모든 방향으로 퍼져나감	매질의 입자를 상하좌우로 진동시키며, 진동방향은 횡파로 진행하는 방향에 수직
속도(초당)	6 ~ 7[km]	3.5 ~ 4[km]
매질	매질을 압축하거나 팽창하기 때문에 고체, 액체, 기체의 모든 매질을 통과하여 진행하며, 진폭이 짧음	유체를 통과하지 못하고 고체만 통과한다. 따라서, 지구의 외핵 또는 내핵을 통과할 수 없음
특징	지진파 중 가장 빠름	통과 시 매질의 부피변화는 일으키지 않으나 전단변형을 수반하게 되며, 일반적으로 P파의 진폭보다 크게 나타나게 된다. 따라서, 상하진동에 의해 큰 피해를 줌

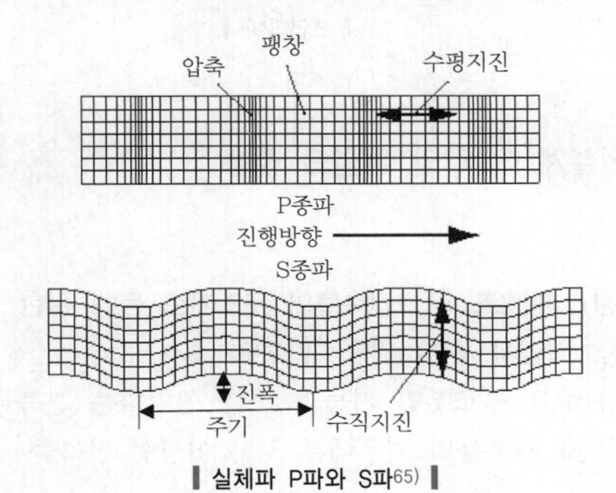

▌실체파 P파와 S파[65] ▌

65) http : //crack.seismo.unr.edu/ftp/pub/louie/class/100/seismic-waves.html

(3) 표면파(Long wave, L파)

P파와 S파가 지표에 도달하면 복잡한 표면파(surface wave)가 형성되어 지표면을 따라 진행하는 전파속도가 2 ~ 3[km/sec]로 지진파 중에는 가장 늦다. 하지만 지표면을 따라 진행하기 때문에 가장 큰 피해를 발생시키는 지진파이다.

구분	러브파(love wave)	레일리파(reyleigh wave)
운동특성	좌우로 움직이는 횡적으로 운동하며, 분산의 특성을 가진다.	지표면을 따라 전파되는 표면파이면서 L파와 같은 큰 진폭을 갖고 끝부분에서 역회전 타원형으로 에너지를 발산한다.
피해정도	피해와 진폭이 P, S파보다 많이 크다.	가장 피해가 크다.
속도(초당)	2 ~ 3[km/sec]	러브파보다는 느리다.

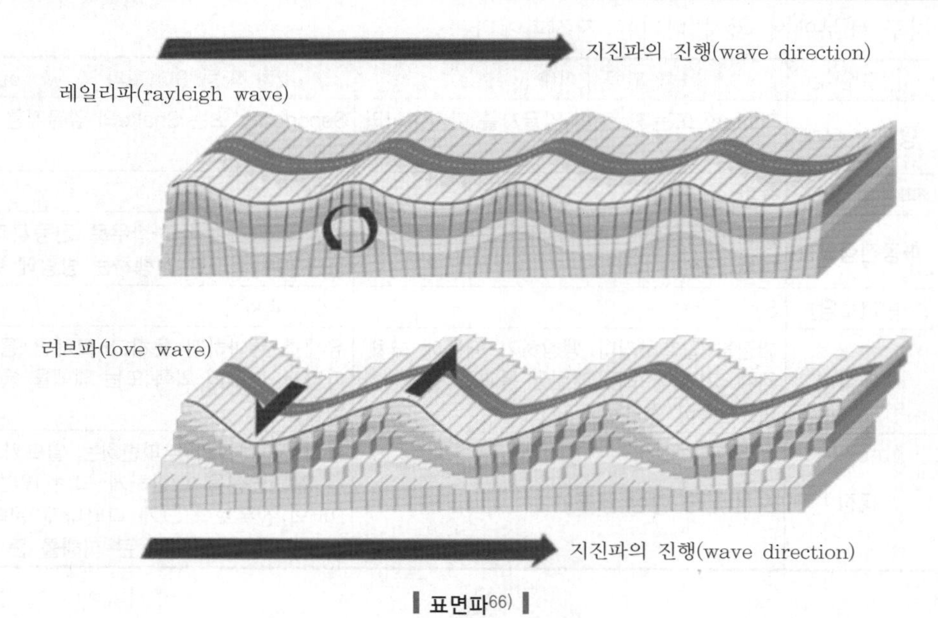

▌표면파[66] ▌

04 국내 내진설계 대상 및 위험도 결정

(1) 내진설계 대상

1) 「건축법 시행령」 제32조 및 「건축물의 구조기준 등에 관한 규칙」 제56조(적용범위), 제58조(구조안전 확인서 제출) 128 · 118 · 112회 출제

① 층수가 2층(주요 구조부인 기둥과 보를 설치하는 건축물로서, 그 기둥과 보가 목재인 목구조 건축물의 경우에는 3층) 이상인 건축물

66) http ://whs.moodledo.co.uk/mod/resource/view.php?inpopup=true&id=13694

② 연면적이 200[m^2] 이상(목구조 건축물의 경우에는 500[m^2])인 건축물(예외 : 창고, 축사, 작물 재배사)

③ 높이가 13[m] 이상인 건축물

④ 처마높이가 9[m] 이상인 건축물

⑤ 기둥과 기둥 사이의 거리 : 10[m] 이상인 건축물

⑥ 건축물의 용도 및 규모를 고려한 중요도가 높은 건축물로서, 국토교통부령으로 정하는 건축물

'국토교통부령이 정하는 건축물'이란 [별표 10]에 따른 지진구역 I의 지역에 건축하는 건축물로서 [별표 11]에 따른 중요도 특 또는 중요도 1에 해당하는 건축물을 말한다.

⑦ 국가적 문화유산으로 보존할 가치가 있는 건축물로서, 국토교통부령으로 정하는 것

'국가적 문화유산으로 보존할 가치가 있는 건축물로서 국토교통부령이 정하는 것'이란 국가적 문화유산으로 보존할 가치가 있는 박물관·기념관, 그 밖에 이와 유사한 것으로서 연면적의 합계가 5,000[m^2] 이상인 건축물을 말한다.

⑧ 「건축법 시행령」 제2조 제18호 가목 및 다목의 건축물

꼼꼼체크

제2조 제18호 '특수구조 건축물'이란 다음의 어느 하나에 해당하는 건축물을 말한다.

가. 한쪽 끝은 고정되고 다른 끝은 지지(支持)되지 아니한 구조로 된 보·차양 등이 외벽의 중심선으로부터 3[m] 이상 돌출된 건축물

다. 특수한 설계·시공·공법 등이 필요한 건축물로서, 국토교통부장관이 정하여 고시하는 구조로 된 건축물

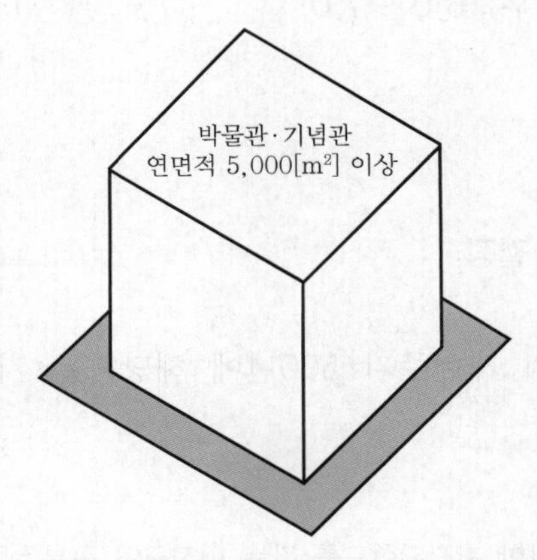

▌국가적 문화유산으로 보존할 가치가 있는 건축물▐

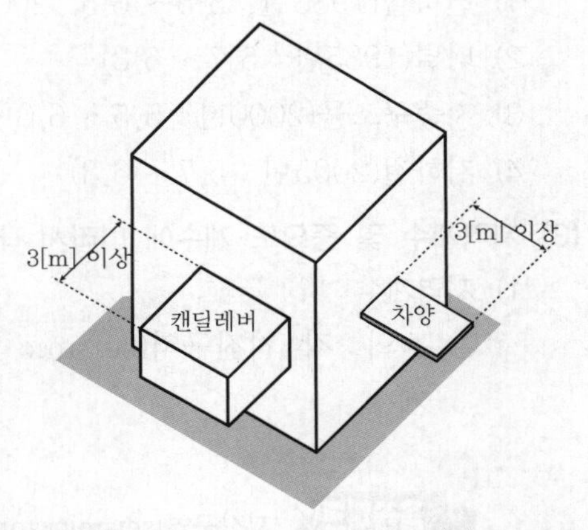

▌건축법 시행령 제2조 제18호 가목 및 다목의 건축물▐

구조안전 확인자의 자격 118회 출제

건축법 시행령 제91조의3(관계전문기술자와의 협력)에 의거 해당 건축물은 '건축구조기술사'의 협력을 받아 건축물의 구조안전 확인을 수행해야 한다.

건축구조기술사	건축사
① 6층 이상 건축물 ② 특수구조 건축물 ③ 다중이용 건축물 ④ 준다중이용 건축물 ⑤ 3층 이상 필로티형식 건축물로서 '지진구역1'에 중요도가 "특"에 해당하는 경우	건축구조기술사 협력을 받지 않아도 되는 '소규모 건축물'

⑨ 단독주택 및 공동주택

2) 위험물 관련

① 고압가스의 제조, 저장 및 판매

② 액화저장탱크, 기초 및 배관, 지지구조물

3) 병원, 요양병원 및 방송국

4) 원자력 관련 시설 및 발전소

5) 폐기물 처리시설, 공동구, 학교시설,

(2) 시설물별 내진설계기준[제정연도, 적용 리히터(richter) 지진규모]

시설물의 용도 및 규모별 중요도와 중요도 계수에 따라 지진하중 산정 시 시설물별로 적용하는 지진재현주기가 달라지는데, 중요도가 올라갈수록 재현주기가 늘어난다. 그리고 재현주기가 늘어남에 따라 그에 해당하는 최대 지진값이 커지며, 결국 각 시설물별로 적용하는 최대 지진값에 따라 아래에 명기된 시설물별 내진설계기준의 리히터 규모값이 산출되는 것이다.

1) 건축물(1988년 : 5.5 ~ 6.5, 2005년 이후 : 6.0 ~ 7.0)

2) 터널(1985년 : 5.7 ~ 6.3)

3) 지중구조물(2000년 : 5.5 ~ 6.0)

4) 지하철(2005년 : 5.7 ~ 6.3)

(3) 지역계수 및 중요도 계수에 따라서 내진등급 결정

1) 지역계수

① 정의 : 각 지진구역(seismic zone)의 재현주기 500년에 해당하는 지진가속도 계수

지진구역(seismic zone) : 유사한 지진위험도를 갖는 행정구역 구분

② 지역계수

지진지역	행정구역	지역계수(A)
1	지진지역 2를 제외한 전지역	0.11
2	강원도 북부, 전라남도 남서부, 제주도	0.07

1. **강원도 북부(군, 시)** : 홍천, 철원, 화천, 횡성, 평창, 양구, 인제, 고성, 양양, 춘천시, 속초시
2. **전라남도 남서부(군, 시)** : 무안, 신안, 완도, 영광, 진도, 해남, 영암, 강진, 고흥, 함평, 목포시

2) 내진등급과 중요도계수

내진등급		용도 및 규모	중요도계수(IE)	
			도시계획구역	그 외 지역
특	지진 후 피해복구에 필요한 중요시설을 갖추고 있거나 유해물질을 다량 저장하고 있는 구조물	연면적이 1,000[m^2] 이상인 위험물 저장 및 처리시설, 병원, 방송국, 전신전화국, 소방서, 발전소, 국가 또는 지방자치단체의 청사, 외국공관, 아동 관련 시설, 노인복지시설, 사회복지시설 및 근로복지시설, 15층 이상 아파트 및 오피스텔	1.5	1.2
I	지진으로 인한 피해를 입을 경우 대중에게 큰 위험을 초래할 수 있는 구조물	① 연면적이 5,000[m^2] 이상인 공연장, 집회장, 관람장, 전시장, 운동시설, 판매 및 영업시설 ② 5층 이상인 숙박시설, 오피스텔, 기숙사 및 아파트 ③ 3층 이상의 학교	1.2	1.0
II	내진등급 (특)이나 I 어디에도 해당되지 않는 구조물	내진등급 (특) 및 I에 해당하지 않는 건축물	1.0	0.8

등급 구분특징

① 특급 : 1등급 중 복구 난이도 높고, 특별하게 분류
② 1등급 : 인명, 재산손실, 국방 등을 고려
③ 2등급 : 그외

(4) 지진하중[67)]

1) **지진하중** : 지진에 의한 지반운동으로 구조물에 작용하는 하중(무게×건물에 작용하는 가속도)

67) 서울특별시 홈페이지의 건축물 내진성능 자가점검에서 발췌

2) 지진구역 및 지진구역계수값

지진구역	행정구역		지진구역계수
1	시	서울, 인천, 대전, 부산, 대구, 울산, 광주, 세종	0.22g
	도	경기, 충북, 충남, 경북, 경남, 전북, 전남, 강원 남부(주 1)	
2	도	강원 북부(주 2), 제주	0.14g

주 1) 강원 남부 : 영월, 정선, 삼척, 강릉, 동해, 원주, 태백
주 2) 강원 북부 : 홍천, 철원, 화천, 횡성, 평창, 양구, 인제, 고성, 양양, 춘천, 속초

3) 지진하중의 특성

① 지진하중은 건축물이 무거울수록 크다.

② 지진하중은 특성상 주기가 반복적이며, 구조물과 기초지반에 대한 상호작용 및 효과를 반드시 고려해야 한다.

③ 건물의 고유주기는 건물의 층수가 늘어남에 따라 더욱 길어지게 되므로, 진동주기는 건물높이에 비례한다.

④ 지반 자체의 고유주기와 구조물의 고유주기가 일치하는 경우 공진현상이 발생하여 구조물이 파괴된다.

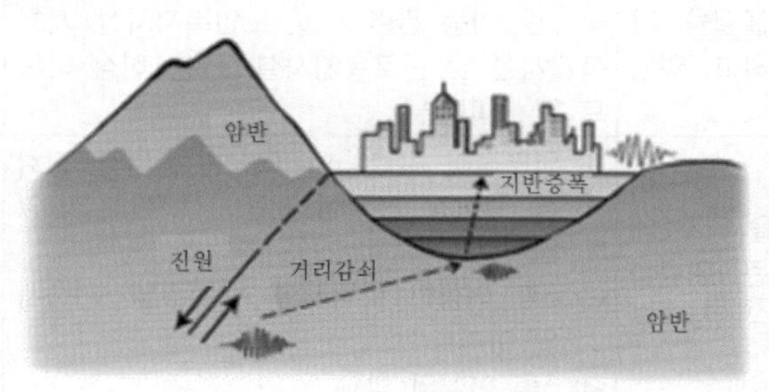

▌지진의 거리감쇠와 지반증폭 효과 ▌

4) 재현주기(S) : 2,400년을 기준으로 정의되는 최대 고려 지진의 유효지반가속도로서 '건축물 내진설계기준(KDS 41 17 00)'의 지진구역에 따른 지진구역계수(Z)에 2,400년 재현주기에 해당하는 위험도계수(I) 2.0을 곱한 값이다. 예를 들어서 500년 재현주기라고 하면 500년에 한 번 꼴로 발생하는 지진이며, 2,400년 재현주기라고 하면 2,400년에 한 번 정도 발생하는 드문 지진이라는 의미이다. 재현주기가 클수록, 다시 말해서 드물게 발생하는 지진일수록 지진의 세기는 강하다.

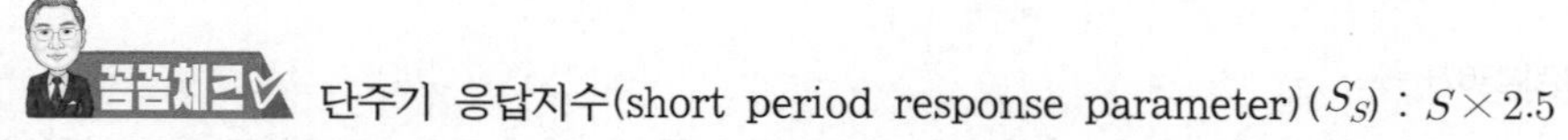

단주기 응답지수(short period response parameter)(S_S) : $S \times 2.5$

5) 현행 우리나라 내진설계 기준에서는 한반도에서 2,400년에 한 번 정도 발생할 것으로 예상되는 지진을 기준으로 지진하중을 산출하고 있다. 이와 같은 지진의 세기는 MM진도 VII ~ VIII 수준으로 볼 수 있으며, 해외의 통계를 참조할 때 규모로는 대략 6.0 정도가 된다고 할 수 있다.

(5) 내진성능[68]

1) 정의 : 건축물이 지진에 저항할 수 있는 능력을 총체적으로 표현한 것

2) 건축물의 내진성능은 평가를 위한 대상 지진의 세기와 그에 대한 건물의 피해 수준에 의해 정의할 수 있다.

3) 건축물 내진성능의 4단계

▌건축물의 내진성능과 지진 시 피해 ▌

성능수준	구조 및 비구조재	설비 및 장비	여진에 대한 위험도	건물 재사용	거주자 이주
기능수행(Operational Level, OP)	손상 없음	정상가동	–	즉시 가능	불필요
즉시거주(Immediate OccuPancy Level, IO)	경미한 손상	일부 기능 정지	–	경미한 보수 필요	불필요
인명안전(Life Safety Level, LS)	중요한 손상	손상발생	인명피해 발생 가능	상당한 복구 비용 소요	보수 완료까지
붕괴방지(Collapse Prevention Level, CP)	심각한 손상	손상발생	붕괴 가능성 높음	불가능	필요

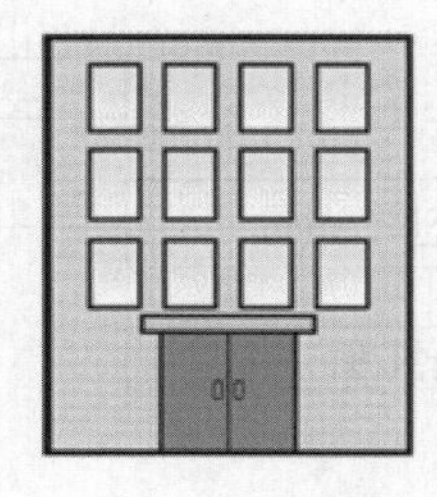

(a) 기능수행

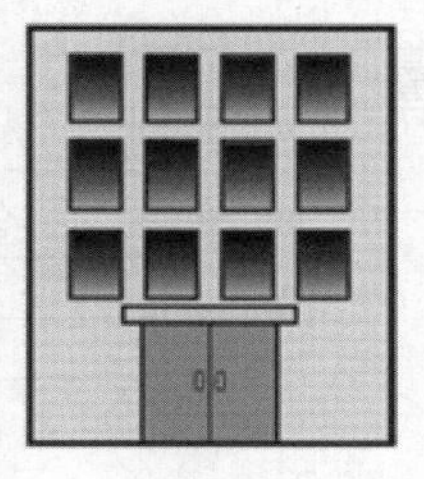

(b) 즉시거주

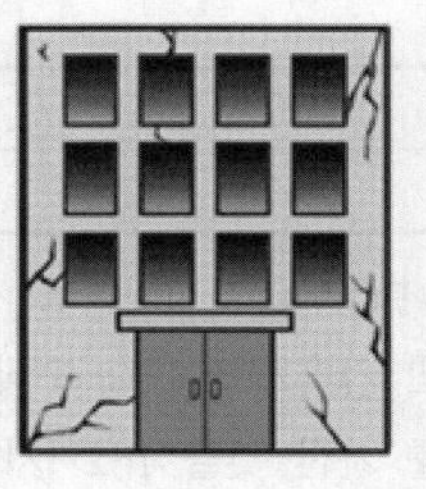

(c) 인명안전

(d) 붕괴방지

▌건물의 내진성능 수준별 피해 정도 ▌

4) 내진설계

① 정의 : 구조물의 동적 특성, 지진의 특성 및 지반의 특성을 고려하여, 지진에 안전할 수 있도록 구조물을 설계

68) 서울특별시 홈페이지의 건축물 내진성능 자가점검에서 발췌

② 설계절차

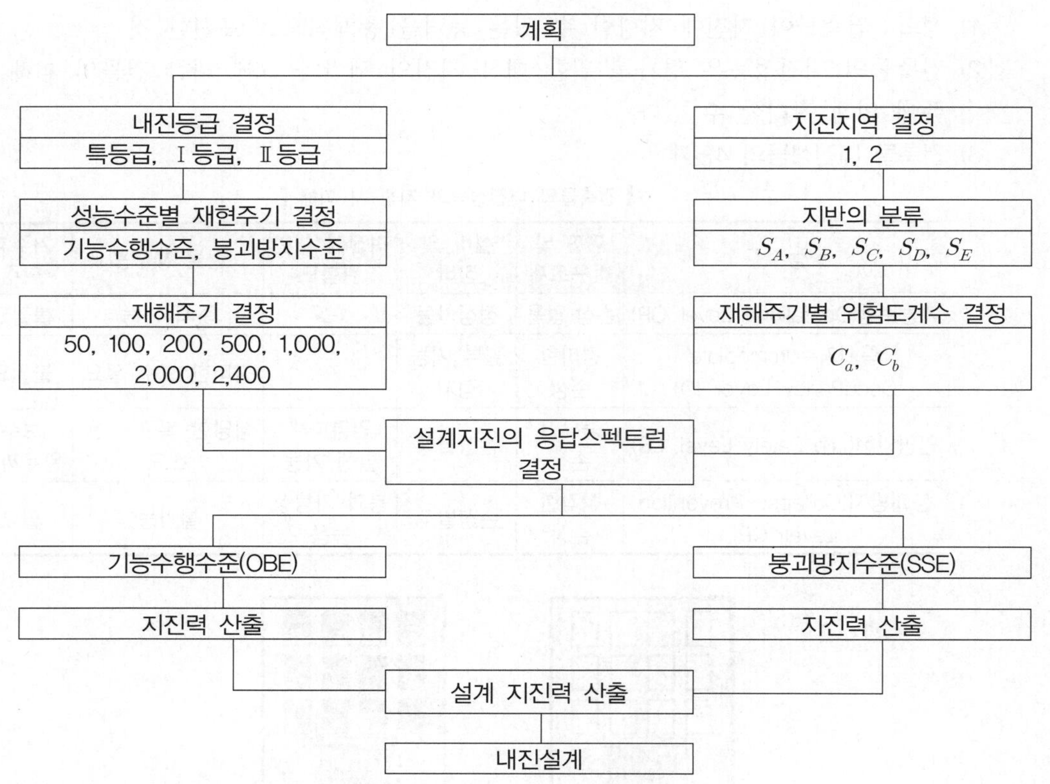

1. **위험도계수** : 500년 유효수평지반가속도와 다른 재현주기의 유효수평지반가속도의 비율

평년재현주기(년)	50	100	200	500	1000	2400	4800
위험도계수(I)	0.40	0.57	0.73	1	1.4	2.0	2.6

2. **유효지반가속도(effective PGA)** : 지진하중을 산정하기 위한 기반암의 지반운동 수준으로 유효 수평지반 가속도와 유효 수직지반 가속도로 구분
3. **스펙트럼** : 복합적인 신호를 가진 것을 1~2가지 신호에 따라 분해해서 표시하는 기술

(6) 소방시설의 내진해석방법[69)]

1) **내진설계** : 건축물의 구조설계 시 수직하중인 자중, 적재하중, 수평하중인 풍하중 등에 지진에 의한 수평하중을 추가로 고려하는 것이다.

69) 「소방시설 내진설계 기준 마련」에 관한 연구. 2007.12. 호서대학교에서 발췌

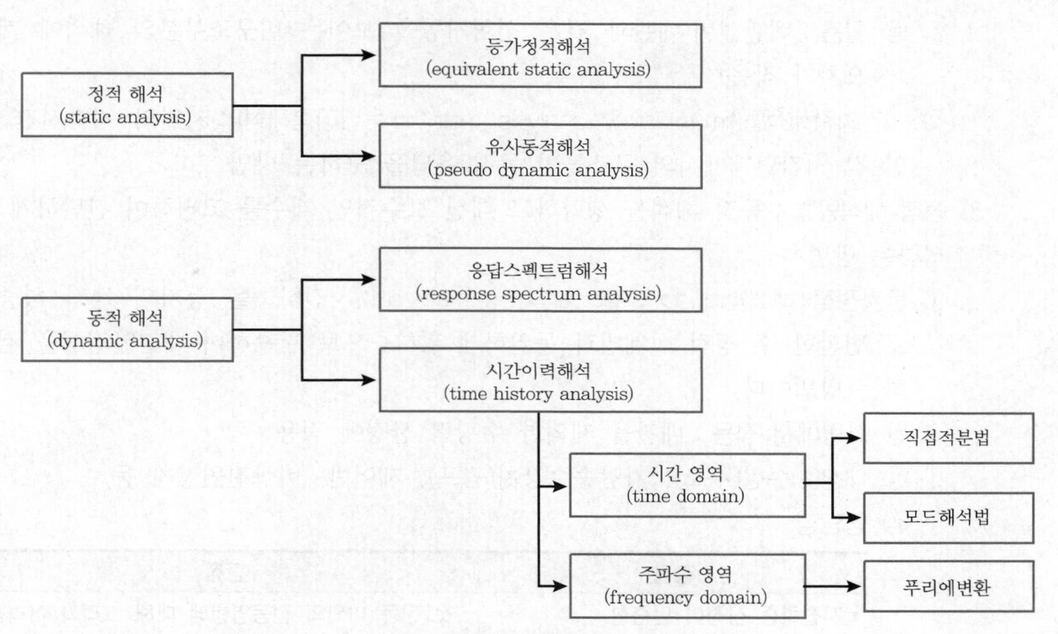

▌지진해석방법▐

2) 동적 해석방법 : 지진력을 구조동역학적 이론으로 평가하여 구조물의 지진거동을 해석하는 방법

① 응답스펙트럼해석법(response spectrum analysis method)

㉠ 구조물의 최대 응답에 초점을 맞춘 지진하중 해석방법이다.

㉡ 응답스펙트럼 : 구조물에 지진하중을 가할 때 다양한 구조물의 종류와 형태에 따라 구조물의 최대 응답이 어떤 주기에서 발생하는지 그래프로 표현하는 것이다.

㉢ 설계응답스펙트럼 : 직선의 형태로 단순화시킨 스펙트럼이다.

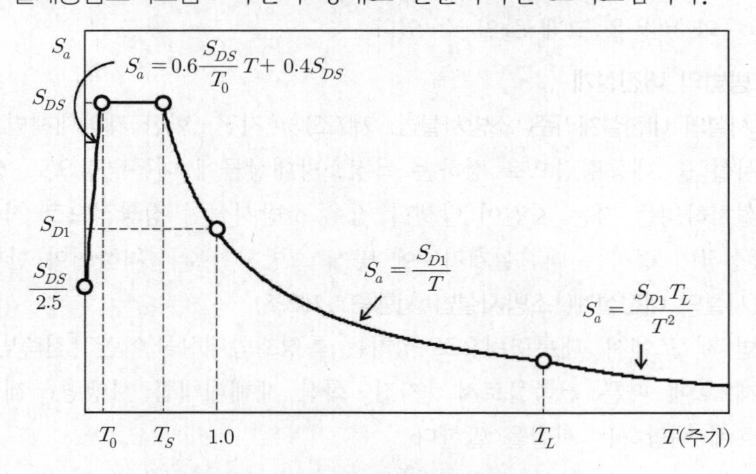

▌설계응답 가속도스펙트럼(KDS 41 17 00)▐

㉣ 활용 : 배관설비(배관과 같은 선형거동을 보이는 비구조부분의 해석에 계산 오차가 작음)

② 시간이력해석법(time history analysis method)(응답이력해석) : 지진의 지속시간 동안 각 시간단계에서의 구조물의 동적 응답을 구하는 방법

3) 정적 해석방법 : 동적 해석을 생략하고 대신 보수적인 계수를 고려하여 간단하게 해석하는 방법

① 등가정적 해석법(quasi-static analysis method) : 지진하중을 등가의 정적 하중으로 변환한 후 정적 설계법과 동일하게 횡하중으로 간주하여 내진안정성을 검토하는 방법이다.

㉠ 소방에서 적용 : 배관을 제외한 수평력 산정에 적용

㉡ 대상 : 수원(수조), 가압송수장치(펌프), 제어반, 비상전원장치 등

㉢ 장단점

장점	단점
• 지진하중 산정이 단순함 • 편의성이 높음 • 동적 해석에 대한 고려가 필요없음 • 시간과 노력이 적게 듦 • 동적 해석에 비해 간단한 계산으로 해석이 가능함	• 첫 진동 이외의 진동영향에 대해 고려가 어려움 • 건축물의 동적인 특성을 반영하기 어려움 • 정형적인 형태가 아니거나 동적 특성에 따라 부정확함 • 지반과 건축물의 상호작용을 반영하기 어려움 • 고층건물이나 비정형 건축물의 해석이 어려움

② 지진하중계수법(seismic load coefficient method) : 등가정적 해석법의 너무 보수적인 문제점을 해결하기 위해 나온 방법으로 지진 시 배관계의 응답을 계산할 때 층응답스펙트럼의 최댓값에 0.4 ~ 1.0의 하중계수를 곱한 값을 활용한다.

㉠ 가정적 해석방법에서 사용해 오던 계수 1.5보다 작은 값을 사용한다.

㉡ 배관 지지부의 강성도나 처짐을 조정할 필요가 없기 때문에 지지부의 크기와 비용을 크게 줄일 수 있다.

(7) 국내 소방법의 내진설계

1) 소방시설의 내진설계기준(「소방시설법」 제7조) : 「지진 · 화산 재해대책법」 제14조 제1항의 시설 중 대통령령으로 정하는 특정소방대상물에 대통령령으로 정하는 소방시설을 설치하려는 자는 지진이 발생할 경우 소방시설이 정상적으로 작동될 수 있도록 소방청장이 정하는 내진설계기준에 맞게 소방시설을 설치하여야 한다.

2) 소방시설의 내진설계(「소방시설법 시행령」 제8조)

① 법 제7조에서 '대통령령으로 정하는 특정소방대상물'이란 「건축법」 제2조 제1항 제2호에 따른 건축물로서 「지진 · 화산 재해대책법 시행령」 제10조 제1항 각 호에 해당하는 시설을 말한다.

② 소방시설의 내진설계 기준 제2조의 내진설계 소방설비 적용범위

적용범위		제외대상
옥내소화전설비	수조(소화용 물탱크), 가압송수장치, 수직직선배관, 수평직선배관, 옥내소화전함, 동력제어반, 감시제어반, 비상전원 등	① 성능시험배관 ② 지중매설배관 ③ 배수배관
스프링클러설비	수조(소화용 물탱크), 가압송수장치, 수직직선배관, 수평직선배관, 65[mm] 이상 가지배관, 동력제어반, 감시제어반, 비상전원(비상발전기) 등	
물분무등소화설비	가스계소화설비, 분말소화설비	

③ 소방청 고시(소방시설의 내진설계 기준 2022-76)
㉠ 수조 : 과도한 변위 고정
㉡ 가압송수장치 : 가동중량에 따른 고정볼트, 스토퍼 고정
㉢ 배관 : 수평지진력 산정, 흔들림 방지, 관통부 이격보호(시설물)
㉣ 유수검지장치 : 기능상실방지, 연결부위 파손방지
㉤ 소화전함 : 파손 및 변형방지, 개폐장애 방지, 전도방지
㉥ 비상전원 : 전도방지
㉦ 가스계 소화설비 : 전도방지, 고정볼트, 기능보호

3) 소방시설 내진설계기준은 다음의 3가지 방식 중에서 하나를 택하여 적용하여야 한다.
① 동적 해석방법
② 등가정적 해석법

$$F_P = \frac{0.4\alpha_P S_{DS} \times W_P}{\frac{R_P}{I_P}}\left(1 + 2\frac{z}{h}\right)$$

③ 간편 해석법

$$F_{PW} = C_P \times W_P$$

일반적으로 동적 해석법 > 등가정적 해석법 > 간편 해석법 순으로 보수적인 설계로 인식되고 있다.

4) '특수한 구조 등으로 조사 · 연구에 의한 설계된 내진제품' 등의 내진설계와 성능확인 인증제품 및 적합성 검토 개념은 다음 그림과 같다.

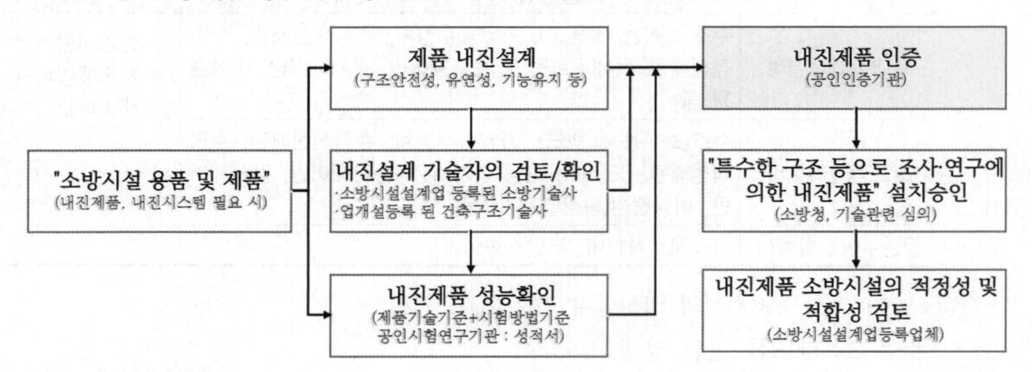

(8) 미국의 내진설계

1) 도입 : 1971년, 리히터 규모 6.0 기준(산페르난도 지진 기준 도입)
2) 적용 소방시설 : 스프링클러설비, 연결송수관설비
3) 소방기준과 건축기준 : 동시 적용
   ① 소방기준 : 소방설비 내진설계 기준
   ② 건축기준 : 지진하중 및 구조물
4) '특수한 구조 등으로 조사 · 연구에 의한 설계된 내진제품' 등의 내진설계와 성능확인 제품인증 및 적합성 검토 개념은 다음 그림과 같다.

(9) 일본의 내진설계

1) 도입 : 1982년, 리히터 규모 6.0 기준(산페르난도 지진 기준 도입)
2) 적용 소방시설 : 물탱크, 펌프, 배관, 비상전원 등의 수계소화설비
3) 소방법령(기준)과 건축법령(기준) : 동시 적용
   ① 소방법령 기준 : 소방법령, 소방용 설비 등 운용기준(내진설계요건 기본사항 제시)
   ② 건축법령 기준 : 건축설비 내진설계 시공지침(구체화된 내진설계 기술기준 제시)

(10) 성능기반의 설계

1) 요구성능(demand)과 능력성능(capacity)의 비교변수들에 대한 선택 및 정의(예 변위, 소성 힌지부의 회전, 단면의 곡률, 전단강도 등)한다.
2) 강도(force)와 변형(deformation) 성능을 계산한다.
   ① 강도 : 각 국의 공인된 설계기준에 의해 계산한다.
   ② 변형 : 각 국의 공인된 설계기준에 의해 계산 혹은 실험결과를 인용한다.
3) 힘과 변형에 대한 요구성능(demand)의 산출 : 다양한 구조해석을 수행한다.
4) 요구 성능/능력 성능(demand/capacity, D/C)에 대한 비교
   ① D/C 비율이 1보다 작을 경우에는 설계가 타당한 것이다.
   ② D/C 비율이 1보다 클 경우에는 요구성능(demand) 혹은 능력성능(capacity)을 변화시켜 설계를 변경한다.

05 건축 및 설비적 지진대책의 설계 종류 및 기본원리

(1) 내진설계(능동적, seismic design)

1) 정의 : 지진의 고유진동으로 인하여 흔들리는 힘에 직접적으로 대항하는 것으로, 건물의 자체 무게의 10 ~ 20[%]의 횡방향의 하중이 작용할 때 기초부터 부재까지 취약부가 파괴 및 붕괴되지 않도록 적절한 보강을 한 설계

2) 개념 : 구조물을 아주 튼튼하게 지어서 지진의 지진력이 작용해도 구조내력에 의해 대항

3) 내진설계의 목적

① 대중의 안전과 생명보호 및 재산보호이며, 이를 가장 경제적으로 달성하는 것

② 구조체를 어느 수준까지 보호(손상 허용 정도)할 것인가?

4) 방법

구분	내용	방법
분리 (separation)	변위가 커지는 부분을 분리하는 기술	지진분리이음, 지진분리장치 등
공간 (clearance)	배관 관통부의 슬리브 규격을 크게 해 배관과 건축 구조물의 접촉에 의한 모멘트 발생을 줄이는 기술	배관과 구조물의 일정간격 유지
신축배관 (flexible piping)	진동주기를 변형시키거나 진동을 상쇄하는 기술	가요성 이음, 버팀대(sway brace)
고정 (fastener)	건축 구조 요소에 고정해 최종 힘을 받는 앵커볼트와 H빔 등 철골에 고정	버팀대, 앵커, 건축물 부착장치 어댑터 등

5) 소방에서 적용

① 배관은 작용하는 지진력에 대해 버팀대로 구조부재에 단단히 연결시키고 버팀대가 이를 지지하는 방식

② 용접배관 등의 건축구조물에 'ㄱ'자 형강으로 고정하거나 배관행거를 설치한다.

③ 소방시설의 내진설계 기준의 내진 : 면진, 제진을 포함한 지진으로부터 소방시설의 피해를 줄일 수 있는 구조를 의미하는 포괄적인 개념을 말한다.

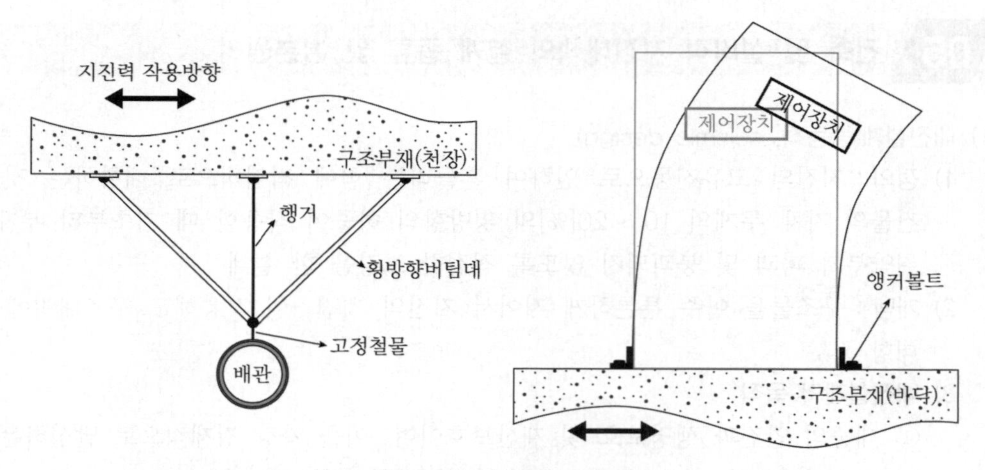

▌소방에서의 내진설계▐

6) 문제점 : 부재의 단면 증대(지진발생 시 지진하중에 저항 증대), 비경제적 설계, 건축물의 중량 증가 등

(2) 제진설계(능동적, vibration control)

1) 정의 : 별도의 장치를 이용하여 지진력에 상응하는 힘을 구조물 내에서 발생시키거나 지진력을 흡수하여 구조물이 부담해야 하는 지진력을 감소시키는 지진제어 설계

2) 제진(制震)의 개념 : 문자 그대로 진동을 제어하는 구조이고 진동을 제어하기 위한 특별한 장치나 기구를 구조물에 설치하여 구조물이 부담해야 하는 지진력을 감소시키는 지진제어 기술

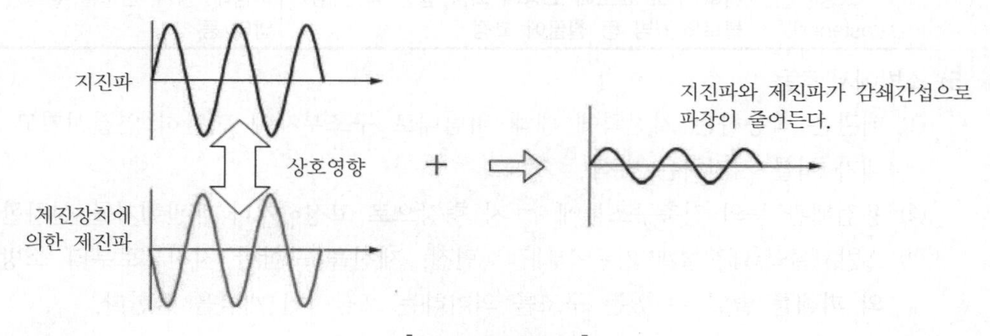

▌제진의 감쇄효과▐

3) 제진구조의 목적

① 거주성의 향상 및 확보 : 지진이나 강풍 시 진동에 대하여 건물 내부에 있는 사람이 불쾌감을 느끼지 않도록 하는 등 구조물의 사용성(serviceability)을 향상시킨다.

② 기능성의 향상 및 확보 : 건물 내부의 기능이 지진이나 강풍에 의하여 손상되지 않도록 한다.

③ 안정성의 향상 및 확보 : 구조물의 골조 혹은 내부의 비구조 부재가 손상되는 것

에 따라 건물 내 · 외부에 있는 사람이 위험하게 되지 않도록 하며, 구조물의 자산가치를 보존한다.

④ 경제성의 향상 : 상기와 같은 성능을 확보함으로써 구조물에 대한 건설비용을 낮게 한다.

4) 소방에서 적용 : 내진구조와 유사하나 지진력을 감소시킬 수 있는 제진장치가 설치되어 지진력을 소산시키는 방식

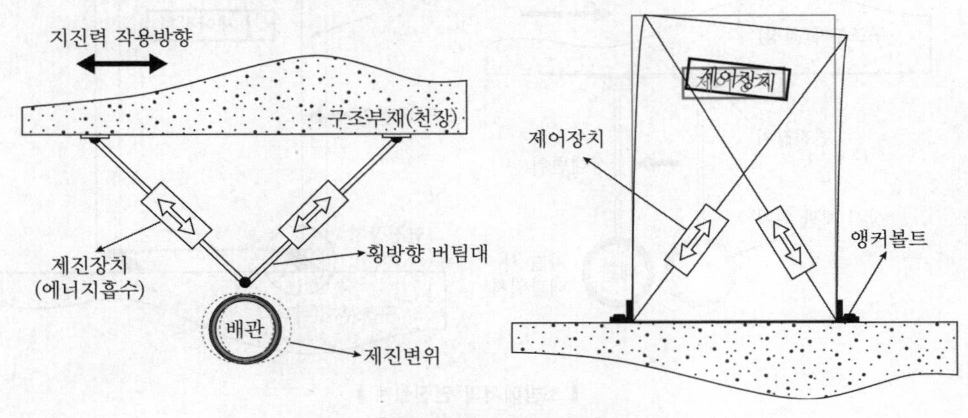

▌소방에서의 제진설계 ▌

5) 문제점 : 건축물 내부 설치물의 안전보호에는 한계

(3) 면진설계(수동적)

1) 정의 : 지진력의 전달을 줄이는 방법(진동제어)으로 공진을 줄여 지진력을 약화시키는 설계방법

2) 개념 : 건축물과 소방시설을 지진동으로부터 격리시켜 지반진동으로 인한 지진력이 직접 구조물로 전달되는 양을 감소시킴으로써 내진성을 확보하는 수동적인 지진제어 기술

3) 진동제어 : 공진이 일어날 주파수를 감쇄간섭하여 건축물에 상대적으로 작은 진동수로 전달하는 제어

4) 면진장치의 기능

① 하중응답을 감소시키기 위해서 전체 시스템의 주기를 길게 하기 위한 유연성을 제공한다.

② 구조물과 지반 사이의 상대변위를 조절하기 위한 에너지 소산능력을 보유한다.

③ 풍하중이나 상시 진동 또는 미소한 지진 같이 작은 하중 하에서의 강성을 유지한다.

5) 다른 구조와 면진구조의 비교

① 다른 구조물에 비하여 면진구조물은 강도가 낮지만 변형능력이 큰 것이 특징이다.

② 지진발생 시 응답이 같은 경향을 나타내는 것으로 고층 건물이 있지만 면진구조물에서는 큰 변형이 면진장치에만 집중하는 것에 비하여 고층 건물은 상부 각 층에서 거의 균등하게 나타난다는 점이 다르다.

6) 소방에서 적용 : 작용하는 지진력이 배관에 전달되지 못하도록 면진장치를 한 경우

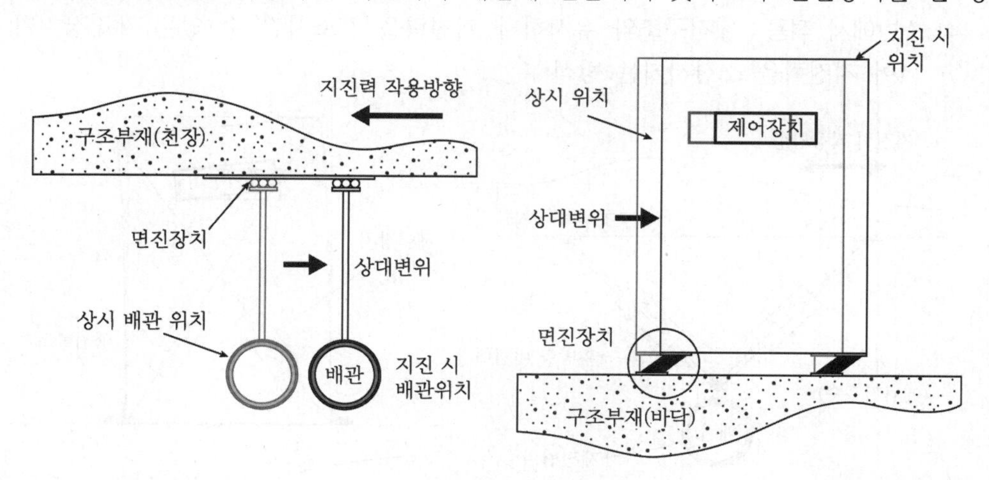

▌소방에서의 면진설계▐

7) 문제점 : 비용이 크게 증가하기 때문에 설계 당시부터 고려가 되어야 하며, 추후 적용에 어려움이 있다.

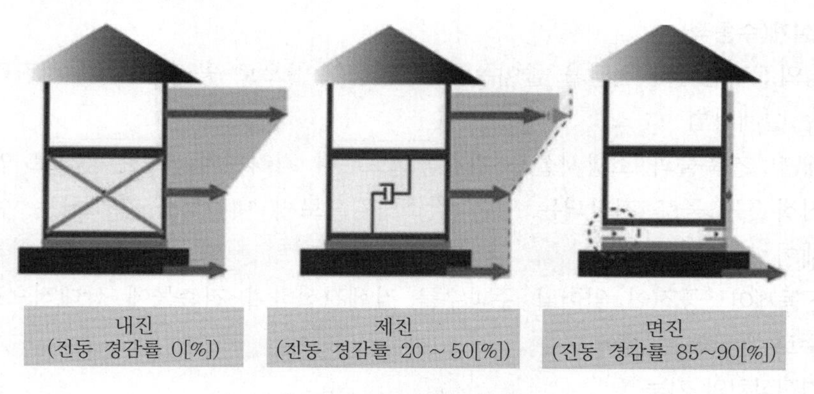

▌내진 · 제진, 면진구조▐

06 지진에 대한 시설보호의 기본방법[70)]

(1) 지지(능동적)

1) 배관, 장비의 횡축이동을 최소화하도록 지지하는 방법

70) 「소방시설 내진설계 기준 마련」에 관한 연구. 2007.12. 호서대학교에서 발췌하여 재구성한 것임

2) 지지하는 지지대는 지진의 변위를 견딜 수 있는 구조를 갖춘다.
3) 중요한 기기는 가능한 한 콘크리트 기초에 고정하여 변위에 대응할 수 있도록 설치한다.

(2) 유연성 보유(수동적)
1) 신축이음 등을 이용하여 진동의 변위를 흡수할 수 있는 방안을 강구하는 방법
2) 장비에는 방진스프링, 방진패드를 설치하여 지진변위에 대응한다.
3) 유격이 있는 배관을 사용하여 변위에 대응한다.
4) 특히 입상관은 배관의 이음부분과 층간변형에 대응할 수 있는 신축성이 있는 재료의 이음을 사용한다.

(3) 이격(수동적)
장비, 배관 등과 부재 사이에 안전거리를 확보하는 방법

(4) 고정성 부여(능동적)
미끄러지고 뒤집힘, 장비의 고정위치 이탈로 인한 피해가 우려되므로 그러한 가능성을 최소화하도록 견고히 고정하는 방법

(5) 접합방법
1) 글러브 조인트 또는 신축이음과 같이 응력을 흡수하는 접합방법
2) 용접 시에는 비파괴검사 등으로 인한 균일한 접합 여부를 확인한다.

(6) 설계의 적합성 입증(지진에 의한 대항설계)
1) 구조계산서 등의 입증
2) 성능위주의 설계를 통한 입증

(7) 안전한 설치위치
1) 건축물 신축이음부를 배관이나 덕트가 횡단하는 경우에는 가능한 지반이나 건축물의 낮은 위치에 설치한다.
2) 상부 천장에 달대로 매달린 배관 또는 덕트는 가능한 상부 슬래브에 붙여서 설치하여 달대길이가 최소한이 될 수 있도록 설치한다. 만약 달대의 길이가 길어서 지진 등에 의한 진동의 발생 우려가 있는 경우에는 브레이스를 설치하여 진동을 잡아준다.
3) 연약지반에 배관하는 경우에는 지반의 부등침하가 예상되기 때문에 충분한 지반계량을 실시한다.

07 NFPA 13의 지진에 대한 소방시설의 보호[71)]

(1) 배관의 보호방법(미국)

1) 커플링(coupling) : 주요 부품 사이의 유연성을 증가시켜 손상을 방지한다.

① 설치기준

㉠ 입상관의 최상부로부터 24[in](610[mm]) 이내로 설치한다.

㉡ 입상관의 최하부로부터 12[in](305[mm]) 이내로 설치한다. 단, 3[ft] 이내에는 생략이 가능하다. 3 ~ 7[ft]인 경우에는 1개 이상을 설치한다.

㉢ 벽이나 바닥 등을 관통하는 배관의 틈새 이격거리를 유지하지 않을 경우 1[ft] 이내에 설치한다.

㉣ 건물 신축이음으로부터 24[in] 이내로 설치한다.

㉤ 배관구경에 관계없이 두 개 이상의 스프링클러(S/P)헤드에 급수하는 배관으로 길이 15[ft]를 초과하는 하향 배관의 최상부에서 24[ft] 이내로 설치한다.

㉥ 입상관 또는 다른 수직배관의 중간 지지부의 위와 아래에 설치한다.

② 스프링클러의 내경 64[mm] 이상 배관에 대해서는 건물의 과도한 변형을 흡수하기 위한 가요성(flexible) 배관 커플링을 사용한다.

③ 스프링클러 수직배관에는 1개 이상의 지점에 가요성 커플링을 사용한다.

2) 내진브레이스(sway bracing)

① 지진 시 움직일 것으로 예상되는 천장 등의 건물요소에 배관이 지지되고 있을 경우 내진브레이스를 사용하여 배관이 움직이지 않도록 해야 한다.

② 내진브레이스는 인장력과 압축력에 효과적으로 저항할 수 있도록 설계한다.

③ 배관의 말단, 교차배관 및 급수배관의 말단은 횡방향 브레이스를 설치한다.

④ 횡방향의 마지막 브레이스와 배관 말단부의 간격은 6.1[m]를 초과하지 않아야 한다.

⑤ 종방향 내진브레이스의 최대 간격은 24[m]로 교차배관 및 급수배관에 설치한다.

⑥ 종방향 배관의 단부와 마지막 브레이스의 간격은 12.2[m]를 초과할 수 없다.

---

71) 「소방시설 내진설계 기준 마련」에 관한 연구. 2007.12. 호서대학교에서 발췌+NFPA 13(2022) 내용을 발췌하여 재구성한 것임

▌내진브레이스▐

3) 지진분리장치(seismic separation assembly)

① 배관 구경에 관계없이 배관이 지상의 건물 지진분리이음과 교차하는 부분 : 가요성 관 부속품(예 그루브 조인트)이 있는 지진분리장치 설치

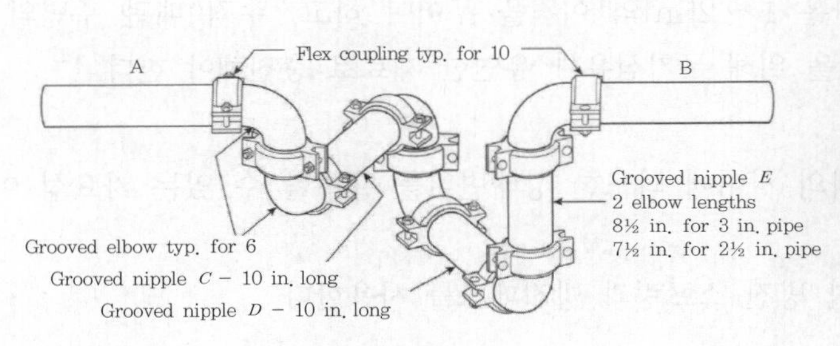

▌지진분리장치 그림[72]▐

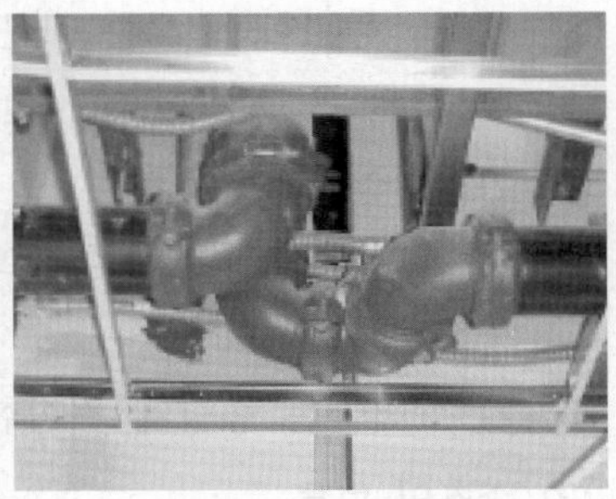

▌지진분리장치 사진▐

② 지상 건물의 신축이음부를 가로지르는 곳에서는 지진분리대를 사용

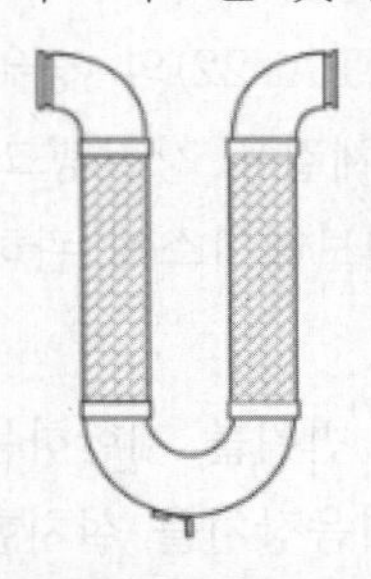

▌가요성 배관을 사용한 지진분리대[73]▐

72) FIGURE A.18.3(a) Seismic SeParation Assembly. Shown are an 8[in]. (200[mm]) SeParation Crossed by Pipes up to 4[in]. (100[mm]) in Nominal Diameter. For other seParation distances and pipe sizes, lengths and distances should be modified proportionally. NFPA 13(2022)

73) FIGURE A.18.3(b) Seismic SeParation Assembly Incorporating Flexible Piping. NFPA 13(2022)

4) 틈새(Clearance)

① 지진으로 인해 피해를 방지하기 위해서는 벽, 바닥, 기초를 관통하는 모든 배관 주위에는 틈새가 있어야 한다. 틈새가 응력을 받아주는 역할을 한다.

② 하지만 틈새에는 물, 연기, 화염 등의 전파를 방지할 수 있는 내화충진재를 설치하여야 한다. 이때의 내화충전재는 신축성이 있는 재질을 선택해야 응력을 받아줄 수 있다.

5) 가요성 이음장치

① 정의 : 지진 시 수조 또는 가압 송수장치와 배관 사이 등에서 발생하는 상대변위를 흡수하기 위해 수평 및 수직 방향의 변위를 허용하는 플렉시블 조인트 등

② 목적 : 설비 주요 부품 사이의 유연성을 증가시켜 손상을 방지한다.

③ 내경 80[mm] 이하인 경우 길이 0.5[m] 이상, 내경 80[mm] 이상 시 내경의 10배 이상의 길이에 해당하는 가요성 이음장치를 사용한다.

6) 이격 : 벽, 바닥, 플랫폼, 기초, 드레인 포함, 소방관련 접합부, 또는 기타 배관 등을 통과하는 모든 배관은 1 ~ 2[in]의 이격을 두어야 하고, 수직 배관 주변의 이격된 틈새는 화염 차단을 위해 무기섬유나 유연한 재료로 충진해야 한다.

(2) 가압송수장치의 보호

1) 흡입관, 토출관, 수조와의 사이에 과도한 상태변위를 흡수할 수 있는 가요성 이음을 사용한다.

2) 장비에는 중량에 적합한 방진 스프링과 방진패드를 사용한다.

(3) 수조의 보호

1) 수조는 건물과 일체형이 아닌 분리형 수조를 설치한다.

2) 벽이나 바닥에 견고하게 고정한다.

3) 소화설비용 물탱크 기준(NFPA 22)의 경우 주요 구조물의 설계는 독립적으로 용수저장용 코팅 처리된 볼트체결용 강철탱크(AWWA, D103)의 지진설계 규정을 따르도록 요구하고 있다. 내진브레이스에 관하여서도 고려하여야 한다.

(4) 예비전원의 보호

1) 발전기 축 중심에 작용하는 변위를 제한하는 스토퍼를 설치한다.

2) 연결된 배관 등에 가요성 이음장치를 설치한다.

(5) 엘리베이터의 보호

1) 지진 시 로프나 케이블이 승강로의 돌출된 부위에 걸리지 않도록 설계한다.

2) 정전이나 기타 외부요인에 의해 운행에 지장이 있을 경우 가능한 신속하게 정지시킬 수 있는 관제 운전장치가 필요하다.

(6) 기타

1) 지진대책의 기본은 상정되는 지진력에 설비기기, 배선 등이 손상, 이동, 전도에 의한 이상을 일으키지 않도록 하는 것이다.
2) 지진력에 의한 영향은 층수가 높아질수록 증가되기 때문에 고층건물은 보다 충분한 대책이 필요하다.

(7) 내진설계

1) NFPA 13(2022)의 Chapter 18에서는 스프링클러 배관의 내진설계기준에 대하여 기술하고 있다.
2) 국내와는 달리 내진설계를 항상 하는 것이 아니라, ASCE 7(미국 지진설계의 기준이 되는 빌딩과 기타 구조물의 설계하중) 등에서 지정하는 경우 발주처에서 요구하는 경우 등 필요한 경우에만 적용한다.

08 내진제품 구성부품

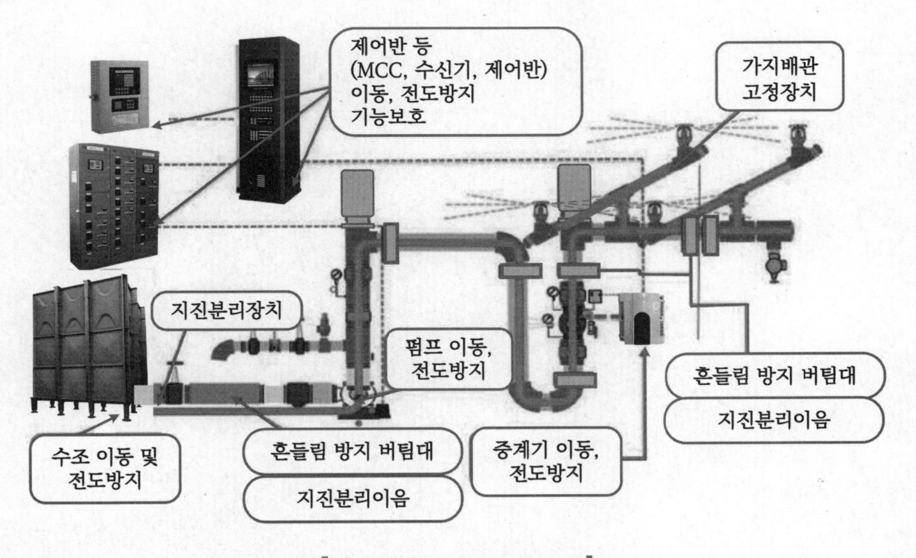

▍소방시설 내진설계 계통도▍

(1) 소화설비

1) **흔들림 방지 버팀대, 지지장치, 가지배관 고정장치** : 배관의 파손이나 손상 보호
2) **지진분리이음, 지진분리장치** : 배관의 유연성 부여
3) **이격거리** : 배관과 구조물의 접촉방지로 파손이나 손상방지
4) **스토퍼** : 수조, 장비 등의 이동 및 전도방지
5) **볼트고정** : 수조, 장비 등의 이동 및 전도방지

6) 구조계산 : 함, 지지대, 소형 탱크 등의 이동 및 전도방지

7) 면진 또는 제진장치 : 수신기, 제어반 등 전도 및 기능보호

8) 플렉시블 호스 : 엔진을 사용하는 장비의 흡입배관 및 연료탱크의 파손방지

9) 가요성 이음 : 수조, 가압송수장치의 진동 및 변위흡수

10) 지침 : 소화전함 수직 직선배관 3.7[m] 이내 U볼트 고정

(2) 경보설비

1) 흔들림 방지버팀대, 지지장치 : 수신기, 제어반 등의 이동 및 전도방지

2) 볼트고정, 벽체 매립 : 기기나 제품 고정

3) 스토퍼 : 기기나 제품의 이동 및 전도방지

4) 구조계산 : 함, 지지대, 기기 등의 이동 및 전도방지

5) 면진 또는 제진장치 : 수신기, 제어반 등 전도 및 기능보호

6) 지침 : 비상전원장치, 배터리 등 소형제품 고정

SECTION

113 지진화재[74)]

116 · 104회 출제

01 개요

대지진 시 반드시 동반하는 재해로 지반의 붕괴나 진동으로 인하여 누전 또는 가스관의 파열이 일어나 화재가 발생한다. 이는 도시 과밀지대의 지진피해 중 가장 큰 피해를 주는 요인으로, 사상자율이 매우 높은 특징을 갖는다. 그 예로 1906년 샌프란시스코 대지진 발생 시 피해의 90[%]가 화재였으며, 1995년 고베 대지진 발생 시 화재사고는 330여건이 접수되었다.

02 영향요소, 특징, 진행과정

(1) 영향요소

구분	영향요소	구분	영향요소
지진의 영향	① 건물손상 ② 내용물의 이동 ③ 가스 전력설비 및 배관망 등의 파손	화재확산	① 일반적 요인 ㉠ 건물밀집도 ㉡ 건물자재 ② 사고 또는 장소의 특성 ㉠ 바람(강도와 풍향) ㉡ 건축의 구조적 파괴
점화원	① 나화, 고온표면 ② 가스, 석유기구류 파괴 ③ 구조적 손상에 의한 단락 ④ 전력선의 탈락	소화활동	① 화재위치 확인 곤란 ② 도로, 통신, 전력 등 기관시설 파괴로 출동 등 대응곤란 ③ 대규모 화재로 소화능력 부족 ④ 배관망 손실로 수량 · 수압 부족
화재의 발생	① 연료의 누출 ② 건물 내 소방설비의 파손		

(2) 특징(문제점)

1) 동시 다발적인 화재발생 우려가 증가한다.

2) 소화활동을 저해하는 요소가 많이 발생하여 소방력이 부족하다.

3) 구조적 파괴로 인해 연소하기 쉬운 상태가 만들어진다.

74) 화재보험협회 방재와 보험 신병철님의 지진과 화재의 일부 내용 발췌

(3) 지진화재의 진행과정

단계별	내용
1단계(지진의 발생)	내화구조물의 구조기능 및 내화성능 손상, 소방설비의 파손
2단계(화재발생)	소방대원이 도착하기 전에 화재가 발생되고 빠르게 확산됨(건축재료, 건축물의 밀도, 바람 등의 영향을 크게 받음)
3단계(소화활동)	넓은 지역에 많은 화재가 발생하므로 위험성과 피해 정도에 따라 선택적으로 대응할 수밖에 없어진다. 따라서, 자체 소방설비의 필요성이 증대되고 대응하지 못한 일부 화재가 확산됨
4단계(결과)	일부 소규모 화재상황으로 종료되거나 대규모 화재상황으로 진전됨

03 방호대책75)

(1) 출화방지대책

구분	중요사항	개인대책	행정대책
화원처리	지진의 흔들림이 멈춘 후 화원처리를 시행함	지진이 발생하면 몸의 안전을 확보한 후 흔들림이 멈추면 전기스토브 등 전열기구의 스위치를 내리고 가스의 중간밸브를 잠가 가연물을 신속하게 제거함	홍보 및 교육을 통한 화원처리의 습관화를 정착시킴
전기기구류	지진 시에 자동적으로 전기를 차단하는 설비 설치 및 규격 전기제품을 사용하고 전기안전의식 향상함	지진에 의한 정전에서 복귀할 경우 통전으로 인한 화재가 발생할 우려가 있으므로 감진 차단기 설치를 통해 출화 억제함	감진 차단기의 유효성, 전기기구의 교환, 가연물의 낙하방지 등을 홍보함. 감진 차단기의 설치를 위한 보조금 지급함
가스 · 석유 기구류	안전장치가 부착된 제품 사용 및 가구 등을 고정함	기구류가 넘어지면 자동 소화되는 안전장치 부착제품 사용 확대 및 가연물의 낙하방지	안전장치가 부착된 제품 구매 유도 및 가연물 낙하 방지 교육을 홍보함. 가스용기에 전도 방지용 고정체인 설치 및 가스 누출방지용 고압호스 사용 등을 추진함
주택파손, 가구 전도	무너진 주택이나 가구 등이 화기에 접촉하여 출화하는 것을 방지함	주택의 내진화를 추진하고 가구 전도에 따른 화재 발생 위험 감소를 위해 가구전도 방지장치를 설치함	주택의 내진화와 가구전도 방지 등에 비용을 보조하고 내진화의 이해증진을 위한 상담코너 등을 상시 운영하여 내진화 확대 체계를 구축함
연소방지 대책	단기적으로 초기 소화 실시, 소방력 확충 및 강화의 대책이 장기적으로 내진화, 불연화, 도로정비 등이 필요함	초기 화재탐지를 위한 단독경보형 감지기, 초기 소화에 유효한 소화기, 소화용수 설치 및 장소 확인, 소방훈련 실시 등이 요구됨	소방기자재 구입 및 내진성 방화수조 설치가 필요하고 소방력 배양을 위한 실질적인 소방훈련을 실시함

75) 한국소방안전원 소방안전플러스 Vol 25 김용철 박사님의 일본 고치현 지진화재 대책에서 일부 내용 발췌

(2) 피난대책

1) 피난장소 및 경로의 안전성 : 화재 시뮬레이션을 통한 피난장소의 안전성을 확보하고, 도로폭이 넓은 복수의 도로로 피난경로를 선정한다.
2) 효과적인 피난정보 전달 : 휴대폰 등을 이용한 정보를 효율적으로 전달한다.
3) 재해약자 대책 : 재해약자를 위한 사전 안전대책을 수립하고 재해약자와 피난지원자가 훈련에 함께 참여하여 효율적인 피난행동 및 방법의 확립이 필요하다.

SECTION 114 소방시설의 내진설계

126 · 111 · 90 · 85회 출제

01 개요

(1) 소방설비 등의 설계 지진하중(seismic load)

1) 수평 지진하중 : 건축물 평면상 2방향(종 · 횡 방향)으로 작용한다.

2) 수직 지진하중 : 상하방향으로 작용한다.

(2) 지진하중 작용원칙

소방설비에서는 수평 지진하중과 수직 지진하중이 동시에 작용한다.

(3) 지진에 의한 소방설비의 피해[76)]

소방시설	전체 개소	손상 개소	변형, 손상률
스프링클러헤드	138	122	변형률(88.4[%])
소화수조	138	75	손상률(53.4[%])
가스계 소화설비	394	50	손상률(14.3[%])
자동화재탐지설비	542	109	손상률(20.1[%])
비상방송설비	478	61	손상률(12.8[%])
비상전원설비	444	71	손상률(16[%])
방화문	524	161	변형, 손상률(30.7[%])

76) 1995년 1월 17일 효고현 남부(兵庫縣南部) 지진 조사결과

(4) 내진설계 흐름도(NFPA)

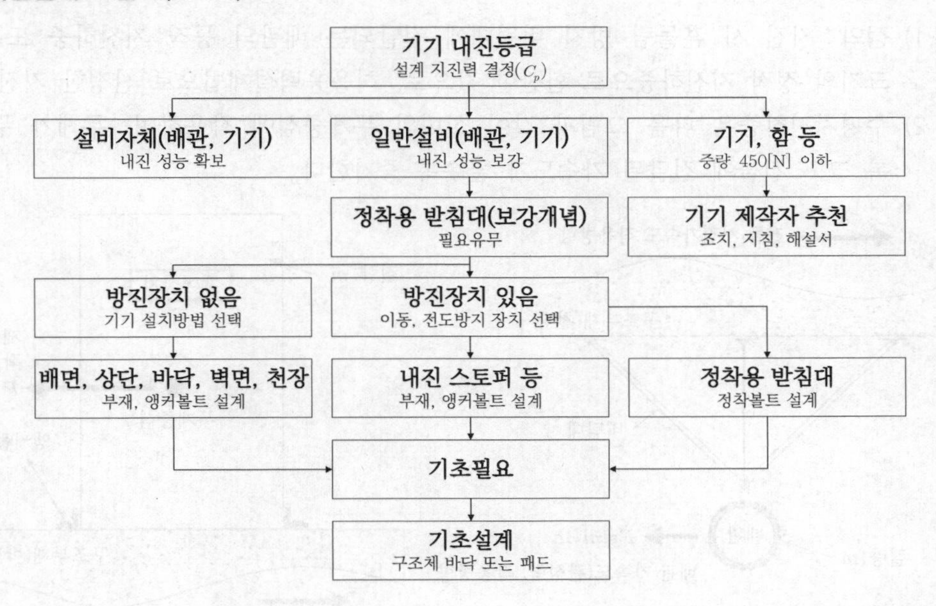

02 공통 적용사항

(1) 소방시설 내진설계의 원칙

1) 내진등급, 성능수준, 지진위험도, 지진구역 및 지진구역계수 : 건축물 내진설계기준 (KDS 41 17 00)

2) 중요도계수(I_p) : 1.5

(2) 지진하중

1) 소방시설의 지진하중 : 건축물 내진설계기준 중 비구조요소의 설계지진력 산정방법

1. 건축물구조기준규칙 제2조(정의) : 기계·전기 비구조 요소 - 건축물에 설치하는 기계 및 전기 시스템과 이를 지지하는 부착물 및 장비
2. 비구조 요소의 내진설계 적용범위(건축물 내진설계기준)
   ① 적용대상 : 중요도 계수가 1.5인 비구조 요소
   ② 비적용 대상(한국건축기술사회의 Q&A에서 발췌)
      ㉠ 중요도 계수가 1.0이면서 바닥으로부터 설치높이 1.2[m] 이하, 중량 800[N] 이하이고 덕트나 파이프와의 연결부가 유연한 재료로 구성되어 있는 경우
      ㉡ 중량 100[N] 이하, 단위길이당 중량이 70[N/m] 이하인 경우

2) 허용응력설계법을 적용하는 경우 : 허용응력설계법 외의 방법으로 산정된 설계지진력 ×0.7=지진하중

(3) 수평지진하중(F_{pw})

1) 정의 : 지진 시 흔들림 방지 버팀대에 전달되는 배관의 동적 지진하중 또는 같은 크기의 정적 지진하중으로 환산한 값으로, 허용응력설계법으로 산정한 지진하중
2) 수평지진하중은 다음 그림과 같이 설비의 무게중심에 작용하며, 무게가 무거울수록 크고 건물에 전달된 가속도가 클수록 증가한다.

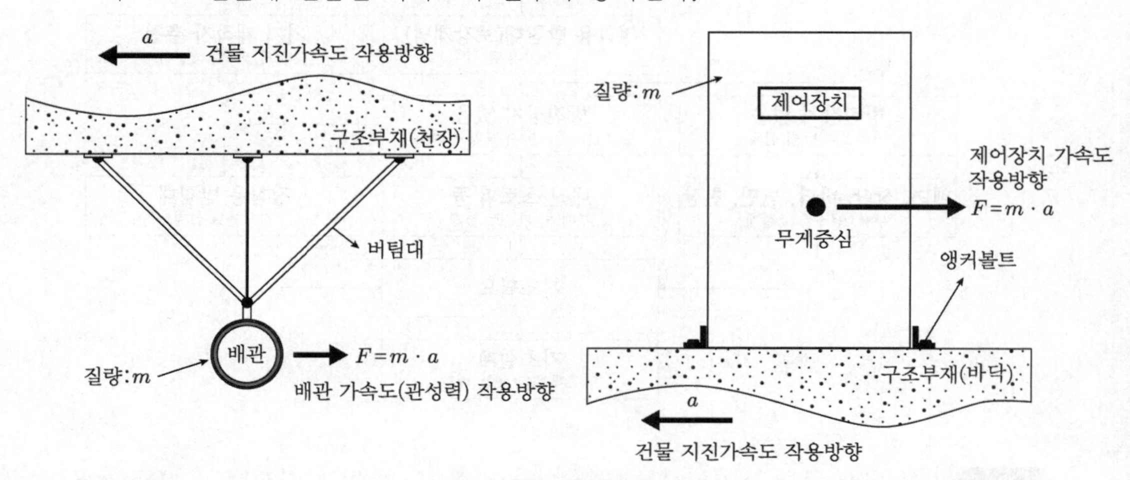

▌수평방향의 지진력▐

3) 영향인자 : 뉴턴의 운동 제2법칙($F=m \cdot a$)
   ① m : 물체의 질량(가동중량)
   ② a : 작용하는 가속도
4) 등가정적 지진하중(F_p) : 동적인 특성을 포함하고 있는 지진하중을 등가의 정적하중으로 치환하여 정적해석을 한 하중(설계지진력)

(4) 앵커볼트의 산정

1) 앵커볼트 선정기준
   ① 앵커볼트의 허용인장력 > 지진력에 의해 요구되는 앵커볼트의 인장력
   ② 앵커볼트의 허용전단력 > 지진력에 의해 요구되는 앵커볼트의 전단력
2) 앵커볼트의 작용력 : 하단기초 정착방식
   ① 볼트 1개당 발생하는 전단력 : $Q=\dfrac{F_p}{n}$
   ② 볼트 1개당 발생하는 인장력 : $R_b=\dfrac{F_p \cdot h_G-(W_p-F_v) \cdot L_c}{L \cdot n_T}$

여기서, Q : 볼트 1개당 발생하는 전단력
F_p : 비구조요소 질량 중심에 작용하는 설계지진력
n : 볼트의 수량
R_b : 볼트 1개당 발생하는 인장력

n_T : 인장을 받는 볼트의 수량$\left(\frac{n}{2}\right)$

F_v : 수직방향 지진력$\left(\text{수평방향 지진력의 } \frac{1}{2}\right)$

h_G : 바닥으로부터 무게 중심까지의 높이

L : 앵커볼트와 앵커볼트 사이의 간격

L_c : 앵커볼트와 무게 중심과의 간격

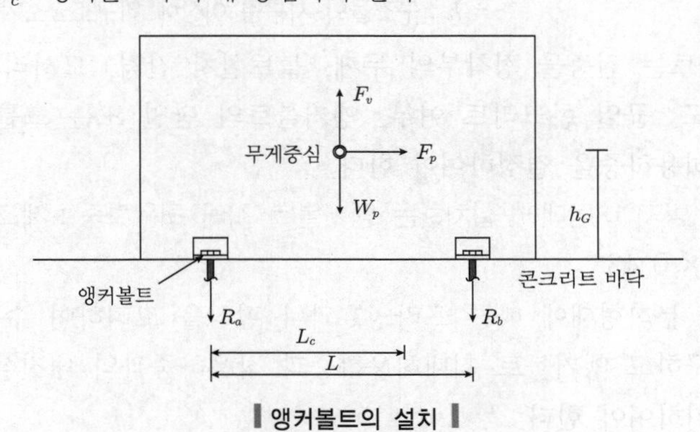

▌앵커볼트의 설치▐

1. **구조부재** : 건축설계에 있어 구조계산에 포함되는 하중을 지지하는 부재
2. **지진하중** : 지진에 의한 지반운동으로 구조물에 작용하는 하중
3. **편심하중** : 하중의 합력방향이 그 물체의 중심을 지나지 않을 때의 하중

3) 앵커볼트의 안전성 검토

① 볼트 규격으로부터 허용응력을 산정 비교

② 볼트 제조사에서 수행한 시험 또는 해석결과와 비교

③ 공인시험기관의 시험결과(성적서)와 비교

4) 앵커볼트의 공통 적용사항

① 수조, 가압송수장치, 함, 제어반 등, 비상전원, 가스계 및 분말소화설비의 저장용기 등은 '건축물 내진설계기준' 비구조요소의 정착부의 기준에 따라 앵커볼트를 설치하여야 한다.

지진에 의한 수평방향 등가정적하중 113회 출제

$$F_p = \frac{0.4\, a_p S_{DS} W_p}{\frac{R_p}{I_p}}\left(1 + 2\frac{z}{h}\right)$$

여기서, $F_p = 1.6\, S_{DS} I_p W_p$를 초과할 수 없고 $F_p = 0.3\, S_{DS} I_p W_p$ 이상이어야 한다.

F_p : 설계지진력

a_p : 증폭계수(소방설비 : 1.0 ~ 2.5, 실험 · 해석적 방법에 의해 입증된 경우는 그 결과값)

R_p : 반응수정계수(소방설비 : 2.5)

I_p : 중요도계수(소방설비 : 1.5)
W_p : 가동중량
S_{DS} : 단주기 설계스펙트럼 가속도
h : 구조물의 밑면으로부터 지붕층의 평균높이
z : 구조물의 밑면으로부터 비구조요소가 부착된 높이
$z=0$: 구조물의 밑면 이하에 비구조요소가 부착된 경우
$z=h$: 구조물의 지붕층 이상에 비구조요소가 부착된 경우

② **앵커볼트는 건축물 정착부의 두께, 볼트설치 간격, 모서리까지 거리, 콘크리트의 강도, 균열 콘크리트 여부, 앵커볼트의 단일 또는 그룹설치 등을 확인하여 최대 허용하중을 결정하여야 한다.**

③ 흔들림 방지 버팀대에 설치하는 앵커볼트 최대 허용하중 : 제조사가 제시한 설계하중 값 × 0.43

④ **건축물 부착형태에 따른 프라잉효과나 편심을 고려하여 수평지진하중의 작용하중을 구하고 앵커볼트 최대허용하중과 작용하중과의 내진설계 적정성을 평가하여 설치하여야 한다.**

⑤ 소방시설을 팽창성 · 화학성 또는 부분적으로 현장타설된 건축부재에 정착할 경우 : 수평지진하중 × 1.5

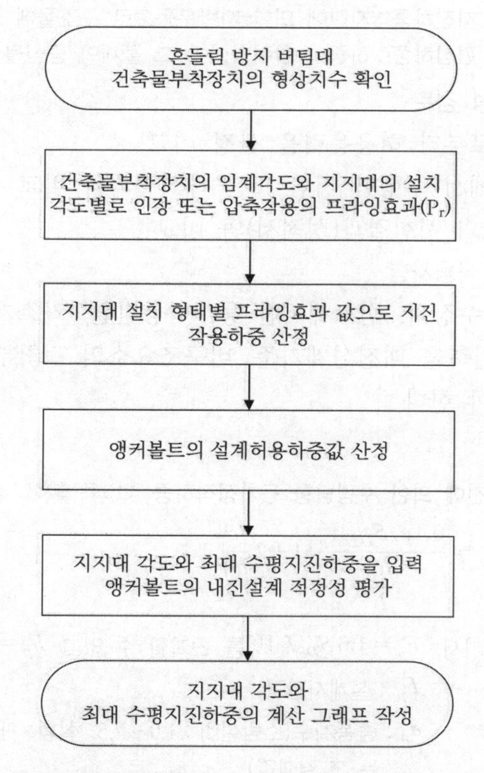

▌흔들림 방지 버팀대의 건축물부착장치와 앵커볼트 적정성 평가 순서도▐

프라잉효과(prying factor) : 지진 발생 시 배관에서 발생하는 수평지진하중이 버팀대에 전달되고, 건축물부착장치를 통해 앵커볼트에 전달된다. 이때, 건축물 부착장치의 형상과 설치형태에 따라 앵커볼트에 작용하는 하중이 다르게 나타나는 현상으로 외력 방향의 3차 응력에 의한 효과이다. [NFPA 13(2019.3.3.164/A.3.3.164)]

⑥ 소방시설을 팽창성·화학성 또는 부분적으로 현장타설된 구조부재에 정착할 경우 : 소방설비의 계산된 가동중량에 1.5배 증가시켜 수평지진하중을 산정한다. 구조부재에 소방시설을 고정할 경우 앵커와 정착력 저하를 방지한다.

03 수조의 내진설계 124·108회 출제

(1) 수조의 내진설계 대상

1) 수조는 건물외 구조물이므로 내진등급과 상관없이 모두 내진설계 대상이다.
2) 건물외 구조물 : 건물 외부의 구조물이 아니라, 건물의 주요 구조 이외의 구조물이다. 따라서, 건물중요도와 상관없이 모두 내진설계 대상이다.

(2) 방파판(현 소방시설의 내진설계 기준에서는 삭제된 내용으로 내진조치에서 근거서류 제출로 개정됨)

1) 정의 : 지진발생 시 소화수조 및 저수조의 슬로싱 현상을 방지하기 위하여 수조 내부에 설치하는 장치
2) 설치목적 : 슬로싱(sloshing) 현상방지(충격완화)
3) 슬로싱(sloshing) 현상
   ① 정의 : 지진 발생으로 인하여 수면이 출렁거리며 물이 담겨 있는 용기의 경계(수조, 벽, 뚜껑 등)를 때리는 현상
   ② 문제점 : 수격으로 수원을 담고 있는 구조물이 파손될 시 담겨 있던 물이 외부로 유실되어 필요한 수량을 유지할 수 없게 된다.
4) 방파판이 삭제된 이유 : 방파판 설치는 슬로싱효과를 낮추는 기능만 하므로 물탱크 상판의 안전성에 기여하는 바는 있다. 하지만 슬로싱효과에 대한 여유고를 계산하여 유지관리상 최고 수위를 설정하면 방파판 설치는 불필요할 수 있다. 방파판이 상시 정수압을 낮추는 기능은 없고, 수평방향으로 작용하는 전체 설계지진하중을 경감시키는 효과도 없다.

(3) 수조의 파괴 원인

1) 수조 내 담겨 있는 소화용수의 슬로싱현상 → 기준 이상의 과도한 하중에 의한 수조 파손
2) 소화수의 과도한 유동 : 소화수가 넘침
3) 수조 하부의 고정이 견고하지 못함 → 수조가 이탈하여 연결배관이 손상

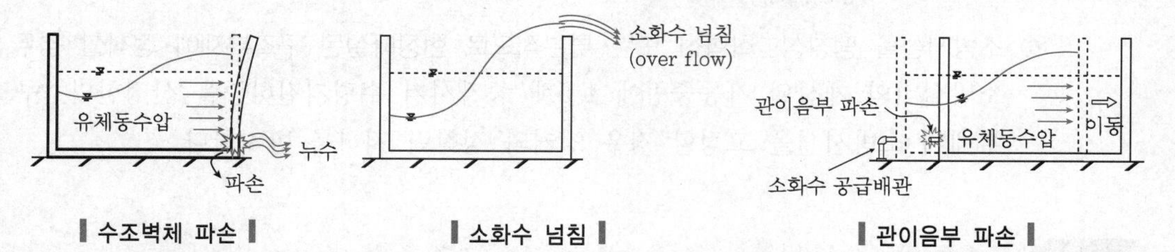

▌수조벽체 파손▐ ▌소화수 넘침▐ ▌관이음부 파손▐

(4) 수조의 내진설계 기준[「소방시설의 내진설계 기준」 제4조(수원)]

1) 수조는 지진에 의하여 손상되거나 과도한 변위가 발생하지 않도록 기초(패드포함), 본체 및 연결부분의 구조안전성을 확인하여야 한다.
2) 수조는 건축물의 구조부재나 구조부재와 연결된 수조 기초부(패드)에 고정하여 지진 시 파손(손상), 변형, 이동, 전도 등이 발생하지 않아야 한다.
3) 수조와 연결되는 소화배관에는 지진 시 상대변위를 고려하여 가요성이음장치를 설치하여야 한다.

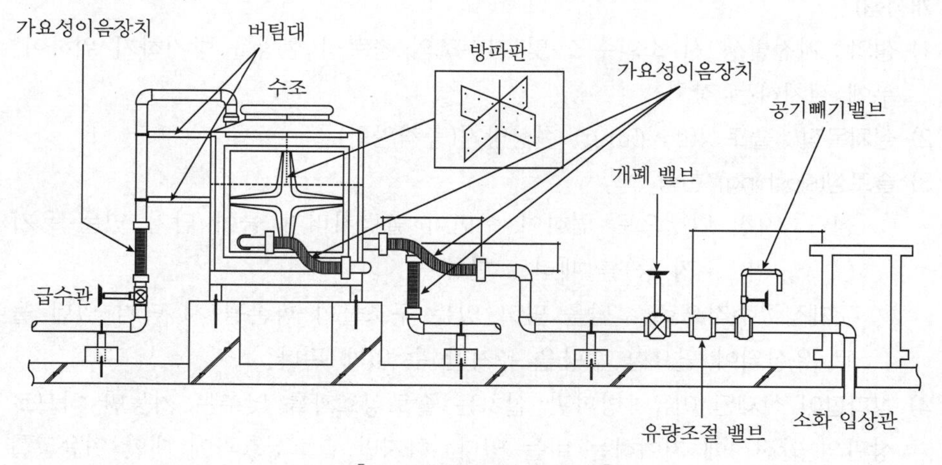

▌수조와 연결배관의 내진▐

(5) 수조의 내진설계 흐름도

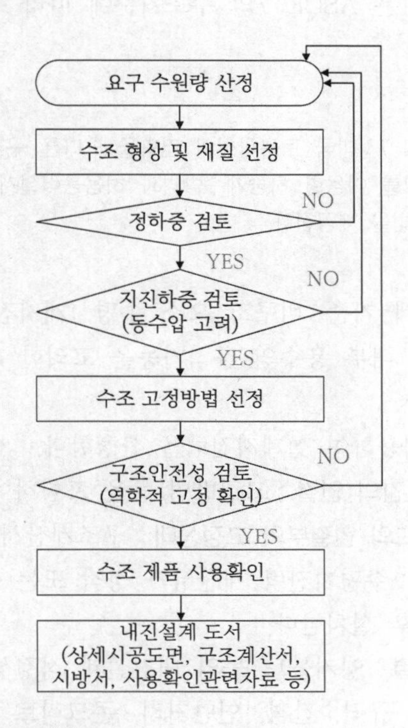

(6) 수조의 구조계산서 항목 검토방법

1) 구조계산서

① 구조계산서는 소방시설설계업에 등록된 소방기술사 또는 기술사사무소 개설등록된 건축구조기술사가 확인한다.

② 수조는 기준에 따라 바닥(구조체), 수조본체, 기초패드와 각 연결 부분을 구조계산서에 포함시켜 검토한다.

③ 방파판을 설치하는 경우에도 지진하중 완화에 따른 내진보강 동적거동은 구조계산에 포함하여 검토한다.

④ 수조 본체와 부자재 등의 재질은 물리, 화학적 특성치를 구조계산에 반영하여 한다.

⑤ 현장에서 제품인증 기준과 제조 당시의 공정상의 성적서와 동일한지 확인하고, 출고 당시의 원료의 화학적 성분 및 물성치가 기재되어 있는 Mill Sheet를 제출한다.

⑥ 구조계산서는 내진설계 기준과 설계조건, 내진 요구항목과 그 내용의 결과를 명시한다.

2) 가동중량

① 본체(구조보강) + 프레임 + 만수위 물중량 + 기타 = 총중량

② 수조의 가동중량은 ASCE 7의 수조기준에 따라 총중량 이상으로 안전율을 고려한다.

ASCE 7 : 미국 토목학회의 건축물과 다른 구조물을 위한 최소 설계하중으로 강도설계를 이용한 하중계수방법과 허용응력설계를 이용한 하중의 조합방법의 2가지 방법을 제공한다.

3) 수평지진하중

① '건축물 내진설계 기준' 비구조 요소 수평설계지진력에 따라 선정한다. 하지만 이 경우 수조와 내부 용수의 동적거동을 고려한 지진력의 분포를 제시하고 있지 않다.

② 동적해석법을 적용하여 설계지진력을 산정한다.

4) 수조의 구성 부자재 간의 연결 : 고정방법 등을 포함하여 구조계산서에 포함한다.

5) 수조 본체와 기초패드의 연결부의 고정상태 : 구조계산서에 포함한다.

6) 수조의 기초 구조물 : 수평지진력 계산서와 정적 또는 동적 시험성적서의 성능을 확인하여 구조 검토 후 설치한다.

7) 수조와 건축물의 연결 : 앵커볼트 등의 내진설계 적정성을 구조계산에 포함하고, 앵커볼트의 허용응력, 규격, 간격, 연단거리, 콘크리트 강도, 균열 콘크리트 여부 등을 포함한다.

8) 수조 본체와 기초의 연결 : 연결부분을 앵커볼트 등으로 직접 고정하지 않는 면진장치의 경우에는 수평지진하중에 견딜 수 있도록 수평지진력 계산서와 정적 또는 동적으로 시험된 성적서로 내진성능을 확인할 수 있다.

9) 일반 연결용 볼트 및 너트 : 허용인장응력과 전단응력에 따른 내진설계 적정성을 평가하여 사용한다.

(7) 수조의 설치

1) 수조가 건축물 콘크리트 구조와 일체인 경우 소화용수를 고려하여 구조계산을 실시하고, 수조의 구조안전성을 확인하여야 한다. 단, 건축구조설계에서 구조체와 수조를 같이 구조 설계한 경우 소방시설설계업체는 건축주나 건축구조설계에서 구조안전성확인서류를 제출받아 확인한다.

2) 건축물과 일체로 타설되지 않는 일반적인 소화수조는 수조 본체, 패드, 구조체와 각 연결부를 국내 · 외 내진설계 기준에 구조계산으로 내진설계에 반영하고, 충분한 강도를 갖도록 고정장치로 정착하여 이동 및 전도방지 등 성능을 확인한다.

3) 소방시설설계업 등록업체는 내진설계가 반영된 구조계산서의 결과를 검토하여 수조가 이동, 전도, 손상과 과도한 변위가 없는지 검토 후 소방시설과의 적정성과 적합성을 검토하여 소방시설의 설계에 반영한다.

4) 바닥 등에 고정하는 앵커볼트는 '건축물 내진설계 기준' 비구조 요소의 정착부의 기준에 따라 모의지진시험을 한 제품의 제품인증 보고서의 앵커볼트 간격, 모서리 거리, 콘크리트 강도 등 주의사항을 고려하여 내진계산서를 제출한다.
5) 수조를 시험에 의해 성능 확인하는 경우 공인시험연구기관에서 제품 기술기준과 시험방법으로 성능을 확인할 수 있다.
6) 수조 등을 공인시험연구기관에서 시험하기 어려운 경우 제품인증 경험과 기술력을 가진 비영리 지진 관련기관의 제3자 설계검증이나 설계인증된 제품을 설치할 수 있다.

콘크리트 수조

2021년 2월 19일부터 소방내진기준이 강화되어, 수조의 경우 수조 본체, 기초(패드 포함), 연결부분의 구조안전성(내진성능)을 확인하여 설치하여야 한다. 수조의 내진설계 및 내진성능 검증제품을 설계·설치하면 되지만, 내진기준의 회피를 위해 콘크리트 수조를 설계, 인허가, 설치하고 있는 사례가 있다. 그러나 이러한 콘크리트 수조는 규정상 불법시설물인 경우가 많다. 왜냐하면 콘크리트 수조를 별도의 시설물로 설치하지 않고, 대부분 건축구조물의 벽체 한면 이상을 이용하여 설치하기 때문이다. 이 경우 건축물의 안전 확인 및 유지보수를 위한 접근성이 저하되는 것으로 불법시설물로 규정될 수 있다. 콘크리트 수조가 재등장한 이유는 2016년 소방내진기준 해설서에서 '콘크리트 수조인 경우에 내진조치에서 제외'라는 해석 문구가 원인이 되어 진행되었다가 법령 해석으로 규정위반인 것으로 판명이 낳기 때문이다. 법령 해석상 콘크리트 수조는 설치가 가능하나, 수조용 벽체를 별도로 설치하여야 하고, 수조의 바닥도 줄패드를 설치하여 바닥 슬래브와 이격하여 설치하고 물의 동적거동을 반영한 지진하중의 구조안전성을 확보하여야 가능한 것이다.

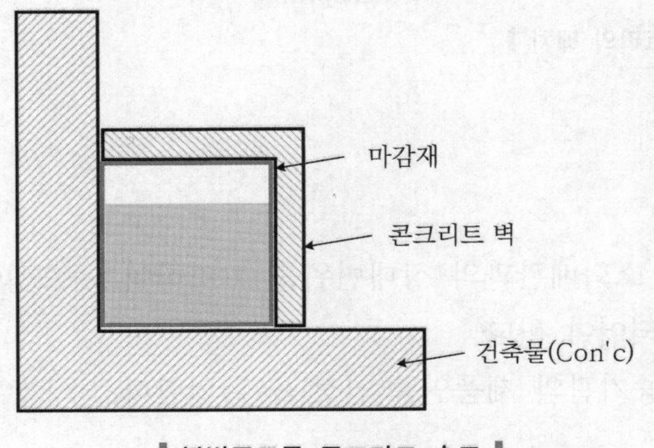

▌불법구조물 콘크리트 수조▐

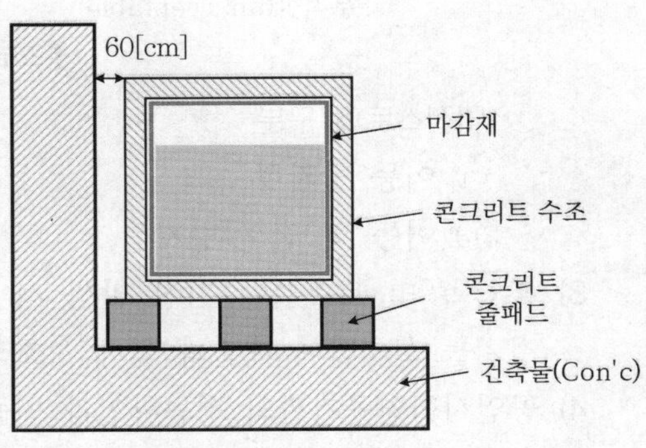

▌적합한 콘크리트 수조▐

04 가압송수장치의 내진설계 128 · 126 · 124 · 120 · 108회 출제

(1) **가압송수장치의 흡입측 및 토출측**

가요성이음장치를 설치한다.

(2) **가압송수장치 지지**

1) **원칙** : 앵커볼트로 지지 및 고정

가동중량 = [펌프(본체, 프레임) + 모터(본체, 프레임) + 방진장치(충전된 콘크리트와 철근 포함) + 1, 2차 배관(플렉시블 이전까지) + 펌프와 배관에 충수된 물의 무게 + 기타 프레임 위쪽 장치물의 무게] × 1.2(안전율)

2) **방진장치 등이 설치되어 앵커볼트로 고정할 수 없는 경우** : 내진스토퍼 설치

① 내진스토퍼 : 지진하중에 의해 과도한 변위가 발생하지 않도록 제한하는 장치

② 설치위치 : 정상운전 중에 접촉하지 않도록 스토퍼와 본체 사이에 최소 3[mm] 이상 6[mm] 이하 이격하여 설치한다.

③ 제조사에서 제시한 허용하중 ≥ 수평지진하중

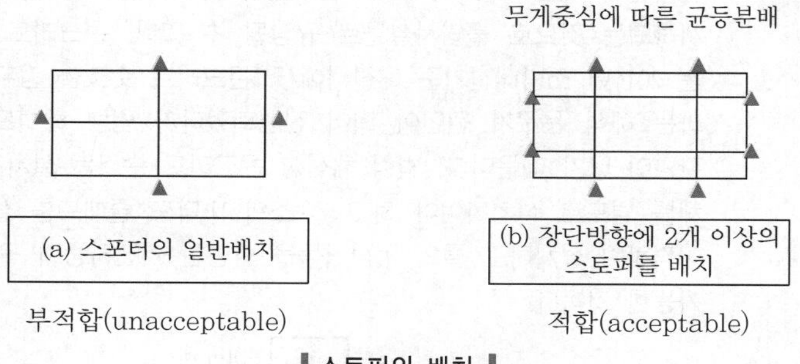

▌스토퍼의 배치 ▌

④ 내진스토퍼 구분

㉠ 이동 방지형

㉡ 이동 및 전도 방지형

3) 흡입측 및 토출측에 지진 발생 시 소화배관과의 상대변위를 고려하여 가요성이음장치를 설치하여 배관과 함께 보호되어야 한다.

4) 공인시험연구기관의 성능확인과 인증기관의 제품인증(인정)을 확인한다,

(a) 이동 방지형

(b) 전도 방지형

▌스토퍼[77] ▌

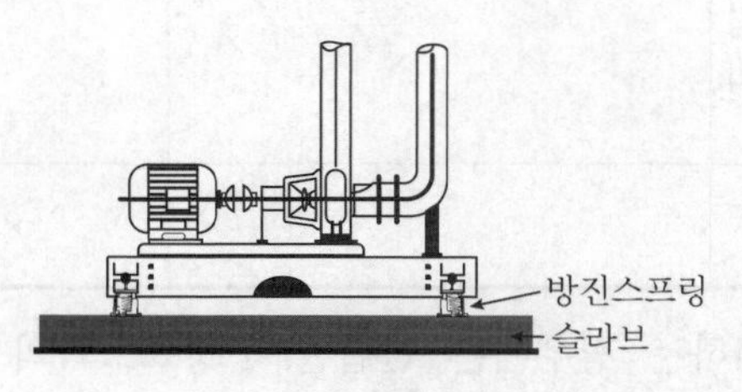

건축구체에 앵커볼트로 고정하여 진동 시 펌프 변위를 방지한다.

(a) 실내 바닥면에 앵커볼트로 고정

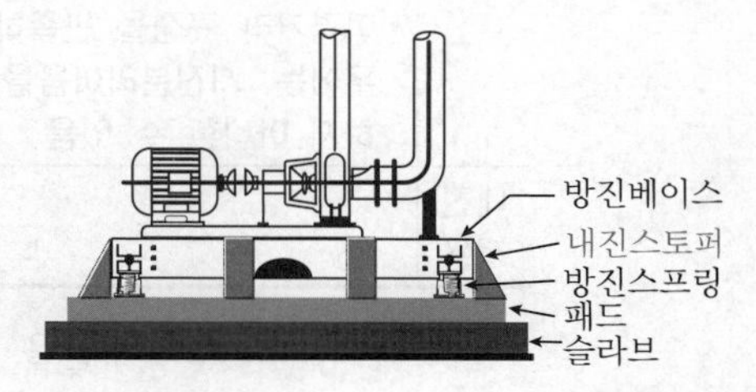

패드에 펌프 설치 시 내진스토퍼를 설치해서 진동 시 펌프 변위를 방지한다.

(b) 내진 스토퍼 설치

▌가압송수장치 내진설계 예 ▌

05 배관 내진설계 126 · 112 · 111회 출제

(1) 개요

1) 목적 : 지진에 의한 배관의 응력발생 및 건물 구조부재 및 각종 부착물들의 상대적인 움직임으로 인한 소방배관계통의 파손을 방지하기 위한 설계

2) 방법

① 응력(stresses)의 최소화

㉠ 유연성(flexible) 확보를 위한 장치의 종류

구분	지진분리이음 (flexible coupling)	지진분리장치 (seismic separation assembly)	가요성이음장치 (플렉시블 조인트)
목적	배관의 변형을 최소화하고 소화설비 주요 부품 사이의 유연성을 증가시킬 필요가 있는 위치에 설치	지진발생 시 건축물의 지진하중이 소방시설에 전달되지 않도록 지진으로 인한 진동을 격리시키는 장치	가압송수장치 등과 배관을 연결하여 변위를 흡수

77) 나산플랜트 카탈로그에서 발췌

구분	지진분리이음 (flexible coupling)	지진분리장치 (seismic separation assembly)	가요성이음장치 (플렉시블 조인트)
설치 위치	• 배관의 변형을 최소화하고 소화설비 주요 부품 사이의 유연성을 증가시킬 필요가 있는 위치 • 구경 65[mm] 이상의 배관 – 수직 직선배관은 상부 및 하부의 단부 – 건축물의 층과 연결부위 – 수직 직선배관에 중간 지지부 • 이격거리 규정을 만족하는 경우에는 지진분리이음을 설치하지 아니할 수 있음	• 지상층에 설치된 배관으로 건축물 지진분리이음과 소화배관이 교차하는 부분 • 건축물 간의 연결배관 중 지상 노출배관이 건축물로 인입되는 위치	• 펌프의 흡입측, 토출측 • 배관의 일정거리마다 설치
내진 적용	○	○	×

㉡ 이격거리 유지 : 소화배관을 설치하는 경우에는 인접한 구성요소와의 충돌을 방지하기 위한 충분한 거리를 확보

② 흔들림 방지 버팀대

㉠ 종류

구분	횡방향 흔들림 방지 버팀대 (lateral sway bracing)	종방향 흔들림 방지 버팀대 (longitudinal sway bracing)	4방향 흔들림 방지 버팀대 (4-way brace)
목적	수평직선배관의 진행방향과 직각방향(횡방향)의 수평지진하중을 지지하는 버팀대	수평직선배관의 진행방향(종방향)의 수평지진하중을 지지하는 버팀대	건축물 평면상에서 종방향 및 횡방향 수평지진하중을 지지하거나, 종 · 횡 단면상에서 전 · 후 · 좌 · 우 방향의 수평 지진하중을 지지하는 버팀대
설치 대상	• 모든 수평주행배관 · 교차배관 • 옥내소화전설비의 수평배관 • 65[mm] 이상의 가지배관 및 기타 배관	• 모든 수평주행배관 · 교차배관 • 옥내소화전설비의 수평배관	수직직선배관 1[m] 초과 시 (가지배관은 제외 가능)
간격	중심선을 기준으로 12[m] (좌우 6[m]) 이하	중심선을 기준으로 24[m] (좌우 12[m]) 이하	버팀대 간 8[m] 이내
단부 거리	1.8[m] 이내	12[m] 이내	수직직선배관 중심선 0.6[m] 이내

수평주행배관(feed mains) : 직접 또는 입상관을 통하여 교차배관에 급수하는 배관

㉡ 목적 : 배관의 흔들림을 방지

㉢ 흔들림 방지 버팀대와 고정장치 : 소화설비의 동작 및 살수를 방해하지 않아야 한다.

③ 가지배관 고정장치(레스트레인트 ; restraint) : 지진 거동특성으로부터 가지배관의 움직임을 제한하여 파손, 변형 등으로부터 가지배관을 보호하기 위한 고정장치로 와이어타입, 환봉타입이 있다.

3) 소화배관의 수평지진하중 산정

① 흔들림 방지 버팀대의 수평지진하중 산정 시 배관의 중량 : 가동중량(W_p)

가동중량(W_p)

구분	내용	공식
배관의 작동상태를 고려한 무게	배관 및 기타 부속품의 무게를 포함하기 위한 중량	$W_p = W \times 1.15$ 여기서, W_p : 배관의 가동중량 W : 배관 및 기타 부속품의 포함 무게(용수 무게포함)
수조, 가압송수장치, 함류, 제어반 등, 가스계 및 분말소화설비의 저장용기, 비상전원의 작동상태를 고려한 무게	유효중량 × 안전율	$W_p = W \times S$ 여기서, W_p : 가동중량 W : 작동상태의 무게 S : 안전율

② 흔들림 방지 버팀대에 작용하는 수평지진하중

㉠ $F_{pw} = C_p \cdot W_p$

여기서, F_{pw} : 수평지진하중

C_p : 소화배관의 지진계수

W_p : 가동중량[W(중량)×1.15}

단주기 응답지수별 소화배관의 지진계수(「소방시설의 내진설계 기준」 [별표 1])

단주기 응답지수(S_s)	지진계수(C_p)
0.33 이하	0.35
0.40	0.38
0.50	0.40
0.60	0.42

단주기 응답지수(S_s)	지진계수(C_p)
0.70	0.42
0.80	0.44
0.90	0.48
0.95	0.50
1.00	0.51

① 표의 값을 기준으로 S_s의 사이값은 직선보간법을 이용하여 적용할 수 있다.
② S_s : 단주기 응답지수(short period response parameter)로서 최대고려지진의 유효지반가속도 S를 2.5배한 값

㉡ F_{pw}=설계지진력[78]$\times 0.7$

③ 다음의 경우 흔들림 방지 버팀대는 지진에 의한 배관의 수평설계지진력에 의한 유효수직반력을 견디도록 설치해야 한다.

수평설계지진력	흔들림 방지 버팀대의 각도
0.5 W_p를 초과	45° 미만
1.0 W_p를 초과	60° 미만

4) 벽, 바닥 또는 기초를 관통하는 모든 배관 주위

① 이격거리 확보

소방시설의 내진설계기준에서는 배관의 경우 다른 부품과의 충돌에 의한 파손을 방지하기 위해 충분한 이격거리를 확보하도록 하고 있다.

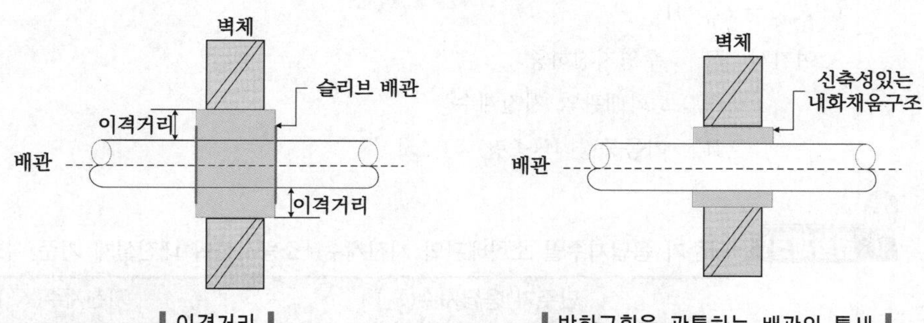

▌이격거리▐ ▌방화구획을 관통하는 배관의 틈새▐

② 예외 : 내화성능이 요구되지 않는 석고보드나 이와 유사한 부서지기 쉬운 부재를 관통하는 배관과 벽, 바닥 또는 기초의 각 면에서 30[cm] 이내에 지진분리이음이 설치된 경우

78) 비구조요소의 설계지진력 산정방법 중 허용응력설계법 외의 방법으로 산정

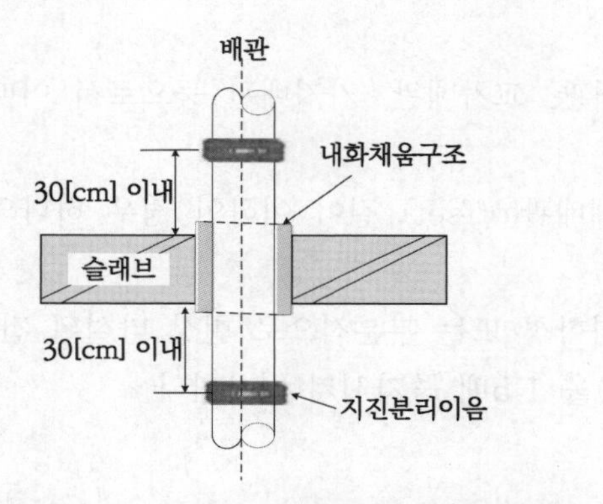

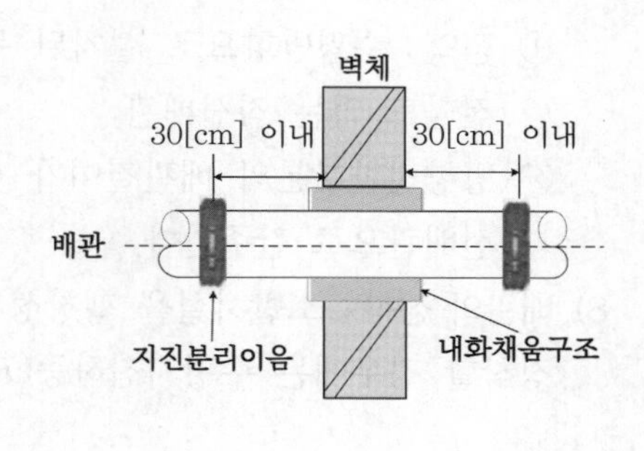

▌바닥면 0.3[m] 이내에 지진분리이음이 설치된 경우▐ ▌벽면 0.3[m] 이내에 지진분리이음이 설치된 경우▐

③ 관통구 및 배관 슬리브의 구경(이격거리)

구분	호칭구경	관통구 및 배관 슬리브의 구경보다 커야 하는 크기
관통구 및 배관 슬리브의 구경	25[mm] 내지 100[mm] 미만	50[mm] 이상
	100[mm] 이상	100[mm] 이상
	50[mm] 이하	50[mm] 미만

④ 방화구획을 관통하는 배관의 틈새 : 내화채움성능이 인정된 구조 중 신축성이 있는 것으로 메워야 한다.

이격거리 확보 시에는 관통구가 화재확산의 연결통로로 작용할 수 있으므로 배관과 관통구 또는 슬리브 사이에는 방화성능 물질로 충진하여야 하며, 지진발생으로 인한 배관파손을 방지하기 위해서는 충진물질은 배관에 영향을 주지 않는 신축성 재질을 사용하여야 한다.

5) 소방시설의 배관과 연결된 타 설비배관을 포함한 수평지진하중 : 배관의 수평지진하중

6) 수직직선배관

① 정의 : 중력방향으로 설치된 주배관, 교차배관, 가지배관 등으로서 어떠한 방향전환도 없는 직선배관

② 방향전환부분의 배관길이가 상쇄배관(offset) 길이 이하인 경우 하나의 수직직선배관으로 간주한다.

상쇄배관(offset) : 영향구역 내의 직선배관이 방향전환한 후 다시 같은 방향으로 연속될 경우 중간에 방향전환된 짧은 배관은 단부로 보지 않고 상쇄하여 직선으로 볼 수 있는 것을 말하며, 짧은 배관의 합산길이는 3.7[m] 이하여야 한다.

7) 수평직선배관
① 정의 : 수평방향으로 설치된 주배관, 교차배관, 가지배관 등으로서 어떠한 방향 전환도 없는 직선배관
② 방향전환부분의 배관길이가 상쇄배관(offset) 길이 이하인 경우 하나의 수평직선배관으로 간주한다.

8) 배관의 정착 : 소방시설을 팽창성 · 화학성 또는 부분적으로 현장 타설된 건축부재에 정착할 경우에는 수평지진하중(F_{pw})을 1.5배 증가시켜 사용한다.

06 기타 내진설계

(1) 제어반 등 126 · 108회 출제

1) 지진하중(or)
① 소방시설의 지진하중 : 건축물 내진설계 기준 중 비구조 요소의 설계지진력 산정방법
② 허용응력설계법을 적용하는 경우 : 허용응력설계법 외의 방법으로 산정된 설계지진력×0.7=지진하중

2) 앵커볼트 : 지진에 의한 소화배관의 수평지진하중(F_{pw})(or)
① $F_{pw} = C_p \cdot W_p$
여기서, F_{pw} : 수평지진하중
C_p : 소화배관의 지진계수
W_p : 가동중량
② F_{pw}=설계지진력×0.7

3) 제어반 등의 하중이 450[N] 이하이고 내력벽 또는 기둥에 설치하는 경우 : 직경 8[mm] 이상의 고정용 볼트 4개 이상으로 고정 가능하다.

4) 건축물의 구조부재인 내력벽 · 바닥 또는 기둥 등에 고정한다.

꼼꼼체크 벽면에 상단지지를 통해서 지진으로부터 제어반을 보호하기 위함이다.

5) 바닥에 설치 : 지진하중에 의해 전도가 발생하지 않도록 설치한다.

6) 제어반 등은 지진 발생 시 기능을 유지하도록 하여야 한다.

(2) 유수검지장치 설치기준

1) 내진설계 목적 : 지진 발생 시 기능 유지 및 연결부위 파손예방

2) 설치방법(실무) : 유수검지장치는 수직입상관과 연결되므로 지진 발생 시 수직배관에 대한 지진분리이음 등을 설치하여 지진에 대한 흔들림을 방지한다.

① 유수검지장치의 양측 끝단 이음부에 지진분리이음을 설치한다.

② 플랜지형 밸브를 사용할 때 신축배관 등을 사용한다.

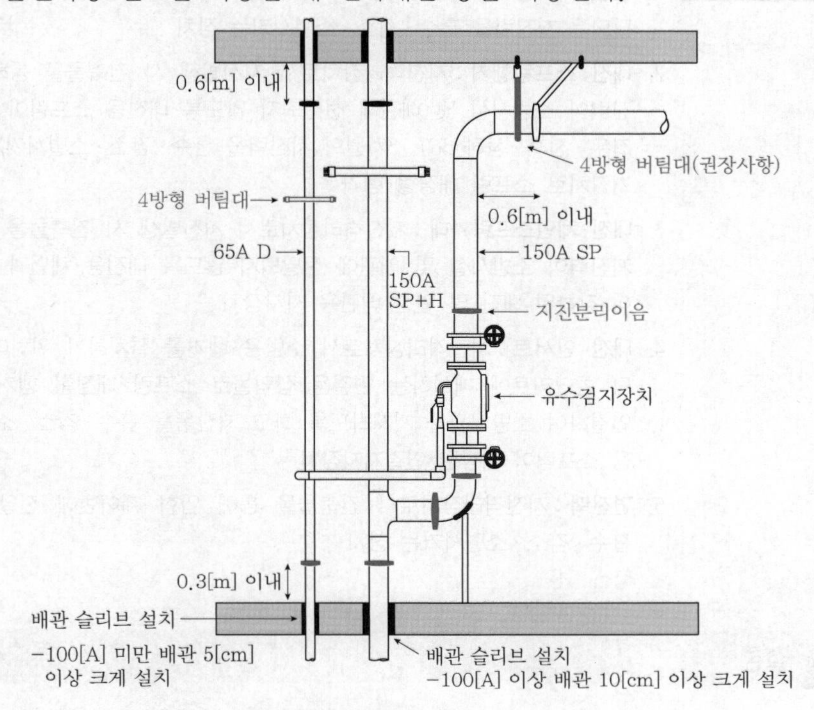

▌유수검지장치의 내진설계 예▐

(3) 소화전함의 설치기준

1) 함 : 지진 시 파손 및 변형 방지, 개폐에 장애를 예방하여야 한다.
2) 건축물의 구조부재인 내력벽 · 바닥 또는 기둥 등에 고정한다.
3) 바닥에 설치하는 경우 : 지진하중에 의해 전도가 발생하지 않도록 설치한다.
4) 소화전함의 지진하중, 앵커볼트, 소화전함의 하중이 450[N] 이하이고 내력벽 또는 기둥에 설치하는 경우는 제어반 등과 동일하게 직경 8[mm] 이상의 고정용 볼트 4개 이상으로 고정할 수 있다.

(4) 비상전원 설치기준

1) 자가발전설비의 지진하중, 앵커볼트는 제어반 등과 동일하다.
2) 비상전원은 지진발생 시 전도되지 않도록 설치한다.

(5) 가스계 및 분말소화설비

1) 가스계의 저장용기
   ① 지진하중에 의해 전도가 발생하지 않도록 설치한다.
   ② 지진하중, 앵커볼트는 제어반 등과 동일하다.
2) 가스계의 제어반 : 제어반의 설치기준에 따라 설치한다.
3) 가스계의 기동장치와 비상전원 : 지진으로 인한 오동작이 발생하지 않도록 설치한다.

1. **면진 지지장치** : 지진격리장치로서 지진 발생 시 건축물을 통해 소방시설에 전달되는 지진력을 흡수 · 감소 · 소멸시키는 장치
2. **내진 스프링행거** : 지진격리장치로서 지진발생 시 건축물을 통해 전달되는 지진력이 소방시설 및 배관에 전달되지 않도록 내진용 스프링이 내장된 행거로 좌우 · 전후 · 상하 360° 3차원의 지진력을 흡수 · 감소 · 소멸시키는 배관지지 행거장치로 스프링 내장형 행거
3. **내진 체인스프링가대** : 지진격리장치로서 지진발생 시 건축물을 통해 전달되는 지진력이 소방시설 및 배관에 전달되지 않도록 내진용 체인과 내진용 스프링이 장착된 내진 및 면진 배관용 지지장치
4. **내진 인서트** : 지진격리장치로서 소방용 행거를 설치하기 위하여 건축물의 바닥 콘크리트에 매설하는 연결용 삽입물로 스프링 내장형 행거에 행거로드로 연결하여 소방배관을 지지하도록 하고 지진동을 흡수 · 감소 · 소멸하도록 내진용 스프링이 내장된 연결지지장치
5. **면진랙** : 지진격리장치로서 건축물을 통해 입형 제어반에 전달되는 지진력을 흡수 · 감소 · 소멸시키는 장치

07 결론

(1) 지진이라는 재해가 발생하면 지진에 의한 피해보다 지진 이후에 2차적 피해인 화재에 의한 피해가 더 크다고 보고되고 있는데, 우리나라는 현재까지 소방설비의 내진설계에 많은 신경을 쓰지 않고 있었다.

(2) 도심에서 지진이 발생하면 화재가 동반되고 이때 소화설비가 지진으로 파손된다면 많은 인적 · 물적 피해를 입게 된다.

(3) 20세기 초 미국 샌프란시스코와 일본 관동 대지진 때 조사결과를 보면 지진 자체에 의한 피해보다 화재에 의한 피해가 더욱 큰 것으로 나타났다. 건물이 점차 고층화, 대형화되고 있기 때문에 지진에는 오히려 더 취약해지고 피해가 증가하기 때문이다.

(4) 최근에는 우리나라도 지진의 안전지대가 아니라는 징후가 곳곳에서 감지되고 있으므로 그에 대한 적절한 대응책을 마련하기 위하여 소방시설의 내진설계기준이 제정된 것이다.

SECTION 115

지진분리이음, 지진분리장치

01 지진분리이음

(1) 개요

1) 정의 : 지진발생시 지진으로 인한 진동이 배관에 손상을 주지 않고 배관의 축방향 변위, 회전, 1° 이상의 각도 변위를 허용하는 이음 또는 건축물의 층간 변위 발생 또는 수평적 변위 발생 부분을 고려하여 연속 부설된 배관에 설치됨으로써 변형을 허용하는 배관 부속품 또는 배관이음쇠 또는 연결기기

2) 배관 200[mm] 이상의 배관 : 허용하는 각도 변위 0.5° 이상

(2) 성능

1) 진행방향(축방향) : 신축

2) 진행방향(직각방향) : 최소한 1° 이상의 변형(각)이 가능

(3) 설치기준

1) 설치대상 : 배관의 변형을 최소화하고 소화설비 주요 부품 사이의 유연성을 증가시킬 필요가 있는 아래와 같은 위치에 설치한다.

① 변형각이 크게 발생하는 장소

② 각 층의 상·하부의 일정 구간 내

③ 입상관과 연결되는 수평배관

④ 최상층 등 입상관이 종료되는 부분 : 변형각 발생지점이 한 곳으로 제한(진동전달 제한)된다.

⑤ 수직으로 설치되는 배관 중간 부분에 버팀대를 제외한 중간 지지부가 설치된 경우 : 지지하는 곳 상·하부의 배관에 변형이 발생한다.

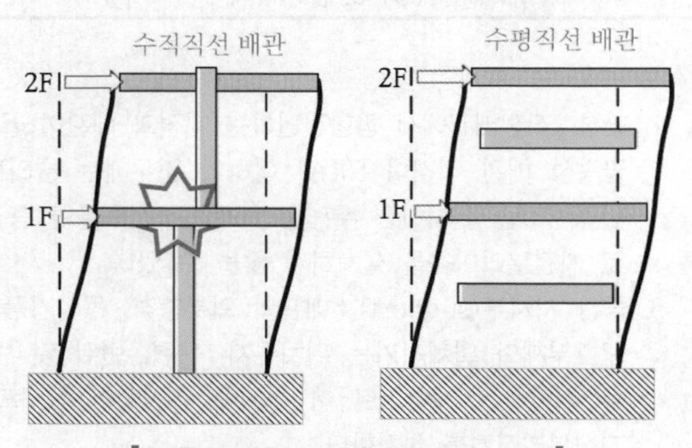

▌건축물의 층간 변위와 배관의 거동▐

신축이음쇠(그루브형 커플링)는 지진분리이음의 대표적인 제품이다.

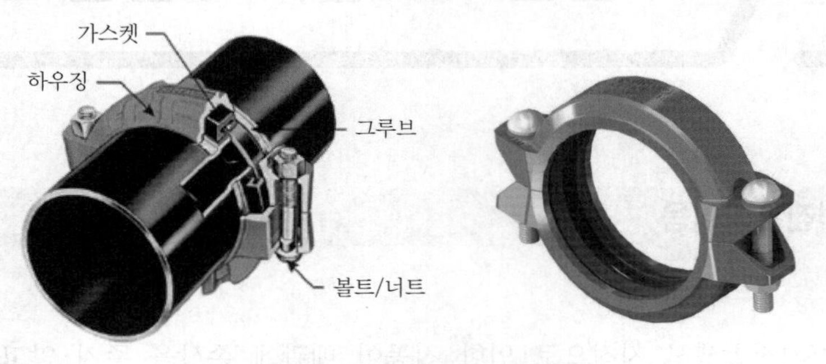

▌지진분리이음(그루브)▐

2) 배관구경 65[mm] 이상의 배관에 신축이음쇠의 설치위치

대상	설치위치	설치예외	지진분리이음
모든 수직 직선배관	상 · 하 단부의 0.6[m] 이내	길이가 0.9[m] 미만	설치생략 가능
		길이가 0.9 ~ 2.1[m] 사이	1개 설치
2층 이상의 건물	바닥으로부터 0.3[m]	–	설치
	천장으로부터 0.6[m] 이내		
천장 아래 설치된 지진분리이음이 수직직선배관의 수평 티분기점보다 높은 위치에 설치된 경우 분기된 수평배관에 지진분리이음	티분기 수평직선배관으로부터 0.6[m] 이내	수평직선배관의 길이 0.6[m] 이하인 경우에는 티분기된 수평직선배관	설치생략 가능
	티분기 수평직선배관 이후 2차측에 수직직선배관이 설치된 경우 1차측 수직직선배관의 지진분리이음 위치와 동일선상	–	설치
수직직선배관 또는 중간 지지부가 있는 경우	지지부의 윗부분으로부터 0.6[m] 이내	–	설치
	지지부의 아랫부분으로부터 0.6[m] 이내		

1. **단부** : 직선배관에서 방향전환하는 지점과 배관이 끝나는 지점
2. 금속성 배관 직경이 50[A] 이하인 경우에는 슬리브의 설치나 관통부의 최소 이격거리만 유지하면 유연성만으로도 건축물의 층간 변형에 대응이 가능하므로 지진분리이음을 설치하지 않을 수 있다.
3. 중간 지지부(support) : 배관의 외부충격, 동적거동 등으로 움직이지 못하도록 구조부재와 일체시키는 위치유지, 응력, 변위 및 변형을 확인하여 구조안전성을 확인하는 개념으로 이 부위에 유연성이 요구되는 경우 지진분리이음이나 지진분리장치를 설치한다.

3) 슬리브와 이격거리 규정을 만족하는 경우 지진분리이음을 설치하지 아니할 수 있다.

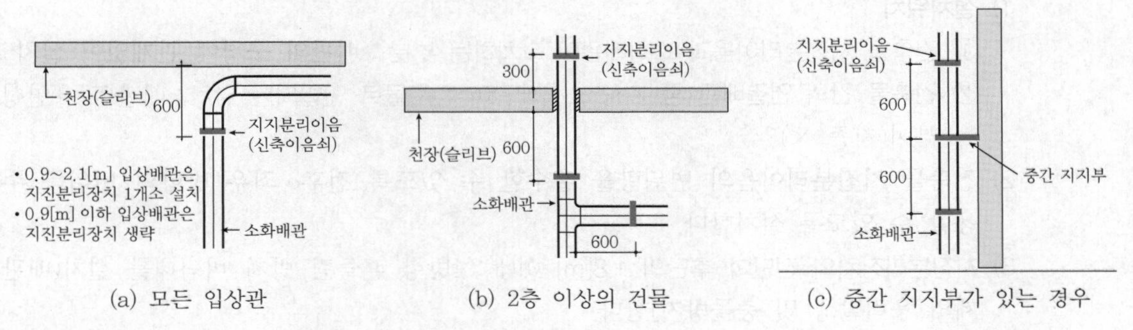

▌지진분리이음 설치 예▐

(4) 분리이음장치의 종류와 특성

구분	고정식(Rigid) 커플링	유동식(Flexible) 커플링
내용	빗면의 힘에 의해 어긋난 조인트 커버의 키가 홈의 안쪽과 바깥쪽을 모두 잡아주어 파이프를 고정시킴	각 조인트에서 신축과 팽창, 편심과 회전, 진동과 소음을 흡수할 수 있도록 설계됨
기능	배관의 수축, 팽창 립, 굽힘 등의 움직임을 최소화함	배관과 부품사이의 유연성을 증가시켜 내진효과를 극대화할 수 있음
내진적용	지진분리이음으로 적용 불가	적용 가능

02 지진분리장치

(1) 정의

지진 발생 시 건축물 지진분리이음 설치 위치 및 지상에 노출된 건축물과 건축물 사이 등에서 발생하는 상대변위를 흡수하기 위해 모든 방향에서의 변위를 허용하는 커플링, 플렉시블 파이프, 관부속품 등의 집합장치

(2) 목적

건물의 상대적인 움직임으로 배관의 파손을 방지(지진분리이음에 비해 변위가 더 큼)한다.

(3) 종류

스프링 내장형 소방용 행거, 내진 스프링행거, 내진 체인스프링가대, 내진 인서트, 면진지지장치, 면진랙, 면진가대 등의 지지장치 등

(4) 성능

건축물의 동적 구조해석 결과에 의한 변형량 이상의 변위를 흡수한다.

(5) 지진분리장치 설치기준

1) 설치위치

① 건축물 지진분리이음과 소화배관이 교차하는 부분 : **배관의 구경에 관계없이 설치**

② 건축물 간의 연결배관 중 지상 노출배관이 건축물로 인입되는 위치 : 배관의 유연성 부여(지중 ×)

2) 건축물 지진분리이음의 변위량을 흡수할 수 있도록 전후·좌우 방향의 변위를 수용할 수 있도록 설치한다.

3) 지진분리장치의 전단과 후단의 1.8[m] 이내 : 4방향 흔들림 방지 버팀대를 설치(배관계의 응력발생 및 충돌방지)한다.

지진분리장치는 전후·좌우의 4방향 변위를 수용할 수 있는 장치이므로 양끝단에 연결되어 있는 배관이 고정되지 않을 경우 변위흡수의 기능을 상실할 수 있다. 따라서, 지진분리장치를 설치할 경우 전후에 전후·좌우 방향 흔들림 방지 버팀대를 설치하도록 규정하고 있다.

4) 지진분리장치 자체에는 흔들림 방지 버팀대를 설치할 수 없다(기능상실).

지진분리장치는 일반적으로 관부속품, 배관과 커플링 장치 등을 이용한 집합체 장치를 사용하거나 모든 방향으로 움직임이 가능한 배관과 커플링 장치를 이용하는 집합체 장치이므로 자체에 버팀대를 설치할 경우 기능을 상실하므로 흔들림 방지 버팀대의 설치를 금지하고 있다.

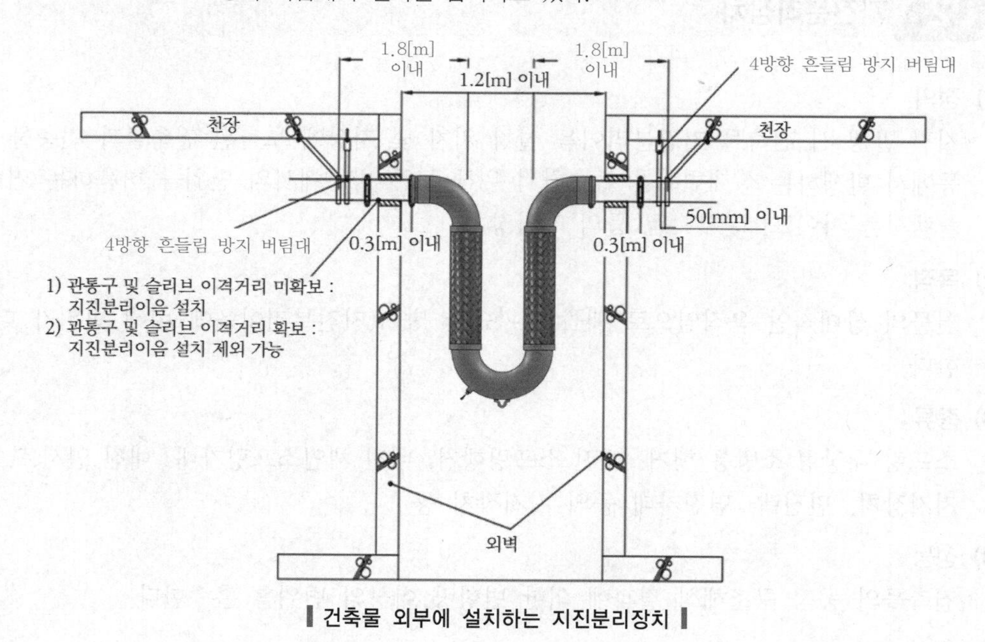

▌건축물 외부에 설치하는 지진분리장치▐

(a) 이음장치 조합에 의한 구성

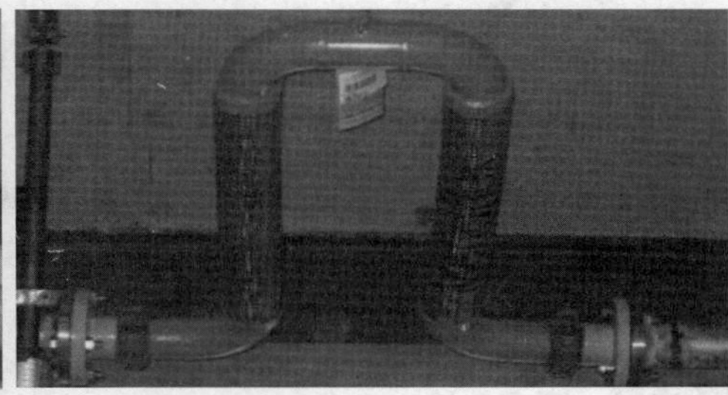

(b) 가요성이음장치

▌지진분리장치▐

03 설계 시 고려사항

(1) 소화배관과 타 배관이 시스템가대, 챤넬 겸용 시 하중을 고려하여야 한다.

(2) 재질에 따라 이종금속 간의 부식이 생기지 않도록 하여야 한다.

SECTION

116 흔들림 방지 버팀대

01 개요

(1) 배관의 자중을 지지하는데 사용되는 행거와 구분되며, 소방배관에 작용하는 지진력을 구조물에 전달할 수 있도록 구조물과 일체화시켜 견고하게 설치하여야 한다.

(2) 강도

버팀대는 지지하는 배관의 가동중량 및 수평지진력을 고려하여야 한다.

(3) 고정

건축물의 구조부재 및 그와 동등한 성능을 갖고 있는 부재이어야 한다

(4) 설계와 고정하는 방법

아래 방향의 지진력에도 형상을 유지하며, 안전성을 담보한다.

1) 평면상의 수평 2방향(배관의 종방향 및 횡방향)

2) 수직방향

(5) 버팀대의 설계절차

1) 스프링클러설비 배관 평면도를 그린다.

2) 횡방향, 종방향 및 4방향 지지 버팀대 및 설치위치를 선정한다.

3) 각 버팀대가 지지하여야 하는 영향구역을 설정한다.

영향구역(ZOI : Zone of Influence) : 흔들림 방지 버팀대가 수평지진하중을 지지할 수 있는 구역으로, 즉 버팀대 양쪽에 앵커를 설치할 수 있는 부분이다. NFPA 13에서는 18.5.5.2에 최대 간격이 표로 제시되고 있다.

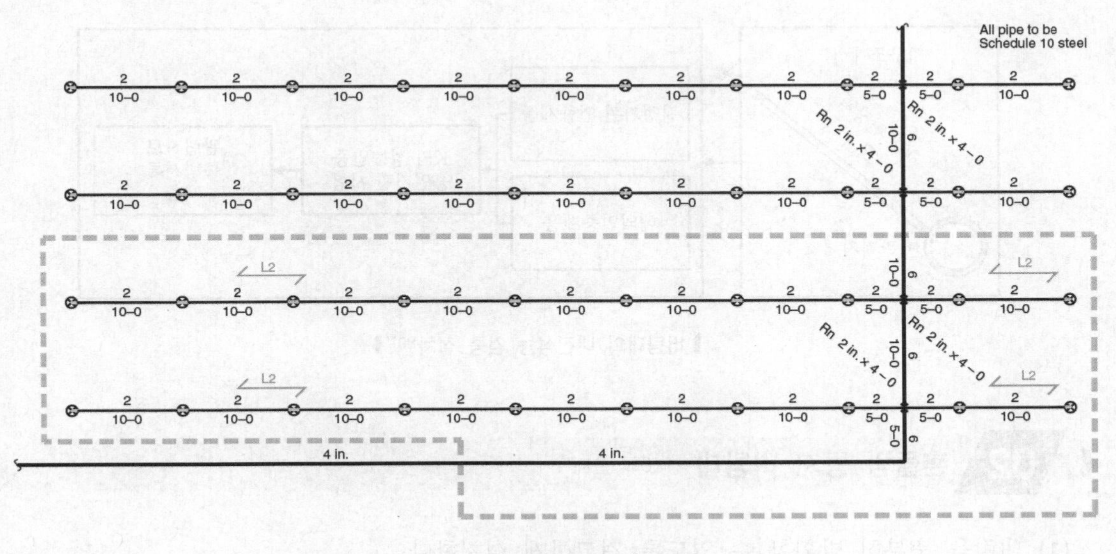

▌영향구역[79] ▌

4) 영향구역 내 배관의 가동중량(W_p)과 수평지진하중($F_{pw} = C_P \cdot W_p$)을 결정한다.
5) 버팀대 작용하중 산정(NFPA 13 2022 table 18.5.2.3) : 제조사의 데이터가 있는 경우는 그에 따른다.

수직으로부터 버팀대의 각도	허용되는 수평하중(allowable horizontal load)
30 ~ 44°	버팀대의 인증된 수평하중/2
45 ~ 59°	버팀대의 인증된 수평하중/1.414
60 ~ 89°	버팀대의 인증된 수평하중/1.155
90°	버팀대의 인증된 수평하중

6) 버팀대 및 구성요소의 최대 허용하중(성적서)과 세장비를 통해 좌굴을 검토한다.

(6) 내진성능 검증절차

1) 버팀대가 양단 힌지 거동하도록 설계된 경우 : 버팀대의 길이방향에 대해 인장 또는 압축하중만이 작용하게 되므로 이에 대한 검증만을 수행하면 버팀대 자체의 내진성능을 확인한다.
2) 버팀대 자체 외에도 이와 연결되는 배관 지지부, 버팀대 양단의 힌지부 및 건축물과의 고정방법(앵커, 체결구 등) : 기계적 성능을 검증한다.
3) 검증기관 : 신뢰성 있는 시험장비를 확보한 연구기관 또는 공인시험기관
4) 인정기준 : KFI 성능인증 제품으로 설치하여야 한다.

79) NFPA 13H(2019) CLOSER LOOK [18.5.5.8]에서 발췌

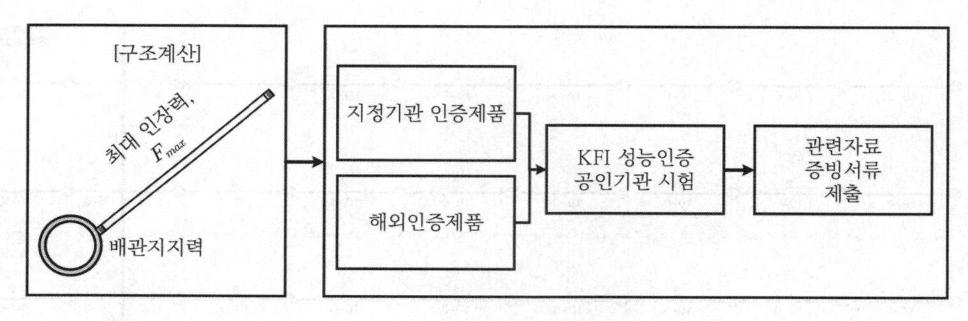

▌버팀대의 내진성능 검증 절차[80] ▌

02 흔들림 방지 버팀대 110회 출제

(1) 내력을 충분히 발휘할 수 있도록 견고하게 설치한다.

(2) **배관**

횡방향 및 종방향의 수평지진하중, 지진하중에 의한 수직방향 움직임을 방지하도록 흔들림 방지 버팀대를 설치한다.

(3) **흔들림 방지** 버팀대가 부착된 구조부재

배관의 지진하중을 견뎌야 한다(허용초과금지).

(4) **흔들림 방지 버팀대의 세장비**$\left(\frac{L}{r}\right)$: 300 이하

$$세장비(\lambda) = \frac{L}{r}$$ 133 · 119 · 112회 출제

여기서, L : 흔들림 방지 버팀대의 길이

r : 최소 단면 2차 반경$\left(r = \sqrt{\frac{I_x}{A}}\right)$

I_x : 흔들림 방지 버팀대 단면 2차 모멘트

A : 흔들림 방지 버팀대의 단면적

꼼꼼체크 1. **세장비**$\left(\frac{L}{r}\right)$: 흔들림 방지 버팀대의 길이(L)와 최소 회전반경(r)의 비율을 말하며, **세장비가 커질수록 좌굴(buckling)현상이 발생**하여 지진발생 시 파괴되거나 손상을 입기 쉽다. 지지대가 얼마나 가느다란지를 나타내며 즉 길이를 단면의 반지름으로 나눈 값이다.

80) 소방시설의 내진설계기준 해설에서 발췌

2. 세장비의 영향요소
   ① 재료의 강도
   ② 파단하중(재료가 파단할 때 하중)
   ③ 단면적
   ④ 지지개소
3. 버팀대는 지진 시 파손 및 변형이 발생하지 않도록 설계된 지지대이다. 일반적으로 사용되는 버팀대의 변형 중 가장 일반적인 현상은 좌굴현상이다. 이러한 좌굴현상은 세장비가 커질수록 발생하기 쉬운데 지진동 발생 시 순간 모멘트로 인해 버팀대의 휨현상이 발생하기 때문이다.
4. 좌굴현상
   ① 정의 : 기둥의 길이가 그 횡단면 치수에 비해 클 때, 기둥의 양단에 압축하중이 가해졌을 경우 하중이 어느 크기에 이르면 기둥이 갑자기 휘는 현상
   ② 세장비가 클수록 좌굴현상이 발생하기 쉽다.
   ③ 최대휨모멘트(M) = $W \times L$[kg · cm]
   ④ 휨(δ) = $\dfrac{WL^3}{3EI_x}$ [cm](여기서, W : 요구하중)
   ⑤ 일반적으로 영계수(E) = 2.1×10^6[kg/cm²]
5. **지진동** : 지진 시 발생하는 진동을 말한다.
6. 버팀대는 기둥의 역할을 하므로 긴 기둥의 경우 지진의 힘을 일부 흡수할 수 있다. 그러나 지나치게 길면 좌굴에 견디는 기둥의 힘을 감소시키고 시간이 흐름에 따라 피로파괴를 유발한다. 그러므로 소방시설 내진설계 기준에서는 버팀대 세장비의 최댓값을 300으로 한정하고 있다.
7. **단면 2차 모멘트** : 면적과 거리의 자승의 곱으로 단위는 4제곱

형태	직사각형	원형	중공원형
도형	X, G, h, X, b	X, G, D, X	$X = \frac{d}{D}$, d, D
단면 2차 모멘트(I_x)	$\dfrac{bh^3}{12}$	$\dfrac{\pi D^4}{64}$	$\dfrac{\pi(D^4 - d^4)}{64}$

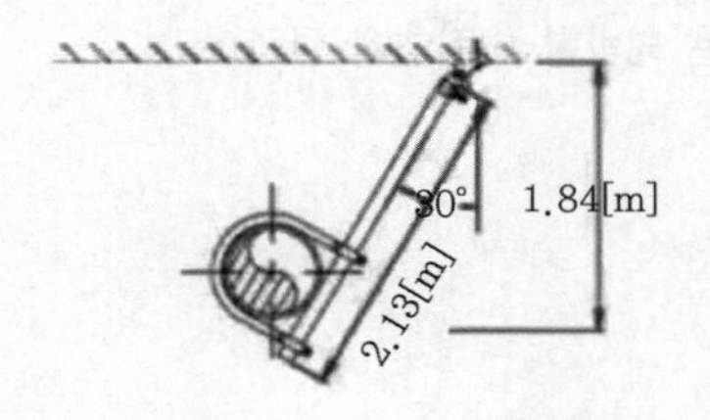

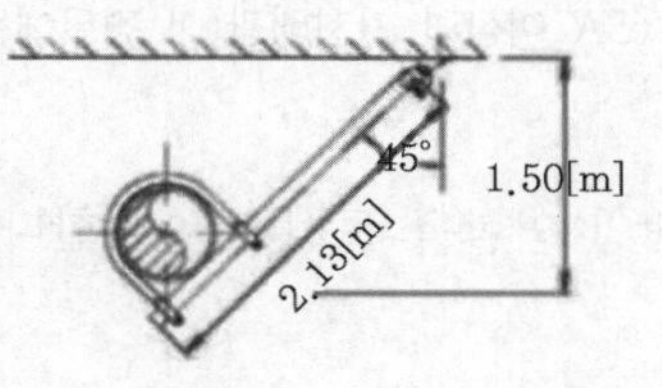

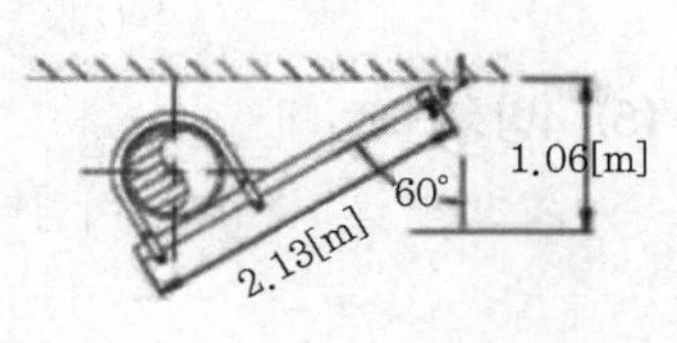

▌흔들림 방지 버팀대 설치 각도 기준 예(세장비 20 기준)▐

예제

압력배관용 탄소강관 25A의 세장비가 300 이하일 때 버팀대 최대 길이[cm]를 구하시오. (단, 25A(Sch. 40)의 외경 34.0[mm], 배관의 두께 3.4[mm], $\lambda = \dfrac{L}{r}$을 이용하고, r : 최소 단면 2차 반경$\left(r = \sqrt{\dfrac{I}{A}}\right)$, I : 흔들림 방지 버팀대 단면 2차 모멘트, A : 흔들림 방지 버팀대의 단면적) 124회 출제

[풀이]

(1) 흔들림 방지 버팀대 단면 2차 모멘트(I) $= \dfrac{\pi(D^4 - d^4)}{64}$

$$= \pi\frac{\{34^4 - (34 - 3.4 \times 2)^4\}}{64}$$

$$= 38{,}728.61[\text{mm}^2]$$

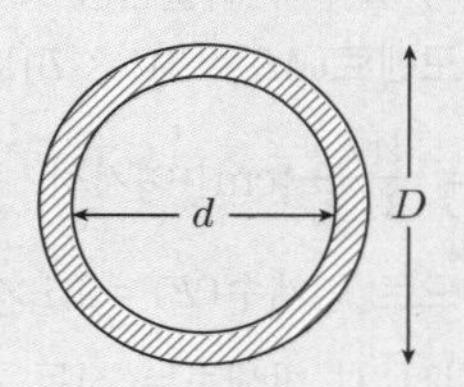

(2) 흔들림 방지 버팀대의 단면적(A) $= \dfrac{\pi(D^2 - d^2)}{4}$

$$= \frac{\pi\{34^2 - (34 - 3.4 \times 2)^2\}}{4}$$

$$= 326.85[\text{mm}^2]$$

(3) 최소 단면 2차 반경(r) $= \sqrt{\dfrac{I}{A}} = \sqrt{\dfrac{38{,}728.61}{326.85}} = 10.89[\text{mm}]$

(4) 버팀대 길이(L) $= \lambda \cdot r = 300 \times 10.89[\text{mm}] \times \dfrac{1[\text{cm}]}{10[\text{mm}]} = 326.7[\text{cm}]$

흔들림 방지 버팀대 사용장소

① 설비 입상관의 최상부

② 배관 구경에 관계없이 모든 주급수관 및 교차배관

③ 구경 65A 이상의 가지배관(이 경우에는 횡방향 버팀대에 한함)

(5) 4방향 버팀대

횡방향 및 종방향 버팀대의 역할을 동시에 수행한다.

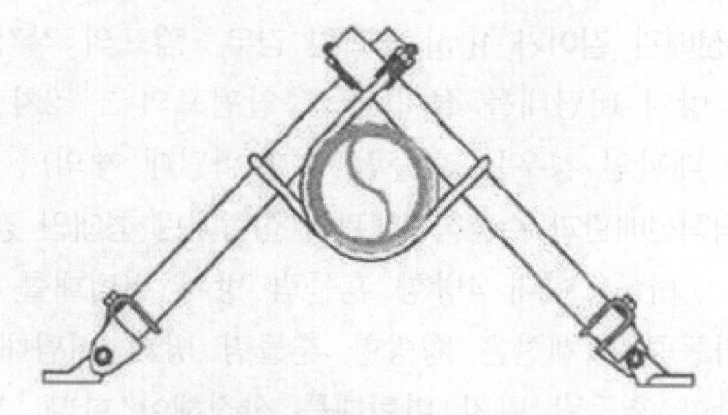

▌4방향 흔들림 배관 버팀대▐

(6) 하나의 수평직선배관

1) 배관길이가 6[m] 이상인 경우 : 최소 2개의 횡방향 흔들림 방지 버팀대와 1개의 종방향 흔들림 방지 버팀대를 설치한다.

2) 예외 : 영향구역 내 배관의 길이가 6[m] 미만인 경우

① 횡방향 흔들림 방지 버팀대 : 1개 설치한다.

② 종방향 흔들림 방지 버팀대 : 1개 설치한다.

pipe run구간 종류

① run : 배관에서 방향전환 지점의 단부와 단부 사이 배관의 길이가 6[m] 이상 구간을 말한다.

② Short run : 방향전환 지점의 단부와 단부 사이 배관의 길이가 6[m] 미만 구간을 말한다.

③ run 제외 구간 : 배관길이가 1.2[m] 이하로 흔들림 방지 버팀대를 설치하지 않는다.

④ 연속 run : run 구간이 연속으로 연결된 배관라인을 말한다.

⑤ 방향전환된 지지점 : 경사배관은 배관 진행방향(반대방향)을 기준으로 45° 초과 시에만 단부로 본다.

3) pipe run 구간내 상쇄배관(offset) : 영향구역 내에 포함되며, 방향전환 후 마지막 배관의 길이가 1.2[m] 이하인 경우 흔들림 방지 버팀대를 제외할 수 있다.

(7) 펌프측 흔들림 방지 버팀대 적용 사항 등

1) 펌프 흡입측과 토출측의 수평·수직직선배관 : 흔들림 방지 버팀대 설치

2) 펌프 흡입측과 토출측의 수직직선배관 등 : 각 배관에 4방향 흔들림 방지 버팀대 설치

3) 펌프의 토출측 수직직선배관의 길이가 1[m] 이내이고, 수직직선배관의 간격이 1[m] 이내의 수평 집합관으로 구성된 경우 : 주펌프, 예비펌프, 충압펌프의 집합 수평직선배관은 수직직선배관이 연결된 중심부에 1개의 4방향 흔들림 방지 버팀대를 설치하고, 가동중량을 수직직선배관, 부속품(알람밸브 등 포함) 등의 합으로 계산

4) 펌프의 수직직선배관 길이가 1[m] 초과인 경우 : 펌프의 각각에 모든 수직직선배관에 4방향 흔들림 방지 버팀대를 설치(단, 충압펌프의 1 · 2차측 배관의 직경이 호칭경 50[mm] 이하 배관인 경우는 흔들림 방지 버팀대 제외)

5) 각 펌프의 수직직선배관과 수평직선배관이 집합배관 형태인 경우 : 각 펌프별 수평직선배관으로부터 0.6[m] 이내 4방향 흔들림 방지 버팀대를 설치할 수 있으며, 수평직선배관의 가동중량 계산은 횡방향 흔들림 방지 버팀대의 간격을 6[m] 이내로 제한하여 횡방향 흔들림 방지 버팀대를 산정해야 한다. 또한, 흡입측 집합배관에 설치된 4방향 흔들림 방지 버팀대의 횡 · 종방향 흔들림 방지 버팀대는 각 펌프 흡입측 수평직선배관의 지진하중을 견디도록 설계한다.

(8) 흔들림 방지 버팀대의 기준

소방청장이 고시한 「흔들림 방지 버팀대의 성능인증 및 제품검사 기술기준」에 적합한 것으로 설치한다.

(9) 건물 구조상 흔들림 방지 버팀대를 고정할 수 없는 경우

용접 등으로 고정(조건 : 관계기관과 사전 협의, 안전성을 나타낼 수 있는 관련 자료 확인)한다.

03 수평직선배관 흔들림 방지 버팀대

(1) 설치기준

1) 횡방향과 종방향의 설치기준 비교표

구분	횡방향 버팀대	종방향 버팀대
설치대상	① 배관구경과 무관 : 수평주행배관, 교차배관, 옥내소화전의 수평배관 ② 가지배관 및 기타 배관 : 구경 65[mm] 이상 ③ 예외 : 옥내소화전설비의 수직배관에서 분기된 50[mm] 이하의 수평배관에 설치되는 소화전함이 1개인 경우는 설치 안 함	① 구경 관계없이 모든 수평주행배관, 교차배관, 옥내소화전설비의 수평배관 ② 예외 : 옥내소화전설비의 수직배관에서 분기된 50[mm] 이하의 수평배관에 설치되는 소화전함이 1개인 경우는 설치 안 함
설계하중	① 설치된 위치의 좌우 6[m]를 포함한 12[m] 이내의 배관에 작용하는 횡방향 수평지진하중 ② 영향구역 내 수평 주행배관, 교차배관, 가지배관의 하중을 포함하여 산정함	① 설치된 위치의 좌우 12[m]를 포함한 24[m] 이내 배관에 작용하는 횡방향 수평지진하중 ② 영향구역 내 수평주행배관, 교차배관의 하중을 포함하여 산정함(가지배관 하중은 제외)
간격	중심선 기준으로 최대 12[m] 이내	중심선 기준으로 최대 24[m] 이내
단부거리에 설치	마지막 버팀대와 단부 사이의 거리 1.8[m] 이내	마지막 버팀대와 단부 사이의 거리 12[m] 이내
상쇄배관(offset)	영향구역 내 상쇄배관길이를 합산하여 계산함	영향구역 내 상쇄배관길이를 합산하여 계산함

구분	횡방향 버팀대	종방향 버팀대
대체	① 횡방향 흔들림 방지 버팀대가 설치된 지점으로부터 600[mm] 이내에 그 배관이 방향전환되어 설치된 경우 그 횡방향 흔들림 방지 버팀대는 인접배관의 종방향 흔들림 방지 버팀대로 사용할 수 있음 ② 배관의 구경이 다른 경우에는 구경이 큰 배관에 설치하여야 함	① 종방향 흔들림 방지 버팀대가 설치된 지점으로부터 600[mm] 이내에 그 배관이 방향전환되어 설치된 경우 그 종방향 흔들림 방지 버팀대는 인접배관의 횡방향 흔들림 방지 버팀대로 사용할 수 있음 ② 배관의 구경이 다른 경우에는 구경이 큰 배관에 설치하여야 함
목적	수평배관의 진행방향과 직각방향의 수평지진하중을 지지함	수평배관의 진행방향의 수평지진하중을 지지함

1. 수평주행배관과 교차배관은 인접한 가지배관의 하중까지 받고 있으므로 배관의 구경과는 무관하게 횡방향 흔들림 방지 버팀대를 설치하여야 한다.
2. 65[mm] 미만인 가지배관 및 기타 배관(즉, 50[mm] 이하)은 배관이 작아서 자체적으로 유연성을 가지고 있다고 보고 이에 대한 버팀대 설치기준을 제시하지 않고 있는 것이다.

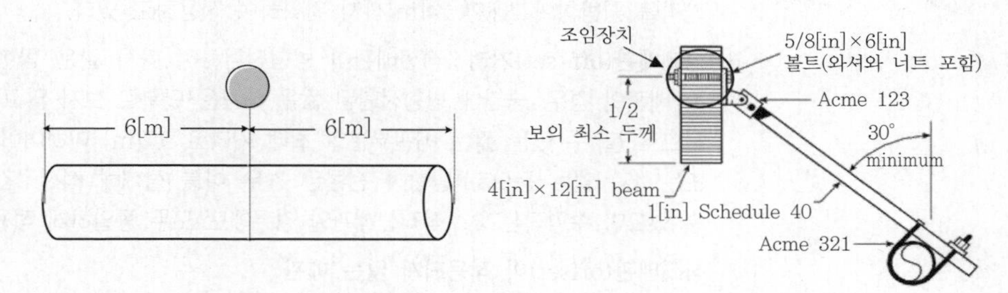

(a) 횡방향 흔들림 방지 버팀대의 영향구역 (b) 설치 예

▌횡방향 흔들림 방지 버팀대▐

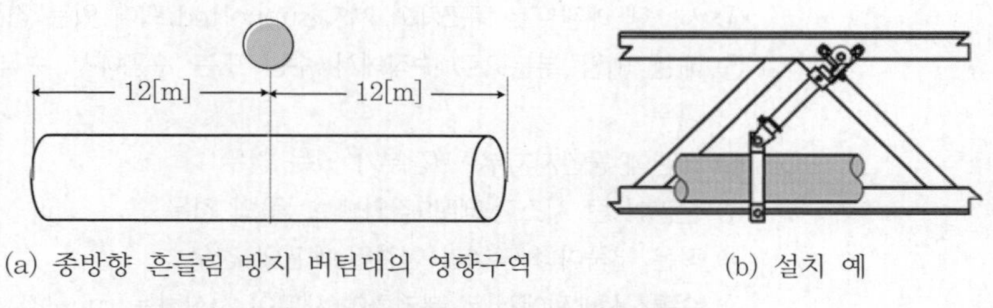

(a) 종방향 흔들림 방지 버팀대의 영향구역 (b) 설치 예

▌종방향 흔들림 방지 버팀대▐

1. **단부** : 직선배관에서 방향전환하는 지점과 배관이 끝나는 지점
2. IBC code에서 규정하고 있는 버팀대의 최대 간격이 12[m]이므로 이를 넘어서는 설치하지 말라고 규정하고 있는 것이다.
3. 횡방향 흔들림 방지 마지막 버팀대와 배관 끝부분 사이에 가지배관이 분기되어 사용될 경우 마지막 부분은 외팔보와 같은 형태가 되며 캔틸레버 하중을 받게 되므로 이를 지지하기 위해서 최대 거리를 12[m]로 제한을 두는 것이다.
4. **캔틸레버(cantilever)** : 한쪽만 고정시키고(고정단) 다른 쪽은 돌출시켜(자유단), 그 위에 하중이 실리도록 하는 보이다. 캔틸레버는 고정단에 발생하는 휨모멘트와 전단력을 통해 하중을 지지한다. 이러한 외팔보의 위쪽의 반은 인장응력을 받으며, 아래쪽의 반은 압축응력을 받는다.

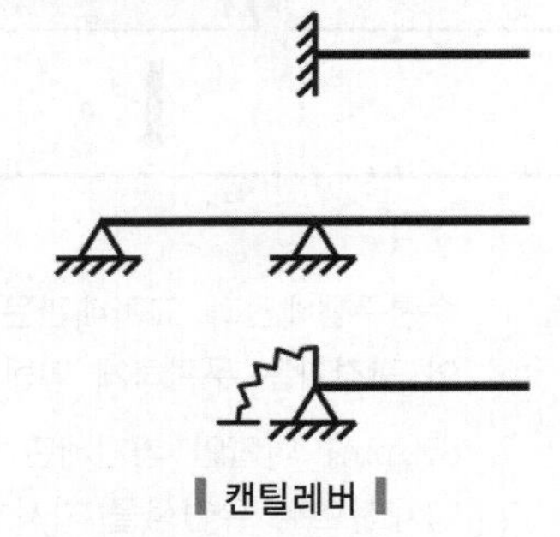

▌캔틸레버▐

5. 종방향 흔들림 방지 버팀대의 경우는 횡방향보다 흔들림이 적기 때문에 설치간격을 횡방향의 2배인 24[m]까지 완화하여 적용하고 있다.
6. **상쇄배관(off set)거리** : 직선배관이 방향전환하여 다시 같은 방향으로 연속되는 배관의 경우, 중간에 방향전환된 짧은 배관은 단부로 보지 않고 상쇄하여 직선으로 볼 수 있는 짧은 배관부분의 최대 거리로 3.7[m] 이하이어야 한다. 90° 또는 45° 엘보 등으로 방향이 전환된 경우 이를 상쇄해 직선구간으로 간주할 수 있으며 수평직선과 수직직선배관일 경우에도 모두 동일하게 적용한다.
7. **상쇄배관(offset)이 적용되지 않는 배관**
   ① 하나의 pipe run에 속하지 않고, 새로이 시작되는 run구간
   ② 배관의 상대변위가 큰 지진분리장치나 가요성이음장치 설치 부분
   ③ 배관이 타배관이나 구조체에 지지(supported)되어 있는 경우
   ④ 시스템 배관으로 구조체와 지지(supported)되어 있는 경우
   ⑤ 배관 매립 부분으로 수직에서 수평 또는 수평에서 수직으로 방향전환하는 경우
   ⑥ 배관에 중간지지부, 고정부가 있는 경우
   ⑦ 중량이 큰 시스템 배관(감압밸브 등)의 경우
   ⑧ 작은 부품이나 장비가 연결된 배관의 경우
   ⑨ 수평직선배관에서 T 분기하여 새로이 시작하는 run구간
   ⑩ 방향전환된 경사배관의 진행(역)방향 기준에서 45° 미만인 경우

2) 가지배관의 구경이 65[mm] 이상일 경우 설치기준

배관의 길이	횡방향 흔들림 방지 버팀대
3.7[m] 이상	설치
3.7[m] 미만	설치하지 않을 수 있다(NFPA 13 18.5.7.2*).

3) 횡방향 흔들림 방지 버팀대의 수평지진하중 : 영향구역의 최대허용하중 이하로 적용

(2) 설치 예외

교차배관 및 수평주행배관에 설치되는 행가가 다음의 기준을 모두 만족하는 경우 횡방향 흔들림 방지 버팀대를 설치하지 않을 수 있다.

1) 건축물 구조부재 고정점으로부터 배관 상단까지의 거리 : 150[mm] 이내

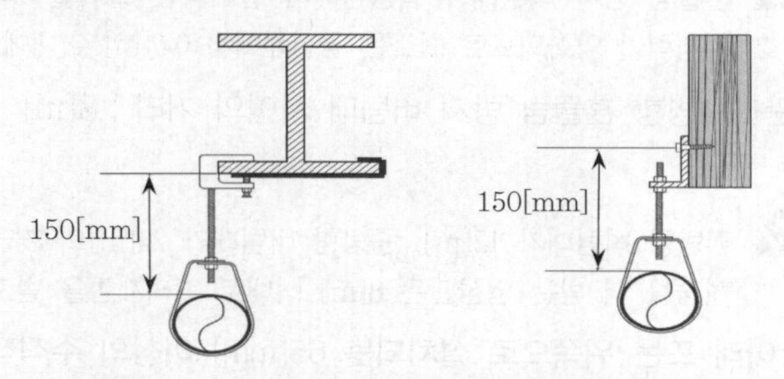

▍건축물 구조부재 고정점으로부터 배관 상단까지의 거리▐

2) 배관에 설치된 모든 행가의 75[%] 이상이 '1)'의 기준을 만족할 것

3) 교차배관 및 수평주행배관에 연속하여 설치된 행가는 '1)'의 기준을 연속하여 초과하지 않을 것

4) 지진계수(C_p) 값 : 0.5 이하

5) 수평주행배관의 구경은 150[mm] 이하이고, 교차배관은 100[mm] 이하일 것

6) 행가는 스프링클러설비의 화재안전기술기준에 따라 설치할 것

(3) 국내기준과 NFPA 13의 비교

국내기준은 단부에서 거리가 1.8[m] 이내에 횡방향 방지 버팀대를 설치하여야 한다. NFPA 13의 경우는 단부는 설치하고 방향전환의 경우는 1.8[m] 이내에 설치하지 않아도 된다. 왜냐하면 배관의 끝은 일종의 캔틸레버로 배관 파손 위험이 증가하지만, 방향전환은 그러하지 않다고 보기 때문이다.

04 수직직선배관 흔들림 방지 버팀대

(1) 흔들림 방지 버팀대 설치기준

1) 길이 1[m]를 초과하는 수직직선배관 : 최상부에 설치(예외 : 가지배관)

수직직선배관은 수평주관과 연결되며 수평주관은 수직, 수평 모든 방향의 진동을 받을 수가 있다. 따라서, 수직직선배관의 흔들림 방지 버팀대는 4방향 흔들림 방지 버팀대를 설치하여야 한다. 하지만 1[m] 이하의 작은 수직직선배관의 경우는 진동을 작게 받고 완화차원에서 제외한 것이다.

2) 수직직선배관 최상부의 4방향 흔들림 방지 버팀대가 수평직선배관에 부착된 경우
   ① 수직직선배관의 중심선으로부터 0.6[m] 이내에 설치한다.
   ② 흔들림 방지 버팀대의 하중 : 수직 및 수평방향의 배관을 모두 포함한다.

흔들림 방지 버팀대가 입상관에서 멀어지면 멀어질수록 수직직선배관을 지지하는 지지력이 약화되므로 최소한 중심선에서 0.6[m] 이내에 위치하도록 하고 있다.

3) 수직직선배관과 4방향 흔들림 방지 버팀대 사이의 거리 : 8[m] 초과 금지

횡방향 버팀대가 12[m], 종방향 버팀대가 24[m]의 거리제한을 하고 있고, 그보다 하중을 더 받는 입상관은 8[m] 이내로 거리제한을 받고 있다.

4) 소화전함에 아래 또는 위쪽으로 설치되는 65[mm] 이상의 수직직선배관
   ① 수직직선배관의 길이가 3.7[m] 이상인 경우
      ㉠ 4방향 흔들림 방지 버팀대를 1개 이상 설치한다.
      ㉡ 말단에 호칭경 10[mm] 이상 U볼트 등의 고정장치를 설치한다.
   ② 수직직선배관의 길이가 3.7[m] 미만인 경우
      ㉠ 4방향 흔들림 방지 버팀대를 설치하지 아니할 수 있다.
      ㉡ 호칭경 10[mm] 이상 U볼트 등의 고정장치를 설치한다.

5) 수직직선배관에 4방향 흔들림 방지 버팀대를 설치하고 수평방향으로 분기된 수평직선배관의 길이가 0.6[m] 미만인 경우 : 수직직선배관에 수평직선배관의 지진하중을 포함하는 경우 수평직선배관의 흔들림 방지 버팀대를 설치 제외하는 것이 가능하다.

6) 수직직선배관이 다층건물의 중간층을 관통하며, 관통구 및 슬리브의 구경이 배관 구경별 관통구 및 슬리브 구경 미만인 경우 : 4방향 흔들림 방지 버팀대를 설치 제외하는 것이 가능하다.

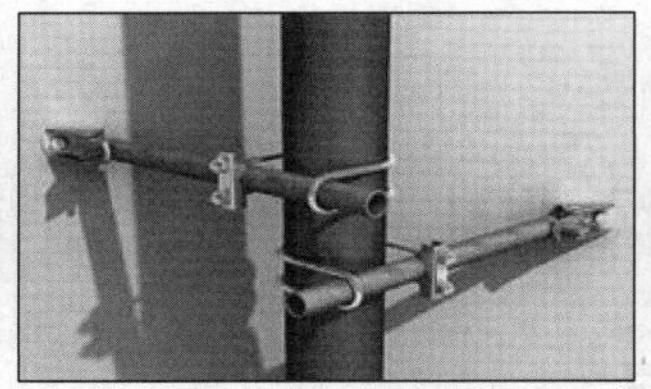
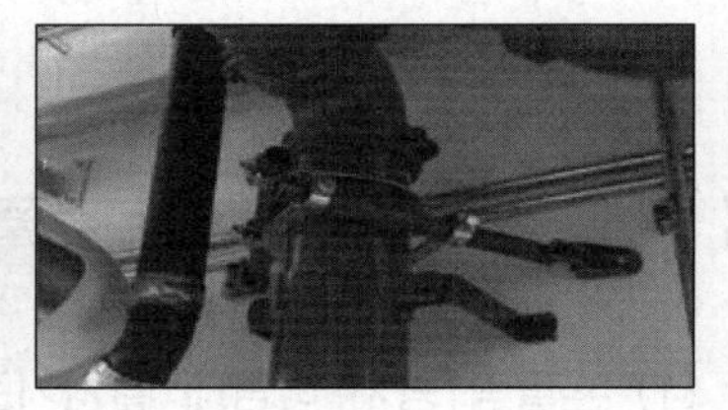

▍4방향 버팀대 설치 예▍

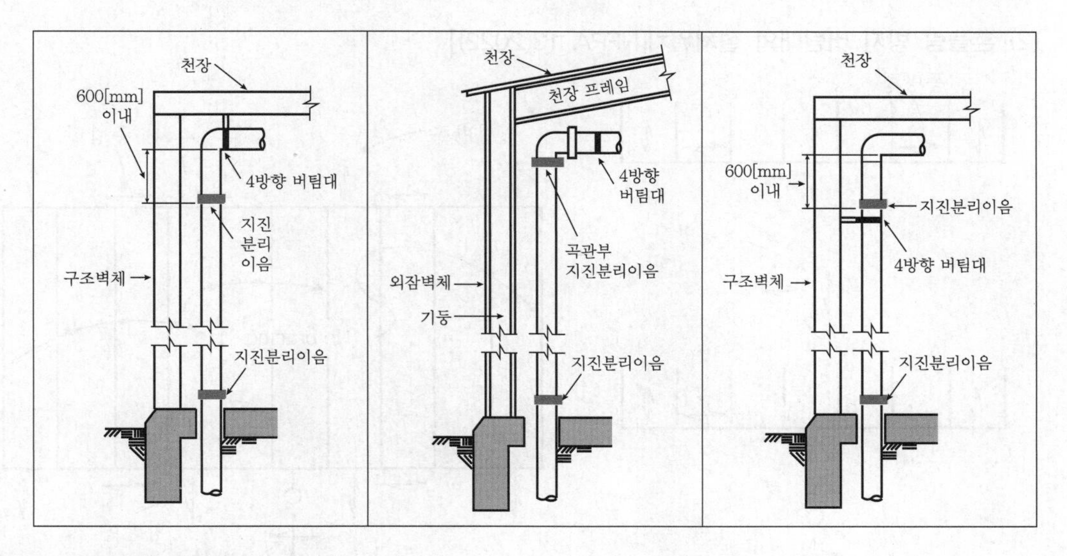

(2) 4방향 버팀대의 목적

1) 수평배관에 설치 : 수평배관의 종횡방향 + 수직배관의 전후 · 좌우 하중지지

2) 수직배관에 설치 : 수직직선배관의 전후 · 좌우 하중지지

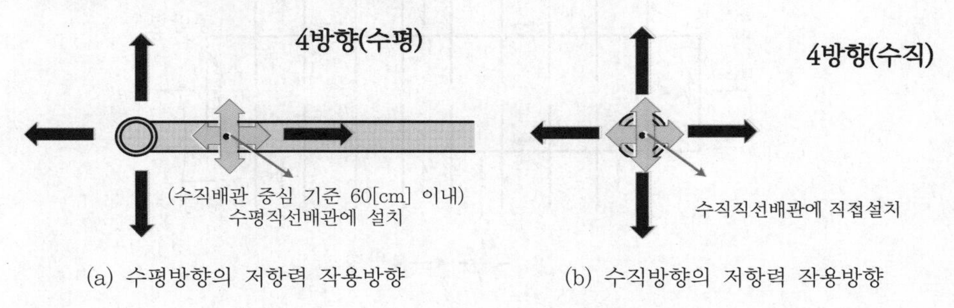

(a) 수평방향의 저항력 작용방향 (b) 수직방향의 저항력 작용방향

05 흔들림 방지 버팀대 고정장치

(1) 흔들림 방지 버팀대 고정장치

수평지진하중은 허용하중을 초과하는 것이 금지이다.

(2) 흔들림 방지 버팀대의 설치위치[NFPA 13(2022)]

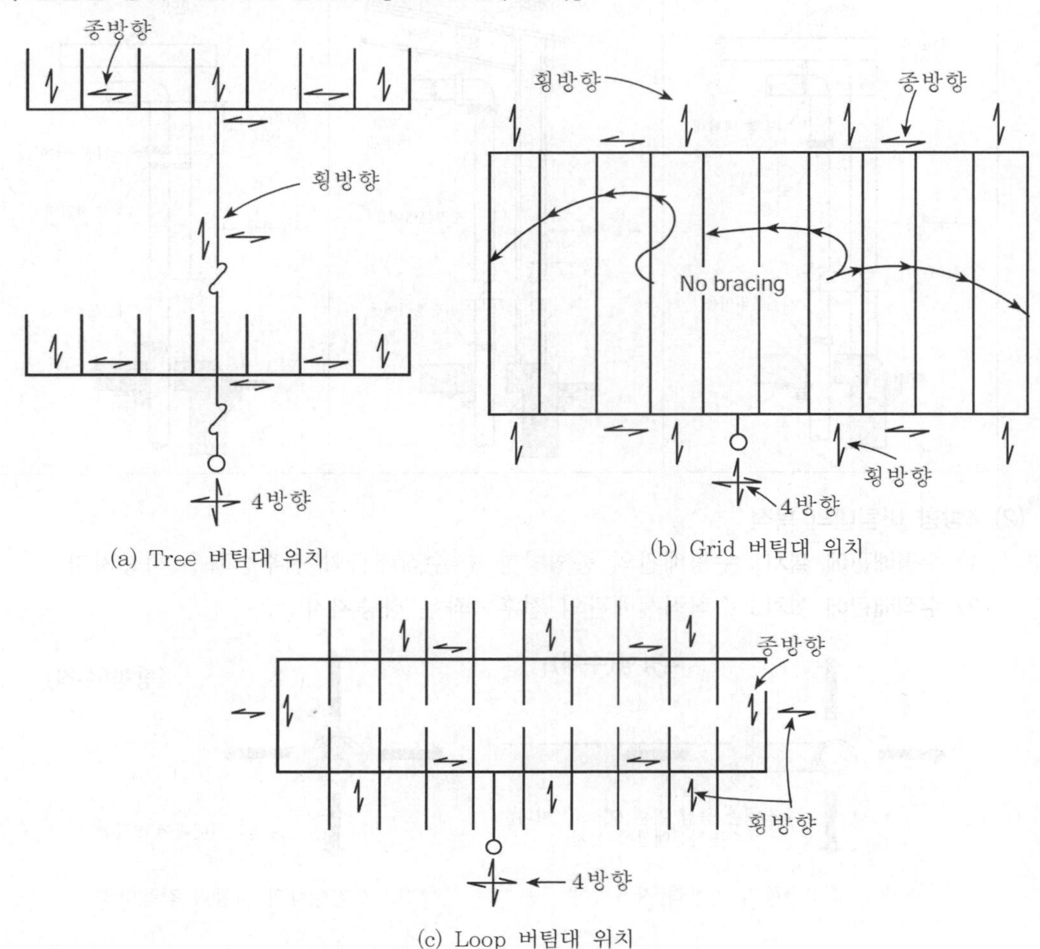

▌NFPA 13(2022) Typical location of bracing ▌

06 가지배관 고정장치(레스트레인트 ; restraint) 및 헤드

(1) 고정장치 설치목적

가지배관의 움직임을 제한하여 파손, 변형 등으로부터 보호한다.

(2) 설치 예

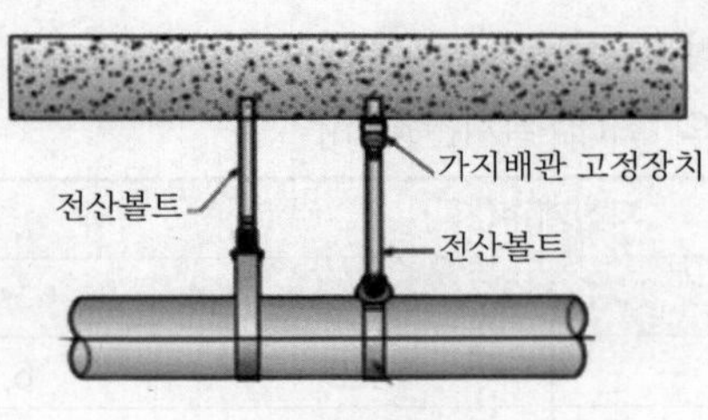

(a) 가지배관 고정장치

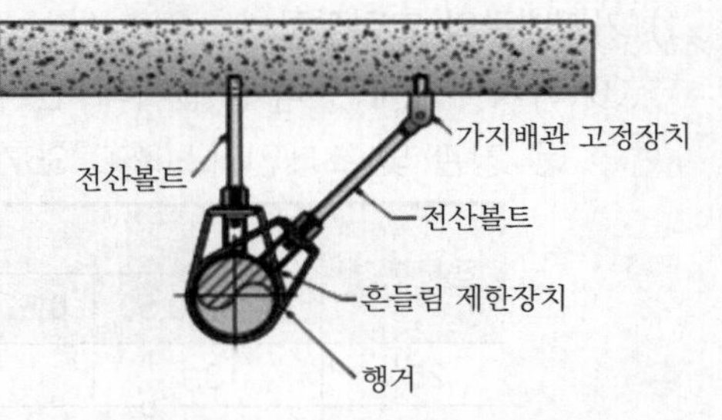

(b) 가지배관 설치형태(환봉형태)

(3) 종류 133회 출제

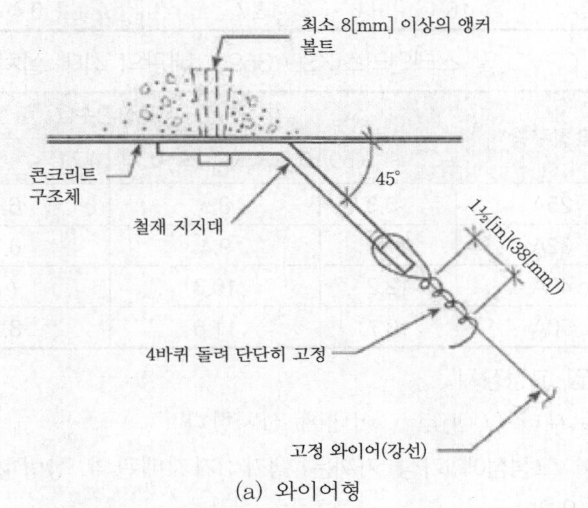

(a) 와이어형

Fasteners
(as required)
Hanger rod
Surge
restrainer
Swivel
attachment
Restraint
rod l/r=400
Band
hanger
Surge restrainer
Band
hanger

(b) 환봉형

(4) 설치기준

1) 가지배관의 고정장치

① 가지배관에는 최대 설치의 간격에 따라 고정장치를 설치한다.

㉠ 강관 및 스테인리스(KSD 3576) 배관의 최대 설치간격[m]

호칭구경	지진계수(C_p)			
	$C_p \le 0.50$	$0.5 < C_p \le 0.71$	$0.71 < C_p \le 1.4$	$1.4 < C_p$
25A	13.1	11.0	7.9	6.7
32A	14.0	11.9	8.2	7.3
40A	14.9	12.5	8.8	7.6
50A	16.1	13.7	9.4	8.2

㉡ 동관, CPVC 및 스테인리스(KSD 3595) 배관의 최대 설치간격[m]

호칭구경	지진계수(C_p)			
	$C_p \le 0.50$	$0.5 < C_p \le 0.71$	$0.71 < C_p \le 1.4$	$1.4 < C_p$
25A	10.3	8.5	6.1	5.2
32A	11.3	9.4	6.7	5.8
40A	12.2	10.3	7.3	6.1
50A	13.7	11.6	8.2	7.0

② 와이어타입 고정장치

㉠ 행가로부터 600[mm] 이내에 설치한다.

㉡ 와이어 고정점에 가장 가까운 행가 : 가지배관의 상방향 움직임을 지지할 수 있는 유형

가지배관의 헤드를 고정하는 와이어타입의 경우 횡방향 흔들림만을 방지하는 역할을 하기 때문에 수직방향 흔들림에 대한 방지를 할 수 있는 행가가 설치되어야 한다.

③ 환봉타입 고정장치

㉠ 행가로부터 150[mm] 이내에 설치한다.

㉡ 세장비

- 400 이하
- 예외 : 양쪽 방향으로 두 개의 고정장치를 설치하는 경우 세장비를 적용하지 않는다.

④ 고정장치

㉠ 수직으로부터 45° 이상의 각도로 설치한다.

㉡ 설치각도에서 최소 1,340[N] 이상의 인장 및 압축하중을 견딜 수 있어야 한다.

㉢ 와이어를 사용하는 경우 : 1,960[N] 이상의 인장하중을 견디는 것으로 설치한다.

⑤ 가지배관 상의 말단 헤드 : 수직 및 수평으로 과도한 움직임이 없도록 고정한다.

⑥ 가지배관에 설치되는 행가 : 스프링클러설비의 화재안전기술기준(NFTC 13)에 따라 설치한다.

⑦ 가지배관에 설치되는 행가 : 다음의 기준을 모두 만족하는 경우 고정장치의 설치 제외가 가능하다.

㉠ 건축물 구조부재 고정점으로부터 배관 상단까지의 거리 : 150[mm] 이내

㉡ 가지배관에 설치된 모든 행가의 75[%] 이상이 상기 '㉠'의 기준을 만족할 것

㉢ 가지배관에 연속하여 설치된 행가 : '㉠'의 기준을 연속하여 초과하지 않을 것

2) **가지배관 고정에 사용되지 않는** 건축부재와 헤드 사이의 이격거리 : 75[mm] 이상

108회 출제

지진에 의한 헤드의 파손은 대부분 배관이나 부속품 또는 건물에 부딪히는 경우가 많다. 특히 배관의 흔들림이 상·하 방향으로 발생할 때 헤드는 천장 또는 보와 충돌할 수 있다. 따라서, 이를 방지하기 위해 최소 75[mm] 이상의 이격거리를 확보하여야 한다.

SECTION 117 안전관리 이론

01 3E 이론

(1) 개요

1) 3E 이론은 재해예방의 근원적 이론으로서 미국의 하아비(Harvey)가 주장하였다.
2) 3E는 산업재해가 Engineering(기술), Education(교육), Enforcement(규제)의 3가지 간접원인으로 발생한다고 보는 관점에서 출발하며, 이것은 오래전부터 안전관리 프로그램의 기조가 되어 왔다.

(2) 재해발생 간접원인

1) 기술적 원인
① 기계설비의 설계 결함
② 위험방호 불량
③ 근원적으로 안전시스템 미흡

2) 교육적 원인
① 작업방법, 교육 불충분
② 안전지식 부족
③ 안전수칙 무시

3) 관리적 원인
① 안전관리 조직 결함
② 안전관리 규정 미흡
③ 안전관리 계획 미수립

(3) 하인리히의 재해예방 관리 5단계

단계	내용	조치 사항
제1단계	안전보건관리조직(organization)	① 안전보건관리조직의 구성 · 운영 ② 안전보건관리계획서 수립 · 시행
제2단계	사실의 발견(fact finding)	① 작업분석 및 위험요인 확인 ② 점검, 검사 및 저해원인 조사
제3단계	평가 · 분석(analysis)	① 재해조사 · 분석 · 평가 ② 위험성평가, 작업환경 측정

단계	내용	조치 사항
제4단계	시정대책의 선정(selection of remedy)	① 기술적, 제도적인 개선안 수립 ② 재발방지 대책의 구체적 강구
제5단계	시정대책의 적용(application of remedy)	① 대책의 실현 및 재평가 보완 ② 3E 및 4M의 대책 적용

02 안전의 4M

(1) 안전을 과학적으로 추진하기 위해서는 인간의 실수에 대하여 과학적으로 이해하지 않으면 안 된다. 오늘날 재해분석의 방법에서 가장 효과적인 것이 미국의 국가교통안전위원회(NTSB)가 채용하고 있는 방법이다.

(2) 이는 재해라는 최종결과에 중대한 관련을 갖고 있는 사항의 모두를 시간의 경과에 따라 분석하여 이들의 인과관계를 명확히 한다. 그 결과를 검토하는 열쇠가 인간(man), 기계(machine), 매체(media), 관리(management)의 네 가지 M이다.

(3) **4M의 재해 발생 메커니즘**

1) 1단계 : 안전관리 결함
2) 2단계 : 인간적, 설비적, 환경적, 관리적 요인
3) 3단계 : 불안전한 행동(인적 원인), 불안전한 상태(물적 원인)
4) 4단계 : 사고
5) 5단계 : 재해

(4) **4M의 구성**

1) 인간적 요인(man)
① 심리적 원인 : 주변적 동작, 걱정거리, 망각, 착오 등
② 생리적 원인 : 피로, 수면 부족 등

2) 기계적 요인(machine)
① 기계설비의 설계 결함
② 위험 방호 불량
③ 근원적으로 안전화 미흡

3) 환경적 요인(media)
① 작업 방법적 요인 : 작업자세, 속도, 강도, 근로시간 등
② 작업 환경적 요인 : 작업공간, 조명, 색채, 소음, 진동 등

4) 관리적 요인(management)
① 안전관리 조직 결함
② 안전관리 규정의 미흡

③ 안전관리계획 미수립 등

(5) **대책** : 재해 원인은 3E와 4M에 대하여 적절히 파악하여 대책을 수립하면 안전을 확보할 수 있다.

03 안전의 4E

3E + 환경(environment)

04 안전의 5E

3E + 경제적 보상(economic incentives), 비상시 대응방안(emergency response)[81]

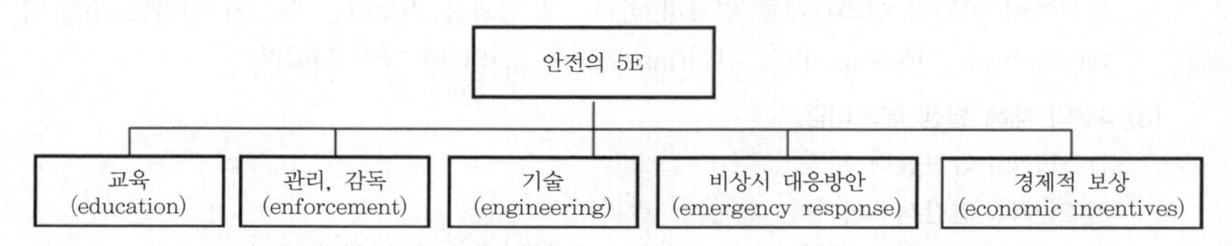

81) Fire Protection CHAPTER 19 Community Risk Reduction 12-311

SECTION 118

가치공학(VE : Value Engineering)

121 · 83회 출제

01 개요

(1) 정의

최저의 생애주기비용으로 최상의 가치를 얻기 위한 목적으로 수행되는 건설사업의 기능 분석을 통한 대안창출의 노력으로, 여러 전문분야의 협력을 통하여 수행되는 체계적 프로세스이다.

(2) VE는 최소의 생애비용(Life Cycle Cost ; LCC)으로 필요한 기능을 확보하기 위해 발주처 또는 업체의 직원에 의해 행해지는 조직적인 개선활동을 말하며, 또한 VE는 비용의 절감, 생산성 향상 및 품질의 개선을 도모하기 위한 체계적이고 과학적인 공사관리 기법이다.

생애비용(LCC : Life Cycle Cost) : 시설물의 계획단계부터 설계, 구매, 시공, 유지관리, 철거에 이르기까지의 전 생애에 관련된 비용을 모두 포함한 것을 말한다.

(3) 건축현장에서는 일반적으로 가치공학을 단순한 설계검토나 원가절감수단으로만 인식하는 경우가 많다. 가치공학의 결과가 원가절감효과로 나타나는 것이 사실이지만 기능중심의 검증을 통하여 시간, 성능, 비용 간의 적절한 균형을 추구하므로 가치공학에서 제시하는 설계안은 현장의 여건에 적합한 최적 설계의 개념이다.

(4) 과거의 원가절감방식은 프로젝트 수행과정에 따라 개별 구성요소별로 원가를 절감시키는 데 반하여 가치공학은 기본기능과 필수 2차 기능을 유지하되 불필요한 기능을 제거하고 기능을 동등 이상 향상시키거나 유지할 수 있는 대안을 구성함으로써 제품이나 프로젝트의 가치를 향상시키는 방법이다.

1) 과거의 원가절감방식

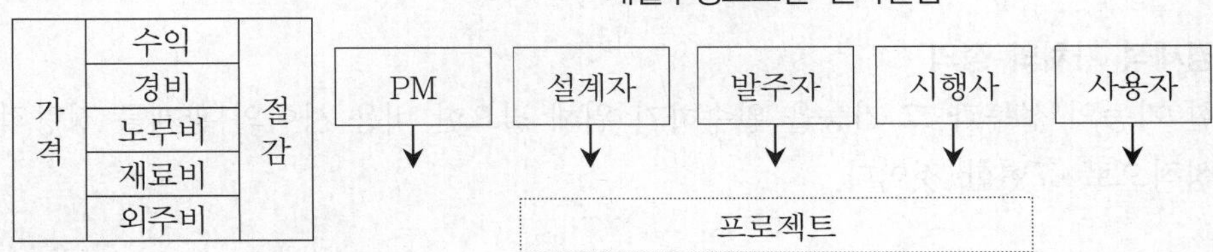

2) 기능 중심의 가치공학

이익		조치사항
불필요한 기능		제거
2차 기능	설계의 변경으로 대체 가능한 기능	대안을 개발
	고객이 필요로 하는 기능	유지 또는 강화
	사회·법적으로 필요한 기능	유지 또는 강화
기본기능		유지 또는 강화

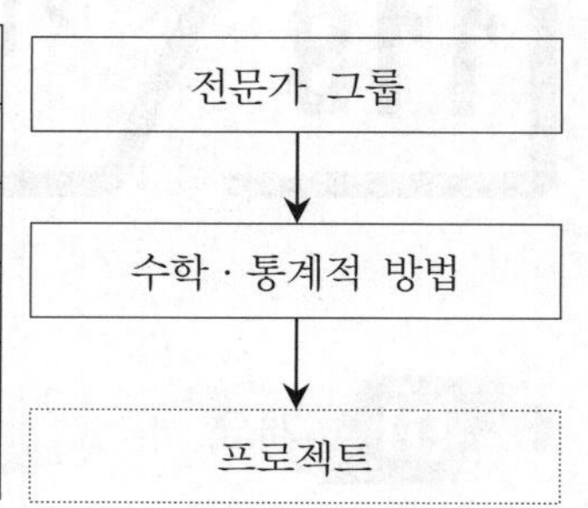

(5) 가치공학(VE)의 대상 및 방법

제품 및 서비스의 기능향상에 관한 조직적인 노력

(6) 가치공학(VE)의 추진원칙

1) 고정관념의 제거
2) 사용자 중심의 사고유지
3) 기능의 중점
4) 조직적 활동

(7) 가치공학의 종류

1) 설계 VE(VE study) : 계획, 기본설계 및 상세설계의 단계에서의 VE로서 발주자가 VE팀을 편성하여 사업 전체의 LCC(Life Cycle Cost)의 절감 및 기능향상을 목적으로 계획이나 설계를 재검토하고 대체안을 작성하는 것을 VE Study라고 한다.

2) 시공 VE(공사 VE)

① 공사계약 후 시공자가 스스로 계약내용과 도면, 시방서를 검토하여 공사비의 절감을 가져오는 대체안을 작성하여 발주자에게 계약의 변경을 제안하는 것이다.

② 발주자는 그 제안을 심사하여 변경에 의하여 당초의 계약으로 요청된 사업의 기능이 손상되는 일없이 공사비의 절감을 확인한 뒤 정식으로 계약의 변경을 한다.

③ 대개 절감액의 50[%]가 시공자에게 VE에 대한 보상금, 장려금으로 주어진다.

02 가치분석

(1) 경제적 가치의 정의

한 기능의 성능과 그 기능을 완수하기 위해 필요한 비용 사이의 관계를 정량적 또는 정성적으로 표현한 것이다.

(2) 가치공학(VE)의 가치표현

$$가치(value) = \frac{기능(function) + 품질(quality)}{비용(cost)}$$

여기서, 기능 : 설계나 부품이 수행하여야만 하는 특정 역할

비용 : 제품의 생애주기비용

가치 : 사용자가 원하는 품질을 유지하면서 필요한 기능을 수행하도록 하는 가장 비용 효율적인 수단

기능과 품질을 합하여 성능(performance)이라고 한다.

(3) 가치의 향상

1) 성능을 유지하고 비용을 줄이면 가치는 항상 향상된다.
2) 고객의 요구사항과 필요사항을 충족시키기 위하여 나아진 성능에 기꺼이 비용을 지불할 의사가 있을 경우 성능을 향상시킴으로써 가치가 개선된다.
3) 가치의 향상은 프로젝트의 3대 요소인 시간, 비용, 품질 및 기능의 적정한 안배를 통해 이루어진다.

(4) 성능 / 비용의 관계

구분	1	2	3	4	5	6	7
성능	→	↑	↑	↑	↓	↓	→
비용	↓	→	↓	↑	↓	↑	↑
VE 명칭	비용절감형	성능향상형	가치혁신형	성능강조형	–	–	–
적용대상	VE 적용대상				VE 비적용대상		

[비고] → : 유지, ↑ : 상승, ↓ : 하락

1) 가치공학이란 비용절감을 위한 검토가 아니라 가치향상을 위한 검토행위이다.
2) 가치공학에서는 성능을 떨어뜨리지 않고 원가를 절감할 수 있는 방식인 1 ~ 4까지만을 다루고 있으며, 기능을 저하시키거나 기능은 그대로 두고 비용이 증가되는 5 ~ 8의 접근방식은 가치공학에서 제외하고 있다.

(5) 가치공학의 절차

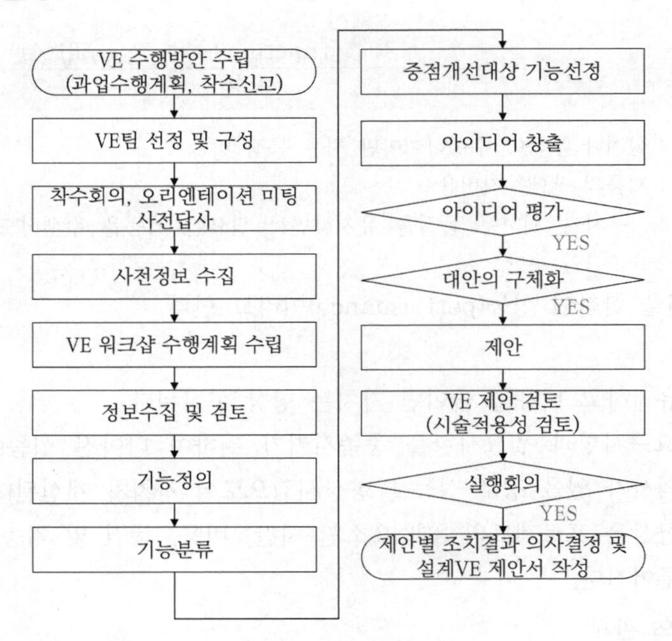

(6) VE 관련 법규 관계

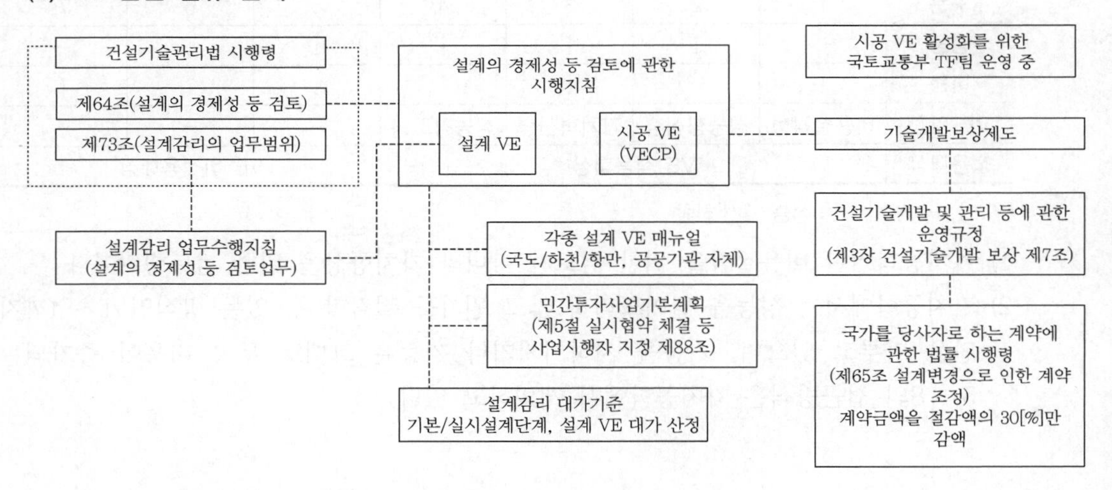

(7) VE 관련 법규 내용

<table>
<tr><th>구분</th><th colspan="2">내용</th><th>비고</th></tr>
<tr><td>설계 VE 제도</td><td colspan="2">① 설계의 경제성 등 검토
② 설계공모, 기본설계 등의 시행 및 설계의 경제성 등 검토에 관한 지침</td><td>① 건설기술 진흥법 시행령 제75조
② 국토부 고시(2020-15호)</td></tr>
<tr><td>적용대상</td><td colspan="2">① 총공사비 100억원 이상인 건설공사(일괄 · 대안입찰 포함)
② 총공사비 100억원 이상인 건설공사로서 실시설계 완료 후 3년 이상 지난 뒤 발주하는 건설공사
③ 총공사비 100억 원 이상인 공사시행 중 공사비 증가가 10[%] 이상 발생되어 설계변경이 요구되는 건설공사(단, 물가변동으로 인한 설계변경은 제외함)
④ 기타 발주청이 설계 VE 검토가 필요하다고 인정하는 공사
⑤ 시공자가 도급받은 건설공사에 대하여 설계 VE가 필요하다고 인정하는 건설공사</td><td>건설기술 진흥법 시행령 제75조(설계의 경제성 등 검토)</td></tr>
<tr><td>대가지급</td><td colspan="2">'설계감리대가기준'의 공사비비율에 의한 방식 또는 실비정액 가산방식을 적용하여 산정</td><td>공사비비율에 의한 방식을 적용할 경우 추가업무비용은 별도의 실비로 계상하도록 함</td></tr>
<tr><td rowspan="13">실시시기 및 횟수</td><td rowspan="2">기술 자문회의나 설계심의 회의를 하기 전</td><td>기본설계 1회 이상</td><td rowspan="2">발주청이 적기로 판단하는 시점</td></tr>
<tr><td>실시설계 1회 이상</td></tr>
<tr><td>일괄입찰공사의 경우</td><td>실시설계 1회 이상</td><td>실시설계적격자선정 후</td></tr>
<tr><td rowspan="2">민간투자사업의 경우</td><td>기본설계 1회 이상</td><td>우선 협상자 선정 후</td></tr>
<tr><td>실시설계 1회 이상</td><td>실시계획승인 이전</td></tr>
<tr><td rowspan="2">기본설계 기술제안 입찰공사의 경우</td><td>기본설계 1회 이상</td><td>입찰 전</td></tr>
<tr><td>실시설계 1회 이상</td><td>실시설계적격자 선정 후</td></tr>
<tr><td rowspan="2">실시설계 기술제안 입찰공사의 경우</td><td>기본설계 1회 이상</td><td rowspan="2">입찰 전</td></tr>
<tr><td>실시설계 1회 이상</td></tr>
<tr><td>실시설계 완료 후 3년 이상 경과한 경우</td><td>실시설계 1회 이상</td><td>공사 발주 전</td></tr>
<tr><td>시공단계에서의 설계의 경제성 등 검토</td><td>–</td><td>발주청이나 시공자가 필요하다고 인정하는 시점</td></tr>
<tr><td>검토조직</td><td colspan="2">① 검토조직의 책임자 : 최소한 40시간 이상 VE전문교육과정을 이수한 자
② 퍼실리테이터 : VE전문기관에서 인정한 최고수준의 VE전문가 자격증 소지자. 단, 검토조직의 책임자가 최고수준의 VE전문가 자격을 갖춘 때에는 별도의 퍼실리테이터는 포함하지 않아도 됨
③ 팀원 : 중요한 공종의 전문기술인 1인 이상 포함</td><td>① 반드시 발주청 이외의 외부 전문가 1인 이상 포함
② 가능한 조직형태는 외부 전문가 + 발주청 인원 조직, 발주청 + 외부용역 등 2가지 형태</td></tr>
</table>

구분	내용	비고
수행자격	① 법에 따른 당해 건설사업관리 용역사업자 ② 발주청 소속직원(시공자가 수행할 경우 시공사 직원 및 설계 VE 대상 공종의 하수급인을 포함) ③ 설계 VE 검토 업무의 수행경력이 있거나, 이와 유사한 업무(연구용역 등)를 수행한 자 ④ VE(Value Engineering)전문기관에서 인정한 최고수준의 VE 전문가 자격증 소지자 ⑤ 기타 발주청이 필요하다고 인정하는 자	설계의 경제성 등 검토에 관한 시행지침 제6조(설계의 경제성 등 검토업무를 수행할 수 있는 자)
설계자가 제시할 자료	① 설계도(설계도 작성이 안 된 경우 스케치로 대체) ② 지형도 및 지질자료 ③ 주요 설계기준 ④ 표준시방서, 전문시방서, 공사시방서 및 설계업무지침서 ⑤ 사업내역서, 공사비산출서 ⑥ 관련 법규 등에 기초한 협의 및 허가수속 등의 진행상황 ⑦ 기타 검토조직이 필요하다고 인정하여 요구하는 자료	설계자는 설계 VE 업무 진행과정에서 추가로 요구되는 자료가 있을 경우 이에 적극 협력하여야 한다.
책임	① 검토조직이 제안한 대안을 채택 시 설계내용에 반영(수정설계) ② 설계자가 대안 거부 시 설계자문위원회 구성 · 심의	–

03 가치공학의 목적과 필요성

(1) 가치공학은 제품이나 시설이 가지고 있는 기능을 정량적 · 정성적으로 정의하고 정리하여 분석함으로써 필수기능인 주기능과 2차 기능인 법적 · 제도적 필요기능 그리고 고객이 필요로 하는 기능을 유지하면서, 불필요한 기능을 제거하고 설계자와 관련 기술전문가의 브레인스토밍 등을 통하여 대체안을 제시하는 데 있다. 즉, 한마디로 최저의 총원가로 필요한 기능을 확실하게 달성하기 위한 일련의 활동이다.

(2) 목적

1) 건설공사의 품질, 기능 및 비용 등을 동시에 고려하는 창조적 대안창출을 통해 대상공사의 가치를 향상시킨다.

2) 설계단계부터 VE 검토를 시행할 경우 부실 · 과다 설계를 방지함으로써 공사비 절감 및 품질확보가 가능하며 설계분야 기술개발 및 신기술 적용을 촉진한다.

(3) 가치공학의 필요성

가치공학의 적용을 통해서 성능은 향상되고 이러한 활동에 소요되는 비용이 감소되는 효과를 가진다.

SECTION

119 생애비용(LCC : Life Cycle Cost)

01 개요

(1) Life Cycle Cost의 정의

제품의 생산, 사용, 폐기처분의 각 단계에서 생기는 비용을 합한 총비용이다.

(2) Life Cycle Costing의 정의

상기 총비용을 산정하는 방법, 순서를 의미한다.

(3) 약어로 LCC라고 할 때는 전자(비용)를 지칭하는 경우와 후자(산정법)를 지칭하는 경우가 있다. 이 경우에 일본에서는 Life Cycle Cost를 '생애비용'이라 하고, Life Cycle Costing을 '생애비용 산정'이라 하여 정확히 구분하고 있다. 투자예산계획 및 비용편익 분석 분야에서 도입된 할인율의 적용원리가 건설분야의 특정영역에 적용되었는데, 이에 대한 구체적인 예가 Life Cycle Cost 분석기법이라고 할 수 있다.

(4) 제조물의 LCC 비용은 신제품에서부터 수명이 다하기까지의 내용기간의 운전비, 보수비, 이자, 감가상각비, 관련비 등의 모든 비용의 총계를 나타낸다.

(5) 시설물의 생애주기란 시설의 생산에서 철거에 이르는 전 과정을 나타내는 것으로 건물의 계획단계(planning), 설계단계(design), 입찰 및 계획단계(bidding & contract), 시공계획단계(pre-construction), 시공단계(construction), 인도단계(commissioning), 운영단계(running), 폐기처분단계(demolition) 등의 모든 단계를 의미한다.

(6) LCC의 목적

생애비용분석을 통하여 다른 의사결정 요소들과 함께 프로젝트 대안 선정의 의사결정에 활용할 수 있는 비용정보 제공을 통한 가장 경제적인 대안을 선정하는 것이다.

02 구성 및 분석기법

(1) 구성

구분	내용
건설기획비용	기획용 조사, 규모계획, 매니지먼트 계획
설계비용	기본설계, 실시설계, 적산비용
공사비용	공사비용, 공사계약 비용
운영관리비용	보존비용, 수선비용, 운영비용, 개선비용, 일반관리비용(LCC 중 75 ~ 85[%] 정도를 차지하며 건설비용의 4 ~ 5배)
폐기처분비용	해체비용과 처분비용

(2) 분석기법

경제적 주기에 걸쳐서 발생하는 비용을 체계적으로 결정하기 위하여 구조물의 경제수명 범위 내에서 각 대안의 경제성을 일정한 기준을 정하여 등가환산한 값으로 평가하는 기법

1) 현재가치법(present worth method) : 생애주기에 발생하는 모든 비용을 기준시점으로 환산하는 방법
2) 대등균일 연간비용법(equivalent uniform annual cost method) : 생애주기에 발생하는 모든 비용이 매년 균일하게 발생할 경우, 이에 대등한 비용은 얼마인가라는 개념을 이용하여 균일한 연간비용으로 환산하는 방법

03 LCC 산정방식

(1) 반복비용의 현재가치산정

$$P = A \times F_{pwa}$$

여기서, P : 현재가치

A : 매년 동일하게 반복되는 반복비용

F_{pwa} : 연금현가계수$\left(F_{pwa} = \dfrac{(1+i)^n - 1}{i(1+i)^n}\right)$

i : 할인율

n : 기간

(2) 비반복 비용의 현재가치산정

$$P_n = F_n \times F_{pw}$$

여기서, P_n : 계약 또는 구입시점에서의 비용으로 변환하여 일괄하여 지불하는 비용

F_n : 계약 또는 구입 후 n년 동안에 발생하여 지불해야 하는 비용

F_{pw} : 현가계수$\left(F_{pw} = \dfrac{1}{(1+i)^n}\right)$

i : 할인율

n : 기간

(3) 대등균일 연간비용의 산정

$$A_n = (C_o + \sum P_n + S \times F_{pw}) \times F_{cr}$$

여기서, A_n : 대등균일 연간비용

C_o : 기획, 설계비, 건설비의 합계

P_n : 계약 또는 구입시점에서의 비용으로 변환하여 일괄하여 지불하는 비용

F_{cr} : 자본회수계수$\left(F_{cr} = \dfrac{i(1+i)^n}{(1+i)^n - 1}\right)$

F_{pw} : 현가계수$\left(F_{pw} = \dfrac{1}{(1+i)^n}\right)$

i : 할인율

n : 기간

04 LCC 산정절차 및 효과

(1) 산정절차

1) LCC 항목의 체계화 : 건축물의 비용항목을 명확화한다.
2) LCC 항목 간의 상호 관련성 검토 : 구성요소 상호 간의 비용 관련 내용을 파악한다.
3) 검토대상 구성요소의 선정 : 전체 LCC에 대하여 영향이 큰 구성요소를 중점적으로 선정한다.
4) 구성요소 단체별 LCC 선정 : LCC 분석방법에 기초하여 대안을 평가하고 구성요소마다 LCC를 산정한다.
5) 건축물 전체의 LCC 정리 : 전체의 LCC를 정리한 것을 평가한다.

(2) LCC 활용 및 효과

1) 가장 경제적인 대안 선정의 의사결정 자료로 활용한다.
2) 새로운 구조물 설계 시나 기존건물 구입 시, 효과적 운영체계 수립 시에 중요한 역할을 수행한다.
3) 설계단계, 시공단계, 건물 유지관리의 전반에 걸쳐 적용하여 총체적 관점에서 비용절감을 기대할 수 있다.

4) 합리적 제품의 선정 및 설계안의 채택, 제작자 및 설계자의 노동력 절감, 구매자 및 발주자의 총비용 절감 등 사용자의 유지관리비 절감 효과가 있다.

05 설계 VE와 LCC분석의 상관관계

(1) 비교표

구분	LCC	설계 VE
차이점	① 기본적인 요구사항 및 기능을 만족시키는 대안에 대한 의사결정을 최소한의 총생애주기 비용분석을 통해 산정함 ② 사업의 전체적인 분석 가능함 ③ 비용을 강조	① 분석 시 비용은 LCC로 하고 기타 비경제적인 요소에 대한 종합적 분석을 통한 조직적인 활동임 ② 사업의 일부분 분석, 전체적인 분석 모두 가능함 ③ 기능을 강조
공통점	목표 : 모두 사업의 비용절감	

(2) VE와 LCC

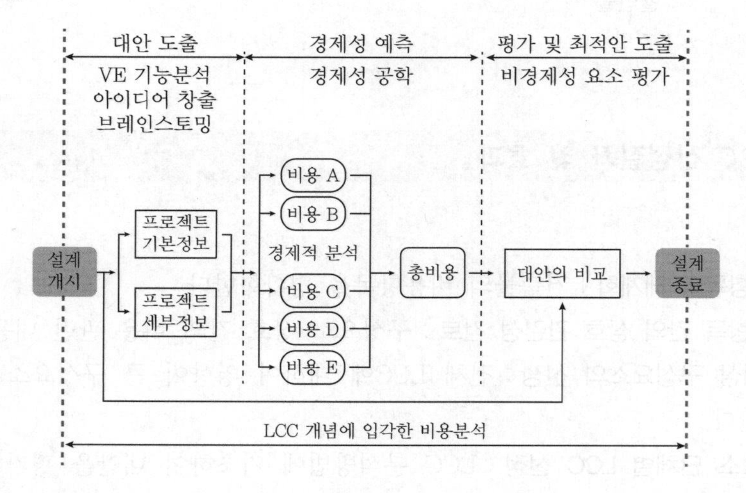

(3) VE와 LCC 적용효과

1) 부분적인 구성요소가 대상이 아닌 전반적인 사업에 대한 신뢰성있는 점검이 가능하다.
2) 공정의 생산성을 향상시키는 제안이 많이 도출됨에 따라 기업 이익창출에 혁신적으로 기여할 수 있다.
3) 개선결과를 DB화함으로써 노하우를 축적하여 비용절감 및 성능향상을 도모할 수 있다.

SECTION 120

건설사업관리(PM/CM : Program Management /Construction Management)

01 개요

(1) 정의

발주자를 대신하여 건설공사에 관한 기획, 타당성 조사, 분석, 설계, 계약, 시공관리, 감리, 평가, 사후관리 등에 관한 관리업무의 전부 또는 일부를 수행하는 것

(2) 각 분야의 전문가들로 구성된 PM/CM 전문회사가 과학적이고 체계적인 경영기법을 적용하여 해당 건설사업의 예산(cost)과 사업기간(time)의 범위 내에서 최선의 품질(quality)을 달성할 수 있도록 사업을 효율적으로 관리하고 그 서비스에 대한 용역대가를 받는 계약사업을 지칭한다.

(3) 목적

건설사업관리자는 발주자의 대리인으로서 사업 전반에 걸쳐 일관성 있는 사업관리를 통하여 사업이 성공적으로 완료될 수 있도록 발주자의 올바른 의사결정을 지원하고 발주자의 권익을 최대한 보장하는 것이다.

(4) PM/CM 프로세스

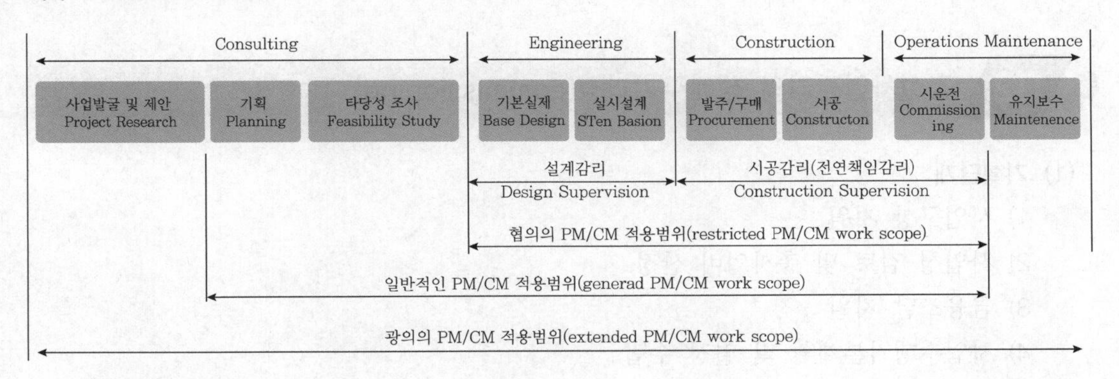

(5) 용어의 정의

1) PM(Program/Project Management)

① Program Management

㉠ 정의 : 사업 규모가 크고 하부에 여러 개의 프로젝트가 동시에 진행이 되는 복합적인 대형사업 관리

㉡ 관리범위 : 사업발굴 및 기획, 타당성 조사에서부터 설계, 구매, 시공, 유지보수 단계에 이르기까지 사업의 전 단계를 포함한다.

㉢ Program Management는 Project Management의 상위 개념으로서, 하위 수준의 관리 활동보다 전체적인 사업추진을 총괄하는 종합적 관리활동을 말한다.

② Project Management

㉠ 정의 : 일반적으로 연구개발, 건설 등 다양한 분야의 프로젝트 전 과정(project life cycle : 기획, 타당성 조사, 설계, 발주/구매, 시공, 시운전, 유지보수 등)을 효과적으로 관리하는 데 적용되는 관리활동

㉡ 관리범위 : Program management와 비슷하나 단일 프로젝트(single-project)를 관리한다는 점에서 차이가 있다.

2) CM(Construction Management)

① 관리범위 : Project management와 비슷하며 주로 건설과 관련된 프로젝트의 관리활동

② 일반적으로 국내에서는 건설사업관리로 부르고 있으며 CPM(Construction Project Management)이라고 부르기도 한다.

3) 커미셔닝(commissioning) : 설계 단계부터 공사 완료에 이르기까지 전 과정에 걸쳐 발주자의 요구에 부합되도록 모든 시스템의 계획, 설계, 시공, 성능시험 등을 확인하고 최종 유지 관리자에게 제공하여 입주 후 발주자의 요구를 충족할 수 있도록 운전성능 유지 여부를 검증하고 문서화하는 과정이다.

02 건설사업관리의 생애주기과정(commissioning) 110회 출제

(1) 기획단계

1) 사업구상 지원

2) 사업성 검토 및 총사업비 산정

3) 금융조달 지원

4) 사업수행기본계획 및 일정 수립

5) 사업수행 절차서 및 시스템 구축

6) 설계자 선정업무 협조

(2) 설계단계

1) 설계도서 검토

2) 설계 VE 및 시공성 검토

3) 설계일정 및 진도관리
4) 공사비 산정 및 공사원가 적정성 검토
5) 기자재 구매일정 작성

(3) 발주 · 구매단계
1) 입찰평가기준 수립
2) 입찰평가 및 계약협상
3) 시공자 선정업무 협조
4) 시공관리계획 수립

(4) 시공단계
1) 설계변경관리
2) 안전 · 환경관리
3) 종합품질관리
4) 기성관리
5) 공정관리
6) 감리
7) 시운전관리계획 수립
8) 클레임 방지 및 분쟁대응

(5) 유지 보수단계
1) 준공검사 지원
2) 운영 및 유지보수 지침서 개발
3) 사업 평가 보고서 작성
4) 사업문서 정리 및 이관

03 건설사업관리 수행형태

구분	전문회사 일임형	통합사업관리 조직형	사업관리 자문형
정의	PM/CM 계약자가 사업기획단계에서부터 참여하여 설계, 발주 · 구매, 시공 및 시공 후 단계 등 사업 전반에 걸친 건설사업관리 업무를 시행 및 주관하는 건설사업을 관리하는 방식	PM/CM 계약자가 사업기획단계에서부터 참여하여 설계, 발주 · 구매, 시공 및 시공 후 단계 등 사업 전반(또는 특정전문기술 분야)에 걸쳐 발주자와 통합 PM/CM 조직을 구성하여 업무를 수행하는 방식	사업 초기단계나 진행단계에 관계없이 발주자가 자체 기술력으로 다소 부족하다고 판단될 경우 해당 분야별 PM/CM 자문단을 활용하여 건설사업관리 업무를 수행하는 경우에 적합한 방식

구분	전문회사 일임형	통합사업관리 조직형	사업관리 자문형
특성	① 장기공사이면서 일회성 사업에 적합 ② 발주처 내 전문인력이 없어도 사업수행이 가능하며 해당 사업에 대한 국내외 전문기술자 확보가 용이 ③ 건설관리를 PM/CM 전문회사에 일임함으로써 인력 및 조직의 탄력적 운영 용이 ④ 경제성, 공정 및 품질확보가 가능(투자가치 배가) ⑤ 특정 사업수행을 위한 한시 조직으로 한정하여 활용 가능 ⑥ 발주자가 행정조직만 갖추고 있을 뿐 다른 능력이나 조직이 없는 경우에 적합한 방식	① 발주자가 중·소규모의 사업관리 조직을 갖고 있으나 사업수행업무가 다양하여 특정 분야에 전문기술인력의 지원이 필요한 경우 적합한 방식 ② 한시적이며 일회성인 대형 복합공사 수행 시 사업관리 전담인력 확보 및 사업수행 부담을 최소화함으로써 인력운영 측면에서 매우 효율적 ③ 건설사업관리를 PM/CM 전문회사와 통합 수행함으로써 기술전수가 용이하고 향후 유사프로젝트에 대한 독자적 수행능력 배양이 가능 ④ 발주자가 중소규모의 기술인력을 갖춘 경우에 적합한 방식	① PM/CM 계약자에 대한 의존도가 최소화되는 방식 ② 발주자의 조직이 특정 분야에 대한 사업수행능력이 다소 부족한 경우 PM/CM 자문인력을 활용하는 방법 ③ Owner CM에 해당(사업수행 책임은 발주자에 있음) ④ 발주자가 적정 규모의 기술인력을 갖춘 경우에 적합한 방식

SECTION 121

분리발주

124회 출제

01 개요

(1) 다단계 하도급으로 인한 부실시공을 방지하기 위해 소방시설공사 분리발주제도를 도입하였다.

(2) 2020년 9월 10일부터 시행하고 있다.

02 일괄발주와 분리발주의 비교

(1) 일괄발주

1) 발주자가 건설업체와 도급계약을 체결 후 소방시설공사를 건설 · 전기업체로부터 하도급계약을 체결하는 방식이다.

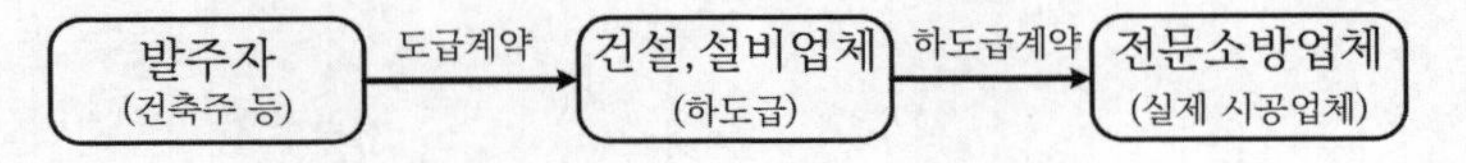

2) 문제점

① 일괄 도급받은 건설업체에서 소방공사를 하도급하기 때문에 소방업체는 입찰기회도 없이 저가 하청을 받을 수밖에 없던 구조적 문제가 있다.

② 저가 하청으로 인한 소방공사 품질의 저하가 발생할 수 있다.

③ 화재안전에 심각한 설비능력 저하가 발생할 수 있다.

(2) 분리발주

1) 발주자와 전문소방업체의 도급계약을 하는 방식

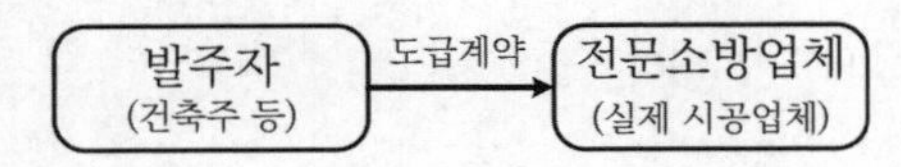

2) 개선사항

① 다단계 하도급의 구조적 문제를 개선할 수 있다.

② 직접 계약에 따른 높은 품질시공이 가능하다.

③ 하자보수 절차의 간소화가 이루어진다.

03 소방시설공사 분리발주 예외규정

(1) 재난 발생으로 긴급착공이 필요한 공사

(2) 국방 · 국가안보 기밀을 유지해야 하는 공사

(3) 소방시설공사의 착공신고 대상에 해당하지 않는 공사인 경우

(4) 연면적 1,000[m^2] 이하 특정소방대상물에 비상경보설비를 설치하는 공사

(5) **국가계약법 시행령 및 지방계약법 시행령에 따른 입찰**
  1) 대안입찰 · 일괄입찰
  2) 실시설계 기술제안입찰 · 기본설계 기술제안입찰

(6) 그 밖에 문화재 수리 및 재개발 · 재건축 등의 공사로서, 공사의 성질상 분리하여 도급하는 것이 곤란하다고 소방청장이 인정하는 경우

SECTION

122 화재안전진단

133 · 131회 출제

01 개요

(1) 특별관리시설물

화재가 발생할 경우 사회 · 경제적으로 피해가 큰 시설로서 공항, 철도시설, 항만, 문화재, 산업단지, 초고층 건축물 등 13개 용도 시설

(2) 화재예방안전진단은 기존 점검방식과는 달리 소방분야 뿐만 아니라 전기, 가스, 건축, 화공, 위험물 등 다양한 화재위험요인을 조사하고 그 위험성을 평가하여 맞춤형 개선대책을 수립 · 제시한다. 특히, 소방시설 위주의 점검에서 벗어나 비상대응훈련평가 등 관계자들의 화재안전인식에 대해서도 진단한다.

(3) 화재예방안전진단 대상 특별관리시설물

1) 공항시설 중 여객터미널의 연면적이 1,000[m^2] 이상인 공항시설
2) 철도시설 중 역 시설의 연면적이 5,000[m^2] 이상인 철도시설
3) 도시철도시설 중 역사 및 역 시설의 연면적이 5,000[m^2] 이상인 도시철도시설
4) 항만시설 중 여객이용시설 및 지원시설의 연면적이 5,000[m^2] 이상인 항만시설
5) 전력용 및 통신용 지하구 중 공동구
6) 천연가스 인수기지 및 공급망 중 가스시설
7) 발전소 중 연면적이 5,000[m^2] 이상인 발전소
8) 가스공급시설 중 가연성 가스탱크의 저장용량 합계가 100[ton] 이상이거나 저장용량이 30[ton] 이상인 가연성 가스탱크가 있는 가스공급시설

02 화재예방안전진단의 절차

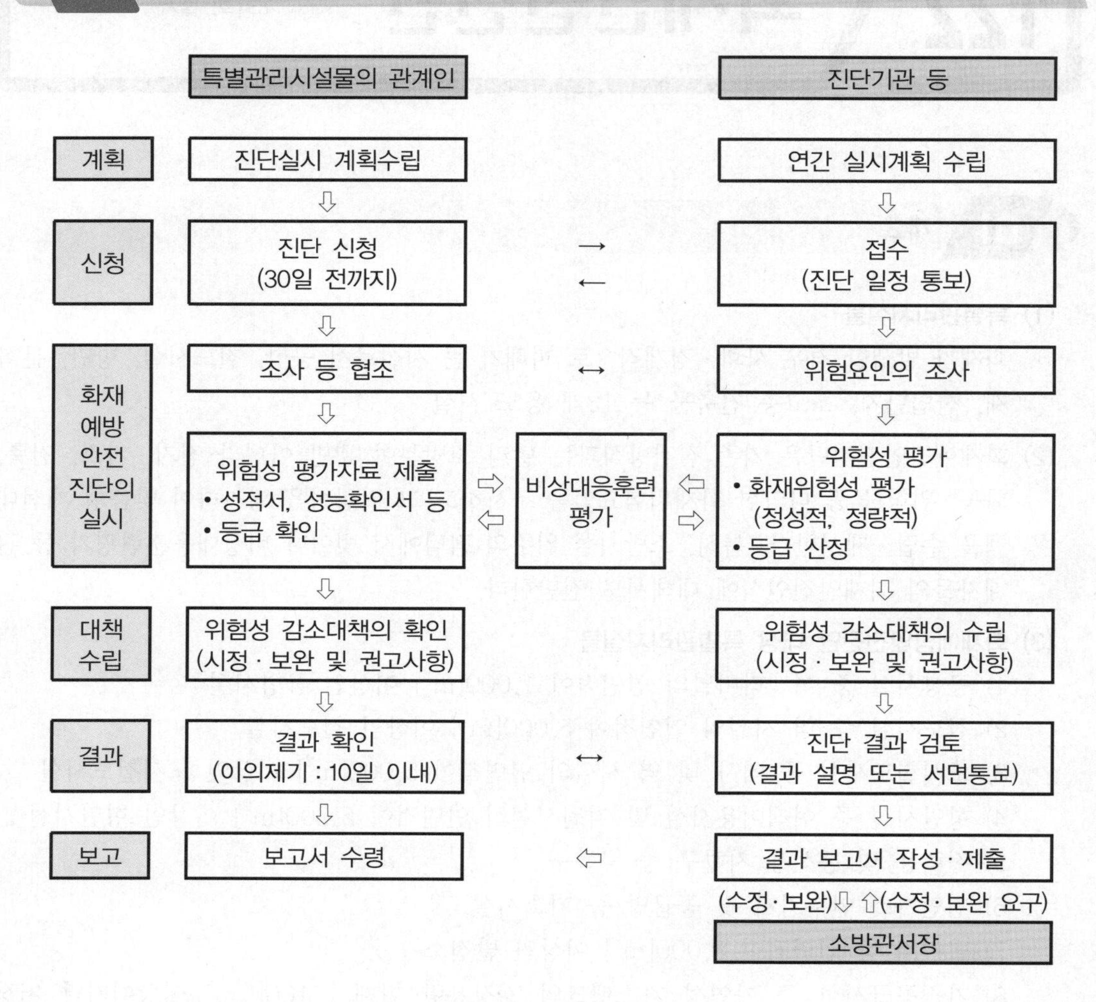

03 화재예방안전진단

(1) 관련 법령

「화재의 예방 및 안전관리에 관한 법률」 제41조

(2) 정의

화재가 발생할 경우 사회 · 경제적으로 피해 규모가 클 것으로 예상되는 소방대상물에 대하여 화재위험요인을 조사하고 그 위험성을 평가하여 개선대책을 수립하는 것이다.

(3) 대상

대통령령으로 정하는 소방안전 특별관리시설물

(4) 진단기관

한국소방안전원, 화재예방안전진단기관

(5) 진단범위

1) 화재위험요인의 조사에 관한 사항
2) 소방계획 및 피난계획 수립에 관한 사항
3) 소방시설 등의 유지·관리에 관한 사항
4) 비상대응조직 및 교육훈련에 관한 사항
5) 화재 위험성 평가에 관한 사항
6) 그 밖에 화재예방진단을 위하여 대통령령으로 정하는 사항
① 화재 등의 재난 발생 후 재발방지 대책의 수립 및 그 이행에 관한 사항
② 지진 등 외부 환경 위험요인 등에 대한 예방·대비·대응에 관한 사항
③ 화재예방안전진단 결과 보수·보강 등 개선요구 사항 등에 대한 이행 여부

(6) 실시기한 : 관계인은 건축물 사용승인 또는 소방시설 완공검사를 받은 날부터 5년이 경과한 날이 속하는 해에 최초의 화재예방안전진단을 받아야 한다.

(7) 화재예방안전진단 결과

안전등급	상태
우수(A)	진단 실시 결과 문제점이 발견되지 않은 상태
양호(B)	진단 실시 결과 문제점이 일부 발견되었으나 대상물의 화재안전에는 이상이 없으며 대상물 일부에 대해 보수·보강 등의 조치명령이 필요한 상태
보통(C)	진단 실시 결과 문제점이 다수 발견되었으나 대상물의 전반적인 화재안전에는 이상이 없으며 대상물에 대한 다수의 조치명령이 필요한 상태
미흡(D)	진단 실시 결과 광범위한 문제점이 발견되어 대상물의 화재안전을 위해 조치명령의 즉각적인 이행이 필요하고 대상물의 사용 제한을 권고할 필요가 있는 상태
불량(E)	진단 실시 결과 중대한 문제점이 발견되어 대상물의 화재안전을 위해 조치명령의 즉각적인 이행이 필요하고 대상물의 사용 중단을 권고할 필요가 있는 상태

(8) 안전등급에 따라 정기적으로 화재예방안전진단을 받아야 하는 기간

1) 우수 : 안전등급을 통보받은 날부터 6년이 경과한 날이 속하는 해
2) 양호·보통 : 안전등급을 통보받은 날부터 5년이 경과한 날이 속하는 해
3) 미흡·불량 : 안전등급을 통보받은 날부터 4년이 경과한 날이 속하는 해

(9) 처벌기준

1) 벌금 : 진단기관으로부터 화재예방안전진단을 받지 아니한 자(1년 이하의 징역 또는 1천만원 이하 벌금)
2) 과태료 : 화재예방안전진단 결과를 제출하지 아니한 자(300만원 이하의 과태료)

(10) **화재예방안전진단기관의 시설, 전문인력 등 지정기준 [별표 8]**

구분	내용
시설	1) 전문인력이 근무할 수 있는 사무실 2) 장비를 보관할 수 있는 창고
전문인력	1) 소방기술사 1명 이상, 소방시설관리사 1명 이상 2) 전기안전기술사, 화공안전기술사, 가스기술사, 위험물기능장 또는 건축사 1명 이상 3) 소방, 전기, 화공, 가스, 위험물, 건축, 교육훈련 관련 자격자 각 1명 이상
장비	소방, 전기, 가스, 위험물, 건축 분야별로 행정안전부령으로 정하는 장비를 갖출 것

04 화재안전조사와 화재예방안전진단 비교

구분	화재안전조사	화재예방안전진단
대상	화재위험이 높거나 법률에서 정한 지구 등 ① 자체점검이 불성실하거나 불완전하다고 인정되는 경우 ② 화재경계지구 등 법률에서 정한 경우 ③ 국가적 행사 등 주요 행사 개최 장소 및 관계지역 ④ 화재발생 또는 우려가 뚜렷한 곳 ⑤ 화재, 재난, 재해 발생위험 높다고 판단되는 경우 등	공항, 철도, 항만시설 등 특별관리시설물 중 8개 용도 ① 공항시설 ② 철도시설(역사) ③ 도시철도(역사) ④ 항만시설 ⑤ 지하구(공동구) ⑥ 천연가스 인수기지 등 ⑦ 가스공급시설 ⑧ 발전소
내용	물적 평가(시설위주)	물적 평가(시설) 및 인적 평가(비상대응훈련)
항목	① 소방안전관리 업무 수행 사항 ② 소방계획서 이행 사항 ③ 자체점검 및 정기적 점검 ④ 화재의 예방조치 등에 관한 사항 ⑤ 불을 사용하는 설비 등 관리, 특수가연물의 저장취급 ⑥ 다중이용업소 안전관리 ⑦ 위험물 안전관리	① 화재위험요인 조사 ② 소방계획 및 피난계획 평가 ③ 소방시설등의 유지관리 ④ 비상대응조직, 교육훈련 평가 ⑤ 화재위험성 평가 ⑥ 기타
주체	소방청, 소방본부, 소방서 등 관 주도	특별관리시설물 관계인 주도
인력	소방공무원, 외부전문가	기술사 등 전문인력
영역	국내 법령	국내 · 외 법령 및 성능위주평가
소급	이전 법령 소급 불가	현 법령 관점에서 개선 권고 사항 제시
조치	조치명령(법령에 근거)	대상 맞춤형 개선 대책 컨설팅
자원	소방관서 인력 및 시간 소비	진단기관 인력 활용 → 소방력 확보

SECTION

123 기타 건축물 화재

01 병원화재 132회 출제

(1) 건축 특성

1) 병원의 공간구성

① 외래부(out-patient department) : 내과, 외과, 소아과, 이비인후과, 안과, 피부비뇨기과, 치과, 산부인과 등과 같이 매일 환자들의 출입이 빈번한 공간

② 중앙진료부(adjunct diagnostic treatment facilities) : 검사부, 수술부, 방사선실, 물리치료부, 혈액은행, 약국 등과 같이 입원환자와 외래환자가 진료 및 치료를 받는 공간

③ 병동부(in-patient department) : 병실, 간호사 대기실, 의사실, 면회실 등 장기 입원환자를 치료하는 공간

④ 서비스부(services department) : 조리관계시설, 세탁관계시설, 설비관계시설, 기타(장례식장, 매점 등)로 환자들에게 서비스를 공급하기 위한 공간

⑤ 관리부

㉠ 환자공간 : 출입구, 주차장, 로비, 접수실, 면회실 등

㉡ 직원공간 : 원무과, 의사실, 간호사실, 사무실 등

2) 전기시설

① 안정적으로 전원 급이 필요한 공간 : 병동, 수술실, 검사실

② 의료용 전자기기(medical electromic)가 사용되는 곳에서는 전원의 안정공급과 함께 전원의 질(전압, 주파수, 노이즈)이 중요하다.

3) 공조시설 등이 발달 : 오염에 대한 대책이 필요하다.

4) 병실이나 진료실 등 작은 실의 집합체인 공간으로 비교적 칸막이가 많고 통로가 길어서 1차 안전구역을 보호하기가 어렵다.

5) 각종 설비배관, 덕트, 배선 등이 많이 설치되어 있어 구획 간의 관통부와 샤프트가 많아 구획화가 어렵다.

(2) 거주자 특성

1) 거주자를 분류할 경우에는 보통 $\frac{1}{3}$ 자체 피난 가능자, $\frac{1}{3}$ 부축을 받아야 피난이 가능한 자, $\frac{1}{3}$ 피난무능력자(외부인의 도움 없이는 피난이 곤란)로 구분한다.

2) 상시 근무자가 근무하고 있어 화재발견 등이 용이하고, 피난에 조력자가 있다. 하지만 야간에는 조력자의 수가 급감하므로 이를 고려한 피난계획의 수립이 필요하다.
3) 피난조력자 중 여성의 비율이 높다(남성에 비해 능률 저하).
4) 피난무능력자와 부축을 받아야지 피난이 가능한 자를 위하여 수평피난이 고려되어야 한다.
5) 병원의 재실자는 환자, 직원, 내방자 등으로 매우 다양하다. 따라서, 연령대도 영유아부터 노인까지 다양하다.

(3) 연소 특성

1) 알코올, 약품 등 액체 가연물이 다수 존재한다.
2) 침대보, 커튼 등 고체 가연물이 다수 존재한다.
3) 주방, 검사소 등에서 화기를 취급한다.

(4) 화재의 2차 피해

병원의 인식, 이미지가 실추되는 등 2차 피해가 크다.

(5) 병원의 피난방식

1) 수평피난방식 : 하나의 층을 여러 개(최소 2개 이상)의 방화구획으로 구획하고 어느 하나의 구획에 화재가 발생한 경우 우선 다른 구획으로 수평 이동하여 안전을 확보할 수 있어야 한다. 이후 상황에 따라 순차적으로 지상까지 피난을 유도할 수 있는 피난방식을 말한다.

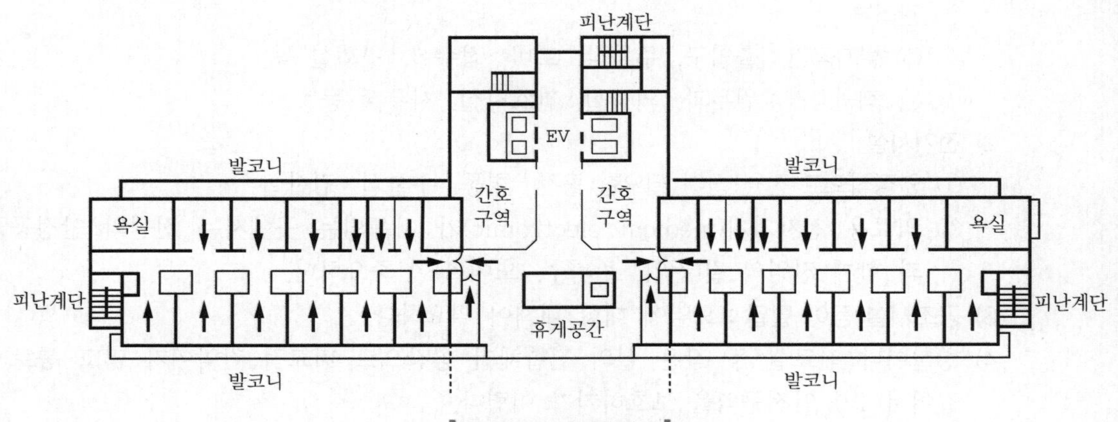

▌병원의 수평피난방식▐

2) 발코니피난방식 : 화재 시 우선 환자를 안전한 발코니로 피난시키고 이후에 순차적으로 계단이나 경사로로 피난을 유도하여 외부로 대피시키는 방식이다.

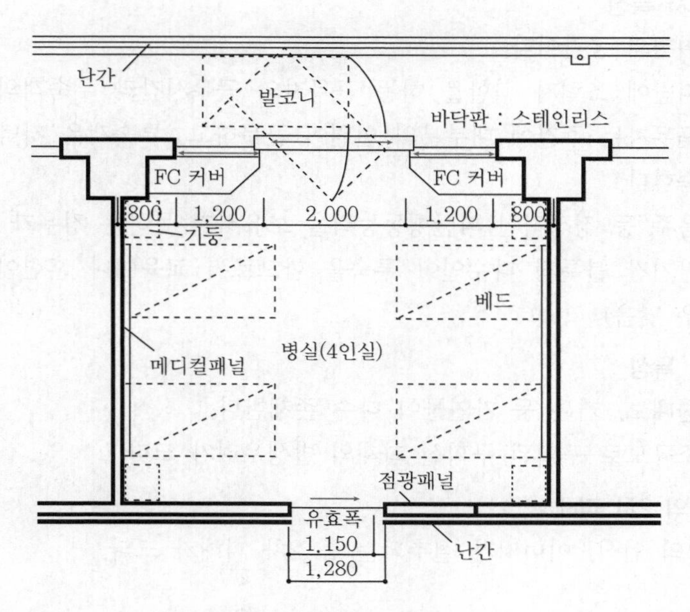

▌병원의 발코니피난방식▐

(6) 수평피난방식 구획의 고려사항

1) 전 층 모두 수평계획상 동일한 위치에 구획을 설치할 것. 만일, 아래층에 구획이 다르거나 없다면, 불완전한 수직관통부 등을 통해 상층으로 연기나 연소확대 우려가 있다.
2) 층별 구획은 구획의 신뢰성이 높게 설치할 것. 환자들의 이동이므로 수평이동으로도 많은 시간이 필요하므로 층별구획의 신뢰성이 강조된다.
3) 구획된 공간의 샤프트나 수평관통하는 배관, 덕트 등은 내화채움구조로 기밀성이 있게 설치할 것
4) 구획된 각 구획 공간 내에 접근할 수 있는 계단을 적어도 1개소 이상 설치할 것
5) 피난자의 대기장소는 침대, 휠체어 등을 고려하여 충분한 공간을 확보할 것
6) 피난경로상의 방화문과 통로는 침대의 통행을 고려하며 개폐방향도 피난방향일 것. 특히 침대를 가지고 이동 시 문의 개폐가 곤란한 경우가 많으므로 충분한 문의 가동거리를 확보하여야 한다.

02 호텔, 여관 화재

(1) 건축 특성

1) 카지노, 로비, 나이트클럽, 식당 등 오락시설 등이 존재한다.
2) 문을 닫으면 혼자만의 공간으로 통제나 관리가 어렵다.

(2) 거주자 특성

1) 취침의 공간이다.

2) 피난에 조력자 역할을 하는 근무자의 근무시간과 투숙객의 투숙시간이 반대이다. 근무자는 주간에 대부분의 인원이 근무하고, 투숙객은 저녁에 대부분의 인원이 투숙한다.

3) 음주 등 정상적인 피난행동능력을 보유하지 못하는 경우가 많다.

4) 단기간 불특정 다수인이 투숙을 함으로써 교육이나 훈련이 어렵다(안전의식이 매우 낮음).

(3) 연소 특성

1) 침대보, 커튼 등 가연물이 다수 존재한다.

2) 소규모로 구획된 구획실 화재의 발생우려가 크다.

(4) 화재의 2차 피해

호텔의 인식, 이미지가 실추되는 등 2차 피해가 크다.

03 박물관 화재

(1) 건축 특성

1) 물건의 전시공간이므로 물건보호가 중요하다. 따라서, 수계설비 설치가 곤란하다.

2) 수장공간이 있다(전시물은 $\frac{1}{10}$도 안 되는 경우가 많음).

3) 청동 등 부식이 우려되는 경우에는 할로겐화합물 및 불활성기체소화약제를 사용한다.

4) 방화구획이나 제연구획이 곤란하다.

5) 전시를 하다 보니 피난거리가 길어진다.

(2) 거주자 특성

1) 불특정 다수인

2) 평상시는 인구밀도가 낮으나 단체관람 시에는 일시에 인구밀도가 증가한다.

(3) 연소 특성

1) 수장공간에 문화재 등 가연물이 다수 존재한다.

2) 전시공간의 화재하중은 비교적 낮다.

(4) 대체재가 없다(문화적 가치가 높으며 경제적 비용으로 환산하기가 곤란함).

04 덕트화재 109 · 89회 출제

(1) 정의

1) 덕트 내에서 먼지 등에 의해서 출화한 화재
2) 덕트 내로 연소가 확대된 화재

(2) 특징

1) 기류의 속도가 빨라 화재의 전파가 빠르다.
2) 화원의 위치 파악이 곤란하다.
3) 덕트를 타고 건물 전체로 화재가 확대될 수 있다.
4) 진압에 많은 시간이 소요된다.

(3) 덕트의 주원인

1) 기름찌꺼기
2) 진애(티끌과 먼지를 통틀어 이르는 말) : 섬유성분과 카본입자
3) 목모 텍스(나무의 섬유성분과 같이 가공하여 텍스로 사용하는 나무부스러기)나 우레탄 폼

(4) 착화원

1) 배기가스의 온도상승
2) 흡입구 등에 담배꽁초 등의 유입
3) 용접 및 불티

(5) 대책

1) 덕트 내에 설치하는 스프링클러(S/P)
2) 덕트의 크기는 작고, 반사판도 작으며, 공기저항이 작고, 공기 중에 이물질이 반사판 등에 잘 붙지 않는 구조이어야 한다.
3) 덕트 내에는 물을 유효하게 배출할 수 있는 배출구 등이 필요하다.
4) 수직관통부의 길이는 가급적 작게 한다.
5) 위험성이 큰 장소의 덕트는 별도로 설치한다.

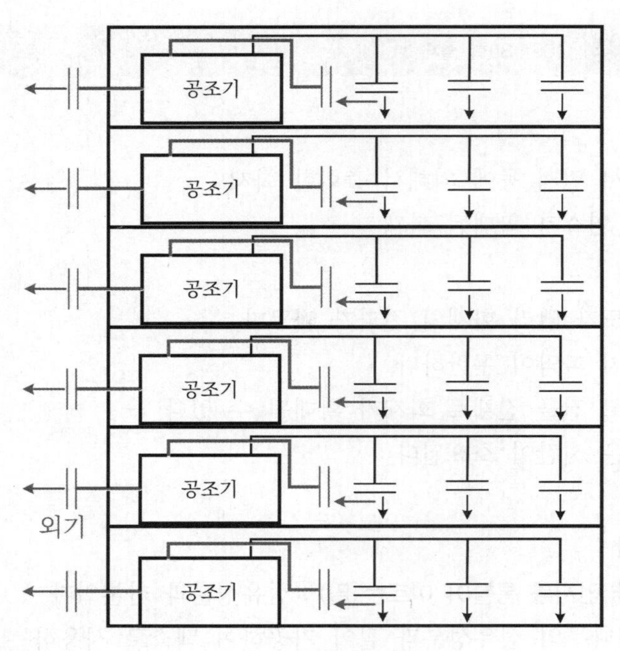

(a) 각 층 유닛방식

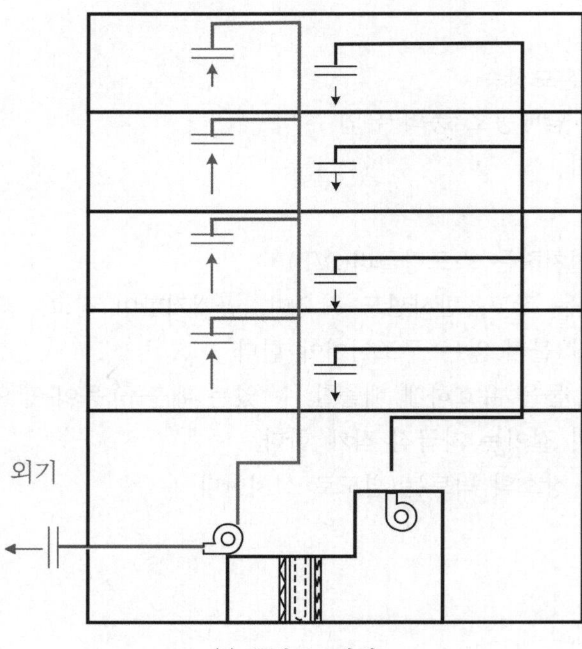

(b) 중앙공조방식

공조환기설비와 방재계획과의 관계 : 공조설비의 발달로 무창층이 증가하고 덕트 수나 천장고가 낮아진다.

05 석유화학공장 화재

(1) 특성

1) 건축 특성
① 대규모 플랜트설비 : 가동을 중단 시 2차 피해가 크다.
② 구조가 복잡한 고도의 자동제어 시스템이 구성되어 있다.

2) 거주자 특성
① 상시 거주자가 있고 전문가가 상근한다.
② 교육 및 훈련의 상태가 양호하다.

3) 연소 특성
① 다량의 화학물질(독성 물질, 가연성 물질)을 보유하고 있다. → 보유 에너지가 커서 위험이 크다.
② 환경오염의 우려가 크다.
③ 다량의 가연성 물질에 의해서 연소확대가 대단히 빠르고 진압이 곤란하다.

(2) 대책

1) 인간의 실수(human error)를 최소화하여야 한다.
2) 연소가스의 발생을 억제한다.
3) 공기와의 섞임을 방지(불활성화)한다.
4) 압력을 효율적으로 배출한다.
5) 방폭기기를 적용한다.
6) 봉쇄
7) 차단
8) 화염방지기(flame arrest)를 설치한다.

1. Blow down
① 공정정의 : 공정에서 물질을 배출하는 것을 Blow down이라고 한다.
㉠ 보일러 Blow down : 폐수를 버리는 것으로 과하면 에너지 낭비, 부족하면 캐리오버 등이 발생
• 상부 배출방식
• 하부 배출방식 : 잔류물을 같이 배출할 수 있다는 장점
㉡ 냉매 Blow down : 증발기 내의 냉매를 순수한 냉매로 재생시키는 방법
㉢ 냉각탑 Blow down : 냉각탑에서 냉각수를 버리는 것
② 안전장치에서 정의 : 릴리프의 설정압력에서 작동 후 재설정(복귀압력)을 차감하는 것

2. **캐리오버(carry over)** : 보일러 수면에서 수분, 염류, 실리카 등이 증기에 운반되는 현상을 말한다. 프라이밍이나 포밍에 의해 일어난다. 이것이 일어나면 과열기, 터빈 등에 손상을 준다.

06 할인마트 화재

(1) 건축 특성

1) 대규모 공간으로 4가지 공간으로 구분할 수 있다.
   ① 고객부문
      ㉠ 동선부분 : 출입구, 통로, 계단, 엘리베이터, 승강기 등
      ㉡ 서비스부분 : 화장실, 식당, 휴게실 등
   ② 상품부문 : 보관시설, 보급시설, 검수시설, 운반시설 등
   ③ 업무부문 : 사무공간, 후생시설, 전용 출입구, 통로, 계단 등
   ④ 판매부문 : 진열대, 홍보시설, 전시시설, 안내시설 등
2) 무창의 공간으로 공조환기시설이 많다(쇼핑을 유도하기 위해 쾌적성을 강화).
3) 지하층에 점포가 많다(지상에는 주차장).
4) 식료품매장에는 조리를 위한 화기사용이 다수 분산되어 방화관리상 어려움이 많다.
5) 판매시설 확대에 따른 문제점
   ① 판매시설은 매장의 면적을 가급적이면 넓게 하기 위해 고객부문에 동선을 줄이게 되므로 박스 등이 어수선하게 놓이게 되어 방화의 사각지대가 형성된다.
   ② 이렇게 되면 상품이나 박스 등이 피난경로에 노출되어 피난에 지장을 주고 방화문이나 방화셔터로 인한 구획이 곤란해진다.

(2) 거주자 특성

1) 불특정 다수의 거주자가 많아 피난경로나 방법을 숙지시키는 것이 곤란하다.
2) 인구밀도가 높다.
3) 여성과 유아가 많다.
4) 종업원의 교육 및 안전의식 고취가 가능하다. 하지만 불특정 다수는 곤란하다.

(3) 연소 특성

1) 전기적 점화원이 많다.
2) 대단위 공간에 대단위 가연물이 존재해서 화재 1건당 소손면적과 손해가 크다.

(4) 대책

1) ESFR이나 인랙형의 스프링클러 설치를 검토하여야 한다.
2) 다수의 피난로와 출입구를 확보하여야 한다.
3) 점원들의 교육을 통하여 피난유도자로 활용하여 대피유도를 시킬 수 있어야 한다.
4) CCTV를 피난 및 소화활동에 이용할 수 있도록 하여야 한다.
5) 안내방송을 통하여 피난유도와 거주자에게 신뢰를 심어줄 수 있어야 한다.
6) 다수의 피난자의 안전을 위해서 조기에 배연설비가 동작할 수 있어야 한다.

7) 판매부분과 상품부분을 라인이나 난간 등으로 명확히 하여 방화 등으로 인한 재해를 예방하여야 한다.

07 백화점 화재

(1) 특성

할인점 + 고층 건물

(2) 대책

상기 할인마트 대책 + 고층 건물의 대책

08 항공기 화재 114회 출제

(1) 건축 특성

1) 피난할 장소가 없고 대형 피해가 발생한다(자체소화 능력배양이 필수).
2) 금속으로 구획된다.
3) 화재로 인한 2차 피해 우려(비행기 작동불능)가 크다.

(2) 거주자 특성

1) 승객 대부분은 불특정 다수인이고 승무원은 교육 및 훈련된 안전관리원이다.
2) 운행특성상 패닉에 빠질 우려가 일반화재에 비해 높다.

(3) 연소 특성

1) 화재하중이 크다(기내의 좌석, 항공유, 짐 등).
2) 비행기 몸체가 금속으로 열전도율이 크다.

(4) 대책

1) 엔진화재는 항공기 소화설비로 감지 및 소화 가능 : 불꽃감지기, 가스계 소화설비(이산화탄소 소화설비, 할론, 할로겐화합물 · 불활성 가스소화설비 등)
2) 기내화재는 항공기 소화설비로 감지 및 소화 가능 : 일산화탄소 감지기, 할론, 할로겐화합물 · 불활성 가스소화설비, 소화기
3) 화물칸 화재는 항공기 소화설비로 감지 및 소화 가능 : 연기감지기, 할론, 할로겐화합물 · 불활성 가스소화설비
4) 항공기에서 화재가 발생되면 17분 이내로 인근 공항으로 비상착륙하여 화재원인과 파손상황을 조사하여야 한다.

09 사회복지시설(rehabilitation ; 리허빌리테이션)의 화재

(1) 개요

1) 노인, 아동, 장애인 복지시설

2) 행동, 판단능력에 약점을 가지고 있는 사람들의 거주시설(사회적 약자)

3) 종류

① 의학적 시설 : 의학요법, 운동치료요법, 작업요법(놀이, 스포츠) 등

② 직업적 시설 : 직업훈련, 직업안내 등

③ 교육적 시설 : 교육기관, 훈련기관 등

④ 사회적 시설 : 상담시설, 보호시설 등

(2) 특성

1) 건축 특성

① 피난로의 문이 잠긴 경우가 많다(관리를 위해 잠가 놓는 경우가 많음).

② 소화시설 및 경보시설이 미비하다.

2) 거주자 특성

① 취침을 하는 생활환경의 공간이다.

② 조력자가 부족하다.

③ 행동능력 및 판단능력 부족으로 자력피난이 곤란하다.

④ 판단능력 부족으로 이상행동(방화 등)이 나타날 수 있다.

⑤ 시각, 청각 장애로 경보인지 능력이 떨어진다.

⑥ 휠체어(wheel chair)나 목발 등을 이용해서 이동해야 한다.

3) 연소 특성

① 취침용품 등이 있어 이를 통해 화염전파 우려가 크다.

② 거주자의 이상행동으로 인한 방화의 우려가 있다.

(3) 대책

1) 휠체어나 전동차가 이동할 수 있어야 한다.

① 문에 단, 즉 문턱이 되어 있는 경우는 피난에 장애가 되므로 무장애공간으로 만들어야 한다.

② 통로나 출입구는 휠체어나 전동차를 이용할 수 있는 폭과 공간을 가져야 한다.

③ 계단을 우회할 수 있는 경사로의 설치가 필요하다.

2) 소수자를 위한 배려의식이 필요하다.

① 시각약자를 위해 점자로 된 표시, 색채를 대비한 표시, 조도를 높이는 표시를 하여야 한다.

② 청각약자를 위해서 게시나 표시 등 문자나 그림에 의한 정보전달을 하여야 한다.

3) 소방관서와 연계를 강화하여 피난훈련강화 및 교육강화, 신속한 출동이 이루어지도록 한다.
4) 자력 피난능력이 부족하여 피난조력자의 역할이 중요하므로 이들에 대한 교육 및 훈련이 필요하다.

10 고지대 밀집주거지역의 화재(Section 93 전통시장 화재와 유사)

(1) 건축 특성

1) 영세한 주택이 다량으로 밀집된 구조이다.
2) 노후시설이 많다(특히 전기위험).
3) 협소한 도로(자연발생적으로 생긴 경우가 많음)
4) 전체적인 자동화재탐지설비나 자동소화설비가 없다.
5) 목조주택이 많다.

(2) 거주자 특성

1) 안전의식이 낮다.
2) 노유자가 일반주택지보다 많다.

(3) 연소 특성

1) 전기코일, 난방, 화로 등(위험물건 취급)이 있다.
2) 스티로폼, 경량철골 등을 이용하여 임시로 가설한 건축물이 많다.
3) 가연물이 많다(물품).

(4) 대책

재래시장의 화재 내용을 참조한다.

11 극장 및 공연장

(1) 건축 특성

1) 구성
   ① 객석부분 : 관객이 거주하는 장소
   ② 로비부분 : 안내 및 매표 등
   ③ 부대부분 : 분장실, 도구실, 조명실
   ④ 관리부분 : 사무실 등
2) 객석은 긴 스팬에 개방된 형태의 대공간으로 되어 있다.
3) 천장면이 타 공간에 비해 높다.

4) 객석이 창이 없는 벽면으로 둘러싸여 있고, 개구부가 적다.

5) 무대부에 화재위험이 집중되고 가연물도 다량 있다.

(2) 거주자 특성

1) 불특정 다수인이 고밀도로 입장해 있다. 따라서, 관객의 피난시간이 많이 소요되고 출입구나 계단에서 병목현상이 발생할 수 있다.

2) 공연업체나 출연자가 수시로 교체된다. 따라서, 화기관리가 부실해 지고 피난유도도 소홀해지기 쉽다.

(3) 연소 특성

1) 객석부분이 개방된 대공간으로 한번 화염 및 연기의 확대를 허용하면, 관객석 전체에 화염 및 연기가 미칠 위험성이 있다.

2) 타 공간에 비해 층고가 높아서 화재감지 및 소화설비의 작동이 늦어지는 단점이 있는 반면 연기가 찰 공간이 많아서 연기하강시간이 길어 피난에는 유리하다.

3) 연기가 충만하기 쉽고, 피난상 방해가 된다. 좌석으로 인하여 통로가 한정되고, 통로면이 경사져 있으므로 피난하기 어려운 문제점이 있다.

4) 무대부에 다수의 막이 설치되어 있고, 무대장치는 가연성 물질이 많다. 또한, 조명기구는 발화원이 되기 쉽고, 공연 중에 화기를 사용하는 경우도 있다.

(4) 대책

1) 발화방지와 초기 소화

① 무대부가 화재를 발생시킬 우려가 가장 높은 장소로 무대에서 화기의 사용은 엄격히 제한하고 관리를 철저히 하며 주변에는 반드시 소화용구를 비치하여야 한다.

② 무대부에서 사용되는 각종 장막이나 도구의 불연화, 난연화를 하고 정리와 정돈을 철저히 해서 화재의 확산을 방지하고 피난로를 확보한다.

2) 단순, 명료한 객석계획

① 건축물 전체는 대칭형으로 하여 객석의 구조를 단순, 명쾌하게 하는 것이 바람직하다.

② 분장실 주변의 부대시설은 복잡한 형상이 되기가 쉽지만, 최소한 통로가 미로 형태나 막다른 길은 만들지 말아야 한다.

3) 피난안전로 확보

① 피난경로를 가급적 짧고, 누구나 쉽고 직관적으로 알 수 있도록 설치하여야 한다.

② 객석이 복층구조인 경우에는 피난층을 다수의 층으로 분리하여 병목현상을 줄여야 한다.

③ 피난층 이외에도 발코니나 선큰 가든 등을 설치하여 바로 외부로 피난할 수 있도록 하여야 한다.

④ 피난자의 밀도를 균등배분하기 위하여 계단이나 비상구를 알기 쉬운 위치에 균등하게 배치하는 것이 필요하다.

4) **체류공간의 확보** : 피난 시 군중이 대피를 하므로 병목현상이 발생하고 이로 인한 패닉 등이 발생할 우려가 있기 때문에 복도, 계단, 출입구의 폭은 피난자들이 조기에 피난할 수 있는 충분한 용량으로 하고 체류공간도 충분히 확보하여야 한다.

5) **연소확대방지** : 화염이나 연기가 관객이 있는 객석부나 로비부로 침입하면 피난에 큰 혼란을 초래하므로 무대나 중정 주변의 구획이 요구된다.

12 복합건축물

(1) 건축 특성

1) 규모가 크고 다양한 시설이 설치되어 공간이 복잡해지고 화재위험이 커진다.

2) 피난경로 병목현상

3) 화재나 피난에 대한 대응시간이 길다. 왜냐하면 시설의 거대화나 복잡화는 방재를 위한 접근이나 응답시간을 늘리기 때문이다.

4) 관리의 광역화, 다원화

① 시설규모가 커지면, 관리주체가 다수가 될 수 밖에 없고, 총괄적인 관리가 어려워져서 그에 따라 정보전달 지연 등의 문제가 발생할 가능성이 높아진다.

② 설치 주체가 다르기 때문에 방재설비나 기기가 복잡하게 뒤엉켜 시스템을 구성하므로, 관리에 한계가 있어 고장발견 등에 시간이 걸릴 우려가 있다.

5) 방재정보가 복잡해지고 많아지므로 이에 대한 적절한 관리가 어려워진다.

(2) 거주자 특성

1) 다수의 거주자 및 불특정 다수의 고객이 상존한다.

2) 거주자와 손님이 다양하다.

(3) 연소 특성

1) 화재의 확대경로나 범위가 넓어져서 화재 시 대형재난 우려가 크다.

2) 다양한 화재발생 경로를 가진다.

(4) 대책

1) 종합적 방재시스템을 구성해야 한다.

① 관리의 일원화, 집중화라는 의미에서 관리기능 또는 방재정보를 하나의 방재센터에 집중시키는 것이 좋다. 하지만 너무나 큰 대규모 시설에서는 하나의 방재센터에서 관리하기에는 지역이 너무 넓고 정보량이 많으므로 여러 곳으로 분산을 하되 네트워크로 연계를 시킬 필요가 있다.

② 공용 부분이나 개별적으로 관리하는 전용 부분에서의 방재관리의 책임을 명확히 하여야 한다.

③ 전원이나 관리가 한 곳에 집중되어 있으면 그 곳이 피해를 입었을 때 전체의 기능이 정지할 우려가 있으므로 이에 대한 대책이 필요하다.

2) 종합화에 따른 연쇄확대 위험을 제거해야 한다.

① 방재상 독립할 수 있도록 복수의 구역으로 분할

② 서로 연결된 접합부나 접속매체에 충분한 차단성능을 부여하여 화재의 확대나 피해의 확산을 방지한다.

③ 더욱이 별동 또는 용도를 달리하는 부분 사이의 구획에 대해서는 보다 신뢰성을 높이는 대응이 요구된다.

3) 대규모화에 따른 대응 부하의 증대에 적절하게 대처해야 한다. 대규모에 따른 피난시설, 서브 방재센터 등을 설치하고 부하의 증가량 만큼의 증설된 시설을 설치하여야 한다.

4) 관리의 광역화나 다원화가 초래하는 약점을 극복할 것

① 관리나 정보의 일원화, 방재관리의 연대

② 공용부분에 방재책임을 명확히 할 것

SECTION

124 각종 화재에 대한 답안지 형식

01 화재의 특성

(1) 건축 특성

(2) 거주자 특성

(3) 연소 특성

02 화재로 인한 피해

(1) 직접 피해

연소열에 의한 피해, 연소생성물에 의한 피해

(2) 간접 피해

1) 수손

2) 기업의 이미지 훼손

3) 기업의 휴지

03 피난상의 문제

(1) 취침의 공간인지 아닌지

(2) 특정 소수인지 불특정 다수인지

1) 불특정 : 훈련곤란, 인지곤란

2) 다수 : 병목현상, 인구밀도 증가

(3) 연기의 배출방향과 피난방향

04 소화활동상의 문제

(1) 소화활동의 거점 확보
  1) 창을 통해 주수가 가능한지 여부
  2) 축열이 있느냐, 없느냐 유무
  3) 역화(back draft)가 있는지, 없는지 여부

(2) 안전의식(3E)
  1) 교육(Education)
  2) 기술(Engineer)
    ① 노후화된 설비의 교체
    ② 안전성이 높은 설비로 교체
    ③ 기술의 향상
  3) 법률적 규제(Enforcement) : 국내는 소방법에 의한 규제, 외국은 보험료에 의한 규제

05 인간의 실수(human error)를 최소화하기 위한 대책

설비적으로 인간의 실수를 최소화하기 위한 근원적 대책을 수립한다.

(1) 인터록(interlock)

(2) 표지

(3) 색상

06 점화원 관리

(1) 정전기와 같이 줄일 수 있는 점화원은 최대한 줄인다.

(2) 줄일 수 없으면 대체한다.

(3) 대체할 수 없으면 격리한다.

07 가연물 관리

(1) 최대한 줄인다.

(2) 대체

(3) 격리

(4) 방염처리

08 방호대책

(1) 예방

1) 소방점검

2) 훈련 및 교육

(2) 방화(건축적)

(3) 소화설비(설비적)

(4) 위험전가(보험)

(5) 복구의 용이성(내화구조, 백업, 웹하드, 네트워크)

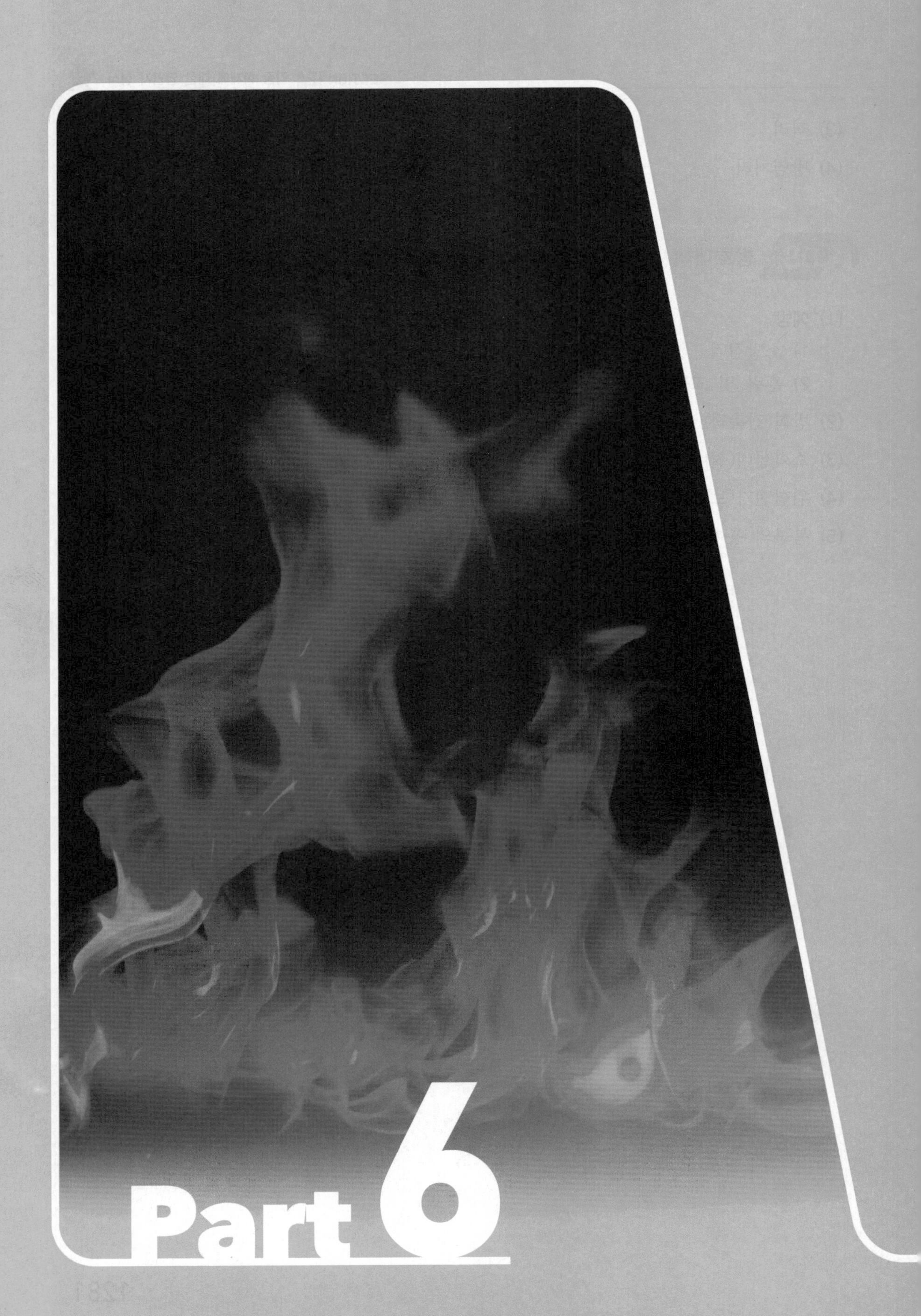
Part 6

피난

SECTION

SECTION 001

NFPA의 피난 시 고려사항 Tree

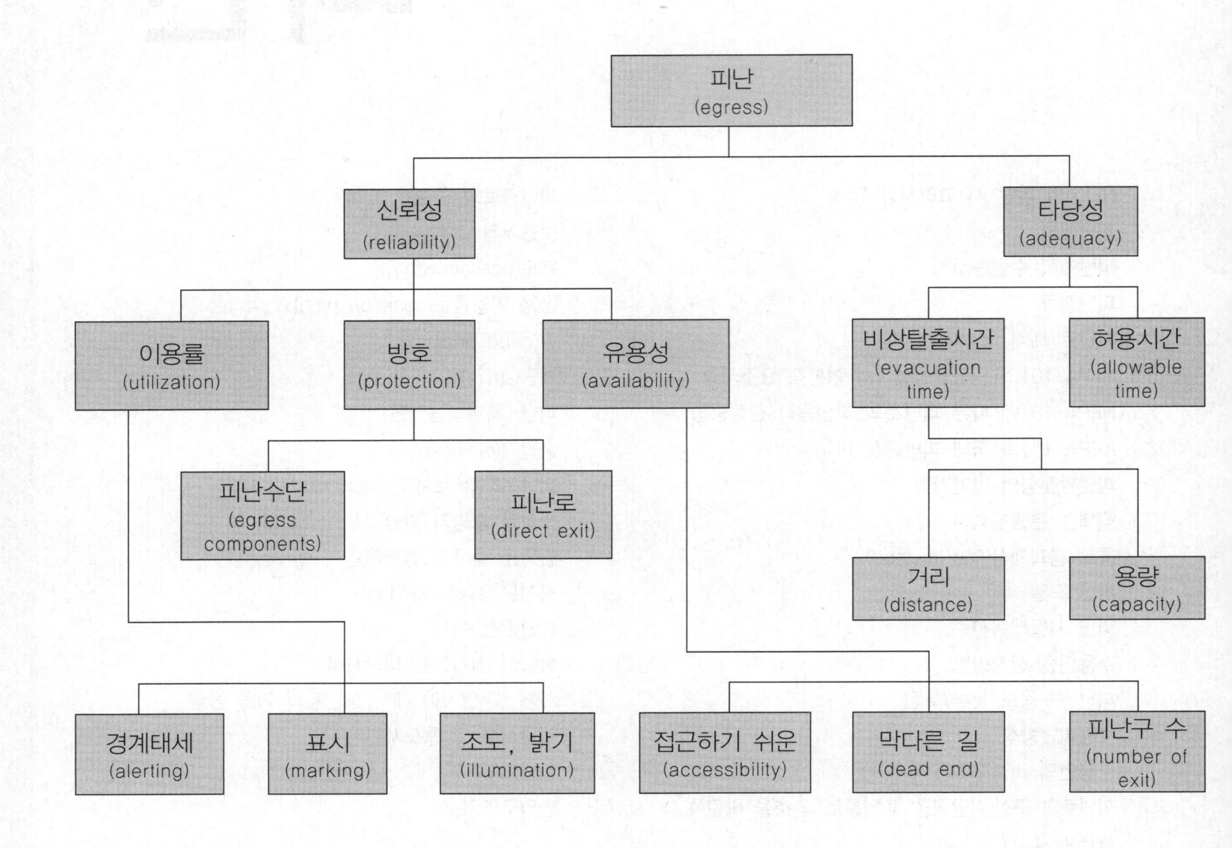

SECTION

002 피난계획

01 개요

(1) 정의

화재, 기타 재해 시 안전한 장소로 이동하여 거주자의 안전성을 확보하기 위한 계획

(2) 건물의 용도에 따라 수용인원의 성격과 수가 서로 다르고 피난능력에도 차이가 있는 것을 고려해서, 피난자가 원활하게 안전한 구획인 계단 등의 경로를 지나 최종적으로 옥외로 피난할 수 있도록 하는 계획이다.

(3) 분류

1) 유도계획 : 크게 화재발생에 대한 정보를 신속하게 전달시켜 상황을 인지하는 설비적 장치(active system)에 대한 계획

2) 시설계획 : 피난에 소요되는 시설들의 적절한 배치 등 건축적 장치(passive system)에 대한 계획

(4) 피난의 위험관리는 높은 신뢰성을 얻기 위해서는 여유있는 설계가 필요하나, 그러면 비용이 증가하고, 화재가 발생했을 때 손실보다도 설치비용이 더 커서 설치효과는 작아진다. 또한, 비용을 감소시키면 화재 시 발생하는 손실이 커지게 되므로 적절한 비용투자가 필요하다.

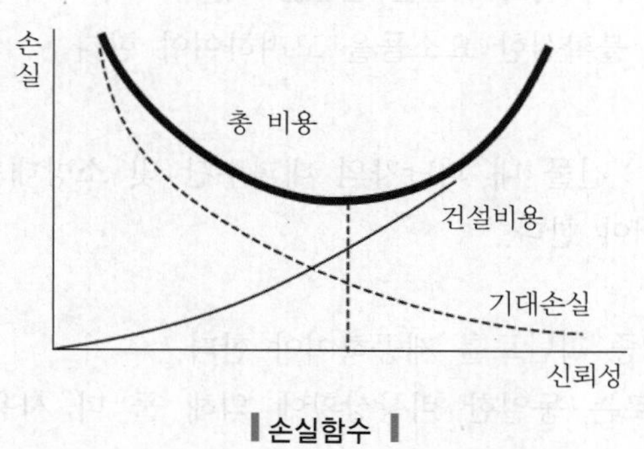

▎손실함수 ▎

02 피난계획 시 인명안전을 위한 기본요구사항(NFPA 101)

(1) 피난의 다중화(fail safe)

하나의 안전장치에 의존하지 않고 추가적인 안전장치를 설치하여 안전성을 강화한다.

(2) 안전장치의 적절한 안정성 확보

1) 건축물, 연소, 거주자 특성 등을 고려하여 적정한 인명안전도를 제공한다.

2) 건축 특성

① 용도의 특성

② 건물 또는 구조물의 높이와 형태

③ 건축물의 크기

3) 연소 특성

① 열방출률(HRR)

② 화재성장률

③ 연기 발생량

④ 연소생성물 농도

4) 거주자 특성

① 위험에 노출된 피난자의 수

② 재해 시 피난자를 안내해주고 도와줄 수 있는 관계자의 수와 안전교육 정도

③ 화재안전취약자에 대한 고려

㉠ 병원 같은 경우는 이동이 곤란하므로 해당 층에 수평으로 연결된 안전구획이 필요하다.

㉡ 다중이용시설의 경우에는 청각약자를 위해서 시각경보기의 설치가 필요하다.

㉢ 고층이나 심층 건축물에는 화재안전취약자를 위하여 피난용 승강기 설치가 필요하다.

5) 이용할 수 있는 소방시설의 종류와 수

6) 불확실성을 고려하기 위해 적절한 안전율 적용 : 거주자에게 적합한 안전을 제공하는데 필요한 기타 불확실한 요소들을 고려하여야 한다.

(3) 피난구조설비

1) 피난로의 접근성 : 건물 내 피난자의 대피수단 및 소방대원 등이 쉽게 도달하기 위한 접근경로이어야 한다.

2) 피난로의 신뢰성

① 예비 또는 2중 피난로를 제공하여야 한다.

② 2개의 피난로는 동일한 비상상황에 의해 둘 다 사용할 수 없게 될 가능성을 최소화할 수 있도록 배치하여야 한다.

③ 최대한 서로 반대방향으로 멀리 설치해서 한쪽이 봉쇄되면 다른 한쪽으로 피난을 할 수 있도록 멀리 배치하여야 한다.

3) 피난로의 화재안전성 : 화재 시 피난전용의 동선을 제공할 수 있는 공간구조로서 내화구조의 벽체로 구획되어야 한다.

4) 피난로의 개구부 : 피난로가 되는 공간은 피난자의 출입이 가능해야 하므로, 밀폐된 구획을 할 수 없고 부분적으로 개구부가 존재한다. 즉, 방화문(fire door), 방화셔터 등에 의한 개구부가 존재하여야 한다.

5) 장애 없는 피난로

① 출구통로가 막히지 않고, 장애물이 없어야 하며 문이 잠겨 있지 않아야 한다.

② 피난로는 보행이 어려운 점유자에게 적정한 안전을 보장하기에 필요한 정도로 접근이 가능해야 한다.

6) 피난로의 인지가 용이하도록 표시

① 피난통로와 출구통로가 혼동되지 않도록 명확하고 크게 표시한다.

② 효과적인 사용을 위한 영상 또는 음성신호를 제공한다.

7) 조명

① 건물이나 구조물 내에 자연채광만으로 실내조도를 확보하기 어려운 장소의 경우 : 피난경로 및 시설에도 예비전원을 갖춘 조명을 설계하여야 한다.

② 조도가 1[lx] 이하인 경우 : 원활한 시야확보가 곤란해서 보행속도가 $\frac{1}{2}$로 감소하여 피난의 지연이 발생한다.

③ 조명의 품질을 좌우하는 요소 : 최소 조도와 균제도

8) 수직개구부

① 건물의 층 사이에 있는 모든 수직개구부 : 피난로를 이용하는 동안 점유자에게 적정한 안전을 제공하여야 한다.

② 구획화 및 방호

㉠ 점유자가 피난통로로 들어가기 전에 수직개구부를 통해 불길, 연기 또는 연무가 확산되는 것을 방지할 수 있도록 필요에 따라 적절하게 밀폐되거나 방호해야 한다.

㉡ 상시 닫혀 있거나 열, 연기에 의해서 자동으로 닫히는 구조의 셔터나 방화문을 설치하거나 차압이나 방연풍속을 이용해서 열이나 연기로부터 수직관통부가 적절하게 방호해야 한다.

9) 승인된 피난구조설비 설계 및 설치

인명안전을 위한 모든 소방시설, 건물 부대장비, 방호시설 또는 안전장치들은 해당하는 화재안전기술기준에 따라 설계, 설치 및 승인하여야 한다.

(4) 화재 조기경보

화재의 조기경보를 제공함으로써 점유자가 신속하게 대응할 수 있도록 해야 한다.

(5) 유지관리

1) 각종 시설물에 요구되는 모든 사항이 적절히 가동되도록 유지 관리해야 한다.

2) 소방설비는 운휴설비로 평상시에 사용하지 않기 때문에 더욱 유지관리가 중요하고, 소방점검을 하는 이유이기도 하다.

(6) 위험지역을 지정하여 관리하고 기구를 안전배치한다.

(7) 피난훈련

(8) 패닉으로 수반되는 정신적 요인의 제한을 고려하여 쉽게(fool proof) 설계한다.

(9) **내장재 및 수납물의 제한**

거주자를 고립시키는 신속한 연소를 방지하기 위해서 난연재 이상으로 제한하고 화재하중을 최소화하기 위하여 가연물의 양을 제한하여야 한다.

03 피난계획 수립의 원칙

(1) **피난경로의 구성과 배치**

1) **구성**

① 비상구 접근로(exit access)

② 피난통로(exit)

③ 건축물의 바깥쪽으로의 출구(exit discharge)

2) **배치**

① 비상구 접근로(exit access), 피난통로(exit), 건축물의 바깥쪽으로의 출구(exit discharge)로 이어지도록 구성하여야 한다.

② 점차적으로 안전성이 증대(비상구 접근로 → 피난통로 → 건축물의 바깥쪽으로의 출구)해야 한다.

③ 피난경로 : 단순 명쾌하게 설치되어 피난자가 혼란을 느끼지 않고 직관적으로 이해하게 설치한다.

④ 피난시설은 평면계획상 균형 있게 배치 : 어느 장소에서도 쉽게 피난이 가능해야 한다.

1. **피난경로** : 건물의 각 부분으로부터 최종 출구까지 피난수단의 부분을 형성하는 경로
2. **최종 출구**
   ① 건물로부터 나오는 피난경로의 끝
   ② 건물 인근에서 사람들을 신속하게 분산하여 더 이상 화염이나 연기의 위험에 접하지 않도록 위치한 큰길, 보도, 보행통로 또는 기타 공지로 직접 연결될 것

3) 피난층에서의 혼잡에 대한 대책을 수립
   ① 지상층과 지하층 계단과 입구를 서로 분리하여 동선을 분산시켜야 한다.
   ② 피난층에 다양한 출구를 마련하여야 한다.
4) 계단실의 입구와 계단폭과의 균형 : 병목현상 발생을 제한한다.
5) 안전한 피난장소의 확보
   ① 원칙적으로 공공광장 등 건물 외부의 공간이 확보되어야 한다.
   ② 건물 외부로의 피난을 적정 시간 내에 완료하기 곤란할 것이 예상되는 건축물에는 건물 내에 마련한다.

(2) 피난수단은 원시적일 것
1) 피난수단은 기계적·전기적인 장치를 이용하는 것보다 원시적인 것이 신뢰도가 가장 높다.
2) 대표적으로 승강기보다는 계단이 더 신뢰도가 높고 안전하며 이용인원도 훨씬 많다.

(3) 양방향 피난로의 확보
1) 양방향 피난이 원칙이다.
2) 막다른 길(dead end)과 공용이용통로(common path) 등을 통해 피난동선이 제한되는 요소를 제거하거나 불가피한 경우에는 최소화해야 한다.

(4) 인간의 심리, 생리를 배려한 대책(*SECTION 003 피난계획 수립순서 참조)

(5) 피난로 안전구획 설정(피난경로의 방화, 방연)
1) 화염과 연기로부터 보호된 안전구획을 단계적으로 설정한다.
2) 1차(복도), 2차(부속실), 3차(피난계단) 안전구획으로 구성하여 피난이 진행될수록 안전성이 증대되도록 계획한다.

1. **통로(通路)** : 사람이나 사물이 이동하는 길
2. **복도(複道)** : 여러 개의 방을 연결하는 긴 통로

3) 연기전파를 방지하기 위해 수직관통부를 방호한다.
4) 1차 안전구획 복도는 재실자 전원이 부속실, 피난계단으로 이동할 때까지 거주가능 조건을 만족(ASET > RSET)하도록 설치한다.
5) 피난계단 : 내화구조로, 내부마감재는 불연재료로 설치한다.
6) 피난공간 : 가압하거나 밀폐하여 연기나 화염의 이동을 방지한다.
7) 피난로의 폭 : 피난용량에 의해서 결정한다.

(6) 화재안전취약자를 배려한 설계
1) 병원, 사회복지시설, 노유자시설
   ① 이동이 원활하지 못하므로 수평 피난이 효과적이다.

② 화재안전취약자를 위한 안전구획 설정이 필요하다.

③ 수술실, 중환자실은 이동 자체가 곤란하므로 다른 구역보다 더 화재로부터의 영향을 차단하는 신뢰성 높은 방화구획이 필요하다.

2) 일반시설, 특히 불특정 다수인이 이용하는 시설에서 화재안전취약자의 안전을 고려한다.

(7) 다중화(fail - safe) 120회 출제

1) 양방향 피난로 : 분산피난(zoning plan)
2) 피난로로 피난이 곤란한 경우 피난기구의 사용
3) 정전 시를 대비한 비상조명등
4) 방화구획 설정에 의한 화재의 국한화
5) 준비작동식 스프링클러 시스템에서 논인터록(non-interlock)
6) 가스소화설비의 자동동작 실패 시에 동작시킬 수 있는 수동기동장치
7) 다중화 설비(비상전원, loop, grid, 고가수조, 예비펌프), 부분화

(8) fool-proof 120회 출제

1) 정의 : 비상시 인간 행동 특성에 부합하는 설계(누구라도 쉽게), 인간이 위급한 상태에서도 피난을 원활하게 수행할 수 있도록 인간의 행동 특성이 고려된 피난유도, 시설배치계획 등이다.
2) 피난경로는 단순, 명료하고 색체나 형상, 그림 등을 사용하여 화재안전취약자들이 쉽게 인지할 수 있어야 한다.
3) 피난수단은 원시적 방법 및 고정식을 사용한다.
4) 피난방향으로 열리는 출입문을 설치한다.
5) 도어노브는 회전식이 아닌 레버식을 설치하여 돌리지 않고 쉽게 눌러서 문을 개방한다.
6) 피난동선과 일상동선을 일치시킨다.
7) 소화설비, 경보기기의 위치나 유도표시는 쉽게 판별될 수 있는 색채를 사용한다.

(9) 피난상 현저하게 지장이 있는 건축재료 등의 사용 제한

건축물의 내 · 외부 마감재료의 사용을 제한하여 피난 시 독성 물질이나 연기의 발생량을 제한한다.

(10) Fail safe와 Fool proof의 적용의 예

1) Passive system ┬ Fool proof - 경로구성, 구획
　　　　　　　　　└ Fail safe - 양방향

2) Active system ┬ Fool proof - 유도등 색상, 도어노브 레버식, 피난유도선
　　　　　　　　└ Fail safe - 피난기구, 수동기동장치(자동실패 시)

(11) 용도별 피난 특성

용도	피난 특성
교육	① 연령층이 낮은 사람이 많음 ② 피난조력자가 있음(교사 등) ③ 교육과 훈련에 따라 피난능력이 향상됨
의료 또는 노유자시설	① 피난능력이 낮음 ② 수평방호(의료)나 현장방어가 중요함(방연, 방화구획이 중요) ③ 피난조력자가 있음(의료종사원 등)
집회	① 불특정 다수인이 많음 ② 경쟁적 관계로 패닉 등의 발생 우려가 큼 ③ 훈련과 교육이 힘듦 ④ 다수의 피난경로와 넓은 통로가 필요함
상업	① 집회와 유사한 특성임 ② 가연물이 다수 존재하여 화재하중이 커서 신속한 대피가 필요함
취침, 위락	① 피난능력 저하 ② 인지능력 저하 ③ 침구류, 주류 등의 다수의 가연물이 존재하며, 화재하중이 커서 신속한 대피가 필요함
업무	① 재실자 밀도는 낮고 시설에 대한 인지도도 높음 ② 방문자를 보호할 수 있는 대책이 필요함
창고	① 재실자 밀도가 대단히 낮음 ② 저장물품 중 가연물 비중이 크며 큰 화재하중과 포장재 등으로 화재전파가 빠름
공장	① 시설에 대한 인지도가 높음 ② 공정 및 위험도가 다양함

04 피난계획의 주요 내용

(1) 발화실의 피난

1) 연기와 화염으로부터의 피난을 고려 : 연기 대책을 시작과 동시에 적용한다.
2) 연기가 실내에 충만하기 전 실내의 모든 거주자의 피난이 가능하다.
3) 피난에 많은 시간이 필요하거나 피난로가 차단될 우려가 있는 경우 : 비상구나 발코니 등의 복수의 피난경로를 고려(다중화)한다.

(2) 발화층의 피난

1) 발화층의 피난경로가 영향을 받기 이전에 해당 층의 거주자가 피난계단 등 보다 안전한 부분까지 피난할 수 있도록 계획한다.
2) 발화실 외 다른 실에서의 피난에는 화재를 감지하기까지 지체되는 시간을 고려한다.
3) 양방향 피난의 원칙 : 비상수단에 의한 상층 또는 하층으로의 수직피난도 검토한다.
4) 병원같이 피난능력이 부족한 이용자가 많은 건축물 : 방화구획된 별도의 공간에 수평피난하는 방식을 검토한다.

(3) 상층부의 피난

1) 상층으로의 연기전파를 방지하는 수직관통부 : 방화・방연 대책
2) 고층 건축물인 경우 계단의 혼란을 최소화하기 위한 대책 : 전 층에서 동시에 피난하지 않도록 발화층, 그 바로 위층, 연기의 전파가 우려되는 상층 순으로 순차적인 피난계획을 수립한다.
3) 피난층으로 피난이 곤란한 경우 옥상광장으로 피난한다.

(4) 중간 피난거점(피난안전구역)

1) 고층 건축물과 같은 경우 중간에 피난안전구역을 설치한다.
   ① 화재 절연층 : 층간 구획
   ② 외기로 개방된 안전한 장소에 설치
2) 옥상광장이 설치된 경우 : 일시적인 피난장소로 계획한다.

(5) 피난층에서 옥외로의 피난

1) 피난자가 안전하게 피난계단 출구에서 옥외까지 화재의 영향을 받지 않고 피난할 수 있도록 계획한다.
2) 피난층 입구에 매점이나 사무실과 같이 화재의 발생 우려가 있는 경우 : 화재예방 강화 및 방화구획
3) 판매시설과 같이 계단이 매장에 면하는 경우 : 피난계단에서 직접 외부로 나갈 수 있도록 계획한다.

05 결론

(1) 현재 국내의 피난 관련 규정을 분석해 보면 단지 피난 시의 보행거리, 피난계단의 설치 기준 등과 같은 피난에 관련된 기초적인 사항에 대해서만 규정되어 있다.
(2) 화재 시 인명의 안전한 피난을 보장하기 위해서는 이외에도 건축물의 용도, 수용인원, 거주자의 신체적 특성 등을 고려한 피난구의 유형, 피난구의 방향, 피난을 위한 내화시간 등의 공학적 판단에 근거한 합리적인 피난계획을 수립할 필요가 있다.
(3) 수립한 피난계획의 성능을 입증하기 위해서 피난 시뮬레이션을 실시하여 이를 이용한 과학적인 피난계획의 수립이 필요하다.

SECTION

003 피난계획 수립순서

100 · 82 · 74회 출제

01 개요

(1) 피난안전성을 확보하기 위해서는 적절한 피난계획의 수립, 훈련, 유지관리를 통해 최적의 상태를 유지하여야 한다. 그중 한 가지라도 빠지게 되면 피난안전성 확보가 곤란하다.

(2) 특히 피난계획의 수립은 피난안전성 확보를 위한 가장 기본적이고 필수적 요소이므로 그 계획순서를 확인하고 평가하는 것이 필요하다.

02 피난계획의 수립순서

(1) 건축물의 용도 분류
 1) 복합용도일 경우 : 제한조건이 큰 쪽의 요구사항을 적용한다.
 2) 더 위험한 용도의 요구조건을 충족한다.

(2) 신규 및 기존 건축물인지 구분

(3) 피난인원수 추정 = 수용인원 산정

(4) 건물 내에서의 '가상 출화점' 기준에 의한 선정
 1) 화재가혹도가 가장 높은 지점
 2) 화재발생이 가장 빈번할 수 있는 지점
 3) 화재의 피해가 가장 큰 지점

(5) 가상 출화점마다 피난자의 피난경로 결정
 1) 가장 단순하고, 길이가 짧아야 한다(fool proof).
 2) 양방향 피난이 가능해야 한다.
 3) 국내 기준은 보행거리 30[m] 이하로 제한한다.

(6) 피난경로에 따른 피난군집 유동상황을 해석한다.

(7) 피난가능시간 예측(RSET)
 1) 수계산
 2) 시뮬렉스(simulex), 엑소더스(exodus) 등의 피난 시뮬레이션을 통해 피난가능시간 계산

(8) 허용피난시간 예측(ASET) : 연기, 독성, 열

(9) 피난안전성 평가

1) ASET > REST 평가

2) ASET을 높이는 대책 및 REST 줄이는 대책을 수립하여 차이를 최대한 늘린다.

(10) 재검토 및 피난계획 수립

1) 부적합 판정 시 피난계획을 수정(피난로 증설 등)한다.

2) 피난계획을 수립한다.

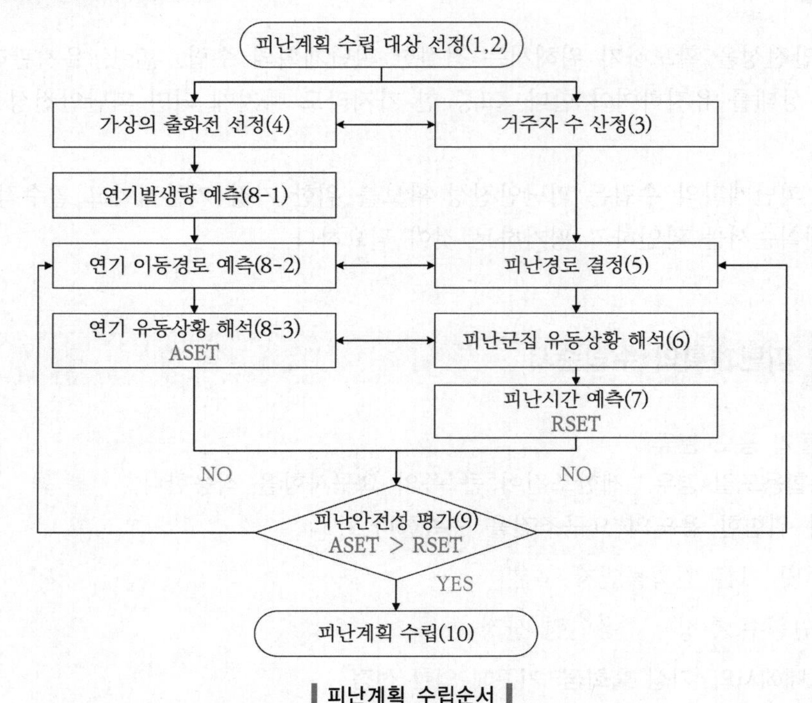

▌피난계획 수립순서▐

03 NFPA PBD 피난계획 수립순서[1)]

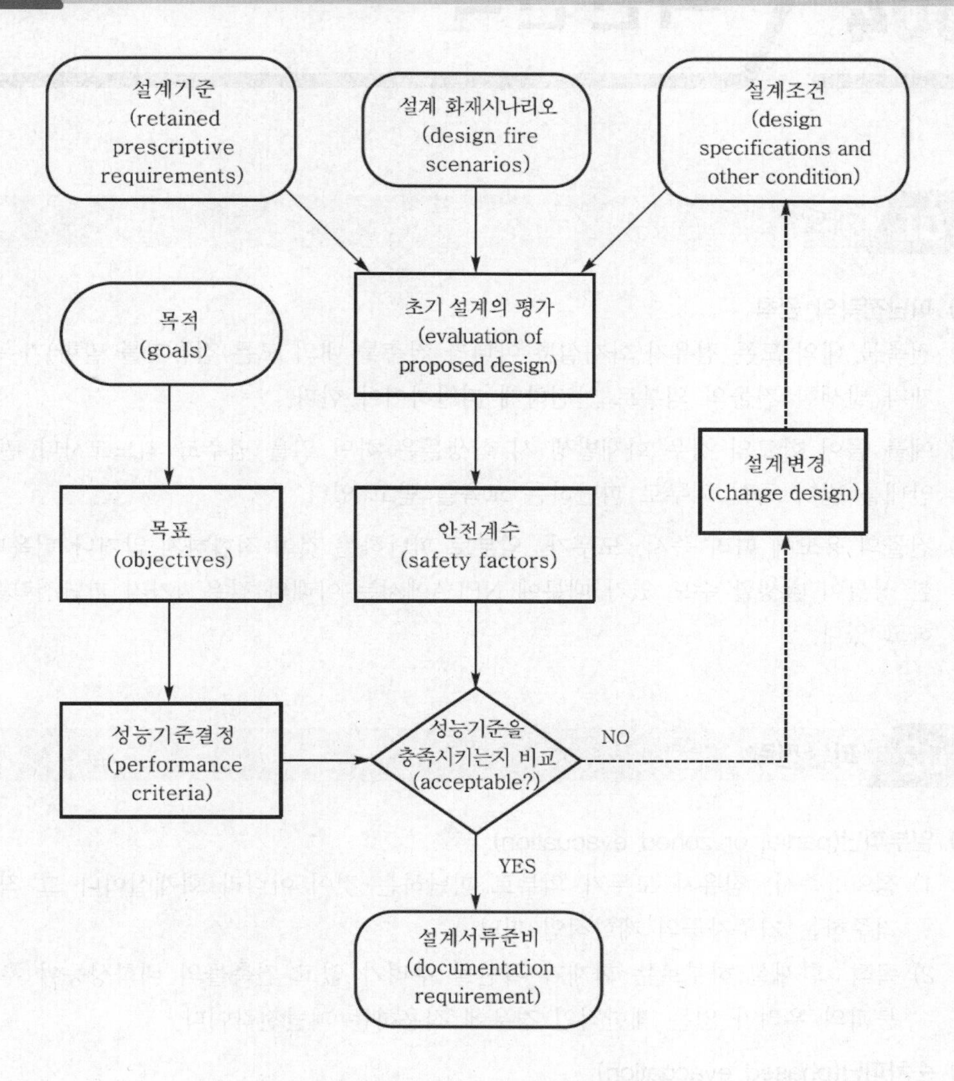

1) FPH 20 Protecting Occupancies CHAPTER 1Assessing Life Safety in Buildings 20-14 FIGURE 20.1.8 Performance-Based Life Safety Evaluation Process

SECTION 004 피난전략

01 개요

(1) **피난전략의 원칙**

건축물 내의 모든 점유자(화재실뿐 아니라 건축물 내의 모든 점유자를 말함)가 즉시 화재가 발생한 건물의 외부로 안전하게 피난하여야 한다.

(2) 예를 들어 학교의 경우 화재발생 시 학생들은 하던 일을 멈추고 지도교사나 관계자의 안내를 받아 즉시 외부로 피난하는 교육을 받고 있다.

(3) 건물의 용도에 따라 즉시, 모두가, 외부로 피난하는 것이 적합하지 않거나 더욱더 위험한 상황이 발생할 수도 있기 때문에 NFPA에서는 아래와 같은 4가지 피난전략을 제시하고 있다.

02 피난전략

(1) **일부피난(partial or zoned evacuation)**

1) 정의 : 즉시, 점유자 모두가 외부로 피난하는 것이 아니라 화재실이나 그 직상층에 거주하는 거주자들의 제한적인 피난

2) 목적 : 화재실 하부로는 화재가 확산될 우려가 없고 건축물의 내화성능이 우수하여 붕괴의 우려가 없는 제한적인 경우에 적용하는 피난전략이다.

(2) **순차피난(phased evacuation)**

1) 정의 : 모두가 외부로의 피난이지만 즉시 피난이 아니라 화재에서 가까이 있는 점유자부터 우선적이고 순차적으로 진행되는 피난

2) 목적 : 피난경로가 피난자보다 수용능력이 부족하여 일시에 피난 시 지체나 병목현상이 발생할 우려가 있으므로 이를 방지하기 위한 피난전략이다.

3) 순차피난의 경우 전체 동시피난에 비해 총 피난종료시간의 경우는 더 많이 소요되지만, 화재층이나 그 직상층의 거주자의 피난시간을 기준으로 보면 전체피난보다 훨씬 단축됨을 실험결과를 통해 알 수 있다.

4) 국내 소방에서 적용 : 발화층, 직상 4개층 우선경보방식

(3) 지연피난(delayed evacuation)

1) 정의 : 모두, 외부로의 피난이지만, 즉시 피난이 아닌 일단 대피장소(area of refuge)로 이동해서 피난지체 등을 완화하고 피난
2) 목적 : 고층건축물이나 심층의 공간의 경우는 피난시간이 길어서 단번에 피난이 곤란하므로 안전하게 체류하여 있다가 다시 피난하기 위한 피난전략이다.
3) 대상 : 백화점, 교정시설, 노유자시설 등

(4) 현 위치에서의 방호(defend-in-place)

1) 정의 : 화재실의 사람만 즉시 대피장소(area of refuge)로 피난을 완료함으로써 피난이 종료되는 피난
2) 대피장소(area of refuge)의 방호성능이 뛰어나야 할 필요성이 있는 최근에 만들어진 방호개념이다.
3) 목적 : 피난자가 수직피난을 하기가 곤란하거나 피난시간이 너무 길어 피난이 곤란한 경우에 일정거리의 수평공간이나 수직공간을 피난 안전구역으로 하여 그 곳에 피난을 하면 안전성이 보장되는 피난전략이다.
4) 대상
   ① 아파트 : 화재세대의 점유자만 피난 그 외의 세대는 현 위치에서 대기
   ② 병원 : 수평피난(horizontal exiting)
   ③ 초고층 건축물의 피난안전구역

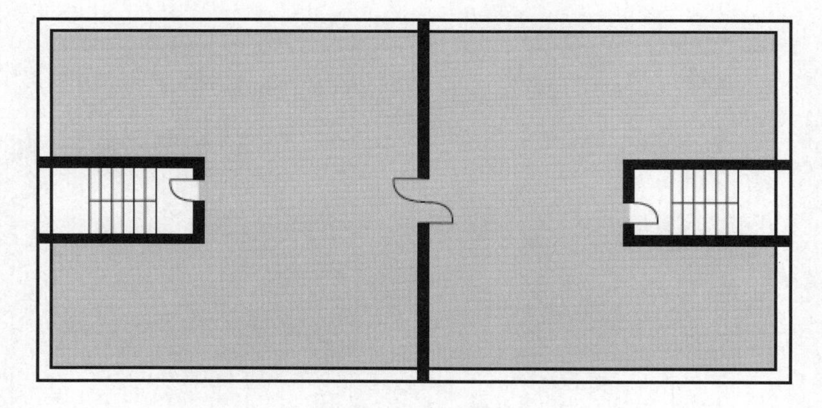

▌현 위치에서의 방호▐

(5) 비교표

구분	모두	즉시	외부
일부피난(partial or zoned evacuation)	–	◎	◎
순차피난(phased evacuation)	◎	화재층	◎
지연피난(delayed evacuation)	◎	–	◎
현 위치에서의 방호(defend-in-place)	–	◎	–

03 고려사항

(1) 화재 시 피난의 경우는 피난자에게 많은 정보를 제공해야 한다. 왜냐하면 화재의 진행 상황에 따라 안전하게 피난해야 할 수도 있기 때문이다.

(2) 경종이나 사이렌과 같은 비상경보설비보다는 상황을 명확하게 전달할 수 있는 비상방송설비가 중요하다.

(3) CCTV가 설치되어 동작한다면 피난상황을 실시간으로 감시하면서 안내할 수 있으므로 피난성능의 향상에 크게 이바지할 수가 있다.

SECTION 005

피난로 배치

01 개요

(1) 코어(core)의 정의와 의미

1) 정의 : 순환과 서비스로써 사용되는 수직적 공간

2) 건축적 의미

① 코어란 사무소의 유효면적을 높이기 위하여 각 층의 서비스 부분(공조실, 복도, 로비, 계단실, 엘레베이터실, 화장실, 세면실, 급탕실, 기타 설비 관계실 등)을 사무공간에서 분리시켜 집약한 곳으로, 건물의 중추적 역할을 하는 부분이다.

② 코어는 구조적으로 하중을 견디고 지진 등 진동을 견디는 내진의 역할을 한다.

3) 소방적 의미 : 코어란 수직 피난로의 개념이다.

(2) **건축물방재대책 중 평면계획에서의 코어배치**

피난 방향성, 양방향 피난 가능성 등 피난계획의 수준을 결정하게 되는 중요한 요소이다.

(3) 코어에는 계단, 엘리베이터(E/V), 수직계통의 설비공간, 화장실, 탕비실 등 각 층의 서비스 부분이 포함되며, 이들 계단 등에서는 각각 화염과 연기에 대하여 안전한 곳으로서, 양방향 피난이 확보되게 하고, 가급적 분산하여 배치하는 것이 바람직하다.

02 코어의 소방 특징

(1) **코어를 통한 연기의 상층부 확산 우려**

굴뚝효과로 인해 하층에서 발생한 연기가 상층으로 확산될 우려가 있다.

(2) **코어를 통한 화재 확산 우려**

코어부를 통해 건물 전체로의 화재확산 우려가 크다. 왜냐하면, 코어부는 구획화하여 화재를 차단하기가 기능상 곤란하기 때문이다.

(3) **코어의 소방시설 설치 곤란**

1) 설비가 집약되어 스프링클러 등의 소화설비 설치가 어렵다.

2) 피난계단의 경우 스프링클러가 설치되거나 동작했을 경우 피난에 장애가 될 수 있다.

(4) 평상시 감시 곤란

사람이 활동하지 않은 공간으로 특별한 사건, 사고가 발생하기 전에는 코어 안을 감시하기가 곤란하다.

(5) 코어부 위험성

전선 등 가연성 물질이 많고, 산소가 부족해서 다량의 일산화탄소나 유독가스 발생우려가 크다.

(6) 공간 특성

공간이 협소해서 소화활동이 곤란하다.

(7) 코어 형태의 비교표

구분		형태	비고
복도 유무	복도형	① 피난 시 복도를 통한 비상구로의 피난이 가능함 ② 복도를 경유하므로 안정성이 확보되지만, 실 내부의 사람들은 화재인지가 어려워 피난 지연이 우려됨	학교, 병원, 복도형 APT
	홀형	① 피난 시 복도가 없어 바로 계단을 통하여 피난하는 코어방식 ② 피난계단이 대공간, 개방공간의 로비 또는 승강기 홀 등으로 직접 연결된 것임	극장, 백화점 등
외기 상태	밀폐형	① 코어 공간이 무창층에 의한 쇼핑, 사무공간으로 둘러싸임 ② 외기에 접하지 않은 폐쇄된 행태임	인공조명, 환기설비
	개방형	외기에 면한 코어로서 피난 시 안전성이 확보됨	자연채광, 자연환기

03 코어의 역할과 기본원칙

(1) 코어의 역할

1) 평면적 역할 : 공용부분을 한 곳에 집약시킴으로써 사무소의 유효면적이 증대된다.

① 유효면적률을 높이고 각 사무실에서 거리가 최단 거리가 된다.

② 사무실 공간은 융통성있는 균일 공간으로 계획된다.

③ 서비스 부분을 한 곳에 집약하여 서비스의 완전을 기할 수 있다.

2) 구조적 역할 : 주내력적 구조로 외곽이 내진벽 역할로 구조적 안전을 담당한다.

3) 설비적 역할

① 설비시설 등을 집약시킴으로써 설비계통의 순환이 좋아진다.

② 각 층에서 계통거리가 최단이 되므로 설비비를 절약할 수 있다.

(2) 코어의 기본원칙

1) 승강기 + 계단실 + 화장실 : 가능한 한 근접시켜서 설치한다.

2) 승강기 홀과 주출입구 간격 : 굴뚝효과를 방지하기 위해 일정거리 이상 이격시켜서 설치한다.

3) 승강기 홀은 가능한 한 중앙에 집중시켜서 설치한다.

4) 코어 위치선정의 요소

① 동선의 중심이 되는 코어는 동선의 '이용성'을 최우선으로 고려한다.

② 코어의 위치를 북측에 위치시키는 것은 일조량을 막지 않기 위함이다.

③ 코어를 주로 이용하는 대상은 1층이 아닌 2층(기준층)이므로 원칙적으로 2층에서 계획한다.

④ 코어는 로비 또는 홀과 면하여 계획하고, 부계단의 경우는 복도 끝에 계획한다.

⑤ 주차장 차로의 직상부에는 코어가 위치할 수 없다.

04 코어의 종류

(1) 편단코어형(편심코어형)

1) 구조상 특징

① 소규모 사무소에 적합한 코어형태

② 중심과 강심을 일치시키고 편심을 막는 계획이 필요하다.

강심(center of rigidity) : 건축물에 작용하는 관성의 중심을 강심이라 한다. 강심과 관성력의 작용점인 중심이 일치하지 않을 경우에는 바닥의 뒤틀림이 발생할 수 있다.

③ 너무 고층인 경우에는 구조상 적합하지 않다.

④ 두 개의 피난계단을 가능한 한 분리할 필요가 있다.

2) 피난상 특징

① 바닥면적은 커지나 코어 이외에 피난시설, 설비 샤프트 등을 설치해야 하므로 피난시설, 설비설치에 불리하다.

② 일반적으로 층 바닥면적이 작은 곳에 적합하다.

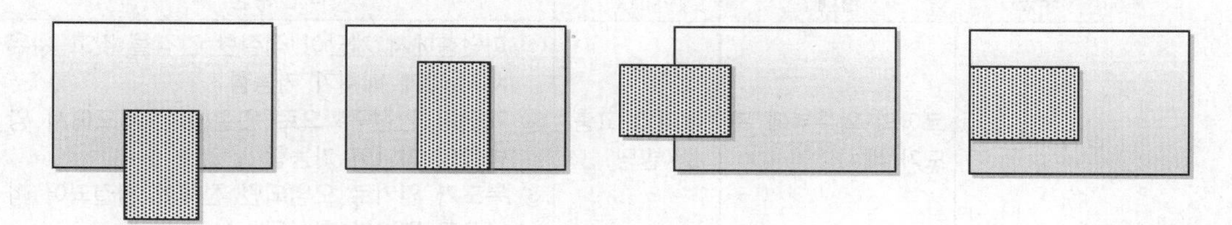

▌편심코어의 개념도▐

(2) 외코어형(독립코어형)

1) 구조상 특징

① 편단코어에서 발전한 경우로 편단코어형과 거의 유사한 특징이다.

② 자유로운 사무실 공간을 코어부와 관계없이 설치한다.

③ 설비 덕트나 배관을 코어로부터 사무실공간으로 설치하는 데 제약이 있다.

④ 편단코어형으로부터 발전된 것으로 자유로운 사무실 공간을 코어와 관계없이 마련할 수 있다.

⑤ 코어와 건물의 접합부에서의 변형이 과대해지지 않도록 계획이 필요하다.

⑥ 코어부가 외부에 설치됨으로써 내진구조에는 불리하다.

2) 피난상 특징 : 방재상 불리하고 바닥면적이 커지면 피난시설을 포함한 서브코어가 필요하다.

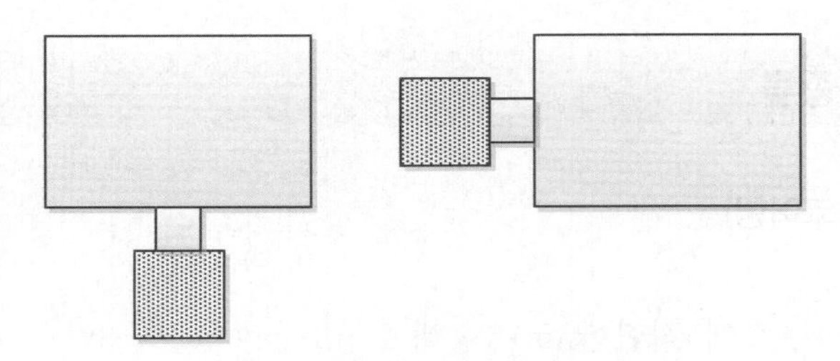

▌독립코어의 개념도▐

(3) 중앙코어형

1) 구조상 특징

① 가장 일반적인 코어형태이다.

② 유효율이 높고 임대빌딩으로서 가장 경제적이다.

③ 바닥면적이 큰 경우에 보편적으로 사용한다.

④ 내부공간, 외관이 모두 획일적으로 되기 쉽다.

⑤ 구조코어로서 가장 바람직한 형태이다.

⑥ 고층, 초고층은 대부분 이 형태이다.

⑦ 외주 프레임을 내력벽으로 하여 중앙코어와 일체하여 내진구조로 설치한다.

2) 종류

구분	형태	대상	피난특성
외주 복도형	코어의 외주부에 복도가 배치	초기의 고층 빌딩	① 피난층에서 계단이 적절한 간격을 갖고 치우치지 않게 배치가 가능함 ② 계단이 안전구획으로 연결되며, 복도에서 양 방향의 피난이 가능함 ③ 복도가 연기로 오염되면 전체가 연결되어 피난로로 연기가 확산됨

구분	형태	대상	피난특성
중복도형 (선형 코어)	복도를 코어 주위가 아니라 코어 중앙에 직선상으로 배치, 엘리베이터 샤프트도 이와 맞추어 직선상으로 배치	사무실 빌딩	① 각 층은 직선상의 동일한 복도로 나오므로 건축물 내에서의 위치 인식이 용이함 ② 사무실 출입구수가 3 ~ 4개소로 한정되어 피난에는 장애가 됨 ③ 거실에서 계단에 이르는 피난경로의 일부는 엘리베이터 로비와 겸용하므로 엘리베이터 로비에 연기가 들어가지 않도록 적절한 조치를 강구함
정방형	코어를 중심에 몰아 배치	사무실 빌딩이나 호텔 등	① 코어 내부의 복도가 안전구획되고 2개의 계단이 연결됨 ② 피난경로가 복잡하고 2개의 계단이 근접하여 설치됨 ③ 두 개의 계단이 동시에 오염될 우려가 있음

3) 개념도

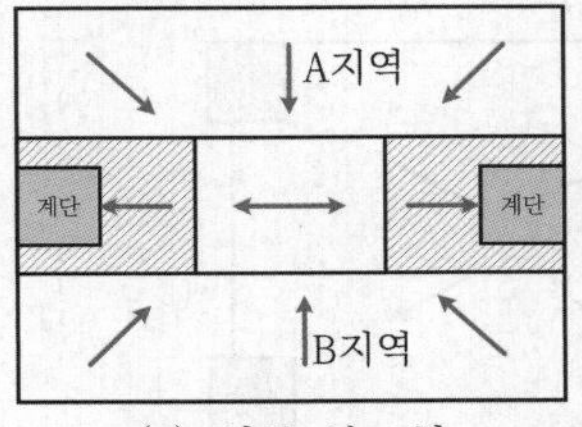

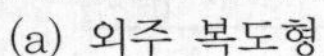
(a) 외주 복도형

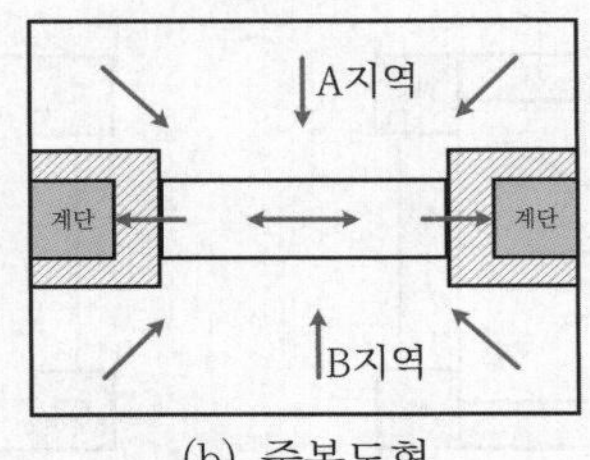

(b) 중복도형

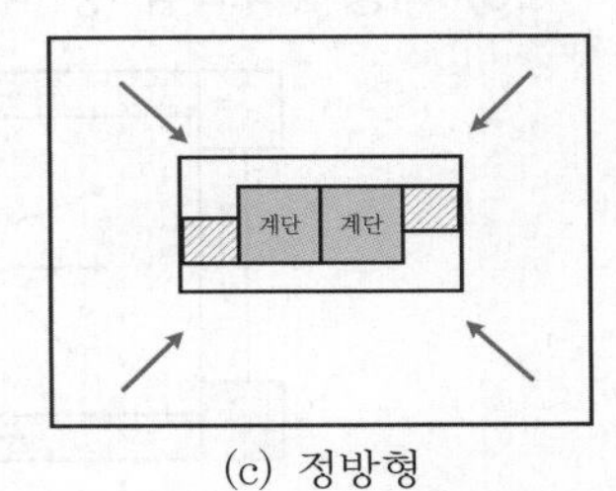

(c) 정방형

(4) 양단코어형

1) 구조상 특징

① 건축물의 양 끝에 코어를 설치하는 방식이다.

② 중앙부분에 대공간을 확보한다.

③ 내진벽을 외주코어에 마련하게 되므로 코어의 간격이 클 경우에는 중앙부의 내진성이 취약하다.

④ 층을 분할하여 임대할 경우에는 양단의 코어를 연결하는 복도가 필요하게 되므로 실내공간 설치면적이 줄어든다.

2) 피난상 특징 : 피난상은 명쾌한 평면으로 양방향 피난의 전형이라 할 수 있어 방재상 유리하다.

3) 대상 : 하나의 대공간을 필요로 하는 전용 사무소 빌딩, 병원 등

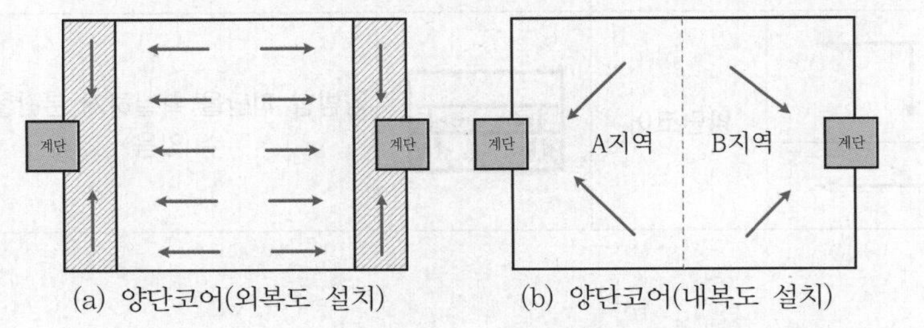

(a) 양단코어(외복도 설치) (b) 양단코어(내복도 설치)

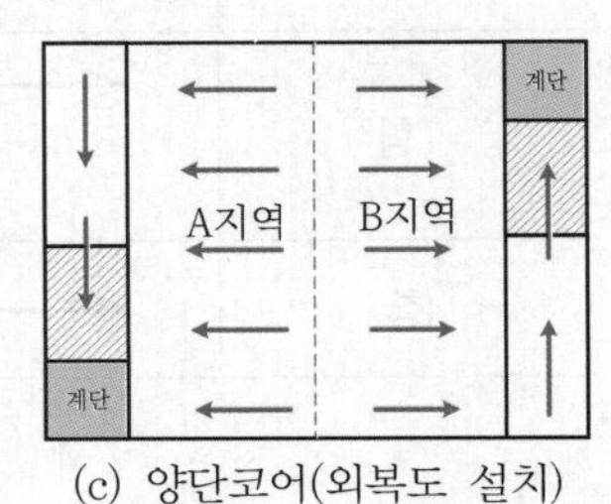

(c) 양단코어(외복도 설치)

▌개념도▐

(5) 분산코어(사방코어)

1) 구조상 특징

① 코어가 분산되어 있어 코어가 없다고 할 수 있는 방식이다.

② 중앙에 한 개의 존으로 큰 실을 취할 수 있다.

③ 내진벽을 외주코어에 마련하게 되므로 코어의 간격이 클 경우에는 중앙부의 내진성이 취약하다.

④ 피난계단 부근에 화장실을 배치하여 일상동선을 피난동선에 근접시키는 경우도 있다.

2) 피난상 특징

① 다방면(4방향)의 피난경로 확보가 가능하여 피난상 유리하다.

② 에스컬레이터가 피난동선과 분리할 수 있다.

3) 대상 : 백화점 등 대규모 평면의 건축물

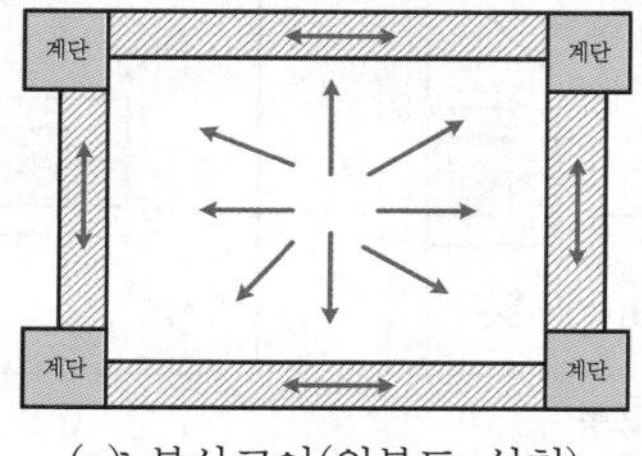

(a) 분산코어(외복도 설치)

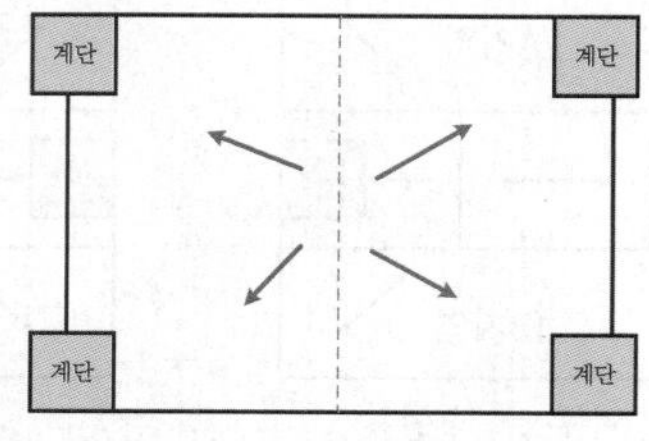

(b) 분산코어(내복도)

▌개념도▐

05 피난방향의 종류

피난방향의 종류	피난방향 개념도	코어형태	코어 개념도	피난안전성
X형		분산코어		여러 방향으로 피난로의 이동이 보장
Y형				
T형		양단코어		양방향 피난을 확실하게 분간할 수 있음
I형				

피난방향의 종류	피난방향 개념도	코어형태	코어 개념도	피난안전성
Z형		중앙코어 (중복도형)		중앙코어형으로는 비교적 양호
ZZ형				
H형		중앙코어 (정방형)		피난자의 집중과 오염의 우려로 패닉현상이 발생할 수 있음
CO형				

06 결론

(1) 건축물의 신축 시 코어부분을 설계할 경우 건축물의 용도와 수용인원을 고려하여 최소한 양방향 이상이 가능한 코어를 설계하는 것이 필요하다.

(2) 코어 설계는 중간에 설계변경으로 수정할 수 있는 사항이 아니기 때문에 신중하고 다양한 검토를 통해서 결정해야 한다. 코어를 바꾸면 건축설계 전체를 바꿔야 하기 때문이다.

(3) 건축물의 기본계획에서부터 화재와 재난에 대한 피난계산 및 시뮬레이션을 통해 적합한 코어시스템을 찾고 이것이 설계에 반영되도록 하여야 할 것이다.

SECTION 006 NFPA 101의 인명안전설계의 기본적 요구사항

(1) 다중 안전장치(multiple safeguards)

Fail-safe와 같은 개념으로, 단 하나의 안전장치에 의존하지 않고서 다수의 적정한 안전을 제공할 수 있어야 한다.

(2) 안전장치의 적절성(appropriateness of safeguards)

1) **화재하중을 포함한 점유의 특성** : 음주, 숙박, 화재안전취약자, 불특정 등
2) 점유자의 피난능력
3) 위험에 노출된 사람의 수
4) 이용할 수 있는 소방시설
5) 대응요원의 능력
6) 건물 또는 구조물의 높이와 형태
7) 피난에 관련된 기타 요소

(3) 피난로(means of egress)

1) **피난로의 수** : 최소한 2개의 피난로가 필요하고 피난로가 동시에 사용할 수 없는 가능성이 최소화되도록 배치한다.
2) **장애 없는 피난로**
   ① 모든 건축물에는 자유로운 피난수단이 방해받지 않도록 유지하여야 한다.
   ② 화재안전취약자에게도 합리적인 안전을 보장할 수 있어야 한다.
3) **피난구의 인지** : 모든 경로 및 출구가 명확하게 보이거나 눈에 띄도록 표시하여야 한다.
4) **조명** : 인공조명이 필요한 경우 조명은 피난시설에 포함되어야 한다.

(4) 경보(occupant notification)

1) 화재 자체만으로는 점유자에게 경고가 전달될 수 없는 경우에는 화재경보설비가 설치되어야 한다.
2) 경보는 훈련 및 피난정보를 신속히 제공한다.

(5) 상황인식(situation awareness)

점유자에게 현재 상황인식을 촉진하고 피난에 효과적이어야 한다.

(6) 수직 개구부(vertical openings)

1) 피난시간 동안 피난자에게 안전을 제공하여야 한다.
2) 연기, 화재확산 방지를 위해 폐쇄되거나 보호되어야 한다.

(7) **설비 설계/설치(system design/installation)**

모든 소방설비는 NFPA 기준에 따라 설계 · 설치 및 승인한다.

(8) **유지관(maintenance)**

모든 설비가 적절하게 동작되도록 유지 · 관리하여야 한다.

SECTION 007

NFPA 101에 따른 피난로의 피난용량 산정방법

01 개요

피난로 용량산정방법은 크게 유동계산방법(flow)과 용량계산방법(capacity)이 있다.

02 수용인원의 유동계산방법(the flow method)

(1) 국내에서 주로 사용하는 피난용량 산정방법(유체의 이동모델과 유사)이다.

(2) 정의

정해진 거주가능시간 내의 건물 전체 인원을 피난시킨다는 이론 하에 피난통로의 폭을 역으로 계산하는 방법이다.

(3) 유동률의 구분

1) 비상계단(stairways)에서의 유동률

2) 수평부문(level components)과 경사로(ramps)에서의 유동률

경사로(ramp) : 경사도가 $\frac{1}{20}$ 이상인 경사진 통로

▌유동률[2] ▌

구역	계단(폭/인)		수평부분과 경사로(폭/인)	
	[inch]	[mm]	[inch]	[mm]
노인요양시설	0.4	10.0	0.2	5
의료시설(스프링클러 설치)	0.3	7.6	0.2	5
의료시설(스프링클러 미설치)	0.6	15.0	0.5	13
고위험물질 저장소	0.7	18.0	0.4	10
기타	0.3	7.6	0.2	5

(4) 적용대상

극장, 교육시설 등과 같이 거주자가 항상 깨어 있어서 즉각 피난이 가능한 장소

2) TABLE 4.3.1 Capacity Factors Source Table 7.3.3.1, NFPA 101, 2015 edition.

(5) 조건

1) 신체적으로 좋은 조건상태를 가진 일반 성인이다.
2) 일정한 피난속도를 가진다고 가정한다.
3) 폭은 유효폭(effective width) 기준이다.

03 용량계산방법(the capacity method)

(1) 정의

건물 내의 충분한 수의 계단 및 통로를 준비하여 거주자들을 적절하게 수용하도록 하는 방법이다.

(2) 개념

1) 화재발생 시 피난공간이 수용인원을 모두 수용할 수 있는 가를 가지고 계산한다.
2) 피난통로가 완전하게 구획되어 각 개인별로 신체적 능력에 따라 피난하도록 계산한다.

(3) 대상

고층 건물, 화재안전취약자들이 거주하는 장소

(4) 피난용량계산

1) 해당 층의 수용인원만을 고려(피난방향이 경유거실일 경우 합산)한다.
2) 피난용량표는 상기 유동률에 근거하여 결정한다.

(5) 국내의 용량계산방법 : 피난안전구역의 면적산정 125회 출제

1) 초고층 건축물 및 30층 이상 49층 이하 지하연계 복합건축물의 피난안전구역

구분	내용	
면적	(피난안전구역 위층의 재실자 수×0.5)×0.28[m²]	
위 층의 재실자수	$\frac{\text{해당 피난안전구역과 다음 피난안전구역 사이의 용도별 바닥면적}[m^2]}{\text{사용형태별 재실자 밀도}[m^2/\text{명}]}$	
문화·집회 용도 중 벤치형 좌석을 사용하는 공간과 고정좌석을 사용하는 공간의 위층 재실자 수	벤치형 좌석을 사용하는 공간	$\frac{\text{좌석길이}}{45.5[cm]}$
	고정 좌석을 사용하는 공간	휠체어 공간 수 + 고정 좌석 수

2) 16층 이상 29층 이하 지하연계 복합건축물의 피난안전구역 면적 산정

구분	내용
면적	지상층별 거주밀도 1.5[명/m²] 초과하는 층은 사용형태별 면적합계× $\frac{1}{10}$

3) 초고층 건축물 지하층이 문화 및 집회시설, 판매시설, 운수시설, 업무시설, 숙박시설, 유원시설업(遊園施設業)의 시설 또는 대통령령으로 정하는 용도(종합병원과 요양병원)의 시설이 하나 이상 있는 건축물은 다음의 피난안전구역 면적 산정기준에 따라 피난안전구역을 설치하거나 선큰을 설치할 것

구분	피난안전구역 면적
지하층이 하나의 용도로 사용되는 경우	(수용인원×0.1)×0.28[m^2]
지하층이 둘 이상의 용도로 사용되는 경우	(사용형태별 수용인원의 합×0.1)×0.28[m^2]

4) 피난안전구역 설치대상 건축물의 용도에 따른 사용형태별 거주밀도

① 적용기준 : 사전재난영향성 검토협의(초고층 건축물), 초고층 건축물 등의 층별·용도별 거주밀도 및 거주인원 및 16층 이상 29층 이하인 지하연계 복합건축물

건축용도	사용형태별	거주밀도 [명/m^2]	비고
1. 문화·집회 용도	가. 좌석이 있는 극장·회의장·전시장 및 그 밖에 이와 비슷한 것		1. n은 좌석 수를 말한다. 2. 극장·회의장·전시장 및 그 밖에 이와 비슷한 것에는 「건축법 시행령」 [별표 1] 제4호 마목의 공연장을 포함한다. 3. 극장·회의장·전시장에는 로비·홀·전실(前室)을 포함한다.
	1) 고정식 좌석	n	
	2) 이동식 좌석	1.30	
	3) 입석식	2.60	
	나. 좌석이 없는 극장·회의장·전시장 및 그 밖에 이와 비슷한 것	1.80	
	다. 회의실	1.50	
	라. 무대	0.70	
	마. 게임제공업	1.00	
	바. 나이트클럽	1.70	
	사. 전시장(산업전시장)	0.70	
2. 상업 용도	가. 매장	0.50	연속식 점포 : 벽체를 연속으로 맞대거나 복도를 공유하고 있는 점포수가 둘 이상인 경우를 말한다.
	나. 연속식 점포		
	1) 매장	0.50	
	2) 통로	0.25	
	다. 창고 및 배송공간	0.37	
	라. 음식점(레스토랑)·바·카페	1.00	
3. 업무 용도	가. 사무실이 높이 60[m] 초과하는 부분에 위치	1.25	–
	나. 사무실이 높이 60[m] 이하 부분에 위치	0.25	
4. 주거 용도	가. 공동주택	R+1	R은 세대별 방의 개수를 말한다.
	나. 호텔	0.05	
5. 교육 용도	가. 도서관		–
	1) 서고·통로	0.10	
	2) 열람실	0.21	

건축용도	사용형태별	거주밀도 [명/m^2]	비고
5. 교육 용도	나. 학교 1) 교실 2) 그 밖의 시설	 0.52 0.21	–
6. 운동 용도	운동시설	0.21	–
7. 의료 용도	가. 입원치료구역 나. 수면구역(숙소 등)	0.04 0.09	–
8. 보육 용도	보호시설(아동 관련 시설, 노인복지시설 등)	0.30	–

[비고] 둘 이상의 사용형태로 사용되는 층의 거주밀도는 사용형태별 거주밀도에 해당 사용형태의 면적이 해당 층에서 차지하는 비율을 반영하여 각각 산정한 값을 더하여 산정한다.

② 초고층 건축물 등의 지하층이 상기 '3)' 용도로 사용되는 경우

건축용도	사용형태별	거주밀도 [명/m^2]	비고
가. 문화·집회 용도	1) 좌석이 있는 극장·회의장·전시장 및 기타 이와 비슷한 것 가) 고정식 좌석 나) 이동식 좌석 다) 입석식 2) 좌석이 없는 극장·회의장·전시장 및 기타 이와 비슷한 것 3) 회의실 4) 무대 5) 게임제공업 6) 나이트클럽 7) 전시장(산업전시장)	 n 1.30 2.60 1.80 1.50 0.70 1.00 1.70 0.70	1. n은 좌석수를 말한다. 2. 극장·회의장·전시장 및 그 밖에 이와 비슷한 것에는 공연장을 포함한다. 3. 극장·회의장·전시장에는 로비·홀·전실을 포함한다.
나. 상업 용도	1) 매장 2) 연속식 점포 가) 매장 나) 통로 3) 창고 및 배송공간 4) 음식점(레스토랑)·바·카페	0.50 0.50 0.25 0.37 1.00	연속식 점포 : 벽체를 연속으로 맞대거나 복도를 공유하고 있는 점포수가 둘 이상인 경우를 말한다.
다. 업무 용도	–	0.25	–
라. 주거 용도	–	0.05	–
마. 의료 용도	1) 입원치료구역 2) 수면구역	0.04 0.09	–

5) 피난안전구역 위층 재실자 수 산정을 위한 형태별 재실자 밀도

<table>
<tr><th>용도</th><th colspan="2">사용형태별</th><th>재실자 밀도</th></tr>
<tr><td rowspan="6">문화 · 집회</td><td colspan="2">고정좌석을 사용하지 않는 공간</td><td>0.45</td></tr>
<tr><td colspan="2">고정좌석이 아닌 의자를 사용하는 공간</td><td>1.29</td></tr>
<tr><td colspan="2">벤치형 좌석을 사용하는 공간</td><td>–</td></tr>
<tr><td colspan="2">고정좌석을 사용하는 공간</td><td>–</td></tr>
<tr><td colspan="2">무대</td><td>1.40</td></tr>
<tr><td colspan="2">게임제공업 등의 공간</td><td>1.02</td></tr>
<tr><td>운동</td><td colspan="2">운동시설</td><td>4.60</td></tr>
<tr><td rowspan="3">교육</td><td rowspan="2">도서관</td><td>서고</td><td>9.30</td></tr>
<tr><td>열람실</td><td>4.60</td></tr>
<tr><td>학교 및 학원</td><td>교실</td><td>1.90</td></tr>
<tr><td>보육</td><td colspan="2">보호시설</td><td>3.30</td></tr>
<tr><td rowspan="2">의료</td><td colspan="2">입원치료구역</td><td>22.3</td></tr>
<tr><td colspan="2">수면구역</td><td>11.1</td></tr>
<tr><td>교정</td><td colspan="2">교정시설 및 보호관찰소 등</td><td>11.1</td></tr>
<tr><td rowspan="2">주거</td><td colspan="2">호텔 등 숙박시설</td><td>18.6</td></tr>
<tr><td colspan="2">공동주택</td><td>18.6</td></tr>
<tr><td>업무</td><td colspan="2">업무시설, 운수시설 및 관련 시설</td><td>9.30</td></tr>
<tr><td rowspan="3">판매</td><td colspan="2">지하층 및 1층</td><td>2.80</td></tr>
<tr><td colspan="2">그 외의 층</td><td>5.60</td></tr>
<tr><td colspan="2">배송공간</td><td>27.9</td></tr>
<tr><td>저장</td><td colspan="2">창고, 자동차 관련 시설</td><td>46.5</td></tr>
<tr><td rowspan="2">산업</td><td colspan="2">공장</td><td>9.30</td></tr>
<tr><td colspan="2">제조업 시설</td><td>18.6</td></tr>
</table>

계단실, 승강로, 복도 및 화장실은 사용형태별 재실자 밀도의 산정에서 제외하고, 취사장 · 조리장의 사용형태별 재실자 밀도는 9.30으로 본다.

(6) 용도별 피난용량

1) 피난로 구성요소의 용도별 피난용량 계수

용도		계단		경사로와 수평구간	
		[in/인]	[cm/인]	[in/인]	[cm/인]
갱생보호용도		0.4	1	0.2	0.5
의료용도	스프링클러 설치	0.3	0.76	0.2	0.5
	스프링클러 미설치	0.6	1.5	0.5	1.3
상급위험 수용품		0.7	1.8	0.4	1.0
기타		0.3	0.76	0.2	0.5

2) 복도의 피난용량은 복도에 연결된 피난통로의 필요한 용량보다 작아서는 안 된다.

SECTION 008 NFPA 101과 국내 피난규정 비교

01 개요

(1) 우리는 건축법의 「건축물의 피난·방화구조 등의 기준에 관한 규칙」에서 피난안전에 관한 규정을 하고 있는데, 국제적으로는 건축법이라고 할 수 있는 IBC(International Building Code) 2018의 10장에서는 Means of egress에 대한 규정을 통해 건축물의 피난안전을 규정하고 있다.

(2) 미국의 방재협회인 NFPA는 NFPA 101, Life safety code를 제정하여 사용용도별로 구체적인 피난안전기준을 제시하고 있다.

02 NFPA 101과 IBC의 관계[3]

(1) **미국 건축물 화재안전관리체계의 분류**

1) 시설계획기준을 제시하는 건축규정(code) : 기획, 설계 및 시공단계

① IBC(Intemational Building Code)

② NFPA 101, Life safety code(2015)

㉠ 구성

장 번호	내용	장 번호	내용
1	기본사항	7	피난로
2	참고 문헌	8	건축적 방화시설
3	정의	9	건축설비와 소방설비
4	일반사항	10	내외장재
5	성능위주설계	11	특별한 건물과 고층건축물
6	용도별 위험	12 ~ 43	각 용도별 피난안전기준

㉡ 피난로(means of egress)의 3가지 구성요소

- 비상구 접근로(exit access) : 비상구로 인도하는 부분(복도)
- 피난통로(exit) : 건물의 다른 부분과 분리된 구조로서 건축물의 바깥쪽으로의 출구로 가는 안전한 경로

3) 건축도시공간연구소의 2019년 '건축물 안전관리시스템 구축 및 제도화 방안연구'의 일부내용을 발췌 정리한 것임

- 건축물 바깥쪽으로의 출구(exit discharge) : 공공도로와 비상구 사이에 있는 피난로의 일부

공공도로(public way) : 공용으로서 일반인이 영구적으로 사용되고 3.05[m](10[ft]) 이상의 폭을 가지며 양 옆으로 장애물이 없는, 외부 개방된 도로, 사이의 통로 또는 이와 유사한 대지의 일부분

㉢ 피난로(means of egress)

- 정의 : 공공도로까지 방해받지 않고 피난할 수 있는 통로
- 피난로는 수직과 수평 보행로를 포함하며, 중간 방, 문간, 현관, 복도, 통로, 발코니, 경사로, 계단, 승강기, 밀폐 공간, 로비, 에스컬레이터, 수평면의 비상구, 뜰 및 안마당을 포함한다.

2) 대안설계(안)의 화재안전을 평가하는 화재안전관리시스템(FSES : Fire Safety Evaluation System)

① NFPA에 의해 개발되었다.

② NFPA 101을 적용하기 어려운 5개 용도(의료시설, 교정시설, 숙박 및 요양시설, 업무시설, 교육시설)에 대한 대안설계(안)의 인정 여부를 결정한다.

③ NFPA 101과 동등한 안전성을 확보하는 것으로 평가되는 경우 화재안전기술기준을 확보한 것으로 본다.

④ 5개 용도 외에는 NFPA 101을 준수하도록 권고하고 있다.

⑤ FSES 평가방법 및 절차의 구조

절차	평가단계	평가방법	비고
평가범위 결정	1단계	시설용도 및 평가범위 확인	-
화재위험성 평가	2단계	재실자 또는 시설여건에 대한 화재위험도 가중치 산출(해당 단계는 의료시설과 교정시설만 적용)	정량적 평가
	3단계	화재안전평가지표에 대한 개별시설계획요소의 안전변수값 결정(건물의 용도에 따라 다름)	
	4단계	방화구획의 안전성(S1), 화재 소화안전성(S2), 피난 안전성(S3), 일반 안전성(S4) 측면에서 화재안전평가지료에 대한 화재안전성 평가	
	5단계	지수화된 산식을 통해 NFPA 101과 동등한 안전성을 갖는지 평가(+값이 나오면 동등 이상이고 -값이 나오면 부적합)	
	6단계	체크리스트로 구성된 화재안전 요구사항 워크시트 평가	정성적 평가
평가결과 도출	7단계	5단계와 6단계를 종합하여 최종 결과 도출(기술위원회) 5단계까지의 정량적인 값보다 기술위원회의 정성적 평가가 더 중요	

⑥ 적용단계 : 기획, 설계 및 시공단계

3) 기존 건축물의 화재위험도 우선순위를 결정하는 화재위험도 평가시스템

① FireCast(뉴욕의 화재 위험이 높은 건물을 식별하는 시스템)

㉠ 기존 건축물에 대한 데이터를 수집하여 화재위험도 우선순위를 도출한다.

㉡ 위험도가 높은 건축물의 구조보강 및 안전점검 계획을 수립하여 화재안전을 효율적으로 확보한다.

㉢ 인공위성을 이용해 특정지역의 온도, 구름상태 등도 판단한다.

㉣ FireCast 개발 이후 소방관들은 건물배치, 배관의 위치, 경보설비, 소화전 및 기타 건축물 주요 정보에 대한 데이터를 빠른 시간 안에 전송받음으로써 효율적으로 인명구조를 시행할 수 있게 되었다.

② 적용단계 : 건축물의 유지관리단계

(2) 국내와 미국의 규정비교

1) 국내는 화재안전관련 법규 및 제도를 이용한 공권력의 규제를 한다.

2) 미국은 민간기관에서 화재안전확보를 위한 규정 및 제도를 개발하고 있다.

① 각 주에서 선택적으로 적용한다.

② 규정을 판매하여 기관의 운영자금으로 활용한다.

체계		적용대상	목적	역할
법규	IBC	모든 건축물(모든 주에서 적용)	건축물 화재안전 시설계획기준 제시	건축물 시설계획기준으로 적용함
	NFPA 101	15개 주와 일부 연방기관, 병원 등에 피난안전에 적용		
제도	FSES	5개 용도 건축물	신축 건축물 대안설계(안)의 화재안전성 평가	대안설계(안)이 NFPA 101과 동등한 안전을 확보하는 것으로 평가될 경우, 대안설계(안)이 화재안전기술기준이 적용된 것으로 봄
	FireCast	모든 건축물(뉴욕)	기존 건축물 화재위험도 우선순위 평가	화재위험도가 높은 기준 건축물의 구조보강 및 안전점검 계획 수립함

3) IBC, NFPA 101과 국내 화재안전규정의 차이점

① IBC

㉠ 재실자 밀도와 내화성능을 고려한 시설계획 기준을 제시한다.

㉡ 화재위험도 수준을 고려한 다양한 건축규격 기준을 제시한다.

② NFPA 101

㉠ 적용 여부는 미국의 보건복지부장관의 권한으로 주마다 적용 여부 차이가 있고, 지역 여건을 고려하여 적용한다.

㉡ 신축, 기존 건축물을 구분하여 건축물 여건에 적합한 화재안전시설 기준을 제시한다.

ⓒ 건축법과 소방법을 NFPA 101에서 제정하므로 피난안전을 위해 필요한 피난로 배치(건축법) 및 소방시설 설치(소방법)에 대하여 유기적으로 규정하고 있다.

ⓔ NFPA 101과 건축물방화구조규칙 비교표

구분	NFPA 101	건축물방화구조규칙
규정제정기관	전국 방화 협회(민간기관)	국토교통부(행정기관)
피난로 (mean of egress)	① 비상구 접근로(exit access) ② 피난통로(exit) ③ 건축물의 바깥쪽으로의 출구(exit discharge) 단계별로 목적에 적합하게 규정	① 직통계단 설치기준 ② 피난계단 및 특별피난계단의 구조 ③ 관람실 등으로부터의 출구의 설치기준 ④ 건축물의 바깥쪽으로의 출구의 설치기준 건축물의 설치기준을 중심으로 규정
소방법	건축물의 바깥쪽으로의 출구 등의 보행거리의 완화가 SP 설치 여부 등과 연계	건축법과 소방법의 제정기관이 달라 이원화
피난기구	예외적인 경우를 제외하고는 의무조항이 없음	피난용 승강기를 규정(소방법에서 다양한 피난기구의 설치를 의무화)
막다른 길 (dead end)	용도별 제한	규정 없음
공용이용통로 (common path)	용도별 제한	규정 없음
보행거리	비상구 접근로에서 피난통로까지 이르는 거리를 용도별로 구분하여 규정	① 직통계단과 출입구간 보행거리 ② 건축물의 바깥쪽으로 나가는 출구를 설치하는 경우 피난층의 계단으로부터 건축물의 바깥쪽으로의 출구에 이르는 보행거리
피난로 배치	대각선 법칙에 의한 양방향 피난로의 최소 이격거리를 규정	직통계단의 거리를 대각선 법칙에 따라 최소 이격거리를 규정
피난용량	재실자 밀도와 통로 유효폭에 따른 피난시간 계산	규정 없음
양방향 피난	① 원칙 : 2개 이상 ② 수용인원 500 ~ 1,000 이하 : 3개 이상 ③ 수용인원 1,000 초과 : 4개 이상	건축물의 피난층 외의 층이 일정규모 이상이면 직통계단을 2개소 이상 설치
피난로 구획	피난로 구성요소별 내화시간을 규정	피난계단과 특별피난계단의 방화구획(층과 높이에 따른 내화시간)

SECTION 009

피난안전성의 평가기법

126 · 104 · 93 · 90 · 87 · 82 · 79회 출제

01 개요

(1) 피난안전성의 평가기법 구분

1) ASET > REST하여 피난안정성을 확보하는 시간에 의해서 안전성을 평가하는 방법(대표적 ASET)이다.

2) 개개의 독성 연소생성물의 특정 영향에 대한 평가가 아닌 다양한 열환경 및 유해가스가 미치는 영향을 정량적으로 평가하기 위한 방법(대표적으로 N-gas model)이다.

(2) ASET

1) 허용피난시간(인명안전조건)으로 화재 시 각종 연소생성물에 의해 인간의 육체가 피난능력을 상실하게 되는 한계값에 도달하는 시간이다.

2) 영향요소 : Flash over 발생시간, 연기층 하강시간, 화재의 크기 등

3) 도출방법 : 화재시뮬레이션(FDS)

(3) RSET

1) 피난가능시간으로 재실자가 안전한 장소로 피난하는 데 소요되는 시간이다.

2) 영향요소 : 감지시간, 지연시간, 이동시간

3) 도출방법

① 수계산에 의한 방법

② 피난시뮬레이션에 의한 방법

(4) 피난안전성을 확보하기 위해 'ASET > RSET'이어야 한다. 즉, ASET은 높이는 대책, RSET은 줄이는 대책이 필요하다.

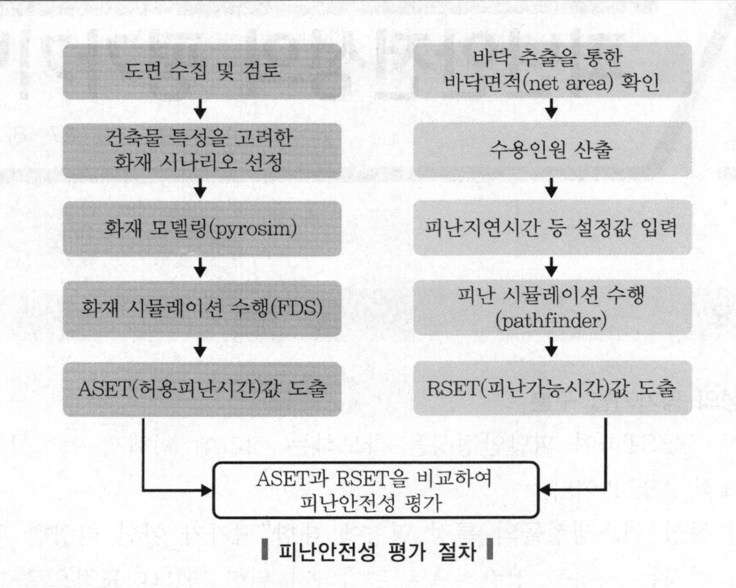

▌피난안전성 평가 절차▐

02 피난안전성 평가의 전제조건

(1) 피난대상자는 공간에 균등하게 분포되어 있다고 가정한다.

(2) 피난은 일제히 실시한다고 가정한다.

(3) 피난자는 지정통로인 피난경로를 따라서 피난한다고 가정한다.

(4) 보행속도는 일정하고 추월, 역주행이 없다고 가정한다.

(5) 복수출입구 중에서 가장 가까운 출입구로 피난한다고 가정한다.

(6) 군집류의 이동은 출입구 등의 폭에 의해서 결정된다.

03 피난시간 산정의 고려사항

구분	건축 특성	연소 특성	거주자 특성
내용	① 피난로의 구조 ② 피난로의 접근 용이성 ③ 피난로의 용량(유효폭) ④ 피난로의 수 ⑤ 피난로까지의 보행거리 ⑥ 공용 이용통로(common path)와 막다른 길(dead end)	① 발화원 ② 두 번째 착화물의 종류 ③ 화염전파속도 ④ 연기 발생량 ⑤ 독성과 자극성 가스의 농도 ⑥ 열방출률(HRR)	① 거주자 수 및 밀도 ② 혼자 또는 다수 ③ 건물에 대한 지식 ④ 분포 및 활동 ⑤ 기민성 ⑥ 신체 및 인지능력 ⑦ 사회적 소속 ⑧ 역할과 책임 ⑨ 위치 ⑩ 의지 ⑪ 리더의 존재 유무 ⑫ 거주자 상태 ⑬ 성별 ⑭ 문화 ⑮ 연령

04 용도확인 및 피난자수 산정

(1) 산정식

재실자 밀도(occupant load density) × 면적

(2) 고려사항

1) 재실자 유형(PBD의 점유자의 특성 참조)을 고려한다.

2) 열 및 연기 노출이 피난거동에 미치는 심리적 · 생리적 영향을 고려한다.

(3) 재실자 밀도

1) 재실자와 공간과의 관계 : 재실자 밀도가 높아질수록 불쾌감, 행동지연, 패닉상태(경쟁적 관계)를 유발한다.

2) 피난장소 재실자 밀도의 허용치

재실자 밀도	특성
0.5[인/m^2]	피난장소에서 장기 거주가 가능한 최저 기준
1 ~ 1.5[인/m^2]	피난장소에서 단기 거주가 가능한 최저 기준
5[인/m^2]	옥외 발코니 등에 긴급대피
8[인/m^2]	① 불쾌감, 패닉 등에 의한 심리적 혼란의 위험 초래 ② 피난 시 계단실 등에서의 재실자 밀도

3) 피난 시 적정 재실자 밀도

① 수평복도 : 7 ~ 8[인/m^2]

② 경사진 복도 : 3 ~ 4[인/m^2]

05 가상 출화점 선정

(1) 피난행동상 가장 불리한 지점

(2) 출화확률이 최대라고 생각되는 지점

(3) 특수한 경우

1) 가장 사람 수가 많은 지점

2) 연회장이나 대회의실 등과 같이 불특정 다수가 모인 지점

3) 건축주나 관계인이 의뢰한 지점

06 ASET(Available Safe Egress Time) 산출

(1) 개요

1) 안전한 피난을 위해 이용 가능한 시간이며 허용피난시간

2) 체류 가능조건 또는 인명안전 가능시간

3) ASET은 설정된 화재 시나리오에 의해 결정되며 국내의 경우 인명안전기준까지의 시간을 의미한다.

(2) 구성요소

1) 열에 의한 영향

2) 비열적 영향

① 연기층의 하강 : 기준 높이(보통 사람의 키 높이를 고려하여 1.8m)까지 연기층 하강시간

② 가시거리에 의한 영향

③ 독성에 의한 영향 : 자극성 가스, 마취성 가스, 이산화탄소의 농도, 산소의 농도

3) 전실화재(FO) 발생시간 : 전실화재(FO) 이후 화재실에서 밖으로 화재가 확대될 가능성이 증가한다.

4) 화재크기가 크면 전실화재(FO) 발생시간, 연기층 하강시간이 짧아져서 ASET이 작아지므로 피난안정성 확보가 어렵다.

(3) 영향인자

1) 가연물
   ① 화재하중 및 배치 상태
   ② 내장재료 및 수용품의 연소 특성(화재확산속도)
   ③ 연소생성물의 성질(유독가스)
2) 발화원의 크기
3) 구획실 : 높이(연기량), 환기상태, 개구부 및 면적
4) 거주자 상태(노약자, 장애인)

(4) 무력화

인간이 적절히 활동할 수 없으며, 해를 입지 않은 채로 탈출할 수 없는 상태로 NFPA에서는 구체적으로 아래와 같이 4가지 상태를 말한다.

1) 연기의 흡광도와 자극성 연기 및 생성물이 눈에 미치는 고통스러운 영향으로 인해 발생하는 시력손상 상태
2) 자극성 연기 흡입 : 기도 통증 및 호흡곤란 상태
3) 독성가스 흡입 : 질식과 그로 인한 착란 및 의식상실 상태
4) 노출된 피부 등에 열의 영향으로 인한 화상이나 고열상태

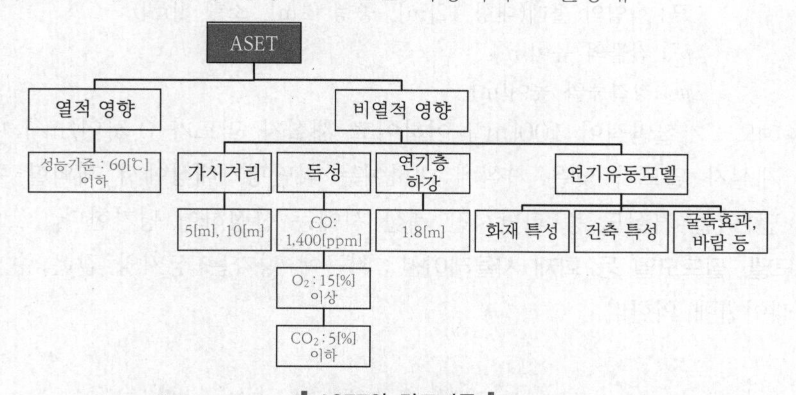

▌ASET의 검토기준 ▌

(5) 인명안전기준의 예(성능위주설계 가이드라인) 124회 출제

<table>
<tr><th>구분</th><th colspan="2">성능기준</th><th>비고</th></tr>
<tr><td>호흡 한계선
[하강심도(depth)]</td><td colspan="2">바닥으로부터
1.8[m] 기준</td><td>–</td></tr>
<tr><td>열에 의한 영향
온도(temp)</td><td colspan="2">60[℃] 이하</td><td>–</td></tr>
<tr><td rowspan="3">가시거리(visibility)에
의한 영향</td><td>용도</td><td>허용가시거리 한계</td><td rowspan="3">단, 고휘도 유도등, 바닥유도등, 축광유도표지 설치 시, 집회시설 · 판매시설 7[m] 적용 가능</td></tr>
<tr><td>기타 시설</td><td>5[m]</td></tr>
<tr><td>집회시설
판매시설</td><td>10[m]</td></tr>
</table>

구분	성능기준		비고
	성분	독성 기준치	
독성(toxicity)에 의한 영향	CO	1,400[ppm]	기타, 독성가스는 실험결과에 따른 기준치 적용 가능
	O_2	15[%] 이상	
	CO_2	5[%] 이하	

(6) **측정방법**

1) 거실 허용피난시간 수계산

① 연기층의 하강시간으로 연기층이 호흡선(1.8[m]) 이하로 내려오는 시간을 한계시간으로 보는 방법이다.

② 공식

$$t[\mathrm{sec}] = \frac{20A}{P\sqrt{g}} \times \left(\frac{1}{\sqrt{y}} - \frac{1}{\sqrt{h}}\right)$$

여기서, t : 연기층 1.8[m] 이하 하강시간[sec]

A : 실의 면적[m^2]

P : 화염의 둘레(대형 12[m], 중형 6[m], 소형 4[m])

h : 건물의 높이[m]

y : 청결층의 높이[m]

③ 예외 : 거실면적이 100[m^2] 이하이고 재실자 밀도가 0.5[인/m^2] 미만의 소규모 재실자 밀도가 낮은 거실에 대하여는 피난평가대상에서 제외할 수 있다. 하지만 이들 거실도 총 피난시간 계산 시에는 산정하여 평가한다.

2) 존모델, 필드모델 등 화재 시뮬레이션 : 최근에 평가는 상기와 같은 수계산보다는 시뮬레이션에 의한다.

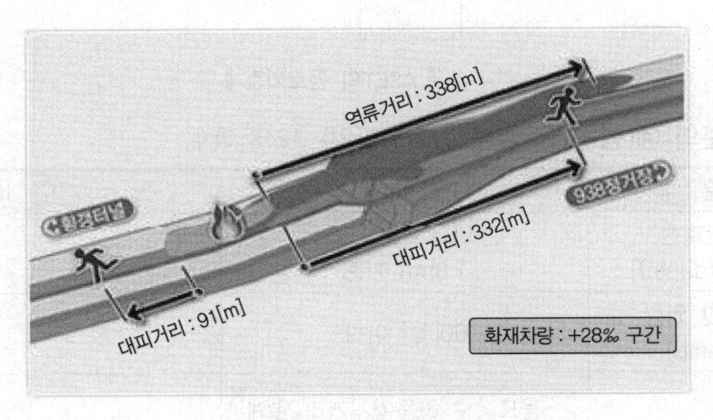

▌CFD 분석(ASET 분석)▐

3) Time-line분석[4)]

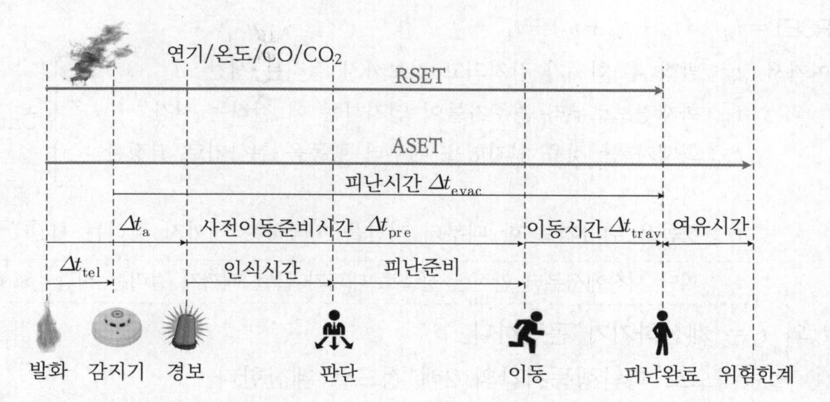

(7) ASET을 늘리기 위한 대책

1) 화재 크기를 줄이는 전실화재(FO)의 발생지연대책으로 연기층 하강시간을 늘리는 대책
2) 초기 소화 : 화재 크기를 줄이는 대책
   ① RTI가 낮은 속동형 헤드를 설치
   ② 자동식 소화설비를 설치
3) 제연설비 가동 : 연기층 하강속도, 고온가스온도를 낮추어 화재 크기를 줄이는 대책
4) 불연화, 난연화를 통한 가연물량의 제한으로 화재하중을 낮춘다.
5) 실의 구조를 변경하여 연기배출을 외부로 용이하게 하여 화재 크기를 줄이는 건축적 대책

07 RSET(Required Safe Egress Time) 119회 출제

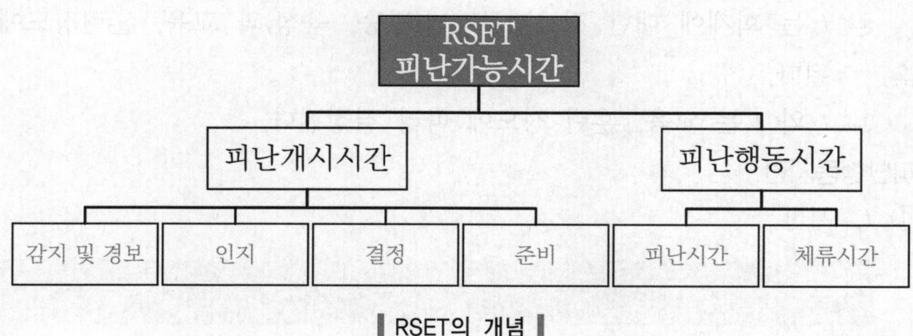

❙ RSET의 개념 ❙

4) Fire Safety Engineering in Buildings, Part 1 : Guide to the Application of Fire Safety Engineering Principles, Document DD240, BSI, 1997

(1) 구성요소

1) RSET $= t_d + (t_a + t_o + t_i) + t_e$

여기서, t_d : 발화 후 화재가 감지되고 경보까지 걸리는 시간

t_a : 화재경보로부터 거주자들이 인지하는 데 걸리는 시간

t_o : 화재가 난 것을 인지했을 때부터 행동을 취하기로 결정한 시간

(위 t_d, t_a, t_o : Data Base 활용)

t_i : 행동을 취하기로 한 때부터 피난을 시작하는 데까지 걸리는 시간

t_e : 피난 시작에서부터 안전한 장소로 대피가 끝날 때까지 걸리는 시간 Simulation 활용

2) t_o와 t_i는 계산하기가 곤란하다.

① 일반적으로 피난행동시간의 2배 정도로 계산한다.

② 최소 30초보다 작아서는 안 된다.

3) 피난개시시간($t_d + t_a + t_o + t_i$) : 발화에서 피난행동을 개시할 수 있기까지의 시간

① 발화실의 피난개시시간 : 거실의 면적에 따라 달라지고, 천장 높이에 관계없이 면적만으로 정하고 있다.

② 비발화실의 피난개시시간 : 거실의 면적과 관계없이 발화실보다 2배의 시간이 걸리는 것으로 가정한다.

③ 피난개시시간

㉠ 발화실 피난개시시간 : ${}_aT_0 = 2\sqrt{A_1}$

㉡ 비발화실 피난개시시간 : ${}_bT_0 = 2 \cdot {}_aT_0$

여기서, A_1 : 발화실의 면적[m^2]

단, A_1이 작아 ${}_aT_0$가 30초 미만인 경우에도 발화실 피난개시시간 ${}_aT_0$은 30초로 한다.

④ 주요 결정인자

㉠ t_d는 감지기의 성능과 위치, 경보방법에 따라 결정된다.

㉡ t_a는 화재에 대한 정보제공방법(방송, 육성)과 교육, 훈련정도에 따라 결정된다.

㉢ t_o와 t_i는 교육, 훈련 정도에 따라 결정된다.

4) 피난행동시간

① t_e 계산

$$t_e = t_{me}e$$

여기서, t_e : 피난행동시간[sec]

t_{me} : 모델링을 통해 계산된 피난시간[sec]

e : 피난효율

② t_e는 2가지로 구분이 가능

㉠ t_i : 피난시간

㉡ t_q : 체류시간

(2) 측정방법

1) NFPA에 의한 피난시간

① 경험을 이용하는 방법 : 과거의 실험이나 사고 시의 경험과 관찰을 토대로 나타낸 식

② 피난흐름을 마치 유체의 역학적 흐름과 같다고 가정하여 추정하는 방법 : 인간의 심리나 행동 특성은 무시하고 마치 유체의 흐름처럼 계산한 식

㉠ 화재가 발생한 경우 그 거실의 전원이 옥외로 피난을 완료하기까지의 시간으로 원칙적으로 각 거실마다 산출하여 평가

㉡ 거실피난시간(T_1) : T_p와 T_w값을 산출하여 큰 쪽 식의 값

$$T_1 = \mathrm{Max}(T_w,\ T_p)$$

여기서, T_1 : 거실피난시간[sec]

T_w : 피난보행시간[sec]

T_p : 출구통과시간[sec]

㉢ 출구통과시간(T_p)

- 거주자 집단이 출입구 등의 병목을 통과하는 시간을 구할 때 가장 기본적인 식
- 계수 1.5는 유동계수[인/m · sec]라 하고 병목의 통과 가능인수를 정한 계수로 그 값 1.5[인/m · sec]은 과거의 실측도를 근거로 결정되어 지금까지도 널리 채용되어 사용
- $T_p = \dfrac{P}{(1-0.266D)kDW_e}$ or $T_p = \dfrac{P}{1.5\sum_{i=1}^{n} W_e}$

여기서, T_P : 출구통과시간

k : 상수

D : 재실자 밀도[인/m^2]

W_e : 출구 폭[m]

P : 체류인원[인]

㉣ 피난보행시간(T_w) : 보통 넓은 거실의 경우에는 피난보행시간(T_w)이 상대적으로 클 것이고, 실내에 거주인원이 다수인 경우에는 통과시간(T_p)이 상대적으로 클 수밖에 없을 것이다.

$$T_w = \frac{L_x + L_y}{v}$$

여기서, T_w : 피난보행시간[sec]

L_x : x축으로 이동거리[m]

L_y : y축으로 이동거리[m]

v : 보행속도[m/sec]

③ 거동 시뮬레이션 모델 : 사람의 심리와 행동특성을 고려하는 방법으로 최근에는 이 방식을 많이 사용

④ 피난 시뮬레이션 모델 : Building-exodus, Simulex, Elvac, Pathfinder(현재 가장 많이 사용) 등

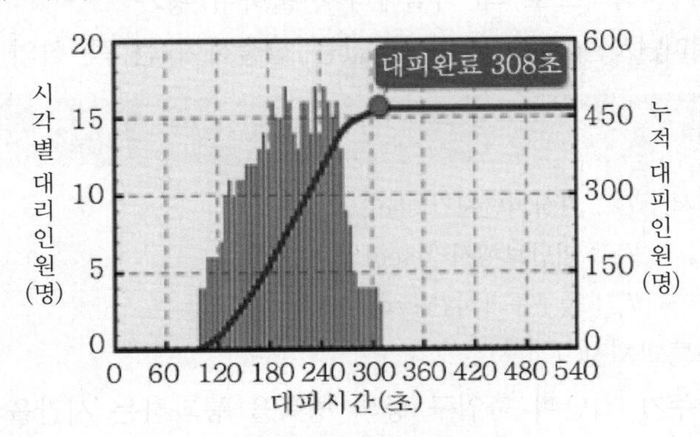

▌피난시간분석(RSET 분석)[5] ▌

⑤ 피난전략 수립

㉠ 일상 경로를 통한 피난(egress) 경로를 구성한다.

㉡ 피난 종료

- 건축물 외부로 피난(evacuation)
- 건축물 내부에서 피난 완료(relocation) : 피난안전구역

㉢ 피난기구에 의한 피난이 필요 없도록 계획한다.

2) **국내의 피난시간은 별도의 규정이 없이 NFPA의 피난시간계산을 차용** : 과거에는 일본의 기준을 차용하여 활용했으나, 이 또한 NFPA의 기준을 차용한 것을 일본 현실에 적합하게 변형한 것이다.

(3) 영향인자

1) **경보방식** : 전층 경보방식과 발화층 및 직상층 우선경보방식과 같이 화재가 발생한 근처만 빠르게 알려주는 방법에 따라 경보시간과 지연시간의 차이가 발생한다.

5) 에프엔에스이엔지 홈페이지 방재계획에서 발췌

2) 피난자의 특성

① 피난자가 일반 성인인 경우와 화재안전취약자인 경우에 따라 피난속도가 달라진다.

② 해당 건물을 잘 아는 특정인과 불특정인 경우에도 지연시간과 피난시간이 달라진다.

③ 정상적인 사람과 취침, 음주 중이던 사람에 따라서도 지연시간과 피난시간이 달라진다.

④ 교육 및 훈련정도에 따라서도 지연시간과 피난시간이 달라진다.

⑤ 사회적 유대감에 의해서도 행동의 지휘체계 및 신뢰도가 달라지므로 지연시간과 피난시간에 영향을 미친다.

3) 수용인원과 거주밀도 : 한정된 공간에 얼마만큼의 사람들이 존재하느냐에 따라 피난통로로의 밀집도가 달라지므로 피난행동시간에 영향을 준다.

4) 피난경로

① 피난구에 이르는 통로의 폭이 넓고 좁음에 따라 밀집현상 또는 병목현상이 발생한다.

② 피난구에 이르는 이동경로가 일직선인 경우와 두세 번 이상 꺾어진 통로인 경우에 따라 피난시간의 차이가 발생한다.

5) 피난 장애물 : 피난통로 및 출입구에 장애물의 존재 여부에 따라 피난시간이 달라진다.

(4) RSET을 줄이는 대책

1) 피난개시시간 단축

① 특수감지기 등을 설치하여 감지시간을 단축한다.

② 경보시간과 교육 및 훈련으로 단축한다.

2) 피난이동시간 단축

① 고휘도 유도등, 유도등, 유도표지, 피난로 식별표지(pathway marking)를 설치한다.

② 보행거리, 피난거리를 단축한다.

③ 피난구 폭, 피난구 수, 피난계단 등 피난용량을 확대하거나 분산배치한다.

④ 비상훈련과 교육을 통해 대피시간을 단축한다.

3) 재실자 밀도

① 보수적으로 산정(높게)하여 피난용량을 확대한다.

② 재실자 밀도를 낮춘다.

(5) 피난가능시간의 기준(성능위주설계 가이드라인) 124회 출제

(단위 : [min])

용도	W_1	W_2	W_3
사무실, 상업 및 산업건물, 학교, 대학교 (거주자는 건물의 내부, 경보, 탈출로에 익숙하고, 상시 깨어 있음)	< 1	3	> 4
상점, 박물관, 레저스포츠 센터, 그 밖의 문화집회시설 (거주자는 상시 깨어 있으나 건물의 내부, 경보, 탈출로에 익숙하지 않음)	< 2	3	> 6
기숙사, 중/고층 주택 (거주자는 건물의 내부, 경보, 탈출로에 익숙하고, 수면상태일 가능성 있음)	< 2	4	> 5
호텔, 하숙용도(거주자는 건물의 내부, 경보, 탈출로에 익숙하지도 않고, 수면상태일 가능성 있음)	< 2	4	> 6
병원, 요양소, 그 밖의 공공 숙소(대부분의 거주자는 주변의 도움이 필요함)	< 3	5	> 8

[비고]

W_1 : 방재센터 등 CCTV설비가 갖춰진 통제실의 방송을 통해 육성지침을 제공할 수 있는 경우 또는 훈련된 직원에 의하여 해당 공간 내의 모든 거주자들이 인지할 수 있는 육성지침을 제공할 수 있는 경우

W_2 : 녹음된 음성 메시지 또는 훈련된 직원과 함께 경고방송을 제공할 수 있는 경우

W_3 : 화재경보신호를 이용한 경보설비와 함께 비훈련직원을 활용할 경우

피난가능시간의 기준은 SFPE Handbook의 Movement of People : The Evacuation Timing의 Table 3-13.1 Estimated Delay Time to Start Evacuation in Minutes에서 인용되었지만 최신 5판에는 누락되었다.

08 일본의 피난안전성 평가(국토교통성 2020년 개정 고시)

(1) 거실 피난시간평가

1) 거실 피난가능시간(RSET)

① 거실 피난개시시간 : $t_{start} = \dfrac{\sqrt{\sum A_{area}}}{30}$

여기서, t_{start} : 거실 피난개시시간[min]

A_{area} : 거실의 바닥면적

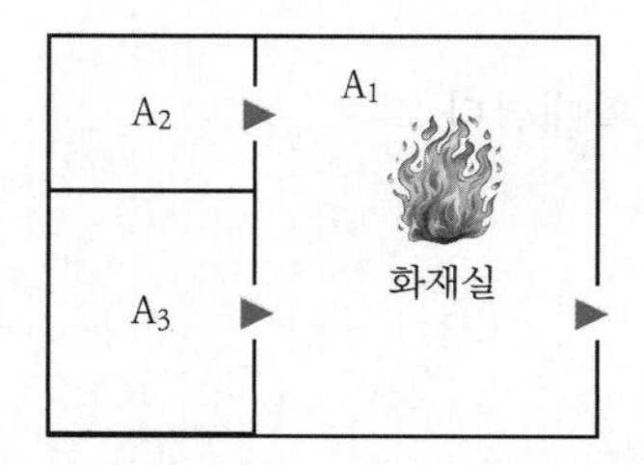

▌화재실이 경유거실일 경우 $A_{area} = A_1 + A_2 + A_3$ ▌

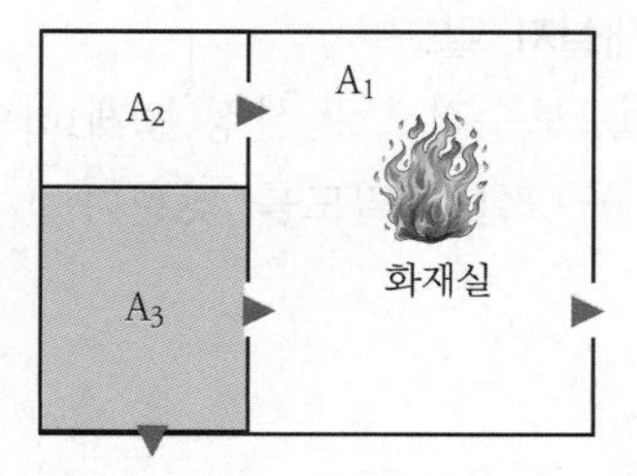

▌화재실이 일부 경유거실일 경우 $A_{area} = A_1 + A_2$ ▌

② 거실의 출구에 도달할 때까지의 보행시간 : $t_{\text{travel}} = \max\sum\frac{I_i}{v}$

여기서, L : 가장 먼 지점까지의 보행거리[m]
v : 보행속도[m/min]

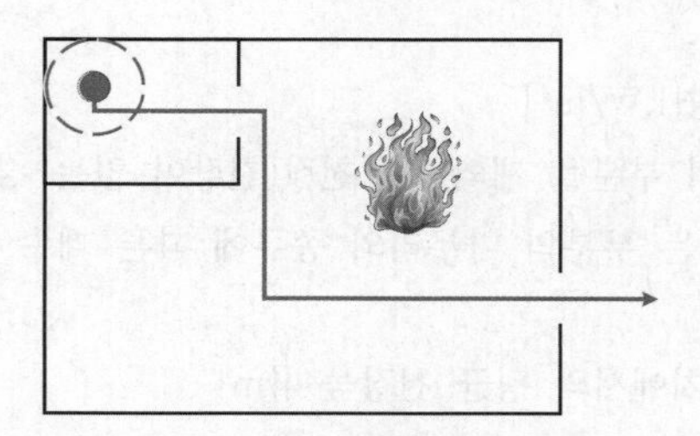

거실 내 거실을 포함하여 최장 보행경로를 구한다. 주의점은 계산에 채용하는 수치는 거리가 아니라 시간이다.

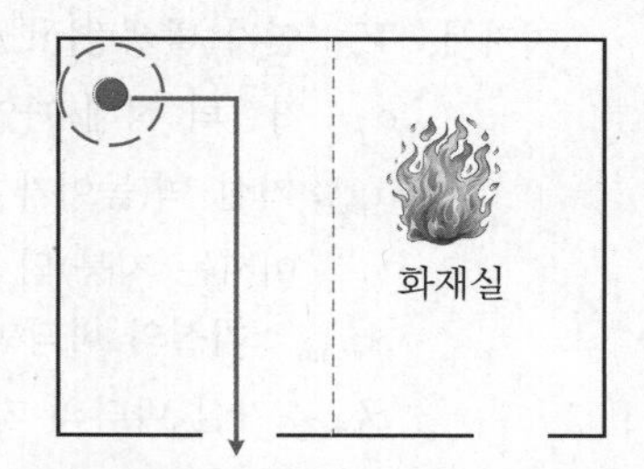

복수의 출구가 있는 경우는 직각 2등분선에 의해 각 도어의 담당 면적을 결정한 후 보행경로를 당긴다.

용도	특정인이 이용하는 시설(사무실, 학교, 공장, 창고 등)	불특정인이 이용하는 시설(판매, 다중이용업소, 도서관 등)	취침용도가 있는 시설(공동주택, 호텔, 기숙사)	관람집회시설(극장, 영화관, 집회장 등)
보행속도	1.3[m/sec]	1.0[m/sec]	1.0[m/sec]	0.5[m/sec]

③ 거실 출구통과시간 : $t_{\text{lqueue}} = \frac{\sum p \cdot A_{\text{area}}}{\sum N_{eff} \cdot B_{eff}}$

여기서, p : 거실 내 거주밀도[인/m^2]
A : 거실면적[m^2]
N_{eff} : 유효 유동계수[인/m]
B_{eff} : 유효출구폭[m](단, 거실 출구폭이 0.6[m] 미만인 경우에는 유효 유동계수는 0으로 한다)

④ 거실 피난가능시간 : $t_{\text{escape}} = t_{\text{start}} + t_{\text{travel}} + t_{\text{lqueue}}$

2) 거실 허용피난시간(ASET)

① $t_s = \frac{A_{\text{room}} \times (H_{\text{room}} - 1.8)}{\max(V_s - V_e, 0.01)}$

여기서, t_s : 거실의 연기하강시간[min]
A_{room} : 거실의 바닥면적[m^2]
H_{room} : 평균 천장높이[m]
V_s : 연기 발생량[m^3/min]
V_e : 유효 배연량[m^3/min]

② 연기 발생량

$$V_s = 9\{(a_f + a_m)A_{\text{room}}\}^{\frac{1}{3}}\left\{H_{\text{low}}^{\frac{5}{3}} + (H_{\text{low}} - H_{\text{room}} + 1.8)^{\frac{5}{3}}\right\}$$

여기서, V_s : 연기 발생량[m^3/min]

α_f : 거실의 적재 가연물의 발열량[kW/m^2]

α_m : 거실 벽(높이가 2[m] 이하의 부분을 제외) 및 천장(천장이 없는 경우에 있어서는 지붕)의 실내에 접하는 부분의 마무리의 종류에 따른 계수

A_{room} : 거실의 바닥면적[m^2]

H_{low} : 거실 바닥의 가장 낮은 위치에서의 평균 천장높이[m]

H_{room} : 거실의 기준점으로부터의 평균 천장높이[m]

③ 1,500[m^2] 이상 : $V_e = \min(A^* E)$

여기서, V_e : 유효배연량[m^3/min]

A^* : 방연구획의 배연효과계수(유효한 개구부가 없는 경우는 0으로 함)

E : 방연구역의 배연설비에 의해 계산된 수치[m^3/min]

④ 1,500[m^2] 미만 : $V_e = 0.4\left(\overline{H_{\text{st}}} - 1.8\left(\dfrac{\overline{H_{\text{st}}} - 1.8}{H_{\text{T}} - 1.8}\right)E\right)$

여기서, V_e : 유효배연량[m^3/min]

$\overline{H_{\text{st}}}$: 거실에 각 유효 개구부 상단의 기준점으로부터의 평균 높이[m]

H_{top} : 거실의 기준점으로부터의 천장 높이 중 최대의 것[m]

E : 거실 방연구역의 배연설비에 의해 계산된 수치[m^3/min]

3) 판정 : $t_{\text{escape}} \leqq t_s$

(2) 층 피난시간

1) 층 피난가능시간(RSET)

① 층 피난개시시간 : $t_{\text{start}} = \dfrac{\sqrt{\sum A_{\text{floor}}}}{30} + 3$(공동주택 등 5)

여기서, A_{floor} : 층 전체의 바닥면적

② 층 피난보행시간 : $t_{\text{travel}} = \max\left(\sum \dfrac{I_i}{v}\right)$

여기서, I_i : 층의 각 실 등의 각 부분에서 직통계단 출구의 보행거리[m]

v : 보행속도[m/min]

③ 층에서 직통계단에 통하는 출구 통과시간 : $t_{\text{queue}} = \dfrac{\sum p \cdot A_{\text{area}}}{\sum N_{eff} \cdot B_{st}}$

여기서, p : 층의 거주밀도[인/m^2]

A : 층의 각 실등의 부분별 면적[m^2]

N_{eff} : 유효 유동계수[인/m]

B_{st} : 층의 직통계단 출구폭[m](가장 폭이 큰 출구는 제외)

④ 층의 피난종료시간 : $t_{escape} = t_{start} + t_{travel} + t_{queue}$

2) 층 허용피난시간(ASET)

① $t_s = \dfrac{A_{room} \times (H_{room} - H_{lim})}{\max(V_s - V_e,\ 0.01)}$

여기서, t_s : 층의 연기하강시간[min]

A_{room} : 층의 바닥면적[m^2]

H_{room} : 평균 천장높이[m]

H_{lim} : 한계연기층 높이[m]

V_s : 연기 발생량[m^3/min]

V_e : 유효 배연량[m^3/min]

피난경로 등에 관계없이, 모든 연기 전파경로 중에서 가장 짧은 연기강하시간이 대상이 된다.

② 연기 발생량

$$V_s = 9\{(a_f + a_m)A_{room}\}^{\frac{1}{3}}\left\{H_{low}^{\frac{5}{3}} + (H_{low} - H_{room} + H_{lim})^{\frac{5}{3}}\right\}$$

여기서, V_s : 연기 발생량[m^3/min]

α_f : 층의 적재 가연물의 발열량[kW/m^2]

α_m : 층의 벽(높이가 2[m] 이하의 부분을 제외) 및 천장(천장이 없는 경우에 있어서는 지붕)의 실내에 접하는 부분의 마무리의 종류에 따른 계수

A_{room} : 화재실의 바닥면적[m^2]

H_{low} : 해당 실의 바닥의 가장 낮은 위치에서의 평균 천장높이[m]

H_{room} : 당해 시설의 기준점으로부터의 평균 천장높이[m]

H_{lim} : 한계연기층 높이[m]

③ 1,500[m^2] 이상 : $V_e = \min(A^* E)$

여기서, V_e : 유효배연량[m^3/min]

A^* : 방연구획의 배연효과계수(유효한 개구부가 없는 경우는 0으로 함)

E : 방연구역의 배연설비에 의해 계산된 수치[m^3/min]

④ 1,500[m^2] 미만 : $V_e = 0.4\left(\dfrac{\overline{H_{st}} - H_{lim}}{H_{top} - H_{lim}}\right)E$

여기서, V_e : 유효배연량[m^3/min]

$\overline{H_{st}}$: 해당 실에 각 유효 개구부의 상단의 기준점으로부터의 평균 높이[m]

H_{lim} : 한계연기층 높이[m]

H_{top} : 해당 실의 기준점으로부터의 천장높이 중 최대의 것[m]

E : 해당 실 방연구역의 배연설비에 의해 계산된 수치[m^3/min]

3) 판정 : $t_{escape} \leq t_s$

(3) 화재층의 각 실의 피난개시시간(초)

<table>
<tr><th colspan="2">구분</th><th>종합 방화 설계법 제3권(1989년)</th><th>피난 안전 검증법(2000년)</th></tr>
<tr><td rowspan="2">화재실</td><td>비취침용도</td><td>$t_{start} = 2\sqrt{A_f}$
근거 : 연기의 이동속도 0.5[m/s]</td><td rowspan="2">※ 비취침, 취침의 구별 없음
$t_{start} = 2\sqrt{A_f}$ [sec]</td></tr>
<tr><td>취침용도</td><td>$t_{start} = 120 + 60$
근거 : 경종의 울림 + 인지시간</td></tr>
<tr><td rowspan="2">화재층
(비화재실)</td><td>비취침용도</td><td rowspan="2">※ 비취침, 취침의 구별 없음
① 비상용 EV가 있는 경우
$t_{start} = 120 + (\sqrt{A_{floor}} + 0.4H)$ [sec]
근거 : 화재 발생으로부터 감지 방송까지의 시간 + 경비원이 화재 현장에 달려가는 시간(보행속도 2.0[m/sec])
② 화재실로부터의 통지에 의한 전달시간
$t_{start} = 2\sqrt{A_f} + 2\sqrt{A_{floor}}$ [sec]
근거 : 화재실의 인지시간 + 정보전달시간(보행속도 1.0[m/sec])
③ 연기의 침입 등에 의한 전달시간
$t_{start} = 300 + 2\sqrt{A_{floor}}$ [sec]
근거 : 화재실 밖으로 연기가 유출되는 시간 + 연기의 전달시간(연기이동속도 1.0[m/sec])</td><td>$t_{start} = 2\sqrt{A_{floor}} + 180$[sec]
근거 : 상기 식의 A_f를 A_{floor}로 치환한 시간 + 화재실 이외의 부분에의 정보전달시간 + 180의 근거는 불분명하지만 초기대응시간이라고도 알려져 있다.</td></tr>
<tr><td>취침용도</td><td>$t_{start} = 2\sqrt{A_{floor}} + 300$
근거 : 상기식의 A_f를 A_{floor}로 치환한 시간 + 화재실 이외의 부분에의 정보전달시간 + 300은 나카노 등의 연구에 따르면, 비상벨의 울림 시작부터의 시간이다.</td></tr>
</table>

(4) 체류면적평가 : 필요한 체류면적 ≤ 체류 가능면적(설계면적)

1) 1차 안전구획의 체류면적

$$mA_1 = 0.3mN_1$$

여기서, mA_1 : 1차 안전구획의 체류필요면적[m^2]

mN_1 : 1차 안전구획의 최대 체류인원[인]

2) 2차 안전구획의 체류면적

$$mA_2 = 0.2mN_2$$

여기서, mA_2 : 2차 안전구획의 체류필요면적[m^2]

mN_2 : 2차 안전구획의 최대 체류인원[인]

3) 체류면적평가(예)

장소	구분	계단 1	계단 2
복도	최대 체류인원[인]	35	70
	필요면적[m^2]	10.5	21
	설계면적[m^2]	50	91
	평가 : 필요면적[m^2] ≤ 설계면적[m^2]	적합	적합
부속실	최대 체류인원[인]	15	30
	필요면적(A_r, 단위 : [m^2])	3	6
	설계면적(A_c, 단위 : [m^2])	5	5
	평가 : 필요면적[m^2] ≤ 설계면적[m^2]	적합	부적합

4) **판정 :** 상기 식에 의해 계산되어진 필요면적 ≤ 설계면적

5) 체류가능시간 연장대책

① 배연설비를 설치하여 열과 연기를 배출시켜 체류공간의 환경을 개선

② 체류공간에는 가연성 물질이 없도록 하거나 사용제한

③ 자동식 소화설비를 설치하여 화재의 확산방지

(5) 법규에 의한 피난안전구역의 면적(*SECTION 008 NFPA 101과 국내 피난규정 비교 참조)

(6) 피난시간에 영향을 미치는 요인

1) 재실자 밀도
2) 피난통로의 폭 및 비상계단 높이와 폭
3) 피난거리
4) 수평피난속도
5) 수직피난속도
6) 유동계수 및 통과시간
7) 출입구 개수

(7) 문제점

1) 화재에 대한 반응시간과 화재 시 이동시간의 측면에서 인간거동을 예측하는 것은 매우 어려운 일이다.

① 개인의 건강과 나이로 인한 이동성을 제한한다.

② 개인의 목적과 관심에 대해 불확실하다.

㉠ 사회적 · 정책적 결정으로 처리

㉡ 예를 들어 사무실과 병원, 호텔 등이 서로 다르다.

2) 화재와 피난자 이동의 상호관계 연구가 부족하여 이에 대한 정보가 빈약하다.

09 확인

(1) 마지막 피난자의 안정성 검토

1) RSET < ASET이 되는지 확인한다.

2) 화재 및 인간의 거동에 대한 불완전한 이해를 고려할 때 적정 수준의 안전계수를 적용 : 보통의 경우 보수적으로 2배 이상

(2) 위험이 있을 시 기본계획에 수정을 가하여 안정성을 확보한다.

1) RSET 감소

2) ASET 증가

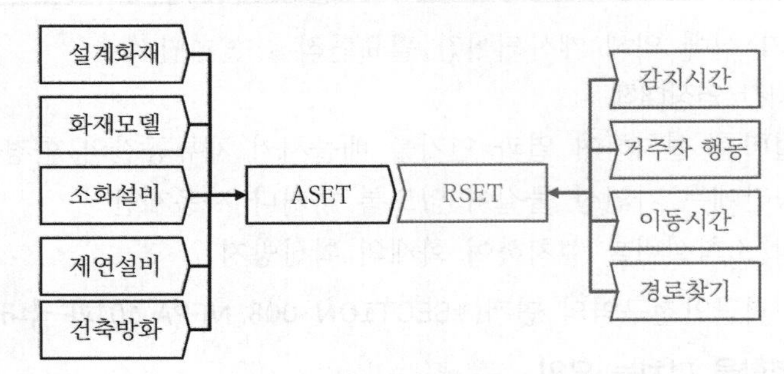

▌ASET 및 RSET에 영향을 미치는 변수▐

10 N-Gas model

(1) 개요

1) FED를 이용한 방법으로 화재 시 발생하는 가스 혼합물의 독성학적 상호작용에 따라서 연기의 독성을 수학적 모델을 사용하여 예측하기 위해 개발

2) 정의 : 6가지 가스의 FED를 이용해서 유해가스에 의한 영향을 평가하는 방법

3) FED가 독성에 관한 평가방법인데 반해서 N-Gas model은 FED에다 CO_2, O_2의 비독성가스가 들어간 확장된 개념

(2) 6가지 가스

CO, CO_2, O_2, HCN, HCl, HBr

(3) $$\text{N-Gas value} = \frac{m[CO]}{[CO_2]-b} + \frac{[HCN]}{LC_{50}(HCN)} + \frac{21-[O_2]}{21-LC_{50}(O_2)} + \frac{[HCl]}{LC_{50}(HCl)} + \frac{[HBr]}{LC_{50}(HBr)}$$ [6)]

6) 20. LEVIN ET AL. Further Development ofthe N-Gas model 295

11 FED(Fractional Effective Dose) model : 유효복용량[7]

(1) 개요

1) 정의 : 유효복용분량으로 T시간 동안 인간이 호흡한 여러 종류의 유해가스의 누적 흡입복용량이 1.0(LC_{50})에 이르면 사망한다고 판별하는 방법
2) 피난 시뮬레이션 중 Building exodus 독성 서브모델에 사용하는 모델로 화재 시 발생하는 유독가스를 지수로 표현한 값이다.
3) 개별적인 화재부산물들의 유독성의 합 및 노출시간으로 사망자 및 부상자를 판별하는 방법이다.
4) 인명안전(life safety)을 위한 PBD의 성능기준(performance criteria)은 발화원에 인접하지 않는 어떤 점유자도 순간 또는 누적된 견딜 수 없는 조건에 노출되어서는 안 된다.

(2) 구성요소

1) CO에 의한 질식
2) O_2의 부족으로 인한 저산소증
3) CO_2에 의한 호흡속도의 증가
4) 열에 의한 부상
5) 화재 연기 중 가시성
6) 화재로 인한 연기 속에서 보행속도

(3) FED(유효복용량, Fractional Effective Dose) 판별식

1) FED = 1(LC_{50}에 해당하는 독성)

2) $$\mathrm{FED} = \frac{\sum_{t=1}^{n} C_t}{\mathrm{LC}_{t\,50}} \times \Delta t$$

여기서, FED : 유효복용분량(무차원수)

C_t : 물질이 연소 시 발생하는 독성가스의 농도[g/m³]

Δt : 노출시간[min]

LC_{t50} : 일정시간(30분) 시험을 통한 반수 치사량[g · m⁻³ · min]

3) $$\mathrm{LC}_{50} = \frac{1}{\mathrm{FED}}$$

---

7) 에프엔에스이엔지 홈페이지 방재계획에서 발췌

(4) 무능화 FED값은 0.3 정도이다. 만일 6마리의 토끼를 30분간 노출시켜 실험한 결과 FED 0.8이면 0 또는 1마리가 죽은 것이고 FED 1.4이면 5 또는 6마리가 죽은 것이다.

FED값	의미
0.3	무능화
0.8	치사량을 1로 보았을 때 모든 사람을 생존시킬 수 있는 FED 추정값
1	LD_{50}(치사량)

무능화(incapacitation) : 사람이 적절히 활동할 수 없으며 해를 입지 않은 채로 탈출할 수 없는 상태

(5) 점유자들 중 피난약자의 수가 비정상적으로 많은 경우는 위의 추정값보다 낮은 FED값 사용한다.

(6) FED값은 무력화(CO, HCN), CO_2, 자극성(HCl) 및 산소결핍에 대하여 다루는 지수이다.

12 ASET/RSET 판별법과 FED 판별법의 비교[8)]

구분	ASET/RSET 판별법	FED 판별법
정의	ASET(Available Safe Egress Time) : 허용피난시간 RSET(Required Safe Egress Time) : 피난가능시간	FED(Fractional Effective Dose) : 유효복용분량
사망자 판별법	안전지역에 연기가 도달하는 시간인 ASET : 허용피난시간(Available Safety Egress Time)과 안전지역까지 사람이 피난하는 데 이용가능한 시간인 RSET : 피난가능시간(Required Safety Egress Time)을 비교하여 피난가능시간(RSET)이 허용피난시간(ASET)보다 작도록 설계하는 것	개개의 독성 연소생성물의 특정 영향에 대한 평가가 아닌 다양한 열환경 및 유해가스에 노출되어 나타나는 영향을 정량화하여 평가하기 위한 것으로 T 시간 동안 인간이 호흡한 유해가스의 누적 흡입복용량이 무력화를 발생시키는 데 필요한 복용분량(1.0)에 이르면 사망한다고 판별
판별식	$t_{\text{ASET}} > t_{\text{RSET}}$	FED > 1(또는 0.3)이면 무능화로 판정 $\text{FED} = F_{\text{co}} + F_{\text{co}_2} + F_{\text{HCl}} + F_{\text{Heat}} + F_{\text{rad}}$
시뮬레이션	① 화재 시뮬레이션을 통해 연기거동을 모사하여 ASET 획득 ② 대피 시뮬레이션을 통해 대피시간을 측정하여 RSET 획득 ③ 두 값을 단순 비교하여 안전성 여부를 판별	① 화재 시뮬레이션과 대피 시뮬레이션을 병행 ② 개별 피난자가 연기 및 열 등에 의해 피해 받은 정도를 누적하여 사망자를 판별
장단점	① 안전성 유무만 판별 가능 ② 최악조건 및 특정시나리오에 대해 검토 ③ 구현이 용이하여 3D 모사가 가능	① 위험 여부를 정량화하여 표현이 가능 ② 다양한 시나리오에 대한 검토가 가능 ③ 구현이 어려워 적용범위가 적음

8) 에프엔에스이엔지 홈페이지 방재계획에서 발췌

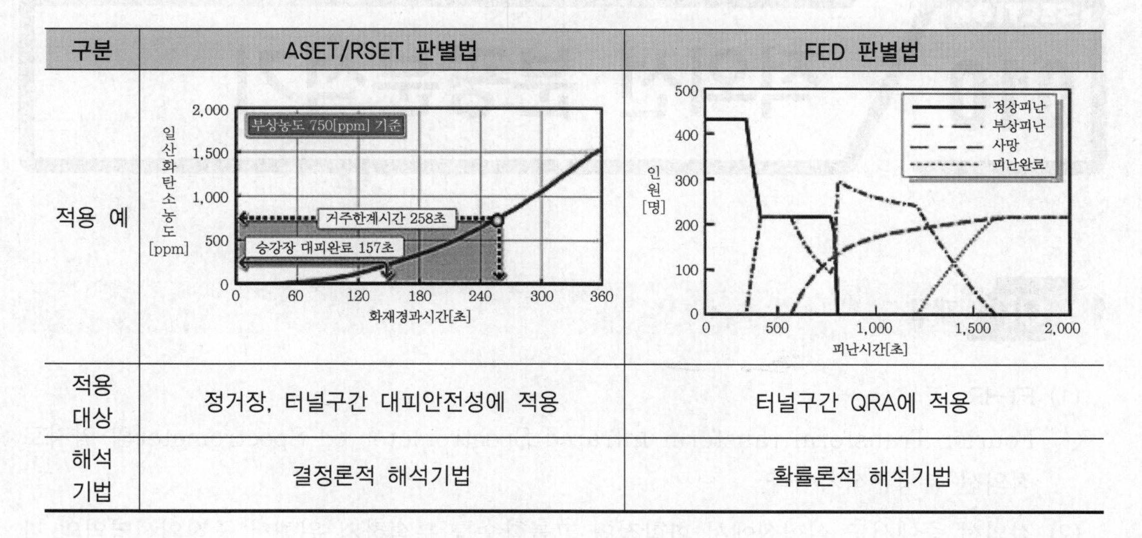

구분	ASET/RSET 판별법	FED 판별법
적용 예	(그래프)	(그래프)
적용 대상	정거장, 터널구간 대피안전성에 적용	터널구간 QRA에 적용
해석 기법	결정론적 해석기법	확률론적 해석기법

SECTION 010 적외선 분광분석기

01 개요

(1) FT-IR

Fourier Transform ransform Infrared Spectrometer ed Spectrometer의 약자로 적외선 분광분석기이다.

(2) 적외선 중에서도 실험실에서 화학적인 그룹함수를 분석하기 위해서 중적외선영역의 파장을 사용하여 측정하는 스펙트럼장치이다.

분광기 : 연속된 파장의 빛(태양광이나 발열체에서 방사광 등)을 파장마다 분해하는 장치

02 빛의 종류

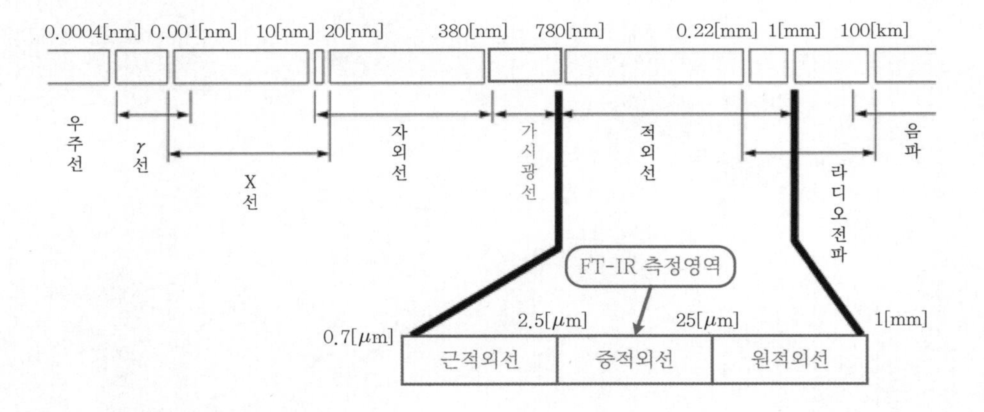

03 방법과 기능

(1) 측정방법

적외선이라는 눈으로 보이지 않는 빛(가시광선보다 파장이 긴 저주파수)을 시험체에 비춰, 그 시험체가 적외선을 흡수하는 정도(흡광도)를 측정한다.

(2) 기능

1) 시험체의 종류를 조사(정성분석) : 혼합가스의 스펙트럼의 최고치가 어느 성분에서 유래되었는지 분석해서 혼합가스 성분을 조사한다.

2) 시험체의 농도를 측정(정량분석) : 특정파장의 흡광도에서 농도를 산출한다.

04 특징

(1) 조사하는 빛의 에너지량이 적기 때문에 시험체를 파괴하지 않는다.

(2) 물질마다 특징적인 흡수 스펙트럼을 나타낸다.

05 적외선 흡수원리

(1) 진동에 의한 빛 흡수

1) 물질을 구성하고 있는 분자는 그 구조에 따라 대칭 신축진동, 반대칭 신축진동, 굽힘진동, 좌우흔듬진동 등 특유한 고유의 진동을 한다.

2) 분자진동의 에너지와 적외선 빛에너지가 같은 크기가 되면 빛의 파장을 흡수한다.

3) 적외선 빛을 물질에 조사하면, 그 진동모드의 진동수에 응답한 특정한 주파수영역의 빛만이 흡수한다.

4) 빛을 흡수하게 되면 분자의 진동 진폭이 증가한다.

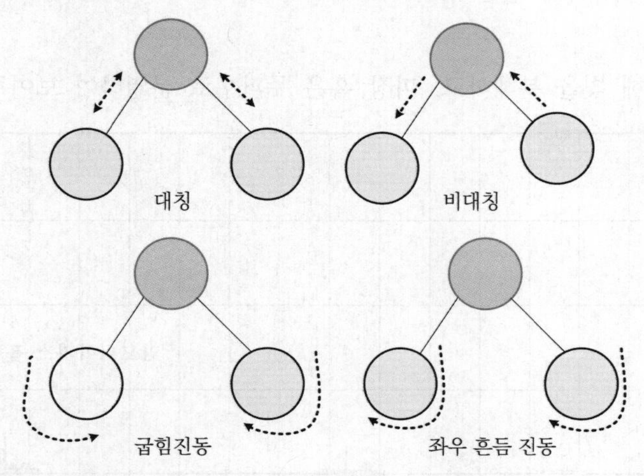

5) 빛에너지 공식 : $E = h\nu$

여기서, E : 빛에너지

h : 플랑크상수

ν : 진동수

6) 시간의 변화에 따라 쌍극자모멘트의 변화가 있는 결합들만이 적외선을 흡수한다.

(2) 흡수되는 중적외선의 파장과 흡수되는 정도(흡광도 또는 투과율)

1) 물질 특성에 의해 결정 : 유기화합물을 구성하는 기(radical)

2) 중적외선의 흡수 스펙트럼을 측정하면 물질에 고유한 스펙트럼을 구할 수 있다.

① 시험체의 정성분석

② 흡수강도에 따른 정량분석

3) 쌍극자모멘트가 변화하는 분자의 진동에 대응하는 에너지의 흡수를 측정하여 분자 구조에 대한 정보를 얻을 수 있다.

(3) 적외선 에너지를 흡수하지 않는 물질

1) 0족 원소인 희가스(Ar, He 등)

희가스 : 공기에 들어 있는 양이 희박한 아르곤 · 헬륨 · 네온 · 크립톤 · 크세논 · 라돈의 여섯 가지 기체 원소를 통틀어 이르는 말

2) 2원자 원자분자(N_2, O_2, F_2)

06 푸리에 변환과 스펙트럼

(1) 푸리에 변환

여러 가지 주파수의 빛이 뒤섞인 신호에서 어떤 주파수의 빛이 어느 정도의 비율로 섞여있는지를 조사하기 위함이다.

(2) 스펙트럼

분광기를 통해 빛을 분해하고, 파장 혹은 주파수로 분열하여 보여주는 것이다.

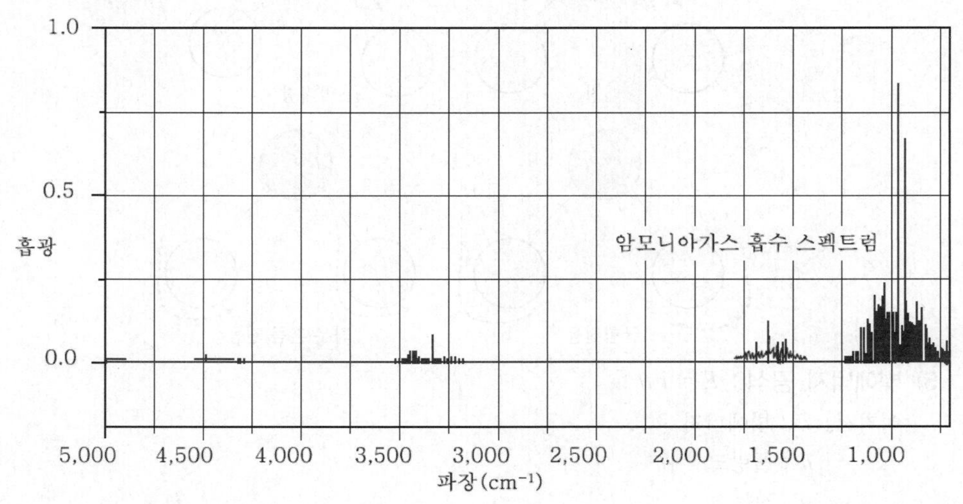

▌흡광도 스펙트럼의 예▐

07 적외선 분광분석기

(1) 적외선 분광분석기의 구성

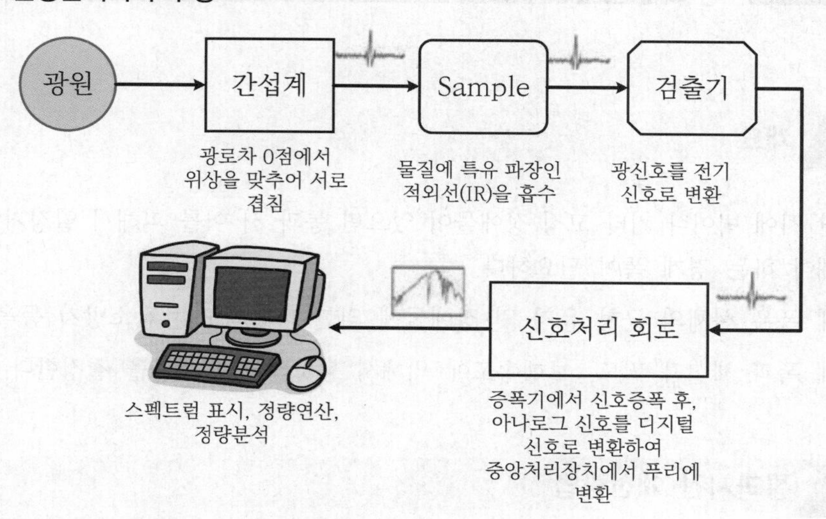

(2) 적외선 분광분석기의 소방에서의 활용

1) 정량적으로 가스의 농도를, 정성적으로 가스의 종류를 알 수 있으므로 이를 이용해서 시간당 가스의 농도를 알 수 있다.
2) 시간당 가스의 농도를 통해 피난안전성의 유효흡입량(FED)을 산출한다.

SECTION 011

통로 통과계산(flow method)

01 개요

(1) 피난 시에 벽이나 기타 고정 장애물이 있으면 통과 시 이를 피해서 일정거리를 띄고 피난해야 하는 경계 폭이 필요하다.

(2) 경계 폭은 신체의 균형 유지 및 장애물에 의한 피난속도의 감소방지 등을 고려한다.

(3) 경계 폭과 재실자 밀도, 보행속도에 의해서 통로의 통과시간을 결정한다.

02 통과시간 계산방법

(1) 재실자 밀도(Density, D)

1) 정의 : 단위면적당 사람 수[인/m^2]

2) 공식 : $D = \frac{P}{A}$

여기서, D : 재실자 밀도[인/m^2]

P : 체류인원[인]

A : 바닥면적[m^2]

(2) 피난속도(Speed of Exiting Individuals, S, [m/sec])

1) 공식 : $S = k - akD$

여기서, S : 피난속도[m/sec]

D : 재실자 밀도[인/m^2]

k : k_1 and a = 2.86([ft^2]일 경우)

k : k_s and a = 0.266([m^2]일 경우)

피난속도상수(k)[9]

피난경로		k_1	k_s
복도, 통로, 경사로(비탈길), 출입구		275	1.40
계단철판폭[in] : 계단의 높이	계단발판폭[in] : 계단의 너비	–	–
7.5	10	196	1.00

9) TABLE 4.2.5 Constants for Equation 2, Evacuation Speed FPH 04-02 Calculation Methods for Egress Prediction 4-60

피난경로		k_1	k_s
계단철판폭[in] : 계단의 높이	계단발판폭[in] : 계단의 너비	–	–
7.0	11	212	1.08
6.5	12	229	1.16
6.0	13	242	1.23

2) 밀도가 0.55[인/m^2] 이상인 경우 : $S = k - 0.266kD$

3) 밀도가 0.55[인/m^2] 미만인 경우 : $S = 0.85k$

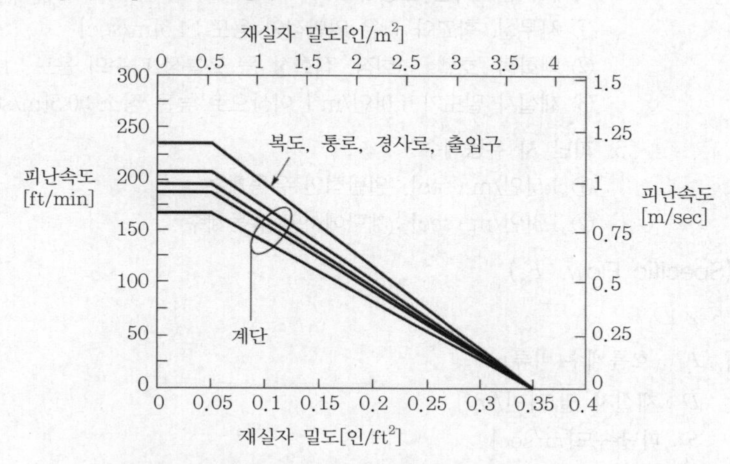

▌재실자 밀도의 변화에 따른 피난속도의 변화[10] ▌

▌피난속도[11] ▌

피난경로		피난속도	
		[ft/min]	[m/sec]
복도, 통로, 경사로, 출입구		235	1.19
계단철판폭[in(mm)]	계단발판폭[in(mm)]	–	–
7.5(190)	10(254)	167	0.85
7.0(178)	11(279)	187	0.95
6.5(165)	12(305)	196	1.00
6.5(165)	13(330)	207	1.05

4) 피난속도상수(k) 값은 출입구나 계단라인의 폭 높이에 따라 달라진다.

10) FIGURE 4.2.6 Evacuation Speed as a Function of Density. $S = k - akD$, where D = density is persons/ft^2 and k is given in Table 4.2.5. Note that speed is along line of travel. FPH 04-02 Calculation Methods for Egress Prediction 4-60

11) TABLE 4.2.7 Maximum (Unimpeded) Exit Flow Speeds. FPH 04-02 Calculation Methods for Egress Prediction 4-60

1. 국내의 비상 시 피난속도[12)]

구분	대피속도	대피수용량
수평 이동요소	60[m/min]	80[인/m · min]
수직 이동요소(계단, 정지된 E/S)	15[m/min]	60[인/m · min]
작동 중인 E/S	36[m/min]	120[인/m · min]

2. 국내의 일반적인 보행속도
   ① 사무실, 학교와 같은 일반적인 용도 : 1.3[m/sec]
   ② 백화점, 호텔, 연회장, 집회장 등 불특정 다수의 용도 : 1.0[m/sec]
   ③ 재실자 밀도가 1.0[인/m^2] 이상으로 높은 장소 : 0.5[m/sec]
3. 피난 시 유동계수
   ① 1.5[인/m · sec] : 일반적인 유동계수
   ② 1.3[인/m · sec] : 계단에서의 유동계수

(3) 흐름계수(Specific Flow, F_s)

1) $F_s = S \times D$

여기서, F_s : 흐름계수(비류)
D : 재실자 밀도[인/m^2]
S : 피난속도[m/sec]

① 보행속도 × 재실자 밀도로 흐름계수가 클수록 단위시간당 보다 많은 인원수를 통과시킬 수 있으므로 피난시간이 감소한다.

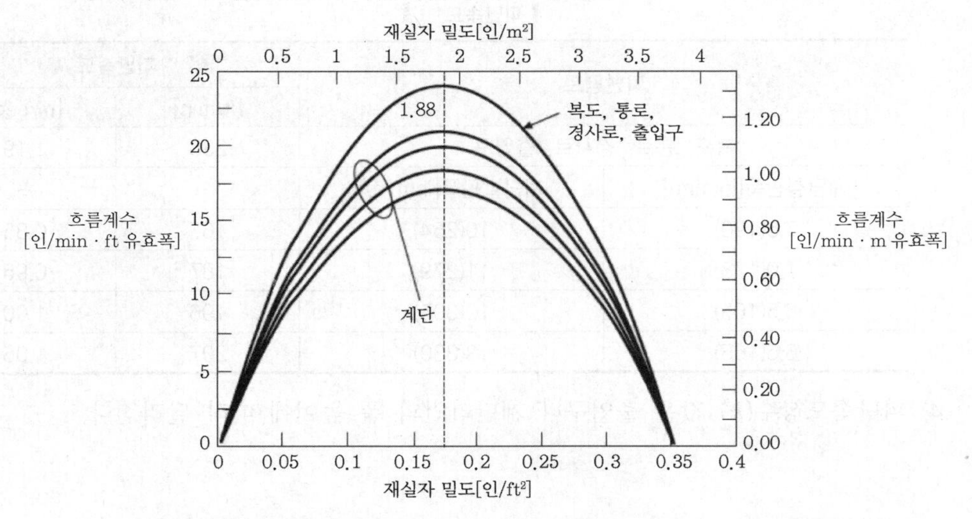

▌재실자 밀도(D)에 따른 출구(통로, 문, 계단 등)별 흐름계수 변화[13)] ▌

12) 환승편의시설. 보완설계 개정인(09.09.23)
13) FIGURE 4.2.7 Specific Flow as a Function of Density FPH 04-02 Calculation Methods for Egress Prediction 4-61

② 흐름계수(F_s)는 재실자 밀도(D)가 1.88[인/m^2]까지의 공간에서는 꾸준히 증가하나 1.88[인/m^2]을 초과하면 오히려 감소한다.

③ 재실자 밀도에 따른 흐름계수의 변화

㉠ D=1.88[인/m^2] : 복도, 문, 램프의 흐름계수(F_s)는 22.86[인/min · ft]에 도달한다.

㉡ $D>1.88$[인/m^2] : 하강

㉢ $D<1.88$[인/m^2] : 상승

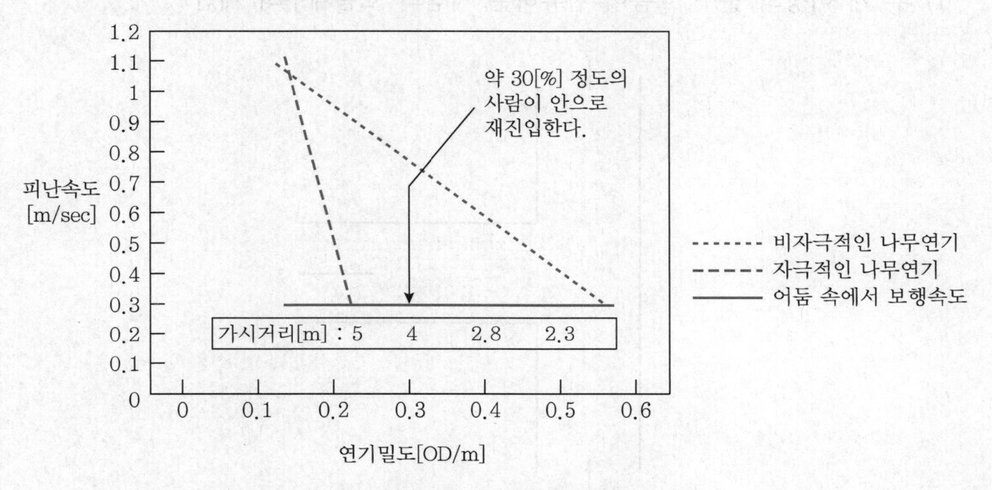

▌연기밀도의 변화에 따른 피난속도의 변화▐

2) $F_s = (1-0.266D)kD$

(4) 유동계수(Calculated Flow, F_c)

1) 정의 : 단위시간당 얼마나 많은 인원이 통로나 출입구를 통과하는지의 계수

2) $F_c = F_s \times W_e$

여기서, F_c : 유동계수[인/sec]

F_s : 흐름계수[인/m · sec]

W_e : 유효폭[m] : 출구 또는 통로의 실제폭(W)에 통행 시 지장을 주는 지장폭(B)을 감한 폭으로 $W_e = W - B$로 나타낼 수 있다.

3) $F_c = (1-0.266D)kDW_e$

(5) 통과시간(time for passage)

1) $T_p = \dfrac{P}{F_c}$

여기서, T_p : 통과시간[sec]

F_c : 유동계수[인/sec]

P : 거주자 수[인]

2) $T_P = \dfrac{P}{(1-0.266D)kDW_e}$

여기서, k : 피난속도상수

D : 재실자 밀도[인/m^2]

W_e : 출구 폭[m]

P : 체류인원[인]

(6) 통로폭의 변환점(transitions) 계산

1) 두 개 이상의 출구 흐름이 합류하는 지점의 흐름계수의 계산

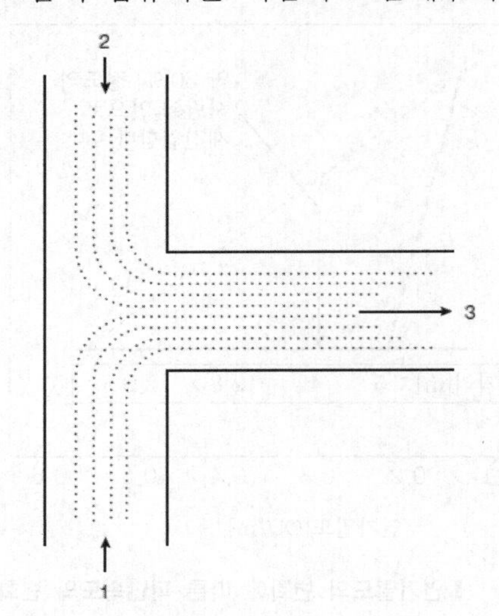

$$F_{s(\text{out})} = \frac{F_{s(\text{in}-1)}\, W_{e(\text{in}-1)} + F_{s(\text{in}-2)}\, W_{e(\text{in}-2)}}{W_{e(\text{out})}}$$

2) 복도가 계단을 만나는 지점

3) 폭이 축소되거나 커지는 지점에서 흐름계수의 계산

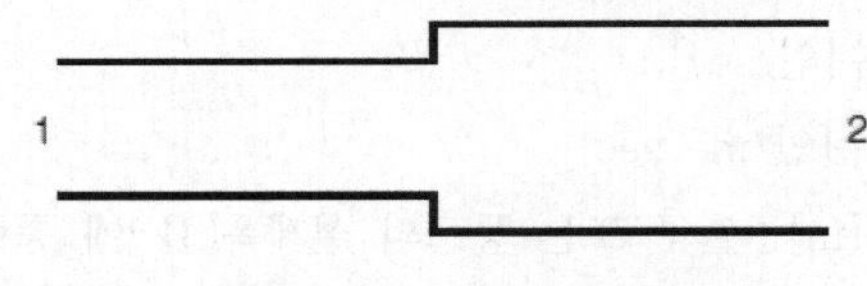

▌통로폭 변화 시 예[14] ▌

$$F_{s(\text{out})} = \frac{F_{s(\text{in})}\, W_{e(\text{in})}}{W_{e(\text{out})}}$$

여기서, $F_{s(\text{out})}$: 전환지점으로부터 출발하는 시점의 흐름계수[인/m · sec]

$F_{s(\text{in})}$: 전환지점에 도착하는 시점의 흐름계수[인/m · sec]

$W_{e(\text{in})}$: 전환지점에서 유효폭[m]

$W_{e(\text{out})}$: 전환지점 이후의 유효폭[m]

14) FIGURE 4.2.9 Transition in Egress Component FPH 04-02 Calculation Methods for Egress Prediction 4-61

국내의 일반적인 통로 통과시간

① 일반적인 출구 : 1.5[인/m · sec]

② 계단부분 : 1.3[인/m · sec]

03 유효폭의 계산

(1) 공식

$$W_e = W - B$$

여기서, W_e : 유효폭[m]

W : 출구 또는 통로의 실제폭[m]

B : 통행 시 지장을 주는 지장폭 또는 경계폭[m]

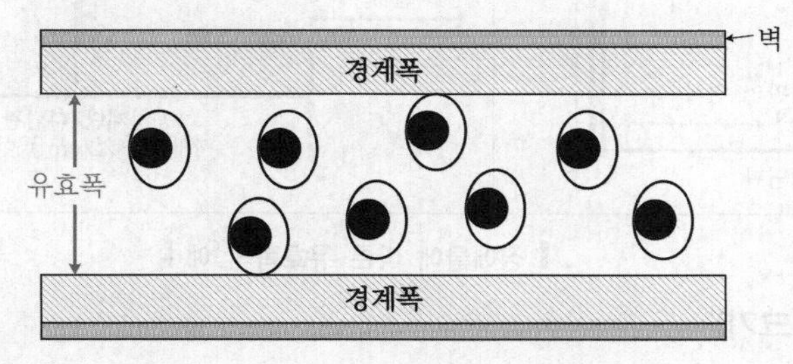

▌유효폭의 예▐

(2) 통로폭(clear width)

1) 복도의 벽과 벽 사이
2) 계단 통로의 발판 폭
3) 문 개방 시 실제 통과가 가능한 폭
4) 내측 의자 사이의 공간

(3) 경계폭(크기)

▌장애물에 따른 최소 유효폭[15)]▐

피난경로	유효폭	
	[in]	[cm]
계단 · 벽 또는 디딤판	6.0	15
레일, 핸드레일	3.5	9
극장 의자, 경기장 벤치	0.0	0
복도, 경사로의 벽	8.0	20

15) TABLE 4.2.4 Boundary Layer Widths FPH 04-02 Calculation Methods for Egress Prediction 4-59

피난경로	유효폭	
	[in]	[cm]
장애물	4.0	10
넓은 중앙홀, 복도	18	46
문, 아치 밑의 통로	6.0	15

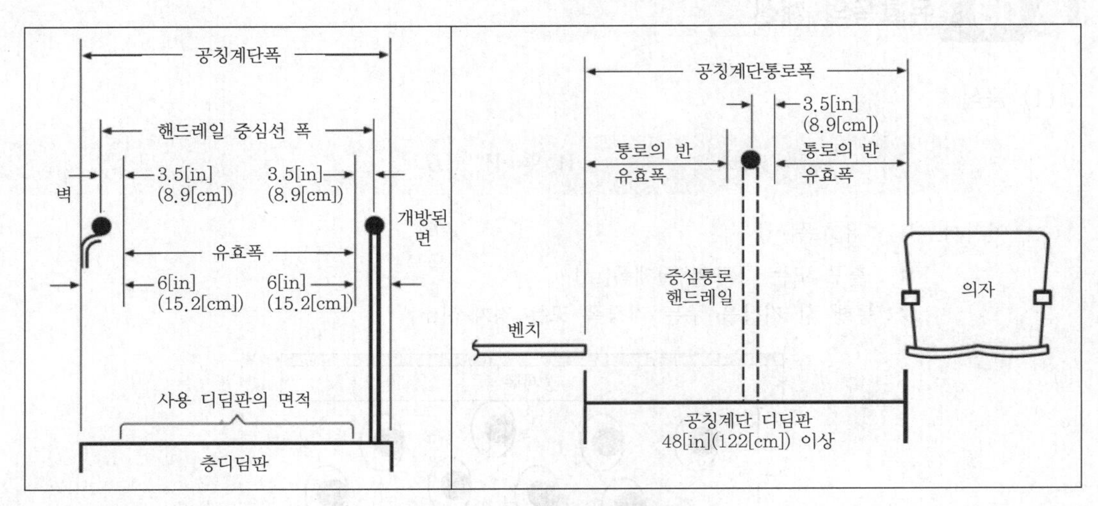

▌장애물에 따른 유효폭의 예▐

(4) 일본의 경계폭(크기)

1) 0.5[m](건축 기준법 및 동 오사카부 조례 질의 응답집[제6판]) : 대부분의 준거
2) 1[m](「피난안전검증법(시간판정법)의 해설 및 계산 예와 그 해설」의 해설서)

SECTION

012 피난 모델

01 개요

(1) 모델링이란 현실세계를 실제 적용하기가 곤란하므로 이를 추상화(모형화), 단순화, 명확화하여 복잡한 현실세계를 일정한 표기법에 의해 표현하는 일이다.

(2) 피난의 경우는 인명의 안전문제가 있어서 물리적 모델링이 곤란하고, 수학적인 모델링을 통해서 표현하고 있다.

(3) 피난의 모델은 단일매개변수 추정에서 이동모델로, 이동모델에서 거동 시뮬레이션 모델로 발전해 왔다.

(4) 피난 모델은 피난 특성 및 시간을 검토할 수 있는 수단으로 사용한다.

02 단일매개변수 추정(single-parameter estimations)

(1) 단순한 보행시간을 이용하는 방법이다.

(2) 피난거리를 보행속도로 나누어서 피난시간을 추정하는 방법이다.

03 이동 모델(movement model)

(1) 개념

1) 많은 수의 사람들이 물과 같이 흐름 형태로 유동으로 해석하는 방법이다.

2) 물의 유동과 같이 병목현상이나 지체는 있지만 개별 구성원의 특성이나 가정을 제외한 변수는 계산하지 않는 방법이다.

(2) 가정

1) 모든 사람들은 동시에 피난을 개시한다.

2) 거주자 흐름은 관련된 사람들의 의사결정으로 인한 개입이 관련되어 있지 않다.

3) 정상적인 피난능력을 보유한다.

(3) 장단점

장점	단점
① 설계의 전반적인 평가에 유용하다. ② 피난평가 초기단계에서 인명 안전 목표달성에 실패한 설계를 제거하는 데 이용한다.	피난자의 거동을 최적화하여 예측하므로 피난소요시간의 사실성이 결여되었다.

04 거동 시뮬레이션 모델(behavioral simulation model)

(1) 장단점

장점	단점
① 더 많은 수의 점유자 이동과 거동에 관한 변수를 고려한다. ② 점유자들을 개별적으로 다루어 고유의 특성을 부여함으로써 사실에 더욱 근접하게 된다.	① 모델 개발자에 의한 검증 또는 사용 시 입력을 위한 데이터의 제한으로 신뢰도 저하 ② 비용과 시간이 많이 소요

(2) 구분

구분	연속 공간 모델 (continuous space models)	셀 자동화 모델 (cellular automata models)	비정밀 네트워크 모델 (coarse network models)
정의	피난자의 시간과 장소를 연속적인 흐름으로 계산하는 모델	대상공간을 격자의 셀로 구분하고, 시간에 따라 각 셀단위로 보행자의 이동과 환경에 대한 정보가 계산결과에 따라 변화되는 모델	방, 복도, 에스컬레이터 등의 노드로 건물을 나누고, 각 부분의 피난을 모사하는 모델
특징	피난자의 이동방향과 흐름이 비교적 자연스러움	① 보행자가 하나의 셀에서 다음 셀로 이동하는 데 여러 가지 정해진 규칙에 따라 이동함 ② 연속공간모델에 비해 계산결과가 빠름	피난인 상호 간의 물리적, 심리적 영향은 고려가 불가능함
예	Simulex, Gridflow, FDS + EVAC (화재시뮬레이션과 피난시뮬레이션의 결합 형태)	building-EXODUS, STEPS	EVACNET4, EXITT

SECTION 013

피난 시뮬레이션

133 · 97 · 75회 출제

01 시뮬레이션의 정의

(1) 건물에 화재가 발생할 경우 발생하는 극도의 혼란과 인적, 물적 피해 등의 경제적 손실 뿐 아니라 유 · 무형의 재산상의 손실 등을 방지하기 위해 그러한 상황을 예측하고 적절한 대책을 강구하여야 한다.

(2) 최근에 성능위주 설계요구에 맞춰 컴퓨터 시뮬레이션을 통해 실제와 거의 유사하게 상황을 구현하여 화재로 인한 연소특성 및 피난 등을 예측하여 그 결과에 따른 제설비의 방재성능을 최적화하게 된다.

(3) 일련의 시뮬레이션을 방재 시뮬레이션(fire protection simulation)이라 한다. 이것은 크게 피난 특성 및 시간을 검토할 수 있는 피난 시뮬레이션(evacuation simulation)과 화재 특성 및 영향을 검토할 수 있는 화재 시뮬레이션(fire simulation)으로 구성된다.

02 피난 시뮬레이션의 개요와 종류

(1) 개요

1) 화재와 같은 재난발생 시 건물 내 거주 중인 재실자의 대피상황을 분석한다.
2) 건물 내에 존재하는 모든 재실자의 안전지역까지의 피난시간을 분석한다.
3) 화재해석 결과와 병행하여 재실자의 안전대피가 가능한 설계방안을 수립(ASET > RSET)한다.

(2) 피난 시뮬레이션 종류

1) Simulex(영국) : 영국 IES사에서 개발한 Simulex 프로그램은 응급상황 시 재실자들의 피난 행태를 분석하는 피난 시뮬레이션 프로그램
2) EXODUS(영국) : 거대한 건축물(비행기, 선박)에서 수천 명의 사람들의 상호작용을 고려한 프로그램
3) EVACNET4(미국) : 최적의 빌딩대피계획을 결정하는 데 이용되는 비정밀 네트워크의 피난 모델
4) ASERI(독일) : 건축물에서 연기와 화재 확대에 따라 사람의 피난로의 접근을 모델링하는 프로그램

구분	Simulex	building EXODUS	Pathfinder	FDS+EVAC	STEPS	MassMotion	Simtread
공간 반영방법	연속공간	정밀격자(CA)	연속공간	연속공간	정밀격자 (CA)	연속공간	연속공간
지형 정보변환	CAD	CAD	CAD/FDS/ Pyrosim	N/A	CAD/BIM/ FBX/SU*	CAD/BIM	PDF/ Image/ CAD
시각화	2D/3D	2D/3D	2D/3D	2D/3D	2D/3D	2D/3D	2D
피난 개시시간	YES	YES	YES	YES	YES	YES	YES
피난행동	절대론	조건부개연론	조건부개연론	조건부 개연론	조건부 개연론	인공지능 개연론	절대론
저속보행 (재난약자)	Y	Y	Y	Y	Y	Y	Y
휠체어	N	N	N	N	Y	N	UNK
승강기	N	Y	Y	N	Y	N	UNK
에스컬레이터	N	Y	Y	N	Y	Y	UNK
문개폐	N	Y	N	N	Y	Y	UNK
독성 정보반영	N	Y	N	Y	N	N	N
가시거리	N	Y	N	Y	N	N	N
다른 특성	–	–	SFPE 연계모델	–	운송수단 해석가능	운송수단 해석가능	–
확인검증 보고서	Y	Y	Y	Y	Y	Y	–
제작사	IES Ltd.	그린위치대학	Thunderhead Engineering	VTT	Mott Macdonald	OasysLtd.	와세다 대학
국가	영국	영국	미국	핀란드	영국	영국	일본

[비고] Y : 적용, N : 비적용, UNK : 예측할 수 없음

03 피난 시뮬레이션 과정(process)

(1) 피난동선계획 수립

1) 안전지대를 확보(건물 내 피난장소, 건축물 밖 피난장소)한다.
2) 구획별 피난계획에 따른 수평 · 수직 피난동선을 검토한다.
3) 피난구조설비에 따른 영향평가, 안정성을 검토한다.

(2) 피난 시뮬레이션 과정

1) 피난자의 수를 산정한다.
2) 가상 출화점을 선정한다.
3) 피난경로를 결정한다.
4) 피난군집의 유동상황분석을 결정한다.
5) 연기, 유해가스의 유동상황을 분석한다.
6) 피난자의 안전성을 검토한다.

(3) 피난안전성 평가 프로세스

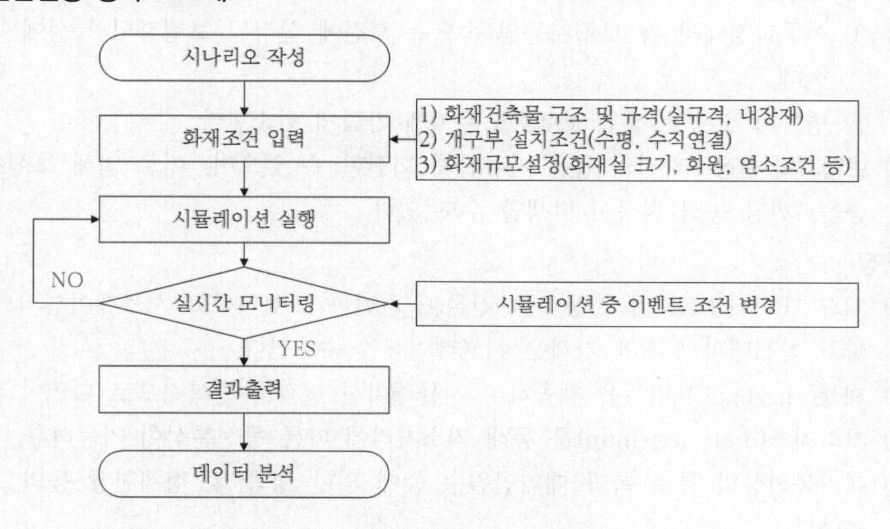

04 Simulex

(1) 개요

1) 화재발생 시 인간의 심리인자 및 행동 특성을 고려한 CAD 기반의 피난대피 시뮬레이션 프로그램이다.
2) 좌표기준(coordinate-based) 피난모델이다.
3) 시뮬레이션 결과의 3차원 출력이 가능(과거에는 2차원 모델)하다.
4) 인간의 신체치수, 특성에 따른 보행속도, 응답시간에 대한 고려가 가능하다.
5) 각 계층군별로 성별, 나이, 이동속도의 설정이 가능하다.
6) 출구, 대기시간 설정 기능으로 다양한 시나리오 검토가 가능하다.
7) 심리학적 반응 특성을 감안할 수 있고 다층 구조 및 여러 개의 존을 가지는 대규모 건물에 적용이 가능하다.

(2) 진행절차

1) 피난자가 이동하는 층, 계단, 이들을 연결하는 링크, 건물의 최종 출입구 등의 데이터를 정의한다.
2) 출구로부터 각 영역까지의 거리를 나타내는 거리지도(distance map)를 계산한다.
3) **보행자 특성 설정 :** 배치위치, 물리적 특성(보행자의 신체 타입), 심리적 특성(어떤 출구로 이동할 것인가, 대피에 얼마나 빠르게 반응할 것인가) 등
4) **보행자들에게 대피명령 전달 :** 각각의 반응속도에 따라 대피를 수행한다.
5) 대피경로는 거리지도에 의해 계산
   ① 이동과정에서 각 보행자들의 속도는 사전에 설정된 보행자의 특성에 따라 결정한다.
   ② 병목이 발생할 경우 보행속도는 0에 가깝게 감소한다.
6) **보행자의 현상 :** 자신의 몸을 자유롭게 회전할 수 있으며, 이로 인해 보행자들 간의 충돌, 끼임 등의 현상이 발생할 수도 있다.

(3) 특징

1) 캐드 데이터(DXF)를 사용하여 건물을 간편하게 정의하고 시뮬레이션되므로, 신속하고 실제대피 상황에 가까운 시뮬레이션을 수행한다.
2) 재생(playback) 기능을 제공하여 시뮬레이션 결과를 반복적으로 확인이 가능하다.
3) 거리지도(distance map)를 통해 최소거리에 따른 동선분석이 가능하다.
4) 대피동선상의 통로 폭과 대피인원수 등에 의한 병목 및 정체현상 등의 고려가 가능하다.
5) 피난가능시간(RSET) 산출용으로 널리 사용한다.

(4) 프로그램 특성

1) 프로그램의 주요 내용

구분	건물 모델의 구성	건물분석	인체 특성
내용	① 가상 환경 시뮬레이션(Virtual Environment Simulation) 프로그램은 CAD DXF 파일을 바탕으로 건물도면을 생성함 ② 다수의 층으로 구성된 건물의 도면을 계단으로 연결하기 위하여 계단을 추가함 ③ 사용자는 최종출구를 건물 밖이나 안으로 정의할 수 있음	① DXF 파일을 이용하기 때문에 실제 건축도면과 같은 정확도로 건물을 정의할 수 있음 ② DXF 도면에 덮어 씌어 0.2[m]×0.2[m] 크기의 공간 메시를 자동으로 생성함 ③ 공간 메시의 모든 점을 이용해 출구까지의 거리를 계산하여 거리지도(distance map)를 생성함	① 다양한 계층으로 정의되며 각 계층을 그룹별로 특징을 추가하거나 수정할 수 있음 ㉠ 신체 타입 및 크기 ㉡ 걷는 속도 ㉢ 시간에 의한 반응시간 ② 신체 타입과 크기 걷는 속도는 화재발생 시 거주자가 피난시간을 결정함 ③ 개개인의 특성은 각 공간의 형상에 따라 변경가능함

구분	건물 모델의 구성	건물분석	인체 특성
내용	④ 'Link'를 통하여 각 층으로 구성된 건물도면을 서로 연결해주거나 문의 기능으로도 이용함 ⑤ 사용자는 각 공간 또는 문 주위나 계단에 거주자를 배치할 수 있으며 그룹으로 지정할 수 있음	④ 거주자에 대한 경로분석은 'Dropping' 테스트를 이용해 실행되며 '거리지도'에 기초를 두어 거주자의 움직임이 일어나는 동안 총 이동경로가 표시됨	④ 구성원의 피난경로는 건물의 구조물에 영향을 받고 신체 타입의 치수나 걷는 속도 층계승강과 하강속도는 공간범위와 정체현상에 의해 영향을 받아 변경이 가능함

2) Simulex 시뮬레이션 예

① 상부층과 하부층이 계단으로 연결된다.

② CAD에서 추출한 도면에 거리지도를 작성하여 시뮬레이션을 수행한다.

③ 피난시작 이후 시간대별 대피인원 및 누적 대피인원 결과를 도출한다.

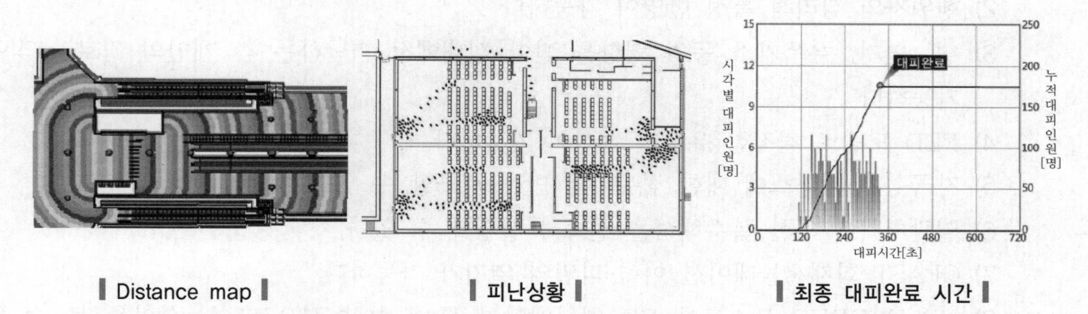

▌Distance map▐ ▌피난상황▐ ▌최종 대피완료 시간▐

05 EXODUS 시뮬레이션

(1) 개요

1) 피난 소프트웨어로서 건축물 실내에서의 다양한 변화에 따른 수많은 인명의 대피를 가정하여 설계하는 프로그램이다.

2) 화재실의 변화 조건 정도에 따라 경험적 지식과 실험 및 이론을 바탕으로 한 시뮬레이션이다.

3) 그리니치 대학의 소방안전 엔지니어링 그룹에 의해 개발되었다.

(2) 구성

1) Building EXODUS 건축환경을 위한 피난 모델 : Smart fire를 통한 화재 시뮬레이션 수행 결과 또는 CFAST를 통한 존모델 결과 파일을 반드시 Building EXODUS의 동일 지오메트리상에서 불러오기 하여 실시간으로 피난 시뮬레이션과 함께 동시에 연산하여야 화재와 피난 시뮬레이션의 커플링이 가능하다.

2) Maritime EXODUS 해양환경을 위한 피난 모델
3) Smart fire 화재 모델링의 SMART CFD 시스템

▍Distance map ▍

▍피난상황 ▍

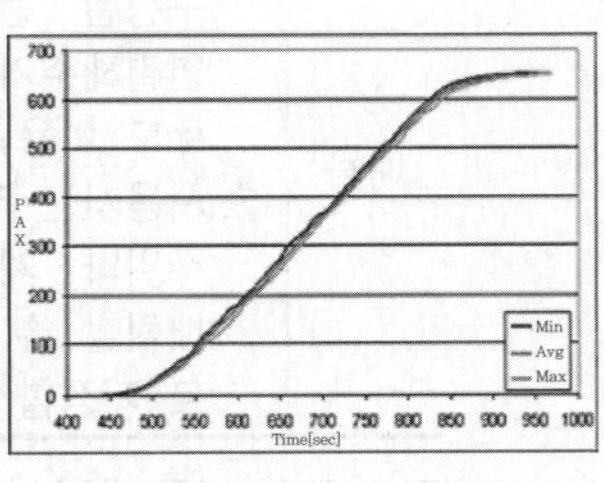

▍최종 대피완료 시간 ▍

(3) 프로그램의 특성

1) 사람과 사람, 사람과 화재, 사람과 구조물의 상호작용을 나타내는 시뮬레이션이다.
2) 행위자의 심리적 특성 반영이 가능하다.
3) 열, 연기, 유독가스 등의 영향을 받아 실내에서 피난하는 각 개인의 경로 추적이 가능하다.
4) FED 모델로 결정한 유독성 계산이 가능하다.
5) 자극성 화재가스에 대한 점유자의 반응을 구할 수 있다.
6) 일괄처리에 의한 복수해석을 신속히 실행할 수 있다.
7) CFAST 화재시뮬레이션 이력 파일의 열기가 가능하다.
8) VR EXODUS 포스트부 VR 애니메이션 툴(애니메이션으로 이동상황을 볼 수 있음)이다.
9) 모델의 설계 특징은 6가지 하위 모델로 구성
   ① 이동(movement)
   ② 독성(toxicity)
   ③ 행동(behaviour)
   ④ 위험요소(hazard)
   ⑤ 재실자(passenger)
   ⑥ 지형(geometry)

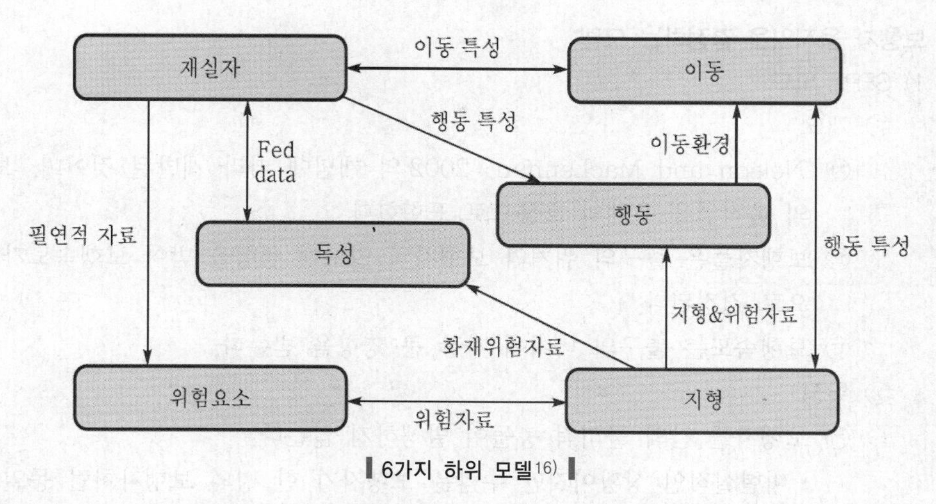

▌6가지 하위 모델[16]▐

⑩ 6가지 모델을 기반으로 EXODUS는 실행하게 만들어졌고 건물의 특성 및 고유성질에 따라 EXODUS는 각기 다른 시뮬레이션을 실행할 수 있다.

06 Pathfinder 시뮬레이션[17]

(1) 패스파인더는 통합된 사용자 인터페이스 및 3D의 결과를 시각화할 수 있는 피난 시뮬레이션이다.

(2) 특징

1) CAD, DWG, BIM 파일 불러오기(모델링관리) : BIM 파일 제공시 획기적으로 모델링 시간의 단축이 가능하다.
2) 연속적으로 움직이는 MESH로 생동감을 부여한다.
3) 우수한 3D의 표현능력이 있다.
4) 쉽고 편리한 조작성능이 있다.
5) 화재 시뮬레이션인 FDS 및 연기분석 PyroSim에서 자동으로 2D 및 3D DXF 파일을 가지고 올 수 있다.
6) SFPE 핸드북의 공식을 기반으로 다양한 표현모드를 값으로 나타낼 수 있다.
7) 계단, 경사로 외에도 엘리베이터를 피난에 사용하고 그 결과를 확인할 수 있다.
8) 개별 피난자의 특성 부여가 가능하다.

---

16) Probabilistic Framework for Onboard Fire Safety Revision number 4.0 Figure 8 - EXODUS sub-model interaction (Sharp et al. 2003)

17) http://www.thunderheadeng.com/pathfinder/에서 발췌, 개선된 Floor Field Model과 다른 피난시뮬레이션 모델의 비교 연구 2016 남현우 ·곽수영 ·전철민 서울시립대 논문에서 일부 내용 발췌

(3) 보행자 움직임을 결정하는 모델

1) SFPE 모드

① 개요

㉠ 'Nelson and MacLennan, 2002'의 개념에 따라 개발된 것이며, 보행자들의 움직임을 유체의 흐름으로 표현한다.

㉡ 보행자들은 출구의 위치와 보행자의 밀도에 영향을 받아 보행속도가 가변적으로 결정된다.

㉢ 보행속도는 출구의 너비에 가장 큰 영향을 받는다.

② 특징

㉠ 보행자들 간의 물리적 충돌이 발생하지 않는다.

- 비현실적인 상황이지만 수많은 보행자가 한 명의 보행자처럼 동일한 장소에 겹쳐지게 된다.
- 물리적인 충돌이 발생하지 않을 뿐이지 보행자들이 겹쳐지게 되면 해당 지역의 보행자의 밀도가 증가하게 되고 보행자들은 이동속도가 매우 느려진다.
- 병목이 발생했을 경우 : 해당 지역 보행자들의 이동속도가 줄어드는 것으로 나타내므로 병목에 의한 영향을 부여할 수 있다.

㉡ 보행자들의 이동경로가 직선 형태로 계산된다.

2) 스티어링(steering) 모드

① 개요

㉠ 'Amor et al, 2006과 Raynolds, 1999'의 개념을 발전시켜 개발한 모델이다.

㉡ 보행자들의 움직임을 자연스럽게 표현하는 부분에 초점이 맞춰져 있다.

② 특징

㉠ 출구에 걸리는 보행자들의 큐(queue)나 밀도에 의한 영향을 통해 보행자의 움직임을 모델링하는 것이 아니라, 보행자들이 자연스럽게 움직이면서 발생하는 물리적 현상들에 의해 보행 상황이 모델링된다.

㉡ 스티어링 모드는 비-스플라인(b-spline) 알고리즘을 통해 SFPE로 계산된 경로보다 부드럽고 현실적인 이동 경로를 나타낸다.

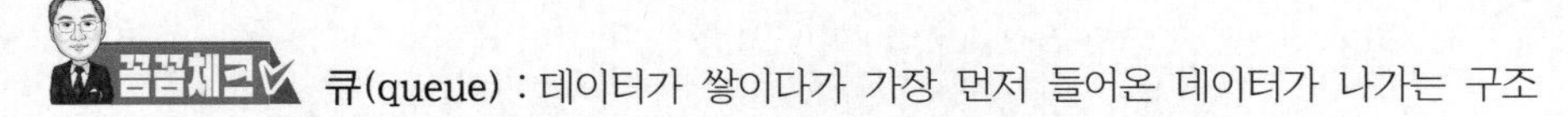

큐(queue) : 데이터가 쌓이다가 가장 먼저 들어온 데이터가 나가는 구조

3) 공통내용

① 두 모드 모두 내비게이션 메시(navigation mesh)로 분할된 공간에서 각 메시

(mesh) 간의 이동경로를 계산, 자신의 이동경로에 많은 보행자들이 배치됨으로 인해 임계치를 넘는 부하가 발생하게 되면 이동경로를 재계산할 수 있다.

② 병목상황 발생 : 일부 보행자들은 우회경로를 선택할 수 있다.

③ 이동경로의 재계산 횟수 : 파라미터로 설정이 가능하다.

▌3D 시뮬레이션의 예 ▌

4) 화재 · 피난 시뮬레이션의 커플링의 조건 : Pyrosim 또는 NIST에서 개발한 FDS를 통한 화재 시뮬레이션 수행 결과 파일을 반드시 Pathfinder상의 동일 지오메트리상에서 불러오기 하여 실시간으로 피난 시뮬레이션과 함께 동시 연산하여야 한다.

07 화재 · 피난 시뮬레이션의 커플링[18] 130회 출제

(1) 종류와 특징

종류	개념	특징	프로그램	사용처	신뢰성
논커플링 방식 (non-coupling)	화재 · 피난 시뮬레이션을 각각 독립수행하여 특정지점에서의 ASET과 RSET을 비교하는 방식	① 설계자에 따라 특정지점의 수, 위치가 달라 시뮬레이션 결과가 달라질 수 있음 ② 화재가 보행자의 행동에 영향을 주지 못함	① ASET : FDS를 기반으로 한 Pyrosim이나 Smartfire를 이용 ② RSET : Simulex, Pathfinder, Building EXODUS	국내외 보편적 사용	낮음

18) 화재 · 피난 시뮬레이션의 커플링 방식별 인명안전성평가 결과 비교에 관한 연구 2019 구현모 · 오륜석 · 안성호 · 황철홍 · 최준호에서 발췌

종류	개념	특징	프로그램	사용처	신뢰성
세미커플링 방식 (semi-coupling)	화재 · 피난 시뮬레이션의 결과값의 화면을 겹쳐보는 방식	① 특정지점 설정에 대한 타당성 검증 가능 ② 화재 · 피난 시뮬레이션 결과를 시각적으로 동시에 검토 가능 ③ 화재가 보행자의 행동에 영향을 주지 못함	Pyrosim + Pathfinder (ver. 2014) 이후 버전	미국 등 일부 국가	보통
커플링 수행방식 (coupling)	화재 시뮬레이션의 결과인 화재의 영향을 피난 시뮬레이션에서 연동하여 수행하는 방식	① 화재가 보행자의 행동에 영향을 미침 ② 다른 분석방법과는 다르게 현실적인 반영 가능	① FDS + EVAC ② CFAST + Building EXODUS ③ Smartfire + Building EXODUS	미국 등 일부 국가	우수

(2) 문제점과 개선방안

1) 현재의 논커플링방식의 ASET과 RSET을 측정하기 위해 설정한 이른바 'POINT'의 위치에 대한 신뢰성 평가를 위하여서는 세미커플링이나 커플링 방식이 필요하다.
2) 현재 우리나라 성능위주설계 시 소방청 고시에 나타난 인명안전기준에 의해서 인명안전성평가를 수행하면 피난자들이 대부분 가시거리로 인해 사망한 것으로 나타났는데, FED 모델 등을 반영한 Building EXODUS 등에서는 가시거리에 따라 피난자의 사망여부를 판단하지 않고 HCN이나 HCl 등 FDS에서 반영하지 않는 독성가스 등에 의하여 사망여부를 판단하기 때문에 지금까지 국내 설계자들이 수행해온 방식과 전혀 다른 결과가 도출될 수 있다.
3) 설계자가 각 화원의 물질정보를 구체적으로 입력하지 않아 어떤 독성가스가 발생하는지 등을 구체적으로 계산할 수 없었기에 소방청이 주도적으로 화재조사나 연소실험 등을 통해 주요 화원물질에 대한 화학적 구성이나 물성 데이터 등에 관한 정보를 지속적으로 구축하여 설계자들에게 제공해야 한다.
4) 전 세계에 출시되어 있는 다양한 화재 및 피난 시뮬레이션 툴의 특성을 골고루 파악 · 반영한 이후 성능위주설계를 위한 시뮬레이션 수행기준을 새로이 보완하여 성능위주 설계기준을 고시해야 한다.

SECTION

014 수용인원 산정방법

01 개요

「소방시설의 설치 및 관리에 관한 법률 시행령」 제17조(특정소방대상물의 수용인원 산정) 법 제14조 제1항에 따른 특정소방대상물의 수용인원은 [별표 7]에 따라 산정한다.

02 수용인원의 산정방법(「소방시설의 설치 및 관리에 관한 법률 시행령」 [별표 7])

(1) 수용인원 산정표

<table>
<tr><th colspan="3">소방대상물</th><th>수용인원 산정방법</th></tr>
<tr><td rowspan="2">숙박시설</td><td colspan="2">침대가 있는 시설</td><td>종사자 수 + 침대 수
(2인용 침대는 2개로 함)</td></tr>
<tr><td colspan="2">침대가 없는 시설</td><td>종사자 수 + $\frac{\text{바닥면적의 합계}[m^2]}{3[m^2]}$</td></tr>
<tr><td colspan="3">강의실 · 교무실 · 상담실 · 실습실 · 휴게실</td><td>$\frac{\text{바닥면적의 합계}[m^2]}{1.9[m^2]}$</td></tr>
<tr><td rowspan="3">강당, 문화 및 집회시설, 운동시설, 종교시설</td><td colspan="2">관람실이 없는 시설</td><td>$\frac{\text{바닥면적의 합계}[m^2]}{4.6[m^2]}$</td></tr>
<tr><td rowspan="2">관람실이 있는 시설</td><td>고정식 의자</td><td>의자 수</td></tr>
<tr><td>긴 의자</td><td>정면너비 ÷ 0.45m</td></tr>
<tr><td colspan="3">그 밖의 특정소방대상물</td><td>$\frac{\text{바닥면적의 합계}[m^2]}{3[m^2]}$</td></tr>
</table>

(2) 위 표에서 바닥면적을 산정하는 때에는 복도, 계단 및 화장실의 바닥면적을 포함하지 않는다.

(3) 계산 결과 1 미만의 소수는 반올림한다.

03 성능위주설계 평가 가이드라인

(1) 수용인원 산정기준

▌수용인원 산정기준▐

(단위 : 1인당 면적[m^2])

사용용도	[m^2/인]	사용용도	[m^2/인]
집회용도		상업용도	
고밀도지역(고정좌석 없음)	0.65	피난층 판매지역	2.8
저밀도지역(고정좌석 없음)	1.4	2층 이상 판매지역	3.7
벤치형 좌석	1인/좌석길이 45.7[cm]	지하층 판매지역	2.8
고정좌석	고정좌석 수	보호용도	3.3
취사장	9.3	의료용도	
서가지역	9.3	입원치료구역	22.3
열람실	4.6	수면구역(구내숙소)	11.1
수영장	4.6(물 표면)	교정, 감호용도	11.1
수영장 데크	2.8	주거용도	
헬스장	4.6	호텔, 기숙사	18.6
운동실	1.4	아파트	18.6
무대	1.4	대형 숙식주거	18.6
접근출입구, 좁은 통로, 회랑	9.3	공업용도	
카지노 등	1	일반 및 고위험공업	9.3
스케이트장	4.6	특수공업	수용인원 이상
교육용도		업무용도	9.3
교실	1.9	창고용도 (사업용도 외)	수용인원 이상
매점, 도서관, 작업실	4.6		

(2) 상기 기준은 NFPA 101(2024) Table 7.3.1.2 Occupant Load Factor에 있는 수용인원 산정계수에서 발췌한 것이다.

(3) NFPA 101의 수용인원 기준(occupancy Load)

1) 임의의 층, 발코니, 관람실(계단식)의 열 또는 기타 공간이 사용하는 피난로의 총 용량은 그곳의 수용인원을 처리하기에 충분해야 한다.

2) 수용인원은 해당 용도에 사용하는 바닥면적을 표에 명시된 해당 용도의 수용인원 계수로 나누어 산출된 사람의 수보다 작아서는 안 된다.

3) 동일한 용도에 총면적과 순면적이 함께 주어질 때는 총면적이 명시된 건물의 부분은 그 총면적에 총면적 수치를 적용하여 계산하고, 순면적이 명시된 건물의 부분은 순면적 수치를 적용하여 계산해야 한다.

4) 용도별 수용인원은 아래 표에 의해 산정(소방시설 등의 성능위주 설계 방법 및 기준 [별표 1]과 동일)
5) 피난로의 피난 용량산정의 주요 요소이다.
6) 건축물의 용도(occupancy)가 아니라 어떻게 사용하는가(use)로 분류한다.
7) 수용인원의 결정요인
   ① 건물 또는 공간의 사용 특성
   ② 사용용도로 사용할 수 있는 가용 공간의 크기
8) 목적 : 피난로 시설의 크기를 결정하고 스프링클러(S/P)의 의무화와 같은 추가 규정에 필요한 한계선을 결정하기 위함이다.

04 수용인원에 따른 소방시설 기준

소방설비	용도	수용인원
스프링클러설비	문화 및 집회(동 · 식물원 제외), 종교, 운동	100인 이상
	판매, 운수 및 창고시설	500인 이상
	창고시설(물류터미널에 한정)	250명 이상
자동화재탐지설비	노유자, 청소년(숙박)시설로 연면적 400[m^2] 이상	100인 이상
공기호흡기	영화상영관	100인 이상
휴대용 비상조명등	영화상영관, 판매시설 중 대규모점포, 철도 및 도시철도시설 중 지하역사, 지하가 중 지하상가	100인 이상
제연설비	문화 및 집회시설 중 영화상영관	100인 이상
다중이용업소의 소방시설 설치대상	학원	300인 이상
	① 하나의 건축물에 학원과 기숙사가 함께 있는 학원 ② 하나의 건축물에 학원이 둘 이상 있는 경우로서 학원의 수용인원이 300명 이상인 학원 ③ 하나의 건축물에 다중이용업 중 어느 하나 이상의 다중이용업과 학원이 함께 있는 경우	100명 이상 300명 미만
	목욕장업	100인 이상

SECTION 015 피난 시 용도 분류/특징

01 집회시설

(1) 일반적으로 그 장소에 대하여 익숙하지 않은 사람들로서 비상사태 발생 시 최상의 피난로를 찾기 어려운 많은 사람들을 수용하는 장소로 흔히 불특정 다수인이 체류하는 장소인 쇼핑센터, 멀티플렉스, 병원 등을 말한다.

(2) 불특정 다수인이 체류하는 장소는 화재 또는 기타 긴급상황 발생 시 패닉 위험이 수반되는 군중이 모이거나 또는 모일 수 있는 잠재적 특성을 보유한다.

(3) 집회시설 용도는 일반적으로 개방되거나 때때로 공공에 개방되며, 자의에 의해서 모이는 점유자들은 보통 훈련이나 통제에 따르지 않는 거주자 특성을 보유한다.

(4) 불특정 다수인의 피난한계 가시거리는 30[m] 이상이다.

02 교육시설

(1) 주로 학교 건물 등에는 많은 수의 나이가 어린 사람들을 수용한다.

(2) 판단능력이 낮은 구성원을 안내하고 안심시킬 수 있는 피난조력자(교사)가 중요한 피난의 열쇠를 쥐고 있다.

(3) 소방훈련 교육으로 대응능력 향상이 가능하다.

03 의료시설

(1) **피난자의 자기보호 또는 피난능력의 저하**

1) 보통 환자 중에 수직으로 피난이 가능한 자력피난 가능자가 전체 환자 중 약 $\frac{1}{3}$로 추정된다.

2) 타력피난 가능자는 환자 중 약 $\frac{1}{3}$로 추정된다.

3) 나머지 $\frac{1}{3}$은 타력으로도 피난이 가능하지 않는 환자로 추정하여 피난계획을 수립(병원의 특성이나 종류에 따라 상이)한다.

(2) **다른 장소와는 달리 수평이동 및 방화구획을 이용하는 현장방어설계가 필요**
점유자가 일시적으로 구조물 내에 남아 있는 동안 생존하기에 충분한 방호대책을 수립한다.

(3) 화재에 대한 정보전달 및 관계자 교육이 필요하다.

(4) 피난조력자(의사, 간호사 등 병원관계자)가 타 시설에 비해 많아서 피난의 안내 및 조력이 용이한 장소이다.

04 감호 · 교정시설

(1) 자기방호능력이 없는(수갑 등에 의해 행동제한) 점유자를 수용한다.

(2) 자유로운 피난(쇠창살)이 허용되지 않기 때문에 현장방호설계가 반드시 필요하다.

(3) 화재가 확산 시 쇠창살이나 폐쇄된 문을 개방하는 피난계획의 수립도 필요하다.

05 주거시설

(1) 취침과 휴식의 공간으로 화재의 감지 및 피난이 지연이 발생한다.

(2) 노유자의 비율이 타 시설에 비해서 크다.

(3) 피난로가 하나이므로 위험에 노출되었을 경우 피난이 곤란하므로 발코니와 대피공간이 필요하다.

06 상업시설

(1) 집회용도와 유사한 특성을 보유한다.

(2) 다량의 가연성 물품을 수용하는 경우가 많으며, 물품에 의한 피난장애 우려를 고려하여야 한다.

07 업무시설

(1) 상업용도에 비해 점유밀도가 낮고 점유자들은 주변 시설에 대하여 익숙하다.

(2) 교육 및 훈련이 용이하다.

(3) 구성원간 친밀도, 조직도, 명령체계가 효율적이다.

(4) 건물에 익숙하지 않은 방문자의 보호방법을 고려한다.

08 공업시설

(1) 재실자는 다양한 공정과 위험도가 다양한 재료에 노출된다.

(2) 다량의 인화성 액체와 가스 또는 독성물질을 보유하고 있는 경우가 많다.

(3) 독성물질 등이 유출되지 않도록 방호나 차단설비의 설치가 고려되어야 한다.

(4) 자체 교육과 훈련이 용이하다.

(5) 재실자 밀도가 낮다.

09 창고시설

(1) 재실자의 밀도가 아주 낮거나 점유자가 거주하지 않는 무인창고도 있다.

(2) 저장물품과 관련된 위험도가 다양한 특성을 가진다.

(3) 연소속도나 화재가혹도가 크고, 피난경로의 확보가 곤란하다.

(4) 재발화 우려가 있다.

10 노유자시설

(1) 피난 시 행동능력과 판단능력이 떨어진다.

(2) 피난 조력자에 의한 피난안내가 필수적이다.

(3) 고층 또는 심층공간에 대응능력이 낮다(피난용 승강기 필요).

SECTION 016

수평피난방식

01 개요

(1) 병원이나 사회복지시설 등 피난약자가 많은 시설이나 대규모 판매점 등에서 평면을 크게 복수로 방화구획하고 수평으로의 피난을 우선하게 하는 방식으로 피난자의 피난능력이 떨어져서 수직피난이 곤란한 경우에 더 많은 비용과 설비를 이용하여 수평구획의 안전성을 향상시킨 피난방식이다.

(2) **피난장소(refuse area)**
화재의 영향을 받지 않는 안전한 장소

02 필요성

(1) **지연피난(delayed evacuation)**
1) 평면을 복수의 구역(zone)으로 구획하여 방화구획 된 비발화구역(zone)으로 우선 피난한 후 피난층으로 피난하기까지 일시적으로 체류하게 하여 피난 안전을 도모하는 방식이다.
2) 불특정 다수가 이용하는 판매점에 적용된 수평피난방식은 계단에서의 혼란을 방지하기 위해 유효한 방식이다.
3) 국내에서의 개념 : 부속실이나 계단의 피난체류면적 등

(2) **현 위치에서 방호(defend-in-place)**
1) 계단을 통한 옥외로의 피난이 곤란한 피난약자에 유효한 방식이다.
2) 국내에서의 개념 : 피난안전구역 등

03 고려사항

(1) 수평피난구획 개구부의 방화문은 양방향으로 개방되어야 한다.

(2) 화재구역(zone)에 거주하는 거주자 전원이 일시적으로 체류할 수 있도록 계획한다.

(3) 피난자의 혼란을 방지할 수 있는 유도설비, 비상방송 등 유도체제에 세심한 주의가 필요하다.

(4) 구획이 확실하고 발화지역에서의 화재 영향이 없는 경우, 수평으로만 피난하여도 피난이 완료된 것으로 간주한다.

04 국내 기준 – 방화구획 등의 설치(「건축법 시행령」 제46조)

요양병원, 정신병원, 노인요양시설, 장애인 거주시설 및 장애인 의료재활시설의 피난층 외의 층에는 다음 어느 하나에 해당하는 시설을 설치하여야 한다.

(1) 각 층마다 별도로 방화구획된 대피공간

(2) 거실에 접하여 설치된 노대 등

(3) 계단을 이용하지 아니하고 건물 외부의 지상으로 통하는 경사로 또는 인접 건축물로 피난할 수 있도록 설치하는 연결복도 또는 연결통로

SECTION 017

수평면의 비상구(NFPA 101)

01 개요

(1) 정의

1) 한 건축물에서 대체로 같은 높이에 있는 다른 건축물 내의 대피장소로 가는 통로

2) 방화벽을 통과하거나 지나가는 발화구역 또는 그와 연결된 구역으로부터 발생되는 화재와 연기로부터 안전을 제공하는 동일한 건축물 내의 대체로 같은 층에 있는 대피장소로 가는 통로

(2) 원칙

1) 수평면의 비상구(horizontal exits) 이외의 다른 비상구(계단, 경사로, 건물의 외부로 나가는 문)의 총 피난용량의 50[%] 이상 → 양방향 이상의 피난경로를 요구한다.

2) 예외 : 의료시설, 교정 및 감호시설

3) 다른 비상구 중에 수평면의 비상구가 없을 경우 : 다른 비상구를 수평면의 비상구로 대체하는 방법이 허용된다.

02 방화구획실, 방화벽, 피난교 및 발코니

(1) 방화구획실

1) 수평면의 비상구와 연결된 모든 방화구획실은 비상구

① 수평면의 비상구에 추가되는 하나 이상의 수평면의 비상구가 아닌 다른 비상구가 있어야 한다.

② 다른 비상구의 필요한 개수와 피난용량은 전체 피난능력의 50[%] 이상이어야 한다.

2) 수평면의 비상구는 양측에 계단 또는 건물 외부로 나가는 기타 피난로로 연속적으로 이어지는 보행로가 있도록 배치한다.

3) 방화구획

① 내력벽 : 내화시간 2시간 이상

② 수평면의 비상구가 있는 건물이나 공간을 구획하는 비내력 방화벽 : 내화성능 2시간 이상

③ 피난방향으로 개방되는 여닫이 문 : 퓨지블 링크 작동식 자동 폐쇄식 문은 개방 고정장치를 풀어주는 열이 형성되기 전에 개구부로 연기가 통과할 수 있으므로 수평면의 비상구에 사용할 수 없다.

4) 1인당 필요 바닥면적 : 3[ft^2](0.28[m^2])(의료나 교정시설은 더 많은 공간이 필요)

(2) 비내력 방화벽

1) 수평면의 비상구가 있는 건축물이나 공간을 구획하는 비내력 방화벽
① 2시간 이상의 내화성능
② 바닥까지 연속되는 구조
③ 방화댐퍼에 의해서 방호되는 덕트만 관통할 수 있다(예외 : 스프링클러에 의해 전체가 방호).

2) 수평면의 비상구에 있는 문
① 공기누설을 최소화할 수 있도록 설계 및 설치를 한다.
② 폐쇄방식 : 자기폐쇄식 또는 자동폐쇄식

3) 복도에 교차하는 수평면의 비상구 문 : 자동폐쇄

(3) 피난교 및 발코니

1) 수평면의 비상구와 연결되어 이용되고 있는 피난교와 발코니 : 방호대와 난간 설치

2) 폭
① 연결되는 문의 폭 이상
② 신설되는 경우 폭은 44[in](112[cm]) 이상

3) 피난교나 발코니가 일방향 수평면의 비상구로 사용되는 경우
① 문이 피난방향으로만 개방되어야 한다.
② 서로 반대방향으로 열리는 2개의 문을 설치(피난용량을 계산 시 피난방향으로 열리는 문만 계산)한다.

4) 눈이 쌓이거나 결빙되기 쉬운 기후 : 바닥에 눈이 쌓이거나 결빙되지 않도록 조치하여야 한다.

5) 피난교나 발코니로부터 수평 방향 또는 하향으로 3[m](10[ft]) 이내에 위치한 연결된 양쪽 건물 또는 방화구역의 모든 벽 개구부 부분 : 방화성능이 $\frac{3}{4}$시간인 방화문이나 고정식 방화창문으로 방호한다.

SECTION 018

피난로의 구성(피난접근, 피난통로, 건축물 바깥쪽으로의 출구)

118회 출제

01 개요

피난로(means of egress)는 비상구 접근로(exit access), 피난통로(exit) 및 건축물 바깥쪽으로의 출구(exit discharge) 3개로 구성된다.

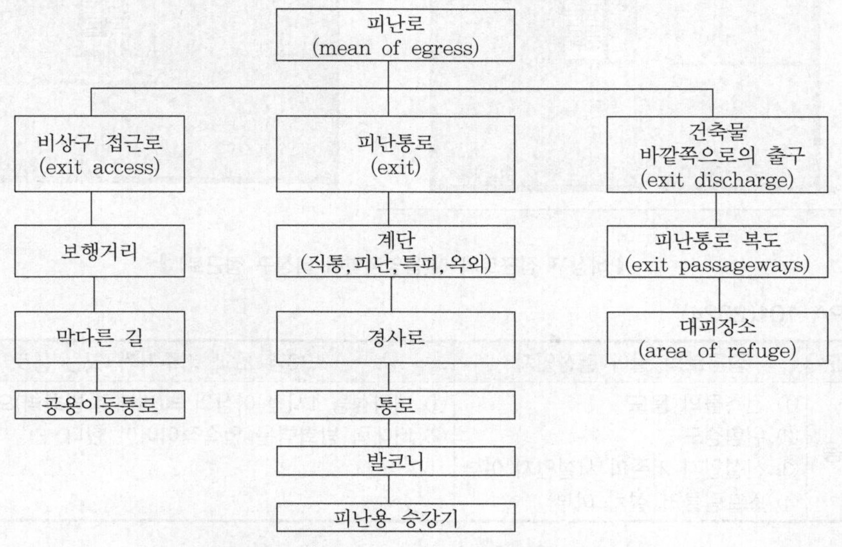

▌피난로(Means of egress)의 구성요소▐

02 비상구 접근로(exit access)

(1) 정의

거실에서 피난통로(exit)까지의 이동경로

(2) 국내 보행거리 기준

30[m] 이내(내화구조 50[m])

(3) 피난통로에 접근하기 위하여 점유하고 통과하는 모든 공간은 비상구 접근로로 화재에 노출되는 공간을 최소화하여야 한다.

(4) 대상

사람들이 점유하는 방 및 공간과 피난통로에 도달하기 위해서 통과하는 문, 통로, 복도, 방호되지 않은 계단·경사로 등

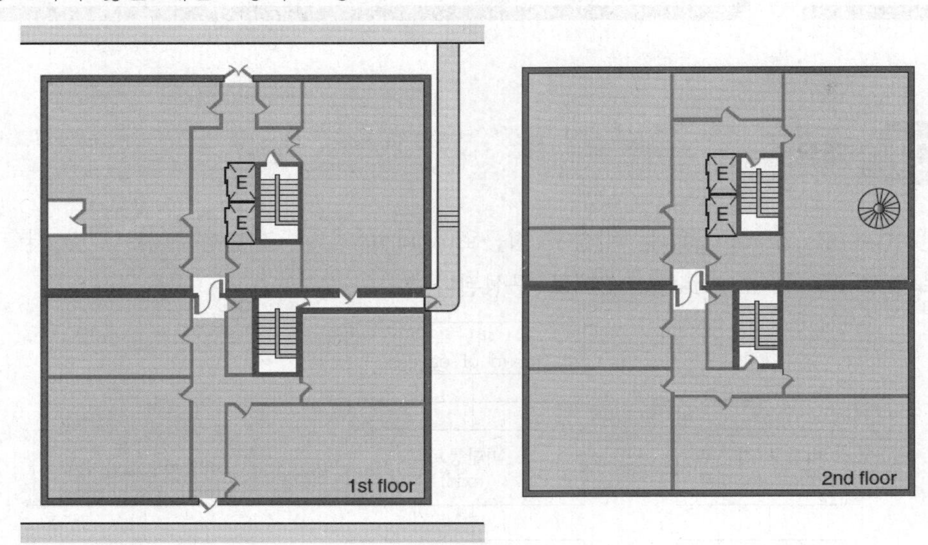

▌비상구 접근로의 예(음영지역이 비상구 접근로)▐

(5) NFPA 101(2024)

구분	접근로의 길이 결정인자	30명 초과 거주자가 있는 통로
내용	① 건축물의 용도 ② 위험정도 ③ 신설인지 기존의 시설인지 여부 ④ 스프링클러 설치 여부	① 내화성능 1시간 이상의 벽(비내력 방화벽)으로 구획한다. ② 비내력 방화벽은 연속적이어야 한다.

(6) 고려사항

1) 피난로 길이 : 피난자가 이동 시 화재에 노출될 수 있는 경로이므로 길이는 최소화한다.
2) 피난로 폭
   ① 피난자의 원활한 이동과 병목현상을 방지하기 위해 최대한 넓게 설치하여야 하며 폭이 좁아지는 협축부를 만들면 안 된다.
   ② 화재안전취약자가 거주하는 장소는 휠체어의 이동이 가능한 폭을 확보하여야 한다.
3) 피난로의 수 : 양방향 피난이 가능한 최소 2개 이상의 피난로
4) 피난에 장애가 없는 피난로 : 피난에 장애가 발생하지 않도록 어떠한 장애물도 설치하여서는 안 된다.
5) 피난시설의 시연성 : 비상구에 이르는 모든 경로는 시야에 들어오도록 표시한다.
6) 경사 : 피난자와 피난약자가 이동하기에 지장이 없는 경사도

▌NFPA 101의 보행거리, 공용 이용통로, 막다른 길의 규정[19] ▌

용도에 따른 구분		공용 이용통로		막다른 길		보행거리	
		스프링클러 미설치 ft[m]	스프링클러 설치 ft[m]	스프링클러 미설치 ft[m]	스프링클러 설치 ft[m]	스프링클러 미설치 ft[m]	스프링클러 설치 ft[m]
집회시설	신설	20/75 (6.1/23)[a]	20/75 (6.1/23)[a]	20(6.1)[b]	20(6.1)[b]	200(61)[c]	250(76)[c]
	기존	20/75 (6.1/23)[a]	20/75 (6.1/23)[a]	20(6.1)[b]	20(6.1)[b]	200(61)[c]	250(76)[c]
교육시설	신설	75(23)	100(30)	20(6.1)	50(15)	150(46)	200(61)
	기존	75(23)	100(30)	20(6.1)	50(15)	150(46)	200(61)
보육시설	신설	75(23)	100(30)	20(6.1)	50(15)	150(46)[d]	200(61)[d]
	기존	75(23)	100(30)	20(6.1)	50(15)	150(46)[d]	200(61)[d]
의료시설	신설	NA	100(30)	NA	30(9.1)	NA	200(61)[d]
	기존	NR	NR	30(9.1)	30(9.1)	150(46)[d]	200(61)[d]
외래의료시설	신설	75(23)[e]	100(30)[c]	20(6.1)	50(15)	150(46)[d]	200(61)[d]
	기존	75(23)[e]	100(30)[c]	50(1.5)	50(15)	150(46)[d]	200(61)[d]
구치교정시설	신설 2·3·4등급	50(15)	100(30)	50(15)	50(15)	150(46)[d]	200(61)[d]
	시설 5등급	50(15)	100(30)	20(6.1)	20(6.1)	150(46)[d]	200(61)[d]
	기존 2·3·4·5등급	50(15)'	100(30)'	NR	NR	150(46)[d]	200(61)[d]
주거시설	하나 또는 둘의 소규모 가구	NR	NR	NR	NR	NR	NR
	하숙 또는 월셋집	NR	NR	NR	NR	NR	NR
	호텔 또는 기숙사 신설	35(10.7)[g,h]	50(15)[g,h]	35(10.7)	50(15)	175(53)[d,i]	325(99)[d,i]
	호텔 또는 기숙사 기존	35(10.7)[g]	50(15)[g]	50(15)	50(15)	175(53)[d,i]	325(99)[d,i]
아파트	신설	35(10.7)[g]	50(15)[g]	35(10.7)	50(15)	175(53)[d,i]	325(99)[d,i]
	기존	35(10.7)[g]	50(15)[g]	50(15)	50(15)	175(53)[d,i]	325(99)[d,i]
노인요양시설	중·소형 기존시설	NR	NR	NR	NR	NR	NR
	대형 신설시설	NA	75(23)[h]	NA	30(9.1)	NA	250(76)[d,i]
	대형 기존시설	110(33)	160(49)	50(15)	50(15)	175(53)[d,i]	325(99)[d,i]

19) TABLE A.7.6 Common Path, Dead-End, and Travel Distance Limits (by Occupancy). FPH 4-3 Concepts of Egress Design 4-79

용도에 따른 구분			공용 이용통로		막다른 길		보행거리	
			스프링클러 미설치 ft[m]	스프링클러 설치 ft[m]	스프링클러 미설치 ft[m]	스프링클러 설치 ft[m]	스프링클러 미설치 ft[m]	스프링클러 설치 ft[m]
상업시설	등급 A, B, C	신설	75(23)	100(30)	20(6.1)	50(15)	150(46)	250(76)
		기존	75(23)	100(30)	50(15)	50(15)	150(46)	250(76)
		개방시설	NR	NR	0(0)	0(0)	NR	NR
	쇼핑센터	신설	75(23)	100(30)	20(6.1)[j]	50(15)[j]	150(46)	450(137)[k]
		기존	75(23)	100(30)	50(15)[j]	50(15)[j]	150(46)	450(137)[k]
업무시설	신설		75(23)[i]	100(30)[i]	20(6.1)	50(15)	200(61)	300(91)
	기존		75(23)[i]	100(30)[i]	50(15)	50(15)	200(61)	300(91)
산업시설	일반시설		50(15)	100(30)	50(15)	50(15)	200(61)[l]	250(75)[m]
	특정 목정		50(15)	100(30)	50(15)	50(15)	300(91)	400(122)
	고위험		[r]	[r]	[r]	[r]	NA	75(23)
	층에 행거 설치		50(15)[o]	100(30)[o]	50(15)[o]	50(15)[o]	[p]	[p]
	중층에 행거 설치		50(15)[o]	73(23)[o]	50(15)[o]	50(15)[o]	75(23)	75(23)
저장시설	낮은 위험		NR	NR	NR	NR	NR	NR
	일반위험		50(15)	100(30)	50(15)	100(30)	200(61)	400(122)
	고위험		[r]	[r]	[r]	[r]	75(23)	100(30)
	주거시설(개방)		50(15)	50(15)	50(15)	50(15)	300(91)	400(122)
	주거시설(폐쇄)		50(15)	50(15)	50(15)	50(15)	150(45)	200(60)
	층에 행거 설치		50(15)[o]	100(30)[o]	50(15)[o]	50(15)[o]	[p]	[p]
	중층에 행거 설치		50(15)[o]	75(23)[o]	50(15)[o]	50(15)[o]	75(23)	75(23)
	지하에 설치된 곡물이송 승강기		50(15)[o]	100(30)[o]	50(15)[o]	100(30)[o]	200(61)	400(122)

[비고]

NA=Not applicable(요구기준 없음)

NR=NO requirement(적용 불가)

[a]For common path serving>50 persons, 20ft(6.1m) ; for common path serving≤50 persons, 75ft(23m).

[b]Dead-end corridors of 20ft(6.1m) permitted ; dead-end aisles of 20ft(6.1m) permitted.

[c]See Chapters 12 and 13 of NFPA 101 for special considerations for smoke-protected assembly seating in arenas and stadia

[d]This dimension is for the total travel distance, assuming incremental portions have fully utilized their permitted maximums. For travel distance within the room, and from the room exit access door to the exit, see the appropriate occupancy chapter of NFPA 101.

[e]See 19.2.5.3.

[f]See Chapter 23 for special considerations for existing common paths.

[g]This dimension is from the room/corridor or suite/corridor exit access door to the exit; thus, it applies to corridor common path.

[h]See the appropriate occupancy chapter for requirements for second exit access based on room area.

[i]See the appropriate occupancy chapter for special travel distance considerations for exterior ways of exit access.

jSee 36.4.4 and 37.4.4 for special dead-end considerations in mall concourses.
kSee 36.4.4 and 37.4.4 for special travel distance considerations in mall concourses.
lSee Chapters 38 and 39 for special common path considerations for single-tenant spaces.
mSee Chapter 40 for industrial occupancy special travel distance considerations.
nSee 7.11.4 for high-hazard contents areas.
oSee Chapters 40 and 42 for special requirements if high-hazard conditions exist.
pSee Chapters 40 and 42 for special requirements on spacing of doors in aircraft hangars.
qSee 42.8.2.6.2 for special travel distance considerations in open parking structures.
rSee 7.11.4 for high-hazard contents areas.
Source : Table A.7.6, NFPA 101, 2024 edition.

03 피난통로(exit)

(1) 정의

건물의 다른 부분과 분리된 구조로서 건축물의 바깥쪽으로의 출구로 가는 안전한 경로

(2) 국내기준

피난계단, 특별피난계단

(3) 대상

피난통로의 문, 비상구 통로, 피난계단, 경사로, 통로 옥외 발코니, 건축물의 바깥쪽으로의 출구로 연결되는 문 등

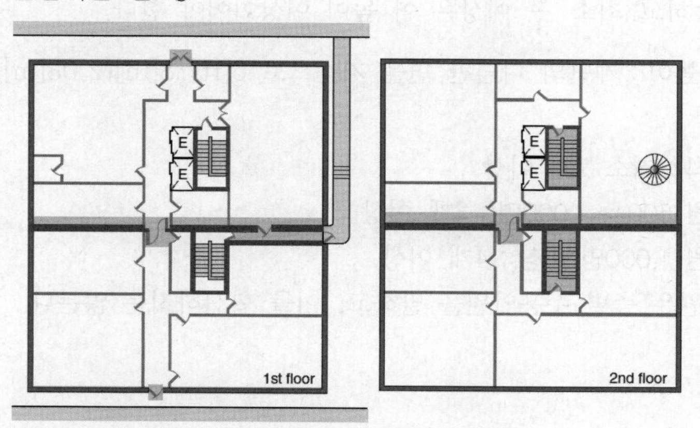

▌피난로의 예[20](음영지역이 피난로)▐

(4) 화재로부터 안전구획된 장소

내화구조 및 불연재료로 내장 마감되는 등의 조건을 만족한 장소

1) 3개 층 이하 연결 : 내화성능 1시간 이상
2) 4개 층 이상 연결 : 내화성능 2시간 이상
3) 안전구획 부분의 구조
① 불연재나 준불연재 부재 구조(class A or B)

20) Life Safety Code Handbook 2021 Section 7.1 133P

② 내화성능 2시간 이상의 구조에 의해서 지지

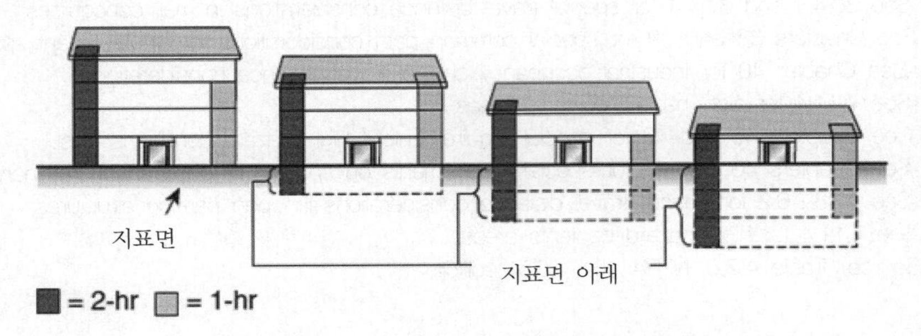

▌안전구획 부분의 내화성능[21] ▌

4) 안전구획된 부분의 개구부 : 자동폐쇄장치가 설치되거나 닫힌 상태
5) 인접한 피난통로 구획실과의 관통부나 연결 개구부는 설치하지 말 것
6) 내장재의 제한
   ① Class B까지 사용할 수 있다.
   ② 스프링클러 설치 시에는 Class C도 사용할 수 있다.
7) 반자까지의 높이
   ① 7[ft] 6[in](2.3[m]) 이상 확보하여야 한다.
   ② 보 등의 돌출부위가 있는 경우의 돌출부위에서의 높이는 6[ft] 6[in](2[m])까지 가능하고 최소 $\frac{2}{3}$ 이상은 이 높이 이상이어야 한다.
8) 계단의 높이 : 계단의 디딤판 면을 기준으로 6[ft] 8[in](2.03[m]) 이상

(5) 피난로 수

1) 기본원칙 : 최소 2개 이상
2) 수용인원 500 ~ 1,000명 : 3개 이상
3) 수용인원 1,000명 이상 : 4개 이상
4) 수용인원은 층별 수용인원을 말하고, 이를 합산하지는 않는다.

(6) 피난로

1) 보행면
   ① 보행면은 수평면이어야 한다.
   ② 보행면의 급격한 높이 변화
      ㉠ 원칙 : 0.25[in](0.63[cm]) 이하
      ㉡ 0.25[in](0.63[cm]) 초과, 0.5[in](1.3[cm]) 이하인 경우 : 경사도는 1 대 2
   ③ 0.5[in](1.3[cm]) 초과하는 경우 : 경사로나 계단 설치
2) 미끄럼방지를 하여야 한다.

---

21) Life Safety Code Handbook 2021 Section 7.1. Exhibit 7.9. 138P

(7) 개구부

1) 2시간 비내력 방화벽의 개구부 : 1.5시간 이상

2) 1시간 비내력 방화벽의 개구부

① $\frac{3}{4}$시간 이상

② 단, 수직개구부나 피난통로 구획실의 경우 : 1시간 이상

3) 0.5시간 비내력 방화벽의 개구부 : 20분 이상

4) 내화성능이 필요한 모든 구획된 장소의 개구부 : 방화댐퍼 설치(NFPA 90A)

5) 문의 규정

① 피난로의 문 개구부의 최소 유효폭 : 32[in](81[cm]) 이상(IBC, ADA)

② 문의 최소 높이 : 78[in](198[cm]) 이상

③ 문의 손잡이의 돌출제한 : 4[in](10[cm]) 이하

④ 과거에는 문짝 폭의 최대 치수를 48[in](122[cm])로 규제했지만 지금은 규제하고 있지 않다.

6) 문의 개방방향

① 수용인원 50명 이상의 방 또는 지역의 문 : 피난방향으로 개방

② 피난통로 구획실 또는 상급 위험 수용품 지역의 문 : 피난방향으로 개방

③ 수평면의 비상구의 여닫이 방화문 : 피난방향으로 개방

④ 그 외의 문 : 피난방향과 반대방향으로 열리는 문 허용

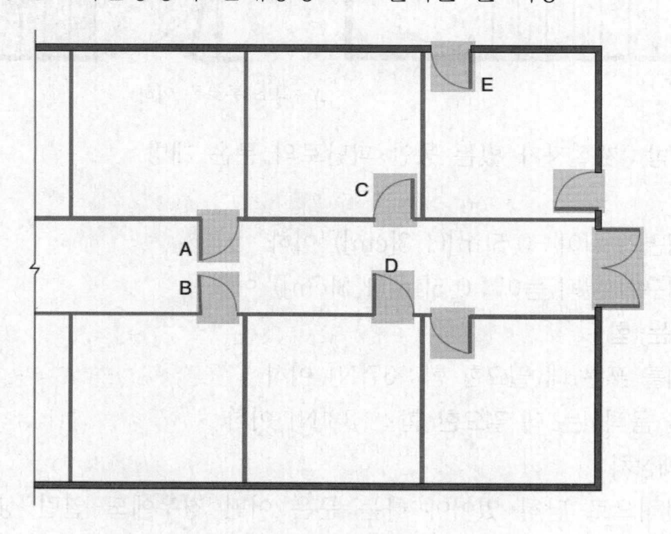

▌문의 개방방향22) ▌

22) Life Safety Code Handbook 2021 Chapter 7Means of Egress Exhibit 7.35

7) 문의 형태

① 피난로에 있는 모든 문은 한쪽을 경첩으로 고정한 것

② 피벗으로 고정한 여닫이문(특수 형태의 수평 미닫이문의 사용 인정 : 힘을 주면 피난방향으로 개방)이어야 한다.

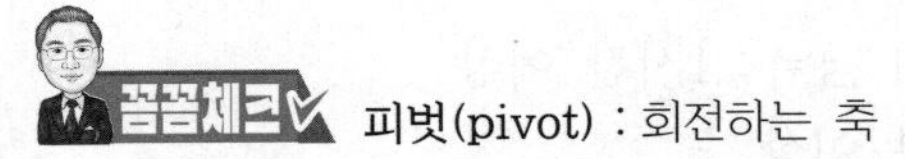

피벗(pivot) : 회전하는 축

③ 문은 설치 상태의 어느 위치에서든지 요구되는 최대 폭까지 완전히 열릴 수 있어야 한다.

④ 패닉 바

㉠ 크로스 바 또는 푸시 패드로 구성되며 작동 부분이 문짝 폭의 절반 이상 길이이어야 한다.

㉡ 높이 : 바닥면으로 부터 34[in](86.5[cm]) 이상, 48[in](122[cm]) 이하

㉢ 작동시키는 힘 : 수평력 67[N] 이하

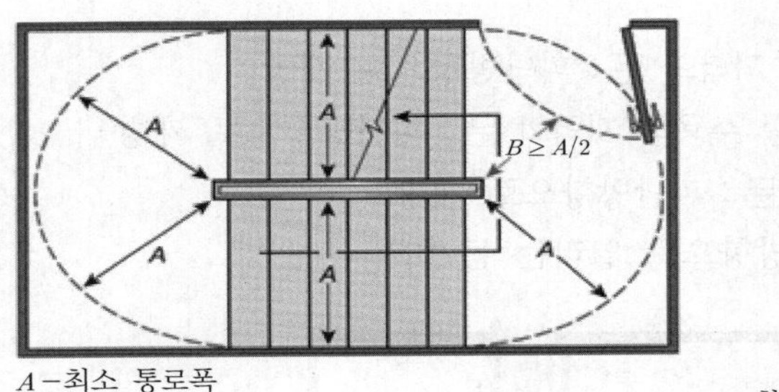

A–최소 통로폭
B–$\geq A/2$

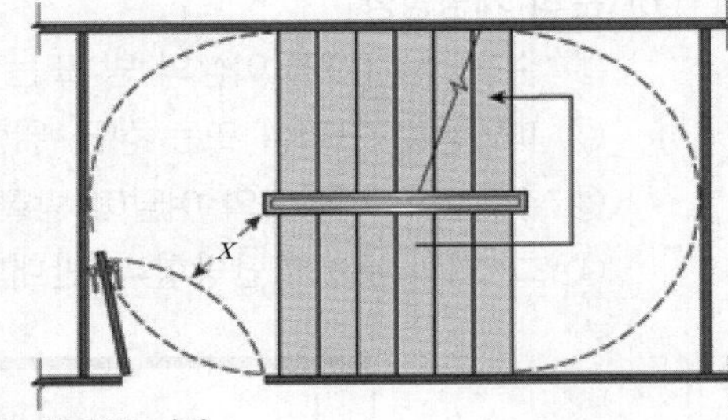

X–최소 통로폭 이하

8) 문의 개방 : 재실자가 있는 동안 피난로의 문은 개방

9) 문의 턱

① 수평면의 차이 : 0.5[in](1.3[cm]) 이하

② 출입구의 문턱 높이 : 0.5[in](1.3[cm]) 이하

10) 문을 여는 힘

① 걸쇠를 푸는 데 필요한 힘 : 67[N] 이하

② 문을 움직이는 데 필요한 힘 : 133[N] 이하

11) 자기폐쇄장치

① 일반적으로 닫혀 있어야 하는 문은 어떤 경우에도 열린 상태로 고정시켜서는 안 되며, 다음 기준을 만족시키는 자기폐쇄식 또는 자동폐쇄식 문이어야 한다.

② 개방유지장치를 해제시켰을 경우 : 문이 자기폐쇄될 것

③ 개방유지장치의 해제기능은 수동으로 문이 즉시 풀리도록 설계되어야 하고, 풀린 후에는 자기폐쇄되거나 또는 쉽게 닫을 수 있을 것

④ 개방유지장치의 전원이 차단되었을 경우 : 개방유지장치가 해제되어 문이 자기폐쇄될 것

⑤ 피난계단실의 모든 문 : 한 개의 연기감지기 작동에 의해서 해제되어 닫힐 것

12) 피난로의 수평 미닫이문

① 특별한 지식이나 노력 없이도 양쪽에서 문을 쉽게 열 수 있을 것

② 문을 열기 위해 필요한 힘 : 67[N] 이하

③ 문이 열리는 방향으로 문을 움직이는 데 필요한 힘 : 133[N] 이하

④ 문을 닫거나 필요한 최소 폭만큼 여는 데 필요한 힘 : 67[N] 이하

⑤ 문의 작동장치 인접 부분에 1,100[N]의 힘을 직각 방향으로 작용시킨 상태에서 222[N] 이하의 힘으로 문이 열릴 것(뒤에서 밀리는 상태에서도 문을 여는 힘)

⑥ 문은 연기감지기의 작동에 의해서 자기폐쇄 또는 자동폐쇄되어야 한다.

(8) 덕트

1) 2시간 내화성능을 요구하는 구획을 관통하는 덕트 : 방화댐퍼 설치

2) 2시간 미만의 경우 : 설치를 강제하는 규정은 없다.

(9) 덕트나 전선 등의 관통부의 충진

구획의 내화성능을 유지할 수 있는 재료로 밀폐되어야 한다.

(10) 피난통로 구획공간

건축물의 바깥쪽으로의 출구까지 연속적으로 방호되는 보행로이어야 한다.

(11) 5개 층 이상이 연결되어 있는 피난계단실의 문

자동화재탐지설비의 작동과 연동되는 자동식 해제장치 설치

1) 피난계단실에서 건축물 내부로 다시 진입할 수 있는 문

2) 재진입이 가능하도록 계단실의 모든 문

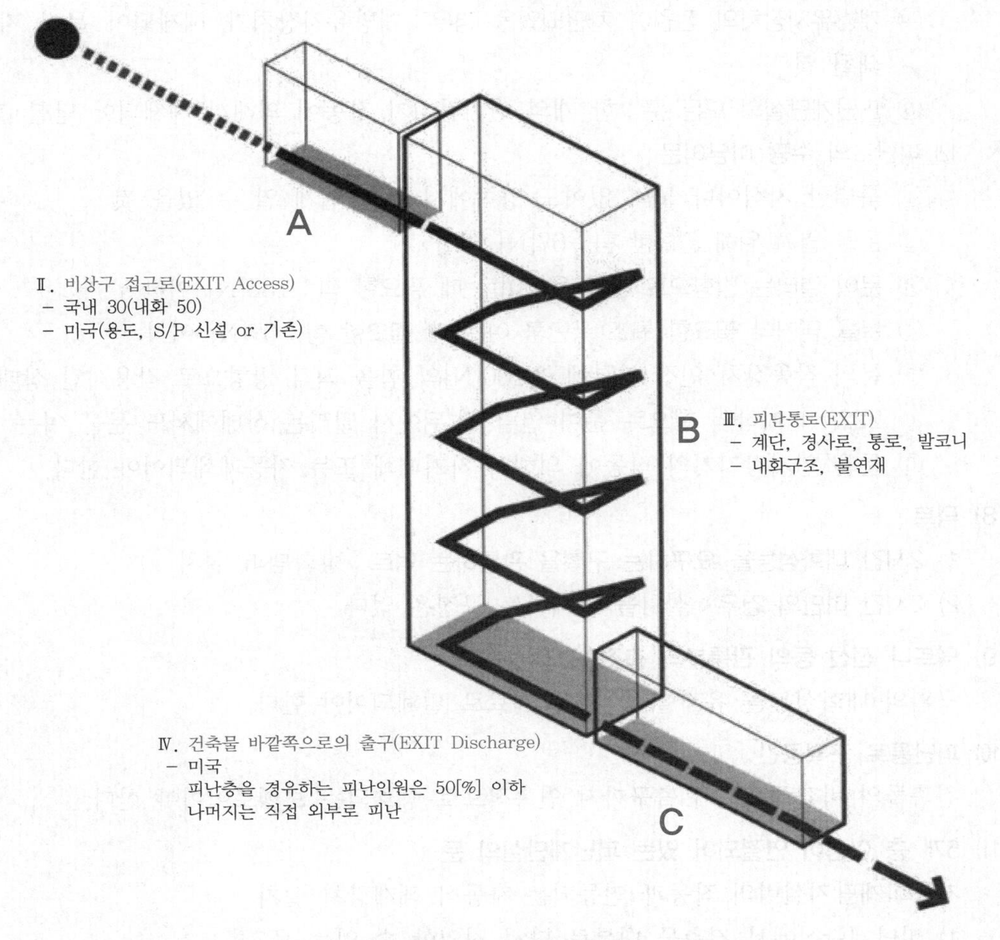

▌피난로(means of egress)▐

04 건축물 바깥쪽으로의 출구(exit discharge)

(1) 정의

1) 외부, 거리, 보도, 대피장소, 공공보도로 직접 접근할 수 있는 피난로

2) 피난통로의 끝부분에서 공공도로까지 연결되는 보행로(건물의 외부 또는 내부)

(2) 건물의 재실자가 실내에서 옥외로 나가는 층은 1층뿐이기 때문에 2층에는 건축물의 바깥쪽으로의 출구가 없다.

(3) 대상

1) 복도의 비상구 문에서 시작하여 공공도로까지 연속되는 외부 공간
2) 비상구 통로의 문에서 시작하여 공공도로까지 건물 옆을 따라 연속되는 옥외 보도
3) 2층 피난계단으로부터 1층 복도의 한 부분을 통하여 피난하는 내부 보행로

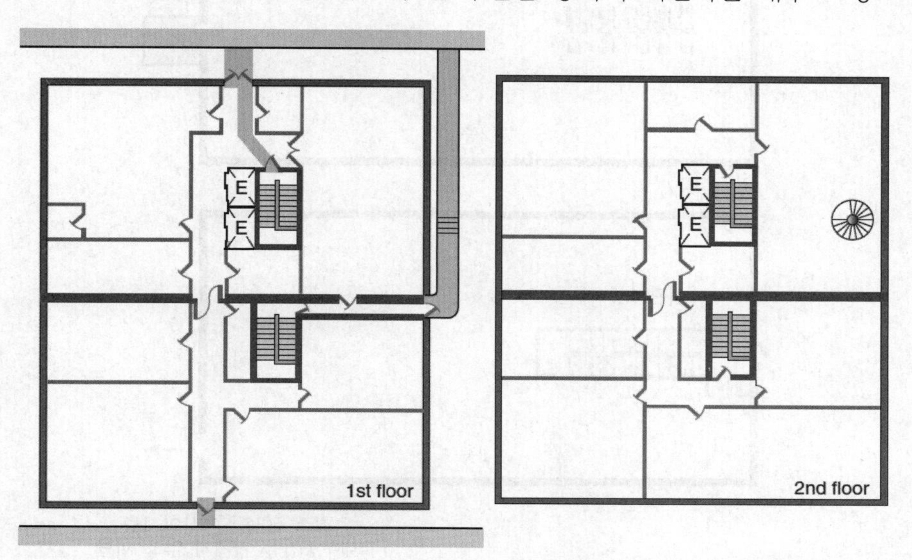

▌건축물 바깥쪽으로의 출구의 예[23](음영지역이 건축물의 바깥쪽으로의 출구)▐

(4) 위치에 따른 건축물의 바깥쪽으로의 출구와 피난통로를 찾기 위한 경로

1) 1층의 한 부분을 통과해야 하는 2층의 재실자 : 통과하는 1층 부분은 건축물의 바깥쪽으로의 출구
2) 1층 재실자가 동일한 공간을 통과할 경우는 1층 재실자 : 그 공간이 피난통로를 찾기 위한 경로

(5) 피난층(level of exit discharge)

1) 필요한 비상구 수의 50[%] 이상이 옥외 지표면으로 직접 탈출시키며, 그 층에 필요한 피난용량의 50[%] 이상이 옥외 지표면으로 직접 탈출할 수 있는 가장 낮은 층이다.
2) 어떤 층도 상기 '1)'의 조건을 충족시키지 못하는 경우 최소한의 높이차로 지표면으로 직접 나가는 하나 이상의 비상구가 있는 층이어야 한다.

(6) 피난통로로부터 지붕 또는 건축물의 다른 지역 또는 인접 건축물로 탈출을 허용한다.

1) 지붕구조의 내화성능이 피난통로의 내화성능 이상일 경우
2) 지붕으로부터의 안전한 피난로가 연속되는 경우

23) Life Safety Code Handbook 2021 Section 7.1 133P

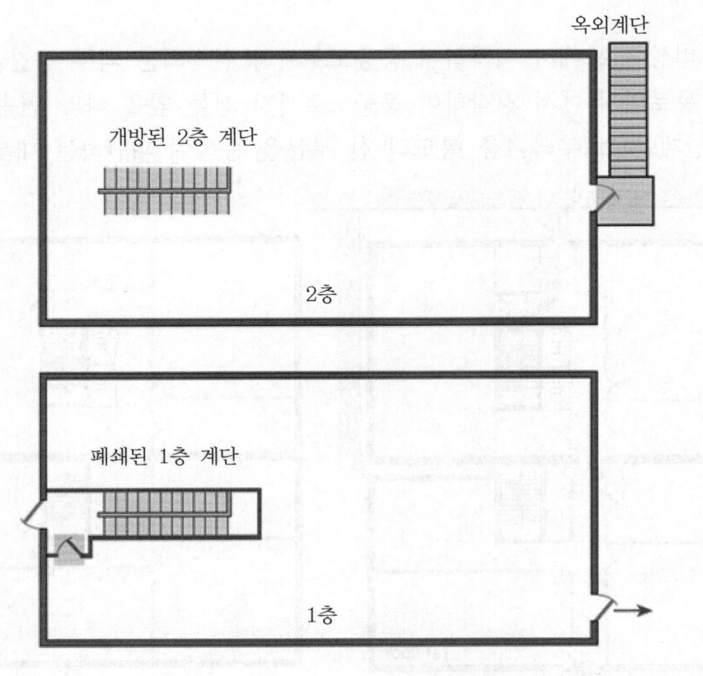

▌1층과 2층의 건축물 바깥쪽으로 출구▐

05 피난로(means of egress) NFPA 101

(1) 피난로의 폭

1) 피난로 구성요소에 필요한 폭보다 커야 한다.
2) 36[in](91[cm])보다 작아선 안 된다.
3) 피난로에 유일하게 연결된 비상구 접근로의 폭과 관련된 피난용량은 연결된 비상구의 피난용량보다 커야 한다.
4) 비상구에 연결되어 있는 비상구 접근로가 2개 이상인 경우 : 비상구 접근로의 폭은 각각의 수용하는 인원수에 적합한 폭이어야 한다.

(2) 피난로의 배치

1) 비상구의 위치와 비상구 접근로는 언제든지 쉽게 접근할 수 있도록 배치하여야 한다.
2) 비상구 접근 복도
   ① 점유자가 서로 다른 보행로를 통해 2개 이상의 비상구로 접근할 수 있도록 배치하여야 한다.
   ② 중간 거실을 통하지 않고 2개 이상의 비상구로 접근할 수 있어야 한다.

3) 피난통로의 배치

① 2개 이상의 피난통로를 설치한 경우 피난통로가 서로 멀리 떨어지도록 배치하여야 한다.

② 2개 이상의 피난통로가 화재나 그 밖의 비상사태에 의해 막힐 가능성을 최소화할 수 있도록 배치 및 설치한다.

4) 비상구의 배치

① 대각선의 법칙(NFPA 101의 7.5.1.1) : 2개의 비상구 또는 비상구 접근로 문이 있는 경우에는 문의 서로 가장 가까운 가장자리 사이의 직선거리는 최대 대각선 길이의 $\frac{1}{2}$ 이상 이격

② 3개 이상의 비상구 또는 비상구 접근로 문이 있는 경우

㉠ 문 중 최소한 2개는 최소 이격거리에 적합하도록 배치

㉡ 나머지 문은 하나가 막히면 또다른 문을 이용할 수 있도록 배치

③ 스프링클러설비가 설치된 건축물에 2개의 비상구 또는 비상구 접근로 문이 있는 경우 : 최대 대각선 길이의 $\frac{1}{3}$ 이상

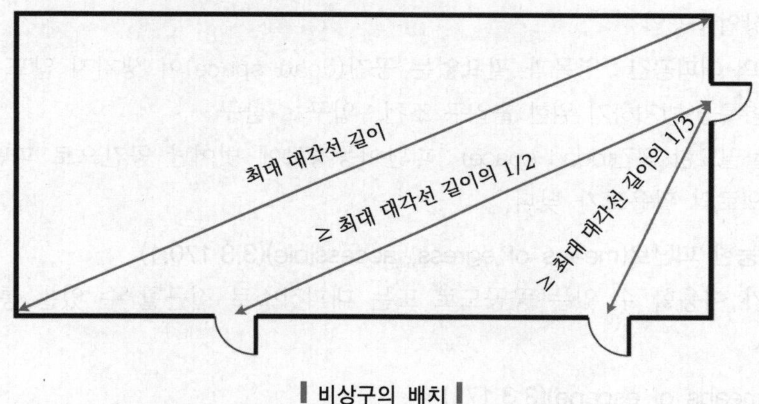

▌비상구의 배치▐

5) 피난용량

① 건축물 피난로의 총 피난용량은 수용인원을 처리하기에 충분해야 한다.

② 피난용량 결정 : 피난로의 폭

용량계수(capacity factor) × 수용인원 = 피난경로의 폭

③ 보행거리 제한 : 막다른 길(dead end), 공용 이동경로(common path), 피난통로(exit)까지의 보행거리(travel distance) 등은 길이에 제한을 받는다.

6) 피난로의 비상구

① 피난로의 문 : 유효폭이 최소 81[cm] 이상

② 양개문인 경우 : 1개 문의 유효폭은 최소 81[cm] 이상

③ 피난로에 있는 문의 개방 시 제한 : 문을 개방할 때 개방된 문에 의해 복도, 통로 또는 계단참의 피난에 필요한 폭의 $\frac{1}{2}$ 이상을 막지 않아야 한다.

④ 비상구는 계단참이 없는 계단으로 곧바로 열려서는 안 된다(계단의 폭을 제한하기 때문).

⑤ 계단참의 폭은 비상구의 폭과 최소한 같아야 한다.

⑥ 문과 유사한 형태의 구조물 : 문으로 오인될 수 있는 개구부는 가로대를 설치하여 피난자의 잘못된 접근을 막아야 한다.

7) 피난로에 거울 설치제한

① 피난통로 문에는 혼란을 줄 우려가 있어 거울을 설치할 수 없다.

② 피난통로 또는 인접한 곳에는 피난방향을 혼동하게 할 우려가 있으므로 거울을 설치해서는 안 된다.

8) 엘리베이터 승강장의 문 : 방화성능은 최소 1시간 이상

9) 에스컬레이터 및 이동식 보도(escalators and moving walks)

① 피난용량 계산 금지(피난로의 일부로 구성 금지)

② 다음의 기존 건물의 피난로 구성요소로 승인된 용도 : 집회, 호텔, 아파트, 업무, 상업, 공업

10) 계단의 대피공간 : 병목과 필요없는 공간(dead space)이 생기지 않도록 해야 한다.

① 병목을 방지하기 위한 출입구 조건 : 입구 ≤ 출구

② 불필요한 공간(dead space) : 피난이동경로에 벗어난 공간으로 피난 시 대피공간으로의 활용도가 낮다.

(3) 접근 가능한 피난로(means of egress, accessible)(3.3.170.1)

피난자가 이용할 수 있는 공공도로 또는 대피장소로 접근할 수 있는 통로를 제공하는 피난로

(4) 탈출로(means of escape)(3.3.171)

1) 피난로와 탈출로의 구분

① 피난로(means of egress) : 건축적인 것에 국한된다.

② 탈출로(means of escape) : 건축적인 것에 국한되지 않고 모든 수단, 즉 건축적인 것에다 설비적 수단까지 동원해서 안전하게 피난을 하는 통로의 일체를 말한다.

2) 일반적인 피난로보다는 좀 더 포괄적인 개념이다.

(5) 피난로의 조명

1) 조도 : 10.8[lx] 이상(예외 : 공연 중인 집회용도의 비상구 접근로 바닥의 조도 2.2[lx] 이상)

2) 한 개의 조명등에 고장이 발생했을 경우 : 조도가 2.2[lx] 이상

06 대피장소(area of refuge) NFPA 101

(1) 대피장소

1) 건물 내에 있는 층으로서, 스프링클러설비에 의해 철저하게 방호되고, 방연칸막이에 의해 다른 방이나 공간과 구획된 최소 2개의 접근 가능한 방이나 공간이다.

2) 동일 건물의 다른 공간과 구획하는 방법이나 위치상의 이점에 의해 화재로부터 방호되고, 그로 인해 어떤 층으로부터 피난의 지연이 허용되게 하고 공공도로로 가는 이동통로에 있는 공간이다.

(2) 대표적인 예

비상구로 들어와서 계단으로 내려가는 계단참

계단참(stair landing) : 계단을 오르내릴 때 기존 줄의 계단이 끝나고 다른 줄의 계단이 시작되는 곳까지 펼쳐져 있는 계단 중간에 있는 평평한 바닥 부분

(3) 접근성

1) 대피장소는 접근 가능한 피난로를 통하여 접근할 수 있어야 한다.

2) 대피장소로 들어올 때 통과했던 건축물의 공간을 다시 통과하지 않고 피난통로나 승강기를 이용하여 공공도로로 접근할 수 있어야 한다.

3) 대피장소로부터 공공도로로 피난하는 피난통로에 계단이 포함된 경우 : 계단참과 계단의 난간과 난간 사이 유효폭은 48[in](122[cm]) 이상

4) 승강기의 전원

① 대피장소와 화재에 의한 정전에 대하여 방호할 수 있어야 한다.

② 승강기는 특별피난계단의 기준을 만족시키는 승강로 내에 위치한다.

5) 방재센터와의 통신을 위한 양방향 통신설비를 설치한다.

6) 계단 구획실의 문 또는 승강기의 문과 계단구획실 문이나 승강기 문을 이용하는 대피장소에 표지판을 부착한다.

(4) 세부기준

1) 휠체어 공간

① 점유자 200명당 한 대의 휠체어 공간 30[in] × 48[in](76[cm] × 122[cm])을 확보하여야 한다.

② 휠체어 공간의 폭 : 36[in](91.5[cm]) 이상

2) 1,000[ft^2](93[m^2]) 이하의 대피장소 : 15분 이상 방호할 수 있어야 한다.

3) 휠체어 공간으로 접근할 때 2개 이상의 인접한 휠체어 공간을 통과해서는 안 된다.

4) 방화구획

① 내화성능 : 1시간 이상

② 방화구획 벽에 설치된 개구부 : 공기누설이 최소화되고, 차연되도록 방호한다.

③ 방화구획 벽의 문

㉠ 20분의 방화성능

㉡ 자기폐쇄 또는 자동폐쇄

④ 관통하는 덕트 : 방연댐퍼

5) 표지판 부착장소

① 대피장소

② 대피장소의 각 접근로로 연결되는 문

③ 접근 가능한 피난로로 연결되지 않는 모든 비상구

④ 대피장소 방향을 명확하게 표시할 필요가 있는 장소

6) 표지판 : 비상조명등

7) 대피장소로 통하는 모든 문 : 촉각 표지판 부착

(5) 국내의 경우 : 고층 건축물에 설치하는 피난안전구역

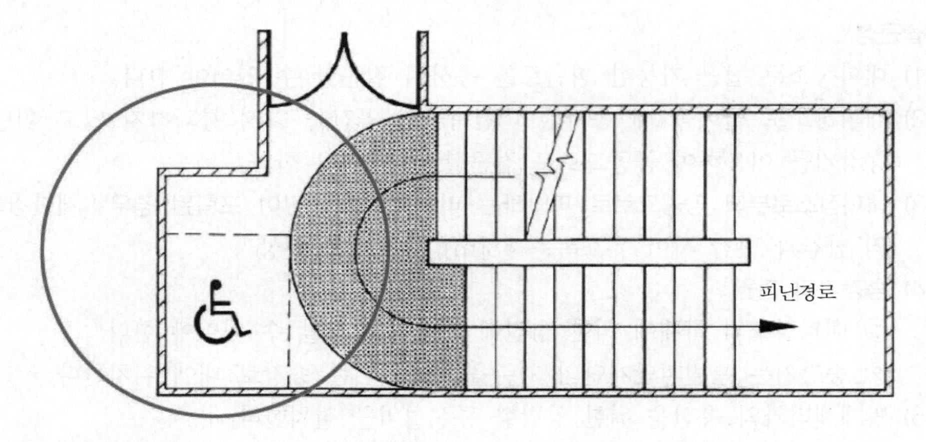

▎대피장소(area of refuge)▎

07 피난통로 복도(exit passageway)

(1) 정의

1) 비상시에 건물에서 화재의 영향을 받지 않고 외부 또는 안전지대로 안전하게 갈 수 있는 길

2) 보호된 계단을 최종 출구로 연결하는 보호된 피난통로(피난통로와 마찬가지의 안전도 제공)

(2) 설치목적

다층 건물 내 피난계단의 최소 50[%]는 직접 외부로 연결해야만 하는 요구사항을 만족시키는 위해 사용하는 것이다.

(3) 기능

1) 피난통로의 연장
2) 재실자와 비상구 사이의 보행거리단축 : 아래 그림에서 피난자가 E1까지만 도달하면 안전성이 확보되므로 보행거리를 단축(만약, 피난통로 복도가 없어면 E2까지 이동)할 수 있다.

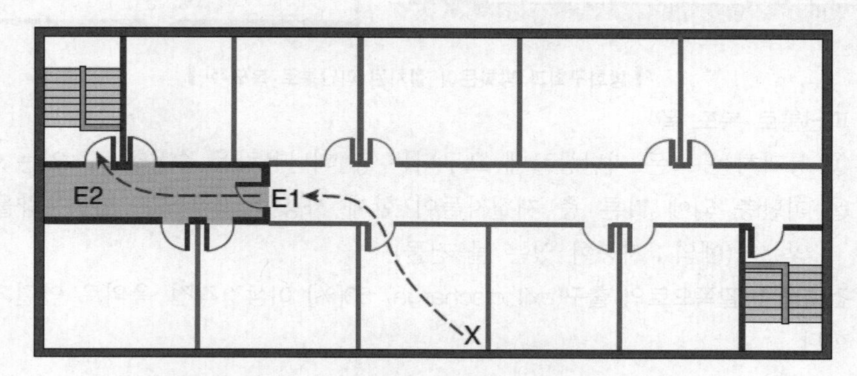

▌보행거리 초과를 방지하기 위해 사용하는 피난통로 복도[24) ▌

(4) 설치기준

1) 계단 탈출로(stair discharge)
   ① 계단 탈출로의 역할로 피난통로 복도의 내화성능과 개구부의 방화성능은 피난계단에 요구되는 성능 이상이어야 한다.
   ② 아래 그림에서 4층의 경우는 1시간 이상의 내화성능(4층의 재실자만 이용), 1층의 경우는 2시간 이상의 내화성능(전층의 재실자가 이용)이 요구된다.

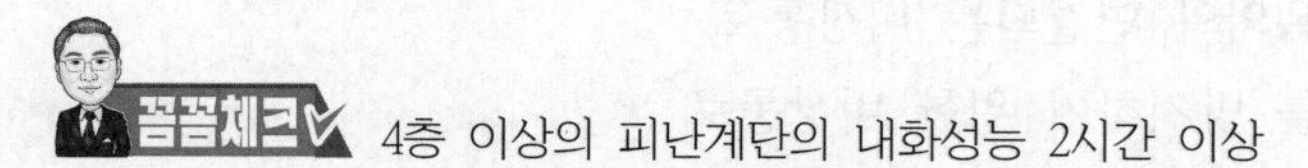

4층 이상의 피난계단의 내화성능 2시간 이상

   ③ 계단 탈출로를 관통하는 다른 구역의 덕트 : 설치금지(계단 탈출로에만 설치하는 덕트는 가능)

24) Life Safety Code Handbook 2021 Chapter 7 · Means of Egress Exhibit 7.236

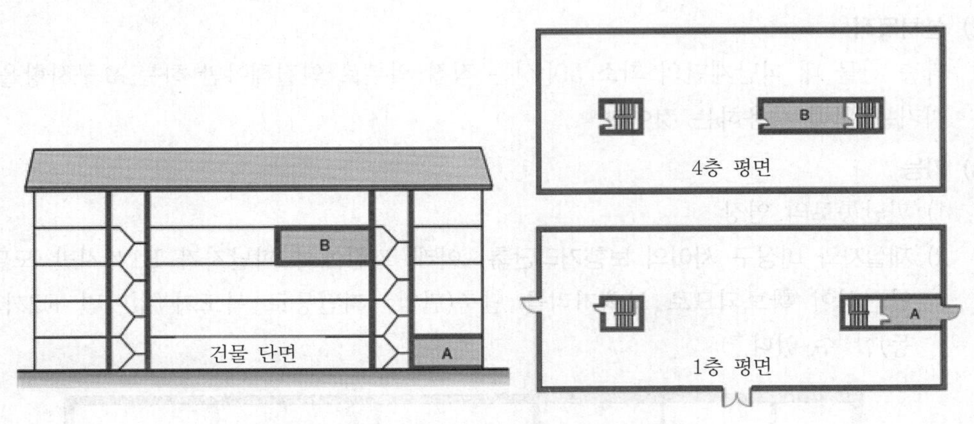

▍방화구획과 방화문이 설치된 피난통로 복도[25] ▍

2) 피난통로 복도 폭
   ① 통과하는 모든 피난통로에 요구되는 총 피난용량을 수용할 수 있는 폭
   ② 피난층 외에 다른 층 재실자들이 함께 사용할 경우에는 피난용량을 합산하지 않는다(예외 : 지붕이 있는 몰 건물).
3) 건축물 바깥쪽으로의 출구(exit discharge) 50[%] 이상 : 직접 옥외로 연결되도록 설치한다.

거실을 경유하면 위험에 노출될 수 있으므로 직접 옥외로 가는 경로를 최대한 확보하기 위함

4) 직접 옥외로 연결되지 않은 경우
   ① 방화구획
   ② 스프링클러 설치

(5) 종류
   1) 피난계단에서 건물 옥외와 연결되는 비상통로
   2) 보행거리 규정 초과를 방지하기 위한 비상통로
   3) 몰 등의 건물에서 다목적으로 사용되는 비상구 통로

25) Life Safety Code Handbook 2021 Chapter 7 · Means of EgressExhibit 7.237

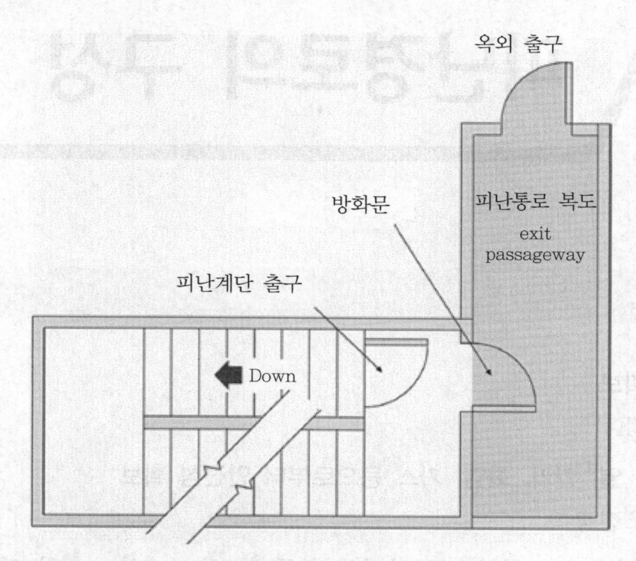

▌피난통로 복도(exit passageway)[26] : 피난계단을 건물 옥외로 연결시켜 주는 비상구통로▐

(6) 국내 건축법에는 없는 개념

1) 현행 법규에서는 1층 로비 부분의 안전을 위한 규정이 없다.
2) 실제적으로 1층의 로비가 화재안전에 취약할 수 있게 되면 피난 자체가 불가능하므로 이에 대한 대책이 필요하다.

26) 2018 IBC Exit SystemsInterior Exit Stairway Extension Section 1023.3.1

SECTION 019

피난경로의 구성

01 정의

(1) 피난안전성 확보

ASET > RSET

(2) 피난경로에서 열, 연기, 화염, 가스 등으로부터 안전성 확보

거주 가능 조건충족

(3) 안전구획의 차수가 증가할수록 안전성이 증대(1차 < 2차 < 3차 안전구획)되어야 한다.

02 1차 안전구획 복도

(1) 제연

1) 기계배연에 의한 연기배출

2) 거실에서 배출시 복도에서 급기(상호제연)

(2) 내장재

준불연재 이상

(3) 수직동선(계단 등)과 수평동선(복도, 통로)은 직접 면하지 않게 한다. 수직피난동선의 안전성을 확보하기 위해서 수직피난동선인 계단은 노대, 또는 부속실로 연결하여 안전성을 증대시키고 있다.

03 2차 안전구획 부속실

(1) 노대, 창이 있는 부속실, 배연설비 있는 부속실

(2) 특별피난계단 부속실

제연설비

(3) 내장재

준불연재 이상

04 3차 안전구획 피난계단

(1) 내화구조

(2) **내장재** : 준불연재 이상

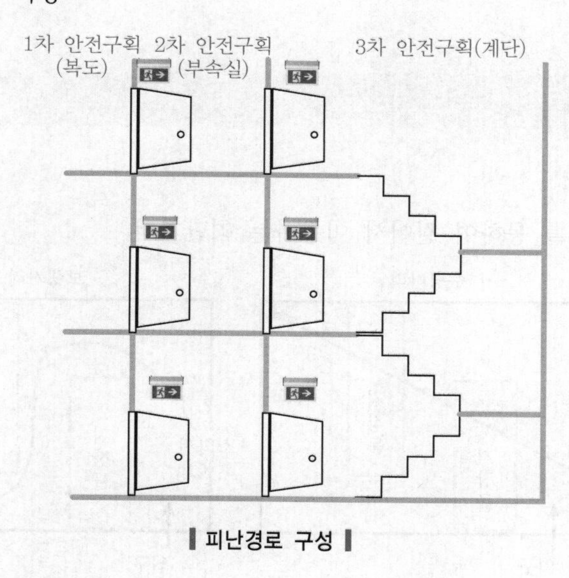

▌피난경로 구성▐

SECTION 020

보행거리

119회 출제

01 개요

(1) 정의

재실자가 통로를 통하여 걸어서 이동하는 최단거리

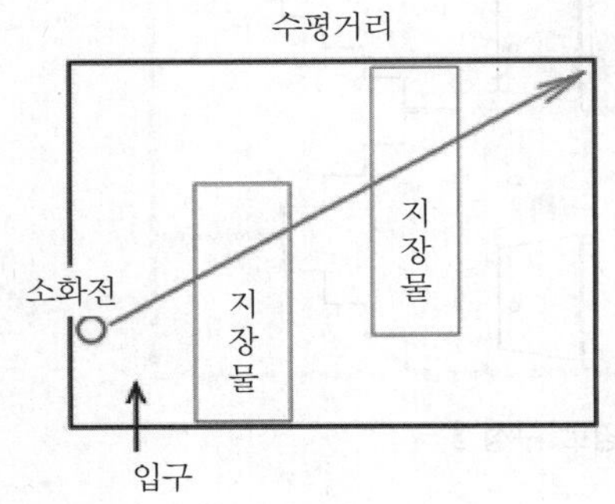

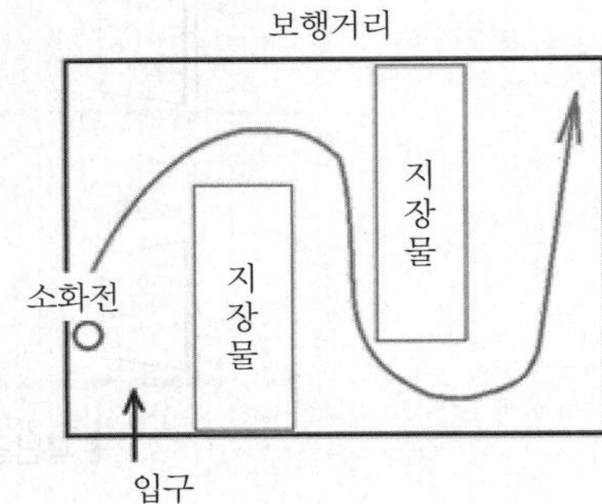

(2) 소방설비적 측면

설비를 작동시키거나 피난의 경로에서 걸어서 갈 수 있는 최단거리로 정량화가 기능하다.

02 NFPA 101

(1) 건물 내 점유자 위치에서 가장 가까운 비상구까지의 최단 허용보행거리를 규정하고 있다.

(2) 조건

용도별, 스프링클러 미설치 또는 스프링클러 설치 시, 위험의 크기, 신설인지 기존인지 여부 등

(3) 보행거리가 증가하면 피난이동시간도 증가한다.

예 피난이동시간 $t = \dfrac{L_x + L_y}{V} = \dfrac{60}{1.3} = 46[\text{sec}]$

여기서, L_x : 가로축의 거리

L_y : 세로축의 거리

V : 보행속도(1.3[m/sec])

(4) **보행거리 산정요소**

1) 건물 점유자의 수, 연령, 신체조건과 보행속도
2) 점유자가 피해 돌아가야 하는 장애물의 형태와 수
3) 구획실 내의 사람 수와 방 내부의 문으로부터 가장 먼 위치의 거리
4) 화재의 예상 확산속도 : 구조형태, 사용재료, 구획 정도 그리고 자동화재감지기와 소화설비 유무의 함수
5) 특정 용도에서의 가연성 물질의 양과 특성

03 국내 건축법

(1) **건축물의 피난시설 및 용도제한 등(「건축법」 제49조)**

1) 대통령령으로 정하는 용도 및 규모의 건축물과 그 대지에는 국토교통부령으로 정하는 바에 따라 복도, 계단, 출입구, 그 밖의 피난시설과 소화전(消火栓), 저수조(貯水槽), 그 밖의 소화설비 및 대지 안의 피난과 소화에 필요한 통로를 설치하여야 한다.
2) 대통령령으로 정하는 용도 및 규모의 건축물의 안전·위생 및 방화(防火) 등을 위하여 필요한 용도 및 구조의 제한, 방화구획(防火區劃), 화장실의 구조, 계단·출입구, 거실의 반자높이, 거실의 채광·환기와 바닥의 방습 등에 관하여 필요한 사항은 국토교통부령으로 정한다. 다만, 대규모 창고시설 등 대통령령으로 정하는 용도 및 규모의 건축물에 대해서는 방화구획 등 화재 안전에 필요한 사항을 국토교통부령으로 별도로 정할 수 있다.

(2) **직통계단의 설치(「건축법 시행령」 제34조)**

건축물의 피난층 외의 층에서는 피난층 또는 지상으로 통하는 직통계단까지의 보행거리

▌거실의 각 부분으로부터 직통계단까지의 보행거리▐

구분			보행거리
일반건축물의 피난층 이외의 층			30[m]
주요 구조부가 내화구조 또는 불연재료로 된 건축물	층수가 16층 이상인 공동주택 (16층 이상 오피스텔(건축기준 제3조))		40[m]
	일반건축물		50[m]
자동화 생산시설에 스프링클러 등 자동식 소화설비를 설치한 공장 (LCD, 반도체공장)		유인화 공장	75[m]
		무인화 공장	100[m]

피난층 : 직접 지상으로 통하는 출입구가 있는 층 및 피난안전구역

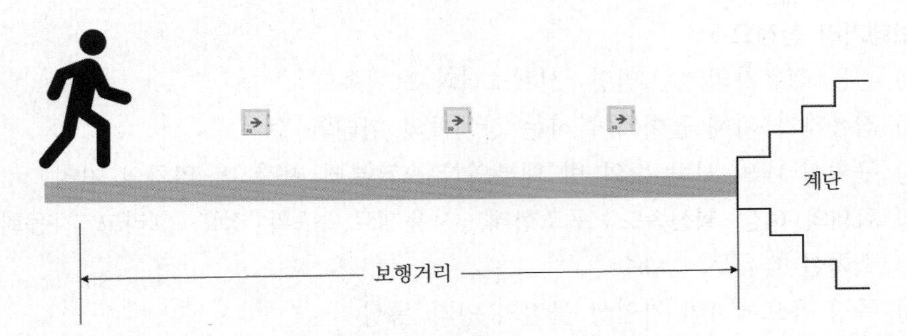

(3) **건축물 바깥쪽으로의 출구의 설치기준(「건축물의 피난 · 방화구조 등의 기준에 관한 규칙」 제 11조)**

건축물의 피난층 외의 층에서는 피난층 또는 지상으로 통하는 직통계단까지의 보행거리의 2배 이하

(4) **국내 법규의 문제점과 개선대책**

1) 보행거리를 획일적으로 규제한다. 외국의 사례와 같이 용도와 통로의 상황, 자동소화설비 설치 등에 따라 보다 세분화된 규정이 필요하다.

2) 막다른 길(dead end) : 국내에는 관련 규정이 없어서 이에 대한 정의와 규제 조항 신설이 필요하다.

3) 공용 이동경로(common path) : 국내에는 관련 규정이 없어서 이에 대한 정의와 규제 조항 신설이 필요하다.

04 측정방법(NFPA 101)

(1) 점유지점의 가장 먼 부분에서 시작

(2) 바닥 또는 기타 보행면에서 측정

(3) 자연보행로의 중심선을 따라 측정

(4) 모퉁이나 장애물은 1[ft](0.3[m])의 간격을 우회하여 측정

(5) 개방된 비상구 접근 경사로나 개방된 비상구 접근 계단의 디딤판 끝 부분의 평면에서 측정

(6) 피난통로가 시작되는 끝부분까지 측정

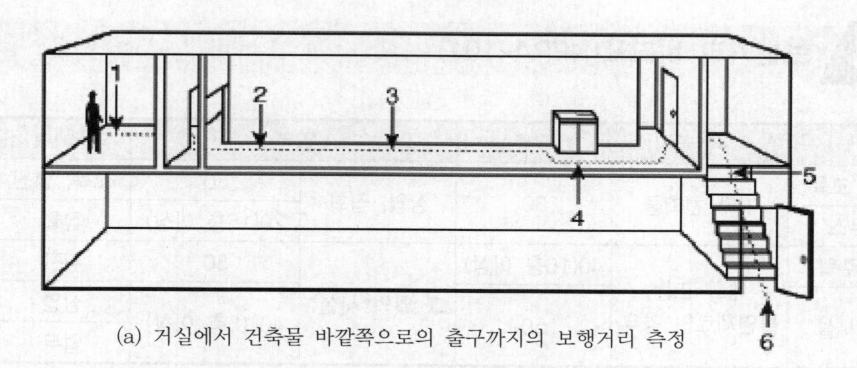

(a) 거실에서 건축물 바깥쪽으로의 출구까지의 보행거리 측정

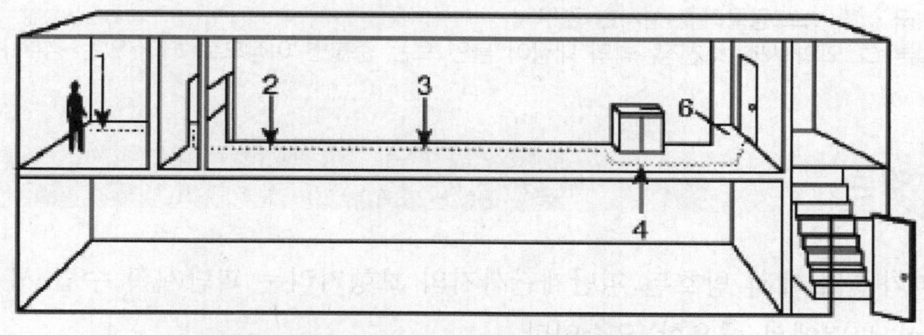

(b) 거실에서 전실까지의 보행거리 측정

▌비상구까지의 보행거리 측정▐

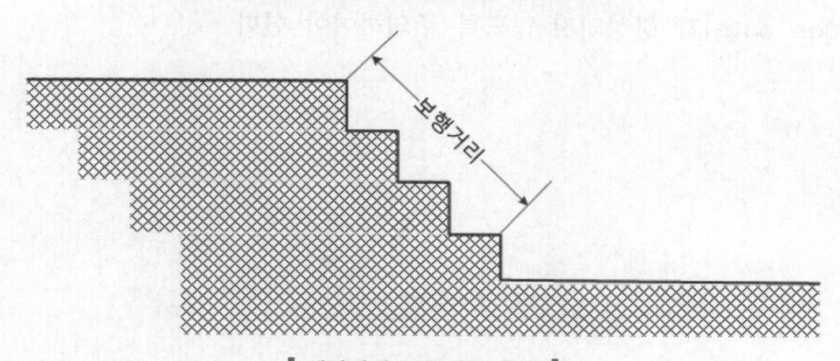

▌계단에서 보행거리 측정▐

일본의 경우는 보행거리를 대각선으로 측정하는 것이 원칙적으로 가능하다. 하지만 「건축 기준법 및 동 오사카부 조례 질의 응답집(제6판)」에 의하면 원칙적으로 가구 등을 고려하여 수직 · 수평으로 이동해야 한다고 되어 있고 「피난안전검증법(시간판정법)의 해설 및 계산 예와 그 해설」에서는 보행거리는 경사의 이동은 인정되지 않고, 수직 · 수평으로 이동하지 않으면 안 된다고 하고 있다.

05 보행거리 비교표(NFPA 101)

<table>
<tr><th colspan="3">한국</th><th colspan="2">일본</th><th colspan="2">미국(travel distance)</th></tr>
<tr><td>집회, 교육</td><td rowspan="2">기타 건축물</td><td rowspan="2">30</td><td rowspan="2">상업, 집회</td><td>30</td><td>교육, 병원</td><td>46(61)*</td></tr>
<tr><td>사무소</td><td>20(15층 이상)</td><td>집회</td><td>61(76)</td></tr>
<tr><td>공동주택</td><td rowspan="3">내화 또는 불연재료인 경우</td><td>40(16층 이상)</td><td rowspan="3">그 외의 시설*</td><td>50</td><td>APT</td><td>53(99)</td></tr>
<tr><td rowspan="2">의료시설</td><td rowspan="2">50</td><td rowspan="2">40(15층 이상)</td><td>상업</td><td>46(76)</td></tr>
<tr><td>업무</td><td>61(91)</td></tr>
</table>

[비고] 1. 미국 ( )* : 스프링클러를 설치한 경우
2. 일본 그 외의 시설* : 천장, 벽의 내장이 불연 또는 준불연 이상으로 되어 있는 경우 + 10[m]

06 결론

(1) 피난자가 거실에서 방호된 피난계단까지의 보행거리는 피난계획 수립 시 인명안전(life safety) 측면에서 중요한 요소이다.

(2) 고립지역 형태인 막다른 부분(dead end)이나 양방향 피난이 곤란한 공용 이용통로(common path)가 형성되지 않도록 주의하여야 한다.

SECTION 021

복도(passageway)

01 계단 · 복도 및 출입구의 설치(「건축법 시행령」 제48조)

(1) 「건축법」 제49조 제2항에 따라 연면적 200[m^2]를 초과하는 건축물에 설치하는 계단 및 복도는 국토교통부령으로 정하는 기준에 적합하여야 한다.

(2) 법 제49조 제2항에 따라 제39조 제1항 '건축물로부터 바깥쪽으로 나가는 출구'의 어느 하나에 해당하는 건축물의 출입구는 국토교통부령으로 정하는 기준에 적합하여야 한다.

02 복도의 너비 및 설치기준(「건축물의 피난 · 방화구조 등의 기준에 관한 규칙」 제15조의2)

(1) 영 제48조의 규정에 의하여 건축물에 설치하는 복도의 유효너비

구분	양옆에 거실인 복도	기타 복도
유치원, 초등학교, 중학교, 고등학교	2.4[m] 이상	1.8[m] 이상
공동주택, 오피스텔	1.8[m] 이상	1.2[m] 이상
해당 층 거실의 바닥면적 합계가 200[m^2] 이상인 경우	1.5[m] 이상(의료시설의 복도 1.8[m] 이상)	1.2[m] 이상

(2) 문화 및 집회시설(공연장 · 집회장 · 관람장 · 전시장), 종교시설 중 종교집회장, 노유자시설 중 아동 관련 시설 · 노인복지시설, 수련시설 중 생활권수련시설, 위락시설 중 유흥주점 및 장례시설의 관람실 또는 집회실과 접하는 복도의 유효너비는 위의 규정에도 불구하고 다음에서 정하는 너비로 하여야 한다.

해당 층 바닥면적 합계	복도의 유효너비
500[m^2] 미만	1.5[m] 이상
500 ~ 1,000[m^2] 미만	1.8[m] 이상
1,000[m^2] 이상	2.4[m] 이상

(3) 문화 및 집회시설 중 공연장에 설치하는 복도

▌공연장에 설치하는 복도의 설치기준▐

공연장의 바닥면적	관람실 구분	복도의 위치
300[m^2] 이상	개별 관람실	양쪽 및 뒤쪽
300[m^2] 미만	개별 관람실 2개소 이상	앞쪽과 뒤쪽

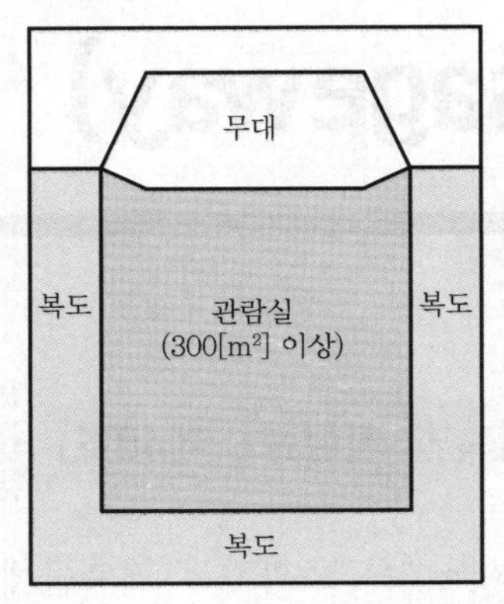

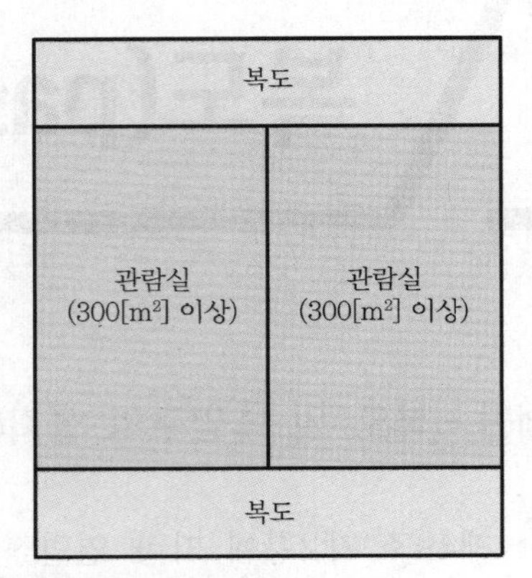

▌문화 및 집회시설 중 공연장에 설치하는 복도▐

03 대지 안의 피난 및 소화에 필요한 통로 설치(「건축법 시행령」 제41조)

(1) 건축물의 대지 안에는 그 건축물 바깥쪽으로 통하는 주된 출구와 지상으로 통하는 피난계단 및 특별피난계단으로부터 도로 또는 공지로 통하는 통로의 설치기준

1) 통로의 너비

① 단독주택 : 유효너비 0.9[m] 이상

② 바닥면적의 합계가 500[m²] 이상인 문화 및 집회시설, 종교시설, 의료시설, 위락시설 또는 장례시설 : 유효너비 3[m] 이상

③ 그 밖의 용도로 쓰는 건축물 : 유효너비 1.5[m] 이상

2) 필로티 내 통로의 길이가 2[m] 이상인 경우 : 피난 및 소화활동에 장애가 발생하지 아니하도록 자동차 진입억제용 말뚝 등 통로 보호시설을 설치하거나 통로에 단차(段差)를 둘 것

(2) 다중이용 건축물, 준다중이용 건축물 또는 층수가 11층 이상인 건축물이 건축되는 대지

1) 소방자동차의 접근이 가능한 통로를 설치

2) 예외 : 소방자동차의 접근이 가능한 도로 또는 공지에 직접 접하여 건축되는 경우로서 소방자동차가 도로 또는 공지에서 직접 소방활동이 가능한 경우

04 복도에 관한 기준 정리

(1) **특별피난계단의 계단실 및 부속실의 실내마감** : 불연재

(2) **복도나 일반계단의 실내마감** : 준불연재 이상

(3) 우리의 경우 건축법에서 (특별)피난계단 출입문만 피난방향으로 열리도록 규정하고 있다.

SECTION 022

공용 이용통로(common path)와 막다른 길(dead end)

01 공용 이용통로(common path)

(1) 정의

1) 공동 보행로

2) 거주자가 선택의 여지없이 한 방향으로만 가야하는 길

(2) 문제점

1) 양방향 피난이 되지 않는 길로 그 곳에 화재가 발생하면 피난이 곤란하다.

2) 피난지체나 병목현상의 원인이 된다.

3) RSET을 늘린다.

(3) 피난계획을 수립할 때 그 길이를 최소한으로 설치하는 것이 필요하다.

(4) NFPA 101

1) 보행거리 : 6.1 ~ 49[m]

2) 건축물의 용도, 위험정도(창고), 신설인지 기존의 것인지 여부, 스프링클러 설치 여부, 수용인원(50인)에 따라 제한한다.

3) 중요시설의 기준

(단위 : [m])

용도	Common path		Dead-end		Travel distance	
	S/P 무	S/P 유	S/P 무	S/P 유	S/P 무	S/P 유
집회	6.1(50인 초과) 23(50인 미만)	6.1(50인 초과) 23(50인 미만)	6.1	6.1	61	76
교육	23	30	6.1	15	45	61
병원	30	30	9.1	9.1	46	61
APT	10.7	15	10.7	15	23	38

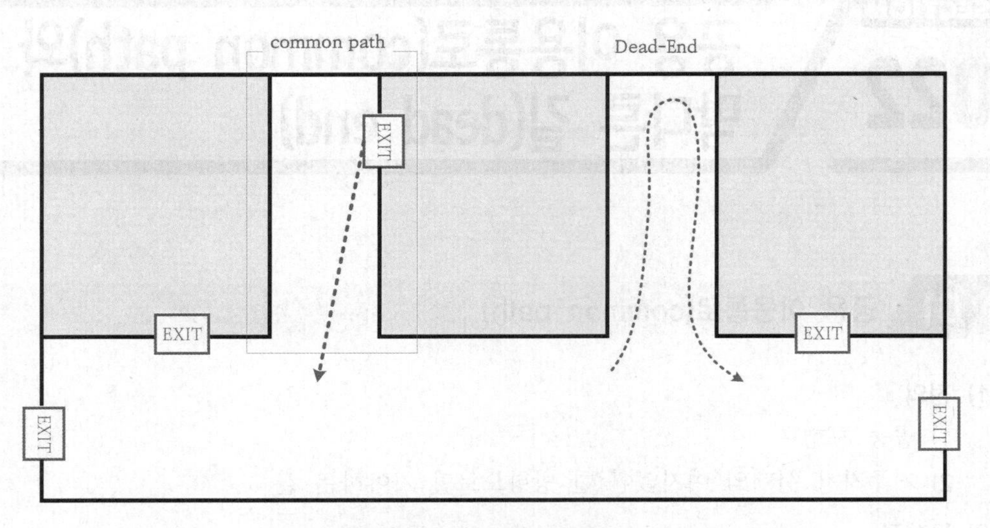

▌공용 이용통로와 막다른 부분의 예▐

02 막다른 길(dead-end)

(1) 정의

1) 막다른 복도

2) 출구나 연결된 피난로를 찾을 수 없어서 되돌아가야 하는 통로

(2) 문제점

1) 막다른 길(dead end)에서 출구까지는 한 방향의 이동만 가능하므로 이 경로에 화재가 발생하면 피난자는 갇히게 되는 포켓(pocket)이 된다.

2) 피난을 근본적으로 불가능하게 하여 수많은 인명피해를 유발한다.

(3) 피난설계를 함에 있어서는 가능한 한 막다른 길(dead end)을 만들지 않는 것이 필요하다.

(4) 관련 법 규정

1) 현재 국내법(소방법, 건축법)에는 막다른 복도에 관한 규정이 없다.

2) 문제점

① 막다른 복도는 화재 시 피난을 불가능하게 하는 중요한 요소임에도 이를 규제하는 법 규정이 전혀 없어, 보행거리에 관한 규정(「건축법 시행령」 제34조)을 따를 수밖에 없다.

② 10[m]를 넘는 긴 막다른 복도의 설치가 가능하여 피난 시 인명피해의 요인이 된다.

(5) 외국의 사례

1) 일본 : 10[m] 이내

2) 미국

① NFPA : 6.1 ~ 30[m] 이내

② IBC : 막다른 복도의 길이가 해당 복도 폭의 2.5배 이하인 경우 막다른 복도의 설치를 인정

03 막다른 길(dead end) 및 공용 이용통로(common path)의 활용

(1) 위험요소에 따른 정량화 데이터로 이용된다.

(2) 피난에 지장을 주는 저항을 최소화하는 것이 피난시간을 단축하는 방법이다.

04 결론

피난자가 거실에서부터 방호된 피난계단까지의 보행거리는 안전성이 확보된 장소로의 이동 과정으로 사실상 화재에 노출될 수 있으므로 피난계획 수립 시 인명안전 측면에서 중요한 요소이다. 따라서, 피난의 지체나 장애가 되는 막다른 길이나 공용 이용통로는 형성이 되지 않도록 하거나 불가피한 경우에는 최소한이 되도록 하여야 한다.

SECTION 023 계단(stairs)

01 계단 · 복도 및 출입구의 설치(「건축법 시행령」 제48조)

(1) 「건축법」 제49조 제2항에 따라 연면적 200[m^2]를 초과하는 건축물에 설치하는 계단 및 복도는 국토교통부령으로 정하는 기준에 적합하여야 한다.

(2) 법 제49조 제2항에 따라 제39조(건축물 바깥쪽으로의 출구 설치) 제1항 각 호에 해당하는 건축물의 출입구는 국토교통부령으로 정하는 기준에 적합하여야 한다.

02 계단의 설치기준(「건축물의 피난 · 방화구조 등의 기준에 관한 규칙」 제15조)

(1) 건축물에 설치하는 계단의 설치기준

▌계단의 설치기준▐

종류	대상	설치기준
계단참	높이가 3[m]를 넘는 계단	높이 3[m] 이내마다 너비 1.2[m] 이상의 계단참을 설치할 것
난간	높이가 1[m]를 넘는 계단 및 계단참	양옆에는 난간을 설치할 것
중간난간	너비가 3[m]를 넘는 계단	계단의 중간에 너비 3[m] 이내마다 난간을 설치할 것(예외 : 계단의 단높이가 15[cm] 이하이고, 계단의 단너비가 30[cm] 이상인 경우)
계단의 유효높이	계단	2.1[m] 이상으로 할 것

1. **계단 유효높이** : 계단의 바닥 마감면부터 상부 구조체의 하부 마감면까지의 연직방향의 높이
2. NFPA 101(2018)의 **난간** : 계단과 경사로의 양쪽에는 난간이 있어야 하고, 계단의 피난 폭의 모든 위치에서 30[in](75[cm]) 이내에 난간 설치

(2) 계단을 설치하는 경우 계단 및 계단참의 너비(옥내계단), 계단의 단 높이 및 단 너비의 치수의 기준

▌계단 각 부의 치수기준▐

<table>
<tr><th>구분</th><th>계단 및
계단참의 너비</th><th>단 높이</th><th>단 너비</th></tr>
<tr><td>초등학교의 계단</td><td>150[cm] 이상</td><td>16[cm] 이하</td><td>26[cm] 이상</td></tr>
<tr><td>중 · 고등학교의 계단</td><td>150[cm] 이상</td><td>18[cm] 이하</td><td>26[cm] 이상</td></tr>
<tr><td>문화 및 집회시설(공연장 · 집회장 및 관람장에 한함) · 판매시설 기타 이와 유사한 용도</td><td rowspan="3">120[cm] 이상</td><td rowspan="4" colspan="2">기준이 없음</td></tr>
<tr><td>거실의 바닥면적의 합계가 200[m²] 이상</td></tr>
<tr><td>거실의 바닥면적의 합계가 100[m²] 이상인 지하층</td></tr>
<tr><td>기타의 계단</td><td>60[cm] 이상</td></tr>
<tr><td colspan="4">「산업안전보건법」에 의한 작업장에 설치하는 계단인 경우에는 「산업안전기준에 관한 규칙」에서 정한 구조로 할 것</td></tr>
</table>

(3) 피난층 또는 지상으로 통하는 직통계단을 설치하는 경우 계단 및 계단참의 너비

1) 공동주택 : 120[cm] 이상

2) 공동주택이 아닌 건축물 : 150[cm] 이상

직통계단의 설치(「건축법 시행령」 제34조 제4항)

준초고층 건축물에는 피난층 또는 지상으로 통하는 직통계단과 직접 연결되는 피난안전구역을 해당 건축물 전체 층수의 2분의 1에 해당하는 층으로부터 상하 5개층 이내에 1개소 이상 설치하여야 한다. 단, 국토교통부령으로 정하는 기준에 따라 피난층 또는 지상으로 통하는 직통계단을 설치하는 경우에는 그러하지 아니하다.

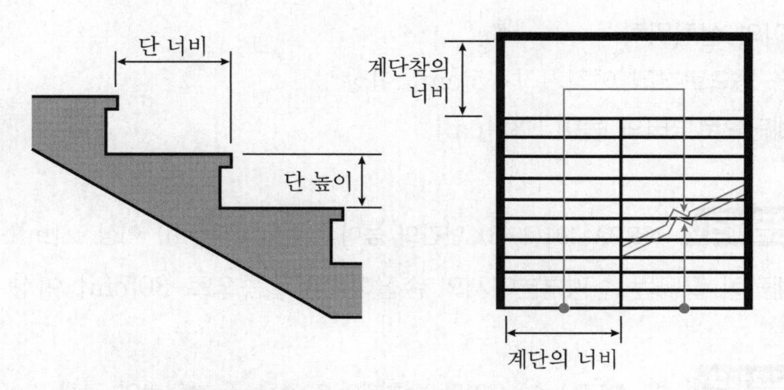

▌계단의 단 너비, 단 높이, 계단참▐

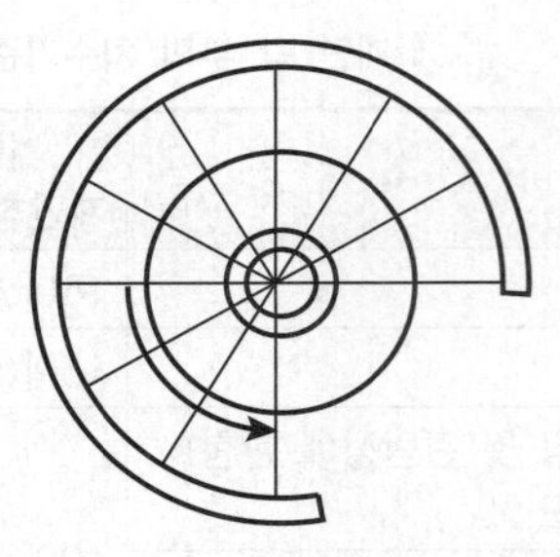

▍돌음계단▐

(4) 아동 및 노약자 등의 안전을 위한 설치

1) 대상 : 공동주택(기숙사 제외) · 제1종 근린생활시설 · 제2종 근린생활시설 · 문화 및 집회시설 · 종교시설 · 판매시설 · 운수시설 · 의료시설 · 노유자시설 · 업무시설 · 숙박시설 · 위락시설 또는 관광휴게시설의 용도

2) 안전을 위한 설치기준

① 건축물의 주계단 · 피난계단 또는 특별피난계단에 설치하는 난간 및 바닥 : 아동의 이용에 안전하고 노약자 및 신체장애인의 이용에 편리한 구조

② 양쪽에 벽 등이 있어 난간이 없는 경우 : 손잡이 설치

(5) 난간 · 벽 등의 손잡이의 설치기준

1) 크기 및 형태 : 최대 지름이 3.2[cm] 이상 3.8[cm] 이하인 원형 또는 타원형의 단면

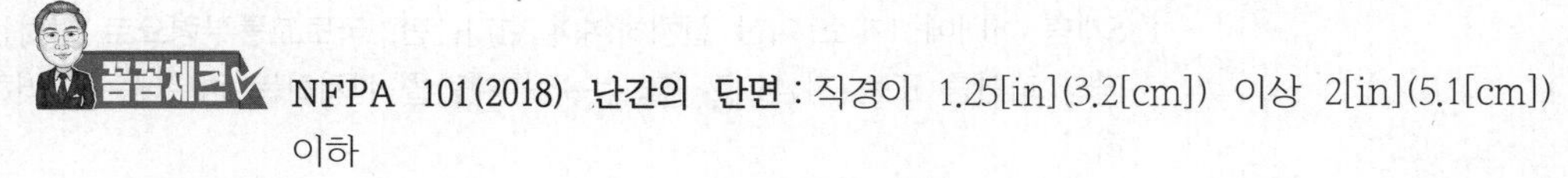

꼼꼼체크 **NFPA 101(2018) 난간의 단면** : 직경이 1.25[in](3.2[cm]) 이상 2[in](5.1[cm]) 이하

2) 손잡이의 설치위치

① 벽 등으로부터 이격거리 : 5[cm] 이상

② 계단으로부터의 높이 : 85[cm]

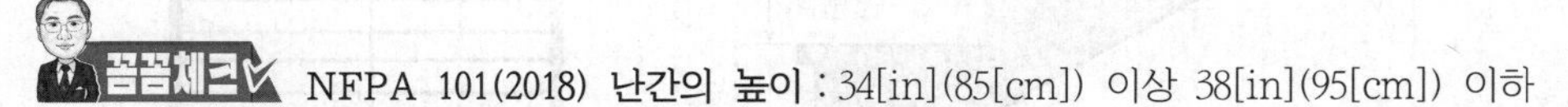

꼼꼼체크 **NFPA 101(2018) 난간의 높이** : 34[in](85[cm]) 이상 38[in](95[cm]) 이하

③ 계단이 끝나는 수평부분에서의 손잡이 : 바깥쪽으로 30[cm] 이상 돌출

1. NFPA 101(2018) 방호대와 난간은 각 계단층의 전체 길이에 걸쳐 연속되도록 설치한다.
2. NFPA 101(2018) 방호대와 난간 및 난간을 방호대 또는 벽에 부착시키는 설비는 옷이 걸릴 수 있는 어떤 돌출부도 없도록 설치한다.
3. **NFPA 101(2018) 방호대(guard)**

   ① 정의 : 계단과 발코니 및 그와 유사한 공간의 노출된 모서리에 설치된 수직 방호대

   ② 설치기준

㉠ 방호대의 높이 : 42[in](106.5[cm]) 이상
㉡ 방호대, 중간난간, 장식물은 높이 34[in](86.5[cm])까지 직경 4[in](10[cm])의 구형 물체가 개방 부분으로 통과할 수 없는 구조

(6) 계단을 대체하여 설치하는 경사로(ramp)의 설치기준

1) 최대 경사도 : 1 : 8 이하
2) 표면마감 : 표면을 거친 면으로 하거나 미끄러지지 아니하는 재료로 마감
3) 유효너비 : 「장애인 · 노인 · 임산부 등의 편의증진 보장에 관한 법률」이 정하는 기준에 적합하여야 한다.

1. 경사로(장애인 · 노인 · 임산부 등의 편의증진 보장에 관한 법률 시행규칙 [별표 1])

[1] 유효폭 및 활동공간
(1) 경사로의 유효폭은 1.2[m] 이상으로 하여야 한다. 단, 건축물을 증축 · 개축 · 재축 · 이전 · 대수선 또는 용도변경하는 경우로서 1.2[m] 이상의 유효폭을 확보하기 곤란한 때에는 0.9[m]까지 완화할 수 있다.
(2) 바닥면으로부터 높이 0.75[m] 이내마다 휴식을 할 수 있도록 수평면으로 된 참을 설치하여야 한다.
(3) 경사로의 시작과 끝, 굴절부분 및 참에는 1.5[m]×1.5[m] 이상의 활동공간을 확보하여야 한다. 다만, 경사로가 직선인 경우에 참의 활동공간의 폭은 위 (1)에 따른 경사로의 유효폭과 같게 할 수 있다.

[2] 기울기
(1) 경사로의 기울기는 12분의 1 이하로 하여야 한다.
(2) 다음의 요건을 모두 충족하는 경우에는 경사로의 기울기를 8분의 1까지 완화할 수 있다.
(가) 신축이 아닌 기존시설에 설치되는 경사로일 것
(나) 높이가 1[m] 이하인 경사로로서 시설의 구조 등의 이유로 기울기를 12분의 1 이하로 설치하기가 어려울 것
(다) 시설관리자 등으로부터 상시보조서비스가 제공될 것

[3] 손잡이
(1) 경사로의 길이가 1.8[m] 이상이거나 높이가 0.15[m] 이상인 경우에는 양측면에 손잡이를 연속하여 설치하여야 한다.
(2) 손잡이를 설치하는 경우에는 경사로의 시작과 끝부분에 수평손잡이를 0.3[m] 이상 연장하여 설치하여야 한다.
(3) 손잡이에 관한 기타 세부기준은 복도의 손잡이에 관한 규정을 적용한다.

[4] 재질과 마감
(1) 경사로의 바닥표면은 잘 미끄러지지 아니하는 재질로 평탄하게 마감하여야 한다.
(2) 양측면에는 휠체어의 바퀴가 경사로 밖으로 미끄러져 나가지 아니하도록 5[cm] 이상의 추락방지턱 또는 측벽을 설치할 수 있다.

(3) 휠체어의 벽면충돌에 따른 충격을 완화하기 위하여 벽에 매트를 부착할 수 있다.

[5] 기타 시설

건물과 연결된 경사로를 외부에 설치하는 경우 햇볕, 눈, 비 등을 가릴 수 있도록 지붕과 차양을 설치할 수 있다.

2. **대상시설(「장애인 · 노인 · 임산부 등의 편의증진 보장에 관한 법률」 제7조)**

① 공원
② 공공건물 및 공중이용시설
③ 공동주택
④ 통신시설
⑤ 그 밖에 장애인 등의 편의를 위하여 편의시설의 설치가 필요한 건물 · 시설 및 그 부대시설
⑥ 계단의 설치규정은 경사로의 설치기준에 관하여 이를 준용
⑦ 승강기 기계실용 계단, 망루용 계단 등 특수한 용도에만 쓰이는 계단에 대해서는 규정을 적용하지 아니한다.

03 NFPA 101(2021 경사로)

(1) 경사로의 치수기준

1) 돌출부분을 제외한 최소 너비 : 44[in](112[cm])
2) 최대 경사 : 1 : 12
3) 경사로참의 최대 경사 : 1 : 48
4) 하나의 경사로의 최대 상승 높이 : 30[in](76[cm])

(2) 경사로참

1) 설치위치
① 경사로의 상단 부분과 하단 부분
② 경사로로 열리는 문
2) 폭 : 경사로의 폭보다 작지 않아야 한다.
3) 길이 : 피난방향으로 60[in](152[cm]) 이상
4) 보행 방향의 변경은 경사로참에서만 이루어져야 한다.
5) 경사로와 중간의 경사로참은 피난방향으로 폭 감소 없이 연속되는 구조이어야 한다.

(3) 경사로와 경사로참의 급경사면

1) 사람들이 보행 중에 경사로 밖으로 추락하지 않도록 턱이나 벽, 난간, 돌출부 등을 설치한다.
2) 턱의 높이 : 4[in](10[cm]) 이상

(4) 방호대 및 난간

1) 경사로에 방호대를 설치한다.

2) 상승 높이가 6[in](15[cm])를 초과하는 경사로 : 양쪽에 난간을 설치한다.

3) 난간과 방호대의 높이 : 방호대나 난간이 만나는 보행면에서 그 상단까지의 수직 높이

(5) 피난로 상의 경사로는 계단과 같은 방화구획 또는 방호하여야 한다.

(6) 기타 규정

1) 옥외 경사로는 다음 기준에 적합한 경우 피난로의 일부분으로서 허용한다.

2) 시각적 방호

① 옥외 경사로는 고소공포증이 있는 사람들이 이용하는 데 장애가 없도록 설치한다.

② 지면에 36[ft](11[m]) 이상인 옥외 경사로에는 높이가 48[in](120[cm]) 이상인 불투명한 시각 장애물을 설치한다.

3) 옥외 경사로와 경사로참은 표면에 물이 고이지 않도록 설계 및 유지 · 관리하여야 한다.

SECTION 024 피난, 특별피난계단

123 · 116 · 114 · 110 · 108 · 91 · 88 · 84회 출제

01 개요

(1) 피난계단의 설계 시 방연 · 방화대책을 철저히 하고, 피난자의 특성이나 층의 용도에 따른 보행속도, 군중 유동 피난 심리면에서 피난 유동에 혼란이 생기지 않도록 해야 한다.

(2) 피난계단은 피난을 위한 1차적 수단이자 가장 안전하고 대량의 인원을 대피시킬 수 있는 수단이다. 피난계단 수와 폭이 넓어 피난용량이 클수록 RSET이 줄어들 것이고 이로 인해 ASET과의 격차가 커져서 피난안전성을 확보할 수 있는 것이다.

(3) 특별피난계단은 피난계단의 안전성에 제연설비가 보강된 계단으로 피난 및 소화활동에도 이용할 수 있는 계단이다.

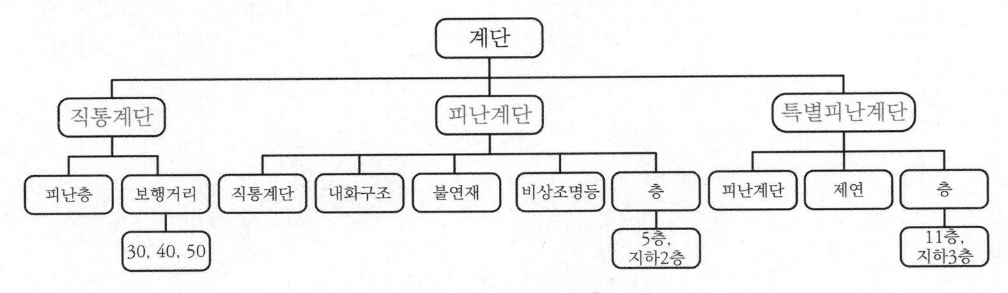

▌계단의 중요내용▐

02 검토사항

(1) 방연대책

개구부의 기밀성 확보, 부속실을 설치하여야 한다.

(2) 계단 내 피난자의 유동

1) 계단실 입구폭과 계단 유효폭 및 계단참 폭의 관계

2) 계단참의 구조 등

(3) 구조

출입구 이외의 개구부 금지, 계단의 환승

(4) 계단의 간격

03 직통계단

(1) 정의

피난층 이외의 모든 층으로부터 실내를 경유하지 않고 계단을 이용하여 피난층 또는 지상에 도달할 수 있는 계단

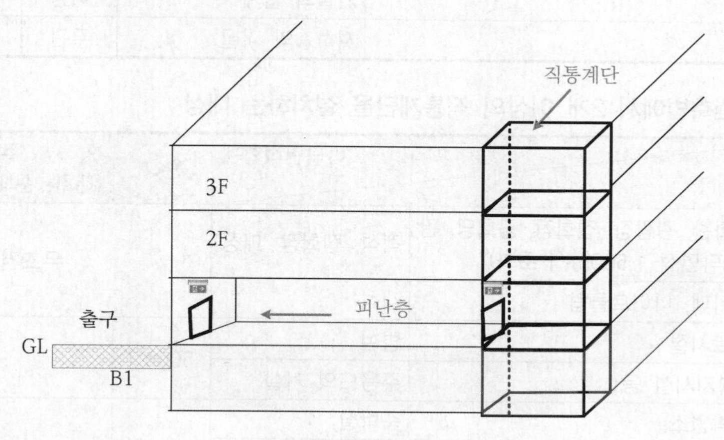

▌피난층과 직통계단 ▌

(2) 2개 이상의 직통계단을 설치해야 하는 경우(건축법 시행령 제34조)

피난층 외의 층의 용도	바닥면적 기준	층 기준	규모(바닥면적 합계)
1. 문화 및 집회시설 (전시장, 동 · 식물원 제외) 2. 종교시설 3. 위락시설 중 주점영업 4. 장례시설	층의 해당용도로 쓰이는 거실의 합계	무관	200[m²] 이상
1. 단독주택 중 다중주택 · 다가구주택 2. 제1종 근린생활시설 중 정신과의원(입원실) 3. 제2종 근린생활시설 중 1) 학원 · 독서실 2) 판매시설 3) 운수시설(여객용만 해당) 4) 의료시설(입원실이 없는 치과병원 제외) 4. 교육연구시설 중 학원 5. 노유자시설 중 1) 아동 관련 시설 2) 노인복지시설 3) 장애인 거주시설 4) 장애인 의료재활시설 6. 수련시설 중 1) 유스호스텔 2) 숙박시설	층의 해당용도로 쓰이는 거실의 합계	3층 이상	

피난층 외의 층의 용도	바닥면적 기준	층 기준	규모(바닥면적 합계)
1. 공동주택(층당 4세대 이하 제외) 2. 업무시설 중 오피스텔의 용도 3. 제2종 근린생활시설 중 공연장 · 종교집회장	층의 해당용도로 쓰이는 거실의 합계	무관	300[m^2] 이상
상기 표에 해당하지 않는 용도	층의 해당용도로 쓰이는 거실의 합계	3층 이상	400[m^2] 이상
지하층	지하층의 거실	무관	200[m^2] 이상

(3) 일본의 건축법에서 2개 이상의 직통계단을 설치하는 대상

<table>
<tr><th colspan="3">용도 \ 바닥면적합계</th><th>원칙</th><th>주요 구조부
(내화, 준내화구조, 불연재료)</th></tr>
<tr><td colspan="2">극장, 영화관, 관람장, 집회장, 공회당, 판매시설(바닥면적 1,500[m^2] 초과)</td><td>객석, 집회장, 매장</td><td colspan="2" rowspan="2">무조건 설치</td></tr>
<tr><td colspan="2">카바레, 카페, 나이트클럽</td><td>객석</td></tr>
<tr><td colspan="2">병원, 의료시설</td><td>병실</td><td rowspan="2">50[m^2]</td><td rowspan="2">100[m^2]</td></tr>
<tr><td colspan="2">노유자 복지시설 등</td><td>주용도의 거실</td></tr>
<tr><td colspan="2">호텔, 숙박업소</td><td>숙박실</td><td rowspan="3">100[m^2]</td><td rowspan="3">200[m^2]</td></tr>
<tr><td colspan="2">공동주택</td><td>거실</td></tr>
<tr><td colspan="2">기숙사</td><td>침실</td></tr>
<tr><td rowspan="3">기타 용도</td><td>6층 이상</td><td>거실</td><td colspan="2">무조건 설치</td></tr>
<tr><td rowspan="2">5층 이하</td><td>기타 층의 거실</td><td>100[m^2]</td><td>200[m^2]</td></tr>
<tr><td>피난층의 위층 거실</td><td>200[m^2]</td><td>400[m^2]</td></tr>
</table>

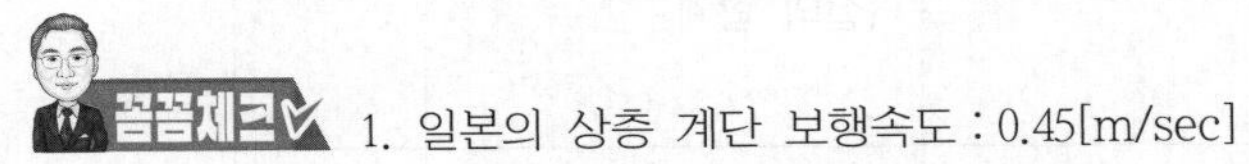

1. 일본의 상층 계단 보행속도 : 0.45[m/sec]
2. 일본의 하층 계단 보행속도 : 0.6[m/sec]

(4) 미국의 피난로 요구사항

구분	2 이상의 피난로를 요구하는 주요 규정	단일 피난로를 허용하는 주요 규정
수용인원수에 따른 규정	1. 500명 이하 2개소 2. 500명 초과 1,000명 이하 3개소 3. 1,000명 초과 4개소	–

	구분	2 이상의 피난로를 요구하는 주요 규정	단일 피난로를 허용하는 주요 규정
용도에 따른 규정	교육시설	각 거실에서 출구를 2개 이상 설치 : 조건 수용인원 50명 이상 또는 면적 93[m²] 이상	–
	의료시설	각 거실에서 출구를 2 이상 설치 1. 환자침실 또는 환자침실이 포함된 병실 거실면적 > 93[m²] 2. 환자침실이 아닌 방이나 룸의 거실면적 > 230[m²]	–
	숙박시설	각 거실에서 출구를 2 이상 설치 : 객실, 객실 스위트의 거실면적 > 185[m²]	숙박 · 공동주택 : 스프링클러설비로 방호되고, 각 층에 4개 이하의 객실 또는 객실 스위트(suite room)가 있는 4층 이하
	집회시설	–	수용인원 50명 이하의 발코니가 설치
	업무시설	–	수용인수 100명 미만으로 외부로 직접 통하는 피난통로가 있고, 피난통로 내 보행을 포함한 옥외까지의 보행거리가 30[m] 이하, 계단의 고저차 4.5[m] 이내
	기타	–	3층 이하로서 각 층의 수용인수가 30인 이하, 옥외까지의 보행거리가 30[m] 이하

스위트 룸(suite room) : 욕실이 딸려 있는 방

(5) 한국과 미국의 적용기준 비교

1) 국내의 피난경로의 수는 용도를 부분적으로 적용하고 건물의 규모(층수, 바닥면적)를 기준으로 하고 있으며, 미국의 경우는 사용용도, 면적, 스프링클러 설치, 수용인원을 기준으로 규정하고 있다.

2) 국내에서도 효과적인 피난안전을 위해서는 건축물의 피난경로의 수를 산정할 경우 수용인원과 피난용량을 고려하여야 할 필요가 있다.

구분	한국	미국
설치기준	용도, 바닥면적 기준	수용인원 기준
설치범위	2 이상의 직통계단 설치기준(바닥면적[m²])	≤ 500명 : 2
	3층 이상 바닥면적 > 400[m²]	
	문화, 집회 바닥면적 > 200[m²]	≤ 1,000명 : 3
	3층 이상 판매, 영업, 의료, 숙박 바닥면적 > 200[m²]	
	지하층 바닥면적 > 200[m²]	> 1,000명 : 4
	공동주택, 기숙사, 오피스텔 바닥면적 > 300[m²]	

(6) 직통계단의 출입구(「건축물의 피난 · 방화구조 등의 기준에 관한 규칙」 제8조)

1) 가장 멀리 위치한 직통계단 2개소의 출입구 간의 가장 가까운 직선거리

① 건축물 평면의 최대 대각선 거리의 2분의 1 이상

② 예외 : 스프링클러 또는 그 밖에 이와 비슷한 자동식 소화설비를 설치한 경우에는 3분의 1 이상

2) 각 직통계단 간에는 각각 거실과 연결된 복도 등 통로를 설치

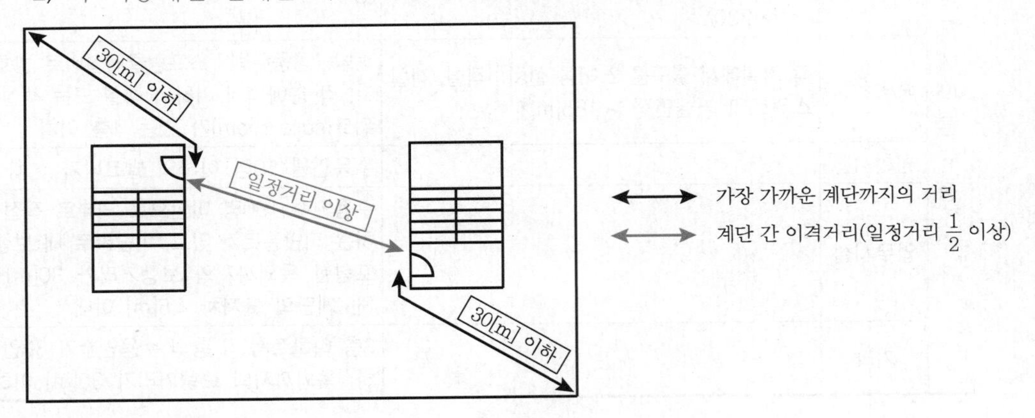

(7) NFPA 101(2018)

1) 피난로의 구성요소로서 허용되는 곡선형 계단

① 디딤판의 좁은 쪽으로부터 12[in](30.5[cm]) 지점의 너비가 11[in](28[cm]) 이상

② 최소 곡선반경 : 계단폭의 2배 이상

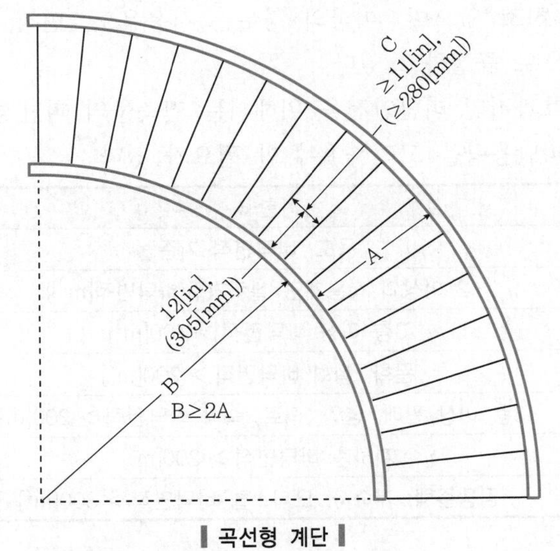

▌곡선형 계단▐

2) 피난로의 구성요소로서 허용되는 나선형 계단

① 단높이 : 7[in](18[cm]) 이하

② 피난용량에 제공하는 계단폭의 단 너비 : 11[in](28[cm]) 이상

③ 계단의 외측에는 난간을 설치하는 폭 10.5[in](26.5[cm])를 추가(피난용량 산정에서 제외)

④ 적합한 난간을 나선형 계단 양쪽에 설치

⑤ 내측 난간 : 단 너비가 11[in](28[cm]) 이상인 점에서 수평으로 24[in](61[cm]) 되는 위치에 설치

⑥ 계단의 회전 방향은 계단의 외측 난간이 내려가는 사람의 오른쪽에 위치되도록 배열할 것

⑦ 다음 기준을 만족시키는 수용인원 3명 이하가 사용하는 나선형 계단

㉠ 계단의 유효폭 : 26[in](66[cm]) 이상

㉡ 단 높이 : 9.5[in](24[cm]) 이하

㉢ 높이 : 78[in](198[cm]) 이상

㉣ 디딤판의 좁은 쪽 끝에서 12[in](30.5[cm]) 위치의 너비는 7.5[in](19[cm]) 이상

㉤ 모든 디딤판은 동일할 것

㉥ 계단의 양쪽에 난간 설치

3) 피난로의 구성요소로서 허용되는 돌음단

① 디딤판 너비 : 6[in](15[cm]) 이상

② 폭이 가장 좁은 끝부분에서 12[in](30.5[cm]) 위치의 디딤판 너비는 11[in](28[cm]) 이상

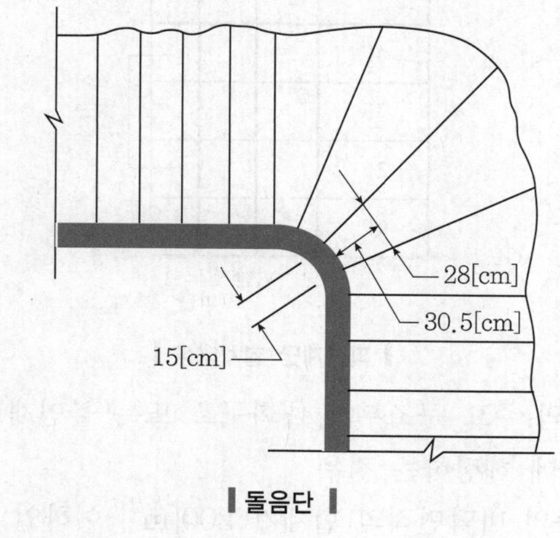

▌돌음단▐

04 피난계단

(1) 정의

직통계단에 방화 및 배연시설에 대한 기준을 강화한 것

(2) 종류

1) 옥내피난계단

2) 비상구 통로계단

(3) 피난계단의 설치(「건축법 시행령」 제35조)

1) 설치대상

<table>
<tr><th>구분기준</th><th colspan="2">대상</th><th>설치기준</th></tr>
<tr><td rowspan="2">층</td><td>지상층</td><td>5층 이상</td><td rowspan="3">피난계단 또는 특별피난계단</td></tr>
<tr><td>지하층</td><td>지하 2층 이하인 층</td></tr>
<tr><td>지하층</td><td colspan="2">1,000[m²] 이상</td></tr>
<tr><td>용도</td><td colspan="2">문화 및 집회시설 중 전시장 또는 동 · 식물원, 판매시설, 운수시설(여객용 시설만 해당), 운동시설, 위락시설, 관광휴게시설(다중이 이용하는 시설만 해당) 또는 수련시설 중 생활권 수련시설의 용도로 쓰는 층 : 5층 이상으로서 2,000[m²] 이상인 경우 2,000[m²]마다 1개 이상마다 1개소 이상 설치</td><td>4층 이하의 층에는 쓰지 아니하는 피난계단 또는 특별피난계단</td></tr>
</table>

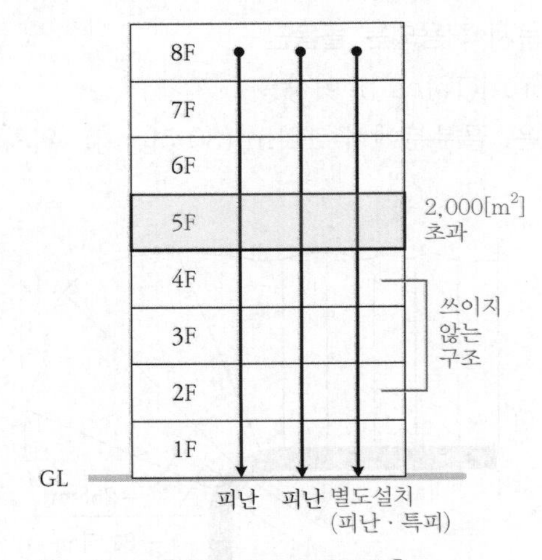

▌피난계단 설치대상▐

2) 면제기준 : 건축물의 주요 구조부가 내화구조 또는 불연재료로 되어 있는 경우로서, 아래의 어느 하나에 해당하는 경우

① 5층 이상인 층의 바닥면적의 합계가 200[m²] 이하인 경우

② 5층 이상인 층의 바닥면적 200[m²] 이내마다 방화구획이 되어 있는 경우

(4) 피난계단의 설치기준

용도 \ 구분	바닥면적 합계[m^2]	지하 3층 이하	지하 2층 이하	1, 2층	3, 4층	5 ~ 10층	11 ~ 15층	16층 이상
공연장(문화 · 집회), 주점영업(위락)	300	–	–	–	○			
종교집회장, 집회장	1,000	–	–	–				
공동주택(갓복도식 제외)	400	★	–	–	–	–	–	★
모든 용도의 건축물							★	
문화 및 집회시설 중 전시장, 동 · 식물원	2,000	–	–	–	–	☆ or ★ (2,000[m^2]마다 설치) (판매시설은 직통계단 중 1개소 이상을 특별피난계단으로 설치)		
판매시설								
관광휴게시설(다중이 이용하는 시설만)								
운동시설								
위락시설								
운수시설(여객용 시설에만 해당)								
수련시설(생활권수련시설)								
지하층	1,000	☆or★	☆or★	–	–		–	
그 외 모든 건축물	–	★	☆	–	–	☆	★	

[비고] ○ : 비상구 통로계단
★ : 특별피난계단
☆ : 피난계단
☆ or ★ : 피난계단 또는 특별피난계단

(5) 피난계단 및 특별피난계단의 구조(「건축물의 피난 · 방화구조 등의 기준에 관한 규칙」 제9조)

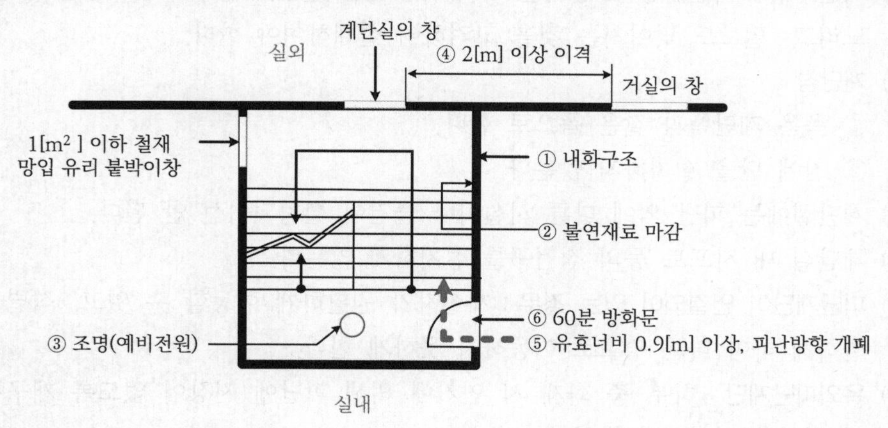

<table>
<tr><th colspan="2">구분</th><th>피난계단의 구조</th></tr>
<tr><td colspan="2">계단실 구획</td><td>내화구조의 벽으로 구획할 것</td></tr>
<tr><td colspan="2">계단실 마감</td><td>불연재료(실내에 접하는 부분의 마감)</td></tr>
<tr><td colspan="2">계단실의 조명설비</td><td>예비전원에 의한 조명설비</td></tr>
<tr><td colspan="2">외부창문 등</td><td>다른 부분 창문과 2[m] 이상 이격(붙박이창으로서 면적 1[m^2] 이하 제외)</td></tr>
<tr><td rowspan="4">출입구</td><td>문 너비</td><td>유효너비 0.9[m] 이상</td></tr>
<tr><td>개방방향</td><td>피난방향</td></tr>
<tr><td>문구조</td><td>60+ 또는 60분 방화문
• 언제나 닫힌 상태 유지
• 자동으로 닫히는 구조(연기, 불꽃 등에 의해 가장 신속하게 감지(부득이한 경우 열에 의한 감지)</td></tr>
<tr><td>옥상</td><td>피난방향으로 열리는 구조
피난 시 이용에 장애가 없어야 한다.</td></tr>
<tr><td colspan="2">내부창문</td><td>망이 들어 있는 유리 붙박이창으로서 면적 1[m^2] 이하</td></tr>
<tr><td colspan="2">계단연결</td><td>피난층 또는 지상층까지 직접 연결</td></tr>
<tr><td colspan="2">계단구조</td><td>• 내화구조
• 돌음계단 설치 불가
• 옥상으로 통하도록 설치(옥상광장 설치한 경우)</td></tr>
</table>

(6) 피난계단 설치 시 주의사항

1) 연기감지기 연동 방화문의 경우 : 감지기 감도가 낮으면 엷은 연기가 계단실로 유입될 수가 있으므로 높은 감도의 감지기를 설치하여야 한다.
2) 계단 내의 피난유동에 장애를 고려하여 계단 부분에서의 피난유동은 수평부분보다 느리고, 밀도도 낮아지는 것을 고려하여 설계하여야 한다.
3) 계단참
   ① 폭은 계단폭과 같은 폭으로 한다.
   ② 참에 단을 설치하지 않는다.
4) 계단실에는 피난 외에 다른 시설이나 물건이 설치되어선 안 된다.
5) 계단실 내 샤프트 등의 점검구를 설치하지 않는다.
6) 피난계단이 연결되어 있는 경우 : 재실자가 원활하게 이동할 수 있고, 식별표시를 확실하게 하여 다른 경로로 이동하지 못하게 한다.
7) 옥외피난계단 : 하부 층 화재 시 연기에 의해 피난에 지장이 없도록 개구부와 계단의 위치를 이격시켜야 한다.

05 특별피난계단

(1) 정의

직통계단으로 피난계단보다 더욱 더 안전을 강화하기 위해 부속실이나 노대가 딸린 계단

(2) 설치대상(「건축법 시행령」 제35조(피난계단의 설치))

기준	대상		비고
층	지상층	11층 이상(공동주택 16층)	제외 : 바닥면적이 400[m^2] 미만인 층
	지하층	3층 이하인 층	
용도	판매시설		1개 이상 특별피난계단

(3) 피난계단 및 특별피난계단 설치대상 비교

구분	대상층	바닥면적	직통계단의 구조	
			피난계단	특별피난계단
일반 용도	지하 2층	–	가능	가능
	지하 3층 이하의 층	400[m^2] 미만의 층	가능	가능
		400[m^2] 이상의 층	불가	가능
	지상 5층 이상의 층	–	가능	가능
	지상 11층 이상의 층	400[m^2] 미만의 층	가능	가능
		400[m^2] 이상의 층	불가	가능
공동주택 (갓복도 제외)	15층 이하의 층	–	가능	가능
	16층 이상의 층	400[m^2] 미만의 층	가능	가능
		400[m^2] 이상의 층	불가	가능

(4) 피난계단 및 특별피난계단의 구조(「건축물의 피난 · 방화구조 등의 기준에 관한 규칙」 제9조)

123회 출제

구분	설치기준
건축물 내부와 계단실의 연결	노대를 통하여 연결
	외부를 향하여 열 수 있는 면적 1[m^2] 이상인 창문(바닥으로부터 1[m] 이상의 높이에 설치한 것에 한한다)
	배연설비가 있는 면적 3[m^2] 이상인 부속실을 통하여 연결
계단실, 노대 또는 부속실에 면하는 창문 등(출입구 제외)	망이 들어 있는 유리의 붙박이창으로서 그 면적을 각각 1[m^2] 이하로 할 것
노대 및 부속실	계단실 외의 건축물의 내부와 접하는 창문 등(출입구를 제외)을 설치하지 아니할 것

구분	설치기준
건축물의 내부에서 노대 또는 부속실로 통하는 출입구	60+, 60분 방화문 설치
노대 또는 부속실로부터 계단실로 통하는 출입구	60+, 60분 방화문 또는 30분 방화문 설치
계단의 구조	• 내화구조로 하되, 피난층 또는 지상까지 직접 연결되도록 할 것 • 돌음계단 금지
출입구의 유효폭	유효너비는 0.9[m] 이상으로 하고 피난의 방향으로 열 수 있을 것

1) 노대를 통하여 연결

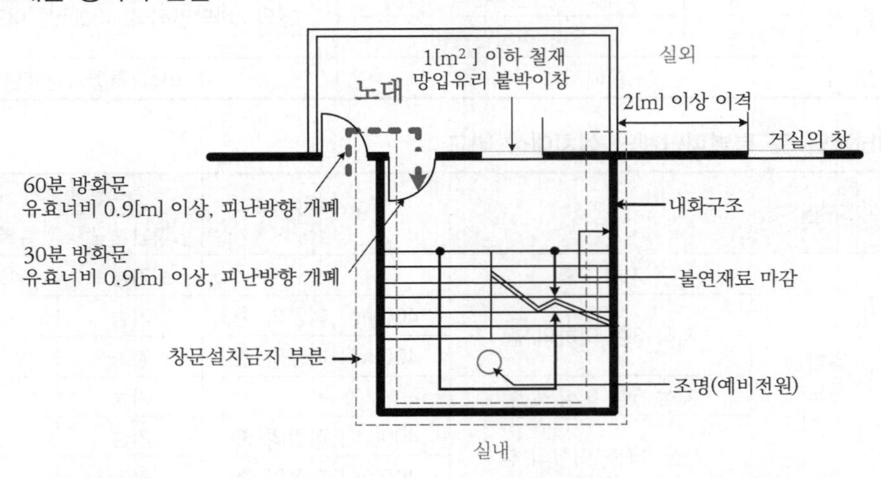

2) 외부를 향하여 열 수 있는 면적 1[m^2] 이상인 창문(바닥으로부터 1[m] 이상의 높이에 설치한 것에 한함)

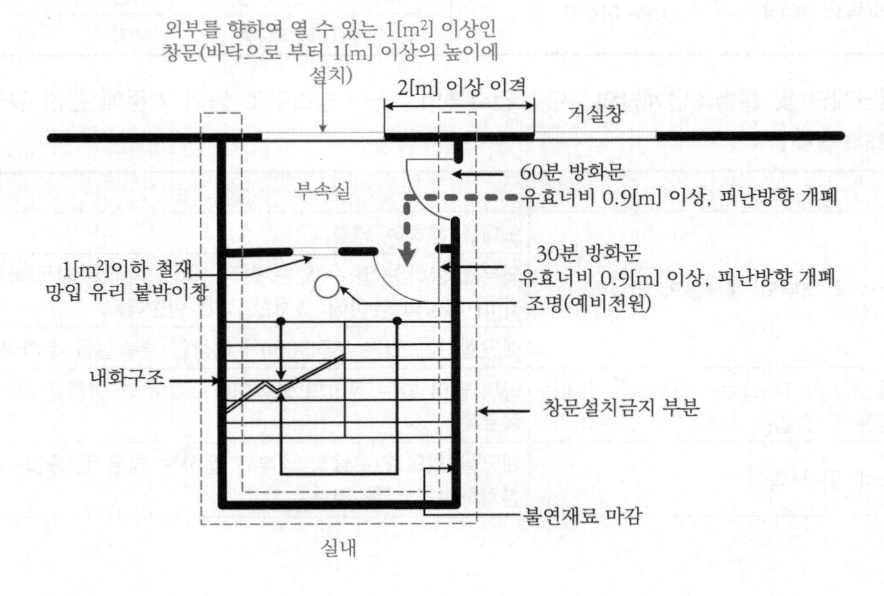

3) 배연설비가 있는 면적 3[m²] 이상인 부속실을 통하여 연결

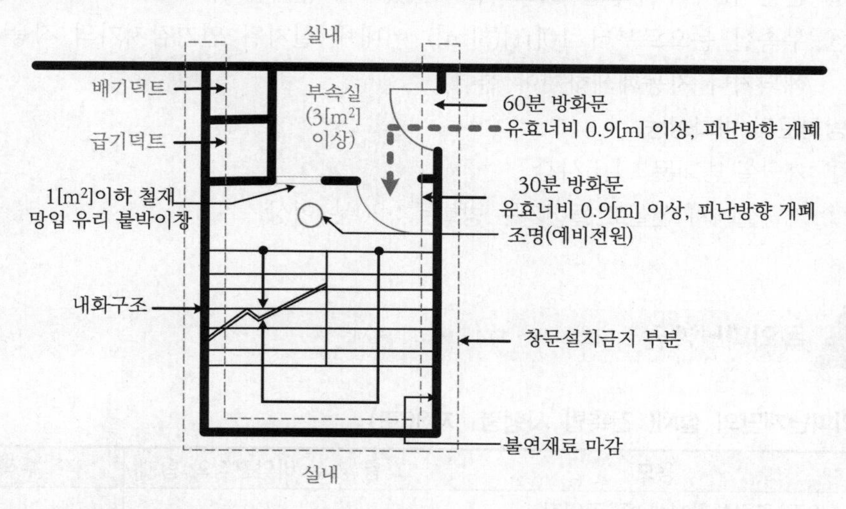

(5) 배연설비(건축물의 설비기준 등에 관한 규칙 제14조) 123회 출제

구분	내용
설치대상	① 특별피난계단
	② 비상용 승강기의 승강장
재질	배연구 및 배연풍도는 불연재료로 할 것
크기	화재가 발생한 경우 원활하게 배연시킬 수 있는 규모
구조	외기 또는 평상시에 사용하지 아니하는 굴뚝에 연결할 것
개방장치	배연구에 설치하는 수동개방장치 또는 자동개방장치(열감지기 또는 연기감지기에 의한 것을 말함)는 손으로도 열고 닫을 수 있도록 할 것
배연구	평상시에는 닫힌 상태를 유지하고, 연 경우에는 배연에 의한 기류로 인하여 닫히지 아니하도록 할 것
배연기 설치	배연구가 외기에 접하지 아니하는 경우에는 배연기를 설치할 것
배연기 구조	배연구의 열림에 따라 자동적으로 작동하고, 충분한 공기배출 또는 가압능력이 있을 것
배연기 예비전원	예비전원을 설치할 것
소방 관계 법령	공기유입방식을 급기가압방식 또는 급·배기방식으로 하는 경우에는 소방 관계 법령의 규정에 적합하게 할 것

(6) NFPA 101(2018)

1) 방연계단실

① 내화성능 2시간의 벽으로 구획한다.

② 방연계단실을 통해 옥외로 피난(피난층의 로비를 거치는 것은 제한)한다.

2) 부속실

① 내화성능 2시간인 방호구역 내부에 위치하여야 한다.

② 문은 공기의 누설을 최소화할 수 있도록 설계한다.

③ 부속실 문으로부터 10[ft](3[m]) 이내에 설치된 연기감지기의 작동 때문에 폐쇄되거나 자동폐쇄하여야 한다.

3) 방화문의 방화성능

① 계단실 방화문 : 1.5시간

② 계단실에서 전실로 들어가는 방화문 : 20분 이상

06 옥외피난계단 123 · 116 · 114 · 105회 출제

(1) 옥외피난계단의 설치(「건축법 시행령」 제36조)

용도	그 층 거실 바닥면적의 합계	수직기준
① 제2종 근린생활시설 중 공연장 ② 문화 및 집회시설 중 공연장 ③ 위락시설 중 주점영업의 용도로 쓰는 층	300[m^2] 이상	피난층을 제외한 건축물의 3층 이상 층
문화 및 집회 시설 중 집회장	1,000[m^2]	

(2) 건축물의 바깥쪽에 설치하는 피난계단의 구조(「건축물의 피난 · 방화구조 등의 기준에 관한 규칙」 제9조)

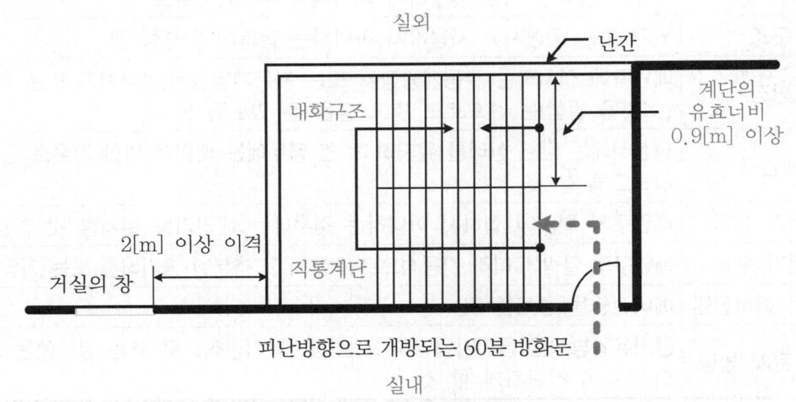

▌건축물의 바깥쪽에 설치하는 피난계단의 구조 ▌

구분	건축물의 바깥쪽에 설치하는 피난계단의 구조
외부창문 등	다른 부분 창문과 2[m] 이상 이격(망이 들어 있는 붙박이창으로서 면적 1[m^2] 이하 제외)
출입구	60+, 60분 방화문
계단의 유효너비	0.9[m] 이상
계단구조	내화구조로 하고, 지상까지 직접 연결되도록 할 것

(3) 옥외피난계단에 관한 NFPA 101의 특수규정

1) 옥외피난계단은 요구되는 피난로의 구성요소가 되어서는 안 된다.

2) 예외

① 옥외피난계단은 기존 건물에 허용되어야 하나 요구되는 피난용량의 50[%] 이하인 경우

② 관할 당국이 옥외계단이 비실용적이라고 판단한 경우에만 기존 건물에 새로운 옥외피난계단을 설치하여야 한다. 단, 옥외피난계단에는 사다리 또는 근접한 위치에 창을 포함하지 않아야 한다.

3) 개구부 방호

① 옥외피난계단은 창문과 문 개구부에 최대한 노출되지 않아야 한다.

② 각 개구부 또는 그 일부가 다음과 같이 위치하고 있을 경우에는 승인된 방화문이나 방화창문 부재로 방호하여야 한다.

㉠ 수평 방향 : 15[ft](4.5[m]) 이내

㉡ 아래쪽 : 3개층 또는 35[ft](10[m]) 이내 또는 어느 층에서 옥외피난계단으로 이어지는 플랫폼이나 보도로부터 2개층 또는 20[ft](6[m]) 이내

㉢ 위쪽 : 10[ft](3[m]) 이내

㉣ 최상층 : 계단이 지붕이나 옥상으로 통하지 않는 경우는 벽, 개구부 방호가 필요 없다.

㉤ 뜰의 짧은 면 길이가 지표면으로부터 측정된 옥외피난계단의 가장 높은 플랫폼까지의 높이의 $\frac{1}{3}$ 이하인 경우, 옥외피난계단을 이용하는 뜰에 접한 벽의 개구부는 상기 규정의 방화문 등으로 방호하여야 한다.

4) 접근로

① 창문을 통한 옥외피난계단 접근이 허용되는 경우 : 창문은 쉽게 열 수 있도록 유지관리(망사 또는 방한용 유리창 금지)하여야 한다.

② 옥상이 점유 목적으로 사용되거나 옥상이 안전한 대피장소가 되는 경우 : 옥외피난계단은 옥상까지 연장하여야 한다.

③ 옥외피난계단은 발코니, 계단참 또는 플랫폼으로 직접 접근할 수 있어야 한다.

④ 옥외피난계단이 바닥이나 창문턱보다 높아서는 안 되며, 바닥 높이보다 8[in](20.3[cm]) 이상 낮거나 창문턱보다 18[in](45.7[cm]) 이상 낮아서는 안 된다.

⑤ 미끄럼방지 : 옥외피난계단의 계단 디딤판 및 계단참의 표면

⑥ 옥외피난계단의 구성요소 : 불연성 재료

5) 시각적 방호

① 옥외계단은 고소공포증이 있는 사람이 계단을 이용하는 데 장애가 없도록 배치하여야 한다.

② 높이가 3층을 초과하는 계단에서 난간의 높이 : 4[ft](1.2[m]) 이상

③ 높이가 36[ft](11[m]) 이상인 계단 : 높이가 48[in](1.2[m])인 불투명한 시각 차단막 설치

6) 재질 : 구성요소는 불연재료

7) 옥외계단으로부터 3[m] 이내에 있는 개구부

① 내화성능 : 1시간 이상

② 방화성능 : $\frac{3}{4}$시간 이상

8) 옥외계단 주변 내화성능[27)]

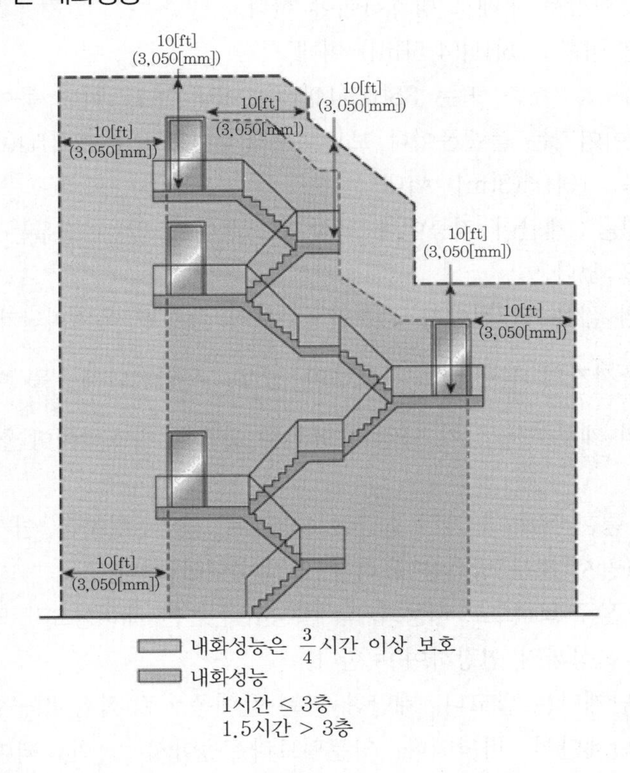

9) 개방상태

① 한 면이 50[%] 이상 개방되어야 한다.

② 연기가 축적되지 않도록 배치하여야 한다.

27) Life Safety Code Handbook 2015 Section 7.2 · Means of Egress Components Exhibit 7.119

(4) 옥외피난계단의 장단점

장점	단점
① 연기가 자연력으로 외부로 바로 배출되므로 별도의 제연설비가 불필요하다. ② 계단을 옥외로 빼내므로 건축공간의 활용성을 최대로 이용할 수 있다.	① 미관상 불량하다. ② 동절기 결빙, 우기의 미끄러짐 우려가 있다. ③ 고소공포증에 의한 기피 ④ 실내 계단보다 이동속도가 느리다. ⑤ 보호되지 않은 개구부에서 발생하는 하층부의 화재로 인해 사용자가 갇힐 가능성이 있다. ⑥ 잘 사용되지 않는 설비로 낯섦이 있다. ⑦ 유지관리 비용의 발생 : 금속의 부식 및 자외선에 의한 노후화

07 계단의 문제점과 주의사항

(1) 문제점

1) 계단은 수직관통로로 연돌효과에 의한 연기의 이동경로가 될 수 있다. 따라서 계단을 일정 층별로 완전구획하거나 연속되는 코어로 하지 않고 일정거리를 이동하여 연결되도록 하는 방안의 검토가 필요하다.
2) 계단의 상호거리에 관한 규정이 없다. 계단은 건물의 코어부분으로 건축적으로는 가깝게 설치 시 비용이나 설치가 용이한 특징을 가지고 있다. 따라서, 제한규정이 없으면 거리가 가까워질 수 밖에 없다. 원활한 피난을 위해서는 NFPA 101의 규정과 같이 최소한 거실대각선 거리의 $\frac{1}{3}$ 이상을 이격해야 되는 규정의 도입이 필요하다.
3) 계단의 폭을 법 규정으로 제한을 하고 있다. 법 규정은 최소한의 규정임에도 불구하고 현장에서는 이를 그대로 적용한다. 하지만 계단의 폭은 피난 시뮬레이션에 의해서 피난자가 안전하게 대피할 수 있는 수치 이상이어야 한다. 또한, 계단의 폭은 유효폭이므로 장애물이 설치되는 경우에는 피난능력을 급격하게 저하시킬 수 있다.

(2) 주의사항

1) 연기감지기 연동 방화문의 경우, 감지기 감도가 낮게 되면 엷은 연기 시 폐쇄되지 못하므로 계단실로 연기가 유입될 우려가 있으므로 높은 감도의 감지기의 설치가 필요하다.
2) 계단 내의 피난유동에 장애가 없도록 하기 위해서는 계단부분에서의 수직피난유동은 수평유동부분보다 늦고, 밀도도 낮아지는 것을 고려한 설계가 필요하다.
3) 동일한 계단실에 안전구획과 거실의 2개 출구를 갖는 경우에는 피난경로를 안전도가 높아지도록 안전구획의 구성에 반하는 것이므로 피해야 한다.

4) 계단참

① 계단참의 폭은 계단폭과 같은 폭으로 한다.

② 계단참에 단을 설치하지 않는 것이 원칙이다.

5) 계단실에는 덕트 등이 관통하지 않도록 한다.

6) 계단실 내 샤프트 등의 점검구를 설치하지 않아야 한다.

7) 피난계단이 단일경로가 아닌 경우, 피난군중이 원활하게 이동할 수 있는 구조로 함과 동시에 유도등의 설치나 표시를 명확하게 하므로써 피난자의 혼란을 최소화 하여야 한다.

8) 옥외피난계단은 하부층 화재 시 화염 또는 연기에 의해 피난에 지장이 없도록 개구부를 배치하여야 한다.

9) 계단실 내부는 원칙적으로 창고나 피난의 장애가 되는 어떠한 것도 설치해서는 안 된다.

10) 피난층으로 직통하지 않는 계단은 피난자가 위험한 공간으로 나와 피난로를 잃을 우려가 있으므로 설치해서는 안 된다.

11) 계단을 내려와서 피난층의 로비를 통과하여 옥외 공공의 도로로 피난을 지양해야 한다.

08 결론

(1) 피난계획에 있어서는 평소의 편리성이나 필요성이 충분히 고려되고 화재 시의 대책도 동시에 배려되어야 한다.

(2) 이상과 같이 계단의 배치 문제, 용량 문제, 안전 확보 문제를 충분히 검토하고 입안하여 화재 시 인명피해를 최소한으로 줄이는 방안이 모색되어야 한다.

SECTION

025 승강기(elevator)

01 승강기

(1) 승강기 설치대상(「건축법」 제64조)

1) 승용 승강기 기준

구분	기준		
건축법 제64조	6층 이상 + 연면적 2,000[m^2] 이상 건축물		
건축설비규정	6층 이상 거실 합계면적	3,000[m^2] 이하	3,000[m^2] 초과
	문화집회(공연, 집회, 관람), 판매, 의료	2대	1대/ 2,000[m^2]
	문화집회(전시, 동식물원), 업무, 숙박, 위락	1대	1대/ 3,000[m^2]
	공동주택, 교육연구, 노유자, 기타	1대	1대/ 3,000[m^2]

2) 대통령령으로 정하는 건축물은 제외(「건축법 시행령」 제89조) : 층수가 6층인 건축물로서 각 층 거실의 바닥면적 300[m^2] 이내마다 1개소 이상의 직통계단을 설치한 건축물

3) 승강기의 규모 및 구조는 국토교통부령으로 규정한다.

(2) 비상용 승강기 설치대상 124 · 116회 출제

구분	기준		
건축법 제64조 제2항	높이 31[m]를 초과하는 건축물에는 대통령령으로 정하는 바에 따라 승강기뿐만 아니라 비상용 승강기 추가 설치		
건축법 시행령 제90조		최대 바닥면적	대수
	높이 31[m] 초과	1,500[m^2] 이하	1대 이상
		1,500[m^2] 초과	1대 + 3,000[m^2]당 1대
	제외 대상	① 31[m] 초과 층이 거실 외 용도로 사용 ② 31[m] 초과 층 합계면적 500[m^2] 이하 ③ 31[m] 초과 층수 4개층 이하로 각층 바닥면적 합계 200[m^2](불연재 방화구획 500[m^2])로 구획	

(3) 피난용 승강기의 설치대상(「건축법」 제64조 제3항) 117회 출제

고층건축물에는 건축물에 설치하는 승용 승강기 중 1대 이상을 피난용 승강기의 설치기준에 적합하게 설치하여야 한다.

02 비상용 승강기의 설치(「건축법 시행령」 제90조) 116 · 114 · 110 · 108 · 102 · 91 · 88 · 84 · 76회 출제

(1) 비상용 승강기의 설치기준 124회 출제

높이 31[m]를 넘는 각 층의 바닥면적 중 최대 바닥면적	설치대수
1,500[m²] 이하	1대 이상
1,500[m²] 초과	$1\text{대} + \dfrac{\text{바닥면적} - 1{,}500[\text{m}^2]}{3{,}000[\text{m}^2]}\text{대}$

(2) 2대 이상의 비상용 승강기 설치 시 화재가 났을 때 소화에 지장이 없도록 일정한 간격을 두고 설치

(3) **건축물에 설치하는 비상용 승강기의 구조 등에 관하여 필요한 사항** : 국토교통부령

(4) 비상용 승강기 승강장과 전실

1) 원칙 : 별도(분리)하여 설치

2) 예외 : 아파트의 경우 특별피난계단 계단실과 부속실이 별도로 구획되는 경우에는 겸용이 가능하다.

03 승강기의 구조(「건축물의 설비기준 등에 관한 규칙」 제6조)

(1) 건축물에 설치하는 승강기 · 에스컬레이터 및 비상용 승강기의 구조는 「승강기 안전관리법」이 정하는 바에 따른다.

(2) **승강기안전부품 안전기준 및 승강기 안전기준(행정안전부 고시 제2022-18호)**

1) 소방구조용 엘리베이터의 추가요건([별표 22] 17.2)

① 환경 · 건축물 요건

㉠ 모든 승강장문 전면에 방화구획된 로비를 포함한 승강로 내에 설치

㉡ 동일 승강로 내에 다른 엘리베이터가 있다면 전체적인 공용 승강로는 비상용 엘리베이터의 내화 규정을 만족

㉢ 엘리베이터 제어의 정확한 기능은 건축물에 요구되는 기간 동안(2시간 이상) 연기가 가득 찬 승강로 및 기계실에서 보장

㉣ 방화 목적으로 사용된 각 승강장 출입구 : 방화구획된 로비

㉤ 보조 전원공급장치 : 방화구획된 장소에 설치

㉥ 주 전원공급과 보조 전원공급의 전선 : 방화구획되어야 하고 서로 구분되어야 하며, 다른 전원공급장치와도 구분

② 기본요건

㉠ 소방운전 시 모든 승강장의 출입구마다 정지가능

㉡ 소방관이 조작하여 엘리베이터 문이 닫힌 이후부터 60초 이내에 가장 먼 층에 도착가능

㉢ 운행속도 : 1[m/sec] 이상

③ 전기장치의 물에 대한 보호

㉠ 승강장문을 포함한 승강로 벽으로부터 1[m] 이내에 위치한 소방구조용 엘리베이터의 승강로 내부 및 카 상부의 전기장치는 떨어지는 물과 튀는 물로부터 보호되거나 IP X3 이상의 등급으로 보호

1. IP코드는 International Protecting rating(국제 보호 등급)의 약자이며, 보통 IP XX의 형태로 표기된다. IP코드를 사용하는 목적은 방수나 방진의 정량화를 통해서 이를 이용하는 자에게 정확한 정보를 제공하기 위함이다.
2. IP코드는 아래와 같이 두 자리로 되어 있는데(추가문자와 보충문자를 사용하는 경우도 있음), 각 코드의 의미는 아래와 같다. IP X3 등급이면 방진등급은 없고 방우정도(물분무에 대한 보호)의 등급을 말한다.

IP 65

두 번째 자릿수 :
방수등급으로 물(빗물, 눈, 폭풍우 등)의 침입에 대한 보호등급

첫 번째 자릿수 :
방진등급으로 이물질의 접촉과 먼지를 포함한 외부 분진 침입에 대한 보호등급

▍방진등급▐

보호등급		설명	
0		보호 안 됨	전혀 보호되지 않음 (open 상태)
1		50[mm] 이상의 고체로부터 보호	손
2		12[mm] 이상의 고체로부터 보호	손가락

보호등급		설명	
3		2.5[mm] 이상의 고체로부터 보호	공구, 굵은 전선
4		1[mm] 이상의 고체로부터 보호	공구, 가는 전선
5		먼지로부터의 보호	특정조건에서 제한된 양의 먼지만을 통과시킨다(내용물에 손상을 주지 않는 수준).
6		약간의 먼지도 통과시키지 않는다.	완전 밀폐형 보호등급

▌방수등급(깨끗한 물로 테스트)▐

보호등급		설명		
0		보호 안 됨	전혀 보호되지 않음 (open 상태)	–
1		수직으로 떨어지는 물방울로부터 보호	낙수에 대한 보호	방적형
2		수직으로부터 15° 이하로 직접 분사되는 액체로부터 보호	낙수에 대한 보호	방적형

보호등급		설명		
3		수직으로부터 60° 이하로 직접 분사되는 액체로부터 보호	물분무에 대한 보호	방우형
4		모든 방향에서 분사되는 액체로부터 보호 (제한된 수준의 유입 허용)	물 튀김에 대한 보호	방말형
5		모든 방향에서 분사되는 낮은 수압의 물줄기로부터 보호 (제한된 수준의 유입 허용)	물 분사에 대한 보호 (소나기, 물 호스로 뿌려대는 상태)	방분류형
6		모든 방향에서 분사되는 높은 수압의 물줄기로부터 보호 (제한된 수준의 유입 허용)	강한 물 분사에 대한 보호 (폭풍우, 해일 상태)	내수형
7		15[cm] ~ 1[m] 깊이의 물속에서 보호(30분)	일시적인 침수의 영향에 대한 보호	방침형
8		7등급보다 엄격한 조건 (제조사와 사용자 간에 협의한 조건)	연속침수의 영향에 대한 보호	수중형

㉡ 피트 바닥 위로 1[m] 이내에 위치한 전기장치는 IP 67로 보호

④ 엘리베이터 카에 갇힌 소방관의 구출 : 카 지붕에 0.5[m] × 0.7[m] 이상의 비상 구출문을 설치한다.

⑤ 엘리베이터 구동기 및 관련 설비 : 구동기 및 관련 설비의 설치공간은 내화구조로 보호하여야 한다.

⑥ 제어시스템

㉠ 소방운전 스위치는 소방관이 접근할 수 있는 지정된 로비에 설치한다.

㉡ 스위치는 승강장문 끝부분에서 수평으로 2[m] 이내에 위치되고, 승강장 바닥 위로 1.8[m]부터 2.1[m] 이내에 위치하여야 한다.

㉢ 비상용 엘리베이터 알림표지를 부착하여야 한다.

구분		기준
색상	바탕	적색
	그림	흰색
크기	카 조작반	20[mm] × 20[mm]
	승강장	100[mm] × 100[mm] 이상

▌소방구조용 엘리베이터의 알림표지▐

㉣ 1단계 : 비상용 엘리베이터에 대한 우선 호출

- 소방관 접근 지정 층을 벗어나 운행 중인 비상용 엘리베이터는 가장 가까운 정지 가능한 층에 정지한 후 문을 개방하지 않고 지정층으로 복귀하여야 한다.
- 승강로 및 기계실 조명은 소방운전 스위치가 조작되면 자동으로 점등되어야 한다.

㉤ 2단계 : 소방운전 제어조건 아래에서 엘리베이터의 이용

소방구조용 엘리베이터가 문이 열린 상태로 소방관 접근 지정 층에 정지하여야 한다.

⑦ 소방구조용 엘리베이터의 전원공급

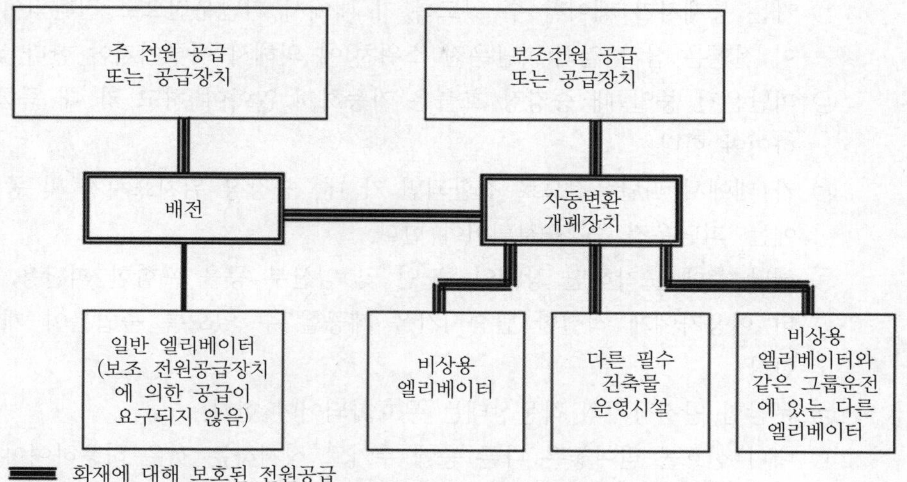

▌소방구조용 엘리베이터의 전원공급에 대한 예시▐

정전 시에는 보조 전원공급장치에 의하여 엘리베이터를 운행

㉠ 60초 이내에 엘리베이터 운행에 필요한 전력용량을 자동으로 발생시키도록 하되 수동으로 전원을 작동할 수 있어야 한다.

㉡ 운행시간 : 2시간 이상

⑧ 소방활동 통화시스템 : 엘리베이터에는 1단계 및 2단계 소방운전 중일 때 소방구조용 엘리베이터 카와 소방관 접근 지정 층 및 기계실이나 비상운전 패널(기계실 없는 엘리베이터) 사이에서 양방향 음성 통화를 위한 내부통화 시스템 또는 이와 유사한 장치가 설치되어야 한다.

2) 피난용 엘리베이터의 추가요건

피난용 엘리베이터의 기계실 구조, 승강로 구조, 승강장 구조 및 전용 예비전원의 설치기준은 「건축물의 피난·방화구조 등의 기준에 관한 규칙」 제30조를 참조한다.

① 피난용 엘리베이터의 기본요건

㉠ 구동기 및 제어 패널·캐비닛은 최상층 승강장보다 위에 위치한다.

㉡ 승강로 내부는 연기가 침투되지 않는 구조이어야 한다.

승강장의 모든 문이 닫힌 상태에서 승강로 이외 구역보다 기압을 높게 유지하여 연기가 침투되지 않도록 할 경우 **승강로의 기압**은 승강장의 기압과 동등이상이거나 **승강장 이외 구역보다 최소 40[Pa] 이상**으로 하여야 한다(**승강로를 가압해야 한다는 의미**).

② 통제자의 피난용 엘리베이터 운전

㉠ 카는 통제자가 제어할 수 있도록 카 내에서 피난운전으로 전환되어야 하며, 이 전환은 삼각 열쇠(피난운전 스위치)에 의해서 이루어져야 한다.

㉡ 피난운전 중일 때 승강장 호출은 가능하지 않아야 하고 카 내 등록만 가능하여야 한다.

㉢ 카 내에서 피난운전으로 전환되면 카 내, 승강장 위치표시기 및 종합방재실에는 '피난운전 중' 표시되어야 한다.

㉣ 해당 층에 도착하면 장애인, 노인 및 임산부 등을 포함한 피난용 엘리베이터 이용자에게 적절한 탑승시간을 제공할 수 있도록 출입문이 개방되어야 한다.

㉤ 문닫힘 안전장치의 작동상태는 무효화되어야 한다.

㉥ 대피 신호를 받아놓은 다른 층에 추가로 정지하는 것은 허용하여야 한다.

㉦ 카가 피난층에 도착하면 출입문이 열리고 약 15초 동안 개방하여야 한다.

㉧ 피난운전시간 : 초고층 건축물 2시간 이상, 준초고층 건축물 1시간 이상

③ 피난운행의 중지 : 운행이 중단되는 경우에는 승강장(피난안전구역)에서 대기하는 사람들에게 해당 상황을 알려주는 시각적 및 청각적 장치가 각 층 승강장에 제공[최초 설정은 75[db](A)]하여야 한다.

피난용 엘리베이터의 운행이 중단된 경우에는 비상피난계단을 이용하도록 시각적 및 청각적으로 안내하는 것이 필요

04 비상용 승강기의 승강장 및 승강로의 구조(「건축물의 설비기준 등에 관한 규칙」 제10조)

(1) 비상용 승강기 승강장의 구조 116회 출제

구분		내용
구획	기준	승강장의 창문·출입구 기타 개구부를 제외한 부분은 당해 건축물의 다른 부분과 내화구조의 바닥 및 벽으로 구획할 것
	예외	공동주택의 경우에는 승강장과 특별피난계단의 부속실과의 겸용부분을 특별피난계단의 계단실과 별도로 구획하는 때에는 승강장을 특별피난계단의 부속실과 겸용할 수 있을 것
출입구	기준	승강장은 각 층의 내부와 연결될 수 있도록 하되, 그 출입구(승강로의 출입구를 제외한다)에는 60+, 60분 방화문을 설치할 것
	예외	피난층에는 60+, 60분 방화문을 설치하지 아니할 수 있음

구분		내용
배연설비		노대 또는 외부를 향하여 열 수 있는 창문
		배연설비를 설치할 것
마감재료		벽 및 반자가 실내에 접하는 부분의 마감재료(마감을 위한 바탕을 포함한다)는 불연재료로 할 것
조명		채광이 되는 창문
		예비전원에 의한 조명설비
승강장의 바닥면적	기준	비상용 승강기 1대에 대하여 6[m²] 이상(서울시 조례에는 4[m²] 이상)
	예외	옥외에 승강장을 설치하는 경우
피난층이 있는 승강장의 출입로부터 도로 또는 공지에 이르는 거리		보행거리 30[m] 이하
표지		승강장 출입구 부근의 잘 보이는 곳에 당해 승강기가 비상용 승강기임을 알 수 있는 표지를 할 것

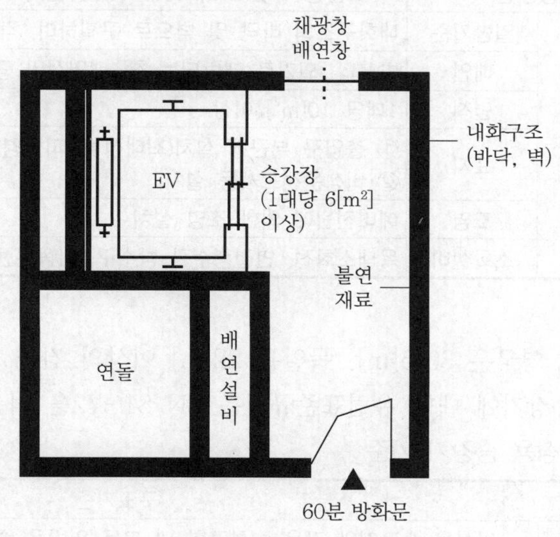

▌비상용 승강기 승강장▐

(2) 비상용 승강기의 승강로의 구조 116회 출제

구분	내용
구획	승강로는 당해 건축물의 다른 부분과 내화구조로 구획할 것
구조	각 층으로부터 피난층까지 이르는 승강로를 단일구조로 연결하여 설치할 것

(3) 외국의 비상용 승강기 기준

1) 미국

① NFPA와 UBC에서는 건축물 높이 23[m](75[ft]) 이상을 적용한다.

② New York 등의 기타 주 규칙(regulations)에서는 30[m] 이상을 적용한다.

2) 일본

① 비상용 승강기 설치대상 : 높이 31[m]를 초과하는 건축물

② 법적 기준

㉠ 설치기준 : 건축 기준법 및 동법 시행령

㉡ 기능을 확보하기 위한 구조 및 승강기 카 및 승강로의 치수 등 : 국토교통성 고시, 비상용 승강기에 관한 일본승강기협회표준을 따른다.

③ 일본의 비상용 승강기 기준

<table>
<tr><th colspan="2">구분</th><th>구조기준</th></tr>
<tr><td colspan="2">설치장소</td><td>피난층 승강로의 출입구에서 외부까지의 거리는 보행거리 30[m] 이내</td></tr>
<tr><td colspan="2">예비전원</td><td>화재에 의한 정전 시 비상전원(자가발전설비)으로 즉시전환</td></tr>
<tr><td colspan="2">승강기</td><td>① 분당 60[m] 이상, 내부 깊이는 1,500[mm] 이상
② 진압장비를 착용한 소방대원 15명 탑승</td></tr>
<tr><td colspan="2">소방운전</td><td>카 호출장치 및 1차, 2차 스위치 설치</td></tr>
<tr><td rowspan="6">승강장</td><td>일반기준</td><td>내화구조의 바닥 및 벽으로 구획하며, 각층 출입구에 방화문</td></tr>
<tr><td>배연</td><td>발코니, 외기로 개방되는 창, 배연설비 중 설치</td></tr>
<tr><td>면적</td><td>1대당 10[m^2] 이상</td></tr>
<tr><td>표지</td><td>① 출입구 부근에 설치(최대정원, 피난경로 등)
② 비상운전표시등 설치</td></tr>
<tr><td>조명</td><td>예비전원에 의한 조명 설치</td></tr>
<tr><td>소화설비</td><td>옥내소화전, 연결송수관 방수구, 비상콘센트설비 등</td></tr>
</table>

3) 유럽표준규격

① 설치대상 : 영국은 30.5[m], 독일은 22[m] 이상의 건물

② 비상용 승강기에 대한 유럽표준규격은 EN 81-72을 적용 중이다.

③ 유럽의 비상용 승강기 기준

<table>
<tr><th colspan="2">구분</th><th>구조기준</th></tr>
<tr><td colspan="2">기본요건</td><td>비상용 승강기와 같은 방화구획 내 모든 일반용 승강기는 동등한 방화수준</td></tr>
<tr><td colspan="2">승강기</td><td>① 모든 층에 60초 이내에 도착 가능해야 함
② 폭 1,100[mm]×깊이 1,400[mm] 이상
③ 문(프레임 포함)은 방화성능시험(1시간 이상)을 받음</td></tr>
<tr><td rowspan="4">승강장</td><td>제연</td><td>승강장 및 승강로는 가압(방연)되도록 함</td></tr>
<tr><td>면적</td><td>1대당 5[m^2] 이상(들 것에 필요한 치수 이상)</td></tr>
<tr><td>조명</td><td>예비전원에 의한 조명 설치</td></tr>
<tr><td>소화설비</td><td>옥내소화전, 연결송수관 방수구, 비상콘센트설비 등</td></tr>
<tr><td rowspan="2">구출구</td><td>일반</td><td>① 비상구출구 : 0.4[m] × 0.6[m] 이상(카 상부 설치)
② 카 내외부 양방향으로 접근이 용이</td></tr>
<tr><td>비상도어</td><td>① 카의 후면 및 카 외함의 모서리에 설치
② Trap door는 전기적으로 인터록되어야 함</td></tr>
</table>

구분	구조기준
전원	① 1차 및 2차(비상, 대기 또는 대체) 전원으로 구성 ② 비상용 또는 비상용을 포함한 승강기그룹은 건물 내의 다른 승강기로부터 독립된 전원
운전반	① 카 및 승강장 운전반 등과 관련된 전기전자회로는 열, 연기, 습기에 견디는 성능 ② 전기전자회로의 단락, 접지불량 또는 브리지가 운전의 통제기능에 영향을 주어서는 안 됨
통신	비상용 승강기와 소방운전서비스층, 기계실 사이에 이중시스템의 양방향 음성통신을 위한 장치 설치

④ 세계 승강기 단일규격 : ISO 2255(국내도 참여 중)

(4) 승강기문의 내화성능에 관한 각국의 기준

1) 한국 : 자동방화셔터, 방화문 및 방화댐퍼의 기준(국토교통부고시 제2020-44호)

① 시험방법 : KS F 2268-1(방화문의 내화시험방법)

② 성능기준 : 비차열 1시간 이상

2) 미국

① NFPA 101B(건물 및 구조물의 피난방법에 관한 코드)의 3-2.13

㉠ 시험방법 : (규정 없음)

㉡ 성능기준 : 내화 1시간 이상

② IBC(International Building Code) Chapter 7 Section 716(opening protectives)

㉠ 일반사항

- 승강기문의 내화성능은 건축물 각 부위에 설치되는 방화문의 성능과 동등하며, 방화문(승강기문 포함)의 성능은 방화문이 설치되는 주위 벽체의 내화성능에 따라 따로 정함(table 716.3).
- 승강기 샤프트가 지하층을 포함하여 건축물
  - 4층 이상에 연결되는 경우 사프트 : 2시간 이상의 내화성능
  - 3층 이하인 경우 : 1시간 이상의 내화성능

㉡ 시험방법 : NFPA 252(문 부재 화재시험방법) 및 UL 10B(문 부재의 재시험방법)에 의한 가열시험, 주수시험

㉢ 성능기준 : 승강기문의 내화성능은 승강기 샤프트의 내화성능

- 4시간인 경우 : 내화 3시간
- 3시간인 경우 : 내화 3시간
- 2시간인 경우 : 내화 1.5시간
- 1시간인 경우 : 내화 1시간

3) 영국

① BR(Building Regulation) Approved document B(Fire safety-Lift)

② 시험방법 : BS 476 Part 22(비내력 구조부재의 내화시험방법)

③ 성능기준 : 비차열 30분 이상

SECTION

026 피난구조설비로서의 엘리베이터

01 개요

(1) 엘리베이터는 수송능력이 크고 편리한 운송수단이지만 여러 화재에서의 피해결과에 의하여 화재 시에는 사용해서는 안 되는 수단으로 인식되었다.

(2) 최근 거동이 불편한 사람들을 위한 피난수단 확보가 제도적으로 요구되면서 엘리베이터를 이용한 피난이 적극적으로 검토되고 있다. 왜냐하면 건물이 점차 고층화, 심층화되고 이에 따라 피난약자의 피난시간이 크게 증가하기 때문이다.

(3) 엘리베이터 피난구조설비(elevator evacuation system)는 엘리베이터 탑승객, 엘리베이터를 대기하는 사람들, 그리고 엘리베이터 장치를 화재 영향으로부터 방호하여 엘리베이터를 피난목적으로 안전하게 사용할 수 있게 하는 엘리베이터 승강장과 그에 부속된 엘리베이터 승강장 문, 엘리베이터 샤프트, 그리고 기계실을 포함하는 수직설비로 구성된다.

(4) 화재 시 엘리베이터를 피난수단으로 사용하기 위하여 요구되는 사항 및 설계 시 고려사항은 아래와 같다.

1) 순차피난

① 화재층을 운행하는 승강기가 먼저 운행하여 화재층 인원의 대피가 최우선이다.

② 화재층에 이어 화재층의 상부층 피난을 실시한다.

③ 그 외 상부층을 단계적으로 피난시키고 화재층 하부층을 단계적으로 피난시킨다.

2) 충분한 승강기 수 확보 : 각 층마다 3분 이내 피난이 가능토록 설치

3) 승강기 호출 장치 : 작동할 수 없도록 한다.

4) 승강기 층 선택버튼 : 작동할 수 없도록 한다.

5) 승강기의 감시가 가능한 모니터 설치가 필요하다.

6) 대기자 수를 인지하는 센서의 설치가 필요하다.

▌비상용 승강기▐

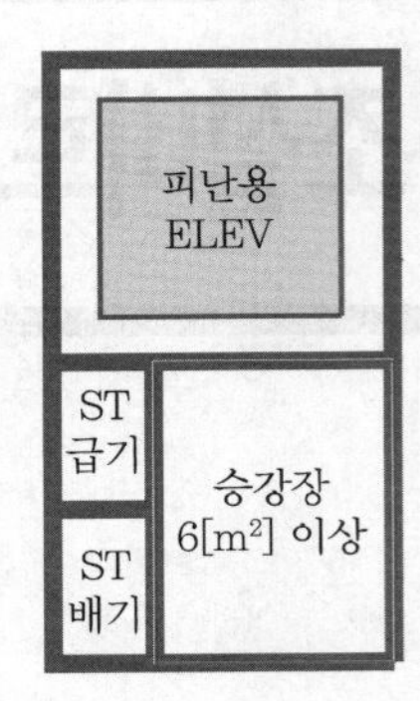

▌피난용 승강기▐

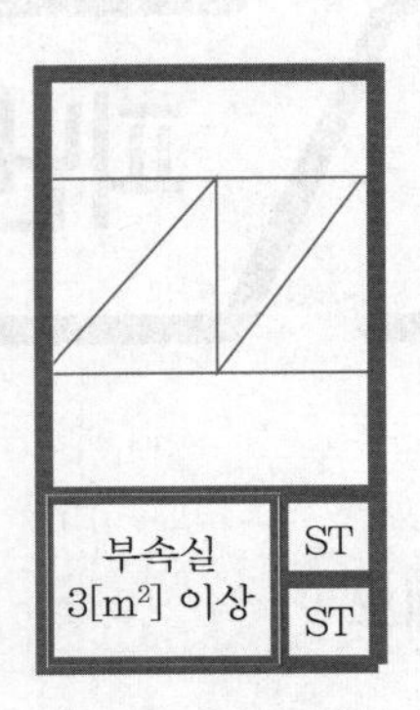

▌특별피난계단▐

여기서, ST : 스모크 타워

02 필요성

(1) 초고층

과도한 피난거리(95층 기준으로 정상인 1시간 소요, 장애인 9시간 소요)

(2) 심층 지하공간(지하 50[m] 이상의 공간)

1) NFPA에서는 지하 집회용도에 대해서는 위쪽으로 향하는 긴급피난을 위해서 엘리베이터나 에스컬레이터를 설치한다.

2) 층 깊이가 피난층 아래로 9.1[m](30[ft])를 초과하는 층은 최소한 2개의 방연구획실로 분할한다.

꼼꼼체크 왜냐하면 한쪽의 사용이 곤란하더라도 다른 쪽은 유효하게 사용할 수 있도록 하기 위함이다.

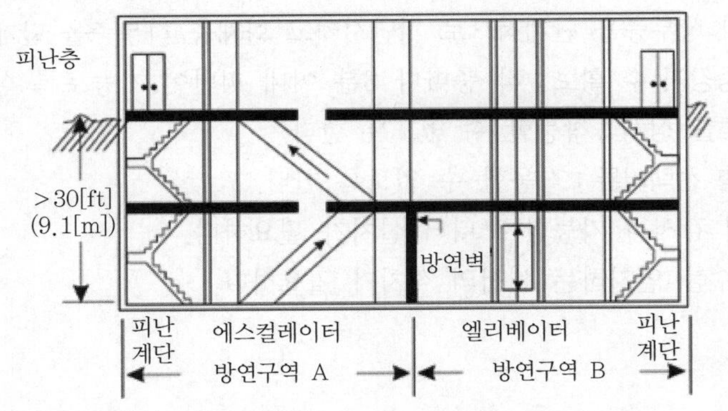

▌엘리베이터와 에스컬레이터를 이용하는 지하 집회용도▐

(3) 피난약자(노약자, 장애인)의 보호가 필요한 용도

병원, 다중이용시설, 사회보호시설, 노유자시설 등

(4) 공동주택

60세 이상 노인과 6세 미만의 노유자 거주비중이 다른 건물에 비해 높다.

03 피난용 승강기의 문제점

(1) 수송능력

1) 에스컬레이터나 계단에 비해서 수송능력이 작다.
2) 조사결과 엘리베이터(E/V) 3대가 하나의 피난계단 용량과 유사하다.
3) 피난용 승강기의 용량이 수용인원에 비해 제한된 경우에는 화재안전취약자만 사용하도록 제한한다.

(2) 도어 개방

비상시 많은 사람들이 타기 때문에 도어가 닫히지 않아 엘리베이터가 움직이지 않을 가능성이 있다.

(3) 승강장 대기

1) 엘리베이터를 승강장에서 기다리는 동안 지연시간으로 인해 화재에 노출될 우려가 있다.
2) 화재에 노출되면 피난자들의 패닉 발생의 우려가 있다.

(4) 승강기 정지

1) 화재로 인한 전력선 및 제어선의 소실 위험으로 엘리베이터 동작의 정지 우려가 있다.
2) 화재상황에서는 갇힌 사람들을 비상탈출 해치 또는 문을 통하여 이들을 구조할 시간이 부족하다.

(5) 연기침입

1) 굴뚝효과에 의해 엘리베이터 샤프트에 연기가 찰 가능성이 높다.
2) 연기가 들어오지 못하도록 차압, 방연 풍속 그리고 피스톤(Piston) 효과에 의해, 초기에 화재의 영향을 받지 않던 층에 연기가 이동할 가능성이 있다.

(6) 화재층 정지

화재층에 단추가 눌려져 있을 경우 엘리베이터가 화재층에 정지하여, 문 개방 시 화재에 노출될 우려가 있다.

04 승강기 설치기준의 비교 116회 출제

구분	일반 승강기	비상용 승강기	피난용 승강기 117 · 113 · 102 · 96 · 93 · 74회 출제 *
목적	일반 사용자가 이동의 목적으로 사용	사용자가 기본적으로 화재를 진압하거나 구조 구급을 하는 소방대가 사용하는 것	고층으로서 계단을 통한 피난에 어려움이 있는 노약자 등의 신속한 대피를 위하여 설치하는 것
요구성능	–	승강장은 화재진압의 직전 준비장소가 되기도 하는 장소이므로 정전 등의 어둠에 대비한 창문과 연기를 차단하는 급기가압 등이 필요한 장소	피난자의 안전한 피난에 대비하기 위해 승강장의 출입구를 제외하고는 완전방화구획
사용자	평상시 일반인	개인보호장비를 갖춘 소방관	화재 시 일반인이 사용
안전도	하	중	상
승강장	승강기 안전관리법에 따름	승강장의 창문 · 출입구 기타 개구부를 제외한 부분은 당해 건축물의 다른 부분과 내화구조의 바닥 및 벽으로 구획할 것(예외 : 공동주택의 경우에는 승강장과 특별피난계단의 부속실과의 겸용부분을 특별피난계단의 계단실과 별도로 구획하는 때에는 승강장을 특별피난계단의 부속실과 겸용 가능)	승강장의 출입구를 제외한 부분은 해당 건축물의 다른 부분과 내화구조의 바닥 및 벽으로 구획할 것
		승강장은 각 층의 내부와 연결될 수 있도록 하되, 그 출입구(승강로의 출입구 제외)에는 60+ 또는 60분 방화문을 설치할 것(예외 : 피난층에는 60분 방화문을 설치하지 아니할 수 있다.)	승강장은 각 층의 내부와 연결될 수 있도록 하되, 그 출입구에는 60+ 또는 60분 방화문을 설치할 것. 이 경우 방화문은 언제나 닫힌 상태를 유지할 수 있는 구조이어야 한다.
		노대 또는 외부를 향하여 열 수 있는 창문이나 배연설비를 설치할 것	배연설비를 설치할 것(예외 : 제연설비를 설치한 경우)
		벽 및 반자가 실내에 접하는 부분의 마감재료는 불연재료로 할 것	실내에 접하는 부분의 마감은 불연재료로 할 것
		채광이 되는 창문이 있거나 예비전원에 의한 조명설비를 할 것	예비전원으로 작동하는 조명설비를 설치할 것
		승강장의 바닥면적은 비상용 승강기 1대에 대하여 6[m^2] 이상으로 할 것(예외 : 옥외에 승강장을 설치하는 경우)	승강장의 바닥면적은 승강기 1대당 6[m^2] 이상으로 할 것
		피난층이 있는 승강장의 출입구(승강장이 없는 경우에는 승강로의 출입구)로부터 도로 또는 공지에 이르는 거리가 30[m] 이하일 것	–
		승강장 출입구 부근의 잘 보이는 곳에 당해 승강기가 비상용 승강기임을 알 수 있는 표지를 할 것	승강장의 출입구 부근의 잘 보이는 곳에 해당 승강기가 피난용 승강기임을 알리는 표지를 설치할 것

구분	일반 승강기	비상용 승강기	피난용 승강기 117 · 113 · 102 · 96 · 93 · 74회 출제 *
승강로	승강기 안전관리법에 따름	① 승강로는 당해 건축물의 다른 부분과 내화구조로 구획할 것 ② 각 층으로부터 피난층까지 이르는 승강로를 단일구조로 연결하여 설치할 것	① 승강로는 해당 건축물의 다른 부분과 내화구조로 구획할 것 ② 각 층으로부터 피난층까지 이르는 승강로를 단일구조로 연결하여 설치할 것 ③ 승강로 상부에 배연설비를 설치할 것
기계실	승강기 안전관리법에 따름	–	① 출입구를 제외한 부분은 해당 건축물의 다른 부분과 내화구조의 바닥 및 벽으로 구획할 것 ② 출입구에는 60분 방화문을 설치할 것
예비전원	승강기 안전관리법에 따름	–	① 정전 시 피난용 승강기, 기계실, 승강장 및 폐쇄회로 텔레비전 등의 설비를 작동할 수 있는 별도의 예비전원설비를 설치할 것 ② 예비전원은 초고층 건축물의 경우에는 2시간 이상, 준초고층 건축물의 경우에는 1시간 이상 작동이 가능한 용량일 것 ③ 상용전원과 예비전원의 공급을 자동 또는 수동으로 전환이 가능한 설비를 갖출 것 ④ 전선관 및 배선은 고온에 견딜 수 있는 내열성 자재를 사용하고, 방수조치를 할 것

*「건축법 시행령」 제91조, 「건축물의 피난 · 방화구조 등의 기준에 관한 규칙」 제30조

05 피난용 승강기(NFPA)

(1) 피난용 승강기의 요구사항

1) NFPA 92A에 의한 승강기(E/V) 제연방식의 구분

① 발화층 : 배기

② 엘리베이터 승강장 : 가압, 방연구조

③ 엘리베이터 승강로 : 가압

2) 하나의 승강로에 3대 이상의 승강기 배치를 금지 : 승강로 오염에 따른 안전성을 증대 목적

(2) 피난구조설비의 보조수단으로 이용하는 피난용 승강기의 설치방법

1) 고층 건물

① 건물의 층을 몇 개로 수직 분할(굴뚝효과의 발생을 최소화)한다.

② 화재구역을 제외한 나머지 부분은 승강기를 이용할 수 있어야 한다.

2) 지하의 경우 몇 개로 수직 분할하여 승강기를 설치한다.

3) 일반인이 사용하지 않는 수직관통부를 이용하여 피난용 승강기를 설치한다.

(3) 스프링클러 설치

ASME/ANSI A17.1은 다음 규정을 충족시킬 때는 엘리베이터 승강로와 기계실에 NFPA 13에 따른 스프링클러헤드를 허용하고 있다.

1) 스프링클러 수직배관과 수평배관의 설치위치 : 승강로와 기계실 외부

2) 승강로 내의 가지배관 : 하나의 층에만 스프링클러헤드를 공급하는 배관

3) 기계실 또는 승강로의 스프링클러헤드에서 살수하기 전 또는 살수할 때는 해당 엘리베이터의 주전원 공급을 자동으로 차단하는 장치의 설치기준

① 전원차단장치는 엘리베이터의 제어장치로부터 독립적이어야 하며 자체 재설정이 되어서는 안 된다.

② 승강로 또는 기계실 외부의 스프링클러헤드가 작동할 때는 주전원 공급이 차단되어서는 안 된다.

③ 기계실 또는 승강로에서는 연기감지기를 사용하여 스프링클러헤드를 작동시키거나 주전원 공급을 차단해서는 안 된다.

(4) 소화활동

1) 모든 신설되는 엘리베이터는 ASME/ANSI A17.1, Safety Code for Elevators and Escalators의 소화활동 요구사항에 적합한 구조로 설치한다.

2) 소방대원 또는 구조요원이 소화활동하기 가장 적합한 층에서 상부 또는 하부로 정차위치가 7.6[m](25[ft]) 이상인 모든 기존 엘리베이터는 ASME/ANSI A17.3, Safety Code for Elevators and Escalators의 소화활동 요구사항에 적합한 구조로 설치한다.

(5) 엘리베이터 기계실

1) 기존 엘리베이터 이외의 엘리베이터로서 그 운행거리가 피난층 위로 15m(50ft)를 초과하거나 아래로 9.1[m](30[ft])를 초과하는 엘리베이터의 전자장치가 설치되어 있는 엘리베이터 기계실에는 소방대가 엘리베이터를 운전하는 동안 온도를 유지시킬 수 있도록 독립된 환기설비 또는 공조설비를 갖추어야 한다.

2) 비상전원이 엘리베이터에 연결되어 있는 경우 기계실 환기 또는 공기조화설비도 비상전원에 연결되어야 한다.

(6) 피난에 이용되는 승강기기준[28)]

1) 대피장소(Area of Refuge)에 설치되는 승강기의 설치기준

① 승강기는 ASME/ANSI A17.1, Safety Code for Elevators and Escalators

28) NFPA 5000(2018)11.2.13.2 Elevator Evacuation System Capacity

에 따라 소방대원의 활동을 위해 승인되어야 한다.

② 대피장소를 제외한 건물 내에서 발생한 화재로 인한 전원차단이 되어도 동력공급을 지속적으로 할 수 있는 비상전원이 있어야 한다.

③ 승강기는 기준에 의한 방연계단실(smokeproof enclosures)에 대한 요구사항을 충족하는 샤프트 설비 내에 위치해야 한다. 단, 면적이 93[m^2]를 초과하고 기준에 의한 수평피난이 가능한 대피장소와 아래 2), 3) 기준에 의한 승강기를 설치하는 경우 방연계단실을 요구하지 않는다.

2) 승강기를 2번째 피난로로 사용할 수 있는 조건

① 승강로 및 부속 구조물은 전체를 감시 및 승인된 스프링클러설비로 방호하여야 한다.

② 건물의 점유인원 : 90인 이하

③ 승강기와 상관없이 피난능력의 100[%]가 별도로 확보되어야 한다.

④ 1차 피난으로 직접 옥외로 나갈 수 있어야 한다.

⑤ 건물 또는 부속 구조물에 위험물 : 최대 허용량(MAQ) 이하

⑥ 피난계획의 포함내용

㉠ 승강기 관리직원 및 일반직원 훈련

㉡ 엘리베이터 비상 사용을 위한 운영 및 절차

㉢ 소방관 소환 이전의 정상 작동 모드

⑦ 불특정 다수인이 이용하지 않는 건물이어야 한다.

3) 승강기의 구조 및 운영

① 피난구조설비의 피난용량

㉠ 승강기의 용량 : 8인 이상

㉡ 승강장의 용량 : 승강장이 설치된 장소의 수용인원의 최소 50[%] 이상

- 수용인원은 3[ft]^2(0.28[m^2])당 1인
- 50인당 1개의 휠체어 수용공간 30[in] × 48[in](76[cm] × 122[cm])

② 승강기 승강장

㉠ 승강기가 운행되는 모든 층 : 승강기 승강장 설치

㉡ 승강장을 구성하고 있는 방화벽의 내화성능 : 1시간 이상

㉢ 기준에 적합한 방연벽 설치

③ 승강기 승강장 문

㉠ 승강기 승강장 문의 방화성능 : 1시간 이상

㉡ 화재시험방법(section 8.7.5.2) : 30분 후 주변온도보다 450[℉](250[℃]) 이하

㉢ 도어클로저 등에 의한 자기폐쇄 또는 자동폐쇄식 문

④ 문의 작동

㉠ 승강기 승강장의 문 : 주변에 설치된 연기감지기에서 발해진 신호로 즉시 폐쇄되는 구조

㉡ 건물 내 화재경보설비에서 발해진 신호로 폐쇄되는 승강장 문도 허용한다.

㉢ 연기감지기나 건물 내 화재경보설비에서 발해진 신호로 승강장 문 가운데 하나의 문이라도 폐쇄되는 경우 그 즉시 승강기 피난구조설비로 사용되는 모든 승강기 승강장의 문은 폐쇄되어야 한다.

⑤ 물로부터 방호 : 건물의 구성요소는 승강기 기기가 물에 의한 수손 위험에 노출되는 것을 제한하도록 배치한다.

⑥ 전원 및 제어배선

㉠ 승강기 장치, 승강기 통신설비, 승강기 기계실 냉방설비, 승강기 제어반 냉방설비 등에는 상용전원과 비상전원이 설치한다.

㉡ 전력 및 제어용 배선 : 화재 시 1시간 이상 작동되도록 방호

⑦ 통신설비

㉠ 승강기와 중앙제어반, 승강장과 중앙제어반 간에는 양방향 통신설비를 설치한다.

㉡ 통신용 배선 : 화재 시 1시간 이상의 작동되도록 방호

⑧ 승강기의 작동 : 승강기는 ASME A17.1/CSA B44에 따라 소방대의 활동에 사용되어야 한다.

⑨ 유지관리

㉠ 승강기가 1대뿐인 경우 승강기 피난구조설비는 건물의 모든 기능이 정지했을 때 또는 일부의 기능만이 가동 중일 때를 대비하여 유지관리계획을 수립한다.

㉡ 수리 : 24시간 내에 완료

06 비상용(피난용) 승강기 승강장 안전성능 확보(소방시설 등 성능위주설계 평가운영 표준 가이드라인)

(1) 목적

비상용(피난용) 승강장 크기기준 확대 및 화재 시 운영 방안을 마련하여 원활한 소방활동과 신속한 재실자 피난이 가능하게 하고자 한다.

(2) 크기

1) 비상용 승강기 내부는 원활한 구급대 들것 이동을 위해 길이 220[cm] 이상, 폭 110[cm] 이상 크기

2) 승강장으로 이어지는 통로는 환자용 들것의 원활한 이동을 위해 여유폭(회전반경) 확보할 것

(3) 비상 시 피난용 승강기 운영방식 및 관제계획 초기 매뉴얼 제출

1) 1차 : 화재 층에서 피난안전구역

2) 2차 : 피난안전구역에서 지상 1층 또는 피난층

(4) 승강장 설치간격

1) 비상용 승강기 승강장과 피난용 승강기 승장장은 일정 거리를 이격하여 설치하고, 사용 목적을 감안하여 서로 경유되지 않는 구조로 설치할 것

2) 예외 : 공동주택(아파트)의 경우 부속실 제연설비 성능이 확보된다면 비상용, 피난용 승강기 승강장을 경유하여 설치할 수 있다.

(5) 비상용(피난용) 승강기 승강장 출입문

1) 사용 용도를 알리는 표시를 할 것

2) 백화점, 대형 판매시설, 숙박시설 등 다중이용시설에 설치되는 비상용(피난용) 승강기 승장장 출입문에 사용 용도를 알리는 표시를 할 경우 픽토그램(그림문자)으로 적용할 것

(6) 승강기 설치간격

1) 여러 대의 비상용 승강기 및 피난용 승강기는 각각 이격하여 설치할 것

2) 예외 : 구조상 불가피한 공동주택(아파트)의 경우 제외

07 결론

(1) 최근의 진보된 기술은 화재발생 시 승강기를 피난 용도로 사용할 수 있을 만큼 발전되었다.

(2) 초고층, 지하 건축물들이 지속해서 증가하고 있는 상황에서 피난약자와 소방대뿐만 아니라 일반인도 이용할 수 있는 피난수단으로의 승강기는 매우 유용한 수단임이 틀림없다.

(3) 그러므로 이를 위한 승강기 및 승강장의 요구성능 기준 개발, 설계기법 개발, 그리고 평가를 위한 모델 사용에 관한 연구가 진행될 필요성이 있다.

(4) 피난의 관점에서 보면 피난계단이 건축적 개념으로 비상용 엘리베이터보다는 안전의 신뢰도가 대단히 높다. 하지만 피난약자에게는 생존권과도 같이 피난의 중요한 개념이므로 이를 외면할 수는 없다. 따라서, 국내에서도 약자를 위한 배려, 고층, 심층공간에 대한 배려로서 고층 건축물에는 피난용 승강기 설치를 의무화하고 있다.

SECTION 027 비상용 승강기 피난 시스템(EEES)

01 개요

(1) 승강기 설비, 승강기 샤프트, 기계실, 승강장을 열 · 연기 및 물로부터 보호하는 것은 물론 기계적 설비의 과열과 정전까지 고려한 시스템을 EEES(Emergency Elevator Evacuation System)라고 한다.

(2) 연기제어시스템은 문이 열린 상태, 문이 닫힌 상태, 창문이 깨진 상태, 바람의 유 · 무하에서도 적정한 차압을 유지하여야 한다.

02 시스템 구성

(1) **가압방식(or)**
   1) 각 승강장으로 직접 공급
   2) 승강장에 접속된 승강로를 통하여 간접적으로 공급

(2) **최소 차압** : 40[Pa](S/P 12.5)

(3) **최대 차압** : 문 개방력 110[N] 이하

(4) 바람이나 연돌효과에 의한 영향을 고려하여야 한다.

(5) 여러 가지 요소를 고려하여 차압을 결정한 다음 실내에 발생한 과압은 배출하는 방식이다.

03 압력변동 완화방법

(1) **압력 릴리프 벤트(pressure-relief venting)**
   1) 정풍량(constant supply) 팬과 외벽 면에 압력 릴리프 벤트를 사용하는 방식
   2) 평상시 폐쇄상태로 유지할 경우 : 벤트에 자동댐퍼 설치
   3) 설계 시 가정된 개수의 문이나 창문이 개방된 경우 : 최소 차압을 유지할 수 있도록 설계

(2) 기압댐퍼 벤트(barometric damper venting)

1) 벤트에 기압댐퍼를 설치하여 압력이 임계값 이하로 저하되면 댐퍼를 폐쇄하는 방식

2) 특징 : 저압 조건으로 공기의 손실을 최소화하는 방법

(3) 변풍량 급기 공기(variable supply air)

1) 유량조절방법

① 변풍량 급기팬을 설치하여 변풍량 공기를 공급하는 방식

② 덕트와 댐퍼의 바이패스(by-pass) 배열을 갖는 팬을 이용하여 공급되는 유량을 조절한다.

2) 유량은 로비와 거실 사이에 위치한 정압 압력센서에 의해 제어한다.

(4) 화재층의 배출(fire floor exhaust)

화재가 발생한 거실로부터 연기를 배출하여 화재층 로비문의 차압을 유지한다.

SECTION 028 건축물 출구의 설치기준 131회 출제

01 관람실 등으로부터의 출구

(1) 관람실 등으로부터의 출구 설치대상(「건축법 시행령」 제38조)

1) 제2종 근린생활시설 중 공연장 · 종교집회장(해당용도로 쓰는 바닥면적의 합계가 각각 300[m^2] 이상인 경우)
2) 문화 및 집회시설(전시장 및 동 · 식물원은 제외)
3) 종교시설
4) 위락시설
5) 장례시설

(2) 관람실 등으로부터의 출구의 설치기준(「건축물의 피난 · 방화구조 등의 기준에 관한 규칙」 제10조)

구분	바깥쪽으로 나가는 출구	문화 및 집회시설 중 공연장의 개별 관람실(바닥면적이 300[m^2] 이상인 것)의 설치기준	
		구분	기준
제2종 근린생활시설 중 공연장 · 종교집회장[29]	안여닫이 금지	출구방향	안여닫이 금지
문화 및 집회시설(전시장 및 동 · 식물원 제외)		관람실별	2개소 이상
종교시설		각 출구 유효너비	1.5[m] 이상
위락시설		개별 관람실 출구의 유효 폭의 합계	$\geq \frac{0.6 \times \text{개별 관람실 바닥면적}[m^2]}{100[m^2]}$
장례시설			

(3) 출입구 너비 정리

대상	출입구 유효너비	관련 규정
옥상 경사지붕 아래 설치하는 대피공간의 출입문	0.9[m] 이상	건축물방화구조규칙 제13조
대규모 건축물의 방화벽에 설치하는 출입문	2.5[m] 이하	건축물방화구조규칙 제21조
지하층 비상탈출구	0.75[m] 이상	건축물방화구조규칙 제25조

29) 해당 용도로 쓰는 바닥면적의 합계가 각각 300[m^2] 이상인 경우에만 해당된다.

대상		출입구 유효너비	관련 규정
실내 거실의 출입구		0.8[m] 이상	실내건축의 구조 · 시공방법 등에 관한 기준 제8조
장애인용 시설 출입구	장애인 등의 출입이 가능한 출입구	0.9[m] 이상	장애인 · 노인 · 임산부 등의 편의증진 보장에 관한 시행규칙 [별표 1]
	장애인용 승강기	0.8[m] 이상	
	화장실	0.9[m] 이상	

유효너비 : 국내법에는 규정이 없다. 유효너비에 대한 국토교통부 회신에 의하면 장애 없이 통과할 수 있는 실제 너비로 안목치수의 개념이다. 그러므로 문짝과 문틀 간의 가장 좁은 너비를 유효너비로 보는 것이 가장 적합하다.

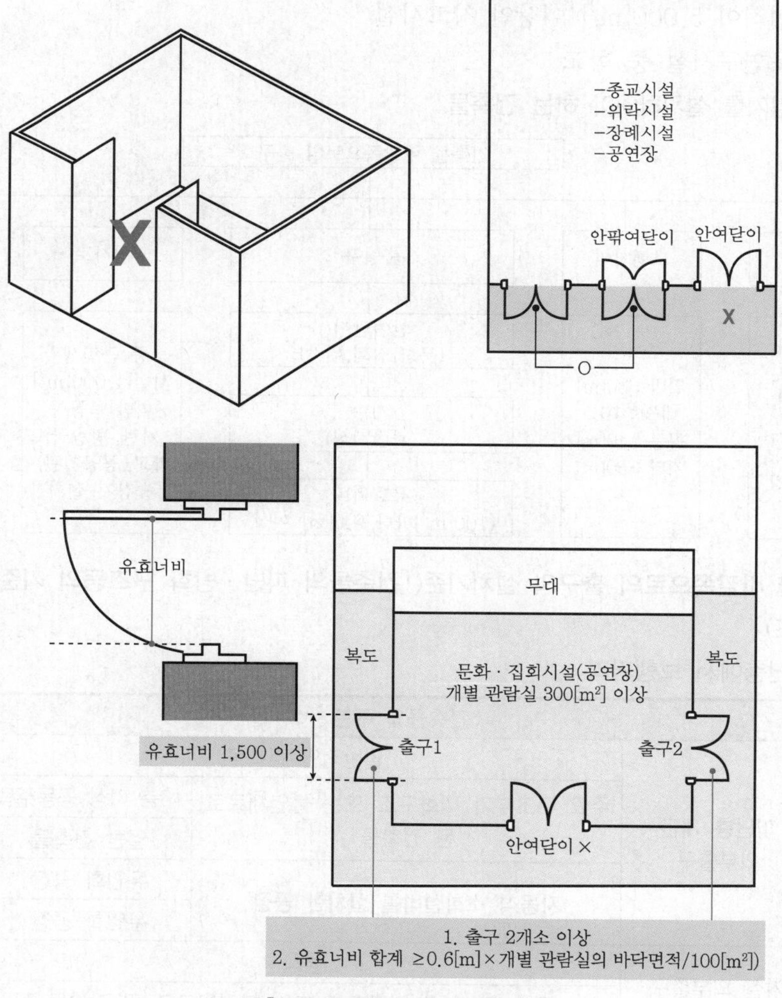

▌관람실 등으로부터의 출구▐

02 건축물 바깥쪽으로의 출구 설치

(1) 건축물 바깥쪽으로의 출구 설치대상(「건축법 시행령」 제39조)

1) 제2종 근린생활시설 중 공연장 · 종교집회장 · 인터넷컴퓨터게임시설제공업소(해당 용도로 쓰는 바닥면적의 합계가 각각 300[m^2] 이상 이상인 경우만 해당)
2) 문화 및 집회시설(전시장 및 동 · 식물원은 제외)
3) 종교시설
4) 위락시설
5) 장례시설
6) 판매시설
7) 업무시설 중 국가 또는 지방자치단체의 청사
8) 연면적이 5,000[m^2] 이상인 창고시설
9) 교육연구시설 중 학교
10) 승강기를 설치하여야 하는 건축물

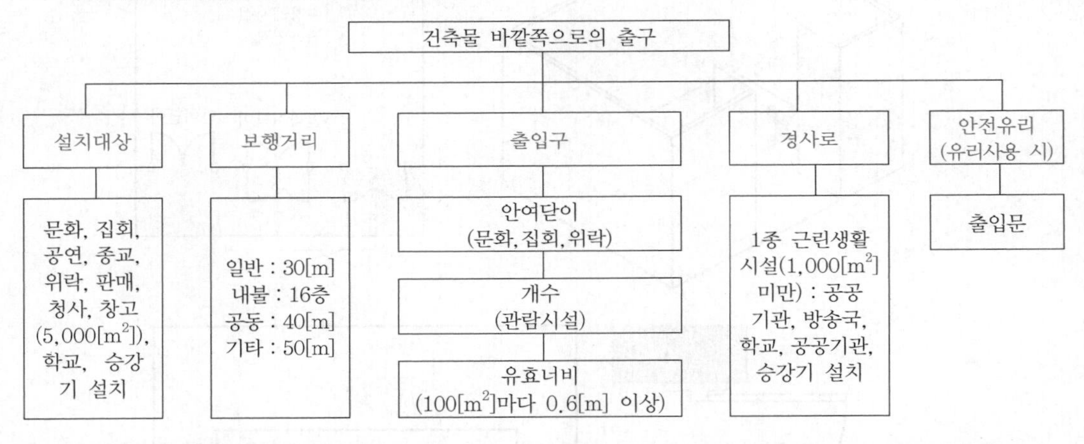

(2) 건축물 바깥쪽으로의 출구의 설치기준(「건축물의 피난 · 방화 구조등의 기준에 관한 규칙」 제11조)

1) 피난층에서 보행거리

건축물의 구분			보행거리
피난층 계단 외부출구	일반적인 건축물		30[m]
	주요 구조부가 내화구조 또는 불연재료로 된 건축물	16층 이상 공동주택	40[m]
		일반 건축물	50[m]
	자동식 소화설비를 설치한 공장	유인화 공장	75[m]
		무인화 공장	100[m]
거실 외부출구	원칙		60[m]
	주요 구조부가 내화구조 또는 불연재료로 된 건축물		100[m]

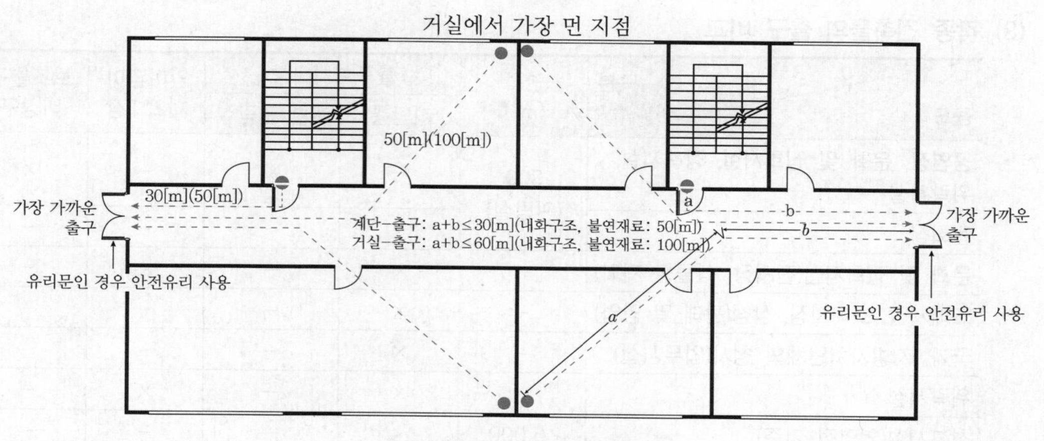

▌피난층에서 보행거리▐

2) 건축물 바깥쪽으로 나가는 출구 설치기준

설치대상	설치기준
문화 및 집회시설(전시장 및 동 · 식물원 제외), 장례시설, 위락시설 용도에 쓰이는 건축물의 옥외로의 출구의 문	안여닫이로 해서는 안 됨(바깥쪽으로 개방)
관람실의 바닥면적의 합계가 300[m^2] 이상인 집회장 또는 공연장	옥외로의 주된 출구 외 ① 보조출구를 2개소 이상 ② 비상구를 2개소 이상
판매시설의 피난층	출구합계 : 바닥면적 100[m^2]마다 너비 0.6[m] 이상

3) 건축물 바깥쪽으로 나가는 출입문에 유리를 사용하는 경우 : 안전유리 사용

4) 건축물의 피난층 또는 피난층의 승강장으로부터 건축물 바깥쪽에 이르는 통로에 경사로 설치대상

용도	면적	세부용도
제1종 근린생활시설	당해 용도에 쓰이는 바닥면적의 합계가 1,000[m^2] 미만인 것	지역자치센터 · 파출소 · 지구대 · 소방서 · 우체국 · 방송국 · 보건소 · 공공도서관 · 지역건강보험조합 기타 이와 유사한 것
	면적제한 없음	마을회관 · 마을공동작업소 · 마을공동구판장 · 변전소 · 양수장 · 정수장 · 대피소 · 공중화장실 기타 이와 유사한 것
판매시설, 운수시설	연면적 5,000[m^2] 이상	판매시설, 운수시설
교육연구시설	면적제한 없음	학교
업무시설 중	면적제한 없음	국가 또는 지방자치단체의 청사와 외국공관의 건축물로서 제1종 근린생활시설에 해당하지 아니하는 것
승강기를 설치하여야 하는 건축물		

(3) 각종 건축물의 출구 비교

용도 \ 구분	면적 (m^2)	출구설치대상		안여닫이 제외대상	보조출구 비상구
		피난층	개별 관람실		
공연장, 문화 및 집회시설, 장례시설, 위락시설	300 (관람실)	–	×	–	×
집회장		–	–	–	–
문화 및 집회시설(전시장, 식물원 제외)	–	×	–	×	–
도매시장, 소매시장, 상점(판매 및 영업)	–	×	–	–	–
국가, 지방자치단체의 청사(업무시설)	–	×	–	–	–
위락시설	–	×	–	×	–
창고시설(연면적 기준)	5,000	×	–	–	–
학교	–	×	–	–	–
승강기 설치대상 건축물	–	×	–	–	–

[비고] ×은 설치대상 또는 제외대상을 의미한다.

03 대지와 도로(공지)쪽으로 피난계획

(1) 개요

화재 시 건축물 내 재실자는 화재로 인한 유리 파손, 연기 등으로부터 영향을 받지 않는 도로와 공지가 최종 대피 장소가 되므로 모든 건축물은 도로와 공지에 면하여 설치되어야 한다.

(2) 적용기준

구분	기준
「건축법」 제44조 (대지와 도로의 관계)	① 건축물 대지는 2[m] 이상이 도로 또는 공지에 접할 것 ② 도로의 너비, 도로에 접하는 길이는 대통령령으로 규정
「건축법 시행령」 제28조 (대지와 도로의 관계)	공지는 광장, 공원, 유원지 등 통행에 지장이 없는 것
	연면적 2,000[m^2](공장 3,000[m^2]) 이상은 6[m] 도로에 4[m] 이상 접할 것

SECTION

029 회전문(revolving door)

01 회전문의 설치기준(「건축물의 피난 · 방화구조 등의 기준에 관한 규칙」 제12조)

건축물의 출입구에 설치하는 회전문의 설치기준은 다음과 같다.

▌회전문 설치기준▐

구분	내용
① 회전문의 설치위치	계단이나 에스컬레이터로부터 2[m] 이상의 거리를 둘 것
② 회전문과 문틀 사이 및 바닥 사이 설치기준	간격을 확보하고 틈 사이를 고무와 고무펠트의 조합체 등을 사용하여 신체나 물건 등에 손상이 없도록 할 것
③ 회전문과 문틀 사이 간격	5[cm] 이상
④ 회전문과 바닥 사이 간격	3[cm] 이하
⑤ 회전방향	출입에 지장이 없도록 일정한 방향으로 회전하는 구조
⑥ 회전문의 크기	반경 140[cm] 이상
⑦ 회전문의 회전속도	분당 회전수가 8회를 넘지 아니하도록 할 것
⑧ 안전장치	전자감지장치 등을 사용하여 정지하는 구조로 할 것

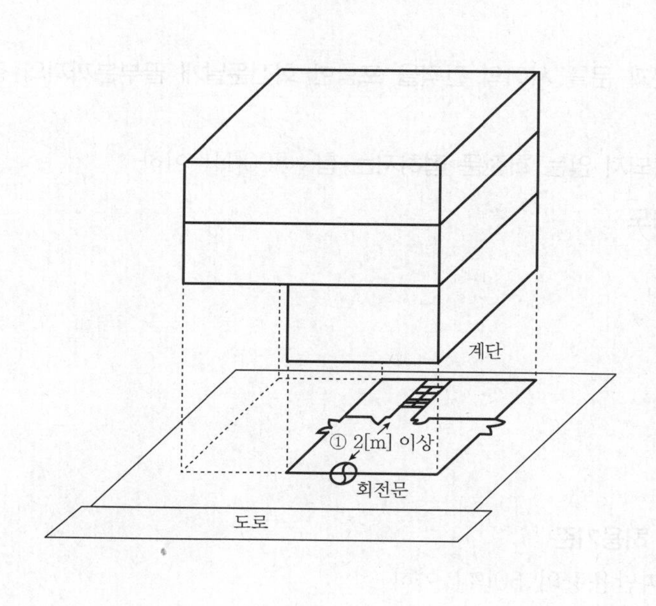

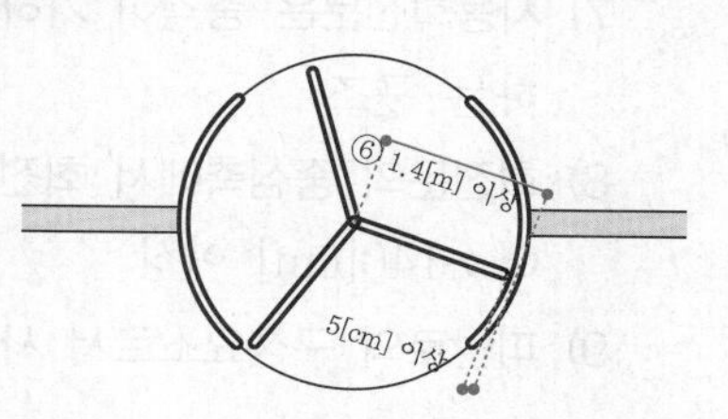

(a) 회전문과 문틀 사이 간격

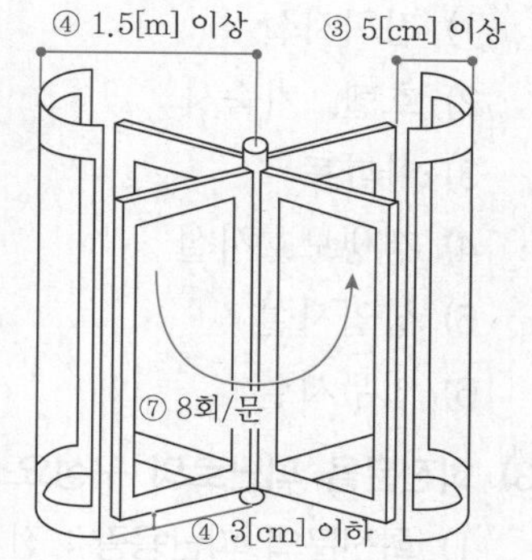

(b) 회전문과 바닥 사이 간격

▌회전문▐

02 미국의 회전문(life safety code)

(1) 설치기준

1) 계단 또는 에스컬레이터의 하단이나 상단으로부터 이격거리 : 3[m] 이상
2) 회전문을 설치한 벽에 회전문으로부터 3[m] 이내에 경첩을 단 여닫이문을 설치
3) 최대 회전속도

문의 안쪽 길이[m]	기계의 최대 회전속도[rpm]	사람의 최대 회전속도[rpm]
2	11	12
2.1	10	11
2.3	9	11
2.4	9	10
2.6	8	9
2.7	8	9
2.9	7	8
3.0	7	8

4) 문짝을 접혔을 경우 유효폭 : 36[in](91.5[cm]) 이상일 것
5) 회전문과 문틀 사이 및 바닥 사이는 일정한 간격을 확보하고 틈 사이를 고무와 고무펠트의 조합체 등을 사용하여 신체나 물건 등에 손상이 없도록 할 것
6) 출입에 지장이 없도록 일정한 방향으로 회전하는 구조이어야 한다.
7) 자동회전문은 충격이 가하여지거나 사용자가 위험한 위치에 있는 경우 : 자동으로 정지하는 구조
8) 회전문의 중심축에서 회전문과 문틀 사이의 간격을 포함한 회전문날개 끝부분까지의 길이 : 140[cm] 이상
9) 피난로의 구성요소로서 사용되지 않는 회전문 접혀지는 힘 : 800[N] 이하

(2) 회전문이 허용되는 건축물의 용도

1) 집회시설
2) 호텔, 기숙사
3) 아파트
4) 갱생보호시설
5) 상업시설
6) 업무시설

(3) 회전문을 피난로의 구성요소로 허용기준

1) 회전문의 피난용량 : 전체 피난용량의 50[%] 이하
2) 회전문의 피난인원 : 50명 이하

3) 직경이 9[ft](2.745[m]) 이상인 회전문이 접혔을 경우의 개구부 유효폭 : 피난용량 이상
4) 회전문 접혀지는 힘 : 문짝의 바깥부분에서 3[in](7.5[cm]) 이내의 부분에 580[N] 이하

03 회전문의 설치와 제한하는 이유

(1) 설치이유

1) 건축물 출입구에 회전문을 설치하게 되면 건물의 시각적 이미지와 가치상승
2) 회전문은 칸막이를 통해 공기의 흐름을 차단하여 냉난방 효율화
① 회전문은 빌딩 안의 공기가 밖으로 나가지도 못하고 빌딩 밖의 공기가 안으로 들어오지도 못하도록 막는 역할을 한다.
② 건물의 냉 · 난방 비용 : 20[%] 이상 절감할 수 있다.
3) 방풍실의 면적을 없앨 수 있어 로비에 넓은 공간을 제공한다.
4) 회전문은 사람들의 동선을 따라 하나의 문으로도 여러 명을 빠르게 순환시켜 이동시간을 단축한다.
5) 연돌효과 방지

(2) 회전문을 제한하는 이유

1) 회전문은 단시간에 많은 사람이 출입을 하는데 장애요인이 된다.
2) 계단의 상단과 하단의 3[m] 이내에 회전문을 설치를 금하는 이유 : 병목현상 발생
3) NFPA 101의 회전문의 피난용량 제한 : 50[%] 이하, 최대 인원 50명 이하
4) 3[m] 이내에 안여닫이 문을 설치하는 이유 : 회전문 고장 대비

연돌효과 방지 이유

연돌효과에 의한 압력차는 아래와 같다.

$$\Delta P = 3{,}460\left(\frac{1}{T_o} - \frac{1}{T_i}\right) \times h_2$$

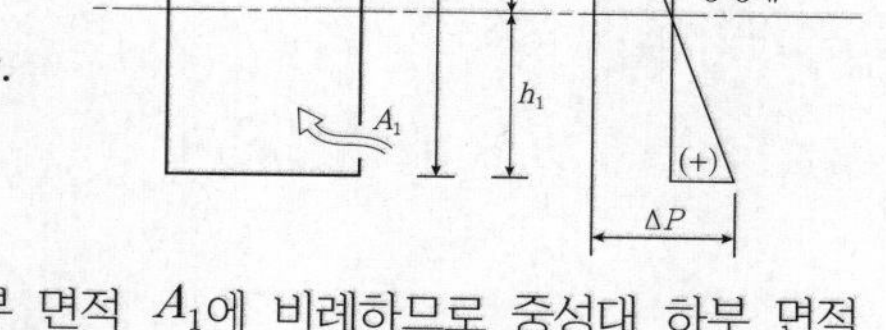

중성대 상부 높이 h_2는 아래식과 같다.

$$\frac{h_2}{h_1} = \left(\frac{A_1}{A_2}\right)^2 \cdot \frac{T_i}{T_o}$$

즉, 중성대 높이는 중성대 하부 개구부 면적 A_1에 비례하므로 중성대 하부 면적을 줄이면(회전문 설치) 연돌효과가 감소된다.

SECTION

030 피난안전구역

120 · 116 · 94회 출제

01 「건축법 시행령」의 피난안전구역

(1) 직통계단의 설치(제34조)

1) 피난안전구역 : 건축물의 피난 · 안전을 위하여 건축물 중간층에 설치하는 대피공간

2) 고층, 준초고층, 초고층의 피난안전구역 설치대상 비교

구분	고층	준초고층	초고층
층수기준	11층 이상	30층 이상	50층 이상
높이기준	-	120[m] 이상	200[m] 이상
특별피난계단	설치	설치	설치
비상용 승강기	설치	설치	설치
피난용 승강기	설치대상 아님	설치	설치
피난안전구역	설치대상 아님	전체 층수의 $\frac{1}{2}$에 해당하는 층으로부터 상하 5개 층 이내에 1개소 이상 설치	피난안전구역 (30층마다 1개소)

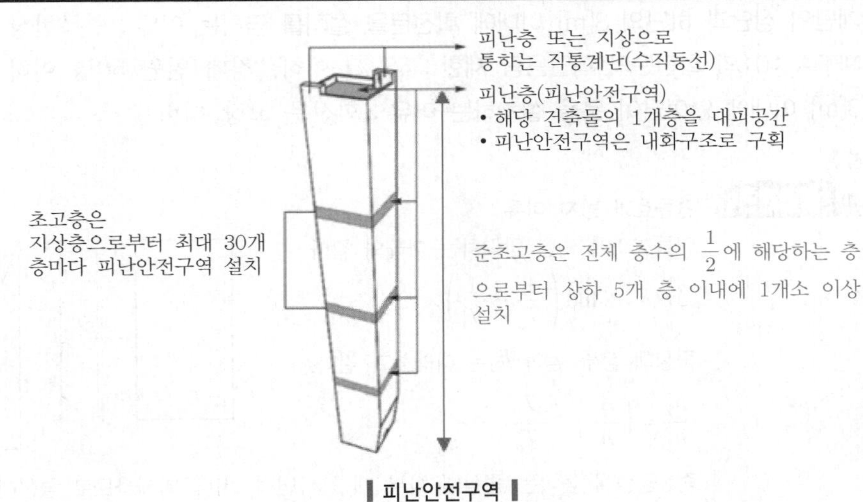

▌피난안전구역▐

(2) 외국의 피난안전공간

1) 일본 : 대규모 개방공간이 있는 경우 조건에 따라 피난층으로 인정

2) 미국

① NFPA 규정 등에서 건물 내에 피난안전공간(refuge area)의 설치를 권장한다.

② IBC 규정

㉠ 수평출구로 연결되는 피난안전구역은 다음 수용인원별 요구사항을 만족하는 출구폭 확보(단, 수평출구를 통해 다른 공간에서 추가로 들어오는 수용인원은 산정하지 않음)

수용인원	출구폭[m]
50명 이하	0.75
51 ~ 110명	0.85
111 ~ 220명	1.05

㉡ 최소 하나 이상의 출구는 옥외 또는 출구구획으로 직결되어야 함

02 건축물의 피난·방화구조 등의 기준에 관한 규칙

(1) 피난안전구역의 설치기준(제8조의2)

<table>
<tr><th colspan="3">구분</th><th>내용</th></tr>
<tr><td rowspan="2">병행설치</td><td colspan="2">대상</td><td>기계실, 보일러실, 전기실 등 건축설비를 설치하기 위한 공간</td></tr>
<tr><td colspan="2">구조</td><td>건축설비가 설치되는 공간과 내화구조로 구획</td></tr>
<tr><td colspan="3">피난안전구역에 연결되는 특별 피난계단의 구조</td><td>피난안전구역을 거쳐서 상·하층으로 갈 수 있는 구조</td></tr>
<tr><td rowspan="14">피난안전구역의 구조 및 설비</td><td rowspan="3">단열재</td><td>단열재 기준</td><td>「녹색건축물 조성 지원법」 제15조 제1항에 따라 국토교통부장관이 정하여 고시한 기준에 적합한 단열재를 설치</td></tr>
<tr><td>아래층</td><td>최상층에 있는 거실의 반자 또는 지붕 기준을 준용</td></tr>
<tr><td>위층</td><td>최하층에 있는 거실의 바닥 기준을 준용</td></tr>
<tr><td colspan="2">내부마감재료</td><td>불연재료</td></tr>
<tr><td colspan="2">연결되는 계단</td><td>특별피난계단의 구조</td></tr>
<tr><td colspan="2">비상용 승강기</td><td>피난안전구역에서 승하차할 수 있는 구조</td></tr>
<tr><td colspan="2">급수전</td><td>1개소 이상</td></tr>
<tr><td colspan="2">조명설비</td><td>예비전원에 의한 조명설비</td></tr>
<tr><td colspan="2">긴급연락설비</td><td>관리사무소 또는 방재센터 등과 긴급연락이 가능한 경보 및 통신시설을 설치</td></tr>
<tr><td colspan="2">지상층 피난안전구역 면적</td><td>(피난안전구역 위층의 재실자수 × 0.5) × 0.28[m^2]</td></tr>
<tr><td colspan="2">높이</td><td>2.1[m] 이상</td></tr>
<tr><td colspan="2">배연설비</td><td>「건축물의 설비기준 등에 관한 규칙」 제14조에 따른 배연설비를 설치</td></tr>
<tr><td colspan="2" rowspan="2">소방청장이 정하는 소방등 재난설비</td><td>자동제세동기 등 심폐소생술을 할 수 있는 응급장비</td></tr>
<tr><td>방독면 : 피난안전구역 위층 재실자수의 10분의 1 이상</td></tr>
</table>

1) 지상층 피난안전구역 면적

① 피난안전구역의 면적 산정공식 : (피난안전구역 위층의 재실자 수 × 0.5) × 0.28[m^2]

㉠ 피난안전구역 위층 재실자수

$$= \frac{\text{해당 피난안전구역과 다음 피난안전구역 사이의 용도별 바닥면적}[m^2]}{\text{재실자 밀도}[m^2/\text{명}]}$$

㉡ 예외 : 문화 · 집회용도 중 벤치형 좌석을 사용하는 공간과 고정좌석을 사용하는 공간은 다음의 구분에 따라 피난안전구역 위 공간의 재실자수를 산정

- 벤치형 좌석을 사용하는 공간 : $\frac{\text{좌석길이}}{45[cm]}$
- 고정좌석을 사용하는 공간 : 휠체어 공간수 + 고정좌석수

② 피난안전구역 설치대상 건축물의 용도에 따른 사용형태별 재실자 밀도
(*SECTION 007 NFPA 101에 따른 피난로의 피난용량 산정방법 참조)

(2) 고층건축물 피난안전구역 등의 피난 용도 표시(제22조의2)

구분	내용
피난안전구역	출입구 상부 벽 또는 측벽의 눈에 잘 띄는 곳에 '피난안전구역' 문자를 적은 표시판을 설치
	출입구 측벽의 눈에 잘 띄는 곳에 해당 공간의 목적과 용도, 다른 용도로 사용하지 아니할 것을 안내하는 내용을 적은 표시판을 설치
특별피난계단의 계단실 및 그 부속실, 피난계단의 계단실 및 피난용 승강기 승강장	출입구 측벽의 눈에 잘 띄는 곳에 해당 공간의 목적과 용도, 다른 용도로 사용하지 아니할 것을 안내하는 내용을 적은 표시판을 설치
	해당 건축물에 피난안전구역이 있는 경우 표시판에 피난안전구역이 있는 층을 적을 것
대피공간	출입문에 해당 공간이 화재 등의 경우 대피장소이므로 물건적치 등 다른 용도로 사용하지 아니할 것을 안내하는 내용을 적은 표시판을 설치

03 고층건축물의 피난 및 안전관리(「건축법」 제50조의2)

(1) 고층건축물에는 대통령령으로 정하는 바에 따라 피난안전구역을 설치하거나 대피공간을 확보한 계단을 설치하여야 한다. 이 경우 피난안전구역의 설치 기준, 계단의 설치 기준과 구조 등에 관하여 필요한 사항은 국토교통부령으로 정한다.

(2) 고층건축물에 설치된 피난안전구역 · 피난시설 또는 대피공간에는 국토교통부령으로 정하는 바에 따라 화재 등의 경우에 피난 용도로 사용되는 것임을 표시하여야 한다.

(3) 고층건축물의 화재예방 및 피해경감을 위하여 국토교통부령으로 정하는 바에 따라 제48조부터 제50조까지 및 제64조의 기준을 강화하여 적용할 수 있다.

1) 제48조 구조내력 등
2) 제48조의2 건축물 내진등급의 설정
3) 제49조 건축물의 피난시설 및 용도제한 등
4) 제50조 건축물의 내화구조와 방화벽
5) 제64조 승강기

04 피난안전구역 설치기준 등(「초고층 및 지하연계 복합건축물 재난관리에 관한 특별법 시행령」 제14조)

(1) 피난안전구역 설치대상

1) 초고층 건축물
2) 30층 이상 49층 이하(준초고층) + 지하연계 복합건축물
3) 16층 이상 29층 이하 + 지하연계 복합건축물 + 지상층별 재실자 밀도가 [m^2]당 1.5명을 초과하는 층 : 해당 층의 사용형태별 면적의 합의 10분의 1에 해당하는 면적을 피난안전구역으로 설치한다.
4) 초고층 건축물 등의 지하층이 법 제2조 제2호 나목의 용도로 사용되는 경우(or)
   ① 해당 지하층에 [별표 2]의 피난안전구역 면적 산정기준에 따라 피난안전구역을 설치한다.
   ② 선큰을 설치한다.

1. **법 제2조 제2호 나목** : 건축물 안에 문화 및 집회시설, 판매시설, 운수시설, 업무시설, 숙박시설, 위락(慰樂)시설 중 유원시설업(遊園施設業)의 시설 또는 대통령령으로 정하는 용도의 시설(종합병원과 요양병원)이 하나 이상 있는 건축물
2. **지하층 피난안전구역 면적산정기준**

지하층의 용도	피난안전구역 면적
하나의 용도	수용인원 × 0.1 × 0.28[m^2]
둘 이상 용도	사용형태별 수용인원의 합 × 0.1 × 0.28[m^2]

[비고]
1) 수용인원은 사용형태별 면적과 재실자 밀도를 곱한 값을 말한다. 단, 업무용도와 주거용도의 수용인원은 용도의 면적과 재실자 밀도를 곱한 값으로 한다.
2) 건축물의 사용형태별 재실자 밀도

(2) 피난안전구역에 설치하는 소방시설 125회 출제

설비의 종류	내용
소화설비	소화기구(소화기 및 간이소화용구만 해당)
	옥내소화전설비
	스프링클러설비
경보설비	자동화재탐지설비
피난구조설비	방열복
	공기호흡기(보조마스크 포함)
	인공소생기
	피난유도선(피난안전구역으로 통하는 직통계단 및 특별피난계단 포함)
	유도등 · 유도표지
	비상조명등 및 휴대용 비상조명등
소화활동설비	제연설비
	무선통신보조설비
재난의 예방 · 대응 및 지원을 위한 행정안전부령으로 정하는 설비	자동제세동기 등 심폐소생술을 할 수 있는 응급장비
	방독면 : 피난안전구역 위층 재실자수의 10분의 1 이상

(3) 선큰 설치기준(건축방재의 선큰 가든 참조)

(4) 초고층 건축물 등의 관리주체는 피난안전구역에 (1)부터 (3)까지에서 규정한 사항 외에 재난의 예방 · 대응 및 지원을 위하여 행정안전부령으로 정하는 설비 등을 갖추어야 한다.

▌행정안전부령으로 정하는 설비 등 ▌ 111회 출제

<table>
<tr><th colspan="2">구분</th><th>설치대상</th><th>면적</th><th>적용 대상</th></tr>
<tr><td colspan="2">초고층</td><td>30층 이내마다 1개</td><td rowspan="2">(피난안전구역 위층의 재실자수 × 0.5) × 0.28[m²]</td><td rowspan="6">피난 안전 구역</td></tr>
<tr><td colspan="2">준초고층</td><td>층수의 2분의 1에 해당하는 층으로부터 상하 5개 층 이내에 1개소</td></tr>
<tr><td colspan="2" rowspan="3">지하연계 복합건축물</td><td>초고층 건축물</td><td rowspan="3">해당 층 사용형태별 면적 합 × 0.1 이상</td></tr>
<tr><td>30층 이상 49층 이하 + 지하연계 복합건축물</td></tr>
<tr><td>16층 이상 29층 이하 + 지하연계 복합건축물 + 지상층별 재실자 밀도가 [m²]당 1.5명을 초과하는 층</td></tr>
<tr><td rowspan="3">지하층</td><td>피난안전구역</td><td>판매, 운수, 업무, 숙박, 위락</td><td>수용인원 × 0.1 × 0.28[m²]</td></tr>
<tr><td rowspan="2">선큰</td><td rowspan="2">판매, 운수, 업무, 숙박, 위락</td><td>공연장, 집회장, 관람장, 소매시장 : 해당면적의 7[%] 이상</td><td rowspan="2">선큰</td></tr>
<tr><td>그 밖의 용도 : 해당면적의 3[%] 이상</td></tr>
</table>

05 피난안전구역의 소방시설[고층건축물의 화재안전기술기준(NFTC 604)]

구분	설비	설치기준
소화활동설비	제연설비	① 피난안전구역과 비제연구역 간의 차압은 50[Pa](옥내에 스프링클러설비가 설치된 경우에는 12.5[Pa]) 이상 ② 제외 : 피난안전구역의 한쪽 면 이상이 외기에 개방된 구조의 경우
피난구조설비	피난유도선	① 피난안전구역이 설치된 층의 계단실 출입구에서 피난안전구역 주 출입구 또는 비상구까지 설치 ② 계단실에 설치하는 경우 계단 및 계단참에 설치 ③ 피난유도 표시부의 너비는 최소 25[mm] 이상으로 설치 ④ 광원점등방식(전류에 의하여 빛을 내는 방식)으로 설치 ⑤ 60분 이상 유효하게 작동
	비상조명등	바닥에서 조도는 10[lx] 이상
	휴대용 비상조명등	① 설치개수 ㉠ 초고층 건축물 : 피난안전구역 위층의 재실자수의 10분의 1 이상 ㉡ 지하연계 복합건축물 : 피난안전구역이 설치된 층의 수용인원이 10분의 1 이상 ② 건전지 및 충전식 건전지의 용량 ㉠ 40분 이상 ㉡ 피난안전구역이 50층 이상에 설치되어 있을 경우는 60분 이상
	인명구조기구	① 방열복, 인공소생기를 각 2개 이상 비치 ② 45분 이상 사용할 수 있는 성능의 공기호흡기(보조마스크를 포함)비치 개수 ㉠ 일반적인 경우 : 2개 이상 ㉡ 피난안전구역이 50층 이상에 설치되어 있을 경우 : 예비용기를 10개 이상 ③ 화재 시 쉽게 반출할 수 있는 곳에 비치 ④ 인명구조기구가 설치된 장소의 보기 쉬운 곳에 '인명구조기구'하는 표지판 등을 설치

SECTION 031

옥상에 설치하는 피난시설

01 개요

(1) 5층 이상의 건축물에서 화재가 발생하여 피난층으로의 피난이 불가능할 경우를 대비하여 다중화(fail-safe)개념의 피난용도로 사용할 수 있는 피난시설을 설치하여야 한다.

(2) 옥상에 설치하는 피난시설에는 옥상광장, 구조공간, 헬리포트, 대피공간 등이 있다.

(3) **「건축법」 제50조의2 고층건축물의 피난 및 안전관리** : 고층건축물에는 피난안전구역 또는 대피공간을 확보한 계단을 설치한다.

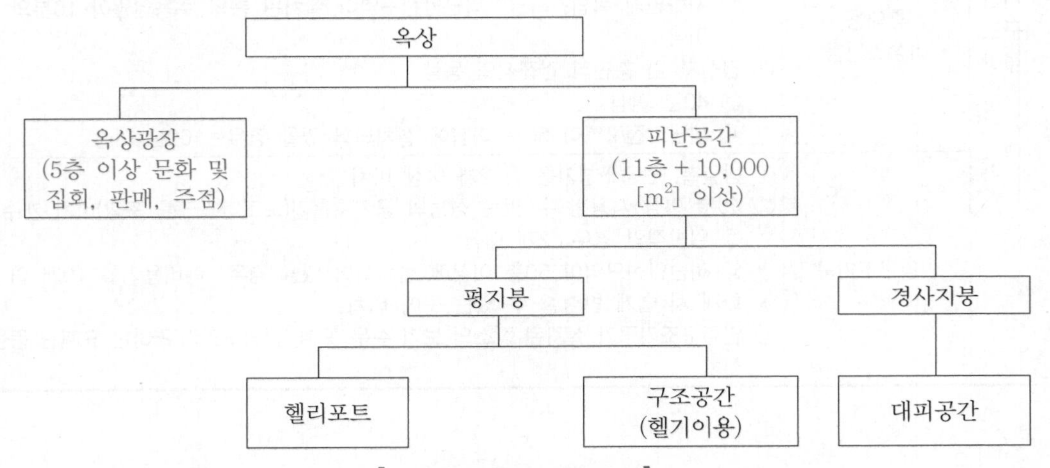

▌옥상에 설치하는 피난시설▐

02 옥상광장 등의 설치(「건축법 시행령」 제40조)

(1) **옥상광장 또는 2층 이상인 층에 있는 노대(露臺)나 그 밖에 이와 비슷한 것의 주위**

1) 높이 1.2[m] 이상의 난간 설치

2) 예외 : 노대 등에 출입할 수 없는 구조인 경우

(2) **설치대상**

5층 이상인 층 중 다음의 용도로 쓰이는 경우에 옥상광장을 설치한다.

층수기준	대상	설치기준
5층 이상인 층 중	① 제2종 근린생활시설 중 공연장 · 종교집회장 · 인터넷컴퓨터게임시설제공업소(바닥면적의 합계가 300[m^2] 이상) ② 문화 및 집회시설(전시장 및 동 · 식물원은 제외) ③ 종교시설 ④ 판매시설 ⑤ 위락시설 중 주점영업 ⑥ 장례시설	피난용 광장을 옥상에 설치
11층 이상인 건축물	11층 이상인 층의 바닥면적의 합계가 10,000[m^2] 이상	옥상에는 다음의 공간 확보 ① 평지붕 : 헬리포트, 헬기를 통한 인명구조공간 ② 경사지붕 : 지붕 아래에 대피공간

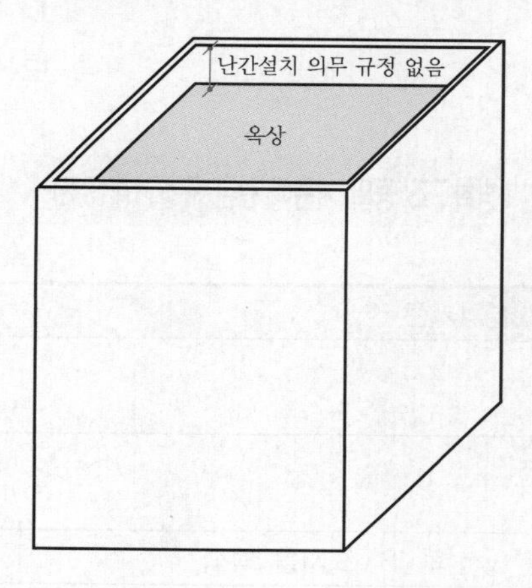

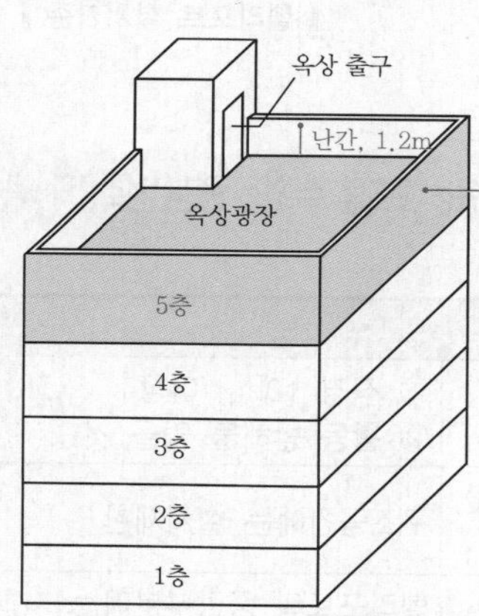

▌옥상(우)과 옥상광장(좌)▐

03 헬리포트 및 구조공간 설치 기준(「건축물의 피난 · 방화구조 등의 기준에 관한 규칙」 제13조) 119회 출제

구분		설치기준
헬리포트의 길이와 너비		① 22[m] 이상 ② 건축물의 옥상바닥의 길이와 너비가 각각 22[m] 이하인 경우에는 헬리포트의 길이와 너비를 각각 15[m]까지 감축할 수 있다.
이 · 착륙에 장애가 되는 건축물, 공작물, 조경시설 또는 난간 등 설치제한		헬리포트의 중심으로부터 반경 12[m] 이내에는 설치제한
주위한계선		백색으로 하되, 그 선의 너비는 38[cm]로 할 것
'H' 표지	크기와 색	헬리포트의 중앙부분에는 지름 8[m]의 'H' 표지를 백색
	'H' 표지	선의 너비는 38[cm]
	'ㅇ' 표지	선의 너비는 60[cm]

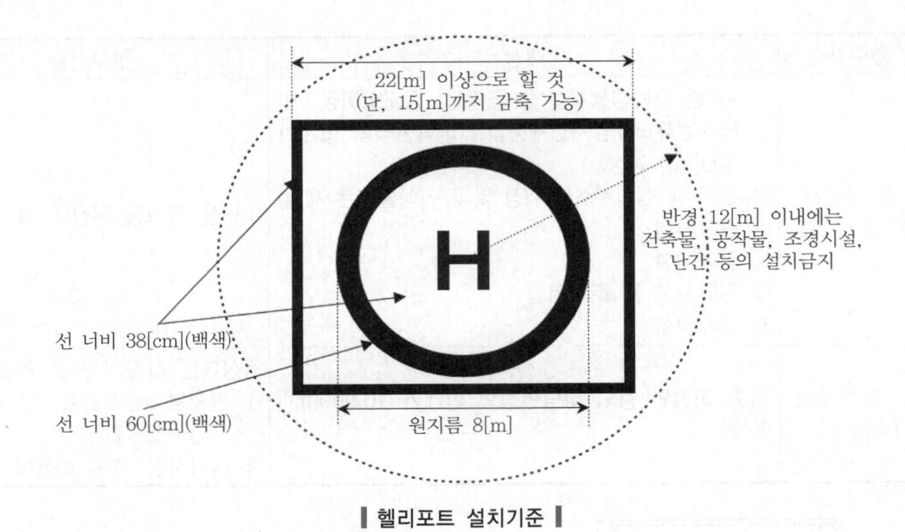

▌헬리포트 설치기준▐

04 헬리콥터를 통하여 인명 등을 구조할 수 있는 공간(「건축물의 피난·방화구조 등의 기준에 관한 규칙」 제13조)

구분		설치기준
구조공간		① 직경 10[m] 이상 ② 활동 방해물 없을 것
구조활동에 장애가 되는 건축물, 공작물 또는 난간 등 설치제한		구조공간에는 설치제한
'H' 표지	크기와 색	헬리포트의 중앙부분에는 지름 8[m]의 'H' 표지를 백색
	'H' 표지	선의 너비는 38[cm]
	'ㅇ' 표지	선의 너비는 60[cm]

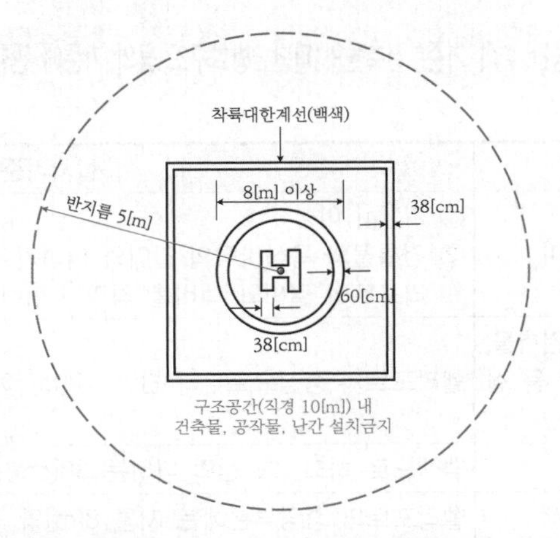

▌헬리콥터를 통하여 인명 등을 구조할 수 있는 공간▐

05 헬리포트나 헬리콥터를 통하여 인명을 구조할 수 있는 공간의 특징

(1) 고층건물의 옥상으로 피난한 피난자에게 유일한 최후의 피난수단
(2) 헬리콥터의 탑승인원 제한
(3) 층고가 높거나 빌딩숲의 경우에는 와류의 발생우려(미국에서는 구조용 헬리콥터가 와류에 의해 건물과 충돌한 사례가 있다.)

06 대피공간 129회 출제

(1) 헬리콥터(「건축물의 피난 · 방화구조 등의 기준에 관한 규칙」 제13조)

구분	설치기준
설치대상	11층 이상 + 10,000[m^2] 이상 + 경사지붕
설치조건	경사지붕의 경우 : 경사지붕 아래 대피공간 확보
대피공간의 면적	지붕 수평투영면적의 10분의 1 이상
구조	특별피난계단 또는 피난계단과 연결되도록 할 것
구획	출입구 · 창문을 제외하고 다른 부분과 내화구조의 바닥 및 벽으로 구획
출입구 유효너비	0.9[m] 이상
출입구 문	60분 또는 60분+ 방화문, 자동폐쇄장치
조명설비	예비전원으로 작동하는 조명설비
긴급연락장치	관리사무소와 통신시설
내부마감재료	불연재료

(2) 옥상 대피공간 화재안전성 확보
1) 건축물의 규모 및 주변 여건 등을 파악하여 헬리포트 또는 인명구조 공간을 비교 후 가장 적응성이 좋은 것을 선택
2) 옥상에 설치되는 피난시설(옥상광장, 대피공간, 헬리포트 등)의 마감 : 불연재료
3) 헬리포트 또는 인명 등을 구조할 수 있는 공간 설치대상
① 그 아래층 또는 인근에 별도의 피난대기공간의 설치가 필요하다.
② 아래층 화재로부터 열 · 연기의 영향을 제한적으로 받고 장시간에 걸친 구조시간 동안 대기할 수 있는 공간이 필요하다.
③ 구조 : 천장이 없는 구조로서 3면 또는 4면 벽 높이는 최소 1.5m 이상의 불연재료로 구획
4) 옥상에 태양광집열판 등 화재에 노출되는 설비는 지양하고, 불가피하게 설치할 경우 화재예방대책이 필요하다.
① 설비가 설치되는 장소 : 옥상의 다른 부분(광장 등)과 불연재료로 칸막이로 구획

② 피난에 지장이 없는 조치

㉠ 특별피난계단, 비상용(피난용) 승강장 출입문과 최대한 거리를 두고 설치

㉡ 적응성 있는 소화설비 추가 설치

5) 옥상으로 통하는 출입문 : 피난용도로 사용되는 것임을 표시(픽토그램 등)할 것

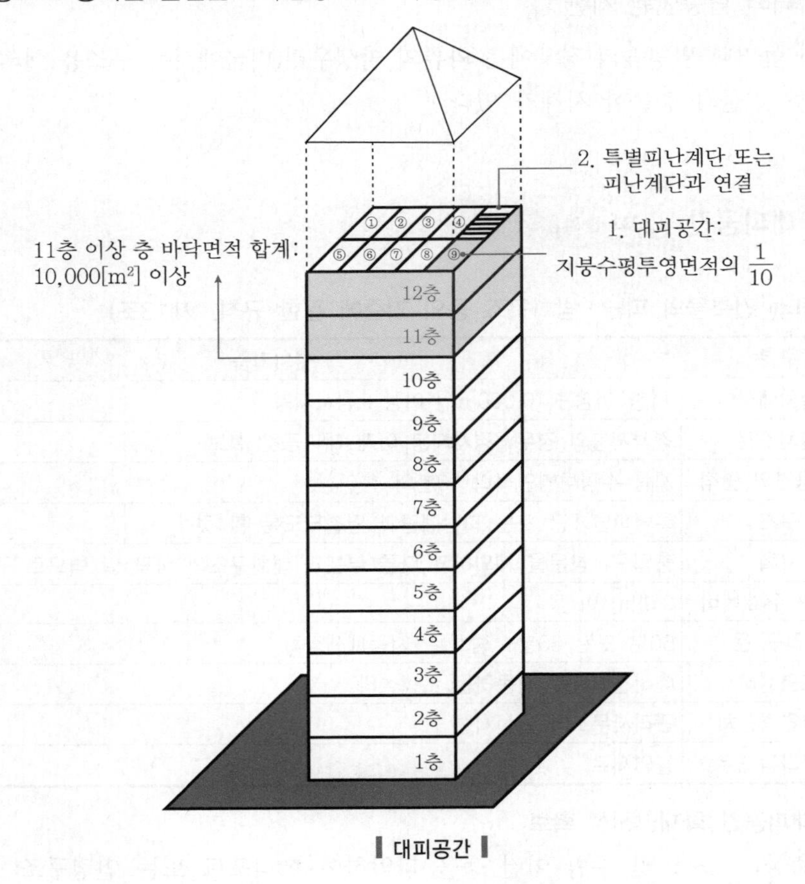

▌대피공간▐

SECTION 032

화재 및 연기에 대한 피난자의 거동 응답

01 개요

화재 시 발생하는 피난자의 거동 응답은 화재사고의 결과를 결정하는 인자로 작용하는 경우가 많다.

02 화재 징후 인식

(1) 음성지시형 정보메시지(피난경보설비, 비상방송설비) 또는 그래픽 디스플레이 방식(자동화재탐지설비, 유도등설비)을 활용하는 '정보제공형 화재경보설비'는 피난개시 지연을 감소시키는 데 있어서 가장 효과적인 수단이다.

(2) 다른 군중들과 함께 있는 상태(식당, 영화관, 백화점)에서 화재발생 시 군중에 의해 화재징후 인식 → 사회적 억제, 책임 분산

03 화재사고의 인식 : 화재사고 인지과정 6단계

(1) 인지(recognition)

1) 개인이 불확실한 화재징후를 화재사고의 발생으로 파악하고 화재발생을 인식하게 될 때, 이를 화재로 인지한다.
2) 가장 발생 가능성이 높은 사건(일반적으로 과거의 개인적 경험과 관련)을 바탕으로 낙관적이고 유리한 결과의 형태로 위험 징후를 인지하게 된다.
3) 개인이 화재사고 징후의 인지에 있어서 낙관적인 결과를 예상하는 이유는 개인적으로 위험에 취약하지 않다는 낙관적인 상황을 인지하고 있기 때문이다.
4) 위험인지의 개념은 방화에 있어서 매우 중요한 문제이다. 해당 개인이 화재징후를 비상화재상황으로 인지하지 않을 경우에는 경보, 피난 및 소화 등의 재난대응에 의사결정이 지연될 수 있다.

(2) 검증(validation)

1) 화재 징후에 대한 초기 인지 결과를 검증하려고 시도이다. 위험사실에 대하여 징후만 가지고는 화재로 인식하지 않는다.

2) 인지 및 검증 과정 중에 타인이 함께 있다는 사실은 타인에 의존하기 때문에 개인의 거동 응답에 제한을 가한다.

(3) 정의(definition)

이것은 화재라는 위험에 처했다는 것을 정의한다. 이는 검증의 결과로 위험사실을 확실이 인지하고 다음 행동에 들어가기 위한 심리적 의사결정을 의미한다.

(4) 평가(evaluation)

정의내린 사항에 대하여 어떻게 행동을 할 것인가를 결정하는 것이다.

(5) 행동 개시(commitment)

인간의 행동 특성에 의해서 행동하게 된다.

(6) 재사정(reassessment)

일단 위험장소에서 벗어나면 사태를 다시 파악하려고 한다. 이 경우 잃어버린 중요 물건이나, 사람 등이 생각나서 재진입의 우려가 있다.

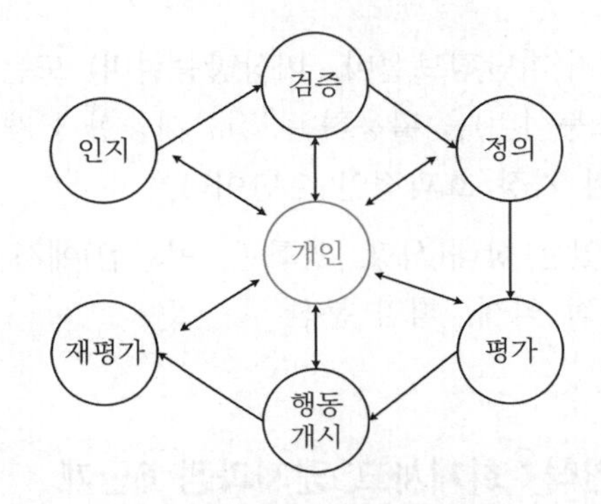

▌화재사고 인지과정 6단계▐

04 재해가 발생한 경우 인간이 반응을 결정하는 요소

(1) 소속집단의 특성

(2) 개인의 경험과 성격

(3) 체력과 훈련의 정도

(4) 재해의 종류와 특성

(5) 위기감

(6) 가능한 도피방법

(7) 집단 내에서 타인의 행동

(8) 인간의 행동 특성 123 · 76회 출제

1) 귀소본능(일상 동선지향성)

① 모르는 길보다 알고 있는 길을 선택하는 본능, 일상적으로 사용하는 경로로 탈출을 도모하고자 하는 본능

② 피난동선과 일상동선을 일치시켜 평소에 이용하는 복도나 계단을 이용하여 안전하게 피난할 수 있는 피난계획이 필요하다.

일상동선지향성 : 모르는 경로보다 일상적으로 늘 사용하는 경로로 피난하려고 하는 행동경향

2) 좌회본능

① 오른손잡이인 경우 오른손, 오른발이 발달해 있기 때문에 어둠 속에서 보행하면 왼쪽으로 도는 본능(오른쪽이 힘이 더 세서 주축이 되므로 왼쪽으로 돈다)

② 피난계단의 구조는 내려가는 방향으로 좌회전이 되도록 설계하여야 한다.

③ 피난경로를 죄회전을 하는 방향으로 설계하여야 한다.

3) 지광본능

① 밝은 쪽으로 나아가려는 본능

② 출입구, 계단 등은 가능한 한 밝은 외부에 접하게 설치하여야 한다.

4) 추종본능

① 군중심리에 의해 남을 따라 하기 쉬워 적극적인 사람이 있으면 그 사람을 따르는 본능

② 불특정 다수의 사람이 모이는 시설에는 피난을 유도할 수 있는 리더 또는 안내자의 육성이 필요하다.

5) 퇴피본능

① 연기 및 화염 등에서 멀리 떨어지려는 본능

② 화재 가능성이 높은 장소와 피난 출입구가 최대한 이격하도록 설치하여야 한다.

6) 기타 본능 : 향개방성, 최초 인지경로 선택성, 지근거리 선택성, 직진성, 이성적 안정성이 있다.

1. **향개방성** : 좁은 장소보다는 열려 있고 큰 공간으로 피난하려는 행동경향
2. **최초 인지경로 선택성** : 눈에 먼저 띈 경로로 피난하려는 행동경향. 따라서, 숨겨진 공간은 피난안내가 되어 있어도 선택에서 뒤처지게 된다.
3. **지근거리 선택성** : 가장 가까운 길로 피난하려는 행동경향. 이를 위해 장애물을 제거하거나 뛰어넘어 피난한다.

4. **직진성** : 앞으로 직진하여 피난하려는 행동경향. 따라서, 구부러진 피난로보다는 직진 피난로가 피난자수가 더 많아진다.
5. **이성적 안전성** : 이성적으로 판단을 해서 안전하다고 생각되는 경로로 피난을 하려는 행동경향. 가까운 피난로를 놔두고 더 안전하다고 교육이나 훈련을 받은 경로인 옥외계단이 있으면 그쪽으로 피난을 한다.

05 거주자의 거동 응답

(1) 성별에 따른 거동특성

1) 남성 : 화재를 확인 후 진압하려는 행동을 우선적으로 한다.
2) 여성 : 화재를 확인 후 관계자를 대피시키려는 행동을 우선적으로 한다.

(2) 숙박시설, 음주시설 사고 시의 거동 : 정신적으로 불안정한 상태의 이상행동을 하게 된다.

(3) 집중 군중

군중심리에 의한 행동을 한다.

(4) 이타적인 거동

신중하게 의도적으로 일어나는 거주자의 거동 응답과 함께 가장 빈번한 거동 응답방식

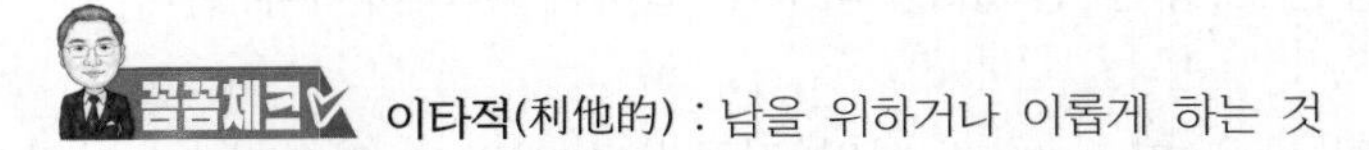

이타적(利他的) : 남을 위하거나 이롭게 하는 것

1) 화재 중에도 공황이 나타나는 경우는 매우 드물다. 긴급상황에서도 정상적 양상의 거동, 이동경로 선택 그리고 다른 사람들과의 관계가 나타나는 경향이 있다.
2) 사람들의 거동은 이타적이고 합리적인 경향이 있다.
3) 화재경보나 연기 냄새와 같은 화재 징후를 인지한 후, 사람들은 이러한 초기 징후를 무시하거나 해당 상황의 특성이나 심각성에 대한 정보를 수집 및 조사하는 데 시간을 소모하는 경우가 많은데, 이로 인해 피난이동을 시작하기 전에 시간이 지연된다.
4) 모호한 정보와 짧은 의사결정시간에 직면한 사람들은 피난경로 선정에 있어서 의사결정을 통해 결과적으로 자신에게 가장 익숙한 출구로 향할 가능성이 높다.
5) 피난(보다 일반적으로 화재에 대한 응답)은 사회적인 응답인 경우가 많다.
즉, 사람들은 집단적으로 행동하면서 감정적 유대관계를 갖고 있는 사람들과 함께 피난하고자 하는 경향이 있다.
6) 정상적인 건물 사용 중에 부딪치는 여러 문제(의사소통 오류, 이동 위험, 통로 확인 문제)는 비상시에도 계속 나타나면서 상황을 더욱 악화시키는 경향이 있다.

(5) 부적절한 거동

1) 공황거동 : 패닉(panic) 상태에 빠져서 부적절한 행위를 할 수 있다. 대부분의 화재 사고에서 드물게 나타나는 비정상적인 현상으로 평범하지 않은 거동 응답이라 판단된다.

① 패닉(공황 ; panic)

㉠ 정의 : 위험에 마주쳤을 때 느끼는 비이성적인 극도의 공포감

㉡ 다른 집합적 돌발 행동양태인 시위나 폭동이 공격적이고 구심적인 경향을 보이는 데 비하여, 패닉은 도피적이고 원심적인 특징을 나타낸다.

1. **구심적(求心的)** : 중심으로 다가가려는 성질 또는 현상의 것
2. **원심적(遠心的)** : 중심으로부터 떨어져 나가려는 성질 또는 현상의 것

② 패닉(panic)에 이르게 하는 요소

㉠ 피난로가 불분명하고 출구로 가는 길이 막힌 경우에 발생한다.

㉡ 전염성 : 주변인의 공포를 보면 자기도 모르게 공포에 빠져든다.

㉢ 한정된 공간에 사람이 많을수록 심하다.

㉣ 직접적인 신체나 생명에 위해가 가해져야 한다.

㉤ 높은 온도, 습도 그리고 농연 등 인체에 유해한 환경요인 : 농도가 높고(dense), 검은 연기는 물리적 환경에 대한 즉각적인 위협으로 인식하지만 가볍고, 하얀 연기는 위협으로 조차 생각하지 않는다.

㉥ 경쟁적인 관계

③ 패닉의 행동특성과 내용

행동특성	내용
대피동기	위험에서 대피하려 할 때 불안이 증대하여 착란상태에 빠지기 쉽다.
외적상황	대피행동 중 정전과 아우성 등이 들리면 이것이 계기가 되어 일어난다.
정보제공과 대피유도	대피할 때 정보가 주어지지 않는 경우와 정보가 부적절한 경우, 대피할 수 없는 점과 화재현상의 변화 혹은 대피자의 다양한 행동에 의해 불안을 증대시키게 된다.
대피행동의 장애	대피통로가 연기와 화염으로 차단된 경우와 대피구가 잠겨 있는 경우는 대피자가 우왕좌왕하여 다른 대피자와 부딪치는 가운데 심리적으로 혼란을 증폭시켜서 생기게 된다.

④ 패닉의 위험성 : 화재의 위험보다 패닉(Panic)의 위험이 더 크다(넘어져서 사람에 밟히고, 비이성적 사고로 위험을 자초함)

2) 재진입 거동 : 화재사실 확인, 안전하게 된 후 중요물품이나 가족을 구출하기 위한 재진입으로 피해를 입는 경우가 많다.

06 결론

(1) 화재 거동은 행동에 대해 활용할 수 있는 정보가 미미한 상황에서 빠르게 변화하는 복잡한 상황을 처리하고자 하는 논리적 시도로 이해할 수 있다.

(2) 여러 코드의 목적은 화재 시 사람들이 정보를 바탕으로 결정을 내릴 수 있는 가능성을 높이는 방향으로 재정립되어야 한다.

(3) 이를 통해 화재 시 피난자에 거동특성을 실제와 가깝게 적용할 수 있어서 적절한 피난 시뮬레이션이나 피난계획의 수립이 가능해진다.

SECTION 033

피난시설 및 용도제한

01 건축물의 피난시설 및 용도제한 등(「건축법」 제49조)

대통령령으로 정하는 용도 및 규모의 건축물과 그 대지에는 국토교통부령으로 정하는 바에 따라 복도, 계단, 출입구, 그 밖의 피난시설과 소화전(消火栓), 저수조(貯水槽), 그 밖의 소화설비 및 대지 안의 피난과 소화에 필요한 통로를 설치하여야 한다.

02 대지 안의 피난 및 소화에 필요한 통로 설치(「건축법 시행령」 제41조)

(1) 건축물의 대지 안에는 그 건축물 바깥쪽으로 통하는 주된 출구와 지상으로 통하는 피난계단 및 특별피난계단으로부터 도로 또는 공지로 통하는 통로이다.

1) 유효너비

▌대지 안의 피난 및 소화에 필요한 통로 ▌

건축물의 용도		유효너비
단독주택		0.9[m] 이상
바닥면적의 합계가 500[m^2] 이상	문화 및 집회시설, 종교시설, 의료시설, 위락시설 또는 장례시설	3[m] 이상
그 밖의 용도로 쓰는 건축물		1.5[m] 이상

공지 : 공원, 광장, 그 밖에 이와 비슷한 것으로서, 피난 및 소화를 위하여 해당 대지의 출입에 지장이 없는 것

2) 필로티 내 통로의 길이가 2[m] 이상인 경우 : 피난 및 소화활동에 장애가 발생하지 아니하도록 자동차 진입억제용 말뚝(볼라드) 등 통로 보호시설을 설치하거나 통로에 단차(段差)를 둘 것

(2) 소방자동차의 접근이 가능한 통로(소방차 전용 구역 : 6[m] × 12[m] → 6[m] 이상)

1) 대상 : 다중이용 건축물, 준다중이용 건축물, 층수가 11층 이상인 건축물

2) 예외 : 모든 다중이용 건축물과 층수가 11층 이상인 건축물이 소방자동차의 접근이 가능한 도로 또는 공지에 직접 접하여 건축되는 경우로서 소방자동차가 도로 또는 공지에서 직접 소방활동이 가능한 경우(지침상 4[m] 이상 접하여 건축)

(3) 소방차량 진입동선 체계(*건축방재편 SECTION 015 성능위주설계 심의 가이드라인 참조)

03 방화에 장애가 되는 용도의 제한(「건축법 시행령」 제47조)

(1) 같은 건축물에 함께 설치할 수 없는 용도

의료시설, 노유자시설(아동 관련 시설 및 노인복지시설만 해당), 공동주택, 장례시설 또는 근린생활시설(산후조리원만 해당)과 위락시설, 위험물저장 및 처리시설, 공장 또는 자동차 관련 시설(정비공장만 해당)

(2) 예외규정

1) 공동주택(기숙사만 해당)과 공장이 같은 건축물에 있는 경우
2) 상업지역(중심 · 일반 · 근린)에서 「도시 및 주거환경정비법」에 따른 도시환경정비사업을 시행하는 경우
3) 공동주택과 위락시설이 같은 초고층 건축물에 있는 경우. 단, 사생활을 보호하고 방범 · 방화 등 주거 안전을 보장하며 소음 · 악취 등으로부터 주거환경을 보호할 수 있도록 주택의 출입구 · 계단 및 승강기 등을 주택 외의 시설과 분리된 구조로 하여야 한다.
4) 지식산업센터와 직장어린이집이 같은 건축물에 있는 경우

(3) 다음의 어느 하나에 해당하는 용도의 시설은 같은 건축물에 함께 설치할 수 없다.

▌A군과 B군의 용도제한(함께 설치할 수 없는 용도)▐

A군		B군	
의료시설 노유자시설(아동 관련 시설 및 노인복지시설만 해당) 공동주택 장례시설		위락시설 위험물 저장 및 처리시설 공장 자동차 관련 시설(정비공장만 해당)	
노유자시설 중	아동 관련 시설 노인복지시설	판매시설 중	도매시장 소매시장
단독주택(다중주택, 다가구주택에 한정) 공동주택 제1종 근린생활시설 중 조산원		제2종 근린생활시설 중 다중생활시설	

04 복합건축물의 피난시설 등(「건축물의 피난 · 방화구조 등의 기준에 관한 규칙」 제14조의2)

같은 건축물 안에 공동주택 · 의료시설 · 아동 관련 시설 또는 노인복지시설 중 하나 이상과 위락시설 · 위험물저장 및 처리시설 · 공장 또는 자동차정비공장 중 하나 이상을 함께 설치하고자 하는 경우에는 다음의 기준에 적합하여야 한다.

▌완화적용을 위한 기준▐

구분	대상	완화기준
출입구	공동주택 위락시설	출입구간 보행거리가 30[m] 이상이 되도록 설치할 것
바닥과 벽		내화구조로 구획하여 서로 차단할 것
배치		서로 이웃하지 아니하도록 배치할 것
건축물의 주요 구조부	상기 A군과 B군을 함께 설치하는 경우	내화구조로 할 것
실내마감재		불연재료 · 준불연재료 또는 난연재료
거실로부터 지상으로 통하는 주된 복도 · 계단의 실내마감		불연재료 또는 준불연재료로 할 것

SECTION 034 피난기구 133 · 110회 출제

01 설치대상

(1) 모든 특정 대상물에 설치한다.

(2) 단, 피난층, 11층 이상인 층은 제외

(3) **소방대상물의 설치장소별 피난기구의 적응성(피난기구의 화재안전기술기준 NFTC 301 [표 2.1.1])** 129 · 116 · 115회 출제

설치장소별 구분 \ 층별	1층	2층	3층	4층 이상 10층 이하
노유자시설	미끄럼대	미끄럼대	미끄럼대	–
	구조대	구조대	구조대	구조대[1]
	피난교	피난교	피난교	피난교
	다수인 피난장비	다수인 피난장비	다수인 피난장비	다수인 피난장비
	승강식 피난기	승강식 피난기	승강식 피난기	승강식 피난기
의료시설 · 근린생활시설 중 입원실이 있는 의원 · 접골원 · 조산원	–	–	미끄럼대	–
			구조대	구조대
			피난교	피난교
			피난용 트랩	피난용 트랩
			다수인 피난장비	다수인 피난장비
			승강식 피난기	승강식 피난기
다중이용업소로서 영업장의 위치가 4층 이하인 다중이용업소	–	미끄럼대	미끄럼대	미끄럼대
		피난사다리	피난사다리	피난사다리
		구조대	구조대	구조대
		완강기	완강기	완강기
		다수인 피난장비	다수인 피난장비	다수인 피난장비
		승강식 피난기	승강식 피난기	승강식 피난기
그 밖의 것	–	–	미끄럼대	–
			피난사다리	피난사다리
			구조대	구조대
			완강기	완강기
			피난교	피난교

설치장소별 구분 \ 층별	1층	2층	3층	4층 이상 10층 이하
그 밖의 것	–	–	피난용 트랩	–
			간이완강기	간이완강기[2)]
			공기안전매트	공기안전매트[3)]
			다수인 피난장비	다수인 피난장비
			승강식 피난기	승강식 피난기

[비고] 1) 구조대의 적응성은 장애인 관련 시설로서 주된 사용자 중 스스로 피난이 불가한 자가 있는 경우에 추가로 설치하는 경우에 한한다.
2) · 3) 간이완강기의 적응성은 숙박시설의 3층 이상에 있는 객실에, 공기안전매트의 적응성은 공동주택에 한한다.

02 설치수량 119회 출제

(1) 층마다 설치해야 하는 수량

특정소방대상물	설치수량
의료시설 · 노유자시설 및 숙박시설	1개 이상 / 바닥면적 500[m^2]
위락시설 · 문화 및 집회시설 · 운동시설 및 판매시설 · 복합용도의 층	1개 이상 / 바닥면적 800[m^2]
아파트 등	1개 이상 / 각 세대마다
그 밖의 용도의 층	1개 이상 / 바닥면적 1,000[m^2]

(2) 추가 설치해야 하는 기준

소방대상물의 용도	피난기구 종류	면적에 따른 설치수량
숙박시설(휴양콘도미니엄 제외)	완강기 또는 간이완강기 2개 이상	객실마다 설치
아파트	공기안전매트	1개 이상 설치 (단, 옥상 또는 인접세대로 피난가능 시 제외 가능)
4층 이상의 층에 설치된 노유자시설 중 장애인 관련 시설로서 주된 사용자 중 스스로 피난이 불가한 자가 있는 경우	구조대	1개 이상 추가 설치

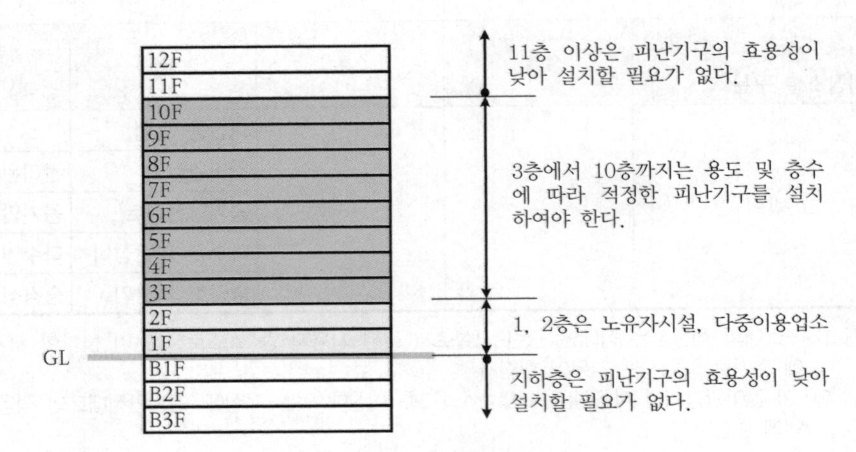

▌층수에 따른 피난기구 설치▐

03 피난기구 설치기준

(1) 피난기구

1) 계단 · 피난구, 기타 피난시설로부터 적당한 거리에 있는 안전한 구조로 된 피난 또는 소화활동상 유효한 개구부에 고정하여 설치하거나 필요한 때에 신속하고 유효하게 설치할 수 있는 상태에 둘 것

2) 유효한 개구부
   ① 크기 : 가로 0.5[m] 이상 세로 1[m] 이상
   ② 하단이 바닥에서 1.2[m] 이상 : 발판 등을 설치
   ③ 밀폐된 창문 : 쉽게 파괴할 수 있는 파괴 장치를 비치

3) 피난기구를 설치하는 개구부의 위치
   ① 서로 동일 직선상이 아닌 위치에 있을 것
   ② 예외 : 피난교 · 피난용 트랩 또는 간이완강기 · 아파트에 설치되는 피난기구(다수인 피난장비는 제외)

4) 피난기구 : 소방대상물의 기둥 · 바닥 · 보 기타 구조상 견고한 부분에 볼트 조임 · 매입 · 용접 기타의 방법으로 견고하게 부착할 것

(2) 4층 이상의 층에 피난사다리(하향식 피난구용 내림식 사다리는 제외)를 설치하는 경우

1) 금속성 고정사다리를 설치

2) 고정사다리에는 쉽게 피난할 수 있는 구조의 노대를 설치

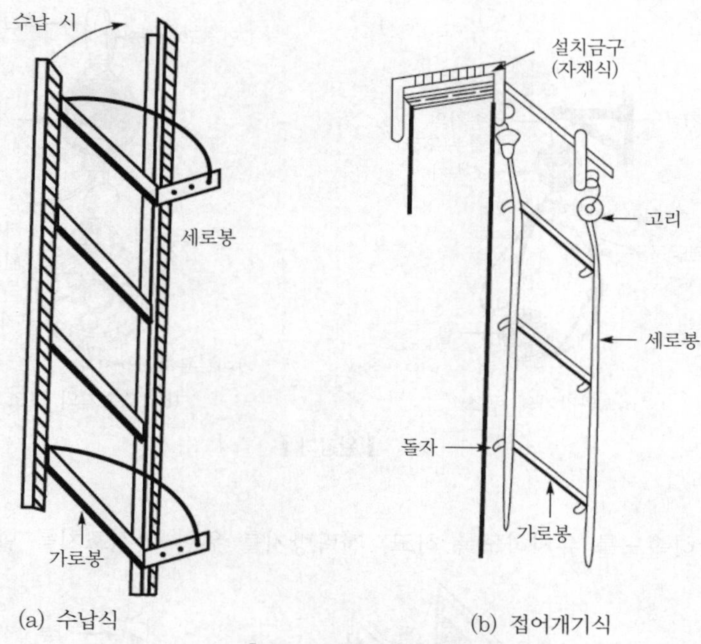

(a) 수납식 (b) 접어개기식

▌금속제 고정사다리▐

(3) 완강기 132회 출제

1) 완강기 : 사람의 몸무게를 이용하여 상층부에서 하층부로 일정하강속도(16[cm/sec] 이상 150[cm/sec] 미만)로 이동하도록 도와주는 장비로 반복사용이 가능

2) 간이완강기

① 1회용 완강기

② 적응성 : 숙박시설의 3층 이상에 있는 객실

3) 원리 : 도르래(pulley) 원리로 벨트를 맨 피난자의 무게에 의한 낙하 속도로 인해 연결된 로프가 조속기 안의 기어를 회전시키면 발생되는 원심력을 이용하여 조속기 내부에서 브레이크 제어를 통하여 일정한 강하 속도를 유지하면서 내려올 수 있고 사용자가 임의로 하강속도를 조절할 수 없도록 규정하고 있다.

4) 구조

① 완강기는 안전하고 쉽게 사용할 수 있어야 하며 사용자가 타인의 도움 없이 자기의 몸무게에 의하여 자동적으로 연속하여 교대로 강하할 수 있는 기구이어야 한다.

② 로프의 양끝은 이탈되지 아니하도록 벨트의 연결장치 등에 연결되어야 한다.

③ 벨트는 로프에 고정되어 있거나 또는 분리식인 경우 쉽고 견고하게 로프에 연결할 수 있는 구조이어야 한다.

5) 설치기준

① 강하 시 로프가 소방대상물과 접촉하여 손상되지 아니하도록 할 것

② 완강기로프의 길이는 부착위치에서 지면 기타 피난상 유효한 착지면까지의 길이로 할 것

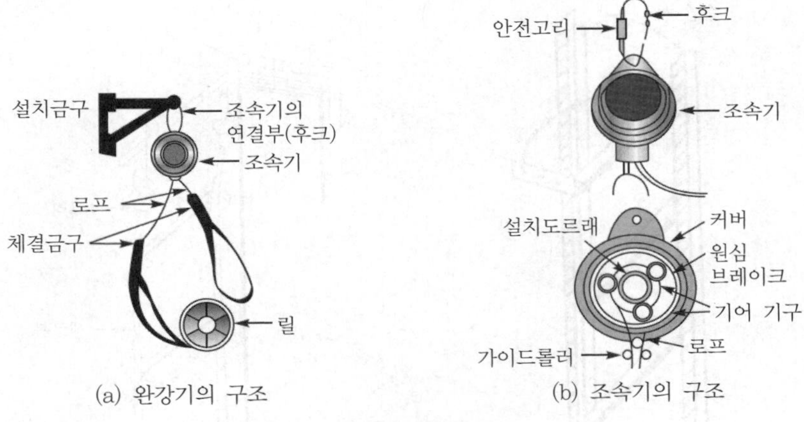

(a) 완강기의 구조
(b) 조속기의 구조

▮ 완강기 ▮

(4) 미끄럼대

안전한 강하속도를 유지하도록 하고, 전락방지를 위한 안전조치를 할 것

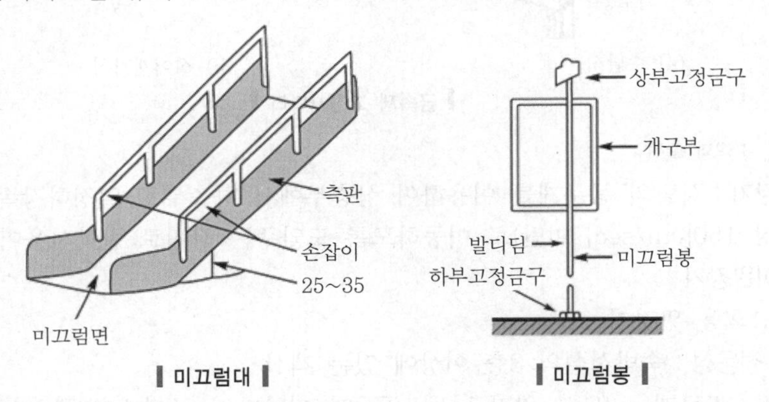

▮ 미끄럼대 ▮
▮ 미끄럼봉 ▮

(5) 구조대 129회 출제

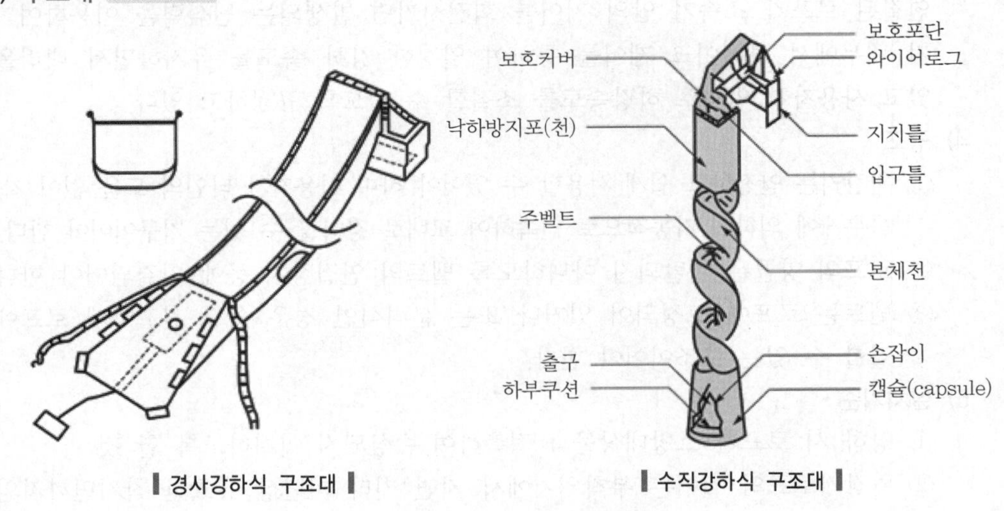

▮ 경사강하식 구조대 ▮
▮ 수직강하식 구조대 ▮

1) 경사강하식 구조대 : 형식승인 제품사용
2) 수직강하식 구조대 : 형식승인 제품사용
3) 길이 : 피난상 지장이 없고 안정한 강하속도를 유지할 수 있는 길이
4) 구조대의 적응성 : 장애인 관련 시설로서 주된 사용자 중 스스로 피난이 불가한 자가 있는 경우에 추가로 설치하는 경우에 한한다.

(6) 다수인 피난장비

1) 정의 : 화재 시 2인 이상의 피난자가 동시에 해당 층에서 지상 또는 피난층으로 하강하는 피난기구
2) 설치기준
① 피난에 용이하고 안전하게 하강할 수 있는 장소에 적재 하중을 충분히 견딜 수 있도록 구조안전의 확인을 받아 견고하게 설치할 것
② 다수인 피난장비 보관실 : 건물 외측보다 돌출되지 아니하고, 빗물 · 먼지 등으로부터 장비를 보호할 수 있는 구조
③ 사용 시에 보관실 외측 문이 먼저 열리고 탑승기가 외측으로 자동으로 전개될 것
④ 하강 시에 탑승기가 건물 외벽이나 돌출물에 충돌하지 않도록 설치할 것
⑤ 상 · 하층에 설치할 경우 : 탑승기의 하강경로가 중첩되지 않도록 할 것
⑥ 하강 시에는 안전하고 일정한 속도를 유지하도록 하고 전복, 흔들림, 경로이탈 방지를 위한 안전조치를 할 것
⑦ 보관실의 문에는 오동작 방지조치를 하고, 문 개방 시에는 당해 소방대상물에 설치된 경보설비와 연동하여 유효한 경보음을 발하도록 할 것
⑧ 피난층에는 해당 층에 설치된 피난기구가 착지에 지장이 없도록 충분한 공간을 확보
⑨ 한국소방산업기술원 또는 성능시험기관으로 지정받은 기관에서 그 성능을 검증받은 것으로 설치

▌다수인의 피난장비[30]▐

30) 아세아 방재의 카탈로그에서 발췌(2012)

▌다수인의 피난장비 운용모습[31] ▌

(7) 승강식 피난기 및 하향식 피난구용 내림식 사다리 129 · 119 · 118 · 113회 출제

1) **승강식 피난기** : 사용자의 몸무게에 의하여 자동으로 하강하고 내려서면 스스로 상승하여 연속적으로 사용할 수 있는 무동력 승강식 피난기

2) **하향식 피난구용 내림식 사다리** : 하향식 피난구 해치에 격납하여 보관하고 사용 시에는 사다리 등이 소방대상물과 접촉되지 아니하는 내림식 사다리

3) 관련 규정

구분	승강식 피난기 및 하향식 피난구용 내림식 사다리(피난기구 화재안전기술기준 2.1.3.9)	하향식 피난구의 구조 [건축물의 피난 · 방화구조 등의 기준에 관한 규칙 제14조(방화구획의 설치기준) 제4항]
설치기준	10층 이하부터 피난층까지	4층 이상의 층의 발코니
출입구	① 대피실의 출입문 : 60+ 또는 60분 방화문 ② 피난방향에서 식별할 수 있는 위치에 '대피실' 표지판을 부착(예외 : 외기와 개방된 장소)	피난구의 덮개 : 비차열 1시간 이상
대피실 면적	① 2[m^2] 이상 ② 2세대 이상일 경우 : 3[m^2] 이상	–
하강구 직경	60[cm] 이상	60[cm] 이상
기구 간 이격거리	부착지점과 하강구는 상호 수평거리 15[cm] 이상	상 · 하층 간 피난구의 설치위치 : 수직방향 간격을 15[cm] 이상 띄어서 설치

31) 아이에스피엘 제품자료에서 발췌

구분	승강식 피난기 및 하향식 피난구용 내림식 사다리(피난기구 화재안전기술기준 2.1.3.9)	하향식 피난구의 구조 [건축물의 피난 · 방화구조 등의 기준에 관한 규칙 제14조(방화구획의 설치기준) 제4항]
구조	① 설치경로가 설치층에서 피난층까지 연계될 수 있는 구조 ② 건축물의 구조 및 설치 여건상 불가피한 경우	아래층에서는 바로 위층의 피난구를 열 수 없는 구조
하강구 및 사다리 길이	① 하강구 내측에는 기구의 연결 금속구 등이 없어야 한다. ② 전개된 피난기구는 하강구 수평투영면적 공간 내의 범위를 침범하지 않는 구조 ③ 예외 : 직경 60[cm] 크기의 범위를 벗어난 경우이거나, 직하층의 바닥 면으로부터 높이 50[cm] 이하의 범위	사다리는 바로 아래층의 바닥면으로부터 50[cm] 이하까지 내려오는 길이
개방 시 경보	① 대피실 출입문이 개방되거나, 피난기구 작동 시 해당 층 및 직하층 거실에 설치된 표시등 및 경보장치가 작동 ② 감시제어반에서는 피난기구의 작동 확인	덮개가 개방될 경우 : 건축물관리시스템 등을 통하여 경보음이 울리는 구조
조명	대피실 내에는 비상조명등 설치	피난구가 있는 곳에는 예비전원에 의한 조명설비 설치
표지	① 대피실에는 층의 위치표시 ② 피난기구 사용설명서 및 주의사항 표지	–
흔들림방지	사용 시 기울거나 흔들리지 않도록 설치	–
성능기준	승강식 피난기는 한국소방산업기술원 또는 성능시험기관으로 지정받은 기관에서 그 성능을 검증받은 것으로 설치	① 피난구 덮개는 비차열 1시간 이상 성능을 확보할 것 ② 사다리는 형식승인 및 작동시험 기준에 적합할 것 ③ 덮개는 장변 중앙부에 637[N] / 0.2[m^2] 등분포하중을 가했을 때 중앙부에 처짐량이 15[mm] 이하일 것
특징	① 무동력, 무전원 ② 노약자 대피 탁월 ③ 쉽고 빠른 대피(1인 7초 소요) ④ 최소 사용하중 200[N] 이하, 최대 사용하중 1,500[N] × 사용자 수(성인) 이상 ⑤ 추락방지장치 ⑥ 높은 비용 ⑦ 종류 : 와이어로프 방식, 랙기어 방식 ⑧ 대피실을 구획화하여 안전한 피난도모	① 대피공간을 설치하지 않아야 할 것 ② 저렴한 비용 ③ 노유자 이용의 어려움 ④ 피난구 덮개의 내화성능확보를 통한 안전한 피난도모

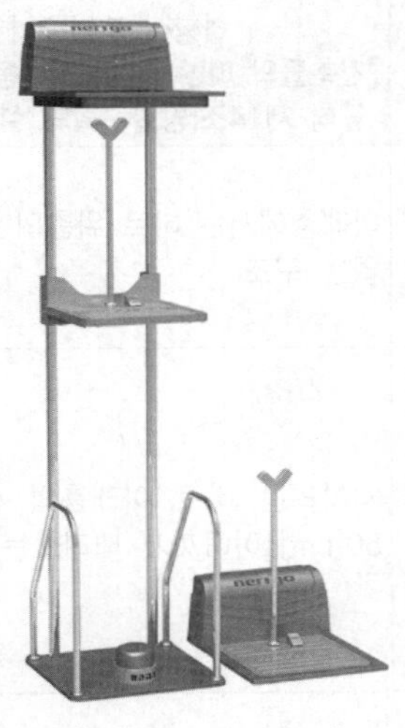

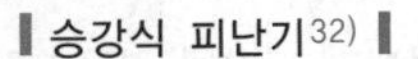

▌승강식 피난기[32] ▌

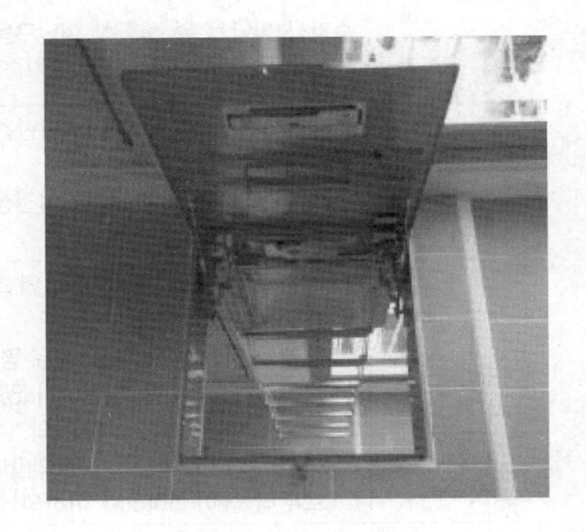

▌하향식 내림사다리 ▌

(8) 피난교

건축물의 옥상층 또는 그 이하의 층에서 화재발생 시 인접한 건축물로 피난하기 위해 설치하는 피난기구

(9) 피난용 트랩(trap)

1) 3층에서 피난하기 위해서 건축물의 개구부에 설치하는 피난기구

2) 구조

구분	구조
발판	미끄럼 방지 조치를 할 것
재질	강재, 알루미늄 등 내구성이 있을 것
발판 높이	30[cm] 이하
발판 폭	20[cm] 이상
발판 너비	50 ~ 60[cm] 이상
계단참	4[m] 이내마다 설치, 디딤 폭은 1.2[m] 이상
적재하중	발판은 65[kgf], 계단참은 330[kgf]
난간대	발판의 양쪽에 설치
난간 높이	70[cm] 이상
난간 간격	18[cm] 이하

32) 아세아 방재의 카탈로그에서 발췌(2012)

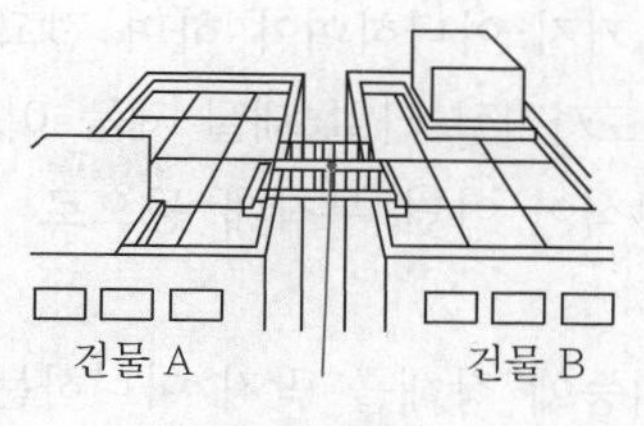

▌피난교▐

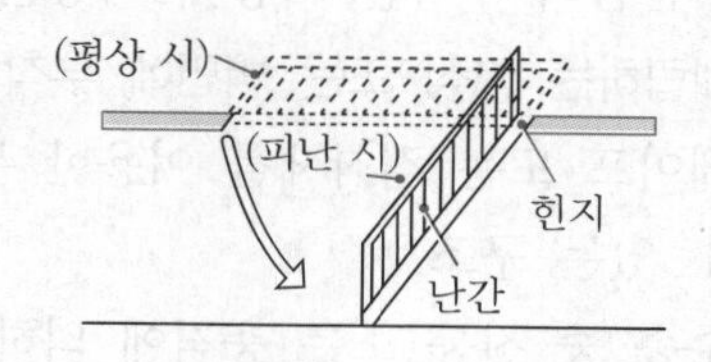

▌피난용 트랩▐

04 설치장소의 위치 표시

(1) 피난기구를 설치한 장소에는 가까운 곳의 보기 쉬운 곳에 피난기구의 위치를 표시하는 발광식 또는 축광식 표지와 그 사용방법을 표시한 표지를 부착(외국어 및 그림 병기)

(2) 축광식 표지는 소방청장이 정하여 고시한 「축광표지의 성능인증 및 제품검사의 기술기준」에 적합하여야 한다. 단, 방사성 물질을 사용하는 위치표지는 쉽게 파괴되지 아니하는 재질로 처리하도록 한다.

(3) **축광표지의 성능인증 및 제품검사의 기술기준(소방청고시 제2018-30호)**

1) 용어의 정의

① 축광유도표지의 정의 : 화재발생시 피난방향을 안내하기 위하여 사용되는 표지로서 외부의 전원을 공급받지 아니한 상태에서 축광에 의하여 어두운 곳에서도 도안 · 문자 등이 쉽게 식별될 수 있도록 된 것

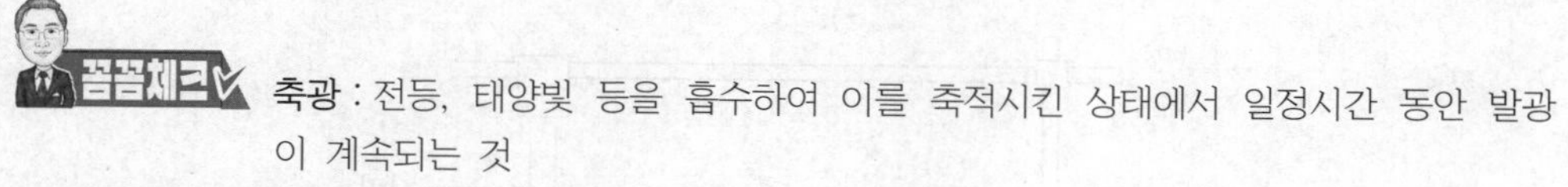

축광 : 전등, 태양빛 등을 흡수하여 이를 축적시킨 상태에서 일정시간 동안 발광이 계속되는 것

② 축광표시의 종류 : 피난구축광유도표지, 통로축광유도표지, 보조축광표지

③ 보조축광표지 : 피난로 등의 바닥 · 계단 · 벽면 등에 설치함으로서 피난방향 또는 피난구조설비 등의 위치를 알려주는 보조역할을 하는 표지

④ 축광위치표지 : 옥내소화전설비의 함, 발신기, 피난기구(완강기, 간이완강기, 구조대, 금속제 피난사다리) 및 연결송수관설비의 방수구 등의 위치를 표시하기 위하여 사용되는 표지로서 외부의 전원이 공급받지 아니한 상태에서 축광에 의하여 어두운 곳에서도 도안 · 문자 등이 쉽게 식별될 수 있도록 된 것

2) 일반구조

① 내구성이 있어야 하며 쉽게 변형, 변질 또는 변색되지 않는 구조

② 먼지, 습기 또는 곤충 등에 의하여 기능에 영향을 받지 않는 구조

③ 부식에 의하여 기능에 영향을 줄 수 있는 부분은 칠, 도금 등으로 유효하게 내식가공을 하거나 방청가공

④ 부분품의 부착은 기능에 이상을 일으키지 아니하여야 하며 견고한 구조
⑤ 매립하는 방식 또는 벽면에 부착하는 도자기질 타일 재질 제품 이외의 경우 : 양면 테이프 또는 접착제를 이용한 부착방식이 아닌 부착대 등으로 견고하게 부착할 수 있는 구조
⑥ 수송 중 진동 또는 충격에 의하여 기능에 장해를 받지 아니하는 구조
⑦ 사람에게 위해를 줄 염려가 없는 구조
⑧ 발신기 및 옥내소화전설비함의 위치표지는 측면에서 식별이 용이하도록 반원형으로 돌출된 구조

3) **주위온도시험** : 축광유도표지 및 축광위치표지는 주위온도가 (−20 ± 2)[℃] 및 (50 ±2)[℃]의 온도에서 각각 12시간 놓아두는 경우 변형되지 아니하는 것

4) **표시면의 재질** : 축광유도표지 및 축광위치표지의 표시면의 재질은 난연재료 또는 방염성능이 있는 합성수지로서 UL94 규정에 의한 V−2 이상의 난연성능이 있는 것이어야 하며 시험방법은 다음과 같다.
① 시험편은 길이 (125±5)[mm], 폭 (13±0.5)[mm]로 하고 두께는 제품의 외함 두께로 하며, 시편의 가장자리는 매끄럽게 처리하고 모서리의 반경은 1.3[mm]를 초과하지 않도록 한다.
② 버너는 메탄가스를 105[mL/min]의 압력으로 공급하고 파란 불꽃은 (20±1)[mm]의 길이
③ 시험편은 시험편의 아랫부분과 버너 끝단과의 거리를 10[mm]로 조정하여 수직으로 그림과 같이 설치한다.

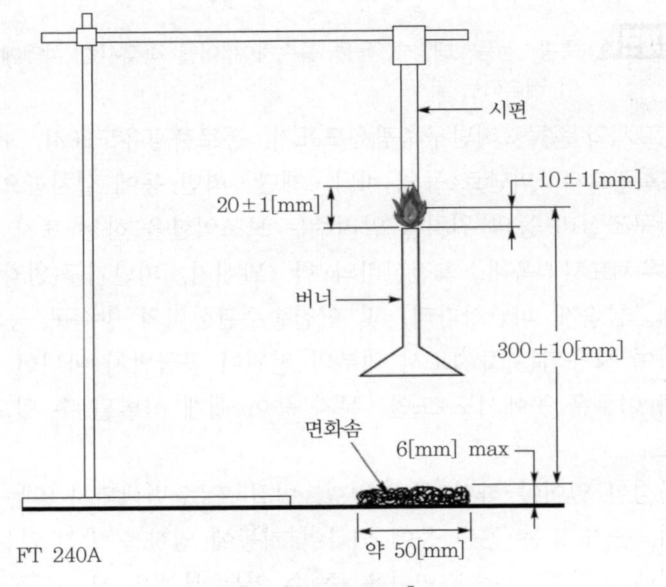

▍UL94 시험방법 ▍

④ 시험편에 1차로 10초간 접염한 후 버너를 제거하고 시편에서 불꽃이 사라지는 잔염시간(t_1)을 측정한다.

⑤ 시험편에 2차로 10초간 접염한 후 버너를 제거하고 시편에서 불꽃이 사라지는 잔염시간(t_2)을 측정하고, 불꽃이 사라진 후 불꽃 없이 연소되는 잔신시간(t_3)을 측정한다.

⑥ 시험편이 녹아내리는 경우에는 버너를 45°로 기울이고 불꽃이 시편에 수직으로 닿도록 하여 시험

⑦ 기타 시험방법에 관하여는 UL94 규정을 준용하여 실시한다.

⑧ 시험편은 5개로 하고, 제출된 시험편 또는 견품의 외함에서 시험편을 추출하며, 견품의 외함에서 시험편을 추출하는 경우에는 1개의 견품에서 시험편을 중복하여 추출한다.

⑨ 난연성능의 적합판정표

구분	적합 판정기준
각 시험편의 t_1 또는 t_2	30초 이하
5개 시험편의 $(t_1 + t_1)$의 합	250초 이하
각 시험편의 $t_2 + t_3$	60초 이하
시험 중 시험편을 고정하는 클램프 위치까지 전소되는 시험편이 없을 것	

⑩ 시험 중 시험편이 용융되어 떨어져 바닥에 있는 탈지면이 연소하여도 무방하다.

5) 표시면의 두께 및 크기

① 축광유도표지 및 축광위치표지의 표시면의 두께는 1.0[mm] 이상(금속재질인 경우 0.5[mm] 이상)

② 축광유도표지 및 축광위치표지의 표시면의 크기

구분	긴 변의 길이	짧은 변의 길이
피난구 축광유도표지	360[mm] 이상	120[mm] 이상
통로 축광유도표지	250[mm] 이상	85[mm] 이상
축광위치표지	200[mm] 이상	70[mm] 이상
보조축광표지	면적 2,500[mm^2] 이상	20[mm] 이상

6) 표시면의 표시

① 유도표지의 표시면의 표시는 유도등의 형식승인기준 제9조(피난유도표시 방법 등)의 규정을 준용한다.

② 표시면 가장자리에서 5[mm] 이상의 폭이 되도록 녹색 또는 백색계통의 축광성 야광도료를 사용한다.

③ 위치표지(옥내소화전함 및 발신기 위치표지는 제외)

㉠ 피난기구와 방수구가 있는 위치의 방향을 나타내는 화살표시 병기

㉡ 구조대 · 완강기 및 간이완강기 위치표지의 글씨는 한글과 영문 병기

④ 보조축광표지의 표시면은 사용목적 등에 따라 적정한 표시를 선택한다.

7) 식별도시험

구분	시험조건	성능기준
축광유도표지	200[lx] 밝기의 광원으로 20분간 조사시킨 상태에서 다시 주위조도를 0[lx]로 하여 60분간 발광시킨 후	① 직선거리 20[m] 떨어진 위치에서 유도표지를 식별가능 ② 직선거리 3[m]의 거리에서 표시면의 표시 중 주체가 되는 문자 또는 주체가 되는 화살표등이 쉽게 식별
축광위치표지		직선거리 10[m] 떨어진 위치에서 유도표지를 식별가능
보조축광표지		직선거리 10[m] 떨어진 위치에서 유도표지를 식별가능

[비고] 측정자는 보통 시력(시력 1.0에서 1.2의 범위를 말함)을 가진 자로서, 시험실시 20분 전까지 암실에 들어가 있어야 한다.

8) 휘도시험

① 시험조건

㉠ 축광유도표지 및 축광위치표지의 표시면을 0[lx] 상태에서 1시간 이상 방치한다.

㉡ 200[lx] 밝기의 광원으로 20분간 조사시킨 상태에서 다시 주위조도를 0[lx]로 하여 휘도시험을 실시한다.

② 성능기준

발광시키는 시간(분)	휘도(1[m^2]당)
5	110[mcd] 이상
10	50[mcd] 이상
20	24[mcd] 이상
60	7[mcd]

9) 내광성시험

① 축광유도표지 및 축광위치표지는 고압 수은램프(300[W])를 사용하여 30[cm]인 거리에 3시간 조사한 후 실내에 1시간 놓아두는 경우 쉽게 변화되지 아니하여야 한다.

② 휘도시험을 실시하는 경우 기준에 적합하여야 한다.

10) 내충격 및 꺾임강도시험

① 축광유도표지 및 축광위치표지의 표시면이 보이도록 하여 철제판 또는 콘크리트 바닥에 시료를 놓고, 무게 300[g]인 강철구를 50[cm]의 높이에서 추의 낙하지점이 반복되지 않도록 하여 5회 낙하시키는 내충격시험을 실시하는 경우 표지의 구조에 변형이 생기거나 파손되지 아니하여야 한다(예외 : 바닥면 전체를 부착하는 구조의 도자기질 타일).

② 도자기질 타일 재질의 축광유도표지 및 축광위치표지로서 시멘트 · 몰타르 등으로 바닥면 전체를 부착하는 구조의 것은 다음에 따라 30초간 해당 하중을 가하는 꺾임강도시험을 실시하는 경우 구조에 변형이 생기거나 파손되지 아니하여야 한다.

㉠ 짧은 변(b) 1[cm]당 가하는 하중(F)

- 긴 변의 길이가 155[mm] 이하인 것 : 8[kg/cm]
- 긴 변의 길이가 155[mm] 초과하는 것 : 10[kg/cm]

㉡ 시험방법

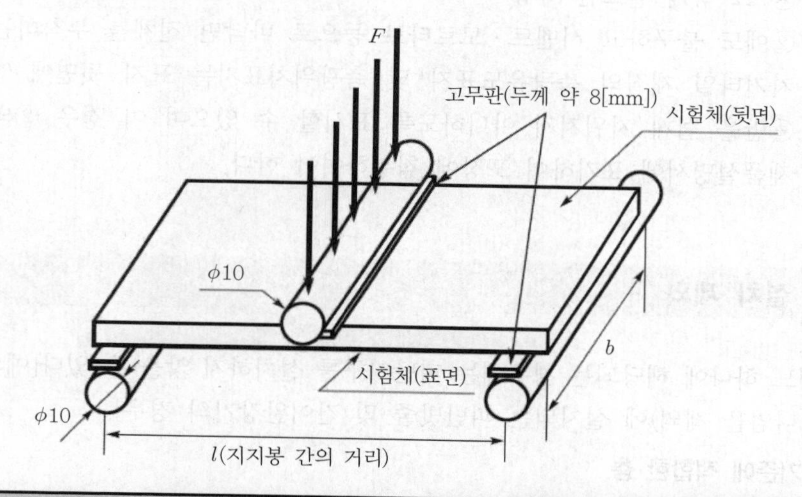

타일의 긴 변 길이[mm]	지지봉 간 거리[mm]
50 초과 95 이하	45
95 초과 185 이하	90
185 초과 305 이하	180
305 초과 605 이하	270

지지봉은 타일의 긴 변 양단에 설치하며, 정방형 구조의 타일로서 타일 표면에 홈이 있는 경우에는 타일의 홈이 파인 방향과 지지봉을 평행으로 하여 설치한다.

11) **내수성시험** : 축광유도표지 및 축광위치표지는 (25 ± 5)[℃]인 물속에 24시간 담근 후 꺼내어 실내에 1시간 놓아두는 경우 표시면의 현저한 변화가 없어야 한다.

12) **표시 및 취급설명서**

① 표시면의 앞면에는 다음의 사항을 쉽게 지워지지 아니하도록 표시(예외 : 도자기질 타일 재질의 제품의 경우 표시면 뒷면에 표시)한다.

㉠ 상표

㉡ 피난구 축광유도표지 및 통로 축광유도표지의 경우 : '유도등이 설치되어야 하는 법정장소에는 사용할 수 없음'이라는 별도표시

② 표시면의 뒷면에는 다음의 사항을 쉽게 지워지지 아니하도록 표시한다.

㉠ 종별

㉡ 성능인증번호

㉢ 제조년월 및 제조번호(또는 로트번호)

㉣ 제조업체명

㉤ 설치방법

㉥ 사용상 주의사항

㉦ 그 밖에 필요한 사항

③ ②에도 불구하고 시멘트 · 모르타르 등으로 바닥면 전체를 부착하는 구조인 도자기타일 재질의 축광유도표지 및 축광위치표지는 표지 뒷면에 ②의 ㉡, ㉢, ㉣만을 쉽게 지워지지 아니하도록 표시할 수 있으며 이 경우 ②의 각 내용을 제품설명서에 표기하여 포장에 첨부하여야 한다.

05 설치 제외

다음의 어느 하나에 해당되는 경우에는 피난기구를 설치하지 않을 수 있다[예외 : 숙박시설(휴양콘도미니엄을 제외)에 설치되는 피난밧줄 및 간이완강기의 경우].

(1) 다음 기준에 적합한 층

1) 주요 구조부 : 내화구조

2) 마감 : 불연재료 · 준불연재료 또는 난연재료, 방화구획이 규정에 적합하게 구획

3) 거실의 각 부분으로부터 직접 복도로 쉽게 통할 수 있을 것

4) 복도에 2 이상의 특별피난계단 또는 피난계단이 설치

5) 복도의 어느 부분에서도 2 이상의 방향으로 각각 다른 계단에 도달할 수 있을 것

(2) 다음의 기준에 적합한 소방대상물 중 옥상의 직하층 또는 최상층의 피난기구 제외

1) 주요 구조부 : 내화구조

2) 옥상면적 : 1,500[m^2] 이상

3) 옥상으로 쉽게 통할 수 있는 창 또는 출입구가 설치

4) 소방사다리차가 쉽게 통행할 수 있는 폭 6[m] 이상의 도로 또는 공지와 면하거나 옥상으로부터 피난층 또는 지상으로 통하는 2 이상의 피난계단 또는 특별피난계단 설치

5) 예외 : 문화 · 운동 · 집회 및 판매시설

(3) 주요 구조부가 내화구조로서 4층 이하

1) 소방사다리차가 쉽게 통행할 수 있는 도로/공지 쪽으로 피난에 적합한 개구부가 2개 이상 설치된 장소

2) 예외 : 문화 · 집회 및 운동시설 · 판매시설 및 영업시설 또는 노유자시설의 용도로 사용되는 층으로서 그 층의 바닥면적이 1,000[m^2] 이상

(4) 계단실형 APT

갓복도형 또는 발코니 등을 통하여 인접 세대로 피난할 수 있는 구조

(5) 학교

주요 구조부가 내화구조로서 거실의 각 부분으로부터 직접 복도로 피난가능

(6) 무인공장 또는 자동창고

사람의 출입이 금지된 장소

(7) 건축물의 옥상부분으로서 거실에 해당하지 아니하고 「건축법 시행령」 제119조 제1항 제9호에 해당하여 층수로 산정된 층으로 사람이 근무하거나 거주하지 아니하는 장소

「건축법 시행령」 제119조 제1항 제9호 층수 : 승강기탑(옥상 출입용 승강장을 포함), 계단탑, 망루, 장식탑, 옥탑, 그 밖에 이와 비슷한 건축물의 옥상 부분으로서 그 수평투영면적의 합계가 해당 건축물 건축면적의 8분의 1(「주택법」 제15조 제1항에 따른 사업계획승인 대상인 공동주택 중 세대별 전용면적이 85[m^2] 이하인 경우에는 6분의 1) 이하인 것과 지하층은 건축물의 층수에 산입하지 아니하고, 층의 구분이 명확하지 아니한 건축물은 그 건축물의 높이 4[m]마다 하나의 층으로 보고 그 층수를 산정하며, 건축물이 부분에 따라 그 층수가 다른 경우에는 그 중 가장 많은 층수를 그 건축물의 층수로 본다.

06 피난기구 설치 감소

(1) $\frac{1}{2}$을 감소(and)

1) 주요 구조부 : 내화구조

2) 피난계단 또는 특별피난계단 : 2개소 이상

(2) 건널 복도가 설치되어 있는 층에는 피난기구의 수에서 해당 건널 복도의 수의 2배를 뺀 수

1) 주요 구조부 : 내화구조

2) 다음의 건널 복도가 설치되어 있는 층(and)

① 내화구조 또는 철골조

② 건널 복도 양단의 출입구 : 자동폐쇄장치를 한 60분 방화문(방화셔터 제외) 설치

③ 피난 · 통행 또는 운반의 전용용도

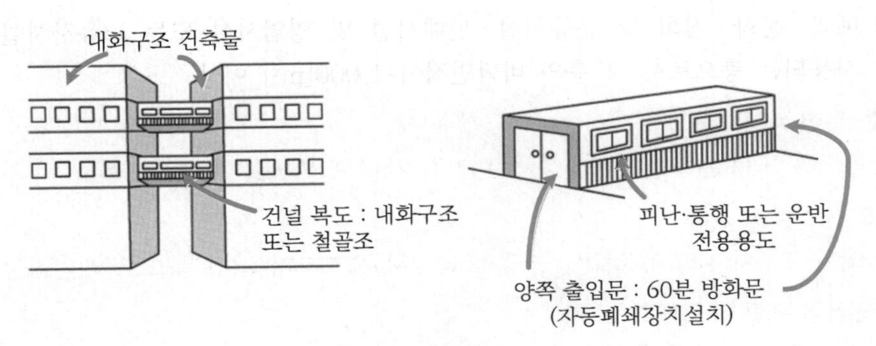

▌건널 복도▐

(3) 노대가 설치된 거실의 바닥면적은 피난기구의 설치개수 산정을 위한 바닥면적에서 제외한다.
   1) 노대를 포함한 소방대상물의 주요 구조부 : 내화구조
   2) 노대가 거실의 외기에 면하는 부분 : 피난상 유효하게 설치
   3) 노대가 소방사다리차가 쉽게 통행할 수 있는 도로 또는 공지에 면하여 설치되어 있거나, 또는 거실부분과 방화구획되어 있거나 또는 노대에 지상으로 통하는 계단 그 밖의 피난기구가 설치되어 있어야 할 것

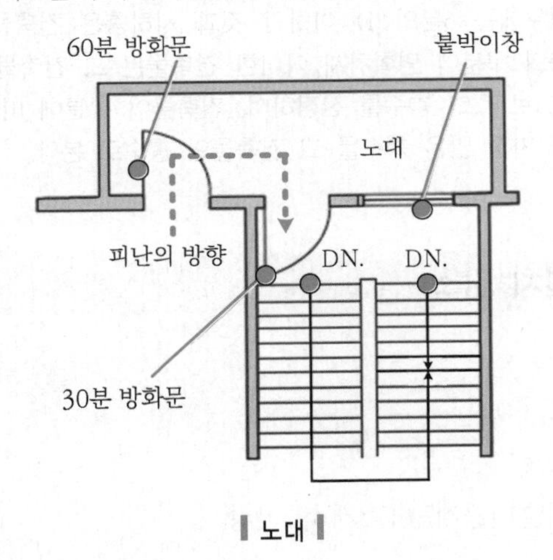

▌노대▐

07 결론

(1) 피난기구는 계단 등 건축적인 설비에 의한 피난이 불가능해 도피하지 못한 사람이 피난을 위해 사용하는 것으로, 최후의 탈출수단이다.

(2) 피난계획 수립 시 피난기구 같은 비상수단에 의한 피난이 아니라 계단 등에 의해 안전하게 피난할 수 있도록 하여야 하고, 그것이 곤란한 경우에 제한적으로 피난기구를 사용해서 건축물 바깥쪽으로 출구하도록 피난계획을 수립하여야 한다.

SECTION

035 인명구조기구

01 종류

(1) 방열복

고온의 복사열에 가까이 접근하여 소방 활동을 수행할 수 있는 내열피복된 옷

1) 옷의 재질 : 옷의 재질은 내열성이 강한 아라미드 섬유의 표면에 알루미늄으로 특수 코팅한 겉감과 내열섬유의 중간층, 안감 등 여러 겹으로 되어 있고, 두건렌즈는 폴리카보네이트로 되어 있다.

2) 옷의 구분 : 두건, 방열복 상의, 하의, 속복형 방열복, 방열장갑

꼼꼼체크✓ **속복형** : 상하의가 하나로 되어 있는 방열복

3) 방열복의 중량 : 무거우면 소화활동에 지장을 발생시키기 때문에 아래의 표 이하의 중량이어야 한다.

종류	중량[kg]	종류	중량[kg]
두건	2.0	장갑	2.0
상의	3.0	속복형	4.3
하의	2.0	–	–

4) 방열복과 방화복

① 차이점 : 방열복과 방화복은 기본적인 소재나 구조는 같지만, 방열복은 열을 반사할 수 있도록 알루미늄 등을 코팅해 만든 것으로 복사열에 대한 보호에 중점을 둔 장비이다.

② 재질 : 난연성(難燃性) 섬유인 아라미드(aramid) 계열 섬유로 만들어지나 겉감에는 폴리벤지미다졸(Polybenzimidazole ; PBI) 섬유가 사용된다.

③ 구성

구분	기능
외피(outer shell)	• 불꽃에 직접 닿는 부분으로서 불길에 대한 보호 • 물의 침투 방지 • 수분의 침투로 인한 화상방지
방수 투습천(moisture barrier)	• 방수와 투습(습기의 배출) • 화학물질이나 체액(피) 방화복 안쪽으로 유입방지
단열 내피(thermal barrier)	열의 차단

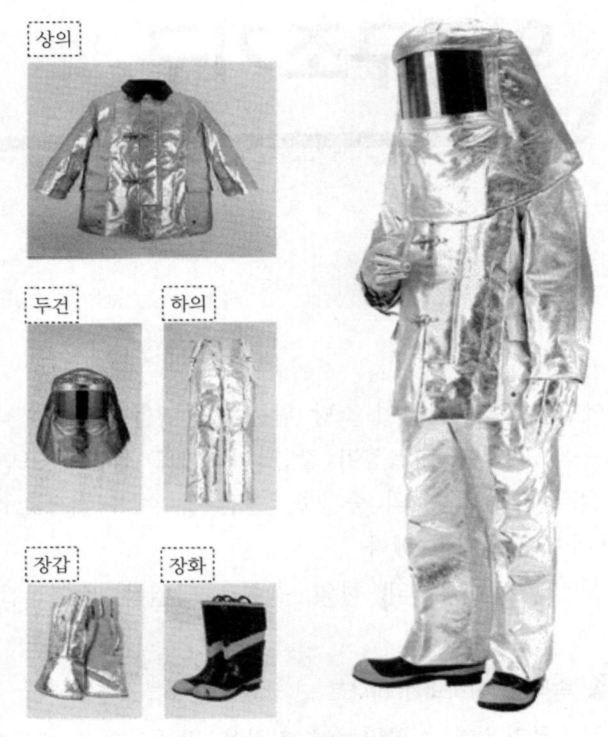

▌방열복[33]▐

(2) 공기호흡기(air respiratory)

1) 정의 : 소화활동 시에 화재로 인하여 발생하는 각종 유독가스 중에서 일정시간 사용할 수 있도록 제조된 압축공기식 개인호흡장비(보조마스크 포함)

2) 종류

① 양압식 공기호흡기 : 구형 면체 내에 공급되는 압력이 외기의 압력보다 항상 일정 압력 이상 높게 유지됨으로써 외기의 독성물질이 압력차에 의해 들어오지 못하도록 하는 공기호흡기로 압력이 설정압 이하가 되면 작동되는 압력 디멘드 밸브(demand valve)가 부착되어 있다.

② 음압식 공기호흡기 : 사용자가 숨을 들이마시면 자동으로 밸브가 열려서 공기가 호흡기관을 통해서 면체에 흘러 들어가고 숨을 멈추면 디멘드 밸브(demand valve)는 자동적으로 닫혀 공기의 유출은 정지되고 토해낸 숨은 호기밸브에서 면체 밖으로 배출된다.

3) 유효사용시간

① 약 10 ~ 80분

② 사용자의 체력이나 작업강도에 따라 공기 소비량이 변화될 수 있어서 사용시간의 80[%] 이내에서 작업을 완료하는 것이 적합하다.

33) 대원소방 홈페이지 제품소개에서 발췌

4) 공기호흡기의 구조

① 용기의 압축공기가 공급 밸브를 통하여 구형면체 내에 방출되어 착용자에게 공기를 흡입시키는 구조

② 착용이 쉽고 조작이 용이한 구조

③ 외부충격에 쉽게 파괴되거나 훼손되지 않는 견고한 구조

④ 공기호흡기의 주마스크는 양압형, 보조마스크는 음압형의 구조

⑤ 호스의 꼬임이 되지 않는 구조

⑥ 안전장치가 설치되어 있는 구조

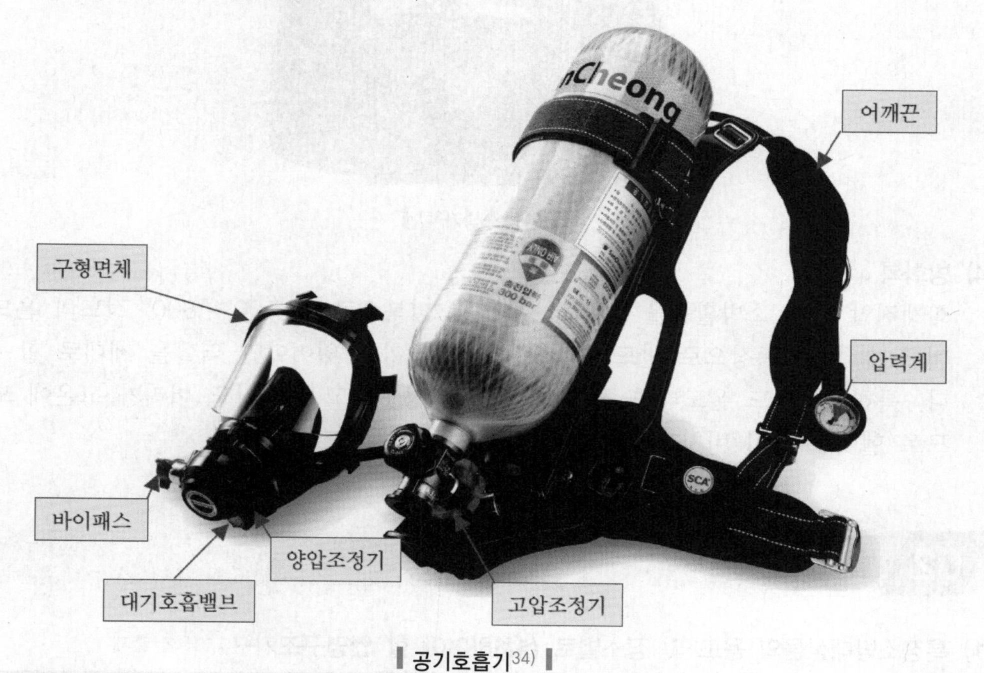

▌공기호흡기[34] ▌

(3) 인공소생기

호흡 부전 상태인 사람에게 인공호흡을 시켜 환자를 보호하거나 구급하는 기구

1) 인공소생기의 3대 기능

① 자동인공호흡기능(산소소생) : 호흡이 정지되었거나 기능이 약화되어 호흡이 곤란한 사람에게 자동으로 인공호흡을 시켜 주는 기능

② 산소흡인기능 : 호흡은 가능하지만 산소량을 많이 필요로 하는 청색증 환자에게 마스크를 통해 습윤 산소를 공급하는 기능

③ 흡인기능 : 인공호흡을 하기 전에 구강이나 호흡기에 잔류한 오물이나 점액 등을 흡인하여 호흡기의 개방을 유지시켜 주는 기능

34) 산청 홈페이지 카탈로그에서 모델명 SCA 680WH를 발췌하여 일부내용 보정

2) 적용대상 : 지하층을 포함하는 층수가 7층 이상인 관광호텔

▌인공소생기[35] ▌

(4) 방화복

화재진압 등의 소방활동을 수행할 수 있는 피복으로 약 700 ~ 800° 정도의 온도까지 버틸 수 있는 복장으로 반드시 안전화와 장갑까지 있어야만 역할을 제대로 할 수 있다. 특히 이 정도 온도라면 공기호흡기를 착용했다고 하더라도 머리가 고온에 노출되므로 헬멧도 같이 비치해둬야 한다.

02 설치기준

(1) 특정소방대상물의 용도 및 장소별로 설치하여야 할 인명구조기구 116회 출제

특정소방대상물	인명구조기구의 종류	설치수량
지하층을 포함하는 층수가 7층 이상인 관광호텔	① 방열복 또는 방화복 ② 공기호흡기 ③ 인공소생기	각 2개 이상 비치
지하층을 포함하는 층수가 5층 이상인 병원	① 방열복 또는 방화복 ② 공기호흡기	각 2개 이상 비치
① 문화 및 집회시설 중 수용인원 100명 이상의 영화상영관 ② 판매시설 중 대규모 점포 ③ 운수시설 중 지하역사 ④ 지하가 중 지하상가	공기호흡기	① 층마다 2개 이상 비치 ② 일부를 직원이 상주하는 인근 사무실에 비치
이산화탄소소화설비를 설치하여야 하는 특정소방대상물	공기호흡기	이산화탄소소화설비가 설치된 장소의 출입구 외부 인근에 1대 이상 비치

35) 한국소방공사 홈페이지의 상품정보 모델명 Oxy LifeⅡ에서 발췌

(2) 화재 시 쉽게 반출 사용할 수 있는 장소에 비치한다.

(3) **인명구조기구가 설치된 가까운 장소의 보기 쉬운 곳에 표시의 부착**

1) '인명구조기구'라는 축광식 표지와 그 사용방법을 표시한 표시

2) 축광식 표지의 성능 : 소방청장이 고시한 「축광표지의 성능인증 및 제품검사의 기술기준」에 적합한 것

(4) **방열복**

소방청장이 고시한 「방열복의 성능인증 및 제품검사의 기술기준」에 적합한 것

(5) **방화복**

「소방장비 인증 등에 관한 운영규정」에 의해 인정된 것

인증대상 소방장비(「소방장비 인증 등에 관한 운영규정」 제3조 [별표 1])

구분	인증기관에서 인증하는 소방장비의 범위	인증대상 소방장비
1	소방자동차류	• 소방펌프차 • 소방고가차 • 소방물탱크차 • 소방화학차 • 구조차(크레인, 견인장치 등 특수장치가 설치된 경우만 해당한다) • 소형사다리차 • 특수구급차
2	섬유(피복)류	• 방화복 • 방화두건 • 방화장갑
3	기계류	소방자동차 압축공기포소화장치
4	전기/전자류	사이렌
5	호흡기류	공기호흡기
6	안전모류	• 안전헬멧 • 방화헬멧
7	안전화류	방화신발

MEMO

저자소개

"노력을 이기는 재능은 없고,
노력을 외면하는 결과도 없습니다!"

〈약력〉
- 소방방재학 학사
- 서울시립대 기계공학 석사
- 동양미래대학교, 고려사이버대학교, 열린사이버대학교 강의
- 소방기술사

〈저서〉
- 색다른 소방기술사 1 ~ 4권(성안당)
- 소방학개론, 소방관계법규, 소방설비기사 등
- 소방학교 교재, 소방안전원 교재, 화재안전기준 해설서 등

인강으로 합격하는 유창범의 소방기술사 중권

2024. 7. 10. 초 판 1쇄 인쇄
2024. 7. 17. 초 판 1쇄 발행

지은이 | 유창범
펴낸이 | 이종춘
펴낸곳 | BM (주)도서출판 성안당
주소 | 04032 서울시 마포구 양화로 127 첨단빌딩 3층(출판기획 R&D 센터)
10881 경기도 파주시 문발로 112 파주 출판 문화도시(제작 및 물류)
전화 | 02) 3142-0036
031) 950-6300
팩스 | 031) 955-0510
등록 | 1973. 2. 1. 제406-2005-000046호
출판사 홈페이지 | www.cyber.co.kr
ISBN | 978-89-315-8690-9 (13530)
정가 | 85,000원

이 책을 만든 사람들
기획 | 최옥현
진행 | 박경희
교정·교열 | 이은화
전산편집 | 송은정
표지 디자인 | 박현정
홍보 | 김계향, 임진성, 김주승
국제부 | 이선민, 조혜란
마케팅 | 구본철, 차정욱, 오영일, 나진호, 강호묵
마케팅 지원 | 장상범
제작 | 김유석